电力工程设计手册

01 火力发电厂总图运输设计
02 火力发电厂热机通用部分设计
03 火力发电厂锅炉及辅助系统设计
04 火力发电厂汽轮机及辅助系统设计
05 火力发电厂烟气治理设计
06 燃气-蒸汽联合循环机组及附属系统设计
07 循环流化床锅炉附属系统设计
08 火力发电厂电气一次设计
09 火力发电厂电气二次设计
10 火力发电厂仪表与控制设计
11 火力发电厂结构设计
12 火力发电厂建筑设计
13 火力发电厂水工设计
14 火力发电厂运煤设计
15 火力发电厂除灰设计
16 火力发电厂化学设计
17 火力发电厂供暖通风与空气调节设计
18 火力发电厂消防设计
19 火力发电厂节能设计

20 架空输电线路设计
21 电缆输电线路设计
22 换流站设计
23 变电站设计

24 电力系统规划设计
25 岩土工程勘察设计
26 工程测绘
27 工程水文气象
28 集中供热设计
29 技术经济
30 环境保护与水土保持
31 职业安全与职业卫生

电力工程设计手册

火力发电厂仪表与控制设计

中国电力工程顾问集团有限公司
中国能源建设集团规划设计有限公司 编著

Power Engineering Design Manual

中国电力出版社

内容提要

本书是《电力工程设计手册》系列手册中的一个分册，是按火力发电厂仪表与控制设计要求编写的实用性工具书。本书包括了火力发电厂仪表与控制系统的设计原则、设计要点、控制系统、电源及气源系统、仪表检测及控制设备、电缆及敷设、试验室、现场总线，信息系统规划、信息系统安全、生产和管理信息系统、视频监视、安防系统、综合布线设计等内容。

本书以实用性为主，依据最新的相关规范、规程和标准编写，充分吸纳了进入 21 世纪以来新型火力发电厂建设的先进理念和成熟技术，全面反映了近年来火力发电厂仪表与控制设计方面的新技术、新设备、新工艺，列入了大量成熟可靠的设计基础资料和技术数据，内容充实，简明扼要，直观实用。

本书是供火力发电厂仪表与控制及信息系统设计、规划、施工、调试和运行管理人员使用的工具书，可作为其他相关行业从事仪表与控制及信息系统专业设计人员的参考书，也可供有关高等院校相关专业师生参考使用。

图书在版编目（CIP）数据

电力工程设计手册．火力发电厂仪表与控制设计 / 中国电力工程顾问集团有限公司，中国能源建设集团规划设计有限公司编著．—北京：中国电力出版社，2019.6

ISBN 978-7-5198-2908-7

Ⅰ．①电… Ⅱ．①中… ②中… Ⅲ．①火电厂－热工仪表－设计－手册 ②火电厂－控制系统设计－手册 Ⅳ．①TM7-62②TM621-62

中国版本图书馆 CIP 数据核字（2019）第 009844 号

出版发行：中国电力出版社
地　　址：北京市东城区北京站西街 19 号（邮政编码 100005）
网　　址：http://www.cepp.sgcc.com.cn
印　　刷：北京盛通印刷股份有限公司
版　　次：2019 年 6 月第一版
印　　次：2019 年 6 月北京第一次印刷
开　　本：787 毫米×1092 毫米　16 开本
印　　张：63.75
字　　数：2405 千字　12 插页
印　　数：0001—2000 册
定　　价：420.00 元

《火力发电厂仪表与控制设计》
编 写 组

主　　编　阎欣军

副 主 编　郑慧莉　申景军　李利平　毕建惠　李　超

参编人员（按姓氏笔画排序）

马欣欣　王　伟　王　欢　王　兵　王宏琛　王国义
田小兵　刘　旭　刘　林　刘香阶　杜绍茂　李　林
李昆仑　李晓忠　沙　明　张民茹　陆　伟　陈　明
郑　强　孟晓伟　赵　焱　郝备战　胡绪登　侯新建
姜洪林　袁红蕾　夏　云　黄　焰　黄　磊　梁柏宏
鲁　齐　蔡　伟

《火力发电厂仪表与控制设计》
编辑出版人员

编审人员　孙　芳　郑晓萌　华　峰　胡顺增

出版人员　王建华　邹树群　黄　蓓　常燕昆　太兴华　朱丽芳
闫秀英　郑书娟　王红柳　赵姗姗　单　玲

序言

改革开放以来，我国电力建设开启了新篇章，经过40年的快速发展，电网规模、发电装机容量和发电量均居世界首位，电力工业技术水平跻身世界先进行列，新技术、新方法、新工艺和新材料得到广泛应用，信息化水平显著提升。广大电力工程技术人员在多年的工程实践中，解决了许多关键性的技术难题，积累了大量成功的经验，电力工程设计能力有了质的飞跃。

电力工程设计是电力工程建设的龙头，在响应国家号召，传播节能、环保和可持续发展的电力工程设计理念，推广电力工程领域技术创新成果，促进电力行业结构优化和转型升级等方面，起到了积极的推动作用。为了培养优秀电力勘察设计人才，规范指导电力工程设计，进一步提高电力工程建设水平，助力电力工业又好又快发展，中国电力工程顾问集团有限公司、中国能源建设集团规划设计有限公司编撰了《电力工程设计手册》系列手册。这是一项光荣的事业，也是一项重大的文化工程，彰显了企业的社会责任和公益意识。

作为中国电力工程服务行业的“排头兵”和“国家队”，中国电力工程顾问集团有限公司、中国能源建设集团规划设计有限公司在电力勘察设计技术上处于国际先进和国内领先地位，尤其在百万千瓦级超超临界燃煤机组、核电常规岛、洁净煤发电、空冷机组、特高压交直流输变电、新能源发电等领域的勘察设计方面具有技术领先优势；另外还在中国电力勘察设计行业的科研、标准化工作中发挥着主导作用，承担着电力新技术的研究、推广和国外先进技术的引进、消化和创新等工作。编撰《电力工程设计手册》，不仅系统总结了电力工程设计经验，而且能促进工程设计经验向生产力的有效转化，意义重大。

这套设计手册获得了国家出版基金资助，是一套全面反映我国电力工程设计领域自有知识产权和重大创新成果的出版物，代表了我国电力勘察设计行业的水平和发展方向，希望这套设计手册能为我国电力工业的发展作出贡献，成为电力行业从业人员的良师益友。

汪建平

2019 年 1 月 18 日

总前言

电力工业是国民经济和社会发展的基础产业和公用事业。电力工程勘察设计是带动电力工业发展的龙头，是电力工程项目建设不可或缺的重要环节，是科学技术转化为生产力的纽带。新中国成立以来，尤其是改革开放以来，我国电力工业发展迅速，电网规模、发电装机容量和发电量已跃居世界首位，电力工程勘察设计能力和水平跻身世界先进行列。

随着科学技术的发展，电力工程勘察设计的理念、技术和手段有了全面的变化和进步，信息化和现代化水平显著提升，极大地提高了工程设计中处理复杂问题的效率和能力，特别是在特高压交直流输变电工程设计、超超临界机组设计、洁净煤发电设计等领域取得了一系列创新成果。“创新、协调、绿色、开放、共享”的发展理念和全面建成小康社会的奋斗目标，对电力工程勘察设计工作提出了新要求。作为电力建设的龙头，电力工程勘察设计应积极践行创新和可持续发展理念，更加关注生态和环境保护问题，更加注重电力工程全寿命周期的综合效益。

作为电力工程服务行业的“排头兵”和“国家队”，中国电力工程顾问集团有限公司、中国能源建设集团规划设计有限公司（以下统称“编著单位”）是我国特高压输变电工程勘察设计的主要承担者，完成了包括世界第一个商业运行的 1000kV 特高压交流输变电工程、世界第一个 ±800kV 特高压直流输电工程在内的输变电工程勘察设计工作；是我国百万千瓦级超超临界燃煤机组工程建设的主力军，完成了我国 70%以上的百万千瓦级超超临界燃煤机组的勘察设计工作，创造了多项“国内第一”，包括第一台百万千瓦级超超临界燃煤机组、第一台百万千瓦级超超临界空冷燃煤机组、第一台百万千瓦级超超临界二次再热燃煤机组等。

在电力工业发展过程中，电力工程勘察设计工作者攻克了许多关键技术难题，形成了一整套先进设计理念，积累了大量的成熟设计经验，取得了一系列丰硕的设计成果。编撰《电力工程设计手册》系列手册旨在通过全面总结、充实和完善，引导电力工程勘察设计工作规范、健康发展，推动电力工程勘察设计行业技术水平提升，助力电力工程勘察设计从业人员提高业务水平和设计能力，以适应新时期我国电力工业发展的需要。

2014 年 12 月，编著单位正式启动了《电力工程设计手册》系列手册的编撰工作。《电力工程设计手册》的编撰是一项光荣的事业，也是一项艰巨和富有挑战性的任务。为此，编著单位和中国电力出版社抽调专人成立了编辑委员会和秘书组，投入专项资金，为系列手册编撰工作的顺利开展提供强有力的保障。在手册编辑委员会的统一组织和领导下，700 多位电力勘察设计行业的专家学者和技术骨干，以高度的责任心和历史使命感，坚持充分讨论、深入研究、博采众长、集思广益、达成共识的原则，以内容完整实用、资料翔实准确、体例规范合理、表达简明扼要、使用方便快捷、经得起实践检验为目标，参阅大量的国内外资料，归纳和总结了勘察设计经验，经过几年的反复斟酌和锤炼，终于编撰完成《电力工程设计手册》。

《电力工程设计手册》依托大型电力工程设计实践，以国家和行业设计标准、规程规范为准绳，反映了我国在特高压交直流输变电、百万千瓦级超超临界燃煤机组、洁净煤发电、空冷机组等领域的最新设计技术和科研成果。手册分为火力发电工程、输变电工程和通用三类，共 31 个分册，3000 多万字。其中，火力发电工程类包括 19 个分册，内容分别涉及火力发电厂总图运输、热机通用部分、锅炉及辅助系统、汽轮机及辅助系统、燃气-蒸汽联合循环机组及附属系统、循环流化床锅炉附属系统、电气一次、电气二次、仪表与控制、结构、建筑、运煤、除灰、水工、化学、供暖通风与空气调节、消防、节能、烟气治理等领域；输变电工程类包括 4 个分册，内容分别涉及架空输电线路、电缆输电线路、换流站、变电站等领域；通用类包括 8 个分册，内容分别涉及电力系统规划、岩土工程勘察、工程测绘、工程水文气象、集中供热、技术经济、环境保护与水土保持、职业安全与职业卫生等领域。目前新能源发电蓬勃发展，编著单位将适时总结相关勘察设计经验，编撰有关新能源发电方面的系列设计手册。

《电力工程设计手册》全面总结了现代电力工程设计的理论和实践成果，系统介绍了近年来电力工程设计的新理念、新技术、新材料、新方法，充分反映了当前国内外电力工程设计领域的重要科研成果，汇集了相关的基础理论、专业知识、常用算法和设计方法。全套书注重科学性、体现时代性、强调针对性、突出实用性，可供从事电力工程投资、建设、设计、制造、施工、监理、调试、运行、科研等工作的人员使用，也可供电力和能源相关教学及管理工作者参考。

《电力工程设计手册》的编撰和出版，凝聚了电力工程设计工作者的集体智慧，展现了当今我国电力勘察设计行业的先进设计理念和深厚技术底蕴。《电力工程设计手册》是我国第一部全面反映电力工程勘察设计成果的系列手册，且内容浩繁，编撰复杂，其中难免存在疏漏与不足之处，诚恳希望广大读者和专家批评指正，以期再版时修订完善。

在此，向所有关心、支持、参与编撰的领导、专家、学者、编辑出版人员表示衷心的感谢！

《电力工程设计手册》编辑委员会

2019年1月10日

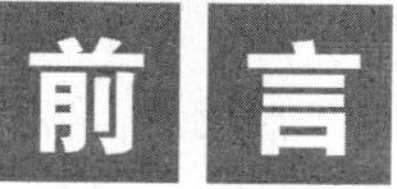

前言

《火力发电厂仪表与控制设计》是《电力工程设计手册》系列手册之一。

近年来，随着高参数、大容量机组不断增多，主机和工艺系统技术快速发展，计算机技术广泛应用，带动了仪表与控制专业技术的进步与发展。火力发电厂仪表与控制及信息系统设计，随着工艺设计、系统、设备以及信息化的发展，从设计范围到设计理念、设计方法以及自动化水平、信息系统等更是发生了飞跃性变化。

本书系统地收集整理了国内外火力发电厂特别是 2000 年以后成熟的仪表与控制设计以及信息系统设计的先进理念和成熟技术，全面反映了近年来新建火电厂工程中使用的仪表与控制及信息系统方面的新技术、新设备。

本书以实用性为原则，按照现行的相关规范、标准、规定的内容，结合火力发电厂仪表与控制设计及信息系统设计的特点，以专业设计流程和内容为主线进行编制。仪表与控制设计主要内容包括燃煤机组、燃气-蒸汽联合循环机组、循环流化床机组的仪表与控制设计的总体设计方案，控制室和控制盘（台）柜、工艺系统检测与报警、保护、控制、控制系统及控制装置、检测仪表和控制设备、电源、气源、就地设备安装及防护、电缆及敷设、试验室、现场总线设计等。为使本专业及相关专业技术人员和管理人员了解火力发电厂相关生产工艺，科学且合理地确定仪表与控制设计方案，在相关章节中对火力发电厂相关车间生产工艺过程进行了简要说明。信息系统规划设计包括了信息系统规划、信息系统安全、生产和管理信息系统、视频监视、安防系统、综合布线等内容。

本书主编单位为中国电力工程顾问集团西北电力设计院有限公司，参加编写的单位有中国电力工程顾问集团东北电力设计院有限公司、中国电力工程顾问集团华东电力设计院有限公司、中国电力工程顾问集团中南电力设计院有限公司、中国电力工程顾问集团西南电力设计院有限公司、中国电力工程顾问集团华北电力设计院有限公司等。本书由阎欣军担任主编，负责手册整体框架设计、策划和统稿审核工作，并负责编写第一章、第八章、前言、参考文献等；郑慧莉、申景军、李利平、毕建惠、李超担任副主编，郑慧莉参加审核及部分校审，申景军负责编写第三章及第七章，李利平负责编写第十七章、参加编写第七章；毕建惠负责编写第二章、参加编写第十七章；李超参加编写第七章、第十六章；梁柏宏负责编写第四章及附录A；郑强负责编写第五章及第十六章，田小兵、刘林、李昆仑参加编写第五章；杜绍茂、王兵、刘旭参加编写第十六章；孟晓伟负责编写第六章，黄磊参加编写第六章；王伟、李晓忠、王宏琛、鲁齐、赵焱参加编写第七章；黄焰负责编写第九章；沙明负责编写第十章；刘香阶负责编写第十一章及附录B；蔡伟负责编写第十二章；胡绪登负责编写第十三章；侯新建负责编写第十四章，李林、夏云参加编写第十四章；陈明负责编写第十五章，马欣欣参加编写第十五章；王国义参加编写第十七章；袁红蕾参加编写第七章及第八章；郝备战参加编写第八章；王欢、姜洪林、张民茹、陆伟参加编写第四章、第六章。

本书是供火力发电厂仪表与控制及信息系统设计、规划、施工、调试和运行管理人员使用的工具书，可作为其他相关行业从事仪表与控制及信息系统专业设计人员的参考书，也可供有关高等院校相关专业师生学习参考使用。

《火力发电厂仪表与控制设计》编写组

2019年1月

目录

第一章　综　　述

第一节　概　　述

一、仪表与控制设计的发展

火力发电厂仪表与控制设计服务于工艺专业，随着火力发电厂主要设备和系统的技术发展，以及先进测量技术和计算机技术的发展，火力发电厂仪表与控制技术也得以快速发展。

（一）从热工自动化到电厂自动化

对火力发电厂而言，早期热力生产过程控制总称为热工自动化。

20 世纪 50 年代，依据苏联的经验，在电力设计院机务室设“仪表组”，主要负责火力发电厂热力生产过程的检测与控制设计。

20 世纪 60 年代，随着机组容量的增大和中间再热机组的出现，热力系统普遍改为单元制，即一炉对一机的系统，热力系统中的泵、风机等辅机已是热力生产过程控制中不可分割的部分。热工自动化设计包括热力生产过程中的泵、风机等辅机在内的控制系统设计。

20 世纪 70 年代，进口机组已将发电机-变压器组纳入单元机组自动化系统设计中；80 年代，在学习美国著名工程公司设计经验中，部分电力设计院将电气二次专业并进热工自动化专业；90 年代，分散控制系统（distributed control system，DCS）在我国成功应用之后，开始试点将电气部分的检测控制纳入 DCS 中，因此原来仅限于热力生产过程的热工自动化逐步转变到包括发电机-变压器组在内的全发电过程的检测与控制，改称“电厂自动化”。电厂自动化范围除单元机组外，还包括运煤、除灰除渣、补给水处理、供水系统等辅助车间（系统）。

进入 21 世纪，随着主要设备和系统的发展及国家环境保护政策要求的日趋提高，脱硫、脱硝、空冷系统的应用使电厂自动化的控制范围更广。在电厂自动化不断发展过程中，随着火力发电厂对信息系统的要求提高及计算机技术的发展，逐步派生出信息系统设计，包括信息系统、视频监视系统等。

本手册为仪表与控制设计手册，仪表与控制专业负责电厂自动化总体设计及仪表与控制的具体设计，包括仪表与控制设计及信息系统设计。

（二）自动化技术的发展

1. 电厂自动化水平

电厂自动化水平是指对电厂生产过程实现自动控制所达到的程度。电厂自动化监控系统包括参数检测、数据处理、自动控制、顺序控制、报警和联锁保护，最终体现在机组效率、值班员的数量和控制系统所能完成的功能上。火力发电厂自动化水平是主辅机可控性、仪表及控制设备质量、自动化系统设计的完善程度、施工安装质量、电厂运行维护水平及人员素质的综合体现。

电厂自动化系统为机组运行服务，主要目的是保证电厂的安全、经济运行、减少事故、提高设备（系统）效率、降低煤耗和厂用电率并减人增效。

决定电厂自动化水平的因素，首先应研究机组在电网中的运行地位及对机组提出的运行要求，但这只是客观需要，能否实现关键在于机炉本身适应负荷变化的能力和它具有的可控性；其次是仪表和控制设备的性能和质量，能否达到预期的效果还取决于电厂设计方案的正确性及电厂的运行、维护技术水平。电厂自动化水平是随着机组容量、参数的变化和当时所能提供的仪表和控制设备品种、质量而变化的。

我国火力发电厂 200MW 及以上机组的自动化水平的发展，概括起来可分为 6 个阶段：

（1）以常规仪表组成的监视控制系统，因主辅机可控性差，自动保护投入率低，20 世纪 70 年代前后建设的火力发电厂多属此类。

（2）20 世纪 80 年代中后期建设的火力发电厂，除常规仪表外，采用计算机完成数据采集系统（data acquisition system，DAS）功能和组装仪表完成模拟量控制系统（modulating control system，MCS）功能，但主辅机的可控性没有明显改进。辅助车间（系统）采用就地车间控制。

（3）20 世纪 80 年代引进机组，采用计算机监视工艺参数，部分自动调节采用了以微机为基础的 DCS，大量的常规仪表和操控设备仍保留，因主辅机的可控性改善，自动保护投入率提高。辅助车间（系统）采用可编程逻辑控制器（programmable logic controller，PLC）控制。

（4）进入 20 世纪 90 年代，DCS 在火力发电厂试用中证实了高可靠性，逐步得到运行人员的信赖。新建火力发电厂普遍采用 DCS 进行监控，并逐步减少常规仪表及硬手操设备，只保留个别极重要的按钮和仪表。90 年代末期，电气部分（发电机-变压器组）也在试用 DCS 的基础上，纳入 DCS。辅助车间（系统）仍采用 PLC 控制。

（5）进入 21 世纪后，在完善单元机组自动化水平的基础上，逐步应用厂级监控信息系统（supervisory information system at plant level，SIS）和管理信息系统（management information system，MIS），进一步提高了电厂的经济运行水平，以适应“厂网分开、竞价上网”的要求，使电厂自动化水平和信息化水平得以进一步提高。辅助车间（系统）按照物理位置相邻或系统性质相近的原则合并控制系统及控制点，设置水、煤、灰三个辅助车间（系统）控制点或一个集中辅助车间（系统）控制点。辅助车间（系统）采用 PLC 或 DCS 控制。

（6）随着电力行业发展与改革的需要，电厂的建设、运行和管理以信息化和工业化深度融合为导向，践行“互联网+”绿色煤电发展和智能制造理念，不断提升电厂的数字化、智能化、清洁化、移动化水平，推动传统电厂向智慧（能）电厂转型。

智慧（能）电厂是指在电厂全生命周期内，利用最先进的信息技术、通信技术、人工智能技术，集成智能的检测/控制/工程/管理技术，达到对发电环境变化的快速适应及与智能电网的高度协调，从而实现安全、可靠、绿色、经济、灵活、高效的电厂。

2. 控制方式

20 世纪 80 年代以前的电厂，机组容量小，在主厂房内分别设锅炉和汽轮机控制室，以满足锅炉、汽轮机启停、正常运行的要求。全厂设电气主控制室，电气运行统一管理。母管制热力系统、电气系统与发电机主变压器等在“集中控制室”内监控。

1992 年 1 月，能源部印发了《新型电厂实行新管理办法的若干意见》的通知，明确两台单元机组在一个集中控制室实现炉机电集中控制的方式，并提出新的定员标准和人员的素质要求，同时给予相关的政策支持。

进入 21 世纪以来，经过充分的技术经济比较后，多个工程采用“多机一控”模式，如“三机一控”“四机一控”，与“两机一控”相比，运行人员减少，且便于值长的运行管理和统一指挥。

随着计算机和通信技术的发展及电厂减人增效的要求，不设独立网络控制室，将网络控制纳入集中控制室。设置辅助车间（系统）控制网络，在集中控制室同时对辅助车间（系统）进行监控。电厂实现机、炉、电、网、辅助车间（系统）的集中控制方式。

3. 仪表与控制系统设计特点

大、中型火力发电厂仪表与控制设计有如下特点：

（1）集中控制室内值班员完全采用操作员站对机组及辅助车间（系统）进行运行管理。可设置大屏幕显示屏，为机组运行值班员提供良好的人机界面。

（2）应用远程输入/输出（I/O）技术，在物理位置上 I/O 过程控制柜尽可能靠近现场信号源，发挥分散控制系统物理分散的结构特点，节省信号电缆长度和相应安装工程量。

（3）现场总线技术具有组态灵活、分散度高、节省电缆等优点，工程设计中选择适当的对象应用现场总线技术。

（4）将现代控制理论引入模拟量控制系统，用多变量控制、最优控制、自适应控制、模糊控制等先进的控制理论和控制策略取代比例积分微分（proportion integration differentiation，PID）调节，其控制精度和经济效益明显增加。

（5）计算机专用软件包得到进一步开发和应用，为发电厂安全生产和经济运行提供技术支持。

（6）应用无线电技术，利用无线仪表，在规定的频率范围内，在远离厂房和不便于敷设电缆的区域、对可靠性要求不高的区域，测量的过程量信号通过天线等无线装置将测量到的电子信号转换为无线电波信号向外传播；同时，在 DCS 侧安装相对应的接收天线等无线装置，将无线电波信号接收并转换为电厂控制所需要的过程信号参与系统监控。

（7）以自动化、数字化、信息化为基础，综合应用互联网、大数据等资源的智能发电运行控制与管理模式，以实现机组安全、高效、环保的运行目标。

二、仪表与控制设计的作用

仪表与控制设计是发电厂的一个重要组成部分。随着发电技术的发展及高参数、大容量机组的广泛应用，对仪表与控制设计提出了更高的要求，发电厂仪表与控制应具有以下主要任务：

（1）为建立符合现代化企业的管理机制创造条件，实现计算机网络一体化平台建设。提供全景感知、优化、调度、能效分析、诊断、综合监测、分析决策、智能运维等功能。

（2）在保证安全、可靠经济运行的前提下，提高机组负荷升降速率，减少机组响应时间、提升机组深度调峰的适应能力。

（3）采用先进的控制理论和控制策略，改善控制精度，提高机组效率。

（4）采用先进的燃烧控制技术，减少对大气的烟尘排放污染物，达到节能降耗、保护自然环境的目的。

（5）准确地预报和确定事件，提高机组可利用率。

（6）电厂全生命周期数据采集和数据的增值利用。

三、仪表与控制设计主要原则

设计工作要遵守国家的法律、法规，贯彻执行国家经济建设的方针、政策和基本建设程序，特别应贯彻执行提高综合经济效益和促进技术进步的方针及产业政策。

应根据规程、规范及有关规定，结合工程的不同性质、不同要求，从实际情况出发，合理地确定设计标准。以电厂全生命周期内效益最大化为根本目标，对生产工艺、主要设备和主体工程要做到可靠、适用、先进；对非生产性的建设，应坚持经济、适用、在可能条件下注意美观的原则。

项目建设应贯彻建设资源节约型、环境友好型社会的国策，积极采用可靠的先进技术，积极推荐采用高效、节能、节地、节水、节材、降耗和环保的方案；落实节约资源的基本国策，要实行资源的综合利用，推广应用高效节能技术，提高能源利用效率，节约能源资源；严格执行国家环境保护政策，减少污染，烟气、废水、噪声等污染物的排放应符合国家及地方的规定和标准。涉外工程应遵循合同要求及地方强制性要求。

四、仪表与控制设计基本程序

工程设计应执行国家规定的基本建设程序。发电厂设计全过程一般可分为初步可行性研究、可行性研究、初步设计、施工图设计、施工配合（工地服务）、竣工图设计和设计回访七个阶段。各阶段设计文件必须按规定的内容深度完成。严格按基本建设程序建设电厂，能使工程的规划设计由主要原则到具体方案，由宏观到微观，逐步充实、循序渐进，从而得出合理方案，保证质量，避免决策失误。在工程进入施工阶段后，仪表与控制设计工作还要配合施工、调试、性能测试单位，参加工程管理、试运行和验收，最后进行总结，从而完成设计工作的全过程。

新建大、中型火力发电厂，设计基本程序及任务见表 1-1。

表 1-1　　设计基本程序及任务

设计阶段	设计基本程序	任　　务
设计前期工作阶段	初步可行性研究	（1）对建厂条件进行地区调查，并进行比较论证。推荐可能建厂的厂址、规模和建厂顺序，为编制和审批项目建议书提供依据。扩建、改建项目可取消该程序。 （2）项目建议书包括提出建厂的必要性和负荷、建厂性质和规模、建厂厂址和条件、建厂年份和顺序、投资控制和筹措等
	可行性研究	（1）落实建厂条件，确定建厂规模，提出设计原则方案，完成环境影响报告书，进行全面的综合性技术经济分析论证和方案比较。提出投资估算和经济效益评价，取得外部条件的协议书。 （2）可行性研究报告需要明确建设目的、依据及建设规模、建厂条件、主要协作配合条件、主机技术条件及主要工艺流程、环境保护要求、建设地点和占地面积、建设进度、投资和劳动定员等
设计工作阶段	初步设计	确定建设标准、各项技术原则和总概算，以便编制投资计划、控制工程拨款、组织主要设备订货、进行施工准备并作为施工图设计依据
	施工图设计	根据初步设计及其审批文件的要求，编制满足项目要求的施工图
施工配合阶段	工地服务	交代设计意图，解释设计文件，及时解决工程管理与施工中设计方面出现的问题，参加试运转，参加竣工验收和投产
竣工图设计阶段	竣工图设计	依据“设计变更单”“工程联系单”等有关文件编制竣工图
设计回访阶段	设计回访	总结和积累设计上的经验教训，编入总结报告以改进设计、提高设计水平

五、仪表与控制设计的任务、范围及基本要求

（一）设计任务

仪表与控制的设计任务，在于精心设计一套包括监测与报警、保护、控制等完整的监控系统，以保证机组的安全、高效运行，并为改善值班人员的劳动条件、提高劳动生产率创造必要的条件，一般包括以下几个方面：

1. 监测与报警

用监测元件或仪表及控制系统，对工艺系统或设备的参数进行连续测量，对被控对象状态进行监控，以供运行人员监控机组及辅助车间（系统）运行情况，为企业经济核算提供数据，为保护、控制提供监测信号。当工艺系统参数超过规定值和设备运行出现异常

时，发出报警信号，在操作员站上提醒运行人员注意，及时采取有效措施。根据信号的重要性设置报警优先级，以使运行人员能从大量报警信号中快速判断出系统的状态。

2. 保护

当工艺系统参数超过规定值和设备运行出现异常时，在操作员站上提醒运行人员注意，采取有效措施，以保证正常生产或自动地按一定顺序操作某些设备或紧急停止机组运行。在监视主辅机或主辅系统运行工况的前提下，当发现机组设备或主辅系统异常时，立即发出联锁和跳闸信号，确保机组或辅助车间（系统）、运行人员和环境的安全。

3. 控制

控制是火力发电厂仪表与控制设计的核心，包括模拟量控制和开关量控制。当被控对象工况发生改变时，通过 DCS 或 PLC 控制系统，使某些被调量能自动地保持在允许的范围内或自动地按一定顺序操作某些设备，保证工艺过程的稳定。

（二）设计范围

本专业设计范围包括以下主厂房和辅助车间（系统）的仪表与控制设计（含信息系统设计）：

1. 常规燃煤机组

（1）锅炉及辅助系统。
（2）除灰渣系统。
（3）烟气脱硫系统。
（4）烟气脱硝系统。
（5）汽轮机、发电机及附属系统。
（6）化学水处理系统。
（7）水工系统。
（8）采暖、通风及空气调节系统。
（9）烟气连续监测系统。
（10）全厂火灾自动报警及消防控制系统。
（11）信息与安全防护系统。

2. 循环流化床机组

（1）锅炉及辅助系统。
（2）除灰渣系统。
（3）烟气脱硫系统。
（4）烟气脱硝系统。
（5）汽轮机、发电机及附属系统。
（6）化学水处理系统。
（7）水工系统。
（8）采暖、通风及空气调节系统。
（9）石灰石破碎系统。
（10）石灰石粉气力输送系统。
（11）烟气连续监测系统。
（12）全厂火灾自动报警及消防控制系统。
（13）信息与安全防护系统。

3. 燃气-蒸汽联合循环电厂

（1）余热锅炉及辅助系统。
（2）汽轮机、发电机及附属系统。
（3）化学水处理系统。
（4）水工系统。
（5）采暖、通风及空气调节系统。
（6）调压站系统。
（7）烟气连续监测系统。
（8）全厂火灾自动报警及消防控制系统。
（9）信息与安全防护系统。

（三）基本要求

仪表与控制设计与机组类型、工艺系统的特点及运行方式有密切关系。设计中应根据工程的具体情况，选择合理的控制方式和仪表与控制系统。在确定技术方案时，应以保证生产安全、经济运行为准则，并从实际出发，力求技术先进、经济合理，在讲究实效的前提下，提高自动化水平。

（1）火力发电厂仪表与控制系统设计应满足机组安全、经济、环保运行和启停的要求，体现国家的经济政策和技术政策，针对机组特点进行设计。

（2）在仪表与控制系统设计中，应选用技术先进、质量可靠的设备和元器件。

（3）全厂各控制系统和同类型仪表设备的选型宜统一。随主辅设备本体成套供货的仪表与控制设备应满足机组运行、自动化系统功能及接口要求。

（4）涉及安全与机组保护的仪表与控制的新产品和新技术，应在取得成功应用经验后再在设计中采用。

（5）火力发电厂各控制系统的时钟应同步。

（6）基于计算机的控制系统应采取抵御黑客、病毒、恶意代码等对系统进行破坏、攻击及非法操作的安全防护措施。

（四）设计依据

设计依据是指工程设计应遵循的正式文件，包括以下内容：

（1）项目批准文件。
（2）设计合同。
（3）现行设计技术标准、规定。
（4）相关集团设计导则和基建管理规定。
（5）技术协议及厂家资料。

六、仪表与控制设计人员的基本要求及职责

（一）基本要求

（1）必须贯彻执行党和国家的各项方针、政策、上级规定和现行有关标准，遵守国家法律，维护国家利益。熟知火力发电厂建设、生产流程和工程技术管理标准。

（2）工作应认真负责，充分发挥主观能动性，树立整体观念，上下协同，密切配合，保质保量完成本职工作。

（3）掌握本专业理论和实际操作知识，能够独立地处理专业范围内的技术问题。

（4）爱岗敬业，勤奋学习，刻苦钻研，不断增强责任心和提高业务技术水平，具有高度的责任心及较强的沟通协调及语言、文字表达能力。

（5）能熟练运用计算机和本岗位相关的现代化办公设备。

（二）职责

仪表与控制设计主要由主要设计人、校核人和设计人完成。设计成品最后经审核、批准后提交建设方。这里仅介绍设计人员的职责。

1. 主要设计人

主要设计人（简称主设人）的任务是组织本专业的本工程设计工作，贯彻工程审批文件和各级审定的设计原则，负责本专业技术、进度、投资、质量、文件、资料管理，并通过本专业的接口技术要求与协调，对本专业的技术业务全面负责。具体职责如下：

（1）掌握工程有关本专业的全面情况，组织收集验证本专业的设计输入资料，落实开展设计的条件；组织本专业调查收集资料（简称收资）工作，指导卷册负责人编制并审查收资提纲、收资报告并贯彻执行，听取生产、调试及施工方面意见；检查技术协议和主要数据，落实开展工作的条件。

（2）落实设计内容、深度和人员安排，拟定本专业的技术组织措施和工程设计综合进度，编制本专业的设计计划、专业间相互提供的资料进度和卷册施工图交付计划，并对该进度计划进行动态控制。

（3）负责本专业设计文件的编制工作，保证设计成品内容深度符合规定，设计质量满足要求，校审签署本专业提交的全部设计文件。

（4）组织设计方案研究和技术经济比较，提出技术先进、经济合理的推荐意见，在制定本专业技术方案时必须与综合技术方案相协调。

（5）负责专业间的联系配合，相互间的协调统一。审签提出的联系配合资料，并对收到的专业配合资料进行验证。负责落实设计文件符合审定原则、原始资料的正确性、内容深度满足要求。专业内各卷册内容协调一致。

（6）参加对外业务工作时，负责本专业的各项准备工作，参加必要的会议和负责对外联系工作。

（7）负责编制设备技术规范书，参加设备招标、评标、技术协议的签订及参加设计联络会等工作。

（8）对设计输入中假定设计资料，应负责跟踪管理。

（9）按要求组织开展限额设计。

（10）本人或协助工地代表向生产、施工单位进行技术交底，归口处理施工、安装、调试及运行中的专业技术问题。

（11）了解工程项目的施工进度情况和质量信息，及时帮助工地代表解决有关技术问题。

（12）组织收集同类工程项目质量信息，做好信息反馈。

（13）参加设计回访，听取工程项目建设各方（包括建设单位、施工单位、监理单位、调试单位等）对本专业设计的意见，组织落实、编制专业设计回访总结。

（14）做好工程各阶段的技术文件资料的立卷归档工作。

2. 校核人

校核人对设计成品的校核是校审工作的重要环节，校核人对所分配校审的卷册质量全面负责，具体如下：

（1）校核前应熟悉工程情况、输入资料和工程各项规定。

（2）校对设计文件是否符合国家技术政策、法规和有关规范、规程及合同要求；是否贯彻执行已审定的设计原则方案；核对原始资料及数据，设备材料的规格及数量，图纸的尺寸、设备选型等是否正确无误；审核设计意图是否交代清楚。

（3）仪表及控制设备布置是否合理，整体协调并符合工艺流程和生产运行需要。

（4）设计接口是否明确，是否符合专业间配合资料要求，内容深度是否满足要求，有无错、漏、碰、缺等问题。

（5）核对套用的标准设计、典型设计、活用的其他工程图纸，是否符合工程项目的设计条件。

（6）将发现的问题认真地填写校审意见，并督促原设计人及时更正，与设计人有分歧意见时，提请上一级协商解决。

3. 设计人

设计人对所分配的生产任务的质量和进度负责，具体如下：

（1）设计中认真贯彻各级审批意见，执行有关标准规范和各项管理制度。

（2）认真吸取国内外设计、施工、调试及运行先进经验，主动与有关专业联系配合，合理制定设计方案，正确选择设备材料。进行方案论证和技术经济比较时，提出推荐意见。

（3）积极采用经过鉴定的新技术、新设备、新材料和先进经验，正确采用设计方法和数据。套用标准设计或活用其他工程图纸时应首先检查是否符合工程项目的设计条件。

（4）主动与有关专业联系配合。按时提出联系配合资料。根据主设人的委托，会签外专业与本人承担的卷册或项目的有关文件和图纸。

（5）认真做好调查研究、收资等外部工作，编写收资提纲，做好现场记录及有关资料整理工作，满足调查收资的有关规定。

（6）设计完成后，认真进行自校，确保成品出手设计质量并按各级校审意见认真修改。

（7）整理好原始资料，设计结束后，及时协助主设人做好卷册或项目的立卷归档工作。

第二节　仪表与控制设计内容

仪表与控制专业贯穿在火力发电厂工程设计的各个阶段中。在设计前期工作阶段（指初步可行性研究阶段和可行性研究阶段），设计成品由整个工程组统一提出，仪表与控制专业的设计内容仅是其中一部分。

一、初步可行性研究阶段

新建发电工程项目应进行初步可行性研究工作，其任务是进行地区性规划选厂。初步可行性研究阶段的设计成品为初步可行性研究报告，该报告由工程组组织各个专业共同编写，设计总工程师汇总。

本专业参加初步可行性研究报告“工程设想”一节的编写；阐明本专业主要设计技术原则。同时，提交技经资料和开展专业资料配合。有时也可不参加这一阶段的工作。

二、可行性研究阶段

初步可行性研究报告得到批准及工程项目的建设得到批准后，工程设计进入可行性研究阶段，进行工程定点选厂工作。可行性研究阶段的设计成品为可行性研究报告、主要的设计图纸、专题报告和取得必需的外部协议。

可行性研究报告由工程组组织各个专业共同编写，设计总工程师汇总。本专业主要参加可行性研究报告中“工程设想”一节的编写；阐明本专业主要设计技术原则。同时，提交技经资料和开展专业资料配合，在主要技术经济指标一节中，仪表与控制专业应提供全厂人员指标。

在提出的工程设计图纸中，本专业应完成“全厂自动化系统规划图”。

三、初步设计阶段

可行性研究报告经审查批准后根据上级主管部门下达的设计任务书，以及锅炉、汽轮机、发电机主机选型确定后，便可正式开展初步设计工作，按设计任务书给出的条件，分专业提出符合设计深度要求的设计文件。初步设计完成后立卷归档。

初步设计所确定的设计原则和建设标准，将宏观地勾画出工程概貌，控制工程投资，体现技术经济政策的贯彻落实。初步设计将确定工程具体方案和投资规模，它是工程建设中非常重要的设计阶段，各种设计方案应经过充分的论证和选择。

工程中应积极采用成熟的新技术、新工艺和新方法，初步设计文件应详细说明所应用的新技术、新工艺和新方法的优越性、经济性和可行性。

该阶段对应涉外工程中基本设计阶段，其设计内容应满足合同及规范的要求。

（一）初步设计文件的总要求

1. 设计文件内容

初步设计文件应包括说明书、图纸和专题报告三部分；说明书、图纸应充分表达设计意图；重大设计原则应进行多方案的优化比选，提出专题报告和推荐方案供审批确定。

本专业初步设计文件内容应包括仪表与控制部分、信息系统与安全防护部分说明书及专题报告；管道仪表图（P&ID）、信息系统与安全防护部分图纸；根据设计方案提交技经资料。

2. 设计文件的基本要求

（1）设计文件表达设计意图充分，采用的建设标准适当，技术先进可靠，指标先进合理，专业间相互协调，分期建设与发展处理得当。重大设计原则应经多方案比较选择，提出推荐方案供审批选择。在工程设计中采用新技术、新工艺和新设备时应提出专题报告，从技术、经济及应用条件等方面进行论证。

（2）积极稳妥地采用成熟的新技术，力争比以往同类型工程有所提高。设计文件中应阐明其技术优越性、经济合理性和采用可能性。

（3）设计概算应准确地反映设计内容及深度。

（4）设计文件内容完整、正确，文字简练，图面清晰，签署齐全。

（二）仪表与控制专业初步设计内容

1. 仪表与控制部分说明书内容

（1）概述。

（2）自动化水平。

（3）集中控制室/电子设备间布置。

（4）自动化功能及配置。

（5）自动化系统及设备选择。

（6）辅助车间（系统）自动化水平。

（7）电源和气源。

（8）自动化试验室。

2. 信息系统及安全防护部分说明书

（1）概述。

（2）网络规划。

（3）接口。

（4）SIS。

（5）MIS。

（6）全厂视频监视系统及安全防护系统。

（7）信息安全防护。

3. 图纸

（1）集中控制室及电子设备间布置图。

（2）电缆桥架主通道示意图。

（3）管道仪表图。

（4）全厂自动化系统及计算机网络图。

（5）信息中心机房平面布置图。

（6）专题报告。

四、施工图设计阶段

初步设计经过审查批准，便可根据初步设计审查结论及其审批文件的要求和主要设备落实情况，设计满足工程项目要求的施工图，包括设计施工图总图、编写辅机技术规范书、参加设备采购招（议）标与技术谈判、组织搜集设计输入文件、编制施工图卷册目录和综合进度、编制各卷册施工图、检查施工图质量、出版文件、立卷归档等。

在该设计阶段中，应准确无误地表达设计意图，按期提出符合质量和深度要求的设计图纸和说明书，以满足设备订货要求，并保证施工的顺利进行。

在涉外工程中，施工图设计阶段一般称详图设计阶段，其设计内容深度需要满足合同及合同规定的规范要求。

（一）施工图总图设计

1. 总要求

施工图设计的前期为总图设计，是指导各卷册施工图设计的重要文件。施工图总图是施工图设计初期各专业之间和专业内部进行相互配合的重要步骤，施工图总图设计评审通过后，方可进行施工图设计。

2. 设计内容

（1）集中控制室和电子设备间平面布置图。

（2）集中控制室内控制盘、台面、大屏幕墙布置图。

（3）主厂房内电缆通道走向图。

（4）主厂房内各工艺系统 P&ID。

（5）主厂房内仪表和控制设备清册。

（6）全厂自动化系统及计算机网络图。

（二）施工图设计

1. 总要求

（1）设计依据和原始资料。

1） 初步设计的审批文件。

2）工程计划大纲、各专业间施工图综合进度表、专业设计计划大纲。

3）有关参考设计、典型设计。

4）新技术所做的技术研究。

5）设备技术资料。

（2）设计文件的基本要求。

1）贯彻国家的各项技术方针政策，执行国家和电力行业颁发的有关标准和规范。

2）符合初步设计审批文件要求，符合工程计划大纲及卷册任务书要求。

3）采用的原始资料、数据要正确、合理。

4）施工图设计内容深度应充分体现设计意图，满足订货、施工、调试、运行及管理等各方面要求。

5）设计文件的内容、深度和编制方式要求完整、无漏项，符合施工图成品内容深度规定的要求，并应重视建设方的需求，为建设方提供更完善的服务。各专业及专业内部的成品之间要配合协调一致。

6）卷册的设计方案，设备选型、布置，材料选用等，要符合运行安全、经济，操作、检修、维护施工方便，造价低、节约原材料的要求，要落实采用的新技术。

7）在克服工程“常见病”“多发病”方面，应比同类型工程有所改进。凡符合卷册具体条件的典型、通用设计应予以套（活）用。

8）设计说明表达应条理清楚、文字简练。图纸表达应清晰完整。所有文件签署应齐全、印制质量良好。

9）设计文件的编制应考虑数字化等设计手段的进步，采用更为合理和完善的表达方式。

2. 设计内容

（1）设计范围。

1）仪表与控制部分施工图设计主要指主厂房和辅助车间（系统）的设备和工艺系统的仪表和控制系统设计。

2）仪表与控制设备的电源和气源设计。

3）火灾检测报警及消防控制系统的设计。

4）试验室的设计。

5）全厂信息系统设计。

6）全厂视频系统及安全防护系统（含周界报警系统、门禁管理系统）的设计。

（2）设计文件组成。

1）施工图总说明及卷册目录。

2）集中控制室及电子设备间布置图。

3）主厂房 P&ID 及设备清册。

4）标识系统设计说明文件。

5）控制系统配置、说明书及设备清册。

6）I/O 清单。

7）SIS 及 MIS 网络配置、说明书及设备清册。

8）电源施工图。

9）气源施工图。

10）仪表保温（护）柜施工图。

11）交流 380V 配电柜配置及原理接线图。

12）主厂房流量测量装置施工图。

13）主厂房导管阀门及材料清册。

14）控制系统接地施工图。

15）全厂视频监视系统施工图。

16）控制接线图。

17）控制装置接线图。

18）电缆敷设。

19）空调系统仪表控制施工图。

20）火灾检测报警系统及消防控制系统施工图。

21）MIS 施工图。

五、施工配合阶段

施工配合是工程设计实施的重要阶段，该阶段应进行重点项目工程质量监督和施工服务。其工作步骤可包括准备工作、设计交底、工地服务、工地代表工作总结、立卷归档等。设计交底由设计总工程师统一组织向建设方、施工单位、监理单位、调试单位进行设计交底；单项工程施工前，由建设单位组织工地代表进行单项工程设计交底。

1. 与安装单位配合

根据工程里程碑进度计划，设计单位按期提供分阶段专业施工图纸。在施工开始前，专业设计人员要向施工单位进行设计交底和图纸会审，交底一般在现场进行。施工开始后根据施工进度需要派驻现场设计代表，处理现场提出的设计问题。所有变更设计，均应严格按变更程序办理，设计、施工、监理、建设单位应分别归档。

仪表与控制专业一般在土建交付安装后派驻工地代表。

2. 与调试运行及性能试验单位的配合

在设计方案讨论时，调试运行及性能试验单位应向设计单位提出考虑调试运行及性能试验所必需的技术条件。设计单位可参加调试运行及性能试验方案的讨论会，并根据需要派人参加现场处理调试运行中出现的设计问题。

六、竣工图设计阶段

设计单位受建设单位委托负责设计范围内竣工图的编制。该阶段仪表与控制专业应按 DL/T 5229《电力工程竣工图文件编制规定》进行竣工图编制工作，在机组试运结束后按项目统一安排进行。其工作步骤可包括准备工作、编制竣工图文件、出版文件、交付建设单位、立卷归档等。

七、设计回访总结阶段

设计回访总结是工程设计经受实际考验后的总结阶段，一般在机组投产一年后进行此项工作，对仪表与控制专业设计的经验和问题进行全面总结，其工作步骤可包括准备工作、回访调查、分析质量反馈信息和落实改进措施、编制及提交回访总结、立卷归档等。

第三节　工程项目各阶段仪表与控制设计深度

一、初步可行性研究阶段

初步可行性研究阶段本专业的工作量很少，主要是配合外专业就总体布置设想等提出意见，并提出本专业技经资料；有时也可不参加这一阶段的工作。

二、可行性研究阶段

（1）可行性研究阶段工程设想一节仪表与控制专业主要编写内容如下：

1）提出拟采用的主要控制方式和控制水平、全厂自动化系统规划方案。

2）说明管理信息系统（MIS，含基建）、监控信息系统（SIS）的设想。

3）对拟采用的编码系统进行说明。

（2）可行性研究阶段全厂自动化系统规划图设计深度如下：

1）管理信息系统（MIS，含基建）、监控信息系统（SIS）的网络构架。

2）机组控制系统控制网络构架。

3）辅助车间（系统）控制网络构架。

三、初步设计阶段

初步设计应满足 DL/T 5427《火力发电厂初步设计文件内容深度规定》的要求。

（一）仪表与控制说明书

1. 概述

说明工程概况、主要热力系统及电气系统概况；说明本专业在工程设计中的设计指导思想及设计特点，包括新技术及新设备的使用；说明仪表与控制设计范围、专业设计接口及分工。

2. 自动化水平和控制方式、集中控制室/电子设备间布置

（1）说明仪表与控制自动化水平。说明电厂性质及运行要求、自动化适应负荷的范围、全厂自动化系

统总体结构、机组控制系统及包括范围、操作员站配置等。

（2）控制方式。说明机组及辅助系统、辅助车间（系统）的控制方式及控制模式；说明集中控制室机组控制系统操作台及监视盘的型式及其配置原则；说明空冷系统、脱硫系统、脱硝系统控制方式；说明电气系统进机组 DCS 的监控范围。

（3）集中控制室/电子设备间布置。说明集中控制室/电子设备间布置位置、面积；说明集中控制室辅助房间设置情况；说明是“两机一控”，还是“多机一控”；说明是否设置电缆夹层；说明机组电子设备间是集中布置，还是物理分散布置；说明辅助车间（系统）就地控制室和电子设备间设置情况。

3. 仪表与控制系统及装置功能

（1）主厂房内控制系统或装置功能。

1）应说明机组控制系统功能、控制范围[含辅助车间（系统）纳入机组控制系统的范围]、现场总线、远程 I/O 设置情况。

2）说明机组旁路控制系统、汽轮机控制系统（DEH）、给水泵汽轮机控制系统（MEH）等控制装置的功能，说明控制范围、功能及完成的主要功能，采用何种硬件，与机组 DCS 的关系，列出主要调节及控制回路。

3）说明其他控制系统设备如工业电视系统、炉管泄漏系统、旋转机械监视分析系统、飞灰含碳装置等设备或系统功能。

（2）辅助车间（系统）网络及控制系统功能。说明辅助车间（系统）网络及控制系统基本功能，列出所接入的辅助车间（系统）名称。

（3）仪表与控制保护及报警信号系统。说明仪表与控制保护项目及功能、重要保护项目的冗余设计原则；说明后备操作开关（按钮）的配置原则并列出具体项目；列出仪表与控制保护项目。说明仪表与控制报警信号的设置原则、报警设计原则。

4. 仪表与控制系统及设备配置

（1）主厂房内控制系统及设备配置。说明机组控制系统主要硬件配置要求；说明汽轮机控制系统（DEH）及给水泵汽轮机控制系统（MEH）硬件配置情况；说明工业电视系统（炉膛火焰电视及汽包水位）的配置并进行说明。

（2）辅助车间（系统）网络配置。说明辅助车间（系统）网络配置，包括硬件、软件及接口；仪表防冻措施。

5. 控制系统的可靠性及实时性

（1）控制系统的可靠性。说明在设计中保证控制系统的可靠性采取的措施；说明主要控制设备或系统的可靠性指标；说明仪表的冗余设计原则；对于控制系统试点工程或新技术，应论述确保其可靠性的特殊措施；提出保证控制系统可靠性需要的进口设备项目。

（2）控制系统的实时性。说明对控制系统、计算机网络及检测仪表的实时性要求。

6. 电源和气源

（1）电源。说明主厂房交流不停电电源、交流 380V、交流 220V、直流等电源配电原则及要求；说明各辅助车间（系统）交流 380V、交流 220V 等电源配电原则及要求。

（2）气源。说明控制气源系统配置原则，提出气源品质、耗气量等要求。

7. 仪表与控制系统及设备材料选型

说明机组控制系统选型原则，根据需要说明哪些硬件及软件需要进口；说明辅助车间（系统）网络及辅助车间（系统）控制系统选型原则，根据需要说明哪些硬件及软件需要进口；说明常规仪表和控制设备的选型，说明哪些仪表和控制设备需要进口；说明特殊仪表选型原则；说明仪表管材质及阀门选型原则；说明电缆选型原则，包括电缆绝缘材料、缆芯材料、护套材料，控制电缆、耐高温电缆及计算机电缆、电缆屏蔽类型；说明电缆防火措施及阻燃电缆选用原则；说明电缆桥架选型原则。

8. 仪表与控制试验室

说明仪表与控制试验室布置及面积；试验室房间分配原则；说明是否承担检修任务；说明试验室设备，应根据工程单机容量、机组类型及机组台数，论述试验室设备配置标准。对于扩建电厂，应说明增加的试验室设备和面积的原则。

9. 火灾报警及消防控制系统

（1）概述。说明火灾报警及消防控制系统功能；说明全厂火灾报警及消防控制系统设置基本思想（包括脱硫、脱硝系统等火灾报警及消防控制系统）；说明火灾报警及消防控制系统主盘布置位置；说明火灾报警区域盘设置及气体灭火控制盘的设置。

（2）报警探测设置区域。说明气体火灾报警探测设置区域；说明火灾探测类型。

（3）火灾报警及消防系统联锁项目。说明发生火灾报警后的联动项目。

（4）火灾报警及消防控制系统设备及材料选型要求。提出火灾报警及消防控制系统设备选型意见；说明火灾报警及消防控制系统电缆选择要求。

（二）信息系统及安全防护部分说明书

信息系统及安全防护系统说明书包括概述、网络规划、接口、SIS、MIS、全厂视频监视系统等方面的内容。

1. 概述

说明工程设计依据及电厂规模；对于扩建工程，应简述 SIS、MIS 及全厂视频监视系统老厂设置的有关情况及本期的规划是新建还是扩容。简述电厂仪表与控制自动化水平及控制方式。

2. 网络规划

（1）说明全厂信息系统，统一考虑、统一协调，形成全厂统一的监控平台，实现全厂的生产管理和生产过程控制；说明全厂信息系统从功能上包括全厂管理信息系统（MIS）、全厂监控信息系统（SIS）及全厂视频监视系统（含安全防护系统）。根据建设方要求及工程实际情况，也可以将 SIS 与 MIS 合并设置。

（2）说明全厂信息网络结构，各控制系统通过通信网络相连。

（3）说明网络所采用的技术及通信协议。

（4）说明网络各级带宽，说明如何连接至互联网，说明采用的通信介质。

3. 接口

说明 SIS、MIS、辅助车间（系统）监控系统或辅助车间（系统）分类监控系统、全厂视频监视系统（含安全防护系统）之间的连接接口，说明接口是否冗余，通过何种方式接入。

4. 全厂监控信息系统（SIS）

（1）概述。说明 SIS 设计所引用的规程规范、标准和其他参考资料。对扩建工程，说明已建 SIS 的情况；说明 SIS 设计原则，对于扩建工程，应明确是在原有基础上扩容还是新建。

（2）SIS 构成。

1）说明 SIS 的总体框架，说明哪些控制系统或控制装置接入 SIS 的服务器中。同时说明 SIS 为 MIS 提供所需的生产过程的信息。

2）根据设计原则、设计范围及建设方要求并结合工程实际情况，说明 SIS 完成的功能，同时说明哪些是预留功能，哪些功能要分期分批建设。

3）说明 SIS 与厂内控制系统及控制装置及与厂外其他相关部门的接口。对接口的数据规模、传送方式、是否冗余、采用的技术、安全机制、软硬件配置等进行说明。

（3）系统配置。

1）根据系统构成及功能要求，按照设计原则提出硬件的基本配置方案。

2）说明实时数据库服务器及数据库的功能，说明服务器存储容量和数据解压缩的时间及精度要求。

3）明确数据存储方式，提出服务器、磁盘阵列及数据库的主要技术指标要求。

4）说明完成 SIS 所定义的各种功能的功能站。

5）说明功能站型式及硬件配置要求；说明各功能站所完成的功能及要求；说明各类功能站的数量。

6）说明客户机终端数量及初步安放位置，说明客户机要完成的功能；说明客户机的选用要求及硬件配置要求。

7）说明网关（接口）计算机数量及需完成的功能；说明网关（接口）计算机的选用要求及硬件配置要求。

8）说明打印机数量及指标、规格要求；说明显示屏规格、指标要求。

9）根据应用软件及系统管理的需要提出系统软件的选型和基本配置。

（4）网络配置。说明 SIS 的网络结构及通信介质；说明为保证网络安全所采取的措施；说明控制网络接口设备冗余的设置情况；说明控制网络通信负荷率；说明网络主干交换机的选择（包括指标及要求）；说明单项物理隔离器及防火墙的配置使用情况。

5. 全厂管理信息系统

（1）建设期信息管理系统。

1）概述。说明设计依据、设计原则、设计范围。

2）系统需求。

a. 电厂概况。说明电厂建设期的目标、建设过程及管理模式、电厂对外联系等。

b. 系统目标。说明建设期 MIS 的总目标、具体目标和实施的原则。

c. 功能需求。根据设计原则、设计范围及目标确定该系统的功能需求，以确保目标的实现。

d. 性能需求。提出对建设期 MIS 系统的硬件体系结构、系统软件、数据库、应用软件的基本要求。

e. 数据需求。提供被处理数据的描述和数据采集的基本要求。

f. 安全需求。按照电厂建设的管理模式提出建设期 MIS 的安全需求。

g. 外部约束。根据电厂的自身特点，提出对系统的约束和限制。

3）系统构成。

a. 确定建设期 MIS 的总体框架。

b. 根据建设期的实际情况、结合生产期 MIS 的目标要求、对未来系统的规划结果划分子系统。

c. 根据设计原则、设计范围、系统目标、系统功能，并结合现有商品化软件提供的成熟技术，定义各子系统的功能。

d. 对系统中的数据进行分类、统计。根据数据产生的规模并结合生产期 MIS 数据的存储要求，选用、配置数据库。

e. 说明该系统与厂外其他相关部门的接口。对系统接口规划进行细化和落实，对接口的数据规模、传送方式、采用的技术、安全机制、软硬件配置等进行说明。

f. 说明建设期MIS的数据向生产期MIS迁移的方案。

4）系统配置。

a. 应用软件配置方案；提出系统软件的初步选型要求和基本配置；提出网络结构及初步配置方案并提出整个建设期的信息点数；根据服务器及系统安全性和可靠性的要求，配置一定数量、不同性能的服务器。

b. 系统配置应充分考虑系统的安全性、开放性、一致性和集成性，对主要内容做方案比选。

c. 在系统配置时，充分考虑生产期MIS配置的要求，并做好永临结合的设计说明。

5）软硬件汇总。

a. 将选择的应用软件和系统软件按照不同方案分别汇总，应包括序号、软件名称、规格型号或配置、数量或用户数等内容。

b. 将选择的硬件按照不同设计方案分别汇总，应包括序号、设备名称、规格或配置、数量等内容。

（2）生产期管理信息系统。

1）概述。说明设计依据、设计原则、设计范围；对扩建工程，应有已建部分的概述和存在问题的说明。

2）系统需求。

a. 说明电厂经营目标、电厂生产过程及运行管理模式、电厂对外联系等。

b. 说明生产期MIS的总目标、具体目标和实施的原则。

c. 根据设计原则、设计范围及系统目标确定该系统的功能需求，以确保目标的实现。

d. 提出对系统的硬件体系结构、系统软件、数据库、应用软件的基本要求。

e. 提供被处理数据的描述和数据采集的基本要求。

f. 按照企业的管理模式提出生产期MIS的安全需求。

g. 根据电厂的自身特点，提出对系统的约束和限制。

3）系统构成。

a. 确定生产期MIS的总体框架。

b. 根据建设期的实际情况，结合生产期信息管理系统的目标要求、对未来系统的规划结果划分子系统。

c. 根据设计原则、设计范围、系统目标、系统功能，并结合现有商品化软件提供的成熟技术，定义各子系统的功能。

d. 对系统中的数据进行分类、统计。根据不同类别数据的不同特性（主要是实时数据和非实时数据两大类）和产生规模，选用、配置数据库。

e. 说明该系统与厂内控制系统及与厂外其他相关部门的接口。对系统接口规划进行细化和落实，对接口的数据规模、传送方式、采用的技术、安全机制、软硬件配置等进行说明。

4）系统配置。

a. 根据系统构成的要求，按照设计原则，结合现有商品化软件及未来发展趋势，提出应用软件的基本配置方案。

b. 根据应用软件并结合生产期信息管理系统的目标要求及系统管理的需要提出系统软件的初步选型要求和基本配置方案。

c. 按照信息管理系统的信息传输及应用要求，结合现有网络技术及未来发展趋势，提出网络结构及初步配置方案，并提出整个电厂的信息点数。

d. 根据应用及数据库访问的需要，兼顾负荷均衡并结合生产期信息管理系统对服务器的要求及系统安全性和可靠性的要求，配置一定数量、不同性能的服务器。

e. 系统配置原则。应充分考虑系统的安全性、开放性、一致性和集成性，对主要内容做方案比选。在系统配置时，充分考虑生产期信息管理系统配置的要求，并做好永临结合的设计工作。

5）软硬件汇总。

a. 将选择的应用软件和系统软件按照不同方案分别汇总，应包括序号、软件名称、规格或配置、数量或用户数等内容。

b. 将选择的硬件按照不同设计方案分别汇总，应包括序号、设备名称、规格或配置、数量等内容。

6）信息分类与编码。

a. 对于信息的分类和编码应尽量采用已有标准，对于没有标准可循的信息应按照科学性、唯一性、实用性、可扩充性的原则进行分类编码。

b. 对生产期信息管理系统中采用的标准信息分类编码进行列表说明。

c. 对生产期信息管理系统自编的信息分类编码进行列表说明，并说明编制原则。

6. 全厂视频监视系统及安全防护系统

（1）说明全厂视频监视系统包括的子系统，说明监视点（包括就地）设置情况；说明运煤、脱硫系统、安全防护系统闭路电视如何设置。

（2）说明全厂视频监视系统监视区域。

（3）说明全厂视频监视系统探头数量。

（4）根据工程实际情况，如工程需要设置门禁系统，则应说明门禁系统的基本功能及配置要求。

7. 信息安全防护

（1）说明系统硬件、网络操作系统、数据库、应用服务、工作站端等安全层次结构划分原则和结构。

（2）说明机房环境的要求（包括电源、消防、温湿度、防雷、防水、电磁干扰等）、服务器和磁盘阵列、网络设备的安全及环境要求等。

（3）说明系统本身的安全可靠性、系统间的访问控制、用户的访问控制等内容。

（4）提出数据库对存储数据的全面保护的要求，数据库的安全包括对数据安全及数据恢复的要求、用户访问控制、数据的一致性和保密性等。

（5）应用系统的安全应考虑用户访问控制、身份识别、操作日志记录、防病毒、防黑客入侵等内容。

（6）说明接入到全厂信息监控系统的控制系统或装置的安全要求，接口系统包括防火墙和物理隔离装置，保证生产运行的安全性。

（三）图纸深度要求

1. 集中控制室及电子设备间布置图

主厂房布置如采用多个方案，应根据主厂房布置完成相应的集中控制室及电子设备间布置图。

（1）表示所有运行辅助房间的平面布置。

（2）表示盘台柜数量、相互间的主要尺寸，编制控制盘、台、柜设备一览表，内容包括序号、设计编号、设备名称、规格或配置、数量和备注。

2. 主厂房电缆桥架主通道示意图

（1）表示电缆竖井、主通道的具体位置。

（2）表示各层桥架层高、层数、桥架宽度等。

3. 主要工艺管道仪表图（piping and instrumentation diagram，P&ID）

在工艺流程图上表示仪表测点。

4. 全厂自动化系统及计算机网络图

（1）表示全厂各系统的组网方式、连接全厂计算机设备的网络主干和支干，标注网络线的介质。监控（测）对象组网的范围及接口、与其他控制系统的接口范围，扩建工程应同时表示出已有网络设备和新增网络设备。

（2）编制设备表包括序号、设计编号、设备名称、规格或配置、数量和备注。

5. 信息中心机房平面布置图

（1）表示操作台、机柜、配线架和设备的外形、位置及相互间的主要尺寸。

（2）编制设备表，包括序号、设计编号、设备名称、规格或配置、数量和备注等栏目。

四、施工图设计阶段

施工图设计阶段的仪表与控制设计必须认真贯彻国家的各项技术方针政策，执行国家和电力行业颁布的有关标准和规范。施工图设计内容深度应充分体现设计意图，满足设备订货、安装施工、调试运行及维护管理等各方面要求。设计文件的内容、深度和编制方式应重视建设单位的需求，为建设单位提供更完善的服务。设计文件的编制应考虑数字化等设计手段的进步，采用更为合理和完善的表达方式。

涉外工程设计文件的表达可借鉴国际同行业的发展水平和发展趋势，与国际通行的惯例、方式接轨。具体工程施工图（详图）设计内容深度应以合同为准。

施工图设计应满足DL/T 5461.9《火力发电厂施工图设计文件内容深度规定　第9部分：仪表与控制》及DL/T 5461.16《火力发电厂施工图设计文件内容深度规定　第16部分：信息系统》的要求。以下仅介绍常规设计内容，信息系统设计内容具体见相关规定。

（一）施工图总图设计深度

施工图总图阶段是一个介于初步设计与施工图设计之间的一个重要环节，是开展施工图设计的依据之一。施工图总图阶段需要与锅炉、汽轮机、发电机等主辅机设备制造厂配合并相互提供配合资料，为施工图设计创造条件。施工图总图是施工图初期指导和协调各专业之间和各专业内部相互配合、指导各卷册施工图设计的重要文件。该阶段主要解决主体专业与相关专业之间的互提资料配合，完成初步设计审查文件中要求修改、优化的内容，选择最优的设计方案。应对该阶段提出的中间成果进行专业评审和综合评审及外部评审。

在施工图总图阶段，本专业完成的图纸和设备清册包括集中控制室和电子设备间平面布置图，集中控制室内控制盘、台面、大屏幕墙布置图，主厂房内电缆通道走向图，主厂房内各工艺系统P&ID，主厂房内仪表和控制设备清册。

施工图总图内容设计深度如下：

（1）集中控制室和电子设备间平面布置图。

1）各房间结构与建筑平面图应该一致，表示各房间的盘、台、柜、打印机及其他设备的布置和相对尺寸。

2）编制设备表，包括序号、设计编号、设备名称、规格或配置、数量和备注等栏目。

（2）集中控制室内控制盘、台面、大屏幕墙布置图。

1）按控制盘、台面、大屏幕墙的实际排列顺序精确地绘制盘台的外形尺寸，包括正视图和侧视图及精确的尺寸标注。

2）按比例绘制控制盘、台面上控制设备及按钮的实际位置，并标注尺寸。

3）编制设备表，包括序号、设计编号、设备名称、规格或配置、数量和备注等栏目。

（3）主厂房内电缆通道走向图。

1）标明电缆主通道的断面尺寸、顶标高和底标高。

2）电缆主通道可以分层绘制，图上应画出主要工艺设备的布置位置和楼层标高，并注明柱子编号、柱距尺寸。

3）在各楼层的电缆主通道走向平面图上，绘制电缆竖井的横断面及电缆竖井的起、终点标高。

（4）主厂房内各工艺系统 P&ID。

1）按电厂标识系统要求绘制工艺系统 P&ID，包括所有就地仪表及功能。

2）标注仪表设备编号、功能符号及仪表安装地点等。

3）应有图例符号、参考图号及有关的附注和说明。

（5）主厂房内仪表和控制设备清册。分系统开列主厂房内仪表和控制设备（包括制造厂提供的仪表和控制设备）清册，其内容包括序号、设计编号、名称、型式规范、数量和备注。

（二）施工图设计深度

仪表与控制部分施工图设计文件以卷册为单位出版，其中大部分为图纸卷册。另外，还包括设计说明、清册等文本卷册。

1. 施工图总说明及卷册目录

该卷册应包括工程概述、设计依据、设计范围与分界、控制方式和集中控制室布置、全厂控制系统总体结构及构成、控制系统功能、主要设备及材料选型、设计和施工说明、施工图卷册目录等内容。

（1）工程概述。

1）说明电厂地理位置、环境气象条件等基本情况。

2）本期工程设计规模、电厂规划容量及特点，如为扩建工程，应描述前期工程的相关概况。

3）主设备概况，包括机组制造厂商、类型、容量、主要参数等。

4）主系统特点，包括主要热力系统和燃烧系统的特点。

5）主要辅助设备概况，包括主要辅机的制造厂商、型式和主要参数等。

（2）设计依据。

1）现行法律、法规、标准、规程规范；

2）会议纪要；

3）初步设计文件及其审批文件；

4）施工设计总图及其评审意见；

5）工程设计合同；

6）主辅机技术协议文件及设备制造厂商提供的资料和图纸。

（3）设计范围及分界。应说明本专业设计的范围、与外部的接口与分界。如为扩建工程，应扼要说明本期工程与原有电厂的衔接及分界问题。

（4）控制方式和集中控制室布置。应说明机组和辅助车间（系统）的控制方式（是集中控制还是就地分区控制）、监控方式（说明采用操作员站及常规监视的情况）等。说明集中控制室和电子设备间布置位置、面积、电缆夹层等情况。

（5）控制系统功能。

1）机组控制系统。应说明包括哪些子系统功能，顺序控制系统子组、功能组设置情况，自动调节项目设置情况。

2）数字电液控制系统（digital electro-hydraulic control system，DEH）。应说明具体的功能和是否纳入机组控制系统。

3）汽轮机紧急跳闸系统（emergency trip system，ETS）。应说明具体的功能、是否纳入机组控制系统，以及主要跳闸条件。

4）给水泵汽轮机数字电液控制系统（micro electro-hydraulic control system，MEH）。应说明具体的功能、是否纳入机组控制系统。

5）给水泵汽轮机紧急跳闸系统（micro emergency trip system，METS）。应说明具体的功能、是否纳入机组控制系统，以及主要跳闸条件。

6）辅助车间（系统）控制网络。说明是集中控制网络，还是分类子控制网络，以及所包括的被控工艺系统和所具备的控制功能。

7）常规（仪表）控制装置［包括汽轮机和给水泵汽轮机安全监视仪表（TSI）、单体控制装置、工业电视等］。说明有哪些常规（仪表）控制装置和各控制装置的功能。

（6）主要设备及材料选型。

1）应说明机组控制系统、DEH、MEH、PLC 和常规仪表装置的型式、供货厂商。

2）说明各现场仪表控制设备型式、供货厂商。

3）说明电缆及桥架型式。

4）说明进口高温高压阀门及导管型式、供货厂商。

（7）设计和施工说明。应包括供货范围的划分、电源和气源设计参数及数据等；根据施工图设计阶段的具体情况，说明在仪表与控制设备安装及其他施工环节中应注意的事项。

（8）施工图卷册目录。

1）根据最终出版的卷册编制，宜采用表格的形式，包括序号、卷册号、卷册名称、备注等栏目；

2）仪表与控制部分、SIS 及 MIS、视频监视系统、门禁系统施工图阶段典型工程卷册目录见表 1-2～表 1-5。以 600MW 超临界凝冷式燃煤发电机组为例。

表 1-2　典型工程仪表与控制部分施工图卷册目录

序号	卷册编号	卷册名称	备注
第一卷：主厂房仪表与控制系统及总的部分			
1	K0101	施工图总说明及卷册目录	
2	K0102	集中控制室及电子设备间布置图	
3	K0103	标识系统编码说明	
4	K0104	锅炉仪表控制系统图	
5	K0105	汽轮机仪表控制系统图	
6	K0106	仪表与控制系统图图例	
7	K0107	机炉仪表与控制设备清册	
8	K0108	仪表与控制安装材料汇总清册	
9	K0109	仪表与控制电源系统配置图	
10	K0110	仪表与控制气源系统配置图	
11	K0111	流量测量装置订货清册	
12	K0112	仪表与控制试验室布置及设备清册	
第二卷：主厂房常规盘柜施工图			
13	K0201	机炉控制盘、台、柜施工图	
14	K0202	就地控制盘柜施工图	
15	K0203	仪表保温/保护箱及仪表架内部布置图	
16	K0204	配电箱展开图	
第三卷：单元接线图			
17	K0301	电动阀、电动执行机构控制接线图	
18	K0302	电磁阀控制接线图	
19	K0303	仪表及常规检测装置接线图	
第四卷：控制系统及控制装置施工图			
20	K0401	DCS 硬件配置及设备清册	
21	K0402	DCS 输入/输出（I/O）测点清册	
22	K0403①	顺序控制系统框图或说明	
23	K0404①	自动调节系统框图或说明	
24	K0405	DCS 机柜接线表及电缆清册	
25	K0406	DCS 电源接线及接地施工图	
26	K0407	汽轮机 DEH 施工图	
27	K0408	汽轮机 ETS 施工图	
28	K0409	汽轮机 TSI 施工图	
29	K0410	给水泵汽轮机 MEH 及 ETS 施工图	
30	K0411	锅炉吹灰程控施工图	

续表

序号	卷册编号	卷册名称	备注
31	K0412	锅炉炉管泄漏监测系统施工图	
32	K0413	风机振动监测施工图	
33	K0414	工业电视系统施工图	
34	K0415	汽轮机数据诊断管理系统施工图	
35	K0416	给水泵汽轮机 TSI 施工图	
36	K0417	凝汽器胶球清洗控制施工图	
37	K0418	发电机漏氢监测系统施工图	
第五卷：主厂房电缆、导管及防冻施工图			
38	K0501	主厂房电缆通道走向图	
39	K0502	主厂房就地盘箱柜架布置图	
40	K0503	电缆防火施工图	
41	K0504	锅炉仪表阀门、导管接管图	
42	K0505	汽轮机仪表阀门、导管接管图	
43	K0506	仪表及导管防冻施工图	
第六卷：辅助车间（系统）施工图			
44	K0601	辅助车间（系统）控制网络施工图	
45	K0602	锅炉补给水处理系统仪表控制施工图	
46	K0603	凝结水精处理系统仪表控制施工图	
47	K0604	原水预处理系统仪表控制施工图	
48	K0605	预脱盐处理系统仪表控制施工图	
49	K0606	化学加药及汽水取样仪表控制施工图	
50	K0607	循环水预处理系统仪表控制施工图	
51	K0608	工业废水处理系统仪表控制施工图	
52	K0609	反渗透处理系统仪表控制施工图	
53	K0610	电解制氯系统仪表控制施工图	
54	K0611	热网补给水及生产回水处理系统仪表控制施工图	
55	K0612	除灰系统仪表控制施工图	
56	K0613	除渣系统仪表控制施工图	
57	K0614	启动锅炉房仪表控制施工图	
58	K0615	点火及助燃燃料系统仪表控制施工图	
59	K0616	压缩空气系统仪表控制施工图	
60	K0617	制（储）氢站仪表控制施工图	
61	K0618	循环水泵房/辅机冷却水系统仪表控制施工图	
62	K0619	综合水泵房仪表控制施工图	
63	K0620	净化站仪表控制施工图	
64	K0621	补给水泵房仪表控制施工图	
65	K0622	生活污水处理站仪表控制施工图	

续表

序号	卷册编号	卷册名称	备注
66	K0623	空冷仪表控制系统施工图	
67	K0624	中水处理系统仪表控制系统施工图	
68	K0625	杂项泵房仪表控制施工图	
69	K0626	空调系统仪表控制施工图	
70	K0627	采暖加热站仪表控制施工图	
71	K0628	集中制冷仪表控制施工图	
72	K0629	烟气脱硫仪表控制施工图	
73	K0630	烟气脱硝仪表控制施工图	
74	K0631	烟气连续监测系统施工图	

① 合同有要求时设计。

表 1-3 典型工程 SIS 施工图卷册目录

序号	卷册编号	卷册名称	备注
1	K0701-1	SIS 配置说明、设备清单、线缆清单	
2	K0701-2	SIS 网络配置图	
3	K0701-3	全厂生产自动化系统计算机网络配置图	

表 1-4 典型工程 MIS 施工图卷册目录

序号	卷册编号	卷册名称	备注
1	F0101	MIS 施工图说明及图纸卷册目录	
2	F0102	MIS 总体设计	
3	F0103	MIS 设备材料汇总清册	
4	F0104	MIS 设备标识系统编码	
5	F0201	MIS 楼宇间光纤图	
6	F0202	生产综合楼计算机网络布线图	
7	F0203	生产综合楼计算机网络电源图	
8	F0204	集中控制楼计算机网络布线图	
9	F0205	化验楼计算机网络布线图	
10	F0206	运煤综合楼计算机网络布线图	
11	F0207	检修维护楼计算机网络布线图	
12	F0208	备品备件库计算机网络布线图	
13	F0209	夜班休息楼计算机网络布线图	
14	F0210	材料库计算机网络布线图	
15	F0211	职工食堂计算机网络布线图	
16	F0212	重车衡及值班室计算机网络布线图	
17	F0213	轻车衡及值班室计算机网络布线图	
18	F0214	警卫传达室计算机网络布线图	
19	F0301	行政办公楼有线电视布线图	
20	F0302	夜班休息楼有线电视布线图	
21	F0303	招待所有线电视布线图	
22	F0304	公寓楼有线电视布线图	
23	F0305	有线电视系统楼宇间光纤图	

表 1-5 典型工程视频监视系统、门禁系统施工图卷册目录

序号	卷册编号	卷册名称	备注
1	F0801	视频监视系统施工图	
2	F0802	门禁系统施工图	

2. 标识系统设计说明

此部分设计文件作为一个单独的卷册出版，主要根据具体项目所采用的标识系统方案，说明仪表与控制部分标识系统编码的规则、设计文件中标识系统编码的具体内容和要求，主要包括项目标识系统编码规则、各级编码定义、仪表与控制部分编码要求。

项目标识系统编码应符合 GB/T 50549《电厂标识系统编码标准》的规定。项目标识系统编码规则应根据项目所确定的标识系统方案，简要介绍编码的基本原则，包括编码分层的基本格式、各层次代码编制的规定及与项目标识系统编码相关的要求等。各级编码应定义仪表与控制部分各级的编码符号与其所代表的对象之间的对应关系。

仪表与控制编码要求应说明进行标识系统编码时的具体规定、要求和方法。仪表与控制部分编码一般宜编至设备级，有时也可以根据工程要求编制到元件级。

3. 设备、材料清册

（1）设备清册内容深度。统计汇总全厂设备，开列设备清册。统计汇总全厂主要材料，开列材料清册。设备清册中的内容宜以表格的形式开列，表格中应具有序号、标识系统编码（可按工程需要确定是否设置此栏）、名称、型号及规范、单位、数量、制造厂和备注等栏目。

1）为便于订货，满足分期建设要求，清册中的机组用设备数量可按每台机组开列，公用设备可开列在第一台机组的合计栏中或单独开列，两台机组连续建设时也可按两台机组开列。

2）设备在清册中宜按系统、类别和功能、用途进行分类，以便归口统计。随主设备配套供货的辅助设备及附件应随主设备一起开列，并列于该主设备项目下。对于特殊要求的设备，应在“型号及规范”一栏（或备注）中详细说明。

3）设备清册应包括各控制系统和控制装置，控制盘、台、箱、柜，温度、压力、液位、流量、分析等各类仪表和各类执行机构等。

4）为满足工程订货要求，可按设计进度分批分期提供清册；如在设计中有较大的修改或补充，则应出版补充的设备清册，并说明清册中修改增补的具体内容。

5）设备清册应编写编制说明，其内容包括本清册对应本期工程的机组数量、本清册所包括的部分、本清册所不包括的部分、工程所需要特别说明的事项。

（2）材料清册内容深度。材料清册中的内容宜以表格的形式开列，表格中应具有序号、标识系统编码、名称、型号及规范、单位、数量和备注等栏目。典型主要材料清册表格见表1-6。

表1-6　　典型主要材料清册表格

序号	名称	型号及规范	单位	数量			备注
				×号机组	×号机组	合计	

1）为便于订货，满足分期建设要求，清册中的机组用材料数量可按每台机组开列，公用设备可开列在第一台机组的合计栏中或单独开列。

2）材料在清册中宜按系统、类别和功能、用途进行分类，以便归口统计。为满足工程订货要求，可按设计进度分批分期提供清册；如在设计中有较大的修改或补充，则应出版补充的材料清册，并说明清册中修改增补的具体内容。

3）材料清册应包括电缆、导线、导管、接线盒、仪表阀门、电缆桥架及槽盒、金属软管及接头、钢材、防火材料、电伴热材料等的型号规格和汇总数量等。

4）材料清册应编制说明，其内容包括本清册对应本期工程的机组数量、本清册所包括的部分、本清册所不包括的部分、所列数量是否包括安装裕量和备用量、随设备供应的材料是否开列、工程所需要特别说明的事项。

4. 主厂房内主要工艺系统P&ID

（1）主要工艺系统P&ID应包括锅炉本体及疏水、放气和排污系统，锅炉空气系统，锅炉烟气系统，锅炉燃油（气）系统，锅炉制粉、送粉系统，主蒸汽、再热蒸汽及旁路系统，汽机抽汽及加热器疏水、放气系统，辅助蒸汽及汽轮机汽封、疏水、放气系统，凝结水系统，给水系统、锅炉启动系统（适用于超临界或超超临界机组），凝汽器抽真空、循环水系统或空冷系统，汽轮机润滑油、控制油系统，开、闭式循环冷却水及工业水系统，发电机氢油水系统，汽轮机和发电机本体等。

（2）主要工艺系统P&ID应标注出测量仪表及被控的电动机、电加热器、执行机构、设备编号，并标明仪表是安装在就地还是仪表盘箱柜上。

（3）设备编号应包含有参量符号、功能符号、系统代号和流水号四部分，用以表示该设备的唯一编号。当工程要求采用标识系统时，设备编号应按标识系统的设计要求进行编制。

（4）对于压力开关、差压开关、温度开关等逻辑开关，应标注其动作限值类型（如高限H、低限L等）。

（5）随主辅设备供货的仪表设备宜有明显的区分标志。

（6）宜在图上简要地说明和所参考的设备厂商图号。

（7）主要工艺系统P&ID还应包括图例。图例应包括仪表与控制系统图中主要工艺设备、工艺管道、所有仪表及控制设备的图例符号和相关编号含义。

5. 集中控制室及电子设备间布置图

（1）集中控制室布置图。

1）应标出绘制比例。应与建筑平面图一致，应标示集中控制室的门、窗及柱子的布置、柱距、柱轴线号、地坪标高。应标示控制盘、台、柜的编号、定位尺寸和正面朝向。应附有设备表，设备表的项目宜包括序号、编号、名称、型号规格、数量和备注。

2）对于集中控制室或带有运行辅助房间的集中控制室布置图，还应表示相关运行辅助房间布置图。对于设有背景墙的集中控制室布置图，应有背景墙立面图，立面图中应表示出整个立面的LED显示、大屏幕等的相对布置位置及定位尺寸。

（2）电子设备间布置图。

1）应标出绘制比例。应与建筑平面图一致，应标示电子设备间的门、窗及柱子的布置、柱距、柱轴线号和地坪标高。应标示控制盘、柜的编号、定位尺寸和正面朝向。应附有设备表，设备表的项目宜包括序号、编号、名称、型号规格、数量和备注。

2）对于电子设备间的预留盘柜位置等宜作必要的说明。

6. 主厂房电缆主通道走向、就地盘箱柜架布置图及电缆防火

（1）电缆主通道走向图。

1）应标明电缆主通道的定位尺寸、宽度和每层的标高。

2）汽机房及除氧煤仓间的电缆主通道宜按运行层、除氧器层、中间层等分层绘制。锅炉房的电缆主通道应按运行层和其他相应锅炉平台层分层绘制。应

标出主要工艺设备、楼层标高、柱距尺寸和柱轴线号及图示比例。

3）应标明电缆竖井的横断面尺寸及起、终点标高。

4）应在图中标出防火部位。

5）宜有相应的材料汇总。

（2）就地盘箱柜架布置图。

1）汽机房及除氧煤仓间盘箱柜架布置应按运行层、除氧器层、中间层、零米层等分层绘制；锅炉房盘箱柜架布置应按零米层、运行层和其他相应锅炉平台层分层绘制。应标示出主要工艺设备、楼层标高、柱距尺寸和柱轴线号及图示比例。

2）应标示保护（温）箱、仪表架、就地配电箱，以及其他盘、箱、柜（含随主辅设备供货部分）等的编号、定位尺寸和正面朝向。

3）保护（温）箱、仪表架内部布置图应包括仪表保护（温）箱编号、尺寸和所带接线盒型号、箱（架）中所安装仪表的编号和用途及箱（架）的安装地点等。

4）盘箱柜架汇总表宜包括序号、编号、名称、型式规范、数量和备注等栏目。

（3）电缆防火。

1）应包括电缆防火说明、防火部位和相应的材料汇总。应包括电缆防火的敷设要求、电缆阻火部位及方案、耐火防护方式等电缆防火说明。

2）应在图中标出防火部位。

3）宜有相应的材料汇总。

7. 机组控制系统

（1）分散控制系统设计。

1）分散控制系统硬件配置图及设备清单。

a. 分散控制系统硬件配置图应绘出网络连接、交换机、过程控制站（控制器）、操作员站、工程师站、历史站、服务器和外围设备（打印机、大屏幕）等主要硬件，以及与外围系统的连接。

b. 分散控制系统硬件配置设备清单应包含网络连接中的上述主要硬件，设备清单格式中宜包括序号、设备编号、设备名称、型号规格、数量、制造商（产地）和备注。

2）过程输入/输出测点（I/O）清册。

a. 过程模拟量输入/输出测点，宜包括序号、测点编号，测点名称（描述）、测点所属子系统、测点类型（测量元件性质，如热电偶、热电阻、变送器）、信号类型、供电方式、工程单位、信号量程、报警及保护值、信号所在工艺系统 P&ID 的图号等。

b. 过程数字量输入/输出测点，宜包括序号、测点编号（标签号）、测点名称（描述）、测点所属子系统、测点类型（触点状态，打开或闭合）、供电方式、报警类型、特殊要求的输出触点容量、信号所在工艺系统 P&ID 的图号等。

c. 过程脉冲量输入及输出测点，宜包括序号、测点编号（标签号）、测点名称（描述）、测点所属子系统、测点类型、工程单位、信号量程、信号所在工艺系统 P&ID 的图号等。

3）顺序控制系统框图宜采用箭头的方式表示顺序控制对象的启停顺序控制关系；或按照工艺系统设计说明编制顺序控制系统说明，说明各顺序控制功能组/子组的启停顺序和相关条件。工程项目中是否由设计单位完成该图应根据合同要求确定。

4）自动调节系统框图宜采用 SAMA 或其他形式符号表明输入、控制方案和策略、输出及有关逻辑关系；或按照工艺系统设计说明编制自动调节系统说明，说明自动控制方案和策略。工程项目中是否由设计单位完成该图应根据合同要求确定。

5）机炉保护说明宜说明机炉的各个保护条件（包括 I/O 冗余配置情况）及实现方法（包括硬件配置情况和设备厂商）。

6）电源接线及接地。

a. 根据分散控制系统供应商提供的电源接线及接地资料，开展相应的施工图设计工作。电源接线图应绘制出端子排至一次元件。

b. 接地图应标明每个安装单元的设备名称、设备编号；图中从各接地设备（盘柜、操作员站等）引出的电缆应注明连接的接地位置、去向、电缆编号、型式规范及备用芯数。

7）机柜接线。

a. 机柜接线可采用接线图的方式表示，也可采用接线表的方式表示。

b. 接线图应绘制出端子排至一次元件接线的全部内容，包括电缆、就地接线盒、导线及一次元件等。接线图中应标明端子排中每个安装单元的设备名称、设备编号。接线图中从端子排引出的电缆应注明去向、电缆编号、型式规范及备用芯数。

c. 机柜接线表内容及深度同接线图。机柜接线表的格式宜为标签号、工艺系统 P&ID、描述、测点类型、卡件/端子板号、通道号、端子号、远端设备名称及端子号、电缆编号、电缆型号及备用芯及备注，必要时还应标明中间转接设备（继电器、隔离器、接线盒等）。当采用接线表与电缆清册合并出图时还应列入电缆长度。

（2）其他控制系统。

1）当采用可编程逻辑控制器（PLC）构成机组控制系统时，其设计内容及深度与分散控制系统完全一致。

2）当采用现场总线技术构成控制系统时，其内容及设计深度与分散控制系统一致，同时还应有系统布线设计。系统布线设计应包括各分支及其所挂接节点。

8. 仪表与控制电源系统图

（1）仪表与控制电源系统总配置图。

1）应注明电源的种类（直流、交流、不停电电源）及引入容量、电压等级、电源来源，并列出相应的供/用电设备名称。

2）宜表示配电柜的安装地点。

（2）配电箱展开图。

1）配电箱展开图应包括电源进线开关的型式规范，各回路断路器的型式和额定电流、供电对象的编号及名称和电功率、电缆编号和型号等。对于非一体化电动阀门，还应包括磁力启动器（或接触器）的型号、热元件型号（如采用）和其他需配置的电气设备，以及电源进线及回路接线的示意图。

2）应编制设备表，宜包括序号、编号、设备名称、型式规范、数量、备注等栏目。

（3）控制盘电源系统图。

1）控制盘电源系统图应注明电源的种类（直流、交流、不停电电源）、电压等级、电源来源、每个回路的供电对象及回路电流、断路器等电气设备型式规范。

2）应编制设备表，宜包括序号、编号、设备名称、型式规范、数量、备注等栏目。

3）宜绘制电源盘内设备布置图。

9. 仪表与控制气源配置图

（1）包括自压缩空气母管至各仪表与控制设备、气动控制装置等用气对象的连接管路、阀门及附件的配置。应标明压缩空气母管的管径、分支母管尺寸及阀门等配置。

（2）各供气分支母管应按各用气对象所在的区域分类绘制，应包括三通、截止阀（或球阀）、压缩空气支管管径、减压阀、空气过滤器、压力表、气源管路长度、用气对象的编号和名称、备注等并留有一定的备用气路；若采用配气箱，应有配气箱编号、配气箱的大致布置位置（如层高）等。

（3）材料表，宜包括序号、材料名称、型式规范、数量和备注等栏目。

10. 电缆及敷设、导管及防冻

（1）电缆清册及电缆敷设。

1）电缆清册宜按控制系统（装置）或盘分别开列。电缆清册的格式宜包括序号、安装单位名称、电缆编号、起始地点、终止地点、电缆型号及规范、备用芯数、长度及备注等。当控制盘柜采用接线表方式时，电缆清册可与接线表合并。

2）当工程合同需要提供电缆敷设图时，应将电缆主通道图上的各个节点标上节点号，并在相应的电缆清册上增加“电缆路径”一栏，在该栏目中按照顺序列出电缆途经的各个节点号。

（2）仪表阀门、导管接管图。包括序号、安装单位及起点、导管编号（相应仪表编号）、终止地点、导管的种类和规范、导管长度及一次阀门、排污阀门和二次阀门的型式规范、数量及备注等。

（3）仪表及导管防冻。

1）包括防冻总配电图、各保温箱内配电图、压力类和差压类仪表电伴热电缆典型敷设方式示意图、仪表导管电伴热典型安装方式示意图、材料汇总及必要的说明。

2）保温箱内配电图，宜包括保温箱编号、仪表编号、安装单位名称、导管长度及根数、伴热电缆型号及长度和根数、加热器型号、分支电功率、分支电源开关型号及数量、备注。

11. 控制原理及接线图

（1）电动装置控制原理及接线图。

1）非一体化电动装置控制原理图应标注回路编号、电器元件及各子回路的作用、电源类型及电压等级，并附设备表。设备表宜包括序号、设备编号、设备名称、型式规范、单位、数量及备注等栏目。一体化电动装置只绘制接线图。

2）电动装置接线图应标出相应的控制原理图图号，并表示出与控制系统、后备硬操作设备等的所有连接及接线编号和电源连接。

（2）电磁阀控制原理及接线图。

1）电磁阀控制原理图应标注所有的回路编号、电器元件及各子回路的作用、电源类型及电压等级，并附设备表。设备表宜包括序号、设备编号、设备名称、型式规范、单位、数量及备注等栏目。

2）电磁阀接线图应标出相应的控制原理图图号，并表示出与控制系统、后备硬操作设备等的所有连接及接线编号和电源连接。

（3）仪表及报警信号光字牌（如有）、数码显示（LED）单元接线图。

1）仪表单元接线图应包括仪表、端子排及就地一次元件、就地接线盒等全部设备，以及相互之间的连线和电源连接。

2）报警信号光字牌（如有）单元接线图应包括盘内的报警单元、端子排及就地一次元件、就地接线盒等全部设备，以及相互之间的连线和电源。

3）数码显示（LED）单元接线图应包括端子排及相互之间的连线和电源。

4）接线图附设备表，宜包括序号、设备名称、型式规范、单位、数量及备注等栏目。

12. 控制盘（台）及控制装置

（1）控制盘（台）正面布置图。应标出绘制比例。宜有控制盘（台）的侧视图。宜标注控制盘（台）面上设备正视外形边框尺寸和相应的编号。宜标注控制盘（台）面上设备的安装尺寸。应列出盘（台）面设备表、报警信号光字牌（如有）及数码显示（LED）内容一览表。报警信号光字牌及数码显示（LED）内容一览表的每个窗口应填上回路编号、信号名称及信号来源。宜标明控制盘（台）的外形尺寸及颜色。

（2）控制盘（台）背面安装接线图。背面安装接线图宜向左、右展开，并标明“盘背面”“盘内左侧”“盘内右侧”等名称。宜标注设备与端子排之间的连接线芯数。背面安装接线图上应附有标志框名称表和盘(台)内设备表。标志框名称表应包括编号和名称。盘（台）内设备表宜包括序号、设备编号、名称、型式规范、单位、数量及备注等栏目。背面安装接线图应列出各设备所采用的单元接线图图号。在盘（台）内侧壁图上，宜用双点划线标出盘（台）正面设备的深度。应标明端子排中每一安装单位的设备名称、设备编号和单元接线图的图号。

（3）控制盘（台）、控制装置接线图。

1）控制盘（台）的出线可采用接线图的方式表示，也可采用接线表的方式表示。

2）接线图应绘制出端子排至一次元件接线的全部内容，包括电缆、就地接线盒、导线及一次元件等。接线图中应标明端子排中每一安装单元的设备名称、设备编号。接线图中从端子排引出的电缆应注明去向、电缆编号、型式规范及备用芯数。

3）接线表应表示出各端子所在的机柜号、端子序号、端子对应的接口通道号及其描述和对侧机柜号、端子序号、描述等。接线表应标明信号的来源或去向。

4）应提出安装、接地、屏蔽等的要求。

13. 仪表与控制试验室

应配合有关专业对各功能间进行定位，并提出各试验室房间要求等。开列有关设备清册。设备清册宜分类统计。清册的项目宜包括序号、仪器设备名称、型式规范、数量和备注。

14. 辅助车间（系统）

（1）辅助车间（系统）仪表与控制施工图宜按照各辅助车间（系统）独立成册出图。对于辅助控制系统集中控制网络可单独成册。

（2）辅助车间（系统）仪表与控制施工图内容应包括设计说明、P&ID、设备及材料清册、就地控制室及电子设备间布置图、电源及气源系统图、电缆通道、电缆清册、仪表导管及阀门附件清册、仪表防冻（按需要）、控制原理及接线图、控制盘（装置）接线图（表）及控制系统电源、气源施工图等内容。

（3）设计内容深度与前述一致。

15. 烟气连续监测系统设计内容深度

宜包括烟气连续排放监测系统（continuous emission monitoring system，CEMS）小室布置、分析仪表设置、系统连接、电源和气源及信号去向等。应列出具体的分析仪表项目、系统连接、电源接入和气源要求等，还应说明信号送往何处及连接方式（通信、硬接线）。

第四节 仪表与控制专业与其他专业的设计配合

为了使各有关专业之间在设计内容上互相衔接、协调统一，避免差错、漏缺和碰撞，设计过程中需要进行必要的联系配合，一些相互有关联的设计图纸尚要进行会签，以保证设计质量。

本节所述内容以火力发电厂（燃煤机组）为例，进行工程设计时，应根据机组情况和专业分工情况做适当的变更和增减。

随着设计手段的数字化、智能化，设计界面逐步发展到在一个统一的计算机平台上进行相关专业的设计工作，以期通过设计流程减少专业间的设计协调，提高设计质量。

一、初步设计阶段专业间交换资料

初步设计阶段专业间交换资料可分为仪表与控制专业提出资料（见表 1-7）及仪表与控制专业接受资料（见表 1-8）。

表 1-7　初步设计阶段仪表与控制专业提出资料清单（仅供参考）

序号	资料名称	资料主要内容	接受专业
1	集中控制室、电子设备间等平面布置图	控制盘布置、房间划分	热机、电气、土建结构、暖通、建筑、供水
2	电控楼布置要求	平面、剖面（电缆夹层）	热机、电气、化学、土建结构、暖通、建筑、供水
3	仪表与控制设备布置	包括电缆通道	热机、供水、化学、土建结构、建筑、电气等
4	需要电源资料	交流 380V、交流 220V、UPS、直流 110V/220V	电气
5	试验室的设计要求		土建结构、暖通、建筑
6	集中控制室、电子设备间的消防要求	—	供水、电气

续表

序号	资料名称	资料主要内容	接受专业
7	集中控制室、电子设备间的暖通空调要求	—	暖通、土建结构、建筑
8	技经资料	仪表与控制主要设备和材料清册	技经
9	运行组织资料	运行人员数量、控制方式	设总

表 1-8　　初步设计阶段仪表与控制接受资料清单（仅供参考）

序号	提出专业	资料名称	内容深度
1	热机	主厂房平、剖面图	（1）柱网。 （2）各层标高。 （3）主机及主要辅机的外形及布置。 （4）集中控制楼的位置
2	热机	电动阀门负荷清单	电动阀门资料，包括数量、运行方式、功率和电源参数及控制和联锁要求
3	热机	主厂房工艺系统图	（1）有编码标识。 （2）有主要管径。 （3）有参数
4	热机	机炉保护及控制联锁要求	
5	除灰	除灰控制用电负荷资料	系统控制用电负荷数据
6	除灰	除灰、除渣及石子煤系统图	（1）系统运行方式。 （2）联锁控制要求
7	化学	水处理室设备布置、平剖面图	（1）柱网。 （2）各层标高。 （3）设备的外形及布置
8	化学	主厂房内化水设备布置	标明设备位置
9	化学	水处理系统图及测量控制要求	运行方式、控制和联锁要求
10	供水	供水系统图	（1）有编码。 （2）有主要管径。 （3）有参数。 （4）有运行方式。 （5）有联锁要求
11	暖通	集中控制楼空调系统布置图、系统图	包括冷冻站、采暖加热站。有编码，有主要管径，有参数，有运行方式，有联锁要求
12	暖通	控制用电负荷资料	系统控制用电负荷数据
13	电气	集中控制室电气盘、台、柜资料	（1）布置要求。 （2）设备清单
		主厂房电缆主通道走向资料（电气部分）	（1）电缆走向示意，层数、层高要求；安装方式说明。 （2）主厂房电缆桥架层数、占空，路径及规格，电缆竖井位置及规格，安装方式说明
14	建筑	（1）集中控制楼平、剖面图。 （2）主厂房平、剖面建筑图	（1）柱网。 （2）各层标高。 （3）各房间规划。 （4）楼梯交通位置。 （5）相关专业资料的汇总
15	环境保护	排放要求、CEMS 要求	

二、施工图设计阶段专业间交换资料

（一）施工图总图设计阶段专业间交换资料

施工图总图设计阶段专业间交换资料可分为仪表与控制专业提出资料（见表 1-9）及仪表与控制专业接受资

料（见表 1-10）。

表 1-9 施工图总图设计阶段仪表与控制专业提出资料清单（仅供参考）

序号	资料名称	资料主要内容	接受专业
1	集中控制室、电子设备间、工程师室平面布置图	包括辅助功能房间	热机、电气、土建结构、建筑、暖通、供水、MIS
2	主厂房内电缆主通道走向图（本专业部分）	走向位置，电缆夹层	热机、土建结构、建筑、电气
3	电源要求	要求容量和回路数（UPS、交流、直流）	电气
4	试验室要求		土建结构、建筑、供水、电气、暖通
5	主要辅助车间（系统）控制室或电子设备间平面布置图		热机、土建结构、建筑、供水、化学、暖通、除灰、水工结构

表 1-10 施工图总图设计阶段仪表与控制专业接受资料清单（仅供参考）

序号	提出专业	资料名称	内容深度
1	热机	主厂房平、剖面图	（1）柱网。 （2）各层标高。 （3）主机及主要辅机的外形及布置。 （4）集中控制楼的位置
2	电气	集中控制室电气盘、台、柜资料	（1）布置要求。 （2）设备清单
3	建筑	集中控制楼及主厂房平、剖面图	（1）柱网。 （2）各层标高。 （3）各房间规划。 （4）楼梯交通位置。 （5）相关专业资料的汇总
4	热机、供水、化学、暖通、除灰	各工艺专业系统 P&ID 及控制联锁要求	
5	建筑、水工结构	各辅助车间（系统）平面布置图	

（二）施工图设计阶段专业间交换资料

施工图设计阶段专业间交换资料可分为仪表与控制专业提出资料（见表 1-11）及仪表与控制专业接受资料（见表 1-12）。

表 1-11 施工图设计阶段仪表与控制专业提出资料清单（仅供参考）

序号	资料名称	内容深度	接受专业
1	集中控制室及电子设备间平面布置图	（1）集中控制室、电子设备间、工程师室、走廊、电缆夹层等功能区间的命名布局及面积区间划分。 （2）各房间内盘台柜等布置，含定位尺寸。 （3）设备清单	热机、电气、土建结构、建筑、暖通、供水、MIS
2	集中控制室及电子设备间等环境要求	暖通、照明、噪声、防尘等环境要求	电气、建筑、暖通
3	电源资料	主厂房、辅助车间（系统）的交流、直流、UPS 等电源回路数及负荷要求	电气
4	仪用气源耗气量资料	耗气量、仪用气源品质要求	热机/除灰
5	试验室资料	（1）试验室名称、数量及面积要求。 （2）试验室温湿度、采光、通风、上下水等要求	电气、土建结构、建筑、暖通、供水
6	主厂房电缆主通道布置资料	（1）走向位置（包括电缆通道的定位）宽度要求及吊架之间的宽度、层高要求。 （2）安装方式说明。 （3）含电子设备间下电缆桥架布置	热机、土建结构、电气、建筑

续表

序号	资料名称	内 容 深 度	接受专业
7	主厂房及各辅助车间（系统）电缆桥架容量要求	电气专业规划的电缆主通道区域内电缆的桥架层数、宽度要求	电气
8	集中控制室及电子设备间、电缆夹层开孔及埋件图	（1）楼板及墙上预埋件及开孔布置图、尺寸定位等。 （2）电子设备间下电缆通道的安装埋件、留孔图及安装方式说明等；电缆桥架的支撑方式、每米荷载等。 （3）集中控制楼其他层主要设备布置及开孔、埋件资料。 （4）如设集中控制楼，电子设备间下电缆通道与锅炉电缆通道连接的布置、荷载说明、检修步道设置要求等（如集中控制室、电子设备间分开布置，可分别提出）	电气、土建结构、建筑、暖通、供水
9	主厂房就地设备布置及开孔、埋件资料	（1）汽机房内各层主要设备布置及开孔、埋件资料。 （2）锅炉房（含除渣系统）内各层主要设备布置及开孔、埋件资料	热机（仅布置图）、土建结构、建筑
10	主厂房电缆主通道埋件资料	包含电缆桥架走向位置、埋件说明、荷载说明	土建结构
11	汽轮机机座电缆埋管资料	汽轮机机座仪表与控制用电缆预埋管图	热机、土建结构
12	补给水系统资料	包括化验楼、补给水车间等相关建筑物： （1）主要设备布置、就地控制室布置。 （2）仪表与控制设备安装开孔、埋件。 （3）电缆主通道、电缆沟布置图，埋件、埋管、留孔布置图	化学、电气、土建结构、建筑、暖通
13	凝结水精处理系统资料	包括精处理、化学加药、汽水取样车间、机组排水槽： （1）仪表与控制设备就地电子设备间布置。 （2）仪表与控制设备安装开孔、埋件。 （3）电缆桥架、电缆沟布置图，埋件、埋管、留孔布置图	热机、化学、电气、土建结构、建筑、暖通
14	除灰系统资料	包括输灰系统、灰库及气化风机房、除灰综合楼（含空压机房）： （1）主要仪表与控制设备布置、就地控制室及电子设备间等布置。 （2）仪表与控制设备安装开孔、埋件。 （3）电缆桥架、电缆沟布置图，埋件、埋管、留孔布置图	除灰、电气、土建结构、建筑、暖通
15	循环水泵房/辅机冷却水泵房资料	包括泵房、水池等： （1）主要仪表与控制设备及就地电子设备间等布置。 （2）仪表与控制设备安装开孔、埋件。 （3）电缆桥架、电缆沟布置图，埋件、埋管、留孔布置图	供水、水工结构、电气、暖通
16	综合水泵房、净化站资料	包括泵房区域、净化站区域、水池等： （1）主要仪表与控制设备及就地电子设备间等布置。 （2）仪表与控制设备安装开孔、埋件。 （3）电缆桥架、电缆沟布置图，埋件、埋管、留孔布置图	供水、水工结构、电气、暖通
17	煤水处理间资料	包括煤水处理间相关泵房及水池等： （1）主要仪表与控制设备及就地电子设备间等布置。 （2）仪表与控制设备安装开孔、埋件。 （3）电缆桥架、电缆沟布置图，埋件、埋管、留孔布置图	供水、土建结构、电气、暖通
18	工业废水间、生活污水间资料	包括工业废水及生活污水系统、相关泵房、水池等： （1）主要仪表与控制设备及就地电子设备间等布置。 （2）仪表与控制设备安装开孔、埋件。 （3）电缆桥架、电缆沟布置图，埋件、埋管、留孔布置图	供水、水工结构、电气、暖通
19	制/储氢系统资料	包括制/储氢区域： （1）主要仪表与控制设备及就地电子设备间等布置。 （2）仪表与控制设备安装开孔、埋件。 （3）电缆沟布置图，埋件、埋管、留孔布置图	化学、电气、土建结构、建筑、暖通

续表

序号	资料名称	内 容 深 度	接受专业
20	燃油泵房资料	包括燃油泵房、油库、泡沫消防区域： （1）主要仪表与控制设备及就地电子设备间等布置。 （2）仪表与控制设备安装开孔、埋件。 （3）电缆桥架、电缆沟布置图，埋件、埋管、留孔布置图	热机、电气、土建结构、建筑、暖通
21	采暖加热站资料	包括独立建筑物的采暖加热站区域： （1）主要仪表与控制设备及就地电子设备间等布置。 （2）仪表与控制设备安装开孔、埋件。 （3）电缆桥架、电缆沟布置图，埋件、埋管、留孔布置图	热机、电气、土建结构、建筑、暖通
22	CEMS 资料	烟囱开孔、检修平台等要求，CEMS 小室布置要求	土建结构、总图运输
23	仪表与控制设备伴热资料	（1）伴热仪表清单。 （2）仪表管保温要求	热机、电气
24	时钟接口要求	接口的数量、连接形式、位置要求	电气
25	中水或原水处理车间资料	包括处理车间、水池等： （1）主要仪表与控制设备及就地电子设备间等布置。 （2）仪表与控制设备安装开孔、埋件。 （3）电缆桥架、电缆沟布置图，埋件、埋管、留孔布置图	供水、水工结构、电气、暖通
26	空冷电子设备间资料	（1）电子设备间主要设备平面布置。 （2）电缆桥架、沟布置及留孔、埋件布置图	电气、土建结构、建筑、暖通
27	空冷平台桥架资料	空冷平台分支桥架布置	电气、土建结构、建筑、供水
28	综合管架仪表控制资料		总图运输、热机、电气、土建结构
29	脱硫控制室资料	（1）电子设备间主要设备布置。 （2）电缆桥架布置、留孔、埋件图	电气、土建结构、建筑、暖通

表 1-12　施工图设计阶段仪表与控制专业接受资料清单（仅供参考）

序号	提出专业	资料名称	内 容 深 度
1	热机	主厂房平、剖面图	总图评审后成品，主要设备布置
2	热机	锅炉本体有关资料	（1）构架及平台扶梯。 （2）电梯井资料
3	热机	煤仓间、锅炉房及炉后区域的布置图（含脱硫）	主要设备布置
4	热机	主厂房工艺 P&ID	（1）带编码标识。 （2）各系统的额定运行参数（压力、温度、流量）
5	热机	节流装置咨询单	按标准表格填写相关信息
6	热机	控制要求［含辅助车间（系统）］或根据工程需要提供系统设计说明书	（1）联锁要求。 （2）动力阀门（风门）的控制要求
7	热机	仪用压缩空气管道	管道布置图
8	热机	启动锅炉房	（1）平、剖面图（含沟道）。 （2）管道规格、接口处介质的工作及设计参数。 （3）系统图（带编码标识）、运行参数、控制要求
9	热机	油库区及油泵房	（1）平、剖面图（含沟道及污油池）。 （2）油罐容积、外形尺寸及基础布置图。 （3）污油池尺寸、开孔、埋件等要求。 （4）泡沫消防、喷淋水、冷却水管道接口的位置、管道规格、接口处介质的工作及设计参数。 （5）系统图（带编码标识）、运行参数、控制要求

续表

序号	提出专业	资料名称	内容深度
10	热机/除灰	空压机室	（1）平、剖面图（含沟道）。 （2）冷却水管道接口的位置、管道规格、接口处介质的工作及设计参数
11	热机	柴油机室资料	平、剖面图（含沟道）
12	热机	脱硫吸收区和公用区布置图（平、剖）	
13	热机	阀门执行机构电功率	（1）名称、位置、功率、电压等级等。 （2）随阀门（风门）供货的电动执行机构功率。 （3）不随阀门（风门）供货的动力阀门（风门）的力矩
14	运煤	运煤系统平面布置图	运煤系统各转运站、栈桥及其他附属设施的坐标及相对关系
15	除灰	除灰渣 P&ID 及联锁控制要求	系统图带编码标识、联锁控制要求、通信要求、就地控制盘柜资料
16	除灰	除尘器下除灰设施布置资料	设备管道平剖面布置图，定位尺寸、外形尺寸，设备安装图，留孔、埋件、地沟资料
17	除灰	灰库顶部布置资料	设备管道平剖面布置图，定位尺寸、外形尺寸，设备安装图，留孔、埋件、地沟资料
18	除灰	风机房布置资料	设备管道平剖面布置图，定位尺寸、外形尺寸，设备安装图，留孔、埋件、地沟资料
19	除灰	锅炉房除灰设施布置资料	设备管道平剖面布置图，定位尺寸、外形尺寸，设备安装图，留孔、埋件资料
20	暖通	采暖加热站	设备布置相关控制、电气接线图等。系统图（带编码）、温度、压力、流量、液位控制要求
21	暖通	主厂房内工艺房间通风（包括配电室、励磁小室、变频器室、电缆夹层等）	通风及降温设备的电源资料和联锁要求，电动风阀、防火阀的位置及电源和联锁要求
22	暖通	制冷站	（1）制冷系统设备的电源资料、接线位置和联锁要求，电动阀门的位置及电源和联锁要求，系统启动停机顺序要求。 （2）温度、压力、流量、报警等就地和远传仪表设置要求、制冷系统自动控制要求
23	暖通	集中控制室和电子设备间空调	（1）空调系统设备（空气处理机组、空调机、排烟风机、加湿器等）的电源资料、接线位置和联锁要求，水或蒸汽管道电动阀门、电动风阀、电动排烟阀、防火阀的位置及电源和联锁要求。 （2）空调 P&ID，温度、湿度、流量等就地和远传仪表设置要求，空调系统自动控制要求。 （3）通风设备位置和联锁要求，电动百叶窗、电动阀、电动风阀、防火阀的位置及电源和联锁要求
24	暖通	电气建筑采暖通风除尘	通风与空调设备（空气处理机组、空调机、排风机、电动百叶窗等）的电源资料、接线位置和联锁要求，电动阀、电动风阀、防火阀的位置及电源和联锁要求
25	暖通	输煤建筑采暖通风除尘（包括栈桥、转运站、碎煤机、筒仓、卸煤沟、输煤综合楼等）	通风与空调设备（空气处理机组、空调机、排风机、电动百叶窗等）的电源资料、接线位置和联锁要求，电动阀、电动风阀、防火阀的位置及电源和联锁要求
26	暖通	化学建筑采暖通风空调（化学补给水、化验楼、酸碱贮存间、化学废水处理站、制氢站）	通风与空调设备（空调机、排风机、电动百叶窗等）的电源资料、接线位置和联锁要求
27	暖通	生产辅助建筑采暖通风空调（空压机室、燃油泵房、启动锅炉房、各类泵房、煤水处理间、除灰建筑、检修维护楼等）	通风与空调设备（空调机、排风机、电动百叶窗等）的电源资料、接线位置和联锁要求

续表

序号	提出专业	资料名称	内 容 深 度
28	暖通	脱硫建筑	温度、湿度、流量等就地和远传仪表设置要求，空调系统自动控制要求
29	供水	供水系统、生活污水处理系统、空冷系统等	
30	供水	控制联锁要求	
31	供水	电动闸阀等及水位控制报警要求	
32	供水	流量测量装置要求	
33	供水	消防控制要求	
34	化学	水处理系统控制要求	（1）各水处理系统图（带标识编码）。 （2）测量控制要求。 （3）仪表量程要求。 （4）程序控制表、控制联锁要求等。 （5）系统说明
35	化学	化学水设备布置	
36	化学	凝结水系统控制要求	（1）凝结水系统图（带标识编码）。 （2）测量控制要求。 （3）仪表量程要求。 （4）程序控制表、控制联锁要求等。 （5）压缩空气要求
37	化学	废水处理系统资料	包括系统图，布置图，运行方式及程序表，仪表要求及参数，测量及控制要求等
38	化学	机组排水槽资料	系统说明、设备布置、联锁要求
39	化学	主厂房化学加药设备资料	系统说明、设备布置、联锁要求
40	化学	汽水取样系统设备资料	系统说明、系统图
41	化学	氢气系统测量控制要求资料	（1）氢气系统图（带编码标识）。 （2）测量控制要求。 （3）仪表量程要求。 （4）程序控制表、运行控制说明等
42	化学	流量测量装置资料	流量测量装置设计清单
43	化学	脱硫废水处理设备资料	系统说明、联锁要求、系统图
44	电气	主厂房内电缆桥架	尺寸、布置、层数
45	电气	控制设备、电动机二次接线单元图、动力盘、操作箱布置资料	
46	电气	电源资料	交、直流电源，备用电源等电压等级要求
47	电气	控制盘、台、柜的布置资料和DCS有关资料	集中控制室、电子设备间内电气控制盘、台、柜的布置资料及要求，DCS有关电气专业的I/O点数、联锁要求等
48	总图运输	总平面布置图	根据各专业提来资料绘制的总布置图，包括主要管线
49	土建结构	主厂房及辅助车间结构图	各层结构平剖面、构件尺寸
50	建筑	主厂房建筑平、立剖面图	
51	建筑	辅助建筑物构筑物平剖面图	
52	建筑	附属建筑平剖面图	包括办公室、材料库等
53	建筑	电控楼建筑图	
54	环境保护	环境监测、CEMS要求	

第二章

仪表与控制总体方案

仪表与控制总体方案设计是确定整个电厂的自动化水平、控制方式、自动化系统配置的总体设计。仪表与控制总体方案设计应充分贯彻基于网络化的设计理念，从高效的控制方式和管理模式、先进可靠的控制系统、高度的自动化水平，以及减少不必要的投资、电厂全生命周期等方面综合考虑，将电厂建设成为既符合自身实际情况，又具有高效环保的现代化电厂。

本章主要介绍了自动化水平、控制方式、自动化系统的总体配置、运行组织、管理要求，供工程设计中参考。

第一节　自动化水平

一、自动化水平的概念

自动化，是指在人类的生产、生活和管理的一切过程中，通过采用先进的技术和装置，用较少的人工干预，甚至无人工干预，就能使系统达到预期目的的过程，从而减少和减轻人的体力和脑力劳动，提高工作效率、效益。自动化涉及人类活动的几乎所有领域，是人类自古以来永无止境的梦想和追求目标。

火力发电厂的自动化水平，在 DL/T 701《火力发电厂热工自动化术语》中的定义是，电厂实时生产过程实现自动化所达到的程度，包括参数检测、自动控制、联锁保护等系统的完善程度、自动化设备状态等，最终体现在电厂达到的安全、经济环保效果。

自动化水平是控制方式、自动控制系统配置，以及主辅机设备可控性、自动化设备的可靠性及运行组织、电厂运行维护水平及人员素质等多方面的综合体现。随着数字化电厂、智能电厂概念的出现，自动化水平已不仅仅是生产过程的体现，也包含了电厂管理过程的自动化水平。

二、确定自动化水平的要素

自动化水平要素的确定应根据电厂建设规模、机组容量、机组在电网中的定位，以及预期的电厂运行管理水平和建设单位的投资情况等因素综合考虑。自动化水平要素的确定主要应从机组的控制方式、自动控制系统总体配置及功能、主辅设备的可控性及运行组织管理等方面考虑。

带基本负荷运行的机组，应设计完善的自动调节回路，设置完备的保护系统和正确的联锁保护逻辑，设置功能组或子功能组级的顺序控制系统。

频繁参与调峰调频的机组，除应设置上述功能外，还可根据实际需要设置带断点的机组级顺序控制功能，以适应机组的频繁启停。

为了适应电网波动对机组产生的影响，还需要考虑设置快速甩负荷（fast cut back，FCB）功能。

三、自动化水平的具体内容

（一）机组的自动化水平

（1）对于单元机组，运行人员在集中控制室以操作员站和大屏幕显示屏为监控中心，在少量就地巡检人员的检查和配合下，实现对锅炉、汽轮发电机组等主设备和工艺系统的启动和停止操作、正常运行监视与调整，以及异常与事故工况的处理。

（2）机组运行人员在集中控制室内以操作员站和大屏幕显示屏为主，监视机组的运行工况，并可以通过显示屏/键盘对机组的大多数辅机和各种阀门、挡板进行控制，需要时可对这些对象进行远方手动控制，确保机组安全经济运行。

（3）机组启停按照带极少量中间断点的自启停控制系统设计，提高机组启停阶段操作的正确性及规范性，减轻运行人员工作强度，缩短机组启停时间，从整体上提升机组的自动化水平。

1）按照 GB/T 26863《火电站监控系统术语》，机组自启停控制系统是指对包括锅炉（包括常压循环流化床、余热锅炉）、汽轮机或燃气轮机发电机组及相应辅助系统和辅助设备的机组，按启停的操作规律实现自动启动和停止的控制系统，通常在整个启停顺序中设置若干个需要有人工确认的断点。

2）机组自启停控制系统是建立在完善的控制系

统设计、良好的主辅机可控性基础上的。它使机组按照规定的、优化的程序进行设备的启停操作，不仅简化了操作人员的工作，更重要的是可以规范机组启停操作程序、减少出现误操作的可能性，整体提高了机组的安全性能，同时可以缩短机组启动时间。不仅可以有效地提高机组自动化水平，而且还可以提高电厂的运行管理水平。

3）为了顺利实现机组自启停控制功能，自启停控制系统的设计至关重要，合理的自启停控制系统方案设计不仅能保证系统和机组的安全稳定运行，同时也减小了调试和投运过程的工作量。

4）依据机组运行说明、机组启动和停止操作票、主辅机使用和操作说明，以及工艺系统投入和退出要求，编写自启停控制系统总体构架方案，包括按机组启动过程或停运过程将工艺系统划分成若干个功能组，功能组的设计、断点的划分、自启停上层管理逻辑的设计、模拟量自动调节回路的切投逻辑设计，以及自启停控制系统和各个控制系统的衔接。

（4）保护联锁逻辑能使主辅机在各种运行工况和状态下，自动完成各种事故处理，避免事故和误操作。异常工况时，联锁保护控制系统能自动切投相应的系统或设备，使机组能在安全工况下运行或停机。

（5）完善的模拟量控制系统及顺序控制系统设计，实现机、炉、电协调控制和自机组启动准备到带满负荷范围内全自动启/停控制，以减少运行人员的劳动强度。自动化适应范围通常是按照能够满足机组启停、定/滑压运行和辅机故障减负荷（run back，RB）工况的所有要求，除锅炉燃烧调节在最低（不投油）稳燃负荷以上设计外，其余回路的自动调节范围按照采用全程调节设计，保证机组在（除燃烧系统在最低稳燃负荷外）0～100% MCR 负荷范围内全程控制运行参数不超过允许值，协调机、炉及其辅机的安全经济运行。

（6）顺序控制是按命令逻辑顺序进行的，每步都有执行条件的检查，正常运行时，在没有人工干预的情况下，顺序控制一旦启动便自动至执行结束。逻辑中提供相关的联锁，以防设备在非安全或潜在危险工况下运行。

顺序控制中每步的相关系统及设备的状态、操作顺序和步骤、每步完成所需的条件、运行方式及执行时间，均可在操作员站画面上显示出来。如顺序控制未能在约定的时间内完成，则发出报警，并中断程序进行下去。当故障排除后，顺序控制在确认无误后可再启动执行。在顺序执行期间，如出现任何故障，运行人员可中断程序的执行。

在手动控制方式下，可在操作员站上为操作员提供操作指导画面，这些操作指导可以图形方式按照操作顺序及许可条件显示出来，以便运行人员提前准备或中断。

运行人员可在操作员站上操作每一个被控对象，但手动操作也有许可条件，以防运行人员误动作。

（7）根据电网调度（或厂级监控信息系统）负荷指令进行机组的自动发电控制（automatic generation control，AGC）或值长发出的负荷指令进行机组负荷的自动控制。

（二）辅助车间（系统）的自动化水平

辅助车间（系统）的自动化水平，对同一个电厂而言通常与机组自动化水平相协调。各辅助车间（系统）运行人员能在就地人员的巡回检查和少量操作的配合下，在集中控制室或分类集中控制室或辅助车间（系统）控制室内，通过操作员站实现辅助车间（系统）工艺系统的启停操作、运行工况监视和调整及事故处理等。

辅助车间（系统）控制系统的设计，应根据工艺系统的特点及设备对运行操作的要求，采用适当的顺序控制和模拟量控制。

第二节　控　制　方　式

一、控制方式分类及选择

控制方式按照运行人员监视和操作地点主要分为集中控制方式和就地控制方式两大类。

控制方式的选择主要取决于电厂的自动化水平、运行组织和管理模式，应以本期工程为主，兼顾前期工程并考虑后期工程。

（一）集中控制方式

集中控制方式可分为单元集中控制方式和分类集中控制方式。单元集中控制方式包括二机一控方式、四机一控方式、多机一控方式，还有全厂控制中心的集中控制方式。分类集中控制方式分为两种，一种是母管制机组按机、炉、电及除氧给水的分类集中控制方式；另一种是辅助车间（系统）按煤、水、灰分类集中控制方式或全厂辅助车间（系统）集中控制方式。

1. 单元集中控制方式

（1）单台机组一般采用机、炉、电和辅助车间（系统）集中控制方式，机、炉、电和辅助车间（系统）合用一个集中控制室，在集中控制室内运行人员可以分别通过机组控制系统和辅助车间（系统）控制网络的人机接口设备对主辅机和辅助车间（系统）进行启停操作、运行工况监视和调整及事故处理等。

（2）同期建设的两台机组，一般采用两机一控的方式，方便电厂的运行组织管理。

（3）如果规划容量为三台机组，无论是分两期建设还是同期建设的火力发电厂，宜采用三机一控方式。

（4）对于规划容量按四台机组一次建成的电厂，推荐采用四机一控的方式；如果是分期建设，可根据分期建设的时间间隔来确定控制方式，二期建设时间间隔较短时也宜选择四机一控方式；如果时间间隔较长，为避免集中控制室长时间的闲置，造成浪费，可选择两机一控方式。

（5）规划容量超过四台机组的电厂，可采用两机一控或设全厂控制中心的控制方式。大多数电厂的扩建方式都是按两台机组设计的，因此采用两机一控方便灵活，每期之间互不影响。全厂控制中心对所有机组集中监控，这种方式尤其适合燃气-蒸气联合循环机组。母管制机组也可采用全厂控制中心的控制方式。

（6）控制中心控制方式是将所有机组、系统集中监控，可将多台燃气轮发电机组、多台蒸汽轮发电机组、多台余热锅炉及其他系统等集中在全厂控制中心内集中监视与控制。将母管制机组的多台锅炉、多台汽轮发电机组、除氧给水系统采用集中监视与控制。

2. 分类集中控制方式

（1）母管制机组的分类集中控制方式，是将多台锅炉、多台汽轮发电机组、公用的除氧给水系统等采用分类集中监视与控制。

（2）辅助车间（系统）分类集中控制方式，早期的火力发电厂各辅助车间，一般采用独立的就地车间控制方式。随着计算机控制系统及网络技术的发展，电厂的燃料、灰、水处理等辅助系统，根据运行监控的需要，采用分类集中监视与控制。燃料控制包括输煤系统等的监控，灰系统包括除灰渣、除尘和脱硫等，水系统包括供水系统、化学补给水处理系统、污废水处理系统等。

（3）供应城市采暖和工业用汽的热电联产电厂，热网系统可采用就地控制方式，在车间内进行监视与控制，也可根据需要纳入机组监视与控制的集中控制方式。

3. 全厂辅助车间（系统）集中控制方式

随着技术的发展，自动化水平不断提高，辅助车间（系统）控制系统计算机联网，设置全厂辅助车间（系统）集中控制室，实现全厂辅助车间（系统）的监视与控制、事故处理等。

（二）就地控制方式

就地控制方式，是指运行人员在车间内进行监视、操作和运行组织管理的方式。就地控制方式包括母管制机组的每台机、炉就地控制及辅助车间（系统）车间就地监视与控制。

就地控制方式，适用于启动锅炉房、取水泵房等临时、短期的，与电厂正常运行关系不密切或离电厂距离较远需要设置固定值班运行人员的车间系统。

二、控制室分类

火力发电厂控制室主要分为全厂控制中心、集中控制室、就地控制室三大类。

（一）全厂控制中心

全厂控制中心是指挥全厂生产运行的场所，是实现全厂监视、控制、报警和保护等的中心，是控制系统及人机接口的集中地，是体现电厂自动化水平的重要窗口。全厂控制中心布置位置可以在厂房内，也可以设在生产办公楼等附属建筑物内或独立设置。

控制楼的建筑结构要求具备抗地震、防火、防噪声等性能，且应采光充足、通风良好，环境条件适于运行人员长时间的工作。

全厂控制中心内布置多台机组的操作员站，运行人员可在控制中心通过操作员站监视全厂各台机组的运行状况。采用全厂控制中心方案时，按照不同容量机组的运行特性、监控范围和功能要求，通常设有临时使用的机组集中控制室、辅助车间（系统）控制室等。

（二）集中控制室

集中控制室，是实现单元机组及辅助车间（系统）的热力及电气系统参数和设备等监视、控制、报警和保护等的场所，是集中布置运行人员监视和控制单元机组及辅助车间（系统）的热力、电气等设备的场所，是体现电厂自动化水平的重要窗口。集中控制室是目前电厂应用最多的设计方案。空冷机组的空冷系统、湿冷机组的循环水泵房、空冷机组的辅机冷却水泵房等与机组运行相对密切的辅助车间（系统）宜在集中控制室进行监视与控制。脱硫系统应根据脱硫方式和电厂的运行管理模式进行选择，可在集中控制室进行控制，也可在位置相邻或性质相近的辅助车间（系统）控制室进行监视与控制。锅炉脱硝反应系统应在集中控制室进行监视与控制。脱硝还原剂储存和供应系统可在集中控制室进行控制，也可在位置相邻或性质相近的辅助车间（系统）控制室进行控制。

集中控制室的面积和设备布置，按照自动化控制水平及人性化的原则安排，集中控制室的布置位置多设在主厂房两炉之间的集中控制楼内，或者设在汽机房的固定端、扩建端等。

1. 单元机组集中控制室

在集中控制中有时还会出现单元机组集中控制室的情况，顾名思义是实现单元机组主辅机及热力、电气系统等监视、控制、报警和保护等的场所，是集中布置运行人员监视和控制单元机组主辅机及热力、电气等设备的场所，是体现单元机组自动化水平的重要窗口。单元机组集中控制室的布置位置与集中控制室相同，目前电厂单纯设单元机组控制室的设计方案比较少。

2. 分类集中控制室

（1）母管制机组分类集中控制室。当母管制机组采用分类控制方式时，即将多台锅炉联合设一个分类集中控制室，靠近锅炉侧布置；多台汽轮发电机组联合设一个分类集中控制室，靠近汽轮机侧布置；公用的除氧给水系统设一个分类集中控制室，布置在汽机房适当的位置；设置电气分类集中控制室。运行人员在锅炉分类集中控制室内实现各锅炉及附属系统和设备正常运行工况的监视和控制及异常工况的处理，在汽轮机分类集中控制室内实现各汽轮机及附属系统和设备正常运行工况的监视和控制及异常工况的处理，在电气分类集中控制室内实现各发电机及电气设备正常运行工况的监视和控制及异常工况的处理，在除氧给水分类集中控制室内实现除氧给水正常运行工况的监视和控制及异常工况的处理。

（2）辅助车间（系统）分类集中控制室。当采用分类集中控制方式时，电厂一般按辅助车间（系统）设置燃料系统分类集中控制室、灰系统分类集中控制室、水系统分类集中控制室，也有将除灰渣和除尘、脱硫系统分别设置控制室的。在各分类集中控制室内监控相关车间（系统）的运行、巡检操作、记录、事故处理等。

（3）供应城市采暖和工业用冷的热电联产电厂，热网可按需要在机组集中控制室内监视与控制或设置单独的热网控制室。

（4）全厂辅助车间系统集中控制室。当全厂辅助车间采用集中控制方式时，将设置全厂辅助车间（系统）集中控制室，实现全厂辅助车间（系统）的监视与控制、事故处理等。控制室大多与主厂房集中控制室合用，布置辅助车间（系统）集中网络操作员站，而各辅助车间（系统）机柜布置在各车间内。

（三）就地控制室

就地控制室是指在靠近监视和控制设备对象设置的控制室，一般是按一个系统或是一个车间来设置的。按照控制方式的设计，控制室可以单一使用，也可以集中和就地同时使用。

（1）对于母管制机组，过去是设置锅炉就地控制室、汽轮机就地控制室、除氧给水系统就地控制室、电气控制室。运行人员在锅炉就地控制室内实现锅炉及其附属系统和设备正常运行工况的监视和控制及异常工况的处理，在汽轮机就地控制室内实现汽轮机及附属系统和设备正常运行工况的监视和控制及异常工况的处理，在除氧给水系统就地控制室内实现除氧给水系统和设备正常运行工况的监视和控制及异常工况的处理，在电气控制室内实现发电机及电气设备正常运行工况的监视和控制及异常工况的处理。

（2）早期的火力发电厂各辅助车间（系统），一般设置各自独立的就地车间控制室。在各车间就地控制室内监视和控制各车间系统的运行、巡检操作、表计记录、事故处理等。

（3）辅助车间（系统）目前主要是在取水泵房、输煤车间（系统）设置就地控制室等，运行人员在各就地控制室内实现对各工艺系统和设备正常运行工况的监视和控制及异常工况的处理。

三、监控点选择

各类监控点的选择主要依据控制方式来确定。

（1）对于全厂主厂房和辅助车间（系统）采用集中控制的火力发电厂应设置一个集中监控点，实现全厂各机组及辅助车间（系统）等正常运行的监视、控制、报警和保护、异常工况的处理。

（2）对于机组和辅助车间分别集中控制的火力发电厂，应设两个监控点，在主厂房监控点实现各机组及辅助系统和设备等正常运行的监视、控制、报警和保护、异常工况的处理；在辅助车间（系统）监控点实现辅助车间系统的热力、电气等正常运行的监视、控制、报警和保护、异常工况的处理。

（3）对于设有多台机组的火力发电厂，当采用两机一控方式时，应选择两个及以上的集中监控点。辅助车间（系统）的监控点可以纳入相应的机组监控点内，也可以设置单独的监控点，所有辅助车间（系统）集中运行管理。辅助车间（系统）还可以选择设置分类集中监控点，即设置燃料系统监控点、灰系统监控点、水系统监控点，也可分别设置除灰和除尘监控点、脱硫系统监控点。当多台机组合设一个集中控制室且辅助车间（系统）集中控制点并入集中控制室时，应注意运行区域的划分和调试、检修等相互干扰的问题。

（4）对于采用分类控制方式的发电厂，应按控制方式的类别选择适当的监控点，如对于母管制机组电气控制设一个监控点，多台锅炉联合设一个监控点，多台汽轮发电机组联合设一个监控点，公用的除氧给水系统设一个监控点。

（5）对于集中控制方式和分类集中控制方式，监控点可以按类别设置，有两个或多个，再辅以就地车间调试和试运行的临时监控点。

（6）采用集中控制方式和分类集中控制方式的电厂，对于相对独立或距离电厂较远采用就地控制方式的车间系统，根据运行管理模式需要设置固定值班运行人员的车间系统设就地监控点，如取水泵房、输煤车间（系统）监控点。

第三节　自动化控制系统总体配置

一、自动化控制系统总体结构规划

自动化控制系统总体结构规划应根据电厂的整体自动化水平、控制方式、监控点设置及运行管理模式来确定。自动化控制系统总体结构规划的合理与否，决定了未来电厂的自动化水平、运行水平和检修维护的方便与否。

（一）自动化控制系统总体结构

自动化控制系统通常由管理信息系统（management information system，MIS）、厂级监控信息系统（supervisory information system，SIS）、机组及辅助车间（系统）控制系统监控网络、电气控制系统等组成，各系统通过通信网络相连，构成自动化系统网络。自动化控制系统结构从上向下分为管理信息层、厂级监控信息层、实时控制层和现场设备层四个网络层次，如图2-1所示。

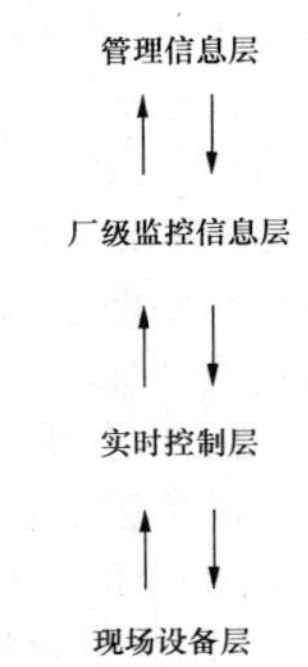

图2-1　自动化控制系统总体结构

1. 管理信息层

管理信息层以MIS为核心，为火力发电厂的厂级领导、各部门提供及时准确的信息，为领导层的管理和决策提供及时准确的依据和支持。MIS是一个以生产、经营为核心的基于SIS实时数据和生产管理数据的相对独立的系统，通过与厂级监控信息层、全厂视频监视系统、门禁管理系统、安全防范监控系统等相连获得基础信息。

2. 厂级监控信息层

厂级监控信息层的核心是SIS，它是电厂电力生产和电力交易的枢纽，一方面对来自各单元机组、辅助系统（车间）、电气控制系统等的生产信息加以集中采集和处理，使过程参数可视化、透明化，以实现全厂的运行监视和经济运行并向管理信息层（MIS）提供过程数据和计算、分析结果；另一方面它可与电网调度中心相连，对所有来自电网中心的信息加以处理，当条件允许时反馈到电厂实时控制层，起着承上启下和实现发电、交易的控制枢纽作用。

厂级监控信息层工作的侧重点是对电厂内部实时信息的处理。

厂级监控信息层与管理信息层的连接应设有符合要求的安全隔离措施。

3. 实时控制层

实时控制层是自动化控制系统网络中的第三层，包括单元机组分散控制系统（distributed control system，DCS）、辅助系统（车间）监控网络、电力网络控制系统（network control system，NCS）等。该层是电厂控制系统的核心，其主要任务是完成全厂运行参数的数据采集、模拟量控制、顺序控制、炉膛安全监控、主辅设备的保护、联锁及报警等功能。该层强调的是单元机组DCS及辅助系统（车间）监控设备的专用性、高速性、可靠性，侧重于保证电厂主辅设备的安全经济运行及人员安全。它是电厂生产的核心，机组运行的自动化水平主要取决于该层的系统配置、功能设计、系统选择等。实时控制层与厂级监控信息层的连接应设有符合要求的安全隔离措施。

实时控制层中的辅助车间（系统）监控网络按照不同的控制方式和监控点设置有不同的结构形式。一种是全厂所有辅助车间（系统）设一个监控网络，设一套辅助车间监控网络操作员站，各辅助车间（系统）控制系统均作为一个站点接入辅助车间（系统）监控网络，在操作员站上完成工艺系统和设备的监视与控制，并通过监控网络向厂级监控信息层传输数据和信息。另一种是设分类系统监控网络，如燃料系统监控网络、水系统监控网络、灰系统监控网络，三个网络分别设置操作员站，实现对各系统的监视与控制，并通过三个网络向厂级监控信息层传输数据和信息。

4. 现场设备层

现场设备层是自动化控制系统网络中的最底层，包括各种检测仪表设备（如变送器、检测元件、分析仪表）、各类执行元件和设备（如电磁阀、电动阀门、气动阀门和电动机）等。该层是自动化控制系统网络中的基础，也是整个自动化控制系统网络的信息源泉。现场各类检测仪表和设备将工艺系统的运行参数及设备的运行状态准确地检测出来，传输到上层控制系统中显示、报警和控制；各类执行元件和设备，接受上层控制系统的指令实现对系统参数的调整和设备的控制，最终达到安全运行的目的。

火力发电厂根据信息化程度、自动化水平、运行管理模式等的不同，自动化控制系统总体结构会有所不同，常规火力发电厂典型自动化控制系统结构图如图2-2（见文后插页）和图2-3（见文后插页）所示，两图的区别主要在于辅助车间（系统）控制系统的联网方式不同，图 2-2 所示为全厂所有辅助车间（系统）控制系统联成一个监控网络，设置一套辅助车间（系统）监控网络操作员站，图 2-3 是将辅助车间（系统）按燃料系统控制系统、水系统控制系统、灰系统控制系统分别联网，形成燃料系统监控网络、水系统监控网络、灰系统监控网络，三个网络分别设置操作员站。

另外，在工程中也有将 MIS 和 SIS 合网设计的方案，即设置全厂信息系统方案，当 MIS 和 SIS 合网设计时，实时控制系统与全厂信息系统之间必须采取单向物理隔离措施，确保实时控制系统的安全。对于图 2-2 和图 2-3 所示的自动化控制系统结构，实时控制系统与 SIS 之间可以采用防火墙，也可采取单向物理隔离措施，但当采用防火墙时，MIS 和 SIS 之间必须设置单向物理隔离装置，确保控制系统安全。

（二）智能电厂自动化控制系统总体结构

1. 智能电厂的概念和特征

近年来，随着信息技术、控制技术的不断发展，在新一轮电力改革政策及智慧能源等技术政策引导下，以自动化为代表的工业革命，正步入工业化和信息化深度融合的时代，电力工业领域也发生着惊人的变革，电力云、电力大数据分析、数字电厂、智能电厂等新概念、新技术如雨后春笋般层出不穷，智能电厂成为发电行业追逐的热点，以引领现代化电厂的发展方向。先进控制技术、大数据及云计算等信息技术、物联网技术的飞速发展为智能电厂的建设创造了条件。在中国自动化学会发电自动化专业委员会与电力行业热工自动化技术委员会于 2016 年共同发布的《智能电厂技术发展纲要》中，智能电厂（smart power plant，SPP）是指在广泛采用现代数字信息处理和通信技术基础上，集成智能的传感与执行、控制和管理等技术，达到更安全、高效、环保运行，与智能电网及需求侧相互协调，与社会资源和环境相互融合的发电厂。它是智慧能源、能源互联网不可分割的一部分，是智慧能源互联网在电源侧的具体体现。

（1）智能电厂是广泛采用现代信息处理和通信技术、智能传感技术、智能执行机构技术，以及智能控制方法和管理决策技术，最大限度地达到火力发电厂安全、高效、环保运行状态的过程。智能电厂是建立在数字化和信息化基础上的。

（2）智能电厂将是基于大数据分析应用，综合智能设备、云平台、系统化的数据挖掘及价值分析应用能力，进一步推进实现生产高度自动化、管理高度集约化、决策智能化、信息互联互通的新型电厂。

（3）智能电厂通过先进的传感测量及网络通信技术，对电厂生产和管理进行全方位的监测和感知，利用各类感知设备和智能化系统，识别、立体感知环境、状态、位置等信息的变化，对感知数据进行融合、分析和处理，并能与业务流程深度集成，为智能控制和决策提供依据。

（4）智能电厂对海量数据进行及时处理、分析和预测，采用数据挖掘、自适应控制、预测控制、模糊控制和神经网络控制等先进和智能控制技术，根据环境条件、环保指标、燃料状况的变化，自动调整控制策略和管理方式，以适应机组各种运行工况，使电厂生产过程长期处于安全、经济和环保运行状态。

（5）智能电厂将物联网与互联网系统连接和融合，基于全面感知、大数据、三维可视化等技术，深度智能融合多源数据，实现对海量数据的计算、分析和深度挖掘，提升电厂与发电集团的决策能力。

（6）智能电厂基于智慧的基础设施，通过与智能电网、能源互联网、电力大用户等系统信息交互和共享，实时分析和预测电力市场供需状况，合理规划生产和管理活动，使电能产品满足用户安全性和快速性要求。网络（包括无线网络）技术的发展，为电厂设备与设备、人与设备、人与人之间的实时互动提供了基础，增强了智能电厂作为自适应系统信息获取、实时反馈和智能服务的能力。

2. 智能电厂的体系架构

依据智能电厂的概念和特征，智能电厂的体系架构示意如图 2-4 所示。

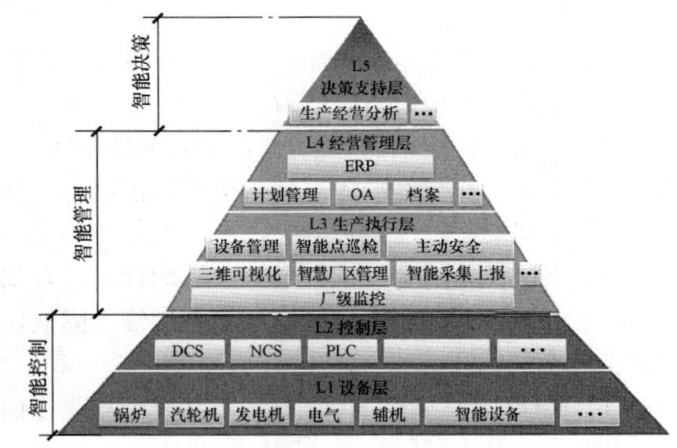

图 2-4　智能电厂的体系架构示意图

智能电厂的总体架构从大的结构由下向上分为智能控制、智能管理、智能决策三大部分，5 个层次。

（1）智能控制主要包括设备层和控制层。

1）设备层以各种智能设备为基础。

2）控制层以各种实时控制系统为核心，包含电厂内部针对设备运行或操作过程的数字化监控功能，主要由单元机组控制系统（DCS），电气控制系统，水处理、输煤、除灰渣（除尘）、脱硫、脱硝等的辅助车间（系统）自动化控制系统及电气网络监控系统等组成。

3）智能控制的设备层和控制层是基于智能设备的数字化采集与自动化控制技术，建立物理信息系统，贯通设备、自动化和信息化基础设施，实现智能生产。

设备层和控制层是智能电厂建设的基础。

（2）智能管理主要包括生产执行（管理）层和经营管理层。

1）生产执行层包括厂级信息监控、三维可视化、智能点巡检、智能采集上报、主动安全、智慧厂区管理、设备管理、设备状态检修、燃料管理、智慧环保等。

2）经营管理层包括人力资源、财务、物资、销售、预算管理、计划管理、统计管理、法务管理、办公系统、制度管理、知识管理、党群管理等。

3）智能管理的生产执行层和经营管理层的特征是基于面向服务体系架构，集约化、标准化，将电厂生产运营数据进行整理、分析，形成高价值的数据资源和标准化的业务流程，实现深度集成、融合应用、规范高效。

（3）智能决策主要包括决策支持层。它包括生产经营分析，实时利润预测、竞价上网分析，基于数据分析模型、决策模型、知识分析模型的智能决策与优化运营。该层的特征是基于数据模型，利用数据挖掘，实现预知预判、价值创造，辅助高效决策，提高生产经营管理水平，实现高品质智能发电。

3. 智能电厂的建设目标

智能电厂建设涉及发电企业的生产及管理全过程与整体架构，是一项综合性、全局性、长期性的系统工程。

（1）实现机组安全、可靠、经济及环保运行，更好地满足电网运行和电力用户需求。

（2）提高对系统、设备运行状况的可靠感知水平，减轻员工现场工作强度，提高装备运行监控能力，提升管理效率和安全防范水平。

（3）实现设备的全方位、全生命周期管理，有效提高设备可靠性和寿命，实现设备状态检修，降低运行和维护成本。

（4）实现燃料的精细化管理，实时分析和优化锅炉燃烧性能，提高燃烧效率，降低燃料成本。

（5）利用大数据、云计算等技术实现生产及运营数据的深度挖掘。

（6）提高发电企业的生产和管理效率，提升参与电力市场竞争的能力。

（7）逐步开展技术专家系统对电厂的远程服务，包括机组的远程监测、优化指导、故障诊断等，实现控制系统参数的远程试验、调整及设备的远程故障诊断。

（8）实现发电企业对各电厂的实时监控、统一管控、资源共享和统筹经营管理，提升发电企业和电厂竞争力和效益。

（9）在电力市场化进一步推进的条件下，设置报价决策平台及其相应的竞价上网分析报价系统。

（10）开展试点建设多层高级监管平台（厂级、集团级和科技中心级）及其相应的高层监管智能决策系统，在取得成功经验后再逐步推广。

（11）实现电厂员工的高效和智能化培训。

4. 智能电厂的建设思路

（1）总体规划。智能电厂建设首先是工程设计，即智能电厂的总体规划和总体方案设计，它是智能电厂实施的纲领性文件，前期规划的优劣直接影响到后期智能电厂的实施和目标实现。智能电厂的总体方案设计包括整体架构设计、智能管理功能设计、数据集成平台设计、控制功能及系统配置设计、智能感知设备设计等。智能电厂的总体规划应对以下几点予以关注：

1）智能电厂设计的基本要求是全生命周期的智能化，因此数据、信息及文件是智能电厂的基础和核心。首先应将设计各阶段的文件、图纸及三维模型，建设过程中产生的调试文档，以及运行过程中产生的资产管理及实时数据的集成应用，为实现设备采购、安装、运行的智能化奠定基础。

2）综合考虑管理系统和控制系统在电厂智能化过程中的融合，根据实时的管理要求，调整生产计划和生产任务，并利用智能化控制手段将管理要求及时反映到生产控制层，调整生产控制策略，保证电厂生产的最佳经济性。

3）在智能电厂的设计过程中，要注意各类数据流、控制指令流、业务流等信息流的设计和规划，把握各类信息的流向，发掘和整合数据的价值。

4）在智能电厂的设计过程中应关注信息安全，实现本质安全的智能发电。

5）智能电厂的总体规划不仅应充分考虑电厂建设规模、建设性质，对于正在运行的机组还应该充分考虑原有机组的控制系统配置及自动化水平、信息化水平及电厂的管理水平等，不仅要从实际出发，还应充分考虑智能电厂技术的飞速发展，提出整个智能电厂的总体方案，还可按照不同需求分阶段制定目标和实施方案。

6）智能电厂总体规划应充分考虑实效性：对建设智能电厂应用的技术要进行认真评估，讲求实效，经得起实践验证，确实对电厂安全、经济和环保发挥明显作用；考虑前瞻性：防止由于物理载体建设限制了各种智能技术的进一步开发和应用；充分考虑安全性：确保控制安全和信息安全，严格执行有关国家标准和行政法规。

7）智能电厂总体规划时，各子系统的整合应确保信息交换安全、可靠，响应速度满足技术要求。各子系统可以选择同一产品的一体化方案或不同产品间通过标准通信协议整合的集成方案。

（2）全过程数字化、智能化。

1）设计阶段。利用三维数字化设计技术，实现三维模型数字化。三维数字化系统以三维模型为数据集成的载体，数字化的三维模型结构及三维模型编码技术是实现三维模型数字化的核心。同时优化设计方案，合理配置先进检测设备、基于工业以太网或现场总线协议的控制系统，以及优化配置监管信息系统。统一文档资料，依据 GB/T 50549《电厂标识系统编码标准》进行设备编码。

2）制造阶段。利用三维图纸等数字化设计资料，智能电厂中的各部件、设备制造都应依据 GB/T 50549 进行分类与管理，制造厂依据设计单位提供的三维图纸进行制造。完成现场检测及控制设备的生产、实时控制技术、优化控制技术的软、硬件开发。

3）基建阶段。这期间数据主要为各设备制造厂、施工单位、监理单位、调试单位等提交的各类纸质或电子文档，为保证基建期间数据的有效利用，需要相应的数字化处理流程，在保证数据完整正确的同时，实现文档数据的数字化；利用先进的管理系统实现各基建单位之间的统筹管理；利用三维可视化技术实现设备安装、土建工程进度虚拟化，提高工程管理水平；完成各类现场软、硬件设备的安装及调试。

4）运行阶段。针对电厂实时监控、资产管理等电厂运行维护系统供应商提供的接口数据类型，开发数据接口，将运行期不同类型、不同格式、不同来源的数据进行筛选分解后，按照三维数字化系统要求的统一格式进行本地化处理，实现运行期生产运行维护数据的数字化及运行效益的最大化，提高火力发电厂运行的可靠性。

5）退役阶段。智能电厂在现有管理信息系统各模块的基础上，充分依据长期的历史数据分析、三维模型特有的空间概念及三维实体造型，确定合理、经济的退役时间，为企业的决策提供依据。

将各层级投运的软、硬件设备长年投运及检修的数据及资料进行分类整理，为后续系统的开发积累经验及数据。

二、自动化控制系统配置

火力发电厂的自动化控制系统分为两大类，一类是信息系统，另一类是生产实时控制系统。信息系统实现对电厂生产、经营、安全等信息的采集和存储，并进行分析、计算和开发相应的应用的功能，从而实现全厂管理信息化，进一步实现数字化、网络化、智能化，全面提升全厂信息管理水平。生产实时控制系统实现对电厂生产过程数据进行采集和处理，完成对生产过程的集中监控，从而实现电厂生产过程的自动化、智能化，全面提升发电厂的自动化水平。

（一）信息系统

火力发电厂全厂信息系统主要包括管理信息系统（MIS）、监控信息系统（SIS）、视频监视系统、门禁管理系统、安全防范系统、仿真培训系统等。

1. 管理信息系统（MIS）

管理信息系统（MIS）通常分为建设期和生产期两部分。建设期管理信息系统应以项目管理为主线设置，对施工进度及费用、物资及设备采购、质量和安全等信息进行管理。生产期管理信息系统是围绕着经济、安全、环保运行及经营等进行的信息化管理。

管理信息系统（MIS）主要配置网络设备、中心服务器、应用服务器、安全防护设备、用户终端等设备，以及相应的系统软件和应用软件。中心服务器和主干网一般冗余配置。

2. 监控信息系统（SIS）

监控信息系统（SIS），主要是采集生产过程的实时信息，监视生产过程，进行厂级性能计算与分析，实现系统的运行优化功能、设备故障诊断功能、寿命管理等功能。

监控信息系统（SIS）主要配置网络设备、实时数据库服务器、应用服务器、安全防护设备、用户终端等设备，以及相应的系统软件和应用软件等。

3. 视频监视系统

视频监视系统主要包括监控主机、视频解码器、显示设备、集中存储服务器、应用客户端、核心交换机、分支交换机等设备，以及相应的应用软件等。

4. 门禁管理系统

门禁系统主要实现进出通道的权限、进出通道方式、进出通道的时段管理，实时监控出入通道的状态，查询出入记录、通道异常报警、消防报警或紧急联动、逻辑开门功能等。

门禁系统主要包括门控制器、发卡器、感应卡、门禁服务器、门禁管理站、网络交换机、光纤收发器、闭门器、磁力门锁等设备，以及相应的系统软件和应用软件等。

5. 安全防范系统

安全防范系统实现安全管理、入侵报警、出入口控制、电子巡查、停车库（场）管理等功能。

安全防范系统主要由安全管理系统和相关的子系统组成。火力发电厂常用的子系统包括入侵报警系统、视频安全防范监控系统、出入口控制系统、停车库管理系统和电子巡查系统等。

安全管理系统一般由多媒体计算机及相应的应用软件构成。各子系统的基本配置包括前端、传输、信息处理和控制管理、显示和记录四大部分，各部分具体内容有所不同。入侵报警系统一般包括探测器和紧急报警装置、处理/控制和管理设备、显示单元等，以及管理软件。出入口控制系统一般由识读设备、传输设备、控制器和执行设备等及相应的软件构成。

安全防范系统网络结构通常采用 C/S 结构或 B/S 结构。

6. 仿真培训系统

仿真培训系统一般采用虚拟仿真机。仿真培训系统硬件包括带有虚拟 DPU 的主计算机，完成参考机组仿真模型的实时运算和仿真系统功能的实现；教练员站，用于控制仿真机运行，实现培训功能，监视与评价受训人员操作；就地操作站，实现参考机组控制室以外进行的就地操作的仿真；仿真操作员站实现仿真参考机组控制系统操作员站功能；网络设备，实现仿真系统计算机间的数据通信和交换；输入输出接口，用于实现仿真计算机与仿真盘台设备系统之间的数据转换和通信；软件，如过程模型软件、控制系统仿真软件、操作员站仿真软件、教练员站软件、仿真支撑软件、就地操作站软件。

除此之外，仿真培训系统还包括对参考机组的环境仿真，如硬手操按钮盘、屏幕显示装置（投影仪）、控制盘/台设备、控制室照明及各种环境仿真设备等。

（二）生产实时控制系统

生产实时控制系统主要包括单元机组分散控制系统（DCS），汽轮机数字电液控制系统（digital electro-hydraulic control system，DEH），汽轮机紧急跳闸系统（emergency trip system，ETS）、汽轮机监视仪表（turbine supervisory instruments，TSI），给水泵汽轮机控制系统（micro-electro-hydraulic control system，MEH），给水泵汽轮紧急跳闸系统，给水泵汽轮机监视仪表系统，锅炉炉管泄漏监测系统，汽轮机振动监测和故障诊断系统，辅助车间（系统）控制系统，火力发电厂控制系统还包括电气 NCS 及发电机励磁调压系统（AVR）、发电机自动同期系统（ASS）、厂用电快切装置等电气其他系统。

1. 机组分散控制系统（DCS）

DCS 通常按照工艺过程进行控制器的分配和组态，并遵从控制、联锁、保护功能尽可能分散的原则设计。

DCS 主要由操作员站、工程师站、控制器、I/O 模件、通信模件及网络、服务器、电源模件等组成。设备的数量根据机组容量和系统规模来确定。

机组 DCS 通常是按照一台机组配置一套，同时建设的两台机组，设置两台机组 DCS 公用网络，DCS 公用网络应分别与两台单元机组的 DCS 网络连接，运行人员通过两台单元机组 DCS 的操作员站可对接入 DCS 公用网络的系统进行监视和控制，但两台单元机组 DCS 对公用网络系统的控制指令具有相互闭锁功能，防止同时在两处操作。接入 DCS 公用网络的系统包括循环水泵房公用部分、燃油泵房、厂用电公用系统等。

2. 汽轮机数字电液控制系统（DEH）

汽轮机数字电液控制系统（DEH）通常随汽轮机制造厂配套供货，每台汽轮机配一套。

DEH 一般采用与 DCS 相同的软硬件系统，主要由操作员站、工程师站、控制器、I/O 模件、通信模件及网络、服务器、电源模件等组成。当 DEH 与 DCS 采用相同硬件时，操作员站与工程师站可以与 DCS 共享。当 DEH 与 DCS 硬件不一致时，应配置独立的操作员站和工程师站，并设置冗余的通信接口与 DCS 通信。DEH 控制器、通信模件及网络、电源模件等应冗余配置，冗余信号应分别配置在不同的 I/O 卡件上。

3. 汽轮机紧急跳闸系统（ETS）

ETS 的设计应遵循 GB 50660《大中型火力发电厂设计规范》及 DL/T 5428《火力发电厂热工保护系统设计技术规定》的要求。ETS 通常随汽轮机制造厂配套供货，每台汽轮机配一套。

ETS 的控制器应独立、冗余配置，通信模件及网络、电源模件等也应冗余配置，冗余信号应分别配置在不同的 I/O 卡件上。

4. 汽轮机监视仪表（TSI）

汽轮机监视仪表（TSI）随汽轮机成套配供，每台汽轮机设置一套。

5. 给水泵汽轮机控制系统（MEH）和紧急跳闸保护系统（METS）

MEH 和 METS 由 DCS 软硬件实现，通常随给水泵汽轮机制造厂成套供货，每台给水泵汽轮机配置一套 MEH 和 METS。

6. 辅助车间（系统）控制系统

辅助车间（系统）控制系统宜按车间进行配置，重要辅助车间（系统）控制系统的控制器宜冗余配置；对于被控对象较少、布置比较分散的辅助车间，可采用远程 I/O 方案。辅助车间（系统）控制系统与 SIS 联网，以实现一体化网络结构。

辅助车间（系统）控制系统目前应用比较多的是采用 DCS 实现，也可采用 PLC 实现，有条件时也可采用基于现场总线技术的 DCS 或 PLC 实现。

辅助车间（系统）控制系统主要由操作员站、工程师站、控制器、I/O 模件、通信模件及网络、服务器、电源模件等组成。设备的数量根据机组容量和系统规模来确定。

7. 锅炉炉管泄漏监测系统

锅炉炉管泄漏监测系统主要包括检测元件、采集和处理、报警管理计算机等，检测部分每台锅炉配置一套，上位管理计算机可按两台锅炉合设一套。

8. 汽轮机振动监测和故障诊断系统

通常两台机组合设一套汽轮机振动监测和故障诊断系统，包括数据采集、处理和上位管理计算机工作站及振动分析和故障诊断软件等。

（三）自动化控制系统分类

1. 分散控制系统（DCS）

DCS是采用计算机、通信和屏幕显示技术，实现对生产过程的数据采集、控制和保护等，并利用通信技术实现数据共享的多微型计算机监视和控制的系统。DCS的主要特点是功能分散、数据共享。在机组和辅助车间（系统）控制系统中是目前最成熟的产品。上至百万级超超临界机组，下至几万级的机组控制系统普遍采用DCS。因此，在一段时间内DCS还是机组和辅助车间（系统）控制系统的首选。

2. 可编程逻辑控制器（PLC）

PLC是用于顺序控制的专用计算机，通过编程系统，利用布尔逻辑或继电器梯形图等编程语言来改变顺序控制逻辑。可编程逻辑控制器可根据需要扩展模拟量控制功能，可承受更宽范围的温度变化及更苛刻的电气噪声和振动冲击等，在工业控制领域得到了广泛的应用。

3. 基于现场总线技术的控制系统

（1）现场总线是现场设备/仪表与自动控制装置/系统之间的一种串行、数字式、双向传输、多节点通信的数据总线。国际电工委员会IEC 61158标准分别规定了基金会现场总线H1和HSE、Control Net、Device Net、PROFIBUS、P-Net、World FIP、Interbus、Ether CAN、Echernet、CC-Link、HART等通信协议。

（2）现场总线控制系统是应用现场总线技术，把现场分散的、数字化、智能化的测量和控制设备连接成网络系统，按公开、规范的通信协议，在位于现场的具有多种测控和计算功能的设备之间，以及现场仪表与监控计算机之间，实现双向数据传输与信息交换，并对现场设备进行实时诊断、管理和维护的控制系统。

（3）与传统DCS＋普通一次仪表组成的控制系统相比，基于现场总线技术，在现场设备层采用现场总线技术的新型控制系统的优越性概括起来包括开放性、可靠性、智能化与功能自治性、互操作性与互用性、分散性、环境适应性。

1）系统的开放性。现场总线是开放的网络，通信协议公开，符合现场总线通信协议的任何一个制造厂的现场总线仪表都能方便地连接到现场总线通信网络，符合通信标准的不同制造厂的产品可以互换和替换，强调对标准的共识与遵从。

2）可靠性。现场总线直接与生产过程的现场设备连接，并将现场变送器测量到的信号和各种状态正确传输到控制系统中，同时将各种控制命令和维护、组态的各种信息传送到现场的执行器和有关设备。因此要求现场总线有更高的可靠性技术。

3）智能化与功能自治性。把微处理器引入现场总线仪表，使仪表本身成为网络上的一个站，从而实现数字通信。在现场总线仪表中可以完成原来需要在分散控制系统过程控制器中才能完成的一些运算和控制，并可随时诊断设备的运行状态。现场仪表中可实现更多的控制、多变量的测量和传输、仪表设定值的远程整定、基于自诊断原则的现场设备预测维护和管理等。

4）互操作性与互用性。互操作性是指互联设备间、系统间的信息传递与沟通，可实现点对点，点对多点的数字通信。互用性是指不同制造厂的性能相似的现场总线设备可进行互换而实现互用。

5）系统结构的高度分散性。由于现场设备本身可完成自动控制的基本功能，使得现场总线系统已构成一种新的全分散控制系统的体系结构。现场总线技术使控制分散到现场设备级，从而真正实现了分散控制。

6）环境适应性。工作在现场前端设备，作为工厂网络底层的现场总线设备，是专门为现场应用而设计的，因此现场总线有很好的现场环境适应性。

（4）CPU技术的发展带来了现场仪表和装置的数字化革命，也使得现场仪表和装置之间的数字通信成为可能。

（5）现场总线技术开发的出发点就是要为用户提供开放的、具有可互操作性、可互换性和统一标准的测量和控制产品，克服了传统DCS和PLC等含有专利性技术的控制系统所带来的封闭性问题，择优选择不同公司的产品，集成最佳的生产过程控制系统，降低工程项目的建造和运营成本，提高企业的竞争力。

（6）随着现场总线技术的不断发展，现场总线控制系统和基于现场总线技术的DCS或PLC，现场总线仪表和执行机构应运而生。基于现场总线技术的DCS、现场总线仪表和执行机构等不断地应用到火力发电厂，应用到过程控制中。

（7）现场总线技术的应用赋予了总线设备自身大量的状态信息，当配备了合理的智能设备管理系统后，才能充分发挥现场总线技术的优越性。

4. 安全相关系统

GB 50660《大中型火力发电厂设计规范》和DL/T 5428《火力发电厂热工保护系统设计技术规定》中提出，锅炉和汽轮机的跳闸保护系统可采用电子逻辑系统或继电器硬逻辑系统，系统宜采用经认证的、SIL3级的安全相关系统。GB 50660《大中型火力发电厂设计规范》还明确了，安全相关系统应符合GB/T 20438《电气/电子/可编程电子安全相关系统的功能安全》和GB/T 21109《过程工业领域安全仪表系统的功能安全》

的有关规定。安全相关系统以其特有的高可用性在锅炉和汽轮机保护中广泛应用。安全相关系统覆盖范围很广，适用于所有工业系统，其设计考虑了影响系统安全的各种因素，如组成保护系统的仪表、控制器、执行元件、工艺设备的安全等，包含了硬件设计的高可用性和安全性，同时也考虑了软件设计的高可用性和安全性。但目前电厂中应用的安全相关系统绝大多数是仅包括构成机炉保护系统的控制器，在执行元件和工艺设备侧几乎没有应用。

在安全相关系统的设计中，为了定量地分析各种生产装置的安全性，并作为安全系统的配置依据，IEC 61508 定义了四个安全完整性等级（safety integrity level），其中 SIL4 是安全完整性等级的最高级，SIL1 是安全完整性等级的最低级。安全完整性等级见表 7-23 和表 7-24。

由于安全相关系统具有很高的安全完整性等级，所以在未采取特殊措施的情况下，普通的 PLC 或 DCS 控制器是不能作为安全相关系统控制装置来使用的。其主要原因在于，普通 PLC 或 DCS 控制器内部只设置了简单的自诊断功能，并且诊断的覆盖范围通常少于 80%，当内部元件出现故障时，只能给出故障提示，并没有采取措施使其输出处于所定义的安全状态。

适合于安全相关场合下使用的 PLC 或 DCS 应是一个取得相应安全证书的系统，同时其控制器、I/O 模件、通信总线等硬件自诊断覆盖范围通常高于 95%，可以监测各个方面的硬件状态、程序执行状态和操作系统状态，保证即使在安全相关系统失效时，也不会对人员安全或过程安全带来危险，并使系统能够处于安全状态。

三、自动化控制系统功能

（一）信息系统功能

信息系统的功能设计应该覆盖电厂全生命周期，包含生产和管理两大部分。

1. 监控信息系统

监控信息系统主要在电厂投运后投入使用，通常监控信息系统的功能还分为两大部分。一部分是比较容易实现的基本功能，主要是采集生产过程的实时信息，监视生产过程，进行厂级性能计算与分析，实现系统的运行优化功能，当电网调度模式实现调度到厂时，还可以实现机组的负荷调度分配功能；另一部分是设备故障诊断功能、寿命管理功能及其他功能等应根据建设方的要求并综合考虑电厂实际情况后再确定是否设置。

2. 管理信息系统

管理信息系统从电厂进行建设时开始使用，即包括电厂的建设期和投入运行后的生产期。建设期主要包括计划管理、进度管理、进度控制管理、物资管理、费用管理、工程技术管理、质量管理、安全管理、文件管理、办公事务管理、与相关子系统的接口管理、企业门户及综合查询管理、系统维护管理等功能。生产期主要包括设备管理、运行管理、安全监察管理、环境保护管理、经营管理、行政管理、企业门户及综合查询管理、系统维护功能。信息的功能设计还应考虑建设期数据等向生产期的过渡。

3. 视频监视系统

视频监视系统主要完成实时监视（包括前端设备操控）、动态存储、实时报警、历史画面回放、网络传输、系统权限管理、系统自检/故障报警等功能。

电厂视频监视系统是对一些重要的工作区域、材料设备库、出入口等进行视频监视，监视人员流动情况，同时将信号送至电厂保卫人员办公室视频监视显示屏上。当设置入侵报警及周界防护时，一旦出现入侵报警，视频系统能切换到报警点，通过视频监视、记录报警区域的图像状态。

4. 门禁管理系统

门禁管理系统功能包括对各种生产管理场所出入通道的权限和进出时段进行管理，可以通过计算机终端实时监控每个通道人员的进出情况（还可以有照片显示）、每个门区的状态（包括门的开关、各种非正常状态报警等），也可以在紧急状态下打开或关闭所有的门区，记录通过通道的时间、目标、位置等并供查询，当出现非法侵入时发出异常报警；与视频监视系统联动，在事件查询的同时能回放与该出门区相关联的视频图像；与消防报警系统联动，在出现火警或地震等紧急情况下，自动打开所有的疏散通道受控门锁，使室内人员及时疏散逃生，确保人身安全。

门禁管理系统可根据需要与安全防范系统功能合并设计，联网到安全防范系统的监控中心，配备相应考勤软件等可实现考勤、会议签到、就餐管理、停车场管理等一卡通功能。

5. 安全防范系统

安全防范系统的功能通常包括安全管理和入侵报警、视频安全防范监控、出入口控制、停车库管理和电子巡查等。

安全防范系统实现对各个子系统的有效联动、管理和/或监控。按照系统集成度的高低，安全防范系统可分为集成式、组合式和分散式三种形式。集成式通过统一的通信平台和管理软件将中心设备与各子系统设备联网，实现由监控中心对各子系统的自动化管理与监控。组合式通过统一的管理软件实现由监控中心对各子系统的联动管理与控制。分散式相关子系统独立设置，独立运行。当出现入侵报警时，视频系统能切换到报警点，通过视频监视、记录和查询报警区域的图像状态。

6. 仿真培训系统

仿真机具有向受训人员提供参考机组的各种运行特性的能力，在对参考机组正常操作、异常操作和误操作，控制系统自动投入或切除，以及由教练员插入或取消机组模拟故障等的仿真而产生的仿真结果响应，都应与参考机组的实际运行特性、运行规程和根据培训要求而设计的仿真机技术规范所描述的相一致。

（1）正常运行人员培训，能够熟练正确地掌握机组设备在各种条件下的启、停和正常运行中的监视操作技术等。

（2）故障处理能力培训，在仿真机上模拟故障、事故现象，培训运行人员正确判断故障、事故的应变能力，并通过各种故障判断和分析的反复培训，提高对机组运行的综合分析能力。

（3）对运行岗位、值长、集控运行岗位等定期轮训和上岗、晋升前进行实际操作能力和分析判断能力的考核。

（4）在各种工况运行中进行运行方式分析、操作方式调整分析和设备系统异动分析，提高安全经济运行能力，为反事故措施提供验证环境，以便改进运行操作和反事故对策。

（5）培训仪表与控制人员，进行机组控制系统的自动调节品质整定及试验、验证和逻辑优化验证等操作，并可直接应用到运行机组上。

（二）机组控制系统功能

1. 分散控制系统（DCS）

DCS 功能包括数据采集系统（DAS）、模拟量控制系统（MCS）、炉膛安全监控系统（FSSS）、顺序控制系统（SCS）等。

（1）数据采集系统（DAS）。连续采集和处理所有与机组有关的重要测点信号及设备状态信号，以便及时向操作人员提供有关的运行信息，实现机组安全经济运行。一旦机组发生任何异常工况，及时报警，提高机组的可利用率。其主要功能包括显示功能、制表记录（跳闸事件顺序记录、趋势记录及事故追忆打印等）、历史数据存储和检索功能、性能计算功能。

（2）模拟量控制系统（MCS）。能够满足机组启停、定/滑压运行和 RB 工况的所有要求，保证机组燃烧系统在不投油稳燃负荷至 100%MCR 负荷范围内，控制运行参数不超过允许值，其他系统全程控制运行参数不超过允许值。协调控制包括协调控制方式、炉跟踪方式、机跟踪方式、手动控制等方式。MCS 主要包括自动发电控制（AGC）、机组协调控制、汽轮机控制、锅炉控制，以及锅炉送风调节、给煤量调节、炉膛压力调节、过热蒸汽温度调节、再热蒸汽温度调节、给水流量调节等锅炉子系统，高/低压加热器水位调节、除氧器水位调节、除氧器压力调节等汽轮机子系统。

（3）炉膛安全监控系统（FSSS）。能够在锅炉启停和正常运行等各种运行方式下，连续地监视燃烧系统的参数和状态，并在出现任何危及锅炉安全运行的工况时，快速切断所有进入炉膛的燃料，以保证锅炉安全，避免事故发生或限制事故进一步扩大。对于煤粉锅炉当发生下列情况之一时，发出总燃料跳闸（MFT）指令快速切断所有进入炉膛的燃料：

1）手动 MFT（双按钮）。

2）全部送风机跳闸。

3）全部引风机跳闸。

4）炉膛内已投入煤粉燃烧器时，全部一次风机跳闸。

5）炉膛压力高于或低于设定值。

6）总风量低于设定值。

7）在 MFT 继电器复归后，在规定时间内炉膛点火失败。

8）没有检测到燃烧器火焰。

9）炉膛火焰丧失。

10）燃料丧失。

11）燃烧器停运不成功。

12）过热器或再热器失去保护。

13）汽轮机跳闸。

14）发电机跳闸。

15）给水流量低（适用于直流锅炉）。

16）汽包水位低低（适用于汽包锅炉）等。

循环流化床锅炉的保护系统参见本手册第十六章。

（4）顺序控制系统（SCS）。完成锅炉、汽轮机及其辅机系统、发电机/变压器组及厂用电源系统等的启停顺序控制。SCS 可分为机组级、功能组和子组级、设备级四级。

机组级顺序控制系统也称为机组自动启停控制系统（APS），是机组顺序控制系统中最高一级的顺序控制系统，在机组的启动和停止过程中，根据 APS 内部逻辑判断或计算，向各控制系统发出相应命令，并根据执行情况控制程序的进程，实现整个机组的启/停控制。APS 程序自动执行机组启动、停止步序，提升了机组整体自动化水平，可有效减少误操作事故发生，减轻运行人员的劳动强度，提高机组运行的安全可靠性，缩短机组启停时间，达到电网对机组深度调峰的要求。

机组自启停功能不仅需要安全可靠的控制系统做保证，也要求主、辅机和各有关辅助系统的可控性能够满足自启停控制要求。

APS 启动控制是可以从机组启动准备到机组带 100%额定负荷的控制过程。停机控制是从机组接到停机指令时的负荷开始到机组停机为止的控制过程。

APS可以采用断点控制方式。在APS控制方式时，机组运行将根据机组的状态和每个断点的条件自动地进行，个别重要断点由运行人员确认。在运行过程中若有异常情况出现，APS将以操作指导的形式发出报警，提示运行人员来处理。

为使运行人员有效地监视整个启动/停止过程，APS向运行人员提供充分的信息，用通俗易懂的方式显示断点的进程和其他异常信息。所设计的功能组和子组级顺序控制能进行自动顺序操作，目的是在机组启、停时减少操作人员的常规操作。各子组项的启、停在保证设备和工艺系统安全的基础上能独立进行。对于每个子组项及其相关设备，它们的状态、启动许可条件、操作顺序和运行方式，均在LCD上显示。

（5）当采用基于现场总线技术的分散控制系统（DCS）时，配置的智能设备管理系统主要功能如下：实现现场设备集成到工程项目的现场总线网络、设备的监视和管理组态。设备参数管理：现场总线设备参数的读取/保存，参数整定、参数维护。设备数据管理：监视设备的过程值、状态值及其他所提供的数据，并实现历史数据的存储、检索。诊断：现场总线设备状态、故障诊断，网络连接诊断。报警日志：对用户操作、导入或导出过程中的事件、参数视图中的事件、设备集成管理中的事件、系统功能触发的事件等进行记录。网络结构显示：显示现场总线通信网络拓扑图，并能更新数据。实现设备历史数据分析，设备缺陷、故障分析，故障预测及预防性维护指导。

2. 汽轮机数字电液控制系统（DEH）

汽轮机数字电液控制系统（DEH）的功能主要包括：

（1）转速控制。实现汽轮机与其热状态、进汽条件和允许的汽轮机寿命消耗相适应的最大升速率，自动地实现将汽轮机从盘车转速逐渐提升到额定转速的控制，它与汽轮机及其旁路系统的设计相配合，并根据汽轮机不同热状态下的启动升速要求，实现高压主汽阀、高压调节阀和中压调节阀之间在各个升速阶段的自动切换。

（2）负荷控制。在汽轮发电机并入电网后实现汽轮发电机从带初始负荷到带满负荷的自动控制，并根据电网要求，参与一次调频和二次调频任务。机组变负荷率可以由运行人员设定，也可由DEH根据热应力计算系统自动限制变负荷率的大小，并具有负荷限制功能。

（3）阀门试验。为保证发生事故时阀门可靠关闭，DEH具备对高、中压主汽阀及调节阀逐个进行在线试验的能力。

（4）汽轮机启停和运行中的监视功能。连续采集和处理所有与汽轮机组的控制和保护系统有关的测量信号及设备状态信号；显示和报警功能，在操作员站LCD上综合显示字符和图像信息以反映机组当前的状态和故障信息、制表记录；操作指导：在LCD上用图像和文字显示出机组正常启动、停运及事故跳闸工况下的操作指导，包括提供当前的过程变量值和设备状态、目标值、不能超越的限值、异常情况、运行人员应进行的操作步骤，以及对故障情况的分析和应采用的对策等。

（5）超速保护功能。通常包括超速保护控制（overspeed protection control，OPC），即抑制超速的控制功能和超速跳闸保护（overspeed protection trip，OPT），当汽轮机转速达到额定转速的110%时，系统应发出跳闸指令，关闭主汽阀、高压和中压调节阀。

（6）热应力监控功能。根据机组特点采用建立数学模型或物理模型的方法，连续监测转子特定部位的热应力，汽轮机控制系统将根据监测结果限制升速过程中的升速率和升负荷过程中的升负荷率，保证转子应力在允许范围内。

（7）汽轮机自启停控制（automatic turbine startup and shutdown control，ATC）及负荷自动控制功能。根据汽轮机转子热应力和运行参数，自动优化、设置转速变化率和负荷变化率，以最少的人工干预，实现将汽轮机的启动、从盘车转速带到同步转速并网，带满负荷或停止汽轮机运行的全过程。

（8）主蒸汽压力控制功能。实现机组协调控制和汽轮机跟随方式下的汽压调节。

3. 汽轮机紧急跳闸系统（ETS）

汽轮机紧急跳闸系统（ETS）的功能，即在紧急状态下通过逻辑判断实现汽轮机的紧急跳闸，防止事故的发生。当出现下列条件之一时，ETS发出汽轮机紧急跳闸指令，停止汽轮机运行：

（1）汽轮机超速。

（2）凝汽器真空过低。

（3）润滑油压力过低。

（4）控制油压力过低。

（5）轴向位移过大。

（6）轴承振动过大。

（7）锅炉总燃料跳闸。

（8）发电机事故跳闸。

（9）外部系统故障引起发电机解列。

（10）汽轮机数字电液控制系统失电。

（11）手动停机指令。

（12）汽轮机制造厂提供的其他跳闸条件等。

4. 汽轮机监视仪表（TSI）

TSI能连续测量和监视汽轮发电机组轴系及汽轮机本体运行的机械参数，当参数越限时报警以及发出停机信号至 ETS。其主要监视项目有汽轮机转速、轴向位移、轴承振动、转子胀差、轴偏心率、汽缸膨胀等。

5. 给水泵汽轮机电液控制系统（MEH）和紧急跳闸保护系统（METS）

MEH 及 METS 实现给水泵汽轮机转速的远方自动控制，具有滑压运行、联锁保护、阀门试验、自诊断及系统故障切手操等功能。当出现下列信号时，METS 发出给水泵汽轮机跳闸指令：

（1）汽轮机超速。

（2）汽轮机控制油压力过低。

（3）汽轮机轴承润滑油压力过低。

（4）凝汽器真空低。

（5）轴向位移大。

（6）轴承振动大。

（7）遥控跳闸。

（8）给水泵汽轮机制造厂提出的其他停机条件。

引风机等辅机驱动汽轮机控制系统和紧急跳闸保护系统的设计可参照给水泵汽轮机的 MEH 和 METS。

6. 辅助车间（系统）控制系统

辅助车间（系统）控制系统实现输煤系统、除尘器、除灰系统、除渣系统、锅炉补给水处理系统、凝结水精处理系统、汽水取样、化学加药系统、机组排水槽、辅机冷却水加药系统、消防水泵房、污废水处理系统、脱硝还原剂制备系统等辅助系统的监视与控制功能，完成相应工艺系统的数据采集、参数显示、过程控制、联锁保护和报警。主要对各工艺系统的所有被控对象进行监控，包括电动机启、停控制，阀门打开关闭操作、设备启停状态、阀门已开已关状态、远方/就地切换状态和主要工艺参数的监视，并完成设备的联锁保护，实现就地无人值班；对于动力阀门、泵、风机等设备，可进行自动程序控制、远方操作控制及就地控制。

7. 锅炉炉管泄漏监测系统

煤粉锅炉宜设置炉管泄漏检测系统，完成锅炉水冷壁、省煤器、过热器、再热器等承压受热面泄漏的早期诊断和报警。其主要功能包括：通过固定安装在锅炉炉膛水冷壁、水平烟道、尾部竖井及锅炉大包内的探头，将锅炉炉管泄漏的声音信号转化成电信号，接入电子设备间内的采集报警机柜上显示泄漏情况及泄漏报警；实现对锅炉炉管泄漏的早期报警；确定锅炉炉管泄漏的区域位置；判断锅炉炉管泄漏的程度和发展趋势；监测吹灰系统投运情况；在线监听锅炉背景噪声。

8. 汽轮机振动监测和故障诊断系统

汽轮机振动监测和故障诊断系统，完成汽轮发电机组轴系的振动监测和故障诊断与分析。其主要功能包括：实时在线采样，采集机组启、停（瞬态）数据、分析和存储；报警、危急识别和事故追忆；对有不平衡、初始弯曲、对中度不好、轴瓦不稳定、油膜振荡、汽流激振、电磁激振、参数激振、摩擦、轴承座松动、共振和高次谐波共振等振动故障进行诊断；通过绘制波特图、振动频谱图、极坐标图、三维频谱图、波形图、轴心轨迹图和振动趋势图等进行振动特征分析；机组日常运行（稳态）数据采集、分析和存储，历史资料存储。

第四节　运行组织管理

根据不同的控制方式和监控点设置，确定集中控制室运行组织管理及配置方案。

火力发电厂运行组织管理及配置方案主要是在原国家电力公司《火力发电厂劳动定员标准》（试行）的基础上，结合具体电厂管理者的要求、运行人员的素质和水平，以及现代化电厂的实际情况等确定运行组织管理和人员配置，从仪表与控制设计的角度主要考虑运行值班和仪表与控制检修人员的配置。

一、运行组织管理的内容

（1）机组运行分布在集中控制室及燃料、除灰及除尘、脱硫、化学等系统。

（2）机组维修。

二、各类人员工作范围及岗位

1. 机组运行

机组运行的工作范围根据运行方式的不同有所不同，可分为全能值班和分系统值班运行设置工作范围和岗位。

（1）全能值班集中控制室。

1）工作范围：主要包括汽轮机、锅炉、发电机主辅设备（包括主厂房消防系统），燃料系统和设备，除灰、除尘设备，脱硝设备，制水、制氢、污水处理、污油处理、循环水处理等设备的监控、巡检操作、记录、事故处理等。

2）岗位：包括值长、主值班员、副值班员、巡检操作员。

（2）集中控制室。

1）工作范围：主要包括汽轮机、锅炉、发电机主辅设备（包括主厂房消防系统）的监控、巡检操作、记录、事故处理等。

2）岗位：包括值长、主值班员、副值班员、巡检操作员。

（3）除灰、除尘。

1）工作范围：主要包括除灰、除尘设备的监控、巡检操作、记录、事故处理等。

2）岗位：包括主值班员、副值班员。

（4）脱硫。

1）工作范围：主要包括脱硫设备的监控、巡检操作、记录、事故处理等。

2）岗位：包括主值班员、副值班员、巡检操作员。

（5）化学。

1）工作范围：主要包括制水、制氢、污水处理、污油处理、循环水处理等设备的监控、巡检操作、记录、事故处理及跟班化验等。

2）岗位：主要包括主值班员、副值班员。

2. 机组维修

仪表与控制的主要工作范围包括：机组仪表与控制系统的检修和日常维护管理，覆盖除灰控制系统、化学补给水处控制系统、污废水处理系统控制系统、循环水处理控制系统和仪表等。

3. 燃料系统运行

（1）燃煤电厂卸煤上煤设备运行。

1）工作范围：包括燃料系统卸煤上煤设备和燃油设备的监控、巡检操作、记录、事故处理等（包括油库消防和卸油工作）。

2）岗位：包括班长、集中控制室值班员、巡检操作员、煤场堆取煤机司机、翻车机操作员或码头卸煤机械操作员及燃油泵房值班员。

（2）燃油（气）电厂燃油（气）设备运行。

1）工作范围：包括燃油（气）设备的监控、巡检操作、记录、事故处理等（包括油库消防和卸油工作）。

2）岗位：包括班长、主值班员、副值班员。

三、参考定员

运行组织定员与电厂的运行管理模式、检修方式等有密切的关系，不同的电厂会有所不同。但对于机组运行而言，当控制方式及系统配置基本相同时，运行人员数量大致相同，主辅均按五班三运转设置。

以 2 台机组为例，采用主辅全厂集中控制方式时，每台机组主控按 1 名主操作员、2 名辅操作员、2 名巡检员设岗，2 台机组设 1 名值长，辅控按 1 名主操作员、2 名辅操作员、3 名巡检员设岗。运行定员参考见表 2-1。

当辅助车间（系统）采用煤、灰、水分类集中监视和控制方式时，就地设输煤系统控制室、水系统控制室、除灰及除尘器控制室，脱硫和脱硝按纳入机组监控设置。机组运行人员设置不变，输煤、水、灰三个监控点各设 1 名主操作员、2 名辅操作员、3 名巡检员。运行值班人员参考见表 2-2。

表 2-1　　常规机组集中控制运行定员参考　　（人）

项　目	2×1000MW 机组定员	2×600MW 机组定员	2×300MW 机组定员	说　明
机组运行人员合计	88	88	77	含 10%的备员
机组运行人员合计	80	80	70	不含 10%的备员
1. 机组	11×5	11×5	9×5	
值长	1	1	1	
主值	1×2	1×2	1×2	
副值	2×2	2×2	1×2	
巡点检	2×2	2×2	2×2	
2. 辅控	5×5	5×5	5×5	
主值	1	1	1	
副值	1	1	1	
巡点检	3	3	3	

表 2-2　　常规机组集中控制运行定员参考　　（人）

项　目	2×1000MW 机组定员	2×600MW 机组定员	2×300MW 机组定员	说　明
运行人员合计	110	110	99	含 10%的备员
运行人员合计	100	100	90	不含 10%的备员
1. 机组集中控制室	55	55	45	
值长	1	1	1	
主值	1×2	1×2	1×2	

续表

项　　目		2×1000MW 机组定员	2×600MW 机组定员	2×300MW 机组定员	说　　明
副值		2×2	2×2	1×2	
巡点检		2×2	2×2	2×2	
2. 分类辅控室		45	45	45	
主值	输煤系统	1	1	1	
副值		1	1	1	
巡点检		1	1	1	
主值	水系统	1	1	1	
副值		1	1	1	
巡点检		1	1	1	
主值	除灰及除尘	1	1	1	
副值		1	1	1	
巡点检		1	1	1	

随着检修及管理越来越专业化，越来越多的电厂不配置大小修人员，而是委托专业的检修公司来进行大小修工作。

第三章

控制室和控制盘（台）柜

火力发电厂的控制室主要有集中控制室（简称集控室）、就地控制室等类型，火力发电厂的电子设备间（简称电子间）可分为机组电子设备间（包括锅炉部分和汽轮机部分）、辅助车间（系统）电子设备间。

布置合理、功能明确、环境友好的集中控制室和电子设备间，有助于运行人员获得真正高水平的生产效率和运行可靠度。优化设计集中控制室和电子设备间，已成为火力发电厂自动化设计中的一个重要环节。

本章主要介绍集中控制室和机组电子设备间、辅助车间控制室和辅助车间（系统）电子设备间、控制盘（台）柜等设计的一般要求和方法。

第一节　集中控制室和机组电子设备间布置

一、一般原则

集中控制室和机组电子设备间布置设计时首先考虑功能要求，如位置选择、面积要求、建筑要求、室内布置要求、电缆敷设方式要求等；其次考虑人性化的工作空间环境需要，如各设备间距离、照明、空调、采暖等环境要求。

以上考虑因素中除室内布置要求基本为仪表与控制专业的设计工作外，其他方面的因素需与相关专业沟通配合进行设计。集中控制室和机组电子设备间设计与工艺专业、建筑专业、土建结构专业、暖通专业、电气专业、消防专业，甚至总图专业等都密切相关。

集中控制室和机组电子设备间布置设计的一般原则如下：

（1）集中控制室的设计应与电厂的控制方式相一致，以本期工程为主，兼顾前期和后期工程，并应与电厂自动化水平、运行管理模式相适应。

（2）集中控制室和机组电子设备间的位置选择和面积要求，应结合整个电厂的规划和布置，使其既便于全厂运行管理、统一指挥，又能兼顾全厂建筑布置的美观和合理性。机组电子设备间因是各种控制机柜的集中地，有大量电缆与现场连接，为节省电缆及方便安装维护，其位置应尽量靠近炉、机、电等主辅机设备，可集中布置，也可按锅炉、汽轮机分散布置。

集中控制室和机组电子设备间的使用面积应根据室内布置设备、机柜的数量、外形尺寸和布置方式并考虑人员的活动空间来确定。

（3）集中控制室和机组电子设备间设计时还要考虑配置必要的功能房间，如工程师室、交接班室、会议室、更衣室等，辅助设施如卫生间、楼梯间、电梯等。

（4）集中控制室和机组电子设备间应满足相应的环境要求。

（5）集中控制室和机组电子设备间的室内设备布置设计，以及照明、空调、采暖等设计，应遵循人机工程学的原理，使运行人员安全、高效、舒适地工作。

（6）集中控制室和机组电子设备间内，严禁汽、水、油及有害介质管道穿越。测量爆炸危险气体的一次仪表严禁引入集中控制室。机组电子设备间不应有交流 380V 及以上动力电缆和产生较大电磁干扰的设备（国能安全〔2014〕161 号文要求）。

（7）集中控制室的出入口应不少于 2 个，净空高度不宜低于 3.5m；集中布置的机组电子设备间出入口应不少于 2 个，净空高度不宜低于 3.2m；分散布置的机组电子设备间面积大于 100m^2 时出入口应不少于 2 个，净空高度不宜低于 3.0m。

（8）集中控制室和机组电子设备间布置应便于电缆出入。为便于电缆敷设，在机组电子设备间下部宜设电缆夹层。

（9）集中控制室和机组电子设备间设计还需遵守 DL/T 5516《火力发电厂集中控制室及电子设备间布置设计规程》、GB 50016《建筑设计防火规范》、GB 50229《火力发电厂与变电站设计防火标准》、GB 50116《火灾自动报警系统设计规范》、GB 50174《数据中心设计规范》、DL/T 5390《发电厂和变电站照明设计技术规定》、DL/T 5035《发电厂供暖通风与空气调节设计规范》、DL/T 575《控制中心人机工程设计导则》等现行国家标准和行业标准的要求。

二、位置

（一）集中控制室和机组电子设备间布置位置的要求

集中控制室和机组电子设备间位置的选择必须与全厂的控制方式协调一致，并与主厂房以及全厂整体的布置方案相结合，统一考虑。

大中型火力发电厂机组控制，从20世纪80年代末的常规监控仪表盘附加计算机进行数据采集监控方式，发展到目前全部采用DCS实现对单元机组监控方式；监控模式也由机炉分别控制、一机一控，发展到两机一控、多机一控；集中控制室的监控内容也由对机组热力系统的监控发展到包括电气网络控制系统（NCS）、安全防范系统（包括视频监视、门禁管理、周界防护等）、火灾报警系统，甚至包括全厂辅助车间工艺系统的集中监视控制，成为完全意义上的全厂集中控制室。

随着计算机和网络通信技术的发展，火力发电厂DCS等控制系统的可靠性、抗干扰性等软硬件性能不断提高，使得DCS网络节点间的通信距离大大增加。再加上运行人员素质的不断提高，国内2000年示范电厂模式的推广，电力体制的不断改革，厂网分开、竞价上网、减员增效、节约投资等外部需求不断升级，以及国外新的火力发电厂设计理念的影响，国内对火力发电厂在设计上不断突破旧的观念或规程规定的束缚，认识不断加深，设计思路日益新颖。以上变化使得集中控制室与机组电子设备间之间的允许距离变大，集中控制室和机组电子设备间的设计布局也越来越多样化，变化更多的是从全厂集中控制和统一管理的理念出发，进一步向安全化、智能化、人性化、全厂一体化方向发展，主要表现为集中控制室监控的范围变大，布置位置更加灵活多样，机组电子设备间的位置趋向于分散化布置，更靠近各现场控制对象。

（二）集中控制室和机组电子设备间布置位置选择

1. 两机一控方式下的位置选择

当采用两机一控方式时，集中控制室和机组电子设备间主要有两类布置方式，分别是在两炉之间设置集中控制楼（简称集控楼）的传统布置方式和不设置单独集中控制楼的布置方式。

（1）在两炉之间设置集中控制楼的传统布置方式。目前，国内已投运的单机300、600MW及以上等级容量机组的火力发电厂普遍采取两机一控方式，在两炉之间设置专门的集中控制楼，集中控制楼紧贴主厂房框架。此类布置方式的主要特点有：

1）集中控制室和机组电子设备间集中布置在一起，其标高与机组运转层标高相同。因运转层处于主厂房的居中高度，在调试、运行、检修时可以兼顾上下层；运转层环境相对较好，远离锅炉房粉尘较大的制粉设备和运转层以下密集的设备、管道。电厂运行人员的主要活动空间在运转层，这样有利于运行维护。

2）集中控制室旁边同时布置有工程师室、交接班室、卫生间、楼梯间等与集中控制运行密切相关的功能房间和辅助设施。一般工程师室处于集中控制室和机组电子设备间中间，便于日常在工程师操作站上对控制系统进行组态、编辑、配置修改，机组调试时也方便与机组电子设备间内的安装人员沟通。卫生间一般布置于集中控制楼附近，不宜距离集中控制室太远。集中控制室附近也应设置楼梯间。

3）集中控制室入口一般朝向汽机房，便于运行、检修，同时也可避开锅炉侧的烟尘和噪声环境；机组电子设备间布置在集中控制室后方，机组电子设备间外侧设置通道。

典型“两机一控”布置设计举例如图3-1所示。

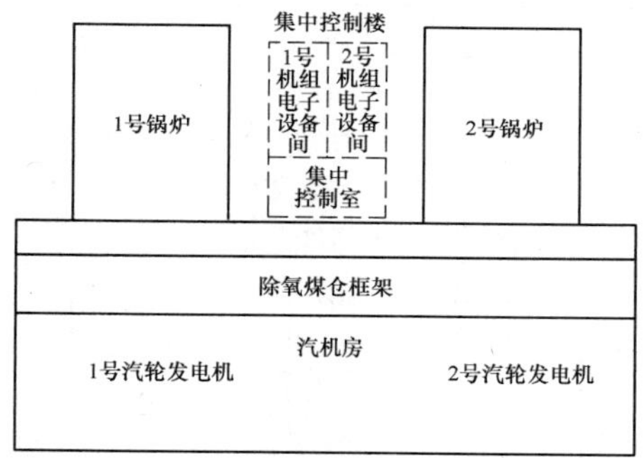

图3-1　典型“两机一控”设置集中控制楼的集中控制室及机组电子设备间位置示意图（一）

4）当主厂房框架内空间允许时，为充分利用空间，减小集中控制楼的体积，通常也有以下具体做法。

一种方案是可在除氧煤仓框架内单独布置汽机电子设备间，锅炉电子设备间仍布置于集中控制楼后部靠近锅炉侧，即分开设置机、炉电子设备间，这样可以缩短汽机电子设备间内机柜到汽轮机侧设备的电缆长度，同时集中控制室也能避开汽机房的噪声影响，典型设计举例如图3-2所示。

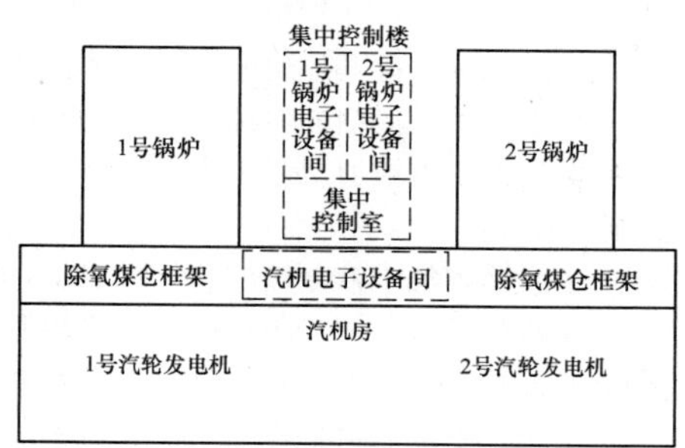

图3-2　典型“两机一控”设置集中控制楼的集中控制室及机组电子设备间位置示意图（二）

还有一种方案是将集中控制室的一部分或全部深入主厂房框架除氧煤仓间内，机组电子设备间布置于集中控制室后的集中控制楼上，典型设计举例如图 3-3 和图 3-4 所示。此种布置在设计配合时要注意两点：①为保证集中控制室内视野无阻挡，应与土建结构专业配合取消集中控制室内的框架柱，将其受力分布于集中控制室两侧的框架柱上，如土建结构专业经受力计算后认为引起造价增加太多，应综合权衡；②集中控制室应避开框架内起伸缩缝作用的双排柱，以免双柱两侧沉降不均引起集中控制室渗水。

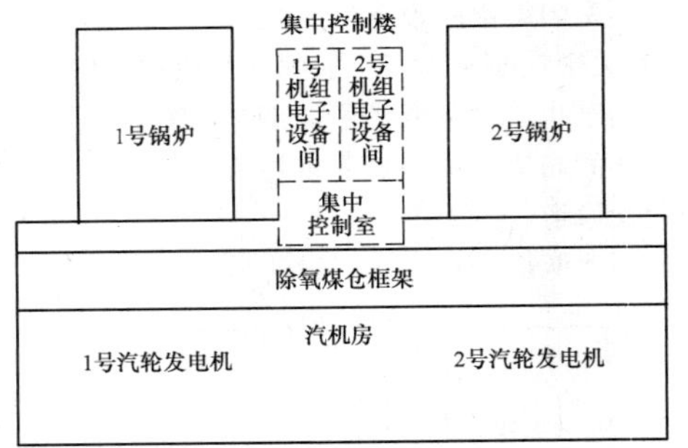

图 3-3　典型“两机一控”设置集中控制楼的集中控制室及机组电子设备间位置示意图（三）

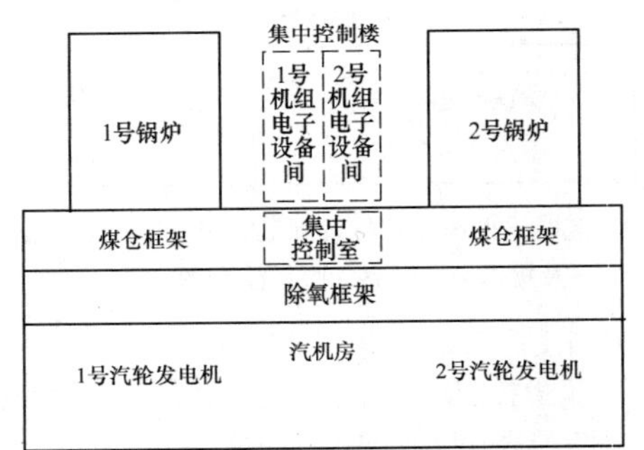

图 3-4　典型“两机一控”设置集中控制楼的集中控制室及机组电子设备间位置示意图（四）

5）在集中控制室和机组电子设备间层下对应位置宜设有电缆夹层，便于电缆敷设及检修维护。电缆夹层以下直至 0m 各层可布置电气低压配电室、直流配电室、化学汽水取样等其他房间。当集中控制楼空间不允许时，也可不设专门的电缆夹层，此时电缆通道与下部的电气设备电缆通道可考虑合并设计，但不方便电缆检修。

在两炉之间设置集中控制楼的总体特点是：集中控制室设置在两台机组之间，距离两台机组均很近，方便运行检修人员到现场巡视和检修，及时处理现场问题。但是由于集中控制室处在锅炉、汽轮机、烟囱包围之中，当隔声、隔尘等措施不完善时，运行人员的外部工作环境较差。

（2）不设置单独集中控制楼的布置方式。随着火力发电厂总平面布置的不断变化及以人为本设计理念的深入，因地制宜划分功能区域，顺畅紧凑、节约占地、环境舒适成为共同需求。集中控制室的布置位置更加灵活，越来越向“定制化”“去工业化”发展，许多工程不再将集中控制室布置于两炉之间。

常见的布置方案有将集中控制室布置在主厂房固定端或扩建端、设置在主厂房外的生产办公楼、设置在其他区域。

以上方案设计的共同之处是将集中控制室和机组电子设备间分开布置，把集中控制室从传统的两炉中间位置“拉”出来，布置于环境更好的位置。而机组电子设备间可采用集中布置方式，也可采用物理分散的方式布置。

当机组电子设备间采用集中布置方式时，宜布置在两炉之间，也可集中布置在除氧间或煤仓间位置。当机组电子设备间采用物理分散布置时，其位置可分散布置在离控制对象相对较近的区域，按锅炉、汽轮机分设电子设备间。一般锅炉电子设备间设置在靠近锅炉房的适当位置，汽机电子设备间设置在汽机房（或 BC 框架内）的适当位置。这样使得厂房布置更加紧凑且明快通畅，又提高了运行人员工作的安全性，改善了运行人员的工作环境。

几种方案设计举例如下：

1）集中控制室布置在主厂房固定端或扩建端。将集中控制室布置在主厂房固定端或扩建端的设计方案，类似于将主厂房运转层做了延伸，但采取独立结构，集中控制室上部独立加盖屋顶。例如，国内某 2×660MW 机组工程将集中控制室布置在主厂房固定端，如图 3-5 所示。当受外部地形条件、总平面布置等条件限制时，也有将集中控制室布置在主厂房扩建端的情况。

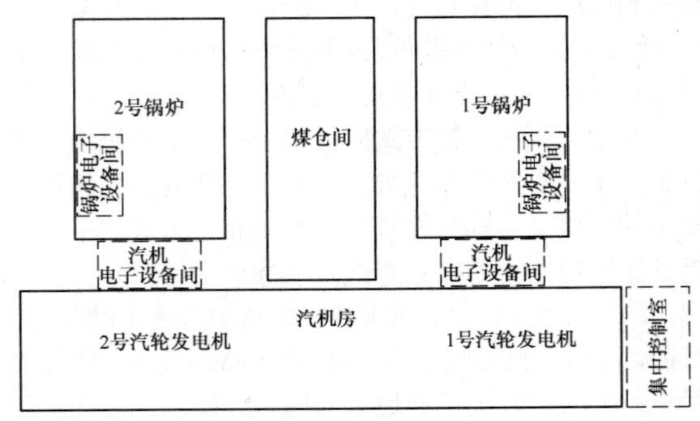

图 3-5　典型“两机一控”集中控制室（主厂房固定端）及机组电子设备间位置示意图

集中控制室具体布置在主厂房的哪一端，一般受以下几个因素影响：①对于新建工程或扩建期与前一期主厂房脱开建设的，优先将集中控制室放于固定端，这样有利于确定两台机组的施工安装顺序。如地形条件等不允许，也可将集中控制室放于扩建端。②对于扩建工程，如需要本期与前一期主厂房（汽机房）内贯通，宜将集中控制室放于扩建端；如规划有后续扩建，则不宜将集中控制室放于扩建端。③当采用布置在扩建端的方案时，在施工安装顺序上应考虑集中控制室须与两台机组厂房同步建设，或者集中控制室与第2台机组的厂房优先建设施工。

采取此方式时应注意：①集中控制室标高应与机组运转层标高相同；集中控制室旁边也要考虑布置工程师室、交接班室、卫生间、楼梯间等与集中控制运行密切相关的功能房间和辅助设施，为考虑调试方便宜同时在机组电子设备间旁边另设置工程师室或在机组电子设备间内临时放置工程师站。②因通往集中控制室内线缆较少，在集中控制室下部可不设置电缆夹层，此时可采用集中控制室下部设电缆槽盒或活动地板的方式。集中控制室下直至 0m 各层一般布置电气低压配电室、直流配电室等其他房间；也有工程将集中控制室下各层用于布置生产办公楼的各功能房间，不再单设生产办公楼。③因机组电子设备间内电缆较多，其下部宜设置电缆夹层。

2）集中控制室布置在主厂房外的生产办公楼。这种布置方式在国内外均有应用，如日本橘湾电厂和常陆那珂电厂等。这种布置方式的典型特点是将集中控制室设在厂区内的生产办公楼内，也可与主厂房通过天桥相连；机组电子设备间布置在主厂房内相应主辅系统设备附近，典型设计举例如图 3-6 所示。

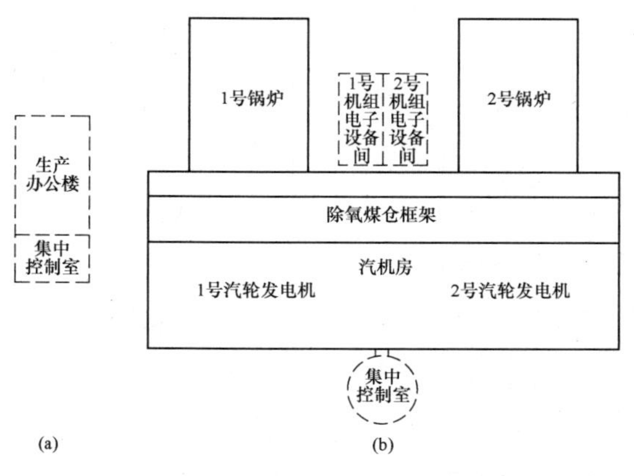

图 3-6　典型“两机一控”集中控制室（厂区内）及机组电子设备间位置示意图

（a）生产办公楼与主厂房不连通；（b）生产办公楼与主厂房连通

这种布置方式的优点：因生产办公楼与主厂房为完全独立的建筑物，不再受主厂房布局的过多制约，其建筑外观及色彩的选择可以充分与周边环境相协调，很大程度上提升了运行人员的工作环境。其不足：因生产办公楼位于主厂房外，集中控制室与主厂房距离较远，会给现场调试、运行巡检、维护工作带来不便。但是随着电厂自动化水平和设备可靠性的提高，电厂在机组启、停及运行过程中不再像早期电厂一样需要大量的运行操作人员经常到现场巡视及处理问题，而只需少量的运行操作人员在极少数就地人员的配合下，在集中控制室内就可实现机组的启、停控制，这个不利因素对集中控制室位置选择造成的影响将会越来越小。

3）集中控制室布置在主厂房除氧框架内。对于单机 200MW 及以下容量的 CFB 机组，因为 CFB 锅炉不需磨煤机，且机炉辅助系统和设备相对较少，主厂房布置更为紧凑。一般除氧煤仓间为单框架结构，框架运转层其他专业占用较少，为充分利用空间，可将集中控制室和机组电子设备间均布置于除氧煤仓间运转层位置，集中控制室和机组电子设备间下部设电缆夹层，如图 3-7 所示。

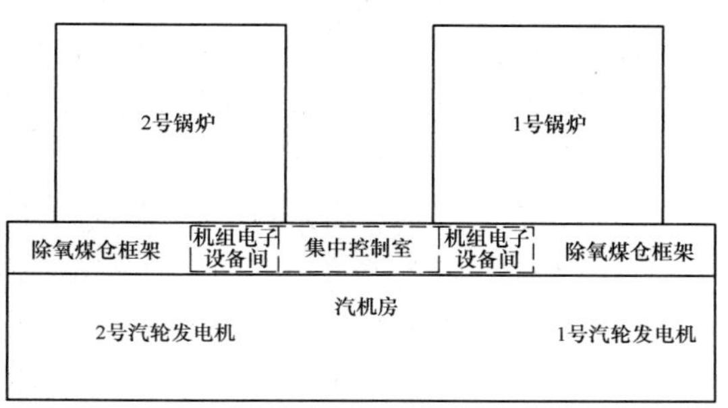

图 3-7　典型“两机一控”集中控制室及机组电子设备间（除氧煤仓间内）位置示意图（200MW　CFB）

对于 300MW 及以上等级 CFB 机组，因辅助系统设备较多，除氧煤仓框架内已无太多空间，集中控制室和机组电子设备间布置不适合此方案。

有一些电厂考虑自身的具体特点和需求，采用了更加大胆的设计，集中控制室布置不拘一格。例如，日本的矶子电厂，将集中控制室与办公室一起布置在汽机房顶部，在集中控制室实现对全厂炉机电和主辅系统的集中监控。

2. 多机一控方式下的位置选择

两台以上机组集中监控的方式，如三机一控、四机一控，甚至五机一控、六机一控等统称为多机一控方式。

多机一控即多台机组合设一个集中控制室，是国内外很多先进电厂采用的手段之一。随着计算机、通信和网络技术的迅速发展，控制系统人机界面与电子机柜之间的传输距离已大大增加，且软硬件可靠性也越来越高。另外，火力发电厂对自动化水平和运行管理水平的要求也越来越高，因此，对于连续建设的多台机组，采用多机一控方式已逐渐成为发展趋势。

采用多机一控方式时，集中控制室和机组电子设备间主要有两类布置方式，分别是在两炉之间设置集中控制楼的布置方式及集中控制室和机组电子设备间分开的布置方式（即不设置单独集中控制楼的布置方式）。

（1）在两炉之间设置集中控制楼的布置方式。这类布置方式实际上是沿用了传统的两机一控方式，在两炉之间设置集中控制楼的基本设计思路。

三机一控方式下一般将集中控制室布置于 1、2 号锅炉之间，也可布置于2、3 号锅炉之间，具体设计时主要根据三台机组的建设顺序和主厂房整体布局来确定。

典型方案：以某 3×300MW 工程为例，3 台机组及全厂辅助车间（系统）合设一个集中控制室进行监控。集中控制室布置在位于 1、2 号锅炉之间的集中控制楼 12.6m 层；集中控制室后布置 1、2 号锅炉电子设备间，集中控制室和 1、2 号锅炉电子设备间之间有 1、2 号机组工程师室；1、2 号汽机电子设备间位于汽机房靠近两台汽轮机的 6.3m 层；而 3 号机组的锅炉、汽机电子设备间分别布置在靠近 3 号机组附近，考虑调试维护方便，在其旁还设有 3 号机组工程师室，如图 3-8 所示。

四机一控方式下的典型方案是将集中控制室布置于 2、3 号锅炉之间，这样集中控制室到 1、4 号机组现场的距离都不会太远。由于受到施工顺序的制约，这种布置方式国内外并不多见。

在两炉之间设置集中控制楼的布置方式的不足是，当机组台数多于 4 台时，集中控制室到某一台或几台机组现场的距离会过远，在原两机一控方式下到现场检修维护方便的优势将不明显，所以一般不建议采用这种布置方式。

（2）不设置单独集中控制楼的布置方式。这类布置方式的基本设计思路与两机一控方式下的此类布置方式相同，常见的方案有集中控制室布置在主厂房固定端或扩建端、主厂房运转层两机之间、主厂房外的生产办公楼、其他区域。

1）集中控制室布置在主厂房固定端或扩建端。某 4×600MW 工程将集中控制室布置在主厂房固定端，如图 3-9 所示。

2）集中控制室设置在主厂房运转层两机之间。这种布置方式仅适用于四机一控，将集中控制室布置于 2、3 号机组之间，这样集中控制室到 1、4 号机组现场的距离都不会太远。

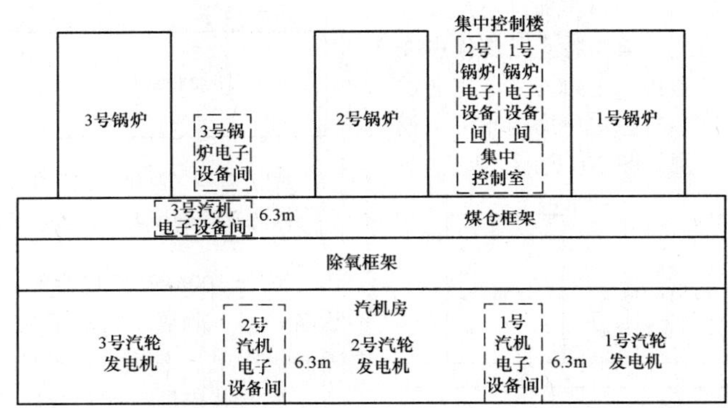

图 3-8 典型“三机一控”设置集中控制楼的集中控制室及机组电子设备间位置示意图

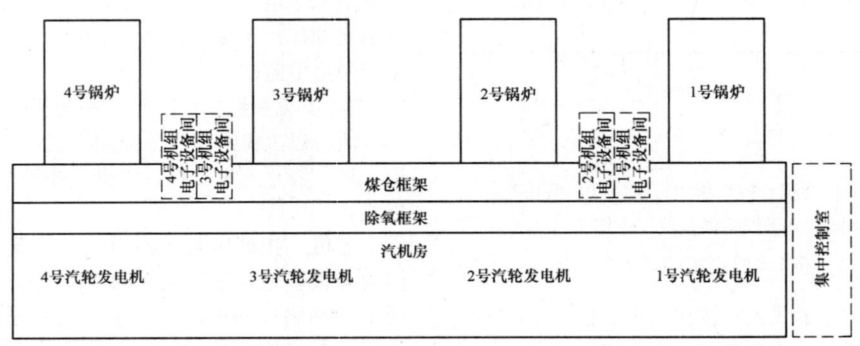

图 3-9 典型“四机一控”集中控制室（主厂房固定端）及机组电子设备间位置示意图

典型方案：以某 4×660MW 工程为例，规划 4 台机组及全厂辅助车间（系统）合设一个集中控制室进行监控，分两期建设，每期 2 台机组，主厂房均采取侧煤仓布置形式。集中控制室布置在位于 2、3 号机组之间主厂房内部的运转层；各机组电子设备间分别靠近各自机组附近布置。在二期工程建设之前，集中控制室先预留出二期工程空间，并对 2 号机组主厂房扩建端端部做临时封闭，待二期工程建设时对主厂房进行续建。其集中控制室及机组电子设备间位置选择如图 3-10 所示。

3）集中控制室设置在主厂房外的生产办公楼。

典型方案：

示例 1：如图 3-11 所示，某 4×600MW 机组生产办公楼布置在距离主厂房 A 排外约 5m 处，相对于汽机房 2、3 号机组之间，尺寸为 24 m×36m。集中控制室布置在生产办公楼中的 13.7m 层，与汽轮机运转层标高一致，集中控制室与汽机房运转层之间通过天桥连接，集中控制室下设电缆夹层。这样布置的优点有：离 4 台机组均较近，便于集中控制室人员到现场，A 排外空间也比较大，集中控制楼的设计和集中控制室的布置比较灵活，受主厂房机组施工顺序的影响不大。

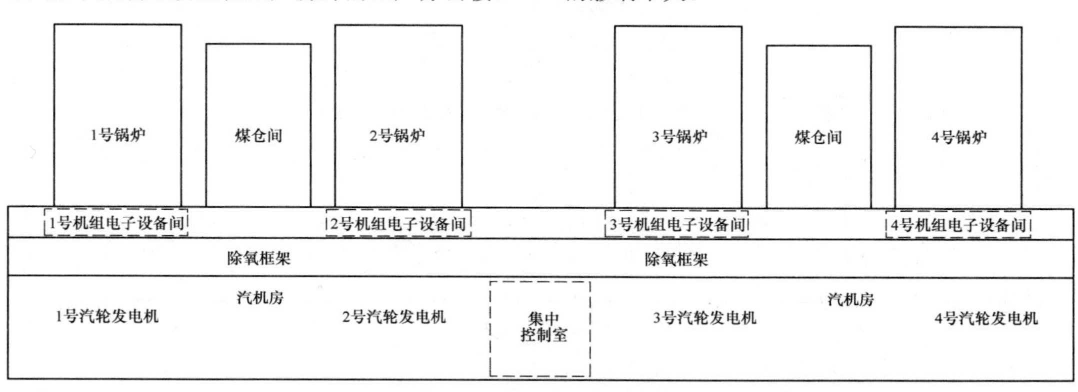

图 3-10　典型“四机一控”集中控制室（两机之间）及机组电子设备间位置示意图

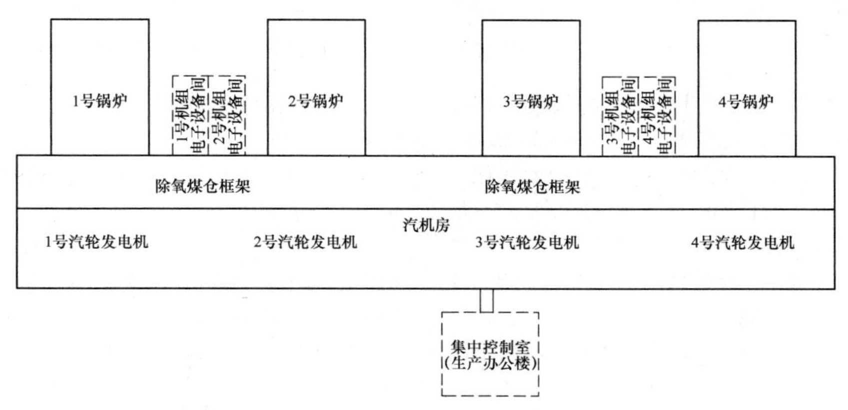

图 3-11　典型“四机一控”集中控制室（厂区内）及机组电子设备间位置示意图（一）

示例 2：如图 3-12 所示，某 4×1000MW 新建机组工程，集中控制室布置在主厂房固定端的生产办公楼（综合楼）上。综合楼采用了椭圆形的平面布局，与主厂房脱开 5m，通过天桥与主厂房运转层连接。集中控制室与主厂房运转层同一标高，集中控制室与主厂房之间设有工程师室、会议室。

综合楼共设六层，集中控制室位于五层。其余各层布置情况为：一层入口为接待休息和展览厅、资料室、仪表与控制试验室、配电装置室等；二层为试验室、办公室及消防钢瓶间等；三层为运行管理办公室、仿真机房等；四层为网控设备室、通信设备室、值班室、MIS 及 SIS 设备室等。集中控制室上层为空调机房、暖通控制室等。同时在各层布置卫生间和楼梯。

整个综合楼外形充满了现代建筑的时代气息。综合楼另一侧面向大海，通过集中控制室的环形走廊及办公室可以远望海景，使运行人员身心放松。集中控制室与汽机房连接处设计一条全透明玻璃封闭的景观走道，便于外来人员参观和减少外部人员对机组运行人员的干扰。集中控制楼与综合楼合为一体设计，既节约用地，又方便生产、管理。从综合楼的集中控制室，再到主厂房，形成了一个顺畅的参观路线。

示例 3：如图 3-13 所示，某 4×1000MW 新建工程，4 台机组分两期建设，每期 2 台，4 台单元机组合设一个集中控制室进行监控。两期汽机房脱开布置，主厂房均采取侧煤仓布置形式。在两期汽机房之间设置独立的生产办公楼，集中控制室位于生产办公楼运转层，并通过天桥与两期汽机房分别相连。各机组电子设备间分别布置在汽机房 10.5m 层位置。

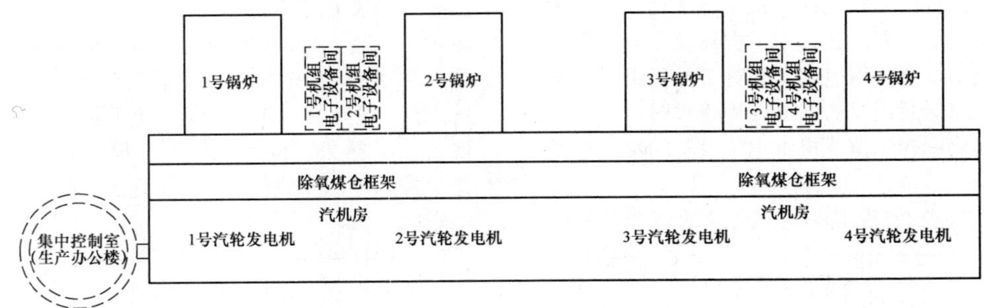

图 3-12　典型“四机一控”集中控制室（厂区内）及机组电子设备间位置示意图（二）

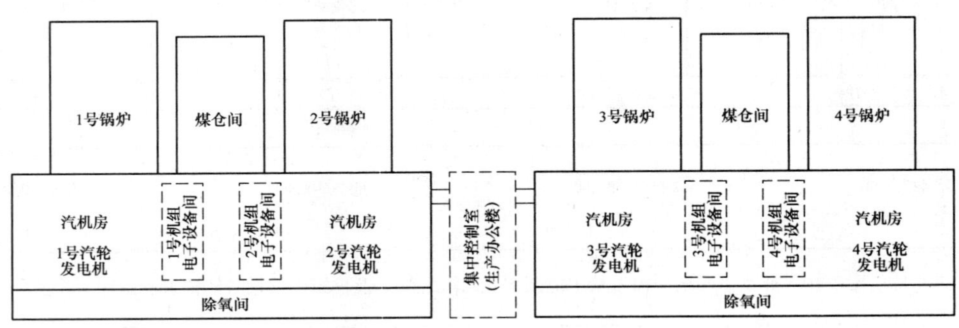

图 3-13　典型“四机一控”集中控制室（两期之间）及机组电子设备间位置示意图

4）集中控制室设置在其他区域。对于多机一控方式，集中控制室布置于其他区域的已投运工程还较少。但是，今后工程设计更多地会贯彻智能化、数字化、环境友好、以人为本的设计思路，集中控制室的布置方案将会更加新颖多样。将集中控制室布置于厂区内更加合理的区域，甚至于厂区外的园区控制中心、区域性的控制中心都有可能。

3. 燃气-蒸汽联合循环机组集中控制室和电子设备间的位置选择

燃气轮机电厂主要有简单循环发电机组和燃气-蒸汽联合循环发电机组两大类。

简单循环发电机组仅有燃气轮机（简称燃机）及发电机等主要设备，工艺流程简单，厂区占地小，控制装置也少，其控制室一般多为就地布置，当有多台燃气轮机时也可合设集中控制室。

燃气-蒸汽联合循环发电机组有单轴联合循环、“1+1”（一拖一）多轴联合循环、“2+1”（二拖一）多轴联合循环、“3+1”（三拖一）多轴联合循环等多种配置形式，主厂房存在较多的布置组合方式。集中控制室一般宜布置在汽机房侧，或布置在几套联合循环机组中间的建筑内；机组电子设备间根据厂房布置方式可采取就近分散布置，也可与集中控制室集中布置。

（1）“一拖一”联合循环机组集中控制室及机组电子设备间位置。

1）如图 3-14 所示，某 2×150MW 燃气轮机电厂（9E），采用“一拖一”配置，在汽机房侧设有集中控制楼，集中控制室和机组电子设备间布置在集中控楼的 8.0m 层，并与汽机房运转层相通。

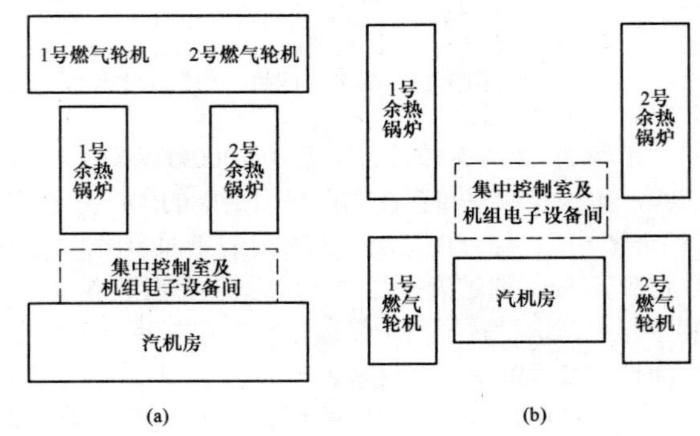

图 3-14　典型“一拖一”联合循环机组集中控制室及机组电子设备间位置示意图
（a）主厂房布置方式一；（b）主厂房布置方式二

2）整体煤气化联合循环（integrated gasification combined cycle，IGCC）电厂由煤的气化与净化和燃气-蒸汽联合循环发电两大部分组成。当采用全厂集中控制方式时，其集中控制室与机组电子设备间位置应结合这两大部分的布置综合考虑，布置在厂区内适当位置。

某1×250MW级整体煤气化联合循环（IGCC）电厂工程动力岛主机包括燃气轮机、余热锅炉和蒸汽轮机，采用“一拖一”配置方式。该工程在厂前区、动力岛、空分装置区之间设集中控制楼，全厂集中控制室和机组电子设备间均布置在集中控制楼二层。

（2）“二拖一”联合循环机组集中控制室及机组电子设备间位置。如图3-15所示，某190MW联合循环电厂，采用两台燃气轮机（6FA）、两台余热锅炉（HRSG）和一台汽轮机，即按照“二拖一”方式进行配置安装。集中控制楼位于汽机房侧，集中控制室布置在集中控制楼10.0m层，集中控制室旁有工程师室；机组电子设备间布置在集中控制楼0m层。集中控制楼位置如图3-15（a）所示。

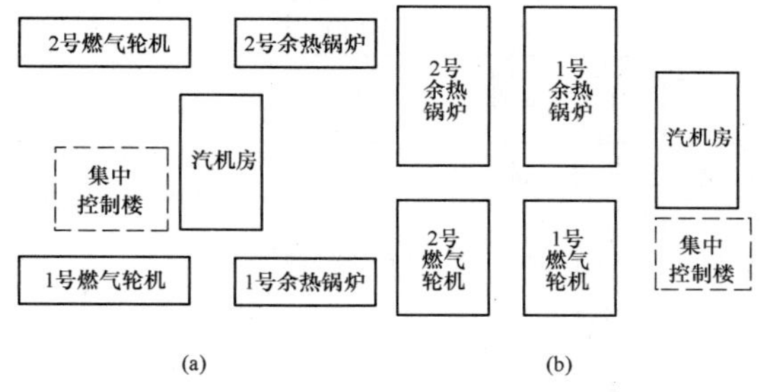

图3-15　典型“二拖一”联合循环机组集中控制室及机组电子设备间位置示意图

（a）主厂房布置方式一；（b）主厂房布置方式二

（3）“三拖一”联合循环机组集中控制室及机组电子设备间位置。某425 MW联合循环电厂，采用三台燃气轮机（9E）、三台余热锅炉（HRSG）和一台汽轮机，即按照“三拖一”的方式进行配置。集中控制楼位于汽机房侧，集中控制室、机组电子设备间、工程师室均布置于集中控制楼12.6m层，与汽机房由通道相连，如图3-16所示。

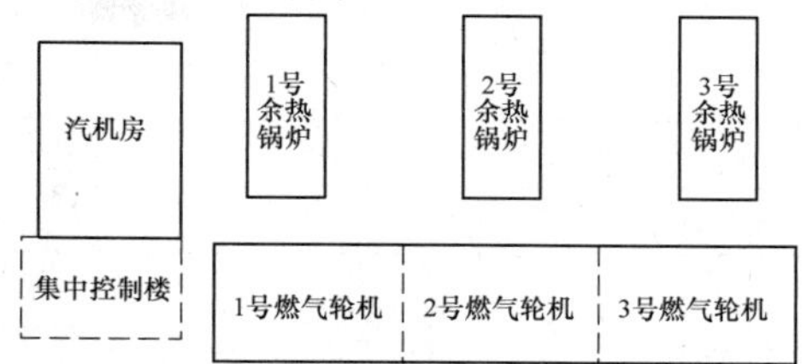

图3-16　典型“三拖一”联合循环机组集中控制室及机组电子设备间位置示意图

三、面积及室内设备布置

（一）集中控制室和机组电子设备间面积

集中控制室和机组电子设备间的面积应在充分考虑功能需要的基础上满足运行维护的要求。

（1）集中控制室的面积应结合机组容量、台数及室内布局综合考虑确定。应先确定集中控制室深度。若控制台（也称操作台）为一排（一字直线形或弧线形）布置，集中控制室深度宜选取10～15m；若操作台为面对面等两排布置，集中控制室深度宜选取20～24m。集中控制室宽度根据操作台等其他设备的数量来确定。

国内部分已投运的不同容量、不同类型机组工程的集中控制室及机组电子设备间面积（含电子设备间内机柜的数量）见表3-1。

（2）机组电子设备间的面积应根据布置机柜的数量、外形尺寸和布置方式确定，并预留以后可能需要的面积。根据GB 50174—2017《数据中心设计规范》中4.2.2，机组电子设备间的使用面积可按式（3-1）计算

$$A=SN \tag{3-1}$$

式中　A——机组电子设备间使用面积，m^2；

S——单台机柜占用面积，可取2.0～4.0m^2/台；

N——机组电子设备间内所有机柜的总台数。

表3-1　典型工程集中控制室及机组电子设备间面积

工程名称	集中控制室面积（m^2）	机组电子设备间面积（m^2）	工程师室面积（m^2）	机柜数量（面）		工程概况（炉机电主机厂及主要配置特点）	备注
		机组数量×面积		单元机组	公用		
某2×1000MW	285	炉2×183，机2×126	48	86	30	直冷、6台中速磨煤机	
某2×1000MW	240	2×350，空冷69	2×23	92	19	直冷、6台中速磨煤机	
某2×1000MW	236	2×297	2×40	94	12	湿冷、6台中速磨煤机	
某4×1000MW	365（四机）	1号机组306，2号机组250	2×20	96	21	湿冷、6台中速磨煤机	预留2台机组

续表

工程名称	集中控制室面积（m^2）	机组电子设备间面积（m^2）	工程师室面积（m^2）	机柜数量（面）		工程概况（炉机电主机厂及主要配置特点）	备注
		机组数量×面积		单元机组	公用		
某 2×660MW	258	2×235	58	69	25	间冷、6 台中速磨煤机	
某 2×660MW	297	2×245	2×36	48	15	直冷、6 台中速磨煤机	
某 2×660MW	247	炉 2×99，机 2×160	集中控制室侧 60，机组电子设备间侧 2×23	76	14	间冷、6 台中速磨煤机	
某 2×600MW	305	2×280	40	76	14	湿冷、5 台双进双出钢球磨煤机	
某 2×600MW	200	炉 2×190，机 2×140	60	65	22	混凝式间冷、6 台中速磨煤机	
某 3×600MW	342（三机）	3×303	47	65	30	湿冷、6 台中速磨煤机	
某 4×600MW	475（四机）	2×220，公用 20	60	85	26	间冷、6 台中速磨煤机	采用现场总线，预留 2 台机组
某 2×350MW	266	1 号机组 242，2 号机组 280	27	74	32	湿冷、5 台中速磨煤机	采用现场总线
某 2×350MW	204	2×185	84	70	23	间冷、5 台中速磨煤机	
某 3×300MW	320（三机）	1、2 号机组 2×212，3 号机组 230	1、2 号机组 55，3 号机组 39	55	21	湿冷、3 台双进双出磨煤机	
某 3×350MW	320（三机）	炉 2×156，机 2×155	1×63	53	17	直冷、5 台中速磨煤机	预留 1 台机组
某 4×350MW	机组 406，辅助 94（四机）	1、2 号机组 2×232，3、4 号机组 2×223	1、2 号机组 29，3、4 号机组 29	52	7	间冷、5 台中速磨煤机	
某 2×350MW	208	1 号炉 134，2 号炉 98，1 号机 134，2 号机 98	41	63	31	CFB 锅炉、空冷	
某 2×300MW	216	炉 306，机 204，空冷 30	1×77	45	25	CFB 锅炉、空冷	
某 2×150MW	101	1 号机组 93，2 号机组 81	2×24	24	8	2 套“一拖一”（9E 燃气轮机）	燃气-蒸汽联合循环
某燃气轮机热电厂	256					1 套“二拖一”和 1 套“一拖一”（F 级燃气轮机）	燃气-蒸汽联合循环
某燃气轮机热电厂	160					一套“二拖一”（F4 燃气轮机）	燃气-蒸汽联合循环
某 1×250MW 级 IGCC 电厂	370	292	58	95	10	空分、煤气化、合成气净化及硫回收、1 套“一拖一”	整体煤气化联合循环（IGCC）
某 425MW 联合循环电厂	126	126	28		45	1 套“三拖一”（9E 燃气轮机）	燃气-蒸汽联合循环

注 1. 机组电子设备间内机柜数量包含电气控制机柜。

2. 集中控制室面积一栏内容括号中有“三机”或“四机”字样，而机组电子设备间面积栏又仅表示了两台机组的，指本期建设两台机组，但集中控制室按扩建后的三机或四机一控设计。

（二）集中控制室和机组电子设备间室内布置

1. 集中控制室内设备布置

（1）一般要求。

1）集中控制室内宜布置值长台、操作台、辅助监视屏（也称数字显示墙）、火灾报警控制盘、打印机等设备。值长台也可根据具体情况单独布置在集中控制室相邻的房间内；当设有消防控制中心时，火灾报警控制盘应布置在消防控制中心内。

2）集中控制室内设备布置应满足人机工程设计导则的要求，设备、数字显示墙及活动空间布置宜紧凑合理、方便运行、维护和检修。

3）值长台、操作台、数字显示墙宜按纵深方向，前、中、后布置。

4）一台或多台机组的操作台可视情况布置成一字直线形、弧线形、折线形等形式，采用并排或面对面布置。操作台前的净空距离应使运行区的长宽比例协调。

5）操作台上设备布置。①操作台上布置机组控制系统的操作员站、电气网络控制操作员站、辅助车间（系统）网络控制操作员站等。当采用两机及以上机组控制方式时，多台机组控制系统操作员站宜按顺序排列。②操作员站的布置宜按每个站的站位宽度不小于750mm设计。③操作台上的后备硬手操按钮可集中布置，也可按炉、机、电分开布置。多台机组宜顺列布置，布置位置应以正常运行时不易触碰，又便于紧急操作为原则。

6）值长台上主要布置用于当班值长调度机组生产的值长监控站（一般布置SIS工作站，也可根据需要布置MIS、DCS值长站）、通信调度电话、视频监视管理站及其他需要值长使用的监控通信设备。

7）当集中控制室内需布置火灾报警控制盘时，火灾报警控制盘可布置在操作台后部数字显示墙上居边位置，也可布置在操作台侧面的边墙位置，但需在运行人员的视野范围内，且应满足GB 50116《火灾自动报警系统设计规范》的相关要求。

（2）集中控制室内设备布置距离要求。

1）两台机组的操作台并排布置时，值长台宜布置在操作台正面与墙之间，操作台正面与墙的最小距离宜不小于6.0m。两台以上机组集中控制室内操作台并排布置时，操作台正面与墙的距离可适当增加，单台机组集中控制室内操作台正面与墙的距离可适当减小。

2）两台机组的操作台面对面布置时，值长台宜布置在操作台侧面，操作台正面之间的最小距离宜不小于6.0m。两台以上机组集中控制室内操作台面对面布置时，操作台正面之间距离可适当增大。

3）操作台两侧与侧墙的距离宜不小于1.2m。

4）操作台并排布置时，机组与机组、机组与公用操作员站之间宜留有不小于半个站位的距离，以便运行区分。

5）数字显示墙上布置大屏幕显示屏时（一般指屏幕尺寸在46in（1in=25.4mm）以上或采用多屏拼接技术需在屏幕后部进行维护检修时），操作台与数字显示墙的间距宜不小于2.0m；数字显示墙后应根据墙上安装的设备需要留出相应的检修维护空间，宜距后墙有不小于1000mm的空间。当数字显示墙后还同时布置有打印机时，宜留出不小于1800mm的距离。

6）数字显示墙上无大屏幕显示屏时，操作台与数字显示墙的间距宜不小于1.5m。

2. 机组电子设备间内设备布置

（1）一般要求。

1）机组电子设备间内设备布置应整齐、协调、统一。设备布置应按电子控制机柜功能、机柜电源电压等级划分布置区域，一般分为计算机电子设备机柜区域，如DCS机柜、DEH机柜、TSI机柜、SIS机柜、视频监视系统机柜等；电气系统的控制机柜区域；交流220V电源机柜区域等。

2）机柜宜成排布置，根据机柜数量可排成一排或数排。

3）电子控制机柜宜按顺序排列，不同系统的机柜不应交叉混排。

4）机柜布置时应避免机柜间连接电缆过多地交叉或绕行。锅炉、汽轮机、电气控制机柜的布置位置应考虑锅炉、汽轮机、电气设备电缆进出方便。

5）机柜布置应避开下部结构梁，以便于机柜底楼板开孔及电缆的进出。

6）宜根据需要合理预留备用机柜位置。

7）为使运行检修人员快速、准确地识别、维护设备，当两台机组电子设备间为对称布局时，各机组电子设备间内机柜宜按大对称、小顺序排列的原则进行布置。当两台或多台机组电子设备间为顺序排列布局时，各机组电子设备间内机柜宜按顺序排列的原则进行布置。

（2）电子设备间机柜布置距离要求。从控制机柜、低压电源柜的设备制造，柜内元器件布置、散热，安装维护方便等方面考虑，一般机柜通用设计尺寸为800mm×600mm（宽×深）。但由于设备制造商的不同，也有600mm×600mm（宽×深）、800mm×800mm（宽×深）等几种常见规格。

电子设备间机柜布置距离见表3-2。

表3-2　　电子设备间机柜布置距离

序号	距离名称	正常距离（mm）	最小距离（mm）
1	机柜背面—墙	1000	800
2	机柜正面—墙	1200	1000
3	机柜正面—机柜背面	1400	1200
4	机柜正面—机柜正面	1600	1400
5	机柜背面—机柜背面	1200	1000
6	机柜侧面—墙	1600～2000	1000

注　当机柜为前后开门时，机柜的前后面均应视为机柜正面。

（三）集中控制室和机组电子设备间室内布置常见设计举例

1. 集中控制室布置设计举例

以常规单机 300～1000MW 火力发电机组为例，集中控制室内通常配置的主要设备包括单元机组控制系统 5～7 台操作员站、2 台网控操作员站、3 台辅助车间（系统）网络操作员站、2～3 台值长站、1～2 面火灾报警主控制柜等。

（1）两机一控方式的集中控制室布置。

1）墙挂式结构的大屏幕显示方案。图 3-17 所示为某新建 2×600MW 机组工程集中控制室布置方案。值长台、操作台、数字显示墙均按一字形布置，单元机组设 6 台 DCS 操作员站，公用部分设 2 台电气网络控制操作员站、3 台辅助车间（系统）DCS 操作员站、2 台值长站、1 台视频监视管理站。操作台上各站台位宽度为 750mm。集中控制室面积约为 168m²（16.8m×10.0m）。

考虑集中控制室深度较小，只有 10.0m，受此因素限制，未设独立结构的数字显示墙，而是采用 42in 等离子或液晶显示屏墙挂式安装方式，操作台也未采用弧形布置。在集中控制室旁设置有单独的打印机室。

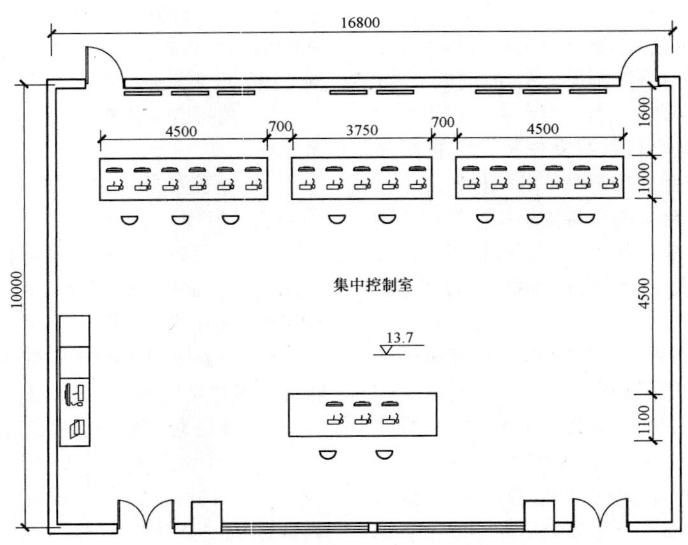

图 3-17 “两机一控”集中控制室一字形布置方案（一）

2）有独立数字显示墙结构的大屏幕显示方案。图 3-18 所示为某新建 2×600MW 机组工程集中控制室布置方案。值长台、操作台等配置及布置方式与图 3-17 所示相同，但操作台后设置了独立结构的数字显示墙，墙上布置多个 63in 显示屏，墙后布置有打印机。数字显示墙前后到操作台、后墙的距离均按 2000mm 设计。集中控制室面积约为 193.2m²（16.8m×11.5m）。

与图 3-17 相比，此方案特点是当数字显示墙上需布置较大尺寸屏幕时，数字显示墙与操作台的距离要大一些，且数字显示墙后可以检修并同时布置打印机。

图 3-19 所示为某 2×1000MW 机组工程集中控制室布置方案。值长台、操作台、数字显示墙均按微弧形布置。但操作台后设置了独立结构的数字显示墙，墙上布置 8 套多屏拼接的大屏幕显示屏，墙后布置有打印机。数字显示墙前到操作台的最小距离按 1700mm 设计，后部到墙的距离按 2000mm 设计。集中控制室面积约为 241.5m²（21.0m×11.5m）。

此方案的特点是按微弧形布置值长台、操作台、数字显示墙，方便运行人员观察较远处的大屏幕显示信息，集中控制室整体效果美观流畅。

（2）四机一控方式的集中控制室布置。

1）面对面布置方案一。图 3-20 所示为某 4× 660MW 机组工程集中控制室布置方案。每两台机组的操作台、数字显示墙为一组，操作台按微弧形布置，后部数字显示墙整体采用一字形布置。两组操作台、数字显示墙面对面，网络控制及辅助车间（系统）网络操作员站布置在机组弧形操作台上，值长台布置于两组弧形操作台中间位置。集中控制室面积约为 366.4m²（22.9m×16m）。

此方案大屏幕为液晶或等离子显示屏，且数字显示墙后布置打印机，并布置有运行维护和检修通道。

2）面对面布置方案二。图 3-21 所示为某 4×1000MW 机组工程集中控制室布置方案，集中控制室布置于汽机房固定端的生产办公楼内，生产办公楼平面呈椭圆形。每两台机组的操作台、数字显示墙为一组，操作台及后部的数字显示墙均按弧形布置。两组操作台、数字显示墙面对面。值长台布置于集中控制室中心位置，网络控制及辅助车间（系统）网络操作台分别布置于两组弧形操作台中间位置。集中控制室面积约为 480m²。

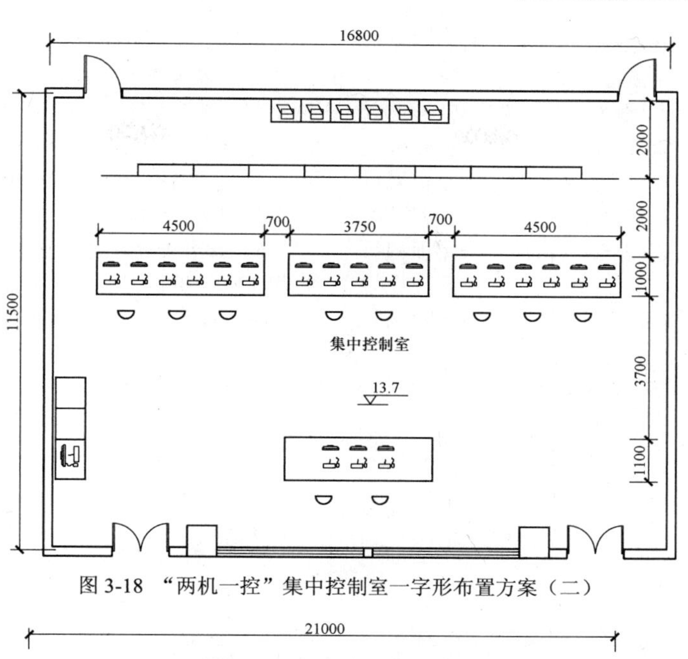

图 3-18 “两机一控”集中控制室一字形布置方案（二）

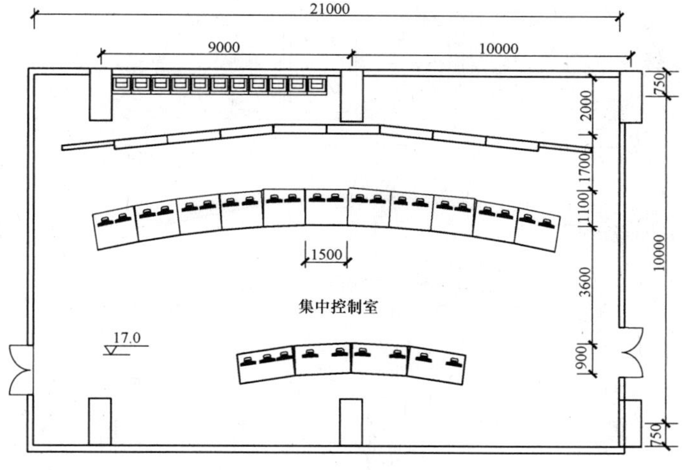

图 3-19 “两机一控”集中控制室弧形布置方案

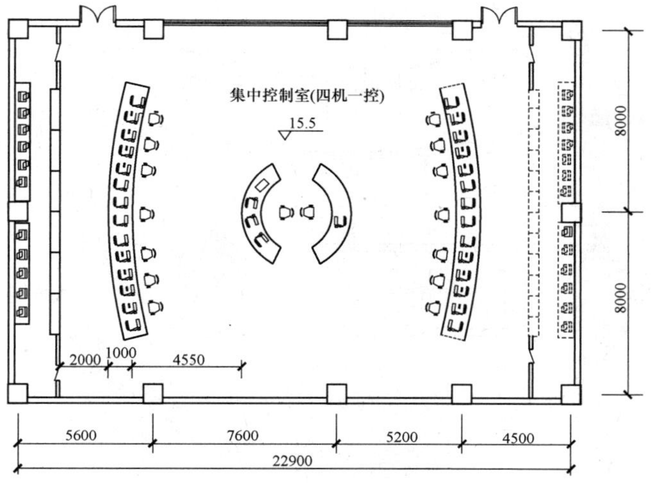

图 3-20 “四机一控”集中控制室面对面弧形布置方案（一）

此方案大屏幕为多组 100in 显示屏，且数字显示墙后布置打印机，并布置有运行维护和检修通道。

3）驾驶舱式布置方案。图 3-22 所示为某 4×1000MW 机组工程集中控制室布置方案。每台机组的操作台独立成驾驶舱式的弧形布置，后部数字显示墙整体采用一字形布置。在集中控制室旁设置单独的值长室。集中控制室面积约为 280m²（28m×10m），值长室面积约为 70m²（7m×10m）。

4）一字布置方案。图 3-23 所示为某 4×660MW 扩建机组工程集中控制室布置方案。值长台、操作台、数字显示墙均按一字形布置，公用的辅助车间（系统）网络与网络控制操作员站布置在 7、8 号机组操作员站之间。数字显示墙上采用背投式大屏幕显示屏，数字显示墙到后墙的距离按 3100mm 设计，以便检修维护。集中控制室面积约为 475m²（28.8m×16.5m）。

5）弧形布置方案。图 3-24 所示为某 4×330MW 机组工程的机组集中控制室布置方案。值长台按一字形布置，操作台、数字显示墙均按微弧形布置。数字

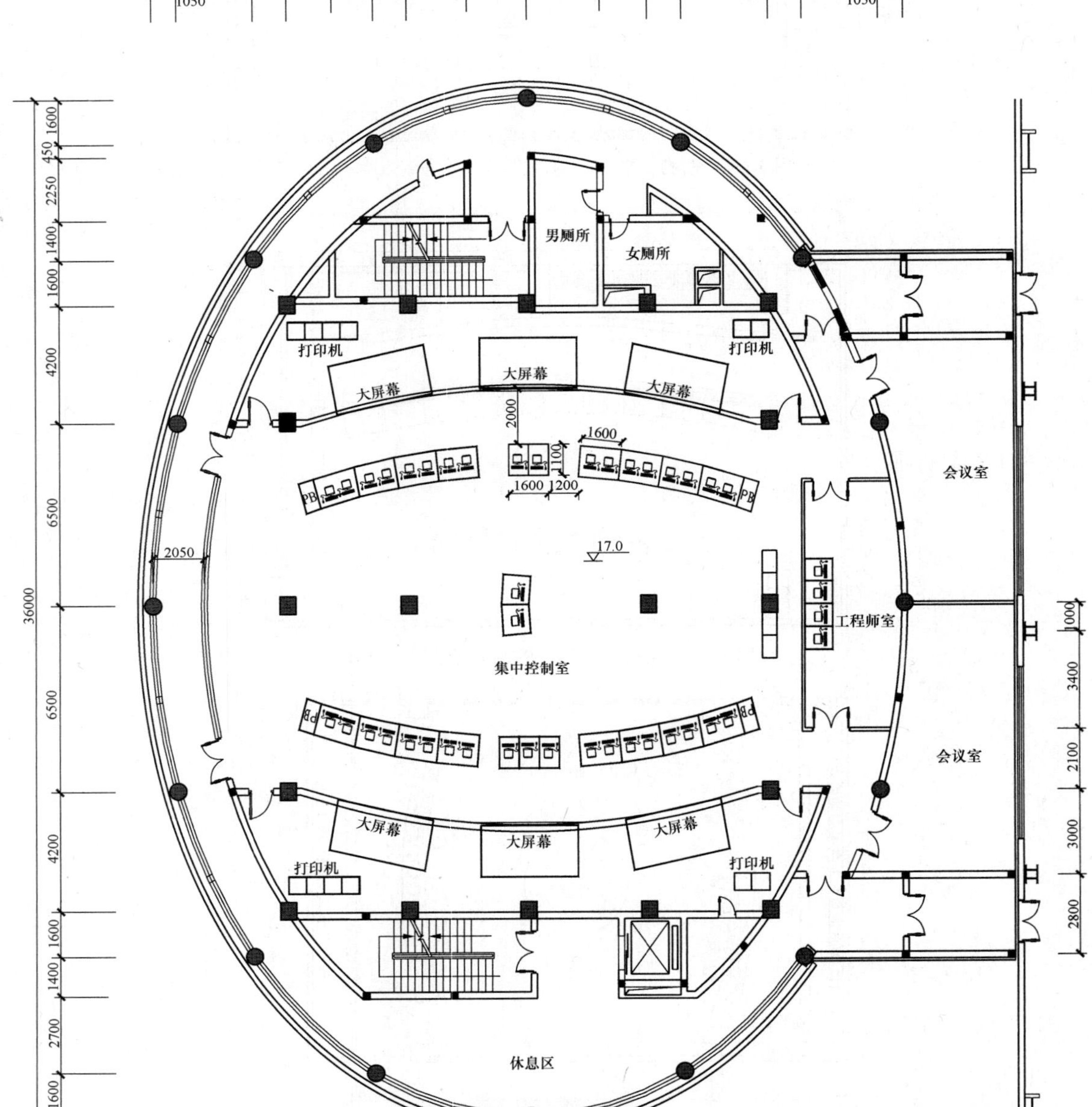

图 3-21 “四机一控”集中控制室面对面弧形布置方案（二）

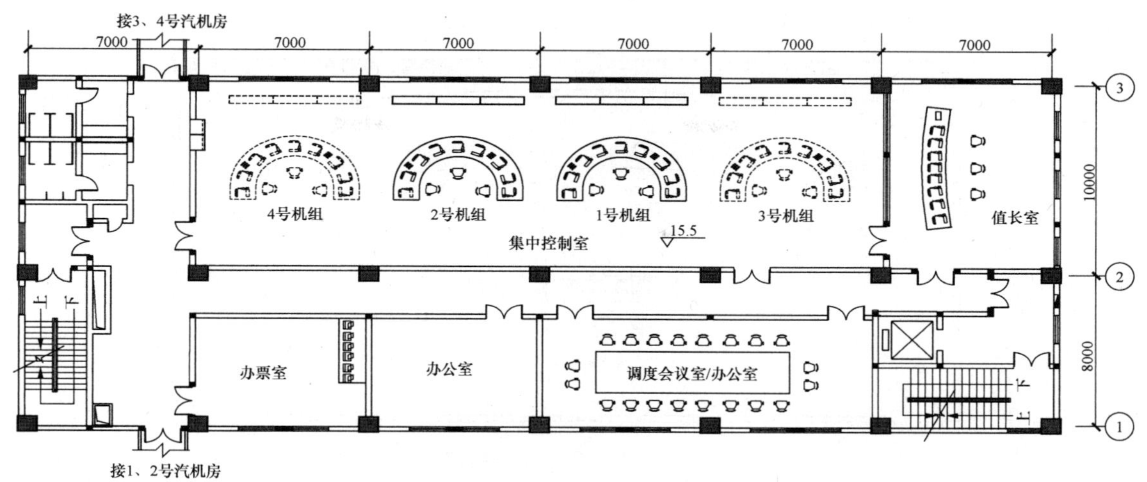

图 3-22 “四机一控”集中控制室驾驶舱式布置方案

显示墙上采用液晶拼接的大屏幕显示屏，墙后布置有打印机。数字显示墙前到操作台最小距离按 1800mm 设计，数字显示墙到后墙最小距离按 1400mm 设计。辅助车间（系统）另外设置独立的集中控制室。集中控制室面积约为 407.5m²（28.1m×14.5m）。

（3）三机一控的集中控制室布置。三机一控集中控制室布置方案与四台机组合用集中控制室类似，可分为一字形布置、弧形布置等布置方式。图 3-25 所示为某 3×350MW 机组工程的集中控制室布置方案。值长台、操作台、数字显示墙均按一字形布置，公用的辅助车间（系统）网络与网络控制操作员站布置在 2、3 号机组操作员站之间。数字显示墙上采用背投式大屏幕显示屏，数字显示墙到后墙的距离按 2200mm 设计。集中控制室面积约为 319.2m²（22.8m×14m）。

2. 电子设备间内布置设计举例

（1）机组电子设备间集中布置。图 3-26 所示为某工程 2×1000MW 机组电子设备间集中布置的方案。两台机组电子设备间集中布置于集中控制室后运转层，两台机组电子设备间中间设有隔墙，每台机组电子设备间内可布置 120 面机柜，面积约为 288.0m²（32m×9.0m）。

（2）机组电子设备间分散布置。

1）两台机组电子设备间分开布置的方案。图 3-27 所示为某工程 2×660MW 机组电子设备间分散布置的方案（主厂房为侧煤仓布置方式）。两台机组电子设备间虽分开布置，但每台机组电子设备间集中布置于机炉 C～K1 柱之间运转层。1 号机组电子设备间内布置 101 面机柜，面积为 268m²；2 号机组电子设备间内布置 93 面机柜，面积为 268m²，并在每个电子设备间旁各布置 1 个面积约为 16m² 的就地工程师室和 1 个面积约为 20m² 的电动门配电间。

2）机、炉电子设备间分开布置的方案。图 3-28 所示为某工程 2×600MW 机组电子设备间分散布置的方案。两台机组的锅炉电子设备间分别布置于锅炉侧面 K1～K3 柱运转层，汽机电子设备间分别布置于机炉之间 K0～K1 柱 6.9m 层，每台机组锅炉电子设备间内布置 53 面机柜，面积为 143m²；每台机组汽机电子设备间内布置 78 面机柜，面积为 280m²，并在每个汽机电子设备间旁各布置 1 个面积约为 60m² 的就地工程师室。

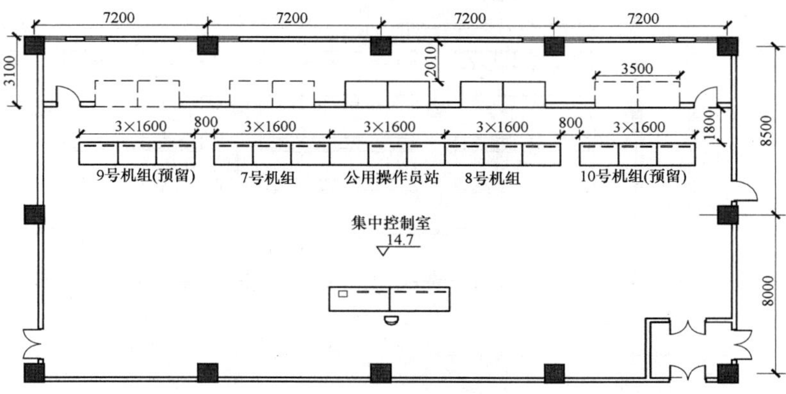

图 3-23 “四机一控”集中控制室一字形布置方案

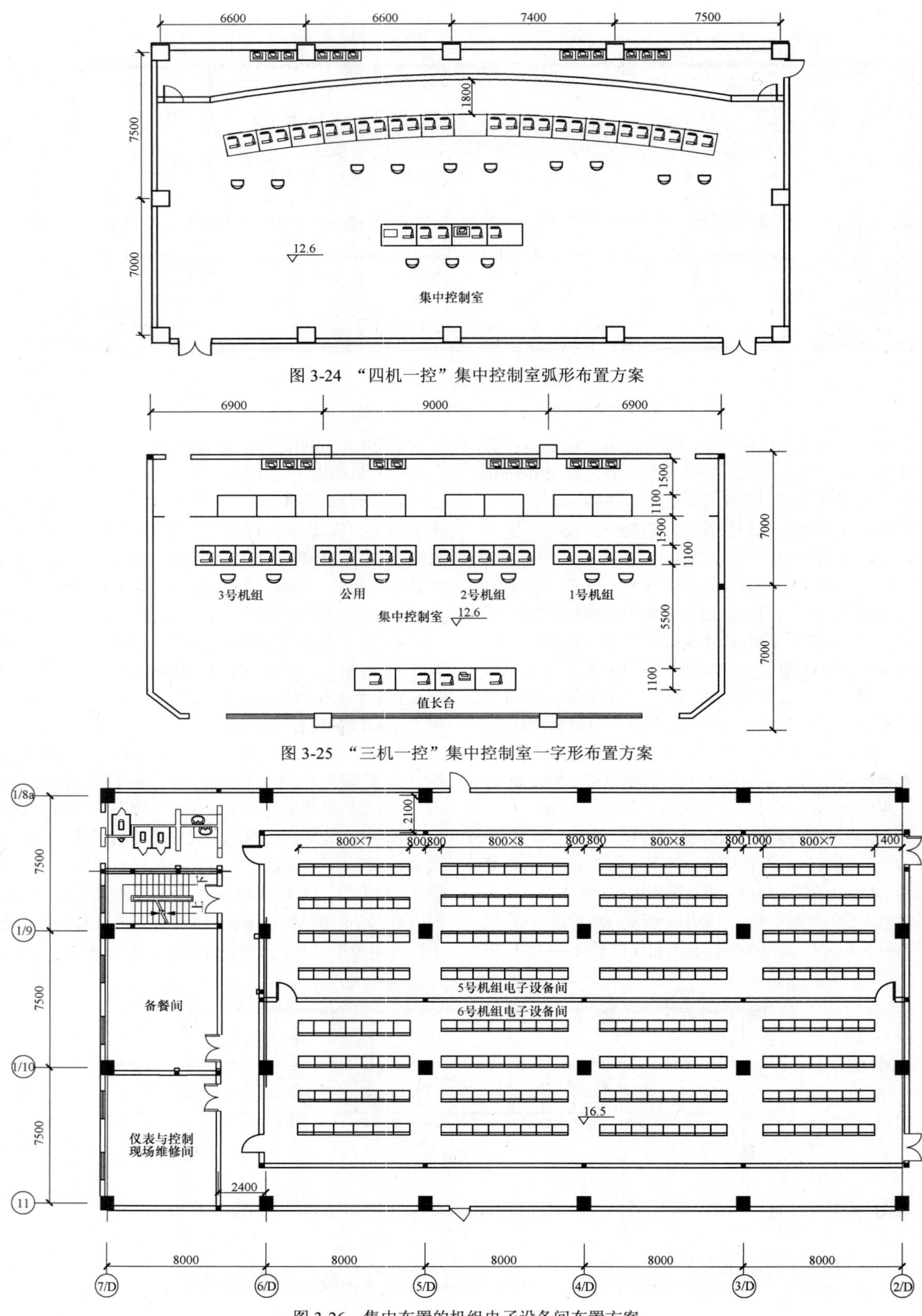

图 3-24 “四机一控”集中控制室弧形布置方案

图 3-25 “三机一控”集中控制室一字形布置方案

图 3-26 集中布置的机组电子设备间布置方案

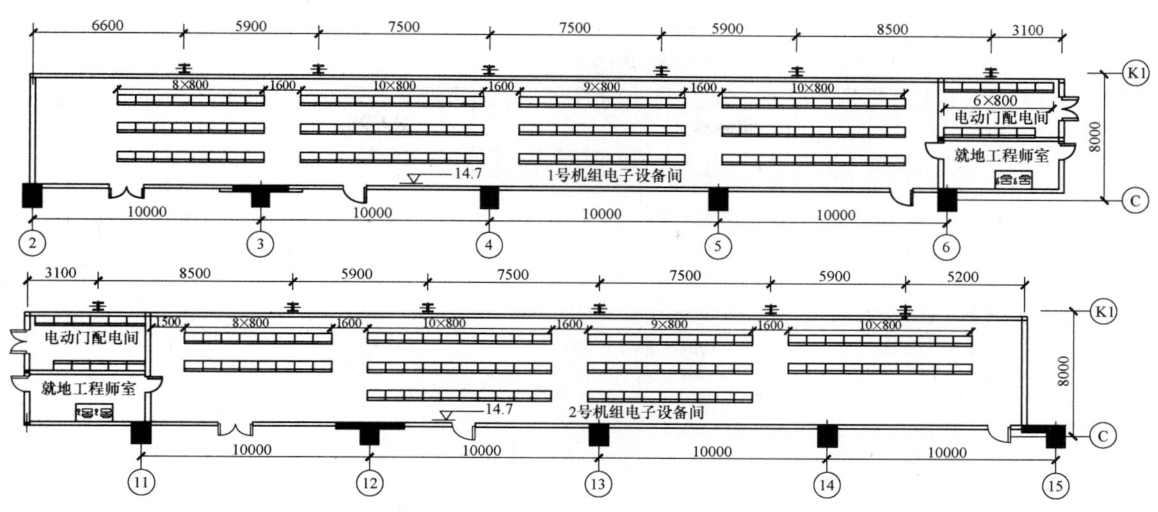

图 3-27　分散布置的机组电子设备间布置方案（一）

四、辅助功能房间布置

在集中控制室的监视控制区域，应根据机组的运行监视需要及自动化水平，并结合火力发电厂的运行管理模式的具体需要，配置必要的功能房间，如工程师室、交接班室，可根据具体位置情况设置会议室、更衣室、备餐间、网络机房等。

（一）工程师室

1. 工程师室位置

工程师室宜与机组电子设备间相邻布置。当集中控制室和机组电子设备间采用物理分散布置方案时，可同时考虑在集中控制室旁也设置工程师室。条件允许时，为减少相互干扰，工程师室宜按机组配置。

2. 工程师室面积和布置

（1）工程师室内用于布置机组 DCS、DEH 系统的工程师站、汽轮机振动监视的分析站、打印机等；SIS 没有独立的机房时，还应布置 SIS 功能站；采用全厂集中控制方式时还应布置辅助车间（系统）网络工程师站。

工程师室的面积除考虑设备布置外，工程师工作区域的面积宜按 5～7m²/人计算。

（2）工程师室内工程师站的空间布置应符合人机工程学的要求，每站台位宽度宜在 1200mm 左右。工程师坐椅背面离墙净空宜大于 1500mm。工程师站的主机周围应考虑散热空间。

（二）交接班室、更衣室、备餐间、会议室

条件允许时，可根据具体情况设置独立的会议室、更衣室、备餐间等辅助房间；没有条件时，也可与交接班室合用。

交接班室的面积可根据布置的具体情况设计。

（三）网络机房

SIS 的值长站宜布置在集中控制室内；服务器、交换机等设备机柜宜布置在机组电子设备间内，也可在集中控制室旁单独设置网络机房。

（四）电缆夹层

按照 DL/T 5516—2016《火力发电厂集中控制室及电子设备间布置设计规程》中 4.2.5 的规定，电子设备间电缆构筑物敷设应符合下列要求：

（1）当机组电子设备间位于集中控制楼内或集中布置在主厂房内时，其下宜设置电缆夹层，并应确保进出电缆夹层的电缆主通道畅通，电缆夹层的净高不宜低于 2.0m。

（2）当不具备设置电缆夹层条件时，宜在电子设备间下设置电缆桥架；也可在电子设备间下设置有活动盖板的电缆层，其下部空间高度不宜低于 250mm；还可设置活动地板。

（3）当机柜采用上进线方式时，电缆桥架应在机柜上方架空布置。

当不同机组合设电缆夹层时，电缆夹层应按机组设置防火隔断，建议通过设置隔墙方式来实现。

（五）仪表与控制现场维修间

在主厂房内合适位置设置仪表与控制现场维修间，用于现场仪表与控制设备的维修，一般选在运转层或中间层便于现场仪表与控制设备搬运的地方，面积为 20～50m²。当机组超过 2 台时，为方便搬运，宜每两台机组设置一间，具体可参见 DL/T 5004《火力发电厂试验、修配设备及建筑面积配置导则》的相关规定。

（六）仪表与控制动力设备间

仪表与控制动力设备间用于布置交流 380V 配电柜（主要为电动执行机构配电）等。工程设计中一般将交流 380V 配电柜布置于锅炉房和汽机房便于检修维护、灰尘和振动较小等环境较好的就地位置；当条件允许时，也可设置单独的仪表与控制动力设备间。

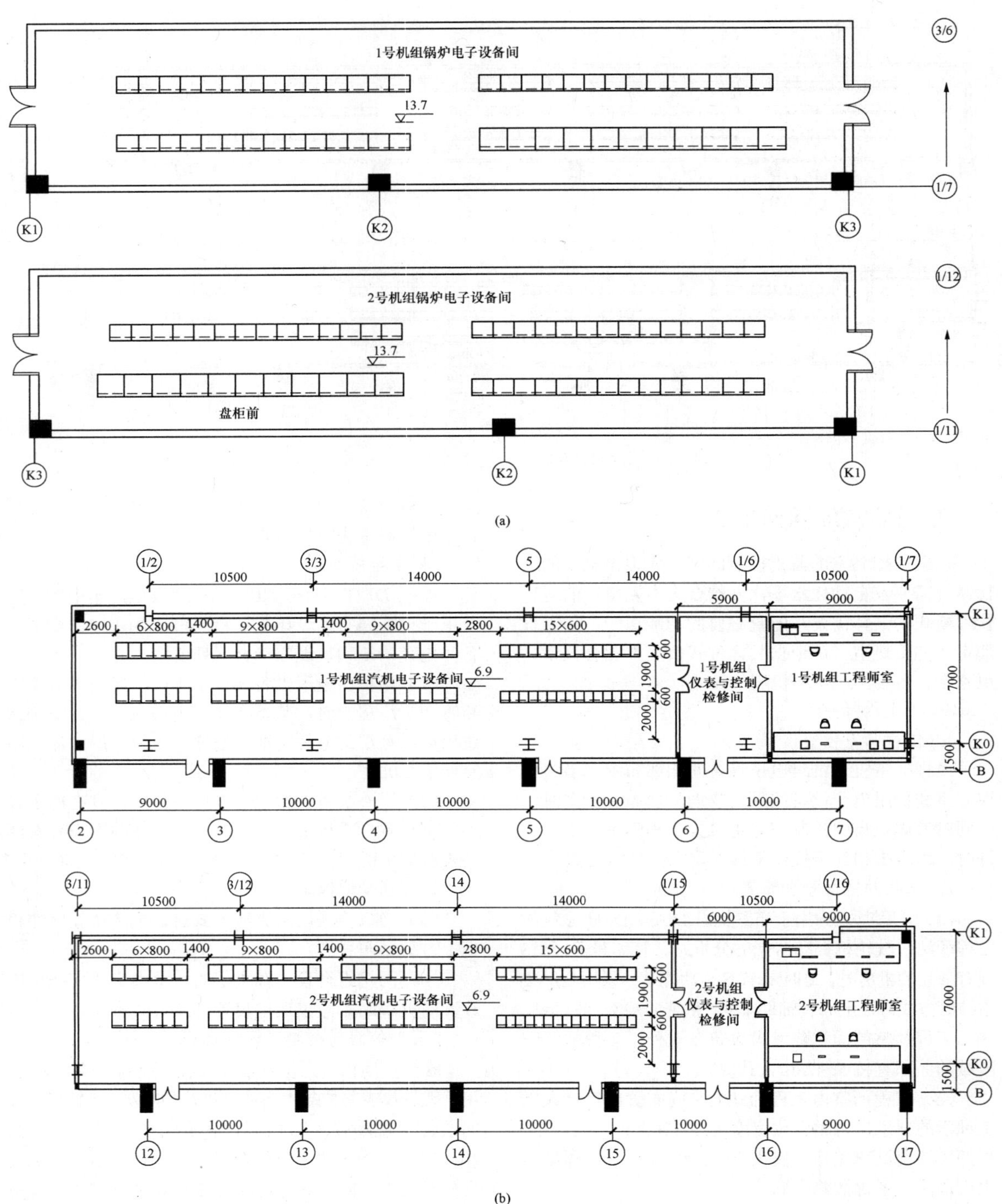

图 3-28 分散布置的机组电子设备间布置方案（二）

（a）锅炉电子设备间；（b）汽机电子设备间

五、环境要求

（一）一般要求

（1）集中控制室及机组电子设备间应有良好的空气调节、照明。应远离产生粉尘、油烟、有害气体，以及生产或贮存具有腐蚀性、易燃、易爆物品的场所；远离水灾火灾隐患区域、强振源和强噪声源，避开强电磁场干扰。

（2）集中控制室、机组电子设备间及其电缆夹层内，应设消防报警和信号设施，严禁汽水、油及有害介质管道穿越。集中控制室和机组电子设备间应设整体刚性防水屋顶。

（3）布置在危险场所附近的集中控制室及机组电子设备间，应考虑相应的防护措施。

（二）集中控制室及机组电子设备间温湿度要求

集中控制室及机组电子设备间温湿度应符合DL/T 5035《发电厂供暖通风与空气调节设计规范》及DL/T 5516《火力发电厂集中控制室及电子设备间布置设计规程》的相关规定。

（1）集中控制室。集中控制室应确保运行人员安全、舒适，以提高工作效率。其色调利于运行人员长期工作。集中控制室应设置全年性空气调节系统，按舒适性空气调节设计，室内参数为：

夏季：温度24～28℃，相对湿度40%～65%；

冬季：温度18～22℃，相对湿度40%～65%。

（2）机组电子设备间。机组电子设备间等房间应设置全年性空气调节系统，室内温度、湿度的要求应根据拟布置的设备对环境要求确定。机组电子设备间可按下列室内参数设计：

夏季：温度26℃±1℃，相对湿度50%±10%；

冬季：温度20℃±1℃，相对湿度50%±10%。

（三）照明要求

（1）集中控制室宜采用天然采光和人工照明相结合的方式，照明系统既满足运行监视工作要求，又避免控制盘表面和操作台显示屏屏幕面产生眩光及视线方向上形成的眩光。

（2）集中控制室、机组电子设备间应设置合适的照明，满足运行和检修维护的需要，集中控制室照明标准值为500lx，就地控制室和机组电子设备间照明标准值为300lx。

（3）照明部分其他要求应符合DL/T 5390《发电厂和变电站照明设计技术规定》的相关规定。

（四）噪声、电磁干扰、振动及静电的要求

集中控制室和机组电子设备间对噪声、电磁干扰、振动及静电的要求，应符合GB 50174《数据中心设计规范》的规定。

（1）在集中控制室内，操作员工作位置测量的噪声值应小于60dB（A）。

（2）集中控制室和机组电子设备间内的无线电骚扰环境场强在80～1000MHz和1400～2000MHz频段范围内不应大于130dB（μV/m），工频磁场场强不应大于30A/m。

（3）在电子设备停机的条件下，地板表面垂直及水平向的振动加速度不应大于500mm/s^2。

（4）集中控制室和机组电子设备间内绝缘体的静电电压绝对值不应大于1kV。

六、常见集中控制室及机组电子设备间布置图

（一）"两机一控"集中控制室及机组电子设备间布置图

图3-29、图3-30所示为两种典型"两机一控"集中控制室及机组电子设备间平面布置图。图3-29所示为某2×330MW机组工程，锅炉为煤粉锅炉，采用前煤仓布置方式，集中控制室及机组电子设备间位于两炉之间的集中控制楼上。图3-30所示为某2×660MW机组工程，锅炉为煤粉锅炉，采用侧煤仓布置方式，集中控制室位于主厂房固定端的生产办公楼上，两台机组的锅炉电子设备间分别布置于锅炉侧面K2～K4柱运转层，汽机电子设备间分别布置于机炉之间K0～K1柱7.8m层。

（二）"四机一控"集中控制室及机组电子设备间布置图

图3-31和图3-32所示为两种典型"四机一控"集中控制室及机组电子设备间平面布置图。图3-31所示为某4×660MW机组工程（建两台，预留两台），锅炉为煤粉锅炉，采用前煤仓布置方式，集中控制室位于主厂房固定端的生产办公楼上，两台机组的电子设备间布置于两台锅炉之间位置。图3-32所示为某4×1000MW机组工程，锅炉为煤粉锅炉，采用侧煤仓布置方式，集中控制室位于2、3号汽机房之间的生产办公楼上，每台机组的电子设备间分别布置于汽机房10.5m层。

（三）"200MW及以下CFB机组"集中控制室及机组电子设备间布置图

图3-33所示为典型"200MW及以下CFB机组"集中控制室及机组电子设备间平面布置图（某2×200MW CFB机组工程），锅炉为循环流化床锅炉，集中控制室和机组电子设备间均位于除氧煤仓间10.0m运转层。

（四）"燃气-蒸汽联合循环机组"集中控制室及机组电子设备间布置图

图3-34和图3-35所示为两种典型"燃气-蒸汽联合循环机组"集中控制室及机组电子设备间平面布置图。图3-34所示为某425MW联合循环电厂工程，机组按照"三拖一"的方式进行配置，集中控制楼位于汽机房侧，集中控制室、机组电子设备间均布置于集中控制楼12.6m层。图3-35所示为某1×250MW级整体煤气化联合循环（IGCC）电厂工程，该工程采用全厂集中控制方式（包括煤的气化与净化和燃气-蒸汽联合循环发电），其中燃气-蒸汽联合循环机组（即动力岛）按照"一拖一"方式配置，集中控制楼位于厂前区、动力岛、空分装置区之间，全厂集中控制室和机组电子设备间均布置在集中控制楼二层4.8m层。

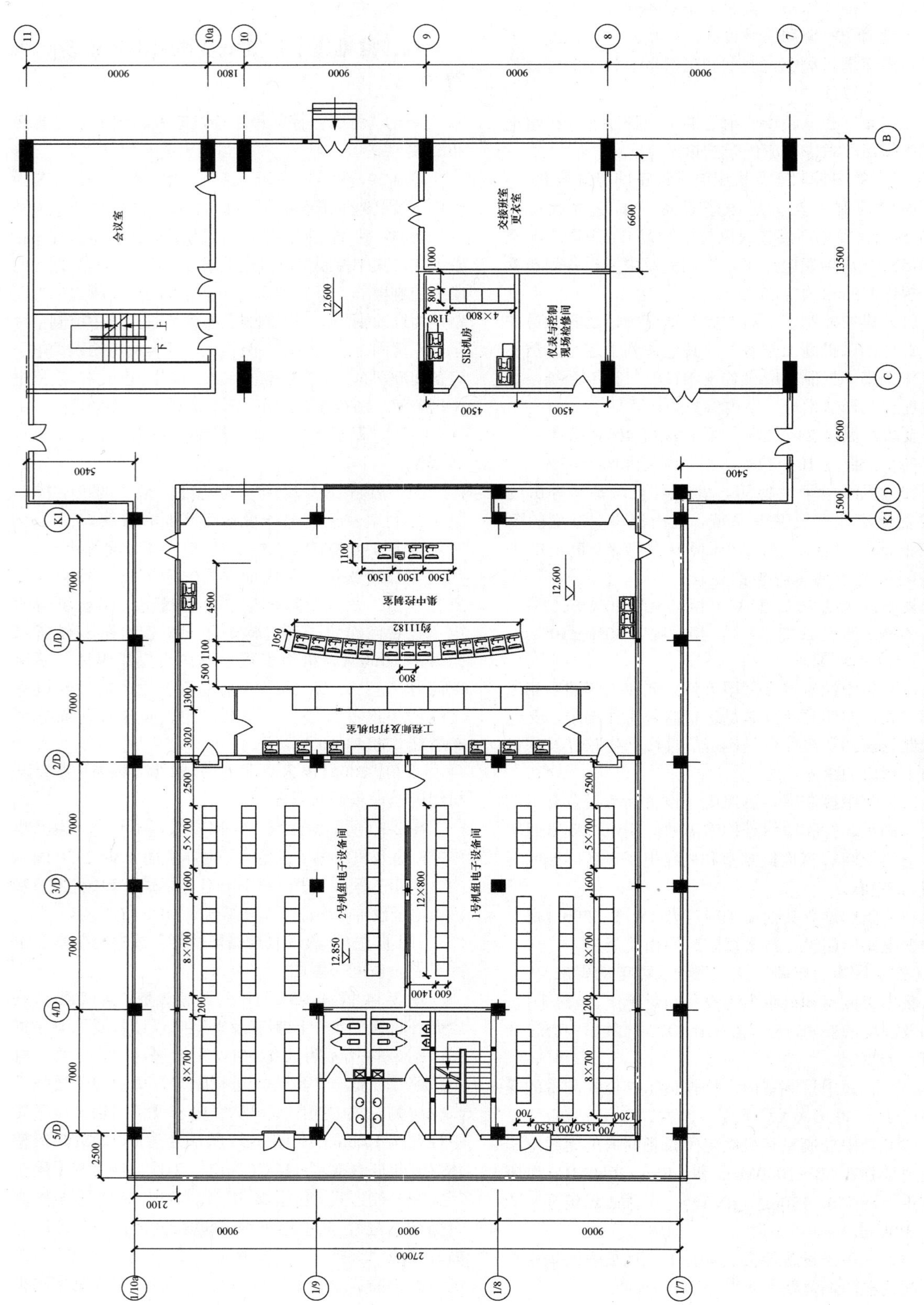

图 3-29 典型“两机一控”集中控制室及机组电子设备间平面布置图（某 2×330MW 机组工程）

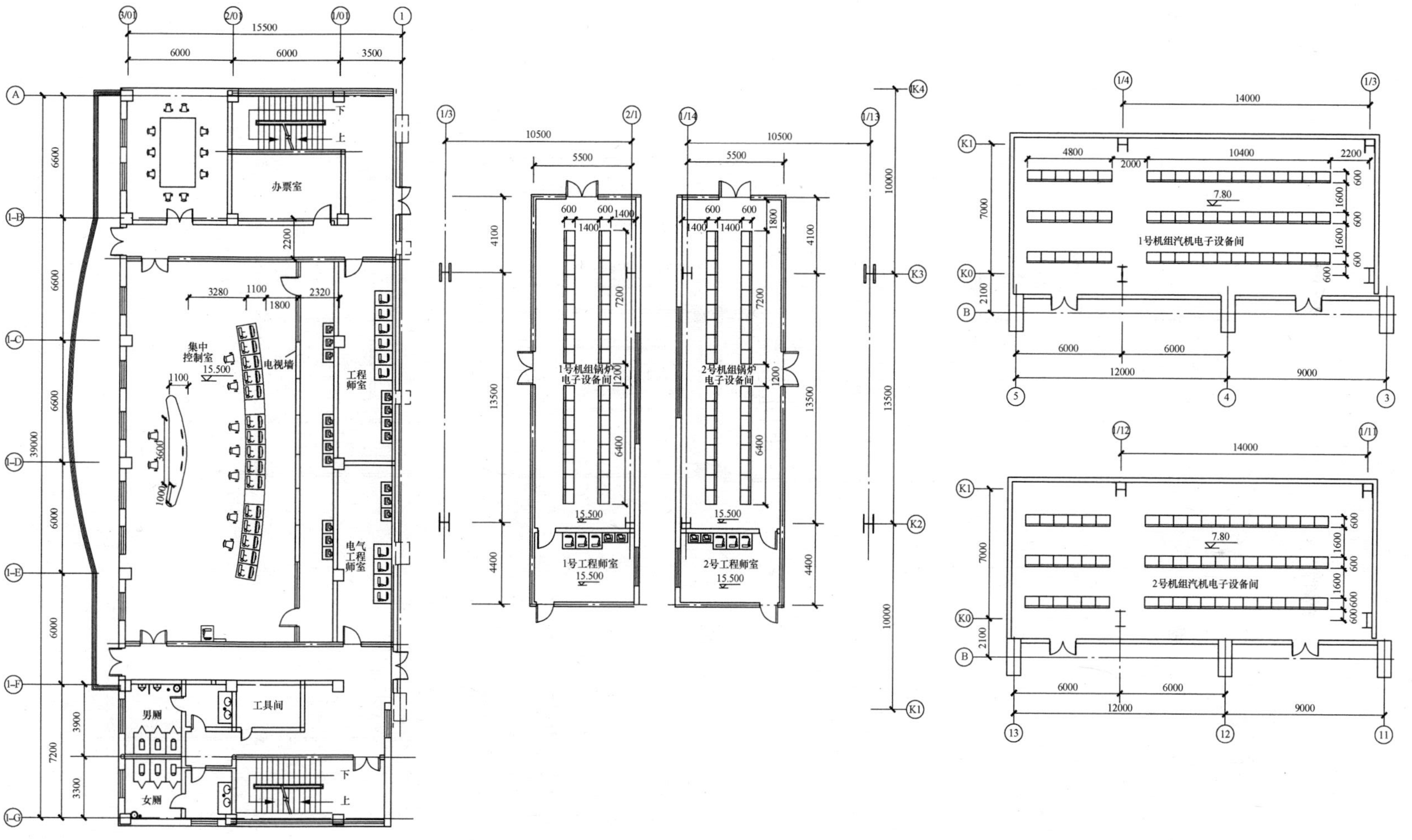

图 3-30　典型“两机一控”集中控制室及机组电子设备间平面布置图（某 2×660MW 机组工程）

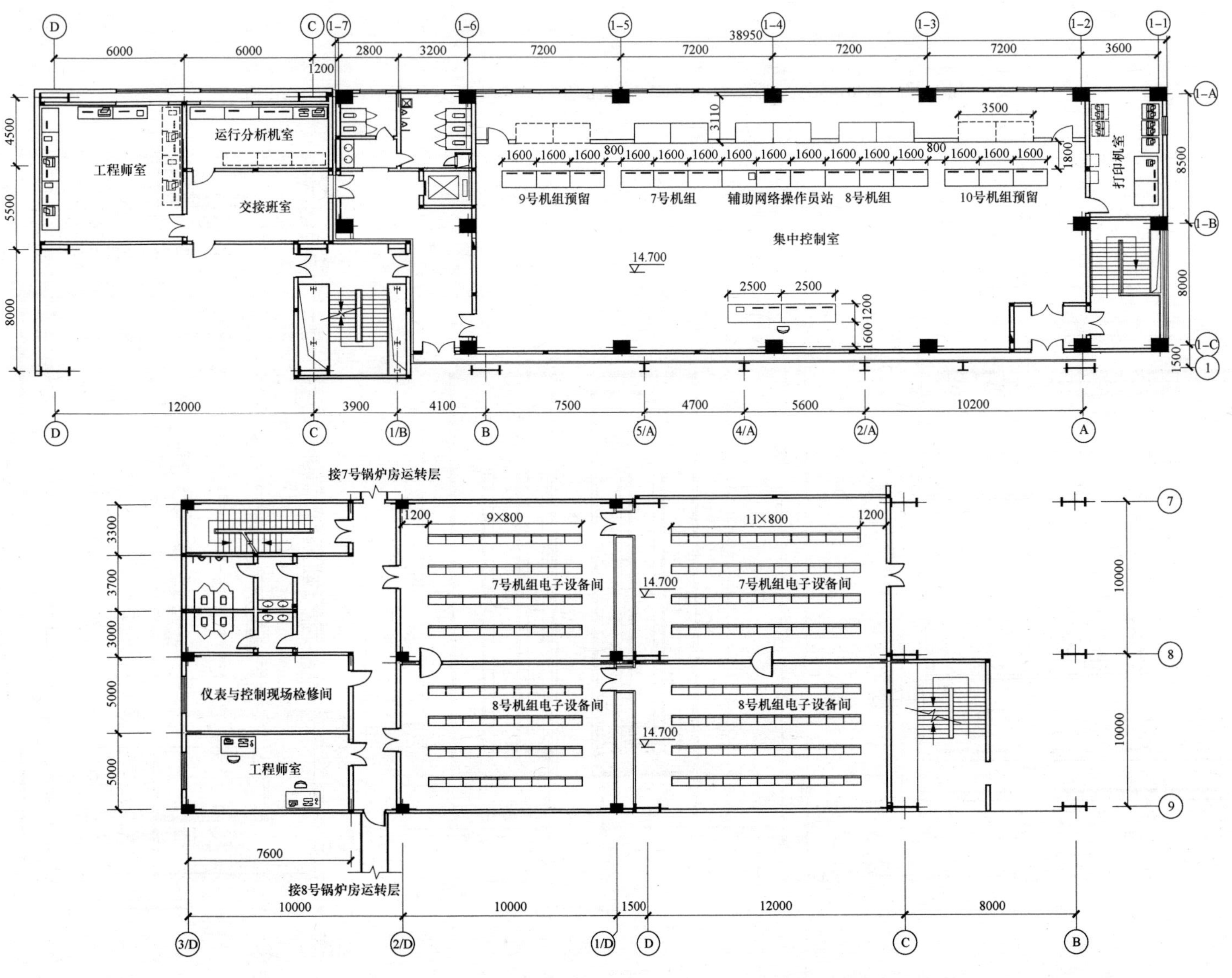

图 3-31　典型“四机一控”集中控制室及机组电子设备间平面布置图（某 4×660MW 机组工程）

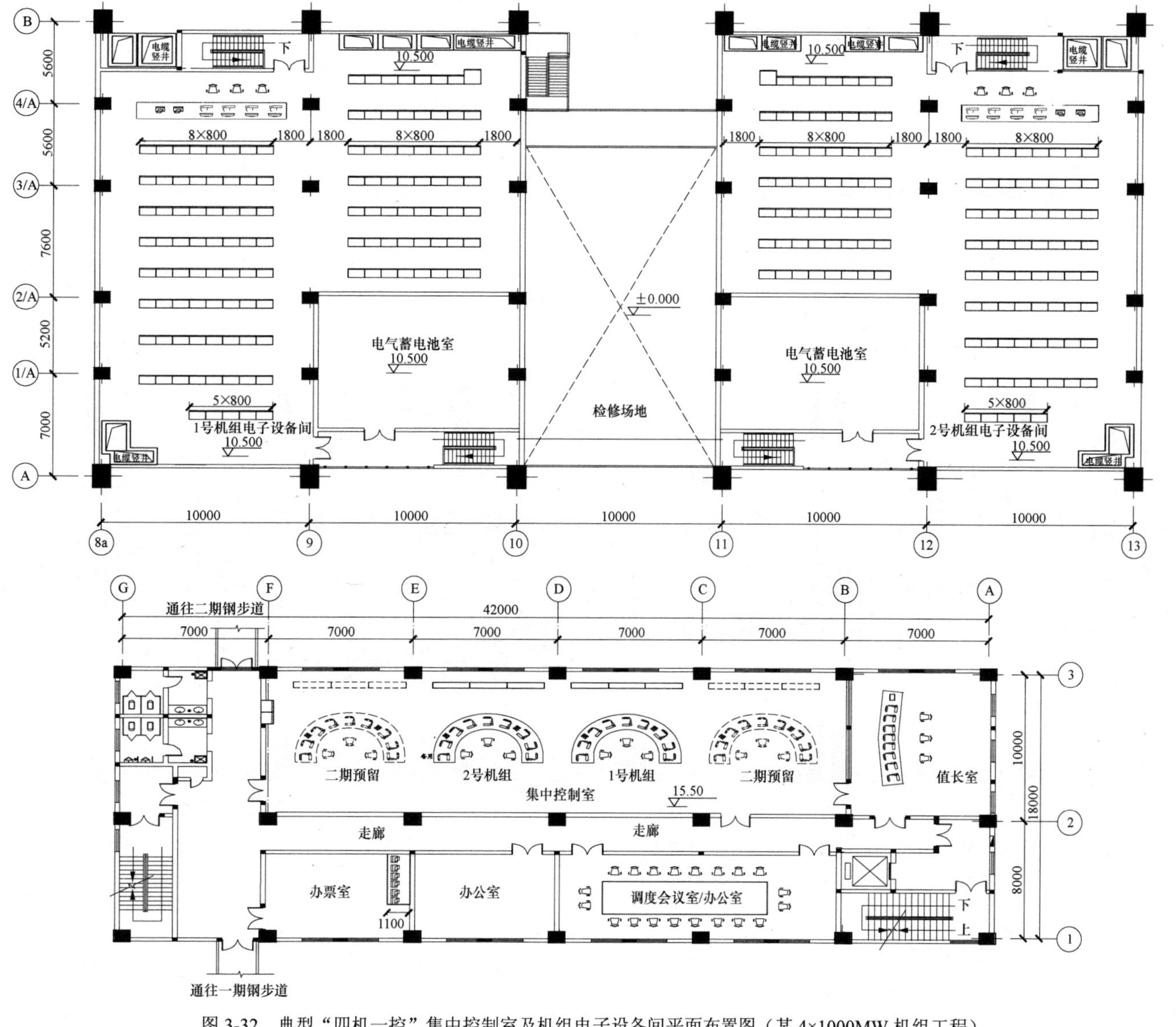

图 3-32　典型“四机一控”集中控制室及机组电子设备间平面布置图（某 4×1000MW 机组工程）

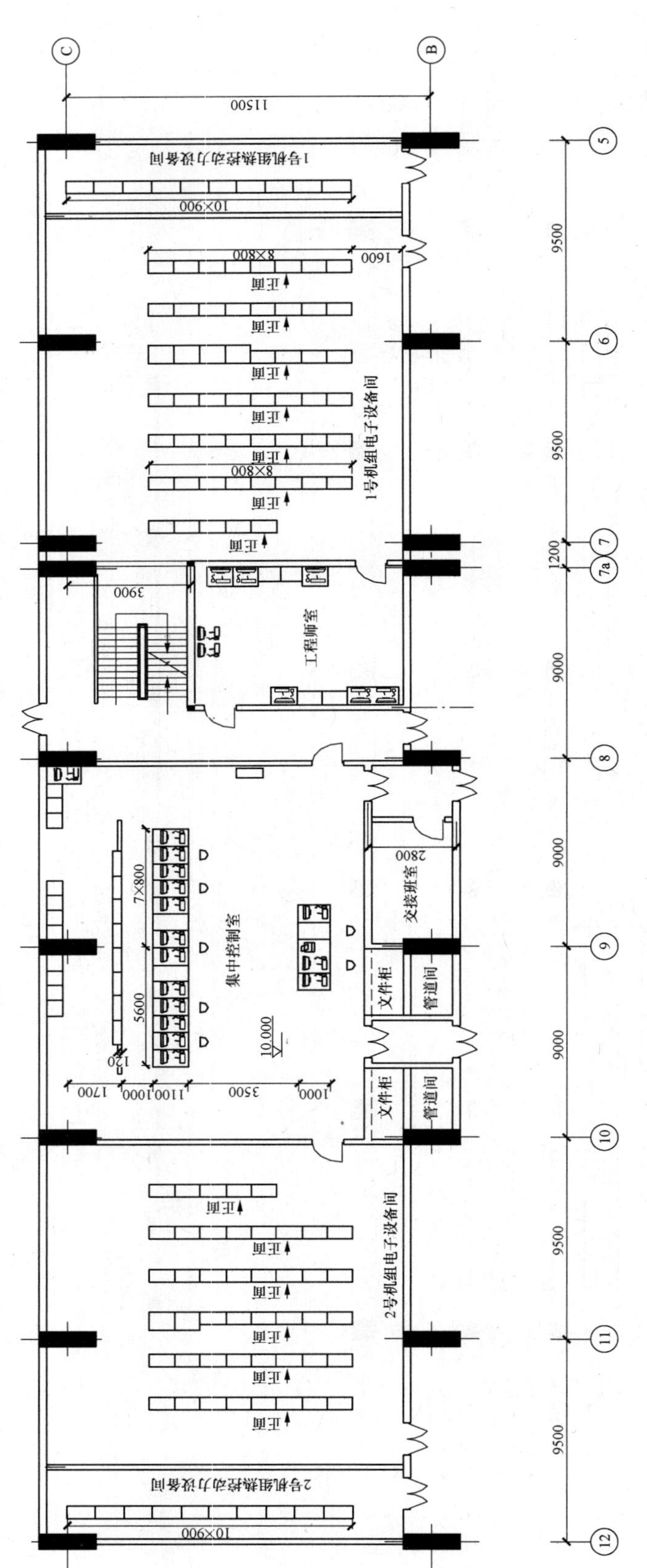

图3-33 典型“200MW 及以下 CFB 机组”集中控制室及机组电子设备间平面布置图（某2×200MW CFB机组工程）

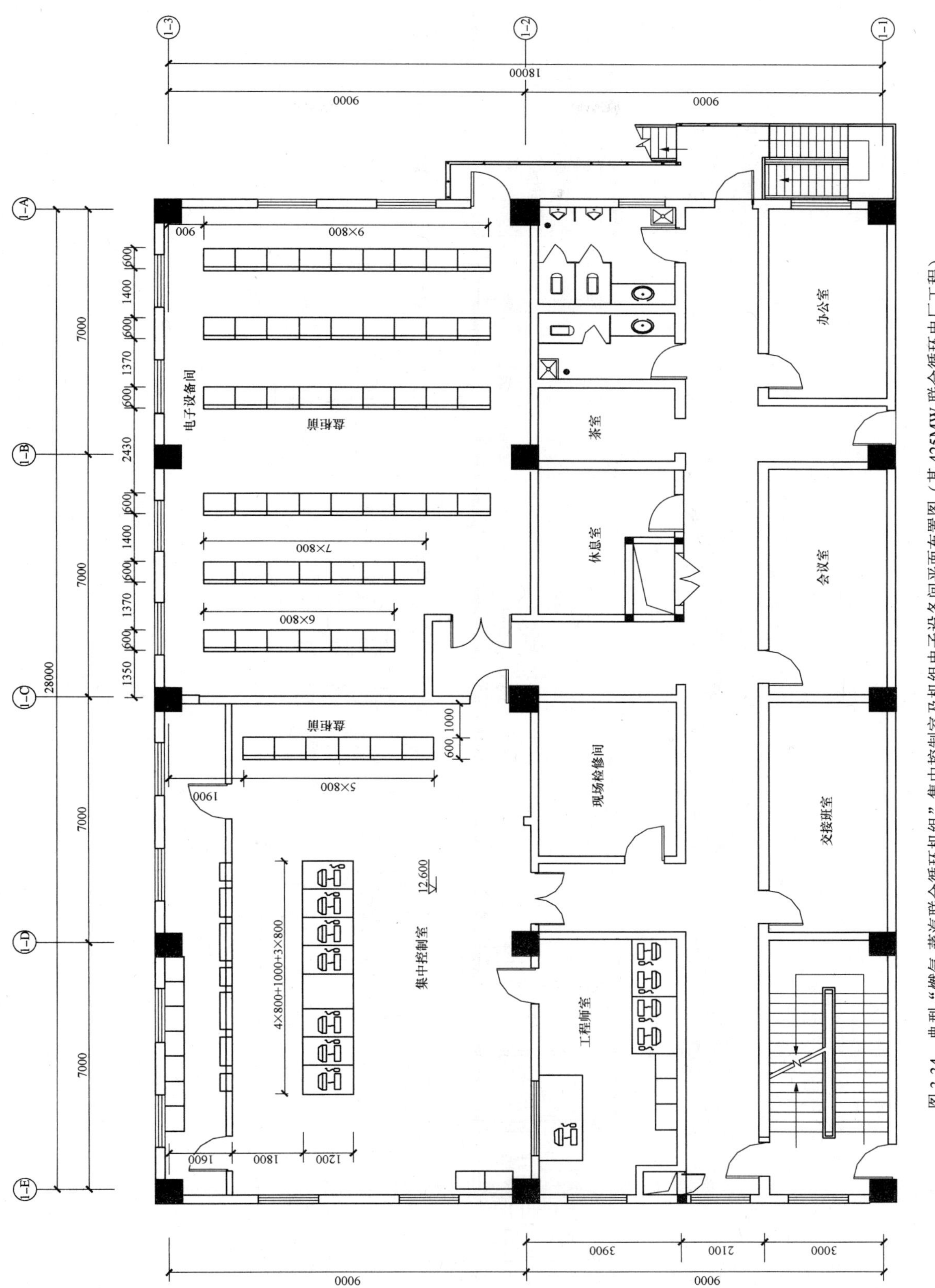

图 3-34　典型“燃气-蒸汽联合循环机组”集中控制室及机组电子设备间平面布置图（某 425MW 联合循环电厂工程）

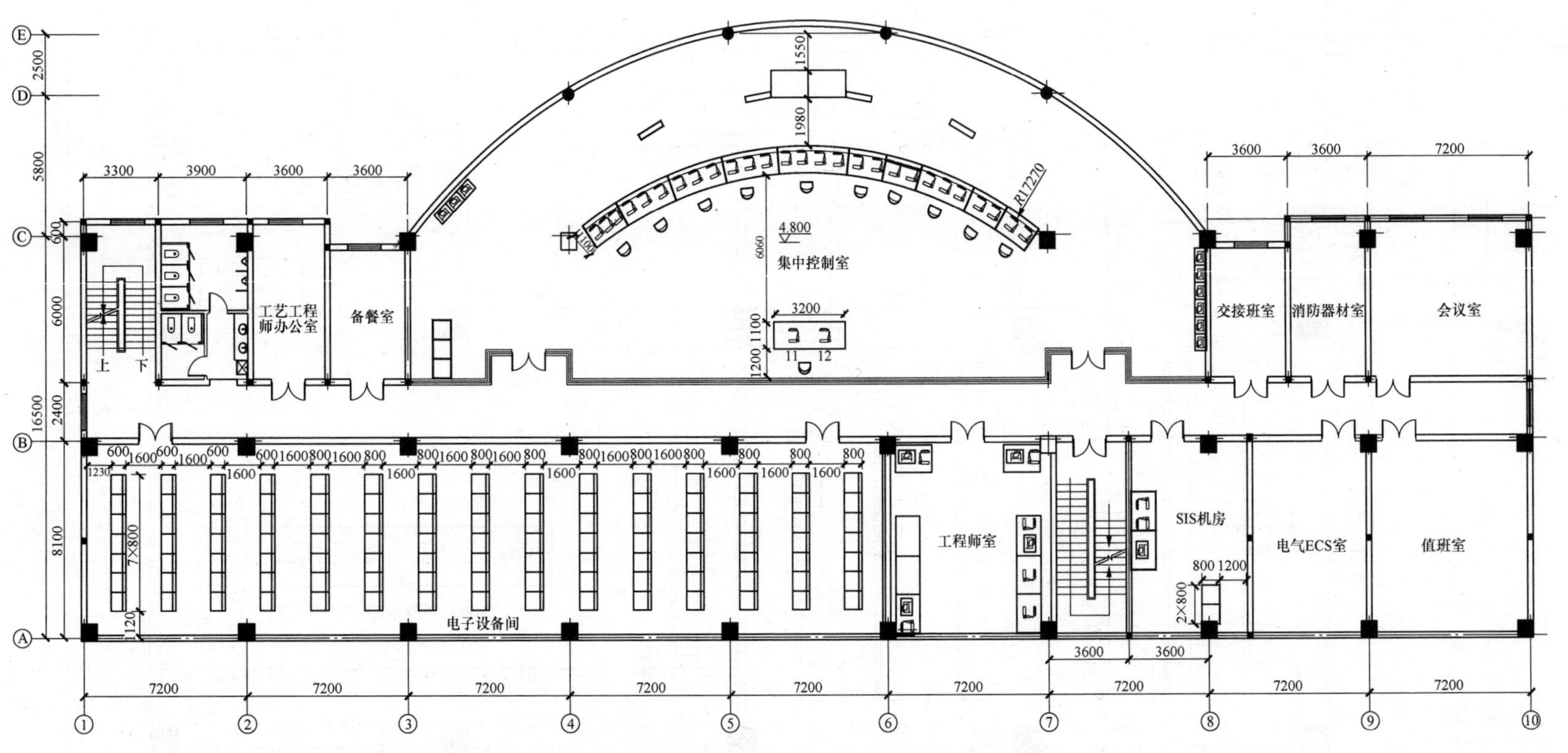

图 3-35　典型“燃气-蒸汽联合循环机组”集中控制室及机组电子设备间平面布置图（某 1×250MW 级 IGCC 电厂工程）

第二节　集中控制室操作台和数字显示墙

集中控制室作为电厂的控制中心，是电厂正常运行中人员最密集的区域，也是运行人员工作中长时间停留的场所。为运行人员设计舒适、合理、人性化的操作环境尤为重要，而操作台和数字显示墙又是人机交互最重要的物理平台，操作台和数字显示墙的设计对集中控制室设计的整体风格、运行人员的工作效率都有很大影响，因此，操作台和数字显示墙的设计除了必须满足对全厂各主辅系统运行监控的硬件配置要求外，还应充分考虑建筑学、人机工程学、美学和环境学原理，充分考虑操作方便和减轻运行人员的疲劳程度。

根据 DL/T 575.8《控制中心人机工程设计导则　第 8 部分：工作站的布局和尺寸》，从人机工程学原理的角度看，操作台和数字显示墙的设计应考虑以下因素：

（1）操作台结构的舒适度。操作台的结构尺寸应按照人体尺寸进行设计，台体材质应耐用、舒适。

（2）屏幕上显示信息的可见度。操作台上显示屏和后部共享大屏幕的设置位置及配合关系，应考虑人的视觉几何参数、观察范围、视距、观察角和入射角等，保证运行人员对信息的准确辨认。

（3）控制元件的可操作性。鼠标、键盘、硬接线操作按钮等控制元件应设置在人手可及范围之内。

（4）足够的工作空间。操作台及显示屏等布局和工作空间及通道设计，应为人的活动留有足够的裕量。台面应考虑放置文件或书写用的水平空间。

另外，操作台和数字显示墙等的整体色彩、照明、噪声、空调等声、光、温、湿环境应与集中控制室布置的整体方案相协调，符合建筑美学、环境学要求，以上环境的设计需与建筑、电气、供水、暖通等相关专业密切配合。

一、集中控制室操作台

（一）操作台的形式

1. 结构和台面布置

随着自动化水平的提高，集中控制室内已基本不设常规后备监控设备和显示仪表，仅保留少量用于紧急安全停运机组的后备操作设备，运行人员主要通过数字显示设备进行监控。

操作台上主要布置有显示屏、键盘、鼠标和少量硬接线操作设备等；操作台内部放置操作员站主机及电源、硬接线操作设备的接线端子排、散热风扇、相应的安装支架、导轨等；台体后部面板应有散热通风孔，台体下部前板或后板应开有便于检修柜内设备的门，台面和台体下部应预留有进出线缆的孔位。操作台的整体设计应方便运行、检修、维护和更换，并应考虑设备的防尘和散热措施。

基于以上因素，操作台一般采用桌台式结构。

（1）操作台的结构尺寸。设计操作台时，操作台的具体结构尺寸应按照人体尺寸进行设计，应能适应 90%～95%的使用者群体。因运行人员的主要活动是在操作台监视屏幕，一般长时间的主要工作姿势按照坐姿、后倾、放松状态进行设计。操作台的台面高度、台面深度、台下深度等尺寸设计应能使操作员在坐姿操作时双手轻松达到操控对象、双腿能伸入台面下部，且不会因为碰到柜体而受伤，如图 3-36 所示。

根据中国人人体主要尺寸数据资料，人体尺寸一般身高 1.70m 左右、坐下后眼睛距地面高（眼位高度）1.2m 左右考虑，人在松弛状态下正常视线为水平向下 15°；最佳水平眼动视野为左右 15°，垂直眼动视野为水平向下 15°～向上 45°；当使用键盘或进行其他操作行为时，由于身体略向前倾，视线相应为水平向下 30°。

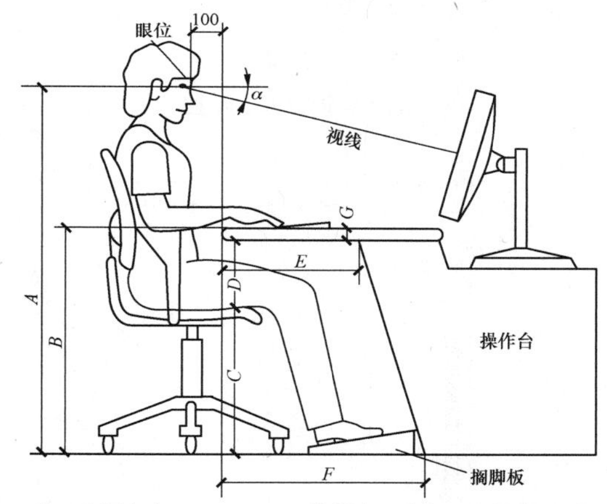

注：本图参考 DL/T 575.8《控制中心人机工程设计导则　第 8 部分：工作站的布局和尺寸》。

图 3-36　坐姿工作站的主要尺寸

A—眼高；*B*—肘高/工作面高；*C*—腘高；*D*—大腿空间；*E*—上部容膝空间；*F*—脚活动空间；*G*—工作台面厚；α—视线倾角

综合考虑以上因素，集中控制室操作台和座椅尺寸一般为：

1）操作台台面高度。台面高度即工作面高度，一般与肘同高，在 680～770mm 之间，一般工程设计可根据不同地区的平均身高取 700mm 或 750mm。

2）操作台台面倾斜度。为使显示屏上的数据易读，且按钮的操作方便，可使台面相对于水平面有一个前倾角，一般取 10°～15°，也可取完全水平台面。

3）操作台台面深度。取决于人在坐姿下手的最大可及范围（一般不大于 790mm）和放置显示屏的深度（一般为 300～500mm），一般工程设计为 1000～1100mm。

4）操作台下部容膝空间尺寸。指人在坐姿工作时，台身下留出的腿、脚自由伸展所需的三维空间。一般腿前伸空间深度不小于 600mm，容膝高度不小于 630mm。

5）操作椅高度。一般取 400～450mm。

几种典型操作台结构如图 3-37～图 3-39 所示。

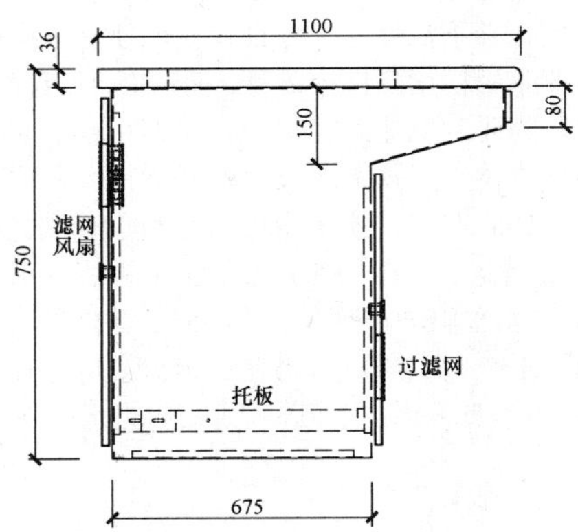

图 3-37　典型操作台结构示意图（一）

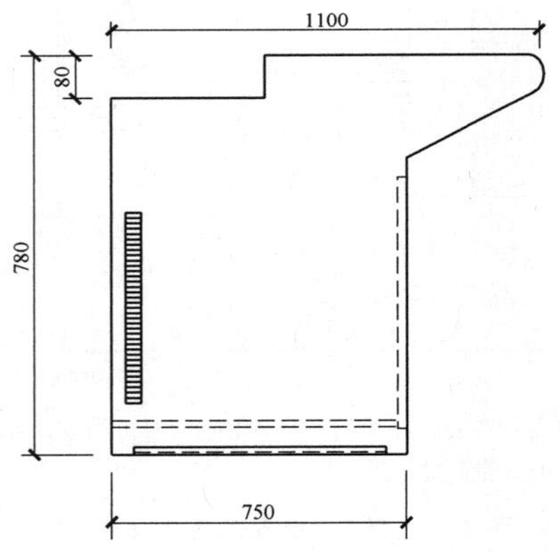

图 3-38　典型操作台结构示意图（二）

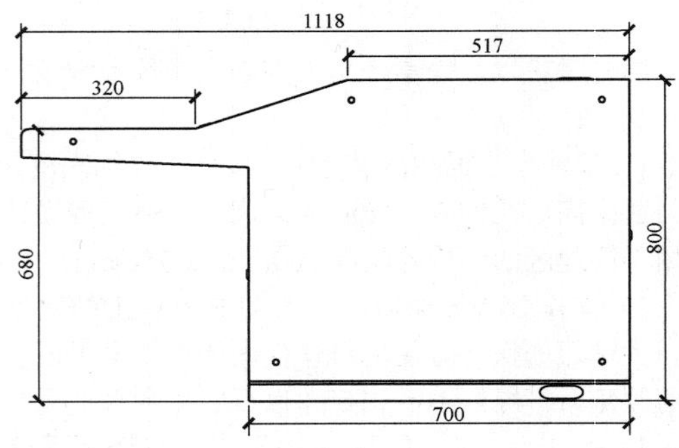

图 3-39　典型操作台结构示意图（三）

（2）操作台台面布置。操作台台面后部布置操作员站显示屏，前部布置键盘、鼠标，后备硬接线操作按钮/开关可布置在键盘和显示屏之间部位。

对于集中控制室操作台而言，台面设备最外缘距离操作台左右边缘应不低于 70mm，距离操作台前后边缘应不低于 50mm，同时操作台上后备硬接线操作设备外缘距离后部显示屏最低不低于 50mm，如图 3-40 所示。操作台上的后备硬接线操作按钮/开关之间的距离可参见本章第四节“二、控制盘（台）柜正面设备布置”。

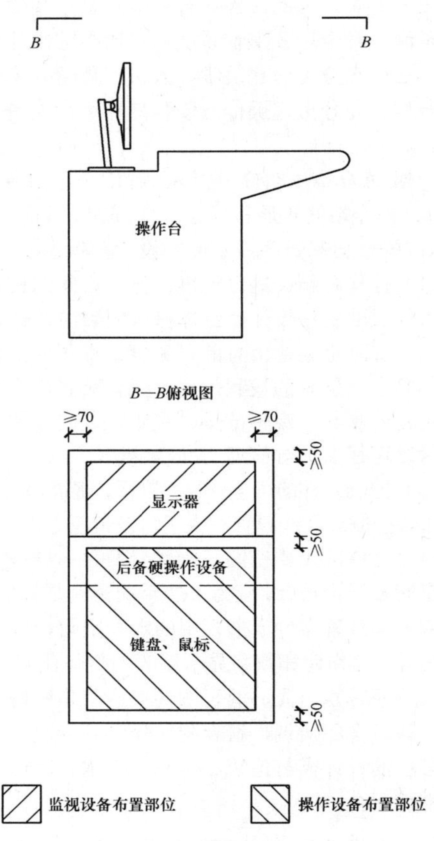

图 3-40　操作台台面设备布置示意图

2. 材质

为保证操作台的长期使用，操作台的台体材料需具有坚固、稳定、不变形、防火、耐磨、防潮等特性。一般操作员站操作台台体采用不锈钢或冷轧钢材质。操作台面板可采用不锈钢或冷轧钢材质，并采取烤漆或喷塑工艺，也可采用高强度耐磨性较好的抗倍特板、亚克力板、杜邦可丽耐等化学人工合成装饰板。操作台颜色应柔和，台面不宜反光，一般采用淡色调的冰灰色、淡灰色、乳白色、银白色等。操作台外表面应平整无毛刺，无波纹、不变形，整体达到外形美观、光亮度好、坚固耐用的效果。

操作台台面设计常见方案：

（1）操作台台面采用厚度为 2.0mm 的不锈钢板，台体采用不锈钢板制作，侧板材料采用厚度为 1.5mm 的不锈钢板，其余材料采用厚度为 0.8～1.2mm 的不锈钢板。

（2）操作台台面采用厚度为 12.7mm 的复合亚克力制作，台面边缘总厚度为 50mm，台面可在现场进行无缝拼接，台体采用不锈钢板制作，侧板材料采用厚度为 1.5mm 的不锈钢板，其余材料采用厚度为 0.8～1.2mm 的不锈钢板。

（3）操作台台面采用厚度为 12.7mm 的杜邦可丽耐制作，台面边缘总厚度为 50mm，台面可在现场进行无缝拼接，台体采用不锈钢板制作，侧板材料采用厚度为 1.5mm 的不锈钢板，其余材料采用厚度为 0.8～1.2mm 的不锈钢板。

（二）操作台后备操作设备的设计

1. 后备操作项目

根据 GB 50660《大中型火力发电厂设计规范》的相关要求，在控制系统发生电源消失、通信中断、全部操作员站失去功能、重要控制站失去控制和保护功能等全局性或重大故障的情况下，操作台上应设置确保机组紧急安全停运，独立于 DCS 等控制系统的后备硬接线操作手段，具体项目有：

（1）汽轮机跳闸。

（2）主燃料跳闸（MFT，煤粉锅炉），锅炉跳闸（BT，CFB 锅炉）。

（3）发电机或发电机-变压器组跳闸。

（4）锅炉安全阀开（机械式可不装）。

（5）汽包事故放水阀开（汽包锅炉）。

（6）汽轮机真空破坏阀开。

（7）直流润滑油泵启动。

（8）交流润滑油泵启动。

（9）发电机灭磁开关跳闸。

（10）柴油发电机启动。

（11）紧急补给水系统投入（设有紧急补给水系统的 CFB 锅炉）。

后备操作设备的项目内容，除规范、规程中要求的以上项目外，具体设计中根据实际工程情况也可增加一些认为重要的其他保护项目，如给水泵汽轮机紧急跳闸按钮、机组采用 100%旁路时的高压旁路快开按钮、再热器安全阀快开按钮等。

2. 后备操作设备的形式和布置

（1）后备操作设备的形式。

1）开锅炉安全阀的后备操作设备形式一般为随锅炉制造厂配供的 PCV 阀操作面板；其他项目一般均采用按钮形式。

2）为了防止误操作，对于特别重要的主燃料跳闸（MFT）、锅炉跳闸（BT）、停止汽轮机、解列发电机的按钮，应按照双重按钮或带盖单按钮的方式设计；其他按钮一般均按带盖单按钮方式设计。

3）有直接状态反馈的项目，如汽包事故放水阀开按钮，均按带指示灯方式设计；当项目驱动回路侧有自保持功能时，按钮触点宜按瞬时型动作方式设计。

（2）后备操作设备的布置。后备操作设备在操作台上的位置，通常有集中和分散布置两种方式。

1）集中布置是将单元机组的所有硬接线操作设备集中布置在一块操作面板上，并嵌在操作台台面上，如图 3-41 所示。硬接线操作设备操作台可布置在机组操作员站操作台的一侧，也可以布置在操作员站操作台的中间位置。

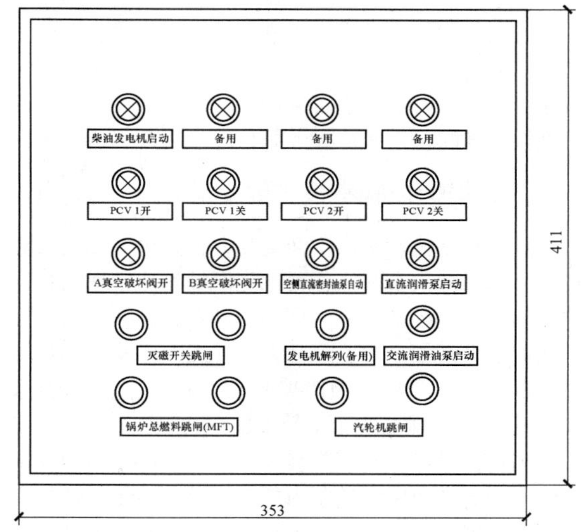

图 3-41　集中布置的单元机组硬接线操作按钮布置示意图

2）分散布置是将单元机组的各硬接线操作设备按功能分别对应布置在相应的炉、机、电操作台台面上显示屏前方位置，如图 3-42 所示。

3. 后备操作设备的接线

设计中硬接线操作按钮及操作台下接线端子一般均随操作台制造厂配套提供。接线设计时应注意按钮触点指令信号，电缆应直接接至动作对象的驱动回路上。

（三）值长台等的设计

（1）值长台上主要布置用于当班值长调度机组生产的值长监控站、通信调度电话及其他需要值长使用的监控通信设备。

（2）值长台一般采用桌式结构，台面高度与操作台台面高度相近，台面深度在 1100mm 左右，宽度除考虑布置必要的显示屏、通信调度电话等外，还需预留放置文件、开列工作票等的宽度空间。

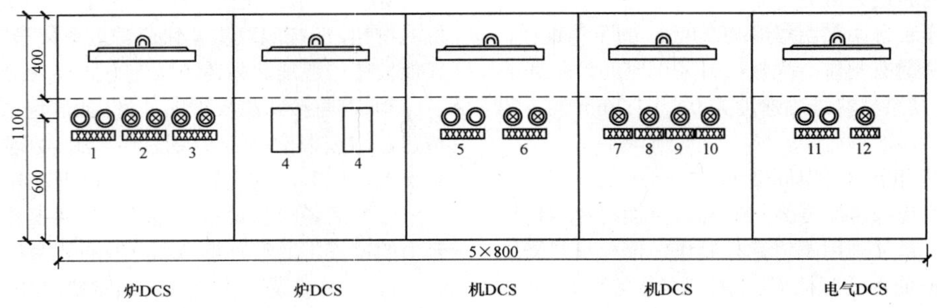

图 3-42 分散布置的单元机组硬接线操作按钮布置示意图

1—主燃料跳闸（MFT）；2—开汽包事故放水阀；3—备用；4—PCV 阀控制面板；5—汽轮机跳闸；6—备用；7—启动交流润滑油泵；8—启动直流润滑油泵；9—开 A 真空破坏阀；10—开 B 真空破坏阀；11—停发电机；12—启动柴油发电机

（3）工程师站操作台、打印机台一般均采用桌式结构，其结构尺寸以满足人员操作及设备摆放为宜。

（4）值长台、工程师站操作台可采用与操作员站操作台相同的材质，也可采用造价较低的防火板、高密度板台体配化学装饰板台面等。

二、集中控制室数字显示墙

随着自动化水平的不断提高，操作台后原辅助监控盘上的常规仪表和操作器已逐渐被淘汰，取而代之的是仅布置各种共享显示屏的辅助监视屏及拼接大屏幕式数字显示墙，可在其上放大显示 DCS 操作员站显示屏画面、全厂视频监视系统画面等信息。这样，当运行人员感觉疲劳时，可通过监视较远处的大尺寸屏幕信息，既缓解视觉疲劳，又不影响正常监视。同时也提高了集中控制室内的整体美观效果，常作为企业对外展示其自动化、信息化、数字化、人性化、先进性水平的重要窗口。因此，数字显示墙越来越被重视。

（一）显示设备内容

数字显示墙上显示设备内容主要有画面变动灵活、色彩丰富的图像显示和内容相对固定的工业参数显示两类：

（1）图像类。主要用来显示与运行密切相关的运行画面和图像，如单元机组 DCS 控制系统信息、炉膛火焰电视图像（煤粉锅炉）、汽包水位电视图像（汽包锅炉）、等离子图像（煤粉锅炉适用）；辅助车间控制系统信息；全厂视频监视系统显示画面等。

（2）参数类。主要用来显示运行人员较为关注的某些生产重要数据，如单元机组的主要工业参数显示（功率、频率或转速、主蒸汽压力、主蒸汽温度等）、仪表与控制信号声光报警显示，日期、时钟等时间显示，以及文字通知信息显示等。

工程设计中部分具体显示内容可根据建设方的需要确定。

（二）显示设备的种类及性能特点

随着数字化、信息化、电子技术的发展，各种显示技术，从早期的 CRT，到现在的 LCD、PDP、DLP、LED、小间距 LED、FED 显示屏，平板显示技术呈现出多元化发展的趋势。

火力发电厂集中控制室操作台后部的图像类共享显示设备，也经历从单屏的显示屏，到基于多屏拼接技术的各种大屏幕显示屏。无论单屏还是多屏拼接大屏幕，由于各自具有不同的分辨率、亮度、对比度、寿命、价格，在设计中根据具体工程的需求均有不同程度的应用。但整体应用趋势是向技术更先进、性价比更高的拼接大屏幕显示屏发展。参数类共享显示设备大部分采用 LED 显示技术。随着大屏幕技术的进一步发展，图像类和参数类显示设备最终会采用整合统一的显示屏系统。

1. 常见单屏显示屏

（1）CRT 显示屏。CRT 显示屏是使用阴极射线管（cathode ray tube，CRT）的显示屏，是靠电子束激发屏幕内表面的荧光粉来显示图像的。CRT 显示屏在显示技术早期发展阶段得到广泛应用，但其存在外形笨重、功耗较大、靠背光显示等缺点。

火力发电厂集中控制室内的操作员站显示屏、炉膛火焰电视、汽包水位电视显示屏在 2000 年以前大部分采用 CRT 显示屏显示，现在已基本被各类新型显示屏所替代。

（2）液晶显示屏。液晶显示屏（liquid crystal display，LCD），是利用液晶在电压的作用下发生偏转的原理。液状晶体在电场作用下，其分子会发生排列上的变化，从而影响通过其的光线变化，即液晶的“电–光效应”物理原理，实现光被电信号调制，这种光线的变化通过偏光片的作用可以表现为明暗的变化。通过对电场的控制最终控制了光线的明暗变化，从而达到显示图像的目的。

LCD 由两块板（厚约 1mm）构成，其间由 5μm

厚度的液晶材料均匀隔开。因为液晶材料本身并不发光，所以在显示屏下边都设有作为光源的灯管，而在液晶显示屏背面有一块背光板（或称匀光板）和反光膜，背光板由荧光物质组成，可以发射光线，其作用主要是提供均匀的背光源。

LCD 具有机身薄、空间小，功耗低、不产生高温，低辐射、益健康，画面柔和、不伤眼，寿命长等优点。但也存在可视角度小，响应速度稍慢，需要利用背光显示，不可做成非常大尺寸的局限性。

基于以上特点，近年来火力发电厂集中控制室内的操作员站显示屏绝大部分采用 19～22in 的 LCD，有的工程数字显示墙上也采用了较多的 LCD 大屏幕拼接。

（3）等离子显示屏。等离子显示屏（plasma display panel，PDP），又称电浆显示屏，是一种利用气体放电的显示技术，其工作原理与日光灯很相似。

等离子显示屏的优点：机身薄，画面清晰、颜色鲜艳、亮度高、对比度高、分辨率高。其缺点：耗电量与发热量较大；在长时间显示静止画面的情况下，画面切换时易生残影，存在灼屏问题。

因等离子体显示设备最突出的特点是可做到超薄，主要用于 40in 以上的大屏幕，而厚度不到 100mm。

（4）LED 显示屏。LED 显示屏是一种用发光二极管（light emitting diode，LED）按顺序排列而制成的新型成像电子设备。它是一种通过控制半导体发光二极管的显示方式，利用半导体 P-N 结电致发光原理产生红、绿、蓝颜色，由几万到几十万个半导体发光二极管像素点均匀排列组成。它可利用不同的材料制造出不同色彩的 LED 像素点，以显示文字、图形、图像等各种信息。

1）LED 显示屏技术从单色显示屏，发展到双基色显示屏、三基色（全彩色）显示屏、多基色（大于三基色）处理技术。

2）常见 LED 显示屏显示方式主要有点阵显示和数码管显示。数码管式 LED 显示屏是由多条线状 LED 显示单元（称为段）构成的显示屏，通过多段组合构成字形，主要显示数字，常见为七段，控制简单、方便，显示的信息有限。其小型的每段由一只 LED 构成，大型的每段由多只 LED（串联、并联）构成。数码管式 LED 显示屏因其高性价比，大量用于火力发电厂集中控制室内的工业参数显示。

点阵式 LED 显示屏是由多个点状 LED（或其他发光器件）显示单元排列构成，通过行、列矩阵控制方式点亮对应位置的显示单元，并通过多点组合构成数字、文字、图形，显示内容丰富，但控制相对复杂。

3）LED 显示屏按发光点像素间距一般可分为 P3、P4 、P6、P8、P10、P12、P16、P20 等多种。P 代表像素间距，数值指两个像素点之间的距离（mm），通常称为点间距，如 P4 表示点间距为 4mm。点间距越小，单位像素点越高，显示画面越清晰，一般最佳可视距离范围=点间距×1000/（0.3～0.8）。

小间距 LED 显示屏是指点间距在 P2.5 以下的室内 LED 显示屏。随着小间距 LED 显示屏及其拼接技术的不断成熟，其单位面积的分辨率越来越高，画面越来越清晰。

（5）背投显示屏。背投显示屏即背后投影的显示屏。其原理是将投影机安装在机身内的底部，信号经过反射投射到半透明的屏幕背面显像，是一种将屏幕和投影系统置于一体的显像系统。背投单屏显示屏尺寸一般在 50～84in。

背投显示屏根据其内部的投影机种类主要分为等离子背投、LCD 背投和 DLP（digital light processing，数字光处理）背投几类，它们都具有较高的清晰度。DLP 背投以数字微镜装置（digital micromirror device，DMD）作为成像器件，反射光投射图像到屏幕，由于采用了数字处理技术，使图像灰度等级提高，色彩更丰富，图像噪声消失，画面质量稳定。但经过运行实践证明，背投显示屏在运行一段时间后，画面易模糊，即出现“彩虹效应”，且灯泡寿命短，需定期更换，灯泡的价格较高，造成维护成本很高，且由于其体积大占用空间，现已基本被淘汰。

2. *多屏拼接大屏幕*

伴随着信息化特别是数字化技术的升级应用，出现了大屏幕拼接显示技术，将数字显示墙上各自不同功能的显示屏整合为更大尺寸的显示屏幕。

多屏拼接大屏幕就是将多块显示屏通过智能拼接后形成一块更大尺寸的完整屏幕，通过大屏幕拼接处理器和软件控制可以在上面显示一幅完整的图像，或根据需要灵活地显示原多块显示屏上的多个不同图像。使得集中控制室内的各种信息表达更加灵活、直观、便捷、高效、人性化。大屏幕拼接系统连接拓扑图如图 3-43 所示。

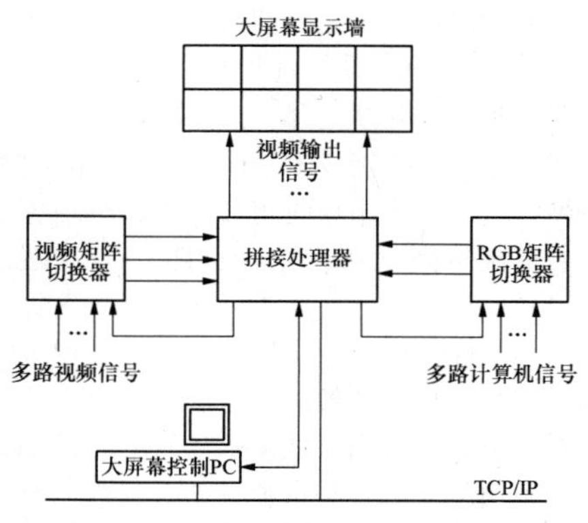

图 3-43　大屏幕拼接系统连接拓扑图

鉴于火力发电厂集中控制室的监控特点，大尺寸、拼接缝隙小、拼接单元模块化、多信号的网络化接入、精细化显示、长时间观看、高稳定性等是集中控制室对拼接大屏系统的基本设计要求。

多屏拼接主要有DLP背投拼接、PDP等离子拼接、LCD液晶拼接、小间距LED拼接等，其中LCD拼接、小间距LED拼接这两种拼接技术应用较多。

（1）DLP背投拼接。DLP背投拼接屏幕由多个背投显示单元拼接而成，并配以图像处理器组成的高亮度、高分辨率、色彩逼真的电视墙，能显示各种计算机（工作站）、网络信号及各种视频信号，画面能任意漫游、开窗、放大缩小和叠加。

DLP拼接墙的分辨率由各显示单元的分辨率叠加而来，可以获得超高的分辨率。与其他拼接技术相比，DLP拼接墙的另一大突出优势是拼缝小，目前单元箱体之间的物理拼缝宽度已经控制在0.5mm之内，但是存在拼接体积较大，亮度不高，后期维护成本高（经常需要换灯泡）等缺点，应用不多。

（2）PDP等离子拼接。PDP等离子显示单元拼接具有颜色鲜亮、高对比度及高亮度等优点。但同时也具有其自身无法克服的缺点，即等离子由于耗电量与发热量较大，会产生灼屏现象，并不适用于长期静态画面显示监控；PDP单元用于拼接之后，拼接屏之间易形成色差，整机升温更高，致使设备容易烧毁；相对性价比不高，在火力发电厂应用不多。

（3）LCD液晶拼接。LCD液晶拼接大屏幕，是采用LCD显示单元拼接的方式，通过拼接控制软件系统，实现大屏幕显示效果的一种拼接屏体。

液晶显示屏虽然其拼接系统拼缝较宽，但其高亮度、高对比度、高色彩饱和度、高分辨率、画面细腻的优点弥补了不足，在火力发电厂集中控制室中得到了较多应用。

（4）小间距LED拼接。LED显示技术虽具有功耗更小、高刷新、高灰阶、无残影、寿命长、性能稳定等特点，但因其同尺寸下分辨率低等原因并未在集中控制室内的图像显示上得到应用。随着P2.5、P1.9、P1.5、P1.2、P0.9等小间距LED显示屏产品的出现，其分辨率得到了大幅度提升。

小间距LED拼接技术是由若干像素单元组成矩形显像模组，再由若干模组组成矩形密封箱体，多个箱体最后拼接为整个大屏幕。小间距LED拼接最大的优势是可做到任意尺寸基本无视觉拼缝的良好效果。通过小间距LED屏幕单元间精准拼接，实现了光学无缝效果，即整屏显示图像时没有缝隙，有别于其他显示技术对于单元间缝隙无法消除的缺陷。再加上其厚度小、可视角度大、安装维护方便等优点，越来越多地应用于火力发电厂集中控制室内的大屏幕图像类显示，但价格成本相对较高。

常见几种拼接屏主要特点对比见表3-3。

表3-3　常见几种拼接屏主要特点对比

项目	小间距LED	LCD拼接	DLP	PDP
优点	无视觉拼缝，体积轻薄，功耗小，寿命长	体积较轻薄，功耗小，寿命较长，无辐射	拼缝较小（≤0.5mm）	体积轻薄，单屏均匀度好，画面细腻，响应时间短
存在问题	像素点距较大，同尺寸下分辨率较低，价格高	拼缝较大（3.5～5.5mm），响应较慢，价格经济	厚度大、占空间大，色彩存在彩虹现象，功耗高，背光灯易老化、寿命短，价格较高、维护成本高	有灼屏现象，功耗较高，拼接后整机升温高、易烧毁设备
性价比	较高	较高	一般	一般

3．工业参数显示屏

工业参数显示屏因显示内容相对稳定，且字体相对较大，一般安装在集中控制室数字显示墙上端，大部分采用LED显示技术。当用于显示机组功率、频率、主蒸汽压力、主蒸汽温度等工业参数和日期、时间等字形简单、直观的内容时，一般采用数码管式LED显示屏。当用于显示来宾欢迎词等文字形内容时，一般采用点阵式LED显示屏。

数码管式LED显示屏需要显示的所有工业参数采集自DCS或MIS，显示屏可接受4～20mA信号或通过RS485或TCP/IP通信接口接收通信信号。点阵式LED显示屏显示的数据格式、字体、颜色可任意编辑排列，显示方式生动灵活。显示屏结构为长方形铝合金型材外框，正面嵌入式安装，LED显示单元为磁性吸附的模块式结构，方便维修保养。

（三）显示设备的选择和布置

数字显示墙上的各显示屏在集中控制室中作为操作员站以外的共享显示屏来使用，同时可为一台机组或多台机组的多个运行人员提供相同的信息。数字显示墙与操作员站显示屏一起配合使用，可更好地满足运行监控要求。因此，数字显示墙应首先面向运行操作人员，以显示整体或各自区域的运行状态为主。

（1）基本要求。

1）显示屏形式（具体显示原理、单屏或多屏拼接等）、尺寸选择应与电厂的整体自动化水平和投资概算相适应。

2）显示屏的布置可以根据集中控制室的面积、布局和运行操作人员的视角来确定。

3）两台或以上机组集中控制室显示屏的布置应

遵循“大共享、小分区”的基本原则，即所有显示屏在值长站、集中控制室主入口等公共区域处可方便观察，单元机组的显示屏应优先布置在便于相应机组运行操作人员监视的部位，辅助车间（系统）的显示屏应优先布置在便于辅助车间运行操作人员监视的部位。

4）不同功能的显示屏应根据其具体显示信息性质确定其在显示墙上的相对位置。

5）显示墙墙面整体布置应排列整齐，美观大方。

6）便于安装、调试和维护。

（2）显示设备的空间部位。数字显示墙的最佳位置是在运行人员的正前方，即按照数字显示墙—操作台—操作员的顺序布置。这样，共享显示屏可处于运行人员直接视野之内，或仅通过眼动扫视即可进行观察，如图3-44所示。

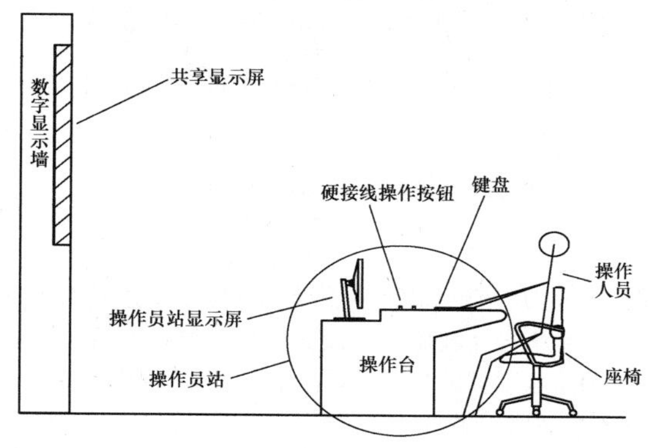

图3-44　集中控制室数字显示墙和操作台相对位置示意图

对于提供一般次要信息的共享显示器，有时也可安置在操作员站的一侧，运行人员旋转座椅就可监视所需信息。例如，某电厂将主厂房外非生产区域的视频监视画面显示屏安置在集中控制室操作员站的两侧靠墙位置。

1）数字显示墙显示区域的宽度。根据人机工程学原理，人在坐姿下双眼最佳水平直接视野在左右15°之间，最佳水平眼动视野在左右30°之间，最大水平直接视野为左右60°，如图3-45所示。

集中控制室数字显示墙上显示区域的显示宽度，一般由最边端操作台运行人员的视觉角度所确定，即最边端人员与大屏幕另一侧最边缘处的夹角应小于45°，最多不超过60°。对于两台或以上机组的集中控制室，则应对数字显示墙显示区域按机组与其对应的机组操作员进行分区，使每个区的操作员只对应每个区的大屏幕，由最边端区域的操作员确定大屏幕的宽度。

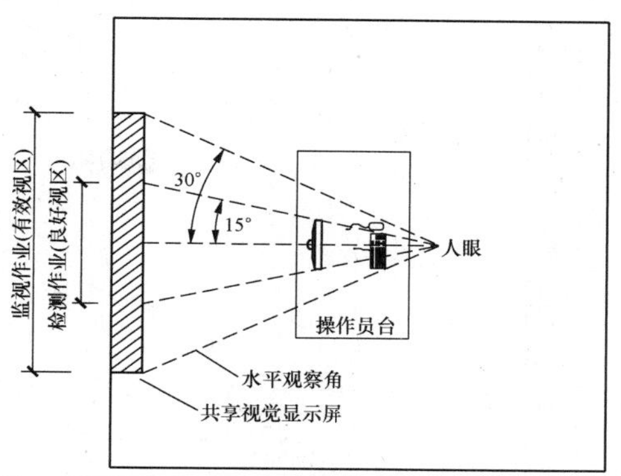

注：本图参照DL/T 575.7—1999《控制中心人机工程设计导则　第7部分：控制室的布局》中图5工作站外视觉显示屏的最佳位置。

图3-45　数字显示墙显示区域的宽度确定示意图

2）数字显示墙显示区域的高度。确定集中控制室数字显示墙显示区域的高度，通常由三个因素确定：①人眼到屏幕上下两端显示区域的视角；②人眼到屏幕中心与水平线之间的仰角；③人眼到屏幕上方与水平线之间的最大仰角。

根据人机工程学原理，对视角而言：10°以内是视力敏锐区，对图像的颜色及细节部分的分辨能力最强；20°以内能正确识别图形等信息，称为有效视野；20°～30°虽然视力及色辨能力开始降低，但是对活动信息比较敏感；30°以外视力大幅度下降。

因数字显示墙上显示内容为多个操作员共享性质，多数电厂数字显示墙距离操作台一般在1500～2200mm范围。数字显示墙上的大屏幕等显示设备的下边缘布置高度应既能保证运行人员在操作台前坐姿时可以监视到数字显示墙上的显示内容，同时又不受操作台上操作员站显示屏的遮挡。

一般而言，操作台及其台面上显示屏高度在1100～1200mm（以台面上为典型的单层布置22in显示屏为例），则数字显示墙上监视设备的最低安装高度应在1200～1350mm；关于监视设备的高度上限，集中控制室装修后净高度一般大于3500mm，按照人机工程学原理，人眼垂直方向的有效视区在±30°之间范围，同时考虑建筑学美观效果，监视设备上缘应距天花板底部有200～600mm的距离。由以上因素可知，数字显示墙上监视设备的布置高度应在1200～3200mm。具体工程设计中应根据集中控制室的总体布局、操作台上显示屏的尺寸和层数、操作台与数字显示墙的前后距离、数字显示墙上各显示设备的尺寸和显示功能等综合确定，如图3-46所示。

（3）显示设备的布局。

1）数字显示墙上显示屏的布置应根据设备的尺寸及数量设计。

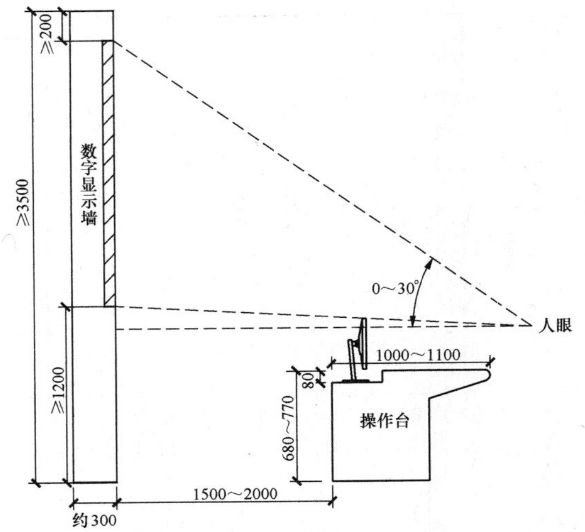

图 3-46　数字显示墙显示区域高度确定示意图

2）当采用 63in 及以上规格的单屏显示屏时，显示屏宜按一排水平布置。每台机组宜设 2～4 面显示屏，可按机组分组布置在操作员台的正前方。

3）当显示屏规格小于 50in 时，若每台机组装设 2～4 面显示屏，可按一排水平布置在操作员台的正前方。若每台机组装设显示屏超过 4 面时，可考虑按两排水平布置或采用拼接为大屏幕的方式。

4）两台机组合用集中控制室时，数字显示墙上的设备宜按机组—公用—机组的顺序布置，两台机组宜按顺序排列，也可采用对称布置。当三台及以上机组合用集中控制室时，数字显示墙上的设备宜按顺序排列，在不影响运行的情况下应兼顾布置的美观。

5）显示屏最外边缘距离数字显示墙左右边缘宜不低于 500mm，距离数字显示墙上边缘（天花板）宜不低于 200mm，距离数字显示墙下边缘宜不低于 1200mm。

6）相邻各显示屏（多屏拼接后视为一块整屏考虑）最外边缘之间的距离应综合考虑数字显示墙后部安装框架结构确定，一般不低于 50mm。

7）最上部工业参数显示屏下边缘与下部各图像显示屏最上边缘的间距一般不低于 150mm。

（四）数字显示墙结构及安装

数字显示墙上主要布置显示屏，后部接线简单，附属设备较少，一般均采用轻型屏式框架结构。

常见集中控制室数字显示墙采用工业铝型材或其他轻型合金型材组装成墙体框架基础结构，结构单元均为冷连接、无焊接。墙体表面使用铝板、铝塑板、钢板、钢化玻璃、石材等装饰材料，将屏幕显示设备内嵌入墙面，形成与集中控制室整体风格相协调的数字显示墙。框架背面采用可拆卸式的金属扣板，板面带有散热孔。墙体内可安置电源插座、小型电源箱、屏幕拼接控制器等附属设备，如图 3-47 所示。这种结构的特点是安装方便，整个墙面简洁美观，墙体荷载小，其模块化的结构单元设计，可随大屏幕显示技术的发展，在运行若干年后方便地对显示屏进行更换、改造，而无需将原墙体拆除重建。

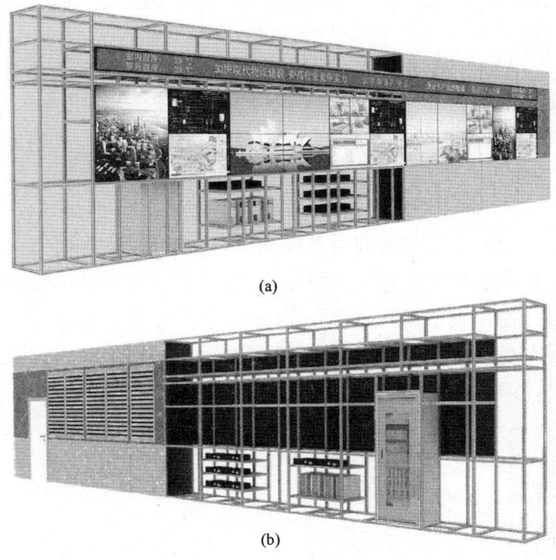

图 3-47　常见数字显示墙结构示意图
（a）正面；（b）背面

通常集中控制室数字显示墙的设计及施工安装流程为：初步设计及施工图设计阶段对数字显示墙的位置，墙面显示屏的尺寸、数量、排列布局进行规划设计，必要时也可做出初步设计效果图（建筑专业），向土建结构专业提供楼板埋件、留孔等资料要求；按要求采购数字显示墙显示设备、确定数字显示墙集成设计供货商；供货商进行安装、装修前的二次设计，并提出最终效果图，最后进行现场安装、装修。

数字显示墙底部预埋件、留孔方法可参考本章第四节“五、（二）盘台柜土建提资”中的相关内容。

三、常见集中控制室数字显示墙设计举例

1. 全部采用单屏显示屏的数字显示墙

（1）图 3-48 所示为某 2×350MW 机组集中控制室的数字显示墙效果图。数字显示墙上的显示设备全部采用单屏显示屏，分上下层布置。数字显示墙整体布置简单实用，投资较低。

下层共布置 8 面 42in LCD，两侧为单元机组显示区域，显示机组 DCS 画面；中间为全厂公用显示区域，显示全厂辅助车间（系统）DCS 画面及视频系统图像。

上层两侧布置 2 面 42in LCD，分别显示机组炉膛火焰图像；中间为多块 LED 工业参数显示屏，分别显示机组的运行频率、功率参数和日期、时间信息等。

图 3-48　单屏显示屏布置的数字显示墙效果图

（2）图 3-49 所示为某 2×1000MW 机组集中控制室的数字显示墙现场实景。该工程另外设置了独立的辅助车间（系统）控制室。机组集中控制室数字显示墙上的显示设备全部采用单屏显示屏，分上下层布置。整体布置简单灵活。

图 3-49　单屏显示屏布置的数字显示墙现场实景图（一）

每台单元机组共布置 6 面 80in LCD，每台显示屏均全功能显示，可根据需要设置显示机组 DCS 画面、机组炉膛火焰图像、机组区域视频系统图像等信息，并可灵活切割分区显示。

（3）图 3-50 所示为国外某电厂集中控制室数字显示墙。数字显示墙共采用 16 面 50in 单屏显示屏，按照上下两层弧形布置。显示墙采用金属管立柱排列结构，金属管立柱上部横向贯通连接，显示屏固定在立柱支撑的网架上，线缆通过金属管内部出入，结构极为简单实用，安装维护方便。

图 3-50　单屏显示屏布置的数字显示墙现场实景图（二）

2. 单屏显示屏和多屏拼接组合的数字显示墙

图 3-51 所示为某新建 2×330MW 燃煤机组电厂集中控制室数字显示墙。操作台采取微弧形布置。数字显示墙上两侧为单元机组显示区域，中间为全厂公用显示区域。

图 3-51　单屏和多屏拼接大屏幕组合布置的数字显示墙现场实景图

（1）每台机组布置 2 面 42in 等离子显示屏，分别显示炉膛火焰和汽包水位图像；布置一套大屏幕显示屏，由 2 面 84in 背投显示屏拼接成，用来显示机组 DCS 操作画面。

（2）公用显示区域布置 4 面 42in 等离子显示屏，显示全厂视频监视系统实时图像。

（3）最上层为 LED 工业参数显示屏，分别显示机组运行的主蒸汽压力、主蒸汽温度、汽轮机转速、机组功率等参数和日期、时间信息。

（4）各显示屏排列整齐、美观，分区明确。

3. 全部采用多屏拼接大屏幕的数字显示墙

（1）图 3-52 所示为某新建 4×600MW 机组集中控制室数字显示墙。采用四机一控方式，四台机组合设一个机组集中控制室，另外单独设置辅助车间（系统）控制室。机组集中控制室操作台和数字显示墙均采取微弧形布置方式。

1）机组集中控制室数字显示墙上两侧分别为两台单元机组显示区域，中间为主厂房视频显示区域。

2）单元机组显示区域每台机组布置一套 LCD 拼接的大屏幕显示屏，由 5×2 面 46in LCD 拼接而成，分别显示炉膛火焰和机组 DCS 画面。

3）中间区域布置一套 LCD 拼接的大屏幕显示屏，由 2×2 面 46in LCD 拼接而成，显示主厂房区域视频监视系统实时图像。

4）最上层为多块 LED 工业参数显示屏，分别显示机组运行的主要工业参数和日期、时间、文字等信息。

5）辅助车间（系统）控制室数字显示墙上布置一套 LCD 拼接的大屏幕显示屏，由 6×2 面 46in LCD 拼接而成，显示辅助车间 DCS 画面和辅助厂房区域视频监视图像。

图 3-52　多屏拼接大屏幕组合布置的数字显示墙现场实景图（一）

6）大屏幕采取两层式拼接。屏幕信息内容显示灵活，现场效果宏观大气。

（2）图 3-53 所示为某新建 1000MW 燃煤电厂机组集中控制室数字显示墙。数字显示墙上的显示设备全部采用多屏拼接组合布置组成大屏幕。

图 3-53　多屏拼接大屏幕组合布置的数字显示墙现场实景图（二）

1）数字显示墙下部由三层显示屏拼接形成一个整体大屏幕，可显示机组 DCS 画面、机组炉膛火焰图像、机组区域视频监视系统实时图像等信息。

2）数字显示墙上部为长条形 LED 工业参数显示屏，分别显示机组运行的主要工业参数和日期、时间、文字等信息。

第三节　辅助车间（系统）控制室和电子设备间

一、一般原则

与集中控制室和机组电子设备间的设计相同，辅助车间（系统）控制室和电子设备间的设计也要从功能需要和人性化的工作空间、环境需要等方面考虑。

辅助车间（系统）控制室和电子设备间设计的一般原则：

（1）辅助车间（系统）控制室的设计应与全厂辅助车间（系统）的控制方式、辅助监控点的规划相一致，并应与电厂运行管理模式相适应。

1）当采用全厂辅助车间（系统）集中控制方式时，辅助车间宜与机组合用集中控制室。若机组数量较多或辅助车间（系统）规模大，也可设置独立的辅助车间（系统）控制室。

2）当采用水、煤、灰等分类集中控制方式时，分类集中控制室宜靠近相应的主要工艺区域设置。控制室及功能区的设计应考虑运行人员长期运行监视的需要。

3）辅助车间（系统）就地控制室，宜设置在控制对象相对较近的区域，可与其控制系统的电子设备间合用房间。

（2）各辅助车间（系统）应规划相应的电子设备间。并按照分散布置的原则，分散布置在各车间。同时考虑全厂总平面布置规划，兼顾与工艺系统的关联程度，在优化设计的基础上可合理合并，对相邻的几个辅助车间（系统）设置相对集中的电子设备间。

1）空冷机组宜在空冷区域设置就地电子设备间。直接空冷的电子设备间应与空冷风机配电室分开设置；间接空冷的电子设备间可与循环水泵房电子设备间合并设置。湿冷机组的循环水泵房宜设置电子设备间。

2）燃油泵房、制氢站应设置车间电子设备间。

3）水处理车间（含反渗透系统、海水淡化、再生水处理）、锅炉烟气脱硫系统区域、除灰系统宜设置车间电子设备间，电子设备间内布置控制系统的机柜、车间就地操作员站/工程师站等。

4）综合泵房、净化站、污废水处理系统等可根据厂区总平面布置合设电子设备间。

5）采暖通风系统可不单独设置就地电子设备间。

6）启动锅炉房宜设置车间电子设备间，布置控制盘柜及人机接口设备，并考虑运行值班人员的需要。

7）其他车间系统可根据设备布置和环境要求设置车间电子设备间。

（3）根据电厂规划容量及辅助车间（系统）扩建方案，应考虑为后期工程布置与安装设计预留相应的空间。

（4）辅助车间（系统）控制室布置应考虑就近配置卫生间等必要的辅助设施。工程师室等功能房间可根据具体情况确定是否单独设置。

（5）辅助车间（系统）控制室的出入口应不小于 2 个，当建筑面积小于 120m^2 时可设 1 个；电子设备

间面积大于 $100m^2$ 时，出入口应不少于 2 个，净空高度不宜低于 3.0m。

（6）辅助车间控制室和电子设备间其他设计要求与集中控制室和机组电子设备间相同。

二、位置、面积及室内设备布置

与集中控制室和机组电子设备间位置选择相比，辅助车间（系统）控制室和电子设备间位置确定相对简单。各辅助车间（系统）在厂区内布置比较分散，为方便运行监控和安装维护需要，一般遵循就近设置的原则。

1. 全厂辅助车间（系统）集中控制方式下的布置

随着现代化电厂整体自动化水平的提高，全厂辅助车间（系统）按照全能值班模式大多采用集中控制方式，即只设置一个集中控制点。根据厂房布置和运行管理模式，辅助车间（系统）集中控制点设置有两种模式：一种是与机组集中控制室合并设置，即只设一个全厂集中控制室；另一种是独立设置，即将机组集中控制室和辅助车间（系统）集中控制室分开设置。

（1）辅助车间（系统）与机组合并设置集中控制室。当一次新建机组不多于两台或暂不考虑扩建时，因各辅助车间（系统）规模不大，选择将辅助车间（系统）与机组合设全厂集中控制室的方案较多，集中控制室位置的选择在本章第一节中已有详细介绍。

（2）辅助车间（系统）单独设置集中控制室。当一次新建机组较多或近期需考虑扩建时，各辅助车间（系统）规模较大，为便于全厂辅助车间（系统）的统一管理，并尽量不影响主厂房各机组的运行管理，可以考虑第二种方式，即设置独立的辅助车间（系统）集中控制室。

设置独立的辅助车间集中控制室时，通常有将辅助车间（系统）集中控制室与机组集中控制室布置在同一建筑物内和不同建筑物内两种方案。

1）与机组集中控制室布置在同一建筑物内。例如，某 4×330MW 工程将 4 台机组的集中控制室布置在主厂房固定端的集中控制楼 12.6m 层（运转层），将辅助车间（系统）集中控制室单独布置在集中控制楼 8.4m 层，并在辅助车间集中控制室隔壁布置了运行分析及网络机房，如图 3-54 所示。

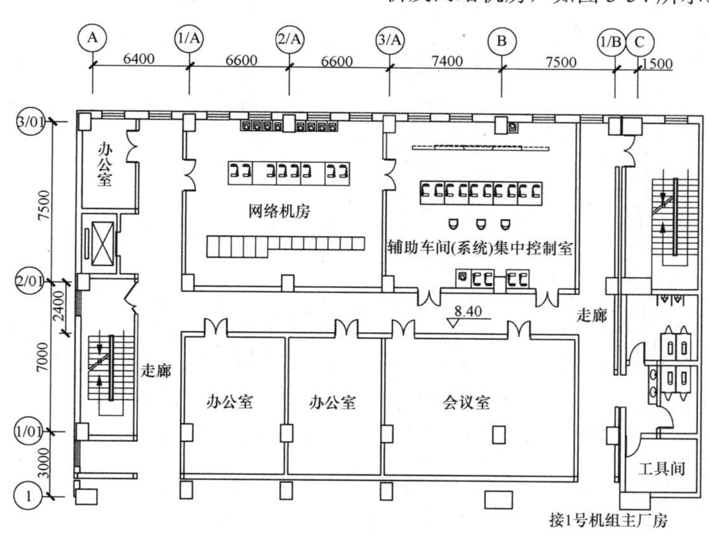

图 3-54　辅助车间（系统）集中控制室布置（在集控楼内）举例

集中控制室面积约为 $90m^2$，室内布置了 10 台辅助车间操作员站、3 套大屏幕显示器（2 套显示 DCS 画面，1 套显示视频监视系统图像，每套由 4 块 46in LCD 拼接而成）、DCS 工程师站、历史站等。当空间条件许可时，也可将辅助车间（系统）集中控制室和机组集中控制室布置在建筑物内的同层。

2）与机组集中控制室布置在不同建筑物内。例如，某石化炼油及乙烯动力站七炉四机工程，主厂房七炉四机合设一个机组集中控制室（称为第一控制室），位于 3、4 号锅炉之间位置。因第一控制室监控的机组较多，为避免运行干扰，设置了独立的全站辅助车间集中控制室（称为第二控制室），第二控制室位于环境较好的化学水处理车间旁的化学水实验楼 0m 层位置，并在集中控制室隔壁设置化学水处理电子设备间，如图 3-55 和图 3-56 所示。

辅助车间集中控制室面积约为 $95m^2$，室内布置了 7 台辅助车间操作员站、6 套 42in 等离子显示器（4 套显示输煤系统 DCS 画面、2 套显示辅助车间视频监视系统信息）、DCS 工程师站、打印机等。

根据厂区平面布置，也有工程将辅助车间（系统）

集中控制室布置在环境更好的生产办公楼内。

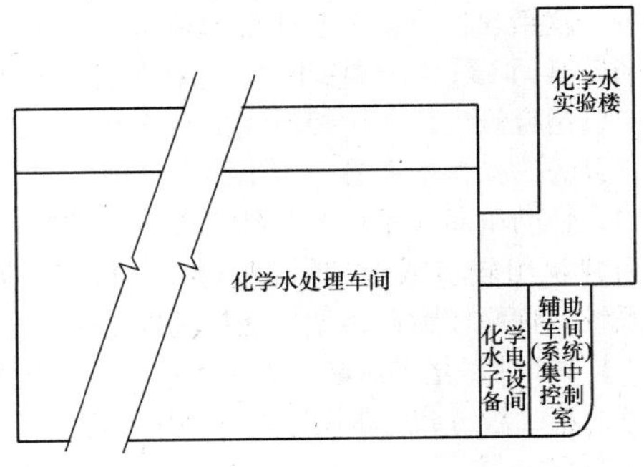

图 3-55　辅助车间（系统）集中控制室位置（在厂区内）举例

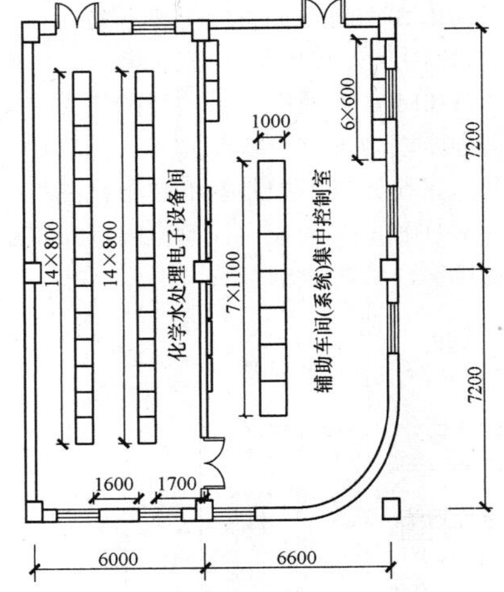

图 3-56　辅助车间（系统）集中控制室布置（在厂区内）举例

（3）辅助车间（系统）集中控制方式下的电子设备间。因正常运行时各辅助车间工艺过程的监控均在集中控制室内进行，在各主要辅助车间布置相应的电子设备间。考虑现场调试、检修、网络故障等特殊情况下方便使用，在部分重要辅助车间的电子设备间内可设置就地操作员站，进行临时监控，待机组进入正常运行时，再切换至集中控制室监控。

如图 3-57 所示为某工程除灰系统电子设备间布置图，电子设备间内除布置有 6 面除灰系统电子控制机柜外，还布置了就地上位机和打印机。具体工程设计时当电子设备间空间较小时，也可将上位机和打印机靠墙布置。

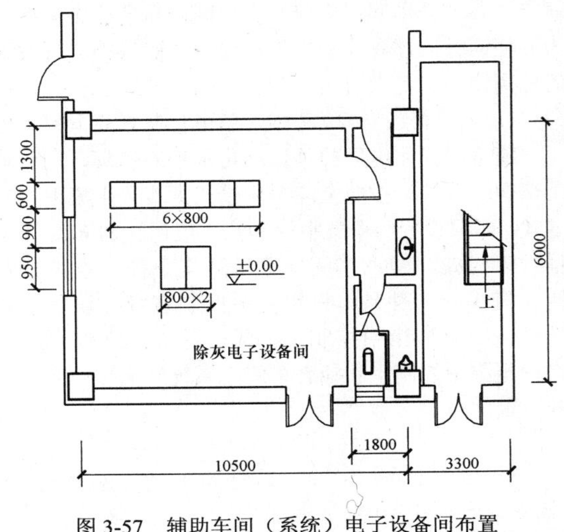

图 3-57　辅助车间（系统）电子设备间布置（有就地上位机）举例

如图 3-58 所示为某工程废水车间电子设备间布置图，电子设备间布置有 4 面就地 DCS 电子控制机柜。

有些辅助车间，如污废水提升泵房，因工艺系统规模小，纳入就近的综合水泵房控制系统统一监控，污废水提升泵系统仅需 1 面控制系统远程 I/O 机柜（柜内不设控制器，仅有 I/O 模件等），若在泵房内设置单独电子设备间略显浪费，且污废水提升泵房与综合水泵房距离较远，此时可将远程 I/O 机柜布置在污废水

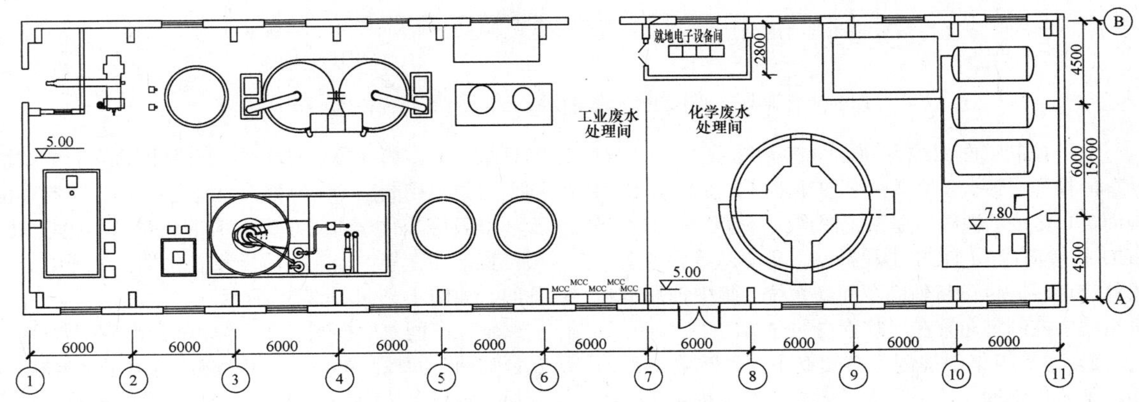

图 3-58　辅助车间（系统）电子设备间布置（无就地上位机）举例

提升泵房内适当位置。但应注意，远程 I/O 柜机位置应避开窗户和容易有水的地方，并提高远程 I/O 机柜的防护等级；同时为防止干扰，远程 I/O 机柜也应与电气机柜等较强干扰设备保持一定距离。如图 3-59 所示为某工程污废水提升泵房远程 I/O 机柜就地布置图。

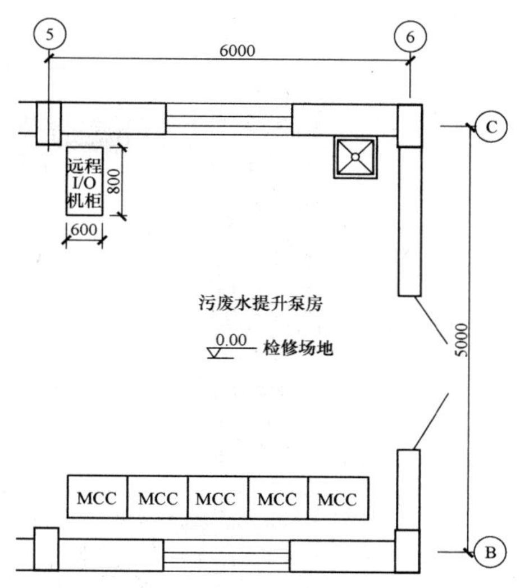

图 3-59　辅助车间（系统）远程 I/O 机柜就地布置举例

2. 全厂辅助车间（系统）分类控制方式下的布置

当采用水、煤、灰等分类控制方式时，分类控制室一般应布置在主要辅助车间内，并将其与本车间的电子设备间相邻布置。

例如，一般将水类车间控制室布置在化学水处理车间，并在控制室旁布置化学水处理系统电子设备间；将灰类车间控制室布置在除灰综合楼内，并在控制室旁布置除灰系统电子设备间；或将灰类车间控制室与脱硫控制室合并布置在脱硫综合楼内，并在控制室旁布置脱硫系统电子设备间；将煤类车间控制室布置在输煤综合楼内，并在控制室旁布置输煤系统电子设备间。

图 3-60～图 3-62 所示为全厂辅助车间（系统）分类控制方式下常见的水、灰、脱硫控制室布置。

对于其他辅助车间（系统），根据系统规模和物理位置，一般在车间内设置电子设备间，当距离较近时，就近的车间可合并设置电子设备间。

3. 辅助车间（系统）就地控制方式下的布置

对于启动锅炉房等仅为短期使用的车间，一般采用就地控制方式，就地控制室和电子设备间均布置在车间内部。

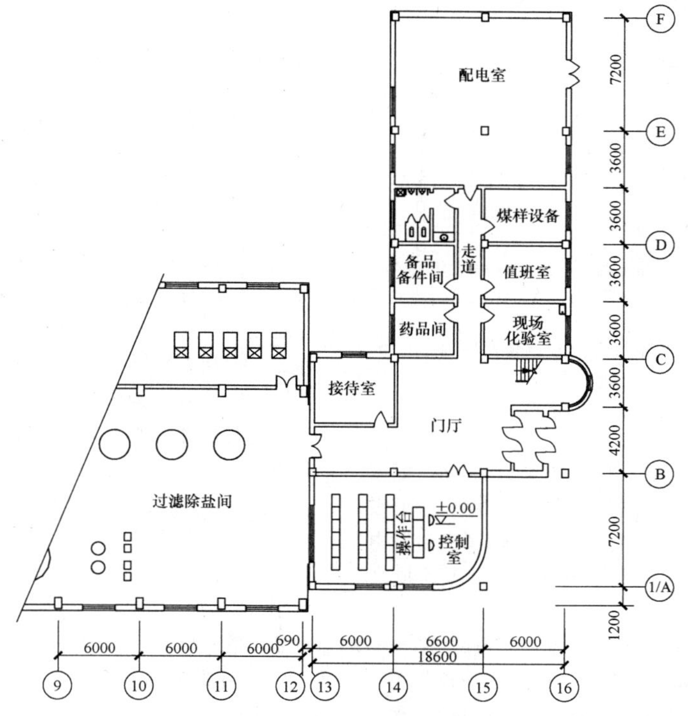

图 3-60　水类车间（系统）控制室布置举例

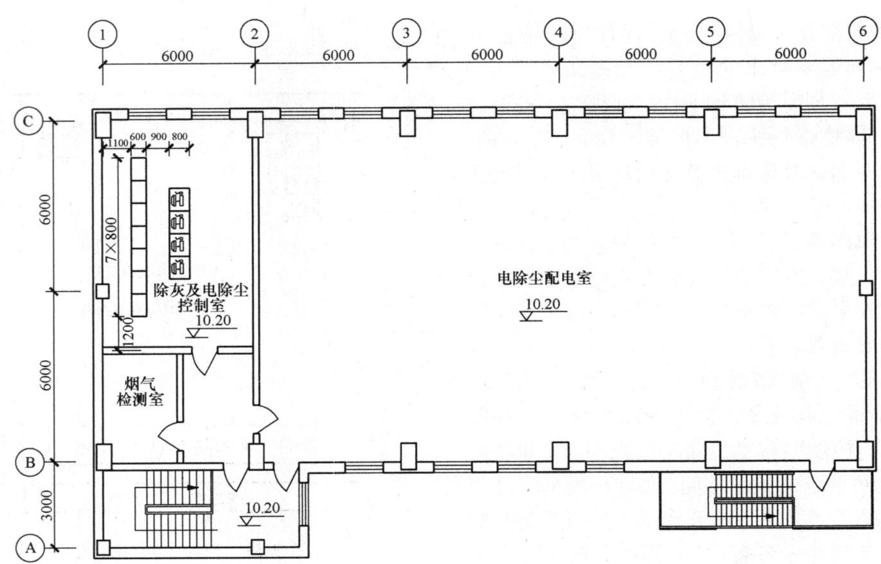

图 3-61　灰类车间（系统）控制室布置举例

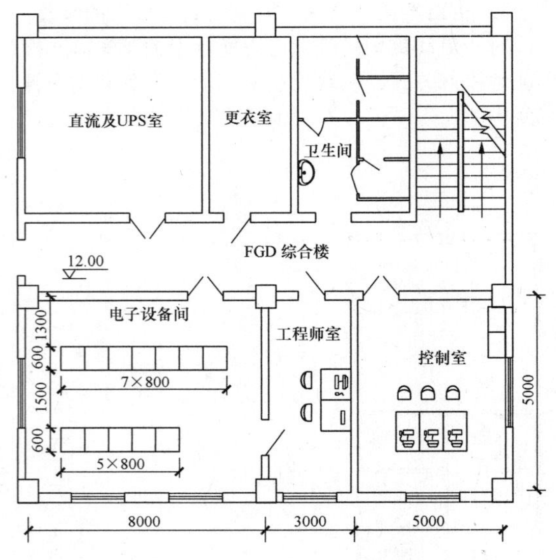

图 3-62　脱硫车间（系统）控制室布置举例

三、环境要求

辅助车间（系统）控制室和电子设备间环境要求与本章第一节中介绍的集中控制室和机组电子设备间环境要求基本一致，按照 DL/T 5516《火力发电厂集中控制室及电子设备间布置设计规程》，其不同之处有：

（1）无运行人员长期值守的就地控制室、辅助车间（系统）电子设备间，如空冷机组的就地电子设备间、循环水泵房就地电子设备间、空冷机组的辅机冷却水泵房就地电子设备间、热网首站就地电子设备间等，室内夏季温度不应高于 30℃，冬季温度不应低于 18℃。

（2）辅助车间（系统）电子设备间、无运行人员长期值守的就地控制室内相对湿度控制范围可适当大一些，但应满足电子设备的适应范围。

第四节　控制盘（台）柜

火力发电厂的控制盘（台）柜泛指装设仪表与控制设备的各种结构形式的盘、台、柜、箱等。按功能用途划分，火力发电厂的控制盘（台）柜大致分为控制室操作台、控制室数字显示墙、各控制系统电子控制机柜、各控制装置机柜、仪表与控制交流 220V 电源盘、电动门交流 380V 配电柜、各设备本体电控柜、就地仪表盘/箱、就地仪表保温保护柜、就地电磁阀箱、就地接线盒、DCS 接地箱等。

正确选择控制盘（台）柜的结构形式，合理布置装设在盘（台）柜上的各种设备，对火力发电厂的安装、运行和检修维护都具有重要的意义。

集中控制室操作台和数字显示墙的设计在本章第二节已有具体说明，本节主要介绍其他控制盘（台）柜的选择、设备布置和安装的一般要求和方法。

一、控制盘（台）柜的选择

控制盘（台）柜的选择主要包括结构形式、外形尺寸和结构三个方面，一般应根据其功能用途、装设环境、盘（台）柜内设备要求等因素综合考虑确定。

（一）结构形式

就结构形式而言，根据 GB/T 7353《工业自动化仪表盘、柜、台、箱》中关于控制盘、柜、台、箱的分类，仪表盘主要有柜式、框架式、屏式、通道式几种；工业自动化仪表柜；自动化仪表台主要有桌式、柜式、显示式、弧形弯连式几种；工业自动化仪表箱主要有挂式、立式。但是随着火力发电厂自动化水平的不断提高，除数字显示墙采用框架式结构外，其余常规监控的框架式、屏式仪表盘越来越少，通道式仪表盘基本不采用，仅在就地分布有少量仪表箱；仪表台也几乎不再采用。

火力发电厂常见的控制盘、柜、台、箱因电气、电子设备均有较高的防护要求，不论装设在室内还是室外，均应采用柜式或箱式的封闭结构。具体采用柜式还是箱式结构，主要根据需要安装的电气、电子设备数量确定。如装设于电子设备间内的 DCS 机柜、仪控设备电源柜，装设于就地的远程 I/O 机柜等因电气、电子设备数量较多，且为了统一布置及美观需要，一般多采用柜式结构。当设备数量较少时，如装设于有些辅助车间（系统）就地电子设备间内的仪表配电设备、电动门配电设备，或装设于就地的电磁阀设备、视频设备、设备本体仪表等，也可采用箱式结构。

（二）外形尺寸和开门方式

1. 外形尺寸

控制盘（台）柜的外形尺寸和开门结构主要根据装设地点和柜内设备的尺寸、数量来确定。

装设于电子设备间内的各控制盘柜，因数量较多，为布置、检修维护方便及美观考虑，宜采用相同的外形尺寸。当有些不同功能的控制盘柜尺寸不能完全统一时，也应尽量使其盘柜深度统一。这样无论从各个角度看，整排控制盘柜整齐美观。根据工程设计经验，除 SIS 网络机柜外，电子设备间内的其他控制盘柜均可统一为相同深度的尺寸。

通常电子设备间内的各控制盘柜尺寸：高度为 2200mm 或 2100mm（不含安装底座）；宽度为 800mm 或 600mm；深度为 600mm 或 800mm。

布置于就地的各种控制盘柜，因布置比较分散，对外形尺寸要求不必完全统一；但相邻布置在一起的相同功能的控制盘柜宜尽量统一。

2. 开门方式及门的结构

盘柜的开门方式一般根据柜内设备的布置方式确定，通常有前开门、后开门、前后均开门几种。

门的结构一般根据盘柜宽度确定，当柜体宽 1000mm 时宜为双开门。柜门应有门锁，为便于检修维护，所有柜配备同一把门钥。柜体顶部四角一般有吊耳，以便搬运、吊装。

（三）盘柜箱防护等级

为保护盘柜内部设备的安全运行，有效防尘、防水和防碰撞，控制盘（台）柜应根据 GB/T 4208《外壳防护等级（IP 代码）》规定的外壳防护等级划分，并根据盘柜的安装环境，选择适当的防护等级。

（1）电子控制机柜的外壳防护等级，室内应不低于 IP52，室外应不低于 IP56。

（2）仪表与控制交流 220V 电源盘、电动门交流 380V 配电柜、电磁阀箱的外壳防护等级，配电间内应不低于 IP23，厂房或车间内应不低于 IP54，室外应不低于 IP56。

（3）就地点火箱的外壳防护等级，室内应不低于 IP54，室外应不低于 IP65。

（4）就地仪表盘/箱、就地仪表保温保护柜的外壳防护等级，室内应不低于 IP23，室外应不低于 IP54。

（5）就地接线盒的外壳防护等级，室内应不低于 IP56，室外应不低于 IP65。

IP 代码的组成及含义见表 3-4。

表 3-4　　IP 代码的组成及含义

组成	数字或字母	对设备防护的含义	对人员防护的含义
代码字母	IP	—	—
第一位特征数字		防止固体异物进入	防止接近危险部件
	0	无防护	无防护
	1	≥直径 50mm	手背
	2	≥直径 12.5mm	手指
	3	≥直径 2.5mm	工具
	4	≥直径 1.0mm	金属线
	5	防尘	金属线
	6	尘密	金属线
第二位特征数字		防止进水造成有害影响	—
	0	无防护	
	1	垂直滴水	
	2	15°滴水	
	3	淋水	
	4	溅水	
	5	喷水	
	6	猛烈喷水	
	7	短时间浸水	
	8	连续浸水	
	9	高温/高压喷水	
附加字母（可选择）		—	防止接近危险部件
	A		手背
	B		手指
	C		工具
	D		金属线

续表

组成	数字或字母	对设备防护的含义	对人员防护的含义
补充字母（可选择）		专门补充的信息	—
	H	高压设备	
	M	做防水试验时试样运行	
	S	做防水试验时试样静止	
	W	气候条件	

注 本表依据 GB/T 4208—2017《外壳防护等级（IP 代码）》中 4.2。

另外，有些进口盘柜箱的外壳防护等级是按照 NEMA 标准进行划分的，NEMA 防护标准是美国电气制造商协会（National Electrical Manufacturers Association，NEMA）工业控制装置和系统中的外壳防护标准。NEMA 防护标准还包括防爆相关内容。

在危险场所装设的盘、柜、箱、盒，应具有相应的防爆等级和必要的防爆措施，具体工程设计应满足 DL/T 5182《火力发电厂仪表与控制就地设备安装、管路及电缆设计技术规程》的相关要求。

二、控制盘（台）柜正面设备布置

控制盘（台）柜正面设备是指装设在盘、台、柜、箱表面的供监视和操作的设备，一般主要为：电源柜正面的母线电压表、电流表或电源状态指示灯；各设备本体电控柜、电磁阀箱正面的状态指示灯、操作按钮或开关；就地仪表盘、箱正面的二次显示仪表；控制室操作台上的显示器、操作按钮、键盘、鼠标；控制室数字显示墙上的大屏幕显示器、工业数字显示仪、仪表与控制报警光字牌等。各控制系统电子控制机柜、仪表保温保护柜、就地接线盒、DCS 接地箱等很少在正面布置设备。

（1）盘、台、柜、箱正面设备布置的基本要求。

1）方便监视和操作。

2）主要监控设备应优先布置在最便于监控的部位。

3）柜面设备布置应排列整齐、美观简洁。

4）便于安装、调试和维护。

（2）设备布置的部位。在控制盘（台）柜正面的布置部位：盘（台）柜上的监控设备主要分监视设备和操作设备两类。考虑控制盘（台）柜的常见尺寸和人体眼、手的上下关系，一般来说，监视设备布置于控制盘（台）柜的上方，便于人眼监视；操作设备布置在控制盘（台）柜的下方，便于抬手操作。

结合以上基本原则：

1）对于落地式柜式盘柜，考虑高度在 2000mm 左右的实际情况，监视设备一般布置在控制盘柜正面 1000mm 以上部位，操作设备一般布置在控制盘柜正面 700～1400mm 部位。

2）对于高度小于 1200mm 的非落地式控制箱，一般通过墙挂或地面支架方式安装，监控设备可布置于整个箱面，控制箱距离地面有一定的高度，但应使箱面监控设备距离地面 1000～1700mm。

盘、柜、箱监视设备和操作设备布置部位示意图如图 3-63 所示。

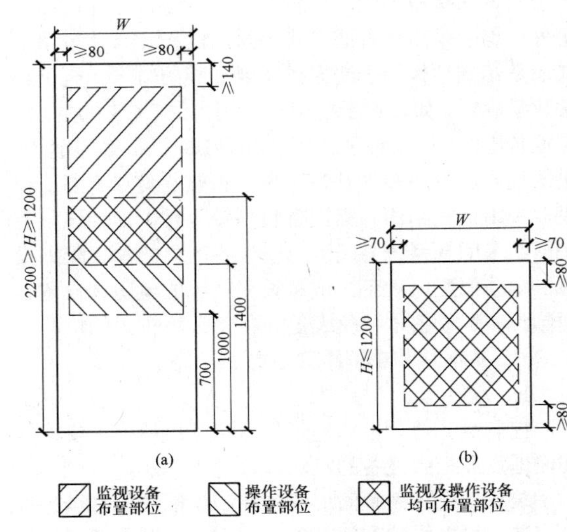

图 3-63 盘、柜、箱监视设备和操作设备布置部位示意图
（a）落地式盘柜；（b）非落地式挂箱

（3）正面设备布置尺寸。设备布置尺寸是指设备最外边缘至控制盘（台）柜边缘距离及相邻设备之间的距离，主要根据设备安装的要求确定。盘（台）、柜、箱面上的设备均属嵌入式结构，特点是露在盘（台）、柜、箱面外的外形尺寸往往与盘内的外形尺寸不一致。一般来说，从外向里嵌入安装的设备，如大部分仪表，外露部分比嵌入部分尺寸略大；反之，从里向外伸出进行安装的设备，如多数开关和按钮，外露部分比嵌入部分尺寸略小。考虑设备的具体布置尺寸时，对前一类设备一般以外露部分尺寸为依据，对后一类设备，则以嵌入里面部分的尺寸为依据。

1）设备最外缘至盘（台）、柜、箱边缘的距离。对于落地式柜式盘柜，设备最外缘距离盘柜左右边缘应不低于 80mm，距离盘柜上边缘应不低于 140mm，距离盘柜下边缘一般不宜低于 1000mm，最低应不低于 700mm，如图 3-63（a）所示。对于高度小于 1200mm 的非落地式控制箱，设备最外边缘距离盘柜左右边缘应不低于 70mm，距离盘柜上、下边缘应不低于 80mm，如图 3-63（b）所示。

需要注意的是，以上距离尺寸只是针对大部分具有常规深度尺寸的设备而言的最小距离，当设备深度尺寸较长时，为避免开门或推起台面时设备与盘（台）、柜、箱边框发生碰撞，应加大此距离，具体工程设计时应进行计算。

2）相邻设备之间的距离。相邻设备之间的距离是指相邻设备的相应最外边缘的距离。相邻设备之间的距离一般应从设备的接线敷设空间、设备的结构和接线位置、装设标志框的空间要求几方面综合考虑确定。

a．一般而言，相邻设备间接线敷设空间需留出40～50mm。

b．设备的结构和接线位置不同则要求的间距也不一样。设备嵌入深度大，或者需在四周接线的设备，间距要求就大；设备尾部接线，或者是采用多针预制插拔的设备，间距要求就小；开孔尺寸较大和较沉重的设备，为保证面板的刚度，间距要求应大一些。

c．装设标志框的空间要求也会影响相邻设备之间距离的确定。一般在每个设备的下方应装设设备标志框，标明设备的功能名称和编号。在上、下两排设备之间应留出标志框的距离，一般为20～50mm。

三、控制盘（台）柜内部设备布置

控制盘（台）柜内部设备是指装设在盘（台）柜、箱内部的仪表和控制设备，主要包括电源设备（如电源开关、断路器、继电器等）及完成柜内功能的其他设备（如仪表、仪表阀门、电磁阀等）。

1. 固定方式

控制盘（台）柜内部设备一般有两种固定方式：一种是在盘柜侧壁或后壁提前按照一定的纵横间距做好可调式的支架安装轨，随后将各设备固定在安装轨上；另一种是将各种电气设备预先固定在整块安装底板或专用安装底座上，然后将底板或底座固定在盘柜的内壁或支架上。

2. 设备布置的部位

（1）对于前开门柜式结构的盘、柜、箱，设备一般布置在后壁部位，也可在侧壁部位布置少量设备。

（2）对于前后开门的控制机柜，内部一般用隔板分成正反两面，两面壁均可布置设备，因侧壁深度较小，不再布置设备。

（3）操作台内部除布置接线端子排外，还可布置操作员站电源切换器等小型设备。

（4）内部各种电气设备一般根据类别及功能布置在不同的部位上。通常，优先将电源进线开关、电源切换装置、分支电源开关、断路器等需操作设备按自上而下的顺序布置在便于操作的高度，一般距地900～1700mm；为进出线方便，接线端子排一般布置在柜内下部或侧壁部位。

（5）内部布置的设备，既不能与盘、柜、箱面设备的嵌入部分相碰，也不能彼此妨碍安装、接线、操作及维护。

3. 内部设备布置尺寸

（1）设备最外边缘至盘（台）柜、箱边缘的距离。

1）对于落地式柜式盘柜，设备最外边缘距离盘柜左右边缘应不低于80mm，距离盘柜顶部边缘应不低于140mm，距离盘柜下边缘一般不宜低于300mm。

2）对于高度小于1200mm的非落地式前开门控制箱，后壁上设备最外边缘距离箱内上下左右边缘应不低于50mm。

（2）相邻设备之间的距离。

1）上下相邻设备之间的距离考虑要留出布线和装设标志框，净距应不低于90mm。

2）左右相邻设备之间的距离，主要取决于接线方式。不是左右出线的设备，可以紧挨布置，如电源开关，可以紧挨成排布置；相邻面都有接线时，左右净距应不低于70mm；相邻面只有一侧有接线时，左右净距应不低于40mm。

（3）端子排布置高度及间距。

1）横排端子排距离盘柜底部不宜小于300mm。

2）相邻端子排的间距不宜小于200mm。

3）电缆头固定架距离盘柜底部不宜小于150mm。

4）横排端子排座距离盘柜边两侧边缘不宜小于100mm。

四、常见控制盘（台）柜形式及设备布置

（一）电子控制机柜

（1）控制系统机柜主要分为控制机柜、继电器柜、扩展端子柜等。除以上布置在电子设备间内的机柜外，还有少量布置在现场的控制系统远程机柜。

（2）电子控制机柜采用柜式结构，其外形如图3-64所示。电子控制机柜内部一般是用隔板分成正反两面，两面可独立对称布置，故均为前后开门方式、单扇门结构。而DCS电源柜、MFT跳闸柜可为前开门方式。关于柜体侧板结构，机柜大多采用独立柜体的结构，即每面盘柜具有完整的侧板，可以单独布置装设。当多个同一功能用途的机柜装设在一排，各柜之间有较多电缆连接时，为了提高柜内的空间利用率，也可以采用连体柜的结构，即最外两侧有侧板，组内机柜相邻面无侧板，一组机柜的内部空间是相通的。

（3）电子控制机柜的宽度、深度一般是根据柜内设备的尺寸和数量确定，通常宽度为800mm，深度为600mm的较多。

（4）各DCS制造厂商因系统研发生产时采用的控制器、电源模块、I/O模件等大多为非外购的通用产品，各设备尺寸及散热间距、柜内布置方式不尽相同，因此各DCS制造厂商的机柜标准尺寸也不完全

相同。

（5）工程设计中为使电子设备间内布置整齐、美观，要求 DCS 制造厂商盘柜尺寸统一外形尺寸。但应注意，如果是通过压缩其内部设备的散热空间、隔离间距等方式，牺牲部分性能指标而缩小外形尺寸的情况，应予以避免。

图 3-64　典型 DCS 电子控制机柜外形

（二）仪表与控制电源柜、配电柜

在火力发电厂设计中，仪表与控制设备的电源主要有交流 380V 电源、交流 220V 电源、直流 220（110）V 电源、直流 24V 电源等。

（1）仪表与控制专业的交流供配电盘柜主要有两种。一种是为现场仪表和控制系统/装置进行配电的交流 220V 电源盘，也称仪表与控制电源柜。其中 DCS 成套配有专用的 DCS 电源柜。另一种是为现场各开关型和调节型执行机构供电的交流 380V 配电柜，也称电动门配电柜。

（2）直流 220（110）V 电源主要用于锅炉保护系统、汽轮机跳闸保护系统的供电，通常是从电气专业的蓄电池直流盘引至 MFT 跳闸柜和 ETS 柜，不再单独设置直流 220（110）V 电源盘。

（3）直流 24V 电源主要用于控制系统模件的供电，通常是在 DCS、PLC 各机柜中由电源模块直接转换，一般也不再设置单独的直流 24V 电源盘。当工程中有少量需直流 24V 电源的仪表时，可将交流 220V/直流 24V 稳压装置及其配电回路统一设计在交流 220V 电源盘中。

（4）主厂房的机组仪表与控制电源柜和 DCS 电源柜通常安装于机组电子设备间，其他辅助车间（系统）的仪表与控制电源柜安装于各辅助车间（系统）电子设备间。主厂房电动门配电柜通常按锅炉、汽轮机成组分别安装于锅炉运转层、汽机房运转层或中间层便于运行维护的适当位置；辅助车间（系统）的电动门配电柜安装于辅助车间内便于运行维护的适当位置。

仪表与控制电源系统的设计具体见本手册第九章，下面仅介绍常见电源柜的结构和设备布置。

1. 仪表与控制电源柜

（1）仪表与控制电源柜一般采用前开门的柜式结构。柜体外形尺寸通常采用 2200mm×900（800）mm×600mm（高×宽×深）。

（2）电源柜前门面板上装有母线电压表和电源指示灯（也可装在柜内），柜面仪表一般水平居中布置，仪表距地面标高为 1600～1900mm。

（3）电源柜内部设备布置设计一般由制造厂完成，但应满足相关低压配电设计规程规范的要求，并应在电源柜的招标技术规范书中明确，常见布置如图 3-65 所示。

2. 电动门配电柜

电动门配电柜按现场执行机构形式的不同有抽屉式配电柜和固定式配电柜两种。

（1）抽屉式配电柜。抽屉式配电柜用于现场阀门电动装置（俗称电动头）不配控制回路的电动门。此时电动装置不能单独实现对阀门的就地电动操作控制，必须外加阀门控制回路才能实现控制功能。抽屉式配电柜除实现对阀门的配电外，还需装设控制回路及操作按钮等。

抽屉式配电柜为柜式、单门结构。柜体左侧为上下排列的多个抽屉，每个抽屉单元控制一台阀门电动装置，内装构成控制回路的熔断器、接触器、继电器、钥匙按钮、带灯开关按钮等电气元器件，其中钥匙按

(a)

图 3-65　常见仪表与控制电源柜设备布置

（a）正面

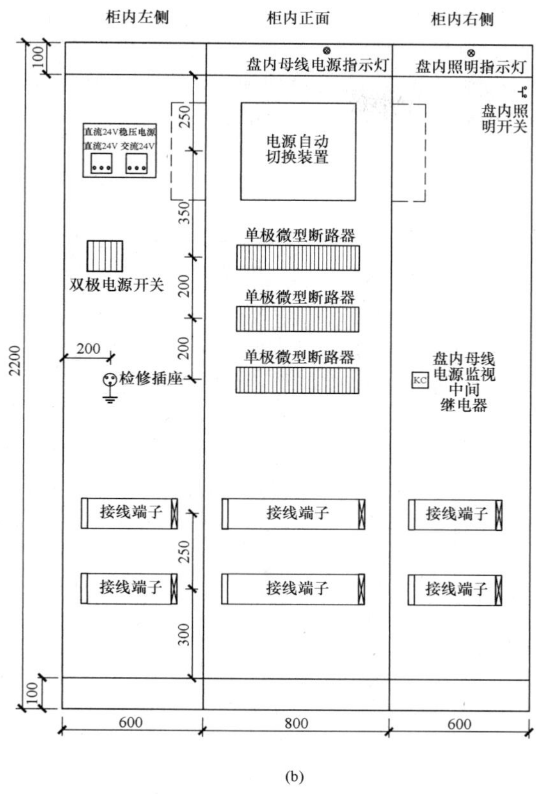

图 3-65　常见仪表与控制电源柜设备布置
（b）内部

钮、带灯开关按钮也可装在抽屉面板上。成组布置的配电柜，第一个配电柜上部第一个抽屉一般作为电源母线进线隔离开关及自动切换装置使用。柜体上部为横母线室，柜体右侧为电缆接线端子排室。每个配电柜抽屉一般为 8～10 个回路。配电柜的外形尺寸以 2100mm ×900mm ×600mm（高×宽×深）居多。抽屉式配电柜外形及结构如图 3-66 和图 3-67 所示。也有在配电柜抽屉外再加装钢化玻璃门的结构，以提高对抽屉面板上指示灯、按钮的保护。

（2）固定式配电柜。随着控制技术的发展，一体化结构的电动执行机构得到普及，固定式配电柜已基本取代抽屉式配电柜。一体化电动执行机构除包含传统的电动装置外，还包含阀门控制单元，此结构的优点是方便系统整体安装，减少接线及安装费用，容易诊断并排除故障。

1）固定式配电柜用于一体化电动执行机构的电动门。此时执行机构可以实现对阀门的就地电动操作控制，配电柜只需对阀门提供电源。

2）固定式配电柜与仪表与控制电源柜结构基本相同，为前开门柜式结构。柜体外形尺寸通常采用 2200（2100）mm×900（800）mm×600mm（高×宽×深），当柜内供电回路较多时，宽度也可采用 1000mm 或 1100mm。

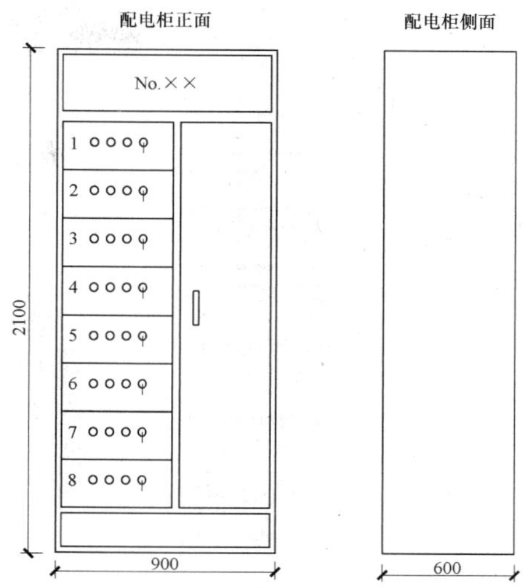

图 3-66　抽屉式配电柜外形结构

图 3-67　抽屉式配电柜抽屉内部结构

3）成组布置的配电柜第一个柜体前门面板上装有母线电压表和电源指示灯，距地面标高为 1600～1900mm。

4）固定式配电柜内部最终的设备布置设计一般由制造厂完成。柜内最上部为横母线，成组布置的配电柜，第一个配电柜的横母线下为电源母线进线隔离开关及自动切换装置，其下依次为断路器、电缆接线端子排。柜内设备布置应满足相关低压配电设计规程规范的要求，并应在配电柜的招标技术规范书中明确。常见配电柜内部布置如图 3-68 所示。

5）每个固定式配电柜内部一般布置 30～60 个配电回路。

（三）电磁阀箱

电磁阀主要用于控制气动或液压管路。火力发电厂的化学水处理系统、凝结水精处理系统、除灰系统

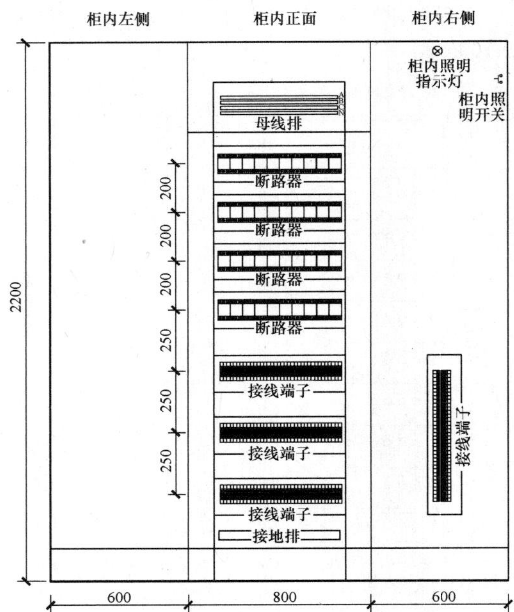

图 3-68　常见固定式配电柜内部设备布置

等通常采用气动薄膜阀、气动球阀、气动蝶阀相对较多，并通过气动管路的通断控制阀门的开关。控制气源通断的电磁阀安装主要有 3 种方式：①就地分散安装：把电磁阀分散安装在气动阀门上或就近的支架上。②就地分片小集中安装：把同一设备或区域的电磁阀集中安装在设备或区域就近的电磁阀箱内。③大集中安装：把电磁阀全部集中在独立房间内。根据仪表与控制设计与工艺要求，一般采用第二种安装方式，即把电磁阀、电气元件集中组装而成统一的电磁阀箱，形成就地分片集中的控制装置，可以实现车间某一区域内多个气动阀门的就地控制功能；同时集中向远方控制系统提供信号接口，实现远方控制功能。

电磁阀箱一般由装在箱体内的电磁阀、空气过滤器、减压阀、电源进线开关、气源管路，以及布置在箱体正面的指示灯、选择开关（或按钮）等组成，共同实现一组气动阀门的控制回路。为便于就地操作和检修，电磁阀箱内布置电磁阀回路的数量一般不超过 12 个，当就近气动阀门较多时，可采用将多个电磁阀箱布置在一起的方案。常见电磁阀箱的尺寸：高度为 900、1000、1200、1500、1700、1800mm；宽度为 600、700、800mm；深度为 400、450、500mm。

如图 3-69 所示为某工程化学水处理车间 1 号阳床电磁阀箱的正面设备布置图。电磁阀箱外形尺寸为 1000mm ×700mm ×400mm（高×宽×深）。电磁阀箱内部布置 11 个电磁阀，箱正面面板布置分三部分：①电磁阀箱的就地和远方控制切换开关、电磁阀箱的运行指示灯；②每个气动阀门的开、关切换开关，每个气动阀门的开、关状态指示灯；③箱面设备中文名称和编码标识文字牌，主要包括电磁阀箱名称和编号、每个切换开关名称和编号、指示灯名称等内容。

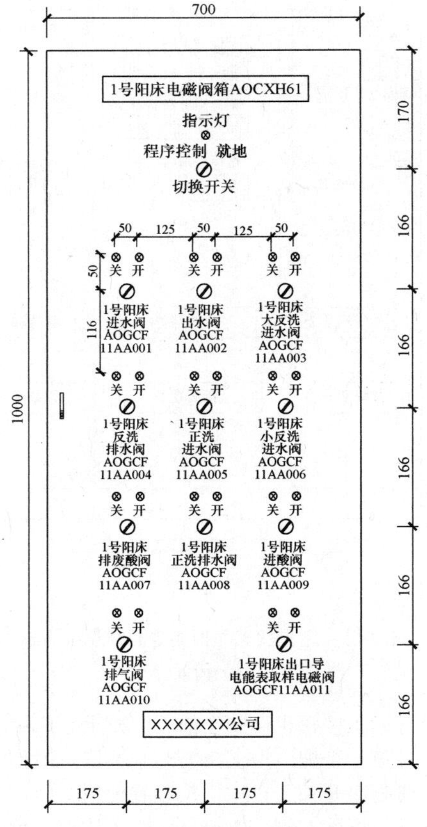

图 3-69　常见电磁阀箱正面设备布置

箱面设备布置一般按照整体居中、均匀布置的基本原则进行，设备距离面板边缘一般不小于 100～150mm。

箱内布置按照气动元件区（气源进气过滤减压设备和电磁阀等）、电气元件区（电源开关和接线端子排等）分开左右布置或上下布置，避免气、电的管路和接线交叉，利于运行检修。气源进气一般采用从箱体下部进气或侧面进气。

图 3-70 所示为常见电磁阀箱外形和内部结构现场照片。

为了简化一组多个电磁阀的气源配管和电路布线，出现了将多个电磁阀及其电源接口进行集成在一起的阀岛，阀岛具有统一的气路板。随着现场总线技术的不断成熟，又出现了结合现场总线技术的现场总线型阀岛。总线型阀岛成为新一代气电一体化控制元器件，进一步简化了电磁阀的气电布线及调试、性能的检测和诊断及维护工作，可提高设备的数字化管理水平。现场总线型阀岛在电磁阀箱内的安装方式与常规电磁阀箱基本一致。图 3-71 所示为某现场总线型阀岛外形。

(a)

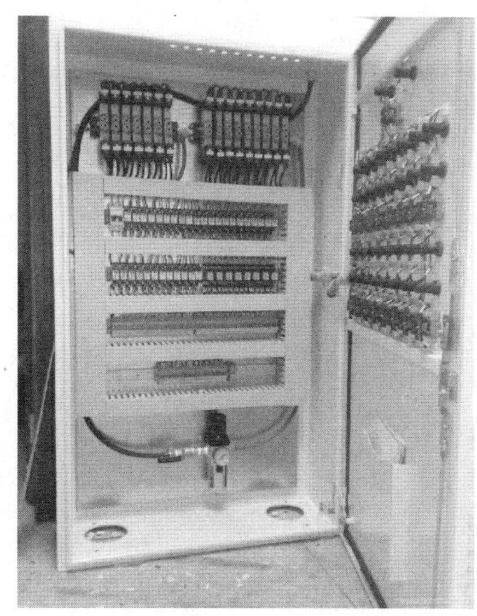

(b)

图 3-70　常见电磁阀箱结构

（a）外形；（b）内部结构

（四）仪表保温、保护柜

在火力发电厂中，仪表保温、保护柜通常用于安放压力、差压、流量、液位测量的变送器、开关等类型仪表，为其提供防冻、防尘等保护。

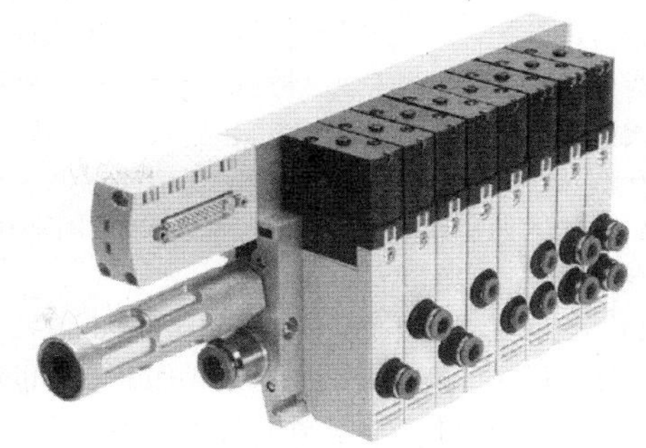

图 3-71　某现场总线型阀岛外形

1. 仪表保温柜、保护柜的设置原则

（1）DL/T 5182—2004《火力发电厂热工自动化就地设备安装、管路、电缆设计技术规定》中 4.4.9 及 4.4.10 规定：在易污染、灰尘大、有腐蚀的地方装设变送器、开关量仪表及指示仪表等就地设备时，应设保护柜或必要的防护措施。在有可能冻结的地方装设变送器、开关量仪表及指示仪表等就地设备时，应设保温箱及必要的加热保温等防冻措施。

（2）当仪表安装于室外或室内环境较差区域时，为保证其正常运行，在安装时应有必要的防冻、防尘等措施。具体措施需根据仪表的安装位置、电厂厂址的气候条件和建设方的要求来确定，一般通过设置仪表保温柜、保护柜来处理。

（3）在火力发电厂设计中，北方地区露天布置的锅炉房区域汽水系统相关仪表管路及其他区域介质管路可能发生冻结时应设置仪表保温柜，南方地区如冬季最低温度在 0℃以上，则可不设置仪表保温柜。除此以外，锅炉房区域烟风系统、封闭布置的锅炉房区域汽水系统及其他环境较差区域的相关仪表应设置仪表保护柜，汽机房等环境较好区域的仪表如为美观、整齐等需要也可设置仪表保护柜。

（4）仪表保温、保护柜的柜体材料可由玻璃钢、钢板、聚氨酯泡沫等材料制成。火力发电厂中，一般使用钢板材料的保温保护柜。

2. 保温柜的结构特点

（1）保温柜采用柜式、前开门结构，一般由带保温层的柜体、密封条、加热装置、仪表导压管穿板接头（穿孔）、电缆孔及接头、仪表安装支架、接线端子、柜内照明灯等几部分组成。仪表保温柜主要通过柜体周围保温层和柜内设置加热装置的结构来保证其保温性能。柜内部四壁有隔热保温性能良好、强度较高的保温材料层，有的保温柜柜体甚至采用双层钢板，将保温材料填充其中。

（2）保温柜内部加热一般有蒸汽加热和电加热两种方式。

1）蒸汽加热是通过管道将采暖蒸汽或低压蒸汽

引入柜内进行加热，加热管有蛇形加热管和翅片式散热器两种形式，下部有疏水排污管引至柜外。此种加热方式比较经济、安全、可靠，适用于一般场所和对防爆有特殊要求的场所，但不能实现柜内温度的自动调节，只能通过提前计算加热管的表面积和采暖蒸汽的参数来保证柜内温度。

2）电加热是通过在柜内装设电加热装置来保证柜内温度，同时装有温控装置。此种保温方式可对柜内温度进行调节，且安装方便，适用于一般场所和没有蒸汽源的场所，应用较为广泛。柜内布置时应将加热装置装设在柜内一侧，并与仪表安装支架隔开100～150mm的距离。另外，也有通过电伴热带对柜内仪表导管进行伴热保温的方式，柜内同时安装柜内外伴热带电源装置，但因这种保温方式使柜内显得拥挤凌乱，且不利于检修，现已不常用。

（3）保温柜均采用前开门方式，当柜体宽度大于或等于1000mm时应为双开门。柜门应有门锁，为便于检修维护，所有柜配备同一把门钥。柜体顶部有吊耳，以便搬运、吊装。

（4）保温柜内的空气温度，在冬季应保持在5～15℃。

图3-72和图3-73所示为常见仪表保温柜的内部结构。

图3-72　常见仪表保温柜的内部结构现场实景图

3. 保护柜的结构特点

保护柜与保温柜的结构区别在于柜体内无保温层和加热装置，其他部分的结构与保温柜相同。图3-74所示为常见仪表保护柜的内部结构。

4. 保温柜、保护柜外形

常见保温柜、保护柜外形如图3-75所示。

5. 仪表在柜内的安装方式

（1）仪表在保温柜、保护柜中的安装方式。通常是在柜内两侧由花眼角钢组成垂直支架，再在垂直支架上连接上下可调的多层横排钢管（ϕ50～ϕ60mm或2in）或花眼角钢支架，采用U形螺栓卡把变送器等仪表固定在横排支架上，也可采用墙板支架的安装方式。

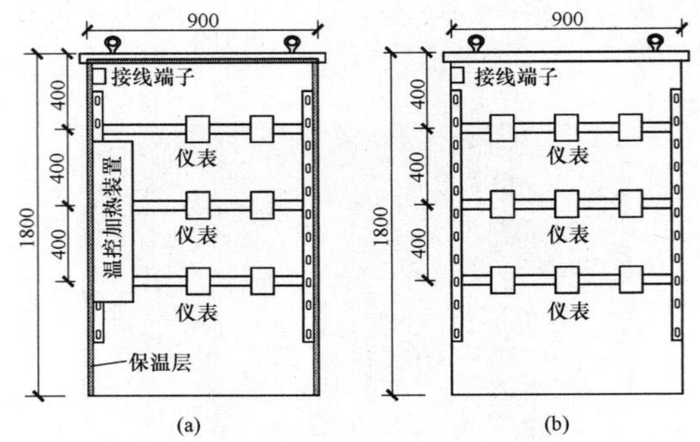

图3-73　常见仪表保温柜的内部结构
（a）电加热式保温柜；（b）保护柜

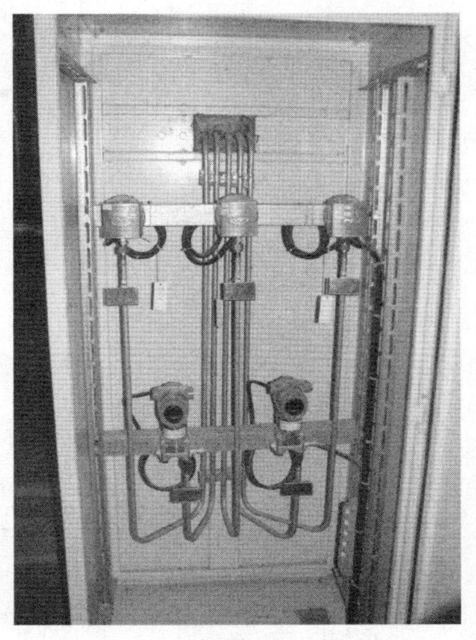

(a)

(b)

图3-74　常见仪表保护柜的内部结构
（a）导压管后部进入；（b）导压管下部进入

图 3-75　保温柜、保护柜外形

（2）导压管进入方式。导压管进柜方位通常为柜体后部、下部或侧壁。

常见保温柜、保护柜规格与允许安装仪表数量见本手册第十一章的相关内容说明。

（五）设备本体就地控制柜、仪表箱

设备本体就地控制柜、仪表箱是指随设备配供的安装仪表与控制设备的箱柜，如风机本体油站就地电控柜、风机本体仪表箱等。此类箱柜均安装于现场设备附近，便于现场监视和就地操作，其结构、尺寸均根据具体功能、箱柜内设备特点决定；但一般为封闭式结构居多，外形尺寸多样。

柜、箱表面一般有需要就地监控的指示灯、按钮、操作开关或仪表显示器。当柜、箱安装于易受灰尘、溅水、日晒等环境较差的区域时，为保护柜、箱表面设备，通常将柜、箱设计成外带玻璃屏窗的结构，如图 3-76 和图 3-77 所示。

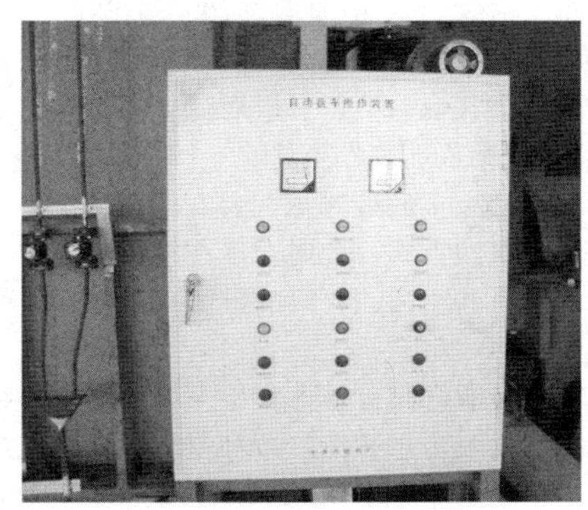

图 3-76　盘车就地控制柜

（六）接线盒

当现场需要对仪表和控制电缆或导线进行分接、合并，或者两根电缆连接时，需要采用接线盒进行处理。接线盒也称接线箱、分线盒，当转接电缆数量很多时，可以做成尺寸较大的接线柜。一般适用于将就地邻近安装的仪表、执行机构等的连接导线或电缆在接线盒内聚合后，通过合并电缆引至远方控制机柜；或者将远方控制机柜来的多信号电缆在现场接线盒中分支后，分别引至各就地设备。

图 3-77　带玻璃窗的就地控制柜

防水型接线盒一般由盒盖、盒体、密封条、密封电缆接头、盒盖螺钉、接线端子等几部分组成。盒盖和盒体用螺钉紧固，接合面处夹有密封条。接线盒侧面有一定数量的密封电缆接头，以便紧固引入引出的电缆或导线，接头内径可以伸缩，可适应不同粗细规格的电缆。为防止液体渗入接线盒，安装时电缆接头方向不宜朝上。仪表与控制用接线盒内装有接线端子，当需转接热电偶补偿导线时，应注意采用与热电偶分度号一致的端子材质类型，还可根据需要在内部布置热电偶冷端补偿器，补偿由于环境温度引起的热电偶误差。接线盒尺寸一般根据盒内端子数量和其他内置设备确定。

仪表与控制设计中接线盒通常采用防水型接线盒，易燃易爆场所应采用防爆型接线盒，并符合 GB 3836.1《爆炸性环境　第 1 部分：设备通用要求》的要求。常见接线盒的外形和内部结构如图 3-78 和图 3-79 所示。

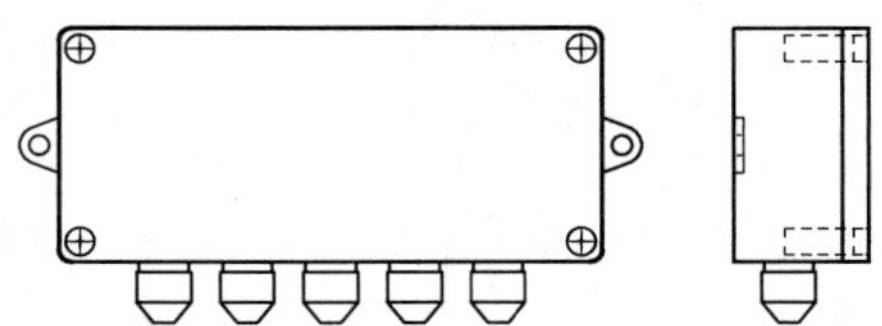

图 3-78　防水型接线盒外形

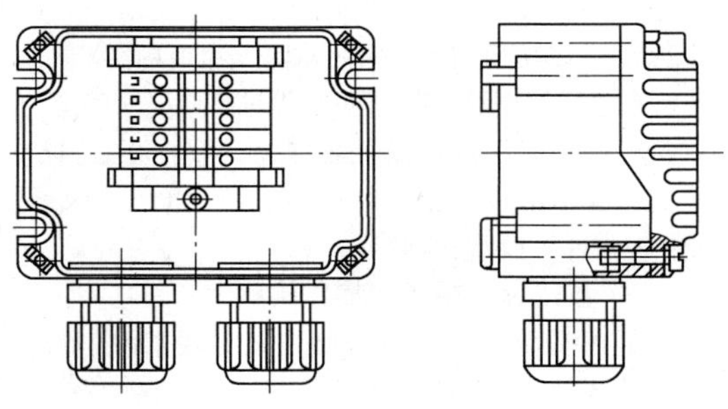

图 3-79　防爆型接线盒外形和内部结构

五、控制盘（台）柜的安装

控制盘（台）柜的安装设计主要包括确定安装方式、向土建专业提资、接地设计等工作内容。

（一）盘（台）柜安装方式

布置在混凝土地面或楼板上的控制盘（台）柜一般均采用底座固定式安装。其施工及安装流程通常为：土建施工阶段在浇灌混凝土地基或楼板时，在基础地面预埋扁钢、铁板等预埋件；在地面二次抹面前，采用槽钢制作与盘（台）柜底部尺寸相符的盘柜底座，将其焊接在预埋件上，并保证底座上表面各处在同一水平面；最后将盘柜通过地脚螺栓固定在底座上，盘柜与底座是否绝缘应按盘柜供货商的具体安装要求进行。典型控制盘（台）柜的安装方式如图 3-80 所示。

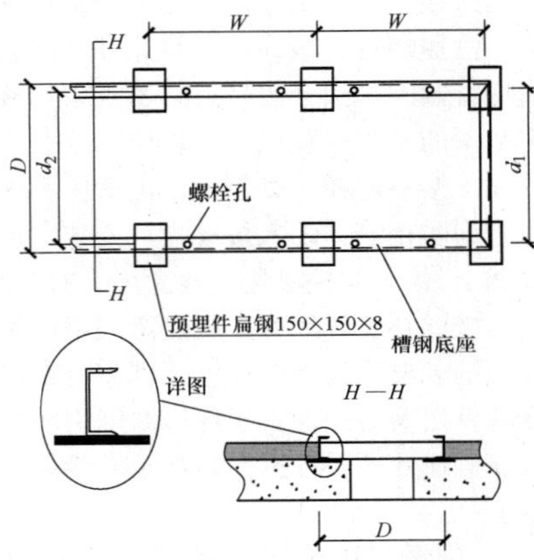

图 3-80　典型控制盘（台）柜的安装方式

W—盘柜宽度；D—盘柜底部深度；d_2—盘柜前后安装孔距；d_1—预埋件前后中心距

盘柜底座通常选用［6.3～［10 的槽钢制作，槽钢可以立放，也可以平放，在控制室、电子设备间内一般采用平放方式。当盘柜数量较少时，也可选用∟50×50×5 或∟80×80×8 的等边角钢制作。安装底座时，为保证底座上表面各处在同一水平面，可通过在底座下垫设垫铁进行调整，但垫铁间距不应超过 1m。

底座上表面应高出最终地面（指贴完地面砖后）10～20mm，以防清洁地面时污水流入盘柜内部，底座的安装标高也是根据这一与地面的相对高差提前确定。

盘柜安装时底座应做良好接地，为了防尘、防火，在柜内电缆等敷设完毕后，盘柜底部地面上的孔洞应采用防火堵料、填料等封堵严密。

（二）盘（台）柜土建提供资料

基于控制盘（台）柜的安装方式等要求，在盘（台）柜布置的区域进行结构设计时，仪表与控制专业应向土建结构专业（水工类建筑属于水工结构专业）提供预埋件、预留孔洞、荷载等资料。

1. 预埋件

（1）安装盘（台）柜用的预埋件设在每块盘（台）柜底部四角的位置，考虑土建施工的误差，预埋件的尺寸宜较大一些，一般选用 100mm×100mm× 8mm 或 150mm×150mm×8mm 的扁钢板。

（2）对于成组布置安装的盘柜，预埋件也可采用通长埋件的方式，即沿盘柜底座前、后位置分别预埋长条的扁钢，一般选用 100mm×8mm 或 150mm×8mm 的长条扁钢板，如图 3-81 所示。在现场安装时可方便左右方向调整盘柜的位置。

（3）盘柜前后两排预埋件的中心距离可按盘柜外形深度确定，但为了使槽钢底座能尽可能落在预埋件中部，建议预埋件中心距离小于盘柜外形深度 50～80mm。

（4）为保证图 3-80 所示的盘柜底座上表面高出最终地面 10～20mm 的要求，预埋件的上标高应在最终地面向下 40～80mm（底座采用［6.3 槽钢时约向下 40mm；［8 槽钢时约向下 60mm；［10 槽钢时约向下 80mm）。

（5）对于工程师台、打印机台，一般现场可不用预先埋件。

2. 荷载

控制盘（台）柜内部因有较多设备，当控制盘（台）柜安装于楼板上时，仪表与控制专业应向土建结构专业提供盘（台）柜的质量数据，以便结构专业计算荷载。常规每面控制盘（台）柜质量为 250～320kg。如有特殊情况，应根据盘（台）柜具体资料确定提供。安装于 0.0m 层地面上的盘（台）柜，一般对荷载没有要求。

3. 楼板预留孔洞、预埋管

安装在楼板上的控制盘（台）柜，绝大部分盘柜的电缆为下进线方式，此时，应在楼板上预留孔洞，供电缆的接入和引出。一般的预留孔洞方式如图 3-82 所示。

开孔的位置和尺寸应在盘柜下并能满足电缆接线进出，一般为长方形孔洞。单独安装的盘柜孔洞四周距离盘柜外缘各不小于 150mm。成组安装的盘柜，预留孔洞也可采用通长孔洞的方式，当通长留孔遇到下部有结构梁时，留孔应断开，孔洞距离盘柜前后外缘各不小于 150mm。

当盘柜下面进出电缆较少时，也可采用预埋 ϕ50～ϕ80mm 电缆管的方式穿通楼板。为防止进水，埋管穿楼板需最终露出抹面以上 50～100mm；穿管尽量选择在盘（台）柜下便于敷设并不易被人碰到的位置。集中控制室内的操作台、值长台、工程师台、打印机台等电缆下进线安装均可采用此方式，如图 3-82（c）所示。

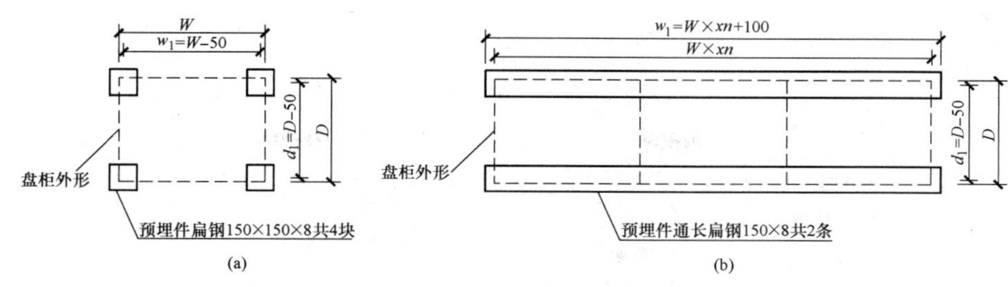

图 3-81 盘柜安装用预埋件示意图

（a）独立安装的盘柜；（b）成组安装的盘柜

W—盘柜宽度；D—盘柜底部深度；w_1—预埋件左右中距或长条长度；d_1—预埋件前后中心距

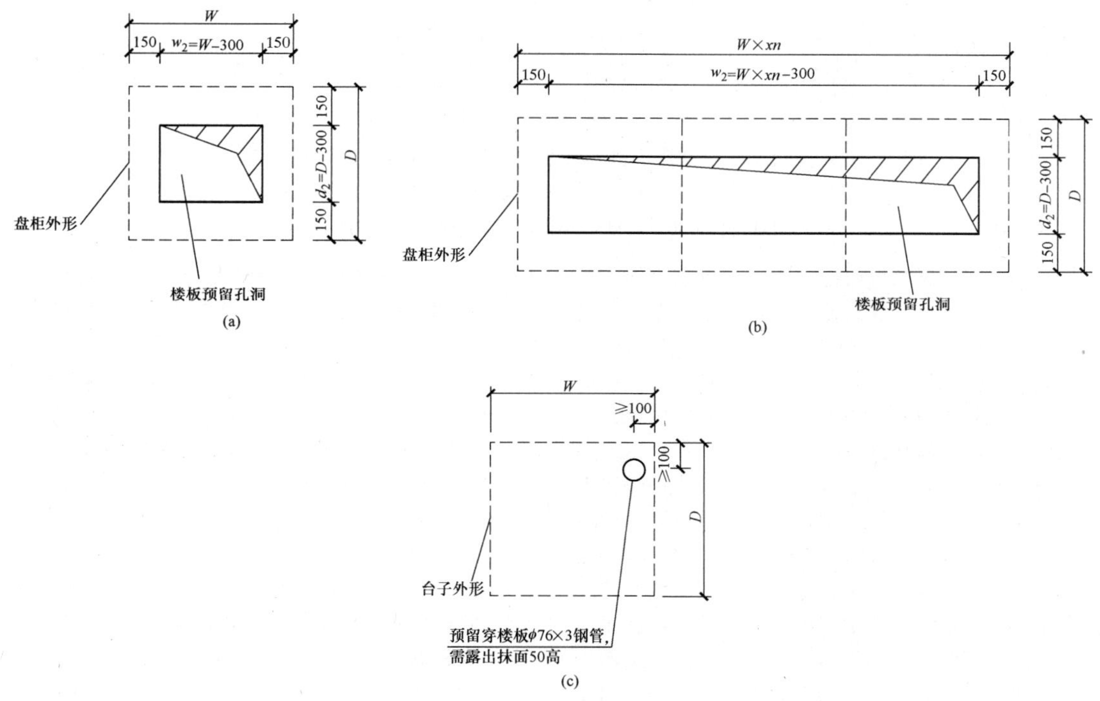

图 3-82 盘柜台楼板安装预留孔洞示意图

（a）独立安装的盘柜；（b）成组安装的盘柜；（c）操作台、工程师台、打印机台

W—盘柜宽度；D—盘柜底部深度；w_2—孔洞左右距离；d_2—孔洞前后距离

4. 0m 层地面上预留沟道及预埋管

安装在 0m 层地面上的控制盘柜，盘柜下应预留沟道供电缆进出使用，预留方式如图 3-83 所示。沟道与盘柜外部的电缆沟连通，或经埋管将电缆引至有关电缆桥架等通道。对于成组布置安装的盘柜，柜下沟道与外部电缆沟的连通口数量可结合电缆数量的多少确定，若柜下电缆数量较多，每个盘柜下均可留有通道与外部相连通。

沟道边缘到盘柜前后预埋件应有 50～150mm 的距离；沟道底部应留有一定坡度，以便排水，沟道一侧的立壁上，沿沟长方向预埋两根 40mm×6 mm 的长条扁钢，用以焊接固定电缆支架。沟的深度根据电缆数量确定，并与沟宽有关。电缆支架的层数与沟深有关，沟深 450mm 时，一般设两层；沟深 500～550mm 时，一般设三层。

（三）墙挂式箱、接线盒的安装

墙挂式箱、接线盒可以直接安装在墙上、设备构架上、建筑构架上，或通过地面支架安装。

墙挂式箱、接线盒安装在墙上时，现场通过钻打膨胀螺栓的方式固定，螺栓规格应根据挂箱的重量现场选择；安装在设备构架或建筑构架上时，一般也是通过在构架上打孔采用螺栓固定的安装方式。

（四）接地

为了保证仪表与控制设备安全可靠、稳定精确地运行，避免造成人身和设备安全事故，应对控制盘（台）柜箱进行接地设计。接地可分为保护接地和工作接地两类。

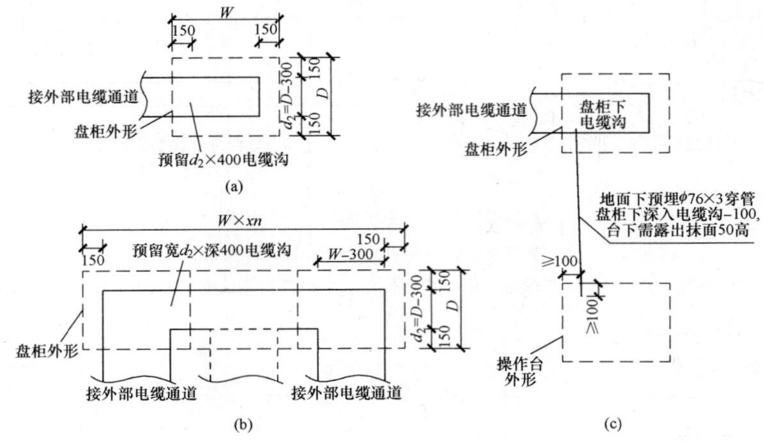

图 3-83　盘柜台 0m 层安装预留电缆沟、预埋管示意图

（a）独立安装的盘柜；（b）成组安装的盘柜；（c）操作台、打印机台

W—盘柜宽度；D—盘柜底部深度；d_2—盘柜下沟道前后距离

保护接地：各种供电电压高于 36V 的仪表外壳、控制盘（台）柜箱、支架、底座等正常不带电的金属部分，若出现绝缘破损等情况，有可能使其带有危险电压，威胁人身和设备安全。因此，对其均应做保护接地，目的是防止设备带电发生事故。保护接地应牢固可靠，且不应串联接地。

工作接地：仪表与控制设备为了抗干扰，确保正常、可靠运行，应做工作接地，工作接地包括信号回路接地和屏蔽接地，以及特殊要求下的本安接地。控制盘台柜箱内各回路的各类接地，应分别由各自的接地支线引至接地汇流排或端子板，由接地汇流排或端子板引出接地干线，再与接地总干线和接地极相连。各接地支线、汇流排或端子板之间在非连接处应相互绝缘。

1. 控制室、电子设备间内的其他盘柜保护接地

控制室、电子设备间内控制系统各盘（台）柜，一般设有统一的总接地箱。对于电子设备间内控制系统以外其他盘柜的保护接地（如仪表与控制电源柜等），当控制系统制造厂同意时，可将盘柜外壳的接地螺栓通过接地线接至总接地箱内的保护接地铜板上；当控制系统制造厂不同意在总接地箱处共地时，可为其在总接地箱内另外设置独立的接地铜板，再接至电气接地网上；若确认控制室、电子设备间内的盘柜底座是与房间内的保护接地扁钢相连的，也可将盘柜外壳的接地螺栓通过接地线直接接至盘柜底座。

2. 控制室、电子设备间外的盘柜箱保护接地

对于安装在就地的盘、柜、箱、盒，直接将盘、柜、箱、盒外壳的接地螺栓通过接地线接至就近的电气接地网即可，也可就近接至与电气接地网相连的建筑钢梁、金属构架、盘柜底座、附近地面接地扁钢上等，且应满足接入电气接地网的接地点一定距离内无大的（如高压电动机、避雷针引线、电气电源装置）电气设备的接地极等设施。

第四章

工艺系统检测与报警

工艺系统检测与报警设计的目的是对发电厂生产过程所需的各种过程参数、设备运行状况等进行检测，为发电厂控制系统和运行人员提供可靠的监控信号，确保机组安全、经济、可靠运行。检测和报警的内容包括工艺系统检测和设备本体检测。

本章按照火力发电厂工艺流程，对管道仪表图的设计内容进行了详细介绍，包括工艺系统检测和设备本体检测。

第一节　管道仪表图

一、概念

管道仪表图（piping and instrumentation diagram，P&ID），在过程工业中用于表示管路、设备和仪表在工艺过程中相互连接关系的一种示意图。图中一般表示出主要工艺系统管道和设备上的检测仪表和控制设备（如压力、温度、流量、物位等参数的测量仪表）。

工艺系统管道和设备由工艺专业设计，仪表与控制专业在工艺系统图上完成检测仪表设置和被控设备的控制设计。本章内各系统的 P&ID 仅为举例，供设计参考。

二、功能

管道仪表图（P&ID）的功能是通过在工艺系统管道和设备上，设置各种检测仪表和控制设备，以实现对工艺过程的监视和控制，保证机组的安全、经济运行，是仪表与控制专业开展设计的纲领，在此基础上完成检测仪表、报警、模拟量控制、联锁、保护、电源、气源、仪表选型、输入/输出（input/output，I/O）清单等相关设计。

三、设计内容

（一）设计输入/设计条件

1. 工艺系统图

工艺专业已完成工艺系统图的设计，系统设计说明和联锁保护要求完整，各个主/辅设备、阀门和管道设备编码完整，工艺参数、定值齐全。

2. 主机和辅机设备资料

主机和辅机设备制造厂商的设计资料完整，满足技术协议和设计联络会的要求，仪表和控制信息表达清晰。

3. 仪表与控制设备资料

各类仪表与控制设备的选型样本齐全。

（二）仪表与控制信息的表达

1. 仪表标识

仪表与控制设备应有唯一的标识编码，编码原则应符合 GB/T 50549《电厂标识系统编码标准》的规定。

2. 仪表图例

在满足安全、经济运行要求的前提下，在工艺系统图上设置合适的仪表，并完整表达仪表的类型、功能和编码。

仪表采用椭圆形图例符号，分上下两部分，一般上部分为功能代码，下部分为仪表编号。功能代码为仪表分类；仪表编号左侧为工艺系统功能代码，右侧为仪表与控制设备代码。工艺系统功能代码是由工艺专业标注在系统图中某一区域（如管道）的编号；仪表与控制设备代码是在此区域仪表与控制设备的编号，见图 4-1。

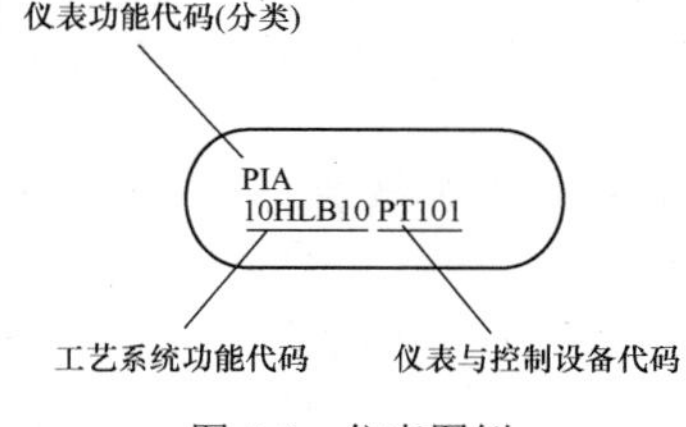

图 4-1　仪表图例

注：按 DL/T 5028.3《电气工程制图标准　第 3 部分：电气、仪表与控制部分》的规定，仪表采用圆形图例符号，但由于目前国内电厂设计遵循设备编码标识系统，因此，仪表图例符号一般采用椭圆形，以方便表示完整的仪表信息。

当有必要表示高、低、中信号时，可在仪表图例外的右上方、右下方、右方中部分别标注H（高）、L（低）、N（中）或HH（高高）、LL（低低）字母代码。分析仪表在仪表图例右下方标注成分代码。

3. 检测仪表取样点的位置

系统图上应准确示意检测仪表与工艺设备、管道和阀门的相对位置，仪表取样点的位置应能正确反映工艺系统参数、设备及系统运行状况。

4. 控制设备

控制设备是指就地控制盘、柜、箱，电动、气动、液动执行机构等，在P&ID上标注相应的编号。

（三）检测设计

1. 检测设计的基本原则

（1）应对工艺系统的各种过程参数、设备运行状态等进行检测，为发电厂控制系统和运行人员提供可靠的监控信号，确保机组安全、经济、高效运行。

（2）检测设计应符合DL/T 5512《火力发电厂热工检测及仪表设计规程》和DL/T 5227《火力发电厂辅助系统（车间）热工自动化设计技术规定》的规定。

（3）检测仪表的设置应满足机组安全可靠、经济运行及环境保护的要求，应与各主、辅设备配套供货的仪表统一考虑，避免重复设置。

（4）重要保护的检测仪表应三冗余或两冗余设置，重要模拟量控制回路的检测仪表应三冗余或两冗余设置。仪表冗余设计的内容和冗余仪表的数量，应符合DL/T 5175《火力发电厂热工控制系统设计技术规定》及DL/T 5428《火力发电厂热工保护系统设计技术规定》的规定。

（5）显示及报警用变送器宜与调节系统的变送器合用。

（6）随主、辅设备本体提供的检测仪表，应能满足电厂运行、监视、控制和保护的要求，并满足与控制系统的接口要求。

（7）在爆炸危险和/或有毒气体可能释放的区域，应根据危险场所的分类，设置爆炸危险气体报警仪和/或有毒气体检测报警仪，如制氢站、氨气制备存储区、燃油泵房等。

（8）测量爆炸危险气体的一次仪表严禁引入控制室。

（9）测量油、水、蒸汽等的一次仪表不应引入控制室。

（10）满足响应时间及其他要求时，开关量检测仪表也可用模拟量检测仪表代替。

2. 检测内容

（1）工艺系统运行参数的检测，应能满足机组启停、正常运行和事故状态下的运行、监视、控制和保护的要求，工艺系统的运行参数包括温度、压力、差压、流量、液位、物位、振动等；至少应包括：①为满足现场监视和就地操作的需要所必需的就地指示测点；②用于监视、控制、保护、计量等的远传测点；③用于性能试验的测点。

（2）主、辅设备运行状态和运行参数的检测项目，宜包括：①主、辅设备已投运；②主、辅设备已停止；③主、辅设备跳闸；④主、辅设备故障等。

（3）电动、气动、液压阀门、挡板的状态检测项目，宜包括：①阀门或挡板已开；②阀门或挡板已关；③阀门或挡板开度（调节阀或可调整电动阀）；④阀门或挡板故障；⑤阀门或挡板控制在就地/远方等。

（4）仪表与控制用电源、气源及液压源的检测项目，宜包括：①配电柜和电源柜的母线电源监视；②重要监控系统（如DCS、ETS）的电源监视；③仪用压缩空气母管及配气网络分支母管压力；④液压阀门的液压源压力等；⑤必要的环境参数等。

（5）设备本体检测项目宜包括：①为满足现场检查、就地操作的需要所必需的就地指示测点；②用于监视、控制、保护的远传测点；③用于性能试验的测点。

（四）报警设计

1. 报警功能

报警是指当工艺系统和设备运行出现异常时，以声、光等方式提醒运行或检修人员注意，及时作出判断或调整。

2. 报警方式

通过设置合适的检测仪表，对控制装置及设备的状态进行监视，报警系统由控制系统的报警功能完成。必要时，机组可设置少量常规光字牌报警装置，如分散控制系统（DCS）失电报警。

3. 报警内容

（1）工艺系统参数偏离正常运行范围。

（2）保护动作及主要辅助设备故障。

（3）监控系统故障。

（4）电源、气源故障。

（5）火灾探测区域异常。

（6）有毒有害气体的泄漏等。

（五）模拟量控制

1. 模拟量控制概念

模拟量控制是对锅炉、汽轮机及辅助系统的过程参数进行连续自动调节的控制系统的总称，包含过程参数的自动补偿和计算、自动调节、控制方式无扰动切换及偏差报警等功能。

管道仪表图模拟量控制设计的任务是确定模拟量控制项目、控制回路的输入信号和输出控制装置。

2. 模拟量控制设计

（1）确定模拟量控制项目。根据工艺系统的设计和运行要求，确定相应的模拟量控制项目，如炉膛压力控制、主蒸汽温度控制、除氧器水位控制等。

（2）确定被调量。根据模拟量控制项目，选择能直接反映被控项目质量的参数作为被调量，如温度、压力、流量、水位等参数，并设置相应的检测仪表。该参数作为模拟量控制回路的输入信号。

（3）确定调节装置。调节装置是指由执行机构驱动，能够直接或间接改变被控参数的机构，如调节阀、变频控制器等设备。调节装置是控制系统输出的执行设备，与被控参数的输入信号一起构成完整的自动控制回路。如炉膛压力控制，炉膛压力是被控量，是炉膛压力控制回路的输入信号，引风机动叶执行机构是调节装置，通过控制系统输出改变引风机动叶执行机构的开度，来控制炉膛压力在设定范围内。

（4）设置满足模拟量控制所需的仪表。根据调节项目的重要性设置两冗余或三冗余检测仪表，对需要进行补偿的参数，还应设置相应的温度、压力等补偿用仪表。

（六）联锁保护

联锁是指当某个参数达到规定值或某个设备启、停（开、关）时，联动或闭锁对另一个设备的控制。

保护是指热力生产过程中出现异常情况或事故时，根据事故的性质和程度，按照预定的处理程序，自动对相关设备进行操作，以消除异常，防止事故扩大，保证人员和设备安全。

管道仪表图联锁保护设计的任务是确定联锁保护项目，设置用于实现联锁保护功能的仪表。

（1）确定联锁保护项目。根据工艺系统的设计和运行要求，确定相应的联锁保护项目，如炉膛压力保护、除氧器水位保护等。

（2）设置联锁保护所需的仪表。重要的保护项目，检测仪表应两冗余或三冗余设置。

（七）输入/输出（I/O）清单

1. I/O 清单的作用

I/O 清单是控制系统的输入和输出信号清单，是控制系统模拟量控制和逻辑组态设计的输入/输出信号源。

I/O 清单是控制系统硬件设计和逻辑设计的基础资料，由发电厂设计单位向控制系统供应商提供，控制系统供应商依此进行硬件设计和 I/O 地址分配，并将结果返给设计单位，供进一步的控制系统接线设计。

2. I/O 清单设计原则

（1）I/O 清单应完整表达控制系统所需的所有输入和输出信号，包括进入控制系统的所有带远传信号的仪表、就地控制装置的输入/输出信号，所有受控设备的输入/输出信号，包括各类阀门、挡板、电动机等，与其他控制系统或装置的接口信号。

（2）I/O 清单内容应完整，避免遗漏。每个 I/O 点编号应是唯一的。

（3）I/O 清单可根据工程进度，分不同版次设计，每个版本应注明版本号和时间，不同版本之间对变化的内容应有明显标记。

（4）需要卡件供电的 I/O 点应注明内供电；需要做事故顺序记录（SOE）的点应做标记；进入直流电动机控制回路的数字输出（DO）点应注明直流电压等级。

（5）I/O 清单应按信号类型分类汇总 I/O 点数和总点数。

3. I/O 清单的内容

I/O 清单的内容应满足控制系统软、硬件设计的需求，基本内容应包含序号、测点编号、测点名称、I/O 类型、信号类型、卡件供电、SOE、工程单位、量程上限、量程下限、机柜编号、控制器号、卡件位置、通道号等。

I/O 清单的内容以表格形式体现，基本形式和内容可参考表 4-1。

表 4-1　I/O 清单

序号	测点编号	测点名称	I/O 类型	SOE	信号类型	卡件供电	量程下限	量程上限	工程单位	DCS 机柜号	控制器号	卡件位置	通道号	备注

（八）仪表与控制设备清册

1. 功能

仪表与控制设备清册是将实现工艺系统监视和控制功能的各类仪表及控制设备以清册的形式分类汇总，供相关人员查阅和设备采购。

2. 内容

（1）基本内容。仪表与控制设备清册应包含管道仪表图上的全部仪表及控制盘、箱、柜等，开列每个仪表与控制设备的全部信息，如序号、测点编号、测点名称、设备名称、型式规范、单位、数量、安装地点、对应的 P&ID 图号等内容。仪表与控制设备清册的基本内容可参考表 4-2。

表 4-2　　仪表与控制设备清册的基本内容

序号	测点编号	测点名称	设备名称	型式规范	数量	单位	安装位置	P&ID 图号	备注
一、仪表设备									
二、盘柜									

（2）仪表选型。仪表选型是仪表与控制设备清册的重要内容，根据被测介质的性质、运行参数和使用条件，选择合适的测量形式和仪表，明确具体的型式规范，如精度、量程、材质、安装方式等。除通用内容外，各类仪表因测量方式不同，其型式规范内容也不同，有关仪表选型内容参见本手册第八章。

（3）控制设备。控制设备是指单体控制装置和就地控制盘、箱、柜等，其型式规范包含外形尺寸、材料、电源要求等。

第二节　锅炉及附属系统

本节锅炉及附属系统的相关内容适用于煤粉锅炉。

一、锅炉烟风系统

1. 系统说明

（1）系统构成。锅炉烟风系统包括一次风系统、二次风系统、火检冷却风系统和烟气系统，主要设备包括锅炉、空气预热器、一次风机、送风机、引风机、暖风器、低温省煤器、火检冷却风机等。锅炉炉型可分为Π型炉和塔式炉，塔式炉对流受热面均布置在炉膛上部，不设置后烟井；按燃烧方式可分为四角切圆燃烧和前后墙对冲燃烧。

（2）系统功能。

1）一次风系统提供磨煤机制粉所需的热风和压力冷风、干燥煤粉，并向炉膛输送煤粉；同时用于磨煤机和给煤机的密封风，以防止煤粉和热风的泄漏。由大气吸入的空气通过一次风机升压后，一路经过暖风器、空气预热器加热后形成热一次风，通过热一次风道至磨煤机进口；另一路未经加热的冷一次风，在磨煤机进口前与热一次风相混合调温后用于输送干燥煤粉。对于双进双出磨煤机，一次风冷热风混合后还送往给煤机出口的混料器内，对煤进行预干燥后送进磨煤机，称为旁路风；磨制后的风粉混合物在磨煤机低负荷时，为了加大风粉管道内的一次风速，防止煤粉堵塞，还设置一路一次风，增加一次风量和提高风速，称为清扫风。

2）二次风系统为炉膛输送空气，提供煤粉燃烧所需要的氧气。由大气吸入的空气通过送风机加压后，进入空气预热器，加热后经二次风道进入炉膛风箱，再通过各层二次风调节挡板进入炉膛助燃烧。

3）烟气系统保持炉膛微负压并排放烟气。炉膛中产生的烟气流过尾部烟道、炉后烟井、脱硝装置，通过烟道进入空气预热器烟气仓，在空气预热器中利用烟气余热使一、二次风得到预热，从空气预热器出来的烟气通过低温省煤器（视工艺布置位置）、除尘器、引风机和脱硫装置排至烟囱。

4）火检冷却风系统的功能是冷却火焰检测装置。冷却风来自大气，经过过滤器将空气净化后，再由火检冷却风机将风送至燃烧器及点火油枪的火焰检测装置进行冷却，以保证火检设备正常工作。

烟风系统 P&ID 见图 4-2。

2. 设计输入

设计输入包括锅炉烟风系统图，烟风系统设计说明，烟风系统工艺参数及定值，锅炉本体测点图/仪表开孔图，空气预热器、送风机、引风机、一次风机本体及油站测点图，暖风器、低温省煤器、火检冷却风系统等设备厂商资料。

3. 检测范围

检测范围包括锅炉一次风系统、二次风系统、炉膛及烟气系统的所有测量仪表；送风机、引风机、一次风机、空气预热器、低温省煤器等设备本体检测。

4. 检测内容

（1）烟风系统检测。

1）送风机、引风机、一次风机出口风压检测，以监视风机的运行状态。

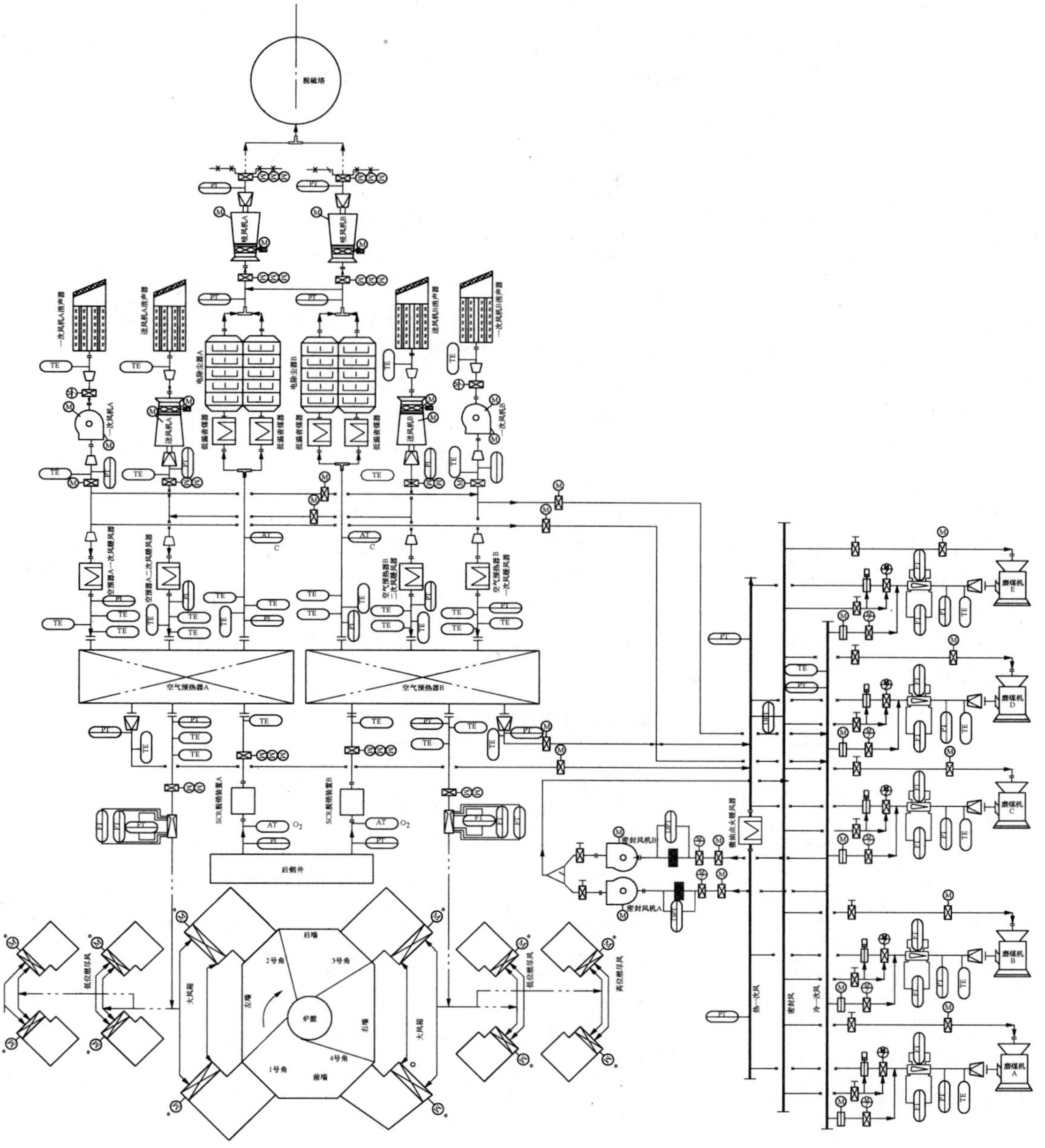

图 4-2　烟风系统 P&ID

2）空气预热器一、二次风进、出口温度及进、出口压力，空气预热器烟气进、出口温度及进、出口压力检测，用于计算空气预热器的换热效率和端差、压力降。

3）空气预热器入口一次风温度、二次风温度，空气预热器烟气出口烟气温度检测，用于空气预热器冷端温度调节。

4）空气预热器出口热二次风量、磨煤机入口一次风（风扇磨煤机入口热二次风）量测量，用于送风量调节。当采用差压测量方式时，分别设置空气温度补偿。用于送风量低低保护的信号，通过模拟量计算，比较后输出。

5）密封风机、火检冷却风机入口滤网前后差压检测，用于当入口滤网堵塞时报警提醒运行人员，对滤网及时进行清洗。

6）除尘器入口飞灰含碳量检测，辅助判断锅炉燃烧状态。

7）密封风压力、火检冷却风压力检测。

（2）设备本体检测。

1）锅炉本体提供的检测至少应包括下列内容：

a．炉膛压力高、低报警及高、低保护跳闸。

b．炉膛压力模拟量信号检测，用于炉膛压力调节。

c．炉膛出口烟气温度测量，在锅炉启动时控制燃烧，防止再热器超温。

d．省煤器出口氧量测量，用于送风调节的氧量校正。

e．炉膛火焰工业电视监视，以监视炉膛的燃烧状况。

f．煤燃烧器和油燃烧器分别设置火焰检测装置。

g．过热器、再热器、水冷壁等高温受热面管壁温度检测，以监视是否超温。

2）随辅机设备本体提供的检测至少应包括下列内容：

a．轴流式风机失速报警检测。

b．送风机、引风机、一次风机振动检测。

c．送风机、引风机、一次风机轴承温度检测。

d．送风机、引风机、一次风机电动机轴承温度、电动机绕组温度检测。

e．空气预热器火灾报警检测，转子停转报警检测。

f．低温省煤器管壁温度检测。

（3）测点位置。

1）炉膛压力测点的位置应布置在炉膛两侧，用于保护的正压、负压取样点应独立开孔，通过独立的取样管接至不同的压力开关。冗余的各取样点在同一标高，左右侧分别取样。

2）冗余配置的炉膛压力调节模拟量变送器单独设置，独立取样，不应与炉膛压力保护共用取样点。

5．冗余检测项目

（1）模拟量控制。

1）用于一次风压控制的一次风母管压力——两冗余。

2）用于送风量控制的热二次风流量——两冗余；磨煤机入口一次风量——两冗余；氧量信号——两冗余或三冗余。

3）用于炉膛压力控制的炉膛压力测点——三冗余。

4）用于密封风与一次风差压控制的密封风母管与一次风母管差压测点——两冗余。

（2）联锁保护。

1）送风量低低保护——三冗余(经模拟量转换输出)。

2）炉膛压力高高、低低保护——三冗余。

3）火检冷却风压力低低保护——三冗余。

6．检测项目及仪表配置清单（见表4-3和表4-4）

表4-3　烟风系统主要检测项目及仪表配置

序号	测点名称	就地指示	仪表类型/数量		功能				备注
			模拟量	开关量	控制	联锁保护	报警	显示	
一	一次风系统								
1	一次风机入口风温		√					√	
2	一次风机出口风压		√					√	
3	一次风暖风器入口风温		√					√	
4	一次风暖风器出口风温		√		√			√	
5	空气预热器入口一次风压		√					√	
6	空气预热器出口一次风压		√					√	
7	空气预热器出口热一次风温		2～3					√	
8	热一次风/炉膛差压		√				低	√	
9	热一次风母管压力		2		√		低	√	
10	一次风机流量		√			√		√	轴流式风机、防止喘振
二	二次风系统								
1	送风机入口风温		√					√	
2	送风机出口风压		√					√	
3	二次风暖风器入口风温		√					√	
4	二次风暖风器出口风温		√		√			√	
5	空气预热器入口二次风压		√					√	

续表

序号	测 点 名 称	就地指示	仪表类型/数量		功 能				备 注
			模拟量	开关量	控制	联锁保护	报警	显示	
6	空气预热器出口二次风压		√					√	
7	空气预热器出口热二次风温		2～3		√			√	补偿风量
8	空气预热器出口热二次风流量		2		√			√	
9	燃烧器各层二次风流量		√		√			√	按锅炉要求设置
10	二次风箱/炉膛差压		2		√		低	√	四角燃烧
11	燃烧器各层二次风箱压力		√					√	前后墙对冲燃烧
12	磨煤机入口一次风流量		2		√			√	
13	磨煤机入口一次风温度		√		√			√	补偿风量
14	磨煤机入口一次风压力		√		√			√	补偿风量
15	密封风机入口滤网前后差压		√				高	√	
16	密封风机出口母管压力		√					√	
17	磨煤机密封风压力	√							
18	磨煤机密封风母管与一次风母管差压		2		√	√	低	√	
19	空气预热器出口飞灰含碳量		√				高	√	
20	送风机流量		√			√		√	轴流式风机、防止喘振
三	烟气系统								
1	炉膛压力		3		√			√	
2	炉膛压力		√					√	满量程
3	炉膛压力高			√			√		
4	炉膛压力低			√			√		
5	炉膛压力高高			3		√			总燃料跳闸（MFT）保护
6	炉膛压力低低			3		√			MFT 保护
7	炉膛压力高高高			3		√			停送风机
8	炉膛压力低低低			3		√			停引风机
9	炉膛出口烟气温度		2				高	√	左右各一
10	炉膛火焰监视		√					√	
11	各燃烧器火检		√			√	无火	√	
12	各段烟气压力		√					√	
13	省煤器入口烟气压力		√					√	
14	省煤器出口烟气压力		√					√	
15	省煤器出口烟气氧量		2～3		√			√	每侧
16	空气预热器入口烟气压力		√					√	
17	空气预热器出口烟气压力		√					√	
18	空气预热器入口烟气温度		√					√	
19	空气预热器出口烟气温度		2		√		低	√	

续表

序号	测 点 名 称	就地指示	仪表类型/数量		功 能				备 注
			模拟量	开关量	控制	联锁保护	报警	显示	
20	引风机入口烟气压力		√					√	
21	引风机出口烟气压力		√					√	
22	引风机流量		√			√		√	轴流式风机、防止喘振
23	冷烟风机出口母管压力		√					√	风扇磨煤机
24	高温炉烟气温度		√					√	风扇磨煤机
25	低温省煤器入口烟气温度		√					√	
26	低温省煤器出口烟气温度		√		√		低	√	
27	低温省煤器入口烟气压力		√					√	
28	低温省煤器出口烟气压力		√					√	
四	火检冷却风系统								
1	火检冷却风机入口滤网差压高			√			√		
2	火检冷却风母管压力		2			低	低	√	
3	火检冷却风压力低低			3		√	√		MFT 保护

表 4-4　　烟风系统辅机本体主要检测项目及仪表配置

序号	测 点 名 称	就地指示	仪表类型/数量		功 能				备 注
			模拟量	开关量	控制	联锁保护	报警	显示	
一	送风机								
1	送风机失速检测			√		√	低		离心风机无
2	送风机润滑油母管压力	√	√				低	√	
3	送风机润滑油滤网差压			√			高		
4	送风机润滑油流量			√			低		
5	送风机油箱液位	√	√			√	高/低	√	
6	送风机油箱油温	√	√			√	高/低	√	
7	送风机电动机绕组温度		√				高	√	
8	送风机电动机轴承温度		√			√	高	√	
9	送风机轴承温度		√			√	高	√	
10	送风机轴振动		√			√	高	√	
11	送风机电动机轴承振动		√			√	高	√	
二	一次风机								
1	一次风机失速检测			√		√	低		离心风机无
2	一次风机润滑油母管压力	√	√				低	√	
3	一次风机润滑油滤网差压			√			高		
4	一次风机润滑油流量			√			低		
5	一次风机油箱液位	√	√			√	高/低	√	
6	一次风机油箱油温	√	√			√	高/低	√	

续表

序号	测点名称	就地指示	仪表类型/数量		功能				备注
			模拟量	开关量	控制	联锁保护	报警	显示	
7	一次风机电动机绕组温度		√				高	√	
8	一次风机电动机轴承温度		√			√	高	√	
9	一次风机轴承温度		√			√	高	√	
10	一次风机轴振动		√			√	高	√	
11	一次风机电动机轴承振动		√			√	高	√	
三	引风机								
1	引风机失速检测			√		√	低		
2	引风机润滑油母管压力	√	√				低	√	
3	引风机润滑油滤网差压			√			高		
4	引风机润滑油流量			√			低		
5	引风机油箱液位	√	√			√	高/低	√	
6	引风机油箱油温	√	√			√	高/低	√	
7	引风机电动机绕组温度		√				高	√	
8	引风机电动机轴承温度		√			√	高	√	
9	引风机轴承温度		√			√	高	√	
10	引风机轴振动		√			√	高	√	
11	引风机电动机轴承振动		√			√	高	√	
四	冷烟风机								风扇磨煤机
1	冷烟风机电动机绕组温度		√			√	高	√	
2	冷烟风机电动机轴承温度		√			√	高	√	
3	冷烟风机轴承温度		√			√	高	√	
4	引风机电动机轴振动		√			√	高	√	
五	空气预热器								
1	回转式空气预热器轴承温度		√			√	高	√	
2	回转式空气预热器停转信号			√		√	√		
3	回转式空气预热器热点探测		√				高	√	火灾报警
六	低温省煤器								
1	低温省煤器管壁温度		√				高	√	

注　本表内容以部分600MW机组工程为基础编制整理，工程设计以设备技术协议要求和设备厂商的设计资料为准。

二、锅炉制粉系统

1. 系统说明

（1）系统构成。锅炉制粉系统可分为直吹式制粉系统和中间储仓式制粉系统。直吹式制粉系统由原煤仓、给煤机、磨煤机、送粉管道等构成。中间储仓式制粉系统由原煤仓、给煤机、磨煤机、煤粉仓、给粉机、排粉风机及送粉管道等构成。

磨煤机按转速可分为钢球磨煤机/双进双出钢球磨煤机、中速磨煤机、风扇磨煤机等形式。

（2）系统功能。原煤斗出口的煤经给煤机按照负荷分配给磨煤机，由磨煤机磨制成煤粉，用冷一次风（中间储仓式制粉系统通过热风或乏气送粉）携带煤粉，吹至煤粉燃烧器送入炉膛作为燃料。直吹式制粉系统P&ID见图4-3。

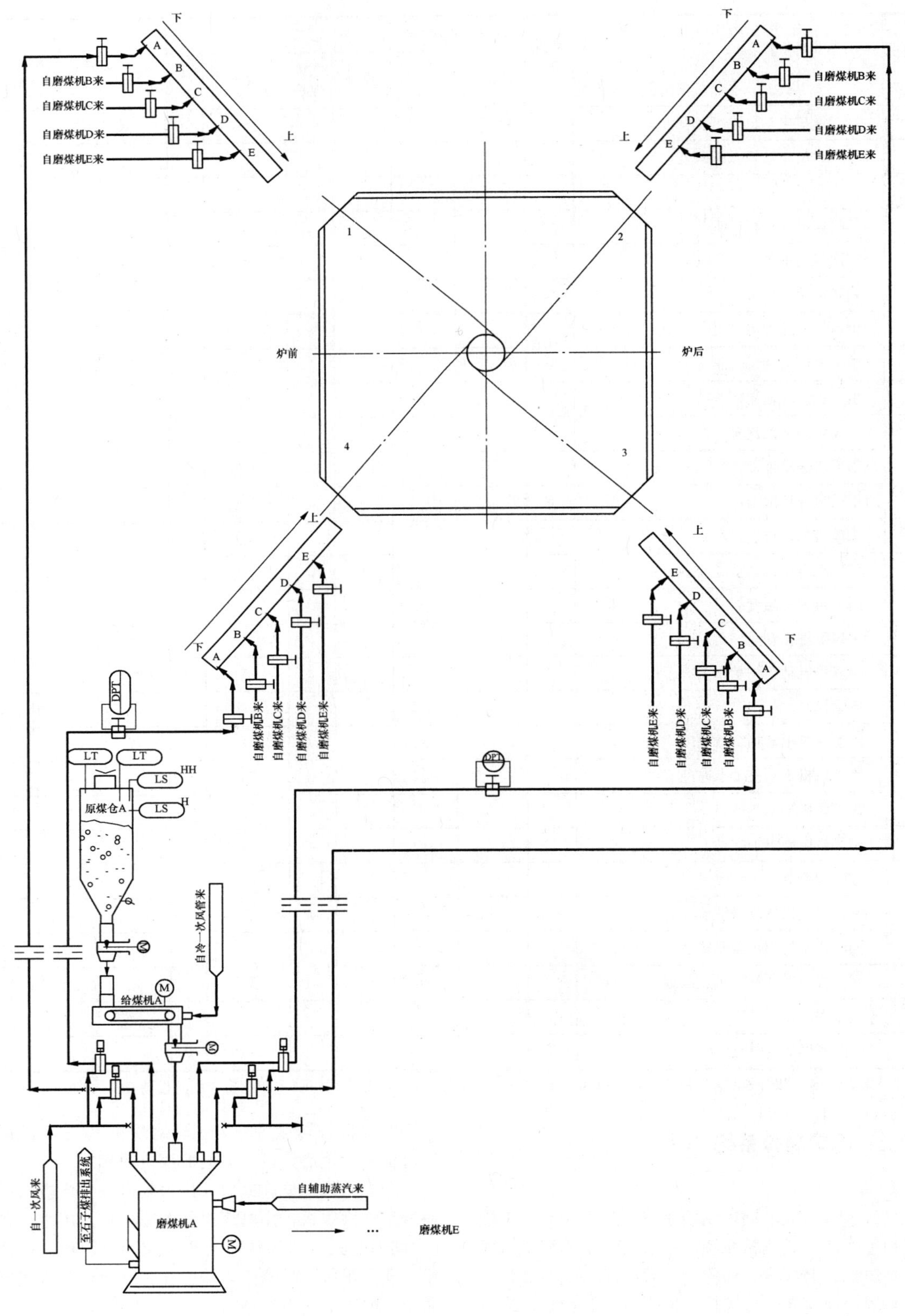

图 4-3　直吹式制粉系统 P&ID

2. 设计输入

设计输入包括锅炉制粉系统图，制粉系统设计说明，制粉系统工艺参数及定值，给煤机、给煤机进出口煤闸门、磨煤机、给粉机、排粉风机等设备厂商资料。

3. 检测范围

检测范围包括从原煤斗至炉膛燃烧器前，制粉系统的所有测量仪表；给煤机、磨煤机及油站等设备本体检测。

4. 检测内容

（1）制粉系统检测。

1）直吹式制粉系统的检测内容：

a. 原煤斗料位测量。

b. 磨煤机（分离器）出口温度检测，以控制磨煤机出口温度在允许范围内。

c. 磨煤机密封风与一次风差压检测，用于停磨煤机保护。

d. 挥发分高和自燃性高的烟煤和褐煤，宜设置磨煤机出口 CO 监测装置。

e. 双进双出钢球磨煤机煤位检测。

2）中间储仓式制粉系统的检测应包括：

a. 粉仓温度、料位。

b. 排粉机前介质温度。

c. 排粉机进、出口介质压力。

d. 热风送粉系统燃烧器前风粉温度。

（2）设备本体检测。

1）给煤机本体提供的检测至少应包括下列内容：

a. 给煤量。

b. 给煤机转速。

c. 皮带断煤。

d. 给煤机出口堵煤。

2）磨煤机本体及油站检测至少应包括下列内容：

a. 磨煤机轴承温度。

b. 电动机轴承温度。

c. 电动机绕组温度。

d. 润滑油、液压油压力。

e. 润滑、液压油站油箱温度、油位。

5. 冗余检测项目

（1）模拟量控制。

1）用于磨煤机出口温度控制的磨煤机出口风粉混合物温度——三冗余。

2）用于风扇磨煤机入口二次热风压力控制的磨煤机入口二次热风压力——两冗余。

3）用于风扇磨煤机入口二次热风流量控制的磨煤机入口二次热风流量——两冗余。

4）用于风扇磨煤机入口冷炉烟气流量控制的磨煤机入口冷炉烟气流量——两冗余。

5）用于风扇磨煤机入口冷炉烟气温度控制的磨煤机入口冷炉烟气温度——两冗余。

（2）联锁保护。

1）原煤仓煤位——两冗余。

2）煤粉仓粉位——两冗余。

6. 检测项目及仪表配置清单（见表 4-5 和表 4-6）

表 4-5　制粉系统主要检测项目及仪表配置

序号	测点名称	就地指示	仪表类型/数量		功能				备注
			模拟量	开关量	控制	联锁保护	报警	显示	
1	原煤仓料位		2				高/低	√	
2	原煤仓料位高			2		√			
3	磨煤机密封风与一次风差压			√		√	低		
4	磨煤机进出口差压		√				高	√	
5	磨煤机出口风粉温度		3		√	√	高	√	
6	磨煤机出口风粉压力		√				√	√	
7	磨煤机进口旁路风流量		√		√			√	双进双出钢球磨煤机
8	磨煤机进口混合风流量		√		√			√	双进双出钢球磨煤机
9	磨煤机出口 CO		√				高	√	按需设置
10	密封风与磨煤机出口风粉差压			√		√	低		风扇磨煤机
11	磨煤机入口混合风温度		3		√	√		√	风扇磨煤机
12	磨煤机入口冷炉烟气温度		2		√			√	风扇磨煤机
13	磨煤机入口冷炉烟气流量		√		√	√		√	风扇磨煤机

续表

序号	测点名称	就地指示	仪表类型/数量		功能				备注
			模拟量	开关量	控制	联锁保护	报警	显示	
14	磨煤机入口二次热风压力		2		√			√	风扇磨煤机
15	磨煤机入口二次热风流量		2		√	√		√	风扇磨煤机
16	磨煤机入口一次风压力		√			√	低	√	钢球磨煤机储仓式
17	粗粉分离器后风压力		√					√	钢球磨煤机储仓式
18	排粉机入口风压力		√					√	钢球磨煤机储仓式
19	排粉机进出口风粉温度		√				高/低	√	钢球磨煤机储仓式
20	煤粉仓煤粉温度		4				高	√	钢球磨煤机储仓式
21	煤粉仓粉位		2			√	高/低	√	钢球磨煤机储仓式

表 4-6　　制粉系统辅机本体主要检测项目及仪表配置

序号	测点名称	就地指示	仪表类型/数量		功能				备注
			模拟量	开关量	控制	联锁保护	报警	显示	
一	给煤机		√			√		√	
1	给煤煤量		√			√		√	
2	给煤机入口煤流			√			√		
3	给煤机出口堵煤			√		√			
4	给煤机皮带无煤			√		√			
5	给煤机皮带跑偏			√			√		
6	给煤机转速		√		√			√	
二	磨煤机								
1	磨煤机电动机绕组温度		√			√	高	√	
2	磨煤机电动机轴承温度		√			√	高	√	
3	磨煤机轴承温度		√			√	高	√	
4	磨煤机润滑油压力	√	√				低	√	
5	磨煤机润滑油油箱温度	√	√			√	高/低	√	
6	磨煤机润滑油箱油位	√	√			√	高/低	√	
7	磨煤机润滑油滤网差压		√				高	√	
8	磨煤机润滑油流量			√			低	√	
9	磨煤机液压油压力	√	√				低	√	
10	磨煤机液压油油箱温度	√	√			√	高/低	√	
11	磨煤机液压油箱油位	√	√			√	高/低	√	
12	磨煤机液压油滤网差压			√			高		
13	双进双出钢球磨煤机煤位		2		√		高/低	√	
三	冷烟风机								风扇磨煤机
1	冷烟风机电动机绕组温度		√			√	高	√	

续表

序号	测点名称	就地指示	仪表类型/数量		功能				备注
			模拟量	开关量	控制	联锁保护	报警	显示	
2	冷烟风机电动机轴承温度		√			√	高	√	
3	冷烟风机轴承温度		√			√	高	√	

注　本表内容以部分600MW机组工程为基础编制整理，工程设计以设备技术协议要求和设备厂商的设计资料为准。

三、锅炉汽水系统

1. 系统说明

（1）系统构成。锅炉汽水系统由各类受热面组成，由省煤器、汽包、水冷壁、过热器、再热器及减温水系统、启动系统（超临界及超超临界机组）等构成。

（2）系统功能。锅炉汽水系统是指工质经过各类受热面加热后，完成由水到过热蒸汽的转换，包括启动和停机过程中各类疏水和排汽。水-汽的转换过程随锅炉的形式而不同，按锅炉汽水循环方式可分为自然循环汽包锅炉、控制循环汽包锅炉、直流锅炉；按工艺参数可分为亚临界、超临界、超超临界锅炉。锅炉汽水系统P&ID见图4-4（见文后插页）。

2. 设计输入

设计输入包括锅炉汽水系统图、汽水系统设计说明、汽水系统工艺参数及定值。

3. 检测范围

检测范围从锅炉省煤器入口至过热器、再热器出口联箱管道，包括锅炉省煤器、汽包、水冷壁、过热器、再热器及减温水系统、启动系统（超临界及超超临界机组）、疏水排汽系统的所有测量仪表。锅炉汽水系统的设计属锅炉本体设计范围，由锅炉厂负责，检测仪表的设计以锅炉厂设计为基础。

4. 检测内容

（1）汽水系统检测。

1）亚临界汽水系统检测。

a. 对于亚临界汽包锅炉，必须设置汽包水位及压力测量仪表，汽包压力信号同时用于补偿汽包水位测量。

b. 汽包水位测量仪表应有三种不同的测量方式，即就地双色水位计、电接点水位计及远传水位仪表。

c. 汽包两侧应设置就地双色水位计，同时还应通过汽包水位摄像头将水位图像信号送至集中控制室显示。

d. 用于远传的汽包水位测量信号应配置平衡容器，测点数量不少于3个，每对水位取样孔应独立设置。

e. 应设置两套电接点水位测量装置，从汽包两端取样。

f. 除监视汽包正常水位变化外，还宜独立设置一对满水位取样点。

g. 汽包应设有上下壁温监视测点，以监视启动升压过程中的汽包壁温升变化。

h. 连续排污扩容器水位检测。

i. 水冷壁、过热器、再热器管壁温度监视热电偶，用于超温监视。

j. 各级过热器、再热器进、出口温度检测。

k. 末级过热器出口主蒸汽温度及压力检测。

l. 末级再热器出口温度及压力检测、低温再热器入口蒸汽温度及压力检测。

m. 过热器减温水压力及流量检测，减温水流量信号应计入锅炉给水流量检测。

n. 再热器减温水压力及流量检测。

o. 锅炉连续排污应有流量检测，以计入总给水流量。

p. 设置过热器出口PCV阀状态监视信号；机械式安全阀、机械式再热器安全阀可设置状态监视信号。

2）超临界及超超临界机组还应设置下列检测内容：

a. 汽水分离器及末级过热器出口联箱，应有内外壁温监视装置，以监视启动升压过程中的温升变化。

b. 汽水分离器出口温度监视，以作为过热蒸汽温度的中间点温度控制。

c. 贮水箱、冷凝水箱水位监视。

（2）设备本体检测。炉水循环水泵（控制循环锅炉）、启动循环水泵（超/超超临界锅炉）的轴承温度、电动机绕组温度、壳体温度等，应根据锅炉厂的要求设置。

5. 冗余检测项目

（1）模拟量控制。

1）用于过热蒸汽温度控制的末级过热器出口温度——两冗余或三冗余。

2）用于再热蒸汽温度控制的末级再热器出口温度——两冗余或三冗余。

3）用于汽包水位控制的汽包水位、汽包压力信号——三冗余。

4）用于分离器/贮水箱水位控制的贮水箱水位信号——三冗余（直流锅炉）。

5）炉水循环泵进出口差压（控制循环汽包锅炉）——三冗余。

（2）联锁保护。

1）汽包水位高高保护——三冗余。

2）汽包水位低低保护——三冗余。

3）省煤器出口给水流量低低保护——三冗余（塔式直流锅炉）。

6. 检测项目及仪表配置清单

检测项目及仪表配置清单见表4-7～表4-9。

表4-7　亚临界锅炉汽水系统主要检测项目及仪表配置

序号	测点名称	就地指示	仪表类型/数量		功能				备注
			模拟量	开关量	控制	联锁保护	报警	显示	
一	温度								
1	过热器出口蒸汽温度		2～3		√		高	√	
2	再热器出口蒸汽温度		2～3		√		高	√	
3	汽包上下壁温度		√				温差大	√	
4	汽包内外壁温度		√					√	按制造厂要求
5	过热器管壁温度		√				高	√	
6	再热器管壁温度		√				高	√	
7	过热器减温水温度		√					√	
8	Ⅰ级过热器减温器前蒸汽温度		√					√	
9	Ⅰ级过热器减温器出口蒸汽温度		√		√			√	
10	Ⅰ级过热器出口蒸汽温度		√		√			√	
11	Ⅱ级过热器减温器前蒸汽温度		√					√	
12	Ⅱ级过热器减温器出口蒸汽温度		√		√			√	
13	Ⅱ级过热器出口蒸汽温度		√		√			√	
14	再热器减温器前蒸汽温度		√					√	
15	再热器减温器出口蒸汽温度		√		√			√	
16	定期排污水温度		√		√			√	
二	压力								
1	汽包蒸汽压力	√	3			√		√	
2	连续排污压力		√		√			√	
3	定期排污扩容器压力	√							
4	连续排污扩容器压力	√							
5	过热器出口蒸汽压力		√			√	高	√	
6	过热器减温水压力		√					√	
7	再热器入口低温再热蒸汽压力		√					√	
8	末级再热器出口蒸汽压力		√					√	
9	再热器减温水压力		√					√	
10	炉水循环泵入出口差压		3			√		√	控制循环
三	流量								
1	汽包连续排污流量		√		√			√	
2	Ⅰ级过热器减温水流量		√					√	
3	Ⅱ级过热器减温水流量		√					√	
4	再热器减温水流量		√					√	
5	炉管泄漏			√			√		

续表

序号	测　点　名　称	就地指示	仪表类型/数量		功　能				备　　注
			模拟量	开关量	控制	联锁保护	报警	显示	
四	水位								
1	汽包水位（就地水位计）	2						√	集中控制室图像显示
2	汽包水位（电接点水位计）		2				高/低	√	
3	汽包水位（差压）		3		√	√	高/低	√	
4	汽包水位（差压）		1					√	满水位
5	连续排污扩容器水位	√	1		√			√	

表 4-8　　超/超超临界锅炉汽水系统主要检测项目及仪表配置

序号	测　点　名　称	就地指示	仪表类型/数量		功　能				备　　注
			模拟量	开关量	控制	联锁保护	报警	显示	
一	温度								
1	过热器出口蒸汽温度		2		√		高	√	
2	再热器出口蒸汽温度		2		√		高	√	
3	分离器出口温度		√		√			√	
4	分离器内外壁温		√					√	
5	末级过热器出口联箱内外壁温		√					√	
6	过热器管壁温度		√				高	√	
7	再热器管壁温度		√				高	√	
8	螺旋管出口水冷壁管壁温度		√				高		
9	过热器减温水温度		√					√	
10	循环水泵出口循环水温度	√	√					√	
11	Ⅰ级过热器减温器前蒸汽温度		√					√	
12	Ⅰ级过热器减温器出口蒸汽温度		√		√			√	
13	Ⅰ级过热器出口蒸汽温度		√		√			√	
14	Ⅱ级过热器减温器前蒸汽温度		√					√	
15	Ⅱ级过热器减温器出口蒸汽温度		√		√			√	
16	Ⅱ级过热器出口蒸汽温度		√		√			√	
17	再热器减温器前蒸汽温度		√					√	
18	再热器减温器出口蒸汽温度		√		√			√	
二	压力								
1	过热器出口蒸汽压力		√			√	高	√	
2	过热器减温水压力		√					√	
3	再热器入口低温再热蒸汽压力		√					√	
4	再热器进出口蒸汽压力		√					√	
5	再热器减温水压力		√					√	
6	锅炉循环水泵入口压力	√							
7	锅炉循环水泵出口压力	√	√					√	

续表

序号	测点名称	就地指示	仪表类型/数量		功能				备注
			模拟量	开关量	控制	联锁保护	报警	显示	
三	流量								
1	Ⅰ级过热器减温水流量		√					√	
2	Ⅱ级过热器减温水流量		√					√	
3	再热器减温水流量		√					√	
4	循环水泵出口循环水流量		√		√			√	
5	省煤器出口给水流量		3		√	√		√	塔式锅炉
6	炉管泄漏			√			√		
四	水位								
1	贮水箱水位	√	3		√	√		√	
2	冷凝水箱/收集水箱水位	√	√		√		高	√	

表 4-9　汽水系统辅机本体主要检测项目及仪表配置

序号	测点名称	就地指示	仪表类型/数量		功能				备注
			模拟量	开关量	控制	联锁保护	报警	显示	
1	炉水循环泵壳体温度		√					√	控制循环
2	炉水循环泵电动机腔体温度		√					√	控制循环
3	炉水循环泵电动机冷却水流量			√		√	低		控制循环

四、锅炉吹灰蒸汽系统

1. 系统说明

（1）系统构成。锅炉吹灰蒸汽系统可分为锅炉炉膛吹灰系统和空气预热器吹灰系统。吹灰器可分为墙式吹灰器和伸缩式吹灰器。

（2）系统功能。锅炉吹灰蒸汽系统以蒸汽为介质，对锅炉各个受热面及空气预热器进行定期吹扫，清除受热面表面积灰，防止受热面过热超温，以保证设备安全运行。锅炉吹灰蒸汽系统 P&ID 见图 4-5。

2. 设计输入

设计输入包括锅炉吹灰蒸汽系统图、吹灰蒸汽系统设计说明、吹灰器厂商提供的设计资料。

3. 检测范围

检测范围从锅炉吹灰汽源口至各个吹灰器，包括蒸汽管路、疏水管路的所有测量仪表。锅炉吹灰蒸汽系统的设计属锅炉本体设计范围，由锅炉厂负责，仪表与控制设计以锅炉厂的设计为基础。

4. 检测内容

（1）吹灰汽源减压站后压力检测。

（2）左右侧吹灰蒸汽管路流量检测。

（3）每个吹灰蒸汽疏水管路温度检测。

5. 检测项目及仪表配置清单（见表 4-10）

五、锅炉炉前燃油及等离子点火系统

1. 系统说明

（1）系统构成。锅炉炉前燃油系统由减压调节阀、快关阀、油枪、点火器、油角阀、回油阀及油管路、吹扫空气或蒸汽管路等构成。

等离子点火系统由等离子发生器和等离子载体系统、冷却水系统、图像火检系统及一次风风速测量等辅助系统构成。

表 4-10　锅炉吹灰蒸汽系统主要检测项目及仪表配置

序号	测点名称	就地指示	仪表类型/数量		功能				备注
			模拟量	开关量	控制	联锁保护	报警	显示	
1	吹灰汽源减压站后压力	√	√		√			√	
2	左右侧吹灰蒸汽管路流量			√		√	低		
3	吹灰蒸汽疏水管路温度		√					√	

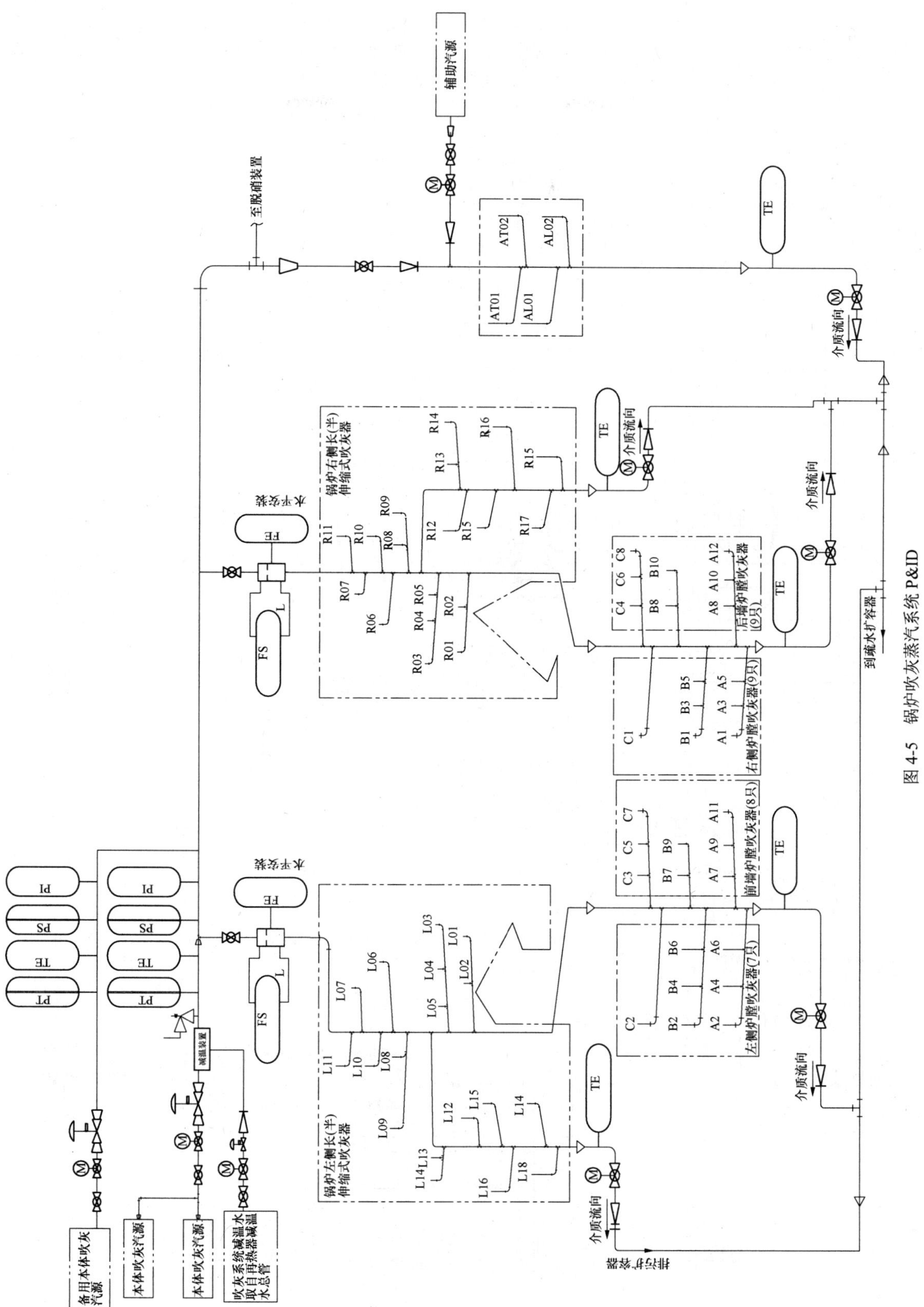

图 4-5　锅炉吹灰蒸汽系统 P&ID

（2）系统功能。锅炉炉前燃油系统将油泵房来的燃油，经过调节阀减压，再经过机械或蒸汽雾化后，通过油枪喷入炉膛，用于点火或助燃。等离子点火系统通过等离子发生器直接点燃煤粉，节约燃油。锅炉炉前燃油系统 P&ID 见图 4-6，等离子点火系统 P&ID 见图 4-7。

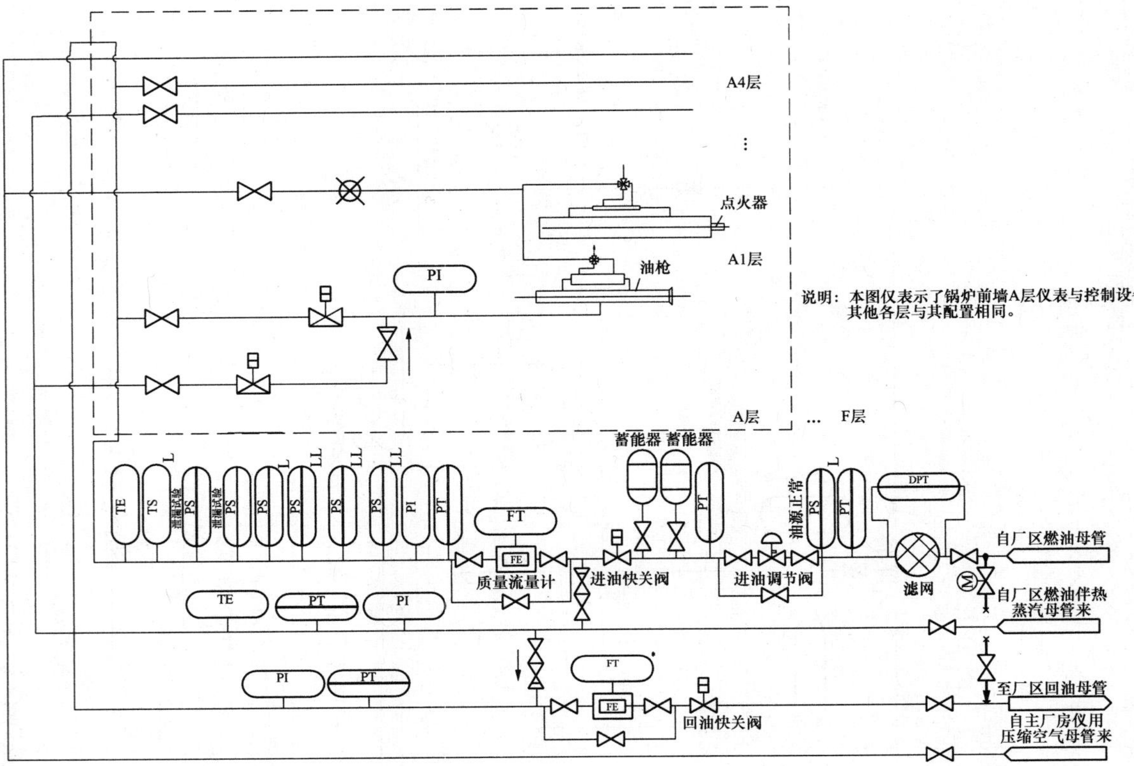

说明：本图仪表示了锅炉前墙A层仪表与控制设备，其他各层与其配置相同。

图 4-6　锅炉炉前燃油系统 P&ID

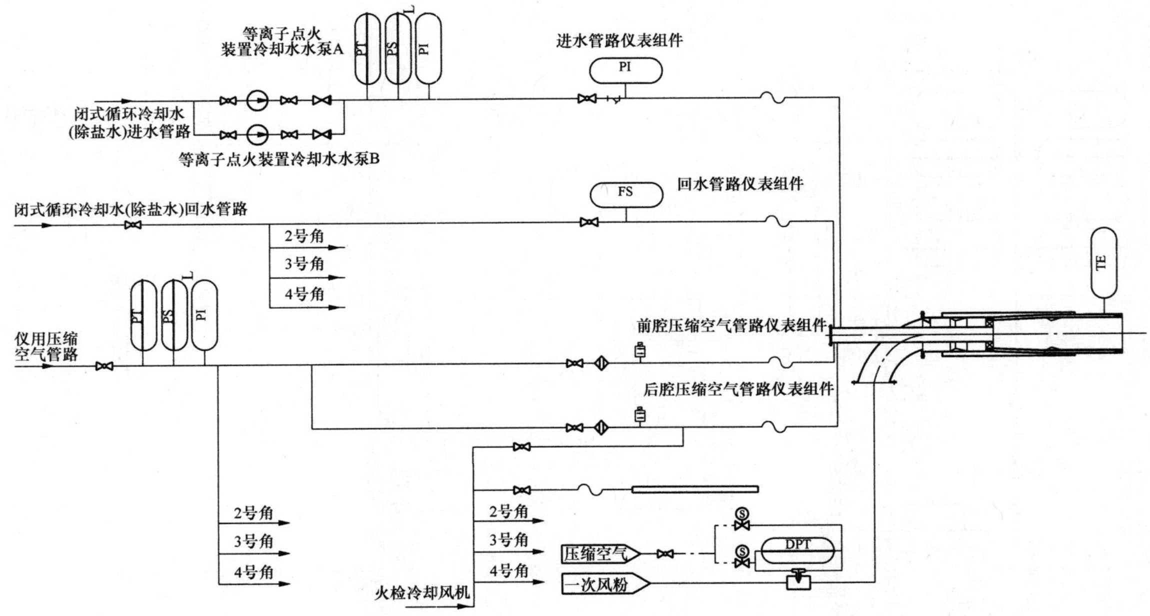

图 4-7　等离子点火系统 P&ID

2. 设计输入

设计输入包括锅炉炉前燃油系统图、系统设计说明及锅炉炉前燃油系统工艺参数和定值。

3. 检测范围

检测范围从锅炉炉前燃油至回油的全部油系统，吹扫空气/雾化蒸汽系统的所有测量仪表。锅炉炉前燃油系统的设计属锅炉本体设计范围，由锅炉厂负责，仪表与控制设计以锅炉厂的设计为基础。

4. 检测内容

（1）设置进油母管调节阀后压力测量仪表，用于调节锅炉炉前燃油供油压力。当压力低时报警，提醒运行人员。当压力低低时，触发锅炉油燃料跳闸（OFT）。

（2）母管快关阀前后设置压力开关，用于燃油泄漏试验。

（3）设置供油母管温度测量仪表，用于监视供油温度是否正常。

（4）设置锅炉炉前燃油进油和回油母管流量测量仪表，用于计量燃油消耗量。

（5）设置燃油吹扫空气/蒸汽的压力测量仪表，监视压力是否正常。

5. 冗余检测项目

供油压力低低停炉保护——三冗余。

6. 检测项目及仪表配置清单（见表4-11）

表4-11 锅炉炉前燃油及点火系统主要检测项目及仪表配置

序号	测点名称	就地指示	仪表类型/数量		功能				备注
			模拟量	开关量	控制	联锁保护	报警	显示	
一	锅炉炉前燃油系统								
1	供油滤网前后差压		√				高		
2	供油流量		√					√	
3	供油压力	√	√		√			√	
4	供油压力合格			√		√			
5	供油压力低			√			低		
6	供油压力低低			3		√			OFT
7	供油温度	√	√				低	√	
8	各油枪供油油压	√							
9	回油流量		√					√	
10	回油滤网前后差压		√				高	√	
11	回油压力		√					√	
12	吹扫蒸汽母管压力	√	√				低	√	
13	吹扫蒸汽温度			√			低		
14	吹扫空气母管压力	√	√				低	√	
二	等离子点火系统								
1	等离子点火系统载体风母管压力	√							
2	各等离子点火器载体风压	√	√				低	√	
3	各等离子燃烧器前端温度		√				高	√	
4	各等离子燃烧器中心筒温度		√				高	√	
5	等离子点火系统冷却水供水母管压力	√	√				低	√	
6	等离子点火系统冷却水回水母管压力	√							
7	各等离子点火器冷却水压	√	√				低	√	
8	各等离子点火器一次风差压		√				低	√	
9	等离子冷风加热器加热蒸汽温度	√							
10	等离子冷风加热器加热蒸汽压力	√							
11	各燃烧器火检		√			√		√	图像显示

六、燃油泵房

1. 系统说明

（1）系统构成。燃油泵房通常分轻油系统和重油系统。国内的火力发电厂通常使用轻油点火系统，即用轻油点燃煤粉。而部分涉外工程的点火系统除了轻油系统外，还有重油系统，即轻油点燃重油，重油再点燃煤粉。

燃油泵房系统由粗过滤器、卸油泵、细过滤器、污油泵、污油池、油水分离器、储油罐、油加热器、供油输送泵等设备及油管道、加热蒸汽管道构成。

（2）系统功能。燃油泵房系统将外来的燃油经卸油、过滤、净化、存储、加热后，送至锅炉，用于点火或助燃。燃油泵房系统 P&ID 见图 4-8（见文后插页）。

2. 设计输入

设计输入包括燃油泵房系统图、系统设计说明及燃油泵房系统工艺参数和定值。

3. 检测范围

检测范围从卸油至锅炉供油、回油的全部油系统，以及加热蒸汽系统的所有测量仪表。

4. 检测内容

（1）所有过滤器前后应有远传差压测量及就地压力检测装置，当过滤器堵塞时报警，提醒运行人员，以便对滤网及时进行清洗。

（2）卸油泵、污油泵出口设置就地压力表，在卸油泵母管上设置压力变送器。

（3）储油罐设置油位测量仪表，用以检测燃油的储存量；同时应在不同高度设置温度检测。

（4）供油泵出口母管设置压力变送器，以监视供油压力。

（5）供油、回油母管上宜设置燃油流量测量仪表，以便进行经济核算。

（6）对于有重油点火的工程，其测量仪表的设置原则上与轻油系统相同。

5. 检测项目及仪表配置清单（见表 4-12）

七、布袋除尘系统

1. 系统说明

（1）系统构成。布袋除尘系统由布袋过滤系统、脉冲清灰系统、压缩空气系统、喷水降温装置构成。

（2）系统功能。从锅炉出来的原烟气，进入除尘器经风烟道，均流分配进入各自独立的布袋除尘室，烟气通过外滤方式进行过滤，粉尘被阻留在滤袋外表面，大颗粒粉尘因重力作用落入灰斗，净化后的烟气沿袋内向上流动，汇合到出风烟道排出。布袋除尘系统 P&ID 见图 4-9。

2. 设计输入

设计输入包括布袋除尘灰水系统图、系统设计说明及布袋除尘系统工艺参数和定值。

3. 检测范围

检测范围从除尘器入口烟道至出口烟道，包括布袋过滤系统、脉冲清灰系统、压缩空气系统、喷水降温系统的所有测量仪表。

表 4-12　　燃油泵房主要检测项目及仪表配置

序号	测点名称	就地指示	仪表类型/数量		功能				备注
			模拟量	开关量	控制	联锁保护	报警	显示	
1	粗过滤器前后差压			√			高		
2	卸油泵出口压力	√							
3	卸油泵出口母管压力		√					√	
4	油罐液位	√	√				高/低	√	
5	油罐温度		√				高	√	
6	污油池液位	√	√				高	√	
7	污油泵出口压力	√							
8	污油泵入口滤网前后差压			√			高		
9	细过滤器前后差压			√			高		
10	供油泵出口压力	√							
11	供油泵出口母管压力		√					√	
12	供油流量		√					√	
13	回油流量		√					√	

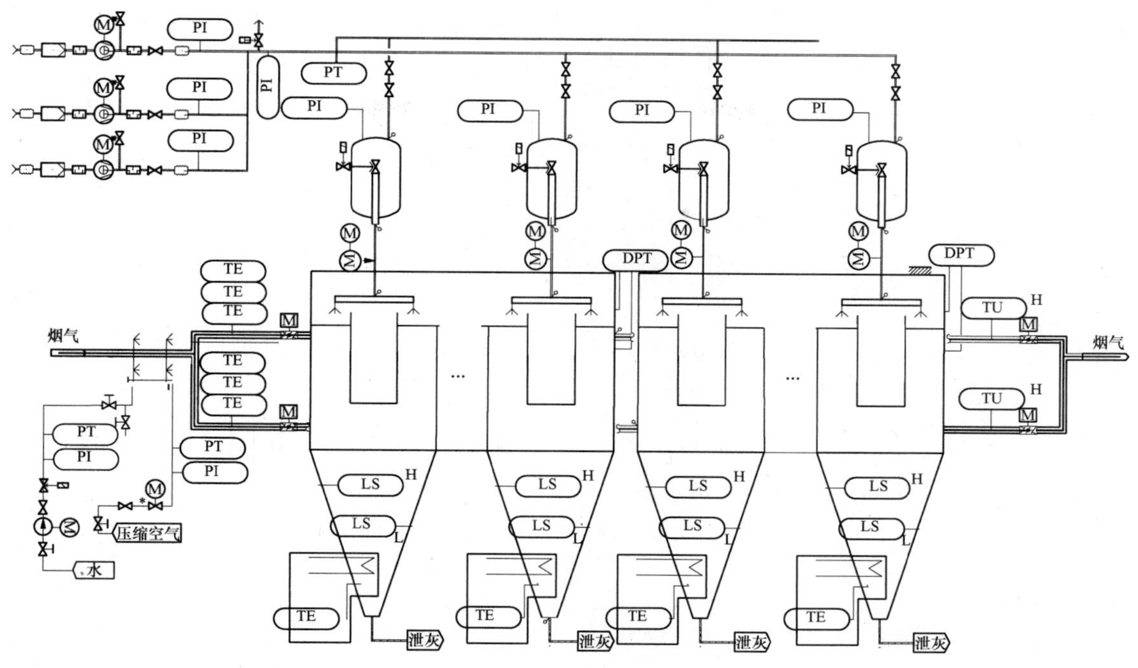

图 4-9　布袋除尘系统 P&ID

4. 检测内容

（1）除尘器入口烟道温度检测。

（2）除尘器出口烟道设置粉尘检漏监测仪表。

（3）清灰气源压力检测。

（4）对每个仓室进行差压检测，以控制脉冲清灰的启停和清灰方式。

5. 检测项目及仪表配置清单（见表 4-13）

表 4-13　　布袋除尘系统主要检测项目及仪表配置

序号	测点名称	就地指示	仪表类型/数量		功能				备注
			模拟量	开关量	控制	联锁保护	报警	显示	
1	除尘器入口烟气温度		3			√	高	√	
2	喷水水源压力	√	√					√	
3	喷水气源压力	√	√					√	
4	罗茨风机出口压力	√							
5	清灰气源母管压力		√				低	√	
6	清灰储气罐压力	√							
7	灰斗料位			√			高		
8	灰斗温度		√				低	√	
9	仓室差压		√			√	高	√	
10	除尘器出口浊度	√					高	√	

八、湿式除尘器

1. 系统说明

（1）系统构成。湿式除尘器由除尘器本体、喷淋系统、补充水系统、循环水系统、加药系统构成。

（2）系统功能。从脱硫出来的湿烟气进入湿式除尘器，利用强电场电晕放电，使烟气中的细微粉尘颗粒荷电，荷电粒子在电场力的作用下，使带电尘粒向极性相反的电极移动，沉积在电极上，进而去除烟气中的灰尘。湿式除尘器水系统将水喷至集尘极上形成连续的水膜，采用水清灰，流动水膜将捕获的粉尘冲刷到灰斗中随水排出。湿式除尘灰水系统 P&ID 见图 4-10。

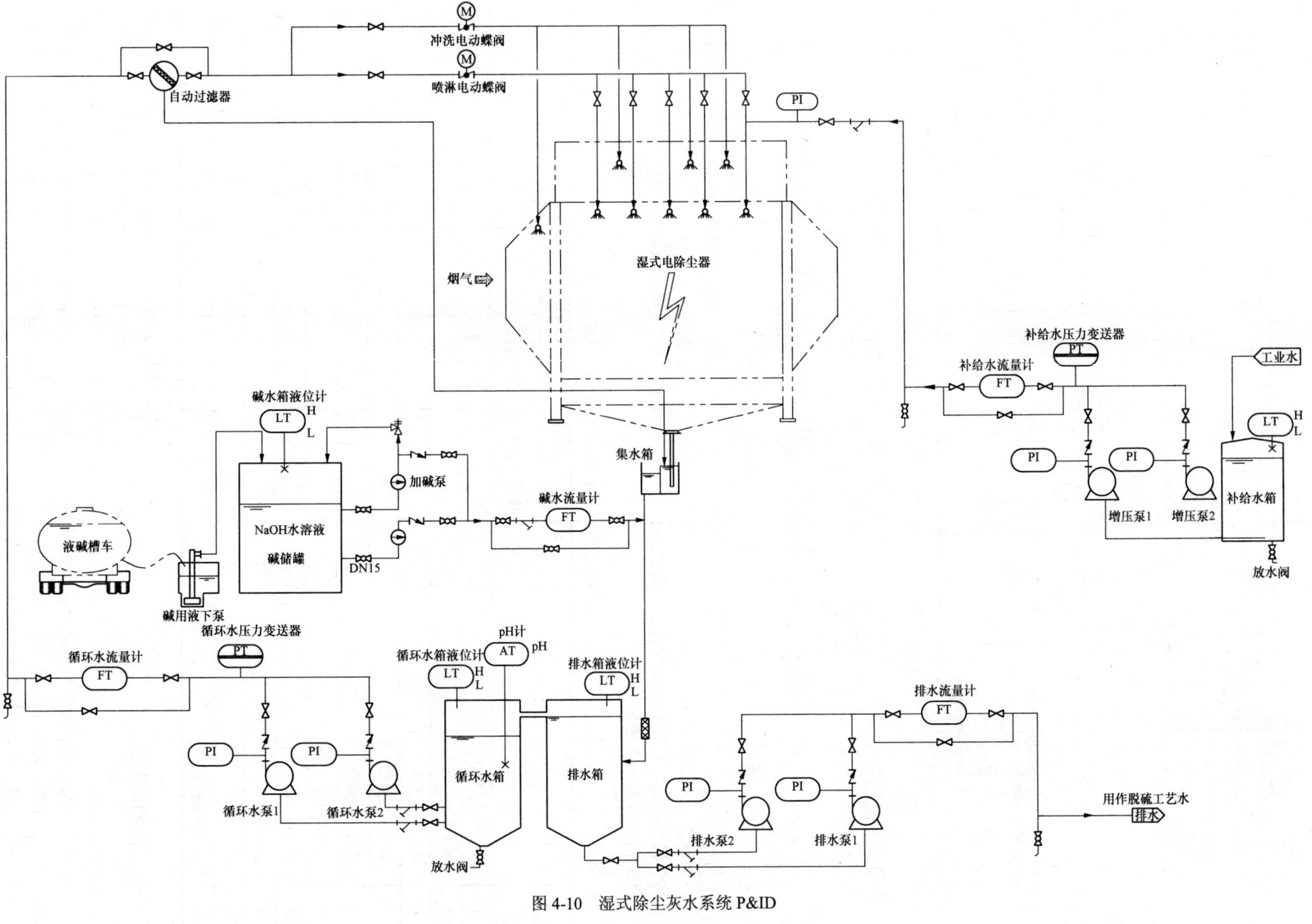

图 4-10　湿式除尘灰水系统 P&ID

2. 设计输入

设计输入包括湿式除尘水系统图、水系统设计说明、湿式除尘水系统工艺参数和定值。

3. 检测范围

检测范围包括喷淋系统、补充水系统、循环水系统、加药系统的所有测量仪表。

4. 检测内容

（1）循环水母管压力和流量检测，循环水箱液位检测。

（2）补给水母管压力和流量检测，补给水箱液位检测。

（3）排水母管压力和流量检测，排水箱液位检测。

（4）循环水箱设置 pH 计检测，以控制喷淋水的酸浓度。

（5）循环水过滤器差压检测。

（6）碱液存储箱液位检测、加碱流量检测。

5. 检测项目及仪表配置清单（见表 4-14）

表 4-14　湿式除尘系统主要检测项目及仪表配置

序号	测点名称	就地指示	仪表类型/数量		功能				备注
			模拟量	开关量	控制	联锁保护	报警	显示	
1	循环水泵出口压力	√							
2	循环水母管压力		√			√	低	√	
3	循环水流量		√					√	
4	循环水箱液位	√	√				高/低	√	
5	循环水箱 pH 值		√		√		低	√	
6	补给水泵出口压力	√							
7	补给水母管压力		√			√	低	√	
8	补给水流量		√					√	
9	补给水箱液位	√	√				高/低	√	
10	排水泵出口压力	√							
11	排水母管压力		√			√	低	√	
12	排水流量		√					√	
13	排水箱液位	√	√				高/低	√	
14	碱液存储箱液位	√	√				高/低	√	
15	加碱液母管流量		√					√	

九、启动锅炉房

1. 系统说明

（1）系统构成。启动锅炉按燃料可分为燃煤、燃气、燃油锅炉。启动锅炉房设有燃料供给系统、送风系统、烟风系统、汽水系统，燃煤锅炉还设有除灰渣系统。

（2）系统功能。新建电厂的第一台发电机组在启动时，需要蒸汽干燥煤粉、预热锅炉补水、提供汽动给水泵启动蒸汽，需要建设启动锅炉来向第一台机组供给启动辅助蒸汽。当电厂有机组运行后，辅助蒸汽就来自运行的机组抽汽。

1）燃煤启动锅炉燃料供给系统是将燃煤通过斗式提升机、振动给料机、炉排送入炉膛燃烧。对于燃气、燃油锅炉，燃料则通过管道送入燃烧室燃烧。

2）燃煤启动锅炉送风系统为炉排、炉膛输送空气，提供煤粉燃烧所需要的氧气。由大气吸入的空气通过送风机加压后，进入空气预热器，加热后经风道进入炉排。对于燃油或燃气启动锅炉，大气吸入的空气通过送风机加压后，直接送入燃烧室帮助燃烧。

3）烟气系统的作用是排放燃烧产生的烟气。

4）汽水系统将除盐水除氧、加压后送入启动锅炉，经受热产生启动用蒸汽。

5）燃煤启动锅炉除灰除渣系统，用于收集煤燃烧后形成的灰渣。

6）某些工程启动锅炉房投运早于锅炉补给水处理车间，此时启动锅炉房还设有软化水系统，原水经过过滤，进入钠离子软化器处理后接至软化水箱。

启动锅炉汽水系统 P&ID 见图 4-11，启动锅炉烟风系统 P&ID 见图 4-12。

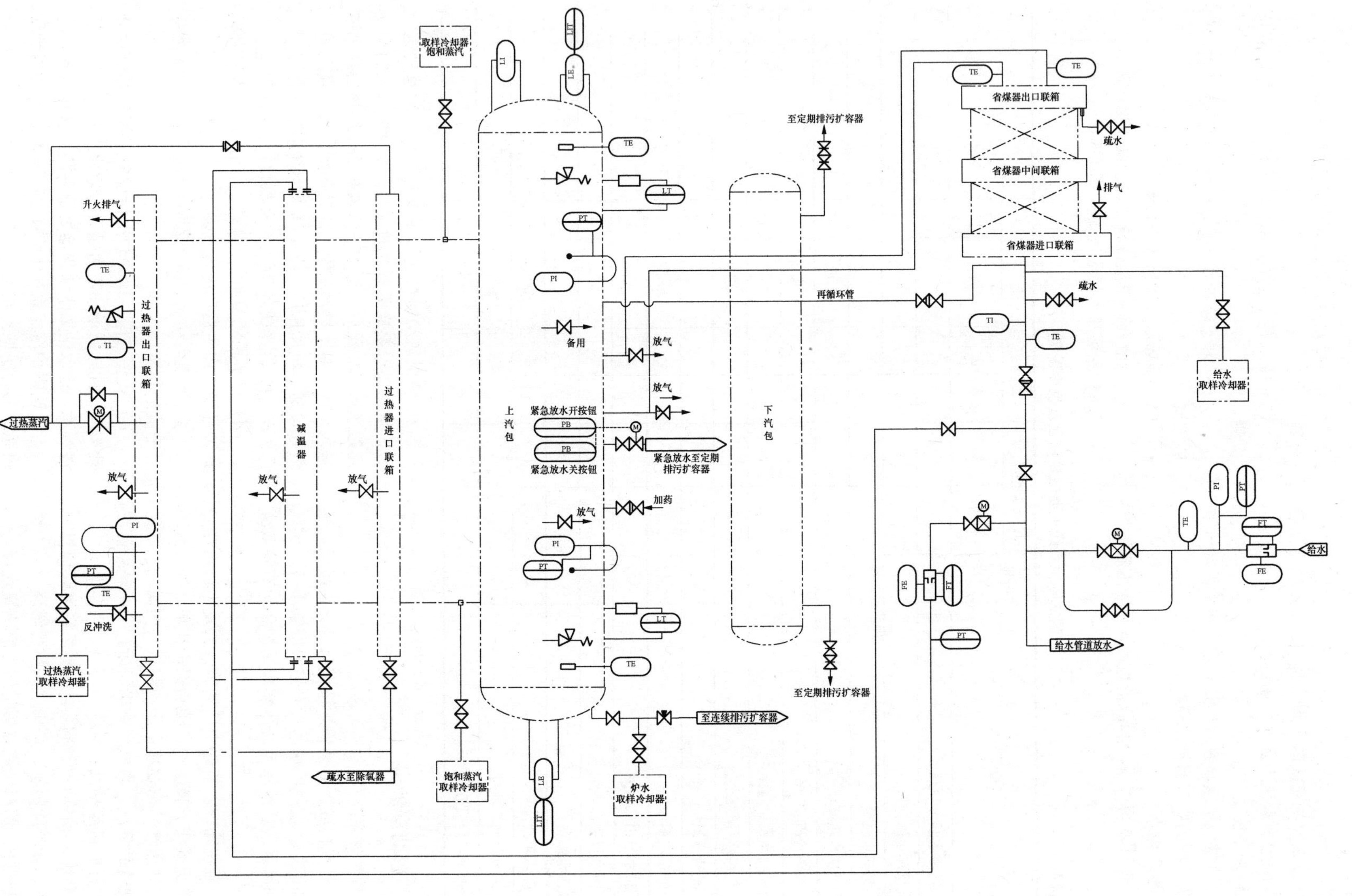

图 4-11　启动锅炉汽水系统 P&ID

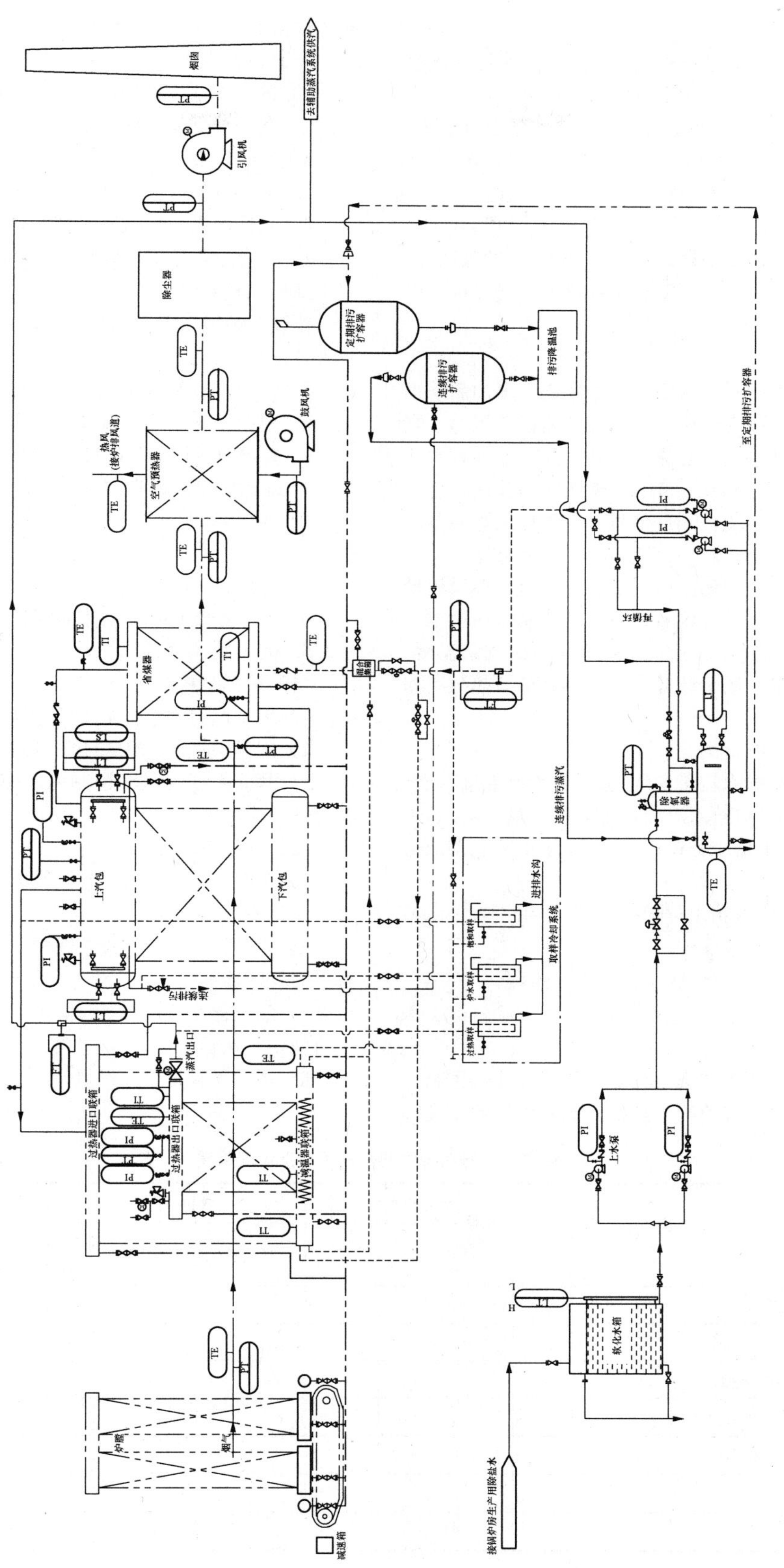

图 4-12　启动锅炉烟风系统 P&ID

2. 设计输入

设计输入包括启动锅炉烟风系统图，烟风系统设计说明，烟风系统工艺参数及定值，启动锅炉汽水系统图，汽水系统设计说明，汽水系统工艺参数及定值，空气预热器、送风机、引风机、加湿输灰机、除渣机、低温省煤器等设备厂商资料。

3. 检测范围

检测范围包括启动锅炉燃烧供给系统、烟风系统、汽水系统、除灰渣系统的所有测量仪表；送风机、引风机、空气预热器等设备本体检测。

4. 检测内容

（1）燃烧供给系统检测。对于燃气、燃油启动锅炉，检测内容包括燃气压力、燃气泄漏试验压力、燃烧器火焰，燃油进、回油流量，各气阀、油阀开关状态，燃气、燃油控制阀开度等。燃气泄漏检测。燃气启动锅炉设置燃气流量测量信号，用于送风量控制，当采用差压测量方式时，设置温度、压力补偿。

（2）烟风系统检测。送风机、引风机出口风压检测，以监视风机的运行状态。空气预热器送风进出口温度、进出口压力检测，空气预热器烟气进出口温度、进出口压力检测，用于计算空气预热器的换热效率和端差、压力降。

（3）汽水系统检测。

1）给水、减温水流量检测，并设置给水温度补偿。

2）省煤器进口给水温度、压力模拟量检测。

3）设置除氧器压力模拟量信号，用于除氧器压力控制。

4）设置软化水箱水位模拟量信号，用于软化水箱水位控制及软化水泵保护。

5）软化水泵出口母管压力模拟量检测。

6）设置除氧器水位模拟量信号，用于除氧器上水调节阀控制。

7）启动锅炉出口主蒸汽流量检测，并设置温度补偿。

（4）软化水系统检测。包括过滤器入口流量及钠离子软化器流量模拟量检测；过滤器差压开关量检测。

（5）设备本体检测。

1）锅炉本体提供的检测至少应包括下列内容：

a．汽包水位模拟量信号，用于给水控制。

b．汽包压力模拟量信号，用于报警。

c．上汽包外壁温检测。

d．省煤器出口给水温度检测。

e．设置过热器出口联箱压力、温度模拟量信号，用于减温水控制。

f. 设置炉膛压力模拟量信号，用于炉膛压力控制、报警及保护跳闸。

g．炉膛出口烟气温度、压力模拟量检测。

h．过热器出口烟气温度模拟量检测。

i．省煤器进口烟气温度模拟量检测。

j．油、气燃烧器设置火焰检测装置。

2）随辅机设备本体提供的检测至少应包括下列内容：

a．送风机、引风机轴承温度。

b．送风机、引风机电动机轴承温度、各相绕组温度。

5. 冗余检测项目

（1）模拟量控制。

1）用于汽包水位控制的汽包水位——三冗余。

2）用于炉膛压力控制的炉膛压力测点——三冗余。

3）用于主蒸汽温度控制的过热器出口联箱蒸汽温度——两冗余。

（2）联锁保护。

1）上汽包水位高高、低低保护——三冗余（信号来自液位变送器）。

2）炉膛压力高高、低低保护——三冗余（信号来自压力变送器）。

3）除氧器水位高高、低低保护——两冗余（信号来自液位变送器）。

6. 检测项目及仪表配置清单（见表 4-15）

表 4-15　启动锅炉房系统主要检测项目及仪表配置

序号	测点名称	就地指示	仪表类型/数量		功能				备注
			模拟量	开关量	控制	联锁保护	报警	显示	
一	送风系统								
1	送风机出口风温		√					√	
2	送风机出口风压		√		√			√	
3	空气预热器出口风压		√					√	
4	空气预热器出口风温		√					√	
二	烟气系统								
1	炉膛压力		3		√	√	高/低	√	启动锅炉 MFT 保护

续表

序号	测点名称	就地指示	仪表类型/数量		功能				备注
			模拟量	开关量	控制	联锁保护	报警	显示	
2	炉膛压力		√					√	满量程
3	炉膛出口烟气温度		√				高	√	左右各一
4	炉膛火焰检测		√			√	无火	√	仅燃油、燃气锅炉，MFT 保护
5	空气预热器入口烟气压力		√					√	
6	空气预热器出口烟气压力		√					√	
7	空气预热器入口烟气温度		√					√	
8	空气预热器出口烟气温度		√		√		低	√	
9	引风机入口烟气压力		√					√	
10	引风机出口烟气压力		√					√	
11	省煤器入口烟气温度		√					√	
12	过热器出口烟气温度		√					√	
三	汽水系统								
1	上汽包水位		3		√	√	高/低	√	MFT 保护
2	上汽包外壁温		2				高	√	
3	上汽包压力		√				高	√	
4	过热器出口联箱蒸汽温度		2		√			√	
5	过热器出口联箱蒸汽压力		√				高/低	√	
6	给水流量		√		√			√	
7	给水温度		√					√	
8	省煤器入口给水压力		√					√	
9	省煤器入口给水温度		√					√	
10	省煤器出口给水温度		√					√	
11	减温水流量		√					√	
12	软化水箱液位		√		√			√	
13	软化水泵出口母管压力		√					√	
14	除氧器水位		2		√	√	高/低	√	
15	除氧器压力		√		√		高	√	
16	给水泵出口母管压力		√					√	
17	启动蒸汽母管压力		√					√	多台启动锅炉
18	启动蒸汽母管温度		√					√	多台启动锅炉
四	软化水系统								
1	过滤器入口流量		√					√	
2	过滤器差压			√			高		
3	钠离子软化器出水流量		√				低	√	

续表

序号	测点名称	就地指示	仪表类型/数量		功能				备注
			模拟量	开关量	控制	联锁保护	报警	显示	
五	燃料系统								
1	燃油进油流量		√		√			√	仅燃油锅炉
2	燃油回油流量		√		√			√	仅燃油锅炉
3	进油压力低			√			低		仅燃油锅炉
4	进油压力低低			√		√			仅燃油锅炉
5	快关阀泄漏试验压力			√		√			仅燃油锅炉
6	进油温度允许			√		√			仅燃油锅炉
7	进油压力		√					√	仅燃油锅炉
8	雾化空气压力		√					√	仅燃油锅炉
9	雾化空气压力低			√			低		仅燃油锅炉
10	雾化空气压力低低			√		√			仅燃油锅炉
11	进油母管压力		√					√	多台燃油锅炉
12	进油母管温度		√					√	多台燃油锅炉
13	进气流量		√		√			√	仅燃气锅炉
14	进气压力低			√			低		仅燃气锅炉
15	进气压力低低			√		√			仅燃气锅炉
16	快关阀泄漏试验压力			√		√			仅燃气锅炉
17	进气压力		√					√	仅燃气锅炉
18	排烟温度高			√			高		仅燃气锅炉
19	进气母管压力		√					√	多台燃气锅炉
20	进气母管温度		√					√	多台燃气锅炉
21	燃气泄漏检测		√				√	√	仅燃气锅炉

十、燃煤机组二氧化碳脱除系统

1. 系统说明

二氧化碳（CO_2）脱除系统是捕集煤燃烧过程中产生的CO_2，并进行封存，以减少CO_2的排放，可分为燃烧前捕集和燃烧后捕集。燃烧前捕集主要应用在以气化炉为基础的发电厂，如整体煤气化联合循环（IGCC）电厂，化石燃料和氧或空气发生反应，制成H_2和CO_2，再分离出CO_2。燃烧后捕集是捕集烟气中的CO_2，捕集方法以化学吸收法为主，按化学吸收剂可分为乙醇胺（MEA）法、热钾碱液法、氨法等。本节以常用的燃烧后捕集MEA法为例。

（1）系统构成。烟气CO_2捕集由三部分构成：以吸收塔为中心，辅以旋风分离器、气水分离器及增压设备；以再生塔和再沸器为中心，辅以再生气冷却器及分离器和回流系统；介于以上两者之间的富CO_2吸收液与再生吸收液换热及过滤系统。

（2）系统功能。气水分离器分离烟气中的水分，引风机增加克服气水分离器及吸收塔阻力，洗涤水对吸收塔上段进行水洗，减少MEA蒸汽随烟气排出而造成吸收液的损失。吸收CO_2后的富液经过富液预热器、贫富液换热器，回收热量后送入吸收塔。富液经过再生塔汽提解吸出部分CO_2，变为半贫液进入煮沸器进一步解吸，再经换热、冷却往返循环，构成连续吸收和解吸CO_2工艺过程。烟气CO_2吸收系统P&ID见图4-13，烟气CO_2解吸系统P&ID见图4-14。

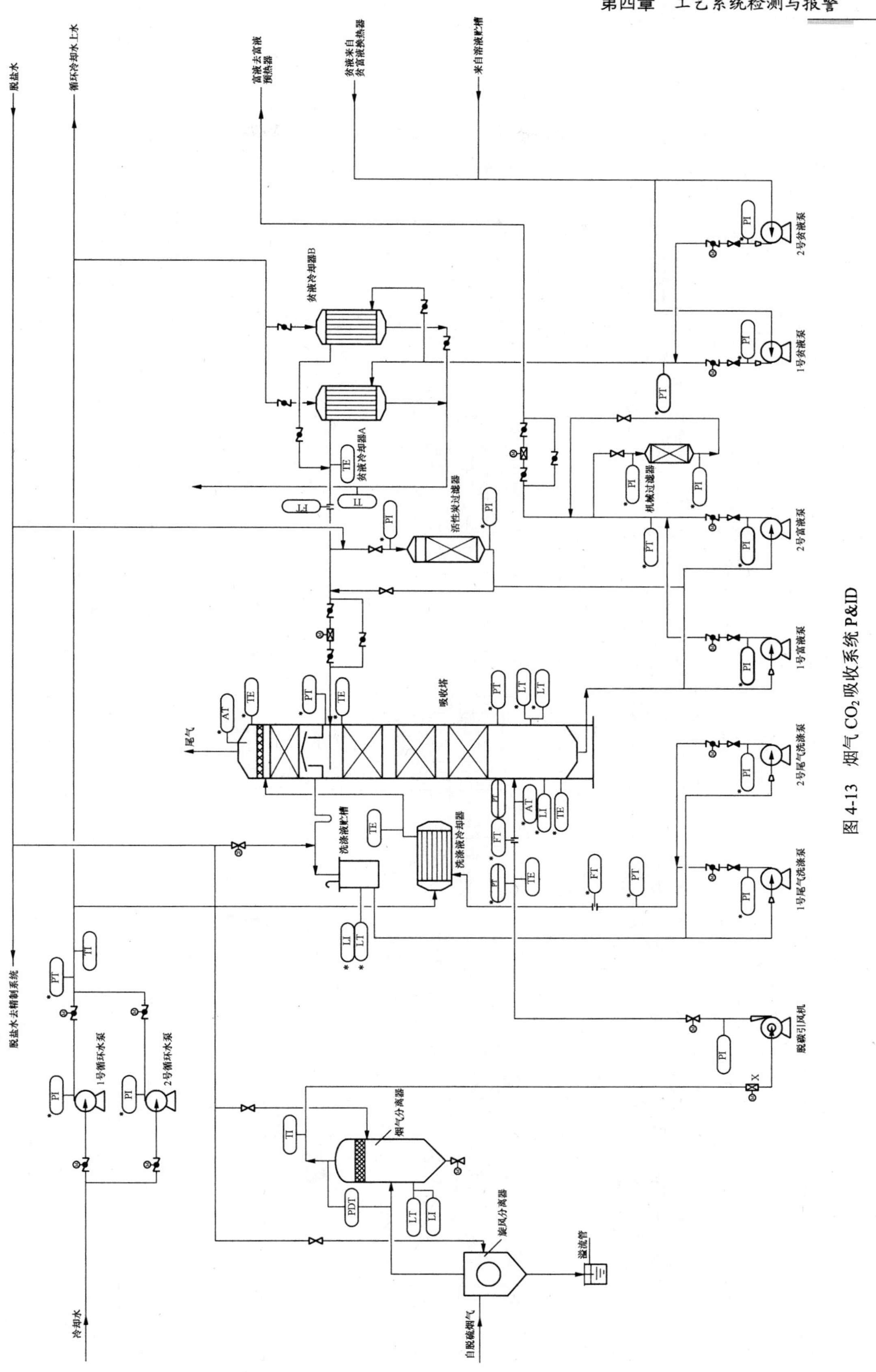

图 4-13　烟气 CO_2 吸收系统 P&ID

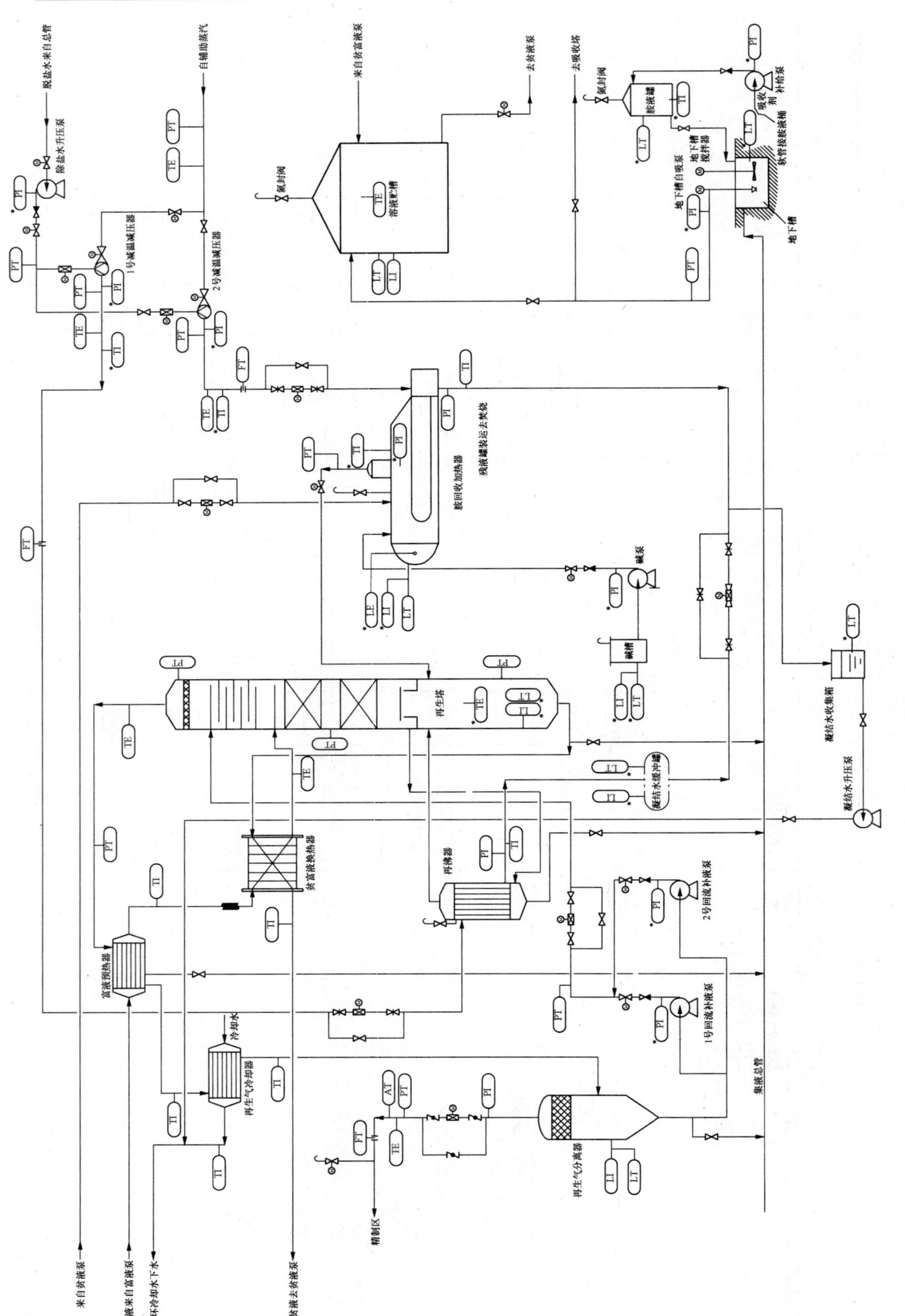

图 4-14 烟气 CO_2 解吸系统 P&ID

2. 设计输入

设计输入包括烟气 CO_2 捕集系统图，系统设计说明，系统工艺参数及定值，脱碳引风机、吸收塔、再生塔等设备厂商资料。

3. 检测范围

检测范围包括 CO_2 吸收系统、CO_2 解吸系统所有测量仪表；脱碳引风机、吸收塔、再生塔、胺回收加热器等设备本体检测。

4. 检测内容

（1）烟气 CO_2 捕集系统检测。

1）吸收塔吸入烟气温度、压力、流量。

2）再生塔吸入烟气温度、压力。

3）再生气温度、压力、流量。

4）烟气分离器进出口差压。

5）减温减压器进、出口蒸汽温度、压力。

6）吸收塔入口贫液流量。

7）再生气出口流量。

8）再生气分离器液位。

9）吸收塔入、出口烟气成分。

10）再生气成分。

（2）设备本体检测。

1）脱碳引风机轴承温度。

2）脱碳引风机电动机轴承温度、绕组温度。

3）吸收塔温度、压力、液位。

4）再生塔温度、压力、液位。

5）吸收塔入口贫液流量。

6）胺回收加热器溶液温度、液位。

5. 检测项目及仪表配置清单（见表 4-16）

表 4-16　烟气 CO_2 捕集系统主要检测项目及仪表配置

序号	测点名称	就地指示	仪表类型/数量		功能				备注
			模拟量	开关量	控制	联锁保护	报警	显示	
一	CO_2 捕集系统								
1	吸收塔入口烟气温度		√					√	
2	再生气出口温度		√					√	
3	再生塔入口富液温度		√					√	
4	洗涤液冷却器出口洗涤液温度		√					√	
5	贫液冷却器出口贫液温度		√					√	
6	溶液贮槽溶液温度		√					√	
7	减温减压器入口蒸汽温度		√					√	
8	减温减压器出口蒸汽温度	√	√		√			√	
9	再生塔出口再生气温度		√					√	
10	再生气冷却器出口再生气温度	√							
11	贫富液换热器出口贫液温度	√							
12	再沸器出口凝结水温度	√							
13	胺回收加热器出口凝结水温度	√							
14	循环冷却水入口温度	√							
15	贫液冷却器循环冷却水回水温度	√							
16	富液预热器出口富液温度	√							
17	再生气冷却器循环冷却水回水温度	√							
18	洗涤液冷却器循环冷却水回水温度	√							
19	烟气分离器出口烟气温度	√							
20	脱硫后烟气入口温度	√							
21	除盐水入口温度	√							
22	富液预热器出口再生气温度	√							

续表

序号	测点名称	就地指示	仪表类型/数量		功能				备注
			模拟量	开关量	控制	联锁保护	报警	显示	
23	入吸收塔烟气压力		√					√	
24	循环冷却水泵出口压力		√					√	
25	循环冷却水入口压力		√					√	
26	烟气分离器进出口差压		√					√	
27	再生气出口压力		√					√	
28	排放自吸泵出口压力		√					√	
29	尾气洗涤泵出口压力		√					√	
30	除盐水升压泵出口压力		√					√	
31	贫液泵出口压力		√					√	
32	再生塔出口再生气压力		√		√			√	
33	富液泵出口压力		√					√	
34	回流补液泵出口压力		√					√	
35	减温减压器入口蒸汽压力	√	√					√	
36	减温减压器出口蒸汽压力	√	√		√			√	
37	烟气分离器液位	√	√				高/低	√	
38	凝结水缓冲罐液位	√	√				高/低	√	
39	再生气分离器液位	√	√		√	√	高/低/低低	√	
40	溶液贮槽液位		√				高/低	√	
41	废水收集池液位	√	√				高/低	√	
42	凝结水收集箱液位	√	√				高/低	√	
43	地下槽液位	√	√				高/低	√	
44	洗涤液贮槽液位	√	√				高/低	√	
45	胺液罐液位	√	√				高/低	√	
46	碱槽液位	√	√				高/低	√	
47	再生气出口流量		√					√	
48	吸收塔入口贫液流量		√		√			√	
49	进胺回收加热器蒸汽流量		√					√	
50	再沸器进入蒸汽流量		√					√	
51	吸收塔吸入烟气流量		√					√	
52	洗涤液流量		√					√	
53	吸收塔入口烟气成分分析		√					√	
54	吸收塔出口烟气成分分析		√					√	
55	再生气成分分析		√					√	
二	辅机本体								
1	脱碳引风机轴承温度		√			√	高/高高	√	
2	脱碳引风机电动机轴承温度		√			√	高/高高	√	

续表

序号	测点名称	就地指示	仪表类型/数量		功能				备注
			模拟量	开关量	控制	联锁保护	报警	显示	
3	脱碳引风机电动机绕组温度		√			√	高/高高	√	
4	吸收塔顶部温度		√					√	
5	吸收塔中部温度		√					√	
6	吸收塔底部温度							√	
7	再生塔底部温度	√			√				
8	胺液罐吸收剂温度	√							
9	胺回收加热器溶液温度	√			√				
10	吸收塔顶部压力	√	√					√	
11	吸收塔底部压力	√	√					√	
12	再生塔顶部压力		√					√	
13	再生塔中部压力		√					√	
14	再生塔底部压力		√					√	
15	各泵出口压力	√							
16	胺回收加热器出口凝结水压力	√							
17	胺回收加热器液位	√	√		√		高/低	√	
18	吸收塔液位	√	2		√		高/低	√	
19	再生塔液位	√					高/低	√	

注　本表内容某工程为基础编制整理，工程设计以设备技术协议要求和设备厂商的设计资料为准。

第三节　除灰渣系统

一、除灰系统

1. 系统说明

（1）系统构成。除灰系统根据输送介质的不同，可分为气力除灰系统、机械除灰系统、水力除灰系统或组合系统。其中气力除灰系统是指除尘器等灰斗收集的干灰，以压缩空气为载体通过管道输送到灰库储存的过程，根据输送压力的不同又分为正压气力除灰系统和负压气力除灰系统；根据粉煤灰在输送过程中的物相浓度不同，可分为稀相气力除灰系统和浓相气力除灰系统。

火力发电厂煤粉锅炉飞灰多采用正压浓相气力除灰系统。正压浓相气力除灰系统包括飞灰输送系统、输灰压缩空气系统、输灰仪用压缩空气系统、灰库过滤排气系统、灰斗气化风系统、灰库气化风系统、灰库及卸灰系统等，考虑综合利用，还配有干灰分选系统，将粗、细干灰分别收集、存储。

（2）系统功能。飞灰输送系统是将除尘器灰斗、省煤器灰斗、脱硝灰斗收集的粉煤灰，以压缩空气为载体，借助于正压设备，通过管道输送到灰库。

输灰压缩空气系统为粉煤灰的输送提供适当压力的压缩空气作为动力。输灰仪用压缩空气系统为除灰系统的气动阀门提供仪用气源。

灰库过滤排气系统，对于正压浓相气力除灰系统是通过布袋除尘器等排气过滤设备，将进入灰库的含尘气体净化后排入大气，并使灰库呈负压状态工作。

灰斗气化风系统包括气化风机和电加热器，向灰斗内注入加热后的气化风，使灰始终处于流化状态，以防止灰斗内的灰板结。

灰库气化风系统包括气化风机和电加热器，向灰库气化风槽内注入加热后的气化风，使灰库内干灰流化，保证卸灰均匀、通畅。

灰库及卸灰系统是将灰库中储存的粗灰、细灰通过装车等方式运出电厂，以综合利用或运至灰场储存，卸灰设备有干灰散装机和双轴搅拌加湿机等。

除尘器飞灰输送系统 P&ID 见图 4-15 所示，气化风系统 P&ID 见图 4-16 所示，灰库储存与卸料系统 P&ID 见图 4-17 所示。

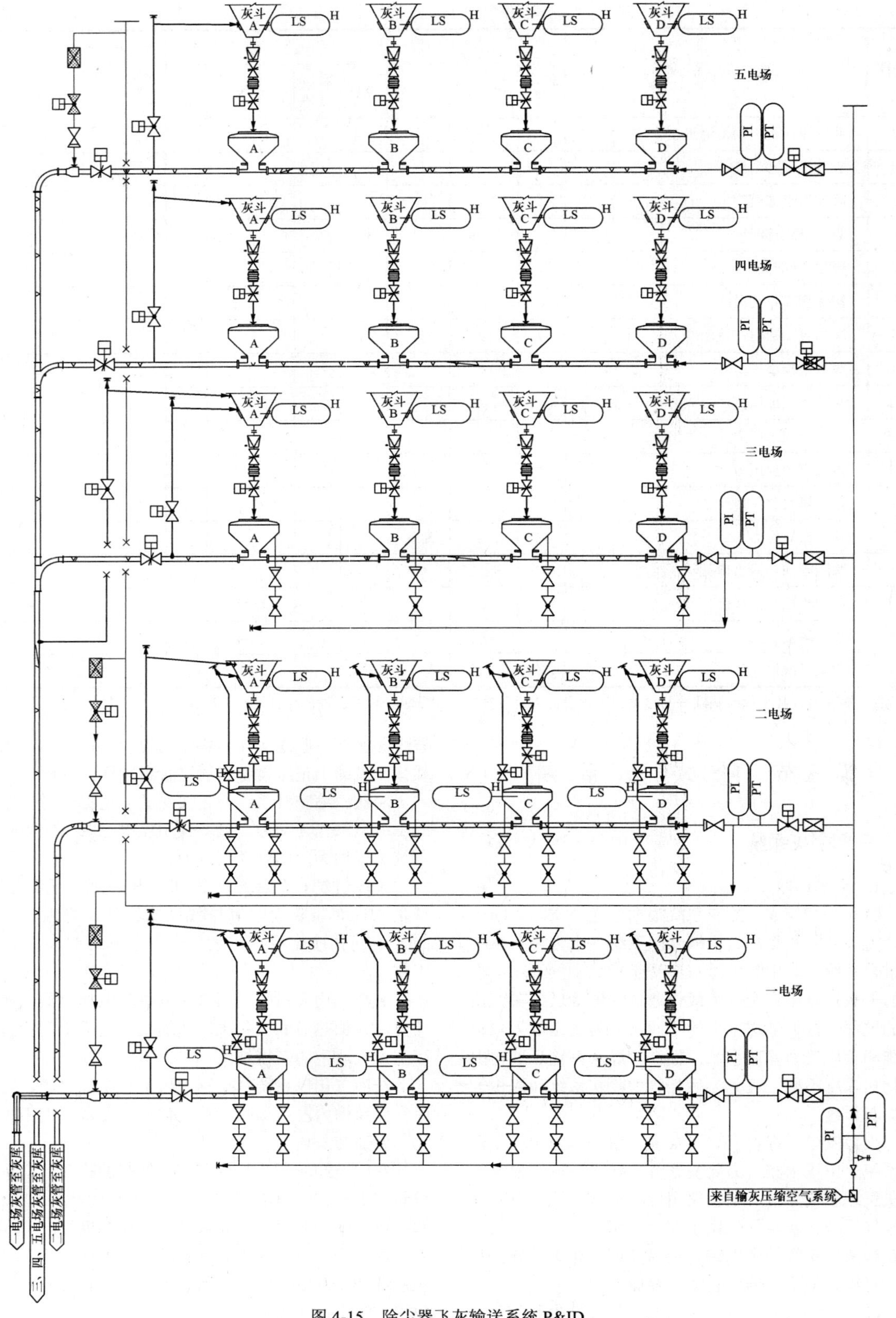

图 4-15　除尘器飞灰输送系统 P&ID

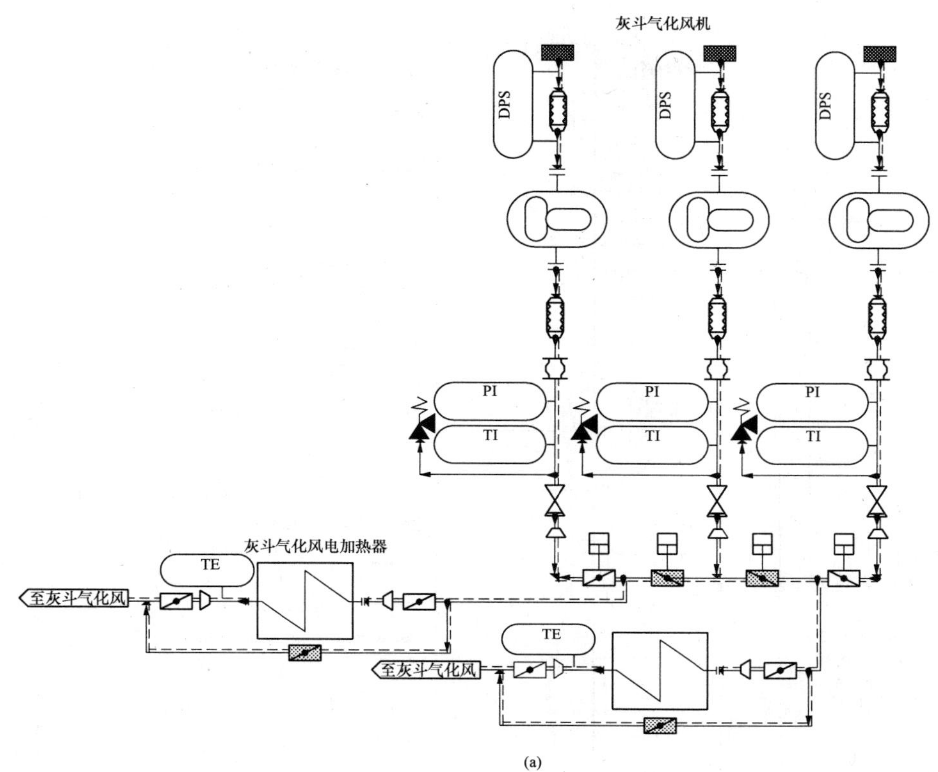

(a)

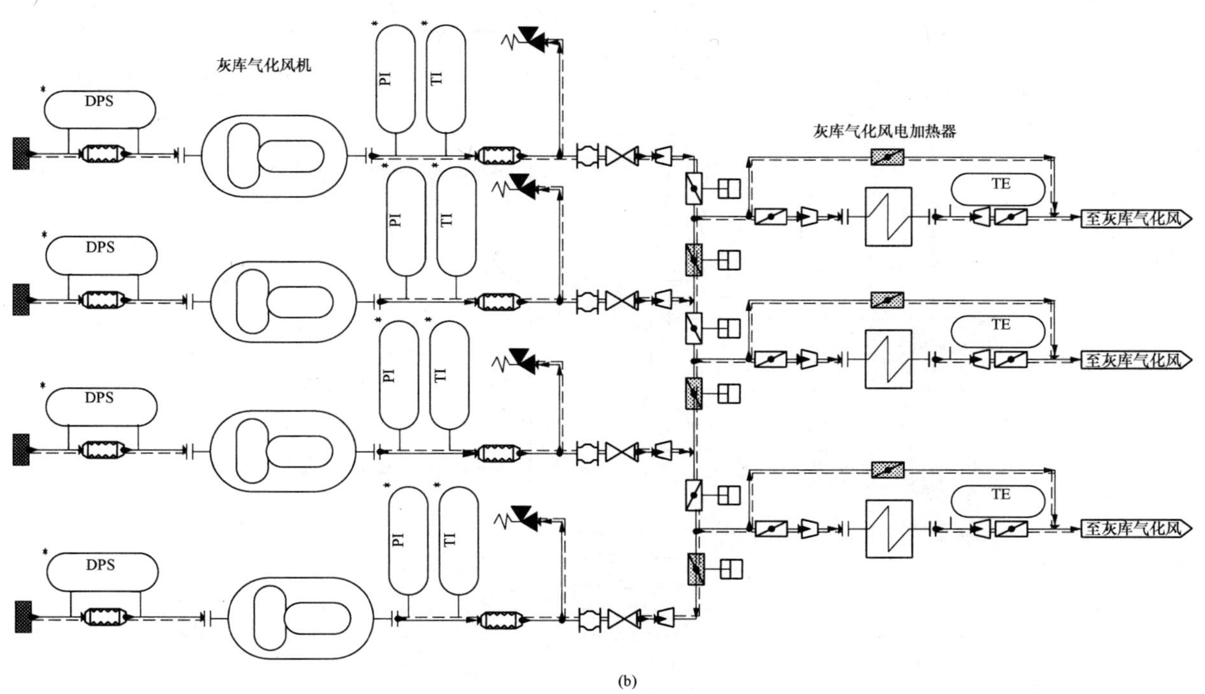

(b)

图 4-16 气化风系统 P&ID

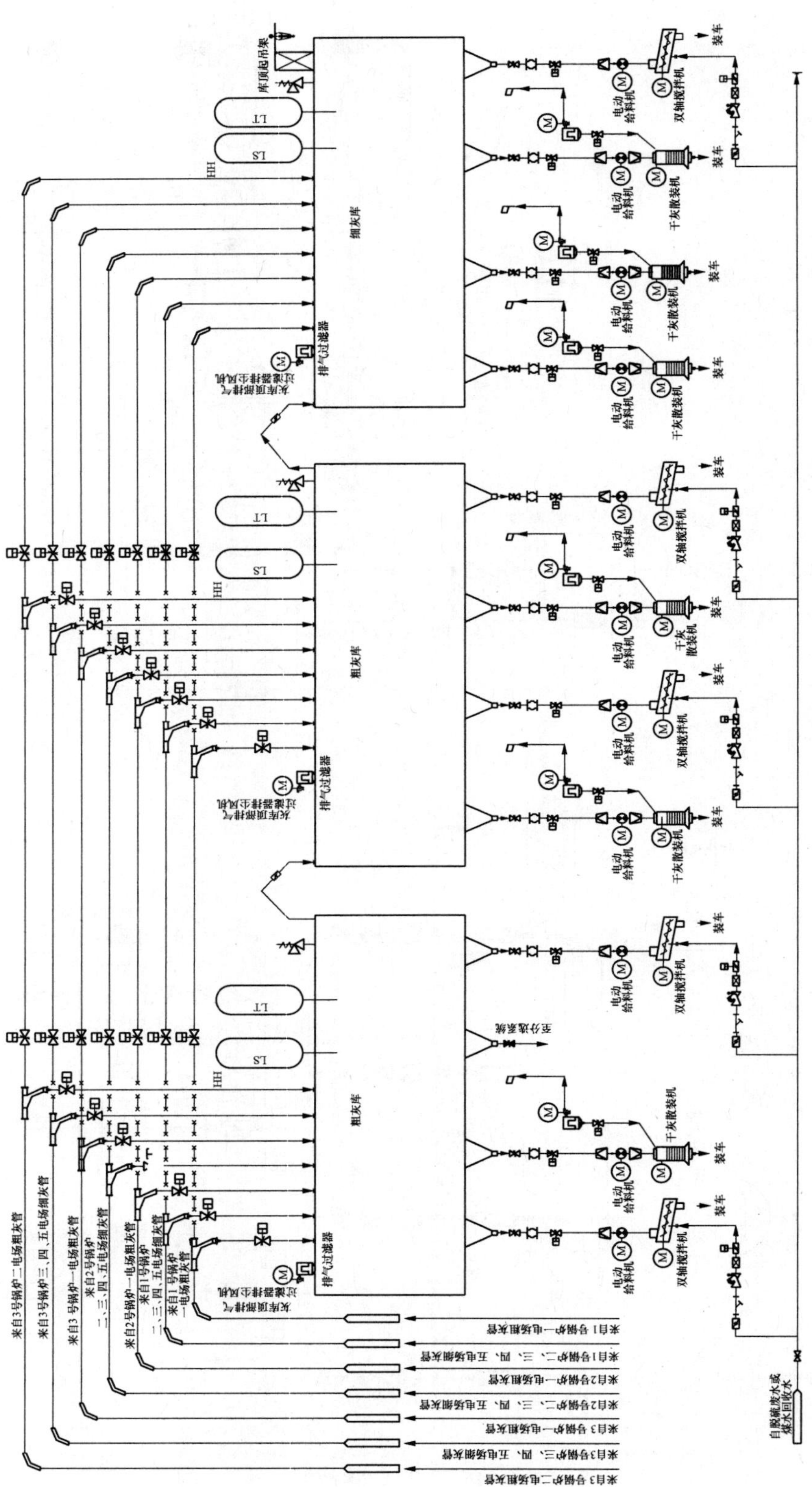

图 4-17 灰库储存与卸料系统 P&ID

2. 设计输入

设计输入包括除尘器飞灰输送系统图、锅炉房内飞灰输送系统图、输灰气源系统图、除灰仪用压缩空气系统图、除尘器灰斗气化风系统图、灰库储存与卸料系统图、灰库气化风系统图，各系统工艺参数及定值，空气压缩机、后处理设备、气化风机及加热器、灰库卸料设备、库顶过滤除尘器等设备本体及飞灰输送设备厂家资料。

3. 检测范围

检测范围包括飞灰输送系统、输灰压缩空气系统、输灰仪用压缩空气系统、灰库排气系统、灰斗气化风系统、灰库气化风系统、灰库及卸灰系统所有测量仪表；气化风机及加热器、灰库卸料设备、库顶过滤除尘器等设备本体检测。

4. 检测内容

（1）除灰系统检测。

1）压缩空气母管压力检测，达到允许值，飞灰输送才允许启动。

2）每条输灰管道始端的压力检测，用于判断输灰是否结束或者输灰管堵塞。

3）一、二电场每个灰斗的高料位检测，用于报警或仓泵进料的触发条件。三、四、五电场存储的灰量较少，可不进行灰斗高料位检测。

4）一、二电场每个仓泵应设置高料位开关，用于排灰控制。

5）每个灰库应有连续料位检测和高高料位检测，用于灰库料位的监视及保护。

6）气化风机出口母管应有压力监视。

7）气化风加热器出口温度检测，确保气化风加热到指定温度以使灰库或灰斗中的灰流态化。

8）压缩空气储罐压力检测。

（2）设备本体检测。

1）仓泵本体设置进料圆顶阀密封压力高检测。

2）灰库排气过滤器本体提供的检测至少应包括过滤器差压检测。

3）灰斗、灰库气化风机入口滤网差压检测，风机出口压力、温度检测。

4）气化风加热器本体提供的检测至少包括加热器出口气体温度检测。

5）灰库库底干灰散装机本体提供的检测至少包括散装机料位检测，确保罐车装满时自动停止给料。

5. 检测项目及仪表配置清单（见表 4-17）

表 4-17　　正压浓相除灰系统主要检测项目及仪表配置

序号	测点名称	就地指示	仪表类型/数量		功能				备注
			模拟量	开关量	控制	联锁保护	报警	显示	
一	飞灰输送系统								
1	输灰压力	√	√			√	高		
2	除尘器灰斗料位			√		√	高		
3	仓泵料位			√		√			
4	气化风母管压力		√			√		√	
5	压缩空气储气罐压力检测	√	√				低	√	
6	输灰压缩空气母管压力		√				低		
7	灰库连续料位	√	√				高、低	√	
8	灰库高高料位			√		√			
二	辅机本体								
1	进料圆顶阀密封压力高			√			高		
2	过滤器差压			√		√	高		
3	气化风机出口压力	√							
4	气化风机出口温度	√							
5	气化风机入口滤网差压			√			高		
6	气化风加热器出口风温		√				高	√	
7	散装机装车料位			√		√	高		

注　本表内容以部分 600MW 机组工程正压浓相气力除灰系统为基础编制整理，工程设计以设备技术协议要求和设备厂商的设计资料为准。

二、除渣系统

1. 系统说明

煤粉锅炉机组的除渣系统，由炉底排渣系统、冷却输送系统、渣仓存储及卸料系统组成。根据煤质结焦性强弱，选用较多的除渣方式有水冷式机械除渣、风冷式机械除渣两种。本节以这两种形式为例，介绍除渣工艺系统的检测与报警设计。

（1）系统构成。

1）水冷式机械除渣系统是以水作为输送介质，将炉底渣排入渣仓的除渣方式，一般采用闭式循环形式，即锅炉排出的渣由刮板捞渣机连续捞出输送至渣仓储存，渣仓内的渣由自卸汽车输送至灰场或综合利用用户。水冷式机械除渣系统由炉底排渣系统、冷却及输送系统、渣仓储存及卸渣系统、溢流及排污系统、补水系统组成，主要设备有炉底渣斗和排渣装置、刮板捞渣机、渣仓及卸料装置、溢流水池及水泵、补水管路及阀门等。

2）风冷式机械除渣系统是利用锅炉炉膛的负压吸入冷却空气，将渣冷却，然后利用耐高温输送带输送至渣仓的除渣方式。风冷式机械除渣系统由炉底排渣系统、冷却及输送系统、渣仓储存及卸渣系统组成，主要设备有炉底渣斗和关断阀、风冷排渣机、碎渣机、斗式提升机、渣库及库顶排气装置、湿式卸料机、干式卸料机等。

（2）系统功能。

1）水冷式机械除渣系统。炉底排渣系统由过渡渣斗、炉底排渣装置组成，主要起到关断及防止大渣块直接冲击捞渣机和破碎大渣块的作用。冷却及输送系统由刮板捞渣机实现，炉渣落入捞渣机上槽体内急冷粒化，然后连续捞出输送至渣仓。渣仓用于捞渣机输送炉渣的储存并具有析水功能，渣仓下设有气动卸料阀，用以控制卸料装车。溢流及排污系统用于将捞渣机正常溢流水、经沉淀后的渣仓排污水定期返排至捞渣机。捞渣机上槽体和过渡渣斗水封槽的自动补水系统，是为了保证刮板捞渣机上槽体水温不超温，以及维持上槽体和渣斗的正常运行水位。

水冷式机械除渣系统 P&ID 见图 4-18。

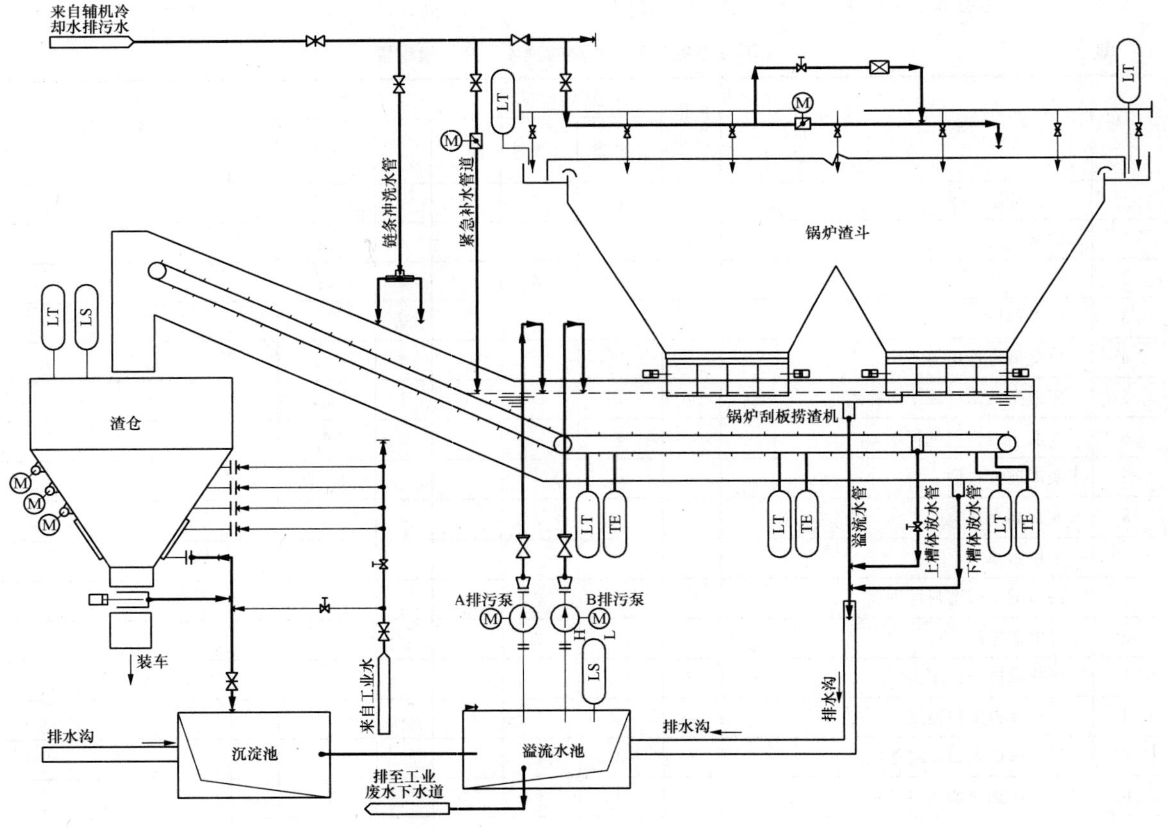

图 4-18　水冷式机械除渣系统 P&ID

2）风冷式机械除渣系统。

a．炉底排渣系统由过渡渣斗、炉底排渣装置组成。炉底排渣装置是为避免锅炉结焦时大焦直接掉在风冷式排渣机上，该装置具有关断阀及防止大渣块直接冲击排渣机和破碎大渣块的作用。

b．冷却及输送系统有一级风冷排渣机上渣库、二级风冷排渣机上渣库方案。其中二级风冷排渣机上渣库方案中，一级风冷式排渣机与锅炉出渣口用过渡渣斗相连，高温碎渣机布置在一级风冷式排渣机出口，二级风冷式排渣机入口与碎渣机出渣口相连，出口与渣库相连，或经过斗式提升机落入渣库。风冷式排渣机利用锅炉炉膛的负压吸入冷却空气，将渣冷却，冷却空气能最大限度地将底渣的热量带回炉膛，冷却风量能根据锅炉的排渣量自动调节，且不影响锅炉的燃烧。一级风冷式排渣机出口的高温碎渣机用以进一步将大渣破碎。斗式提升机用于场地受限时，使排渣机出口的炉渣垂直提升至渣库顶落料口。

c．渣仓储存系统除了渣库本体用来储存干渣外，库顶还有排气过滤器，用以排出并过滤渣库内的置换空气。排气过滤器配排风机，使渣库保持微负压。

d．卸渣系统通过湿式搅拌机将渣库内的炉渣装车运至灰场；通过干式卸料机加负压吸尘系统或排气过滤器，将炉渣装密封罐车以便综合利用。

风冷式机械除渣系统 P&ID 见图 4-19。

2. 设计输入

设计输入包括：水冷式机械除渣系统图，除渣系统设计说明，除渣系统工艺参数及定值，刮板捞渣机、渣仓本体及油站等设备厂商资料；风冷式机械除渣系统图，除渣系统设计说明，除渣系统工艺参数及定值，风冷式排渣机、碎渣机、斗式提升机（如有）、渣仓本体、库顶排气过滤装置、库底卸料等设备厂商资料。

3. 检测范围

水冷式机械除渣系统仪表检测范围包括排渣及输送系统、渣仓及排渣系统、溢流排污和补水系统三部分的所有测量仪表；液压站等设备本体检测。

风冷式机械除渣系统仪表检测范围包括渣仓料位测量仪表；风冷式排渣机、碎渣机、液压张紧及驱动泵站、斗式提升机、渣库排气过滤器等设备本体检测。

4. 检测内容

（1）除渣系统检测。

1）水冷式机械除渣系统。

a．捞渣机上槽体的前段、中段、后段的液位及温度检测，以监视运行水位和水温。

b. 带水封槽的除渣系统应设置水封槽液位测量仪表，以保证不向炉膛内漏风；如采用机械密封，则无此项。

c．渣仓料位检测，高料位报警。

d．溢流水池、排污水池液位检测，根据水池液位联锁启动或停止排污泵。

e. 炉底排渣挤压装置处设置耐高温、防水摄像头，以便在集中控制室监视排渣情况。

2）风冷式机械除渣系统。

a．风冷式机械除渣系统渣仓料位检测，高料位报警。

b．排渣温度检测，监视进入渣库的炉渣温度。

c．炉底进风温度检测，监视通过风冷式排渣机进入锅炉的风温。

（2）设备本体检测。

1）刮板捞渣机驱动液压站和张紧液压站的油温检测、油位检测、油压检测、油过滤器差压检测，捞渣机断链检测，捞渣机张紧极限位置检测。

2）液压关断阀开到位、关到位检测。

3）风冷式排渣机设钢带头部温度装置，用于进风门的开度调节；设置大渣检测装置及钢带断链、打滑检测装置，用于设备本体检测及报警。

4）高温碎渣机设自动回转卡阻报警、卡阻保护装置。

5）斗式提升机的断链、堵料检测。

6）渣库排气过滤器的差压高、滤袋破损、料位检测。

7）炉底排渣挤压装置处设置耐高温、防尘摄像头，进入全厂闭路电视监视系统，以便在集中控制室监视排渣情况。

5. 检测项目及仪表配置清单（见表 4-18 和表 4-19）

三、干灰分选系统

1. 系统说明

（1）系统构成。系统常用负压闭式循环分选工艺，主要包括电动调速给料机、落料插板门、耐磨离心分选风机、分选风机入口电动阀门、分级机、二次风门、旋风分离器、锁气卸料阀、除尘器等设备。

（2）系统功能。在负压闭式循环分选系统中，原灰库里的原状灰经给料机送入输料管，与管内负压气流混合后进入分级机，分离下来的粗灰经下部锁气卸料阀落入成品粗灰库。细灰在负压气流作用下，通过管道进入旋风分离器，收集下来的细灰经锁气卸料阀落入成品细灰库。原灰库的原状灰经分选系统筛选，满足规定的细度，可增加电厂干灰综合利用率，降低输灰、存灰成本。负压闭式循环分选系统 P&ID 见图 4-20。

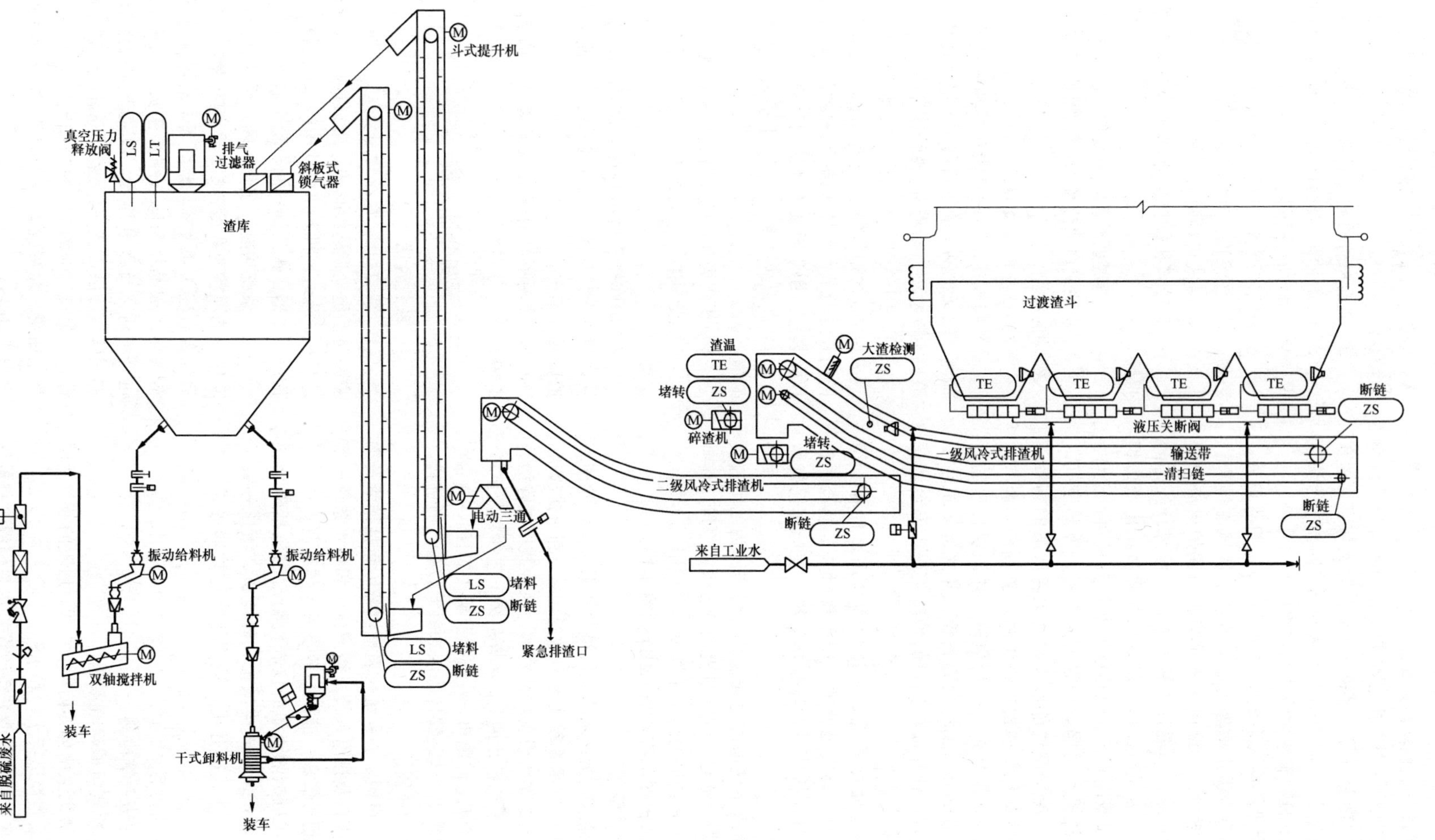

图 4-19　风冷式机械除渣系统 P&ID

表 4-18　　水冷式机械除渣系统主要检测项目及仪表配置

序号	测点名称	就地指示	仪表类型/数量		功能				备注
			模拟量	开关量	控制	联锁保护	报警	显示	
1	水封槽液位		√			√	低	√	机械密封无此项
2	刮板捞渣机上槽体液位		√			√	低	√	
3	刮板捞渣机上槽体水温		√			√	高	√	
4	渣仓料位		√				高	√	
5	溢流水池液位		√			√	高/低	√	
6	排污泵出口压力	√							
7	炉底排渣装置监视摄像头							√	图像显示
8	液压站液压油压力		√			√	低	√	
9	液压站油温			√		√	高/低		
10	液压站油位			√		√	高/低		
11	液压站油过滤器差压			√			高		
12	液压站液压油压力		√			√	低	√	
13	液压站油温			√		√	高/低		
14	液压站油位			√		√	高/低		
15	液压站油过滤器差压			√			高		

注　本表内容以部分 600MW 机组工程水冷式机械除渣系统为基础编制整理，工程设计以设备技术协议要求和设备厂商的设计资料为准。

表 4-19　　风冷式机械除渣系统主要检测项目及仪表配置

序号	测点名称	就地指示	仪表类型/数量		功能				备注
			模拟量	开关量	控制	联锁保护	报警	显示	
1	排渣温度（渣库入口）		√				高	√	
2	炉底进风温度		√				低	√	
3	渣仓料位		√				高	√	
4	炉底排渣装置监视摄像头							√	图像显示
5	钢带头部温度		√			√	高/低	√	
6	钢带头部料位			√		√	高		
7	液压站液压油压力		√			√	低	√	
8	液压站油温			√		√	高/低		
9	液压站油位			√		√	高/低		
10	液压站油油过滤器差压			√			高		
11	液压站液压油压力		√			√	低	√	
12	液压站油温			√		√	高/低		
13	液压站油位			√		√	高/低		
14	液压站油油过滤器差压			√			高		
15	过滤器差压高			√			√		
16	料位高			√			√		

注　本表内容以部分 600MW 机组工程风冷式机械除渣系统为基础编制整理，工程设计以设备技术协议要求和设备厂商的设计资料为准。

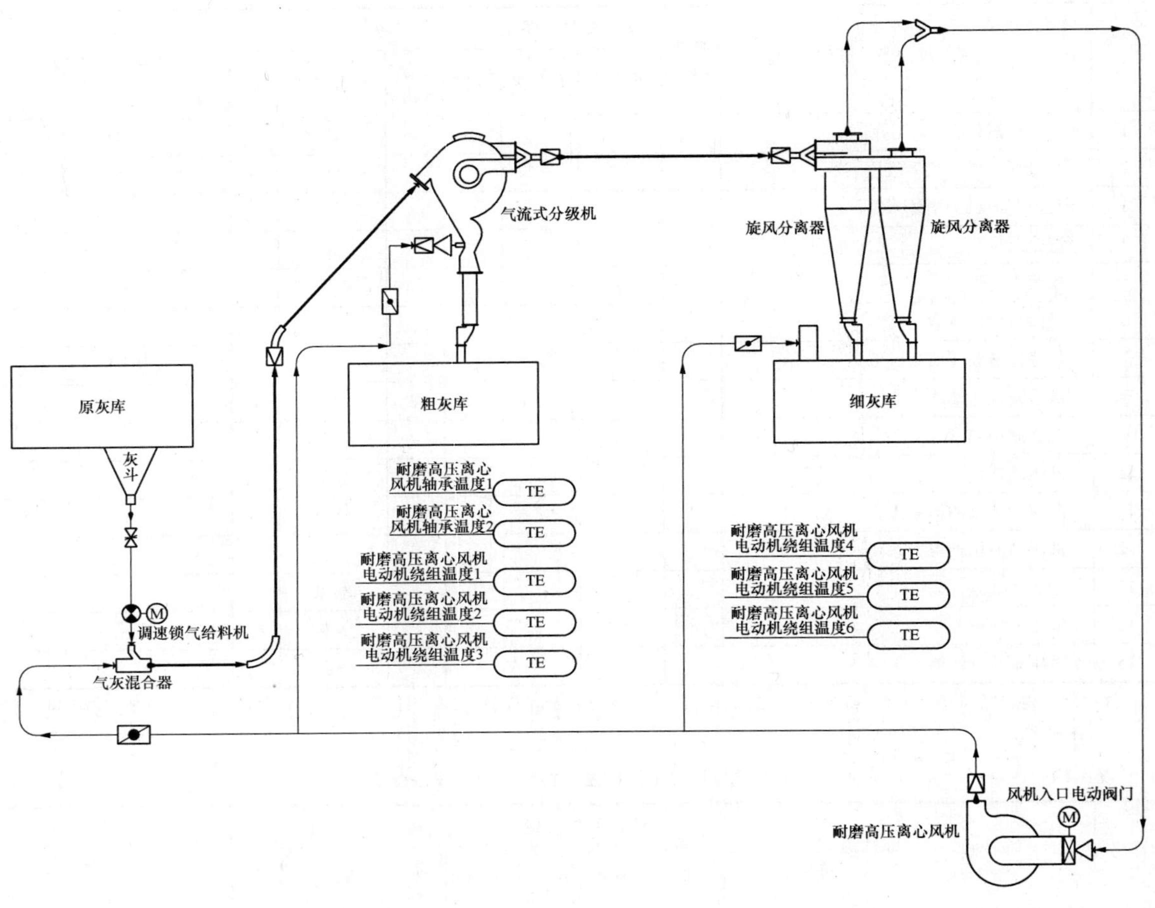

图 4-20 负压闭式循环分选系统 P&ID

2. 设计输入

设计输入包括干灰分选系统图，干灰分选系统设计说明，干灰分选系统厂家联锁保护框图、参数及定值等设备厂商资料。

3. 检测范围

负压闭式循环分选系统检测范围包括分选系统的所有测量仪表；分选风机设备本体检测。

4. 检测内容

高压分选风机轴承温度检测；风机电动机轴承温度、各相绕组温度检测。

5. 干灰分选系统检测项目及仪表配置清单（见表4-20）

四、压缩空气系统

1. 系统说明

（1）系统构成。压缩空气系统的主要设备包括空气压缩机、空气干燥净化装置、压缩空气储气罐等。当除灰系统气源设备采用螺杆式空气压缩机时，全厂仪用、厂用、除灰输送用压缩空气系统可以统一规划设计，设置公用备用空气压缩机，设备集中布置。

（2）系统功能。压缩空气系统是从大气吸入空气，经压缩与净化干燥处理，然后输送至用气单元作为驱动或控制气源的系统。压缩空气按功能可分为厂用压缩空气、仪用压缩空气和除灰用压缩空气。仪用压缩空气系统的气源流量、压力和品质稳定可靠，气源系统在故障情况下能保证一定时间的消耗量以安全停机；除灰用压缩空气提供除灰系统物料输送用气；厂用压缩空气提供电厂检修、运行维护用气，保证气源系统在故障情况下一定时间的消耗量。压缩空气系统 P&ID 见图4-21。

表 4-20　　负压闭式循环分选系统单体设备本体主要检测项目及仪表配置

序号	测点名称	就地指示	仪表类型/数量		功能				备注
			模拟量	开关量	控制	联锁保护	报警	显示	
1	分选风机电动机各相绕组温度		√				高	√	
2	分选风机电动机轴承温度		√				高	√	
3	分选轴承温度		√				高	√	

注　本表内容为分选系统的基本检测项目，工程设计应以设备技术协议要求和设备厂商的设计资料为准。

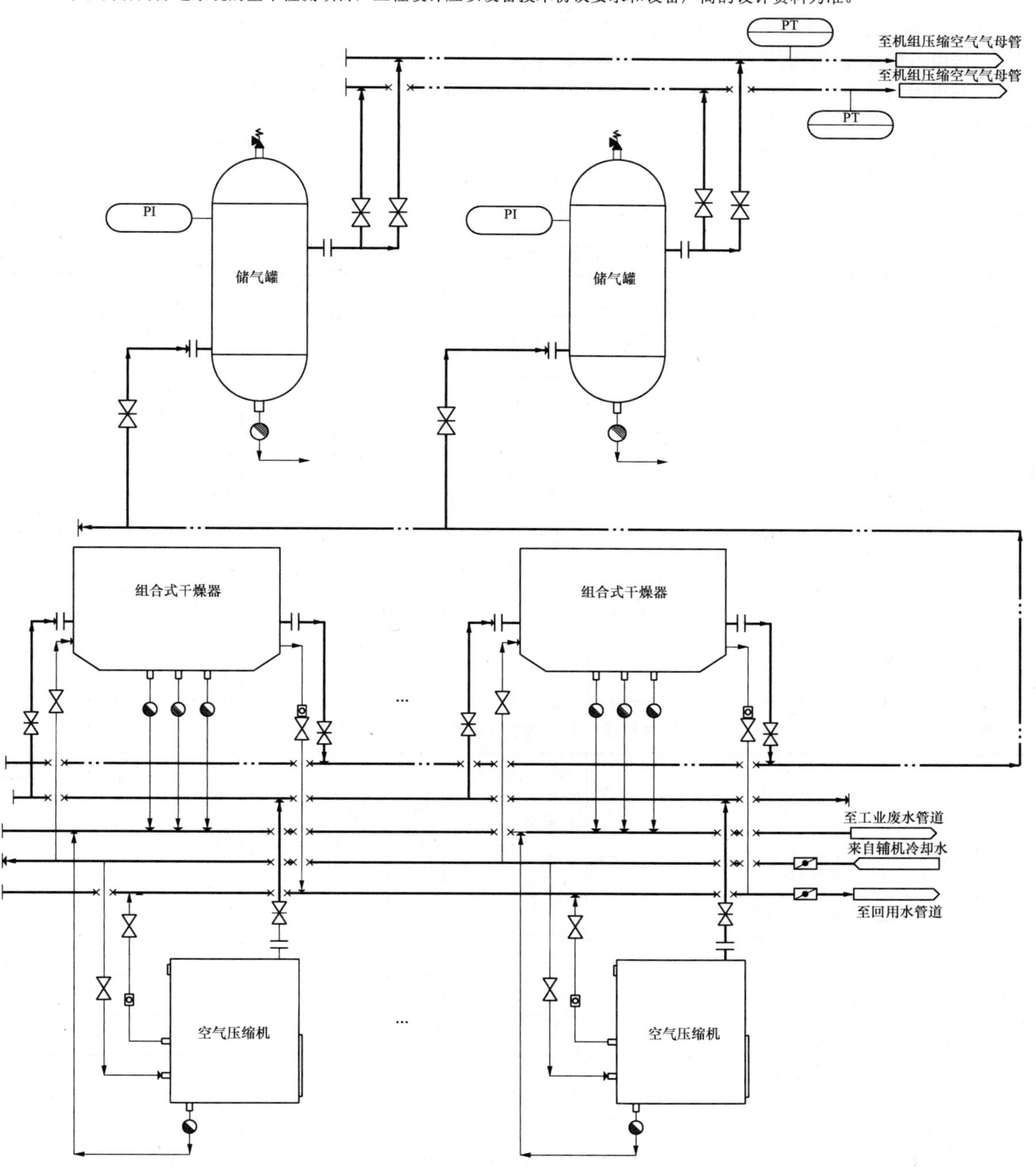

图 4-21　压缩空气系统 P&ID

2. 设计输入

设计输入包括压缩空气系统图，压缩空气系统工艺参数及定值，空气压缩机、空气干燥净化装置、压缩空气储气罐等设备厂商资料。

3. 检测范围

检测范围包括空气压缩机入口至压缩空气储气罐出口母管的所有测量仪表；空气压缩机、空气干燥净化装置、压缩空气储气罐等设备本体检测。

4. 检测内容

（1）压缩空气系统。仪用、厂用、除灰用压缩空气储气罐出口母管分别设置压力检测，作为启动备用空气压缩机的联锁条件。压缩空气储气罐设置就地压力表及压力变送器，以监视储气罐的状态。

（2）设备本体检测。

1）螺杆式空气压缩机本体至少提供以下检测内容：

a. 空气压缩机各级排气温度、压力。

b. 空气压缩机组出水温度。

c. 空气压缩机组冷却水进水（阀后）压力或流量。

d. 润滑油压力。

e. 润滑油过滤器差压。

2）空气干燥净化装置本体至少提供以下检测内容：

a. 空气干燥装置进气、排气温度。

b. 加热再生吸附式空气干燥装置加热器出口温度，再生气进气、排气温度。

c. 冷冻空气干燥装置蒸发温度。

d. 空气干燥装置差压。

e. 空气过滤器差压。

5. 检测项目及仪表配置清单（见表 4-21 和表 4-22）

表 4-21　压缩空气系统主要检测项目及仪表配置

序号	测点名称	就地指示	仪表类型/数量		功能				备注
			模拟量	开关量	控制	联锁保护	报警	显示	
1	仪用压缩空气母管压力		√			√	低	√	
2	厂用压缩空气母管压力		√			√	低	√	
3	除灰用压缩空气母管压力		√			√	低	√	
4	储气罐压力	√	√				低	√	
5	空气压缩机冷却水总管温度	√							
6	压缩空气站供气母管流量	√							
7	空气压缩机组出口流量表	√							仅离心式空气压缩机必须装，其他空气压缩机宜装

表 4-22　压缩空气系统设备本体主要检测项目及仪表配置

序号	测点名称	就地指示	仪表类型/数量		功能				备注
			模拟量	开关量	控制	联锁保护	报警	显示	
一	螺杆式空气压缩机本体								
1	空气压缩机各级排气温度	√	√			√	高	√	
2	空气压缩机组出水温度	√							
3	后冷却器出水温度	√					高	√	
4	空气压缩机各级排气压力		√				高	√	
5	空气压缩机组冷却水进水（阀后）压力或流量	√		√		√	低		
6	润滑油压力（近润滑点）			√		√	低		
7	润滑油过滤器差压			√			高		

续表

序号	测点名称	就地指示	仪表类型/数量		功能				备注
			模拟量	开关量	控制	联锁保护	报警	显示	
8	空气压缩机组油气分离器差压			√		√	高		仅喷油螺杆空气压缩机有此项
二	空气干燥净化装置本体								
1	空气干燥装置进气温度		√					√	
2	空气干燥装置排气温度		√		√			√	
3	加热再生吸附式空气干燥装置加热器出口温度	√	√		√			√	
4	加热再生吸附式空气干燥装置再生气进气温度		√			√	高	√	
5	加热再生吸附式空气干燥装置再生气排气温度		√			√	高	√	
6	冷冻空气干燥装置蒸发温度		√			√	低	√	
7	空气干燥装置差压	√							
8	空气过滤器差压			√			高		
9	空气干燥装置后成品气露点	√	√					√	见注2

注　1. 空气压缩机本体检测以螺杆式空气压缩机为例，检测内容为基础设置，工程设计应以设备技术协议要求和设备厂商的设计资料为准。空气压缩机站检测应满足GB 50029《压缩空气站设计规范》的要求设计。

2. 露点仪可采用手动或在线分析检测两种形式；若干燥装置上配备露点仪，则不用单独再加装露点仪。

第四节　烟气脱硫系统

一、石灰石-石膏湿法脱硫系统

1. 系统说明

（1）系统构成。石灰石-石膏湿法脱硫系统包括烟气系统、SO_2吸收系统、石灰石制浆系统、石膏脱水系统、工艺水系统、压缩空气系统、浆液排空及回收系统等。石灰石-石膏湿法脱硫系统的主要设备包括烟气挡板门、吸收塔、循环浆泵、氧化风机、石膏排出泵、石灰石给料机、湿式球磨机、石灰石浆液输送泵、石膏旋流浓缩器、真空皮带脱水机、真空泵、滤液泵、废水旋流器、工艺水泵等。按照工作原理分类，吸收塔形式主要有喷淋塔、液柱塔和鼓泡塔等，其中喷淋塔是应用最为广泛的塔型。本节以喷淋塔为例介绍石灰石-石膏湿法脱硫系统的检测与报警设计，其他塔型可参考设计。

（2）系统功能。

1）烟气系统的功能是将未脱硫的烟气引入脱硫装置，将脱硫后的洁净烟气送入烟囱排放。锅炉引风机后的原烟气经引风机出口原烟气挡板直接进入吸收塔，从吸收塔出来的脱硫烟气进入烟囱排放。

2）SO_2吸收系统是脱硫装置的核心系统，烟气进入吸收塔与喷淋的石灰石浆液接触，去除烟气中的SO_2等有害物质。在吸收塔后设有除雾器，除去出口烟气中的雾珠。吸收塔浆液循环浆泵为吸收塔提供大量的吸收剂，保证气液两相充分接触，提高SO_2的吸收效率。氧化风机向循环浆池内鼓入氧化空气，将亚硫酸钙氧化成为硫酸钙。在氧化浆池内设有搅拌装置，以保证混合均匀，防止浆液沉淀。氧化浆池底部的石膏浆液通过吸收塔石膏排浆泵排出，进入后续的石膏脱水系统。

3）石灰石制浆系统是将石灰石磨制成石灰石浆液，或通过将成品石灰石粉加水制成石灰石浆液，并将其输送至吸收塔内，为SO_2吸收系统提供合格的吸收剂。石灰石制浆是将石灰石加入湿式球磨机进行浆液磨制，球磨机流出的浆液进入循环浆液箱，用泵送入石灰石旋流器，粗浆返回球磨机，细的成品浆液进入成品浆液箱，经石灰石浆液输送泵送往脱硫吸收塔内。石灰石粉制浆是将粉仓内的石灰石粉由旋转给料机输送至石灰石浆箱，在石灰石浆箱中注入一定比例的水制成合格的石灰石浆液，然后经石灰石浆液输送泵送往脱硫吸收塔内。

4）石膏脱水系统的作用是将石膏浆液制成石膏。来自吸收塔的石膏浆液经吸收塔排浆泵后进入石膏旋流器，浓缩后的浆液再经过真空皮带脱水机脱水，脱水的同时对石膏进行冲洗，以满足石膏综合利用的品质要求，脱水后石膏含水量小于 10%（质量分数），进入石膏库贮存。滤出液返回吸收塔作为补充水，以维持吸收塔内的液面平衡，或者进入石灰石制浆系统。旋流器的上清液一部分返回吸收塔，另一部分进入废水旋流器，废水旋流器上清液泵送至脱硫废水处理系统。

5）工艺水系统为除雾器提供冲洗水，为石灰石制浆系统和吸收塔补水，为泵、风机等设备提供冷却及密封用水，为所有浆液输送设备、管路、贮存箱提供冲洗水。

6）浆液排空及回收系统包括集水坑、泵、冲洗系统和事故浆液箱。吸收塔浆池检修时需排空，塔内浆液通过排浆泵排入事故浆液箱，在吸收塔重新启动前，通过泵将事故浆液箱内的浆液送回吸收塔。吸收塔区排水坑用以收集烟囱冷凝水、吸收塔溢流、排空、事故浆液箱排空、吸收塔区设备及管道冲洗水，再由排浆泵送至吸收塔或事故浆液箱。制浆脱水区排水坑用以收集罐箱溢流、排空、制浆脱水设备及管道冲洗水和辅机冷却水，再由排浆泵送至滤液箱。石灰石卸料间集水坑，用于收集卸料间冲洗排水，坑内设立式排浆泵，排水接至石灰石浆液箱。

7）废水处理系统是将脱硫装置浆液不断循环而产生的富含重金属和污染因子的废水，经中和、絮凝和沉淀等的处理过程。

8）压缩空气系统用于脱硫装置所有气动操作的气动阀门和机械设备。

9）脱硫烟气系统 P&ID 见图 4-22，SO_2 吸收系统 P&ID 见图 4-23，吸收塔除雾器冲洗水系统 P&ID 见图 4-24，吸收塔氧化风系统 P&ID 见图 4-25，石灰石制浆系统 P&ID 见图 4-26，石灰石粉制浆系统 P&ID 见图 4-27，石膏旋流器及滤液水系统 P&ID 见图 4-28，真空皮带脱水机系统 P&ID 见图 4-29，工艺水系统 P&ID 见图 4-30，浆液排空及回收系统 P&ID 见图 4-31，废水处理系统 P&ID 见图 4-32。

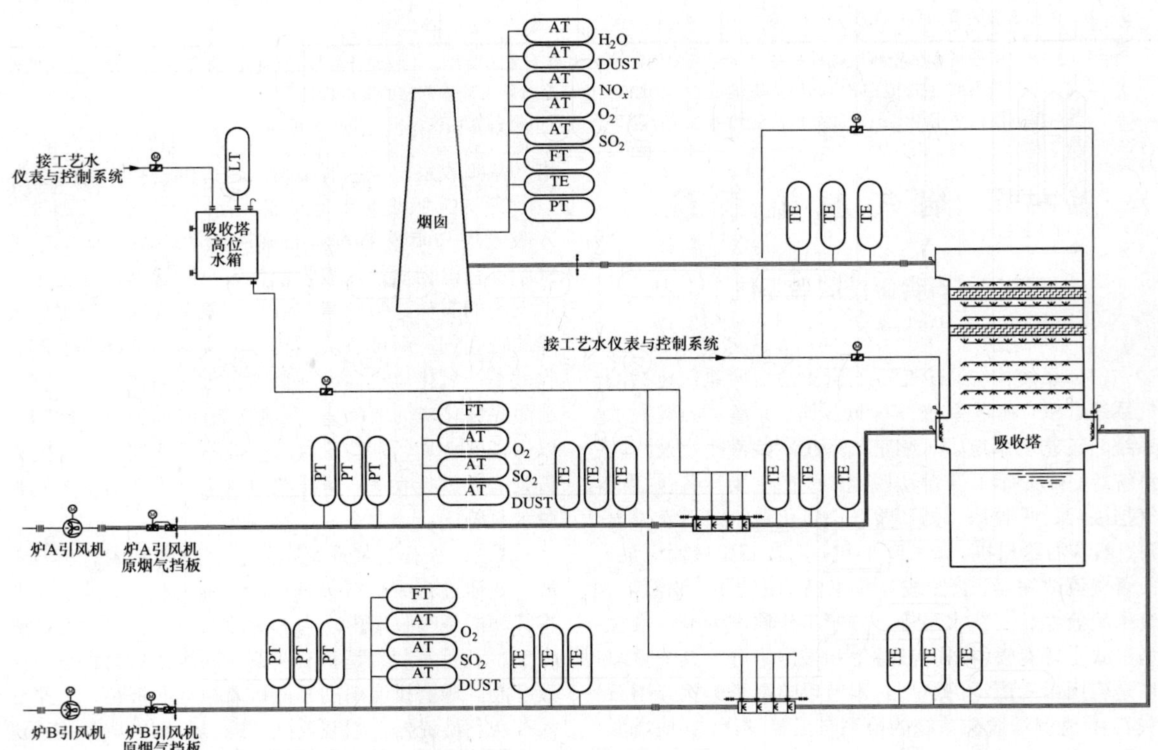

图 4-22　脱硫烟气系统 P&ID

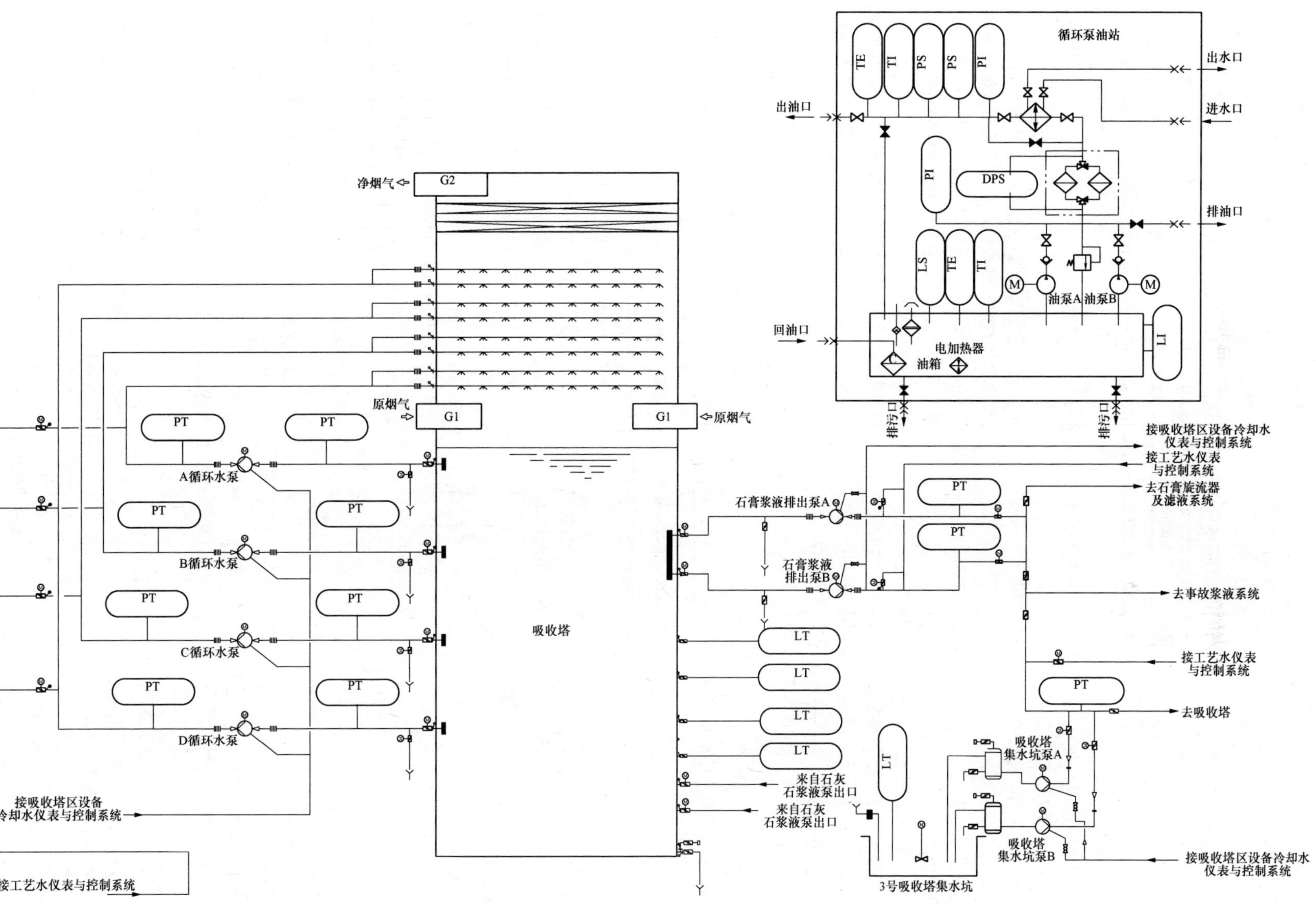

图 4-23　SO_2吸收系统 P&ID

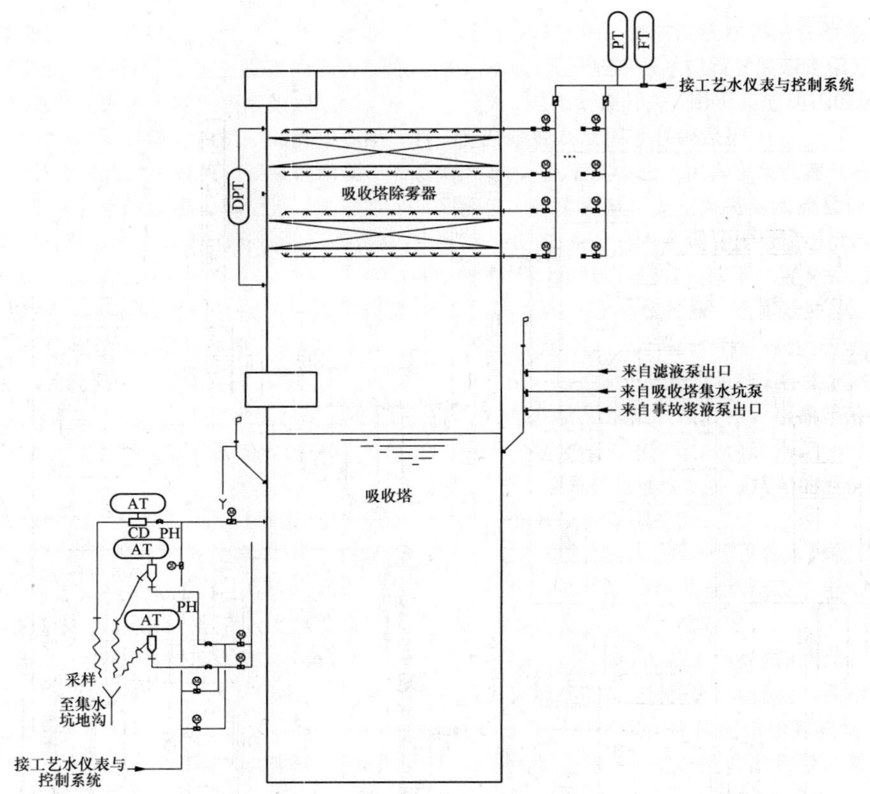

图 4-24　吸收塔除雾器冲洗水系统 P&ID

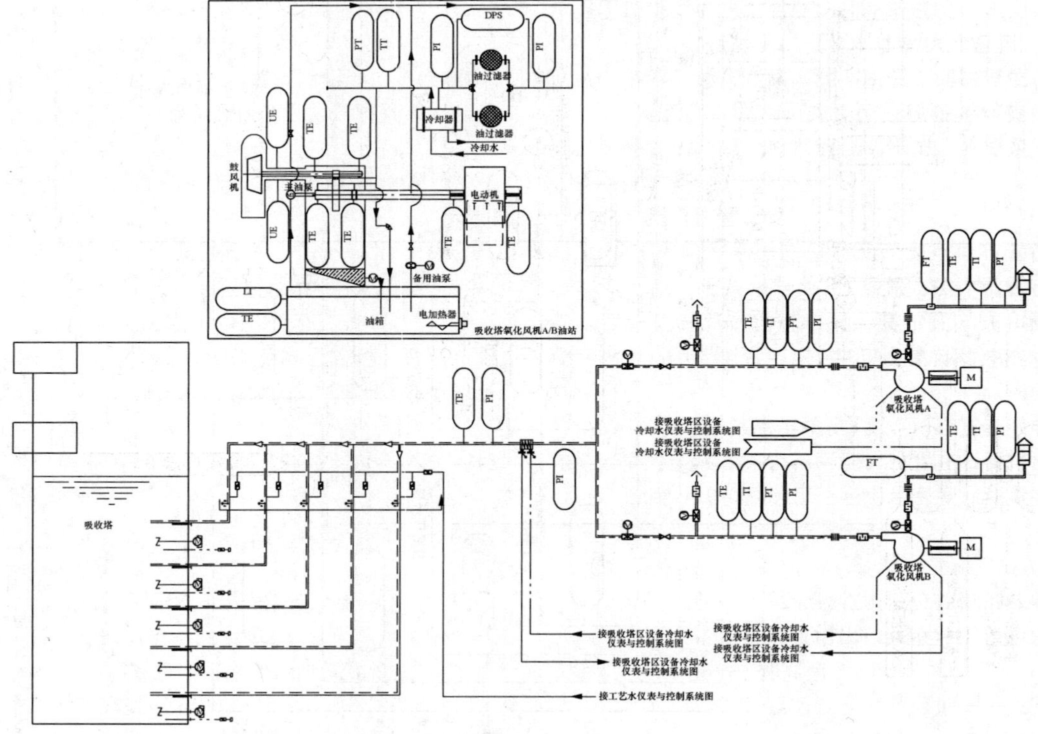

图 4-25　吸收塔氧化风系统 P&ID

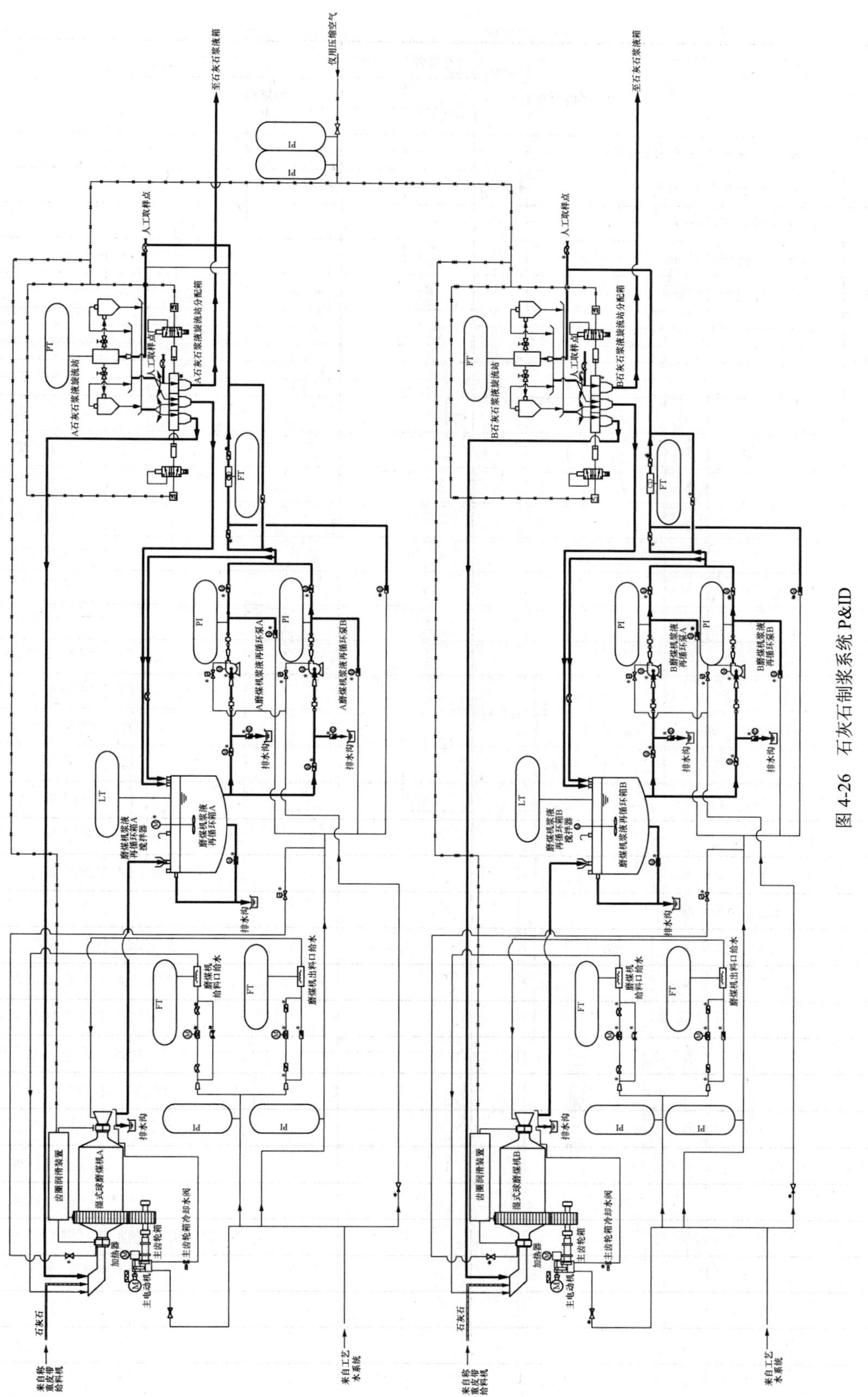

图 4-26　石灰石制浆系统 P&ID

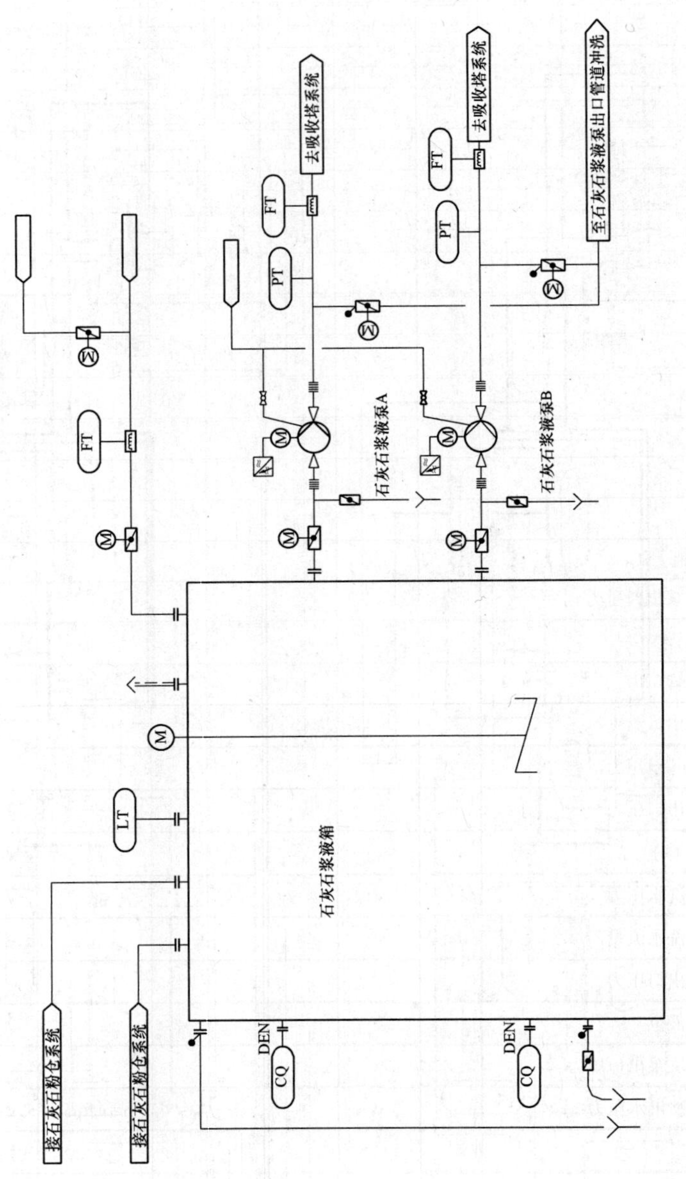

图 4-27　石灰石粉制浆系统 P&ID

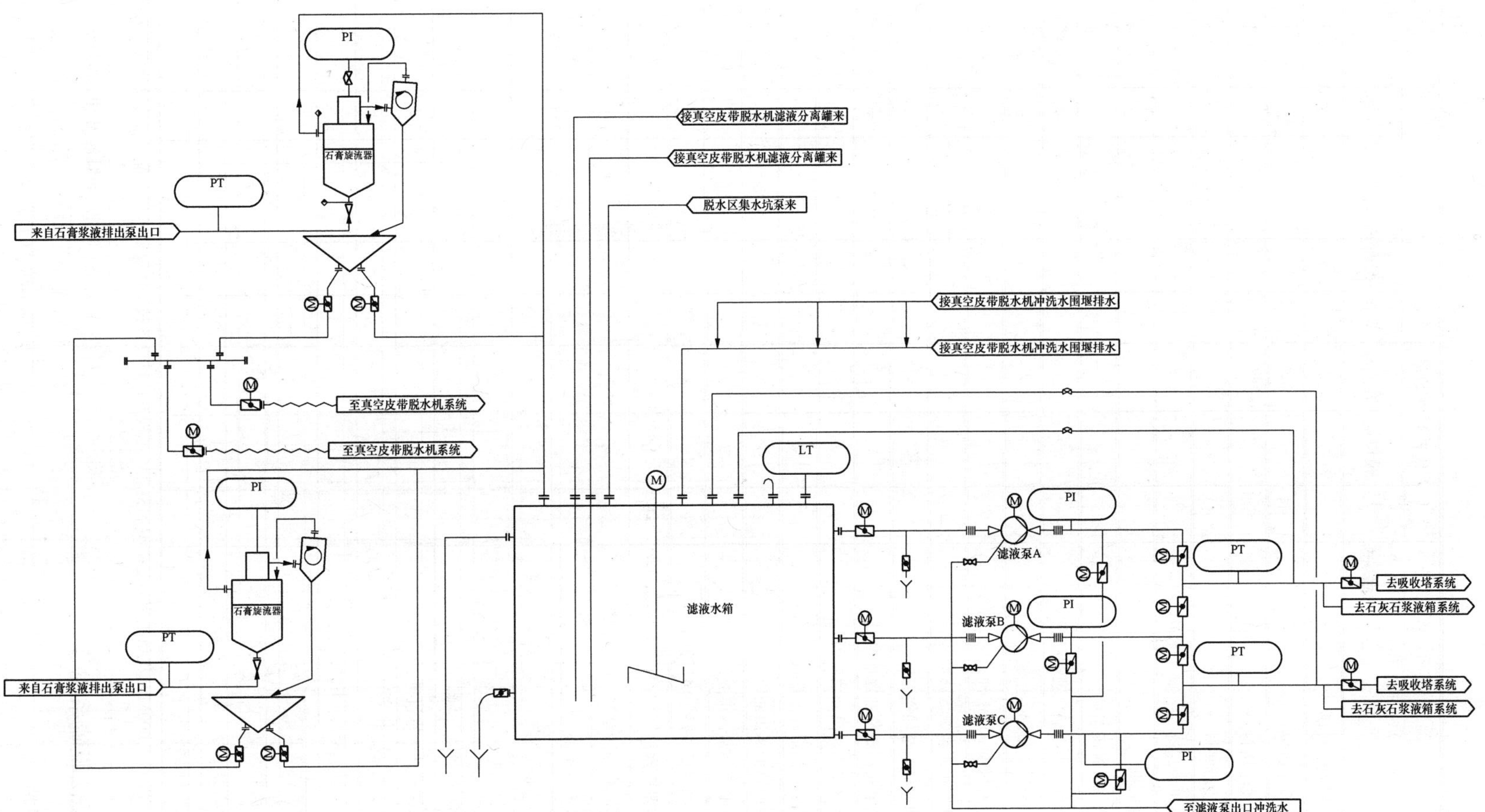

图 4-28 石膏旋流器及滤液水系统 P&ID

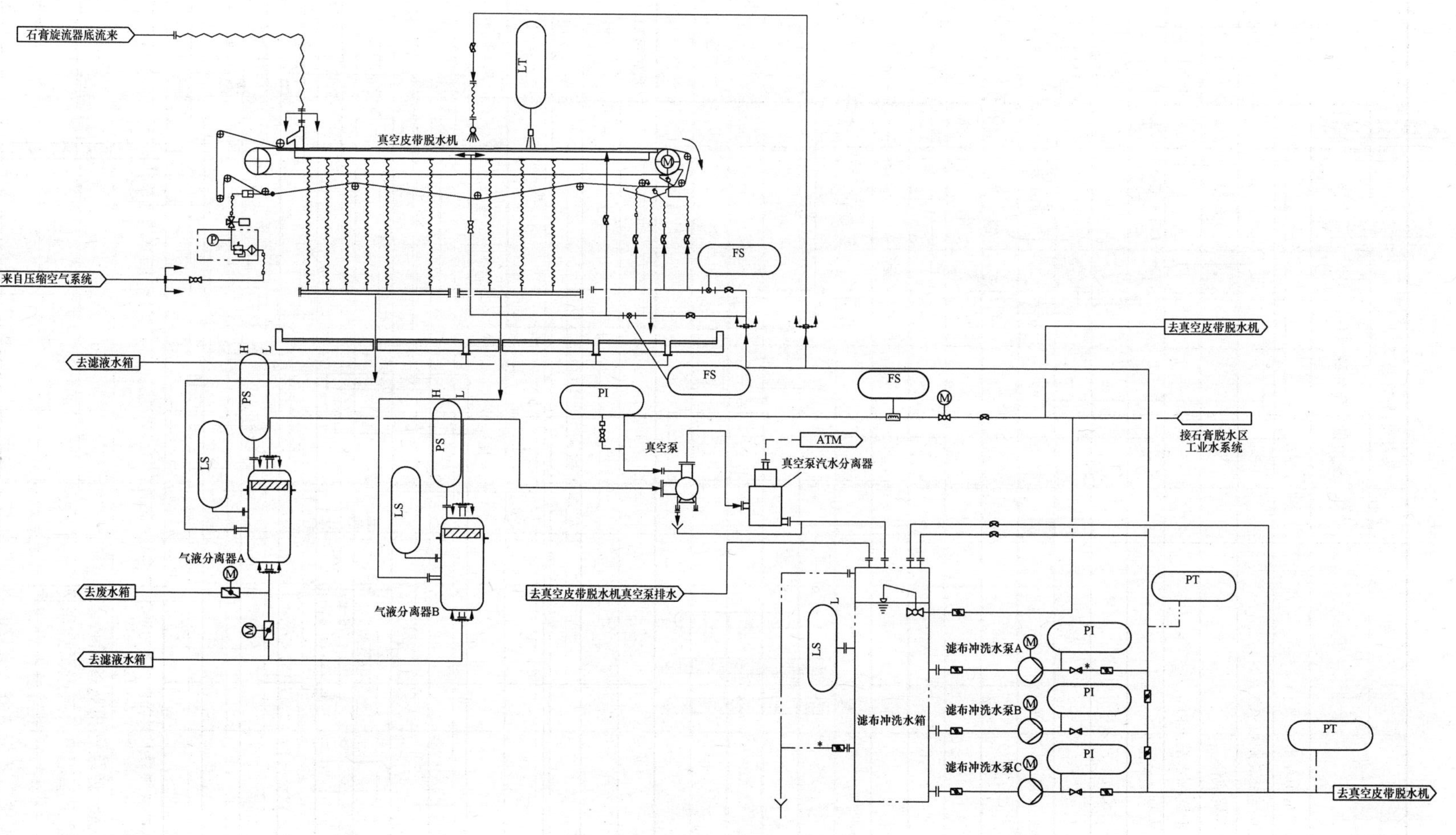

图 4-29 脱硫真空皮带脱水机系统 P&ID

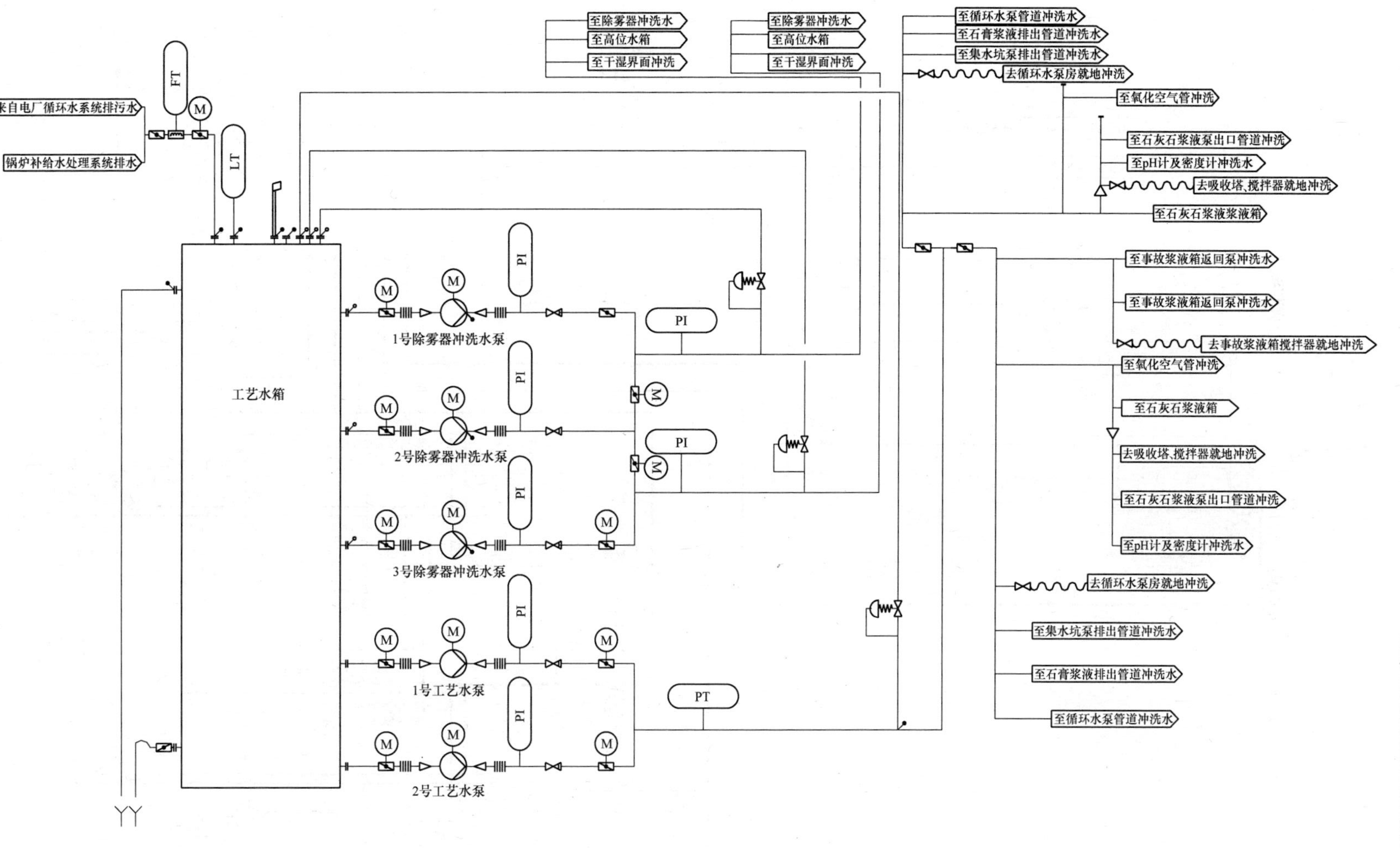

图 4-30　工艺水系统 P&ID

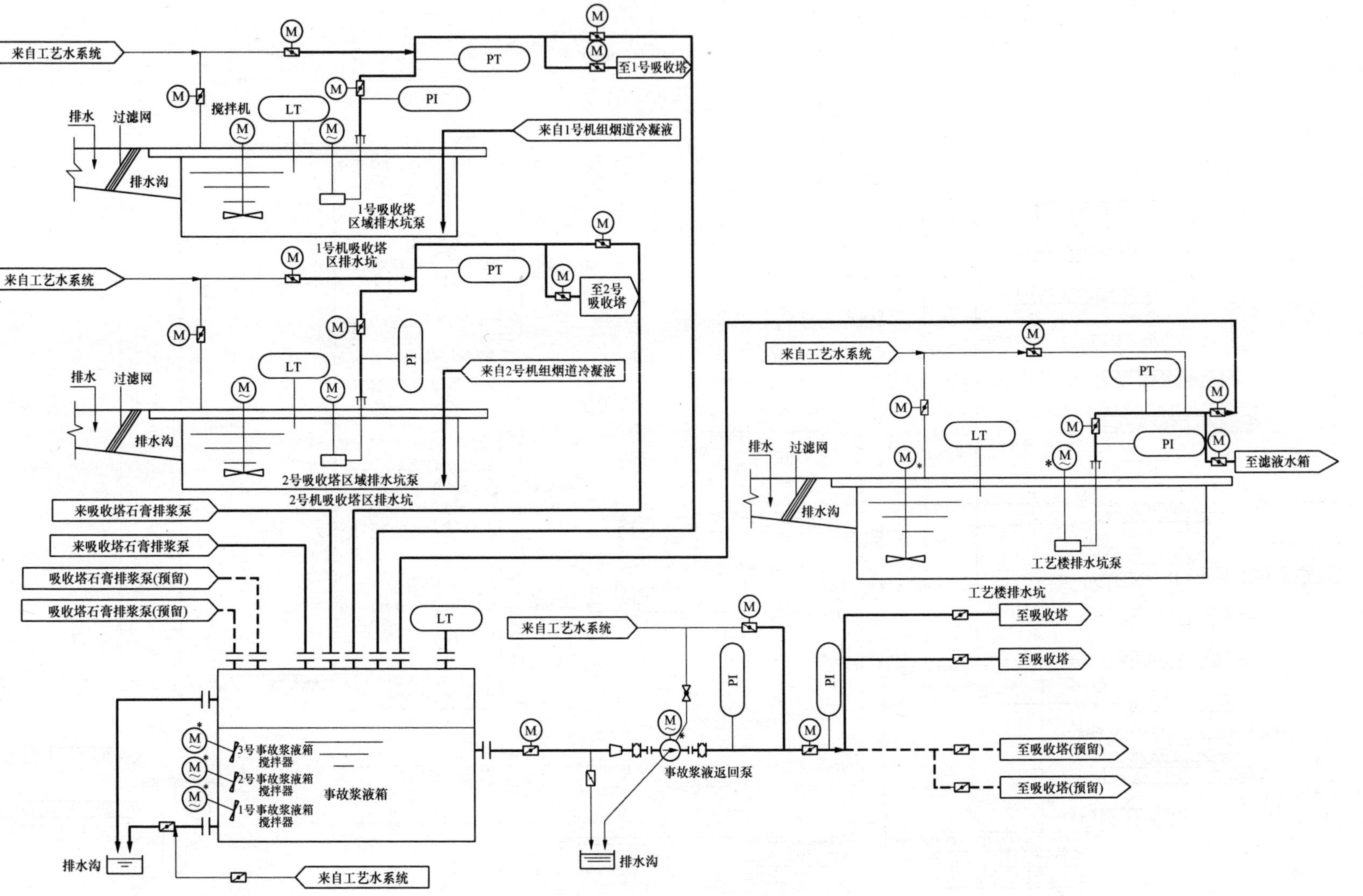

图 4-31　浆液排空及回收系统 P&ID

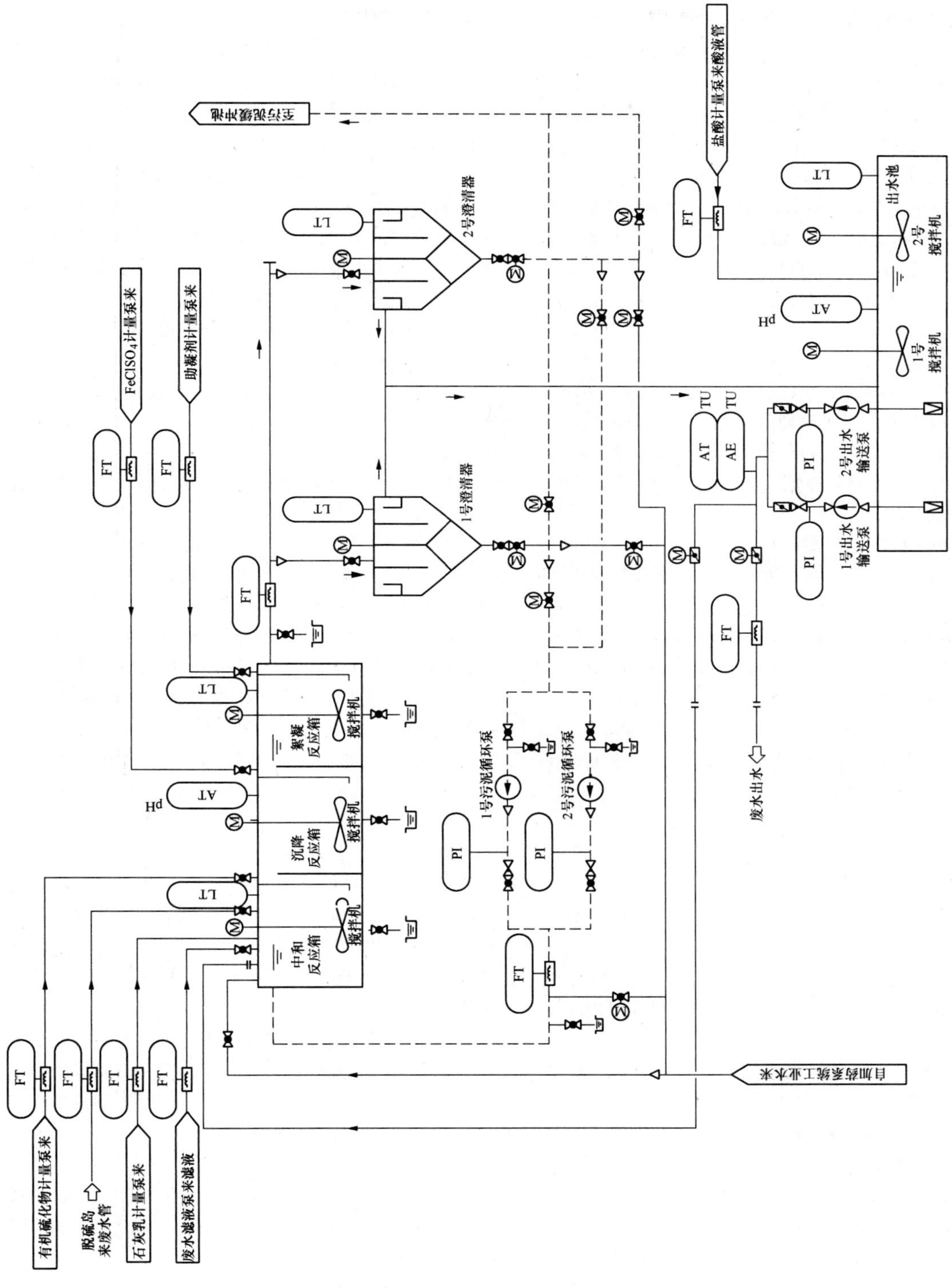

图 4-32　废水处理系统 P&ID

2. 设计输入

设计输入包括石灰石-石膏湿法脱硫系统各子系统系统图，各系统设计说明，各工艺参数及定值，吸收塔、吸收塔浆液循环泵、氧化风机、石膏排出泵、石灰石给料机、湿式球磨机、石灰石浆液输送泵、石膏旋流浓缩器、真空皮带脱水机、真空泵、滤液泵、废水旋流器、工艺水泵等测点布置图及设备厂商资料。

3. 检测范围

检测范围包括石灰石-石膏湿法脱硫系统各子系统的所有测量仪表；吸收塔、循环浆泵、氧化风机、石膏排出泵、石灰石给料机、湿式球磨机、石灰石浆液输送泵、石膏旋流浓缩器、真空皮带脱水机、真空泵、滤液泵、废水旋流器、工艺水泵等设备的本体检测。

4. 检测内容

（1）系统检测。

1）烟气系统检测。吸收塔入口原烟气温度检测，用于保护吸收塔内衬材料和除雾器叶片，若超温应触发锅炉 MFT；吸收塔入口原烟气压力、烟尘量、氧量、SO_2 含量、流量检测；净烟气温度、SO_2 含量、温度、压力、流量检测。

2）SO_2 吸收系统检测。

a. 吸收塔液位检测，用以控制除雾器冲洗时间和吸收塔的补水时间。

b. 吸收塔浆液 pH 值检测，pH 值综合反映吸收塔内的酸碱程度，用以调节吸收塔浆液的供给量。

c. 吸收塔浆液密度检测。

d. 除雾器差压检测，以监视除雾器的清洁程度。

e. 吸收塔浆液循环泵出口压力、石膏浆液排出泵母管压力检测。

f. 吸收塔氧化风系统，设置氧化风母管压力、温度参数检测仪表。

3）石灰石制浆系统检测。

a. 石灰石（粉）仓料位测量及石灰石（粉）仓顶布袋除尘器的差压测量。

b. 石灰石粉仓称重皮带给料机转速、瞬时给料量、累积给料量，皮带跑偏、堵料、断料、机内超温测量等。

c. 石灰石卸料及储存系统的斗式提升机宜设堵料、失速开关等。

d. 湿式球磨机进料口滤液水流量、浆液循环箱滤液水入口流量测量。

e. 石灰石浆液箱液位测量。

f. 石灰石浆液箱密度测量。

g. 石灰石浆液泵出口压力、流量测量。

4）石膏脱水系统检测。

a. 真空皮带脱水机石膏脱水系统设置石膏滤饼厚度检测，滤饼冲洗水流量、滤布冲洗水流量检测等；滤布冲洗水箱、滤饼冲洗水箱液位检测。

b. 真空皮带脱水机设置胶带走偏开关及滤布走偏开关、滤布断裂开关，用于其电动机的运行参数监视、异常报警及启停等联锁保护。

c. 真空皮带脱水机真空泵设置气液分离器高、低液位、压力测量，真空泵密封水流量低检测。

d. 石膏储运系统设置皮带输送机跑偏、正转、反转开关，犁式卸料器宜设落下位置开关、抬起位置开关。

5）工艺水系统检测。除雾器冲洗水压力、流量检测，以监视冲洗水喷嘴、管路、阀门的堵塞和泄漏情况。

6）浆液排空及回收系统。各集水坑液位测量，用于与集水坑排水泵联锁启停。事故浆液箱液位测量，用于与事故浆液返回泵联锁启停。

7）废水处理系统。各反应箱的液位检测等。

（2）设备本体检测。

1）吸收塔浆液循环泵设备本体提供的检测，至少包括吸收塔浆液循环泵轴承温度、电动机轴承温度、各相绕组温度、减速机温度。

2）氧化风机设备本体提供的检测，至少包括氧化风机轴承温度、电动机轴承温度、各相绕组温度。

3）石灰石粉仓称重皮带给料机设备本体提供的检测，至少包括转速、瞬时给料量、累积给料量，皮带跑偏、堵料、断料、机内超温等。

4）湿式球磨机设备本体提供的检测，至少包括轴承温度和电动机绕组温度，油系统温度、压力。

5）真空皮带脱水机设备本体提供的检测，至少包括胶带走偏、滤布走偏、滤布断裂、滤饼厚度。

6）真空皮带脱水机的真空泵设备本体提供的检测，至少包括气液分离器液位、压力，真空泵密封水流量。

（3）测点位置。

1）吸收塔浆液 pH 值检测，测点可布置在吸收塔本体上或塔外浆液管路上。浆液 pH 计设置在石膏排出管路上时，宜垂直布置，其布置方式和测量管径应满足 pH 计测量要求，并应设置自动冲洗水管路系统。

2）吸收塔浆液密度检测，测点可布置在吸收塔本体上或塔外浆液管路上。密度计设置在石膏排出管道上时，布置方式和测量管径应满足密度计测量要求，并宜设置自动冲洗水管路系统。

5. 冗余检测项目

（1）自动控制。用于吸收塔液位控制的吸收塔液位——三冗余。用于吸收塔出口浆液 pH 值控制的吸收塔浆液 pH 值——两冗余。

（2）联锁保护。原烟气温度高保护——三冗余。

6. 检测项目及仪表配置清单（见表 4-23 和表 4-24）

表 4-23 石灰石-石膏湿法脱硫系统主要检测项目及仪表配置

序号	测点名称	就地指示	仪表类型/数量		功能				备注
			模拟量	开关量	调节	联锁保护	报警	显示	
一	烟气系统								
1	原烟气温度		3			√	高高/高/低	√	
2	原烟气压力		3					√	
3	原烟气烟尘浓度		√				高	√	
4	原烟气 O_2 浓度		√					√	
5	原烟气 SO_2 浓度		√		√			√	
6	原烟气流量		√		√			√	
7	净烟气温度		√				高	√	
8	净烟气压力		√					√	
9	净烟气 SO_2 浓度		√		√			√	
10	净烟气流量		√					√	
二	SO_2 吸收系统								
1	吸收塔液位		3		√			√	
2	吸收塔浆液密度		√					√	
3	吸收塔浆液 pH 值		2		√			√	
4	吸收塔浆液循环泵出口压力	√	√					√	
5	吸收塔氧化风母管温度		√			√	高/低	√	
6	吸收塔氧化风母管压力		√				高/低	√	
7	吸收塔氧化风机出口温度	√							
8	吸收塔氧化风机入口压力	√							
9	吸收塔氧化风机出口压力	√	√			√		√	
10	除雾器前后烟气差压		√				高	√	
11	吸收塔除雾器冲洗水压力		√				低	√	
12	吸收塔除雾器冲洗水流量		√					√	
13	除雾器冲洗水泵出口压力	√							
14	吸收塔区排水坑液位		√			√		√	
15	吸收塔区域排水坑泵出口压力	√							
16	吸收塔入口事故喷淋水压力		√			√	高高/高	√	
三	石灰石制浆系统								
1	石灰石（粉）仓料位		√	√			高/低	√	
2	石灰石（粉）仓顶除尘器出入口差压		√			√	高	√	
3	石灰石粉仓流化风机出口压力	√							
4	石灰石粉仓流化风压力		√					√	
5	石灰石粉仓流化风温度		√					√	
6	石灰石浆液箱液位		√			√	高/低	√	

续表

序号	测点名称	就地指示	仪表类型/数量		功能				备注
			模拟量	开关量	调节	联锁保护	报警	显示	
7	石灰石浆液箱工艺水及滤液水流量		√		√			√	
8	石灰石浆液泵出口压力	√							
9	石灰石浆液供应压力		√					√	
10	石灰石浆液供应流量		√		√			√	
11	石灰石浆液箱密度		√		√			√	
12	湿式球磨机进料口滤液水流量		√		√			√	
13	湿式球磨机浆液循环箱液位		√			√		√	
14	湿式球磨机循环浆液泵出口母管供浆密度		√		√			√	
15	湿式球磨机浆液循环箱滤液水入口流量		√		√			√	
16	湿式球磨机循环浆液泵出口压力	√							
17	湿式球磨机循环浆液泵出口母管压力		√					√	
四	石膏脱水系统								
1	石膏浆液排出泵出口压力	√	√					√	
2	脱水区排水坑液位		√			√		√	
3	脱水区排水坑泵出口压力	√							
4	石膏浆液旋流站压力	√							
5	压缩空气储气罐入口空气压力		√				低	√	
6	压缩空气储气罐出口空气压力		√				低	√	
7	压缩空气储气罐压力	√							
8	滤液水箱液位		√			√		√	
9	滤液水母管压力		√			√		√	
10	滤液水泵出口压力	√							
11	真空皮带脱水机真空室密封水流量			√		√	低		
12	脱水机气液分离器压力		√					√	
13	脱水机气液分离器液位			√		√			
14	脱水机滤饼冲洗水箱液位		√			√		√	
15	脱水机滤布冲洗水泵出口压力	√							
16	脱水机滤饼冲洗水泵出口压力	√							
17	脱水机真空泵密封水压力	√							
五	工艺水系统								
1	工艺水箱液位		√			√	高/低	√	
2	工艺水母管压力		√					√	
3	工艺水泵出口压力	√							
4	除雾器冲洗水泵出口压力	√							
5	除雾器冲洗水母管压力		√					√	

续表

序号	测点名称	就地指示	仪表类型/数量		功能				备注
			模拟量	开关量	调节	联锁保护	报警	显示	
6	工艺水箱补水流量		√					√	
六	浆液排空及回收系统								
1	集水坑液位		√			√	高/低	√	
2	集水坑排水泵出口压力	√						√	
3	事故浆液箱液位		√			√	高/低	√	
4	事故浆液返回泵出口压力	√							
七	废水处理系统								
1	各反应箱液位		√					√	
2	各澄清池液位		√					√	
3	各废水管流量		√					√	
4	污泥循环泵出口压力	√							
5	出水池液位		√					√	
6	出水输送泵出口压力	√							
7	废水箱液位		√					√	
8	废水输送泵出口压力	√							
9	废水输送泵出口母管流量		√					√	
八	压缩空气系统								
1	压缩空气母管压力		√					√	

注　本表内容为针对目前国内主流工艺方法，不设置烟气加热器（gas to gas heater，GGH）、增压风机与引风机合并设置、不设置烟气旁路、采用强制氧化喷淋式吸收塔的工艺过程。

表 4-24　　**辅机本体检测主要项目及仪表配置**

序号	测点名称	就地指示	仪表类型/数量		功能				备注
			模拟量	开关量	调节	联锁保护	报警	显示	
一	吸收塔浆液循环泵								
1	吸收塔浆液循环泵轴承温度		√			√	高高/高	√	
2	吸收塔浆液循环泵电动机绕组温度		√			√	高高/高	√	
3	吸收塔浆液循环泵电动机轴承温度		√			√	高高/高	√	
4	吸收塔浆液循环泵减速机温度		√			√	高高/高	√	
二	吸收塔氧化风机								
1	吸收塔氧化风机轴承温度		√			√	高高/高	√	
2	吸收塔氧化风机电动机绕组温度		√			√	高高/高	√	
3	吸收塔氧化风机电动机轴承温度		√			√	高高/高	√	
三	石灰石粉仓称重皮带给料机								
1	给料机转速		√					√	
2	给料机瞬时给料量		√					√	

续表

序号	测点名称	就地指示	仪表类型/数量		功能				备注
			模拟量	开关量	调节	联锁保护	报警	显示	
3	给料机累积给料量		√					√	
4	给料机皮带跑偏			√			√		
5	给料机皮带堵料			√			√		
6	给料机皮带断料			√			√		
7	给料机机内超温			√			高		
四	湿式球磨机								
1	湿式球磨机轴承温度		√			√	高	√	
2	湿式球磨机主电动机轴承温度		√			√	高	√	
3	湿式球磨机主电动机绕组温度		√			√	高	√	
4	湿式球磨机喷射润滑油泵出口压力	√							
5	湿式球磨机润滑油过滤器前后差压			√			高		
6	湿式球磨机润滑油箱温度	√	√			√		√	
7	湿式球磨机润滑冷油器后温度	√	√				高	√	
8	湿式球磨机高压出油口压力	√	√					√	
9	湿式球磨机润滑冷油器后压力	√	√					√	
10	湿式球磨机低压出油口流量		√				低	√	
11	湿式球磨机润滑油箱液位	√	√				低		
12	湿式球磨机低压泵出口母管压力	√							
五	真空皮带脱水机								
1	脱水机石膏滤饼厚度		√		√			√	
2	脱水机皮带跑偏			√			√		
3	脱水机滤布跑偏			√			√		
4	脱水机滤布断裂			√			√		
5	脱水机紧急拉线开关			√			√		
6	脱水机滤布冲洗水流量		√				低	√	
7	脱水机润滑水流量		√				低	√	
六	真空皮带脱水机的真空泵								
1	气液分离器液位			√			低		
2	气液分离器压力			√			高		
3	气液分离器压力			√			低		
4	真空泵密封水流量			√			低		

注　本表内容以部分600MW机组工程为基础编制整理，工程设计以设备技术协议要求和设备厂商的设计资料为准。

二、半干法脱硫系统

1. 系统说明

（1）系统构成。半干法脱硫系统包括烟气系统、物料循环系统、吸收剂制备及供应系统、流化风系统、工艺水系统、吸收塔底排渣系统和压缩空气系统。半干法脱硫系统的主要设备包括烟气挡板门、吸收塔、脱硫除尘器、吸收剂料仓、输灰设备、流化槽等。按照工艺流程，可分为增湿灰循环半干法烟气脱硫工艺、烟气循环流化床脱硫工艺和旋转喷雾半干法烟气脱硫工艺。本节以烟气循环流化床脱硫工艺为例介绍半干法脱硫系统的检测与报警设计，其他工艺可参考设计。

（2）系统功能。

1）烟气系统。其功能是将未脱硫的烟气先引入吸收塔脱硫，再进入电袋/布袋除尘器，经过电袋/布袋除尘器除尘后成为净烟气，少量净烟气被布袋清灰风机抽出，用于布袋反吹清灰，大量净烟气由引风机引向烟囱入口，排入大气。在锅炉负荷低于某一负荷时，净烟气再循环烟道挡板根据锅炉负荷调节开度，部分净烟气经再循环烟道回到吸收塔，以保证塔内烟气流速，维持脱硫塔内物料床层的稳定运行，从而保证脱硫系统正常运行。

2）物料循环系统。大量被烟气携带出吸收塔的固体颗粒（包含烟尘、脱硫剂、脱硫产物等）进入电袋/布袋除尘器，绝大部分颗粒被捕集。这些固体颗粒中的大部分通过物料循环系统重新送回吸收塔中，起到保持吸收塔内颗粒浓度，保证吸收塔中的Ca/S比，从而保证脱硫效率的作用。

3）吸收剂制备及供应系统。包括生石灰贮存及消化系统、消石灰贮存及给料系统及其物料的气力输送系统。生石灰贮存及消化系统的功能是贮存生石灰，并将生石灰消化成满足脱硫工艺用的消石灰，采用气力喷射输送系统输送消石灰至消石灰仓。消石灰贮存及给料系统的功能是贮存消石灰并将消石灰通过空气斜槽气力输送系统送入脱硫塔中进行脱硫反应。

4）流化风系统。其作用是保证料仓下料、灰斗下灰、消石灰给料、物料循环过程中固体颗粒持续流动，防止颗粒板结，不发生或少发生堵塞。

5）工艺水系统。其作用是为吸收塔提供喷水，为生石灰消化提供消化水，为布袋清灰风机提供冷却水。通过向吸收塔喷水，在吸收剂颗粒表面形成液膜，使气固反应转变为离子反应，同时降低烟气温度，提高脱硫效率。

6）吸收塔底排渣系统。其功能是将从烟气中沉淀到塔底的灰尘通过排灰输送机定期排除。

7）压缩空气系统。其作用是为脱硫系统提供足够的厂用和仪用压缩空气，主要包括塔底吹扫、生石灰/消石灰仓顶布袋反吹、给料器密封用气及气动执行机构用气。

脱硫烟气系统 P&ID 见图 4-33，物料循环系统 P&ID 见图 4-34，吸收剂制备系统 P&ID 见图 4-35，吸收剂供应系统 P&ID 见图 4-36，流化风系统 P&ID 见图 4-37，工艺水系统 P&ID 见图 4-38，吸收塔底排渣系统 P&ID 见图 4-39，压缩空气系统 P&ID 见图 4-40。

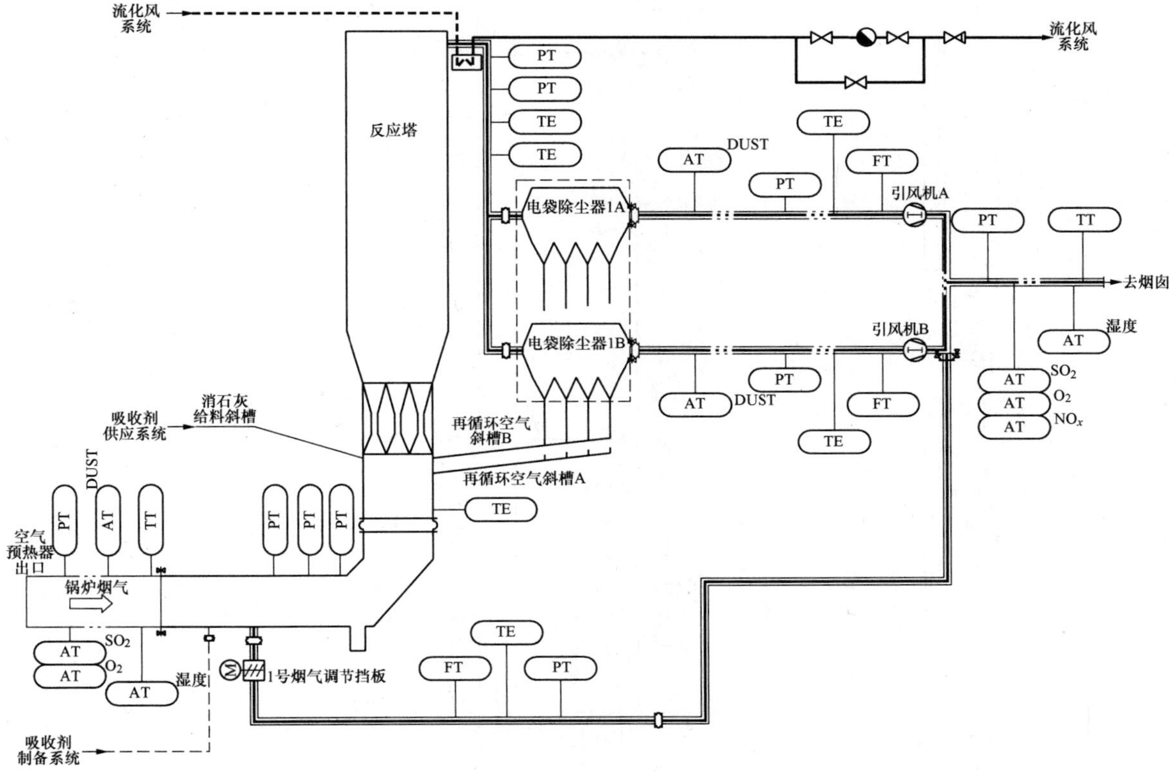

图 4-33　脱硫烟气系统 P&ID

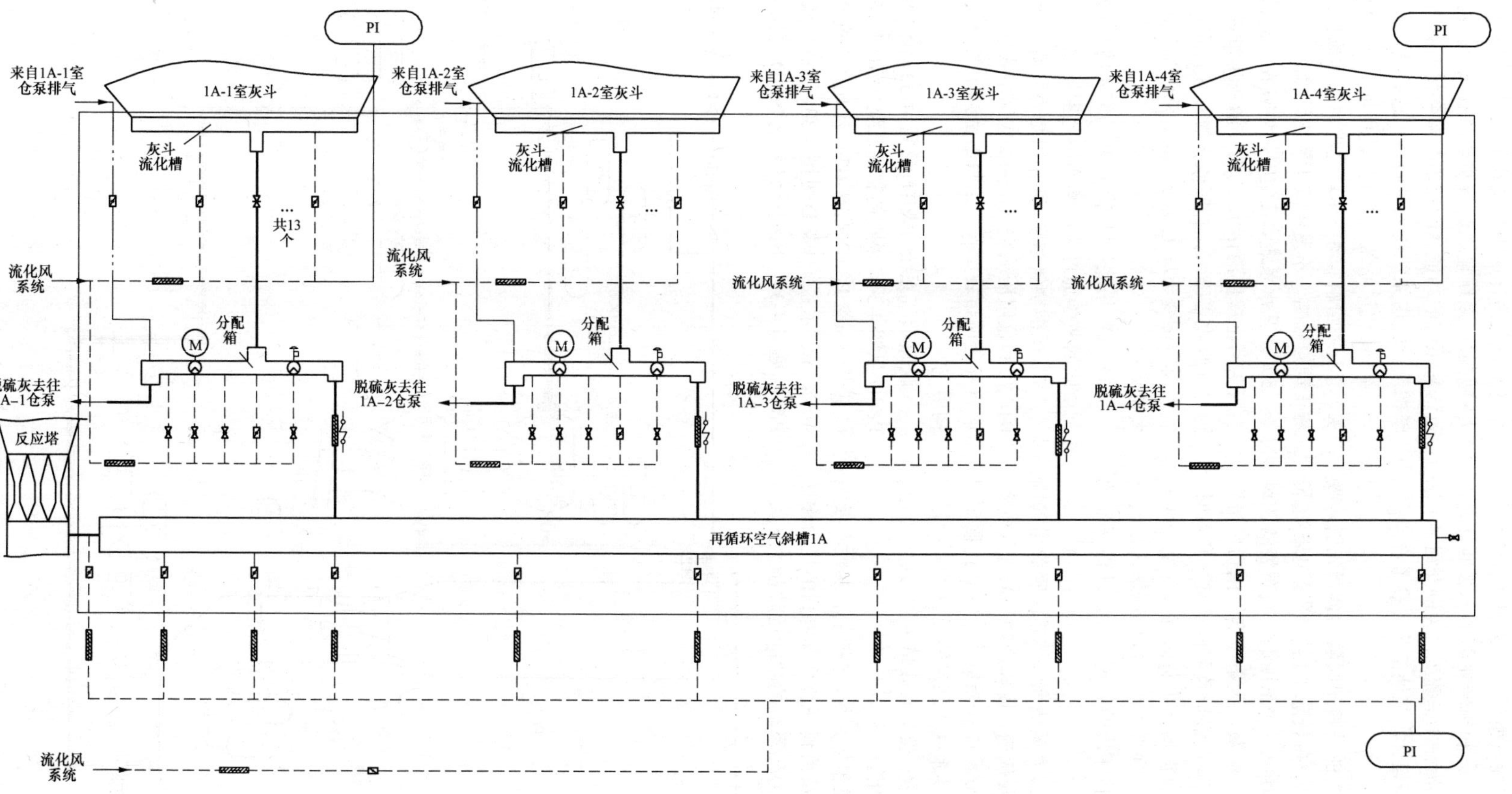

图 4-34 物料循环系统 P&ID

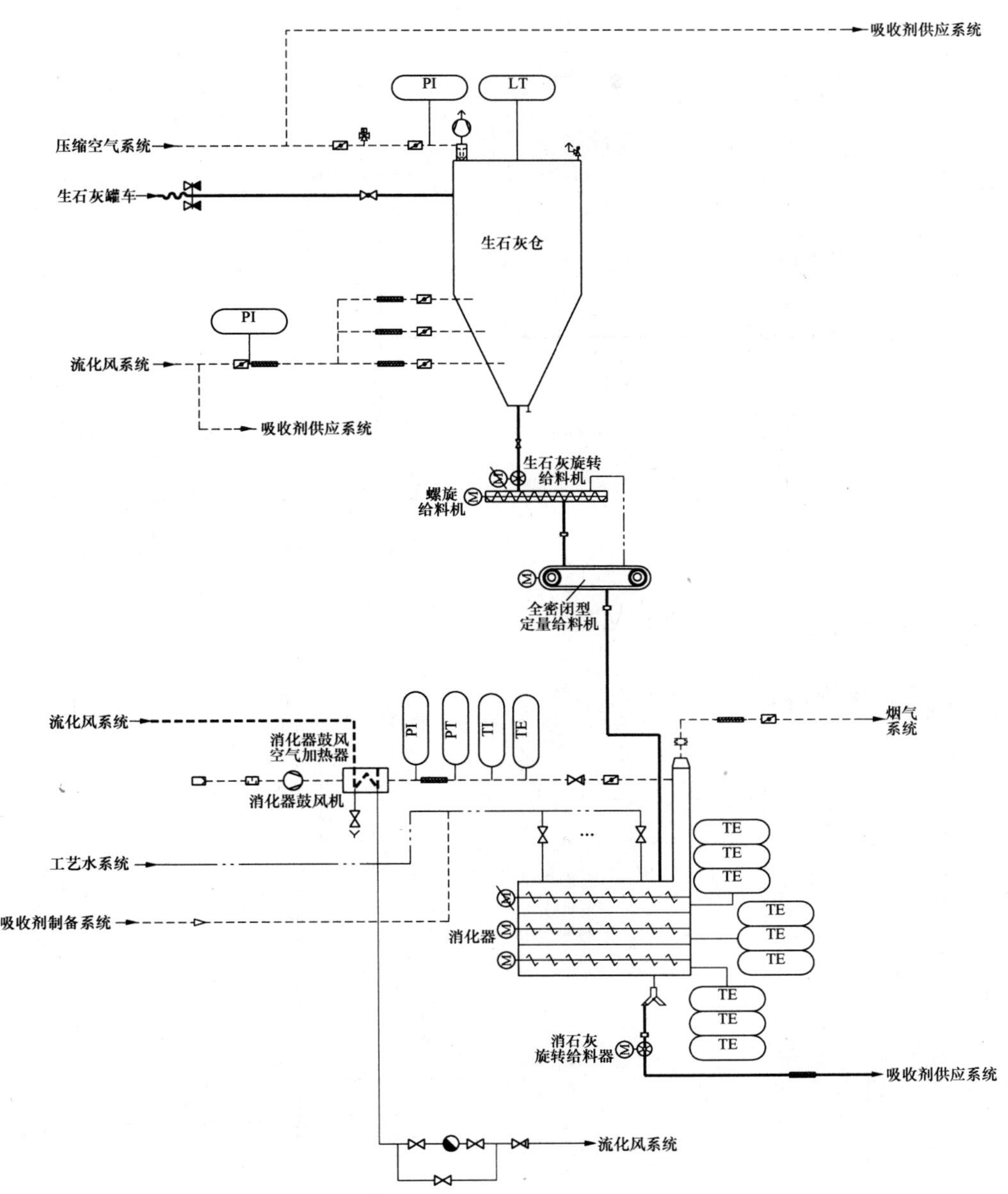

图 4-35　吸收剂制备系统 P&ID

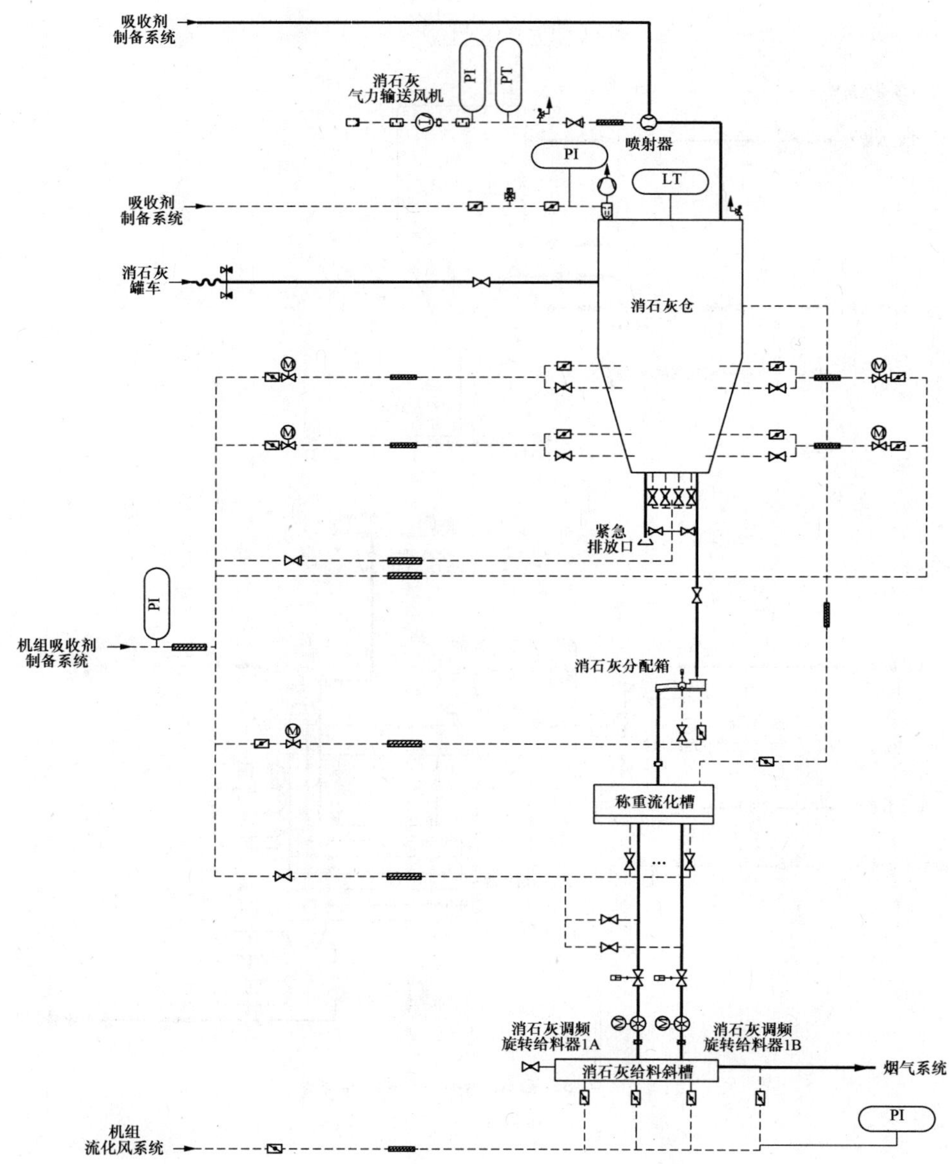

图 4-36 吸收剂供应系统 P&ID

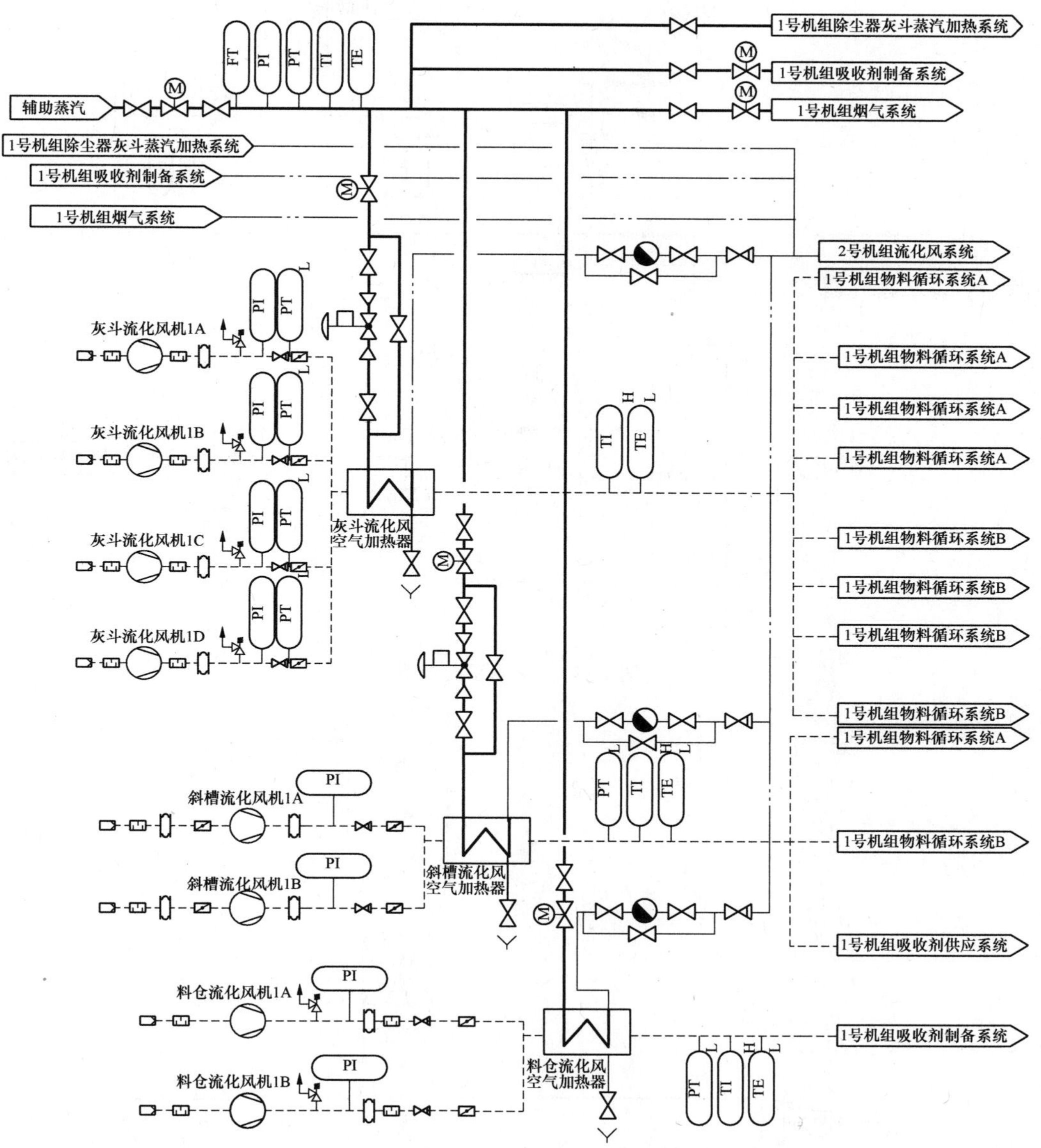

图 4-37　流化风系统 P&ID

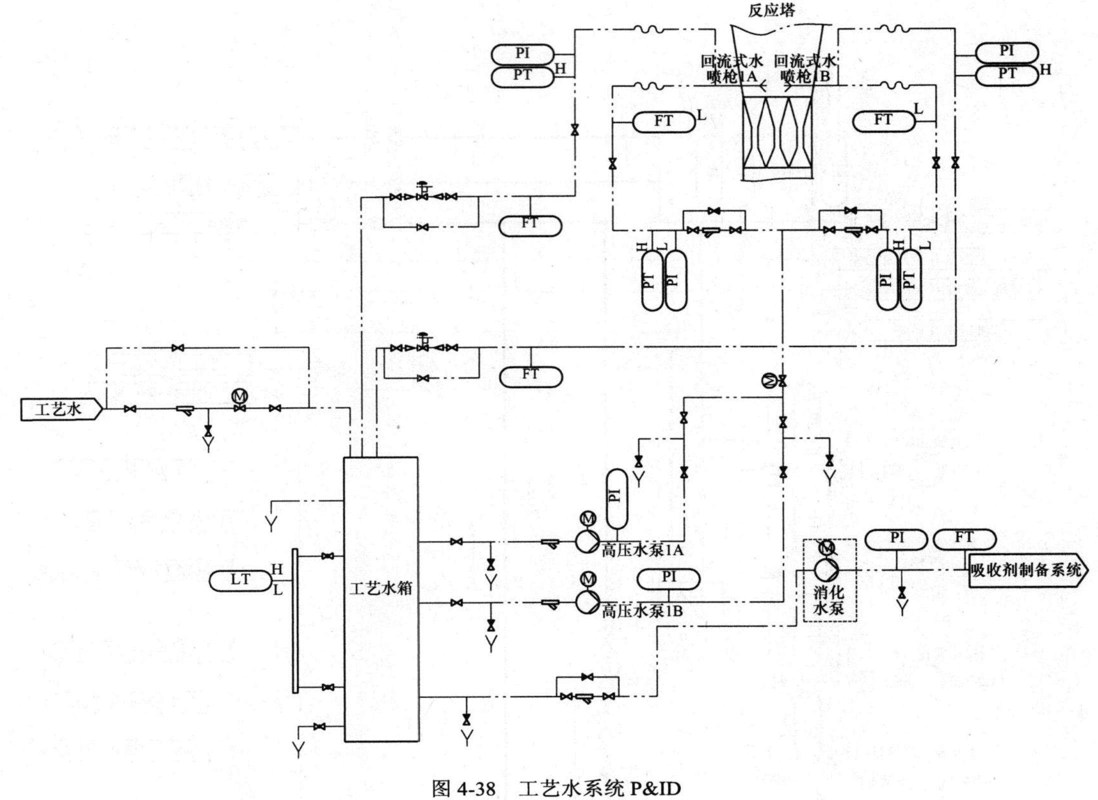

图 4-38　工艺水系统 P&ID

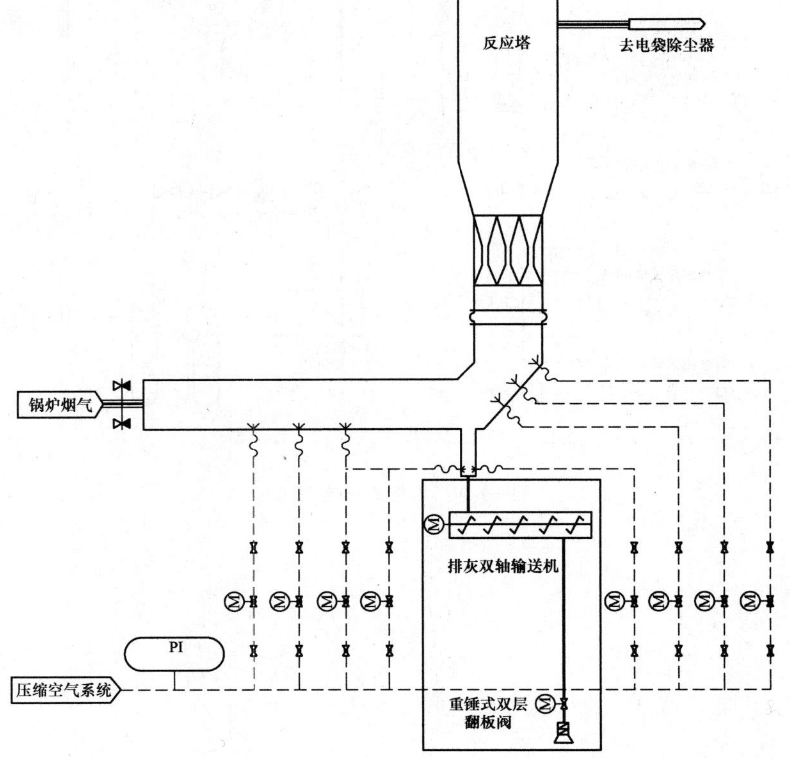

图 4-39　吸收塔底排渣系统 P&ID

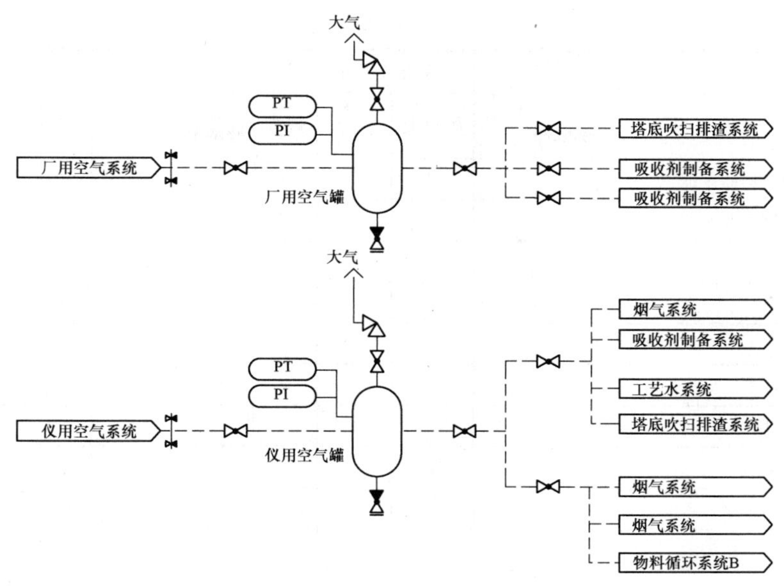

图 4-40　压缩空气系统 P&ID

2. 设计输入

设计输入包括半干法脱硫系统各子系统系统图，各系统设计说明，各工艺参数及定值，吸收塔、脱硫除尘器、消化器、吸收剂料仓、输灰设备、流化风机、空气压缩机、流化槽、工艺水泵测点布置图及设备厂商资料。

3. 检测范围

检测范围包括半干法脱硫系统各子系统的所有测量仪表；吸收塔、脱硫除尘器、消化器、吸收剂料仓、输灰设备、流化风机、空气压缩机、流化槽、工艺水泵等设备本体检测。

4. 检测内容

（1）烟气系统检测。

1）吸收塔入口原烟气温度、压力、烟尘量、氧量、SO_2 含量、流量检测。

2）吸收塔出口烟气温度、压力检测。

3）再循环烟道烟气温度、压力、流量检测。

4）净烟气氧量、SO_2 含量、粉尘含量、温度、压力、流量检测。

（2）吸收剂制备及供应系统检测。包括生石灰仓料位测量、消石灰仓料位测量、消化水泵出口压力测量。

（3）流化风系统检测。包括流化风机出口压力测量、加热器出口温度测量。

（4）工艺水系统检测。包括工艺水箱液位检测，高压水泵出口压力检测，水喷嘴入口水压力及流量检测，水喷嘴回流水压力及流量检测。

（5）设备本体检测。消化器消化仓温度测量。

5. 冗余检测项目

（1）用于吸收塔进出口压降控制的吸收塔入口烟气压力和吸收塔出口烟气压力——三冗余。

（2）用于吸收塔烟气温度控制的吸收塔出口烟气温度——三冗余。

6. 检测项目及仪表配置清单（见表 4-25）

表 4-25　　半干法脱硫系统主要检测项目及仪表配置

序号	测点名称	就地指示	仪表类型/数量		功能				备注
			模拟量	开关量	调节	联锁保护	报警	显示	
一	烟气系统								
1	原烟气温度		√				高	√	
2	原烟气压力		3		√			√	
3	原烟气烟尘浓度		√				高	√	
4	原烟气 O_2 浓度		√					√	
5	原烟气 SO_2 浓度		√		√			√	

续表

序号	测点名称	就地指示	仪表类型/数量		功能				备注
			模拟量	开关量	调节	联锁保护	报警	显示	
6	原烟气流量		√		√			√	
7	吸收塔出口烟气温度		3		√			√	
8	吸收塔出口烟气压力		3		√			√	
9	净烟气温度		√				高	√	
10	净烟气压力		√					√	
11	净烟气 SO_2 浓度		√		√			√	
12	净烟气 O_2 浓度		√					√	
13	净烟气烟尘浓度		√					√	
14	净烟气流量		√					√	
15	再循环烟道烟气压力		√					√	
16	再循环烟道烟气温度		√					√	
17	再循环烟道烟气流量		√					√	
二	吸收剂制备及供应系统								
1	生石灰仓料位		√				高/低	√	
2	消化水泵出口压力	√	√					√	
3	消化水泵出口消化水流量		√			√		√	
4	消石灰仓料位		√				高/低	√	
5	消化器消化仓温度		√					√	
三	流化风系统								
1	灰斗流化风机出口压力	√	√				低	√	
2	灰斗流化风加热器出口温度	√	√				高/低	√	
3	斜槽流化风机出口压力	√	√				低	√	
4	斜槽流化风加热器出口温度	√	√				高/低	√	
5	料仓流化风机出口压力	√	√				低	√	
6	消化器鼓风机出口压力	√	√				低	√	
7	消化器鼓风机加热器出口温度	√	√				高/低	√	
8	消石灰气力输送风机出口压力	√	√				低	√	
四	工艺水系统								
1	工艺水箱液位		√			√	高/低	√	
2	高压水泵出口压力	√	√					√	
3	水喷嘴入口母管过滤器差压		√				高	√	
4	水喷嘴入口水压力	√	√					√	
5	水喷嘴入口水流量		√				低	√	
6	水喷嘴回流水压力	√	√					√	
7	水喷嘴回流水流量		√				低	√	
五	压缩空气系统								

续表

序号	测　点　名　称	就地指示	仪表类型/数量		功　能				备　注
			模拟量	开关量	调节	联锁保护	报警	显示	
1	厂用压缩空气罐压力	√	√					√	
2	仪用压缩空气罐压力	√	√					√	
3	压缩空气母管压力		√					√	

注　本表内容为针对目前国内主流工艺方法，不设置烟气旁路，采用半干法脱硫的工艺过程。

三、海水脱硫系统

1. 系统说明

（1）系统构成。海水脱硫系统包括烟气系统、SO_2吸收系统、海水供应系统、海水恢复系统及其他辅助系统等，主要设备包括增压风机、烟气加热器（GGH）、吸收塔、海水升压泵、曝气风机等。

（2）系统功能。

1）烟气系统。其功能是将未脱硫的烟气引入脱硫装置，将脱硫后的洁净烟气送入烟囱排放。锅炉引风机后的原烟气经烟气挡板、增压风机、GGH进入吸收塔，从吸收塔出来的脱硫烟气再经过GGH、烟气挡板后进入烟囱排放。

注：烟气旁路挡板国内不允许设置，但在某些涉外工程中尚保留。

2）SO_2吸收系统。其功能是从烟气系统来的原烟气进入吸收塔与从海水供应系统来的海水充分接触，去除烟气中的SO_2等有害物质。在吸收塔后设有除雾器，除去出口烟气中的雾珠。

3）海水供应系统。其功能是向吸收塔和海水恢复系统提供海水。海水恢复系统的作用是，吸收塔排出的酸性水与海水供应系统的稀释海水在曝气池中充分混合，并通过曝气风机向曝气池鼓入适量的压缩空气，使曝气池内海水的溶解氧达到饱和，并将亚硫酸盐氧化为硫酸盐，驱赶出海水中的CO_2，使排水pH值升高、化学耗氧量降低，达到当地海水区域排放标准后排入大海。

海水脱硫烟气系统P&ID见图4-41，SO_2吸收系统P&ID见图4-42，海水供应系统P&ID见图4-43，海水恢复系统P&ID见图4-44。

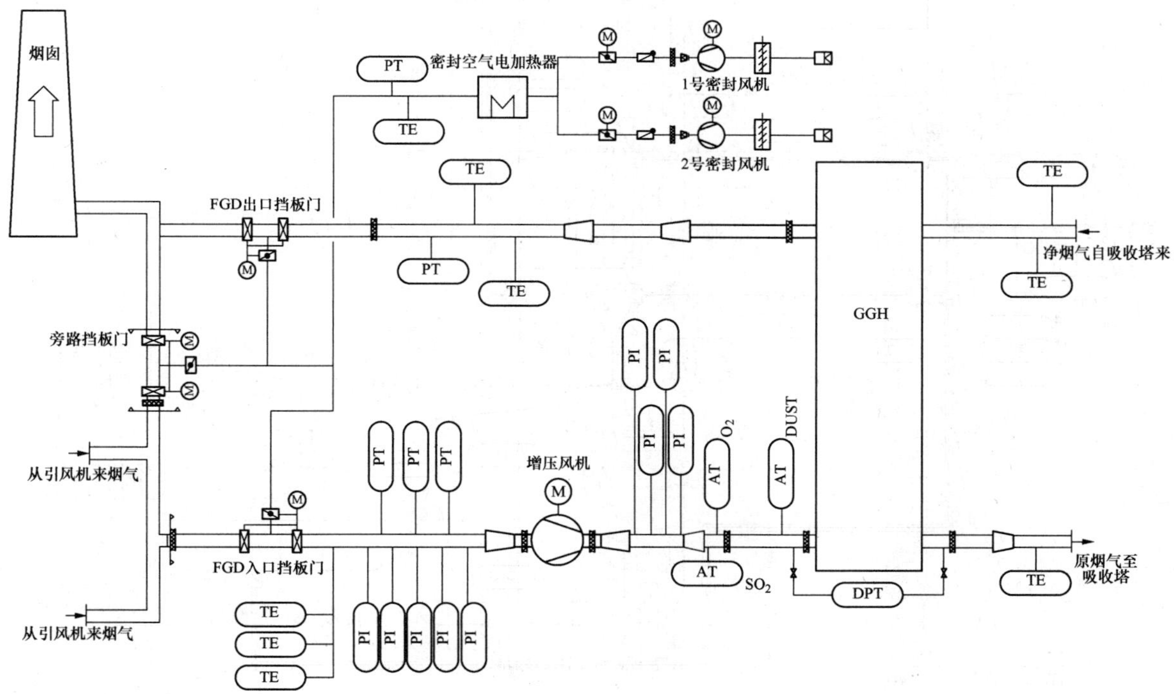

图4-41　海水脱硫烟气系统P&ID

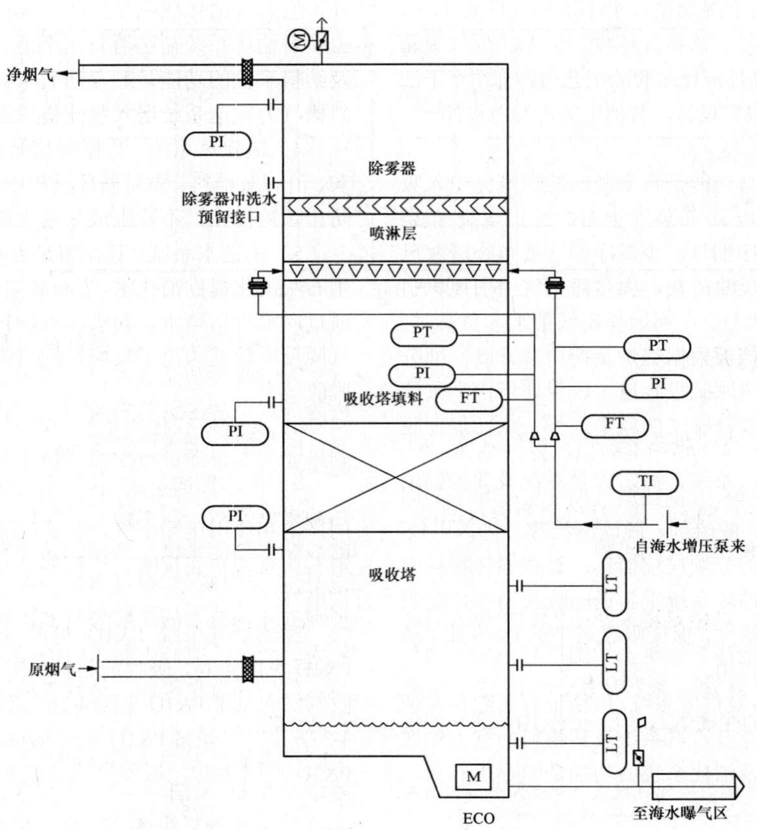

图 4-42　SO_2 吸收系统 P&ID

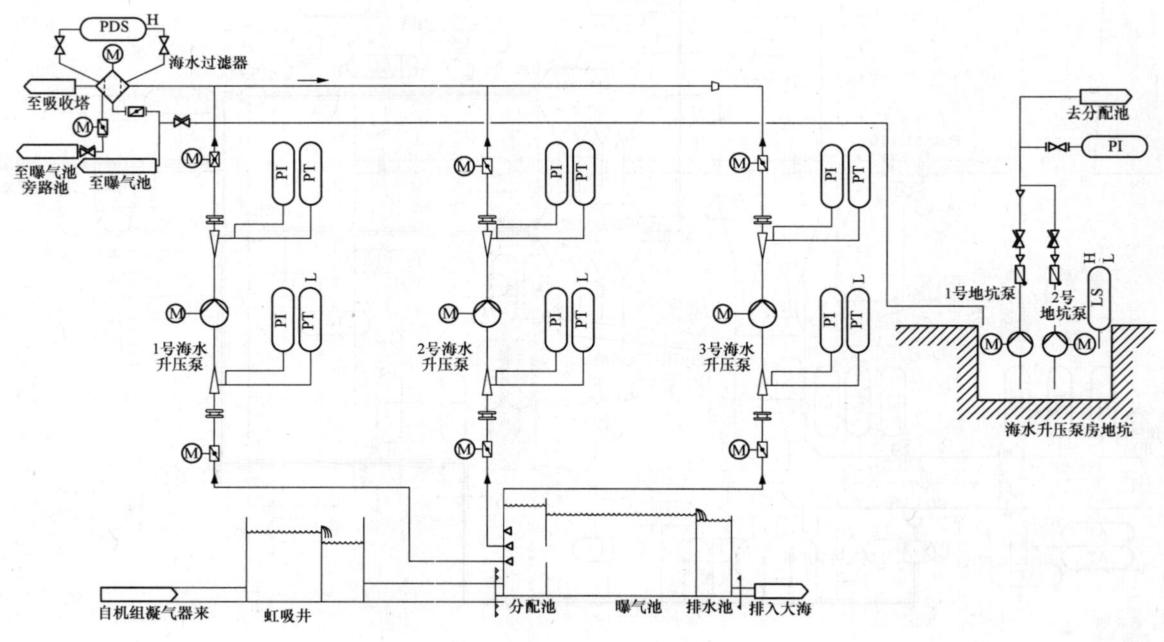

图 4-43　海水供应系统 P&ID

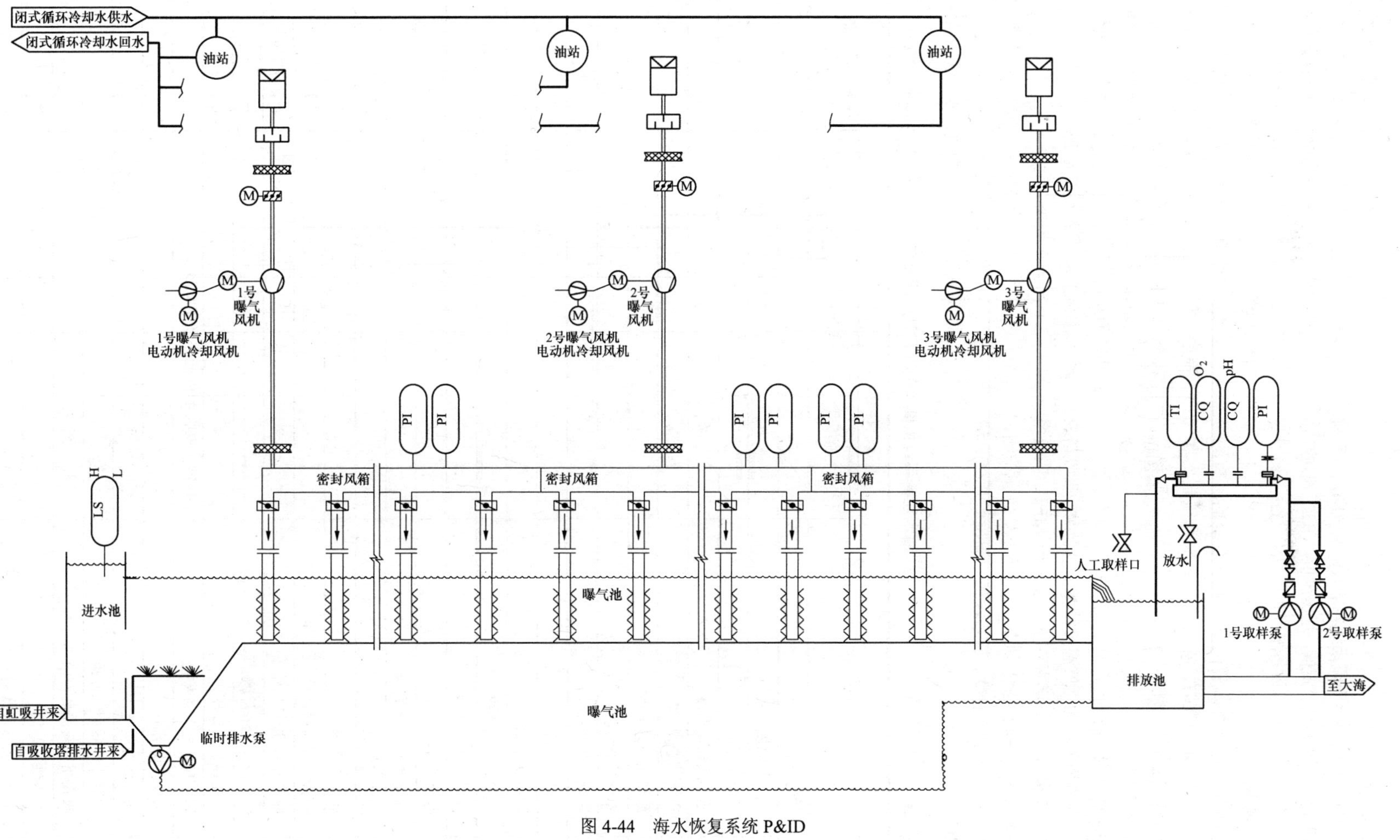

图 4-44　海水恢复系统 P&ID

2. 设计输入

设计输入包括海水脱硫系统各子系统系统图、各系统设计说明、各工艺参数及定值，增压风机、GGH、吸收塔、海水升压泵、曝气风机等设备测点布置图及设备厂商资料。

3. 检测范围

检测范围包括海水脱硫系统各子系统的所有测量仪表；增压风机、GGH、吸收塔、海水升压泵、曝气风机等设备的本体检测。

4. 检测内容

（1）烟气系统检测。

1）吸收塔入口原烟气温度检测，用于保护吸收塔内衬材料和除雾器叶片，若超温应触发锅炉 MFT；吸收塔入口原烟气压力、烟尘量、氧量、SO_2含量、流量检测。

2）设置净烟气温度、SO_2含量、温度、压力、流量检测。

（2）SO_2 吸收系统检测。包括吸收塔液位检测；除雾器差压检测，以监视除雾器的清洁程度。

（3）海水供应系统检测。包括海水升压泵出入口压力检测，吸收塔海水升压泵池液位检测，吸收塔入口海水流量、压力、温度检测。

（4）海水恢复系统检测。包括曝气母管空气压力测量、曝气池出口水质 pH 值、溶解氧（DO）、化学耗氧量（COD）、水温测量。

（5）设备本体检测。海水升压泵轴承温度、电动机轴承温度、各相绕组温度；曝气风机轴承温度、电动机轴承温度、各相绕组温度。

5. 冗余检测项目

（1）用于吸收塔液位控制的吸收塔液位——三冗余。

（2）原烟气温度高保护——三冗余。

6. 检测项目及仪表配置清单（见表 4-26 和表 4-27）

表 4-26　　海水脱硫系统主要检测项目及仪表配置

序号	测点名称	就地指示	仪表类型/数量		功能				备注
			模拟量	开关量	调节	联锁保护	报警	显示	
一	烟气系统								
1	原烟气温度		3			√	高高/高/低	√	
2	原烟气压力		3					√	
3	原烟气烟尘浓度		√				高	√	
4	原烟气 O_2 浓度		√					√	
5	原烟气 SO_2 浓度		√					√	
6	原烟气流量		√					√	
7	净烟气温度		√				高	√	
8	净烟气压力		√					√	
9	净烟气 O_2 浓度		√					√	
10	净烟气 SO_2 浓度		√					√	
11	净烟气 NO_x 浓度		√					√	
12	净烟气烟尘浓度		√					√	
13	净烟气 CO 浓度		√					√	
14	净烟气湿度		√					√	
15	净烟气流量		√					√	
16	GGH 出入口原烟气侧差压		√			√	高	√	
17	GGH 出口原烟气温度		2					√	
18	GGH 入口净烟气温度		√					√	
19	增压风机出口压力		√					√	
20	增压风机出入口差压		√					√	
二	SO_2 吸收系统								
1	吸收塔液位		3				高/低	√	
2	除雾器前后烟气差压		√				高	√	
3	吸收塔填料前后差压		√				高	√	
三	海水供应系统								
1	海水升压泵入口压力		√				低	√	

续表

序号	测点名称	就地指示	仪表类型/数量		功能				备注
			模拟量	开关量	调节	联锁保护	报警	显示	
2	海水升压泵出口压力		√			√		√	
3	海水升压泵出口海水流量	√							
4	吸收塔海水供水流量		√			√	低/低低	√	
5	吸收塔海水供水压力		√				低	√	
6	吸收塔海水供水温度		√					√	
7	吸收塔供水管道二次滤网差压		√				高	√	
四	海水恢复系统								
1	曝气进水池海水水位		√					√	
2	曝气风机出口压力	√	√					√	
3	曝气池出口排水 pH 值		√			√		√	
4	曝气池出口排水氧量（O_2）	√							
5	曝气池出口排水溶解氧（DO）	√							
6	曝气池出口排水化学耗氧量（COD）		√					√	
7	曝气池出口排水温度		√					√	
五	其他								
1	闭冷水泵出口母管压力	√	√					√	
2	工艺水母管压力	√							
3	压缩空气母管压力		√					√	

注　本表内容为以部分火力发电厂烟气海水脱硫系统为基础整理编制，工程设计以设备技术协议要求和设备厂商的设计资料为准。

表 4-27　　辅机本体检测主要项目及仪表配置

序号	测点名称	就地指示	仪表类型/数量		功能				备注
			模拟量	开关量	调节	联锁保护	报警	显示	
一	海水升压泵								
1	海水升压泵驱动端轴承温度		√				高高/高	√	
2	海水升压泵非驱动端轴承温度		√				高高/高	√	
3	海水升压泵电动机驱动端轴承温度		√			√	高高/高	√	
4	海水升压泵电动机非驱动端轴承温度		√			√	高高/高	√	
5	海水升压泵电动机绕组温度		√			√	高高/高	√	
二	曝气风机								
1	曝气风机电动机驱动端轴承温度		√			√	高高/高	√	
2	曝气风机电动机非驱动端轴承温度		√			√	高高/高	√	
3	曝气风机电动机绕组温度		√			√	高高/高	√	
4	曝气风机驱动端轴承温度		√			√	高高/高	√	
5	曝气风机非驱动端轴承温度		√			√	高高/高	√	
6	曝气风机润滑油箱油位	√	√				低	√	
7	曝气风机润滑油箱油温		√					√	
8	曝气风机润滑供油温度		√					√	
9	曝气风机润滑供油流量		√				低	√	
10	曝气风机润滑油压力	√	√	√			低/低低	√	
11	曝气风机润滑油过滤器差压		√				高	√	
三	GGH								
1	GGH 转子轴承油位	√							

续表

序号	测 点 名 称	就地指示	仪表类型/数量		功 能				备 注
			模拟量	开关量	调节	联锁保护	报警	显示	
2	GGH 减速机油位	√							
3	GGH 高压泵入口滤网差压	√	√				高	√	
4	GGH 高压泵入口压力	√		√			低		
5	GGH 高压泵出口压力	√	√				低	√	
6	GGH 吹灰蒸汽压力	√	√				低	√	
7	GGH 吹灰蒸汽温度		√					√	
8	GGH 吹灰蒸汽疏水温度		√					√	
9	GGH 密封风机出口压力	√	√				低	√	
10	GGH 转子速度		3				低/低低	√	
11	GGH 支撑轴承温度		√					√	
12	GGH 导向轴承温度		√					√	
13	GGH 主电动机 A 绕组温度		√				高高/高	√	
14	GGH 主电动机 B 绕组温度		√				高高/高	√	
四	增压风机								
1	增压风机轴向轴承温度		√			√	高高/高	√	
2	增压风机径向轴承温度		√			√	高高/高	√	
3	增压风机推力轴承温度		√			√	高高/高	√	
4	增压风机电动机轴承温度		√			√	高高/高	√	
5	增压风机电动机绕组温度		√			√	高高/高	√	
6	增压风机轴向振动		√			√	高高/高	√	
7	增压风机径向振动		√			√	高高/高	√	
8	增压风机喘振		√				√	√	
9	增压风机油箱油位	√	√			√	低	√	
10	增压风机油箱温度	√						√	
11	增压风机润滑油泵出口压力	√							
12	增压风机润滑油过滤器前后差压			√			高		
13	增压风机电动机轴承润滑油进油流量			√			低		
14	增压风机电动机轴承润滑油进油压力		√				低/低低	√	
15	增压风机电动机轴承润滑油进油温度		√					√	

注 本表内容为以部分火力发电厂烟气海水脱硫系统为基础整理编制，工程设计以设备技术协议要求和设备厂商的设计资料为准。

第五节 烟 气 脱 硝 系 统

一、选择性催化还原法（selective catalytic reduction，SCR）烟气脱硝系统

1. 系统说明

（1）系统构成。选择性催化还原法（SCR）烟气脱硝系统包括烟气反应系统、氨/空气混合系统、吹灰系统等。SCR 烟气脱硝系统的主要设备包括 SCR 反应器、稀释风机、氨/空气混合器、喷氨格栅、吹灰器等。

（2）系统功能。

1）烟气反应系统。其功能是将从省煤器出来的烟气经过与氨气混合后进入 SCR 反应器，在催化剂的作用下将烟气中的氮氧化物转变为氮气和水，然后送至空气预热器。

2）氨/空气混合系统。其作用是通过稀释风机将氨的浓度稀释到爆炸极限以下，在氨气/空气混合器中充分混合后由喷氨格栅将氨气均匀地送入烟道。氨气管路设置氨气流量调节阀，能根据不同工况的烟气进行调节。

3）吹灰系统。其作用是将催化剂中的积灰吹扫干净，避免灰尘堆积而造成催化剂失效，使反应器的压降保持在较低的水平，从而保证脱硝效率。SCR 烟气脱硝系统 P&ID 见图 4-45。

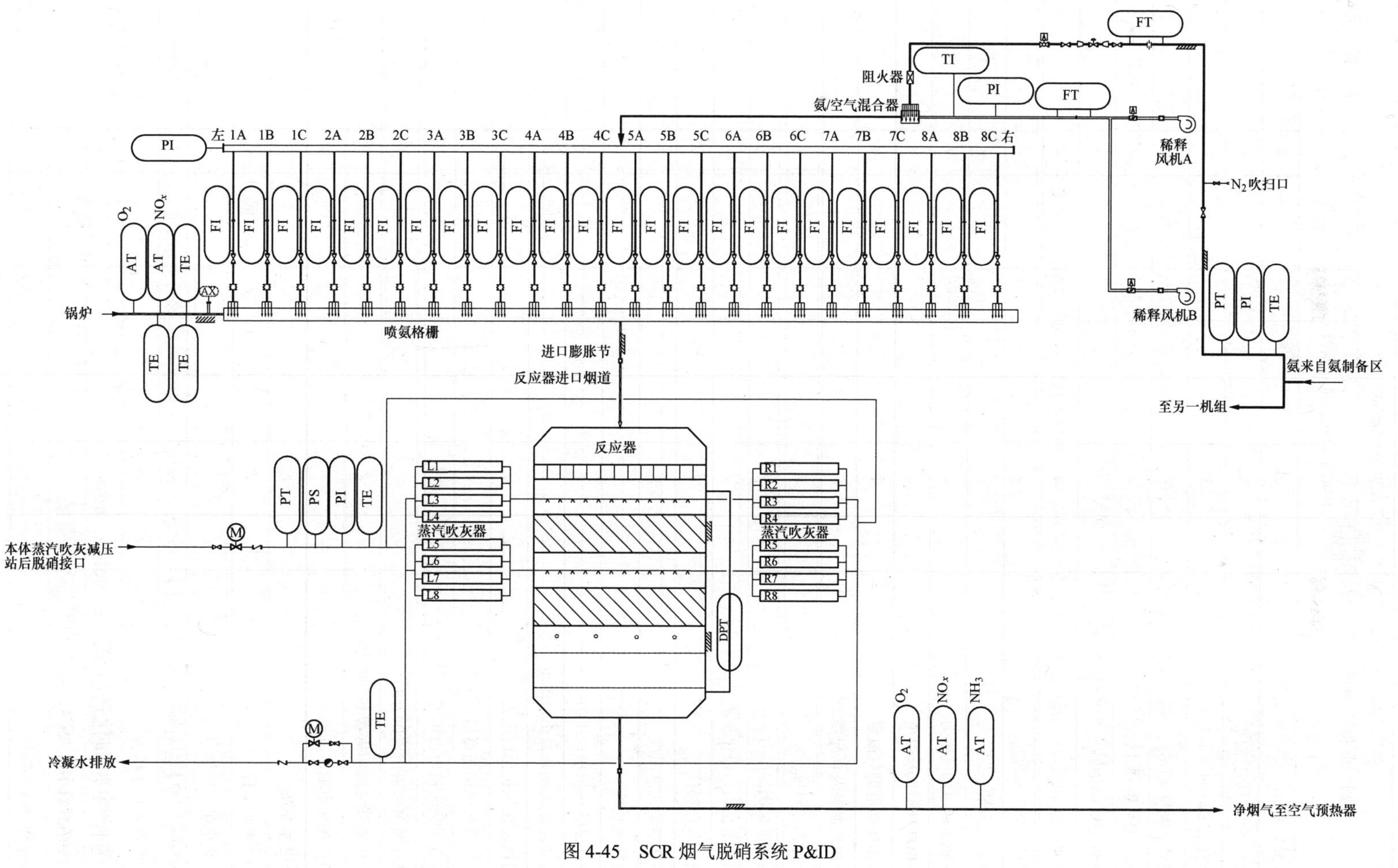

图 4-45 SCR 烟气脱硝系统 P&ID

2. 设计输入

设计输入包括选择性催化还原法（SCR）烟气脱硝系统图、系统设计说明、各工艺参数及定值和设备厂商资料。

3. 检测范围

检测范围包括烟气反应系统、氨/空气混合系统、吹灰系统的所有测量仪表。

4. 检测内容

（1）烟气系统检测。包括：反应器入口烟气温度检测，用于保护催化剂和防止氨过量逸出；反应器进出口 NO_x 和出口逃逸 NH_3 检测，用于控制氨气流量调节阀；反应器进出口差压检测，用于监视反应器的正常运行。

（2）SCR 氨/空气混合系统检测。包括氨/空气混合器进口氨气压力、温度、流量的检测，氨/空气混合器进口稀释风压力、温度、流量的检测。

（3）SCR 吹灰系统检测。包括吹扫蒸汽压力、温度的检测。

5. 冗余检测项目

SCR 进口温度高保护——三冗余。

6. 检测项目及仪表配置清单（见表 4-28）

表 4-28　选择性催化还原法（SCR）烟气脱硝系统主要检测项目及仪表配置

序号	测点名称	就地指示	仪表类型/数量		功能				备注
			模拟量	开关量	调节	联锁保护	报警	显示	
一	SCR 烟气反应系统								
1	SCR 反应器进口温度		3			√	高/低	√	
2	SCR 入口 NO_x 浓度		√		√			√	
3	SCR 入口 O_2 浓度		√					√	
4	SCR 反应器进出口差压		√				高	√	
5	SCR 出口 NO_x 浓度		√		√		高	√	
6	SCR 出口 O_2 浓度		√					√	
7	SCR 出口逃逸 NH_3 浓度		√				高	√	
二	SCR 氨/空气混合系统								液氨还原剂
1	SCR 氨/空气混合器进口氨气压力	√	√				高/低	√	
2	SCR 氨/空气混合器进口氨气温度		√					√	
3	SCR 氨/空气混合器进口氨气流量		√		√			√	
4	SCR 氨/空气混合器进口稀释风压力	√	√					√	
5	SCR 氨/空气混合器进口稀释风温度		√					√	
6	SCR 氨/空气混合器进口稀释风流量		√			√	√	√	
三	SCR 吹灰系统								
1	吹扫蒸汽温度		√					√	
2	吹扫蒸汽压力	√	√			√	高/低	√	
3	疏水温度		√			√		√	

注　本表内容以部分火力发电厂脱硝反应系统为基础整理编制，工程设计以设备技术协议要求和设备厂商的设计资料为准。

二、选择性非催化还原法（selective non-catalytic reduction，SNCR）烟气脱硝系统

1. 系统说明

（1）系统构成。选择性非催化还原法（SNCR）烟气脱硝系统包括还原剂溶液计量分配系统、炉前喷射系统和压缩空气系统等。

（2）系统功能。

1）还原剂溶液计量分配系统。其功能是精确计量每一个喷射区域的还原剂量及控制到每个喷枪的雾化

空气量，以便取得最佳的脱除 NO_x 的效果。

2）炉前喷射系统。其作用是将稀释后的还原剂溶液经空气雾化通过一系列喷枪，送至喷射层，与烟气充分均匀混合，从而保证脱硝效率。

3）压缩空气系统。其作用是为还原剂溶液的雾化提供雾化介质。SNCR 烟气脱硝系统 P&ID 见图 4-46。

2. 设计输入

设计输入包括选择性非催化还原法（SNCR）烟气脱硝系统图、系统设计说明、各工艺参数及定值和设备厂商资料。

3. 检测范围

检测范围包括还原剂溶液计量分配系统、炉前喷射系统和压缩空气系统的所有测量仪表。

4. 检测内容

（1）还原剂溶液计量分配系统检测。包括尿素溶液（尿素侧）主管、支管流量、压力检测。

（2）炉前喷射系统检测。喷枪前温度检测，确保尿素溶液的温度高于结晶温度，不会堵塞喷枪。

5. 检测项目及仪表配置清单（见表 4-29）

表 4-29　选择性非催化还原法（SNCR）烟气脱硝系统主要检测项目及仪表配置

序号	测点名称	就地指示	仪表类型/数量		功能				备注
			模拟量	开关量	调节	联锁保护	报警	显示	
1	尿素溶液（尿素侧）主管流量		√		√			√	尿素溶液还原剂
2	尿素溶液（尿素侧）支管流量		√		√			√	
3	尿素溶液（稀释水侧）主管流量		√		√			√	
4	尿素溶液计量系统混合后压力	√							
5	雾化/冷却空气压力		√			√	低	√	
6	各喷枪前温度		√					√	
7	压缩空气压力		√					√	

注　本表内容以部分火力发电厂脱硝反应系统为基础整理编制，工程设计以设备技术协议要求和设备厂商的设计资料为准。

三、还原剂存储制备及供应系统

1. 系统说明

（1）系统构成。在燃煤电厂，SCR 烟气脱硝系统中还原剂应用最广泛的是液氨和尿素，因此还原剂存储制备及供应系统分为液氨储存和供氨系统及尿素制氨和供氨系统。还原剂存储制备及供应系统为公用系统。液氨储存和供氨系统的主要设备包括卸料压缩机、液氨储罐、氨气蒸发槽、氨气缓冲槽等。尿素制氨和供氨系统的主要设备包括尿素溶解罐、尿素溶液循环泵、尿素溶液储罐、供料泵、水解反应器等。

（2）系统功能。还原剂存储制备及供应系统的功能是存储液氨或尿素等还原剂，并制备出合格的氨气或尿素溶液后输送至锅炉脱硝区域。

液氨卸料及储存系统 P&ID 见图 4-47、液氨蒸发系统 P&ID 见图 4-48，尿素溶液制备系统 P&ID 见图 4-49，尿素溶液稀释系统 P&ID 见图 4-50。

2. 设计输入

设计输入包括还原剂存储制备及供应系统图、系统设计说明、各工艺参数及定值和设备厂商资料。

3. 检测范围

检测范围包括还原剂存储制备及供应系统的所有测量仪表。

4. 检测内容

（1）液氨储存和供氨系统检测。

1）氨储罐的压力、温度、液位检测。

2）卸料压缩机差压检测。

3）液氨蒸发器出口氨气的压力、温度检测。

4）各液氨蒸发器温度、氨液位、水液位检测。

5）氨区主要设备的氨气泄漏检测。

6）氨气稀释罐（槽）的液位、温度检测。

7）氨气缓冲罐的温度、压力检测。

8）废水池的液位检测和废水泵的就地压力检测。

（2）尿素制氨和供氨系统检测。

1）包括尿素储仓料位检测、尿素溶解罐的液位检测、尿素溶解罐温度检测、尿素溶解罐出口尿素溶液密度检测。

2）尿素溶解水流量测量。

3）至热解炉的尿素溶液压力检测。

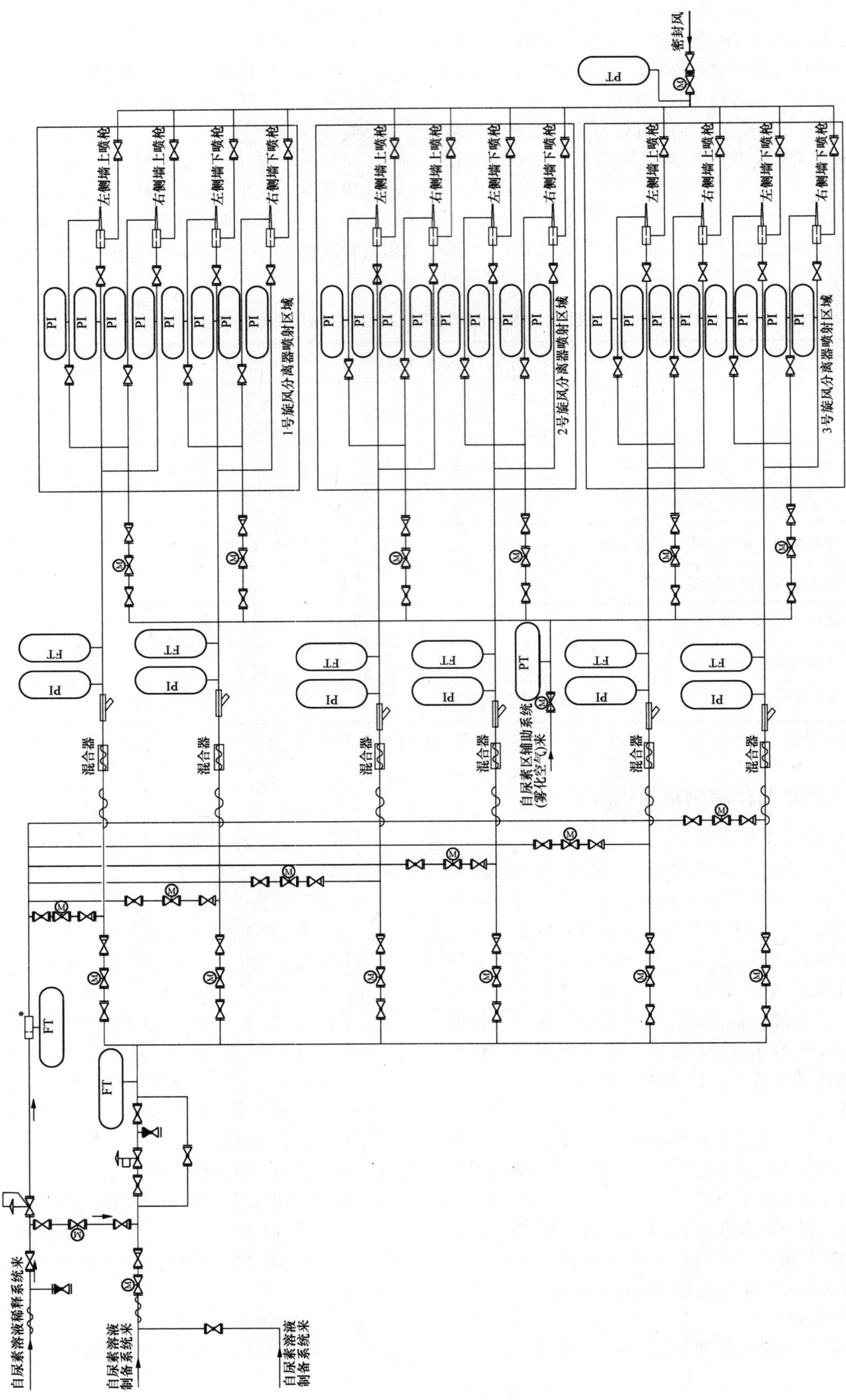

图 4-46 SNCR 烟气脱硝系统 P&ID

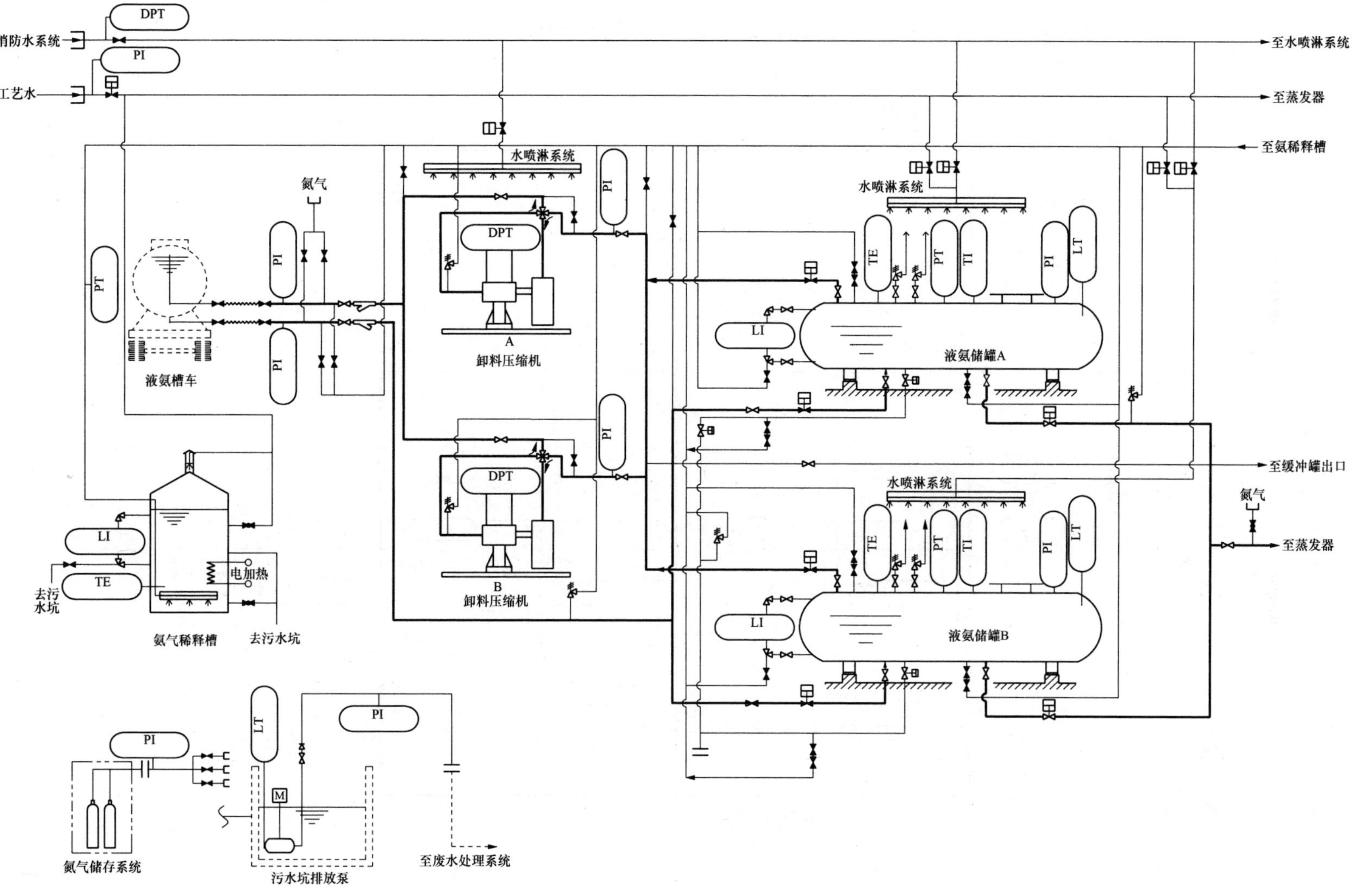

图 4-47　液氨卸料及储存系统 P&ID

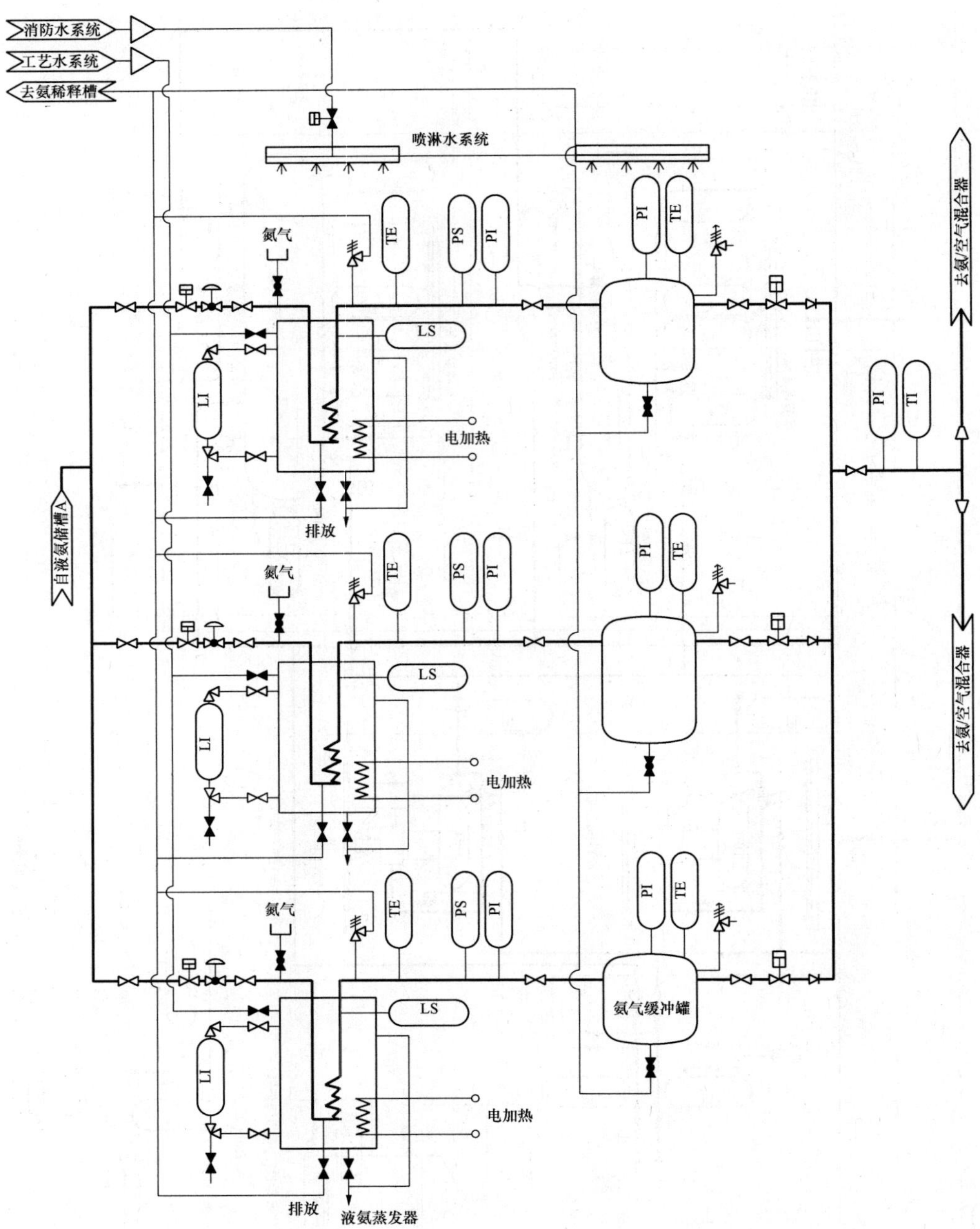

图 4-48　液氨蒸发系统 P&ID

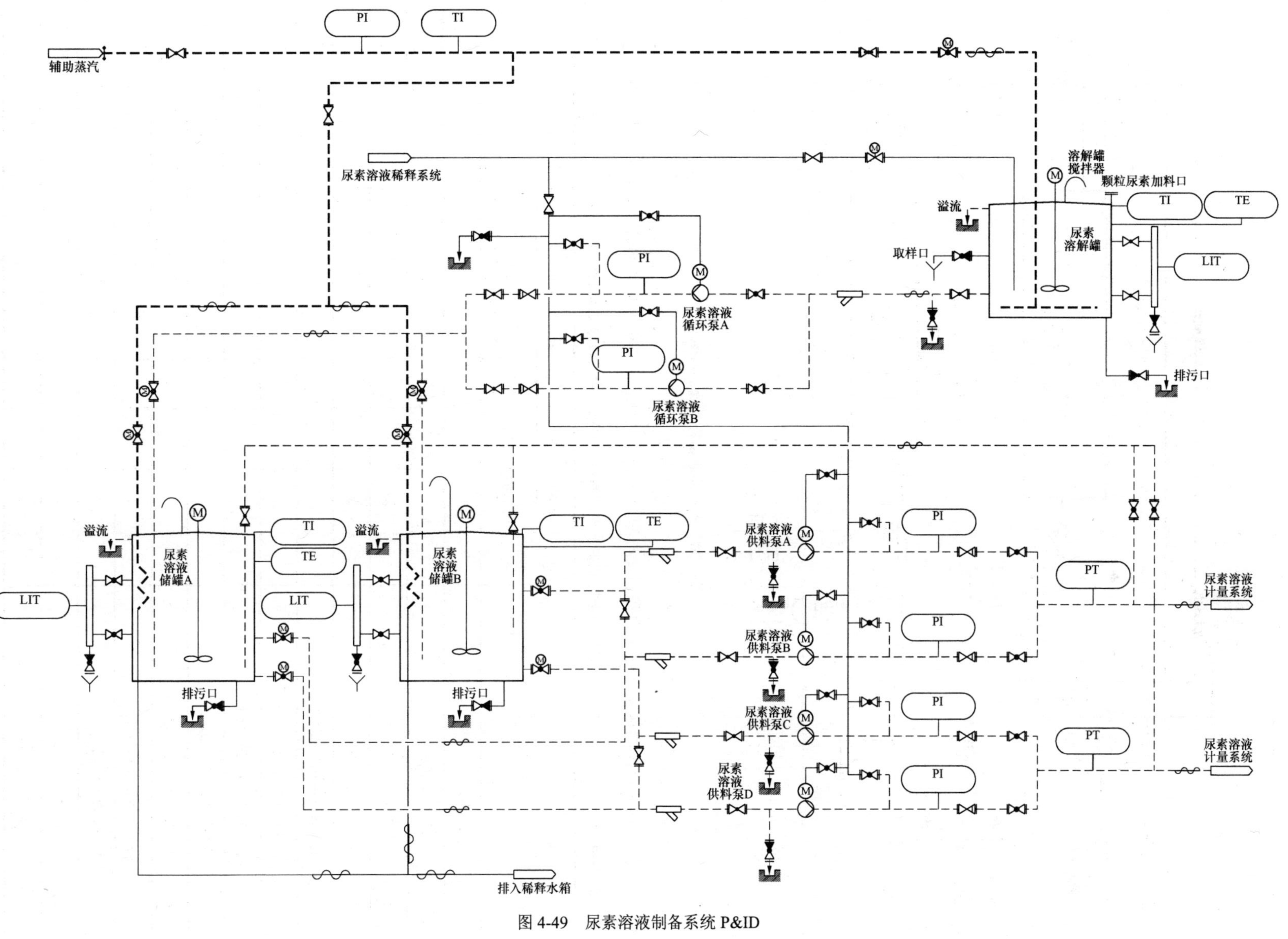

图 4-49　尿素溶液制备系统 P&ID

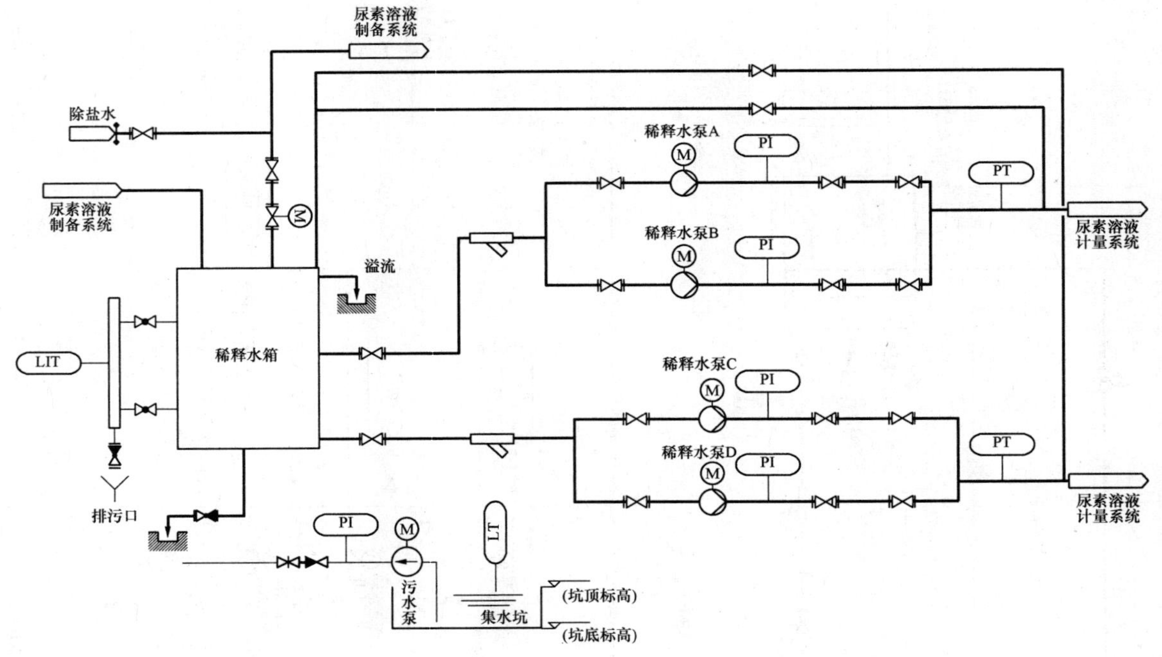

图 4-50　尿素溶液稀释系统 P&ID

4）回流尿素储罐的尿素溶液压力和温度检测。

5. 检测项目及仪表配置清单（见表 4-30）

表 4-30　　还原剂存储制备及供应系统主要检测项目及仪表配置

序号	测点名称	就地指示	仪表类型/数量		功能				备注
			模拟量	开关量	调节	联锁保护	报警	显示	
一	液氨还原剂								
1	各液氨储罐压力	√	√			√	高/低	√	
2	各液氨储罐液位	√	√	√		√	高/低	√	
3	各液氨储罐温度	√	√			√	高	√	
4	液氨输送泵出口压力	√							
5	各卸料压缩机进出口差压		√				高	√	
6	各卸料压缩机进口压力	√							
7	各卸料压缩机出口压力	√							
8	各液氨蒸发器出口氨气压力	√	√		√		高/低	√	
9	各液氨蒸发器出口氨气温度	√	√				高	√	
10	各液氨蒸发器温度		√		√		高	√	
11	各液氨蒸发器氨液位	√	√	√			高	√	
12	各液氨蒸发器水液位	√	√	√			低	√	

续表

序号	测点名称	就地指示	仪表类型/数量		功能				备注
			模拟量	开关量	调节	联锁保护	报警	显示	
13	加热蒸汽管道母管压力	√	√					√	采用蒸汽加热时
14	加热蒸汽管道母管温度		√					√	
15	氨气缓冲罐氨气压力	√	√				高	√	
16	氨气缓冲罐氨气温度	√	√				高	√	
17	氨气稀释罐（槽）液位	√	√				低	√	
18	氨气稀释罐（槽）温度	√	√				高	√	
19	氨气稀释罐（槽）入口氨紧急排放母管压力			√			高		
20	废水池液位	√	√				高	√	
21	废水泵出口压力	√							
22	消防水（喷淋）压力		√				低	√	
23	氨区工业水压力	√							
24	氨区生活水压力	√							
25	氨区仪用空气压力	√	√					√	如有仪用气
26	槽车液氨管道压力	√							
27	槽车氨气管道压力	√							
28	N_2压力	√							
29	蒸发器处氨气检漏报警		√			√	高	√	
30	液氨储罐氨气检漏报警		√			√	高	√	
31	卸车处氨气检漏报警		√			√	高	√	
32	卸料压缩机氨气检漏报警		√			√	高	√	
33	氨气缓冲罐检漏报警		√			√	高	√	如配置
二	尿素还原剂								
1	尿素储仓料位		√			√	高/低	√	
2	尿素溶解罐液位		√			√	高/低	√	
3	尿素溶解罐温度	√	√			√		√	
4	尿素溶液储罐液位		√			√	高/低	√	
5	尿素溶液储罐温度	√	√			√		√	
6	尿素溶解水流量		√			√		√	
7	尿素溶解罐出口尿素溶解液密度		√			√		√	
8	至热解炉的尿素溶液压力		√					√	

续表

序号	测点名称	就地指示	仪表类型/数量		功能				备注
			模拟量	开关量	调节	联锁保护	报警	显示	
9	回流尿素溶液压力		√		√			√	
10	回流尿素溶液温度		√					√	

注 本表内容以部分火力发电厂脱硝反应系统为基础整理编制。

第六节 汽轮机、发电机及附属系统

一、主蒸汽、再热蒸汽及旁路系统

1. 系统说明

（1）系统构成。主蒸汽系统：从锅炉过热器出口输送蒸汽到汽轮机主汽阀的主蒸汽管道及疏水管道。低温再热蒸汽系统，从汽轮机高压缸排汽口输送低温再热蒸汽至锅炉再热器进口的低温再热蒸汽管道及疏水管道。高温再热蒸汽系统，从锅炉再热器出口输送高温再热蒸汽到汽轮机中压联合汽阀的高温再热蒸汽管道及疏水管道。

高压旁路系统，从主蒸汽管道接出，经高压旁路控制阀至低温再热蒸汽管道，以及高压旁路阀前后的疏水管道。低压旁路系统，从高温再热蒸汽管道接出，经低压旁路控制阀至凝汽器管道，以及低压旁路阀前后的疏水管道。

（2）系统功能。主蒸汽系统将高温高压的主蒸汽从锅炉过热器出口输送至汽轮机主汽阀进口，保证蒸汽参数、品质符合汽轮机在各种工况下的需求。

低温再热蒸汽系统将新蒸汽在汽轮机高压缸做功后排出的低温蒸汽送至锅炉再热器重新加热，同时为 2 号高压加热器提供加热汽源。高温再热蒸汽系统将锅炉再热器出口的高温蒸汽输送到汽轮机中压缸入口，保证蒸汽参数符合汽轮机制造厂的设计要求。

旁路系统的基本功能是协调锅炉产汽量与汽轮机耗汽量之间的不平衡，提高机组运行的灵活性、安全性和负荷的适应性。其功能是：改善机组启动性能，加快机组启动速度，减少汽轮机寿命损耗；处理机组负荷瞬变工况的剩余蒸汽，改善锅炉运行的稳定性；在启动、停机和甩负荷时保护再热器；回收工质，减小噪声。旁路系统的不同功能与汽轮机机型相匹配，由其设计容量决定。

主蒸汽、再热蒸汽及旁路系统 P&ID 见图 4-51。

2. 设计输入

设计输入包括主蒸汽、再热蒸汽及旁路系统图、系统设计说明，主蒸汽、再热蒸汽及旁路系统工艺参数和定值，汽轮机制造厂 DEH 资料，汽轮机本体测点图。

3. 检测范围

检测范围包括主蒸汽、再热蒸汽，旁路系统及各疏水管路的所有测量仪表。

4. 检测内容

（1）主蒸汽系统应设置下列检测项目：

1）主蒸汽温度。

2）主蒸汽压力。

3）汽轮机左、右侧高压主汽阀进汽温度。

4）汽轮机左、右侧高压主汽阀进汽压力。

5）汽轮机调节级压力。

（2）再热蒸汽系统应设置下列检测项目：

1）高压缸排汽温度、压力。

2）低温再热蒸汽温度、压力。

3）高温再热蒸汽温度、压力。

4）汽轮机左、右侧中压主汽阀进汽温度、压力。

5）中压缸排汽压力。

（3）旁路系统应设置高压旁路阀后压力、温度检测；低压旁路阀后压力、温度检测。

（4）汽轮机防进水及疏水管路设置下列检测项目：

1）主蒸汽、再热蒸汽疏水管路疏水温度。

2）设置高压缸排汽管道上、下温度测点，用于汽轮机防进水检测。

3）低温再热蒸汽管道疏水罐液位高、高高检测。

5. 测点位置

用于汽轮机防进水检测的温度测点，应在高压缸排汽口的低温再热蒸汽垂直管道上和低温再热蒸汽管道最低点分别设一支，根据两支热电偶的温差判断管道中是否进水。

6. 冗余检测项目

（1）用于协调控制的主蒸汽压力、汽轮机第一级压力——三冗余。

（2）主蒸汽温度——三冗余。

（3）用于 DEH 控制的汽轮机第一级压力——三冗余。

（4）用于高压旁路控制的高压旁路阀后温度——两冗余。

（5）用于低压旁路控制的低压旁路阀后温度——两冗余。

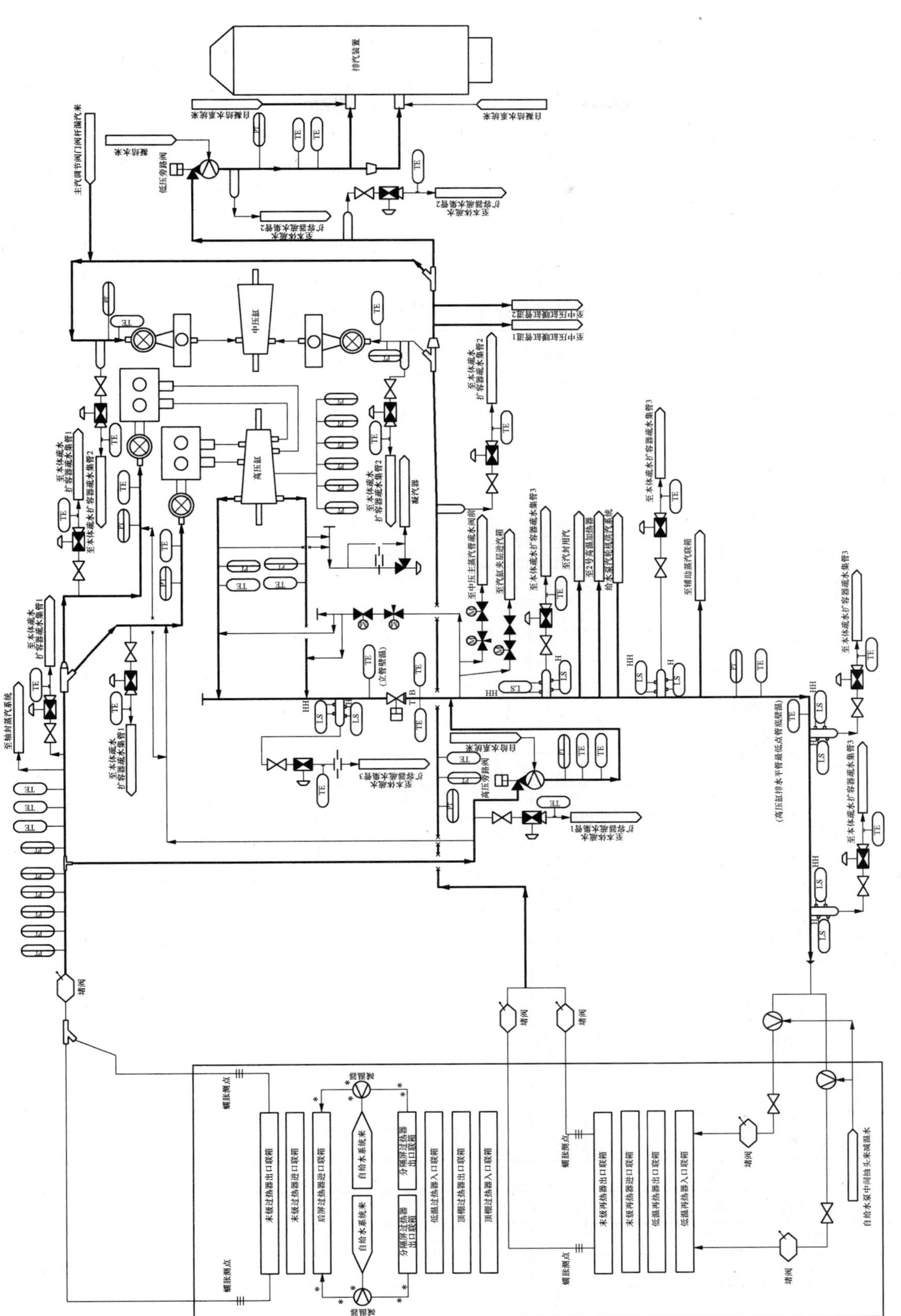

图 4-51 主蒸汽、再热蒸汽及旁路系统 P&ID

7. 检测项目及仪表配置清单（见表 4-31）

二、抽汽系统

1. 系统说明

（1）系统构成。抽汽系统由汽轮机抽出的压力不同的各级蒸汽和高、低压加热器、除氧器、给水泵汽轮机、引风机汽轮机等用汽设备构成。

（2）系统功能。抽汽系统主要是将汽轮机各级高压、低压蒸汽抽出，送至相应的高压和低压加热器壳体内及除氧器，加热给水和凝结水，以提高整台机组的循环效率；同时，为给水泵汽轮机、引风机汽轮机、辅助蒸汽系统等提供汽源。抽汽系统 P&ID 见图 4-52。

2. 设计输入

设计输入包括抽汽系统图、系统设计说明，抽汽系统工艺参数和定值，汽轮机制造厂 DEH 资料，高、低压加热器及除氧器等设备资料。

3. 检测范围

检测范围包括抽汽及疏水系统的所有测量仪表，高、低压加热器及除氧器等设备的壳侧检测仪表。

表 4-31　主蒸汽、再热蒸汽及旁路系统主要检测项目及仪表配置

序号	测点名称	就地指示	仪表类型/数量		功能				备注
			模拟量	开关量	控制	联锁保护	报警	显示	
一	主蒸汽系统								
1	主蒸汽温度		3					√	
2	主蒸汽压力		3		√			√	
3	高压主汽阀进汽温度		√		√			√	DEH
4	高压主汽阀进汽压力		√		√			√	DEH
5	汽轮机第一级压力		6		√			√	DEH 用 3
二	再热蒸汽系统								
1	高压缸排汽温度		2～3			√	高/高高	√	DEH
2	高压缸排汽压力		2～3			√	高/高高	√	DEH
3	低温再热蒸汽温度		√					√	
4	低温再热蒸汽压力		√					√	
5	低温再热垂直管道/最低点温度		√				高	√	温差
6	高温再热蒸汽温度		√					√	
7	高温再热蒸汽压力		2					√	
8	中压主汽阀进汽温度		√		√			√	DEH
9	中压主汽阀进汽压力		√		√			√	DEH
10	中压缸排汽温度		√					√	DEH
11	中压缸排汽压力		√					√	DEH
三	旁路系统								
1	高压旁路阀出口蒸汽温度		2		√		高	√	
2	高压旁路阀出口蒸汽压力		√		√			√	
3	低压旁路阀出口蒸汽温度		2		√		高	√	
4	低压旁路阀出口蒸汽压力		√		√			√	
四	疏水系统								
1	主蒸汽疏水管路疏水温度		√					√	
2	再热蒸汽疏水管路疏水温度		√					√	
3	低温再热蒸汽管道疏水罐液位高			√			高		
4	低温再热蒸汽管道疏水罐液位高高			√		√	高高		

注　有关 DEH 的测点以汽轮机厂的设计为准，此表内容仅供参考。

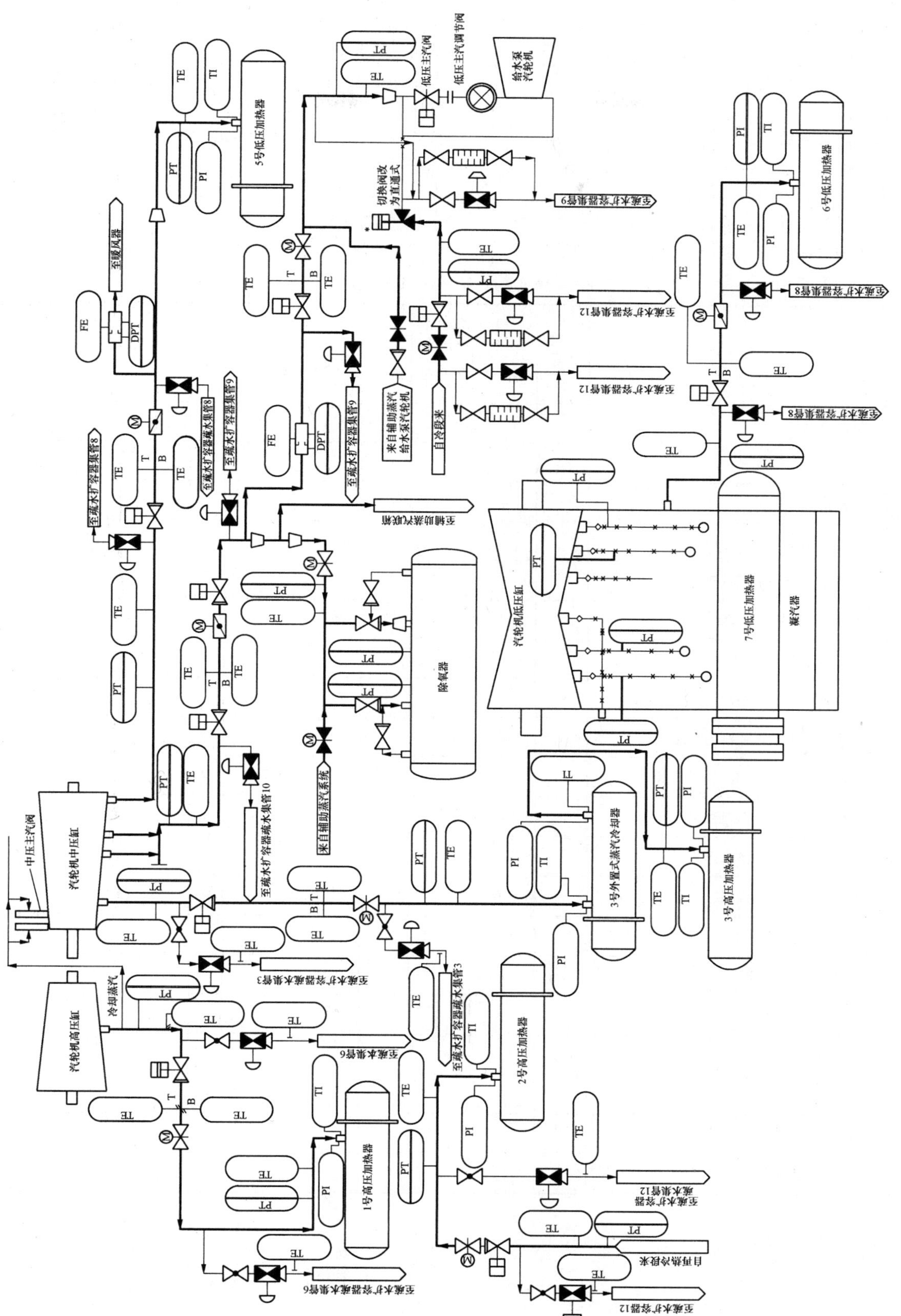

图 4-52　抽汽系统 P&ID

4. 检测内容

（1）抽汽系统应设置下列检测项目：

1）各段抽汽口温度、压力。

2）抽汽至各加热器入口的温度、压力。

3）四段或五段抽汽至各用汽点的压力、温度。

4）各抽汽管道止回阀后的管顶、管底温度。

5）抽汽至给水泵汽轮机流量。

6）抽汽至辅助蒸汽流量。

（2）加热器本体汽侧的检测项目：加热器壳侧蒸汽就地压力指示；加热器壳侧蒸汽就地温度指示。

5. 测点位置

用于汽轮机防进水检测的温度测点，应在抽汽管道止回阀后第一个水平段的顶部和相应位置的底部各设一支热电偶，根据两支热电偶的温差判断管道中是否进水。

6. 冗余检测项目

用于除氧器压力控制的除氧器压力——两冗余。

7. 检测项目及仪表配置清单（见表4-32）

表4-32　　抽汽系统主要检测项目及仪表配置

序号	测点名称	就地指示	仪表类型/数量		功能				备注
			模拟量	开关量	控制	联锁保护	报警	显示	
一	抽汽系统								
1	各段抽汽口温度		√					√	
2	各段抽汽口压力		√					√	
3	各段抽汽止回阀后管顶温度		√				高	√	温差
4	各段抽汽止回阀后管底温度		√					√	
5	四段抽汽至除氧器蒸汽温度		√					√	
6	四段抽汽至除氧器用汽压力		√					√	
7	四段抽汽至给水泵汽轮机温度		√					√	
8	四段抽汽至给水泵汽轮机压力		√					√	
9	四段抽汽至给水泵汽轮机流量		√					√	
10	四段抽汽至辅助蒸汽温度		√					√	
11	四段抽汽至辅助蒸汽压力		√					√	
12	抽汽至辅助蒸汽流量		√					√	
13	各级加热器进汽温度		√					√	
14	各级加热器进汽压力		√					√	
二	设备本体								
1	除氧器温度	√							
2	除氧器压力	√	2		√			√	
3	各级加热器壳侧蒸汽温度	√							
4	各级加热器壳侧蒸汽压力	√							

三、凝结水系统

1. 系统说明

（1）系统构成。凝结水系统由凝汽器热井（或凝结水箱）、凝结水泵、轴封加热器、低压加热器、除氧器等设备构成。

（2）系统功能。凝汽器热井的凝结水经过凝结水泵升压后，逐级经过轴封加热器、多级低压加热器系统，吸收汽轮机抽汽的热量来提高凝结水温度，并最终将凝结水送入除氧器除去水中的氧分。除氧后的水，存储在除氧器水箱中，作为锅炉给水系统的水源。凝结水系统 P&ID 见图 4-53。

2. 设计输入

设计输入包括凝结水系统图、系统设计说明，凝结水系统工艺参数和定值，汽轮机厂供调节阀、凝结水泵、低压加热器、除氧器等设备资料。

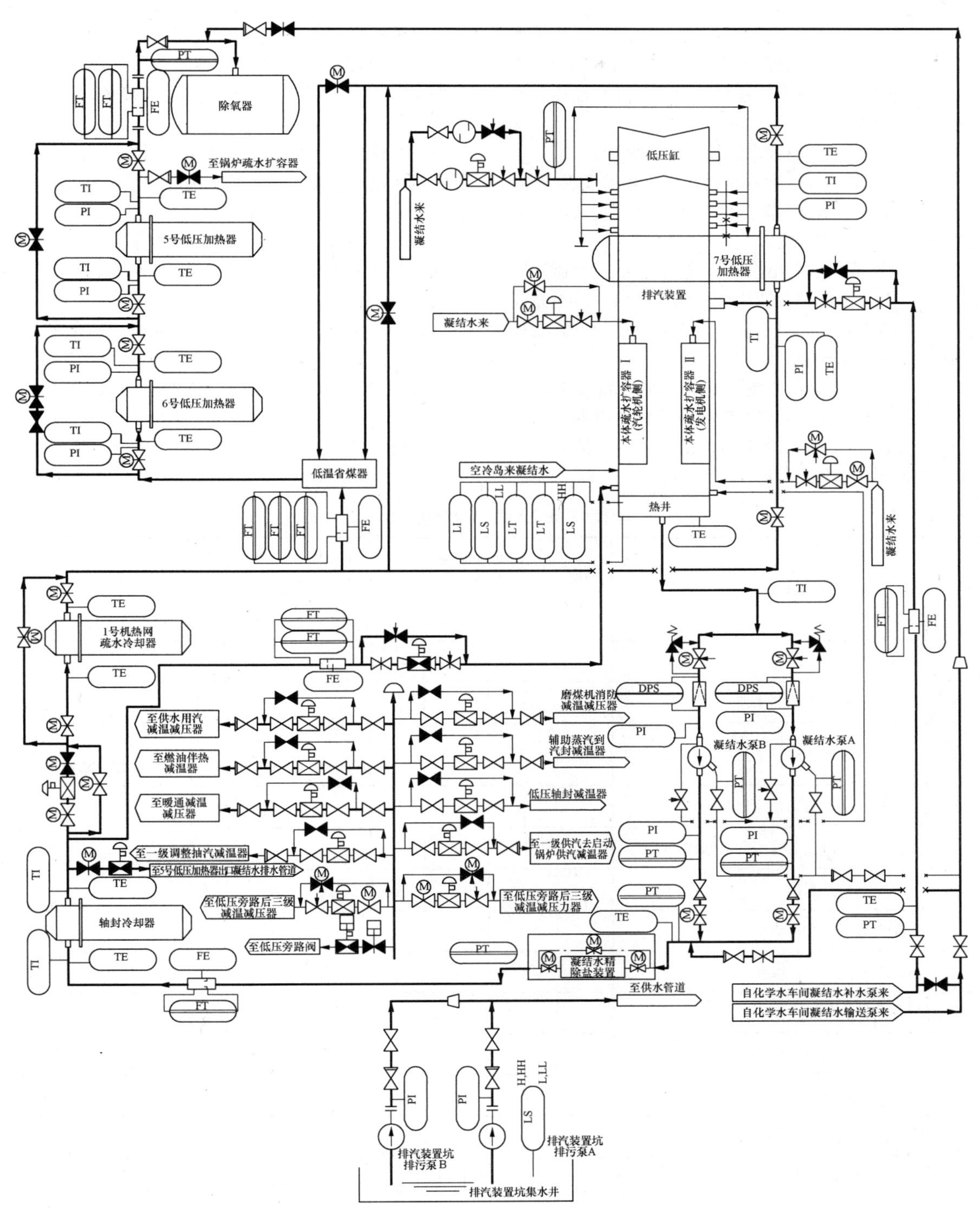

图 4-53　凝结水系统 P&ID

3. 检测范围

检测范围包括凝结水及补水系统的所有测量仪表，凝汽器热井、凝结水泵等设备的检测仪表。

4. 检测内容

（1）凝结水系统。

1）设置凝汽器热井/凝结水水箱、除氧器水箱水位监视测量仪表，以便监视上述容器的水位是否工作在正常的范围内，当水位超限时报警，并联锁相关的工艺设备或阀门。

2）凝汽器热井设置水温监视测量仪表。

3）凝结水泵入口滤网应设置差压测量仪表，当入口滤网堵塞（差压高）时报警，提醒运行人员，以便维护人员及时清洗滤网。

4）设置凝结水泵出口压力测量仪表，以便监视凝结水泵是否工作在正常的特性区域范围内。对于并联设置的凝结水泵，凝结水泵出口母管上还应设置监视及联锁控制用的压力测量仪表。

5）为了保证凝结水泵不发生汽蚀现象，以及保证轴封加热器中的轴封蒸汽及阀杆漏汽完全冷凝，需要设置主凝结水流量测量装置及配套仪表，以监视、控制主凝结水流量不低于允许的最小流量。

6）为了计算加热器的换热效率和端差，应设置轴封加热器及各低压加热器进出口温度监视仪表。

7）设置除氧器入口凝结水流量测量仪表，用于除氧器水箱水位控制。

8）对于变速凝结水泵系统，应设置除氧器入口凝结水母管（止回阀前）压力监视测量仪表。

9）在凝汽器本体疏水扩容器上设置温度监视 测量仪表，用来控制疏水扩容器温度在设定的范围内。

10）设置凝汽器热井补水流量测量仪表，用来监视机组启动及正常运行工况下的补水量。补水管道上宜设有温度、压力监视仪表。

（2）设备本体检测。包括凝结水泵入、出口压力，凝结水泵轴承温度，电动机轴承、绕组温度。

5. 冗余检测项目

（1）用于凝汽器热井/凝结水箱水位控制的水位信号——三冗余。

（2）用于除氧器水位控制的凝结水流量——三冗余。

6. 检测项目及仪表配置清单（见表 4-33）

表 4-33 凝结水系统主要检测项目及仪表配置

序号	测点名称	就地指示	仪表类型/数量		功能				备注
			模拟量	开关量	控制	联锁保护	报警	显示	
一	凝结水系统								
1	高背压凝汽器热井水位	√	√				√	√	双背压凝汽器
2	低背压凝汽器热井水位	√	3		√	√	高高/高/低/低低	√	
3	低背压凝汽器热井水位高高高			√		√	√		
4	低背压凝汽器热井水位低低低			√		√	√		
5	凝汽器热井水位	√	3		√		高	√	单背压凝汽器
6	凝汽器热井水位高高			√		√	√		
7	凝汽器热井水位低低			√		√	√		
8	凝汽器热井温度		√					√	
9	凝结水泵入口滤网差压			√			高		
10	凝结水泵出口母管压力		2			√	低	√	
11	凝结水泵出口母管温度		√					√	
12	凝结水精处理装置出口凝结水母管压力		√		√		低	√	

续表

序号	测点名称	就地指示	仪表类型/数量		功能				备注
			模拟量	开关量	控制	联锁保护	报警	显示	
13	凝结水再循环流量		√		√			√	
14	轴封加热器、各级低压加热器入口温度	√	√					√	
15	轴封加热器、各级低压加热器出口温度	√	√					√	
16	除氧器入口凝结水流量		3		√	√		√	
17	除氧器入口凝结水压力		√		√		√	√	凝结水泵为变速泵
18	除氧器入口凝结水温度		√					√	
19	凝汽器热井/凝结水箱补水温度		√					√	
20	凝汽器热井/凝结水箱补水压力		√					√	
21	凝汽器热井/凝结水箱补水流量		√					√	
22	凝结水泵坑水位高			√		√	高/低		
23	低温省煤器入口凝结水温度		√		√		低	√	
24	低温省煤器出口凝结水温度		√					√	
25	低温省煤器入口凝结水压力		√					√	
26	低温省煤器出口凝结水压力		√					√	
27	低温省煤器循环水泵出口流量		√		√			√	
28	低压旁路减温水压力		√			√	低	√	
二	设备本体								
1	凝结水泵入、出口压力	√							
2	凝结水泵轴承温度		√			√	高	√	
3	凝结水泵电动机轴承温度		√			√	高	√	
4	凝结水泵电动机绕组温度		√			√	高	√	每相2支

四、给水系统

1. 系统说明

（1）系统构成。给水系统从除氧器出口到锅炉给水操作台省煤器入口，由汽动或电动给水泵、前置泵、高压加热器及进出口阀、主给水阀等设备构成。

（2）系统功能。给水系统的功能是将除氧器水箱中的给水经过给水前置泵升压后由主给水泵送出，经过三级高压加热器系统吸收汽轮机抽汽的热量，提高进入锅炉的给水温度，提高汽水循环热效率后，再经过锅炉给水操作台的阀门送入锅炉加热为汽轮机做功需要的蒸汽，给水系统提供的给水量保证满足转化为汽轮机做功需要的蒸汽量。

给水系统还为锅炉过热减温器提供减温水，用以调节过热蒸汽温度；从给水泵中间抽头提供给水至锅炉再热减温器，用以保护再热器防止干烧。给水系统还给高压旁路系统提供减温水，以控制旁路出口蒸汽温度，防止再热器超温。给水系统 P&ID 见图 4-54。

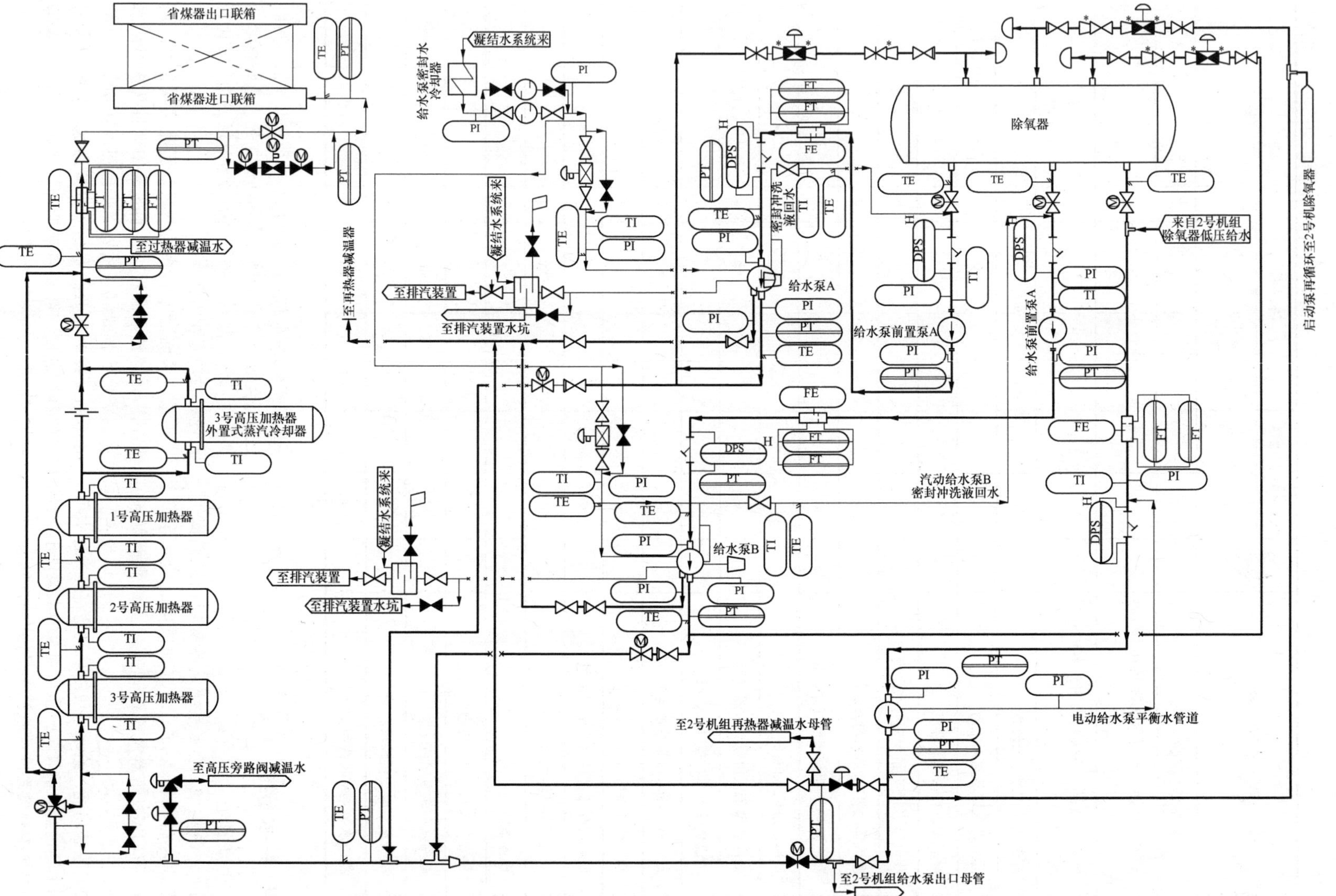

图 4-54 给水系统 P&ID

2. 设计输入

设计输入包括给水系统图、系统设计说明，给水系统工艺参数和定值，给水泵、高压加热器、除氧器等设备资料。

3. 检测范围

给水系统检测范围包括从除氧器出口到锅炉给水操作台省煤器入口的所有测量仪表，给水泵汽轮机本体、汽动/电动给水泵本体、电动给水泵的液力偶合器及相关油系统、高压加热器管侧等设备的检测仪表。

4. 检测内容

（1）给水系统检测。

1）设置前置泵入口温度监视测量仪表；设置前置泵入口滤网差压高监视仪表，当入口滤网堵塞时报警，提醒运行人员，以便对滤网及时进行清洗。设置前置泵出口、给水泵出口压力监视仪表，以便监视给水泵是否工作在正常的特性区域范围内。

2）为了计算加热器的换热效率和端差，应设置高压加热器进、出口给水温度测量仪表。

3）设置末级高压加热器出口电动阀前压力监视仪表，以判断加热器是否有爆管或泄漏。

4）为了保护给水泵不发生汽蚀现象，需要对给水泵最小流量进行自动控制，设置给水泵入口流量测量仪表。

5）高压旁路减温水压力和温度测量。

6）主给水流量测量。对于直流锅炉，主给水流量是判断锅炉是否干烧的信号，用于锅炉跳闸保护（MFT）。对于亚临界锅炉，给水流量用于汽包水位控制。

（2）设备本体检测。

1）给水泵径向轴承、推力轴承金属温度，给水泵转速，主泵轴承振动；

2）电动给水泵液力偶合器的轴承温度，润滑油、工作油温度、压力；

3）给水泵汽轮机排汽真空（压力）；

4）给水泵汽轮机轴承润滑油压力；

5）给水泵汽轮机轴向位移。

5. 冗余检测项目

（1）用于给水控制的主给水流量——三冗余。

（2）用于给水泵最小流量再循环控制的最小流量——两冗余。

（3）用于给水泵转速控制的给水泵汽轮机转速——三冗余。

（4）用于给水泵汽轮机保护的润滑油压力——三冗余。

（5）用于给水泵汽轮机保护的排汽压力——三冗余。

6. 检测项目及仪表配置清单（见表 4-34 和表 4-35）

表 4-34　　给水系统主要检测项目及仪表配置

序号	测点名称	就地指示	仪表类型/数量		功能				备注
			模拟量	开关量	控制	联锁保护	报警	显示	
1	给水前置泵入口给水温度		√					√	
2	给水泵前置泵入口滤网差压			√			高		
3	给水泵前置泵出口压力		√					√	
4	给水泵前置泵出口温度		√					√	
5	给水泵入口流量		√		√	√	低	√	
6	给水泵入口滤网差压			√			高		
7	给水泵出口压力		√		√			√	
8	给水泵出口母管温度								
9	给水泵出口母管压力		√					√	
10	高压加热器入口温度		√					√	
11	高压加热器出口温度		√					√	
12	高压加热器出口母管给水温度		√					√	
13	高压加热器出口母管给水压力		√					√	
14	省煤器入口给水压力		√					√	
15	省煤器入口给水温度		√					√	
16	锅炉给水流量		3		√		低/低低/低低低	√	汽包锅炉

续表

序号	测点名称	就地指示	仪表类型/数量		功能				备注
			模拟量	开关量	控制	联锁保护	报警	显示	
17	锅炉给水流量		3		√	√	低/低低/低低低	√	直流锅炉
18	高压旁路减温水温度		√					√	
19	高压旁路减温水压力		√			√	低	√	

表 4-35　　给水系统辅机本体主要检测项目及仪表配置

序号	测点名称	就地指示	仪表类型/数量		功能				备注
			模拟量	开关量	控制	联锁保护	报警	显示	
一	给水泵								
1	给水泵前置泵入口压力	√							
2	给水泵前置泵入口温度	√							
3	给水泵前置泵出口压力	√							
4	给水泵前置泵组润滑油进油压力	√							
5	给水泵前置泵组润滑油进油温度	√							
6	给水泵前置泵组润滑油回油温度	√							
7	给水泵入口压力	√							
8	给水泵出口压力	√							
9	电动给水泵前置泵轴承温度		√			√	高	√	
10	电动给水泵前置泵电动机轴承温度		√			√	高	√	
11	电动给水泵前置泵电动机绕组温度		√			√	高	√	
12	电动给水泵液力偶合器润滑油滤网差压高			√			高		
13	电动给水泵液力偶合器轴承温度		√			√	√	√	
14	电动给水泵液力偶合器润滑油压力	√	√				低	√	
15	电动给水泵液力偶合器润滑油温度	√	√				高/低	√	
16	电动给水泵液力偶合器工作油温度	√	√				高/低	√	
17	电动给水泵电动机轴承温度		√			√	高	√	
18	电动给水泵电动机绕组温度		√			√	高	√	
19	电动给水泵轴承振动		√				高	√	
20	电动给水泵反转		√				高	√	
21	给水泵传动端轴 x、y 方向振动		√			√	高	√	
22	给水泵自由端轴 x、y 方向振动		√			√	高	√	
23	给水泵轴承润滑油进油压力	√							
24	给水泵轴承润滑油进油温度	√							
25	给水泵轴承润滑油回油温度	√							
26	给水泵壳体温度		√				高	√	
27	给水泵密封水进水压力	√							
28	给水泵密封水进水温度	√							

续表

序号	测 点 名 称	就地指示	仪表类型/数量		功 能				备 注
			模拟量	开关量	控制	联锁保护	报警	显示	
29	给水泵密封水差压		√		√			√	
30	给水泵密封水回水温度		√			√		√	
31	给水泵抽头水压力	√							
二	给水泵汽轮机								
1	给水泵汽轮机润滑油箱液位	√	√				高/低	√	
2	给水泵汽轮机润滑油箱油温		√			√	高/低	√	
3	给水泵汽轮机油泵出口压力	√	√					√	
4	给水泵汽轮机润滑油冷油器出口温度		√					√	
5	给水泵汽轮机润滑油滤油器差压		√				高	√	
6	给水泵汽轮机调节油滤油器差压		√				高	√	
7	给水泵汽轮机润滑油压力		3			√	低/低低/低低低	√	
8	给水泵汽轮机轴承温度		√			√	高	√	
9	给水泵汽轮机轴承振动		√				高	√	
10	给水泵汽轮机转速		3		√			√	
11	给水泵汽轮机轴向位移		√				大	√	
12	给水泵汽轮机键相		√					√	
13	给水泵汽轮机转子偏心		√				高	√	
14	给水泵汽轮机排汽压力		3			√	高/高高/高高高	√	
15	给水泵汽轮机排汽温度		√			√	高/高高/高高高	√	

注 本表内容以部分600MW机组工程为基础编制整理，工程设计以设备技术协议要求和设备厂商的设计资料为准。

五、加热器疏水排汽系统

1. 系统说明

（1）系统构成。加热器疏水排汽系统可分为高压加热器疏水排汽系统和低压加热器疏水排汽系统。高压加热器疏水排汽系统由高压加热器、除氧器和本体疏水扩容器构成。高压加热器正常疏水逐级疏水到除氧器，其事故疏水到本体疏水扩容器。

低压加热器疏水排汽系统由低压加热器和本体疏水扩容器构成。低压加热器正常疏水逐级疏水到下级加热器，其事故疏水到本体疏水扩容器。

（2）系统功能。疏放及回收各级加热器的加热蒸汽凝结水；从加热器及除氧器中排出不凝结的气体；高压加热器疏水排汽系统P&ID见图4-55，低压加热器疏水排汽系统P&ID见图4-56。

2. 设计输入

设计输入包括加热器疏水系统图、系统设计说明，加热器疏水系统工艺参数和定值，高、低压加热器、除氧器等设备资料。

3. 检测范围

检测范围包括从加热器出口到本体疏水扩容器入口的正常疏水、事故疏水管路的所有测量仪表，高、低压加热器壳侧等设备的检测仪表。

4. 检测内容

（1）疏水系统检测。

1）加热器正常疏水出口疏水温度检测，以便于计算加热器效率。

2）高、低压加热器水位检测，以便监视水位是否工作在正常的范围内，并防止汽轮机进水。

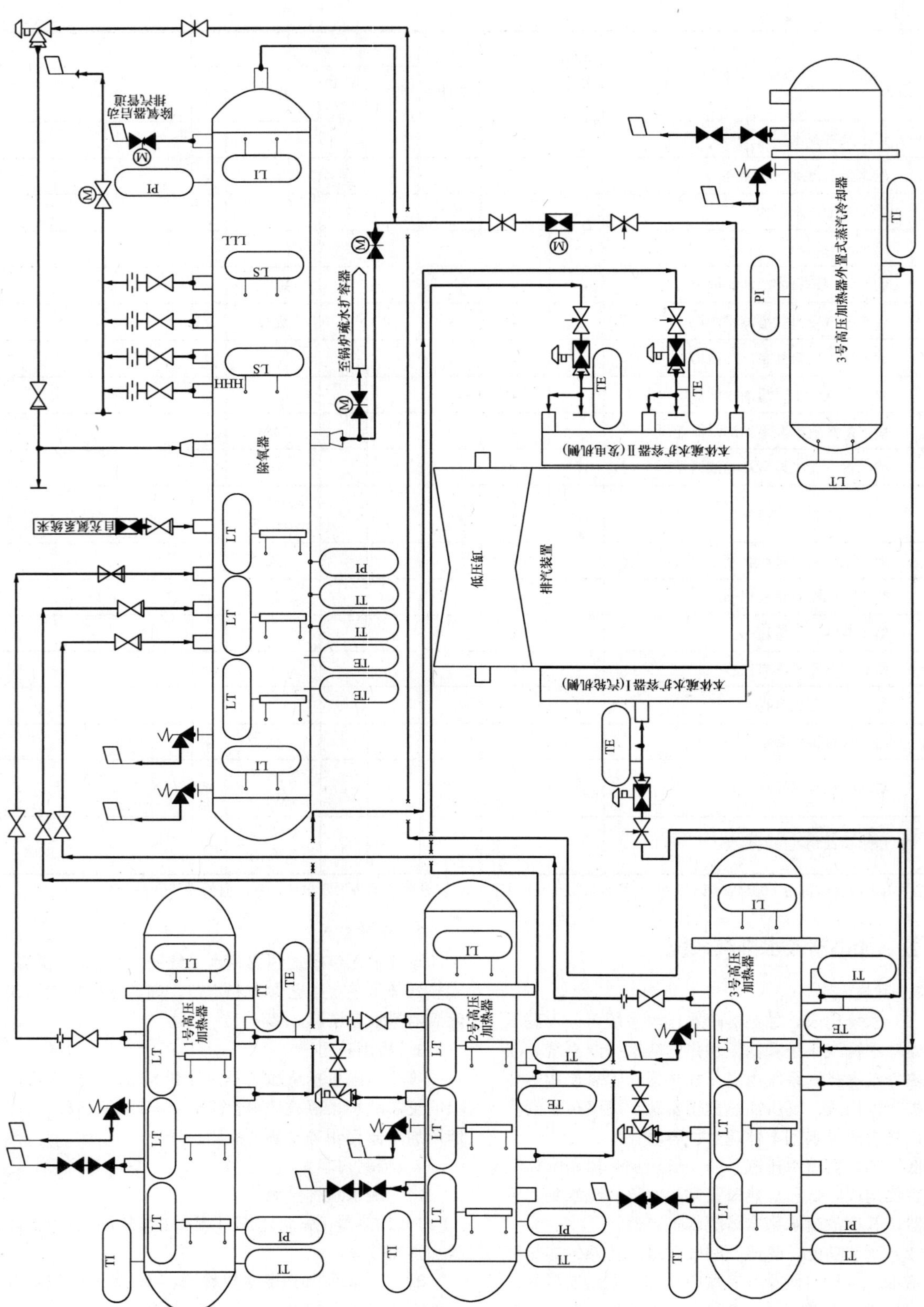

图 4-55 高压加热器疏水排汽系统 P&ID

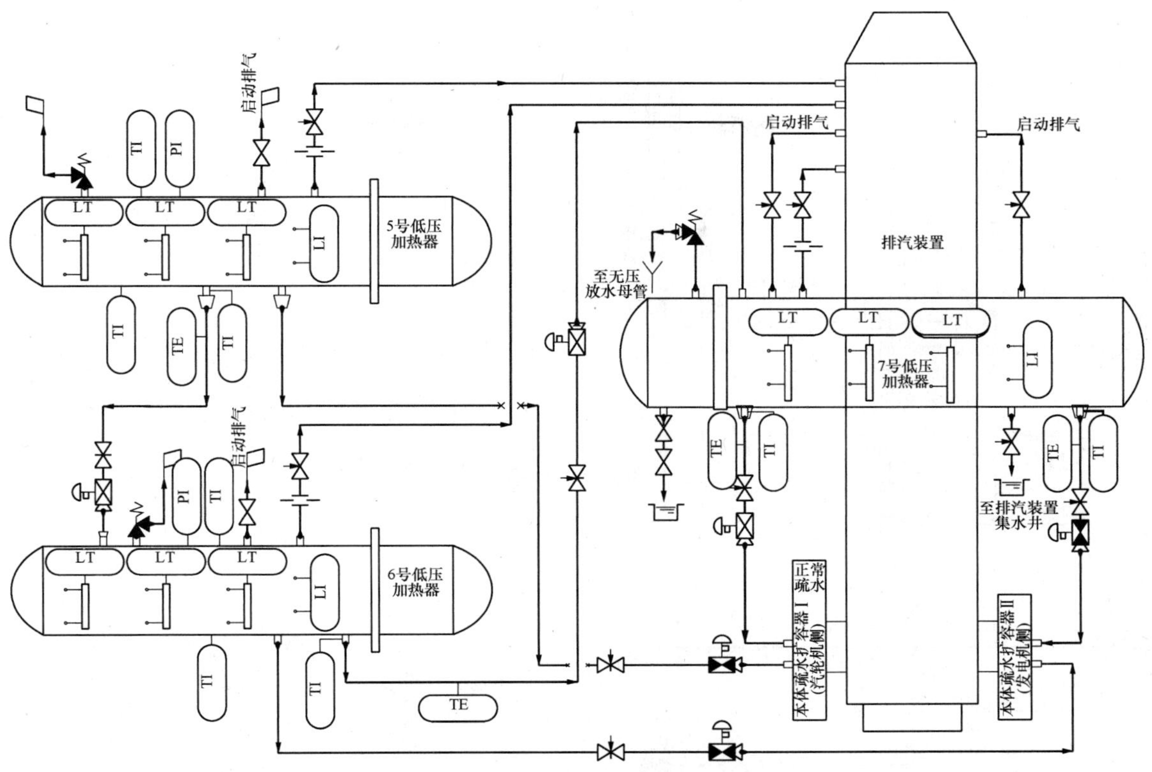

图 4-56　低压加热器疏水排汽系统 P&ID

3）除氧器水位检测，以便监视除氧器水位是否工作在正常的范围内，并防止汽轮机进水。

（2）设备本体检测。高、低压加热器就地液位检测；高、低压加热器正常疏水口就地温度检测；除氧器就地液位检测。

5. 冗余检测项目

（1）用于高、低压加热器水位控制的加热器水位信号——三冗余。

（2）用于除氧器水位控制的除氧器水位信号——三冗余。

6. 检测项目及仪表配置清单（见表 4-36）

六、辅助蒸汽系统

1. 系统说明

（1）系统构成。辅助蒸汽系统包括汽源供汽管道、辅助蒸汽联箱、至各辅助蒸汽用汽点的所有管道及减温减压阀等。

（2）系统功能。辅助蒸汽系统是机组在启动、停机、甩负荷和各种运行工况下为各用汽项目提供参数符合要求的蒸汽。辅助蒸汽系统 P&ID 见图 4-57。

表 4-36　　加热器疏水排汽系统主要检测项目及仪表配置

序号	测点名称	就地指示	仪表类型/数量		功能				备注
			模拟量	开关量	控制	联锁保护	报警	显示	
1	高压加热器水位	√	3		√	√	高高高/高高/高/低/低低	√	
2	除氧器水位	√	3	2	√	√	高高高/高高/高/低/低低/低低低	√	
3	低压加热器水位	√	3		√	√	高高高/高高/高/低/低低	√	
4	高压加热器、低压加热器正常疏水温度	√	√					√	
5	除氧器水箱温度		2					√	

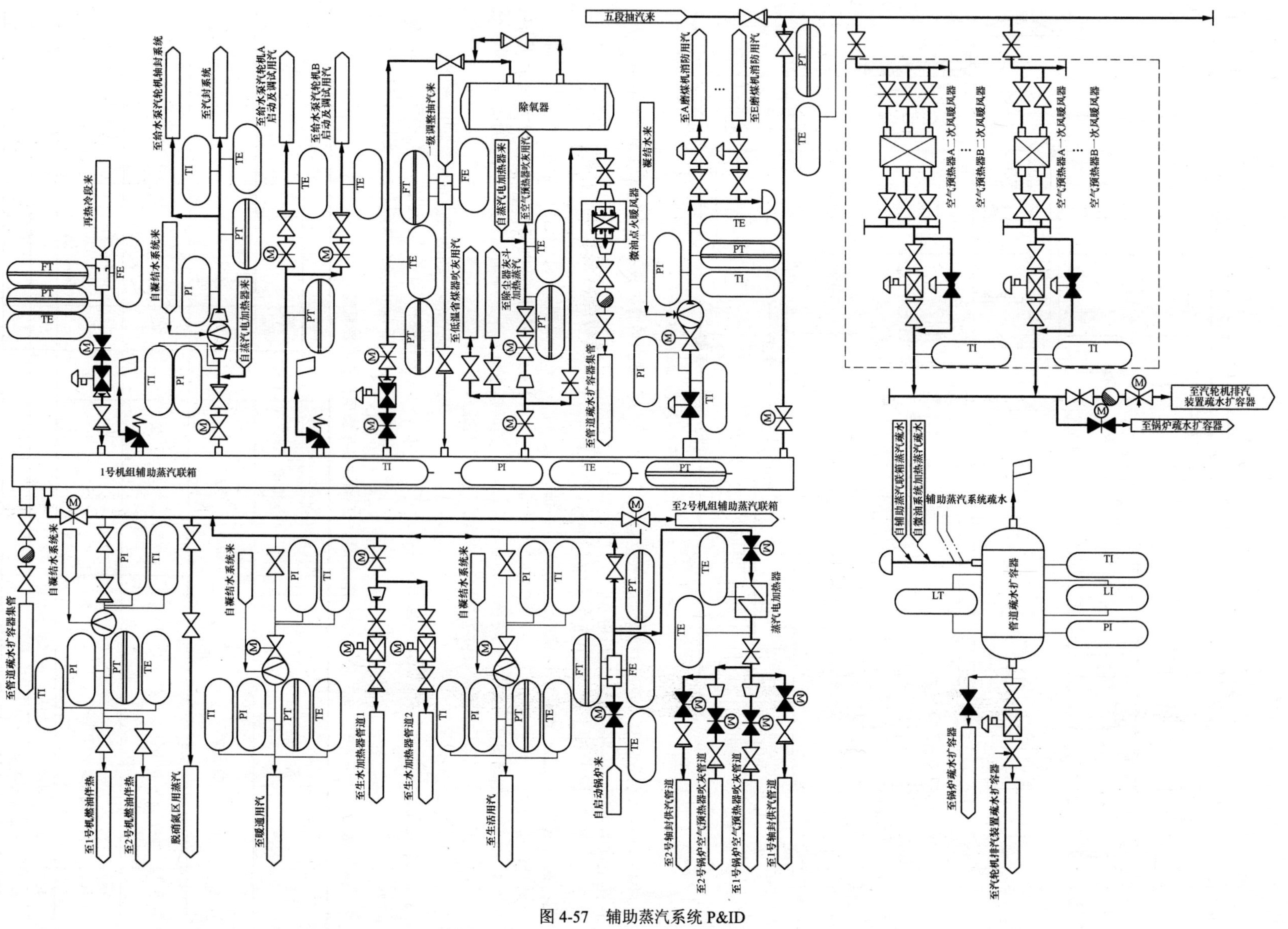

图 4-57　辅助蒸汽系统 P&ID

2. 设计输入

设计输入包括辅助蒸汽系统图、系统设计说明，辅助蒸汽系统工艺参数和定值及减温减压器等资料。

3. 检测范围

检测范围包括汽源供汽管道、辅助蒸汽联箱、至各辅助蒸汽用汽点的所有检测仪表。

4. 检测内容

检测内容包括各汽源供汽流量和温度、压力，辅助蒸汽联箱压力和温度，各减温减压器出口压力和温度，各减温器出口温度。

5. 检测项目及仪表配置清单（见表 4-37）

表 4-37　　辅助蒸汽系统主要检测项目及仪表配置

序号	测点名称	就地指示	仪表类型/数量		功能				备注
			模拟量	开关量	控制	联锁保护	报警	显示	
1	启动锅炉或邻机至辅助蒸汽温度		√					√	
2	启动锅炉或邻机至辅助蒸汽压力		√					√	
3	低温再热蒸汽至辅助蒸汽温度		√					√	
4	低温再热蒸汽至辅助蒸汽压力		√			√		√	
5	低温再热蒸汽至辅助蒸汽流量		√					√	
6	四段抽汽至辅助蒸汽系统蒸汽温度		√					√	
7	四段抽汽至辅助蒸汽系统蒸汽压力		√					√	
8	四段抽汽至辅助蒸汽系统蒸汽流量		√			√		√	
9	辅助蒸汽联箱压力	√	√		√			√	
10	辅助蒸汽联箱温度	√	√					√	
11	各减温减压器出口压力	√	√		√			√	
12	各减温减压器出口温度	√	√		√			√	
13	各减温器出口温度	√	√		√			√	
14	生水加热器出口温度		√		√			√	
15	辅助蒸汽联箱疏水罐液位高			√		√	高		
16	辅助蒸汽联箱疏水罐液液位高高			√		√	高高		

七、主厂房循环水系统

1. 系统说明

（1）系统构成。主厂房循环水系统由进出凝汽器的循环水管道和蝶阀构成。为保证凝汽器冷却效果，在凝汽器两侧的循环水进出管上各装设一套胶球清洗装置。该装置是由胶球泵、装球室、收球网和管道等组成一个独立的清洗系统。

（2）系统功能。主厂房循环水系统的主要功能是带走汽轮机排至凝汽器的乏汽的废热，使乏汽在凝汽器中冷凝为凝结水，建立凝汽器真空。主厂房循环水系统保证在各种运行工况下向凝汽器连续不断地提供足够数量和符合要求参数的冷却水。

胶球清洗装置可减轻凝汽器管子结垢，提高传热效果，保证凝汽器真空度。主厂房循环水系统 P&ID 见图 4-58。

2. 设计输入

设计输入包括主厂房循环水系统图、系统设计说明，主厂房循环水系统工艺参数和定值等资料。

3. 检测范围

检测范围包括主厂房循环水系统的所有检测仪表。

4. 检测内容

检测内容包括凝汽器进水、出水管道的温度、压力检测，循环水泵坑集水井液位检测。

5. 检测项目及仪表配置清单（见表 4-38）

八、辅机冷却水系统

1. 系统说明

（1）系统构成。辅机冷却水系统可分为开式循环冷却水系统和闭式循环冷却水系统。开式循环冷却水系统由电动旋转过滤器、开式循环冷却水泵、闭式循环冷却水换热器、各辅机冷却器等构成。对于湿冷机组，开式循环冷却水系统水源是循环水。对于空冷机组，开式循环冷却水系统水源是辅机冷却水，不再设开式循环冷却水泵。

闭式循环冷却水系统由闭式循环冷却水膨胀水箱、闭式循环冷却水泵、开式循环冷却水换热器、各辅机冷却器等构成。闭式循环冷却水系统水源是循环水或凝结水。

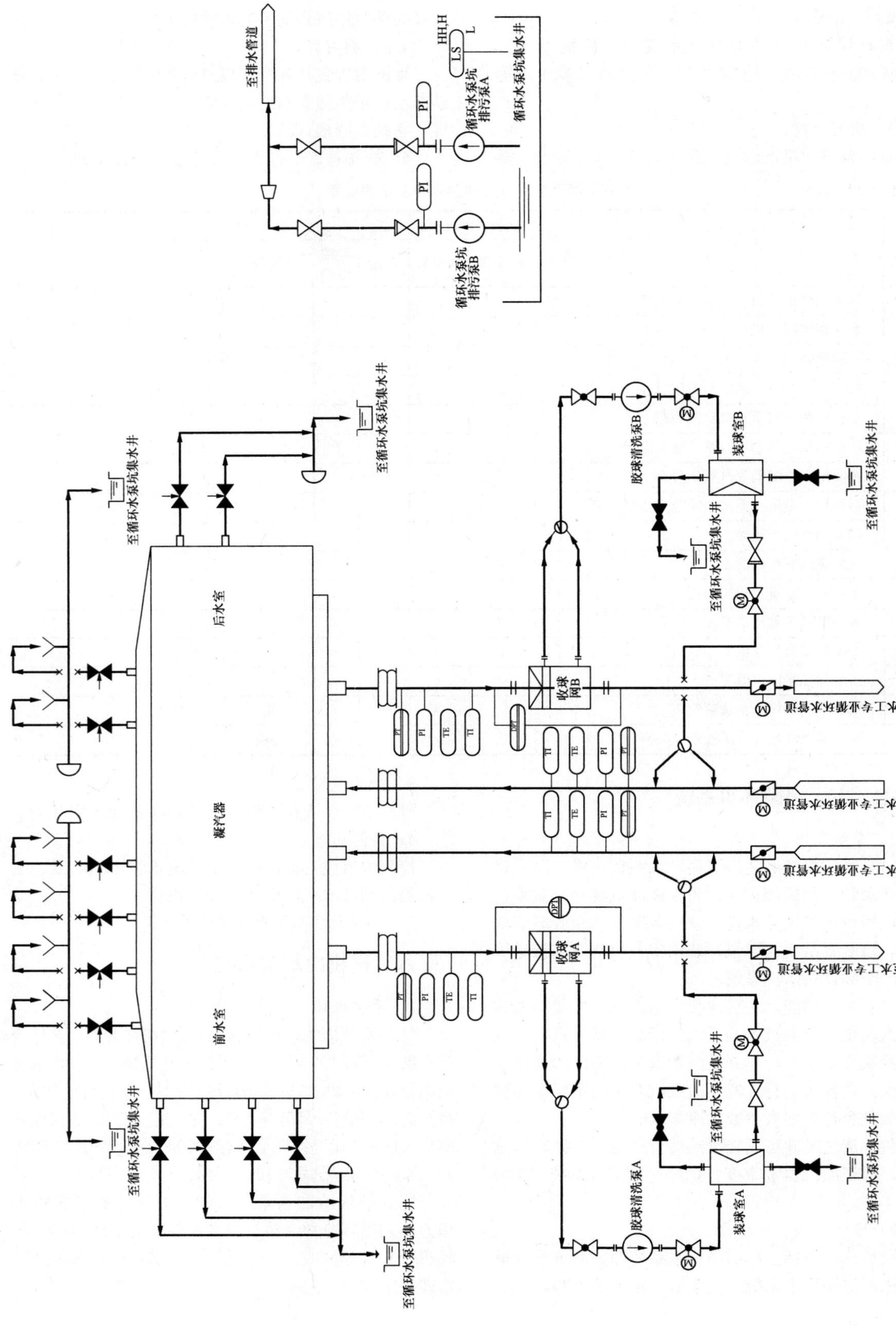

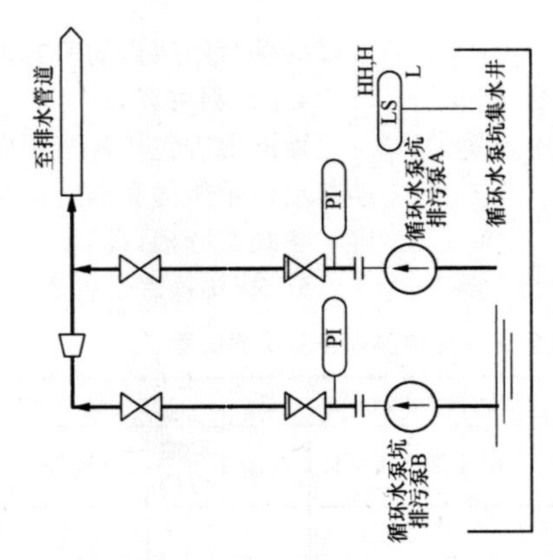

图 4-58　主厂房循环水系统 P&ID

（2）系统功能。开式循环冷却水系统和闭式循环冷却水系统为各个辅机提供冷却水。开式循环冷却水系统 P&ID 见图 4-59；闭式循环冷却水系统 P&ID 见图 4-60。

表 4-38 主厂房循环水系统主要检测项目及仪表配置

序号	测点名称	就地指示	仪表类型/数量		功能				备注
			模拟量	开关量	控制	联锁保护	报警	显示	
1	凝汽器进口循环水温度	√	√					√	
2	凝汽器进口循环水压力	√	√					√	
3	凝汽器出口循环水温度	√	√					√	
4	凝汽器出口循环水压力	√	√					√	
5	收球网差压		√				高	√	
6	循环水泵坑集水井			√	√		高高/高/低		

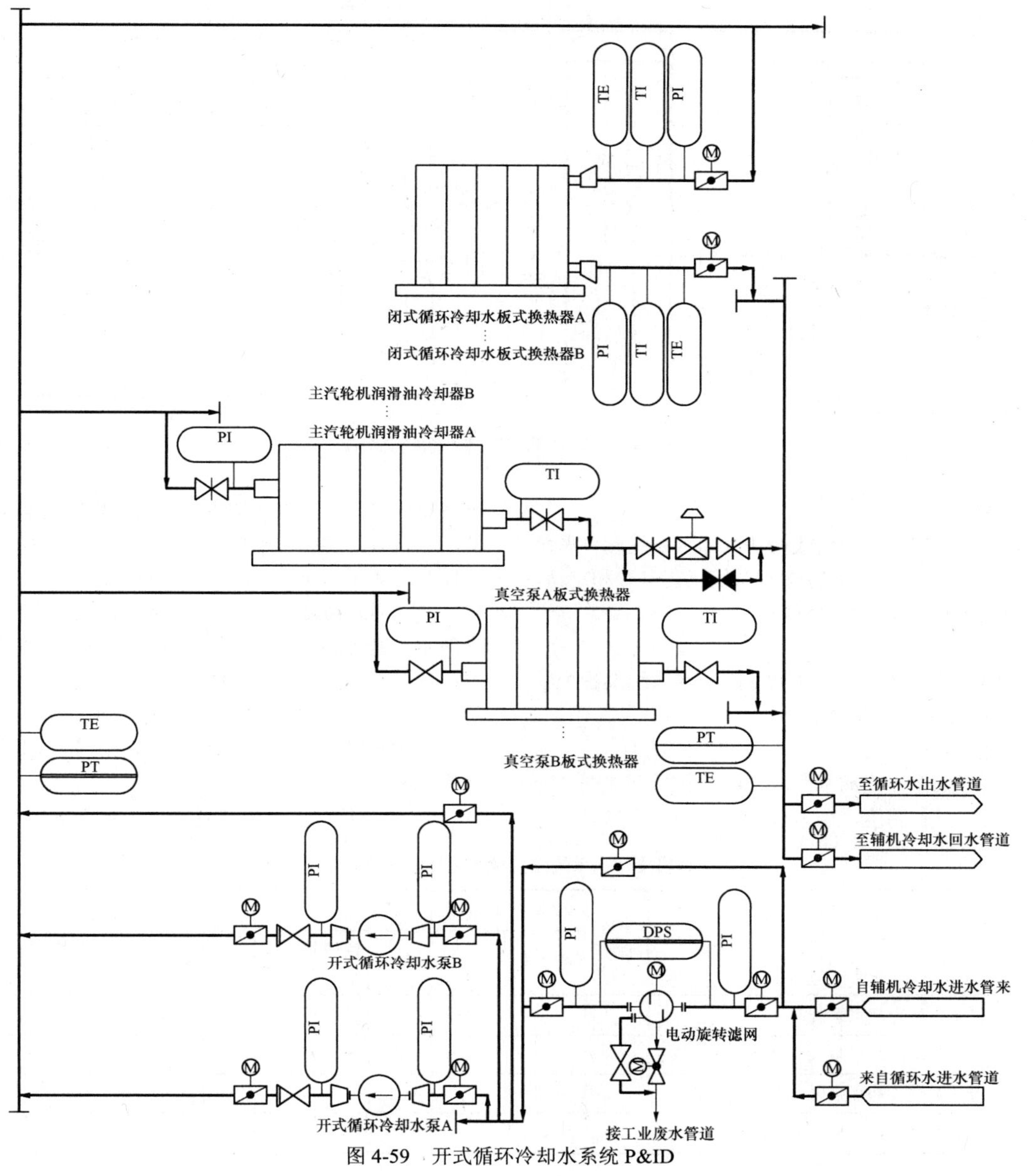

图 4-59 开式循环冷却水系统 P&ID

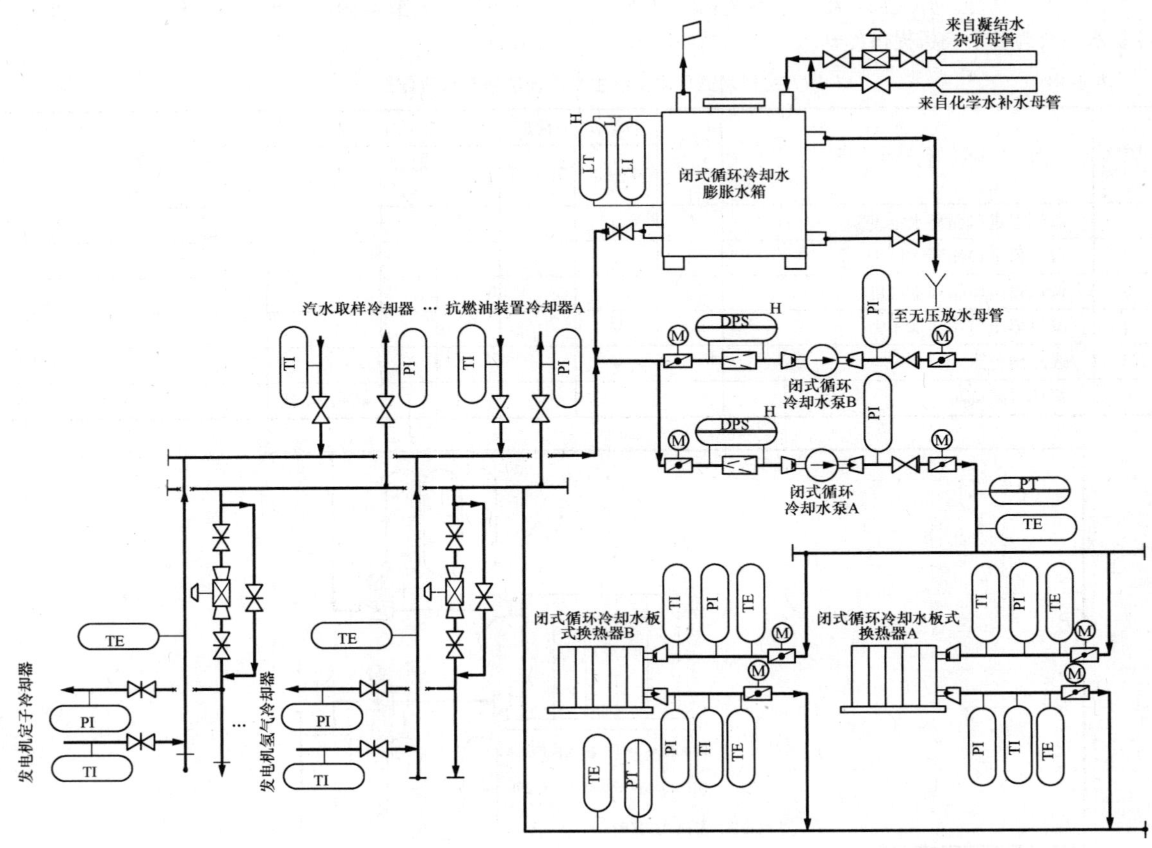

图 4-60　闭式循环冷却水系统 P&ID

2. 设计输入

设计输入包括开、闭式循环冷却水系统图、系统设计说明，开、闭式循环冷却水系统工艺参数和定值，开、闭式循环冷却水泵等资料。

3. 检测范围

检测范围包括开、闭式循环冷却水系统及各个辅机冷却器的所有检测仪表。

4. 检测内容

（1）开式循环冷却水系统检测。包括开式循环冷却水泵出口母管温度、压力检测；电动滤网应设置差压高监视仪表，当电动滤网有堵塞时报警提醒运行人员，并同时自动启动电动滤网，然后将电动排污门自动打开，堵塞物通过电动排污门排出。

（2）闭式循环冷却水系统检测。包括闭式循环冷却水膨胀水箱水位检测，以控制水位在允许范围内；闭式循环冷却水泵出口母管温度、压力检测；闭式循环冷却水泵入口滤网差压检测，用于当入口滤网堵塞时报警提醒运行人员，以便对滤网及时进行清洗。

5. 检测项目及仪表配置清单（见表 4-39）

表 4-39　　辅机冷却水系统主要检测项目及仪表配置

序号	测点名称	就地指示	仪表类型/数量		功能				备注
			模拟量	开关量	控制	联锁保护	报警	显示	
一	开式循环冷却水系统								
1	开式循环冷却水泵入口电动滤网差压			√		√	高		
2	开式循环冷却水泵出口压力	√							湿冷
3	开式循环冷却水母管压力		√			√	低	√	

续表

序号	测点名称	就地指示	仪表类型/数量		功能				备注
			模拟量	开关量	控制	联锁保护	报警	显示	
4	开式循环冷却水母管温度		√					√	
5	闭式循环冷却水换热器开式循环冷却水入口/出口温度	√							
6	闭式循环冷却水换热器开式循环冷却水入口/出口压力	√							
7	闭式循环冷却水换热器开式循环冷却水出口温度		√				高	√	
8	各辅机冷却器入口压力	√							
9	各辅机冷却器出口温度	√							
二	闭式循环冷却水系统								
1	闭式循环冷却水泵入口滤网差压			√			高		
2	闭式循环冷却水泵出口压力	√							
3	闭式循环冷却水泵出口母管压力		√			√	低	√	
4	闭式循环冷却水泵电动机绕组温度		√				高	√	
5	闭式循环冷却水泵电动机轴承温度		√				高	√	
6	闭式循环冷却水膨胀水箱水位	√	√		√	√	高/低	√	
7	开式循环冷却水换热器闭式循环冷却水入口/出口温度	√							
8	开式循环冷却水换热器闭式循环冷却水入口/出口压力	√							
9	开式循环冷却水换热器闭式循环冷却水出口温度		√				高	√	
10	各辅机冷却器入口压力	√							
11	各辅机冷却器出口温度	√							

九、抽真空系统

1. 系统说明

（1）系统构成。凝汽器抽真空系统由真空泵、凝汽器、疏水扩容器及疏水集管等构成。

（2）系统功能。凝汽器抽真空的功能是在凝汽器内建立并维持所需要的真空。凝汽器抽真空系统P&ID见图4-61。

2. 设计输入

设计输入包括凝汽器抽真空系统图、系统设计说明，凝汽器抽真空系统工艺参数和定值及真空泵等资料。

3. 检测范围

检测范围包括凝汽器抽真空系统及真空泵本体的所有检测仪表。

4. 检测内容

检测内容包括：凝汽器真空、温度检测，以监视凝汽器工作在允许范围内；疏水扩容器温度检测；各疏水集管温度检测。

5. 冗余检测项目

用于汽轮机保护的凝汽器真空信号应采用三冗余设计。

6. 检测项目及仪表配置清单（见表4-40）

十、热网系统

1. 系统说明

（1）系统构成。热网系统由热网循环水泵、补水泵、疏水泵、补水除氧器、热网加热器及进出口阀、电动排污过滤器等构成。部分工程设计有回收水池，将热网加热器的危急疏水、补水除氧器危急放水、电动排污过滤器的排污水排入回收水池，经排污水泵排入供水回收管道。

（2）系统功能。热网系统是将热网回水及补充水由热网循环水泵送至热网加热器，经过热网加热器系统吸收汽轮机抽汽的热量提高至用户需要的温度后送至热用户。热网系统P&ID见图4-62。

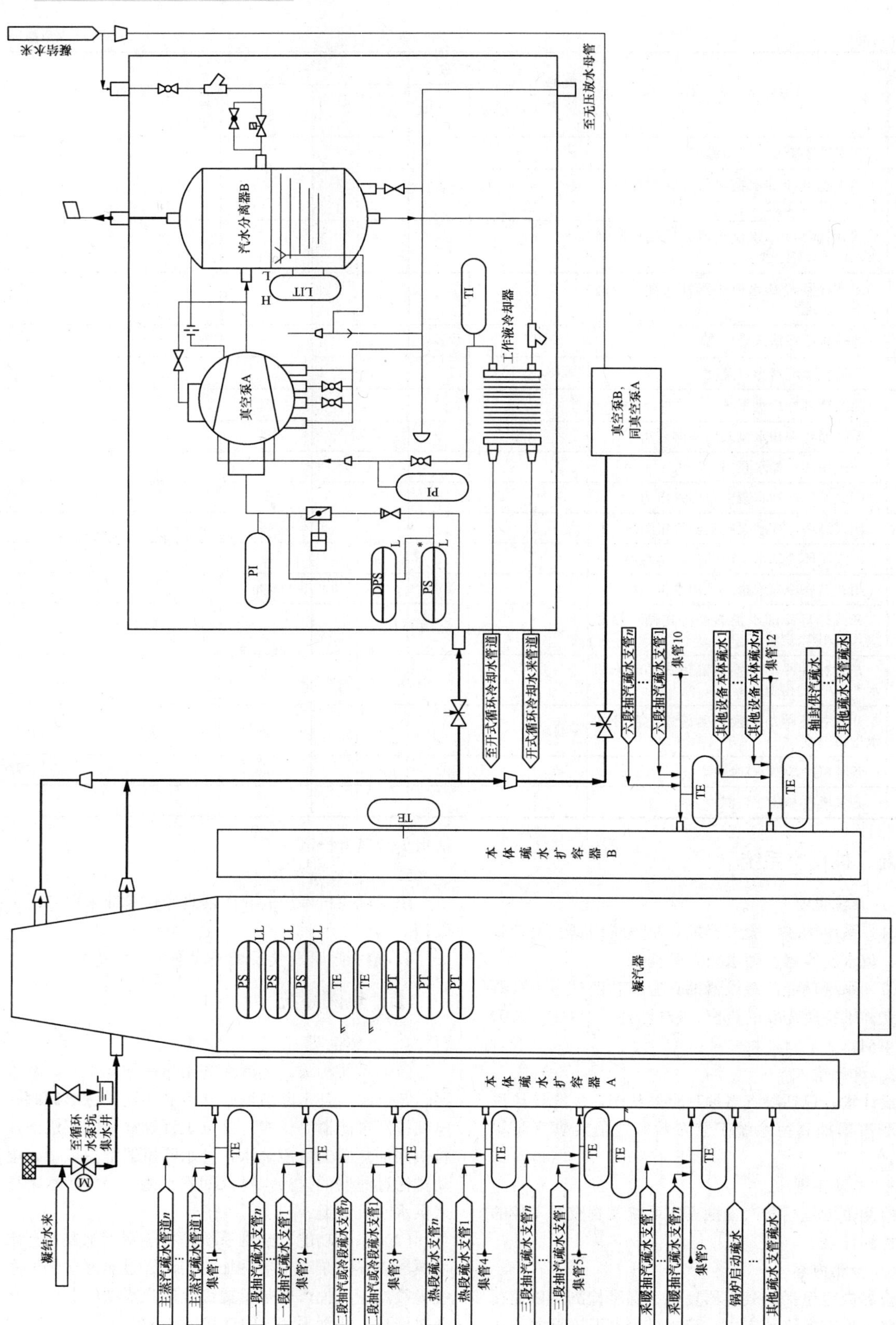

图 4-61 凝汽器抽真空系统 P&ID

表 4-40 抽真空系统主要检测项目及仪表配置

序号	测点名称	就地指示	仪表类型/数量		功能				备注
			模拟量	开关量	控制	联锁保护	报警	显示	
1	凝汽器真空		3	3		√	低/低低/低低低	√	
2	凝汽器温度		√			√	高	√	
3	凝汽器各集管温度		√					√	
4	疏水扩容器温度		√			√	高	√	
5	真空泵入口阀前真空			√		√	高/低		
6	真空泵入口阀后真空	√		√		√	低		
7	汽水分离器液位	√		√		√	高/低		

2. 设计输入

设计输入包括热网系统图、系统设计说明，热网系统工艺参数和定值，热网循环水泵本体及相关的液力偶合器、相关油系统等设备本体检测及仪表等资料。

3. 检测范围

检测范围包括从汽轮机抽汽至热网首站的补水除氧器、热网加热器等换热设备，凝结水、热网循环水泵及热网回水过程的所有检测仪表。

4. 检测内容

（1）热网系统检测。

1）温度测量。供水、回水温度，热网进汽蒸汽温度，热网加热器入口、出口温度，补水除氧器水箱温度，凝结水疏水及补充水温度。

2）压力测量。供水、回水压力，热网进汽蒸汽压力，凝结水、补充水压力，补水除氧器压力，热网加热器出口水压力，补充水泵出口及凝结水疏水泵出口压力，电动排污过滤器前后差压。

3）流量测量。热网循环水回水流量、热网循环水供水流量、热网进汽蒸汽流量、凝结水疏水流量、补充水流量。

4）水位测量。补水除氧器水位、凝结水疏水箱水位、热网加热器水位、回收水池水位。

（2）设备本体检测。循环水泵轴承温度，循环水泵电动机轴承温度、电动机绕组温度，循环水泵液力偶合器进油温度、回油温度。

5. 检测项目及仪表配置清单（见表 4-41）

十一、汽轮机本体附属系统

1. 系统说明

（1）系统构成。汽轮机本体附属系统包括汽轮机轴封疏水系统、润滑油系统、顶轴油系统、液压油（EH油）系统等。汽轮机轴封疏水系统由轴封压力调节阀、溢流阀及疏水阀构成。润滑油系统包括润滑油箱、交/直流润滑油泵、润滑油冷却器等。液压油系统设备包括 EH 油箱、EH 油泵、EH 油再生装置等。

（2）系统功能。汽轮机轴封疏水系统是防止蒸汽漏出汽缸及空气漏入汽缸；排出汽轮机各处形成的疏水。润滑油系统向汽轮机各轴承提供润滑油。顶轴油系统向汽轮机盘车装置及顶轴油装置等供油。液压油系统向汽轮机调节及保护系统提供压力油。汽轮机轴封疏水系统 P&ID 见图 4-63；润滑油系统 P&ID 见图 4-64；顶轴油系统 P&ID 见图 4-65；液压油系统 P&ID 见图 4-66。

2. 设计输入

设计输入包括汽轮机轴封疏水系统图、润滑油系统图、顶轴油系统图、液压油系统图，系统设计说明、系统工艺参数和定值，汽轮机本体设备测点及仪表清单等资料。

3. 检测范围

检测范围包括汽轮机安全监视仪表、汽轮机本体检测、汽轮机轴封疏水系统、润滑油系统、顶轴油系统、液压油系统等系统内所有检测仪表。

4. 检测内容

汽轮机本体附属系统的检测属汽轮机制造厂设计范围，检测内容与汽轮机设备及其附属系统密切相关，一般包含以下主要内容：

（1）汽轮机轴封疏水系统。汽轮机轴封母管温度、压力检测；轴封加热器设置液位显示仪表；轴封加热器出口设置压力检测，以联锁启动备用轴封风机。

（2）汽轮机安全监视仪表。为保证汽轮机的安全运行，应设置下列安全监视仪表：

1）汽轮机转速、零转速。

2）轴位移。

3）轴承振动（绝对振动）。

4）轴振动（相对振动）。

5）胀差。

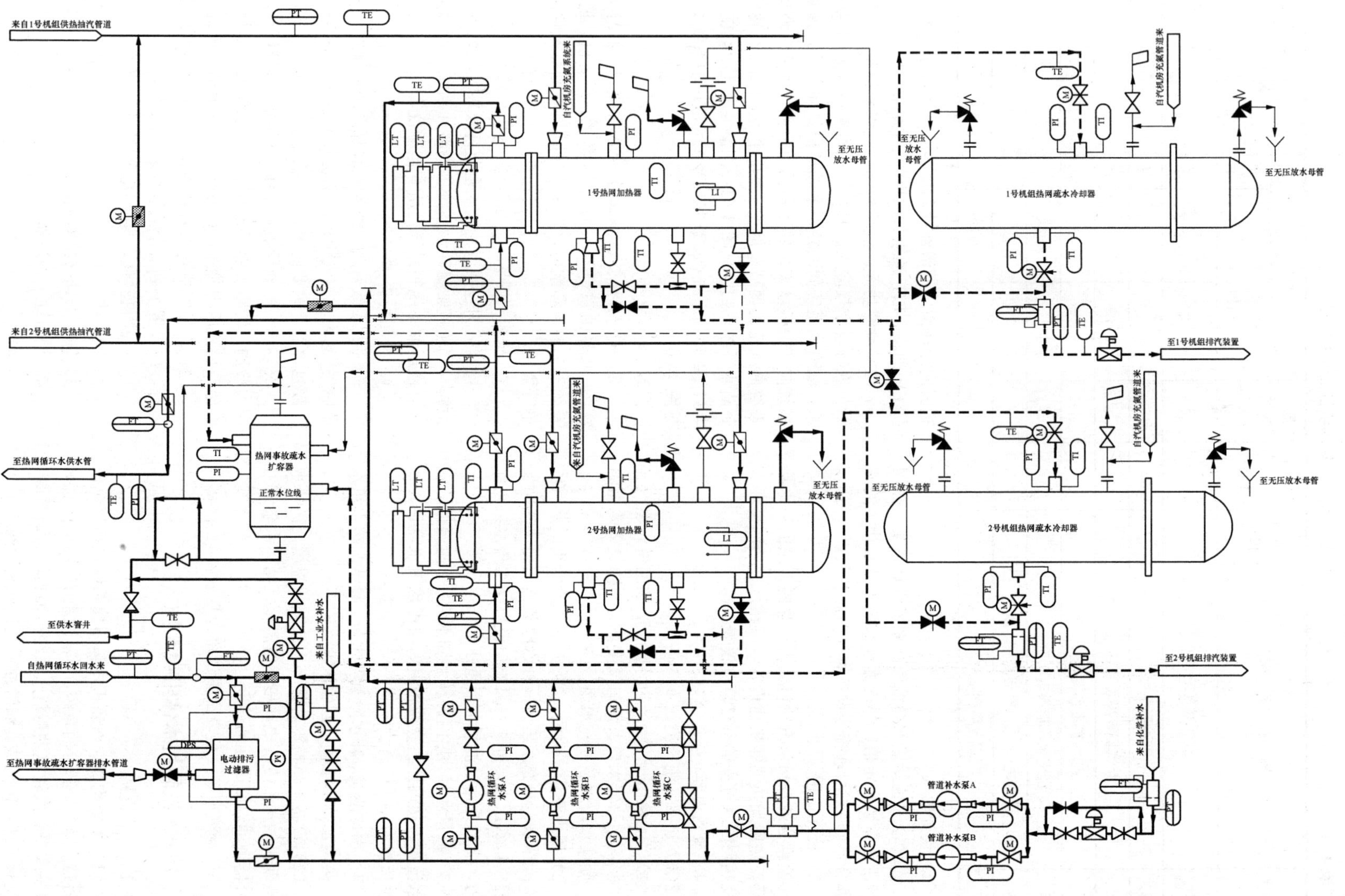

图 4-62 热网系统 P&ID

表 4-41 热网系统主要检测项目及仪表配置

序号	测点名称	就地指示	仪表类型/数量		功能				备注
			模拟量	开关量	控制	联锁保护	报警	显示	
一	热网系统								
1	汽轮机供热抽汽压力		√		√				
2	汽轮机供热抽汽温度		√					√	
3	汽轮机供热抽汽流量		√					√	
4	热网疏水泵出水至补水除氧器流量		√					√	
5	至热网加热器供热抽汽温度		√					√	
6	热网加热器入口循环水温度		√					√	
7	热网供水流量		√					√	
8	热网加热器出口循环水温度		√					√	
9	热网回水母管流量		√					√	
10	热网供水母管压力		√		√				
11	热网供水母管温度		√					√	
12	热网回水母管压力		√		√				
13	热网回水母管温度	√	√					√	
14	热网疏水箱水位		√		√		高/低	√	
15	热网疏水箱水位高高高			√		√			
16	热网疏水箱水位高高			√		√			
17	热网疏水箱水位低低			√		√			
18	热网加热器水位		√		√		高/低	√	
19	热网加热器水位低低			√		√	低低		可由冗余变送器实现
20	热网加热器水位高高			√		√	高高		可由冗余变送器实现
21	热网加热器水位高高高			√		√	高高高		可由冗余变送器实现
22	至汽轮机补水除氧器热网疏水压力		√					√	
23	至汽轮机补水除氧器热网疏水温度		√					√	
24	热网循环水泵出口母管压力		√					√	
25	工业水补水流量		√			√		√	
26	热网疏水泵出口水压力	√							
27	热网循环水泵进口水压力	√							
28	热网循环水泵出口水压力	√							
29	热网循环水泵入口供水母管压力		√		√	√	低	√	
二	设备本体检测								
1	热网循环水泵轴承温度		√			√	高/高高	√	
2	热网循环水泵电动机轴承温度		√			√	高/高高	√	
3	热网循环水泵电动机相绕组温度		√			√	高/高高	√	
4	热网加热器进汽温度	√							

续表

序号	测点名称	就地指示	仪表类型/数量		功能				备注
			模拟量	开关量	控制	联锁保护	报警	显示	
5	热网加热器进汽压力	√							
6	热网疏水箱温度	√							
7	热网疏水箱压力	√							
8	热网疏水箱水位	√							
9	热网疏水泵轴承温度		√			√	高/高高	√	
10	热网疏水泵电动机轴承温度		√			√	高/高高	√	
11	热网疏水泵电动机相绕组温度		√			√	高/高高	√	
12	热网加热器水位	√							
13	热网加热器水位	√							
14	热网加热器进水压力	√							
15	热网加热器出水压力	√							
16	热网加热器进汽压力	√							
17	热网加热器进水温度	√							
18	热网加热器出水温度	√							
19	热网加热器进汽温度	√							
20	热网加热器正常疏水温度	√							

注 本表内容以某工程为基础编制整理，工程设计以设备技术协议要求和设备厂商的设计资料为准。

6）汽缸绝对膨胀。

7）轴偏心。

8）键相。

（3）汽轮机本体温度检测。为监视汽轮机的安全运行，对重要的金属部件设置温度检测仪表，以监测每块推力瓦金属温度、各支持轴承（包括发电机的轴承）金属温度、汽轮机本体汽缸及部件金属温度。

（4）油系统。EH 油箱、润滑油箱设置温度检测仪表，用于控制油箱电加热器。各冷油器出口设置就地温度显示表及热电阻。EH 油系统、润滑油系统、顶轴油系统等设置必要的压力检测仪表，用于报警及联锁、保护。EH 油箱、润滑油箱设置油位测量仪表，实现就地、远方监视、高低油位报警及跳机保护。

5. 冗余检测项目

用于汽轮机保护的下列信号应冗余设置：

（1）汽轮机转速——三冗余。

（2）汽轮机转子轴向位移——两冗余。

（3）润滑油压低低——三冗余。

（4）EH 油压低低——三冗余。

（5）润滑油箱油位低低——两冗余。

6. 检测项目及仪表配置清单（见表 4-42）

十二、发电机本体附属系统

1. 系统说明

（1）系统构成。发电机本体附属系统包括氢气系统（氢冷发电机）、密封油系统、定子冷却水系统等。氢气系统由储氢罐、置换用二氧化碳钢瓶、氢气干燥器、氢冷却器、氢减压阀等设备构成。密封油系统由主密封油泵、事故密封油泵、真空油箱、真空油泵、排烟风机等设备构成。定子冷却水系统由水箱、定子冷却水泵、冷却器、过滤器等设备构成。

（2）系统功能。氢气系统作为氢冷发电机的冷却介质，用于发电机转子绕组和铁芯的冷却。密封油系统向发电机两端轴与轴瓦之间提供压力大于氢气系统的密封油，以防止发电机内氢气外泄。定子冷却水系统作为定子绕组的冷却介质，向发电机定子绕组提供冷却水。氢气系统 P&ID 见图 4-67；密封油系统 P&ID 见图 4-68；定子冷却水系统 P&ID 见图 4-69。

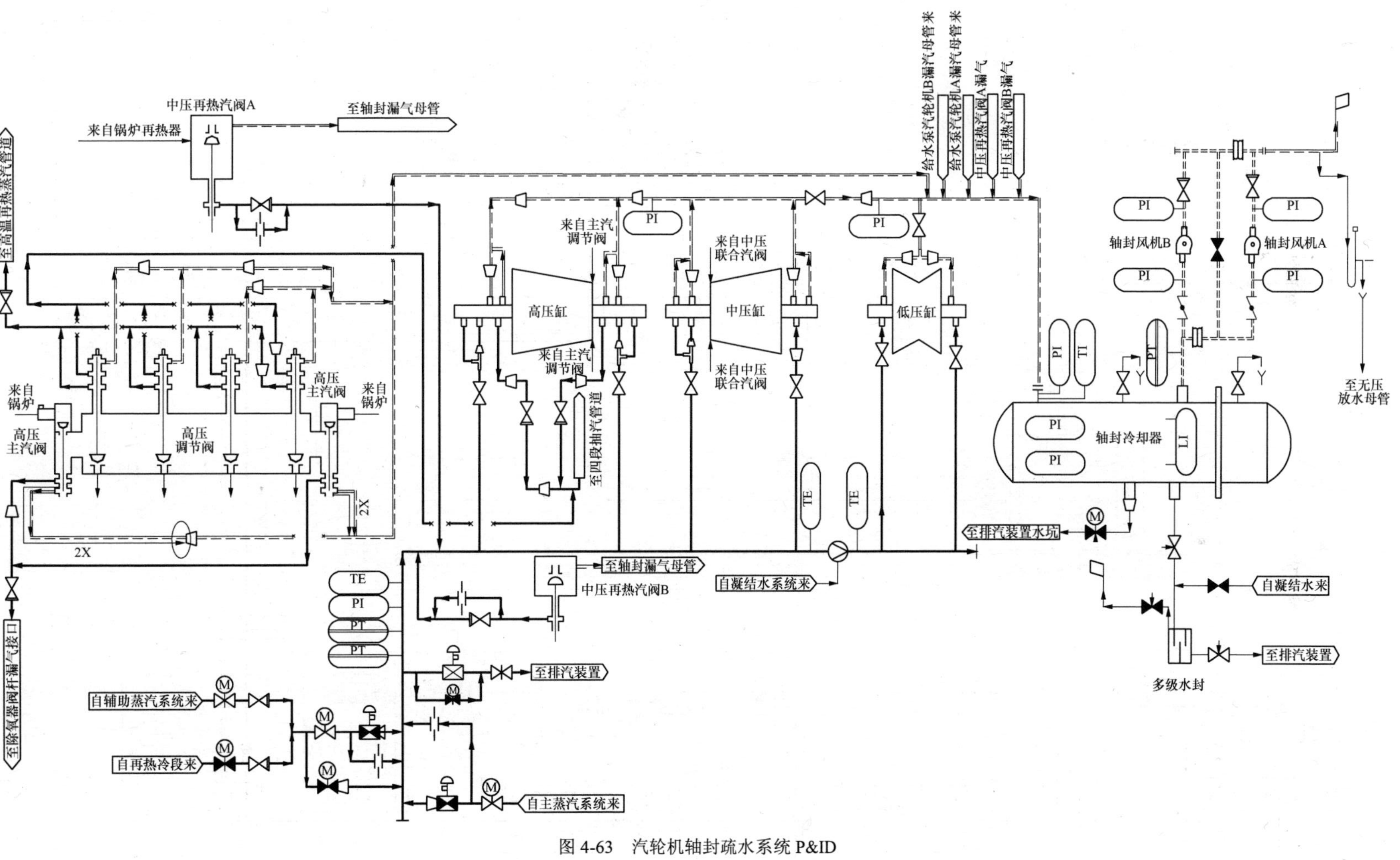

图 4-63　汽轮机轴封疏水系统 P&ID

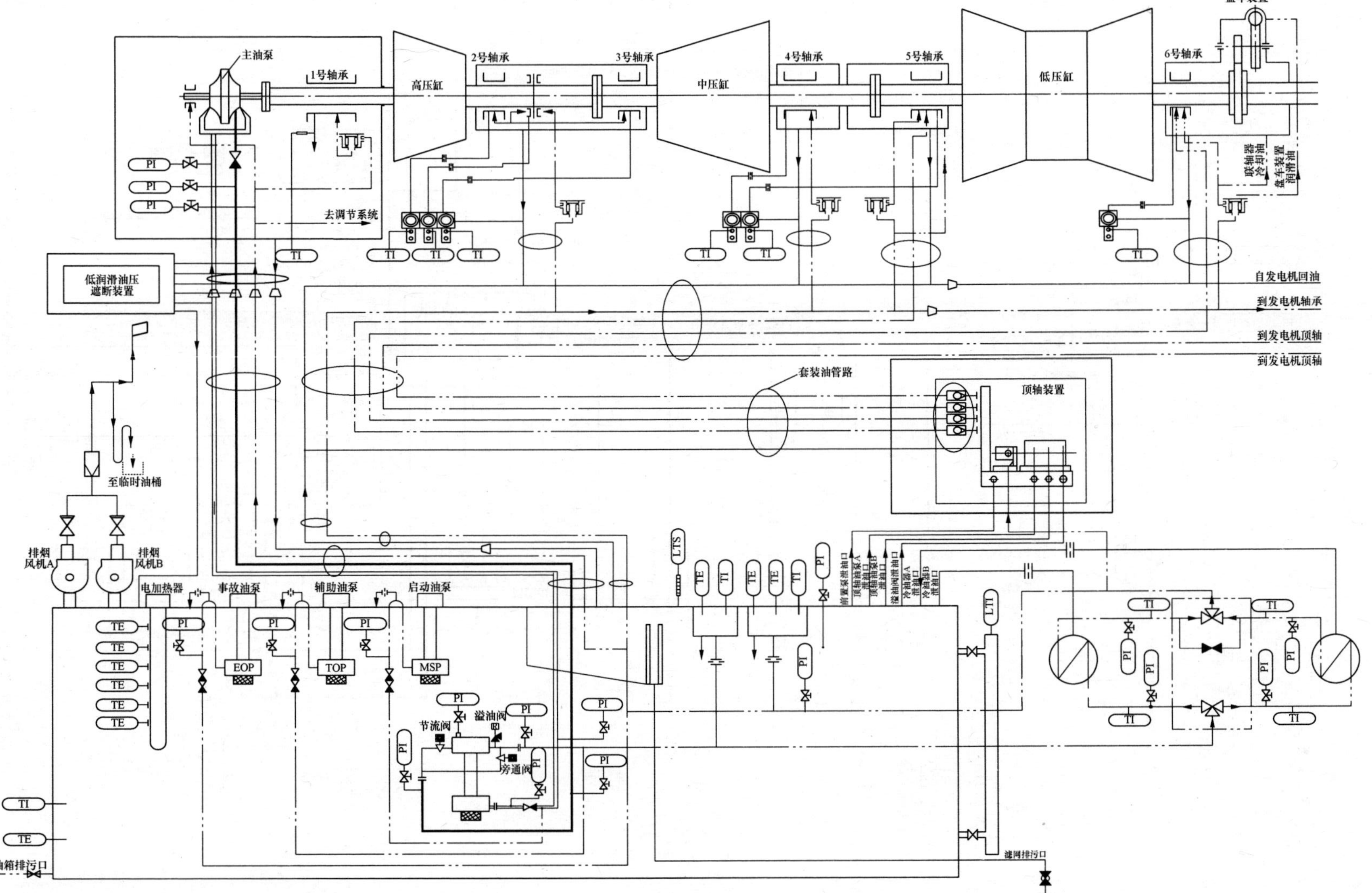

图 4-64　润滑油系统 P&ID

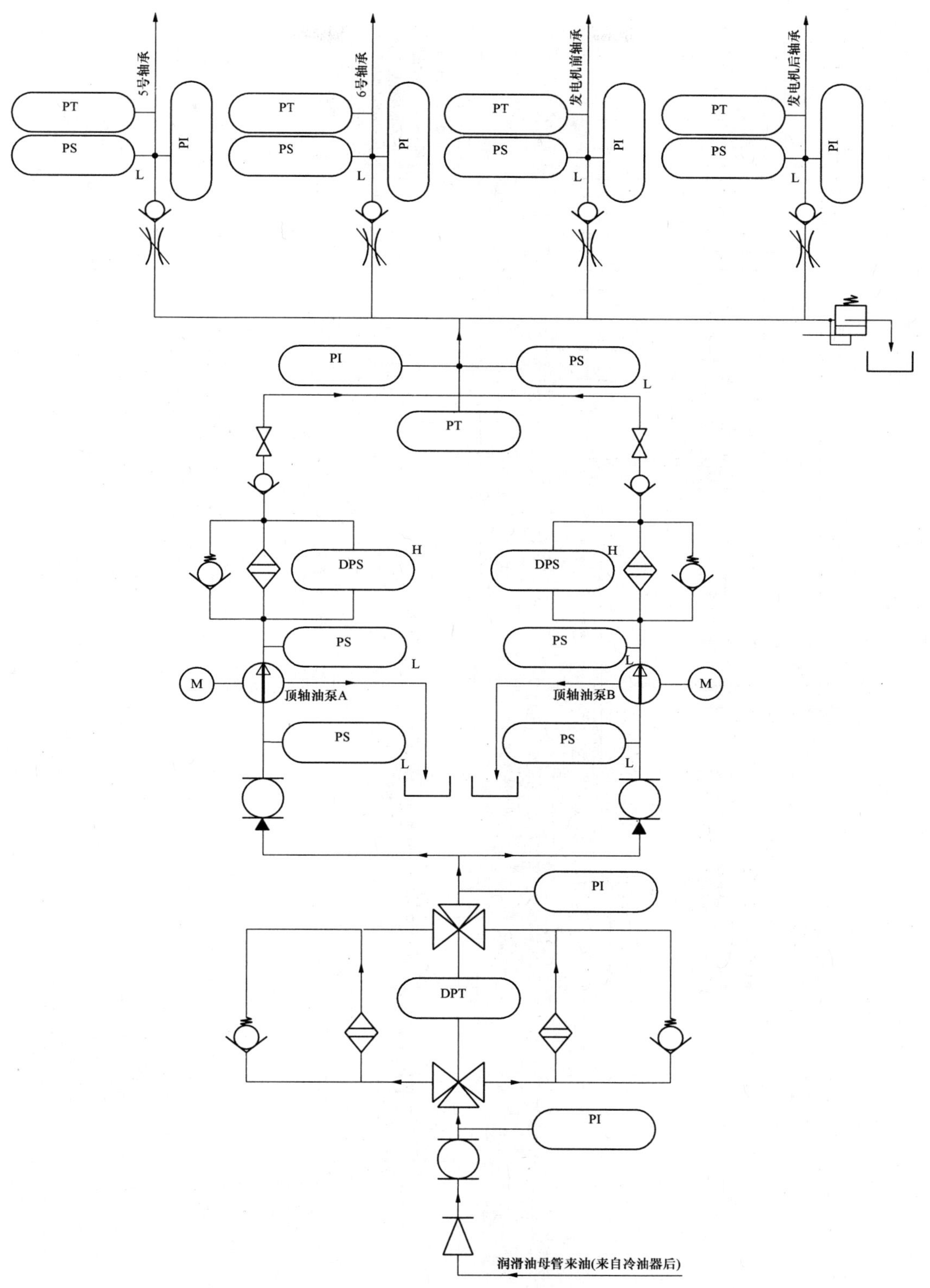

图 4-65　顶轴油系统 P&ID

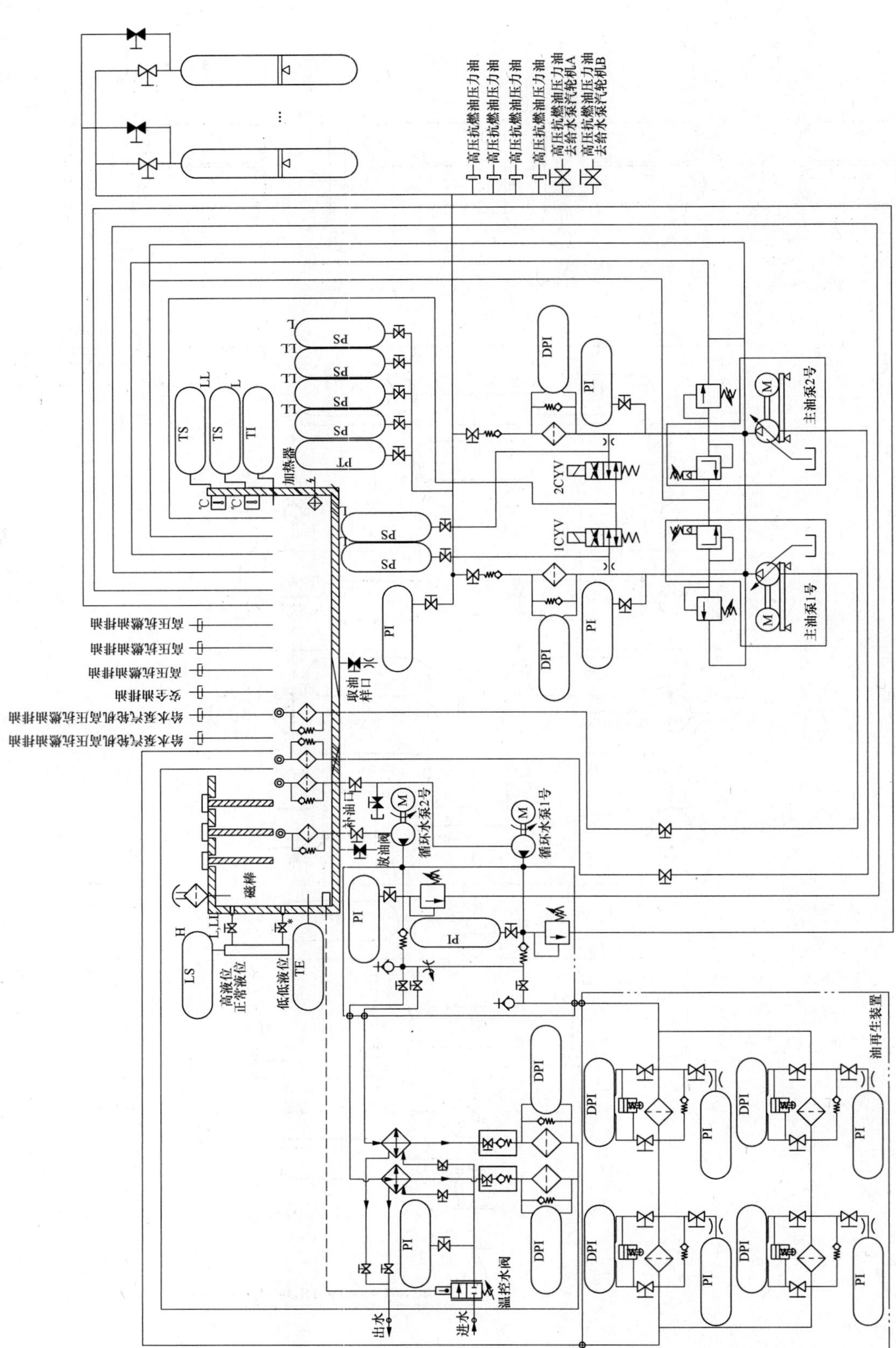

图 4-66 汽轮机液压油系统 P&ID

表 4-42　　汽轮机本体附属系统主要检测项目及仪表配置

序号	测点名称	就地指示	仪表类型/数量		功能				备注
			模拟量	开关量	控制	联锁保护	报警	显示	
一	轴封疏水系统								
1	汽轮机轴封供汽母管温度	√	√					√	
2	汽轮机轴封供汽母管压力	√	√		√			√	
3	高压轴封蒸汽压力	√	√					√	
4	高压轴封蒸汽温度	√	√		√			√	
5	低压轴封蒸汽压力	√	√					√	
6	低压轴封蒸汽温度	√	√		√			√	
7	轴封加热器出口压力	√	√		√			√	
8	轴封加热器液位	√							
二	汽轮机本体								
1	汽轮机转速		6		√	√	高	√	DEH/ETS 各 3 个
2	汽轮机零转速		√			√		√	
3	汽轮机转子偏心度		√				高	√	
4	汽轮机胀差		√				高	√	
5	汽轮机汽缸膨胀		√				高	√	
6	汽轮机油动机行程		√			√		√	
7	汽轮机转子轴向位移		2				高	√	
8	汽轮机发电机组轴承振动		√				高	√	
9	润滑油箱油位	√	√	2		√	高/低	√	
10	润滑油箱油温		√			√	高/低	√	
11	汽轮机润滑油油压		√	3		√	低/低低/低低低	√	
12	汽轮机润滑油泵出口压力	√		√				√	
13	汽轮机危急油泵出口压力	√		√				√	
14	顶轴油泵进口压力		√					√	
15	顶轴油泵出口压力	√	√			√	低	√	
16	汽轮机冷油器进出口温度	√	√					√	
17	汽轮机轴承回油温度		√				高	√	
18	汽轮机轴承金属温度		√				高	√	
19	汽轮机主蒸汽阀金属温度		√				高	√	
20	汽轮机缸体温度		√				高	√	
21	EH 油箱油位	√	√			√	高/低	√	
22	EH 油箱油温		√			√	高/低	√	
23	EH 油泵出口压力	√							
24	EH 油泵出口滤网差压		√				高	√	
25	EH 油压		√	3		√	低/低低/低低	√	
26	EH 回油压力	√	√					√	
27	润滑油输送泵出口压力	√	√					√	
28	储油箱（净油箱/污油箱）油位	√	√				高/低	√	

注　本表内容以部分 600MW 机组工程为基础编制整理，工程设计以设备技术协议要求和设备厂商的设计资料为准。

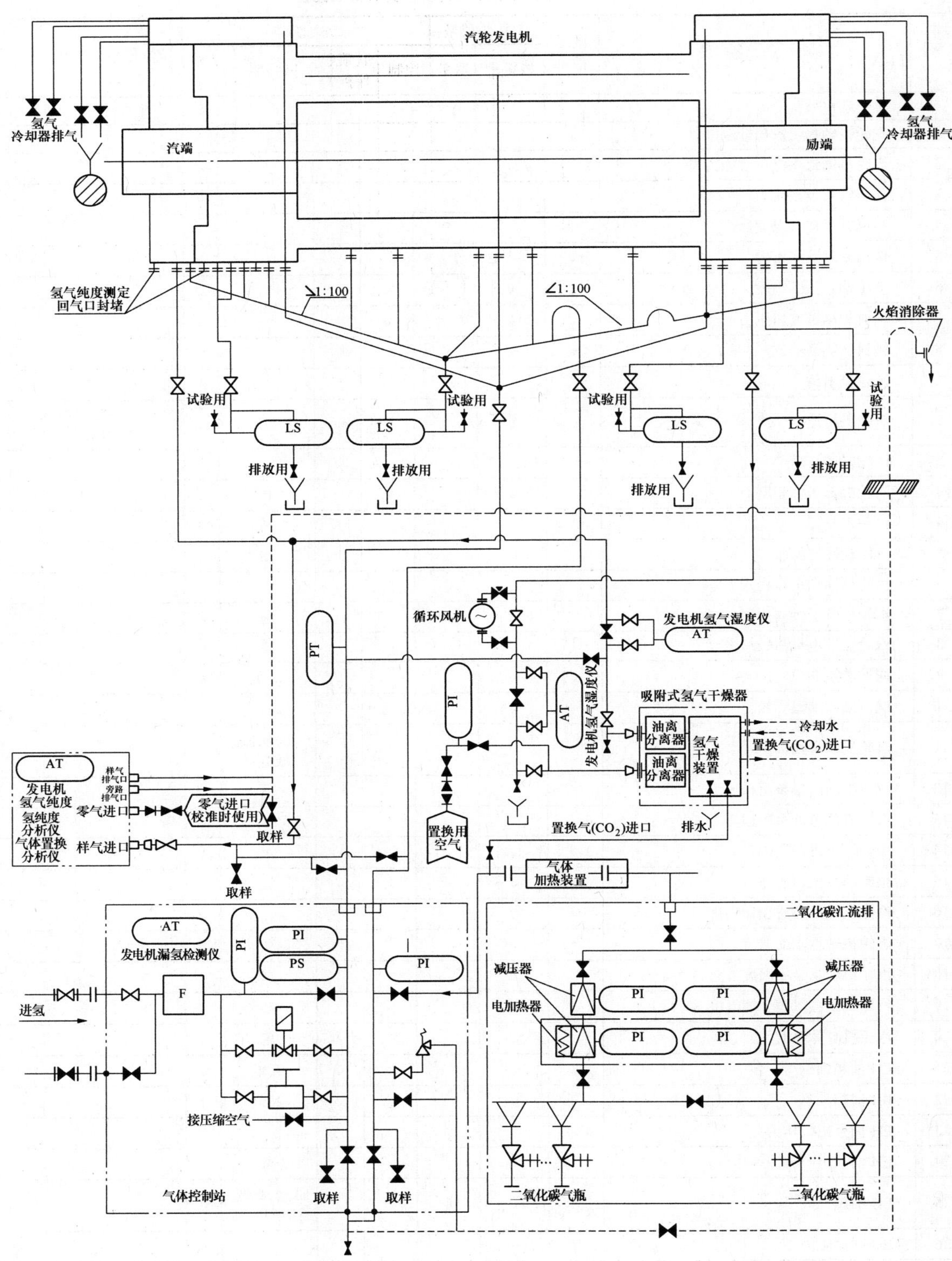

图 4-67 氢气系统 P&ID

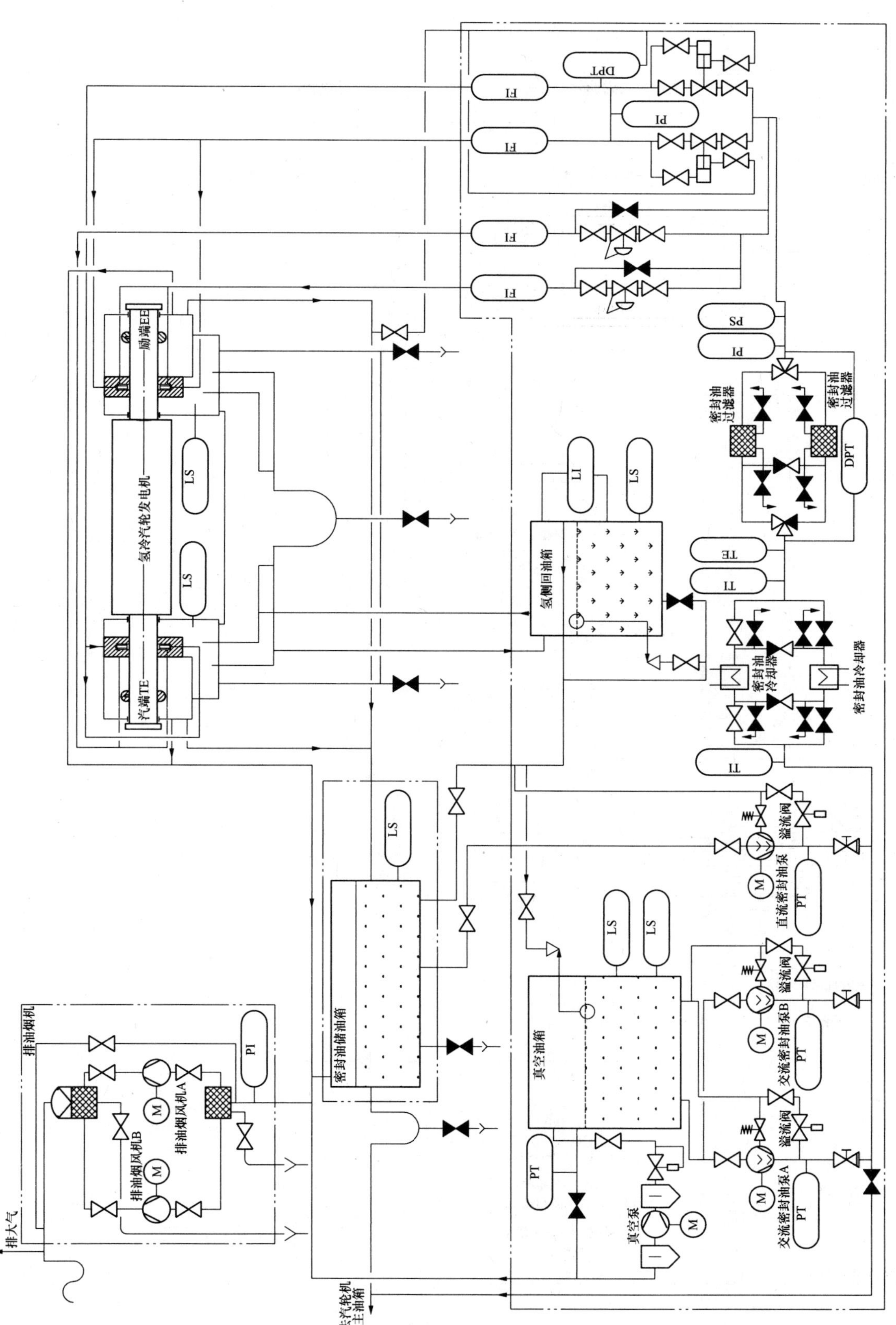

图 4-68　密封油系统 P&ID

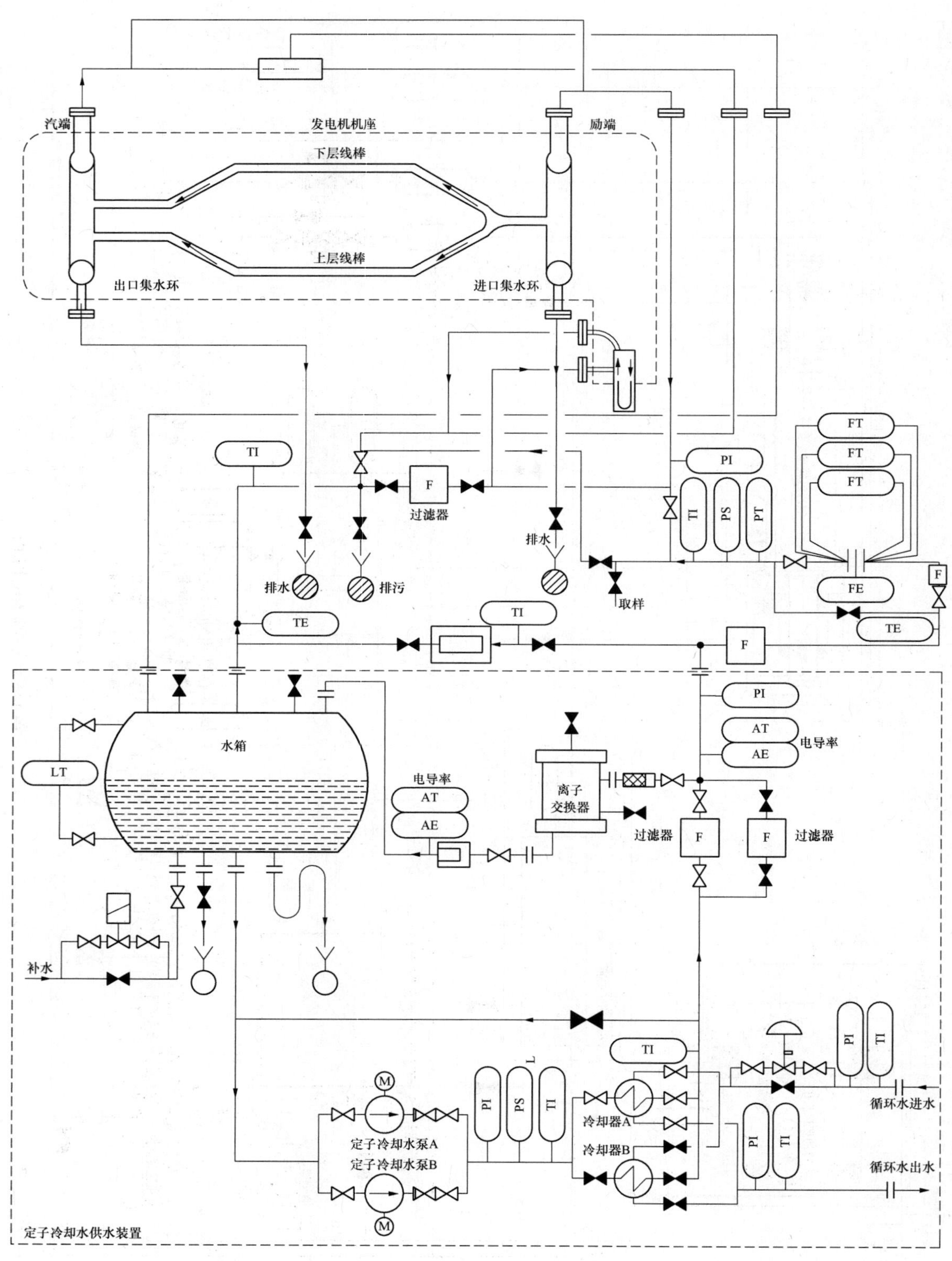

图 4-69　定子冷却水系统 P&ID

2. 设计输入

设计输入包括发电机氢气系统图、密封油系统图、定子冷却水系统图，系统设计说明、系统工艺参数和定值，发电机本体设备测点及仪表清单等资料。

3. 检测范围

检测范围包括发电机本体温度检测、氢气系统图、密封油系统、定子冷却水系统等系统内所有检测仪表。

4. 检测内容

发电机本体及其附属系统的检测属发电机厂设计范围，检测内容与发电机设备及其附属系统密切相关，一般包含以下主要内容：

（1）发电机本体。发电机定子绕组和铁芯温度检测，以监视是否过热；发电机轴瓦温度检测；发电机局部过热检测；发电机漏氢检测。

（2）氢气系统。发电机氢冷却器进出口热/冷氢温度检测；氢气纯度、湿度检测，以监视氢气品质是否合格；氢气压力检测。

（3）密封油系统。真空油箱液位检测，以监视油位在允许范围内；交流密封油泵出口压力检测；直流密封油泵出口压力检测；密封油母管压力、温度检测；密封油过滤器差压检测。

（4）定子冷却水系统。冷却水水箱液位检测，以监视水位在允许范围内；定子冷却水泵出口压力检测；定子冷却水电导率检测；过滤器差压检测；定子绕组冷却水进出口差压检测；定子绕组冷却水进出口温度检测；定子绕组冷却水进水流量检测。

5. 冗余检测项目

用于发电机保护的定子冷却水流量信号——三冗余。

6. 检测项目及仪表配置清单（见表 4-43）

表 4-43　　发电机本体及其附属系统主要检测项目及仪表配置

序号	测点名称	就地指示	仪表类型/数量		功能				备注
			模拟量	开关量	控制	联锁保护	报警	显示	
一	发电机本体								
1	发电机定子绕组和铁芯温度		√				高	√	
2	发电机漏液		√				高	√	
3	发电机局部过热		√				高	√	
4	发电机汽端轴瓦温度		√			√	高	√	
5	发电机励端轴瓦温度		√			√	高	√	
6	励磁机轴瓦温度		√			√	高	√	
二	氢气系统								
1	发电机氢气压力	√	√				低	√	
2	发电机氢气纯度		√				低	√	
3	发电机氢气湿度		√				高	√	
4	发电机漏氢		√				高	√	
5	氢冷却器进出口热/冷氢温度		√				高	√	
三	密封油系统								
1	真空油箱液位			√			高/低		
2	交流密封油泵出口压力	√	√			√	低	√	
3	直流密封油泵出口压力	√	√			√	低低	√	
4	密封油过滤器差压			√			高	√	
5	密封油冷却器进口压力	√							
6	密封油冷却器进出口油温度	√	√					√	
7	密封油母管压力	√	√				低	√	
8	密封油母管温度	√	√					√	
9	密封油与氢气差压		√				低	√	

续表

序号	测点名称	就地指示	仪表类型/数量		功能				备注
			模拟量	开关量	控制	联锁保护	报警	显示	
四	定子冷却水系统								
1	水箱水位	√	√				高/低	√	
2	定子冷却水泵出口压力			√			低		
3	定子冷却水过滤器差压			√			高		
4	定子冷却器进口压力	√							
5	定子冷却器进出口温度	√							
6	定子冷却水电导率		√				高	√	
7	定子冷却水离子交换器出口电导率		√				高	√	
8	定子绕组冷却水进出口差压			√			低		
9	定子绕组冷却水进出口温度		√					√	
10	定子绕组冷却水进水流量		3			√	低/低低	√	

注　本表内容以部分600MW机组工程为基础编制整理，工程设计以设备技术协议要求和设备厂商的设计资料为准。

第七节　化学水处理系统

一、海水淡化处理系统

海水淡化的基本工艺是海水反渗透法（sea water reverse osmosis，SWRO）和蒸馏法，也就是通常所说的膜法和热法技术。蒸馏法又可分为多效蒸馏（multiple effect distillation，MED）、多级闪蒸（multistage flash，MSF）工艺。

1. 系统说明

（1）系统构成。反渗透法海水淡化系统通常包括预处理系统和反渗透系统。预处理系统包括原水预处理系统和膜过滤系统。原水预处理系统一般包括混凝澄清设备和加药设备；膜过滤系统包括超（微）滤设备、清洗设备和加药设备。反渗透系统一般包括保安过滤器、高压泵、能量回收装置、反渗透组件、冲洗系统、化学清洗系统和加药设备等。冲洗系统包括冲洗水箱和冲洗水泵等设备。化学清洗系统包括清洗水箱（用于配制清洗液）、清洗水泵、保安过滤器等设备。

多效蒸馏海水淡化装置一般包括海水过滤器、蒸发容器、蒸汽压缩喷射器、抽真空系统、海水预热器、冷凝水和产品水冷却器、各类水泵等。多级闪蒸蒸馏法海水淡化装置一般包括蒸发器本体、海水过滤器、盐水加热器、除气系统、抽真空系统、加药系统、酸洗系统和各类水泵等。

（2）系统功能。海水预处理系统去除原海水中悬浮物及沙粒、胶体、溶解气体及细菌、藻类等物质。反渗透系统使溶剂和溶质分离，即将水分子与所有溶解性盐及分子量大于100的有机物分离。蒸馏法海水淡化系统去除海水中的悬浮物及沙粒、胶体、溶解气体、细菌、藻类、盐离子和有机物等。海水淡化预处理系统P&ID见图4-70，超滤系统P&ID见图4-71，反渗透系统P&ID见图4-72（见文后插页）。

2. 设计输入

设计输入包括海水淡化系统图、工艺参数及定值、设备步序表等设备厂商资料、相关设备技术协议。

3. 检测范围

检测范围包括从海水送入到成品水生成所涉及的所有工艺和设备的测量仪表。

4. 检测内容

（1）反渗透法海水淡化系统检测。

1）澄清（沉淀）设备入口流量检测。

2）澄清（沉淀）设备的进水母管、每台澄清（沉淀）设备的出水管浊度检测。

3）过滤设备出水管浊度检测。

4）加酸、加碱后的管路上设置pH测量装置，以便监视加酸碱量是否在正常的范围内。

5）反渗透高压泵进口设置低压保护开关，出口设置高压保护开关，以便保护高压泵及反渗透膜。

6）反渗透进水侧管路压力、电导率、温度、pH值、ORP或余氯检测。

7）反渗透浓水管路流量和压力检测。

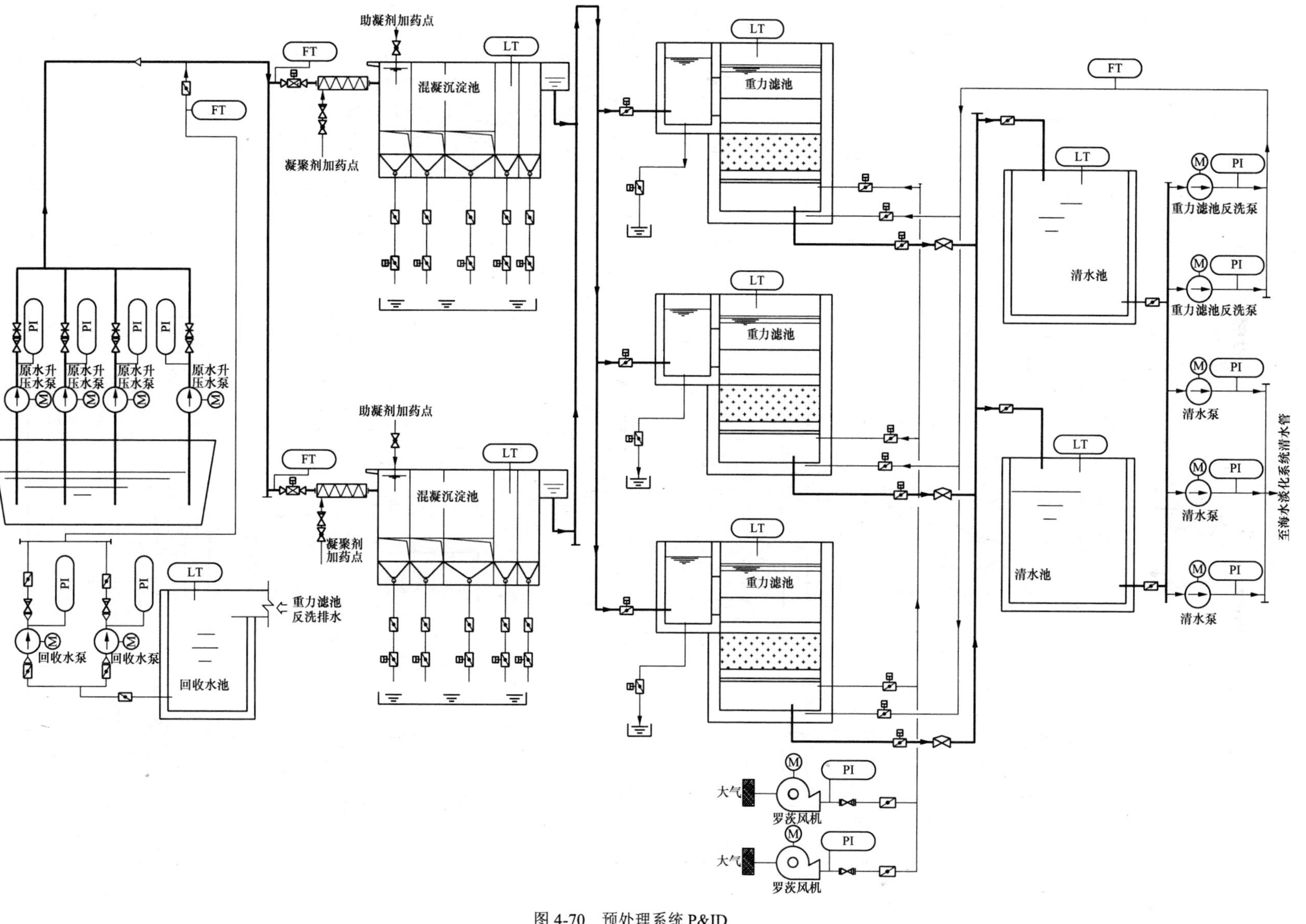

图 4-70　预处理系统 P&ID

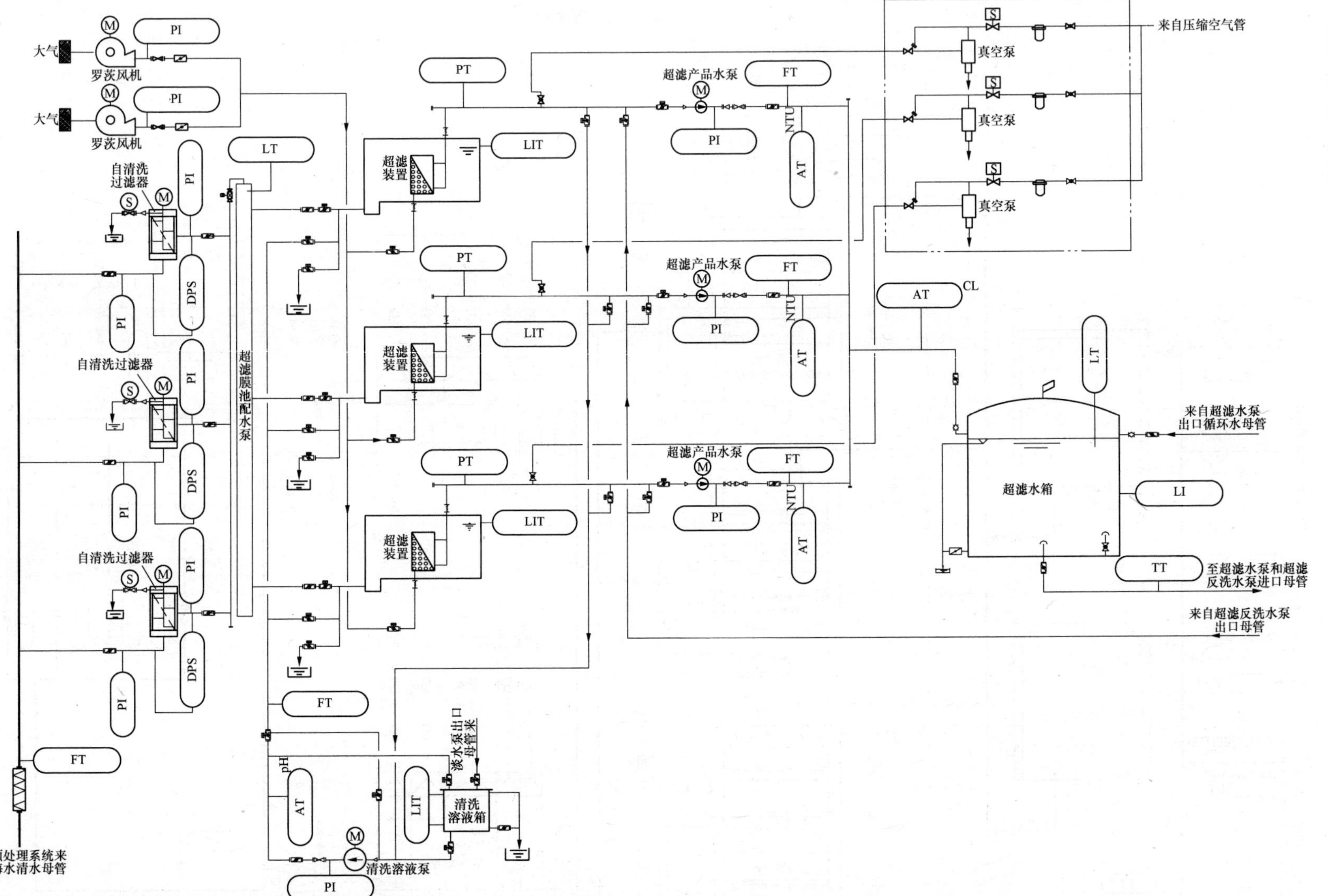

图 4-71 超滤系统 P&ID

8）海水淡化装置产品水管路电导率检测。

9）产品水箱（池）出口电导率、余氯、pH 值等检测。

10）各水池、水箱、加药箱液位检测。

11）各水泵出口压力检测。

12）各过滤器进出口差压检测。

（2）多效蒸馏法海水淡化系统检测。

1）第一效饱和蒸汽的温度和压力检测，作为防止管道外壁结垢的保护条件之一。

2）第一效的盐水温度检测，作为监视第一效饱和蒸汽温度和压力的间接手段，同样作为防止管道外壁结垢的保护条件之一。

3）蒸汽汽源和成品水的流量检测，用来控制系统换热平衡。

4）蒸汽减温器后的蒸汽温度检测，用以控制消除过热蒸汽的冷却水流量。

5）热压缩喷射器进口及出口蒸汽温度检测，把温度过高作为系统的保护条件之一。

6）蒸馏水冷凝器设置真空变送器，用来控制冷凝器内的真空度，作为启动蒸汽系统的条件之一。

7）设置蒸馏水冷凝器压力低报警。

8）在化学加药管段后的海水管段上设置余氯仪，监测 MED 进口海水氯含量。

9）进料海水设置总流量测量装置，作为启动和保护蒸汽系统的条件之一。

10）进料海水的温度检测，作为控制末效盐水温度的参数之一。

11）对 MED 进口蒸汽的冷却水设置流量和温度测量装置，用来控制 MED 的末效盐水排放温度，以及 MED 内第一效和末效的温度差。

12）凝结水的蒸馏水（成品水）箱入口电导率检测，用于对成品水质进行监视。

13）末效凝结水疏水容器液位检测，用来联锁控制淡水泵的运行。

14）对末效盐水温度进行连续监控，作为系统稳定运行的依据之一。

15）第一效凝结水的液位检测，作为联锁保护凝结水泵的条件。

16）海水淡化装置产品水管路电导率检测。

17）产品水箱（池）出口电导率、余氯、pH 值等检测。

（3）闪蒸法海水淡化系统检测。

1）为避免碳酸钙结垢，加酸后的管路上应设置 pH 值测量装置。

2）各级闪蒸段的温度和压力检测，避免碳酸钙结垢工况的出现。

3）为避免原料水中氧气对管道的腐蚀，对脱气后的含氧量应进行监测。

4）海水淡化装置产品水管路设置电导率检测。

5）产品水箱（池）出口电导率、余氯、pH 值等检测。

5. 检测项目及仪表配置清单（见表 4-44 和表 4-45）

表 4-44　　反渗透法海水淡化系统主要检测项目及仪表配置

序号	测点名称	就地指示	仪表类型/数量		功能				备注
			模拟量	开关量	控制	联锁保护	报警	显示	
一	海水预处理系统								
1	原水升压泵出口压力	√	√					√	
2	沉淀池入口流量		√					√	
3	沉淀池入口浊度		√					√	
4	沉淀池液位		√				高/低	√	
5	澄清池液位		√				高/低	√	
6	清水池液位		√			√	高/低	√	
7	清水泵出口压力	√	√					√	
8	澄清池反洗泵出口压力	√							
9	澄清池反洗泵出口母管流量		√					√	
10	罗茨风机出口压力	√							
11	回收水泵出口压力	√							
12	回收水泵出口母管流量		√					√	

续表

序号	测点名称	就地指示	仪表类型/数量		功能				备注
			模拟量	开关量	控制	联锁保护	报警	显示	
13	回收水池液位		√				高/低	√	
14	絮凝剂溶液箱液位	√	√				高/低	√	
15	絮凝剂加药泵出口压力	√							
16	助凝剂溶液箱液位	√	√				高/低	√	
17	助凝剂加药泵出口压力	√							
18	沉淀池入口母管浊度		√					√	
19	沉淀池出口浊度		√					√	
20	沉淀池出口余氯		√		√			√	
21	自清洗过滤器入口母管流量		√					√	
22	自清洗过滤器入口压力	√							
23	自清洗过滤器出口压力	√							
24	自清洗过滤器进出口差压		√				高	√	
25	超滤膜池液位		√					√	
26	超滤装置出口压力		√					√	
27	超滤产品水流量		√		√			√	
28	超滤浓水回流流量		√					√	
29	超滤进水总管压力		√			√		√	
30	超滤装置进水压力		√			√		√	
31	超滤装置产品水压力		√			√		√	
32	超滤装置浓水压力		√					√	
33	超滤装置反洗压力		√			√		√	
34	超滤进水总管温度		√					√	
35	超滤产品水 pH 值		√					√	
36	超滤产品水余氯		√					√	
37	超滤产品水浊度		√					√	
38	超滤产品水箱液位		√			√	高/低	√	
39	超滤水泵出口压力	√							
40	超滤反洗泵出口压力	√							
41	超滤反洗泵出口母管流量		√					√	
42	超滤罗茨风机出口压力	√	√			√		√	
43	超滤仪表用气压力		√			√		√	
44	超滤反洗用水流量		√			√		√	
45	超滤清洗箱液位	√	√			√	高/低	√	
46	超滤清洗泵出口压力	√							
47	超滤清洗泵出口母管流量		√					√	
48	超滤清洗泵出口母管 pH 值		√					√	

续表

序号	测 点 名 称	就地指示	仪表类型/数量		功 能				备 注
			模拟量	开关量	控制	联锁保护	报警	显示	
49	氧化剂溶液箱液位	√	√			√	高/低	√	
50	氧化剂加药泵出口压力	√							
二	海水反渗透系统								
1	海水反渗透保安过滤器入口电导率		√					√	
2	海水反渗透保安过滤器入口 pH 值		√					√	
3	海水反渗透保安过滤器入口 ORP		√		√			√	
4	海水反渗透保安过滤器入口流量		√		√			√	
5	海水反渗透保安过滤器入出口差压		√				高	√	
6	海水反渗透高压泵入口压力			√		√	低		
7	海水反渗透高压泵出口压力	√		√		√	高		
8	海水反渗透高压泵冷却水压力			√		√			
9	海水反渗透高压泵油压			√		√			
10	能量回收装置低压入口流量		√		√	√		√	
11	能量回收装置高压出口流量		√		√			√	
12	能量回收装置高压出口压力		√					√	
13	海水反渗透增压泵出口压力		√					√	
14	海水反渗透增压泵出口压力	√	√					√	
15	海水反渗透装置进水压力		√			√		√	
16	海水反渗透装置产品水流量		√		√			√	
17	海水反渗透装置产品水压力		√					√	
18	海水反渗透装置产品水电导率		√					√	
19	海水反渗透装置浓水压力		√					√	
20	能量回收装置低压排放压力		√					√	
21	海水反渗透装置浓水流量		√					√	
22	反渗透产水箱液位		√			√	高/低	√	
23	海水反渗透冲洗泵出口压力		√					√	
24	海水反渗透冲洗泵出口流量		√					√	
25	海水反渗透冲洗水箱液位	√	√			√	高/低	√	
26	淡水泵出口压力		√					√	
27	淡水泵出口流量		√					√	
28	淡水泵出口 pH 值		√					√	
29	海水反渗透浓水池液位		√				高/低	√	
30	海水反渗透浓水泵出口压力	√							
31	反渗透化学清洗溶液箱液位	√	√			√	高/低	√	
32	反渗透化学清洗溶液箱温度	√							
33	反渗透化学清洗溶液泵出口压力	√							

续表

序号	测点名称	就地指示	仪表类型/数量		功能				备注
			模拟量	开关量	控制	联锁保护	报警	显示	
34	反渗透清洗过滤器出口流量		√					√	
35	还原剂溶液箱液位	√	√			√	高/低	√	
36	还原剂加药泵出口压力	√							
37	阻垢剂溶液箱液位	√	√			√	高/低	√	
38	阻垢剂加药泵出口压力	√							
39	压缩空气罐压力	√							
40	压缩空气罐出口压力		√			√		√	

注 本表内容以部分反渗透法海水淡化工程为基础编制整理，工程设计以设备技术协议要求和设备厂商的设计资料为准。

表 4-45　多效蒸馏法海水淡化系统主要检测项目及仪表配置

序号	测点名称	就地指示	仪表类型/数量		功能				备注
			模拟量	开关量	控制	联锁保护	报警	显示	
1	加热蒸汽母管温度		√		√			√	
2	加热蒸汽母管压力		√				低		
3	加热蒸汽汽源流量		√		√			√	
4	蒸汽减温器后蒸汽温度		√		√		高		
5	热压缩喷射器进口蒸汽温度		√				高	√	可与蒸汽减温器后蒸汽温度合并设置
6	热压缩喷射器出口蒸汽温度		√			√	高	√	可与第一效饱和蒸汽温度合并设置
7	第一效饱和蒸汽温度		√			√	高	√	
8	第一效饱和蒸汽压力		√			√		√	
9	第一效的盐水出水温度		√			√	高	√	
10	第一效凝结水液位	√	√		√	√	高/低	√	
11	第一效冷凝水泵出口压力	√	√					√	
12	第一效冷凝水泵出口温度		√					√	
13	第一效冷凝水泵出口流量		√				低	√	
14	第一效冷凝水冷却器出水温度		√					√	
15	第一效冷凝水冷却器出水电导率		√			√	高	√	
16	喷射式凝汽器温度		√					√	
17	进料海水过滤器差压		√				高		
18	进料海水温度		√				高	√	
19	进料海水流量		√					√	
20	海水增压泵入口压力	√		√		√	低		
21	MED 进口海水氯含量		√				高	√	
22	MED 进口蒸汽冷却水流量		√					√	
23	MED 进口蒸汽冷却水温度		√					√	

续表

序号	测　点　名　称	就地指示	仪表类型/数量		功　能				备　注
			模拟量	开关量	控制	联锁保护	报警	显示	
24	各效物料水进水流量		√					√	
25	各效盐水出水温度		√					√	
26	蒸馏水冷凝器海水入口温度		√					√	
27	蒸馏水冷凝器海水出口温度		√					√	
28	海水进水温度		√					√	
29	蒸馏水冷却器出口凝结水温度		√					√	
30	海水淡化蒸馏水泵出口压力	√	√					√	
31	蒸馏水冷凝器真空压力		√			√	高/低	√	
32	末效的凝结水疏水容器液位	√	√			√	高/低		
33	末效的盐水疏水容器液位	√	√			√	高/低		
34	蒸馏水（成品水）箱入口电导率		√					√	
35	蒸馏水（成品水）箱入口 pH 值								
36	蒸馏水（成品水）流量		√					√	
37	盐水泵出口压力	√	√					√	
38	每套海水淡化装置产品水管路电导率		√					√	
39	产品水箱（池）出口电导率		√					√	
40	产品水箱（池）出口余氯		√					√	
41	产品水箱（池）出口 pH 值		√					√	
42	海水淡化成品水温度		√					√	
43	各计量箱液位		√			√	高/低		
44	各计量泵出口压力	√							

注　本表内容以部分蒸馏法海水淡化工程为基础编制整理，工程设计以设备技术协议要求和设备厂商的设计资料为准。

二、锅炉补水处理系统

1. 系统说明

（1）系统构成。锅炉补水处理系统由反渗透装置的预处理系统、预除盐处理系统、深度除盐处理系统、树脂再生酸碱系统、加药系统、再生废液处理系统及压缩空气系统七部分组成。

反渗透装置的预处理系统是针对不同水源，将各种不同的水处理单元组合起来，主要的水处理单元有管道混合器、保安过滤器、超滤装置、机械过滤器、活性炭过滤器等。此外，系统还设置有生水加热器、罗茨风机、超滤反洗水泵、超滤清洗单元（包括溶液箱及过滤器）、超滤水箱等辅助设备。

预除盐处理系统由清水泵、精密过滤器、反渗透装置、淡水箱组成。对于高含盐量水质的处理，深度除盐处理系统由清水泵、精密过滤器、反渗透装置、淡水箱、阳离子交换器、除碳器、除碳水箱、阴离子交换器、混合离子交换器、树脂清洗罐、反渗透清洗装置(包括溶液箱及过滤器)、除盐水箱及各水泵组成。若处理较高含盐量的水质，系统中不包含阳离子交换器、除碳器、除碳水箱、阴离子交换器。对于处理较高含盐量的水质，还可采用电除盐技术，离子交换除盐和电渗析除盐两个过程的综合。深度除盐处理系统一般由两级反渗透装置、电除盐装置（EDI）组成，不再单独设置离子交换设备。

树脂再生酸碱系统由酸液储存槽、碱液储存槽、酸计量箱、碱计量箱、酸碱喷射器、酸雾吸收器组成。

加药系统由各药剂溶液箱、计量箱及加药泵组成。再生废液处理系统由废（中和）水池、罗茨风机、废（中和）水泵组成。压缩空气系统由压缩空气储存罐、减压阀组成。

（2）系统功能。锅炉补水处理系统是对含盐水源进行过滤、吸附、除盐、脱二氧化碳净化处理，以便满足锅炉、间接空冷系统、闭式循环冷却水系统补水的需要。

为保证反渗透进水水质对浊度、SDI（污染指数）、水温的要求，设置反渗透预处理装置，除去水中悬浮物、胶体和降低有机物含量。反渗透预除盐处理系统能有效去除水中离子和有机物。因反渗透膜表面存在的缺陷，水和膜的介电常数、离子半径、离子浓度、酸碱性等因素，影响离子去除率，需通过离子交换设备或 EDI 装置对水进行深度除盐。

树脂再生酸碱系统为阳、阴离子交换器和混合离子交换器提供酸液及碱液，用于交换器内树脂再生。加药系统在水处理系统内各加药点加入药剂，通过加入凝聚剂、阻垢剂、氧化剂、酸碱，除去水中胶体和悬浊物、防结垢、杀菌、清除残余氧化剂、调整 pH 值。再生废液处理系统收集再生废液，通过空气搅拌、加酸碱中和后，将废液送至污废水处理系统。压缩空气系统将混床再生后分层的阴阳树脂搅拌混合，并为各气动阀提供操作动力。罗茨风机为机械过滤器提供松动滤料气源。

采用离子交换器的锅炉补水处理系统 P&ID 见图 4-73（见文后插页），电除盐系统 P&ID 见图 4-74。

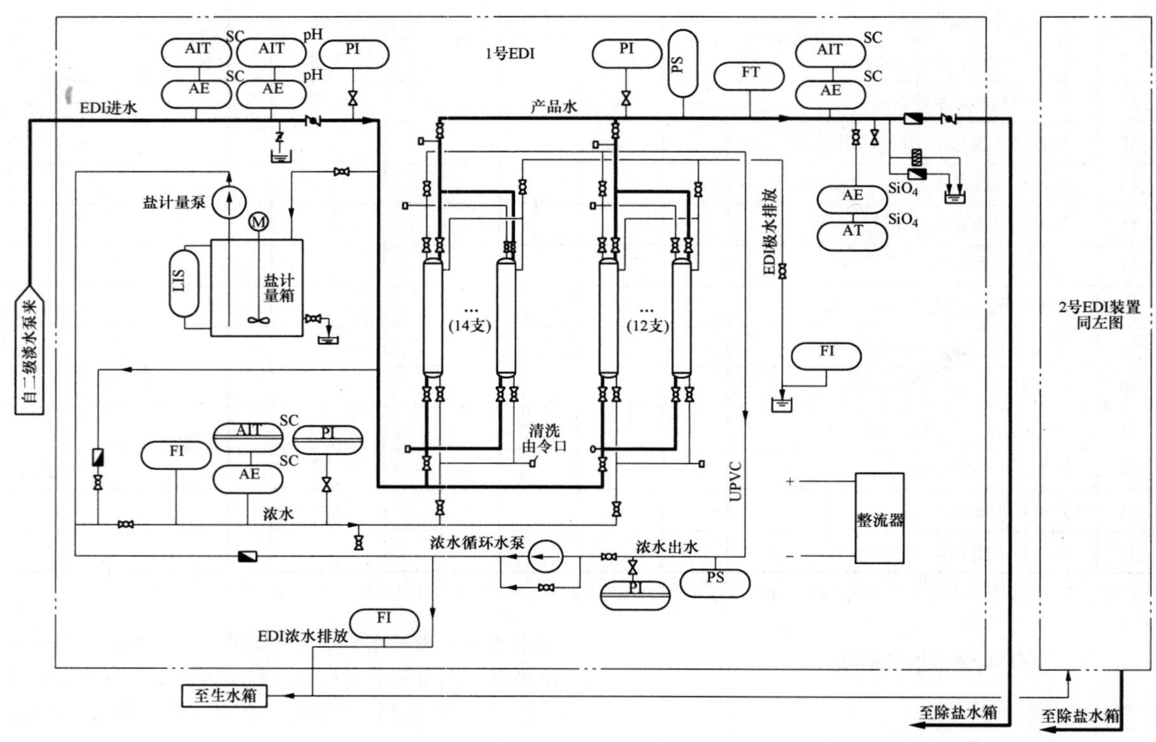

图 4-74　电除盐系统 P&ID

2. 设计输入

设计输入包括锅炉补水处理系统图、系统设计说明、系统工艺参数及定值；过滤器、超滤装置、清洗装置、反渗透装置、离子交换器、加药装置、电除盐装置（EDI）等设备厂商资料。

3. 检测范围

检测范围包括反渗透装置的预处理系统、预除盐处理系统、深度除盐处理系统、树脂再生酸碱系统、加药系统、再生废液处理系统及压缩空气系统的所有测量仪表；过滤器、超滤装置、反渗透装置、离子交换器、加药装置、再生酸碱装置、清洗装置、电除盐装置（EDI）等设备本体检测。

4. 检测内容

（1）反渗透装置的预处理系统检测。检测内容包括水箱及加热器水位、过滤器差压；超滤装置压力、流量、浊度等；各阀开关状态，水泵启停状态等。对于变频控制的超滤给水泵，出口母管流量信号，用于水泵的变频控制。原水流量信号、超滤水泵出口母管流量信号，用于控制相应加药泵转速。

（2）预除盐处理系统检测。检测内容包括水箱及加热器水位、过滤器差压；反渗透装置入口母管压力、温度、浊度、pH 值、余氯、电导率；高压泵入出口压力等；各阀开关状态，水泵启停状态等；反渗透装置入口母管余氯信号、反渗透保安过滤器进水流量信号，用于控制相应加药泵转速。

（3）深度除盐处理系统检测。检测内容包括各水箱水位；设置淡水泵出口母管流量模拟量信号，用于控制相应加药泵转速；阳床出水流量、钠值，正反洗水流量模拟量检测；阴床出水流量、钠值，正反洗水流量模拟量检测；混床出水流量、钠值，正反洗水流量模拟量检测；设置除盐水 pH 值、电导率、硅模拟量检测，用于监视锅炉补给水水质；设置 EDI 压力、流量、导电率、硅检测。

（4）树脂再生酸碱系统检测。设置储存槽、计量箱液位模拟量检测；设置喷射器进口除盐水流量、酸浓度、碱浓度模拟量检测。

加药系统在计量箱设置液位模拟量检测仪表；再生废液处理系统设置废（中和）水池水位、废（中和）水泵出口 pH 值模拟量检测仪表；压缩空气系统设置压缩空气母管压力模拟量检测仪表。

5. 检测项目及仪表配置清单（见表 4-46）

表 4-46 锅炉补水处理系统主要检测项目及仪表配置

序号	测点名称	就地指示	仪表类型/数量		功能				备注
			模拟量	开关量	控制	联锁保护	报警	显示	
一	反渗透装置的预处理系统								
1	来水水源流量		√		√			√	
2	来水水源压力		√					√	
3	来水水源温度		√					√	
4	生水箱水位	√	√			√	高/低/低低	√	
5	超滤给水泵出口压力	√	√			√		√	
6	超滤给水泵进口压力低			√		√			
7	超滤给水泵出口压力高			√		√			
8	超滤给水泵出口母管流量		√		√			√	
9	生水加热器液位	√		√			高/低		
10	生水加热器汽源压力	√							
11	生水加热器汽源温度	√							
12	生水加热器出水温度	√	√		√	√	高/低	√	
13	生水加热器出水母管压力		√					√	
14	超滤保安过滤器进口流量		√					√	
15	超滤保安过滤器进口压力	√							
16	超滤保安过滤器出口压力	√							
17	超滤保安过滤器进出口差压		√				高	√	
18	超滤装置进口压力	√	√			√	高	√	
19	超滤装置出口压力	√	√			√	高	√	
20	超滤装置出水流量		√			√	低	√	
21	超滤装置出水母管浊度	√	√			√	高	√	
22	机械过滤器进口流量		√					√	
23	机械过滤器进口压力	√							
24	机械过滤器出口压力	√							
25	机械过滤器进出口差压		√			√	高	√	
26	机械过滤器反洗水泵出口压力	√							

续表

序号	测点名称	就地指示	仪表类型/数量		功能				备注
			模拟量	开关量	控制	联锁保护	报警	显示	
27	机械过滤器反洗水泵出口母管流量		√					√	
28	罗茨风机出口压力	√							
29	罗茨风机出口母管压力		√			√	低	√	
30	活性炭过滤器进口流量		√					√	
31	活性炭过滤器进口压力	√							
32	活性炭过滤器出口压力	√							
33	活性炭过滤器进出口差压		√			√	高	√	
34	反洗水泵出口压力	√							
35	反洗水泵出口母管流量		√		√			√	
36	超滤清洗溶液箱水温高			√					在就地柜内联锁
37	超滤清洗溶液箱水温低			√					在就地柜内联锁
38	超滤清洗溶液箱水位低			√					在就地柜内联锁
39	超滤清洗溶液箱水位	√							
40	超滤清洗溶液箱水温	√							
41	超滤清洗水泵出口压力	√							
42	超滤清洗过滤器出口压力	√							
43	超滤清洗过滤器出水流量	√							
44	超滤水箱水位	√	√			√	高/低/低低	√	
二	预除盐处理系统								
1	清水泵出口压力	√							
2	反渗透装置入口母管压力		√			√	低	√	
3	反渗透装置入口母管温度		√			√	高/高高	√	
4	反渗透装置入口母管浊度		√			√	高/高高	√	
5	反渗透装置入口母管 pH 值	√	√			√	高/高高 /低/低低	√	
6	反渗透装置入口母管余氯	√	√		√	√	高/高高	√	
7	反渗透装置入口母管电导率	√	√					√	
8	反渗透保安过滤器进水流量		√		√	√	高	√	
9	反渗透保安过滤器入口压力	√							
10	反渗透保安过滤器出口压力	√							
11	反渗透保安过滤器进出口差压		√				高	√	
12	反渗透高压泵入口压力低			√		√	低		
13	反渗透入口（高压泵出口）压力高			√		√	高		
14	反渗透高压泵出口压力	√							
15	反渗透装置每段入口压力	√	√					√	
16	反渗透装置产品水压力	√	√					√	

续表

序号	测点名称	就地指示	仪表类型/数量		功能				备注
			模拟量	开关量	控制	联锁保护	报警	显示	
17	反渗透装置产品水电导率	√	√			√	高	√	
18	反渗透装置产品水流量		√			√	高	√	
19	反渗透装置浓水电导率	√	√					√	
20	反渗透装置浓水流量		√			√	低	√	
21	反渗透装置浓水压力	√							
22	淡水箱水位	√	√			√	高/低/低低	√	
23	反渗透冲洗水泵出口压力	√							
24	反渗透冲洗水泵出口母管流量		√					√	
25	反渗透清洗溶液箱水温高			√					
26	反渗透清洗溶液箱水温低			√					
27	反渗透清洗溶液箱水位低			√					
28	反渗透清洗溶液箱水位	√							
29	反渗透清洗溶液箱水温	√							
30	反渗透清洗水泵出口压力	√							
31	反渗透清洗过滤器出口压力	√							
32	反渗透清洗过滤器出水流量	√							
三	深度除盐处理系统								
1	淡水泵出口压力	√							
2	淡水泵出口母管流量		√		√			√	
3	阳床出水流量		√					√	
4	阳床正/反洗水流量		√					√	
5	阳床进口压力	√							
6	阳床出口压力	√							
7	阳床出口钠值	√	√				高	√	
8	除碳风机出口压力	√							
9	除碳水箱水位	√	√			√	高/低	√	
10	中间水泵出口压力	√							
11	阴床出水流量		√					√	
12	阴床正/反洗水流量		√					√	
13	阴床进口压力	√							
14	阴床出口压力	√							
15	阴床出口电导率	√	√			√	高	√	
16	阴床出口硅值	√	√			√	高	√	
17	混床出水流量		√					√	
18	混床正/反洗水流量		√					√	
19	混床进口压力	√							

续表

序号	测 点 名 称	就地指示	仪表类型/数量		功 能				备 注
			模拟量	开关量	控制	联锁保护	报警	显示	
20	混床出口压力	√							
21	混床出口电导率	√	√			√	高	√	
22	混床出口硅值	√	√			√	高	√	
23	树脂清洗罐清洗水流量		√					√	
24	树脂清洗罐进水压力	√							
25	树脂清洗罐反洗水压力	√							
26	自用除盐水泵出口压力	√							
27	自用除盐水泵出口母管流量		√					√	
28	除盐水箱水位	√	√			√	高/低/低低	√	
29	除盐水泵出口压力		√					√	
30	除盐水流量		√					√	
31	除盐水 pH 值	√	√					√	
32	除盐水电导率	√	√					√	
33	除盐水硅值	√	√					√	
34	EDI 给水泵出口压力	√							
35	EDI 给水泵出口流量		√					√	
36	EDI 进水压力	√							
37	EDI 进水流量		√					√	
38	EDI 进水电导率	√	√				高	√	
39	EDI 进水 pH 值	√	√				低	√	
40	EDI 极水排放流量		√				低	√	
41	EDI 浓水压力	√							
42	EDI 浓水流量		√				低	√	
43	EDI 浓水电导率	√	√				高/低	√	
44	EDI 浓水循环泵入口压力	√		√			高		
45	EDI 浓水排放流量		√					√	
46	EDI 盐计量箱液位	√	√			√	高/低/低低	√	
47	EDI 盐计量泵出口压力	√							
48	EDI 产品水压力	√		√			高		
49	EDI 产品水流量		√					√	
50	EDI 产品水硅值	√	√					√	
51	EDI 产品水电导率	√	√					√	
四	树脂再生酸碱系统								
1	卸酸泵出口压力	√							
2	酸液储存槽液位	√	√				高/低	√	
3	酸液计量箱液位	√	√			√	高/低/低低	√	

续表

序号	测　点　名　称	就地指示	仪表类型/数量		功　能				备　注
			模拟量	开关量	控制	联锁保护	报警	显示	
4	酸喷射器进口除盐水流量		√					√	
5	酸喷射器出口酸浓度		√					√	
6	卸碱泵出口压力	√							
7	碱液储存槽液位	√	√				高/低	√	
8	碱液计量箱液位	√	√			√	高/低/低低	√	
9	碱喷射器进口除盐水流量		√					√	
10	碱喷射器出口碱浓度	√	√					√	
五	加药系统								
1	计量箱液位	√	√			√	高/低/低低	√	
2	计量泵出口压力	√							
六	再生废液处理系统								
1	废（中和）水池水位		√			√	高/低/低低	√	
2	废（中和）水泵出口压力	√							
3	废（中和）水泵出口 pH 值	√	√			√		√	
4	罗茨风机出口压力	√							
5	罗茨风机出口母管压力		√			√	低	√	
七	压缩空气系统								
1	压缩空气储存罐压力	√							
2	空气压缩机来压缩空气压力		√				低	√	
3	补给水车间压缩空气压力		√					√	
4	减压阀后空气压力	√							

三、再生水处理系统

1. 系统说明

（1）系统构成。再生水处理一般采用混凝—沉淀—过滤法或过滤—曝气生物滤池—浸没式超滤法。

1）混凝—沉淀—过滤法。再生水处理系统由混凝和沉淀、过滤、加药、压缩空气及自用水、污泥离心脱水系统五部分组成。

混凝和沉淀一般在机械加速澄清池中完成，由混合室、第二反应室、导流室和分离室组成。池体中心设有由叶轮和叶片组成的搅拌提升装置，大型澄清池的底部还设有刮泥机。过滤系统一般由空气擦洗滤池、罗茨风机、反冲洗水泵构成。加药系统由石灰筒仓、给料机、石灰乳搅拌箱、石灰乳辅助箱、各药剂储存罐、计量箱及加药泵组成。压缩空气及自用水系统由压缩空气储存罐、减压阀、清水池、自用水泵组成。污泥离心脱水系统由泥浆池、泥浆输送泵、离心脱水机、螺旋输送机组成。

2）过滤—曝气生物滤池—浸没式超滤法。再生水处理系统由过滤系统、曝气生物滤池系统、浸没式超滤系统、加药系统、压缩空气系统及自用水系统五部分组成。

过滤系统由膜格栅、膜格栅提升泵、高压冲洗水系统组成。曝气生物滤池系统由曝气生物滤池、罗茨风机组成。浸没式超滤系统由浸没式超滤、产品水/反冲洗泵、排空泵、污泥泵组成。加药系统由次氯酸钠储存罐、各加药计量箱及计量泵组成。压缩空气及自用水系统由压缩空气储存罐、减压阀、清水池、自用水泵组成。

（2）系统功能。再生水处理系统去除中水中的悬浮物和有机物，以便满足电厂锅炉补给水系统对于水源的要求。

1）混凝—沉淀—过滤法。再生水在机械加速澄清池中完成与药剂混合、混凝、水与泥渣分离，最终排出清水。过滤系统去除水中悬浮物。凝聚剂具有凝聚作用，使水中微小悬浮物和胶体结合成体积较大的絮凝体。助凝剂用于调整 pH 值（加入石灰碱化水）、氧化（加入氧化剂）、增大絮凝物密度。压缩空气及自用水系统为再生水处理系统提供稀释药剂及冲洗管道、设备、水池内污泥水源和气动阀操作用压缩空气。污泥离心脱水系统对泥浆进行收集、脱水处理并送至小车外运。

2）过滤—曝气生物滤池—浸没式超滤法。过滤系统可有效去除再生水中的毛发和纤维物，降低COD/BOD。曝气生物滤池系统可去除水中的有机物和悬浮物、氨氮、磷。浸没式超滤系统用于去除水中的微生物、胶体、藻类。压缩空气及自用水系统为再生水系统提供仪用压缩空气及冲洗水。

混凝—沉淀—过滤法再生水处理系统 P&ID 见图 4-75（见文后插页），过滤—曝气生物滤池—浸没式超滤法再生水处理系统 P&ID 见图 4-76（见文后插页）。

2. 设计输入

设计输入包括再生水处理系统图、系统设计说明、工艺参数及定值，机械加速澄清池、空气擦洗滤池、膜格栅、浸没式超滤系统等设备厂商资料。

3. 检测范围

检测范围包括机械加速澄清池、空气擦洗滤池、石灰筒仓、给料机、离心脱水机、膜格栅、曝气生物滤池、浸没式超滤、加药系统、各类水泵、水池，以及压缩空气系统的所有测量仪表，同时还应设置就地巡回检查所需的就地显示仪表。

4. 检测内容

（1）混凝—沉淀—过滤法的再生水处理检测。

1）混凝和沉淀系统。检测内容包括来水温度、压力、浊度，机械加速澄清池泥位、入口流量、出口浊度及 pH 值等。机械加速澄清池入口流量信号，用于控制澄清池入口阀门的开度，调节入水流量。

2）过滤系统。检测内容包括空气擦洗滤池液位，罗茨风机、反冲洗水泵出口的母管压力。

3）加药系统。检测内容包括药剂储存罐、计量箱液位模拟量，药剂输送泵及计量泵出口压力就地指示；石灰筒仓、石灰乳辅助箱料位液位模拟量、石灰乳加药泵出口压力就地指示。

4）压缩空气及自用水系统。检测内容包括压缩空气母管压力模拟量；清水池液位及自用水泵出口母管压力模拟量。

（2）过滤—曝气生物滤池—浸没式超滤法的再生水处理检测。

1）过滤系统。检测内容包括来水温度、压力、浊度，调节水池液位，膜格栅前后液位差等。膜格栅提升泵出口流量信号，用于控制膜格栅提升泵转速，调节膜格栅入水流量。

2）曝气生物滤池系统。检测内容包括曝气生物滤池液位、污泥浓度、溶氧量模拟量；膜池曝气风机出口母管流量、膜池提升泵出口模拟量。

3）浸没式超滤系统。检测内容包括浸没式超滤膜池液位、清水箱水位、清水泵出口母管流量、产品水/反冲洗泵出口浊度、各泵出口流量模拟量；产品水/反冲洗泵入口压力低开关量。

4）加药系统。检测内容包括次氯酸钠储存罐、药剂计量箱液位模拟量。

5）压缩空气及自用水系统。检测内容包括清水箱、自用水泵出口母管压力、压缩空气母管压力模拟量。

5. 检测项目及仪表配置清单（见表 4-47 和表 4-48）

表 4-47　　混凝—沉淀—过滤法再生水处理系统主要检测项目及仪表配置

序号	测点名称	就地指示	仪表类型/数量		功能				备注
			模拟量	开关量	控制	联锁保护	报警	显示	
1	再生水来水温度		√					√	
2	再生水来水压力		√					√	
3	再生水来水浊度		√			√	高/高高	√	
4	机械加速澄清池内泥位		√					√	
5	机械加速澄清池入口流量		√		√			√	
6	机械加速澄清池出口浊度		√				高	√	
7	机械加速澄清池出口 pH 值		√		√			√	
8	变孔隙滤池液位		√			√	高/低	√	

续表

序号	测点名称	就地指示	仪表类型/数量		功能				备注
			模拟量	开关量	控制	联锁保护	报警	显示	
9	变孔隙滤池出水母管浊度	√	√				高	√	
10	变孔隙滤出水母管 pH 值	√	√				高/低	√	
11	变孔隙滤池出水母管余氯	√	√				高	√	
12	变孔隙滤池出水母管氨氮	√	√		√		高	√	
13	反洗水泵出口压力	√	√			√	低	√	
14	擦洗风机出口母管压力		√		√	√	低	√	
15	擦洗风机出口压力	√							
16	石灰筒仓料位		√			√	高/低	√	
17	石灰乳辅助箱液位	√	√				高/低	√	
18	石灰乳加药泵出口压力	√							
19	凝聚剂储存罐液位	√	√			√	高/低	√	
20	凝聚剂输送泵出口压力	√							
21	凝聚剂计量箱液位	√	√			√	高/低	√	
22	凝聚剂计量泵出口压力	√							
23	助凝剂计量箱液位	√	√			√	高/低	√	
24	助凝剂计量泵出口压力	√							
25	硫酸储存罐液位	√	√			√	高/低	√	
26	硫酸输送泵出口压力	√							
27	硫酸计量箱液位	√	√			√	高/低	√	
28	硫酸计量泵出口压力	√							
29	杀菌剂计量箱液位	√	√			√	高/低	√	
30	杀菌剂计量泵出口压力	√							
31	压缩空气储存罐压力	√							
32	压缩空气加压阀后压力	√	√				高/低	√	
33	清水池液位		√			√	高/低	√	
34	自用水泵出口压力	√	√			√	低	√	
35	生水泵出口压力	√							
36	生水泵出口母管流量		√					√	
37	泥浆池液位		√			√	高/低	√	
38	泥浆输送泵出口压力	√							
39	至脱水机泥浆流量		√		√			√	

表 4-48　　过滤—曝气生物滤池—浸没式超滤法再生水处理系统主要检测项目及仪表配置

序号	测点名称	就地指示	仪表类型/数量		功能				备注
			模拟量	开关量	控制	联锁保护	报警	显示	
1	再生水来水温度		√					√	
2	再生水来水压力		√					√	
3	再生水来水浊度		√			√	高/高高	√	
4	调节池液位		√			√	高/低	√	
5	膜格栅提升泵出口压力	√							
6	膜格栅提升泵出口流量		√		√			√	
7	膜格栅前后液位差		√			√	高	√	
8	曝气生物滤池液位		√			√	高/低	√	
9	曝气生物滤池污泥浓度		√			√	高	√	
10	曝气生物滤池溶氧量	√	√			√	低	√	
11	膜池曝气风机	√							
12	膜池曝气风机出口母管流量		√			√	低	√	
13	膜池提升泵出口压力	√	√			√	低	√	
14	浸没式超滤膜池液位		√			√	高/低	√	
15	生物池曝气风机出口压力	√							
16	生物池曝气风机出口母管流量		√			√	低	√	
17	排空泵出口压力	√							
18	剩余污泥泵出口压力	√							
19	剩余污泥泵出口流量		√					√	
20	产品水/反冲洗泵出口压力	√							
21	产品水/反冲洗泵出口流量		√					√	
22	产品水/反冲洗泵出口浊度	√	√			√	高	√	
23	产品水/反冲洗泵入口压力	√							
24	产品水/反冲洗泵入口压力低			√		√	低		
25	清水箱水位		√			√	高/低	√	
26	清水泵出口压力	√							
27	清水泵出口母管压力		√			√	低	√	
28	清水泵出口母管流量		√					√	
29	压缩空气储存罐压力	√							
30	压缩空气加压阀后压力	√	√				高/低	√	
31	自用水泵出口压力	√							
32	自用水泵出口母管压力		√			√	低	√	

续表

序号	测点名称	就地指示	仪表类型/数量		功能				备注
			模拟量	开关量	控制	联锁保护	报警	显示	
33	次氯酸钠储存罐液位	√	√				高/低	√	
34	次氯酸钠计量泵出口压力	√							
35	PAC 计量箱液位	√	√				高/低	√	
36	PAC 计量泵出口压力	√							
37	柠檬酸计量箱液位	√	√				高/低	√	
38	柠檬酸计量泵出口压力	√							
39	还原次氯酸钠计量箱液位	√	√				高/低	√	
40	还原次氯酸钠计量泵出口压力	√							
41	中和柠檬酸计量箱液位	√	√				高/低	√	
42	中和柠檬酸计量泵出口压力	√							

四、凝结水精处理系统

1. 系统说明

（1）系统构成。凝结水精处理系统可供选择的工艺较多，主要分为微孔滤元过滤器+混床、前置阳床+混床、前置阳床+阴床+阳床、阳床+阴床（亚临界直接空冷机组）、粉末树脂覆盖过滤器+混床、混床（亚临界湿冷机组、亚临界间接空冷机组）、粉末树脂覆盖过滤器（亚临界直接空冷机组）、微孔滤元过滤器（高压或超高压机组）。

1）对于直流锅炉机组，凝结水精处理系统一般由过滤、除盐、树脂体外再生（仅混床系统有）、酸碱储存、压缩空气、废水池系统六部分组成。若采用微孔滤元过滤器，过滤系统由过滤器、反洗水泵组成。对于直接空冷机组，凝结水温度较高，宜采用粉末树脂覆盖过滤器或阳床作为过滤器，粉末树脂覆盖过滤器过滤系统由粉末树脂覆盖过滤器、铺膜箱、铺膜注射泵、铺膜辅助箱、铺膜泵、护膜泵组成。

2）混床除盐系统由高速混床、树脂捕捉器、再循环泵（用于循环正洗，内循环）、冲洗水泵组成。树脂体外再生系统由树脂分离罐、阴再生罐、阳再生罐、废水排放树脂捕捉器、罗茨风机、电热水箱、酸计量箱、碱计量箱组成。酸碱储存系统由酸液储存槽、卸酸泵、卸碱泵组成。压缩空气系统由压缩空气储存罐、减压阀组成。

（2）系统功能。凝结水精处理系统主要作用是去除凝结水中的金属腐蚀产物、微量盐分、泄漏入凝结水系统的冷却水（如凝汽器、闭式循环冷却水换热器的冷却水漏入）带入的悬浮物及盐分。此处仅介绍较为复杂的粉末树脂覆盖过滤器+混床系统和较多采用的微孔滤元过滤器+混床系统，对于采用阴阳床技术的，可参见锅炉补水处理系统中相关阴阳床的描述。

1）凝结水过滤系统用来过滤凝结水中的金属腐蚀产物和悬浮物。若采用阳床，兼有过滤除盐两种功能。粉末树脂覆盖过滤器兼有过滤除盐作用。粉末树脂覆盖过滤器若仅添加纤维粉末，仅有过滤功能；若添加纤维粉末和阴阳树脂，具有过滤和除盐两种功能。粉末树脂覆盖过滤器处于失效状态，则对过滤器进行曝膜和反洗，重新铺膜后投入运行。铺膜过程如下：先启动铺膜泵，用除盐水循环，然后启动铺膜注射泵将树脂注入粉末树脂覆盖过滤器铺膜，铺膜完成后，启动护膜泵，过滤器投运后停护膜泵，铺膜完成。过滤设备若采用微孔滤元过滤器，则仅有过滤功能。

2）混床除盐系统能有效去除凝结水中的离子，高速混床还兼有过滤作用。

3）树脂体外再生系统作用为分离阴、阳树脂；空气擦洗树脂除去金属腐蚀产物；再生清洗失效树脂。

4）酸碱储存系统储存酸碱，并为计量箱提供酸碱液。

5）压缩空气系统为微孔滤元过滤器气吹洗、混床树脂混合、树脂分离罐及阴阳再生罐树脂空气擦洗提供气源。

6）废水池系统的作用是收集凝结水精处理系统排放的废水，通过水泵送至机组排水槽。

微孔滤元过滤器的凝结水精处理过滤器混床系统 P&ID 见图 4-77，再生系统 P&ID 见图 4-78，粉末树脂覆盖过滤器系统 P&ID 见图 4-79。

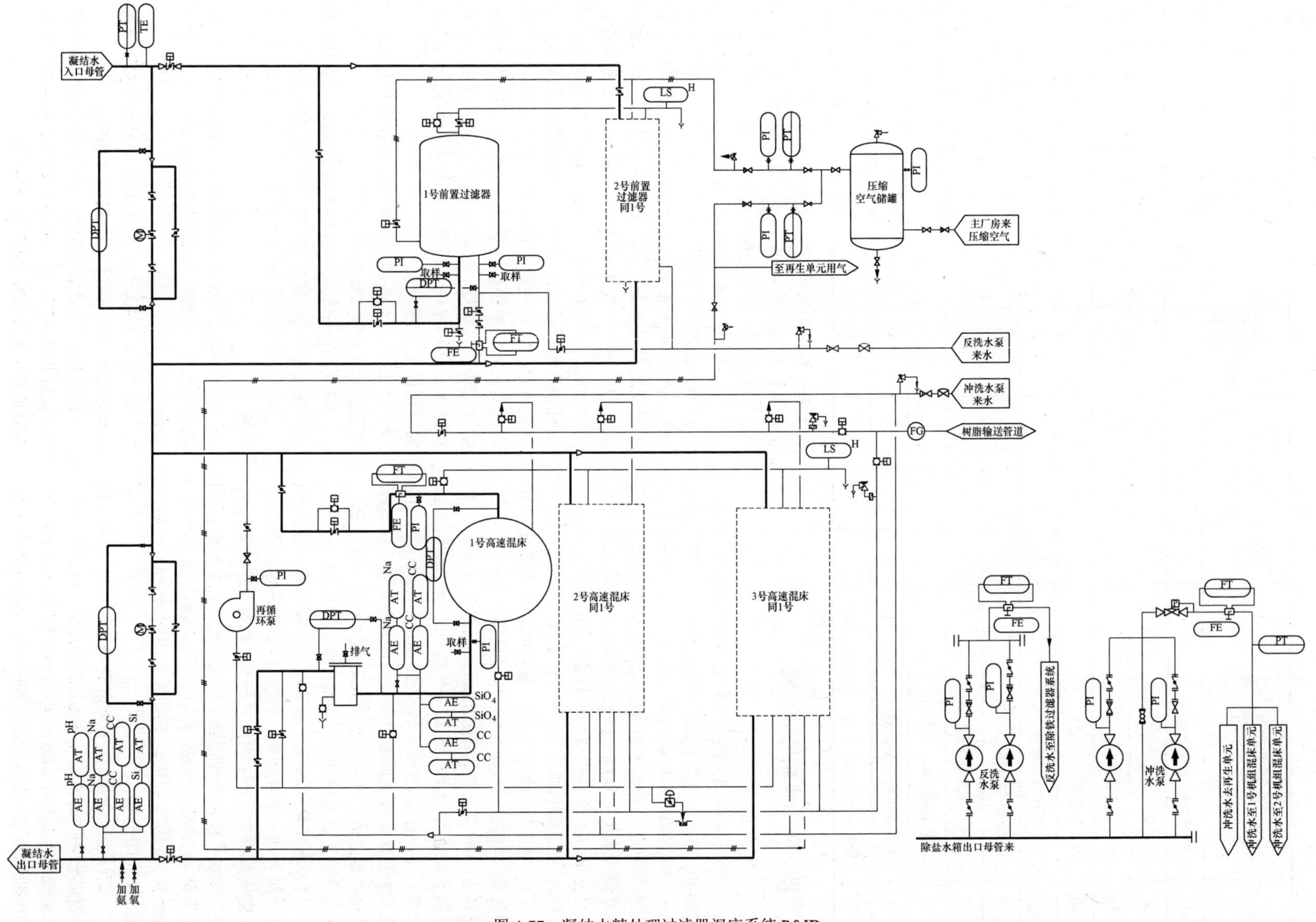

图 4-77 凝结水精处理过滤器混床系统 P&ID

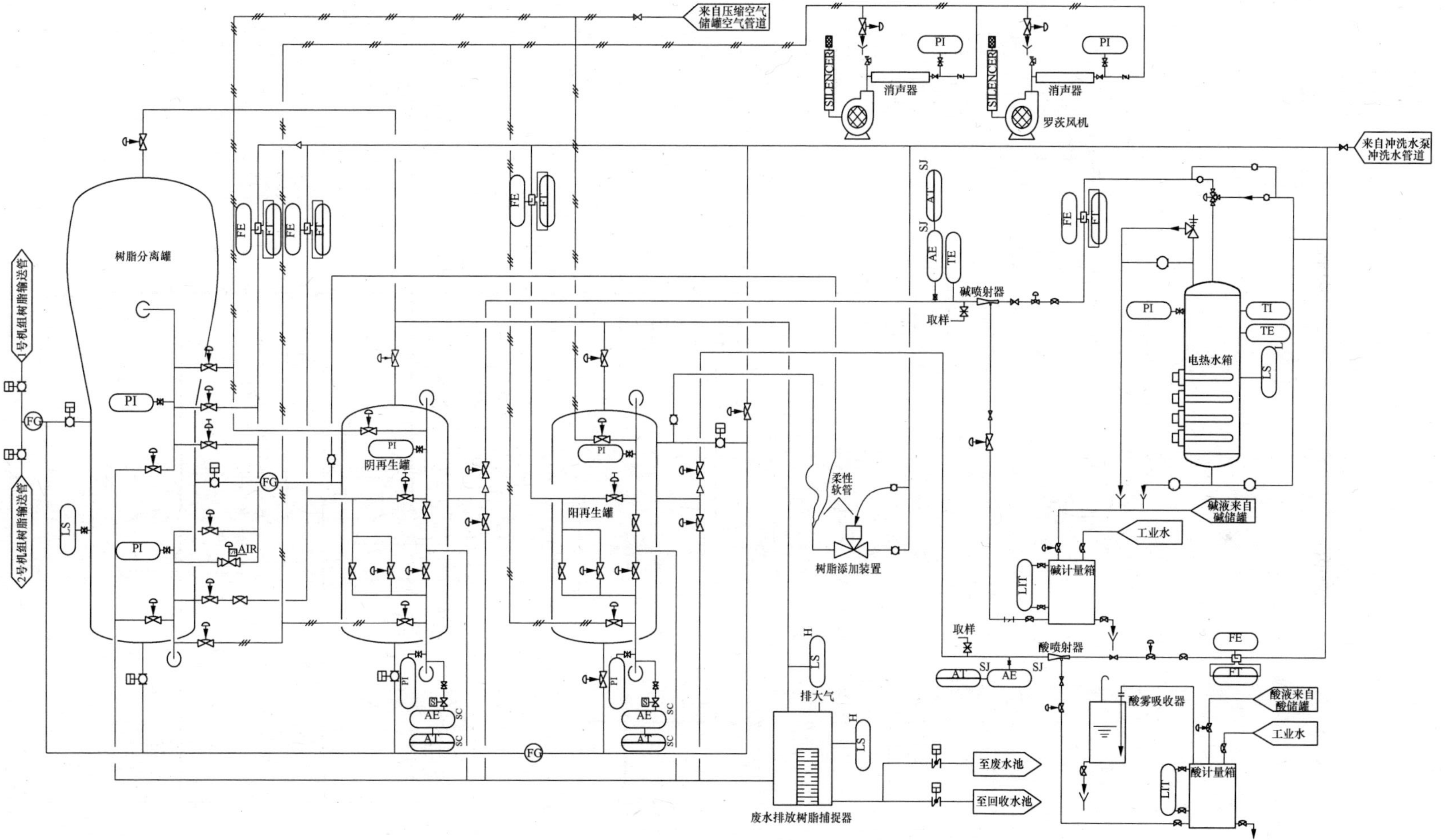

图 4-78　再生系统 P&ID

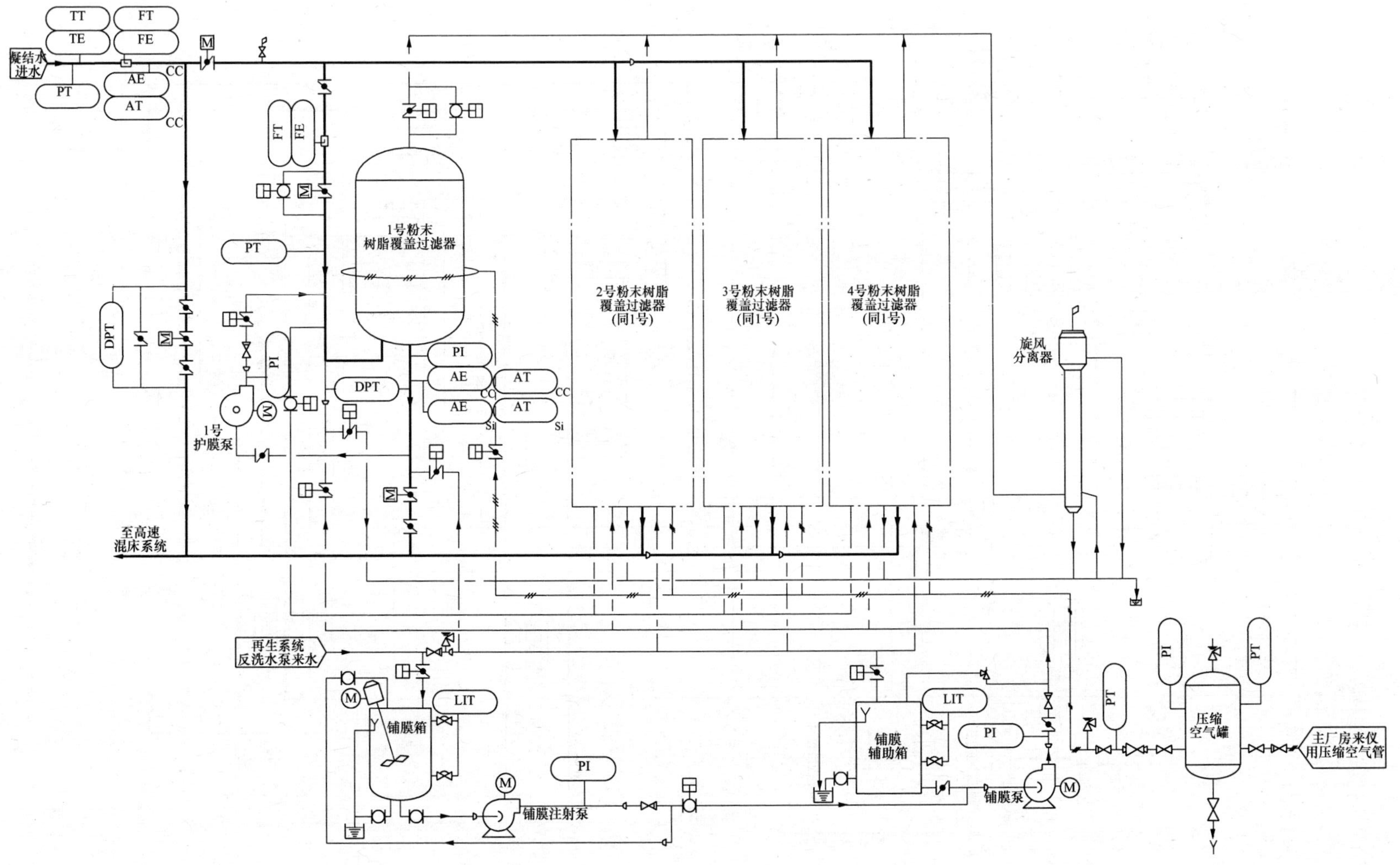

图 4-79　粉末树脂覆盖过滤器系统 P&ID

2. 设计输入

设计输入包括凝结水精处理系统图、系统设计说明、工艺参数及定值，过滤器、混床、高速混床、阴床、阳床、树脂捕捉器、树脂分离罐、阴再生罐、阳再生罐、废水排放树脂捕捉器、罗茨风机、电热水箱、酸计量箱、碱计量箱、酸液储存槽等设备厂商资料。

3. 检测范围

检测范围包括过滤、混床除盐、树脂体外再生、酸碱储存、压缩空气系统五部分的所有测量仪表，各单元设备本体检测；同时，还应设置就地巡回检查所需的就地显示仪表。

4. 检测内容

（1）过滤系统。检测内容包括进水母管压力、温度；过滤器进水流量、进出口压力；阳床、粉末树脂覆盖过滤器出口水分析参数；各阀门开度等。阳床、粉末树脂覆盖过滤器、微孔滤元过滤器进水流量用于控制整组设备旁路阀的开度。

（2）除盐系统。检测内容包括高速混床、阴床、阳床进水流量、进出口压力；高速混床、阴床、阳床出口水分析参数；铺膜箱、铺膜辅助箱液位等。高速混床、阴床、阳床进水流量用于控制整组设备旁路阀的开度。

（3）树脂体外再生系统。检测内容包括树脂分离罐冲洗水流量、分离罐液位；阴、阳树脂再生罐冲洗水流量、排水电导率；喷射器进水流量，酸浓度、碱浓度模拟量；热水箱压力、温度、液位；计量箱液位模拟量；碱喷射器出口温度用于调节热水箱三通阀的开度；树脂分离罐冲洗水流量用于调节反洗进水阀的开度。

（4）酸碱储存系统。检测内容包括储存槽液位模拟量。

（5）压缩空气系统。检测内容包括压缩空气母管压力模拟量。

（6）废水池系统。检测内容包括水位模拟量。

5. 检测项目及仪表配置清单（见表 4-49）

表 4-49　凝结水精处理系统主要检测项目及仪表配置

序号	测点名称	就地指示	信号类型		控制系统功能				备注
			模拟量	开关量	模拟量控制	开关量控制	报警	显示	
1	精处理入口母管温度		√			√	高/高高	√	
2	精处理入口母管压力		√					√	
3	微孔滤元过滤器进出口母管旁路阀差压		√			√	高	√	
4	微孔滤元过滤器入口压力	√	√					√	
5	微孔滤元过滤器出口压力	√	√			√	高	√	
6	微孔滤元过滤器入口流量		√		√			√	
7	微孔滤元过滤器组顶部排气水母管液位			√		√	高		
8	粉末树脂覆盖过滤器进出口母管旁路阀差压		√			√	高	√	
9	粉末树脂覆盖过滤器进口压力	√	√					√	
10	粉末树脂覆盖过滤器出口压力	√	√			√	高	√	
11	粉末树脂覆盖过滤器入口流量		√		√			√	
12	粉末树脂覆盖过滤器出口母管氢电导率	√	√			√	高	√	
13	粉末树脂覆盖过滤器出口母管硅值	√	√			√	高	√	
14	粉末树脂覆盖过滤器组顶部排气水母管液位			√		√	高		
15	再循环泵出口压力	√							
16	护膜泵出口压力	√							
17	铺膜箱液位	√	√			√	高/允许/低	√	
18	铺膜注射泵出口压力	√							
19	铺膜辅助箱液位	√	√			√	高/低	√	
20	铺膜泵出口压力	√							
21	阳床进出口母管旁路阀差压		√			√	高	√	
22	阳床排气母管液位			√		√	高		
23	阳床进口流量		√		√			√	

续表

序号	测 点 名 称	就地指示	信号类型		控制系统功能				备 注
			模拟量	开关量	模拟量控制	开关量控制	报警	显示	
24	阳床进口压力	√	√					√	
25	阳床出口压力	√	√			√	高	√	
26	阳床出口钠值	√	√			√	高	√	
27	阳床出口电导率	√	√					√	
28	阳床出口氢电导率	√	√			√	高	√	
29	高速混床进出口母管旁路阀差压		√			√	高	√	
30	高速混床排气母管液位			√		√	高		
31	高速混床进水流量		√		√			√	
32	高速混床进水压力	√	√					√	
33	高速混床出水压力	√	√			√	高	√	
34	高速混床出水钠值	√	√			√	高	√	
35	高速混床出水硅值	√	√			√	高	√	
36	高速混床出水电导率	√	√			√	高	√	
37	高速混床出水氢电导率	√	√			√	高	√	
38	再循环泵出口压力	√							
39	再循环泵出口流量		√				低	√	
40	树脂捕捉器前后差压		√				高	√	
41	阴床进出口母管旁路阀差压		√			√	高	√	
42	阴床排气母管液位			√		√	高		
43	阴床进口流量		√		√			√	
44	阴床进口压力	√	√					√	
45	阴床出口压力	√	√			√	高	√	
46	阴床出口硅值	√	√			√	高	√	
47	阴床出口电导率或氢电导率	√	√					√	
48	后置阳床进出口母管旁路阀差压		√			√	高	√	
49	后置阳床排气母管液位			√		√	高		
50	后置阳床进口流量		√		√			√	
51	后置阳床进口压力	√	√					√	
52	后置阳床出口压力	√	√			√	高	√	
53	后置阳床出口钠值	√	√			√	高	√	
54	后置阳床出口电导率	√	√			√	高	√	
55	精处理出水母管钠值	√	√				高	√	
56	精处理出水母管 pH 值	√	√				高	√	
57	精处理出水母管氢电导率	√	√				高	√	
58	精处理出水母管硅值	√	√				高	√	
59	精处理出水母管压力		√					√	
60	反洗水泵出口压力	√							
61	反洗水泵出口母管流量		√			√	低	√	
62	冲洗水泵出口压力	√							
63	冲洗水泵出口母管流量		√			√	低	√	
64	树脂分离罐冲洗水流量		√		√			√	
65	树脂分离塔上部压力	√							

续表

序号	测点名称	就地指示	信号类型		控制系统功能				备注
			模拟量	开关量	模拟量控制	开关量控制	报警	显示	
66	树脂分离塔下部压力	√							
67	树脂分离塔液位			√		√	低		
68	阴再生罐进口压力	√							
69	阴再生罐出口压力	√							
70	阴再生罐冲洗水流量		√					√	
71	阴再生罐排水电导率	√	√			√	低	√	
72	阳再生罐进口压力	√							
73	阳再生罐出口压力	√							
74	阳再生罐冲洗水流量		√					√	
75	阳再生罐排水电导率	√	√			√	低	√	
76	废水树脂捕捉器液位			√			高		
77	罗茨风机出口压力	√							
78	罗茨风机出口母管压力		√			√	低	√	
79	酸系统稀释水流量		√					√	
80	碱系统稀释水流量		√					√	
81	酸喷射器出口酸浓度	√	√					√	
82	碱喷射器出口碱浓度	√	√					√	
83	酸计量箱液位	√	√			√	高/低	√	
84	碱计量箱液位	√	√			√	高/低	√	
85	计量泵出口压力	√							
86	电热水箱液位	√		√		√	低		
87	电热水箱压力	√		√		√	高		
88	电热水箱温度	√	√			√	高/低	√	
89	碱喷射器出口温度		√		√			√	
90	高位盐酸储存槽液位	√	√			√	高/低	√	
91	高位碱液储存槽液位	√	√			√	高/低	√	
92	压缩空气储罐压力	√							
93	压缩空气减压阀后压力	√							
94	至各系统压缩空气母管压力		√				低	√	
95	废水池液位		√			√	高/低	√	
96	废水输送泵出口压力	√							

五、汽水取样及化学加药系统

1. 系统说明

（1）系统构成。汽水取样系统由取样管、高温架、低温仪表盘架、冷却水系统四部分组成。高温架由冷却器、仪表阀门、减压阀、过滤器、内部管路及框架组成。低温仪表盘架由恒温装置、仪表阀门、流量计、过滤器、离子交换柱、内部管路及框架组成。冷却水采用除盐水。

化学加药系统由药剂溶液箱、气瓶、计量泵、阀门及管路组成。

（2）系统功能。汽水取样系统的作用是满足热力系统水汽监督的要求，并为化学加药系统提供控制反馈信号。高温架冷却、减压高温高压的取样水，使取样水温度、压力能满足分析仪表的工作条件。低温仪表盘架将取样水冷却至25℃，盘架上安装分析仪表。

化学加药系统是通过向水中添加化学药剂，降低水质的腐蚀性，促进金属钝化，从而达到保护金属管的目的。汽水取样系统 P&ID 见图 4-80，化学加药系统 P&ID 见图 4-81。

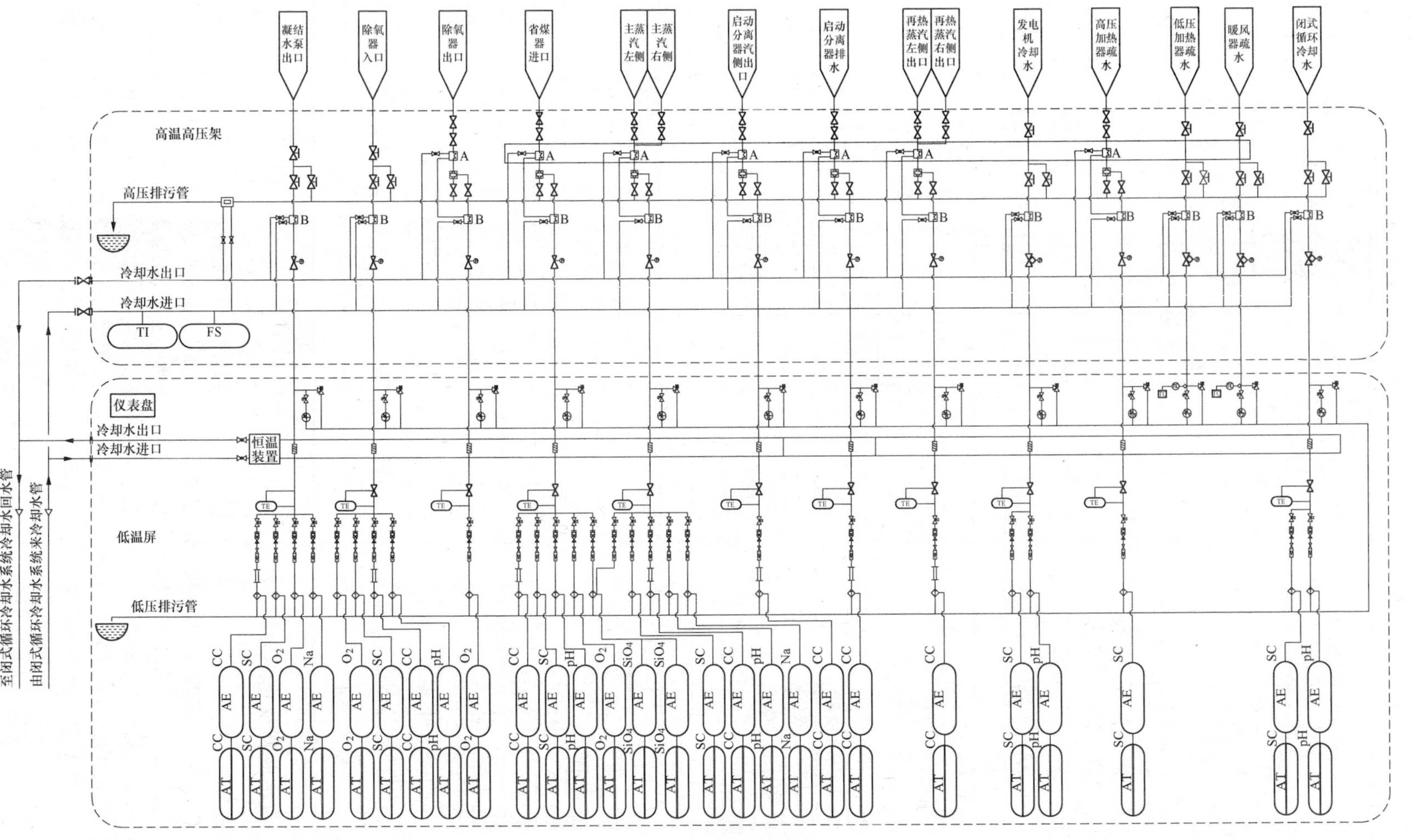

图 4-80 汽水取样系统 P&ID

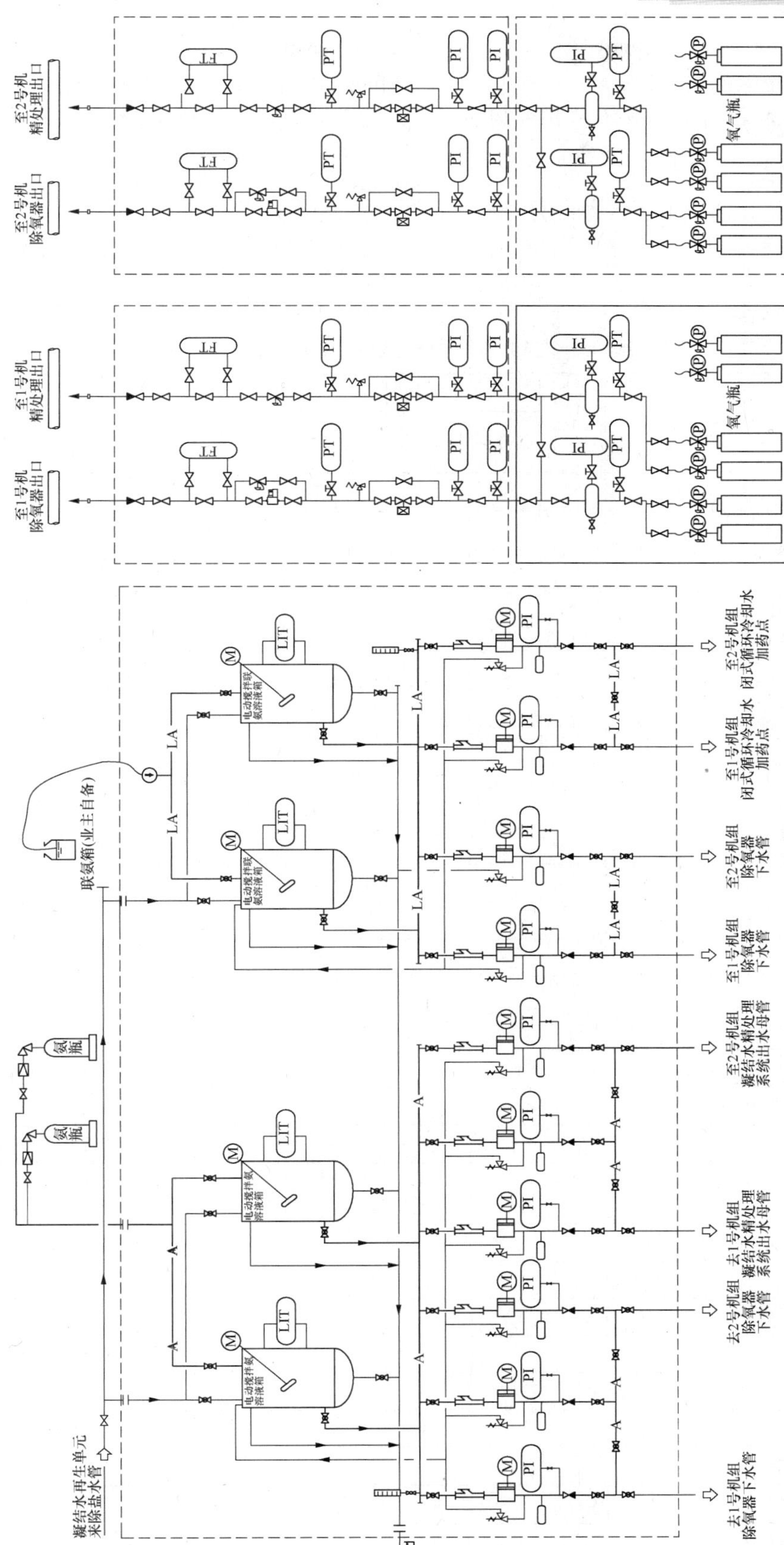

注：Ⓟ为气瓶出口减压阀压力表。

图 4-81　化学加药系统 P&ID

2. 设计输入

设计输入包括汽水取样系统图、化学加药系统图、系统设计说明、工艺参数及定值，汽水取样、化学加药设备厂商资料。

3. 检测范围

汽水取样系统检测范围包括热力系统的分析参数。化学加药系统检测范围包括药剂溶液箱及加药、加氧管路上的所有测量仪表；同时，还应设置就地巡回检查所需的就地显示仪表。

4. 检测内容

(1) 汽水取样系统检测。包括热力系统汽水监督所需全部分析参数，各路取样水超温、超压报警，冷却水断流等。加药点后的电导率信号，用于控制凝结水、给水系统加氨。加药点后的含氧量信号，用于控制凝结水、给水系统加氧。

(2) 化学加药系统检测。包括药剂溶液罐液位模拟量及加氧管路压力、流量模拟量。

5. 检测项目及仪表配置清单（见表 4-50 ~ 表 4-52）

表 4-50　汽包锅炉机组汽水取样系统检测项目及仪表配置

序号	测点名称	就地指示	仪表类型/数量		功能				备注
			模拟量	开关量	控制	联锁保护	报警	显示	
1	凝结水泵出口氢电导率		√					√	
2	凝结水泵出口含氧量		√					√	
3	除氧器入口电导率		√					√	仅亚临界机组
4	除氧器入口含氧量		√					√	仅亚临界机组加氧时设置
5	除氧器出口含氧量		√					√	
6	省煤器入口氢电导率		√					√	
7	省煤器入口电导率		√					√	
8	省煤器入口 pH 值		√					√	
9	省煤器入口含氧量		√					√	仅亚临界机组加氧时设置
10	汽包锅炉水左侧电导率		√					√	
11	汽包锅炉水左侧氢电导率		√					√	仅亚临界机组
12	汽包锅炉水左侧 pH 值		√					√	
13	汽包锅炉水左侧硅值		√					√	仅亚临界机组
14	汽包锅炉水右侧电导率		√					√	
15	汽包锅炉水右侧氢电导率		√					√	仅亚临界机组
16	汽包锅炉水右侧 pH 值		√					√	
17	汽包锅炉水右侧硅值		√					√	仅亚临界机组
18	炉水下降管氧量		√					√	仅亚临界机组加氧时设置
19	饱和蒸汽左侧氢电导率		√					√	
20	饱和蒸汽左侧钠值		√					√	仅亚临界机组
21	饱和蒸汽右侧氢电导率		√					√	
22	饱和蒸汽右侧钠值		√					√	仅亚临界机组
23	过热蒸汽左侧氢电导率		√					√	
24	过热蒸汽左侧硅值		√					√	仅亚临界机组
25	过热蒸汽右侧氢电导率		√					√	
26	过热蒸汽右侧硅值		√					√	仅亚临界机组
27	再热蒸汽左侧氢电导率		√					√	仅亚临界机组

续表

序号	测点名称	就地指示	仪表类型/数量		功能				备注
			模拟量	开关量	控制	联锁保护	报警	显示	
28	再热蒸汽右侧氢电导率		√					√	仅亚临界机组
29	闭式循环冷却水电导率		√					√	仅亚临界机组
30	闭式循环冷却水 pH 值		√					√	仅亚临界机组
31	发电机内冷水电导率		√					√	
32	发电机内冷水 pH 值		√					√	仅亚临界机组
33	间接空冷循环冷却水电导率		√					√	仅亚临界机组
34	间接空冷循环冷却水 pH 值		√					√	仅亚临界机组
35	生产回水氢电导率		√					√	
36	凝汽器检漏		√					√	仅湿冷机组
37	各路样水温度	√		√		√	高		
38	各路样水压力	√		√		√	高		
39	冷却水流量			√		√	低		

表 4-51　直流锅炉机组汽水取样系统检测项目及仪表配置

序号	测点名称	就地指示	仪表类型/数量		功能				备注
			模拟量	开关量	控制	联锁保护	报警	显示	
1	凝结水泵出口氢电导率		√					√	
2	凝结水泵出口含氧量		√					√	
3	凝结水泵出口钠值		√					√	空冷机组不设
4	除氧器入口电导率		√					√	
5	除氧器入口含氧量		√					√	
6	除氧器出口含氧量		√					√	
7	省煤器入口氢电导率		√					√	
8	省煤器入口电导率		√					√	
9	省煤器入口 pH 值		√					√	
10	省煤器入口含氧量		√					√	
11	省煤器入口硅值		√					√	
12	主蒸汽左侧氢电导率		√					√	
13	主蒸汽左侧钠值		√					√	
14	主蒸汽左侧硅值		√					√	
15	再热蒸汽左侧氢电导率		√					√	
16	再热蒸汽右侧氢电导率		√					√	
17	启动分离器汽侧出口氢电导率		√					√	
18	高压加热器疏水氢电导率		√					√	
19	暖风器疏水氢电导率		√					√	
20	热网加热器疏水氢电导率		√					√	
21	闭式循环冷却水电导率		√					√	

续表

序号	测点名称	就地指示	仪表类型/数量		功能				备注
			模拟量	开关量	控制	联锁保护	报警	显示	
22	闭式循环冷却水 pH 值		√					√	
23	发电机内冷水电导率		√					√	
24	发电机内冷水 pH 值		√					√	
25	间接空冷循环冷却水电导率		√					√	仅间接空冷机组
26	间接空冷循环冷却水 pH 值		√					√	仅间接空冷机组
27	凝汽器检漏		√					√	仅湿冷机组
28	各路样水温度	√		√		√	高		
29	各路样水压力	√		√		√	高		
30	冷却水流量			√		√	低		

表 4-52　化学加药系统检测项目及仪表配置

序号	测点名称	就地指示	仪表类型/数量		功能				备注
			模拟量	开关量	控制	联锁保护	报警	显示	
1	溶液箱液位	√	√			√	高/低	√	
2	计量泵出口压力	√							
3	氧气瓶组出口母管压力	√	√				低	√	
4	氧气减压阀前压力	√							
5	氧气减压阀后压力	√	√				高/低	√	
6	氧气流量		√					√	

六、工业废水及生活污水处理系统

1. 系统说明

(1) 系统构成。工业废水处理系统一般由废水调节提升系统、澄清装置、气浮除油装置、过滤装置、污泥处理系统、加药系统六部分组成。

电厂生活污水处理系统因产水用途不同而采用不同的处理流程，如果处理后作为脱硫系统工艺用水、循环水系统补水、绿化、喷洒或杂用水等，则系统流程较复杂，本节以此用途介绍其流程。其他处理要求不高的系统，在此基础上简化即可。生活污水处理系统由一级处理系统、二级处理系统及污泥稳定处理系统组成。

(2) 系统功能。

1) 工业废水处理系统。电厂工业废水主要来源是地面冲洗水（输煤栈桥冲洗水除外）、化学水处理系统高悬浮物排水（低盐）、轴承冷却无压排水、定期排污冷却水、变压器油坑及油库区含油废水。工业废水处理系统是接纳、调节和处理电厂的工业废水，满足电厂回用水要求。废水调节提升系统用于收集、调节、提升工业废水。澄清池具有混凝和沉淀两种作用。含油废水通过气浮除油装置去除浮油。过滤装置的作用是水通过滤料去除其中的悬浮物。污泥浓缩池通过重力沉降作用降低污泥含水率、减少污泥体积。经过浓缩后的泥浆进入带式脱水机或离心脱水机作进一步脱水，形成泥饼外运。为提高絮凝效果，工业废水处理系统在澄清池和脱水机入口设置混凝剂加药装置、助凝剂加药装置用于储存药剂溶液、控制加药量。

2) 生活污水处理系统。生活污水处理系统主要是处理电厂人员生活污水（包括洗涤水、粪便水等）。一级处理系统也称预处理系统，用于去除生活污水中较大的悬浮物。二级处理系统用于去除生活污水中的胶体和可溶解有机物，其处理方法是创造有利于微生物的生长环境，利用微生物分解有机物，再经过沉淀、过滤、加氯片消毒后经清水池内的水泵送至电厂用水点。采用厌氧消化或好氧消化污泥，以便降低污泥中的有机物。厌氧消化是在厌氧微生物的作用下将污泥中的有机物转换成甲烷、二氧化碳、氨、硫化氢等。好氧消化是在好氧微生物的作用下将污泥中的有机物转换成二氧化碳、氨、水、氢气等。

工业废水处理系统 P&ID 见图 4-82，生活污水处理系统 P&ID 见图 4-83。

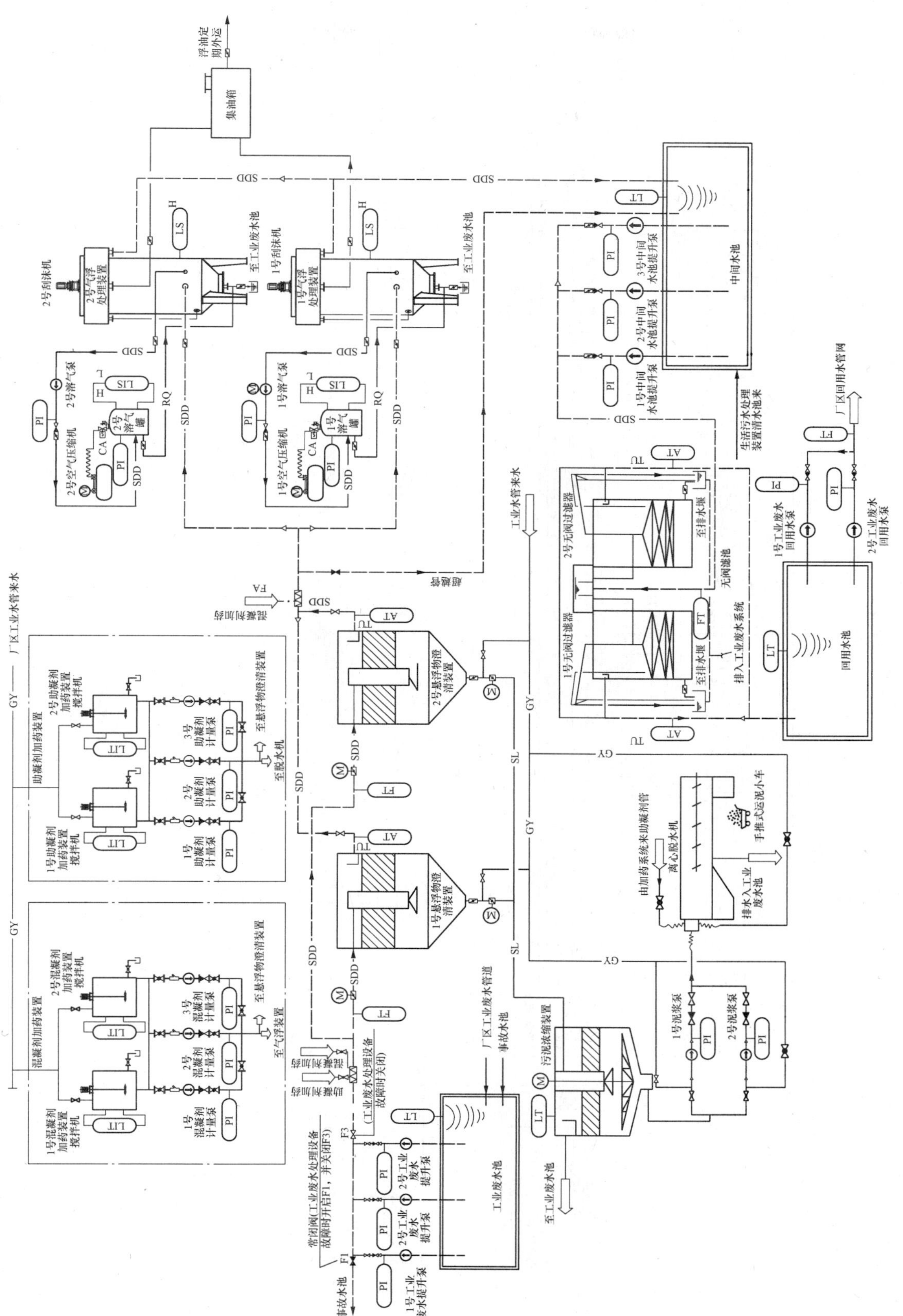

图 4-82　工业废水处理系统 P&ID

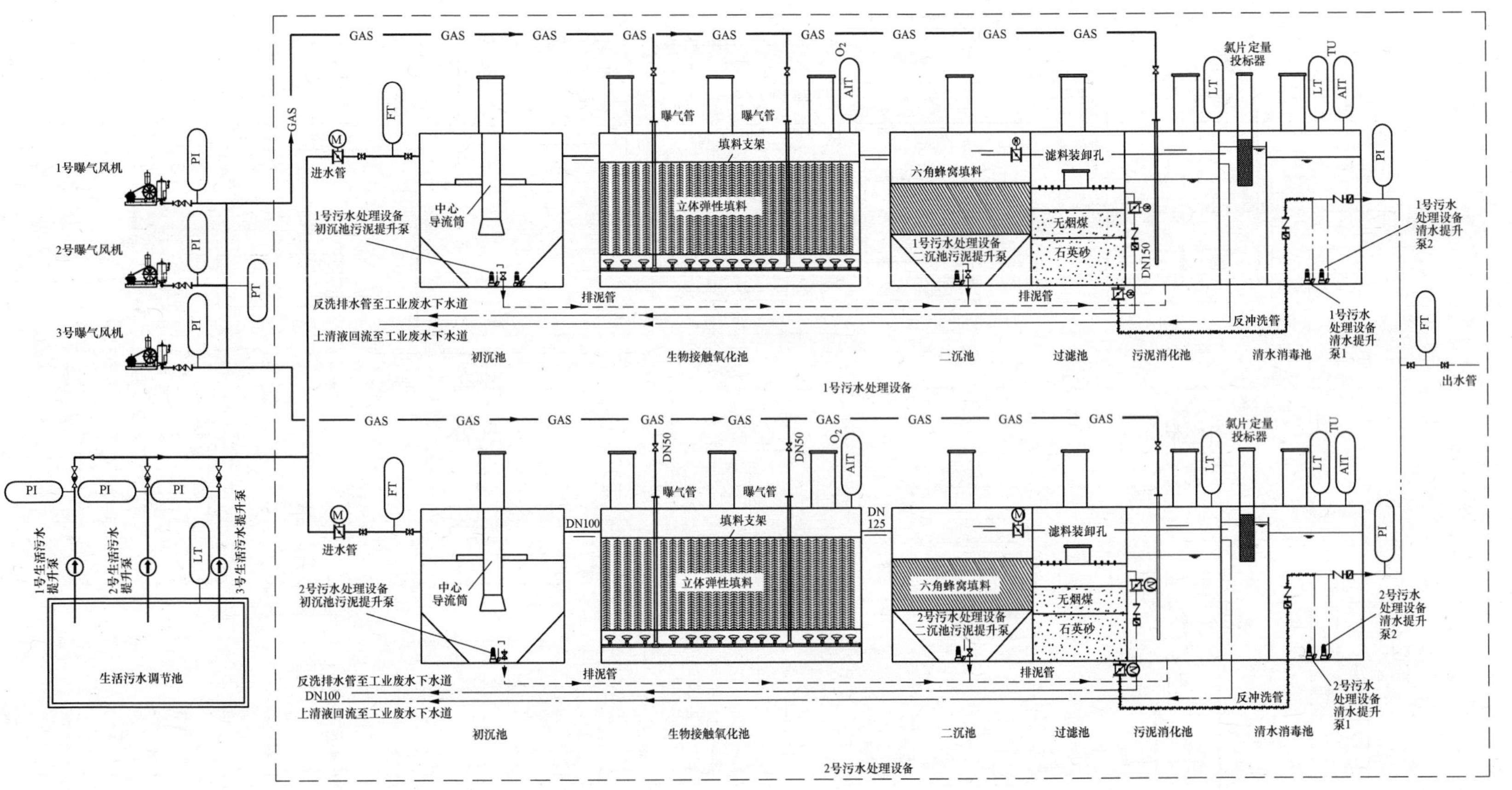

图 4-83　生活污水处理系统 P&ID

2. 设计输入

设计输入包括工业废水处理系统图、生活污水处理系统图、系统设计说明、工艺参数及定值，初沉池、生物接触氧化池、曝气风机、二沉池、过滤池、消毒池、清水池、污泥消化池、澄清池、气浮除油装置、重力式无阀滤池、污泥浓缩池、泥浆泵、脱水机、计量箱、计量泵等设备厂商资料。

3. 检测范围

检测范围包括初沉池、生物接触氧化池、曝气风机、二沉池、过滤池、消毒池、清水池、污泥消化池、澄清池、气浮除油装置、重力式无阀滤池、污泥浓缩池、泥浆泵、脱水机、加药系统、各类水泵、水池的所有测量仪表；同时，还应设置就地巡回检查所需的就地显示仪表。

4. 检测内容

（1）工业废水处理系统检测。

1）废水调节提升系统检测内容包括工业废水池液位、澄清池进水流量、澄清池出水浊度。

2）气浮除油装置检测内容包括溶气罐液位就地指示及溶气罐液位高、低开关量。

3）过滤装置检测内容包括中间水池、回用水池液位模拟量；重力式无阀滤池出口浊度、进口流量模拟量；回用水泵出口母管流量模拟量。

4）污泥处理系统检测内容包括污泥浓缩池泥位模拟量。

5）加药系统检测内容包括计量箱液位模拟量、计量泵出口压力就地指示。

（2）生活污水处理系统检测。

1）生活污水调节池液位、初沉池入水流量模拟量。

2）生物接触氧化池溶氧、风机出口母管压力、清水池浊度、清水池液位、消毒池液位、清水池出口母管流量模拟量。

3）污泥稳定处理系统检测内容包括污泥消化池泥位模拟量。

5. 检测项目及仪表配置清单（见表4-53和表4-54）

表4-53　　工业废水处理系统主要检测项目及仪表配置

序号	测点名称	就地指示	仪表类型/数量		功能				备注
			模拟量	开关量	控制	联锁保护	报警	显示	
1	工业废水池液位		√			√	高/低	√	
2	工业废水提升泵出口压力	√							
3	澄清池进水流量	√	√		√	√	低	√	
4	澄清池出水浊度	√	√				高	√	
5	溶气罐液位	√		√		√	高/低		
6	中间水池液位		√			√	高/低	√	
7	中间水池提升泵出口压力	√							
8	重力式无阀滤池入口流量	√	√			√	低	√	
9	重力式无阀滤池出口浊度	√	√		√		高	√	
10	回用水池液位		√			√	高/低	√	
11	工业废水回用水泵出口压力	√							
12	回用水泵出口母管流量	√	√			√	低	√	
13	污泥浓缩池泥位	√	√			√	高	√	
14	凝聚剂计量箱液位	√	√			√	高/低	√	
15	凝聚剂计量泵出口压力	√							
16	助凝聚剂计量箱液位	√	√			√	高/低	√	
17	助凝聚剂计量泵出口压力	√							

表 4-54　　生活污水处理系统主要检测项目及仪表配置

序号	测点名称	就地指示	仪表类型/数量		功能				备注
			模拟量	开关量	控制	联锁保护	报警	显示	
1	生活污水调节池液位		√			√	高/低	√	
2	生活污水提升泵出口压力	√							
3	曝气风机出口压力	√							
4	曝气风机出口母管压力		√			√	低	√	
5	初沉池入水流量	√	√			√	低	√	
6	生物接触氧化池溶氧	√	√			√	低	√	
7	污泥消化池泥位		√			√	高	√	
8	清水池液位		√			√	高/低	√	
9	清水池浊度	√	√				高	√	
10	清水提升泵出口压力	√							

七、制氢系统

1. 系统说明

（1）系统构成。电厂一般采用电解制氢装置为发电厂氢冷发电机提供氢气。制氢系统一般由电解装置、气体纯化系统、冷却水系统、补给水系统、碱液供应系统、氢气分配储存系统、压缩空气系统七部分组成。

（2）系统功能。电解槽一般采用中压电解槽，在此压力下运行，可降低电解液中气体的含量，降低电解液电阻。电解槽由若干个电解室串联而成。每个电解室又分隔为氢侧（阴极）和氧侧（阳极），电解产生的氢气和氧气汇总经氢气总管和氧气总管分别引出。

气体纯化系统是将电解槽制出的氢气进行脱电解液、脱水、干燥处理，回收制出氧气中的电解液。

经过处理后的氢气通过氢气分配装置送至氢气储存罐，依次充满每个储存罐。通过开启氢气分配装置上的阀门从单个氢气储存罐供给主厂房相应机组所需的氢气。

冷却水系统是为氢气分离器、氢气冷却器、整流柜提供冷却水。补给水系统是为氢气洗涤器、碱液箱提供补水水源。压缩空气系统是为气动门提供操作气源。

制氢系统 P&ID 见图 4-84。

2. 设计输入

设计输入包括制氢系统图、系统设计说明、工艺参数及定值，电解槽、补水箱、碱液箱、冷却水箱、换热器、分离器、氢气洗涤器、汽水分离器、氢气干燥器、氢气冷却器、氢气分配装置、氢气储存罐、压缩空气储存罐设备厂商资料。

3. 检测范围

检测范围包括各水箱、碱液箱、换热器、氢分离器、氧分离器、氢气洗涤器、干燥装置、氢气分配装置、气体储存罐及各管路上的所有测量仪表；同时，还应设置就地巡回检查所需的就地显示仪表。

4. 检测内容

（1）电解装置检测。包括电解槽温度模拟量、电解槽温度就地指示。

（2）气体纯化系统检测。包括氢分离器和氧分离器液位、氧分离器压力、粗氢氢中氧分析、粗氧氧中氢分析、干燥器温度、干燥器后氢气露点温度、纯度等模拟量；粗氢压力高、氧分离器出口氧压力高开关量；氢分离器和氧分离器本体气侧温度、氢气洗涤器液位、氢气洗涤器出口氢温度和压力、氢气过滤器后压力等就地指示。

（3）冷却水系统检测。包括冷却水箱液位模拟量，冷却水箱液位、换热器出入口温度，冷却水泵出口母管压力低开关量。

（4）补给水系统检测。包括补水箱液位模拟量、补水箱液位。

（5）碱液供应系统检测。包括碱液箱液位、电解槽补充碱液流量模拟量、碱液箱液位。

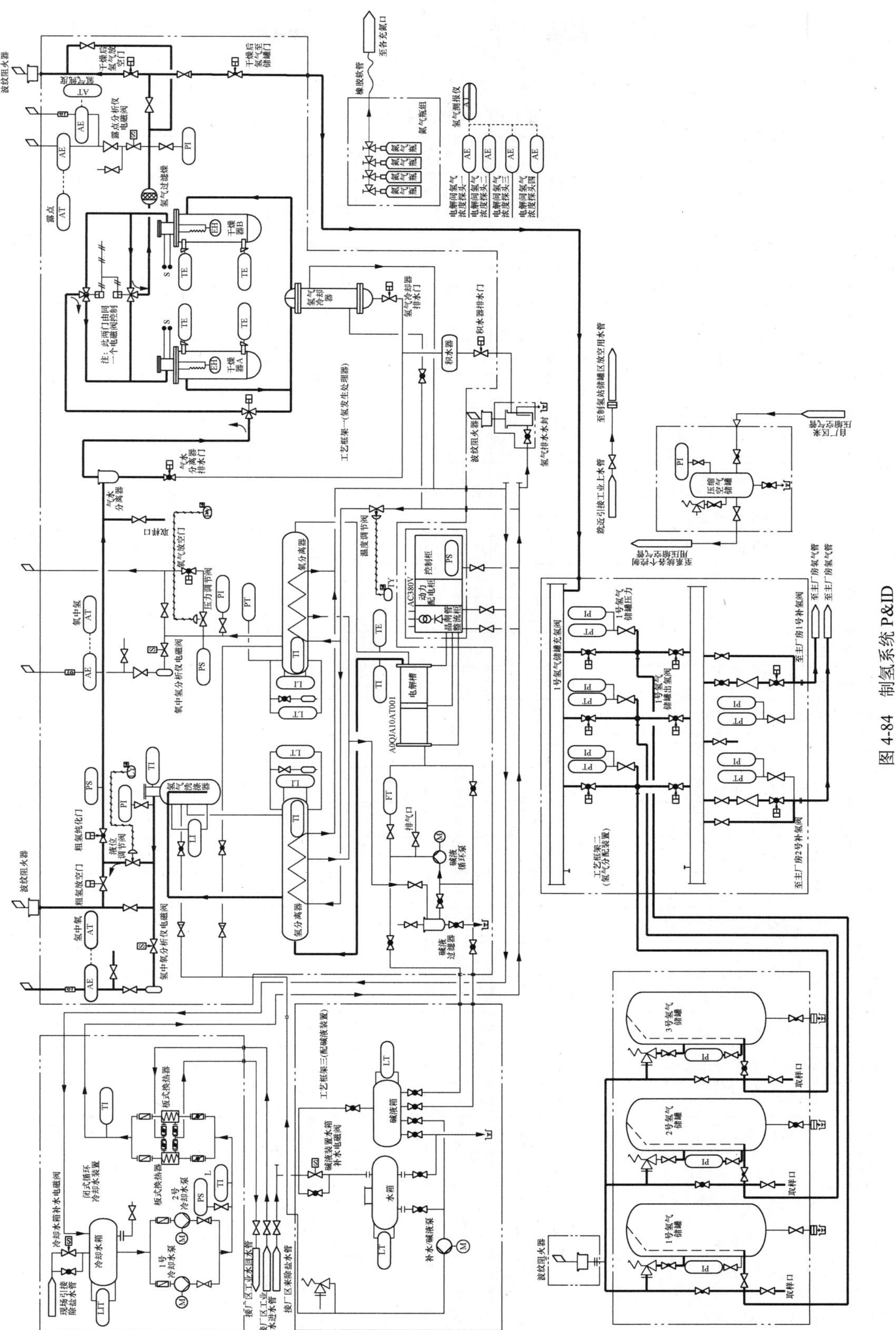

图 4-84　制氢系统 P&ID

（6）氢气分配储存系统检测。检测内容包括各储存罐充氢或出氢压力、至各机组补氢阀后压力模拟量，各储存罐充氢或出氢压力、至各机组补氢阀后压力、氢气储存罐压力就地指示，电解间氢气泄漏开关量。

5. 检测项目及仪表配置清单（见表 4-55）

表 4-55　　制氢系统主要检测项目及仪表配置

序号	测点名称	就地指示	仪表类型/数量		功能				备注
			模拟量	开关量	控制	联锁保护	报警	显示	
1	电解槽氧管温度	√	√		√	√	高/高高	√	
2	氧分离器液位	√	√			√	高/低	√	
3	氧分离器本体温度	√							
4	氧分离器压力	√	√		√	√	高	√	
5	氧分离器压力			√		√	高		
6	氢分离器液位	√	√		√		氢氧分离器液位偏差大	√	
7	氢分离器本体温度	√							
8	氢气洗涤器液位	√							
9	氢气洗涤器温度	√							
10	氢气洗涤器压力	√							
11	氢中氧分析	√	√			√	高	√	
12	粗氢压力			√		√	高		
13	氧中氢分析	√	√				高	√	
14	干燥器 A 下部温度		√			√	高/低	√	
15	干燥器 A 上部温度		√			√	高/低	√	
16	干燥器 B 下部温度		√			√	高/低	√	
17	干燥器 B 上部温度		√			√	高/低	√	
18	氢露点温度分析	√	√			√	高	√	
19	氢纯度分析	√	√			√	低	√	
20	氢气过滤器出口压力	√							
21	补水箱水位	√	√			√	高/低	√	
22	补水/碱液泵出口压力	√							
23	碱液箱水位	√	√				高/低	√	
24	碱液循环泵出口压力	√	√				高	√	
25	碱液循环流量	√	√			√	低	√	
26	冷却水箱液位	√	√			√	高/低	√	
27	冷却水泵出口压力	√							
28	冷却水泵出口母管压力			√		√	低		
29	换热器入口温度	√							
30	换热器出口温度	√							
31	氢气储存罐充/放氢压力	√	√			√	高/低	√	每个储存罐均设置，启停充/放氢

续表

序号	测点名称	就地指示	仪表类型/数量		功能				备注
			模拟量	开关量	控制	联锁保护	报警	显示	
32	氢气储存罐压力	√							每个储存罐均设置
33	至主厂房补氢压力	√	√			√	低	√	每台机组均设置，切换至另一个氢气储存罐充氢
34	压缩空气储存罐压力	√							
35	室内氢气浓度探头			√		√	高		一般除冷却水集装外，其他集装上方均设置一个探头

八、制氯系统

1. 系统说明

（1）系统构成。次氯酸钠是一种高效、广谱、安全的杀菌剂，在水处理系统中广泛应用。电厂一般采用电解制氯装置制造次氯酸钠稀溶液加入循环水系统，以抑制微生物及有机物生长形成泥垢。沿海电厂因地取材，多采用海水作为电解原料，内陆电厂采用工业盐作为原料。

本节仅介绍以海水为原料制造次氯酸钠工艺的检测和报警设计。以工业盐为原料的制氯系统，只是增加了稀盐水配置工艺（溶盐罐中工业盐饱和溶液经过滤器过滤后，在加入除盐水的喷射器中稀释，制作成稀盐水储存在稀盐水溶液罐），其他与海水制氯系统均相同。海水制氯系统一般由海水供应系统、次氯酸钠电解系统、储存和投加系统、闭式循环冷却水系统、酸洗系统五部分组成。

（2）系统功能。海水供应系统是将海水中的较大颗粒杂质通过海水预处理器滤除，经过自动反冲洗过滤器去除海水中的较小颗粒杂质，再将去除颗粒物后的海水升压送至次氯酸钠发生器内进行反应。

次氯酸钠发生器的作用是将氯化钠（NaCl）稀溶液在次氯酸钠发生器中生成次氯酸钠稀溶液及氢气。

储存和投加系统是将次氯酸钠发生器电解后的次氯酸钠稀溶液及氢气引入次氯酸钠储存箱，储存箱上部的氢气经排氢风机送入的空气稀释、加压后迅速排入大气中。投药泵将次氯酸钠稀溶液注入各加药水点。

闭式循环冷却水系统用于冷却整流器。闭式循环冷却水系统的热量由热交换器通过海水带走。酸洗系统去除次氯酸钠发生器内形成的钙、镁沉积物，以免增加能耗，损坏极板。

制氯系统 P&ID 见图 4-85。

2. 设计输入

设计输入包括制氯系统图、系统设计说明、系统工艺参数及定值，海水预过滤器、海水泵、自动反冲洗过滤器、次氯酸钠发生器、次氯酸钠储存箱、排氢风机、次氯酸钠投药泵、闭式循环冷却水箱、闭式循环冷却水泵、闭式循环冷却水换热器、冷却水升压泵，以及酸洗系统浓酸箱、浓酸泵、酸洗箱、酸洗泵设备厂商资料。

3. 检测范围

检测范围包括各水箱、酸洗箱、换热器、过滤器、次氯酸钠发生器、次氯酸钠储存罐、泵、风机及各管路上的所有测量仪表；同时，还应设置就地巡回检查所需的就地显示仪表。

4. 检测内容

（1）海水供应系统检测。包括海水泵出口母管压力、次氯酸钠发生器进电解液母管压力模拟量、各过滤器进出口差压开关量。

（2）次氯酸钠发生器检测。检测内容包括发生器进口电解液流量、发生器压力及发生器进口、出口温度模拟量；发生器进口、出口温度就地指示。

（3）储存和投加系统检测。包括次氯酸钠储存箱液位、各加药点加次氯酸钠流量模拟量，次氯酸钠储存箱液位，排氢风机出口母管压力低开关量。

（4）闭式循环冷却水系统检测。包括闭式循环冷却水箱液位、冷却水升压泵出口母管压力、闭式循环冷却水泵出口母管压力模拟量。

（5）酸洗系统检测。包括浓酸箱液位、酸洗箱液位模拟量。

5. 检测项目及仪表配置清单（见表 4-56）

九、制氮系统

1. 系统说明

（1）系统构成。作为危险气体置换气体，氮气具有获得容易，成本低廉的优点，广泛应用于电厂储煤筒仓、燃气轮机惰化及危险气体置换。电厂一般采用变压吸附原理制氮。变压吸附制氮系统一般由空气处理系统（包括空气储存罐等设备）、制氮装置（包括氮气发生器等设备）、氮气储存系统三部分组成。

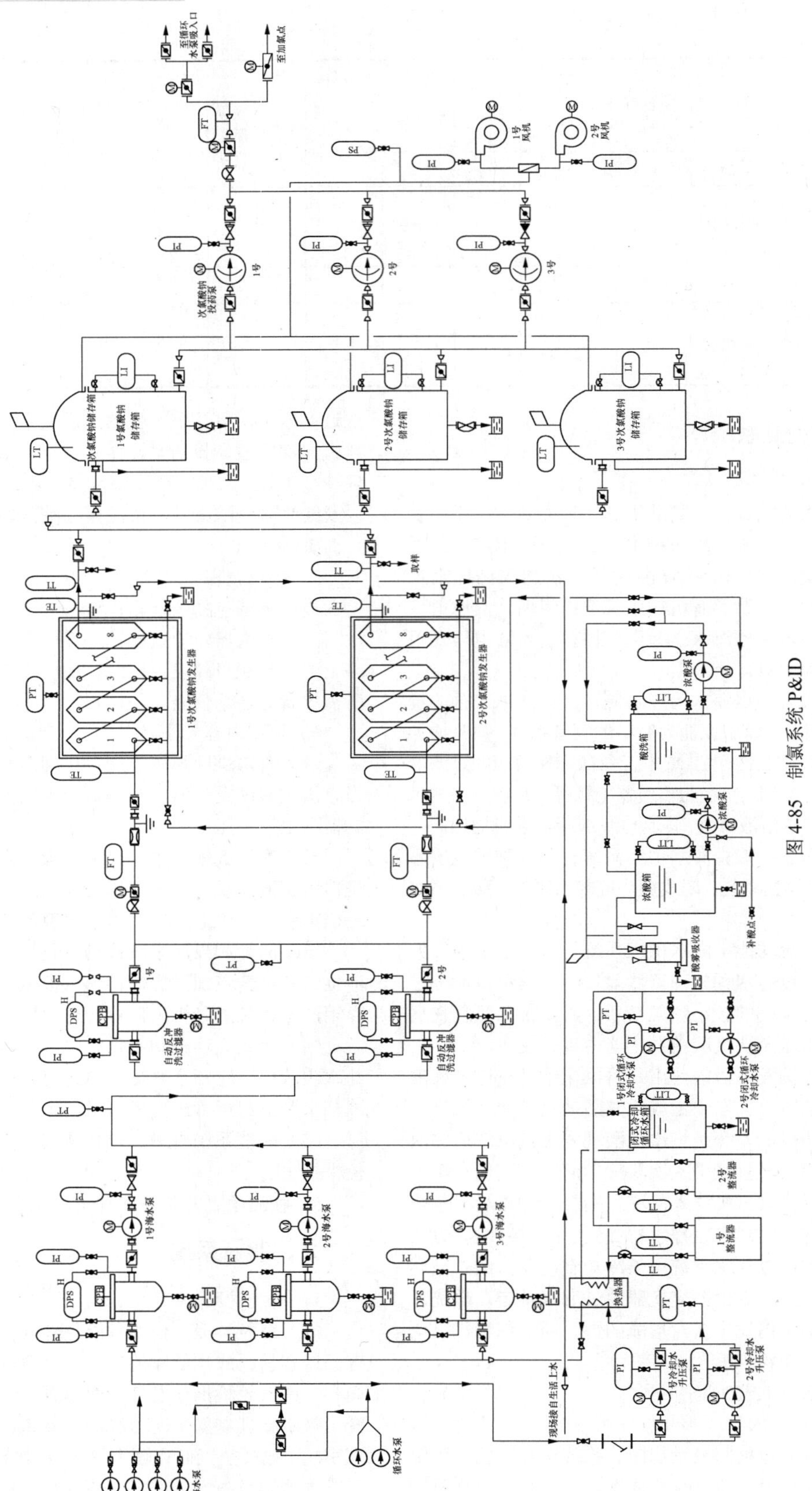

图 4-85 制氯系统 P&ID

表 4-56　　制氯系统主要检测项目及仪表配置

序号	测点名称	就地指示	仪表类型/数量		功能				备注
			模拟量	开关量	控制	联锁保护	报警	显示	
1	海水预过滤器进口压力	√							
2	海水预过滤器出口压力	√							
3	海水预过滤器进出口差压			√		√	高		
4	海水泵出口压力	√							
5	海水泵出口母管压力		√			√	低	√	
6	自动反冲洗过滤器进口压力	√							
7	自动反冲洗过滤器出口压力	√							
8	自动反冲洗过滤器进出口差压			√		√	高		
9	次氯酸钠发生器进电解液母管压力		√					√	
10	次氯酸钠发生器进口电解液流量	√	√			√	低/低低	√	
11	次氯酸钠发生器进口温度		√					√	
12	次氯酸钠发生器出口温度		√			√	高/高高	√	
13	次氯酸钠发生器压力		√			√	高/高高	√	
14	次氯酸钠储存箱液位	√	√			√	高/低	√	
15	次氯酸钠投药泵出口压力	√							
16	各加药点加次氯酸钠流量		√			√	低	√	
17	排氢风机出口压力	√							
18	排氢风机出口母管压力			√		√	低		
19	闭式循环冷却水箱液位	√	√			√	低/低低	√	
20	闭式循环冷却水泵出口压力	√							
21	闭式循环冷却水泵出口母管压力		√			√	低	√	
22	冷却水升压泵出口压力	√							
23	冷却水升压泵出口母管压力		√			√	低	√	
24	整流器冷却器进口温度	√							
25	整流器冷却器出口温度	√							
26	浓酸箱液位	√	√			√	低	√	
27	浓酸泵出口压力	√							
28	酸洗箱液位	√	√			√	低	√	
29	酸洗泵出口压力	√							
30	室内氢气浓度探头			√		√	高		安装在次氯酸钠发生器所在制氯间

（2）系统功能。空气处理系统具有去除油水等杂质的作用，其中空气储存罐的作用是降低气流脉动、减小系统压力波动，保证设备可靠稳定地运行。

变压吸附氮气发生器是根据其吸附剂（碳分子筛）在不同压力下的吸附能力变化来获取氮气的设备。在一定压力下，空气通过碳分子筛时，其中氧在碳分子筛表面的扩散速率远大于氮，从而使得氧分子被碳分子筛吸附，而氮分子得以集聚。设备通过一定时序控制各个阀门启闭，达到 A、B 两塔加压吸附而减压脱附的循环交替，完成氧氮分离，得到所需纯度的氮气。

制氮系统 P&ID 见图 4-86。

2. 设计输入

设计输入包括制氮系统图、系统设计说明、系统工艺参数及定值，空气处理系统、氮气发生器、氮气储存系统设备厂商资料。

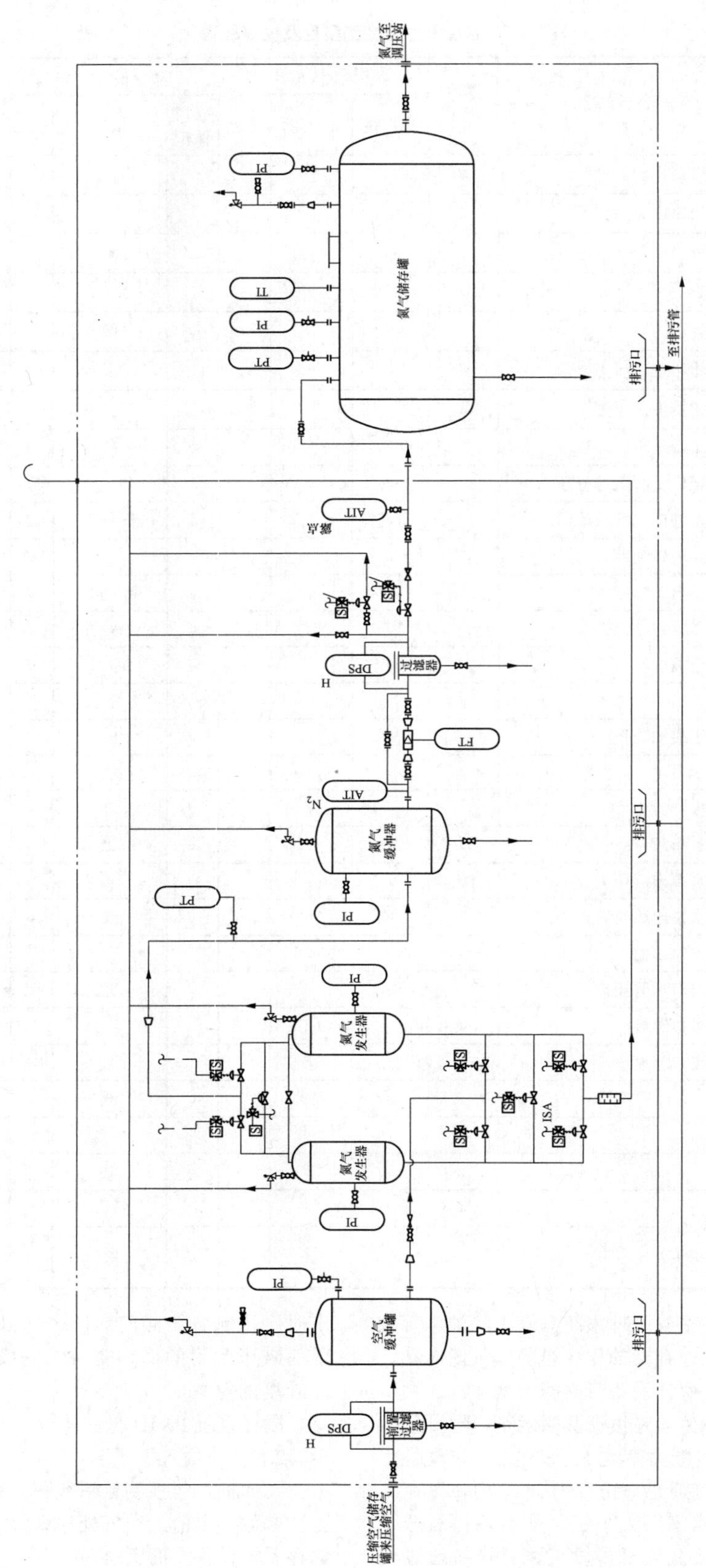

图 4-86　制氮系统 P&ID

3. 检测范围

检测范围包括各过滤器及各管路上的所有测量仪表；同时，还应设置就地巡回检查所需的就地显示仪表。

4. 检测内容

（1）空气处理系统包括过滤器进出口差压开关量。

（2）制氮装置包括氮气发生器出口母管压力、氮气缓冲罐出口氮气纯度及流量、过滤器出口露点模拟量、过滤器进出口差压开关量。

（3）氮气储存系统包括氮气储存罐压力模拟量。

5. 检测项目及仪表配置清单（见表4-57）

表 4-57 制氮系统主要检测项目及仪表配置

序号	测点名称	就地指示	仪表类型/数量		功能				备注
			模拟量	开关量	控制	联锁保护	报警	显示	
1	前置过滤器差压			√			高		
2	空气缓冲罐压力	√							
3	氮气发生器压力	√							
4	氮气发生器出口母管压力		√			√	低/低低	√	
5	氮气缓冲罐压力	√							
6	过滤器差压			√			高		
7	氮气缓冲罐出口氮气纯度	√	√			√	低	√	
8	氮气缓冲罐出口氮气流量	√	√				低	√	
9	氮气储存罐压力	√	√			√	高/低	√	
10	氮气储存罐温度	√							

第八节 水工系统

一、空冷系统

1. 系统说明

（1）系统构成。空冷系统主要包括直接空冷系统、带表面式凝汽器的间接空冷系统（哈蒙系统）和带喷射式（混合式）凝汽器的间接空冷系统（海勒系统）。电厂闭式循环冷却水系统还包括机械通风干冷塔系统。

直接空冷系统主要包括排汽管道、空冷凝汽器、真空抽气系统、喷淋系统和空冷散热器清洗系统。空冷凝汽器包括冷却三角、冷却风机、凝结水管道。

带表面式凝汽器的间接空冷系统（哈蒙系统）主要包括冷却水系统、充排水系统、补水系统、喷淋系统和空冷散热器清洗系统等。

带喷射式（混合式）凝汽器的间接空冷系统（海勒系统）主要包括直接接触喷射式凝汽器、循环水泵、水轮机、冷却水系统、充排水系统、补水系统、喷淋系统和空冷散热器清洗系统等。

机械通风干冷塔系统主要包括冷却水系统、充排水系统、补水系统、喷淋系统和空冷散热器清洗系统等。冷却水系统包括冷却三角、冷却风机。干冷塔系统为表面式间接空冷系统。

（2）系统功能。直接空冷系统是当汽轮机排汽通过排汽管道流经空冷凝汽器的翅片管束时，由轴流风机吸入的大量冷空气，通过翅片管的外部，与管束内的蒸汽进行表面换热，将汽轮机排汽的热量带走，使排汽凝结为水。凝结水由凝结水管收集，排至排汽装置凝结水箱，然后由凝结水泵升压，送往汽轮机的热力系统，完成热力循环。直接空冷系统P&ID见图4-87。

带表面式凝汽器的间接空冷系统（哈蒙系统）的功能是除盐冷却水进入表面式凝汽器的水侧通过表面换热，冷却汽轮机凝汽器汽侧的排汽，受热后的冷却水由冷却水泵送至间接空冷塔，通过空冷散热器与空气进行表面换热，冷却水被空气冷却后再返回汽轮机凝汽器去冷却汽轮机排汽，构成了密闭循环。带表面式凝汽器的间接空冷系统（哈蒙系统）P&ID见图4-88。

带喷射式（混合式）凝汽器的间接空冷系统（海勒系统）的功能是系统中除盐冷却水进入喷射式凝汽器与汽轮机排汽混合，并将其冷凝，大部分冷却水由循环水泵送至间接空冷塔，通过空冷散热器与空气进行表面换热，冷却水被空气冷却后通过水轮机调压再返回汽轮机喷射式凝汽器去冷却汽轮机排汽，构成了密闭循环。少部分冷却水经过凝结水精处理装置送到汽轮机回热系统。带喷射式（混合式）凝汽器的间接空冷系统（海勒系统）P&ID见图4-89。

机械通风干冷塔系统的功能是辅机冷却水经冷却水泵的作用流经各种辅机轴承和所设置的冷油器等，将设备局部冷却到所需要的参数条件。冷却水本身被加热后，由总管引出室外，再由翅片与空气进行热交换，将冷却水温度降低。流出散热器的冷却水经回水管返回到冷却水系统内循环运行。机械通风干冷塔系统P&ID见图4-90。

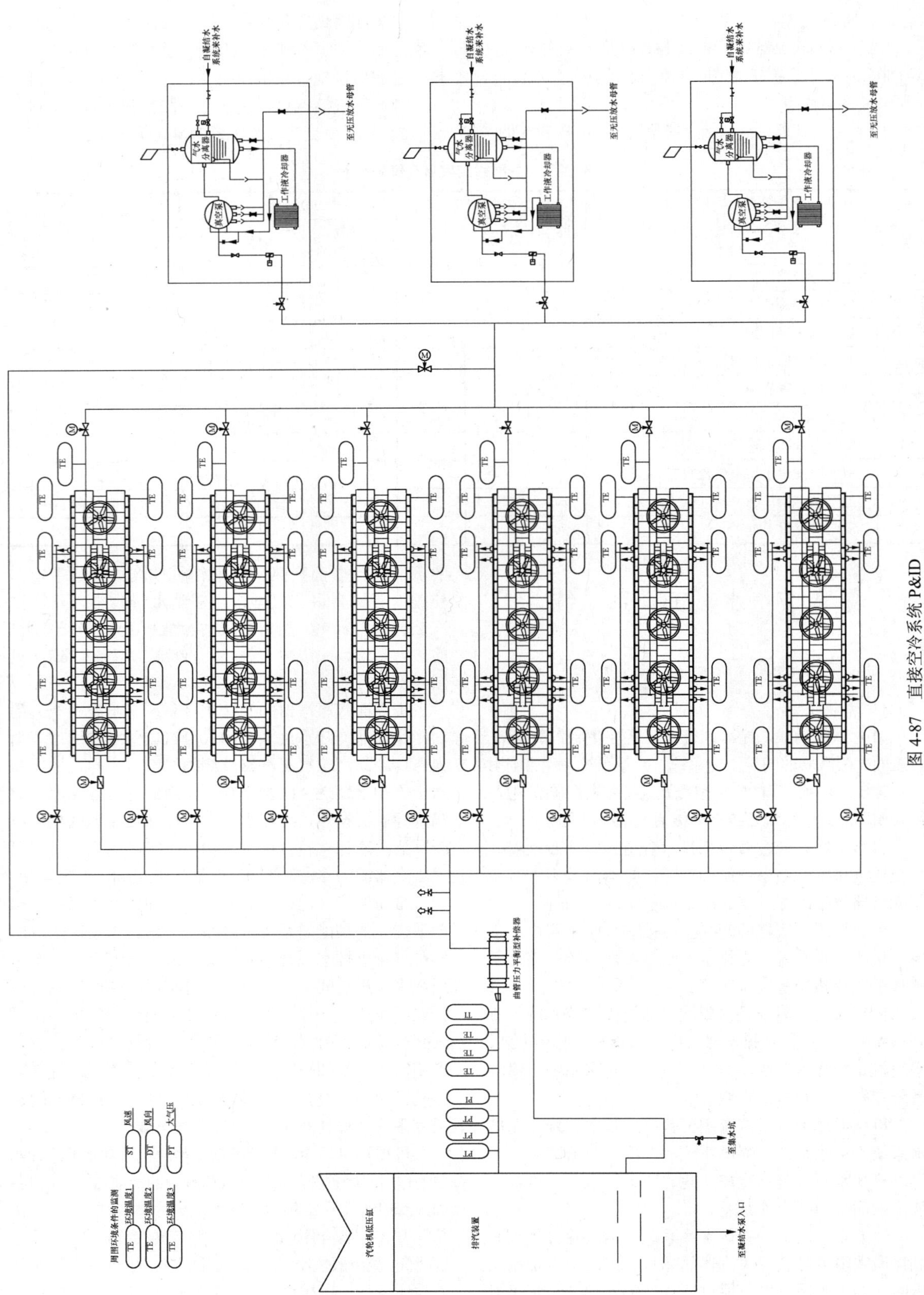

图 4-87　直接空冷系统 P&ID

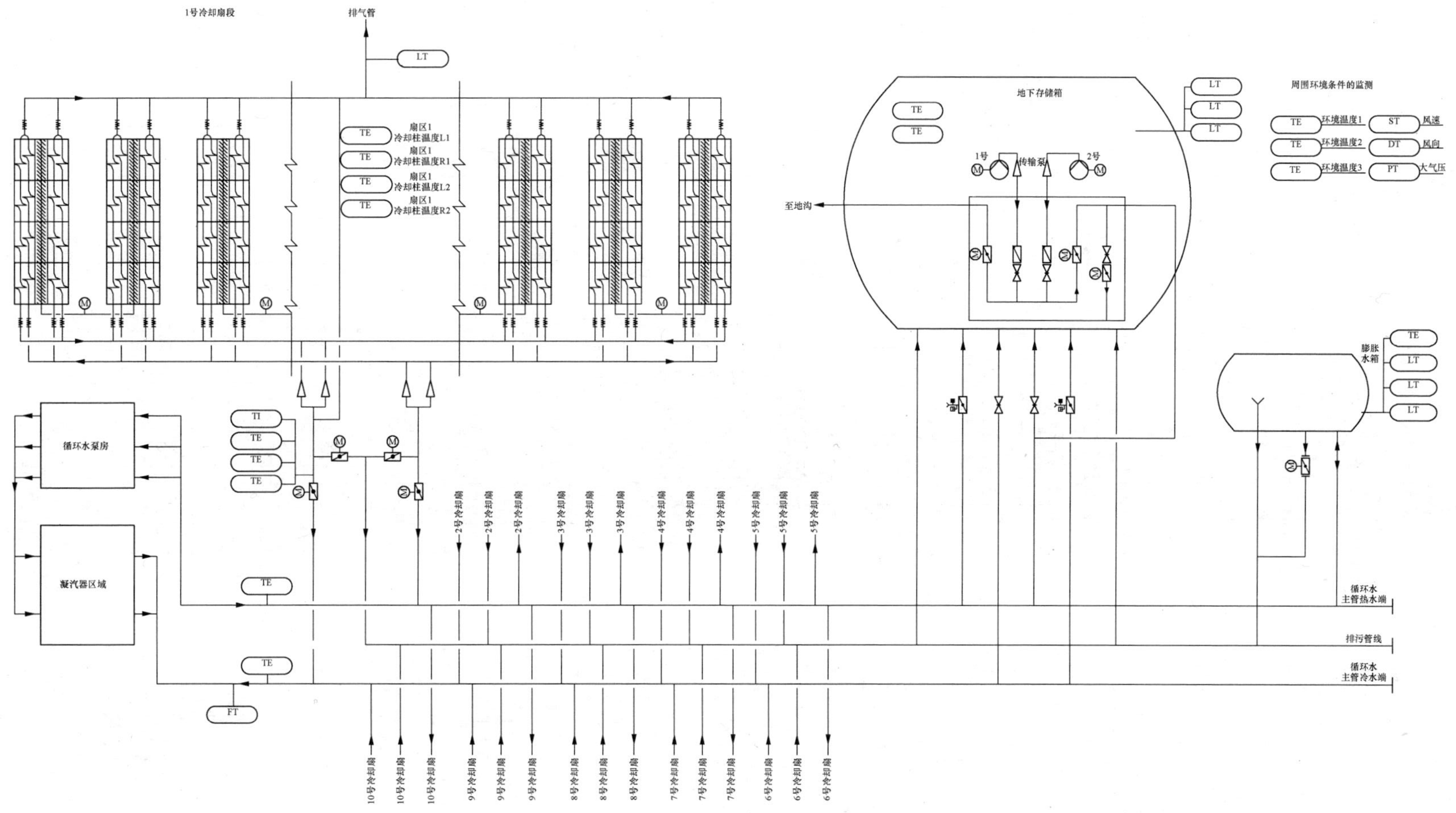

图4-88　带表面式凝汽器的间接空冷系统（哈蒙系统）P&ID

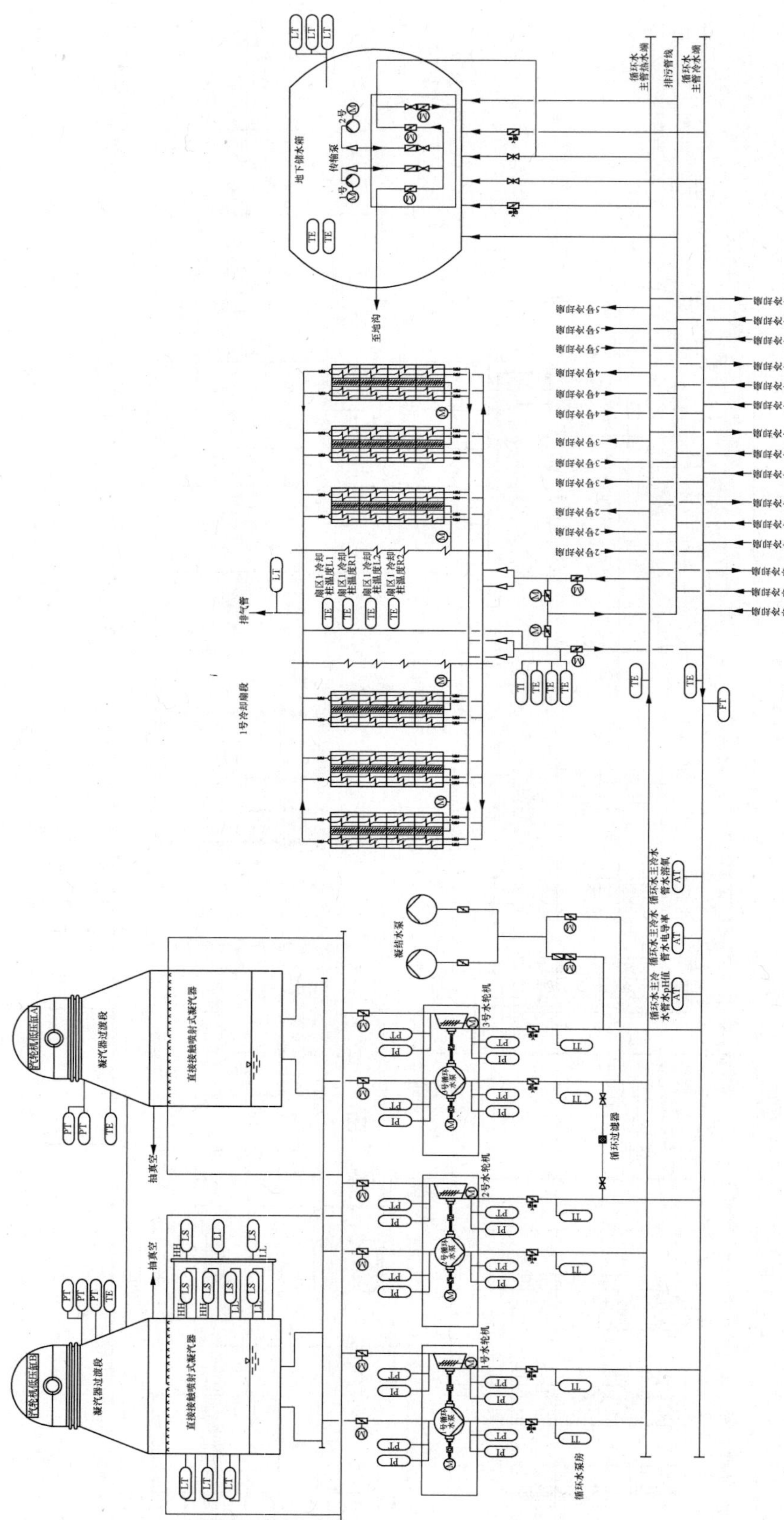

图 4-89 带喷射式（混合式）凝汽器的间接空冷系统（海勒系统）P&ID

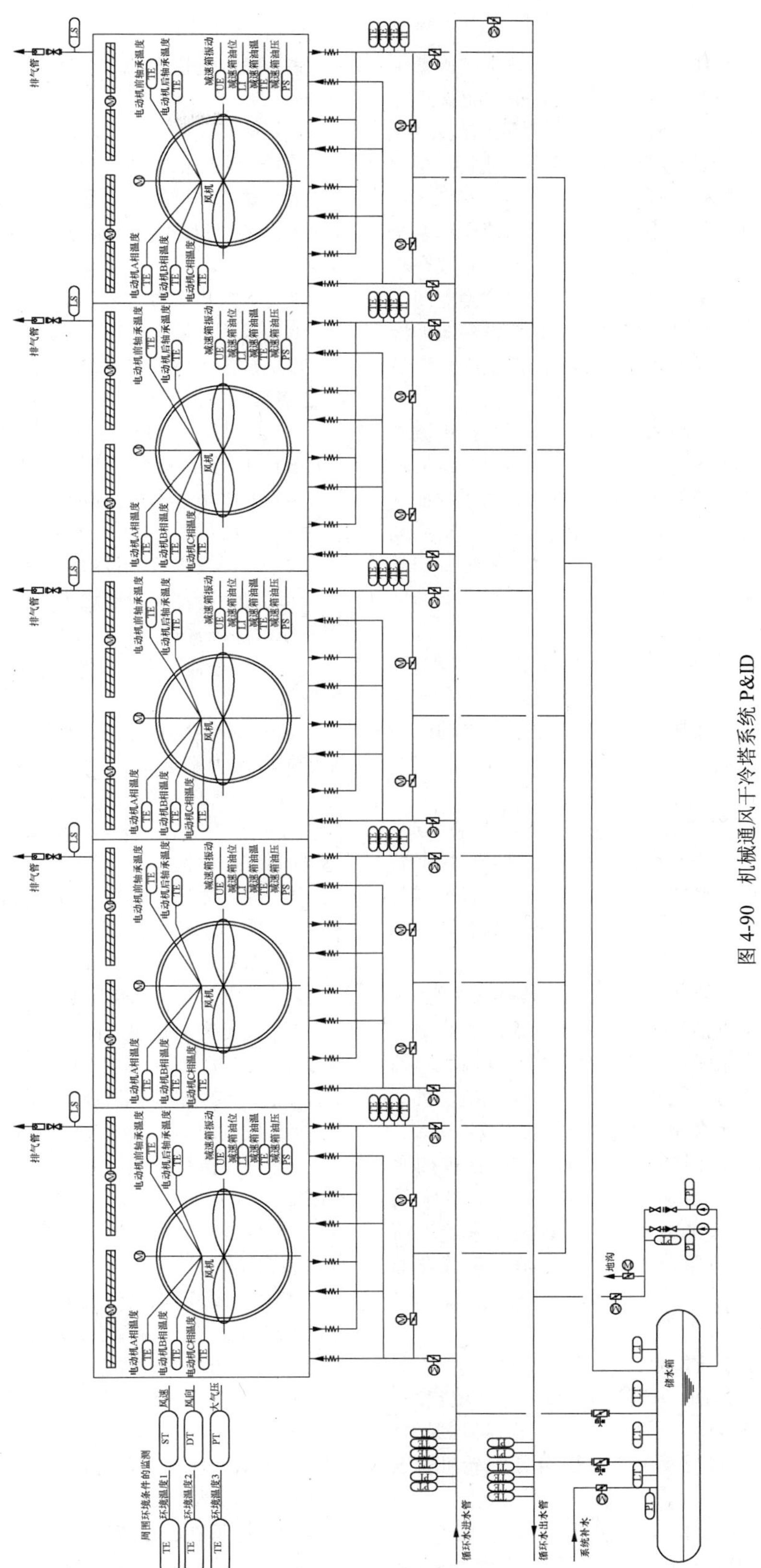

图 4-90　机械通风干冷塔系统 P&ID

2. 设计输入

（1）直接空冷系统。设计输入包括直接空冷系统系统图，系统设计说明，工艺参数及定值，直接空冷系统轴流风机、电动机齿轮箱本体测点图，清洗系统设备本体测点图，喷雾降温系统设备本体测点图，轴流风机变频柜原理接线图，直接空冷系统设备厂商资料。

（2）间接空冷系统。设计输入包括间接空冷系统系统图，系统设计说明，工艺参数及定值，间接空冷系统循环水泵、水轮机、喷射式凝汽器本体测点图，清洗系统设备本体测点图，喷雾降温系统设备本体测点图，液控紧急放水阀原理接线图，间接空冷系统设备厂商资料。

（3）机械通风干冷塔系统。设计输入包括机械通风干冷塔系统图，系统设计说明，工艺参数及定值，轴流风机、电动机齿轮箱本体测点图，清洗系统设备本体测点图，喷雾降温系统设备本体测点图，轴流风机变频柜原理接线图，机械通风干冷塔系统设备厂商资料。

3. 检测范围

（1）直接空冷系统。检测范围包括直接空冷系统的排汽系统、凝结水系统、抽真空系统、清洗系统、喷雾降温系统的所有测量仪表；轴流风机、电动机、齿轮箱设备本体检测。

（2）间接空冷系统。

1）带表面式凝汽器的间接空冷系统（哈蒙系统）检测范围包括间接空冷系统的冷却水系统、充排水系统、补水系统、清洗系统、喷雾降温系统的所有测量仪表；循环水泵、电动机、液动紧急泄水阀等设备本体检测。

2）带喷射式（混合式）凝汽器的间接空冷系统（海勒系统）检测范围包括间接空冷系统的冷却水系统、充排水系统、补水系统、清洗系统、喷雾降温系统的所有测量仪表；喷射式凝汽器、循环水泵、电动机、水轮机、液动紧急泄水阀等设备本体检测。

（3）机械通风干冷塔系统。检测范围包括机械通风干冷塔系统的冷却水系统、充排水系统、补水系统、清洗系统、喷雾降温系统的所有测量仪表；轴流风机、电动机、齿轮箱、液动紧急泄水阀等设备本体检测。

4. 检测内容

（1）直接空冷系统检测。

1）大气压力、风向、风速检测，以监视环境状态。

2）环境温度检测，用于空冷启停步序及防冻保护。

3）排汽装置排汽母管压力测量，用于汽轮机背压调节。

4）排汽装置排汽母管温度测量。

5）每一列逆流段两侧下联箱凝结水温度测量，用于空冷启停步序及防冻保护。

6）每一列逆流段抽空气管温度测量，用于防冻保护。

7）轴流风机减速箱润滑油压力、温度测量。

8）轴流风机电动机轴承温度、绕组温度测量。

9）轴流风机振动测量。

（2）带表面式凝汽器的间接空冷系统（哈蒙系统）检测。

1）凝汽器压力测量，用于汽轮机背压调节。

2）循环水泵出口母管的压力检测。

3）设备本体状态的参数检测，如循环水泵电动机定子绕组温度、轴承温度、润滑油温度等参数。

4）大气压力、风向、风速检测，以监视环境状态。

5）环境温度检测，用于间冷充放水步序及防冻保护。

6）间冷塔进出口温度、压力检测，用于空冷启停步序及防冻保护。

7）间冷塔出口流量检测，用于间冷塔性能试验。

8）每一冷却扇段的进出水温度测量，用于空冷启停步序及防冻保护。

9）部分冷却扇段两侧的冷却三角散热器表面温度检测。

10）每一冷却扇段的排气管水位测量，用于保证系统循环压力稳定。

11）地下储水箱、高位水箱液位测量。

（3）带喷射式（混合式）凝汽器的间接空冷系统（海勒系统）检测。

1）凝汽器压力测量，用于汽轮机背压调节。

2）循环水泵出入口的压力检测。

3）水轮机出入口的压力检测。

4）循环水主冷水管 pH 值、电导率、水溶氧检测。

5）设备本体状态的参数检测，如循环水泵电动机定子绕组温度、轴承温度、润滑油温度、水轮机轴承温度、地下储水箱输送泵轴承温度等参数。

6）大气压力、风向、风速检测，以监视环境状态。

7）环境温度检测，用于间冷充放水步序及防冻保护。

8）间冷塔出入口温度、压力检测，用于空冷启停步序及防冻保护。

9）间冷塔出口流量检测，用于间冷塔性能试验。

10）每一冷却扇段的进出水温度测量，用于空冷启停步序及防冻保护。

11）部分冷却扇段两侧的冷却三角散热器表面温度检测。

12）每一冷却扇段的排气管水位测量，用于保证系统循环压力稳定。

13）地下储水箱液位测量。

（4）机械通风干冷塔系统检测。

1）机械通风干冷塔风机本体提供的检测至少应包括风机减速箱轴承振动、减速箱油温、油位。

2）机械通风干冷塔风机电动机定子绕组温度、轴承温度检测。

3）大气压力、风向风速检测，可与主机空冷系统合用。

4）环境温度检测，用于机械通风干冷塔系统充放水步序及防冻保护。

5）机械通风干冷塔出入口温度、压力检测，用于空冷启停步序及防冻保护。

6）机械通风干冷塔出口流量检测，用于间冷塔性能试验。

7）每个冷却塔的出入口水温度测量，用于空冷启停步序及防冻保护。

8）每个冷却塔的排气管水位测量，用于保证系统循环压力稳定。

9）地下储水箱液位测量。

5. 检测项目及仪表配置清单（见表4-58）

表4-58　　空冷系统主要检测项目及仪表配置

序号	测点名称	就地指示	仪表类型/数量		功能				备注
			模拟量	开关量	调节	联锁保护	报警	显示	
一	直接空冷系统								
1	排汽装置排汽母管压力	√	3		√		高/低	√	
2	排汽装置排汽母管温度	√	3		√		高/低	√	
3	空冷凝汽器凝结水温度		√			√	低	√	
4	空冷凝汽器抽真空温度		√			√	低	√	
5	轴流风机电动机绕组温度		√			√	高	√	
6	轴流风机电动机轴承温度		√			√	高	√	
7	轴流风机减速箱润滑油温度		√			√	高	√	
8	轴流风机减速箱润滑油压力		√			√	低	√	
9	轴流风机振动			√		√	高		
10	风向		√			√		√	
11	风速		√			√		√	
12	环境温度		√			√		√	
13	大气压力		√					√	
14	空冷凝汽器清洗水压力	√	√					√	
15	空冷凝汽器喷雾降温水压力	√	√					√	
二	带表面式凝汽器的间接空冷系统（哈蒙系统）								
1	凝汽器压力		3		√				
2	循环水泵入口压力		√					√	
3	循环水泵出口压力	√	√				高/低	√	
4	循环水泵出口母管压力		√				低	√	
5	循环水泵出口母管温度		√					√	
6	循环水回水流量		√					√	
7	循环水泵电动机定子绕组温度		√				高	√	
8	循环水泵电动机轴承温度		√				高	√	
9	循环水泵轴承温度		√				高	√	

续表

序号	测点名称	就地指示	仪表类型/数量		功能				备注
			模拟量	开关量	调节	联锁保护	报警	显示	
10	循环水泵房集水坑液位			√		√	高/低	√	
11	风速		√					√	
12	风向		√					√	
13	环境温度		3			√	高/低	√	
14	间冷塔入口热水压力		√		√	√	高/低	√	
15	间冷塔入口热水温度		√			√	高/低	√	
16	间冷塔出口冷水压力		√		√	√	高/低	√	
17	间冷塔出口冷水温度		3			√	高/低	√	
18	间冷塔各扇段主管内冷水温度		3			√	高/低	√	
19	间冷塔冷却柱水温		√			√	高/低	√	
20	间冷塔冷却扇段排气管水位			√				√	
21	间冷塔充氮管线压力		√					√	
22	间冷塔储水箱水位		3			√	高/低	√	
23	间冷塔高位水箱水位		3			√	高/低	√	
24	液控紧急泄水阀油站油箱油位	√	√			√	低	√	
25	液控紧急泄水阀油站油泵出口压力	√							
26	液控紧急泄水阀阀位		√			√			
三	带喷射式（混合式）凝汽器的间接空冷系统（海勒系统）								
1	凝汽器水位	√	3	3			高高/低低	√	
2	凝汽器压力		3					√	
3	凝汽器温度		3					√	
4	循环水泵入口压力		√					√	
5	循环水泵出口压力	√	√				高/低	√	
6	循环水泵出口母管压力		√				低	√	
7	循环水泵出口母管温度		√					√	
8	循环水回水流量		√					√	
9	循环水回水 pH 值		√					√	
10	循环水回水电导率		√					√	
11	循环水回水溶氧		√					√	
12	循环水泵电动机定子绕组温度		√				高	√	
13	循环水泵电动机轴承温度		√				高	√	
14	循环水泵轴承温度		√				高	√	
15	水轮机轴承温度		√				高	√	
16	循环水泵房集水坑液位			√		√	高/低	√	
17	风速		√					√	

续表

序号	测点名称	就地指示	仪表类型/数量		功能				备注
			模拟量	开关量	调节	联锁保护	报警	显示	
18	风向		√					√	
19	环境温度		3			√	高/低	√	
20	间冷塔入口热水压力		√		√	√	高/低	√	
21	间冷塔入口热水温度		√			√	高/低	√	
22	间冷塔出口冷水压力		√		√	√	高/低	√	
23	间冷塔出口冷水温度		3			√	高/低	√	
24	间冷塔各扇段主管内冷水温度		3			√	高/低	√	
25	间冷塔冷却柱水温		√			√	高/低	√	
26	间冷塔冷却扇段排气管水位			√				√	
27	间冷塔充氮管线压力		√					√	
28	间冷塔储水箱水位		3			√	高/低	√	
29	间冷塔储水箱输水泵轴承温度		√				高	√	
30	液控紧急泄水阀油站油箱油位	√	√			√	低	√	
31	液控紧急泄水阀油站油泵出口压力	√							
32	液控紧急泄水阀阀位		√			√			
四	机械通风干冷塔系统								
1	机械通风干冷塔风机电动机定子绕组温度		√				高	√	
2	机械通风干冷塔风机电动机轴承温度		√				高	√	
3	机械通风干冷塔风机减速箱轴承振动		√				高	√	
4	机械通风干冷塔风机减速箱油温		√				高	√	
5	机械通风干冷塔风机减速箱油位		√				低	√	
6	机械通风干冷塔入口热水压力		√		√	√	高/低	√	
7	机械通风干冷塔入口热水温度		√			√	高/低	√	
8	机械通风干冷塔出口冷水压力		√		√	√	高/低	√	
9	机械通风干冷塔出口冷水温度		3			√	高/低	√	
10	机械通风干冷塔各塔主管内冷水温度		3			√	高/低	√	
11	机械通风干冷塔水池水位		3			√	高/低	√	
12	液控紧急泄水阀油站油箱油位	√	√			√	低	√	
13	液控紧急泄水阀油站油泵出口压力	√							
14	液控紧急泄水阀阀位		√			√			

二、取水升压泵房

1. 系统说明

（1）系统构成。取水升压泵房一般包括移动式清污机、电动旋转滤网、取水泵、液控蝶阀、电动阀门、集水坑排污泵等。

（2）系统功能。取水泵用于为厂区提供原水。取水升压泵房系统 P&ID 见图 4-91。

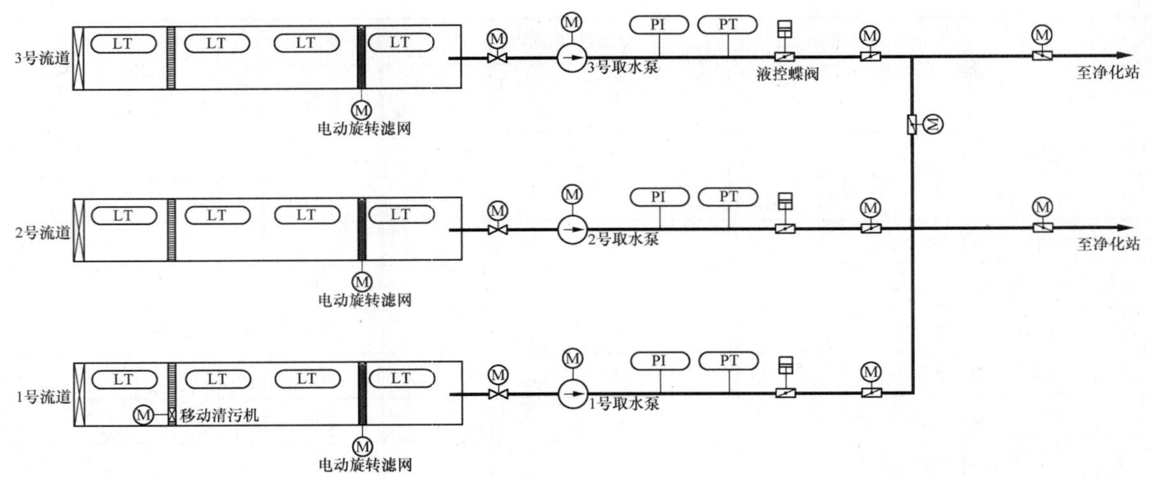

图 4-91 取水升压泵房系统 P&ID

2. 设计输入

设计输入包括取水升压泵房系统图，取水升压泵房设计说明，工艺参数及定值，取水升压泵本体测点图、移动式清污机、电动旋转滤网、液控蝶阀本体测点图、取水升压泵房系统设备厂商资料。

3. 检测范围

检测范围包括取水升压泵房系统的所有测量仪表；取水升压泵房设备本体检测。

4. 检测内容

（1）取水升压泵房原水系统检测。

1）检测内容包括能够代表取水升压泵房原水系统运行状态的压力、差压、液位等运行参数；各个水泵等设备的运行状态，各个阀门的开关状态等。

2）移动式清污机前后液位或液位差检测，以监视清污机的堵塞状态。

3）电动旋转滤网前后液位或液位差检测，以监视电动旋转滤网的堵塞状态。

4）取水升压泵出口压力检测，以监视水泵的运行状态。

5）取水升压泵房集水坑液位测量。

（2）取水升压泵房设备本体检测。取水升压泵本体提供的检测至少应包括水泵电动机定子绕组温度、轴承温度，水泵轴承温度。取水升压泵出口液控蝶阀本体的检测至少应包括油站油压、油位等。

5. 检测项目及仪表配置清单（见表 4-59）

表 4-59 取水升压泵房系统主要检测项目及仪表配置

序号	测点名称	就地指示	仪表类型/数量		功能				备注
			模拟量	开关量	调节	联锁保护	报警	显示	
一	取水升压泵房								
1	取水升压泵出口压力	√	√				高/低	√	
2	取水升压泵出口母管压力		√				低	√	
3	取水升压泵吸水井液位		√			√	低	√	
4	移动清污机前后水位差		√			√	高	√	
5	电动旋转滤网前后水位差		√			√	高	√	
6	取水升压泵房集水坑液位			√		√	高		
二	取水升压泵本体								
1	取水升压泵电动机定子绕组温度		√				高	√	

续表

序号	测点名称	就地指示	仪表类型/数量		功能				备注
			模拟量	开关量	调节	联锁保护	报警	显示	
2	取水升压泵电动机轴承温度		√				高	√	
3	取水升压泵轴承温度		√				高	√	
三	取水升压泵出口液控蝶阀本体								
1	液控蝶阀油站油箱油位	√	√			√	低	√	
2	液控蝶阀油站油泵出口压力	√							
3	液控蝶阀阀位		√			√			

三、循环水处理系统及净化站

1. 系统说明

（1）系统构成。循环水处理系统一般采用弱酸树脂处理技术，包括机械搅拌澄清池、清水箱、清水泵、过滤器、顺流弱酸离子交换器、软化水池、循环水泵房前池。

循环水中微生物的处理，通过加入次氯酸钠可以起到杀菌灭藻的作用，系统一般包括储药罐、计量箱、加药泵。

净化站一般包括机械加速澄清池、污泥浓缩池、污泥泵、离心脱水机及絮凝剂、助凝剂加药装置。

（2）系统功能。循环水处理系统功能是提高循环水系统的浓缩倍率，除去循环水中的悬浮物、各种含盐离子，采用对循环水进行旁流弱酸软化处理，大大减少循环水的排污量，起到节水的目的。循环水加次氯酸钠系统的功能是杀菌、除臭，还有剥离黏泥的作用。

净化站的作用是将原水经化学和物理方法净化处理后，达到一般生产用水的水质要求，再通过综合泵房输送到各生产系统。循环水处理系统 P&ID 见图 4-92。循环水加次氯酸钠系统 P&ID 见图 4-93。净化站系统 P&ID 见图 4-94。

2. 设计输入

设计输入包括循环水处理系统图，设计说明，工艺参数及定值，水泵本体测点图，设备厂商资料；净化站系统图，设计说明，工艺参数及定值，水泵本体测点图、设备厂商资料。

3. 检测范围

检测范围包括循环水处理系统的所有测量仪表；循环水处理系统设备本体检测；净化站的所有测量仪表；净化站设备本体检测。

4. 检测内容

（1）循环水处理系统检测。

1）提升水泵出口母管的压力、流量和原水浊度检测。

2）过滤器进出口差压检测及出口流量和出水浊度检测。

3）离子交换器的就地压力、进口流量和反洗流量检测。

4）加药装置溶液箱和计量箱的液位检测。

5）加药装置酸喷射器的进水流量检测和出水酸度检测。

（2）循环水加次氯酸钠系统检测。

1）加次氯酸钠装置溶液箱和计量箱的液位。

2）加次氯酸钠装置加药泵的出口压力检测。

（3）净化站系统检测。

1）净化站进口的原水流量、温度、浊度检测。

2）机械加速澄清池出口的流量、浊度检测。

3）各类过滤器出入口的差压检测，出口浊度检测。

4）生活水消毒后的余氯检测。

5. 检测项目及仪表配置清单（见表 4-60）

四、综合水泵房

1. 系统说明

（1）系统构成。综合水泵房一般包括消防水泵组、工业水泵、生水泵、生活水泵等。消防水泵包括柴油消防泵、电动消防泵和稳压泵。

（2）系统功能。消防泵组用于为消防水源加压，向消防水系统提供消防用水。工业水泵用于为厂区工业水系统提供工业用水。生水泵用于为锅炉补给水处理车间提供生水。生活水泵用于为全厂生活用水系统提供生活水，并维持供水管网压力。综合水泵房系统 P&ID 见图 4-95。

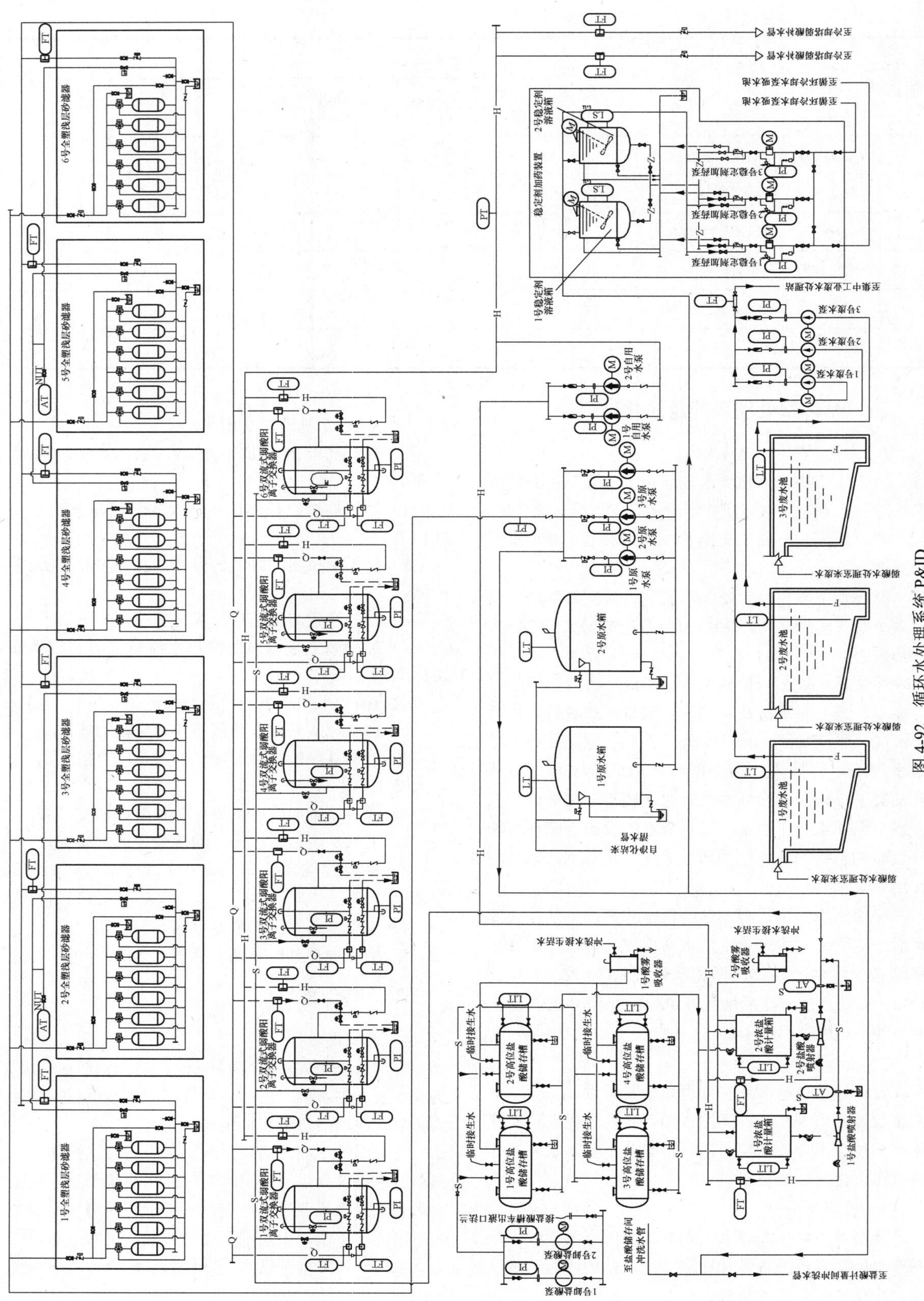

图 4-92 循环水处理系统 P&ID

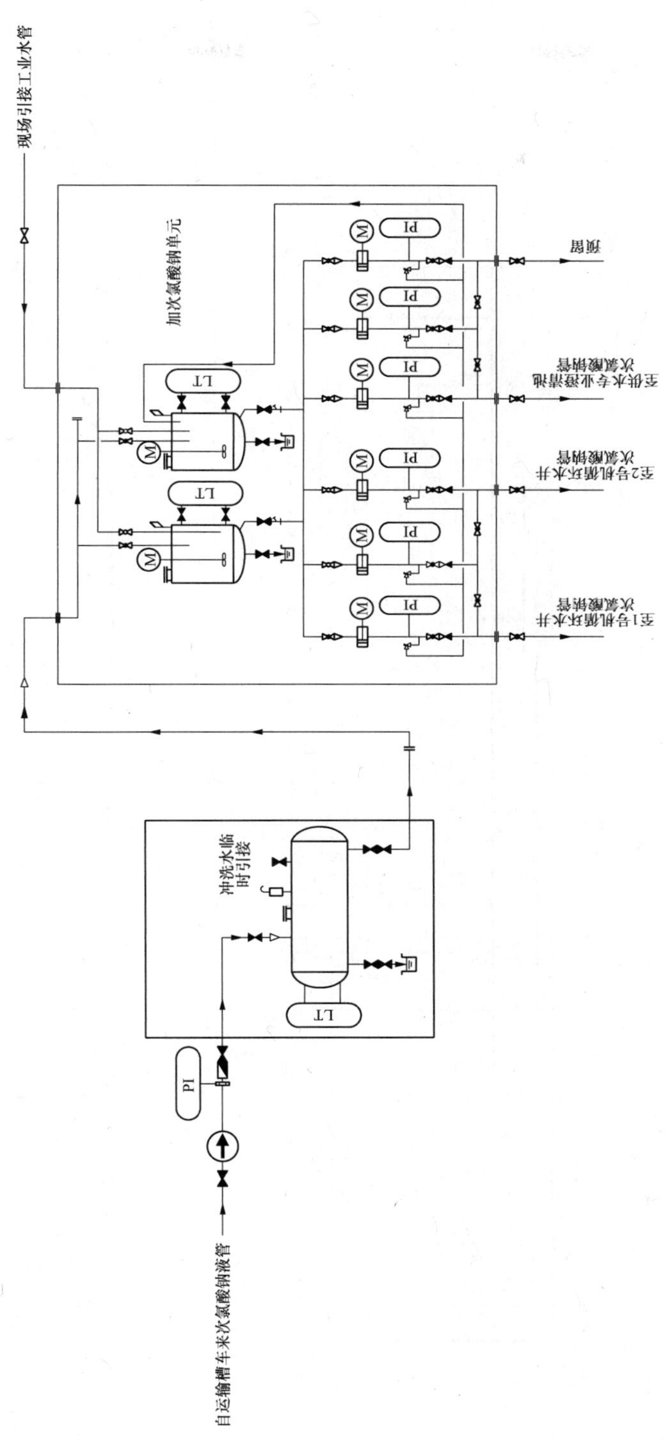

图 4-93　循环水加次氯酸钠系统 P&ID

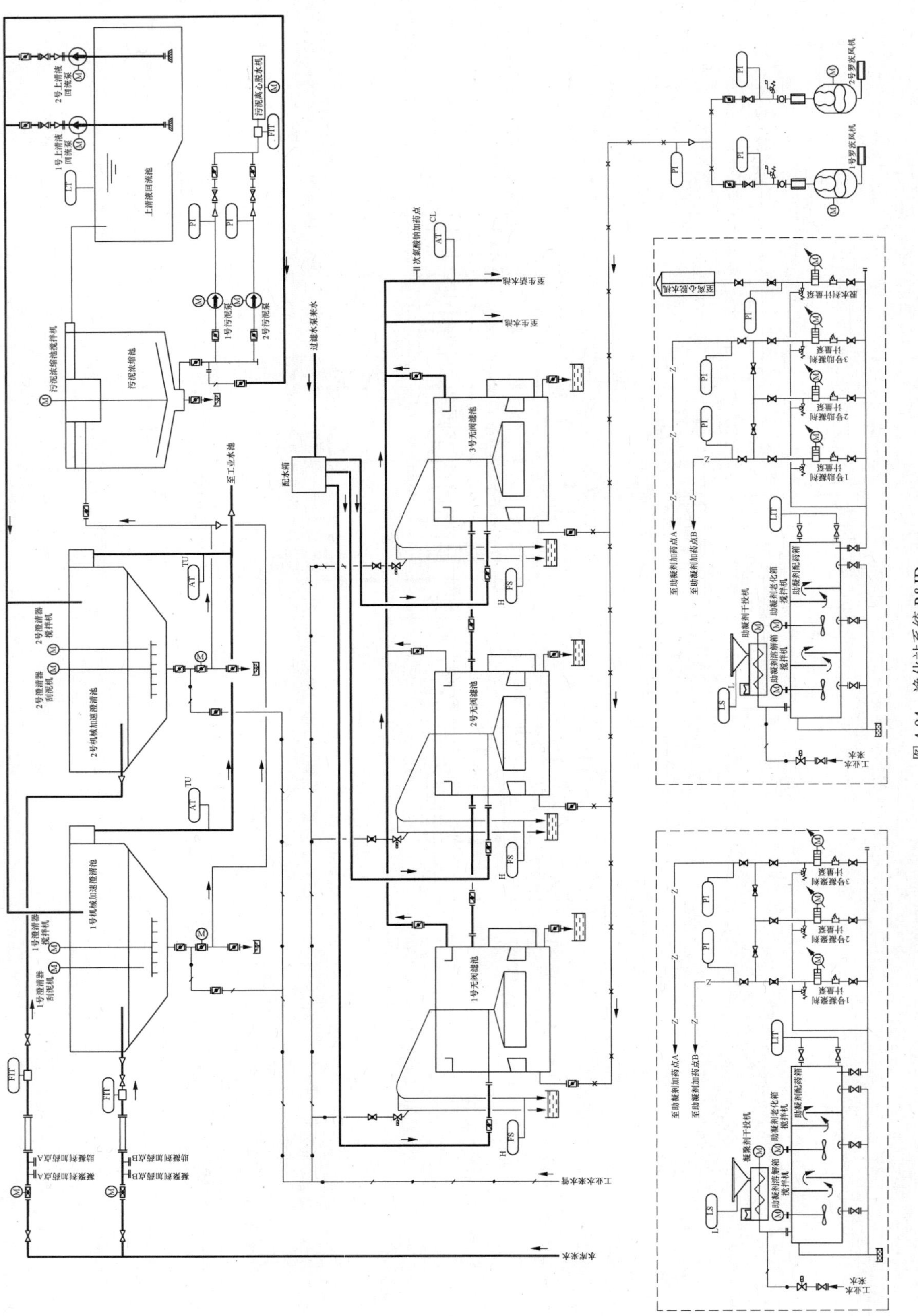

图 4-94　净化站系统 P&ID

表 4-60　　循环水处理系统及净化站主要检测项目及仪表配置

序号	测点名称	就地指示	信号类型		功能				备注
			模拟量	开关量	控制	联锁保护	报警	显示	
一	循环水旁流过滤、弱酸处理系统								
1	循环水进旁流流量		√					√	
2	原水箱水位	√	√					√	
3	原水提升泵出口浊度		√					√	
4	原水提升泵出口 pH 值		√					√	
5	原水提升泵出口流量		√					√	
6	原水提升泵出口压力	√	√					√	
7	过滤器进出口差压		√			√		√	
8	过滤器出口浊度		√					√	
9	过滤器出口流量		√					√	
10	旁流过滤出口流量		√					√	
11	加药溶液箱液位	√	√			√	高/低	√	
12	计量泵出口压力	√							
13	弱酸离子交换器进水流量		√					√	
14	弱酸离子交换器出水流量		√					√	
15	弱酸离子交换器反洗流量		√					√	
16	废水池液位		√				高/低	√	
17	废水泵出水流量		√					√	
18	酸储存槽液位	√	√				高/低	√	
19	酸计量箱液位	√	√			√		√	
20	弱酸喷射器出口浓度		√					√	
21	弱酸喷射器进水流量		√					√	
二	循环水加次氯酸钠系统								
1	卸次氯酸钠泵出口压力	√							
2	次氯酸钠储存槽液位	√	√					√	
3	次氯酸钠计量箱、溶液箱液位	√	√					√	
4	次氯酸钠加药泵出口压力	√							
三	净化站								
1	原水进入净化站流量		√					√	
2	原水进入净化站温度		√					√	
3	原水进入净化站浊度		√					√	
4	配水井水位		√					√	
5	机械加速澄清池水位		√			√	高	√	
6	泥水调节池水位		√			√	高	√	
7	浓缩池上清液回收水池水位		√			√	高	√	
8	避沙峰水池水位		√			√	高	√	
9	澄清池出水浊度		√		√			√	
10	各类过滤器出入口差压		√				高	√	
11	生活水消毒余氯	√	√				高	√	

续表

序号	测 点 名 称	就地指示	信号类型		功 能				备 注
			模拟量	开关量	控制	联锁保护	报警	显示	
12	各泵出口压力	√							
13	各加药箱液位		√		√	√	高/低	√	
14	各集水坑水位			√		√	高		

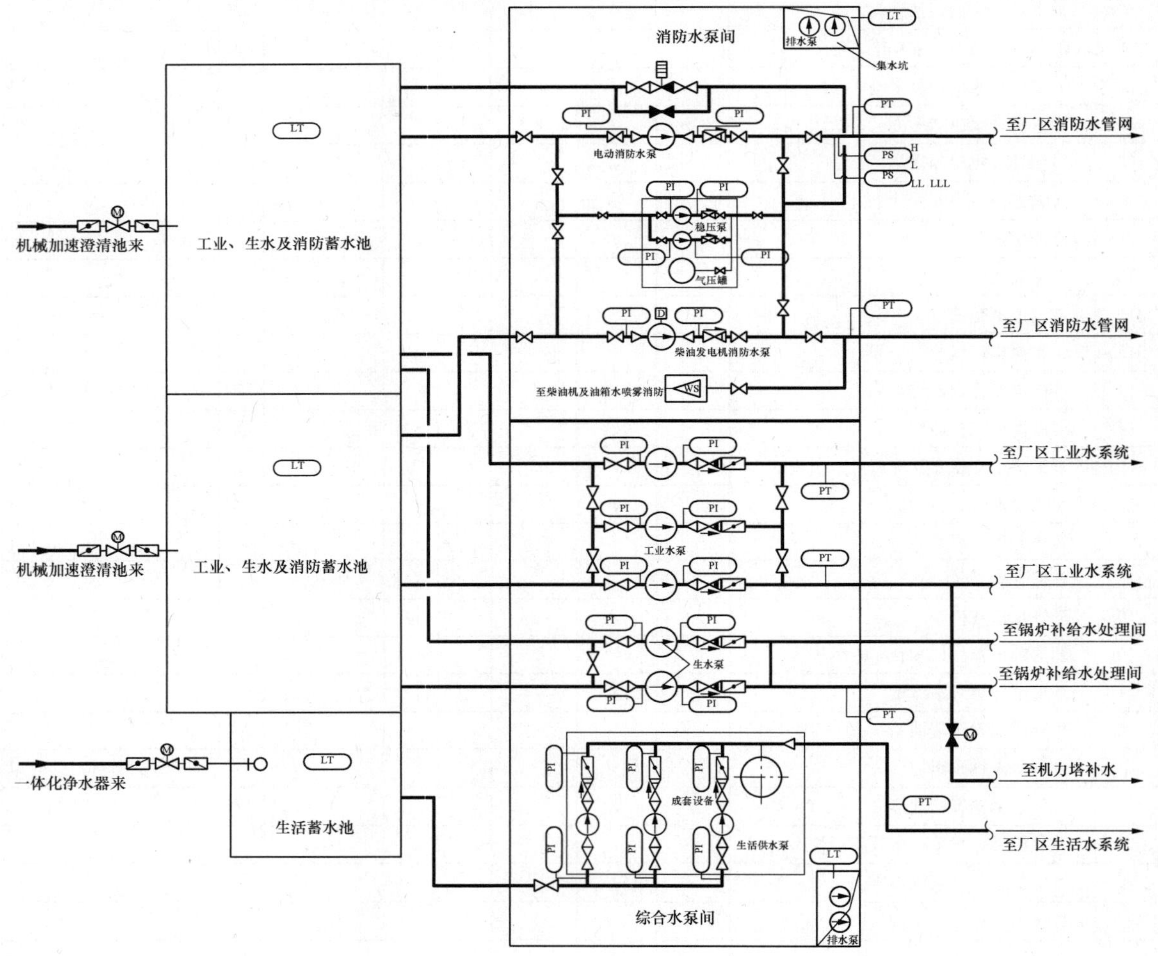

图 4-95 综合水泵房系统 P&ID

2. 设计输入

设计输入包括综合水泵房系统图，设计说明，工艺参数及定值，水泵本体测点图、综合水泵房系统设备厂商资料。

3. 检测范围

检测范围包括综合水泵房系统的所有测量仪表；电动消防水泵设备本体检测，柴油消防水泵设备本体检测。

4. 检测内容

（1）综合水泵房消防水、工业水、生水、生活水系统检测。

1）检测内容包括能够代表消防水、工业水、生水、生活水系统运行状态的压力、差压、液位等运行参数。

2）柴油消防水泵出口母管压力检测，以监视水泵的运行状态。

3）电动消防水泵出口母管压力检测，以监视水泵的运行状态及联锁启动柴油消防泵。

4）消防稳压泵出口母管压力检测，以监视水泵的运行状态及联锁启动电动消防泵。

5）工业水泵出口母管压力检测，以监视水泵的运行状态。

6）生水泵出口母管压力检测，以监视水泵的运行状态。

7）生活水泵出口母管压力检测，以监视水泵的运行状态。

8）各水泵吸入口水池液位测量。

9）综合水泵房集水坑液位测量。

（2）综合水泵房设备本体检测。

1）电动消防水泵本体提供的检测至少应包括水泵电动机定子绕组温度、轴承温度、水泵轴承温度。

2）柴油消防水泵本体提供的检测至少应包括水泵轴承温度。

5．检测项目及仪表配置清单（见表4-61）

表4-61　综合水泵房系统主要检测项目及仪表配置

序号	测点名称	就地指示	仪表类型/数量		功能				备注
			模拟量	开关量	调节	联锁保护	报警	显示	
一	综合水泵房								
1	电动消防水泵出口母管压力	√	√			√	高/低	√	
2	柴油消防水泵出口母管压力	√	√			√	高/低	√	
3	消防稳压泵出口母管压力			√		√	高/低	√	
4	工业水泵出口母管压力		√			√	高/低	√	
5	生水泵出口母管压力		√			√	高/低	√	
6	生活水泵出口母管压力		√			√	高/低	√	
7	工业、消防蓄水池液位		√			√	高/低	√	
8	生水蓄水池液位		√			√	高/低	√	
9	生活蓄水池液位		√			√	高/低	√	
10	综合水泵房集水坑液位			√		√	高		
二	消防水泵本体								
1	电动消防水泵电动机定子绕组温度		√				高	√	
2	电动消防水泵电动机轴承温度		√				高	√	
3	电动消防水泵轴承温度		√				高	√	
4	柴油消防水泵轴承温度		√				高	√	

五、循环水泵房

1．系统说明

（1）系统构成。循环水泵房一般包括循环水泵、进口蝶阀、出口液压控制蝶阀、联络阀门、清污机、泵房集水坑排污泵等。循环水泵分为立式泵和卧式泵。立式泵一般设有润滑冷却系统和电动机冷却系统。

（2）系统功能。用于冷却、凝结汽轮机排汽的系统称作冷却水系统，冷却水系统分为直流冷却水系统、开式循环冷却水系统、闭式水循环冷却水系统，后两种系统称为循环水系统，循环水泵房用于向该循环水系统提供冷却水。循环水泵房系统P&ID见图4-96。

2．设计输入

设计输入包括循环水泵房循环水系统图，设计说明，工艺参数及定值，循环水泵本体测点图、液控蝶阀本体测点图、循环水泵房系统设备厂商资料。

3．检测范围

检测范围包括循环水泵房系统的所有测量仪表；循环水泵设备本体检测。

4．检测内容

（1）循环水泵房循环水系统检测。

1）检测内容包括能够代表循环水泵房系统运行状态的压力、差压、液位等运行参数。

2）循环水泵出口压力检测，以监视水泵的运行状态。

3）循环水泵吸入口水池、集水坑的液位测量。

4）循环水泵吸入口水池清污机或滤网前后水位差测量，用以控制清污机的启停。

（2）循环水泵房设备本体检测。

1）循环水泵本体提供的检测至少应包括循环水泵电动机定子绕组温度、轴承温度、轴承振动。

2）循环水泵轴承润滑冷却水系统冷却水升压泵出口压力检测。

3）循环水泵电动机润滑油站高、低位油箱油位检测。

4）循环水泵出口液控蝶阀阀位等检测。

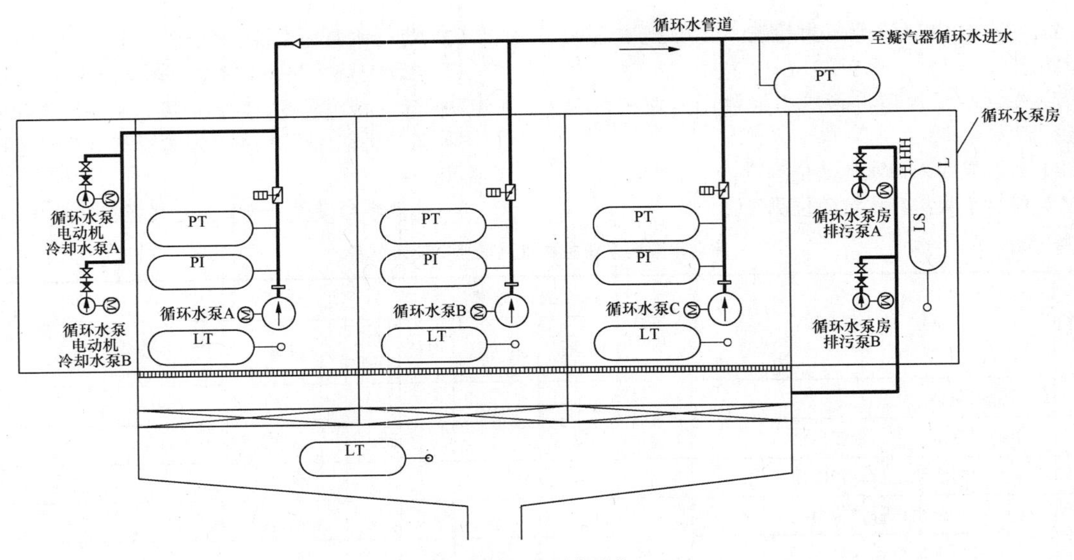

图 4-96 循环水泵房系统 P&ID

5. 检测项目及仪表配置清单（见表 4-62）

表 4-62 循环水泵房系统主要检测项目及仪表配置

序号	测点名称	就地指示	仪表类型/数量		功能				备注
			模拟量	开关量	调节	联锁保护	报警	显示	
一	循环水系统								
1	循环水泵出口压力	√	√				高/低	√	
2	循环水泵出口母管压力		√				低	√	
3	循环泵吸入口水池液位		√			√	低	√	
4	清污机前后水位差		√			√	高	√	
5	循环水泵房集水坑液位			√		√	高		
二	循环水泵本体								
1	循环水泵电动机冷却水压力	√							
2	循环水泵电动机冷却水流量			√			低		
3	循环水泵电动机定子绕组温度		√				高	√	
4	循环水泵电动机轴承温度		√				高	√	
5	循环水泵电动机润滑油温度		√				高	√	
6	循环水泵电动机油站高位油箱液位			√		√	高		如设油箱
7	循环水泵电动机油站低位油箱液位			√		√	低		如设油箱
三	循环水泵出口液压控制蝶阀本体								
1	液压控制蝶阀油站油箱油位	√	√			√	低	√	
2	液压控制蝶阀油站油泵出口压力	√							
3	液压控制蝶阀阀位		√			√			

六、辅机冷却水泵房

1. 系统说明

（1）系统构成。当电厂的循环水系统采用直流冷却水系统或开式循环冷却水系统时，主厂房开式循环冷却水一般直接由循环水系统提供，不再设置辅机冷却水系统；电厂的循环水系统采用闭式循环冷却水系统时，主厂房开式循环冷却水由辅机冷却水系统提供。

辅机冷却水泵房一般包括辅机冷却水泵、进口蝶阀、出口液压控制蝶阀、联络阀门、平板滤网、机械通风冷却塔（或辅机干冷塔）、泵房集水坑排污泵等。

（2）系统功能。辅机冷却水系统用于向主厂房闭式循环冷却水系统及部分辅机提供温度合适的开式循环冷却水，辅机冷却水经辅机冷却水泵送入换热器进行热交换，被加热的冷却水经机械通风冷却塔冷却后，流入冷却塔底部水池，再由辅机冷却水泵送入主厂房开式循环冷却水系统循环使用。机械通风冷却塔一般由轴流风机、塔体、淋水填料、配水系统、收水器（除水器）等组成，用于冷却辅机冷却水。

辅机冷却水系统主要分为湿冷系统和干冷系统两种形式。湿冷系统是指带机械通风冷却塔的开式循环冷却水系统；干冷系统是指带机械通风干冷塔的闭式循环冷却水系统。本节主要介绍带机械通风冷却塔的开式循环冷却水系统，带机械通风干冷塔的闭式循环冷却水系统具体内容见空冷系统。辅机冷却水系统P&ID见图4-97。

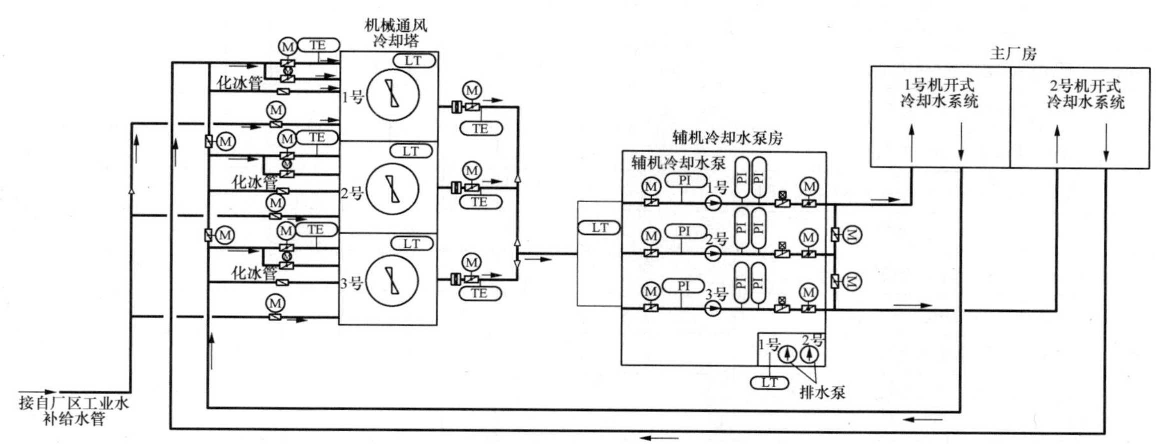

图 4-97　辅机冷却水系统 P&ID

2. 设计输入

设计输入包括辅机冷却水泵房系统图，设计说明，工艺参数及定值，水泵本体测点图、液压控制蝶阀本体测点图、机械通风冷却塔本体测点图、辅机冷却水泵房系统设备厂商资料。

3. 检测范围

检测范围包括辅机冷却水泵房系统的所有测量仪表；辅机冷却水泵、机械通风冷却塔设备本体检测。

4. 检测内容

（1）辅机冷却水泵房循环水系统检测。

1）辅机冷却水泵出口压力检测，以监视水泵的运行状态。

2）辅机冷却水泵吸入口水池、集水坑液位测量。

3）辅机冷却水泵吸入口水池滤网前后水位差测量。

4）机械通风冷却塔出口水温。

（2）辅机冷却水泵房设备本体检测。

1）辅机冷却水泵本体提供的检测至少应包括水泵轴承温度，水泵电动机定子绕组温度、轴承温度。

2）辅机冷却水泵出口液压控制蝶阀阀位等检测。

3）机械通风冷却塔风机本体提供的检测至少应包括风机减速箱轴承振动、减速箱油温、油位。

4）机械通风冷却塔风机电动机定子绕组温度、轴承温度检测。

5. 检测项目及仪表配置清单（见表4-63）

表 4-63　　辅机冷却水泵房系统主要检测项目及仪表配置

序号	测点名称	就地指示	仪表类型/数量		功能				备注
			模拟量	开关量	调节	联锁保护	报警	显示	
一	辅机冷却水泵房								
1	辅机冷却水泵出口压力	√	√					√	
2	辅机冷却水泵出口母管压力		√				低	√	
3	辅机冷却水泵出口母管温度		√					√	

续表

序号	测点名称	就地指示	仪表类型/数量		功能				备注
			模拟量	开关量	调节	联锁保护	报警	显示	
4	辅机冷却水泵吸入口水池液位		√			√	低	√	
5	辅机冷却水泵吸入口水池滤网前后水位差		√			√	高	√	
6	辅机冷却水泵房集水坑液位			√		√	高		
7	机械通风冷却塔出口水温		√		√		高	√	
二	辅机冷却水泵房设备本体								
1	辅机冷却水泵电动机定子绕组温度		√				高	√	
2	辅机冷却水泵电动机轴承温度		√				高	√	
3	辅机冷却水泵轴承温度		√				高	√	
三	辅机冷却水泵出口液压控制蝶阀本体								
1	液压控制蝶阀油站油箱油位	√	√			√	低	√	
2	液压控制蝶阀油站油泵出口压力	√							
3	液压控制蝶阀阀位		√			√			
四	机械通风冷却塔本体								
1	机械通风冷却塔风机电动机定子绕组温度		√				高	√	
2	机械通风冷却塔风机电动机轴承温度		√				高	√	
3	机械通风冷却塔风机减速箱轴承振动		√				高	√	
4	机械通风冷却塔风机减速箱油温		√				高	√	
5	机械通风冷却塔风机减速箱油位		√				低	√	
6	机械通风冷却塔水池水位			√			高/低		

七、煤水处理系统

1. 系统说明

（1）系统构成。煤水处理系统包括输煤废水收集、含煤废水初沉池、废水提升泵、煤水离心澄清处理装置、中间水池（箱）、自清洗过滤器、清水池、回用水泵、厂区内回用水。

（2）系统功能。煤水处理系统也称含煤废水处理系统，主要用于电厂输煤皮带冲洗和煤场排水等废水处理。经过煤水处理系统高效处理后的水可以供给电厂或者各用水点重复使用。

含煤废水进入含煤废水初沉池中，经初沉池沉淀后的含煤废水由废水提升泵提升至煤水离心澄清处理装置内，同时在该装置前投加无机混凝剂及有机助凝剂，或经过电子絮凝器，在重力和离心力作用下逐渐下沉至煤水处理装置中的污泥浓缩区。经过处理的水进入中间水池。经过滤后的水再经清水区后排出。

煤水调节池中污泥浓缩区的煤泥，在旋流力及静压的作用下使污泥快速浓缩，连续或定期经煤泥提升泵排至煤场。煤水处理系统 P&ID 见图 4-98。

2. 设计输入

设计输入包括煤水处理系统图，设计说明，工艺参数及定值，设备本体测点图、煤水处理系统设备厂商资料。

3. 检测范围

检测范围包括煤水处理系统的所有测量仪表；煤水处理系统设备本体检测。

4. 检测内容

检测内容包括能够代表煤水处理系统运行状态的压力、差压、液位、浊度等运行参数；煤水提升泵、中间水泵、回用水泵、煤泥提升泵出口压力，以监视水泵的运行状态；煤水沉淀池、中间水池、清水池设置液位；煤水提升泵出口、清水池入口浊度；煤水提升泵出口流量。

5. 检测项目及仪表配置清单（见表 4-64）

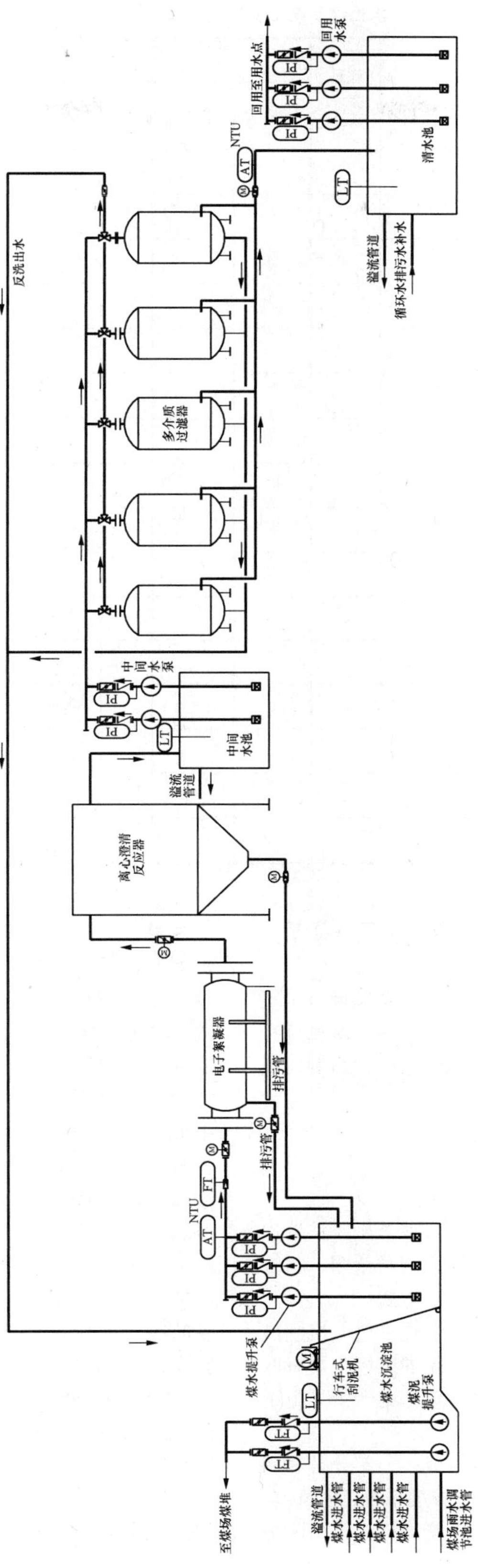

图 4-98　煤水处理系统 P&ID

表 4-64　　煤水处理系统主要检测项目及仪表配置

序号	测点名称	就地指示	仪表类型/数量		功能				备注
			模拟量	开关量	调节	联锁保护	报警	显示	
一	煤水处理系统								
1	煤水调节池液位		√			√	高/低	√	
2	煤水提升泵出口压力	√	√				低		
3	煤水提升泵出口流量		√					√	
4	煤水提升泵出口浊度		√					√	
5	中间水池液位		√				高/低	√	
6	中间水泵出口压力	√	√			√	低	√	
7	清水池入口浊度		√				高	√	
8	清水池液位		√			√	高/低	√	
9	回用水泵出口压力	√	√					√	
10	煤泥提升泵出口压力	√							
二	加药系统								
1	混凝剂溶解箱液位	√	√			高/低	√	√	
2	混凝剂计量泵出口压力	√							
3	助凝剂溶解箱液位	√	√			高/低	√	√	
4	助凝剂计量泵出口压力	√							

第九节　采暖、通风及空气调节

本节将火力发电厂的采暖、通风及空气调节系统的检测与报警设计分为空气调节系统、制冷站系统、采暖系统三大部分，以工艺系统常用的配置为例，提出仪表检测和报警设计的基本要求。

一、空气调节系统

1. 系统说明

（1）系统构成。火力发电厂空气调节系统，根据其服务区域的功能、工艺设备性质、区域范围、布置位置、冷热源状况等，主要采用以下方式：

1）集中空调。集中、全年运行、全空气一次回风的空气调节系统。采用集中空调系统的区域主要有两个：一个是集中控制室及其辅助区域；另一个是电子设备间及其辅助区域。

集中空调系统一般由两部分构成：一部分是空调机组；另一部分是风道、阀门及防排烟系统，由风道、风量调节阀、防火阀等组成。其中空调机组常用两种形式实现：一种是屋顶式风冷恒温恒湿空调机组，由室内组合式空气处理机组+室外机组成，屋顶式恒温恒湿空调机组工艺流程包括送风段、回风段、初效过滤段、消声段、中间段、中效过滤段、蒸发表冷段、热水加热段+电加热段、加湿段、送风机段、中间段、消声段、压缩冷凝段；另一种是水冷组合式空气处理机组，由室内组合式空气处理机组+集中制冷站组成，组合式空气处理机组是由初效过滤段、中效过滤段、表冷段、电加热段、加湿段、送风机段、消声段、送风段等组成，集中制冷站作为冷源。

2）独立的全空气一次回风空调系统。如主厂房内或辅助车间（系统）内各分散布置的控制室、电子设备间等，空调为独立装置，配供检测仪表，不需要单独设计。

3）厂区的配电室。一般配置两台新风降温机组（一用一备），由室内机、室外机组成，室内机为过滤段和风机；室外机为压缩冷凝段。

（2）系统功能。空调机组是对室内空气进行制冷、加热、除湿或加湿工作，以保证电子设备间、集中控制室等房间温湿度在合理的范围内。

在风道、阀门及防排烟系统中，冷热水调节阀、风道风量调节阀，是用来对进、出空调机组的冷水（水冷组合式空气处理机组）、热水和风量进行调节；防火阀、排烟阀和排烟风机是配合设置防火分区和防止火灾蔓延，纳入火灾报警系统监控、联动。

恒温恒湿机组空调系统 P&ID 如图 4-99 所示，组合式空气处理机组空调系统 P&ID 如图 4-100 所示。

2. 设计输入

设计输入包括集中控制室、电子设备间空调系统图，各系统工艺参数及定值，空调机组设备厂家资料。

3. 检测范围

空调系统的仪表检测范围包括空调系统所有测量仪表及空调机组本体检测。

4. 检测内容

（1）空调系统检测。

1）空调机组送风、回风、新风管道设置温、湿度检测仪表，监测空调系统的送风、回风和新风温、湿度状态，当送风温度超限时报警并控制送风温度在合理范围内；冬季采暖时，调节热水调节阀，以保证空调机组出风温度满足要求。

2）设置房间温、湿度检测仪表，当被控房间温、湿度实测值超限时应报警。

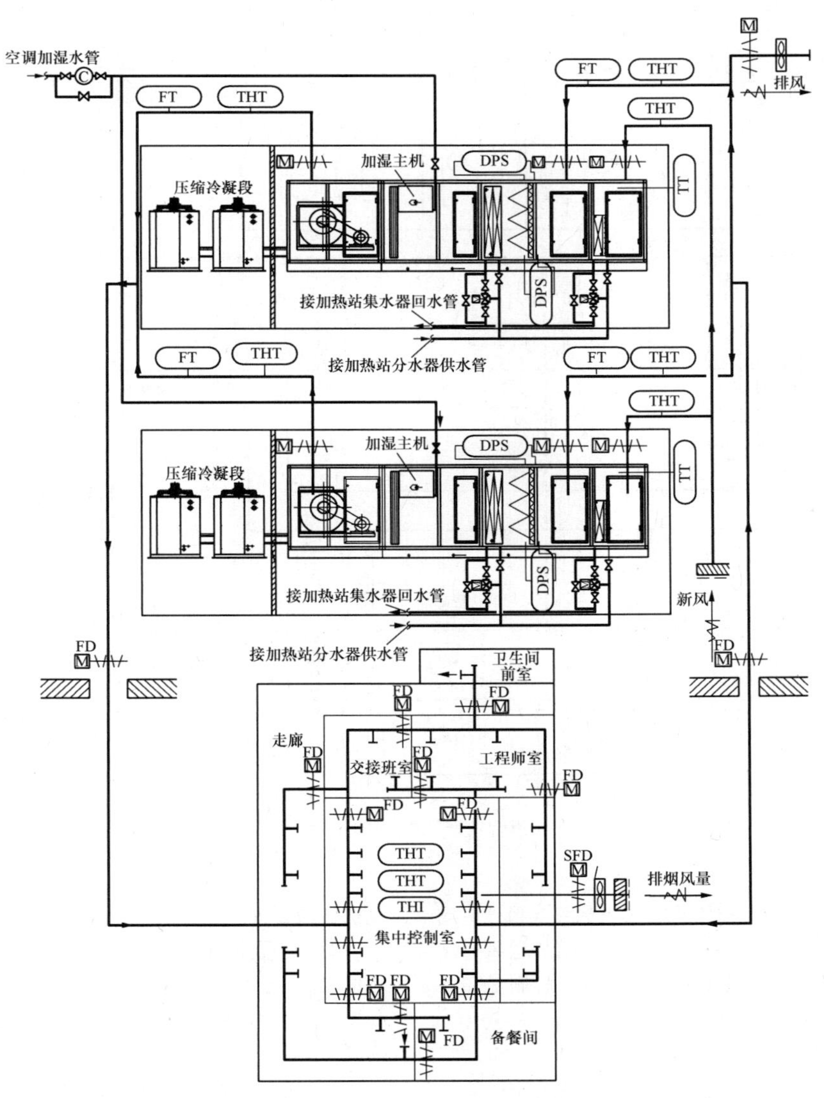

图 4-99 恒温恒湿机组空调系统 P&ID

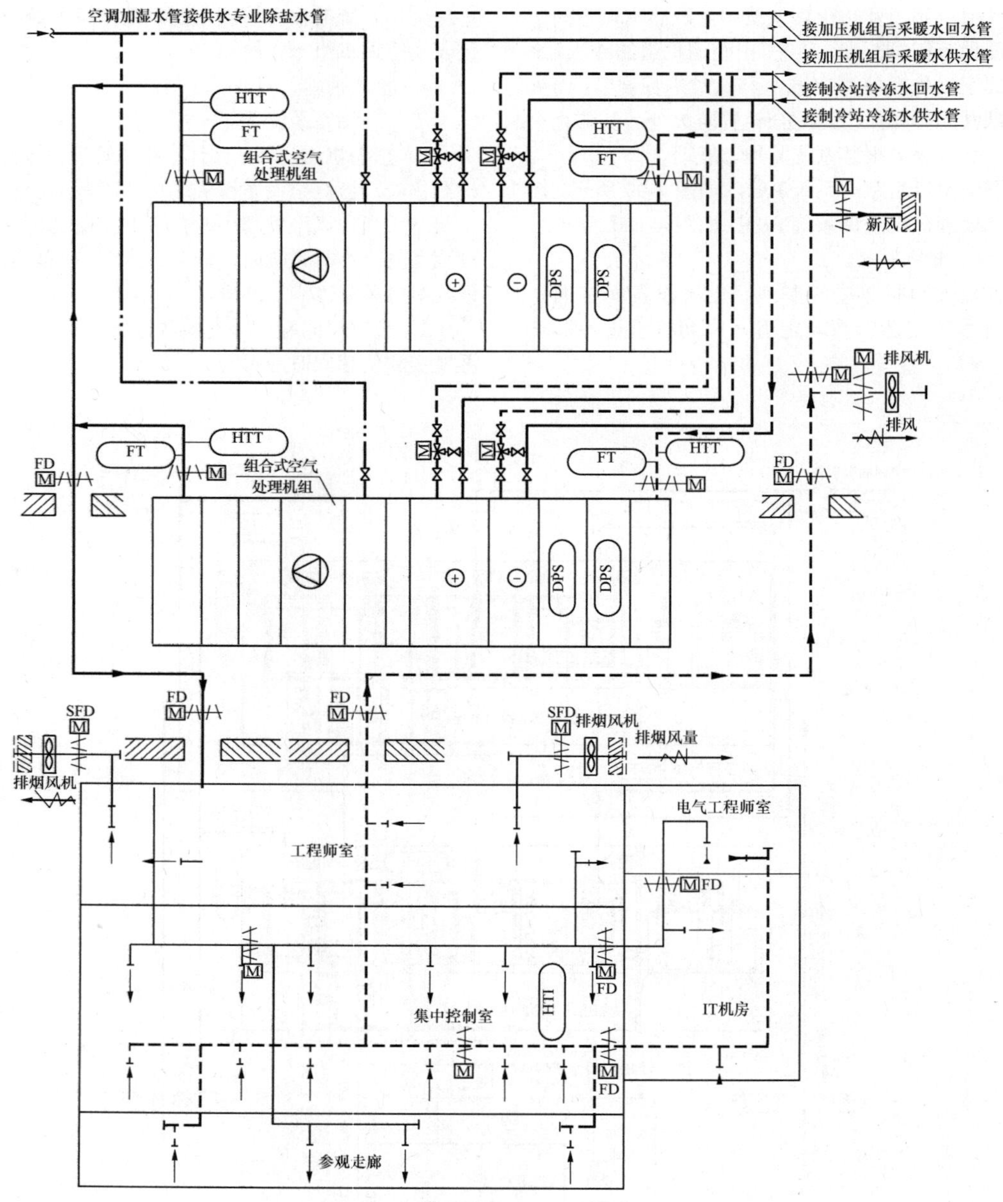

图 4-100　组合式空气处理机组空调系统 P&ID

3）空调机组送风、回风管道设置风量（风速）测量仪表，用以监测空调系统风量，相应调节送风、回风和新风风量调节阀，保证房间微正压，且满足需要的新风量和补偿风量。

（2）设备本体检测。

1）空调机组设备本体设置初效、中效过滤段差压检测仪表，差压高时应及时报警。

2）空调机组设置送风机、回风机差压保护开关，风机低流量时应及时报警。

3）设置空调机组表冷段温度或防冻报警温度检测仪表。

4）制冷压缩机设置压缩机电动机超温保护检测仪表。

5）对于高寒地区使用的风冷式恒温恒湿空调机组，新风预热段入口处设盘管防冻温度检测仪表，送风机停机且室外温度低于一定值时，启动电加热器，对新风进行预热，以防热水盘管冻裂。

5. 检测项目及仪表配置清单（见表 4-65）

表 4-65　　集中空调系统主要检测项目及仪表配置

序号	测点名称	就地指示	仪表类型/数量		功能				备注
			模拟量	开关量	控制	联锁保护	报警	显示	
一	空调系统								
1	空调机组送风温、湿度		√		√		高	√	
2	空调机组回风温、湿度		√					√	
3	被控房间温、湿度		√		√			√	
4	空调机组送风量（风速）		√		√			√	
5	空调机组回风量（风速）		√		√			√	
二	空调机组本体								
1	初效过滤段差压			√			高		
2	中效过滤段差压			√			高		
3	送风机、回风机差压开关			√			低		
4	新风入口盘管温度			√			低		

注　本表内容以部分 600MW 机组工程水冷和风量集中空调机组系统为基础编制整理，工程设计以设备技术协议要求和设备厂商的设计资料为准。

二、制冷站系统

1. 系统说明

（1）系统构成。制冷站作为水冷组合式空气处理机组的室外冷源也称为集中制冷站，我国南方地区及部分涉外工程的火力发电厂，多根据气候特点设置集中制冷站作为全厂集中空调系统的冷源。

制冷站系统包括冷水系统、冷却水系统（仅水冷冷水机组有）、蒸汽及凝结水系统（仅蒸汽型溴化锂吸收式水冷冷水机组有）。该系统由冷水机组、冷却塔（仅水冷冷水机组有）、集水器、分水器、过滤器、循环水泵、补水泵、水箱及阀门等主要设备组成，给全厂的集中空调系统提供冷水。按冷水机组冷凝器冷却方式的不同，可以将冷水机组分为水冷冷水机组、风冷冷水机组和蒸发冷凝式冷水机组。根据冷负荷的大小配置制冷站冷水机组的形式，火力发电厂常用螺杆式风冷冷水机组和螺杆式水冷冷水机组、溴化锂吸收式水冷冷水机组。

（2）系统功能。螺杆式风冷冷水机组和螺杆式水冷冷水机组都是由压缩机吸入蒸发制冷后的低温低压制冷剂气体，然后压缩成高温高压气体送冷凝器，高温高压气体经冷凝器冷却后使气体冷凝变为常温高压液体，当常温高压液体经节流成低温低压的湿蒸汽时，流入壳管蒸发器，与蒸发器壳体内的水进行热交换，吸收水中的热量，产生冷水，蒸发后的制冷剂再吸回到压缩机中，又重复下一个制冷循环，从而实现制冷的目的。而风冷冷水机组一般采用翅片式冷凝器，直接以空气为冷却介质，系统中不需要相关的冷却水装置，而水冷冷水机组一般采用的冷凝器以水为冷却介质，需配置冷却塔。

溴化锂吸收式水冷冷水机组是以溴化锂溶液为吸收剂材料，以水为制冷剂溶液，以一定温度、压力的蒸汽作为动力。水在真空状态下蒸发，具有较低的蒸发温度，从而吸收载冷剂热负荷，使之温度降低。溴化锂水溶液在常温和低温下强烈地吸收水蒸气，但在高温下又能将其吸收的水分释放出来。制冷过程中的热能为蒸汽，利用水在高真空中蒸发吸热达到制冷的目的。溴化锂吸收式水冷冷水机组的冷凝器冷却水也需配置冷却塔来冷却。

水冷冷水机组的冷却水系统常用的有开式冷却塔和闭式冷却塔，受水源条件及保护政策的限制，冷却水系统基本采用循环闭式冷却塔。

螺杆式风冷冷水机组制冷站系统 P&ID 如图 4-101 所示；螺杆式水冷冷水机组制冷站系统 P&ID 如图 4-102 所示；溴化锂吸收式水冷冷水机组制冷站系统 P&ID 如图 4-103 所示。

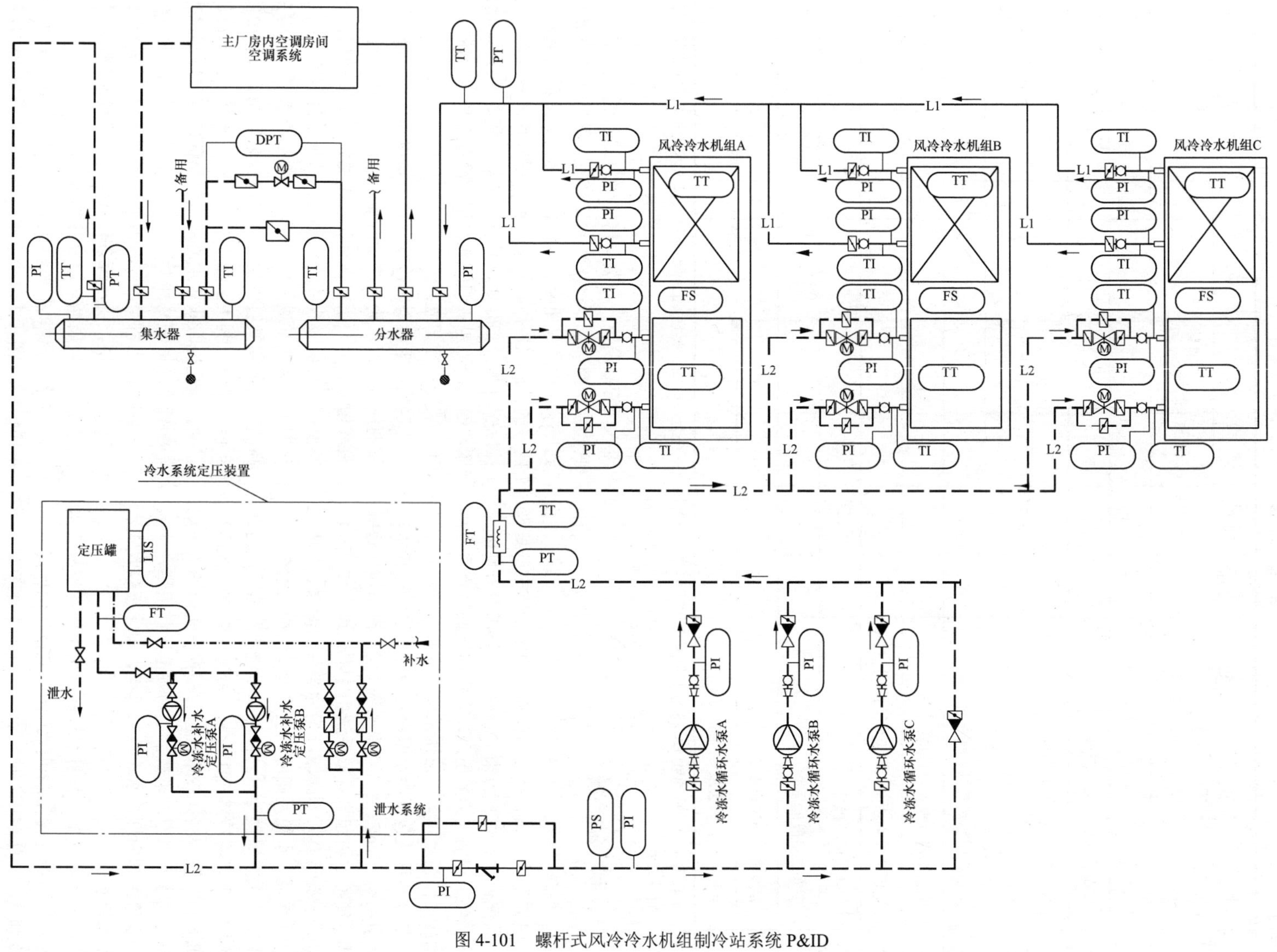

图 4-101　螺杆式风冷冷水机组制冷站系统 P&ID

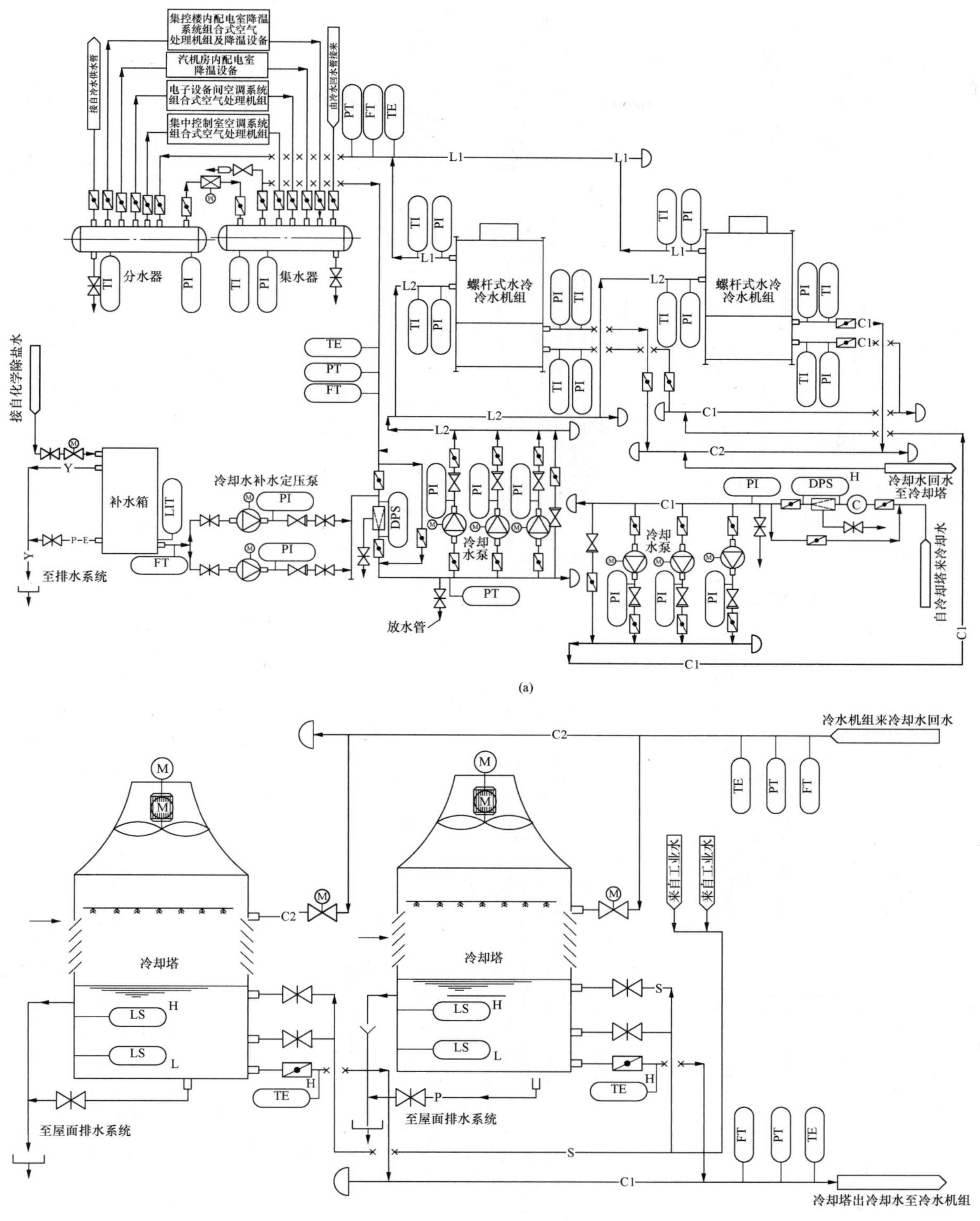

图 4-102　螺杆式水冷冷水机组制冷站系统 P&ID

（a）螺杆式水冷冷水机组 P&ID；（b）螺杆式水冷冷却塔 P&ID

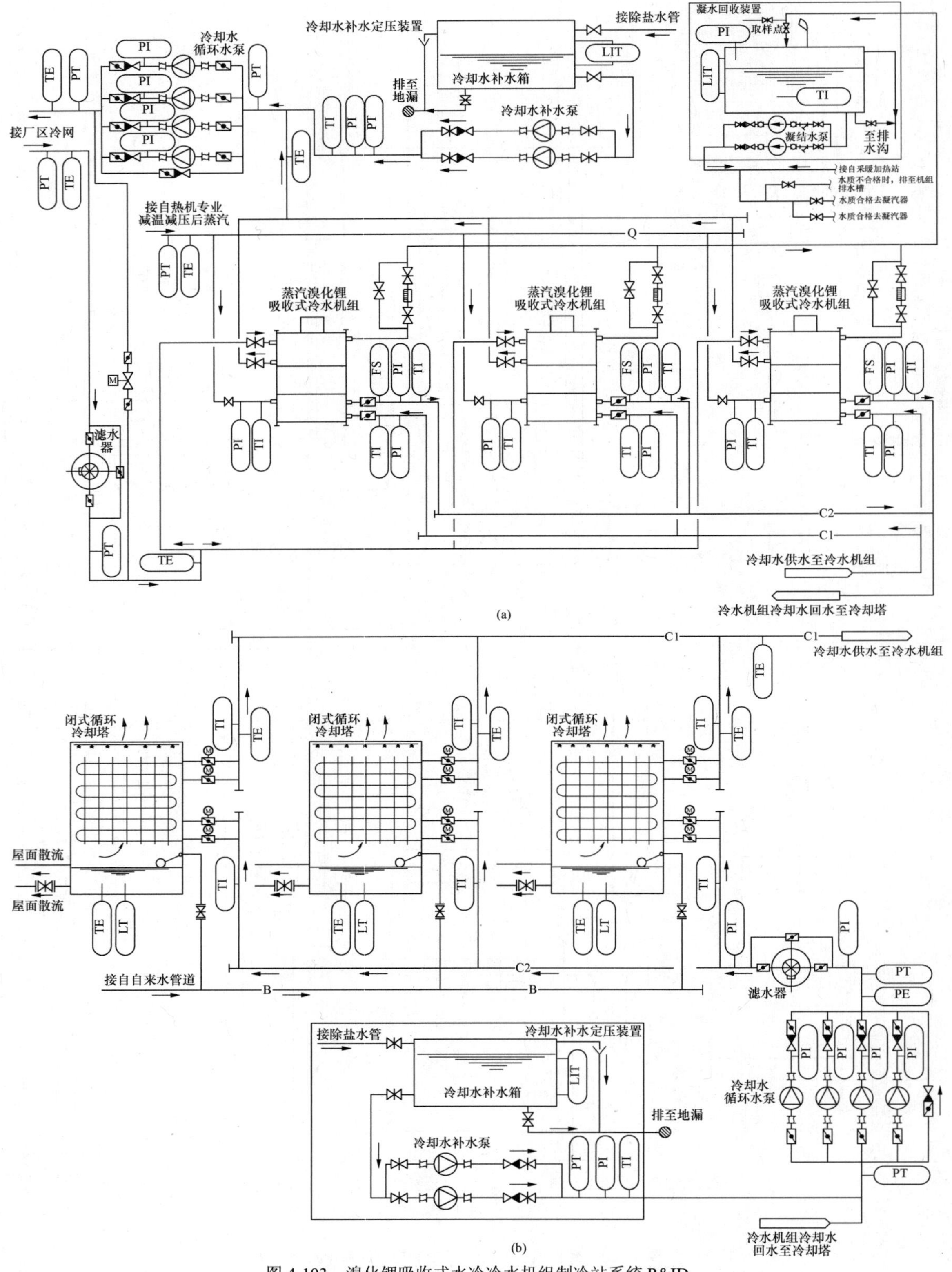

图 4-103　溴化锂吸收式水冷冷水机组制冷站系统 P&ID

（a）溴化锂吸收式水冷冷水机组 P&ID；（b）溴化锂吸收式水冷冷却塔 P&ID

2. 设计输入

设计输入包括集中制冷站系统图，制冷站设计说明，制冷站工艺参数及定值，冷水机组、冷却塔（仅水冷机组有）、补水定压装置、过滤器等设备厂商资料。

3. 检测范围

检测范围包括制冷站冷却水系统（仅水冷冷水机组有）、冷水系统、蒸汽及凝结水系统等的所有测量仪表；冷水机组、冷却塔（仅水冷冷水机组有）、补水定压装置、分水器、集水器等设备本体检测。

4. 检测内容

（1）冷水系统检测。

1）能够代表冷水系统运行状态的温度、压力、流量、差压等参数检测；冷水机组、水泵、过滤器等设备的运行状态，受控阀门的开关或开度等检测。

2）冷水循环水泵入口母管压力检测，用于作为系统定压值，并保证循环水泵的汽蚀余量，以保护循环水泵。

3）每台循环水泵出、入口压力检测，监视水泵运行状态。

4）循环水泵出口母管冷水压力、温度检测，监视制冷站供冷水的温度和压力。

5）如补水量大或有水量计量需要，可监视冷水补水箱补水流量。

6）制冷站的冷水回水总管的温度、压力和流量检测。

（2）冷却水系统检测（仅水冷冷水机组有）。

1）能够代表冷却水系统运行状态的温度、压力、流量、差压等参数检测；冷却塔风机、水泵、过滤器等设备的运行状态，受控阀门的开关或开度等检测。

2）冷却水循环水泵出口母管压力检测，联锁备用循环水泵的启停。

3）每台循环水泵和补水泵出、入口压力检测，监视水泵运行状态。

4）冷却水循环水泵出口母管冷水温度检测，监视冷却塔入口冷却水的温度。

5）如补水量大或有水量计量需要，可监视冷却水补水箱补水流量。

6）冷却塔的冷却水出水总管的温度、压力检测。

7）采用冷却塔直接供冷时，还应对换热器一、二次侧的进/出口温度、压力进行检测。

（3）蒸汽及凝结水系统（仅蒸汽溴化锂吸收式水冷冷水机组有）检测。蒸汽压力、温度、流量检测，监视进入溴化锂机组的蒸汽压力、温度、流量是否满足热源要求。

（4）设备本体检测。

1）螺杆式风冷冷水机组本体至少设置以下检测内容：

a. 压缩机电动机过载保护检测、电动机绕组温度检测、回油温度检测、排气温度过高检测（保护）、润滑油压力过低检测（保护）、冷却水断水检测（冷却水出水水流开关）。

b. 设置压缩机入口制冷剂压力低开关和压缩机出口制冷剂压力高开关。

c. 冷水机组周围环境温度检测，根据冷水机组周围环境温度和制冷负荷的变化控制风机启停台数。

d. 冷水机组冷水进、出口的水温、水压检测。

e. 冷水机组冷水出口设置水流开关，水流信号消失，系统不能启动压缩机，作为蒸发器防冻保护。

2）螺杆式水冷冷水机组本体至少设置以下检测内容：

a. 压缩机电动机过载保护检测、电动机绕组温度检测、回油温度检测、排气温度过高检测（保护）、润滑油压力过低检测（保护）、冷却水断水检测（冷却水出水水流开关）、压缩后高温高压制冷剂压力检测。

b. 设置压缩机入口制冷剂压力低开关和压缩机出口制冷剂压力高开关。

c. 冷却水进水、出水的温度、压力检测。

d. 冷水机组冷却水进、出口的水温、水压检测。

e. 冷水机组冷却水出口设置水流开关，水流信号消失，系统不能启动压缩机，作为蒸发器防冻保护。

3）蒸汽型溴化锂吸收式水冷冷水机组本体至少设置以下检测内容：

a. 蒸发器进、出口冷却水温度检测，出水断流检测。

b. 吸收器和冷凝器的进、出口冷却水温度检测。

c. 高压发生器进口蒸汽压力检测，蒸汽冷凝水温度检测。

d. 高压发生器、低压发生器、吸收器的液位检测，高压发生器、低压发生器的溶液温度检测。

e. 溶液泵出口稀溶液温度检测。

4）补水定压装置本体至少设置以下检测内容：

a. 泵进口、出口压力检测。

b. 补水箱液位检测，与补水阀开、关及补水泵的启、停联锁。

5）闭式循环冷却塔本体至少设置以下检测内容：

a. 冷却塔进水温度、压力检测，冷却塔出水温度、压力检测，环境温度检测，冷却塔出口冷却水供水温度用来控制冷却塔风机转速或开启风机的台数。

b. 冷却塔水箱水温、液位检测，水箱液位与补水阀的开、关联锁。

c. 设置冷却塔出水水流开关，作为冷却塔防冻保护。

5. 检测项目及仪表配置清单（见表4-66～表4-69）

表 4-66 风冷冷水机组制冷站系统主要检测项目及仪表配置

序号	测点名称	就地指示	仪表类型/数量		功能				备注
			模拟量	开关量	控制	联锁保护	报警	显示	
1	冷却水循环水泵入口母管水压（定压点）		√		√		低	√	
2	各冷却水循环水泵出、入口压力	√							
3	冷却水循环水泵出口母管冷水压力		√			√		√	
4	冷却水循环水泵出口母管冷水温度		√					√	
5	制冷站冷水回水流量		√					√	
6	风冷冷水机组出口母管冷水温度		√		√			√	
7	冷却水补水定压装置水箱液位		√			√		√	
8	冷却水补水定压装置补水泵进、出口压力	√							
9	过滤器差压		√				高	√	
10	分水器本体压力	√							
11	分水器本体温度	√							
12	集水器本体压力	√							
13	集水器本体温度	√							

注 本表内容以部分600MW机组工程螺杆式风冷冷水机组制冷站系统为基础编制整理，工程设计以设备技术协议要求为准。

表 4-67 水冷冷水机组制冷站系统主要检测项目及仪表配置

序号	测点名称	就地指示	仪表类型/数量		功能				备注
			模拟量	开关量	控制	联锁保护	报警	显示	
一	冷水系统								
1	冷水循环水泵入口母管水压（定压点）		√		√		低	√	
2	各冷水循环水泵出、入口压力	√							
3	冷水循环水泵出口母管冷水压力		√			√		√	
4	冷水循环水泵出口母管冷水温度		√					√	
5	制冷站冷水回水流量		√					√	
6	风冷冷水机组出口母管冷水温度		√		√			√	
7	冷水补水定压装置水箱液位高/低			√		√		√	
8	冷水补水定压装置补水泵进、出口压力	√							
9	过滤器差压		√				高	√	
10	分水器本体压力	√							
11	分水器本体温度	√							
12	集水器本体压力	√							
13	集水器本体温度	√							
二	冷却水系统								

续表

序号	测点名称	就地指示	仪表类型/数量		功能				备注
			模拟量	开关量	控制	联锁保护	报警	显示	
1	冷却水循环水泵出口母管冷却水压力		√			√		√	
2	各冷却水循环水泵出、入口压力	√							
3	各冷却水补水泵出、入口压力	√							
4	冷却塔出水母管冷却水温度		√			√		√	
5	冷却塔出水母管冷却水压力		√					√	
6	冷却水补水箱液位高/低			√		√		√	
7	冷却塔进水温度		√		√			√	
8	冷却塔出水温度		√			√		√	
9	冷却塔进水压力	√							
10	冷却塔出水压力	√							
11	冷却塔冷却水出水流量			√			低		
12	冷却塔周围环境温度		√		√			√	
13	冷却塔水箱水位			√		√	高/低		
14	冷却水过滤器差压		√				高	√	
15	换热器冷却水进口压力	√							冷却塔直接供冷时
16	换热器冷却水出口温度	√							冷却塔直接供冷时
17	换热器冷水进口温度		√					√	冷却塔直接供冷时
18	换热器冷水出口温度		√			√		√	冷却塔直接供冷时
三	蒸汽系统								仅蒸汽型溴化锂吸收式水冷冷水机组有
1	蒸汽压力	√			√			√	
2	蒸汽温度	√						√	
3	蒸汽流量	√						√	

注　本表内容以部分600MW机组工程水冷冷水机组制冷站系统为基础编制整理，工程设计以设备技术协议要求和设备厂商的设计资料为准。

表4-68　　螺杆式风冷/水冷冷水机组本体主要检测项目及仪表配置

序号	测点名称	就地指示	仪表类型/数量		功能				备注
			模拟量	开关量	控制	联锁保护	报警	显示	
1	压缩机绕组温度		√			√	高	√	
2	压缩机润滑油回油温度		√				高	√	
3	压缩机排气温度		√			√	高	√	
4	压缩机润滑油压力			√		√	低		
5	压缩机冷却水流量			√		√	低		
6	压缩机入口制冷剂压力			√			低		

续表

序号	测点名称	就地指示	仪表类型/数量		功能				备注
			模拟量	开关量	控制	联锁保护	报警	显示	
7	压缩机出口制冷剂压力			√			高		
8	冷水机组进口冷水温度	√	√					√	
9	冷水机组出口冷水温度	√	√		√			√	
10	冷水机组进、出口冷水压力	√							
11	冷水机组出口冷水流量			√		√	低		
12	环境温度		√		√			√	风冷冷水机组有
13	冷却水进水温度		√		√			√	水冷冷水机组有
14	冷却水出水温度		√		√			√	水冷冷水机组有
15	冷却水进水、出水压力	√							水冷冷水机组有

注　本表内容以部分 600MW 机组工程螺杆式风冷/水冷水冷冷水机组本体检测为基础编制整理，工程设计以设备技术协议要求和设备厂商的设计资料为准。

表 4-69　　蒸汽双效溴化锂吸收式水冷冷水机组本体主要检测项目及仪表配置

序号	测点名称	就地指示	仪表类型/数量		功能				备注
			模拟量	开关量	控制	联锁保护	报警	显示	
1	蒸发器冷水进口温度		√					√	
2	蒸发器冷水出口温度		√		√			√	
3	蒸发器冷水出口流量			√		√	低		
4	冷凝器进口冷却水温度		√				高/低	√	
5	冷凝器出口冷却水温度		√					√	
6	吸收器进口冷却水温度		√					√	
7	吸收器出口冷却水温度		√				高/低	√	
8	高压发生器进口蒸汽压力		√		√			√	
9	蒸汽冷凝水温度		√					√	
10	高压发生器液位		√				高/低	√	
11	低压发生器液位		√				高	√	
12	吸收器液位		√				高/低	√	
13	高、低温换热器进口稀溶液温度	√							
14	高、低温换热器出口浓溶液温度	√							
15	溶液泵出口稀溶液温度		√				低	√	

注　本表内容以部分 600MW 机组工程蒸汽双效溴化锂吸收式水冷冷水机组本体检测为基础编制整理，工程设计以设备技术协议要求和设备厂商的设计资料为准。

三、供暖加热站系统

1. 系统说明

（1）系统构成。供暖加热站系统向厂区各供暖建筑提供符合供暖要求的热媒，以保持室内或生产区环境温度在一定的温度范围内，避免工艺设备、管道存在的停运冻裂危险，以确保人员及设备的安全运行。供暖加热站系统由供暖热水加热系统、供暖水补水、定压系统、分配及输送系统等组成，主要设备包括热交换器、热网循环水泵、补水定压水泵、供暖热网补充水箱、集水器、分水器、分汽缸、排污过滤器、直连加压机组、相应的阀门等，汽水加热型换热机组还配有凝结水箱、凝结水输送泵等设备。随着集成化工艺水平的提高，也有将换热器、循环水泵、排污过滤器、补水泵、补水箱及相关仪表与控制设备集成一体的高效智能型换热机组，以及将凝结水泵、凝结水箱及相关仪表与控制设备集成一体的凝结水回收装置，占地少，安装调试周期短。

（2）系统功能。常用的供暖加热系统主要有汽水加热系统、水水加热系统和混水加热系统三种。汽水加热系统是以蒸汽为热源，通过汽水换热制备出合适温度的热水，经厂区供热管网输送至供暖建筑物内；水水加热系统是以高温水为热源通过水水换热制备温度较低的热水；混水加热系统是根据供热系统的温度需求，将热水系统的供回水按一定比例混合，从而满足热用户对供热量和供热温度的需求。本节以最常用的汽水换热系统为例对仪表检测进行说明。

厂区热水采暖系统属于闭式循环系统，需要在闭式循环系统中设置定压设备以保持整个系统完全充满水，不倒空、不汽化。热水网的定压从原理上可归为四类，即利用开式膨胀水箱定压、利用补给水的原有压力定压、利用水泵定压和利用气体定压，定压点一般是定压装置与热网的连接点。最常用的形式是利用补水泵定压的方式，定压点一般选在循环水泵入口母管。供暖加热补水是指热网初次运行向系统中充入的水和运行期间向系统中补入的水。

汽水型换热机组的蒸汽凝结水出水设置凝结水回收装置，回收蒸汽冷凝水，并通过凝结水输送泵送至其他工艺系统。

直连加压机组是利用低区供暖管网介质直连向高区（远区）供暖，火力发电厂中一般用于煤仓间和连接煤仓间的运煤栈桥供暖。在低区供暖管网压力、运行参数、运行方式均保持不变的前提下，采用直连加压机组，将低区管网的供水压力提高，送至高区（远区）散热器中。高区回水经过减压，使高区回水压力降低，保证高区回水与低区回水压力基本一致，从而实现高区（远区）与低区直连供暖。供暖加热站系统 P&ID 如图 4-104 所示。

2. 设计输入

设计输入包括供暖加热站系统图、系统设计说明、系统工艺参数及定值，换热机组、直连加压机组等设备厂商资料。

3. 检测范围

检测范围包括供暖加热站系统的所有测量仪表，包含换热机组、直连加压机组、凝结水回收装置（水水换热机组无此设备）等设备本体检测。

4. 检测内容

检测内容包括能够代表供暖加热站系统运行状态的温度、压力、流量、液位等运行参数；各个水泵等设备的运行状态，各个受控阀门的开关状态，调节阀门的开度等。

（1）换热机组本体检测。

1）换热机组蒸汽入口（热水）温度、压力及流量检测。

2）换热机组出口热水温度、压力及流量检测。

3）室外环境温度检测，用于控制加热蒸汽（热水）管上的温控阀开度，但如果单元机组制冷站、空冷等其他系统已设置检测项目，可共用。

4）蒸汽冷凝水压力、温度检测（仅汽水型换热机组有）。

5）各加热器入口蒸汽（热水）压力检测，各加热器出口热水温度、压力检测。

6）循环水泵出口压力、出口母管压力检测。

7）补水箱液位检测，用于联锁补水阀及补水的启停。

8）补水泵出口压力检测。

9）循环水泵入口母管压力、温度检测，作为热网回水压力、温度监视，其中压力还作为供暖加热站系统的定压点压力。

10）热水过滤器差压检测。

（2）凝结水回收装置检测。

1）凝结水回收水箱液位检测，用以联锁凝结水泵的启停。

2）凝结水回收水箱温度、压力检测。

3）凝结水泵出口压力检测。

（3）直连加压机组检测。

1）过滤器差压检测。

2）加压泵出口压力检测。

3）加压机组供水出口热水压力、温度检测。

4）加压机组回水入口压力、温度检测。

5）加压机组回水出口压力检测。

（4）其他检测。

1）分气缸本体压力、温度检测。

2）分水器本体压力、温度检测。

3）集水器本体压力、温度检测。

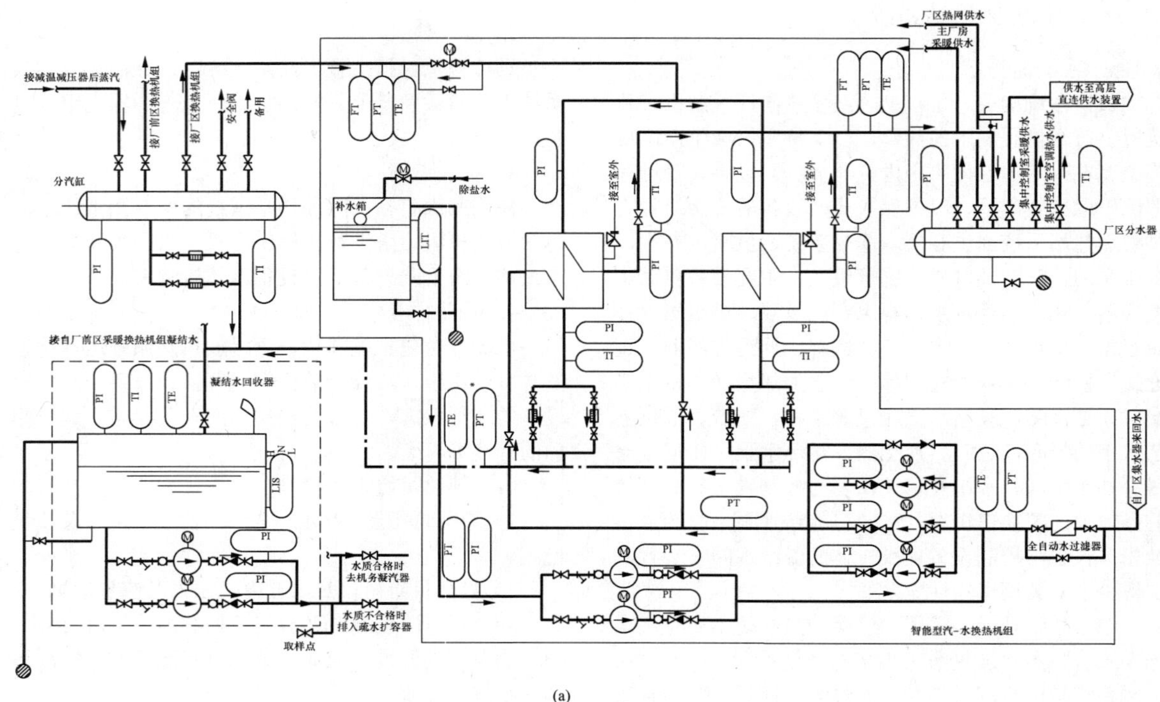

(a)

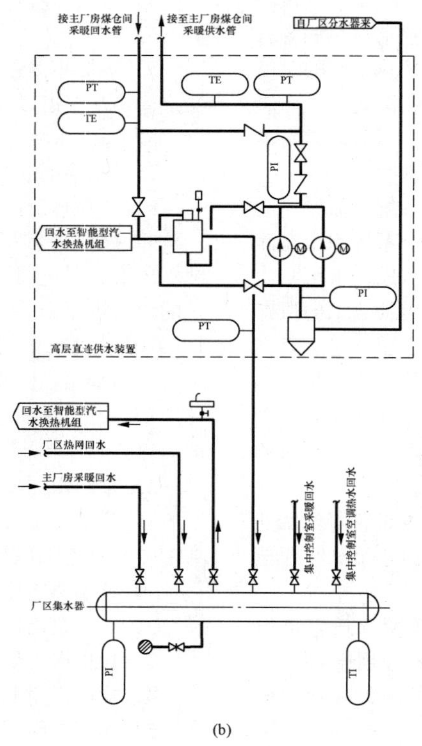

(b)

图 4-104　供暖加热站系统 P&ID

(a）换热机组 P&ID；(b）高区直连供水装置 P&ID

5. 检测项目及仪表配置清单（见表 4-70）

表 4-70　　供暖加热站系统主要检测项目及仪表配置

序号	测点名称	就地指示	仪表类型/数量		功能				备注
			模拟量	开关量	控制	联锁保护	报警	显示	
一	换热机组								
1	换热机组蒸汽（热水）入口温度		√		√		高	√	
2	换热机组蒸汽（热水）入口压力		√				高	√	
3	换热机组蒸汽（热水）入口流量		√					√	
4	换热机组出口热水温度		√		√			√	
5	换热机组出口热水压力		√					√	
6	换热机组出口热水流量		√					√	
7	环境温度		√		√			√	
8	换热机组蒸汽冷凝水压力		√				高	√	仅汽水型换热机组有
9	换热机组蒸汽冷凝水温度		√				高	√	仅汽水型换热机组有
10	加热器入口蒸汽（热水）压力	√							
11	加热器出口热水温度	√							
12	加热器出口热水压力	√							
13	循环水泵出口压力	√							
14	循环水泵出口母管压力		√			√		√	
15	补水箱液位	√	√			√	高/低	√	
16	补水泵出口压力	√							
17	循环水泵入口母管热网回水压力		√		√			√	系统定压点
18	循环水泵入口母管热网回水温度		√					√	
19	过滤器差压		√				高	√	
二	凝结水回收装置								仅汽水型换热系统有
1	凝结水回收水箱液位		√			√	高/低	√	
2	凝结水回收水箱温度	√							
3	凝结水回收水箱压力	√							
4	凝结水泵出口压力	√							
5	凝结水泵出口母管压力		√					√	
三	直连加压机组								
1	过滤器差压	√		√			高		
2	加压泵出口压力	√							
3	直连加压机组供水出口热水压力		√		√			√	
4	直连加压机组供水出口热水温度		√					√	
5	直连加压机组回水入口压力		√		√			√	
6	直连加压机组回水入口温度		√					√	

续表

序号	测点名称	就地指示	仪表类型/数量		功能				备注
			模拟量	开关量	控制	联锁保护	报警	显示	
7	直连加压机组回水出口压力		√		√			√	
四	其他								
1	分水器本体压力	√							
2	分水器本体温度	√							
3	集水器本体压力	√							
4	集水器本体温度	√							
5	分气缸本体压力	√							
6	分气缸本体温度	√							

注　本表内容以部分 600MW 机组工程供暖加热站系统为基础编制整理，工程设计以设备技术协议要求和设备厂商的设计资料为准。

第十节　性　能　试　验

一、性能试验目的

机组性能试验一般在机组完成 168h 满负荷试运移交试生产后进行。性能试验的目的是检验与考核机组的各项技术经济指标是否达到合同、设计和有关规定的要求。机组的性能试验是考验机组各主、辅机及系统是否达到设计性能的主要依据。

二、性能试验测点

为配合机组性能试验，热力系统需设置必要的测点，供性能试验使用，性能试验测点的设置应符合相关标准。性能试验仪表由试验单位提供，主蒸汽系统、再热蒸汽系统、给水系统等检测设计时需预留性能试验点的取样管座，温度套管等信号取源部件。性能试验点的设置内容和测点位置由主、辅机厂和性能试验单位提出。主要性能试验点的设置可参见表 4-71 内容，实际测点的设置以试验单位提出的测点清单为准。

表 4-71　　性能试验测点设置

序号	工艺系统	测点名称
1	烟风系统	空气预热器 A、B 侧进口烟气压力
2		空气预热器 A、B 侧进口烟气温度
3		空气预热器 A、B 侧出口烟气压力
4		空气预热器 A、B 侧出口烟气温度
5		空气预热器 A、B 侧出口飞灰含碳量
6		空气预热器 A、B 侧进口一次风压力
7		空气预热器 A、B 侧出口一次风压力

续表

序号	工艺系统	测点名称
8		空气预热器 A、B 侧进口二次风压力
9		空气预热器 A、B 侧出口二次风压力
10		除尘器 A、B 侧进口飞灰含碳量
11		除尘器 A、B 侧出口飞灰含碳量
12		一次风压力
13		空气预热器出口一次风温度
14		炉膛压力
15		炉膛氧量
16	制粉系统	磨煤机前压力
17		分离器前压力
18		分离器后压力
19		磨煤机前后差压
20		磨煤机通风量
21		磨煤机密封风量
22		磨煤机前风温
23		磨煤机出口风温
24		磨煤机给煤量
25	锅炉汽水系统	蒸汽流量
26		给水流量
27		主蒸汽温度
28		再热蒸汽温度
29		锅炉减温水流量
30		过热器一级减温后蒸汽压力
31		过热器二级减温后蒸汽压力

续表

序号	工艺系统	测点名称
32		高温再热器出口蒸汽压力
33		再热器喷水压力
34		一级减温水调阀前压力
35		一级减温水调阀后压力
36		二级减温水调阀前压力
37		二级减温水调阀后压力
38		省煤器出口给水压力
39	主蒸汽、再热蒸汽及旁路系统	主蒸汽压力左
40		主蒸汽压力右
41		调节级压力
42		高压缸排汽压力左
43		高压缸排汽压力右
44		中压缸进汽压力左
45		中压缸进汽压力右
46		中压缸排汽压力左
47		中压缸排汽压力右
48		主蒸汽温度左 1、2
49		主蒸汽温度右 1、2
50		调节级温度
51		高压缸排汽温度左 1、2
52		高压缸排汽温度右 1、2
53		中压缸进汽温度左 1、2
54		中压缸进汽温度右 1、2
55		中压缸排汽温度左 1、2
56		中压缸排汽温度右 1、2
57	给水系统	前置泵进口压力
58		主给水泵进口压力
59		主给水泵出口压力
60		前置泵进口温度
61		主给水泵进口温度
62		主给水泵出口温度
63		前置泵出口流量
64		给水泵中间抽头流量
65		给水泵中间抽头压力
66		给水泵中间抽头温度
67		前置泵转速
68		主给水泵转速

续表

序号	工艺系统	测点名称
69	凝结水系统	凝汽器热井凝结水温度
70		凝结水泵出口母管压力
71		轴封加热器、各低加入出口凝结水温度
72		除氧器入口凝结水流量
73		除氧器入口凝结水压力
74		除氧器入口凝结水温度
75	直接空冷系统	大气风速
76		大气压力
77		大气温度
78		风机进口空气温度
79		凝结水流量
80		凝结水温度
81		汽轮机排汽压力
82		汽轮机排汽温度
83		凝结水热井水位
84		风机功率
85	间接空冷系统	大气风速
86		大气温度
87		间冷塔进口空气温度
88		空冷塔出口空气温度
89		间冷塔入口母管循环冷却水温度
90		间冷塔出口母管循环冷却水温度
91		间冷塔出口母管循环冷却水流量
92		汽轮机排汽压力
93		主蒸汽压力
94		主蒸汽流量
95		主蒸汽温度
96		发电机功率
97	环境保护系统	A 脱硝反应器进口烟气分析
98		A 脱硝反应器出口烟气分析
99		B 脱硝反应器进口烟气分析
100		B 脱硝反应器出口烟气分析
101		脱硫吸收塔入口烟气分析
102		脱硫吸收塔出口烟气分析
103		湿式电除尘进口烟气分析
104		湿式电除尘出口烟气分析

第五章

保 护 设 计

随着火力发电厂工艺系统的日趋复杂，发电机组容量、参数和规模的大幅度提升，生产装置的密集和耦合程度越来越高，对于安全的要求也越来越苛刻。

本章介绍了火力发电厂保护系统设计，包括保护系统构成、保护系统功能、保护设计原则，以及锅炉保护、汽轮发电机组保护、机组大联锁保护、辅机保护等内容。其中锅炉保护主要针对采用煤粉锅炉的燃煤机组。采用循环流化床锅炉的燃煤机组，锅炉部分的保护系统设计在本手册第十六章介绍。

第一节 概 述

一、热工保护系统的概念及构成

(一) 热工保护的定义

火力发电厂热工保护，是指火力发电厂内机组、设备或系统在启动、停止、运行过程中，当出现异常情况或事故时，根据异常情况或事故的性质和程度，按照预定的处理程序，自动地对相关设备或系统进行的操作，以达到消除异常和防止事故扩大，保证人身、环境和设备安全的目的。

热工保护不仅包括温度、压力、容积等热工量的保护，也包括如轴向位移、振动等机械量的其他保护。

(二) 热工保护系统的构成

热工保护系统是为实现保护功能以达到安全目标而构成的相互关联的一个集合体或一组元素，包括相互作用的硬件、软件等。热工保护系统中的某一部分（或元素）也可自成一个另外的系统，称为子系统。

热工保护系统是由一个或多个保护设备和用于实现一个或多个规定保护功能的其他装置构成的集合体。

从结构上讲，热工保护系统一般由现场检测单元、逻辑运算单元和执行单元组成，见图5-1。

(1) 现场检测单元。包括各类传感器和装置，其功能类似于人的眼睛、鼻子、皮肤等感知器官，用于感知并送出保护触发信号。

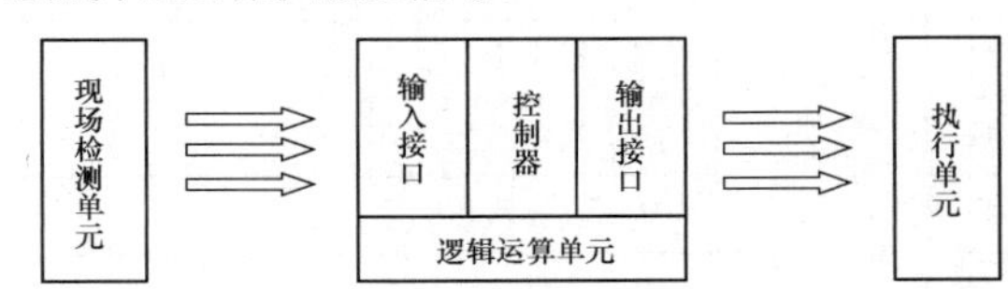

图5-1 热工保护系统的构成

(2) 逻辑运算单元。包括输入、输出接口和控制器，其功能类似于人的神经和大脑，用于处理保护输入信号，形成并输出保护动作指令。

(3) 执行单元。包括终端执行器件、报警显示元件，以及保护指令所驱动的其他执行对象设备，其功能相当于人的手脚等运动器官，当接收到保护指令时，执行规定的保护动作，确保被保护对象的安全。

(三) 热工保护系统的功能及作用

热工保护系统的整体功能是指在监视主辅机或辅助系统运行工况的前提下，当发现机组设备或主辅系统异常时，立即发出联锁和跳闸信号，确保机组或辅助车间（系统）安全运行，以及人员和环境的安全。对于常规火力发电厂，热工保护系统的主要功能有锅炉总燃料跳闸（MFT）、汽轮机跳闸、汽轮机防进水保护、辅机保护（如风机喘振、辅机轴承温度过高）跳闸、快速切负荷（fast cut back，FCB）、辅机故障减负荷（run back，RB）、机组保护（机炉电单个设备故障联跳其他设备装置）等。

火力发电厂热工保护系统的作用是指当主辅设备或工艺系统的某个部分在运行中出现异常情况或事故时，根据异常或故障的性质和程度，按照一定的规律和要求自动地对设备进行操作，以消除异常和防止事故的发生和扩大，保证工艺系统中有关设备，特别是主要设备或系统及人身或环境的安全。

二、热工保护设计的范围

热工保护的设计范围包括热工信号、保护和联锁三部分。

（一）热工信号

热工信号是指在机组启停或运行过程中，根据热力设备的运行状态，监视热力系统中的各个参数，当某些参数超出安全界限，或设备、自动装置出现异常情况时，提醒运行人员或向运行人员发出报警的一种信号。

PLC 和 DCS 在电厂中没有得到广泛应用以前，热工信号作为热工保护系统不可缺少的一部分，通常由闪光报警器（光字牌）、音响信号及其试验/复归按钮、相关电源及电源监视回路等构成。随着 DCS 的普及应用，与热工保护相关的报警一般不再采用专用的装置，而是由 DCS 的数据采集系统（DAS）的报警功能完成。

根据热工信号的性质可分为：

（1）状态信号。状态信号用来表示热力系统中设备所处的状态，如“运转”“停运”等。

（2）越限报警信号。热力系统中设备和介质的状态参数值必须保持在一定的安全范围内，可以是一个规定值，也可能是一个区间，一旦超出规定范围，必须及时发现和处理。“越限报警”是热力参数值超出安全界限而发出的报警信号，如“蒸汽压力高”“蒸汽温度低”等。

（3）趋势报警信号。趋势报警信号用来表示热力系统中状态参数的变化速率。速率为正值，表示状态参数在升高；速率为负值，表示状态参数由高向低发展。

（4）失真报警信号。热力系统中为了确保某些参数正确无误，通常采用双重或三重冗余测点进行测量，而热工信号则监视这两个或三个测量值之间的差值。当差值超过某个允许的限度时，便发出报警，提示运行人员，测量系统已发生故障，测量值已不可靠。

（二）保护

热工保护系统设计主要涉及安全保护技术规范的确定、保护系统的选型和配置设计、逻辑设计、保护电源及保护气源设计、保护设备布置设计、保护安装接线设计等。

按保护作用对象的不同，热工保护可大致分为单元机组保护、锅炉保护、汽轮机保护、发电机保护、辅助系统/辅助设备保护等五大类。

1\. 单元机组保护

单元机组保护是对由锅炉、汽轮机和发电机组成的单元机组运行所配置的保护。单元机组应看作是一个整体，其中任一设备发生故障，都会影响到其他设备的运行，因此，单元机组的保护取决于锅炉、汽轮机、发电机的结构、运行方式和机组自动化水平等多个因素，其功能必须与锅炉、汽轮机和发电机及辅机设备的保护综合考虑。当单元机组中某一部分发生事故时，根据事故情况迅速将单元机组按预定的保护程序减负荷或停机。

单元机组保护主要包括：

（1）当汽轮发电机组发生事故紧急停机时，应自动停炉。对于具备快速切负荷（FCB）功能或虽不具有 FCB 功能，但设置有运行用蒸汽旁路系统，其容量合适并具有快开功能的单元机组，可在发电机断路器断开或汽轮机故障而紧急停机时，自动投入旁路系统，并迅速将锅炉出力降至最低，实现停机不停炉；当 FCB 不成功时，自动触发总燃料跳闸（MFT），实现紧急停炉。

（2）当锅炉发生事故紧急停炉时，应自动停机。

（3）当单元机组辅机出力不足（如主要辅机两台运行，其中一台发生故障）时，实现辅机故障减负荷（RB）。RB 功能通过协调控制系统实现。

2\. 锅炉保护

锅炉保护主要包括锅炉局部保护、炉膛安全保护、停炉保护等。

（1）锅炉局部保护。主要包括主蒸汽压力高保护、再热蒸汽压力高保护、再热蒸汽温度高保护、汽包水位保护、强制循环锅炉断水保护、直流锅炉断水保护、部分火焰消失保护等。

（2）炉膛安全保护。主要包括锅炉吹扫、油/气系统检漏试验、火焰检测及灭火保护、炉膛压力保护等。

（3）停炉保护。一般包括：①全炉膛火焰丧失；②炉膛压力过高/过低；③汽包水位过高/过低；④燃料全部中断；⑤再热器超温；⑥总风量低于要求值。对于不同特性的锅炉，还应增加相应的保护。

3\. 汽轮机保护

汽轮机保护主要包括汽轮机局部保护、紧急停机保护、防进水和冷蒸汽保护等。

（1）汽轮机局部保护。一般包括甩负荷时的防超速保护、低压缸排汽防超温保护、抽汽防逆流保护等。

（2）紧急停机保护。一般包括：①超速保护；②轴向位移过大保护；③凝汽器真空低保护；④润滑油压低保护；⑤控制油压低保护；⑥汽轮机汽缸与转子膨胀差过大保护；⑦轴（承）振动过大保护；⑧支持轴承或推力轴承温度高保护；⑨发电机主保护动作；⑩单元机组锅炉总燃料跳闸（MFT）。

（3）防进水和冷蒸汽保护。防止汽轮机进水和冷蒸汽是汽轮机的重要保护项目之一。主要措施有：①汽包或汽水分离器高水位保护；②主蒸汽、再热蒸汽减温水保护；③高/低压加热器、除氧器和抽汽防进水措施；④主蒸汽、再热蒸汽管道防进水措施；⑤汽轮机轴封蒸汽系统防进水措施；⑥汽轮机本体防进水措施等。

按照设计惯例，将与汽轮机运行紧密的汽轮机旁路、除氧给水系统、空冷系统等，也归入汽轮机机组保护范围。这部分保护是非汽轮机本体类保护，前述的紧急停机保护和汽轮机局部保护等属于汽轮机本体类保护。汽轮机旁路保护包括旁路的自动投入、旁路自动闭锁和停运。除氧给水保护主要包括除氧器压力保护、除氧器水位保护、给水泵跳闸保护、给水泵汽轮机跳闸保护等。空冷机组保护主要包括空冷系统的防冻保护和空冷汽轮机的背压保护等。

4. 发电机保护

发电机保护属于热工保护范畴的主要有发电机冷却系统故障保护（如水内冷发电机冷却水断水保护、氢冷发电机氢压保护等）。

5. 辅助系统/辅助设备保护

火力发电厂中的辅助系统主要有烟气脱硫系统、烟气脱硝系统、除灰渣系统、供水系统、水处理系统、采暖通风及空调系统、氢气系统、压缩空气系统等。辅助系统保护的设置，主要是根据辅助系统运行特点和工艺系统的要求确定。凡属危及安全运行或人身、环境安全的危险工况，需设置热工保护。

火力发电机组的辅机一般都有各自的保护系统，如风机保护、水泵/油泵保护等。以轴流风机的失速保护为例，当轴流风机超出一定的运行范围时会发生失速。应在风机上装设失速差压探针，当差压到达失速区时报警，延迟一定时间报警仍未消除则保护动作停风机。

（三）联锁

联锁控制是指将被控对象通过逻辑关系连接起来，形成联锁反应的一种控制方式。热工保护有时是通过联锁控制实现的。

为了保证火力发电厂安全连续生产，对重要的工艺设备要设联锁逻辑，其作用为：

（1）利用设备间的联锁关系，加速故障处理过程和防止误操作。

（2）当工作系统（设备）故障停运或工作介质偏离设定参数时，及时自动投入备用系统（设备）。

（3）在某些设备故障或事故停运时，根据设备和机组运行安全的要求，自动降低机组负荷或停止相关设备运行。

随着DCS应用的普及，与热工保护相关的联锁功能一般不再采用专用的装置，而是由DCS中的顺序控制系统（SCS）的逻辑关系和顺序控制功能实现。

第二节　保护设计原则

随着现代科学技术水平的提高，特别是计算机及仪表与控制技术的发展，加工制造水平的进步和管理理念的提升，保护系统近年来发展速度加快，其发展趋势主要有以下几点：

（1）要求保护系统具有更高的可靠性、更高的可利用率。

（2）全过程贯彻安全生命周期管理的理念。

（3）智能化、柔性化。随着现场传感器和执行元件的智能化，使得保护系统可诊断至现场仪表级。随着保护系统各个部分的微处理器化、网络化及智能化，使其逐步具有了高度的适应性和可扩展性。

（4）从被动安全向主动安全转化。伴随着安全保护系统处理能力及性能指标的提高和逻辑功能的完善，可以通过安全保护系统的预知性提前动作而主动获得更多的功能安全。

火力发电厂热工保护系统设计需要遵循DL/T 5428《火力发电厂热工保护系统设计技术规定》，以及作为该规定规范性引用文件的各种规程规范所要求的设计原则。

一、电源设计原则

火力发电厂热工保护系统是机组、人员、环境安全最重要的保障，而其电源设计则是热工保护系统正常工作的支撑基础。

（一）电源可靠性及品质要求

1. 电源类型

热工保护系统的逻辑处理部分无论是以微处理器电子系统还是硬接线逻辑电路实现，其外部输入电源基本包括交流220V/50Hz、直流220V和直流110V三种类型。PLC或DCS所需的直流24V低压电源则由控制系统内的电源模件或装置变压整流获得。

各类电源会因为用电回路负荷的瞬间变化而引起其出口电压的瞬变。为保证在电源出现较大波动时，保护系统仍能正常工作，热工保护系统所允许的电源品质一般为：

交流220V：电压220V±20%；频率50Hz±5%。

直流220V：电压220V–20%～220V+30%。

直流110V：电压110V–20%～110V+30%。

热工保护系统的设备应该在以上电源电压和频率波动范围内均能正常有效地工作。

2. 冗余供电

电源是热工保护系统的重要部分，其安全性和可靠性在设计中应得到充分保障，应遵循冗余供电的总体设计原则，保护装置应有两路冗余电源输入及电源分配回路。冗余电源应来自于不同的供电系统或供电母线，以避免出现两路电源同时故障，造成保护系统失电。

冗余交流220V供电电源，一般要求其中一路为交流不间断电源（UPS），另一路引自厂用事故保安电源或厂用低压母线，其中UPS作为工作电源，另一路作为备用电源。一般单元机组容量为125MW以上的电厂均设有事故保安电源，作为 UPS 故障后的备用电源。在一些火力发电项目中，设有冗余 UPS 系统，此时热工保护系统也可采用两路 UPS，但两路进线应分别接自不同的 UPS 装置。

冗余直流 220V（或 110V）供电电源用于后备继电器硬跳闸回路。

（二）电源监视和故障报警

热工保护系统的电源至关重要，一旦电源发生故障造成保护系统失电，保护系统便无法正常工作，使机组运行处于危险之中。即使电源系统冗余设置，也无法保证电源的绝对安全性，一旦出现极端状况，如两路进线电源同时失电、切换装置或电源模件出现重大故障、电源进线电路短路等情况，都有可能使保护系统整体失电。因此，对电源系统的监视和报警是非常必要的。电源系统的监视一般应采用质量可靠的继电器，继电器线圈跨接于电源的两极，一旦电源消失，通过其动断触点发出“电源丧失”报警信号。热工保护系统的每一级电源都应设置电源监视和报警功能，包括总进线电源、执行回路电源、控制器、通信及 I/O 模件电源。图 5-2 所示为常见的保护系统执行回路电源监视原理接线图。

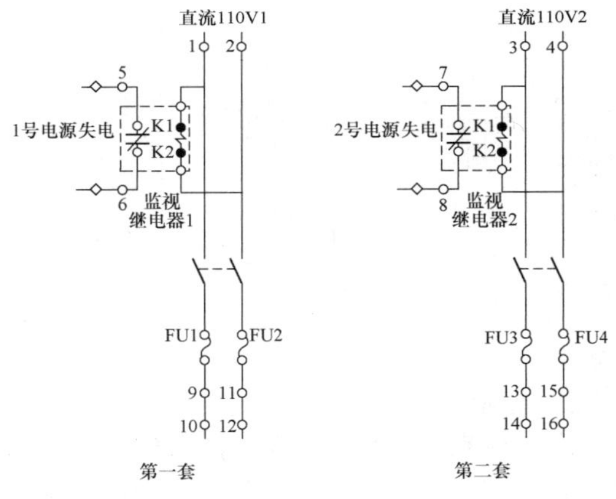

图 5-2 常见的保护系统执行回路电源监视原理接线图

（三）电源设计故障安全原则

火力发电厂中最重要的热工保护是机组主机保护，包括锅炉总燃料跳闸（MFT）系统和汽轮机紧急跳闸（ETS）系统。对于机组主机保护系统，要求采用“故障安全型”系统，即保护系统发生故障时，应保证保护对象处于安全位置，对于主机跳闸保护系统而言，则意味着应触发主机紧急跳闸，使机组脱离“无保护”运行的危险。在电源设计中，要体现“故障安全”的原则。保护系统电源的丧失应触发机组跳闸，如图 5-3 中云状线所示，保护系统进线电源丧失作为锅炉跳闸的条件之一。

二、逻辑设计原则

逻辑设计的正确性是保证热工保护系统正确动作的前提条件。在火力发电厂热工保护系统逻辑设计中，通常应当遵从以下设计原则或要求。

（一）逻辑独立设置

逻辑独立设置，包含两方面的含义：

（1）停机停炉保护逻辑系统应当有独立的逻辑、独立的冗余控制器、独立的输入/输出系统和独立的电源，且应在功能和物理上独立于其他逻辑系统，不得与任何其他逻辑系统（如 MCS 和 SCS 等）组合在一起。

（2）一套保护逻辑系统应仅限于单台机组，多台机组不应共用一套保护逻辑系统。

（二）单一故障准则

多重性和多样性是满足单一故障准则，防止共因故障最有效的手段。

多重性，又常称为冗余，是指为完成一项特定安全功能而采用多于最少套数设备的一种可靠性措施。多重性通过采用功能相同的两个或两个以上的设备、部件、子系统，使得其中任何一个都可以完成要求的保护功能，而与其他设备或部件或子系统是否处于正常状态无关。它是使热工保护系统满足高可靠性和单一故障准则的重要设计原则之一。在运用多重性原则的条件下，冗余设备中至少一套设备出现故障或失效是可接受的，且不至于导致安全功能的丧失。

多样性是指为完成某一项特定安全功能而设置执行同一功能的两个或多个多重系统或部件，且这些多重系统或部件具有不同的属性（如采用不同的工作原理、不同的物理变量、不同的运行条件或使用不同制造厂的产品等方式），从而减少了共因故障的可能性，是实现提高可靠性的一种有效措施。通过多样性原则的应用，可减少某些共因故障的可能，从而提高热工保护系统的可靠性。

保护系统的任何设备组合，如果在其任何部位发生单一随机故障时仍能执行其正常安全功能，则可认为保护系统能满足单一故障准则。

（三）故障安全原则

保护系统设计时应考虑当该系统或其部件发生故障时，不需要采取任何操作，其保护系统即能自动向发电过程安全的方向动作，使生产过程进入安全状态，不出现对其他装置或人员的危害，防止出现重大事故。

热工保护系统的故障安全并不是指系统不会出现失效或不太可能出现失效。相反地，热工保护系统的设计应防止或缓和系统失效后的不安全后果。万一出现故障，按故障安全设计的热工保护系统仍能确保发电过程是安全的。

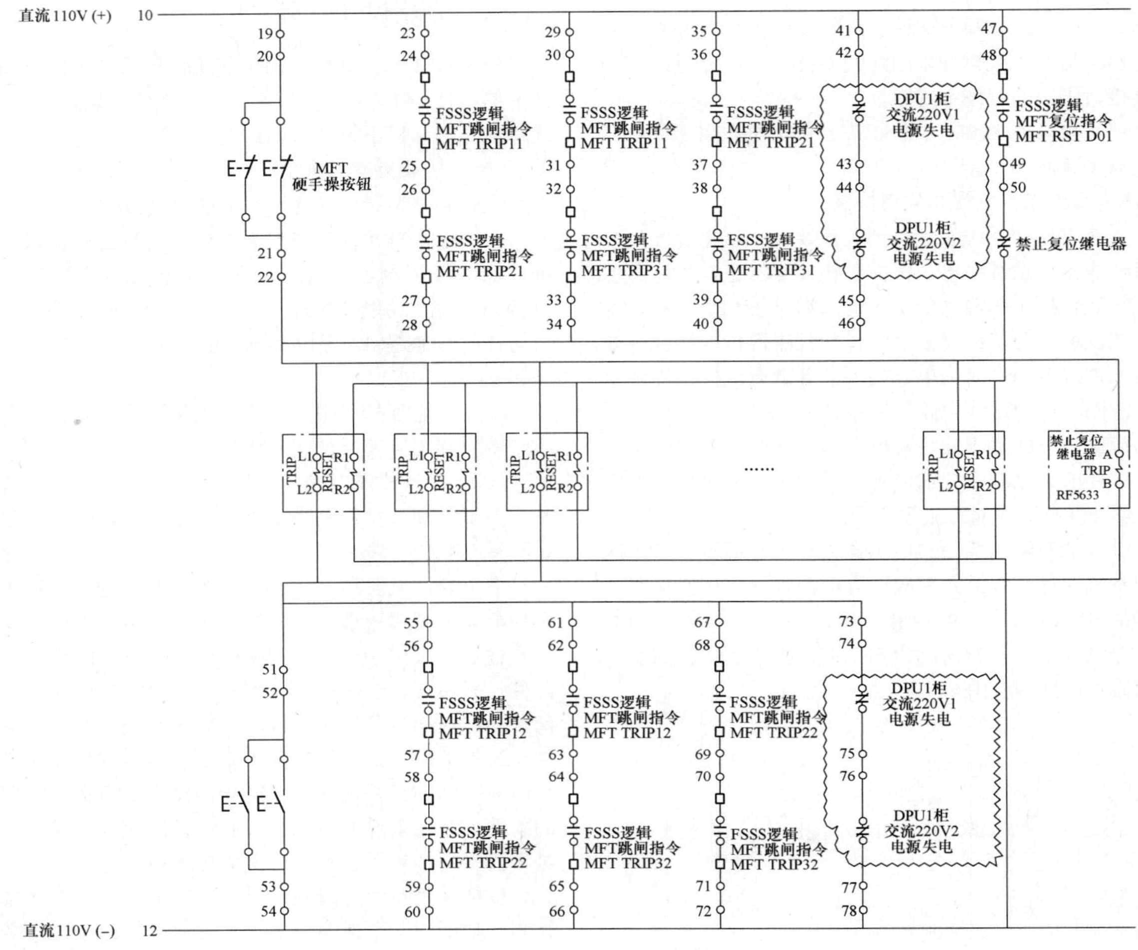

图 5-3　锅炉跳闸保护 MFT 继电器原理

在保护逻辑设计时，应确保热工保护系统的主要故障模式向工艺过程系统趋向安全的方向发展。例如，在故障安全设计时，三取二逻辑若出现故障，应转化为二取一逻辑而不是二取二逻辑。采取故障安全技术，可以较好地预防随机故障及共因故障。

（四）保护优先级顺序

热工保护系统应按机组、主机、重要辅机、次要辅机等从高到低的保护优先级顺序设计。当优先级较低的设备保护动作可能立即危及优先级较高的设备安全时，优先级较低的设备保护不应动作。

当次级设备保护和较高级设备保护发生冲突时，应优先保护较高级设备。例如，汽轮机通常设置有交流及直流润滑油泵，汽轮机保护优先级高于属于其辅机的交流或直流润滑油泵保护。当汽轮机运行时，如果润滑油泵发生温度高等工况，只能发出温度高报警，而不能设置温度高闭锁润滑油泵启动的逻辑。如此，才能保证在危急情况下润滑油泵能够强启，确保汽轮机的安全运行。假若在运行时，润滑油泵发生轴承温度超温，也不宜直接跳闸。

（五）标准、规范要求的其他设计原则

在热工保护系统具体设计时，应遵行现行的国家法规、国家标准、电力行业标准等相关规定。

DL/T 5428《火力发电厂热工保护系统设计技术规定》对火力发电厂热工保护系统的逻辑设计有如下具体要求：

（1）热工保护系统的设计应有防止误动作和拒动作的措施。系统内单一部分的故障不应引起保护的误动作和拒动作。保护系统电源中断或恢复时不会误发动作指令。

（2）采用可编程电子逻辑系统实现热工主保护逻辑时，应当符合下列要求：

1）应评估元器件的故障模式，且至少对下述故障的影响应有评估并编址：①电源条件变化的影响，包括电源中断、波动、陡降、恢复、瞬变和部分失电等；

②存储器出错和丧失；③信息传输错误和信息丢失；④输入和输出错误（故障开、故障断）；⑤信号错误或对信号不能识别；⑥不能对错误进行寻址；⑦处理器故障；⑧继电器线圈故障、继电器触点故障（故障开、故障断）；⑨计时器故障。

2）应配置有监视处理器逻辑功能的诊断手段。

3）逻辑系统的故障不应妨碍操作员的正常干预。

4）应设计有防止未授权变更逻辑的防护手段，同时当相关设备处于运行状态时，不应变更其逻辑。

5）系统响应时间（从输入到输出信息的全程时间）必须非常短，以免引起负面效应。

6）具有较强的抗干扰能力，以防止误动作。

7）逻辑系统内任何个别部件的故障，不得妨碍强制性的汽轮机跳闸和锅炉跳闸。

8）应配置用于监视控制器的外置“看门狗”定时器。

(3) 300MW及以上容量机组重要热工保护回路在机组运行中宜能在不解列保护功能和不影响机组正常运行情况下进行动作试验。

(4) 停止锅炉或汽轮机运行的重要保护回路应在控制台上设置专用手操跳闸按钮（双重或带盖）。跳闸按钮应独立并直接接至停炉、停机的驱动回路。

(5) 125MW及以上单元机组应设事故追忆功能，追忆区间不应低于跳闸前后各5min，追忆间隔时间不应大于3～5s，转速、炉膛压力等快速变化参数的追忆间隔时间不应大于1s。停炉、停机保护动作原因应设事件顺序记录。

(6) 应执行“保护优先”的原则，热工保护系统输出的操作指令应优先于其他任何指令，由被控对象驱动装置的控制回路执行。

(7) 输入热工保护系统的触点信号宜是无源干触点，一般应取自现场开关量仪表或受控设备的终端触点。

(8) 被控对象接受保护作用而改变状态后，不会自动恢复到接受保护作用前的状态。当输入条件满足后，保护逻辑可以自动复归。不应设置供运行人员切、投保护和手动复归保护逻辑的任何措施。

除此以外，在热工保护系统逻辑设计中，还应遵从中间环节最少原则等要求，积极采用经审定的标准设计、典型设计和参考设计，选用经过实践验证的成熟设计，并应做好与相关控制系统、联锁装置、运行操作和工艺设备等方面的接口配合。

三、保护系统配置原则

单一故障准则、故障安全原则等逻辑设计原则同样适用于保护系统的配置设计。应根据保护系统的规模、安全功能需求、运行及维护管理等因素综合考虑有关的硬件配置（如冗余、容错、功能分散及多样性等），以防止保护系统的误动作和拒动作。

此外，保护系统应遵守“独立性”原则，如汽轮机保护系统、锅炉保护系统等应独立于过程控制系统，以降低控制功能和安全功能同时失效的概率，使保护系统能独立完成其自动保护的安全功能而不依附于过程控制系统。

原则上，保护系统的检测元件、执行元件、逻辑运算器及电源系统均应独立设置，且电源供电应满足相应安全等级要求。

（一）信号源设置和选择

根据“保护优先”的原则，保护系统逻辑输入条件信号源应尽量直接取自检测仪表或专用的检测装置，而不应经过其他控制系统或二次仪表进行限值选择、转换或扩展后接入，尽量避免引入多余的中间环节，降低信号系统的整体安全性。

保护系统的检测仪表和装置应采用成熟、有效、质量可靠的产品，不允许采用未经检验的新原理或新技术的仪表或装置用于保护系统。

作为保护系统信号源的现场设备（如变送器、过程开关等）的配置，应在综合考虑相对应保护功能的重要性、技术可行性、工艺运行操作条件、可靠性等多个关联因素后进行合理选择与设计。

火力发电厂中用于保护的目的，双重冗余设置的仪表至少有再热蒸汽温度、轴向位移、给水泵汽轮机转速、汽包压力、总送风量、炉水循环泵进出口差压、一次风与炉膛差压、燃油压力等。三重冗余设置的仪表至少有炉膛正压、炉膛负压、火检冷却风与炉膛差压、凝汽器真空、润滑油压、抗燃油压、发电机冷却水流量、汽包锅炉汽包水位、直流锅炉给水流量、炉膛压力、汽轮机转速、主蒸汽压力、再热蒸汽压力、磨煤机出口温度等。

触发停机停炉保护信号的开关量仪表和模拟量变送器/传感器的取样系统不应与其他系统的测点合用，冗余配置的开关量仪表或模拟量变送器/传感器也不应使用同一取样系统。

（二）逻辑运算器配置

(1) 炉机保护系统（即FSS和ETS）可采用安全相关系统（当采用安全相关系统时，宜采用经认证的、符合GB/T 20438《电气/电子/可编程电子安全相关系统的功能安全》和GB/T 21109《过程工业领域安全仪表系统的功能安全》要求的、对应要求操作模式下安全完整性等级为SIL3级的安全相关系统）；也可采用其他可编程电子逻辑系统（DCS或PLC）使用软逻辑或采用继电器使用硬逻辑实现。当采用安全相关系统或其他独立于机组控制系统的可编程电子逻辑系统时，宜与机组控制系统有通信接口，将监视信息送入机组控制系统。

（2）除FSS和ETS外的其他热工保护系统，宜采用可编程电子逻辑系统（DCS或PLC）使用软逻辑实现。当所采用的可编程电子逻辑系统独立于机组控制系统时，宜与机组控制系统有通信接口，将监视信息送入机组控制系统。

（3）当采用DCS或PLC可编程电子逻辑系统实现热工保护逻辑时，除应满足逻辑设计原则要求外，还应当符合下列要求：

1）电磁兼容性应达到GB/T 17626《电磁兼容 试验和测量技术》规定的试验等级要求，即在相应试验条件下系统性能正常。

2）保护系统的逻辑控制器必须冗余配置，输出继电器必须可靠。

3）保护动作的响应时间应满足被控对象的要求。

4）I/O通道应有电隔离措施。冗余I/O信号应通过不同的I/O模件和通道引入/引出。

（三）应急后备措施

为了防止安全保护系统失灵，应根据工艺操作特点及生产安全的需要，设置可靠的紧急后备硬手操措施，并直接驱动用于实现安全功能的电磁阀或执行机构等最终元件。在控制台上必须设置锅炉总燃料跳闸、汽轮机紧急跳闸、发电机变压器组跳闸、锅炉安全阀开、汽包事故放水阀开、汽轮机真空破坏阀开等硬接线后备操作按钮，并将其直接接至相应的驱动回路。

当采用继电器组成的保护逻辑时，宜采用直流继电器；如供电电源来自UPS，也可采用交流继电器。

（四）保护指令输出接口

停机停炉动作命令不应通过通信总线传送。触发停机停炉的信号应为硬接线。

第三节 锅 炉 保 护

一、系统设计概要

（一）锅炉保护的目的和范围

锅炉保护的目的是确保锅炉及其相关工艺系统的运行和设备安全。

煤粉锅炉保护主要包括锅炉局部保护、炉膛安全保护、停炉保护等。

（1）锅炉局部保护主要包括主蒸汽压力高保护、再热蒸汽压力高保护、高/低压旁路保护再热蒸汽温度高保护、汽包水位保护、强制循环锅炉断水保护、直流锅炉断水保护、锅炉部分火焰消失保护等。

（2）炉膛安全保护主要包括锅炉吹扫、油/气系统检漏试验、火焰检测及灭火保护、炉膛压力保护等。

（3）停炉保护一般包括：①全炉膛火焰丧失；②炉膛压力过高/过低；③汽包水位过高/过低；④燃料全部中断；⑤再热器超温；⑥总风量低于要求值。对于不同特性的锅炉还应增加相应的保护。

（二）锅炉保护功能实现的途径

炉膛安全监控系统（FSSS）由炉膛安全系统（FSS）和燃烧器控制系统（BCS）组成，作为机组自动控制系统的重要组成部分，在锅炉启动、停止和正常运行等各种工况下，连续监视与燃烧系统相关的各种参数和状态，在事故工况下按照安全顺序自动停止向炉膛供给燃料，避免燃料和空气在炉膛内积累，防止炉膛爆炸等事故的发生，对锅炉的安全运行起着至关重要的作用。

锅炉保护功能是由多个组成部分共同实现的，主要包括：

（1）FSS。防止由炉膛内燃料和空气混合物产生的不安全工况，必要时切除燃料系统，并避免锅炉受压部件过热，从而预防、减少，甚至杜绝炉膛爆炸事故的发生。

（2）BCS。根据指令或锅炉负荷变化的要求，按照规定的操作顺序和条件启（投）、停（切）锅炉制粉系统、点火系统和（或）燃烧器的控制系统。

（3）SCS。按照FSS指令及规定的时间或逻辑顺序，对烟风系统及相关辅机设备进行控制，完成锅炉吹扫；实现汽包满水保护等。

（4）MCS。锅炉吹扫时维持炉膛通风量在25%～40%额定负荷质量风量范围内，汽包或汽水分离器水位正常；实现再热蒸汽超温保护等。

（5）BPS。设有100%容量旁路时可快开旁路阀取代PCV实现蒸汽过压保护。

（6）DAS。实现锅炉保护相关报警及SOE。

（三）锅炉保护相关规范要点

1. 锅炉炉膛防爆NFPA规范要点

美国NFPA 85《锅炉和燃烧系统危险性规范》所描述的多燃烧器锅炉联锁保护逻辑（见图5-4），其要点主要包括：

（1）应确保典型跳闸条件的可靠性。

（2）总燃料跳闸逻辑的输出应送到BCS，确保MFT后所有相关跳闸逻辑均处于跳闸状态。

（3）总燃料跳闸逻辑的输出应送到MFT出口继电器，确保MFT后切断一切燃料的投入路径；MFT出口继电器触点控制的设备包括单个油角阀。

（4）手动跳闸触点同时送MFT逻辑回路和MFT出口继电器回路。

NFPA 85所要求的锅炉吹扫顺序和联锁逻辑见图5-5，其要点主要是吹扫许可条件的确认，以及不同条件下吹扫流程的选择。

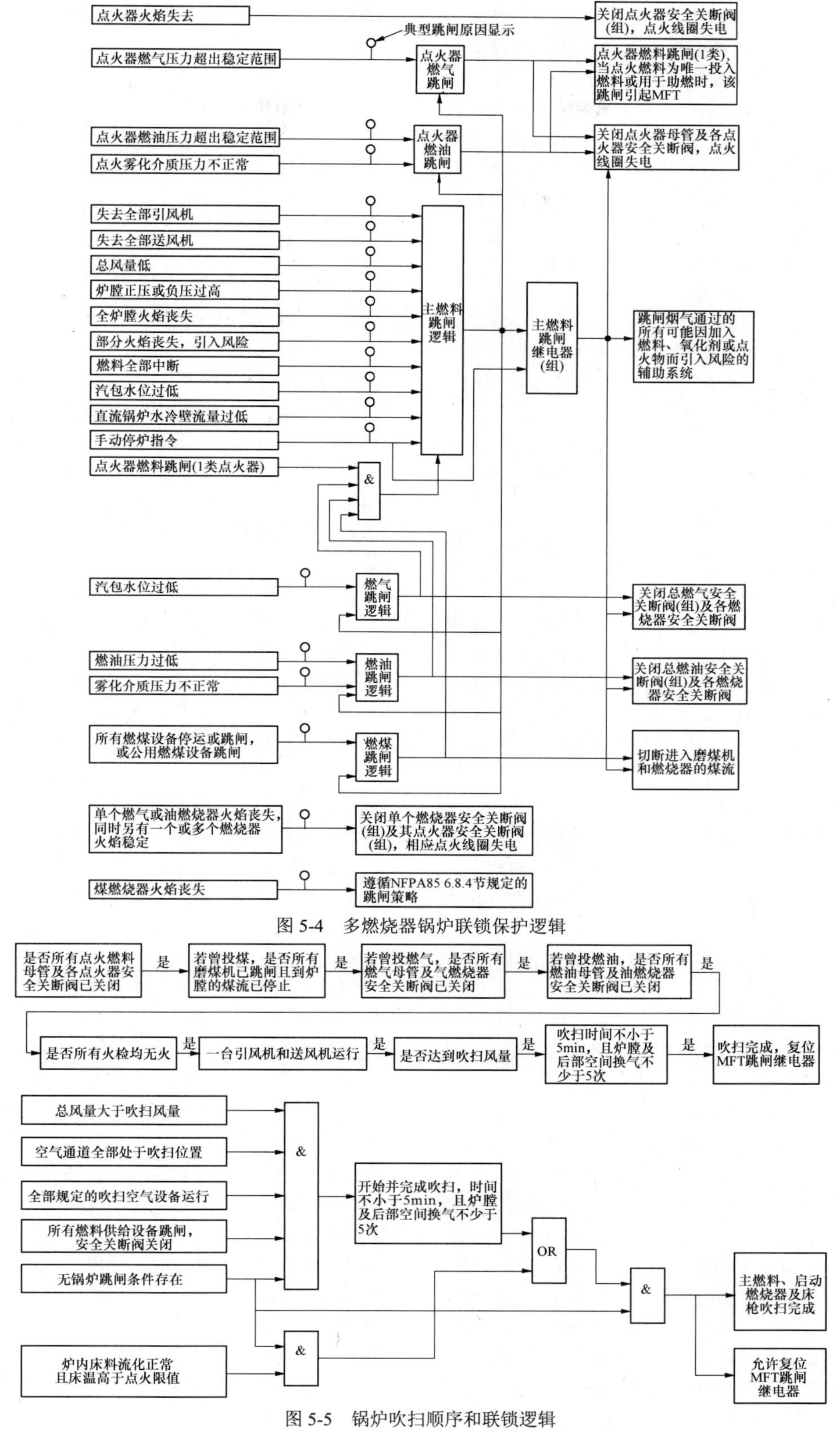

点火器火焰失去
关闭点火器安全关断阀(组)，点火线圈失电
典型跳闸原因显示
点火器燃气压力超出稳定范围
点火器燃气跳闸
点火器燃料跳闸(1类)，当点火燃料为唯一投入燃料或用于助燃时，该跳闸引起MFT
点火器燃油压力超出稳定范围
点火雾化介质压力不正常
点火器燃油跳闸
关闭点火器母管及各点火器安全关断阀，点火线圈失电
失去全部引风机
失去全部送风机
总风量低
炉膛正压或负压过高
全炉膛火焰丧失
部分火焰丧失，引入风险
燃料全部中断
汽包水位过低
直流锅炉水冷壁流量过低
手动停炉指令
点火器燃料跳闸(1类点火器)
主燃料跳闸逻辑
主燃料跳闸继电器(组)
跳闸烟气通过的所有可能因加入燃料、氧化剂或点火物而引入风险的辅助系统
&
汽包水位过低
燃气跳闸逻辑
关闭总燃气安全关断阀(组)及各燃烧器安全关断阀
燃油压力过低
雾化介质压力不正常
燃油跳闸逻辑
关闭总燃油安全关断阀(组)及各燃烧器安全关断阀
所有燃煤设备停运或跳闸，或公用燃煤设备跳闸
燃煤跳闸逻辑
切断进入磨煤机和燃烧器的煤流
单个燃气或油燃烧器火焰丧失，同时另有一个或多个燃烧器火焰稳定
关闭单个燃烧器安全关断阀(组)及其点火器安全关断阀(组)，相应点火线圈失电
煤燃烧器火焰丧失
遵循NFPA85 6.8.4节规定的跳闸策略

图 5-4 多燃烧器锅炉联锁保护逻辑

是否所有点火燃料母管及各点火器安全关断阀已关闭
是
若曾投煤，是否所有磨煤机已跳闸且到炉膛的煤流已停止
是
若曾投燃气，是否所有燃气母管及气燃烧器安全关断阀已关闭
是
若曾投燃油，是否所有燃油母管及油燃烧器安全关断阀已关闭
是
是否所有火检均无火
是
一台引风机和送风机运行
是
是否达到吹扫风量
是
吹扫时间不小于5min，且炉膛及后部空间换气不少于5次
是
吹扫完成，复位MFT跳闸继电器
总风量大于吹扫风量
空气通道全部处于吹扫位置
全部规定的吹扫空气设备运行
所有燃料供给设备跳闸，安全关断阀关闭
无锅炉跳闸条件存在
&
开始并完成吹扫，时间不小于5min，且炉膛及后部空间换气不少于5次
OR
&
主燃料、启动燃烧器及床枪吹扫完成
炉内床料流化正常且床温高于点火限值
&
允许复位MFT跳闸继电器

图 5-5 锅炉吹扫顺序和联锁逻辑

NFPA 85 还针对各种类型的锅炉燃烧系统规定了启动、停止过程的安全操作要求，在工程设计中应注意核对锅炉厂资料是否满足要求。

2. GB 50660《大中型火力发电厂设计规范》规范要点

在控制台上必须设置总燃料跳闸的跳闸按钮，并应采用双重按钮或带盖的单按钮，跳闸按钮应直接接至停炉的驱动回路。

3.《防止电力生产事故的二十五项重点要求》（国能安全〔2014〕161号）规范要点

（1）防止锅炉尾部再次燃烧事故各项相关规定。

（2）防止锅炉炉膛爆炸事故各项相关规定。

（3）防止制粉系统爆炸和煤尘爆炸事故各项相关规定。

（4）防止锅炉满水和缺水事故各项相关规定。

（5）防止锅炉承压部件失效事故各项相关规定。

二、煤粉锅炉保护

（一）保护功能

1. 锅炉局部保护

（1）主蒸汽压力高保护。主蒸汽压力作为锅炉燃烧控制的一项主要参数，过高会使各承压部件的应力增大，寿命损耗增加，设备损坏甚至爆破的风险升高。在机组启动、正常运行和机组负荷变化时，如机组甩负荷、锅炉燃烧调整不当，都可能导致主蒸汽压力升高。

主蒸汽压力高保护包括下列内容：

1）主蒸汽压力超过规定Ⅰ值时，报警；若带旁路系统且有快开功能，应自动快速打开高压旁路阀。

2）主蒸汽压力超过规定Ⅱ值时，应自动打开压力释放阀（PCV）。

3）主蒸汽压力超过规定Ⅲ值时，应自动打开相应的安全阀。

主蒸汽压力高时的一般预控措施是调节燃烧和旁路阀开度，保护手段则是利用安全阀排汽降压。通过机械式弹簧安全阀、压力释放阀（PCV）、高压旁路阀（带旁路系统且有快开功能时）实现主蒸汽压力高保护功能。当压力过高时，PCV先动作，如果压力持续过高到达机械式弹簧安全阀动作值时，安全阀动作。机械安全阀有启座和回座压力，需定期进行校验。带旁路系统的单元机组锅炉主蒸汽压力高保护的条件、逻辑、动作关系如图5-6所示。

（2）再热蒸汽压力高保护。再热蒸汽压力高保护是防止再热器超压、蒸汽品质恶化的保护措施，通过安装在再热器热段的机械式弹簧安全阀、压力释放阀（PCV）、低压旁路阀（带旁路系统且有快开功能时）实现再热蒸汽压力高保护功能。

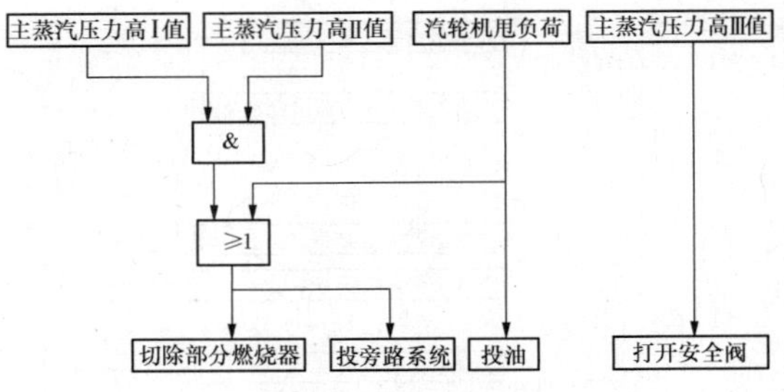

图5-6 单元机组锅炉（带旁路）主蒸汽压力高保护逻辑

再热蒸汽压力高保护包括下列内容：

1）当再热器出口压力超过规定Ⅰ值时，报警；若带旁路系统且有快开功能，应自动打开低压旁路阀。

2）当再热器出口压力超过规定Ⅱ值时，自动打开再热器压力释放阀，并报警。

（3）高、低压旁路保护。常用的高、低压二级旁路系统是机组重要的辅助系统，高压旁路将来自锅炉过热器的蒸汽排到再热器，低压旁路将再热器的蒸汽排到凝汽器。旁路系统主要有气动、电动和液动三大流派，欧洲国家的旁路通常为100%容量，我国旁路系统大多为30%～40%BMCR容量，并且具有快开功能。

旁路系统除启动、溢流、安全三个主要功能外，还有回收工质、暖管、清洗、减少汽阀和叶片侵蚀等功能，按FCB功能要求配置的快速旁路系统和按机组启动功能设计的旁路系统其保护功能有：

1）快开。在主蒸汽压力高、汽轮机跳闸、汽轮机超速、发电机解列、机组甩负荷带厂用电等事故工况下，高压旁路快开，起超压保护作用。

2）快关。高压旁路出口温度过高或低压旁路关闭均使高压旁路快关；凝汽器真空低、凝汽器温度高、凝汽器水位高、低压旁路减温水压力低等联锁低压旁路快关。

（4）再热蒸汽温度高保护。再热器通常分为布置在锅炉尾部垂直烟道或水平烟道中的对流式再热器和布置在炉膛的辐射式再热器，影响再热蒸汽温度的因素很多，如机组负荷的大小，锅炉炉膛火焰中心位置的变化、过剩空气量的变化、受热面积灰的多少等，其动态响应特性与主蒸汽温度相似，共同的特性为有延迟、有惯性、有自平衡能力。再热蒸汽温度多数采用烟气侧的调节方式，方法有烟气挡板旁路法、摆动燃烧器倾角法、烟气再循环等。

再热蒸汽温度高时，保护手段是利用设置在再热器入口处的事故喷水减温器，当烟气侧调节无法使汽温降低时，则采用事故喷水减温来保护再热器管壁不超温，以保证再热器的安全。

当再热蒸汽热段汽温超过规定值时，超驰打开再热蒸汽事故喷水阀门，见图5-7。

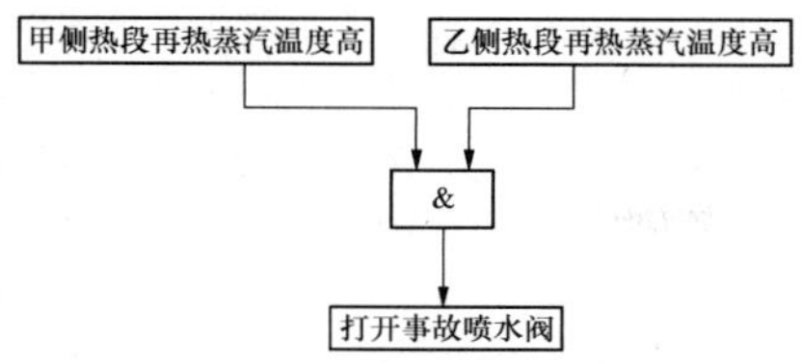

图 5-7 再热蒸汽温度高保护逻辑

（5）汽包水位保护。维持汽包水位在一定范围内是保证锅炉和汽轮机安全运行的必要条件。锅炉汽包满水事故是指锅炉水位高于汽包正常运行水位的上限值，使锅炉蒸汽严重带水，蒸汽温度急剧下降，蒸汽管道发生水冲击。锅炉汽包缺水事故是指锅炉水位低于能够维持锅炉正常水循环的下限值，蒸汽温度急剧上升，水冷壁管得不到充分的冷却，而发生过热爆管。锅炉汽包满水和缺水事故严重威胁机组的安全运行，轻者造成机组非计划停运，严重时可造成汽轮机和锅炉设备的严重损坏。

汽包水位控制的主要目的是保证锅炉汽包汽水分离的效果，特别是防止满水和干锅、爆管等，一般预控措施是控制汽包的流入水量和流出蒸汽量关系，保护措施是紧急停炉。

汽包水位保护包括下列内容：

1）当汽包水位高至Ⅰ规定值时，报警；高至Ⅱ规定值时，应自动打开汽包事故放水阀，同时报警；高至Ⅲ规定值时，应自动紧急停炉（MFT）。

2）当汽包水位低至Ⅰ、Ⅱ规定值时，报警；低至Ⅲ规定值时，应自动紧急停炉（MFT）。

常见的汽包水位保护的条件、逻辑、动作关系如图 5-8 和图 5-9 所示。

（6）强制循环锅炉断水保护。强制循环锅炉的炉水循环泵，与锅炉的安全可靠性和运行性能有着密切的关系，当运行中的炉水循环泵进出口差压低至Ⅰ规定值时，报警；低至Ⅱ规定值时，停止该泵的运行，同时自动启动备用炉水循环泵。当全部炉水循环泵跳

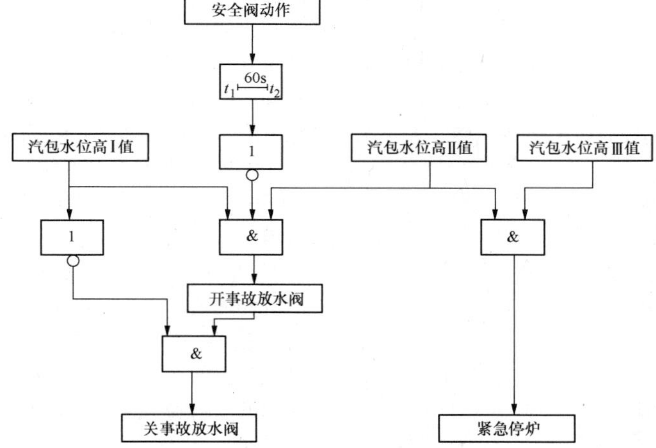

图 5-8 汽包水位高保护逻辑

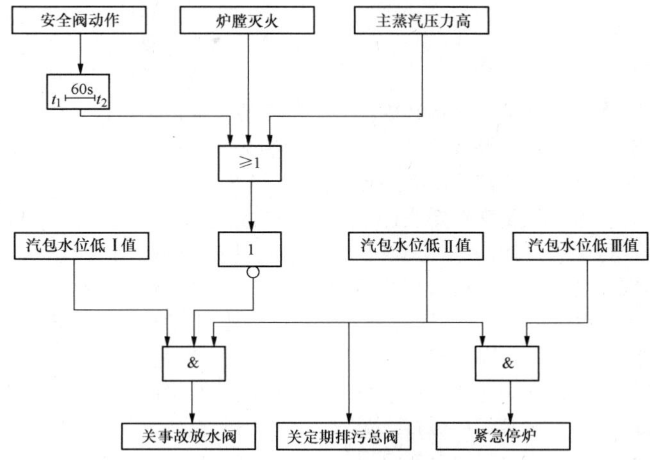

图 5-9 汽包水位低保护逻辑

闸或全部炉水循环泵前后差压小或流量丧失时，应自动紧急停炉（MFT）。

（7）直流锅炉断水保护。直流锅炉与汽包锅炉最大的区别在于直流锅炉设计有启动旁路系统。在锅炉启动时，启动旁路系统需保证直流锅炉水冷壁的最小流量（约35%MCR）。当负荷小于35%MCR时，汽水分离器处于有水状态（即湿态运行），此时通过水位控制阀完成对汽水分离器水位的控制及最小给水流量的控制；当负荷上升等于或大于35%MCR时，给水流量与锅炉产汽量相等，为直流运行方式，进入干态运行，汽水分离器变为蒸汽联箱使用。

直流锅炉断水保护的基本目的是防止在运行中发生断水故障而导致锅炉受热面严重超温损坏。其一般的预控措施是控制锅炉的流入水量等，保护措施是紧急停炉。

直流锅炉断水保护包括下列内容：

1）当给水流量低至规定Ⅰ值时，报警。

2）当给水流量低至规定Ⅱ值时，应自动紧急停炉（MFT）。

3）当全部锅炉给水泵均跳闸时，应自动紧急停炉（MFT）。

直流锅炉断水保护一般的逻辑条件、动作关系见图5-10。

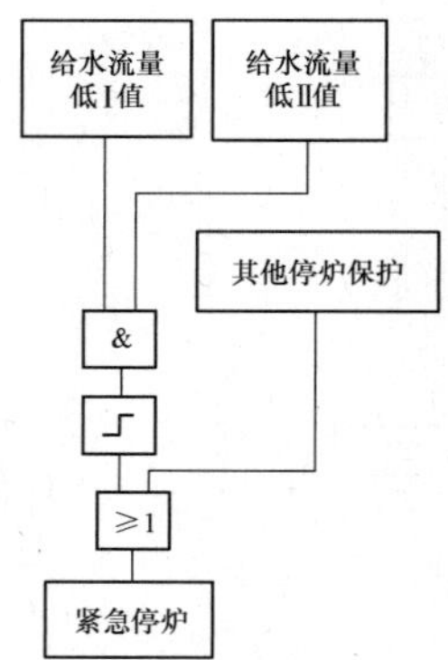

图5-10　直流炉给水流量低保护逻辑

（8）锅炉部分火焰消失保护。锅炉正常运行中，燃烧器故障、结焦是锅炉安全运行的主要威胁之一，及时发现燃烧器故障、预测灭火、避免结焦是燃烧器故障诊断的主要目标，火焰监测系统是锅炉燃烧保护系统中最重要的组成部分，每个煤、油、气燃烧器都必须单独采用火焰检测器来监视火焰，以便采用基于单个燃烧器的火焰监视和灭火保护。

锅炉部分火焰消失保护包括下列内容：

1）容量为1000t/h及以上的切向燃烧锅炉，当单个燃烧器火焰丧失时，应发出报警信号，由运行人员判断是否停止相应燃烧器对，或停止该层所有燃烧器对应的给粉机或磨煤机。

2）容量为1000t/h及以上的墙式燃烧或拱式燃烧锅炉，当单个燃烧器火焰丧失时，应报警；当同一个磨煤机或给粉机供粉的燃烧器火焰丧失数量超过规定值时，应自动停止相应的磨煤机或给粉机。

3）容量为1000t/h及以上的风扇磨煤机直吹式制粉系统切向燃烧锅炉，当单个燃烧器火焰丧失时，应报警，由运行人员判断是否停止相应磨煤机；当一个角熄火的燃烧器数量大于规定值时，应自动停止相应的风扇磨煤机。

2. 炉膛安全保护

锅炉炉膛安全保护包括锅炉吹扫、油系统检漏试验、火焰检测及灭火保护、炉膛压力保护等。

锅炉吹扫、油系统检漏试验是锅炉炉膛安全监控系统（FSSS）的功能。锅炉吹扫通常是在点火前进行定量的5min吹扫，对炉膛进行5倍容积的换气才能够彻底置换可燃成分，而且风量要控制在25%左右，风量过大会将炉底未燃尽的可燃物卷起，造成爆燃。通过定量吹扫将炉膛及尾部烟道中的可燃物吹扫干净，防止因可燃物积累导致锅炉启动点火发生爆炸。油系统检漏试验是确保燃油系统燃油跳闸阀、油枪跳闸阀严密不漏，防止在锅炉启动前或熄火后因泄漏使燃油进入炉膛，造成可燃物积累。这是燃烧器控制系统（BCS）、顺序控制系统（SCS）及模拟量调节系统（MCS）共同完成的保护程序。保护程序必须正常完成，锅炉才具备点火允许条件。

油系统检漏试验通过操作油系统阀门，监测系统油压变化情况来判断检漏试验成功或失败，是在工艺系统设计基础上综合了运行经验而形成的油压限值、时间限值保护。锅炉吹扫程序通过一系列条件判断确保烟风道路径畅通、风量维持在规定范围内并持续规定时间、无燃料漏入炉膛、炉膛无火焰、无MFT条件等，是在工艺系统设计基础上综合了运行经验而形成的限值保护和联锁保护。吹扫条件中还包含了一些锅炉辅机或辅助设备保护有关的条件。

火焰检测及灭火保护、炉膛压力保护，与锅炉局部保护及锅炉停炉保护中的相关功能定义有重叠，其保护条件的形成方式也相同，不再赘述。

3. 停炉保护

DL/T 5428《火力发电厂热工保护系统设计技术规定》列出了引发MFT实现锅炉停炉保护的条件。

（1）手动停炉指令。

（2）全炉膛火焰丧失（延时）。

（3）炉膛压力过高（高Ⅲ值，延时）。

（4）炉膛压力过低（低Ⅲ值，延时）。

（5）汽包水位过高（高Ⅲ值，延时）。

（6）汽包水位过低（低Ⅲ值，延时）。

（7）全部送风机跳闸。

（8）全部引风机跳闸。

（9）仅煤粉燃烧器投运时，全部一次风机跳闸。

（10）燃料全部中断。

（11）总风量比吹扫风量低满负荷风量的 5%。

（12）再热器超温（宜跳闸）。

（13）单元制系统汽轮机跳闸（未设置运行用旁路或运行用旁路容量不合适时）。

（14）保护系统电源消失。

（15）煤粉锅炉火检冷却风消失。

不同特性的锅炉还应增加下列 MFT 条件：

（1）全部炉水循环泵跳闸或全部炉水循环泵前后差压小或流量丧失（强制循环锅炉）。

（2）给水流量过低（直流锅炉）。

（3）全部给水泵跳闸（直流锅炉）。

（4）锅炉制造厂提供的其他保护项目。

这些条件中，部分是现场测量信号通过阈值判断并对判断结果进行三取二逻辑运算形成的，如“直流锅炉给水流量过低”“炉膛压力过高或过低”“火检冷却风丧失”等。实际工程中，“炉膛压力过高或过低”“直流锅炉给水流量过低”保护信号生成的逻辑图实例如图 5-11、图 5-12 所示。

一些停炉保护条件是控制系统内计算数据通过阈值判断得到的结果，如“总风量低于最低设定值”。有些停炉条件是通过相对复杂的逻辑判断得到的结果，如“全炉膛火焰丧失”，它是建立在各层油火焰和煤火焰均丧失基础上的，而对各层油、煤火焰丧失的判断要在火检信号的基础上加入一些基于实际运行或调试经验的逻辑条件，见图 5-13～图 5-15。这些附加逻辑条件存在的原因是目前现场来的火检信号不够稳定可靠。

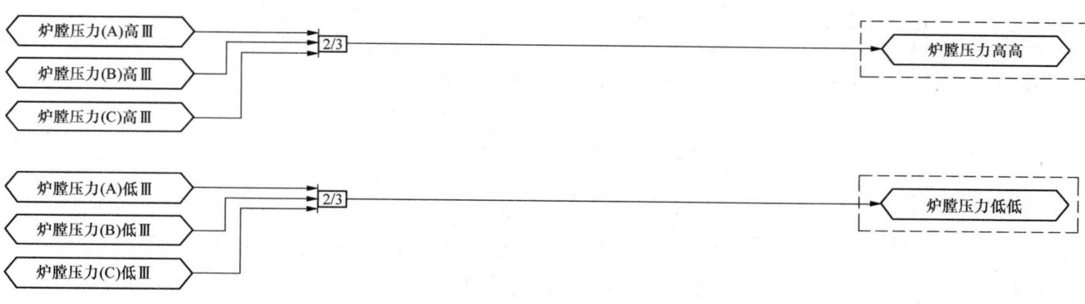

图 5-11 某超临界参数机组 MFT 条件（炉膛压力过高或过低）

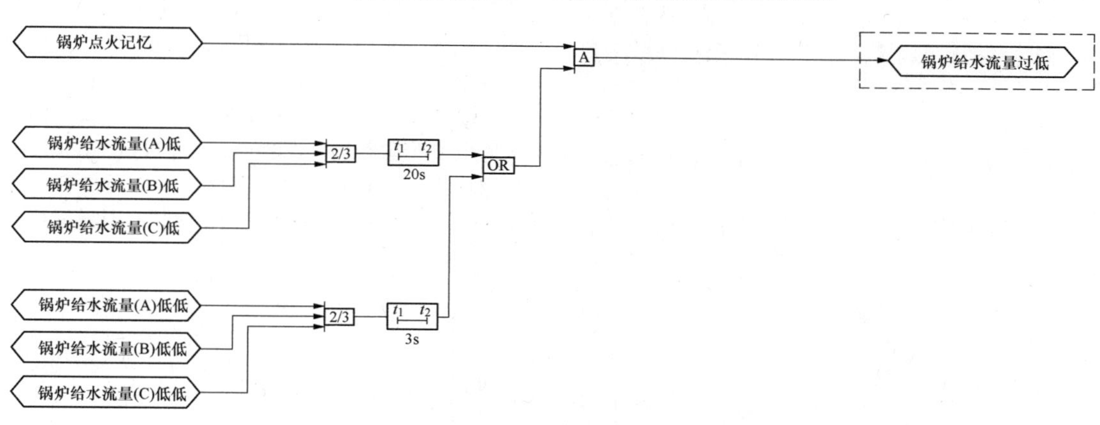

图 5-12 某超临界参数机组 MFT 条件（锅炉给水流量过低）

（二）信号源设置及选择

锅炉保护系统需要的现场信号主要包括：①燃烧系统熄火、断燃料、断风、炉膛压力波动越限等；②汽水系统断水、汽包水位越高/低限、汽压越限等；③主辅设备失电、失气、再热器持续超温等。

现场检测系统应该及时、正确地采集上述信号并将其发送到锅炉保护系统的逻辑运算单元。锅炉保护的现场检测系统主要包括如下内容。

1. 火焰检测系统

对于煤粉锅炉或燃油、燃气锅炉，火焰检测系统是灭火保护系统的主要组成部分，也是炉膛安全保护系统的核心。火焰检测系统配置主要包括以下两方面内容：

（1）火焰检测原理及不同火焰的区分检测配置。DL/T 5428《火力发电厂热工保护系统设计技术规定》规定：应选用能区分煤火焰和油火焰的火焰检测器；

煤燃烧器和油燃烧器宜分别装设火焰检测器。

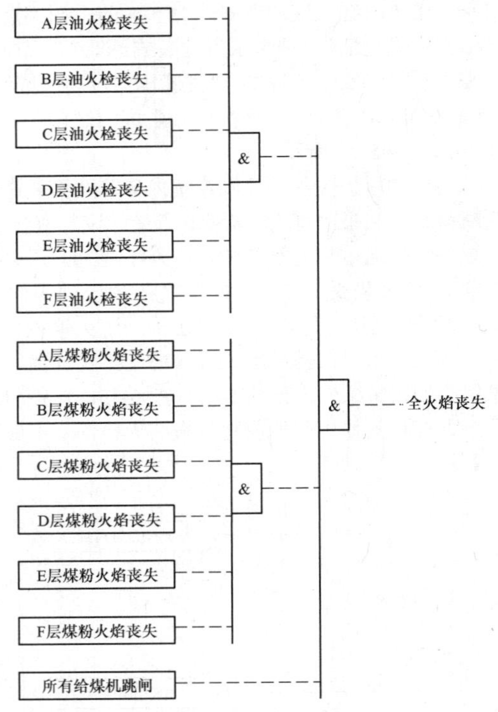

图 5-13　某超超临界参数机组 FSSS 逻辑（全火焰丧失）

（2）火检冷却风系统配置。应配备火检冷却风系统，保证火焰检测器的正常使用，防止因锅炉炉膛高温造成的损坏和烟尘等污染探头。火检冷却风系统是火焰检测系统的辅助系统，“煤粉锅炉火检冷却风消失”是锅炉停炉保护条件之一。

2. 炉膛压力检测系统

炉膛压力检测系统设计时主要应考虑以下几方面的问题：

（1）虽然压力信号反馈要比直观的火焰信号稍有延迟，监测炉膛压力并规定出最大和最小的限值，仍是防止炉膛灭火和爆炸最易实现的手段之一。

1）按 DL/T 435《电站锅炉炉膛防爆规程》规定，炉膛压力检测的要求是：炉膛压力测点应三重冗余设置，采用 3 个独立从炉膛压力测点引出的 3 台压力变送器组件。检测炉膛压力的取样点，按炉型由制造厂确定。为了减少由于炉膛负压测量出问题而引起误判断，应设置 3 个独立的取样点（取样点四周 1.5m 内不应有吹灰孔等强气流扰动），分别从炉膛上部压力在一定值（按制造厂规定）的断面引出并送到 3 台压力变送器组件，并经压力变送器转为电信号送至炉膛压力控制系统，以尽量减少炉膛在压力测量错误情况下运行的可能性。以 3 个测量值的中间值作为被调量，当 2 个测量值之间偏差增大时报警，以确认炉膛压力信号的测量是否正常。当 3 个测量值中有 2 个值达到引风机控制系统设定的超驰动作值或对相关控制元件方向闭锁的设定值时，风机控制系统应超驰动作或使相关控制元件方向闭锁。

2）DL/T 5428《火力发电厂热工保护系统设计技术规定》的要求是：炉膛压力保护应分别设 3 个正压和 3 个负压取样点，且各取样点应在同一标高取样，并在炉墙上独立开孔，通过独立的取样管接至不同的压力开关。炉膛压力保护用的正、负压力开关宜选单刀双掷式（SPDT），而不宜选用回差太大的双刀双掷式（DPDT）。

上述两种炉膛压力检测方式，在实际工程中都比较常见。随着压力变送器性能及可靠性的提高，在近期的工程中采用压力变送器作为炉膛压力保护的做法逐渐增多。

（2）炉膛压力取样装置的选择。炉膛负压的测量应采用 Y 形取样装置，以便做定期吹扫，防止取样管内积灰堵塞。插入的取样管口与内炉墙面平齐并下斜 45°～60°。取样管与墙体接触处应严密不漏风。

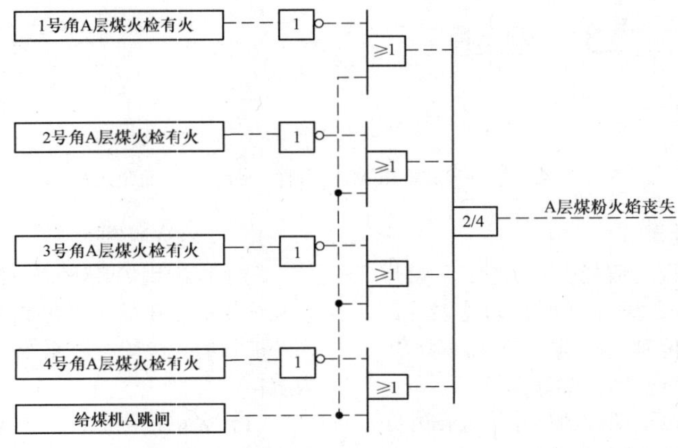

图 5-14　某超超临界参数机组 FSSS 逻辑（A 层煤粉火焰丧失）

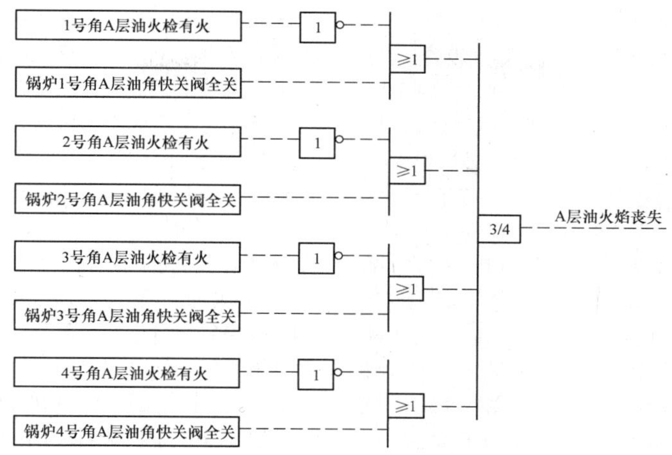

图 5-15 某超超临界参数机组 FSSS 逻辑（A 层油火焰丧失）

对于微正压燃烧的 CFB 锅炉，其炉膛压力的测量通常选用带连续吹扫自动补偿功能的取样装置。

（3）各类机组炉膛压力越限报警和 MFT 的动作值应按锅炉制造厂的规定，并经现场实践予以验证或修改。

3. 燃油（或燃气）检测系统

燃油（或燃气）检测，不仅要为锅炉停炉保护提供“燃油（或燃气）压力过低”的保护条件，要为燃油（或燃气）系统检漏试验提供测量信号，还要满足燃油（或燃气）燃烧器安全监测的需要，满足特种设备安全技术规范 TSG ZB001《燃油（气）燃烧器安全技术规则》的相关要求。

4. 汽水检测系统

锅炉汽水系统保护，是锅炉保护系统的核心之一。

（1）用于汽压保护的测点设置。在锅炉运行中，锅炉内的压力超过最高许可工作压力而危及安全运行的现象，称为超压事故。这个最高许可压力可以是锅炉的设计压力，也可以是经检验不会导致缺陷使强度降低的锅炉最大工作压力。锅炉超压的危险性比较大，经常是锅炉爆炸事故的直接原因。

汽压保护的主要目的是锅炉汽水系统设备防爆，其预控手段是控制燃烧和旁路，而主要保护手段是利用安全阀排汽降压。

多数锅炉设有弹簧安全阀和由就地压力开关信号硬联锁控制的压力释放阀（PCV）；PCV 还接受 DCS 的控制。汽压保护相关测点的设置方式，通常是在末级过热器/再热器或汽包出口蒸汽管道上设置冗余的压力变送器，以及与 PCV 配套的压力开关。在一些工程中，信号触点用于硬联锁开启 PCV 的压力开关并未冗余设置。虽然国内对此没有明文规定，但考虑汽压保护的重要性，硬联锁用的压力开关作为独立于 DCS 的保护发信装置，建议按三重冗余配置，开关触点三选二后直接接入 PCV 快开驱动回路。在要求更高的工程中，推荐采用满足德国 TRD421 标准及经过安全认证的专用过压保护装置（含三冗余压力开关）。

（2）用于汽包水位保护的测点设置。锅炉汽包满水和缺水事故是火力发电厂的重大恶性事故之一。满水将使锅炉蒸汽严重带水，蒸汽管道发生水冲击，甚至损害汽轮机机组。锅炉汽包缺水将不能维持锅炉的正常水循环，轻者造成机组被迫停运，严重时可造成锅炉设备的损坏。

国家能源局《防止电力生产事故的二十五项重点要求》（国能安全〔2014〕161 号）要求，汽包锅炉应至少配置两只彼此独立的就地汽包水位计和两只远传汽包水位计。水位计的配置应采用两种以上工作原理共存的配置方式，以保证在任何运行工况下锅炉汽包水位的正确监视。对于过热器出口压力为 13.5MPa 及以上的锅炉，其汽包水位计应以差压式（带压力修正回路）水位计为基准。汽包水位信号应采用三选中值的方式进行优选。差压式水位计（变送器）应采用压力补偿。汽包水位测量应充分考虑平衡容器温度变化造成的影响，必要时采用补偿措施。当各水位计偏差大于 30mm 时，应立即汇报，并查明原因予以消除。当不能保证两种类型水位计正常运行时，必须停炉处理。

《国家电力公司电站锅炉汽包水位测量系统配置、安装和使用若干规定（试行）》（国电发〔2001〕795 号）明确要求，超高压以上锅炉的汽包水位调节、报警和保护应分别取自 3 个独立的差压变送器进行逻辑判断后的信号，且变送器信号应进行压力、温度修正。

在 DCS 中进行了压力、温度修正的差压式水位计测量结果比采用连通管原理且不能在线修正的电接点水位计和就地双色水位计的测量结果具有更高的可信度，更适用于汽包水位保护。

（3）用于强制循环锅炉断水保护的测点设置。《防止电力生产事故的二十五项重点要求》规定，对于控制循环锅炉，应设计炉水循环泵差压低停炉保护。炉水循环泵差压信号应采用独立测量元件，对于差压低停泵保护应采用三取二的逻辑判别方式，当有一点故障退出运行时，应自动转为二取一的逻辑判断方式，并办理审批手续，限期恢复（不宜超过 8h）。当两点故障超过 4h 时，应立即停止该炉水循环泵的运行。

300MW 及以上容量的控制循环汽包锅炉通常设有 3 台炉水循环泵，每台泵设三冗余的进出口差压测点。当全部炉水循环泵跳闸或全部炉水循环泵前后差压小或流量丧失时，将自动紧急停炉（MFT）。

（4）用于直流锅炉断水保护的测点设置。

1）给水流量测点通常设在省煤器入口之前的给水母管上。锅炉设有启动旁路系统时，给水流量测点装设在启动再循环管接口之后的给水母管上，或设在省煤器之后至水冷壁入口联箱间的母管上，这样可以保证给水流量测量值能够适应各种运行工况：在锅炉启动阶段，测量的是给水及启动循环水总流量，在直流运行状态为机组给水流量。若给水流量测点装设在启动再循环管之前，在锅炉启动阶段，流量测量装置只能测量约 5%BMCR 的补充给水流量，如采用此给水流量信号参与机组保护，则会触发机组 MFT 保护逻辑中给水流量低Ⅱ值（<25%）保护信号，造成不必要的保护动作。

2）给水流量测点的设置要兼顾锅炉断水保护和给水流量调节。对于直流锅炉，给水泵最终调节的是给水流量设定值和实际锅炉给水流量的偏差。实际锅炉给水流量只是一个计算值，一旦省煤器出口流量或再循环流量测点失准，极易导致给水控制异常。

3）部分工程给水流量测点的流量喷嘴布置在立管上，被测介质流向为由上至下，给水中断后主管内无水而流量测量高低压侧导管中存在水柱高差，导致在锅炉给水中断后，该流量测点不归零而保持较大的流量显示。此问题可以通过统一高低压侧测量管路最高点并完善放气措施来解决，也可通过对其他参数进行逻辑判断来消除固定的“假流量”。

（三）逻辑运算器和功能系统

锅炉保护系统逻辑运算单元的配置方案应该满足 DL/T 5428《火力发电厂热工保护系统设计技术规定》的要求。

1. 采用 PLC 的配置方案

早期的一些锅炉保护系统采用 PLC 加工控机实现的，限于技术发展水平和工程造价，采用两套普通 PLC 并组成软冗余系统，需要用户编写大量程序来实现“控制器备用自投”，实现 FSSS 功能，但系统可用率和可靠性指标都比较差。

后来在电厂的应用中通常采用双机在线热备 PLC 控制器用以提高系统的可靠性，电源模件、通信模件也都冗余配置。如图 5-16 所示就是某电厂的实例。虽然其采用了热备套件，但所起的作用仅仅是“控制器热备用”，而不是真正的“控制器冗余”。随着 DCS 应用的普及，采用普通的热备 PLC 控制器实现完整 FSSS

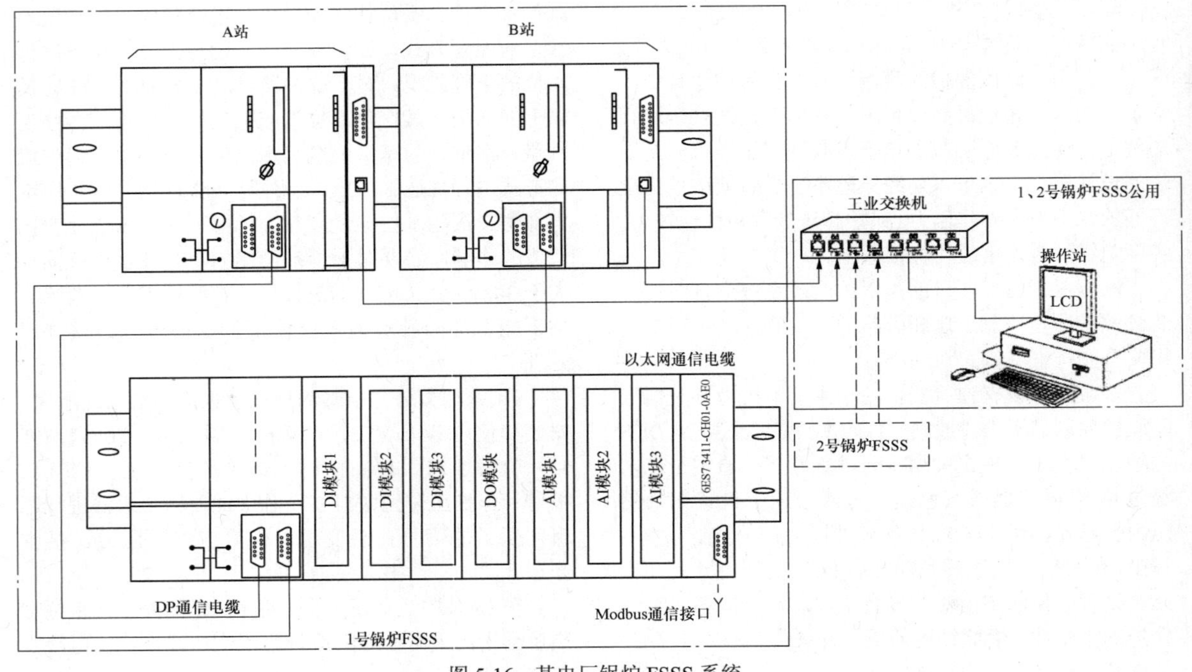

图 5-16 某电厂锅炉 FSSS 系统

（FSS+BCS）功能的做法已经很少；仅在极少量的由锅炉配供保护系统且不能与DCS实现一体化的工程中，还存在用PLC实现FSS功能的情况，而BCS功能通常都在DCS中完成。

采用PLC实现FSS功能的工程，往往要求采用安全相关系统，具有多重CPU、通信模块、I/O模块，各环节均实现表决冗余；具备失效安全/容错工作方式，如图5-17所示。典型的冗余系统必须保证冗余配置的控制器、通信模块、I/O模块都同步运行。

2. DCS一体化的配置方案

当前人们已经普遍认可了在火力发电厂中采用DCS实现锅炉保护系统功能的做法。根据锅炉及相关工艺系统的特点和控制保护需求，可以选定合适的锅炉保护系统配置方案。

如图5-18所示，某1000MW工程的FSSS配置了8对控制器，其中有1对实现FSS功能（MFT主保护、锅炉吹扫、油检漏试验等）；6组制粉燃烧系统各配置了1对控制器，实现BCS功能；还有1对控制器（AP503），其设置是为了实现对FSSS中不能对应分散到6组制粉燃烧系统中去的周界风、燃尽风系统的控制，并避免将双重设置的一次风机、火检冷却风机置于一对控制器之下进行控制。

如果不要求6组制粉燃烧系统控制器的控制对象和控制范围的一致性，控制器AP503的控制对象也可以分散到BCS的部分控制器管理范围中去，例如，一些1000MW工程FSSS配置了7对控制器的方案。在一些较小机组容量的工程中，DCS配置的控制器对数较少，2组甚至3组制粉燃烧系统共用1对控制器的方式也有应用。

FSS控制器工作在冗余模式，主控制器和备份的控制器之间通过并行数据链相连。在正常工作时，主控制器执行控制任务，后备控制器处于热备跟踪状态。两者的区别是后备控制器输出寄存器处于关闭状态，通过上述数据链随时跟踪/备份主控制器的各功能块的输出值。一旦正在工作的主控制器退出运行状态，后备控制器立即接管继续工作，对系统进行控制。整个无扰切换过程在毫秒级内完成，平均切换时间小于4ms。控制与保护功能不会因切换而丢失或扰动。

在冗余控制器同时故障的情况下，相应输出模件能够自动将定义的通道置到安全位，AO输出可以设置为0、100%或保持，DO输出可以设置为0、1或者保持。在DCS完全失电的情况下，可通过端子单元上的中间继电器选择安全位。所有可控设备的指令在每次上电时都先跟踪现场实际反馈的状态，以刷新当前需要输出的指令。

近年来一些DCS制造商也开发出了取得安全认证、达到SIL3等级的安全相关系统并实现了与DCS的一体化。所谓“一体化”的概念可以如图5-19所示来简单理解，即基本过程控制系统与安全相关系统可以采用相同的软件进行组态和操作；安全相关系统的

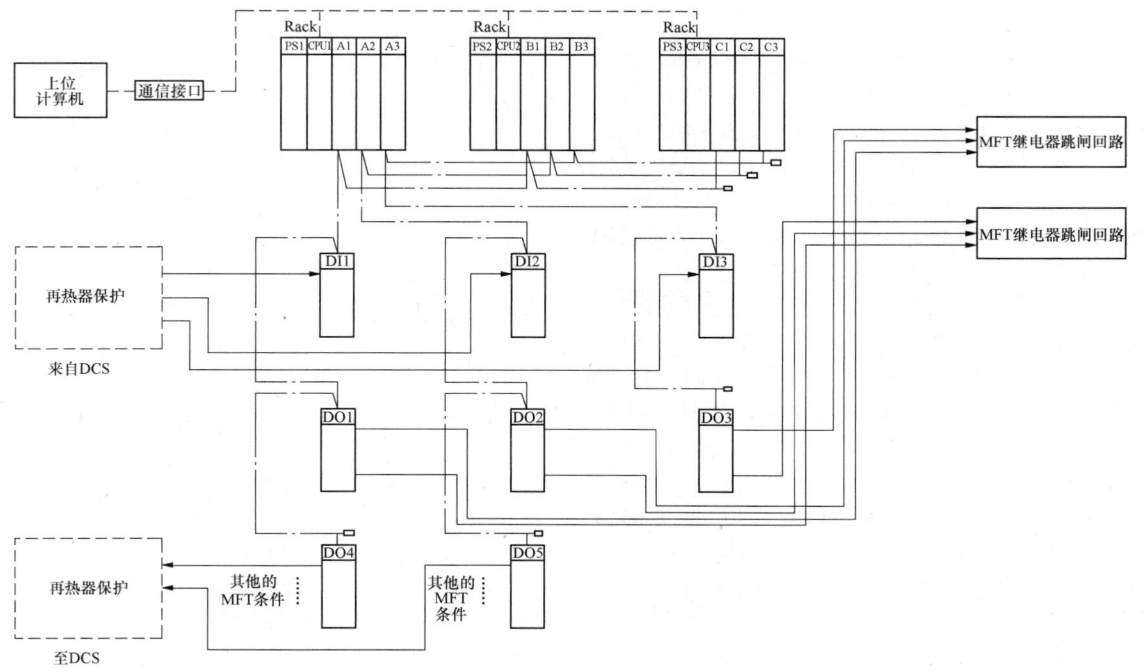

图5-17　某超临界机组三冗余MFT系统

AP501 机组协调控制 机组级顺序控制 燃料主控/给水主控 再热器安全阀 锅炉循环系统	AP502 MFT主保护 锅炉吹扫 油泄漏 一次风机A/火检风机A	AP503 CCOFA SOFA 一次风机B/火检风机B		
AP505 磨煤机A 给煤机A 燃油系统A 其他相关系统 煤粉/油燃烧器二次风	AP507 磨煤机B 给煤机B 燃油系统B 其他相关系统 煤粉/油燃烧器二次风	AP509 磨煤机C 给煤机C 燃油系统C 其他相关系统 煤粉/油燃烧器二次风	AP517 送风机A 引风机A 空气预热器A 炉膛风量、压力	AP519 送风机B 引风机B 空气预热器B
AP511 磨煤机D 给煤机D 燃油系统D 其他相关系统 煤粉/油燃烧器二次风	AP513 磨煤机E 给煤机E 燃油系统E 其他相关系统 煤粉/油燃烧器二次风	AP515 磨煤机F 给煤机F 燃油系统F 其他相关系统 煤粉/油燃烧器二次风	AP521 过热蒸汽 再热蒸汽 摆动喷嘴	AP523 吹灰系统(ET200M) 脱硝系统

图 5-18 某 1000MW 工程锅炉部分 DCS 控制器分配

信息可以像基本过程控制系统的数据一样显示和报警。在满足安全要求的前提下，还可以实现实时数据的共享和历史数据的统一存储。一些涉外工程中用户要求保护系统采用安全相关系统并与 DCS“无缝连接”，图 5-19 所示的系统配置能够满足这样的要求。

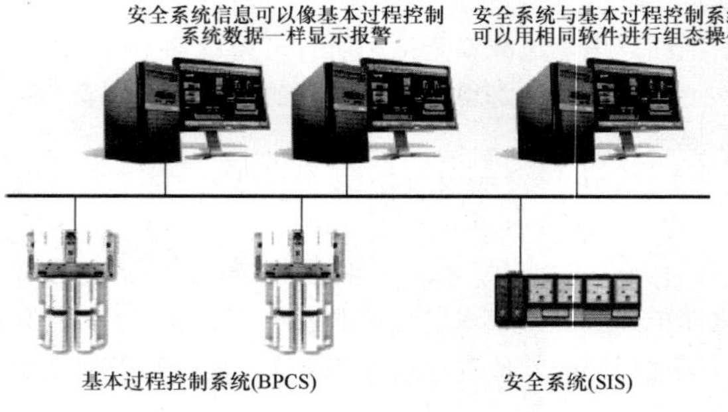

图 5-19 DCS 一体化的安全相关系统

3. 逻辑运算单元与现场设备配置的协调

逻辑运算单元虽然是整个锅炉保护系统的核心，但锅炉保护系统还包括现场检测仪表和现场执行机构。很多控制系统制造商都强调，其提供的逻辑运算单元达到了要求的安全完整性等级，但不可能对整个保护系统的安全完整性做出保证。由此可见，保证现场设备的可靠性是十分重要的。

现场仪表的可靠性主要通过仪表选型、冗余配置、测量方式多样化等措施来保证。执行机构的可靠性主要通过设备选型、控制方式的多样化来保证，尽可能选择转换环节少、结构简单、工作可靠的现场仪表设备，并根据工艺过程的特点采取合理、可靠的多样化的测量控制方式。

按照 NFPA 85《Boiler and combustion systems hazards codes》的规定，保护逻辑系统的设计者应评估各类设备元件的故障模式，其中包括对下述故障进行评估并提供解决方案：

（1）信息传输损坏和丢失。

（2）输入和输出故障。

（3）信号不能读或未读出。

这些要求说明，为了确保锅炉保护系统的可靠性，必须注意逻辑运算单元与现场设备配置的协调。需要考虑的问题包括：现场仪表及控制设备驱动回路的供电电源是否可靠；何种信号类型能够更准确地反映工艺参数数值及其变化情况，有利于对信号质量的判断；选用怎样的执行机构才能做到完全防拒动作并最大限度地消除误动作；信号电缆要采取何种屏蔽及接地措施；保护逻辑如何与现场仪表设备配置情况相互匹配等。

（四）MFT 跳闸继电器

炉膛安全监控系统（FSSS）作为 DCS 的子控制系统，其中 MFT 是 FSSS 的核心部分。MFT 包括 DCS 软逻辑跳闸回路与后备硬跳闸回路两部分，MFT 后备硬跳闸回路同时接受 DCS 软逻辑跳闸信号与手动跳闸信号，因此可在 FSSS 控制器故障失效或紧急情况下手动停炉，直接切断燃料。MFT 硬跳闸回路可设计为失电动作和带电动作 2 种方式。为防止保护误动作和拒动作，设计 2 个多触点手动 MFT 按钮，当 2 个按钮同时按下后，硬跳闸回路才会动作。

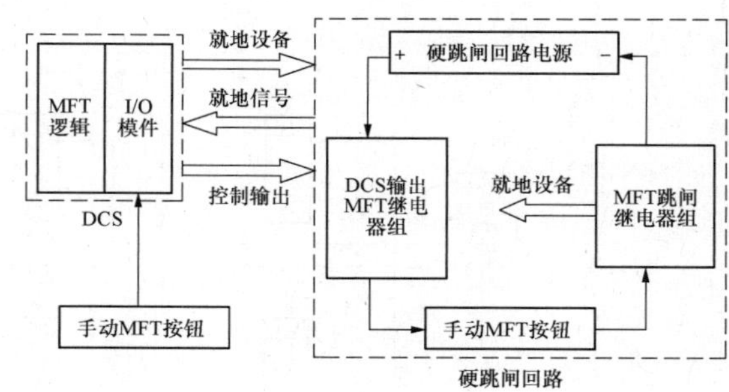

图 5-20 MFT 跳闸继电器回路控制方案

1. MFT 跳闸继电器回路

MFT 跳闸继电器回路控制方案如图 5-20 所示。DCS 将采集的参数及联锁信号送至 MFT 跳闸逻辑进行判断，一旦输入信号满足锅炉跳闸条件，则触发 MFT 动作，切断燃料。为确保保护功能的可靠性，采用 2 路同时控制设备保护动作方式，一路由 DCS 保护控制逻辑直接动作设备；另一路由DCS输出MFT继电器组通过硬跳闸回路动作设备。另外，在紧急情况下由手动方式动作硬跳闸回路。

MFT硬跳闸回路的供电电源可以取用DCS电源或采用独立电源。DCS输出MFT继电器组由DCS触发，其继电器触点与MFT硬跳闸回路连接。DCS输出MFT继电器采用三取二（见图5-21、图5-22）的连接方案。MFT跳闸继电器组由硬跳闸回路触发，其继电器触点直接与就地设备控制回路连接。DCS输出MFT继电器组和MFT跳闸继电器组均可以选择带电或失电动作。

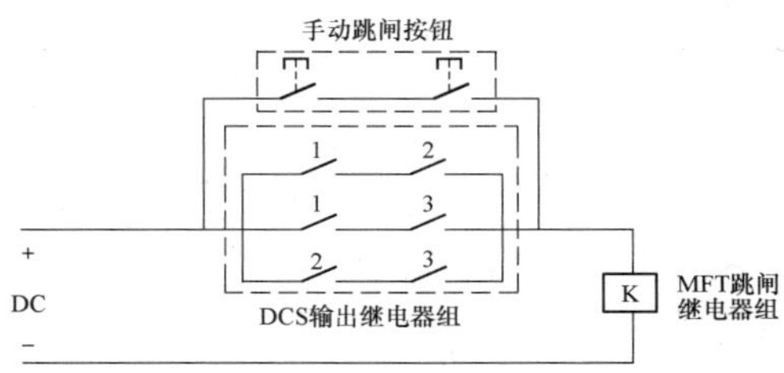

图5-21 MFT硬跳闸回路（带电动作）

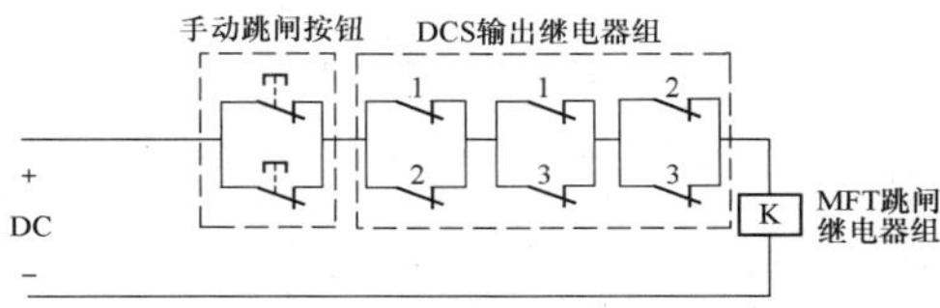

图5-22 MFT硬跳闸回路（失电动作）

2. 带电和失电动作的选择

MFT硬跳闸回路可选择带电或失电动作。为了避免电源失去造成MFT拒动作，MFT硬跳闸回路应采用失电动作设计；为了防止DCS输出MFT继电器失电导致的MFT误动作，DCS输出MFT继电器可采用带电动作，并增加DCS输出MFT继电器失电报警功能；设置DCS总电源监视继电器（失电动作）进行报警输出。

某工程利用MFT硬跳闸回路带电动作的防MFT误动作特性，将MFT硬跳闸回路带电动作设计用于基于失电动作设计的MFT硬跳闸回路中（见图5-23）。将MFT硬跳闸回路分为2个子回路，分别采用DCS电源1和电源2。2个子回路均按失电动作设计，并配置相同的跳闸继电器组。若跳闸继电器触点闭合使就地设备动作，则将2个回路跳闸继电器的动断触点串联；如果跳闸继电器触点断开使就地设备动作，则将2个回路跳闸继电器的动合触点并联。只有当2个回路跳闸继电器组都动作时，才会触发就地设备跳闸。2个手动跳闸按钮分别接入2个子回路。在DCS输出MFT继电器组的继电器1、继电器2中各取1副触点串联接入2个子回路，取另一副触点与继电器3的触点并联后串联接入另一个子回路。其中，任意2个继电器动作都会使2个子回路同时断电动作。该设计方案在DCS电源1和电源2失去任何一个时，不会造成MFT误动作。当2路电源均失去时，则触发MFT硬跳闸回路动作，避免了MFT拒动作。

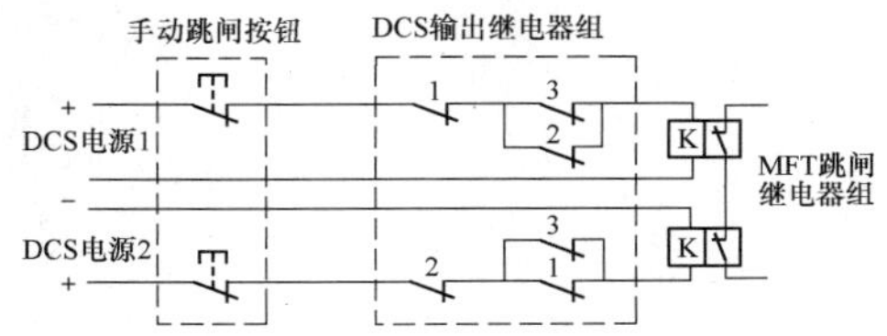

图5-23 MFT硬跳闸回路设计方案示例

3. 独立电源

MFT硬跳闸回路采用独立电源供电时，MFT继电器若选择带电动作方式，应冗余设置硬跳闸驱动回路并接入“DCS电源失去”触点。带电动作的冗余MFT硬跳闸回路电源除采用直流电源外，还可采用交流电源。对于失电动作设计的MFT硬跳闸回路，则不应采用交流电源（除非采用如图5-23所示的双回路设计）。

4. 手动MFT按钮

对于失电动作设计的MFT硬跳闸回路可不采用将手动MFT作为软逻辑跳闸条件。但是，当MFT硬跳闸回路采用带电动作和独立电源设计时，如果MFT硬跳闸回路电源失去则手动MFT无效，对此必须将手动MFT作为MFT软逻辑跳闸条件。为确保手动MFT信号可靠，至少设置2路触点信号。手动MFT作为应急跳闸手段，应以防止拒动作为设计目标。在设计中，双手动MFT按钮设计可防止误动作，每个按钮以多触点设计可防止拒动作，但是触点连接方式却有所不同。在实际应用中3种带电动作手动MFT按钮触点连接方式见图5-24。正常情况下，3种连接方式均满足2个按钮同时按下MFT动作的要求。但是，由图5-24（a）可知，只要任一对触点接触不良，则MFT拒动作；由图5-24（b）可知，并联的2路各有1副触点接触不良才会造成MFT拒动作；图5-24（c）与图5-24（b）相比，在第1个按钮出口将上、下层通路短接，这样只有3副以上的触点接触不良才会引起MFT拒动作。因此，采用图5-24（c）连接方式可以大大降低MFT拒动作的可能性。2种失电动作手动MFT按钮触点连接方式见图5-25。正常情况下，2种连接方式均满足同时按下2个按钮MFT动作的要求。但是，图5-25（a）只要有1副触点未断开，将导致MFT拒动作。图5-25（b），每个按钮只要各有1副触点断开，则MFT动作。因此，图2-25（b）连接方式可以更好地防止拒动作。

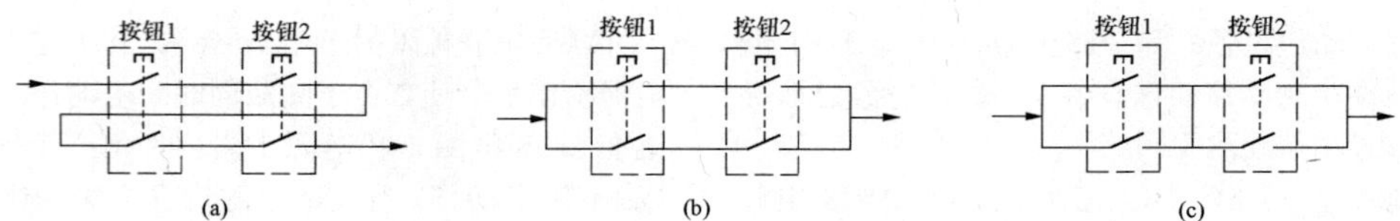

图 5-24　手动 MFT 按钮触点连接方式（带电动作）

（a）上下层触点通路串联；（b）上下层触点通路首尾并联；（c）上下层触点通路首尾及中间点并联

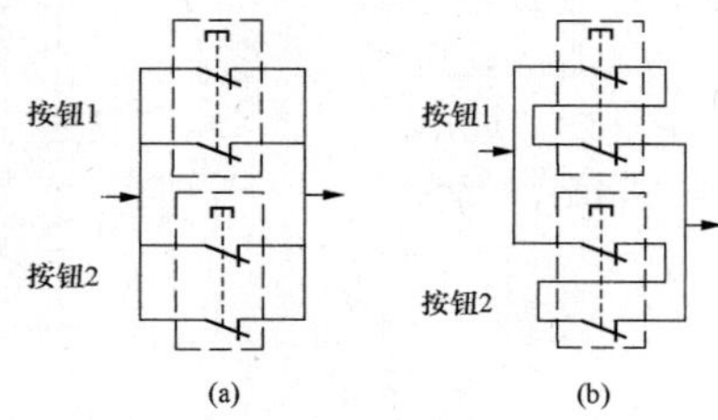

图 5-25　手动 MFT 按钮触点连接方式（失电动作）

（a）第 1 种连接方式；（b）第 2 种连接方式

（五）典型设计举例

1. 典型工程 MFT 跳闸继电器回路接线图（见图 5-26 和图 5-27）

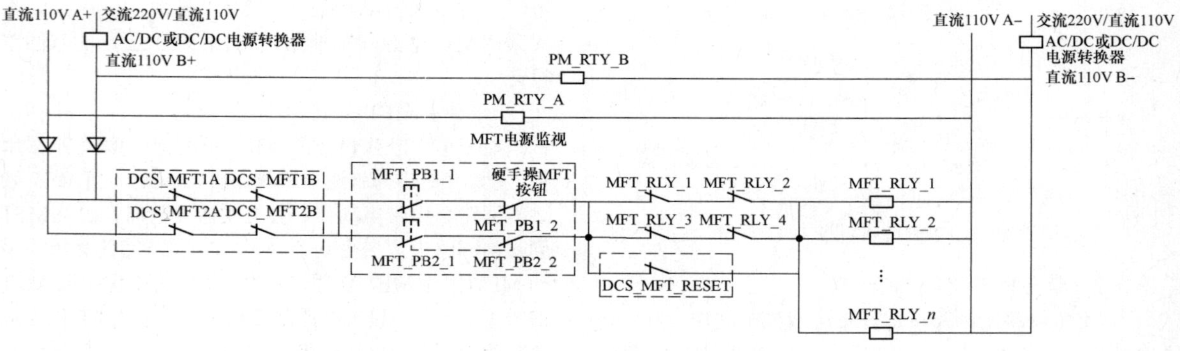

图 5-26　MFT 跳闸继电器回路原理接线图（失电动作）

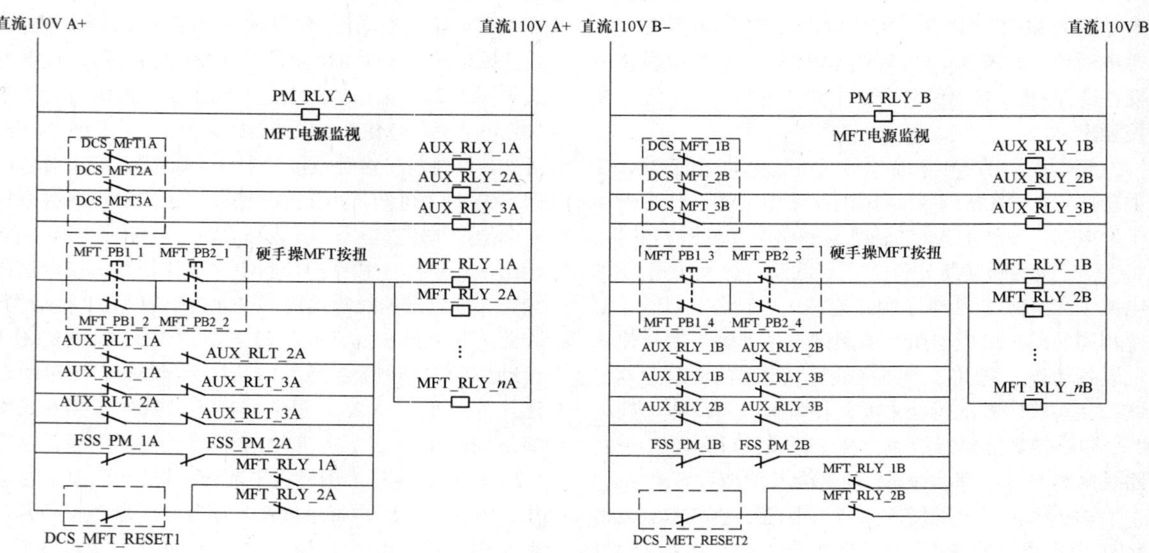

图 5-27　MFT 跳闸继电器回路原理接线图（带电动作）

2. 典型工程后备手操按钮接线图（见图 5-28 和图 5-29）

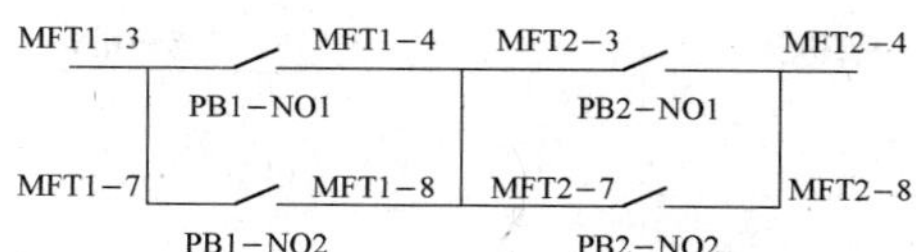

图 5-28 MFT 带电跳闸按钮接线原理图

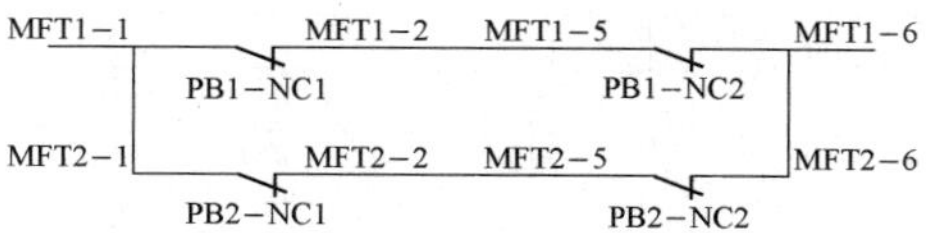

图 5-29 MFT 失电跳闸按钮接线原理图

3. 典型工程炉膛安全保护逻辑图（见图 5-30）

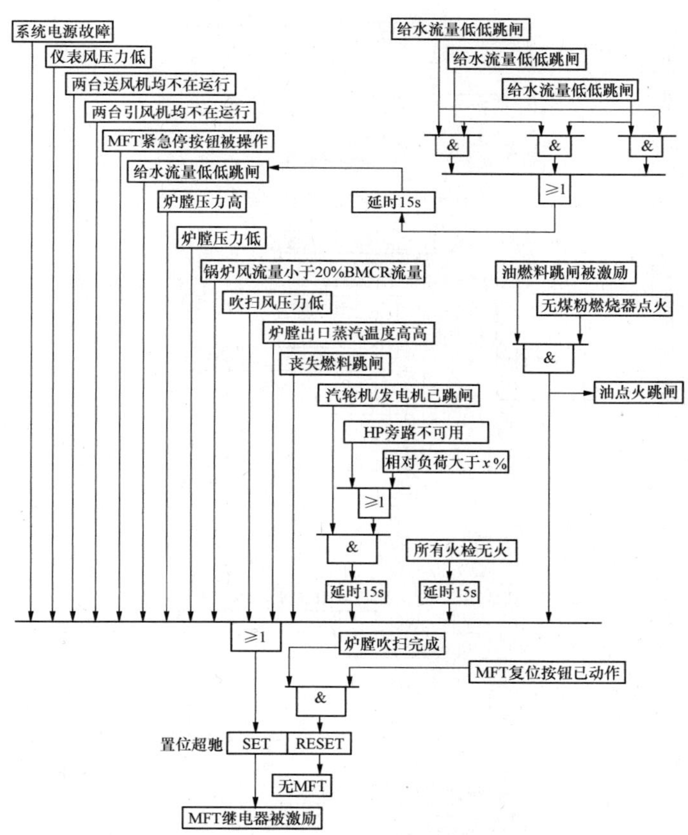

图 5-30 直流锅炉 MFT 逻辑

4. 炉膛吹扫和检漏试验逻辑图（见图 5-31～图 5-33）

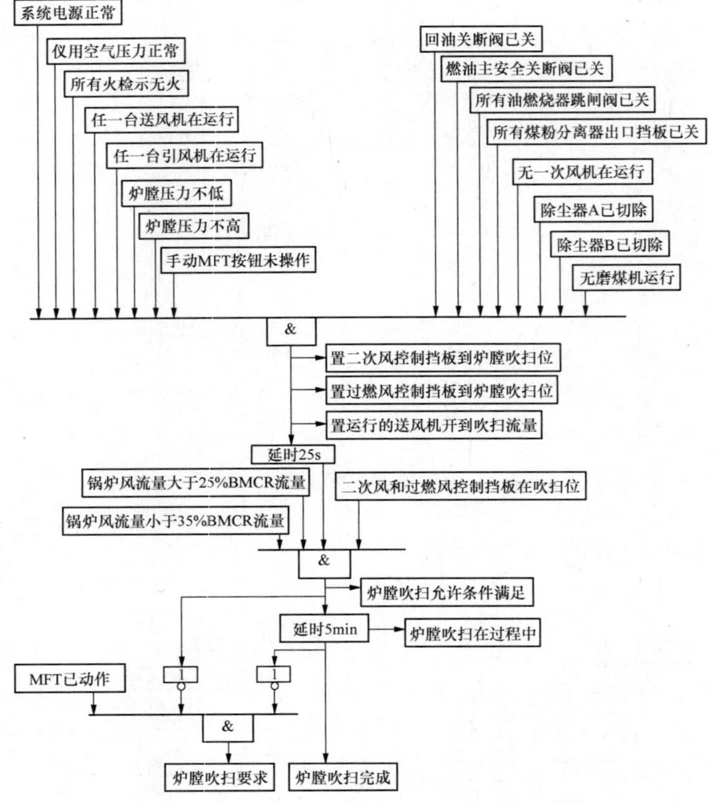

图 5-31　锅炉炉膛吹扫逻辑

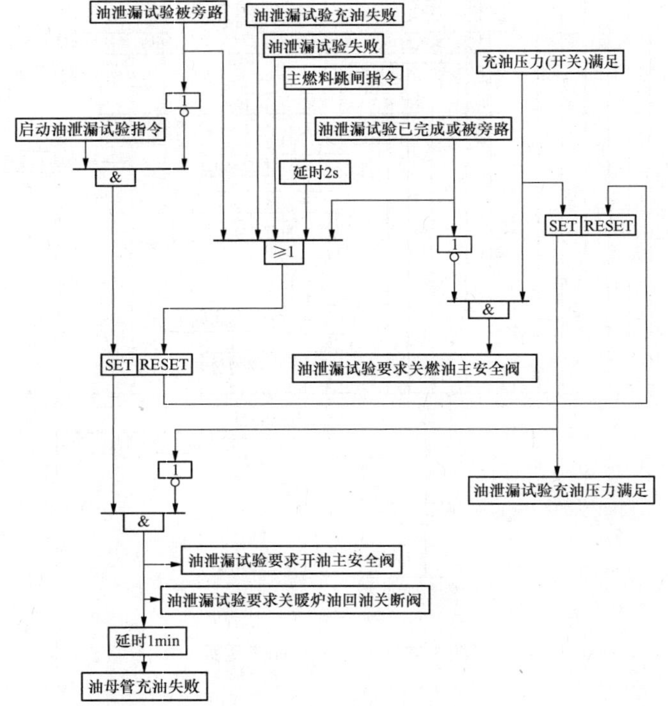

图 5-32　锅炉油泄漏试验逻辑图 1

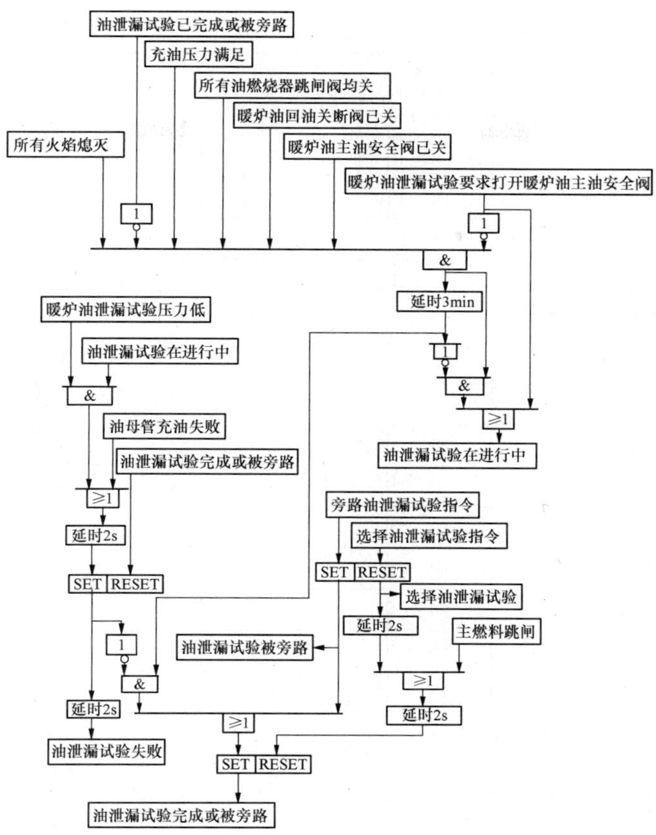

图 5-33 锅炉油泄漏试验逻辑图 2

5. 局部保护逻辑图（见图 5-6 ~ 图 5-10）

6. 典型工程 FSS I/O 清单

表 5-1 列出了典型工程 FSS I/O 清单。

表 5-1 **典 型 FSS I/O 清 单**

序号	测点名称	I/O 类型	连接系统	信号源/去向	备注
1	给水流量 1	AI	FSS	变送器	仅直流锅炉，可供 MCS 使用
2	给水流量 2	AI	FSS	变送器	
3	给水流量 3	AI	FSS	变送器	
4	锅炉燃油进油压力	AI	FSS	变送器	可供 MCS 使用；也可用开关量单独进 FSS 或 BCS
5	锅炉燃油进油压力	AI	FSS	变送器	
6	锅炉燃油进油压力	AI	FSS	变送器	
7	炉膛压力 1	AI	FSS	变送器	单独进 FSS
8	炉膛压力 2	AI	FSS	变送器	单独进 FSS
9	炉膛压力 3	AI	FSS	变送器	单独进 FSS
10	MFT 跳闸条件（备用）	AI	FSS		根据锅炉厂要求配置，多点
11	炉膛压力低低 MFT	DI	FSS	过程开关	设有三冗余变送器时，可取消
12	炉膛压力低低 MFT	DI	FSS	过程开关	

续表

序号	测点名称	I/O 类型	连接系统	信号源/去向	备注
13	炉膛压力低低 MFT	DI	FSS	过程开关	设有三冗余变送器时，可取消
14	炉膛压力高高 MFT	DI	FSS	过程开关	
15	炉膛压力高高 MFT	DI	FSS	过程开关	
16	炉膛压力高高 MFT	DI	FSS	过程开关	
17	总风量低 MFT	DI	FSS	MCS 系统 DO	可冗余
18	火检冷却风母管压力低低	DI	FSS	过程开关	也可用变送器
19	火检冷却风母管压力低低	DI	FSS	过程开关	
20	火检冷却风母管压力低低	DI	FSS	过程开关	
21	一次风机 A 停止	DI	FSS	电气柜	
22	一次风机 B 停止	DI	FSS	电气柜	
23	送风机 A 停止	DI	FSS	电气柜	
24	送风机 B 停止	DI	FSS	电气柜	
25	引风机 A 停止	DI	FSS	电气柜	
26	引风机 B 停止	DI	FSS	电气柜	
27	空气预热器 A 主电动机停止	DI	FSS	电气柜	
28	空气预热器 B 主电动机停止	DI	FSS	电气柜	
29	磨煤机 A 停止	DI	FSS	电气柜	直吹制粉
30	磨煤机 B 停止	DI	FSS	电气柜	直吹制粉
31	磨煤机 C 停止	DI	FSS	电气柜	直吹制粉
32	磨煤机 D 停止	DI	FSS	电气柜	直吹制粉
33	磨煤机 E 停止	DI	FSS	电气柜	直吹制粉
34	磨煤机 F 停止	DI	FSS	电气柜	直吹制粉
35	给煤机 A 停止	DI	FSS	电气柜	直吹制粉
36	给煤机 B 停止	DI	FSS	电气柜	直吹制粉
37	给煤机 C 停止	DI	FSS	电气柜	直吹制粉
38	给煤机 D 停止	DI	FSS	电气柜	直吹制粉
39	给煤机 E 停止	DI	FSS	电气柜	直吹制粉
40	给煤机 F 停止	DI	FSS	电气柜	直吹制粉
41	汽动给水泵 A 停止	DI	FSS	MEH 或 METS	
42	汽动给水泵 B 停止	DI	FSS	MEH 或 METS	
43	汽轮机跳闸 1	DI	FSS	DEH 或 ETS	
44	汽轮机跳闸 2	DI	FSS	DEH 或 ETS	
45	全炉膛火焰丧失	DI	FSS	BCS 来逻辑量	
46	燃油全部中断（含主燃油阀关闭及所有油角阀关闭信息）	DI	FSS	BCS 来逻辑量	
47	MFT 跳闸条件（备用）	DI	FSS		根据锅炉厂要求配置，多点
48	锅炉紧急跳闸按钮动作	DI	FSS/DAS	后备手操按钮	FSS 需要时可冗余
49	DCS MFT 输出 1	DO	FSS	MFT 跳闸继电器激励	2 点或 3 点

续表

序号	测点名称	I/O 类型	连接系统	信号源/去向	备注
50	DCS MFT 输出 2	DO	FSS	MFT 跳闸继电器激励	冗余 DO 卡 2 点或 3 点
51	DCS MFT 输出 3（MFT 条件存在）	DO	FSS	DCS 内部信号	根据 DCS 需要
52	DCS MFT 输出 4（MFT 条件存在）	DO	FSS	DCS 内部信号	根据 DCS 需要
53	DCS MFT RESET	DO	FSS	MFT 跳闸继电器复归	需要时可冗余
54	停一次风机 A	DO	MFT 跳闸继电器输出	电气跳闸回路	
55	一次风机 B 停指令	DO	MFT 跳闸继电器输出	电气跳闸回路	
56	磨煤机 A 停指令	DO	MFT 跳闸继电器输出	电气跳闸回路	直吹制粉
57	磨煤机 B 停指令	DO	MFT 跳闸继电器输出	电气跳闸回路	直吹制粉
58	磨煤机 C 停指令	DO	MFT 跳闸继电器输出	电气跳闸回路	直吹制粉
59	磨煤机 D 停指令	DO	MFT 跳闸继电器输出	电气跳闸回路	直吹制粉
60	磨煤机 E 停指令	DO	MFT 跳闸继电器输出	电气跳闸回路	直吹制粉
61	磨煤机 F 停指令	DO	MFT 跳闸继电器输出	电气跳闸回路	直吹制粉
62	给煤机 A 停指令	DO	MFT 跳闸继电器输出	电气跳闸回路	直吹制粉
63	给煤机 B 停指令	DO	MFT 跳闸继电器输出	电气跳闸回路	直吹制粉
64	给煤机 C 停指令	DO	MFT 跳闸继电器输出	电气跳闸回路	直吹制粉
65	给煤机 D 停指令	DO	MFT 跳闸继电器输出	电气跳闸回路	直吹制粉
66	给煤机 E 停指令	DO	MFT 跳闸继电器输出	电气跳闸回路	直吹制粉
67	给煤机 F 停指令	DO	MFT 跳闸继电器输出	电气跳闸回路	直吹制粉
68	磨煤机 A 出口关断阀关指令	DO	MFT 跳闸继电器输出	关阀驱动回路	直吹制粉
69	磨煤机 B 出口关断阀关指令	DO	MFT 跳闸继电器输出	关阀驱动回路	直吹制粉
70	磨煤机 C 出口关断阀关指令	DO	MFT 跳闸继电器输出	关阀驱动回路	直吹制粉
71	磨煤机 D 出口关断阀关指令	DO	MFT 跳闸继电器输出	关阀驱动回路	直吹制粉
72	磨煤机 E 出口关断阀关指令	DO	MFT 跳闸继电器输出	关阀驱动回路	直吹制粉
73	磨煤机 F 出口关断阀关指令	DO	MFT 跳闸继电器输出	关阀驱动回路	直吹制粉
74	磨煤机 A 入口混合风关断阀关指令	DO	MFT 跳闸继电器输出	关阀驱动回路	直吹制粉
75	磨煤机 B 入口混合风关断阀关指令	DO	MFT 跳闸继电器输出	关阀驱动回路	直吹制粉
76	磨煤机 C 入口混合风关断阀关指令	DO	MFT 跳闸继电器输出	关阀驱动回路	直吹制粉
77	磨煤机 D 入口混合风关断阀关指令	DO	MFT 跳闸继电器输出	关阀驱动回路	直吹制粉
78	磨煤机 E 入口混合风关断阀关指令	DO	MFT 跳闸继电器输出	关阀驱动回路	直吹制粉
79	磨煤机 F 入口混合风关断阀关指令	DO	MFT 跳闸继电器输出	关阀驱动回路	直吹制粉
80	锅炉燃进油关断阀关指令	DO	MFT 跳闸继电器输出	关阀驱动回路	
81	燃油蓄能器关断阀关指令	DO	MFT 跳闸继电器输出	关阀驱动回路	
82	MFT 至 FGD	DO	FSS	停 FGD	可用 MFT 跳闸继电器输出，2 点或 3 点
83	MFT 至电除尘	DO	FSS	跳电除尘	
84	MFT 至 DEH1	DO	FSS	DEH、ETS	
85	MFT 至 DEH2	DO	FSS	DEH、ETS	
86	MFT 至 DEH3	DO	FSS	DEH、ETS	

续表

序号	测点名称	I/O 类型	连接系统	信号源/去向	备注
87	MFT 至 DPU（MFT 动作已发生）	DI	FSSS/MCS/SCS/DAS	MFT 跳闸继电器动作接点送到 DCS 各控制器柜	根据 DCS 系统需要配置，多点
88	油泄漏试验开锅炉燃进油关断阀旁路阀指令/油泄漏试验允许开锅炉燃进油关断阀指令	DO	FSS	电磁阀驱动回路	开油泄漏试验专用旁路阀或解除 MFT 关燃油总阀指令
89	FSS 系统电源报警	DI	DAS	FSS 输出至 DCS 作 SOE	多点
90	MFT 发出 OFT 指令（关油角阀，切除点火器）	DO	MFT 跳闸继电器输出	关阀驱动回路	可经中间继电器扩展输出
91	汽包水位 1	AI	FSS	变送器	仅汽包锅炉；可供 MCS 使用
92	汽包水位 2	AI	FSS	变送器	
93	汽包水位 3	AI	FSS	变送器	
94	给粉机、排粉风机全停	DI	FSS	电气柜来开关量或 DCS 来逻辑量	中间储仓式制粉
95	停全部给粉机、排粉风机	DO	MFT 跳闸继电器输出	电气跳闸回路	中间储仓式制粉
96	全部炉水循环泵进出口差压低	DI	FSS	DCS 来逻辑量	强制循环锅炉
97	全部炉水循环泵跳闸	DI	FSS	DCS 来逻辑量	强制循环锅炉
98	电泵停止	DI	FSS	电气柜	有电动给水泵时
99	FGD 跳闸	DI	FSS	DCS 来逻辑量	无烟气旁路时
100	MFT 停脱硝装置	DO	FSS	去脱硝装置独立控制系统（如有）	可用 MFT 跳闸继电器输出
101	再热器（或水冷壁）超温	DI	FSS	DCS 来逻辑量	锅炉制造厂有要求时
102	再热器保护（无蒸汽通路）	DI	FSS	DCS 来逻辑量	锅炉制造厂有要求时
103	临界火焰（锅炉厂提供判断条件）	DI	FSS	DCS 来逻辑量	锅炉制造厂有要求时
104	油燃烧器雾化介质压力过低 1	DI	FSS	过程开关	非机械雾化时；也可用变送器
105	油燃烧器雾化介质压力过低 2	DI	FSS	过程开关	
106	油燃烧器雾化介质压力过低 3	DI	FSS	过程开关	

三、锅炉燃烧器控制

（一）点火、助燃

1. 点火油（气）枪启动条件

无论采用就地点火、远方点火或自动点火方式，锅炉在启动点火前必须满足表 5-2 的全部条件。

表 5-2　　启动点火油（气）枪条件

序号	启动条件	就地点火	远方点火	自动点火
1	点火油枪、点火器电源正常		O	O
2	总燃料跳闸复归	√	√	√
3	摆动燃烧器处于水平位置		O	O
4	炉膛风量在 25%～40%额定负荷质量风量范围内		√	√
5	风箱/炉膛压差满足要求		Δ	√
6	点火油（气）母管关断阀打开	O	√	√
7	点火油（气）枪快关阀关闭		√	√
8	点火油（气）压力正常	O	√	√
9	点火油温正常（重柴油）		√	√
10	雾化介质压力正常（非机械雾化）	O	√	√
11	火焰检测器系统正常（电源、冷却风）	O	O	O
12	油枪吹扫阀关闭		√	√

注　1. 煤粉燃烧器投运后，应闭锁表中的第四项。
2. 表中符号“√”表示严格，在正常情况下均应这样做；符号“Δ”表示允许稍有选择，在条件许可时首先这样做；符号“O”表示有选择，在一定条件下可以这样做。

2. 助燃油（气）枪启动条件

启动助燃油枪的条件如下：

（1）对应的点火油（气）枪有火焰存在，或锅炉负荷大于规定值。

（2）助燃油枪快关阀关闭。

（3）助燃油母管关断阀打开。

（4）助燃油枪吹扫阀关闭。

（5）油温正常。

（6）油（气）压力正常。

（7）雾化介质压力正常（非机械雾化）。

（8）火焰检测器系统正常（电源、冷却风）。

（9）锅炉制造厂的其他要求。

3. 油（气）枪的投入、切除及吹扫控制

（1）点火器打火 10～15s 内，如点火油（气）火焰未建立，则应关断燃油（气），退出该点火系统，并禁止在 1min 内再次点火。

（2）就地点火时，应受系统逻辑和许可条件的约束，不允许脱离 BCS 逻辑直接点火。锅炉只有就地点火方式时，按表 5-2 联锁条件点火；锅炉具有就地点火及远方点火等多种方式时，就地点火的点火条件，应完全按远方点火的条件执行。

（3）点火、助燃油（气）枪宜按成对或成组的原则投运和停止。

（4）正常情况下退出油枪时，应对油枪进行吹扫。油枪吹扫时应先投入点火器，点火器投运后再打开吹扫阀，吹扫 2min。若点火器投运 10s 内，吹扫阀未打开，则应停止吹扫。第一支油枪点火失败，可以不吹扫，但应查明原因，1min 后可再次点火。

（5）油枪运行中出现下列任一种情况时，应自动切除油枪的运行：

1）雾化介质压力低，延时。

2）油压过低，延时。

（6）气枪运行中出现下列任一种情况时，应自动切除气枪的运行：

1）气压过低，延时。

2）气压过高，延时。

（二）煤粉燃烧器控制

除锅炉汽包水位正常，强制循环锅炉、直流锅炉已建立正常水循环外，煤粉燃烧器投入运行前，至少还应满足表 5-3 中的全部条件。

表 5-3　　投入煤粉燃烧器的条件

序号	直吹式制粉系统	中间储仓式制粉系统
1	无其他磨煤机正在启动	无其他给粉机、排粉机正在启动
2	无磨煤机、给煤机跳闸条件存在	无给粉机、排粉机跳闸条件存在
3①	相关风门在合适的位置（二次风门开度位置信号）	
4	对应油（气）枪已投运，或者对应下排相邻的煤粉燃烧器已投运，且锅炉负荷（蒸汽流量）或炉膛出口烟气温度大于给定值（仅对切向燃烧炉膛）	

① 在锅炉启动和带初负荷期间，除保证本燃烧器的风量以外，还应维持锅炉的连续通风量不少于炉膛吹扫风量。

（三）磨煤机、给煤机、给（排）粉机控制

传统意义上的锅炉燃烧器控制，通常还包括磨煤机、给煤机、给（排）粉机的启停条件。这部分的内容详见本手册第六章。

第四节　汽轮发电机保护

一、系统设计概要

（一）汽轮机保护的目的和范围

1. 汽轮机保护目的

汽轮机保护系统是指在机组运行状态下，监视汽轮机运行，并在汽轮机的运行状态发生异常且危及机组主要设备或对运行人员存在安全危险时，确保汽轮机及时安全、非正常停机。保护系统具有监视和联锁功能，它能在汽轮机启动、正常运行、异常事件处理、停机过程等工作状况下，连续监视与汽轮机密切相关的运行参数及状态，进行逻辑运算和判断，通过程序控制联锁装置使设备按照既定的合理程序完成快速的停机操作，避免损坏汽轮机和相关附属设备，保证运行人员安全。保护系统在防止汽轮机主要设备系统故障方面及运行人员误操作引起的安全事故方面发挥着非常重要的作用。

2. 汽轮机保护范围

汽轮机保护范围主要包括汽轮机紧急停机保护、局部保护、防进水保护等。

汽轮机紧急停机保护一般包括：①超速保护；②轴向位移过大保护；③凝汽器真空过低保护；④润滑油压过低保护；⑤控制油压低保护；⑥汽轮机汽缸与转子膨胀差过大保护；⑦轴承振动过大保护；⑧支持轴承或推力轴承温度高保护；⑨发电机主保护动作；⑩锅炉总燃料跳闸（MFT）。

汽轮机局部保护一般包括甩负荷时的防超速保护、低压缸排汽防超温保护、抽汽防逆流保护等。

汽轮机防进水保护：防止汽轮机进水是汽轮机的重要保护项目之一，主要措施有：①汽包或汽水分离器高水位保护；②主蒸汽、再热蒸汽减温水保护；③高/低压加热器、除氧器和抽汽防进水措施；④主蒸汽、再热蒸汽管道防进水措施；⑤汽轮机轴封蒸汽系统防进水措施；⑥汽轮机本体防进水措施等。

（二）汽轮机保护功能实现的途径

汽轮机保护功能主要通过两个系统实现，即汽轮机监视仪表（turbine supervisory instrumentation，TSI）、汽轮机紧急跳闸系统（emergency trip system，ETS）。

TSI能连续地监测汽轮机的各种重要参数，例如，可对转速、偏心、轴振、盖振、轴向位移、胀差、缸胀等参数进行监测，这些参数异常在引起严重损坏前能及时采取相应措施或跳闸汽轮机，保证机组安全。

汽轮机紧急停机保护由ETS完成，ETS接收来自汽轮机TSI、锅炉FSSS、DEH及其他设备的报警和停机信号，进行逻辑处理后，输出信号关闭主汽阀、快关调速汽阀、关闭抽汽止回阀、启动交直流油泵等。ETS是最重要的保护系统之一。无论其拒动作或误动作都易造成非常严重的后果，在设计中提高汽轮机ETS的准确性、快速性和可靠性是非常必要的。

接收到ETS信号、手动停机信号或机械保护信号后，汽轮机安全油路系统（润滑油系统、调速油系统）将使主汽阀快速关闭，以达到紧急停止汽轮机运行的目的。

汽轮机局部保护、汽轮机防进水保护及非汽轮机本体类保护项目由DCS实现。

（三）汽轮机保护相关规范要点

1. GB 50660《大中型火力发电厂设计规范》规范要点

（1）保护系统的设计应采取防止误动作和拒动作的措施。

（2）必须设置停止汽轮机和解列发电机的跳闸按钮，并应采用双重按钮或带盖的单按钮，跳闸按钮应直接接至停机的驱动回路。

（3）汽轮机的跳闸保护系统可采用电子逻辑系统或继电器硬逻辑系统，系统宜采用经认证的、SIL3级的安全相关系统。

2. DL/T 5428《火力发电厂热工保护系统设计技术规定》规范要点

（1）汽轮机局部保护各项相关规定。

（2）汽轮发电机组停机保护各项相关规定。

（3）汽轮机防进水保护各项相关规定。

3.《防止电力生产事故的二十五项重点要求》（国能安全〔2014〕161号）规范要点

（1）防止汽轮机超速事故。

1）在额定蒸汽参数下，调节系统应能维持汽轮机在额定转速下稳定运行，甩负荷后能将机组转速控制在超速保护动作值转速以下。

2）各种超速保护均应正常投入运行，超速保护不能可靠动作时，禁止机组运行。

3）汽轮发电机组轴系应安装两套转速监测装置，并分别装设在不同的转子上。

4）数字式电液控制系统（DEH）应设有完善的机组启动逻辑和严格的限制启动条件；对于采用机械液压调节系统的机组，也应有明确的限制条件。

（2）防止汽轮机轴系断裂及损坏事故。机组主、辅设备的保护装置必须正常投入，已有振动监测保护装置的机组，振动超限跳机保护应投入运行；机组正常运行盖振、轴振应达到有关标准的范围，并注意监视变化趋势。

（3）防止汽轮机轴瓦损坏事故。

1）润滑油压低报警、联启油泵、跳闸保护、停止盘车定值及测点安装位置应按照制造商的要求进行整定和安装，整定值在满足直流油泵联启的同时必须跳闸停机。对各压力开关应采用现场试验系统进行校验，润滑油压低时应能正确、可靠地联动交流、直流润滑油泵。

2）应设置主油箱油位低跳机保护，必须采用测量可靠、稳定性好的液位测量方法，并采取三取二的方式，保护动作值应考虑机组跳闸后的惰走时间。机组运行中发生油系统泄漏时，应申请停机处理，避免处理不当造成大量跑油，导致烧瓦。

3）机组启动、停机和运行中要严密监视推力瓦、轴瓦钨金温度和回油温度。当温度超过标准要求时，应按规程规定果断处理。

（四）信号源设置及选择

对于汽轮机温度、压力、流量、物位等热工量和行程开关位移量的保护信号检测，通常要求开关量仪表和模拟量仪表具有高可靠性。为保证进入汽轮机保护逻辑回路信号的可靠性，用于汽轮机保护项目的温度、压力、流量、物位和行程开关等测量仪表一般按照要求均采用冗余设置，同时对采用的仪表型式也有相关要求。

DL/T 5428《火力发电厂热工保护系统设计技术规定》对冗余设置的开关量仪表和模拟量仪表进行了相关规定。

汽轮机热工保护系统的触点信号宜是无源干触点，一般应取自现场开关量仪表或运行设备的终端触点。冗余配置的汽轮发电机组主要开关量仪表如凝汽器真空、润滑油压、抗燃油压、发电机冷却水流量设置了三重冗余的压力/差压开关。

冗余配置的主要模拟量仪表双冗余包括轴向位移、汽轮机排汽温度、给水泵汽轮机转速。三冗余包括汽轮机转速。

DL/T 834《火力发电厂汽轮机防进水和冷蒸汽导则》要求，机组应有完善的防进水检测。检测装置应能通过温度或水位及其他检测方法，检测出汽轮机内部和外部的积水，特别是能及早检测和判断出可能进入汽缸的外部积水。对汽轮机启动、停机和各种不同运行工况，从盘车到满负荷，均应考虑防进水保护。检测装置可为运行人员提供各系统及设备连续的状态显示和汽轮机金属温度记录；可充分利用计算机对汽轮机及管道上下温差、疏水管壁温度进行显示、记录和报警。

二、汽轮机保护

（一）汽轮机停机保护

1. 汽轮机超速保护

（1）机械超速保护。汽轮机正常运行时转速为3000r/min，在突然发生机组甩负荷等事故时，如果调速系统的动作失效，关闭较慢或不严，则汽轮机转速会迅速上升，造成汽轮机超速。为防止汽轮机超速，当汽轮机转速升高到异常值时，应立即切断进入汽轮机的蒸汽。传统的液压调速系统中有多重防止超速的措施，其中，最主要的是危急保安器。

机械超速保护系统的油系统，与电超速保护系统互为独立，采用的是与润滑油主油泵相连接的油系统。危急保安器离心飞锤的动作可以用弹簧进行整定。为保险起见，一般汽轮机有两个离心飞锤，分别整定为两个动作值：汽轮机正常转速的110%和112%，即转速为3300r/min和3360r/min。

为防止汽轮机超速事故的发生，除危急保安器外，在液压调速系统中还设有超速后备保护滑阀，此滑阀通常放在调速器的滑阀上。当汽轮机转速过大时，调速器滑阀行程增大，带动超速后备保护滑阀，将安全油压泄去。一般超速后备保护滑阀的动作值为正常转速的112%～114%，对应转速为3360～3420r/min。

当遮断系统动作，汽轮机停止进汽后，转速将逐渐下降，离心力减小，弹簧的约束力使飞锤退回到出击前的原位。当飞锤复位以后，需要重新建立脱扣油压，才能继续行使超速遮断保护功能。

在一些机组的改造中，因为DEH的可靠性已经很高，考虑机械超速保护系统的投运率及电超速保护系统的可靠性，有些汽轮机的超速保护系统取消了机械式保护装置，只有电超速保护，简化了保护系统。

（2）电超速保护。电超速一般有两种，一种是OPC保护，动作转速为103%额定转速；一种是ETS电超速，动作转速为110%额定转速。在采用了纯电调的机组中通常还设置了DEH电超速，动作转速也为110%额定转速。

1）OPC保护（overspeed protect controller，OPC）是一种抑制发电机组超速的保护控制。OPC主要功能是：当汽轮机转速达到额定转速的103%（3090r/min）时关闭所有调节汽阀，防止汽轮机转速进一步升高，待汽轮机转速恢复至3000r/min后，重新开启调节汽阀维持汽轮机转速在3000r/min；发电机跳闸后快速关闭所有调节汽阀，汽轮机转速恢复至3000r/min后，重新开启调节汽阀维持汽轮机转速在3000r/min。OPC超速保护，通过OPC电磁阀实现。当汽轮机转速达到103%（即3090r/min）或甩负荷时，OPC电磁阀打开，OPC动作，关闭高中压调节汽阀，以降低机组的动态超速。

2）ETS电超速保护是指输出信号使AST（automatic safety trip）跳闸电磁阀动作直接泄掉高压EH油路的安全油而快速关闭主汽阀和调节汽阀的保护控制。在采用了纯电调的机组中通常还设置了DEH电超速保护，动作转速也为110%额定转速。

超速保护控制工作原理如图5-34所示，当汽轮机转速达到或超过额定转速的103%时，OPC电磁阀同时泄去高压调节汽阀和中压调节汽阀的安全油，使高中压调节汽阀快速关闭，防止汽轮机转速进一步升高；当转速达到或超过额定转速的110%时，迅速关闭全部进汽阀门，使汽轮机跳闸，保护汽轮机。目前，中国的三大汽轮机制造厂——哈尔滨汽轮机厂（简称哈汽）、东方汽轮机厂（简称东汽）和上海汽轮机厂（简称上汽），生产的600MW等级超临界汽轮机超速保护装置的设计思路大致相同，所不同的是，各厂家根据自己的设计思路和习惯，参数选取略有不同。上汽和哈汽的超临界机组OPC电磁阀同时泄去高压调节汽阀和中压调节汽阀的安全油，使高中压调节汽阀快速关闭，防止汽轮机转速进一步升高；当转速达到或超过额定转速的110%时，迅速关闭全部进汽阀门，使汽轮机跳闸，保护汽轮机。东汽机组在汽轮机转速达到或超过额定转速的103%时，OPC电磁阀只泄去中压调节汽阀的安全油，瞬间降低中低压缸的做功能力，防止机组超速。而北重汽轮电机有限责任公司（简称北重）生产的600MW超临界汽轮机超速保护装置则沿袭ALSTOM对带基本负荷机组的设计思路，没有设置OPC电磁阀，而采用ACC加速继电器保护，当汽轮机飞升转速达动作值时关小高、中压调节汽阀。上汽西门子机型也没有OPC电磁阀。

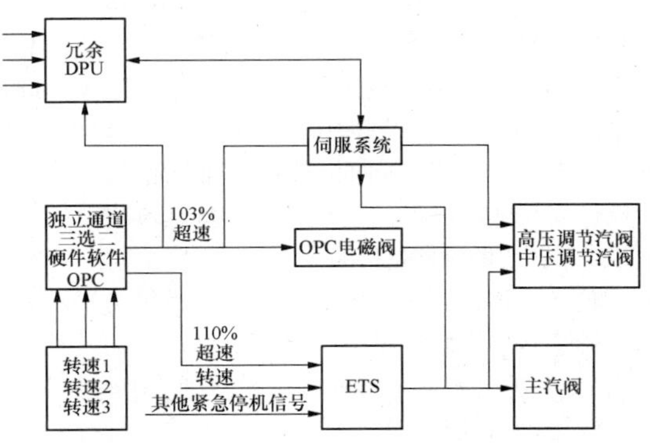

图5-34 超速保护控制工作原理图

一些机组在设置高压抗燃油 AST 跳闸电磁阀的同时，还设置了低压跳闸电磁阀，它的作用与就地手动停机装置相同，即泄去危急遮断器滑阀下部的附加保安油，设计为动作过程与 AST 电磁阀冗余，从而彻底遮断汽轮机。以前国内的纯液压调节系统，由于没有 AST 电磁阀，无一例外地设置了低压跳闸电磁阀。一些机组液压调节系统改造后，取消了低压遮断电磁阀。原因是 AST 电磁阀已非常可靠，且为 4 个电磁阀串、并联结构。AST 电磁阀是内、外二级导阀，机组正常运行时，通电线圈受激励关闭内导阀，经过节流后的 EH 油作用于导阀活塞上，以关闭外导阀，封闭了自动停机危急遮断母管上的 EH 油通道，使所有阀门执行机构活塞下的油压建立起来，以便进行正常的速度或者负荷控制。当机组运行工况异常需要停机时，危急遮断系统切断电磁阀（AST），内导阀打开，AST 油路失压，导致所有汽阀关闭而使汽轮机停机。四只 AST 电磁阀采取并、串联混联形式以提高系统的可靠性，跳闸电磁阀连接示意图如图 5-35 所示。四只 AST 电磁阀是两两并联，再相互串联，避免误动作和拒动作，同时电磁阀可进行在线活动试验。

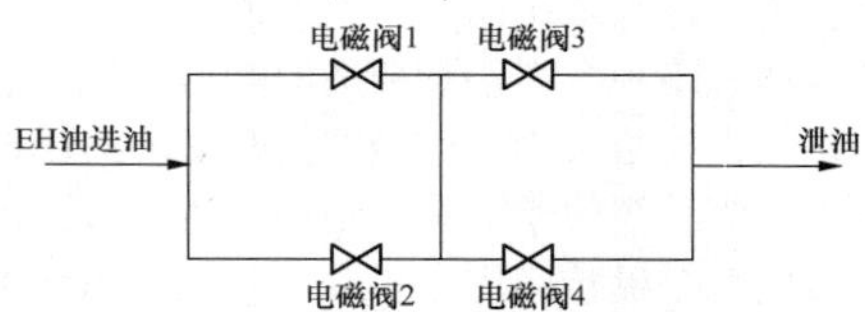

图 5-35　某汽轮机跳闸电磁阀连接示意图

2. 汽轮机轴向位移过大保护

为了提高汽轮机的效率，汽轮机级间间隙设计得都很小，而轴向间隙是靠转子的推力盘及推力轴承固定的，在启动和运行中由于负荷的变化，或汽轮机进汽参数的变化，如汽温低、水冲击等，可能引起轴向位移过大，就会造成推力轴承磨损，发生转子向前或向后窜动，严重时发生转子与定子碰撞，损坏设备，所以对汽轮机转子的轴向位移要进行监视。当轴向位移发生危险值时，保护动作，立即自动停机。防止汽轮机转子推力轴承磨损造成汽轮机转子与定子部分相碰撞。例如，制造厂规定轴向位移应小于±1.2mm，所谓“+、−”是指，轴向位移向推力瓦工作面（即发电机方向）为“+”，轴向位移向非推力瓦工作面（即汽轮机机头方向）为“−”。冷态时，将转子向推力瓦工作面推足，此时的轴向位移为零。

轴向位移检测装置安装在尽量靠近推力轴承处，用以排除转子膨胀的影响。

3. 汽轮机相对热膨胀（缸胀和胀差）保护

汽轮机的汽缸和转子在启动、停机过程中，或在运行工况发生变化时，都会由于温度变化而产生不同程度的热膨胀。

汽缸受热而膨胀的现象称为“缸胀”。缸胀时，由于滑销系统死点位置不同，汽缸可能向高压侧伸长或向低压侧伸长，也可能向左侧或向右侧膨胀。为了保证机组的安全运行，防止汽缸热膨胀不均匀，发生卡涩或动静部分摩擦事故，必须对缸胀进行监视。缸胀监视仪表指示汽缸受热膨胀变化的数值，也叫汽缸的绝对膨胀值。

转子受热时也要发生膨胀，因为转子受推力轴承的限制，所以只能沿轴向往低压侧伸长。由于转子体面比小，而且直接受蒸汽的冲击，因此温升和热膨胀较快，而汽缸的体积较大，温升和热膨胀相对要慢一些。当转子和汽缸的热膨胀还没有达到稳定之前，它们之间存在较大的热膨胀值，简称胀差值，也叫汽缸和转子间的相对热膨胀差。

机组启动或增负荷时，是蒸汽对金属的加热过程，转子升温快于汽缸，大于汽缸的膨胀值，称为正胀差；在停机或减负荷时，是一个降温过程，转子降温快于汽缸，所以转子收缩的快，也就是转子的轴向膨胀值小于汽缸的膨胀值，称为负胀差。

无论是正胀差还是负胀差，达到某一数值时，汽轮机轴向动静部分就要相碰发生摩擦。为了避免因胀差过大引起动静部分摩擦，大机组一般都设有胀差保护，当正胀差或负胀差达到某一数值时，保护动作，关闭主汽阀和调节汽阀等，紧急停机。上汽西门子机型无胀差。

4. 汽轮机控制油压过低保护

EH 油系统包括供油系统、执行机构和危急遮断系统，供油系统的功能是提供高压抗燃油，并由它来驱动伺服执行机构；执行机构响应从 DEH 送来的电指令信号，以调节汽轮机各汽阀开度；危急遮断系统由汽轮机的遮断参数控制，当这些参数超过其运行限制值时，该系统就关闭全部汽轮机进汽阀或只关闭调速汽阀。作为汽轮机数字电液控制系统的重要组成部分，它以高压抗燃油为介质，完成 DEH 指令信号到汽轮机阀门动作的转换。EH 油压是 EH 油系统中的重要参数之一，其故障将严重危及汽轮机的安全运行，如果 EH 油压下降并达到极限值，执行机构就不能快速、正确地开启调速汽阀。因此，将 EH 油压作为 ETS 跳机的一个条件，冗余检测 EH 油压的测量回路就会发出信号到 ETS，使汽轮机紧急跳闸。

5. 汽轮机润滑油压低保护

汽轮机的轴颈是靠油膜与轴承接触的。若润滑油压过低，将破坏油膜致使轴颈与轴承直接接触。轴颈与轴承间高速摩擦所产生的大量热量将使回油油温迅速上升，严重时将使轴瓦烧坏、转子下沉或汽缸内部动静部分发生碰撞等。为此，应设置轴承润滑油压低保护。

轴承润滑油压低保护系统框图如图 5-36 所示。

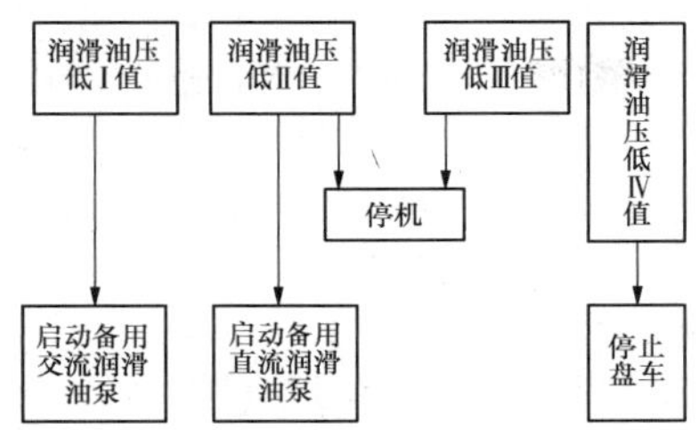

图 5-36　轴承润滑油压低保护系统框图

润滑油系统正常时由主油泵供油，同时，还设有交流润滑油泵和直流润滑油泵作为后备。在汽轮机运行过程中，当润滑油压降至低Ⅰ值时，联动控制系统将自动启动交流润滑油泵；当润滑油压下降至低Ⅱ值时，联动控制系统将自动启动直流润滑油泵；当润滑油压降至低Ⅲ值时，发出汽轮机跳闸信息，使汽轮机紧急停机；当润滑油压降至低Ⅳ值时，则必须停止盘车。

6. 汽轮机轴承温度高保护

汽轮机运行中轴承温度高一般是故障的前兆，如某个叶片损坏或是轴承位置存在一定的划伤或者油的质量不好，或者是转子与定子部件发生了碰撞。一些大容量机组除了考虑轴承温度高时发出报警信号外，还设置了轴承温度高保护，在汽轮机轴承温度升高到超限值时停机。

引起轴瓦温度高的原因有多种情况，为了避免不必要的停机，一些汽轮发电机组没有设置轴承温度高保护，而一些机组根据汽轮机制造厂的要求或者根据电厂的要求设置了汽轮机轴承温度高保护。通常情况下采用推力瓦温度停机保护，而支持轴承温度作监视用的模式。

汽轮机轴承温度高保护的温度信号宜取自直接测量轴瓦钨金温度的热电阻。

7. 汽轮机轴/轴承振动大保护

汽轮机运行中轴承振动大（200MW 及以上机组装设）时应紧急停机。《防止电力生产事故的二十五项重点要求》（国能安全〔2014〕161 号）要求已有振动监测保护装置的机组，振动超限跳机保护应投入运行；机组正常运行瓦振、轴振应达到有关标准的范围，并注意监视变化趋势。

大型汽轮发电机组轴系复杂，轴振、瓦振测点较多，在测点信号超限时根据怎样的逻辑发出紧急停机信号，才能有效地防止拒动作、减少误动作，是关注的焦点。各种轴振逻辑保护优化方案指导思想大多数是通过附加关联条件（如当任一轴振振动值达到跳机值且该轴垂直方向的轴振振动达到报警值时发跳机信号，或当任一轴振振动值达到跳机值且其相邻轴的轴振振动达到报警值时发跳机信号）减少误动作。实际上，对于整个轴系来讲，测点之间的关联性不确定，某一瓦的某个方向的轴振测点达到保护动作值，但其他方向或其他瓦的轴振测点不一定能达到报警值，因此这些“优化方案”有可能会造成保护拒动作。

8. 凝汽器真空低保护

为了使汽轮机的运行有很好的经济性并能及时发现和消除设备运行中的故障，应对凝汽器的真空进行监视，当汽轮机凝汽器的真空降低时，必须相应降低汽轮机的负荷，否则将改变转子及叶片的受力情况，引起汽轮机的振动增大，轴向位移增大。为此，汽轮机应设置凝汽器真空低保护。当凝汽器真空低至规定值时，送出汽轮机跳闸信息，使汽轮机停止运行。凝汽器真空低保护可使用开关量或者变送器信号。当汽轮机启动过程中凝汽器的真空低于规定值，且凝汽器低真空保护的跳闸信号存在时，则汽轮机不能启动，应进行抽真空。大容量机组真空系统，通常对每个凝汽器采用三个真空开关检测真空跳闸值，三个真空开关进入 ETS 进行三取二逻辑后输出汽轮机跳闸指令。

9. 发电机断水保护

定子冷却水进入发电机的环形母管后被分成若干分支管道，用以冷却不同的发电机线棒及定子铁芯，当定子冷却水运行中发生严重异常导致冷却水流量很小时，则进入分支管道的定子冷却水无法正常带出发电机运行产生的热量，造成发电机温度逐渐升高，严重时会使发电机超温，发电机绝缘破坏。因此需要设置发电机断水保护，当发电机定子冷却水系统故障时跳闸发电机达到保护主发电机的目的。

为确保断水保护动作的可靠性，实际的发电机断水保护装置同时采用冷却水压力参数和流量参数作为信号输入量，用两种信号的综合状态反映冷却水的通流状态。当冷却水压力小于低压整定值（水量降低）或者大于高压整定值（存在堵塞），同时冷却水流量小于整定值时，断水保护装置瞬时发出冷却水断水信号，当冷却水长时间断水时，通常 30s 断水保护动作致使发电机变压器组跳闸。

10. 手动停机

手动停机是确保机组紧急安全停机的独立于机组控制系统的硬接线后备操作手段，其目的是在汽轮机运行出现极端危险工况但保护系统未能有效动作时，由运行人员操作快速停机。

在机组单元控制室的操作台上根据 GB 50660《大中型火力发电厂设计规范》和 DL/T 5428《火力发电厂热工保护系统设计技术规定》的要求，需要设置确保机组紧急安全停机的独立于控制系统的硬接线后备操作手段，且跳闸按钮应该采用双重按钮或带盖的单按钮，跳闸按钮的触点应该直接接至停机的驱动回路。

11. 汽轮机保护系统接口

汽轮机保护系统在设计时需要考虑与之相关联的主要设备和辅助设备的运行状态。汽轮机保护系统需要留有锅炉、发电机或者重要辅机严重故障后引发汽轮机紧急跳闸的信号输入接口。同时，如果运行人员发现机组在运行中有危险状况出现而自动保护设备没有按照设计要求跳闸汽轮机，应该及时正确地操作手动跳闸按钮，不经过保护装置的逻辑运算回路直接作用到跳闸汽轮机的驱动回路，使 AST 跳闸电磁阀动作快速紧急停机。手动跳闸按钮信号需接入 ETS 进行逻辑跟踪，同时接入 DCS 进行事件顺序记录（SOE）。

汽轮机保护系统除留有引发汽轮机紧急跳闸的信号输入接口外，还要预留送出到锅炉、发电机和汽轮机范围内重要辅机保护系统的接口，即当汽轮机保护系统动作关闭汽轮机后，要输出信号到锅炉、发电机和汽轮机范围内重要辅机紧急动作。

（二）汽轮机局部保护

1. 甩负荷时的防超速保护

甩负荷时的防超速保护主要是指当发电机解列而不需关闭主汽阀时，能控制调速汽阀保持转速在允许范围内。

当电网发生瞬时故障，汽轮机实发功率与发电机负荷不平衡时，应根据电网需要和机组情况快速关闭中压（或高、中压）调速汽阀，经短暂延时后，再快速打开。

2. 低压缸排汽温度高保护

在机组启停和低负荷变工况运行阶段，低压缸鼓风热量大，产生鼓风摩擦，引起鼓风损失，导致低压缸排汽温度高。所以要防止低压缸排汽超温，避免末级叶片变形引起轴承及汽缸轴系负荷分配变化而引起的振动和动静部分摩擦，导致背压升高、效率降低，严重时引起凝汽器真空保护动作。

对于 200MW 及以上大容量的汽轮机，低压缸排汽口设置有低压缸喷水装置，低压缸喷水减温装置布置在低压缸排汽口，环绕末级叶片一圈。当排汽温度高至规定值时，应自动开启低压缸喷水阀以降低排汽温度。

3. 抽汽防逆流保护

当汽轮机跳闸、汽轮机超速、发电机解列或跳闸、加热器或除氧器超高水位时，为防止正常运行中由于抽汽口压力突然大减或者由于加热器、除氧器水位超高引起蒸汽快速逆向回流，因此应该联锁自动关闭相应抽汽止回阀和抽汽隔离阀。

4. 高压缸排汽温度高保护

高压缸排汽温度高保护是汽轮机的一项主要保护项目。在汽轮机中压缸启动的过程中，汽轮机转速和初始负荷由中压调节阀（ICV）控制，不允许蒸汽进入汽轮机高压缸。因此，必须用与主凝汽器相连的通风阀（VV）将高压缸通风。从初始负荷到预设负荷的增加过程中，各调节阀被打开，高压缸的汽压增加，到一定值时关闭 VV，蒸汽流量调节从 ICV 调节转变为高压调节阀（CV）调节，要求高压缸排汽压力比冷段再热蒸汽压力高，以便使蒸汽通过高压缸返回锅炉再热器。在这个升负荷的转换过程中，流过高压缸的蒸汽流量与相当于再热蒸汽压力的高压缸排汽压力之间的不匹配，极易使得高压缸排汽温度升高。为避免这种现象发生，汽轮机调节阀需迅速打开以提供充足的高压缸蒸汽流量，需要观察“高压缸排汽温度”，如果高压缸排汽温度高至危险值，转子部件将受损并由于高压缸变形产生大的振动，所以需要设置高压缸排汽温度高保护。

汽轮机保护系统主要检测项目清单见表 5-4。

表 5-4　　汽轮机保护系统主要检测项目清单

保护项目	测点名称	信号类型	连接系统	冗余要求	功能			备注
					一值	二值	三值	
汽轮机超速（110%额定转速）保护	汽轮机转速（汽轮机侧）	脉冲量	ETS	三冗余	—	汽轮机跳闸	—	汽轮机超速信号是从 TSI 接入 ETS，还是从现场探头接入 ETS，应根据汽轮机制造厂要求设计
		逻辑量[①]	TSI/ETS	三冗余	—	汽轮机跳闸	—	
	汽轮机转速（发电机侧）	逻辑量	TSI/ETS	三冗余	—	汽轮机跳闸	—	汽轮机超速信号是从 TSI 接入 ETS，还是从现场探头接入 ETS，应根据汽轮机制造厂要求设计
		脉冲量	ETS	三冗余	—	汽轮机跳闸	—	
汽轮机超速（OPC）保护	汽轮机转速	逻辑量	DEH	三冗余	—	关高压主汽阀调节阀，关中压联合汽阀调节阀，关抽汽止回阀	—	

续表

保护项目	测点名称	信号类型	连接系统	冗余要求	功能			备注
					一值	二值	三值	
凝汽器真空过低保护	凝汽器真空压力	开关量/模拟量	ETS	三冗余	—	汽轮机跳闸	—	
润滑油压过低保护	润滑油压	开关量/模拟量	ETS	三冗余	—	汽轮机跳闸	—	
轴振动大保护	轴振动	逻辑量	TSI/ETS		报警	汽轮机跳闸	—	
轴承振动大保护	轴承振动	逻辑量	TSI/DAS		报警	手动停机	—	
调速油压过低保护	调速油压	开关量	ETS	三冗余	—	汽轮机跳闸	—	
轴向位移大保护	轴向位移	逻辑量	TSI/ETS	二冗余	报警	汽轮机跳闸	—	
胀差大保护	胀差	逻辑量	TSI/ETS		报警	汽轮机跳闸	—	根据汽轮机制造厂要求设置
高压缸排汽温度高保护	高压缸排汽温度	逻辑量	DEH/ETS	三冗余	报警	汽轮机跳闸	—	根据汽轮机制造厂要求设置
低压缸排汽温度高保护	低压缸排汽温度	逻辑量	DEH/ETS	三冗余	报警	汽轮机跳闸	—	根据汽轮机制造厂要求设置
推力瓦金属温度高保护	推力瓦金属温度	逻辑量	DEH/ETS		报警	汽轮机跳闸	—	
支撑轴承金属温度高保护	支撑轴承金属温度	逻辑量	DEH/ETS		报警	汽轮机跳闸	—	根据汽轮机制造厂要求设置
ETS 进线电源消失	ETS 进线电源监视	开关量	ETS/DCS		报警（单路电源消失）	汽轮机跳闸（两路电源消失）	—	
停机保护	发电机事故跳闸	逻辑量	发电机-变压器组保护柜		汽轮机跳闸	—	—	
	外部系统故障引起发电机解列（未设置FCB功能时）	逻辑量	发电机-变压器组保护柜		汽轮机跳闸	—	—	
	MFT	逻辑量	MFT 跳闸继电器柜	二冗余	汽轮机跳闸	—	—	
	手动停机指令	开关量	直接驱动		汽轮机跳闸	—	—	
	DEH电源消失	开关量	ETS		汽轮机跳闸	—	—	

① “逻辑量”是指在控制系统中经过逻辑运算或逻辑判断后形成的保护系统输入信号，用于区别来自现场的“开关量”或“模拟量”信号。其实质是来自控制系统的开关量。

（三）汽轮机旁路保护

采用中间再热，并按单元制运行的机组，正常运行中锅炉蒸汽的供给是和汽轮机的负荷相对应的；但是在启动和事故的工况下，如汽轮机大幅度甩负荷，机炉间的蒸汽量将不平衡，因为汽轮机可在任何负荷下运行，而锅炉一般在30%额定负荷下运行就不稳定。又如锅炉主蒸汽压力升高，需将一部分蒸汽排入凝汽器，防止锅炉超压。所以大型单元机组都设有旁路系统，用来回收非正常工况下多余的蒸汽。汽轮机高压缸的旁路系统为一级旁路，也叫高压旁路（简称高旁），汽轮机中、低压缸的旁路系统为二级旁路，也叫低压旁路（简称低旁）。每级旁路都有减温减压装置来控制蒸汽的温度和压力。高压旁路的蒸汽进入再热器，低压旁路的蒸汽进入凝汽器，为了保护再热器和凝汽器的安全，旁路系统必须在一定的条件下投入，对旁路系统的启停进行控制。

按 FCB 功能要求配置的快速动作旁路系统应配有根据 FCB 命令或蒸汽压力高至规定值自动投入旁路系统的保护功能。按机组启动功能设计的旁路系统，不宜设置汽轮机旁路自动投入的保护功能。

当出现下列情况之一时，应自动闭锁和停止旁路运行：

（1）高压旁路出口温度高至规定值。

（2）旁路减温水压力低至规定值。

（3）旁路减温水阀应开而未开。

（4）凝汽器真空低至规定值。

（5）凝汽器水位高至规定值。

（6）汽轮机低压缸排汽温度高至规定值。

（四）汽轮机防进水和冷蒸汽保护

汽轮机防进水和冷蒸汽保护系统是防止当机组运行时水和冷蒸汽进入汽轮机而对汽轮机造成损坏。汽轮机进水、冷蒸汽事故造成的危害主要有汽轮机叶片损伤和断裂、汽轮机动静部分产生碰磨，严重时会发生大轴弯曲、金属裂纹、阀门或汽缸的接合面漏汽、推力瓦烧毁等事故。

引起汽轮机进水的来源可以概括为以下几方面：

（1）锅炉及主蒸汽系统。

（2）再热蒸汽系统。

（3）回热抽汽系统。

（4）轴封蒸汽系统。

（5）凝汽器真空系统。

（6）汽轮机本身疏水系统。

汽轮机防进水和冷蒸汽保护主要包括汽包锅炉汽包高水位保护（测点设置在锅炉侧）、直流锅炉汽水分离器高水位保护（测点设置在锅炉侧）、疏水袋高水位保护、高压加热器防进水保护、低压加热器防进水保护、凝汽器防进水保护等。

汽轮机防进水和冷蒸汽保护的设计原则主要遵循 DL/T 5428《火力发电厂热工保护系统设计技术规定》的要求。该部分保护设计除宜符合 DL/T 834《火力发电厂汽轮机防进水和冷蒸汽导则》外，如汽轮机制造厂另有要求，应按汽轮机制造厂的规定执行。

汽轮机防进水和冷蒸汽保护系统主要检测项目清单见表 5-5 和表 5-6。

表 5-5　100～300MW 亚临界汽轮发电机组防进水和冷蒸汽保护系统主要检测项目清单

保护项目	测点名称	信号类型	连接系统	冗余要求	功能			备注
					一值	二值	三值	
防进水和冷蒸汽保护	汽包水位（高/高高/高高高）	模拟量	FSS /MCS	三冗余	报警	开汽包事故放水阀	MFT	汽包锅炉，测点设在锅炉侧
	再热蒸汽冷段疏水罐水位（高/高高）	开关量	SCS		报警/开疏水阀	人工判断是否停机	—	
	高压加热器水位（高/高高）	开关量/模拟量	MCS /SCS	三冗余	报警/开本级高压加热器事故疏水阀	关上一级加热器来疏水阀，关相应抽汽止回阀和抽汽隔离阀，开抽汽管上疏水阀，开高压加热器旁路阀，关高压加热器进出口给水阀，解列高压加热器运行	—	
	低压加热器水位（高/高高）	开关量/模拟量	MCS/SCS	三冗余	报警/开本级低压加热器事故疏水阀	关上一级加热器来疏水阀，关相应抽汽止回阀和抽汽隔离阀，开抽汽管上疏水阀，开低压加热器旁路阀，关低压加热器进出口凝结水阀，解列低压加热器运行	—	
	除氧器水位（高/高高/高高高）	模拟量/开关量①	MCS/SCS	三冗余	报警	关闭高压加热器至除氧器的气动疏水调节阀 / 开启除氧器放水电动阀 / 关闭除氧器入口凝结水电动（或气动）截止阀（如有）	关闭汽轮机抽汽至除氧器的气动止回阀/关闭汽轮机抽汽至除氧器的电动阀	

续表

保护项目	测点名称	信号类型	连接系统	冗余要求	功能			备注
					一值	二值	三值	
防进水和冷蒸汽保护	凝汽器水位（高/高高/高高高）	开关量/模拟量	MCS/SCS	三冗余	报警/关凝补水箱补水阀	关低压加热器至凝汽器疏水阀，开凝结水返回凝补水箱补水阀	禁止投入（或快关）低压旁路	
	各段抽汽管上下汽温度（温差大）	模拟量	DAS		报警/开相应疏水阀	—	—	
	高压缸排汽管上下汽温度（温差大）	模拟量	DAS		报警	—	—	
	高、中压缸外缸顶部和相应底部温度（温差大）	模拟量	DAS		报警	—	—	
	高压主汽阀前主蒸汽温度突降超限	逻辑量[②]	DEH/ETS		报警	汽轮机跳闸	—	根据汽轮机制造厂要求设置
	高压主汽阀前主蒸汽温度低于规定值	逻辑量	DEH/ETS		报警	汽轮机跳闸	—	根据汽轮机制造厂要求设置
	中压联合汽阀主汽阀前再热蒸汽温度突降超限	逻辑量	DEH/ETS		报警	汽轮机跳闸	—	根据汽轮机制造厂要求设置
	中压联合汽阀主汽阀前再热蒸汽温度低于规定值	逻辑量	DEH/ETS		报警	汽轮机跳闸	—	根据汽轮机制造厂要求设置

① 溢流值报警/开启除氧器溢放水至凝汽器（或锅炉）疏水扩容器可调电动阀门。

② “逻辑量”是指在控制系统中经过逻辑运算或逻辑判断后形成的保护系统输入信号，用于区别来自现场的“开关量”或“模拟量”信号。

表 5-6　600～1000MW 超（超超）临界汽轮发电机组防进水和冷蒸汽保护系统主要检测项目清单

保护项目	测点名称	信号类型	连接系统	冗余要求	功能			备注
					一值	二值	三值	
防进水和冷蒸汽保护	汽水分离器水位（高/高高）	模拟量	MCS /SCS	三冗余	报警/开疏水阀	关分离器至主蒸汽系统的截止阀，跳所有给水泵或关闭分离器进水阀	—	直流锅炉，测点设在锅炉侧
	再热蒸汽冷段疏水罐水位（高/高高）	开关量	SCS		报警/开疏水阀	人工判断是否停机	—	
	高压加热器水位（高/高高）	开关量/模拟量	MCS /SCS	三冗余	报警/开本级高压加热器事故疏水阀	关上一级加热器来疏水阀，关相应抽汽止回阀和抽汽隔离阀，开抽汽管上疏水阀，开高压加热器旁路阀，关高压加热器进出口给水阀，解列高压加热器运行	—	

续表

保护项目	测点名称	信号类型	连接系统	冗余要求	功能			备注
					一值	二值	三值	
防进水和冷蒸汽保护	低压加热器水位（高/高高）	开关量/模拟量	MCS /SCS	三冗余	报警/开本级低压加热器事故疏水阀	关上一级加热器来疏水阀，关相应抽汽止回阀和抽汽隔离阀，开抽汽管上疏水阀，开低压加热器旁路阀，关低压加热器进出口凝结水阀，解列低压加热器运行	—	
	除氧器水位（高/高高/高高高）	模拟量/开关量①	MCS / SCS	三冗余	报警	关闭高压加热器至除氧器的气动疏水调节阀/开启除氧器放水电动阀/关闭除氧器入口凝结水电动（或气动）截止阀（如有）	关闭汽轮机抽汽至除氧器的气动止回阀/关闭汽轮机抽汽至除氧器的电动阀	
	凝汽器水位（高/高高/高高高）	开关量/模拟量	MCS /SCS	三冗余	报警/关凝补水箱补水阀	关低压加热器至凝汽器疏水阀，开凝结水返回凝补水箱补水阀	禁止投入（或快关）低压旁路	
	各段抽汽管上下汽温度（温差大）	模拟量	DAS		报警/开相应疏水阀	—	—	
	高压缸排汽管上下汽温度（温差大）	模拟量	DAS		报警	—	—	
	高、中压缸外缸顶部和相应底部温度（温差大）	模拟量	DAS		报警	—	—	
	高压主汽阀前主蒸汽温度突降超限	逻辑量②	DEH /ETS		报警	汽轮机跳闸	—	根据汽轮机制造厂要求设置
	高压主汽阀前主蒸汽温度低于规定值	逻辑量	DEH /ETS		报警	汽轮机跳闸	—	根据汽轮机制造厂要求设置
	中压联合汽阀主汽阀前再热蒸汽温度突降超限	逻辑量	DEH /ETS		报警	汽轮机跳闸	—	根据汽轮机制造厂要求设置
	中压联合汽阀主汽阀前再热蒸汽温度低于规定值	逻辑量	DEH /ETS		报警	汽轮机跳闸	—	根据汽轮机制造厂要求设置

① 溢流值报警/开启除氧器溢放水至凝汽器（或锅炉）疏水扩容器可调电动阀。

② “逻辑量”是指在控制系统中经过逻辑运算或逻辑判断后形成的保护系统输入信号，用于区别来自现场的“开关量”或“模拟量”信号。

三、常见设计方案

（一）常见工程汽轮机跳闸回路接线图

常见工程汽轮机跳闸回路接线图见图 5-37。

（二）常见工程后备手操按钮接线图

1. 后备手操按钮设置原则

为确保紧急安全停机，应在控制盘（台）上装设独立于任何机组保护系统和机组控制系统的硬接线后备手动操作手段。跳闸按钮应该采用双重按钮或带盖的单按钮，这些专用手动开关或按钮应独立且直接接至相应的驱动回路。

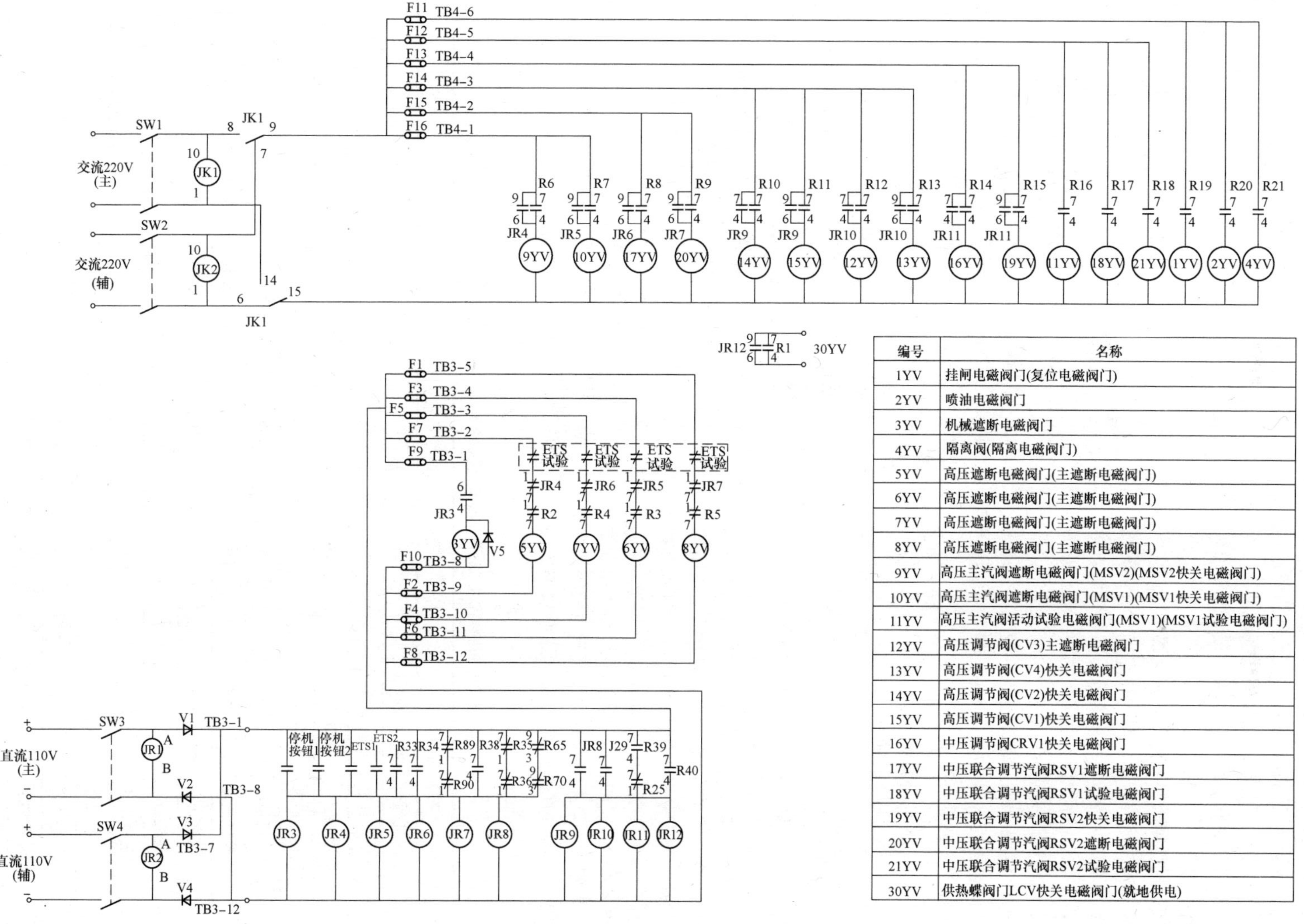

编号	名称
1YV	挂闸电磁阀门(复位电磁阀门)
2YV	喷油电磁阀门
3YV	机械遮断电磁阀门
4YV	隔离阀(隔离电磁阀门)
5YV	高压遮断电磁阀门(主遮断电磁阀门)
6YV	高压遮断电磁阀门(主遮断电磁阀门)
7YV	高压遮断电磁阀门(主遮断电磁阀门)
8YV	高压遮断电磁阀门(主遮断电磁阀门)
9YV	高压主汽阀遮断电磁阀门(MSV2)(MSV2快关电磁阀门)
10YV	高压主汽阀遮断电磁阀门(MSV1)(MSV1快关电磁阀门)
11YV	高压主汽阀活动试验电磁阀门(MSV1)(MSV1试验电磁阀门)
12YV	高压调节阀(CV3)主遮断电磁阀门
13YV	高压调节阀(CV4)快关电磁阀门
14YV	高压调节阀(CV2)快关电磁阀门
15YV	高压调节阀(CV1)快关电磁阀门
16YV	中压调节阀CRV1快关电磁阀门
17YV	中压联合调节汽阀RSV1遮断电磁阀门
18YV	中压联合调节汽阀RSV1试验电磁阀门
19YV	中压联合调节汽阀RSV2快关电磁阀门
20YV	中压联合调节汽阀RSV2遮断电磁阀门
21YV	中压联合调节汽阀RSV2试验电磁阀门
30YV	供热蝶阀门LCV快关电磁阀门(就地供电)

图 5-37 常见工程汽轮机跳闸回路接线图

2. 汽轮机手动停机

汽轮机手动停机：宜设双按钮（一跳闸、一确认），瞬时动作。按钮触点类型及数量应满足汽轮机跳闸驱动回路的具体要求。汽轮机跳闸按钮接线的设计，应核实汽轮机制造厂的硬接线回路要求，按不同要求采取不同的接线方式。

（1）汽轮机跳闸硬接线回路是带电跳闸，接至汽轮机跳闸硬接线回路的按钮，双按钮中每个按钮的两副动合触点先并联，再将这两组并联后的动合触点串联后接入汽轮机跳闸硬接线回路（其原理图见图5-38）。接至汽轮机跳闸逻辑回路和 SOE 的按钮，采用双按钮中动合触点串联、动断触点并联后，分别送入汽轮机跳闸逻辑回路和 SOE。汽轮机带电跳闸按钮接线原理图如图 5-38 所示。

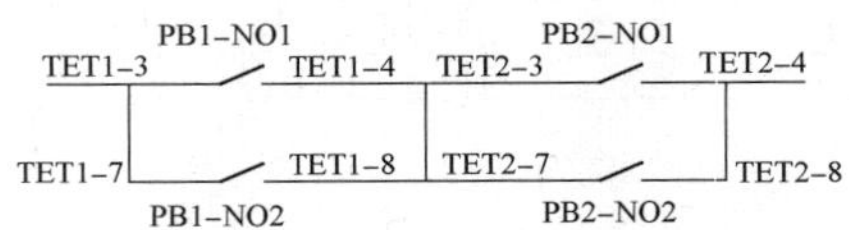

图 5-38　汽轮机带电跳闸按钮接线原理图

（2）汽轮机跳闸硬接线回路是失电跳闸，接至汽轮机跳闸硬接线回路的按钮，双按钮中每个按钮的两副动断触点先串联，再将这两组串联后的动断触点并联后接入汽轮机跳闸硬接线回路。接至汽轮机跳闸逻辑回路和 SOE 的按钮，采用双按钮中动合触点串联、动断触点并联后，分别送入汽轮机跳闸逻辑回路和 SOE。汽轮机失电跳闸按钮接线原理图如图 5-39 所示。

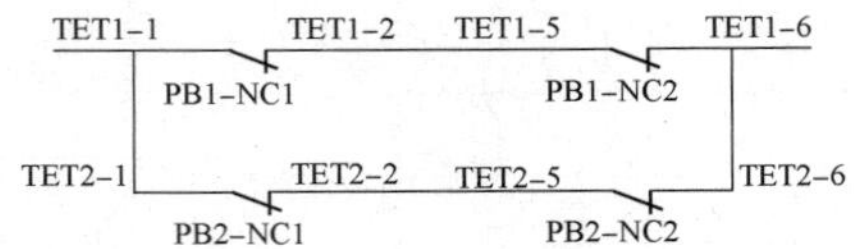

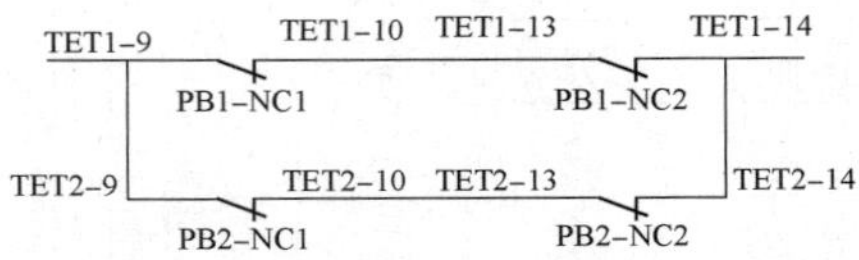

图 5-39　汽轮机失电跳闸按钮接线原理图

（3）汽轮机制造厂 ETS 装置内部已经设计了串、并联逻辑，则双按钮中每个按钮的所有触点均分别接至操作台下端子排，触点数量和触点类型按照汽轮机制造厂 ETS 装置的要求引入。

3. 汽轮机真空破坏阀

汽轮机真空破坏阀宜设双重按钮或带盖的单按钮，瞬时动作。对于设双真空破坏阀的机组，双按钮同时控制两个电动阀门。

（三）汽轮机保护逻辑图

（1）某涉外工程 660MW 超临界机组汽轮机保护逻辑图（哈尔滨汽轮机厂）如图 5-40 所示。

（2）某国内工程 660MW 超临界机组汽轮机保护逻辑图（东方汽轮机厂）如图 5-41 所示。

（四）工程 ETS I/O 清单

（1）100～300MW 亚临界汽轮发电机组 ETS I/O 点清单见表 5-7。

表 5-7　　**100～300MW 亚临界汽轮发电机组 ETS I/O 点清单**

序号	测点名称	I/O 类型	连接系统	信号源/去向	备注
1	汽轮机超速（汽轮机侧）1	DI	ETS	TSI	汽轮机超速信号是从 TSI 接入 ETS，还是从现场探头接入 ETS，应根据汽轮机制造厂要求设计
2	汽轮机超速（汽轮机侧）2	DI	ETS	TSI	
3	汽轮机超速（汽轮机侧）3	DI	ETS	TSI	
4	汽轮机超速（汽轮机侧）1	PI	ETS	现场测速探头	
5	汽轮机超速（汽轮机侧）2	PI	ETS	现场测速探头	
6	汽轮机超速（汽轮机侧）3	PI	ETS	现场测速探头	
7	汽轮机超速（发电机侧）1	DI	ETS	TSI	汽轮机超速信号是从 TSI 接入 ETS，还是从现场探头接入 ETS，应根据汽轮机制造厂要求设计
8	汽轮机超速（发电机侧）2	DI	ETS	TSI	
9	汽轮机超速（发电机侧）3	DI	ETS	TSI	
10	汽轮机超速（发电机侧）1	PI	ETS	现场测速探头	
11	汽轮机超速（发电机侧）2	PI	ETS	现场测速探头	
12	汽轮机超速（发电机侧）3	PI	ETS	现场测速探头	
13	凝汽器真空压力低低 1	DI/AI	ETS	过程开关/变送器	
14	凝汽器真空压力低低 2	DI/AI	ETS	过程开关/变送器	

续表

序号	测点名称	I/O 类型	连接系统	信号源/去向	备注
15	凝汽器真空压力低低 3	DI/AI	ETS	过程开关/变送器	
16	润滑油压力低低 1	DI/AI	ETS	过程开关/变送器	
17	润滑油压力低低 2	DI/AI	ETS	过程开关/变送器	
18	润滑油压力低低 3	DI/AI	ETS	过程开关/变送器	
19	轴振动大停机 1	DI	ETS	TSI	
20	轴振动大停机 2	DI	ETS	TSI	
21	轴承振动大停机	DI	DAS	TSI	人工确认后停机
22	调速油压力低低 1	DI	ETS	过程开关	
23	调速油压力低低 2	DI	ETS	过程开关	
24	调速油压力低低 3	DI	ETS	过程开关	
25	轴向位移大停机 1	DI	ETS	TSI	
26	轴向位移大停机 2	DI	ETS	TSI	
27	高压缸胀差大停机	DI	ETS	TSI	根据汽轮机制造厂要求设置
28	低压缸胀差大停机	DI	ETS	TSI	根据汽轮机制造厂要求设置
29	高压缸排汽温度高停机	DI	ETS/DCS	DEH	根据汽轮机制造厂要求设置
30	低压缸排汽温度高停机	DI	ETS	DEH	
31	推力瓦金属温度高停机	DI	ETS	DEH	
32	支撑轴承金属温度高停机	DI	ETS	DEH	根据汽轮机制造厂要求设置
33	发电机事故跳闸	DI	ETS	发电机-变压器组保护柜	
34	外部系统故障引起发电机解列（未设置 FCB 功能时）	DI	ETS	发电机-变压器组保护柜	
35	MFT1	DI	ETS	MFT 跳闸继电器柜	
36	MFT2	DI	ETS	MFT 跳闸继电器柜	
37	汽轮机紧急按钮动作	DI	DEH/ETS	后备手操按钮	
38	DEH 电源消失	DI	ETS	DEH	
39	主汽阀全关	DI	DEH/DCS	主汽阀行程开关	
40	ETS 进线电源消失	DI	ETS	SCS	
41	ETS 跳闸输出 1	DO	ETS	DEH 汽轮机跳闸硬回路	
42	ETS 跳闸输出 2	DO	ETS	DEH 汽轮机跳闸硬回路	
43	ETS 跳闸输出 3	DO	ETS	SCS	
44	ETS 跳闸输出 4	DO	ETS	FSS	
45	ETS 跳闸输出 5	DO	ETS	FSS	
46	ETS 跳闸输出 6	DO	ETS	DEH（停机联动）	
47	ETS 跳闸输出 7	DO	ETS	发电机-变压器组保护柜	
48	ETS 跳闸输出 8	DO	ETS	发电机-变压器组保护柜	

注 1．所有停机信号应进 SOE。

2．I/O 仅为示例，具体 I/O 名称及数量可能因汽轮机制造厂工艺配置不同、控制系统配置不同等而有所不同。

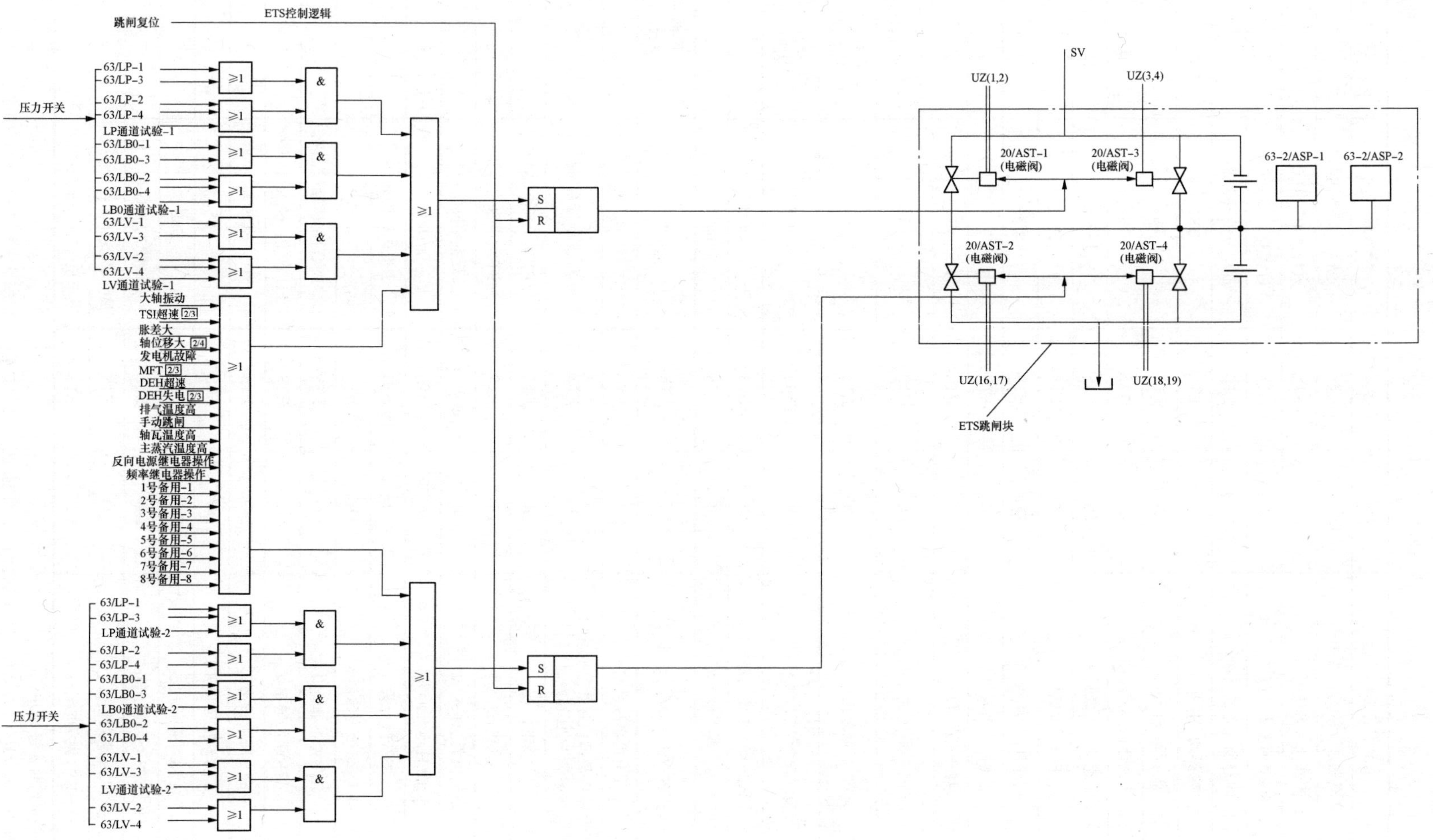

图 5-40 某涉外工程 660MW 超临界机组汽轮机保护逻辑图（哈尔滨汽轮机厂）

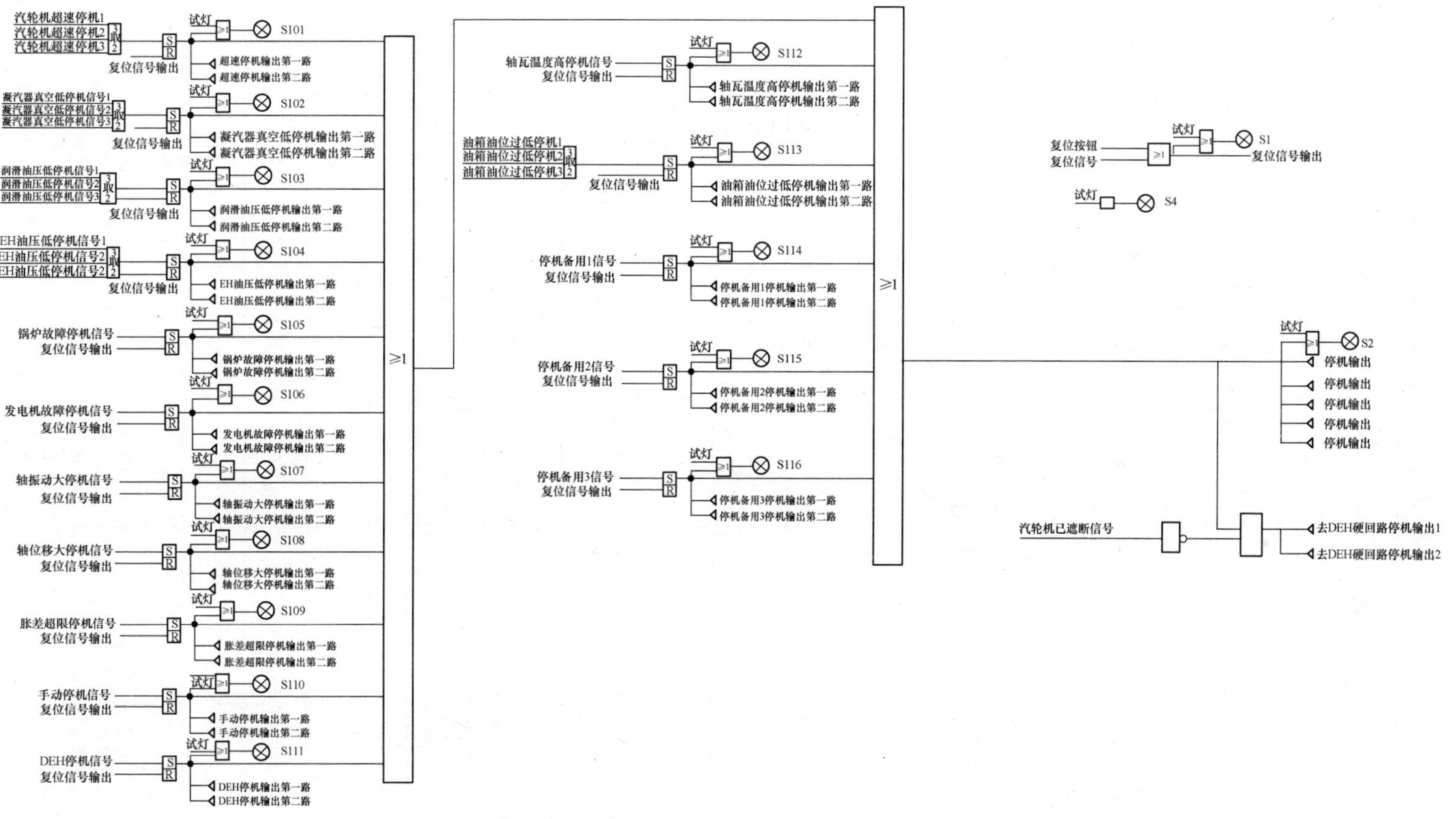

图5-41 某国内工程660MW超临界机组汽轮机保护逻辑图（东方汽轮机厂）

（2）600～1000MW 超（超超）临界汽轮发电机组 ETS I/O 点清单见表 5-8。

表 5-8　　600～1000MW 超（超超）临界汽轮发电机组 ETS I/O 点清单

序号	测点名称	I/O 类型	连接系统	信号源/去向	备注
1	汽轮机超速（汽轮机侧）1	DI	ETS	TSI	汽轮机超速信号是从 TSI 接入 ETS，还是从现场探头接入 ETS，应根据汽轮机制造厂要求设计
2	汽轮机超速（汽轮机侧）2	DI	ETS	TSI	
3	汽轮机超速（汽轮机侧）3	DI	ETS	TSI	
4	汽轮机超速（汽轮机侧）1	PI	ETS	现场测速探头	
5	汽轮机超速（汽轮机侧）2	PI	ETS	现场测速探头	
6	汽轮机超速（汽轮机侧）3	PI	ETS	现场测速探头	
7	汽轮机超速（发电机侧）1	DI	ETS	TSI	汽轮机超速信号是从 TSI 接入 ETS，还是从现场探头接入 ETS，应根据汽轮机制造厂要求设计
8	汽轮机超速（发电机侧）2	DI	ETS	TSI	
9	汽轮机超速（发电机侧）3	DI	ETS	TSI	
10	汽轮机超速（发电机侧）1	PI	ETS	现场测速探头	
11	汽轮机超速（发电机侧）2	PI	ETS	现场测速探头	
12	汽轮机超速（发电机侧）3	PI	ETS	现场测速探头	
13	凝汽器真空压力低低 1	DI/AI	ETS	过程开关/变送器	
14	凝汽器真空压力低低 2	DI/AI	ETS	过程开关/变送器	
15	凝汽器真空压力低低 3	DI/AI	ETS	过程开关/变送器	
16	润滑油压力低低 1	DI/AI	ETS	过程开关/变送器	
17	润滑油压力低低 2	DI/AI	ETS	过程开关/变送器	
18	润滑油压力低低 3	DI/AI	ETS	过程开关/变送器	
19	轴振动大停机 1	DI	ETS	TSI	
20	轴振动大停机 2	DI	ETS	TSI	
21	轴承振动大停机	DI	DAS	TSI	人工确认后停机
22	调速油压力低低 1	DI	ETS	过程开关	
23	调速油压力低低 2	DI	ETS	过程开关	
24	调速油压力低低 3	DI	ETS	过程开关	
25	轴向位移大停机 1	DI	ETS	TSI	
26	轴向位移大停机 2	DI	ETS	TSI	
27	高压缸胀差大停机	DI	ETS	TSI	根据汽轮机制造厂要求设置
28	低压缸胀差大停机	DI	ETS	TSI	根据汽轮机制造厂要求设置
29	高压缸排汽温度高停机	DI	ETS/DCS	DEH	根据汽轮机制造厂要求设置
30	低压缸排汽温度高停机	DI	ETS	DEH	
31	推力瓦金属温度高停机	DI	ETS	DEH	
32	支撑轴承金属温度高停机	DI	ETS	DEH	根据汽轮机制造厂要求设置
33	发电机事故跳闸	DI	ETS	发电机-变压器组保护柜	
34	外部系统故障引起发电机解列（未设置 FCB 功能时）	DI	ETS	发电机-变压器组保护柜	

续表

序号	测点名称	I/O 类型	连接系统	信号源/去向	备注
35	MFT1	DI	ETS	MFT 跳闸继电器柜	
36	MFT2	DI	ETS	MFT 跳闸继电器柜	
37	汽轮机紧急按钮动作	DI	DEH/ETS	后备手操按钮	
38	DEH 电源消失	DI	ETS	DEH	
39	ETS 进线电源消失	DI	ETS	SCS	
40	ETS 跳闸输出 1	DO	ETS	DEH 汽轮机跳闸硬回路	
41	ETS 跳闸输出 2	DO	ETS	DEH 汽轮机跳闸硬回路	
42	ETS 跳闸输出 3	DO	ETS	SCS	
43	ETS 跳闸输出 4	DO	ETS	FSS	
44	ETS 跳闸输出 5	DO	ETS	FSS	
45	ETS 跳闸输出 6	DO	ETS	DEH（停机联动）	
46	ETS 跳闸输出 7	DO	ETS	发电机-变压器组保护柜	
47	ETS 跳闸输出 8	DO	ETS	发电机-变压器组保护柜	

注 1．所有停机信号应进 SOE。

2．I/O 仅为示例，具体 I/O 名称及数量可能因汽轮机厂工艺配置不同、控制系统配置不同等而有所不同。

第五节 机 组 保 护

一、机组保护的主要内容

单元机组是指由锅炉、汽轮机和发电机及相关辅机组成的独立热力系统。火力发电厂中的大容量机组一般都采用单元制，机组保护一般也就是指单元机组保护。单元机组是一个整体，若其中任一设备在运行中发生故障，都会影响其他设备及整个机组的运行，因此单元机组的保护必须与锅炉、汽轮机和发电机及辅机设备各自本体的保护结合起来综合、全面地考虑。单元机组保护系统的任务，主要是当单元机组中某一个或几个设备发生事故时，根据事故情况迅速将单元机组按预定的保护程序减负荷或停机。

单元机组主机发生重大故障时，将引起主机系统之间一系列联锁动作，进行降负荷控制或跳闸保护。根据故障类型和程度的不同，保护和控制动作也不同，机组保护主要包括机组快速切负荷（fast cut back，FCB）、机组跳闸两类。

（一）机组快速切负荷（FCB）

FCB 是指汽轮机、发电机、主变压器及电网发生故障甩负荷时，机组整体不带负荷或仅带厂用电负荷以维持机组安全运行的保护控制措施。FCB 存在两种工况：一种是汽轮机跳闸，维持锅炉运行，即停机不停炉的方式，此时机组不带负荷，锅炉维持最低负荷运行，蒸汽通过旁路进入凝汽器进行回收；另一种是主变压器组出口断路器跳闸，发电机仅带厂用变压器运行，机组维持厂用电负荷（一般为 5%额定负荷）运行。为维持锅炉最低稳燃负荷运行，多余的蒸汽通过旁路进入凝汽器进行回收。FCB 功能某种程度上与辅机故障减负荷（run back，RB）功能类似，都是故障情况下机组负荷的快速调整，而不同之处在于，RB 功能是机组重要辅机（如磨煤机、三大风机、给水泵、空气预热器等）故障引起机组最大 50%的减负荷保护动作，而 FCB 功能则是汽轮机、发电机及主变压器等主机发生故障时，机组甩负荷而锅炉仍然维持最低稳燃负荷运行的保护动作。

机组进行较大负荷阶跃变动时，最关键的是如何稳定快速地将锅炉负荷降下来，并在低负荷下维持燃烧稳定而不跳闸。当负荷发生较大的阶跃时，通过汽轮机调节阀快速动作和励磁调节系统的快速反应，汽轮发电机可在较短时间内适应负荷的变化，而锅炉由于较大的热惯性和燃料系统储能的延时性，其响应速度远远低于汽轮发电机。当机组高负荷状态下出力骤降，多余的蒸汽如不能及时通过旁路系统和锅炉安全阀进行排放，将使锅炉压力飞升，引起锅炉超压，导致锅炉跳闸，进而整个机组停运。因此，机组是否能顺利实现 FCB，不仅仅取决于控制和保护系统功能的设计，更重要的是取决于工艺系统中锅炉过热器安全阀、再热器安全阀的排汽能力、旁路容量，以及锅炉和汽轮机本体响应能力等各方面因素是否能达到 FCB 的要求。

FCB 并不是每个火力发电厂都必须设置的功能。我国 20 世纪 90 年代中期以前，由于电源点较少和电网规模较小，任何一台主力机组的缺失都会对线路乃至整个地区电网造成较大影响。当机组或电网发生故障时，要求孤立电网或电网末端机组具备尽快恢复运行直至带额定负荷的能力。但发生FCB时，机组要适应非常大的负荷阶跃，其应力变化对主机的寿命损害和多余工质排放造成的损失也是不可避免的。随着我国电源点和电网的迅速发展，一台机组或一个电厂在一条电网线路中的作用和影响日渐降低，甚至出现电力过剩，大量机组无法满发的情况，一台机组的故障和缺失对电网的危险性大大降低，机组跳闸后，电网要求快速恢复额定负荷运行的必要性也越来越弱。为避免工质的损失和主机寿命的损害，除部分区域电网机组外，大多数机组已不再考虑设置FCB功能，一旦汽轮机跳闸或发电机-变压器组故障跳闸，甚至主变压器出口断路器断开都将直接联跳机组。

（二）机组跳闸保护

机组跳闸保护是指火力发电厂锅炉、汽轮机、发电机-变压器组三大主机设备中的任一主机设备跳闸后，其他主机设备也联锁跳闸的保护功能。对于未设置FCB功能的火力发电厂，三大主机设备任一跳闸，其他主机将依次联跳。汽轮机在三大主机中处于中间位置，在机组跳闸动作时起到枢纽作用，即锅炉跳闸先联锁汽轮机跳闸进而引发发电机-变压器组跳闸，反之亦然，这种机组保护的联动逻辑关系见图5-42。

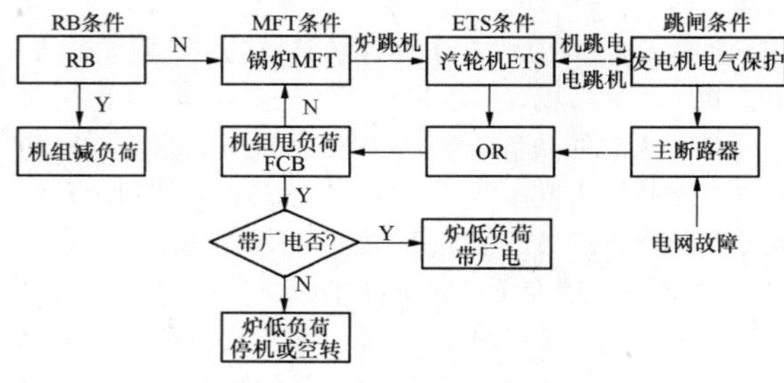

图5-42 机组大联锁示意图

火力发电厂机组普遍采用DCS或PLC作为主要控制系统后，机组保护不再采用单独的继电器保护柜。机组之间跳闸保护的联锁由主机各自的保护系统来完成，各系统之间通过信号的联系，将直接相关的主机故障跳闸信号作为自身跳闸保护的输入条件之一以实现机组的联跳。

（三）机组跳闸保护联锁功能的设计

锅炉的跳闸保护系统为总燃料跳闸（MFT）系统，一般由DCS来实现，属于DCS的一个独立的功能。汽轮机的跳闸保护系统为汽轮机紧急跳闸系统（ETS），一般由独立的PLC控制系统实现，也可由DCS设备实现，作为DCS的一个独立的功能。发电机-变压器组保护装置为独立的基于微处理器的专用保护装置，在电力设计行业属于电气专业负责范围。三个分别独立的保护系统之间通过硬接线信号的联系实现机组跳闸的联锁。MFT系统联动ETS的信号为MFT输出继电器触点，ETS联动MFT和发电机-变压器组保护装置的信号为ETS输出继电器触点，发电机-变压器组保护装置联动ETS的信号为保护装置输出的发电机-变压器组故障跳闸指令信号。这些联锁信号要求具有高可靠性，建议均采用三重冗余方式，每个信号取自不同的输出继电器，在对侧保护系统中做“三取二”逻辑，以尽可能避免“拒动作”和“误动作”情况的发生。常见的机组跳闸保护联锁功能框图见图5-43。

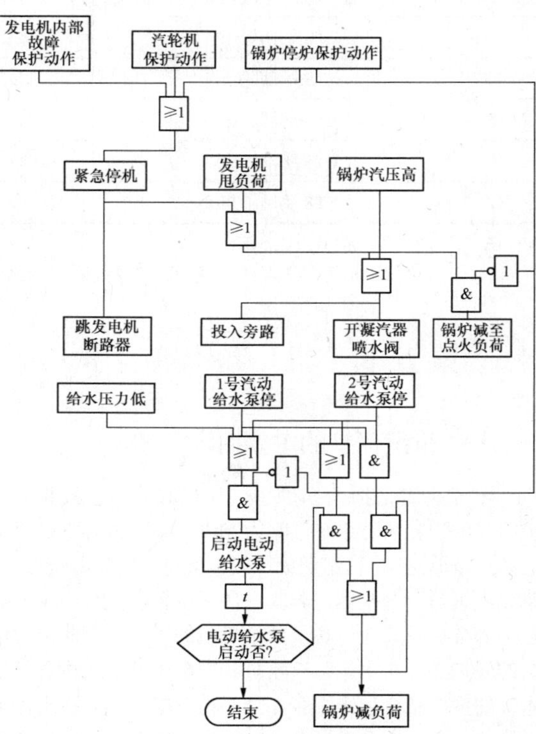

图5-43 常见的机组跳闸保护联锁功能框图

二、有FCB功能的机组保护

FCB是一个多系统协作的自动保护和控制过程，机组燃料、风烟、汽、水系统在各保护系统和控制系统的协调动作下快速反应，使锅炉降至最低稳燃负荷、整个机组零负荷或仅带厂用电负荷，并维持稳定运行，以备汽轮发电机组及变压器系统恢复正常后负荷能快速恢复到额定负荷。

FCB包括停机不停炉和带厂用电运行两种工况，两种工况的选择逻辑框图见图5-44。

机组FCB时，为了尽快卸除锅炉蓄热，防止工质流失，需要设置足够容量的高、低压旁路系统排放蒸汽。当旁路容量合适，FCB功能触发后，首先快开高、

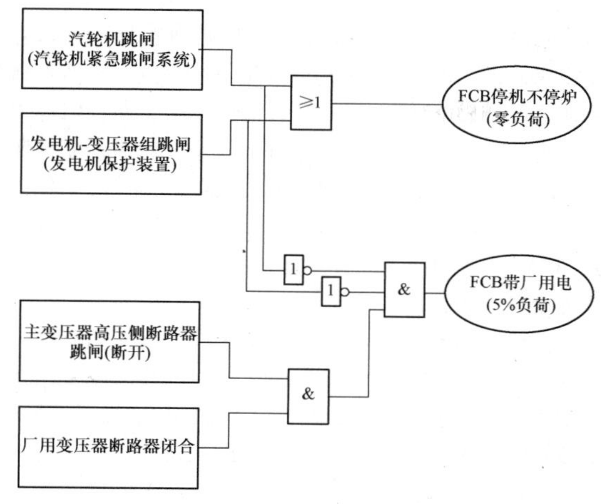

图 5-44 FCB 工况选择

低压旁路排放蒸汽，主蒸汽压力由旁路控制，同时打开锅炉压力释放阀（PCV）；锅炉负荷目标设定值切至预先设定的 FCB 目标负荷值，燃烧器控制系统切除多余磨煤机，汽轮机负荷切除或切至 5%额定负荷，DEH 中电超速保护动作，快速关闭高、中压调节阀，防止汽轮机超速，转速正常后，重新投入汽轮机高、中压调节阀，维持汽轮机在 3000r/min；三级旁路减温水投入，维持凝汽器真空度。

FCB 成功的前提条件，除了锅炉和汽轮机本体需要具备足够的热应力适应能力外，旁路容量足够是主要条件。以锅炉额定负荷为 100%，旁路容量可以按照以下原则设置：锅炉额定负荷减去锅炉 PCV 排放容量及锅炉最低稳燃负荷（一般 PCV 排放能力为 15%左右，锅炉最低稳燃负荷为 25%～30%），旁路容量应至少为 55%～60%以上。若旁路容量不够，蒸汽压力将迅速升高，造成 FCB 动作不成功，锅炉 MFT。

三、无 FCB 功能的机组保护

对于不设置 FCB 功能的机组，单元机组保护动作条件如下：

（1）当汽轮机因保护动作紧急停机时，自动投入旁路、开启凝汽器喷水、跳发电机断路器，将锅炉负荷减至并维持点火负荷。

（2）当汽轮机因保护动作紧急停机时，立即停炉。

（3）当发生事故停炉时，应自动跳闸汽轮机和发电机。

四、机组保护跳发电机的条件和内容

机组在正常运行时，发电机向电网输送电能，当因某种原因导致汽轮机跳闸时，主汽阀自动关闭，使机组负荷快速甩到零，此时若发电机仍然与电网并网，因发电机是同步电动机，则会从电网吸收电能，其转速与电网频率相对应，此时发电机变为电动机，不发电反而从电网倒吸电能，发电机处于逆功率状态。逆功率运行时汽轮机低压缸末几级叶片鼓风发热很大且没有蒸汽冷却，长时间运行对汽轮机的安全不利，对于小型机组来说，逆功率状态只允许数分钟，大型机组只有几十秒甚至数秒，如在此时间内不能重新带上负荷则发电机必须解列。但在其解列前一般需确保原动机（汽轮机）处于零做功状态，否则发电机脱网灭磁后电磁转矩阻力消失，机组容易超速甚至飞车。

汽轮机联锁发电机跳闸的方式一般包括三种：①逆功率保护动作方式；②热工保护跳闸方式；③逆功率保护和热工保护跳闸两种方式结合使用。这三种方式均由电气专业在发电机-变压器组保护中完成，此处不再详述。

五、RB 功能

辅机故障减负荷（run back，RB）功能是指机组的重要辅机发生故障跳闸，并且辅机最大出力满足不了当前实际负荷时，机组能自动快速减负荷，以保证机组继续安全运行，它是协调控制系统的一个重要组成部分。

在正常运行中的机组因磨煤机、送风机、引风机、一次风机、汽动给水泵、空气预热器中的一台或多台发生故障跳闸，而使机组出力受到限制时，RB 可以检验自动控制系统将机组负荷快速由高负荷（大于 RB 触发负荷）按预定的速率向预定的 RB 目标负荷顺利过渡。

（一）RB 动作条件

RB 动作条件主要包括：

（1）任一台送风机跳闸。

（2）任一台引风机跳闸。

（3）任一台一次风机跳闸。

（4）任一台汽动给水泵跳闸。

（5）任一台空气预热器主、辅电动机均跳闸。

以上条件发生时，当负荷指令大于设定值且机组在协调控制模式时，都会触发相应的 RB；当负荷指令小于目标负荷设定值时，则 RB 指令复位。

（6）有磨煤机跳闸。有磨煤机跳闸时，根据煤层投运数算出相应的负荷指令，当机组实际负荷指令减去该计算负荷指令大于设定值时，触发磨煤机 RB；当机组实际负荷指令减去该计算负荷指令小于设定值时，磨煤机 RB 复位。

（二）RB 动作过程

（1）RB 负荷指令。

1）不是磨煤机 RB 时。当送风机、引风机、一次风机、汽动给水泵、空气预热器 RB 动作时，负荷指令切换到手动设定值，然后与计算负荷指令小选后输出一个负荷值，该负荷值经过速率限制模块，输出RB负荷指令。

2）磨煤机RB时。如果没有引起送风机、引风机、一次风机、汽动给水泵或者空气预热器跳闸，机组实际负荷指令和计算负荷指令经过小选输出一个负荷值，该负荷值经过速率限制模块，输出RB负荷指令。

3）如果磨煤机RB后，送风机、引风机、一次风机、汽动给水泵或者空气预热器跳闸，机组实际负荷指令与计算负荷指令与某一定值（如1000MW机组一般为550MW）小选后输出一个负荷值，该负荷值经过速率限制模块，输出RB负荷指令。

（2）RB动作逻辑。辅机故障减负荷控制逻辑图，见图5-45。

（3）RB特殊逻辑。

1）当RB后，一次风机手动输入风机叶片的偏置值时无速率限制，直接加在风机叶片指令上。

2）当RB后，主蒸汽压力设定值的超前-滞后模块滞后时间一般为20s。

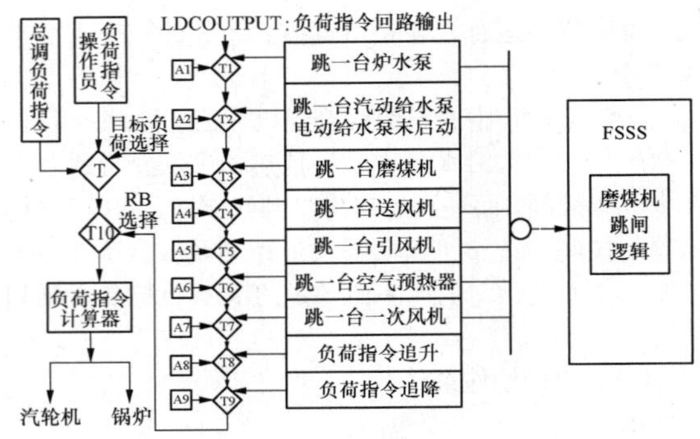

图5-45　辅机故障减负荷控制逻辑图

3）当RB后，锅炉主控直接接受RB负荷指令。

4）当RB后，给水设定值的超前-滞后模块滞后时间为100s。

5）当RB后，氧量调节不起作用，PID不再运算。

6）当RB后，优先关所有的减温水调节阀，直到RB复位后方可进行操作。

（三）汽轮机驱动引风机RB

当引风机采用汽轮机驱动时，机组RB动作由于燃料量突降、氧量调节叠加，使送风指令快降，造成引风机负荷快速减小，而引风机汽轮机调节存在一定的迟滞导致炉膛负压过大，进而影响炉膛燃烧甚至造成汽轮机超速的严重后果。因此在RB工况下，需要送风指令充分考虑引风机的调节特性，使送风指令的下降速度、幅度及时间与之匹配，达到两者同步平稳下滑。

1. 引风机叶片控制与转速控制切换逻辑

引风机运行信号通常采用引风机汽轮机挂闸，并且转速大于2600r/min（典型设定值，下同）的信号作为判据。炉膛负压控制采用引风机叶片开度及引风机汽轮机转速两种控制模式。对于引风机叶片开度控制只要汽轮机转速大于2800r/min就具备投自动条件；对于引风机汽轮机转速控制则需要引风机叶片开度大于70%，并且引风机汽轮机转速大于2800r/min时才具备投自动条件。

在机组启动及运行过程中，炉膛负压先由叶片开度调节来控制，随着风烟量的增大，叶片开度逐渐增大到70%时运行人员即可投入引风机汽轮机转速自动控制。引风机汽轮机转速控制进入自动后，叶片开度就被锁定在当前开度值上，炉膛负压控制模式就由叶片开度调节过渡为引风机汽轮机转速调节。

考虑RB工况下引风机汽轮机转速调节的阶跃性，为了确保引风机汽轮机转速调节保持在遥控模式，需增加RB触发后闭锁引风机汽轮机转速指令和反馈偏差大于500r/min时汽轮机控制切就地模式的逻辑。

2. 防引风机汽轮机超速逻辑

在引风机汽轮机叶片开度突降、发生一次风机RB或锅炉MFT时，由于实际风量的突变引起引风机汽轮机实际负荷的突降，造成引风机汽轮机实际转速的飞升并严重威胁设备的安全运行。在引风机汽轮机实际负荷突降的情况下，快减引风机汽轮机设定转速，并稳定实际转速使其处于安全水平，成为控制逻辑的关键所在。

为防止超速，在引风机汽轮机转速控制逻辑回路内增加转速快降前馈。该前馈由两个部分组成：一部分为在锅炉发生MFT时，首先锁定当前目标负荷值，进而根据预置函数得出快减转速量，然后通过预置设定速率进入引风机汽轮机转速控制回路；另一部分由炉膛压力偏差信号预置一个带死区的转速设定输出回路，并经过速率限制后进入引风机汽轮机转速控制回路。为避免引风机汽轮机在高转速时因叶片快关造成引风机汽轮机机意外超速，在引风机叶片控制回路内增加闭锁减功能，即引风机汽轮机转速在手动模式、叶片开度大于85%，且引风机汽轮机转速大于5300r/min时，闭锁风机叶片减功能。

第六节　辅　机　保　护

一、概述

（一）辅机保护任务和范围

火力发电厂的单元机组是由锅炉、汽轮机和发电机这三个主要设备与相关的热力系统、辅助设备构成的。这些系统和设备相互关联、协调配合、共同工作实现发电机组安全、经济、环保地运行。随着高参数、大容量火力发电机组成为主力机型，设备和系统之间的结构越来越复杂，相关性也更加紧密。在单元机组运行中，主机占有绝对重要的位置，而主要辅机设备和系统的安全稳定运行，直接关系到主机系统运行的安全稳定、发电量和机组经济性，主要辅机和辅助系统的安全性对火力发电厂同样具有重要地位。

1. 辅机保护的任务

辅机保护的任务是当机组在启停或正常运行的过程中，某个辅机或辅助系统发生危及设备和人身安全的故障时，保护系统自动采取相应操作，通过启动或停止辅机或改变其运行方式，防止事故发生或避免事故扩大，保证设备及人身的安全。

2. 辅机保护的范围

辅机保护的范围是指保护措施所涉及的对象，如某一主要的热力设备。燃煤锅炉部分的主要辅机或辅助系统一般包括送风机、引风机、一次风机、炉水循环泵、空气预热器、给煤机、磨煤机、引风机汽轮机等。汽轮发电机部分的主要辅机或辅助系统一般包括给水泵汽轮机、给水泵、凝结水泵、真空泵、循环水泵、除氧器、高低压加热器、汽轮机旁路系统、空冷机组、SCR、FGD 等。

（二）辅机保护功能实现的途径

国内、外火力发电机组的机组控制系统已全面采用分散控制系统（DCS），范围涵盖主、辅机和几乎全部辅助设备及系统。辅机保护系统可完全采用 DCS，即由 DCS 实现主要辅机及其辅助系统的保护功能；也可以采用独立于机组控制系统的 DCS 或 PLC 实现部分保护功能。例如，某厂 300MW 机组的汽轮机辅机保护采用 PLC 实现，其他辅机保护由机组 DCS 实现。采用独立控制系统时，该系统应与机组控制系统留有通信接口，重要信号采用硬接线连接。

二、燃煤锅炉辅机保护

（一）送风机保护

为了能使炉膛内的燃烧正常进行，必须连续不断地把燃烧所需要的空气送入炉膛，同时把燃烧产物排出炉外，这种连续送风并把燃烧产物排出炉外的过程称为锅炉通风。火力发电厂锅炉绝大多数采用的是用送风机向炉膛中输送空气，使炉膛中燃料的燃烧保证有适度的过剩空气，提供克服空气侧空气预热器和燃烧器的流动阻力的风压，用引风机克服烟气侧过热器、再热器、省煤器、空气预热器、除尘器等的流动阻力的平衡通风方式。

火力发电厂风机大多采用叶片式风机，主要是离心式和轴流式两种。风机属于大型转动机械，轴承的润滑方式可分为脂润滑和油润滑，多采用配置油泵的稀油站的油润滑方式。

在运行中，当发生异常故障情况并危及送风机安全时，应停止送风机运行。送风机的跳闸保护条件主要根据制造厂的技术条件和要求确定，一般包括：

（1）送风机轴承温度高。设置轴承温度高保护，在轴承温度继续升高到高Ⅱ值时停风机。轴承温度高保护的温度信号宜取自直接测量轴瓦钨金温度的温度元件，不宜取自测量轴承回油温度的温度元件。

（2）送风机驱动电动机轴承温度高。轴承温度高一般是轴瓦磨损引起的，主要原因有两种：一种是电动机转轴轴向偏移，使轴颈的端面和轴瓦的端面接触，转动时两者摩擦使温度升高。另一种是润滑油不足或油压不足不能形成油膜，使轴瓦磨损、温度升高以致烧坏轴瓦。

（3）送风机驱动电动机绕组温度高。引起电动机绕组温度过高的原因一般包括负荷过大、环境温度过高、冷却系统故障、电动机供电电源故障等。当电动机电流过大、绕组温度过高时会引起绕组绝缘老化而烧损。

（4）送风机出口挡板应开而未开（延时）。风机启动时，电动机带动转子由静止逐渐升速至额定转速，由于惯性的原因，启动转矩较大，启动电流也较大，一般为额定电流的 4～7 倍。所以，风机在启动时，出口风门挡板是关闭的。如果在启动时不关闭挡板，即带负荷启动，会使启动转矩更大，启动电流更增大，启动时间也要延长，严重时有可能使电动机烧坏。因此，风机必须在挡板关闭的情况下启动，待达到额定转数后，电动机电流指示正常，才允许逐渐开大挡板。风机启动升速后，如果出口风门故障无法打开，则跳闸风机。

（5）送风机轴承润滑油压低（润滑油站在线润滑方式）。润滑油压过低，则进入轴瓦的油量减少，不能有效地起到润滑降温作用，最终可能导致风机轴瓦烧毁。对于动叶调节的轴流风机，控制油压低会导致叶片不受控制，出于安全考虑，可设置控制油压低跳闸送风机保护逻辑。

根据风机结构上的特点和制造厂的要求，还可以考虑设置以下各项停风机保护：

1）送风机轴/轴承振动大。

2）送风机喘振大（轴流风机）。轴流风机流量 Q–扬程 H 性能曲线为驼峰状，这种驼峰的性能曲线在上升段是不稳定的。当风机工作点移至此区段运行时，会出现流量、压头和功率的大幅度脉动，风机及管道会产生强烈的振动，噪声显著增高等不正常工况，称为“喘振”。当风机发生喘振时，风机将不能正常工作，严重时会损坏风机。

3）送风机制造厂其他要求。

（二）引风机保护

在锅炉的炉膛后部布置了很多对流受热面，如过热器、再热器、省煤器和空气预热器，这使得烟气流动的阻力大大增加。为了防止炉膛向外冒烟、喷火，炉膛应保持负压。单靠烟囱自身的抽力不能克服全部烟气侧流动阻力，引风机用来保持炉膛负压，并为锅炉提供抽吸烟气的动力，将炉膛中的烟气抽出，从炉膛出来的高温烟气经过尾部受热面（过热器、再热器、省煤器）、空气预热器释放热量后，进入除尘器除尘，再经过脱硫装置处理后进入烟囱排向大气。

在运行中，当发生异常故障情况并危及引风机安全时，应停止引风机运行。引风机的跳闸保护条件主要根据制造厂的技术条件和要求确定，一般包括：

（1）引风机轴承温度高。

（2）引风机驱动电动机轴承温度高。

（3）引风机驱动电动机绕组温度高。

（4）引风机出口挡板应开而未开（延时）。

（5）引风机运行，出口挡板未开（延时）。

（6）引风机轴承润滑油压低（润滑油站在线润滑方式）。

根据风机结构上的特点和制造厂的要求，还可以考虑设置以下各项停风机保护：

（1）引风机轴/轴承振动大。

（2）引风机喘振大（轴流风机）。

（3）引风机制造厂其他要求。

（三）一次风机保护

一次风机主要供给磨煤机干燥煤粉和输送煤粉所需的冷风、热风。一次风机输送的一次风一部分经过空气预热器加热后，与另一部分由一次风机直接输送出的冷一次风混合后送入磨煤机。送入磨煤机的一次风，一方面可干燥原煤与煤粉，另一方面将磨制好的煤粉吹送至炉膛。

在运行中，当发生异常故障情况并危及一次风机安全时，应停止一次风机运行。一次风机的跳闸保护条件主要根据制造厂的技术条件和要求确定，一般包括：

（1）一次风机轴承温度高。

（2）一次风机驱动电动机轴承温度高。

（3）一次风机驱动电动机绕组温度高。

（4）一次风机出口挡板应开未开（延时）。

（5）一次风机轴承润滑油压低（润滑油站在线润滑方式）。

根据风机结构上的特点和制造厂的要求，还可以考虑设置以下各项停风机保护：

（1）一次风机轴/轴承振动大。

（2）一次风机喘振大（轴流风机）。

（3）一次风机制造厂其他要求。

（四）炉水循环泵保护

在运行中，当发生异常故障情况并危及炉水循环泵安全时，应停止炉水循环泵运行。炉水循环泵的跳闸保护条件主要根据制造厂的技术条件和要求确定，一般包括：

（1）炉水循环泵前后差压小或流量丧失。

（2）炉水循环泵电动机腔温度高。

（3）炉水循环泵低压冷却水丧失。

（五）空气预热器保护

空气预热器是利用烟气余热，提高进入炉膛空气温度的设备。空气预热器利用烟气余热，使锅炉排烟温度降低，提高了锅炉热效率；由于采用高温空气燃烧，改善燃烧条件，使燃料的不完全燃烧热损失下降，从而可进一步提高锅炉热效率；此外，采用热空气燃烧后，炉内温度升高，辐射传热加强，可节省蒸发受热面。

空气预热器主要分管式和回转式两种。管式空气预热器的优点是结构简单，无转动部件，制造容易，工作可靠，维修工作量少，严密性好；缺点是体积很大，钢材消耗多，大容量锅炉布置管式空气预热器较困难。因此，中、小型锅炉采用较多。回转式空气预热器的优点是结构紧凑，体积小；缺点是结构复杂，制造工艺要求高，检修比较麻烦，密封困难。回转式空气预热器的这些特点决定了适宜大中型锅炉采用。

回转式空气预热器联锁保护条件一般包括如下内容，当发生下列情况之一时，应停止空气预热器运行：

（1）空气预热器导向轴承座温度高。

（2）空气预热器支撑轴承座温度高。

（六）烟气再循环风机保护

在运行中，当发生异常故障情况并危及烟气再循环风机安全时，应停止风机运行。烟气再循环风机的跳闸保护条件主要根据制造厂的技术条件和要求确定，一般包括：

（1）烟气再循环风机轴承温度高。

（2）烟气再循环风机驱动电动机轴承温度高。

（3）烟气再循环风机驱动电动机绕组温度高。

（4）烟气再循环风机出口挡板应开而未开（延时）。

（5）烟气再循环风机轴承润滑油压低（润滑油站在线润滑方式）。

（七）磨煤机保护

燃煤电厂的制粉系统主要有中间储仓式和直吹式两种工艺过程形式。不同制粉系统配置的磨煤机类型不同。中间储仓式制粉系统一般采用钢球磨煤机；直吹式制粉系统一般采用双进双出钢球磨煤机、中速磨煤机或风扇磨煤机。

1. 中间储仓式钢球磨煤机保护

在运行中，当中间储仓式制粉系统发生异常故障情况并危及磨煤机安全时，应停止磨煤机运行。磨煤机的跳闸保护条件主要根据制造厂的技术条件和要求确定，一般包括：

（1）磨煤机润滑油压低。

（2）磨煤机轴承温度高。

（3）磨煤机驱动电动机轴承温度高。

（4）磨煤机驱动电动机绕组温度高。

（5）磨煤机制造厂其他要求。

2. 直吹式双进双出钢球磨煤机保护

在运行中，当直吹式制粉系统发生异常故障情况并危及磨煤机安全时，应停止磨煤机运行。磨煤机的跳闸保护条件主要根据制造厂的技术条件和要求确定，一般包括：

（1）磨煤机出口风粉混合物温度高。

（2）密封风与一次风差压低。

（3）磨煤机一次风量低。

（4）磨煤机润滑油条件不满足。

（5）磨煤机轴承温度高。

（6）磨煤机驱动电动机轴承温度高。

（7）磨煤机驱动电动机绕组温度高。

（8）磨煤机制造厂其他要求。

3. 直吹式中速磨煤机保护

在运行中，当直吹式制粉系统发生异常故障情况并危及磨煤机安全时，应停止磨煤机运行。磨煤机的跳闸保护条件主要根据制造厂的技术条件和要求确定，一般包括：

（1）磨煤机出口风粉混合物温度高。

（2）密封风与一次风差压低。

（3）磨煤机一次风量低。

（4）磨煤机润滑油压低。

（5）磨煤机轴承温度高。

（6）磨煤机驱动电动机轴承温度高。

（7）磨煤机驱动电动机绕组温度高。

4. 直吹式风扇磨煤机保护

在运行中，当直吹式制粉系统发生异常故障情况并危及磨煤机安全时，应停止磨煤机运行。磨煤机的跳闸保护条件主要根据制造厂的技术条件和要求确定，一般包括：

（1）磨煤机出口风粉混合物温度高。

（2）磨煤机入口温度高。

（3）密封风与一次风差压低。

（4）磨煤机润滑油压低。

（5）磨煤机轴承温度高。

（6）磨煤机轴承振动大。

（7）磨煤机驱动电动机轴承温度高。

（8）磨煤机驱动电动机绕组温度高。

（9）磨煤机制造厂其他要求。

根据磨煤机结构上的特点和制造厂的要求，还可以考虑设置以下各项停磨煤机保护：

（1）磨煤机润滑油温高。

（2）磨煤机油站油箱液位低。

（3）磨煤机油站油箱温度高。

（4）磨煤机运行且磨碗上下差压低。

（5）磨煤机油站油泵全停。

（6）磨煤机制造厂其他要求。

（八）给煤机保护

在运行中，当发生异常故障情况并危及给煤机安全时，应停止给煤机运行。给煤机的跳闸保护条件主要根据制造厂的技术条件和要求确定，一般包括：

（1）给煤机断煤（延时）。

（2）给煤机出口堵煤（延时）。

（3）给煤机转速过低。

（4）给煤机驱动电动机过载。

（5）给煤机制造厂其他要求。

（九）给（排）粉机保护

在运行中，当发生异常故障情况并危及给（排）粉机安全时，应停止给（排）粉机运行。给（排）粉机的跳闸保护条件主要根据制造厂的技术条件和要求确定，一般包括：

（1）热风送粉时，一次风丧失。

（2）煤粉仓料位极低。

（3）乏气送粉时，磨煤机出口温度高。

（4）给（排）粉机制造厂其他要求。

（十）引风机汽轮机保护

对于大容量火力发电机组，因引风机驱动功率较大，采用汽轮机代替电动机驱动引风机，可避免过大的电动机启动电流，同时减少厂用电使用量，提高厂用电可靠性。

1. 引风机汽轮机跳闸保护

引风机汽轮机根据热力系统的不同有背压式汽轮机和凝汽式汽轮机两种。它们的跳闸保护项目主要根据制造厂的技术条件和要求确定，一般包括：

（1）汽轮机超速。

（2）汽轮机轴振大。

（3）汽轮机轴向位移大。

（4）汽轮机排汽压力高。

（5）汽轮机控制系统故障。

（6）引风机跳闸。

根据汽轮机结构上的特点和制造厂的要求，还可以考虑设置以下各项停机保护：

（1）轴承温度高。

（2）汽轮机排汽温度高。

（3）EH 油压低。

（4）润滑油箱液位低。

（5）前置泵跳闸。

（6）汽轮机制造厂其他要求。

2. 引风机汽轮机防进水保护

火力发电厂中的给水泵汽轮机和引风机汽轮机都属于辅助汽轮机。从热力系统的结构来看，每一个与辅助汽轮机连接的管系都存在进水的可能。引风机汽轮机的供汽可以采用各种不同的汽源，通常有采用主汽轮机的高压缸排汽（冷再热蒸汽）作为汽源，或者采用主汽轮机的四段抽汽作为汽源。而这些供汽管道系统可能含有水分。

引风机汽轮机防进水保护应按照制造厂和热力系统的技术条件和要求确定，包括：

（1）引风机汽轮机供汽管道上的疏水阀在引风机汽轮机跳闸时应自动打开（连接到主蒸汽管道的疏水阀除外，其操作按照汽轮机防进水保护要求操作）。

（2）引风机汽轮机供汽管道上的疏水罐液位高时，自动打开疏水罐疏水阀。

三、汽轮发电机辅机保护

（一）给水泵汽轮机保护

1. 给水泵汽轮机跳闸保护

给水泵汽轮机跳闸保护项目主要根据制造厂的技术条件和要求确定，一般包括：

（1）汽轮机超速。

（2）汽轮机轴振大。

（3）汽轮机轴向位移大。

（4）汽轮机排汽真空低。

（5）汽轮机控制系统故障。

（6）给水泵跳闸。

根据汽轮机结构上的特点和制造厂的要求，还可以考虑设置以下各项停机保护：

（1）轴承温度高。

（2）汽轮机排汽温度高。

（3）EH 油压低。

（4）润滑油箱液位低。

（5）前置泵跳闸。

（6）汽轮机制造厂其他要求。

2. 给水泵汽轮机防进水保护

给水泵汽轮机防进水保护应按照制造厂和热力系统的技术条件和要求确定，包括：

（1）给水泵汽轮机供汽管道上的疏水阀门在给水泵汽轮机跳闸时应自动打开（连接到主蒸汽管道的疏水阀门除外，其操作按照汽轮机防进水保护要求操作）。

（2）给水泵汽轮机供汽管道上的疏水罐液位高时，自动打开疏水罐疏水阀门。

（二）给水泵保护

为维持锅炉工质的平衡，锅炉给水系统的主要任务是将除氧器中被加热的热水通过给水泵升压，再通过高压加热器加热，然后经过省煤器进入水冷壁，以保障锅炉蒸发量的需求。给水系统还为加热器和再热器提供减温水，用以调节过热器温度，防止过热器和再热器超温。

给水泵有电动给水泵和汽动给水泵两种，停泵保护项目主要根据制造厂的技术条件和要求确定。

1. 电动给水泵保护

电动给水泵联锁保护条件一般包括如下内容（当发生任一情况时，应停止电动给水泵组的运行）：

（1）除氧器水位低。除氧器水位过低使给水泵进口压力降低，造成给水泵汽化，严重时会造成给水泵损坏危及机组安全。

（2）润滑油压低。

（3）电动给水泵运行且入口水压低。

（4）电动给水泵最小流量再循环调节阀全关且入口水流量低。

（5）电动给水泵密封回水温度高。

（6）电动给水泵前置泵轴承温度高。

（7）电动给水泵轴承温度高。

（8）电动给水泵电动机轴承温度高。

（9）电动给水泵偶合器工作油进口温度高。

（10）电动给水泵偶合器工作油出口温度高。

根据给水泵结构上的特点和制造厂的要求，还可能考虑设置以下各项联锁保护条件：

（1）电动给水泵偶合器轴承温度高。

（2）电动给水泵偶合器冷却器出口润滑油温度高。

（3）电动给水泵组入口滤网差压大。

（4）电动给水泵前置泵振动大。

（5）电动给水泵运行且电动给水泵前置泵进口电动阀全关。

（6）电动给水泵轴承振动大。

（7）电动给水泵电动机轴承振动大。

2. 汽动给水泵保护

汽动给水泵联锁保护条件一般包括如下内容（当发生任一情况时，应停止汽动给水泵组的运行）：

（1）除氧器水位低。

（2）润滑油压低。

（3）给水泵运行且入口水压低。

（4）给水泵最小流量再循环调节阀全关且入口水流量低。

（5）给水泵密封回水温度高。

（6）给水泵轴承温度高。

根据给水泵结构上的特点和制造厂的要求，还可能考虑设置以下各项联锁保护条件：

（1）给水泵前置泵轴承温度高。

（2）给水泵入口滤网差压大。

（3）给水泵前置泵振动大。

（4）给水泵运行且前置泵进口电动阀全关。

（5）给水泵轴承振动大。

（6）给水泵制造厂其他要求。

（三）凝结水泵保护

在运行中，当发生异常故障情况并危及凝结水泵安全时，应停止凝结水泵运行。凝结水泵的跳闸保护条件主要根据制造厂的技术条件和要求确定，一般包括：

（1）凝汽器热井水位低Ⅱ值。

（2）凝结水泵轴承温度高。

（3）凝结水泵驱动电动机轴承温度高。

（4）凝结水泵驱动电动机绕组温度高。

（5）凝结水泵出口阀应开未开（延时）。

（6）凝结水泵制造厂其他要求。

（四）真空泵保护

在运行中，当发生异常故障情况并危及真空泵安全时，应停止真空泵运行。真空泵的跳闸保护条件主要根据制造厂的技术条件和要求确定，一般包括：

（1）真空泵驱动电动机轴承温度高。

（2）真空泵驱动电动机绕组温度高。

（3）真空泵汽水分离器液位低。

（4）真空泵运行，入口阀未开（延时）。

（5）真空泵制造厂其他要求。

（五）汽轮机事故润滑油泵硬联锁

汽轮机润滑油系统的主要作用是给汽轮发电机组的支持轴承、推力轴承和盘车装置提供大量的油进行润滑和冷却，润滑油系统的故障会导致发生严重的汽轮机损坏事故。润滑油系统一般由汽轮机主轴驱动的主油泵、冷油器、顶轴装置、盘车装置、排烟系统、油箱、润滑油泵、事故油泵、滤网、加热器、阀门、各种监测仪表等构成。

汽轮发电机正常运行时润滑油压由主油泵维持供油压力，当润滑油路油压低时，输出报警信号并启动交流润滑油泵；当润滑油路油压低低或交流润滑油泵故障时，输出信号启动直流事故油泵。

汽轮机交流润滑油泵和事故油泵应设置为确保紧急安全停机的独立于控制系统的硬接线后备操作手段。同时，汽轮机润滑油压力低信号应直接送入事故润滑油泵电气启动回路，确保在没有分散控制系统控制的情况下能够自动启动，保证汽轮机的安全。

汽轮机事故润滑油泵是在汽轮机事故状态下投入的油泵，是汽轮机轴承润滑油的最后提供者，其电动机控制回路不应设任何保护。当该泵电动机出现电气故障时，仅提供报警信号。

（六）循环水泵保护

火力发电厂运行中，最先建立循环水系统，循环水泵总是最早启动，其作用是将大量的冷却水输送到凝汽器中去冷却汽轮机的乏汽，使之凝结成水，并保持凝汽器的高度真空，失去循环水，汽轮机就不能继续运行。

在运行中，当发生异常故障情况并危及循环水泵安全时，应停止循环水泵运行。循环水泵的跳闸保护条件主要根据制造厂的技术条件和要求确定，一般包括：

（1）循环水泵运行（延时）后出口阀关闭。

（2）循环水泵轴承温度高。

（3）循环水泵电动机绕组温度高。

根据循环水泵结构上的特点和制造厂的要求，还可能考虑设置以下各项联锁保护条件：

（1）循环水泵轴/轴承承振动大。

（2）循环水泵电动机轴承振动大。

（3）循环水泵制造厂其他要求。

四、除氧器、高低压加热器保护

（一）除氧器水位保护

除氧器水位的稳定是保证给水泵安全运行的重要条件，在正常运行中，除氧器内的水位应保持在正常运行水位范围内，水位过高将引起溢水管大量跑水，溢流管排水不及时则会造成除氧器振动，排汽管发生水击及振动，严重时造成汽轮机抽汽管返水事故。水位过低，一旦补水不及时，将造成水箱水位下降，引起给水泵入口压力降低而汽化，严重影响锅炉上水，甚至造成停机停炉事故。

（1）除氧器水位高至规定Ⅰ值时，应报警，有条件时自动开启凝结水至回收水箱电动阀门。

（2）除氧器水位高至规定Ⅱ值时，应自动开启除氧器溢流电动阀门。

（3）除氧器水位高至规定Ⅲ值时，应自动关闭其所有汽源电动阀门及抽汽止回阀门。

（二）除氧器压力保护

（1）除氧器压力高至规定Ⅰ值时，报警；高至规定Ⅱ值时，应自动关闭辅助蒸汽联箱（和/或高段抽汽）汽源电动阀门。

（2）除氧器压力高于其安全阀动作值时，应自动关闭其所有汽源电动阀门。

（3）除氧器的辅助蒸汽联箱（或高段抽汽）汽源压力超过规定值时，该汽源电动阀门的开启回路应予以闭锁。

（三）高低压加热器水位保护

1. 高压加热器水位高保护

高压加热器水位高Ⅰ值时，打开本级加热器的事故疏水阀门，同时报警；高Ⅱ值时，应关闭上一级加热器来的疏水阀门，关闭相应的抽汽止回阀门和抽汽隔离阀门，打开抽汽管上的疏水阀门，打开高压加热器旁路阀门，关闭高压加热器进出口给水阀门，解列高压加热器的运行。

2. 低压加热器水位高保护

低压加热器水位高Ⅰ值时，打开本级加热器的事故疏水阀门，同时报警；高Ⅱ值时，应关闭上一级加热器来的疏水阀门，关闭相应的抽汽止回阀门和抽汽隔离阀门，打开抽汽管上的疏水阀门，打开低压加热器旁路阀门，关闭低压加热器进出口凝结水阀门，解列低压加热器的运行。

五、汽轮机旁路保护

（一）汽轮机旁路自动投入

1. 高压旁路快开

对于具有保护快开功能的旁路系统，出现如下情况之一时，高压旁路阀快开（高压旁路在热备状态）：

（1）汽轮机跳闸。

（2）FCB（机组设置 FCB 功能时）。

（3）主蒸汽压力高（设蒸汽压力高保护时）。

2. 低压旁路快开

出现如下情况之一时，低压旁路阀快开：

（1）高压旁路快开。

（2）再热蒸汽压力高（设蒸汽压力高保护时）。

（二）汽轮机旁路停运

1. 高压旁路关闭

出现如下情况之一时，高压旁路阀关闭：

（1）高压旁路出口蒸汽温度高。

（2）高压旁路减温水喷水压力低。

（3）低压旁路阀快关。

2. 低压旁路关闭

出现如下情况之一时，低压旁路阀快关：

（1）低压旁路出口蒸汽温度高。

（2）低压旁路减温水喷水压力低。

（3）凝汽器真空低。

（4）低压缸排汽温度高。

（5）凝汽器热井水位高。

（三）汽轮机旁路闭锁

（1）出现如下情况时，高压旁路阀闭锁：高压旁路减温水阀应开而未开。

（2）出现如下情况时，低压旁路阀闭锁：低压旁路减温水阀应开而未开。

六、空冷保护

（一）空冷保护分析

火力发电厂冷却系统一般可分为直流式冷却系统、循环式冷却系统、空冷冷却系统及空、湿联合冷却系统四类。在空冷冷却系统中，又分为直接空冷系统、带有喷射式凝汽器的间接空冷系统和带有表面式凝汽器的间接空冷系统三种。

直接空冷（air cooled condenser，ACC）系统，通常采用机械通风，所用的通风风机直径很大。直接空冷系统主要通过控制风机转速或风机数量来调节进风量，以适应热负荷及环境温度的变化，并防止空冷凝汽器结冻。直接空冷冷却效果受环境温度和风影响大，特别是空冷系统结冻时有发生。因此机组进入冬季运行时采取正确的启动方式及防冻措施对机组安全、稳定运行非常重要。

当环境温度小于–3℃时，将认为空冷系统进入冬季工况，而当环境温度大于 5℃并持续 3600s 时，系统将由冬季工况转为夏季工况（典型工程设定值，下同）。在冬季工况运行时，空冷保护主要是空冷系统的防冻保护。

空冷机组的背压保护，应按空冷汽轮机制造厂的要求，设置相应的背压控制。当背压超过汽轮机负荷对应的规定值时，背压保护动作，停止汽轮机运行。

空冷机组的防冻保护和背压保护有别于常规机组。空冷汽轮机所具有的特殊性对其控制及保护系统提出了更高的要求。空冷汽轮机的 DEH 系统也完全可以在纯冷凝汽轮发电机的 DEH 系统的基础上运行。

（二）防冻保护

凝汽器管束发生结冻是空冷系统最严重的问题，要尽量避免小流量蒸汽长时间进入空冷凝汽器，根据负荷需要逐列投入空冷系统。注意监视各主要参数的变化，降低风机转速或进入回暖状态。随着环境温度的降低，要适当提高背压，提高母管排汽温度。直接空冷机组的防冻保护主要包括凝结水过冷防冻保护、抽真空过冷防冻保护、逆流凝汽器回暖防冻保护三种主要保护。

1. 凝结水过冷防冻保护

当环境温度小于–3℃且任一列凝结水温度小于25℃或任一抽真空温度小于 25℃时，凝结水过冷防冻保护条件激活。此时系统将提高排汽压力设定值+2kPa，30min后再增加2kPa，此后不再增加。发生凝结水过冷防冻保护列的逆流风机转速锁定不变，所有顺流风机转速逐步降低至零。

当该列凝结水温度均大于35℃且抽汽温度大于30℃时将复位该保护条件。顺流风机转速提高到保护前的转速。

2. 抽真空过冷防冻保护

当环境温度小于–3℃且某列抽真空温度小于20℃时，则抽真空过冷防冻保护条件激活。顺流风机和逆流风机转速逐步降低至零。

当该列抽真空温度大于30℃时，则抽真空过冷防冻保护条件复位，顺流风机和逆流风机转速逐步升速至保护前的转速。

3. 逆流凝汽器回暖防冻保护

当环境温度小于–2℃时，逆流凝汽器回暖保护条件激活。系统从某列的逆流风机停止运行一定时间（2min），然后反转（4min），再停一定时间（2min），按照一定顺序重复操作下一列逆流风机。只要该条件存在，便循环该操作，直至环境温度大于0℃时复位回暖保护条件为止。

（三）背压保护

空冷机组最低背压比湿冷机组高的不多，但夏季最高背压一般可达30kPa以上，为湿冷机组夏季背压的2～3倍，可见变化幅度之大。国内直接空冷机组普遍采用在背压达到报警值之前限制或降低机组出力的控制方式，但可能导致机组频繁限负荷运行。汽轮机背压值继续升高至停机设定值时将触发汽轮机停机保护动作。

一般DEH软件的背压保护功能根据机组背压负荷限制曲线设计，某亚临界600MW空冷汽轮机叶片背压负荷限制曲线，见图5-46。

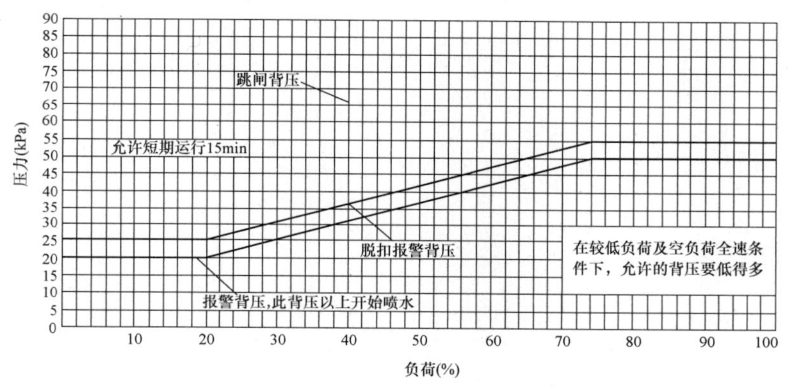

图5-46 某亚临界600MW空冷汽轮机叶片背压负荷限制曲线

该空冷汽轮机典型背压保护逻辑简介如下：

（1）低压缸排汽喷水逻辑，喷水投入信号由DEH发出，其条件为：

1）2600r/min到15%负荷。

2）排汽温度大于80℃。

3）超过叶片背压负荷限制曲线（背压报警）。

DEH程序通过上述条件进行判断，如发生任一种情况，将发出报警信号，且同时输出喷水保护信号。

（2）背压保护逻辑。在DEH程序中设置报警背压曲线$f_1(x)$、脱扣报警背压曲线$f_2(x)$及跳闸背压设定值p_3，曲线将根据不同的负荷输出报警背压值p_1及脱扣背压值p_2，实际背压p将与这三个保护值进行比较，完成以下保护功能：

1）实际背压超过报警背压曲线$f_1(x)$，即$p>p_1$，DEH系统将发出报警信号，运行人员增加负荷，使机组处于安全运行区域。

2）实际背压超过脱扣报警背压曲线$f_2(x)$，即$p>p_2$，DEH系统将发出脱扣报警信号，运行人员增加负荷或跳闸汽轮机，如该状况延时15min后，如得不到有效改善，则系统发出跳机信号。

3）实际背压超过跳闸背压设定值p_3，即$p>p_3$，DEH系统将报警，并发出跳机信号。

除了在DEH系统中实施以上保护程序，一般在DEH运行画面中也加入机组背压负荷限制曲线，使得运行人员可以实时在线监视机组的背压。

在夏季高温时段，背压参数不同程度地限制了空冷机组负荷。受自然大风影响，空冷岛会出现热风回流现象而导致背压飞升，甚至导致机组跳闸。国内许多空冷机组都曾经发生过背压大幅度波动造成的保护动作停机事件，因此应考虑如何避免空冷机组背压飞升造成保护动作停机。

部分工程中引入了背压飞升RB功能。其控制策略是，当机组背压超过设定值，同时背压飞升速率超过设定值时机组RB动作，避免汽轮机背压值上升太快造成机组跳闸。某空冷机组背压飞升RB逻辑，见图5-47。

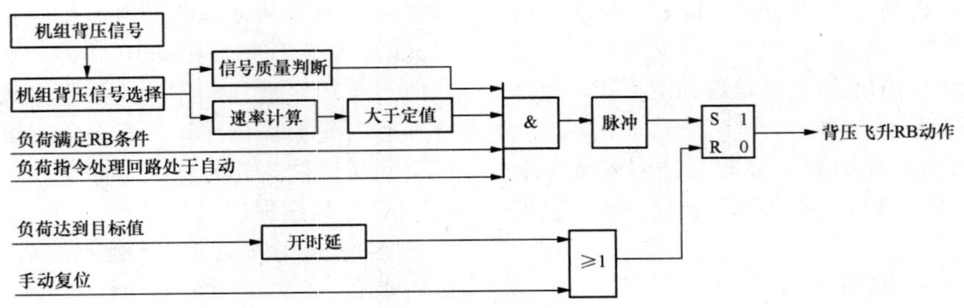

图 5-47　某空冷机组背压飞升 RB 逻辑

第六章

控　制　设　计

控制设计是火力发电厂仪表与控制设计的核心，包括模拟量控制和开关量控制，以及在此基础上发展起来的机组自启停控制。火力发电厂的生产过程具有控制对象复杂、被调参数多、负荷适应性要求严格等特点，为了确保火力发电机组安全经济运行，合理的控制设计至关重要。本章的相关内容主要针对燃煤火力发电机组的控制设计进行论述。

第一节　控制系统设计常用术语

1. 控制系统（control system）

实现控制作用的全套自动化仪表装置和被控制的生产设备相互作用形成的一个闭合系统称为控制系统。

2. 控制过程（control process）

使表征生产设备正常运行的物理量保持在给定值的必要操作称为控制。在自动控制系统中，被调参数随时间变化，控制对象受到扰动后，被调参数偏离给定值。通过控制装置或运行人员的控制作用，使被调量重新稳定到给定值的过程称为控制过程。

3. 自动控制（automatic control）

生产过程受到干扰而使运行工况发生偏移时，无须操作者干预，控制设备自行进行必要的操作来抵消干扰的影响，使运行工况恢复正常。

4. 控制对象（control object）

控制对象为被调量所在生产设备的局部或全部，是指被控制的生产过程或生产设备。控制对象可分为有自平衡能力对象和无自平衡能力对象。

5. 控制规律（control rule）

控制规律是指控制功能块的输出信号与其输入信号之间的动态关系，常用的控制规律包括比例控制、积分控制和微分控制。

6. 被调量（controlled variable）

表征生产设备运行工况是否正常而需加以控制的物理量，即通过控制所要维持的参数称为被调量或被调参数。被调量标志着生产过程是否符合规定工况。表明工质状态特征的物理量称为工质的状态参数。

7. 给定值（set value）

根据生产过程的要求，规定被调量应达到并保持的数值称为被调量的给定值。

8. 扰动（disturbance）

在生产过程中，各种因素会引起被调量变化，除控制作用外，引起被调量变化的其他因素统称为扰动。若扰动发生在闭环系统内部称为内扰；若发生在闭环系统外部称为外扰。

9. 自动跟踪（automatic track）

当控制系统处于手动状态时，控制功能块输出始终能自动地与执行机构的输入电流或位置反馈电流保持同步，称为自动跟踪。

10. 无扰切换（no disturbance transfer）

控制系统从自动状态进入手动状态时，手动操作在自动控制时执行机构的原来位置上进行。反之，当控制系统从手动状态转入自动状态时，执行机构在原来位置上接受自动控制作用的指挥。符合上述情况的切换即为无扰切换，以避免输出参数突变造成对生产对象的不必要的扰动。

11. 反馈（feedback）

把输出量的全部或部分信号送到输入端的输入方式称为反馈。反馈信号与输入信号极性相同时称为正反馈；反馈信号与输入信号极性相反时称为负反馈，本手册中所指的反馈均为负反馈。

12. 前馈（forward）

控制功能和控制对象在信号关系上没有形成闭合回路，只根据扰动信号大小控制被调量。

13. 滞后（lag）

控制对象受到扰动后，被调量不立即变化，而是要迟延一段时间发生变化的特性称为滞后。

14. 超驰控制（override control）

超驰控制是指当自动控制系统接到事故报警、偏差越限、故障等异常信号时，超驰逻辑将根据事故发生的原因立即执行自动切手动、优先增、优先减、禁止增、禁止减等逻辑功能，将系统转换到预设定好的安全状态，并发出报警信号。

15. 开环控制（open-loop control）

开环控制是指根据系统的固有规律，由一个或多个变量作为输入变量影响作为输出变量的其他变量的过程，控制装置与被控对象之间只有顺向作用而没有反馈控制。

16. 闭环控制（closed-loop control）

闭环控制是指反馈控制系统，该系统对被调量进行连续测量，并将其与设定值相比较，根据被调量与给定值之间的偏差进行控制，使之调整到设定值，控制装置与被控对象之间既有顺向作用又有反馈控制。

17. 模拟量控制系统（modulating control system，MCS）

模拟量控制系统是对锅炉、汽轮机及辅助系统的过程参数进行连续自动调节的控制系统总称，包括过程参数的自动补偿和计算、自动调节、控制方式的无扰切换及偏差报警等功能。

18. 开关量控制系统（on-off control system，OCS）

开关量控制系统是对采用二位式开环控制，实现生产过程中主、辅助设备的启、停或开、关操作的控制系统的总称。

19. 顺序控制系统（sequence control system，SCS）

顺序控制系统是指按照规定的时间或逻辑的顺序，对某一工艺系统或辅机的多个终端控制元件进行一系列操作的控制系统。

20. 机组自动启停控制系统（automatic unit/plant start-up and shut-down system，AUS/APS）

机组自启停控制是指对包括锅炉、汽轮发电机组及相应辅助系统和辅助设备的单元机组，按启停的操作规律实现自动启动和停止的控制，通常在整个启停顺序中设置若干个需要有人工确认的断点。

21. 功能组级控制（function group control）

功能组级控制是指把工艺上相互联系，实现某一个工艺功能要求，并且有连续不断的顺序控制特征的设备作为一个整体的控制，如锅炉通风控制功能组。

22. 子功能组级控制（function subgroup control）

子功能组级控制是指把某一辅机及其附属设备或某一个局部工艺系统看作一个整体的控制，如送风机、引风机等的控制，简称子组级控制。

23. 联锁（控制）[interlock（control）]

联锁（控制）是指当某个参数达到规定值或某个设备启、停（开、关）时，联动或闭锁对另一个设备的控制。

24. 单个操作（one-to-one operation）

每个控制开关（按钮）对应一个被控对象（如执行机构、电动阀或辅机电动机），并由它直接对这个对象进行操作控制。

25. 单元机组协调控制系统（unit coordinated control system，CCS）

单元机组协调控制系统是单元机组的一个主控系统，其作用是对动态特性差异较大的锅炉和汽轮发电机组进行整体负荷平衡控制，使机组尽快响应调度的负荷变化要求，并保证主蒸汽压力和机炉主要运行参数在允许的范围内；在一些特定的工况下，通过保护控制回路和控制方式的转换保持机组的稳定和经济运行；主要包括机组负荷指令控制、机炉主控、压力设定、频率校正、辅机故障减负荷等控制回路，直接作用的执行级是锅炉控制系统和汽轮机控制系统。

26. 直接能量平衡协调控制系统（direct energy balance，DEB）

直接能量平衡是指锅炉的热量释放应与汽轮机的能量需求相平衡。直接能量平衡协调控制策略是一种考虑机组能量平衡的自解耦控制，自动补偿机组滑压变动负荷中锅炉蓄热、负荷斜坡变化中调节器静差。

27. 闭锁增（block increase）

闭锁增是一种一旦检测到参比量大于反馈量一定偏差值，或控制系统输出变量或设备允许出力达到最大限值时，即相应闭锁参比量或输出变量的继续增加，阻止相对应的终端控制元件向增加偏差的方向动作的联锁。

28. 闭锁减（block decrease）

闭锁减是一种一旦检测到参比量小于反馈量一定偏差值，或控制系统输出变量或设备允许出力达到最小限值时，即相应闭锁参比量或输出变量的继续减小，阻止相对应的终端控制元件向增加偏差的方向动作的联锁。

29. 迫降（run down）

迫降是指当发生闭锁增后，主要参数偏差（如燃烧率偏差、风量偏差等）还继续增大，超过设定的限制值时，控制系统将强迫负荷指令下降，迫使偏差回到允许范围内。

30. 迫升（run up）

迫升是指当发生闭锁减后，主要参数偏差（如燃烧率偏差、风量偏差等）还继续增大，超过设定的限制值时，控制系统将强迫负荷指令上升，迫使偏差回到允许范围内。

31. 辅机故障减负荷（run back，RB）

辅机故障减负荷是针对机组主要辅机故障采取的控制措施，即当主要辅机（如给水泵、送风机、引风机等）发生故障部分退出工作、机组不能带当前负荷时，快速降低机组负荷的措施。

32. 自动发电控制（automatic generation control，AGC）

自动发电控制是指根据电网调度中心负荷指令控制机组发电功率达到规定要求的控制。

33. 自动调度系统（automatic dispatch system，ADS）

自动调度系统是指根据电网负荷、线损和被控机组的状况，以及其他安全边际条件等，实现电网和机组安全、经济调度的自动控制系统。

34. 一次调频（primary frequency compensation）

一次调频是指机组调速系统根据电网频率的变化自动快速改变有功功率，以稳定电网频率。

第二节 机组自动启停控制

一、机组自动启停控制（APS）技术发展现状

机组自动启停是衡量机组自动化水平高低的标杆，日本和欧洲的电力企业最早对机组自动启停控制系统（APS）进行了研究和应用，国内成套引进的机组如陡河电厂、上海宝钢自备电厂、上海石洞口电厂、华能大连电厂、山西河津电厂、阳城第一发电厂、广东珠海电厂、上海外高桥电厂等均设计了此功能。由于DCS供货厂商不同，供货时间不同，各个供货厂商对APS技术的掌握程度不同，机组自动启停系统在上述电厂应用的效果也不尽相同。

某电厂首期2×700MW燃煤机组工程是由某公司总承包建设的，采用的主要是日本三菱公司的主辅机设备，1997年开工，2000年第一台机组投入商业运行。机组DCS“硬件一体化”配置，采用某公司的DIASYS UP系统，覆盖机组全部主要仪表控制、检测功能。

机组自动启动设有六个断点，分别是机组预启动（unit start preparation）、汽轮机抽真空（uacuum up）、锅炉吹扫点火（furnace purge & light-off）、汽轮机冲转升速（turbine rolling）、发电机并网带初负荷（synchronizing & initial）、机组升负荷（load up）。APS主控系统控制锅炉、汽轮机、发电机运转，直到带负荷35%时把控制权移交给机组协调控制系统（CCS），然后进入休眠状态。

机组自动停止也设有六个断点，分别是机组降负荷（load down）、机组最低负荷（min load）、发电机解列（line off）、汽轮机停机（turbine shut down）、锅炉切燃烧器（burner shut down）、停炉与汽轮机真空破坏（vac.break & boiler shut－down）。

近些年，随着国产机组主辅机可控性的不断提高，以及以分散控制系统（DCS）为代表的电厂主控系统应用水平的不断提高，一些高参数、大容量国产机组也逐步开始规划、设计机组自启停功能，比较典型的如华能玉环电厂4×1000MW机组、国电江苏泰州2×1000MW机组、阳城一厂二期2×600MW机组、安徽铜陵电厂2×1000MW机组、华能海门电厂2×1000MW机组、国电哈密大南湖电厂2×600MW机组等。

华能海门电厂2×1000MW机组工程于2007年1月正式开工建设，采用东方电气引进日立技术制造的三大主机设备，辅机设备全部国产配套；机组控制采用美国艾默生公司的OVATION OCR-400X系列DCS；机组大部分执行机构与仪表采用进口设备，设备整体配套情况较好，为实施APS项目创造了一定条件。

华能海门电厂APS启动过程起点从凝结水补水系统启动开始，终点至机组带500MW负荷（高压加热器投入完成、第二台汽动给水泵并泵完成、至少三台磨煤机投入、协调控制投入），投入给煤机自动管理系统，设定1000MW负荷目标，退出自动启停控制启动模式。APS停止控制从机组当前负荷开始减负荷至投汽轮机盘车结束、风烟系统停运。APS启动控制考虑冷态、温态、热态、极热态四种方式。启动过程包括6个阶段，即机组启动准备、冷态冲洗及真空建立、锅炉点火及升温、汽轮机冲转、机组并网、升负荷。停止过程包括3个阶段，即降负荷、机组解列、机组停运。

二、任务及实现方法

APS能实现机组启动和停止过程的自动化，提高机组启停的正确性、规范性，减轻运行人员的工作强度，缩短机组启停时间，从整体上提高机组的自动化水平及运行经济性。

在保证运行安全性的基础上，APS能按预置好的启停模式及步序向各系统/设备发出投入/启动或退出/停止指令，APS启停模式严格按照运行规程进行，实质上是对电厂运行规程的程序化实现。

APS属于机组的最高控制层级，它预先定制好机组启停的运行模式，调用下辖的各控制系统，包括模拟量控制系统（MCS）、顺序控制系统（SCS）、锅炉炉膛安全系统（FSSS）、汽轮机电液控制系统（DEH）、给水泵汽轮机电液控制系统（MEH）、汽轮机旁路控制系统（BPC）、电气专用控制装置等控制系统，其结构如图6-1所示。即使在APS功能不投用的情况下，运行人员仍能通过调用各功能组（或子组），实现各功能组（或子组）下辖工艺系统或设备组的自动启停、控制及联锁保护。

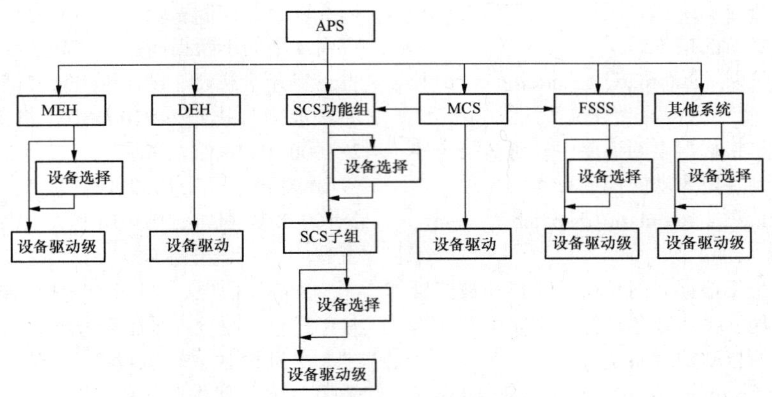

图 6-1　APS 自动化系统结构图

三、设计范围

自动启停系统的设计范围应针对机组设备配置，依据机组的运行规程和启动、停运操作票等确定。各个电厂的起点各不相同，启动过程完成的终点大致相同，停止过程的起点和终点基本上相同。

机组 APS 自动启动过程可从机组启动准备开始到带 35%MCR 负荷，终点至协调控制投入且机组带 50%负荷，并设定机组额定负荷目标值后，退出自启停控制启动模式。APS 自动停止过程从机组当前负荷开始减负荷至汽轮机盘车停运、风烟系统停运。

（一）机组 APS 启动设计范围

（1）机组启动准备阶段，完成补给水系统、闭式循环冷却水系统、循环水系统、汽轮机油系统、炉底水封及渣水系统的启动。

（2）冷态冲洗及抽真空阶段，凝结水系统启动、除氧器上水加热、锅炉上水、炉水泵动态清洗及循环冷态清洗。

（3）锅炉点火升温升压。

（4）汽轮机冲转至额定转速。

（5）实现机组与电网的并网，带负荷运行。

（6）升负荷至目标负荷，完成 APS 启动功能。

（二）机组 APS 停机设计范围

（1）将机组负荷逐步减至最低负荷，准备停机。

（2）汽轮机打闸，机组与电网断开。

（3）逐步停运各个辅机，使机组停运。

四、工艺系统可控性分析

（一）人工完成或确认的项目

大多数的工艺系统及主辅机的仪表与控制设备配置设计已基本能够满足 APS 的控制要求，检测项目和仪表配置也比较完善和齐全，在此不再具体展开。但由于设备的局限性和工艺系统安全性的要求，还有一部分工作必须人工完成或确认，主要包括以下方面：

（1）汽水品质的判断。在机组启动阶段，汽水品质是一个重要监视参数，但目前还无法完成全工况下所有汽水品质参数的在线监测和监视。

（2）转动机械启动时，应有人在现场监测设备是否有异常。

（3）发电机 H_2 置换。

（4）启动和停运准备阶段的检查、手动阀门的开启关闭。

（5）超速保护等在线试验。

（6）部分电气设备的操作、试验。

通过对工艺系统和主辅机设备的可控性分析可知，APS 不应盲目地追求自动控制范围的最大化。例如，工艺系统中大量的手动阀门，大多数不需要频繁操作，长期保持常开或常闭状态，没有必要全部改成自动控制阀门。再如，个别人工可确认的项目，改为自动后反而增加了控制系统的复杂性，也是得不偿失的。提高、改进工艺系统和主辅机设备的可控性，应本着“安全、可靠、经济、合理”的原则，具体工程具体分析。

（二）机组启动过程中的关键控制点

机组启动过程中某些关键步骤需要与工艺系统相关参数配合，达到一定条件才能投入相关系统或设备，或确认某些步序已完成。机组典型启动过程中的主要关键控制点见表 6-1。

表 6-1　机组启动过程中的主要关键控制点

序号	阶段	关键控制点
1	启动准备	除氧器加热
2		锅炉上水完成
3		锅炉冷态清洗合格
4	点火前	给水流量控制
5		启动风烟系统
6	冲转前	暖磨煤机
7		点火煤量控制

续表

序号	阶段	关键控制点
8	冲转前	升温升压
9		热态清洗合格
10		炉膛烟气温度探针退出
11		等离子模式允许退出
12		并一次风机
13	冲转并网	主汽阀开启条件
14		汽轮机自启动完成
15	升负荷	允许投入过热蒸汽及再热蒸汽喷水减温
16		除氧器汽源切换至四段抽汽
17		检查汽轮机所有疏水阀都已关闭
18		开始冲转第二台给水泵汽轮机
19		投高压加热器顺序启控制子组
20		主给水电动阀自动开启
21		投入脱硝系统
22		第二台汽动给水泵并入给水系统
23		投入煤水比自动控制
24		辅助汽源切换由四段抽汽
25		投入空气预热器漏风控制系统

（三）机组停止过程中的关键控制点

机组停机过程中某些关键步骤需要与工艺系统相关参数配合，达到一定条件才能退出相关系统或设备，或确认某些步序已完成。机组典型停机过程中的主要关键控制点见表 6-2。

表 6-2　机组停止过程中的主要关键控制点

序号	阶段	关键控制点
1	降负荷	退出脱硝系统运行
2		除氧器、轴封蒸汽汽源切换至辅助蒸汽
3	停机	盘车自动投入
4		锅炉熄火后，对炉膛进行吹扫
5		破坏真空
6		允许停空气预热器
7		停用火检冷却风机
8		停凝结水泵
9		停用盘车、顶轴油泵、主机润滑油泵

五、断点的设置

（一）断点设置的依据

国内外火力发电机组的自动启停设计方案均采用的是断点控制方式。断点控制方式是为了保证机组启停过程中的安全性、使机组各个子系统之间配合运行及确保机组启动满足外部条件（与电网的匹配等），在机组启停过程中的一些关键节点，如点火、冲转、并网等，应由操作员确认执行下一步的条件满足后方可执行下一步程序。断点设计应充分考虑机组启停运行特性、主辅设备可控性和启停过程对各工艺系统的运行需求等因素。断点控制方式也可以看作是将机组自启停这个大顺序控制分为若干个顺序控制功能来完成，每个断点的执行需要人工确认才能进行。

采用断点控制方式后，只要条件满足，各个断点均可独立执行，适合火力发电机组多种多样的启停方式，符合火力发电厂生产过程的工艺要求。

APS 断点设计要结合机炉启动曲线、主辅机技术条件、工艺系统复杂程度、生产运行规定、运行人员的经验和需求等因素来综合考虑，要按机组自启停的过程来设计，断点数量并非“少即是优”，都有其自身的选定背景。

APS 断点设置主要考虑两个层面的因素：一方面断点的设置应为机组的某个稳定运行工况，机组可以在该工况下持续稳定运行一定时间；另一方面该断点一般为机组启停过程的重要“节点”，判断条件复杂，从安全角度需强制人工确认。

（二）典型自启停断点设置方案

APS 可分为启动模式和停机模式两种，其中启动模式又有冷态、温态、热态和极热态四种启动方式。根据国内三大动力厂锅炉、汽轮机的技术资料及机组运行调研情况，典型的 APS 断点设计如下：

（1）机组启动模式下设置 6 个断点，依次为：

1）机组启动准备断点。

2）冷态冲洗和汽轮机真空断点。

3）锅炉点火及升温升压断点。

4）汽轮机冲转断点。

5）机组并网断点。

6）升负荷断点。

说明：启动 APS 前，必须提前投入与机组运行相关的外围系统，包括工业水系统、压缩空气系统、灰处理系统等具备投入条件，发电机充氢等已准备好。启动完成退出 APS 后，机组负荷由协调控制系统逐步升至操作员给定值或中调（AGC）给定值。

（2）机组停机模式下设置 3 个断点，依次为：

1）降负荷断点。

2）机组解列断点。

3）停运断点。

说明：机组停运前的各项试验及操作，例如，汽轮机油系统联锁试验、对炉膛进行一次全面吹灰等由运行人员进行操作，可作为机组投入 APS 前的准备工作。

六、专业配合与逻辑设计

（一）协调配合

实现 APS 需要相关单位、相关专业之间的协调配合。为提高系统和主辅机设备的可控性，需要增加或完善的仪表与控制设备（如电动阀、变送器等），仪表与控制专业应及时反馈给工艺专业或主辅机成套设备厂商，以免漏订或订错设备。电气专业也应该向仪表与控制专业提出电气设备的控制接口。在 DCS 逻辑设计及组态时如发现需要修改 P&ID，DCS 逻辑设计及组态单位也应及时反馈给设计单位。DCS 逻辑设计及组态和画面设计过程也要求电厂运行部门和调试单位深入配合，避免把大量的修改工作遗留到调试阶段。

（二）APS 的逻辑设计

机组自动启停控制系统中的功能组并非一般意义上的顺序控制，不是简单地把相关的设备启动和停运，而是要确保相关系统安全稳定地投入运行。凡是涉及模拟量控制系统的功能组，顺序控制要和模拟量控制密切配合，更好更快地将系统投入运行。另外，功能组的设计要具有一定的独立性，功能组可安全平稳地完成系统的投入和退出，即使自启停控制系统不投入，功能组也能照常运行。

APS 与 MCS 的接口是 APS 成功与否的关键。为了实现 APS，必须对 MCS 进行优化完善，使之实现全程稳定调节并且与 APS 无缝接合，共同完成机组的启动和停止控制。

对于不同的机组，由于燃烧方式和机组启动方式的不同，在机组的启动和停运过程中会有一些特殊要求。对超（超）临界直流锅炉而言，需考虑自动热态清洗、干湿态自动转换、水煤比控制等特殊控制策略。只有妥善解决这些技术问题，才能保证机组自启停控制系统的顺利实现。

七、操作画面设计

APS 操作画面对运行人员的操作起到了规范和指导作用。一方面，画面布局必须明确、简洁，能够清晰地反映出 APS 的总貌、层次结构；另一方面，画面应能提供足够的运行和控制信息。以某 1000MW 超超临界机组为例，APS 冷态启动总画面和 APS 停止总画面如图 6-2 和图 6-3 所示。

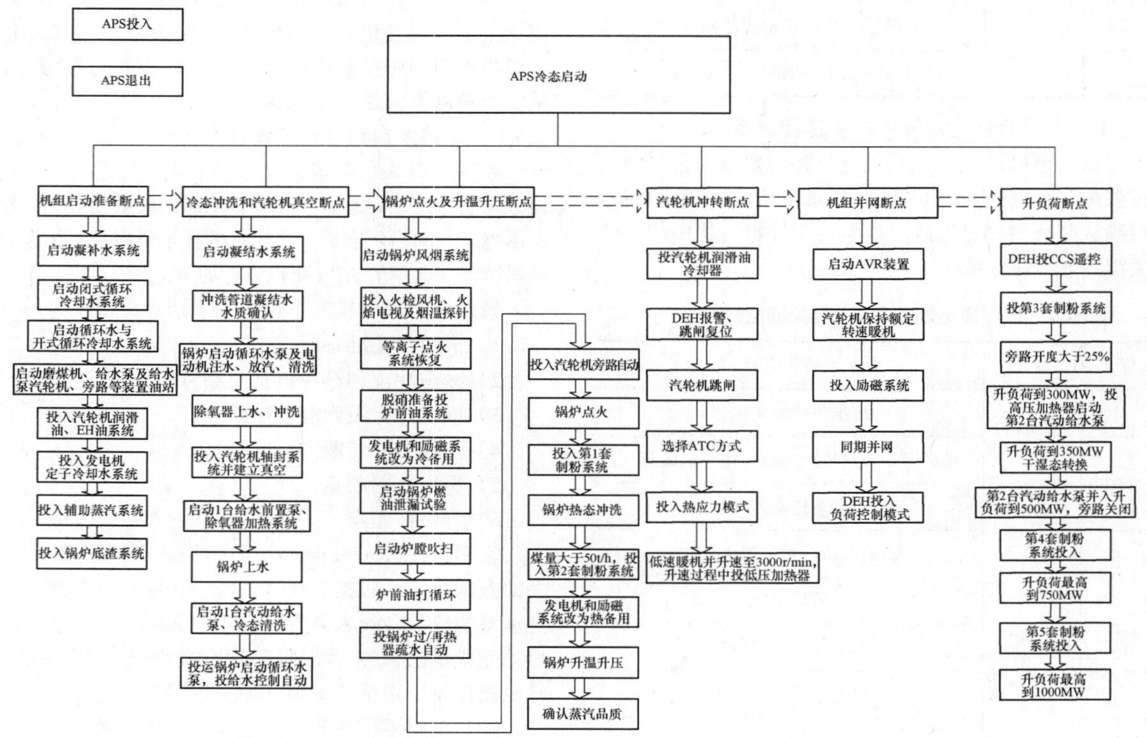

图 6-2　APS 冷态启动总画面

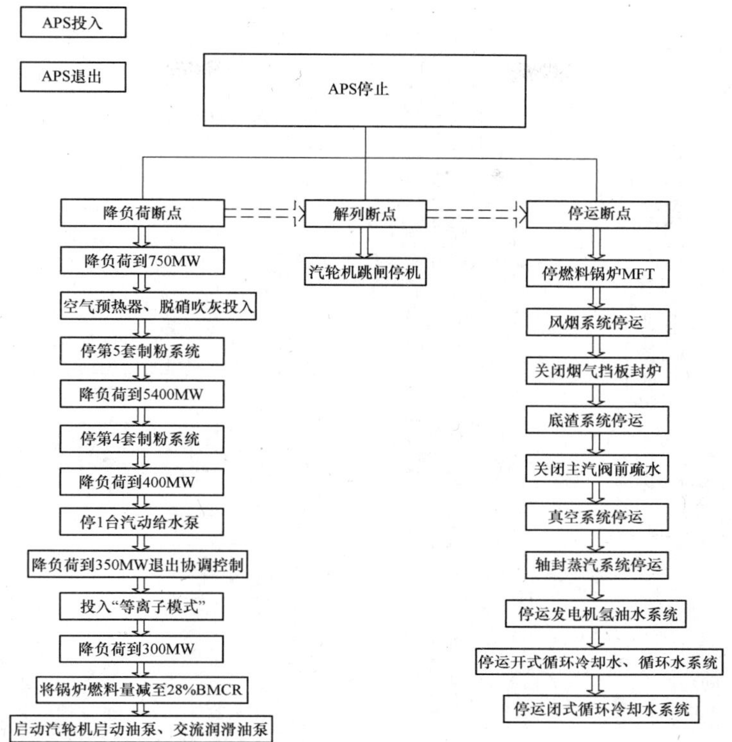

图 6-3 APS 停止总画面

第三节 机组模拟量控制

一、概述

（一）定义及任务

模拟量控制系统（modulating control system，MCS）是对锅炉、汽轮机及辅助系统的过程参数进行连续自动调节的控制系统总称，包括过程参数的自动补偿和计算、自动调节、控制方式的无扰切换及偏差报警等功能。

模拟量控制项目及策略应根据机组特点、工艺过程对控制质量的要求和对象的动态特性确定，能适应启停及中间负荷情况下机组安全经济运行的要求，并应考虑在事故工况下与相关联锁保护系统协同控制的措施。

（二）模拟量控制系统的结构

在机组正常运行工况下，模拟量控制系统能够使机组在较大范围内接收和响应来自电网总调遥控负荷指令（ADS）或机组操作员本机设定的负荷指令对机组进行控制，同时维持机组所有被控变量不超出允许范围，以保证机组的稳定运行。模拟量控制系统结构如图 6-4 所示。

（三）基本设计步骤

模拟量控制系统设计时，首先应根据机组容量、所承担的任务、工艺系统特点及自动化水平，确定控制项目，再根据对象的动态特性设计基本的控制回路框图，最后根据控制设备的选型（一般均采用 DCS 设备）设计详细的控制回路组态图。不同的 DCS 厂商的软件功能模块有差异，但其控制回路组态图所实现的功能均应满足运行操作的灵活性和便于调整试验的要求。

基本的控制回路框图设计，通常按照下列步骤进行：

1. 选择被调量

被调量的选择应满足三个要求：

（1）直接反映生产过程的质量。

（2）易于测量。

（3）对控制作用的反应有足够的灵敏度。

当选择的被调量在测量上有困难，或者反应不灵敏、延迟较大，无法满足模拟量控制质量时，也可以选择间接参数做被调量，但它必须与直接参数有着直接的单值对应关系。

2. 分析控制对象的动态特性

分析被调量在主要扰动下的动态特性，是模拟量控制系统设计的基础。通常，对象的动态特性都是在现场用试验方法获得的。典型对象的动态特性见表 6-3。

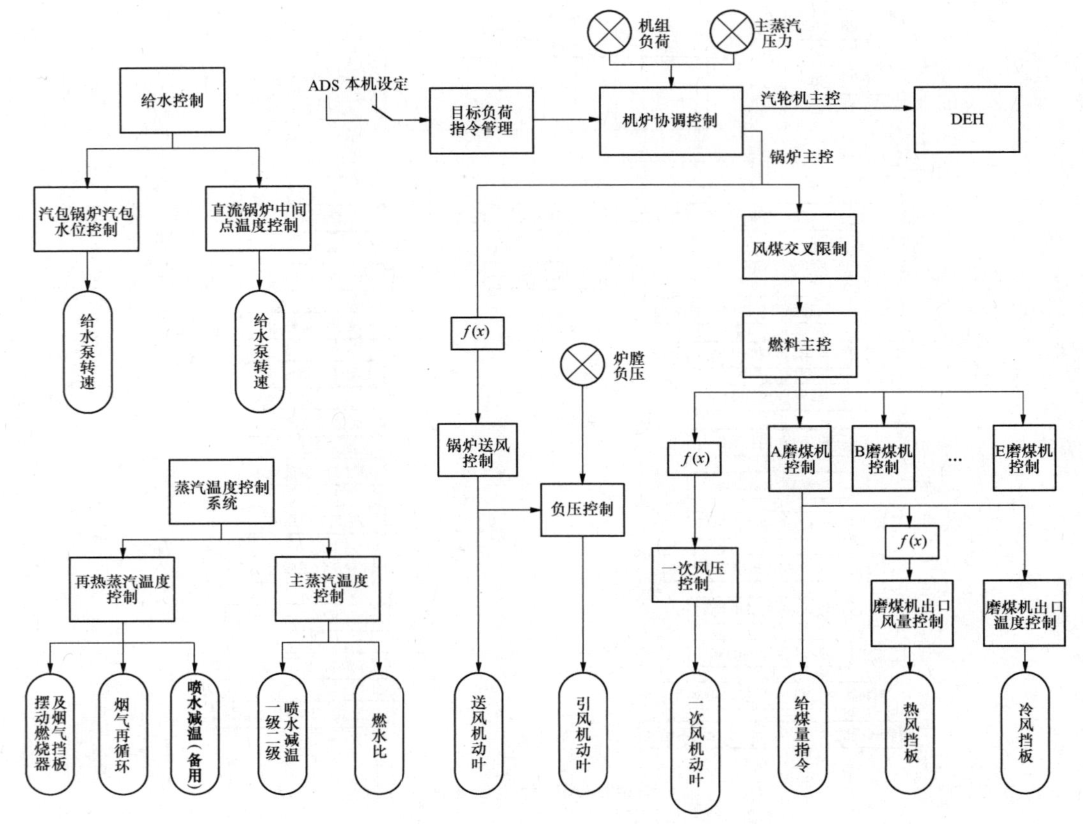

图 6-4　模拟量控制系统结构

表 6-3　　**典型对象的动态特性**

对象类别	自平衡能力	阶跃扰动 Δx 作用下对象的飞升曲线	特性参数
单容对象	有	y; t; $\Delta y=k\Delta x$; T	飞升速度 $\varepsilon=\dfrac{k}{T}$ 自平衡率 $\rho=\dfrac{1}{k}$ （T—时间常数，k—放大倍数）
	无	y; t; β; $\Delta y=\Delta x$; T_a	飞升速度 $\varepsilon=\dfrac{\tan\beta}{\Delta x}=\dfrac{1}{T_a}$
多容对象	有	y; t; $\Delta y=k\Delta x$; τ_0; τ_c; τ; T	迟延时间 $\tau=\tau_0+\tau_c$ 飞升速度 $\varepsilon=\dfrac{k}{T}$ 自平衡率 $\rho=\dfrac{1}{k}$ （τ_0—纯迟延，τ_c—容量迟延）
	无	y; t; $\Delta y=\Delta x$; τ_0; τ_c; τ; T_a	迟延时间 $\tau=\tau_0+\tau_c$ 飞升速度 $\varepsilon=\dfrac{\tan\beta}{\Delta x}=\dfrac{1}{T_a}$

（1）对象自平衡率 ρ 对控制过程的影响。对象自平衡率 ρ 为放大系数的倒数，ρ 越大，在一定的扰动下被调量稳态值的变化就越小，当 ρ 趋向于无穷时，被调量的变化趋向于 0。这就是说，当 ρ 足够大时，控制对象靠自平衡能力可以把被调量的变化限制在生产过程允许的范围内。一般来说，ρ 总是有限的，通常需用调节器来控制。

在控制设备与控制对象组成系统之后，调节通道的放大系数反映了控制作用对被调量的影响程度，从克服扰动的角度出发，希望调节通道的放大系数适当大一点好。但放大系数过大，控制过于灵敏又会产生过调，影响系统的稳定性。而对于干扰通道，则是放大系数越小（即 ρ 越大）越好。

（2）飞升速度 ε 对控制过程的影响。飞升速度是对被调量变化速度的度量指标，对于自平衡能力的对象，又可用时间常数 T 来表征。对于调节通道，ε 越大（或 T 越小），就越能及时地反映出控制效果，尽快地消除偏差，对控制有利。但是 ε 过大，很容易产生过调而使系统发生振荡。对于干扰通道，飞升速度 ε 越小（或 T 越大），在一定的扰动作用下被调量的反应越慢，这就为控制赢得了时间，降低了对控制的要求。故干扰通道的飞升速度 ε 越小（或 T 越大）越好。

（3）迟延时间 τ 对控制过程的影响。迟延发生在干扰通道时，被调量不能及时反映扰动程度，调节器不能及时进行控制，因而有可能扩大对象内部物质或者能量的不平衡，使被调量变化的幅度增加。对控制不利。如迟延发生在调节通道，调节器动作后被调量不能及时反映控制效果，容易造成调节器动作过头，使控制过程产生振荡。因此，减小对象的迟延，尤其是减小调节通道的迟延，对控制质量的提高是十分重要的。

3. 确定调节变量

调节变量是指模拟量控制系统中用以实现控制作用的变量，它的变化可以引起被调量的变化，以达到控制目的。调节变量的选择是在充分分析控制对象动态特性的基础上得出的，选择的原则是确保控制系统的控制质量，确定了调节变量也就确定了控制回路的执行机构。

4. 设计基本的控制回路框图

首先，根据模拟量控制回路的任务确定所采用的控制回路是开环控制还是闭环控制，开环控制是前馈控制还是单纯的比例控制。一般来说，火力发电厂的模拟量控制系统大都是闭环控制。

其次，根据对象动态特性的分析结果及对控制质量的要求确定控制回路的基本方案，如单回路控制、前馈-反馈控制回路等。

第三，控制回路的手动/自动切换，以及一些复杂控制回路中多个控制方式的切换，还应设计有对应的切换逻辑图。

最后，将控制回路框图转换成计算机控制系统（DCS）的组态语言和操作画面，在计算机控制系统（DCS）上实现，并通过建模仿真和现场调试，检查模拟量控制回路及人机界面的正确性。

二、控制回路框图的设计方法

（一）图例符号

SAMA 图是美国 SAMA（科学制造商协会）MC22.1《仪表与控制系统功能图制图》所规定的图例符号和制图规定，用于表示控制系统逻辑或控制策略的功能框图。所采用的图例易于理解，能清楚地表示系统功能，广为过程自动控制系统所应用，是表达火力发电厂模拟量控制系统功能框图的图形化语言，可以很好地反映控制系统的全部控制功能和信号处理功能，反映设计者的设计思想。火力发电厂工程建设中，模拟量控制系统的功能均由 DCS 实现，SAMA 图的设计是 DCS 工程软件设计组态的基础。

用 SAMA 图的图例表达控制系统方框图时，常将一些符号画在一起，组成一个具体的功能模块，相同或不同功能的多个模块又组合在一起形成完整的控制系统方框图，一个完整的控制回路所使用的功能模块一目了然。

标准 SAMA 图的图例分为四类，即测量信号显示功能、自动信号处理功能、手动信号处理功能、执行机构等。随着自动化仪表技术的发展，SAMA 图的图例符号与 DCS 的具体功能模块相结合，表达形式有了很大的变化。本手册所使用的 SAMA 图的图例符号是一种介于 DCS 工程组态图和标准 SAMA 符号之间的表达形式，包含各种功能模块和连接线（通常情况下，模拟量为实线，逻辑量为虚线），常用图例符号见表 6-4。

（二）输入信号处理方法

1. 多信号处理

模拟量控制系统中主要参数的测量仪表要求冗余配置，冗余信号接入控制系统后要经过相应的逻辑处理以提高测量的准确性。

（1）三冗余测量信号处理。模拟量控制系统中重要控制用测量信号设置三个测点，采用三取中值逻辑供调节系统使用。当任意一个测点与中值比较出现超差、测点信号故障、测点量程超限时发出报警信号。当两个测点同时发生故障延时若干秒时，发出“测点坏质量”信号，相关自动控制强制手动。测点信号正常后，必须人为复置故障信号，才能重新投入自动。

表 6-4　　详 细 图 例 符 号

图例名称	图例符号	图例定义	图例名称	图例符号	图例定义	图例名称	图例符号	图例定义
PID	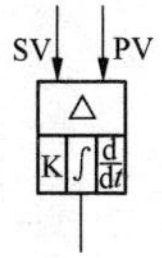 SV PV △ K ∫ d/dt	比例积分微分控制器	减法器	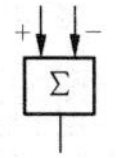 + − Σ	求两个输入的差	中值选择器	MEDIA SELECT	监视三个模拟量输入的品质和偏差，输出为三个输入的中间值
输入输出点	DRAW.NO TAG.NO	DCS 输入输出信号	切换器	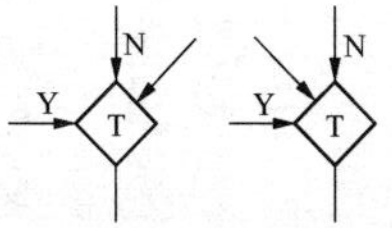 Y N T　Y N T	根据切换标志位选择相应的输入作为输出	二选一模块	2XMTR	监视两个变送器的品质和偏差。根据设定可将两个输入信号中的任意一个、高值、低值或均值作为输出
输入输出点	DRAW.NO TAG.NO	连接符，页面间信号	速率限制器	V≯	以给定的速率限制输入变化并在速度超限时报警	平衡器	BALANCER	监视下游算法块，当下游算法块要求上游算法块跟踪时，执行一个用户定义类型的跟踪
M/A 站	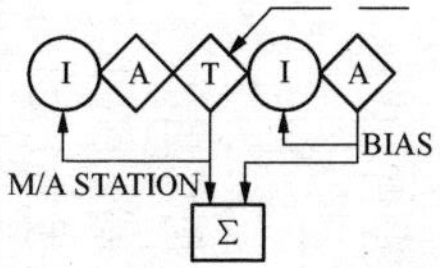 I A T I A BIAS M/A STATION Σ	手自动切换及偏置设定	函数发生器	$f(x)$	根据预先设定的 12 个 x-y 数组产生分段线性函数，根据不同的输入产生相应的输出	高值监视	H//	监视输入信号是否超过设定的高限，超过时输出 1 否则输出 0
执行机构	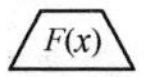 $F(x)$	执行机构	模拟量发生器	A	产生一个模拟量常值	低值监视	//L	监视输入信号是否超过设定的低限，超过 0 时输出 1 否则输出 0
加法器	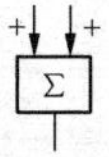 + + Σ	求两个输入的和	增益	K	求输入的比例增益	或门	 OR	输出为输入的“或”，当所有输入均为逻辑 0 时，输出为逻辑 0，否则输出逻辑 1
与门	AND	输出为输入的“与”，当所有输入均为逻辑 1 时，输出为逻辑 1，否则输出逻辑 0	非门	NOT	输出为输入的“反”，当输入为逻辑 1 时，输出为逻辑 0，否则输出逻辑 1	S-R 触发器	S Q R $\bar{Q}$	S-R 触发器

（2）双冗余测量信号处理。模拟量控制系统中较重要的控制用测量信号设置两个测点，选择二取均值逻辑供控制回路使用，当任意一个测点与中值比较出现超差、测点信号故障、测点量程超限时，发出“测点坏质量”信号，相关自动控制强制手动。人为选择好的测点，才能重新投入自动。

2. 信号补偿

火力发电厂模拟量控制系统所用到的一些测量信号，当采用差压测量方式时，应设置补偿功能。参考DL/T 5512《火力发电厂热工检测及仪表设计规程》的要求，这些补偿环节包括：

（1）汽包水位测量信号的汽包压力补偿。

（2）汽水分离器储水罐水位测量信号的汽水分离器压力补偿。

（3）给水、减温水流量测量信号的给水温度补偿。

（4）过热蒸汽流量测量信号的蒸汽压力、温度补偿。

（5）送风量测量信号的空气温度补偿。

这些测量信号的补偿均有专用公式，各DCS制造厂也都设计有专用的信号补偿功能模块。

（三）典型模块设计

1. PID模块

PID调节器模块是将比例控制（P）、积分控制（I）和微分控制（D）等控制规律组合在一起的调节器功能块。

（1）比例控制（P），即输出的控制信号与其偏差输入信号之间成比例关系的控制功能块。在比例控制作用下，执行结构位移量与被调量偏差成比例关系。比例控制的特点是动作快，输出毫无延迟地反映出输入的变化，是各种控制中最基本的控制作用，但其控制结果是有偏差的。

（2）积分控制（I），即输出的控制信号与其偏差输入信号对时间的积分成比例关系，积分控制作用能够消除被调量的静态偏差，积分作用主要体现在控制过程的后期，但它使过渡过程的最大偏差及控制过程时间增大，如果系统迟延大，积分作用就会引起振荡。

（3）微分控制（D），即输出的控制信号与其偏差输入信号对时间的变化率成比例关系，微分控制起作用时，执行机构立即有一个位移，静态时该控制作用消失，微分作用主要体现在控制过程的初期，可以减少过渡过程的最大偏差及控制过程时间。

结合各自特点，过程控制中常用的控制规律有P、PI、PD和PID控制，同时根据火力发电厂热力系统的稳定性要求，PI控制规律既可以不过分振荡，又可以无差控制，因此应用较多。

2. M/A站

在控制系统中一般每个执行机构应配一个M/A站；M/A站可根据系统需要实现手动/自动切换、手动操作及阀位显示、定值和测量值显示。

控制系统手动/自动切换的基本原则：系统正常时，由操作员在M/A站上通过按自动按键使系统投入自动状态；而在系统有故障或控制系统控制品质差时，控制系统应由自动状态自动地切换到手动状态。在系统手动时，控制系统的输出由操作员在M/A站上通过↑、↓按键操作输出。

一般M/A站在下列情况应切至手动：

（1）M/A站的输入和输出方向有信号异常，则M/A站应切换到手动。

（2）操作员在操作器面板上按手动按键。

（3）调节器的入口偏差过大或测量值越限。

（4）阀位和控制输出偏差大或阀位达限值。

（5）M/A站的输出方向出现超驰信号。

调节器输出对应的M/A站切至手动时，对应调节器的输出应切至跟踪状态，以使系统实现无扰切换。所有的受控对象或控制项目均应设置手动/自动操作手段及相应的状态显示，并具备双向无扰切换功能。

3. 多执行机构平衡模块

当PID调节器的输出回路控制多个并列运行的执行机构时，平衡模块可以同时监控多个并列运行执行机构的M/A站，可以实现任意一个执行机构手动/自动切换时的自动跟踪功能，如炉膛负压控制回路中的两台引风机导叶控制。

4. 报警功能

模拟量控制系统回路设计中，宜设置以下报警功能：

（1）控制系统设备的故障。

（2）主要参数测量信号故障。

（3）测量值与设定值的偏差大。

（4）手动/自动操作在联锁保护信号作用时的自动切换。

（5）控制系统电源和气源故障。

（四）典型回路设计

1. 单回路控制系统

单回路控制系统是指只有一个被控量信号反馈到控制器的输入端，形成一个闭合回路。单回路控制系统是根据被调量和给定值之间的偏差进行控制的负反馈控制系统。例如，图6-5所示某水箱水位控制回路即为单回路控制系统，水位测量值PV与设定值SV的偏差进入PID调节器运算后，输出到水箱液位调节阀来控制调节阀的开度。

2. 串级回路控制系统

与单回路控制系统相比，串级回路控制系统只是在结构上增加了一个内回路，在控制过程中起粗调作用；一个在外面，为定值回路，用来完成细调任务，使主被调量满足生产要求；串级回路控制系统中有两个PID调节器，它们的作用各不相同，主调节器具有

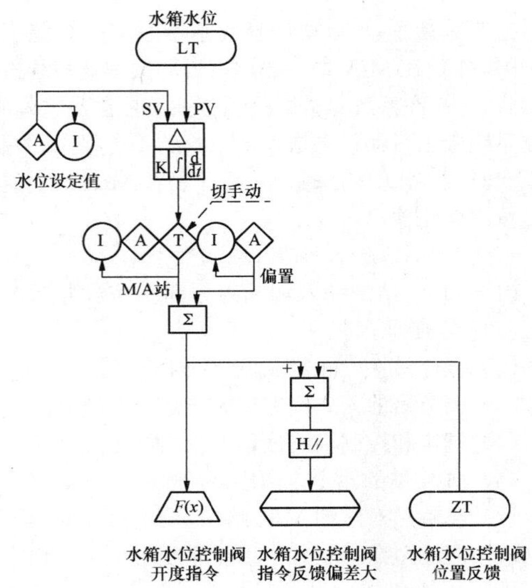

图 6-5　单回路控制系统

独立的给定值，副调节器的给定值是主调节器的输出，内回路具有快速调节作用，串级回路控制系统对进入内回路的扰动有很强的克服能力，改善了对象的动态特性。过热蒸汽温度控制就是一个串级回路控制系统，过热器出口蒸汽温度作为主参数，减温器出口蒸汽温度是副参数，例如图 6-6 所示为串级回路控制系统。

3. 前馈-反馈控制系统

为克服前馈控制的局限性从而提高控制质量，常对一两个主要扰动采取前馈补偿，而对其他引起被调参数变化的干扰采用反馈控制来克服，以这种形式组成的系统称为前馈-反馈控制系统。前馈-反馈控制系统既能发挥前馈调节控制及时的优点，又能保持反馈控制对各种扰动因素都有抑制作用。如图 6-7 所示，某蒸汽发生器水位控制系统把可以代表负荷变化的蒸汽流量作为前馈，优先调整给水流量，可以加快动态响应。

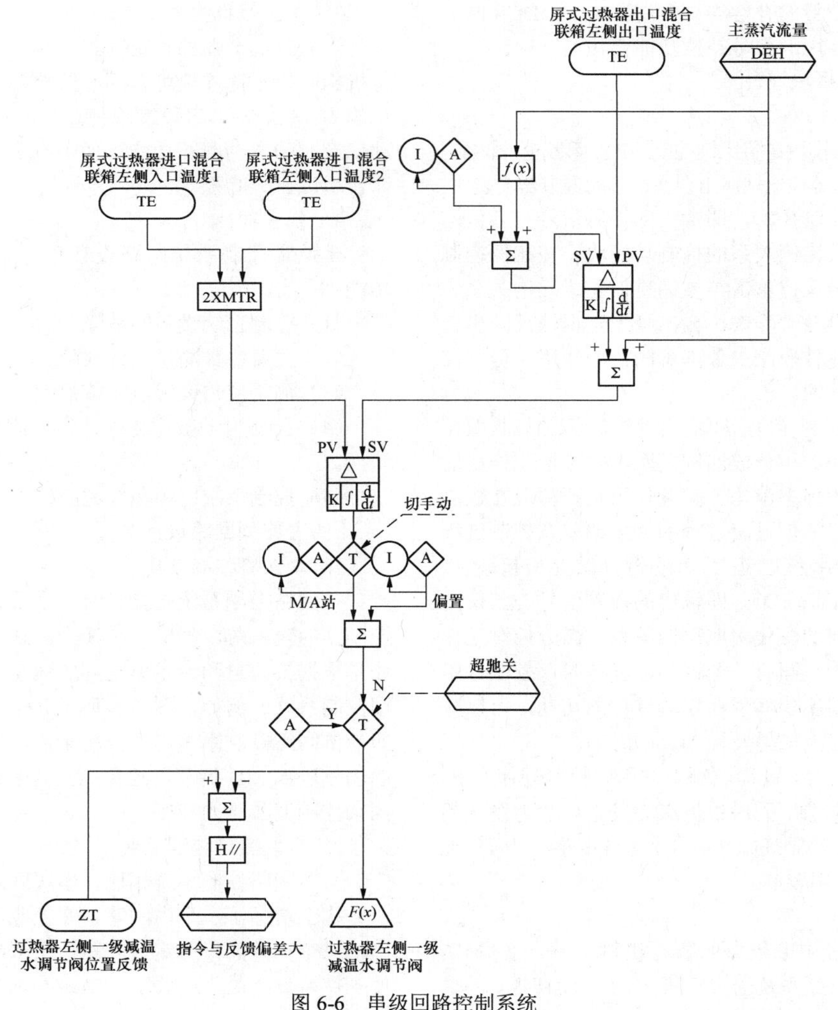

图 6-6　串级回路控制系统

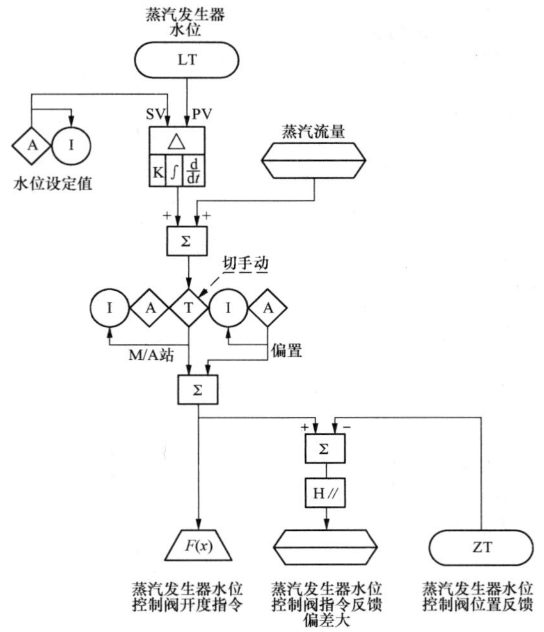

图 6-7　前馈-反馈控制系统

三、机组协调控制系统

（一）协调控制的任务及运行方式

单元机组协调控制系统是对动态特性差异较大的锅炉和汽轮发电机组进行整体负荷平衡控制，使机组尽快响应调度的负荷变化要求，并保证主蒸汽压力和机炉主要运行参数在允许范围内；同时在一些特定的工况下，通过控制回路和控制方式的转换保持机组的稳定和经济运行，主要包括机组负荷指令生成、机炉主控、压力设定、频率校正、辅机故障减负荷等控制回路；它直接作用的执行级是锅炉控制系统和汽轮机控制系统。单元机组协调控制系统按照汽轮机、锅炉所承担控制功率或控制汽压任务的不同来分类，其运行方式有基本方式、锅炉跟随控制方式、汽轮机跟随控制方式和机炉负荷协调控制方式四种。

1. 基本方式

锅炉和汽轮机主控均在手动方式，锅炉与汽轮机的出力通过各自的子控制系统（燃料主控和 DEH 手动）自行调整。基本方式主要用于机组启动过程中或处于异常状况时对锅炉主控和汽轮机主控进行手动调节。

2. 锅炉跟随控制方式

锅炉主控在自动方式，调节主蒸汽压力，汽轮机增减负荷指令手动在 DEH 操作员站上完成。这种控制方式机炉有明确的控制分工，即锅炉控制主蒸汽压力，汽轮机控制机组负荷。因为锅炉热惯性大，汽轮发电机时间常数小，所以这种方式在负荷扰动时能够快速响应负荷，但不可避免地会引起主蒸汽压力变化较大。锅炉跟随控制方式一般用于：①当单元机组中的锅炉设备正常运行，机组的输出功率受到汽轮机限制时；②承担变动负荷的机组，锅炉蓄热能力较大时。

3. 汽轮机跟随控制方式

锅炉主控在手动方式，运行人员手动调整锅炉侧燃烧率指令，汽轮机主控在自动方式，调节主蒸汽压力。该控制方式下机炉有明确的控制分工，即锅炉控制机组负荷，汽轮机控制主蒸汽压力。用控制汽轮机调节汽阀开度的方式来调节主蒸汽压力，主蒸汽压力变化小，对锅炉运行的稳定有利。但是由于锅炉燃料量输送、燃烧及传热过程滞后较大，因此使机组输出功率的响应滞后较大。汽轮机跟随控制方式一般用于：①承担基本负荷的单元机组；②当新机组刚投入运行时，采用这种方式可以使机组运行比较稳定；③当单元机组中汽轮机正常运行，机组的输出功率受到锅炉限制时。

4. 机炉负荷协调控制方式

采用基于锅炉跟随为基础的协调控制方式，锅炉和汽轮机主控均在自动方式，汽轮机主控负责调功率，并加指令前馈，锅炉主控负责调汽压并加能量前馈。在该方式下，使锅炉和汽轮机相互协调配合，共同控制功率和汽压，以最大限度地利用锅炉蓄能，快速响应负荷需要，维持汽压稳定在允许范围内。当机组正常运行并需要参加电网调频时，应采用机炉负荷协调控制方式。

以上四种运行方式的切换，应设置切换逻辑及具备双向无扰切换功能。

（二）典型协调控制方案

1. 负荷指令生成回路

负荷指令生成回路由两部分组成，即负荷指令运算环节（见图 6-8）和负荷指令限制环节。

（1）负荷指令运算环节的主要作用为：

1）根据负荷控制的要求选择目标负荷指令的形成方式。

2）根据设备的热应力变化要求和机组负荷的承受能力，对目标负荷指令的变化率进行适当限制。

3）对机组参加电网调频所需的负荷变化量进行计算。

根据当前机组的运行方式，通过切换模块选择电网中心调度所（简称中调）的指令，或机组运行人员手动设定的机组负荷。所选中的目标负荷指令经负荷变化率限制器送至加法器。负荷变化率限值可以手动设定，也可以根据其他对负荷指令的变化有要求的因素确定。

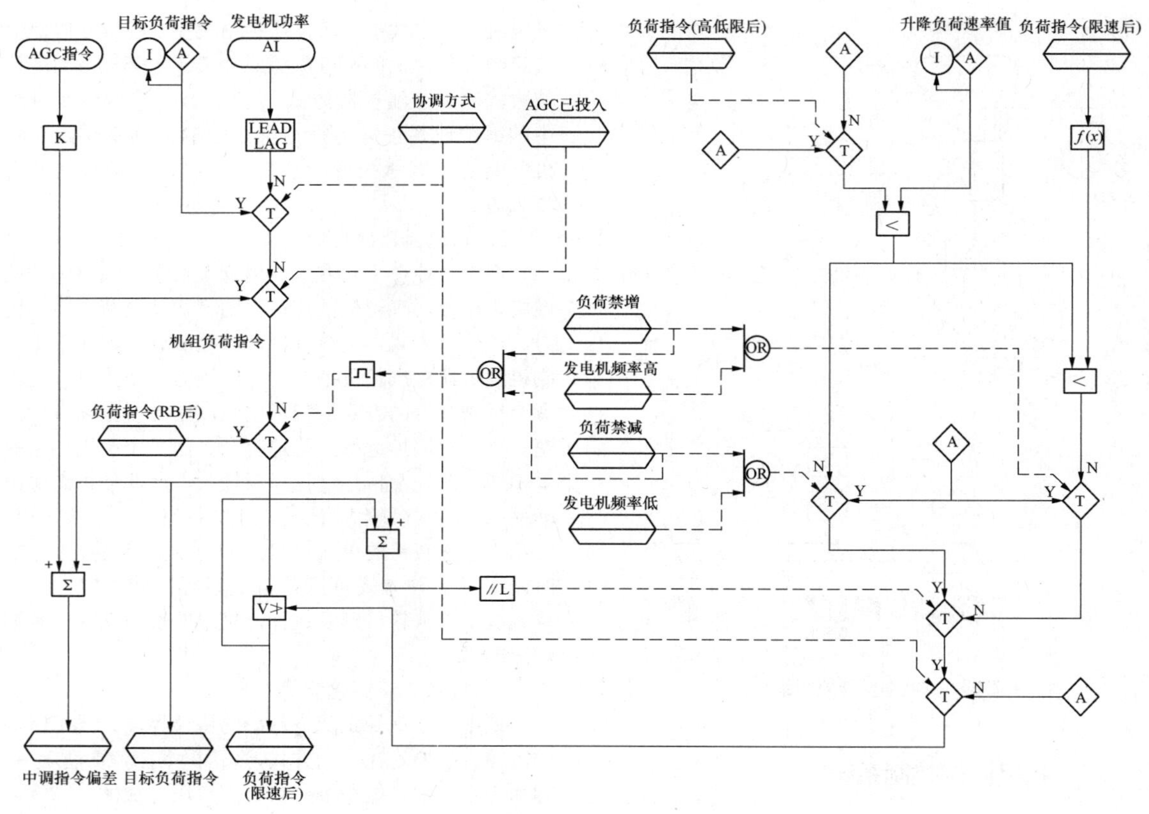

图 6-8　负荷指令运算回路

对于参加电网调频的机组，设有一次调频功能，转速偏差经过一次调频负荷补偿曲线转化后，得到负荷指令的修正量，与负荷指令相叠加，当一次调频功能投入后，机组负荷可根据电网频率变化自动增减。一次调频回路设有在线测试功能，当在线测试投入时，允许运行人员对当前汽轮机转速进行偏置，经过限速模块后与实际转速进行叠加，模拟汽轮机转速发生偏差的情况。

（2）负荷指令限制环节的作用主要为，当机组发生故障而影响机组的负荷或危及机组的安全运行时，对机组的负荷需求进行必要的处理与限制，以保证机组能够继续安全、稳定地运行。负荷指令限制环节按功能一般包括最大/最小负荷限制、辅机故障减负荷（RB）、负荷闭锁增/闭锁减。

1）最大/最小负荷限制。该环节的作用是保证机组的实际负荷指令不超过机组的最大/最小允许负荷值。最大和最小允许负荷值由运行人员手动设定，最大允许负荷值的上限为机组最大可能出力值。

2）辅机故障减负荷。机组运行过程中，当机组的主要辅助设备突然发生故障，造成机组承担负荷能力下降时，就要求机组负荷指令下降到机组所能承担的水平，这种由辅机故障引起机组实际负荷指令的快速下降，称为减负荷（RB）。负荷快速下降的速率及新的负荷水平与发生故障的具体辅机有关。

通常引起负荷快速减负荷的辅机有送风机、引风机、一次风机、给水泵、空气预热器、炉水循环泵等。

3）负荷闭锁增/闭锁减。当运行中存在可能导致机组实际负荷的增减受到限制时，例如，送风机动叶指令已经达到高限，说明在当前状态下送风机的出力已经达到极限或者执行机构发生卡涩，送风量已无法随负荷指令增加而增加，此时必须限制负荷指令的增加，防止因为负荷指令增加导致风量与燃料量不平衡。

图 6-9 所示为一次调频及负荷指令限制回路。

2. 协调控制回路

（1）以锅炉跟随为基础的协调控制方式。当机、炉主控均处于自动状态时，机组处于协调运行方式，在协调运行方式下，前馈信号是机组实际负荷指令经过超前/滞后校正后得到的，锅炉主控制器的主要任务仍然是控制主蒸汽压力。当机组负荷指令变化时，通过负荷指令前馈调节信号提前调整锅炉燃烧，以适应负荷变化需要。图 6-10 所示为某机组协调控制系统机炉主控制器 SAMA 图。

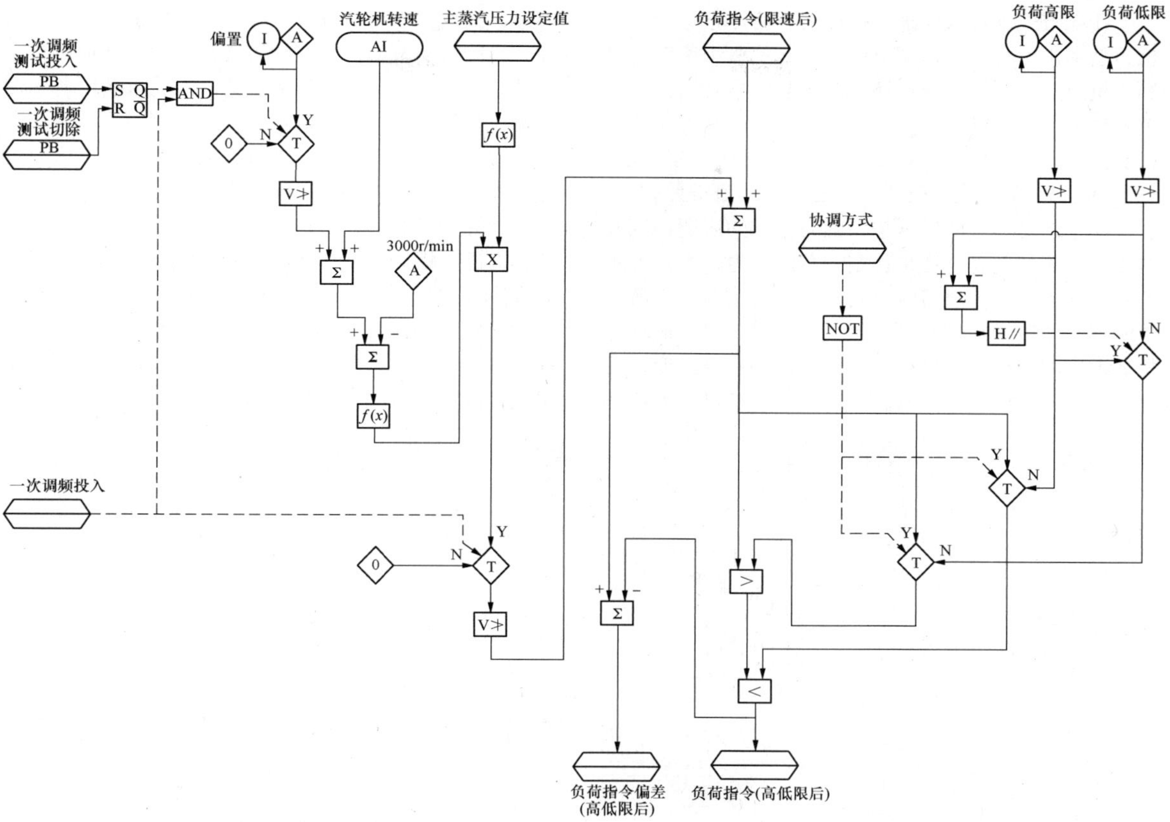

一次调频测试投入
PB
一次调频测试切除
PB
S Q
R Q̄
AND
偏置
I A
0
N Y T
V≯
汽轮机转速
AI
主蒸汽压力设定值
$f(x)$
3000r/min
A
Σ
X
Σ
$f(x)$
一次调频投入
0
N Y T
V≯
负荷指令(限速后)
Σ
协调方式
NOT
负荷高限
I A
V≯
负荷低限
I A
V≯
Σ
H//
Y N T
Y N T
Y N T
Σ
>
<
负荷指令偏差(高低限后)
负荷指令(高低限后)

图 6-9 一次调频及负荷指令限制回路

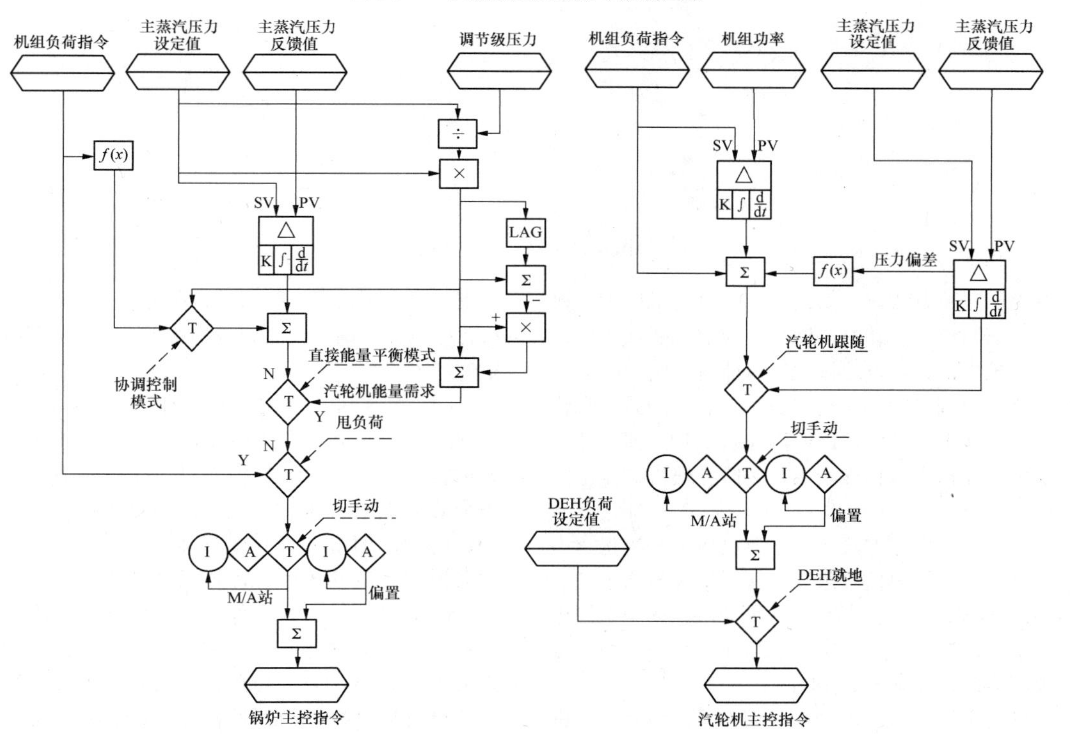

图 6-10 某机组协调控制系统机炉主控制器 SAMA 图

在此方式下，汽轮机主控机组负荷，它具有一个机组功率主信号，反馈调节的目的是使机组输出功率等于机组实际负荷指令。还有两个前馈信号，其中一个是机组实际负荷指令，引入负荷指令的目的是加速负荷响应；另一个则是主蒸汽压力的偏差信号，它组成了一个用非线性函数实现的主蒸汽压力偏差拉回回路。

该系统是典型的以锅炉跟随为基础的协调控制系统。锅炉侧的基本任务是稳定主蒸汽压力，汽轮机侧的主要任务是调节机组输出功率。负荷指令作为前馈信号同时作用于机炉两侧，保证机组对于负荷需求的快速响应。而增负荷过程中当锅炉蓄热利用过度，引起主蒸汽压力明显下降时，汽轮机侧又通过压力拉回回路，抑制了汽轮机调节汽阀过调，保证主蒸汽压力在允许的波动范围内。在调节过程后期，锅炉通过压力调节器维持主蒸汽压力为定值，汽轮机利用功率调节器保证机组负荷为定值。

（2）锅炉跟随方式。当机组功率和主蒸汽压力信号故障、调节汽阀反馈和指令偏差过大、MFT 或运行人员选择手动时，汽轮机主控转入手动状态，机炉主控制器进入锅炉跟随方式。此时，控制器 SAMA 图可以用图 6-11 来表示，若 DEH 在遥控方式，运行人员通过汽轮机主控 M/A 站，改变送到 DEH 的汽轮机主控指令控制机组负荷。当 DEH 在就地方式时，汽轮机主控跟踪 DEH 负荷设定值。

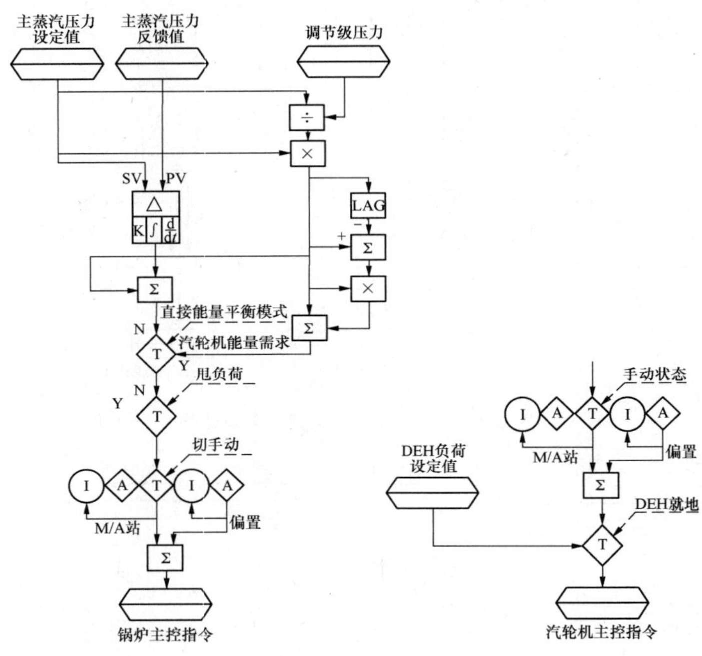

图 6-11 锅炉跟随方式

在锅炉跟随方式时，切换器选择汽轮机能量平衡信号作为前馈信号，此时，锅炉主控的主要任务是稳定主蒸汽压力，并可以通过汽轮机能量平衡信号参与到机组负荷控制之中。当机组负荷需求增加时，汽轮机调节汽阀被手动开大，此时汽轮机能量平衡信号增大，锅炉主控指令也相应增大，及时补偿机炉能量的不平衡。

（3）汽轮机跟随方式。当主蒸汽压力、汽包压力或汽轮机调节级压力信号故障、各层给煤机均手动、RB 结束、MFT 或运行人员选择手动时，锅炉主控进入手动状态，此时，机组主控制器转为汽轮机跟随方式，控制器结构如图 6-12 所示。

若燃料主控或送风控制在自动方式，运行人员可以通过锅炉主控 M/A 站改变锅炉主控的输出，控制锅炉燃烧率。切换器选择汽轮机压力调节器的输出作为汽轮机调节汽阀的控制信号，将主蒸汽压力控制在给定值。

（4）主蒸汽压力设定值的形成。图 6-13 所示为主蒸汽压力设定值形成回路 SAMA 图，当机组处于协调运行方式时，可以切换到滑压运行状态，此时，压力设定值由负荷指令经过非线性函数计算后给出，同时，调节汽阀开度与某一定值求差后输入控制器得到开度校正信号，该信号与压力设定值相叠加可以提高滑压运行条件下负荷的响应速度。当系统退出滑压运行方式时，主蒸汽压力设定值由运行人员手动给出，为了防止压力设定值变化过大，运行人员可以根据机组特性和运行经验对目标压力进行限幅和限速。

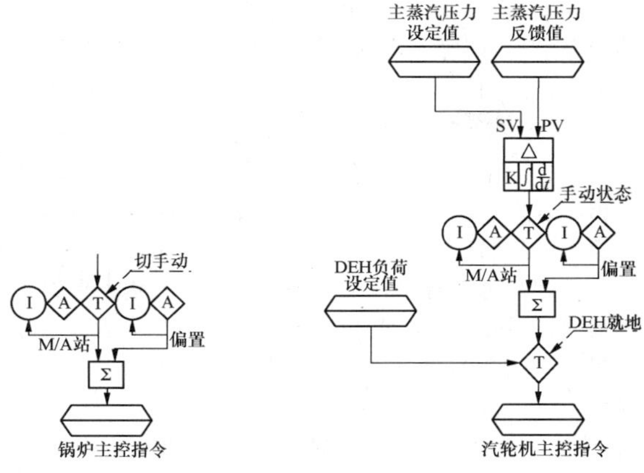

图 6-12 汽轮机跟随方式

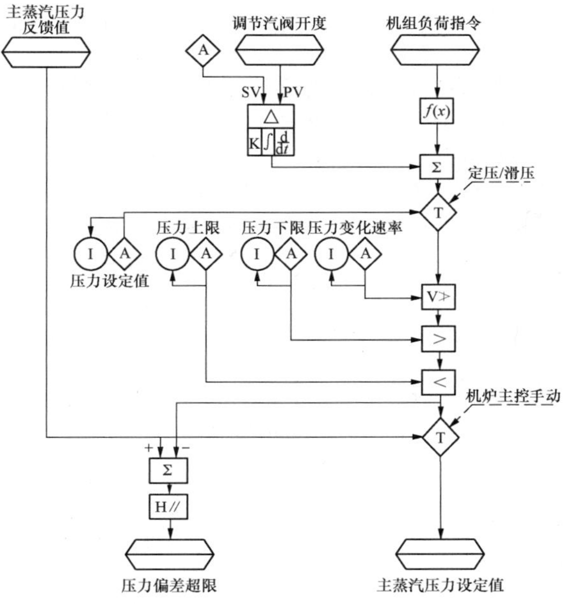

图 6-13 主蒸汽压力设定值形成回路

四、锅炉模拟量控制

（一）主蒸汽温度控制系统

主蒸汽温度控制系统是使过热蒸汽温度稳定在设定范围内的模拟量控制系统。锅炉运行时须严格控制过热蒸汽温度，过高的蒸汽温度会降低受热设备的使用寿命，甚至发生爆管；过低的蒸汽温度会降低热力设备的经济性，一般允许温度的稳态误差为±3℃。

1. 汽包锅炉主蒸汽温度控制

影响过热蒸汽温度变化的因素很多，其中减温水扰动作用下的迟延和惯性最大，烟气侧扰动作用下的迟延和惯性次之，锅炉负荷扰动作用下的迟延和惯性最小。通常只能采用喷水减温方式调节，通过改变减温水调节阀的开度，控制减温水流量，来调节主蒸汽温度。主蒸汽的调节大多采用二级喷水调节，一级喷水作为主蒸汽温度的粗调节，二级喷水是主蒸汽温度的细调节。一、二级喷水减温控制系统的结构基本相同，都是串级双回路控制系统。

图 6-14 所示为过热器左侧喷水减温控制系统SAMA 图，其设定值由两部分组成，由主蒸汽流量代表的锅炉负荷经函数发生器后给出基本设定值，运行人员可根据机组的实际运行工况在上述基本设定值基础上手动进行偏置。串级控制系统主环控制的过程变量为一级过热器出口蒸汽温度，副环控制的过程变量为一级减温器出口蒸汽温度，可将修正后的锅炉总风量作为温度控制的前馈指令。当汽轮机跳闸或 MFT 时，减温水调节阀超驰关闭。

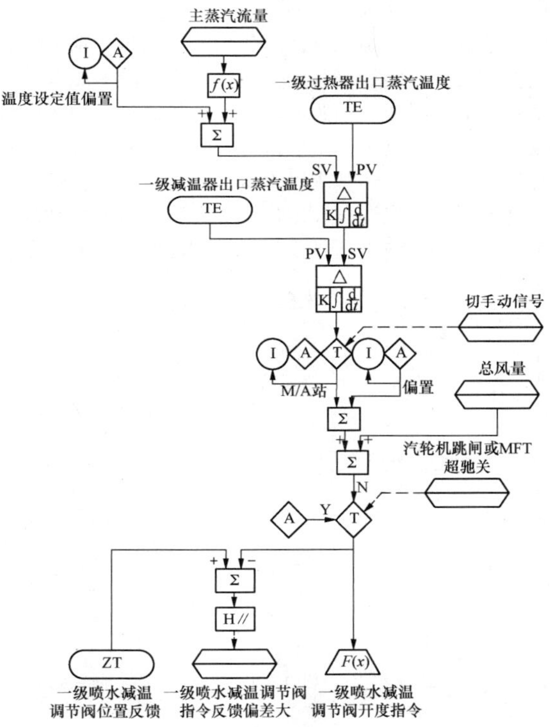

图 6-14 过热器左侧一级喷水减温控制系统 SAMA 图

2. 直流锅炉主蒸汽温度控制

给水温度、过量空气系数、火焰中心位置、受热面的脏污程度都对直流锅炉的主蒸汽温度有影响，但影响最大的是燃水比。因为直流锅炉没有固定的过热受热面，燃水比的变化才是过热蒸汽温度变化的基本原因，保持燃水比不变，则可以维持过热蒸汽温度不变。因此，通过调节燃水比来维持额定蒸汽温度。由于燃料量的控制不可能很精确，因而只能保持燃水比作为粗调，以喷水减温方式对主蒸汽温度进行细调。

（二）再热蒸汽温度控制系统

再热蒸汽温度控制系统是使再热蒸汽温度稳定在

设定值附近的模拟量控制系统。再热蒸汽温度控制的主要任务是提高机组的循环热效率，防止汽轮机末级带水，并在低负荷、机组甩负荷或汽轮机跳闸时保护再热器不超温。影响再热蒸汽温度的因素很多，其中锅炉负荷对再热蒸汽温度的影响较大，其他如受热面积灰、给水温度变化、过量空气系数变化等因素，对再热蒸汽温度也会有一定的影响。

再热蒸汽温度控制一般允许的稳态误差为±4℃，常用的烟气侧调温方式包括摆动燃烧器、烟气挡板、烟气再循环等。再热器喷水作为正常控制的后备控制手段。

摆动燃烧器调节再热蒸汽温度是通过调节燃烧器倾角的大小，改变火焰中心的位置，来改变炉膛出口温度与各受热面吸热量的分配，从而调节再热蒸汽温度，控制摆动燃烧器时要求各角严格同步。摆动燃烧器控制为单回路控制系统，再热器出口蒸汽温度设定值由两部分组成，由蒸汽流量代表的锅炉负荷经函数发生器后给出基本设定值，运行人员可根据机组的实际运行工况在上述基本设定值基础上手动进行偏置。再热器出口蒸汽温度设定值和实际值的偏差经 PID 调节器后再加上前馈信号作为摆动燃烧器的控制指令。当锅炉主燃料量跳闸（MFT）时，摆动燃烧器 M/A 站强制输出为水平位置。烟气挡板的控制也可参考此图，只是执行机构不同。

作为后备调温手段的喷水减温控制为串级双回路控制系统，再热器喷水作为再热蒸汽温度的辅助控制手段，分为左、右两侧。主调节器根据主蒸汽流量信号给出再热器出口温度的设定值，操作员可以进行偏置，来调节再热器出口温度，主调节器的输出即作为再热器减温器出口温度的设定值由副调节器运算后输出减温水调节阀的调节指令。图 6-15 所示为再热蒸汽温度控制系统 SAMA 图。

（三）锅炉送风控制系统

锅炉送风控制系统是控制进入锅炉炉膛的风量使之与燃料量相匹配，以维持安全、经济燃烧的模拟量控制系统的总称。锅炉送风控制系统通常包括总风量控制系统、氧量校正系统、二次风量控制系统等。

送风控制中的总风量指令根据锅炉主控指令形成，并通过烟气含氧量的校正以确保完全燃烧，同时，为了保证锅炉燃烧的安全性，在机组增、减负荷时，保证有充足的风量，保持一定的过量空气系数，在整个控制过程中始终保持“总风量大于或等于总燃料

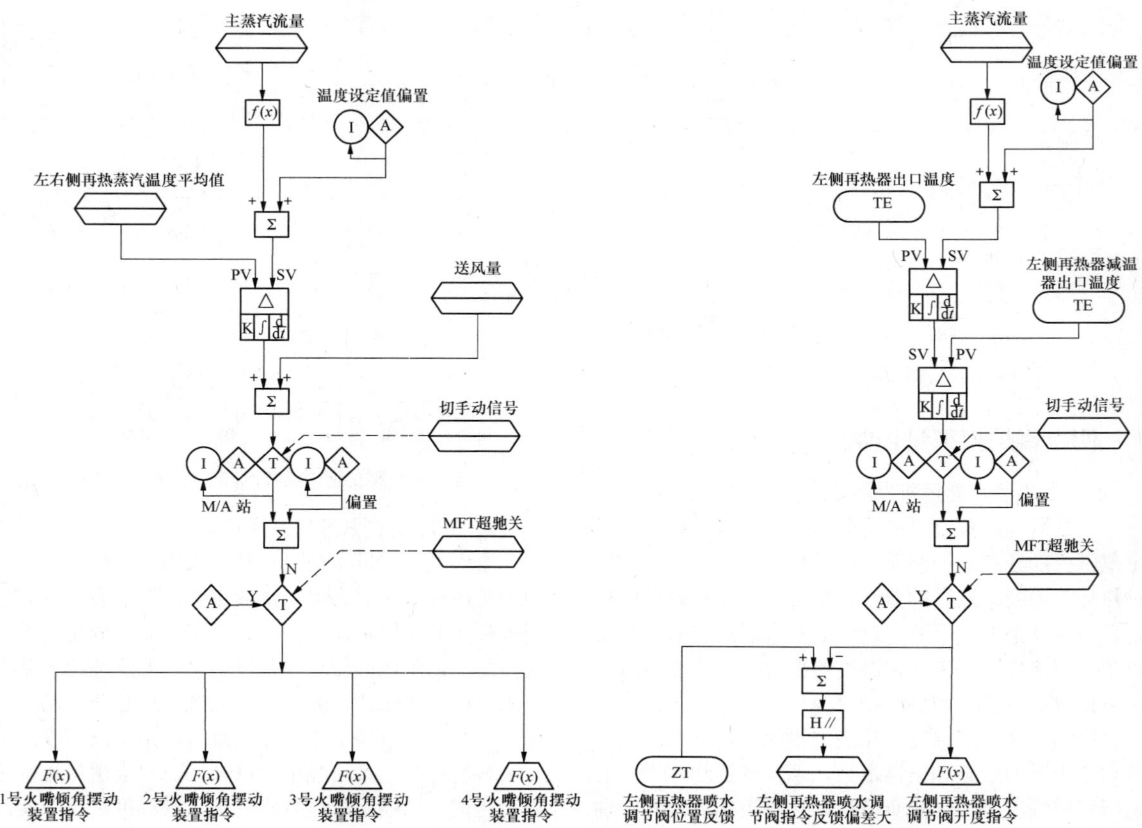

图 6-15　再热蒸汽温度控制系统 SAMA 图

量”，设计有风煤交叉限制回路，达到增负荷时先增风后加煤，减负荷时先减煤后减风。

两台送风机都可以达到自动/手动双向无扰切换，并可根据投入自动送风机台数的不同自动改变控制系统增益。当锅炉炉膛压力过低时闭锁送风机叶片（或入口挡板）开度减小，当锅炉炉膛压力过高时闭锁送风机叶片（或入口挡板）开度增加。当只有一台送风机运行时，未运行的送风机动叶强制关闭至 0%；当 SCS 来送风机动叶关闭指令，送风机动叶控制强制关闭至 0%。图 6-16 所示为送风控制系统 SAMA 图。

为了做到精细配风，煤粉锅炉还配置有二次风调节挡板，根据锅炉制造厂的技术要求（不同炉型差异很大），有设置成以炉膛风箱差压作为被调量的，也有以分隔风箱压力作为被调量的，均采用单回路 PI 调节。

（四）炉膛负压控制系统

炉膛负压控制系统是控制锅炉的引风量，使之与燃烧产生的烟气相平衡，确保炉膛压力稳定在允许范围内的模拟量控制系统。

炉膛压力控制为单回路控制系统。通过调节引风机叶片（或入口挡板），将炉膛压力控制在设定值。图 6-17 所示为炉膛负压控制系统 SAMA 图，炉膛压力信号正常情况下选取中间值，炉膛压力设定值可由运行人员在操作画面上手动设定。炉膛压力和其设定值的偏差经 PID 调节器再加上送风指令的前馈信号作为两台引风机入口动叶的共用指令，使送、引风机协调动作。炉膛压力低或引风机进入喘振区（失速）时闭锁引风机叶片（或入口挡板）开度增大；炉膛压力高时闭锁引风机叶片（或入口挡板）开度减小。当 SCS 来引风机动叶全开指令时，引风机动叶操作站将强制输出 100%；当 SCS 来引风机动叶全关指令时，引风机动叶操作站将强制输出 0%。

（五）燃料量控制系统

燃料量控制系统是控制进入锅炉炉膛的燃料量使锅炉适应负荷需要的模拟量控制系统。

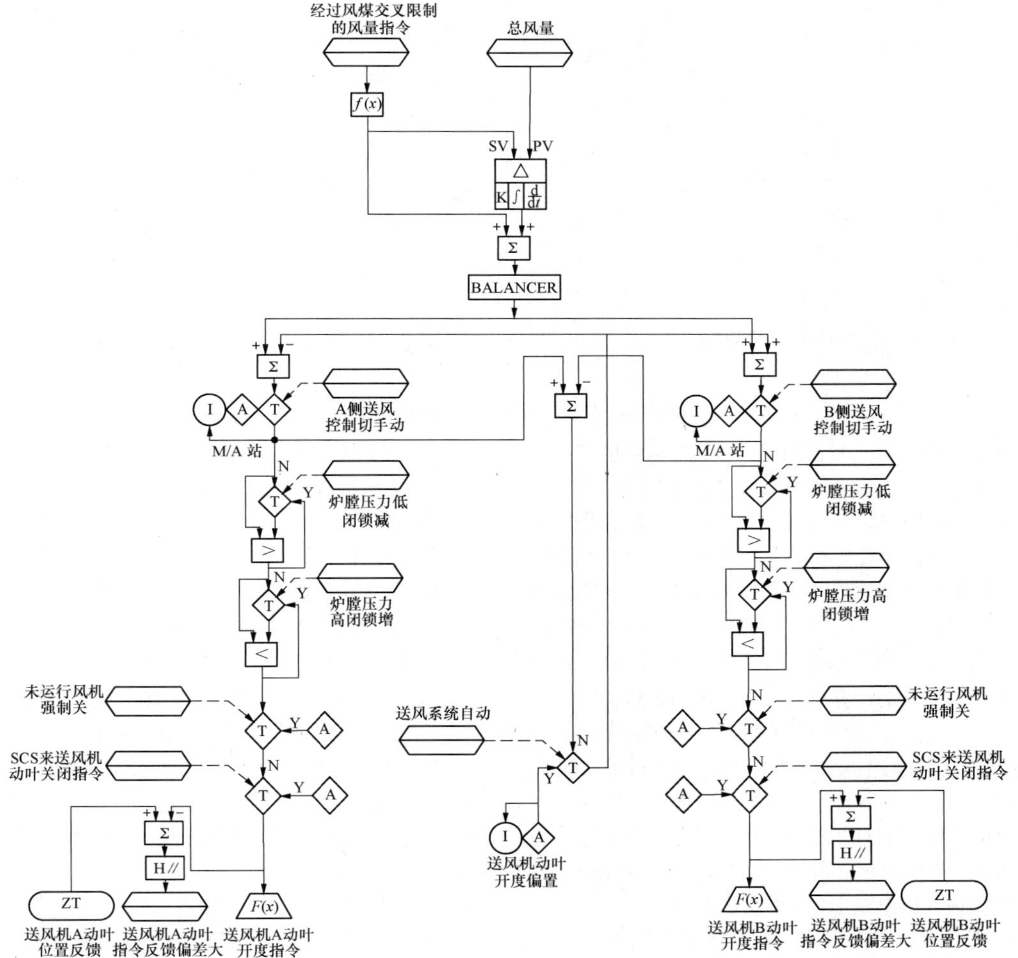

图 6-16 送风控制系统 SAMA 图

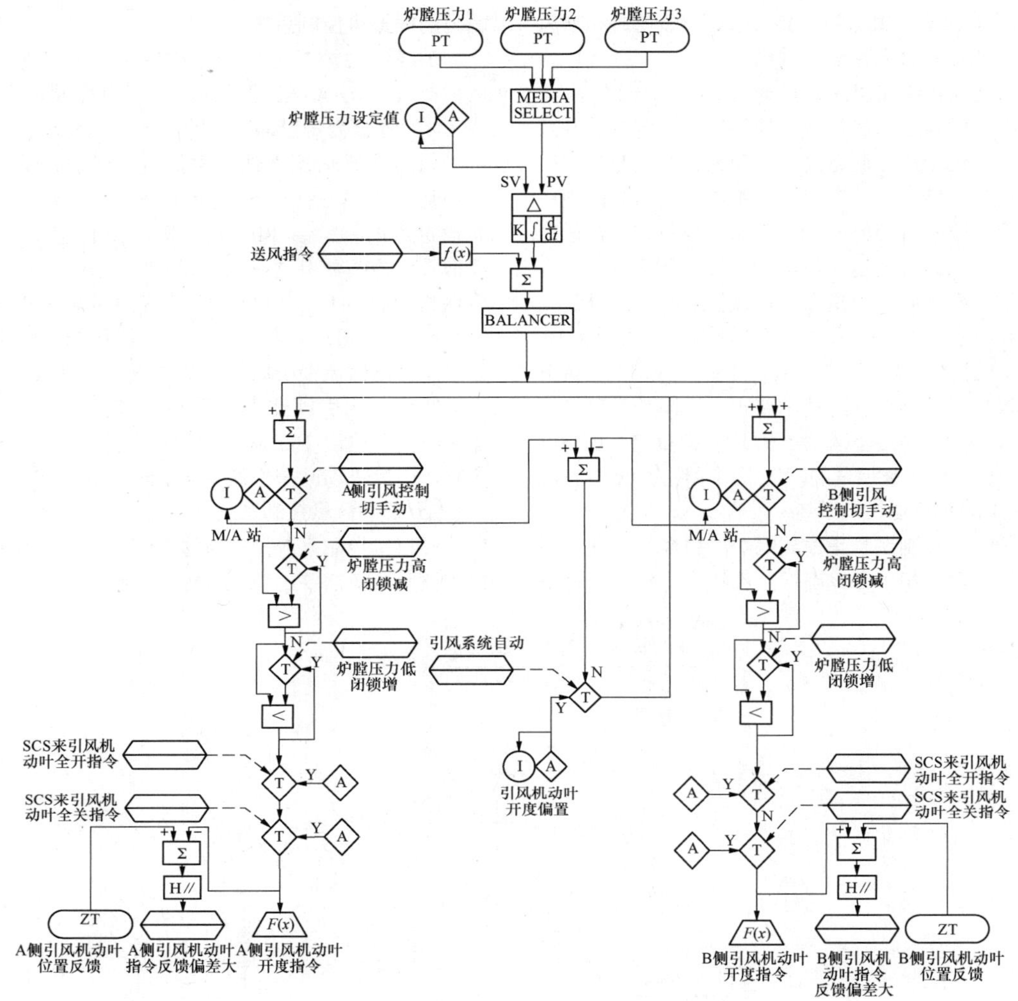

图 6-17　炉膛负压控制系统 SAMA 图

以煤粉锅炉直吹式制粉系统为例，总燃料量信号是进入锅炉燃烧的总燃油流量和总煤量信号之和。风煤交叉限制后的锅炉主控指令与总燃料量信号求偏差，经 PID 调节器后通过平衡模块分配至各台运行中的磨煤机负荷控制回路，通过调节各台磨煤机的给煤量，使总燃料量满足锅炉负荷指令的要求。燃料主控的输出可以根据自动给煤机台数来自动修改燃料调节器的比例增益。

总燃料量信号的计算：每台给煤机的煤量反馈信号经超前滞后模块后输出到加法模块求和。为了弥补由于实际煤种与设计煤种的不一致或由于运行中煤种的变化及给煤量测量系统失准所带来的控制反馈误差，给煤量乘以热值校正系数（BTU 校正），将给煤量换算成标准燃煤的发热量。图 6-18 所示为燃料量控制系统 SAMA 图。

（六）直吹式磨煤机出口温度控制系统

直吹式磨煤机出口温度控制系统是控制磨煤机出口风粉混合物温度（根据煤质确定），在保证制粉系统防爆安全性的同时维持煤粉干燥度，尽可能提高磨煤机出力的模拟量控制系统。

磨煤机入口一次风量和出口温度为典型的多变量耦合控制系统，即磨煤机入口热风和冷风挡板开度的变化对这两个参数都有较大的影响。磨煤机出口温度控制系统中，一般由磨煤机入口热风挡板消除磨煤机入口一次风量的稳态偏差，由磨煤机入口冷风挡板消除磨煤机出口温度的稳态偏差。磨煤机入口一次风量的基本设定值根据给煤机指令经函数发生器自动给出，这样当给煤量增减时，一次风量的设定值也将自动增减。运行人员可根据机组的实际运行工况在上述基本设定值基础上手动进行偏置。磨煤机入口一次风量和其设定值的偏差经 PID 调节器后，再叠加上冷风挡板开度指令，给出磨煤机入口热风挡板开度的自动控制指令。磨煤机出口温度设定值由运行人员手动进行设定。磨煤机出口温度和其设定值的偏差经 PID 调节器后，再叠加上热风挡板开度指令，给出磨煤机入口冷风挡板开度的自动控制指令。图 6-19 所示为直吹式磨煤机出口温度控制系统 SAMA 图。

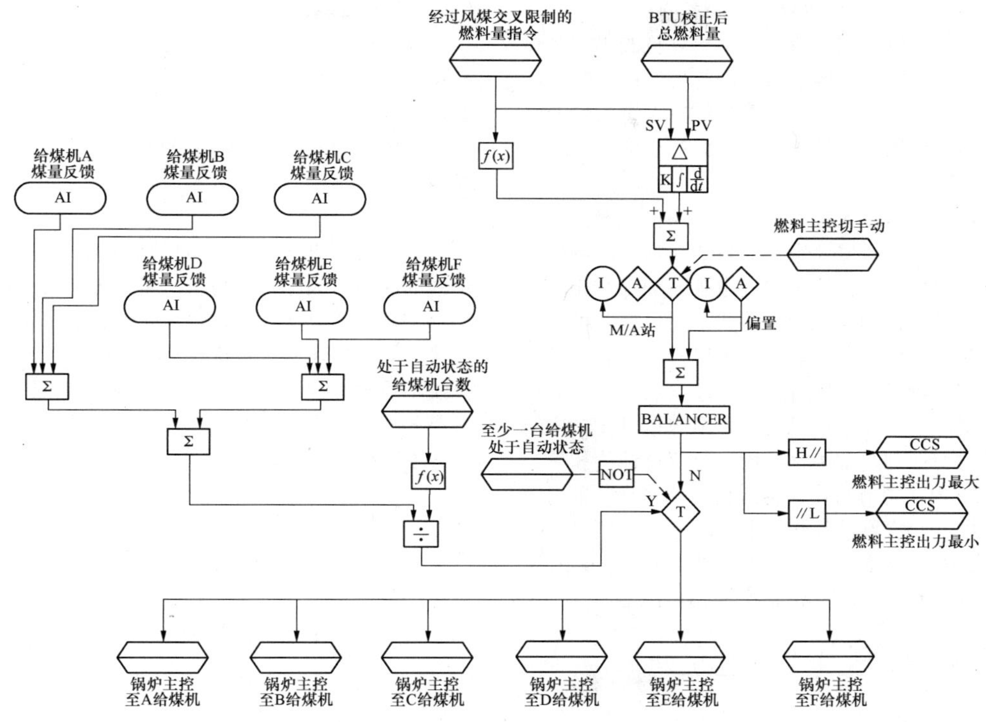

图 6-18 燃料量控制系统 SAMA 图

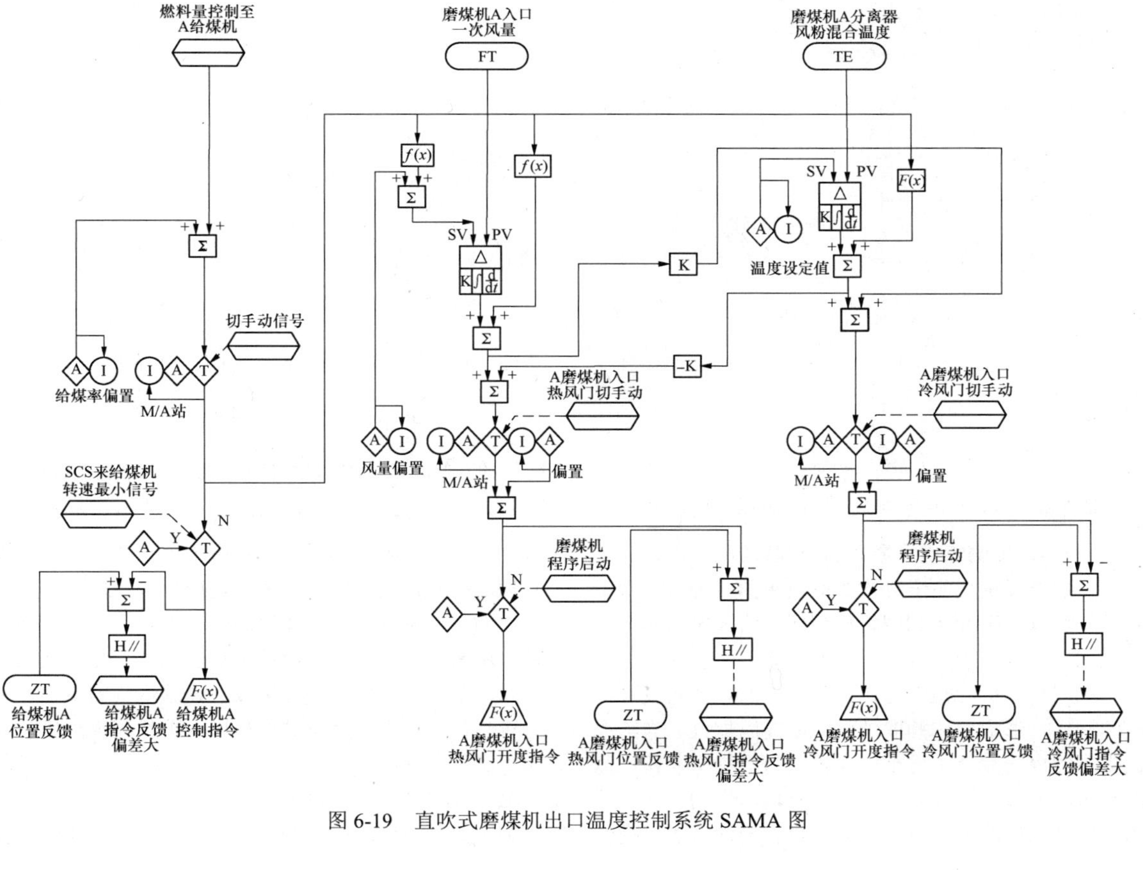

图 6-19 直吹式磨煤机出口温度控制系统 SAMA 图

(七)双进双出磨煤机煤位控制系统

与中速磨煤机不同，双进双出磨煤机的出力是靠调节进入磨煤机的一次风风量来进行控制的，同时，为了保持磨煤机内存有一定数量的煤以取得最佳的研磨效果，需要使用煤位控制对进入磨煤机的煤量进行调节。

煤位指令由运行人员手动设定，煤位反馈值是通过磨煤机上的差压料位计进行测量的，除差压测量之外，还有磨煤机噪声测量装置（电耳）加以补充，运行人员可以手动选择煤位测量方式。煤位控制可分为填充阶段和正常煤位控制阶段。磨煤机预热阶段结束后，进入填充阶段，给煤机以最低速度启动，然后按照一定速度逐渐增加给煤机转速，磨煤机填充阶段结束时，自动切换到正常运行阶段，煤位反馈值和设定值的偏差经 PID 调节后作为给煤机转速指令，同时，进入磨煤机的一次风风量作为前馈信号叠加到转速指令上，使给煤量能够及时响应风量的变化。图 6-20 所示为双进双出磨煤机煤位控制系统 SAMA 图。

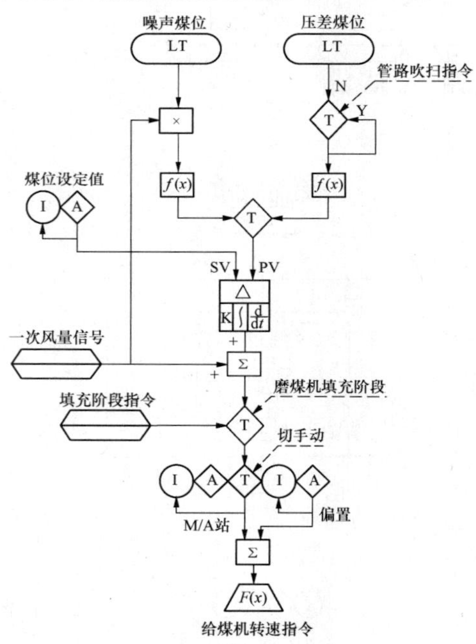

图 6-20　双进双出磨煤机煤位控制系统 SAMA 图

(八)风扇磨煤机风量风温控制系统

风扇磨煤机也属于直吹式磨煤机的一种，但由于其结构特殊，因此控制逻辑与传统直吹式制粉系统有所区别。

风扇磨煤机的构造与风机类似，通过叶轮及冲击板的旋转，形成负压抽取炉膛中的高温烟气，与给煤机提供的煤粉混合后送至磨煤机入口，提供制粉所需的热风压力、干燥煤粉，并向炉膛输送煤粉。所以采用风扇磨煤机的烟、风系统无需设置一次风机，提供锅炉一次风的功能由风扇磨煤机所兼顾。

风扇磨煤机控制是将一台磨煤机及一台给煤机的控制作为一个整体来考虑，包括给煤机转速控制系统、磨煤机入口风量控制系统和磨煤机出口温度控制系统，其中给煤机转速控制系统与传统直吹式磨煤机组相同。

1. 风扇磨煤机入口风量控制

直吹式磨煤机的入口燃料风量代表将煤粉输送到炉膛的能力，因此入口燃料风量是表征磨煤机出力的指标，常规的直吹式磨煤机一般通过磨煤机入口一次风风门对入口燃料风量进行调节，但由于风扇磨煤机系统不设置一次风机，因此风扇磨煤机系统通过调节分离器挡板开度变化对风量进行调节，其控制逻辑如图 6-21 所示。

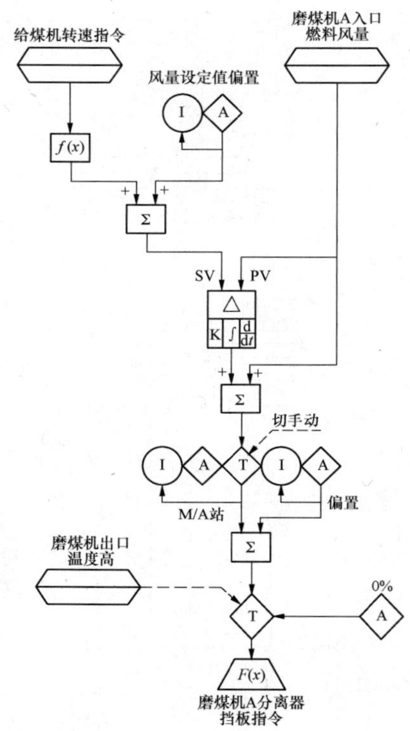

图 6-21　风扇磨煤机入口风量控制系统 SAMA 图

2. 风扇磨煤机出口温度控制

常规的直吹式磨煤机入口风为冷、热一次风的混合物，磨煤机出口温度主要通过磨煤机入口热一次风挡板的开度进行调节，风扇磨煤机制粉系统一般不配备一次风机，其入口风由炉膛高温烟气、热二次风、炉膛尾部低温烟气三部分组成。高温烟气的主要作用是对燃料进行干燥并输送煤粉进入炉膛，其温度较高，为了满足主辅机设备的耐温限制，需要采用二次风与高温烟气混合的方式对高温烟气进行降温。同时，从锅炉尾部烟道引入低温烟气，用于降低二次风中的含氧量，避免磨煤机运行过程中煤粉产生爆燃。温度控制的执行机构为磨煤机入口二次风挡板和冷烟挡板，其控制逻辑如图 6-22 所示。

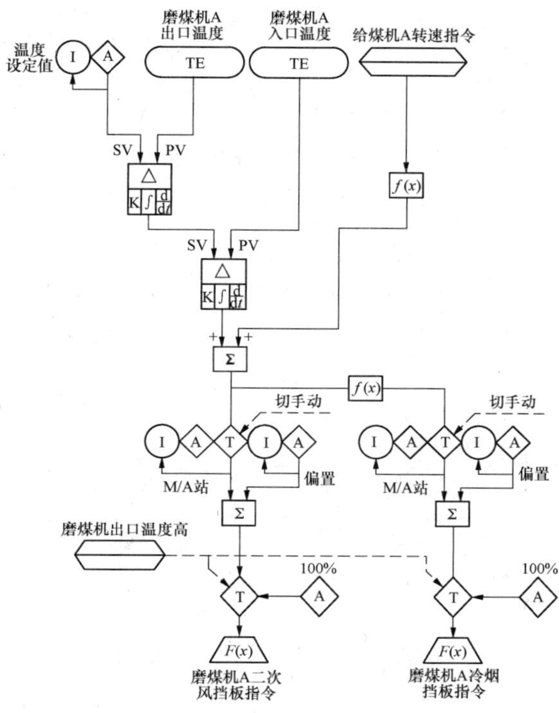

图 6-22　风扇磨煤机出口温度控制系统 SAMA 图

由于磨煤机出口温度对于二次风挡板调节作用的响应延时较大，因此采用串级控制回路对温度进行控制，外回路为出口温度控制，内回路反馈值为磨煤机入口温度，当磨煤机入口温度扰动时通过内回路迅速消除扰动。为了减小二次风挡板动作时对总风量的影响，将二次风挡板的控制指令通过函数发生器转换后，生成冷烟挡板的控制指令，减少温度控制对风量控制的扰动。

（九）锅炉给水控制系统

锅炉给水控制系统是控制进入锅炉的给水量，使其适应锅炉负荷需求的模拟量控制系统。

1. 汽包锅炉给水控制系统

对于汽包锅炉而言，常称为汽包水位控制系统。给水控制通常采用汽动给水泵、电动给水泵及调节阀三者相结合的方式来控制汽包水位，即在低负荷阶段，调整电动给水泵的转速保证泵出口与汽包之间的差压（或泵出口压头），由给水调节阀（或给水旁路调节阀）来控制汽包水位；在负荷超过某一值（对应的给水流量需求接近调节阀的最大通流能力）且汽动给水泵尚未启动时，由电动给水泵来控制汽包水位；在汽动给水泵启动后，给水系统应按三冲量控制设计，汽包水位调节切换到三冲量调节，即通过汽包水位、主蒸汽流量和给水流量来调节给水泵转速。实际给水流量的计算应包括省煤器入口给水流量、过热器减温喷水流量及锅炉排污水流量。300MW 及以上机组主蒸汽流量工程中一般通过汽轮机制造厂提供的调节级压力与主蒸汽流量的关系曲线，用函数发生器模拟所得。给水全程控制系统是指在启停过程和正常运行时均能实现自动控制的控制系统。图 6-23 所示为汽包锅炉给水控制系统 SAMA 图。

2. 直流锅炉给水控制系统

对于直流锅炉，给水控制系统的主要任务不再是控制汽包水位，而是以汽水分离器出口温度或焓值作为表征量，保证给水量与燃料量的比例不变，满足机组不同负荷下给水量的要求。给水控制系统是一个串级调节系统，主调节器 PID 以中间点温度为被调量，其输出按锅炉主控指令大小形成的给水流量指令进行校正，以控制锅炉中间点蒸汽温度在适当范围内。中间点温度的设定值由以下两部分组成：①汽水分离器压力信号，经函数发生器后给出分离器温度设定值的基本部分；②过热器喷水比修正信号，由实际的过热器喷水比率与其设定值的偏差计算得到。副调节器 PID 的输出为给水流量控制指令，控制给水泵的转速，以维持锅炉给水流量为给定值，保持合适的燃水比，即控制回路可分为两大部分，给水流量指令形成回路和给水泵转速控制回路。锅炉主控指令经函数发生器后给出给水流量指令的基本部分。图 6-24 所示为直流锅炉给水控制 SAMA 图。

（十）其他辅助控制系统

其他辅助控制系统均为单回路自动控制系统，如一次风压力控制、燃油压力控制、疏水箱水位控制、密封风与一次风差压控制等自动控制系统。

五、汽轮机模拟量控制

（一）DEH 控制系统

DEH 控制系统所包含的转速控制、负荷控制等是典型的模拟量控制回路，但其不属于传统的模拟量控制系统设计范畴，一般由汽轮机制造厂设计完成，主要包括：

（1）转速控制（speed control）是汽轮机控制系统功能之一，在汽轮机启动、升速和定速运行过程中，按照设定的目标转速和升速率改变或维持汽轮机转速。

（2）负荷控制（load control / load governing）是汽轮机控制系统功能之一，它表示在机组并网后，按照设定的目标负荷和升负荷率改变或维持机组负荷的一种功能。

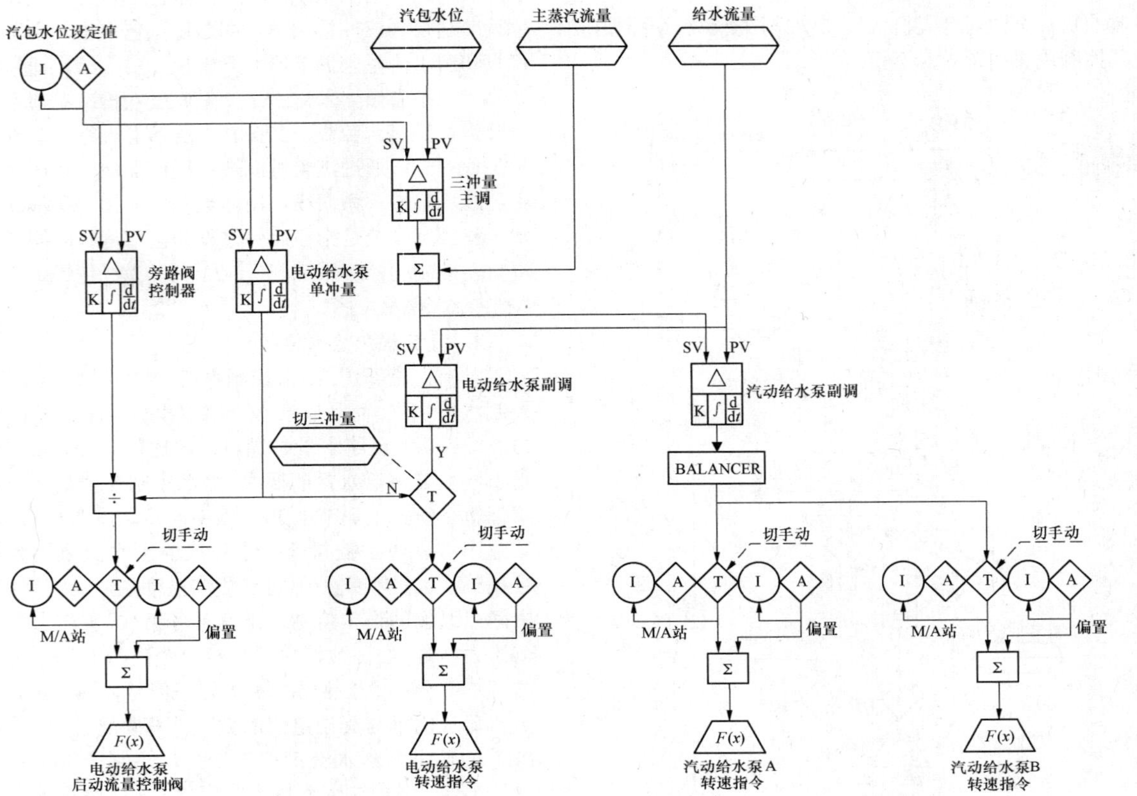

图 6-23 汽包锅炉给水控制系统 SAMA 图

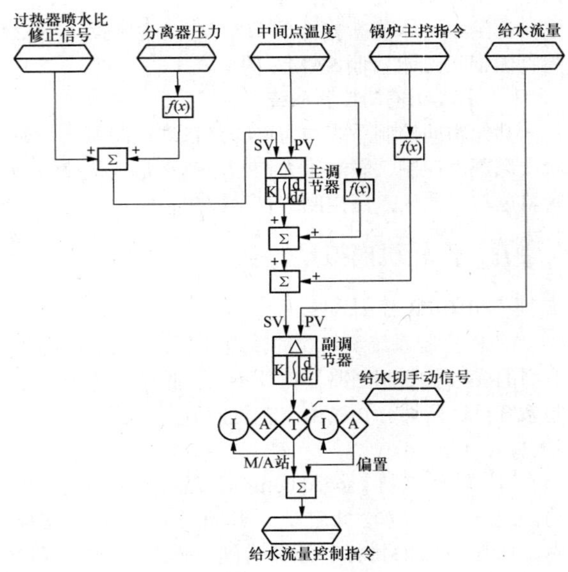

图 6-24 直流炉给水控制系统 SAMA 图

（3）阀门管理（valve management），又称“进汽方式切换”，根据运行方式（定压、滑压）和负荷变化的要求，对汽轮机高压调节阀两种运行方式即节流调节方式（又称全周进汽方式）和喷嘴调节方式（又称部分进汽方式）进行选择和切换。

转速控制和负荷控制是 DEH 控制功能的核心。DEH 控制系统主要有转速控制系统、负荷控制系统，控制回路有主汽阀（TV）控制回路、高压调节汽阀（GV）控制回路和中压调节汽阀（IV）控制回路，各回路按一定的规定协调工作，完成系统控制任务。

在转速控制阶段，DEH 的转速控制回路接受设定值形成回路输出的转速定值信号，根据阀门的工作方式，对相应的阀门实施控制，使汽轮发电机组的实际转速等于给定转速。图 6-25 所示为 DEH 转速控制系统 SAMA 图。

在负荷控制阶段，负荷控制回路是一个串级控制系统，功率定值由操作员设定，再经过频率修正（即一次调频），作为主调节器的设定值。功率反馈信号和调节级压力反馈信号分别作为主调节器和副调节器的反馈。根据 DEH 的控制运算，输出当前运行方式下蒸汽流量请求值，经阀门管理程序处理，变为阀门位置请求信号，去控制高压调节汽阀开度，控制机组负荷。当 DEH 处于遥控模式，接受协调控制系统

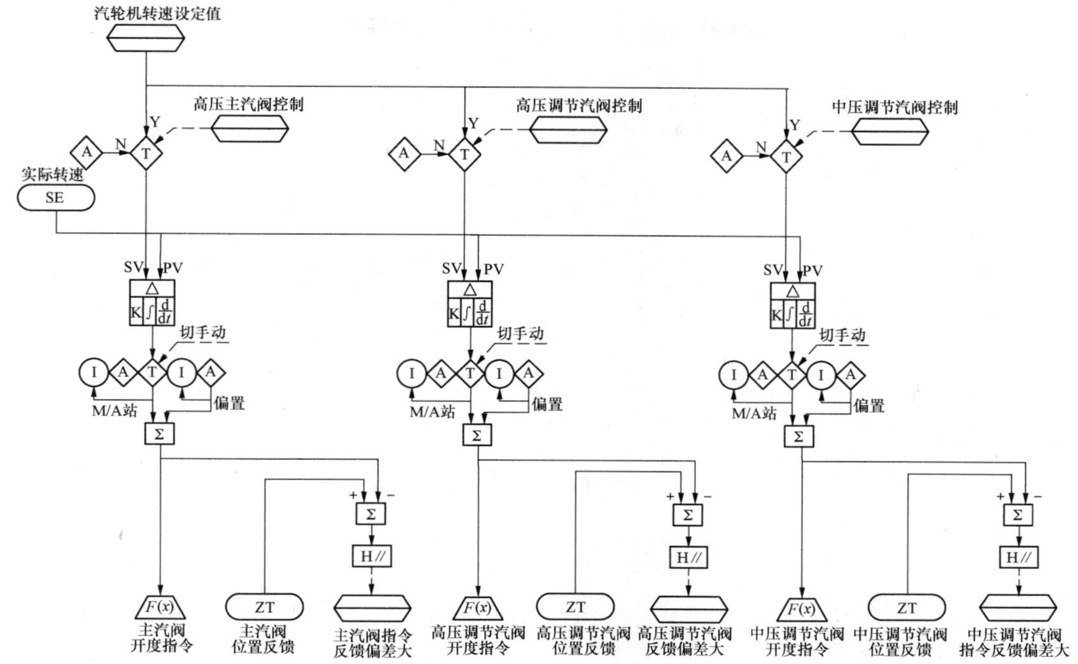

图 6-25 DEH 转速控制系统 SAMA 图

的控制时，DEH 相当于一个执行机构，自身的功率反馈回路、压力反馈回路和一次调频回路均切除。图 6-26 所示为 DEH 负荷控制系统 SAMA 图。

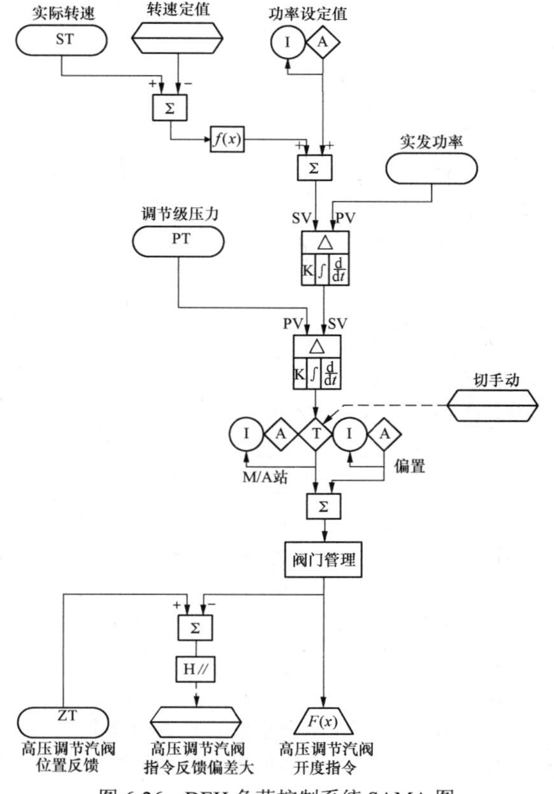

图 6-26 DEH 负荷控制系统 SAMA 图

（二）除氧器水位控制系统

除氧器水位控制是通过改变进入除氧器的凝结水流量来维持除氧器水箱水位在设定值。

在启动和低负荷运行期间，由除氧器水位单冲量信号控制除氧器水位。当达到规定负荷值时，可采用三冲量控制，即除氧器水位、流入除氧器的凝结水流量、流出除氧器的给水流量来控制除氧器水位调节阀。在除氧器水位达到高高值时，除氧器水位调节阀应超驰关闭。图 6-27 所示为除氧器水位控制系统 SAMA 图。

在很多工程中，凝结水泵选择了变频泵，其控制对象是凝结水泵转速。变频泵和除氧器水位调节阀相结合，其控制目标是除氧器水位，同时确保凝结水母管压力。具体制定控制策略时，如果凝结水泵转速控制和除氧器水位调节阀控制都投入自动方式，则除氧器水位调节阀应自动调节凝结水母管压力，而凝结水泵转速应自动调节除氧器水位；当变频控制手动或工频泵运行时，如果除氧器水位调节阀投自动，应自动选择为除氧器水位控制。

（三）汽轮机旁路控制系统

汽轮机旁路控制系统是与汽轮机并联的蒸汽减温减压系统，其作用是将锅炉产生的蒸汽，不经过汽轮机而引到下一级的蒸汽管道或凝汽器，旁路减压阀后均设置减温阀，防止管路超温。

1. 高压旁路控制系统

高压旁路控制系统压力控制的主要作用是在机

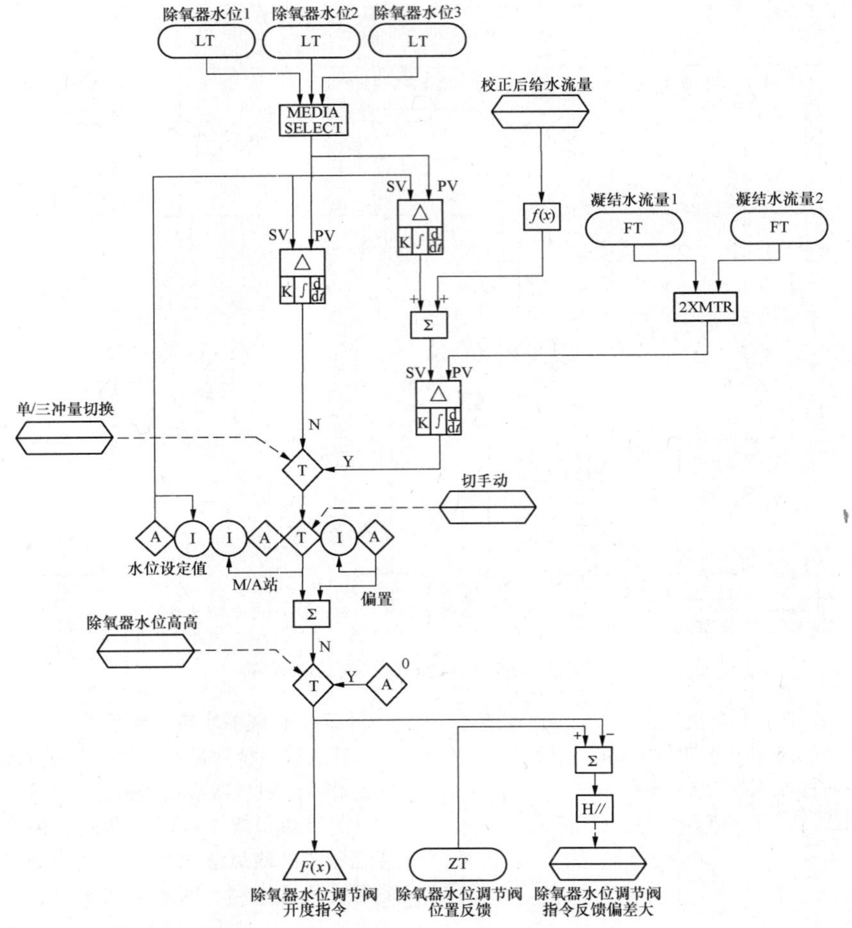

图 6-27　除氧器水位控制系统 SAMA 图

组启动过程中，通过调整高压旁路阀的开度来控制主蒸汽压力，使其适应机组启动的各个阶段对蒸汽压力的需求，旁路控制模式可分为启动模式、定压模式、跟随模式和停机模式，其中启动模式又可细分为最小压力模式、升压模式和重新启动模式。

（1）最小压力模式。在锅炉冷态启动时，主蒸汽管路中的蒸汽压力小于最小压力设定值，此时高压旁路阀无法自动打开，此时通过预置一个旁路阀最小开度来强制打开高压旁路阀，最小阀位一般为 25%，此时高压旁路阀保持最小开度，蒸汽通过高压旁路阀流动，确保蒸汽的流通路径畅通，使主蒸汽可以立即流经过热器和再热器，其主要目的是疏水和加速升温升压。随着锅炉发热量的增加，由于压力设定值仍为最小压力设定值，高压旁路阀调节回路为了保证设定值，会将高压旁路阀开度逐渐开大，当开大到预定义的开度（由启动过程中需要的蒸汽量决定，约为 45%）时，设定值发生器进入升压模式。

（2）升压模式。进入升压模式后，压力设定值以一定速率向汽轮机冲转压力方向增加，此时压力设定值的增大受速率限制器的制约，且在升压模式下只允许正的压力变化。在升压模式中，当蒸汽压力测量值和设定值偏差达到一定程度时，压力设定值停止增加维持上一时刻的输出，此时，阀门开度会减小，随着燃料量的增加，蒸汽压力上升，超过压力设定值后又会使阀门开度减小，最终的结果是高压旁路阀开度在最大开度附近动态平衡，在这一过程中，主蒸汽压力不断升高。

在升压模式阶段，高压旁路阀开度为维持在预定义的开度上，控制蒸汽压力在最小值和冲转值之间变化，直到蒸汽压力达到冲转压力。

（3）重新启动模式。如果在启动时锅炉已经加压（如启动过程中锅炉熄火后再次点火），若主蒸汽压力大于最小压力设定值且旁路阀处于关闭，设定值发生器处于重新启动模式。在重新启动模式下，压力设定值跟踪主蒸汽压力实际值，但只允许负方向的压力变化。

当锅炉重新点火，主蒸汽压力增加，旁路阀打开时，如果主蒸汽压力仍低于冲转压力，则进入升压模式，否则进入定压模式。

（4）定压模式。当蒸汽压力到达冲转压力且旁路阀处于开启状态时，退出启动模式并自动进入定压模式，此时压力设定值维持在冲转压力上，以保证汽轮机启动时主蒸汽压力稳定，实现定压启动。在定压模式下，为了满足启动所需要的蒸汽流量，锅炉热负荷要相应增加，此时为了维持主蒸汽压力稳定，高压旁路阀会逐渐开大至约60%开度。当汽轮机开始冲转和带负荷时，汽轮机需要大量进汽，此时为了维持主蒸汽压力稳定，高压旁路阀逐渐关闭。

（5）跟随模式。在机组带负荷，主汽阀全部开启后，由于压力下降，高压旁路阀将逐渐关闭，此时汽轮机接受了锅炉所产生的全部蒸汽，旁路阀关闭和汽轮机带负荷的信号使高压旁路阀进入跟随模式。在跟随模式下，主蒸汽压力值由锅炉侧进行控制，高压旁路阀的蒸汽压力设定值跟随实际蒸汽压力，为了防止高压旁路在不必要时参与蒸汽压力的调节，将一个预先给定的差压加到压力设定值上，使高压旁路阀在正常运行的情况下保持关闭状态，压力设定值的变化受到速率限制器的限制。当主蒸汽压力变化速率过快时，高压旁路阀打开保证机组安全运行。

（6）停机模式。当机组正常运行中需要进行停机时，操作人员可手动选择停机模式，在停机模式下，设定值发生器处于跟踪状态，但此时只允许负方向的压力变化，一旦主蒸汽压力开始增加，旁路阀将会开启。

高压旁路阀控制逻辑如图6-28所示，当处于最小压力模式时，阀位最小值被限定为最小阀位；当汽轮机跳闸或发电机解列信号发出后，控制系统发出一个时长为15s的高压旁路快开指令；当高压旁路喷水压力低或高压旁路阀后温度高时，发出高压旁路快关指令，高压旁路快关信号优先于快开信号。

高压旁路阀工作在不同方式下的主要区别在于压力设定值的给定方法，高压旁路压力设定值形成回路如图6-29所示。在停机模式和重启模式下，压力设定值闭锁增；在升压模式下压力设定值闭锁减；在跟随模式、重启模式及停机模式时压力设定值跟踪实际主蒸汽压力；升压模式时以一定速率增加压力设定值；在进入定压模式时，压力设定值为进入定压模式之前的压力，操作人员可以对压力设定值进行手动调整。

高压旁路温度控制系统如图6-30所示，该回路通过单回路PID控制改变喷水阀的开度来控制高压旁路后蒸汽温度，高压旁路温度设定值由运行人员设定，同时，为了改善温度控制特性，引入旁路蒸汽流量信号作为乘法系数修正喷水量控制信号，从而使喷水阀开度指令随着旁路蒸汽流量的增加而增加。当高压旁路喷水阀打开时，如果高压旁路阀关闭，则喷水阀也应同时关闭。旁路蒸汽流量信号可由主蒸汽压力和旁路阀的开度经处理计算得出。

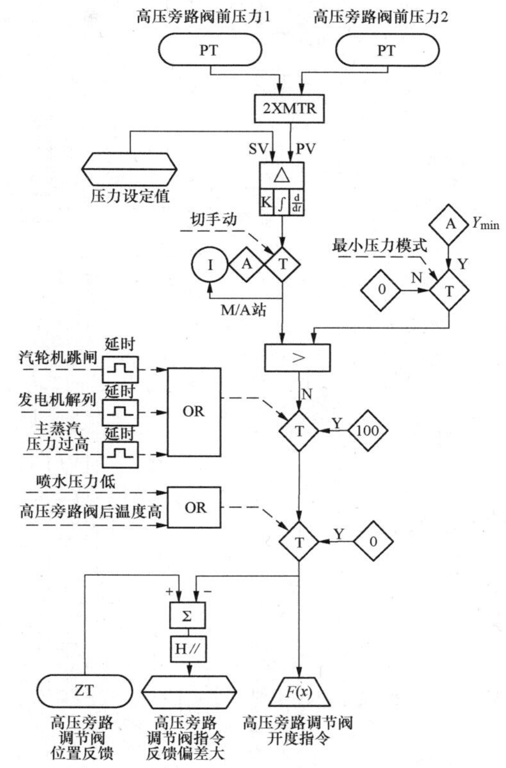

图6-28 高压旁路阀控制系统SAMA图

2. 低压旁路控制系统

对于高压旁路和低压旁路以串联方式构成的旁路系统，在机组启动过程中，高、低压旁路必须协调动作，才能实现旁路系统的功能。在汽轮机未冲转前，锅炉产生的蒸汽经高压旁路进入再热器，再热器送出的蒸汽由低压旁路进入凝汽器，因此低压旁路控制系统的运行状态会直接影响凝汽器的安全运行。低压旁路阀控制模式可分为最小压力阶段、定压阶段、负荷压力阶段。

（1）最小压力阶段。当再热器压力小于最小压力设定值时，低压旁路阀开度自动开启至最小开度（20%），以维持一定的蒸汽量通过再热器。

（2）定压阶段。随着蒸汽升温、升压，当再热蒸汽压力大于最小压力设定值时，低压旁路压力控制系统为定压方式，压力设定值为最小压力设定值，该值可由运行人员设定；当蒸汽压力超过最小压力时，低压旁路阀开度自动增大，保持再热蒸汽压力在最小压力设定值上。

（3）负荷压力阶段。在汽轮机带负荷后，低压旁路压力设定值为汽轮机调节级压力乘以固定系数

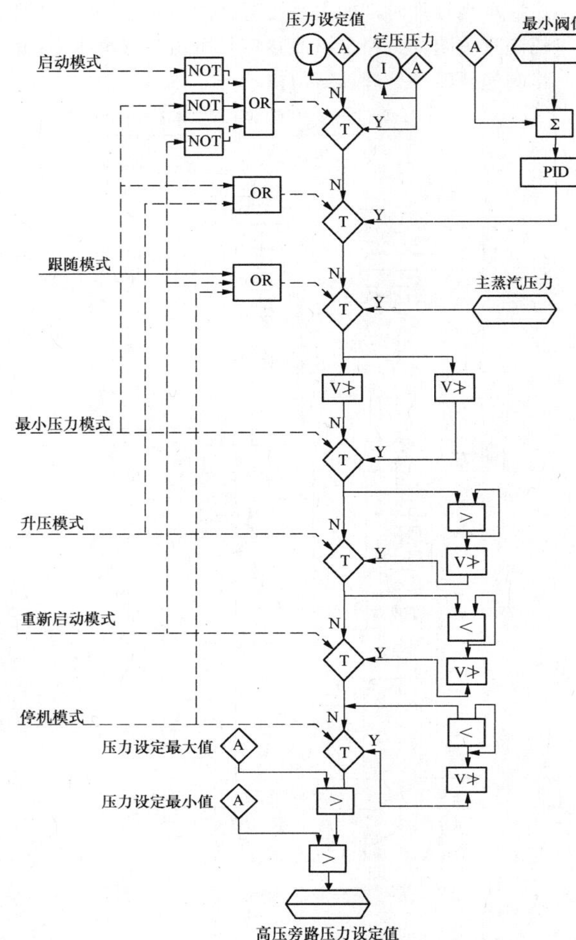

图 6-29 高压旁路压力设定值形成回路

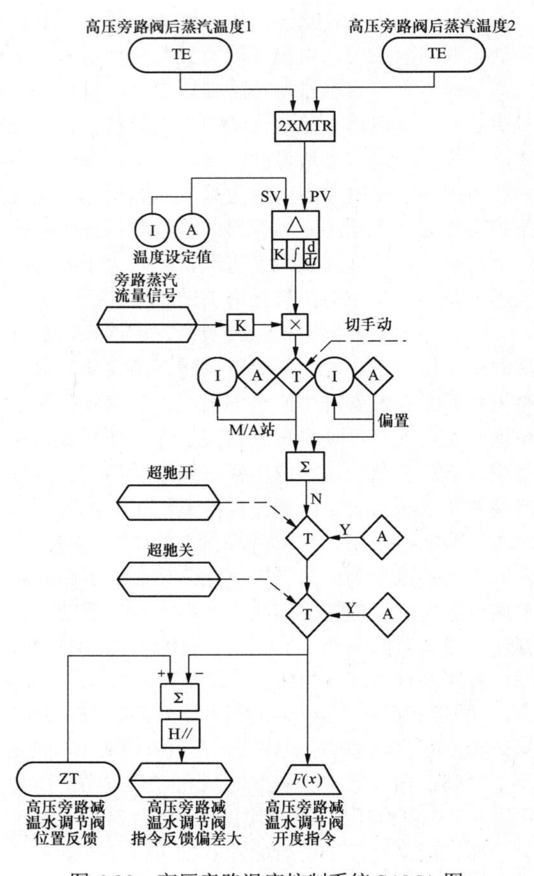

图 6-30 高压旁路温度控制系统 SAMA 图

得到，当该系数为机组 100%负荷时，低压旁路压力设定值由再热器出口压力设计值和调节级压力设计值的比值来确定。低压旁路最大压力略小于再热器安全阀的动作压力，以减少再热器安全阀的动作次数。

低压旁路压力控制系统如图 6-31 所示，调节级压力经过函数发生器生成低压旁路压力设定值，同时操作人员可以通过偏置对设定值进行修正，当再热蒸汽压力小于最小压力时，低压旁路阀开度设定为最小开度，低压旁路温度控制系统与高压旁路温度控制系统相似，低压旁路阀出口温度设定值与实际值的偏差通过 PID 进行调节，同时加上汽轮机低压旁路阀开度的前馈调节，控制低压旁路减温水调节阀的开度。

（四）其他辅助控制系统

其他辅助控制系统均为单回路自动控制系统，如除氧器压力控制、加热器水位控制、凝汽器水位控制、给水泵最小流量再循环、凝结水再循环流量控制、辅助蒸汽温度控制、闭式循环冷却水压力控制、闭式循环冷却水温度控制、闭式循环冷却水膨胀水箱水位控制、汽轮机润滑油温控制、发电机定冷水温度控制、发电机氢温控制、发电机密封油油控制、电动给水泵工作油温控制、汽动给水泵润滑油温控制等自动控制系统。

六、母管制机组控制

一般的热电联产供热发电机组大都采用母管制机组，与单元制机组不同，其控制目标主要是维持主蒸汽母管压力恒定，母管压力控制系统统一指挥各台锅炉的负荷增减任务。

（一）燃料量不可调节的母管制机组控制

对于利用余热或余气进行发电的锅炉，其燃料量往往不可调节，此时主要考虑汽轮机负荷分配，汽轮机处于被动跟随锅炉的方式，机炉之间的协调关系为典型的机跟炉方式。

为了保证低排放，利用余热或余气进行发电的母管制机组一般要求将热能或燃气完全利用，其控制手

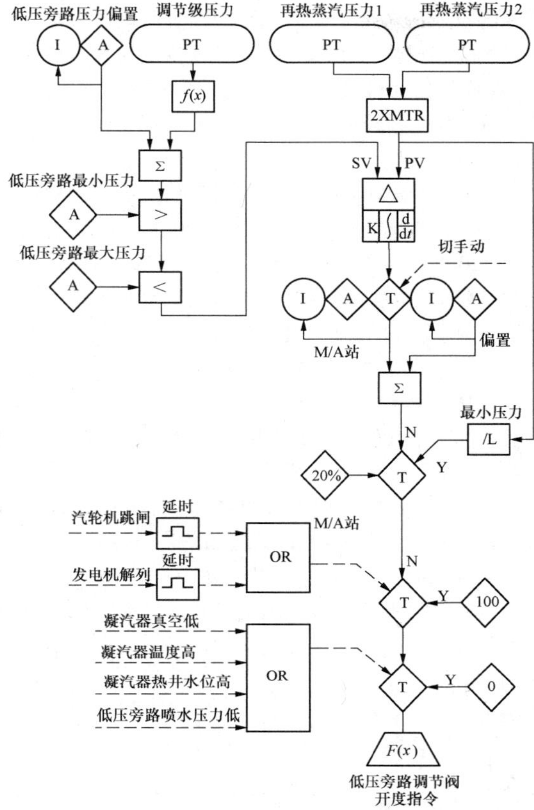

图 6-31　低压旁路压力控制系统 SAMA 图

段与一般的燃料控制系统有所不同。以某钢铁集团自备电厂为例，共有 4 台煤气燃气锅炉、3 台汽轮发电机组，对于该工程而言，燃料量取决于炼钢生产的工况，其机组的运行要求是将所有煤气燃尽，此时，锅炉出口主蒸汽压力是通过调节汽轮机进汽阀开度来实现的。

1. 锅炉负荷分配计算

对于燃料量不可调节的母管制机组，其燃烧控制系统通过调节燃气进气阀的开度来控制燃气进气压力，从而实现燃烧状态的调整，其锅炉负荷分配方案如图 6-32 所示。

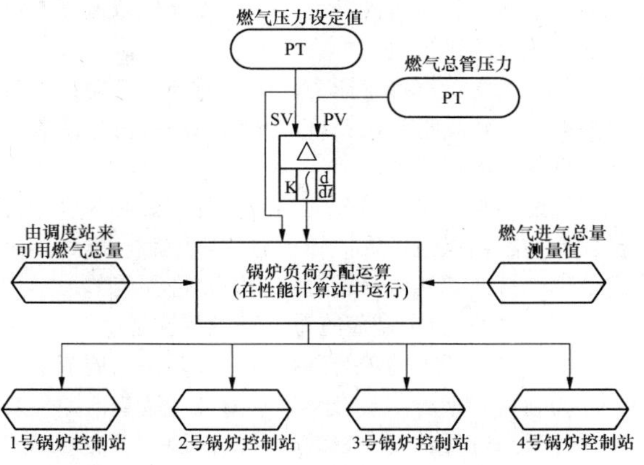

图 6-32　燃料量不可调母管制机组锅炉负荷分配方案

考虑利用余热或余气进行发电的母管制机组，其实际燃料量一般都低于机组的额定燃料量，所以，燃料供应不足时应尽可能减少启停操作，锅炉负荷分配的基本原则为：

（1）当燃料量增加时，原则上考虑开大负荷最低的锅炉进气阀开度，从而增加负荷最低的那一台锅炉的进气量。

（2）当燃料量减少时，原则上考虑关小负荷最高的锅炉进气阀开度，从而减小负荷最高的那一台锅炉的进气量。

所以，对于锅炉负荷分配的计算，还应对各台锅炉负荷实际测量值进行比较运算并排序后，再具体决定是哪一台或哪几台锅炉负荷需要进行调节。

2. 汽轮机负荷分配计算

对于燃料量不可调节的母管制机组，主蒸汽压力参数是通过调节汽轮机进汽阀开度来实现的，汽轮机负荷分配方案如图 6-33 所示。

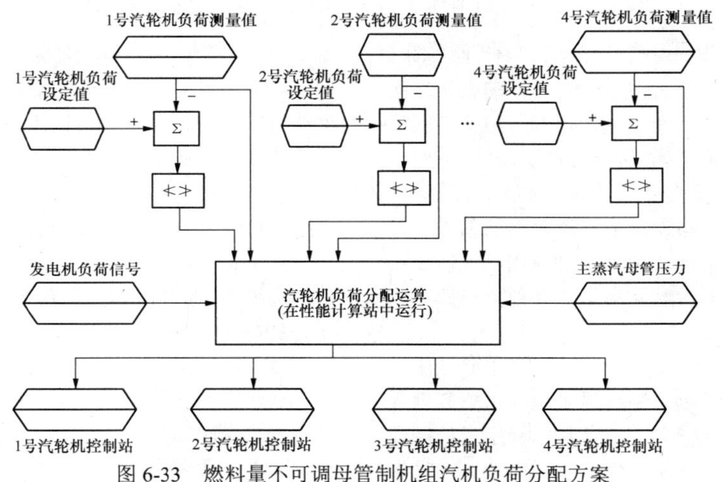

图 6-33　燃料量不可调母管制机组汽机负荷分配方案

汽轮机负荷分配的基本原则为：

（1）当主蒸汽母管压力低时，原则上考虑关小负荷最高的汽轮机进汽阀开度，从而减少负荷最高的那一台汽轮机的进汽量。

（2）当主蒸汽母管压力高时，原则上考虑开大负荷最低的汽轮机进汽阀开度，从而增加负荷最低的那一台汽轮机的进汽量。

因此，与锅炉负荷分配类似，首先要对各台汽轮机负荷实际测量值进行比较运算并排序后，再具体决定是哪一台或哪几台汽轮机负荷需要进行调节。

（二）燃料量可调节的母管制机组控制

燃料量可调节的母管制机组，大多采用调节某台锅炉的燃料量来对主蒸汽母管压力进行调节，即主要考虑外界用汽量和发电量的要求，锅炉处于被动跟随的方式，机炉之间的协调关系为典型的炉跟机方式。

首先，为了减少多台锅炉燃料量同时动作对母管压力的稳定性带来的影响，原则上最好由某台锅炉独立完成负荷调节。当一台锅炉无法独立完成时，由两台锅炉同时完成负荷调节。其次，负荷变化量应优先分配给负荷调节余量较大的锅炉，负荷调节余量是指在锅炉满足燃烧稳定的基础上可以改变的负荷最大值（当前负荷分别与最大负荷及最小稳燃负荷求取偏差绝对值，取两者较小值）。下面以某工程 3 台锅炉为例进行说明：

若 1 号锅炉（220t/h）带满负荷运行，2 号锅炉（220t/h）带 80%负荷，3 号锅炉（220t/h）带 70%负荷，假定 220t/h 锅炉的最低稳燃负荷为 60%BMCR，可知此时 2 号锅炉负荷调节余量为 20%额定负荷，而 3 号锅炉负荷调节余量为 10%额定负荷，则：

（1）若外界负荷要求改变量小于 40t/h，负荷调节只需分配给 1 台锅炉（2 号锅炉）即可，接收到负荷分配的锅炉将命令下达至自己的燃料量控制系统。

（2）若外界负荷要求改变量大于 40t/h，负荷调节需平均分配给 2 台锅炉（2 号锅炉和 3 号锅炉），2 台锅炉分别独立调节燃料量控制系统。

燃料量可调节的母管制机组负荷分配运算 SAMA 图如图 6-34 所示。

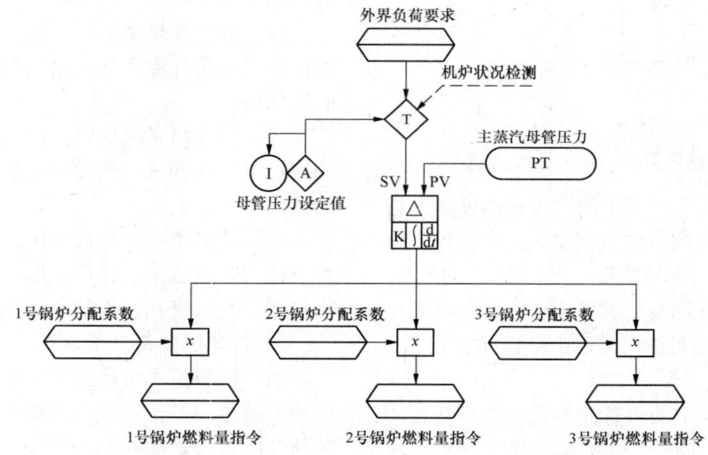

图 6-34　燃料量可调节的母管制机组负荷分配运算 SAMA 图

（三）基于直接能量平衡的母管压力协调控制系统

对于母管制机组而言，由于并列运行的锅炉之间存在着相互影响和耦合，而且母管蒸汽压力调节的滞后很大，采用常规的基于串级控制系统设计的母管压力控制在机组外部工况变化较大时难以取得满意的控制品质，使母管压力与设定值发生较大的偏差，不利于机组的经济安全运行。因此，母管制机组协调控制的难点是如何通过锅炉燃烧率来控制稳定母管蒸汽压力。

基于直接能量平衡的压力控制系统已很好地应用于单元制机组中，对于母管制机组来说，虽然其整体结构与单元制机组差别较大，但是其母管压力控制原理与单元制类似，即维持能量供给侧（锅炉）和能量需求侧（汽轮机）之间的能量平衡即可维持母管压力稳定。由于母管制机组的特点，应把所有锅炉当做一个整体来考虑，对于参与调压的锅炉，控制系统不仅要消除调压锅炉自身燃烧率的扰动，同时还要消除其他各台锅炉燃烧率的扰动及汽轮机侧由于蒸汽流量变化而对母管蒸汽压力造成的影响。

基于直接能量平衡控制的协调控制策略在汽轮机侧与传统的控制策略类似，具体参照本章节相关内容，此处只对锅炉侧控制进行说明。

母管制机组直接能量平衡压力控制策略：

若流入所有汽轮机的蒸汽流量总和为 D_t，母管蒸汽压力及设定值分别为 p_m 和 p_0，则为了满足外界的负荷需求，希望进入汽轮机的能量总和 E_t 为

$$E_t = D_t \frac{p_0}{p_m} \quad (6\text{-}1)$$

对于锅炉所提供的能量，直接的计算方法是根据进入各台锅炉的燃料量进行计算，但是对于母管制机组，其燃料量的来源较为复杂，从燃料侧计算热量难度较高，因此一般通过燃料燃烧后的热量信号来代替，该信号通过间接计算获得。若某台锅炉所产生的蒸汽流量和汽包压力分别为 D_i 和 p_{bi}，该台锅炉的蓄热系数为 C_{bi}，则该台锅炉能提供的热量信号 Q_i 为

$$Q_i = D_i + C_{bi}\frac{dp_{bi}}{dt} \quad (6\text{-}2)$$

锅炉产生的热量用于两个方面，一是产生了蒸汽流量 D_i，这部分蒸汽流经蒸汽母管后进入汽轮机做功；另一部分能量储存在锅炉内部的工质中，体现为汽包压力 p_{bi} 的上升，因此这部分能量可以用汽包压力的微分乘以锅炉的蓄热系数来表示。

当母管制机组共有 N 台锅炉时，N 台锅炉提供的总能量 E_b 为

$$E_b = \sum_{i=1}^{N}\left(D_i + C_{bi}\frac{dp_{bi}}{dt}\right) = D_b + \sum_{i=1}^{N} C_{bi}\frac{dp_{bi}}{dt} \quad (6\text{-}3)$$

式中：D_b 是流入蒸汽母管的总的蒸汽流量。

当机组处于能量平衡时，锅炉向汽轮机提供的能量等于汽轮机的能量需求，即 E_t 等于 E_b，由式（6-1）和式（6-3）得

$$D_t\frac{p_0}{p_m} = D_b + \sum_{i=1}^{N} C_{bi}\frac{dp_{bi}}{dt} \quad (6\text{-}4)$$

当机组稳定时，有 $D_b = D_t$，且稳定时各台锅炉汽包压力稳定，其微分为 0，由式（6-4）可得

$$p_m = p_0 \quad (6\text{-}5)$$

由式（6-4）可知，当所有锅炉提供的能量和汽轮机需求的能量平衡时，即可间接保证母管蒸汽压力 p_m 等于其设定值 p_0，使母管压力保持稳定，因此，基于能量平衡的母管压力协调控制系统即通过 PID 控制使汽轮机和锅炉的能量达到平衡。

由于流入汽轮机总的蒸汽流量 D_t 难以测量，因此在实际控制系统的设计中，一般用 D_b 近似替代，其控制逻辑如图 6-35 所示。与单元制机组类似，为了克服锅炉侧的蓄热惯性，使锅炉控制尽快跟随汽轮机需求，将表征汽轮机负荷的调节级压力前馈到锅炉侧。

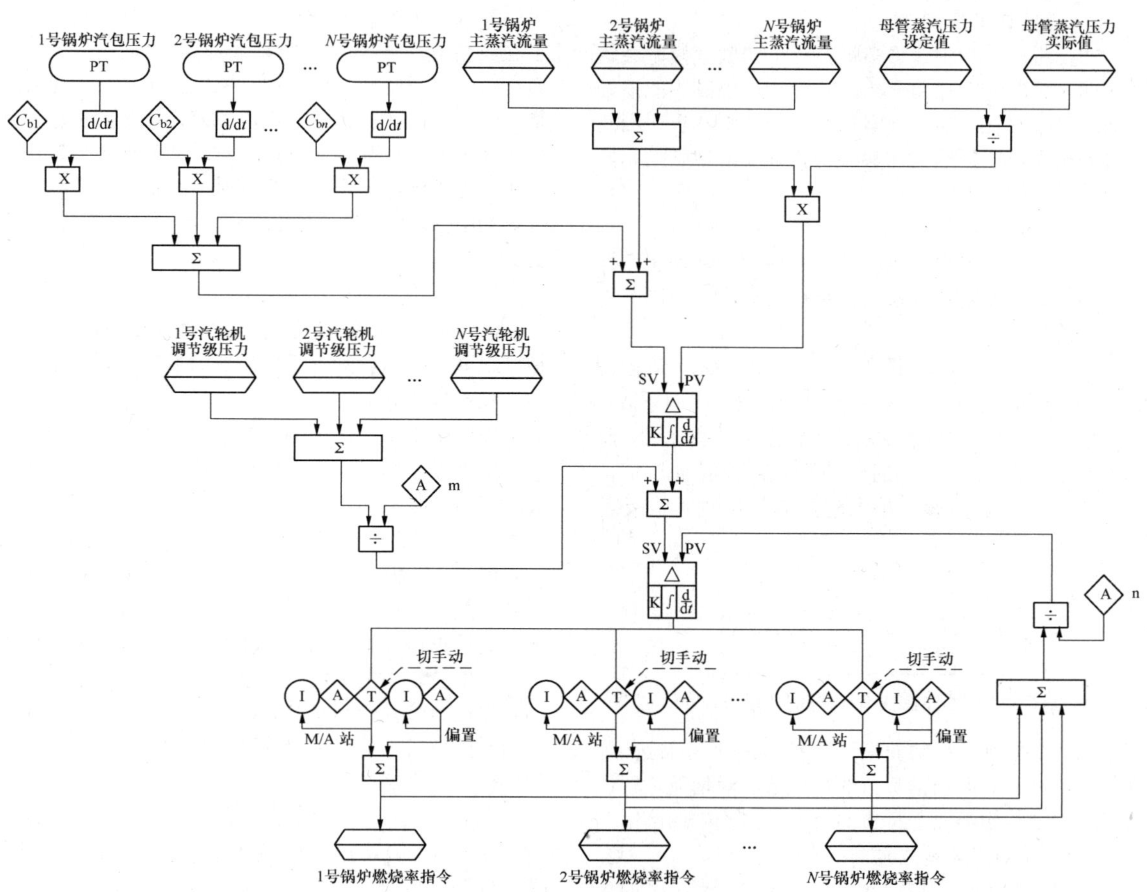

图 6-35 母管制机组直接能量平衡控制系统 SAMA 图

此处考虑的是所有锅炉都参与调压的情况，对于各台锅炉而言，当锅炉的燃烧率发生变化时，对母管蒸汽压力的影响速度是不一样的（因锅炉本身特性和压力测点位置的原因），对于压力响应越快的锅炉，其压力调节的滞后越小，选择这样的锅炉作为调压炉，可以获得较好的压力控制品质。因此在实际应用中，根据每台锅炉的特性选择好调压炉后，将图 6-35 中的 N 台锅炉替换为相应的调压炉即可。对于非调压炉，控制系统的主要任务是维持锅炉的负荷稳定，当母管压力偏差超过一定数值或调压炉的燃烧率已受到制约时，非调压炉才辅助调整蒸汽压力。

七、先进控制技术

火力发电厂过程控制系统中广泛采用的控制策略是 PID 控制，其算法简单，可靠性高，适用于可建立精确数学模型的确定性系统。但随着火力发电机组单机容量和参数的不断提高，过程和系统均变得更加复杂，传统的 PID 控制难以获得理想的控制效果。因此，各种先进控制技术越来越多地得到应用，其主要包括自适应控制、预测控制和模糊控制等。

（一）自适应控制

实际生产过程中，许多被控对象的数学模型会随着时间或工况的变化而变化，常规 PID 控制不能很好地适应这种变化，需要经常进行参数调整。自适应控制就是根据对象的结构和参数变化来自动调整控制器参数的一种控制方法。

1. 变增益控制

这类系统主要根据过程动态特性和扰动动态特性来调整控制器参数，通常仅调整控制器增益，因此称为变增益控制。

（1）根据偏差自动调整。如图 6-36 所示，该控制器以 PI 控制器为基础，K_e 和 $f(e)$ 的乘积为比例系数，K_e 为固定值，$f(e)$ 为偏差 e 的函数，当偏差变化时，比例系数也随之变化。$f(e)$ 的一种简单算法是 $f(e)=|e|$，这种作用方式表明偏差越大时控制作用越强，反之减弱。

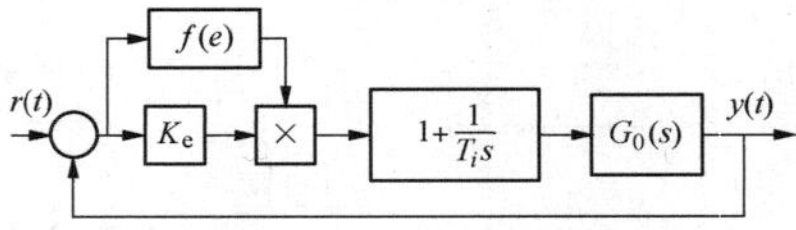

图 6-36　根据偏差自动调整的变增益控制

（2）根据扰动自动调整。如图 6-37 所示，$g(f)$ 为负荷 f 的函数，即根据负荷的变化情况对增益进行调整，该控制结构类似于经典的前馈-反馈控制系统。

2. 模型参考自适应控制

如图 6-38 所示，模型参考自适应控制系统主要包含两个控制回路，即内回路和外回路。内回路是由控制器和被控对象组成的简单的闭环结构，而外回路负责对控制器的参数进行在线调整，可以看出，外回路是整个控制结构的关键部分。

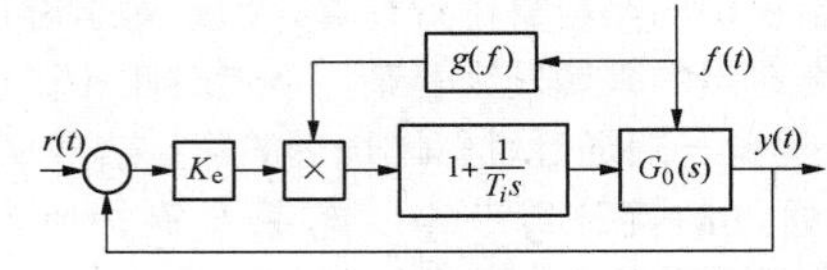

图 6-37　根据扰动自动调整的变增益控制

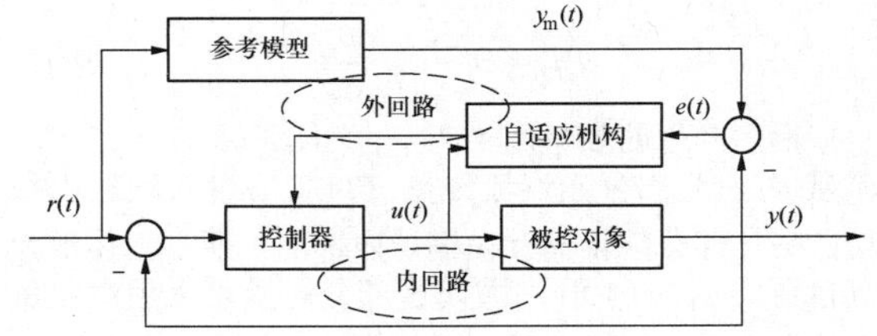

图 6-38　模型参考自适应控制

外回路由参考模型和用于调整控制器参数的自适应机构组成。其中参考模型为系统的传递函数、微分方程或系统的状态方程所表示的理想模型，其在当前时刻输入 $r(t)$ 的激励下产生输出 $y_m(t)$，因此 $y_m(t)$ 体现了在当前输入下所期望的系统理想性能。另外，$r(t)$ 通过内回路作用到实际被控对象上产生实际输出 $y(t)$，将 $y_m(t)$ 与 $y(t)$ 进行比较后产生偏差，偏差会根据自适应律对控制器参数进行直接调整，从而使系统输出逐渐接近理想状态，当偏差为 0 时，自适应参数调整过程自动中止。当对象特性随着运行的过程发生变化时，又会产生 $e(t)$，此时重复上述过程。

自适应控制的设计方法主要有：

（1）参数最优化的设计方法，利用最优化技术（如梯度下降法）搜索到一组控制器的参数，使某个预定的性能指标达到最小。

（2）基于稳定理论的设计方法，其基本思想是保证控制器参数的自适应调整过程稳定，然后使该调整过程尽可能收敛的更快。

3. 应用案例

图 6-39 所示为基于变增益控制的锅炉炉膛压力控制，变增益环节为偏差的函数，因此该控制结构为典型的根据偏差自动调整的变增益控制。其控制原理为，在偏差较小的阶段，减小比例增益，防止引风机动叶在压力偏差较小时频繁动作；在偏差较大的阶段，增加比例增益，使引风机动叶快速响应锅炉炉膛压力的变化，减少调节时间。

针对某 300MW 燃煤机组进行炉膛压力扰动试验，图 6-40 所示为未使用变增益环节前的试验曲线，试验扰动量为 100Pa 时，衰减率大于 0.9，稳定时间 2min，引风机调节响应动作迟缓、过渡时间长，不能完全满足机组锅炉炉膛压力控制的指标要求。

图 6-41 所示为采用了图 6-39 中变增益控制策略后的锅炉炉膛压力扰动试验曲线，该过程扰动范围为–150～–50Pa，待稳定时再回到–50Pa，其调节过程衰减率为 0.75，稳定时间 25s，稳态偏差在±25Pa 以内，可以满足锅炉炉膛压力控制的指标要求。

（二）预测控制

预测控制是近年来发展起来的一类新型的计算机控制方法，其以系统模型为基础，采用滚动推移的方式对过程实现在线优化控制，在复杂的工业过程中显现出良好的控制性能。

1. 预测控制基本结构

（1）模型预测。预测控制是一种基于数学模型的控制算法，该模型称为预测模型，预测模型的功能是根据对象的历史信息和未来输入预测其未来输出，传统的数学模型如状态方程、传递函数等均可以作为预测模型。此外，对于线性稳定的对象，阶跃响应、脉冲响应这类非参数模型也可以作为预测模型。

（2）滚动优化。与一般的最优控制不同，预测控制不是一次将未来各个时刻的最优结果都计算好，其每一时刻的优化值只涉及从该时刻起未来有限的一段时间，而到下一时刻，这一段时间也相应地向前推移，因此在每个采样时刻都要根据当前的预测误差重新计算控制作用需要的变化量，不断地滚动计算，故称为滚动优化。

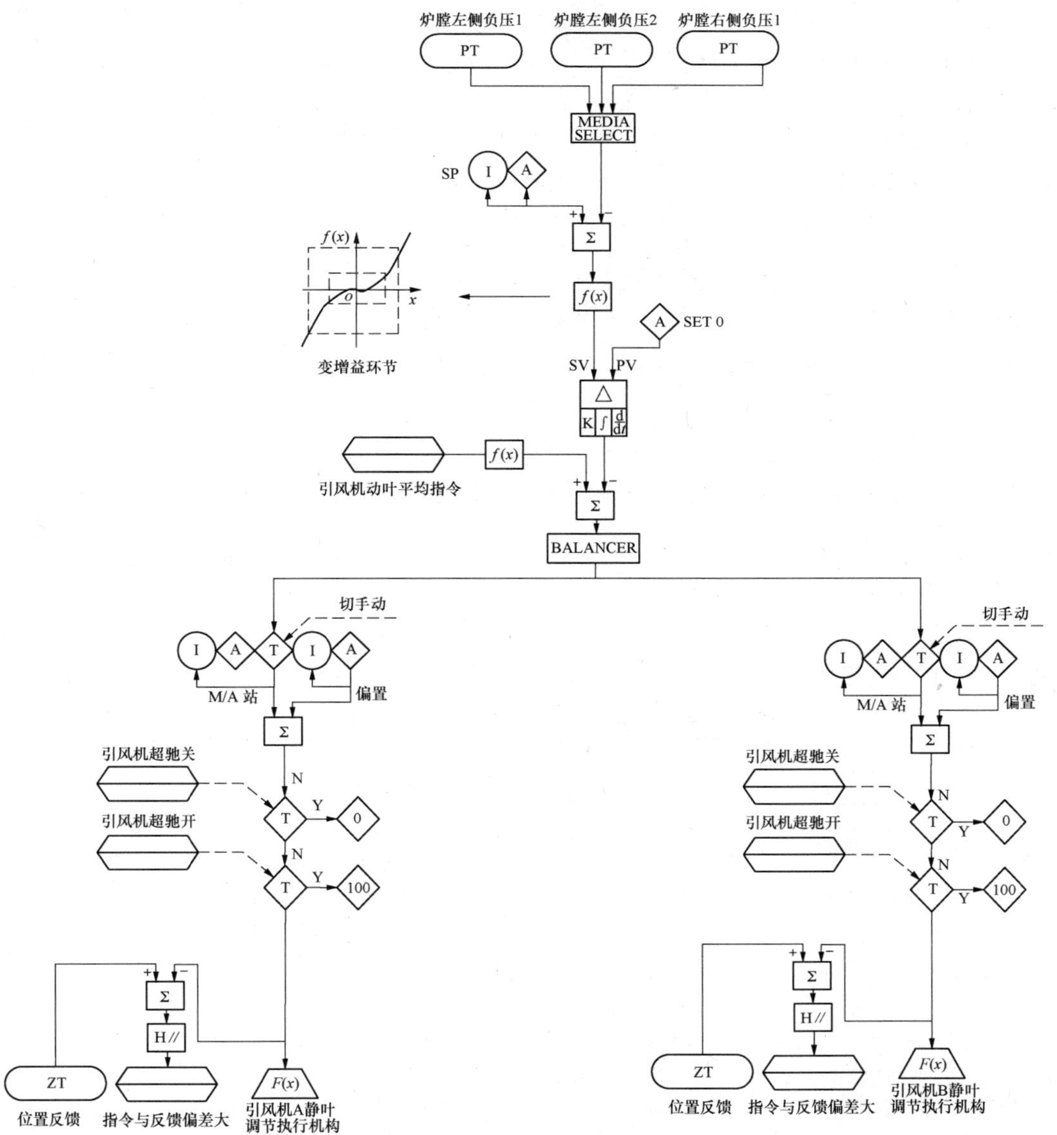

图 6-39 基于变增益控制的锅炉炉膛压力控制系统 SAMA 图

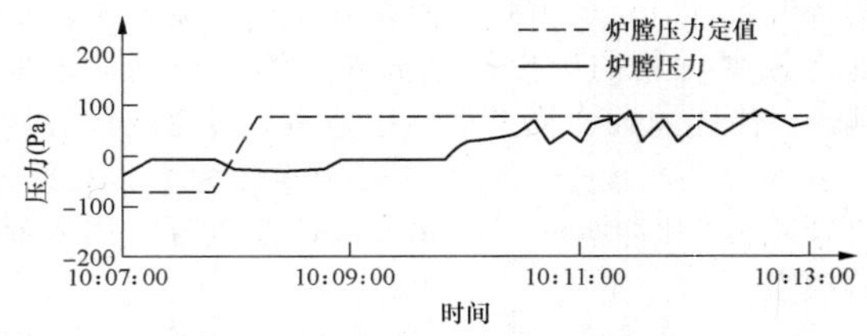

图 6-40　锅炉炉膛压力扰动曲线 1

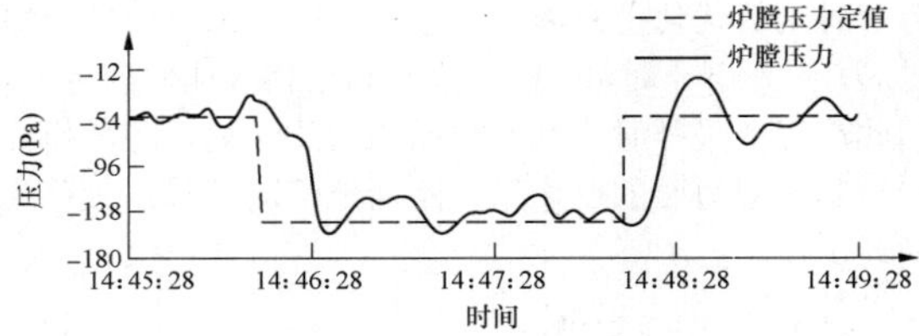

图 6-41　锅炉炉膛压力扰动曲线 2

（3）反馈校正。由于实际系统中存在非线性、模型失配、不确定干扰等问题，因此基于不变模型的预测输出不可能和系统的实际输出完全一致，从而影响控制精度，为此，在预测控制算法中，采用了一种类似于闭环控制的校正方法，在通过优化确定了一系列未来的控制作用后，为了防止由于模型失配或者外部环境干扰对控制的影响，采用检测实际输出与模型输出之间的误差对基于模型的预测进行修正，然后进行新的优化。

反馈校正的形式是多样的，一般的做法是在保持预测模型不变的基础上，对未来的误差作出预测并对其进行补偿，也可以根据在线辨识的原理直接修改预测模型。

2. 模型预测控制基本结构

模型预测控制系统的组成如图 6-42 所示。

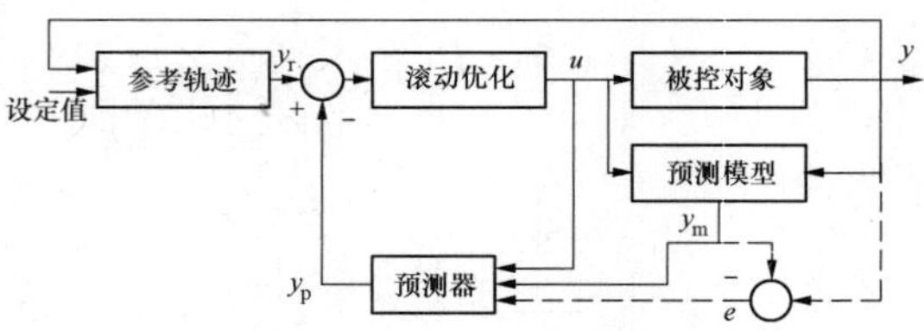

图 6-42　模型预测控制系统的组成

图 6-42 中，y 是系统当前输出，y_r 是根据设定值和 y 求得的参考轨迹，y_m 是预测模型的直接输出，求得 y 和 y_m 之间的偏差 e 之后反馈给预测器以便对预测值进行反馈校正。其中各个部分的作用如下：

（1）参考轨迹。参考轨迹对改变闭环系统的动态特性及鲁棒性起重要作用，根据 y 与设定值生成的 y_r 是从系统当前输出到设定值的一条光滑轨迹。

（2）滚动优化。在每个采样周期，求解有限时域优化问题，并求出最优控制序列中对应当前时刻的部分应用于被控对象。

（3）预测模型和预测器。基于模型和系统信息求出预测值 y_m，并根据过去的预测偏差信息，对其进行反馈校正，得到校正后的预测输出 y_p。

3. 应用案例

图 6-43 是一个典型的过热蒸汽温度预测控制系统，其应用递归最小二乘法（RLS）对模型进行辨识，广义预测控制（GPC）处于外回路，它根据负荷（蒸汽流量）进行调整，其中的大值选择器和小值选择器是调度信号限制器。

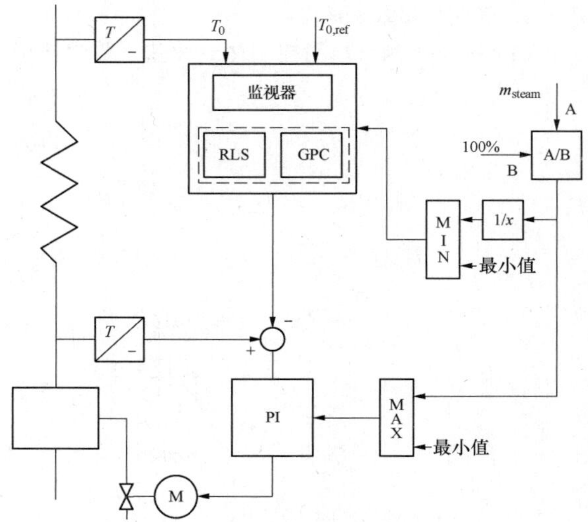

图 6-43　过热蒸汽温度预测控制系统

如图 6-44 所示，在 40min 以后启动磨煤机，试验证明，预测控制器减小了过热器出口蒸汽温度的变化，有效地克服了磨煤机启动所造成的扰动。

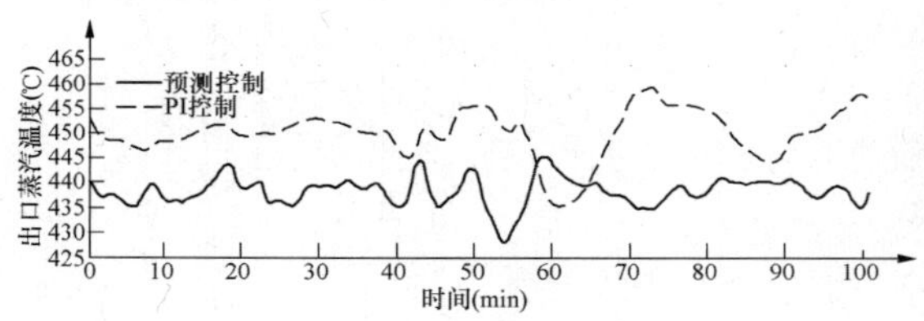

图 6-44　燃料量变化时的控制结果

（三）模糊控制

1. 模糊控制基本原理

在传统的先进控制器设计过程中，往往需要建立系统详细和具体的数学模型，通过对数学模型的分析，运用传统的控制算法来满足所需要的控制指标，因此，数学模型是否精确影响着整个控制算法的好坏，但在很多复杂的系统中想要建立具体而准确的数学模型是很困难的。

模糊控制是利用人的知识对控制对象进行控制的

一种方法，人类对所见、所闻、所感的世界万物的处理方式，并不像传统自动控制那样首先建立精确的模型，再通过相应的理论来解决问题，而是用模糊的方法，将实际的问题转化为语言变量进行描述，例如，“极大”“很大”“大”“较大”“极小”等可以作为语言变量对精确量“偏差”“偏差变化率”进行描述，即通过经验对给定值与实际值之间的差别做出大致的评价，再通过大脑的分析和处理进行相应的反应。

模糊控制正是基于这种原理，将人们的控制经验和知识转换为语言变量描述的控制规则并加以应用。模糊控制适用于数学模型复杂并难以精确建立的非线性系统的控制。

2. 模糊控制器结构

模糊控制是一种用模糊的思想和逻辑来实现控制的智能控制方法，一般来说，模糊控制器由三个主要的功能块构成，如图 6-45 所示。

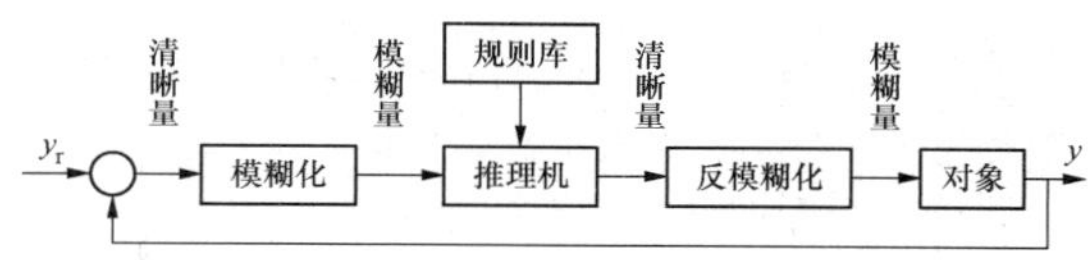

图 6-45 模糊控制结构

（1）模糊化。模糊化是一个使精确量模糊的过程，输入量根据各种分类被安排成不同的隶属度，例如，温度输入根据其高低被安排成“很冷”“冷”“常温”“热”和“很热”等。

（2）规则库和推理机。模糊控制器的规则是基于专家知识或手动操作熟练人员长期积累的经验，它是按人的直觉推理的一种语言表达形式。模糊规则通常由一系列的关系词连接而成，例如，某模糊控制系统精确变量为 e（误差）和 e_c（误差变化率），它们对应的语言变量为 E 和 EC，可以给出一组模糊规则：

If E is NB and EC is NB then U is PB

If E is NB and EC is NS then U is PM

其中，NB、NS、PB、PM 分别代表语言变量的取值。

规则库用来存放全部模糊控制规则，在推理时为推理机提供控制规则。规则条数和模糊变量的模糊子集划分有关，划分越细，规则条数越多，但并不代表规则库的准确度越高，规则库的准确性还与专家知识的准确度有关。

常用的模糊控制规则生成方法有：①根据专家经验或过程控制知识生成控制规则，即人们通过学习、试验及长期经验积累而形成的。②根据过程模糊模型生成推理规则。如果能用语言去描述被控过程的动态特性，那么这种语言描述可以看作为过程的模糊模型。根据模糊模型可以进一步得到模糊控制规则。③根据对手工操作的系统观察和测量生成控制规则。在实际生产中，操作人员可以很好地操作控制系统，但有时却难以给出用于模糊控制所用的控制语句。可通过对系统的输入、输出进行多次测量，再根据这些测量数据去生成模糊控制规则。

推理是模糊控制器中，根据输入模糊量，由模糊控制规则完成模糊推理并获得模糊控制量的功能部分，Zadeh 法和 Mamdani 法为常用的推理方法。

（3）反模糊化。通过模糊控制决策得到的是模糊量，在实际执行控制时，必须把模糊量转化为精确量，也就是要推导出模糊集合到普通集合的映射。实际上是在输出范围内，找到一个被认为最具有代表性的、可直接驱动控制装置的确切的输出控制值。较为常用的反模糊化方法有最大隶属度法、重心法和加权平均法。

3. 应用案例

某燃煤机组采用常规的串级主蒸汽温度控制回路，在投入 AGC 时，机组负荷大范围变动，在这种情况下，减温水自动无法全程投入，在复杂工况下需要运行人员手工操作，运行参数偏离经济指标较大。其中，一级减温水调节阀开度的调节性能最差，响应速度慢，经常由于温度偏差大而退出自动，因此设计了模糊控制器对控制回路进行优化。图 6-46 所示为常规主蒸汽温度串级控制回路，图 6-47 所示为主蒸汽温度模糊控制回路。

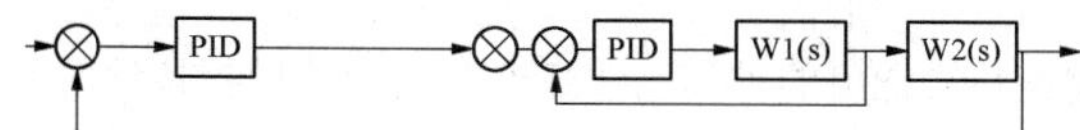

图 6-46 常规主蒸汽温度串级控制回路

W1(s)—导前区对象；W2(s)—惰性区对象

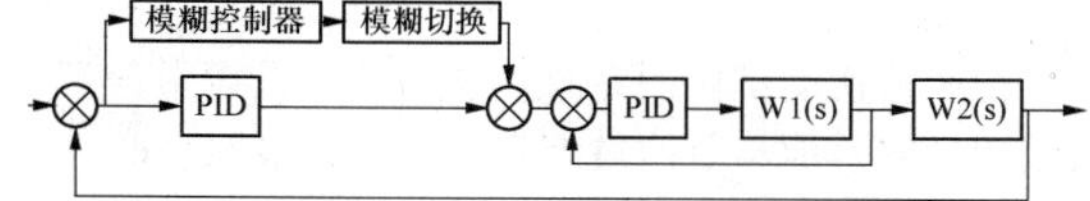

图 6-47 主蒸汽温度模糊控制回路

W1(s)—导前区对象；W2(s)—惰性区对象

离线设计好模糊控制器后，对其进行下装并检验实际效果，在这里，并未对原串级 PID 的参数做任何修改，实际运行曲线如图 6-48、图 6-49 所示。

由图 6-48 和图 6-49 可知，原控制回路经常由于主蒸汽温度设定值和反馈值偏差大导致自动跳出，难以正常投运，模糊控制器的应用，使一级减温水温度自动能够顺利投用。

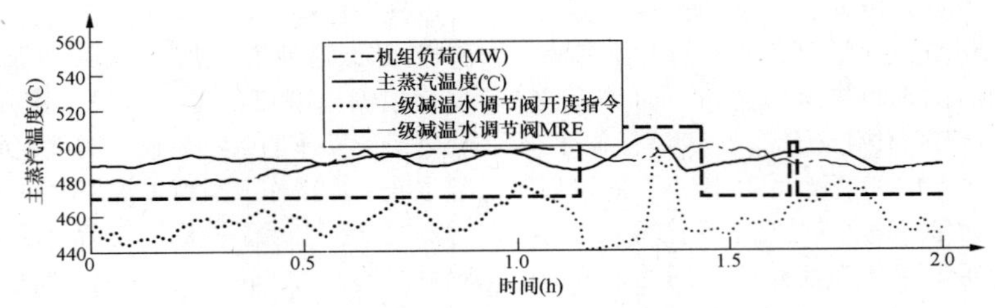

图 6-48　模糊控制器 DCS 应用效果

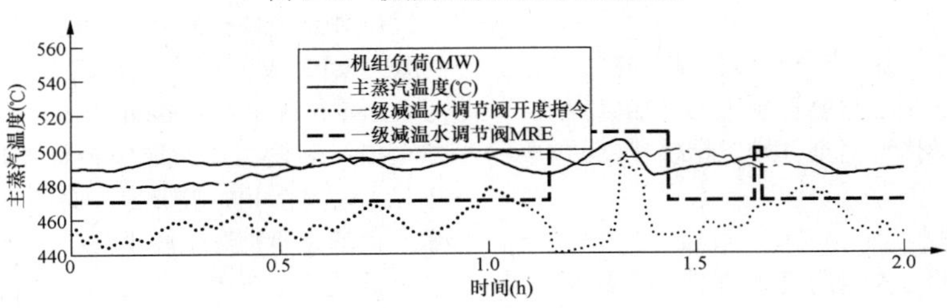

图 6-49　原控制回路效果

八、模拟量控制系统的品质指标

(一) 品质指标概念

火力发电厂模拟量控制系统（MCS）的品质指标，主要指 MCS 在机组运行过程中所表现出的动态性能和稳态性能，对品质指标的衡量主要包括稳定性、准确性和快速性三个方面。

稳定性是指在引起系统动作后的扰动作用去除后，系统能否恢复到原来平衡状态的特性，稳定裕度是指控制系统整定到离边界稳定状态有一定距离的稳定区域中，即稳定性方面有一定富裕度。准确性是指被调量偏差的大小，包括动态过程和静态过程中，被调量与给定值的差值。快速性是指控制过程持续时间的长短，即从扰动发生引起被调量变化到被调量重新恢复到稳态值所经历的时间。

根据上述衡量标准，MCS 主要的品质指标包括：

1. 衰减率

在定值扰动试验中，被调参数首次过调量与第二次过调量的差值与首次过调量之比称为衰减率。

2. 超调量

当系统输出超过稳态值时，输出的最大值减去稳态值的差除以稳态值乘以 100%得到的一个输出最大偏差比称为超调量。

3. 稳定时间

稳定时间是指从扰动试验开始到被调参数进入新的稳态值允许偏差内并不再越出所需要的时间。

4. 动态偏差和稳态偏差

动态偏差是指在整个调节过程中被调量偏离给定值的最大偏差值，稳态偏差是指调节过程结束后被调量偏离给定值的最大偏差值。

5. 实际负荷变化速率

实际负荷变化速率（$\%P_e$/min）=实际负荷变化量ΔP_e/变化时间Δt（P_e为机组额定负荷，Δt 为从负荷指令开始变化至新的目标值所经历的时间）。

6. 负荷响应纯迟延时间

负荷响应纯迟延时间是指负荷扰动试验开始后实际负荷变化的迟延时间，即从负荷指令开始变化的时刻到实际负荷发生与指令同向连续变化的时刻所经历的时间。

(二) 品质指标测试方法

1. 模拟量子系统独立测试

在实际工程中，需要做各种扰动试验以获取各个子系统的品质指标，具体测试方法为：

(1) 通过信号源或 DCS 软件模拟系统各个输入输出参数，主要包括反馈信号、控制指令、前馈信号等，确保机组负荷在 $50\%P_e$～$100\%P_e$ 正常变动时与 MCS 有关的主、辅设备可控并有调节裕量。

(2) 将子系统投入自动，模拟系统真实工况下的动作状态，检查自动控制系统是否可以实现无扰切换，自动投入后调节器输出方向是否正确，系统切手动条件及超驰回路是否能正确动作，组态画面是否正确显示，且操作是否可靠。

(3) 在机组运行工况稳定，且处于机炉协调控制方式时，手动改变相应被调量的设定值，根据被调量的变化曲线得到该子系统的品质指标，在试验过程中应加强运行监视，出现异常状况立即终止试验。

在 DL/T 657《火力发电厂模拟量控制系统验收测试规程》中针对不同的控制子系统，给出了扰动量及性能测试允许值，见表 6-5。协调控制调节范围内的子系统品质指标见表 6-6。

表 6-5 模拟量控制子系统性能测试允许值

被调量	扰动量	稳定时间	衰减率
主蒸汽压力	0.6MPa	<6min	0.75～0.9
汽包水位	60mm	<5min	0.75～0.9
中间点温度	±8℃	<15min	0.75～0.9
主蒸汽温度	±5℃	<15min	0.75～0.9
再热蒸汽温度	±5℃	<30min	0.75～0.9
炉膛压力	±200Pa	<3min	0.9～0.95
二次风箱与炉膛差压	±100Pa	<60s	0.9～0.95
二次风量	±100t/h	<60s	0.9～0.95
一次风压力	±500Pa	<60s	0.9～0.95
磨煤机入口一次风量	±10%	<20s	0.9～0.95
磨煤机出口温度	±3℃	<5min	0.9～0.95
磨煤机入口风压	±50Pa	<20s	0.9～0.95

例如，对于主蒸汽温度控制系统，当过热蒸汽温度和再热蒸汽温度设定值改变±5℃时，衰减率在 0.75～0.9 之内，稳定时间为蒸汽温度小于 15min，再热蒸汽温度小于 30min。对于锅炉炉膛压力控制系统，要求做锅炉炉膛压力定值扰动试验（扰动量为±200Pa），动态品质指标要求衰减率为 0.75～0.9，稳定时间小于 3min。

2. 机炉协调方式下的负荷跟随测试

除了分别对各个系统做独立的扰动试验外，测试规程还要求在机炉协调方式下进行负荷跟随试验，对机组整体的调节性能做测试，负荷跟随试验的具体为：

（1）负荷变动试验。在机炉协调控制方式下，AGC 调节范围内，负荷指令以预定的变化速率、负荷变动量为$\Delta P=15\%P_e$，分别进行负荷单向变动试验；机组各主要被调参数的动态、稳态品质指标见表 6-6。

（2）AGC 负荷跟随试验。在 AGC 控制方式下，负荷指令以预定的变化速率、负荷变动量为$\Delta P=10\%P_e$的斜坡方式连续增、减（或减、增）各一次的双向变动试验；机组各主要被调参数的动态、稳态品质指标见表 6-6。

在负荷跟随试验中，协调控制系统及各控制子系统被调参数的动态、稳态品质指标应满足表 6-6 中的要求。

表 6-6 各类型机组主要被调量参数动态、稳态品质指标

指标类型	负荷变动试验及 AGC 负荷跟随试验动态品质指标			稳态品质指标
机组类型	煤粉锅炉	循环流化床锅炉机组	燃气轮机机组	各类型机组
负荷指令变化速率（$\%P_e$/min）	≥1.5	≥1	≥3	0
实际负荷变化速率（$\%P_e$/min）	≥1.2	≥0.8	≥2.5	—
负荷响应纯迟延时间（s）	60	60	30	—
负荷偏差（P_e%）	±2	±2	±1.5	±1
主蒸汽压力偏差（$\%p_o$）	±3	±3	±3	±2
主蒸汽温度（℃）	±8	±8	±8	±3
再热蒸汽温度（℃）	±10	±10	±10	±4
中间点温度（直流锅炉）（℃）	±10	—	—	±5
床温（流化床）（℃）	—	±30	—	±15
汽包水位（汽包锅炉）（mm）	±60	±60	±60	±25
炉膛压力（Pa）	±200	—	—	±100
烟气含氧量（%）	—	—	—	±0.5

注 P_e为机组额定负荷值，p_o为机组额定主蒸汽压力值。

第四节 机组开关量控制

一、概述

（一）定义及任务

开关量控制系统（on-off control system，OCS）是对采用二位式开环控制，实现火力发电厂生产过程中主、辅助设备的启、停或开、关操作的控制系统的总称。

开关量控制系统应可实现对某一工艺系统或主要辅机按一定规律进行控制，即顺序控制，以及必要的热工保护和逻辑联锁功能。

（二）开关量控制系统的结构

开关量控制系统可以分层分级实现，一般可分为机组级控制（又称机组自启停 APS）、功能组级控制、子功能组级控制和设备驱动级控制四个级别来实现，其结构如图 6-50 所示。

二、控制逻辑图的设计方法

（一）设计步骤

开关量控制要实现机、炉、电及其辅助设备的启停（或开关）操作和顺序控制，必须符合工艺被控对象（装置）的工作原理和操作规律，应按照预先规定的步骤、预先设定的时间和满足预先设定的允许条件，使工艺过程中的设备自动进行一系列操作。

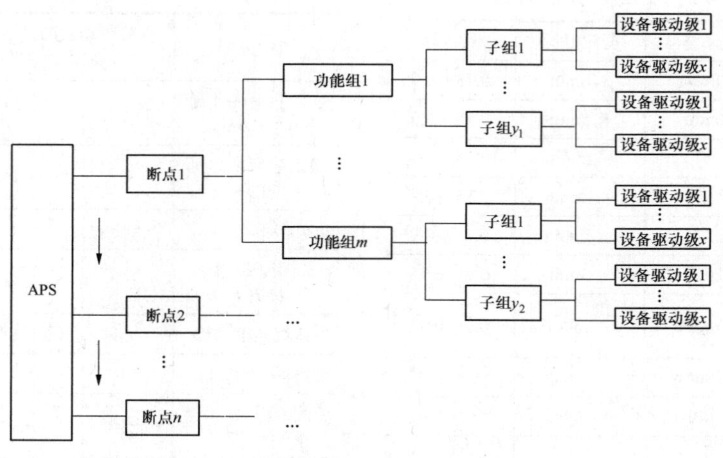

图 6-50　开关量控制系统结构图

开关量控制逻辑图的设计流程包含以下步骤：

首先，将被控对象根据输入/输出及联锁保护功能的不同，划分为若干个典型的驱动级设备，完成驱动级设备的典型逻辑图。

其次，根据 P&ID、各设备的联锁保护条件及设备操作说明书等资料，编写开关量控制逻辑说明，完成功能组（子组）步序控制逻辑图和各驱动级设备的单操、步序启停及联锁逻辑图。

第三，将逻辑图转换成计算机控制系统（DCS 或 PLC）的组态语言和操作画面，在计算机控制系统（DCS 或 PLC）上实现。

最后，通过建模仿真和现场调试，检查开关量控制逻辑、人机界面操作和画面状态显示的正确性。

（二）设计原则

开关量控制设计的主要原则是充分考虑防拒动作和防误动作的综合措施。

1. 防拒动作

（1）联锁保护信号直接输出到驱动级设备的控制回路中，确保不失去联锁保护功能的有效性。

（2）针对电动机驱动级设备，热工联锁跳闸信号直接输出到停指令，而不与停允许条件进行逻辑“与”，同时，对于有停允许条件的电动机设置紧急停按钮。

2. 防误动作

（1）开、关指令之间，启动、停止指令之间相互闭锁，只允许一个指令发出，不允许同时发出两个指令信号。

（2）存在相互关联的被控对象之间为防止误动作，将相互之间的约束条件作为防止误操作的闭锁信号引入驱动级设备的控制回路，实现对被控对象的禁开或禁关。

（3）针对电动机驱动级设备，存在联锁跳闸信号时，禁止启动该设备。

3. 保护、联锁控制优先原则

保护、联锁控制应遵循在确保设备及人身安全的前提下，使机组得到较好的可用性、经济性的原则设计，所以控制回路设计应确立保护联锁控制优先的原则，以保证机组设备和人身的安全。模拟量控制，顺序控制，保护、联锁控制及单独操作，在共同作用于同一对象时，控制指令优先级应为保护、联锁控制最高，单独操作次之，模拟量控制和顺序控制最低的顺序。

（三）典型逻辑模块设计

1. 驱动级设备

驱动级设备根据控制对象的不同，通常分为电动阀、电磁阀和电动机三大类。驱动级设备由运行员在操作画面上操作，并具有如下的功能：

（1）启动（开）允许。只有允许条件满足，运行员操作和自动启动（开）的指令才能产生“启动（开）”输出。

（2）停止（关）允许。只有允许条件满足，运行员操作和自动停止（关）的指令才能产生“停止（关）”输出。

（3）保护联锁。具有最高优先级，将旁路“允许”条件产生保护“启动（开）”或保护“停止（关）”输出。

（4）自动启动（开）和自动停止（关）。接受顺序控制步序和联锁逻辑的输出，产生“启动（开）”和“停止（关）”请求。

（5）状态反馈。接受设备状态反馈信号，并进行监视，向画面送出正常状态或故障状态的信息。

驱动级设备组态逻辑块如图 6-51 所示；启动命令和停止命令逻辑如图 6-52 和图 6-53 所示。

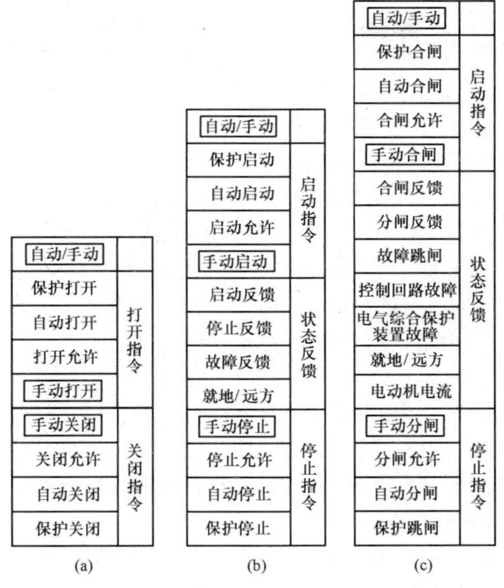

图 6-51 驱动级设备组态逻辑块

（a）电磁阀逻辑块；（b）电动阀逻辑块；（c）电动机逻辑块

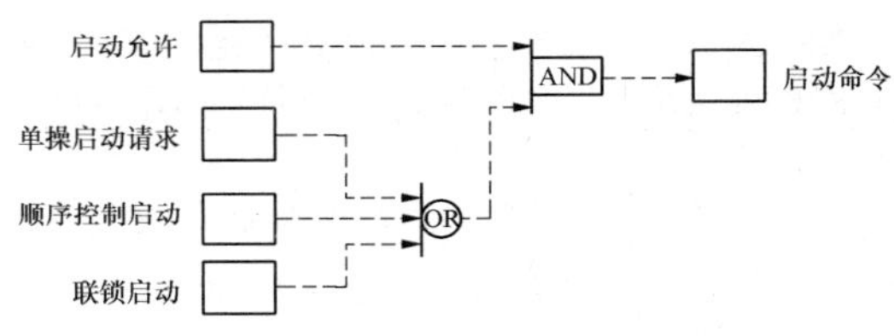

图 6-52 驱动级设备启动命令逻辑

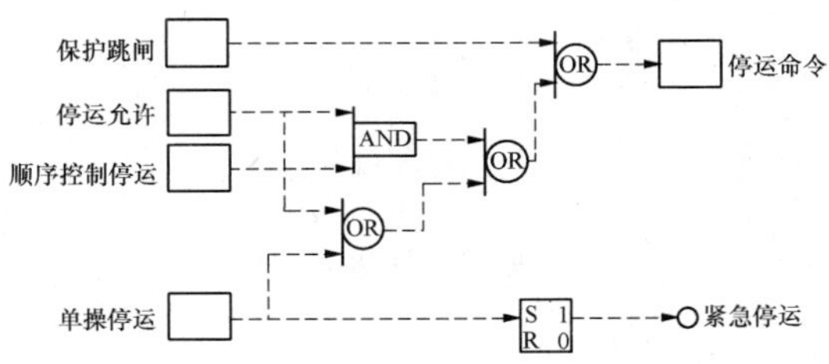

图 6-53 驱动级设备停止命令逻辑

2. 功能组（子组）步序设计

功能组（子组）步序控制主要包括首步、中间步、结束步序控制。在步序执行过程中，允许自动/手动的自由切换，功能组（子组）被控对象执行超时发出报警，转入手动状态，在顺序控制操作画面上显示执行状态。

（1）首步控制。首步控制的功能包括自动功能、手动功能、跳步功能、复位功能。

1）自动功能。在启动条件满足的情况下，按照预定步序自动执行顺序控制。

2）手动功能。在启动条件满足的情况下，按照手动单步执行顺序控制。

3）跳步功能。对正在执行的中间步序控制，发出跳步指令，跳过当前步序，从下一步序继续执行。

4）复位功能。当收到手动复位、顺序控制步序结束、逆向步序进行和步序超时失败信号时，触发步序复位。

（2）中间步控制。

1）顺序启动和顺序停止的投入（启动）。

a．功能：使顺序控制步序开始运行，该功能组的设备按预先设计的顺序逐步投运或停止。

b．方式：运行员在操作画面上操作投入，按预先设计的逻辑自动投入。

2）启动和停止步序的中止（停止）。

a．功能：可在步序进行到任何时刻，使步序复位。步序复位后，再次投入将从第一步重新开始。

b．方式：运行员在操作画面上操作。

3）步序失败。当步序计时已超，而步进条件不满足时，步序失败，程序复位。同时操作画面上报警显示“故障”。

（3）结束步控制。步序全部完成时，产生步序结束信号，自动复位，进入初始状态，准备步序下一次的“投入”。

功能组（子组）步序逻辑块如图 6-54 和图 6-55 所示。

图 6-54 功能组（子组）逻辑块

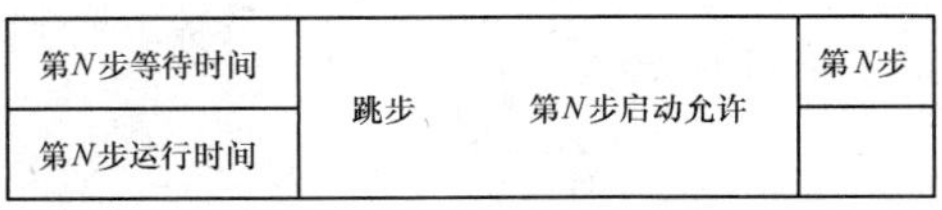

第N步等待时间	跳步	第N步启动允许	第N步
第N步运行时间			

图 6-55 步序逻辑块

3. 并列运行设备的备用投/切模块

并列运行设备的备用投/切是指两个或两个以上并列运行的设备，在运行设备故障停止或工艺参数降低时，备用设备自动启动。

（1）顺序控制设备预选。对于有备用的设备，在顺序控制投入过程中自动启动主设备，如主设备启动失败，则自动联锁启动另一台设备。预选方式：运行人员在顺序控制操作画面上选择主设备即可。设备预选逻辑块如图 6-56 所示。

图 6-56　设备预选逻辑块

（2）备用联锁。当备用联锁功能投入后，主设备的运行受到监视，当主设备事故跳闸或出现联动条件时，备用设备自动启动。设备备用联锁逻辑原理如图 6-57 所示。

4. 跳闸首出

跳闸首出分析逻辑可以为运行人员分析故障提供最便捷的工具。为保护重要设备或避免出现更大事故，系统或设备会有多个跳闸保护动作，其中第一个出现的保护信号称为跳闸首出信号。当跳闸发生后，系统会锁定跳闸首出，并记录以后发生的跳闸信号，跳闸首出逻辑对事故原因分析、及时排除故障有很大帮助。跳闸及首出原因逻辑原理如图 6-58 所示。

（四）典型工艺逻辑

1. 送、引风机联锁

送、引风机联锁的目的是防止锅炉超压，主要包含以下内容：

（1）如果有两对送、引风机在运行，则当一台送风机跳闸时，相应的引风机也应跳闸，反之亦然，且跳闸的送、引风机对应的挡板应关闭。

（2）如果仅有一对送、引风机在运行，则引风机跳闸时，相应的送风机也应跳闸；如送风机跳闸，则引风机仍可在受控状态下运行。送、引风机相应的挡板均应保持在开启的位置（也有的锅炉要求送风机全停后再全停引风机）。

（3）对于安装有回转式空气预热器的锅炉，为了防止空气预热器停运时干烧，必须停止对应的送、引风机。

2. 轴流风机与离心风机

轴流风机在启动时，应关闭动叶切段风道，但出入口挡板是全开的，有时为了防止风机倒转，也经常采用关门启动。

离心式风机在启动时出入口挡板全关，在风机启动后再开启出入口挡板。

3. 串联阀控制

（1）锅炉串联电动阀。一次阀先开后关，二次阀

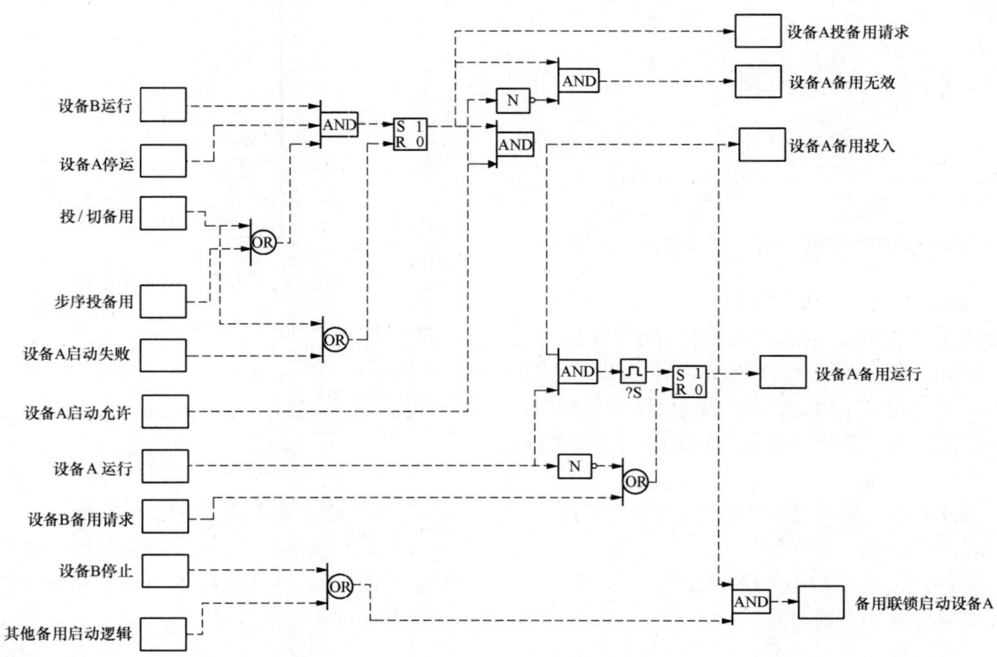

图 6-57　设备备用逻辑原理图

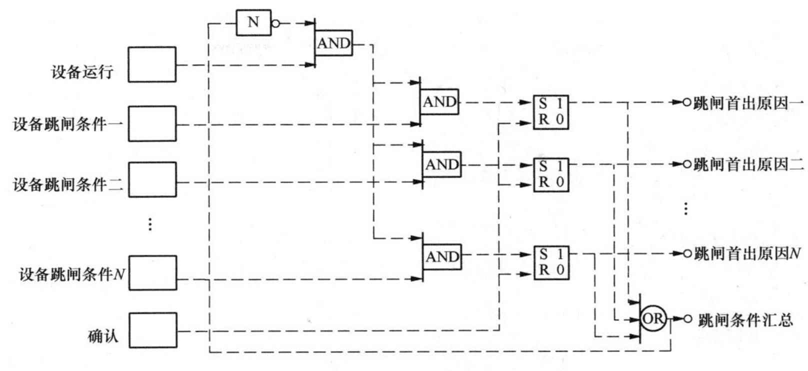

图 6-58　跳闸及首出原因逻辑原理图

后开先关，这里的一次阀是指沿介质流向的第一个阀。这样的串联电动阀有汽包事故放水阀、锅炉排气电动阀等。

（2）抽汽管道串联阀。抽汽管道上串联装有一个电动隔离阀和一个气动止回阀，沿介质流向，电动阀在前，止回阀在后。打开时，先开气动止回阀，后开电动隔离阀；关闭时先关电动隔离阀，后关气动止回阀。

4. 带有出口电动阀的离心水泵

水泵跳闸时，联锁关闭相应的出口电动阀；水泵启动前，先关闭出口电动阀，水泵启动后，延时打开出口电动阀。

5. 带有出口阀和入口阀的设备

入口阀打开且出口阀关闭时，允许启动本设备；设备运行后联锁打开设备出口阀；设备停运后，允许关闭设备入口阀；设备停运后，经延时再联锁关闭设备出口阀。

6. 带有旁路阀的设备

投入旁路时，先开旁路阀后关设备进出口阀；切除旁路时，先开进出口阀，后关旁路阀。出口阀先开后关，进口阀后开先关，如凝结水精处理装置。

三、锅炉顺序控制

（一）锅炉 SCS 控制项目划分

锅炉 SCS 控制项目划分见表 6-7。

表 6-7　　锅炉 SCS 控制项目划分

序号	功能组（子组）或系统	被控对象
1	风烟系统	空气预热器、送风机、引风机、一次风机及各自的附属设备等
1.1	空气预热器	空气预热器主电动机、辅助电动机、支撑轴承油泵、导向轴承油泵、空气预热器一次风进出口挡板、空气预热器二次风进出口挡板、空气预热器烟气挡板等
1.2	引风机	引风机、引风机入口挡板和出口挡板、引风机冷却风机等
1.3	送风机	送风机、送风机出口挡板、送风机油泵等
1.4	一次风机	一次风机、一次风机出口挡板、油泵等
2	锅炉疏水放汽系统	锅炉疏水阀、定期排污阀、连续排污阀、排汽阀、事故放水阀等
3	锅炉给水及减温水系统	主给水阀、过热器减温水电动阀、再热器减温水电动阀等
4	暖风器系统	暖风器
5	炉水循环泵	用于直流锅炉、强制循环汽包锅炉
6	锅炉吹灰系统	吹灰器

（二）风烟系统功能组

1. 风烟系统功能组顺序控制

（1）启动顺序控制。风烟系统启动顺序控制见表 6-8。

表 6-8　　风烟系统启动顺序控制

步序	允许条件	指令
1	（1）无风烟系统启动完成条件。 （2）无 MFT 跳闸条件	A、B 侧风烟系统的所有关断和调节挡板打开，打开整个风烟通道
2	（1）风烟系统已选择 A 侧或 B 侧运行。 （2）风烟通道已打通	启动空气预热器 A/B 功能子组
3	空气预热器 A/B 功能子组启动完成	启动空气预热器 B/A 功能子组
4	空气预热器 B/A 功能子组启动完成	启动引风机 A/B 功能子组
5	（1）引风机 A/B 功能子组启动完成。	启动送风机 A/B 功能子组

续表

步序	允许条件	指令
5	（2）引风机 A/B 投自动	
6	（1）送风机 A/B 功能子组启动完成。 （2）送风机 A/B 投自动	启动引风机 B/A 功能子组
7	（1）引风机 B/A 功能子组启动完成。 （2）引风机 B/A 投自动	启动送风机 B/A 功能子组
8	（1）送风机 B/A 功能子组启动完成。 （2）送风机 B/A 投自动	程序启动完成

（2）风烟系统停止顺序控制。风烟系统停止顺序控制见表 6-9。

表 6-9　　风烟系统停止顺序控制

步序	允许条件	指令
1	MFT 已触发	停止送风机 A 功能子组
2	（1）送风机 A 已停运。 （2）送风机 A 出口阀全关（或）送风机 B 已停运	停止引风机 A 功能子组
3	（1）引风机 A 已停运。 （2）引风机 A 出口阀全关（或）引风机 B 已停运	停止送风机 B 功能子组
4	送风机 B 已停运	停止引风机 B 功能子组
5	打开 A、B 侧风烟系统的所有关断和调节挡板	程序停止完成

注　考虑风烟系统停运时，空气预热器入口烟气温度不一定小于允许温度，因此，风烟系统停止顺序控制不包含停运空气预热器功能子组，由运行人员根据实际工况停运空气预热器。

2. 空气预热器功能子组顺序控制

以空气预热器 A 举例说明。

（1）空气预热器 A 功能子组启动顺序控制。空气预热器 A 功能子组启动顺序控制见表 6-10。

表 6-10　　空气预热器 A 功能子组启动

步序	允许条件	指令
1	（1）空气预热器 A 停运。 （2）空气预热器 A 轴承温度低于设定值	启动空气预热器 A 导向轴承油泵和支持轴承油泵
2	空气预热器 A 油站启动完成	启动空气预热器 A 主电动机
3	空气预热器 A 主电动机已运行	开空气预热器 A 出口和入口二次风挡板
4	空气预热器 A 出口和入口二次风挡板已开	开空气预热器 A 出口和入口一次风挡板

续表

步序	允许条件	指令
5	空气预热器 A 出口和入口一次风挡板已开	开空气预热器 A 入口烟气挡板
6	空气预热器 A 入口烟气挡板已开	程序启动完成

（2）空气预热器 A 功能子组停止顺序控制。空气预热器 A 功能子组停止顺序控制见表 6-11。

表 6-11　　空气预热器 A 功能子组停止顺序控制

步序	允许条件	指令
1	（1）送风机 A 已停运。 （2）引风机 A 已停运。 （3）空气预热器 A 入口烟气温度低	关空气预热器 A 入口烟气电动挡板
2	空气预热器 A 入口烟气电动挡板已关	关空气预热器 A 出口和入口二次风挡板
3	空气预热器 A 出口和入口二次风挡板已关	关空气预热器 A 出口和入口一次风挡板
4	空气预热器 A 出口和入口一次风挡板已关	停空气预热器 A 主电动机
5	空气预热器 A 主电动机已停止	启动空气预热器 A 辅助电动机
6	空气预热器 A 辅助电动机已启动	程序停止完成

注　空气预热器 A 辅助电动机延时或由运行人员根据实际工况停运。

（3）空气预热器功能子组设备级。

1）空气预热器主电动机。空气预热器主电动机控制见表 6-12。

表 6-12　　空气预热器主电动机控制

项目	内　　容
启动允许条件	空气预热器主电动机无故障
停止允许条件	（1）空气预热器入口烟气温度低。 （2）同侧送风机已停。 （3）同侧引风机已停
保护联锁条件	联锁启动条件（投入备用条件下）：启动空气预热器辅助电动机故障。 联锁跳闸条件：空气预热器入口烟气温度低，延时，且空气预热器导向轴承超温或支持轴承超温

空气预热器主电动机操作：在满足启、停允许条件下，可手动启/停主电动机；在满足启、停允许条件下，可程序控制启/停主电动机。

2）空气预热器辅助电动机。空气预热器辅助电动机控制见表 6-13。

表 6-13 空气预热器辅助电动机控制

项目	内容
启动允许条件	空气预热器辅助电动机无故障
保护联锁条件	联锁启动条件（投入备用条件下）：空气预热器主电动机停止

空气预热器辅助电动机操作：在满足启、停允许条件下，可手动启/停辅助电动机；在满足启动允许条件下，可程序控制启动辅助电动机。

3）空气预热器出口和入口二次风挡板操作。

a．可手动开/关空气预热器出口和入口二次风挡板。

b．可程序控制开/关空气预热器出口和入口二次风挡板。

c．两侧空气预热器均已停运，延时若干秒，联锁开此挡板。

d．本侧空气预热器运行，联锁开此挡板。

e．本侧空气预热器已停运，且对侧空气预热器在运行，延时若干秒，联锁关此挡板。

4）空气预热器出口和入口一次风挡板操作。

a．可手动开/关空气预热器出口和入口一次风挡板。

b．可程序控制开/关空气预热器出口和入口一次风挡板。

c．本侧空气预热器运行，禁关此挡板。

d．本侧空气预热器已停运，延时若干秒，联锁关此挡板。

5）空气预热器入口烟气挡板操作。

a．可手动开/关空气预热器入口烟气挡板。

b．可程序控制开/关空气预热器入口烟气挡板。

c．本侧空气预热器已停运，对侧空气预热器运行，延时若干秒，联锁关此挡板。

3．引风机功能子组顺序控制

以引风机 A 举例说明。

（1）引风机 A 功能子组启动顺序控制。引风机 A 功能子组启动顺序控制见表 6-14。

表 6-14 引风机 A 功能子组启动顺序控制

步序	允许条件	指令
1	(1)空气预热器 A 已运行。 （2）无 FSSS 自然通风要求	启动引风机 A 油泵
2	（1）引风机 A 油泵已启动。 （2）引风机 A 油站油压正常	启动引风机 A 冷却风机
3	引风机 A 冷却风机已启动	（1）引风机 A 导叶置最小位。 （2）开引风机 A 出口烟气挡板。 （3）关引风机 A 入口烟气挡板
4	（1）引风机 A 导叶在最小位。 （2）引风机 A 出口烟气挡板已开。 （3）引风机 A 入口烟气挡板已关	启动引风机 A 电动机
5	引风机 A 已运行若干秒	（1）开引风机 A 入口烟气挡板。 （2）释放引风机 A 导叶
6	程序启动完成	

（2）引风机 A 功能子组停止顺序控制。引风机 A 功能子组停止顺序控制见表 6-15。

表 6-15 引风机 A 功能子组停止顺序控制

步序	允许条件	指令
1	（1）送风机 A 已跳闸。 （2）引风机 B 运行，或锅炉 MFT 触发	引风机 A 导叶置最小位
2	引风机 A 导叶在最小位	停止引风机 A 电动机
3	引风机 A 已跳闸	(1)关引风机 A 入口烟气挡板。 （2）释放引风机 A 导叶
4	程序停止完成	

（3）引风机功能子组设备级。

1）引风机。引风机控制见表 6-16。

表 6-16 引风机控制

项目	内容
启动允许条件	（1）引风机电动机温度正常。 （2）引风机轴承温度正常。 （3）引风机出口烟气挡板已开。 （4）引风机入口烟气挡板已关。 （5）引风机入口导叶在最小位。 （6）任一台冷却风机运行。 （7）本侧空气预热器运行
停止允许条件	两台引风机运行，且一台送风机停或两台送风机全停
保护连锁条件	联锁跳闸条件（任一条件满足）： （1）引风机轴承温度高。 （2）引风机电动机温度高。 （3）引风机轴承振动大。 （4）MFT 与炉膛压力低Ⅲ值。 （5）本侧空气预热器停运，延时若干秒停本侧引风机，或两侧空气预热器均停运并延时若干秒。 （6）引风机运行后，入口烟气挡板在若干秒内未开启。 （7）两台冷却风机均停运，延时若干秒

引风机操作：在满足启、停允许条件下，可手动启/停引风机；在满足启、停允许条件下，可程序控制启/停引风机。

2）引风机冷却风机。

a．在满足启、停允许条件下，可手动启/停引风机冷却风机。

b．在满足启、停允许条件下，可程序控制启/停引风机冷却风机。

c．运行冷却风机停止，联锁启动备用冷却风机。

d．在投备用条件下，引风机轴承温度高，联锁启动备用冷却风机。

3）引风机入口/出口烟气挡板。

a．可手动开/关引风机入口/出口烟气挡板。

b．可程序控制开/关引风机入口/出口烟气挡板。

c．本侧引风机运行，禁关引风机入口/出口烟气挡板。

d．本侧引风机运行，联锁开引风机入口/出口烟气挡板。

e．两台引风机均停运，联锁关引风机入口/出口烟气挡板。

f．本侧引风机停运且对侧引风机在运行，联锁关本侧引风机入口/出口烟气挡板。

4．送风机功能子组顺序控制

以送风机A举例说明。

（1）送风机A功能子组启动顺序控制。送风机A功能子组启动顺序控制见表6-17。

表6-17　送风机A启动功能子组顺序控制

步序	允许条件	指令
1	引风机A已运行	启动送风机A油泵
2	（1）送风机A油泵运行。 （2）送风机A油站油压正常	（1）置送风机A动叶到最小位。 （2）关闭送风机A出口挡板
3	（1）送风机A动叶在最小位。 （2）送风机A出口挡板已关。 （3）空气预热器A运行	启动送风机A电动机
4	送风机A电动机已运行	（1）开送风机A出口挡板。 （2）释放送风机A动叶
5	程序启动完成	

（2）送风机A功能子组停止顺序控制。送风机A功能子组停止顺序控制见表6-18。

表6-18　送风机A功能子组停止顺序控制

续表

步序	允许条件	指令
1		置送风机A动叶到最小位
2	送风机A动叶在最小位	停送风机A电动机
3	送风机A已停运	（1）关送风机A出口挡板。 （2）释放送风机A动叶
4	程序停止完成	

（3）送风机功能子组设备级。

1）送风机。送风机控制见表6-19。

表6-19　送风机控制

项目	内　　容
启动允许条件	（1）送风机油站油压正常。 （2）送风机油站油位正常。 （3）送风机出口挡板已关。 （4）送风机动叶在最小位。 （5）送风机轴承温度正常。 （6）送风机电动机轴承温度正常。 （7）送风机电动机绕组温度正常。 （8）本侧引风机已运行。 （9）本侧空气预热器已运行。 （10）无跳闸条件
保护联锁条件	送风机在运行状态下，若出现下列条件之一，则送风机跳闸： （1）送风机轴承温度高。 （2）送风机电动机轴承温度高。 （3）送风机轴承振动大。 （4）MFT与锅炉炉膛压力高Ⅲ值。 （5）两台空气预热器均停。 （6）本侧引风机停止或两台引风机全停。 （7）送风机启动后若干秒内出口挡板未开

送风机操作：在满足启、停允许条件下，可手动启/停送风机；在满足启、停允许条件下，可程序控制启/停送风机。

2）送风机油站油泵。

a．在满足启、停允许条件下，可手动启/停送风机油站油泵。

b．在满足启、停允许条件下，可程序控制启/停送风机油站油泵。

c．互为备用：运行油泵停运，联启备用油泵。

送风机油站油泵控制见表6-20。

表6-20　送风机油站油泵控制

项目	内　　容
启动允许条件	送风机油站油位正常
停止允许条件	（1）送风机已停运。 （2）两台油泵运行且送风机油压不低

3）送风机出口挡板。

a．可手动开/关送风机出口挡板。

b．可程序控制开/关送风机出口挡板。

c．本侧送风机运行，禁关送风机出口挡板。

d．本侧送风机运行，延时若干秒，联开。

e．两台送风机均停运，联锁开送风机出口挡板。

f. 本侧送风机停运且对侧送风机在运行，联锁关本侧送风机出口挡板。

5．一次风机功能子组顺序控制

以一次风机 A 举例说明。

（1）一次风机 A 功能子组启动顺序控制。一次风机 A 功能子组启动顺序控制见表 6-21。

表 6-21　一次风机 A 功能子组启动顺序控制

步序	允许条件	指令
1	（1）任一送风机运行。 （2）任一引风机运行。 （3）任一空气预热器运行	启动一次风机 A 油泵
2	（1）一次风机 A 油泵运行。 （2）一次风机 A 油站油压正常	（1）置一次风机 A 动叶到最小位。 （2）关闭一次风机 A 出口挡板
3	（1）一次风机 A 动叶在最小位。 （2）一次风机 A 出口挡板已关。 （3）空气预热器 A 运行。 （4）空气预热器 A 出口一次风挡板已开	启动一次风机 A 电动机
4	一次风机 A 电动机已运行	（1）开一次风机 A 出口挡板。 （2）释放一次风机 A 动叶
5	程序启动完成	

（2）一次风机 A 功能子组停止顺序控制。一次风机 A 功能子组停止顺序控制见表 6-22。

表 6-22　一次风机 A 功能子组停止顺序控制

步序	允许条件	指令
1		置一次风机 A 动叶到最小位
2	一次风机 A 动叶在最小位	停一次风机 A 电动机
3	一次风机 A 已停运	（1）关一次风机 A 出口挡板。 （2）释放一次风机 A 动叶
4	程序停运完成	

（3）一次风机功能子组设备级。

1）一次风机。一次风机控制见表 6-23。

表 6-23　一次风机控制

项目	内　容
启动允许条件	（1）一次风机油站油压正常。 （2）一次风机油站油位正常。 （3）一次风机出口挡板已关。 （4）一次风机动叶在最小位。 （5）一次风机轴承温度正常。 （6）一次风机电动机轴承温度正常。 （7）一次风机电动机绕组温度正常。 （8）任一送风机运行。 （9）任一引风机运行。 （10）任一磨煤机通道满足要求。 （11）本侧空气预热器已运行。 （12）无跳闸条件
停止允许条件	负荷小于 50%且对侧一次风机在运行状态，或磨煤机全停且密封风机全停
保护联锁条件	一次风机在运行状态下，若出现下列条件之一，则一次风机跳闸： （1）一次风机轴承温度高。 （2）一次风机电动机轴承温度高。 （3）一次风机轴承振动大。 （4）MFT。 （5）两台空气预热器或两台引风机或两台送风机停。 （6）一次风机油压低。 （7）一次风机启动后若干秒内出口挡板未开

一次风机操作：在满足启、停允许条件下，可手动启/停一次风机；在满足启、停允许条件下，可程序控制启/停一次风机。

2）一次风机油站油泵。

a．在满足启、停允许条件下，可手动启/停一次风机油站油泵。

b．在满足启、停允许条件下，可程序控制启/停一次风机油站油泵。

c．互为备用：运行油泵停运，联锁启动备用油泵。

一次风机油站油泵控制参见表 6-24。

表 6-24　一次风机油站油泵控制

项目	内　容
启动允许条件	一次风机油站油位正常
停止允许条件	（1）一次风机已停运。 （2）两台油泵运行且一次风机油压不低

3）一次风机出口挡板。

a．可手动开/关一次风机出口挡板。

b．可程序控制开/关一次风机出口挡板。

c．本侧一次风机运行，禁关一次风机出口挡板。

d．本侧一次风机运行，延时若干秒，联开一次风机出口挡板。

e. 本侧一次风机停运，联锁关本侧一次风机出口挡板。

（三）锅炉疏水排气系统功能组

1．电动疏水阀

锅炉炉膛前后墙入口联箱电动疏水阀、水冷壁联箱电动疏水阀、过热器联箱电动疏水阀、再热器联箱电动疏水阀，可手动开/关。

2. 电动排气阀

省煤器出口联箱电动排气阀、分离器出口管道电动排气阀、过热器出口电动排气阀、再热器出口电动排气阀，可手动开/关。

（四）锅炉给水及减温水系统功能组

在满足开阀允许条件时，过热器、再热器减温水电动关断阀可手动开/关。

过热器、再热器减温水电动关断阀控制见表 6-25。

表 6-25　过热器、再热器减温水电动关断阀控制

项目	内　容
开阀允许条件	（1）没有 MFT。 （2）没有 ETS。 （3）减温水调节阀开度大于设定值
联锁开阀条件	机组负荷大于设定值
联锁关阀条件（任一条件满足）	（1）机组负荷小于设定值。 （2）汽轮机跳闸。 （3）MFT

（五）暖风器系统功能组

1. 暖风器疏水泵

在满足启、停允许条件下，可手动启/停暖风器疏水泵；在满足启、停允许条件下，可程序控制启/停暖风器疏水泵。

暖风器疏水泵控制见表 6-26。

表 6-26　暖风器疏水泵控制

项目	内　容
启动允许条件	（1）暖风器疏水泵保护未动作。 （2）暖风器疏水箱液位高
保护联锁跳闸条件	暖风器疏水箱液位低
互为备用	（1）运行泵跳闸，联启备用泵。 （2）暖风器疏水箱液位高高，联启备用泵

2. 暖风器疏水箱疏水电动阀

可手动开/关暖风器疏水箱疏水电动阀。

（六）炉水循环泵系统功能组

1. 炉水循环泵

炉水循环泵控制见表 6-27。

表 6-27　炉水循环泵控制

项目	内　容
启动允许条件	（1）储水箱液位正常。 （2）炉水循环泵冷却水流量正常。 （3）炉水循环泵无保护动作。 （4）炉水循环泵出口阀全开。 （5）炉水循环泵壳体温度与炉水循环泵入口联箱温度差小于设定值
联锁启动条件	任一燃烧器在运行且负荷小于设定值，联启炉水循环泵
保护联锁跳闸条件（任一条件满足）	（1）炉水循环泵入、出口差压小于定值，延时。 （2）炉水循环泵电动机温度高。 （3）炉水循环泵壳体温度高。 （4）炉水循环泵冷却水温度高。 （5）储水箱液位低。 （6）炉水循环泵运行后出口阀未开。 （7）负荷大于设定值。 （8）给水泵跳闸

炉水循环泵操作：在满足启、停允许条件下，可手动启/停炉水循环泵；在满足启、停允许条件下，可程序控制启/停炉水循环泵。

2. 炉水循环泵出口电动阀

（1）可手动开/关炉水循环泵出口电动阀。

（2）可程序控制开/关炉水循环泵出口电动阀。

（3）炉水循环泵运行，联锁开炉水循环泵出口电动阀。

（4）炉水循环泵停止，联锁关炉水循环泵出口电动阀。

（七）吹灰系统功能组

1. 辅助蒸汽吹灰顺序控制

辅助蒸汽吹灰顺序控制参见表 6-28。

表 6-28　辅助蒸汽吹灰顺序控制

步序	允许条件	指令
1	（1）无 MFT 信号。 （2）无吹灰器过载信号。 （3）无阀门故障信号。 （4）无吹灰器运行信号。 （5）选择自动或远控状态	允许自动程序启动
2	选择辅助蒸汽吹灰	关主蒸汽电动截止阀
3	主蒸汽电动截止阀已关闭	开电动疏水阀
4	电动疏水阀已开	开辅助蒸汽电动截止阀
5	（1）辅助蒸汽电动截止阀已开。 （2）疏水温度高	关电动疏水阀
6	电动疏水阀已关	运行空气预热器吹灰器
7	空气预热器吹灰结束	关辅助蒸汽电动截止阀
8	辅助蒸汽电动截止阀已关	开电动疏水阀
9	电动疏水阀已开	辅助蒸汽吹灰顺序控制结束

2. 主蒸汽吹灰顺序控制

主蒸汽吹灰顺序控制见表 6-29。

表 6-29　　主蒸汽吹灰顺序控制

步序	允许条件	指令
1	(1) 无 MFT 信号。 (2) 无吹灰器过载信号。 (3) 无阀门故障信号。 (4) 无吹灰器运行信号。 (5)选择自动或远控状态	允许自动程序启动
2	选择主蒸汽吹灰	关辅助蒸汽电动截止阀
3	辅助蒸汽电动截止阀已关闭	开电动疏水阀
4	电动疏水阀已开	开主蒸汽电动截止阀
5	(1)主蒸汽电动截止阀已开。 (2) 疏水温度高	关电动疏水阀
6	(1) 电动疏水阀已关。 (2) 吹灰蒸汽压力满足要求	运行锅炉吹灰器（空气预热器吹灰器、炉膛吹灰器、长伸缩吹灰器、半伸缩吹灰器）
7	锅炉吹灰结束	关主蒸汽电动截止阀
8	主蒸汽电动截止阀已关	开电动疏水阀
9	电动疏水阀已开	主蒸汽吹灰顺序控制结束

3. 吹灰器

在满足启、停允许条件下，可手动启/停吹灰器。

4. 主蒸汽电动截止阀、辅助蒸汽电动截止阀、电动疏水阀

在满足开、关允许条件下，可手动开/关主蒸汽电动截止阀、辅助蒸汽电动截止阀、电动疏水阀。

四、汽轮机顺序控制

(一) 汽轮机 SCS 控制项目划分

汽轮机 SCS 控制见表 6-30。

表 6-30　　汽轮机 SCS 控制

序号	功能组（子组）或系统	被控对象
1	汽动给水泵系统	汽动给水泵前置泵、汽动给水泵前置泵入口电动阀、汽动给水泵出口电动阀、汽动给水泵最小流量再循环阀、给水泵汽轮机主油泵、给水泵汽轮机事故油泵、给水泵汽轮机排汽电动阀、四段抽汽至给水泵汽轮机电动阀、四段抽汽至给水泵汽轮机止回阀、给水泵汽轮机本体疏水阀、给水泵汽轮机油箱电加热器
2	电动给水泵系统	电动给水泵、电动给水泵前置泵入口电动阀、电动给水泵出口电动阀、电动给水泵最小流量再循环阀、电动给水泵液力偶合器辅助油泵
3	凝结水系统	凝结水泵、凝结水泵出口电动阀、凝结水泵入口电动阀、凝结水泵最小流量再循环阀、凝结水输送泵、凝结水至疏水扩容器减温水阀、凝结水至低压旁路三级减温器减温水阀
4	凝汽器真空系统	真空泵、真空泵入口气动阀、真空破坏阀、真空泵补水电磁阀
5	高压加热器系统	抽汽电动阀、抽汽止回阀、抽汽止回阀前后管道疏水阀、高压加热器正常疏水阀、高压加热器事故疏水阀、3 号高压加热器入口三通阀、1 号高压加热器出口阀
6	低压加热器系统	抽汽电动阀、抽汽止回阀、抽汽止回阀前后管道疏水阀、低压加热器正常疏水阀、低压加热器事故疏水阀、低压加热器入口电动阀、低压加热器出口电动阀、低压加热器旁路电动阀、低压加热器至循环水电动阀
7	除氧器及 4 号段抽汽系统	4 号段抽汽止回阀、4 号段抽汽电动阀、4 号段抽汽至除氧器电动阀、4 号段抽汽止回阀前后管道疏水阀、除氧器紧急放水阀、除氧器溢流放水阀、除氧器水位调节旁路电动阀、4 号段抽汽至给水泵汽轮机电动阀、4 号段抽汽至给水泵汽轮机电动阀前后管道疏水阀
8	辅助蒸汽系统	抽汽至辅助蒸汽电动阀、冷段至辅助蒸汽电动阀、启动锅炉至辅助蒸汽电动阀、辅助蒸汽联箱疏水阀、辅助蒸汽至除氧器电动阀、辅助蒸汽至给水泵汽轮机电动阀、辅助蒸汽至磨煤机消防电动阀、辅助蒸汽至采暖用汽电动阀
9	汽轮机轴封系统	轴封冷却器风机、辅助蒸汽至轴封电动阀、冷再至轴封电动阀、轴封溢流电动阀、高压缸疏水阀、主汽阀疏水阀
10	汽轮机防进水保护系统	冷段至给水泵汽轮机疏水阀、抽汽止回阀前疏水阀、抽汽止回阀后疏水阀、高压缸排汽止回阀前管道疏水阀、主汽阀前管道疏水气动阀、冷再蒸汽管道疏水气动阀、再热蒸汽阀前管道疏水气动阀
11	汽轮机油系统	交流润滑油泵、直流润滑油泵、主油箱排烟风机、顶轴油泵、盘车、交流润滑油泵试验电磁阀、直流润滑油泵试验电磁阀、EH 油泵、EH 油循环泵、EH 油电加热器、EH 油泵试验电磁阀
12	发电机氢油水系统	氢气干燥器、密封油主油泵、密封油事故油泵、密封油循环泵、密封油箱排烟风机、发电机定子冷却水泵
13	开式循环冷却水系统	循环水泵、循环水泵出口液控蝶阀、凝汽器循环水泵入口电动阀、凝汽器循环水泵出口电动阀、开式循环冷却水泵、开式循环冷却水泵入口电动阀、开式循环冷却水泵出口电动阀
14	闭式循环冷却水系统	闭式循环冷却水泵、闭式循环冷却水泵出口电动阀、闭式循环冷却水泵入口电动阀、闭式循环冷却水热交换器入口电动阀、闭式循环冷却水热交换器出口电动阀、闭式循环冷却水箱补水阀

（二）汽动给水泵系统功能组

1. 汽动给水泵系统功能组顺序控制

汽动给水泵系统功能组只针对汽动给水泵前置泵的顺序控制，汽动给水泵主泵的启停控制在 MEH 中完成。

（1）汽动给水泵启动顺序控制。汽动给水泵启动顺序控制见表 6-31。

表 6-31　　汽动给水泵启动顺序控制

步序	允许条件	指令
1	（1）除氧器水位正常。 （2）无跳闸条件	启动给水泵汽轮机工作油泵
2	（1）给水泵汽轮机工作油泵已启动。 （2）润滑油压正常	开汽动给水泵最小流量再循环阀
3	汽动给水泵最小流量再循环阀已开	（1）开汽动给水泵前置泵入口电动阀。 （2）关汽动给水泵出口电动阀
4	（1）汽动给水泵前置泵入口电动阀已开。 （2）汽动给水泵出口电动阀已全关	启动汽动给水泵前置泵
5	汽动给水泵前置泵已运行	释放汽动给水泵最小流量再循环阀，程序启动结束

（2）汽动给水泵停止顺序控制。汽动给水泵停止顺序控制见表 6-32。

表 6-32　　汽动给水泵停止顺序控制

步序	允许条件	指令
1	给水泵汽轮机已停机	开汽动给水泵最小流量再循环阀
2	汽动给水泵最小流量再循环阀已开	停汽动给水泵前置泵
3	汽动给水泵前置泵已停运	程序停止结束

2. 汽动给水泵系统功能组设备级

（1）汽动给水泵前置泵。汽动给水泵前置泵控制见表 6-33。

表 6-33　　汽动给水泵前置泵控制

续表

项目	内　　容
启动允许条件	（1）除氧器水位正常。 （2）汽动给水泵前置泵入口电动阀已开。 （3）汽动给水泵出口电动阀已关。 （4）汽动给水泵最小流量再循环阀已开。 （5）汽动给水泵润滑油压力正常。 （6）汽动给水泵前置泵轴承温度正常。 （7）汽动给水泵前置泵电动机温度正常。 （8）无跳闸条件
停止允许条件	给水泵汽轮机停运，延时若干秒
保护联锁条件	联锁跳闸条件（任一条件满足）： （1）除氧器水位低低。 （2）汽动给水泵最小流量再循环阀已关，且给水泵入口流量低，延时若干秒。 （3）汽动给水泵前置泵运行若干秒，最小流量再循环阀未打开。 （4）汽动给水泵前置泵已运行，前置泵入口电动阀关闭，延时若干秒。 （5）汽动给水泵前置泵轴承温度高高。 （6）汽动给水泵前置泵电动机温度高高

汽动给水泵前置泵操作：在满足启、停允许条件下，可手动启/停汽动给水泵前置泵；在满足启、停允许条件下，可程序控制启/停汽动给水泵前置泵。

（2）汽动给水泵前置泵入口电动阀。

1）可手动开/关汽动给水泵前置泵入口电动阀。

2）可程序控制开/关汽动给水泵前置泵入口电动阀。

3）汽动给水泵前置泵运行，禁关此电动阀。

（3）汽动给水泵出口电动阀。

1）可手动开/关汽动给水泵出口电动阀。

2）可程序控制开/关汽动给水泵出口电动阀。

3）汽动给水泵停运时，联锁关汽动给水泵出口电动阀。

（4）汽动给水泵最小流量再循环阀。

1）可手动开/关汽动给水泵最小流量再循环阀。

2）可程序控制开/关汽动给水泵最小流量再循环阀。

3）汽动给水泵入口流量低，联锁开汽动给水泵最小流量再循环阀。

4）汽动给水泵跳闸，联锁开汽动给水泵最小流量再循环阀。

5）汽动给水泵入口流量高，联锁关汽动给水泵最小流量再循环阀。

（5）给水泵汽轮机主油泵。

1）在满足启、停允许条件下，可手动启/停给水泵汽轮机主油泵。

2）在满足启、停允许条件下，可程序控制启/停给水泵汽轮机主油泵。

3）在投备用条件下，运行油泵跳闸，联锁启动备用油泵。

4）在投备用条件下，润滑油压力低，联锁启动备用油泵。

（6）给水泵汽轮机事故油泵。

1）在满足启、停允许条件下，可手动启/停给水泵汽轮机事故油泵。

2）在满足启、停允许条件下，可程序控制启动给水泵汽轮机事故油泵。

3）主油泵跳闸，联锁启动事故油泵。

4）润滑油压力低低，联锁启动事故油泵。

（7）给水泵汽轮机排汽电动阀。

1）可手动开/关给水泵汽轮机排汽电动阀。

2）主汽轮机与给水泵汽轮机真空差值在允许范围内，允许开此阀门。

3）给水泵汽轮机在运行，禁关此阀门。

（8）四段抽汽至给水泵汽轮机电动阀。

1）可手动开/关四段抽汽至给水泵汽轮机电动阀。

2）汽轮机跳闸或发电机跳闸，联锁关此阀门。

（9）四段抽汽至给水泵汽轮机止回阀。

1）可手动开/关四段抽汽至给水泵汽轮机止回阀。

2）汽轮机跳闸或发电机跳闸，联锁关此阀门。

（10）给水泵汽轮机本体疏水阀。

1）可手动开/关给水泵汽轮机本体疏水阀。

2）机组负荷小于设定值或给水泵汽轮机跳闸，联开此阀门。

3）机组负荷大于设定值，联锁关此阀门。

（11）给水泵汽轮机油箱电加热器。给水泵汽轮机油箱电加热器控制见表 6-34。

表 6-34　给水泵汽轮机油箱电加热器控制

项目	内　　容
启动允许条件	（1）给水泵汽轮机油箱油位正常。 （2）任一台油泵在运行
保护联锁条件	联锁启动条件：给水泵汽轮机油箱油温低。 联锁跳闸条件（任一条件满足）： （1）给水泵汽轮机油箱油温高。 （2）给水泵汽轮机油箱油位低。 （3）给水泵汽轮机油泵全部跳闸

给水泵汽轮机油箱电加热器操作：在满足启、停允许条件下，可手动启/停给水泵汽轮机油箱电加热器。

（三）电动给水泵系统功能组

1. 电动给水泵系统功能组顺序控制

（1）电动给水泵启动。电动给水泵启动顺序控制见表 6-35。

表 6-35　电动给水泵启动顺序控制

步序	允许条件	指令
1	（1）除氧器水位正常。 （2）无跳闸条件	启动电动给水泵液力偶合器辅助油泵
2	（1）电动给水泵液力偶合器辅助油泵已启动。 （2）润滑油压正常	（1）置电动给水泵液力偶合器勺管最小位。 （2）开电动给水泵最小流量再循环阀。 （3）关电动给水泵出口电动阀
3	（1）电动给水泵液力偶合器勺管在最小位。 （2）电动给水泵最小流量再循环阀已开。 （3）电动给水泵出口电动阀已关	开电动给水泵前置泵入口电动阀
4	电动给水泵前置泵入口电动阀已开	启动电动给水泵电动机
5	电动给水泵运行	开电动给水泵出口电动阀
6	电动给水泵出口电动阀已开	释放电动给水泵最小流量再循环阀，程序启动结束

（2）电动给水泵停止。电动给水泵停止顺序控制见表 6-36。

表 6-36　电动给水泵停止顺序控制

步序	允许条件	指令
1	电动给水泵停止指令	启动电动给水泵液力偶合器辅助油泵
2	（1）电动给水泵液力偶合器辅助油泵已启动。 （2）润滑油压正常	（1）置电动给水泵液力偶合器勺管最小位。 （2）开电动给水泵最小流量再循环阀
3	（1）电动给水泵液力偶合器勺管在最小位。 （2）电动给水泵最小流量再循环阀已开	关电动给水泵出口电动阀
4	电动给水泵出口电动阀已关	停电动给水泵电动机
5	电动给水泵已停运	延时若干分钟，停电动给水泵液力偶合器辅助油泵，程序停止结束

2. 电动给水泵系统功能组设备级

（1）电动给水泵。电动给水泵控制见表 6-37。

表 6-37　电动给水泵控制

项目	内　　容
启动允许条件	（1）除氧器水位正常。 （2）电动给水泵前置泵入口电动阀已开。 （3）电动给水泵出口电动阀已关。 （4）电动给水泵最小流量再循环阀已开。 （5）电动给水泵液力偶合器勺管在最小位。 （6）电动给水泵液力偶合器润滑油压力正常。 （7）电动给水泵润滑油冷却器进出口温度正常。 （8）电动给水泵工作油冷却器进出口温度正常。

续表

项目	内　　容
启动允许条件	（9）电动给水泵轴承温度正常。 （10）电动给水泵电动机温度正常。 （11）电动给水泵无反转。 （12）电动给水泵密封水压力正常。 （13）无跳闸条件
投切备用条件	投入备用时，任一汽动给水泵停运，启动电动给水泵
保护联锁条件	联锁跳闸条件（任一条件满足）： （1）除氧器水位低低。 （2）电动给水泵液力偶合器润滑油压力低低。 （3）电动给水泵最小流量再循环阀已关，且给水泵入口流量低，延时若干秒。 （4）电动给水泵已运行，前置泵入口电动阀关闭。 （5）电动给水泵已运行，给水泵入口压力低。 （6）电动给水泵润滑油冷却器进出口温度高高。 （7）电动给水泵工作油冷却器进出口温度高高。 （8）电动给水泵轴承温度高高。 （9）电动给水泵电动机温度高高。 （10）电动给水泵密封水压力低

电动给水泵操作：在满足启、停允许条件下，可手动启/停电动给水泵；在满足启、停允许条件下，可程序控制启/停电动给水泵。

（2）电动给水泵前置泵入口电动阀。

1）可手动开/关电动给水泵前置泵入口电动阀。

2）可程序控制开/关电动给水泵前置泵入口电动阀。

3）电动给水泵运行，禁关此电动阀。

4）电动给水泵投备用请求，联锁开此电动阀。

（3）电动给水泵出口电动阀。

1）可手动开/关电动给水泵出口电动阀。

2）可程序控制开/关电动给水泵出口电动阀。

3）电动给水泵停运时，联锁关本电动阀。

4）电动给水泵投备用请求，联锁开此电动阀。

（4）电动给水泵最小流量再循环阀。

1）可手动开/关电动给水泵最小流量再循环阀。

2）可程序控制开/关电动给水泵最小流量再循环阀。

3）电动给水泵入口流量低，联锁开本阀门。

4）电动给水泵入口流量高，联锁关本阀门。

（5）电动给水泵液力偶合器辅助油泵。电动给水泵液力偶合器辅助油泵顺序控制见表6-38。

表6-38　电动给水泵液力偶合器辅助油泵控制

项目	内　　容
保护联锁条件	联锁启动条件（任一条件满足）： （1）电动给水泵投备用请求。 （2）电动给水泵运行且润滑油压力低。 （3）电动给水泵停止指令。 （4）电动给水泵停运。 联锁停止条件：电动给水泵停止步序未在进行，且润滑油压力高

电动给水泵液力偶合器辅助油泵操作：在满足启、停允许条件下，可手动启/停电动给水泵液力偶合器辅助油泵；在满足启、停允许条件下，可程序控制启/停电动给水泵液力偶合器辅助油泵。

（四）凝结水系统功能组

1. 凝结水泵功能子组顺序控制

（1）凝结水泵子组启动顺序控制。凝结水泵功能子组启动顺序控制见表6-39。

表6-39　凝结水泵子组启动顺序控制

步序	允许条件	指令
1	（1）凝汽器热井水位正常。 （2）无跳闸条件	开凝结水泵最小流量阀
2	凝结水泵最小流量阀已开	开凝结水泵入口电动阀
3	凝结水泵入口电动阀已开	关凝结水泵出口电动阀
4	凝结水泵出口电动阀已关	启动凝结水泵电动机
5	凝结水泵已运行	开凝结水泵出口电动阀，程序启动结束

（2）凝结水泵功能子组停止顺序控制。凝结水泵功能子组停止顺序控制见表6-40。

表6-40　凝结水泵功能子组停止顺序控制

步序	允许条件	指令
1	凝结水泵功能子组停止指令	（1）关凝结水泵出口电动阀。 （2）开凝结水泵最小流量阀
2	（1）凝结水泵出口电动阀已关。 （2）凝结水泵最小流量阀已开	停凝结水泵电动机，程序停止结束

2. 凝结水系统功能组设备级

（1）凝结水泵。凝结水泵控制见表6-41。

表6-41　凝结水泵控制

项目	内　　容
启动允许条件	（1）凝结水泵入口电动阀已开。 （2）凝汽器热井水位正常。 （3）凝结水泵最小流量阀已开且凝结水泵出口电动阀已关。 （4）凝结水泵轴承温度正常。 （5）凝结水泵电动机温度正常。 （6）凝结水精处理主管路电动阀或旁路电动阀已开。 （7）无跳闸条件
互为备用条件	备用投入时，联启备用泵条件（任一条件满足）： （1）运行泵跳闸。 （2）运行泵运行且凝结水泵出口母管压力低，延时若干秒

续表

项目	内　　容
保护联锁条件	联锁跳闸条件（任一条件满足）： （1）凝汽器热井水位低低。 （2）凝结水泵轴承温度高高。 （3）凝结水泵电动机温度高高。 （4）凝结水泵在运行且凝结水泵入口电动阀关闭。 （5）凝结水泵在运行且凝结水泵出口电动阀关闭，延时若干秒

凝结水泵操作：在满足启、停允许条件下，可手动启/停凝结水泵；在满足启、停允许条件下，可程序控制启/停凝结水泵。

（2）凝结水泵出口电动阀。

1）可手动开/关凝结水泵出口电动阀。

2）可程序控制开/关凝结水泵出口电动阀。

3）本侧凝结水泵停运时，联锁关此电动阀。

4）本侧凝结水泵投备用请求，联锁开此电动阀。

（3）凝结水泵入口电动阀。

1）可手动开/关凝结水泵入口电动阀。

2）可程序控制开/关凝结水泵入口电动阀。

3）本侧凝结水泵运行时，禁关此电动阀。

4）本侧凝结水泵投运，联锁开此电动阀。

（4）凝结水泵最小流量阀。

1）可手动开/关凝结水泵最小流量阀。

2）可程序控制开/关凝结水泵最小流量阀。

3）凝结水流量低，联锁开最小流量阀。

4）除氧器水位高高，联锁开最小流量阀。

5）凝结水流量高，联锁关最小流量阀。

（5）凝结水输送泵。凝结水输送泵控制见表 6-42。

表 6-42　　凝结水输送泵控制

项目	内　　容
启动允许条件	凝结水储水箱液位正常
保护联锁条件	联锁停止条件：凝结水储水箱液位低低

凝结水输送泵操作：在满足启、停允许条件下，可手动启/停凝结水输送泵。

（6）凝结水至疏水扩容器减温水阀。

1）可手动开/关凝结水至疏水扩容器减温水阀。

2）疏水扩容器温度高，联锁开此阀门。

3）疏水扩容器温度低，延时若干秒，联关此阀门。

（7）凝结水至低压旁路三级减温器减温水阀。

1）可手动开/关凝结水至低压旁路三级减温器减温水阀。

2）排汽温度高，联锁开此阀门。

3）排汽温度低，延时若干秒，联锁关此阀门。

（五）凝汽器真空系统功能组

1. 真空泵

真空泵功能组见表 6-43。

表 6-43　　真 空 泵 功 能 组

项目	内　　容
启动允许条件	（1）真空泵分离器液位正常。 （2）真空泵入口气动阀已关。 （3）本体温度正常
互为备用条件	联锁启动备用泵条件（任一条件满足）： （1）运行泵跳闸。 （2）运行泵运行且入口真空低
保护联锁条件	联锁跳闸条件（任一条件满足）： （1）真空泵运行且对应的入口气动阀关闭，延时若干秒。 （2）真空泵本体温度高

真空泵操作：在满足启、停允许条件下，可手动启/停真空泵。

2. 真空泵入口气动阀

（1）可手动开/关真空泵入口气动阀。

（2）可程序控制开/关真空泵入口气动阀。

（3）真空泵运行且对应的入口压力低，联锁开本侧入口气动阀。

（4）真空泵停运，联锁关本侧入口气动阀。

3. 真空破坏阀

（1）可手动开/关真空破坏阀；

（2）汽轮机跳闸，允许开该阀门。

4. 真空泵补水电磁阀

（1）可手动开/关真空泵补水电磁阀。

（2）可程序控制开/关真空泵补水电磁阀。

（3）真空泵分离器液位低，联锁开本侧真空泵补水电磁阀。

（4）真空泵分离器液位正常，联锁关本侧真空泵补水电磁阀。

（六）高压加热器系统功能组

1. 高压加热器系统功能组顺序控制

（1）高压加热器启动顺序控制。高压加热器启动顺序控制见表 6-44。

表 6-44　　高压加热器启动顺序控制

步序	允许条件	指令
1	所有高压加热器水位正常	（1）关 1、2、3 号高压加热器事故疏水阀。 （2）释放 1、2、3 号高压加热器正常疏水阀。 （3）开 1、2、3 段抽汽止回阀前后管道疏水阀

续表

步序	允许条件	指令
2	（1）1、2、3号高压加热器事故疏水阀已关。 （2）1、2、3号高压加热器正常疏水阀已释放。 （3）1、2、3段抽汽止回阀前后管道疏水阀已开	开1号高压加热器出口阀
3	1号高压加热器出口阀已开	开3号高压加热器入口三通阀
4	3号高压加热器入口三通阀已开	开1、2、3段抽汽止回阀
5	1、2、3段抽汽止回阀已开	开3段抽汽电动阀
6	3段抽汽电动阀已开	开2段抽汽电动阀
7	2段抽汽电动阀已开	开1段抽汽电动阀
8	1段抽汽电动阀已开	延时若干秒且负荷大于设定值，关1、2、3段抽汽止回阀前后管道疏水阀，程序启动结束

（2）高压加热器停止顺序控制。高压加热器停止顺序控制见表6-45。

表6-45　高压加热器停止顺序控制

步序	允许条件	指令
1	高压加热器停止指令	关1段抽汽电动阀
2	1段抽汽电动阀已关	关2段抽汽电动阀
3	2段抽汽电动阀已关	关3段抽汽电动阀
4	3段抽汽电动阀已关	（1）关1、2、3段抽汽止回阀。 （2）开1、2、3段抽汽止回阀前后管道疏水阀
5	（1）1、2、3段抽汽止回阀已关。 （2）1、2、3段抽汽止回阀前后管道疏水阀已开	关3号高压加热器入口三通阀
6	3号高压加热器入口三通阀已关	关1号高压加热器出口阀，程序停止结束

（3）高压加热解列顺序控制。高压加热器解列顺序控制参见表6-46。

表6-46　高压加热器解列顺序控制

项目	内　　容
高压加热器解列条件（任一条件满足）	（1）汽轮机跳闸。 （2）发电机跳闸。 （3）任一高压加热器水位高Ⅲ值。 （4）手动解列指令
高压加热器解列操作	（1）关1、2、3段抽汽止回阀。 （2）开1、2、3段抽汽止回阀前后管道疏水阀。 （3）关1、2、3段抽汽电动阀。 （4）开1、2、3号高压加热器事故疏水阀

2. 高压加热器系统功能组设备级

（1）1、2、3段抽汽电动阀。

1）可手动开/关1、2、3段抽汽电动阀。

2）可程序控制开/关1、2、3段抽汽电动阀。

3）抽汽止回阀已开，允许开对应侧抽汽电动阀。

4）高压加热器解列，联锁关抽汽电动阀。

（2）1、2、3段抽汽止回阀。

1）可手动开/关1、2、3段抽汽止回阀。

2）可程序控制开/关1、2、3段抽汽止回阀。

3）1号高压加热器出口阀和3号高压加热器入口三通阀已开，允许开抽汽止回阀。

4）高压加热器解列，联锁关抽汽止回阀。

5）抽汽电动阀已关，联锁关抽汽止回阀。

（3）1、2、3段抽汽止回阀前后管道疏水阀。

1）可手动开/关1、2、3段抽汽止回阀前后管道疏水阀。

2）可程序控制开/关1、2、3段抽汽止回阀前后管道疏水阀。

3）高压加热器解列，联锁开疏水阀。

4）汽轮机负荷小于10%，联开疏水阀。

5）汽轮机负荷大于10%，联关疏水阀。

（4）1、2、3号高压加热器正常疏水阀。

1）可手动开/关1、2、3号高压加热器正常疏水阀。

2）本级高压加热器水位低，联锁关本级正常疏水阀。

3）下一级高压加热器水位高高，联锁关本级正常疏水阀。

（5）1、2、3号高压加热器事故疏水阀。

1）可手动开/关1、2、3号高压加热器事故疏水阀。

2）高压加热器解列或本级高压加热器水位高高，联锁开本级事故疏水阀。

3）本级高压加热器水位正常，延时若干秒，联锁关本级正常疏水阀。

（6）3号高压加热器入口三通阀。

1）可手动开/关3号高压加热器入口三通阀。

2）可程序控制开/关3号高压加热器入口三通阀。

3）1号高压加热器出口阀已开，允许开本阀门。

4）高压加热器解列，联锁关本阀门。

5）任一高压加热器水位高Ⅲ值，联锁关本阀门。

（7）1号高压加热器出口阀。

1）可手动开/关1号高压加热器出口阀。

2）可程序控制开/关1号高压加热器出口阀。

3）3号高压加热器入口三通阀已关，允许关该阀门。

4）高压加热器解列，联锁关该阀门。

5）任一高压加热器水位高Ⅲ值，联关该阀门。

（七）低压加热器系统功能组

1. 5、6号低压加热器系统功能子组顺序控制

（1）5、6号低压加热器启动顺序控制。5、6号低压加热器启动顺序控制见表6-47。

表6-47 5、6号低压加热器启动顺序控制

步序	允许条件	指令
1	5、6号低压加热器启动指令	开5、6号低压加热器出口电动阀
2	5、6号低压加热器出口电动阀门已开	开5、6号低压加热器入口电动阀
3	5、6号低压加热器入口电动阀已开	开5、6段抽汽止回阀前后管道疏水阀
4	5、6段抽汽止回阀前后管道疏水阀已开	关5、6号低压加热器旁路电动阀
5	5、6号低压加热器旁路电动阀已关	开5、6段抽汽止回阀
6	5、6段抽汽止回阀已开	开5、6段抽汽电动阀
7	5、6段抽汽电动阀已开	延时若干秒且负荷大于设定值，关5、6段抽汽止回阀前后管道疏水阀，程序启动结束

（2）5、6号低压加热器停止顺序控制。5、6号低压加热器停止顺序控制见表6-48。

表6-48 5、6号低压加热器停止顺序控制

步序	允许条件	指令
1		关5、6段抽汽电动阀
2	5、6段抽汽电动阀已关	关5、6段抽汽止回阀
3	5、6段抽汽止回阀已关	开5、6段抽汽止回阀前后管道疏水阀
4	5、6段抽汽止回阀前后管道疏水阀已开	开5、6号低压加热器旁路电动阀
5	5、6号低压加热器旁路电动阀已开	关5、6号低压加热器入口电动阀
6	5、6号低压加热器入口电动阀已关	关5、6号低压加热器出口电动阀，程序停止结束

（3）5、6号低压加热器解列顺序控制。5、6号低压加热器解列顺序控制见表6-49。

表6-49 5、6号低压加热器解列顺序控制

项目	内容
5、6号低压加热器解列条件（任一条件满足）	（1）汽轮机跳闸。 （2）发电机跳闸。 （3）5、6号低压加热器水位高高。 （4）手动解列指令
5、6号低压加热器解列操作	（1）关5、6段抽汽止回阀。 （2）关5、6段抽汽电动阀。 （3）开5、6号低压加热器旁路电动阀。 （4）关5、6号低压加热器出口电动阀，关5、6号低压加热器入口电动阀。 （5）开5、6段抽汽止回阀前后管道疏水阀

2. 7、8号低压加热器系统功能子组顺序控制

（1）7、8号低压加热器启动顺序控制。7、8号低压加热器启动顺序控制见表6-50。

表6-50 7、8号低压加热器启动顺序控制

步序	允许条件	指令
1	7、8号低压加热器启动指令	释放7、8号低压加热器事故疏水阀
2	7、8号低压加热器事故疏水阀已释放	开7、8号低压加热器出口电动阀
3	7、8号低压加热器出口电动阀已开	开7、8号低压加热器入口电动阀
4	7、8号低压加热器入口电动阀已开	关7、8号低压加热器旁路电动阀，程序启动结束

（2）7、8号低压加热器停止顺序控制。7、8号低压加热器停止顺序控制见表6-51。

表6-51 7、8号低压加热器停止顺序控制

步序	允许条件	指令
1	7、8号低压加热器停止指令	开7、8号低压加热器旁路电动阀
2	7、8号低压加热器旁路电动阀已开	关7、8号低压加热器入口电动阀
3	7、8号低压加热器入口电动阀已关	关7、8号低压加热器出口电动阀
4	7、8号低压加热器出口电动阀已关	开7、8号低压加热器事故疏水阀，程序停止结束

（3）7、8号低压加热器解列顺序控制。7、8号低压加热器解列顺序控制见表6-52。

表6-52 7、8号低压加热器解列顺序控制

项目	内容
7、8号低压加热器解列条件（任一条件满足）	（1）汽轮机跳闸。 （2）发电机跳闸。 （3）7、8号低压加热器水位高高。 （4）手动解列指令
7、8号低压加热器解列操作	（1）开7、8号低压加热器旁路电动阀。 （2）关7、8号低压加热器出口电动阀，关7、8号低压加热器入口电动阀

3. 低压加热器系统功能组设备级

（1）5、6 段抽汽电动阀。

1）可手动开/关 5、6 段抽汽电动阀。

2）可程序控制开/关 5、6 段抽汽电动阀。

3）汽轮机跳闸，允许开抽汽电动阀。

4）5、6 号低压加热器解列，联锁关抽汽电动阀。

5）汽轮机跳闸，低压加热器水位高高，联锁关抽汽电动阀。

（2）5、6 段抽汽止回阀。

1）可手动开/关 5、6 段抽汽止回阀。

2）可程序控制开/关 5、6 段抽汽止回阀。

3）5、6 号低压加热器入口阀和出口阀已开，允许开抽汽止回阀。

4）5、6 号低压加热器解列，联锁关抽汽止回阀。

5）5、6 段抽汽电动阀已关，联锁关抽汽止回阀。

（3）5、6 段抽汽止回阀前后管道疏水阀。

1）可手动开/关 5、6 段抽汽止回阀前后管道疏水阀。

2）可程序控制开/关 5、6 段抽汽止回阀前后管道疏水阀。

3）5、6 号低压加热器解列，联锁开疏水阀。

4）汽轮机负荷小于 20%，联锁开疏水阀。

5）汽轮机负荷大于 20%，联锁关疏水阀。

（4）5、6 号低压加热器正常疏水阀。

1）可手动开/关 5、6 号低压加热器正常疏水阀。

2）本级低压加热器水位低，联锁关本级正常疏水阀。

3）下一级低压加热器水位高，联锁关本级正常疏水阀。

（5）5、6 号低压加热器事故疏水阀。

1）可手动开/关 5、6 号低压加热器事故疏水阀。

2）5、6 号低压加热器解列或本级低压加热器水位高高，联锁开本级事故疏水阀。

3）本级低压加热器水位正常，延时若干秒，联锁关本级正常疏水阀。

（6）5、6 号低压加热器入口电动阀。

1）可手动开/关 5、6 号低压加热器入口电动阀。

2）可程序控制开/关 5、6 号低压加热器入口电动阀。

3）5、6 号低压加热器出口电动阀已开，允许开该阀门。

4）5、6 号低压加热器旁路电动阀已关，禁关该阀门。

5）5、6 号低压加热器解列，联锁关该阀门。

（7）5、6 号低压加热器出口电动阀。

1）可手动开/关 5、6 号低压加热器出口电动阀。

2）可程序控制开/关 5、6 号低压加热器出口电动阀。

3）5、6 号低压加热器入口电动阀已关，允许关该阀门。

4）5、6 号低压加热器旁路电动阀已关，禁关该阀门。

5）5、6 号低压加热器解列，联锁关该阀门。

（8）5、6 号低压加热器旁路电动阀。

1）可手动开/关 5、6 号低压加热器旁路电动阀。

2）可程序控制开/关 5、6 号低压加热器旁路电动阀。

3）5、6 号低压加热器入口电动阀和出口电动阀已开，允许关该阀门。

4）5、6 号低压加热器解列，联锁开该阀门。

（9）5 号低压加热器至循环水电动阀。可手动开/关 5 号低压加热器至循环水电动阀。

（10）7、8 号低压加热器入口电动阀。

1）可手动开/关 7、8 号低压加热器入口电动阀。

2）可程序控制开/关 7、8 号低压加热器入口电动阀。

3）7、8 号低压加热器出口电动阀已开，允许开该阀门。

4）7、8 号低压加热器旁路电动阀已关，禁关该阀门。

5）7、8 号低压加热器解列，联锁关该阀门。

（11）7、8 号低压加热器出口电动阀。

1）可手动开/关 7、8 号低压加热器出口电动阀。

2）可程序控制开/关 7、8 号低压加热器出口电动阀。

3）7、8 号低压加热器入口电动阀已关，允许关该阀门。

4）7、8 号低压加热器旁路电动阀已关，禁关该阀门。

5）7、8 号低压加热器解列，联锁关该阀门。

（12）7、8 号低压加热器旁路电动阀。

1）可手动开/关 7、8 号低压加热器旁路电动阀。

2）可程序控制开/关 7、8 号低压加热器旁路电动阀。

3）7、8 号低压加热器入口电动阀和出口电动阀已开，允许关该阀门。

4）7、8 号低压加热器解列，联锁开该阀门。

（13）7、8 号低压加热器正常疏水阀。

1）可手动开/关 7、8 号低压加热器正常疏水阀。

2）本级低压加热器水位低，联锁关本级正常疏水阀。

3）下一级低压加热器水位高，联锁关本级正常疏水阀。

（14）7、8 号低压加热器事故疏水阀。

1）可手动开/关 7、8 号低压加热器事故疏水阀。

2）7、8 号低压加热器解列或本级低压加热器水位高高，联锁开本级事故疏水阀。

3）本级低压加热器水位正常，延时若干秒，联锁关本级正常疏水阀。

（八）除氧器及 4 段抽汽系统功能组

1. 除氧器及 4 段抽汽系统功能组顺序控制

（1）除氧器及 4 段抽汽系统启动顺序控制。除氧器及 4 段抽汽系统启动顺序控制见表 6-53。

表 6-53　除氧器及 4 段抽汽系统启动顺序控制

步序	允许条件	指令
1	除氧器及 4 段抽汽系统启动指令	关除氧器紧急放水阀
2	除氧器紧急放水阀已关	开 4 段抽汽止回阀前后管道疏水阀
3	（1）4 段抽汽止回阀前后管道疏水阀已开。 （2）除氧器水位正常	开 4 段抽汽止回阀
4	4 段抽汽止回阀已开	开 4 段抽汽电动阀
5	4 段抽汽电动阀已开	开 4 段抽汽至除氧器电动阀
6	4 段抽汽至除氧器电动阀已开	延时若干秒，关 4 段抽汽止回阀前后管道疏水阀，程序启动结束

（2）除氧器及 4 段抽汽系统停止顺序控制。除氧器及 4 段抽汽系统停止顺序控制见表 6-54。

表 6-54　除氧器及 4 段抽汽系统停止顺序控制

步序	允许条件	指令
1	除氧器及 4 段抽汽系统停止指令	关 4 段抽汽至除氧器电动阀
2	4 段抽汽至除氧器电动阀已关	关 4 段抽汽电动阀
3	4 段抽汽电动阀已关	关 4 段抽汽止回阀
4	4 段抽汽止回阀已关	开 4 段抽汽止回阀前后管道疏水阀，程序停止结束

2. 除氧器及 4 段抽汽系统功能组设备级

（1）4 段抽汽止回阀。

1）可手动开/关 4 段抽汽止回阀。

2）可程序控制开/关 4 段抽汽止回阀。

3）汽轮机跳闸，联锁关该阀门。

4）除氧器水位高Ⅲ值，联锁关该阀门。

（2）4 段抽汽电动阀。

1）可手动开/关 4 段抽汽电动阀。

2）可程序控制开/关 4 段抽汽电动阀。

3）4 段抽汽压力满足定值，允许开抽汽电动阀。

4）汽轮机跳闸，联锁关抽汽电动阀。

5）除氧器水位高Ⅲ值，联锁关抽汽电动阀。

（3）4 段抽汽至除氧器电动阀。

1）可手动开/关 4 段抽汽至除氧器电动阀。

2）可程序控制开/关 4 段抽汽至除氧器电动阀。

3）4 段抽汽压力满足定值，联锁开该阀门。

4）4 段抽汽压力低于定值，联锁关该阀门。

5）汽轮机跳闸，联锁关该阀门。

6）除氧器水位高Ⅲ值，联关该阀门。

（4）4 段抽汽止回阀前后管道疏水阀。

1）可手动开/关 4 段抽汽止回阀前后管道疏水阀。

2）可程序控制开/关 4 段抽汽止回阀前后管道疏水阀。

3）汽轮机或发电机跳闸，联锁开疏水阀。

4）除氧器水位高Ⅲ值，联锁开疏水阀。

5）机组负荷小于 20%，联锁开疏水阀。

6）机组负荷大于 20%，联锁关疏水阀。

（5）除氧器紧急放水阀。

1）可手动开/关除氧器紧急放水阀。

2）除氧器水位高Ⅱ值，联开该阀门。

3）除氧器水位正常，联锁关该阀门。

（6）除氧器溢流放水阀。

1）可手动开/关除氧器溢流放水阀。

2）除氧器水位高，联锁开该阀门。

（7）除氧器水位调节旁路电动阀。可手动或程序控制开/关除氧器水位调节旁路电动阀。

（8）4 段抽汽至给水泵汽轮机电动阀。可手动或程序控制开/关 4 段抽汽至给水泵汽轮机电动阀。

（9）4 段抽汽至给水泵汽轮机电动阀前后管道疏水阀。

1）可手动开/关 4 段抽汽至给水泵汽轮机电动阀前后管道疏水阀。

2）可程序控制开/关 4 段抽汽至给水泵汽轮机电动阀前后管道疏水阀。

3）汽轮机或发电机跳闸，联锁开疏水阀。

4）除氧器水位高Ⅲ值，联锁开疏水阀。

5）机组负荷小于 20%，联锁开疏水阀。

6）机组负荷大于 20%，联锁关疏水阀。

（九）辅助蒸汽系统功能组

1. 4 段抽汽至辅助蒸汽电动阀

（1）可手动开/关 4 段抽汽至辅助蒸汽电动阀。

（2）可程序控制开/关 4 段抽汽至辅助蒸汽电动阀。

（3）汽轮机或发电机跳闸，联锁关该阀门。

（4）除氧器水位高Ⅲ值，联锁关该阀门。

2. 冷段至辅助蒸汽电动阀

（1）可手动开/关冷段至辅助蒸汽电动阀。

（2）可程序控制开/关冷段至辅助蒸汽电动阀。

（3）冷段压力大于设定值，联锁开该阀门。

（4）冷段压力小于设定值，联锁关该阀门。

(5) 汽轮机跳闸，联锁关该阀门。

3. 启动锅炉至辅助蒸汽电动阀

可手动开/关启动锅炉至辅助蒸汽电动阀。

4. 辅助蒸汽联箱疏水阀

(1) 可手动开/关辅助蒸汽联箱疏水阀。

(2) 疏水罐液位高，联锁开该阀门。

(3) 疏水罐液位正常，联锁关该阀门。

5. 辅助蒸汽至除氧器电动阀

可手动或程序控制开/关辅助蒸汽至除氧器电动阀。

6. 辅助蒸汽至给水泵汽轮机电动阀

可手动或程序控制开/关辅助蒸汽至给水泵汽轮机电动阀。

7. 辅助蒸汽至磨煤机消防电动阀

可手动或程序控制开/关辅助蒸汽至磨煤机消防电动阀。

8. 辅助蒸汽至采暖用汽电动阀

可手动或程序控制开/关辅助蒸汽至采暖用汽电动阀。

(十) 汽轮机轴封系统功能组

1. 轴封冷却器风机

(1) 在满足启、停允许条件下，可手动或程序控制启/停凝结水输送泵。

(2) 在投备用条件下，运行风机跳闸，联锁启备用风机。

(3) 在投备用条件下，轴封冷却器压力高，联锁启备用风机。

2. 辅助蒸汽至轴封电动阀

可手动或程序控制开/关辅助蒸汽至轴封系统电动阀。

3. 冷再至轴封电动阀

可手动或程序控制开/关冷再至轴封电动阀。

4. 轴封溢流电动阀

可手动或程序控制开/关轴封溢流旁路电动阀。

5. 高压缸疏水阀

(1) 可手动开/关高压缸疏水阀。

(2) 负荷小于10%，汽轮机跳闸，联锁开该阀门。

(3) 负荷大于10%，联锁关该阀门。

6. 主汽阀疏水阀

(1) 可手动开/关主汽阀疏水阀。

(2) 负荷小于10%，汽轮机跳闸，联锁开该阀门。

(3) 负荷大于10%，联锁关该阀门。

(十一) 汽轮机防进水保护系统功能组

1. 汽轮机防进水阀门的分类

以高压缸排汽为界，包括高压缸排汽疏水阀，高压缸本体疏水，1、2段抽汽止回阀前后疏水为高压组阀门，其他抽汽为中低压组阀门（不包括给水泵汽轮机进汽、暖风器疏水阀）。

(1) 高压组疏水阀。

1) 冷段至给水泵汽轮机疏水阀。

2) 1段抽汽止回阀前疏水阀。

3) 1段抽汽止回阀后疏水阀。

4) 高压缸排汽止回阀前管道疏水阀。

5) 主汽阀前管道疏水气动阀。

6) 冷再蒸汽管道疏水气动阀。

7) 轴封系统高压缸疏水阀。

8) 轴封系统主汽阀疏水阀。

(2) 中低压组疏水阀。

1) 再热蒸汽阀前管道疏水气动阀。

2) 3段抽汽止回阀前疏水阀。

3) 3段抽汽止回阀后疏水阀。

4) 4段抽汽止回阀前疏水阀。

5) 4段抽汽止回阀后疏水阀。

6) 5段抽汽止回阀前疏水阀。

7) 5段抽汽止回阀后疏水阀。

8) 6段抽汽止回阀前疏水阀。

9) 6段抽汽止回阀后疏水阀。

2. 汽轮机防进水保护控制策略

(1) 在自动方式下，负荷小于10%MCR时，成组打开高压组全部疏水阀；反之，成组关闭。

(2) 在自动方式下，负荷大于20%MCR时，成组打开中低压组全部疏水阀；反之，成组关闭。

(3) 汽轮机或发电机跳闸，自动打开高压、中低压组全部疏水阀。

(4) 防进水范围内的疏水阀可按不同情况接受保护联锁。

(5) 防进水范围内的疏水阀均可接受单操。

(6) 无论在手动或自动方式，当满足负荷小于10%条件时，高压组疏水阀一次性自动打开，否则自动关闭。

(7)无论在手动或自动方式,当满足负荷小于20%条件时，中低压组疏水阀一次性自动打开，否则自动关闭。

3. 防进水疏水阀其他保护联锁条件

冷再管道疏水气动阀疏水罐液位高或高高，联锁开该疏水阀；液位不高时联锁关该疏水阀。

(十二) 汽轮机油系统功能组

1. 汽轮机润滑油系统

(1) 交流润滑油泵。交流润滑油泵控制见表6-55。

表 6-55　　交流润滑油泵控制

项目	内　　容
保护联锁条件	联锁启动条件（任一条件满足）： (1) 润滑油压低。 (2) 汽轮机转速小于2800r/min

交流润滑油泵操作：在满足启、停允许条件下，

可手动启/停交流润滑油泵。

（2）直流润滑油泵。直流润滑油泵控制见表 6-56。

表 6-56　　直流润滑油泵控制

项目	内　　容
保护联锁条件	联锁启动条件（任一条件满足）： （1）润滑油压低低。 （2）交流润滑油泵跳闸

直流润滑油泵操作：在满足启、停允许条件下，可手动启/停直流润滑油泵。

（3）主油箱排烟风机。主油箱排烟风机控制见表 6-57。

表 6-57　　主油箱排烟风机控制

项目	内　　容
投切备用条件	运行风机跳闸，联锁启动备用风机
保护联锁条件	联锁启动条件：任一台油泵运行，联锁启动排烟风机

主油箱排烟风机：在满足启、停允许条件下，可手动启/停主油箱排烟风机。

（4）顶轴油泵。顶轴油泵控制见表 6-58。

表 6-58　　顶轴油泵控制

项目	内　　容
投切备用条件	（1）顶轴油泵出口压力低，联锁启动备用泵； （2）工作油泵跳闸，联锁启动备用泵
保护联锁条件	联锁启动条件：汽轮机转速小于定值，联锁启动顶轴油泵。 联锁停止条件：汽轮机转速大于定值，联锁停止顶轴油泵

顶轴油泵：在满足启、停允许条件下，可手动或程序控制启/停顶轴油泵。

（5）盘车。

1）在满足启、停允许条件下，可手动启/停盘车。

2）在满足启动允许条件下，可程序控制启动盘车。

盘车控制见表 6-59。

表 6-59　　盘车控制

项目	内　　容
启动允许条件	（1）润滑油压正常。 （2）顶轴油压正常。 （3）主汽阀全关信号正常。 （4）零转速信号正常

（6）交流润滑油泵试验电磁阀。可手动开/关交流润滑油泵试验电磁阀。

（7）直流润滑油泵试验电磁阀。可手动开/关直流润滑油泵试验电磁阀。

2. 汽轮机 EH 油系统

（1）EH 油泵。EH 油泵控制见表 6-60。

表 6-60　　EH 油泵控制

项目	内　　容
启动允许条件	EH 油温正常
投切备用条件	（1）运行泵跳闸，联锁启动备用泵。 （2）EH 油压低，联锁启动备用泵
保护联锁条件	联锁停止条件：EH 油箱油位低低

EH 油泵操作：在满足启、停允许条件下，可手动或程序控制启/停 EH 油泵。

（2）EH 油循环泵。EH 油循环泵控制见表 6-61。

表 6-61　　EH 油循环泵控制

项目	内　　容
启动允许条件	EH 油箱油位正常
保护联锁条件	联锁停止条件：EH 油箱油位低低

EH 油循环泵操作：在满足启、停允许条件下，可手动或程序控制启/停 EH 油循环泵。

（3）EH 油电加热器。EH 油电加热器控制见表 6-62。

表 6-62　　EH 油电加热器控制

项目	内　　容
保护联锁条件	联锁启动条件：EH 油循环泵运行，EH 油温小于设定值，联锁启动。 联锁停止条件（任一条件满足）： （1）EH 油温高于设定值，联锁停止。 （2）EH 油箱油位低低，联锁停止

EH 油电加热器操作：在满足启、停允许条件下，可手动启/停 EH 油电加热器。

（4）EH 油泵试验电磁阀。可手动开/关 EH 油泵试验电磁阀。

（十三）发电机氢油水系统功能组

1. 发电机氢系统

（1）氢气干燥器。

（2）可手动启/停氢气干燥器。

2. 发电机密封油系统

（1）密封油主油泵。

1）在满足启、停允许条件下，可手动启/停密封油主油泵。

2）在满足启、停允许条件下，可程序控制启/停密封油主油泵。

3）在投备用条件下，运行泵跳闸，联锁启动备用泵。

4）密封油泵出口压力低，联锁启动备用泵。

（2）密封油事故油泵。密封油事故油泵控制见表 6-63。

表 6-63　　密封油事故油泵控制

项目	内　　容
保护联锁条件	联锁启动条件（任一条件满足）： （1）密封油主油泵均跳闸。 （2）密封油压力低低。 联锁跳闸条件：密封油压力正常

密封油事故油泵操作：在满足启、停允许条件下，可手动启/停密封油事故油泵。

（3）密封油循环泵。密封油循环泵控制见表 6-64。

表 6-64　　密封油循环泵控制

项目	内　　容
允许启动条件	任一主密封油泵启动，且无联锁停止条件
保护联锁条件	联锁跳闸条件：密封油主油泵全停

密封油循环泵操作：在满足启、停允许条件下，可手动或程序控制启/停密封油循环泵。

（4）密封油箱排烟风机。

1）在满足启、停允许条件下，可手动启/停密封油箱排烟风机。

2）在投备用条件下，运行风机跳闸，联锁启动备用风机。

3）密封油泵出口压力低，联锁启动备用泵。

3. 发电机定子冷却水系统

发电机定子冷却水泵控制见表 6-65。

表 6-65　　发电机定子冷却水泵控制

项目	内　　容
投切备用条件	（1）运行泵跳闸，联锁启动备用泵。 （2）定子冷却水流量低，联锁启动备用泵
保护联锁条件	联锁跳闸条件：泵运行且出入口差压低

发电机定子冷却水泵操作：

（1）在满足启、停允许条件下，可手动启/停发电机定子冷却水泵。

（2）在满足启、停允许条件下，可程序控制启/停发电机定子冷却水泵。

（十四）循环水系统功能组

1. 循环水系统

（1）循环水泵。循环水泵控制见表 6-66。

表 6-66　　循 环 水 泵 控 制

项目	内　　容
启动允许条件	（1）循环水泵出口液压控制蝶阀开至 15%。 （2）循环水泵轴承温度正常。 （3）循环水泵入口水位正常。 （4）冷却水流量或压力正常。 （5）循环水管路畅通（任一路出口阀都非关）
停止允许条件	循环水泵出口液压控制蝶阀关至 75%
投切备用条件	运行泵跳闸，联锁启动备用泵
保护联锁条件	联锁跳闸条件（任一条件满足）： （1）循环水泵运行若干秒后，出口液压控制蝶阀未全开。 （2）循环水泵运行若干秒后，出口液压控制蝶阀在 15%。 （3）循环水泵轴承温度高高。 （4）冷却水流量或压力低。 （5）循环水泵运行延时若干秒，出口液压控制蝶阀全关

循环水泵操作：在满足启、停允许条件下，可手动启/停循环水泵。

（2）循环水泵出口液压控制蝶阀。

1）在满足开、关允许条件下，可手动开/关循环水泵出口液压控制蝶阀。

2）在满足开、关允许条件下，可程序控制开/关循环水泵出口液压控制蝶阀。

3）循环水泵启动，联锁开该阀门。

4）循环水泵停运，联锁关该阀门。

（3）凝汽器循环水泵入口电动阀。可手动开/关凝汽器循环水泵入口电动阀。

（4）凝汽器循环水泵出口电动阀。可手动开/关凝汽器循环水泵出口电动阀。

2. 循环冷却水系统

（1）开式循环冷却水泵。开式循环冷却水泵控制见表 6-67。

表 6-67　　开式循环冷却水泵控制

项目	内　　容
启动允许条件	（1）开式循环冷却水泵出口电动阀已关。 （2）开式循环冷却水泵入口电动阀已开
投切备用条件	（1）运行泵跳闸，联锁启动备用泵。 （2）开式循环冷却水泵出口母管压力低，联锁启动备用泵
保护联锁条件	联锁跳闸条件：循环水泵停运

开式循环冷却水泵操作：在满足启、停允许条件下，可手动或程序控制启/停开式循环冷却水泵。

（2）开式循环冷却水泵入口电动阀。

1）在满足开、关允许条件下，可手动或程序控制开/关开式循环冷却水泵入口电动阀。

2）开式循环冷却水泵运行，禁关本侧阀门。

（3）开式循环冷却水泵出口电动阀。

1）在满足开、关允许条件下，可手动开/关开式循环冷却水泵出口电动阀。

2）开式循环冷却水泵运行或投备用，联锁开本侧阀门。

3）开式循环冷却水泵停运，联锁关本侧阀门。

（4）闭式循环冷却水热交换器入口电动阀。可手动开/关闭式循环冷却水热交换器入口电动阀。

（5）闭式循环冷却水热交换器出口电动阀。可手动开/关闭式循环冷却水热交换器出口电动阀。

（6）闭式循环冷却水泵。闭式循环冷却水泵控制见表 6-68。

表 6-68　　闭式循环冷却水泵控制

项目	内　　容
启动允许条件	（1）闭式循环冷却水泵出口电动阀已关。 （2）闭式循环冷却水热交换器出口电动阀已开。 （3）闭式循环冷却水箱液位正常
投切备用条件	（1）运行泵跳闸，联锁启动备用泵。 （2）闭式循环冷却水泵出口母管压力低，联锁启动备用泵

闭式循环冷却水泵操作：在满足启、停允许条件下，可手动启/停闭式循环冷却水泵。

（7）闭式循环冷却水泵出口电动阀。

1）在满足开、关允许条件下，可手动开/关闭式循环冷却水泵出口电动阀。

2）闭式循环冷却水泵运行或投备用，联锁开本侧阀门。

3）闭式循环冷却水泵停运，联锁关本侧阀门。

（8）闭式循环冷却水箱补水阀。

1）在满足开、关允许条件下，可手动开/关闭式循环冷却水箱补水阀。

2）在满足开、关允许条件下，可程序控制开/关闭式循环冷却水箱补水阀。

3）闭式循环冷却水箱液位低，联锁开本侧阀门。

4）闭式循环冷却水箱液位高，联锁关本侧阀门。

第五节　辅助车间（系统）控制

一、化学水处理系统控制

（一）海水淡化系统控制

海水淡化系统控制是对整个工艺系统中的各种海水淡化设备、泵、风机、阀门等实现全过程的自动调节和程序控制。控制逻辑通过模拟量控制和开关量控制来实现。

1. 反渗透法模拟量控制设计

反渗透法海水淡化系统的模拟量控制设计应根据工艺系统的设计及系统特点设置，通常应设计如下自动调节项目：

（1）沉淀池进水流量控制。通过改变沉淀池进水调节阀开度调节沉淀池进水流量在允许的范围内，保证沉淀池的水位在设定的水位下运行。

（2）原水加絮凝剂药量控制。根据沉淀池进水流量的变化调节絮凝剂加药计量泵的频率，从而自动调整加药量在允许的范围内。

（3）原水加助凝剂药量控制。根据沉淀池进水流量的变化调节助凝剂加药计量泵的频率，从而自动调整加药量在允许的范围内。

（4）原水或超滤总进水加氧化剂药量控制。根据进水流量的变化调节氧化剂加药计量泵的频率，从而自动调整加药量在允许的范围内。

（5）超滤膜池配水槽进水流量控制。根据超滤的总进水流量和进水流量的设定值自动调整超滤膜池配水槽进水调节阀门的开度，从而控制超滤膜池配水槽进水流量在允许的范围内。

（6）超滤产水流量控制。根据超滤产水流量调节超滤产水泵的运行频率，保证超滤产水泵的出水流量在设定的范围内运行。

（7）超滤反洗水流量控制。根据超滤反洗水泵出口流量调节超滤反洗水泵的运行频率，保证超滤反洗水泵的出水流量在设定的反洗流量下运行。

（8）反渗透进水加还原剂药量控制。根据反渗透进水的 ORP 信号、进水流量信号及配药浓度调节加药计量泵的频率，自动实现加药量的调整。

（9）反渗透进水阻垢剂加药量控制。根据每套反渗透系统总进水流量调节加药泵频率，从而实现计量泵的加药量控制。

（10）反渗透进水加酸药量控制。根据每套反渗透系统总进水流量调节加药泵频率，从而实现计量泵的加药量控制。

（11）能量回收装置低压进水流量调节。通过调节能量回收装置低压出水调节阀的开度来调节能量回收装置的低压进水流量，从而保证能量回收装置的背压。

（12）能量回收装置高压出水流量调节。通过调节增压泵的转速实现能量回收装置高压出水的流量控制，以便保护能量回收装置。

（13）反渗透产水流量调节。通过调节高压泵出口调节阀的开度或通过调节高压泵及增压泵的频率实现反渗透产水的流量控制。

2. 反渗透法开关量控制设计

反渗透法海水淡化系统的开关量控制设计应根据工艺系统的设计及系统特点设置，通常设计如下开关量控制项目：

（1）运行泵或风机与备用泵或风机的联锁控制。当运行的泵或风机故障跳闸时，自动联锁启动备用的泵或风机。

（2）原水升压泵启停联锁絮凝剂加药泵和助凝剂加药计量泵及开关沉淀池入口阀。

（3）清水池液位低低联锁停清水泵。

（4）超滤产水箱液位低低联锁停超滤反洗水泵。

（5）超滤反洗水泵、反洗风机、超滤进水阀、超滤出水阀、超滤反洗阀、超滤排水阀之间的联锁控制。

（6）自清洗过滤器进出口差压高联锁自清洗过滤器反洗。

（7）超滤产水泵、超滤反洗水泵、超滤反洗罗茨风机、加药泵与工艺系统内各自动控制阀的联锁控制。

（8）高压泵与高压泵进水压力低、出水压力高的联锁控制。

（9）增压泵与增压泵出口压力联锁控制，出口压力高停止增压泵，出口压力低启动增压泵。

（10）超滤水泵、高压泵、增压泵及自动控制阀门的联锁控制。

（11）清洗水箱加热器与温度的联锁，温度低启动加热器，温度高停止加热器。

（12）清洗水泵与清洗水箱液位的联锁，液位低低停泵。

（13）加药泵与加药箱液位联锁，液位低低停泵。

3. 蒸馏法模拟量控制设计

蒸馏法海水淡化系统的模拟量控制设计应根据工艺系统的设计及系统特点设置，通常应设计如下自动调节项目：

（1）过热蒸汽温度的控制。根据减温后蒸汽温度值，控制减温水流量控制阀，调节蒸汽温度在合适的范围内。

（2）淡水流量控制。淡水流量与“末效盐水槽温度和凝结水槽温度”的温差成正比，通过控制热力压缩机进汽调节装置喷嘴位置调节温差。

（3）末效盐水温度控制。根据进料海水温度，通过调节海水预热的盐水温度旁路控制阀、蒸馏水冷却器后海水排水控制阀、海水冷凝器后海水废品温度控制阀和海水预热器出口开/关阀、蒸馏水冷却器海水出口开/关阀来控制末效盐水温度。

（4）供料海水流量控制。根据冷凝器出口海水流量测量值，控制海水入口阀开度，调节蒸发器总海水进料量。

（5）蒸馏水液位的控制。根据末效蒸馏水液位，控制蒸馏水液位控制阀。

（6）盐水液位的控制。根据末效盐水液位，控制盐水液位控制阀。

（7）冷凝水液位的控制。根据第一效冷凝水液位，控制冷凝水液位控制阀。

（8）抽真空喷射器进口蒸汽压力控制，根据抽真空喷射器的进口蒸汽压力的设定值，通过联络阀，选择不同汽源。

（9）根据凝结水电导率控制凝结水排放阀，根据末效淡水液位控制淡水泵出口控制阀开度。

（10）根据末效盐水液位控制盐水泵出口控制阀开度。

4. 蒸馏法开关量控制设计

蒸馏法海水淡化系统的开关量控制设计应根据工艺系统的设计及系统特点设置，通常设计如下开关量控制项目：

（1）热压缩喷射器进口蒸汽温度过高关闭进汽阀。

（2）减温泵停泵联锁关闭进汽阀。

（3）海水进料流量低联锁关闭进汽阀。

（4）热力压缩机出口温度高联锁关闭进汽阀。

（5）冷凝器压力低联锁关闭进汽阀。

（6）一效盐水温度高关闭进汽阀。

（7）阻垢剂计量泵停运联锁关闭进汽阀。

（8）热力压缩机进汽阀关闭联锁关闭减温水控制阀。

（9）末效盐水液位高联锁海水进料阀和升压泵。

（10）正常喷射器进汽温度高联锁正常喷射器进汽阀。

（11）一效海水流量低关闭正常喷射器进汽阀。

（12）减温水泵停泵联锁关闭正常喷射器进汽阀。

（13）一效凝结水液位低停止减温水泵。

（14）热力压缩机进口蒸汽阀关联锁减温水调节阀。

（15）凝结水泵停联锁减温水泵保护。

（16）减温水泵停联锁关闭热力压缩机进口蒸汽阀。

（17）根据凝结水电导率控制凝结水排放，或返回凝结水箱。

（18）一效凝结水液位低停止凝结水泵。

（19）根据淡水电导率控制淡水排放，或返回淡水箱（池）。

（20）一效进汽温度高联锁蒸汽热力压缩机进汽阀。

（21）一效盐水温度高联锁关闭蒸汽热力压缩机进汽阀。

（22）一效海水流量低联锁正常喷射器进汽阀

保护。

（23）阻垢剂、消泡剂计量箱液位低启动联锁阻垢剂、消泡剂输送泵。

（24）阻垢剂、消泡剂储存箱液位低停止阻垢剂、消泡剂输送泵。

（25）阻垢剂计量泵停运联锁关闭加热蒸汽进汽阀。

（26）海水升压泵停联锁阻垢剂、消泡剂计量泵停运。

（27）海水泵跳闸联锁升压泵跳闸。

（28）升压泵跳闸联锁热力压缩机和抽真空喷射器跳闸。

（29）盐水泵跳闸联锁海水升压泵、热力压缩机和抽真空喷射器跳闸。

（二）化学补给水处理系统控制

化学补给水处理系统控制是对整个工艺系统中的各种水处理设备、泵、风机、各类阀门等设备进行程序控制，根据工艺系统运行和控制要求，设计程序控制逻辑。系统控制分程序控制、远方软手操及就地手操控制三种控制方式。控制装置除具有程序控制功能外，还设置必要的分步操作、成组操作、跳步、中断等操作功能，并有各步骤及状态显示。远方软手操即通过键盘对被控对象实现单独操作。在气动阀电磁阀箱、加药电控柜等就地控制装置上可进行就地手动控制。

锅炉补给水处理系统由反渗透装置的预处理系统、反渗透预除盐处理系统、深度除盐处理系统、树脂再生酸碱系统、加药系统、再生废液处理系统及压缩空气系统七部分组成。下面以某电厂锅炉补给水处理车间为例，来说明其控制方案。

1. 反渗透装置的预处理系统控制

反渗透装置的预处理系统是针对不同水源，将各种不同的水处理单元组合起来。该系统与再生水处理系统相似，可参照再生水处理系统相关内容。

2. 反渗透预除盐处理系统控制

采用工艺流程为：生水→生水加热器→保安过滤器→超滤装置→超滤水箱→一级反渗透给水泵→精密过滤器→反渗透高压泵→反渗透装置→淡水箱。

（1）超滤装置程序操作步序。超滤装置程序操作步序见表 6-69。

（2）反渗透装置程序操作步序。反渗透装置程序操作步序见表 6-70。

表 6-69　　超滤装置程序操作步序

步序		泵及阀门									
		进水调节阀	出水调节阀	上反洗进水阀	下反洗进水阀	上反洗排放阀	下反洗排放阀	杀菌剂计量泵	反洗水泵出口阀	超滤给水泵	反洗水泵
1	系统备用	G	G	G	G	G	G	G	G	G	G
2	正冲	K（7）	G（P）	G（P）	G（5）	K（3）	G（6）	G（1）	G（4）	K（8）	G（2）
3	产水	K（P）	K（1）	G（P）	G（P）	G（2）	G（P）	G（P）	G（P）	K（P）	G（P）
4	上反洗	G（2）	G（3）	K（5）	G（P）	K（4）	G（P）	K（7）	K（6）	G（1）	K（8）
5	下反洗	G（P）	G（P）	G（3）	K（2）	G（4）	K（1）	K（P）	K（P）	G（P）	K（P）
6	正冲	K（7）	G（P）	G（P）	G（5）	K（3）	G（6）	G（1）	G（4）	K（8）	G（2）
7	系统备用	G（2）	G（P）	G（P）	G（P）	G（3）	G（P）	G（P）	G（P）	G（1）	G（P）

注　表中 K 表示设备或阀门开；G 表示设备或阀门关；（P）表示此设备或阀门保持前一步序的状态；（1）、（2）、（3）…表示这一步序中设备或阀门开、关的先后顺序，例如，（1）为第一，依次类推。

表 6-70　　反渗透装置程序操作步序

步序		泵及阀门						
		淡水排放阀	电动慢开阀	低压冲洗阀	阻垢剂计量泵	还原剂计量泵	低压冲洗泵	高压泵
1	系统备用	G	G	G	G	G	G	G
2	低压冲洗 1	K（1）	G（P）	K（2）	G（P）	G（P）	K（3）	G（P）
3	系统投运	K（P）	K（6）	G（2）	K（3）	K（4）	G（1）	K（5）
4	系统运行	G（1）	K（P）	G（P）	K（P）	K（P）	G（P）	K（P）
5	系统停运	K（1）	G（4）	G（P）	G（2）	G（3）	G（P）	G（5）
6	低压冲洗 2	K（P）	G（P）	K（2）	G（P）	G（P）	K（3）	G（P）
7	系统备用	G（3）1min 后关	G（P）	G（2）	G（P）	G（P）	G（1）	G（P）

（3）反渗透预除盐处理系统其他联锁。

1）生水箱水位高，关补水阀。

2）生水箱水位低低，停超滤给水泵。

3）超滤给水泵出口压力低，启动备用泵。

4）超滤给水泵进口压力低、超滤给水泵出口压力高，任一条件满足则停超滤给水泵。

5）生水加热器出水温度高、生水加热器出水温度低、超滤装置出水流量低、超滤水箱水位高，任一条件满足则停超滤装置。

6）超滤装置进出口差压高、超滤装置出水流量低、超滤装置出水母管浊度高，任一条件满足则停超滤装置，超滤装置进入反洗程序。

7）罗茨风机出口母管压力低，联锁启动备用风机。

8）超滤清洗溶液箱水温高，停电加热器。

9）清洗溶液箱水温低、清洗溶液箱水位低，任一条件满足则启动电加热器。

10）清洗溶液箱水位低，停清洗泵。

11）超滤水箱水位低低，停清水泵。

12）反渗透装置入口母管压力低，联锁启动备用清水泵。

13）反渗透装置入口母管温度高、反渗透装置入口母管浊度高、反渗透装置入口母管 pH 值高、反渗透装置入口母管 pH 值低、反渗透装置入口母管余氯高、反渗透保安过滤器进水流量高、反渗透装置产水流量高、反渗透装置浓水流量低、淡水箱水位高，任一条件满足则停反渗透装置。

14）每段反渗透装置进出水差压高，停反渗透装置，反渗透装置进入反洗程序。

（4）反渗透预除盐处理系统控制内容。

1）根据来水水源流量，控制凝聚剂、氧化剂计量泵转速。

2）超滤给水泵出口母管流量，控制超滤给水泵转速。

3）生水加热器出水温度，控制蒸汽阀开度。

4）反洗水泵出口母管流量，控制酸、碱、氧化剂计量泵转速。

5）反渗透装置入口母管余氯，控制还原剂计量泵转速。

6）反渗透保安过滤器进水流量，控制阻垢剂计量泵转速。

3. 深度除盐处理系统控制

采用工艺流程为：淡水泵→阳离子交换器→除二氧化碳器→除碳水泵→阴离子交换器→混合离子交换器→除盐水箱。

（1）深度除盐处理系统操作步序。阳离子交换器程序操作步序见表 6-71。阴离子交换器程序操作步序见表 6-72。混合离子交换器程序操作步序见表 6-73。

表 6-71　　阳离子交换器程序操作步序

步序	程序	控制阀门													
		进水阀	出水阀	进酸阀	正排阀	反排阀	小正进水阀	排气阀	酸箱出酸阀	喷射器进水阀	酸箱进酸阀	反进水阀	小反进水阀	中排水阀	自用除盐水泵
1	小反洗					■							■		■
2	放水							■						■	
3	再生等待														
4	预喷射			■						■				■	■
5	进酸			■					■	■				■	■
6	置换			■						■	■			■	■
7	小正洗						■							■	■
8	放气进水						■	■							■
9	正洗	■			■										■
10	停床备用														
11	充水	■						■							
12	正洗	■			■										
13	设备投运	■	■												

表 6-72　　阴离子交换器程序操作步序

步序	程序	控制阀门														
		进水阀	出水阀	进碱阀	正排阀	反排阀	小正进水阀	排气阀	碱箱出碱阀	喷射器进水阀	碱箱进碱阀	反进水阀	小反水阀	中排水阀	仪表阀	自用除盐水泵
1	小反洗					■							■			■
2	放水							■						■		
3	再生等待															
4	预喷射			■						■				■		■
5	进碱			■					■	■				■		■
6	置换			■						■	■			■		■
7	充水						■	■								■
8	小正洗						■							■		■
9	正洗	■			■											■
10	停床备用															
11	充水	■			■										■	
12	正洗	■						■								
13	设备投运	■	■												■	
14	失效															

表 6-73　　混合离子交换器程序操作步序

步序	程序	控制阀门																		
		进水阀	出水阀	进酸阀	进碱阀	中排阀	上排阀	反进阀	反排阀	压缩空气阀	正排阀	排气阀	酸箱出酸阀	喷射器进水阀	碱箱出碱阀	喷射器进水阀	酸箱进酸阀	碱箱进碱阀	仪表阀	自用水泵
1	放水						■					■								
2	反洗分层							■	■											■
3	沉降										■	■								
4	预喷射			■	■	■								■		■				■
5	进酸			■		■							■	■						■
	进碱				■	■									■	■				■
6	置换			■		■								■			■			■
	进碱				■	■									■	■				■
7	阳置换			■		■								■						■
	阴置换				■	■										■		■		■
8	放水						■					■								
9	混脂									■		■								
10	冲水	■										■								
11	正洗	■									■								■	
12	备用																			
13	正洗	■									■								■	
14	投运	■	■																■	

注　■表示设备或阀门开。

（2）深度除盐处理系统其他联锁。

1）淡水箱水位低，停淡水泵。

2）阳床出口钠值高，阳床进入再生程序。

3）除碳水箱水位低，停除碳水泵。

4）阴床出口电导率高，阴床出口硅值高，任一条件满足则阴床进入再生程序。

5）混床出口电导率高，混床出口硅值高，任一条件满足则混床进入再生程序。

6）除盐水箱水位高，停深度除盐处理系统。

7）除盐水箱水位低，停除盐水泵。

8）除盐水泵出口母管流量低，联锁启动备用泵。

（3）深度除盐处理系统模拟量控制，即还原剂计量泵转速控制：根据淡水泵出口的母管流量，通过控制还原剂计量泵转速来控制加药量。

4. 树脂再生酸碱系统控制

采用工艺流程为：卸酸泵、卸碱泵→酸液储存槽、碱液储存槽→酸计量箱、碱计量箱→酸、碱喷射器→各加药点。

树脂再生酸碱系统联锁：酸、碱计量箱液位低，停计量泵。

5. 加药系统控制

采用工艺流程为：药剂溶液箱→加药计量泵→各加药点。

加药系统联锁：药剂溶液箱液位低，停计量泵。

6. 再生废液处理系统控制

采用工艺流程为：中和水池中废水加入酸、碱中和后，经中和水泵送至废水处理系统，罗茨风机用于使中和池内酸碱与废水充分混合。再生废液处理系统联锁。

（1）中和池水位低，停止中和水泵。

（2）中和水泵出口 pH 值允许，打开出水阀，关闭再循环阀。

（3）罗茨风机出口母管压力低，联锁启动备用风机。

7. 压缩空气系统控制

工艺用压缩空气或仪用压缩空气压力低，停整个锅炉补给水处理系统。

8. EDI 装置程序操作步序

在一些工程的化学补给水处理系统中，还会使用到连续电除盐技术（EDI）。EDI 装置程序操作步序（以某工程为例）见表 6-74。

表 6-74 EDI 装置程序操作步序

序号	步序	EDI 电源	EDI 给水泵	EDI 淡水排放阀	备注
1	备用	G	G	G	现场非程序控制设备阀门状态满足预投运要求
2	启动	G（P）	K（2）	K（1）	
3	通电冲洗	K（1）	K（P）	K（P）	首次启动需手动，调整整流器使每个模块缓慢增加至设定值，时间为 5min
4	产水	K（P）	K（P）	G（1）	产水电导率合格后方能转入产水步骤
5	停运冲洗	G（2）	K（P）	K（1）	冲洗 1min
6	停运	G（P）	G（1）	G（2）	

（三）再生水处理系统控制

再生水处理系统控制是对整个工艺系统中的各种水处理设备、泵、风机、各类阀门等设备进行程序控制，根据工艺系统运行和控制要求，设计程序控制逻辑。系统控制分程序控制、远方软手操及就地手操控制三种控制方式。控制系统除具有程序控制功能外，还设置必要的分步操作、成组操作、跳步、中断等操作功能，并有各步骤及状态显示。远方软手操即通过键盘对被控对象实现单独操作。在气动阀电磁阀箱、加药电控柜等就地控制装置上可进行就地手动控制。

采用混凝—沉淀—过滤法的再生水处理系统由混凝和沉淀、过滤、化学加药、石灰加药、压缩空气、污泥离心脱水系统六部分组成。下面以某电厂再生水处理车间为例，说明其控制方案。

1. 混凝和沉淀系统控制

采用工艺流程为：再生水→调节水池→提升水泵→机械加速澄清池。

（1）机械加速澄清池进水正常运行步序。机械加速澄清池进水正常运行步序见表 6-75。

（2）机械加速澄清池搅拌刮泥机运行步序。机械加速澄清池搅拌刮泥机运行步序见表 6-76。

（3）机械加速澄清池排泥步序。机械加速澄清池排泥步序见表 6-77。

表 6-75 机械加速澄清池进水正常运行步序

步序		设备阀门				备注
		再生水提升泵 1	再生水提升泵 2	再生水提升泵 3	机械加速澄清池进水蝶阀	
1	系统备用	G	G	G	G	3 台再生水提升泵 2 用 1 备，定期轮换

续表

步序		设备阀门				备 注
		再生水提升泵 1	再生水提升泵 2	再生水提升泵 3	机械加速澄清池进水蝶阀	
2	机械加速澄清池启动	K（1）	K（2）	G（P）	K（3）	变频器根据实际情况调节流量
3	机械加速澄清池满负荷运行状态	K（P）	K（P）	G（P）	K（P）	变频器根据实际情况调节流量
4	系统停运	G（2）	G（3）	G（P）	G（1）	

注 表中 K 表示设备或阀门开；G 表示设备或阀门关；（P）表示此设备或阀门保持前一步序的状态；“（1）、（2）、（3）…”表示这一步序中设备或阀门开、关的先后顺序，例如，（1）为第一，依次类推；进水手动阀处于常开状态，开度由调试人员根据现场情况设置；各阶段时间由调试时具体决定。

表 6-76　　机械加速澄清池搅拌刮泥机运行步序

步序		设备及阀门			备 注
		刮泥机	搅拌机	搅拌机频率（Hz）	
1	首次启用	K（1）	G	—	刮泥机冲洗水手动阀打开
2	满池运行	K（P）	K（1）	50	按现场实际调试情况确定最佳搅拌频率，$X \leqslant 1$
3	水量为额定流量 X 倍	K（P）	K（P）	$50X$	
4	单池临时停运	K（P）	G（1）	—	关闭该机械加速澄清池进水阀，对应排泥系统停运
5	单池长期停运	G（1）	G（P）	—	刮泥机冲洗水手动阀关闭

注 机械加速澄清池搅拌刮泥机分搅拌机和刮泥机两个电动机，其中为防止刮泥机固死，刮泥机的运行采用手动启停；搅拌电动机运行频率与进水量成正比例联锁关系。

表 6-77　　机械加速澄清池排泥步序

步序		设备及阀门		备 注
		机械加速澄清池气动排泥阀	机械加速澄清池排泥冲洗气动阀	
1	备用	G	G	
2	排泥启动	K（1）	G（P）	手动排泥阀常开
3	排泥 10min	K（P）	G（P）	时间根据运行情况调整
4	排泥结束后管道冲洗 5min	G（1）	K（1）	时间根据运行情况调整
5	冲洗结束	G（P）	G（1）	
6	备用时间 4h	G（P）	G（P）	时间根据运行情况调整

注 机械加速澄清池手动排泥阀常开，检修时关闭。

（4）混凝和沉淀系统联锁。

1）调节水池水位低，停再生水提升泵。

2）机械加速澄清池出水浊度高、出水 pH 值高、出水 pH 值低，任一条件满足则停止混凝和沉淀系统运行。

（5）混凝和沉淀系统控制。机械加速澄清池进水流量，控制搅拌器及再生水提升泵转速。

2. 过滤系统控制

（1）变孔隙滤池运行步序。变孔隙滤池运行步序见表 6-78。

（2）变孔隙滤池反洗步序。变孔隙滤池反洗步序见表 6-79。

3. 化学加药系统控制

化学加药系统包括硫酸储罐及其加药装置、混凝剂储罐及其加药装置、次氯酸钠储罐及其加药装置和助凝剂溶解配制装置及加药装置。所有加药计量泵均为一对一加药，每种药剂加药计量泵均设有一台备用泵。

（1）加药计量泵（除硫酸和脱水机加助凝剂计量泵外）操作步序。储罐及计量箱进药均为液位计远传信号，操作人员现场手动操控阀门，计量泵启停与相关泵的启停联锁，计量泵的加药流量也与相关流体流量成比例。以某电厂为例，加药计量泵操作步序见表6-80。

（2）硫酸计量泵操作步序。硫酸计量泵操作步序见表6-81。

（3）脱水机加助凝剂计量泵操作步序。脱水机加助凝剂计量泵操作步序见表6-82。

表6-78　　变孔隙滤池运行步序

步序		设备及阀门		备　注
		变孔隙滤池进水阀	变孔隙滤池出水阀	
1	备用	G	G	
2	启用	K（1）	K（2）	进水手动阀常开
3	运行24～48h	K（P）	K（P）	
4	进水结束	G（1）	K（P）	滤池液位为5.5m
5	出水结束	G（P）	G（1）	滤池液位为3.5m

表6-79　　变孔隙滤池反洗步序

步　序		设备及阀门						备　注
		反洗风机（1用1备）	滤池反洗水泵（1用1备）	滤池反洗进水阀	滤池反洗气管排空阀	滤池反洗进气阀	滤池出水阀	
1	停运状态	G	G	G	K	G	G	运行进入反洗状态
2	启动风机	K（2）	G（P）	G（P）	K（P）	K（3）	G（P）	
3	气洗	K（P）	G（P）	G（P）	G（1）	K（P）	G（P）	8min（时间可调）
4	气水反洗	K（P）	K（1）	K（2）	G（P）	K（P）	G（P）	8min（时间可调）
5	关闭风机	G（1）	K（P）	K（P）	K（1）	G（2）	G（P）	
6	停泵排水	G（P）	K（P）	K（P）	K（P）	G（P）	G（P）	8min（时间可调）
7	停反洗水泵	G（P）	G（1）	G（2）	K（P）	G（P）	K（1）	滤池液位为3.5m
8	反洗结束	G（P）	G（P）	G（P）	K（P）	G（P）	G（1）	
9	滤池备用	G（P）	G（P）	G（P）	K（P）	G（P）	G（P）	滤池达到操作液位后

表6-80　　加药计量泵操作步序

步序		联锁设备				备　注
		原水提升泵（阀）	混凝剂计量泵	助凝剂计量泵	清水次氯酸钠计量泵	
1		K（1）	K（2）	K（3）	K（4）	
2		G（1）	G（2）	G（3）	G（4）	
3	总流量 q（m^3/h）	K	（q/1200）×50Hz	（q/1200）×50Hz	（q/1200）×50Hz	其中1200m^3/h为原水最大流量
4	计量泵药量［L/（h·台）］	—	435	435	76	

注　计量泵的冲程比例由调试人员根据设计加药量现场手动设置。

表 6-81 硫酸计量泵操作步序

步序		联锁设备	备 注
		硫酸计量泵	
1	机械加速澄清池出水 pH≤8.0	G	该pH值为变孔隙滤池进水渠中的pH值测点数值
2	机械加速澄清池出水pH>8.0，且配水渠末端 pH>8.0	K	
3	配水渠末端 pH≤8.0	G	

表 6-82 脱水机加助凝剂计量泵操作步序

步序		联锁设备		备 注
		污泥输送泵	脱水剂计量泵	
1		K（1）	K（2）	
2		K（P）	G（1）	污泥输送泵出口压力达到 0.5MPa
3		G（1）	G（P）	
4	进泥流量 q（m^3/h）	K	（q/72）×50Hz	其中 $72m^3/h$ 为最大进泥量
5	计量泵设计药量［L/（h·台）］	—	330	计量泵的冲程比例由调试人员根据设计加药量现场手动设置

（4）混凝剂输送泵、硫酸输送泵控制及次氯酸钠输送泵的启停为现场手动启停不纳入自控步序。

4. 石灰加药系统控制

石灰加药系统位于石灰加药间，由石灰筒仓、石灰乳平衡水箱、石灰乳搅拌计量箱、石灰乳输送泵、石灰投加装置组成，共两套装置。以下为某电厂实例介绍。

（1）筒仓上料及设备整套切换。石灰筒仓上料为现场手动控制，筒仓设高（7.0m）低料（0.5m）位报警，低位报警提醒操作人员通知石灰筒仓进料；高位报警提醒操作人员停止筒仓进料。

（2）房间及筒仓布袋除尘器控制。房间及筒仓布袋除尘器控制采用现场手动启停，进料时需开启相对应的筒仓布袋除尘器，房间布袋除尘器开启由操作人员根据现场情况确定。

（3）石灰乳加药操作步序。石灰乳加药装置两套装置并联运行，一一对应两个机械加速澄清池进行石灰乳加药。石灰乳加药操作步序见表 6-83。

表 6-83 石灰乳加药操作步序

步序		联锁设备							备注
		原水提升泵	自用水泵	石灰乳输送泵	螺旋输送机/螺旋给料机	石灰平衡箱进水阀	石灰乳冲洗阀	石灰溶解箱出口阀	
1	系统备用	G	G	G	G	G	G	G	
2	加药启动	K（1）	K（2）	K（6）	K（4）	K（3）	G（P）	K（5）	
3	停运前冲洗 30min	G（1）	K（P）	G（2）	G（3）	G（4）	K（1）	G（5）	时间由实际操作确定
4	停运	G（P）	G（1）	G（P）	G（P）	G（P）	G（2）	G（P）	

注 石灰乳输送泵启动前应确认进出口阀处于全开状态。筒仓振动器启停与螺旋给料机上方的料位开关成联锁关系，料位开关状态显示有料则停止振动料斗，料位开关开则开启振动料斗。同时运行中设置定时振打，暂定为间隔 10min 振打 5min，且定时振打优先于料位开关联锁。螺旋给料机给料量与对应机械加速澄清池进水量联锁，给料量指令为（q/450）×50Hz，设计下料量为 $1.5m^3/h$。石灰乳系统备用和停运时，本表中自用水泵是关闭状态，如果其他单元需要用自用水，自用水泵仍需保持开启状态，石灰乳系统进水受浮球液位阀控制，保持不进水状态。

（4）石灰下料操作步序。石灰下料操作步序见表 6-84。

表 6-84　石灰下料操作步序

步序		联锁设备				备　注
		螺旋输送机	微型给料机	振动料斗	料位开关	
1	系统备用	G	G	G	0	
2	石灰下料启动	K（1）	K（2）	K（3）	1	曲柄阀开度由调试人员根据下料情况现场手动设置
3	停止	G（4）	G（3）	G（1）	0	每个步骤动作间隔时间由调试人员根据情况现场设置

注　各阶段时间由调试时具体决定。筒仓振动器启停仅与螺旋给料机上方的料位开关成联锁关系，料位开关关状态显示有料则停止振动料斗，若料位开关开则开启振动料斗。微型给料机的下灰量调节根据处理水量进行控制。水量变大下灰量增大，水量减小下灰量变小。

5. 压缩空气系统控制

工艺用压缩空气或仪用压缩空气压力低，停整个再生水处理系统。

6. 污泥脱水系统控制

系统投运步序：先打开脱水机进泥阀，再启动泥浆输送泵向脱水机进料，同时启动螺旋输送机及加药阀。

7. 再生水处理系统其他联锁

（1）清水池水位低，停止生水泵。

（2）清水池水位高，启动生水泵。

（3）泥浆池液位高，关闭机械加速澄清池排泥阀。

（4）泥浆池液位低，停止泥浆输送泵。

（5）擦洗风机出口母管压力低，启动备用风机。

（四）凝结水精处理系统控制

凝结水精处理系统控制是对整个工艺系统中的各种水处理设备、泵、风机、各类阀门等设备进行程序控制，根据工艺系统运行和控制要求，设计程序控制逻辑。系统控制分程序控制、远方软手操及就地手操控制三种控制方式。控制装置除具有程序控制功能外，还设置必要的分步操作、成组操作、跳步、中断等操作功能，并有各步骤及状态显示。远方软手操即通过键盘鼠标对被控对象实现单独操作，而在气动阀电磁阀箱、加药电控柜等就地控制装置上可进行就地手动控制。

下面根据某电厂凝结水处理车间为例，来说明其控制方案。

某电厂凝结水处理系统采用 2 台 50%前置过滤器+3 台 50%高速混床（其中 2 台运行，1 台备用），凝结水精处理混床采用体外再生方式，再生系统按高塔法设置，体外再生设备全部为低压设备。凝结水精处理系统采用单元制，每台机组设置一套精处理装置。在前置过滤器和高速混床单元分别设有旁路，两个旁路组成大旁路，可将精处理系统彻底旁路。在机组启动初期，前置过滤器和高速混床均被旁路，不投入运行；在水质允许时，仅投入前置过滤器而不投入混床；当凝结水水质满足混床进水水质要求时，投入混床。在机组稳定正常运行期间，可将前置过滤器旁路，仅运行混床。

1. 前置过滤器、混床系统旁路联锁

（1）过滤器系统的进水温度高于 70℃，过滤器组旁路差压达 0.1MPa 并延时 2s 后未降低，系统的进水压力低于 2.0MPa 并延时 2s 后未恢复到设定值，进水母管压力超过 4.0MPa 并延时 2s 后仍超过设定值，以上条件任一满足，100%全开前置过滤器旁路阀。

（2）混床系统的进水温度高于 70℃，混床系统旁路差压达 0.35MPa 并延时 2s 后未降低，系统的进水压力低于 2.0MPa 并延时 2s 后未恢复到设定值，进水母管压力超过 4.0MPa 并延时 2s 后仍超过设定值，以上条件任一满足，100%全开混床系统旁路阀。

（3）1 台前置过滤器处于工作状态，前置过滤器旁路阀开度为 50%；2 台前置过滤器都处于工作状态，前置过滤器旁路阀关闭；2 台前置过滤器均未处于工作状态，前置过滤器旁路阀开度为 100%。

（4）混床系统未投运时，旁路阀全开，3 台混床都处于运行状态时方可关闭旁路阀，当一台混床运行时旁路阀开度为 66%，当 2 台混床运行时旁路阀开度为 33%。

2. 前置过滤器投运步序

前置过滤器投运步序见表 6-85。

3. 前置过滤器解列步序

前置过滤器解列步序见表 6-86。

4. 前置过滤器反洗步序

前置过滤器反洗步序见表 6-87。

5. 混床投运步序

混床投运步序见表 6-88。

6. 混床解列步序

混床解列步序见表 6-89。

7. 混床系统树脂输送步序

混床系统树脂输送步序见表 6-90。

8. 树脂反洗及再生步序

（1）失效树脂在分离罐被分离并送出。失效树脂分离送出步序见表 6-91。

表 6-85　前置过滤器投运步序

步序		时间（s）	开启的阀门	备　注
1	充水	750	过滤器反洗进水阀 过滤器排气阀	过滤器启机或大修后第一次投运时运行该步骤。若过滤器反洗后投运，则该步骤省略，直接运行步序 2（升压）
2	升压	30	过滤器组旁路阀 过滤器升压阀	当过滤器进出口差压小于或等于 0.1MPa 时，升压结束
3	运行		过滤器进水阀 过滤器出水阀 过滤器组旁路阀	（1）进水阀开到位后再开出水阀。 （2）过滤器升压后，过滤器排气阀、过滤器反洗进气阀、反洗排水阀、过滤器反洗进水阀均应闭锁，无论是远方软手操还是就地硬手操，都不允许打开
4	关旁路		过滤器进水阀 过滤器出水阀 过滤器组旁路阀（关）	关至 50%或全关（1 个前置过滤器处于工作状态，前置过滤器旁路阀开度为 50%；2 个前置过滤器都处于工作状态，前置过滤器旁路阀关闭）

表 6-86　前置过滤器解列步序

步序		时间（s）	阀门状态	备　注
1	开旁路		过滤器旁路阀（开 50%或 100%）	1 个过滤器不工作时旁路阀开度为 50%，2 个过滤器都不工作时旁路阀开度为 100%
2	备用		过滤器旁路阀（开 50%或 100%） 过滤器进水阀（关） 过滤器出水阀（关）	出水阀关到位后再关进水阀
3	泄压	120	过滤器旁路阀（开 50%或 100%） 过滤器泄压阀（开）	执行该步需人工确认，过滤器压力小于或等于 0.1MPa，泄压结束。若在设定时间内压力无法小于 0.1MPa，则报警，操作人员应到现场查明故障，且在未降到设定值之前，反洗进水阀和排水阀及压缩空气进气阀和排气阀必须闭锁

表 6-87　前置过滤器反洗步序

步序		时间（s）	开启的阀门	开启的泵	备　注
1	泄压	120	过滤器泄压阀		当过滤器压力小于或等于 0.1MPa 时，泄压结束
2	排水并冲洗至 2/3	140	过滤器反洗进水阀 过滤器排水阀 过滤器排气阀	反洗水泵	反洗水泵出水流量低报警，排水体积为过滤器的 1/3
3	空气缓冲	3	过滤器反洗进水阀 过滤器排水阀 过滤器排气阀 过滤器反洗进气阀	反洗水泵	反洗水泵出水流量低报警；工艺用气压力低报警
4	排水并冲洗至 1/3	120	过滤器反洗进水阀 过滤器排水阀 过滤器排气阀	反洗水泵	反洗水泵出水流量低报警，排水至过滤器剩余 1/3 体积
5	空气缓冲	3	过滤器反洗进水阀 过滤器排水阀 过滤器排气阀 过滤器反洗进气阀	反洗水泵	反洗水泵出水流量低报警；工艺用气压力低报警
6	排水并冲洗至管板	100	过滤器反洗进水阀 过滤器排水阀 过滤器排气阀	反洗水泵	反洗水泵出水流量低报警
7	空气缓冲	3	过滤器反洗进水阀 过滤器排水阀 过滤器排气阀 过滤器反洗进气阀	反洗水泵	反洗水泵出水流量低报警；工艺用气压力低报警

续表

步序		时间（s）	开启的阀门	开启的泵	备　注
8	加水至过滤器 1/3	120	过滤器反洗进水阀 过滤器排气阀	反洗水泵	反洗水泵出水流量低报警
9	空气缓冲	3	过滤器反洗进水阀 过滤器排气阀 过滤器反洗进气阀	反洗水泵	反洗水泵出水流量低报警；工艺用气压力低报警
10	加水至过滤器 2/3	140	过滤器反洗进水阀 过滤器排气阀	反洗水泵	反洗水泵出水流量低报警
11	空气缓冲	3	过滤器反洗进水阀 过滤器排气阀 过滤器反洗进气阀	反洗水泵	反洗水泵出水流量低报警；工艺用气压力低报警
12	加水至滤元顶部	120	过滤器反洗进水阀 过滤器排气阀	反洗水泵	反洗水泵出水流量低报警
13	排水并冲洗至 2/3	120	过滤器反洗进水阀 过滤器反洗排水阀 过滤器排气阀	反洗水泵	反洗水泵出水流量低报警，排水体积为过滤器的 1/3
14	空气缓冲	3	过滤器反洗进水阀 过滤器排水阀 过滤器排气阀 过滤器反洗进气阀	反洗水泵	出水压力低报警；工艺用气压力低报警
15	排水并冲洗至过滤器 1/3	120	过滤器反洗进水阀 过滤器排水阀 过滤器排气阀	反洗水泵	反洗水泵出水流量低报警，排水体积为过滤器的 1/3
16	空气缓冲	3	过滤器反洗进水阀 过滤器排水阀 过滤器排气阀 过滤器反洗进气阀	反洗水泵	反洗水泵出水流量低报警；工艺用气压力低报警
17	排水并冲洗至管板	100	过滤器反洗进水阀 过滤器排水阀 过滤器排气阀	反洗水泵	反洗水泵出水流量低报警
18	空气缓冲	3	过滤器反洗进水阀 过滤器排水阀 过滤器排气阀 过滤器反洗进气阀	反洗水泵	反洗水泵出水流量低报警；工艺用气压力低报警
19	排水并冲洗	30	过滤器反洗进水阀 过滤器排水阀 过滤器排气阀	反洗水泵	反洗水泵出水流量低报警
20	充水	750	过滤器反洗进水阀 过滤器排气阀	反洗水泵	反洗水泵出水流量低报警；排气母管液位高（延时 20s），充水结束
21	升压备用	30	过滤器升压阀	反洗水泵	当过滤器进出口差压小于或等于 0.1MPa 时，升压结束

表 6-88　　混床投运步序

步序		时间（s）	开启的阀门	开启的泵	备　注
1	备用混床升压		再循环泵进口阀 混床升压阀 混床再循环阀		当混床压力大于或等于 2.8MPa，进出口差压小于或等于 0.1MPa 时，升压结束。 混床升压后，混床进脂阀、混床出脂阀、混床排水总阀均应关闭。 启动条件必须至少有一台混床处于“混床备用”状态，否则程序不能打开并发出报警

续表

步序		时间（s）	开启的阀门	开启的泵	备 注
2	备用混床再循环	300	混床组旁路阀 混床进水阀 混床再循环阀 再循环泵进口阀	再循环泵	混床进水阀开到位后方能开启再循环泵，混床再循环时，其出水电导率小于 0.2μS/cm 则可投入运行，若电导率检测超过 10min 仍不合格应报警并显示“冲洗时间过长”，并停止循环，到现场查明故障
3	备用混床投运	60	混床进水阀 混床出水阀		

表 6-89　　混 床 解 列 步 序

步序		时间（s）	阀门状态	备 注
1	混床解列		混床旁路阀开 混床进水阀关 混床出水阀关	旁路阀反馈到位后才能关混床出水阀，出水阀关到位后才能关进水阀。失效混床解列时，必须人工确认备用混床已经处于投运状态，此步运行的条件出水水质超标（即 Si＞15×10^{-9}、Na＞5×10^{-9}、电导率大于 0.15μS/cm）或树脂捕捉器差压大于 0.1MPa，或混床周期制水量达到设定值（现场设定）；当旁路阀开启完成后，混床才可离线，关闭混床进出口阀。关阀门时应先关混床出口阀再关混床进口阀
2	混床泄压离线	60	混床泄压阀开 混床旁路阀开	当过滤器压力小于或等于 0.1MPa 时，泄压结束。当 1 台混床运行时，旁路阀开度为 66%；当 2 台混床运行时，旁路阀开度为 33%；当 3 台混床运行时，旁路阀开度为 3%

表 6-90　　混床系统树脂输送步序

步序		时间（s）	开启的阀门	开启的泵	备 注
树脂输出					
1	混床泄压	30	混床泄压阀		当混床压力小于或等于 0.1MPa 时，泄压结束
2	混床气力输出树脂	300	混床进气阀 混床出脂阀 混床出脂总阀 分离塔进出树脂中间阀 分离塔进脂总阀 分离塔底部排水阀 分离塔反洗排水阀 分离塔排气阀		混床维持混床顶部空气室压力，树脂被压送到分离罐
3	混床气/水力输送树脂	900	混床进脂冲洗水阀 混床进脂阀 混床进气总阀 混床进气阀 混床出脂阀 混床出脂总阀 分离塔进出树脂中间阀 分离塔进脂总阀 分离塔底部排水阀	冲洗水泵	顶部进水并维持其空气室，继续输送脂
4	混床排水，管道双向冲洗	180	混床泄压阀 混床进气阀 混床排水阀 混床进脂冲洗水阀 混床出脂冲洗水阀 分离塔进出树脂中间阀 混床出脂总阀 分离塔进脂总阀 分离塔上部排水阀 分离塔底部排水阀	冲洗水泵	保证混床内水放净，同时对输送管道进行双向冲洗

续表

步序		时间（s）	开启的阀门	开启的泵	备　注
树脂从阳塔输送至混床					
5	阳塔进气输送树脂	300	阳塔进气阀 阳塔出脂阀 分离塔进出树脂中间阀 混床进树脂总阀 混床进脂阀 混床进气阀 混床排水总阀 混床泄压阀		进气加压，树脂随水输出
6	阳塔气/水力输送树脂	500	阳塔底部进水阀 阳塔进气阀 阳塔出脂阀 分离塔进出树脂中间阀 混床进树脂总阀 混床进脂阀 混床进气阀 混床排水总阀 混床泄压阀	冲洗水泵	阳塔下部进水松动树脂以利输送
7	阳塔淋洗，树脂传送	180	阳塔底部进水阀 阳塔上部进水阀 阳塔出脂阀 分离塔进出树脂中间阀 混床进树脂总阀 混床进脂阀 混床排水总阀 混床再循环阀 混床泄压阀	冲洗水泵	阳塔上下同时进水，以保证罐内树脂被输送彻底
8	阳塔排气、管道冲洗混床进水	600	阳塔上部进水阀 阳塔顶部排气阀 混床进脂冲洗水阀 混床进脂阀 混床泄压阀 混床出脂冲洗水阀 分离塔进出树脂中间阀 混床进出树脂总阀 再生系统冲洗水阀	冲洗水泵	管道被双向冲洗，而且混床也注进水直到排气管溢出，直至液位开关动作为止
9	阳塔充水	900	阳塔上部进水阀 阳塔上部排气阀	冲洗水泵	给阳塔充满水。至液位开关动作，为下一个步序作准备

表 6-91　　失效树脂分离送出步序

步序		时间（s）	开启的阀门	开启的泵/风机	备　注
1	分离塔充水	600	再生冲洗水总阀 分离塔顶部排气阀 分离塔上部进水阀 分离塔进脂阀	冲洗水泵	直至液位开关动作
2	分离塔压力排水	180	分离塔上部进气阀 分离塔下部排水阀		排水至树脂面上 150～200mm
3	泄压	60	分离塔顶部排气阀	罗茨风机	开启风机以去除管中存在的杂质
4	分离塔空气擦洗①	900	分离塔顶部排气阀 分离塔下部进风阀 罗茨风机排空阀（关）	罗茨风机	解决树脂抱球，除去部分渣渍，以利分离
5	分离塔反洗进水	360	分离塔上部排水阀 分离塔反洗调节阀	冲洗水泵	进水到分离塔顶部视镜的底沿

续表

步序		时间（s）	开启的阀门	开启的泵/风机	备　注
6	分离塔 压力排水	30	分离塔上部进气阀 分离塔下部排水阀		排水到树脂面
7	分离塔 上部冲洗	630	分离塔下部排水阀 分离塔顶部排气阀 分离塔上部进水阀	冲洗水泵	
8	分离塔树 脂第一次 分离步序 1	600	分离塔反洗调节阀 分离塔底部托脂阀 分离塔上部排水阀 再生冲洗水总阀 分离塔阳树脂出脂阀	冲洗水泵	具体的流量分配及各阀门的定时启闭根据现场实际情况，但在该步中，操作员必须在现场观察树脂的分离效果，阳树脂出脂阀每 300s 升 5s，脉动进水
	分离塔树 脂第一次 分离步序 2	600	分离塔反洗调节阀 分离塔底部托脂阀 分离塔上部排水阀	冲洗水泵	
	分离塔树 脂第一次 分离步序 3	600	分离塔反洗调节阀 分离塔底部托脂阀 分离塔上部排水阀	冲洗水泵	
	分离塔树 脂第一次 分离步序 4	600	分离塔反洗调节阀 分离塔底部托脂阀 分离塔上部排水阀	冲洗水泵	
	分离塔树 脂第一次 分离步序 5	600	分离塔反洗调节阀（关） 分离塔底部托脂阀 分离塔上部排水阀	冲洗水泵	
9	等待输出	60	分离塔底部托脂阀 分离塔上部排水阀 分离塔顶部排气阀	冲洗水泵	
10	分离塔中 阴树脂输 送至阴塔	420	分离塔树脂输送进水阀 分离塔阴树脂出脂阀 分离塔底部托脂阀 阴塔底部排放阀	冲洗水泵	分离出来的阴树脂被从分离塔上部进入的水压入阴塔。 人工确认执行
11	二次分离 等待		分离塔底部托脂阀 分离塔上部排水阀 分离塔顶部排气阀	冲洗水泵	
12	分离塔树 脂第二次 分离				人工检查输送后分层效果，若发生界面乱层则按第 7、8 步执行，分层结束等待输出，然后人工确认执行第 13 步；若检查分层界面清晰无乱层，则人工确认执行第 13 步。通常情况该步一般不执行
13	分离塔中 阳树脂送 至阳塔	360	分离塔树脂输送进水阀分离塔阳树脂出脂阀 阳塔树脂输入阀 阳塔下部排水阀 分离塔底部托脂阀	冲洗水泵	阳树脂被从分离塔上部进入的水平稳地压入阳塔，当界面检测器发出信号或设定时间结束时，分离塔阳出脂阀即关闭
14	树脂输送 管路的 冲洗	120	阳塔树脂输入阀 再生冲洗水总阀 混床出脂冲洗水阀 混床出脂总阀 阳塔下部排水阀	冲洗水泵	管路中残留的树脂随水被注入阳塔

① 本步程序开始时，进风阀开到位后方能关闭罗茨风机排空阀；本步程序结束时，罗茨风机排空阀开到位后方能关闭进风阀，再关闭罗茨风机。1～4 步可循环执行，由操作员根据实际情况设定循环次数（尤其是在机组启动初期树脂较脏的情况下，可加速树脂的擦洗，待正常运行后可将次数设定为 1 次）。

（2）树脂再生步序。树脂再生步序见表6-92。

表6-92　　树脂再生步序

步序		时间（s）	开启的阀门	开启的泵/风机	备注
1	ART（阴塔）充水	300	阴塔上部进水阀 阴塔顶部排气阀	冲洗水泵	排气管液位高开关动作，充水结束
2	ART 顶压排水	180	阴塔上部进气阀 阴塔中部排放阀阴塔底部排放阀（开启150s后关闭）		阴塔排水到中部排水阀不出水为准
3	泄压	30	阴塔顶部排气阀	罗茨风机	罗茨风机延时20s后开
4	ART 空气擦洗①	120	阴塔下部进风阀 阴塔顶部排气阀罗茨风机排空阀（关）	罗茨风机	
5	ART 水力反洗	300	阴塔底部进水阀 阴塔中部排放阀	冲洗水泵	反洗进水量为树脂体积的1/2
6	ART 加压	20	阴塔上部进气阀		
7	压力排水①	90	阴塔底部排放阀 阴塔中部排放阀		
8	ART 充水	180	阴塔上部进水阀 阴塔顶部排气阀 碱稀释进水阀 阴塔进碱阀	冲洗水泵	排气管液位高开关动作，充水结束
9	等待进碱				
10	CRT（阳塔）充水	100	阳塔上部进水阀 阳塔上部排气阀 阳塔进酸阀 酸稀释进水阀	冲洗水泵	排气管液位高开关动作，充水结束
11	CRT 顶压排水	180	阳塔上部进气阀 阳塔中部排水阀 阳塔下部排水阀（开启150s后关闭）		阳塔内的水位到中部排水阀无水排出为宜
12	泄压	30	阳塔上部排气阀	罗茨风机	罗茨风机延时20s后开
13	CRT 空气擦洗①	120	阳塔下部进风阀 阳塔上部排气阀 罗茨风机排空（关）	罗茨风机	
14	CRT 水力反洗	300	阳塔底部进水阀 阳塔中部排水阀	冲洗水泵	反洗进水量为树脂体积的1/2
15	CRT 加压	20	阳塔上部进气阀		
16	压力排水①	90	阳塔下部排水阀 阳塔中部排水阀		
17	CRT 充水	250	阳塔上部进水阀 阳塔上部排气阀 阳塔进酸阀 酸稀释进水阀	冲洗水泵	排气管液位高开关动作，充水结束
18	等待进酸				酸碱储罐酸碱液位人工确认，低液位报警时，需补充酸碱
19	ART 进碱	3600	碱稀释进水阀 碱稀释进碱阀 阴塔进碱阀 再生冲洗水总阀 阴塔底部排放阀 热水箱三通阀 阴塔底部排脂阀（脉冲）	冲洗水泵	排脂阀每300s脉冲开启5s一次（两只脉冲动作的阀门，时间错开30s）

续表

步序		时间（s）	开启的阀门	开启的泵/风机	备 注
20	CRT 进酸	3600	酸稀释进酸阀 酸稀释进水阀 阳塔进酸阀 阳塔下部排水阀 阳塔底部出脂阀（脉冲）	冲洗水泵	排脂阀每 300s 脉冲开启 5s 一次（两只脉冲动作的阀门，时间错开 30s）
21	CRT/ART 置换	2400	阴塔进碱阀 再生冲洗水总阀 阴塔底部排放阀 阳塔下部排水阀 酸稀释进水阀 热水箱三通阀 阴塔底部出脂阀（脉冲） 阳塔进酸阀 碱稀释进水阀 阳塔底部出脂阀（脉冲）	冲洗水泵	出脂阀每 300s 脉冲开启 5s 一次（两只脉冲动作的阀门，时间错开 30s）
22	CRT/ART 快速漂洗	1200	阴塔上部进水阀 阴塔底部排放阀 阳塔进酸阀 阳塔出脂阀（脉冲） 酸稀释进水阀 阳塔上部进水阀 阳塔下部排水阀 阴塔进碱阀 阴塔出脂阀（脉冲） 碱稀释进水阀 再生冲洗水阀	冲洗水泵	出脂阀每 300s 脉冲开启 5s 一次
23	二次擦洗等待				
24	ART 充水	150	阴塔上部进水阀 阴塔顶部排气阀 碱稀释进水阀 阴塔进碱阀	冲洗水泵	排气管液位高开关动作，充水结束
25	ART 顶压排水	180	阴塔上部进气阀 阴塔中部排放阀 阴塔底部排放阀（开启 150s 后关闭）		阴塔排水到中部排水阀不出水为准
26	泄压	30	阴塔顶部排气阀		
27	ART 空气擦洗①	120	阴塔下部进风阀 阴塔顶部排气阀 罗茨风机排空阀（关）	罗茨风机	
28	水力反洗	300	阴塔底部进水阀 阴塔中部排放阀	冲洗水泵	反洗进水量为树脂体积的 1/2
29	ART 加压	20	阴塔上部进气阀		
30	压力排水①	90	阴塔底部排放阀 阴塔中部排放阀		
31	ART 充水	180	阴塔上部进水阀 阴塔顶部排气阀 碱稀释进水阀 阴塔进碱阀	冲洗水泵	排气管液位高开关动作，充水结束
32	最终漂洗等待				
33	CRT 充水	100	阳塔上部进水阀 阳塔上部排气阀 阳塔进酸阀 酸稀释进水阀	冲洗水泵	排气管液位高开关动作，充水结束

续表

步序		时间（s）	开启的阀门	开启的泵/风机	备　注
34	CRT 顶压排水	180	阳塔上部进气阀 阳塔中部排水阀 阳塔下部排水阀（开启 150s 后关闭）		阳塔内的水位到中部排水阀无水排出为宜
35	泄压	30	阳塔顶部排气阀	罗茨风机	罗茨风机延时 20s 后开
36	CRT 空气擦洗①	120	阳塔下部进风阀 阳塔上部排气阀 罗茨风机排空（关）	罗茨风机	
37	CRT 水力反洗	300	阳塔底部进水阀 阳塔中部排水阀	冲洗水泵	反洗进水量为树脂体积的 1/2
38	CRT 加压	20	阳塔上部进气阀		
39	压力排水①	90	阳塔中部排水阀 阳塔下部排水阀		
40	CRT 充水	250	阳塔上部进水阀阳塔上部排气阀 阳塔进酸阀 酸稀释进水阀	冲洗水泵	排气管液位高开关动作，充水结束
41	最终漂洗等待				
42	CRT/ART 最终漂洗	1500	阴塔上部进水阀 阴塔底部排放阀 再生冲洗水总阀 取样阀 阴塔底部排脂阀（脉冲） 阳塔上部进水阀 阳塔下部排水阀 取样阀 阳塔底部出脂阀（脉冲）	冲洗水泵	对 ART 漂洗，当电导率小于 5μS/cm 时，则漂洗结束；对 CRT 漂洗，当电导率小于 5μS/cm 时，则漂洗结束；如果在设定时间内，电导率未达到要求，则应报警查明原因。排脂阀每 300s 脉冲开启 5s 一次（两只脉冲动作的阀门，时间错开 30s）
43	管路调整	180			此时，再生系统处于停运状态，为下一工作提供良好准备

① 步序 1～7、10～16、23～29、32～38 可循环执行，由操作员可根据实际情况设定循环次数。

（3）阴罐树脂输送到阳罐步序。阴罐树脂输送到阳罐步序见表 6-93。

表 6-93　阴罐树脂输送到阳罐步序

步序		时间（s）	开启的阀门	开启的泵/风机	备　注
1	水/气输送树脂	300	阴塔上部进气阀 阴塔底部进水阀 阴塔底部排脂阀 阳塔下部排水阀 阳塔树脂输入阀	冲洗水泵	阴塔下部进水松动树脂，顶部进气形成一定压力的空气室把树脂送出
2	淋洗输送树脂	60	阴塔上部进水阀 阴塔底部进水阀 阴塔底部排脂阀 阳塔树脂输入阀 阳塔下部排水阀	冲洗水泵	阴塔上部进水，保证了罐内的树脂不被残留
3	管道冲洗	60	混床出脂冲洗水阀 混床出脂总阀 再生冲洗水总阀 阳塔树脂输入阀 阳塔下部排水阀	冲洗水泵	树脂输送管道从两个方向冲洗，冲洗水仍注入阳塔
4	ART 充水	600	阴塔上部进水阀 阴塔顶部排气阀	冲洗水泵	给阴塔充满水是为以后的步骤做好准备，排气管液位高开关动作，充水结束

（4）阳罐中阴阳树脂空气混合并漂洗备用步序。阳罐中阴阳树脂空气混合并漂洗备用步序见表 6-94。

表 6-94　　阳罐中阴阳树脂空气混合并漂洗备用步序

步序		时间（s）	开启的阀门	开启的泵/风机	备　注
1	CRT 充水	600	阳塔上部进水阀 阳塔上部排气阀	冲洗水泵	排气管液位高开关动作，充水结束
2	CRT 重力排水	600	阳塔上部排气阀 阳塔下部排水阀 （开启 150s 后关闭） 阳塔中部排水阀		阳塔放水到树脂面上 200mm 处
3	CRT 空气混合	600	阳塔下部进风阀 阳塔上部排气阀 罗茨风机排空阀（关）	罗茨风机	必须确保树脂被搅动。该步序开始时，进水阀开到位后方能关闭罗茨风机排空阀
4	CRT 空气混合 并排水	300	阳塔下部进风阀 阳塔上部排气阀 阳塔中部排水阀 罗茨风机排空阀（关）	罗茨风机	当水排到树脂层上或从窥视镜中观察到树脂不再被搅动时，边擦洗边排水则确保了树脂不再重新分离。该步序结束时，罗茨风机开到位后方能关闭进风阀，再关罗茨风机
5	CRT 充水	300	阳塔上部进水阀 阳塔上部排气阀	冲洗水泵	排气管液位高开关动作，充水结束
6	CRT 最终漂洗	900	阳塔上部进水阀 阳塔下部排水阀	冲洗水泵	该步中取样电磁阀将打开取样，当电导率小于 0.1μS/cm 时，漂洗将结束①
7	管路调整	300			

① 若在设定时间里最终漂洗不合格，并经人工确认为树脂分层不好或进酸碱再生效果不好所引起，则进入“CRT 树脂返回树脂分离罐”后把该套树脂重新再生。

（5）CRT 阴阳树脂输送至分离罐步序。CRT 阴阳树脂输送至分离罐步序见表 6-95。

表 6-95　　CRT 阴阳树脂输送至分离罐步序

步　序		时间（s）	开启的阀门	开启的泵/风机	备　注
1	水/气输送树脂	540	阳塔上部进气阀 阳塔底部出脂阀 阳塔底部进水阀 分离塔进脂总阀 分离塔下部排水阀	冲洗水泵	
2	淋洗输送树脂	90	阳塔上部进水阀 阳塔底部进水阀 阳塔底部出脂阀 分离塔进脂阀 分离塔底部排水阀	冲洗水泵	必须保证混脂不残留在阳塔内
3	管道冲洗	180	再生冲洗水总阀 混床出脂冲洗水阀 混床出脂总阀 分离塔进脂阀 分离塔底部排水阀	冲洗水泵	管道双向冲洗，保证管道中无残留树脂
4	CRT 充水	250	阳塔上部进水阀 阳塔上部排气阀	冲洗水泵	至液位开关动作

二、除灰渣系统控制

（一）除灰系统控制

除灰系统控制是对整个工艺系统中的仓泵、风机、各类阀门等设备进行程序控制，根据工艺系统运行和控制要求，设计程序控制逻辑。系统控制分程序控制、远方软手操及就地手操控制三种控制方式。控制装置除具有程序控制功能外，还设置必要的分步操作、成组操作、跳步、中断等操作功能，并有各步骤及状态显示。远方软手操即通过键盘对被控对象实现单独操作，在仓泵气控箱等就地控制装置上进行就地手动控制。

火力发电厂煤粉锅炉飞灰多采用正压浓相气力除灰系统，本节以某电厂一台煤粉炉正压浓相气力除灰系统为例，说明除灰系统的控制。该系统分为单元机组双室五电场电除尘的飞灰输送系统、压缩空气系统、灰库过滤排气系统、灰斗气化风系统、灰库气化风系统、灰库储存及卸灰系统等子系统。电除尘器每个灰斗下对应一台仓泵，除尘器一电场的干灰通过一根粗灰管输送至粗灰库，二、三、四、五电场的干灰通过一根细灰管输送至细灰库或粗灰库。每根输灰管中的灰经库顶切换阀切换后可选择进入两座灰库中的一座。

1. 飞灰输送控制

飞灰输送过程是一个循环过程，除尘器灰斗收集的干灰落入灰斗下的仓泵内，采用时间控制循环输送，灰斗料位仅作监视用，当输送条件满足时开始该组仓泵的飞灰输送，通过压缩空气将干灰输送到灰库，直到仓泵内的灰排空，完成一个循环。飞灰输送的过程就是通过时间控制完成若干个循环的过程。以下设定值根据不同工程可调：

（1）一电场飞灰输送控制。

1）循环启动条件。

a．在“程序控制”状态。

b．输送管道压力小于 0.03MPa（可调）。

c．输送供气压力大于 0.55MPa（可调）。

d．输送目标灰库有空间可用，相应的灰库切换阀打开。

2）输送控制过程。

步骤 1，单元内所有阀门在关闭的情况下，所有仓泵的排气阀先开启，延时开启仓泵进料阀开始进料。

步骤 2，排气阀设有打开时间设定，排气阀设定时间到则关闭。

步骤 3，当任一个仓泵料位计报警或装灰时间到时，则关闭进料阀和排气阀。

步骤 4，当进料阀和排气阀已关闭时，开启输送阀；当所有的进料和排气圆顶阀已被关闭且密封时，管路输送阀打开。

如果一个或多个仓泵的高料位计在循环启动时是被覆盖的，或者控制系统选择“吹扫”，这时仓泵的进料阀和排气阀不开启，而是跳过步骤 1～步骤 3，从步骤 4 开始。在进灰过程中，出现仓泵高料位信号，关闭进料阀，此时装灰过程结束，进入输灰过程。

步骤 5，输送阀开启后，延时开启输送空气阀（打开输送空气阀前判断输送气压力是否大于设定值）开始输灰。

在循环输送过程中，如果输送压力升高超过了 0.37MPa，输送空气阀关闭，排堵阀打开，当压力下降到 0.15MPa 时重新开启输送空气阀，关闭排堵阀。在输送过程中（程序在自动状态下），补气阀根据输灰管压力大小，自动进行打开和关闭。

步骤 6，物料通过管道输送到目标灰库，当输送压力降到设定值时则关闭输送空气阀，延时关闭输送阀，输送阀关反馈到位后，一次输灰循环结束。

步骤 7，输灰结束后单元进入循环等待时间，循环间隔时间到则进入下一个装灰过程。所有输灰单元必须设定循环间隔时间。

如果在循环过程中，任何一个启动联锁条件变为 0，则本次循环继续进行至完成，然后系统将停止，直到所有的启动联锁条件重新变为 1。同样的，当发生一个故障时，允许循环执行到下一步骤，然后循环进程将被挂起，直到联锁条件恢复为 1 后，循环将继续执行下一步。

3）气力飞灰输送循环流程框图如图 6-59 所示，图中延时时长仅为参考，应以现场调试时间为准。

（2）二、三、四、五电场飞灰输送控制。由于二、三、四、五电场存储的灰量占总灰量的百分比较小，所以通过设定时间，触发输送循环。合用同一根输灰母管的所有单元每次只能有一个单元输灰，其他单元在等待状态，如果两个单元同时装满，按电场先后为优先条件，即一电场优先于二电场，三电场优先于三、四、五电场，依次类推。其输送过程与一电场类似。三、四、五电场仓泵的储灰过程通过时间定时器控制，可不设料位开关。

2. 灰库排气过滤控制

灰库排气过滤是将送入灰库的灰气混合物中的气体过滤并排出灰库，干灰收集到灰库，保持灰库压力并满足环境保护要求。正压气力除灰系统常用的排气过滤设备为脉冲式布袋除尘器。布袋除尘器自带排气风机和控制箱，通过程序控制启、停布袋除尘器，由其自带的脉冲控制器定期按程序开启喷气电磁阀，实现自动除尘、排气。还能接收远方除灰控制系统的指令，并将其状态和报警信号送至除灰控制系统。

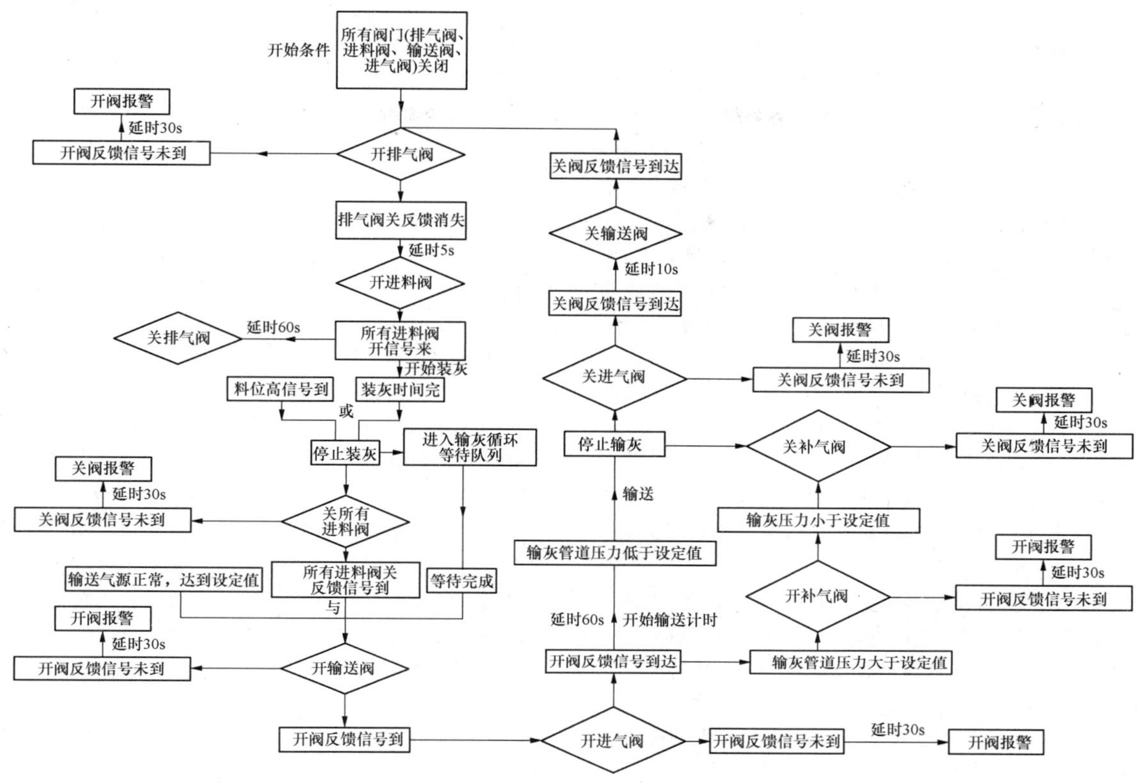

图 6-59 气力飞灰输送循环流程框图

3. 库底卸灰控制

库底卸灰设备采用就地手动控制方式，以便于灰料外运。卸料设备的状态在程序控制系统上显示，包括湿式搅拌机、干灰散装机等。

4. 空气压缩机及后处理设备的控制

（1）除灰系统空气压缩机可分为输送空气压缩机和反吹空气压缩机。输送空气压缩机用于输送飞灰，反吹空气压缩机用于灰库灰气分离设备布袋除尘器的反吹气源。除灰系统用的空气压缩机采用螺杆式空气压缩机时，也可将除灰用空气压缩机与全厂仪用空气压缩机合并设置。

(2)空气压缩机及后处理设备均配有就地控制箱，实现就地控制和远方控制。压缩空气储气罐出口母管压力信号或运行空气压缩机故障状态作为备用空气压缩机和后处理设备的启停控制条件。

(3) 启动过程。先启动冷冻式干燥器或再生吸附式干燥器，待后处理设备运行稳定后启动空气压缩机。

5. 气化风机及加热器的控制

气化风机用于保证灰斗和灰库卸灰时飞灰流动顺畅和均匀，同时，为防止飞灰冷凝结块，气化风机出口还配有电加热器。

（1）气化风系统启动过程。开气化风机出口阀→启动气化风机→启动电加热器。锅炉点火前 2h，灰斗气化风系统启动；灰库卸灰前 30min，启动灰库气化风系统。

（2）气化风系统停止过程。停电加热器→停气化风机→关风机出口阀。在仓泵系统停止运行，灰斗内无灰时，灰斗气化风机方可停运；灰库内无灰时，灰库气化风机方可停运。

（3）电加热器与加热器出口空气温度联锁。当空气温度达到上限时自动停止电加热器，当温度降低到设定值时，联锁启动电加热器。

（二）除渣系统控制

除渣系统的控制是对除渣系统中的泵、电动机、各类阀门等设备进行程序控制，根据工艺系统运行和控制要求，设计程序控制逻辑。系统控制分程序控制、远方软手操及就地手操控制三种控制方式。控制装置除具有程序控制功能外，还设置必要的分步操作、成组操作、跳步、中断等操作功能，并有各步骤及状态显示。

根据煤质结焦性强弱，电厂选用较多的除渣方式有水冷式机械除渣、风冷式机械除渣两种，水冷式和风冷式除渣系统均采用连续除渣方式。本节以这两种除渣形式为例，介绍除渣系统的启停控制。

1. 水冷式除渣系统控制

水冷式除渣系统控制主要由捞渣机控制、关断阀（挤渣阀）控制（有些厂家的技术是关断阀除了起到关闭炉底过渡渣斗排渣口的作用外，还兼有在合拢状态时挤碎大渣的作用）、渣仓储存及卸料控制组成，辅助以补水及排污控制。水冷式除渣系统的基本启停顺序：启动顺序为启动捞渣机→打开炉底排渣装置关断阀（挤渣阀）→渣仓暂存；停止顺序为关闭炉底排渣装置关断阀（挤渣阀），待捞渣机内的渣运至渣仓后关闭捞渣机。

（1）捞渣机控制。

1）启动条件：

a. 无捞渣机断链信号。

b. 无捞渣机驱动油泵电动机故障信号。

c. 无捞渣机驱动油站风冷电动机故障信号。

d. 无捞渣机驱动油温超高信号。

e. 无捞渣机驱动油站油箱油位超低信号。

f. 无捞渣机驱动油温超低信号。

g. 无捞渣机张紧电动机故障信号。

h. 捞渣机上槽体水位正常。

i. 捞渣机水封槽水位正常（机械密封式捞渣机无此条件）。

j. 捞渣机张紧系统就绪。

2）当未出现1）中a～f信号中的任一条时，捞渣机可以启动，捞渣机启动后方可打开关断阀（挤渣阀）。

（2）关断阀（挤渣阀）控制。当无“驱动油站油泵电压故障、驱动油站油箱油位低”时，可进行以下操作：

1）关断阀（挤渣阀）打开操作。当关断阀（挤渣阀）油泵启动后，关断阀（挤渣阀）打开。带挤渣功能的关断阀（挤渣阀）一般分三组，可以依次打开。当关断阀（挤渣阀）打开后，即可停止关断阀（挤渣阀）油泵。

2）关断阀（挤渣阀）关闭操作。关断阀（挤渣阀）油泵启动后，关闭关断阀（挤渣阀）。带挤渣功能的关断阀（挤渣阀），关闭时可以依次关闭。当关断阀（挤渣阀）关闭后，即可停止关断阀（挤渣阀）油泵。

3）关断阀（挤渣阀）正常运行时为打开状态，当捞渣机出现故障后应立即关闭挤渣阀。

4）对于有挤渣功能的炉底排渣装置，当从监视画面观察到有大渣时，将相应位置的挤渣阀关闭后再打开，查看大渣是否挤碎，如没有，重复关闭后再打开。

5）对于有挤渣功能的炉底排渣装置，渣井内部设置大渣喷水降温设施，当挤压头多次挤压热渣块无法破碎时，远方操作打开渣井喷水降温水管路电动阀，对热渣块喷水冷却。当热渣块降温由红变暗硬度加大后，关闭渣井喷水降温水管路电动阀，然后再次启动挤压头进行破碎。

（3）渣仓储存及卸料控制。掉到捞渣机水槽中的湿渣由捞渣机输送至渣仓，渣仓设置高料位报警，集中控制室接到报警后派人前往渣仓，手动卸渣。待卸渣车到位后，开启排渣阀，待排渣阀不再落渣时手动开启安装在渣仓侧壁上的振动器，将侧壁上黏附的渣振掉后，卸渣结束。

（4）补水及排污控制。

1）捞渣机上槽体前、中、后部检测到低水位时，联锁打开上槽体补水系统的正常补水阀，使上槽体水位升至正常水位；当上槽体水温超温（不大于70℃）不能及时恢复时，联锁打开上槽体紧急补水阀，直至水槽水温恢复正常；当渣井与炉膛采用水封槽密封，水封槽水位低时联锁开水封槽补水阀，补水至正常水位，以保证炉膛密封。

2）渣仓冲洗水和捞渣机溢流水暂时在溢流水池内存放，排污泵与水池水位联锁，由排污泵将溢流水池内的水打至捞渣机水槽中。溢流水池水位高时开一台排污泵，水位持续高时两台排污泵全开，水位低时关两台排污泵。

2. 风冷式除渣系统控制

风冷式除渣系统主要包含炉底排渣装置（挤压头）、钢带排渣机、碎渣机、斗式提升机等设备。风冷式除渣系统控制主要由炉底排渣装置控制、风冷式排渣机控制、碎渣机控制、液压系统控制、渣仓储存及卸料控制组成。风冷式除渣系统的基本启停顺序：启动顺序为：启动斗式提升机电动机（如有），延时（可调）→启动碎渣机，延时（可调）→启动钢带电动机风扇，延时（可调）→启动钢带电动机，延时（可调）→启动清扫链电动机风扇，延时（可调）→启动清扫链电动机，延时（可调）→打开挤压头；停止顺序为：关闭挤压头，延时（可调）→停止清扫链电动机→停止清扫链电动机风扇→停止钢带电动机→停止钢带电动机风扇，延时待渣全部排入渣仓→停碎渣机→停止斗式提升机（如有）。

（1）碎渣机控制。碎渣机是钢带输送系统的必备设备，所有不同形式的钢带输送系统中均设置碎渣机。一般一条钢带输送机设置两台碎渣机，一用一备，如一台故障自动切换到另一台运行。干渣系统启动前先要选择需要运行的碎渣机。碎渣机设有碎渣机卡阻保护、碎渣机电动机故障保护两个保护装置，卡阻保护、碎渣机电动机故障保护均要联停炉底排渣装置。当不存在上述保护信号时，允许碎渣机启动。

（2）风冷式排渣机控制。风冷式排渣机包括钢带电动机、钢带风扇电动机、清扫链电动机、清扫链风扇电动机等设备。

1）出现以下保护信号时，关闭炉底排渣装置（挤压头）并停止风冷式排渣机：

a．钢带打滑保护。如果出现该情况，必须报警并显示目前处于“打滑”状态，这时应立即停止钢带运行，同时关闭炉底排渣装置。钢带电动机运行时转速为20～30Hz，一般要求DCS或PLC系统进行判断，当连续10s（可调）没有脉冲信号时，即认为钢带打滑，画面发出“钢带打滑”报警。

b．钢带伸长保护。钢带尾部装有钢带伸长检测接近开关，当此开关信号为1时，表明钢带伸长，应立即停止钢带运行，画面显示“钢带伸长”报警。此保护要求进行2s的延时，防止误报。确认钢带伸长后，应启动钢带张紧程序。

c．钢带电动机过电流保护。钢带电动机设有过电流保护装置，当电流达到电动机额定电流的115%（根据不同设备可调）时，发出报警信号，并停止钢带电动机运行，此时画面上应显示电动机故障报警。钢带电动机可随时进行调速控制，设定范围为0～50Hz，对应模拟量输出模块为4～20mA。

d．钢带电动机风扇故障。钢带电动机一般为变频电动机，带有独立的强冷风扇，风扇设有热继电器保护，当热继电器动作时，应有钢带电动机风扇故障报警，停止钢带电动机及风扇的运行，并且钢带电动机和钢带电动机风扇之间具有联锁关系。钢带电动机风扇启动是钢带电动机启动的必要条件。

e．钢带头部料位高。钢带头部落料口位置设有料位高开关，当此信号报警时，应联锁停止钢带电动机风扇及钢带电动机，关闭炉底排渣装置。此报警信号可设置2s稳定时间，防止误报。

f．中间渣斗料位高。碎渣机底部出料口处一旦出现灰渣堆积，料位计报警，延时5s（可调），停止碎渣机、钢带电动机、清扫链，关闭所有挤压头。

2）出现以下信号时应在集中控制室报警：清扫链打滑、清扫链断链、清扫链电动机过电流、清扫链电动机风扇故障。

3）清扫链电动机风扇启动是清扫链电动机启动的必要条件，清扫链不是连续运行的，停止时间和运行时间可独立设定。清扫链一般为调速控制，设定范围为0～50Hz，对应模拟量输出模块为4～20mA。

4）热渣到钢带电动机头部已经逐渐被冷却；冷却用的空气，是在锅炉炉膛负压的作用下，由排渣机壳体上开设的可调进风口进入设备内部的，电动进风阀由DCS或PLC系统进行自动控制，利用钢带头部进风温度作为被调量，冷空气与热渣进行逆向热交换；冷空气吸收热量升温到300～400℃直接进入炉膛，将炉渣的热量回收，从而减少锅炉的热量损失。一般当钢带头部进风温度低于80℃时，钢带风门采取关闭动作，每次关闭10%，间隔10min，直至全部关闭。一般当钢带头部进风温度高于120℃时，钢带风门采取打开动作，每次打开10%，间隔10min，直至全部打开。以上时间及开度可根据实际情况调整。

（3）液压系统控制。风冷式除渣设备的液压系统主要有两个功能：一个是驱动炉底排渣装置（挤压头）；另一个是钢带和清扫链张紧，有些设备的钢带和清扫链采用气动张紧。液压系统主要包含液压泵站、挤压头、钢带张紧装置、清扫链张紧装置。液压泵站一般包含两台电动机，正常工作时互为备用，特殊情况可以两台同时启动。液压系统工作时应至少启动一台电动机。挤压头由本体、液压缸、电磁阀、行程开关组成。每个挤压头由一个专用电磁阀控制，以实现打开和关闭动作。每个挤压头还设有两个行程开关，对开到位和关到位进行反馈。

1）挤压头操作步骤。

a．打开时，启动液压泵，液压系统升压，开总缩回电磁阀，依次打开挤压头电磁阀，在收到所有挤压头开到位反馈后，可以关闭挤压头电磁阀，关闭总缩回电磁阀，关闭液压系统升压电磁阀，并停止液压泵。

b．关闭时，先启动液压泵，液压系统升压，打开总伸出电磁阀，依次打开挤压头电磁阀，在收到所有挤压头关到位反馈后，关闭挤压头电磁阀，关闭总伸出电磁阀，关闭液压系统升压电磁阀，并停止液压泵。

c．挤压头程序控制功能：每个挤压头可以单独操作；每对挤压头设置一个自动挤压按钮，可以进行自动挤压，并可设定挤压次数；每个渣斗设置一个自动挤压按钮，渣斗内挤压头可以依次进行连续挤压，并可设定挤压次数；所有挤压头设置一个自动挤压按钮，全部挤压头可以依次进行连续挤压，并可设定挤压次数；当排渣系统出现故障报警时，应立即关闭所有挤压头，此时可以同时打开全部挤压头电磁阀，使其同时动作，并启动两台电动机，确保关闭炉底排渣装置。

2）钢带张紧采用程序自动控制，画面上设置钢带压力设定按钮，可随时进行压力设定，当压力信号低于设定值并保持5s后（可调），启动自动补压程序。程序按照以下操作步骤执行：启动液压泵，液压系统升压，打开钢带张紧电磁阀，判断钢带张紧压力大于预设值并延时3min（可调），关闭钢带张紧电磁阀，关闭系统升压电磁阀，停止液压泵。

3）清扫链张紧也采用程序自动控制，画面上设置清扫链压力设定按钮，可随时进行压力设定，当压力信号低于设定值并保持5s后（可调），启动自动补压程序。程序按照以下操作步骤执行：启动液压泵，液压系统升压，打开清扫链张紧电磁阀，判断清扫链张紧压力大于预设值并延时3min（可调），关闭清扫链张紧电磁阀，关闭系统升压电磁阀，停止液压泵。

（4）渣仓存储及卸料控制。渣仓设置料位高低料位报警，渣仓顶一般设有排气过滤器用以排出并过滤渣仓内的置换空气。排气过滤器配排风机，使渣库保持微负压，并设置排气过滤器滤袋破损报警（差压报警）。

风冷式除渣系统通过湿式搅拌机将渣仓内的干炉渣加湿后装车运至灰场；通过干式卸料机加负压吸尘系统或排气过滤器，将干炉渣装密封罐车以便综合利用。

（三）布袋除尘系统控制

布袋除尘系统控制的功能是对除尘工艺系统中的清灰喷吹阀、旋转电动机、风机、各类阀门等设备进行程序控制，根据工艺系统运行和控制要求，设计程序控制逻辑。系统控制分程序控制、远方软手操及就地手操控制三种控制方式。控制装置除具有程序控制功能外，还设置必要的分步操作、成组操作、跳步、中断等操作功能，并有各步骤及状态显示。远方软手操即通过键盘对被控对象实现单操，手动操作指在就地控制装置上进行就地手动控制。

火力发电厂煤粉锅炉的布袋除尘器多采用旋转喷吹脉冲除尘器和行喷吹脉冲除尘器在线清灰，其中旋转喷吹脉冲除尘器具有空间利用率高、喷吹压力低等特点，因此布袋寿命较长、整体设备阻力较低、脉冲阀数量少且寿命更长、故障点少，而且具有故障位置易排除、维护量低、检修方便等优点，下面以旋转喷吹脉冲布袋除尘器系统为例，说明布袋除尘器系统的启停控制。系统可分为预喷涂系统、滤袋清灰系统、压缩空气系统、喷水降温系统等子系统。

1. 预喷涂系统控制

在锅炉点火启动，燃油点火或喷油加热炉膛时，应采用喷粉方式对布袋预涂灰。锅炉启炉前，先打开锅炉系统送、引风机，关闭滤袋清灰系统，对布袋进行喷粉预涂灰。在通风量满足的情况下，用灰罐车向布袋除尘设备入口处的预留管道内喷射粉煤灰，通过粉尘过滤的方式，附着在滤袋表面上。当除尘器花板上下的阻力到增加设定值时（如比初始值高500Pa），可停止喷灰投油点火。预喷涂系统一般采用手动操作。

2. 滤袋清灰系统

压缩空气从储气罐经过脉冲阀和旋转风管将压缩空气喷入滤袋实现脉冲清灰。脉冲清灰的旋转臂可以自由地转动，维修人员可以对花板的任何部位进行检查或更换滤袋。

布袋除尘器的控制主要就是清灰系统的控制，旋转喷吹布袋除尘器采用3种清灰控制方式，即程序控制、时间控制和手动控制。

燃油点火或投油稳燃阶段、锅炉停炉前、锅炉轻微爆管时、锅炉排烟温度低于烟气露点温度时，布袋除尘器的清灰方式应切换为手动清灰方式。锅炉投煤稳燃20min后及机组正常运行时，以差压程序控制为主，时间控制为辅。手动控制一般用于调试和检修。在差压程序控制清灰方式下，有3种喷吹清灰模式，即慢速、正常、快速清灰模式，根据滤袋上灰尘负荷的变化（也就是锅炉负荷的变化）选择清灰模式，保证在滤袋的整个使用寿命中维持较低的除尘器阻力。为了能实现程序控制喷吹清灰模式，每台除尘器应设置进、出口差压变送器进行实时自动测量，并将差压信号送至控制系统，由控制系统根据大小启动慢速、正常或快速的清灰模式，并给电磁阀发出清灰指令开始清灰，当滤袋差压满足设定值时停止清灰喷吹。

系统根据不同的差压，采取不同的清灰频率，以保证除尘器的阻力在设计值，见表6-96，表中差压值可根据工程情况调整。

表6-96　清灰频率-布袋差压

设置点的差压	脉冲时间（ms）	脉冲间隔
无清灰（＜0.6kPa可调）	N/A	N/A
慢速清灰（0.6～0.8kPa可调）	200	1～5min
正常清灰（0.8～1.0kPa可调）	200	10～60s
快速清灰（＞1.01kPa可调）	200	4～5s

快速脉冲清灰旨在快速清除滤袋上的粉尘，使得除尘器阻力下降，系统恢复正常脉冲清灰，如果在固定的时间段（如15min）内进行在线快速清灰，不能降低布袋除尘器的差压而进入正常清灰状态，控制系统应进行报警。

如果一次清灰后布袋除尘器阻力仍然高于设定值，清灰继续进行。如果在清灰过程中，除尘器阻力降低到设定值以下，清灰工序在完成一个周期后停止，直到布袋除尘器阻力超过设定值，开始又一次清灰工序。

3. 压缩空气系统控制

对于旋转喷吹脉冲布袋除尘器，清灰系统的喷吹压力较低，一般采用罗茨风机作为喷吹气源，气源母管压力维持在98kPa（可调）。当风机出口压力低时启动备用风机，压力正常时停备用风机。

4. 喷水降温系统控制

在锅炉烟气温度突发性升高时投运喷水降温系

统，通过蒸发冷却降温，确保滤袋不被烧坏。喷水降温系统只能作为暂时应急措施，不能作为降低除尘器入口烟气温度的常规方法。当系统采用两级喷水降温时，如果除尘器入口烟气温度大于 165℃（可调），控制系统报警，并自动启动喷水降温装置中的 A 组喷水装置，启动 A 组喷水装置持续 5min 后除尘器入口端烟气温度没有下降到 155℃（可调）以下时或当进口烟气温度持续上升达到 170℃（可调）时喷水系统的两组喷水装置全部启动，控制系统持续发出报警信号。

当除尘器进口烟气温度上升到 180℃（可调）时或当除尘器进口的两组喷水降温装置喷水持续已达 15min（可调），但是除尘器进口烟气温度上升到 160℃时（可调）锅炉应考虑降负荷运行或切换旁路运行（当布袋除尘器设烟气旁路系统时）。

当除尘器进口烟气温度超过 180℃（可调）时，机组应减负荷或除尘器切换旁路运行。同时，控制系统发出停止清灰的指令，确保除尘器滤袋上保持一定厚度的灰层。

对于设烟气旁路系统的布袋除尘器，通过开启旁路烟道的措施可以避免烟气超高温对滤袋造成损伤，是当喷水降温无法降低烟气温度时，为了避免超高温烟气对滤袋的损伤而采取的最终的措施。当除尘器入口烟气温度低于 150℃（可调）时，关闭喷水降温装置。

三、脱硫系统控制

脱硫系统控制是对整个工艺系统中的各种脱硫设备、泵、风机、阀门等实现全过程的自动调节和程序控制。控制逻辑通过模拟量控制和开关量控制实现。

（一）海水脱硫系统控制

1. 模拟量控制

海水脱硫系统的模拟量控制参数主要有出口 SO_2 和海水排放 pH 值，通常在工艺系统设计时按最不利条件进行选型，海水喷洒量不予控制。

2. 开关量控制

海水脱硫系统的开关量控制设计应根据工艺系统的设计及系统特点设置，通常设计如下开关量控制项目：

（1）运行泵或风机与备用泵或风机的联锁控制，当运行的泵或风机故障跳闸时自动联锁启动备用的泵或风机。

（2）海水升压泵与海水升压泵进出口阀联锁控制。

（3）海水升压泵本体温度高高或吸收塔海水池水位高高或吸收塔吸收水池水位低低时则联锁跳海水升压泵。

（4）曝气风机与入口阀的联锁控制。

（5）曝气风机本体温度高高或润滑油压低低则联锁停曝气风机。

（二）石灰石-石膏湿法脱硫系统

1. 模拟量控制

石灰石-石膏湿法脱硫系统的模拟量控制设计应根据工艺系统的设计及系统特点设置，通常应设计如下自动调节项目：

（1）吸收塔液位控制。通过控制除雾器的冲洗水阀开启时间来实现。

（2）吸收塔浆液 pH 值控制。通过调节石灰石浆液泵的转速来实现石灰石浆液流量的供给量，从而实现吸收塔浆液 pH 值的控制。

（3）吸收塔排出石膏浆液流量控制。根据吸收塔石膏旋流器入口压力，调节排出管调节阀或石膏浆液排出泵转速来实现。通过吸收塔排出石膏浆液的流量控制保证吸收塔反应池石灰石浆液的浓度。

（4）石灰石浆液的供给控制。根据测量的原烟气流量、原烟气 SO_2 浓度和 SO_2 的吸收率计算得出石灰石浆液的用量，并经过吸收塔浆液 pH 测量值及烟气流量修正后作为石灰石浆液流量的设定值，石灰石浆液测量值经浆液密度修正后作为实际值，通过与设定值的偏差量来调节石灰石浆液泵的转速或调节阀的开度，从而达到石灰石浆液量的供给控制。

（5）石灰石浆液箱液位控制。根据浆液箱测量的液位信号，控制给水流量调节阀开度。

（6）石灰石浆液箱浓度控制。根据给料机的给粉量，按比例调节给水流量调节阀，控制石灰石浆液箱的浓度。

（7）脱水机石膏滤饼厚度控制。根据滤饼厚度给定值与测量值的差值控制皮带脱水机速度。

（8）石膏排出泵的变频控制。根据吸收塔石膏旋流器压力进行自动控制。

（9）磨机入口滤液给水或工艺水给水流量控制。通过石灰石/滤液或水的比例控制磨机给水流量。

（10）磨机石灰石浆液循环箱工业水给水流量控制。石灰石浆液浓度反馈与给定值的偏差作为磨机石灰石浆液循环箱工业水给水流量调节的给定值，与磨机石灰石浆液循环箱给水流量反馈的偏差调节磨机石灰石浆液循环箱工业水给水流量调节阀的开度，达到控制石灰石浆液浓度的目的。

2. 开关量控制

石灰石-石膏湿法脱硫系统的开关量控制设计应根据工艺系统的设计及系统特点设置，通常设计如下开关量控制项目：

（1）原烟气、净烟气温度高或多台浆液泵跳闸联锁启停事故喷淋系统。

（2）FGD 事故跳闸（浆液泵全停或入口烟气温度过高）触发锅炉 MFT。

（3）石灰石供浆泵的启停与泵入口阀和泵出口阀的开关联锁。

（4）石灰石粉给料机入口电动闸板门打开后联锁开启石灰石粉给料机，石灰石粉给料机停止后联锁关闭入口电动闸板门。

（5）流化风机启动后联锁启动流化风机加热器，流化风机加热器停止后联停流化风机。

（6）石灰石浆液箱液位低联锁停止石灰石浆液泵。

（7）石灰石浆液箱搅拌器启停与石灰石浆液箱液位的联锁。

（8）吸收塔搅拌器启停与吸收塔液位的联锁。

（9）浆液循环泵的启停与泵入口阀、泵出口阀和泵冲洗阀门的开关联锁。

（10）浆液循环泵电动机绕组温度高、电动机轴承温度高或泵轴承温度高联锁停浆液循环泵。

（11）石膏排出泵的启停与皮带脱水机或石膏浆液外排至事故浆液箱管道联络阀、石膏浆液排出泵放空阀、石膏排出泵冲洗水阀和放空阀、石膏浆液排出泵入口阀、石膏排出泵冲洗水阀、石膏排出泵出口阀的联锁。

（12）吸收塔氧化风机的启停与氧化风机放空阀的开关联锁。

（13）滤布冲洗水箱液位低联锁停止滤布滤饼冲洗水泵。

（14）脱水滤液池液位与脱水滤液池搅拌器的启停联锁。

（15）脱水滤液泵启停与脱水滤液池液位的联锁。

（16）脱水滤液泵启动后联锁打开脱水滤液泵出口阀。

（17）事故浆液箱搅拌器启停与事故浆液箱液位的联锁。

（18）工艺水泵启停与工艺水箱液位的联锁。

（19）工艺水箱补水阀开关与液位的联锁。

（三）半干法脱硫控制

1. 模拟量控制

半干法 CFB-FGD 系统通常包含三个主要的控制回路：

（1）SO_2 排放控制。根据进入脱硫反应塔烟气中原始 SO_2 浓度及烟气流量控制吸收剂螺旋给料机的转速，烟囱入口处净烟气 SO_2 浓度用来微调吸收剂螺旋给料机的转速，最终满足出口 SO_2 排放浓度的要求。实际运行过程中，由脱硫反应塔入口烟气 SO_2 浓度、烟气流量和设定的 Ca/S 比计算吸收剂的给料量，通过调节 1 号消石灰变频旋转给料器的频率实现吸收剂给料量的粗调。再通过除尘器出口烟气 SO_2 浓度与设计值的差值，调节 2 号消石灰变频旋转给料器的频率实现吸收剂给料量的精调。以此保证达到设计的脱硫效率和 SO_2 排放浓度要求。

（2）吸收塔出口温度控制。根据脱硫反应塔出口处的烟气温度控制反应塔内的喷水量，以确保脱硫反应塔内的烟气温度尽可能处于高于露点温度 10～15℃的最佳反应温度范围内。实际运行过程中，脱硫反应塔出口烟气温度由反应塔出口处的 3 个测温热电偶所得数据的均值计算得出，同时为降低测量误差，如有某一温度值偏离平均值 10℃以上，则提示报警。控制系统根据反应塔出口烟气温度与设定的烟气温度差值，调节回流式喷枪的回流水量，使出口烟气温度尽量处于高于露点温度 10～15℃的最佳反应温度范围内。

（3）床层压降控制。根据脱硫反应塔进出口压降，调节循环灰气动调节阀的开度，以控制返回脱硫反应塔的循环灰量，保证脱硫反应塔内的压降，保证脱硫反应所需的固体颗粒浓度。实际运行过程中，脱硫反应塔的进出口压力分别由 3 个压力测点所得数据的均值计算得出，同时为降低测量误差，如有某一压力值偏离平均值 10%以上，则提示报警。控制系统根据进出口压力差值，扣除与锅炉负荷对应的空床压降，得到脱硫反应塔的进出口压降。控制系统根据进出口压降与设定值的差值调节循环灰气动调节阀的开度来调节脱硫灰的循环量，从而调节脱硫反应塔内的固体颗粒浓度。

（4）烟气再循环控制。通过调节净烟气循环烟道挡板，自动调节经过吸收塔的烟气量不低于锅炉 75%额定负荷的烟气量，以确保吸收塔流化床的稳定运行。

2. 开关量控制

半干法脱硫系统的开关量控制设计应根据工艺系统的设计及系统特点设置，通常设计如下开关量控制项目：

（1）消化水泵启动联锁开启出口阀。

（2）流化风温度低联锁开启电加热器。

（3）工艺水箱水位低联锁停止高压水泵。

（4）高压水泵启动联锁启动出口阀。

四、脱硝还原剂制备系统控制

脱硝系统控制是对整个工艺系统中的各种脱硝设备、泵、风机、阀门等实现全过程的自动调节和程序控制。控制逻辑通过模拟量控制和开关量控制来实现。

（一）选择性催化还原法烟气脱硝系统（SCR）

1. 模拟量控制

氨气注入量控制，以 SCR 入口烟气中的 NO_x 量和锅炉负荷量作为前馈，以 SCR 出口的 NO_x 量作为反馈，修正氨气流量的设定值，修正后的氨气流量设定值与实际测量的氨气流量求差比较做比例积分运算，输出氨气流量调节阀的控制信号，从而控制氨气的注入量。

2. 开关量控制

（1）反应器入口温度太低或太高关闭氨气切断阀。反应器入口温度太低，会使脱硝效率降低，同时造成过高的氨逃逸率并腐蚀下游设备。反应器入口温度太高，会导致催化剂失效。当反应器入口温度太低或太高时都应联锁关闭氨气切断阀。

（2）稀释风机停机联锁关闭氨气切断阀。

（3）稀释空气管道出口气动蝶阀关闭联锁关闭氨气切断阀。

（4）锅炉 MFT 联锁关闭氨气切断阀。

（5）反应器差压过高报警并判断是否需要停止 SCR 设备运行，以防因抽力不足而使烟气无法排放。

（6）吹灰联锁保护。汽源压力高、压力低、疏水阀未关到位和吹灰器过载联锁关闭主汽阀或辅助蒸汽阀。

（二）选择性非催化还原法烟气脱硝系统（SNCR）

1. 模拟量控制

SNCR 反应区还原剂喷入流量控制，采用查表及闭环控制相结合的方法进行控制，先根据设计工况，预置各区域不同负荷（或烟气量）下对应尿素溶液喷入量的对应表，系统运行时，根据系统的负荷值（或烟气量）查得相应的值作为 SNCR 闭环控制系统前馈值，再根据设置 SNCR 尾部的 NO_x 反馈值对实际喷入的尿素溶液由调节阀进行调整。

2. 开关量控制

尿素管路、稀释水管路、雾化管路远方控制阀的顺序联锁控制。

（三）脱硝剂制备和储存系统

脱硝剂制备和储存系统的控制设计应满足主厂房烟气脱硝系统、脱硝剂制备和储存系统的启动、停止及正常运行工况的控制要求，保证系统和机组安全。通过对蒸发器水温度和出口氨气压力的控制保证氨气供应控制在一定范围内运行，不偏离正常值。

1. 模拟量控制

（1）蒸发器出口氨气压力控制。根据蒸发器出口的氨气压力信号，调节蒸发器出口（或入口）压力调节阀，控制蒸发器出口的氨气压力，从而保证氨气缓冲罐压力维持在允许范围内。

（2）蒸发器水温控制。当采用蒸汽加热水温时，根据蒸发器的温度测量信号调节蒸汽调节阀，控制进入液氨蒸发器的蒸汽量，从而控制蒸发器的温度在允许的范围内。当采用电加热器加热水温时，通过蒸发器的温度测量信号调节加热棒的组数，控制蒸发器的温度在允许范围内。

（3）尿素溶液压力调节。通过调节尿素给料泵的转速维持尿素回流储罐的压力恒定。

2. 开关量控制

（1）当卸载区管道氨气超压时，应自动关闭所有从卸载管线到储罐的关断阀，终止液氨的卸载过程。

（2）当氨储存和供应区域氨泄漏等任何紧急情况出现时，应停止氨供应系统及整个氨系统的运行。

（3）液氨储罐液位与液氨进口阀、液氨出口阀和氨气出口阀的联锁控制。

（4）液氨储罐液位高高，联锁停氨压缩机的控制。

（5）蒸发器氨气出口温度、液位与氨气进口阀的联锁控制。

（6）液氨储罐温度高、液氨储罐压力高或氨气泄漏浓度高联锁打开液氨储罐喷淋阀。

（7）当氨气泄漏浓度高时，应联锁打开液氨卸车区、液氨蒸发器、液氨压缩机区对应的喷淋阀。

（8）稀释罐进水阀与液氨储罐温度、压力及氨气排放总管压力、稀释罐液位等的联锁控制。

（9）废水池液位与废水泵的启停联锁控制。

（10）尿素溶解罐液位与加热蒸汽进口阀、溶解水进口阀、溶解罐搅拌器、尿素溶液输送泵的联锁。

（11）尿素溶解罐温度与加热蒸汽进口阀的联锁控制。

（12）根据尿素溶液密度、溶解罐温度启动尿素溶液输送泵及打开尿素溶液储罐进口阀的控制。

（13）尿素溶液给料泵与尿素溶液储罐液位及给料泵进出口阀的联锁控制。

（14）尿素溶液储罐温度与加热蒸汽进口阀联锁控制。

五、空冷系统控制

（一）直接空冷系统控制

直接空冷系统控制可分为开关量控制和模拟量控制。下面以某工程五排六列 30 台变频风机，第一、二、五、六列设隔离阀门的直接空冷系统为例加以说明。

1. 开关量控制

直接空冷系统的开关量控制可分为直接空冷系统的启、停运行，直接空冷系统电动阀门控制，抽真空系统控制，空冷风机控制，直接空冷系统防冻保护。

（1）直接空冷系统的启、停运行。

1）直接空冷系统的启动。直接空冷系统的整组启动允许条件：

a．凝结水泵运行且凝结水箱水位控制投自动。

b．排汽装置真空破坏阀在全关位置。

c．排汽母管爆破膜在全关位置。

d．汽轮机轴封蒸汽压力控制投自动。

e．汽轮机已跳闸且盘车装置已投入（汽轮机非零转速）。

f．给水泵汽轮机轴封蒸汽压力控制投自动。

g．给水泵汽轮机已跳闸且盘车装置已投入（给水泵汽轮机非零转速）。

h．低压旁路阀在全关位置。

i．真空泵的主、备泵已设定。

当上述条件均具备时，自动进行表 6-97 中的步序操作。

2）直接空冷系统的停止。直接空冷系统控制功能组的整组停止允许条件：

a．汽轮机已跳闸。

b．给水泵汽轮机都已跳闸。

c．旁路阀在全关位置。

d．当冬季运行工况下且风机步序在 1（见图 6-60）时，或当非冬季运行工况下且风机步序在 9（见图 6-60）时。

当上述条件均具备时，允许运行人员手动停止空冷凝汽器控制功能组，同时功能组将被置于“直接空冷系统停止运行模式”，并自动进行表 6-98 中的步序操作。

表 6-97　　直接空冷系统启动步序

步序	执　行　操　作	说明	备注
1	根据环境温度选择冬季或非冬季启动方式		
2	当采用非冬季启动方式（环境温度大于或等于 2℃）时，开全部列蒸汽管道电动隔离阀、凝结水管道电动隔离阀、抽真空管道电动隔离阀。 当采用冬季启动方式（环境温度小于 2℃）时，关第一、二、五、六列蒸汽分配管电动隔离阀，关第一、二、五、六列凝结水管道电动隔离阀，开第一、二、五、六列抽真空管道电动隔离阀		
3	投入真空泵子组自动： （1）启动三台真空泵并开抽真空旁路阀。 （2）当汽轮机排汽装置的真空小于设定值 1 时，初步完成直接空冷系统的预排气工作；当汽轮机排汽装置的真空小于设定值 2 时，提示直接空冷系统已进入预真空状态。 （3）当汽轮机排汽装置的真空小于设定值 3 时，提示直接空冷系统已进入真空状态		
4	维持真空状态约 0.5h 后，当真空值仍有继续下降的趋势时，停两台真空泵，并关抽真空旁路阀	此时运行一台真空泵。抽真空子组由“启动运行方式”转为“真空维持方式”约 1h	
5	（1）提示“直接空冷系统已准备好”，并给机组控制系统发出“直接空冷系统已准备好”信号。 （2）等待给水泵汽轮机 MEH 系统来的“给水泵汽轮机已跳闸”状态信号。 （3）当机组控制系统发出“请求直接空冷系统进汽”信号后，程序随时根据环境温度值再次设置空冷凝汽器电动阀的相应位置。再次确认抽真空旁路电动阀已关闭		
6	直接空冷系统的控制系统给机组控制系统发出“直接空冷系统允许进汽信号”		
7	（1）再次启动三台真空泵。 （2）汽轮机排汽装置的真空达到设定值 3 以下所有未被隔离列空冷凝汽器固定、扩建端凝结水收集管中的凝结水最低温度大于 35℃，且所有未被隔离列空冷凝汽器固定、扩建端凝结水收集管中的凝结水平均温度与环境温度的温差大于 5℃时，延时 1～3min 后进入下一步序		
8	（1）空冷系统风机控制功能子组自动逻辑根据运行人员设定的冬季或非冬季启动方式按风机步序表投入风机。 （2）空冷系统风机控制功能子组自动投入、背压 PID 控制器在自动方式，且全部列逆流单元风机均已投入（非冬季启动方式）或未隔离列的逆流单元风机均已投入（冬季启动方式），进入下一步序		
9	当汽轮机排汽装置的真空小于或等于设定值 3 时，延时 5～10min 后可按预先设定好的主、备泵方案自动停运两台真空泵，保留一台真空泵运行		
10	直接空冷系统将被置于“正常运行模式”。此后，空冷系统风机子组将根据风机控制步序表来控制相关列/排风机的顺序启、停，控制蒸汽分配管道隔离阀、凝结水隔离阀、抽真空隔离阀的开、关，同时自动调节风机的转速，实现不同机组负荷及环境条件下控制汽轮机背压运行在安全、合理、经济的范围内		

表 6-98 直接空冷系统停止步序

步序	执 行 操 作	说明	备注
1	切除空冷风机控制功能子组自动、切换背压 PID 控制器至手动方式		
2	切除抽真空控制功能子组自动，允许运行人员手动停真空泵		
3	确认空冷系统相关阀门的动作到位后，由运行人员切换空冷系统阀门控制功能子组在手动方式		
4	在 LCD 上显示“直接空冷系统已停运”		

（2）直接空冷系统电动阀控制。直接空冷系统电动阀控制功能子组程序控制可由空冷程序控制启动步序触发，或手动投入。在程序控制方式下，程序自动投各列的全部电动阀在程序控制方式。

（3）抽真空控制。

1）抽真空控制功能子组程序控制。抽真空控制功能子组程序控制可由空冷程序控制启动步序触发，或手动投入。在程序控制方式下，抽真空控制功能子组程序可自动根据不同的运行工况或汽轮机排汽装置的真空值选择启动一台或三台真空泵的方式，并据此联锁启停主、备真空泵。

2）主、备真空泵选择。

空冷系统程序启动前，可以手动选择 A、B、C 真空泵中的任一台为主泵，一台为备用泵。

3）真空泵寿命管理。当任一真空泵连续运行超过 168h 时，程序自动停运该泵，并联锁启动一台备用泵。

4）真空泵程序启动（单台泵）。当任一真空泵程序控制收到真空泵选择逻辑来的启泵指令后，自动关真空泵入口阀。真空泵程序启动步序见表 6-99。

表 6-99 真空泵程序启动步序

步序	执行下列操作	说明	备注
1	关真空泵入口阀		
2	启动真空泵		
3	真空泵入口阀两端差压大于 4kPa，则联锁开真空泵入口阀		
4	真空泵入口阀已开，则真空泵程序控制启动步序结束		

5）真空泵程序停止（单台泵）。当任一真空泵程序控制功能块收到真空泵选择逻辑来的停泵指令后，自动关真空泵入口阀。真空泵程序停止步序见表 6-100。

6）单台真空泵控制。

a．启动允许。真空泵汽水分离器液位不低，且真空泵入口阀在全关位置。

b．单独操作。在手动方式下，运行人员可手动启、停真空泵。

表 6-100 真空泵程序停止步序

步序	执行下列操作	说明	备注
1	关真空泵入口阀		
2	停真空泵		

c．程序控制启动。在程序控制方式下，通过真空泵程序启动步序自动启动真空泵。

d．程序控制停止。在程序控制方式下，通过真空泵程序停止步序自动停真空泵。

e．联锁停。当下列任一条件出现时，联锁停真空泵：真空泵汽水分离器液位低，延时 30s；真空泵合闸状态出现若干秒后，入口阀还在全关位置。

7）真空泵入口阀控制。

a．开允许。真空泵已运行且真空泵入口阀前后差压大于 4kPa。

b．单独操作。在手动方式下，运行人员可手动开、关入口阀。

c．程序控制开。在程序控制方式下，通过真空泵程序启动步序自动开真空泵入口阀。

d．程序控制关。在程序控制方式下，通过真空泵程序停止步序自动关真空泵入口阀。

e．联锁关。真空泵合闸 10s 后又跳闸，联锁关真空泵入口阀。

8）真空泵汽水分离器补水阀控制。

a．单独操作。在手动方式下，运行人员可手动开、关补水阀。

b．程序控制开。在程序控制方式下，真空泵汽水分离器液位低，联锁开补水阀。

c．程序控制关。在程序控制方式下，真空泵汽水分离器液位高，联锁关补水阀。

（4）空冷风机控制。

1）空冷风机控制功能子组程序控制。

a．空冷风机控制功能子组程序控制可由空冷程序控制启动步序触发，或手动投入。在程序控制方式下，风机子组可自动根据直接空冷系统风机步序表的定义自动启停空冷风机。

b．空冷风机功能子组程序控制可由空冷程序控制停止步序来切至手动，也可由运行人员手动切除。

2）风机步序。风机步序见图 6-60 和表 6-101。

3）风机步序上切逻辑条件。下列条件均满足时，可进行风机步序的上切操作：

a．未被隔离列空冷凝汽器固定、扩建端凝结水收集管中的凝结水平均温度大于 35℃，同时未被隔离列空冷凝汽器固定、扩建端凝结水收集管中的凝结水平均温度与环境温度温差大于 5℃（只有在新列投入时条件成立，即该列没有风机运行）。

b．风机平均转动频率大于 25Hz。

直接空冷系统风机控制步序表																											
阀门位置		第一列					第二列					第三～四列					第五列					第六列					步序
		1号风机	2号风机	3号风机	4号风机	5号风机	1号风机	2号风机	3号风机	4号风机	5号风机	1号风机	2号风机	3号风机	4号风机	5号风机	1号风机	2号风机	3号风机	4号风机	5号风机	1号风机	2号风机	3号风机	4号风机	5号风机	
开	关	顺流风机	逆流风机	顺流风机	逆流风机	顺流风机	顺流风机	逆流风机	顺流风机	逆流风机	顺流风机	顺流风机	逆流风机	顺流风机	逆流风机	顺流风机	顺流风机	逆流风机	顺流风机	逆流风机	顺流风机	顺流风机	逆流风机	顺流风机	逆流风机	顺流风机	
A1～A2 A5～A6		15～50(55)Hz	15～50(55)Hz	15～50(55)Hz	15～50(55)Hz	15～50(55)Hz	15～50(55)Hz	15～50(55)Hz	15～50(55)Hz	15～50(55)Hz	15～50(55)Hz	15～50(55)Hz	15～50(55)Hz	15～50(55)Hz	15～50(55)Hz	15～50(55)Hz	15～50(55)Hz	15～50(55)Hz	15～50(55)Hz	15～50(55)Hz	15～50(55)Hz	15～50(55)Hz	15～50(55)Hz	15～50(55)Hz	15～50(55)Hz	15～50(55)Hz	14
A1～A2 A5～A6		0	15～25Hz	15～25Hz	15～25Hz	0	15～25Hz	15～25Hz	15～25Hz	15～25Hz	15～25Hz	15～25Hz	15～25Hz	15～25Hz	15～25Hz	15～25Hz	15～25Hz	15～25Hz	15～25Hz	15～25Hz	15～25Hz	0	15～25Hz	15～25Hz	15～25Hz	0	13
A1～A2 A5～A6		0	15～25Hz	0	15～25Hz	0	15～25Hz	15～25Hz	15～25Hz	15～25Hz	15～25Hz	15～25Hz	15～25Hz	15～25Hz	15～25Hz	15～25Hz	15～25Hz	15～25Hz	15～25Hz	15～25Hz	15～25Hz	0	15～25Hz	0	15～25Hz	0	12
A1～A2 A5～A6		0	15～25Hz	15～25Hz	15～25Hz	0	0	15～25Hz	15～25Hz	15～25Hz	0	0	15～25Hz	15～25Hz	15～25Hz	0	0	15～25Hz	15～25Hz	15～25Hz	0	0	15～25Hz	15～25Hz	15～25Hz	0	11
A1～A2 A5～A6		0	15～25Hz	0	15～25Hz	0	0	15～25Hz	0	15～25Hz	0	0	15～25Hz	0	15～25Hz	0	0	15～25Hz	0	15～25Hz	0	0	15～25Hz	0	15～25Hz	0	10
A1～A2 A5～A6		0	0	0	0	0	0	0	0	0	0	0	0	0	0	0	0	0	0	0	0	0	0	0	0	0	9
A2 A5	A1 A6	0	0	0	0	0	15～25Hz	15～25Hz	15～25Hz	15～25Hz	15～25Hz	15～25Hz	15～25Hz	15～25Hz	15～25Hz	15～25Hz	15～25Hz	15～25Hz	15～25Hz	15～25Hz	15～25Hz	0	0	0	0	0	8
A2 A5	A1 A6	0	0	0	0	0	0	15～25Hz	15～25Hz	15～25Hz	0	15～25Hz	15～25Hz	15～25Hz	15～25Hz	15～25Hz	0	15～25Hz	15～25Hz	15～25Hz	0	0	0	0	0	0	7
A2 A5	A1 A6	0	0	0	0	0	0	15～25Hz	0	15～25Hz	0	15～25Hz	15～25Hz	15～25Hz	15～25Hz	15～25Hz	0	15～25Hz	0	15～25Hz	0	0	0	0	0	0	6
A2 A5	A1 A6	0	0	0	0	0	0	0	0	0	0	0	0	0	0	0	0	0	0	0	0	0	0	0	0	0	5
	A1～A2 A5～A6	0	0	0	0	0	0	0	0	0	0	15～25Hz	15～25Hz	15～25Hz	15～25Hz	15～25Hz	0	0	0	0	0	0	0	0	0	0	4
	A1～A2 A5～A6	0	0	0	0	0	0	0	0	0	0	0	15～25Hz	15～25Hz	15～25Hz	0	0	0	0	0	0	0	0	0	0	0	3
	A1～A2 A5～A6	0	0	0	0	0	0	0	0	0	0	0	15～25Hz	0	15～25Hz	0	0	0	0	0	0	0	0	0	0	0	2
	A1～A2 A5～A6	0	0	0	0	0	0	0	0	0	0	0	0	0	0	0	0	0	0	0	0	0	0	0	0	0	1

上切步序14　下切步序11　上切步序12　下切步序5　上切步序6　下切步序4　下切步序1

图 6-60　风机步序表

表 6-101　风　机　步　序

步序		执　行　操　作	说明	备注
1	风机步序上切	（1）当处于冬季运行工况时，风机上切的次序依次为 1→2→3→4→6→7→8→12→13→14，按照风机步序表的定义依次投入相应列和相应排的风机及相应列的蒸汽电动隔离阀。 （2）当处于非冬季运行工况时，蒸汽电动隔离阀全开，风机上切的次序依次为 9→10→11→14，按照风机步序表的定义依次投入相应列和相应排的风机	风机上切步序可分为冬季、非冬季两种工况	
2	风机步序下切	（1）当处于冬季运行工况时，且全部六列的空冷凝汽器已投入且风机步序在 14 步，风机下切的次序依次为 14→11→10→9→5→1，按照风机步序表的定义依次切除相应列和相应排的风机及相应列的蒸汽电动隔离阀。 （2）当处于冬季运行工况时，且全部六列的空冷凝汽器已投入且风机步序未到 14 步，风机下切的次序依次为 13→12→11→10→9→5→1，按照风机步序表的定义依次切除相应列和相应排的风机及相应列的蒸汽电动隔离阀。 （3）当处于冬季运行工况时，如第一、六列的空冷凝汽器未投入，则风机下切的次序依次为 8→7→6→4→3→2→1，按照风机步序表的定义依次切除相应列和相应排的风机及相应列的蒸汽电动隔离阀。 （4）当处于冬季运行工况时，如第一、二、五、六列的空冷凝汽器未投入，则风机下切的次序依次为 4→3→2→1，按照风机步序表的定义依次切除相应列和相应排的风机及相应列的蒸汽电动隔离阀。 （5）当处于非冬季运行工况时，蒸汽电动隔离阀全开，则风机下切的次序依次为 14→11→10→9→5→1，按照风机步序表的定义依次切除相应列和相应排的风机	风机下切步序可分为冬季、非冬季两种工况	

c. 实际汽轮机排汽装置排汽压力与设定值的偏差大于 3kPa，或实际汽轮机排汽装置排汽压力大于设定值（延时 1～3min）。

4）风机步序下切逻辑条件。下列条件均满足时，可进行风机步序的下切操作：

a. 风机转动频率小于 15Hz。

b. 实际汽轮机排汽装置排汽压力小于设定值（延时 5～6min）。

5）风机上切、下切时的控制要求。

a. 无论风机上切还是下切，除了步级 14 外，其他所有步级中风机的最高转动频率均受到限制（15～25Hz）。

b. 在冬季工况下，当被隔离列空冷凝汽器通过步序控制被投入，应按照表 6-102 中步序执行。

6）空冷风机程序启动（单台风机）。根据风机步序表风机启动指令，自动进入风机程序启动步序 1，具体启动步序见表 6-103。

7）空冷风机程序停止（单台风机）。根据风机步序表风机停止指令，自动进入风机程序停止步序 1，具体停止步序见表 6-104。

8）单台空冷风机控制。

a. 启动允许。当下列条件均满足时，允许启动风机：风机电动机轴承温度正常；风机电动机 A、B、C 相定子绕组温度正常；风机减速箱润滑油温度正常。

b. 单独操作。在手动方式下，运行人员可手动启、停风机。

c. 程序控制启动。在程序控制方式下，通过风机程序控制启动步序来启动风机。

d. 程序控制停止。在程序控制方式下，通过风机程序控制停止步序来停止风机。

表 6-102　被隔离列空冷凝汽器投入步序

步序	执　行　操　作	说明	备注
被隔离列空冷凝汽器投入	开被隔离列空冷凝汽器的蒸汽分配管电动隔离阀，三台真空泵同时投入		
	当该列凝结水温度的判断条件（该列空冷凝汽器固定、扩建端凝结水收集管中的凝结水最低温度大于 35℃，同时未被隔离列空冷凝汽器固定、扩建端凝结水收集管中的凝结水平均温度与环境温度温差大于 5℃）得到满足时，则联锁投入该列的风机；同时延时 5～10min 停备用真空泵，仅运行一台真空泵		

表 6-103　空冷风机程序启动步序

步序	执行操作	说明	备注
1	置风机转速最小		
2	启动风机		
3	风机投自动		

表 6-104　空冷风机程序停止步序

步序	执行操作	说明	备注
1	置风机转速最小		
2	停止风机		

e. 强制停。当下列任一条件满足时，强制停风机：风机振动大；风机电动机任一相定子绕组温度高高；风机电动机任一轴承温度高高；风机已运行（信号延时 10s）且减速箱润滑油压力低；风机减速箱润滑油温度高高。

（5）直接空冷系统防冻保护。在冬季工况下，空冷凝汽器的防冻保护包括顺流管束单元防冻保护、逆流管束单元防冻保护、逆流管束单元回暖运行。防冻保护的优先级别从高至低依次为顺流管束单元的防冻保护、逆流管束单元的防冻保护、逆流管束单元的回暖运行。

1）顺流管束单元防冻保护。顺流管束单元防冻保护步序见表 6-105。

2）逆流管束单元防冻保护。逆流管束单元防冻保护步序见表 6-106。

3）逆流管束单元回暖运行。逆流管束单元回暖运行步序见表 6-107。

表 6-105　顺流管束单元防冻保护步序

顺流管束单元防冻保护	同时出现条件	顺流管束单元防冻保护动作说明	备注
凝结水过冷报警	环境温度小于 2℃	隔离列的凝结水温度只监视，不参与控制	
	任一列凝结水下联箱固定、扩建端任一凝结水温度小于 35℃		

续表

顺流管束单元防冻保护	同时出现条件	顺流管束单元防冻保护动作说明	备注
顺流管束单元	环境温度小于 2℃ 任一列凝结水下联箱固定、扩建端任一凝结水温度小于 30℃	此时提高背压设定值 3kPa。15min 后，如果凝结水温度没有回升，则再联锁启动一台备用真空泵	此时逆流单元风机被锁定在顺流单元防冻保护前的转速不变
报警解除	当最低的凝结水温度大于 38℃时，延时 5min	停运备用真空泵，背压设定值自动降低 3kPa，回到正常的设定值，顺流风机转速以一定速率上升，逆流风机恢复正常的压力调节	顺流管束单元防冻保护结束

表 6-106　　逆流管束单元防冻保护步序

逆流管束单元防冻保护	同时出现条件	逆流管束单元防冻保护动作说明	备注
抽真空过冷报警	环境温度小于 2℃ 最低的抽真空温度小于 25℃	隔离列的抽真空温度只监视，不参与控制	
逆流管束单元	环境温度小于 2℃ 最低的抽真空温度小于 20℃	此时逆流风机以一定的速率降低至最低转速，同时提高背压设定值 3kPa。15min 后，如果抽真空温度没有回升，则联锁启动一台备用真空泵	此时顺流单元风机被锁定在逆流单元防冻保护前的转速不变
报警解除	当某列抽真空温度大于 30℃时，延时 5min	停运备用真空泵，逆流风机转速以一定速率上升，顺流风机恢复正常的压力调节	逆流管束单元防冻保护结束

表 6-107　　逆流管束单元回暖运行步序

逆流管束单元回暖运行	同时出现条件	逆流管束单元回暖运行动作说明	备注
逆流管束单元回暖运行	环境温度小于−2℃	每列的逆流单元风机每隔 30min（调试时可调）以 15Hz（30%）的频率反转 5min（调试时可调），其余风机继续运行。先从第一列逆流单元风机开始，第一列的逆流单元风机停止，经过一段等待时间（空转时间，5min），被切换以 15Hz 转速的反向旋转 5min（回暖），之后该风机被再次停机并经过等待时间（空转时间，5min）后，该风机的速度被调整到与该列其他风机相同方向的速度上。然后第二列的逆流单元风机投入，随后其他列的逆流单元风机都如此操作	隔离列的逆流单元不需要回暖，跳步即可
报警解除	环境温度大于 5℃	逆流管束单元回暖运行结束	

（6）直接空冷系统其他保护。

1）排汽压力保护。

a. 报警背压。当汽轮机排汽压力达到报警背压时，应报警；同时降负荷。

b. 停机背压。当汽轮机排汽压力达到停机背压时，应立即跳机。

2）排汽温度保护。当机组旁路系统投入时，需考虑空冷凝汽器的温度保护，具体如下：

a. 当排汽温度大于某一温度时，报警并延时若干秒联锁关低压旁路阀。

b. 当排汽温度大于某一更高温度时，报警并立即联锁关低压旁路阀。

2. 模拟量控制

（1）汽轮机背压调节回路。汽轮机背压调节回路通过对背压设定值与测量值的偏差进行 PID 运算，其输出连续对运行风机台数（蒸汽电动隔离阀的数量）及风机转速进行自动控制，使冷却空气的流量与运行条件（各工况下的蒸汽量及环境温度）相协调，最终控制汽轮机背压运行在安全、合理、经济的范围内。

（2）控制说明。背压调节为一个单回路控制系统，具体控制如图 6-61 所示。

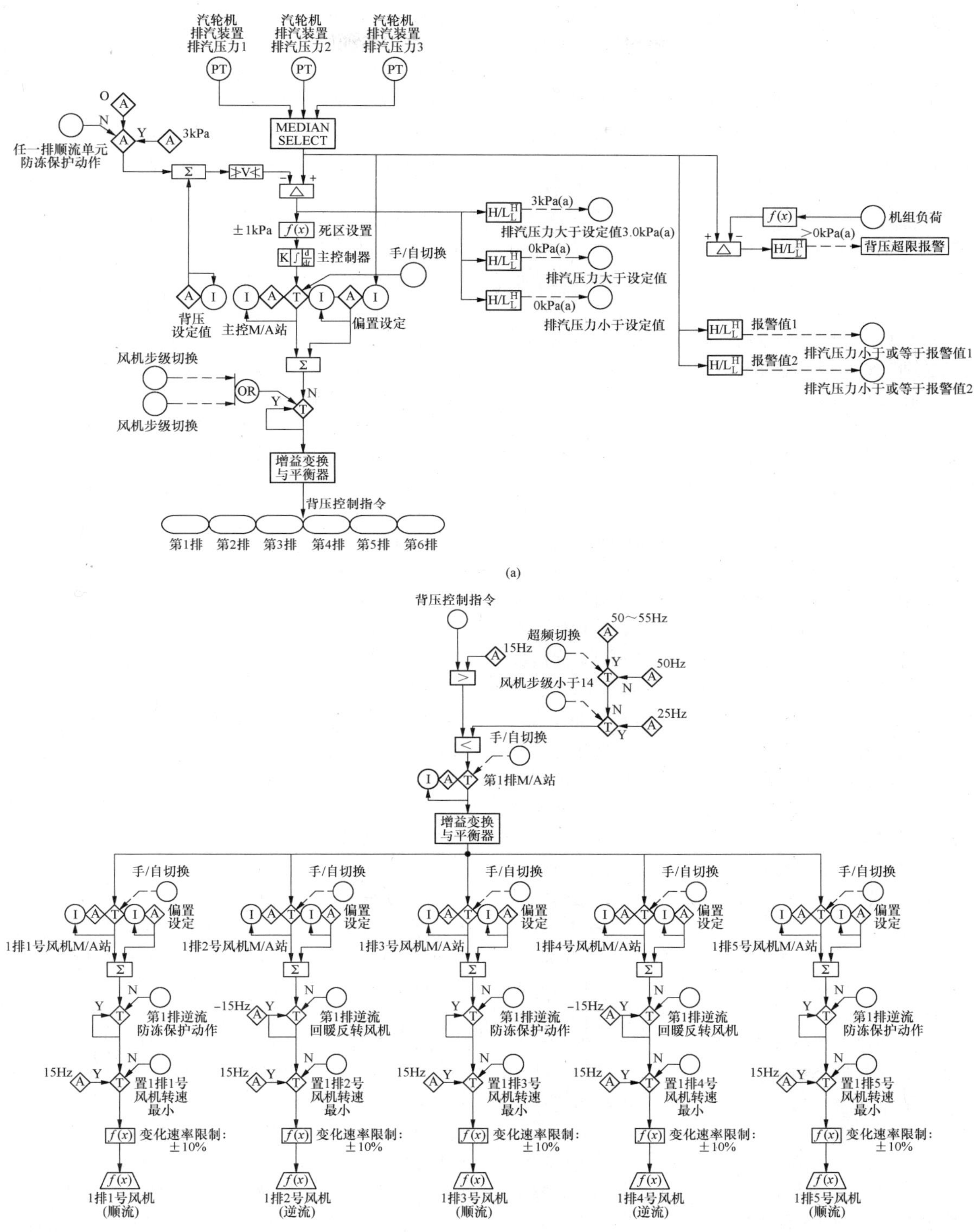

图 6-61　背压调节控制回路

1）背压测量值。排汽装置出口排汽管设有 3 个压力测点，取中值后，得出排汽装置的背压测量值。运行中，当背压偏离汽轮机背压保护曲线要求的正常范围时，控制系统将自动报警，提醒运行人员及时做出调整。

2）背压设定值。背压设定值由运行人员手动给定。正常运行中，设定值的人为大幅度调整会造成背压控制器输出突变，不利于空冷系统的稳定运行，因此用一个斜坡发生器对设定值的跃变进行限幅处理（1～3min）。

3）PID 控制器。

a．背压设定值与测量值的偏差作为 PID 调节器的输入。

b. 运行中为避免频繁的小幅度背压波动对风机转速的扰动，对背压设定值与测量值的偏差设置死区限制（±1kPa）。

c．当背压控制自动投入后，PID 控制器的输出经增益变换及平衡器的作用后，作为各列变频风机组的转速（频率）输入指令。

d．当机组出现剧烈的负荷变化时，如 RB 或汽轮机跳闸工况，PID 控制器的响应速度必须要足够快（变参数处理），通过立刻下切或上切风机步级来消除扰动。

4）背压控制器输出值保持。为了避免风机切换过于频繁，应在风机每次步级切换之时将背压 PID 控制器输出值保持在切换前的数值上，延时一段时间后自动恢复 PID 控制功能。为了获得足够的延时时间，下切延时（5～6min）应大于上切延时（1～3min）。

5）背压控制增益变换与平衡器。增益变换与平衡器将背压控制 M/A 站输出的频率指令均衡作用到第一～六列变频风机，确保空冷凝汽器已投运列获得均衡的冷却效果。

6）频率限制。受运行工况、自然环境及设备自身条件限制，各列 M/A 站的输入频率控制指令需受到以下条件的限制：

a．变频风机转动频率不应低于 15Hz。

b．变频风机在启停步序执行阶段，最大转动频率不应高于 25Hz。

c．上述第 2 项限制条件不存在时，风机变频最大转动频率不应高于 50Hz。

d．在非冬季工况下，运行人员可以视机组运行情况手动超频风机至 55Hz（允许长期运行）。

7）列频率控制手动/自动（M/A）站。当列频率控制 M/A 站在自动方式时，经频率限制处理后的频率指令将作为本列内 5 台变频风机的频率指令。当列频率控制 M/A 站在手动方式时，运行人员通过 M/A 站手动调节本列内 5 台变频风机的频率指令。

8）列频率控制增益变换与平衡器。列频率控制增益变换与平衡器的基本功能类似于背压控制增益变换与平衡器，这里不再重复。

9）风机频率控制手动/自动（M/A）站。

a．当风机频率控制 M/A 站在自动方式时，经列频率控制增益变换与平衡器处理后的频率指令将作为空冷单元变频风机的频率指令。

b．当列频率控制 M/A 站在手动方式时，运行人员通过 M/A 站手动调节空冷单元变频风机的频率指令。

c．M/A 站输出值能在该 M/A 站画面中显示。

10）逆流单元风机超驰控制。

a．当本列逆流单元回暖且本列顺流和逆流单元防冻保护都未动作时，逆流单元回暖控制逆流风机反转在 15Hz。

b．当置逆流单元风机转速最小条件成立时，置逆流单元风机转速在 15Hz。

11）顺流单元风机超驰控制。

a．当本列逆流单元防冻保护动作时，对应列的顺流单元风机转速保持恒定不变，直至本列逆流单元防冻保护解除。

b．当置顺流单元风机转速最小条件成立时，置顺流单元风机转动频率在 15Hz。

12）风机转速变化率限制。风机转速输出指令按预定的速率曲线调整风机转速，变化率约为±10%/min 固定。

（3）风机转速说明。

1）最大转速（110%）：55Hz（仅在环境温度大于 20℃，由运行人员手操释放）。

2）额定转速（100%）：50Hz。

3）最小转速：15Hz。

4）反转转速：－15Hz（仅逆流风机）。

5）停机：0Hz。

（二）间接空冷系统控制

间接空冷系统控制可分为开关量控制和模拟量控制。下面以某工程 10 个冷却扇区的间接空冷系统为例加以说明。

1．模拟量控制

模拟量控制能满足空冷凝汽器自动启/停、正常/变工况运行、异常工况下的控制要求，控制空冷凝汽器运行参数不超过允许值。

（1）凝汽器水位控制。热力系统中的汽水损失、系统泄漏等，均可引起凝汽器水位的变化。运行中要维持凝汽器水位在一定范围内（详见凝汽器水位控制章节）。

（2）温度（百叶窗）控制。正常情况下，百叶窗是全开的，以便汽轮机凝汽器真空度更高。如果环境温度过低造成汽轮机凝汽器背压低于阻塞背压，可关小百叶窗，减小空冷塔的散热能力。温度控制主要有三种运行模式，即夏季运行模式、冬季运行模式、保护运行模式。

1）夏季运行模式。当环境大气温度大于2℃时，选择夏季运行模式。在夏季运行模式下，当凝汽器背压高于设定值时，全部百叶窗开度增大；当凝汽器背压低于设定值时，全部百叶窗开度减小。为防止百叶窗频繁动作，凝汽器背压设定值设有一定的死区。

2）冬季运行模式。当环境大气温度小于2℃时，选择冬季运行模式。在冬季运行模式下，当凝汽器背压高于设定值，并且某个扇区出水温度高于设定值时，该扇区百叶窗开度增大；当凝汽器背压低于设定值，或某个扇区出水温度低于设定值时，该扇区百叶窗开度减小。为防止百叶窗频繁动作，扇区出水温度设定值设有一定的死区。

3）保护运行模式。保护运行模式具体见开关量控制中的防冻保护。间接空冷系统百叶窗执行机构一般采用开关量控制的执行机构产品，有些电厂执行机构采用4～20mA控制的产品，以满足百叶窗更高调节精度的需要。

2. 开关量控制

（1）间接空冷系统的启、停运行。

1）启动控制。间接空冷系统的整组启动允许条件：

a. 环境温度大于−10℃。

b. 循环水母管已充满水（关闭循环水进出水母管紧急泄水阀，打开管路各处排气阀，向管路内注水；凝汽器上的排气阀冒水后，表明循环水母管、凝汽器已充满，关闭循环水管路排气阀，停止注水）。

注：只有首次启动间接空冷系统或循环水母管放水维护后再次启动间接空冷系统时，才需要判断循环水母管是否已充满水，其余工况，系统将默认循环水母管已充满水。

当上述条件均具备时，允许运行人员手动启动间接空冷凝汽器控制功能组，同时功能组将被置于“间接空冷系统启动模式”，并自动进行表6-108中的步序操作。

表6-108　　间冷系统启动步序

步序	执行操作	说　明	备注
1	运行人员选择冬季或非冬季启动方式	（1）当采用冬季启动方式（环境温度小于或等于2℃），只有间接空冷塔进水温度达到40℃时，才可以向扇区冷却三角内充水，否则间接空冷系统处于“等待状态”。 （2）当采用非冬季启动方式（环境温度大于2℃）时，则不需要判断间接空冷塔进水温度，可直接向间接空冷系统充水	当环境温度小于−10℃时，禁止间接空冷系统启动
2	开系统补水阀，将除盐水注入储水箱，向地下储水箱充水	当地下储水箱水位高高时，表明储水箱已充满	
3	（1）投循环水泵控制功能子组自动。开间接空冷系统旁路阀1、2。 （2）凝汽器系统相关阀门及设备安全运行的相关检查，检查内容及相关要求应该遵循全厂的控制要求，以保证凝汽器能够正常工作。 （3）循环水泵系统阀门开启及水泵安全运行的相关检查，检查内容及相关要求应该遵循全厂的控制要求，保证循环水泵能够正常工作。 （4）确认每个扇区的进、出水阀在全关位置，冷热水泄水阀在全开位置，输水泵、补水泵在停止状态，水泵充补水阀在全关位置。 （5）启动任意一台循环水泵，同时开泵进、出口阀，并设定循环水泵在变频的运行模式。检查各仪表参数，尽量保证循环水泵流量及扬程位于水泵高效段。 （6）关系统补水电动阀	此时储水箱存放有间接空冷塔内所有用水，塔内支管、扇区及高位水箱中均未充水	
4	投高位水箱控制功能子组程序控制		
5	在LCD上提示“间接空冷系统已准备好”，并给机组控制系统发出“间接空冷系统已准备好”信号	此时汽轮机可以向凝汽器排汽，随着蒸汽排入凝汽器，循环水温度开始上升	
6	投扇区冷却三角子组自动	扇区冷却三角子组自动逻辑会根据间接空冷系统冷却塔出口母管循环冷却水温度，投入相应的扇区和百叶窗	

续表

步序	执行操作	说　明	备注
7	间接空冷系统控制功能组将被置于“正常运行模式”	此后，扇区冷却三角功能子组将根据汽轮机的背压结合冷却塔出口循环水母管冷却水温度来投入相应的扇区和百叶窗，实现不同机组负荷及环境条件下控制汽轮机背压运行在安全、合理、经济的范围内	

2）停止控制。汽轮机间接空冷系统的整组停止允许条件：

a．汽轮机已跳闸。

b．汽轮机旁路系统低压旁路阀在全关位置。

c．循环水泵已全部跳闸。

d．高位水箱水位低低且任一补水泵在运行状态。

当上述条件具备时，允许运行人员手动停止间接空冷系统控制功能组，同时功能组将被置于“间接空冷系统停止运行模式”，并自动进行表6-109中的步序操作。

（2）间接空冷系统扇区冷却三角控制功能子组。

1）扇区冷却三角控制功能子组程序控制。间接空冷系统扇区冷却三角控制功能子组程序控制可由间接空冷程序控制启动步序触发，或由运行人员手动投入。当扇区冷却三角控制功能子组在程序控制方式时，自动进行表6-110所示步序操作。

注：扇区的投入次序举例按 5→10→4→9→3→8→2→7→1→6 扇区依次投入。

表6-109　　间冷系统停止步序

步序	执行操作	说　明	备注
1	（1）关扇区冷却三角电动百叶窗。 （2）切除扇区冷却三角控制功能子组程序控制		
2	（1）切除高位水箱控制功能子组程序控制。 （2）开扇区泄水阀、高位水箱泄水阀，关扇区进、出口阀	使冷却三角和高位水箱内的水快速泄入到地下储水箱	
3	（1）切除循环水泵控制功能子组程序控制。 （2）停循环水泵		
4	在LCD上显示“间接空冷系统已停运”		

表6-110　　扇区冷却三角控制步序

步序	执行操作	说　明	备注
1	下列条件同时满足时，进入步序2： （1）塔外环境温度大于或等于−10℃时。 （2）塔外环境温度小于或等于2℃时，冷却塔出口循环水母管冷却水温度大于或等于40℃时。 （3）第5扇区内全部冷却三角电动百叶窗在全关位置。 （4）地下储水箱水位大于高高值		
2	启动任意一台输水泵，同时开水泵充补水阀；向高位水箱充水	当高位水箱水位达到2800mm时，进入步序3	
3	（1）停已运行的输水泵，关泵出口阀。 （2）关第5扇区冷、热水泄水阀，开第5扇区进水阀、出水阀	当阀门动作到位，此时扇区由进、出水管同时向冷却三角内快速充水，充至扇区排气管的水位开关动作，表明该扇区内的冷却三角已被冷却水填充满，延时15s（调试阶段可调）等待冷却三角内的气泡消失，进入步序4	
4	在LCD上显示“第5扇区已带入间接空冷系统运行”	高位水箱水位降至水位约1500mm，地下储水箱水位大于或等于2050mm	当第5扇区出水母管的水温大于或等于35℃时，才允许开第5扇区电动百叶窗

续表

步序	执行操作	说　明	备注
5	下列条件同时满足时，进入步序 6： （1）塔外环境温度大于或等于−10℃时。 （2）塔外环境温度小于或等于 2℃时，冷却塔出口循环水母管冷却水温度大于或等于 40℃时。 （3）第 10 扇区内全部冷却三角电动百叶窗在全关位置。 （4）地下储水箱水位大于或等于 2050mm		
6	启动任意一台输水泵，同时开泵出口阀；向高位水箱充水	当高位水箱水位达到 2800mm 时，进入步序 7	
7	（1）停已运行的输水泵，关泵出口阀。 （2）关第 10 扇区冷、热水泄水阀，开第 10 扇区进、出水阀	当阀门动作到位，此时扇区由进、出水管同时向冷却三角内快速充水，充至扇区排气管的水位开关动作，表明该扇区内的冷却三角已被冷却水填充满，延时 15s 等待冷却三角内的气泡消失，进入步序 8	
8	在 LCD 上显示“第 10 扇区已带入间接空冷系统运行”	高位水箱水位降至水位约 1500mm，地下储水箱水位大于或等于 1900mm	当第 10 扇区出水母管的水温大于或等于 35℃时，才允许开第 10 扇区电动百叶窗
9	下列条件同时满足时，进入步序 10： （1）塔外环境温度大于或等于−10℃时。 （2）塔外环境温度小于或等于 2℃时，冷却塔出口循环水母管冷却水温度大于或等于 40℃时。 （3）第 4 扇区内全部冷却三角电动百叶窗在全关位置。 （4）地下储水箱水位大于或等于 1900mm		
10	启动任意一台输水泵，同时开泵出口阀；向高位水箱充水	当高位水箱水位达到 2800mm 时，进入步序 11	
11	（1）停已运行的输水泵，关泵出口阀。 （2）关第 4 扇区冷、热水泄水阀，开第 4 扇区进、出水阀	当阀门动作到位，此时扇区由进、出水管同时向冷却三角内快速充水，充至扇区排气管的水位开关动作，表明该扇区内的冷却三角已被冷却水填充满，延时 15s 等待冷却三角内的气泡消失，进入步序 12	
12	在 LCD 上显示“第 4 扇区已带入间接空冷系统运行”	高位水箱水位降至水位约 1500mm，地下储水箱水位大于或等于 1750mm	当第 4 扇区出水母管的水温大于或等于 35℃时，才允许开第 4 扇区电动百叶窗
13	下列条件同时满足时，进入步序 13： （1）塔外环境温度大于或等于−10℃时。 （2）塔外环境温度小于或等于 2℃时，冷却塔出口循环水母管冷却水温度大于或等于 40℃时。 （3）第 9 扇区内全部冷却三角电动百叶窗在全关位置。 （4）地下储水箱水位大于或等于 1750mm		
14	启动任意一台输水泵，同时开泵出口阀；向高位水箱充水	当高位水箱水位达到 2800mm 时，进入步序 15	
15	（1）停已运行的输水泵，关泵出口阀。 （2）关第 9 扇区冷、热水泄水阀，开第 9 扇区进、出水阀	当阀门动作到位，此时扇区由进、出水管同时向冷却三角内快速充水，充至扇区排气管的水位开关动作，表明该扇区内的冷却三角已被冷却水填充满，延时 15s 等待冷却三角内的气泡消失，进入步序 16	
16	（1）在 LCD 上显示“第 9 扇区已带入间接空冷系统运行”。 （2）关间冷系统旁路阀 1、2	高位水箱水位降至水位约 1500mm，地下储水箱水位大于或等于 1600mm	当第 9 扇区出水母管的水温大于或等于 35℃时，才允许开第 9 扇区电动百叶窗

按以上操作依次投入 3→8→2→7→1→6 号冷却扇区，在 9 号扇区充满水并投入运行后（即有 4 个扇区正在运行中，其余 6 个扇区为排水完毕），开启第二台循环水泵，在 7 号扇区充满水并投入运行后（即有 8 个扇区正在运行中，其余 2 个扇区为排水完毕），开启第三台循环水泵，至此系统完全启动。

在整个充水过程中如遇到异常情况应及时进行处理。如果扇区充水完毕，但扇区进、出水阀不能打开，则开启冷、热水泄水阀，进行紧急泄水。

注：当塔外环境温度大于或等于 24℃，间冷塔出口循环水母管温度大于或等于 46.5℃，全部扇区都已带入间接空冷系统运行，且全部百叶窗都在全开位置时，机组需要降负荷，直至循环水温低于 46.5℃。

2）冷却三角电动百叶窗的控制。

a．启动允许。扇区进、出水阀在全开位置。

b．单独操作。在手动方式下，运行人员可手动开、关冷却三角电动百叶窗。

c．程序控制开。在程序控制方式下，通过冷却三角自动子组自动开冷却三角电动百叶窗。

d．程序控制关。在程序控制方式下，通过冷却三角自动子组自动关冷却三角电动百叶窗。

e．联锁关。当下列任一条件出现时，联锁关冷却三角电动百叶窗：扇区防冻保护；整塔防冻保护。

3）扇区进水阀的控制。

a．单独操作。在手动方式下，运行人员可手动开、关扇区进水阀。

b．程序控制开。在程序控制方式下，通过冷却三角自动子组自动开扇区进水阀。

c．程序控制关。在程序控制方式下，通过停间接空冷程序控制步序自动关扇区进水阀。

d．强制关。当下列任一条件出现时，强制关扇区进水阀：扇区防冻保护；整塔防冻保护。

4）扇区出水阀的控制。

a．单独操作。在手动方式下，运行人员可手动开、关扇区出水阀。

b．程序控制开。在程序控制方式下，通过冷却三角自动子组自动开扇区出水阀。

c．程序控制关。在程序控制方式下，通过停间接空冷程序控制步序自动关扇区出水阀。

d．强制关。当下列任一条件出现时，强制关扇区出水阀：扇区防冻保护；整塔防冻保护。

5）扇区冷/热水泄水阀的控制。

a．单独操作。在手动方式下，运行人员可手动开、关扇区冷/热水泄水阀。

b．程序控制开。在程序控制方式下，通过冷却三角自动子组自动开扇区冷/热水泄水阀。

c．程序控制关。在程序控制方式下，通过冷却三角自动子组自动关扇区冷/热水泄水阀。

d．联锁开。当扇区进、出水阀故障时，联锁开扇区冷/热水泄水阀。

e．强制开。当下列任一条件出现时，强制开扇区冷/热水泄水阀：扇区防冻保护；整塔防冻保护。

6）系统旁路阀的控制。

a．单独操作。在手动方式下，运行人员可手动开、关系统旁路阀。

b．程序控制开。在程序控制方式下，通过冷却三角自动子组自动开系统旁路阀。

c．程序控制关。在程序控制方式下，通过冷却三角自动子组自动关系统旁路阀。

系统旁路阀的打开、关闭由所对应的充水的冷却三角扇区数量及循环水泵的运行数量来决定。系统旁路阀的具体开度，根据现场调试结果决定。

7）紧急泄水液动阀的控制。

a．单独操作。在手动方式下，运行人员可手动开、关紧急泄水液动阀。

b．程序控制关。在程序控制方式下，通过间接空冷系统开始启动步序自动关高位水箱泄水阀。

c．强制开。当整塔防冻保护动作时，强制开紧急泄水液动阀。

（3）间接空冷系统高位水箱控制功能子组控制。高位水箱控制功能子组程序控制可由间接空冷程序控制启动步序触发，或由运行人员手动触发。当高位水箱控制功能子组处于程序控制方式时，高位水箱子组可自动根据高位水箱水位，投入补水泵或输水泵。

高位水箱的主要水位定值（以水箱底为基准线）：

溢流水位，+3200mm（由高位水箱内的溢流管自流至地下储水箱）；

高报警水位，+3000mm；

充水停止水位，+2800mm；

补水停止水位，+2300mm；

正常水位，+1500～2300mm；

补水水位，+1500mm；

低报警水位，+800mm；

低低保护水位，+200mm。

注：①高位水箱水位在全部扇区都带入系统运行后，自动用补水泵补水至正常水位，如果正常运行时不需要投入全部扇区，则需手动用补水泵补水至正常水位。在扇区投入过程中用输水泵向高位水箱补水。②在 10 个扇区全部带入间接空冷系统运行后，要维持高位水箱的水位在正常水位。高位水箱子组程序控制可由间接空冷程序控制停止步序来切至手动，也可由运行人员手动切除。③当高位水箱内的水位降到低低水位时，再次确认补水泵在运行中后，循环水泵将自动停运。出于安全原因考虑，高位水箱的低低水位按照三

取二逻辑确定。

1）补水泵的控制。补水泵为 1 用 1 备，正常运行用 1 台泵可以维持高位水箱水位，如遇特殊情况可同时启动 2 台泵向高位水箱补水。

a. 单独操作。在手动方式下，运行人员可手动启、停补水泵。

b. 联锁启。高位水箱水位小于 1500mm 时，联锁启补水泵。

c. 联锁停。高位水箱水位为 2300mm 时，联锁停补水泵。

d. 联锁启、停条件。仅在扇区充水完成阶段。

2）输水泵的控制。输水泵为 1 用 1 备，正常运行用 1 台泵向高位水箱和冷却三角内充水，如遇特殊情况可同时启动 2 台泵向高位水箱和冷却三角充水。

a. 单独操作。在手动方式下，运行人员可手动启、停输水泵。

b. 程序控制启。在程序控制方式下，通过扇区冷却三角自动启输水泵。

c. 程序控制停。在程序控制方式下，通过扇区冷却三角自动停输水泵。

d. 联锁停。高位水箱水位为 2800mm 时，联锁停输水泵。

e. 联锁启、停条件。仅在扇区充水阶段。

3）水泵出口阀的控制。

a. 单独操作。在手动方式下，运行人员可手动开、关水泵出口阀。

b. 联锁开。输水泵/补水泵合闸，联锁开水泵出口阀。

c. 联锁关。输水泵/补水泵跳闸，联锁关水泵出口阀。

4）高位水箱泄水阀的控制。

a. 单独操作。在手动方式下，运行人员可手动开、关高位水箱泄水阀。

b. 程序控制关。在程序控制方式下，通过间接空冷系统开始启动步序自动关高位水箱泄水阀。

c. 强制开。当整塔防冻保护动作时，强制开高位水箱泄水阀。

(4)间接空冷系统地下储水箱控制功能子组控制。地下储水箱控制功能子组程序控制可由间接空冷程序控制启动步序触发，或由运行人员手动触发。当地下储水箱控制功能子组处于程序控制方式时，地下储水箱子组可自动根据储水箱水位来补水。

地下储水箱的主要水位定值（以水箱底为基准线）：

高高排水水位，+3300mm；

高位报警水位停止排水，+3200mm；

首次充水水位，+2250mm；

扇区无水、高位水箱水位至充水停泵水位，+2050mm；

1 个冷却扇区已充满水、高位水箱水位至充水停泵水位，+1900mm；

2 个冷却扇区已充满水、高位水箱水位至充水停泵水位，+1750mm；

3 个冷却扇区已充满水、高位水箱水位至充水停泵水位，+1600mm；

4 个冷却扇区已充满水、高位水箱水位至充水停泵水位，+1450mm；

5 个冷却扇区已充满水、高位水箱水位至充水停泵水位，+1300mm；

6 个冷却扇区已充满水、高位水箱水位至充水停泵水位，+1150mm；

7 个冷却扇区已充满水、高位水箱水位至充水停泵水位，+1000mm；

8 个冷却扇区已充满水、高位水箱水位至充水停泵水位，+840mm；

9 个冷却扇区已充满水、高位水箱水位至充水停泵水位，+670mm；

10 个冷却扇区已充满水、高位水箱水位至正常水位（运行水位），+550mm；

低位报警水位（储水箱低水位报警及补水水位），+300mm。

1）系统补水阀的控制。

a. 单触操作。在手动方式下，运行人员可手动开、关系统补水阀。

b. 联锁开。当地下储水箱水位小于 300mm 时，联锁开系统补水阀。

c. 联锁关。当地下储水箱水位等于运行水位 550mm 时，联锁关系统补水阀。

2）系统放空阀的控制。

a. 单独操作。在手动方式下，运行人员可手动开、关系统放空阀。

b. 联锁开。当地下储水箱水位大于或等于 3300mm 时，联锁启充水泵、开系统放空阀。

c. 联锁关。当地下储水箱水位大于或等于 3200mm 时，联锁停充水泵、关系统放空阀。

（5）防冻保护。冬季运行工况的间接空冷系统防冻保护具有优先权。间接空冷系统的防冻保护分为整塔防冻和扇区防冻，当环境温度小于 2℃时，间接空冷系统就进入防冻保护。

1）整塔防冻保护。整塔防冻保护步序见表 6-111。

2）扇区防冻保护。扇区防冻保护步序见表 6-112。

（三）机械通风干冷塔系统控制

机械通风干冷塔系统控制可分为开关量控制和模

拟量控制。下面以某工程五个并列冷却塔（五个冷却扇区）的机械通风干冷塔系统为例加以说明。

表 6-111　　整塔防冻保护步序

整塔防冻保护	同时出现条件	整塔防冻保护动作说明	备注
间接空冷塔过冷报警	环境温度小于或等于 2℃	报警	
	冷却塔出口母管冷却水温度小于 30℃（可调）		
间接空冷塔防冻保护	环境温度小于或等于 2℃	延时 2min 后如间接空冷塔防冻保护信号还存在，由运行人员根据运行情况决定哪些扇区泄水，还是全部扇区泄水。如在 5min 后没有人员操作，系统将自动开系统泄水阀，把扇区内的所有水泄到地下储水箱	在冬季工况下如循环水泵全部停运且在 2min 内没有重新启动，系统将全部扇区冷却三角内的水泄掉
	冷却塔出口母管冷却水温度小于 20℃（可调）		

表 6-112　　扇区防冻保护步序

扇区防冻保护	同时出现条件	扇区防冻保护动作说明	备注
扇区过冷报警 1	环境温度小于或等于 2℃	触发某个扇区过冷报警并逐渐关小该扇区电动百叶窗	当扇区出水管的冷却水温度回升至 35℃时，逐渐开大该扇区的电动百叶窗，并带入系统运行
	某个扇区出水管的冷却水温度小于 30℃（可调）		
扇区过冷报警 2	环境温度小于或等于 2℃	触发某个扇区过冷报警并完全关闭该扇区电动百叶窗	
	某个扇区出水管的冷却水温度小于 25℃（可调）		
扇区防冻保护	环境温度小于或等于 2℃	延时 5min 后系统自动将该扇区冷却三角内的水泄掉	某个扇区防冻保护后，再次带入系统运行的全过程将由运行人员手动操作
	某个扇区出水管的冷却水温度小于 20℃（可调）		
充水阶段的防冻保护	冬季条件下充水时如产生扇区进、出口阀门无法打开，扇区无法正常投入运行时	必须马上进行该扇区的泄水操作	

1. 模拟量控制

机械通风干冷塔主要是控制干冷塔冷却水出口温度，采用风机和百叶窗相结合的方式控制干冷塔出口水温，包括风机转速调节和百叶窗开度调节，以风机转速为主调，百叶窗开度为辅调。

温度控制主要有三种运行模式，即夏季运行模式、冬季运行模式、保护运行模式。

1）夏季运行模式。当环境大气温度大于 5℃ 时，选择夏季运行模式。在夏季运行模式时，当干冷塔总出水温度高于设定值时，逐渐增大百叶窗开度；当百叶窗开度达到最大时，启动风机，逐渐增大风机转速。如果干冷塔总出水温度仍高于设定值，则启动其他停运干冷塔。

2）冬季运行模式。

a. 当环境温度为−5～5℃，且某一干冷塔回水温度小于 20℃时，减小风机转速，直至风机转速达到最小值。风机转速达到最小值后，某一干冷塔回水温度仍小于 20℃时风机停止，然后关小百叶窗开度直至百叶窗完全关闭。当百叶窗完全关闭后，某一干冷塔回水温度仍小于 20℃时，发出防冻报警。

b. 当某一干冷塔回水温度大于 25℃时，依次开大百叶窗开度直至百叶窗完全打开，加大风机转速，直至风机转速达到最大值。

c. 当环境温度为−15～−5℃，且某一干冷塔回水温度小于 23℃时，减小风机转速，直至风机转速达到最小值。风机转速达到最小值后，某一干冷塔回水温度仍小于 23℃时风机停止，然后关小百叶窗开度直至百叶窗完全关闭。当百叶窗完全关闭后，某一干冷塔回水温度仍小于 23℃时，发出防冻报警。

d. 当某一干冷塔回水温度大于 28℃时，依次开大百叶窗开度直至百叶窗完全打开，加大风机转速，直至风机转速达到最大值。

e. 当环境温度小于−15℃，且某一干冷塔回水温度小于 28℃时，减小风机转速，直至风机转速达到最小值。风机转速达到最小值后，某一干冷塔回水温度仍小于 28℃时风机停止，然后关小百叶窗开度直至百叶窗完全关闭。当百叶窗完全关闭后，某一干冷塔回水温度仍小于 28℃时，发出防冻报警。

f. 当某一干冷塔回水温度大于 32℃时，依次开大百叶窗开度直至百叶窗完全打开，加大风机转速，直至风机转速达到最大值。

3）保护运行模式。保护运行模式具体见开关量控制中的防冻保护。

2. 开关量控制

（1）机械通风干冷塔系统的启、停控制。

1）启动控制。当辅机冷却水母管已充满水时（由运行人员根据经验判断），机械通风干冷塔允许整组启动。

注：只有首次启动机械通风干冷塔系统或辅机冷却水母管放水维护后再次启动时，才需要判断辅机冷却水母管是否已充满水，其余工况，系统将默认辅机冷却水母管已充满水。

当上述条件具备时，允许运行人员手动启动机械通风干冷塔系统控制功能组，同时功能组将被置于“机械通风干冷塔系统启动模式”，并自动进行表 6-113 中的步序操作。

2）停止控制。当已投运的辅机冷却水泵突然停运，但备用泵又没有投入运行时，机械通风干冷塔允许整组停止。

当上述条件具备时，允许运行人员手动停止机械通风干冷塔系统控制功能组，同时功能组将被置于“机械通风干冷塔系统停止运行模式”，并自动进行表 6-114 中的步序操作。

表 6-113　　机械通风干冷塔系统启动步序

步序	执行操作	说　明	备注
1	运行人员选择冬季或非冬季启动方式	（1）当采用冬季启动方式（环境温度小于或等于5℃），只有机械通风干冷塔进水温度达到 40℃时，才可以向扇区冷却三角内充水。 （2）当采用非冬季启动方式（环境温度大于 5℃）时，则不需要判断间接空冷塔进水温度，可直接向机械通风干冷塔充水	
2	开系统补水阀，将除盐水注入储水箱，向地下储水箱充水	当地下储水箱水位达到高高时，表明储水箱已充满	
3	（1）停输水泵。 （2）开机械通风干冷塔进水母管电动阀、出水母管电动阀、系统旁路阀。 （3）确认每个扇区的进水阀、出水阀、旁路阀、疏水阀、输水泵、输水泵出口阀在全关位置		
4	（1）投辅机冷却水泵控制功能子组自动。 （2）启动任意一台辅机冷却水泵，同时开泵进、出口阀，并设定辅机冷却水泵在低速的运行模式		
5	在 LCD 上提示“机械通风干冷塔已准备好”，并给机组控制系统发出“机械通风干冷塔已准备好”信号		
6	投扇区冷却三角子组自动	扇区冷却三角子组程序控制逻辑会根据冷却塔出口母管循环冷却水温度，投入相应的扇区和百叶窗	
7	机械通风干冷塔控制功能组将被置于“正常运行模式”	此后，扇区冷却三角功能子组将根据机械通风干冷塔冷却水出水温度来投入相应的扇区和百叶窗、风机，实现不同机组负荷及环境条件下控制机械通风干冷塔塔冷却水出水温度在安全、合理、经济的范围内	

表 6-114　　机械通风干冷塔系统停止步序

步序	执行操作	说　明	备注
1	切除辅机冷却水泵控制功能子组自动		
2	（1）关扇区冷却三角电动百叶窗、风机。 （2）开扇区旁路阀和疏水阀和干冷塔系统紧急泄水阀，关扇区进、出口阀	使冷却三角内的水快速泄入到地下储水箱	
3	切除机械通风干冷塔系统控制功能子组程序控制		
4	在 LCD 上显示“机械通风干冷塔已停运”		

（2）机械通风干冷塔系统干冷塔控制功能子组。

1）干冷塔控制功能子组程序控制。机械通风干冷塔控制功能子组程序控制可由机械通风干冷塔程序控制启动步序触发，或由运行人员手动触发。当干冷塔控制功能子组在程序控制方式时，自动进行表 6-115 中的步序操作。

注：扇区的投入次序按第一干冷塔→第二干冷塔→第三干冷塔→第四干冷塔→第五干冷塔依次投入。

2）干冷塔冷却三角电动百叶窗的控制。

a．启动允许。干冷塔进、出水阀在全开位置。

b．单独操作。在手动方式下，运行人员可手动开、关冷却三角电动百叶窗。

c．程序控制开。在程序控制方式下，通过冷却三角自动子组自动开冷却三角电动百叶窗。

d．程序控制关。在程序控制方式下，通过冷却三角自动子组自动关冷却三角电动百叶窗。

e．联锁关。当下列任一条件出现时，联锁关冷却三角电动百叶窗：扇区防冻保护；整塔防冻保护。

3）干冷塔进水阀的控制。

a．单独操作。在手动方式下，运行人员可手动开、关干冷塔进水阀。

b．程序控制开。在程序控制方式下，通过冷却三角自动子组自动开干冷塔进水阀。

表 6-115　干冷塔控制功能子组步序

步序	执行操作	说　明	备注
1	下列条件同时满足时，进入步序 2： （1）冷却塔出口母管冷却水温度大于或等于 40℃时。 （2）第一干冷塔内全部冷却三角电动百叶窗在全关位置和风机已停止		
2	启动任意一台输水泵，同时开泵出口阀；向干冷塔内充水		
3	开第一干冷塔进水阀，关第一干冷塔出水阀、热段泄水阀、冷段泄水阀	当阀门动作到位时，扇区由进水管向冷却三角内快速充水，充至扇区排气管的水位开关动作，表明该扇区内的冷却三角已被冷却水填充满，延时 15s 等待冷却三角内的氮气泡消失，进入步序 4	
4	（1）开第一干冷塔出水阀。 （2）停已运行的输水泵和泵出口阀	当第一干冷塔出水阀在全开位置后，延时 5min 启动第一干冷塔防冻保护（在第一干冷塔充水过程中进、出口阀无法打开，致使干冷塔无法带入系统运行，则马上开疏水阀泄水）	
5	在 LCD 上显示“第一干冷塔已带入机械通风干冷塔系统运行”；此时，可根据第一干冷塔出水管的水温来控制电动百叶窗的开度和风机转速	夏季工况，可全开冷却三角电动百叶窗。冬季工况，等扇区出水阀在全开位置后，等待 5min 再点动开冷却三角电动百叶窗（不建议一下把百叶窗的开度开到 100%）。 当第一干冷塔全部冷却三角电动百叶窗的开度达到 100%或风机转速达到 100%时，进入步序 6	
6	下列条件同时满足时，进入步序 7： （1）冷却塔出口母管冷却水温度大于 40℃时。 （2）第二干冷塔内全部冷却三角电动百叶窗在全关位置和风机已停止		
7	启动任意一台输水泵，同时开泵出口阀；向干冷塔内充水		
8	开第二干冷塔进水阀，关第二干冷塔出水阀、热段泄水阀、冷段泄水阀	当扇区排气管的水位开关动作时，延时 15s，进入步序 9	
9	（1）开第二干冷塔出水阀。 （2）停已运行的输水泵和泵出口阀		
10	在 LCD 上显示“第二干冷塔已带入机械通风干冷塔系统运行”；此时，可根据第二干冷塔出水管的水温来控制电动百叶窗的开度和风机转速	当第二干冷塔全部冷却三角电动百叶窗的开度达到 100%或风机转速达到 100%时，进入步序 11	
11	下列条件同时满足时，进入步序 12： （1）冷却塔出口母管冷却水温度大于 40℃时。 （2）第三干冷塔内全部冷却三角电动百叶窗在全关位置和风机已停止		

续表

步序	执行操作	说 明	备注
12	启动任意一台输水泵，同时开泵出口阀；向干冷塔充水		
13	开第三干冷塔进水阀，关第三干冷塔出水阀、热段泄水阀、冷段泄水阀	当扇区排气管的水位开关动作时，延时15s，进入步序14	
14	（1）开第三扇区出水阀。 （2）停已运行的输水泵和泵出口阀		
15	在LCD上显示“第三干冷塔已带入机械通风干冷塔系统运行”；关机械通风干冷塔系统旁路阀1；此时，可根据第三干冷塔出水管的水温来控制电动百叶窗的开度或风机转速	当第三干冷塔全部冷却三角电动百叶窗的开度达到100%或风机转速达到100%时，进入步序16	
16	按以上操作依次投入第四干冷塔、第五干冷塔	至此系统完全启动	

c．程序控制关。在程序控制方式下，通过冷却三角自动子组自动关干冷塔进水阀。

d．强制关。当下列任一条件出现时，强制关干冷塔进水阀：某一干冷塔防冻保护；整塔防冻保护。

4）干冷塔出水阀的控制。

a．单独操作。在手动方式下，运行人员可手动开、关干冷塔出水阀。

b．程序控制开。在程序控制方式下，通过冷却三角自动子组自动开干冷塔出水阀。

c．程序控制关。在程序控制方式下，通过冷却三角自动子组自动关干冷塔出水阀。

d．强制关。当下列任一条件出现时，强制关干冷塔出水阀：某一干冷塔防冻保护；整塔防冻保护。

5）干冷塔冷/热水泄水阀的控制。

a．单独操作。在手动方式下，运行人员可手动开、关干冷塔冷/热水泄水阀。

b．程序控制开。在程序控制方式下，通过冷却三角自动子组自动开干冷塔冷/热水泄水阀。

c．程序控制关。在程序控制方式下，通过冷却三角自动子组自动关干冷塔冷/热水泄水阀。

d．联锁开。当下列条件出现时，联锁开干冷塔冷/热水泄水阀：干冷塔进、出水阀故障。

e．强制开。当下列任一条件出现时，强制开干冷塔冷/热水泄水阀：某一干冷塔防冻保护；整塔防冻保护。

6）系统旁路阀的控制。

a．单独操作。在手动方式下，运行人员可手动开、关系统旁路阀。

b．程序控制开。在程序控制方式下，通过冷却三角自动子组自动开系统旁路阀。

c．程序控制关。在程序控制方式下，通过冷却三角自动子组自动关系统旁路阀。

系统旁路阀的打开、关闭由所对应的完成充水的冷却三角扇区数量及循环水泵的运行数量来决定。系统旁路阀的具体开度，根据现场调试结果决定。

7）干冷塔风机的控制。

a．单独操作。在手动方式下，运行人员可手动启动、停止干冷塔风机。

b．程序控制启动。在程序控制方式下，通过冷却三角电动子组自动启动干冷塔风机。

c．程序控制停止。在程序控制方式下，通过冷却三角电动子组自动停止干冷塔风机。

d．联锁停止。当下列任一条件出现时，联锁停止干冷塔风机：干冷塔防冻保护；整塔防冻保护。

（3）机械通风干冷塔系统地下储水箱控制功能子组控制。地下储水箱控制功能子组程序控制可由机械通风干冷塔系统程序控制启动步序触发，或由运行人员手动触发。当地下储水箱控制功能子组处于程序控制方式时，地下储水箱控制功能子组可自动根据地下储水箱水位来补水。

地下储水箱的主要水位定值（以水箱底为基准线）：

高报警水位，X_1（提醒运行人员地下储水箱水位高）；

首次充水水位，X_2；

正常水位，X_3（全部扇区内无水）；

正常水位，X_4（1个干冷塔已充满水）；

正常水位，X_5（2个干冷塔已充满水）；

正常水位，X_6（3个干冷塔已充满水）；

正常水位，X_7（4个干冷塔已充满水）；

正常水位，X_8（全部干冷塔已充满水）；

低水位，X_9（地下储水箱补水水位）。

系统补水阀的控制：

1）单独操作。在手动方式下，运行人员可手动开、关系统补水阀。

2）联锁开。当地下储水箱水位小于或等于低水位时，联锁开系统补水阀。

3）联锁关。当地下储水箱水位达到正常水位时，联锁关系统补水阀。

（4）防冻保护。冬季运行工况的机械通风干冷塔系统防冻保护具有优先权。机械通风干冷塔系统的防冻保护分为整塔防冻保护和某段干冷塔防冻保护，当环境温度小于5℃时，机械通风干冷塔系统就进入防冻保护。

1）整塔防冻保护。整塔防冻保护步序见表6-116。

2）某段干冷塔防冻保护。某段干冷塔防冻保护步序见表6-117。

表6-116 整塔防冻保护步序

干冷塔整塔防冻保护	同时出现条件	整塔防冻保护动作说明	备注
机械通风干冷塔过冷报警	环境温度小于5℃	报警	
	干冷塔出口母管冷却水温度小于15℃（可调）		
机械通风干冷塔整塔防冻保护	环境温度小于5℃	延时5min后如机械通风干冷塔系统防冻保护信号还存在，由运行人员根据运行情况决定哪些干冷塔泄水，还是全部干冷塔泄水。如在5min后没有人员操作，系统将自动开系统泄水阀，把干冷塔内的所有水泄到地下储水箱	在冬季工况下，如循环水泵全部停运且在2min内没有重新启动，系统将全部干冷塔冷却三角内的水泄掉
	干冷塔出口母管冷却水温度小于12℃（可调）		

表6-117 某段干冷塔防冻保护步序

干冷塔防冻保护	同时出现条件	某段干冷塔防冻保护动作说明	备注
某段干冷塔过冷报警1	环境温度小于5℃	报警	
	某段干冷塔出水管的冷却水温度小于20℃（可调）		
某段干冷塔过冷报警2	环境温度小于5℃	触发某段干冷塔过冷报警并联关风机和电动百叶窗	当干冷塔出水管的冷却水温度回升至40℃时，该干冷塔的防冻保护解除
	某段干冷塔出水管的冷却水温度小于15℃（可调），风机处于最低工作转速运行，且百叶窗开度位于设计最小值		
某段干冷塔防冻保护	环境温度小于5℃	延时5min后系统自动将该干冷塔冷却三角内的水泄掉	某段干冷塔防冻保护后，再次带入系统运行的全过程将由运行人员手动操作
	某段干冷塔出水管的冷却水温度小于12℃（可调）		
充水阶段的防冻保护	冬季条件下充水时如产生干冷塔进、出口阀无法打开，干冷塔无法正常投入运行时	必须马上进行该干冷塔的泄水操作	

六、水工系统控制

（一）取水升压泵房

取水升压泵房控制是对整个工艺系统中的移动式清污机、电动旋转滤网、取水升压泵、液压控制蝶阀、电动阀、集水坑排污泵等设备进行程序控制，根据工艺系统运行和控制要求，设计程序控制逻辑。系统控制可分为程序控制、远方软手操及就地手操控制三种控制方式。控制装置除具有程序控制功能外，还设置必要的分步操作、成组操作、跳步、中断等操作功能，并有各步骤及状态显示。远方软手操即通过键盘对被控对象实现单独操作，在就地控制箱、电气MCC等就地控制装置上进行就地手动控制。

1. 取水升压泵控制

取水升压泵控制应设泵出口母管的压力联锁保护，当母管压力低时，自动启动备用泵；当运行泵事故跳闸时，应联锁启动备用泵。

2. 液压控制蝶阀控制

当正常运行启动取水升压泵时，应先开启出口液压控制蝶阀至15°开度，然后联锁启泵，出口液压控制蝶阀继续开启到全开。当正常运行停泵时，应先关闭出口液压控制蝶阀到15°开度，然后联锁停泵，出口蝶阀继续关闭到全关。

3. 移动式清污机、电动旋转滤网控制

移动式清污机、电动旋转滤网与移动式清污机、电动旋转滤网前后水位差的联锁保护。当移动式清污机、电动旋转滤网前后水位差超限或清污机停运一段时间时，应自动开启清污运行，进行除污。

4. 集水坑排污泵控制

集水坑排污泵控制应设集水坑的水位联锁保护，当集水坑水位高时，自动启动排污泵；当集水坑水位低时，自动停止排污泵。

（二）循环水处理系统及净化站

1. 循环水处理系统控制

循环水处理系统控制是对整个工艺系统中的原水泵、浅砂过滤器、弱酸离子交换器等设备进行程序控制，根据工艺系统运行和控制要求，设计程序控制逻辑。

（1）原水泵控制。原水泵控制应设泵出口母管的压力联锁保护，当母管压力低时，自动启动备用泵；当运行泵事故跳闸时，应联锁启动备用泵。原水箱水位低，停原水泵。

（2）机械搅拌澄清池控制。机械搅拌澄清池控制参见本节化学水处理系统控制——再生水处理系统控制的相关内容。

（3）浅砂过滤器控制。浅砂过滤器运行时，原水通过进水口进入浅砂过滤器，大部分污物被截留在过滤介质表面上，细小的污物被截留在介质层内部。运行一段时间后，当浅砂过滤器进出口差压达到设定值时，控制装置给系统中的三通控制阀发送信号，三通控制阀自动控制其对应过滤单元的三通阀门，让其关闭进口通道的同时打开排污通道，这时由于排污通道压力较小，其他过滤单元的净水会在水压作用下由该过滤单元的出水口进入，并持续冲刷该过滤单元的过滤介质层，从而达到清洗过滤介质的效果，冲洗后的污水在水压的作用下由该过滤单元排污口进入排污管道，完成一次排污过程；也可采用定时控制的方式进行排污，当时间达到定时控制器设定的时间时，控制装置发出排污清洗信号给三通控制阀。

（4）顺流弱酸离子交换器控制。顺流弱酸离子交换器步序见表 6-118。

2. 循环水加药系统控制

循环水加药系统的功能是对整个工艺系统中的加药罐、计量箱、加药泵等设备进行程序控制，根据工艺系统运行和控制要求，设计程序控制逻辑。

3. 净化站控制

净化站控制是对整个工艺系统中的机械加速澄清池、污泥浓缩池、污泥泵、离心脱水机、絮凝剂、助凝剂加药装置等设备进行程序控制，根据工艺系统运行和控制要求，设计程序控制逻辑。

表 6-118 顺流弱酸离子交换器步序

步序	控制程序	阀门						
		进水阀	出水阀	进酸阀	正排阀	反排阀	排气阀	反进水阀
1	反洗					■		■
2	放水				■		■	
3	再生等待							
4	进酸			■				
5	置换			■				
6	放气进水						■	
7	正洗	■			■			
8	停床备用							
9	充水	■					■	
10	正洗	■			■			
11	设备投运	■	■					

（1）机械加速澄清池、污泥浓缩池的控制。机械加速澄清池、污泥浓缩池的控制参见本节化学水处理系统控制——再生水处理系统控制的相关内容。

（2）絮凝剂、助凝剂加药装置的控制。絮凝剂、助凝剂加药装置的控制，依据进水流量按预定的比例常数通过控制加药变频器计量泵的转速自动进行加药量的控制。

（三）综合水泵房

综合水泵房控制是对整个工艺系统中的消防水泵、生水泵、工业水泵、生活水泵、集水坑排污泵等设备进行程序控制，根据工艺系统运行和控制要求，设计程序控制逻辑。

1. 工业水泵控制

工业水泵控制应设泵出口母管的压力联锁保护，当母管压力低时，自动启动备用泵；当运行泵事故跳闸时，应联锁启动备用泵。当工业水泵采用变频泵时，通过控制工业水泵变频器频率，调节工业水泵转速，维持泵出口母管的压力在正常范围。工业水池水位低时，停工业水泵。

2. 生活水泵控制

生活水泵一般采用变频泵，通过控制生活水泵变频器频率，调节生活水泵转速，维持厂区生活水管网压力在正常范围。生活水池水位低时，停生活水泵。

3. 生水泵控制

生水泵控制应设泵出口母管的压力联锁保护，当生水泵出口母管压力低时，应联锁启动备用生水泵，维持出口母管压力在正常范围。生水池水位低时，停生水泵。

4. 集水坑排污泵控制

集水坑排污泵控制应设集水坑的水位联锁保护，当集水坑水位高时，自动启动排污泵；当集水坑水位低时，自动停止排污泵。

5. 消防水泵控制

消防稳压泵根据消防管网压力自动启动，一用一备。当发生火灾，或消火栓按钮按下，或消防管网压力低于规定值时，联锁启动电动消防水泵。当电动消防水泵启动失败时，联锁启动柴油消防水泵。

（四）循环水泵房

1. 电动清污机/滤网控制

电动清污机/滤网与清污机/滤网前后应设水位差的联锁保护。当清污机前后水位差超限或清污机停运一段时间时，应自动开启板刷运行，进行除污。

2. 循环水泵控制

（1）循环水泵应与循环水泵出口阀门联锁。当正常运行启动循环水泵时，应先开启出口液压控制蝶阀至 15°开度，然后联锁启泵，出口液压控制蝶阀继续开启到全开。当正常运行停泵时，应先关闭出口液压控制蝶阀到 15°开度，然后联锁停泵，出口蝶阀继续关闭到全关。

（2）循环水泵运行泵与备用泵的联锁保护。当运行泵事故跳闸时，或泵出口母管压力低时，应联锁启动备用泵，同时开启备用泵出口液压控制蝶阀，联锁关闭事故泵出口液压控制蝶阀。

3. 旋转滤网的控制

应设计旋转滤网前后水位差和旋转滤网及冲洗水泵的联锁保护，当前后水位差高时应联锁启动旋转滤网及冲洗水泵。

4. 循环水泵房集水坑排污泵的控制

循环水泵房集水坑排污泵的控制应设集水坑的水位联锁保护，当集水坑水位高时，自动启动排污泵，当集水坑水位低时，自动停止排污泵。

（五）辅机冷却水泵房

1. 模拟量控制

当冷却塔风机采用变频电动机时应设冷却塔出水温度的自动调节。当出水温度高于设定值时，风机转速增加；当出水温度低于设定值时，风机转速降低，直至停运，保证冷却塔出水温度恒定。

2. 开关量控制

（1）辅机冷却水泵的控制应设泵出口母管的压力联锁保护，当辅机冷却水泵出口母管压力低时，应联锁启动备用泵，维持出口母管压力在正常范围。同时运行泵与备用泵应设联锁保护，当运行泵跳闸时自动启动备用泵投入运行。

（2）辅机冷却水泵与出口蝶阀应设置联锁保护。

1）正常运行过程中，当启动辅机冷却水泵时，应先关闭出口阀，再启动辅机冷却水泵，延时 0～15s（可调）后，联锁开启出口阀。

2）正常停泵时，先关闭出口阀，前 70°为快关，后 30°为慢关，阀门关闭后联锁停泵。

3）当事故停泵时，事故泵出口快关阀同时联锁关闭。

（3）辅机冷却水泵房进/出水平板滤网，应设前后水位差联锁冲洗泵启动。

（4）冷却塔风机应设轴承箱振动、润滑油温及油位联锁，当轴承箱振动大、润滑油温高及油位低时，联锁停风机。

（5）辅机冷却水泵房集水坑排污泵的控制应设集水坑的水位联锁，当集水坑水位高时，自动启动排污泵；当集水坑水位低时，自动停止排污泵。

（六）煤水处理系统

煤水处理系统控制是对整个工艺系统中的煤水沉淀池、煤水提升泵、煤水离心澄清处理装置、自清洗过滤器、回用水泵等设备进行程序控制，根据工艺系统运行和控制要求，设计程序控制逻辑。

1. 煤水提升泵控制

煤水提升泵的控制应设煤水沉淀池的水位联锁保护，当水位高时，联锁启动备用泵；当水位低时，应联锁停泵。

2. 絮凝剂、助凝剂加药装置控制

絮凝剂、助凝剂加药装置的控制，依据进水流量按预定的比例常数通过控制加药变频器计量泵的转速自动进行加药量的控制。

3. 煤水离心澄清处理装置控制

煤水由进水口沿切线方向进入离心分离区，在旋转过程中受离心力的作用，水中密度较大的悬浮物被甩向池壁，掉入下部泥斗，泥斗定时排泥。

4. 过滤器控制

同本节（二）循环水处理系统及净化站中浅砂过滤器控制。

5. 回用水泵控制

回用水泵的控制应设回用水池的水位联锁保护，当水位高时，联锁启动备用泵；当水位低时，应联锁停泵。

第七章

控制系统及控制装置

各种控制系统和控制装置是火力发电厂仪表与控制设计的重要部分，控制系统和控制装置的配置、功能选择等也是火力发电厂自动化水平的重要体现。

本章主要介绍火力发电厂分散控制系统、可编程控制系统、汽轮机电液控制系统、汽轮机紧急跳闸系统等控制系统的系统功能、系统组成、系统设计要求、系统设备配置、系统设备布置与安装、常见设计方案等；介绍了常用控制装置如空气预热器间隙调整及热点探测装置、炉管泄漏监测装置、飞灰含碳量检测装置等控制装置的原理、装置组成、设计要求、设备配置与安装等内容。

第一节　分 散 控 制 系 统

一、概述

分散控制系统（distributed control system，DCS）是以微处理器为基础，全面融合计算机技术、网络数字通信技术、显示与人机界面技术而成的控制系统。其主要特性在于分散控制和集中管理，即对生产过程进行集中监视、操作和管理，而控制任务则由不同的控制装置去完成。

自 20 世纪 80 年代末期随着大型火力发电机组的引进电力行业开始应用 DCS，已成为电厂控制系统的标准配置。

二、系统组成

DCS 是纵向分层、横向分散的大型综合控制系统，以多层计算机网络为依托，将分布在全厂范围内的各种控制设备和数据处理设备连接在一起，实现各部分的信息共享和协调工作，共同完成各种控制、信息处理和监视功能。

DCS 中的设备按功能可划分为网络通信子系统、过程控制子系统、人机接口子系统。

（一）网络通信子系统

主流 DCS 的网络结构主要有两种：一种是扁平化的网络结构；另一种是基于客户端/服务器（client/sever，C/S）结构的三层网络。

DCS 的各个部分对通信的要求有所不同，一般可以把 DCS 分成若干层，根据各个部分对通信的要求选择合适的网络。但是，层次分的越多，系统就越复杂，维护就越困难。所以，随着通信成本的下降，人们越来越倾向于采用更少的层次，从上而下分别为信息层、控制层和设备层。网络解决方案一般是三层或两层，如果最上面的信息层和控制层合并成一层，就是扁平化的网络结构。

（二）过程控制子系统

DCS 的过程控制子系统用于实现对生产过程的数据采集、处理和控制功能，由各个分散处理单元组成。

过程控制子系统主要由三大部分组成，即多应用控制器、通信接口装置和输入/输出子系统。各处理单元作为 DCS 的网络点，通过通信接口装置与输入/输出子系统相连接，实现对生产过程实时数据的采集和控制；同时通过通信接口装置与监控级网络相连，实现 DCS 各个站点之间的信息交流和数据共享；多应用控制器的功能是进行数据的处理和分析、实施控制逻辑策略等。

过程控制子系统主要由机柜、控制器、电源、通信接口、输入/输出子系统及柜内总线系统组成。

（三）人机接口子系统

操作员站是运行人员与 DCS 的接口，常被称为人机接口，通常由计算机及其辅助系统组成。人机接口的基本功能主要包括显示过程信息、传递操作员的指令、显示处理各种报警。

电厂运行管理通常分为两层：一层是厂级实时运行管理（值长级），管理各机组的 DCS 及其他公用控制系统，如运煤系统、除灰渣系统、水处理系统等；另一层是机组及管理本机组 DCS 范围内的系统。

三、系统设计

（一）设计范围及内容

1. 设计分界

设计单位与 DCS 集成商的设计分界点在 DCS 设

备和/或机柜的接线端子排上。

2. 设计内容

DCS 设计内容包括：①技术规范书；②I/O 清单；③系统配置图、说明书及设备清册；④电源施工图；⑤接地施工图；⑥机柜接线图。

对于涉外工程，该系统的具体设计范围及内容还应以合同文本中相关条款约定为准。

（二）系统功能

1. 数据采集系统（DAS）和人机接口

数据采集系统（data acquisition system，DAS）连续采集和处理所有与机组有关的重要测点信号及设备状态信号，并及时向操作人员提供有关的运行信息，实现机组安全经济运行。一旦机组发生任何异常工况，能及时报警，以提高机组的可利用率。

操作员站的主要功能是在标准画面和用户组态画面上，汇集和显示有关的运行信息，使运行人员能够实时对机组的运行工况进行监视和控制。

工程师站具有对机组 DCS 的运行状态进行监控的功能，对各个控制站的运行状态、各个操作员站的运行情况、各级网络通信情况等进行监控；能在线组态，如上下限值的改变、控制参数的调整、对现场 I/O 站的直接操作、对某个 I/O 点的强制限制，以及在部分代码的方式下能在线修改控制算法及下装等。

基本的数据采集系统和人机接口功能包括：①显示，工艺流程图、趋势、成组参数、报警显示；②记录，SOE、事故追忆、操作、事件等记录；③制表，班报表、月报表、用户定义的报表；④历史数据存储和检索。

可根据全厂自动控制系统规划或工艺需要，设计机组 DCS 的实用且易于实现的性能计算功能。

2. 模拟量控制系统（MCS）

模拟量控制系统基本要求如下：①MCS 包括多个子系统，由这些子系统实现对单元机组及辅机系统的调节控制；各子系统遵守“独立完整”的原则，以保持主控通信网络上信息交换量最少。②控制系统应满足机组安全启、停及定压、滑压运行的要求。③将锅炉-汽轮机-发电机组作为一个单元整体进行控制，使锅炉和汽轮机同时响应控制要求，确保机组快速和稳定地满足负荷变化的要求，并保持稳定的运行。④协调控制应使汽轮机控制、锅炉燃烧控制、汽轮机旁路控制、炉膛安全监控和顺序控制等系统相协调，达到机组稳定运行并快速响应负荷变化的要求。⑤冗余组态的控制系统，在控制系统局部故障时，不应影响机组安全运行。⑥调节控制的基本方法宜采用闭环反馈控制，同时以能够快速响应被控变量扰动的信号（如负荷或能量指令的函数）作为前馈信号，保证控制回路具有快速、稳定的优良调节品质。宜采用先进的控制策略和算法，提高控制系统的调节品质。⑦控制系统应能自动补偿及修正机组自身的瞬态响应及其他必需的调整和修正。⑧在自动控制范围内，控制系统应能处于自动方式而不需要人工干预。⑨MCS 应具备在机组从最低不投油稳燃负荷到满负荷运行的范围内，投入自动控制方式的能力（除非合同另有规定）。⑩控制系统应有联锁保护功能，以防止错误及危险的动作，联锁保护系统在其涉及的工艺系统处于安全工况时，应为维护、试验和校正提供最大的灵活性。⑪当系统某一部分必须具备的条件不满足，联锁逻辑应阻止该部分投“自动”方式。同时，在条件不具备或系统故障时，系统受影响部分应不再继续自动运行，或将控制方式转换为另一种自动方式。⑫控制系统任何部分运行方式的切换，不论是人为的还是由联锁系统自动的，均应平滑运行，不应引起过程变量的扰动，并且不需运行人员修正。⑬当系统处于强制闭锁、限制、辅机故障减负荷或其他超驰作用时，系统受其影响的部分应随之跟踪。在超驰作用消失后，系统所有部分应平衡到当前的过程状态，并立即恢复到安全的控制作用，这一过程不应有任何延滞，并且不应向被控装置发出任何不正确的或不合逻辑的动作指令。应提供报警信息，指出引起各类超驰动作的原因。⑭对某些重要的关键参数，应采用三冗余变送器测量。对三冗余的测量值，系统应自动选择中值作为被控变量，而其余变送器测得的数值，若与中值信号的偏差超过预先整定的范围，应进行报警。如其余两个信号与中值信号的偏差均超限报警，则控制系统受影响部分应转到安全控制方式，也可切换至手动。⑮运行人员可在操作员站上将三选中的逻辑切换至手动，任选三个变送器中的某一个信号供自动控制回路使用。⑯对某些仅次于关键参数的重要参数，应采用双重冗余变送器测量，若这两个信号的偏差超出一定的范围，则应有报警，并将受影响的控制系统转到安全控制方式，也可切换至手动。运行人员可手动任选两个变送器中的一个信号用于投自动控制回路。⑰在使用不冗余变送器的测量信号时，如信号丧失或信号超出工艺过程实际可能范围，均应报警，同时将受影响的部分转到安全控制方式，也可切换至手动。⑱控制系统的输出信号应与被控执行机构要求的驱动信号相适应，可为脉冲量或 4～20mA 连续信号，并应有上下限值，以保证控制系统故障时机组设备的安全。⑲控制系统所需的所有校正作用，不能因为使驱动装置达到其工作范围的控制信号需进行调整而有所迟延。⑳控制系统应监视设定值与被控变量之间的偏差和输出信号与控制阀门位置之间的偏差，当偏差超过预定范围时应报警，同时应转到安全控制方式或切换至手动。㉑风机、泵、磨煤机等跳闸时，应将与之对应的控制系统切换到手动方式。㉒当两个或两个以上的控制驱动装置控制一个变量时，可由一个驱动装置维持自动运行。运行人员还可将其余的驱动装置投入自动，而不需手动平衡。当追加的驱动装置投入自动后，控制系统应自动适应追加的驱动装置的作用（为不产生过程扰动，且保持总出力的平稳关系，应使处于自动状态的驱动装置等量并反向作用，直到达到彼此间的平衡出力状态），即不论驱动装置在手动或自动方式的数量如何组合变化，控制作用应满足工艺系统调节品质的要求。㉓应对多控制驱动装置的运行提供偏置调整，偏置应能在保证系统安全的范围内调整，新建立的关系不应产生过程扰动。㉔在自动状态下，设置一个控制驱动装置为自动或手动遥控，不需进行手动平衡或对其偏置进行调整，并且，不论此时偏置设置的位置或过程偏差的幅度如何，不应引起任何控制驱动装置的阶跃波动。㉕对于超临界机组，应有效地控制锅炉在稳定运行时的三个重要比率，即给水流量/蒸汽流量、热量输入/给水流量（即煤水比）、喷水流量/给水流量；在变动工况时应使这些比率按一定规律变化，以便得到稳定的控制；而在启动和低负荷运行时，要求大幅度地改变这些比率，以得到宽范围的控制。为此，要求MCS在机组启动工况下宜更多地采用变参数/变定值技术，所有控制功能宜在前馈基础上完成，并可连续地校正控制系统的增益。在控制系统设计时应事先考虑工艺过程内部的相互作用，采用合理的前馈/变定值/变增益/变参数控制方案。

下面分别对锅炉-汽轮机协调控制、机组负荷指令、汽轮机控制、锅炉控制的系统功能要求进行阐述。

（1）锅炉-汽轮机协调控制。控制系统应协调锅炉及其辅机与汽轮机的运行，以便快速、准确和稳定地响应自动调度系统或电厂运行人员的负荷指令，进行有效的生产。同时，还应考虑诸如辅机故障或设备异常等运行限制条件，以高度适应的方式，使负荷性能达到最佳状态，满足连续、安全运行的要求。

应提供运行人员选择所需运行方式的手段。当改变运行方式时，系统不应产生任何扰动。此外，在机组遇到受限制的工况时，控制系统应能平稳地将运行方式自动转换至合适的运行方式。当锅炉响应负荷需求受到限制时，系统应切换至汽轮机跟随方式，限制取消时，再回到协调方式；当汽轮机响应负荷需求受到限制时，系统应切换至锅炉跟随方式，直到其能恢复协调运行方式。当系统不能实现运行人员所选择的运行方式时，应报警。

（2）机组负荷指令。机组负荷指令可由输入的AGC负荷指令信号，结合频率、功率、汽压、汽轮机阀位开度、机组运行工况、要求的限值等加以处理后形成。

1）运行人员应能在操作员站显示屏的负荷管理控制画面上实现下列功能：

a．手/自动方式选择。机组负荷控制应以自动方式响应AGC负荷需求指令，以手动方式响应运行人员输入的负荷指令。

b．机组负荷指令的手动调整。

c．负荷高、低限值的调整。

d．负荷变化率的设定。

e．负荷变化方向的指示（增或减）。

f．负荷高、低限值的指示。

g．主蒸汽压力偏差指示。

h．主蒸汽压力设定值的设定和指示。

i．负荷指令与总发电功率的指示。

j．锅炉跟随、汽轮机跟随和协调运行方式的选择和指示。

k．滑压和定压运行方式的选择和指示。

l. 负荷闭锁增（block increase）、负荷闭锁减（block decrease）、辅机故障减负荷（run back，RB）的指示。

2）控制系统应平稳地实现下列功能：

a．一次调频。通过自动改变机组的负荷指令实现电网的一次调频功能。

b．限制。机组最大负荷指令应与锅炉最大出力和汽轮机负荷能力相适应。宜设计燃料-风的导前/滞后和交叉限制控制功能。当被控容量或允许出力达到最大/最小限值时应发出闭锁增/减的控制信号。

c．辅机故障减负荷。应设计锅炉给水泵、一次风机、送风机、引风机、空气预热器、磨煤机、炉水循环泵等发生出力故障工况时的RB功能。每种RB应有单独的最大允许负荷或减负荷速率，以适应各种设备的动态特性。所有的RB应自动完成，运行人员能通过显示屏得到RB工况时的信息。当发生RB时，控制系统应自动转换到保证机组安全运行的控制方式（如锅炉跟随或汽轮机跟随的运行方式），使机组在适合当前辅机出力的负荷水平运行。

3）应提供与电网调度中心（AGC）的负荷调度接口，用于遥控机组负荷：

a．DCS送至AGC的信号至少应有：模拟量信号，最大允许负荷、最小允许负荷、允许负荷变化率；开关量信号，机组AGC待命方式、机组在AGC方式、机组出力限制和RB、主机故障。

b．AGC送至DCS的信号至少应有：模拟量信号：AGC功率指令；开关量信号：AGC可以投、AGC故障。

（3）汽轮机控制。

1）控制系统应根据机组负荷指令，向汽轮机数字电液控制系统（DEH）发出控制指令信号，如汽轮机调节阀开度、负荷、机前压力等指令。

2）应根据 DEH 控制系统对接口信号的要求，设计与协调控制系统的接口，并应采用数据通信和硬接线互相冗余的方式。

3）控制系统不应影响汽轮机调速器响应系统频率变化的调节特性，并应与汽轮机 DEH 控制系统相协调，控制机组对负荷的快速和准确的响应。

4）当汽轮机出现受限运行工况时，应采取相应的策略适应汽轮机的要求，保证机组的安全。如机前压力超过允许限值，系统应控制汽轮机-发电机组，以防止机前压力进一步偏离设定值。

（4）锅炉控制。锅炉控制系统应由若干子系统组成，这些子系统应协调运行，使锅炉能灵敏、安全、快速与稳定地运行，保证在任何工况下，生产出满足机组负荷指令所要求的蒸汽能量。锅炉主控应将机组负荷指令以并行、协调的方式转化为对锅炉燃料和风量的控制，并宜具有以下特点：为加快燃料量对负荷变化的响应，信号回路宜有速率可调的“加速”功能；燃料量指令宜按可供的风量来限制燃料量，以保证燃料量不高于风量；风量指令按送入锅炉的总燃料量（包括所有辅助燃料）来设定风量，以保证风量不低于燃料量；燃料指令可根据运行的磨煤机/给煤机的数量进行修正，并可根据燃料的不同发热量进行校正。

煤粉锅炉控制。包括磨煤机控制、二次风量控制、风箱挡板控制、一次风压力控制、主蒸汽温度控制、再热蒸汽温度控制、给水控制、给水泵再循环控制、空气预热器冷端平均温度控制、燃油控制。

（5）汽轮机工艺系统其他回路控制。

1）除氧器水位和压力控制。

2）凝汽器热井水位控制。

3）发电机氢温控制。

4）汽轮发电机组润滑油温控制。

5）汽轮机 EH 油温度控制。

6）发电机密封油温度控制。

7）高、低加热器水位控制。

3. 顺序控制系统（SCS）

顺序控制系统基本要求如下：①SCS 用于启动/停止各功能子组。一个功能子组被定义为电厂的某个设备组，如一台送风机及其所有相关的设备（包括风机润滑油泵、挡板等）。②为了在机组启、停时减少操作人员的常规操作和机组的启停时间，应设计子组级顺序控制功能。在可能的情况下，各子组的启、停应能独立进行。③对于每一个子组及其相关设备，它们的状态、启动许可条件、操作顺序和运行方式，均应在显示屏画面上显示。④在手动顺序控制方式下，应为操作员提供操作指导，这些操作指导宜以图形方式显示，可按照顺序显示各步序应被执行的程序步骤，并根据设备状态变化的反馈信号，在画面上改变相应设备的颜色。⑤运行人员通过手动指令，可对执行的顺序跳步，但这种运行方式必须满足安全要求。顺序控制中的每一步均应通过从设备来的反馈信号得以确认，每一步都应监视预定的执行时间。如果顺序未能在约定的时间内完成，则报警，且禁止顺序控制进行下去。如果事故消除，在运行人员再次启动后，可使程序继续进行下去。⑥在自动顺序控制期间，出现任何故障或运行人员中断信号，应使正在进行的程序中断并回到安全状态，使程序中断的故障或运行人员指令应在画面上显示，并由打印机打印出来。故障排除后，顺序控制在运行人员确认无误后，可再进行启动。⑦运行人员应能在显示屏/键盘上操作每一个被控对象。手动操作应有许可条件，以防运行人员误操作。逻辑中应设计相关的联锁保护，以防止设备在非安全或潜在危险工况下运行。设备控制可设计三种模式，即手动（操作员控制）、自动控制、后备。所有设备均应设计手动模式。自动和后备模式应根据设备运行要求按需设计，三种模式的要求：第一种模式：在手动模式下，操作员将根据电厂运行需要进行设备的启/停、开/关操作。非频繁操作设备（如辅助电气系统的进线开关）或无人监视工况下不可进行启动的设备只提供手动控制。第二种模式：维持过程控制而需要频繁启停的设备应提供自动控制模式。原则上，自动控制逻辑引起的动作不应报警，保护联锁触发时若自动功能失效应产生报警，如抽汽阀自动关失效。第三种模式：冗余或具有指定备用的设备应提供后备（Standby）控制模式。当过程参数表明在役设备已故障时，处于后备模式的备用设备应自动启动，连续运行直至操作员或保护联锁发出停运指令。系统应提供报警以提醒操作员备用设备已启动。⑧设备的联锁、保护指令应具有最高优先级；手动指令比自动指令优先。被控设备的“启动”“停止”或“开”“关”指令应互相闭锁，且应使被控设备向安全方向动作。⑨保护和联锁功能应保持始终有效，运行人员不能人工切除。当由于运行工况需要进行切除时，应采用明显的特殊标志予以标识，以便运行人员了解实际保护和闭锁功能的投入状态。⑩应通过联锁、联跳和保护跳闸功能来保证被控对象的安全。机组的联锁及保护跳闸功能，包括紧急跳闸应采用硬接线连接。⑪SCS 用于保护的触点（过程驱动开关或其他开关触点）应是“动合型”的，以避免信号电源或回路断电时，发生误动作（采用“断电跳闸”的重要保护除外）。⑫应监视泵和风机电动机的事故跳闸状态。⑬为了便于运行人员迅速查找事故发生原因，应在 SCS 中设计重要设备跳闸事件的首出原因（FIRST OUT）判断逻辑。⑭对于重要辅机设备（如送、引风机）的保护功能应在 SCS 中设计。汽轮机防进水保护也属SCS范围。⑮除了满足上述要求外，SCS的功能和逻辑设计还需符合主、辅机设备制造厂的推荐意见和安全要求。

下面分别对电气控制、锅炉功能子组控制、汽轮机功能子组控制的系统功能要求进行阐述。

（1）电气控制。

1）发电机控制。应通过键盘选择启动过程中发电机的手动准同期或自动准同期合闸方式。

a．手动准同期。在DCS接受键盘手动同期指令后，应有信号在显示屏或控制屏（台）上显示，当相关参数在允许范围内，并确定发电机无故障时，断路器可允许手动合闸；反之，则闭锁断路器合闸回路。

b．自动准同期。在DCS接受自动同期指令后，如自动准同期条件满足，AVR投入，汽轮机转速大于2950r/min，发电机断路器在断开位置，自动准同期装置已有辅助电源等条件成立，并通过AVR及DEH自动调频、调压，待频率、电压满足同期条件时断路器合闸。

当断路器一侧无电压时，应能自动解除同期闭锁，使断路器不经同期即可合闸。

2）高压厂用电源控制。手动将高压厂用电源从工作电源切换到备用电源，或从备用电源切换到工作电源时，均应设计为先合后拉方式。在DCS接受键盘手动合闸指令后，当同期条件满足，有信号在显示屏或控制屏（台）上显示，且相关参数在允许范围内，并确定厂用变压器无故障时，才允许手动合闸；反之，应闭锁合闸。

厂用电源自动切换时，DCS中的厂用断路器分合闸回路应与快速切换装置配合。LCD应提供上述系统“手动—自动”切换操作窗口。

3）低压厂用工作变压器控制。低压厂用工作变压器的断路器应能在显示屏/键盘上遥控，低压厂用工作变压器之间互为备用，采用手动切换，不考虑自投方式。

（2）锅炉功能子组控制。

1）烟风通道开启功能子组。该子组包括烟风通道中的所有挡板。

2）空气预热器A功能子组。该子组包括空气预热器A、空气预热器A轴承润滑油泵、烟气侧及空气侧的进出口挡板等。

3）空气预热器B功能子组。同空气预热器A子组。

4）送风机A功能子组。该子组包括送风机A、送风机A润滑油泵（电动机润滑油泵）、进出口风门挡板、风机动叶等。

5）送风机B功能子组。同送风机A子组。

6）引风机A功能子组。该子组包括引风机A、引风机A润滑油泵（电动机润滑油泵）、冷却风机、进出口风门挡板、风机动（静）叶等。对于汽动引风机，还应包括与引风机汽轮机本体有关的轴封、疏水、润滑油/调节油、抽真空、凝结水、循环水等系统的受控设备。

7）引风机B功能子组。同引风机A子组。

8）一次风机A功能子组。该子组包括一次风机A、一次风机A润滑油泵、出口风门挡板等。

9）一次风机B功能子组。同一次风机A子组。

10）磨煤机功能子组。

a．润滑油泵子组。

b．工作油泵子组。

c．磨煤机子组。该子组包括磨煤机、有关风门挡板、煤粉挡板。

d．给煤机子组。该子组包括给煤机、煤闸门挡板。

11）锅炉排污、疏水、放气功能子组。该子组包括锅炉疏水放气系统的受控阀门、泵等。

12）暖风器功能子组。

a．暖风器A子组。该子组包括暖风器A蒸汽抽汽阀、疏水阀、空气进出口阀等。

b．暖风器B子组。同暖风器A子组。

13）燃料油系统功能子组。当燃油泵房纳入机组DCS监控时，该子组包括油泵房燃料油泵和有关阀门等。

14）锅炉吹灰功能子组。该子组包括锅炉吹灰器及吹灰系统的受控阀门等。

15）锅炉除渣功能子组。该子组包括锅炉除渣系统的排渣门、输送设备、破碎设备等。

16）电动给水泵功能子组。该子组包括电动给水泵、电动给水泵工作及润滑油泵、出口阀门、前置泵进口阀、再循环阀等。

17）汽动给水泵功能子组。

a．汽动给水泵A子组。该子组包括汽动给水泵油系统、盘车装置、进水阀门、出口阀门、前置泵及其进口阀、再循环阀、进/排汽阀门、本体疏水阀等。

b．汽动给水泵B子组。同汽动给水泵A子组。

（3）汽轮机功能子组控制。

1）汽轮机油系统子组。该子组包括汽轮机盘车、油系统，即包括EH油系统、润滑油系统、顶轴油系统、排烟风机和有关阀门等。

2）凝结水子组。包括凝结水泵（凝升泵）、凝结水管路阀门等。

3）凝汽器子组。包括凝汽器循环水进、出口阀门及反冲洗阀门等。

4）凝汽器真空系统子组。包括凝汽器真空泵、管路有关阀门等。

5）汽轮机轴封系统子组。包括轴封供汽阀门、汽轮机本体疏水阀门等。

6）低压加热器子组。包括低压加热器进、出水阀、旁路阀、低压加热器疏水阀门、抽汽管道疏水阀门等。

7）高压加热器子组。包括高压加热器进、出水阀、旁路阀、抽汽隔离阀、抽汽止回阀、高压加热器疏水阀门、抽汽管道疏水阀门等。

8）汽轮机蒸汽管道疏水阀子组。包括主蒸汽管道、再热汽管道、排汽管道疏水阀门等。

9）辅助蒸汽系统子组。包括辅助蒸汽系统的有关管路阀门等。

10）循环水泵子组。包括循环水泵、电动旋转滤网和有关阀门等。

11）辅机冷却水泵子组。包括辅机冷却水泵、机力塔风机和有关阀门等。

12）开式循环冷却水系统子组。包括开式循环冷却水泵和有关阀门等。

13）闭式循环冷却水系统子组。包括闭式循环冷却水泵和有关阀门等。

14）空气压缩机子组。包括空气压缩机、干燥器和有关阀门等。

15）热网首站子组。包括热网加热器、除氧器、循环水泵和有关阀门等。

（4）发电机氢、油、水系统功能子组。

（5）空冷功能组。

（6）发电机系统功能子组。

（7）高压厂用电源功能子组。

（8）低压厂用电源功能子组。

4. 锅炉炉膛安全监控系统（FSSS）

（1）基本要求。①FSSS 应是 DCS 的一部分。②FSSS 的设计应符合 NFPA 85 的规定和锅炉制造厂的要求。③FSSS 应包括燃烧器控制系统（BCS）和燃料安全系统（FSS）。④应提供 FSSS 与运行人员的人机接口，使运行人员能在启动、停机或正常运行的工况下，监视 BCS 和 FSS 的自动过程。⑤FSSS 还应有与 MCS、SCS 及其他控制子系统的接口，并能接受和发送为综合整个机组运行工况所要求的信息和指令。⑥通过键盘和 LCD 显示画面，应完成所有被控制对象操作和获取系统手动、自动运行的各种信息。⑦控制逻辑的设计应确保系统单一故障不阻碍任何设备的正常停运。⑧应评估各类设备元件的故障模式，至少对下述故障进行评估并提供解决方案：电源的中断、漂移、短时波动、恢复、瞬变过程和部分失去；存储损坏和丢失；信息传输损坏和丢失；输入和输出故障；信号不能读或未读出；无法处理偏差；处理器故障；继电器线圈故障；继电器触点故障；时钟故障。⑨逻辑设计应包括下述要求：设计中应提供诊断功能用于监视处理器的逻辑功能；逻辑系统故障不应阻止合理的操作员干预；控制逻辑应防止非授权修改；当相关设备在运行时，不可对其逻辑进行修改；系统响应时间应尽可能短，以防止对应用回路产生不利影响；对干扰影响采取的保护应防止产生误动作；逻辑系统内单一设备元件的故障不应导致强制性的总燃料跳闸（MFT）。⑩独立性要求：FSSS 系统应采用独立控制逻辑、独立输入/输出系统和独立电源，并且在功能和物理上独立于诸如锅炉控制的其他逻辑系统；逻辑系统应限制仅针对于 1 台锅炉；所有触发 MFT 的信号应采用硬接线，不应通过通信总线传送；快速关闭燃油阀。逻辑程序和用于安全停运的设备一经触发，应产生相应的燃烧器或总燃料跳闸，并且在已停运燃烧器恢复运行之前应由操作员进行干预。逻辑程序或设备不应允许主燃料油阀或点火油阀在强制关闭后又随意重新打开；应采用 2 只双位置 MFT 跳闸出口继电器和少量用于触点扩展的中间继电器，确保机组在紧急工况下能安全停炉。应对电源可靠性做充分考虑；为了便于运行人员迅速查找事故发生的原因，应在 FSSS 中提供 MFT 和所有辅机跳闸事件的首出原因（first out）判断逻辑。

1）BCS 基本要求。应设计和提供具有下列主要功能的 BCS：

a. 对油燃烧器和煤燃烧器的安全点火、投运和切除的连续监视。

b. 提供采用最新技术和适合电厂使用且操作灵活的自动化装置，至少应提供两级自动方式。高一级的自动方式应能执行自动程序控制，即从运行人员启动吹扫后到点燃一个预先选定的燃烧器组实现自动化。在单套制粉子系统投运前，投煤燃烧可能需要运行人员的干预。次一级自动方式应使运行人员能分阶段按顺序控制方式启动燃烧器。例如：先进行油系统的泄漏试验，然后启动炉膛吹扫程序，再启动油枪点火程序等。在高一级自动方式发生问题或机组运行状态需要时，应采用次一级的自动方式。

c. 提供在各种运行方式（即高一级自动方式、次一级自动方式及就地手操方式）下完善的监视和联锁功能，包括燃烧器火焰监视功能。

d. 在吹扫、燃烧器点火和带负荷运行期间，应控制风箱挡板位置，以满足合适的二次风分配。

e. 提供以下设备的相关控制功能：炉水循环泵（强制循环锅炉）、磨煤机（直吹式制粉系统）、给煤机、密封风机（直吹式制粉系统）、火检冷却风机。

设计的 BCS 至少应满足下列要求：

a. 能通过 LCD/键盘，完成设备的主要操作。次要操作通过程序控制自动完成。

b. 通过 LCD 画面显示，应提供运行所需的各种运行信息，使运行人员随时能获得设备各种运行状态的信息，以便其采用自动顺序控制或在必要时切换至手动控制。应提供手动方式时的操作指导，这些操作指导应显示出下一步应执行何种操作及整个操作步骤。操作指导应以图形方式显示在LCD上，并以LCD上各设备的颜色变化反映各设备状态的变化。联锁功能应有最大的安全性，可在功能组件失灵或有关设备故障而出现危险时，避免或减少所需的控制操作。

c. 点火器以对角成对或同层成组地自动投入运行，从对应的暖炉油枪开始，按时间顺序自动进行；也可以成对地手动投入运行。油枪的点火和熄火，应是成对或分层按时间顺序进行。

d. 在锅炉吹扫、启动和低负荷运行期间，通过同时调节所有辅助风挡板维持30%的锅炉最低风量，从而保证点火时，维持炉膛的过剩空气量并确保被点火燃烧器周围的风速合理。

e. 在未得到FSS的许可条件前，燃烧器控制不应向炉膛投入燃料或点火能量。

f. 在收到MFT信号时，燃烧器控制系统应按指令协同FSS快速切断至炉膛的燃料和点火能量。

g. 应保证未投入运行的燃烧器和点火枪的安全。

h. 燃烧器控制逻辑应提供点火器、油枪和磨煤机（适合直吹式制粉系统）/给粉机、排粉机（适合中间储仓式制粉系统）点火许可条件的自检功能。当检测到火焰丧失时，燃烧器（煤和油）及点火枪应自动切除。任一燃烧器火焰丧失时，应进行报警。应提供带逻辑功能的单独的火焰监视，切除油燃烧器和/或煤燃烧器。

i. 应采用炉膛分区跳闸原则，自动切除磨煤机（适合直吹式制粉系统）/给粉机、排粉机（适合中间储仓式制粉系统）或油枪。

j. 在油枪退出运行后，应对油枪进行清扫，以除去油枪中残剩的燃料。在锅炉跳闸或点火能量不足时，应闭锁清扫。

k. 应区分磨煤机停运和磨煤机跳闸。对磨煤机自动清扫和冷却，应作为磨煤机停运过程中的一部分，而在磨煤机跳闸时，燃料应尽快、自动地切断，并应对磨煤机充入惰性气体，以防爆炸（适用直吹式制粉系统）。

l. 在发生RB时，应按不同的RB要求，切除一部分投入的燃烧系统，并监视和控制炉膛燃烧工况，维持规定的负荷。

m. 系统应提供DAS所需的SOE输入信号。

n. 应设计有关点火枪、燃烧器、给煤机、磨煤机、给粉机、排粉机、粉仓风门挡板及辅机的显示画面。这些画面应能准确、高效地向运行人员提供启动、停运和控制设备所需的清晰、充足的信息。

2）FSS基本要求。FSS应能防止由炉膛内燃料和空气混合物产生的不安全工况。必要时，切除燃料系统，并避免锅炉受压部件过热。FSS应通过下列监视和保护功能完成保护动作：

a. 监视锅炉运行工况，并在检测到危害人员和设备安全的工况时，发出总燃料跳闸（MFT）信号。

b. 当发现危险工况时，应停运一部分已投运的锅炉燃烧设备和有关辅机，快速切除进入锅炉的燃料量。

c. MFT发生后，应维持锅炉进风量，以便清除炉膛内、烟道尾部和烟道中的可燃气体。

d. 在吹扫完成及其他许可条件满足之前，应阻止燃料重新进入炉膛。

FSS运行要求如下：

a. 快速响应跳闸输入信号。

b. 直接切断所有燃料来源。

c. 运行人员能直接进行燃料跳闸。

d. 自动记忆和显示“跳闸原因”。

e. 不应有跳闸的旁路。

f. 在允许重新投入燃料和点火前，一个时间可调的吹扫程序应安全地清除所有存在于炉膛和烟道内的可燃气体。

g. 在启动期间，炉膛开始吹扫时，应自动执行油系统的泄漏试验，或当煤在燃烧的同时，发生了油枪跳闸，应发出油枪单独进行泄漏试验的命令。

h. 应提供一个油系统安全子系统，监视油系统压力和燃油泵的运行。如果燃烧发生中断，应关闭油安全跳闸阀。

i. 将MFT、磨煤机（适用直吹式制粉系统）/给粉机、排粉机（适用中间储仓式制粉系统）跳闸和油跳闸的“继电器”状态信息，送至BCS、MCS、汽轮机跳闸系统、报警系统和引风机跳闸回路等有关的系统。

j. 系统应提供SOE所需的触点信号。

k. 应提供某参数逼近其预定危险值时的预先报警功能，从而及时地告知运行人员。

（2）煤粉锅炉FSSS具体功能。

1）BCS具体功能。煤粉锅炉的BCS应包括锅炉点火准备、点火枪点火、油枪点火、等离子点火、煤燃烧等功能。

2）FSS具体功能。FSS的功能，应由油燃料系统泄漏试验、炉膛吹扫、燃料跳闸三个系统完成。

当发生跳闸时，启动跳闸的条件和原因及有关的操作，应满足FSS的最低运行要求；应保证FSS逻辑的完整性，并确保燃烧系统的安全运行。

5. 机组自动启停控制系统（APS）

（1）APS 是机组级的顺序控制系统，能实现机组启动和停止过程的自动化，提高机组启停的正确性、规范性，减轻运行人员的工作强度，缩短机组启停时间，从整体上提高机组的自动化水平及运行经济性。

（2）在保证运行安全性的基础上，APS 应能按预置好的启停模式及步序向各系统/设备发出投入/启动或退出/停止指令，并协调模拟量控制系统（MCS）、顺序控制系统（SCS）、锅炉炉膛安全监控系统（FSSS）、汽轮机数字电液控制系统（DEH）、给水泵汽轮机电液控制系统（MEH）、汽轮机旁路控制系统（BPC）、电气专用控制装置等共同完成机组的自动启动或停止。

（3）按照机组启动和停止的过程将工艺系统划分成若干功能组。APS 下辖的各功能组包含顺序控制、模拟量调节、联锁保护的复合型功能组，功能较为独立，向上与 APS 的接口简单明了，向下对下辖设备具有全面的管控能力。即使在 APS 功能不投用的情况下，运行人员仍能通过调用各功能组（或子组），实现各功能组（或子组）下辖工艺系统或设备组的自动启停、控制及联锁保护。

（4）APS 的启动和停止程序应设计有若干必要的断点，断点的设计应充分考虑机组启停运行特性、主辅设备可控性和启停过程对各工艺系统的运行需求等因素。

（5）对常规模拟量控制系统进一步优化完善，使其实现全程稳定调节并与 APS 无缝结合。

（6）在常规顺序控制功能子组的基础上增加满足机组自启停用途的有关功能组。

（7）APS 画面不仅是机组启动和停止过程中运行人员的操作画面，同时还应具备操作指导的功能。

（8）APS 具有一定超驰的控制能力，如断点自动选择及并行系统的跳步运行。

（9）每个断点顺序控制组应具有中断及恢复功能，并可按设备的运行情况选择执行步序。

（10）APS 程序在执行过程中，一旦出现故障或错误，程序应自动中断，并根据故障或错误点类型退回到机组的安全状态，顺序控制程序切换到功能组级，同时造成中断的原因、对应的功能组及执行步骤应在 DCS 画面上直观地显示出来。

（11）机组自启停程序的执行情况、设备启停状态和每一步序的正常/异常状态均在 DCS 操作画面上显示，已执行、未执行和正在执行的断点状态也应在画面上显示。

（三）机组 **DCS** 主要性能指标

1. 控制处理器

（1）处理周期。控制处理器的处理周期应满足：

1）一般模拟量控制：250ms。

2）一般开关量控制：100ms。

3）快速模拟量控制：125ms。

4）快速开关量控制：50ms。

对温度等慢过程控制对象，控制周期可设置在 500～750ms。

（2）负荷率。控制处理器在满足处理周期的基础上，在最大负荷运行时，其负荷率不应超过 60%。

（3）冗余切换时间。冗余配置的控制处理器切换时间应为毫秒级。

2. 过程输入/输出（I/O）卡件

（1）I/O 信号采集速度。I/O 信号扫描周期应满足以下要求：

1）一般模拟量信号：4 次/s。

2）一般开关量信号：10 次/s。

3）快速要求模拟量信号：8 次/s。

4）快速要求开关量信号：20 次/s。

5）SOE 分辨率：1ms。

（2）I/O 信号采集精确度。DCS 在整个运行环境范围内，I/O 信号精确度应满足如下要求：

1）模拟量输入信号（高电平）：±0.1%。

2）模拟量输入信号（低电平）：±0.2%。

3）模拟量输出信号：±0.25%。

3. 人机接口

人机接口界面应满足以下性能要求：

（1）显示屏全画面显示时间：≤2s。

（2）显示数据更新时间：1 次/s。

（3）画面调用击键次数：≤3 次。

（4）操作指令执行时间：≤1s。

（5）指令发出到执行信息的反馈显示时间：≤2s。

4. 系统可用率

整个机组 DCS 的可用率应不小于 99.9%。

5. 抗干扰要求

DCS 硬件应满足电磁兼容性（EMC）试验和测量技术的要求，布置在集中控制室和电子设备间的硬件应达到工业 2 级，布置在现场的硬件应达到工业 3 级。具体要求如下：

（1）静电放电抗扰度要求：

1）工业 2 级：接触放静电±4kV；空气接触放静电±4kV。

2）工业 3 级：接触放静电±6kV；空气接触放静电±8kV。

（2）GB/T 17626.4《电磁兼容　试验和测量技术　电快速瞬变脉冲群抗扰度试验》要求：

1）工业 2 级：电源，±1kV 峰值；I/O，±500V 峰值。

2）工业 3 级：电源，±2kV 峰值；I/O，±1kV

峰值。

（3）浪涌（冲击）抗扰度要求：

1）工业2级：±1kV峰值。

2）工业3级：±2kV峰值。

（4）电压暂变、短时中断和电压变化抗扰度要求：

1）电压暂变和短时中断试验：100%持续0.5、1个周期；60%持续0.5、5个周期；30%持续5、50个周期。

2）电压变化：试验等级40%，降低和增加时间2s±20%，降低后持续时间1s±20%。

（5）射频电磁场辐射抗扰度要求。频率为80～1000MHz，安装在DCS标准机柜内：

1）2级：试验场强为3V/m。

2）3级：试验场强为10V/m。

6. 抗电干扰

（1）抗共模干扰电压：500V。

（2）抗差模电压干扰：50V。

（3）共模抑制比：≥120dB。

（4）串模抑制比：≥60dB。

7. 通信网络

（1）通信速率。

1）控制级、监控级节点间通信速率：＞100Mbit/s。

2）远程I/O与控制站间通信速率：＞1Mbit/s。

（2）通信负荷率。在通信负荷最繁忙的情况下，通信平均负荷：

1）令牌网：＜40%。

2）以太网：＜20%。

8. 环境

（1）运行温度：

1）电子设备间：0～40℃。

2）车间或小室：0～60℃。

3）户外：−20～60℃。

（2）相对湿度：5%～95%，不结露。

（3）振动：按GB/T 2423.1《电工电子产品环境试验　第2部分：试验方法　试验A：低温》的规定，0.075mm（恒定峰幅）@10～58Hz；1g（恒定加速度）@58～150Hz。

（四）机组DCS设计原则

1. 可靠性原则

可靠性原则是指在DCS设计中，通过采用冗余措施，如配置冗余操作员站、冗余控制处理器、冗余通信接口、冗余输出模件等，来满足DCS高可用率要求，保证工艺系统的安全运行。

2. 单一故障原则

单一故障原则是指，DCS的任何单一设备或部件故障均不应引起整个DCS的故障，或使锅炉、汽轮发电机的保护处于失效状态。为满足单一故障原则，在DCS设计中除采用各种冗余方案外，还应配备独立于DCS的后备紧急停机操作手段。

3. 功能分散原则

功能分散原则是指，不论DCS控制处理器的处理能力有多强，DCS所完成的功能都应合理划分至一定数量的控制处理器中，以降低由于控制处理器故障可能造成的多个工艺系统同时失去控制的风险。

4. 功能自治原则

功能自治原则是指，在满足功能分散原则的同时，将相关性强的功能尽可能完整地在一个控制处理器中实现，以增强控制功能完成的自主性，同时降低通信网络负荷量。

（五）集成商设计输入及输出

1. 输入资料

（1）P&ID、I/O清单、机组主要联锁保护要求。

（2）集中控制室、工程师室、电子设备间盘/台/柜布置图，电缆桥架布置图。

（3）后备硬手操布置及功能与形式要求。

（4）流量测量说明书与补偿公式。

（5）画面设计要求。

（6）与其他控制系统或控制装置通信接口要求等。

（7）时钟同步装置端口配置要求（当接收卫星时钟信号的时钟同步装置随机组DCS配供时）。

2. 输出资料

（1）DCS配置方案。

（2）DCS机柜、操作员台、工程师台、值长台、打印机台的形式机构尺寸，盘柜地面开孔要求、底座及预埋件制作和安装要求。

（3）DCS电源及接地方案。

（4）DCS典型卡件原理图、接线图。

（5）MFT原理图、接线图。

（6）DCS功能设计说明书。

（7）I/O分配地址及端子表。

（8）时钟同步装置配置方案及安装资料（当接收卫星时钟信号的时钟同步装置随机组DCS配供时）。

（9）SAMA图。

（10）最终I/O清单。

（11）最终软、硬件设备清单等。

（六）机组DCS方案设计

1. 网络构架

单元制机组DCS网络应各自独立，机组公用系统和设备可设置公用系统DCS网络，母管制机组可设一套DCS网络。根据工艺和电气系统设计方案，一般：①每2台机组设置1个公用DCS网络；②多台机组合设1个公用系统DCS网络。

当机组公用系统和设备范围较小时，也可不设公用系统 DCS 网络，而将公用系统和设备的控制纳入一台机组 DCS 中。

当公用系统 DCS 网络未设置人机接口设备时，应通过可隔离的网关或路由管理系统与机组 DCS 网络相连，并应实现以下功能：

（1）相关联的任一机组 DCS 均能够采集和利用公用系统 DCS 的数据。

（2）从相关联的任一机组 DCS 的人机界面上均有控制和操作公用控制系统设备的能力，但在同一时刻只应有一台机组 DCS 获得控制权，其他系统不具备发出操作指令的权力。

（3）与公用系统 DCS 网络相关联的任何一台机组 DCS 故障或停运，应不影响其他机组 DCS 对公用系统 DCS 网络的监视和控制。

2. 人机接口

（1）单元机组 DCS 应设置操作员站、工程师站，当脱硫系统纳入机组 DCS 时，可根据需要增设操作员站。

（2）可根据集中控制室整体布置规划，将单元机组 DCS 操作员站中的 1～2 台设置为大屏操作员站。

（3）单元机组 DCS 应设置历史数据站。

（4）性能试验站可与历史数据站或工程师站合并设置。

（5）如工程中采用智能仪表与控制设备，并配套有相应的数据采集手段，单元机组 DCS 可根据需求设置智能设备管理站。

（6）单元机组 DCS 应设置彩色打印机、报表记录打印机。

3. 与外部系统的通信接口

（1）与 DCS 通信的外部系统由 DCS 监控，通信接口应采用双向、冗余的方式。DCS 对外部系统或控制装置只提供或接受数据，通信接口可采用单向方式。

（2）DCS 应提供多种通信接口方式，如串行接口、以太网接口、OPC 接口等，以满足 DCS 与外部系统或控制装置的通信要求。

（3）DCS 与外部系统或控制装置的通信应保证 DCS 的安全，信息交换尽可能在模件级进行。采用串行接口方式时，通信协议一般为 MODBUS_RTU；采用以太网接口方式时，通信协议一般为 MODBUS_TCP/IP。

DCS 与外部系统或控制装置的常用通信接口见表 7-1。

表 7-1　DCS 与外部系统或控制装置的常用通信接口

序号	接口控制系统名称	接口方式	接口配置	通信协议	备注
1	汽轮机数字电液控制系统（DEH）	RS485	冗余、双向	MODBUS_RTU	当与机组 DCS 非一体化时
2	给水泵汽轮机数字电液控制系统（BFPT MEH）	RS485	冗余、双向	MODBUS_RTU	当与机组 DCS 非一体化时
3	引风机汽轮机数字电液控制系统（IDFT MEH）	RS485	冗余、双向	MODBUS_RTU	当与机组 DCS 非一体化时
4	锅炉吹灰程序控制系统	RS485	冗余、双向	MODBUS_RTU	
5	空气预热器间隙调整程序控制系统	RS485	冗余、双向	MODBUS_RTU	
6	智能数据采集系统	RS485	冗余、双向	MODBUS_RTU	
7	空气压缩机控制系统	RS485	冗余、双向	MODBUS_RTU	
8	厂级信息监视系统（SIS）	OPC 服务器	冗余、单向	OPC 协议	
9	电气网控系统	RS485	冗余、双向	MODBUS_RTU	
10	电气控制与管理系统（ECMS）	RS485	冗余、双向	MODBUS_RTU	

4. 控制处理器功能划分

（1）控制处理器功能宜按电厂生产工艺过程子系统进行划分，并遵循功能分散和物理分散相结合的原则。

（2）重要并列或主/备配置的工艺系统或设备的控制、保护功能应设置在不同的控制处理器中。

（3）FSS 功能（含 MFT）应采用独立的控制处理器完成。

（4）各层燃烧器和相应的给煤机、磨煤机控制和保护宜配置在不同的控制处理器中。

（5）某些逻辑关联紧密的控制功能，宜规划在同一对控制处理器中。例如，超（超）临界机组给水主控宜在协调控制的控制处理器中完成。

（6）重要模拟量控制回路应适当分散配置。

（7）APS 功能应采用独立的控制处理器完成。

（8）电气发电机-变压器组和高、低压厂用电源系统控制功能宜设置独立控制处理器。

（9）空冷系统控制功能宜设置有多对独立的控制处理器。

5. 远程控制站及远程I/O设置

远程I/O可用于：①循环水泵房、辅机冷却水泵房；②热网首站；③燃油泵房；④脱硝吸收区；⑤炉膛水冷壁温度、过热器、再热器的管壁温度检测区；⑥发电机定子绕组、铁芯温度检测区。

用于监视和控制的远程I/O应是DCS一体化远程I/O，如对多台循环水泵，每台泵应有其相应远程I/O，并分别接至不同的控制处理器。对仅作监视的温度测点群，可采用DCS一体化远程I/O，也可选用第三方的专用温度采集前端装置。远程I/O柜数量宜根据温度测点区域确定，以减少补偿导线用量。机组保护用的信号（如停炉用螺旋管水冷壁温度等）不可采用智能前端，而应直接接入本地I/O卡件。

远程控制站可用于：①直接或间接空冷系统；②脱硫系统；③循环水泵房/辅机冷却水泵房。

6. I/O分配

（1）冗余输入的热电偶、热电阻、变送器信号的处理，应由不同的I/O模件来完成。

（2）三取二保护信号的处理，应由不同的三块I/O模件来完成，且这三块I/O模件宜在三条不同的I/O总线上。

（3）工艺上并列运行或冗余配置的受控设备，其相关I/O点应分别配置在不同的I/O模件上。

（4）触发停机、停炉保护的开关量信号或模拟量信号，当给不同功能系统合用时，应首先进入保护系统。

（5）保护动作指令不应通过通信方式传送。触发停机、停炉的信号应通过硬接线方式引入I/O模件。

（6）单个I/O模件的故障，不应引起相关被控设备的故障或跳闸。

（7）I/O分配方案应满足安全和负荷均衡的要求。

7. 电源分配

（1）机组DCS电源柜应为双路供电，分别取自交流不停电电源（UPS）和交流保安电源。当电厂配置有两套UPS电源时，宜采用两路UPS供电。

（2）机组公用系统DCS电源柜电源宜来自不同机组的UPS电源或UPS与保安电源的组合（考虑建设期时间差的影响），以提高公用系统DCS供电的可靠性。

（3）DCS人机接口及网络设备宜采用双路自动切换电源供电，且切换装置宜设置在人机接口及网络设备处。当切换过程可能造成操作员站等重启或数据丢失时，应设置小型UPS。如人机接口采用非自动切换电源，应将操作员站等设备的供电分散至两路不同的电源，并设置至少能提供15min后备电源的小型UPS。

（4）作为机组DCS下辖的一个集成子系统，智能数据采集前端可由DCS电源柜统一配电，也可由机组电源柜供电。

（5）循环水泵房、燃油泵房、间接空冷系统等距离主厂房较远的远程I/O供电应核算线路压降，当无法满足远程I/O电源输入要求时，可采用车间低压厂用电源配电，同时配置小型UPS。

（6）不同DCS电源系统遵循不同的电源接地形式，设计中应注意其与电厂电源系统接地形式的差别，满足电源系统接地安全要求。其具体要求见GB 14050《系统接地的型式及安全技术要求》。

8. 接地设计

（1）DCS不设专用接地网，除非另有要求。

（2）DCS宜采用单点接地方式，即DCS设备（机柜、工作站）的工作地、屏蔽地、安全地，应通过绝缘接地电缆汇集至DCS接地箱接地铜排，再由接地铜排一点接入电气接地网；远程I/O柜采用就地成组汇集后就近单点接地方式。接地电阻值应符合DCS制造商的相关技术要求。

（3）DCS总接地点与电气设备接地点之间应保持足够的距离，并符合DCS制造厂的相关技术要求。

（4）如DEH与DCS采用不同品牌产品，当制造厂不同意共用接地铜排时，总接地箱内可设置多块接地铜排，分别用绝缘接地电缆按制造厂要求与电气接地网连接。

（5）当DCS制造厂要求分类设置接地铜排时，可设置相应的总接线箱及箱内各类接地的接地铜排和总接地铜排。

（6）接地电缆截面积应符合DL/T 5182《火力发电厂仪表与控制自动化就地设备安装、管路及电缆设计技术规定》的相关要求。

9. 时钟同步

DCS的时钟信号应由接收卫星时钟信号的全厂时钟同步装置提供。当时钟同步装置由DCS配供时，应满足以下要求：

（1）时钟同步装置应包括天线、接收器、整套装置内部设备之间及装置至DCS的连接电缆等附件。

（2）装置的时钟输出信号精度应至少为1μs，与DCS之间应每隔1s进行一次时钟同步。

（3）时钟装置输出通道应满足DCS的需要。

（4）应能支持以下可选的接口形式：IRIG-B（调制或非调制）、1PPS、RS232、RS422/485、NTP（10Base-T以太网接口）。

（5）时钟装置应配置后备电池，至少能维持接收器模件中时钟和存储器（RAM）正常工作1个月。

（6）当时钟装置的实时时钟无法跟踪GPS/时(失锁：out-of lock)，装置应提供继电器触点输出报警信号。

10. MFT跳闸继电器保护回路

（1）当机组DCS的FSS控制处理器采用通用控制处理器时，应设置后备MFT跳闸继电器保护回路，以提高停炉保护可靠性。

（2）FSS发出的MFT指令应为三冗余DO指令，并在MFT跳闸继电器保护回路中将其无源干触点进行三取二判别后扩展出MFT硬接线联动指令。

（3）FSS失电时（控制器、I/O卡件及继电器失电）应触发MFT指令，确保锅炉处于安全状态，且应报警。

（4）MFT跳闸继电器保护回路应采用两套完全独立的继电器跳闸回路（二取一保护动作），回路电源宜分别直接取自单元机组直流不同配电段，也可根据工程具体条件采用直流电源与UPS电源分别供电的方案。当MFT跳闸继电器保护回路电源中断或恢复时，不会误发动作指令。

（5）MFT跳闸继电器保护回路输出的跳闸联动指令应以硬接线方式直接接入联动设备的跳闸回路和有关控制系统（如MCS、SCS、ETS等）。

（6）MFT跳闸继电器停炉保护对象应符合DL/T 1091《火力发电厂锅炉炉膛安全监控系统技术规程》中的有关要求。

（7）MFT后备操作按钮应为带盖双按钮。

（8）MFT跳闸继电器保护输出至燃油总跳闸阀等直流跳闸回路的触点应分别接入电源正、负端。

11. 信息安全

（1）DCS应采取物理安全措施、访问控制、身份认证、入侵检测、积极防病毒和恢复与备份等手段作为网络安全的基本措施，防止各类计算机病毒的侵害、人为的破坏和实时信息数据的丢失。

（2）DCS应设置防火墙或单向物理隔离装置，对DCS网络与所有外部系统之间的通信接口（网关、端口）进行实时在线监视，有效防范外部系统的非法入侵和信息窃取。

四、设备配置与选择

（一）人机接口和外围设备配置

1. 人机接口

（1）操作员站。

1）操作员站宜选通用PC机。

2）操作员站应设计成控制台形式，其电子部件安装在操作员站内。

3）每台操作员站应有其独立的显示屏（LCD），集中控制室内的所有操作员站宜组态相同（全功能），并可互为备用。

4）每台操作员站应配置1个键盘和1个鼠标。

5）每套机组DCS在集中控制室可设置4～5个操作员站（不含DEH操作员站）。对于采用现场总线的DCS，每台机组DCS应配置1台智能设备管理站，用于总线设备的管理。

6）公用DCS操作员站可根据以下情况设置：①公用DCS网络与机组DCS网络相连，且监控范围仅包括机组公用系统，可不设；②公用DCS网络完全独立或监控范围较大涉及全厂辅助车间（系统），宜设。

7）操作员站应提供符合人体工程学、友好界面的全图形操作环境。

8）为方便使用和升级，操作员站应采用开放性、标准化的操作系统，如windows、unix等。

9）操作员站硬件应符合时下主流配置，其最低配置要求（参考）：

a. CPU：INTEL酷睿I7系列。

b. 字长：64位。

c. 主频：3.0GHz。

d. 内存：4G（可扩展到32G）。

e. 硬盘：128G SSD（系统盘）+1T HDD（数据盘）。

10）LCD显示屏应符合时下主流配置，其最低技术性能指标（参考）：

a. 屏幕尺寸：24in。

b. 响应时间：2ms（GTG）。

c. 可视角度：左/右±89°，上下各89°。

d. 点距：0.24mm。

e. 分辨率：1920×1080@60Hz。

f. 刷新率：75Hz。

g. 亮度：300cd/m^2。

h. 对比度：3000:1。

i. 色彩：16.7×106色。

11）操作员站键盘除具有完整的数字、字母键外，还应有若干用户键或配置专用按钮屏，使运行人员能直接快速地调出各种所需的画面。

（2）工程师站。

1）工程师站宜采用PC机，配置键盘、鼠标和打印机。

2）每套机组DCS应配置1台工程师站（不含DEH工程师站）。当机组集中控制室未与机组电子设备间紧邻或相近布置时，机组集中控制室和机组电子设备间两处均宜设置工程师室及配套的工程师站。

3）工程师站应能在线或离线对DCS的组态进行修改。系统内增加或变换一个测点，应不必重新编译整个系统的程序。

4）工程师站应能调出任一系统显示画面。在工程师站上生成的任何显示画面和趋势图等，应能通过通信总线加载到操作员站。

5）工程师站应能通过通信总线调出系统内任一分散控制处理器的系统组态信息和有关数据，还可将组态数据从工程师站上下载到各分散处理单元和操作员站。此外，当重新组态的数据被确认后，系统应能自动地刷新其内存。

6）工程师站应包括站用处理器、图形处理器及能容纳系统内所有数据库、各种显示和组态程序所需的主存储器和外存设备，还应提供系统趋势显示所需的历史趋势缓冲器。

7）工程师站应设置软件保护密码，以防一般人员擅自改变控制策略、应用程序和系统数据库。

8）工程师站硬件应符合时下主流配置，其最低配置要求（参考）：

a．CPU：INTEL 酷睿 I7 系列。

b．字长：64 位。

c．主频：3.0GHz。

d．内存：4G（可扩展到 32G）。

e．硬盘：128G SSD（系统盘）+1T HDD（数据盘）。

（3）后备紧急操作设备。

1）设计独立于 DCS 的机组后备紧急操作设备，以备在 DCS 发生重大故障或机组紧急工况下的快速、安全停机。

2）后备紧急操作设备布置在操作员站的桌面上，便于操作，同时对紧急停设备宜带有安全防护罩以防误动作。

3）紧急操作设备的设置范围应按照 GB 50660《大中型火力发电厂设计规范》中的规定执行。

4）MFT 跳闸按钮应采用自复位形式，MFT 复位信号应由 DCS 通过逻辑判断后送出。

5）后备紧急操作按钮（指示灯）的颜色："红"为"开（或启）"；"绿"为"关（或停）"。

6）后备紧急操作设备的触点数量和容量应满足控制回路要求，至少应带有 4 动合、2 动断触点，触点容量（安培数）见表 7-2。

表 7-2　按钮触点容量　(A)

触点形式	交流 230V	直流 115V	直流 230V
I–触点闭合（感性回路）	5	10	5
Ⅱ-连续带电	5	5	5
Ⅲ-触点分断	2.5	2	0.5

2. 外围设备

（1）打印机。

1）集中控制室内可设置 1 台激光黑白 A4 报警/报表记录打印机及打印机台（托架）。

2）集中控制室内可设置 1 台彩色激光 A3/A4 图形打印机及打印机台（托架），它应能根据要求打印任一操作员站上的任一 LCD 画面。

3）工程师室内可设置 1 台彩色激光 A3/A4 文件记录打印机。

4）所有打印机应带网络接口。

5）打印机的主要技术性能指标（最低要求）：

a．打印速度：＞12ppm（A4 纸）。

b．分辨率：720dpi。

c．存储缓冲空间：＞6M 字节。

（2）大屏幕显示屏。

1）大屏幕显示屏（等离子或液晶）宜根据各工程情况和实际需求每台机组可设置 1～2 台。

2）大屏幕显示屏宜作为 DCS 网络上的一个站，并能共享 DCS 数据库和画面，具有与其他操作员站相同的监视和操作功能。

3）大屏幕上的画面应与 LCD 显示幅面完全一样，包括实时参数的刷新和鼠标点击等操作。

4）大屏幕显示屏驱动、管理程序（包括拼图软件）宜安装在与其相连的 DCS 操作员站上，并能通过操作员站对其进行设置、组态和控制。同时，不应因大屏幕显示屏的使用影响操作员站的性能。

5）大屏幕显示屏应具有防止长期显示静止画面损害屏幕的功能。

6）技术性能指标，见表 7-3。

表 7-3　70in 液晶平板式显示屏技术性能指标

液晶板类型	宽屏，专业显示屏
尺寸（in）	70
主要接口类型	D-Sub（VGA），DVI-D，HDMI，USB，BNC jack，RCA jack，S-Video
点距（mm）	0.63
平均亮度（cd/m^2）	500
对比度	2500:1
最大色彩	16.7M
黑白及灰阶响应时间（ms）	8
分辨率、刷新频率	电脑格式：640×480，60、67、72、75Hz；800×600，56、60、72、75Hz；1024×768，60Hz；1280×768，60Hz；1280×800，60Hz；1280×1024，60Hz；1360×768，60Hz；1366×768，60Hz；1440×900，60Hz；1600×1200，60Hz；1920×1080，60Hz；1920×1200，60Hz

续表

分辨率、刷新频率	视频格式：480i、60Hz；480p、60Hz；576p、50Hz；576i、50Hz；720p、50、60Hz；1080i、50、60Hz；1080p、50、60Hz
协议	英语、法语、德语、意大利语、波兰语、土耳其语、俄语、简体中文
可视角度	178°/178°
功耗（W）	开机模式：314，待机模式：＜1
外观颜色	黑色
外观尺寸（mm）	1664×986×125
宽度（mm）	1664
高度（mm）	986
厚度（mm）	125
质量（kg）	38.7
安规认证	CE，FCC，Class B，CCC，RoHS，UL/cUL，CB，CSA，C-Tick，GOST
使用寿命（h）	50000
其他	遥控器、遥控器电池、交流电源线、VGA 信号线、用户手册、快速入门指南
备注	电源性能：交流 90～264V，50Hz/60Hz

（3）数据存储装置。

1）DCS 应提供数据存储的历史数据站。

2）历史数据站应具备系统和网络管理、数据库管理、数据存储及检索功能。在 DCS 的任何操作员站上均能进行历史数据的检索。

3）历史数据站至少应能处理 10000 个过程点，生产工艺系统所有涉及设备和人身安全的重要模拟量和监视点应至少每秒采样 1 次；所有非重要过程点的采样周期可适当加大。历史数据站上的所有过程数据可存储 180 天。

4）历史站的硬盘应大于 160GB，并配有 DVD 可读写光驱，当历史数据站中的存储数据所占空间达到总容量的 60%时，系统应自动将数据转至可读写光盘。

（二）控制处理器设置

（1）控制处理器的能力与处理器型号、内存、所带 I/O 点数、操作系统、指令集等有关，在 DCS 设计中，应按机组容量、控制要求、I/O 信号数量等，结合所用 DCS 产品的特点，予以合理确定。

（2）不同容量机组的 DCS 控制处理器可按表 7-4 中列出的对数进行规划。

（三）机组 DCS I/O 点数设置

1. 被控对象 I/O 点设置

典型被控对象 I/O 点设置模板见表 7-5。

表 7-4　控制处理器对数规划

机组容量	I/O 点数（单元机组）	控制处理器对数		备注
		单元机组	公用系统	
300MW 机组	6800～7800	18～22	2～4	含 MEH，未含 DEH、ETS、脱硫
600MW 机组	8200～10500	23～28	2～4	含 MEH，未含 DEH、ETS、脱硫
1000MW 机组	10500～13500	28～32	2～4	含 MEH，未含 DEH、ETS、脱硫

注　1．公用系统因工程具体情况不同，I/O 点数存在较大偏差，因此并未在表中列出。

2．结合工程实际应用情况，上述规划中每对控制处理器按照平均 350～400 I/O 点进行配置。

3．单元机组控制处理器对数中包含有空冷系统的控制处理器对数，300MW 机组为 2～3 对，600MW 机组为 3～4 对，1000MW 机组为 5～6 对。

4．对于 300、600MW 等级机组容量，进口品牌 DCS 的控制处理器对数宜取下限。

表 7-5　典型被控对象 I/O 点设置模板

受控阀门及设备类型	I/O 点名后缀																		
	开指令	关指令	停指令	控制指令	开状态	关状态	故障状态	远方控制	位置反馈	合闸指令	跳闸指令	合闸状态	跳闸状态1	跳闸状态2	跳闸状态3	控制电源消失	电流	综合保护装置故障	事故跳闸信号
电动阀、挡板单电动执行机构（两位式）	VO	VC			ZO	ZC													
	VO	VC			ZO	ZC	ZF												
	VO	VC			ZO	ZC		ZR											
	VO	VC			ZO	ZC			ZZ										

续表

受控阀门及设备类型	I/O点名后缀																		
	开指令	关指令	停指令	控制指令	开状态	关状态	故障状态	远方控制	位置反馈	合闸指令	跳闸指令	合闸状态	跳闸状态1	跳闸状态2	跳闸状态3	控制电源消失	电流	综合保护装置故障	事故跳闸信号
电动阀、挡板单电动执行机构（两位式）	VO	VC			ZO	ZC	ZF	ZR											
	VO	VC			ZO	ZC	ZF		ZZ										
	VO	VC			ZO	ZC		ZR	ZZ										
	VO	VC			ZO	ZC	ZF	ZR	ZZ										
电动阀、挡板单电动执行机构（带中间停指令）	VO	VC	VS		ZO	ZC	ZF	ZR	ZZ										
	VO	VC	VS		ZO	ZC	ZF		ZZ										
	VO	VC	VS		ZO	ZC		ZR	ZZ										
	VO	VC	VS		ZO	ZC			ZZ										
电动阀、挡板电动执行机构（调节型）				AO					ZZ										
				AO	ZO	ZC			ZZ										
挡板双电动执行机构（两位式）	AVO	AVC			AZO	AZC	AZF												
	BVO	BVC			BZO	BZC	BZF												
挡板双电动执行机构（调节型）				AAO					AZZ										
				BAO					BZZ										
挡板三电动执行机构（两位式）	AVO	AVC			AZO	AZC	AZF												
	BVO	BVC			BZO	BZC	BZF												
	CVO	CVC			CZO	CZC	CZF												
挡板三电动执行机构（调节型）				AAO					AZZ										
				BAO					BZZ										
				CAO					CZZ										
挡板四电动执行机构（两位式）	AVO	AVC			AZO	AZC	AZF												
	BVO	BVC			BZO	BZC	BZF												
	CVO	CVC			CZO	CZC	CZF												
	DVO	DVC			DZO	DZC	DZF												
挡板四电动执行机构（调节型）				AAO					AZZ										
				BAO					BZZ										
				CAO					CZZ										
				DAO					DZZ										
气动阀、气动执行机构（两位式）	VO	VC			ZO	ZC													
	VO				ZO	ZC													
		VC			ZO	ZC													
气动阀、气动执行机构（调节型）	VO	VC		AO	ZO	ZC			ZZ										
	VO			AO	ZO	ZC			ZZ										
		VC		AO	ZO	ZC			ZZ										
				AO					ZZ										

续表

受控阀门及设备类型	I/O 点名后缀																		
	开指令	关指令	停指令	控制指令	开状态	关状态	故障状态	远方控制	位置反馈	合闸指令	跳闸指令	合闸状态	跳闸状态1	跳闸状态2	跳闸状态3	控制电源消失	电流	综合保护装置故障	事故跳闸信号
MCC 供电电动机								ZR		MS	MD	ZS	ZD						ZT
PC 供电电动机								ZR		MS	MD	ZS	ZD1	ZD2		ZL	CE		ZT
6kV 电动机								ZR		MS	MD	ZS	ZD1	ZD2		ZL	CE	ZF	ZT
								ZR		MS	MD	ZS	ZD1	ZD2	ZD3	ZL	CE	ZF	ZT
10kV 电动机								ZR		MS	MD	ZS	ZD1	ZD2		ZL	CE	ZF	ZT
								ZR		MS	MD	ZS	ZD1	ZD2	ZD3	ZL	CE	ZF	ZT
直流油泵								ZR		MS	MD	ZS	ZD1	ZD2		ZL	CE		ZT

注　1. 本表为典型被控对象 I/O 点设置模板，仅列出常规对象的各类 I/O 配置，具体工程实施中需结合工程实际情况定制选择。
2. PC 供电电动机中，跳闸状态 ZD2 用于 SOE。
3. 6kV 及 10kV 电动机跳闸状态为 2 个时，跳闸状态 ZD1 用于 SCS；跳闸状态 ZD2 用于 SOE；跳闸状态为 3 个时，跳闸状态 ZD1 用于 SCS 或 FSSS 用；跳闸状态 ZD2 用于 SOE 用；跳闸状态 ZD3 用于 FSS，仅对磨煤机、炉水循环泵、一次风机、送风机、引风机、空气预热器等锅炉辅机。
4. 直流油泵中，跳闸状态 ZD2 用于 SOE。

2. 特殊对象 I/O 点设置

对一些特殊设备或装置，如锅炉吹灰器、凝汽器胶球清洗装置等，其 I/O 点应按制造厂的有关要求确定。

3. I/O 卡件通道数

（1）AI 卡件的通道数不宜超过 16 点，DI 卡件的通道数不宜超过 32 点。

（2）AO 卡件控制对象不宜超过 8 个，DO 卡件控制对象不宜超过 32 个。

4. 中间继电器

（1）开关量输出（DO）中间继电器触点容量应满足驱动对象回路的要求，对接入电动阀门 MCC 接触器、气动阀、电磁阀等常规控制回路的继电器触点容量，可按表 7-6 选择。

表 7-6　继电器触点容量（感性回路）　（A）

电源	交流 230V	直流 115V	直流 230V	直流 48V
触点闭合	10	10	5	5
连续带电	5	5	5	5
触点分断	2.5	1	0.5	2

（2）对大功率驱动对象如电气直流控制回路等，应单独配置大容量触点中间继电器。

（3）每个中间继电器至少应有两副 SPDT 触点连接至 DCS 接线端子。

（四）机组 DCS 机柜设置

（1）机柜外壳防护等级应满足机柜布置点环境条件，一般电子设备间或就地设备间内为 IP52，车间内为 IP54，户外场合为 IP56。

（2）机柜可选用 800mm×600mm×2200mm（宽×深×高）、前后单开门形式。前后柜门上应有柜名标签。

（3）机柜的设计应保证电缆从柜底或柜顶进出的要求。

（4）机柜钢板厚度一般为 2.5mm，机柜内的支撑件应有足够的强度，保证机柜不变形。

（5）机柜门应有导电门封垫条，以提高抗射频干扰（RFI）能力。柜门上不应装设任何系统部件。

（6）布置在现场或强电磁干扰环境下的成组 DCS 机柜，不宜选用没有侧板的连体机柜。

（7）对需散热的电源装置，应提供排气风扇和内部循环风扇。装有风扇的机柜均应提供易于更换的空气过滤器。

（8）卡件机柜或混装柜的 I/O 一般接入点数不宜超过 250 点；继电器机柜内继电器数量不宜超过 256 个。

（9）为便于施工方接线、汇线和布线，机柜内应预留充足的空间；所有接线端子柜应合理配置电缆布线空间，确保所有电缆接线完成后柜内（包括机柜的电缆进线口）仍留有 15%的富裕空间，涉外工程相关要求应以合同为准。

（五）机组 DCS 备用余量设计

DCS 的设计应使系统具有良好的扩展性和可靠性，在 DCS 配置中应具有系统扩展的备用余量：

（1）每个机柜内的每种类型 I/O 测点都应有10%～15%的裕量。

（2）每个机柜内一般应有 15% I/O 模件插槽裕量。所有备用插槽应配置必要的硬件，如背板、连接电缆、端子排等，保证日后插入模件就能投入运行。

（3）控制站处理器在最大负荷下的处理能力应有40%裕量。

（4）操作员站处理器处理能力应有 60%裕量。

（5）处理器内部存储器应有 50%存储裕量，外部存储器应有 60%外存裕量。

（6）电源应用 30%～40%裕量。

（7）网络通信总线负荷率不大于 40%（共享式以太网通信的负荷率不大于 20%）。

（8）在机柜空间允许范围内应有适量的备用继电器（不包括原备用 DO 点对应的继电器），数量控制在 5%。

（9）涉外工程裕量应以设计合同的要求为准。

（六）备品备件及专用工具设计

1. 备品备件

（1）DCS 设计时还应考虑其易损部件和模件的备品备件，备品备件的数量应满足 DCS 在线联调、现场可用率测试（SAT）及一年运行和维护的需要。I/O 模件建议配备 10%～15%的备品备件。

（2）选择 DCS 集成商时应考虑其有能力长期稳定地提供备品备件。对主要设备或与主备设备功能相同并接插兼容的替代品，其备品的供货期至少是设备验收后 10 年或该设备退出市场后 5 年(两者之中取时间长的一种)。

2. 专用工具

为保证 DCS 施工和生产的顺利进行，对 DCS 安装、调试和日常维护需要有特殊设备的，如专用工具（夹具、卡具）和专用测试设备等应考虑随 DCS 配供。

（七）评标注意事项

（1）应关注 DCS 集成商的设计方案是否符合安全可靠、经济合理、技术先进的设计原则。

（2）应关注各 DCS 集成商配供控制器对数是否满足工程要求，控制器的划分是否符合工艺系统要求。

（3）应关注 DCS 安全防护要求。

（4）应关注 DCS 总线形式。

（八）机组 DCS 设计单位资料

1. 输入资料

（1）工程初步设计审查意见。

（2）机组 DCS 技术协议。

（3）相关系统和设备的技术协议。

（4）P&ID 及相应的系统设计说明、联锁保护要求、工艺系统参数设定值、仪表清单等。

（5）仪表、执行机构等设备说明书、选型样本。

（6）DCS 电源、接地要求，DCS 典型卡件原理图、机柜端子排出线图，MFT 后备继电器原理图，机柜、工程师台、操作台、打印机台的规格及安装要求。

（7）电气电源系统说明。

（8）电缆桥架布置图。

（9）全厂总平面布置图及厂区电缆沟道规划图。

（10）集中控制室及电子设备间建筑平面布置图。

（11）GPS 对时接口形式及数量。

（12）后备紧急操作硬按钮功能与形式。

（13）流量测量装置说明书与流量补偿公式。

（14）与其他控制系统或控制装置通信接口要求。

（15）涉外工程设计或 EPC 合同。

2. 输出资料

（1）DCS 技术规范书。

（2）DCS 配置图。

（3）集中控制室人机接口、后备紧急操作按钮布置图。

（4）电子设备间机柜布置图。

（5）I/O 清单。

（6）DCS 接线图等。

五、设备布置与安装

（一）人机接口布置

（1）人机接口布置应按照人机工程学设计，且满足整体布置要求。

（2）布置在集中控制室操作台上操作员站的工作宽度宜不小于 750mm。操作台与数字显示墙的间距宜不小于 2.0m。操作员站的主机放置在操作台下部，操作台应设置散热设施。

（3）工程师站宜布置在工程师室工程师台上，每个工程师站应有足够的空间。

（4）布置在集中控制室打印机台上的打印机宜与控制台保持一定距离。打印机台宜靠墙布置。

（5）硬手操宜布置在集中控制室操作台上，设计时选择布置在既便于操作，又不易误动作的位置。

（二）机柜布置和安装

1. 机柜布置

（1）电子设备间的机柜宜横竖成行成列布置，机柜之间的距离尺寸要求见本手册第三章相关要求。

（2）一体化远程 I/O 柜宜布置在现场设备间，机柜宜设置在有空调设备的房间内；温度采集前端装置宜分散布置在现场设备附近，应远离高温、振动、潮湿、腐蚀等环境，可就近分区域集中安装在就地机柜内。

2. 机柜安装要求

（1）机柜直接用螺栓固定在槽钢底座上，是否需要在机柜和底座之间铺设绝缘材料以 DCS 制造厂相关技术要求为准。

（2）安装机柜用的预埋件通常设在每个机柜四角的位置，预埋件的尺寸一般选用 100mm×100mm×8mm 或 150mm×150mm×8mm 的钢板。

（3）安装在楼板上的机柜、控制台应根据实际需要和楼板结构情况确定预留孔洞的位置和尺寸。

（4）安装在 0m 地面上的机柜应预留沟道供敷设电缆用。

（三）接地

（1）DCS 采用单点接地方式，每套 DCS 应配置单独的接地箱，所有在集中控制楼集中控制室、电子设备间的操作员站、机柜等设备的接地集中接至 DCS 接地箱接地铜排上，由接地铜排单点接至电气接地网接地极。

（2）各电子机柜内应设有独立的安全地、屏蔽地及相应接地铜排。现场信号电缆屏蔽层应在机柜侧单端接地。

（3）远程 I/O 柜宜就近独立接入电气接地网。

（4）接地电阻一般小于 4Ω。

（四）安装接线

（1）组件、处理器模件或 I/O 模件之间的连线应避免手工接线。

（2）机柜内、外的走线要工整、美观，每对端子的紧固力度大小合适。

（3）系统机柜间通信电缆宜敷设在专用电缆小槽盒中。

六、常见设计方案

（1）两台 1000MW 超超临界燃煤机组，给水系统配置有 2×50%汽动给水泵+1×30%调速电动给水泵和三套高压加热器（双列大旁路系统）；旁路系统采用高、低压二级串联旁路；送风机、一次风机为动叶可调轴流风机，引风机采用静叶可调轴流风机；制粉系统为一次风机正压直吹式，磨煤机采用中速磨。

（2）两台机组采用炉、机、电集中控制方式，单元机组各设一套 DCS，两台机组 DCS 之间设置公用 DCS 网段，分别与两台机组 DCS 的数据总线通过交换机连接。单元机组 DCS 设计范围包括：

1）主厂房内锅炉、汽轮机、发电机及其辅机监控（含旁路 BPC、脱硝吸收系统）。

2）循环水泵房监控。

3）电气发电机-变压器组和高、低压厂用电源系统监控。

4）公用厂用电系统、燃油泵房、空压机房等公用系统的监控纳入公用 DCS 网络。

5）汽轮机控制、保护由汽轮机配套的独立控制装置（DEH、ETS）实现；给水泵汽轮机控制、保护（MEH、METS）采用与机组 DCS 相同的硬件，随给水泵汽轮机配供；锅炉吹灰采用 PLC 控制。机组 DCS 网络结构图如图 7-1 所示。

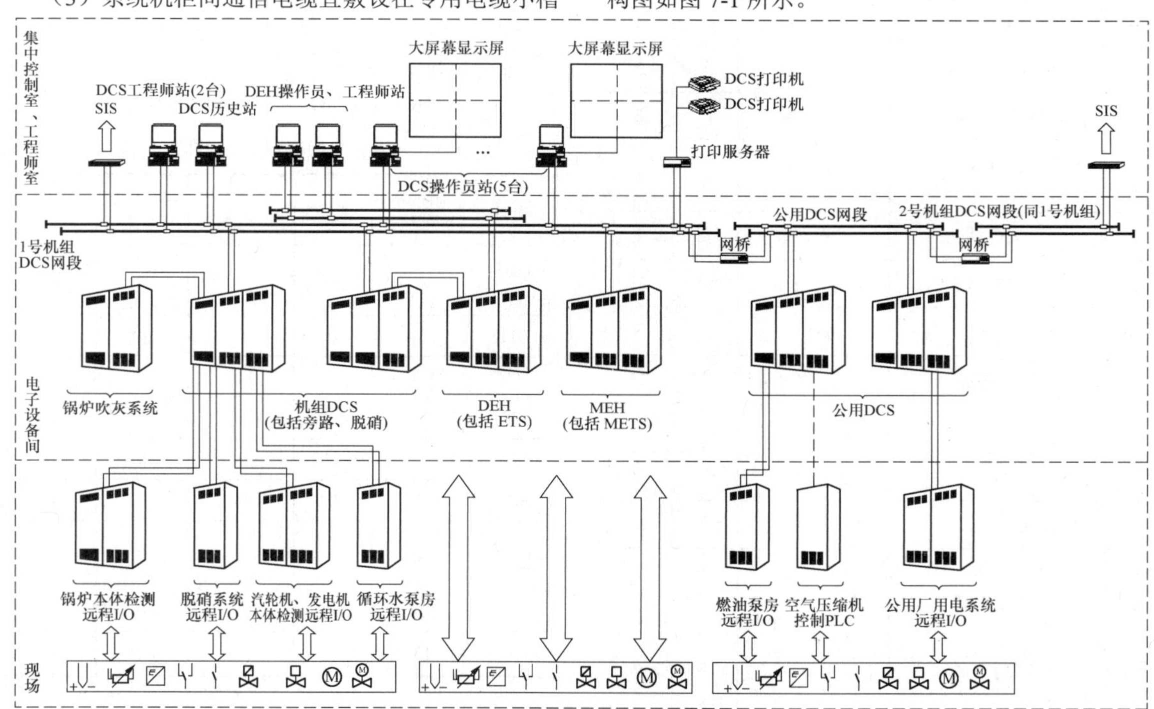

图 7-1　机组 DCS 网络结构图

（3）机组 DCS 包括的子系统有数据采集系统（DAS）、模拟量控制系统（MCS）、顺序控制系统（SCS）和锅炉炉膛安全监控系统（FSSS）。

（4）机组 DCS 远程 I/O 应用区域包括：

1）脱硝吸收区。

2）循环水泵房。

3）燃油泵房（公用）。

4）锅炉水冷壁管及过热器、再热器管壁温度。

5）发电机定子绕组、铁芯温度。

其中，脱硝吸收区、循环水泵房、燃油泵房采用机组 DCS 一体化的远程 I/O，通过光缆分别接入单元机组 DCS 和公用 DCS 网络；锅炉水冷壁管及过热器、再热器管壁温度检测信号、发电机定子绕组、铁芯温度检测信号等采用第三方的专用温度采集前端装置。

（5）单元机组和公用系统 DCS 硬件配置见表 7-7、表 7-8。

表 7-7　单元机组 DCS 硬件配置

序号	设备名称	布置位置	单位	数量
1	操作员站 LCD/鼠标/键盘	集中控制室	台	5
2	操作员站用主机	集中控制室	台	5
3	工程师站 LCD/鼠标/键盘	工程师室	台	2
4	工程师站用主机	工程师室	台	2
5	大屏幕液晶显示屏	集中控制室	台	2
6	彩色激光打印机	工程师室	台	2
7	历史数据处理/性能计算站	工程师室	套	1
8	OPC 站	工程师室	套	1
9	控制处理器	电子设备间	对	25
10	交换机	网路柜	台	3
11	控制处理器柜	电子设备间	个	25
12	扩展柜	电子设备间	个	26
13	电源柜	电子设备间	个	1
14	控制处理器柜	电子设备间	个	25
15	MFT 柜	电子设备间	个	1
16	远程 I/O 柜	其中，2 个脱硝吸收区、3 个循环水泵房、2 个炉顶、1 个发电机	个	8

表 7-8　公用 DCS 硬件配置

序号	设备名称	布置位置	单位	数量
1	控制处理器	电子设备间	对	2
2	交换机	网路柜	台	1
3	控制处理器柜	电子设备间	个	2
4	扩展柜	电子设备间	个	1
5	电源柜	电子设备间	个	1
6	网路柜	电子设备间	个	1
7	远程 I/O 柜	燃油泵房	个	1
8	SIS 接口机柜	电子设备间	个	1

（6）机组 I/O 信号数量见表 7-9～表 7-11。

表 7-9　单元机组 DCS 的 I/O 数量

项目	DAS	MCS	SCS	FSSS	BPC	ECMS	合计
AI（4～20mA）	228	590	103	90	43	102	1156
RTD	215	55	208	90	8	6	582
TC	97	154	18	0	15	0	284
DI	155	306	1628	953	68	550	3660
AO（4～20mA）	0	289	0	0	16	0	305
DO	0	71	786	607	30	132	1626
合计	745	1465	2757	1810	180	847	7804

注　1. 表中 I/O 点数按基本点设置。

2. 表中所列的 I/O 点数不包括备用量。

表 7-10　单元机组远程 I/O 数量

项目	循环水泵房	脱硝	炉顶过热器、再热器	发电机本体	合计
AI（4～20mA）	22	16	0	0	38
RTD	33	0	0	148	181
TC	0	6	423	0	423
DI	62	139	0	0	201
PI	0	0	0	0	0
SOE	0	0	0	0	0
AO（4～20mA）	0	1	0	0	1
DO	16	61	0	0	77
合计	133	223	423	148	927

注　1. 表中 I/O 点数按基本点设置。

2. 表中所列的 I/O 点数不包括备用量。

表 7-11　　公用 DCS I/O 数量

项目	燃油泵房	空气压缩机	辅助蒸汽	ECMS	合计
AI（4～20mA）	19	8	2	18	47
RTD	13	2	0	0	15
TC	0	0	2	0	2
DI	60	70	4	310	444
PI	0	0	0	4	4
SOE	0	5	0	34	39
AO（4～20mA）	4	0	0	0	4
DO	15	35	2	74	126
合计	111	120	10	440	681

注　1．表中 I/O 点数按基本点设置。
　　2．表中所列的 I/O 点数不包括备用量。

（7）机组 DCS 控制处理器配置见表 7-12。

表 7-12　　机组 DCS 控制处理器配置和 I/O 点数

控制处理器号	控制处理器功能分配	主要功能	子系统	点数
（一）单元机组 DCS				
1	FSSS 公用系统 机组主保护	MFT 公用逻辑；火检冷却风系统；密封风机	FSSS	221
2	磨煤机 A	FSSS 磨煤机组及油层 A；磨煤机 A 冷热风控制；给煤机 A	FSSS/MCS	328
3	磨煤机 B	FSSS 磨煤机组及油层 B；磨煤机 B 冷热风控制；给煤机 B	FSSS/MCS	323
4	磨煤机 C	FSSS 磨煤机组及油层 C；磨煤机 C 冷热风控制；给煤机 C	FSSS/MCS	321
5	磨煤机 D	FSSS 磨煤机组及油层 D；磨煤机 D 冷热风控制；给煤机 D	FSSS/MCS	323
6	磨煤机 E	FSSS 磨煤机组及油层 E；磨煤机 E 冷热风控制；给煤机 E	FSSS/MCS	323
7	磨煤机 F	FSSS 磨煤机组及油层 F；磨煤机 F 冷热风控制；给煤机 F	FSSS/MCS	323
8	协调主控，旁路，蒸汽温度	协调控制；汽轮机旁路、一级过热、再热蒸汽温度控制	MCS	298
9	过热蒸汽温度控制	二级、三级过热蒸汽温度控制	MCS	333
10	给水控制 启动系统	给水主控；锅炉启动系统	MCS	238
11	风门控制 I 风量控制	A/B 层二次风门控制；总风量控制	MCS	248
12	风门控制 II 风量控制	C/D 层二次风门控制；炉膛负压控制	MCS	192
13	风门控制III	E/F 层二次风门控制；过燃风控制	MCS	247
14	A 侧风烟	锅炉 A 侧风烟设备	SCS/MCS	353
15	B 侧风烟	锅炉 B 侧风烟设备	SCS/MCS	363
16	锅炉杂项	锅炉本体疏水阀等杂项；脱硝	SCS	615
17	A 列高压加热器系统 抽汽系统	A 列高压加热器给水；高压加热器水位控制；1～3 号抽汽及管道疏水；辅助蒸汽系统	SCS/MCS	250
18	B 列高压加热器系统 抽汽系统 给水泵汽轮机系统 A	B 列高压加热器水位控制及抽汽疏水；给水泵汽轮机 A	SCS/MCS	344
19	四段抽汽系统 除氧器系统 给水泵汽轮机系统 B	四段抽汽；除氧器；给水泵汽轮机 B	SCS/MCS	356
20	低压加热器及抽汽系统 凝结水系统 A 真空系统 A 循环冷却水系统 A	低压加热器给水；低压加热器水位控制；5～6 号抽汽及管道疏水；凝结水泵 A；真空泵 A；循环冷却水系统 A	SCS/MCS	470
21	电动给水泵系统 凝结水系统 B 真空系统 B 循环冷却水系统 B 开、闭式循环冷却水系统 A	电动给水泵；凝结水泵 B；真空泵 B；补水系统；开式循环冷却水 A、闭式循环冷却水泵 A；循环冷却水系统 B	SCS/MCS	396
22	凝结水系统 C 真空系统 C 发电机系统 循环冷却水系统 C 开、闭式循环冷却水系统 B	凝结水泵 C；真空泵 C；发电机氢水油系统；开式循环冷却水泵 B；闭式循环冷却水泵 B；循环冷却水系统 C	SCS/MCS	438

续表

控制处理器号	控制处理器功能分配	主要功能	子系统	点数
23	电气控制 1	发电机-变压器组、厂用电 A 系统	SCS	569
24	电气控制 2	厂用电 B 系统	SCS	322
25	微油点火系统	微油点火	FSSS	160
合计				8704

（二）公用 DCS

控制处理器号	控制处理器功能分配	主要功能	子系统	点数
1	公用系统 1	空气压缩机、燃油泵房、辅助蒸汽等	公用	145
2	公用系统 2	公用系统电气部分	公用	440
合计				585

（8）单元机组 DCS 电源分配柜接受两路交流 220V±10% UPS A、UPS B 电源，公用系统 DCS 电源分配柜分别接受两台机组各一路交流 220V±10% UPS 电源。机组 DCS 各控制处理器机柜、I/O 机柜、网络系统、操作员站、工程师站、继电器柜、大屏幕显示屏装置等设备的供电均由 DCS 电源分配柜提供。脱硝吸收区、循环水泵房的远程 I/O 电源由机组 DCS 电源分配柜提供，燃油泵房远程 I/O 的电源由就地车间电源提供。

（9）机组 DCS 采用单点接地方式，所有在集中控制楼集中控制室、电子设备间的操作员站、机柜等设备的接地集中接至机组 DCS 接地箱接地铜排上，由接地铜排单点接至电气接地网。远程 I/O 柜就地接入电气接地网。

（10）MFT 后备继电器跳闸逻辑回路采用主、副双套设计，回路电源为两路独立的直流 110V 电源。双套 MFT 跳闸出口继电器的输出触点（二取一）分别送至 MFT 需动作的驱动回路。

（11）机组 DCS 与 DEH、锅炉吹灰控制系统之间双向通信；MEH 及 METS 采用 DCS 一体化控制站，与机组 DCS 无缝连接；机组 DCS 通过 OPC 接口机与 SIS 通信。

第二节　可编程逻辑控制器

一、概述

可编程逻辑控制器（PLC），是以计算机技术为基础的工业控制装置。1987 年，国际电工委员会（IEC）颁布了可编程控制器的定义：是一种能够直接应用于工业环境下的数字运算操作的电子装置。它采用可以编制程序的存储器，执行存储的逻辑运算、顺序运算、计时、计数和算术运算等操作的指令，并能通过数字式或模拟式的输入和输出，控制各类设备或生产过程。可编程控制器及其有关的外围设备都应按照易于与产业控制系统形成一个整体，且易于扩展其功能的原则而设计。PLC 主要由中央处理单元、存储器、输入/输出单元、通信接口、扩展接口和电源等组成。现今，PLC 是以微处理器为技术基础，结合了迅速发展的计算机技术和自动控制技术，广泛应用于工业控制的各个领域。

二、系统功能

PLC 具有运算、控制、通信、编程和诊断等功能。

（一）运算功能

PLC 的简单运算功能包括逻辑运算、计时和计数；普通运算功能包括数据移位、比较等；较复杂运算功能有代数运算、数据传送等功能；大型 PLC 中还有模拟量的 PID 运算和其他高级运算功能。大多数应用场合，只需要逻辑运算和计时、计数功能，有些应用需要数据传送和比较功能。当用于模拟量检测和控制时，才使用代数运算、数值转换和 PID 运算等功能。显示数据时需要译码和编码等功能。

（二）控制功能

PLC 控制功能包括 PID 控制运算、前馈补偿控制运算、比值控制运算等。PLC 主要用于顺序逻辑控制，因此，大多数场合常采用单回路或多回路控制器解决模拟量的控制。有时也采用专用的智能输入/输出单元完成所需的控制功能，提高 PLC 的处理速度并节省存储器容量，如采用 PID 控制单元、高速计数器、带速度补偿的模拟单元、ASCII 码转换单元等。

（三）通信功能

大中型 PLC 支持多种现场总线和标准通信协议，可与电厂信息管理网络相连接。

PLC 的通信接口包括串行和并行通信接口（RS232、RS422、RS423A、RS485）、RIO 接口、工业以太网接口、常用 DCS 接口等。大中型 PLC 通信总线（含接口设备和电缆）应 1:1 冗余配置，通信总线应符合国际标准，通信距离应满足装置实际要求。

（四）编程功能

PLC 具有五种标准化编程语言，包括顺序功能图、梯形图、功能模块图三种图形化语言，语句表、结构文本两种文本语言。PLC 选用的编程语言遵守 IEC 61131-3《可编程控制器的编程软件标准》，同时还支持多种语言编程形式，如 C、Basic、Pascal 等语言，从而满足特殊控制场合的控制要求。

PLC 编程方式可分为离线编程和在线编程两种

方式。

1. 离线编程方式

PLC 和编程器共用一个中央处理器（central processing unit，CPU），编程器在离线编程模式时，CPU 只为编程器提供服务，不对现场设备进行控制。完成编程后，编程器切换到运行模式，CPU 对现场设备进行控制，不能进行编程。离线编程方式可降低系统成本，但使用和调试不方便。

2. 在线编程方式

CPU 和编程器具有各自独立的 CPU，主机 CPU 负责现场控制，并在一个扫描周期内与编程器进行数据交换，编程器把在线编制的程序或数据发送到主机，下一扫描周期，主机就根据新收到的程序运行。这种方式成本较高，但系统调试和操作方便，在大中型 PLC 中经常采用。

（五）诊断功能

PLC 的诊断功能包括硬件和软件的诊断。硬件诊断通过硬件的逻辑判断确定硬件的故障位置。软件诊断分内诊断和外诊断。内诊断是指通过软件对 PLC 内部的性能和功能进行诊断；外诊断是指通过软件对 PLC 的 CPU 与外部输入/输出等部件信息交换功能进行诊断。

PLC 诊断功能的强弱，对操作和维护人员技术能力提出了不同要求，同时影响着系统的平均维修时间。

三、系统组成

PLC 按结构可分为整体型和模块型两类。整体型 PLC 的 I/O 点数较少且相对固定，因此用户选择的余地较小，通常用于小型控制系统。模块型 PLC 具有多种类型的 I/O 模块，并可以在 PLC 基板上插接，方便用户根据需要合理地选择和配置控制系统的 I/O 点数。因此，模块型 PLC 的配置比较灵活，一般用于大中型控制系统。

一套典型的 PLC 系统通常包括过程控制站、通信网络、I/O 模块、人机接口、软件等。其中，CPU 是 PLC 控制系统的核心，输入/输出单元是连接现场设备 I/O 信号与 CPU 之间的接口电路，通信接口用于与编程器、计算机等外设连接。

在对控制系统可靠性要求极高的工艺过程中，如果控制系统发生故障，可能造成停产、原料浪费或设备损坏，给企业造成经济损失。有效地解决上述问题仅靠提高控制系统硬件的可靠性是不够的，还需要使用冗余控制系统或热备用系统进一步提高控制系统的可靠性。

在冗余控制系统中，PLC 由两套完全相同的控制系统组成。这两套控制系统的过程控制站使用相同的用户程序并行工作，其中一台是主站，另一台是备用站。主站工作时，备用站禁止输出控制指令；当主站发生故障时，备用站自动投入运行。这一切换过程由冗余处理单元（redundant processing unit，RPU）控制，切换过程在 1～3 个扫描周期内完成，I/O 系统的切换也由 RPU 完成。

在热备用系统中，两台过程控制站用通信接口连接在一起，均处于通电状态。当系统出现故障时，由主站通知备用站，使备用站投入运行。这一切换过程相对较慢，但它的结构比冗余系统简单。

（一）工业通信网络

工业通信网络通常可分为 3 个层次，采用中央计算机的数据管理级为最上层；生产线或车间的数据控制为中间层；直接完成设备控制的为最低层级网络。可编程控制器可以方便地与工业控制计算机等数字设备连接，是工业控制网络中、低层级构成的重要组成部分。

PLC 控制系统的通信网络主要有总线型、星形、环形三个形式。其中总线型结构简单，易于扩展，应用较为广泛。

在 PLC 系统的通信网络中，上级的网络通信速率应大于 1Mbit/s，通信负荷不大于 60%。

（二）过程控制站

接入 PLC 网络的单个 PLC 控制子系统，也称为过程控制站，其组成包括 CPU、存储器、通信接口、输入/输出单元和电源等。

PLC 过程控制站采用按周期扫描的方式工作。从实时性要求来看，处理速度应越快越好，如果信号持续时间小于扫描时间，PLC 将扫描不到该信号，造成信号数据的丢失。处理速度与用户程序的长度、CPU 处理速度、软件质量等有关。PLC 的处理速度快，每条二进制指令执行时间为 0.2～0.4μs，因此能适应控制要求高、响应要求快的应用需要。小型 PLC 的扫描时间不大于 0.5ms/K，大中型 PLC 的扫描时间不大于 0.2ms/K。

1. 中央处理器

中央处理器一般由控制器、运算器和寄存器组成。CPU 通过地址总线、数据总线、控制总线与存储单元、输入/输出单元、通信接口、扩展接口相连。CPU 是 PLC 的核心，输入单元将采集的输入信号传送到 CPU，CPU 执行用户程序并将运算结果传送到输出单元，用以驱动现场设备。

CPU 通常使用 I/O 地址空间来描述其允许访问输入/输出的能力，8 个数字量通道占用 1 个字节地址空间，1 个模拟量通道占用 2 个字节地址空间。在具体选型时还需要根据实际情况考虑 I/O 量占用的地址空间。此外，有些 CPU 还有允许连接模块最大数量的限制。

CPU 主要完成下列功能：

（1）“RUN/STOP 选择开关”用于选择 CPU 模块的运行方式。

（2）模拟电位器用于实现用户的给定值设定。

（3）实时时钟用于记录运行时间和对过程进行时间控制。

（4）提供扩展接口，用于 CPU 模块与扩展模块之间的高速数据传输。

（5）集成 RS232、RS485 通信接口，用于用户程序下装和与其他设备进行通信。

（6）集成开关量的输入/输出处理。

（7）提供高速 I/O 处理。

2. 存储器

PLC 的存储器包括系统存储器、装载存储器和工作存储器。系统存储器用于存放 PLC 的系统程序和内部寄存器，装载存储器则用于存放 PLC 的用户程序，用户程序编译后被存放在工作存储器中执行。装载存储器通常为 MC（miniature card），支持外部扩展，而工作存储器是集成在 CPU 中并且无法扩展的，在选择 CPU 时需根据控制方案的复杂程度预估可能使用的工作存储器大小并留有适当裕量。

（1）存储内容及方式。系统程序是由 PLC 制造厂编写的，与 PLC 的硬件组成有关，完成系统诊断、命令解释、功能子程序调用管理、逻辑运算、通信及各种参数设定等功能，提供 PLC 运行的平台。系统程序关系 PLC 的性能，而且在 PLC 使用过程中不会变动，一般由制造厂直接固化在只读存储器（ROM、PROM 或 EPROM）中。

用户程序是随 PLC 的控制对象而定的，由用户根据对象生产工艺的控制要求进行编制。为了便于读出、检查和修改，用户程序一般存于 CMOS 静态 RAM 中，用锂电池作为后备电源，以保证掉电时不会丢失信息。为了防止干扰对 RAM 中程序的破坏，当用户程序经过测试并运行正常，不需要改变时，可将其固化在 EPROM 中。现在有许多 PLC 直接采用带电可擦、可编程只读存储器 EEPROM 作为用户存储器。

工作数据是 PLC 运行过程中经常变化、经常存取的一些数据，存放在 RAM 中，以适应随机存取的要求。在 PLC 的工作数据存储器中，设有存放输入/输出继电器、辅助继电器、定时器、计数器等逻辑器件的存储区，这些器件的状态都是由用户程序的初始设置和运行情况而确定的。根据需要，部分数据在掉电时用后备电池维持其现有的状态，这部分在掉电时可保存数据的存储区域称为保持数据区。

（2）储存容量。由于系统程序及工作数据与用户无直接联系，所以在 PLC 产品样本或使用手册中所列存储器的形式及容量是指用户程序存储器。

存储器容量是 PLC 本身能提供的硬件存储单元大小，程序容量是存储器中用户应用项目使用的存储单元的大小，因此程序容量小于存储器容量。在设计阶段，由于用户应用程序还未编制，因此，程序容量在设计阶段是未知的。为了设计选型时能对程序容量有一定估算，通常采用存储器容量估算来替代。PLC 存储器内存容量的估算没有固定公式，许多文献资料中给出了不同的算法，大致都是按数字量 I/O 点数的 10～15 倍，加上模拟 I/O 点数的 100 倍，以此数为内存的总字数（16 位为一个字），另外再按此数的 25% 考虑裕量。

3. 通信接口

CPU 通过通信接口进行编程组态，还可与人机界面、其他 PLC 系统、分布式 I/O 等实现数据交换。CPU 集成的通信接口通常有 MPI 接口、PROFIBUS 接口、PROFINET（PN）接口，根据通信对象［通信对象可以为编程设备、仪表、人机接口设备（HMI）、其他 PLC 系统等］支持的电气接口标准（如 RS232、RS485、RJ45）及所使用的通信协议选择集成通信接口。

4. 输入/输出单元

输入/输出单元分为模拟量输入、模拟量输出、数字量输入和数字量输出。输入单元的作用是将按钮、行程开关或传感器等产生的信号输入 CPU。输出单元的作用是将 CPU 向外输出的信号转换成可以驱动外部执行元件的信号，以便控制接触器线圈等电器的通、断电。

5. 电源

PLC 一般使用交流 220V 电源或直流 24V 电源，通过内部电源开关为 PLC 的 CPU、接口单元、输入/输出单元等电路提供直流 5、12、24V 电源，使 PLC 正常工作。选择电源时需要计算每个模块的电流消耗，包括 CPU、接口模块、输入模块、输出模块及外部负载等。PLC 电源提供浪涌保护和隔离保护功能。

（三）输入/输出模块

由于外部输入设备和输出设备所需的信号电平是多种多样的，而 PLC 内部 CPU 处理的信息只能是标准电平，所以 I/O 接口要实现电平的转换。I/O 接口一般都具有光电隔离和滤波功能，以提高 PLC 的抗干扰能力。另外，I/O 接口上通常还有状态指示，直观地显示工作状况，便于维护。

小型 PLC 的 CPU 模块与 I/O 模块一般集成在一起，在集成的输入/输出不足时可以扩展专门的 I/O 模块。大中型 PLC 大多是单独的 CPU 模块，根据实际点数配置相应数量的 I/O 模块。

PLC 的 I/O 接口所能接受的输入信号个数和输

出信号个数称为 PLC 输入/输出（I/O）点数。I/O 点数是选择 PLC 的重要依据之一。

I/O 点数的确定应以控制设备所需的所有 I/O 点数的总和为依据。一般情况下，PLC 的 I/O 点数应该有适当的裕量。通常根据统计的 I/O 点数，再增加 10%～20%的可扩展裕量后，作为 I/O 点数估算数据。

输入模块用来采集现场设备的各种信号，如按钮、选择开关、限位开关、接近开关、压力继电器的开关量信号。除了要接收这些开关量信号外，还有一类信号，如电位器、压力表、电流表、电压表提供的模拟量信号。这种信号的特点是连续变化、并且持续采集。

数字量输出模块用来控制继电器、接触器、电磁阀、指示灯等只有开和关两种状态的设备。模拟量输出模块用来控制调节阀、变频器、调速器等需要连续调节的设备。

1. 数字量 I/O 模块

数字量 I/O 模块的选择应考虑应用要求。例如，对输入模块，应考虑输入信号的电平、传输距离、供电方式、响应时间等应用要求。输出模块也有很多的种类，例如，继电器触点输出型、交流双向晶闸管输出型、直流 24V 晶体管驱动型、直流 48V 晶体管驱动型等。

继电器输出型模块具有价格低廉、使用电压范围广、导通压降小、有隔离作用等优点，但是使用寿命较短、响应时间较长，在用于感性负载时需要增加浪涌吸收电路，适用于动作不频繁的交、直流负载场合；双向晶闸管输出型模块响应时间较快，适用于开关频繁、电感性低功率因数负载场合，但价格较贵，过载能力较差。

另外，I/O 模块按照 I/O 点数可以分为 8、16、32 点等规格，选择时可根据实际的需要合理配备。

2. 模拟量 I/O 模块

模拟量输入模块，按照模拟量的输入信号类型可以分为电流输入型、电压输入型、热电偶输入型等。电流输入型通常的信号等级为 4～20mA 或 0～20mA；电压型输入模块通常的信号等级为 0～10V、–5～5V 等。有些模拟量输入模块可以兼容电压和电流输入信号。

模拟量输出模块同样分电压型输出模块和电流型输出模块，电流输出信号通常有 0～20mA、4～20mA。电压型输出信号通常有 0～10V、–10～10V 等。

模拟量 I/O 模块，按照输入/输出通道数可以分为 2、4、8 通道等规格。

3. 功能模块

功能模块作为 PLC 控制系统的一个模块，通过总线与 PLC 相连，进行数据交换，并在 PLC 的协调管理下独立地进行工作。功能模块种类很多，包括通信模块、定位模块、脉冲输出模块、高速计数模块、PID 控制模块、温度控制模块等。在硬件方面，应考虑功能模块可以方便地和 PLC 相连接，PLC 应该有相关的安装背板、底座、连接电缆等附件。在软件上，PLC 应具有对应的控制功能，可以方便地对功能模块进行编程。

（四）人机接口

PLC 配有各种通信接口，这些通信接口一般都带有通信处理器。PLC 通过这些通信接口可与监视器、打印机、其他 PLC、计算机等设备实现通信。PLC 与其他 PLC 连接，可组成多机系统或连成网络，实现更大规模控制；与计算机连接，可组成多级分布式控制系统，实现控制与管理的结合。

远程 I/O 系统也必须配备相应的通信接口模块。

人机接口装置是用来实现操作人员与 PLC 控制系统的对话。对于 PLC 控制系统，采用工控机或通用计算机配显示屏形式的人/机接口，通过通信与 PLC 相连，可作为独立的节点接入 PLC 网络。

（五）软件

软件主要由编程软件、监控软件及实时数据库组成，它们分别实现各车间（系统）PLC 逻辑控制功能、系统内/外部的数据接口及 PLC 控制系统操作员站的监控。

编程软件为 PLC 设备厂商针对产品开发的程序编制语言软件，不同品牌的 PLC 编程软件不可互用。监控软件是面向用户的开放的终端软件，可分为开发版本和运行版本。开发版本除具有基本人机界面设计的功能外，还具有组态编程的功能，它将不同品牌的 PLC 编程界面变得通用和灵活，通常采用梯形图等进行程序设计。监控软件人机界面设计具有工艺流程画面设计、报警显示设计、设备状态监视及控制操作等功能。

实时数据库软件是针对全厂多套 PLC 过程控制系统联网后产生的大量生产过程实时数据的采集、存储、管理软件，它是其他功能软件包进行数据统计、定性、定量分析的数据基础。

编程装置的作用是编辑、调试、输入用户程序，也可在线监控 PLC 内部状态和参数，与 PLC 进行人机对话。编程装置可以是专用编程器，也可以是配有专用编程软件包的通用计算机系统。

基于通用计算机的程序开发系统既可以编制、修改 PLC 的梯形图程序，又可以实现监视系统运行、打印文件、系统仿真等功能，若配上相应的软件还可实现数据采集和分析等功能，通常被 PLC 控制系统赋予了工程师站的角色。

四、系统设计

PLC控制系统具有系统运行稳定、设备可靠性高、对环境适应性广、扩展性能好的特点，在火力发电厂自动化系统应用中一直扮演着重要角色。

PLC控制系统的设计包括PLC控制系统上层监控网络的设计和PLC控制系统工艺过程功能设计，即PLC控制系统不仅应用于火力发电厂多个系统（车间）的控制，更可以对各子系统联网，实现数据信息共享，可以选择在远方集中监控的方式，达到减员增效的目的。

（一）设计范围和内容

首先，在项目前期阶段，需要根据项目整体的控制水平、控制方式来确定PLC控制系统在项目中的监控范围和功能水平。再结合监控范围内各工艺过程的系统相关性、系统（车间）物理位置的关系、集中监控要求及现场监控点的需求等因素确定PLC控制系统网络构架形式、系统的规模和设备布局。然后，相应确定PLC控制系统网络主体的硬件、软件配置。控制系统网络规划的具体方法参见本手册第二章相关内容。

进入施工图设计阶段，在前期规划的PLC控制系统网络构架的基础上，结合具体每个子系统（车间）被控对象的功能和工艺要求，通过对控制信号的种类、数量进行统计，开列初步的I/O信号清单，再进行具体子系统PLC机型和系统硬件配置的设计。I/O分配及接线设计，软件组态及画面设计，硬件设备的安装设计，并经过软件调试、现场系统调试，最终完成以PLC为控制平台的自动化过程控制的设计。

PLC控制系统的设计范围和内容主要包括以下方面：

（1）上层监控网络设计、网络硬件和数据管理软件设计。

（2）总体配电方案设计。

（3）各子系统PLC机型和硬件配置的设计。

（4）各子系统控制设备的配电设计。

（5）各子系统I/O分配、接线及电缆设计。

（6）各子系统软件组态及画面设计。

（7）硬件设备的安装设计及接地设计。

（8）最终的软件调试、现场系统调试。

（二）系统功能设计

PLC控制系统的功能设计以满足控制方式、控制水平的需求及工艺过程功能要求为基准。

1. 控制操作功能

PLC控制系统宜按照远程集中控制、车间控制室控制、就地设备控制相结合的方式设计控制功能。对于程序控制系统宜设置有自动、半自动、手动单操及允许就地设备手动操作四种模式。运行人员在操作员站上可以通过鼠标按照组态指定画面上的对象进行开关或增减操作；在手动方式下，操作员按照LCD画面提供的操作指导，启停电动机、开关阀门及其他设备。现场设备故障，影响程序控制进程时，在相关约束下，运行人员可手动干预进行步序操作。设备处于就地操作方式时，应设置计算机系统远方操作闭锁功能。

2. 软件功能

软件功能主要指监控软件的要求，它是基于多任务、多平台、实时性好、开放性好的集成软件包。

PLC编程软件要求符合IEC 61131-3《可编程序控制器的编程软件标准》的要求，同时提供梯形图、指令列表、功能块图、顺序功能图、结构化文本等编程语言，完成离线仿真、程序开发、调试、诊断等功能；逻辑功能都应编入PLC内，不能用硬接线或复杂的特殊开关及其他输入装置来实现；实现图形监控、动态显示、历史数据采集、趋势图、历史数据存储管理、事故报警、事件记录、制表打印、PLC参数设置、控制逻辑修改、系统调试等功能。

（三）主要性能指标

采用PLC控制系统，主要性能指标包括以下几个方面：

（1）辅助系统（车间）上层监控网络形式及速率，宜采用至少1000M工业以太网（光纤），网络通信介质应冗余配置。

（2）按照PLC控制系统监控范围，应对网络设计的站点数量（子系统数量）、I/O信号容量、标签量信号容量提出具体要求，应考虑系统的扩展性，留有一定设计裕量。例如，两台300MW及以上机组规模新建燃煤火力发电厂，针对全厂辅助车间（系统）采用PLC联网集中监控模式，可按照站点数不小于15个、系统的I/O信号容量不小于10000点、标签量信号不小于20000点来配置。

（3）网络传输速率应保证各站点的信息在网络上正确传递，并满足实时控制的需要。以太网通信负荷率最繁忙时宜不大于20%。

（4）硬件设备宜考虑留有一定扩展裕量，交换机的接口宜有不小于20%的备用裕量。电源回路宜有不小于20%的备用裕量。

（5）PLC硬件的技术指标包括CPU的内存、传输速率、扫描周期（处理器扫描周期）等参数。内存大，可存储的程序量大，可进行更为复杂的控制。数据传输速率是指单位时间内传输的信息量，它是衡量系统传输能力的主要指标，数据量的单位可以是比特、字符等。PLC扫描周期是指一段程序从开始执行到执行完成的这段时间。通常小型PLC的扫描速率不大于0.5ms/K；大中型PLC的扫描速率不大于0.2ms/K。PLC

内部令牌网通信总线负荷率宜不大于 40%。

（6）外置存储器的大小。外置存储器一般是使用存储卡，可以扩展。因此，宜根据监控数据配置适宜的存储器容量：一般按 256 个 I/O 点至少选 8K 存储器。需要复杂控制功能时，应选择容量更大、性能更高的存储器。

（7）PLC 硬件的工作温度/湿度（0～40℃/10%～85%非凝结状态）、存储温度/湿度（–20～60℃/5%～90%，非凝结状态）。

（8）PLC 控制系统各项功能最终体现在终端的使用上，通常要求调用任一画面的击键次数不大于 3 次，任何显示屏画面均能在 1s 内完全显示出来。任何操作指令均应在 1s 或更短的时间内完全被执行，从发出操作指令到返回信号输入至显示屏上显示的总时间应小于 2s。

（9）事件记录分辨率：不大于 1ms。

（10）对时精度：不大于 1ms。

（11）服务器应满足数据管理的功能，硬件配置满足：历史数据、报表等存储时间为 0.5～1 年。

对于 PLC 设备具体的运算功能、控制功能、通信功能、编程功能、诊断功能和处理速度等特性的详细参数及型号的区别，应参阅产品选型样本。

（四）主要设计原则

工业控制系统是为了实现生产设备或生产过程的控制要求和工艺需求，从而提高产品质量和生产效率。在设计 PLC 应用系统时，应遵循以下基本原则：

（1）充分发挥 PLC 功能，最大限度地满足被控对象的控制要求。

（2）保证控制系统安全可靠性。

（3）在满足控制要求的前提下，力求使控制系统简单、经济、适用及方便维护。

（4）考虑生产的发展和工艺系统的改进，在确定 PLC 型号、I/O 点数和存储器容量时，应留有适当的裕量，以利于控制系统的调整和扩充。

（5）设计选型时，全厂尽量采用同一品牌、同一系列的 PLC 产品，以便减少日常运维的备品备件数量，减轻检修人员的工作复杂性及培训工作量。

（五）设计输入

控制系统的设计输入，是指来自外部的设计依据性文件，主要包括：

（1）工程规划阶段。建设方、审查部门对于工程控制系统的原则性技术需求或审查意见，包括控制水平、控制方式、PLC 控制系统控制范围、监控点设置要求等。

（2）施工图设计阶段。各个 PLC 子系统的工艺资料及设备条件输入，包括工艺过程系统图，工艺过程受控设备及仪表检测的配置及联锁控制要求，外部电源供电位置、配电要求及仪表的电源需求，辅助车间（系统）规模、受控设备布置及电气配电室、就地电子间位置，硬件设备配置要求及机柜安装要求等。

（六）方案设计

1. 网络构架

PLC 控制系统网络构架的设计需要综合考虑外部输入条件的限制和要求进行规划，包括控制方式、控制水平及上层监控网络要求、PLC 控制系统监控范围和各子系统名称、辅助监控点设置数量和地点、外部接口要求等。

对于辅助车间（系统），PLC 控制系统中的主干网络需保证各站点的信息在网络上正确传递，并满足实时控制的需要。在整个网络不能正常工作时，各辅助车间（系统）PLC 应能独立工作以保证各系统和设备的安全性。PLC 控制系统的主干网络宜采用速率为 1000M 的工业以太网，双缆冗余结构。当网络中某一段光缆线路出现故障时，网络能够自动重新配置并继续通信，保证在此过程中不造成数据丢失或数据错误。

网络设备宜配备两台互为热备用的系统服务器，作为操作员站与 PLC 之间的通信通道，并各自配置独立的数据库作为网关计算机，作为上层监控网络的接口。整个系统宜配置与传输速率相匹配的冗余以太网交换机。与主干网络的连接宜采用交换机光口直接接入光纤传输介质；对于分支网络，为适当降低交换机的设备价格，可以采用光电转换器将光纤介质连接至交换机的电口方式。对于分支网络连接的控制子系统，工艺过程可以间断运行的可不采用冗余配置方案，可以通过单台交换机分别连接上下层网络。

当传输介质选用光纤，传输距离不能满足要求时，通过中继器连接，可扩展网段的长度。

操作员站、服务器均应配置相应的网络通信适配卡，接入主干网络的相应节点。

2. 人机接口

PLC 控制系统人机接口的设计，包括子系统就地操作员站/工程师站设置、分类集中监控点就地操作员站/工程师站设置，以及集中监控点操作员站/工程师站设置。

确定人机接口的原则为：

（1）子系统如果是必须连续运行、工艺系统较复杂、有特殊的爆炸危险性介质等，或者与单元机组运行密切相关的工艺系统（车间），宜考虑设置就地操作员站/工程师站，布置在就地电子设备间内，便于调试、维护及运行初期使用。

（2）按照工程方案设计阶段对分类集中监控点的规划，相应设置操作员站/工程师站，如水系统监控点、运煤系统监控点、除灰除尘系统监控点，通常设置1～2台操作员站/工程师站（其中至少包含1台工程师站，可兼用做操作员站，用于编程及组态管理），同时，应按照区域设置专门的就地控制室，就地PLC电子设备间，以及配套设施，满足长期配置就地值班员的办公条件。

（3）通常根据PLC监控范围的大小、运行人员的习惯等因素确定是否设置集中监控功能及人机界面的数量。对于大型火力发电厂，辅助车间（系统）全面采用PLC控制系统的，宜设置集中监控功能，对于运行人员专业技能全面的可以不设置区域性辅助监控点，直接采用集中监控方式，至少设置3台操作员站、1台工程师站，在集中控制室辅助车间监控网的操作员站上完成对各子系统工艺过程、设备状态、介质参数等的全面监视与控制。对于规模较小或是改、扩建项目，辅助车间（系统）PLC控制系统较少的，也可以将PLC子系统通信至DCS，统一将DCS系统终端作为运行人员的监控界面，最终实现在集中控制室DCS操作员站上完成对全厂工艺过程及辅助车间（系统）的监控。

3. 与外部系统的通信接口及传输介质

PLC配有各种通信接口，这些通信接口一般带有通信处理器。PLC子系统内部通过通信接口可与监视计算机、打印机等设备实现通信连接。PLC子系统与外部系统/设备连接，需通过配置网络交换机设备实现。PLC与其他PLC连接，可组成多机系统或连成网络，实现更大规模的控制功能。

在PLC通信网络中，传输介质决定了网络的传输速率、网段长度及传输的可靠性。常用的传输介质主要有双绞线和光缆。具体见本手册第十二章相关内容。

相同的传输介质，用于不同传输速率的网络，其支持的传输距离也不同，网络传输速率越高，传输距离越短。通常，多模光纤与单模光纤性能特点为：多模光纤传输带宽大，但传输距离短，价格相对单模光纤便宜；单模光纤传输距离远，信号质量可靠，适于远距离及主干网络的信号传输，造价稍贵。

通过以上1～3条内容，就能基本确定PLC控制系统设计的网络构架及系统硬件配置，可以形成PLC控制系统网络及其计算机配置的规划。

4. 控制处理器功能划分

控制处理器功能划分应该依据辅助车间（系统）的规划，针对子系统工艺过程规模等，确定每套子系统监控的I/O信号的数量，从而选择相匹配处理能力的控制器硬件。控制处理器通常都有与控制规模相适应的大、中、小型系列可供选择。在同一系列中，也有不同处理能力的CPU和I/O硬件产品。

对于重要性较高、需要连续运行的工艺过程，宜选择冗余配置的控制处理器，形成热备配置结构，从而提高PLC控制系统运行可靠性。简单或可间断运行的工艺过程，可以考虑采用单CPU配置的PLC控制系统。

5. 远程I/O的设置方法

远程I/O是指在就地仅安装PLC控制系统I/O信号采集设备，通过工业通信网络传输到远方CPU控制器下进行数据处理，构成1套PLC子系统的PLC配置方式。它是适用于工艺过程有较强的相关性，但设备布置距离较远的车间，通过统一的子系统就地操作员站实现对整个相关的工艺过程的监控功能。

PLC控制系统内的远程I/O设备是通过配备相应的通信接口模块进行连接。

采用远程I/O技术，能够缩短大量的信号硬接线电缆及减少相应的现场安装工程量，在火力发电厂PLC子系统设计中广泛应用。

6. I/O分配

每套子系统监控范围内的I/O信号的数量、种类、电源要求等信息确定后，进行I/O硬件设备的配置。

首先，需要确定I/O硬件设备的选型原则，是采用低密度信号采集卡件还是高密度采集卡件。常见I/O卡件信号通道类型见表7-13。卡件通道密集，分散度低，可靠性降低，设备造价相对低。火力发电厂多采用Ⅰ或Ⅱ型低密度信号卡件。

表7-13　常见I/O卡件信号通道类型

信号类型	I/O卡件类型Ⅰ	I/O卡件类型Ⅱ	I/O卡件类型Ⅲ	其他附加条件
AI	4	8	16	内/外部供电
AO	2	4	8	内/外部供电
DI	16	32	64	—
DO	16	32	64	直流/交流继电器
PI	1	2	—	—

其次，确定PLC控制系统I/O点的备用量要求、I/O模件插槽裕量的要求、输出继电器的裕量要求。通常为每个机柜内每种类型I/O点考虑10%～15%备用量；10%～15% I/O模件插槽裕量；输出继电器数量与DO通道的数量（包含备用量）是一对一匹配的。

按确定的I/O量计算出该子系统PLC的I/O卡件数量、配置输出继电器的数量，从而确定模件背板插槽的配置方案。进一步确定I/O模件机笼数量和PLC控制系统机柜的数量。

最后，应适当考虑工艺过程的差异性，通过分别设置不同的 I/O 模件机笼和 I/O 机柜的方式，适当区分在一个子系统下的有相对独立性的工艺过程，便于过程信号的设计、查询和设备维护管理。

例如，在水系统处理区域，规划设置的一套较大型的 PLC 子系统，监控范围包含原水预处理系统和化学水除盐系统，根据两个工艺过程的 I/O 数量，可以设置 3 面化学水除盐系统的 I/O 机柜和 1 面单独的原水预处理系统 I/O 机柜、1 面控制处理器机柜，在一对 CPU 和配套计算机的统一监控下运行。

7. 电源设计

PLC 控制系统的电源设计，一般包括集中监控网络电源分配、各子系统电源分配。由于地域划分的不同，宜单独设置电源分配柜。

PLC 控制系统的电源设计，常规为集中监控网络设置 1 面单独的电源柜；各子系统设置单独的电源柜。电源柜接收 2 路交流 220V±10%、50Hz±1Hz 的单相电源，并设置自动切换装置。电源柜向相关的操作员站、服务器、交换机、控制器等设备供电。

通常，集中监控网络及其终端设备、服务器等位于集中监控中心，电源应按照来自不同机组的 2 路 UPS 电源配电，以保证上层监控网终端设备及数据服务器运行的可靠性，不会因为任一台机组供电失去而受影响。

各子系统的电源，通常就近采用车间厂用电源，由不同的配电段提供。PLC 子系统电源柜宜配置一套小型 UPS 装置，以保证系统在车间厂用段供电电源发生故障的情况下，PLC 控制系统可以安全运行约 30min，以便于操作人员可以将工艺系统安全停运，并保存所有过程数据。PLC 控制系统集中监控网络电源系统示例见图 7-2。

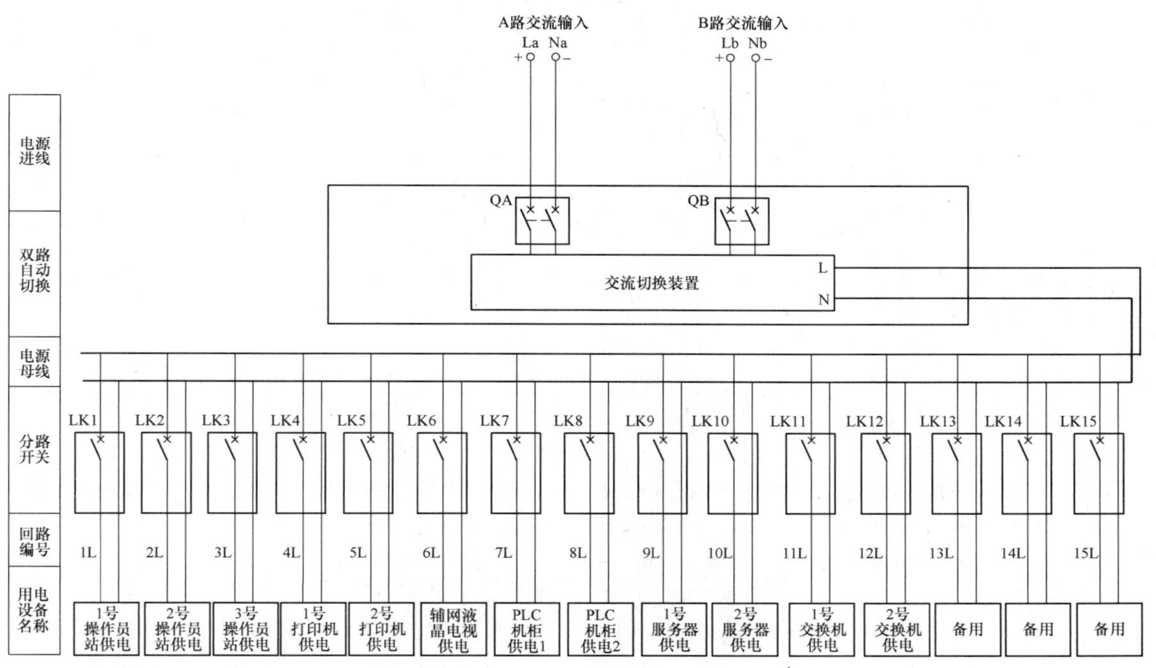

图 7-2　PLC 控制系统集中监控网络电源系统图

8. 接地设计

PLC 控制系统的接地设计，宜至少分别设置保护接地和工作接地。工作接地包括屏蔽接地、本安接地和逻辑接地，是保证计算机系统稳定工作、防止电磁干扰的措施。保护接地是对于强电供电的仪表与控制设备，将其正常不带电的金属部分与接地体之间通过金属连接，在设备漏电事故状况下及时放电，保护人身安全。

国内火力发电厂设计通常现场仪表是信号源侧浮空，屏蔽层在机柜侧，接入柜内的工作接地汇流板；工作接地要求一点接地，避免多点接地形成电位差造成环流，影响 PLC 控制系统的稳定性。工作接地应使用多股铜芯绝缘电缆，不允许使用裸电缆。工作接地汇流排连接到电气接地网，接地点四周约 10m 范围内不能有强电流接入。

保护接地应就近接入电气专业设计的室内接地扁钢，并应采用冗余或多根接地电缆接入，提高保护接地的可靠性。保护接地可以采用裸电缆。

工业计算机及监控系统的接地方法应符合 DL 5190.4《电力建设施工技术规范　第 4 部分：热工仪表及控制装置》中对计算机系统接地的要求。

PLC 控制系统机柜接地示意见图 7-3。

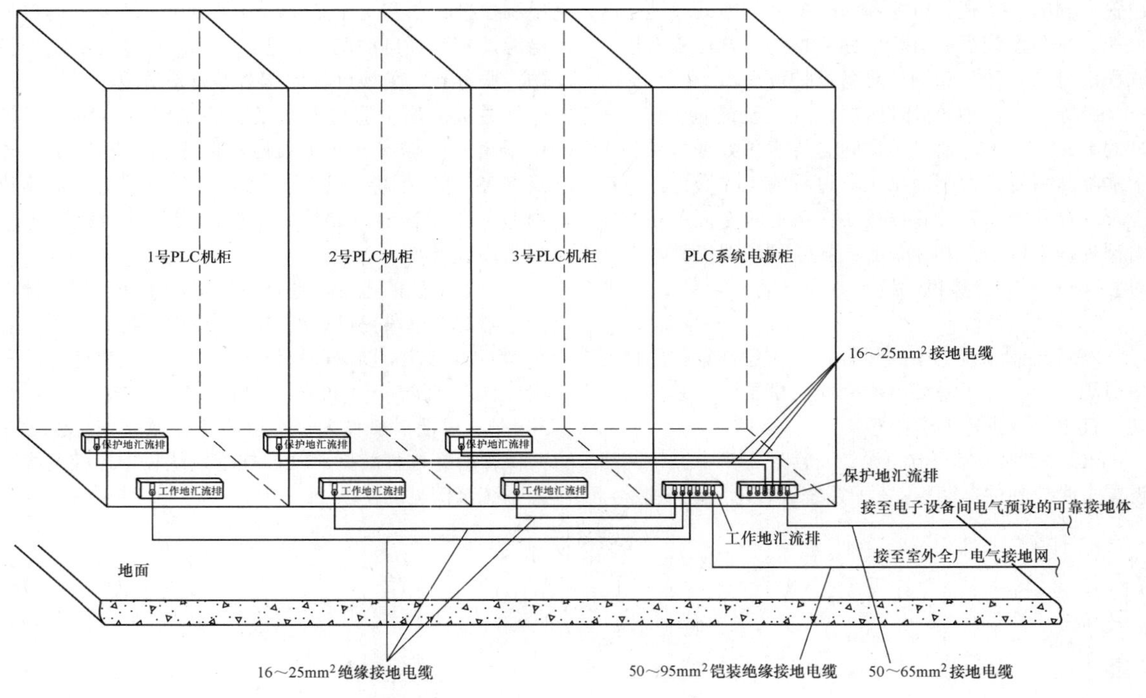

图 7-3　PLC 控制系统机柜接地图示例

9. 时钟同步

火力发电厂配置 1 套主时钟系统，直接接收卫星信号进行对时。全厂各控制系统、控制装置与此主时钟服务器分别对时，保证全厂时钟一致，满足实时数据采集时间一致性的要求，便于事件的顺序记录及查询，真实还原事故过程。

PLC 控制系统通常采用网络时间（network time protocol，NTP）协议、以太网协议或者靶场仪器组调制或非调制（inter-range instrumentation group，IRIG-B）协议，在分布式时间服务器和客户端之间进行时间同步。NTP 协议的分辨率为毫秒级，IRIG-B 协议的分辨率为微秒级。

PLC 设备时钟同步功能及对时方法见各 PLC 制造厂设备选型及操作手册。

10. 软件设计

软件部分主要由监控软件、编程软件及实时数据库软件组成，它们分别实现全厂辅助车间网络上位机的监控、各车间 PLC 逻辑控制功能，以及系统内部、外部的数据采集、管理及分析功能。一般要求操作员站在 windows 环境下运行，监控软件可以选用市场上的正版开放软件，确保系统既有较好的运行实时性，又有良好的开放性。编程软件是 PLC 设备配套的特定软件，也应基于 windows 环境下运行，能对各系统 PLC 进行控制算法和逻辑组态。编程软件必须支持功能块图、梯形图、顺序功能流程图、指令表、结构化文本等多种方法编程，既可离线又可在线进行组态。服务器同样安装运行软件，搭建与操作员站和上层网络的数据平台；同时，服务器内需要安装数据库软件，对现场工业网络数据进行实时收集、压缩、存储，以及数据分析调用管理等。数据库软件容量需要按照 PLC 控制系统所有生成的标签量 I/O 总点数及备用扩展裕量选择确定。

软件系统的基础是所有设备的代号和测点编号应采用火力发电厂设备标识系统规则进行统一编码。软件还应考虑时效性，要求为供货年度的最新版本。

对系统组态的修改是在工程师工作站上进行的。不论该系统是在线或离线状态都应能对系统的组态进行修改。系统内增加或变换一个测点，不必重新编译整个系统的程序。

一般工程设计会要求 PLC 控制系统供货商提供针对工艺系统监控软件的组态、编程和调试服务，并负责与各车间子系统的接口和协调工作。

11. 网络信息安全

随着计算机信息网络技术的发展，接入网络的工业控制设备数量越来越多，存在网络攻击的风险。工业控制系统及其中的协议原本被设计应用于封闭的独立环境，往往缺乏足够的防护，一旦被恶意攻击，可能对整个企业生产造成严重破坏。火力发电厂通常采用的安全防护设备有防火墙、安全隔离网闸（GAP）等。

在辅助车间（系统）控制网络和上层电厂生产数据网络的互连上，是将辅助监控网冗余服务器通过硬件防火墙和接口计算机，连接到上层骨干网上。在防火墙上设置各种安全策略来限制辅助监控网和上层网络之间的数据流通。同时，在电厂生产数据网络与管理网络间设置单向隔离网闸来构建出具有较高安全等级的网络架构，从而保障内部网络的安全与稳定。具体网络安全设备的特点和设置方式等参见本手册第十七章相关内容。

五、设备配置与选择

通常多个 PLC 控制系统联网后，基本形成了 3 级总线复合型网络结构。最下一级为远程 I/O 链路，负责 PLC 与现场设备的通信。中间一级为现场总线或主从式多点链路，采用令牌方式或与主从轮询相结合的存取方式，承担现场、控制、监控三级的通信。最高一层为工业以太网，负责传送生产管理信息。

PLC 软硬件设备每个品牌下包含了多种多样的大、中、小型产品，适用于各种规模的控制系统。

PLC 控制系统需要选择配置的硬件设置主要包括人机接口和外围设备、控制处理器、PLC 卡件、设备机柜等。

（一）人机接口和外围设备配置

依据控制系统网络构架的规划，首先应配置相应数量的操作员站和网络构建设备。操作员站及网络设备的主要性能指标见表 7-14。

表 7-14　操作员站及网络设备的主要性能指标

项目	名称	性能指标	备注
操作员站	工控机或商用计算机	CPU：	
		内存：	
		硬盘：	
		显卡：	
		MB+网卡：	
		声卡：	
	显示屏	分辨率：	
		平面直角，尺寸（in）：	
	多媒体音箱	计算机专用防磁音箱：	
网络	Modbus Plus 网络线	屏蔽双绞线：	
		光纤电缆：	
	光纤中继器	型号：	
	MB+分支器	型号：	
	交换机	光口数量：　传输速率：	
		电口数量：　传输速率：	

操作员站可以采用工控机，也可以采用商用计算机产品。由于市场的开放性，操作员站可灵活选择，并且随着电子产品的快速发展，其更新换代周期较短，宜按照年度最优的配置参数采购。

PLC 网络数据存储服务器的配置，也宜符合表 7-14 中的参数项目要求，宜按照市场上商用服务器的中高档配置参数采购。

其他外围设备，包括打印机、大尺寸显示设备等，均宜按照开放的商业或工业产品品牌选择，有更好的通用性，价格合理，维护方便。

（二）控制处理器设置

PLC 设备的控制处理器性能，可以分为小型机、中型机和大型机。

（1）小型机。通常 I/O 点数小于 256 点，单 CPU，存储器通常小于 4KB。这类 PLC，具有基本的控制功能和一般的运算能力，工作速度比较低，能带的 I/O 模块的数量比较少，或多为集装一体机形式。

（2）中型机。通常 I/O 点数为 256～2038 点。这类 PLC，具有较强的控制功能和较强的运算能力。不仅能完成一般的逻辑运算，也能完成比较复杂的三角函数、指数和 PID 运算，工作速度比较快，能带的 I/O 模块的数量比较多，I/O 模块的种类也比较齐全。

（3）大型机。通常 I/O 点数大于 2038 点。这类 PLC，具有强大的控制功能和强大的运算能力，可以完成规模很大的控制任务，在联网中一般做主站使用，不仅能完成逻辑运算、三角函数运算、指数运算和 PID 运算，还能进行复杂的矩阵运算，工作速度很快，能带的 I/O 模块数量很多，I/O 模块的种类很全。

PLC 的 CPU 选择应与控制系统 I/O 容量、用户程序相匹配。对一些重要的辅助车间（系统）控制系统，如除灰、除渣、综合水泵房等，PLC 宜采用双机热备配置，以保证工艺系统运行的连续性、可靠性。对于一些控制对象分布较广的辅助车间（系统）（如除灰、除渣、运煤系统），宜采用远程I/O技术，将I/O模件柜就近安装在工艺过程现场。此时应对远程I/O模件及安装机柜的工作环境提出具体要求，包括防尘、防水、抗干扰能力等。

各辅助车间（系统）的PLC设备应通过网络通信模块接入网络交换机，进而连接本地操作员站计算机，以及上层监控网络系统。如为双网冗余配置，则要配置冗余的网络通信模块和冗余交换机，通过冗余的通信电缆连接。

（三）PLC卡件的设置

小型PLC设备通常为集成式一体机型式，大中型PLC硬件多采用模块式，组装在机架或背板插槽中。因此，PLC子系统的设计，需要选择合适的机架背板、I/O卡件，配套相应的电源模块、I/O通信适配模块、以太网通信模块及连接附件等。

在I/O卡件的配置过程中，除了考虑工艺过程I/O分类、数量及选择卡件通道数外，还应考虑PLC硬件设备的能力。

1. 背板、插槽的匹配

例如，对于本地I/O系统的16插槽底板，支持最多14个用于I/O模块的插槽。每个CPU、I/O模块等都需要从底板获得电源。需要将本地底板中所有模块所需的电流加起来（单位为mA），并确保总电流小于所选电源的电流。

本地I/O分站中的一个CPU可处理的I/O寻址输入字和I/O寻址输出字，也是一个参数指标。需要将每个模块的寻址字符数加起来，以确保没有超过限值。

硬件基本性能及解决方案需要查阅设备手册或由产品技术人员指导处理。

2. 以太网通信模块的数量

在双网冗余配置的系统中，网络故障切换不会导致PLC子系统的2台CPU切换的网络结构，需要在每台CPU下配置2个以太网接口，实际可以是2个以太网模块，或可以是集成在CPU上的1个以太网接口，结合1个以太网模块构成。这样配置的冗余以太网接口分别连接至冗余设置的交换机上，每台交换机分别连接至上层网络交换机，形成高可靠性的双网冗余网络连接形式。

（四）机柜设置

1. 机柜的设置要求

PLC控制柜和I/O机柜宜靠近控制对象布置，减少电缆用量和施工工程量。1套大中型规模的PLC子系统，机柜通常包括电源柜、控制器柜、I/O机柜。

（1）电源柜安装PLC控制系统设备电源配电装置、必要的UPS装置等。

（2）中、大型规模的PLC控制系统均采用机架式安装，控制器柜则主要用于安装PLC控制系统的控制处理器CPU、配套的电源模块、通信模块等，包括安装机架背板及网络交换机设备。

（3）PLC控制系统的I/O机柜用于安装机架背板、I/O卡件、电源模块、通信适配模块、输出继电器、信号接线端子板等设备。PLC控制系统的I/O机柜依照监控信息量，可采用多面I/O机柜配置方式。I/O机柜宜按照工艺系统的独立性、关联性、现场设备布置的区域性等因素进行配置。

1）具有相对独立性的两个工艺过程，限于系统的大小和区域划分的因素，由一对控制器完成控制功能的，宜分别设置I/O机柜，便于检修、维护及管理。

2）在同一控制器下，但限于区域划分和设备布置分散的原因，需要采用远程I/O方式时，宜设置单独的I/O机柜，尽量靠近各自的工艺设备布置，以节约电缆量和安装工程量。

3）I/O机柜，宜按照每面机柜不超过300～500点I/O信号的原则设置。

4）对于较小型的PLC控制系统，在机柜安装空间满足要求的情况下，控制器和I/O模件可以安装在同一面机柜内。

2. 机柜的技术要求

（1）机柜应有满足安装环境的防尘、防滴水、防腐、防潮、防结露要求。

（2）机柜的防护等级宜按照安装环境分为电子设备间内满足IP52、主厂房及辅助车间内满足IP54、室外露天满足IP56。电源柜等外形尺寸宜按照标准机柜为2200mm×800mm×600mm（高×宽×深），网络机柜由于受限于大型服务器尺寸影响，可以适当放大。

（3）机柜柜门应有导向式门封垫条，端子排布置在易于安装接线的地方，宜与柜底的距离不少于300mm。电源柜端子和机柜的内部接线需根据电源容量配置。

（4）对于正面不需开孔安装仪表与控制设备的机柜，宜采用厚度为2.5mm的钢板；对于正面需开孔安装仪表与控制设备的机柜，其正面可采用厚度为3.0mm的钢板。

（5）柜内应保留一定数目（10%～15%）的端子空位及10%～15%的线缆槽位备用裕量，以便少量设备增补时使用。

（6）非金属器件如端子排、导线、电缆绝缘、导线支架、电缆连接件、油漆或其他外套及类似物质要采用非燃烧型、阻燃型、自熄火型材料制成，不能使用助燃型材料，或引起火焰蔓延的材料。

（7）柜内的端子至少满足接入截面面积为2.5mm^2

的电缆，电源端子需要依照配电电源容量相适应的电缆截面配置。

（8）柜内电源开关、继电器、交流接触器、双路电源自动切换装置等应考虑足够的安装及操作空间，合理布置。

（9）机柜材质、表面的处理方式、色标等应该注意按照工程的统一规定执行。

（五）备品备件及专用工具

（1）火力发电厂设计中，所有硬件是制造厂的标准产品或标准选择件。通常要求 PLC 控制系统硬件采用同一系列的最新产品，保持全厂选型一致，以便减少备品备件数量和维护工作量。

（2）生产期备品备件通常按照 PLC 控制系统硬件的配置情况，考虑 5%的备用量，主要硬件可以考虑不足一件备一件，以便满足现场设备或元件损坏时的快速更换。PLC 设备主要包括各类 I/O 卡件、电源模块、CPU 单元、远程通信模块、继电器等。PLC 网络设备的备品备件通常包括光纤耦合器、光纤跳线、光纤接线盒等。

（3）考虑市场的开放性，有些易于采购的硬件设备也可以不备用。

（4）由于长期存放的电子产品容易发生故障和损坏，可设置热备用的备品备件柜，其配置包括机柜、各类模件等，在备品备件储存间内，机柜长期带电，各备品备件带电储存，可以直接分辨出备品备件的正常状态，避免使用已损坏的备件，延长了设备维修时间。

（5）专用工具通常包括网络通信测试设备、网线钳、安装维护专用工具。对于 PLC 网络及系统调试，还可以配置安装有专用软件、系统软件的作为维护编程专用的笔记本电脑。

六、设备布置与安装

PLC 设备的布置以靠近现场设备为原则，减少电缆用量及安装工程量。PLC 设备及其计算机，应尽量安装在区域性规划的就地电子设备间内，避免 PLC 设备受到电磁干扰、振动干扰及户外天气条件影响，延长设备使用寿命。

PLC 机柜、操作员站等的布置方式及安装方法具体见本手册第三章的相关内容。

七、常见设计方案举例

1. PLC 控制系统网络

下面以某工程为例，说明如何根据技术规范中对于 PLC 控制系统网络设置、监控范围、辅助监控点规划及功能、人机界面设置、外部通信规划等方面的具体技术要求，形成相应的网络构架图。

（1）控制水平。本工程装设 2×600MW 超临界直接空冷燃煤机组，采用炉、机、电及辅助车间（系统）集中控制方式，两台 600MW 机组合设一个集中控制室，位于两台机组之间集中控制楼运转层。

（2）控制方式。该工程各辅助车间（系统）均采用 PLC 实现控制功能，并采用联网集中监控方式，辅助车间监控网采用 1000M 工业以太网（光纤），通信网络冗余配置，监控点设在主厂房集中控制室，即在辅助车间（系统）监控网的操作员站上完成对凝结水精处理系统、锅炉补给水处理系统、净化站及综合水泵房、污废水处理、制氢站、液氨贮存车间、除灰、电除尘器（低压部分）、运煤等系统的监视与控制。

（3）监控点设置要求。该工程设置 3 个临时监控点，分别为水系统监控点（位于锅炉补给水处理车间旁化验楼内，包括对补给水处理系统、净化站及综合水泵房系统的就地集中监控）；灰系统监控点（位于锅炉后除灰综合楼内，包括除灰系统、电除尘器控制低压部分的就地集中监控）；运煤系统监控点（位于运煤综合楼内，包括运煤系统、煤水处理系统及煤场雨水泵房等设备的就地集中监控）。

（4）人机接口的要求。为在系统调试、启动初期及生产巡检时方便运行操作，各辅助车间程控系统还设有各自的监控上位机或便携式笔记本电脑。

根据以上条件，对应的 PLC 控制网络构架如图 7-4 所示。

2. PLC 子系统（过程控制站）的设计

根据工艺过程相关性、车间布局、工艺过程规模及监控要求，规划辅助监控点操作员站数量和功能、规划车间操作员站的数量和功能、统计工艺过程监控的 I/O 数量、选择配置 CPU 的规格和热备需求，从而确定 PLC 子系统的配置。某工程实例 2×600MW 火力发电机组的辅助车间（系统）程序控制系统配置见表 7-15。

3. PLC 子系统硬件配置

在 PLC 子系统 I/O 信号分类统计的基础上，配置 PLC 的 I/O 卡件等硬件设备。

凝结水精处理程序控制 PLC 设备清单，按照 1 号机组设备、2 号机组设备、再生等公用设施分开配置 PLC 卡件及分配机柜，按某工程实例 2×600MW 填写详细内容，见表 7-16。

按照某工程实例，凝结水精处理车间 PLC 控制系统操作员站软硬件清单见表 7-17。

4. 辅助车间（系统）PLC 监控网络的配置

辅助车间（系统）PLC 监控网络配置的工程实例见图 7-5（见文后插页）。

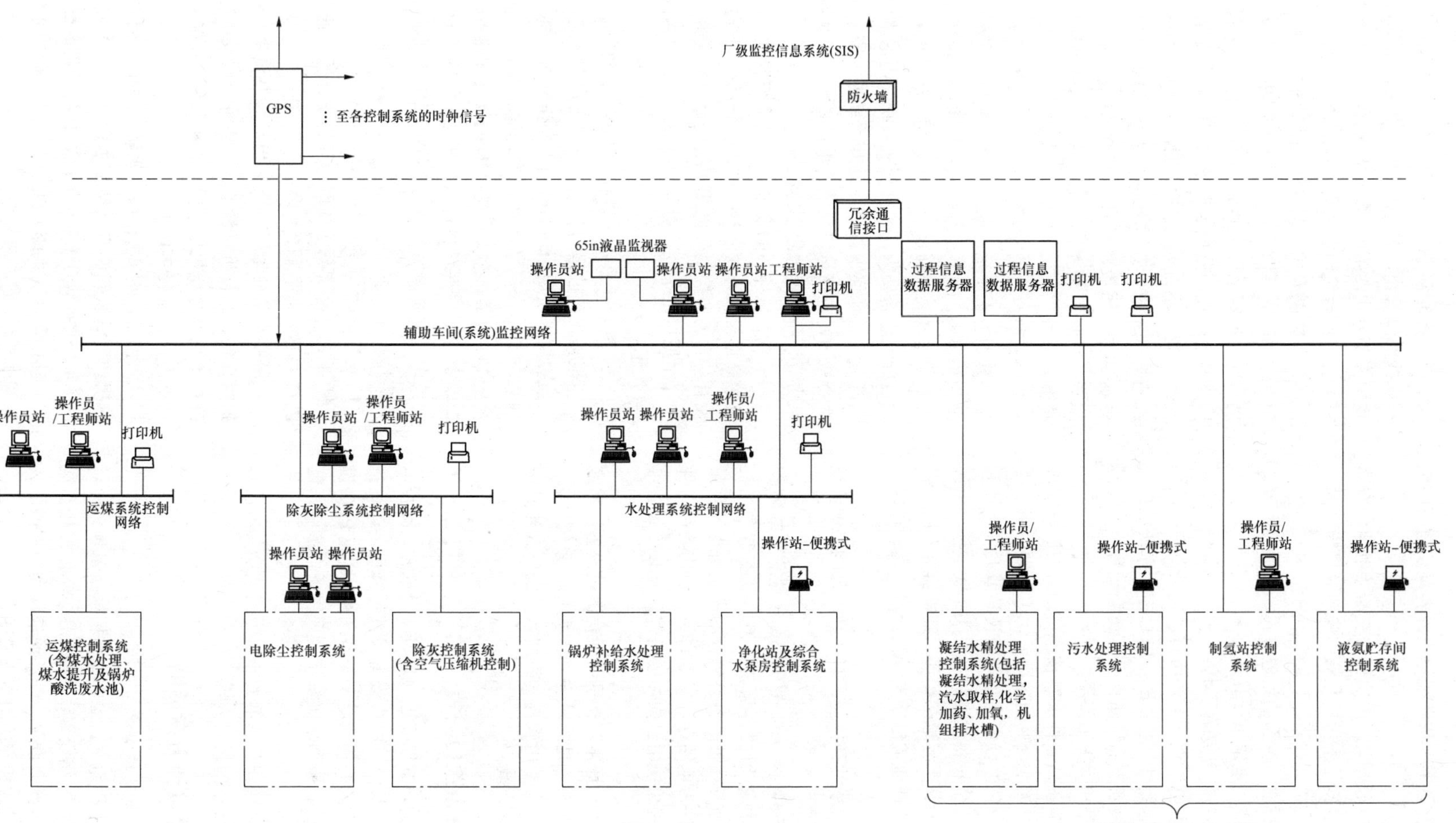

图 7-4 辅助车间（系统）PLC 控制网络构架示例

表 7-15 工程实例 2×600MW 火力发电机组的辅助车间（系统）程序控制系统配置

序号	项目	工艺系统范围	PLC 配置	I/O 点数	车间上位机	辅助监控点，操作站
1	水系统网络	锅炉补给水处理系统	CPU 双机热备	850 点	—	有，3 台
2		（1）净化站； （2）综合水泵房设备	CPU 双机热备	400 点	1 台，便携式	
3	凝结水精处理系统	1 号机混床、2 号机混床、再生单元、汽水取样及机组排水槽、化学加药系统、化学加氧系统	CPU 双机热备	1350 点	1 台	—
4	污废水处理区域	生活污水处理系统 工业废水、化学废水处理系统	单 CPU	330 点	1 台，便携式	—
5	制氢站系统	制氢站区域	单 CPU	150 点	1 台	—
6	尿素溶解系统	尿素溶解车间	单 CPU		1 台	—
7	灰系统网络	飞灰输送系统 空气压缩机系统	CPU 双机热备	980 点	—	有，灰网 2 台，电除尘 2 台
		电除尘设备（电气专业）	—	—	—	
8	运煤系统	运煤系统（电气专业）	CPU 双机热备	2100 点	—	有，4 台
		煤水处理系统	远程 I/O 纳入输煤	165 点	无	

表 7-16 某工程实例凝结水精处理程控 PLC 设备清单

序号	名 称	型式规范[①]	单位	数量	备注
一	1 号机组设备				
1	电源模块		块	2	
2	远程通信模块		块	2	
3	16 槽机架		块	2	
4	32 点 DI 模块		块	8	
5	32 点 DO 模块		块	6	
6	16 路 AI 模块		块	4	
7	8 路 AO 模块		块	1	
8	端子模块		块	19	
9	远程 TAP 接头		块	4	
二	2 号机组设备				
1	电源模块		块	2	
2	远程通信模块		块	2	
3	16 槽机架		块	2	
4	32 点 DI 模块		块	8	
5	32 点 DO 模块		块	6	
6	16 路 AI 模块		块	4	
7	8 路 AO 模块		块	1	
8	端子模块		块	19	
9	远程 TAP 接头		块	4	
三	再生及公用系统				

续表

序号	名　称	型式规范[①]	单位	数量	备注
1	CPU 模块		块	2	
2	冗余光缆		根	1	
3	CPU 机架		块	2	
4	以太网模块		块	4	
5	远程模块		块	2	
6	远程分离器		块	2	
7	电源模块		块	5	
8	远程通信模块		块	3	
9	16 槽机架		块	3	
10	32 点 DI 模块		块	11	
11	32 点 DO 模块		块	6	
12	16 路 AI 模块		块	7	
13	8 路 AO 模块		块	2	
14	端子模块		块	26	
15	远程 TAP 接头		块	6	
四	网络设备				
1	终端电阻		块	2	
2	远程 F 接头		盒	6	
3	编程软件包		套	1	
4	远程电缆		卷	1	
5	继电器		个	560	满足实际用量
6	光纤中继器		块	4	
7	光缆		m	300	满足实际用量
五	控制盘柜				
1	控制柜	2200mm×800mm×600mm	台	6	包括柜内设备
2	电源柜	2200mm×800mm×600mm	台	1	包括柜内设备
3	UPS	6kVA	台	1	
4	电源切换装置		套	1	

① 型式规范由各设备厂产品型号确定。

表 7-17　　某工程实例凝结水车间 PLC 系统操作站软硬件清单

序号	名称	规格型号	单位	数量	备注
1	显示屏	22in LCD 黑色边框	台	1	
2	操作员站主机		台	1	
3	网络交换机	2 光口 6 电口	台	2	
4	监控软件	无限点、开发版	套	1	
5	操作系统	windows XP	套	1	

续表

序号	名称	规格型号	单位	数量	备注
6	应用软件		套	1	程序控制商开发提供
7	操作台	1200mm×900mm×760mm	面	1	
8	座椅		把	2	

第三节　安全相关系统

一、概念

（一）安全相关系统概念

IEC 61508《电气/电子/可编程电子安全相关系统的功能安全》对安全相关系统（safety-related system）进行了标准定义，所指的系统必须能实现要求的安全功能以达到或保持受控设备（EUC）的安全状态，并且自身或与其他电气/电子/可编程电子安全相关系统、其他技术安全相关系统或外部风险降低设施一道，能够达到要求的安全功能所需的安全完整性。

IEC 61508 标准体系关注的电气/电子/可编程电子（E/E/PE）安全相关系统，在不同应用领域有不同的名称和内涵。在过程工业领域一般称为安全仪表系统（safety instrument system，SIS），在火力发电厂内，以往工程也会称为故障安全系统（fail safe system）或功能安全系统（functional safety system）。功能安全系统的应用是为了减少危险事件发生的概率，或降低危险事件造成的损坏程度，最终实现要求的安全目标。例如，在火力发电厂中，炉膛安全系统（FSS）的功能是当锅炉发生危险情况（如炉膛压力过高）时紧急动作，使锅炉安全地停下来。因此，FSS 具有功能安全系统的特征。功能安全研究的对象是与人身和财产的安全密切相关的系统，包括安全控制系统和安全保护系统两大类，国际上统称为安全相关系统。当危险事件发生时，安全相关系统将采取适当的动作和措施，防止被保护对象进入危险状态，避免危及人身安全，保护设备和财产不受损失。

（二）安全相关系统的标准与规范

国际电工委员会（IEC）的功能安全基础标准 IEC 61508，提出了安全完整性等级（safe integrated level，SIL）的概念。随后又颁布了针对过程工业的 IEC 61511《过程工业领域安全仪表系统的功能安全》，与其相对应的 GB/T 20438《电气/电子/可编程电子安全相关系统的功能安全》，以及 GB/T 21109《过程工业领域安全仪表系统的功能安全》，相继发布并开始实施。

DL/T 5428—2009《火力发电厂热工保护系统设计技术规定》中 5.3.1，明确提出了“炉和机保护系统（即 FSS 和 ETS）可采用安全相关系统（当采用安全相关系统时，宜采用经认证的，符合 GB/T 20438.1、GB/T 20438.2、GB/T 20438.3 和 GB/T 21109.1 要求的，对应高要求或连续操作模式下安全完整性等级为 SIL3 级的安全相关系统）”。

GB 50660—2011《大中型火力发电厂设计规范》中 15.6.2 提出，火力发电厂锅炉和汽轮机的跳闸保护系统可采用电子逻辑系统或继电器硬逻辑系统，系统宜采用经认证的、SIL3 级的安全相关系统。安全相关系统应符合 GB/T 20438《电气/电子/可编程电子安全相关系统的功能安全》和 GB/T 21109《过程工业领域安全仪表系统的功能安全》的有关规定。

（三）安全相关系统在国内、外火力发电厂的应用情况

DL/T 5428《火力发电厂热工保护系统设计技术规定》和 GB 50660《大中型火力发电厂设计规范》相继颁布后，国内陆续有一些项目在建设中开始要求采用具有安全功能的可编程控制系统（DCS 或 PLC），但仍然处于尝试应用阶段，大多数项目仅仅是控制系统本身采用了安全相关系统，仪表和执行元件采用常规设备，而且没有进行相应的评估和分析。

但是在国外，尤其是 IEC 61508/IEC 61511 发布后，很多欧美国家已经将经过认证的安全相关系统应用于火力发电厂作为强制性规定，在国家法规的层面规范了安全要求。

在亚洲的一些国家，包括一些欠发达的东南亚国家，由于其选择的技术咨询公司是欧洲或美国的一些国际知名的工程咨询公司，因此无论机组容量大小，均要求承包商提供经过认证的安全相关系统用于火力发电厂锅炉和汽轮机的保护系统。

上述情况表明，安全相关系统作为保证火力发电机组安全可靠运行的主要系统配置，在世界范围内的火力发电厂中得到了广泛认可和应用，而在我国火力

发电厂的应用尚处于起步阶段。

二、安全相关系统及配置

（一）安全相关系统

1. 安全相关系统的定位

在 IEC 61511/GB/T 21109 中，针对过程行业的特点和特性，提出了过程工业领域典型的风险降低模型，即著名的洋葱模型，如图 7-6 所示。

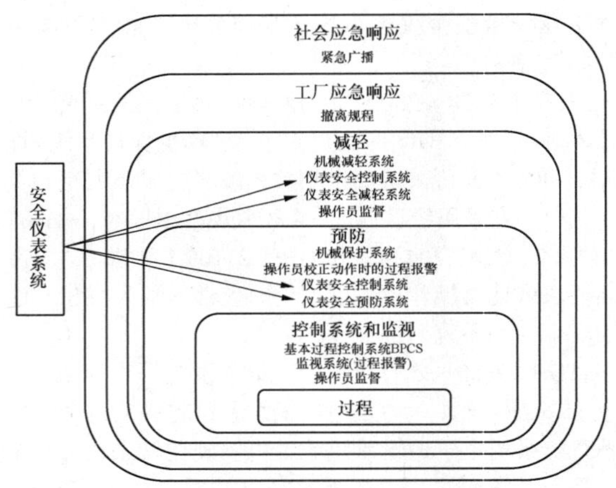

图 7-6　过程工业领域中的典型风险降低方法

按照上述模型的概念，火力发电厂的锅炉和汽轮机保护系统，作为工艺过程的预防和减轻措施，属于安全仪表系统即安全相关系统的范畴，保护系统（包括整个安全仪表回路上的传感器、I/O 通道、控制器、执行器等）与基本控制系统（BPCS）保持一定的独立性，才能保证安全仪表系统的安全完整性等级，否则需要考虑两套系统共因失效的因素。

同时还应注意到，安全仪表系统作为整个工艺过程风险降低方法之一，与其他机械保护措施、人员操作处置等保护措施共同构成相应的预防和减轻保护层，在设计过程中的各专业间应互相配合且统一考虑，如图 7-7 所示。

2. 安全仪表系统的定义与基本概念

在过程工业领域功能安全标准 IEC 61511/GB/T 21109 中，对安全仪表系统（SIS）定义为用来实现一个或几个仪表安全功能（SIF）的仪表系统。SIS 可以由传感器、逻辑解算器和最终元件的任何组合组成。

安全仪表系统结构如图 7-8 所示。

安全仪表系统标准 GB/T 21109 与 GB/T 20438 的关系与区别应用，如图 7-9 所示。

对于火力发电厂安全仪表系统应用，相应的设备制造商与供应商应该遵循 GB/T 20438，而设计师、集成商与最终用户在遵循 GB/T 20438 的基础上，还应执行 GB/T 21109 的子标准。

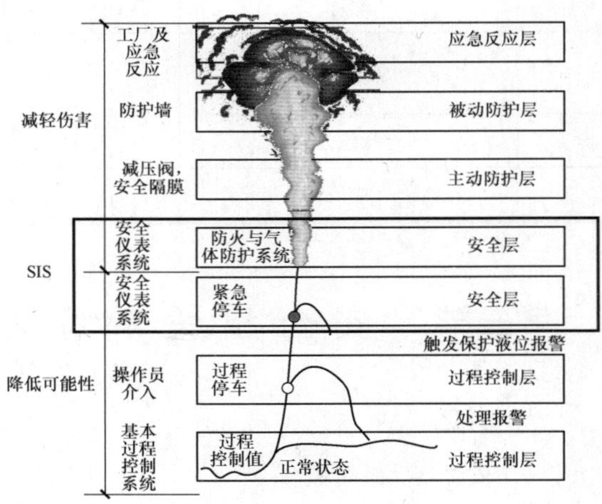

图 7-7　工艺过程保护层示例

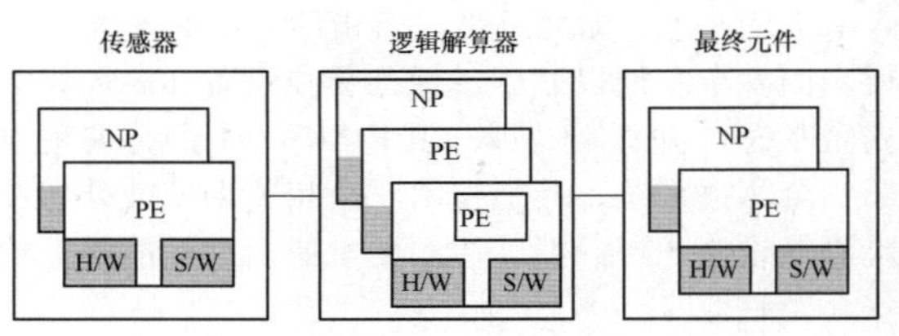

图 7-8　SIS 结构示例（GB/T 21109.1）

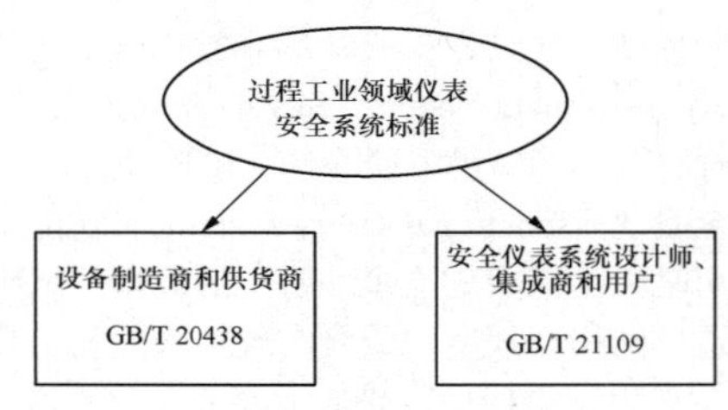

图 7-9　GB/T 21109 与 GB/T 20438 的关系

安全仪表系统的应用，两个基本概念贯穿始终，即安全生命周期与安全完整性等级 SIL。安全生命周期是指从项目概念阶段开始到所有的仪表安全功能不再适用时为止所发生的、包含在仪表安全功能实现中的必要活动。安全完整性等级 SIL 是指用来规定分配给安全仪表系统仪表安全功能的安全完整性要求的离散等级。SIL1、SIL2、SIL3、SIL4 表示安全完整性等级由低到高，其中 SIL4 是安全完整性的最高等级，SIL1 为最低等级。

安全生命周期的概念，规范了安全仪表系统在项目设计、建设、生产、运维、停产、退出等全生命周期内所需要进行的安全活动。安全仪表系统不是一套一劳永逸的系统，在工程项目的不同阶段，都应按符合规范的既定流程，进行相应的规划、设计、评估、审核、修改等各类安全活动。

而安全完整性等级 SIL，则是对安全仪表系统的量化分级。SIL 等级通过仪表安全功能的目标失效量来划分，根据安全相关系统的使用方式，又分为低要求模式（安全功能动作频率小于或等于 1 次/年）和高要求或连续模式（安全功能动作频率大于 1 次/年）两种方式。对于不同应用场合的安全相关系统，应根据实际情况对照应用。对于过程工业应用领域，大部分安全相关系统均适用于低要求模式。而火力发电厂紧急停机或紧急停炉系统，从实际应用上看，其安全功能动作频率也是低于 1 次/年的，因此适用于低要求模式。

表 7-18 和表 7-19 为安全完整性等级 SIL 在不同操作模式下对应的失效概率或失效频率数据。

表 7-18　安全完整性等级要求时的失效概率

低要求操作模式		
安全完整性等级 SIL	要求时的目标平均失效概率	目标风险降低
4	$\geqslant 10^{-5} \sim < 10^{-4}$	＞10000～≤100000
3	$\geqslant 10^{-4} \sim < 10^{-3}$	＞1000～≤10000
2	$\geqslant 10^{-3} \sim < 10^{-2}$	＞100～≤1000
1	$\geqslant 10^{-2} \sim < 10^{-1}$	＞10～≤100

表 7-19　安全完整性等级仪表安全功能（SIF）的危险失效频率

高要求或连续操作模式	
安全完整性等级 SIL	执行仪表安全功能的目标危险失效频率（每小时）
4	$\geqslant 10^{-9} \sim < 10^{-8}$
3	$\geqslant 10^{-8} \sim < 10^{-7}$
2	$\geqslant 10^{-7} \sim < 10^{-6}$
1	$\geqslant 10^{-6} \sim < 10^{-5}$

从另外一个角度来分析，IEC 61508 所提出的降低安全相关系统风险的两大方面——降低硬件退化机理导致的随机失效，以及避免由于人为因素导致的系统失效。前者通过安全完整性等级 SIL 来保证，而后者则通过安全生命周期的安全活动来进行规范化管理。上述两方面同等重要，缺一不可。

（二）安全相关系统配置

根据安全仪表系统的标准定义，在火力发电厂的应用环境中，一个典型的安全相关系统，应该由传感器、逻辑解算器、控制系统（包括控制器及 I/O 等）、执行器共同组成（见图 7-10），而只在系统中某一环节上采用了具有安全功能的设备，还不能称为安全相关系统。

对于安全相关系统内每个仪表安全功能，组成该仪表安全功能的每个装置均应按照确定的安全完整性等级来配置，以此才能达到该仪表安全功能的 SIL 等级，以图 7-10 所示的仪表安全功能为例，在要求模式下的 SIL 等级由要求时的失效概率（PFD）来确定，则

$$PFD_{仪表安全功能}=PFD_{传感器}+PFD_{逻辑解算器}+PFD_{执行器}$$

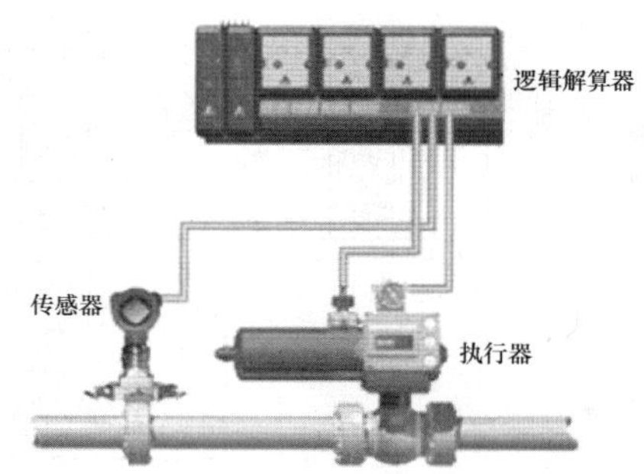

图 7-10　典型安全相关系统配置（一个仪表安全功能）

由此推算，一个仪表安全功能，如果逻辑解算器（包括 I/O）与执行器均达到 SIL3 等级，但传感器为 SIL2 等级，则该仪表安全功能的安全完整性等级为 SIL2，即回路内最低 SIL 等级的装置决定了该回路的 SIL 等级。

此外，可以用几个较低安全完整性等级的系统来满足一个较高等级功能的需要，如使用几个 SIL2 或 SIL1 的系统通过相应的冗余配置共同满足一个 SIL3 功能的需要。该方式为安全相关系统的配置提供了更为灵活的方法，但是在设计时应考虑共因失效的因素。

三、安全相关系统的设计

安全相关系统最重要的两个基本概念——安全生命周期与安全完整性等级，是安全相关系统区别于常规控制系统的主要特征，安全相关系统的所有有关活动（包括规划、设计、实施、运行、停运退出等），必须在安全生命周期框架内按照相应的标准规范进行，只有这样才能保证该安全相关系统满足一定的安全完整性等级。所以，安全相关系统的设计应符合安全生命周期的整体要求。

（一）整体安全生命周期

整体安全生命周期提出的目的是系统安排为达到要求的安全完整性等级所需的全部工作。GB/T 20438 提出的整体安全生命周期技术框架如图 7-11 所示。

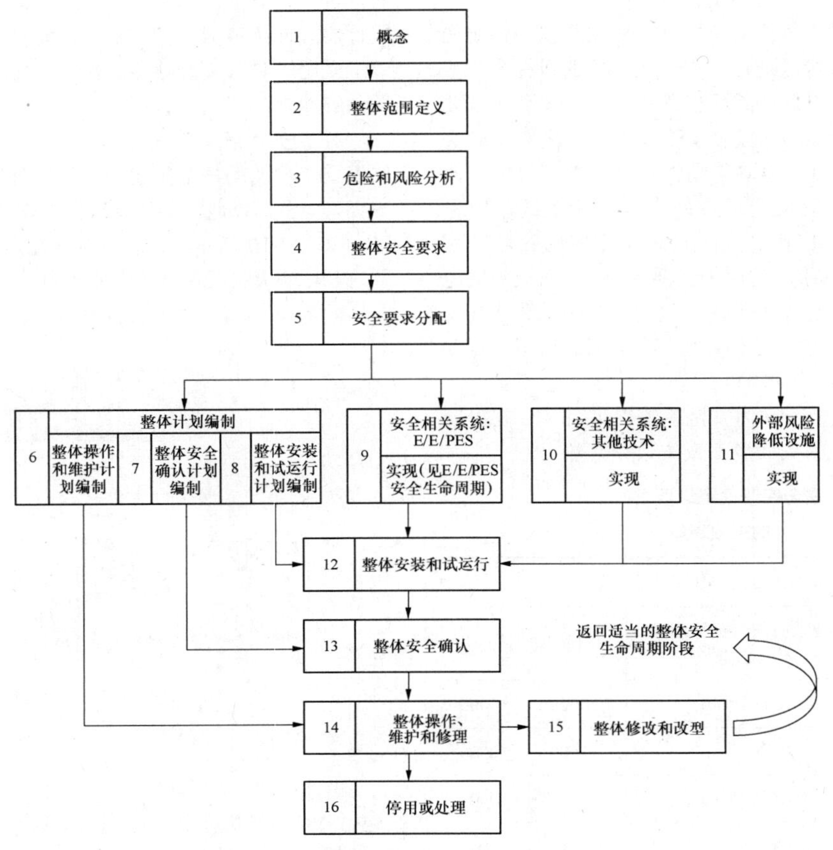

图 7-11 整体安全生命周期框架

上述整体安全生命周期包含的风险降低方法除了E/E/PE 安全相关系统之外，还有其他技术安全相关系统及外部风险降低措施。

同时，整体安全生命周期的概念要求在进行安全相关系统设计或实施前，应先编制整体的安全计划，并且定义满足有关标准要求的安全生命周期，这是指导后续所有安全活动的基础。

（二）安全仪表系统（SIS）的安全生命周期

针对安全仪表系统（SIS），GB/T 21109 进一步规范了其安全生命周期的各个阶段及该阶段需要进行的安全活动，如图 7-12 所示。

从 SIS 安全生命周期各阶段的工作内容来看，与设计有关的工作，主要是指在 SIS 安全生命周期的 1～4 阶段，即危险和风险评估、保护层安全功能分配、SIS 安全要求规范、SIS 设计和工程。

（三）安全相关系统的设计步骤

根据上述标准所规定的安全生命周期各个阶段及所需进行的安全活动，火力发电厂安全相关系统应按以下步骤进行设计。

1. 危险和风险评估

SIS 安全生命周期的第一阶段工作，即安全相关系统设计的第一步，就是对工艺系统进行危险和风险评估，以确定过程及相关设备的危险和危险事件、导致危险事件的后果、与危险事件相关的过程风险、风险降低和要达到必要的风险降低所需要的安全功能要求。

进行危险和风险评估，应采用国内外及行业内被普遍认可的分析方法，总体上可分为定性、定量和半定量三种。具体有 FMEA（失效模式与影响分析）、FTA（故障树分析）、ETA（事件树分析）、LOPA（保护层分析）、HAZOP（危险和可操作性分析）等分析方法。无论选用哪种方法，都需要经验丰富的技术团队和可靠的数据来源，才能确保风险分析达到预期的目的。系统化地完成前期的风险分析工作之后，提出切合实际的安全功能和 SIL 等级，才能为后期的详细系统设计提供有效的指导。

常用的 HAZOP 分析是针对系统与操作性问题，辨识其对人员、设备的潜在性风险，保证操作有效性

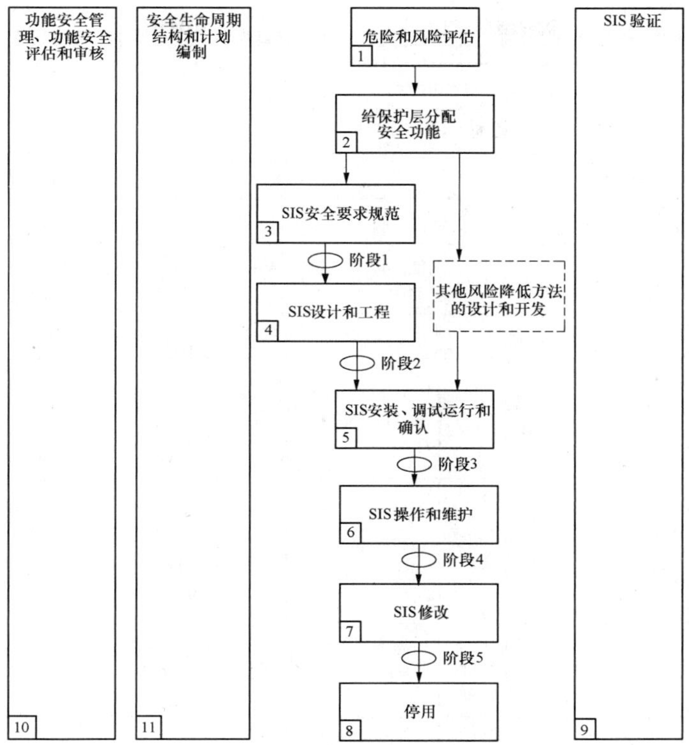

图 7-12 SIS 安全生命周期阶段和功能安全评估阶段

的一套结构化的、系统性的分析方法。它的特点是以“引导词”为分析主体，以“分析会议”形式进行。会议期间，专业小组在分析组长的引导下，使用一套核心引导词识别对系统设计目的的偏离，对工艺系统进行全面系统地检查。该技术旨在利用系统的方法激发参与者的想象力，识别危险与可操作性问题。

HAZOP 的具体分析过程，如图 7-13 所示。

HAZOP 分析工作表示例，见表 7-20。

HAZOP 分析的关键点，首先是工作小组的组建。一个典型的工作小组，应该由组长、记录员、设计人员、用户、专家、维护人员等组成。HAZOP 分析的成功很大程度上取决于分析组长的能力和经验，以及小组成员的知识、经验和合作。因此作为 HAZOP 分析小组的组长，应该是受过训练的、具有丰富经验的专业人员，一般是由经过认证的功能安全工程师或功能安全专家来担任。

针对火力发电厂机炉保护安全系统的实际应用，首先应由建设方牵头组织有关各方组成评估小组，对机炉保护系统进行危险和风险评估工作。评估工作参与方应包括至少以下有关单位：汽轮机厂、锅炉厂工艺、仪表与控制专业工程师；设计院工艺、仪表与控制专业工程师；电厂工艺、仪表与控制、运行、安全专业工程师；功能安全专业认证工程师或专家。评估小组涵盖上述各相关单位及专业，才能保证整个评估

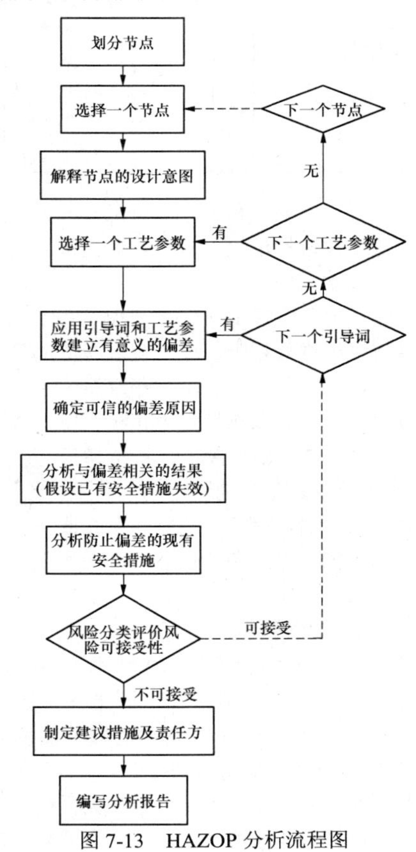

图 7-13 HAZOP 分析流程图

表 7-20　HAZOP 分析工作表示例（引自安监总局《危险与可操作性分析方法应用指南》）

分析题目：过程示例								表页：1/2	
图纸编号：				修订号：				日期：	
小组成员：LB、DH、EK、NE、MG、JK								会议日期：	
分析部分：从供料罐 A 到反应器的输送管道									
设计目的：		物料：A 来源：装有原料 A 的供料罐			功能：以大于物料 B 的输送速率连续输送 目的地：反应器				
序号	引导词	要素	偏差	可能原因	后果	安全措施	注释	建议安全措施	执行人
1	无	物料 A	无物料 A	物料 A 供料罐是空的	没有物料 A 流入反应器；爆炸	无显示	情况不能被接受	考虑在物料 A 供料罐安装一个低液位报警器外加液位低/低联锁停止泵 B	MG
2	无	输送物料 A（以大于输送物料 B 的速率）	没有输送物料 A	泵 A 停止；管路堵塞	爆炸	无显示	情况不能被接受	物料 A 流量的测量，外加一个低流量报警器，以及当物料 A 低流量时联锁停泵 B	JK
3	多	物料 A	物料 A 过量使罐溢出	当没有足够的容量时，向罐中加料	物料从罐中溢出到边界区域	无显示	备注：可以通过对罐的检测加以识别	如果没有预先被识别出来，考虑高液位报警	EK
4	多	输送物料 A	输送过多；物料 A 流速增大	叶轮尺寸选错；泵选型不对	产量可能减少；产品中将含过量的物料 A	无		在试车时检测泵的流量和特性；修改试车程序	JK
5	少	物料 A	更少的物料 A	物料 A 供料罐液位低	不适当的吸入压头；可能引起涡流并导致爆炸；流量不足	无	不可接受	在物料 A 供料罐安装一个低液位报警器	MG

工作有效开展，各危险和风险源被充分辨识，并且保证整个评估工作依规进行，从而才能使评估结果具有说服力与权威性。

在火力发电厂进行 HAZOP 分析，其中的节点可根据各个子系统进行划分，如汽轮机润滑油系统、主蒸汽系统、再热蒸汽系统、轴封蒸汽系统等，分析中涉及的目标偏差，可以包括压力超高、压力超低、温度超高、温度超低、液位超高、液位超低等。

HAZOP 分析方法作为常用的危险分析方法之一，也是有其局限性的，对于一些复杂系统或特殊系统，可以应用 HAZOP 方法和其他分析方法相结合的办法进行分析。

2. 安全功能分配

通过风险分析，确定了工艺过程的各个危险事件，则需要进行安全功能分配，即给保护层分配安全功能、确定仪表安全功能及确定每个仪表安全功能相关联的安全完整性等级 SIL。

该阶段的首要工作是考虑安全相关系统以外的其他风险降低措施，即保护层洋葱模型中的降低风险措施，当其他风险降低措施均已考虑，仍无法达到要求的安全目标时，则考虑通过与危险事件对应的仪表安全功能降低风险。

确定通过仪表安全功能降低危险事件的风险之后，需要确定仪表安全功能的安全完整性等级 SIL。对于每个仪表安全回路的 SIL 等级分析，也有不同的方法，在此用风险矩阵图的方法举例，见表 7-21。

表 7-21　风险矩阵图简表

危害程度	频率			
	很低（20 年以上）	低（4～20 年）	中（0.5～4 年）	高（0～0.5 年）
轻微	—	DCS 报警	DCS 联锁	DCS 联锁
轻	DCS 报警	DCS 联锁	SIL1	SIL2
中	DCS 联锁	SIL1	SIL2	SIL3
大	SIL1	SIL2	SIL3	SIL4
重大	SIL2	SIL3	SIL4	SIL4

风险矩阵图是基于危险事件的后果和发生频率而建立的一种关系图表，通过对于每项危险事件采用上述风险矩阵图方式进行分析，确定该危险事件所对应的仪表安全回路的 SIL 等级。对于火力发电厂安全相关系统的 SIL 分析，风险矩阵图对应的危害程度和发生频率的等级划分，应根据具体工程由安全专业人员和其他相关专业人员协商确定。

3. SIS 安全要求规范（SRS）

经过危险和风险评估及仪表安全功能 SIL 分析，确定安全相关系统内各个仪表安全功能的 SIL 等级，即开始本阶段工作，编制安全仪表系统 SIS 的安全要求规范。

SIS 安全要求规范是整个安全生命周期内的重要一环，它首先是对危险分析和 SIL 分析工作成果的总结和细化，具体划分整个安全相关系统的各个安全回路，规定各个回路的 SIL 等级，制定安全相关系统的性能指标要求，并提出其他系统测试、维护、验证等方面的安全要求，从而指导后续 SIS 设计与工程实施及安全生命周期内的其他安全活动。

SIS 安全要求规范还应包括软件安全要求规范，这方面的要求应根据整体安全要求规范及所确定的 SIS 结构推导出来。

火力发电厂与 SIS 安全要求规范相关的技术规范书中至少包括汽轮机紧急跳闸系统（ETS）技术规范书、炉膛安全保护系统（FSS）技术规范书。其他重要的仪表保护系统应根据风险分析与保护层安全功能分配的结果来确定是否应用安全仪表系统。

4. SIS 设计与工程实施

SIS 设计应遵循 SIS 安全要求规范（SRS），根据 SRS 来进行系统设计和设备选型。在 SIS 设计中应注意以下几点：

（1）SIS 的独立性原则。安全仪表系统（SIS）和基本控制系统（BPCS）之间，以及安全仪表系统和其他保护层之间应尽可能分开设置，保持系统的独立性。这种分离设置可以是采用同一制造商或不同制造商的不同技术（异种分离），也可以是采用同一制造商的同一技术（同种分离）实现。当条件所限无法避免 SIS 和 BPCS 之间存在的功能相关性时，应进行充分的危险和风险评估，确保 BPCS 功能失效时对 SIS 产生的影响程度在可接受的范围之内。

（2）功能安全管理工作。在整个功能安全系统设计与实施的各个阶段，应按照功能安全管理的标准流程，进行相应的验证（verification）、确认（validation）、评估（assessment）、审核（audits）等各项工作。同时，应特别重视各类文档的收集、整理与归档工作，因为完备的各类安全管理文档是整个安全生命周期内各项安全活动的必要条件。安全生命周期各阶段应进行的主要文档整理内容简表见表 7-22。

表 7-22　安全生命周期各阶段典型文档内容简表

阶段	信　息
所有阶段	安全计划，确认与验证计划
危险与风险分析阶段	HAZOP、FMEA、FTA 等报告
整体安全要求阶段	安全功能及其他功能安全特性的规范
实现	系统设计、硬件设计、软件设计、版图、原理图、手册、可靠性分析
安装与调试	检查表、安装与调试测试报告
安全确认	确认报告
运行与维护	日志、审核报告
修改与改型	修改要求、影响分析报告、批准说明

（3）激励停车（energize to trip）与非激励停车（de-energize to trip）的设计理念。所谓激励停车与非激励停车，是按是否需要能量去执行安全功能来区分。例如，消防喷淋系统的水泵，一般采用激励停车方式实现安全功能，而单作用执行机构，则一般采用非激励停车方式。对于火力发电厂机炉保护系统而言，则主要在于要求跳闸电磁阀按失电跳闸还是按带电跳闸原则进行设计。

从功能安全规范要求的角度来说，对于两种停车方式均可在安全系统中应用。但应用激励停车方式时，应采取积极的措施持续监视供电回路的完整性，从而保证安全功能正常执行，如电源冗余配置、采用不间断电源、电源自动切换等措施。

（4）硬件故障裕度（hardware fault tolerance，HFT）与 SIL 等级的关系。在安全仪表系统设计中，经常会采用冗余配置，而硬件故障裕度即是反映冗余配置的指标。所谓硬件故障裕度（HFT），是指一个部件或子系统在有一个或几个硬件危险故障的情况下，仍能继续承担所要求的仪表安全功能的能力。例如，一个三取二的仪表配置方式为 2oo3，其硬件故障裕度 HFT 即为 1；而一个三取一的仪表配置方式为 1oo3，其硬件故障裕度 HFT 为 2。在功能安全标准 IEC 61511 中，对不同 SIL 等级下的最低硬件故障裕度也做了要求，见表 7-23。

安全相关系统设计各部件与子系统的配置应满足上述最低硬件故障裕度的要求。

表 7-23　不同 SIL 等级的最低硬件故障裕度

SIL	PE 逻辑解算器的最低硬件故障裕度				传感器最终元件和非逻辑解算器的最低硬件故障裕度		
	<60%	60%～90%	90%～99%	>99%	<60%	60%～90%	>90%
1	1	0	0	0	0	0	0
2	2	1	0	0	1	0	0
3	不允许	2	1	0	2	1	0
4	应用特殊要求（见 IEC 61508 或 GB/T 20438）						

第四节　空气预热器间隙调整及热点探测装置

一、空气预热器间隙调整装置

（一）功能

空气预热器间隙调整装置通过测量其扇形板与转子的间隙大小，来跟踪空气预热器转子的热变形，采用调节扇形板升降的方式，使空气预热器热端扇形板与转子径向密封间隙在空气预热器的运行过程中，始终维持在冷态整定的工作范围值之内。

（二）测量原理

由于空气预热器在热态时转子下部的扇形漏风间隙比冷态时小，而转子上部的扇形漏风间隙比冷态时大，而且随着锅炉负荷的升高，空气预热器转子换热量增加，各处漏风间隙会越大。为了降低空气预热器漏风量，在各仓室之间、转子上下面对应位置安装有控制间隙的扇形密封板（简称扇形板），上部扇形板动态可调，测量扇形板与转子的间隙大小，通过执行机构自动提升或者下降扇形板，在保证空气预热器安全运行的基础上，使动静部分间隙最小，降低空气预热器的漏风率。空气预热器间隙调整原理如图 7-14 所示。

（三）装置组成

空气预热器间隙调整装置由高温间隙传感器、扇形板提升机构、转子停转检测开关和程控柜（或 DCS 机柜）、动力柜五部分组成。

1. 间隙传感器

间隙传感器一般采用电涡流式传感器，它可以连续测量扇形板下表面与转子法兰上表面之间的间隙，并把间隙值转化为电信号，能在烟气腐蚀及多粉尘的环境中工作。间隙传感器由间隙测量探头、现场放大器箱组成。

2. 扇形板提升机构

扇形板执行机构主要由电动机、减速系统、提升系统、限位接近开关、升降位移指示器、手柄及联轴器、轴承座、减速箱等组成。

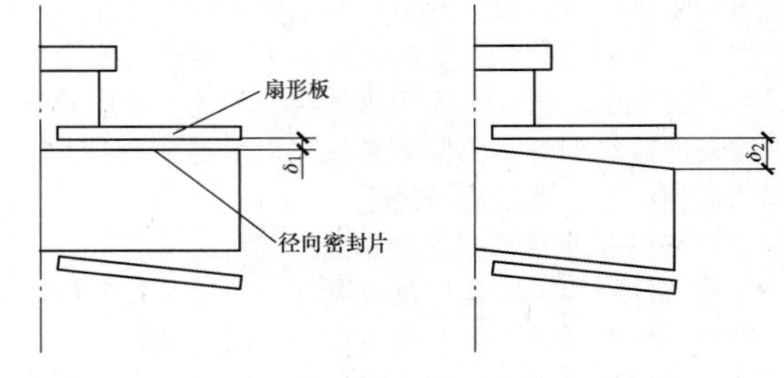

图 7-14　空气预热器间隙调整原理示意图

δ_1—冷态时密封间隙；δ_2—热态时密封间隙

3. 转子停转检测开关

转子停转检测开关通常采用电涡流式工作原理，将检测信号送至控制系统。转子停转检测开关通过运动的金属片接近其感应面，在无接触又无压力的情况下，自动发出检测信号，驱动继电器或逻辑电路。

（四）设计要求

对于空气预热器间隙调整装置，设计要求如下：

（1）每块扇形板都能自动控制及就地控制。

（2）装置在下列情况下报警：①执行机构电动机过载；②主电动机电流超限。

（3）应有下列状态显示：①间隙小；②间隙正常；③间隙大；④上升——扇形板在做上升调整；⑤下降——扇形板在做下降调整；⑥在控制中——扇形板处在自动运行方式。

（4）应与 DCS 至少留有以下接口：①空气预热器转子停转；②空气预热器主电动机电流。

（5）在上位机（或 DCS 操作员站）上应有操作显示画面，其画面应包括：①间隙设定值及设定按钮；②间隙测量值；③扇形板手动提升和下降按钮；④空气预热器转子主电动机电流值；⑤空气预热器转子主电动机电流正常值设定按钮；⑥系统报警窗口；⑦实时间隙测量值趋势；⑧历史间隙测量值记录。

（五）设备配置与安装

空气预热器间隙调整装置控制系统由程控柜（或 DCS 机柜）、就地动力柜（箱）、执行机构、间隙探头、信号放大器组成，一般每块空气预热器扇形板上配置一台执行机构和一只间隙测量探头。间隙测量探头的信号放大器布置在空气预热器间隙测量探头电缆出线位置附近（但尽可能地远离热源）。

1. 间隙探头的安装

间隙探头安装板固定在螺栓上，要求间隙探头端面到转子法兰上表面的距离与扇形板到径向密封片的距离相等，法兰中心为间隙探头中心，检测面是转子法兰上表面，所有间隙探头均安装在空气侧，间隙探头安装如图 7-15 所示。

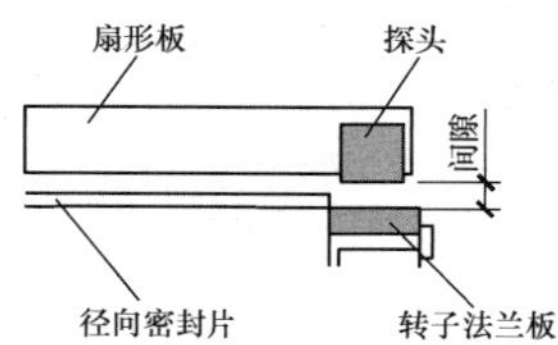

图 7-15　间隙探头安装示意图

2. 扇形板提升机构的安装

现场安装时，不能利用执行机构上的电动机或手柄调整空气预热器的扇形板，否则会改变执行机构上的机械零位位置。现场可利用预热器上的双向螺母来调整空气预热器扇形板位置。

3. 转子停转检测开关的安装

将多个金属凸块装在主轴 90°对称位置，并保持在同一个水平面上。转子停转检测开关固定在支架上，支架现场焊接在适当的位置。调整转子停转的固定螺母，使 δ 整定距离为规定值，转子停转检测开关安装如图 7-16 所示。

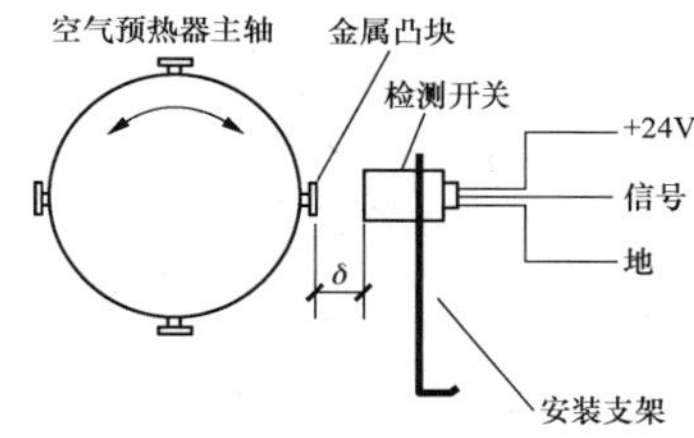

图 7-16　转子停转检测开关安装示意图

二、空气预热器热点探测装置

（一）功能

炉膛中凝固的油雾和未燃烧的燃料会堆积在空气预热器的受热面上，在一定温度下这些积灰可能会燃烧，造成空气预热器传热元件和结构的损坏。空气预热器热点探测装置用于实时测量空气预热器受热面各区域的温度，对温度高的区域及时报警，以预防空气预热器发生火灾。

（二）测量原理

空气预热器热点探测装置可实时监测空气预热器内部的温度场分布，当空气预热器内部温度过高，偏离允许值时报警。同时，当空气预热器内部温度低于正常运行温度时，送出相应信号，供运行人员调整空气预热器的运行状况。

1. 温度传感器热点探测装置的工作原理

用温度测量元件测量空气预热器内部的温度，即每侧空气预热器设置若干对热电偶，以探测空气预热器内部沿径向分布的温度场，并将各个区域的温度值进行数据采集、滤波、放大、整形、变换，将温度模拟信号转换成电信号，送至控制系统。控制系统对所有实测数据进行分析、比较、处理，实时显示各温度测点的值。当发生温度异常时，向 DCS 及火灾报警系统发出报警信号，以便消防系统采取相应的措施。

2. 红外传感器热点检测装置的工作原理

红外传感器为非接触式传感器，是利用红外线信号，监测空气预热器内部温度。当所测温度高于一定值（通常 300℃）时，发出报警信号。红外传感器一般采用工业水来冷却，布置在空气预热器的冷端。红外传感器热点检测装置也可在镜头不清洁或受热元件发生堵塞及大面积沉积物着火时发出报警信号给 DCS 及火灾报警系统。

（三）装置组成

1. 温度传感器热点探测装置的组成

温度传感器热点探测装置由热电偶、就地控制柜等组成，如图 7-17 所示。

2. 红外传感器热点探测装置的组成

每侧空气预热器安装有红外传感器及热电偶，红外传感器通过连杆式机械摆动装置探测空气预热器的内部沿径向分布的温度场，所测得的温度信号经空气预热器火灾检测就地操作箱向 DCS 和火灾报警系统发报警信号。红外传感器热点探测装置的组成如图 7-18 所示。

（四）设计要求

对于空气预热器热点探测装置，设计要求：

（1）温度传感器热点探测装置，应与 DCS/火灾报警至少留有下列接口：①高温热点报警信号；②断偶报警信号；③系统报警信号；④停转报警信号；⑤运行指示信号。

（2）红外传感器热点探测装置，应与 DCS/火灾报警至少留有下列接口：①系统投入信号；②系统故障信号；③火灾报警信号。

（五）设备配置与安装

空气预热器热点探测装置，应在每侧空气预热器的上、下部，分别安装至少 4 对热电偶来检测空气预热器内部的温度。

红外传感器热点探测装置的探头应安装在被扫描的旋转受热元件离开空气预热器风侧，同时穿过空气预热器的风侧和烟侧之间的密封截面处。

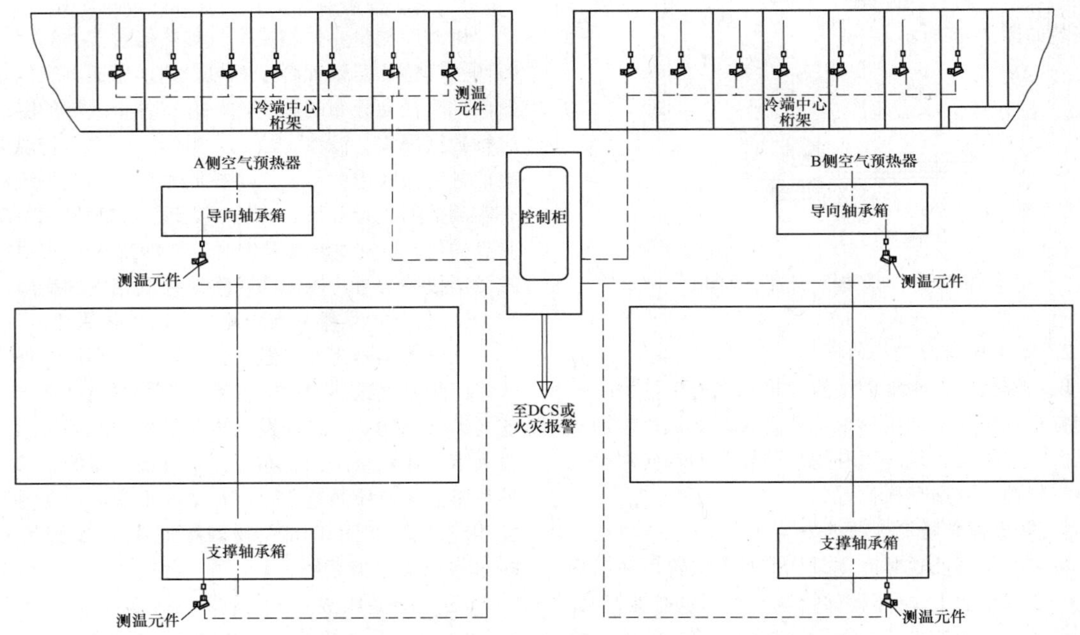

图 7-17　温度传感器热点探测装置的组成示意图

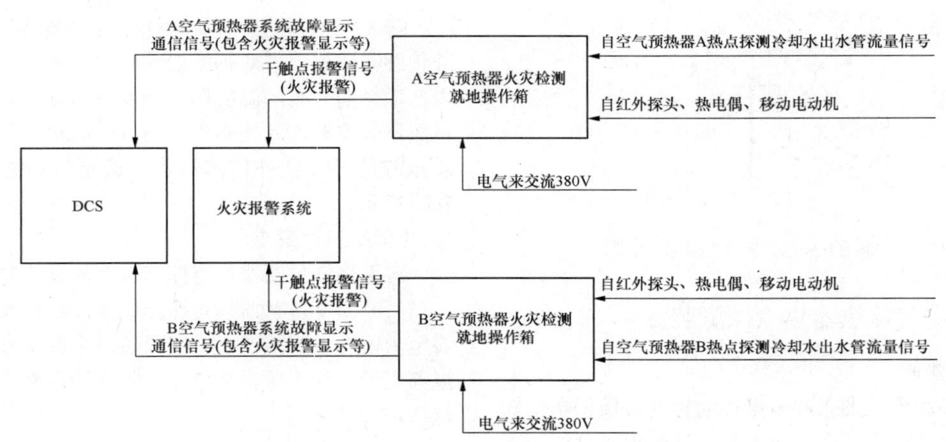

图 7-18　红外传感器热点探测装置的组成示意图

第五节　炉管泄漏监测装置

一、功能

当前，火力发电厂机组已进入大容量、高参数时代，锅炉承压管介质压力不断提高，承压管数量不断增多，锅炉炉管泄漏已成为火力发电厂的常发事故，成为影响发电机组可用率的重要因素。锅炉炉管一旦发生泄漏将直接影响发电机组安全经济运行。

炉管泄漏监测装置通过检测锅炉内炉管泄漏产生的噪声信号，来实时监测水冷壁、过热器、再热器、省煤器等锅炉承压受热面管道的早期水、汽泄漏，在炉管泄漏的初期送出报警信息，并提供锅炉炉管泄漏的发展趋势，以提醒运行人员及时采取措施，防止事故扩大，使锅炉有计划地停运，妥善安排检修策略，从而缩短检修时间，减少不必要的损失。同时避免由于炉管泄漏引发相邻受热面吹损的大面积爆泄故障。

炉管泄漏监测装置至少具有下列功能：

（1）炉管泄漏早期报警。

（2）准确判定泄漏区域位置。

（3）显示泄漏噪声频谱图。

（4）跟踪泄漏发展趋势。

（5）实时监听炉内噪声并录音。

（6）监视吹灰运行工况（气源压力，旋转吹扫，是否卡涩）。

（7）吹扫波导管（控制电磁阀进行压缩空气吹扫）。

（8）系统自检测试。

（9）历史数据存储、检索和泄漏统计报表打印。

（10）系统远程通信技术服务。

二、测量原理

炉管泄漏监测装置基于声学检测原理，通过声波传感器采集锅炉燃烧时的声音信号，应用特征提取技术，获取锅炉内炉管泄漏的噪声信号，分析炉内声音的时域、频域特征，建立有效识别正常背景噪声与泄漏信号的特征向量，采用向量计分方法进行模式识别，通过快速傅里叶变换（FFT），进行声谱分析，实现对锅炉炉管泄漏的早期测报，并判断出泄漏的区域位置及泄漏程度。

三、装置组成

炉管泄漏监测装置由信号采集系统和监测系统两部分组成。

（一）信号采集系统

信号采集系统包括声波传导管和增强型声波传感器。

（1）声波传导管。用于采集锅炉承压管泄漏所产生的声频信号，包括声导管、绝缘体、清灰机构等。

（2）增强型声波传感器。当锅炉承压管发生泄漏时将锅炉内噪声的强度、频谱情况灵敏地转化成电流信号传输给电子间的监测系统，每个传感器包括增强型声波传感器和自测试噪声发生器件。

（二）监测系统

监测系统包括中心处理单元和显示报警单元。

（1）中心处理单元。通过多通道高速A/D采样卡，将增强型传感器输出的电流信号转换成数字量信号至主机，并通过傅里叶变换，得出实时频谱图及能量趋势图，经专有软件判别后输出泄漏报警。

（2）显示报警单元。用于显示实时数据、历史数据、监视画面、超限报警等。

四、设计要求

（一）主要设计原则

（1）每台锅炉配置1套炉管泄漏监测系统，600MW机组每台炉不少于28～48个测点；1000MW机组每台炉不少于48～60个测点。

（2）声波导管及传感器应耐锅炉的高温，能隔绝腐蚀性气体、液体和尘埃的侵入。传感器要具有较强的抗干扰能力，能抵抗外部电磁场及周围非检测区噪声的干扰，以保证泄漏声音作用于测声探头上时，传感器能可靠地将声音放大，转换成电流信号，并通过电缆传输到报警装置主机柜。

（3）声波导管采用密闭式，并配备压缩空气，采用电磁阀控制进行自动吹扫，以免声波导管内积灰，造成管内堵塞，影响报警装置的正常工作。

（4）吹扫气源一般接自锅炉侧仪用压缩空气母管，吹扫方式应有手动吹扫和自动吹扫两种方式。在手动吹扫方式中，能选择特定的通道进行单独除灰。在自动吹扫方式中，应能设置自动吹扫的开始时刻、自动除灰的时间间隔及吹扫时间的长度等。

（5）炉管泄漏监测系统与SIS通信，使得SIS的授权用户可得到炉管泄漏监测系统的分析结果和指导信息。炉管泄漏监测系统应具有与SIS之间的软件和硬件接口。

（6）炉管泄漏监测系统在显示屏上以模拟图、棒状图、频谱图等形式，显示分布在锅炉本体上各点传感器的信号，并以不同颜色实时显示各点正常运行、报警、故障的状态。通过对监测到的声音强度、频率和持续时间，进行分析及判断，确定和显示炉管的泄漏点。

（二）设计输入

设计单位需要炉管泄漏监测装置制造厂提供如下资料作为设计输入：

（1）组态配置图。

（2）供货清单。

（3）探头安装详图。

（4）说明书。

（5）端子出线图。

（6）电源要求。

（7）配供盘箱柜的外形尺寸及安装要求。

（8）电缆清册。

（9）安装材料表。

五、设备配置与安装

（一）设备配置

炉管泄漏监测系统的配置以某厂生产的产品为例，如图7-19所示。

（二）炉管泄漏监测系统的安装

1. 安装流程

安装流程为测点定位→鳍片开孔→传导管焊接→吹扫管路敷设及阀门安装。

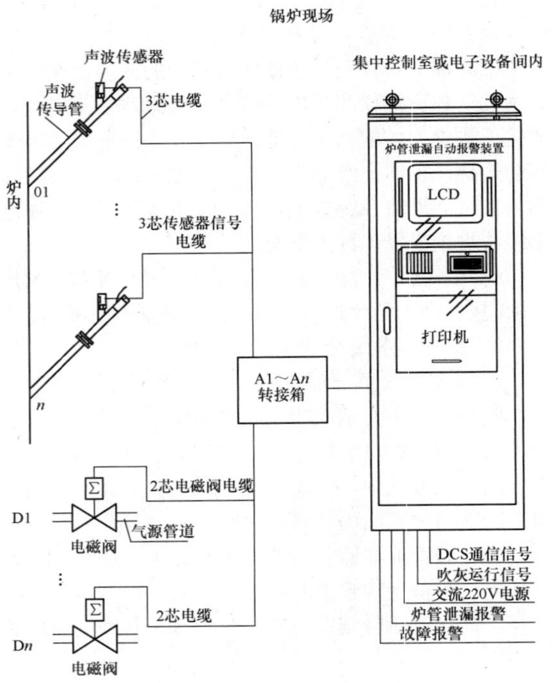

图 7-19　炉管泄漏监测系统设备配置示意图

2. 测点定位

测点定位需要与锅炉厂配合，避开锅炉本体的管道、留孔等。

3. 开孔

开孔是安装单位根据测点布置图在现场完成。开孔的具体位置可根据现场实际情况做适当的调整（一般在图纸标定位置 500mm 半径范围内选取适当的位置）。开孔分圆口形和扁口形两种，设备开孔如图 7-20 所示。

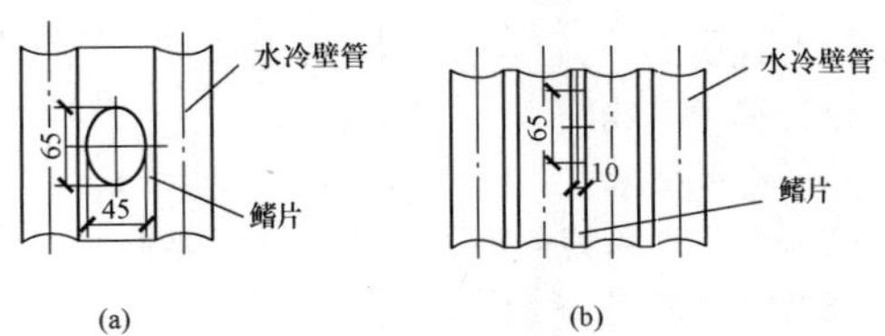

图 7-20　设备开孔示意图（单位：mm）

（a）圆口形开孔示意图；（b）扁口形开孔示意图

4. 传导管焊接

传导管焊接应参照产品说明，并以产品说明为准。

5. 吹扫管路敷设及阀门安装

吹扫管路通常由气源管路经耐压金属软管、球阀等接入声波传导管。吹扫管路及阀门安装如图 7-21 所示。

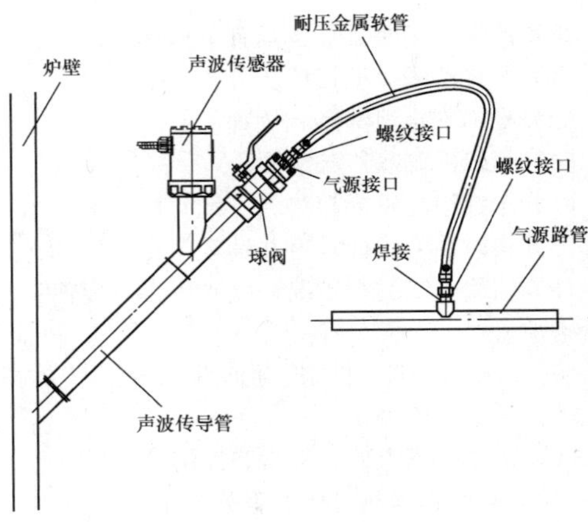

图 7-21　吹扫管路及阀门安装示意图

第六节　飞灰含碳量检测装置

一、功能

锅炉飞灰含碳量是反映火力发电厂燃煤锅炉燃烧效率的一项重要指标。实时检测飞灰含碳量来正确调整风煤比，有利于指导发电厂锅炉的运行，以提高锅炉燃烧控制水平；合理控制飞灰含碳量的指标，有利于降低发电成本，从而提高机组运行的经济性。

飞灰含碳量的物理测量方法是利用碳的可燃性及高介电常数等物理、化学特性，来检测飞灰中的含碳量。根据测量原理的不同，可分为化学灼烧失重法、热重分析法、交流电荷法、微波法、光学反射法等 10 多种测量方法，但是目前火力发电厂常用的方法是化学灼烧失重法、微波法和电荷法。飞灰含碳量检测装置功能如下：

（1）全自动在线测量。

（2）实时含碳：当前所测量的含碳量。

（3）平均含碳：最近所测量 5 次含碳量取平均值。

（4）显示含碳量的历史趋势。

（5）含碳量高限报警：根据高限报警的要求，可以设定含碳量的上限值，当系统检测含碳量超过所设定的高限报警值，系统就会发出高碳报警信号。

（6）含碳量满量程：根据 4～20mA 的 20mA 所对应的量程量，来设定其满量程。例如：当设置为 20% 时，表示 4mA 代表 0，20mA 代表 20%。

（7）提供与 DCS/SIS 的通信接口。

二、测量原理

（一）化学灼烧失重法的测量原理

化学灼烧失重法是针对锅炉灰样中的碳没有燃烧尽，让它在高温下进行灼烧，然后测量灰样的烧失量，通过此方法计算灰样中的含碳量。其测量原理是利用取样器在烟道中提取一定质量的飞灰样品，放入灼烧单元中完全燃烧，然后利用燃烧前后的质量差来计算飞灰中的含碳量。化学灼烧失重法包括定时采样、试样积累、制样、称重、燃烧再称重等工序，只能用于离线测量，不能及时指导飞灰含碳量的在线调整。

化学灼烧失重法的优点是测量准确性高，且测量结果与煤质和煤种无关，适用于当前国内火力发电厂的用煤现状，因此获得广泛应用。该方法的缺点是取样间隔长、时滞性大、实时性差，难以及时反映锅炉燃烧工况；尽管开发了在线监测系统，但测量时间还是需要 15min 左右，难以对锅炉运行提供有效、实时的运行指导。

（二）微波法的测量原理

微波法是利用锅炉灰样中的碳对微波能量有吸收的特性，根据微波能量的损耗来计算出锅炉灰样中的含碳量。这种方法受煤种变化的影响比较大，测量稳定性和精度都不理想，而且维护量较大。

微波法又可分为微波吸收法和微波谐振法两种。其中微波吸收法是根据飞灰中的碳粒吸收微波诱导而产生涡流的原理，飞灰中含碳量越高，导电率就越高，由感生电流产生的热量也越高，吸收的微波就越多，因此测量剩余微波能量的大小就可测定飞灰含碳量。而微波谐振法是利用微波电路中谐振腔内部电场能与磁场能可相互交替变化的特点来进行检测的。由于谐振时电场能与磁场能的幅值相等，失谐时这两种能量不能自行转化，从而使谐振腔具有选频特性。当在腔中引入小体积的飞灰产生微扰时，将导致谐振频率等参量发生微小变化，根据微扰前的物理量和微扰后的测量值来计算谐振腔体参量的改变量，从而确定飞灰的含碳量。

微波法的优点是测量速度快、精度高、仪器简单、生产维护费用低且环境无污染，因而在国内燃煤锅炉中得到应用。此法的缺点是需要进行标定，且测量腔容易堵灰，严重的堵灰会导致仪器无法使用。此外，采用单点撞击式取样器，取出的灰样中大颗粒居多，灰样代表性差，测量准确度不高，只能反映飞灰含碳量的变化趋势。

（三）电荷法的测量原理

采用电荷感应技术和数字信号处理技术，直接感应测量飞灰中含碳量的变化。飞灰含碳量的测量是以传感器的感生电流信号为基础，当含碳量不同的飞灰颗粒流经传感器探头时，感生电流信号功率密度谱特征和时域的形态是不同的，采用数据采集器对飞灰颗粒进行统计，经过数字处理信号处理技术和功率密度谱变化分析，即可得出相对的含碳量。

电荷感应原理是指在动态下，任何两种不同的物质将相互感应产生电荷。在烟气流动过程中烟尘之间及烟尘与管道之间相互碰撞、摩擦，烟尘就带有一定的电荷，并产生一定的电荷场。通过传感器时，会在传感器表面产生等量感应电荷，带电的烟尘颗粒在传感器附近流动，就产生感生电流。

电荷法的优点是能连续准确地测量飞灰量的变化；无需采样，测量本质无漂移，免维护；测量数据不受煤种、温度、湿度、灰分、黏性、压力、流速等因素的影响；传感器安装更换简单，更换不需要重新标定。

三、装置组成

（一）化学灼烧失重法

化学灼烧失重法所用装置主要由飞灰取样单元、测量单元、主机单元三部分构成。

1. 飞灰取样单元

飞灰取样单元采用自抽式原理，依靠引射管产生负压，将烟气从烟道中吸入取样枪，在旋风分离器中将飞灰分离并收集下来。取样单元由取样管、喷射管、旋流集尘器、加热套等部件组成。取样单元如图 7-22 所示。

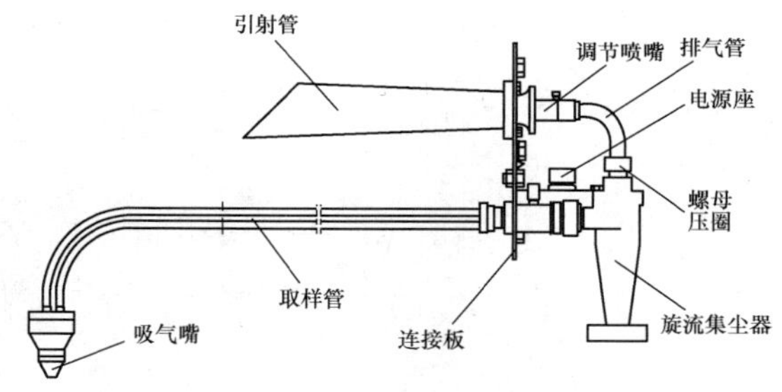

图 7-22 取样单元示意图

2. 测量单元

测量单元主要完成传动、气动等状态的切换，实现灰样的加样、称重、加氧灼烧、飞灰灰样返回烟道等动作的完成，并向主机单元传递检测结果信号。测量单元由收灰部件、烧失部件、智能温控器、电磁振动器、测量部件、排灰部件、执行机构、电磁阀、前置处理模块、电子天平等组成。测量单元如图 7-23 所示。

3. 主机单元

主机单元主要完成对数据的采集、数据的分析处理、显示及传送。主机单元由工控机、液晶显示屏、激光打印机、数据采集卡、电源、主机柜、监测软件等组成。

（二）微波法

微波法所用装置主要由微波测量设备、电控单元、主机单元三部分构成。

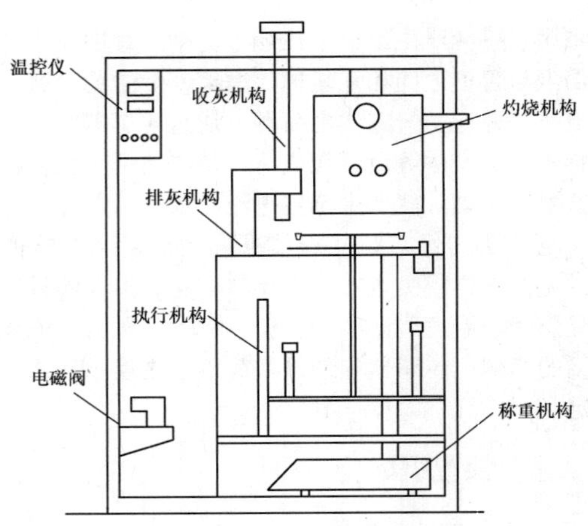

图 7-23　测量单元示意图

1. 微波测量设备

微波测量设备由微波发射器、微波接收器、前置处理电路等组成。在烟道内对飞灰进行微波测量分析，测量数据则由前置处理电路处理后发送给主机单元。

2. 电控单元

电控单元由控制操作器、电源变换箱及就地检测机箱等组成，用于现场处理单元的电源分配及信号的处理。

3. 主机单元

主机单元主要完成对数据的采集、数据的分析处理、显示及传送。主机单元由工控机、液晶显示屏、激光打印机、数据采集卡、电源、主机柜、监测软件等组成。

（三）电荷法

电荷法飞灰含碳检测装置的组成（以某厂为例），其装置主要由传感器、信号处理单元柜（控制箱）、自抽式飞灰含碳取样器三部分构成，如图 7-24 所示。

1. 传感器

A、B、C 三个传感器组成，其中传感器 A、B 性能、结构相同，与烟道垂直且互相平行安装，分别为上下游传感器，用于测量烟气流速。传感器 C 与传感器 A、B 的性能、结构不同，传感器 A、B 与传感器 C 对飞灰中碳的感应度不同，经过数学模型计算和烟气流速修正，可得到飞灰含碳量的相对值，根据手动飞灰取样的化验结果标定就可以求出飞灰含碳量的绝对值。有的产品只有一个传感器。电荷法传感器如图 7-25 所示。

2. 信号处理单元柜（控制箱）

信号处理单元柜（控制箱）通常布置在就地，用于信号处理，分析、计算出飞灰中的含碳量，然后输出 4～20mA 或现场总线信号给上位机及 DCS。

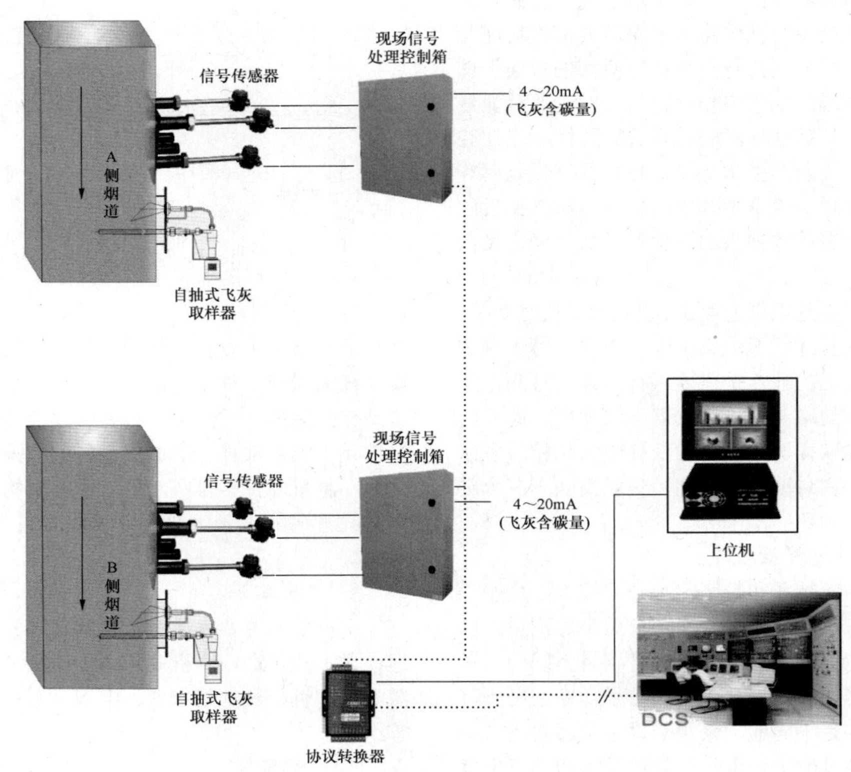

图 7-24　电荷法组成示意图

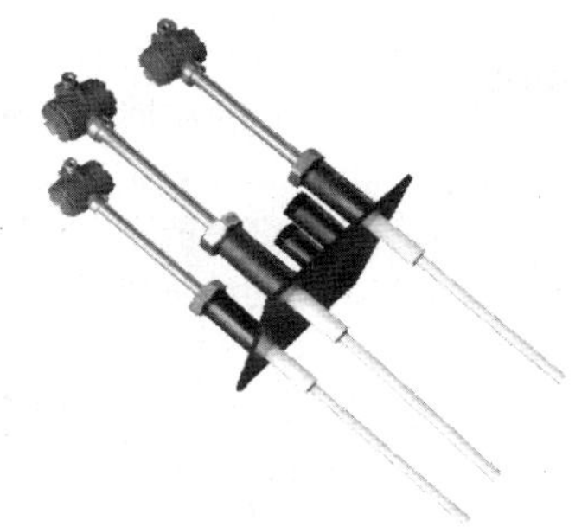

图 7-25　电荷法传感器示意图

四、设计要求

（一）主要设计原则

（1）飞灰含碳量测量装置应能保证在锅炉各种运行工况下，安全地、高效地运行。

（2）飞灰含碳量测量装置软件应易于组态、使用和扩展。

（3）飞灰含碳量测量装置的参数监视、报警和自诊断功能，应集中在 LCD 上显示和在打印机上打印，并有历史数据存储、检索和统计报表的功能。

（4）飞灰含碳量测量装置应采取有效措施，防止各类计算机病毒的侵害和存储器数据的丢失。

（5）满足高精度、少维护的要求。

（二）设计输入

设计单位需要飞灰含碳量测量装置制造厂提供如下资料作为设计输入：

（1）说明书。

（2）取样点布置安装图。

（3）配置图。

（4）配供盘箱柜的外形尺寸及安装要求。

（5）各部件端子排出线图和接管图。

（6）控制电源和气源要求。

第七节　汽轮机（给水泵汽轮机）电液控制系统

一、概述

（一）术语和定义

1. 数字电液控制系统（digital electro-hydraulic control，DEH）

由按电气原理设计的敏感元件、数字电路（计算机）、按液压原理设计的放大元件和液压伺服机构构成的汽轮机控制系统，简称数字电调。

2. 汽轮机自启停系统（automatic turbine startup or shutdown control system，ATC）

根据汽轮机的热应力或其他设定参数，指挥汽轮机控制系统完成汽轮机的启动、并网带负荷或停止运行的自动控制系统。

3. 汽轮机热应力监控系统（turbine stress supervisory system）

采用建立数学模型或物理模型的方法连续监测转子特定部位的热应力，将结果供给汽轮机控制系统，用以限制升速过程中的升速率和升负荷过程中的升负荷率，保证转子应力在允许范围内的自动监控系统。

4. 转速控制（speed control）

汽轮机控制系统功能之一，用于启动、升速和定速过程中进行转速控制。

5. 负荷控制/负荷调节（load governing）

汽轮机控制系统功能之一，用于并网后对机组负荷进行控制。

6. 负荷限制（load limit）

汽轮机控制系统中的控制功能之一，通过限制汽轮机调速汽阀的开度来限制机组出力。

7. 超速保护控制（over-speed protection control，OPC）

一种抑制超速的控制功能，有采用加速度限制方法实现的，也有采用双位控制方式实现的。前者当汽轮机转速出现加速度时，发出超驰指令，关闭主调节阀、再热调节阀；当加速度为零时由正常转速控制回路维持正常转速。后者当汽轮机转速达到额定转速的 103%时，自动关闭主调节阀、再热调节阀；当转速恢复正常时再开启这些调节阀，如此反复，直到正常转速控制回路可以维持额定转速；或者两种方法同时采用。

8. 超速跳闸保护（over-speed protection trip，OPT）

汽轮机保护系统功能之一，当汽轮机转速超过某一限值时迅速关闭主汽阀、主调节阀、再热阀和再热调节阀，自动跳机。

9. 阀位控制（valve-position control）

汽轮机控制系统功能之一，直接控制调速汽阀开度的控制方式。

10. 甩负荷（rejection of load）

汽轮机控制系统功能之一，将汽轮机正常情况下所带的负荷，在发生电气故障的瞬间内全部或部分甩掉。

11.（调节阀）快控（fast valving）

汽轮机控制系统功能之一，当电网瞬间故障而使发电机大幅度甩负荷时，快速关闭调节阀，并在延迟一段短时间后，再自动开启调节阀，以减少机械和电气功率的明显不平衡，改善电力系统的暂态稳定，以免造成电力系统振荡。

12. 电液转换器（electro-hydraulic converter）

在控制系统中，将电流控制信号转换成液压控制信号的设备。

13. 阀门管理（valve management）

根据运行方式（定压、滑压）和负荷变化的要求，改变调节阀的开启方式，使汽轮机在节流调节（全周进汽）或喷嘴调节（部分进汽）的情况下运行，也可称进汽方式转换（FA/PA transfer）。

14. 转速不等率（速度变动率）[droop（permanent speed variation）]

汽轮机控制系统静态特性曲线的斜率。通常以对应空负荷与满负荷的转速差值与额定转速比值的百分数来表示。

15. 自动同期系统（automatic synchronized system，ASS）

在汽轮机控制系统的支持下，实现发电机自动同期并网的控制系统。

16. 二次调频

二次调频根据调度或操作员指令由特定发电机组实现的对输入电网有功功率的协同控制。

17. 机组快速甩负荷（fast cut back，FCB）

当汽轮机或发电机甩负荷时，使锅炉不停运的一种控制措施，根据FCB后机组的不同运行要求，可分为两种不同的运行方式：

（1）50%FCB，是机组带厂用电单独运行的方式。

（2）100%FCB，是停机不停炉的运行方式。

（二）系统功能

1. 控制功能

DEH的基本自动控制功能是汽轮机的转速控制和负荷控制。对于特定的机组还可以包括其他一些参数的控制。

（1）转速控制。

1）基本要求和指标。DEH能保证汽轮机采用与其热状态、进汽条件和允许的汽轮机寿命消耗相适应的最大升速率，自动地实现将汽轮机从盘车转速逐渐提升到额定转速的控制，包括：转速调节范围50～3600r/min；转速控制回路的控制精度±1r/min；最大升速率下的超调量不大于0.2%额定转速。

2）自动升速系统的设计与汽轮机及其旁路系统的设计相配合，适应汽轮机带旁路和不带旁路，采取高压缸启动、高中压缸联合启动和通过中压缸启动等各种升速方式。

系统应能根据不同热状态下的启动升速要求，实现高压主汽阀、主调节阀和再热调节阀三个阀门之间在各个升速阶段的自动切换。

3）汽轮机升速过程中的升速率既能由DEH系统根据汽轮机的热状态自动选择，也可以由人工进行选择。

4）转速控制回路能保证自动地迅速冲过临界转速区。

5）DEH具有与自动同期装置的接口，以便与自动同期装置配合实现发电机的自动同步并网。

（2）负荷控制。

1）基本要求和指标。DEH能在汽轮发电机并入电网后实现汽轮发电机从带初始负荷到带满负荷的自动控制，并根据电网要求，参与一次调频和二次调频任务，包括：①系统具备控制阀门开度和控制实发功率的两种控制方式去改变汽轮发电机的负荷；②功率控制精度不低于±2MW（在蒸汽参数稳定的条件下）；③静态特性转速不等率可调，其整定范围在3%～6%之间，并连续可调；④功率在0～90%范围内，局部不等率在3%～8%；功率在90%～100%范围内，局部不等率≤12%，平均局部不等率≤10%。

2）目标负荷设定。DEH的目标负荷由运行人员设定，也可接受来自DCS的指令。指令形式为脉冲量信号或4～20mA模拟量信号。

3）变负荷率可以由运行人员设定，也可由DEH系统根据热应力计算系统自动限制变负荷率的大小。

4）负荷限制。当机组的运行工况或蒸汽参数出现异常时，为避免损坏机组，并使机组的运行尽快恢复正常，控制子系统能对机组的功能或所带负荷进行限制，至少包括以下几个方面：①功率反馈限制（切除）。当实测功率与功率定值的差值超过规定数值时，控制系统自动切除功率反馈回路，将负荷控制的闭环控制方式切换为开环控制方式，同时降低功率定值，以免发电机甩负荷时产生不正确的汽阀动作，保证机组的安全。②变负荷率限制。根据在线热应力计算的结果，自动监督运行过程中机组应力裕度系数的情况，裕度系数降至规定数值时，限制回路能自动按比例降低人工选定的变负荷率，使裕度系数稳定或回升，必要时发出跳闸信号使机组退出运行。③最高最低负荷限制。限值在系统内有默认值，或由人工给定，并可根据需要随时改变。④加速度限制。除负荷控制回路外，另设加速度限制回路，产生与转速加速度成反比的阀门开度指令，以便在机组突然甩去部分负荷时，迅速减小阀门开度。⑤主蒸汽压力限制。当主蒸汽压力降低到规定限值时，主蒸汽压力限值回路投入工作，输出减小汽阀开度指令去限制负荷，协助锅炉尽快恢复主蒸汽压力。此工况下，汽阀控制回路不再接受负荷回路的指令。

（3）阀门管理。当汽轮机具有在不同运行工况下进行切换的两种进汽方式（全周进汽方式和部分进汽方式）时，DEH设置对应于这两种进汽方式的调节汽阀管理（选择和切换）功能，并防止在切换过程产生过大的扰动。

（4）阀门试验。为保证发生事故时阀门能可靠关闭，DEH具备对高、中压主汽阀及调节阀逐个进行在线试验的功能。在进行阀门在线试验时，汽轮机的运行和负荷不受影响。

2. 汽轮机启停和运行中的监视和操作功能

（1）基本要求。DEH 能连续采集和处理所有与汽轮机组的控制和保护系统有关的测量信号及设备状态信号。

（2）显示报警。操作员站显示屏能综合显示字符和图像信息，包括工艺流程及参数显示、成组显示、棒状图显示、趋势显示及报警显示等。机组运行人员通过显示屏、键盘、鼠标等设备实现对机组运行过程的监视和操作。画面显示报警形式可根据工程需求做调整，但以方便运行人员识别及方便操作为基准。

（3）制表记录。DEH 的制表记录功能由程序指令或操作人员指令控制，包括定期记录，操作员请求记录等。系统数据库中所有过程点均可制表记录。

（4）操作指导。DEH 能在显示屏上用图像和文字显示出机组正常启动、停运及事故跳闸工况下的操作指导，包括提供当前的过程变量值和设备状态、目标值、不能超越的限值、异常情况、运行人员进行的操作步骤、对故障情况的分析和采用的对策等。

3. 甩负荷控制功能

由于大容量汽轮机的转子时间常数较小，汽缸的容积时间常数较大，在发生甩负荷时，汽轮机的转速飞升很快，若仅靠系统的转速反馈作用，最高转速有可能超过 110%，而发生汽轮机遮断。为此必须设置一套甩负荷超速限制逻辑。

超速保护控制（OPC）是一种抑制超速的控制功能，可采用加速度限制方式实现；也可采用双位控制方式完成，即当汽轮机转速达到额定转速 103%时，自动关闭主调节阀、再热调节阀，当转速恢复正常时再开启这些汽阀，如此反复，直至正常转速控制可以维持额定转速；或者两种方法同时采用。

4. 超速跳闸保护（OPT）

（1）当汽轮机转速达到额定转速的 110%时，系统出现跳闸指令，关闭主汽阀、主调节阀、再热调节阀。

（2）汽轮机的超速跳闸保护功能必须由紧急跳闸系统（ETS）完成。

（3）DEH 提供在正常运行情况下操作人员进行 103%超速试验和 110%超速试验的手段，以判断超速控制和跳闸系统功能是否正常。

5. 热应力计算功能

（1）DEH 能利用汽轮机及其转子的物理模型和数学模型，求得汽轮机转子的实时热应力，作为监视和控制汽轮机启动、运行和寿命管理的依据。

（2）DEH 提供应力限制功能，能根据转子热应力的情况自动修正升速率和升负荷率。

（3）热应力控制是实现汽轮机的自启停控制和负荷自动控制的基础。热应力计算所得结果能在显示屏上显示。

6. 汽轮机自启动及负荷自动控制（ATC）功能

汽轮机自启动及负荷自动控制（ATC）功能是指具有以最少的人工干预，实现将汽轮机从盘车转速带到同步转速并网，直至带满负荷的能力。

（1）基本要求。

1）DEH 的 ATC 能根据机组当前的运行状态，特别是转子应力（或应变）的计算结果，自动地变更转速、改变升速率、产生转速保持；改变负荷变化率、产生负荷保持，直至带满负荷。

2）在汽轮机启动或负荷控制的任一阶段，当出现异常工况或者人工发出停止 ATC 程序的指令后，ATC 能将汽轮机退回到所要求的运行方式，或自动地按照与启动时基本相反的顺序退回到使异常工况消失的阶段。

3）DEH 的 ATC 能与汽轮机盘车控制、疏水控制、汽轮机旁路控制、发电机励磁控制、发电机自动同期等控制系统协调工作，提供必要的接口和指令，实现汽轮机组从盘车状态直至带满负荷的全部自动操作。

（2）ATC 启动控制。ATC 的启动程序完成将汽轮机从盘车转速升速到同步转速的任务。其间至少能完成下列动作：

1）在汽轮机脱离盘车装置之前，核对有关参数，直至所有参数均在要求范围之内。

2）在升速过程中，如遇有关参数超过报警限值，将立即发生转速保持。如该转速落入叶片共振或临界转速上，则在转速保持以前，将转速下降到共振范围以下。

3）按程序规定加速。

4）如果需要暖机，汽轮机能根据转子热应力计算确定暖机时间，自动暖机。

5）在加速期间，升速率由实际转子应力和预计的转子应力控制。

6）若采用主汽阀启动，从主汽阀控制向调节汽阀控制的转换，在某一转速下自动进行。

7）使汽轮机加速到接近同步转速，然后向自动同期装置发出信号，ATC 启动程序结束。

8）汽轮发电机的并网由自动同期装置发出指令来完成。并网后 DEH 控制汽轮发电机带初始负荷。

（3）ATC 负荷控制。ATC 的负荷控制完成从汽轮发电机带初始负荷直到带上由运行人员或用其他方式事先指定的目标负荷为止的任务。

1）ATC 负荷控制能以最短的时间实现所需的负荷变动。

2）ATC 控制的负荷变化率应取下列三种速率的最低值：①由转子应力变化所决定的负荷变化率；

②由运行人员根据各种原因，包括基于电厂其他设备的运行状况而给出的负荷变化率；③由 DCS 给出的负荷变化率。

3）在 ATC 负荷控制期间，ATC 连续地监视汽轮机动态参数如压力、温度、热应力、振动、膨胀等的变化，越限时报警打印。若负荷变化率的调整纠正不了系统变量的不正常的变化，ATC 程序将汽轮机从 ATC 控制方式下退出，必要时通过紧急跳闸系统（ETS）跳闸停机。

4）当 DEH 接受 DCS 的指令未控制负荷时，ATC 能监视负荷的变化并具有超越控制的能力。

7. 主蒸汽压力控制功能

由 DEH 实现机组协调控制和汽轮机跟随方式下的汽压调节任务时，DEH 中设置主蒸汽压力控制回路。根据主汽阀前主蒸汽压力与定值的偏差，控制调节阀的开度，以保持主蒸汽压力在设定值。

8. 中压缸启动功能

对于要求采用中压缸启动的机组，DEH 还具有相应的中压缸启动功能。

9. 仿真功能

DEH 系统设计有仿真功能，包括升速、暖机、并网、超速保护控制试验、严密性试验、超速跳闸保护、升负荷、单/多阀切换、阀门活动试验、遥控功能、甩负荷等。

二、系统组成

一套完整的 DEH 系统设备包括电子控制装置，液压系统和就地仪表设备三大部分。

（一）电子控制装置

DEH 电子部分硬件至少包括基于微处理器的控制机柜、操作员站、打印机和工程师站，DEH 电子控制装置一般都采用与机组相同的 DCS 硬件。

1. 控制机柜

机柜内的所有模件均是固态电路，具有标准化、模件化和插入式的结构。处理器模件 1:1 冗余配置，网络总线和扩展总线（BITBUS）也冗余配置，且能实现双向无扰切换。连接 ETS 的处理器模件及 I/O 模件采取可靠的冗余措施。测速回路中的超速保护与基本控制回路应分别采用独立的硬件构成，并分别采用三选二的方式。

机柜内应配有模拟量输入、模拟量输出、数字量输入、数字量输出、热电阻（RTD）输入、热电偶（T/C）输入、脉冲输入等各种类型卡件；同时配有用于 DEH 控制专用的转速测速卡及阀门定位卡。

（1）转速测速卡性能：

1）接受正炫波或脉冲信号。

2）超速保护的更新率为 5ms。

3）独立于控制器的转速卡上冗余的输出可快速响应超速工况。

转速测速卡功能是将转速信号转化成数字信号，检查主要转速信号和后备转速通道正常与否。检测超速信号，整定 OPC 或跳闸动作点。

OPC 控制器连续不断地监视转速、主蒸汽压力、再热蒸汽压力、功率和机组状态。OPC 控制器接收相关信号时，迅速关闭汽轮机所有阀门以保护机组安全。

（2）阀门定位卡性能：

1）10ms 回路时间的 PI 控制。

2）可编程的 PI 增益和积分常数。

3）正常方式或就地手动方式。

4）支持冗余的线圈和冗余的 LVDT。

阀门定位卡接受来自控制器的输入信号，加上 LVDT 变送器来的输入信号，其输出送到阀门的线圈和阀位指示器，具有手动输入和手动输出功能，以及阀门事故操作功能。

2. 人机接口

（1）操作员站（OS）。

1）DEH 操作员站的基本功能包括：①监视系统内每个模拟量和数字量；②显示并确认报警；③显示操作指导；④建立趋势画面并获得趋势信息；⑤控制驱动装置；⑥自动/手动控制方式选择；⑦调整过程设定值和偏置等。

2）操作员站至少包括：彩色液晶显示屏（其形式尺寸应与 DCS 的保持一致）、操作员站处理器、键盘、鼠标、彩色激光打印机。操作员站通过冗余的通信处理模件，与系统的冗余数据总线相连。

（2）工程师站。DEH 系统配置一套台式工程师站，用于程序开发、系统诊断、控制系统组态、数据和画面的编辑及修改。工程师站能通过数据通信总线，调出系统内任一处理单元的系统组态信息和有关数据，能将组态数据从工程师站上下载到各处理单元和操作员站。

工程师站的尺寸、形式与 DCS 工程师站保持一致。

（二）液压系统（EH）

1. 供油单元

EH 供油系统是组合式结构，由油箱、油泵、过滤器、蓄能器、冷油器、再生装置、油管路、各种阀门及端子箱等基本部件，以及用来监控供油系统运行工况的就地仪表、控制设备组成。EH 供油系统采用具有良好的抗燃性和稳定性的抗燃油作为工作介质。为保证供油的可靠性，提供两台油泵，一台工作，一台备用。两泵之间设电气及油压联锁。油过滤器、蓄能器及冷油器也冗余配置。抗燃油再生装置是一种用来储存吸附剂和使抗燃油得到再生（保持中性、去除水分等）的装置，一般可由精密过滤器（波纹纤维过滤器）和硅藻土过滤器串联构成。在 EH 供油系统中提供蓄能器作为缓冲装置，以改善执行机构的动态特性，并在供油泵发生故障时提供紧急操作所需的压力油。DEH 的 EH 供油系统考虑为给水泵汽轮机的 EH 系统供油。

典型 EH 供油系统如图 7-26 所示。

2. 执行机构

DEH 的执机构分别用来控制高压主汽阀、主调节汽阀、再热主汽阀和再热调节汽阀，一般由液压缸、液压块（组块）、试验电磁阀和电液转换器、位移传感器等组成。

3. 危急遮断系统

危急遮断系统由遮断电磁阀、超速保护控制电磁阀、管路接口、专用阀门及压力开关等组成，用以配合 ETS，在异常工况下使汽轮机紧急停机。

（三）就地仪表

DEH 还包括用于实现系统控制及保护功能所需的过程参量检测装置，如变送器、阀位传感器、过程变量开关、热电偶、热电阻等。以下是设计时遵循的部分准则：

（1）所有的密封容器、泵的出口、液压源都设置压力测量装置。

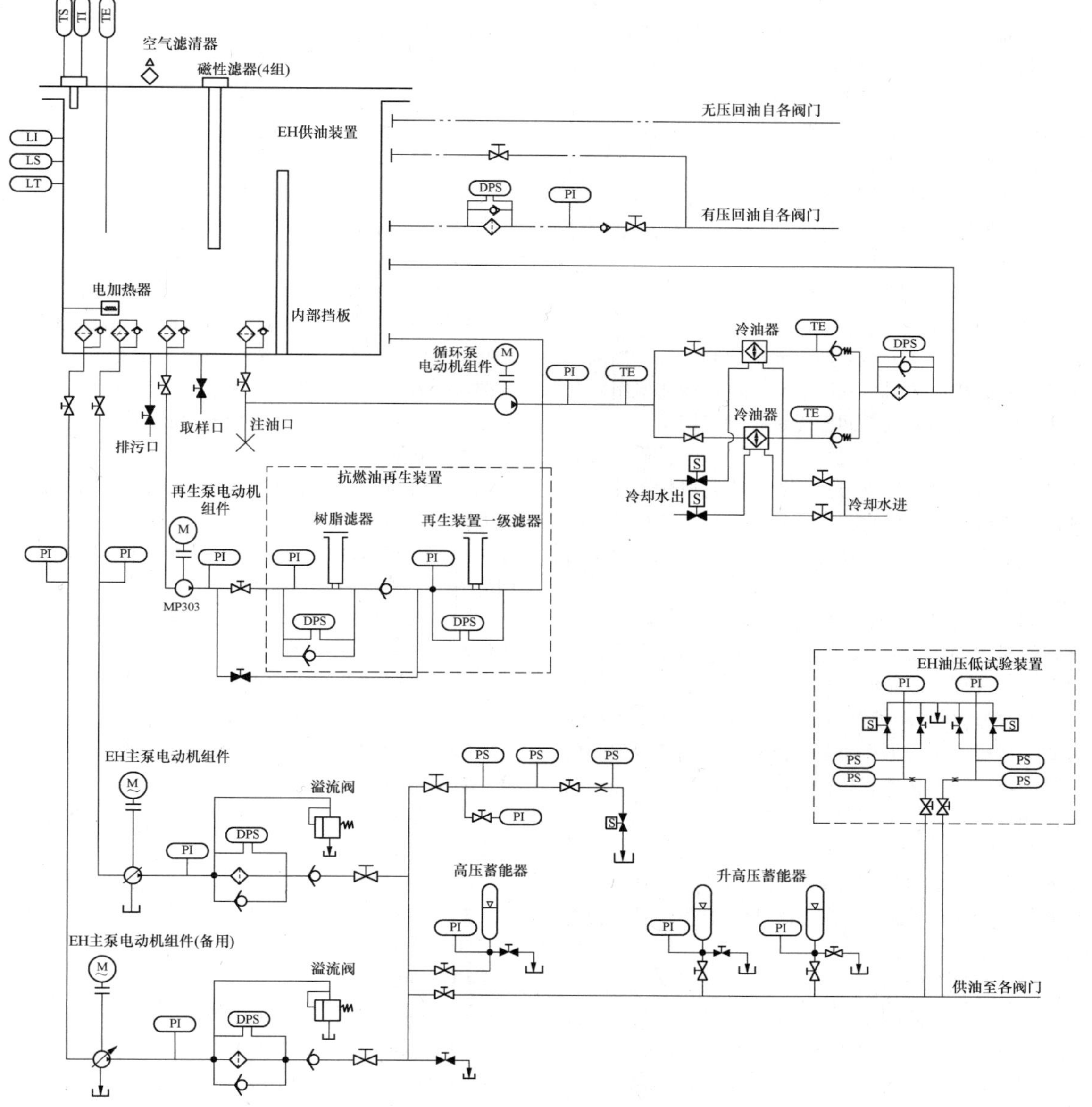

图 7-26　典型 EH 供油系统

（2）所有过滤器设置差压测量装置，以检查是否堵塞并及时报警。

（3）油箱应有油位测量装置，设置就地油位表便于巡视，同时提供油位报警和联锁保护触点。

（4）油箱油温能自动控制，超限应报警。

（5）热交换器两侧的进出口有就地温度测量仪表，两侧进口有就地压力测量仪表。

三、系统设计

（一）DEH 部分

1. 设计范围及内容

（1）DEH 设计分界。DEH 通常由汽轮机厂配供，与汽轮机厂或 DEH 供应商的设计分界点在 DEH 设备和/或机柜的接线端子排上。

（2）DEH 设计主要包括以下内容：

1）DEH 技术规范书编制。

2）DEH 机柜和外围设备布置。

3）DEH 机柜接线设计。

4）DEH 供电设计。

5）DEH 接地设计。

2. 控制系统功能

（1）控制方式。

1）DEH 应按分级分层控制的原则设计，当高一级控制层故障退出时，其下一级应继续控制机组安全运行，各种控制方式之间应能进行无扰切换。

2）汽轮机自动启动控制（ATC）。汽轮机自动启动控制是最高级的控制方式。根据汽轮机转子热应力和运行参数，自动优化、设置转速变化率和负荷变化率，实现寿命管理，自动完成机组由盘车至额定负荷启动全过程。

3）自动控制为机组高级控制方式。根据机组热状态，按设定的启动曲线，自动完成机组启动、升速、带负荷全过程。在自动控制方式下也可进行人为干预。

4）操作员自动控制为机组启动、运行的基本控制方式。运行人员根据机组热状态设定转速变化率和目标转速、负荷变化率和目标负荷，实现机组转速和功率闭环控制。

5）手动控制为机组低级控制方式。运行人员手动操作，通过控制器控制调节汽阀开度，实现功率开环控制，或称阀位控制。在转速控制方式下，不应设置转速开环手动控制。

（2）控制功能。

1）机组转速控制。包括升速控制（过临界转速控制）、降速控制，以及并网前的同步转速控制。

2）机组功率控制。包括升、降负荷控制和稳定负荷控制。

3）抽汽式汽轮机可调整抽汽压力控制。包括电、热牵连调节，以热定电控制，以电定热控制。

4）背压式汽轮机背压抽汽压力控制。

5）主蒸汽压力控制。

6）阀门管理功能。

（3）限制功能。

1）超速限制（OPC）。当机组负荷大于 30%额定负荷（再热机组）、发电机出口开关跳闸、机组转速达到 103%额定转速时超速限制动作。

2）主蒸汽压力降低限制。

3）汽轮机真空降低负荷限制。

4）功率限制。

5）抽汽或背压机组可调整抽汽压力限制。

（4）保护功能。

1）电气超速保护（OPT）。

2）试验功能。

3）主汽阀、调节汽阀在线活动试验。

4）超速保护试验。

3. 控制系统主要技术指标

（1）技术指标。

1）控制系统可用率应达到 99.9%以上。

2）转速不等率为 3%～6%，应连续可调。

3）转速控制范围：50～3600r/min，应连续可调。

4）功率控制范围：1%～110%额定功率，应连续可调，每步最小给定功率不大于额定功率的 0.5%。

5）在额定工况下，转速控制引起的转速波动范围应为额定转速的+0.1%。

6）在额定工况下，功率控制引起的功率波动范围应为额定功率的+0.5%。

7）在技术条件规定的最大升速率下，其转速的超调量应小于额定转速的 0.2%。

（2）系统裕量。系统裕量为系统投入运行后，按最终容量计算的百分比值。

1）最繁忙时，控制器 CPU 的负荷率不大于 60%，操作员站 CPU 负荷率不大于 40%。

2）内部存储器占有容量不大于 50%，外部存储器占有容量不大于 40%。

3）每种 I/O 点裕量不少于 10%，I/O 模件槽裕量不少于 10%。

4）电源负荷裕量为 30%～40%。

5）通信总线的负荷率令牌网不大于 40%，以太网不大于 20%。

（3）系统实时性。

1）画面对键盘操作指令的响应时间不大于 1s。

2）画面应能显示机组运行状态、重要参数和有关趋势图，数据的刷新周期为 1s。

3）通过键盘或鼠标发出的操作指令，均应在 1s 内从 I/O 通道输出，从发出指令至被执行确认信息的响应时间应小于 2s。

4）控制器的工作周期，应满足汽轮机控制响应速度的要求。对于可能出现孤岛运行的机组，其 DEH 转速控制回路的工作周期不宜大于 50ms。冗余配置的控制处理器切换时间应为毫秒级。

5）超速保护（OPT）和超速限制（OPC）宜采用专用保护模件，不经运算硬接线直接输出。

6）对于超速保护（OPT）和超速限制（OPC）无专用模件的系统，为满足超速保护（OPT）和超速限制（OPC）的响应速度，宜采用独立的控制器，其工作周期应不大于 20ms。

7）I/O 信号的采集速度：一般模拟量信号为 4 次/s；一般开关量信号为 10 次/s；快速要求模拟量信号为 8 次/s；快速要求开关量信号为 20 次/s。

8）I/O 信号的采集精确度：模拟量输入信号（高电平）为±0.1%；模拟量输入信号（低电平）为±0.2%；模拟量输出信号为±0.25%。

9）抗干扰性。①抗共模干扰电压为 500V。②抗差模干扰电压为 50V。③共模抑制比大于或等于 120dB。④串模抑制比大于或等于 60dB。

4. 设计原则

（1）DEH 的设计应符合安全可靠、经济合理、技术先进的原则。

（2）DEH 的功能、性能和配置应满足火力发电厂机组的安全和高效运行。

（3）DEH 的设计应充分研究和利用拟采用 DEH 软硬件的技术特性。

（4）DEH 的设计应执行现行的有关国家标准和行业标准的规定。

（5）DEH 电子系统局部故障，应不影响或有限影响电液控制系统的可用性，但不应丧失保护功能。

（6）涉外工程 DEH 设计应严格执行合同要求。

5. 设计输入数据

DEH 的设计由汽轮机制造厂根据汽轮机技术协议设计，施工图设计需下列资料：

（1）汽轮机技术协议。

（2）DEH I/O 清单。

（3）DEH 电源系统图。

（4）DEH 配置图。

（5）DEH 机柜端子接线图。

（6）汽轮机就地端子盒接线图。

（7）DEH 接地图。

（8）DEH 仪表清单。

（9）DEH 说明书。

6. DEH 设计

（1）DEH 电子控制装置宜采用与机组 DCS 相同的硬件，以实现一体化配置。

（2）DEH 硬件与机组 DCS 硬件一致时，其控制网络应纳入 DCS 网络，当 DEH 硬件与机组 DCS 硬件不一致时，应设置独立网络。

（3）控制器应冗余配置，且能实现双向无扰切换。调节及 ATC 功能应分散在不同控制器。

（4）DEH 应配置独立的操作员站和工程师站。

（5）DEH 与其他控制系统重要的信号交换应采用硬接线。

（6）用于控制和保护的重要信号应冗余配置。

（7）通信接口。

1）当 DEH 为独立的专用电子控制系统时，应设置 DEH 和 DCS 之间的数据通信接口，以满足相互不同通信规约的数据传递。

2）当 DEH 和 DCS 为相同电子控制系统时，相互间数据交换通过 DCS 内部网络实现。

3）当 DEH 为独立的专用电子控制系统时，应留有与 GPS 时钟同步接口。

（8）电源设计。

1）DEH 电源装置应能接受两路交流 220V、50Hz 单相电源，其中一路来自不停电电源（UPS）。

2）当 DEH 和 DCS 为相同硬件类型时，DEH 电源可由 DCS 电源柜提供。

（二）MEH 部分

1. 设计范围及内容

（1）MEH 设计分界。MEH 通常由给水泵汽轮机厂配供，与给水泵汽轮机制造厂或 MEH 供应商的设计分界点在 MEH 设备和/或机柜的接线端子排上。

（2）MEH 设计主要包括以下内容：

1）MEH 技术规范书编制。

2）MEH 机柜和外围设备布置。

3）MEH 机柜接线设计。

4）MEH 供电设计。

5）MEH 接地设计。

2. 控制系统功能

（1）控制方式。

1）MEH 使汽动给水泵能以自动方式或手动方式进行启动，使转速从 0 升至 3000r/min。超过 3000r/min，给水泵的控制可切换至由 DCS 的给水控制系统进行控制。

2）启动和运行方式的选择和操作，由运行人员通过 DCS 操作员站进行。

3）设计跟踪回路，以实现手动/自动的无扰切换。

4）手动转速控制方式。在此方式下，由操作员通过 DCS 操作员站转速增、减按钮控制 HP（高压）和 LP（低压）调速阀的位置。

5）操作员自动转速控制方式。在此方式下，由操作员在 DCS 操作员站给出目标转速，MEH 能自动地将转速提升到目标值。

6）远控转速自动控制方式（接受给水控制系统指令）。在此方式下，MEH 接受来自机组给水自动控制系统的指令进行转速自动控制。

（2）控制功能。

1）自动升速的控制。MEH 能以操作人员预先设定的升速率，自动地将汽轮机转速自最低转速一直提升到目标转速。

2）给水泵转速控制。MEH 能接受来自锅炉闭环控制系统 MCS 的给水流量需求信号，实现给水泵汽轮机转速的自动控制。

3）滑压控制。随着主汽轮机所带负荷的升高，MEH 能自动地实现给水泵汽轮机从高压汽源至低压汽源的倒换，反之亦然。

4）联锁保护。MEH 具有油压联锁、给水泵汽轮机的超速保护等功能。

5）阀门试验。为保证发生事故时阀门能可靠关闭，MEH 应具备对高、低压进汽阀逐个进行在线试验功能。

6）跳闸试验。MEH 应具有电超速跳闸试验功能，以判断超速保护系统功能是否正常。

3. 控制系统技术指标

（1）控制系统可用率应达到 99.9%以上。

（2）系统裕量。系统裕量为系统投入运行后，按最终容量计算的百分比值。

1）最繁忙时，控制器 CPU 的负荷率不大于 60%。

2）内部存储器占有容量不大于 50%，外部存储器占有容量不大于 40%。

3）每种 I/O 点裕量不少于 10%，I/O 模件槽裕量不少于 10%。

4）电源负荷裕量为 30%～40%。

5）通信总线的负荷率令牌网不大于 40%，以太网不大于 20%。

（3）控制指标。

1）闭环转速控制范围：不小于 $10\%n_H$～$120\%n_H$（n_H 为给水泵最高工作转速）。

2）转速控制精度：$<0.1\%n_H$。

3）转速定值精度：$<0.1\%n_H$。

4）静态特性：死区 $<0.1\%n_H$。

5）动态特性：汽轮机转速跟踪转速定值滞后 $<0.1\%n_H$。

6）控制系统执行速度：主汽阀跳闸全行程时间不大于 1s。

（4）抗干扰性。

1）抗共模干扰电压为 500V。

2）抗差模干扰电压为 50V。

3）共模抑制比大于或等于 120dB。

4）差模抑制比大于或等于 60dB。

（5）控制器。控制器的工作周期，应满足给水泵汽轮机控制响应速度的要求。转速控制回路的工作周期不宜大于 50ms。冗余配置的控制处理器切换时间应为毫秒级。

（6）I/O 模件。

1）I/O 信号的采集速度：一般模拟量信号为 4 次/s；一般开关量信号为 10 次/s；快速要求模拟量信号为 8 次/s；快速要求开关量信号为 20 次/s。

2）I/O 信号的采集精确度：模拟量输入信号（高电平）为±0.1%；模拟量输入信号（低电平）为±0.2%；模拟量输出信号为±0.25%。

4. 设计原则

（1）总的原则。

1）MEH 的设计应符合安全可靠、经济合理、技术先进的原则。

2）MEH 的功能、性能和配置应满足火力发电厂机组的安全和高效运行。

3）MEH 的设计应充分研究和利用拟采用 MEH 软硬件的技术特性。

4）MEH 的设计应执行现行的有关国家标准和行业标准的规定。

5）MEH 电子系统局部发生故障，应不影响或有限影响电液控制系统的可用性，但不应丧失保护功能。

6）涉外工程 MEH 设计应严格执行合同要求。

（2）设计输入数据。MEH 的设计由给水泵汽轮机制造厂根据给水泵汽轮机技术协议设计，施工图设计需下列资料：

1）给水泵汽轮机技术协议。

2）MEH I/O 清单。

3）MEH 电源系统图。

4）MEH 配置图。

5）MEH 机柜端子接线图。

6）MEH 仪表清单。

7）MEH 说明书。

（3）MEH 设计。

1）MEH 电子控制装置宜采用与机组 DCS 相同的硬件，以实现一体化配置。

2）MEH 控制系统应作为机组 DCS 网络的一个节点。

3）每台给水泵汽轮机 MEH 控制器应冗余配置，且能实现双向无扰切换。

4）MEH 与其他控制系统重要的信号交换应采用硬接线，如与 MCS 的转速设定指令、与 MTSI 的轴位移、振动等。

（4）电源设计。

1）MEH 电源宜由 DCS 配电柜供给，每套 MEH 装置应能接受两路交流 220V、50Hz 单相电源，其中一路来自不停电电源（UPS）。任何一路电源发生故障，均不应导致系统的任一部分失电。

2）如汽轮机制造厂有直流电源要求，宜采用 2 路直流 110V/220V 电源供电。

四、设备配置与选择

（一）DEH 部分

1. 电子系统配置

（1）人机接口配置。

1）操作员站。单元机组 DEH 应配置 1 台独立的操作员站、独立的显示屏。

2）工程师站。单元机组 DEH 应配置 1 台独立的工程师站、独立的显示屏。

（2）机柜。

1）机柜内应设置排气风扇或内部循环风扇，并设温度检测开关，当温度过高时报警。

2）机柜外壳防护等级应满足机柜布置点环境条件。

3）机柜可选用前后单开门形式。前后柜门上应有柜名标签。

4）机柜的设计应保证电缆从柜底或柜顶进出的要求。

（3）控制器。控制器应冗余配置，且能实现双向无扰切换。

（4）I/O 模件。

1）I/O 模件类型包括模拟量输入、输出（含伺服卡、LVDT 卡）；脉冲量输入、输出；开关量输入、输出。

2）I/O 模件通道数量选择：AI 卡件的通道数不宜超过 8 点；DI 卡件的通道数不宜超过 16 点；伺服卡、LVDT 卡通道数不宜超过 4 个；DO 卡件控制对象不宜超过 8 个。

2. 液压系统

（1）在控制系统失电的情况下，电液转换装置应能自动关闭或具有保位功能。

（2）100MW 及以上机组，应设有远方挂闸、开主汽阀功能。

（3）重要液压保护和限制功能必须冗余设计。

3. 仪表配置

（1）仪表配置原则。

1）就地仪表应满足现场巡视及就地操作的需要。

2）仪表的量程及精度、过程变量开关的精度、灵敏度及返回特性等，应满足机组在所有工况下监视和控制的要求。过程变量在允许范围内时，其报警信号应能自动消除。

3）应设置必要的接线盒（箱），作为与 DEH 系统的接口件。

4）所有控制、测量和检测仪表，均应经过校验合格并在有效检验期内使用。

（2）仪表配置。DEH 应设置下列检测仪表：

1）自动主汽阀关闭位置行程开关、调节汽阀位移变送器。

2）液压系统控制油、保护油压力测量仪表，机组已挂闸判断测量仪表，以及保护动作压力开关。

3）油泵出入口、密封容器应设置压力测量仪表。

4）油箱油位、油温测量仪表，以及报警和联锁保护触点。

5）油过滤器应设置差压测量仪表和报警装置。

6）DEH 调节用机组有功功率信号，应直接取自电气功率表，采用三取二冗余配置。

7）DEH 调节用转速信号，应直接取自就地转速探头，采用三取二冗余配置。

8）汽轮机本体温度，用于 ATC 应力计算，由汽轮机制造厂设计。

9）热交换器应设置进出口温度测量仪表。

4. 应注意的问题

（1）DEH 操作员站的显示屏与 DCS 显示屏应在尺寸、品牌型号、颜色等方面保持一致，以利于集中控制室总体协调一致。

（2）当 DEH 与 DCS 采用不同硬件类型时，DEH 机柜的颜色应与 DCS 保持一致。外形尺寸尽可能与 DCS 机柜保持一致。

（二）MEH 部分

单元机组 MEH 不设置独立的操作员站和工程师站，在机组 DCS 中实现控制。

1. 机柜

（1）机柜内应设置排气风扇或内部循环风扇，并设温度检测开关，当温度过高时报警。

（2）机柜外壳防护等级应满足机柜布置点环境条件。

（3）机柜可选用前后单开门形式，前后柜门上应有柜名标签。

（4）机柜的设计应保证电缆从柜底或柜顶进出的要求。

2. 控制器

每台给水泵汽轮机配置 1 对控制器，且能实现双向无扰切换。

3. I/O 模件

（1）I/O 模件类型包括模拟量输入、输出（含伺服卡、LVDT 卡）；脉冲量输入、输出；开关量输入、输出。

（2）I/O 模件通道数量选择：AI 卡件的通道数不宜超过 8 点；DI 卡件的通道数不宜超过 16 点；伺服卡、LVDT 卡通道数不宜超过 4 个；DO 卡件控制对象不宜超过 8 个。

4. 仪表配置

（1）仪表配置原则。

1）就地仪表应满足现场巡视及就地操作的需要。

2）仪表的量程及精度、过程变量开关的精度、灵敏度及返回特性等，应满足机组在所有工况下监视和控制的要求。过程变量在允许范围内时，其报警信号应能自动消除。

3）应设置必要的接线盒（箱），作为与 MEH 系统的接口件。

4）所有控制、测量和检测仪表，均应经过校验合格并在有效检验期内使用。

（2）仪表配置。MEH 系统应设置下列检测仪表：

1）高低压主汽阀开、关位置行程开关、高低压调节汽阀位移变送器。

2）主汽阀前蒸汽温度、压力。

3）油泵出入口应设置压力测量仪表。

4）油箱油位、油温测量仪表，以及报警和联锁保护触点。

5）油过滤器应设置差压测量仪表。

6）给水泵汽轮机转速信号，应直接取自就地转速探头，采用三取二冗余配置。

7）给水泵汽轮机本体温度、轴承金属温度。

五、常见设计方案举例

（一）DEH 常见设计方案

1. 系统配置方案

（1）DEH 电子控制装置宜采用与机组 DCS 相同的硬件，控制网络纳入 DCS 网络。

（2）DEH 采用 2 对控制器，ATC 功能、功率/转速调节功能各 1 对。

（3）DEH 配置 1 台操作员站、1 台工程师站。

（4）DEH I/O 总点数约 300 点，配置 2～3 面机柜。

（5）用于控制和保护的重要脉冲量和模拟量如转速、功率等应三冗余，LVDT、压力、并网信号和重要开关量宜冗余。控制和保护所用的重要模拟量和开关量，均分别设置 I/O 通道。

（6）硬接线接口。

1）电气接口。同期装置接口包括请求同期、同期允许、同期增、同期减等，以实现机组的并网；发电机有功功率（该信号用于机组的功率调节，信号为三取二冗余配置），信号直接取自电气功率变送器；主断路器或发电机出口断路器闭合（该信号用于判断机组与电网的连接状态，信号为三取二冗余配置），直接取自断路器的辅助触点。

2）协调控制接口。通过与 DCS 协调控制系统的信号交换实现负荷控制，包括遥控投入、负荷增、负荷减、遥控允许、负荷参考、快速减负荷等。

3）ETS 跳闸接口。DEH 超速信号送至 ETS。

（7）电源和接地。

1）DEH 电源装置，接受两路交流 220V、50Hz 单相电源，其中一路来自不停电电源（UPS）。两路电源应在 DEH 电源装置内互为备用，并能自动无扰切换。任何一路电源发生故障，均不应导致系统的任一部分失电。任何一路电源发生故障都应报警，并自动切换到另一路工作。

2）DEH 电源合理地分配到机柜、操作员站和工程师站等，并配置相应的冗余电源切换装置和回路保护设备。

3）DEH 电源装置可接受两路直流 110V/220V 电源，为系统机柜提供冗余的直流电源。

4）凡属 DEH 或为使系统正常工作而需另外配备的仪表、设备，所需单相交流电源及直流电源，均由 DEH 系统提供。

5）DEH 在单点接地时可靠工作，电子机柜中应设有独立的安全地、信号参考地、屏蔽地和相应接地铜排。

（8）除上述方案外，某些机组 DEH 还有扩大功能的方案，其控制范围还包括润滑油、EH 油、抽汽止回阀、发电机氢油水系统等，需增加 1 对控制器及相应机柜。此方案为非常规方案，可根据工程实际情况取舍。

2. DEH 仪表配置清单

DEH 仪表的配置以汽轮机制造厂设计为准，因机型不同、制造厂不同，仪表设置有差异，见表 7-24。

表 7-24 DEH 仪表配置清单

序号	测点名称	就地指示	仪表类型和数量		功能				备注
			模拟量	开关量	调节	联锁保护	报警	显示	
1	机组有功功率		3		√			√	
2	汽轮机转速		3		√			√	
3	汽轮机本体温度		√				高	√	应力计算
4	主汽阀行程开关			√		√			
5	主汽阀位置变送器		2					√	

续表

序号	测点名称	就地指示	仪表类型和数量		功能				备注
			模拟量	开关量	调节	联锁保护	报警	显示	
6	调节汽阀行程开关			√		√			
7	调节汽阀位置变送器		2		√			√	
8	再热蒸汽压力		√		√			√	
9	中压缸排汽压力		√		√			√	
10	再热蒸汽温度		√		√			√	
11	主蒸汽压力		3		√			√	
12	主蒸汽温度		√		√			√	
13	调节级压力		3		√			√	
14	高压缸排气压力		√		√		高	√	
15	高背压凝汽器/排气装置真空低			√			√		
16	低压凝汽器/排气装置真空低			√			√		
17	低压凝汽器/排气装置真空		√					√	

注　EH 油系统一般在 DCS 中控制，表中未列。

（二）MEH 常见设计方案

1. 系统配置方案

（1）MEH 电子控制装置宜采用与机组 DCS 相同的硬件，控制网络纳入 DCS 网络。

（2）MEH 系统宜按每台给水泵汽轮机采用 1 对控制器配置（与给水泵汽轮机跳闸系统 METS 合用）。

（3）每台给水泵汽轮机 MEH 系统 I/O 总点数约 100 点（含 METS），配置 1 面机柜。

（4）用于控制和保护的重要脉冲量和模拟量，如转速信号、油压信号等应三冗余，控制和保护所用的重要模拟量和开关量，均分别设置 I/O 通道。

（5）与机组 DCS 控制接口。通过与 DCS 控制系统的信号交换实现给水泵的转速控制，如转速设定指令等。

（6）与 MTSI 的接口。各个轴承的振动信号、轴位移信号。

（7）电源和接地。

1）MEH 电源装置，接受两路交流 220V、50Hz 单相电源，其中一路来自不停电电源（UPS）。MEH 电源装置可接受两路直流 110V/220V 电源，为系统机柜提供冗余的直流电源。

2）凡属 MEH 系统或为使系统正常工作而需另外配备的仪表、设备，所需单相交流电源及直流电源，均由 MEH 系统提供。

3）MEH 系统在单点接地时可靠工作，电子柜中应设有独立的安全地、信号参考地、屏蔽地和相应接地铜排。

2. MEH 仪表配置清单

MEH 仪表的配置应以给水泵汽轮机厂设计为准，因机型不同、制造厂不同，仪表设置有差异，见表 7-25。

表 7-25　　MEH 仪表配置清单

序号	测点名称	就地指示	仪表类型和数量		功能				备注
			模拟量	开关量	调节	联锁保护	报警	显示	
1	汽轮机转速		3		√			√	
2	汽轮机本体温度		√					√	
3	给水泵汽轮机轴承金属温度		√				高	√	
4	高低压主汽阀行程开关			√		√			
5	高低压调节汽阀位置变送器		√		√			√	
6	高压主汽阀前蒸汽压力		√					√	

续表

序号	测点名称	就地指示	仪表类型和数量		功能				备注
			模拟量	开关量	调节	联锁保护	报警	显示	
7	高压主汽阀前蒸汽温度		√					√	
8	低压主汽阀前蒸汽压力		√					√	
9	低压主汽阀前蒸汽温度		√					√	
10	汽缸排气压力		√			√		√	
11	润滑油箱温度		√					√	
12	润滑油温度		√				低		
13	润滑油箱油位	√		√			高/低		
14	润滑油压力		3			√	低	√	
15	滤油器差压		√				高		
16	液压油压力		3				低	√	
17	冷油器出口温度	√	√				高	√	

第八节　汽轮机（给水泵汽轮机）紧急跳闸系统

一、功能

汽轮机紧急跳闸系统（ETS）是机组在紧急情况下迅速关闭汽轮机所有进汽阀，停止汽轮机运行的控制系统，其主要任务是监视对机组安全运行有重大影响的某些参数。当这些参数超过安全运行限定值时，通过自动停机跳闸（AST）电磁阀控制汽轮机保安系统，关闭汽轮机全部蒸汽进汽阀，紧急停机。ETS 主要由控制部件、电气保护装置及现场检测元件等组成。由于 ETS 对汽轮机安全运行起着至关重要的保护作用，所以在设计中必须保证其高可靠性。给水泵汽轮机紧急跳闸系统（METS）与 ETS 相似，可以参照 ETS 设置，下面以 ETS 做主要描述。

二、系统原理

1. ETS 保护项目

紧急停机保护是汽轮发电机组在运行中因某一设备故障并将危及机组安全运行时，为防止设备损坏和人身事故而设置的，该类保护动作后应迅速停机。在机组运行中发生下列情况之一时，应发出汽轮机跳闸指令：

（1）汽轮机超速。

（2）凝汽器/排气装置真空过低。

（3）润滑油压力过低。

（4）控制油（抗燃油）压力过低。

（5）轴承振动过大。

（6）轴向位移过大。

（7）手动停机指令。

（8）锅炉总燃料跳闸。

（9）发电机事故跳闸。

（10）外部系统故障引起发电机解列。

（11）汽轮机数字电液控制系统失电。

（12）汽轮机制造厂提供的其他保护项目。

2. ETS 的主要信号

（1）ETS 复位信号。汽轮机停止运行后，安全油泄去，主汽阀及其他阀门处于关闭状态。为了使 ETS 恢复正常工作状态，当输入条件满足后，保护逻辑可以自动复位。ETS 复位信号来自 DEH 或其他系统，以完成建立安全油压、开启进汽阀的控制。ETS 复位信号应为短脉冲信号，以免影响 ETS 逻辑的执行，汽轮机跳闸信号优先于复位信号。

（2）遥控手动停机。遥控手动停机功能用于在机组紧急情况下手动操作停止汽轮机运行。一般在汽轮机前轴承箱上安装有就地手动停止汽轮机运行装置，同时在操作台上设置运行人员直接操作的手动紧急停机按钮，实现遥控手动停机。远方手动紧急停机操作按钮必须直接接入 ETS，不允许经过继电器扩展等间接转换。手动紧急停机操作按钮应提供 2 副动断触点直接切断 2 路 AST 电磁阀电源；另外，提供 1 副动合触点接入 ETS，通过控制逻辑切断 AST 电磁阀电源。

（3）汽轮机超速保护。汽轮机电超速保护装置的转速测量一般在 TSI 或 ETS 中，且采用独立的测速探头和测速回路。由于 TSI 的转速测量要求能精确地测量低转速，所以 TSI 的转速传感器通常采用涡流传感器或磁阻式传感器。超速保护系统一般应设计为三取二逻辑判断系统，以防止某个元件故障影响汽轮机超速保护。转速测量探头一般应与 DEH 的转速测量探头分别布置，以免测速齿轮在小轴或励磁机轴断裂时，失去转速信号，从而造成超速保护失效。

转速的测量必须准确、快速，一般要求精确在 0.1%以内。汽轮机超速保护控制（OPC）和超速跳闸保护（OPT）部分的处理周期应不大于 20ms。为区分汽轮机 110%电超速的跳闸首出原因，应将 TSI 或 ETS 中的汽轮机 110%电超速保护定值设置为与 DEH 中汽轮机 110%电超速保护不同的定值。

（4）控制油（抗燃油）压低、轴承油压低、真空低及轴向位移大保护。当设置有双通道的试验块时，对于抗燃油压低、轴承油压低、真空低及轴向位移大保护功能可分成 2 个通道，分别由 4 个检测元件测量每个参数，当 2 个通道都有一个检测元件检测到该参数超过汽轮机正常运行极限时，才发出停止汽轮机运行信号，以防止保护误动作或拒动作情况的发生。该控制逻辑在 ETS 中完成，由于 4 个元件分布在 2 个通道上，因此可进行在线试验。当上述功能的检测元件只有一路或三路时，则按一路或三取二逻辑判断设计，同时必须考虑增加试验块及其试验功能的必要性。

三、系统组成

ETS 主要包括：①一个布置遮断电磁阀和状态压力开关的危急遮断控制块；②三个装设压力开关和试验电磁阀的遮断试验块；③三个转速传感器；④一个装设电气和电子硬件的控制柜等。

1. 危急遮断控制块

较为典型的危急遮断控制块通常设有 6 个电磁阀（见图 7-27）：2 个 OPC 电磁阀是直流 110V/220V，常闭阀；4 个 AST 电磁阀是交流 220V，常开阀。在正常情况下，AST 电磁阀是常带电结构。当 4 个 AST 电磁阀励磁关闭时，自动停机危急遮断总管中的油压建立。

为了进行试验，AST 电磁阀被布置成双通道。一个通道中的电磁阀失磁打开将使该通道遮断。若要使自动停机遮断总管压力迅速下降以关闭汽轮机的蒸汽进口阀门，则两个通道必须都要遮断。这种设计可以提高动作可靠性，有效防止误动作和拒动作。

AST 电磁阀是外导二级阀。EH 抗燃油压力作用于导阀活塞以关闭主阀。每个通道的导阀压力由压力开关监测，这个压力开关用来确定每个通道的遮断或复通状态。

2. 遮断试验块

较为常见的遮断试验块有三个，分别为 EH 油压力试验块、润滑油压力试验块、低真空试验块。每个试验块的原理相同，其常见构成为 1 个钢制试验块、2 个压力表、2 个电磁阀和 3 个截止阀。以润滑油压力试验块为例（见图 7-28），安装在前轴承座上的试验块（一侧是从系统供油流入，而另一侧与泄油相连）与安装在附近的端子箱上的压力开关相连接。试验块被布置成双通道，在每个通道中均有一个节流孔，以使试验时被检测参数不受影响。在供油端有一个隔离阀，它允许试验块组件检修时不影响系统的其他部分。

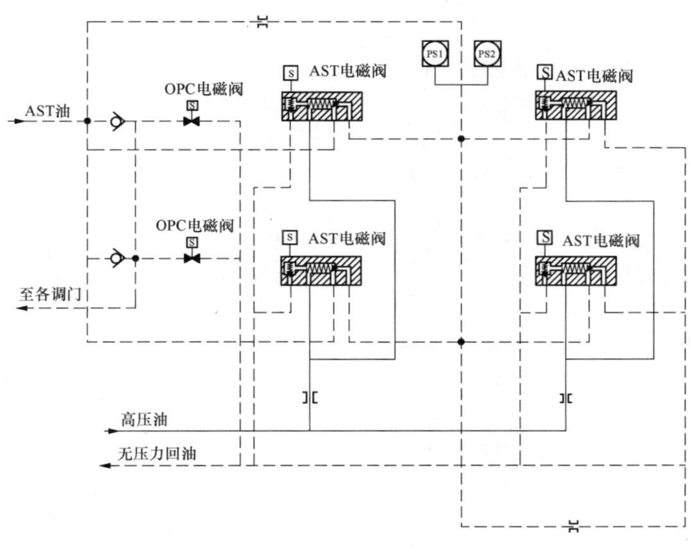

图 7-27 危急遮断控制块

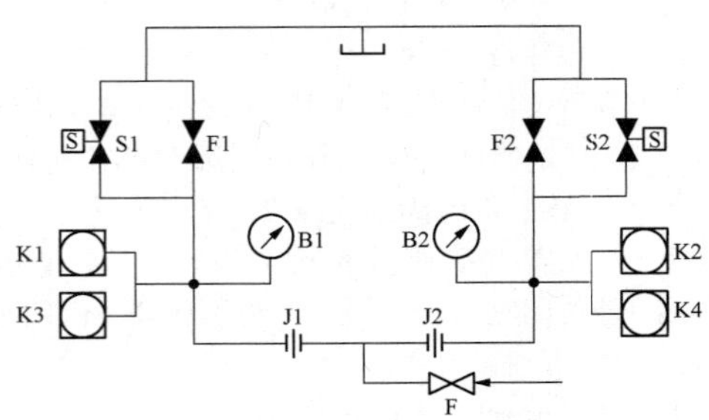

图 7-28 危急遮断试验块

J1、J2—节流孔；F、F1、F2—手动阀；S1、S2—电磁阀；B1、B2—压力表；K1、K2、K3、K4—压力开关

试验可以手动就地试验，也可以在集中控制室通过试验按钮远方试验。用按钮试验时，电路上有闭锁，保证不会两路试验同时进行，一路试验时，另一路还有保护功能。

如果润滑油压力降低至停机值，上述压力开关将动作，并且引起自动停机遮断总管中的油压泄放而遮断汽轮机。

3. ETS 跳闸柜

常规 ETS 跳闸柜中有一套可编程逻辑控制器（PLC）或一对冗余 DCS 控制器组件、一个转速控制箱，其中包括三个有处理和显示功能的转速报警器、一个交流电源箱，以及位于控制柜背面的两排输入输出端子。

三个转速报警器能够将独立的转速传感器的输入信号进行数字处理，并且当转速超过额定转速的 10%（3300r/min）时，继电器的触点动作。超速保护采用三选二方式，这三只传感器装在同一个齿轮旁。

交流电源板要求有两个独立的交流电源。其中一路电源为 UPS 供电。如果一个电源出现故障，机组将无扰动运行。

ETS 输入输出端子排，提供了与下面设备相连的触点：

（1）来自三个独立的转速探头的信号。

（2）到遮断电磁阀的电源。

（3）监测遮断状况的压力开关。

（4）对汽轮机运行时重要的监视参数，如轴承油压、EH 油压和冷凝器真空度等进行监测的压力开关。

（5）对查检运行状况进行控制的试验电磁阀。

（6）当 ETS 探测到某个故障情况时连接到外部（电厂）报警的输出信号。

（7）遥控遮断输入信号：例如，手动遮断机组或遥控停机，当信号来时，自动遮断机组。

四、设计要求

（一）设计范围及内容

1. ETS 设计分界

ETS 通常由汽轮机厂配供，与汽轮机厂或 ETS 供应商的设计分界点在 ETS 设备和/或机柜的接线端子排上。

2. ETS 设计内容

ETS 设计主要包括以下内容：

（1）ETS 技术规范书编制。

（2）ETS 机柜和外围设备布置。

（3）ETS 机柜接线设计。

（4）ETS 供电设计。

（5）ETS 接地设计。

（二）主要设计原则

（1）按照 GB 50660《大中型火力发电厂设计规范》要求，ETS 采用分散控制系统或可编程控制时，应符合下列规定：

1）跳闸保护系统的逻辑控制器单独设置。

2）有独立的 I/O 通道，并有电隔离措施。

3）冗余的 I/O 信号应通过不同的 I/O 模件引入。

4）触发机组跳闸保护信号的仪表应单独设置，当无法单独设置需与其他系统合用时，其信号应首先进入保护系统。

5）机组跳闸命令不应通过通信总线传递。

（2）对于 ETS 系统还应满足以下设计要求：

1）当设置 4 个 AST 电磁阀时，AST 电磁阀一般应设置为失电动作方式，且采用 2 路电源切换后的冗余电源。当系统中没有电源切换装置时，1、3 号和 2、4 号 AST 电磁阀应分别采用不同的 2 路电源。

2）ETS 控制器必须冗余配置，即当发生故障时，备用系统仍然具有使汽轮机停止运行的功能。故障系统可进行在线维修、更换。

3）ETS 应具有首出跳闸原因的记录功能。

4）仅作为报警监视而不控制停机的信号不应进入 ETS，并且跳闸汽轮机联动其他设备的功能不应在 ETS 内完成，以保证紧急停机的快速性及可靠性。

5）ETS 在未接到挂闸或复位指令前，不允许自动复位或使汽轮机跳闸，更不允许自动打开汽轮机进汽阀。不应设置供运行人员切、投保护和手动复位保护逻辑的任何措施，以免保护功能被错误地切除。

（三）设计输入

ETS 设计由汽轮机制造厂根据汽轮机技术协议设计，施工图设计需下列资料：

（1）汽轮机技术协议。

（2）ETS I/O 清单。

（3）ETS 电源系统图。

（4）ETS 配置图。

（5）ETS 机柜端子接线图。

（6）汽轮机就地端子盒接线图。

（7）ETS 接地图。

（8）ETS 仪表清单。

（四）方案设计

1. 主要性能指标

（1）在最恶劣的工况下，处理器最繁忙时，控制器的 CPU 负荷率不大于 60%。

（2）处理周期应根据被保护对象的实时性要求确定，最低不大于 100ms。

（3）处理器内存占有容量不大于存储器容量的 50%。

（4）处理器外存占有容量不大于存储器容量的 40%。

2. ETS 与其他系统的接口

ETS 与数字式电液控制系统（DEH）、汽轮机监视仪表（TSI）、炉膛安全监控系统（FSSS）、发电机-变压器组保护系统及汽轮机本身互相联系。因此，在进行 ETS 设计时必须结合各系统的具体情况，考虑各系统之间的相互关系和接口。

（1）与 DEH 的关系及接口。DEH 完成汽轮机的挂闸、转速控制、负荷控制、压力控制及对机组进行各种监视、调节和限制等。当 DEH 无法将汽轮机参数限制在正常范围内，并且该参数达到或超出汽轮机安全运行限制值时，ETS 紧急停止汽轮机的运行。ETS 与 DEH 的主要接口信号：

1）汽轮机挂闸信号。是指由 DEH 送至 ETS 的远方挂闸指令信号，一般设置为脉冲信号，目的是由远方操作建立安全油压，同时使 AST 电磁阀带电，打开汽轮机进汽阀门。

2）DEH 失电汽轮机跳闸信号。一般来自 DEH 基本控制柜，为两路交流 220V 电源均故障的触点闭合信号。

3）汽轮机 110%电超速跳闸信号。DEH 内有 3 个测量汽轮机转速的探头，经过三选二逻辑判断后输出一路汽轮机超速跳闸信号至 ETS。

4）其他汽轮机跳闸信号。根据机组的不同，信号种类和数量则不同。如高压缸或高中压缸联合启动的机组，一般设置高压缸压比低、高压缸排汽压力高、高压缸排汽温度高等汽轮机跳闸信号；中压缸启动的机组，一般设置高压缸保护、高压缸抽真空阀过电流保护、高压缸排汽口金属温度高等汽轮机跳闸信号。汽轮机轴承温度或轴承回油温度高是否作为跳闸汽轮机信号，可根据要求设置。

（2）与 TSI 的关系及接口。TSI 完成对汽轮机某些本体数据的连续监视，并进行综合判断，将判断结果送至 DEH 显示、记录、监视或送至 ETS 跳闸汽轮机。因此，TSI 侧重于对参数的监视、判断，ETS 则侧重于执行 TSI 输出指令。ETS 与 TSI 的主要接口信号：

1）汽轮机 110%超速跳闸信号。某些汽轮机组的 ETS 采用 PLC 控制，通常在 DEH 和 ETS 中均设置汽轮机 110%电超速跳闸保护；常规机组一般在 DEH 和 TSI 中设置汽轮机 110%电超速跳闸保护。两种超速保护测速通道都有 3 路，在各自系统内按三取二逻辑设计。

2）轴向位移大跳闸汽轮机信号。轴向位移大跳闸汽轮机信号的逻辑判断在 TSI 中实现，该信号一般在送至 ETS 前综合为 1 个或 2 个信号。

3）机组振动大跳闸汽轮机信号。机组振动测量装置配置为：每个轴承 2 个轴振动信号或 2 个轴振动信号和 1 个轴瓦振动信号，振动大跳闸汽轮机信号的逻辑判断在 TSI 中实现。该信号一般在送至 ETS 前综合为 1 个或 2 个信号。

4）胀差大汽轮机跳闸等信号。

（3）与 FSSS 的关系及接口。FSSS 与 ETS 的主要接口信号：

1）MFT 信号送至 ETS，实现炉跳机功能。根据软硬件冗余的原则，该信号建议设置为两路：一路经过 FSSS 逻辑判断由继电器输出；另一路由 MFT 硬跳闸柜输出。

2）汽轮机跳闸信号送至 FSSS，当无 FCB 功能时，实现机跳炉功能。该信号应设置为三路，该三路信号应从 ETS 的不同继电器或不同卡件输出。FSSS 按三取二逻辑判断设计。

（4）与发电机-变压器组保护系统的关系及接口。发电机-变压器组保护系统的功能是在机组电气设备及电力系统发生异常和故障时能及时进行相应的处理，将事故和异常限制在最小范围内。发电机-变压器组保护系统与 ETS 的主要接口信号如下：

1）发电机跳闸信号送至 ETS，实现电跳机功能。每个发电机-变压器组保护柜均需输出信号至 ETS，ETS 按信号的数量进行逻辑判断设计。

2）汽轮机跳闸信号送至发电机-变压器组保护系统，实现机跳电功能。该信号应根据发电机-变压器组保护柜的数量设置同等数量的输出信号，且信号应从 ETS 的不同继电器或不同卡件输出，送至发电机-变压器组保护系统的各个保护控制柜。

（5）与 DCS 的关系及接口。所有汽轮机跳闸信号应能输出单独信号至 SOE。

3. 电源和接地

（1）ETS 装置能接受两路交流 220V、50Hz 的单相电源。这两路电源中的一路来自不停电电源（UPS），另一路来自厂用保安段电源或不同路 UPS 电源。两路电源互为备用，任一路电源发生故障都能报警，两路冗余电源在一路电源发生故障时自动切换到另一路，以保证任何一路电源的故障均不会导致系统的任一部分失电。系统所用的其他等级电源由 ETS 内部自行解决。

（2）有些机组 ETS 机柜接受两套冗余直流电源。这两套直流电源都具有足够的容量和适当的电压，能满足设备负荷的要求。两套直流电源分别来自两套不同的直流电源。

（3）电子装置机柜内的馈电分散配置，以获取最高可靠性，对 I/O 模件、处理器模件、通信模件和变送器等都提供冗余的电源。

（4）系统故障或电源丧失时，其输出能确保汽轮机趋于安全状态。

（5）ETS 在单点接地时可靠工作，电子机柜中设有独立的安全地、信号参考地、屏蔽地及相应接地铜排。

（五）设备配置与选择

1. 人机接口配置

ETS 系统通常不配置操作员站和工程师站，仅配供调试阶段用笔记本电脑。

2. 硬件配置要求

ETS 宜采用经认证的、SIL3 级安全相关系统。安全相关标准应符合 GB/T 20438《电气/电子/可编程电子安全相关系统的功能安全》和 GB/T 21109《过程工业领域安全仪表系统的功能安全》的相关规定。

（1）控制器、I/O 信道及信号均独立且多重冗余配置。

（2）系统中用于保护、跳闸的所有现场三重测量信号的 I/O 点分别配置在不同的输入卡上通过三取二逻辑选择获取。单个 I/O 模件的故障，不能引起系统的故障或跳闸。

（3）ETS 装置 I/O 卡件的配置留有 10%～15%的 I/O 余量、机柜内 I/O 模件槽位余量 10%～15%。

3. 机柜

（1）机柜内应设置排气风扇或内部循环风扇，并设温度检测开关，当温度过高时报警。

（2）机柜外壳防护等级应满足机柜布置点环境条件。

（3）机柜可选用前后单开门形式，前后柜门上应有柜名标签。

（4）机柜的设计应保证电缆从柜底或柜顶进出的要求。

五、常见设计方案举例

典型汽轮机的危机遮断系统如图 7-29 所示。

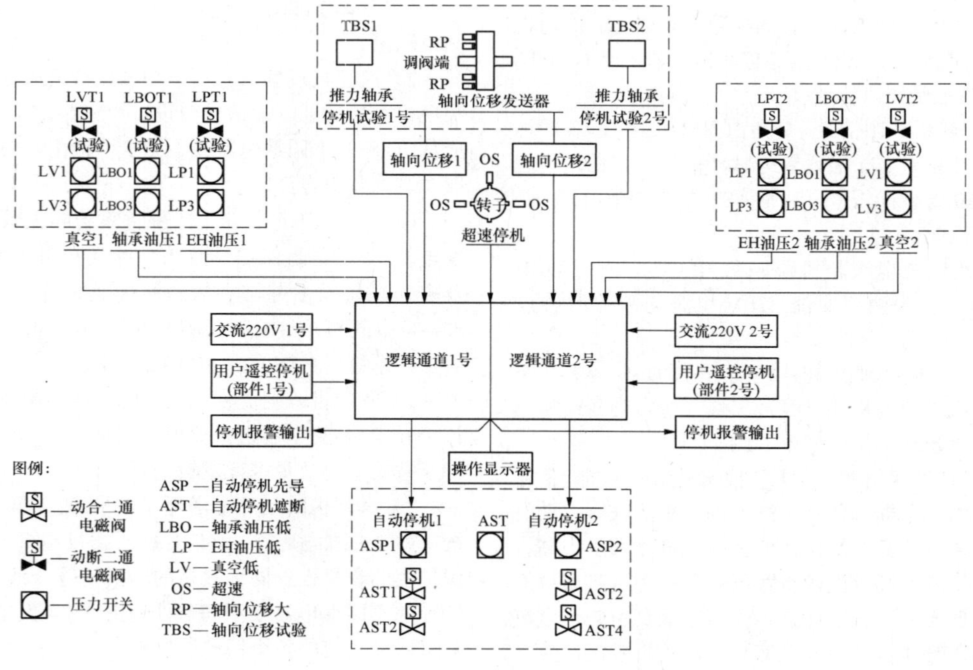

图 7-29　典型汽轮机的危机遮断系统图

第九节 汽轮机（给水泵汽轮机）安全监视仪表

一、功能

为了提高机组的热经济性，汽轮机的级间间隙、轴封间隙选择的都比较小。在启、停和运行过程中，如果操作、控制不当，很容易造成汽轮机动静部件互相摩擦，引起叶片损坏、主轴弯曲、推力瓦烧毁，甚至飞车等严重事故。为保证汽轮机组安全、经济运行，必须对汽轮机及其辅助设备重要参数进行实时的长期监视。当参数越限时，发出报警信号；当参数超过极限值危及机组安全时，发出紧急停机信号，保护装置动作，关闭主汽阀，实现紧急停机。为实现上述功能设置汽轮机安全监视系统（turbine supervisory instrumentation，TSI）。

汽轮机运行状态监视的内容很多，且随机组不同而各有差异，一般对主机的安全监视项目有：

（1）转速监视。连续监测转子的转速，当转速高于设定值时给出报警信号或者停机信号。

（2）零转速监视。触发自动盘车的机组零转速监视。连续监测转子的零转速状态，当转速低于设定值时，报警继电器动作投入盘车装置。

（3）轴向位移监视。连续监视推力盘到推力轴承的相对位置，以保护转子与定子部件之间不发生摩擦，当轴向位移过大时发出报警或者停机信号。

（4）轴弯曲（偏心度）监视。用于监视转子偏心度和峰峰值及瞬时值。当汽轮机在低转速时，转子每转动一圈测量一次偏心度峰峰值。

（5）缸胀监视。连续监测汽缸相对于基础上一基准点的膨胀量，为汽缸的绝对膨胀值，通常采用线性差动位移传感器（LVDT）进行测量。

（6）胀差监视。连续监测转子相对于汽缸上一基准点的膨胀量，为汽缸和转子的相对膨胀值，通常采用电涡流式传感器进行测量。

（7）机组振动监视。监视转子相对于轴承座的振动，监视轴承座的绝对振动，通常采用电涡流式传感器和速度传感器进行测量。

（8）相位监视。连续测量选定的输入振动信号的相位，输入信号取自键相信号和相对振动信号，经转换后供显示或记录。

给水泵汽轮机安全监视项目相比主汽轮机系统会少一些，主要有：

（1）转速监视。

（2）零转速监视。

（3）轴向位移监视。

（4）轴弯曲（偏心度）监视。

（5）机组振动监视。

（6）相位监视。

在上述安全监视项目中，还可以分成监视和保护信号两大类。在监视项目中，只对被监视的参数进行连续、准确、有效的监视，当被监视的参数超标时，发出报警、提醒操作人员注意，并采取及时的措施予以纠正。在保护项目中，当被监视的参数超标、达到机组的遮断水平时，保护装置应能准确、可靠和及时地动作，自动进行机组的控制或停机，确保机组的安全。汽轮机（给水泵汽轮机）安全监视仪表一般由汽轮机（给水泵汽轮机）厂提供。

二、测量原理

传感器是汽轮机安全监视系统中的首要环节，是一种获取信息的装置。狭义的传感器是指把外界输入的非电量信号转换成电量信号的装置，其输出的电量信号最终输送给后续配套的测量电路及终端装置，以便进行记录、显示或信号分析等。智能传感器，具有信号调理、信号分析、误差校正、环境适应等能力，甚至具有一定的辨认、识别、判断的功能。

传感器的种类繁多，应用范围极其广泛。作为火力发电厂汽轮发电机组的运行状态监视，常用传感器种类如下。

1. 电涡流式位移传感器

电涡流式位移传感器是通过传感器端部与被测物体之间的距离变化来测量物体的振动或位移的。它是一种非接触测量的传感器，非接触式测量与接触式测量相比，能更准确地搜集到转子振动状况的各种参数，因而得到了广泛的应用。

电涡流式位移传感器具有频率范围宽、线性工作范围大、灵敏度高、抗干扰能力强、不受介质影响、结构简单等优点，它可作为电厂主要的传感器，用于汽轮机轴的位移、振动、偏心、转速等参数的测量与监视。一套完整的电涡流式传感器由探头、延长电缆及前置器组成。

2. 磁电式速度传感器

以振动体的振动速度为测量目标的传感器称为速度传感器，速度传感器属于接触式传感器。

常用的速度传感器为磁电式传感器（也称为电动式传感器），它测量的是被测振动体相对于大地或惯性空间的运动，因此也称为惯性式传感器。速度传感器基于电磁感应原理，即当运动的导体在固定的磁场里切割磁力线时，导体两端就感应出电动势。速度传感器用来测量轴承座、机壳或者基础的振动。

3. 压电式加速度传感器

在旋转机械的振动测量和故障诊断分析中，加速度传感器也经常被使用，现场使用较多的是压电式加速度传感器。

压电式加速度传感器是利用特殊晶体材料（如石英、陶瓷等）的正压电效应作为机电变换器而制成的，压电式加速度传感器是一种可逆型换能器，它既可以将机械能转换为电能，又可以将电能转化为机械能。

通常，在旋转机械中，振动频率越高，其相应的振动位移的幅值也越小，而其振动加速度幅值仍有一定的量级，此时用速度传感器或电涡流式位移传感器灵敏度不够，但加速度传感器比较适应这种情况下的测量。

4. 复合式振动传感器

单个振动传感器一般只能测量汽轮机轴承座的振动或者测量主轴与轴承座之间的相对振动。复合式振动传感器，它由一个电涡流式位移传感器和一个速度传感器组合而成，放在同一个壳体内。它具有非接触式测量、无磨损、牢固可靠的优点，可同时测量轴的绝对振动、轴相对于轴承座的振动、轴承座的绝对振动。

一般电涡流式位移传感器用于测量主轴相对于轴承座的振动，即主轴的相对振动，而速度传感器用于测量轴承座的绝对振动。速度传感器输出的速度信号经 V-D 转换器转换，变为绝对振动的信号，与电涡流式位移传感器输出的相对振动信号一起输入合成器，在合成器内进行矢量相加，然后输出主轴的绝对振动信号。

5. 线性差动变压器式传感器

线性差动变压器式传感器（LVDT），实质上是一个输出电压可变的变压器。当变压器初级线圈输入稳定交流电压后，次级线圈便产生感应电压。传感器工作时，被测量物体的移动直接引起变压器的铁芯位置改变，从而导致输出电压发生相应变化，即差动变压器能把位移信号转换成交流电压信号。线性差动变压器式传感器常用于缸胀监视。

6. 转速测量传感器

测量转速的方法有许多种，所使用的传感器也有很多，常用的传感器有光电传感器、电涡流式位移传感器、磁阻式传感器、磁敏式传感器等。而作为现场长期监测使用的主要是电涡流式位移传感器、磁阻式传感器、磁敏式传感器。

（1）磁阻式测速传感器。磁阻式测速传感器由磁阻传感器和测速齿轮组成。在被测轴上安装一个由导磁材料制成的齿轮，沿着齿轮圆周垂直的方向安装一个磁阻式传感器。该传感器由永久磁钢和感应线圈构成。它的工作原理是：线圈与磁铁固定不动，当旋转轴带动测速齿轮转动时，每当齿轮的一个齿的顶部转到磁阻传感器的位置时，磁路的气隙最小，磁阻最小，磁通最大。齿顶通过后齿槽转到传感器位置，这时磁路的气隙变得最大，磁阻最大，磁通变为最小。每经过一个齿，磁通就变化一次。

（2）磁敏式转速测量传感器。磁敏式转速测量传感器具有将磁场变化转换成电量输出的功能。当长方形半导体薄片（霍尔片）受到与电流方向垂直的磁场作用时，不仅会出现霍尔效应产生霍尔电动势，还会出现半导体电阻率增大的现象，即所处的磁场越强，半导体片的电阻率越大，电阻也越大，这种现象称为磁阻效应。利用磁阻效应可制成磁阻器件，又称为磁敏电阻。磁敏式电阻的阻值变化反映速度的变化。

7. 键相器

键相器是一种标记振动信号矢量最基本的传感器装置，它的作用就是提供测量振动信号相位的参考基准。精确的相位测量在转子高速动平衡试验、确定转子临界转速及分析某些机械故障时都非常重要。在汽轮发电机组的动态分析方法中，常用的轴心轨迹分析、频谱图分析、波特图分析及极坐标图分析等都离不开相位。现场长期监测测量普遍使用电涡流式位移传感器作为键相器。

使用电涡流式位移传感器作为键相器，要求在轴上参考位置处开出一条键槽，键槽的几何尺寸对不同的监测系统和被测转子都有一定的要求。

三、装置组成

1. 系统的组成

汽轮机安全监视系统主要由三大部分组成：

（1）测量元件及其放大器。统称变送器，包括用于测量各种被测参数的传感器和相应的前置放大器，它们分别布置在各监测点附近。

（2）机箱。布置在电子设备间的 TSI 机柜中，机箱内装有电源和监视器，分别对来自传感器和前置放大器的信号进行处理，给出各监视参数的指示值和记录信号，并在监视参数超标时发出报警信号，以引起操作人员注意或送至 ETS 跳机。

（3）TSI 报警信号板。当参数处于报警和遮断水平时，可从该报警信号板上迅速获得故障类型和故障部位的信息，该板布置在机箱内。

2. 系统的工作原理

汽轮机安全监视系统的工作原理如图 7-30 所示。

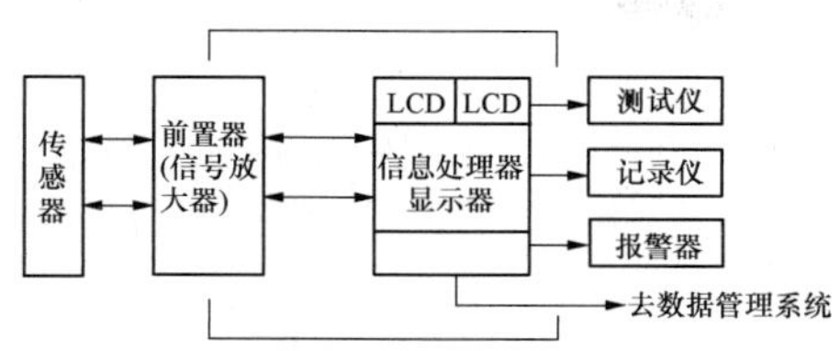

图 7-30 汽轮机安全监视系统的工作原理图

（1）传感器。常称的测量元件，其作用是将被测对象的诸如转速、轴向位移、膨胀、偏心和振动等实际物理量，经测量后转换成电气参数，如阻抗、频率、电感和品质因素等。

（2）前置器。它的作用是实现信号转换，故又称变送器，其任务是将上述电气参数转换成具有一定值的电压、电流、矩形波、开方波信号送入信息处理器。它与传感器组成测量电路，由于被测对象处于如高温、高压、强磁场或电场干扰等恶劣环境，在布置上两者间往往有较大的距离，需要通过一定的电缆相连，因此，中间连线应注意屏蔽隔离问题。

前置器一般由高频振荡器、检波器、滤波器、直流放大器、线性网络与输出放大器等组成。

（3）信息处理器。它是以微型处理器为核心的综合处理装置。通过各种模块软件，对被测参数进行标度变换，设置检测周期、报警和遮断值，报警优先，逻辑处理、系统自检和综合管理等。

（4）终端设备。它由显示屏、记录仪、报警器和测试仪等组成。其任务是将处理后的直流电压信号，转换成与实际对象的物理量数值和单位一致的信号，让运行人员直观地在显示屏上观察，在记录仪上记录。某物理量超标时，在报警器上发出报警；严重超标时，送 ETS 跳机等，确保机组的安全。

四、设计要求

（一）设计范围及内容

1. TSI 设计分界

与汽轮机制造厂或 TSI 供应商的设计分界点在 TSI 设备和/或机柜的接线端子排上。

2. TSI 设计内容

TSI 设计主要包括以下内容：

（1）TSI 技术规范书编制。

（2）TSI 机柜和外围设备布置。

（3）TSI 机柜接线设计。

（4）TSI 供电设计。

（5）TSI 接地设计。

（二）系统功能

1. 转速监测

转速表提供了对轴的旋转速度进行连续监测的功能。转速表接收电涡流式探头的信号，然后以每分钟的转速方式计算出来。

2. 超速保护

超速表提供了对轴的旋转速度保护的功能。TSI 通过三选二逻辑判断后，驱动继电器发出开关量信号送至 ETS，使机组快速停机。

3. 轴向位移监测器

轴向位移监测是用来间接监测汽轮机推力轴承磨损情况的重要监测项目。在汽轮机运行中，如果由于某种原因造成轴向推力过大，推力轴承过负荷，破坏油膜，将会使推力轴承的巴氏合金熔化，此时汽轮机转子就产生了不允许的轴向移动，致使机组动静部分摩擦，严重时可导致设备损坏的事故。轴向位移监测的主要目的就是保证消除机组转子和定子之间的轴向摩擦，当被监测的轴向位移超过正常工作范围达到一定数值后，首先发出报警信号，提醒运行人员进行检查处理；当轴向位移继续增加到某一危险数值时，监测器将发出危险信号，迫使汽轮机停机。

4. 偏心监测器

汽轮机在启动冲转前必须查证转子的弯曲情况，当弯曲程度达到某一界限值时不允许启动汽轮机，需低转速盘车，使转子的四周温度均匀，逐渐减小大轴弯曲程度，使之达到启动汽轮机组的必要条件。偏心监测器使用从偏心传感器和键相传感器的输出信号来测量偏心值。

5. 胀差监测器

汽轮机在启动、暖机、升速及停机过程中，或在运行中工况发生改变时，都可能由于温度变化而引起转子和汽缸之间产生不同的膨胀，若此膨胀的差值超过了轴封及动、静叶片间正常的轴向间隙，就会使动、静部件发生摩擦，引起机组强烈振动，以致造成机组损坏事故。相对膨胀监测的主要目的就是避免转子和汽缸之间产生过大的胀差，当由于某种原因产生的胀差值达到一定界限时，监测器就会发出报警信号提醒运行人员，采取措施减少差值；当胀差继续增大达到危险状态时，监测器发出危险信号迫使汽轮机停机。

6. 振动监测器

汽轮机在启动和运行中，产生不正常的振动是较普遍的现象，振动过大会造成机组损坏，甚至酿成严重事故。为了使机组在启动和运行中能安全经济地运行，必须在每个轴承上监测轴承的绝对振动，轴承绝对振动的幅值能准确地反映出机组安装及调试的优良程度。轴承绝对振动监测采用机械灵敏的速度传感器，对速度进行测量。

7. 轴振动监测器

在汽轮机启动及运行过程中，大多数振动问题或故障都与转子有直接的关系，因而直接从转子运动中去监测和发现振动故障，这比局限于轴承座或机壳的振动信息更为直接和有效。通过两个相互垂直安装的探头监测出的数据，直接送入故障诊断系统，可非常简捷地判断出机组所产生的问题。例如，转子不平衡、动静碰磨等都可通过大轴相对振动的监测判断出来，为及时排除故障节省了大量的时间。

8. 热膨胀监测器

汽轮机在启动过程中，随着转速的上升、进汽量的加大，汽缸温度缓慢上升，这时汽缸开始膨胀，如果汽缸受热不均匀，就会出现扭胀的现象，这就需要进行暖机运行，当扭胀现象消失时方可继续冲转。机壳膨胀监测器在机组两侧连续监测汽缸的膨胀，监测器使用的信号采用安装在汽缸两侧的两个线性差动传感器（LVDT），LVDT 可以定向，所以汽缸膨胀是朝着 LVDT 进行。

（三）主要设计原则

（1）TSI 与 DCS、DEH、ETS 重要的信号交换应采用硬接线，TSI 送到 TDM 的信号为缓冲信号。

（2）用于控制和保护的重要信号冗余配置。

（四）设计输入

TSI 的设计由汽轮机制造厂根据汽轮机技术协议设计，施工图设计需下列资料：

（1）汽轮机技术协议。

（2）TSI I/O 清单。

（3）TSI 电源系统图。

（4）TSI 配置图。

（5）TSI 机柜端子接线图。

（6）汽轮机就地端子盒接线图。

（7）TSI 接地要求。

（8）TSI 仪表清单。

（五）方案设计

（1）汽轮机 TSI 应单独设置机柜，每台给水泵汽轮机 MTSI 均应单独设置机柜。

（2）用于控制和保护的重要信号如转速等应三冗余。

（3）硬接线接口。

1）DCS 接口。监视信号包括零转速信号、轴向位移信号；报警信号包括 TSI 系统状态信号、绝对振动报警信号、轴向位移报警信号、高低压胀差报警信号、偏心报警信号、零转速报警信号、转速报警信号。

2）DEH 接口。监视信号包括轴向位移信号、高低压胀差信号、偏心信号、绝对膨胀信号、各轴振动信号。

3）ETS 接口。遮断信号包括振动遮断信号、轴向位移遮断信号、高低压胀差遮断信号等。

4）TDM 接口。缓冲信号输出包括键相信号、轴向位移信号、高低压胀差信号、偏心信号、绝对膨胀信号、各轴振动信号。

5）盘车接口。TSI 送出零转速信号至盘车系统，用于启动盘车。

（4）电源和接地。

1）TSI 电源装置，接受两路交流 220V、50Hz 单相电源，其中一路来自不停电电源（UPS）。两路电源应在 TSI 电源装置内互为备用，并能自动无扰切换。

2）TSI 配置相应的冗余电源切换装置和回路保护设备。

3）TSI 在单点接地时可靠工作，电子机柜中应设有独立的安全地、信号参考地、屏蔽地和相应接地铜排。

（六）设备配置与选择

1. 人机接口配置

TSI 通常不配置操作员站和工程师站，仅配供调试阶段用笔记本电脑。

2. 机柜

（1）机柜内应设置排气风扇或内部循环风扇，并设温度检测开关，当温度过高时报警。

（2）机柜外壳防护等级应满足机柜布置点环境条件。

（3）机柜可选用前后单开门形式。前后柜门上应有柜名标签。

（4）机柜的设计应保证电缆从柜底或柜顶进出的要求。

五、常见设计方案举例

（一）典型汽轮机的安全监视系统图（见图 7-31）

（二）典型给水泵汽轮机的安全监视系统图（见图 7-32）

（三）典型汽轮机安全监视系统测点配置表（见表 7-26 和表 7-27）

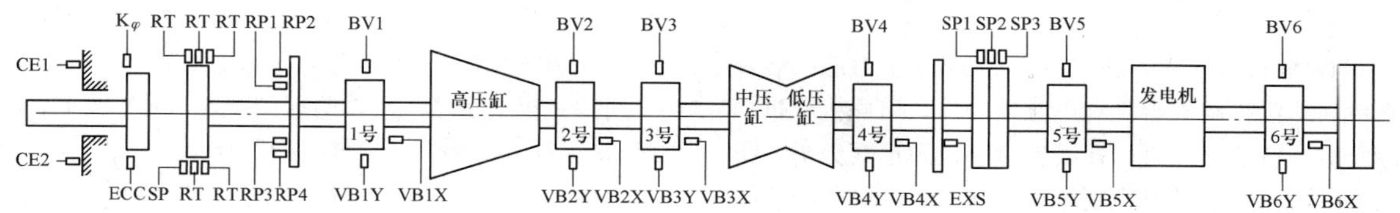

图 7-31 典型汽轮机的安全监视系统图

CE—绝对膨胀；K_φ—键相；ECC—偏心；RT—转速；SP—转速（用于超速及就地转速测量）；RP—轴向位移；BV—轴承振动；VB—相对振动

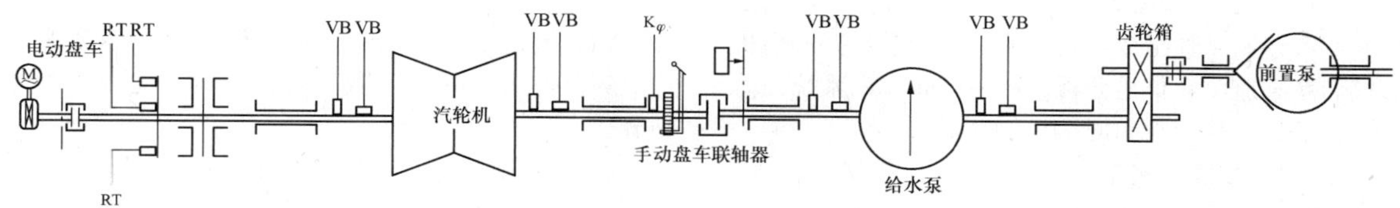

图 7-32 典型给水泵汽轮机的安全监视系统图

K_φ—键相；RT—转速；VB—相对振动

表 7-26 某工程 660MW 机组汽轮机安全监视测点配置表

序号	测点名称	测点数量	说明
1	超速	3	超速三取二
2	转速	1	
3	零转速	1	
4	键相	1	
5	轴向位移	3	轴位移三取二
6	轴振	16	
7	瓦振	8	
8	高压缸胀差	1	
9	低压缸胀差	1	
10	偏心	1	
11	缸胀（高压缸）	2	

表 7-27 某工程 660MW 机组给水泵汽轮机安全监视测点配置表

序号	测点名称	测点数量	说明
1	超速	3	超速三取二
2	转速	1	
3	零转速	1	

续表

序号	测点名称	测点数量	说明
4	键相	1	
5	轴向位移	4	轴位移三取二
6	轴振	8	
7	瓦振	4	
8	偏心	1	

第十节 振动监测及故障诊断系统

一、概述

TDM（turbine diagnosis managment）是汽轮发电机组振动在线状态监测和故障诊断分析系统，该系统从 TSI 获取信号，对机组运行过程中的数据进行深入分析，获取包括转速、振动波形，频谱、倍频的幅值和相位等故障特征数据，从而为故障诊断人员提供数据及专业的图谱工具，协助机组诊断维护专家深入分析机组运行状态，同时 TDM 能够存储历史数据，并能实现远程数据传输和浏览，为提高故障分析的精度和效率提供了有效的技术保障。

二、测量原理

TDM 通过实时在线采样（多通道）能够连续地保存汽轮机组振动数据，利用频谱分析、启停机分析、趋势分析等手段，进行在线监测和故障诊断分析，帮助专业技术人员及时识别机组的状态、发现故障的早期征兆，对故障原因、严重程度、发展趋势做出准确判断。

三、系统组成

TDM 主要由智能数据采集箱、工程师站及监测分析和故障诊断软件组成，其主要功能包括数据采集和存储、状态监测、信号分析、故障诊断专家系统、动平衡计算、远程诊断和网络通信等。

1. 智能数据采集箱

（1）智能数据采集箱内所有插入式模件均应是固态电路，标准化的结构。

（2）智能数据采集箱内的模件能带电插拔，而不影响其他模件的正常工作。

（3）智能数据采集箱的主要功能应包括：信号的调理、采集；灵敏监测，生成并存储启停机数据等有用数据；生成丰富的专业诊断图谱，并进行网络通信。

（4）智能数据采集箱应并行采集同一轴系上不同位置的振动信号及过程量信号。

（5）中央处理单元如使用 RAM（随机存储器），应配备电池作为数据存储的后备电源，更换电池不应影响其工作。某些重要数据应能保存 3 个月以上。

（6）汽轮机振动监测和故障诊断系统的电源故障应属可恢复性故障，一旦重新受电，中央处理单元应能自动恢复正常工作，而不需要运行人员干预。

（7）当智能数据采集箱与上位机之间的网络发生故障，或上位机发生故障等，历史数据不能够正常保存到数据库时，智能数据采集箱应能将历史数据保存在本地缓存内，一旦条件恢复，即将本地缓存内的历史数据上传给上位机。

（8）在工作环境温度中运行，汽轮机振动监测和故障诊断系统应满足 6 个月内不需手动校正，并确保系统可靠地工作。I/O 模件应能按周期自动进行零漂校正。

（9）所有的 I/O 模件，均应满足 ANSI/IEEE 472《冲击电压承受能力试验导则》的规定。

（10）在每次信号采集过程中，应自动完成对信号断线和短路的检测。

（11）数字量输入模件应具有防抖动滤波处理。

（12）具备系统自检功能，通过面板指示灯，方便了解现场信号及系统自身的故障。包括串口初始化错误、MODBUS 通信错误、TCP/IP 通信错误，数据采集错误、转速信号无效、各振动通道无效。

（13）模拟量输入模件的任一输入信号短路时，都不应损坏模件及影响其他通道的工作。

（14）汽轮机、给水泵汽轮机、引风机汽轮机等的智能数据采集箱分开配置，并采用机柜的形式集装。

2. 人机接口

（1）两台机组设置一台上位机，汽轮机振动监测和故障诊断系统主机采用高性能的工控机。

（2）显示屏与 DCS 显示屏应在尺寸、品牌型号、颜色等方面保持一致，以利于集中控制室总体协调。

（3）打印机建议采用 A4 激光彩色打印机。

（4）操作键盘应配有各种指令的用户键钮，运行人员可直接调出所需画面和限值设定等。键钮具有触感和声音反馈。

3. 软件

（1）汽轮机振动监测和故障诊断系统的软件包括操作系统、应用程序及计算程序等。

（2）所有的算法和系统整定参数，应储存在处理器模件的非易失性存储器内，执行时不需重新装载。

（3）应能对系统组态进行修改。系统内增加或变换一个测点，应不必重新编译整个系统的程序。

（4）查找系统故障的自诊断功能应能诊断至整个系统的各个部件。报警功能应使运行人员能方便地辨别和解决各种问题。

（5）汽轮机振动监测和故障诊断系统软件应具备远程通信及管理功能。远程监控技术与实时技术支持能实现定期巡检、实时振动诊断服务、远程系统故障排除、软件远程自动升级。

四、系统设计

（一）设计范围及内容

1. TDM 设计分界

与 TDM 供应商的设计分界点在 TDM 设备和/或机柜的接线端子排上。

2. TDM 设计内容

TDM 设计主要包括以下内容：

（1）TDM 技术规范书编制。

（2）TDM 机柜和外围设备布置。

（3）TDM 机柜接线设计。

（4）TDM 供电设计。

（5）TDM 接地设计。

（二）系统功能

（1）实时在线采样（多通道），用于各汽轮机的状态监测与故障诊断和分析，实现监测、报警、诊断功能，并将分析结果和指导信息通过数据通信的方式送入 DCS 或 SIS。

（2）快速傅里叶变换（FFT）进行振动频谱的相关分析，便于帮助专业技术人员及时识别机组的状态、发现故障的早期征兆，对故障原因、严重程度、发展趋势做出准确判断。

（3）可以自动识别设备的运行状态。

（4）可以自动形成多种完备的数据库，实现事故追忆。

（5）提供齐全的振动分析功能，至少应有下列功能：

1）时域分析：波形、轴心轨迹、轴心位置、轴系运动仿真。

2）频域分析：频谱、瀑布图、倒频谱、包络谱、细化谱、相位图、小波变换。

3）变速过程：波特图、极坐标图、级联图。

4）趋势分析和相关趋势分析。

5）对比分析。

（6）完备的故障诊断专家系统，具有适应不同诊断对象的知识库，能够对诊断知识库进行维护：具有强大的征兆自动获取能力，可自动诊断和对话诊断设备常见的振动故障。

（7）具有多种平衡计算方法。

1）最小二乘法影响系数计算和动平衡计算。

2）谐分量法影响系数计算和动平衡计算。

3）矢量加减运算、剩余振动估算等功能。

（8）具有远程诊断和远程维护指导功能。

（9）振动故障诊断：可诊断的故障有转子不平衡、初始弯曲、对中度不好、轴瓦不稳定、油膜振荡、汽流激振、电磁激振、参数激振、摩擦、轴承座松动、共振和高次谐波共振、转子碰磨、转子部件脱落。对应每一故障系统还可以区分子故障。系统可区分引起故障的直接原因和间接原因，说明故障直接原因与振动故障特征的关系。

（10）TDM 故障诊断包括汽轮机振动及给水泵汽轮机、引风机汽轮机、一次风机、送风机振动等。

（三）设计输入

TDM 的设计需下列资料：

1）TDM 技术协议。

2）TDM 缓冲信号清单。

3）TDM 电源系统图。

4）TDM 配置图。

5）TDM 机柜端子接线图。

6）TDM 接地要求。

（四）方案设计

（1）当仅对汽轮机振动进行故障诊断分析时，两台机组 TDM 设一面机柜，机柜内每台机组数据采集箱独立设置。当对汽轮机、给水泵汽轮机、引风机汽轮机、一次风机、送风机等振动均进行故障诊断分析时，每台机组 TDM 设置一面机柜。

（2）用于控制和保护的重要信号如转速等应三冗余。

（3）TDM 与 TSI 接口，缓冲信号输入包括键相信号、轴向位移信号、高低压胀差信号、偏心信号、绝对膨胀信号、各轴振动信号。

（4）电源和接地。

1）TDM 电源装置，接受两路交流 220V、50Hz 单相电源，其中一路来自不停电电源（UPS）。两路电源应在 TSI 电源装置内互为备用，并能自动无扰切换。

2）TDM 配置相应的冗余电源切换装置和回路保护设备。

3）TDM 在单点接地时可靠工作，电子柜中应设有独立的安全地、信号参考地、屏蔽地和相应接地铜排。

五、设备配置与选择

1. 人机接口配置

两台机组建议设置一台上位机。汽轮机振动监测和故障诊断系统主机应采用高性能的工控机。

2. 机柜

（1）机柜内应设置排气风扇或内部循环风扇，并设温度检测开关，当温度过高时报警。

（2）机柜外壳防护等级应满足机柜布置点环境条件。

（3）机柜可选用前后单开门形式，前后柜门上应有柜名标签。

（4）机柜的设计应保证电缆从柜底或柜顶进出的要求。

六、常见设计方案举例

典型汽轮机振动监测及故障诊断系统连接图如图 7-33 所示。

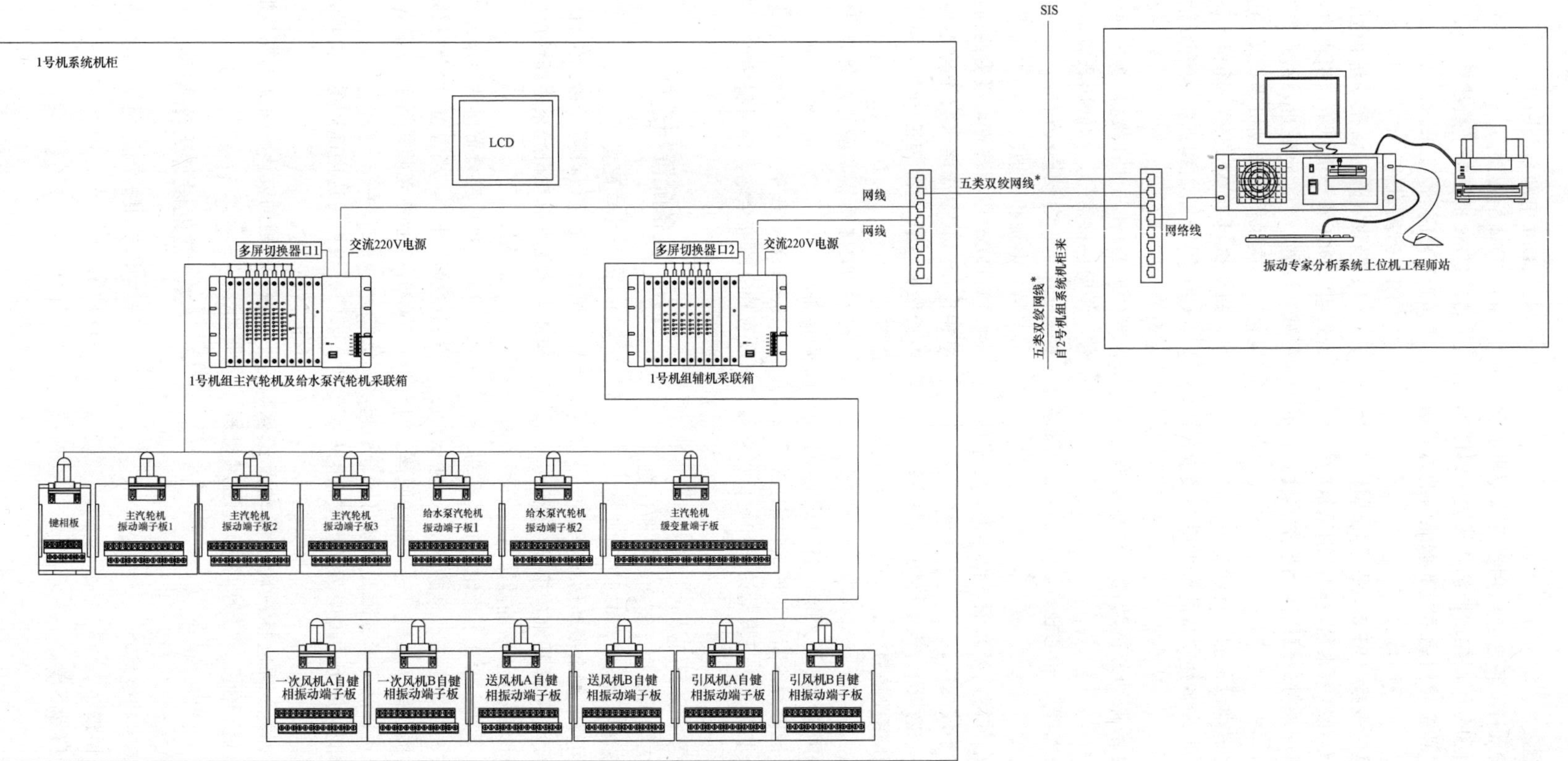

图 7-33　TDM 系统连接图

第十一节　工 业 电 视 装 置

一、功能

为保证燃煤机组的运行安全，电力生产规程要求，大型亚临界发电机组应安装汽包水位工业电视系统，大型煤粉锅炉应安装火焰监视的工业电视系统，CFB锅炉不需要安装火焰监视工业电视，以确保锅炉的安全运行。

汽包水位电视监视系统是对各种锅炉就地直读式水位计进行安全监视的专用电视设备，它能将汽包水位的清晰图像直接送入集中控制室，弥补就地直读水位计不能快速远传信号的缺点，为运行人员准确操作提供可靠的依据。

炉膛火焰电视监视系统是通过两套摄像探头部件伸入炉膛，直接观察炉内全部燃烧状况，将其适时清晰地显示在集中控制室的彩色工业电视监视器上，从而实现对锅炉燃烧工况的监视，保证其安全可靠经济地运行。

二、测量原理

（一）汽包水位工业电视

汽包水位电视监视系统主要通过摄像机将双色水位计指示显示在集中控制室内的监视器上，使运行人员在集中控制室内通过监视器观察锅炉汽包水位的实际情况。

（二）炉膛火焰工业电视

由内窥式光学成像系统直接伸入炉膛内，将点火初期炉膛内燃烧器工作情况和正常燃烧后炉膛内燃烧火球动态情况，经高温窥视镜成像后，由摄像机视频电缆或网线传送到集中控制室内，再由监视器将图像还原到屏幕上，进而反映炉膛内火焰燃烧情况。

三、装置组成

（一）汽包水位工业电视

该系统一般由以下几部分组成（见图7-34）：

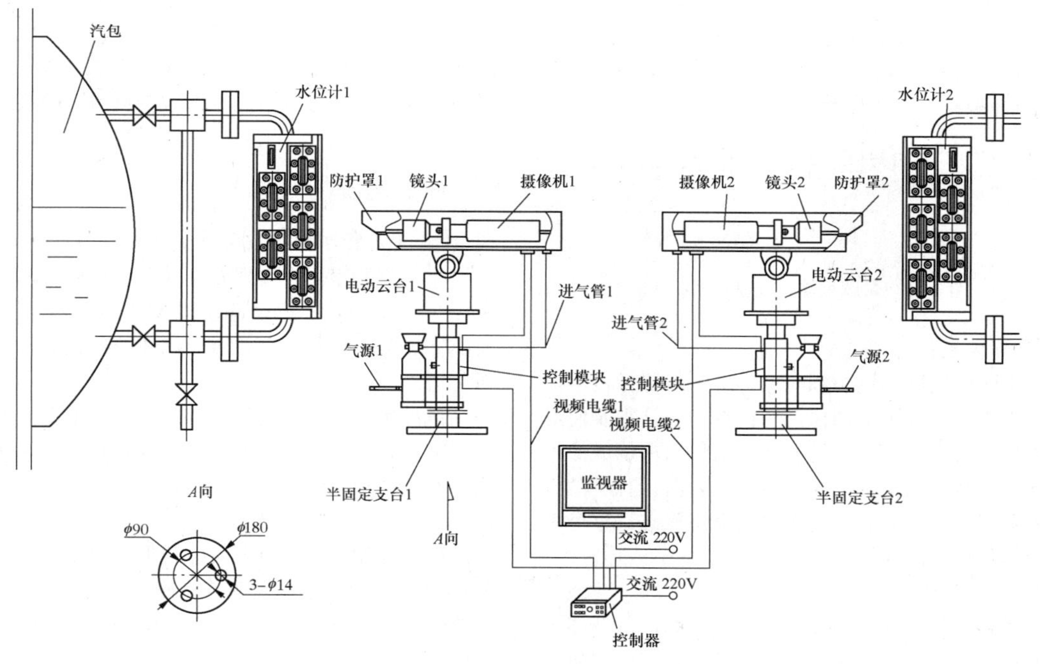

图7-34　汽包水位电视监视系统

（1）输像系统。由摄像机、镜头及视频电缆组成。

（2）监控系统。由监视器和集中控制室远端控制器组成。

（3）防护系统。由防护罩、气源过滤装置及其防护箱组成。

（4）支撑系统。由云台和云台支架组成。

摄像探头前端的镜头一般选用电动三可变镜头，可远程控制其聚焦、变倍及光圈大小，可根据需要调节监视效果。摄像机需经高温固化工艺处理。

根据现场工况配置防护系统，使摄像机能在高温、高粉尘、高辐射场合下正常工作。防护系统通常采用风冷防护方式或电冷防护方式。风冷防护方式是采用工业用仪表级压缩空气气源，经气源过滤装置二次减压、分水滤油及除尘后进入风冷防护罩，保证防护罩内的温度、湿度、清洁度等在摄像机工作允许的条件内；电冷防护方式是以半导体温差电致冷组件为主要部件，利用半导体材料的温差电效应来实现能量转换，达到电冷保护的目的。

云台一般选用室外全方位电动云台，可带动摄像探头上、下、左、右转动，实现全方位监测。

（二）炉膛火焰工业电视

该系统由输像系统、运动系统、保护系统、控制系统、气源过滤系统组成，见图 7-35。

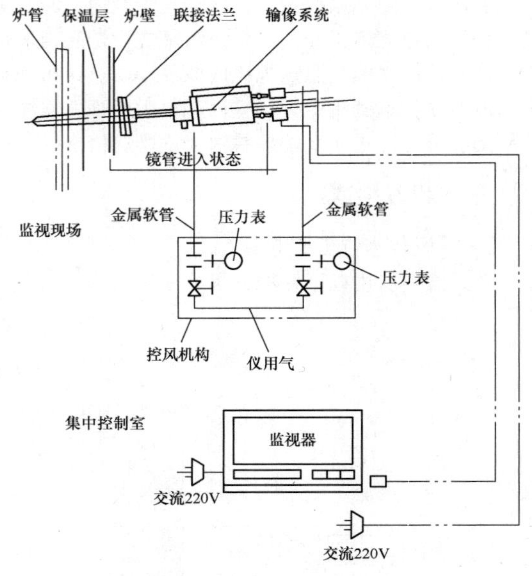

图 7-35　炉膛火焰电视监视系统

1. 输像系统

由于炉内温度高达 1000℃以上，所以摄像机不能直接装于炉内摄取火焰图像，为此专门设计很长的潜望镜管插入炉膛内，其前端的镜头对炉内火焰成像，经潜望管传输到摄像机靶面上，再经电缆传给监视器，从监视器屏幕上看到炉膛内火焰的燃烧状态。整个系统由光学元件构成通路。

2. 运动系统

为了使潜望管在失去保护时不被烧损，以及便于日常维护，潜望管配备电动退膛系统，使其在需要时能将潜望管退出炉膛。运动系统由支承板、连接板、保护套、支架等主要部件组成。

3. 保护系统

保护系统分两部分，即潜望管保护系统、摄像机保护系统。

（1）潜望管保护系统。由于潜望管须通过炉壁伸入到炉膛内，为保证光学系统不被烧坏并防止灰尘或焦油附在镜头上影响观察，潜望管设计使压缩空气在镜管与空气管的间隙中高速流过，这样既冷却镜管，同时也吹走了灰尘等，此冷却气源为压缩空气，引至工作现场平台处。

（2）摄像机保护系统。由于现场的工作环境温度较高，不适合摄像机长时间工作，需配有摄像机保护罩，在罩内夹层中通入冷却风并加装超温报警自动保护开关，当保护罩内超温时自动切断摄像机电源。

4. 控制系统

（1）集中控制室远端控制器。

1）在超温、欠压、厂用电源消失时，自动发出报警，系统自动退出炉膛，从而保护系统。

2）可适时控制内窥式光学成像系统退出炉膛，并自动检测显示故障源。

3）控制摄像机电子快门，可适时调整图像效果。

4）控制器可以和 DCS 接口，以完成相应的镜头进、退，快门设置等功能。

（2）现场控制箱。在工作现场，可适时控制摄像系统进出炉膛，便于维护和检修。

5. 气源过滤系统

输像系统的吹扫风，采用现场仪表级压缩空气或系统自备风源。通过气源过滤系统，经汽、水分离器过滤后，保证输像系统处在干燥、清洁的吹扫风下工作，而且还可通过调节调压阀改变风压，除去镜头前端的结焦物。

四、电源与气源

（一）汽包水位工业电视

集中控制室内控制器及监视器需提供交流 220V、50Hz 电源，容量根据设备选型确定。现场需提供交流 380V、50Hz 电源，主要用于就地控制设备及传动装置供电。

风冷用气源一般采用压缩空气，过滤器及减压器一般随设备提供，根据所选设备接口尺寸及风量需求提供相应的空气管道及接头连接至设备处。

（二）炉膛火焰工业电视

集中控制室内控制器及监视器需提供交流 220V、50Hz 电源，容量根据设备选型确定。现场需提供交流 380V、50Hz 电源，主要用于就地控制设备及传动装置供电。

气源主要用于冷却及吹扫，一般采用压缩空气，过滤器及减压器一般随设备提供，根据所选设备接口尺寸及风量需求提供相应的空气管道及接头连接至设备处。

五、设备布置与安装

（一）汽包水位工业电视

安装地点离开水位计 2m 左右，正对水位计光柱处，环境应通风良好，无强热源。安装高度与水位计指示中心在同一水平面上。

摄像探头安装，首先安装支架，支架顶部安装电动全方位云台，安装支架可垂直伸降，升降范围为0.6～1m，摄像探头通过螺栓固定在云台上，电气控制柜就近安装。

集中控制室内控制器及监视器一般为盘装式，可根据尺寸及安装形式在辅盘或电视墙内固定安装；监视器可与集中控制室内大屏幕或大尺寸显示屏合用。

（二）炉膛火焰工业电视

安装顺序：安装高度确定→开口尺寸确定→支架安装→传动装置安装→吹扫风及气源过滤系统安装→现场控制机柜安装→集中控制室远端控制器安装→监视器安装→现场连线。

安装位置应根据炉膛结构尺寸来确定，但尽可能地选择锅炉原观火孔的位置，其最低安装高度 H（见图 7-36）按如下方法计算

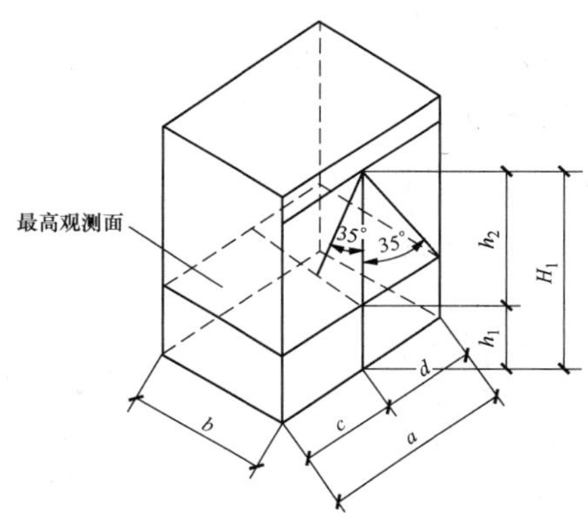

图 7-36　内窥式光学成像系统安装高度计算图

a—安装侧的长度；b—另一侧的长度；c—安装侧孔边距（短）；d—安装侧孔边距

$$H=\frac{d}{\tan 35^\circ}+h_1(d>c)$$

$$H\geqslant H_1=h_1+h_2$$

式中　h_1——0m 到最上层燃烧器的高度；

h_2——观察孔到充满视场角的观察面距离；

H_1——保证观察视场的最低安装高度。

如果锅炉长宽比大于 1.5，需安装在宽面。

平插式安装，其安装开口尺寸根据设备确定，开孔方式如图 7-37 所示，实际尺寸可根据装置实际尺寸调整。

支架安装，需在观火孔处除去瓦楞板及保温材料，将支架焊接在炉壁上，焊接时应保证支架与炉壁面平行，且保证墙袖管露出水冷壁内侧 5～10mm，否则影响观测视角。焊接后做好炉壁内外保温层，恢复原瓦楞板。

传动装置安装，首先将下支撑腿固定在传动机构上的固定孔上，再将传动机构与支架连接固定，调整支撑腿的固定位置，确保无碰壁现象，手动方式使内窥式光学成像系统进退自如。

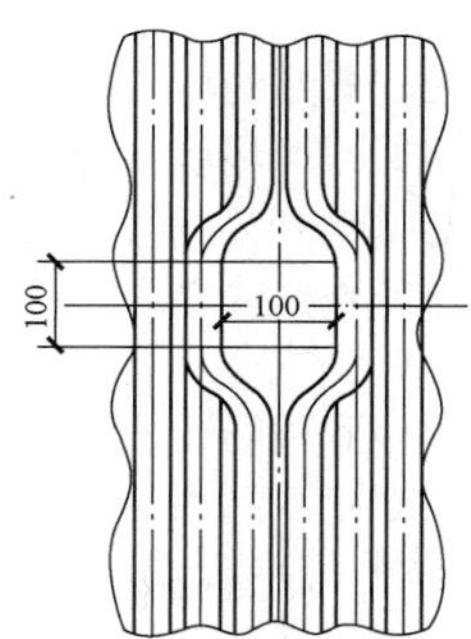

图 7-37　平插式开孔（单位：mm）

现场控制箱应选择远离炉壁的地方固定，固定方式根据情况可以选择焊接或用螺栓固定。

集中控制室内控制器及监视器一般为盘装式，可根据尺寸及安装形式在辅盘或电视墙内固定安装；监视器可与集中控制室内大屏幕或大尺寸显示屏合用。

第十二节　烟气连续检测系统

一、概述

烟气连续监测系统（continuous emission monitoring system，CEMS）是由颗粒物监测子系统、气态污染物监测子系统、烟气排放参数测量子系统、系统控制及数据采集处理子系统等组成。通过采样和分析方式（抽取式连续监测）或直接测量方式（现场连续监测），测定烟气中颗粒物浓度、气态污染物浓度，同时测量烟气温度、压力、流速（或流量）、烟气含湿量（或输入含湿量）、氧量（或二氧化碳量）等参数；计算烟气中污染物浓度和排放量；显示和打印各种参数、图表并通过数据传输系统传输至环境保护行政主管部门。

二、测量原理

（一）SO_2/NO_x 等的组分浓度测量

气态污染物浓度的测量可分为抽取式连续测量法和现场直接测量法。抽取式测量又根据气体预处理系统对采集的样气是否稀释后输送到分析仪表进行分析可分为完全抽取法和稀释抽取法。

1. 完全抽取法

完全抽取法通过耐腐蚀的不锈钢或陶瓷探头在烟气中抽取样气，除尘后的样气通过伴热输送，再经过除湿送入分析仪表进行分析。采样流量一般大于 2L/min，伴热温度为 140～160℃。

2. 稀释抽取法

稀释抽取法是通过耐腐蚀的不锈钢或陶瓷探头在烟气中抽取样气，除尘后样气用零气（通常是清洁干燥无油的压缩空气或氮气）进行稀释，降低气态污染物的浓度，然后将稀释后的样气送入分析仪表进行分析。根据取样输送管线的环境温度和排烟温度确定稀释比。如果从取样探头到分析仪表的样气在输送过程中产生结露，则必须伴热输送。

3. 直接测量法

直接测量法，也称现场连续测量或现场插入式直接测量法，它是通过插入到烟道或烟囱内的不锈钢扩散探头，对污染物的浓度在烟道或烟囱内进行直接测量。这种测量方法不需要从烟气中取样，而是通过气体对穿过测量探头的光能量的变化来测量气体浓度。产生一定光强度的发射源和检测光强度的检测单元与烟气通过隔离窗隔离，与烟气没有直接的接触。

（二）烟尘浓度测量

颗粒物浓度的测量方法主要有浊度法和光散射法。

（1）浊度法。光通过含有烟尘颗粒物的烟气时，光强度因为烟尘颗粒物的吸收和散射而减弱。浊度法的原理是通过测量经过调制的光束在穿过含有颗粒物的烟气前后的光强度值来测量颗粒物浓度。浊度法测尘仪分为单光程测尘仪和双光程测尘仪。

（2）光散射法。经过调制的激光或平行红外光射向含有颗粒物的烟气时，其中的颗粒物对光向所有方向进行散射。经过颗粒物散射的光强度在一定范围内与颗粒物的浓度成比例。通过测量散射光强度来测量烟气中颗粒物浓度的方法称为光散射法。光散射法测尘仪根据接收器和光源所成角度分为前散射、边散射和后散射。

（三）流速测量

固定污染源排放污染物实行浓度和总量控制中，排放烟气的流速（流量）是确定污染物总量的重要参数。

固定污染源中使用的流量计安装烟道很难满足流场稳定的要求，流速在烟道中分布不均匀，在流速小于 10m/s 时（特别是流速小于 5m/s 时），所使用的参比方法校准会引起测量误差，烟气流量的设计和选型也复杂。国家标准和行业标准中未规定使用何种方法测量流速，只要流速的连续测量值符合标准中技术要求即可。

烟气流速的方法一般分为两大类：①计算法。如蒸汽流量法、燃料燃烧的化学平衡计算法和引风机小时功率用于烟气体积流速的计算法。采用计算法需提前征得当地环境保护监测部门的认可，并提供有依据的可靠数据。②测量法（烟气流速连续测量法）。如皮托管法、超声波法、声波法、热平衡法、靶式流量计法、光闪烁法、红外线法等。当检测点前后的直管段长度满足要求时（如在烟囱上检测），可以选择皮托管法、超声波法、声波法、热平衡法、靶式流量计法等。但是，如果烟囱没有设置符合要求的平台和电梯或旋梯，将给安装、维护环境保护检测和人工取样带来困难。当烟气温度比较高（通常大约 100℃以上时），选择光闪烁法或红外线法比较方便，其精度也容易满足要求。因为这种流量的测量方法对直管段没有要求，适合在引风机出口烟道或脱硫装置的入口烟道上安装，但是设备价格通常比使用其他测量方法的流量计要高。

（四）其他测量

采用常规压力变送器及热电偶测量压力、温度。采用氧化锆和干湿氧法测量氧量及湿度。

三、系统组成

固定污染源烟气 CEMS 由颗粒物监测子系统、气态污染物监测子系统、烟气排放参数测量子系统、数据采集系统、传输与处理子系统等组成。

四、系统设计

（一）设计范围及内容

1. 设计范围

烟气连续监测系统的设计范围包括烟气参数的确定、测量参数的确定、安装位置的选择、设备的选择和现场布置和安装要求等。

2. 设计内容

烟气连续监测系统的设计内容如下：

（1）排烟参数的确定。CEMS 排烟参数的确定依据锅炉的排烟参数和排放浓度的最大值和正常值及环境参数等基本信息。

（2）测量参数的确定。根据国家和地区的环境保护要求及项目的具体情况，确定颗粒物测量参数、气态污染物浓度和烟气参数的测量数量及测量范围。

（3）安装位置的选择。根据具体项目的锅炉、烟道和烟囱的布置等工艺情况，确定可行的安装 CEMS 设备的位置。

（4）设备的选择。确定颗粒物测量仪表、气态污染物测量仪表和烟气参数测量仪表的测量方法、技术参数和技术规范。

（5）系统功能的确定。明确烟气排放连续监测系统的功能要求，如手、自动校准功能、数据远传功能、信号接口等具体功能要求。

（6）现场布置和安装要求。确定安装在现场的仪表的安装要求、环境温度条件、防护等级，是否设置分析仪表间、确定计算机和打印机的安装地点等。

（7）软件的要求。根据国家标准和项目的具体情况，明确 CEMS 中环境保护监测软件的通信、显示、报警、趋势、报表和数据远传等具体功能要求。

（二）系统功能

污染物测量（包括颗粒物和气态污染物）通过分析仪表或分析系统来实现，污染物的测量参数也称为目标监测参数。不同的生产工艺（或称污染源）需要监测不同的污染物参数。火力发电厂需要最少测量颗粒物浓度（有时也称可吸入颗粒物）、硫化物浓度（指 SO_2）和氮氧化物（NO_x）。

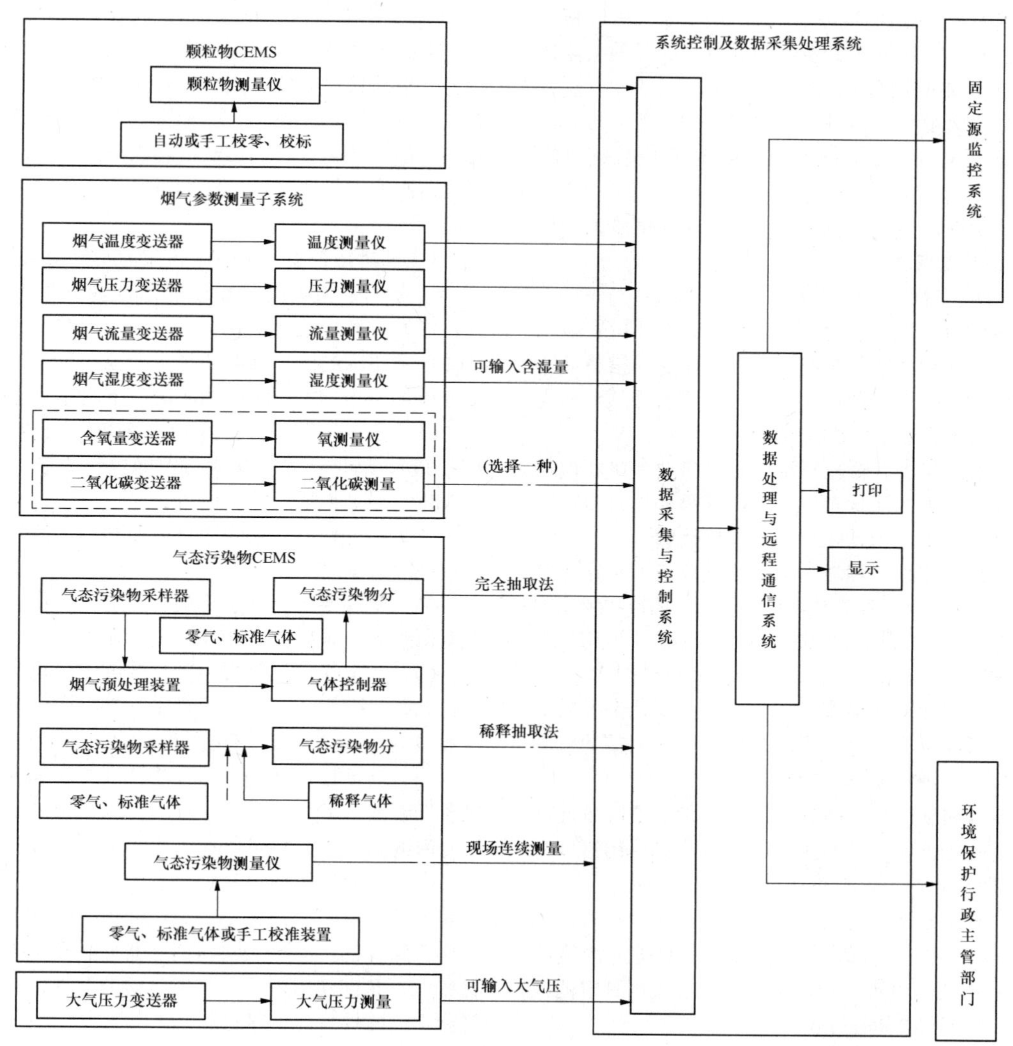

图 7-38　CEMS 配置图

烟气参数的测量包括烟气流速（或流量）、烟气温度、烟气压力、烟气含水量和过量空气系数（通过测量氧量或二氧化碳量的数据，计算得到）。国家或地区环境保护机构和环境保护监测部门，要求污染物的排放率和排放量必须按照规定的烟气状态进行计算。按照环境保护规范的要求，颗粒物和气态污染物的排放数据必须折算成标准状态（即温度为 273K，压力为 101325Pa）下的干烟气的数值。

实测的火力发电厂颗粒物、二氧化硫和氮氧化物排放浓度、排放率，还必须按规定的过量空气系数和实测的过量空气系数进行折算。

CEMS 配置如图 7-38 所示。

（三）主要设计原则

烟气连续监测系统的设计需要按照国家和地区有关烟气排放的规定要求，考虑设备成本、安装和调试的复杂程度、设备运行的可靠性和长期运行的维护工作量等进行。

五、设备配置与选择

烟气连续监测系统的设备选择需根据国家有关的

规定和技术规范的要求，明确设备的取样和测量方法、产品技术参数及功能要求。

(一) 颗粒物浓度测量仪表的选择

1. 颗粒物质浓度测量仪表的功能要求

颗粒物质浓度的测量通常采用浊度法或透光法测量烟尘浓度，通过换算和标定后，得出烟气中的粉尘浓度。根据国家有关技术规范和火力发电厂的实际情况，颗粒物浓度测量仪表必须满足以下功能：

（1）输出信号。标准的 4～20mA 隔离信号，送入机组控制系统，并能和 CEMS 数据采集系统可靠通信。

（2）状态输出。最少 2 点报警输出，信号为 1A、直流 24V 干触点。

（3）防护等级。IP65 以上。

（4）环境温度。满足−20～50℃现场环境安装，高温或低温环境必须考虑设备的冷却和保温措施。

（5）电源要求。颗粒物浓度测量仪表必须配备电源装置，采用交流 220V 电源供电。

（6）故障保护。颗粒物浓度测量需要提供断电保护球阀，在仪表故障状态下，隔离球阀动作，自动隔离分析仪表的电子单元和烟气的直接接触。

（7）自动校验。颗粒物浓度测量仪表的标定通常比较复杂，为了保证仪表长期可靠运行，颗粒物浓度测量仪表必须配备在线自动校验功能，而不能采取将仪表从烟道或烟囱上拆卸下来后，进行离线校验的方法。

（8）反吹和防堵措施。分析仪表必须提供有效的镜头反吹功能，有效保护镜头或电子单元不被烟气中的颗粒物或腐蚀物质磨损或腐蚀。

（9）气路连接件。颗粒物浓度测量需要配备连接压缩空气的气路接头和减压阀，材料选择不锈钢。

2. 颗粒物浓度测量仪表的主要技术指标

（1）测量范围。当仪器只设置一个测量档时，测量范围的上限应设置为高于排放源最大排放浓度的 1～2 倍；当仪器设置多个测量档时，最低档测定范围的上限应不超过 200mg/m^3。

（2）零点漂移。24h 零点漂移不超过满量程的 ±2%。

（3）量程漂移。24h 量程漂移不超过满量程的 ±2%。

（4）相关校准。相关系数大于或等于 0.85（当测量范围上限小于或等于 50mg/m^3 时，相关系数大于或等于 0.75）。

（5）准确度。当采用参比方法测定颗粒物排放浓度时必须满足以下精度要求：

1）≤50mg/m^3 时，CEMS 法与参比方法测定结果平均值的绝对误差不超过 15 mg/m^3。

2）50～100mg/m^3 时，CEMS 法与参比方法测定结果平均值的相对误差不超过±25%。

3）100～200mg/m^3 时，CEMS 法与参比方法测定结果平均值的相对误差不超过±20%。

4）＞200mg/m^3 时，CEMS 法与参比方法测定结果平均值的相对误差不超过±15%。

(二) 气态污染物浓度分析仪表的选择

根据火力发电厂的实际情况，气态污染物浓度分析可以选择采样分析方式（抽取式连续监测）或直接测量方式（现场连续监测）。抽取式连续测量方式可分为伴热抽取法和稀释取样法。燃煤电厂宜采用抽取式连续监测或直接测量法，燃气电厂宜采用抽取式连续监测。

1. 气态污染物浓度测量仪表的功能要求

气态污染物浓度测量根据采样和分析方式的不同，对设备的功能要求也有所不同。按照国家有关规定并参考相应的国际标准和技术规范，气态污染物浓度分析仪表和分析系统必须满足以下基本功能：

（1）输出信号。每种污染物最少输出一路标准的 4～20mA 隔离信号，送入机组的控制系统，并能和 CEMS 数据采集系统可靠通信。

（2）状态输出。最少 2 点报警输出，信号为 1A、直流 24V 干触点。

（3）电源要求。气态污染物浓度测量仪表必须配备电源装置，采用交流 220V 电源供电。

（4）故障保护。气态污染物浓度测量仪表需要提供仪表在故障状态下的保护措施，并对取样探头、取样管线进行自动反吹，避免探头和管线的堵塞和腐蚀。

（5）自动校验。气态污染物浓度测量仪表必须提供自动在线校验功能。自动校验可以在定义或组态的某个时间内进行，也可以在需要时强制进行。

（6）气路连接件。分析仪表或分析系统的气路接头和减压阀材料选择为不锈钢。除压缩空气管路外，取样管路上的所有接头、阀门等器件必须使用不锈钢材料，不允许使用铜质或其他材料的器件，避免采样气体中的酸性气体的腐蚀。

（7）防护等级。直接安装在现场的设备防护等级在 IP65 以上。

（8）环境温度。直接安装在现场的设备满足−20～50℃现场环境安装，高温或低温环境必须考虑设备的冷却和保温措施。

2. 气态污染物浓度测量仪表的技术要求

（1）零点漂移。24h 零点漂移不超过满量程的 ±2.5%。

（2）量程漂移。24h 量程漂移不超过满量程的 ±2.5%。

（3）响应时间。不大于 200s。

（4）线性误差。用低、中、高浓度的标准气体检查时，CEMS 的测定值和参比方法的参考值的误差不超过 5%。

（5）相对准确度。

1）气态污染物 CEMS。当参比方法测量烟气中二氧化硫、氮氧化物排放浓度的平均值：

a．≥250μmol/mol 时，CEMS 与参比方法测量结果相对准确度：≤15%。

b．≥50μmol/mol～＜250μmol/mol 时，CEMS 与参比方法测量结果平均值绝对误差的绝对值：≤20μmol/mol。

c．≥20μmol/mol～＜50μmol/mol 时，CEMS 与参比方法测量结果平均值相对误差的绝对值：≤30%。

d．＜20μmol/mol 时，CEMS 与参比方法测量结果平均值绝对误差的绝对值：≤6μmol/mol。

2）O_2CMS。O_2CMS 与参比方法测量结果相对准确度：≤15%。

（三）烟气流量计的选择

1. 烟气流量计的主要技术要求

烟气流量计的选择比较复杂宜采用以下两种：

1）光闪烁法或红外线法比较方便，而其精度也容易满足要求。这种方法适合在没有湿法脱硫的烟道上安装或选择安装在脱硫装置前的入口烟道上。

2）当检测点前后的直管段满足要求时(通常为当量直径的 2.5～5 倍)，适合选择皮托管法、超声波法、声波法、热平衡法、靶式流量计法等。选择这些设备必须配备必要的防腐蚀、手动或自动反吹等防堵措施功能。

2. 烟气流量计的主要技术指标

我国固定污染源烟气 CEMS 安装烟道很难满足流场稳定的要求，流速在烟道中分布不均匀，在流速小于 10m/s 时（特别是流速小于 5 m/s 时），所使用的参比方法校准会引起测量误差，因此国家标准中对于流速大于或等于 10m/s 和小于 10m/s 时分别判断。

（1）测量范围。测量范围上限：≥30m/s。

（2）速度场系数精密度。速度场系数的相对标准偏差：≤5%。

（3）准确度。当参比方法测量烟气流速的平均值：

1）＞10m/s 时，CEMS 与参比方法测量结果的平均值相对误差：不超过±10%。

2）≤10m/s 时，CEMS 与参比方法测量结果的平均值相对误差：不超过±12%。

（四）烟气温度和压力测量仪表的选择

烟气温度测量通常采用热电偶法，主要技术指标为：

（1）测量范围：0～300℃。

（2）绝对误差：不超过±3℃。

（五）烟气含水量测量仪表的选择

火力发电厂宜采用红外吸收法或测氧计算法（也称干湿氧法）实施对烟气中水分含量的连续监测。

（六）含氧量或 CO_2 浓度测量仪表的选择

含氧量和 CO_2 浓度的测量是为了计算过量空气系数，为污染物的排放提供折算数据。烟气排放连续监测系统过量空气系数宜选用 O_2 浓度或 CO_2 浓度直接测量。

国家环境保护规范中的技术参数和其他污染物的测量参数相同。

（七）标准气体和自动校验功能

烟气连续监测系统必须配备手动校验和自动校验功能。自动校验可以设置为在规定的某个时间进行，自动校验周期要满足分析系统的技术要求和数据有效性的要求。

（1）自动校验必须是包括气体取样探头和气体预处理单元在内的完整分析系统的校验，而不是仅对分析仪表本身进行校验，校验气体要从取样点送入分析系统。

（2）必须配备实现自动校验所需要的压力表、电磁阀、减压阀和球阀等设备，设备的材料为抗腐蚀的不锈钢材料。

（3）零点校验气体可以选择干燥无水无油的压缩空气或氮气进行。

（4）量程校验气体必须按分析系统的消耗和维护要求满足 6 个月的使用量。

（5）校验气体的精度必须满足分析系统的要求。

六、设备布置与安装

（一）仪表的布置原则

烟气连续监测系统设备的布置和安装位置的选择应具体考虑如下几个方面：

（1）应优先选择在垂直管段和烟道负压区域。

（2）选定的安装位置应避开烟道弯头和断面急剧变化的部位。对于颗粒物 CEMS，应设置在距弯头、阀门、变径管下游方向不小于 4 倍直径和距上述部件上游方向不小于 2 倍直径处；对于气态污染物 CEMS，应设置在距弯头、阀门、变径管下游方向不小于 2 倍直径和距上述部件上游方向不小于 0.5 倍直径处。对矩形烟道，其当量直径 $D=2AB/(A+B)$，式中 A、B 为边长。当安装位置不能满足上述要求时，应尽可能选择在气流稳定的断面，但安装位置前直管段的长度必须大于安装位置后直管段的长度。

（3）烟气 CEMS 监测断面下游 0.5m 处应预留参比方法采样孔，采样孔数目按 GB/T 16157《固定污染源排气中颗粒物测定与气态污染物采样方法》的要求确定，以供参比方法校准使用。参比方法采样位置应不与 CEMS 测定位置重合，在互不影响测量的前提下，应尽可能靠近。

（4）为了便于颗粒物和流速参比方法的校准和验

收，CEMS 不宜安装在管道内烟气流速小于 5m/s 的位置。

（5）每台固定污染源排放设备须安装一套烟气 CEMS。

（6）若一个固定污染源排气先通过多个烟道或管道后进入该固定污染源的总排气管，应尽可能将烟气 CEMS 安装在总排气管上，但要便于用参比方法校准颗粒物 CEMS 和烟气流速 CEMS；不得只在其中的一个烟道或管道上安装一套烟气 CEMS，将测定值的倍数作为整个污染源的排放结果；但允许在每个烟道和管道上安装相同的烟气 CEMS，测定值汇总后作为该污染源的排放结果。

（7）湿法脱硫装置未安装烟气再加热系统（GGH）后的排烟管道内由于水分的干扰，颗粒物 CEMS 无法准确测定其浓度，颗粒物 CEMS 可安装在脱硫装置前的管段中。

（8）当烟气 CEMS 安装在矩形烟道时，若烟道截面的高度大于 4m，则不宜在烟道顶层开设参比方法采样孔；若烟道截面的宽度大于 4m，则应在烟道两侧开设参比方法采样孔，并设置多层采样平台。

（9）当 CEMS 安装在烟囱内时，安装平台高度应为 50～100m。

（二）上位机及打印机的布置

上位机及打印机可以根据情况灵活布置，可选择布置在除灰控制室、脱硫控制室或在烟道附近单独设置小屋。

第十三节 自动气象站

一、概述

小型自动气象站是针对风速、风向、雨量、空气温度、空气湿度、光照强度、大气压力等多种气象参数的综合监测系统，是集自动采集、周期数据传送、计算机端监控于一体的系统。其中气象观测要素的配置方式可以根据工程的实际情况灵活选择和配置。

二、系统组成

（一）系统结构

小型自动气象站由气象传感器、数据采集器、电源系统、安装防护箱和安装支架等部分构成。风速、风向、雨量、蒸发量等传感器采用气象专用传感器，由数据采集器实现数据采集、气象数据定时存储、参数设定、标准通信等功能。数据最终以有线或无线通信方式传输至终端计算机。

自动气象站系统结构如图 7-39 所示。

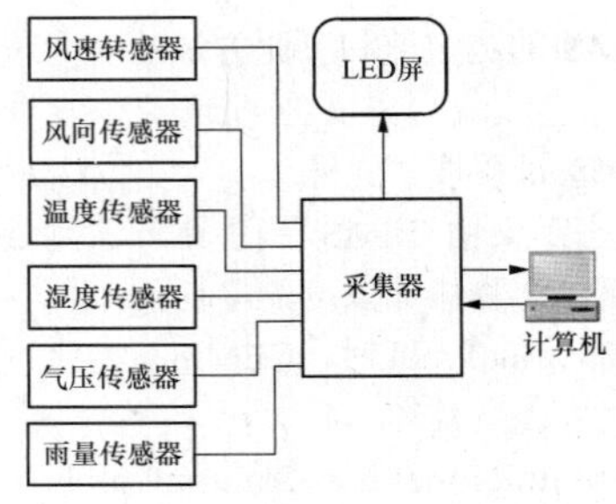

图 7-39　自动气象站系统结构

（二）传感器

1. 风速传感器

风速传感器（变送器）通常采用传统三风杯风速传感器结构，风杯选用轻便牢固的材料。当风杯受水平风力作用而旋转时，通过活轴转杯在狭缝光耦中的转动，输出频率信号。其技术参数如下，供参考（各厂家型号有差异）：

（1）测量范围：0～45m/s。

（2）准确度：±（0.3+0.03v）m/s（v 为风速）。

（3）分辨率：0.1m/s。

（4）启动风速：≤0.5m/s。

（5）供电方式：直流 5V。

（6）输出形式：脉冲信号。

（7）负载能力：电流型输出阻抗≤600Ω，电压型输出阻抗≥1kΩ。

（8）工作环境：温度–40～50℃，湿度≤100%RH。

（9）防护等级：IP65。

（10）温度等级：80℃。

2. 风向传感器

风向传感器的变送器为码盘和光电组件。当风标随风向变化而转动时，通过轴带动码盘在光电组件缝隙中转动，产生的光电信号对应当时风向。传感器的变送器输出。其技术参数如下：

（1）测量范围：0°～360°。

（2）准确度：±3°。

（3）启动风速：≤0.5m/s。

（4）供电方式：直流 5V。

（5）输出形式：0～5V。

（6）负载能力：电流型输出阻抗≤250Ω，电压型输出阻抗≥1kΩ。

（7）防护等级：IP65。

3. 温度传感器

温度传感器采用铂电阻作为感应部件，感应部件位于杆头部，外有一层滤膜保护，可配专用的防辐射罩，保护传感器免受太阳辐射和雨淋。信号变送器采用电路集成模块，将温度转换为相应的电压或电流信号。其技术参数如下，供参考（各厂家参数有差异）：

（1）测量范围：–50～100℃。

（2）准确度：±0.5℃。

（3）供电方式：直流 2.5V。

（4）输出形式：0～2.5V。

（5）负载电阻：电压型输出阻抗≥1kΩ；电流型输出阻抗≤300Ω。

（6）工作温度：–50～80℃。

（7）相对湿度：相对湿度 0～100%。

4. 湿度传感器

湿度传感器可用来测量空气湿度，感应部件采用高分子薄膜湿敏电容，电介质具有感湿特性，其介电常数随相对湿度而变化。信号变送器将湿度转换为相应的电压或电流信号。其技术参数如下，供参考（各厂家参数有差异）：

（1）测量范围：相对湿度 0～100%。

（2）准确度：相对湿度±5%。

（3）供电方式：直流 5V。

（4）输出形式：0～5V。

（5）负载能力：电流型输出阻抗≤300Ω，电压型输出阻抗≥1kΩ。

（6）工作环境：温度–40～50℃，相对湿度≤100%。

5. 雨量传感器

雨量传感器用来遥测液体降水量、降水强度、降水起止时间。技术参数如下：

（1）承水口径：（200±0.6）mm。

（2）测量范围：≤4mm/min（降水强度）。

（3）分辨率：0.2mm。

（4）准确度：±4%（室内静态测试，雨强为 2mm/min）。

（5）输出信号：开关接点通断信号。

（6）输出方式：脉冲信号。

6. 气压传感器

气压传感器用来测量气体的压强大小，一个大气压量程的气压传感器通常用来测量天气的变化和海拔的测量。技术参数如下：

（1）量程：–0.1～0～1～15（MPa）量程可选。

（2）综合精度：0.1%、0.25%、0.5%。

（3）输出信号：4～20mA（二线制）、0～5V、1～5V、0～10V（三线制）、RS485（数字信号）。

（4）供电电压：直流 24V（直流 9～36V）。

（5）介质温度：–20～85℃（常温型）、–20～200℃（中温型）、–20～600℃（高温型）。

（6）环境温度：常温（–20～85℃）。

（7）零点温漂移：≤±0.05%/℃。

（8）量程温度漂移：≤±0.05%/℃。

（9）长期稳定性能：0.1%/年。

（三）自动数据采集装置

数据采集器主要完成多个被测参数的输入、数字化处理、数据的采集存储、数据交换、常规故障诊断等功能，直接关系数据的传输和处理，是自动气象站数据采集部分的核心。数据采集器大多都是与相应的自动气象站配套提供，不同传感器的数量、型号对应不同的传感器接口。当需要扩充自动气象站观测功能，增加新的气象要素传感器时，数据采集器能实现要素传感器的随意增减和热插拔，从而能根据不同需求灵活增减要素传感器。

三、设备安装

安装在地面或建筑物顶上。调整底盘上三个调平螺钉，使水准泡指示为水平（气泡停留在圆圈中心上），再缓慢将三个固定螺钉拧紧，如水准泡改变，再重新调整，将其固牢。

第十四节　火灾报警及消防控制系统

一、概述

火灾报警及消防控制系统的功能，是及时发现火灾，及时采取灭火、疏散等措施，最大限度地降低因火灾带来的损失。在火灾初期，将燃烧产生的烟雾、热量、火焰等物理量，由火灾探测器发出的信号，传输到火灾报警控制盘，并同时显示出火灾发生的部位、时间等，并启动消防控制系统，使人们能够及时发现火灾，并及时采取有效措施，扑灭初期火灾，最大限度地减少因火灾造成的生命和设备、财产的损失。

火灾报警及消防控制系统由火灾探测器、火灾报警装置、火灾警报装置及消防设备的控制系统构成。

火灾探测器是能对火灾参数（如烟、温光、火焰辐射、气体浓度等）进行响应并自动产生火灾报警信号的器件。

火灾探测器是当被探测参数达到某一值时报警，因此常称为阈值火灾探测器（或称开关量火灾探测器）；另一种模拟量火灾探测器，输出的信号是所感应火灾参数值的模拟量信号或与其等效的数字量信号。

当发现火灾时，可由运行人员用火灾报警手动按钮进行报警。

火灾报警装置是用以接收、显示和传递火灾报警信号，并能发出控制信号和具有其他辅助功能的控制设备。火灾报警控制器即为其中的一种，它能为火灾探测器提供电源，接收、显示和传输火灾报警信号，并能对自动消防设备发出控制信号，是火灾自动报警系统的核心部分。

火灾警报装置是火灾自动报警系统中用以发出区别于周围环境声、光的火灾警报信号装置。它以特殊的声、光等信号向警报区域发出火灾警报信号，以警示人们安全疏散、灭火救灾。

在火灾报警及消防控制系统中，当接收到火灾报警信号后，能自动或手动启动相关消防设备并显示其状态的设备称为消防控制设备，主要包括接受火灾报警控制器控制信号的自动灭火系统的控制装置、室内消火栓系统的控制装置、防排烟及空调通风系统的控制装置、防火门、防火卷帘的控制装置、电梯回降控制装置，以及火灾应急广播、火灾警报装置、消防通信设备、火灾应急照明与疏散指示标志等。消防控制设备一般设置在集中控制室，以便于集中统一控制；也有的消防控制设备设置在被控消防设备所在现场，但其动作信号则必须返回集中控制室，实行集中与分散相结合的控制方式。

二、系统组成

（一）系统形式选择及设备组成

火灾报警及消防控制系统通常设计为控制中心报警系统，火力发电厂的建设情况，因此本节主要介绍控制中心报警系统，具体组成如下：

（1）控制室图形显示装置（上位机监控站，包括主机和显示屏）。

（2）中央监控主盘（联动型集中火灾报警控制器等）或集中报警控制盘（集中火灾报警控制器等）和消防联动控制盘（消防联动控制器等）的组合。

（3）就地区域报警控制盘（区域火灾报警控制器等）。

（4）探测系统（包括各种探测器、感温电缆或光纤感温火灾探测器、模块、手动和自动两种报警触发装置等）。

（5）可燃气体探测报警装置（包括可燃气体报警控制器和可燃气体探测器等）。

（6）火灾事故声光警报装置。

（7）火灾报警及消防控制广播装置。

（8）备用直流电源装置。

（9）电梯控制装置。

（10）房间轴流风机和电动百叶窗联动控制装置。

（11）消防灭火部分（水灭火、气体灭火、泡沫灭火等）控制装置。

（12）空调系统控制装置。

（13）耐火电缆、电缆管及配件、材料。

（14）其他等。

典型火灾报警及消防控制系统结构框图如图7-40所示。

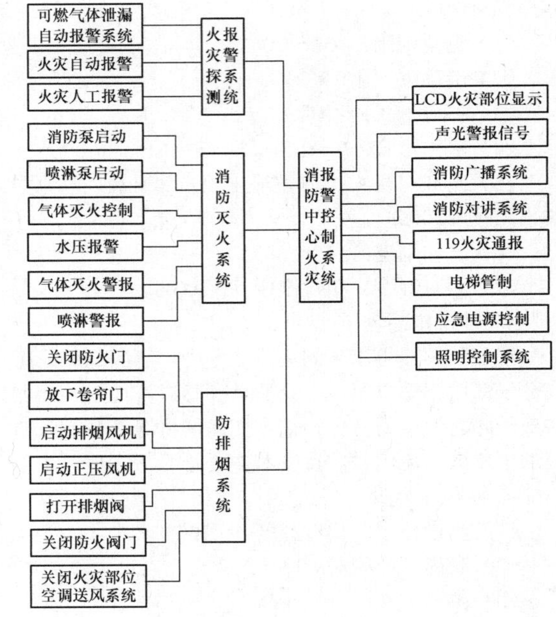

图7-40　典型火灾报警及消防控制系统结构框图

（二）火灾报警控制器

1. 火灾报警控制器的功能与分类

在火灾报警及消防控制系统中，火灾探测器是系统的“感觉器官”，随时监视和感知可能出现的火灾灾情。而火灾报警控制器则是整个系统的中枢和核心。

（1）火灾报警控制器功能：

1）向探测器提供电源。

2）能接收探测器发出的火灾信号，在火灾发生时进行声光报警，并指示火灾部位和记录报警信息。

3）启动火灾报警信号或通过自动消防灭火控制装置启动自动灭火设备和消防联动设备。

4）具有自检功能。能够自动地监视系统的工作状况，特定故障时能给出声、光警报信号。

（2）火灾报警控制器通常按其用途和设计使用要求不同可分为区域火灾报警控制器、集中火灾报警控制器和通用火灾报警控制器三类。

1）区域火灾报警控制器直接连接火灾探测器，处理各种报警信息，并将报警信息送给集中火灾报警控制器。

2）设集中火灾报警控制器。集中报警控制器下层应有两台及两台以上的区域报警器。集中火灾报警控制器接收区域报警控制器或火灾探测器的火灾报警信号，对其进行分析处理，并控制火灾报警装置，启动自动灭火设备和火灾联动设备。

集中火灾报警控制器是一套计算机控制系统。特别是采用模拟量火灾探测器的智能火灾报警系统，集中火灾报警控制器随时对探测器输入模拟信号进行智能化的分析处理，判别是否发生火灾。信号处理系统需建立一个适用探测器所在环境特点的特征模型，可补偿各种环境干扰和灰尘积累对探测器灵敏度的影响，通过软件编辑实现图形显示、键盘控制等功能，还可实现时钟、存储、密码、自检联动、联网等多种功能。

3）通用火灾报警控制器兼有区域、集中两级火灾报警控制器的特点，可以通过设置或修改（硬件或者软件）成为区域火灾报警控制器或者集中火灾报警控制器。

火灾报警控制器一般分壁挂式、台式和柜式三种。

2. 火灾报警控制器系统结构

较小的火灾报警控制系统由于监控的范围比较小，当只需要火警信号预报时，通常只需使用一台区域报警控制器；如果需要消防联动则应使用一台集中火灾报警控制器。当防范区域较大时，还需一台集中火灾报警控制器和多台报警控制装置。

随着火灾报警技术的发展和模拟量、总线制、智能化火灾探测报警系统日益广泛地应用，火灾报警控制器已不再严格分为区域报警控制器与集中报警控制器，而通称为火灾报警控制器，根据所能接收探测器的回路数或点数多少而适用于各种火灾报警场合，需要联动控制时配上联动控制盘即可。这种报警控制器是由单片机、存储器、操作面板接口电路、数据输出接口电路、串行通信接口电路构成，火灾报警控制器结构框图如图 7-41 所示。

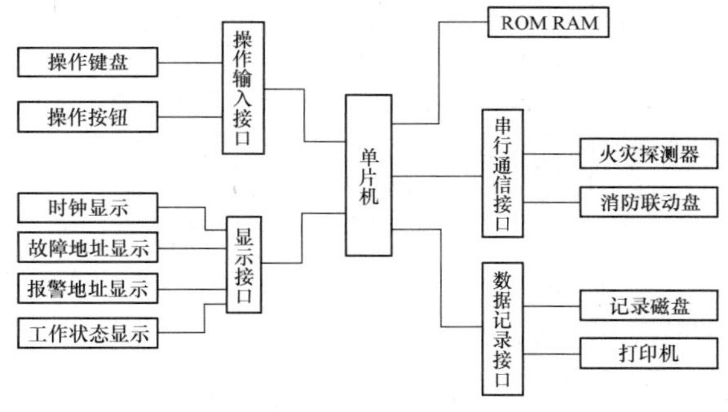

图 7-41　火灾报警控制器结构框图

（1）单片机控制器的中央处理机构，它是在一块芯片内集成了 CPU，一定量的 RAM、ROM、串行接口、并行接口、中断管理器等，构成了一个小的计算机系统；有的还集成有 DMA、显示接口、网络控制功能等。

（2）ROM、RAM 为内存单元扩展，ROM 为固化系统程序的只读存储器，RAM 为数据处理时临时存储数据的随机存储器。

（3）尽管单片机内已配有一定的并行接口，但有些要被系统的数据总线、地址总线和控制总线占用，且驱动能力有限，所以要作并行接口扩展，以便与控制器面板上的操作键盘和控制按钮等输入信号相接，还要与数码显示屏和状态指示灯等输出器件相接。一般控制器设有 2～3 个数码显示屏，显示当前时钟、火警地址和故障探测器地址等。

（4）控制器与探测器和联动控制盘的通信一般采用 RS485 串行通信，而单片机内的串行通信接口为 RS232 接口，故设串行通信接口转换电路。

（5）磁盘为存储火灾报警控制器的工作状态、报警状态等信息的设备，类似于“黑匣子”，以备进行工作分析和事故分析时使用。

图 7-42 所示为模拟量火灾探测器在火灾报警控制器中的工作流程图。这种系统为智能报警系统，对模型有自修正、自适应功能，有模糊逻辑分析和判断功能，大大提高了系统的可靠性，减少了系统的误报率。

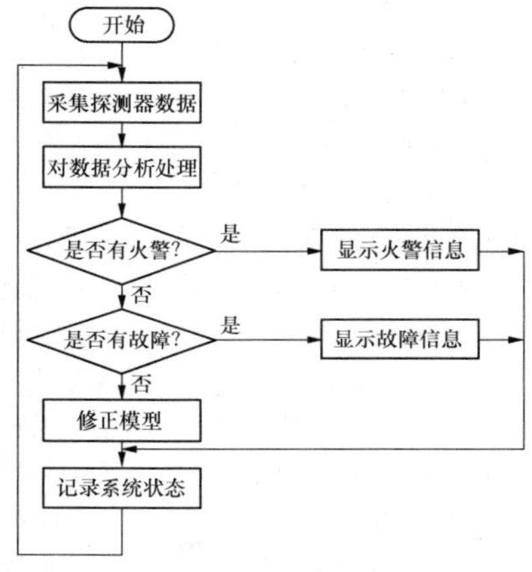

图 7-42　模拟量火灾探测器在火灾报警控制器工作流程图

图 7-43 所示为采用模拟量火灾报警控制器构成的火灾报警系统示意图。

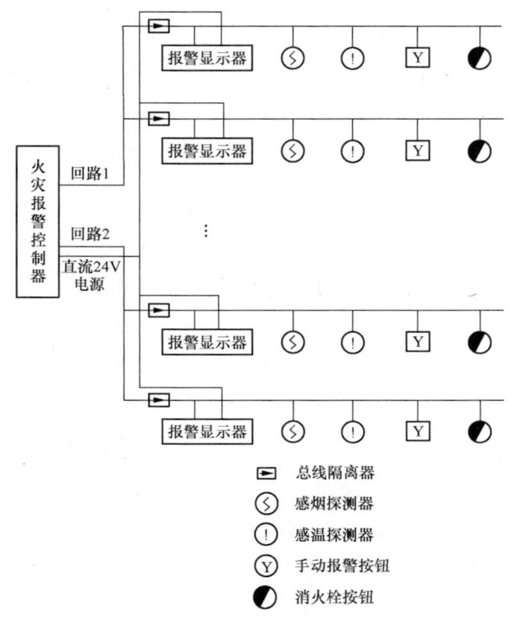

图 7-43　火灾报警系统示意图

该系统不使用区域报警控制器，为了使各防火分区或每层楼层的运行人员能清楚地了解本区域火灾信息，设有报警显示屏，以显示报警状态。

实际工程中火灾报警控制器采用二总线制。由控制器到探测器只需接出两条线，即作为探测器的电源线，又作为信号传输线，它是将信号加载在电源上进行传输的。为了避免同一回路上的几条支路之间某一条短路时引起整个回路瘫痪，一般在每个支路与回路连接处加一个总线隔离器。

3. 集散控制型火灾自动报警系统

集散控制型火灾自动报警系统是将一个较大的控制系统按着一定的规律分解为若干个相对独立的子系统，又称工作子站，每个子系统都采用一个计算机系统进行控制，完成本子系统内的现场检测、报警和控制任务。而在报警中心设有中央监控计算机，完成对各子系统之间的任务协调，并监视和指挥各子系统计算机的工作，因此又称工作主站。集中管理、分散控制是集散控制系统的主要特征。

工作主站是由中央监控计算机构成的火灾自动报警控制器，它是操作人员与控制系统之间的操作界面，操作人员通过它了解整个系统的工作状态，向各个子站下达控制命令。这种控制器的人机对话界面采用液晶显示屏，信息量比 LED 数码显示要大得多。通过操作键盘和液晶屏，操作人员可以设置和调整时钟、日期，建立和修改联动关系表，进行报警点和联动点的登记、清除、屏蔽和释放，查询报警及故障记录或系统各点的工作状态，检查分析某一探测点模拟量曲线等。

工作子站是一个小型的报警控制器，一般分为 I/O 子站和联动子站两种类型，I/O 子站通过二总线直接与探测器和联动控制模块相接，采集本子系统内各探测器的模拟量信号并将其转化为数字信号，同时检查系统内的手动报警按钮，输入模块的报警状态等信号，并将这些数据传送给工作主站，I/O 子站从总站接收控制命令，将其转化为操作数据后下达给执行任务的操作模块。

联动子站是用于控制重要消防联动设备的子系统，如消防泵房、空调机房、变配电室等重要地点的火灾联动设备。联动子站与每台控制设备之间的控制线直接连接。在联动子站的盘面上设有手动控制按钮，可对连接到子站上的联动设备进行直接启停控制，联动设备的运行状态可通过相应的指示灯进行显示和监控。

子站与主站之间连线通常为 4 条，两条电源线，两条信号线，通信方式通常采用 RS485 总线进行串行通信。图 7-44 所示为集散控制火灾报警系统框图。

集散控制系统中由于将控制检测任务按功能、按区域进行分解，各子系统相互独立，这大大提高了系统的可靠性和开放性。任何一子站的故障都不会引起整个系统的瘫痪，即使是总站发生临时故障，各子站仍可按原指令完成好本子系统内的工作。系统的开放性，一方面体现在功能的可扩展性上，集散火灾自动报警系统是一个标准的网络系统，其工作主站对各子站的功能并没有特殊的限定，只要子站的数据结构方式、数据传递方式和通信协议方式与系统的通信标准相符合即可联机入网，消防广播系统、消防电话通信系统、气体灭火系统等只要配以相应的标准通信接口和软件即可联入总系统；另一方面是指系统容量的可扩展性，系统可方便地增加子站进行容量扩展。

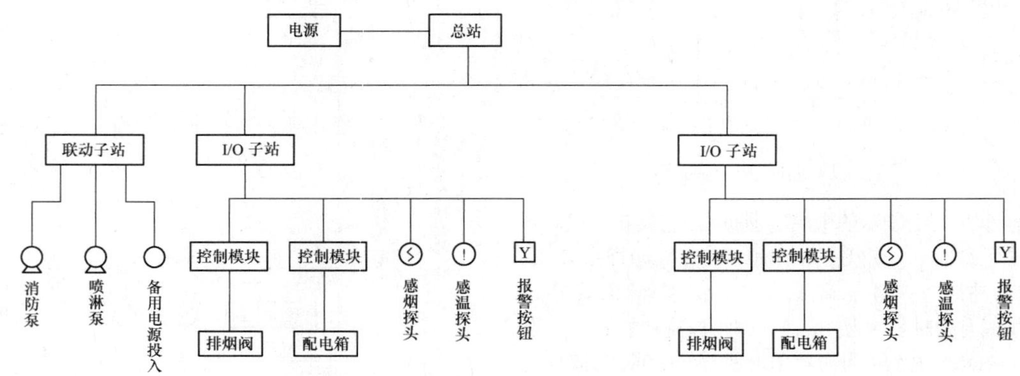

图 7-44　集散控制火灾报警系统框图

（三）火灾探测器

火灾探测器按探测火灾参量的不同可分为感烟式、感温式、感光式、可燃气体探测式和复合式探测器等主要类型。

火灾探测器按其结构造型又可分为点型和线型两大类。

1. 感烟火灾探测器

感烟火灾探测器主要响应燃烧或热解产生的固体、液体微粒即烟雾粒子的探测器，主要用来探测可见或不可见的燃烧产物及起火速度缓慢的初期火灾，可分为离子型、光电型、激光型和红外线束型四种。

（1）离子型感烟探测器。它主要是利用烟雾粒子改变电离室电流原理而设计的火灾探测器。探测器内部装有α放射源的电离室为传感器件，现今使用大多为单源双室结构（补偿室、测量室），再配上相应的电子电路或 CPU 芯片所构成（因探测器内有放射性元素，目前不推广使用）。

（2）光电型感烟探测器。它是应用烟雾粒子对光线产生散射,吸收或遮挡的原理而制成的一种探测器。其工作原理主要有两种：减光型光电感烟火灾探测器和散射型光电感烟探测器。散射型光电感烟探测器利用红外线光束在烟雾中产生散射光的原理探测火灾初期阴燃阶段产生的烟雾。它由光学系统、信号处理电路等部分组成，当烟雾进入光学暗室后，由红外线光源发出的光束，在烟粒子表面散射，受光器的光敏二极管接收到散射光，产生光电信号电流，其电流大小与烟雾的变化成比例，经信号处理电路处理后完成报警功能。

（3）激光型感烟探测器。主要是应用烟雾粒子吸收激光光束原理制成的线型感烟火灾探测器，激光器在脉冲电源的激发下发出同一束脉冲激光，在正常情况下控制报警器不发出报警，但如在激光束经过的途中被大量的烟雾遮挡而减弱到一定程度，光电接收信号减弱，便会发出报警信号。

（4）红外光束型感烟探测器。该种探测器主要包括一个光源、一套光线照准装置和一个接收装置，它是应用烟雾粒子吸收或散射红外光束的原理进行工作，一般用于保护大面积、大空间。

2. 感温式火灾探测器

感温火灾探测器响应异常温度、温升速率和温差等火灾信号。其结构简单，与其他类型的探测器相比，可靠性高，但灵敏度较低。感温式火灾探测器按其作用原理分为三类，即定温式、差温式和差定温式。定温式是温度达到或超过预定值时响应的感温探测器；差温式是升温速率达到预定值时响应的感温探测器；差定温式是兼有差温和定温两种功能的感温探测器。感温火灾探测器按其感温效果和结构形式又可分为点型和线型两类。点型又分为定温、差温、差定温三种，而线型分为缆式定温和空气管式差温两种。

感温火灾探测器的工作原理主要是利用热敏元件来探测火灾的。在火灾初始阶段，一方面有大量烟雾产生,另一方面物质在燃烧过程中释放出大量的热量，周围环境温度急剧上升。探测器中的热敏元件发生物理变化，从而将温度信号转变成电信号，并进行报警处理。

（1）定温式火灾探测器。当火灾发生后探测器的温度上升，探测器内的温度传感器感受火灾温度的变化，当温度达到报警阈值时，探测器发出报警信号，这种形式的探测器即为定温式火灾探测器。

定温式火灾探测器因温度传感器不同又可分为多种，如热敏电阻型、双金属片型、易熔合金型等。

1）热敏电阻型。热敏电阻是一种半导体感温元件，其温度-电阻特性有三种，即负温度系数热敏电阻（NTC）、正温度系数热敏电阻（PTC）和临界温度热敏电阻（CTR）。它们的特性曲线如图 7-45 所示。

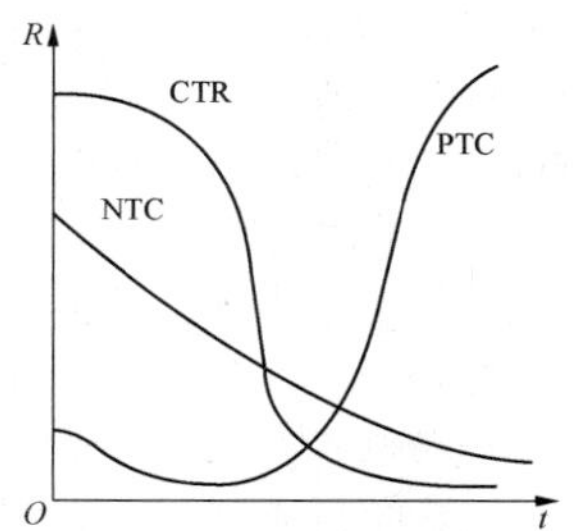

图 7-45　各种热敏电阻的温度特性

由图 7-45 可知，用 CTR 与 PTC 型热敏电阻构成开关较为理想，而 NTC 型热敏电阻的线性度更好一些。

热敏电阻的特点是电阻温度系数大，因而灵敏度高，测量电路简单；体积小、热惯性小；自身电阻大，对线路电阻可以忽略，适用于远距离测量。其缺点是稳定性较差和互换性差。

2）双金属片型。双金属片是将两种不同热膨胀系数的金属片构造在一起，当温度升高时，两种材质的金属片都将受热变形，但因其膨胀系数不同，两者的变形程度不同，就会产生一个变形力，当温度达到某一定值时，用其带动导电触点的闭合或断开来实现报警。图 7-46 所示为一种双金属圆筒状定温探测器结构。外筒是用高膨胀系数的不锈钢片制成。筒内两条低膨胀系数的铜合金金属片各带一个电触点，常温时铜合金金属片的长度使中间部分隆起，电触点断开。金属片的两端固定在不锈钢筒的两端。当火灾发生时温度升高，不锈钢的热膨胀系数高于铜合金金属片，因此变形大，使不锈钢筒两端伸长，而铜合金金属片变形小，但两端随不锈钢筒变形而拉紧，使中间的隆起消失，电触点闭合发出报警信号。

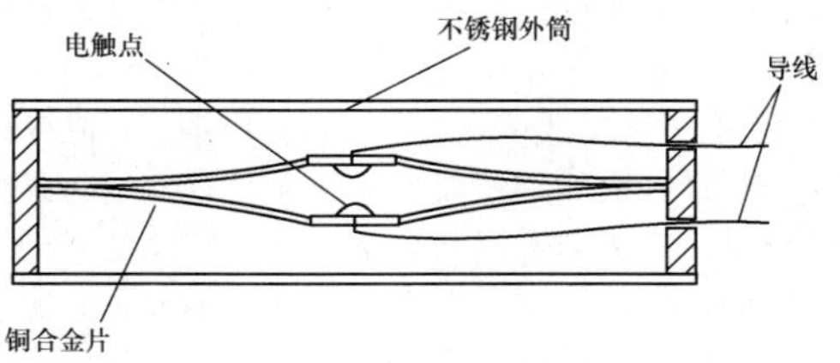

图 7-46　双金属圆筒状定温探测器结构图

3）易熔合金型。易熔合金是一种简单易行的感温探测元件，正常时用其将电路连通，当火灾发生时，火灾温度使易熔金属丝熔断，从而使电路断开而发出报警信号。还有一种玻璃泡式感温元件与易熔金属丝的原理很相似，是当火灾发生时，火灾温度使玻璃泡破裂从而使附着在玻璃泡上的导电体断开。

（2）差温式感温探测器。正常时室内温度变化率很小，火灾发生时，有一个温度迅速升高的过程。所谓差温是指一定时间内的温度变化量，即温度的变化速率，当检测到的这个值超过设定值时发出报警信号。

膜盒式差温探测器是一种常见的差温式感温探测器。图 7-47 所示为膜盒式差温探测器结构。这种探测器由感热室、膜片、泄漏孔及电触点等构成。如果环境温度缓慢变化，空气膨胀缓慢，则由于泄漏孔的作用使感温气室内的空气压力变化不大，膜片基本不变形，电触点断开。当火灾发生时，室内的空气随周围温度急剧升高而迅速膨胀，因为这个过程的时间很短，泄漏孔来不及将膨胀气体泄出，致使空气室内的空气压力增高，膜盒受压产生变形，使电触点闭合产生报警信号。

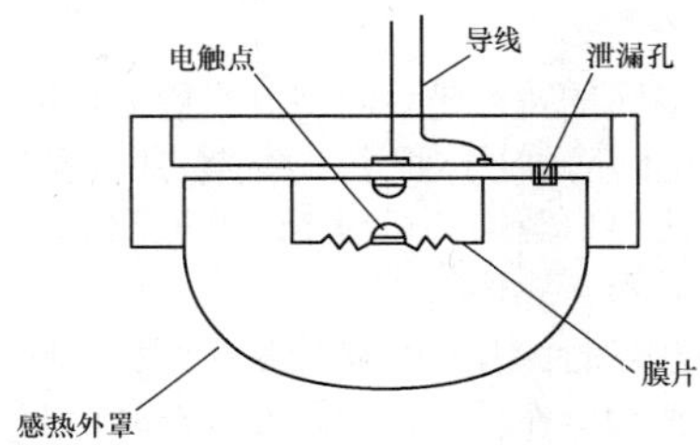

图 7-47　膜盒式差温探测器结构示意

（3）缆式线型感温探测器。缆式线型感温探测器由感温电缆和终端盒组成，感温电缆线是温度敏感元件，缆式线型感温探测器的动作，不是由明火引起的，而是由被探测物温度升高到某定值时产生。感温线缆是一个热电阻元件，当温度升高时线缆的电阻值发生变化，由终端盒电路来检测这个电阻变化量并在预定值时发出报警信号。

使用探测电缆时，首先要了解受保护地点的环境温度，然后来决定电缆报警温度。当环境温度确定后，其报警温度将随电缆长度减少而增加。

线型感温电缆分为不可恢复式（开关量）和可恢复式（模拟量）。

1）不可恢复式（开关量）感温电缆。感温电缆内部是两根弹性钢丝，每根钢丝外面包有一层感温且绝缘的材料，在正常监视状态下，两根钢丝处于绝缘状态，当周边环境温度上升到预定动作温度时，温度敏感材料破裂，两根钢丝产生短路，输入模块检查到短路信号后产生报警。

2）可恢复式（模拟量）感温电缆。感温电缆内部的 4 根导线红/蓝、黄/白分别短接成两个互相比较的监测回路。当感温电缆所保护场所的现场温度发生变化时，两个监测回路的电阻值就会发生明显的变化，当微机控制器检测到前端感温电缆探测回路的电阻值变化达到预定报警值时，就会产生一个报警信号发送给其后端的火灾报警控制屏，从而引发火灾报警信号。

可恢复式与不可恢复式感温电缆比较，其报警值均为固定值，不能随机设置报警温度值，感温电缆报警值应根据设备周围环境温度及感温电缆方式的不同而选择。

3. 感光火灾探测器

感光火灾探测器又叫火焰探测器，主要对火焰辐射出的红外光、紫外光、可见光予以响应。常用的有红外火焰型和紫外火焰型两种。

4. 气体火灾探测器

气体火灾探测器主要用于易燃易爆场所探测可燃气体、粉尘的浓度，一般调整在爆炸浓度下限的 1/6～1/5 时动作报警。其主要传感元件有铂丝、铂钯和金属氧化物半导体等几种。

5. 复合型火灾探测器

复合式火灾探测器是可以响应两种或两种以上火灾参数的火灾探测器，主要有感温感烟型、感光感烟型、感光感温型等。

无论哪种类型的火灾探测器都有其不同的优点与缺点，尚未有哪一种火灾探测器能有效、全面地探测各类火情、适用于各种场合而不产生误报的。火灾发生的情况是多种多样的，复合型探测器正是为了解决这一问题而将两种不同探测原理的传感器件结合在一起，形成一种更有效地探测火情的探测器。常见的复合型火灾探测器有下列几种：

（1）差定温复合探测器。差定温复合探测器将定温探测器和差温探测器两套机构并在一个探测器中，对温度慢慢升到某一定值或急剧上升时都能响应报警。

（2）光电感温复合探测器。这种探测器将光电感烟、感温两套机构构造在一个探测器中，即可以对以烟雾为特征的早期火情予以监视，也可以对以高温为特征的后期火情予以探测。

（3）光电、感温、电离式复合探测器。这种探测器的一个探头中装有 3 只传感器，即光电型、感温型和电离型。它可以用在环境复杂的场合，适用于各种区域和可能发生的火灾特性的变化，提高了探测器的可靠性。

（四）自动灭火系统及其联动控制

消防灭火系统主要分为水灭火系统和气体灭火系统两种。在火灾报警及消防控制系统中，灭火系统应受到消防报警中心的控制和监视，以提高灭火系统的可靠性。

1. 水灭火系统

水灭火系统由室内消火栓系统和自动喷水灭火系统两部分构成，有时也包括水幕系统。

（1）室内消火栓系统。室内消火栓是建筑防火设计中应用最普遍、最基本的消防设施。在灭火时，要求消防灭火系统能提供足够的水压，通常由消防泵房的消防泵来实现。

在每个消火栓内设置一个击破玻璃按钮，当消防人员准备喷水时击动报警按钮，信号被火灾报警控制器接收后自动启动消防泵；也有击破玻璃按钮信号直接去水泵控制柜启动消防泵，这要依据火灾自动报警系统的大小来确定。

（2）自动喷水灭火系统。自动洒水喷头是自动喷水灭火系统的关键部件，喷头内配有感温元件，通常是易熔合金或玻璃泡。当火灾发生时，高温使易熔合金熔化或使玻璃泡破碎，该信号使喷头水路打开而自动喷洒。这种喷头称为闭式洒水喷头，使用这种喷头的管路各段总是充有一定压力的水；还有一种称为开式洒水喷头，喷头内不配感温元件，水路常开，而由管道中的控制阀控制喷头，平时阀后没有水。

自动喷水灭火系统有湿式、干式、干湿交替式、预作用式和雨淋式等自动喷水灭火系统。

1）湿式自动喷水灭火系统。湿式自动喷水灭火系统由湿式报警装置、闭式洒水喷头和管道组成。该系统的特点是所有管道内常年充满压力水，一旦发生火灾，压力水开启喷头进行喷洒灭火。利用喷头开放喷水后管道内形成水差压使水流动并驱动水流指示器、湿式报警阀、水力警铃和压力开关等动作，实现就地和远程自动报警。湿式自动喷水灭火系统受环境温度的影响较大，低温环境会使水结冰，高温环境会使管道内的压力增大，两者都会对处于准工作状态下的系统产生破坏作用。另外，喷洒过程只能靠喷头在一定的温度下自动动作，无法实现人员干预的紧急启动。喷头如不动作，则无法实现自动喷水灭火。

系统的专用组件包括闭式洒水喷头、水流指示器和湿式报警阀组。湿式报警阀组由湿式报警阀、延迟器、水力警铃、压力开关、湿示启闭状态的控制阀、试水装置、放水试验阀和压力表等组成。试水装置是用于检验湿式报警阀与压力开关状态是否正常的装置。系统中的末端试水装置设于系统保护的每个防火分区和楼层中配水管道最末端喷头处，用于检验最不利点处喷头的工作压力、流量与水流指示器的灵敏性等。系统除包含图 7-48 所示的设施外，还包含有排气阀、泄水阀、排污口、泄压阀、减压设施等。

系统供水可采用高压给水系统或临时高压给水系统，当采用临时高压给水系统时，系统应设主供水泵和稳压设施。稳压设施是为了保证系统的管道在准工作状态时充满压力水，通常采用高位消防水箱、稳压水泵或气压给水装置。

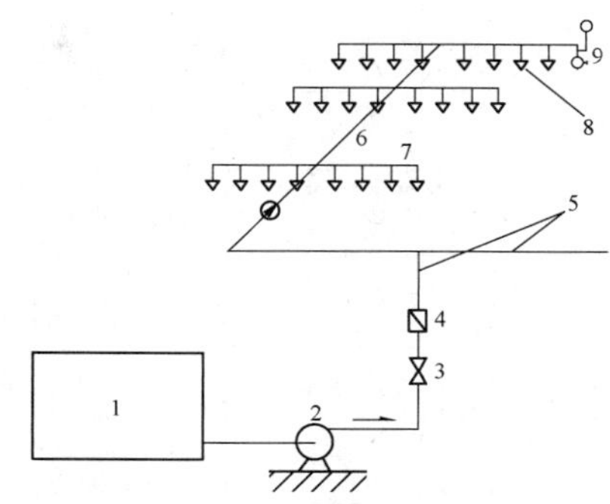

图 7-48　湿式自动喷水灭火系统示意图

1—水池；2—水泵；3—总控制阀；4—湿式报警器；5—配水干管；6—配水管；7—配水支管；8—闭式洒水喷头；9—末端试水装置

高位水箱通常要设置水箱水位控制装置以控制水位恒定。可采用压力开关或浮球液位开关来控制给水泵。当采用稳压水泵来保证管道水压恒定时，管道上的压力开关控制稳压泵的启停。现在通常采用压力模拟量信号来控制变频器的输出，使稳压泵的转速随压力大小而调整，以保证水压稳定。系统的工作流程如图 7-49。

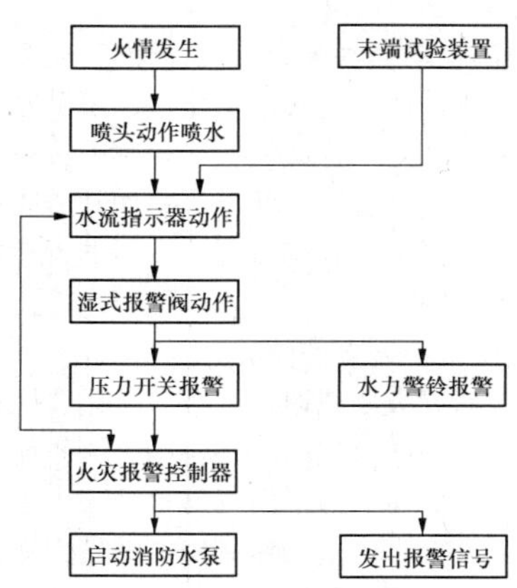

图 7-49　湿式喷水灭火系统工作流程

火灾报警控制器还应监视电源和消防水泵的工作状态、消防水池和高位水箱的水位状态。

2）干式自动喷水灭火系统。干式自动喷水灭火系统由干式报警装置、闭式喷头、管道和充气设备等组成。干式自动喷水灭火系统在准工作状态时报警阀的上部管道内充以有压气体，这样就避免了低温或高温环境时对系统的危害。

喷头动作后管道内的气流驱动水流指示器、报警阀在入口水压作用下开启，随后管道内排气充水，喷头喷洒灭火。从喷头动作到喷头喷水有一段滞后时间，其他与湿式自动喷水灭火系统相同。图 7-50 所示为干式自动喷水灭火系统示意图。

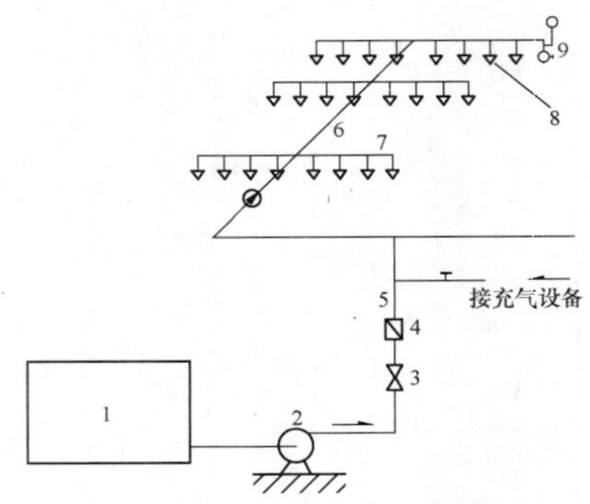

图 7-50　干式喷水灭火系统示意图

1—水池；2—水泵；3—总控制阀；4—干式报警器；5—配水干管；6—配水管；7—配水支管；8—闭式喷头；9—末端试水装置

3）预作用自动喷水灭火系统。预作用自动喷水灭火系统是由火灾探测系统、闭式喷头、预作用阀和充以有压或无压气体的管道组成。该系统的管道中平时无水，发生火灾时火灾探测系统检测到火灾信号并确认后由火灾报警控制器控制预作用阀开启，并启动喷淋泵系统开始排气充水，转为湿式系统，保证系统的喷头在高热动作后自动喷水灭火。

4）雨淋自动喷水灭火系统。雨淋自动喷水灭火系统由火灾探测系统、开式洒水喷头、雨淋阀和管道等组成。发生火灾时，管道内给水是由火灾自动报警控制器开启雨淋阀来实现，并设有手动开启阀门装置。采用开式洒水喷头，系统启动后由雨淋阀控制一组喷头同时喷水。

2. 气体自动灭火系统

气体自动灭火系统通常采用二氧化碳灭火剂或卤代烷灭火剂。不同形式的气体自动灭火系统所含的系统组件不完全相同。当采用气体自动灭火系统保护的防护区发生火灾时，火灾探测器探测到火灾信号并经确认后，火灾报警控制器将控制信号发送给气体灭火控制盘，灭火控制盘启动通风机等联动设备，并延时启动阀驱动装置，将灭火剂储存装置的选择阀门同时打开，将灭火剂释放到防护区进行灭火。灭火剂释放时发送压力信号至灭火控制盘，由控制盘发出释放灭火剂的声光报警信号。图 7-51 所示为卤代烷气体自动灭火系统示意图。

由图 7-51 可知，气体自动灭火系统主要由灭火控制盘、灭火剂储存装置、选择阀、喷嘴和管道构成。

（1）灭火控制盘与火灾报警控制器相连，接受火灾报警控制器的控制信号并予以实施。

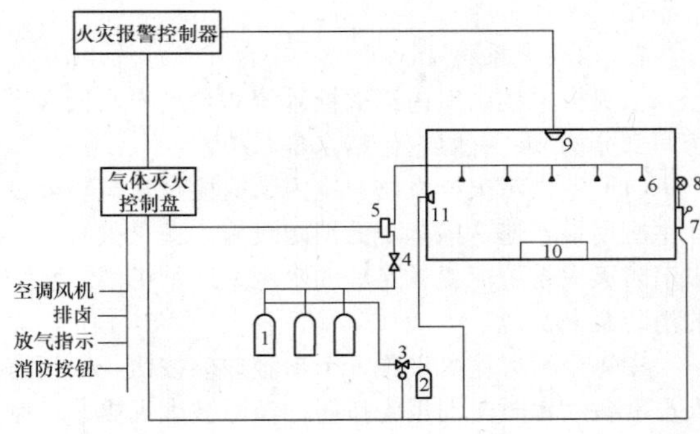

图 7-51　卤代烷气体自动灭火系统示意图

1—气瓶；2—启动压力瓶；3—电磁阀；4—选择阀；5—压力开关；6—喷头；7—手动操纵装置；8—放气信号灯；9—报警器；10—被保护物；11—报警喇叭

（2）灭火剂储存装置一般由灭火剂及其储存容器、容器阀、单向阀和集流管组成，用于储存灭火剂和控制灭火剂释放。

（3）选择阀用来控制灭火剂经管网释放到预定防护区域或保护对象的阀门。选择阀和防护区一一对应。选择阀有电动式和气动式两种，无论哪种启动方式的选择阀均设有应急手动操作机构，以备自动控制失灵时，仍能将选择阀打开。

（4）喷嘴是用来控制灭火剂的流速和喷射方向的组件。

气体自动灭火系统一般适用于下列一些典型场所：

（1）通信机房或电子设备间。

（2）发电机房、油浸变压器室、变电室、电缆隧道或电缆夹层等。

（五）通风空调与防、排烟系统的消防联动控制

1. 通风、空调系统的消防联动控制

在设有通风、空调系统的建筑物内，一般应在通风、空调系统的管道上设防火阀。

防火阀外形示意及电路图如图 7-52 所示。防火阀的作用是平时风门打开，不影响通风、空调系统的正常工作，而火灾发生时，通过消防中心消防联动控制系统遥控使其关闭或通过阀上的易熔金属丝在 70℃

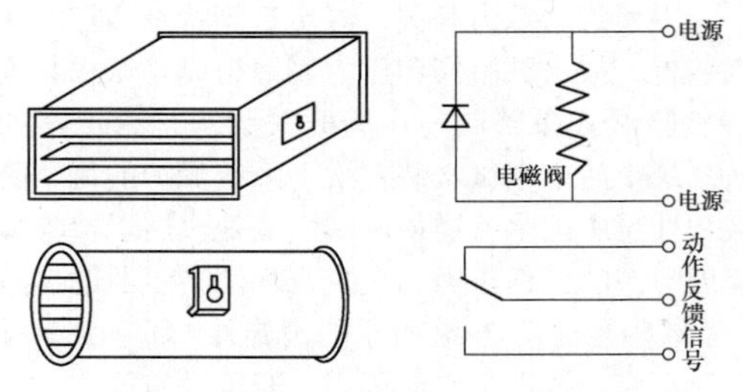

图 7-52　防火阀外形示意及电路图

左右温度时，熔断引起机械联锁机构动作而使防火阀关闭。阀门关闭后可通过动作反馈信号向消防中心返回阀已关闭的信号或对其他装置进行联锁控制。

火灾发生时，消防联动控制系统应自动关闭有关部位的空调设备，使送风机组不会起到助燃作用。

2. 防烟、排烟系统

据统计，火灾造成人员伤亡的主要原因是一氧化碳中毒窒息死亡或被其他有毒烟气熏死，一般占火灾总死亡人数的40%～50%，有时高达65%。

烟气中含有一氧化碳、二氧化碳、氟化氢、氯化氢等多种有毒成分，高温缺氧会对人体造成危害。同时烟气有遮光作用，使人的能见度下降，对疏散和救援活动造成很大的障碍。为了排除有害气体，保障建筑物内人员的安全疏散和有利于消防扑救，在建筑物中防烟、排烟设施必须与消防报警系统联动。

排烟风机和正压送风机也由消防自动报警系统在确认火灾后将其开启，排烟口打开后才能启动排烟风机。当排烟风道风温限值超过 280℃时，排烟口的易熔金属丝熔断，触发联锁机构使风口关闭，应同时关闭排烟风机。

在建筑设计时为了防火、防烟，可能设置防火门、排烟窗或者防火卷帘门。

防火门是用以隔断两个防火分区的通道，阻止火灾和烟气的扩散。图7-53所示为防火门示意图。防火门被永磁铁吸住处于开启状态，火灾时可通过自动控制或手动将其关闭。自动控制由消防自动报警控制器控制。

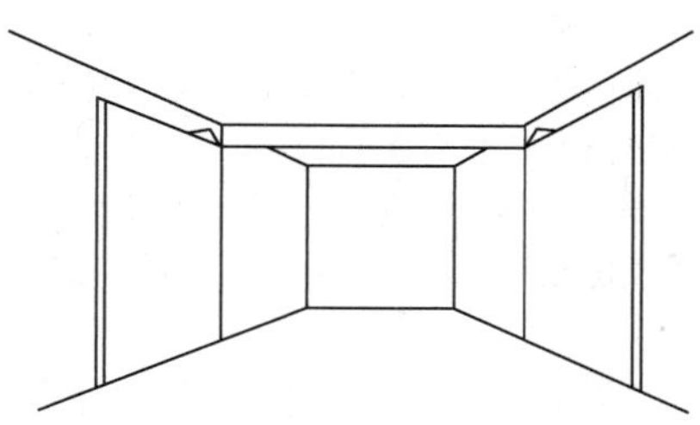

图7-53　防火门示意图

排烟窗如图7-54所示，主要用于自然排烟，平时关闭，火灾时通过自动控制或手动操作将窗打开。

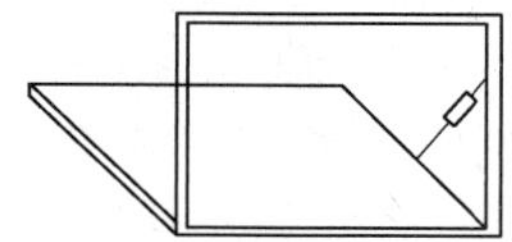

图7-54　排烟窗示意图

防火门和排烟窗的电动结构原理相同，动作时均能向消防报警控制器反馈信号。

防火卷帘门（见图7-55）设在防火分区通道口处，当火灾发生时可根据探测器或消防控制中心的指令信号自动地将卷帘门下降至预定位置，也可手动操作。水幕同时喷洒为其降温，卷帘门收到自动控制指令后一定时间后再落到底，以达到人员迅速疏散、控制火灾蔓延的目的。

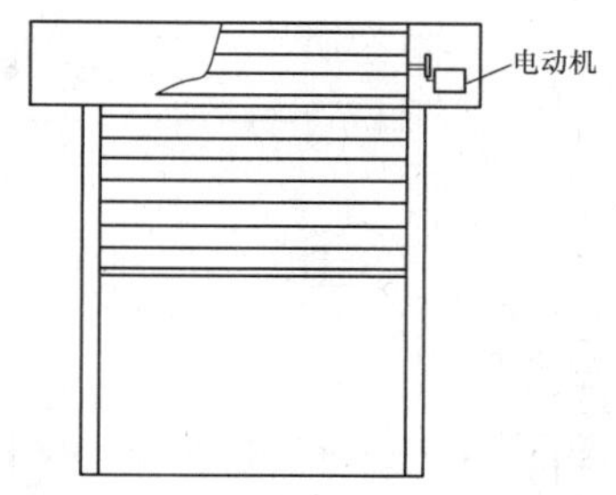

图7-55　防火卷帘门示意图

（六）其他消防联动控制系统

其他消防联动控制系统主要指事故和疏散照明、电梯、火灾广播和消防对讲电话等。

1. 火灾事故照明与疏散指示标志

火灾发生时，为了防止火灾引起照明电源短路而使火灾沿电路蔓延，事故区由火灾报警控制器自动切断日常工作电源。此时为保证人员安全疏散、重要部位继续工作和组织扑救，设置的火灾事故照明和疏散指示标志电路应接通。

2. 电梯的控制

火灾发生后，消防自动报警控制器将使全部电梯追降到首层，并接收其反馈信号。

火灾时一般电梯没有特殊情况不能做疏散用。

3. 火灾事故广播系统

火灾事故广播系统是消防报警与消防联动控制系统中的一个重要组成部分。

火灾事故广播系统由三部分构成，即广播录放单元、广播功放单元和广播分配单元。

（1）广播录放单元是火灾事故广播系统的音响来源，它具有外线输入、话筒和磁带播放等方式，同时能对各种播放方式下的广播过程自动进行同步录音，并设有扬声器监听任何方式下的广播音响。火灾报警联动控制系统可实现正常广播与事故广播的自动切换。紧急时运行人员可手动启动系统进入火灾事故广播。当火灾发生时，火灾事故广播自动播放。

（2）广播功放单元为功率输入单元，主要提供功率输出音频信号。消防广播分配控制通常有两种方式：一种是手动分配，由运行人员确定广播层次；另一种是由火灾自动报警与消防联动控制系统进行控制。

（3）火灾发生时，火灾事故广播的顺序是地下室发生火灾应先接通地下各层及首层的广播线路，若首层与二层具有大的共享空间，也应接通二层的广播线路；首层发生火灾时，应先接通本层、二层及地下各层的广播线路；其他各层发生火灾时应先接通本层及上下相邻两层的广播线路。其他层暂时不接入火灾广播信号，以免造成不必要的混乱。图 7-56 所示为火灾事故广播系统结构框图。

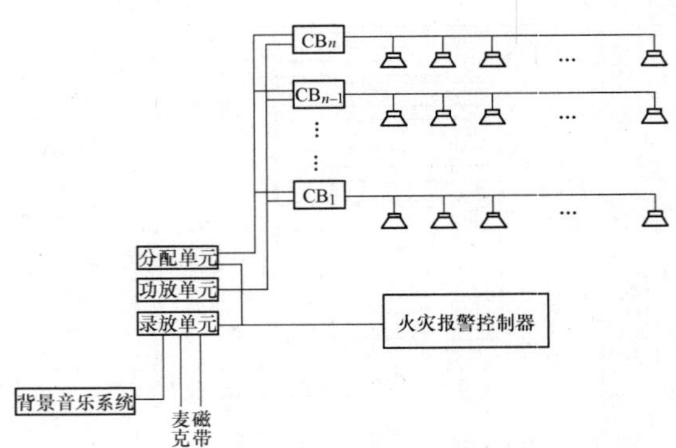

图 7-56　火灾事故广播系统结构

CB—控制切入模块，一般为二总线制单元模块

4. 消防电话通信系统

消防电话通信系统是在火灾发生时进行人工确认或各楼层值班人员、消防人员将火灾现场情况及时迅速地报告集中控制室控制中心。

消防电话通信系统的终端有两种，一种是电话分机，另一种是电话插孔。电话分机一般设置在消防泵房，变配电室等与消防联动有关的设备室，有常人值守的值班室、服务台等。电话插孔一般设在手动报警按钮和消火栓启泵按钮上。

消防电话通信系统有两种，一种是星形火警通信总机系统，另一种是总线式火警通信系统。

星形火警通信电话线路一对一引到分机电话插孔点处。

总线式火警通信系统用 4 根总线引至所有电话终端点。其中 2 根线为电源线，另 2 根线为信号线。总线式的电话分机为专用电话机。

消防电话通信系统应外接一部市内电话，以使系统能自动拨叫 119 火警电话，也可接听外线呼入电话。

三、系统设计

（一）设计范围及内容

1. 设计范围

火力发电厂应在以下区域范围内设置火灾探测：电缆夹层、电缆隧道、电缆竖井等主要电缆通道区域；集中控制室、电子设备间、工程师室、计算机房、继电器室、配电装置室等配电、控制、通信类房间区域；锅炉本体燃烧器区、磨煤机油箱、汽轮机油箱、电液装置、密封油装置、汽轮机轴承、点火油罐、柴油发电机室、变压器、制/储氢站等区域；运煤系统的转运站、碎煤机室、运煤栈桥、煤仓、封闭式储煤场等区域；设置集中空调系统且面积大于 3000m^2 的办公楼区域。

具体工程设计时，也可根据工程实际特点和业主要求适当扩大设计范围，如对于面积小于 3000m^2 的办公楼区域也可设置火灾报警探测。

涉外工程应执行 NFPA 标准或以合同要求为准。

2. 设计内容

设计内容应包括保证全厂火灾报警及消防控制系统安全稳定经济运行所必需的检测、信号报警及消防联动控制的设计；火灾报警及消防控制设备的选择等应遵循的原则、方法及注意事项等。

火力发电厂火灾报警及消防控制系统具体设计内容一般包括：技术规范书、技术协议，设计说明，设备编码原则，网络配置图，各区域系统配置图，消防联动控制系统接口，电源系统配置图，各区域设备平面布置图，典型设备安装（接线）图，模块箱端子接线图，设备清册，电缆及安装材料清册等。

（二）系统功能

火灾探测及报警系统的功能，是能及时发现火灾，及时采取灭火、疏散等措施，最大限度地降低因火灾带来的损失。

通过设计，实现对发电厂各生产、运行区域的火灾探测、报警；在火情发生时，及时启动消防联动控制，控制火情；启动紧急广播系统和人群疏散指导系统，使建筑物内的人员快速撤离；关闭防火门等对火灾区域进行隔离；启动排烟系统将有毒气体排出，尽可能地控制火情。

探测器的作用是监视环境中火灾的发生，一旦出现异常发出报警信息。

消防联动控制功能是当出现火情报警，由消防联动控制器发出控制自动消防设备（设施）工作的信号，控制火情。

（三）设计原则及要求

1. 设计原则

（1）火灾报警及消防控制系统的设计，必须符合现行的有关强制性国家标准、规范的规定及各地区的消防要求，针对保护对象的不同特点，做到安全适用、技术先进、经济合理。

（2）火灾报警及消防控制系统的设计，应针对电厂各保护对象的不同特点，根据其使用性质、重要程度、火灾危险性、结构形式、耐火等级、环境条件等情况进行。

（3）如开关柜设电气火灾监控系统，则应纳入火灾报警及消防控制系统统一监控。

2. 设计要求

（1）主要建筑物和设备火灾报警系统设计要求系

统应按照表 7-28 的要求选择不同类型的火灾探测器。

表 7-28　火力发电厂主要建筑物的火灾探测器选型对应表

序号	建（构）筑物和设备	火灾探测器类型
一、	集控楼、网控楼	
1	电缆夹层	缆式线型感温
2	电子设备间	点型感烟和点型感温组合
3	集中控制室、集中控制室顶部吊顶内、集控楼各层走廊、仪表与控制现场检修间	点型感烟
4	工程师室、网络机房、继电器室、电子设备间顶部吊顶内、配电装置室、仪表与控制动力设备间等	点型感烟和点型感温组合
5	微波楼和通信楼	感烟或感温
6	交接班室、现场会议室	点型感烟
二、	锅炉房及煤仓间	
1	锅炉本体燃烧器	缆式线型感温
2	磨煤机润滑油箱	缆式线型感温
3	回转式空气预热器	温度
4	原煤仓、煤粉仓（无烟煤除外）	缆式线型感温，一氧化碳探测器的氧气浓度监测
5	锅炉房 0m 以上架空电缆处	缆式线型感温
三、	汽轮机房	
1	汽轮机主油箱、给水泵油箱（抗燃油除外）	缆式线型感温和火焰
2	汽轮机电液装置（抗燃油除外）	缆式线型感温和火焰
3	发电机氢密封油装置	缆式线型感温和火焰
4	汽轮机头部、汽机轴承	感温型
5	汽轮机运转层下及中间层油管道	缆式线型感温
6	配电装置室	感烟
7	电缆夹层	缆式线型感温
8	电子设备间	点型感烟和点型感温组合
9	汽机房架空电缆处（竖井/桥架）	缆式线型感温
10	汽机房储油箱（主厂房内）	缆式线型感温和火焰
四、	脱硫系统	
1	脱硫控制楼控制室、配电装置室	感烟型
2	电缆夹层	缆式线型感温

续表

序号	建（构）筑物和设备	火灾探测器类型
五、	变压器	
1	主变压器	感温型
2	启动备用变压器	感温型
3	联络变压器	感温型
4	厂用高压变压器	感温型
六、	运煤系统	
1	运煤控制室	感烟型或感温型
2	配电装置室	感烟型或感温型
3	电缆夹层	缆式线型感温
4	转运站及筒仓	缆式线型感温
5	碎煤机室	缆式线型感温
6	封闭式运煤栈桥或运煤隧道	缆式线型感温
7	煤仓间带式输送机层	缆式线型感温
8	室内储煤场	感温
七、	其他	
1	柴油发电机室及油箱	感温型和火焰
2	油浸变压器室	缆式线型感温
3	屋内高压配电装置	感烟
4	汽机房至主控楼电缆通道	缆式线型感温
5	电缆竖井、电缆交叉、密集及中间接头部位	缆式线型感温
6	主厂房内主汽管道与油管道（在汽管道上方）交叉处	感温型和火焰
7	电除尘控制室	感烟型
8	制氢站或储氢站	可燃气体
9	办公楼	感烟型
10	点火油罐	点型红外火焰探测器
11	油处理室	感温型
12	电缆隧道	缆式线型感温
13	消防水泵房的柴油消防泵间	感温型和火焰
14	空冷配电室	点型感烟
15	氨储存车间	可燃气体
16	蓄电池室	可燃气体

（2）火灾探测及区域报警系统的划分原则。根据工艺系统布置和总平面布置特点，一般分为如下几个报警区域进行检测和控制：集控楼为一个报警区域；主厂房内每台机组（含变压器、空冷配电室）为一个报警区域；封闭式煤场、运煤系统为一个报警区域；升压站继电器室、网络控制楼为一个报警区域；油库

区、燃油泵房、制/储氢站、液氨储存区（如有）为一个报警区域；除灰综合楼、脱硫装置为一个报警区域；办公楼为一个报警区域。

（3）具体设计要求。

1）火灾报警及消防控制系统对探测区域进行火灾探测，对相关报警区域发出声光警报，能通过消防控制系统自动、遥控及就地手动启动灭火系统，并对消防及灭火设施的运行情况进行监视。

2）火灾报警及消防控制系统应由联动型火灾报警控制器（或火灾报警控制器与消防联动控制器的组合）、火灾探测器、手动火灾报警按钮、火灾显示盘、控制室图形显示装置、火灾声光警报器、各种模块、消防联动设备等全部或部分设备组成；完成火灾探测功能、自动报警功能、消防通信功能、消防广播功能及消防联动控制功能。

3）火灾报警及消防控制系统有自动和手动两种触发装置。

4）每个报警触发装置的信号，在区域报警控制盘和中央监控主盘上均会同时有声、光显示，并能显示报警位置。

5）区域报警控制盘反映本区域内的火灾报警信号，并具有自诊断功能，可对各火灾探测回路及各探测器的故障状态发出报警信号。中央监控主盘对整个系统的火灾报警实现集中监控，反映系统中各区域报警控制盘及各火灾探测回路的故障，并有联动控制功能。

6）中央监控主盘和上位机监控站（布置于集中控制室），一起作为全厂的火灾报警控制中心。

7）集中控制室控制中心的控制和显示要求如下：

a．在集中控制室对全厂火灾报警及消防控制系统能显示火灾报警、故障报警部位，以及消防联动控制设备的启、停、故障状态，并发出声光报警。

b．在集中控制室对消防泵组（电动泵）应设置手动远程启动控制装置，应监视其（电动泵）运行、停止、故障状态；消防泵组的停运，应仅为手动控制。

c．在集中控制室对柴油消防泵可设置手动远程启动、停止控制装置，宜监视其运行、停止、故障状态。电动泵不能正常运行时就地直接硬联锁启动柴油消防泵，启动时间不应小于规定时间（一般约 30s），因此建议控制室仅监视其运行、停止、故障状态，及时掌握重要设备状态。

d．在集中控制室监视消防稳压系统稳压泵故障状态、消防水管母管压力低、消防水管母管压力高，消防水管母管压力低低［稳压泵故障状态或消防水管母管压力低、高信号均为表征稳压系统状态，根据电厂运行管理方式，如果此信号已接入辅助车间（系统）控制，则纳入火灾报警系统监控；电厂采用高压消防管网，建议消防泵组的自动启动逻辑采用消防水管母管压力低低时启动设计］。

e．在集中控制室对自动喷水灭火控制系统应设置手动远程启动、停止操作，应监视其运行、停止、故障状态。

f．在集中控制室对气体灭火控制系统应监视其运行、停止、故障状态。

g．在集中控制室对防火阀、排烟风机应设置手动远程启动、停止控制装置，应监视其运行、停止、故障状态。

8）显示保护对象的重点部位疏散通道及消防设备所在位置的平面图或模拟图等。

9）火灾探测器的选择应根据电厂的特点（如高频电磁干扰、粉尘积聚、潮湿等）选择，当设置自动联动装置或自动灭火系统时，采用智能感烟，智能感温、线形探测和控制器（同类型或不同类型）的组合。对环境较好的区域，如果竖井、桥架等处，采用线形探测和控制器，线形探测应根据不同的环境温度选择不同的报警设定点的线型感温探测器。室外火灾探测器的连接考虑防雷击措施。

（4）手动火灾报警按钮设计要求。

1）在厂房内普遍设置，每个防火分区至少设置一个手动火灾报警按钮，从一个防火分区的任何位置到最近的一个手动火灾报警按钮的步行距离不应大于 30m，手动火灾报警按钮宜设置在公共活动场所的出入口处。

2）手动消火栓启泵按钮的设置原则由工艺专业确定，配置智能总线制手动消火栓启泵按钮，按下后中央监控主盘有声光报警信号并能显示其报警位置，消防水泵自动启动控制逻辑中可将任意手动消火栓启泵按钮报警信号作为启动指令。

（5）消防专用电话设计要求。

1）火灾报警及消防控制系统中应设置一套独立的智能型总线制网络消防专用对讲电话系统。集中控制室应设置消防专用电话主机，并能实现向当地公安消防部门直接 119 火警报警功能。

2）手动报警按钮、消火栓按钮等处应设置对讲电话插孔；消防水泵房、柴油发电机房、配变电室、主要通风和空调机房、排烟机房、电梯机房及与消防联动控制有关且经常有人值班的机房、灭火系统操作装置处应设置消防电话分机，每个就地区域报警盘及其他重要部位设置固定的对讲电话。

（6）火灾警报装置和消防应急广播系统设计要求。

1）在火灾报警主控制盘内应设置一套消防应急广播系统。至少应在集中控制楼运转层、生产办公楼等运行巡视人员相对较集中的地方设置消防应急广播系统扬声器。运煤区域若未设生产广播系统，则应设置消防应急广播系统扬声器；运煤区域若已设有生产广播系统，当火灾发生时，应能切换至火灾事故广播状态。

2）在未设消防应急广播系统扬声器的防火分区，应设置火灾声光报警装置，并在发生火灾时发出警报。

3）火灾声光报警器及火灾应急广播扬声器的设置原则应满足 GB 50116《火灾自动报警系统设计规范》的要求。火灾声光报警器单次发出火灾警报时间宜在 8～20s 之间，火灾声光报警器应与火灾应急广播交替播放，并应设置播放同步控制装置。

4）在每个防火分区至少应设一个火灾警报装置，面积较大的厂房宜设在各楼层走道靠近楼梯出口处或出入口处（与手动报警按钮相同位置配套）。广播扬声器主要设置在建筑物的公用部位走廊、通道处。

（7）可燃气体探测报警系统设计要求。系统应至少由可燃气体控制器、可燃气体探测器和火灾声光警报器组成。可燃气体探测器不应直接接入火灾报警控制器的探测器回路。可燃气体探测报警系统应具有独立的系统形式，并由可燃气体报警控制器接入火灾报警系统。

四、设备选择

（一）总的要求

（1）火灾报警及消防控制系统的主要设备应通过国家消防电子产品质量监督检验中心的产品型式检定，且产品名称、型号、规格应与检验报告一致，检验依据应为相应的国家标准。以下简单介绍常用的几种认证形式：

1）3C，即“中国强制认证”（China Compulsory Certification，CCC）。

2）公安部消防产品合格评定中心（China Certification Center for Fire Products Ministry of Public Security，CCCF）。

3）FM，全球公司通过其所属的“FM 认可”（FM Approvals）机构向全球的工业及商业产品提供检测及认证服务。“FM 认可”证书在全球范围内被普遍承认，通过 FM 认证，表明该产品或服务已经通过美国和国际最高标准的检测。FM 认证范围包括防火器材、电子电气设备、危险场所设施、火场勘测、信号设备、建筑材料等。

4）UL，保险商试验所（Underwriter Laboratories Inc，UL）。UL 安全试验所是美国权威机构，也是世界上从事安全试验和鉴定的较大的民间机构。UL 认证主要从事产品的安全认证和经营安全证明业务。

（2）在选择火灾探测器时，应根据火灾的特点及探测和控制点的空间环境来选择：

1）主厂房内的缆式线型感温探测器应选用金属层结构型。

2）原煤仓、制/储氢站区域、氨区（如有）、挥发分高的封闭式储煤仓、焦炉煤气站、天然气调压站应设置可燃气体探测器。

3）点火油罐区、燃油泵房、柴油发电机室、汽轮机轴承、蓄电池室、原煤仓、制/储氢站区域、氨区（如有）、挥发分高的封闭式储煤仓、焦炉煤气站、天然气调压站的火灾探测器及相关连接件应为防爆型。

4）露天及运煤系统内的火灾探测器及相关连接件应为防水型。

5）电缆隧道、电缆竖井、电缆夹层、电缆桥架；配电装置、开关设备、变压器、汽轮机油箱等设备；各种皮带输送装置等应选择缆式线型感温火灾探测器。

6）存在强电磁干扰的场所、燃油储罐等，需要设置线型感温火灾探测器的易燃易爆场所，需要监测环境温度的电缆隧道、地下空间等场所选择线型光纤感温火灾探测器。

（3）一般，对于集中火灾报警联动控制器的系统监控容量要大于 3600 点，总线回路容量为 4 回路约 600 点（主要探测集控楼、除灰楼）；单元机组区域控制器总线回路容量为 6 回路约 900 点；输煤系统区域控制器总线回路容量为 3 回路约 450 点；燃油及其他区域控制器总线回路容量为 1 回路约 150 点。根据不同厂家产品的形式，可以根据各个区域系统总线回路容量进行产品型号的选择。

（二）智能火灾报警联动控制器

（1）火灾报警控制器应执行 GB 4717《火灾报警控制器》产品标准。

（2）控制器可以接收智能探测器发出的预报警和联动报警等信号，经过信号判断处理之后，发出火灾报警声光报警信号、联动控制信号，指示火灾发生部位，记录火灾报警时间，并予以保持，直至手动复位。

（3）网络应为智能式总线制系统，报警主控制器（或区域报警控制器）通过总线与每个带 CPU 微处理器的智能式火灾探测器和智能式模块连接，构成网环型分布式系统。环路内设置线路监视器，可以诊断网络的开路、短路、通信等方面的故障，并能以声光信号和文字信息予以明确的报警和显示，即使在网络系统均断路时，各个控制器仍能独立运行和操作。

（4）系统中的所有智能探测器及由智能模块连接的普通感烟探测器、手动报警器、紧急电话插孔、声光报警器等外设装置均能直接以两线制方式分别连接至报警控制器。各个报警控制器能够诊断各个探测器和模块的开路、短路、通信等各个方面的故障，并能在各个控制器和集中控制器上以声光信号和文字信息报警和显示。

（5）各火灾报警主机应通过环形网络连接，同时也可以独立正常工作，主机显示屏上根据软件设定显示相关区域所有事件信息（网络连接方式有环形连接也有星形连接）。

（6）探测回路数据通信采用二总线式结构，数据通信回路工作电压为直流36V或以下。当回路线使用1.5mm^{2}信号线时，末端带地址器件距智能报警联动控制器的间距不应超过1500m（每一探测回路传输距离不超过1.5km），总距离不超过2km。

（7）可设定多种报警阈值和其他参数，控制程序可根据运行人员的需要进行任意设定，对灭火设备和各部位的风机、防火排烟阀、喷淋阀等设备进行相应的联动控制。

（三）火灾报警探测器

对于不同场合，各种探测器的选择应符合有关规程的规定。应根据防火对象的不同分别采用恰当的、合适的感烟、感温、火焰、线型感温电缆、分布式感温光纤等探测器，以达到最佳探测效果。

1. 智能型光电感烟探测器

感烟探测器应执行GB 4715《点型感烟火灾探测器》产品标准。

（1）感烟探测器的适用环境。对火灾初期有阴燃阶段，产生大量的烟和少量的热，很少或没有火陷辐射的场所，应选择感烟探测器。

（2）感烟探测器的电厂中适用范围。电缆夹层、办公室、电子设备间、集中控制室、通信机房、楼梯、走道、电梯机房、档案库、配电室等，应选择感烟探测器。

2. 点型智能型感温探测器

点型感温探测器应执行GB 4716《点型感温火灾探测器》产品标准。

（1）感温探测器的适用环境。在可能产生阴燃火或发生火灾不及时报警将造成重大损失的场所，不宜选择感温探测器；温度在0℃以下的场所，不宜选择定温式探测器；温度变化较大的场所，不宜选择差温式探测器。

符合下列条件之一的场所，宜选择感温探测器：相对湿度经常大于95%，无烟火灾，有大量粉尘，在正常情况下有烟和蒸气滞留，锅炉房、汽机房、烘干车间等，吸烟室等，其他不宜安装感烟探测器的厅堂和公共场所。

（2）点型感温探测器的电厂中适用范围。汽轮机轴承、柴油发电机室、燃油泵房

3. 线型感温电缆探测器

线型感温电缆探测器应执行GB 16280《线型感温火灾探测器》产品标准。

线型感温电缆电厂中适用范围包括电缆隧道、电缆竖井、电缆夹层、电缆桥架、皮带输送装置、变压器、锅炉本体燃烧器、磨煤机润滑油箱、原煤仓、汽轮机主油箱、给水泵油箱、汽轮机电液装置、发电机氢密封油装置、汽轮机运转层下及中间层油管道、汽机房储油箱、消防水泵房的柴油消防泵间、运煤桥架（运煤栈桥设置的桥架全部布置在封闭的运煤栈桥内时，可以增加感温探测器）。

4. 线型光纤感温探测器

分布式线型光纤感温探测器应执行GB/T 21197《线型光纤感温火灾探测器》产品标准。

5. 可燃气体探测器

可燃气体探测器应执行GB 15322《可燃气体探测器》产品标准。

可燃气体探测器应根据不同的气体性质选择不同的探测器，电厂存在可燃气体的区域可参考表7-29的要求。

表7-29　电厂存在可燃气体的区域参考

区域	可燃气体介质类型	备注
锅炉脉冲吹灰乙炔瓶区域	乙炔	
炉脱硝氨区域	液氨	
氨储存区域	液氨	
制/储氢站	氢气	
蓄电池室	氢气	
原煤斗	一氧化碳	
室内储煤场、筒仓	一氧化碳	
燃气轮机系统的天然气调压站区域	天然气	

注　1. 一般可燃气体探测器均为四线制，需要单独提供直流24V电源。

2. 可燃气体探测器如果随工艺设备提供，则相应技术规范书中应要求有一副独立的触点将报警信号送至火灾报警系统。

（四）手动报警按钮及警铃

手动报警按钮及警铃应执行GB 19880《手动火灾报警按钮》产品标准。

在环境噪声大于60dB的场所设置火灾报警装置时，其报警器的声压级应高于背景噪声15dB（报警器随手报按钮布置）。

蓄电池室、柴油发电机室、燃油泵房、制/储氢站应采用防爆手动报警按钮、防爆声光报警器或者防爆警铃。防爆设备均应经过安全栅及接口模块（设备）接入火灾报警，防爆设备均不采用总线回路电源，其电源均引自接口模块（设备）需配供单独的直流

24V 电源。

室外、露天的锅炉房、运煤栈桥及转运站应采用防水手动报警按钮、防水警铃。

（五）消防专用电话系统

消防专用电话系统应执行相关国家产品标准（公安部消防产品合格评定中心）。

（1）消防专用电话网络应为独立的消防通信系统。

（2）消防专用电话总机应选用共电式直通电话机或对讲电话机，即总机与电话分机或塞孔之间呼叫应是直通的，中间不应有交换或转换程序。

工程实施时根据报警区域划分出几个大的区域回路（如集控楼、除灰楼、1 号机组等），然后将该区域的所有电话插孔及电话分机均并联在此电话回路中，因此在电话主机上仅能显示通话区域，不能显示出具体通话部位。

建议采用总线制电话对讲系统，并根据工程造价仅配置一台电话主机，采用以下方案实施：对电话分机配置总线地址编辑器，不同的火灾报警防护区域配置一个带总线地址编辑器电话插孔，该防护区域其他部位采用普通电话插孔，并将其与总线电话插孔并联。

（六）消防应急广播系统

消防应急广播系统应执行相关国家产品标准（公安部消防产品合格评定中心）。

（1）消防控制室（集中控制室）消防应急广播系统设置分区手动/自动火灾紧急广播系统，当火灾得到确认时，启动该系统。

（2）扬声器应设置在走道和大厅等公共场所。每个扬声器的额定功率不应小于 3W，其数量应能保证从一个防火分区内的任何部位到最近一个扬声器的距离不大于 25m。走道内最后一个扬声器至走道末端的距离不应大于 12.5m。

（3）在环境噪声大于 60dB 的场所设置的扬声器，在其播放范围内最远点的播放声压级应高于背景噪声 15dB。

（4）运煤系统设置生产广播时，当发生火灾时应能在消防控制室将火灾疏散区域的扬声器强制转入火灾应急广播状态。

（5）应设置火灾应急广播备用扩音机，其容量不应小于火灾时需同时广播的范围内火灾应急广播扬声器最大容量总和的 1.5 倍。

（6）当手动/自动按钮切至自动位置时，可对该区域实施报警播音。当值班人员将其切至手动位置时，可分别对该区各报警分区实现分区报警功能。分路手动控制输出，并应有相应的灯光显示。

（七）控制盘（箱、柜）

（1）控制盘（箱、柜）及操作站，应为安装在其内部或上面的设备提供环境保护，即能防尘、防滴水、防腐、防潮、防结露、防昆虫及啮齿动物，能耐指定的高、低温度及支承结构的振动，符合标准 IP32（电子设备间）、IP54（对于室内安装）和 IP56（对于室外安装）或相应的标准。

（2）墙挂式控制箱高度不应超过 1200mm。

（3）火灾报警盘和区域盘、光纤测温主机柜均应采用前开门或侧开门形式，以满足靠墙布置的要求。

（4）模块箱根据现场受控设备数量及安装形式，建议采用 4、8、12 只装模块箱，同时要求模块箱内设置两组端子排，一组用于模块箱之间总线、电源线、电话线、广播线连接，另一组用于受控设备之间的接口连接。

（5）火灾报警系统控制盘、箱、柜的颜色，根据国内相关规范未规定控制盘柜的颜色要求，产品颜色也不统一，大致有红色、米色、灰色、黑色几种颜色。对于国内工程可以统一要求满足公安部消防产品合格评定中心认证；对于国外工程大多数要求满足 UL 认证。

（八）电缆

火灾报警系统内各类电线、电缆统一采用耐火型铜芯绝缘导线或铜芯电缆。电线、电缆选型建议如下：

（1）联网线：NH-RVSP-2×2.0mm^2。

（2）回路信号线：NH-RVS-2×1.5mm^2。

（3）电话线：NH-RVS-2×1.5mm^2。

（4）广播线：NH-RVS-2×1.5mm^2。

（5）接口控制线：NH-RVS-2×1.5mm^2。

（6）联动控制线：NH-KVV-4×2.5mm^2。

（7）直流 24V 电源干线：NH-RVV-2×2.5mm^2。

（8）直流 24V 电源支线：NH-RVV-2×1.5mm^2。

（9）交流 220V 电源干线：NH-KVV-4×4.0mm^2。

（10）交流 220V 电源支线：NH-KVV-4×2.5mm^2。

注：电线、电缆截面面积的选择应满足其工作电流下在敷设电缆长度中产生的压损不影响设备正常启动。

五、设备安装

火灾自动报警系统的布线，应符合 GB 50303《建筑电气装置工程施工质量验收规范》的规定。火灾自动报警系统应单独布线，不同电压等级、不同电流类别的线路，不应布在同一保护管内或线槽的同一槽孔内。

（一）线路敷设

线路敷设应符合以下要求：

（1）线路暗敷设时，应穿管并应敷设在不燃烧体结构内且保护层厚度不应小于 30mm；明敷设时，应穿有防火保护的金属管或有防火保护的封闭式金属线槽。从接线盒、线槽等处引到探测器底座、控制设备、扬声器的线路，当采用金属软管保护时，其长度不应大于 2m。同一工程中的导线，应根据不同用途选不同颜色加以区分，相同用途的导线颜色应一致。

（2）保护管超过下列长度时，应在便于接线处装设接线盒（防爆区域应采用防爆型接线盒）：①管子长度每超过 30m，无弯曲时；②管子长度每超过 20m，有 1 个弯曲时；③管子长度每超过 10m，有 2 个弯曲时；④管子长度每超过 8m，有 3 个弯曲时。

（二）控制器及主机柜安装

控制器及主机柜安装应符合以下要求：

（1）火灾报警控制器、可燃气体报警控制器、区域显示屏、消防联动控制器等控制器类设备在墙上安装时，其底边距地（楼）面高度宜为 1.3～1.5m，其靠近门轴的侧面距墙不应小于 0.5m，正面操作距离不应小于 1.2m；落地安装时，其底边宜高出地（楼）面 0.1～0.2m。

（2）针对集中控制室设备 GB 50116—2013《火灾自动报警系统设计规范》中“设备面盘后的维修距离不宜小于 1m”的要求并且根据厂家常规盘柜结构常视为盘柜后接线方式，因此如果集中控制室靠墙布置火灾报警主机柜，必须在招标时要求厂家明确机柜为前开门方式。

（三）点型感烟、感温火灾探测器的安装

点型感烟、感温火灾探测器的安装，应符合下列要求：

（1）探测器至墙壁、梁边的水平距离，不应小于 0.5m。

（2）探测器周围水平距离 0.5m 内，不应有遮挡物。

（3）探测器至空调送风口最近边的水平距离，不应小于 1.5m；至多孔送风顶棚孔口的水平距离，不应小于 0.5m。

（4）在宽度小于 3m 的内走道顶棚上安装探测器时，宜居中安装。点型感温火灾探测器的安装间距，不应超过 10m；点型感烟火灾探测器的安装间距，不应超过 15m。探测器至端墙的距离，不应大于安装间距的一半。

（5）探测器宜水平安装，当确需倾斜安装时，倾斜角不应大于 45°。

（6）缆式线型感温火灾探测器在电缆桥架、变压器等设备上安装时，宜采用接触式布置；在各种皮带输送装置上敷设时，宜敷设在装置的过热点附近。

（四）可燃气体探测器的安装

可燃气体探测器的安装，应符合下列要求：

（1）安装位置应根据探测气体密度确定。若其密度小于空气密度，探测器应位于可能出现泄漏点的上方或探测气体的最高可能聚集点上方；若其密度大于或等于空气密度，探测器应位于可能出现泄漏点的下方。

（2）在探测器周围应适当留出更换和标定的空间。

（3）在有防爆要求的场所，应按防爆要求施工。

（4）线型可燃气体探测器在安装时，应使发射器和接收器的窗口避免日光直射，且在发射器与接收器之间不应有遮挡物，两组探测器之间的距离不应大于 14m。

（五）消防电话及警报装置的安装

消防电话及警报装置安装时应符合以下要求：

（1）消防电话、电话插孔、带电话插孔的手动报警按钮、手动火灾报警按钮应安装在明显和便于操作的部位。当安装在墙上时，其底边距地（楼）面高度宜为 1.3～1.5m。

（2）火灾光电警报装置应安装在安全出口附近明显处，距地面 1.8m 以上。光电警报器与消防应急疏散指示标志不宜在同一面墙上，安装在同一面墙上时，距离应大于 1m。

（六）接地要求

交流供电和直流 36V 以上供电的消防用电设备的金属外壳应有接地保护，接地线应与电气保护接地干线（PE）相连接。

第十五节　仿 真 机

一、概述

根据项目整体规划，选择满足功能要求的仿真机系统方案。以仿真目标机组为参考对象，对仿真机系统的软/硬件内容及技术要求、系统集成与布置安装、技术资料与培训等提出具体要求，并形成技术规范书，为仿真机项目招标及验收环节等提供技术支持。对于仿真机先于实际机组投产的项目，应协调项目工程设计与仿真机开发的进度安排，为仿真机及时提供工程设计资料，并协助收集系统、设备制造厂家的资料。

仿真机设计应遵从质量管理体系、仿真机相关生产制造标准、计算机软/硬件及机房建造标准。

二、仿真机分类

仿真机根据不同的标准可分为不同的类型：根据仿真程度和范围，仿真机可分为全范围 1:1 仿真机和典型仿真系统；根据机组控制系统仿真实现方式的不同，可分为仿真 DCS 仿真系统、激励式 DCS 仿真系统及虚拟 DCS 仿真系统。

（一）全范围 **1:1** 仿真机及典型仿真机

全范围 1:1 仿真系统即仿真系统生产厂家参照实际机组的设备型号及控制系统类型 1:1 开发一套与实际机组设备运行参数、逻辑和画面高度一致的仿真系统。该类型仿真系统与参照机组保持高度一致，可以对该机组的运行人员进行具有很强针对性的仿真运行及事故处理培训。

典型仿真系统即仿真系统生产厂家依据常见的设备及控制系统形式开发的仿真系统。该类型仿真系统并不针对某一台机组，而是对某种类型机组的一般化的仿真。

（二）DCS仿真类型

仿真DCS即传统的Emulation方法，硬件选用替代的PC及工业键盘，用软件编程与控制系统手动组态方式实现。激励DCS即Stimulation方法，选用与实际DCS完全相同的硬件与软件设备，利用通信手段与过程仿真模型连接。虚拟DCS包括虚拟DPU（virtual DPU）仿真方式与DCS转换（translation）仿真方式，仿真软件开发效率与逼真度大幅度提高。DCS仿真类型见表7-30。

表7-30 DCS仿真类型

方式	仿真DCS	激励式DCS	虚拟DCS
优点	逼真度较好，可脱离实际硬件设备与软件环境，适用于各种类型DCS仿真	逼真度最高，与实际系统完全一致。最适合仪表与控制人员培训与先于现场投产	逼真度高，可脱离实际硬件设备与软件环境，适合仪表与控制人员培训与先于现场投产，费用低
缺点	手动组态工作量大，易出错，不适于先于实际机组投产项目的开发	不能完全脱离硬件设备与软件环境，通信协议差异大，费用高	具备虚拟DPU软件的DCS厂商较少，仿真功能尚不完备；DCS组态文件的转换不具备完全可行性

1. 激励式DCS仿真技术

（1）全激励式DCS仿真技术。

1）选用与实际完全相同的DCS设备，包括工程师站、操作员站、现场控制站及其系统软件和控制软件。

2）仿真机和现场控制站需要进行实时数据交换及实时控制命令交互。

3）由于操作员站信号来自于现场控制站，故操作员站与控制站之间的通信由实际DCS自身完成。

4）采用实际DCS设备，仿真效果逼真，开发周期较短，但投资大。

5）难以实现仿真机所具有的冻结、回退、抽点、重演等独特功能。

（2）部分激励式HMI仿真技术。

1）工程师站和操作员站按实际DCS配置，省去现场控制站，在仿真系统上实现控制系统模型的仿真，比全激励式费用大大降低。

2）重点是要解决实际DCS操作员站与仿真机主机之间的双向数据的实时通信问题，可以通过DCS厂家提供的专用或通用通信协议解决。

3）控制模型与设备模型都在仿真机主机运行，完全可以实现仿真机所具有的冻结、回退、抽点、重演等独特功能。

4）如果实际DCS操作员站不具备直接连入TCP/IP网络的硬件接口，还需要单独配备DCS网络到仿真机网络的网络转换设备或协议转换计算机。

（3）部分激励式DPU仿真技术。

1）DCS采用最小配置，即只是部分控制子系统采用实际DPU及其操作员站，其他控制子系统仍采用仿真控制模型和仿真操作员站界面，费用可以大幅度降低。

2）硬件连接有两种方式：一种是网络连接方式，这需要DPU系统具有TCP/IP网络外接功能；另一种是硬件I/O连接模式，这需要仿真系统具备标准的I/O硬件与其配套。

3）仿真机的控制系统模型在实际DCS接入后，总有一部分控制模型在教练员台指令的驱动下处于冻结状态，而被隔离出去。

4）最小激励DCS，其最小配置主要有一台工程师站、一台操作员站、一个或几个分布式处理器DPU、一些基本I/O组件及DCS网络连接件等。

2. 虚拟DCS仿真技术

（1）虚拟DPU仿真技术。

1）采用DCS厂家提供的虚拟DPU软件安装在计算机上模拟现场控制站，完成全部控制系统功能，比激励DPU省却了硬件维护。

2）仿真主机上运行设备模型，设备模型与虚拟DPU控制系统进行实时数据交换。此通信程序是重点开发内容。

3）操作员站采用实际的DCS操作员站软件，与虚拟DPU的实时数据交换，由DCS自身通信程序解决。

4）虚拟DPU具备基本的冻结、激活、快存、回退等功能。接受由仿真支撑系统发送来的控制命令而执行。

5）具备虚拟DPU功能的DCS厂家并不多，尚无法实现或全部实现仿真培训功能。

（2）DCS转换仿真技术。DCS转换仿真包括两大组成部分：一部分是人机界面的转换仿真技术，称为HMI转换仿真技术；另一部分是对分散处理单元所实现的控制策略与逻辑系统进行翻译转换，称为DPU转换仿真技术。

1）HMI转换仿真技术。

a. HMI转换仿真技术即将实际DCS的画面组态文件，经过翻译、转换处理，将原来画面组态文件中的静态、动态信息，分别处理为仿真机操作员站仿真软件所能识别的静态、动态信息，进行归类、汇总后进行实时仿真驱动。

b. 仿真逼真度高，特别适用于仿真机先于实际机组投产的情况。

c. 现场画面组态文件修改后可以通过软盘拷贝到仿真机，而且不用经过任何修改就可以用于仿真机。

2）DPU 转换仿真技术。

a. 仿真系统中不包含实际 DCS 设备，只将控制组态电子文本拷贝到仿真支撑系统上，经仿真机的专用转换工具翻译后，自动形成仿真系统认知的控制系统仿真模型。

b. 主要特点是仿真逼真程度高，仿真系统采用与原 DPU 同样的控制算法、控制功能、执行周期与时序，具有与原 DCS 工程师站控制组态软件非常类似的组态风格与图形显示模式。

c. DPU 转换仿真技术的关键在于开发智能编译软件，读取 DPU 控制组态内容，通过识别、翻译、转换自动生成 DCS 模型。

虚拟 DPU 仿真技术与 DPU 转换仿真技术的比较见表 7-31。

表 7-31　虚拟 DPU 仿真技术与 DPU 转换仿真技术的比较

类型	虚拟 DPU 仿真技术	DPU 转换仿真技术
逼真度	运算逼真度很高，与实际完全一致，试验结果可直接用于现场	逼真度高，通用性强，适合热控人员培训与先于真机投产系统的试验验证
可行性	支持虚拟 DPU 的系统较少，或尚需增加仿真培训功能，能否实现存在不确定性	DPU 组态文件存储各异，对识别、转换存在难度较大，存在不确定性
费用	不能完全脱离实际 DCS	完全脱离实际硬件设备与软件环境，易维护，费用低

虚拟 DCS 仿真技术优势：①虚拟 DCS 仿真技术（包括虚拟 DPU 仿真技术与 DCS 转换仿真技术）都直接采用的是现场 DCS 的组态文件或下装文件，实际现场的修改可以随时更新到仿真机系统中。②特别适用于不断修改完善的实际机组投产前仿真机的调试；还可以在仿真调试中发现实际 DCS 中的错误或遗漏，辅助实际 DCS 的调试。③既可以进行对运行人员的机组启停操作、正常运行、事故处理的培训，也为仪表与控制人员提供了一个进行控制组态的修改完善训练和进行各种热工试验等检修维护方面的技术培训平台。④可以先行在仿真机上进行修改、调试或分析，如果符合要求，可直接下装到实际机组上，包括画面、逻辑、控制策略、数据库、整定参数等。

三、仿真机设计内容

（一）设计范围及功能

仿真机设计内容包括仿真技术方案、仿真机软/硬件系统构成及技术指标、仿真机房环境、电源、仿真系统等的布置与安装，相关技术资料与培训要求等。

（二）软件构成及功能

仿真机软件系统主要由计算机操作系统软件、仿真机支撑系统软件、仿真模型软件、教练员站软件、操作员站仿真软件、就地（及其他特殊装置）虚拟仿真软件、通信软件及培训管理软件等构成。

1. 计算机操作系统软件

计算机操作系统软件是指仿真支撑系统及其他虚拟软件等运行平台软件。当前，仿真主机主要采用 Windows 操作系统软件。仿真服务器采用 Server 版，其他应用采用 Windows 一般专业版。

2. 仿真机支撑系统软件

仿真机支撑系统软件是仿真机开发者使用的面向连续工业过程仿真的集模型设计、开发、组态、调试、实时运行、维护、修改、扩充、数据库（模型）管理、网络通信，以及整个系统运行和管理于一体的大型专业集群化的支撑系统软件。软件平台全过程图形建模、界面友好、功能开放性等是仿真技术先进性的体现，通常仿真机工程师站软件与支撑系统软件一体化集成。

3. 教练员站软件

教练员站软件是仿真机功能具体应用的操作平台与界面，教练员能方便、灵活地监视学员的操作和活动，教练员能对不同水平的学员选择和组合培训项目，通过教练员台访问数据库的任何数据项、实现自动评价学员操作、指出操作错误及误差、进行成绩评定等。教练员站主要功能有：

（1）装入模型。

（2）初始条件装入/存储。

（3）模型运行/冻结。

（4）模型加减速。

（5）局部加、减速。

（6）抽点。

（7）回退。

（8）事件记录。

（9）重演。

（10）故障操作。

（11）成组故障。

（12）外部参数设定。

（13）模型过程参数监视。

（14）在线帮助。

4. 仿真模型软件

仿真模型软件是仿真机软件的核心部分，参考被仿真机组的物理过程而开发，主要包括锅炉模型软件、汽轮机模型软件、电气模型软件及控制系统模型软件。对该仿真数学模型的建立要满足科学、全面、逼真的要求。

（1）科学性。所有的模型，应符合过程的物理机理，任何近似的假设和计算方法，都应满足对仿真逼真度的要求。

（2）全面性。模型应能模拟机组的全过程，包括正常启动、停机；滑参数的启动、停机；机组带基本负荷的运行特性；机组带调峰负荷的运行特性；冷态、温态、热态及极热态启动运行；故障跳闸和各种操作及其他扰动下的暂态特性等。

（3）逼真度。所有的模型都能良好地反映过程动、静态，各类参数的动、静态精确度满足要求。模型应能够实现对仿真对象的连续、实时的仿真，仿真效果与实际机组运行工况一致。

根据被仿真机组的具体工艺系统组成，应对机组各系统（锅炉烟风系统、汽水系统、制粉系统、汽轮机主蒸汽系统、给水系统、控制系统等）的仿真范围及模型技术要求等形成详细的技术规范要求。

5. 操作员站仿真软件

根据不同仿真系统类型，对操作员站仿真软件的要求不同。对于通过仿真软件技术开发的操作员站软件系统，其画面显示、鼠标或键盘操作方式、子窗口弹出方式、数据刷新模式、曲线、棒图显示等功能与操作响应与参考机组实际 DCS 操作员站一致。

6. 其他虚拟仿真软件

（1）虚拟就地操作站软件。为了保证培训过程的连续性和提高培训效果，将实际电厂中集中控制室以外的就地操作项目，有选择地保留一些与机组启、停过程密切相关的操作置于虚拟就地操作员站上集中控制和显示。

（2）虚拟盘台软件。集中控制室盘台虚拟仿真软件是绘图软件包在计算机完成实际机组控制盘台的仿真画面，通过大屏投影系统或大屏液晶电视等将 LCD 上生成的盘台画面投影至大屏幕上进行显示和相应的操作。该软件通过网络可访问主服务器中的模型数据库，在虚拟盘台上操作即可实现对模型的控制，并显示模型运行的结果。

（3）炉膛火焰监视仿真软件。炉膛火焰监视仿真软件采用多媒体技术，将参考机组炉膛火焰设备的显示画面，按着模型运行的实际工况进行画面的实时显示和更新。

（4）音响仿真设备驱动软件。音响仿真设备驱动软件是运行在音响仿真设备上的应用软件，该软件将从实际电厂录制的环境噪声，按着仿真模型运行的实际工况进行实时播放。

7. 通信软件

通信软件包括盘台 I/O 管理软件、网络 I/O 管理软件。盘台 I/O 管理软件包括 AO 管理软件、AI 管理软件、DO 管理软件、DI 管理软件和同期表管理软件。网络 I/O 管理软件包含主计算机与 DCS 操作员站、DEH 操作员站和就地操作员台等之间的 I/O 管理软件。

（三）硬件构成及功能

1. 基本要求

仿真机的硬件系统由仿真服务器、教练员站、工程师站、操作员站、投影仪、就地操作站、I/O 接口、控制盘/台设备、硬手操按钮盘、UPS 电源系统及各种环境仿真设备等组成。仿真机硬件系统选用原则：

（1）满足系统运行的实时性要求。

（2）足够的系统资源冗余。

（3）采用当前主流产品和工业标准设备。

（4）选用的硬件设备应具有互换性。

（5）设备具体选型在采购前需获得到招标方确认。

2. 计算机系统

计算机系统包括主机、教练员台、工程师台、操作员站、就地操作员台和特殊仪表仿真用的各种计算机。为确保仿真机的功能与性能，对计算机系统的基本要求如下：

（1）CPU 负荷，满足各种工况的实时要求的同时，保证在最大负荷下有 50%以上的裕量。

（2）计算机内存容量的大小，应保证最大负荷下有 50%以上的裕量。

（3）外存容量冗余大于 50%。

（4）计算机外设选择，应考虑其通用性，使用和维护较方便。

（5）计算机的软、硬件系统，应支持各种标准外设。在用户扩充标准外设时，不需要对计算机的软、硬件进行任何修改或开发。

（6）主机系统必须带有浮点运算器。

（7）具有分级存储系统，即高速缓存、内存、磁盘等，以提高系统的性能。

（8）应具有控制/诊断系统，有安全措施和防病毒措施。

（9）应提供电源故障检测和自动再启动功能。

（10）主机的 I/O 吞吐能力必须足够强大，除满足仿真机的实时性和 I/O 任务的要求外，还要为以后扩充留 20%以上裕量。

3. 控制盘台及特殊仪表

控制盘台是学员直接进行培训操作的设备，要求控制盘台外观、颜色与仿真对象一致，控制盘台上的所有设备、仪表和器件布置位置、外观颜色、几何尺寸与仿真对象一致，并且功能与仿真对象一致。所有开关按钮采用高质量可靠器件，应有适量备件。控制盘台设计要求如下：

（1）控制盘台上的测量仪表和控制设备按仿真机使用方提供的图纸进行布置。

（2）电气和电子设备应尽量采用标准元件。在图纸上注明元件和制造厂部件号并加以说明。

（3）控制盘内部件布置应考虑设备上、下、左、右距离，利于布线、维修和安全。端子排布置应符合相关规程要求，并留有适当冗余。其他配线、电缆敷设等电气元件安装应符合电气安装工艺标准。

（4）火焰电视、音响等其他特殊仪表，可采用专用装置仿真。

4．电源系统

由两路交流 220V 电源供给仿真机系统，仿真机设计应考虑两路电源之间的快速切换并满足以下要求：

（1）计算机系统电源由 UPS 供给。UPS 电池容量应满足系统 30min 工作，UPS 功率应在满足仿真机系统最大负荷要求的情况下有 20%～30%的裕量。

（2）具有自动电源监视保护功能。

（3）采用良好的接地方式，具有较强的抗干扰和保护能力。

（四）主要性能指标

在仿真模型开发、调试及测试过程中遵循 DL/T 1022《火电机组仿真机技术规范》的规定。其具体性能指标规定如下：

1．静态精度

仿真机静态指标评价宜以参考机组满负荷和某些较高负荷点的设计参数或运行数据为依据。在进行逼真度试验时，在 50%以上高负荷范围内应有不少于 3 个负荷点的逼真度评价。

（1）仿真机的仿真仪表误差，应不大于参考机组相应的仪表、变送器及有关仪表系统的累计误差。

（2）数学模型静态特性应保证质量和能量守恒。

（3）关键参数的计算值与参考机组相应的参数值的偏差，应不超过测量仪表量程的±1%。关键参数是指直接关系机组能量平衡和质量平衡的参数。关键参数包括但不限于：

1）主蒸汽流量。

2）主蒸汽压力。

3）给水流量。

4）电功率。

5）高压、中压和低压蒸汽流量。

6）过热器和再热器的喷水流量。

7）过热器出口蒸汽温度和压力。

8）高压缸入口蒸汽温度和压力。

9）高压缸第一级压力。

10）再热器出口蒸汽温度和压力。

11）凝汽器压力。

12）燃料量。

13）总风量。

非关键参数的计算值与参考机组相应参数值的偏差应不超过测量仪表量程的 5%。

2．动态精度

仿真机在启停、正常或异常操作运行、故障及故障处理等过程中自某一稳态向新的稳态过渡的过程称为动态。仿真过程应满足下列要求：

（1）启停过程应符合参考机组的运行规程。

（2）各参数的动态变化应符合对有关动态过程的分析结果，不应违反物理规律。

（3）报警和自动装置动作的仿真结果与参考机组一致。

（4）如果有参考机组的动态特性曲线，在相同的运行工况和操作情况下，仿真结果和参考机组的动态特性曲线相比，系统的动态特性时间参数偏差小于 20%。

3．实时性指标

（1）对盘台操作的响应时间不大于 0.5s。

（2）对仿真操作员站和就地操作员站的操作在保证仿真机静态和动态特性指标的情况下，响应时间不大于参考机组相应的响应时间。

4．系统可靠性指标

（1）主计算机两次故障间隔平均时间（MTBF）大于 4320h。

（2）仿真机系统连续稳定运行时间不小于 72h。

（五）主要技术资料

在仿真机正式移交需方使用前，供货方将按工程的不同阶段，按时向招标方提供仿真机系统全部硬件、软件资料，涵盖了仿真机启动、运行、测试、维护、修改、扩充和开发等方面的技术资料，以及任何供方完成的硬件、软件的修改、变动资料，各种资料统一编号，资料中所使用的符号、标志均加以详细地解释，这些资料将是清晰和完整的。具体内容见表 7-32。

表 7-32　技术资料清单

序号	资料内容
一	模型资料
1	多媒体仿真装置使用说明书及维护手册
2	需方技术人员培训资料
3	仿真机资料需求报告
4	仿真机开发需求分析报告

续表

序号	资料内容
5	仿真机锅炉模型资料（电子版）
6	仿真机汽轮机模型资料（电子版）
7	仿真机电气模型资料（电子版）
8	仿真机热控系统模型资料（电子版）
9	仿真机故障清单
二	操作和维护手册
1	仿真机工程师手册
2	仿真机教练员手册
3	仿真机操作员站用户手册
4	仿真机就地操作站用户手册
5	仿真机运行操作规程
三	仿真机测试资料
1	仿真机系统测试计划
2	仿真机系统测试手册
3	仿真机系统验收报告
4	仿真机教练员台功能测试文档
5	仿真机模型测试文档
6	仿真机操作员站测试文档
7	仿真机就地操作员站测试文档
8	仿真机系统整体测试文档
9	仿真机系统开发总结报告

四、设备布置与安装

（一）机房位置的选择

在机房位置的选择上，要求考虑周围应无灰尘及污染物质源、无强烈的电磁场及运输引起的地面震动等问题，一般要求，机房应距离电气铁道、高压线等 200m 以外，距离特征辐射功率为千瓦级雷达或广播天线不少于 3000m，当外部磁场超过 50Oe（1Oe=79.5775A/m）时，记录信息就有可能被破坏，如达不到上述要求，可对机房进行屏蔽或对交流电源进行滤波直到满足要求为止。

（二）关于机房层次的选定与室内净高

无论是新建或改造机房，均以选用二楼为宜，机房净高一般在 3m 左右。

（三）机房面积的确定

对于机房面积的要求可根据设备的数量和尺寸自行确定，但布局上最好将盘/台、教练员台及计算机系统各自隔开。

（四）对机房“四度”的要求

计算机工作的好坏，对机房“四度”（温度、湿度、净洁度及气流速度）要求尤为重要，这主要是从长远来说它直接影响计算机的寿命及运行状况。

（1）机房温度为 21℃±2℃，梯度为每小时 3°。

（2）相对湿度为 50%±10%，梯度为每小时 5%。湿度太高容易使打印纸、磁带受潮变形，印刷电路板绝缘性能变差；而湿度太低则易产生静电，集尘于板子上及磁盘，损坏设备。

（3）净洁度。要求的基点是延长设备的使用寿命和维持计算机及外围设备的稳定性，确保正常运转。因为尘埃会使光电路堵塞、磁介质表面划痕，接插件、转动和传动部件吸湿生锈、接触不良，特别对于磁盘、磁带机都有较高要求，主机房净洁度应达到国家 A 级标准，其他用房可适当放宽。

（4）空调气流的设计方案。气流组织是保持空调系统中工作达到要求的稳定温度、湿度、净洁度、气流速度的一种手段，而对于计算机房采用哪种气流组织形式（下送、顶送、侧送），一般无特殊要求。目前，大、中型机房设计中大部分采用下送方案。需要特别注意的是，应该使机房工作人员不产生“风吹感”，空调气流不能直吹磁盘，因为这种冷气流会影响磁盘机的工作性能。

（五）电源接地及其他

安全可靠地供电对机器的稳定运行是一个非常重要的因素。一般要求电压波动小，可根据计算机厂家的要求，加装调压变压器、隔离变压器或电压自动调节装置，一般电压波动要求不超过±5%，在条件许可的情况下，可加装备用电源自动投入装置。对由于电源中断将导致严重后果（如用于实时控制的计算机）的，应安装不间断供电电源（UPS）。

（1）对于计算机来说，接地是否良好，直接影响其运行状态，同时也涉及人身安全和设备安全。一般要求接地电阻小于 1Ω，机器的接地与电源及其他接地系统分开（约 15m），如分开有困难，则接地引线应有绝缘的独立引线，直接接入地网。

（2）机房对噪声的要求，一般不超过 60dB，最高不得大于 70dB。

（3）机房照明的一般要求是在机房内离地面 0.8m 处的照度不低于 200lx。其主要是保证机房工作人员能看清字稿字迹和设备。

（4）由于计算机及外围设备及检修设备的需要，机房内必须配备必要的电源插座；同时，还应考虑机房设备与外界的通信设备及远距离终端通道，因此机房应设置在适当位置，并应先预留孔道供与外界联网时使用，通信电缆与动力电缆要分别单独走线，以免干扰。

（5）关于计算机系统的电源要求，宜满足以下条件：主机柜最大电流为 15A，电压为 220V，要求有过电压、欠电压、过电流及过热保护，盘台及其他外围设备的最大电流为 25A，电压为 220V。要求 UPS 容量不小于 5000VA。

（六）关于灾害的防除

对新设计的计算机房，一般要求考虑装设火警探测器和自动报警装置，机房内适当配置必要的消防器材；还应考虑有防雷、防虫害等措施。

以上技术要求建议根据工程实际情况综合考虑实施。

五、典型设计方案

硬件供货范围，见表 7-33；软件供货范围，见表 7-34；故障仿真范围见表 7-35～表 7-46。

表 7-33　　某 600MW 全范围仿真系统硬件供货范围

序号	设备名称	规格型号	单位	数量
1	服务器	型号：DELL T630 E5-2620，8GB 内存，300G 硬盘×3，RAID5，DVD-RW，10/100/1000+网卡，标准键盘、鼠标，DELL 22in 液晶宽屏显示屏 操作系统：windows 2008 Server 中文标准版	台	1
2	工程师站	型号：DELL OPTIPLEX 9020MT 配置：i5-4590，4G 内存，1TB 硬盘，集成显卡，DVD 光驱，集成网卡/声卡，键盘鼠标，windows 7 中文专业版 22in 宽屏液晶显示屏	台	1
3	教练员站		台	1
4	DCS 操作员站		台	6
5	就地操作员站		台	2
6	投影仪	型号：索尼 CW279 配置：分辨率：1280×800，流明：5100，对比度：3000:1	台	2
7	投影幕布	尺寸：100in 波珠手动屏幕	台	2
8	显卡	七彩虹 DVI+VGA	块	2
9	打印机	型号：HP 5225 彩色激光打印机，最大打印幅面：A3 黑白打印速度：达到 20ppm，彩色打印速度：20ppm，最高分辨率：600×600dpi 双面打印：手动	台	1
10	交换机	D-Link DGS-1024T 24 口 1000MB 以太网交换机	台	1
11	通信网缆、水晶头	超 5 类 AMP 网络线、RJ45 水晶头	套	1
12	音箱	漫步者 800TC	套	1
13	仿真操作台	仿制，防火板材料，仿制参考机组控制台，其外观、颜色与实际相似，满足仿真培训要求。包含 10 把计算机椅	套	1
14	网钳	安普	把	1

表 7-34　　某 600MW 全范围仿真系统软件供货范围

序号	设备名称	规格型号	单位	数量	产地	制造厂商	备注
1	仿真支撑系统软件	—	套	1	中国	—	
2	教练员站软件	—	套	1	中国	—	
3	汽轮机、锅炉、电气系统设备仿真模型软件	—	套	1	中国	—	
4	控制系统仿真模型软件	—	套	1	中国	—	翻译转换
5	操作员站界面仿真软件	—	套	1	中国	—	翻译转换
6	就地操作站软件	—	套	1	中国	—	
7	虚拟盘台仿真软件	—	套	1	中国	—	

续表

序号	设备名称	规格型号	单位	数量	产地	制造厂商	备注
8	多媒体环境仿真软件	—	套	1	中国	—	
9	仿真系统网络通信软件	—	套	1	中国	—	

表 7-35　　制粉燃烧系统故障

磨煤机断煤	磨煤机煤粉自燃	给煤机出力低
磨煤机跳闸	磨煤机出口温度高	给煤机堵塞
磨煤机润滑油温高	磨煤机冷却水中断	给煤机跳闸
磨煤机润滑油压高	磨煤机润滑油泵跳闸	制粉系统爆炸
磨煤机润滑油压低	给煤机断煤	厂用电源中断
原煤仓煤位低	炉膛结焦	点火油压低
制粉系统联锁失灵	炉膛灭火	点火油枪堵塞
燃烧器摆动失灵	尾部烟道再燃烧	锅炉燃烧偏差
炉膛压力异常	锅炉负荷骤减	锅炉联锁失灵
点火执行器故障	炉前燃油系统阀门卡	炉前燃油系统阀门漏泄

表 7-36　　风烟系统故障

送风机跳闸	送风机喘振	送风机动叶调整失灵
送风机轴承温度高	一次风漏风	尾部烟道漏风严重
烟道两侧烟气温度偏差大	空气预热器入口风温低	空气预热器漏风严重
空气预热器电动机联锁失灵	空气预热器积灰严重	空气预热器电动机电流异常
空气预热器跳闸	热风温度高	热风温度低
风温调节装置失灵	排烟温度高	排烟温度低
烟气含氧量高	烟气含氧量低	引风机轴承温度高
引风机冷却风量小	引风机跳闸	引风机喘振
引风机调整静叶失控	引风机润滑油压低	引风机润滑油泵跳闸

表 7-37　　汽水系统故障

主蒸汽温度高	主蒸汽压力低	再热蒸汽压力高
主蒸汽温度低	再热蒸汽温度高	再热蒸汽压力低
主蒸汽压力高	再热蒸汽温度低	主蒸汽两侧温差大
再热蒸汽两侧温差大	汽包安全阀误动作	汽包安全阀拒动作
汽包安全阀不回座	过热器安全阀误动作	过热器安全阀拒动作
过热器安全阀不回座	再热器安全阀误动作	再热器安全阀拒动作
再热器安全阀不回座	锅炉排汽阀打不开	主蒸汽管道爆破
低温过热器泄漏或爆管（甲、乙侧）	前屏过热器泄漏或爆管（甲、乙侧）	

续表

主蒸汽温度高	主蒸汽压力低	再热蒸汽压力高
后屏过热器泄漏或爆管（甲、乙侧）	高温过热器泄漏或爆管（甲、乙侧）	
低温再热器泄漏或爆管（甲、乙侧）	高温再热器泄漏或爆管（甲、乙侧）	
高温过热器积灰严重	低温过热器积灰严重	再热器积灰严重
锅炉满水	锅炉缺水	汽包上下壁温差大
水冷壁泄漏	汽水共腾	下降管泄漏
汽包压力高	锅炉排污阀泄漏	
汽包水位高	汽包水位高，锅炉紧急放水阀打不开	
给水温度异常	给水压力低	给水温度低
给水管道爆破	一级减温水调整阀卡	一级减温水调节器失灵
二级减温水调节器失灵	二级减温水调整阀卡	三级减温水调整阀卡
三级减温水调节器失灵	给水调节器失灵	高压旁路减温调整失灵
低旁减温调整失灵	旁路电动减压阀卡	锅炉给水阀卡

表 7-38　　汽轮机本体故障

汽轮发电机组振动大	汽轮机组轴瓦温度高	汽轮机胀差超限
汽轮机排汽缸温度高	汽轮机甩全负荷	汽轮机大轴弯曲
汽轮机大轴偏心度大	汽轮机断叶片	汽轮机大轴轴向位移大
串轴保护动作	汽缸上下温差大	汽轮机水冲击
汽封压力高	汽封压力低	主汽阀故障
低压缸防超温保护误动作	推力轴承温度及回油温度高	
轴封供汽中断	各监视段压力升高	轴封摩擦

表 7-39　　真空系统故障

凝汽器真空低	凝汽器翅片管泄漏	凝汽器翅片管积灰
空气流场突变	轴流风机跳闸	凝结水泵跳闸
凝结水泵打空泵	凝汽器水箱水位高/低	凝结水泵密封水中断
热风回流	轴流风机喘振	排汽流量分配不均匀

表 7-40　　汽轮机调速、润滑油系统故障

汽轮机主油泵跳闸	调速汽阀卡	危急保安器误动作
调速油压不能相应控制调速汽阀变化	一次油压与调速关系失调	
调速油压低	润滑油压低	汽轮机轴承回油温度高
高、中压自动主汽阀关	冷油器泄漏	交流油泵故障
汽轮机跳闸	冷油器出口油温高、低	直流油泵故障
汽轮机组润滑油温高	电液转换器故障	汽轮机油着火

续表

汽轮机主油泵跳闸	调速汽阀卡	危急保安器误动作
盘车装置故障	低油压保护装置误动作	汽轮机油系统减压阀卡死
油箱油位高/低	汽轮机油系统溢油阀卡死	油系统管道泄漏
汽轮机调速系统晃动	汽轮机同步器操作回路故障	
汽轮发电机组轴承漏油	顶轴油泵故障	汽轮机高压油动机卡死

表 7-41　主蒸汽系统故障

主蒸汽温度高	主蒸汽温度低	主蒸汽压力高
主蒸汽压力低	通流部分结垢严重	主蒸汽带水
再热蒸汽温度高	再热蒸汽温度低	再热蒸汽压力高
再热蒸汽压力低	轴封蒸汽压力高	轴封蒸汽压力低
轴封蒸汽温度高	轴封蒸汽温度低	

表 7-42　除氧、给水、高压加热器系统故障

除氧器水位高	除氧器水位低	除氧器压力高
除氧器水冲击	除氧器自生沸腾	加热器满水
除氧器压力低	除氧器安全阀误、拒动作	除氧器进水阀卡死
给水泵汽蚀	电动给水泵电动机温度高	
前置泵故障	给水泵润滑油系统故障	给水泵润滑油泵跳闸
电动给水泵跳闸	高压加热器进汽阀关闭	给水调节阀卡死
给水泵轴承温度高	给水总阀卡死	加热器泄漏
给水最小流量控制阀卡死	给水泵再循环阀误开	
汽动给水泵平衡室压力低	加热器水位调整失灵	高压加热器出口阀关闭
给水泵机械密封水温度高	高压加热器保护失灵	

表 7-43　发电机冷却系统故障

发电机定子冷却水泵跳闸	发电机进、出口风温高
发电机定子冷却水泄漏	发电机定子水压低
发电机内氢压太低或泄漏	发电机空气冷却器漏水

表 7-44　发电机故障

发电机定子接地	发电机非全相接地	发电机振荡
发电机失磁	发电机灭磁开关跳闸	发电机定子匝间短路
发电机强励	发电机变调相机运行	发电机非同期并列
发电机励磁调节器失灵	发电机主开关跳闸	发电机过负荷
硅整流温度高	发电机保护（某些）误动作/拒动作	
发电机转子一点接地	发电机转子两点接地	发电机转子匝间短路

续表

发电机定子接地	发电机非全相接地	发电机振荡
励磁回路过负荷	发电机测量TV断线	发电机测量TA开路
发电机带厂用电运行	变压器冷却电源失去	变压器冷却装置跳闸
变压器油泄漏	变压器内部故障	操作过电压

表 7-45　厂用电故障

6kV系统单相接地	6kV母线相间短路	厂用电系统过电压
高压厂用变压器故障	启动备用变压器故障	6kV系统铁磁谐振
厂用电全停	380V母线故障	

表 7-46　其他故障

保护（某些）直流回路断线		事故情况保安电源投不上
信号（某些）回路断线	充电器故障	蓄电池组故障
直流系统接地	直流系统电压低	

第八章

检测仪表和控制设备

检测仪表和控制设备是火力发电厂设计的重要组成部分，本章结合火力发电厂实际应用情况，介绍了常用温度、压力、物位、流量检测仪表和过程分析仪表、风向风速风压及炉膛火焰检测器等特殊检测仪表、无线仪表、执行机构、常用盘（台）内电气设备工作原理及选型，供设计时参考。

第一节　检测仪表和控制设备选型的一般原则

选择检测仪表和控制设备需综合考虑经济与技术条件，必须在保证机组安全可靠及经济运行的前提下，综合考虑确定。从国内外仪表制造厂产品实际情况出发，根据工程要求，择优选用检测仪表和控制设备。在符合安全生产及合同要求的前提下，检测仪表和控制设备的选择应符合现行标准的相关规定。

1. 检测仪表选择的一般规定

（1）选用的检测仪表品种和规格应尽量减少，提高备品备件的通用性和互换性，减少维护工作量。

（2）检测仪表和控制设备应符合被测参数的要求，测量形式应根据被测参数的特性、用途及安装条件选择。

（3）检测仪表的精度等级应根据被测参数的用途、重要性选择。应根据生产工艺对参数偏差值及合同的要求确定，即仪表的示值误差应在参数允许的偏差范围之内。下面两类参数的检测仪表应选用精度等级较高的仪表和变送器，变送器宜选用智能型：

1）运行中对其额定值有严格要求的参数，如主蒸汽温度、主蒸汽压力等。

2）为计算效率或核收费用的参数，如给水温度和排烟温度、供热蒸汽或水的流量、温度等。

要求选用较高精度等级仪表的参数见表 8-1。

（4）检测仪表应能经受其所处的极限工作环境条件，且不应造成仪表损坏和性能降低。检测仪表应根据其装设区域的具体环境要求，选择适当的防护等级；安装在室内的远传检测仪表的防护等级不应低于 IP54，安装在室外的远传检测仪表的防护等级不应低于 IP65，仅用作就地指示的检测仪表，其防护等级可适当降低。爆炸危险场所内的检测仪表应根据危险区域的分类选择合适的防爆形式。在滨海区域应选用防盐雾型的检测仪表。

表 8-1　要求选用较高精度等级仪表的参数

影响安全运行的参数	影响经济运行的参数	
	计算效率	核收费用
主蒸汽压力 主蒸汽温度 抽汽压力 凝汽器真空 锅炉本体金属壁温 汽包水位 分离器水位 其他	给水温度 排烟温度 主蒸汽流量 给水流量 燃油流量 凝结水温度 其他	供热蒸汽压力 供热蒸汽温度 供热蒸汽流量 供热温度 供热流量 其他

（5）检测仪表与介质直接接触的材质应根据被测介质的物理、化学特性选择。测量腐蚀性介质或黏性介质时，应选用具有防腐性能的仪表、隔离仪表或采用适当的隔离措施。

（6）不宜使用对人体造成伤害的仪表。

（7）当采用常规远传检测仪表时，其输出信号制式应符合相关国际或国内标准的要求。

（8）当采用现场总线仪表时，应选用符合国际标准要求的现场总线通信协议的检测仪表。

（9）参与联锁保护用的模拟量仪表替代过程开关时，应符合现行行业标准的相关要求。

2. 执行机构选择的一般规定

（1）执行机构及其附件应满足工艺系统运行与控制的要求，并应满足控制系统的接口要求。

（2）执行机构应根据被操作对象的特点和工艺系统的故障安全要求选择保护功能。

（3）执行机构宜选用智能型。

（4）执行机构应根据所在环境的要求，选择防护等级。

（5）当采用现场总线型执行机构时，应选用符合国际标准要求的现场总线通信协议的执行机构。

第二节　温度检测仪表

一、温度检测仪表设计的一般原则

温度是表征物质（介质）冷热程度的物理量。国际温标规定热力学温度（符号为 T）是基本的物理量，其单位是开尔文（符号为 K）。习惯上，温度用摄氏温度表示，符号为 t，单位为℃，两者之间的关系为

$$t=T-273.15$$

在工业生产过程中，温度是测量和控制的重要参数之一。温度检测仪表的设计应根据工艺条件和要求正确选择仪表的量程和精度。

温度检测仪表按下列原则选择：

（1）需要就地读数的温度，主要有玻璃管温度计或双金属温度计。玻璃管温度计具有结构简单、易于读数、使用方便、测量准确、价格便宜等优点；但强度差、容易损坏，通常用于现场没有震动的场合。双金属温度计具有使用方便、清晰、机械强度高等优点，适用于指示清晰、有震动的场合。火力发电厂就地指示温度计宜选用双金属温度计。

（2）需要远方监控的温度，主要有压力式温度计、热电偶和热电阻。压力式温度计，可以实现温度指示，刻度清晰，一般用于生产过程中较远距离的非腐蚀性液体或气体的测量。其他场合温度测量宜选用热电偶或热电阻。

热电偶和热电阻应根据工艺条件和测温范围选择，包括类型、惯性时间、工作压力、结构形式、连接方法、补偿导线、保护套管、插入深度等。

（3）锅炉金属壁温检测元件宜选用专用的铠装热电偶。

（4）测量风粉混合物温度及循环流化床锅炉床温等温度时，应选用耐磨热电阻或耐磨热电偶。

（5）测温元件宜选用非接壳式，当对温度响应时间有较快要求时，可采用接壳式并配置温度变送器。

（6）温度开关宜选用温包式。

（7）测温元件保护套管的材质、结构及插入深度应根据安装条件及其他边界条件综合确定。

二、温度检测仪表的特点、分类及选择

温度检测仪表的传感器元件按测温方式不同，基本可分为两大类，即接触式和非接触式。

接触式温度检测仪表按测温工作原理，可分为膨胀式（玻璃管温度计、双金属温度计）、压力式、热电阻式（铜、铂电阻体）和热电势式（热电偶）。

非接触式温度检测仪表主要有辐射温度计、光纤辐射温度计等。辐射温度计又分为全辐射温度计、亮度温度计（光学高温计、光电高温计）和比色温度计，在此不做赘述。

（一）膨胀式温度检测仪表

1. 玻璃管温度计

（1）工作原理及特点。玻璃管温度计利用热胀冷缩的原理，在玻璃管温包中装入感温液体，温度升高，感温液膨胀（液体的膨胀系数大于玻璃的膨胀系数），感温液沿毛细管上升，根据毛细管中的液柱高度得知感温液体的温度。当温度计的感温液与被测物质温度达到平衡时，被测物质的温度从刻度标尺上读出。玻璃管温度计的内径越细，热胀冷缩越明显，指示越精确。

（2）适用范围。玻璃管温度计结构简单、使用方便、准确度高、价格低廉。但不抗震，易碎，在电厂设计中使用很少。

2. 双金属温度计

（1）工作原理特点。双金属温度计是利用两种热膨胀率不同的金属结合在一起制成的温度检测元件，一端固定，当温度变化时，两种金属热膨胀率不同，带动指针偏转以指示温度。其测温范围一般为−80～600℃，适用于精度要求不高时的温度测量。如果温度超过 500℃，双金属温度计的阻值大，会影响测量结果。

耐震双金属温度计从仪表内部充耐震油，可有效克服机械振动带来的指针抖动，在设计原理及结构上具有防水、防腐蚀、耐震动、直观、易读数、无汞害、坚固耐用等特点。

（2）适用范围。双金属温度计是一种适合中、低温介质、价格相对低廉、读数直观的现场就地温度检测仪表，可以用来直接测量气体和液体的温度，可使用在有震动的环境。

（3）结构形式及安装方式。按双金属温度计指针盘与保护管的连接方向可以把双金属温度计分成轴向型、径向型和万向型三种（可调角型），其安装外形图见图 8-1。

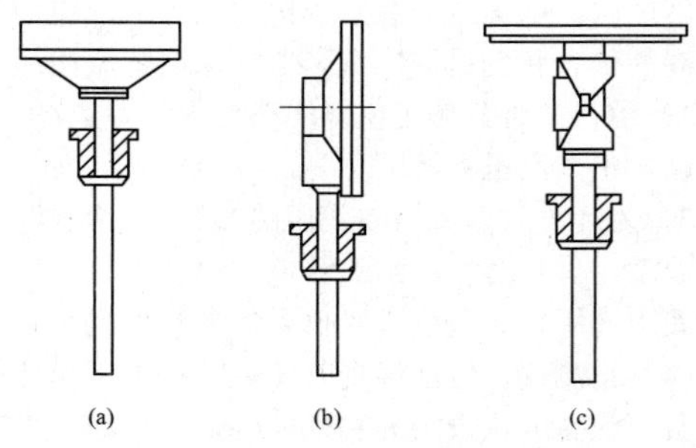

图 8-1　双金属温度计安装外形图
（a）轴向型；（b）径向型；（c）万向型（可调角型）

1）轴向型双金属温度计，指针盘与保护管垂直连接。

2）径向型双金属温度计，指针盘与保护管平行连接。

3）万向型（可调角型）双金属温度计，指针盘与保护管连接角度可任意调整。

为了适应实际工作环境，在普通轴向型、径向型及万向型（可调角型）双金属温度计上增加保护管就形成了热套式轴向型、热套式径向型及热套式万向型（可调角型）双金属温度计。

双金属温度计测量端形式可分为固定式和抽芯式，具体见图 8-2。

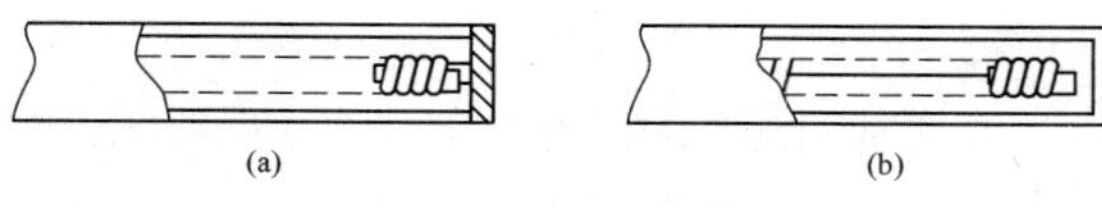

图 8-2　双金属温度计测量端分为形式

（a）固定式；（b）抽芯式

为了适应现场安装要求，双金属温度计安装形式有可动外螺纹管、可动内螺纹管、固定螺纹、卡套螺纹、固定法兰和卡套法兰。法兰标准可以是国家标准、石油化工标准、机械行业标准、美国标准、德国标准、日本标准。双金属温度计安装方式见图 8-3。

双金属温度计常用型号如下：

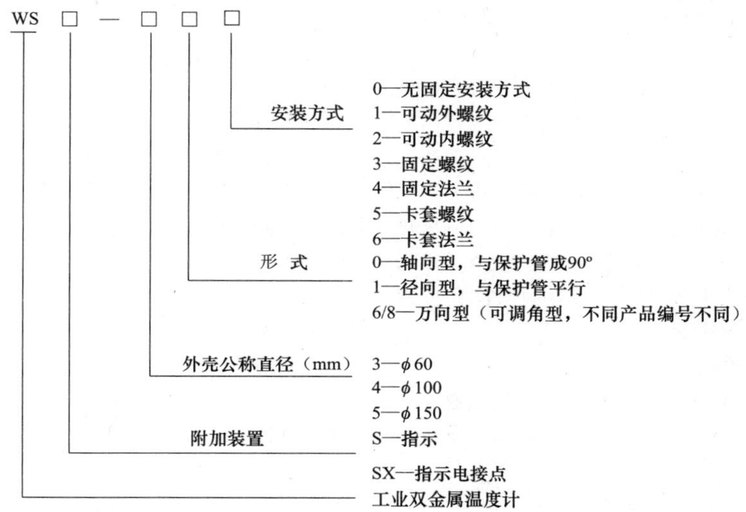

（4）常用的双金属温度计主要技术参数，见表 8-2。

表 8-2　常用的双金属温度计主要技术参数

耐压	耐压等级与热套管类型有关
精度等级	1.0、1.5
使用环境	温度：-20～60℃，相对湿度：＜85%
结构形式	径向型、轴向型、万向型（可调角型）
表盘尺寸（mm）	ϕ60、ϕ100、ϕ150
表盘分格表（℃）	1、2、5、10
保护管直径（mm）	6、8、10、12、14
插入长度（mm）	75①、100、150、200、250、300、400、500 等，特殊需定制
防护等级	IP55、IP65
连接螺纹	M16×1.5、M27×2、G1/2、G3/4、1/2NPT 等
温度计范围（℃）	-80～40、-40～80、0～50、0～60、0～80、0～100、0～120、0～150、0～200、0～300、0～350、0～400、0～500、0～600

①　当插入长度为 75mm 时，其安装连接头高度应以 50mm 为宜。

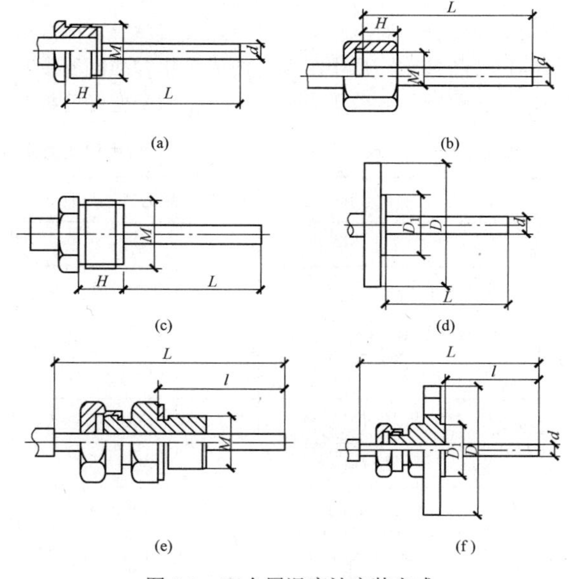

图 8-3　双金属温度计安装方式

（a）可动外螺纹；（b）可动内螺纹；（c）固定螺纹；（d）固定法兰；（e）卡套螺纹；（f）卡套法兰

（5）选型。

1）普通双金属温度计推荐用于非承压场合，若用于承压场合需配备相应的热套管。高温、高压或挥发性有害气体介质中选择热套式双金属温度计，温度计更换时不需要采取降温、降压或停机措施，仅需要更换温度计机芯。如热力设备和热力管道外敷设有较厚的保温层，可以选用热套式长颈型双金属温度计，其表头高于保温层外，便于观察，更换方便。

2）双金属温度计量程选择宜使经常工作的温度在刻度范围的 1/2～2/3 处。

3）隔爆型双金属温度计选择螺纹时需要考虑螺纹尺寸以保证强度。

4）抽芯式双金属温度计对于保护管直径有要求，具体见制造厂要求。

5）双金属温度计选型时标注名称、型号、测量范围、安装方式、保护管直径、长度、材质。

6）采用法兰连接，订货时需注明采用的法兰标准、公称压力、公称直径、密封面形式及材质。

（6）选型举例。双金属温度计 WSS-581，表盘尺寸为ϕ150mm，万向型，可动外螺纹连接 M27×2，防护等级 IP65，插入长度为 150mm，保护管直径为 10mm，材质为 304 不锈钢。

（二）压力式温度检测仪表

压力式温度计统称为温包温度计，是根据液体膨胀定律，利用液体或气体的压力或体积随温度变化的特性制成。

1. 压力式温度计的工作原理及特点

压力式温度计的基本结构如图 8-4 所示。温包内充填的感温介质有气体、液体及蒸发液体等。测温时将温包置于被测介质中，温包内的工作物质因温度升高、体积膨胀而导致压力增大。该压力变化经毛细管传给弹簧管并使其产生一定的形变，然后借助齿轮或杠杆等传动机构，带动指针转动，测得相应的温度。

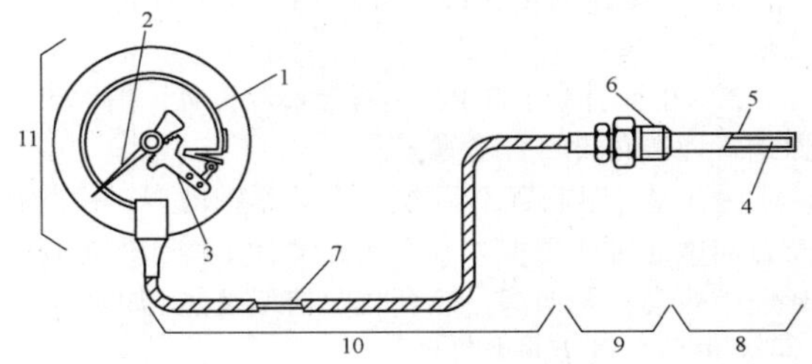

图 8-4　压力式温度计的基本结构图

1—弹簧管；2—指针；3—变换机构；4—工作介质；5—温包；6—连接螺栓；7—毛细管；8—感温元件；9—连接部分；10—传导部分；11—显示部分

压力式温度计温包体积小、反应速度快、灵敏度高、读数直观，它可以制造成防震、防腐型。

压力式温度计适用于测量各种对铜或铜合金无腐蚀作用的介质温度，适用于生产过程中较远距离中性腐蚀的液体和气体介质的温度测量。若介质有腐蚀作用应选用防腐型压力式温度计。防腐型压力式温度计采用全不锈钢材料。

压力式温度计根据充灌工作介质的不同可分为三类：液体压力式温度计、蒸汽压力式温度计、气体压力式温度计。

2. 常用技术参数

常用的压力式温度计主要技术参数见表 8-3，表中数据供参考（不同设备厂有差异）。

压力式温度计的指示部分和填充液体或气体会根据各自的环境温度产生膨胀或收缩，从而造成指示误差，通常需要补偿这种误差。

表 8-3　常用的压力式温度计主要技术参数

参数及特性		气体压力式温度计	液体压力式温度计	低沸点液体压力式温度计
感温物质		氮气	水银、二甲苯、甲醇、甘油	氯甲烷、氯乙烷、乙醚、甲苯、丙酮
温度测量范围（℃）		−100～500	−50～500	−20～300
时间常数（s）		80	40（水银 20）	40
精度等级		1.0、1.5	1.0、1.5	1.5、2.5
量程（℃）	最大	500	500	200
	最小	120	30	20
温包	长度（mm）	150、200、300	100、150、200	
	插入长度（mm）	200、250、300、400、500	150、200、250、300、400	
	安装固定螺纹	M33×2	M27×2	
	材料	纯铜、不锈钢		

续表

参数及特性		气体压力式温度计	液体压力式温度计	低沸点液体压力式温度计
毛细管	内径（mm）	0.4±0.005		
	外径（mm）	1.2±0.02		
	长度（m）	1、2.5、5、10、20、30、40、60	1、2.5、5、10、20	1、2.5、5、10、20、30、40、60
	材料	纯铜、不锈钢		
	外保护材料	纯铜丝编织、铝质蛇皮管、塑料		
指示仪表	表壳直径（mm）	100、150、200		
工作环境条件		周围环境温度：5～60℃，相对湿度：≤80%		

3．选型

（1）选择压力式温度计时，考虑正常情况下待测温度的范围应位于全刻度盘的30%～60%位置，当温度超出这个范围时，可能会造成表计破裂。因此压力式温度计在运输过程中，经过赤道或寒冷地带，或储存在寒冷地带要特别注意。液体压力式温度计，最好用来测量处于测温范围中间部分的介质温度；而蒸汽压力式温度计，最好用来测量测温范围中间部分较高的介质温度。

（2）压力式温度计适用于测量对温包无腐蚀作用的液体、蒸汽和气体的温度，选择压力式温度计时，需要确认连接部件的材质是否适合待测气体和液体。

（3）注意感温部的最小插入深度。不同型号、温度范围和感温部直径共同决定了感温部的最短插入深度。一般要大于最短插入深度，温包必须全部浸入在被测介质中，以减少导热误差。

（4）如果出现下列情况，应使用保护管以保护感温器（见图8-5）：

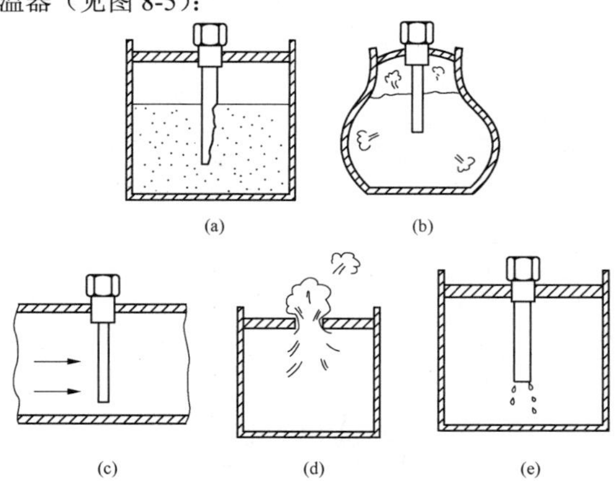

图8-5　压力式温度计适合保护管的各种情况

（a）腐蚀；（b）高压；（c）流动；（d）飞溅；（e）泄漏

1）对于具有腐蚀性的流体，使用适当材质制成的保护管。

2）高压场合，使用适应工作压力的保护管。

3）对于流动流体，使用适宜的流速和流量的保护管。

4）如果拔出温度计时流体涌流，使用保护管。

5）如果温度计内的填充液体从感温部中泄漏，污染被测物，使用保护管。

（三）热电偶

热电偶是温度检测仪表中常用的测温元件，它能把温度信号转换成热电势信号，用于直接测量各种生产过程中液体、蒸汽和气体介质及金属表面等的温度。各种热电偶的外形常因需要而不相同，但是它们的基本结构却大致相同，通常由热电极、绝缘套保护管和接线盒等主要部分组成。

1．热电偶工作原理

热电偶是由两种不同成分的导体端部通过焊接，形成回路，直接温度测量端也称工作端或热端，温度为 t；另一端温度为 t_0，称为自由端（也称参比端）或冷端。当测量端与参比端出现温度差时，两者之间便产生热电势，热电势的方向和大小与导体的材料及两个触点的温度有关。因为冷端 t_0 恒定，热电偶产生的热电势只随热端（测量端）温度的变化而变化，即一定的热电势对应一定的温度，只要测量热电势就可达到测温的目的。热电偶原理图见图8-6。

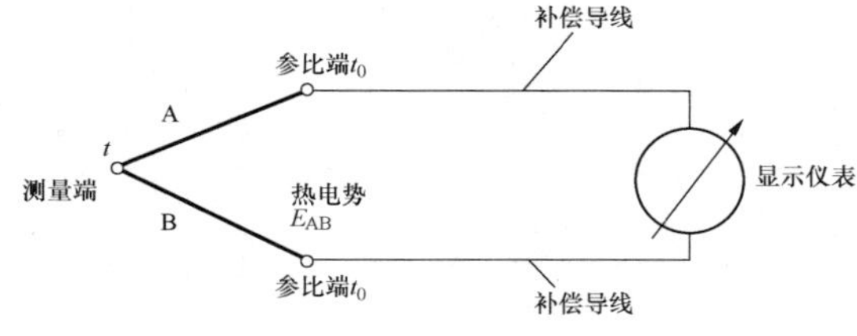

图8-6　热电偶原理图

热电偶测量温度时要求其冷端（测量端为热端，通过引线与测量电路连接的端称为冷端）的温度保持不变，其热电势大小才与测量温度呈一定的比例关系。测量温度时，冷端的（环境）温度变化，将严重影响测量的准确性。在冷端需采取一定措施补偿由于冷端温度变化造成的影响。

2. 适用范围

热电偶测温范围宽，反应速度快，性能稳定；测量精度高，热电偶与被测对象直接接触，不受中间介质的影响；热响应时间快，热电偶对温度变化反应灵敏；测量范围大，–40～1600℃ 均可连续测温；机械强度高，耐压性能好，使用寿命长，更换方便。

3. 热电偶分类

常用热电偶可分为标准热电偶和非标准热电偶两大类，有双支和单支元件两种规格。标准热电偶是指国家标准规定了其热电势与温度的关系、允许误差，并有统一标准分度表的热电偶。非标准热电偶在使用范围或数量级上均不及标准热电偶，一般也没有统一的分度表，主要用于某些特殊场合的测量。

标准热电偶按 IEC 标准生产，常见 S、B、E、K、R、J、T、N 八种标准热电偶，具体内容见表 8-4。

表 8-4　　标准热电偶一览表

热电偶分度号	热电极材料②		常用测温范围（℃）	备　注
	正极	负极		
S	铂铑 10	纯铂	0～1400（短时 1600）	贵金属热电偶
R	铂铑 13	纯铂	0～1400	贵金属热电偶
B	铂铑 30	铂铑 6	600～1600（短时 1800）	贵金属热电偶
K	镍铬	镍硅①	–40～1000（短时 1200）	廉价金属热电偶
T	纯铜	铜镍	–40～350	廉价金属热电偶
J	铁	铜镍	–40～750	廉价金属热电偶
N	镍铬硅	镍硅镁	–40～1200	廉价金属热电偶
E	镍铬	铜镍	–40～800	廉价金属热电偶

① IEC 推荐 K 分度号热电偶热电极材料为镍铬-镍铝。我国已基本用镍铬-镍硅热电偶取代了镍铬-镍铝热电偶。这两种热电偶的化学成分虽不同，但其热电特性相同，使用同一分度表。

② 从理论上讲，任何两种不同导体（或半导体）都可以配制成热电偶，但是作为实用的测温元件，对它的要求是多方面的。为了保证工程技术中的可靠性，以及足够的测量精度，并不是所有材料都能组成热电偶，一般对热电偶热电极材料的基本要求是：

a．在测温范围内，热电性质稳定，不随时间而变化，有足够的物理化学稳定性，不易氧化或腐蚀。

b．电阻温度系数小。

c．测温中产生热电势要大，并且热电势与温度之间呈线性或接近线性的单值函数关系。

d．材料复制性好，机械强度高，制造工艺简单，价格便宜。

在所有热电偶中，S 分度号热电偶抗氧化性能强，宜在氧化性、惰性气氛中连续使用，精度等级最高，通常用作标准热电偶。

R 分度号热电偶与 S 分度号热电偶相比除热电势大外，其他性能几乎相同。

B 分度号热电偶由于两热电极均由合金组成，提高了机械强度，与 S 分度号热电偶相比，高温下热电特性更为稳定，在室温下热电势极小，长期使用温度为 1600℃，短期使用温度为 1800℃。

N 分度号热电偶在 1100℃下高温抗氧化性能强，热电势长期稳定性及短期热循环的复现性好。

K 分度号热电偶特点是热电势和温度关系近似线性，热电势大，热电势率高，测温范围处于工业生产需要检测最多的温度范围，而且价格便宜，抗氧化性能强，在热电偶中使用广泛。

E 分度号热电偶特点是在常用热电偶中，其热电势最大，灵敏度最高，稳定性好，价格便宜，在热电偶中使用广泛。

J 分度号热电偶特点是稳定性较好，既可用于氧化性气氛，也可在还原性气氛、惰性气氛及真空中使用。

T 分度号热电偶特点是在所有廉价金属热电偶中精度等级最高，通常用来测量 300℃以下的温度。

（1）装配式热电偶。装配式热电偶测量范围大，使用寿命长，安装使用方便，价格便宜，但抗震性较差，实际设计主要用在高温、非震动场合。装配式热电偶通常由感温元件、保护管、接线盒及安装固定装置等主要部件组成。

1）装配式热电偶测量端结构形式。装配式热电偶测量端分绝缘型和接壳型两种结构形式，具体见图 8-7 和图 8-8。

接壳型结构的热电极与热电偶外壳焊接在一起，温度反应快，但抗电磁干抗能力较差；绝缘型结构的热电极与热电偶外壳互相绝缘，抗电磁干扰能力强，但反应时间比接壳型慢。

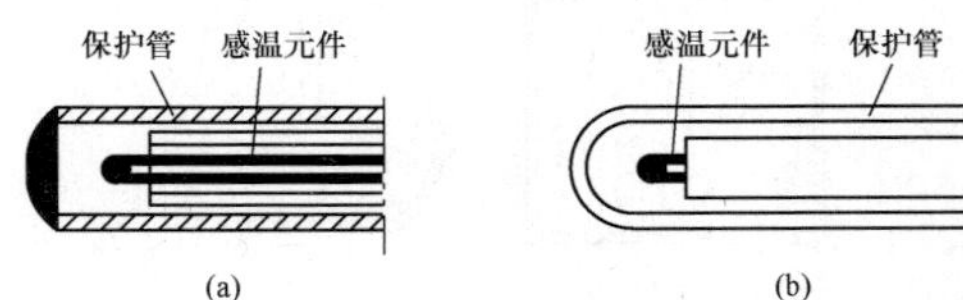

图 8-7　装配式热电偶绝缘型测量端结构形式

（a）金属管；（b）非金属管

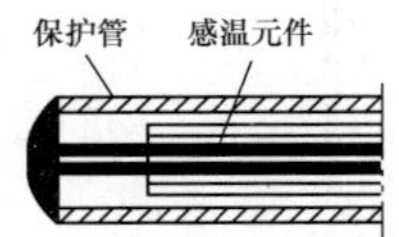

图 8-8　装配式热电偶接壳型测量端结构形式

2）装配式热电偶主要技术指标。

a．装配式热电偶测温范围及允差，见表 8-5，表中数据供参考（不同设备厂有差异）。

表 8-5　　装配式热电偶测温范围及允差

品种	热电偶丝直径	分度号	允差	长期使用温度范围（℃）
镍铬-镍硅	0.3～3.2	K	±2.5℃或±0.75%|t|	–40～1200
镍铬硅-镍硅镁		N		–40～1200
镍铬-铜镍（康铜）		E		–40～750
铁-铜镍（康铜）		J		–40～600
铜-铜镍（康铜）	0.2～1.6	T	±1℃或±0.75%|t|	–40～350
铂铑 10-铂	0.5	S	±1.5℃或±0.25%|t|	0～1300
铂铑 13-铂		R		0～1300
铂铑 30-铂铑 6		B	±4℃或±0. 5%|t|	600～1700

注　不同直径的热电偶丝使用温度范围不同，表中为最大直径热电偶丝长期使用温度范围。

b．装配式热电偶保护管外径及长度规格，见表 8-6，表中数据供参考（不同设备厂有差异）。

表 8-6　装配式热电偶保护管外径及长度规格

保护管		长度 L（mm）
外径（mm）	材质	
16、20、25	金属	300、350、400、450、550、650、900、1150、1650、2150、2650
16	非金属	300、350、400、450、550、650、900、1150、1650、2150、2650
25	非金属	500、650、1650
35	非金属	500、650、900、1150
直角形保护管		500×500、750×750、500×750、750×500

c．装配式热电偶热响应时间，见表 8-7，表中数据供参考（不同设备厂有差异）。

表 8-7　　装配式热电偶热响应时间

保护管直径（mm）	保护管材质	热响应时间 $\tau_{0.5}$（s）
16	非金属	≤240
	金属	≤180
20	金属	≤240
25	非金属	≤300

d．防爆等级。防爆等级需要根据实际情况选取。

3）电厂常用装配式铠装热电偶。采用铠装芯，具有较强的抗震功能，配以不同材质的保护管，以达到耐磨、防腐、耐压的目的。装配式铠装热电偶主要技术参数见表 8-8，表中数据供参考（不同设备厂有差异）。

表 8-8　装配式铠装热电偶主要技术参数

精度等级	Ⅰ、Ⅱ级
分度号	K、E、T、J
保护管材质	304、316、316L、310S 等
插入长度	按用户要求
防护等级	IP65、IP66
接线盒材质	铝合金、不锈钢
工作环境	温度：–40～80℃，相对湿度：5%～95%
隔爆等级	隔爆型 ExdIIBT1～T6、ExdIICT1～T6，本安型 ExiaIICT6 等
固定形式	无固定装置、固定螺纹 M27×2、活动法兰、固定法兰、固定螺纹锥形保护管 M33×2、固定卡套螺纹
连接螺纹	M12×1.5、M16×1.5、M27×2、G1/2、G3/4、1/2NPT 等
连接法兰	注明法兰标准、公称压力、公称直径、密封面形式及法兰材质、法兰配置形式（单法兰、配对法兰及紧固件）
电气接口	M20×1.5、1/2NPT

例如：装配式铠装热电偶，分度号为 E，双支，固定螺纹 M27×2，保护管直径为 16mm，材质为 316 不锈钢，总长×插入长度为 500mm×350mm，防水型铝合金接线盒。

（2）铠装热电偶。铠装热电偶是将测温元件、绝缘材料和金属管拉制而成，具有直径小、可弯曲、耐高温、抗震动和坚固耐用、热响应快的特点，它作为测量温度的传感器，可以作为装配式热电偶的感温元件，有着普通热电偶不可取代的特性。

1）铠装热电偶测量端结构形式。铠装热电偶是由热电偶丝装在有绝缘材料的金属套管中，被加工成可弯曲的坚实组合体。铠装热电偶测量端结构形式有露端型、接壳型、绝缘型和分离式绝缘型，具体内容见表 8-9，表中数据供参考（不同设备厂有差异）。

2）铠装热电偶材料主要技术指标。

a．铠装热电偶套管材料、外径和最高使用温度，见表 8-10，表中数据供参考（不同设备厂有差异）。

b．铠装热电偶允差，见表 8-11，表中数据供参考（不同设备厂有差异）。

c．铠装热电偶热响应时间，见表 8-12，表中数据供参考（不同设备厂有差异）。

表 8-9　　铠装热电偶测量端结构形式

标记	结构形式		套管直径（mm）	
			单支式	双支式
1	露端型	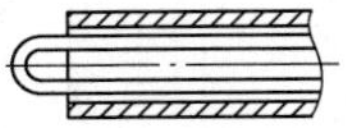	1.0～8.0	3.0～8.0
2	接壳型	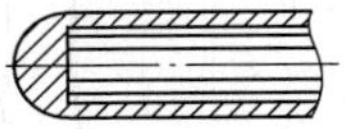	0.25～8.0	
3	绝缘型	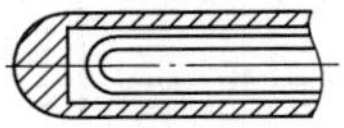	0.5～8.0	
4	分离式绝缘型	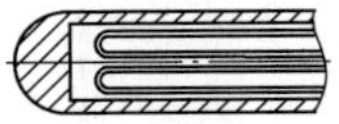	—	3.0～8.0

表 8-10　　铠装热电偶套管材料、外径和最高使用温度

产品名称	分度号	套管材料	直径（mm）	最高使用温度（℃）	
				长期	短期
铠装镍铬-镍硅热电偶	K	321	0.25	250	300
			0.5、1.0	400	600
			1.5、2.0	600	700
			3.0、4.0、4.5、5.0、6.0、8.0	800	900
		310S	0.25	300	350
			0.5、1.0	500	600
			1.5、2.0、3.0	800	900
			4.0、4.5、5.0	900	1000
			6.0、8.0	1000	1100
		GH3030 或 Inconel600	0.25	300	350
			0.5、1.0	500	600
			1.5、2.0、3.0	800	900
			4.0、4.5、5.0	900	1000
			6.0、8.0	1000	1100
铠装镍铬硅-镍硅镁热电偶	N	321	0.25	250	300
			0.5、1.0	400	600
			1.5、2.0	600	700
			3.0、4.0、4.5、5.0、6.0、8.0	800	900
		GH3030 或 Inconel600	0.25	300	350
			0.5、1.0	500	600
			1.5、2.0、3.0	800	900
			4.0、4.5、5.0	900	1000
			6.0、8.0	1000	1100
铠装镍铬-铜镍热电偶	E	321	0.5、1.0	400	500
			1.5、2.0	500	600
			3.0、4.0、4.5	600	700
			5.0、6.0、8.0	700	800
铠装铁-铜镍热电偶	J	321	0.5、1.0	300	400
			1.5、2.0	400	500

续表

产品名称	分度号	套管材料	直径（mm）	最高使用温度（℃）	
				长期	短期
铠装铁-铜镍热电偶	J	321	3.0、4.0、4.5	500	600
			5.0、6.0、8.0	600	750
铠装铜-铜镍热电偶	T	321	0.5、1.0	200	250
			1.5、2.0、3.0、4.0、4.5	250	300
			5.0、6.0、8.0	300	400
铠装铂铑 10-铂热电偶	S	GH3039	2.0、3.0、4.0、4.5	1000	1100
			5.0、6.0、8.0	1100	1200
铠装铂铑 13-铂热电偶	R	GH3039	2.0、3.0、4.0、4.5	1000	1100
			5.0、6.0、8.0	1100	1200
铠装铂铑 30-铂铑 6 热电偶	B	GH3039	2.0、3.0、4.0、4.5、5.0、6.0、8.0	1200	1300
		铂铑 6	2.0、3.0	1200	1300
			4.0、4.5、5.0、6.0、8.0	1300	1400

注　热电偶使用温度与套管材料和直径、使用介质状态和热电偶结构形式等有关，当测量端结构形式为露端型时使用温度相应降低，表中数据仅为推荐使用温度，实际应用时应根据具体产品确定。

表 8-11　　**铠装热电偶允差**

铠装热电偶材料类型	分度号	允差等级					
		1 级		2 级		P 级	
		允差值	温度范围（℃）	允差值	温度范围（℃）	允差值	温度范围（℃）
镍铬-镍硅	K	±1.5℃或±0.4%|t|	−40～1000	±2.5℃或±0.75%|t|	−40～1100	—	—
镍铬硅-镍硅镁	N						
镍铬-铜镍	E		−40～800		−40～800	—	—
铁-铜镍	J		−40～750		−40～750	—	—
铜-铜镍	T	±0.5℃或±0.4%|t|	−40～350	±1℃或±0.75%|t|	−40～350	—	—
铂铑 10-铂	S	—	—	—	—	±3℃或±0.5%|t|	0～1200
铂铑 13-铂	R						
铂铑 30-铂铑 6	B	—	—	—	—	±4℃或±0.5%|t|	600～1400

注　1. t 为测量端所处的温度。

2. 允差值取两个数值中绝对值较大的一个。

表 8-12　　**铠装热电偶热响应时间 $\tau_{0.5}$**　　（s）

测量端结构形式	铠装热电偶直径（mm）										
	0.25	0.5	1.0	1.5	2.0	3.0	4.0	4.5	5.0	6.0	8.0
露端型	—	—	0.1	0.2	0.3	0.4	0.5	0.6	0.7	0.8	1.0
接壳型	0.1	0.2	0.2	0.3	0.4	0.6	0.8	1.0	1.2	2.0	4.0
绝缘型	0.2	0.4	0.6	0.8	1.0	2.0	2.5	3.0	4.0	6.0	8.0

d. 铠装热电偶长度公差，见表 8-13，表中数据供参考（不同设备厂有差异）。

表 8-13　　**铠装热电偶长度公差**

项　目	尺寸范围（mm）	允差（mm）
总长 L 或插入长度 l	≤150	±3.0
	＞150	±2%L（l）

续表

项　目	尺寸范围（mm）	允差（mm）
补偿导线长度 S	≤1000	±15
	＞1000	±1.5%S

e. 常用铠装热电偶技术参数。为适应各种安装方式，铠装热电偶配有各种固定形式，其中带卡套的螺

纹或法兰结构，在安装时可以自由调整插入长度。带活动卡套可以多次调整插入长度，但用于带压工况时必须配用套管，不能单独使用。常用的铠装热电偶主要技术参数见表 8-14，表中数据供参考（不同设备厂有差异）。

表 8-14 常用的铠装热电偶主要技术参数

精度等级	Ⅰ、Ⅱ级
分度号和测量范围	S：0～1100（1200）℃ K：0～1100℃ E：0～800℃ T：–40～300（350）℃ J：–40～600（750）℃
插入长度（mm）	50、75、100、150、200、250、300、400、500、750、1000、1250、1500、2000～50000 或按用户要求
公称压力	根据产品结构类型确定
防护等级	IP65、IP66、IP68
接线盒材质	铝合金、不锈钢
工作环境	温度：–40～80℃，相对湿度：5%～95%
接线盒形式	隔爆型 ExdIIBT1～T6 ExdIICT1～T6，本安型 ExiaIICT4 等
连接螺纹	M12×1.5、M16×1.5、M27×2、G1/2、G3/4、1/2NPT 等
连接法兰	注明法兰标准、公称压力、公称直径、密封面形式及法兰材质、法兰配置形式（单法兰、配对法兰及紧固件）
电气接口	M20×1.5、1/2NPT

注 1. 热电偶使用温度与套管材料和直径、使用介质状态和热电偶结构形式有关，实际应用时应根据具体产品确定。

2. 插入深度适用于固定螺纹，非固定螺纹不标注。

3）火力发电厂常用铠装热电偶，见表 8-15。

表 8-15 火力发电厂常用热电偶主要技术指标

名称	分度号	允许等级		测量范围（℃）	公称压力（MPa）	流速（m/s）	热响应时间 $\tau_{0.5}$（s）
		Ⅰ级	Ⅱ级				
热套式热电偶	K	±1.5℃或±0.4%|t|	±2.5℃或±0.75%|t|	0～600	29.4（42）①	<80	<180
	E						
风道、烟道热电偶	K			0～800	9.8	<9	<90
	E						
高温高压热电偶	K			0～600	29.4（42）①	<80	<180
	E						
中温中压热电偶	K			0～600	14.7	<30	<180
	E						
低温低压热电偶	K			0～600	9.8（14.7）	<9（30）	<180
	E						

注 保护管根据实际使用介质情况选择适合的材质。

① 需要特殊订货。

a．热套式热电偶。热套式热电偶采用热套式保护管与电偶芯可快速分离的方式，使用时将热套焊接或螺纹固定在主设备或管道上，然后将热电偶旋入。热套式热电偶便于在高温高压场合下方便热电偶维护或更换。

b．风道、烟道热电偶。其特点是采用较粗的保护管和大直径连接螺纹，以提高抗烟气冲刷和引风机、排烟风机震动的能力，测量端部采用缩径形式，以减少热响应时间。

c．高温高压热电偶。此类热电偶的套管以直接焊接形式与主设备连接，用于测量高温、高压的蒸汽或水温，套管管径较粗，管壁厚，为锥形整体钻孔，以抵抗高温、高压介质的冲刷。

d．中温中压热电偶。热电偶套管具有较粗的管径，为锥形整体钻孔，套管与焊接于管道或设备上的连接头（凸台）焊接。

e．低温低压热电偶。低温低压热电偶的套管为锥形整体钻孔，采用固定螺纹与主设备上的连接头（凸台）连接密封，用来测量电厂的低温、低压蒸汽和水温。

（3）端面热电偶。端面热电偶适用于测量固定表面的温度，尤其适用于汽轮机推力瓦、通用机械的轴承测温等。

常用端面热电偶主要技术参数，见表 8-16，表中数据供参考（不同设备厂有差异）。

表 8-16　　常用端面热电偶主要技术参数

允差等级	Ⅰ级：±1.5℃或±0.4%|t|，Ⅱ级：±2.5℃或±0.75%|t|
分度号	K、E、T
测量范围（℃）	0～200
种类	单支式、双支式
热响应时间$\tau_{0.5}$（s）	≤6
公称压力	常压
总长（mm）	500、1000、1500、2000、2500、3000、3500、4000、4500、5000、5500、6000、6500、7000、7500、8000，其他长度订货时注明
套管直径（mm）	3、4、4.5、5、6、8

（4）表面热电偶。表面热电偶主要用于锅炉及汽轮机壁温、炉壁及其他圆柱体表面测量温度，一般采用ϕ4～ϕ6mm 的铠装元件作为测温传感器，引线做成电缆状，测量端焊接或用螺钉固定在不锈钢感温片上，将带有与管壁相吻合的曲面的感温片焊接或箍在管壁（管道）上，便可测量锅炉及汽轮机壁温、管道和圆柱体表面温度。

1）表面热电偶结构形式。表面热电偶有接线盒式、补偿导线式和抱箍式，具体结构见图 8-9～图 8-12。

2）常用表面热电偶主要技术指标，见表 8-17 和表 8-18，表中数据供参考（不同设备厂有差异）。

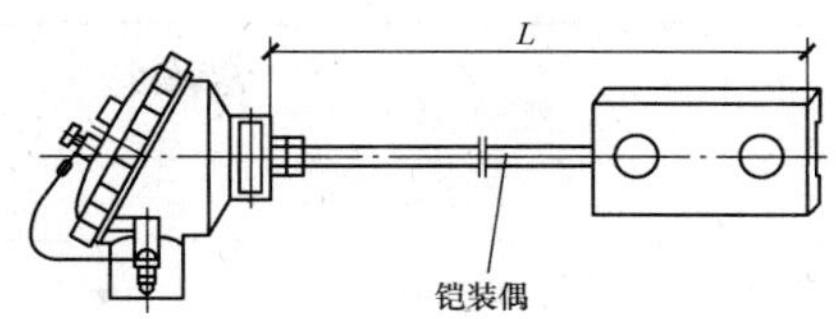

图 8-9　表面热电偶（接线盒式）外形图

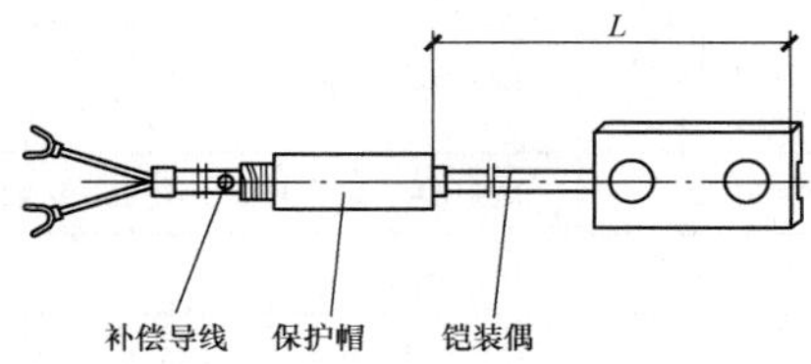

图 8-10　表面热电偶（补偿导线式）外形图

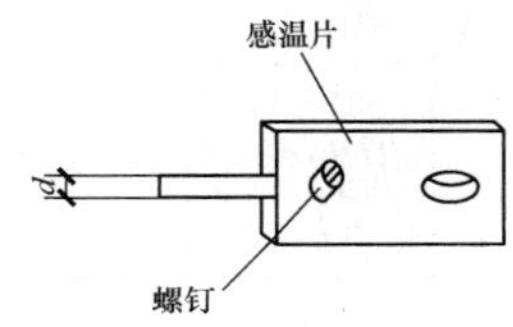

图 8-11　表面热电偶感温片

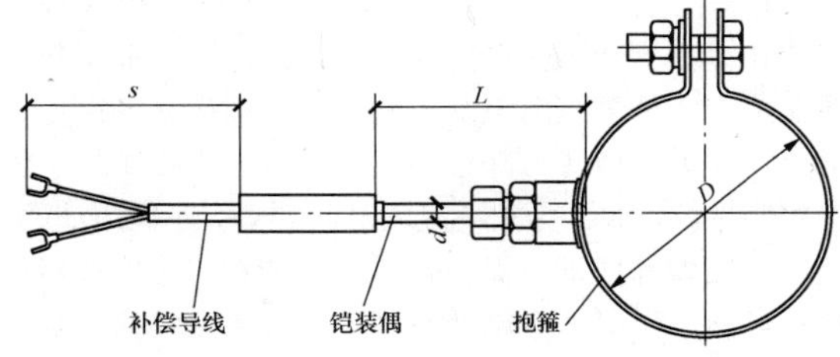

图 8-12　抱箍热电偶外形图

表 8-17　　常用表面热电偶主要技术指标（一）

名称	分度号	测量范围（℃）	允差等级	套管直径（mm）	测量端				安装方式
					热响应时间$\tau_{0.5}$（s）		曲面尺寸（mm）		
					接壳型	绝缘型	R	D	
炉壁热电偶	K	0～800	Ⅰ、Ⅱ级	4	≤0.8	≤2.5	按管道的安装尺寸		感温片与设备采用焊接固定或螺栓固定 热电偶与感温片采用螺钉固定
	N	0～800		5					
	E	0～600		6					
抱箍热电偶	K	0～800	Ⅰ、Ⅱ级	4	≤2	≤6			抱箍固定
	N	0～800		5					
	E	0～600		6					

表 8-18　常用表面热电偶主要技术指标（二）

允差等级	Ⅰ级：±1.5℃或±0.4%|t|，Ⅱ级：±2.5℃或±0.75%|t|
分度号	K、N、E
种类	单支、双支
结构形式	接线盒式、补偿导线式、抱箍式
铠装偶直径（mm）	4、5、6
金属保护管直径（mm）	16、25、32
套管材质	1Cr18Ni9Ti、316、316L、其他
插入长度	根据需要确定
护等级	IP65、IP66
接线盒形式	防水式、防爆式
接线盒材质	铝合金、不锈钢
电气接口	M20×1.5 内螺纹、1/2NPT 内螺纹、G1/2in 内螺纹、ZG1/2in 内螺纹
防爆等级	按实际产品

（5）耐磨（耐腐蚀）型热电偶。对保护管磨损严重的煤化工、流化床锅炉等流动粉体及物料的温度测量，应该采用高强度耐磨保护管的耐磨（耐腐蚀）型热电偶，使测温热电偶使用寿命更长。根据热电偶保护管所处的高温工况不同，其磨损应包括高温、磨料、腐蚀、疲劳与冲蚀磨损等类型。为提高保护管的耐磨性能，除了寻求高温耐磨材料外，还采用渗硼、喷涂、堆焊等技术，提高热电偶保护管的耐磨（耐腐蚀）性能。耐磨（耐腐蚀）型热电偶主要技术参数见表 8-19，耐磨（耐腐蚀）保护管类型及性能见表 8-20，表中数据供参考（不同设备厂有差异）。

表 8-19　耐磨（耐腐蚀）型热电偶主要技术参数

精度	Ⅰ级、Ⅱ级
分度号及测量范围	K：0～1100℃，S：0～1200℃
金属保护管直径（mm）	16、25、32
耐磨头硬度	HRC58-65
插入长度	根据需要确定
护等级	IP65、IP66
接线盒形式	防水式、防爆式
接线盒材质	铝合金、不锈钢
连接形式	无固定装置、固定螺纹、卡套螺纹、活动法兰、固定法兰、卡套法兰
工作环境	温度：-40～80℃，相对湿度：5%～95%
连接螺纹	M27×2、M33×2
连接法兰	单法兰、配对法兰及紧固件
电气接口	M20×1.5 内螺纹、1/2NPT 内螺纹、G1/2in 内螺纹、ZG1/2in 内螺纹
防爆等级	按实际产品

表 8-20　耐磨（耐腐蚀）保护管类型及性能

类型	性能特点	测量范围（℃）	外径 d（mm）	适用场合
不锈钢喷涂	耐磨	0～800	16、22	风粉管道流化床床温排渣管道
不锈钢喷焊	耐磨	0～800	16、22	
堆焊	耐磨	0～800	16～34	
硬质耐磨合金	耐磨、耐腐、耐高温、强度好	0～1100	25～34	
高温合金	耐腐、耐高温、性能好	0～1300	25～34	
高铬铸铁	耐磨、耐腐、外径大	0～1050	32～50	

在选择耐磨（耐腐蚀）型热电偶时要确定其使用场合、使用温度，便于对耐磨头的材质进行正确选择。

（6）超临界、超超临界电厂用热电偶。超临界、超超临界机组目前采用提高蒸汽压力、温度和采用中间再热技术来提高发电效率，主蒸汽温度可达到 620℃、压力达到 40MPa。超临界、超超临界机组热电偶主要技术参数见表 8-21，表中数据供参考（不同设备厂有差异）。

表 8-21　超临界、超超临界机组热电偶主要技术参数

精度等级	Ⅰ级
分度号	K
金属保护管材料	P91、P92 等
工作压力（MPa）	≤40
插入长度（mm）	一般为 100，其他长度需要特殊订货

（7）热电偶选型及安装要求。

1）热电偶选型原则。

选择热电偶时需要考虑如下原则：

a．被测温度范围。

b．所需响应时间。

c．结构类型。

d. 热电偶或保护套管材料。

e. 抗磨损或抗振动能力。

f. 安装及限制要求等。

为了测量某物体或流体的温度，必须综合考虑测温目的、测温范围、测温精度、测温环境及成本等问题。除此之外，还应注意如下所列的选择要素：

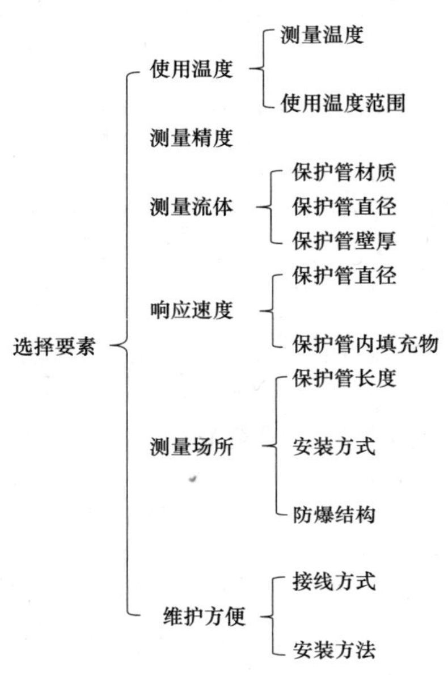

2）当对温度响应时间有较快要求时，可采用接壳型热电偶并配置温度变送器。一般情况下，热电偶宜选用非接壳型。

3）考虑减少DCS信号种类，某些场合可采用热电偶代替热电阻。

4）热电偶安装。热电偶选型与安装方式有很大关系，在生产中由于被测对象、环境条件、测量要求的不同，热电偶的安装方法及采取的措施也不同，需要考虑的问题比较多，但原则上可以从测温的准确性、安全性、维修的方便性三个方面来考虑。

（四）热电阻

热电阻是利用金属电阻值随温度变化的特性实现温度测量的一种温度传感器。

1. 热电阻工作原理

热电阻基于电阻的热效应进行温度测量，即电阻体的阻值随温度变化而变化的特性。因此，只要测量出感温热电阻的阻值变化，就可以测量出温度。热电阻主要有金属热电阻和半导体热敏电阻两类，火力发电厂设计多用金属热电阻。

热电阻大都由纯金属材料制成，应用最广泛的热电阻材料是铂和铜，铂电阻精度高，适用于中性和氧化性介质，铜热电阻，适用于无腐蚀介质，超过150℃易被氧化。铂热电阻有10、100Ω和1000Ω等3种，分度号分别为Pt10、Pt100和Pt1000；铜热电阻有50Ω和100Ω两种，分度号为Cu50和Cu100。其中Pt100和Cu50应用最为广泛，电厂设计中常用Pt100铂热电阻。

2. 适用范围

热电阻是中低温区最常用的一种温度检测仪表。它的主要特点是测量精度高，性能稳定，可以直接测量各种生产过程中−200～600℃（实际使用一般在300℃以下）范围内的液体、蒸汽和气体介质，以及固体的表面温度。铂热电阻的测量精度高，它不仅广泛应用于工业测温，而且被制成标准的基准仪。

3. 热电阻分类

热电阻是把温度变化转换为电阻值变化的一次元件，热电阻安装在生产现场，与集中控制室之间存在一定的距离，因此热电阻的引接线对测量结果会有较大的影响。常用热电阻主要有两种引线方式：①三线制。在热电阻根部的一端连接一根引线，另一端连接两根引线的方式称为三线制。采用三线制是为了消除连接导线电阻引起的测量误差。将一根导线接到电桥的电源端，其余两根分别接到热电阻所在的桥臂及与其相邻的桥臂上，消除了导线线路电阻带来的测量误差。电厂设计中一般采用三线制热电阻。②四线制。在热电阻的根部两端各连接两根导线的方式称为四线制，其中两根引线为热电阻提供恒定电流 I，把 R 转换成电压信号 U，再通过另两根引线把 U 引至二次仪表或控制系统。这种引线方式可完全消除引线的电阻影响，主要用于高精度的温度检测。

（1）装配式热电阻。装配式热电阻可以直接测量各种生产过程中−200～600℃（具体测温范围与元件类型有关，实际使用一般在300℃以下）范围内的液体、蒸汽和气体介质及固体的表面温度，一般推荐在无震动场合使用。

装配式热电阻是由感温元件、保护管、接线盒及固定装置组成，有双支和单支元件两种规格，装配式热电阻接线盒可分为防水式和隔爆型两种类型。其安装固定装置有螺纹、法兰、固定安装法兰盘和无固定装置等形式。

1）装配式热电阻测量端结构形式，见图8-13。

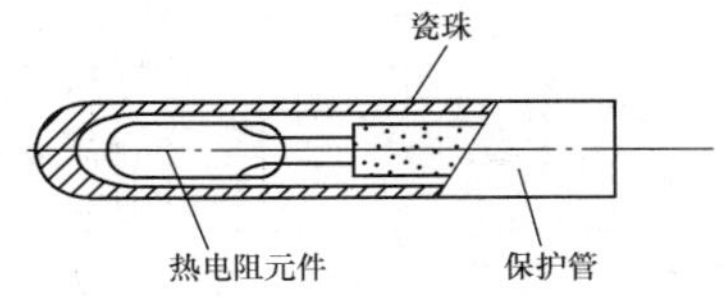

图8-13 装配式热电阻测量端结构形式

2）装配式热电阻主要技术指标。

a. 装配式热电阻测温范围及允差，见表8-22，表中数据供参考（不同设备厂有差异）。

表 8-22　　装配式热电阻测温范围及允差

分度号	0℃时的公称电阻 R（Ω）	电阻比 W（100℃）	测量范围及允差	
			测温范围（℃）	允差
Pt10	10	1.3851	陶瓷元件：−200～600 云母元件：−200～420	A 级：±（0.15+0.2%|t|） B 级：±（0.3+0.5%|t|）
Pt100	100			
Cu50	50	1.4280	−50～100	±（0.3+0.6%|t|）
Cu100	100			

注　实际使用一般在 300℃以下。

b．装配式热电阻长度规格，见表 8-23，表中数据供参考（不同设备厂有差异）。

表 8-23　　装配式热电阻长度规格　　（mm）

保护管直径	长度 L
12	225、250、350、400、450、550、650、900、1150
16	300、350、450、500、650、900、1150、1650、2150

注　装配热电阻的插入长度：l=L−150mm。

c．装配式热电阻热响应时间，见表 8-24，表中数据供参考（不同设备厂有差异）。

表 8-24　　装配式热电阻热响应时间

保护管直径（mm）		保护管材质	热响应时间 $\tau_{0.5}$（s）
铂热电阻	12	316L、304	30～90
	16		
铜热电阻	16		＜180

d．防爆等级。根据实际情况选取。

3）常用装配式铂热电阻技术参数，见表 8-25，表中数据供参考（不同设备厂有差异）。

表 8-25　常用装配式铂热电阻技术参数表

安装方式	无固定装置、固定螺纹、活动法兰、固定法兰
分度号	Pt100
结构形式	单支式、双支式
测量端形式	三线制、四线制（特殊订货）
保护管外径（mm）	12、16、其他
保护管材质	304、316、316L、其他
防护等级	IP65、IP66、IP68
接线盒材质	铝合金、不锈钢
接线盒类型	防水型、隔爆型
工作环境	温度：−40～80℃，相对湿度：≤5%～95%
电气接口	M20×1.5 内螺纹、1/2NPT 内螺纹、G1/2in 内螺纹、ZG1/2in 内螺纹
过程接口	螺纹规格：M12×1.5、M27×2、M33×2、G1/2、ZG1/2、1/2NPT 等 法兰连接：单法兰、配对法兰及连接件

例如：双支防水型接线盒装配式铂热电阻、Pt100、B 级允差，总长 450mm，插入深度 300mm，保护管直径为 16mm，材质为 304，固定螺纹 M27×2。

4）常用铠装芯装配式铂热电阻主要技术参数，见表 8-26，表中数据供参考（不同设备厂有差异）。

表 8-26　常用铠装芯装配式铂热电阻主要技术参数

安装方式	无固定装置、螺纹（固定、卡套）、法兰（活动、固定、卡套）
分度号	Pt100
结构形式	单支式、双支式
测量端形式	三线制、四线制
保护管外径（mm）	12、16、其他
保护管材质	304、316、316L、其他
保护管结构形式	钢管保护管式、整体钻孔保护管式
防护等级	IP65、IP66、IP68
接线盒材质	铝合金、不锈钢
接线盒类型	防水型、隔爆型
工作环境	温度：−40～80℃，相对湿度：≤5%～95%
电气接口	M20×1.5 内螺纹、1/2NPT 内螺纹、G1/2in 内螺纹、ZG1/2in 内螺纹
过程接口	螺纹规格：M12×1.5、M27×2、M33×2、G1/2、ZG1/2、1/2NPT 等 法兰连接：单法兰、配对法兰及连接件

注　电气接口非标准时将增加转接头。

（2）铠装铂热电阻。铠装铂热电阻外壳采用坚固耐磨的不锈钢作铠套；内部充满高密度氧化物作为绝缘体，把感温元件紧固在铠套端部内。铠装铂热电阻外径一般为 2～8mm，与普通型热电阻相比，其优点有：体积小，内部无空气间隙，测量滞后小；机械性能好、耐震，抗冲击；便于安装；使用寿命长。

1）铠装铂热电阻测量端结构形式。铠装热电阻通常由铠装铂热电阻感温元件、安装固定装置和接线盒等组成。具体测量端结构形式见图 8-14。

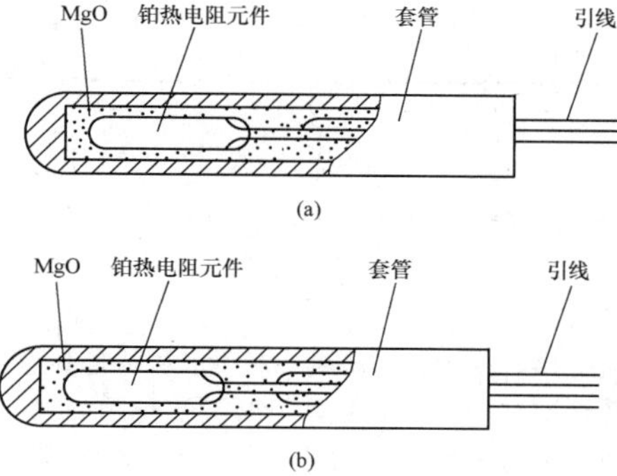

图 8-14　铠装铂热电阻测量端结构形式
（a）三线制；（b）四线制

2）铠装铂热电阻主要技术指标。

a．铠装铂热电阻测温范围及允差，见表 8-27，表中数据供参考（不同设备厂有差异）。

表 8-27　铠装铂热电阻测量范围及允差

分度号	电阻 R（Ω）	电压 U（V，100℃）	测量范围（℃）	允差
Pt100	100	1.385	−200～600	A 级：±（0.15+0.2%|t|） B 级：±（0.3+0.5%|t|）

注　实际使用一般在 300℃以下。

b．铠装铂热电阻热响应时间。当铠装铂热电阻套管直径小于或等于 5mm 时，热响应时间小于或等于 8s；当铠装热电阻套管直径大于 5mm 时，热响应时间小于或等于 18s。

c．铠装铂热电阻套管直径和长度，见表 8-28。

表 8-28　铠装铂热电阻套管直径和长度

种类	直径（mm）	长度（mm）	材质
单支式 双支式	3	100～10000	321 316
	4	100～10000	
	5	100～10000	
	6	100～8000	
	8	100～6000	

d．常用铠装铂热电阻技术参数，见表 8-29。

表 8-29　常用铠装铂热电阻技术参数

允差等级	A/TA 级：±（0.15+0.002|t|） B/TB 级：±（0.30+0.005|t|）
分度号	Pt100
测量范围（℃）	−200～600
种类	单支式、双支式（适用于铠装阻直径为 5～8mm）
测量端结构形式	三线式、四线式
铠装阻直径（mm）	3、4、4.5、5、6、8
套管材质	321、316、316L
总长 L×插入长度 l（mm）	根据需要确定
防护等级	IP65、IP66、IP68
接线盒	分带接线盒式和不带接线盒式铠装铂热电阻。如带接线盒材质为铝合金和不锈钢，分为防水式和隔爆式
工作环境	温度：−40～80℃，相对湿度：5%～95%
安装固定装置	卡套螺栓、固定螺纹：M16×1.5、M16×1.5、M20×1.5、M27×2、NPT1/2in、ZG≥1/2in 卡套法兰：单法兰、配对法兰及紧固件
安装方式	无固定装置、固定卡套螺栓、可动卡套螺栓、固定卡套法兰、可动卡套法兰

注　1．电气接口非标准时将增加转接头。
2．温度范围在−200～50℃或 400～600℃区间内，允差等级需选用 TA 或 TB。
3．带保护管的铠装铂热电阻，可以根据保护管结构和材质的不同，满足测量元件在适合的环境中长期使用。
4．实际使用一般在 300℃以下。

（3）火力发电厂常用铠装铂热电阻。根据不同的温度、压力、蒸汽流速选择专供电厂使用的热电阻。电厂常用铠装铂热电阻可分为热套式热电阻、风道烟道热电阻、高压热电阻、中压热电阻及低压热电阻。

电厂常用铂热电阻主要技术指标见表 8-30，表中数据供参考（不同设备厂有差异）。

表 8-30　电厂常用铂热电阻主要技术指标

名称	分度号	允差等级		测量范围（℃）	公称压力（MPa）	流速（m/s）	热响应时间 $\tau_{0.5}$（s）	保护管材质
		A 级	B 级					
热套式热电阻	Pt100	±（0.15+0.2%|t|）	±（0.3+0.5%|t|）	0～600	29.4（42）①	<80	<180	316、304
风道烟道热电阻				0～600	9.8	<9	<90	304
高压热电阻				0～600	29.4（42）①	<80	<180	316、304
中压热电阻				0～600	14.7	<30	<180	304
低压热电阻				0～600	9.8（14.7）	<9（30）	<180	304

注　保护管材质根据实际需要选择。

①　需要特殊订货。

（4）端面热电阻。端面热电阻适用于测量固定表面的温度，尤其适用于汽轮机推力瓦、通用机械的轴承测温等。

常用端面热电阻主要技术参数，见表 8-31，表中数据供参考（不同设备厂有差异）。

表 8-31　常用端面热电阻主要技术参数

允差等级	A 级：±（0.15+0.002|t|） B 级：±（0.30+0.005|t|）
分度号	Pt100
测量端形式	三线制
测量范围（℃）	0～200
种类	单支式、双支式
热响应时间 $\tau_{0.5}$（s）	≤30
公称压力	常压
总长（mm）	500、1000、1500、2000、2500、3000、3500、4000、4500、5000、5500、6000、6500、7000、7500、8000，其他长度订货时注明
套管直径（mm）	3、4、4.5、5、6、8

（5）耐磨（耐腐蚀）型热电阻。耐磨（耐腐蚀）型热电阻主要用于现场对保护管磨损比较严重的低温介质温度测量场合，在循环流化床锅炉使用比较广泛。其特殊工艺的耐磨材料在不影响测温滞后的前提下，解决了循环流化床锅炉测温热电偶的使用寿命，保护套管具有耐磨，耐高温氧化，耐流化，耐液态铁粉、石灰石等腐蚀，抗冲刷，耐震动，使测温热电阻使用寿命更长。耐磨（耐腐蚀）型热电阻主要技术参数除允差及温度测量范围外，基本与耐磨（耐腐蚀）型热电偶类似。

4. 热电阻选型

热电阻选型考虑的因素与热电偶相同，温度小于300℃时，一般选用铂热电阻。在选择热电阻的安装部位和插入深度时要注意以下几点：

（1）为了使热电阻的测量端与被测介质之间有充分的热交换，应合理选择测点位置，尽量避免在阀门、弯头及管道和设备的死角附近装设热电阻。

（2）带有保护套管的热电阻有传热和散热损失，为了减少测量误差，热电阻应该有足够的插入深度：

1）对于测量管道中心流体温度的热电阻，一般应将其测量端插入到管道中心处（垂直安装或倾斜安装）。如被测流体的管道直径是 200mm，热电阻插入深度宜选择 100mm。

2）假如需要测量烟道内烟气的温度，尽管烟道直径为 4m，但热电阻插入深度为 1m 即可。

3）当插入深度超过 1m 时，应尽可能垂直安装，或加装支撑架和保护套管。

（五）测温元件保护管

当工艺过程存在高压、高流速、高腐蚀性、高速冲刷等情况时，测温元件（双金属温度计、热电偶、热电阻）应选用有足够强度、硬度和耐腐蚀的温度计保护管，以保证安全和正常操作。保护管承受的压力与保护管结构形式、直径、壁厚、插入长度、温度、流速及焊接质量有关。

1. 温度计保护管结构

温度计保护管外形结构可分为直形、锥形及阶梯形，具体见图 8-15。

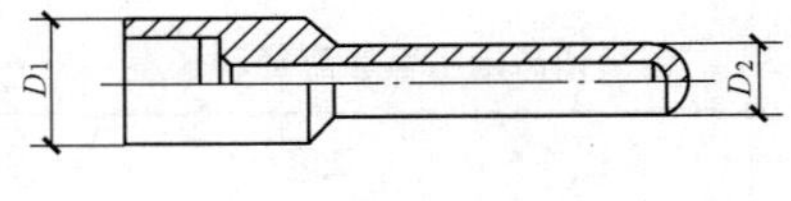

(a)

图 8-15　温度计保护套管外形结构图（一）

（a）直形结构

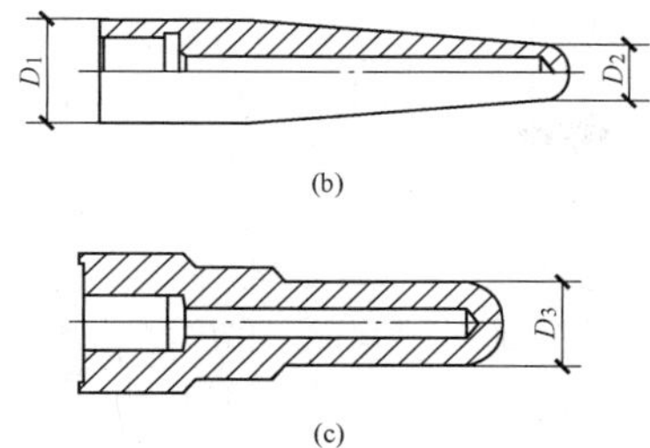

图 8-15　温度计保护套管外形结构图（二）
（b）锥形结构；（c）阶梯形结构

2. 保护管材料的分类

（1）金属保护管。金属保护管的特点是机械强度高，韧性好，抗震性强。因此，金属保护管多用于有足够机械强度的场合。常用金属保护管种类及特性见表 8-32。

表 8-32　常用金属保护管的种类及特性

材质		特性
奥氏体不锈钢	304 型	低碳不锈钢，耐晶间腐蚀性能和焊接性能良好，最高使用温度为 800℃
	310 型	耐热不锈钢，抗腐蚀性好，耐氯蚀，高温下抗氧化，可用至 1100℃
	316 型	不锈钢，耐热、耐酸、耐碱浸蚀性能优良，焊接性能好，可用至 800℃
镍基合金	GH3030	具有优良的抗腐蚀及抗氧化性能，以及良好的工艺性能与满意的焊接性能，常用温度为 1100℃
	GH3039	抗氧化性比 GH3030 更好，使用温度更高，常用温度为 1150℃
镍铬铁合金 Inconel 合金	600 型	在氧化性气氛下可用至 1100℃，耐腐蚀性能好，高温下抗氧化，焊接性能良好
Incocloy 高温合金	800 型	在氧化性气氛下，可用至 1100℃，热稳定性好，氧化皮不易脱落，抗渗碳和渗氮
哈氏合金	哈氏 B 合金	适用于各种浓度及温度的盐酸，对硫酸、磷酸也有耐蚀性。使用温度为 700℃
	哈氏 C 合金	可用于氧化、还原性气氛，抗氯化铁、氯化铜性能优良。使用温度为 700℃

（2）非金属保护管。金属保护管在高温下易与碳及熔融金属起反应，所以不能用来测量金属熔体的温度。同时，金属在高温下产生一定的蒸气，对贵金属热电偶的污染严重。因此，铂铑热电偶不能直接采用金属或合金保护管，必须用非金属等作内保护管，将热电偶与金属保护管隔离开才能使用。非金属保护管有刚玉、氧化铝、二硅化钼、石英等，应根据实际工况选取。

3. 保护管的选择

（1）保护管的选择。保护管不仅可以保护测温元件、延长温度计的使用寿命，还可以起到支撑和固定测量端、增加其强度的作用。因此，保护管选择是否合适，将直接影响热电偶或热电阻的使用寿命和测量准确度。

（2）保护管选择原则。保护管选择原则如下：

1）能够承受被测介质的温度与压力。

2）高温下物理与化学性能稳定。

3）高温机械强度好，能够承受震动、冲击等机械作用。

4）抗热冲击性能良好，不因温度骤变而损坏。

5）足够的气密性。

6）不产生对测温元件有害的气体。

7）导热性能良好。

8）对被测介质无影响，无污染。

在高温下，耐热、物理与化学性能稳定和耐热冲击性能是主要的。设计中要选出完全满足上述要求的保护管，需要依据使用条件选择比较适宜的保护管。

一般对于中、低压介质，宜选用无缝钢管式温度计保护管；对于高压介质的场合，宜选用直形或锥形钻孔管式温度计保护管；对于被测介质流速较高或要求温度计保护管有高强度的场合，应选用锥形钻孔温度计保护管；对于要求减小阻力或减小热响应时间的场合，可选用阶梯形温度计套管。

保护管材料有金属、非金属等。金属保护管用在机械强度要求高的场合，不锈钢用得最多。

（3）其他。需要时根据相关规定，对温度计配用保护管进行固有频率、谐振频率计算及应力核算，以确保所采用的保护管的测温性能及机械强度满足使用要求。计算时，需要温度计配用保护管所处环境的压力、温度、密度、黏度及流速等参数。

（4）选型举例。

1）法兰保护管，锥形整体钻孔，ϕ20/ϕ16mm，材质为 304，插入深度为 200mm，配单法兰。

2）固定螺纹安装保护管，整体式直形、插入深度为 250mm，保护管ϕ16mm，安装螺纹 M27×2，材质为 316，工艺连接螺纹 M20×1.5。

3）整体钻孔焊接保护管，阶梯形，材质为 304，L/H=180/60，内孔直径为 12mm，工艺连接螺纹 M20×1.5。

（六）温度变送器

温度变送器是指将温度信号变量转换为可传送的标准化输出信号的仪表，主要用于工业过程中温度参数的测量和控制。温度变送器采用热电偶、热电阻作为测温元件，从测温元件输出信号送到变送器模块，转换成与温度成线性关系的4～20mA电流信号、0～5V/0～10V电压信号的标准信号输出或能够以通信协议方式输出，通信标准一般采用国际过程控制领域流行的HART协议；也有将热电偶、热电阻与变送器相结合，组合成一体化的温度变送器，采用热电偶温度变送器，可免用补偿导线。

温度变送器精度高，量程、零点外部可以连续调节，阻尼可调，耐过压，稳定性好，工作环境温度宽，采用封装技术，耐腐蚀，抗震性好，可靠性高。常用温度变送器主要技术指标见表8-33，表中数据供参考（不同设备厂有差异）。

表8-33　常用温度变送器主要技术指标

精度	±0.1%量程、其他
输入	热电偶，热电阻
输出	4～20mA 或 0～10V，带有基于HART通信协议
输出回路供电	直流12～42V，本安型：直流12～28V
工作环境	温度：–40～80℃（本安型为–20～50℃），相对湿度：5%～95%
量程范围	在传感器量程范围内，量程设置无限制
电气接口	M20×1.5内螺纹、G1/2in内螺纹等

注　带一体化液晶显示时工作环境温度为–20～80℃。

（七）温度开关

温度开关是指能够输出继电器触点通断信号用于对工艺过程温度参数进行报警、联锁保护的二进制仪表。

1. 工作原理

温度开关通常由温包式的热敏感温元件及一套O形圈加膜片、活塞、弹簧的感压元件组成。温包热敏元件内填充物的膨胀压力与温度变化存在线性关系，随着过程介质温度的变化产生膨胀压力与膜片、活塞及量程弹簧的预设压力不平衡时，触动开关动作，输出继电器触点通断信号来控制温度参数。

2. 主要技术参数要求

（1）触点要求。温度开关为触点开关，尤其是在高温部分必须采用触点，不得采用水银或其他形式的触头，温度开关触点可分为单刀双掷形式（SPDT）及双刀双掷形式（DPDT）。

（2）重复性精度。温度开关重复性精度一般不超过可调范围的±1%。该精度包括所有误差源，如滞后及线性误差，开关的复现性一般不超过可调范围的±0.25%。

（3）动作时间。温度开关要求动作时间一般小于或等于0.1ms。

（4）防爆性能。特殊场合，应选择满足防爆使用标准的产品，并能长时间地连续稳定工作。

（5）认证体系。温度开关接线和端子均应符合适用的UL和ANSI标准，出于安全等级的考虑，温度开关应至少满足SIL1或SIL2认证。

温度开关具有性能稳定、精度高、体积小、质量轻、可靠性高、寿命长、对无线电干扰小等特点。常用温度开关主要技术指标见表8-34，表中数据供参考（不同设备厂有差异）。

表8-34　常用温度开关主要技术指标

模拟精度（%）	±0.03量程
数字精度（℃）	±0.15（±0.27℉）
周围环境温度影响（℃）	0.003/1.0
稳定性	一年内误差在±0.1%
资质及认证	UL和ANSI
温包	直插式：毛细管长度为1.8、3.0m，1/2inNPT
	远传式：毛细管长度为4.5、6.0m，1/2inNPT
最大耐压（bar）	158
安装方式	整体安装或分体安装
过程接口	1/2inNPT（M），为了便于在线拆装，通常会要求配备与过程接口相匹配的316材质温包套管

3. 选型

温度开关设定值一般选在温度设定点可调范围的1/3～2/3之间最佳。

（八）智能前端系统

1. 工作原理及特点

智能前端系统是在现场布置智能前端装置，将就地物理位置集中、温度测点较多的信号接入该装置，进行就地集中采集和数据处理，可直接用于就地监测，同时将数据传入DCS，由DCS做统一处理后，用于设备参数监测及设备控制依据。其主要特点有：

（1）分散性。智能前端的数据采集处理采用独立的电源及独立CPU，任何一个智能前端的故障不影响其他前端的正常运行。

（2）可靠性。智能前端中的现场信号采用数字传输，大大提高了系统的抗干扰能力。

（3）精确度。冗余通信，采用现场总线型远程网络及以太网通信。

（4）经济性。采用壁挂式就地安装，节省了大量信号电缆，同时减少了安装工作量。

（5）环境适应能力。智能前端防护等级为 IP65，因此适用于恶劣环境。

2. 常用智能前端主要技术指标

常用智能前端主要技术指标见表 8-35，表中数据供参考（不同设备厂有差异）。

表 8-35　常用智能前端主要技术指标

通信协议	冗余 RS485 接口，MODBUS 协议；其他
工作环境	温度：−20～70℃，湿度：≤95%
功耗（W）	＜15
工作方式	连续
防护等级	IP65

第三节　压力检测仪表

一、压力检测仪表设计的一般原则

1. 压力测量

工业过程测量和控制领域中的压力，为物理学中的压强，即单位受力面积上所承受的压力。压力与作用力及其受力面积之间的关系为

$$p = \frac{F}{S} \tag{8-1}$$

式中　p——压力，Pa；

F——作用力，N；

S——受力面积，m^2。

1N 的力均匀作用在 $1m^2$ 面积上的压力，国际计量组织将这一量值作为计量单位，定义为 1 帕斯卡，简称“帕”，记为“Pa”，压力单位有 Pa、kPa、MPa。国际单位为牛顿/米²（N/m^2）。

压力有时用液柱高度来表示，如图 8-16 所示，关系式为

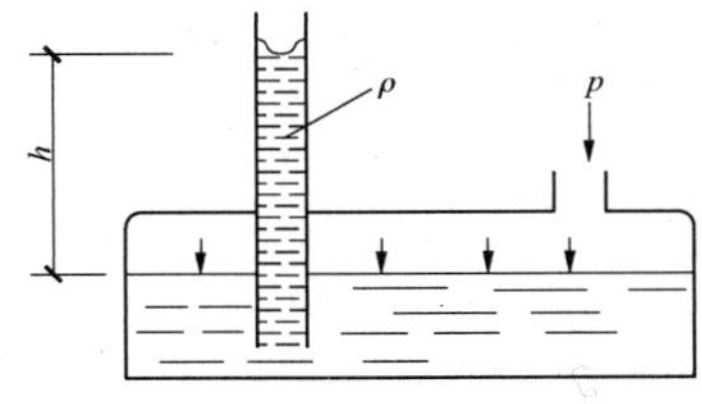

图 8-16　液柱高度表示压力

$$p = \frac{F}{S} = \frac{\rho g h S}{S} \tag{8-2}$$

$$p = \rho g h$$

式中　ρ——液柱内液体密度，kg/m^3；

g——重力加速度，m/s^2；

h——液柱高度，m。

用液柱表示压力的单位为 mmH_2O、mmHg。

在生产过程中所涉及的压力通常是指气体、液体和蒸汽的压力，常用表压、真空度和绝对压力来表示压力。

（1）标准大气压。为了确定地球表面标准大气压，国际气象组织规定，在纬度 45°的海平面上，气温为 0℃时，大气作用于 $1m^2$ 表面上的压力为一个标准大气压（1atm），用等值液柱高度表示为 760mmHg。

（2）绝对压力、表压、真空度。绝对压力以绝对零压为基准。绝对零压是指一密封容器的内部无任何气体分子存在时的状态。用于测量绝对压力的压力表称为绝对压力表，简称为绝压表。

表压是以大气压作为零压基准。表压压力表称为压力表，表压与绝压之间的关系为绝对压力=表压+当地大气压。

压力表（正压表）测量高于大气压的压力值；负压表（真空表）测量低于大气压的负压值，即真空度；压力真空表测量高于或低于大气压的压力值。

2. 压力检测仪表设计的一般原则

在工业生产过程中，压力是需要测量和控制的重要参数之一。火力发电厂压力检测仪表的设计应根据工艺要求，正确选择仪表的量程和精度。根据工艺现场条件选择合适类型的仪表。

应根据使用环境、被测介质的参数和性质，以及根据安装场合防爆等级来选择合适的压力检测仪表，一般可以参照以下原则选用：

（1）对蒸汽、水等无腐蚀性介质的就地压力表宜选用普通弹簧管压力（真空）表。

（2）对有腐蚀性介质或黏性介质的就地压力表宜选用膜片式压力表或加装隔离容器；膜片式压力表可分为测量黏性介质和腐蚀性介质两种，选用时应区分情况，对于黏性结晶颗粒介质选用法兰连接膜片式压力表，其他的考虑螺纹连接方式。

（3）远传压力（差压）测量宜选用压力（差压）开关或压力（差压）变送器；炉膛负压测量宜选用差压测量形式的开关和变送器，差压仪表的静压应大于所测介质的最大工作压力；凝汽器真空测量宜选用真空开关和绝对压力变送器。压力（差压）开关、压力（差压）变送器应根据安装场所防爆要求合理选择。

（4）用于高温工况的仪表应选择不锈钢压力表并安装冷凝管。

（5）测量含有粉尘的气体的压力时应设置防堵装置。

（6）测量烟风道中烟、风的微压（或负压）时，宜选用膜盒式压力表。

（7）测量某些化工介质的压力时应选用专用压力表：对含氨介质压力测量采用氨用压力表；对氧气压力测量采用氧气压力表；对乙炔压力测量采用乙炔压力表；对含硫介质压力测量采用抗硫压力表。

二、压力检测仪表的特点、分类及选择

（一）压力检测仪表的分类

1. 按测量原理分类

常用压力检测仪表，按其测量原理可分为以下三种形式：

（1）弹性元件式。以弹性敏感元件为测量元件，将其在被测压力作用下产生的弹性变形量转变为指针在度盘上的转动。

（2）静力平衡式。按重力与被测压力平衡的方法，测量被测压力值。

（3）传感器式。利用某些物质与压力有关的电学特性，例如在压力作用下的电阻、电压变化，将被测压力值转换为与之相关的电信号输出。

2. 按功能用途分类

压力检测仪表按功能用途可分为就地指示、模拟量信号远传显示、开关量信号等多种类型仪表。

3. 按仪表精度等级分类

压力表的精度等级是以允许误差占压力表量程的百分率来表示的，数值越小，其精度越高。压力表精度等级一般为1.6级或2.5级，特殊的可以提供1.0级；标准压力表，一般为0.25级或0.4级；其他类型压力检测仪表的精度，如压力变送器的测量精度有0.2级、0.10级、0.075级等。

压力表的允许误差=±量程×精度等级，例如，表盘量程为0～2.5MPa、精度为2.5级的压力表，它的指针所示压力值与被测介质的实际压力值之间的允许误差，不得超过 2.5MPa×2.5%=±0.0625MPa；当压力表指示压力为 0.8MPa 时，实际气压在0.7375～0.8625MPa 之间。由此可知，压力表实际误差的大小，不但与精度有关，而且还与压力表的量程大小有关。量程相同时，精度越高，压力表的允许误差越小。精度相同时，量程越大，压力表的误差越大。

（二）弹性元件式压力表

弹性元件式压力表结构简单、安装方便、易于读数、准确稳定、牢固耐用、成本低廉、对各种特殊恶劣工况适应能力强，在各主要工业领域得到极为广泛的应用。

弹性敏感元件在介质压力作用下产生的弹性变形，通过齿轮传动机构（机芯）放大，从而由指针在度盘上指示出相应的压力值。为方便观测，压力表的刻度范围通常为270°。

弹性元件式压力表按其使用的弹性敏感元件类型，可分为弹簧管压力（真空）表、膜盒压力表、膜片压力表、叉簧压力表、波纹管压力表、差压表等。

弹性元件式压力表按其精度等级，可分为一般压力表（1.0/1.6/2.5/4.0级）、精密压力表（0.1/0.16/0.25/0.4级）。压力管道及容器上的现场压力测量通常使用一般压力表。

1. 弹簧管压力（真空）表

（1）特点及适用场合。适用于测量无爆炸危险、无结晶、无凝固及对元件材质不起腐蚀作用的液体、蒸汽和气体等介质的压力或真空，选择时应根据被测介质的参数确定所需的品质。

弹簧管压力（真空）表以弹簧管（波登管）为测量元件。图8-17所示为典型弹簧管压力表结构示意图。

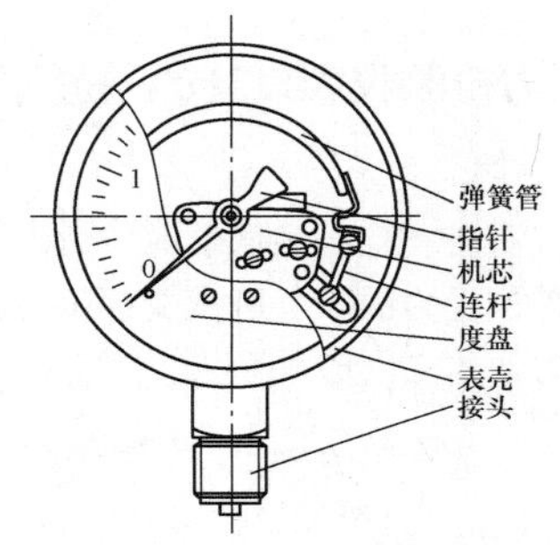

图8-17　典型弹簧管压力表结构图

（2）常用弹簧管压力（真空）表主要技术参数，见表8-36，表中数据供参考（不同设备厂有差异）。

表8-36　常用弹簧管压力（真空）表主要技术参数

项目	参数
精度等级	一般压力表：1.0、1.6、2.5级 精密压力表：0.25、0.4级
压力（真空）表结构形式	轴向直接式、径向直接式、径向盘装式、轴向盘装式、墙装式
真空表测量范围（MPa）	−0.1～0、−0.1～0～0.06、0.15、0.3、0.5、0.9、1.5、2.4
压力表测量范围（MPa）	0～0.1、0.16、0.25、0.4、0.6、1、1.6、2.5、4、6、10、16、25、40、60
精密压力（真空）表测量范围（MPa）	0～0.1、0.16、0.25、0.4、0.6、1、1.6、2.5、4、6、10、16、25、40、60 −0.1～0、0.06、0.15、0.3、0.5、0.9、1.5、2.4
防护等级	IP54、IP65
接头螺纹	M20×1.5、1/2NPT、其他

续表

表盘尺寸（mm）	ϕ60、ϕ100、ϕ150、ϕ200、ϕ250
正常工作环境温度（℃）	−40～70
安全工作介质温度（℃）	≤200

（3）弹簧管压力（真空）表量程的选择。压力（真空）表量程的选择，一般可以参照以下原则进行：

1）测量稳定压力时，正常压力指示值应在仪表测量范围上限值的1/3～2/3。

2）测量波动压力（如泵、风机出口）时，正常压力指示值应在仪表测量范围上限值的1/3～1/2。

3）测量压力大于4MPa时，正常压力指示值应在仪表测量范围上限值的1/3～3/5。

（4）弹簧管压力（真空）表精度等级的选择。压力（真空）表精度等级的选择应根据运行所允许的参数偏差值来确定，一般选用1.6级或2.5级，重要参数选用1级或0.4级，而排气真空宜选用标准真空表。

（5）弹簧管压力（真空）表外形尺寸的选择。常用压力（真空）表表盘直径为ϕ60、ϕ100、ϕ150、ϕ200、ϕ250mm。应根据被测参数的重要程度选择表壳直径，一般可以参照以下原则选用：

1）在管道和设备上安装的压力（真空）表，表盘直径为100mm或150mm，一般情况下多选用150mm，次要参数选用100mm。

2）气动仪表管路上压力（真空）表表盘直径常选60mm。

3）安装在照度较低、位置较高或示值不易观测场合的压力（真空）表，表盘直径为150mm或200mm。

4）个别重要参数，为突出其主要地位，可选用表盘直径为200mm或250mm的压力（真空）表。

（6）压力（真空）表结构选择。

1）直接现场安装：通常选用轴向或径向直接式（无边）结构。

2）墙装（凸装）：选用径向墙装式（径向带后边）结构。

3）盘装式：选用径向盘装式（径向带前边）、轴向盘装式（轴向带前边）结构。

2. 膜片压力表

（1）特点及适用场合。膜片压力表以波纹膜片为弹性敏感元件，主要测量液体、气体等各类介质的微压或低压。图8-18所示为膜片压力表结构示意图。膜片被夹持在两片法兰之间，依靠较大的感压面积来感应膜片下腔很小的压力。

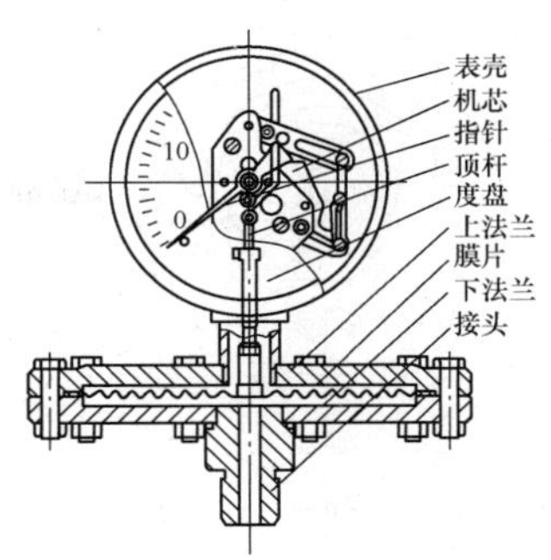

图8-18　膜片压力表结构示意图

螺纹连接的膜片压力表用于生产过程中无结晶或凝固倾向的介质，适用于腐蚀性液体和气体介质的压力测量；法兰连接的膜片压力表用于生产过程中黏稠、含颗粒或易结晶的介质，适用于腐蚀性液体和气体介质的压力测量。充液耐震型膜片压力表可以在工作环境震动或介质压力（负荷）脉动的场所使用。测量液体介质的微压应使用膜片压力表。

（2）常用膜片压力表主要技术参数，见表8-37，表中数据供参考（不同设备厂有差异）。

表8-37　常用膜片压力表主要技术参数

精度等级	常规：1.0、1.6级 耐震型：1.6、2.5级
膜片压力表结构	径向直接
膜片压力表测量范围	1～60kPa，0.1～2.5MPa
膜片材料	不锈钢
防护等级	IP54、IP65
过程连接	M20×1.5、其他
表盘尺寸（mm）	ϕ100、ϕ150
正常工作环境温度（℃）	−40～70，耐震式：−25～55
安全工作介质温度（℃）	≤150

注　量程大于或等于10kPa可选充液耐震型。

3. 膜盒压力表

（1）特点及适用场合。膜盒压力表的测量元件为圆形膜盒，图8-19为膜盒压力表结构示意图。膜盒是由两块波纹膜片对扣在一起而形成的测量腔室，感压面积较大，因而可以测量很小的压力。因导压通路及测量腔室特性，膜盒压力表通常仅适用于气体介质的压力测量。

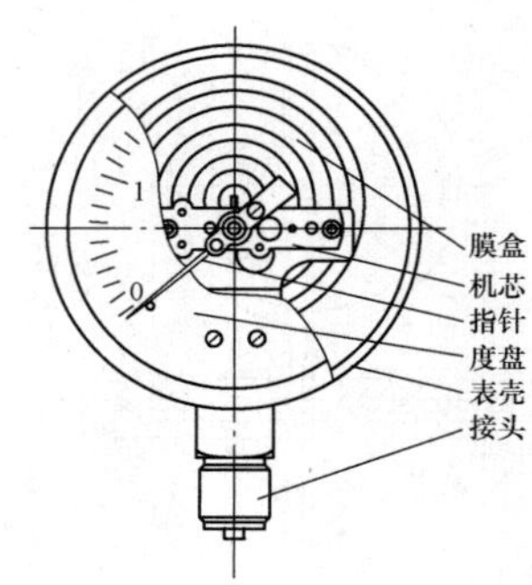

图 8-19　膜盒压力表结构示意图

膜盒压力表用来测量无爆炸、无结晶、无凝固倾向，对元件材质无腐蚀作用的气体介质。

（2）常用膜盒压力表主要技术参数，见表 8-38，表中数据供参考（不同设备厂有差异）。

表 8-38　常用膜盒压力表主要技术参数

精度等级	1.6、2.5
膜盒压力表结构	轴向直接式、径向直接式、轴向盘装
膜盒压力表测量范围（kPa）	1～60
防护等级	IP54、IP65
过程连接	M20×1.5、其他
表盘尺寸（mm）	ϕ100、ϕ150
正常工作环境温度（℃）	−40～70，耐震型：−25～55
安全工作介质温度（℃）	≤150

4. 隔膜压力表

（1）特点及适用场合。隔膜压力表是以弹簧管压力表（俗称表头）为基础，附加连接器（功能附件）和隔膜化学密封（俗称隔离器）而组成。隔膜上腔与弹簧管所形成的密封腔室内充满隔膜传导液，将被测压力传递至弹簧管。隔膜压力表结构见图 8-20。

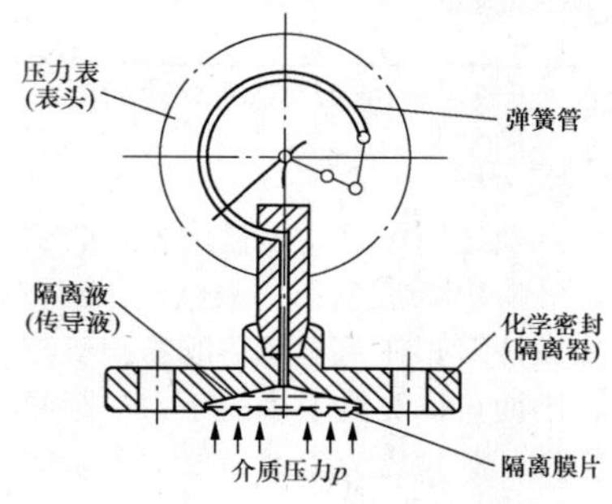

图 8-20　隔膜压力表结构图

隔膜压力表将弹簧管压力表与隔膜隔离器、连接器有机地组合成一个隔膜式测压系统。隔膜将介质与测量元件隔离，适用于强腐蚀、高黏度、易结晶、易凝固等介质的压力测量。

由于隔膜压力表测量点与测量系统弹性元件间存在的相对高度差，传导液的重量会导致隔膜压力表的读数与被测介质的实际压力间产生一个液位差影响量 Δp。刚性连接隔膜压力表在校验时已经计入了该影响量。柔性连接的导管具有一定长度，该影响量尤为明显且出厂前无法进行预补偿。实际使用时，液位差影响量的大小可以按照以下近似公式计算

$$\Delta p=\rho H/100 \tag{8-3}$$

式中　Δp——液位差影响量，MPa；

ρ——传导液的密度，10^3kg/m^3；

H——液位差高度，m。

液位差影响见图 8-21。

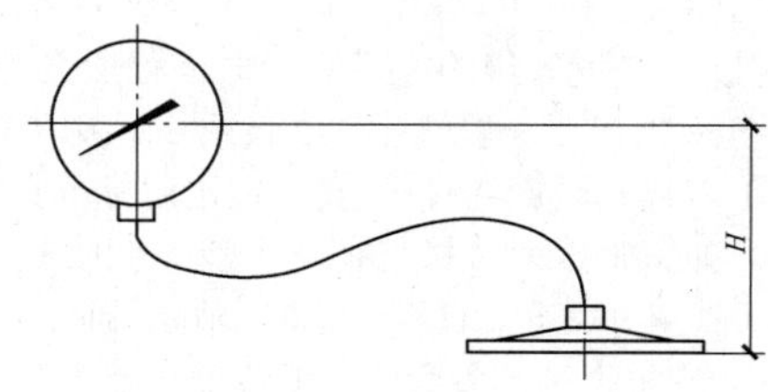

图 8-21　液位差影响图

（2）隔离器形式及选择。

1）隔离器形式（见图 8-22）。为适应介质特性及工艺接口类别，隔离器形式可分为：

a. 螺纹式隔离器。用于强腐蚀或黏稠性相对不高的介质，量程通常为 0.1～60MPa，螺纹本体接液。

b. 法兰式隔离器。是最常用的隔离器形式，用于强腐蚀、含颗粒（粉尘）、有结晶或凝固等堵塞倾向的介质，量程通常为 0.1～25MPa。

c. 工字法兰式隔离器。通常用于高温工况，或当法兰规格较小（如≤DN20）时，工字法兰便于采用灵敏度更高的大尺寸膜片，以测量较低的压力，工字法兰本体接液。

d. 探入式法兰（螺纹）隔离器。将隔离膜片伸入主管道，以适应高黏稠或高流速的介质。因隔离膜片位于探入体端部，膜片尺寸受探入体直径限制。为保证膜片灵敏性，被测压力越低，使用的探入体直径越大，探入体接液。

e. 管道式和马鞍式隔离器。均为在线安装式，隔离器本身构成主管道的一部分，从而提高对易结晶、易凝固、高流速介质的适应性。管道式隔离器采用了与主管道通径相适应的圆筒形膜片，马鞍式隔离器在膜片隔离器的基础上附加了一个与主管道相适应的马

鞍座。为适应管道内流体的工艺温度要求，管道式和马鞍式隔离器还可以带伴热功能。

f. 卡箍式卫生型和螺母式卫生型隔离器。能快速拆装和清洁，适用于对工艺卫生要求较高的场合。

图 8-22 隔离器形式

（a）螺纹式；（b）法兰式；（c）工字法兰式；（d）探入式法兰；（e）探入式螺纹；（f）管道式；（g）马鞍式；（h）卡箍式卫生型；（i）螺母式卫生型

2）隔离器压力测量上限，见表 8-39，表中数据供参考（不同设备厂有差异）。

表 8-39 隔离器压力测量上限 （MPa）

隔离器结构形式	量程
内置膜片式法兰、带密封舱法兰、探入式螺纹	≤6
活动法兰、平焊膜片式法兰、马鞍式	≤25
工字法兰、管道式	≤40
螺纹式（PVC 螺纹式）	≤60（≤1）
探入式法兰	≤16
卡箍式卫生型	≤4
螺母式卫生型	≤2.5

（3）隔膜压力表的耐腐蚀性。

可以通过选择与被测介质腐蚀特性相适应的隔离膜片材质、接液元件（法兰及螺纹接头）材质和内部密封圈材质来保证隔膜压力表的耐腐蚀性。

1）隔离膜片厚度很小，其材质耐介质腐蚀的能力是决定隔离器耐腐蚀性的关键因素。常用隔膜材质的耐腐蚀性能见表 8-40。

2）对凸面法兰式隔离器，采用将隔离膜片直接焊接在法兰密封面上的平焊膜片形式，能保证法兰不参与接液，降低法兰耐腐蚀材料成本。但必须使用制造厂配套的专用法兰垫片，以免标准垫片内缘挤压膜片波纹造成损坏。内置膜片式隔离器具有更好的安装适应性；活套型法兰隔离器安装时能比较方便地旋转表头朝向。图 8-23 列出了法兰隔离器的三种常见膜片形式。

表 8-40 常用隔膜材质的耐腐蚀性能

隔膜材质	耐腐蚀性能
钽 Ta	具有优良的耐腐蚀性能。除氢氟酸、苛性碱外，在其他腐蚀介质中具有优良的耐腐蚀性能，特别能耐盐酸和王水的腐蚀
哈氏 C-276	在氧化-还原性介质中耐腐蚀性能良好。适用于干氯气、硝酸（＜50℃）、磷酸、醋酸、多种氯化物、苛性钠、海水及多种有机酸，也能有条件地用于盐酸和硫酸。有一定的晶间腐蚀倾向
蒙乃尔 K400	能耐多种还原性介质腐蚀，特别是在氢氟酸和碱中性能稳定。适用于氢氟酸、氯化物、干燥氯气、碱及有机酸等。不耐盐酸及潮湿的硫化氢蒸汽腐蚀
钛 Ti	能耐海水、各种氯化物和次氯酸盐、湿氯、硝酸等氧化性酸、王水、有机酸、碱等介质的腐蚀。不耐较纯的还原性酸（盐酸、硫酸）、干氯气、四氯化钛等腐蚀
316L	主要适用于水蒸气、热碱溶液、沸腾的磷酸、氢硫酸、醋酸、甲酸、亚硫酸等介质。尤其能耐各种温度、浓度的硝酸腐蚀。耐硫酸、湿氯气及某些氯化物介质腐蚀能力较差

续表

隔膜材质	耐腐蚀性能
316LS-S 衬 PTFE	除受三氟化氯、高温三氟化氧、高流速的液氟及高温氟气浸蚀外，在几乎所有介质中具有化学稳定性
316LS-S 镀金	耐腐蚀性与钽相似，能耐各种酸、碱、盐的腐蚀，但对王水及卤素的耐蚀性能较差，特别适用于高温氯化氢及氢气

3）当隔离膜片之外的隔离器本体需要参与接液时，还需要考虑选择合适的材质。

4）传导液的选择。为了保证隔膜压力表使用的可靠性及安全性，应根据隔膜压力表的使用场合及工艺条件选择合适的传导液，见表 8-41。

表 8-41　典型隔膜传导液（填充液）的工作温度范围及用途

填充液	工作温度范围（℃）	主要用途
低温硅油	−45～180（高温仅适用密闭空间）	低温用
低黏度硅油	−35～200	一般用
高温硅油	−5～340（高温仅适用密闭空间）	高温用
氟油	−30～160	特殊介质

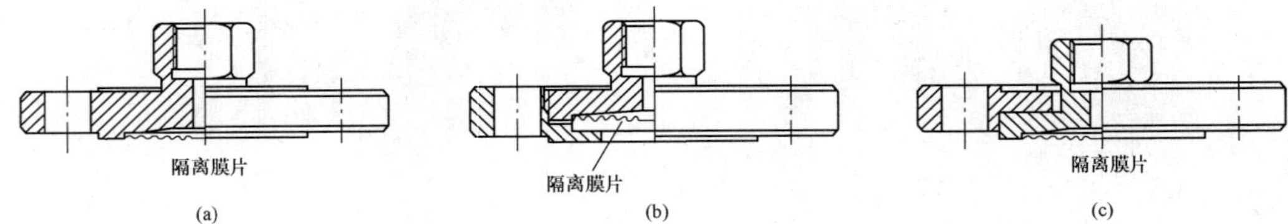

图 8-23　法兰隔离器的常见膜片形式

（a）平焊膜片式；（b）内置膜片式；（c）活动法兰

（4）压力表附件。隔膜压力表的表头与隔离器之间可以附加过压保护器、阻尼器、散热器、角形连接器、毛细软管、硬管等连接器，以实现不同的功能选项。

1）散热器和冷凝圈。用于降低进入压力表测量元件的介质温度，提高压力表对高温工况的适应性，并兼具减震缓冲作用。散热器和冷凝圈的主要形式见图 8-24。

2）毛细软管和角形连接器。毛细软管通常用于压力表与取压点间的连接，延长引压距离，并具有较好的散热作用。毛细管的长度通常为 1、2、3、5、6、10m。带毛细软管的压力表通常应为径向后边安装方式，以便于挂装。

角形连接器通常用在隔膜压力表上，转换表头与隔离器的方向，以适应垂直管道安装。

3）过压保护器。用于自动切断过压，以保护仪表测量系统不被损坏。

4）阻尼器。用于减轻介质压力脉动对仪表测量系统的不利影响。

5）冲洗环。通常安装在法兰式隔膜压力表（或膜片压力表）与工艺侧法兰之间，以便使用压缩空气吹除膜片下腔的堆积物，避免堵塞；适用于高粉尘、易出现堆积的介质工况。必要时，可在冲洗口上安装球阀，以方便较频繁地进行冲洗操作。

连接器形式见图 8-25。

（5）选型举例。举例 1：ϕ150mm 不锈钢耐震隔膜压力表，带平焊式法兰隔膜密封、隔膜材质钽，带过压保护器。

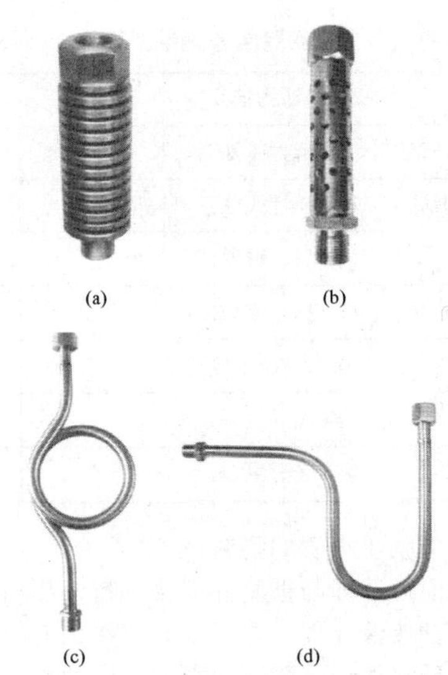

图 8-24　散热器和冷凝圈的主要形式

（a）片式散热器；（b）毛细管散热器；（c）O 形冷凝圈；（d）L 形冷凝圈

举例 2：ϕ100mm 不锈钢耐震隔膜压力表，带螺纹接头式隔离器、哈氏隔膜，带阻尼器。

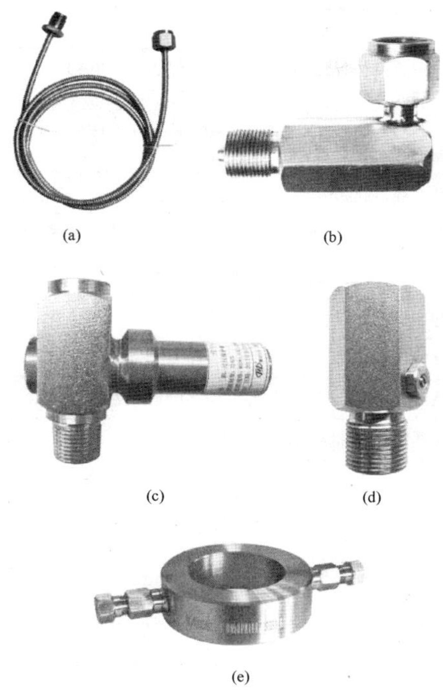

图 8-25　连接器形式

（a）毛细软管；（b）角形连接器；（c）过压保护器；（d）阻尼器；（e）冲洗环

5. 差压表

（1）差压表分类。差压表用于直接指示两个相关被测压力间的差值。当表盘带有与差压对应的流量刻度时，还可以用来指示特定工位的流量。

1）双膜片差压表。在高、低压腔室各设置膜片，其中低压侧为隔离膜片。两膜片间填充传导液，将低压传递至高压膜片内侧。高压膜片为弹性敏感元件，测量位于其两侧的高低压间的差压。

2）单膜片差压表。膜片敏感元件夹持在两片法兰之间，膜片两侧各串一只波纹管，分别形成容积可变的高、低压腔室。由膜片直接测量其两侧的高低压腔室之间的差压。

3）双波纹管差压表。采用两只波纹管分别作为高、低压的弹性敏感元件，并以差动方式将两只波纹管变形量间的差值传递至机芯。

4）膜盒式差压表。表壳制成密闭结构，将高压引入膜盒内，低压引入表壳与膜盒之间，从而由膜盒感应高、低压之间的差压。因表壳内充满低压介质，膜盒式差压表仅适用于低腐蚀性、无色干燥纯净的气体。

5）磁活塞差压表。依靠弹簧支撑的活塞在差压作用下产生位移，指针随活塞上的磁铁转动而指示差压。

（2）常用差压表主要技术参数，见表 8-42，表中数据供参考（不同设备厂有差异）。

（三）压力传感器

1. 压力传感器的原理及特点

压力传感器的原理是利用某些物质与压力相关的电学特性，将被测压力转变为电信号。

利用压力传感器的电信号可以制成压力/差压变送器、数字压力计、电子式压力/差压开关等输出标准信号的仪表，实现监测、显示、报警或控制等功能。

压力/差压传感器的种类繁多、形式复杂且分类方式缺乏统一规范，选用时应重点关注信号类型、感应和传输方式、量程、精度、温度特性、化学特性等因素。

表 8-43 列出了常用压力/差压传感器的主要类型及特点。

表 8-42　　常用差压表主要技术参数

形式	表盘公称直径（mm）	精度等级	差压量程（MPa）	最大静压（MPa）
双膜片差压表	100/150	2.5、1.6 级	0.01～2.5	4/10/40
单膜片差压表	100/150	2.5、1.6 级	0.016～2.5	4
	150	2.5 级	0.0006～0.01	
双波纹管差压表	100/150	2.5 级	0.016～2.5	不大于差压量程的 6～10 倍，且不大于 6
膜盒式差压表	100	2.5、1.6 级	0.001～0.06	0.2
	150	2.5 级	0.00025～0.06	
磁活塞差压表	80	3%、5%	0.016～1	10/25/40

注　当操作静压大于差压测量上限时，差压表须配套带有平衡阀的三（五）阀组安装。

表 8-43　常用压力/差压传感器的主要类型及特点

类型		特点
电阻式	电位器式压力传感器	结构简单，尺寸小，电刷与电位器间易磨损
	电阻应变式压力传感器	结构简单，响应特性好，信号较弱，非线性大
	锰铜压力传感器	适合高压及超高压
压阻式	陶瓷压力传感器	耐腐蚀，抗磨损和冲击
	扩散硅压力传感器	耐腐蚀，精度高，适合小量程，对温度较敏感
	蓝宝石压力传感器	精度高，耐高温，机械强度高，温度误差小
电感式	自感式压力传感器	结构简单，工作可靠，抗震性好，非线性大
	差动变压器式压力传感器	结构简单，工作可靠，抗震性差
电容式压力传感器		高过压能力，高动态响应，环境适应性好
压电式压力传感器		通常用于测量动态压力
谐振式（振频式）	振弦式压力传感器	体积小，分辨率高，精度高
	振筒式压力传感器	
	振膜式压力传感器	
	石英谐振压力传感器	
霍尔压力传感器		量程范围广，价格适中

2. 压力变送器

（1）压力变送器工作原理及特点。压力变送器是一种将压力转换成电信号进行控制和远传的设备。它能将测压元件传感器感受到的气体、液体等物理压力参数转变成标准的电信号（如 4～20mA 等）。

压力变送器是火力发电厂重要的检测设备，是自动化控制系统重要的基础设备之一。火力发电厂设计宜选择智能型压力变送器，智能型压力变送器具有可靠性高、精度高、调试维护方便等一系列优点。

压力变送器的测量范围非常宽，且精度高、性能稳定。对于易燃、易爆场合，应选用相应防爆等级的压力变送器。对于易堵塞、黏稠的被测介质可选择法兰式压力变送器。

压力变送器有二线制及四线制产品，火力发电厂一般采用二线制压力变送器。

（2）常见压力变送器/绝对压力变送器主要技术参数，见表 8-44，表中数据供参考（不同设备厂有差异）。

表 8-44　常见压力变送器/绝对压力变送器主要技术参数

输出	直流 4～20mA、HART、FOUNDATION™现场总线、PROFIBUS PA
测量精度	±0.075%量程、±0.04%量程（带有高精度选项）
量程比	100:1、绝对压力变送器 30:1
量程	压力变送器：1kPa～69MPa 绝对压力变送器：0.83kPa～10MPa
过程连接形式	1/2NPT 内螺纹及外螺纹、G1/2 外螺纹、M20×1.5 外螺纹、法兰式
接触流体部分	（1）压力变送器： 1）隔离膜片：316L、哈氏合金、蒙乃尔，钽、316L 镀金； 2）排气/排液塞：316、哈氏合金、蒙乃尔； 3）容室、接头法兰：316、哈氏合金、蒙乃尔； 4）密封圈：丁腈橡胶、氟橡胶、聚四氟乙烯、金属密封圈。 （2）绝对压力变送器： 1）隔离膜片：316L、哈氏合金、316L 镀金； 2）接液部件：316、哈氏合金； 3）密封圈：紫铜、聚四氟乙烯
灌充液	硅油、惰性液
外壳材料	铝合金、316 不锈钢
电气连接	1/2NPT 内螺纹、M20×1.5 内螺纹
安装支架	无安装支架、水平支架、垂直支架
防护等级	IP65、IP67
环境条件	温度：−40～85℃①，相对湿度：5%～95%
LCD 显示屏温度（℃）	−35～65
显示单位	根据需要确定
通信距离	HART 协议采用多芯双绞线，最大通信距离可达 1.5km，具体通信距离因电缆型号不同而异。FOUNDATION™现场总线及 PROFIBUS PA 采用带屏蔽的双绞线，最大通信距离可达 1.9km，具体通信距离因电缆型号不同而异

注　选择隔爆型变送器时必须使用隔爆电气接头。

① 本安型为−20～50℃。

（3）选型。

1）精度。选择压力变送器时，要注意压力变送器的精度，选择精度适宜的压力变送器对于提高测量的准确度具有十分重要的意义。

2）测量范围。要充分考虑压力范围、精度和稳定性。选择压力变送器量程时，尽量将实际可使用量程比控制在合适范围以内。

3）对介质的要求。常规蒸汽、气体、液体可以采用直接测量的形式，选取普通的压力变送器，可以达到预期的效果。如果测量的物体为流动性不强的糊状黏稠物质，需要选用法兰式。

4）膜片材质。测量腐蚀性介质时，根据被测量介质特性，要考虑特殊的膜片材质。

3. 差压变送器

（1）常用差压变送器主要技术参数。差压变送器是一种典型的自平衡检测仪表，它利用负反馈的工作原理克服元件材料、加工工艺等不利因素的影响。差压变送器用于测量液体、气体和蒸汽的液位、差压和流量，然后将其转变成4～20mA的电流信号输出。

常用差压变送器主要技术参数见表8-45，表中数据供参考（不同设备厂有差异）。

表8-45 常用差压变送器主要技术参数

输出	4～20mA、HART、FOUNDATION™现场总线、PROFIBUS PA
测量精度	±0.075%量程、±0.04%量程（带有高精度选项）；微差压±0.15%
量程比	100:1，微差压20:1
量程范围	1kPa～14MPa，高静压1kPa～20MPa
测量范围	−500kPa～14MPa，高静压500kPa～20MPa
静压限值	16MPa，高静压42MPa（安装螺纹最大为32MPa）
过程连接形式	无过程接头、1/2NPT内螺纹及外螺纹、G1/2外螺纹、M20×1.5外螺纹、法兰式
接触流体部件	隔离膜片：316L、哈氏合金、蒙乃尔，钽、316L镀金 排气/排液塞：316L、哈氏合金、蒙乃尔 容室、接头法兰：316L、哈氏合金、蒙乃尔 密封圈：丁腈橡胶、氟橡胶、聚四氟乙烯、金属密封圈
灌充液	硅油、惰性液
外壳材料	铝合金、316不锈钢
电气连接	1/2NPT内螺纹、M20×1.5内螺纹
安装支架	无安装支架、水平支架、垂直支架
防护等级	IP65、IP67
环境条件	温度：−40～85℃①，相对湿度：5%～95%
LCD显示屏温度（℃）	−35～65
显示单位	根据需要确定
通信距离	HART协议采用多芯双绞线，最大通信距离可达1.5km，具体通信距离因电缆型号不同而异。FOUNDATION™现场总线及PROFIBUS PA采用带屏蔽的双绞线，最大通信距离可达1.9km，具体通信距离因电缆型号不同而异

注 选择隔爆型差压变送器时必须使用隔爆电气接头。

① 本安型为−20～50℃。

（2）差压变送器选型。

1）差压变送器选型时通常考虑安装条件、环境条件、仪表性能、被测介质的性质，便于安装和维护。

2）要了解被测介质的物理化学性质和状态，如强酸、强碱、黏稠、易凝固结晶和气化等工况。首选常规的差压变送器，并对接触介质部分的材质进行选择。

3）应考虑是否有可燃（有毒）和爆炸危险气氛的存在，是否有较高的环境温度等。

4）对有悬浮物、泡沫等介质可用法兰式差压变送器。

5）介质压力较高时，应选用高静差压压变送器。

（四）压力开关

压力开关是指能够输出继电器触点通断信号用于对工艺过程参数压力进行报警和联锁保护的二进制仪表。当工艺参数压力高于或低于额定的安全压力时，输出继电器触点通断信号。

1. 常用压力开关的主要类型及特点

常用压力开关的主要类型及特点见表8-46，表中数据供参考（不同设备厂有差异）。

表8-46 常用压力开关分类及特点

类型	工作原理	测量元件	结构特点及技术参数
机械式	位移式	弹簧管、波纹管、膜片、膜盒等	（1）利用弹性元件位移来驱动开关，部分可带压力刻度指示。 （2）量程为25kPa～10MPa，精度为1.6%或2.5%。 （3）无源开关信号
	力平衡式	隔膜、活塞、波纹管等+弹簧	（1）依靠弹簧力与被测压力平衡来控制开关动作。 （2）量程为10kPa～4MPa，精度为1.6%或2.5%。 （3）无源开关信号
电子式	压力传感器+采集控制电路	压力传感器	（1）传感器测量压力，可带数字显示。 （2）量程为0.1～200MPa，精度为0.5%或1.0%。 （3）由内置继电器输出有源开关信号（需要供电）

2. 主要技术要求

（1）触点要求。压力开关一般为弹簧加活塞膜片式干触点开关，尤其是在高温部分必须采用干触点，不得采用水银或其他形式的触头，压力开关触点可分为单刀双掷式（SPDT）及双刀双掷式（DPDT）。

（2）死区。任何过程开关在其测量范围内，都有一个死区，或称为不灵敏区，也称切换差。特定死区（切换差）是指压力开关动作值与复原值之间的差值，因此选择机械式压力开关时就需要考虑死区。有的产品死区是固定的，有的型号死区是可调的，由其测量及传动结构所决定。死区的大小应根据工艺系统对联锁、保护、顺序控制及报警等参数设定要求选择。

（3）重复性精度。压力开关重复性精度一般不超过可调范围的±1%。该精度包括所有误差源，如滞后及线性误差，开关的复现性不超过可调范围的±0.25%。压力开关短时承受其可测量范围 1.5 倍的压力而不被损坏或影响其性能。

（4）动作时间。压力开关一般要求动作时间小于或等于 0.1ms，活塞行程小于或等于 0.25mm。

（5）防爆性能。特殊场合，应选择满足防爆使用标准的产品，并能长时间连续稳定地工作。

（6）认证体系。压力开关接线和端子均应符合适用的 UL 和 ANSI 标准，出于安全等级的考虑，压力开关应至少满足 SIL1 或 SIL2 认证。

3. 主要技术参数

压力开关主要技术参数见表 8-47，表中数据供参考（不同设备厂有差异）。

表 8-47　　压力开关主要技术参数

工作压力	30inHg～4000 psig
防护等级	IP65
活塞行程（mm）	0.25
调节	设定点可调
认证体系	CE UL/CSA、ANSI
接口	过程接口为 1/4inNPT（F），压力开关提供 1 个 1/4inNPT 阳螺纹–ϕ14×2（高温高压为ϕ16×3.2–1/4inNPT）焊接式管接头

4. 选型

（1）压力开关的使用环境。压力开关能够在特定的环境下正常使用，如高温高压、高粉尘等恶劣环境，在选择压力开关时要根据使用环境选择防护等级。

（2）压力开关的温度范围。压力开关的芯体材质，决定了使用环境的温度，如果使用不当，压力开关将不动作或误动作，直接影响使用效果。

（3）压力开关的最大工作压力。压力开关选择时应考虑系统的最大压力。

（4）压力开关的触点容量。触点容量取决于后续电路的最大电压和最大电流，如果选用不合适有击穿的危险。

（5）介质。如为天然气、氧气等易燃易爆介质，原则上需选用防爆型压力开关。如为压缩空气、水、液压油等介质，可选用普通型的压力开关。需要注意的是，如果介质本身不是易燃易爆型，但是压力开关的工作环境中有易燃易爆的粉尘等介质，原则上需选用防爆型。

防爆形式可分为隔爆型和本安型，根据合适的工作环境选择压力开关防爆形式。

（6）量程。根据实际工况选择合适的量程，可以减少压力开关在工作中的重复性误差值及死区值，提高压力开关的动作灵敏度。如有具体的设定值（又称为整定值、报警值），订货时需要提供。压力开关设定值一般选在设定点可调范围的 1/3～2/3 之间最佳。

（7）触点形式。分为单刀双掷式（SPDT）、双刀双掷式（DPDT），可以根据实际工况要求来选择。火力发电厂除锅炉炉膛压力外一般均选用 DPDT 型。

（8）附件。订货时附件标注清楚，如是否带安装支架、接头等附件。

（五）差压开关

差压开关是指能够输出继电器触点通断信号用于对工艺过程参数的差压值进行报警和联锁保护的二进制仪表。

1. 差压开关工作原理

差压开关由 2 个膜盒腔组成，两个腔体分别由两片密封膜片和一片感压膜片密封。当工艺参数差压高于或低于额定的安全值时，高压和低压同时作用于差压开关的膜片，分别进入差压开关的高压腔和低压腔，感受到的差压使感压膜片形变，通过机械结构，最终启动微动开关，输出信号。

差压开关可分为膜片开关、波纹管开关、活塞开关三大类，膜片开关通用性好，可选择性多，综合性能强。

2. 主要技术参数

差压开关触点要求、重复性精度、动作时间、防爆性能及认证体系、选型要求等与压力开关基本相同。

常用差压开关主要技术参数见表 8-48，表中数据供参考（不同设备厂有差异）。

（六）真空开关

1. 工作原理

负压压力开关又称真空开关，可用于各类真空度的测量，可与各类真空泵配套使用。

表 8-48　　常用差压开关主要技术参数

设定范围（psi）	0.5～12
防护等级	IP66
死区（psi）	0.2
膜片材质	丁纳橡胶、其他等
过程接口	为 2-1/4inNPT（F），需要提供 2 个 1/4inNPT 阳螺纹–φ14×2（高温高压为φ16×3.2–1/4inNPT）焊接式管接头
认证体系	CE UL/CSA、ANSI
环境温度（℃）	–40～65

真空开关是一种用于真空系统的压力保护自动控制器。当系统中的真空压力高于或低于设定点压力时，控制器内的压力感应器立即动作，使控制器内的触点接通或断开；当系统内的压力回到设备的安全压力范围时，控制器内的压力感应器立即复位。

真空开关的结构同压力开关。

2. 主要技术参数

真空开关主要技术参数见表 8-49，表中数据供参考（不同设备厂有差异）。其他要求同压力开关。

表 8-49　　真空开关主要技术参数

设定范围（psi）	0.5～12
防护等级	NEMA4X、 IP66
认证	UL、ANSI 标准
过程接口	1/4NPTF，提供 1 个 1/4inNPT 阳螺纹–φ14×2
环境温度（℃）	–54～200

第四节　物 位 检 测 仪 表

一、物位检测仪表设计的一般原则

物位检测仪表可测量液体、浆液、灰状、粉尘、颗粒物、块状等各种状态的物料，物位检测仪表需要根据测量介质的性状特点选用适宜的型式。

根据不同的测量介质，可分为液位计（气-液）、料位计（气-固）和界面计（液-液、固-液）；根据不同的测量目的，可分为开关量测量（高低限位测量）和连续量测量（实时监控）；根据不同的测量方式，可分为接触式测量和非接触式测量。

物位检测仪表一般按以下原则选取：

（1）就地液位测量可采用磁翻板液位计及浮子液位计。

（2）锅炉就地汽包水位计应安全可靠、便于观察、指示正确，宜采用云母双色水位计或特制高温高压型磁翻板液位计，也可选用电接点水位计。

（3）连续量测量可选用超声波、雷达波、电容式、射频导纳、导波雷达、差压变送器原理的物位/液位测量仪表。

（4）锅炉汽包水位远传测量宜采用差压式检测仪表。

（5）负压工作环境的容器液位测量不宜使用差压测量原理的变送器，可采用导波雷达或电容式测量原理的检测仪表。

（6）连续测量固体颗粒物、含尘粉末等界面不清晰、挂料现象严重的介质，可以选用雷达波或重锤式物位仪表检测；对于固体颗粒物、含尘粉末等介质的高低料位检测，可采用阻旋式物位开关、微波物位开关。

（7）重要联锁保护的开关量液位测量，可选用射频导纳、一体封装外浮筒式液位开关。

（8）一般开关量液位测量可以选用侧装或顶装浮球式、音叉式液位开关。

（9）腐蚀性介质容器的物位/液位测量宜选用防腐型或非接触式的液位仪表。

（10）标准 4～20mA 输出的变送器信号传输，通常采用两线制仪表，直流 24V 控制器卡件供电方式，安装比较简便；对于传输距离较远、仪表功率较大时，宜采用四线制仪表，交流 220V 供电方式。

在物位检测仪表选型时要按照被测介质的设计温度、压力参数，安装方式、接口尺寸，信号及供电方式，精度及防爆防腐要求等，根据具体产品限定的使用条件，选择适宜的产品。

二、物位检测仪表的特点、分类及选择

（一）就地物位（液位）检测仪表

1. 就地浮子液位计

（1）就地浮子液位计的原理及特点。就地浮子液位计是通过漂浮在液体表面的空心浮子，采用机械方式将水位值显示在对应的固定标尺上，现场直观显示液位值。浮子液位计读数简单，在浮球上部设一连杆，当浮球上下运动时带动连杆及顶端固定的指针同步上下运动，在指针旁固定的标尺上指示出对应的液位。此类型液位计为顶部安装方式，多用于小型罐容器、水池、沟渠等的液位显示。而对于大型箱式容器就地液位显示，是将浮子通过钢丝绳经由滑轮与平衡块相连。液位、浮子、指针、平衡块同步移动，通过指针将液位指示在容器侧面安装的刻度尺上，这种形式称为侧装标尺浮子液位计，其特点是量程大，显示直观，结构简便。

就地浮子液位计适用于黏度较小、常温低压的液体介质环境。侧装标尺浮子液位计外形图见图 8-26。

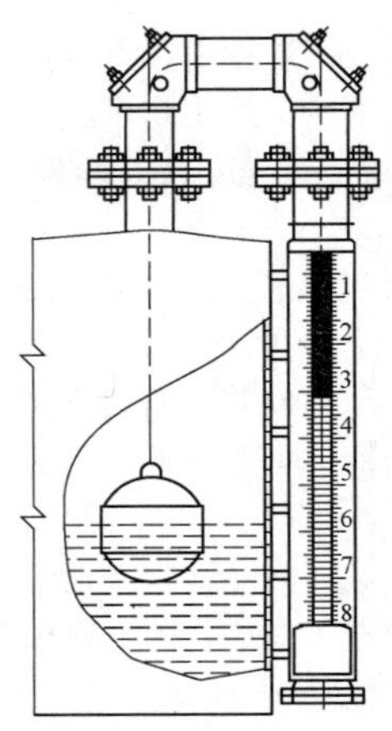

图 8-26　侧装标尺浮子液位计外形图

（2）常用就地浮子液位计主要技术参数，见表 8-50，表中数据供参考（不同设备厂有差异）。

表 8-50　常用就地浮子液位计主要技术参数

测量范围	0～500mm 及 0～10m
测量精度（mm）	5～10
安装方式	顶装连杆式、侧装标尺式
连接法兰	DN50～DN150，PN6～PN64
工作环境	温度：0～50℃，相对湿度：＜85%
接液材质	304、316、耐腐蚀材质
介质参数	温度、压力、密度①
其他	防护等级、防爆或抗腐蚀要求

① 三个主要的介质参数决定了仪表材质及适用型号。

2. 磁翻板液位计

（1）磁翻板液位计的原理及特点。磁翻板液位计是利用浮力原理和磁性耦合作用制作，由浮子和磁性翻柱腔体组成，既可作就地指示，也可通过配置变送器等进行远方监视。侧装式磁翻板液位计应用广泛，当液位计与压力容器通过上下侧法兰相连通后，液位信号通过液位计腔体内的磁性浮子耦合到磁翻板指示器，驱动正反两面不同颜色的翻板翻转，自下而上依次改变翻板颜色，指示器的两色交界处即为容器内部液位的实际高度。此种安装形式，在火力发电厂中大量应用于水箱、罐、高/低压加热器、除氧器等设备的就地水位测量。顶装式磁翻板液位计是依托水面漂浮的浮子通过连杆带动磁性钢体耦合磁翻板翻转进行水位值显示，其适用于地埋式水池和较小的水罐等，量程不宜大于 2m。对于大型箱罐液位测量，应采用侧装方式，测量液位大于 5m 时，可以分段设置液位计，以便于设备运输及现场安装。

磁翻板液位计的变送单元主要由电阻、干簧管、变送模块组成。当液位带动浮子上下移动时，浮子磁铁产生的磁场就会引起均匀排列的相应位置干簧管的吸合，从而决定串联电阻的回路阻值的大小，并通过变送模块的转换，输出 4～20mA 电流信号。

侧装式磁翻板液位计结构见图 8-27。

（2）常用磁翻板液位计主要技术参数。磁翻板液位计可分为普通型和高温高压型产品，高温高压型可作为热力系统压力容器的就地显示仪表。

当应用于室外水箱水位测量时，为防止寒冷地区冬季汽水介质低温冷冻，磁翻板液位计应选取带电伴热功能的产品。

常用磁翻板液位计主要技术参数见表 8-51，表中数据供参考（不同设备厂有差异）。

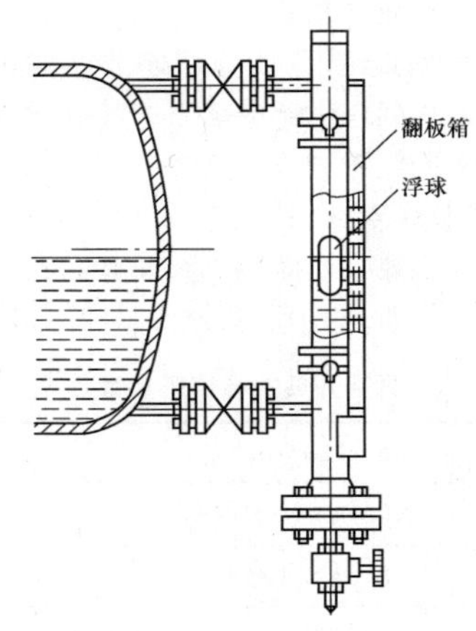

图 8-27　侧装式磁翻板液位计结构

表 8-51　常用磁翻板液位计主要技术参数

测量范围	0～200mm 及 0～5000mm
测量精度（mm）	0～10
安装方式	顶装式、侧装式
连接法兰	DN50～DN150，普通型：PN6.0～PN16，高温高压型：PN64、PN200、PN300
过程连接	法兰连接，材质 304/316/耐腐蚀材质
介质参数	普通型：＜120℃，高温高压型：＜350℃
工作环境	温度：0～50℃，相对湿度：＜85%
接液材质	304，316，耐腐蚀材质
介质参数	温度、压力、密度
其他	防护等级、防爆或抗腐蚀要求

3. 云母双色水位计

（1）云母双色水位计的原理及特点。云母双色水位计主要由水位计表体、阀门、光源（光源箱、观察罩）、电源控制箱等部分组成。水位计利用连通器原理，通过上下接口与容器汽侧、水侧相连通，使水位计的水位与容器水位一致。由发光二极管光源发出的红、绿光，射向水位计本体液腔。在腔内汽相部分，红光射向正前方，而绿光斜射到壁上被吸收；在腔内液相部分，由于水的折射使绿光射向正前方，红光斜射到壁上。因此在云母双色水位计正前方观察，显示汽红、水绿。

云母双色水位计显示部分可以由两列多窗云母窗口组成，相邻云母窗口有一定的重叠度，因而消除了显示盲区。

云母双色水位计由于其云母密封组件材质的耐高温、耐腐蚀等特性，可用于高温、真空、高压、酸、碱等工作环境，在温度压力急剧变化下也不影响其化学性质和光学透明度，因此主要用于火力发电厂锅炉汽包水位就地观测，也可通过配置摄像头将双色水位计画面接入集中控制室显示屏进行监视。

由于锅炉汽包内与现场水位计内的温度不同，会造成锅炉汽包内外饱和蒸汽的密度的不同，因此水位计显示水位与实际锅炉汽包运行的水位存在一定的差值。特别是在启动初期误差较大，应用时应根据实际情况对水位计进行核对、调整、标定。云母双色水位计偏差经验值见表 8-52，云母双色水位计外形如图 8-28 所示。

表 8-52 锅炉汽包云母双色水位计偏差经验值

工作压力（MPa）	10	17	18	19
水位差值（mm）	−40	−51	−102	−150

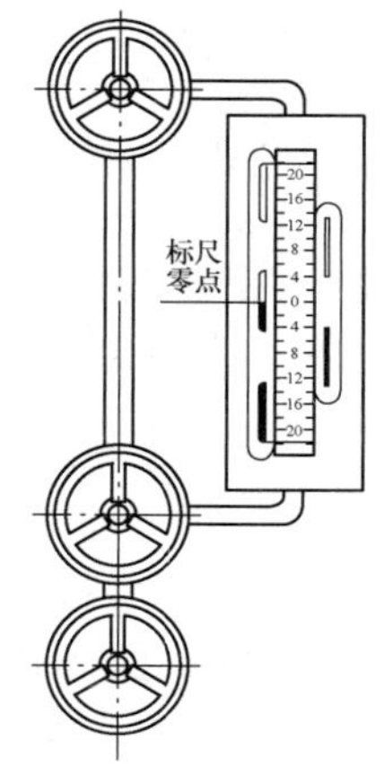

图 8-28 云母双色水位计外形

（2）常用云母双色水位计主要技术参数，见表 8-53，表中数据供参考（不同设备厂有差异）。

表 8-53 常用云母双色水位计主要技术参数

安装接口间距(mm)	440～1270
观察窗范围（mm）	200～1000
测量精度（mm）	0～5
安装方式	侧装式，法兰或焊接ϕ28×5mm、ϕ51×10mm，可按需设计
连接法兰	DN50～150，普通型：PN6.0～PN16，高温高压型：PN64、PN210、PN320
工作温度（℃）	≤540
工作压力（MPa）	普通型：约 4.0，高压型：约 32
显示窗	无盲区单窗显示、无盲区多窗双排显示
光源	LED 红绿双色冷光源，输入交流 220V

4. 电接点水位计

（1）电接点水位计的原理及特点。电接点水位计是由带有成组电接点电极的测量筒和二次仪表组成，其测量原理是根据与容器相连通的测量筒中电接点浸没在水中与在蒸汽中的电导率不同，电接点回路就对应不同的电阻值，从而区分两种不同介质的分界。电接点回路直接接线到二次仪表，从而实现远方的水位显示、报警等功能。对于所有引出高温容器外装测量筒的检测仪表，由于容器与测量筒之间存在温差，测量筒内的液体密度大于容器内的液体密度，就会导致测量的液位低于实际容器内的液位。这种方式需要通过下部连通管适当的保温及运行经验值补偿。

电接点水位计的测量原理是能够直接反映出容器内的真实水位，进行逐点指示水位，各点互不关联，故障点也不会影响其他点的显示，可靠性高，适用于高温高压容器的水位显示和报警。电接点水位计测量由于受电极开孔、安装空间的限制，属于不连续检测方式，所以不适于用做液位调节系统。电接点水位计应用于火力发电厂汽包水位显示时，测量筒应按国家机械行业标准技术条件制造、生产、检验。电接点水位计工作原理见图 8-29。

近年来，电接点水位计应用得到推广，是基于一次检测装置精良的加工和制造技术，并通过配套就地控制仪表箱，可以实现模拟量及开关量信号的可靠输出。可以用于除氧器、高/低压加热器、汽包水位、疏水罐等的报警、联锁及保护信号检测，以及远方仪表或 DCS 的连续液位显示，具体如图 8-30 所示。

（2）常用电接点水位计主要技术参数，见表 8-54，表中数据供参考（不同设备厂有差异）。

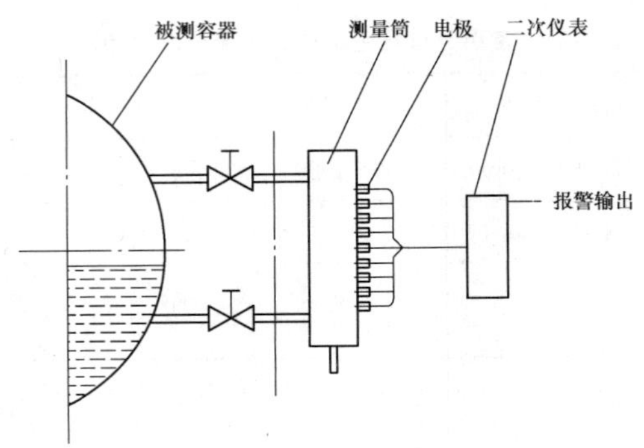

图 8-29　电接点水位计工作原理图

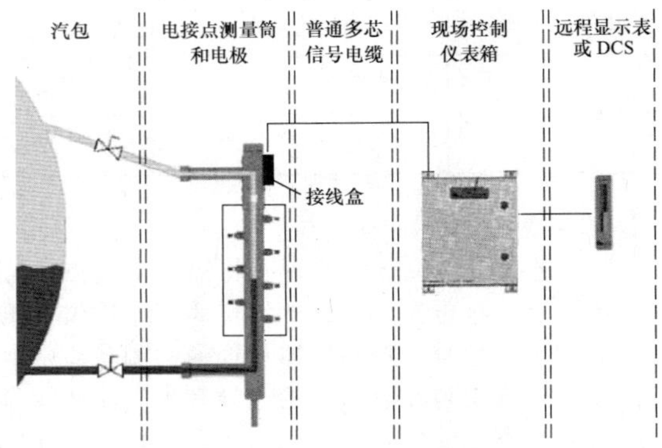

图 8-30　带控制仪表的电接点水位计检测原理图

表 8-54　常用电接点水位计主要技术参数

测量范围（mm）	60～700，大量程可定制
显示点数	5～19 点，更多点数可定制
测量精度（mm）	5～15
安装方式	侧装式法兰或焊接ϕ28×5mm、ϕ51×10mm，可按需设计
信号输出	可选报警信号输出，继电器输出触点容量为交流 220V、3A；部分产品 4～20mA 输出
工作温度（℃）	≤400、≤600
工作压力（MPa）	普通型：约 1.6，高压型：约 30
二次仪表	集中控制室盘装，多为立式，红绿双色 LED 光柱显示
工作电源	现场控制仪表交流 220V±10%、50Hz，二次显示表交流 220V±10%、50Hz

（二）远传物位（液位）检测仪表

1. 超声波液位计

（1）超声波液位计的原理和特点。超声波液位计是由超声波换能器（探头）发出高频脉冲声波及接收被测物位（物料）表面反射的回波，这两者之间的时间差乘以传播速度，便可计算出传感器到被测液体表面的距离。

通常超声波液位计采用顶部非接触式安装，适用于各种常温常压工况下液位的测量。

超声波液位计由于声波易被吸收的特点，当用于有水蒸气或水雾环境，冬季会冷凝结露形成露珠时，会影响测量的准确度，这时选用大功率型号的产品有助于改善使用效果。

（2）超声波液位计的安装及主要技术参数。超声波液位计探头与最高液位有最小距离的要求，这个范围属于仪表盲区，在设计及安装时必须避开仪表测量盲区，才能保证液位监测准确性及仪表使用的安全性。声波探头安装设计时应伸出安装底座短管一定距离，才能保证声波的正常发射与回收。超声波液位计安装位置离罐壁有最小距离的要求，并且不能安装在入料口的上方，不能安装在罐体的中心位置，宜安装于容器直径 1/6～1/4 处。

常用超声波液位计主要技术参数见表 8-55，表中数据供参考（不同设备厂有差异）。

表 8-55　常用超声波液位计主要技术参数

测量范围（m）	通常 0～30，大于 30 可定制
测量精度（mm）	约±5，约±10
测量盲区（cm）	约 30
安装方式	螺纹 2～4inNPT 或法兰连接
信号输出	4～20mA，HART，可选开关量报警输出；可选带 LCD 显示
防护等级	IP65
电源等级	直流 24V、交流 220V

2. 雷达物位/液位计

（1）雷达物位/液位计的原理和特点。雷达物位/液位计从应用的角度通常是指非接触式雷达物位计。导波雷达液位计作为采用雷达波原理测量的一种接触式测量形式，由于其在火力发电厂应用的特定性，将单独介绍。

雷达物位/液位计有脉冲雷达和连续调频雷达微波测量两种原理。

脉冲波雷达物位/液位计测距是由天线向被测物料发射一个微波脉冲，当接收到被测物料表面反射回来的回波后，测量两者时间差（即微波脉冲的行程时间），来计算物料面的距离。行程时间以纳秒来计量，所以计时精度直接决定了仪表的测量精度，一般在 5～10mm。

连续调频雷达物位计测量是由天线向被测物料面

发射一个频率被线性调制的连续微波信号，这样接收信号与发射信号会形成一定的频率差值，根据频率差值来计算目标距离。该原理通过测量频率差来代替直接测量时间差，可以达到更高的计量精确度，一般物位测量精度可达 1mm。

以上两种测量原理在实际应用时只需按照应用场合的测量精度要求选择合适的雷达物位计。

由于雷达波的聚焦效果非常好，几乎不受介质上部蒸汽和粉尘的影响，加之信号处理单元还可以采用杂波分析处理技术来识别和处理杂散、虚假反射波，以获得正确的测量信息，所以，雷达物位计具有测量精度高、信号稳定可靠、安装简便牢固、应用范围广等特点。雷达物位计广泛用于粉尘、温度及压力变化大，有惰性气体、真空环境或有蒸汽存在的场合，实现对各种容器、水池、明渠环境的液体、浆料及颗粒料的物位进行可靠的连续测量。雷达物位计应用于室外水池时，由于雷达波的聚焦性和穿透性强于超声波液位计，从而可以克服因水汽或水雾冬季结露对测量结果的影响，测量效果稳定可靠。

（2）雷达物位/液位计的安装及主要技术参数。非接触式雷达物位/液位计常用喇叭口、杆式或透镜天线来发射与接收微波。天线形式与安装方式、测量范围有关，宜按照制造厂样本的技术参数选择。雷达物位计安装位置离罐壁有最小距离的要求，不能安装在入料口的上方，不能安装在罐体的中心位置，宜安装于容器直径 1/6～1/4 处。对于测量有结露、粉尘悬浮等液位、物位导致雷达波衰减的使用环境，传感器宜选择高功率或高频率参数的型号。

非接触式雷达物位/液位计主要技术参数见表 8-56，表中数据供参考（不同设备厂有差异）。

表 8-56 非接触式雷达物位/液位计主要技术参数

项目	参数
测量范围（m）	通常 0～40，大于 40 可定制
测量精度（mm）	约±3
测量盲区（cm）	距喇叭口或天线最前端 5～10（注意喇叭口或天线外形各不相同）
安装方式	螺纹 G $1\frac{1}{2}$～4inNPT，法兰连接：DN40～DN150（PN40/PN16）
信号输出	4～20mA，HART，可选开关量报警输出；可选带 LCD 显示
工作温度（℃）	−40～80
工作压力（MPa）	<4.0
防护等级	至少 IP65
电源等级（V）	直流 24、交流 220

3. 导波雷达液位计

（1）导波雷达液位计的原理和特点。导波雷达液（物）位计是接触式的雷达波原理，一般采用金属波导体（杆或钢缆）来传导微波，微波在到达液面时被反射，沿波导体返回发射器被接收，经变送单元计算及转换成液位信号输出。

导波雷达液位计适用于介电常数低至 1.4 的所有类型介质，不同形式的探头适用于不同的场合：

1）缆式，用于大量程液体介质或固体颗粒介质，量程可达 30m。

2）杆式，可用于测量高黏度液体介质或质量小的固体颗粒介质，量程可达 6m。

3）同轴式，适用于测量低黏度液体介质。同轴式可有效避免安装环境、检测过程中的外部干扰，测量稳定性更好，量程可达 4m。

导波雷达液位计由于其测量原理的优越性，对于带有腐蚀性挥发气体、泡沫、蒸汽，高黏性、液面波动严重、填充/排空速度快和介电常数或密度变化的液体可提供可靠的液位和界面测量，在电厂工艺过程检测中特别适宜真空或微压工况下，汽水两相介质的水位测量，多应用于电厂凝汽器热井水位、低压加热器水位等的测量，克服了其他测量原理受到液位不清、真空等因素影响的弊端。有部分高温高压型产品可以用于高压加热器液位测量，较之传统的差压测量方式安装更简便，测量可靠性和精度更高。

（2）导波雷达液位计的安装及主要技术参数。杆式导波雷达液位计安装方式如图 8-31 所示，其中 L_1、L_2 分别代表上部盲区和下部盲区，在选型及使用时应与产品样本核实，检测范围应避开盲区。对于侧装方式，适用于火力发电厂高、低压加热器等的液位检测。

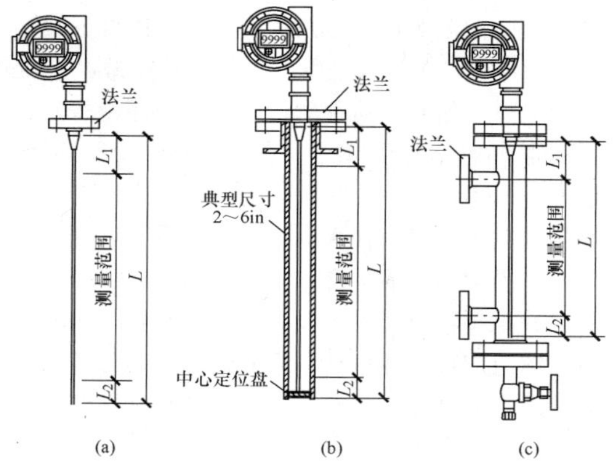

图 8-31 杆式导波雷达液位计安装方式示意图
（a）顶装单杆式；（b）顶装护管式；（c）侧装式

导波雷达液位计安装位置离罐壁有最小距离的要求：不能安装在入料口的上方；不能安装在罐体的中

心位置。在应用于塑料罐体或水泥仓罐的场合，需在探头与变送器之间增加金属片或采用金属法兰安装，吸收回波以避免回波信号的干扰。对于腐蚀性液体，可以将杆式探头安装在封闭的塑料管内。

导波雷达液位计主要技术参数见表 8-57，数据供参考（不同设备厂有差异）。

表 8-57　导波雷达液位计主要技术参数

测量范围（m）	杆式：0.2～6，缆式：1～30，大量程定制
测量精度（mm）	约±2～±5
探头材质	316L 不锈钢/陶瓷，或防腐、防粘涂层
安装方式	螺纹 $1\frac{1}{2}$ inNPT 等、法兰，安装短管不宜大于 DN150，高度不宜大于 200mm
信号输出	4～20mA，两线制，HART，可选带 LCD 显示
工作温度（℃）	普通型：−30～150，高温型：−30～400
工作压力（MPa）	普通型：1.6，高压型：40
防护等级	IP65、IP67

4. 重锤物位计

（1）重锤物位计的原理和特点。重锤物位计是通过电动机将钢缆或钢带连接的测量重锤由罐顶下放接触到介质表面后停止，电动机再反向运行提升重锤，直接测量出顶部无料空间的距离。

重锤物位计的探头可采用霍尔效应探测技术，变送器采用微控制器计时电路进行测量，能保证较高的测量分辨率，并在变送器内将料位信号转为 4～20mA 或其他标准电信号。这种测量原理可以测量粉末、颗粒、浆液、液体介质。由于其测量数据不会受到粉尘、介电常数、温湿度等介质条件的影响，主要应用于各类容器颗粒物测量，在火力发电厂多用于煤仓、石灰石粉仓等粉尘严重的场合。

（2）重锤物位计安装及主要技术参数。重锤物位计重要的组成部件还包括钢缆卷筒、安装法兰组件、电动机及控制器等。其安装方式为罐顶开孔法兰固定安装，其余电动机、控制器及钢缆卷筒等为集装方式安装在罐顶外部。其安装应保证钢缆垂直，自由伸缩。重锤物位计安装应当避开落料口，选择物料堆具有代表性的位置。

重锤物位计主要技术参数见表 8-58，表中数据供参考（不同设备厂有差异）。

表 8-58　重锤物位计主要技术参数

测量范围	通常 500～6000mm，最大可达 30m 或量程定制
测量精度（mm）	约±3
测量盲区（mm）	约 200
安装方式	3～8inNPT；法兰
信号输出	4～20mA、RS485，可带继电器触点输出；可选带 LCD 显示
温度（℃）	环境：−40～80，工作：约 260
工作压力（MPa）	＜1.6
防护等级	至少 IP65
电源等级（V）	直流 24、交流 220

5. 静压液位计

（1）静压液位计的原理及特点。静压液位计是指测量液体高度产生的静压与实际大气压之差的仪表。通常其传感器接触面的膜片采用隔离型扩散硅敏感元件或陶瓷电容压力传感器，将静压转换为电信号，再经过温度补偿（集成，可选）和线性修正，转化成 4～20mA 或其他标准电信号。这种测量原理主要应用于常压容器液位测量。

当液体的压力引入到传感器的正压腔，再通过特种带有通气导管的电缆及专门的密封组件，将液面上的大气压与传感器的负压腔相连，以抵消传感器正压侧的大气压，使传感器测得的压力为液位高度的线性函数。

静压液位计可分为投入缆式静压液位计和侧装式静压液位计。

（2）静压液位计的安装及主要技术参数。

投入缆式静压液位计为顶部安装，通过连接线缆和沉入液体底部的传感器及下部传感器固定组件组成。侧装法兰式静压液位计是在容器下部侧壁开孔，采用法兰安装，只有传感器接触面与介质接触。这两种形式的静压液位计应根据实际测量环境选择，投入缆式静压液位计测量范围大，适用于水池、深井和容器；侧装式静压液位计仅适用于立式容器，传感器接触面与容器之间可安装隔离阀门，便于仪表检修维护。侧装式静压液位计连接的传感器形式与投入缆式静压液位计不同，接液面更大，连接法兰尺寸更大。具体静压液位计型式及安装方式如图 8-32 所示。

应用静压液位计严禁在有介质结晶的工况下使用，以防损坏传感器。

投入缆式静压液位计根据安装条件可选择顶部管座及螺纹连接、法兰安装、支杆安装。侧装式静压液位计采用法兰安装方式等。

静压液位计主要技术参数见表 8-59，表中数据供参考（不同设备厂有差异）。

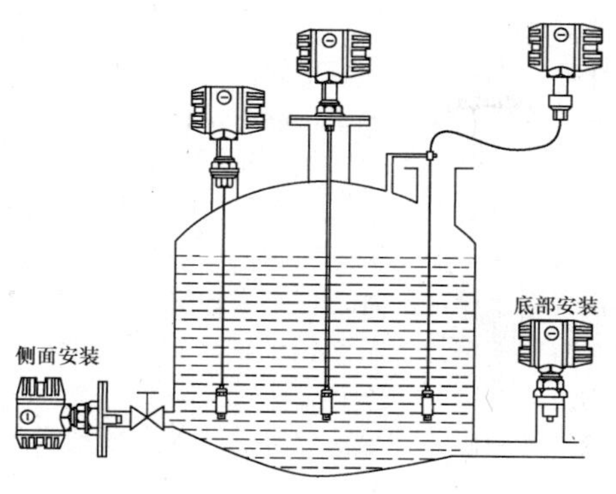

图 8-32　静压液位计安装方式示意图

表 8-59　　静压液位计主要技术参数

测量范围（m）	缆式静压液位计，最大可达 200
测量精度（%）	约±0.1
探头材质	不锈钢
隔膜材质	316L、陶瓷，橡胶密封
安装方式	螺纹 G1inNPT、顶装法兰连接、安装支架、侧装法兰
信号输出	4～20mA，两线制；HART；可选带 LCD 显示
工作温度（℃）	−40～80
防护等级	IP67

6. 电容式物位计

（1）电容式物位计工作原理。电容式物位计是依据电容感应原理，通过容器内置的测量电极和导电材质的容器壁构成一个电容，当被测介质浸没高度变化时，引起电容值的变化，最终信号经过处理转化成 4～20mA 标准信号。电容式物位计可用于各类液体、颗粒物等介质物位测量，仪表的灵敏度主要取决于界面上下两种介质介电常数的差值。被测介质的介电常数在测量过程中恒定才能保证液位测量的准确。

从原理上讲，电容式物位计可适用于各种压力、温度的容器，能克服温度、湿度、压力、物质的导电性等因素对测量过程的影响，因而具有较好的可靠性和抗干扰性能。电容式物位计不适用于黏附性介质，挂料现象会影响测量结果。

（2）常用电容式物位计主要技术参数，见表 8-60，表中数据供参考（不同设备厂有差异）。

表 8-60　常用电容式物位计主要技术参数

测量范围（m）	棒式：0.2～3，缆式：1～20
测量精度（%）	±0.5、±1
探头材质	316 不锈钢或 304 带防腐、防粘涂层，中心杆：陶瓷
安装方式	螺纹连接、顶装法兰连接、安装支架、侧装法兰
信号输出	4～20mA，两线制；HART；可选带 LCD 显示
工作温度（℃）	普通型：−25～80，高温型：−30～200
工作压力（MPa）	1.6、6.4、10
防护等级	IP65、IP67

7. 射频导纳物位计

（1）射频导纳物位计的原理及特点。射频即高频无线电波谱，导纳的含义则为电学中阻抗（阻抗是电阻与电抗在向量上的和）的倒数，射频导纳物位计原理与电容式物位计相同，而信号检测单元是采用高频无线电波来测量电极和被测介质的容器壁之间的导纳值。物位变化时，仪表的传感器检测到的被测介质与罐壁形成的导纳值（电容、电感和电阻值）随之变化，检测及变送单元对信号处理后最终以物位的标准信号输出。射频导纳物位计可以检测连续料位，也可以应用于开关量仪表；可用于液体、浆体、颗粒物物位及界面测量。射频导纳测量技术是通过对阻抗和容抗的单独测量，经物理定律计算得到的结果，而任何挂料的阻抗和容抗的大小是相等的，所以由挂料产生的影响能够被测量出来并且可以从总的输出中消除掉，从而克服了电容式物位计挂料现象对检测结果的影响。射频导纳物位计测量精确高、稳定性好，是较广泛的一种测量技术。

（2）常用射频导纳物位计主要技术参数，见表 8-61，表中数据供参考（不同设备厂有差异）。

表 8-61　常用频导纳物位计主要技术参数

测量范围（m）	杆式：0～4，柔性：约 60，深井专用可特殊定制
测量精度（%）	±0.5
探头材质	316 不锈钢/陶瓷，或防腐、防粘涂层，绝缘软缆
安装方式	顶装方式、螺纹或法兰连接；变送单元可选分体安装
信号输出	4～20mA，两线制；HART；可选带 LCD 显示；四线制可选 DPDT 干触点输出
环境温度（℃）	−40～70
工作温度（℃）	≤260
工作压力（MPa）	高压型：0～14
工作电源	交流 220V、50Hz
防护等级	IP65

8. 差压变送器

差压变送器测量液位是将差压变送器的正压端和负压端分别接至容器的底部液体和容器上部空间，测量的差压值平衡了容器上部的压力，这样，差压值即为液位高度值的函数。差压变送器对液位的测量应用广泛。

对于汽水两相介质的测量，为避免蒸汽侧冷凝水位的不确定性，在容器上部取压口加装单室平衡容器或双室平衡容器（具体见本手册第十一章相关内容），通过测量确定的冷凝水水柱产生的静压和低压侧变化的水位产生的静差压值，得到准确的液位高度的函数值。其测量原理如图 8-33 所示。

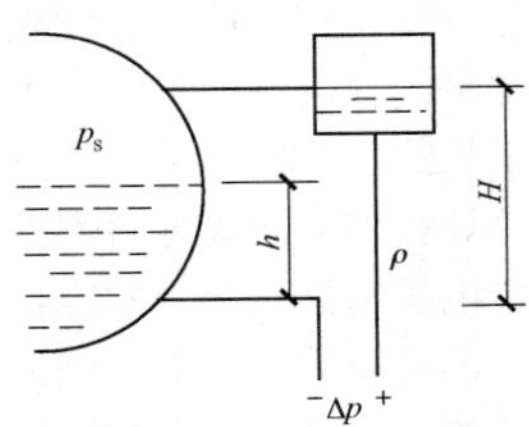

图 8-33　差压变送器测量压力容器汽水两相介质水位的原理示意图

图 8-33 中差压计算见式（8-4）～式（8-6）

$$p_+= p_s+\rho gH \tag{8-4}$$

$$p_-=p_s+\rho gh \tag{8-5}$$

从而，正负压室的差压为

$$\Delta p=p_+-p_-=\rho g(H-h) \tag{8-6}$$

式中　H——正负压取压口距离；

h——液面距下取压口的距离；

ρ——液体密度；

g——重力加速度常数；

p_s——容器内部压力；

p_+——取样管正压侧压力；

p_-——取样管负压侧压力；

Δp——差压。

当安装完毕，H、ρ、g 均为定值，差压值Δp 就是液位高度 h 的线性函数。差压原理液位检测直接采用差压变送器就能方便地测量，并转换成 4～20mA 的标准信号传送。

对汽水混合介质的测量，在仪表选择时应该注意差压变送器量程需要大于 H 产生的静压，因为正压取压口在冷凝器固定液柱一侧，负压端液位变化代表了水位值的变化，最大差压Δp_{max}是在最低水位 h=0 时。如果仅按照单纯液柱测量方式，根据 h 的变化范围选择差压变送器的量程往往就偏小了。

差压变送器测量腐蚀性等介质液位时，可采用毛细管型产品。差压变送器选型时，应注意仪表承受静压的能力应满足测量容器介质的工作压力。

9. 磁致伸缩液位计

（1）磁致伸缩液位计工作原理。磁致伸缩液位计是由探杆、磁浮子、变送单元组成，其检测原理是：在探测杆外配有磁性浮子，浮子沿探杆随液位的变化上下移动，探杆内部有一根传播固定频率电磁脉冲的波导线，电磁脉冲与外部磁浮子产生的磁场相互作用，对波导线产生一个机械扭应力，传感器接收到扭应力后转换成电子脉冲，处理器将发出脉冲与返回扭应力脉冲的时间差转换为与液位成正比的 4～20mA 标准信号输出。

（2）常用磁致伸缩液位计选择及主要技术参数。磁致伸缩液位计的可靠性取决于磁性浮子的工作可靠性及稳定性，应针对介质的黏稠度、温度特性选取适宜的产品。

磁致伸缩液位计主要技术参数见表 8-62，表中数据供参考（不同设备厂有差异）。

表 8-62　磁致伸缩液位计主要技术参数

测量范围（m）	杆式：0.3～4，缆式：约 20
测量精度	0.02%或约±1mm
上下盲区（mm）	上部：80～150，下部：15～110
探头材质	316L不锈钢、合金等，或防腐、防粘涂层
安装方式	杆式顶装：螺纹连接、焊接法兰，带外浮筒侧装：承插焊或法兰连接
信号输出	4～20mA，两线制；HART；可选带 LCD 显示、双路输出等
工作温度（℃）	各温度等级，高温型：-40～450（带附件）
工作压力（MPa）	标准型：约 12，高压型：约 20
防护等级	IP67

10. 无源核子物位计

（1）无源核子物位计工作原理。无源核子物位计不需要人工放射源，而是通过检测物料自身的微量天然放射性核素所释放的 γ 射线，判断物料位置的测量方法，即在物料位置变化时，物料数量的多少和与探测器距离的变化，检测到的 γ 射线的强度也成规律性变化，经探测器对有效信号的识别和处理后，可以转换为对应物位的模拟量信号及开关量信号。

无源核子物位计是非接触安装方式，无需对容器开孔，在线安装不会影响设备正常运行；料位计安装在保温层外，处于常温环境，不受介质高温的影响，不会有磨损、挂料问题。由于其是测量介质本身放射性核素所释放的 γ 射线，对于火力发电厂中采用水泥罐储料的方式，由于水泥本身也有放射性，所以不适用此类检测；对于金属罐容器的灰斗、仓泵、渣仓等，适宜采用（适用于放射性水平高于环境的物料，如煤灰、煤渣、沥青、水泥、矿石等）。具体探测原理如图 8-34 所示。

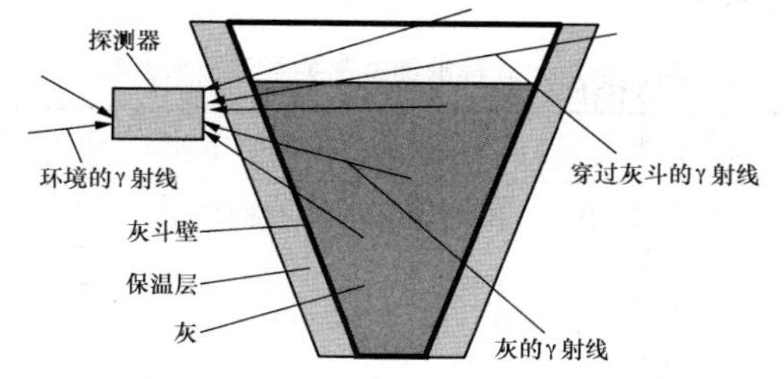

图 8-34　无源核子物位计探测原理图

（2）常用无源核子物位计主要技术参数，见表 8-63，表中数据供参考（不同设备厂有差异）。

表 8-63　常用无源核子物位计主要技术参数

探头材质	不锈钢
安装方式	外部侧装，角钢支撑安装
信号输出	4～20mA，表头数字显示，开关量 DPDT 触点输出
工作电源	交流 220V、50Hz，直流 24V
工作温度、压力	不受介质温度、压力影响
环境温度（℃）	−45～70
防护等级	IP66

（三）开关量物位检测仪表

1. 浮子式液位开关

其原理与浮子液位计相同，只是在相应液位高度加装干簧管，由浮子升降过程中触动触点送出开关量信号。浮子式液位开关由于结构简便，可靠性一般，多用于常压容器或水池、水箱，实现水位与排水泵的联动控制、高低报警等。

浮子式液位开关的形式可以是顶装式或侧装式，硬质杆式单浮球，或柔性缆式多浮球，具体见图 8-35。

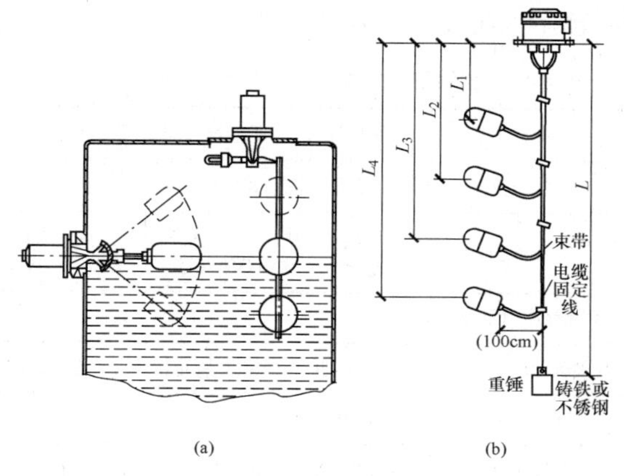

图 8-35　浮球液位开关形式及安装示意图
（a）硬杆结构；（b）缆式结构

浮子式液位开关主要技术参数见表 8-64，表中数据供参考（不同设备厂有差异）。

表 8-64　浮子式液位开关主要技术指标

测量范围（m）	0.2～6
测量精度（mm）	约±3
介质比重	≥0.8（小于 0.8 时另外提出）
机械回差（mm）	约±14
探头材质	不锈钢、工程塑料
安装方式	法兰 DN80、DN100
触点容量	交流：220V、1.5A，110V、2.5A；直流：24V、2.5A，220V 0.5A
触点数量	1～8 点
工作温度（℃）	普通型：≤100，高温型：≤350
工作压力（MPa）	0～0.6、0～4.0
防护等级	IP65、IP67

2. 外浮筒式液位开关

外浮筒式液位开关的测量原理与浮子式液位开关相同，但是配供了测量外浮筒，通过上下两个连通管与测量容器连通，外浮筒内部安装测量浮子。这种工艺及安装方式可以提高仪表的温度、压力等级及加工精度，是适用于工业高参数的高可靠性产品；可用于压力容器、高温介质的测量和重要的过程测量；工程中多应用于高压加热器水位联锁和重要的水位保护测量。以某国外产品为例，焊接式外浮筒式液位开关外形及安装如图 8-36 所示。

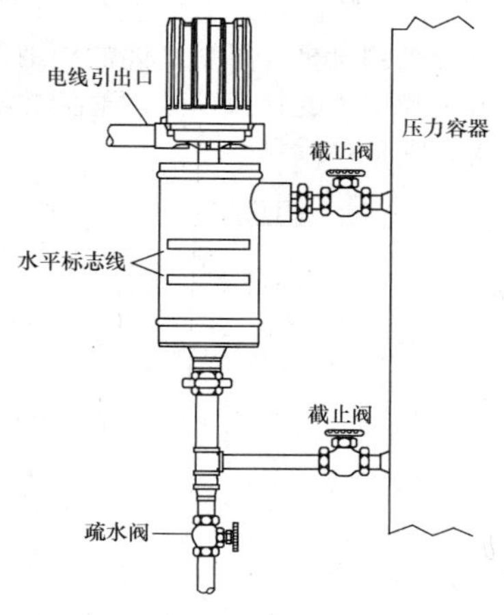

图 8-36　焊接式外浮筒液位开关外形及安装示意图（某产品示例）

外浮筒式液位开关主要技术参数见表 8-65，表中数据供参考（不同设备厂有差异）。

表 8-65　外浮筒式液位开关主要技术指标

机械回差（mm）	约 25
介质比重	通常情况：≥0.65，特殊情况：≥0.4
电气接口	螺纹 1/2inNPT
筒体材质	碳钢、316 不锈钢、铬钼合金可选择
浮球材质	316、316L 不锈钢，或特殊要求订货
安装方式	通常：$1\sim1\frac{1}{2}$ in 承插焊
触点容量	交流：220V、1.5A，110V、2.5A；直流：24V、2.5A，110V、1A，220V、0.5A
触点数量	SPDT/DPDT；银触点、镀金触点可选择；双设定值产品可定制
工作温度（℃）	普通型：≤100，高温型：≤538；带散热段：≤649
工作压力（MPa）	0～2、0～6、0～12、0～20
防护等级	IP66

外浮筒式液位开关在安装设计中，接管应当平直，引出长度尽量短，以减少流体扰动及保证开关整体的稳定性。必要时，应采用悬挂或支承装置安装固定。

3. 射频导纳物位开关

射频导纳物位开关是射频导纳物位计的一种应用，物位开关通常为杆式结构由测量极、屏蔽极和接地极（安装螺纹部分）构成，当测量极被物料覆盖时，测量极与罐壁之间的导纳值会变大。屏蔽极位于测量极和接地极之间，两者完全隔离，而信号波形完全相同，当前端探头本身发生物料附着时，引入屏蔽极可以抑制测量极与接地极产生的导纳变化，只能感应到测量极与罐壁之间的导纳值，有效消除了物料附着产生的错误信号。射频导纳物位开关外形结构见图 8-37。

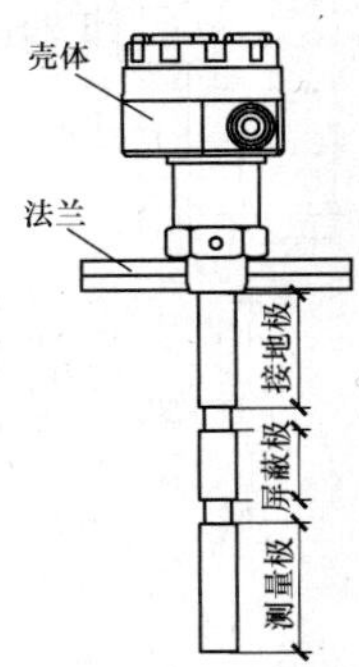

图 8-37　射频导纳物位开关外形结构

在用射频导纳物位开关测量粉末、颗粒、非导电液体和泥浆时，水平安装为最佳方式。

射频导纳物位开关主要技术参数见表 8-66，表中数据供参考（不同设备厂有差异）。

表 8-66　常用射频导纳物位开关主要技术参数

探头材质	316 不锈钢，或防腐、防粘涂层或套管
安装方式	顶装或侧装方式，螺纹或法兰连接
信号输出	DPDT 干触点：交流 220V、5A，交流 110V、5A；直流 30V、5A
环境温度（℃）	-40～70
工作温度（℃）	普通型：≤150，高温型：≤280，超高温型可定制
工作压力（MPa）	通常 0～2
工作电源	直流 24V，交流 220V、50Hz
防护等级	IP67

4. 音叉式物位开关

音叉式物位开关是通过置入测量容器中的音叉在压电晶体作用下产生一定频率的共振，当音叉接触被测介质时，音叉振动的振幅和频率会发生突变，智能电路通过对振动频率突变的检测将其转换为一个开关量信号。音叉物位开关外形结构见图 8-38。

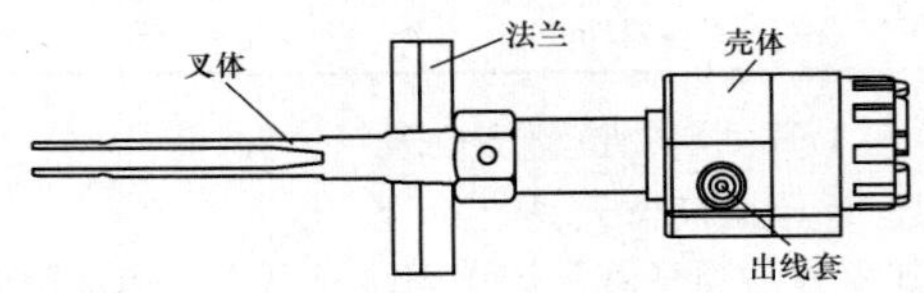

图 8-38　音叉式物位开关外形结构

音叉物位开关由于其结构简单，没有活动件，可以加工成很小的体积，应用范围较广泛。音叉物位开关通常采用侧装方式，可测量液体、粉末或细小颗粒状固体。

常用音叉式物位开关主要技术参数见表 8-67，表中数据供参考（不同设备厂有差异）。

表 8-67　常用音叉式物位开关主要技术参数

探头材质	316 不锈钢，或防腐、防粘涂层或套管
安装方式	顶装或侧装方式，螺纹或法兰连接
信号输出	DPDT 干触点：交流 220V、5A，交流 110V、5A；直流 30V、5A
环境温度（℃）	-40～80
工作温度（℃）	-40～150，高温型可定制
工作压力（MPa）	通常 0～2
工作电源	直流 24V，交流 220V、50Hz
防护等级	IP67

5. 阻旋式物位开关

阻旋式物位开关的测量原理是通过不断旋转的轮翼，在接触到介质时，阻力导致电动机停转及断电，由中间继电器送出一个开关量信号。阻旋式物位开关结构如图 8-39 所示。

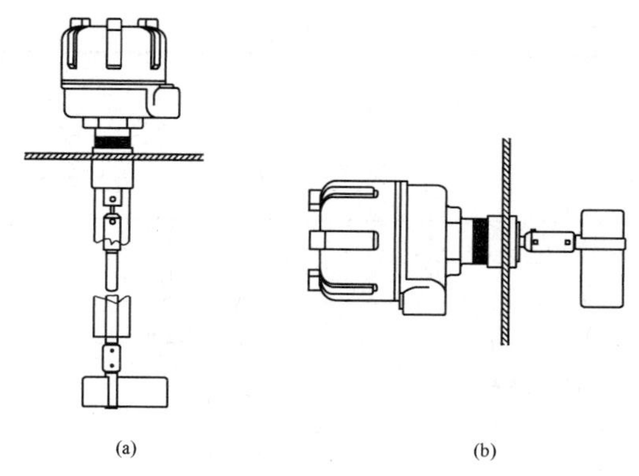

图 8-39　阻旋式物位开关结构示意图

（a）顶装式；（b）侧装式

常用阻旋式物位开关主要技术参数见表 8-68，表中数据供参考（不同设备厂有差异）。

表 8-68　常用阻旋式物位开关主要技术参数

探头材质	316 不锈钢，或防腐、防粘涂层或套管
叶片参数	转速：1r/min，力矩：0.098Nm
安装方式	顶装或侧装方式，螺纹、底座焊接或法兰连接
信号输出	DPDT/SPDT 干触点：交流 220V、5A，交流 110V、5A；直流 30V、5A
环境温度（℃）	−10～60，高温型可定制
工作温度（℃）	−40～200，高温型可定制
工作压力（MPa）	通常 0～2
工作电源（MPa）	直流 24V，交流 220V、50Hz
防护等级	IP65

6. 微波物位开关

微波物位开关由发射器、接收器与放大器组成，通过一侧的发射器发射的极窄脉冲微波束被达到水平高度上的物料吸收后，微波束将不能到达另一侧的接收器，从而判断物料是否达到预设高度，发送出开关量信号。

微波物位开关可用于固体、液体的高、低物料检测，在非金属罐中应用可靠性高。

常用微波物位开关主要技术参数见表 8-69，表中数据供参考（不同设备厂有差异）。

表 8-69　常用微波物位开关主要技术参数

探头材质	表面防腐、防粘涂层
安装方式	侧装方式，螺纹或法兰连接
信号输出	SPDT 干触点：交流 220V、5A，其他
环境温度（℃）	−30～65，高温环境采用分体式产品
工作温度（℃）	＜700
工作压力	常压
工作电源	直流 24V，交流 220V、50Hz
防护等级	IP67

第五节　流量检测仪表

一、流量检测仪表设计的一般原则

（一）流量检测仪表形式选择

流量检测应根据工艺要求及实际使用条件，如压力损耗、精度、使用条件、介质特性、价格等原因，选择流量计的类型，具体选择原则如下：

（1）转子流量计、挡板流量计，用于现场显示。

（2）当测量精度要求较高（≤0.5%）时一般采用质量流量计、超声波流量计、电磁流量计；高黏度介质流量测量宜选用质量流量计；污水系统流量测量宜选用电磁流量计。

（3）用于高温介质、较大管道尺寸（管径大于 200mm）、极低压力损失和高量程比的测量时，可采用超声波流量计。

（4）涡街流量计（管段式），应用于气体、蒸汽体积流量的测量，精度小于或等于 1%，温度宜小于 250℃，如用于液体测量，宜用于流场脉动小的场合。

（5）当流体是单一稳定的次音速流场，且不会沿喉部汽化时，可以采用同心圆孔板、喷嘴和文丘里式节流装置配合差压式一次仪表测量，在某些腐蚀性介质或高黏度介质的特殊工况下，差压检测可采用隔膜密封的毛细管式仪表。

（6）孔板、喷嘴和文丘里管，应用于体积流量的测量，可适用较高温度和压力的介质及精度小于或等于 2.5%的场合；在工艺管径小于 DN80 时，由于加工难度加大，宜采用标准孔板；由于孔板锐角边较易磨损，会影响计量精度，检定周期也较短；当介质压力大于 6.4MPa、温度大于 450℃时，宜选用标准喷嘴，因为喷嘴节流部分是流线型，耐高温高压冲击性能好、压损较小。而主给水流量、凝结水流量及主蒸汽流量测量宜采用长颈喷嘴。

（7）巴类流量检测仪表适用于管径大于 200mm、精度小于或等于 1.5%的场合。

（8）电磁流量计，用于液体体积流量测量，对于介质的电导率有最低限要求，通常需大于5～20μS/cm。

（9）风量测量宜采用差压式流量测量装置。

（二）流量检测仪表设计技术参数

流量检测仪表在设计过程中，首先需要收集各项过程参数，作为设计的基本条件因素和依据，具体技术参数见表8-70。表8-70中参数要求比较全面，适用于孔板、喷嘴等节流装置计算，对于其他形式的流量检测仪表，可以仅提供其中重要的介质参数、管道参数即可，见表中带*号的项目。

表8-70　　流量计算技术参数

标识编码	单位	*		
测点名称		*		
节流装置形式				
取压方式				
设计压力	MPa（g）	*		
设计温度	℃	*		
流体名称及成分		* 过热蒸汽/水/……		
工况		工况1（最大）	工况2（常用）	工况3（最小）
工作温度	℃	*	*	*
工作压力	MPa（a）	*	*	*
工况下流体密度	kg/m^3			
工况下流体动力黏度	MPa·s			
工况下流体等熵指数				
气体相对湿度				
流量	t/h	*	*	*
允许节流件压力损失	bar			
刻度流量	t/h			
管道内径	mm	*		
管外径×管壁厚	mm	*		
内壁衬胶厚度	mm	*		
管道材料及其类别		*		
连接形式		*		
管道公称通径		*		
管道公称压力		*		
阻力件形式：阻力件一、阻力件二、阻力件三		2. 平面弯头 一个*	1. 90°弯头或三通一个*	1. 90°弯头或三通一个*
直管段长度：L_1、L_2、L_0	mm	*	*	*
节流件材料				
环室材料				
介质流向（水平、垂直）		*		
成套附件		冷凝器__个	取压管__对	

注　1. 表中填写的阻力件形式为示例，其数字序号代码及阻力件形式说明为：1表示90°弯头或三通一个；2表示平面弯头（多个90°弯头在一个平面内）；3表示空间弯头（多个90°弯头不在同一平面内）；4表示异径管（大、小头）；5表示全开球阀；6表示全开闸阀。

2. 表中填写的阻力件定义一般为：阻力件一表示节流件前第一阻力件；阻力件二表示节流件前第二阻力件；阻力件三表示节流件后第一阻力件。

3. 表中填写的直管段长度的定义为：L_1为节流件前到阻力件一之间直管段长度；L_2为节流件后到阻力件三之间直管段长度；L_0为阻力件一前到阻力件二之间直管段长度。

节流件/流量计、阻力件与主管段的前后关系图示如下：

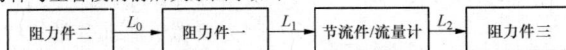

阻力件二 —L_0→ 阻力件一 —L_1→ 节流件/流量计 —L_2→ 阻力件三

流量计如为管段式供货，应与管道设计工程师配合管段预留长度、连接方式，尤其针对四大管道等工厂化加工及价格较贵的管道。

4. 阻力件形式及对应的最小直管段要求是保证测量装置精度的重要因素，最小直管段长度因前后阻力件形式的不同而不同，其管段长度是以上下游侧管道内径D的倍数表示，具体要求见GB/T 2624《用安装在圆形截面管道中的差压装置测量满管流体流量》中的内容。

二、流量检测仪表的特点及分类

流量检测仪表可以按测量对象、测量目的和测量原理等不同原则分类。

流量检测仪表按测量原理可分为差压式流量计、速度式流量计、容积式流量计、质量流量计四大类。

差压式流量计，常见的有机翼测风装置、标准孔板、喷嘴、文丘里喷嘴、文丘里管等。速度式流量计，常见的有电磁流量计、涡轮流量计、涡街流量计、超声波流量计等。容积式流量计，如活塞流量计、椭圆齿轮流量计、腰轮流量计等。质量流量计，最常用的是科氏质量流量计和热式质量流量计。

流量检测仪表的检测原理决定了检测仪表的特性，实际使用应根据安装环境、工艺过程条件等选择适宜的仪表类型。以下对火力发电厂常用的流量计进行介绍。

（一）机翼测风装置

（1）机翼测风装置的原理和特点。机翼测风装置是一种差压式流量检测装置。充满管道的流体经过翼形管时，流体在翼形处形成局部收缩，从而使流速加快，在机翼顶端迎风面设置取压口及连通管作为差压测量的正压口；在流速加快的机翼尾部设置连通的取压管作为差压测量的负压口，所测得的差压的平方根与体积流量成正比例关系，比例系数由机翼结构、管道结构、介质特性等一系列确定的特征决定。机翼风量测量装置工作原理如图 8-40 所示。

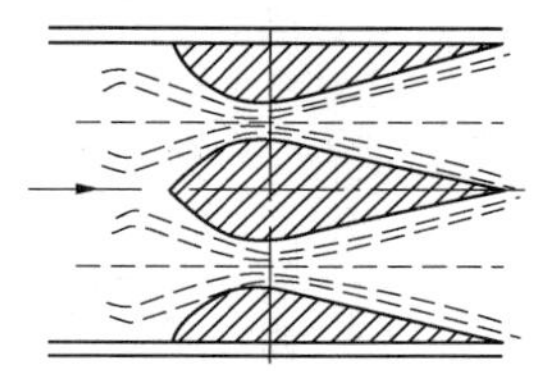

图 8-40　机翼风量测量装置工作原理示意图

机翼测风装置适用于大口径空气流畅、直管段长度较短、压力损失小的风量的测量。该装置具有独特的机翼线型，能产生较大的差压信号，测量稳定可靠；精度较高。采用双机翼或多机翼结构，更能缩短装置本身长度，并对前后直管段长度的要求降低，最短可以做到前直管段 $L_1 \geqslant 0.6D$（D 为管道内径），装置后直管段 $L_2 \geqslant 0.2D$。

火力发电厂机翼测风装置多用于测量进入锅炉的风量、烟道的烟气量和大容量机组回热蒸汽流量。

（2）机翼测风装置主要技术参数，具体见表 8-71，表中数据供参考（不同设备厂有差异）。

（二）就地流量计

就地流量计在火力发电厂工艺过程中应用需求较少，以下对较常用的两种形式仪表进行介绍。

表 8-71　机翼测风装置主要技术参数

机翼材质	与管道同材质或采用不锈钢
安装方式	法兰连接
管道尺寸、公称压力	DN=100～4000mm；PN≤1.6MPa；圆形或方形
流体温度（℃）	<450
流体黏度（MPa·s）	<300
基本误差（%）	2
量程比	4:1
流通面积比	0.35～0.65
直管段要求	前 $L_1 \geqslant 2D$，后 $L_2 \geqslant 1D$

1. 转子流量计

（1）转子流量计的原理和特点。转子流量计，又称浮子流量计或面积流量计，由测量管传感器（浮子、锥管、阻尼器）和指示器（电子转换器）组成，是变面积式流量计的一种。它是在一根由下向上扩大的垂直锥管中，圆形横截面的浮子的重力由液体动力承受，如图 8-41 所示，浮子可以在锥管内自由地上升和下降，在流速和浮力作用下上下运动，与浮子质量平衡后，浮子在锥管中的高度和通流面积，即流量有对应关系。通过浮子在锥管中的高度对应的刻度值读取流量，或通过浮子动磁耦合作用带动相连接的表头指针，在刻度盘上指示瞬时流量。

转子流量计是工业和试验室最常用的一种流量计。它具有结构简单、直观、压力损失小、维修方便等特点。转子流量计一般可分为玻璃转子流量计和金属转子流量计。

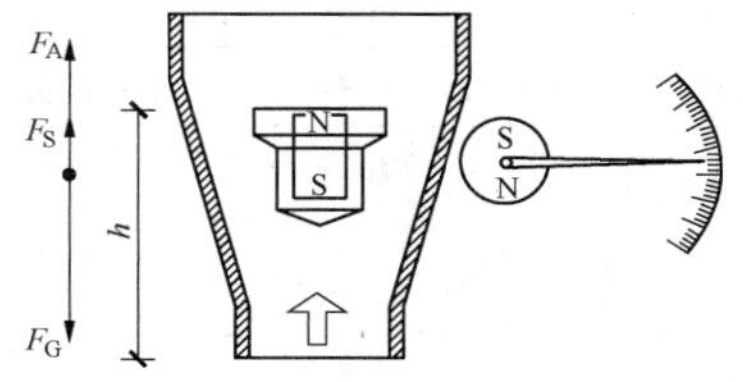

图 8-41　浮子流量计示意图

F_G—浮子所受重力，与浮子材质有关，为常数；
F_A—浮子所受浮力，与液体密度有关，为常数；
F_S—浮子所受冲力，与流体流速有关；
h—浮子在锥管中的高度，与流体流量有关

玻璃转子流量计的锥管是用透明玻璃制成的，其上刻有流量刻度，可以看到透明介质中的转子位置及所对应的流量刻度值。其结构简单、读数直观、价格低廉、使用方便，而玻璃转子流量计适用于透明液体、气体等介质，用于压力、温度较低的场合，一般用做

就地显示。

金属转子流量计，其锥管是用金属材料制成的。金属转子流量计可以测量不透明介质，适用于小口径和低流速介质流量测量，其工作可靠、维护量小、寿命长；对于直管段要求不高，有较宽的流量比（10:1）。根据现场实际需求，金属转子流量计不仅可用作就地显示仪表，也可选配变送器成为送出标准电信号的远传型仪表。

转子流量计在火力发电厂中多用于就地流量指示；同时，在不需要高精度计量流量的辅助车间过程参数检测时，通过选配变送器单元组成远传流量计使用，在化学水处理工艺系统中应用较多。

（2）转子流量计选型及主要技术参数。转子流量计在用于污脏流体时，应在仪表上游装过滤器。带有磁性耦合的金属管浮子流量计用于可能含磁铁性杂质流体时，应在仪表前装磁过滤器以保持浮子和锥管的清洁。转子流量计本体可以用两端法兰、螺纹或软管与测量管道连接，垂直安装在测量管道上。

转子流量计主要技术参数见表 8-72，表中数据供参考（不同设备厂有差异）。

表 8-72　　转子流量计主要技术参数

测量精度（%）	±4.0、±2.5、±1.5、±1.0
测量范围	气体（蒸汽）：0.05～3000m^3/h，液体：1.0～150000 L/h
量程比	10:1、20:1
工作温度（℃）	普通型：−30～120，高温型：100～350
工作压力（MPa）	1.6、2.5、4.0、6.4、10
接液材质	304、316 不锈钢，钛合金，聚四氟乙烯内衬
安装方式	法兰连接、夹持安装、螺纹连接
适用管径（mm）	15～150，或特殊要求订货，圆管、方管
信号输出电源	4～20mA，两线制；HART；带就地表盘显示或数字显示；可选带开关量输出
防护等级	IP65、IP67
直管段要求	前 $L_1 \geqslant 5D$，后 $L_2 \geqslant 3D$

2. 挡板流量计

（1）挡板流量计的原理和特点。挡板流量计测量原理是当流体流经测量腔体时，推动挡板沿轴向旋转，作用在挡板表面上的流体推力与挡板表面弹簧加载的反作用力达到平衡时，挡板在测量流体中的角度或平衡点位置就代表了相应的流量大小，并由密封在挡板底端的磁钢腔体内的环形磁铁部件，通过磁耦合，带动指示器的指针转动，在表盘刻度上指示瞬时流量，或选配电气转换器变送单元，实现信号远传或累积显示。

挡板流量计较多应用于冷却水等的流量就地指示。

（2）挡板流量计选型及主要技术参数。挡板流量计安装方向有水平安装、垂直安装两种。水平安装可分为左进右出、右进左出。垂直安装可分为上进下出、下进上出。水平安装的选择是要确定仪表面板朝向便于观察的方向，一旦确定，现场安装不可调整。

挡板流量计主要技术参数见表 8-73，表中数据供参考（不同设备厂有差异）。

表 8-73　　挡板流量计主要技术参数

测量精度（%）	±2.5、±4.0
测量范围（m^3/h）	气体（蒸汽）：60～1800，液体：2～600
量程比	10:1、20:1
工作温度（℃）	普通型：−20～100，高温型：−20～200
工作压力（MPa）	1.0、1.6、4.0
接液材质	304、316 不锈钢，其他特殊订制
安装方式	法兰连接、夹持安装
适用管径（mm）	50～300，或特殊要求订货，圆管、方管
信号输出电源	4～20mA，两线制；HART；带就地表盘显示或数字显示；可选带开关量输出
防护等级	IP65
直管段要求	前 $L_1 \geqslant 5D$，后 $L_2 \geqslant 3D$

（三）节流装置

节流装置与差压仪表配合检测流量是一种常用的流量检测技术，即充满管道的流体流经节流装置收缩孔后，使流体增速，静压降低，从而在节流件前后产生差压，节流装置形成差压的原理见图 8-42，依据伯努利方程，差压与流速有一定的函数关系。

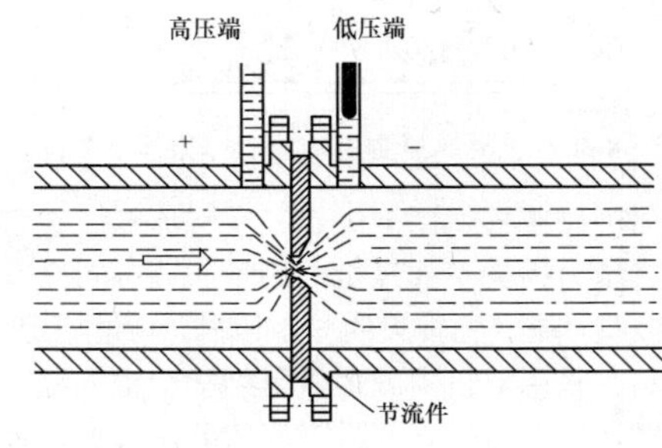

图 8-42　节流装置形成差压的原理示意图

由于上游取压口处流体密度会随着工作状态下温度和压力的变化而变化，通常需要在线检测管道介质的运行温度及压力，从而得到流体密度代入方程计算出工质流量。

基于该原理有很多种产品，而标准节流件是按照 ISO 5167《用压差装置测量管道循环交叉液体流量》、GB/T 2624《用安装在圆形截面管道中的差压装置测量满管流体流量》的技术规范进行设计、制造和使用的。应用最广泛的标准节流装置有标准孔板、标准喷嘴、标准文丘里管。

标准孔板、喷嘴组件根据使用介质压力分别有平焊法兰组件、对焊法兰组件和焊接式组件。

1. 流量孔板、喷嘴、文丘里管主要分类

（1）标准孔板的分类。标准孔板按照取压形式可分为环室角接取压、法兰取压及 *D-D*/2 径距取压，具体结构如图 8-43 所示。

标准孔板取压方式的区别和适用范围见表 8-74。

（2）标准喷嘴的分类。标准喷嘴按照形式可分为 ISA1932 喷嘴、长颈喷嘴。喷嘴比孔板的压力损失小，要求的直管段长度较短。

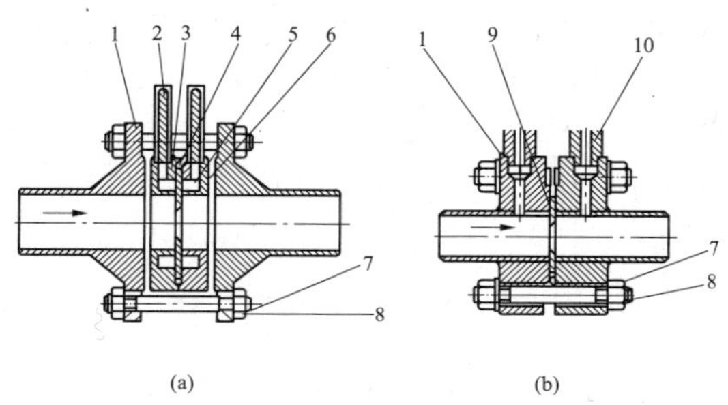

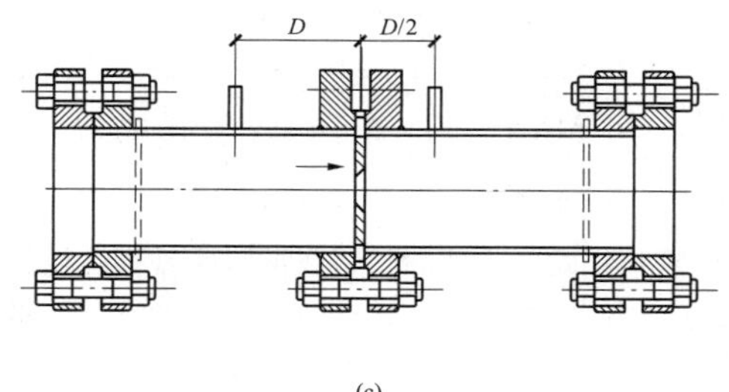

图 8-43 标准孔板取压形式结构示意图

（a）环室角接取压；（b）法兰取压；（c）*D-D*/2 径距取压

1—法兰；2—导管；3—前环室；4—截流件；5—后环室；6—垫片；7—螺栓；8—螺母；9—孔板；10—导压管

表 8-74 标准孔板取压方式的区别和适用范围

角接取压	法兰取压	*D-D*/2 径距取压
$D \geqslant 12.5$mm		
50mm $\leqslant D \leqslant$ 1000mm		
$0.2 \leqslant \beta \leqslant 0.75$		
$ReD \geqslant 5000$ 用于 $0.2 \leqslant \beta \leqslant 0.45$	$ReD \geqslant 1260\beta^2 D$	
$ReD \geqslant 10000$ 用于 $\beta > 0.45$		

注 *D* 为管道内径（mm）；β 为节流装置的直径比，$\beta=d/D$，*d* 为节流件喉部孔径（mm）；*ReD* 为管道雷诺数，衡量作用于流体上的惯性力与黏性力相对大小的一个无量纲参数，雷诺数的大小可以表达流体的流动状态。

ISA1932 标准喷嘴的取压方式仅角接取压一种，如图 8-44 所示。

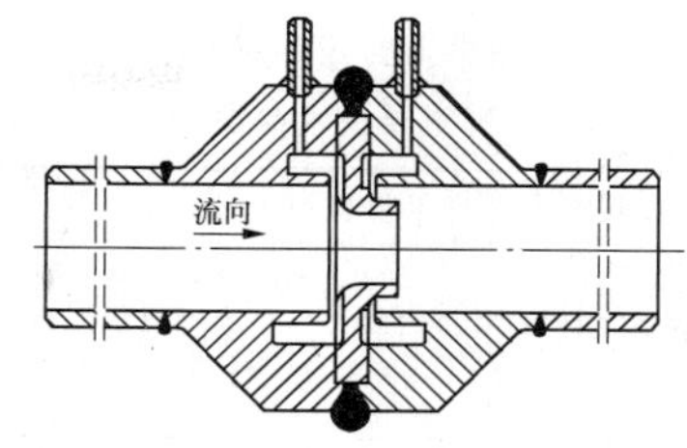

图 8-44 标准喷嘴环室角接取压结构示意图

长径喷嘴的取压方式仅 *D-D*/2 径距取压一种，如图 8-45 所示。

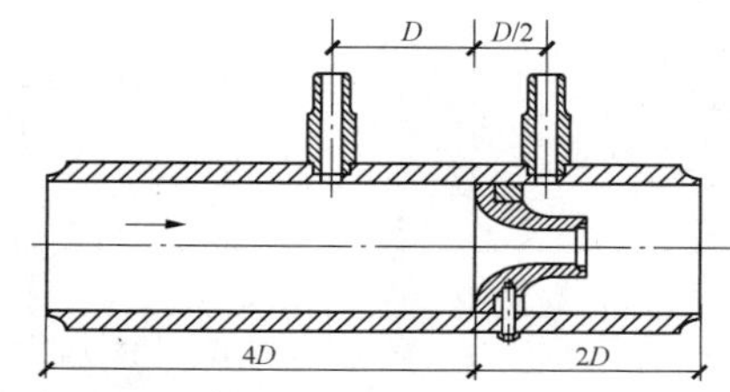

图 8-45 长颈喷嘴 *D*–*D*/2 径距取压焊接式结构示意图

（3）标准文丘里管。标准文丘里管由圆弧廓形收缩段、圆筒喉部和扩散段组成，如图 8-46 所示。标准文丘里管前后直管段要求低，最小可以达到前 $L_1 \geqslant 2.5D$，后 $L_2 \geqslant 1.5D$；压力损失最小，一般约为差压值的 1/8。

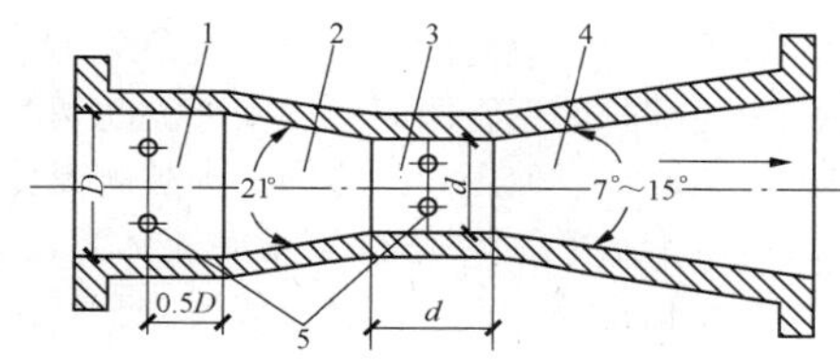

图 8-46 标准文丘里管结构示意图

1—入口段；2—圆锥形收缩段；3—圆筒形喉部；4—圆锥形扩散段；5—取压孔

2. 标准节流装置主要技术参数

标准节流装置主要技术参数见表 8-75，表中数据供参考（不同设备厂略有差异）。

3. 节流装置选型和安装设计

节流装置的原始参数应根据流量仪表设计技术参数表的内容收集，用于其相应计算。

流量孔板、喷嘴、文丘里管在设计安装时需要重视以下问题：

（1）差压流量计算公式中有介质密度的因子，通常会因为设计值与实际运行值偏差而导致测量误差，同时因气体密度一般受到温度、压力变化影响较大，所以，在差压流量测量中，需要进行温度压力补偿；

过热蒸汽也需采用温度压力补偿；饱和蒸汽一般只用压力补偿。

表 8-75　标准节流装置差压流量计主要技术参数

结构类型	孔板流量计	喷嘴流量计	文丘里管流量计
测量介质	气体、蒸汽和液体		
测量通径（mm）	DN50～DN1200		
介质温度（℃）	约 600		
公称压力（MPa）	<42		
取压方式	法兰取压、角接取压、*D*-*D*/2 径距取压	角接取压	均压环取压
压力损失	较大	适中	较小
产品成本	较低	适中	较高
产品特点	结构简单、适应性强	节流件不易磨损，可长期保持准确度和稳定性，适应高温、高压、高流速介质	稳定性最好，有平滑的差压特性，可靠性高。长期使用不易堵塞，前后直管段短，计算准确，耗能低

（2）最短上游和下游直管段。节流装置宜安装在其上游的流场近似于无旋涡的工况。安装时应满足 GB/T 2624《用安装在圆形截面管道中的差压装置测量满管流体流量》中规定的最短直管段。对于一次装置上游没有足够长的直管段时，应安装流动调整器。

（3）安装时注意取压口的方向。当被测流体为液体时，取压口为水平偏下 45°；当被测流体为气体时，取压口为水平偏上 45°；当被测流体为蒸汽时，取压口为上半部分水平 180°范围。

（4）为避免差压信号传送失真，正负导压管应尽量靠近敷设，严寒地区汽水介质导压管应采取伴热措施。导压管宜按照最短距离敷设，长度最好小于 16m，一般不应超过 30m。

（5）流量装置在与流量控制阀关联使用时，流量控制阀建议安装在节流装置的下游。

4. 节流装置的附件

（1）冷凝器。测量蒸汽流量的附件，装在节流装置的仪表取压口后、取压阀门前，容器内充满冷凝液，以避免差压突变造成静压误差。同时，正负取压口的两个冷凝器液面处于相同的高度，可以消除两根取压管中水柱产生的差压值误差。仪表伴热保温设计不应影响冷凝器及下游静压取样管部分的液态稳定性。

（2）隔离器。测量腐蚀性气体或液体流量时使用的附件，装在流量仪表和节流装置之间，在隔离器及其后的导压管内腔充满隔离液，使被测液体或气体不直接接触仪表，不会造成仪表腐蚀。

（四）巴类流量装置（均速管流量计）

1. 均速管流量计的原理和特点

均速管流量计是一根径向插入管道中的中空并隔开的金属杆，在迎向流体流动方向和背流面有按一定准则排布的多对取压孔，迎流面的多点测压孔测量的是总压，连通后引出平均全压 p_+，背流面多点测压孔相连通后引出静压 p_-，经差压变送器测量得到均速管的输出差压 Δp，可根据经典的伯努利方程得出流体平均速度 v。

均速管流量计探头的截面形状、表面粗糙度和低压取压孔的位置是决定探头性能的关键因素。由于流量计探头在高、低压区有多对取压孔，使得均速管流量计可以检测不均匀流场的平均流速。均速管流量计结构如图 8-47 所示。

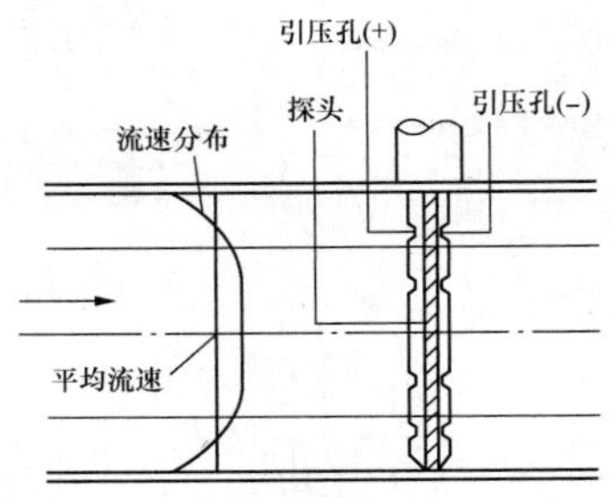

图 8-47　均速管流量计结构示意图

由于均速管流量计安装简便、压损小、强度高、不受磨损影响、无泄漏等特点而成为替代孔板的理想产品，可广泛用于蒸汽和液体、气体的流量测量，测量管道直径为 DN20～DN12000mm。

基于同样的原理，对流量计探头的截面形状、表面粗糙状况和低压取压孔的位置等的演变，有多种均速管流量计。不同制造厂的流量计的差别主要由检测杆结构设计、设备加工精度等因素决定了较为关键的几个方面参数，即精度、重复性、量程比和产生差压 Δp 大小的能力。以上参数应详细参阅设备厂选型样本，选择适合工艺过程及差压的产品。

2. 均速管流量计主要技术参数

均速管流量计主要技术参数见表 8-76，表中数据供参考（不同设备厂有差异）。

表 8-76　均速管流量计主要技术参数

测量精度（%）	±1
重复精度（%）	±0.1
测量范围	测量上限：取决于探头强度，测量下限：取决于测量仪表最小差压要求
量程比	可达到 10:1

续表

工作温度（℃）	约 600
工作压力（MPa）	0～42
安装方式	插入式，法兰、螺纹、焊接方式
适用管径（mm）	40～9000，圆管、方管，适宜大于 200
介质流速（m/s）	气体：≥4.5，液体：≥0.6，蒸汽：≥9.7
直管段要求	前 L_1≥7D，后 L_2≥3D

3. 巴类流量装置安装

对于液体流量和气体流量检测，巴类流量装置安装如图 8-48 所示。

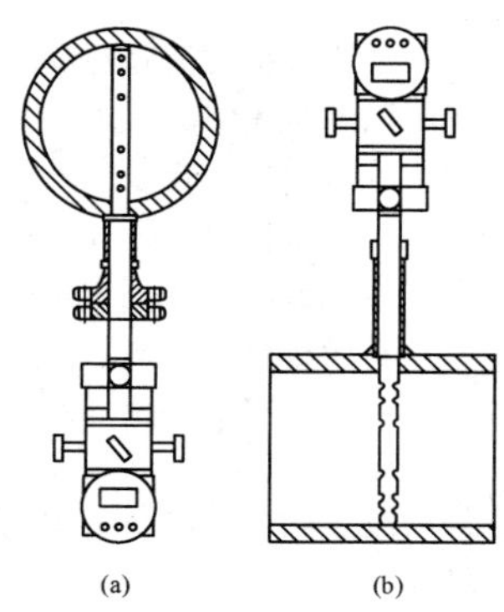

图 8-48 巴类流量装置安装示意图
（a）测量液体介质；（b）测量气体及蒸汽介质

（五）靶式流量计

靶式流量计由径向插入管道中心的圆形靶、力感应传感器和变送显示单元组成。它是靠流体流经推动靶面，对连杆产生微小的弹性形变，将位移转换成力，力再转换成流量信号输出的一种速度式流量计。

靶式流量计结构如图 8-49 所示。靶式流量计适用于测量液体、气体、蒸汽介质，以及高温高压参数、低流速、黏度大、含泥沙的介质及大口径管道等的流量检测，适用性很广泛。靶式流量计测量的介质流速宜在 0.1～12m/s 范围内，当管道流速偏低，不能满足流量仪表要求时，可以通过缩小管道口径的方式，提高管内流速，测量精度才能保证。为了确保流量计测量精度，其上游直管段部分的长度至少为流量计内径（D）的 10 倍，下游直管段部分的长度至少为流量计内径（D）的大约 5 倍。靶式流量计在火力发电厂中应用较少。

（六）涡街流量计

1. 涡街流量计的原理和特点

涡街流量计的测量是基于卡门原理，流体流经测量管中涡街发生体时，在其后部会产生交错排列的旋涡，旋涡发生的频率 f 与流速 v 成正比，传感器检测到频率 f，经信号变送单元运算处理，得到管道中介质的流量。涡街流量计检测原理如图 8-50 所示。

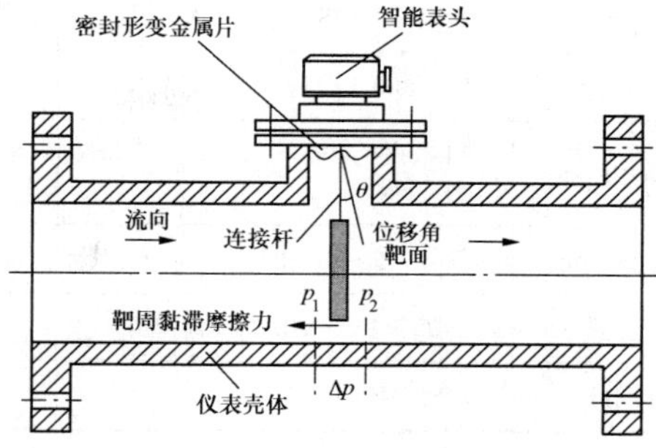

图 8-49 靶式流量计结构示意图

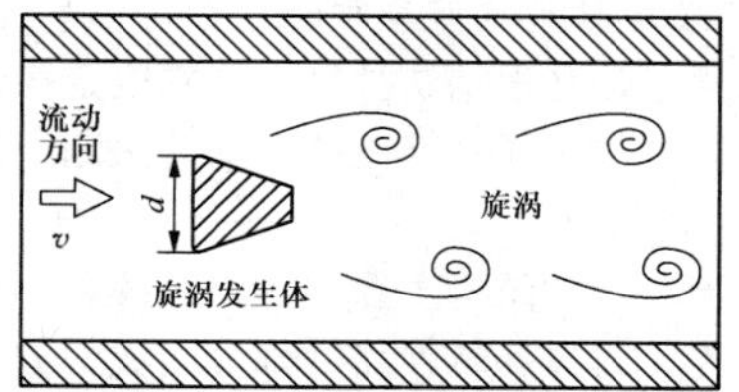

图 8-50 涡街流量计检测原理图

涡街流量计可用于单相流的气体、蒸汽和液体介质在管道中的流量检测，属于体积流量测量仪表。由于其具有较大的量程比（10:1～30:1），较小的压力损失，适用于流体工况变化较大的流量测量。为了确保涡街流量计测量精度，其上游直管段部分的长度应为流量计内径（D）的 15～30 倍，下游直管段部分的长度应为流量计内径（D）的大约 5 倍。

涡街流量计测量体积流量时不需补偿，涡街输出信号实际上是与流速成线性关系的，也就是与体积流量成正比。而采用温度、压力、流量一体化设计时，可提供在线温度压力补偿，目的是得到流体的密度，乘以体积流量就得到质量流量。

涡街流量计为速度式流量计，旋涡分离的稳定性受流速影响，当流体介质有脉动流时，输出信号会脉冲波动。所以，仪表安装时应充分保证直管段长度，也可在上游安装整流器，使流场平稳。

2. 涡街流量计主要技术参数

涡街流量计主要技术参数见表 8-77，表中数据供参考（不同设备厂有差异）。

表 8-77 涡街流量计主要技术参数

测量精度（%）	气体：±1.5，液体：±1.0
测量范围（m^3/h）	气体（蒸汽）：20～9000，液体：1.5～2700
量程比	10:1～30:1
工作温度（℃）	普通型：-40～200，高温型：100～350
工作压力（MPa）	1.6、2.5、4.0、6.3、10

续表

安装方式	管段式法兰连接、插入式法兰安装
适用管径（mm）	15～600，或特殊要求订货，圆管、方管
信号输出电源	24V、4～20mA，两线制，HART，可选带LCD显示
介质流速（m/s）	气体：5～50，液体：0.8～7，蒸汽：4～60
直管段要求	前 L_1≥15～30D，后 L_2≥5D
防护等级	IP65、IP67

（七）电磁流量计

1. 电磁流量计的原理和特点

电磁流量计是根据法拉第电磁感应定律，通过导电流体流过外加磁场时产生的电动势来测量导电流体流量的一种仪器。

电磁流量计的结构主要由磁路系统、测量导管、电极、外壳、衬里和转换器等部分组成。分体式电磁流量计除可测量一般导电液体的流量外，还可测量液固两相流、高黏度液流及盐类、强酸、强碱液体的体积流量。电磁流量计测量要求介质电导率大于一定限值。

电磁流量计的量程范围宽，量程比一般为10:1～30:1。此外，电磁流量计与被测介质的平均流速成正比。管段式电磁流量计对直管段最低要求是最短为前5D、后2D（D为管道内径），插入式为前10D、后5D。

电磁流量计宜安装在管路的最低点或者管路的垂直段（介质是自下而上），在满管的情况下检测，才能保证电磁流量计的使用和对精度的要求。

电磁流量计传感器必须有单独良好的接地，分体式电磁流量计应在传感器一侧接地，转换器应在同一点接地；应严格按照产品说明书安装，以保证测量精度，并应避免附近有大型电动机、变压器等设备，引起电磁场干扰。

2. 电磁流量计主要技术参数

电磁流量计主要技术参数见表8-78，表中数据供参考（不同设备厂差异较大）。

表8-78　电磁流量计主要技术参数

测量精度（%）	±0.2～±1
量程比	10:1～30:1
环境温度（℃）	−25～60
介质温度（℃）	0～80，−20～50
电极材质	316L、哈氏合金等
工作压力（MPa）	0.6、1.0、1.6、2.5、4.0
安装方式	管段式法兰连接、夹持式、插入式

续表

适用管径（mm）	DN10～DN2000
信号输出电源	24V、4～20mA，两线制，HART/FF，可选带LCD显示，四线制可选
介质电导率要求（μS/cm）	大于5～20（不同产品要求不同）
介质流速（m/s）	0.1～10、0.1～20
直管段要求	插入式：前 L_1≥10D，后 L_2≥5D；管段式：前 L_1≥5D，后 L_2≥2D
防护等级	IP65、IP68

（八）超声波流量计

1. 超声波流量计的原理和特点

超声波流量计是通过检测流体流动对超声束（或超声脉冲）的作用以测量流量的仪表。超声波流量计主要由安装在测量管道上的超声换能器（或由换能器和测量管组成的超声流量传感器）和转换器组成。

超声波流量计与电磁流量计因仪表流通通道未设置任何阻碍件，基本没有压力损失。超声波流量计可测量非导电性液体，是对电磁流量计测量只能测导电介质的一种补充。超声波流量计还可以通过液位测量和平均流速测量相结合的方法测量明渠的流体流量。

超声波流量计按照对信号检测的原理可分为传播速度差法（直接时差法、时差法、相位差法和频差法）、波束偏移法、多普勒法等。

（1）传播速度差法。传播速度差法超声波流量计采用两个声波发送器（SA和SB）和两个声波接收器（RA和RB）。同一声源的两组声波在SA与RA之间和SB与RB之间分别传送。它们沿着管道安装的位置与管道成θ角（一般θ=45°），其中时差法超声波流量计原理如图8-51所示。由于向下游传送的声波被流体加速，而向上游传送的声波被延迟，它们之间的时间差与流速成正比；也可以发送正弦信号测量两组声波之间的相移或发送频率信号测量频率差来实现流速的测量。超声波流量计大多采用此类原理。

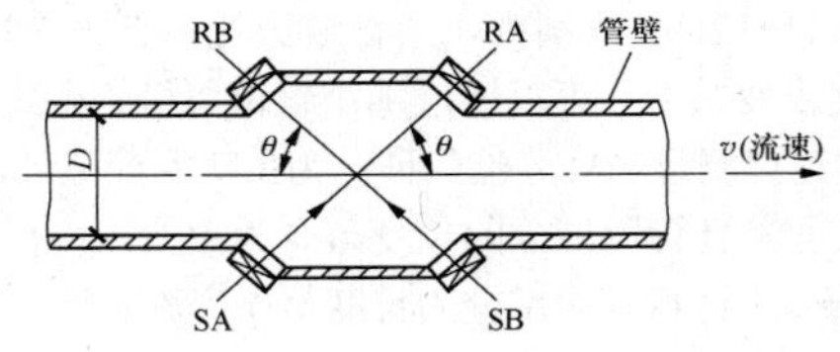

图8-51　时差法超声波流量计原理示意图

（2）波束偏移法。波束偏移法超声波流量计的发送器沿垂直于管道的轴线发送一束声波，由于流体流动的作用，声波束向下游偏移一段距离，偏移距离与流速成正比。

（3）多普勒法。多普勒法超声波流量计，当超声波在不均匀流体中传送时，声波会产生散射。流体与发送器间有相对运动时，发送的声波信号和被流体散射后接收到的信号之间会产生多普勒频移。多普勒频移与流体流速成正比。多普勒法超声波流量计原理如图 8-52 所示。

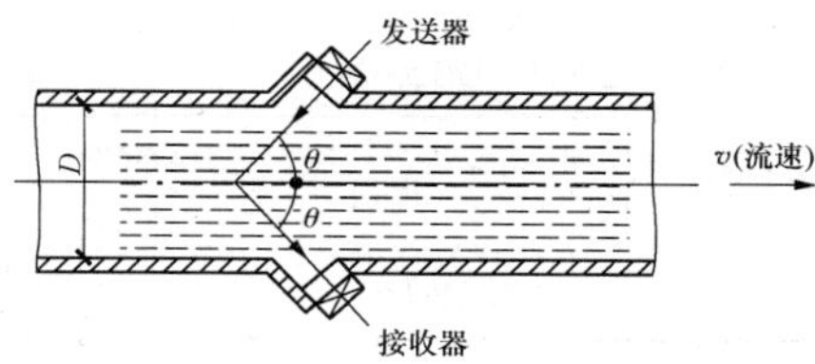

图 8-52 多普勒法超声波流量计原理示意图

2. 超声波流量计安装方式

按照换能器的安装方法，分别有标准管段式超声波流量计、外夹式超声波流量计及插入式超声波流量计。标准管段式超声波流量计需断开管路安装。外夹式超声波流量计能够完成固定和移动测量，但通常需采用专用耦合剂（室温固化的硅橡胶或高温长链聚合油脂）安装，安装时不损坏管路。插入式超声波流量计需要现场开孔。安装对现场加工精度要求较高。

3. 超声波流量计的应用

超声波流量计按换能器声道的数目可分为单声道超声波流量计、双声道超声波流量计及多声道超声波流量计（3 声道及以上）。超声波流量计的换能器安装对于测量非常重要，市场上竞相开发出经实际核准的高精度带测量管段的超声波流量计，且用双声道或多声道以改善单声道测量平均流速的精度，降低流速分布不均因素的影响，可以缩短前后直管段长度，使测量精度大大提高。

多声道超声波流量计由于其测量的准确性、安装维护简便、流道无阻碍的结构，较多地应用在大管径的热力网流量计量场合，配合温度及压力的检测，可以实现供热的热量检测，能够克服常规孔板节流件安装复杂及产生负偏差影响的弊端。

4. 超声波流量计选择及主要技术参数

超声波流量计主要技术参数见表 8-79，表中数据供参考（不同设备厂差异较大）。

表 8-79 超声波流量计主要技术参数

测量精度（%）	±0.5～±1
通道数	1、3、5，1、2、4 等或更多
环境温度（℃）	−20～60
介质温度（℃）	−30～130
工作压力（MPa）	1.0、1.6、2.5
安装方式	管段式法兰连接，外夹式、插入式
适用管径（mm）	DN50～DN2500
信号输出电源	4～20mA，两线制；HART/FF；可选带 LCD 显示；四线制可选；带温度输入
介质流速（m/s）	气体：0.01～35，液体：0.01～25，蒸汽：4～60
直管段要求	前 $L_1 \geqslant 5D$，后 $L_2 \geqslant 2D$，泵后≥30D
防护等级	IP65、IP66

（九）质量流量计

常用的质量流量计实际是科氏力质量流量计的简称，也称科氏力流量计、科里奥利流量计。

1. 质量流量计的原理和特点

质量流量计包括传感器和信号处理变送器。

质量流量计是基于科里奥利测量原理。传感器的内部结构为旋转的流量管，流量装置内部的流量管两侧安装有电磁信号检测器，当有流体流经流量管时，流量管产生应力扭转即科氏力效应，导致两个检测信号产生相位差，这一相位差的大小与流经流量管的质量流量成正比，可以计算出流经流量管的质量流量。

质量流量计的变送器为模块化并带有微处理器功能。它与传感器连接使用可获得高精度的质量流量、密度、温度信号，并将获得的信号转换为模拟量、频率等输出信号。质量流量计测量原理不需要流体具有导电性。

质量流量计直接测量质量流量，测量精度高；由于对迎流流速分布不敏感，因而无上下游直管段要求；可测量高黏度的各种液体、含有固形物的浆液、含有微量气体的液体、有足够密度的中、高压气体等。火力发电厂通常应用在炉前油系统燃油母管流量的测量，为保证满管测量，提高流速情况下采用缩径方式，同时也可以节省投资。

2. 质量流量计主要技术参数

质量流量计不适用于测量密度太低的气体（如氢气、氦气）介质，使用时应避免管道振动，否则，会影响测量的准确性。

质量流量计主要技术参数见表 8-80，表中数据供参考（不同设备厂有差异）。

表 8-80 常用质量流量计主要技术参数

测量精度（%）	±0.1，±0.2 可选
测量范围（t/h）	不同口径对应不同的测量范围。液体：0～350；更高量程特殊订货
量程比	1000:1 等

续表

工作温度（℃）	普通型：约 200，高温型：约 350
工作压力（MPa）	1.0、1.6、2.5、10，高压型 35
安装方式	管段式法兰连接，其他
适用管径（mm）	DN10～DN250
信号输出电源	4～20mA，两线制；HART/FF；可选带 LCD 显示
直管段要求	无
防护等级	IP65、IP67

（十）热式流量计

1．热式流量计的原理和特点

热式流量计采用热扩散原理，按照检测方式和结构可分为热分布型（热导式）和浸入型（热量式）两种类型。

热分布型热式流量计将传感元件放置于管道壁，经过发出恒定热量的发热传感器加热流体，由下游感热传感器测得流体温度，在确定的介质特性条件下，温度与流体的流量成线性关系，此种原理适宜于高流速介质工况。

浸入型热式流量计，一般将两个热电阻插入较大管径的中心，一个热电阻通较小电流或不通电流，另一个热电阻通较大电流而发热，两个电阻之间的温差与流量变化呈线性关系；或者保持温差恒定，电阻的加热能量大小与流体流量呈函数关系。

热式流量计绝大部分用于测量气体，少量热式流量计用于测量微小流量的液体。

随着流速增加，温差增大，当流速增加到某一限值之后，浸入型热式流量计的两元件的温差将随流速的增加而逐渐减小。为了得到仪表的单值性，一般测小流量用温差增大的特性，测大流量用温差减小的特性。所以热式流量计很适宜测量小流速流量。

热式流量计没有移动部件，压力损失小，是少数能测量质量流量的仪表之一，也是少数用于测量大口径气体流量的仪表。

2．热式流量计主要技术参数

热式流量计主要技术参数见表 8-81，表中数据供参考（不同设备厂有差异）。

表 8-81　　热式流量计主要技术参数

测量精度（%）	气体：±0.5
量程比	气体：30∶1
测量流速范围（m/s）	0.05～120
工作温度（℃）	−40～300
工作压力（MPa）	4.2

续表

安装方式	法兰管段式、插入式法兰安装
传感器材质	316 不锈钢，或用户要求
管道材质	碳钢、304、316L，或用户要求
适用管径（mm）	插入式：DN80～DN6000，管段式：DN15～DN2000
信号输出电源	4～20mA，两线制；HART/FF；可选带 LCD 显示
防护等级	IP65、IP67

（十一）流量开关

1．流量开关的工作原理和特点

流量开关是指能够输出继电器触点通断信号用于对工艺过程流量参数进行报警、联锁、保护的二进制仪表。

前述很多流量计在原理、机械结构上适合生产相应的流量开关，常用的有挡板流量开关、浮子流量开关、差压式流量开关、电磁流量开关、活塞式流量开关等。其工作原理与相应的流量计相同，在选型时需要考虑压力、管径及流量范围，但信号转换及输出是通过最终触动继电器输出开关量的触点信号。

流量开关应用相比流量计更直接、简单，可以通过继电器输出触点用于报警、保护，或直接通断控制回路实现就地联锁、保护等功能。

流量开关在火力发电厂主系统中应用较少，但广泛应用于压缩机、电动机、发电机和其他设备的冷却、润滑系统中，多为随设备厂集成供货。

对于连续测量的流量计，在变送单元也可选择设置开关量输出，满足报警、联锁等功能。

2．主要技术要求

（1）触点要求。继电器输出触点可分为单刀双掷式（SPDT）及双刀双掷式（DPDT），触点容量宜满足直接应用的控制回路的电压、电流特性，通常为交流 220V、10A，直流 220V、5A，直流 110V、3A，直流 24V、5A。

（2）测量管道尺寸一般为 DN15～DN200mm。

（3）防护等级应满足工业现场及露天的安装使用环境要求，至少为 IP65，特殊场合（如防腐、防爆）应提供满足防腐、防爆使用标准的产品，并能长时间地连续稳定工作。

3．选型时注意的问题

根据实际应用要求，流量开关的报警值在上限报警设定范围或下限报警设定范围内即可使用。其他如材质、过程接口、触点形式及触点容量根据实际使用要求来选取。

第六节 过程分析仪表

一、过程分析仪表设计的一般原则

过程分析仪表主要应用在电厂过程参数成分分析检测，在电厂对各类水工质、蒸汽、烟气、易燃易爆危险气体等进行化学物质定量分析，是监督工质指标及工艺系统设备运行状态的重要保证。大容量机组对汽水品质要求比较高，汽水品质的准确监测是保证机组安全经济运行的必要手段；烟气成分分析仪表的应用主要是针对必要的烟气处理过程参数的检测，以及最终排放大气烟气成分参数的环保达标考核检测；其他特殊成分，如工艺过程气体纯度或浓度、易燃易爆气体等的检测项目，均是保证电厂经济运行、安全运行的重要手段。因此，提高电厂过程分析仪表的测量准确性和可靠性，对电厂的安全经济运行具有重要意义。

电厂常见的水质在线分析仪表包括电导率、酸碱浓度、pH/ORP、浊度、溶氧、钠、硅、磷、COD 和 TOC、余氯等仪表。

气体在线分析仪表包括 H_2 纯度检测、氧化锆、烟气 CO 浓度检测、煤质挥发分 CO 浓度检测、露点检测、漏氢检测、氯气浓度检测、煤粉浓度检测和风粉在线监测等仪表。

过程分析仪表检测原理是对采样介质经过一系列的预处理、分析、转换、计算过程，得到最终的成分测量值，其重现性和稳定性比较差，时常会因为一个细节故障或维护问题而导致数值偏差或失去有效性。所以，在设计时，较多采用的是多测点监测，即多个水质参数的组合变化既可以相互佐证仪表的准确性，还可以帮助运行人员和仪表维护人员判断设备的健康状况。

过程分析仪表设计选型时应注意以下几点：

（1）烟气成分分析系统取样管路需注意伴热及保温，防止取样管路局部冷凝吸收烟气中的 SO_2；汽水取样管路等需要伴热防冻。

（2）数字化是分析仪表的发展方向。由于分析仪表检测的一次信号通常较微弱，因此，只有将传统的一次元件模拟信号就地进行数据处理、转化为标准信号传输，才能解决传输距离和干扰问题，使测量精度和稳定性进一步提升。

过程分析仪表设计选型时应按下列原则进行：

（1）根据被测介质参数选择合适的传感器。

（2）仪表的输出信号应满足控制系统的要求。

（3）供电电源的选择应满足现场供电的要求。

（4）根据现场安装要求选择盘装或墙挂式仪表。

二、过程分析仪表的特点、分类及选择

（一）汽水品质分析仪表

1. 电导率仪

电导率是表示溶液传导电流的能力的参数，单位为 S/cm 或 μS/cm。

电导率通常是指比电导率，其定义是在两片 1cm×1cm 的电极上，间距 1cm 时的电导。测定的水样是实际未经处理的水样。

氢电导率和阳电导率是相同的定义，它是将水样先经过氢离子交换柱后，测定得到的电导率。氢电导率的水样通过离子交换柱消除了水中氨根的影响，能更好地反映出水中的有害阴离子含量。

水的电导率与其所含无机酸、碱、盐的量有一定的关系，水中溶解的盐类越多，离子也越多，水的电导率就越大。电导率是反映水质状况的一个重要指标，电导率的大小初步确定水质状况，通过水中离子的总浓度或含盐量进而选择合适的水处理方法。

电导率仪检测探头为复合温度传感器的电导率电极。这是因为电导率随溶液温度变化较大，电导率仪应提供自动温度补偿，并能设置温度系数，这样也就可以用于测量温度系数与水不同的液体样品。

电导率仪检测探头通常可分为双电极传感器及感应式传感器，双电极传感器适用于检测低电导率介质，量程范围为 0.01μS/cm～100mS/cm；感应式传感器适用于检测较高电导率介质，量程范围为 0.2mS/cm～1S/cm。

电极安装方式有流通式、管道安装式和浸入式三种。污水测量一般选用的是浸入式安装，其余宜采用流通式安装，便于检修维护。

电导率仪主要技术参数见表 8-82，表中数据仅供参考（不同设备厂差异较大）。

表 8-82　电导率仪主要技术参数

项目	参数
测量范围	0.01μS/cm～100mS/cm，0.2mS/cm～1S/cm，同量程选择很多，有量程自动切换型
测量精度（%）	±2
传感器	双电极传感器或感应式传感器，工作压力：≤0.7MPa，工作温度：≤60℃，不锈钢、钛等材质
温度补偿	内置温度电极，温度输入：-20～130℃，分辨率：0.1℃
流通池	不锈钢、有机玻璃等材质；螺纹连接、软管接头等
变送器	可编程，高低值报警、故障报警输出可设置，LCD 显示，数据存储，通信
信号输出	两路 4～20mA；报警：继电器干触点
供电电源	交流 220V，功率：10～30VA，直流 24V
防护等级	变送器：IP66，探头：IP67、IP68

2. 酸碱浓度计

酸碱浓度计广泛用于火力发电厂、化工等行业，如电厂对离子交换树脂的再生和化学工业过程等水溶液中的单组分化学酸或碱浓度进行连续检测。其检测的主要溶液有 NaCl、HCl、NaOH、H_2SO_4、HNO_3 等。

酸碱浓度计采用感应式电导率电极传感器进行测量，内置温度传感器，经过酸碱浓度变送器对信号运算和温度补偿后，转换并显示为 25℃时被测量的浓度值。

酸碱浓度测量值通常为 0%～20%，检测电极通常采用管道在线型安装方式。

酸碱浓度计主要技术参数见表 8-83，表中数据仅供参考（不同设备厂差异较大）。

表 8-83　酸/碱浓度计主要技术参数

测量范围	不同溶液浓度检测量程不同，0%～10%、15%、20%。电导率测量范围：200μS/cm～1S/cm
测量误差（%）	±2
传感器	感应式电极传感器，工作压力：≤0.4MPa，工作温度：≤50℃；聚四氟乙烯、聚丙烯等材质
温度补偿	内置温度传感器，温度输入：−20～200℃；分辨率：0.1℃
过程连接	螺纹连接等，工作压力：≤0.5MPa，工作温度：≤50℃，或其他规格参数等
变送器	可编程，高低值报警、故障报警输出可设置，LCD 显示，数据存储，通信（HART 可选）
信号输出	两路 4～20mA，报警：继电器干触点
响应时间（s）①	τ_{90}≤60，污水电极 τ_{99}≤30
供电电源	交流 220V，功率：10～30VA
防护等级	变送器：IP66，探头：IP67、IP68

① τ_{90} 代表从零到达最终读数 90%处的时间；τ_{99} 代表从零到达最终读数 99%处的时间。

3. pH 计、ORP 计

pH 值是物质中氢离子的活性指数。这一活性直接关系到水溶液的酸、碱性。

1L 纯水在 25℃时存在 10^{-7}mol 的 H_3O^+离子（简写为 H^+）和 10^{-7}mol 的 OH^-离子。溶液中如有过量的氢离子 H^+，则溶液呈酸性。同样，如果使 OH^-离子游离，那么溶液就是碱性的。所以，给出 H^+值就足以表示溶液呈酸性还是碱性的特性。数学上定义 pH 值为氢离子浓度的常用对数负值，即 $pH=-lg[H^+]$。因此，pH 值在 1～14 之间。7 为中性，较低的值表示酸度更高，较高的值表示碱度更高，最高测量值为 14。

测量 pH 值的方法很多，主要有化学分析法、试纸法、电位法。火力发电厂主要使用电位法测量 pH 值。在实际应用中，pH 值通常使用一个在线 pH 电极进行测量，最常见的为复合玻璃电极。

pH 计的典型复合电极由两个单独电极组合而成，一个为 pH 感应电极，一个为参比电极。pH 感应电极是通过 pH 敏感玻璃薄膜，使 H^+离子渗透薄膜产生电荷，两个电极之间的电动势可以计算出溶液中的pH值。

氧化还原电位（oxidation-reduction potential，ORP 或 Eh），是水质中一个重要指标，它虽然不能独立反映水质的好坏，但是能够综合其他水质指标来反映水族系统中的生态环境。

ORP 氧化还原电位计测量值为毫伏值，氧化还原电位越高，氧化性越强，电位越低，氧化性越弱。电位为正表示溶液显示出一定的氧化性，为负则说明溶液显示出还原性。一般地，ORP 值越高，水体分解能力越强，水体越健康。

ORP 电极同样由两个单独电极组合而成，包括氧化还原电极和参比电极。氧化还原电极是贵金属电极，最理想的是用铂和金来制作，电极的表面敏感层可以进行电子吸收或释放，用来进行电位测量。参比电极采用和 pH 计一样的电极，通常为银/氯化银（Ag/AgCl）。同时，复合电极可选内置温度传感器，实现测量结果温度补偿功能。ORP 计使用时无需标定，直接使用即可。

pH 计、ORP 计均由变送器、流通池或支架、电极和专用电缆组成。

pH 计和 ORP 计的检测原理相同，pH 计是测量氢离子的活度值，ORP 计是测量电子活度，所以 ORP 电极可以称为 ORP/pH 复合电极。分析仪的变送单元可以通过软件切换输出 0～14pH 值或 ORP 对应毫伏信号。在实际应用中，只需要选择装配不同的 pH 电极或者 ORP/pH 复合电极。同时，针对不同的介质特性选择不同的电极，通常有纯水电极、高纯水电极和废水电极三种类型。

pH 计、ORP 计的安装方式有流通式、管道安装式和浸入式三种。污水 pH 值及 ORP 值测量一般选用浸入式；其余宜采用流通式，便于检修维护，流通池通常采用 SS316L 不锈钢材质。

定期的维护有助于仪表的准确测量和延长仪表的使用寿命，应当注意：

（1）为维持测量精度，需要周期性地清洁电极。根据操作经验确定清洗的时间间隔，如 3～5 天清洗一次。清洗溶液需要根据被测介质的特性确定。

（2）若电极暂不使用，应使电极处于湿润状态，有利于延长电极的使用寿命。

（3）传感器和变送器之间的专用电缆不能受潮。

（4）每次清洗之后，要用缓冲剂溶液进行标定，分别进行标定仪表零点和斜率。

（5）对于一台正常的 pH 电极，pH 值从 4～7 的响应时间宜小于 30s。如果经过多次化学清洗仍然达不到响应时间，需要更换新的电极。

pH 计、ORP 计主要技术参数见表 8-84，表中数据仅供参考（不同设备厂差异较大）。

表 8-84　pH 计、ORP 计主要技术参数

测量范围	pH 值：1～12、1～13、0～14；电位：−1500～1500mV /0～100%，其他测量范围分度值：1mV
测量精度	pH 值：0.01，ORP：±2%
传感器	复合电极传感器，工作压力：≤0.5MPa；工作温度：≤50℃，PETP 聚酯材质等
温度补偿	可选，内置温度电极 Pt100/Pt1000；温度输出：−20～130℃；分辨率：0.1℃
流通池	不锈钢材质，螺纹连接等，工作压力：≤0.5MPa，工作温度：≤50℃
变送器	pH=0～14；pH 计和 ORP 计通用；可编程，高低值报警、故障报警输出可设置，LCD 显示，数据存储，通信（HART 可选）
信号输出	两路 4～20mA，报警：继电器干触点
响应时间(s)	pH 计：τ_{90}<10；ORP 计：τ_{90}≤60
供电电源	交流 220V，功率：10～30VA，直流 24V
防护等级	变送器：IP66；探头：IP67、IP68

4. 浊度仪

浊度是表现溶液中悬浮物对光线透过时所发生的阻碍程度。泥土、粉尘、微细有机物、浮游动物和其他微生物等悬浮物和胶体物都可使水中呈现浊度。

浊度仪包括散射光式、透射光式和透射散射光式等形式。90°散射光式浊度仪应用较多，即由光源发出的平行光束通过溶液时，一部分被吸收和散射，另一部分透过溶液，当入射光恒定时，在一定浊度范围内，散射光强度与溶液的混浊度成正比。可以通过测量水样中微粒的散射光强度来测量水样的浊度。

浊度仪的安装方式有流通式、管道安装式和浸入式三种。火力发电厂较多应用流通式，通常包括变送器、传感器电极、流通池/支架和电缆，宜整体安装在一个面板上。

浊度分析仪变送器内置微处理器，带有自动温度补偿，测量准确，功能强大，可实现多种量程单位切换功能等。ISO 标准所用的测量单位为 FTU（浊度单位），NTU（浊度测定单位）与 FTU 一致。

浊度仪输出 4～20mA 隔离信号，同时有继电器触点输出、可选通信输出功能等。浊度仪主要技术参数见表 8-85，表中数据仅供参考（不同设备厂差异较大）。

表 8-85　浊度仪主要技术参数

测量范围（NTU）	0～100、0～200、400～4000、0～9999 等
测量精度（%）	±1、±2
传感器	感应式电极传感器，工作压力：≤0.4MPa；工作温度：0～50℃，PETP 聚酯材质等
介质要求	最小电导率：0.055μS/cm
过程连接	与流通池采用螺纹连接
变送器	高低值报警、故障报警输出可设置，LCD 显示，数据存储，通信（HART 可选）
信号输出	4～20mA，报警：继电器干触点（可选）
供电电源	交流 220V，功率：≤30VA；直流 24V
防护等级	变送器：IP66，探头：IP67、IP68

5. 溶解氧分析仪

空气中的分子态氧溶解在水中称为溶解氧，通常记作 DO，用每升水里氧气的毫克数表示。水中溶解氧的含量主要与水温有密切关系，水温越低，水中溶解氧的含量越高。溶解氧还有一个来源是水中植物通过光合作用释放出的氧。因此，水中的溶解氧由于空气里氧气的溶入及绿色水生植物的光合作用而得到不断补充。但当水体受到有机物污染，耗氧严重，溶解氧得不到及时补充，水体中的厌氧菌会很快繁殖，有机物因腐败而使水体变黑、发臭。所以，水中溶解氧的多少是衡量水体自净能力的一个指标。

溶解氧分析仪测量是基于电池原理。溶解氧分析仪传感部分是由阴极、阳极及氯化钾或其他电解液组成，水样中的氧经透氧膜扩散进入电解液与阴极和阳极构成测量回路。当给两个电极上施加电压，并保持每个电极的电位恒定时，阴极会将溶解氧结合 e^- 还原成氢氧根离子 OH^-；阳极表面发生氧化反应，产生多的 e^-，从而阴阳电极之间就会产生扩散电流，在温度不变的情况下电流大小与溶解氧浓度呈线性关系。同时，由于透氧膜将水样与电极隔离开来，其他还原性或氧化性离子不能穿过透氧膜，故而不会对分析仪产生干扰。溶解氧分析仪的电极材料因产品的不同而不同，例如，阴、阳极有采用金、银材质的，也有采用铂和铅的，从而造成产品价格和品质的差异。

氧的溶解度取决于温度、压力和溶解中的含盐量，而且氧通过溶液扩散比通过透氧膜扩散快，如流速太慢会产生干扰。影响测量精度的主要因素如下：

（1）温度的影响。由于温度变化，透氧膜的扩散系数和氧的溶解度都将发生变化，直接影响溶氧电极电流的输出，常采用热敏电阻来消除温度的影响。所以，溶解氧分析仪均具有自动温度补偿功能，消除由于温度变化对传感器透氧膜渗透性的影响。

（2）大气压的影响。气体的溶解度与其分压成正比。氧分压与所在地区的海拔有关，溶解氧分析仪使用前必须根据当地大气压进行补偿；或者可选用具有空气压力自动补偿功能的仪表，消除大气压变化对传感器的测量误差。

（3）溶液中的含盐量。盐水中的溶解氧明显低于自来水中的溶解氧，为了准确测量，在实际使用中必须对测量介质的含盐量进行分析，以便准确测量及正确补偿。

（4）样品的流速。氧通过透氧膜扩散比通过样品扩散要慢，必须保证电极膜与溶液完全接触。为了准确测量，应增加流过膜的溶液的流量来补偿扩散失去的氧，对样品应有最小流速的要求。

溶解氧分析仪多采用流通池取样方式。溶解氧分析仪主要技术参数见表 8-86，表中数据仅供参考（不同设备厂差异较大）。

表 8-86　溶解氧分析仪主要技术参数

测量范围	0.01～9.99μg/L、10～199.9μg/L、200～1999μg/L、0～20mg/L 等
测量精度	±1.5μg/L、±2%
样水要求	温度：≤40℃，压力：20～100kPa，流量：6～25L/h，悬浮物：≤10mg/L
温度检测	有，温度补偿范围：0～50℃
过程连接	流通池样水入口 1/4in 卡套或螺纹连接等，样水排放：直径为 6mm 或 20mm 的塑料软管等
变送器	精度：±2%，高低值报警、故障报警输出可设置，LCD 显示，数据存储，通信（HART 可选），环境温度：−10～50℃
信号输出	两路 4～20mA，报警：继电器干触点
响应时间（s）	$\tau_{90}<30$、$\tau_{98}<60$
供电电源	交流 220V，功率：≤20VA，直流 24V
防护等级	变送器：IP66，电极：IP68

6. 钠离子分析仪

火力发电厂热力系统中钠离子含量是监督蒸汽品质、鉴别凝汽器泄漏、监督阳离子/混合离子交换器出水的运行工况及原水分析等的重要控制参数，是检测电厂蒸汽品质的重要仪表，可直接反映热力设备的积盐腐蚀的程度。蒸汽中携带含钠杂质时，会导致汽轮机金属材料的点蚀。所以根据安装位置的不同，可分为蒸汽钠离子分析仪和阳床钠离子分析仪。钠离子分析仪简称钠表。

钠离子分析仪是采用电位式分析法的分析仪器，通过测量电极系统与被测溶液构成的测量电池（原电池）的电动势，来获知被测离子浓度。测量电池是由指示电极、参比电极和被测溶液构成的原电池，参比电极的电位不随被测溶液浓度的变化而变化，指示电极对被测溶液中的待测离子有敏感作用，其电极电位是待测离子浓度的函数，因此原电池的电动势与待测离子的浓度（活度）有一一对应关系，钠电极对钠离子浓度变化的响应符合对数关系。

由于测量电位易受温度和相关的离子浓度变化的影响，钠离子分析仪具有自动温度补偿的功能。

在测量低浓度钠离子时，氢离子对测量结果的干扰严重，需要通过加碱化剂的办法对水样的 pH 值进行调节来消除。钠表在运行中按要求进行标定（一点或两点标定），以保证其测量结果的准确性。钠表在初次投运、更换电极或长时间停用后，必须进行两点标定。两点标定使用的两种标准溶液浓度至少应相差 10 倍。当电极使用时间过长时，钠离子依附在电极表面，电极钝化，应对电极进行活化后再进行标定、使用。电极活化应严格按照产品说明书的操作要求进行，否则电极的性能将会永久丧失。钠表通常具有自动标定的功能。

测量时溶液温度一般在 20～40℃为宜，低于 20℃，电极响应迟缓，给测量结果带来误差。标定液与被测溶液温度最好相同，两者温差不得超过±3℃，否则会造成明显的测量误差。

钠表在使用中需要注意污染和溶液温度的问题。在测量含钠量很低的溶液时，稍不注意就会引起污染，造成测量误差，因此电极的维护等应严格按照产品说明书的操作要求进行，主要有以下内容：

（1）存放标准液和水样的容器要用塑料制品，存放不同浓度溶液的容器不能混用。

（2）存放钠试样的容器要用高纯水洗净，再用试样洗 3～4 次，放入试样后迅速加盖，防止空气对其污染。

（3）每次使用时，钠电极应充分洗涤，洗涤水必须采用加碱的高纯水（pH 值不小于 10）。

（4）切忌用手指触摸电极杆和玻璃球泡，以免玷污电极。

（5）测量流通池钠敏电极插口必须保持其高度清洁和干燥，可使用医用棉花和无水酒精揩净并吹干。

（6）钠敏电极不使用时，电极玻璃球泡需要浸泡在 10^{-5}mol/L 的 Na^{+}碱性溶液中，以保持玻璃球泡的活化状态。

（7）参比电极不使用时，电极需要浸泡在 3mol/L 的 KCl 溶液中，以保持参比电极的活化状态。

（8）正式测试前，容器、电极、系统管路均须用被测溶液反复冲洗。

（9）钠表的功能及组成非常复杂，选择时需要注意采用具有以下功能的仪表，增加使用安装及维护的准确性、安全性及便利性。

1）面板式一体化安装，对干湿操作分离、水电分离，提高仪表安全性及安装的便利性。

2）量程可自动切换，提高仪表通用性。

3）自动温度补偿。

4）断样水报警，提高仪表安全性。

5）具有离线测量功能，可对仪表进行过程检验。

钠表主要技术参数见表 8-87，表中数据仅供参考（不同设备厂差异较大）。

表 8-87　　钠表主要技术参数

测量范围	0.1～1000μg/L，0.23～2300μg/L；0～9.99μg/L，0～9.99mg/L 等
准确度	±0.5μg/L，±5%
传感器	流通式，钠敏电极、参比电极、温度传感器；工作温度：5～45℃
样水要求	温度：5～50℃，压力：50～300kPa，流量：6～40L/h，固体成分：≤5μm
温度检测	有，温度补偿范围：0.1～60.0℃（手动或自动）
过程连接	入口及排放口均为硬塑料管，外部配软管快速插接
变送器	精度：±1%，高低值报警、故障报警输出可设置，LCD 显示，数据存储，通信（HART 可选）
信号输出	两路 4～20mA，报警：继电器干触点
供电电源	交流 220V，功率：≤8W
防护等级	变送器：IP66

7. 硅酸根分析仪

硅在自然界中分布广泛，是构成矿物和岩石的主要成分。它的存在没有游离态，只有化合态，且是一种亲氧元素，在自然界中总是与氧相互化合。硅酸盐的种类很多，结构也很复杂，通常可用二氧化硅和金属氧化物的形式来表示其组成。

硅酸根分析仪是分析水中可溶性二氧化硅和硅酸盐含量的仪器，目前普遍运用光电比色原理进行测量，也称为钼蓝法测量。水中微量硅的含量，通常换算成每升水中所含二氧化硅（SiO_2）的微克数来表示，所以也将其称为二氧化硅分析仪，简称硅表。

水中硅化物的存在是造成水垢的原因之一。硅酸盐水垢的化学成分较复杂，绝大部分是铝、铁的硅酸化合物，常常均匀地覆盖在热负荷很高或水循环不良的炉管内壁及汽轮机低压缸叶片上。水垢由于其热导率远比金属小，影响传热，造成热量损失，同时也会使锅炉产生局部过热而损坏。水垢还会引起沉积物下面金属的腐蚀，危及锅炉的安全运行及汽轮机的安全运行。

在锅炉给水处理中，根据锅炉给水水质的标准，通常要求 SiO_2＜20μg/L。在线硅表可用来监测锅炉给水中的微量硅含量及除硅过程的除硅质量，其准确性、灵敏度、及时性和连续性等方面是手工分析所无法比拟的。在线硅表采用模块化设计，由控制模块、分析模块和试剂模块组成。这种模块化设计带来的好处是电路安全、液路清晰且易于维护、气路与其他部分隔绝，有助于维护人员在检查仪器时保持思路清楚，减少维护量。

硅表的检测原理包括显色、加掩蔽剂和加还原剂三个阶段。酸性钼酸盐试剂被加入到样品中与其存在的任何硅酸盐和磷酸盐发生反应形成硅钼酸及磷钼酸。然后加入掩蔽剂，掩蔽磷钼酸，并与多余的钼酸盐发生反应，使得干扰离子与掩蔽剂生成无色稳定的化合物，从而达到防止干扰分析的目的。最后加入还原剂，将硅钼酸还原成为一种蓝色溶液，称为硅钼蓝。其色度大小与样品中的硅酸盐浓度成正比。

硅表包括变送器、光度计、流量计、反应室、试剂加入系统、试剂桶及附件等，采用流通池方式取样及安装，根据介质特性选配不同量程的检测仪表。

硅表可提供多通道适配器附件，包括控制器、背压阀、针形阀、6 通道切换阀、流量计，可实现最多 6 通道在不同水样间切换检测功能（可选 1、2、4、6 路样水）及各路样水取样阀门的控制，6 通道切换阀对应 6 路测量值输出，同时提供 1 路流量报警输出。多通道适配器可以与硅表、钠表和磷酸盐分析仪配合使用，充分利用仪表功能，通过对多路样水进行轮流切换、间隔取样分析成分，减少分析仪表的设置数量，节约设备成本。硅表主要技术参数见表 8-88，表中数据仅供参考（不同设备厂差异较大）。

表 8-88　　硅表主要技术参数

测量范围	0～5000μg/L、0.5～1000μg/L、0.01～20μg/L，测量周期：3～10min
测量精度	±0.5μg/L 或±2%，取大值
样水要求	泵抽吸式，温度：5～50℃，压力：50～300kPa，流量：10～20L/h，固体成分：≤5μm
过程连接	入口及排放口均为硬塑料管，外部配软管快速插接
变送器	精度：±1%，高低值报警、故障报警输出可设置，LCD 显示，数据存储，通信（HART 可选）
信号输出	两路 4～20mA，报警：继电器干触点
供电电源	交流 220V，功率：≤150W
防护等级	变送器：IP66

8. 磷酸盐分析仪

磷酸盐分析仪，也称磷表，检测计量磷酸根 PO_4 或磷酸根-磷元素 P-PO_4 浓度。在工业循环冷却水系统中，管道表面会附着水垢，即使很薄的一层都会影响热传递的效率和降低汽轮机的使用寿命。所以，需要通过在水质中添加阻垢剂和缓腐剂来防止管路中结垢和腐蚀的现象。聚磷酸盐和磷酸是通用的、效果较好的阻垢剂和缓腐剂，其稳定效果取决于聚磷酸盐和磷酸与水中的钙、镁、铁和锰离子的综合反应情况。所以，通过磷酸盐分析仪检测，控制循环水中阻垢剂的浓度是非常重要的。

磷表包括变送器、光度计、流量计、反应室、试剂加入系统和试剂桶。同时，磷表可以选配2～6通道多路切换取样器，达到多回路检测共用一台仪表的方式，减少设备成本。磷表的测量原理有钼酸盐抗坏血酸比色法，是通过先添加钼酸盐以形成磷钼杂多酸，再添加还原剂抗坏血酸进行充分的药品混合和反应后，经分析仪测量光学流通池药品的吸收率，进行比色检测，依据存储在分析仪里的校正因数计算出样品的浓度。磷表的分析周期一般为10min，能够及时、准确地反映水中总磷的变化。

磷表主要技术参数见表8-89，表中数据仅供参考（不同设备厂差异较大）。

表8-89　磷表主要技术参数

测量范围	0～20mg/L，0.1～50mg/L，0.01～0.99mg/L、1～4.9mg/L、5～10mg/L PO_4
测量精度	±0.3mg/L或±5%，取较大值
温度检测	有，超温报警
样水要求	温度：10～40℃，压力：15～200kPa，流量：10～20L/h
过程连接	样水入口1/4in螺纹等；样水排放：直径为16mm的塑料软管等
变送器	±1%，高低值报警、故障报警输出可设置，LCD显示，数据存储，通信（HART可选），环境温度-10～50℃
信号输出	多路4～20mA，报警：继电器干触点
供电电源	交流220V，功率≤30VA
防护等级	变送器：IP66，电极：IP68

9. COD、TOC分析仪

COD、TOC分析仪是评价水体受有机物污染程度的仪表，但检测方法不同。在火力发电厂中，含有有机物的水常通过补给水带入锅炉，使炉水pH值降低；有时有机物还可能带入蒸汽系统和凝结水中，使pH值降低，造成系统腐蚀。在循环水系统中有机物含量高会促进微生物繁殖。因此，不管对除盐水、炉水或循环水系统，COD都是越低越好，循环冷却水系统中COD>5mg/L时，水质已开始变差。所以，COD或TOC分析仪是常用的重要的水质检测仪表。

（1）COD分析仪。化学需氧量或化学耗氧量（chemical oxygen demand，COD），是指利用化学氧化剂将水中的还原性物质（如有机物）氧化分解所消耗的氧量。单位通常以mg/L表示。由于有机物是水体中最常见的还原性物质，因此，COD在一定程度上反映了水体受到有机物污染的程度。COD越高，污染越严重。

化学需氧量（COD）的测定，目前应用最普遍的是酸性高锰酸钾氧化法与重铬酸钾氧化法及紫外吸收转换法。高锰酸钾氧化法，氧化率较低（约40%），但比较简便，在测定水样中有机物含量的相对比较值时，可以采用。重铬酸钾氧化法，氧化率高（约70%），再现性好，适用于测定水样中有机物的总量。所以，测定方法的不同，其测定值也有所不同。

大型化学分析仪表实质上是个独立的系统，各品牌产品技术方案各有特点，同时会涉及专有技术和专利技术等。具体仪表的选择和使用还需参阅设备厂的产品说明书或使用手册。

例如，某公司COD分析仪检测的原理是：水样、重铬酸钾、硫酸银溶液（催化剂使直链芳香烃化合物氧化更充分）和浓硫酸的混合液在消解池中被加热到175℃，在此期间铬离子作为氧化剂从6价被还原成3价而改变了颜色，颜色的改变度与样品中有机化合物的含量成对应关系，仪器通过比色换算直接将样品的COD显示出来。其中一款分析仪，适于测量化学需氧量在10～5000mg/L范围内、氯化物浓度低于5g/L Cl^-的水样的废水。

紫外吸收转换法是利用常规有机物对紫外光的吸收符合比耳-朗伯定律的原理，用一束紫外光（UV）测定总的吸收（包括有机物和浊度两方面造成的吸收），同时用另一束可见光测定浊度吸收，经计算机自动处理后扣除了浊度的影响，最后得出准确的纯有机物的吸收，并推算出有机物的含量，通过固定的系数确定COD。

（2）TOC分析仪。总有机碳分析仪（total organic carbon，TOC），是以碳的含量表示水体中有机物质总量的综合指标，单位为mg/L。检测原理有紫外吸收转换和氧化法、高温燃烧氧化法、电阻法等。

例如，某公司TOC分析仪检测的原理是，加入酸以降低pH值，使无机碳以CO_2的形式被吹扫出来。检测总无机碳。采用具有专利的二级先进氧化技术实现对样品完全和彻底的氧化，包括有机碳转化为CO_2。再次降低样品的pH值，将CO_2吹扫出来，并由特别开发的NDIR CO_2检测器进行测量，结果以总有机碳（TOC）方式显示。

例如，某公司另一款TOC分析仪检测的原理是利用化学氧化和紫外氧化技术，在低温条件下，直接测量样品中总有机碳（TOC）和总碳（TC）含量，可分析盐分含量高和难以氧化的样品，测量范围为0～5mg/L、0～20000mg/L，多种量程可以选择。此款仪表适合于工业过程水和废水过程处理中的在线 TOC 检测。

例如，某公司的 TOC 分析仪，采用紫外氧化法，无需试剂，由两个高精度两线制电导率电极（复合温度传感器，实现自动温度补偿）进行差值测量，反应时间小于 2min，测量范围为 0.1～1000mg/L。仪表组成包括三通道蠕动泵、进水压力调节器（可选）、样水冷却器（可选）、变送器、流量计、电导率电极、标准液（用于内部适应性测试）等。

10. 余氯分析仪

在日常生活及工业生产过程中，国内水处理行业比较广泛采用氯气作为消毒剂，灭活水中的致病微生物。

余氯是指氯投入水中后，除了与水中细菌、微生物、有机物、无机物等作用消耗一部分氯量外，还剩下的这部分氯量。余氯可分为化合性余氯（指水中氯与氨的化合物，有 NH_2Cl、$NHCl_2$ 及 $NHCl_3$ 三种，以 $NHCl_2$ 较稳定，杀菌效果好），又叫结合性余氯；游离性余氯指水中的 ClO^-、HClO、Cl_2 等，杀菌速度快，杀菌力强，但消失快），又叫自由性余氯；总余氯即化合性余氯与游离性余氯之和。自来水出水余氯是指游离性余氯。

余氯分析仪适用于饮用水、工业水中的次氯酸（HOCl）/余氯浓度在线监测，具体仪表的选择和使用需参阅设备厂的产品说明书或使用手册。

例如，某公司的余（总）氯分析仪使用 DPD 比色法检测氯的浓度，通过对样水中加入缓冲试剂，调整样品到一定的 pH 值范围，DPD 随着余氯或总氯量的变化成紫红色。余氯分析仪测量范围为 0～5mg/L。余（总）氯分析仪可同时测量余氯、pH 值、温度，适用于饮用水、废水及工业循环冷却水等加氯消毒过程中的余（总）氯测量。

又如，某公司的另一款余氯分析仪是采用电极电位差法检测，通过使用选择性渗透膜，将电解液与水样隔开，渗透膜可以选择性让 ClO^-穿透；在两个电极之间有一个固定的电位差，生成的电流强度可以换算成余氯浓度；由于在一定温度和 pH 值条件下，HOCl、ClO^-和余氯之间存在固定的换算关系，通过这种方式可测量余氯。此仪表测量范围为 0.005～20mg/L HOCl；响应时间约为 2min。该余氯分析仪由传感器、面板、pH 传感器、控制器、渗透膜、电解液组成。

再如，某公司的在线余氯分析仪和在线总氯分析仪两款产品：在线余氯分析仪，包括变送器、消毒剂电极、温度电极、流量电极及流通池，可以用于检测 0～5mg/L 余氯、单氯胺，0～10mg/L 臭氧，0～3mg/L 二氧化氯、碘、溴；在线总氯分析仪，为全自动检测系统，包括变送器、光度计、流量计、反应室、试剂桶等，测量原理为 DPD 比色法，在线测量饮用水、泳池、冷却水、工业废水中的余氯和其他消毒剂（单氯胺）等参数。

（二）气体成分分析仪表

1. 气体分析仪表分类

测量气体成分的分析仪表，常用的原理有热导式、电化学式、光学式（吸收式和光谱式）、磁氧式（热磁式和顺磁式）等。

（1）热导式分析仪。根据不同气体具有不同热传导能力的原理，通过测定混合气体热导率来推算其中某些组分的含量。热导式气体分析仪通常用来分析氢气（H_2）、氨气（NH_3）、二氧化碳（CO_2）、二氧化硫（SO_2）和低浓度可燃性气体含量。

（2）电化学式分析仪。根据化学反应所引起的离子量的变化或电流变化来测量气体成分。

（3）光学式分析仪。根据不同组分气体对不同波长的光线具有选择性吸收的特性而工作的分析仪表。测量吸收光谱可判别出气体的种类；测量吸收强度可确定被测气体的浓度。

1）红外气体分析仪。根据气体（或液体、固体）对红外线吸收原理制成的分析仪器，它能连续测量，精度高，灵敏度高，测量范围宽，并且有良好的选择性。一般 CO_2、CO、CH_4、SO_2、NO 等可用红外气体分析仪对其浓度进行检测。

2）紫外气体分析仪。能够同时测量多种气体组分如 SO_2、NO 等浓度的一种气体分析仪。广泛应用于烟气排放连续监测系统、工业过程气体分析系统等。在脱硝装置进口与出口的 NO 分析，脱硫装置进口与出口 SO_2 分析，垃圾焚烧的 SO_2、NO 分析，发电厂的超低排放改造工程中广泛使用；烟气中含有粉尘、水汽、一氧化碳、二氧化碳等，使用紫外气体分析仪能较好地排除这些物质对所测 SO_2、NO 浓度值的干扰影响，比其他类型仪器更具性能优势。

3）激光气体分析仪。采用可调谐半导体激光吸收光谱技术，利用可调谐半导体激光器的窄线宽和波长随注入电流改变的特性，实现对分子的单个或几个距离很近但很难分辨的吸收线进行周期扫描测量；在一个周期内获得含有被测气体信息的单线吸收谱线和不含被测气体信息的背景谱线，以此对被测气体进行定性和定量分析。激光气体分析仪可以测量多种不同气体，如 O_2、CO、CO_2、NH_3、CH_4、H_2S 等。

（4）磁氧式（热磁式和顺磁式）分析仪。利用气体组分中氧气的高磁化率这一物理特性来测定烟气中的含氧量。

1）热磁式氧分析仪。利用磁化率与温度的依从关系产生一个磁感应气流，气体流量可通过流量传感器测量气体，在该处设有加热丝，使此处氧的温度升高而磁化率下降，磁场吸引力减小，受后面磁化率较高的未被加热的氧气分子推挤而排出磁场，由此造成“热磁对流”或“磁风”现象。

2）顺磁式氧分析仪。任何物质在外界磁场作用下都会被磁化，呈现出一定的磁特性。物质在外磁场中被磁化，其本身会产生一个附加磁场，附加磁场与外磁场方向相同，该物质被吸引，表现为顺磁性；方向相反，该物质被排斥，表现为逆磁性。顺磁式氧分析仪是根据氧气在磁场中具有极高的顺磁特性的原理制成的一种测量气体含氧量的分析仪。

2. 常用气体分析

实际使用时应根据安装环境、工艺过程条件等选择适宜的气体成分的分析仪表类型。以下按照火力发电厂常用气体分析仪表进行阐述。

（1）H_2 纯度分析仪。H_2 纯度分析仪是一种热导式气体分析仪。由热敏元件（半导体敏感元件和金属电阻丝）、测量单元（测量电桥）、取样分析模块及显示表组成。

1）H_2 纯度分析仪工作原理。要测量待测组分的体积百分含量，必须测出混合气体的热导率。直接测量热导率比较困难，可采用间接测量法。将气体热导率的变化转化为敏感元件阻值的变化，由检测电桥检测，达到测量被测气体的体积百分含量的目的。半导体金属氧化物敏感元件吸附被测气体时，电导率和热导率即发生变化，元件的散热状态也随之变化。元件温度变化使铂电阻变化，电桥遂有不平衡电压输出，据此可检测气体的浓度。

NH_3、CO_2、SO_2 等气体测量原理及参数与 H_2 纯度分析仪基本相同。

2）常用 H_2 纯度分析仪主要技术参数，见表 8-90，表中数据供参考（不同设备厂差异较大）。

（2）氧化锆氧分析仪。氧化锆氧分析仪属于电化学式分析仪。锅炉燃烧的状况，通常用氧化锆氧分析仪测量烟气的含氧量来判断。

1）氧化锆氧分析仪工作原理。氧化锆氧分析仪由氧传感器（又称氧探头、氧检测器）、氧分析仪（又称变送器、变送单元、转换器、分析仪）及防尘装置、热电偶、加热器、标准气体导管、接线盒，以及壳体等组成。氧化锆氧分析仪外形结构及检测原理见图 8-53 和图 8-54。

表 8-90　常用 H_2 纯度分析仪主要技术参数

测量范围（体积分数）	0～10%或 0～100%
测量精度（%）	±0.2 或±1，取较大值；
响应时间（s）	<60
温度检测	有，补偿
信号输出	4～20mA
供电电源	交流 220V，功率：≤30VA，直流 24V
防护等级	变送器：IP66；电极：IP68
工作环境	相对湿度：0～85%，温度：-10～60℃

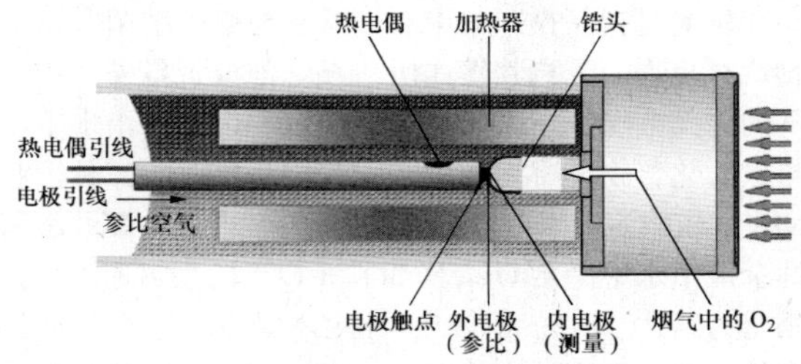

图 8-53　氧化锆氧分析仪外形结构图

氧化锆（ZrO_2）氧分析仪是一种金属氧化物的陶瓷制成的管子，其内外侧烧结铂电极，内侧通入参比空气，外侧与被测烟气接触。在一定温度下，当两侧氧浓度不同时，两个电极之间会产生电势差，测得此电势差即可测定烟气中的含氧量。

氧化锆是具有离子导电性质的固体，在常温下为单斜晶体，当温度升高到 1150℃左右时，晶型转变为立方晶体，同时体积收缩；当温度降低时，又变为单斜晶体。若反复加热与冷却，ZrO_2 会破裂。因此，纯净的 ZrO_2 不能用作测量元件。如果在 ZrO_2 中加入一定量的氧化钙（CaO）或氧化钇（Y_2O_3）作稳定剂，再经过高温焙烧，则变为稳定的氧化锆材料，同时产生氧离子空穴，通过空穴的运动而导电，当温度达到 600℃以上时，ZrO_2 就变为良好的氧离子导体。在氧化锆电解质的两面各烧结一个铂电极，当氧化锆两侧的氧分压不同时，分压高的一侧的氧以离子形式向氧分压低的一侧迁移，使氧分压高的一侧铂电极失去电子显正电，而氧分压低的一侧铂电极得到电子显负电，

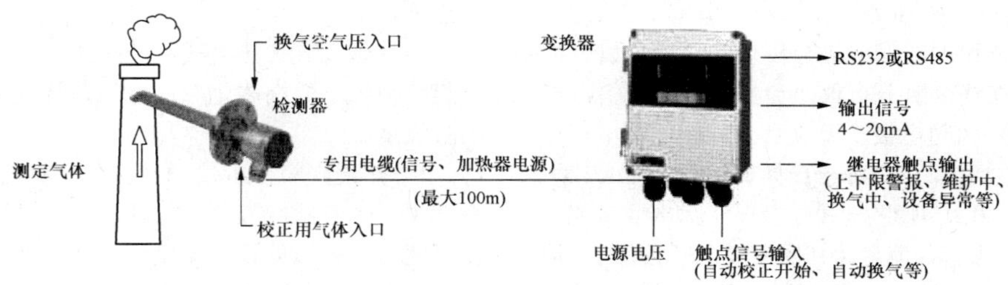

图 8-54　氧化锆氧分析仪检测原理图

因而在两铂电极之间产生氧浓差电势 E。此电势在温度一定时只与两侧气体中氧气含量的差（氧浓差）有关，即

$$E=(RT/4F)\ln(P_0/P) \tag{8-7}$$

式中 R——气体常数；

F——法拉第常数；

T——锆管绝对温度，K；

P_0——空气中氧含量；

P——烟气含量。

若一侧氧气含量已知（如空气中氧气含量为常数），则另一侧氧气含量（如烟气中氧气含量）就可用氧浓差电势表示，测出氧浓差电势，便可知道烟气中氧气的含量。

2）常用氧化锆氧分析仪主要技术参数，见表 8-91，表中数据供参考（不同设备厂有差异）。

表 8-91　常用氧化锆氧分析仪主要技术参数

测量范围（%）	0～10、0～21
测量精度（%）	＜±2
响应时间（s）	＜0.2
温度检测	有，补偿
变送器精度（%）	＜0.1
信号输出	4～20mA（负载 0～750Ω），对应氧量：0～10%或 0～21%
供电电源	交流 220V，功率：≤6W；直流 24V
防护等级	变送器：IP66；电极：IP68
工作环境	相对湿度：0～85%，温度：-20～60℃
插入深度（mm）	<1500

3. 锅炉尾部烟道 CO 浓度分析仪

通常由于烟气成分分布不均匀、煤质变化大、锅炉炉膛漏风等原因，使烟气流量的过量空气系数不断增大。造成运行人员以较大过量空气系数控制燃烧来维持燃烧的稳定。此时锅炉尾部烟道增加 CO 检测，就可有效减少风机裕量，降低厂用电率，提高燃烧效率。锅炉尾部烟道 CO 浓度分析仪安装位置与用于调节负荷的氧量仪表位置相同。

（1）利用 CO 和 O_2 组合监测可以准确地优化燃烧，提高负荷变动工况下的控制效果。CO、O_2 与其他影响燃烧的相关因素之间的关系、风煤比与燃烧参数的关系如图 8-55 所示。

（2）常用烟道 CO 浓度分析仪主要技术参数，见表 8-92，表中数据供参考（不同设备厂有差异）。

4. 煤质挥发 CO 浓度分析仪

按照煤质特性，若挥发分过高则易引起爆炸，挥发分可通过 CO 的浓度来间接反应。CO 浓度检测目前常用的原理有红外线吸收法和电化学法，设计时可选择使用。

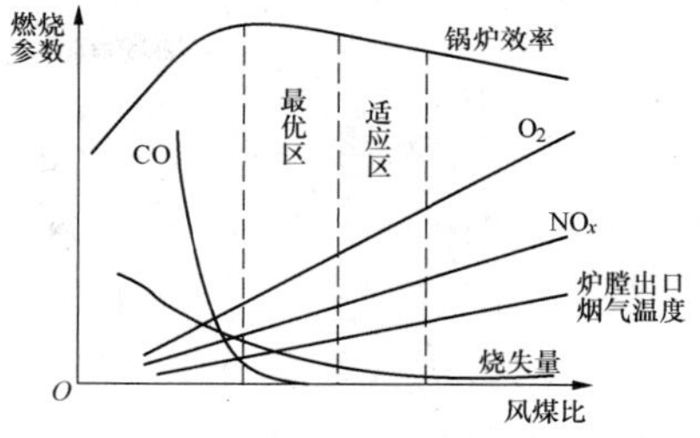

图 8-55　风煤比与燃烧参数的关系

表 8-92　常用烟道 CO 浓度分析仪主要技术参数

测量范围（mg/L）	0～1000、0～2000
测量精度（mg/L）	1
响应时间（s）	＜0.2
温度检测	有，补偿
变送器精度（%）	＜0.1
信号输出	4～20mA（负载 0～750Ω）
供电电源	交流 220V，功率：≤6W，直流 24V，电池
防护等级	IP54
工作环境	相对湿度：0～85%，温度：-20～50℃

（1）煤质挥发 CO 浓度分析仪工作原理。

1）红外线 CO 浓度分析仪工作原理。红外线 CO 浓度分析仪是基于 CO 气体对红外线的选择性吸收，将待测气体连续不断地通过一定长度和容积的容器，从容器可以透光的两个端面中的一个端面一侧入射一束红外光，在另一个端面测定红外线的辐射强度，依据红外线的吸收与吸光物质的浓度成正比测量气体的浓度。红外线 CO 浓度分析仪检测见图 8-56。

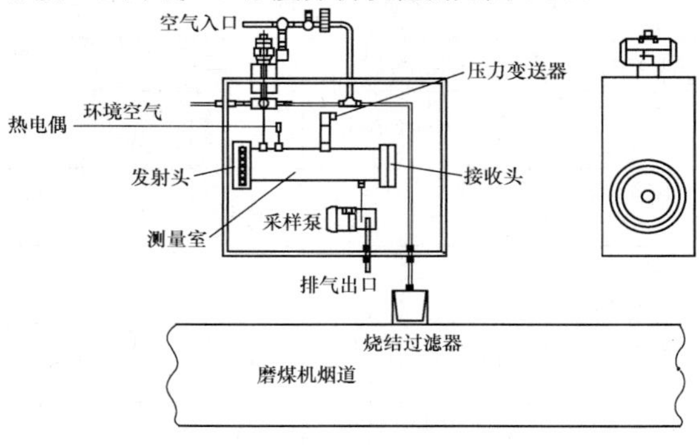

图 8-56　红外线 CO 浓度分析仪检测示意图

2）电化学式 CO 浓度分析仪工作原理。电化学式 CO 浓度分析仪由传感器与控制器组成，传感器采用

密闭结构设计，由电极、过滤器、透气膜、电解液、电极引出线（管脚）、壳体等部分组成。电化学式CO浓度分析仪结构见图8-57。

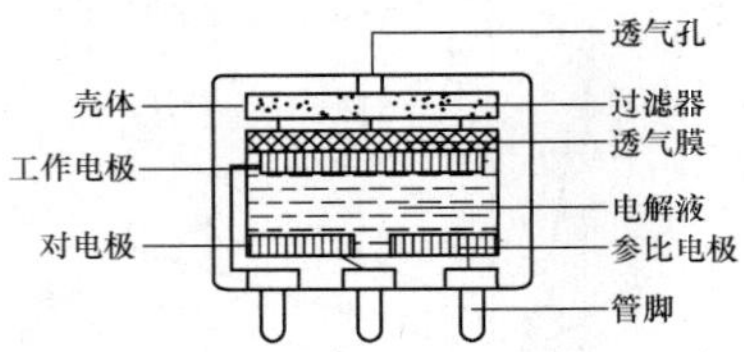

图8-57　电化学式CO浓度分析仪结构示意图

当CO扩散到传感器时，其输出端产生电流输出，提供给控制器中的采样电路，将化学能转化为电能。当气体浓度发生变化时，传感器的输出电流也随之成正比变化。当CO气体经透气膜扩散到工作电极表面时，在工作电极的催化作用下，CO气体在工作电极上发生氧化。在工作电极上发生氧化反应产生的 H^+ 离子和电子，通过电解液转移到与工作电极保持一定间隔的对电极上，与氧发生还原反应。传感器与对电极之间始终存在氧化-还原的可逆反应并在电极间产生电位差。

由于在两个电极上发生的反应都会使电极极化，使得极间电位难以维持恒定，因而也限制了对CO浓度可检测的范围。

为了维持极间电位的恒定，加入一个参比电极。在传感器中，其输出端所反映出的是参比电极和工作电极之间的电位变化，由于参比电极不参与氧化或还原反应，它可以使极间的电位维持恒定（即恒电位），此时电位的变化就与CO浓度的变化直接有关。当传感器产生输出电流时，其大小与气体的浓度成正比。通过电极引出线用外部电路测量传感器输出电流的大小，便可检测出CO的浓度。

（2）常用煤质挥发CO浓度分析仪主要技术参数，见表8-93，表中数据供参考（不同设备厂有差异）。

表8-93　常用煤质挥发CO浓度分析仪主要技术参数

项目	电化学式	红　外　式
测量范围（mg/L）	0～500/1000	0～500/1000/2000/5000/10000
测量精度（%）	±1	≤±2%（普通精度）
重复精度（%）	±1	±1
响应时间（s）	30	<30～45，0～90%
温度检测	—	有，补偿
信号输出	4～20mA、RS485，可根据需求定制GPRS、RF、WiFi等无线网络传输方式	4～20mA、RS485、HART、CAN总线、继电器输出等
供电电源	直流24V	交直流两用，交流220V或机内电池；典型供电直流24V
防护等级	IP65	IP65
工作环境	相对湿度：10%～90%，温度：−20～50℃	相对湿度：10%～90%，温度：−20～50℃
防爆等级	根据产品情况确定	根据产品情况确定
电气接口	M20×1.5内螺纹	M20×1.5内螺纹、其他
使用寿命		传感器：2年、仪表：5年

（3）露点仪。压缩空气或其他气体中通常带有水分子，当温度降低到一定程度会凝结成水滴。露点仪就是用于测量其露点的仪表。按照测量原理不同，露点仪一般有镜面式露点仪、电传感器式露点仪、电解法露点仪、半导体传感器露点仪等。

1）镜面式露点仪。不同水分含量的气体在不同温度下的镜面上会结露。采用光电检测技术，检测出露层并测量结露时的温度，直接显示露点。

镜面制冷的方法有半导体制冷、液氮制冷和高压空气制冷。镜面式露点仪采用直接测量方法，在保证检露准确、镜面制冷高效率和精密测量结露温度的前提下，可作为标准露点仪使用，其最高精度可达±0.1℃（露点温度），一般精度可达±0.5℃以内。

镜面式露点仪测量原理见图8-58。

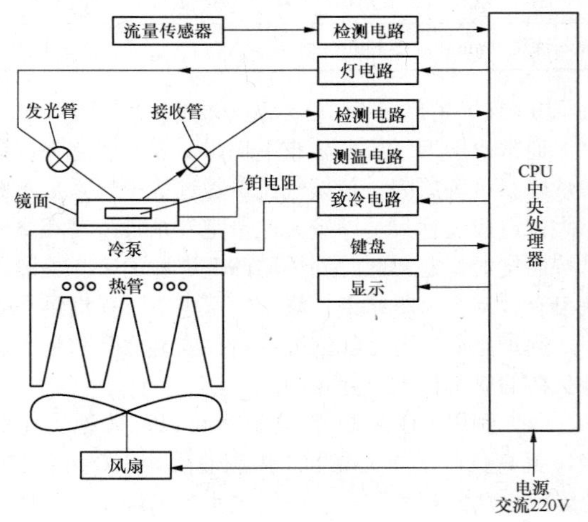

图8-58　镜面式露点仪测量原理图

2）电传感器式露点仪。采用亲水性材料或憎水性材料作为介质，构成电容或电阻，在含水分的气体流经后，介电常数或电导率发生相应变化，测出当时的电容值或电阻值，可知当时的气体水分含量。电传感器式露点仪的最高精度可达±1.0℃（露点温度），一般精度可达±3℃以内。

3）电解法露点仪。利用五氧化二磷等材料吸湿后分解成极性分子，从而在电极上积累电荷的特性。电解法微水仪的最高精度可达±1.0℃（露点温度），一般精度可达±3℃以内。

4）半导体传感器露点仪。每个水分子都具有其自然振动频率，当它进入半导体晶格的空隙时，与受到充电激励的晶格产生共振，其共振频率与水的摩尔数成正比。水分子的共振能使半导体放出自由电子，从而使晶格的电导率增大，阻抗减小。利用这一特性设计的半导体传感器露点仪可测−100℃露点的微量水分。

（4）其他。在火力发电厂中还有其他气体分析仪表。例如，漏氢检测仪表用于检测氢冷汽轮发电机漏气量，漏气量的大小直接影响机组的运行安全，是汽轮发电机组运行指标中的主要技术指标之一。漏氢检测仪表工作原理与氢纯度分析仪相同。

火力发电厂中氯气气体泄漏报警器用于制氯间，其原理是电化学式，仪表结构与CO浓度检测仪类似。

（三）煤粉及风粉在线检测仪表

煤粉及风粉在线检测仪表是检查磨煤机出口煤粉管内风/粉浓度的仪表。

1. 煤粉在线检测仪表

锅炉一次风管内煤粉浓度和速度是保证锅炉稳定燃烧和经济运行的重要参数。煤粉浓度按照测量原理可分为静电法、超声波法、激光法等。

静电法的原理是煤粒在破碎和输送过程中，在管道内形成粉体粒子电荷流，假设管道内气固两相流稳定且煤粉粒子径向分布，通过检测两个截面的电荷或感应电流的大小，即可间接反映煤粉浓度的大小。

超声波法的原理是超声波经过悬浮颗粒物时由于悬浮颗粒的散射和吸收会产生衰减，其衰减程度与悬浮物的浓度有关，通过测量超声波的衰减值即可计算出悬浮物浓度。

激光法的原理是当激光经过悬浮颗粒物时会产生散射，通过测量与激光源成一定角度方向的散射光强度，即可计算出悬浮物浓度。

除以上测量方法外，煤粉浓度测量还有差压法、热平衡法等。

煤粉流速、浓度调整等煤粉流动调整设备及优化控制系统，用于实现各燃烧器出口的煤粉浓度、煤粉流速在线可调可控，优化燃烧器二次风配风的燃烧调整及优化，改善锅炉燃烧性能。

2. 风粉在线检测仪表

风粉在线检测是通过定量检测每根送粉管道的煤粉量，并配以送粉管道的可调缩孔，使每根送粉管送入炉膛的煤粉量一致，从而达到稳定燃烧、防止结焦、节能减排等目的。基于静电传感技术的煤粉流速浓度测量系统，实现一次风煤粉流动参数的准确可靠在线测量。

风粉在线检测仪表系统组成见图8-59。

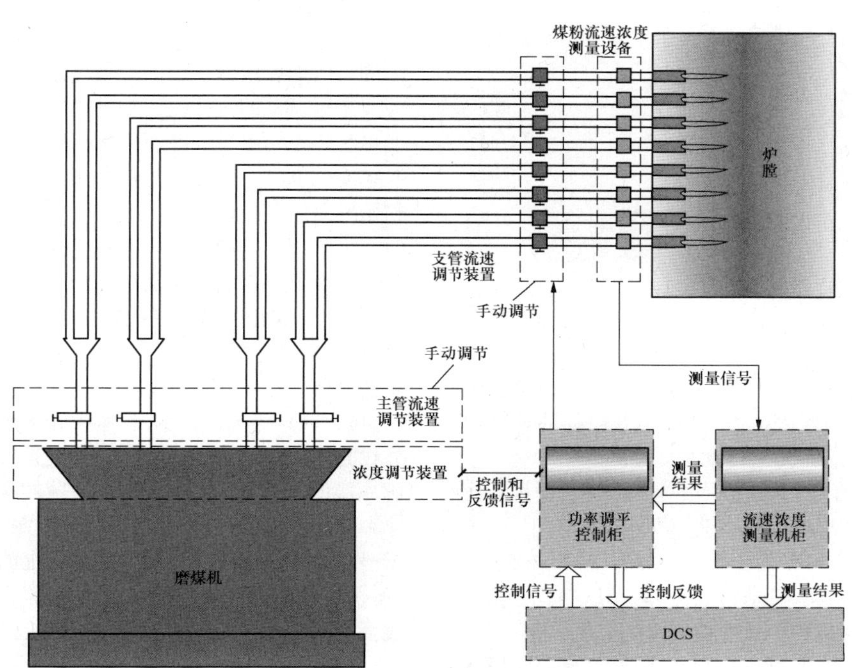

图8-59　风粉在线检测仪表系统组成

第七节 特殊检测仪表

一、特殊检测仪表设计的一般原则

特殊检测仪表是指除常规压力、温度、流量、液（料）位等检测仪表之外的仪表，这类仪表因其使用范围及场合特殊，设计选型时应尽可能考虑其供货持续性、售后及时性及技术支持专业性。以下主要介绍风向风压风速检测仪表、炉膛火焰检测仪表、炉膛温度检测仪表、阀门位置检测仪表等特殊仪表。

二、特殊检测仪表的特点、分类及选择

1. 风向风压风速检测仪表

风向风压风速检测仪表（见图 8-60）一般为组合式仪表，风向风压风速检测仪表选择及安装位置应满足工艺系统要求。对于空冷机组，风向风压及风速直接影响空冷系统的换热效果，故选型时首先需保证仪表可靠、信号稳定；其次应根据厂房布置，选择空冷装置上下游尽量空旷的场地或建构（筑）物安装仪表，能够实时监测大气环境情况，尽量使空冷系统的空气流程物理特性与大气环境相匹配。对直接空冷机组，风向风压风速检测仪表一般布置于空冷岛的主进风方向。

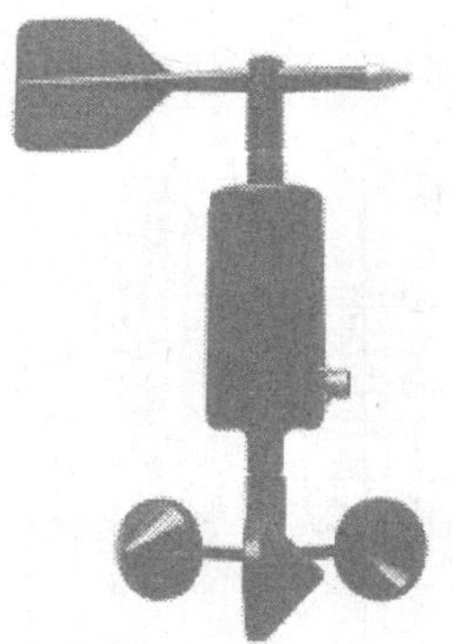

图 8-60 风速风压仪

（1）风向部分。由风向标、风向度盘（磁罗盘）等组成，风向示值由风向指针在风向度盘上的位置来确定。

（2）风速部分。传统的为三环旋转架结构，仪器内的单片机对风速传感器的输出频率进行采样、计算，输出瞬时风速、1min 平均风速、瞬时风级、1min 平均风级等。

风压可以通过风压风速转换公式计算，即

$$W_p=0.5\rho_0 v^2 \tag{8-8}$$

式中 W_p ——风压，kN/m^2；

ρ_0 ——空气密度，kg/m^3；

v ——风速，m/s。

常用风向风压风速检测仪表主要技术参数见表 8-94，表中数据供参考（不同设备厂有差异）。

表 8-94 常用风向风压风速检测仪表主要技术参数

项目	风速	风向
测量精度	±（0.3+0.03V）m/s	±1.4°
启动风速（m/s）	≤0.5	≤0.3
输出形式	4～20mA	4～20mA
工作电压（V）	直流 12～24	直流 12～24
工作环境	温度：−60～50℃，相对湿度：≤100%	

2. 炉膛火焰检测仪表

（1）炉膛火焰检测器，也称火焰探测器。它是电厂锅炉安全监控系统（FSSS）中的关键部件之一。炉膛火焰检测器按照探测部分与信号处理部分的组合，可分为一体式（检测与信号处理集成在就地）和分体式（信号处理部分与检测部件分开）；按照检测光线光谱特性不同，可分为紫外线、可见光（图像）和红外线。

不同燃料的光谱分布特性不同：油火焰含有大量的红外线、部分可见光和少量紫外线；煤粉火焰含有少量紫外线、丰富的可见光和少量红外线。气体火焰有丰富的紫外线、红外线和较少的可见光，而且对于单只燃烧器火焰，其辐射光谱沿火焰轴线分布是有规律的，例如煤粉锅炉中煤粉燃烧器沿轴线从里至外分为 4 个区域，即预热区、初始燃烧区、安全燃烧区和燃尽区，在初始燃烧区不但可见光较丰富而且能量辐射率变化剧烈，因此火焰检测探头准确对准燃烧器的初始燃烧区是最佳选择。

火焰检测器应按下列原则选择：煤中火焰检测器应能清晰地辨别出煤或油燃烧的火焰，应分别有 4～20mA 信号输出，同时还应输出各自的“火焰有/无”“自检”和“故障”信号。火焰检测器应配有冷却风系统。

1）紫外线火焰检测器。紫外光火焰检测器采用紫外线光敏管作为传感元件。紫外线光敏管是一种固态脉冲器件，其发出的信号是自身脉冲频率与紫外辐射频率成正比例的随机脉冲。紫外线光敏管有两个电极，一般施加交流电压。当辐射到电极上的紫外线足够强时，电极间就产生“雪崩”脉冲电流，其频率与紫外线强度有关，最高达几千赫兹，灭火时则无脉冲。

2）可见光火焰检测器。可见光火焰检测器采用光电二极管作为传感元件，其光谱响应范围为 0.33～

0.7μm。可见光火焰检测器由探头、机箱和冷却设备等部分组成。炉膛火焰中的可见光穿过探头端部的透镜，经由光导纤维到达探头小室，照到光电二极管上。光电二极管将可见光信号转换为电流信号，经由对数放大器转换为电压信号。对数放大器输出的电压信号再经过传输放大器转换成电流信号。然后通过屏蔽电缆传输至机箱。在机箱中，电流信号又被转换为电压信号。代表火焰的电压信号分别被送到频率检测线路、强度检测线路和故障检测线路。强度检测线路设有两个不同的限值，即上限值和下限值。当火焰强度超过上限值时，强度灯亮，表示着火；当强度低于下限值时，强度灯灭，表示灭火。

频率检测线路用来检测炉膛火焰闪烁频率，它根据火焰闪烁的频率是高于还是低于设定频率，可正确判断炉膛有无火焰。故障检测线路也有两个限值，在正常情况下，其值保持在上、下限值之间。一旦机箱的信号输入回路出现故障，如光电管至机箱的电缆断线，则上述电压信号立刻偏离正常范围，从而发出故障报警信号。

3）红外光火焰检测器。红外光火焰检测器采用硫化铅或硫化镉光敏电阻作为传感元件。红外光火焰检测器由探头、机箱和冷却设备组成。燃烧器火焰的一次燃烧区域所产生的红外辐射，经由光导纤维送到探头，通过探头中的光敏电阻转换成电信号，再由放大器放大。该火焰信号由屏蔽电缆送到机箱，通过频率响应开关和放大器后，再与同一个参考电压（可调）进行比较。

（2）常用火焰检测仪表主要技术参数，见表8-95，表中数据供参考（不同设备厂有差异）。

表8-95　常用火焰检测仪表主要技术参数

环境要求	温度：–40～85℃，相对湿度：0～95%
防护等级	IP66
输出信号	4～20mA 或节点
冷却风	需要

3. 炉膛温度检测仪表

（1）烟温探针。炉膛温度检测常用的有炉膛烟温探针，主要用于锅炉启动期间，监测炉膛出口处的烟气温度，防止再热器管子烧坏；也可以作为辅助控制工具，测量锅炉低负荷运行时的烟气温度。其结构为：将热电偶固定在探针的头部，在烟气中做伸缩运动，可实现就地、远程自动操作。工作时，由气动或电动推进器推动探针前进或退出。装在探针内的热电偶被送进炉膛，热电偶将测得的温度信号送至DCS，位置转换系统同时测出热电偶进入炉膛的距离。在运行过程中，也可以在任意位置手动控制探针的进、退、停。当测得炉膛出口烟温达到设定值时，发出报警，并退回探针。

（2）红外法炉膛温度探测仪。炉膛烟温探针因探测量程窄（一般580℃以上即退出运行），属于点测量，不能很好地代表炉膛的温度场分布。用红外法和声波法检测方法可很好地解决该问题。红外法的测量原理是在炉膛的某个截面上安装红外检测探头，检测炉膛的热辐射，从而获得探头对应方向的最高温度点，通过不同探头的交叉探测可知道此截面的温度分布情况。

（3）声波式炉膛温度探测仪。声波法的测量原理是基于声波在气体介质中的传播速度是该气体组分和绝对温度的函数，其关系可表示为

$$c = \sqrt{\kappa RT / m} \tag{8-9}$$

式中　c——声波的传播速度，m/s；

κ——气体绝热指数（定压比热容与定容比热容之比）；

R——气体常数，8.314J/（mol・K）；

m——气体摩尔量，kg/mol；

T——气体绝对温度，K。

由于两探头之间的距离 l 为已知常数，通过测量声波在发射装置和接收装置之间的传播时间 τ，可以确定声波在传播路径上的平均速度 c。再根据公式便可以求出声波传播路径上烟气的平均温度。由上面的分析可知，采用声波法测量炉内烟气温度时需要确定以下基本物理量：

1）声波发射和接收装置之间的距离。

2）被测气体的组成成分、状态参量，从而确定气体绝热指数和气体常数。

3）声波在发射、接收装置之间的传播时间。

4. 差动变压器式位移传感器（LVDT）

（1）差动变压器式位移传感器（LVDT）工作原理。阀门LVDT的基本结构是阀门阀瓣带一根位移检测铁芯，铁芯外绕螺线管式电感线圈，当铁芯在电感线圈内发生位移变化时，则引起伺服线圈的输出电压发生变化，检测输出电压即可知道阀门的位置。其原理如图8-61所示。

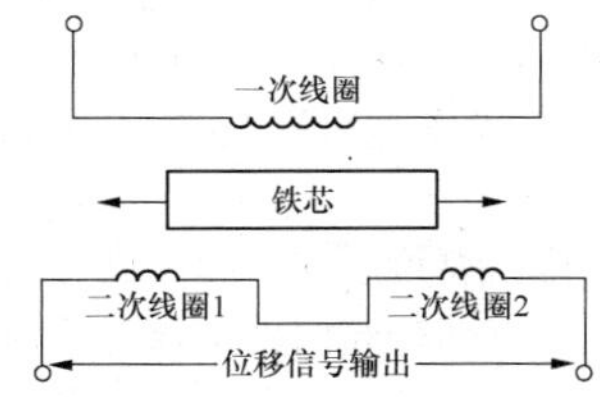

图8-61　差动变压器式位移传感器（LVDT）原理图

（2）差动变压器式位移传感器（LVDT）主要技术参数。

阀门开度位移传感器主要用于阀门油动机的行程位置变换，如汽轮机阀门的油动机行程测量。常用阀门位置变送器主要技术参数见表 8-96，表中数据供参考（不同设备厂有差异）。

表 8-96　常用阀门位置变送器主要技术参数

灵敏度（mV/V/mm）	100～1000
初级励磁电压（Vrms）	5（3～8）
灵敏度漂移（%/℃）	零点：0.001，满度：0.025
防护等级	IP67
工作温度（℃）	–20～70 标准，–40～150（耐高低温）
精度（%）	0.05、0.1、0.2、0.3、0.5
直流供电电压（V）	±9、±12、±15、24
输出直流电压（V）	0～5V，0～10
输出电流（mA）	0～10，0～20，4～20

5. 阀门位置开关（ZS）、阀门位置变送器

阀门位置开关也称限位开关，是限定机械设备的运动极限位置的电气开关，也是检测阀门状态的一种现场仪表，用以将阀门的开启或关闭位置以开关量的信号输出，作为控制系统中阀门联锁保护及远程报警指示。

限位开关是通过与目标直接物理接触来检测目标位置的机电装置。不需要电源，由于使用干触点，它们不具有极性或电压敏感性，并且免受许多电气缺陷，如电噪声、射频干扰、漏电流和电压降等。

阀门位置变送器是阀门执行机构的机械位移（角位移或直线位移）转换为电流信号的重要部件；供阀门位置显示或作为位置反馈信号参与自动调节过程。

阀门上根据需要可以安装阀门位置变送器和阀门位置开关，但也有部分阀门由于阀门结构原因无法安装阀门位置开关，用阀门位置变送器设定输出后代替阀门位置开关。

阀门位置开关需要特别注意信号输出触点数量及触点容量满足实际需求。

第八节　无　线　仪　表

一、无线仪表原理

无线仪表是指在标准仪表内通过增加无线通信模块，实现检测数据无线传输的仪表。此类仪表通过特定频段及数据加密技术，可保证数据有效传输，用于检测环境恶劣、传输距离远及其他不便于运行或监测人员检修或维护的场所。

火力发电厂设计中，在远离厂房或不便于敷设电缆的区域，可选用符合国家法规及工业无线技术标准且具有成熟运行经验的无线仪表。

二、无线仪表的特点、分类及选择

1. 无线仪表的特点

无线仪表的最大优势是节省大量的硬接线电缆及安装工作量，同时具有远程诊断、远程校准、网络化管理等优点，有效地降低了运行及维护成本。

2. 无线仪表的组成

无线产品主要由现场无线仪表、无线通信设备（无线适配器、无线中继器、无线网关）及无线（手持）终端等组成。

（1）现场无线仪表。现场无线仪表是在标准仪表基础上增加无线数据传输功能，主要有无线温度变送器、无线压力（差压）变送器、无线流量变送器、无线定位器等。

（2）无线适配器。无线适配器是无线仪表的一部分，它的功能是给现场有线仪表设备增加无线功能，实现设备与系统的无线传输。

（3）无线中继器。无线中继器是用于无线信号长距离中继转发、扩展无线网络的设备。

（4）无线网关。无线网关是建立网络、维护网络并提供与有线控制系统（DCS 或 PLC）主机连接的设备、内置网络与安全管理系统。无线网络的最小系统构成只需要 1 台现场无线仪表和 1 台网关（无需无线适配器、无线中继器和无线手持终端）。无线网关（多功能节点）可以构建一个工业用的、冗余通信的无线网络，把过程控制网络延伸到现场，支持符合工业无线标准的多种过程控制应用的无线设备。

（5）无线（手持）终端。无线（手持）终端是用于无线仪表基本信息、测量值、网络状态及诊断信息抄读的设备。

3. 无线仪表应用

根据无线仪表特点，无线仪表不推荐用于可靠性要求高的联锁保护回路，一般可用于以下场合：

（1）对传统有线控制系统的监测和控制难以实施

的场合。如监测位置较远，监视点分散，且要求经常移动设备的检测等；取水泵房、城市供热管网站、运煤及运煤码头卸料等。

（2）对传统有线控制系统不经济的场合。如需移动或旋转的检测设备、火力发电厂性能试验，一般要求临时敷设电缆，采用无线技术进行火力发电厂性能试验数据采集可以简化性能试验实施，大大缩短试验时间。

（3）危险及检修困难的区域，人不易到达区域。例如：烟囱上烟气排放连续监测系统（CEMS），一般要求安装在烟囱的较高处（距地面 50～90m 的高度），检修、敷设电缆较困难，采用无线技术产品可解决敷设电缆问题，选用 CEMS 无线技术产品必须得到当地环境保护部门的认可。

（4）改造项目。对局部改造项目而言，由于电缆桥架已处于封闭状态，采用有线仪表电缆敷设施工非常困难，采用无线技术无需增加电缆桥架和敷设电缆，不仅节约了安装材料，而且解决了施工的困难，同时也减少了安装的工作量。

4. 无线仪表网络的组成

采用无线信息通信技术，对经营管理、生产运行、过程控制进行全面的感知、智能分析预测与实时优化。无线仪表网络包括就地无线仪表、应用网关无线传感器、接入网关无线传感器及信息系统等。无线仪表网络可以将无线仪表数据送到信息系统或历史数据库中。无线仪表网络如图 8-62 所示。

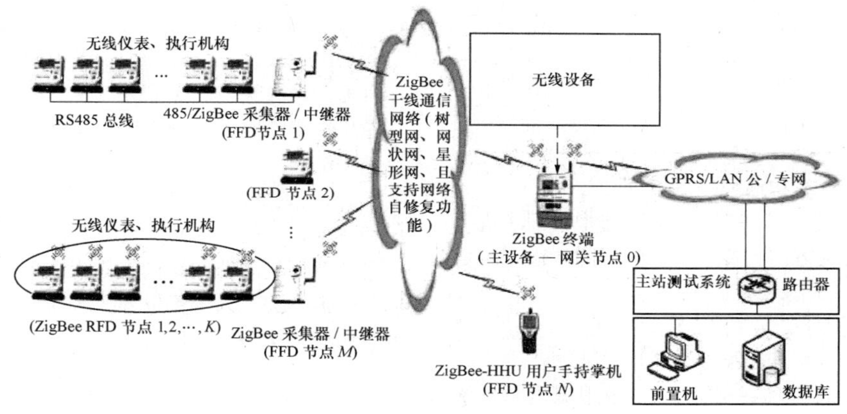

图 8-62　无线仪表网络示意图

第九节　执 行 机 构

一、概述

执行机构是指响应控制系统或人工控制信号，并将信号转换为位移以驱动操作对象的控制设备。

按照需要驱动设备的特性及系统操作时间、驱动介质的不同，执行机构可分为气动执行机构（压缩空气驱动）、电动执行机构（电能驱动）及液动执行机构（压力油驱动）、电液执行机构等。

按照执行机构的结构，电动执行机构可分为一体化结构（控制单元与执行机构封装成一体）和分体式结构（控制单元与执行机构分离安装，执行机构不能单独实现对阀门的控制）；按照执行机构输出位移形式可分为角行程、直行程和多转式执行机构；按照执行机构的控制模式，执行机构可分为调节式（接受控制信号，操作机构位置连续）和开关式（接受控制指令，操作机构仅有全开或全关位置）；另外，随着技术的发展，越来越多的生产厂家推出智能型电动执行机构。

二、执行机构的特点、分类及选择

1. 气动执行机构

（1）特点。气动执行机构采用压缩空气驱动，其辅助设备包括空气减压过滤设备、电磁阀及阀门定位器（调节式）、保位阀、手轮（选配）等。空气减压过滤设备用于调节压缩空气，使其物理品质如压力、流量、含尘量等满足执行机构动作要求。电磁阀用于根据控制指令接通或切断气源管路。阀门定位器接收控制指令，按照指令改变气缸或气室进气量，使调节阀门阀位按照控制指令变化。智能式气动执行机构包含定位器和阀位变送器功能。保位阀当气源消失时，保持阀门位置在气源消失前的位置。位置开关用于指示阀门全开或全关位置。阀位变送器用于指示阀门的开度，与定位器配套使用。

（2）分类。

1）开关型气动执行机构。开关型气动执行机构主要用于工艺系统要求快开或快关的场合，一般由执行机构与电磁阀配合，实现阀门的全开或全关。

2）调节型气动执行机构。调节型气动执行机构主要用于工艺系统要求阀门连续变化的场合，一般由执行机构与电磁阀、定位器配合，实现阀门开度位置的精准控制。

在工程实际中，断电、断气、断信号这三种故障中的一种或几种情况发生时，气动调节阀基于工艺安全因素考虑而自动地全开阀门、全关阀门或者保持阀门故障前的位置——三断保护。

（3）常用气动执行机构主要技术参数，见表 8-97。

表 8-97　常用气动执行机构主要技术参数

基本误差（%）	±0.2
输入信号	开关量、模拟量、总线信号
输出信号	模拟量、开关量
环境温度（℃）	–20～70
防护等级	IP65、IP44、IP54

（4）气动执行机构选型注意事项。

1）电磁阀。对于开关型气动阀，选型时应注意工艺系统对阀门开关方向的要求，而阀门的开关方向是由气动阀门组件即电磁阀的通断来实现。

a．双作用执行器配 2 位 5 通电磁阀或 2 个 2 位 3 通电磁阀，单作用执行器配 2 位 3 通电磁阀。

b．供电电压：电磁阀的供电电压根据电源系统及控制功能可分为交流 220V/110V 和直流 24V/110V。

c．根据应用环境可分为普通型和防爆型电磁阀，防爆型用于有爆炸危险的场所，如制氢站。

d．根据控制功能可分为单电控和双电控电磁阀，单电控电磁阀线圈通电、断电切换电磁阀气路，电磁阀容易发热，减少使用寿命；双电控电磁阀，其中一个通电开，断电保持先前位置，对另一个通电关，只需要在开关瞬间进行通电，其余时间不通电，可以延长使用寿命。

e．力矩值。执行机构力矩应与阀门运行要求匹配，并根据阀门运行动作力矩选择执行机构力矩，且执行机构力矩应大于阀门动作力矩，其系数一般不小于 1.2。

f．动作时间。执行机构动作时间应匹配阀门的行程时间。执行机构动作时间与力矩值之间的关系对比见表 8-98。

表 8-98　执行机构动作时间与力矩值之间的关系对比

输出力矩（Nm）	160～400	600～1600	2500～6000	8000～16000
时间常数（s）	≤5	≤12	≤30	≤60

按照阀门使用环境及动作时间要求，除可在执行机构上加装加速器外，其动力气源管路长度及管径也应考虑，一般可选择 ϕ6、ϕ10、ϕ20mm 等不同规格的气源管，自气源接口到执行机构的管路行程一般应不大于 50m。

g．气源品质：对气动执行机构，其气源品质至少达到如下要求：

——露点：工作压力下的露点温度应比工作环境的下限值低 10℃。

——含尘：净化后的气源中含尘颗粒直径应不大于 3μm，含尘量应不大于 1mg/m^3。

——含油：气源中油分含量应不大于 8mg/L。

——仪表用气源中不得含易燃、易爆、有毒、有害及腐蚀性气体或蒸汽。

2）减压过滤器。空气减压过滤器的选择主要取决于其后用气设备耗气量的大小，根据其输入压力、输出压力、最大输出流量、耗气量等参数进行。当输入气源压力偏低时，对额定压力较高的设备，可以只过滤而不减压。

3）位置变送器和限位开关。两位式（ON/OFF）气动薄膜调节阀只配置限位开关，不配置位置变送器。如果调节型气动调节阀只是单纯用于调节作用，则不配置限位开关，只配置位置变送器；如果调节型气动调节阀还具有快开或快关功能，则限位开关和位置变送器均要配置。开关触点容量应满足参与控制回路的电气特性要求。

4）保位阀及加速器。按照执行机构所处系统的工艺要求，选配保位阀及加速器。

2. 电动执行机构

（1）电动执行机构工作原理。电动执行机构采用电能作为驱动，接受控制系统的控制信号，输出相应的转角或直线位移驱动力，操纵阀门风门、挡板等调节机构，可通过操作器或操作面板完成调节系统“手动—自动”的无扰动切换。其组成一般包括电动机、传动机构（减速机）、手轮、行程控制机构、转矩限制机构、开度指示器、阀位远传装置等。电动执行机构原理见图 8-63。

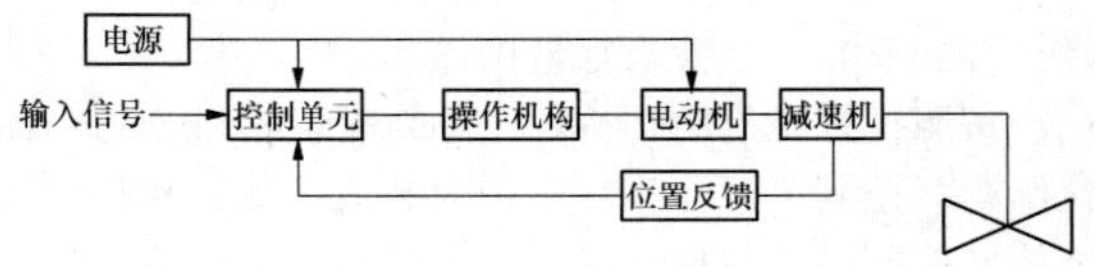

图 8-63　电动执行机构原理图

减速机上有手动部件、输出轴、机械限位，将电动机的高转速、小转矩转换为低转速、大转矩的输出功率，以带动阀门机构动作。限位装置可使输出轴的转角限制在 90°范围内以保证不损坏调节机构及有关连杆。

阀位远传装置将阀门的位移或转角转化成标准的电信号。减速器输出轴的转角位移与位置发送器的输出电信号呈线性关系。

阀门启闭所需的力矩决定着电动执行机构选择多大的输出力矩，一般由工艺专业或阀门厂家提出，电动执行机构正常启闭阀门所需的力矩由阀门的口径大小、工作压力等因素决定，电动执行器必须选择合理的力矩范围。选型时应保证执行机构输出力矩的安全系数。

（2）电动执行机构按输出位移的型式分类。JB/T 8219《工业过程测量和控制系统用电动执行机构》将电动执行机构分为以下三种：

1）多回转电动执行机构（转角大于360°）。电动执行机构输出轴的转动大于360°，一般需多圈才能实现阀门的启闭过程控制。此类电动执行机构适用于闸阀、截止阀等。

多回转电动执行机构是最基本的电动执行机构。除直接使用外，可与推杆装置或支架装置装配在一起构成直行程电动执行机构（将多回转的转矩和转速转变成直线运动的行程和推力）；还可与部分回转减速器（蜗轮减速器）装配在一起构成角行程电动执行机构。

2）角行程电动执行机构（转角小于360°）。电动执行机构输出轴的转动小于360°（通常为90°）就可实现阀门的启闭过程控制，有时也称为部分回转电动执行机构。此类电动执行机构根据安装接口方式的不同又可分为直连式、底座曲柄式两种。此类电动执行机构适用于蝶阀、球阀、旋塞阀等。

3）直行程电动执行机构。电动执行机构输出轴的运动为直线运动形式，不是转动形式。此类电动执行机构适用于单座调节阀、双座调节阀、套筒调节阀、角形调节阀等。

（3）电动执行机构按控制方式分类。

1）开关型。开关型电动执行机构接受控制系统的触点信号，通过控制回路接通或断开阀门电动机电源（交流380/220V或其他电源等级的电源）来驱动阀门，当阀门开关到位后位置开关闭合，阀门电动机断电停转。

2）调节型。调节型电动执行机构是以交流380/220V电源作为动力，接受控制系统预设的参数值4～20mA（0～5V等弱电控制）信号来完成调节动作。当阀门开度达到指令要求时，其输入信号与位置反馈信号差为零，从而实现对阀门的精确控制。

（4）常用电动执行机构主要技术参数，见表8-99，表中数据供参考（不同设备厂有差异）。

表8-99　常用电动执行机构主要技术参数

基本误差（%）	≤±1.0
回差（%）	≤±1.0
死区（%）	≤±1.0
阻尼特性	≤3次半周期（对比例式电动执行机构）
输入信号	开关量、模拟量、总线信号
输出信号	模拟量、开关量
环境温度（℃）	−20～70
防护等级	IP65、IP44、IP54
动作次数	开关型：≥1万次，调节型：≥20万次
工作环境温度（℃）	开关型电动执行机构：20～80，调节型电动执行机构：20～60
工作环境相对湿度（%）	0～90（25℃）
海拔	一般执行机构均适用于海拔1000m及以下，海拔大于1000m时应特别要求

（5）电动执行机构选型注意事项。

1）执行机构形式。通用的电动执行机构为一体化结构形式，其控制单元、减速机、操作机构、反馈装置等集成在电动头上。

鉴于一体化结构电动执行机构具有安装、接线、维护方便、产品系列完善等优点，如没有特别要求，一般情况下宜选用一体化结构产品。但对于个别高温或振动强烈等恶劣场合，为避免影响控制单元寿命和可靠性，如给煤机进、出口电动煤闸门等，一般仍然采用分体式结构。

2）供电电源。交流380V，一般选三相四线制；交流220V。

3）力矩值。执行机构力矩应与阀门运行要求相匹配，并根据阀门运行动作力矩选择执行机构的力矩，且执行机构力矩应大于阀门动作力矩。按照机械行业标准及国家标准的规定，执行机构额定负载值一般优先取下列数系：

a．角行程：6、16、40、100、250、600、1000、1600、2500、4000、6000、10000、16000Nm；

b．直行程：250、400、600、1000、1600、2500、4000、6000、10000、16000、25000、40000、60000Nm；

c．多回转：16、40、100、160、250、400、600、1000、1600、2500Nm。

4）行程值。一般执行机构额定行程值优先从下列数系中选取：

a．角行程：50°、70°、90°、120°、270°，电厂一般多为90°；

b．直行程：10、16、25、40、60、100、160、250、400、600、1000mm；

c．多回转：5、7、10、15、20、40、80、120r。

5）动作时间。执行机构动作时间应与阀门的行程时间相匹配。一般执行机构额定行程时间应从下列数系中选取：2.5、4、6、10、16、25、40、60、100、160、250s。

执行机构输出转速一般通过额定行程时间在产品选型样本上对应查取。

一般全程动作时间与行程、输出转速等的关系计算公式为

直行程全程动作时间（s）=行程（mm）/执行机构速度（mm/s）

多转式全程动作时间（s）=行程（mm）×60/螺距(mm)/执行机构转速（r/min）

角行程全程动作时间（s）=行程/执行机构速度

说明：执行机构的全行程动作时间由工艺专业根据系统运行要求确定并提出。烟风系统、汽水系统电动执行机构全行程动作时间一般要求小于或等于25、40s或45s；高压旁路、低压旁路执行机构全行程时间一般要求小于或等于8s或更短。

6）外壳防护等级、防爆等级。

a．外壳防护等级。可根据GB 4208《外壳防护等级（IP代码）》中的定义选择。

b．防爆等级。电厂大部分场合下对电动执行机构无防爆等级特殊要求。但对于可能出现爆炸性气体、可燃性粉尘等而引起火灾或爆炸危险的场所，如燃油区域、制/储氢站区域，应根据所处防爆区域等级对电动执行机构提出防爆要求，根据不同的应用区域选择防爆形式和类别。防爆等级可通过防爆标志EX及防爆内容来表示。

3．液动执行机构

液动执行机构是指用不可压缩流体作为介质来完成驱动被控对象的机构。通常以液压油等为动力源，以液压缸为执行器，通过活塞产生的推力来完成预定的动作要求。其特点是运行平稳，响应快，能实现高精度的控制。一般用于旁路阀门及循环水泵出口液压控制蝶阀等。

4．电液执行机构

电液执行机构是将控制模块和液压动力模块集成一体的执行机构。控制模块发出指令到智能可控电动机或伺服阀，控制液压动力模块以线性位移（或角位移）输出力（或力矩），驱动被控制对象，并通过位移反馈完成调节过程，实现各种功能控制。

控制模块包括位置控制处理器、电源、马达驱动器等；动力模块包括马达、齿轮泵、流量匹配阀、油箱等。

电液伺服执行机构因综合运用了电子、机械与液压传动技术，具有调节精度高、输出力矩大、行程速度快、响应灵敏、操作平稳、无滞后、无振荡、低噪声和可靠性高等特点。

第十节　常用盘（台）柜电气设备

一、设计的一般原则

盘（台）柜电气设备一般包括接触器/断路器、按钮、指示灯、照明灯具、端子排等。

盘（台）柜电气设备的选择，既要满足正常工作时的安全可靠运行，同时还要满足在故障状态下不至于损坏，并且还应考虑盘（台）柜所处的工作环境，如海拔、户内户外、防腐、防尘等。

盘（台）柜电气设备设计的一般原则：

（1）按照工作环境和工作条件设计。

1）按照所处位置（室内室外）、使用环境和工作条件选择电气产品。

2）按照工作电压选择电气设备额定电压。

3）按照最大负荷选择电气设备额定电流。

（2）为保证电气设备在短路故障时不至于损坏，按最大短路电流校验电气设备的动稳定性和热稳定性。

1）动稳定性。电气设备在冲击短路电流所产生的电磁吸引力作用下，电气设备不致损坏。

2）热稳定性。电气设备载流导体在最大稳态短路电流作用下，发热量不引起导体熔化，固件、绝缘件、绝缘层的严重劣化。

（3）开关电气短路能力校验。担负可靠切断短路电流任务的电气设备，如断路器等，必须校验短路分断或接通能力。

（4）电气设备选型原则：

1）选择标准设备。

2）选择当前市场主流设备。

3）按照电气特性要求，选择性价比高的设备。

二、盘（台）柜表面安装的电气设备特点、分类及选择

1．按钮

（1）结构。按钮的结构种类很多，可分为普通撳钮式、蘑菇头式、按钮开关（见图8-64）、自锁式、自复位式、旋柄式、带指示灯式、钥匙式等，一般是采用积木式结构，由按钮帽、复位弹簧、桥式触头和外壳等组成。通常做成复合式触头，可通过多个元件的组合增加触头对数。

按钮开关是用来接通或分断小电流的电器，按下按钮，动断触头断开，动合触头闭合。

图 8-64　按钮结构

为了避免误操作，通常将按钮帽做成不同的颜色，以示区别，其颜色有红、绿、黑、黄、蓝、白等。例如，红色可表示启动，绿色可表示停止等。按钮开关的主要参数、形式、安装孔尺寸、触头数量及触头的电流容量见产品说明书。

（2）类型。按钮可按操作方式、防护方式分类，常见的按钮类别：

1）开启式。适用于嵌装固定在开关板、控制柜或控制台的面板上。

2）保护式。带保护外壳，可以防止内部的按钮零件受机械损伤或人员触及带电部分，防止人员误操作。

3）防水式。带密封的外壳，可防止雨水侵入。

4）防腐式。能防止化工腐蚀性气体的侵入。

5）防爆式。能用于含有爆炸性气体与尘埃的地方，如煤粉等场所。

6）旋钮式。用手把旋转操作触点，有通断两个位置，一般为面板安装式。

7）钥匙式。用钥匙插入旋转进行操作，可防止误操作或供专人操作。

8）紧急式。有大蘑菇钮头凸出于外，作紧急时切断电源用。

9）自持按钮。按钮内装有自持用电磁机构，主要用于发电厂、变电站或试验设备中，操作人员互通信号及发出指令等，一般为面板操作。

10）带灯按钮。按钮内装有信号灯，除用于发布操作命令外，兼作信号指示。

此外，按用途和结构分类可以分为常开按钮、常闭按钮及复合按钮。

2. 指示灯

（1）用途。适用于控制回路中作指示信号、预告信号、事故信号及其他指示信号。

（2）技术参数。连续工作寿命一般大于 5 万 h；允许电压波动为±20%；发光颜色：红、黄、绿等。

3. 蜂鸣器

（1）用途。用于重要信号的音响报警。

（2）技术参数。工作电压：交流 220V±10%、直流 24V±1.5V、直流 48V±1.5V、直流 220V±10%、直流 110V±10%；音量可调、音频可调；环境要求：温度为−10～60℃，湿度小于或等于 80%。

4. 报警光字牌

信号报警装置——报警光字牌的输入信号为开关量信号，用于机组运行中工艺参数偏离正常范围、保护及重要联锁项目动作、自动调节系统故障、顺序控制系统故障、计算机系统故障、重要电源回路故障、控制气源故障等异常状态时输出灯光和声响，以引起运行人员注意。火力发电厂设计一般使用较少。

5. LED 显示屏

LED 显示屏是由发光二极管排列组成的发光显示组件，采用低电压扫描驱动，具有低功耗、长寿命、亮度高、可视距离远等特点。

按照显示颜色，LED 可分为单基色、双基色及全彩型，按照灰度级可分为 16、32、64、128、256 等级别。一般集中控制室用的 LED 显示屏选用单基色。

LED 系统由计算机专用设备、显示屏幕、视频输入端和系统软件组成。

三、盘内设备的选择

（一）常用盘内设备的主要技术特性

1. 断路器

断路器，能接通、承载和分断正常电路条件下的电流，也能在短路等规定的非正常条件下接通、承载电流一定时间和分断电流的一种机械开关电器。仪表与控制分支电源回路常用的有微型单、双极断路器，一般规格为 0.1～5A。

2. 熔断器

熔断器是当通过它的电流超过规定值达一定时间后，以其本身产生的热量使熔体熔化，从而分断电路的电器。

3. 隔离开关及隔离器

隔离开关是在断开位置上能满足对隔离电器隔离要求的开关。

隔离电器是具有隔离功能的电器，应可见或能明显标示“闭合”和“断开”状态；隔离电器应能防止意外的闭合，应有防止意外断开隔离电器的锁定措施。隔离电器应采用的电器有单极或多极隔离器、隔离开关或隔离插头，插头与插座、连接片、不需要拆除导线的特殊端子、具有隔离功能的开关和断路器。半导体开关电器，严禁作为隔离电器。

4. 功能性开关电器

独立控制电气装置的电路的每一部分，均应装设功能性开关电器。功能性开关电器可采用的电器有开关、半导体开关电器、断路器、接触器、继电器、16A 及以下的插头和插座。隔离器、熔断器和连接片，严禁作为功能性开关电器。

5. 继电器

继电器由输入回路（控制回路）和输出回路（被

控制回路）组成，是一种当输入量（电、磁、声、光、热）达到一定值时，输出量将发生跳跃式变化的自动控制器件，通常应用于自动控制电路中。

6. 变压器、稳压电源装置

除了交流380/220V外，仪表与控制设计常用的还有交流24、36V电源等，工程设计中选用仪表与控制变压器，这是一种户内空气自冷式单相干式变压器，适用于交流50Hz或60Hz、电压至500V的电路中。

仪表与控制变压器一般做成单相多绕组开启式，初、次级绕组分开绕制，次级绕组有时又分成用于仪表与控制个别要求的两个单独绕组（各绕组容量分配可按用户要求制造）。仪表控制变压器的主要技术数据有额定容量、初级和次级的额定电压。它的种类及厂家很多，一般初级额定电压有交流220、380V几种，次级额定电压有交流220（110、127）/36，220（110、127）/24，220（110、127）/12V几种（“/”前后表示次级的两个单独绕组，而非初、次级绕组）。

仪表与控制用变压器，一般其输入绕组在额定电压（如±5%的变化范围）、频率及负荷下，当功率因素$\cos\varphi=1$时，其输出电压将在额定电压的±5%范围内。对于电压波动要求高的场合，可以采用变压稳压电源装置。有些稳压电源还具有变压、稳压及波形补偿三项功能，输出电压稳定度在±0.5%～2%之间，波形失真度小于或等于5%。

7. 直流24V电源装置

直流24V电源装置是一种特定的变压、整流滤波及稳压的电源装置，可以为直流电磁阀等提供稳定可靠的直流24V电源。

8. 交流不间断电源装置

火力发电厂全厂用交流不间断电源系统（UPS装置）由电气专业统一考虑，对于辅助车间（系统）控制系统，为了保证在车间停电时控制系统的安全操作，一般随辅助车间（系统）控制系统配置小型交流不间断电源装置，一般时间为15～30min。

9. 接线端子

接线端子用于线缆的固定、导通，按照线缆的截面积选择规格适合的端子。盘柜设计时还应根据盘柜尺寸及端子厚度选择端子的数量。接线端子排的额定电压为250、500V，额定电流为10、20A等。

（二）常用盘内设备的选择

1. 常用盘内设备选择要求

（1）电器的额定电压和额定频率，应符合所在电力网络的额定电压和频率。

（2）电器的额定电流应大于所在回路的最大连续负荷计算电流。

（3）断路器的脱扣曲线应满足电路保护特性的要求。

（4）断开短路电流的电器应具有短路时良好的分断能力。

（5）外壳防护等级应满足环境条件的要求。

2. 隔离开关选择要求

（1）仪表与控制电源系统进线开关宜选用隔离开关。

（2）隔离开关的额定电压应与所在回路的标称电压相适应。

（3）隔离开关的额定电流应大于所供全部设备中可能同时工作的设备的额定电流之和。

（4）隔离开关应根据所带负荷的特性，选择相应的使用类别。隔离开关各种用途的使用类别的选择应符合GB/T 14048.3《低压开关设备和控制设备　第3部分：开关、隔离器、隔离开关及熔断器组合电器》的要求。

3. 熔断器选择要求

（1）熔断器的额定电压应与所在回路的标称电压相适应。

（2）熔断体的额定电流应大于或等于所在回路的工作电流。熔断器支持件的额定电流应大于熔断体的额定电流。

（3）熔断体应根据所带负载的特性，选择相应的分断范围和使用类别。

（4）采用熔断器做保护电器时，应设隔离开关，也可采用熔断器和开关合一的熔断器开关。

（5）熔断器断流能力应满足电源系统短路电流的要求。

（6）直接接地电源系统中的单相电源，N线上不应装设熔断体。

（7）熔断器分断范围与使用类别的选择应符合GB 13539.1《低压熔断器　第1部分：基本要求》的要求。

4. 断路器选择要求

（1）断路器的额定电压应与所在回路的标称电压相适应。

（2）断路器脱扣器的额定电流应大于所在回路的额定工作电流。并应根据所带负载特性，选择相适应的脱扣特性、分断范围和使用类别。

（3）断路器分断能力应满足电源系统短路电流的要求。

（4）断路器宜选用具有短路保护的热磁脱扣器。

第九章

电　　源

仪表与控制电源是指厂用低压配电装置及直流网络取得可靠的交流与直流电源，供给仪表与控制设备并构成独立的配电回路。为满足机组安全运行的需要，必须保证供电电源的可靠性。

本章主要介绍仪表与控制电源系统的设计、负荷统计计算，并对典型电源系统设计进行举例，供设计时参考。

第一节　电源系统设计

一、总体要求

火力发电厂仪表与控制电源系统的设计，应根据机组特点、自动化系统要求合理地选择方案、确定系统及配置设备，以保证仪表与控制用电负荷安全、可靠运行。

仪表与控制交、直流电源，从低压厂用工作母线下的动力中心、电动机控制中心（PC、MCC）、交流不间断供电装置（UPS）、直流蓄电池电源盘分配给配电柜、电源盘再分配给各自动化设备构成了多个配电回路。仪表与控制电源系统设计的总体要求是独立性、协调性和特殊性。

（一）独立性

各单元机组的仪表与控制电源系统应是独立的，同一机组众多配电回路各自也应有其相对独立性。任何因电源系统事故引起的故障影响面应局限在最小范围及最低程度。

（二）协调性

仪表与控制电源系统的设计应与其自动化系统相协调。为简化供电系统，一定条件下可以提高自动化设备供电要求。

（三）特殊性

充分考虑某些重要仪表与控制设备对供电连续性、电源品质等要求的特殊性。计算机控制系统应配置交流不间断电源。

二、一般原则

（一）电源系统设计需要考虑的因素

1．电气厂用电系统及直流网络

（1）低压厂用电接线及中性点接地等因素。

1）交流380V低压厂用电系统有三相三线制、三相四线制供电方式。三相三线制时对于电源配电柜所需的交流380/220V馈电，电气专业一般会在馈电回路上装设隔离变压器，二次侧中性点可直接接地，即能取得三相四线制电源。同一工程交流保安电源的中性点接地方式将与低压厂用电系统一致。仪表与控制专业也可在动力电源配电柜的馈电回路侧，即每个交流操作的回路侧配置控制变压器，以取得变压器二次侧220V一端接地。

2）电气低压厂用电系统都采用单母线，一般按锅炉容量来决定厂用母线的分段：如125、200MW单元机组，一台低压厂用变压器分供两段母线，对应每炉两段；300、600MW单元机组，虽也是每炉两段，但却由两台低压厂用变压器分供。而这些低压厂用变压器的高压侧均引自对应的高压厂用母线段。

3）对于主厂房低压厂用电负荷的供电，125MW机组每台机炉的配电柜组的两路交流380/220V电源应分别从动力中心的不同母线段上引接，300MW及以上机组其中一路应由动力中心引接，另一路由交流事故保安母线段上引接。

主厂房外，如果电气在负荷集中处设置两段公用母线段或两段交流380/220V母线段，采用集中供电方式，则仪表与控制负荷可以根据自身要求分别从一段或两段母线段，甚至两台机组相应母线段上引接，一般分散的仪表与控制负荷则可以从相应的车间配电盘或电动机控制中心引接。

（2）蓄电池直流系统电压等级。火力发电厂通常采用蓄电池（组）构成直流电源，它的供电对象有控制和动力两类负荷。控制负荷主要指电气与仪表的控制、信号及保护等负荷，动力负荷主要指电气的直流事故照明、直流油泵电动机及UPS等负荷。蓄电池（组）

直流系统电压等级可以仅有220V等级或110V、220V两种等级并存。

控制和动力两类负荷由各自的蓄电池组供电的优点：动力负荷容量大，启动时直流母线电压波动大，如果与控制负荷用同一蓄电池组供电，会对控制负荷产生不利影响，分开则提高电源系统的可靠性及供电品质。直流220V及110V蓄电池组两种电压等级供电时，相对直流110V系统，直流220V系统控制回路电缆截面面积相对较小，长距离供电可以节省投资。110V电压等级相对220V系统，要求绝缘水平、继电器触点断开时的噪声电压幅值相对较低，有利于提高控制、保护系统的可靠性和安全性。

无论是控制及动力负荷分开（220、110V并存）还是合并（220V一种），仪表控制、保护等负荷都从单母线或分段单母线下的直流屏或直流分电屏上引接。

2. 不停电电源及保安电源配置

新建机组的主厂房仪表与控制系统一般采用分散控制系统，集中控制室也均是以LCD和键盘作为机组的监视控制中心。计算机控制系统的供电要求采用交流不间断电源已是必然的选择，按设计规定保安电源的设置与机组单机容量有关。

（1）按DL/T 5153《火力发电厂用电设计技术规程》，低压厂用电不设置保安电源的125MW机组。容量为200MW及以上的机组才设置交流事故保安电源。对于不设置保安电源的125MW机组，仪表与控制用电负荷的供电可作以下相应的变化：

1）分散控制系统、汽轮机电液控制系统、仪表与控制保护系统等分别由两路电源供电，其中一路来自交流不间断电源系统。

2）主厂房机炉电源盘等分别由两路电源供电，且有备用电源自投功能。

3）控制系统机柜通风机电源宜引接独立于电子设备柜、具有备用电源自投功能的电源系统。

（2）低压厂用电设置保安电源的200MW及以上机组。需要交流事故保安电源的负荷是指厂用电消失后，为保证机组和其他工艺设备安全停运仍需维持供电的自动化设备负荷。200MW及以上机组设置了足够容量的交流事故保安电源，一旦厂用电消失，即可由交流事故保安电源自动投入恢复供电。

3. 仪表与控制系统结构

仪表与控制电源系统设计和仪表与控制系统结构有关。针对全厂工艺系统监控的特点，仪表与控制系统电源系统的设计也将发生相应的变化。

（二）电源系统设计的一般原则

仪表与控制电源等级通常有交流380V电源、交流220V电源及直流电源。

1. 交流380V电源

（1）仪表与控制用的交流380V电源应是三相三线制或三相四线制电源。低压厂用电系统中性点为非直接接地方式时，应注意来自电气的电源进线侧是否装设隔离变压器，使二次侧中性点直接接地以形成三相四线制供电方式。

（2）每台单元机组的锅炉、汽轮机配电柜应各有两路交流380V进线电源。200MW及以上机组，其中一路接自动力中心，另一路接自相应（机组）交流保安母线段。125MW机组，两路电源分别接自相应的低压厂用母线的不同段。

（3）根据主厂房内工艺系统特点及其设备布置情况，每台炉、机的配电柜可分若干组设置。除氧给水系统配电一般纳入汽轮机侧配电柜考虑。

（4）炉、机配电柜的两路电源进线按自身负荷的要求选择备用电源手动切换或自动切换的方式。

1）手动切换。对低压交流配电柜组，应设置电源开关完成切换。对阀门电动执行机构配电柜组，固定式可以装设双刀双掷开关切换，抽屉式则以一单元的抽屉用于总电源进线，配置两路进线的切换开关。这种双投切换开关应是带有中间断电位置的隔离开关。

配电柜、电源盘互为备用的两路电源进线自动切换时，宜采用“先断后合”的方式，条件具备时，也可采用“先合后断”的方式。手动切换时，应采用双向切换开关或采取两路电源相互闭锁的措施。

2）自动切换。工程设计中一般均配置三相交流电源的自动切换，经切换的电源在盘内设置母线分别馈电各对象。这种自动切换一般采用“先断后合，延时切换”的方式，即工作电源一旦消失开关瞬时断开，而备用电源开关再延时自动投入。

（5）锅炉定期排污、吹灰及汽轮机胶球清洗等配电柜可各有一路交流380V电源进线，分别接自锅炉、汽轮机配电柜组的不同电源母线，或直接自电气引两路电源。

（6）公用减温减压器及厂区热网的配电柜宜有两路交流380V电源进线，并可作为汽轮机配电柜的一个组，分别接自两台机组低压厂用母线段。

（7）辅助车间（系统）的两路或一路配电柜电源，可引自相应的电气电动机控制中心。

（8）每个配电柜内馈电回路的配置，宜根据用电对象所属工艺系统、对象间的相互关系，以及它们的相对位置考虑确定，尽可能相对集中。

（9）成组配电柜应留有适量的备用回路，并装设母线电压表。

（10）每个阀门电动执行机构及每个独立用电对

象，应经单独的电源开关回路供电，避免因一个阀门电动执行机构电源回路发生故障而影响其他阀门电动执行机构的正常供电。

（11）重要阀门电动执行机构应带有失电报警功能。

（12）自动切投的电源系统应设置切换状态信号监视。

2. 交流 220V 电源

（1）控制盘（柜）进线电源的电压等级不得超过220V（变频器柜除外）。通常情况下，交流 220V 电源（低压厂用母线段、厂用保安段、UPS）应是一端直接接地的系统。

（2）控制盘（柜）交流 220V 电源宜为两路单独电源，且具有备用电源自投功能的电源系统，分为以下三种：

1）一路来自 UPS 作为主电源，另一路来自保安段或厂用电源。

2）一路来自低压厂用母线段，另一路来自保安段。

3）两路来自低压厂用母线的不同段。

不论采用何种电源系统，均应依据 DL/T 5455《火力发电厂热工电源及气源系统设计技术规程》的负荷分类进行选择。

（3）主厂房交流 220V 电源系统宜采用通过专用电源盘以放射形式供电的方式。

（4）辅助车间（系统）的交流 220V 电源系统应有单回路电源系统或双回路切换电源系统。

1）公用减温减压器及厂区热网的仪表与控制电源宜设两路交流 220V 进线，引自相应配电柜或该车间电气动力控制中心，也可引自不同机组的两台汽轮机配电柜组的电源母线。

2）机组公用的辅助系统，如除灰渣、工业废水处理及空压机站等系统的仪表与控制电源也宜设两路交流 220V 进线，引自相应车间电气动力控制中心，必要时可引自两台机组低压厂用母线段或公用段。

3）无需备用电源的辅助车间（系统）仪表与控制电源引自相应车间的电气动力控制中心。

（5）备用电源自投通常采用“先断后合，瞬时切换”方式。工作备用电源手动切换时，应采用双刀双掷，带有中间断电位置的开关。

（6）当计算机控制装置需外接不接地交流 220V 不间断电源时，应核实来自电气的 UPS 系统输出侧是否装设隔离变压器；对于采用冗余浮空配电方式的电源，应核实两路电源的中性线与中性线、相线与相线间的静电电压应不大于 70V，否则在电源切换过程中易对控制器、网络交换设备等造成损坏。

（7）由交流保安电源供电的电子设备柜的冷却风扇电源，可接自相应配电柜组的电源母线。

（8）配电系统应留有适量的备用电源回路。

3. 直流 220、110V 电源

（1）根据电气直流系统的设计，直流控制、保护电源可采用直流 220V 或直流 110V 的电压等级。同一工程的仪表与控制、保护直流电源宜采用一种电压等级。

（2）单元机组的直流 220、110V 电源系统宜采用专用电源盘以放射形式供电。锅炉 MFT 保护、汽轮机 ETS 保护直流电源应直接引自电气专业直流蓄电池。

（3）专用电源盘工作与备用的两路直源电源进线，其切换通常采用“先断后合，瞬时切换”方式。

（4）采用“失电激励”方式的保护设备的两路直流电源宜直接由专用电源盘受电侧引接，并满足冗余供电要求。当两路直流电源引自不同蓄电池组时，应有防止不同蓄电池组并列运行的技术措施。

（5）配电系统应留有适量的回路作备用。

4. 直流 24V 仪表与控制电源

（1）直流24V仪表与控制电源通常取自交流220V/直流 24V 供电装置（个别引进工程也有由专门的 24V 蓄电池组供给），供电装置应具有稳压、限流和双机热备、自动切换的功能。

（2）如果仪表与控制直流 24V电源的供电对象较多，则直流 24V电源宜按对象分组设置，每组电源宜由两个具有自动切换功能的供电装置组成。直流 24V 电源根据具体情况可以设置专用电源盘。

同组电源的两个供电装置受电侧，分别接自两路独立的交流 220V 电源，馈电侧并联构成直流 24V 供电母线。

（3）供电装置受电侧应设电源开关、熔断器或断路器，馈电侧每个供电回路设置双极开关、熔断器或断路器。

（4）控制用直流24V 电源用电对象宜按其功能作用配置若干独立的供电回路。

（5）直流 24V 配电系统应留有适量的回路作为备用。

三、仪表与控制用电负荷类别及其供电要求

（一）电气规范中厂用电负荷分类

在 DL/T 5153《火力发电厂厂用电设计技术规程》中提出，火力发电厂的厂用电负荷按其对人身安全和设备安全的重要性，可分为 0 类负荷和非 0 类负荷。厂用电负荷的重要性由其所属的工艺系统所确定。停电将直接影响到人身或重大设备安全的厂用电负荷，

称为 0 类负荷，除此之外的厂用电负荷均可视作非 0 类负荷。

0 类负荷的分类按其重要性程度及对电源的要求不同，应遵守以下原则：

（1）0Ⅰ类负荷。在机组运行期间，以及停机（包括事故停机）过程中，甚至在停机以后的一段时间内，应由交流不间断电源（UPS）连续供电的负荷，即交流不停电负荷。

（2）0Ⅱ类负荷。在发生全厂停电或在单元机组失去厂用电时，为了保证机组的安全停运，或者防止危及人身安全等原因，应在停电时继续由直流电源供电的负荷，即直流保安负荷。

（3）0Ⅲ类负荷。在发生全厂停电或在单元机组失去厂用电时，为了保证机组的安全停运，或者防止危及人身安全等原因，应在停电时继续由交流保安电源供电的负荷，即交流保安负荷。

非 0 类负荷的分类按其在电能生产过程中的重要性不同，应遵守以下原则。

（1）Ⅰ类负荷。短时停电可能影响设备正常使用寿命，使生产停顿或发电量大量下降的负荷。

（2）Ⅱ类负荷。允许短时停电，但停电时间过长，可能影响设备正常使用寿命或影响正常生产的负荷。

（3）Ⅲ类负荷。长时间停电不会直接影响生产的负荷。

（二）仪表与控制规范中电源负荷分类

在 DL/T 5455《火力发电厂热工电源及气源系统设计技术规程》中提出，仪表与控制电源均取自厂用电系统提供的各种电源，故分类名称宜与厂用电系统分类基本一致，并根据仪表与控制用电的特点和监控系统的运行要求，按对工艺过程安全运行的影响程度进行负荷分类。

（1）仪表与控制不间断电源负荷及保安负荷分类。

1）交流不间断电源负荷。机组在启动、运行及停机过程中供电电源不能中断，或中断时间大于继电器（或接触器）作备用电源切换装置的动作时间，会造成因仪表与控制设备不能正常工作而导致机组不能正常运行的负荷，以及对供电电源品质，包括电压、频率、波形等要求高的负荷。常用交流不间断电源负荷包括 DCS、DEH、ETS、TSI、MEH、BPS、CEMS、汽包水位电视系统、炉膛火焰检测装置、抽汽止回阀、磨煤机出口快关阀、跳闸电磁阀、火灾报警系统及防火阀、可燃气体及有毒气体检测报警系统等。

2）直流保安负荷。机组在全厂事故停电时，为保证机炉设备安全停运，或在停运过程中需及时操作而要求连续供电的直流负荷，常用直流保安负荷（包括机组保护联锁系统的直流电磁阀、直流继电器构成的保护联锁系统、其他直流控制操作设备等）。

实际设计中保护系统较多选用交流不间断电源系统供电方式，仪表与控制电源系统的直流负荷明显减少。

3）交流保安负荷。机组在全厂事故停电时，为保证机炉设备安全停运，或在停运过程中需及时操作而要求连续供电的交流负荷。常用交流保安负荷包括真空破坏阀、抽汽阀、疏水阀、锅炉排汽阀、风机和水泵的进出口阀门、模拟量控制系统用电动执行机构、锅炉风箱风门挡板、摆动喷嘴等。

（2）仪表与控制电源的常规负荷分类。

1）重要负荷。机组在启停和运行过程中短时停电可能影响机组或设备安全运行监视和控制，甚至会造成事故的仪表与控制设备负荷。常用重要负荷包括吹灰程控系统、旋转机械瞬态数据管理系统、锅炉高能点火器、炉管泄漏检测装置、空气预热器间隙控制、烟气温度探针、凝汽器泄漏检测、汽轮机阀门试验电磁阀、制氢站、化学水处理、燃油泵房、除灰、除渣仪表及控制系统。

2）次要负荷。机组在启停和运行过程中允许短时停电的仪表与控制设备负荷。常用次要负荷包括锅炉吹灰、胶球清洗、定期排污、其他辅助车间控制系统等。

3）一般负荷。停电时间稍长但不会直接影响生产运行的负荷。常用一般负荷包括保温箱加热、仪表管伴热、锅炉上水泵出口阀门、除氧器上水阀门、试验检修用阀门、盘柜内照明及检修电源、仪表与控制试验室等。

（三）仪表与控制电源供电要求

（1）交流不间断电源负荷。应采用双路电源供电，备用电源宜采用自动切换方式。两路电源中应有一路来自交流不间断电源。

（2）直流保安负荷。应采用两路直流电源供电，备用电源宜采用自动切换方式。两路电源宜分别来自不同的直流蓄电池组。

（3）交流保安负荷。应采用双路电源供电，备用电源宜采用自动切换方式。两路电源中至少一路来自厂用交流保安电源。

（4）重要负荷。应采用双路电源供电，备用电源宜采用自动投入方式。两路电源宜分别来自厂用电电源系统的不同母线段。

（5）次要负荷。应采用双路电源供电，备用电源宜可采用自动切换方式，在不影响运行监视和控制的前提下，也可采用手动切换方式。两路电源宜分别来自厂用电电源系统的不同母线段。

（6）一般负荷。可采用单路电源供电，电源宜来自厂用电电源系统。

四、仪表与控制电源的技术指标

仪表与控制供电电源的电能质量技术指标主要是指：

（1）电压稳定度，即供电电压偏离额定电压的程度（%）。

（2）频率稳定度（对交流电源），即供电频率偏离工频（50Hz）的程度（%）。

（3）波形失真度（对交流电源），即供电波形与正弦波差异的程度（%）。

根据 DL/T 5153《火力发电厂厂用电设计技术规程》，仪表与控制交流电源系统的源头-低压厂用电的电压稳定度通常在额定电压±5%，频率稳定度通常在工频±1%，即上下波动 0.5Hz（电力系统向厂用母线供电），正常工作情况下各次谐波电压含量不大于 3%，380V 电压总谐波畸变率不宜大于 5%。至于波形失真度尚无具体的指标。

（一）仪表与控制交流 380V 电源

仪表与控制交流380V电源主要作为阀门电动装置及三相电动执行机构的动力电源。阀门电动装置的电动机一般为三相笼式异步电动机，三相电动执行机构的电动机一般为三相笼式感应电动机。这种笼式电动机在额定电压下直接启动时，启动电流一般为额定电流的 7 倍左右，启动转矩为额定转矩的 1.5～2 倍及以上。 开关型或调节型电动装置、执行机构的差异在于电动机工作制式的不同，开关型工作制式为短时工作制；而调节型工作制式为间隙工作制。

由电动机工作原理可知，供给电动机电源的电压及频率的变化将会使输出转矩及输出转速等发生变化，并可能影响正常运行。依据 DL/T 641《电站阀门用电动执行机构规范》，供电电源品质满足三相交流 380×（1±10%）V、频率值 50×（1±1%）Hz、谐波含量小于或等于 5%条件时，阀门电动装置及三相电动执行机构可在额定工况下运行。

工程设计中需要注意的是，馈电回路的电缆芯截面选择应保证馈电回路的电压降不得大于 5%额定电压。

（二）交流 220V 电源

工程实践中，常用的中间继电器大多为电磁式电压继电器，可靠工作电压一般为 $70\%U_e$～$110\%U_e$（额定电压），返回电压一般不小于 $5\%U_e$～$8\%U_e$；而热稳定电压-线圈允许长期耐受电压为 $110\%U_e$。

时间继电器返回电压（释放值）一般不小于 $5\%U_e$～$15\%U_e$，其余指标基本同电磁式电压继电器；交流接触器的可靠工作电压一般为 $85\%U_e$～$105\%U_e$，返回电压一般为 $45\%U_e$～$55\%U_e$。

其他电气设备的馈电应注意供电距离、设备工作环境条件等因素，电缆芯截面选择需保证线路电压降在设备的允许范围。

电源频率波动对常用低压电器性能的影响有以下三个方面：

（1）发热。在没有其他因素变化的前提下，频率上下波动将因载流导体的集肤效应、邻近效应及铁磁物质铁损均有所增减而导致温升的提高或降低。而仪表与控制常用低压电器均属于小容量电器，其载流导体截面较小而温升裕度又较大，所以电源频率的波动对它们几乎没有影响。

（2）动作值。基于其他因素不变的条件下，电压电磁结构的常用低压电器，电磁吸力与磁感应平方成正比，后者又与频率成反比，频率的上下波动将使电磁机构的吸力减小或增加，这样的波动还不足以使电磁机构的吸力大幅度减小而无法动作。

（3）通断能力。频率上下波动缩短或延长了半周的时间，电弧能量因此减小或增加不少，而电流过零的时间缩短或延长得不多，其结果对低压电器的灭弧有利或不利。而电源频率的波动对通断能力的影响并不显著。

DL/T 5455《火力发电厂热工电源及气源系统设计技术规程》明确，交流 220V 电源电能质量应满足电压 220V±5%；频率 50Hz±0.5%Hz。

综上所述，对于交流 220V 电源，无论是来自厂用电、保安电源，还是不间断电源，只需对电气供电提出电源质量要求。

（三）交流 220V 保安电源

交流 220V 保安电源的电源品质等同于厂用交流 220V 电源。

一般用柴油发电机组发电提供交流保安电源。柴油发电机组启动时间一般在 15s 左右。为了兼顾机组合理容量的选择及发电机自启动时母线最低电压的满足，柴油发电机组也可以逐批带负荷，通常在 20s 左右时间里能带上全部负荷或第一批负荷。

仪表与控制交流保安电源负荷有三相、单相之分，有短时断续运行也有连续运行方式。对于短时运行的如阀门电动装置、电动执行机构的电动机负荷，电气在计算柴油发电机组的容量时一般不予计入，仅在校验保安电源过负荷能力时计及。

（四）交流不间断 220V 电源

交流不间断 220V 电源装置是实时计算机控制系统必备的供电设备。

1. 交流不间断电源装置的原理

交流不间断电源装置通常由整流器、逆变器、静态开关和旁路开关四部分组成。交流不间断电源装置的构成如图 9-1 和图 9-2 所示。

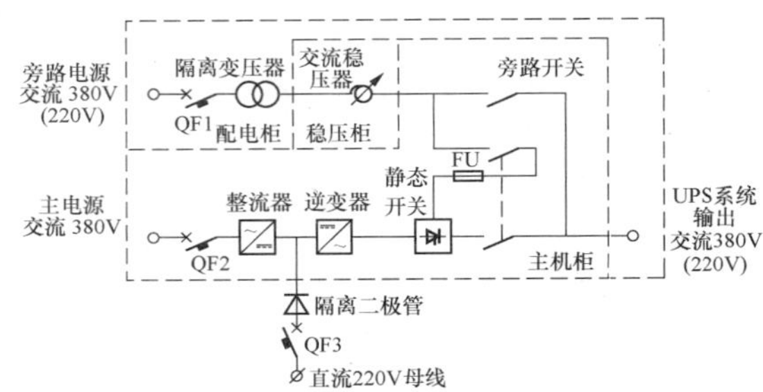

图 9-1　交流不间断电源装置的构成（一）

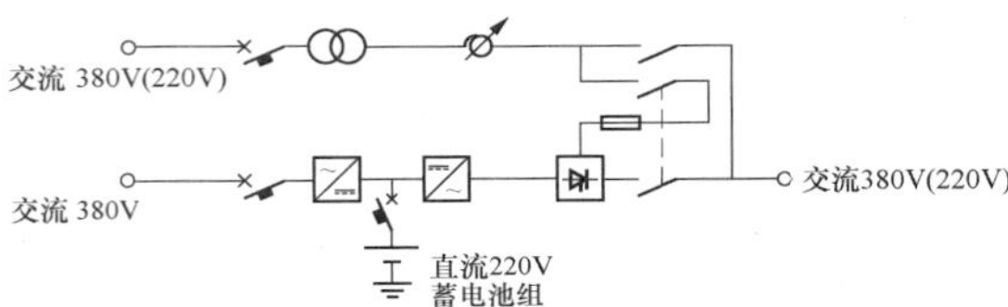

图 9-2　交流不间断电源装置的构成（二）

图 9-1、图 9-2 中手动旁路开关触点是在正常运行情况下的状态。交流不间断电源系统正常运行时需要主电源、旁路电源及直流电源。正常运行时由主电源经过该装置的整流器、逆变器及静态开关供电；当主电源故障或掉电时，自动切换为由蓄电池或直流母线经逆变器及静态开关供电；当该装置逆变器或直流电源输入故障时，由切换时间小于 5ms 的静态开关瞬间转换成旁路电源供电；当交流不间断电源装置需要维修时，通过先通后断的手动旁路开关由旁路电源直接供电。与图 9-1、图 9-2 对应的交流不间断电源装置的柜盘及其电缆连接如图 9-3 所示。

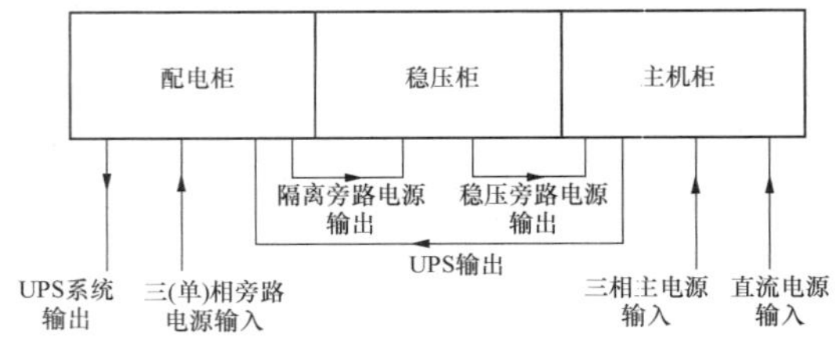

图 9-3　交流不间断电源装置的柜盘及其电缆连接

配电柜可以装设输出馈线装置而成为交流不间断电源的馈电盘，如馈电回路较多可另设置交流不间断电源分配柜。

交流不间断电源装置可以单台及多台并联运行，应注意交流不间断电源装置并联运行时的相位同步要求。

2. 交流不间断电源装置几个具体问题

（1）直流电源输入方式的比较。图 9-1、图 9-2 的区别在于交流不间断电源装置的直流电源输入方式不同：前者是直接挂在公用直流母线上，后者则接自专用的蓄电池组。

（2）旁路电源输入隔离要求。旁路电源侧需采取必要的隔离措施。

（3）单相与三相 UPS 的选择。火力发电厂交流不间断电源系统选用单相（220V）还是三相（380V）供电，视工程具体情况确定，工程中一般选用单相 UPS。

三相 UPS 装置的三相负荷不容易平衡。单相负荷过大会导致整个 UPS 装置的过负荷工况。三相 UPS 的控制系统比单相 UPS 要相对复杂；三相 UPS 与同容量单相 UPS 相比，价格要高；三相 UPS 装置体积大，土建费用相应增加。

3. 交流不间断电源的技术指标

DL/T 5455《火力发电厂热工电源及气源系统设计技术规程》明确，交流 220V 不间断电源的电能质量应满足下列要求：

（1）动态电压瞬变范围为 220V±10%。

（2）输出频率为 50Hz±0.2Hz。

（3）电压波形失真度小于或等于 3%。

（4）总切换时间小于或等于 4ms。

（5）在厂用交流电源中断情况下，不间断电源应能保证连续供电 30min。

（五）直流 220、110V 电源

直流电源电能质量应满足下列要求：

1）220V 直流电压：$220V^{+10\%}_{-12.5\%}$。

2）110V 直流电压：$110V^{+10\%}_{-12.5\%}$。

3）24V 直流电源电压：24V±1V。

4）48V 直流电源电压：48V±2V。

五、电源系统的具体设计

（一）交流 380V 配电柜电源系统

交流 380V 配电柜，主要提供阀门电动执行机构的动力电源，一般包括交流 380V 抽屉式配电柜及固定式配电柜。

1. 单个及成组配电柜的设置

交流 380V 配电柜具体设计方案为：一般在炉、机、公用系统或辅助车间单独设置配电柜，由单个或数个配电柜成组构成 380/220V 电源系统，直接向就地阀门电动执行机构供电。

主厂房内一般按炉、机分别设置两组配电柜，分别接受电气低压厂用电不同段的两路电源（或厂用段或保安段）。

阀门电动执行机构的供电可采用配置固定式配电柜或抽屉式配电柜供电。多台执行机构控制一个挡板或阀门时（独立用电对象），宜采用同一回路供电。

阀门配电柜一般布置在靠近用电设备并便于操作的位置。

2. 配电柜的电源进线

主厂房配电柜组应有两路380/220V 三相四线制（或三相三线制）电源进线，取自厂用电不同段，或取自厂用段及保安段；阀门配电柜，则从电气或上一级配电柜引接一路或两路的三相四线制（或三相三线制）电源。

选择配电柜的要求如下：

1）未配功率控制部分的电动执行机构的供电采用抽屉式配电柜。每个电动执行机构的馈电回路中，应装设运行/调试切换开关，调试用开、关、停按钮，阀位指示灯，以及相应的保护和控制设备。

2）配功率控制部分的电动执行机构或其他仪表与控制设备的供电采用固定式配电柜。每个馈电回路中，应装设隔离电器和保护断路设备。

3）单个、成组配电柜应根据电源进线回路数选择一只或两只电源进线隔离开关。

4）应配置电压表监视配电柜的母线电源电压。成组配电柜只在其中一个柜面设置电压表。

5）配电柜电源进线隔离开关的额定电流应大于所供全部设备中可能同时工作的设备的额定电流之和。两路电源进线时应有防止电源并列运行的措施。

3. 两路互为备用电源的自动切投

（1）交流380、220V 电源。

1）两路电源一工作一备用，备用电源的投入方式有手动、自动两种，但都是“先断后合”的切投方式。自动切投方式的优点是备用电源自投快于手动恢复供电，缺点是如果工作电源回路因接地短路而失电，也会造成备用电源消失，延长恢复供电的时间。手动切投方式的优、缺点与自动切投方式刚好相反。

2）备用电源自投方式又有瞬时投入、延时投入两种，两路交流 380V 电源的切换宜选择延时投入。延时投入的优点是可避开电气厂用段电源故障时备用电源投入的时间，或由于控制电源瞬间短路，给予故障消除的时间。延时投入备用电源可减少或避免无意义的切换。图9-4是一种互为备用两路交流380V备用电源延时自动投入原理接线图。

3）两路交流380V电源延时自动投入电路的设计时，交流接触器输出触点的带载容量应与电源盘供电负荷容量相匹配；时间继电器延时输出触点的容量应与交流接触器吸合线圈的功率相匹配。输出触点带载容量选择偏小时将会出现触点烧损、粘连，导致无法实现电源切投。

此外，时间继电器延时时间应与电气厂用电系统备用电源自动投入的时间相适应。一般，电气6kV厂用变压器备用自动投入时间约为 200ms，交流 380V 厂用变压器备用为暗备用时，一般不做自动切投。交流 380V 厂用变压器备用为明备用时，自动投入时间约为1.5s。

如图 9-4 所示，存在当工作电源恢复再切换回来时，这两路进线电源瞬时并接（接触器辅助触点及时间继电器延时触点断开的时间配合不当）的问题。图9-5（a）是交流 380V 电源延时自动切换回路的改进方案，图 9-5（b）是交流 220V 电源瞬时自动切换回路的方案。熔断器也可使用断路器替代。

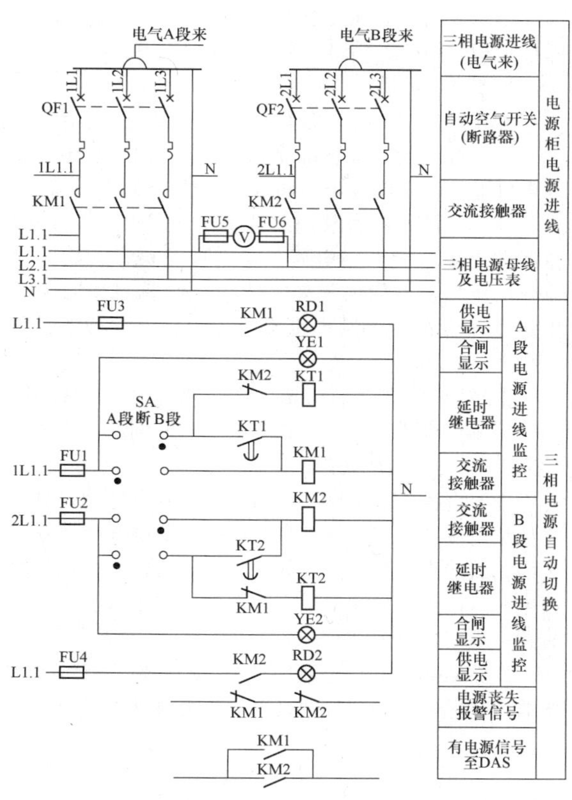

图 9-4　互为备用两路交流 380V 备用电源延时自动投入原理接线图

图 9-5 所示的自动切换回路，首次受电时，控制开关 SA1、SA2，工作电源应先合闸，备用电源后合闸。

对于性能、可靠性要求较高的电源切换多使用符合标准、成熟的自动切换开关电器 ATSE（Automatic Transfer Switching Equipment，ATS）实施其切换功能。ATS 可实现自投自复、自投不自复、失电压、欠电压、断相保护、手动－自动转换、延时控制等，为电源切换类主流产品。但无短路保护功能。ATS 分为 PC 级与 CB 级两种。PC 级 ATS 可靠性更高，切换时间为

50～300ms，在双电源紧急供电系统首选 PC 级产品，PC 级自动转换开关工作模式有开路转换模式、延时转换模式（有中间位置）和闭合转换模式（可实现无间断转换），如图 9-6 所示。要求较高的电源一般选择开路转换方式（即不带中间位置），其目的是增加电源的可靠性。

ATS 控制柜由自动电源切换开关、控制模块、面板信号指示灯及其外围电路组成。

当切换回路采用 ATS 时，电源自动切换原理图相对简单，如图 9-7 所示。

电源供电可靠性要求不高时，可采用普通交流接触器、瞬时切换、回路互为闭锁的交流 220V 供电方案，如图 9-8 所示。

当选定工作电源为保安段电源时，先投入电源开关 QF1，则 KM1 接触器带电，动合输出触点闭合接通电气保安段电源供电，再投入电源开关 QF1 时，由于 KM1 接触器动断输出触点打开，闭锁了 KM2 接触器带电，使厂用电处于备用投入状态。其后当工作的电气保安段电源失去时，KM2 接触器动合输出触点闭合接通厂用电供电，保安段电源又处于备用状态。

上述切换电路的设计需注意 KM1、KM2 接触器的输出触点容量应满足负载要求。同理可以设计交流 380V 三相电源自动切换回路。

（2）直流 220、110V 电源，火力发电厂动力及控制直流电源一般取自电气直流系统，从电气两套由蓄电池构成的直流系统分别取一路电源送仪表与控制直流电源盘，经自动切换后供给仪表与控制重要设备或装置，直流电压为 220V 或 110V。

直流 220、110V 电源切换有手动切换、有触点继电器或接触器自动切换、直流隔离模块＋二极管自动切换三种方式。

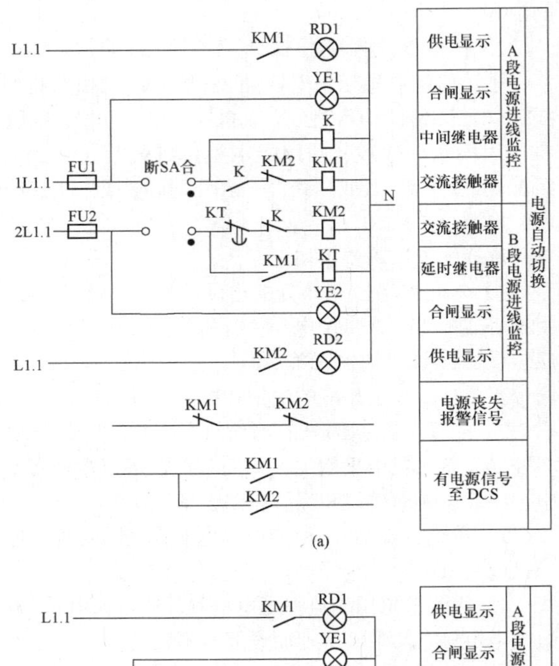

(a)

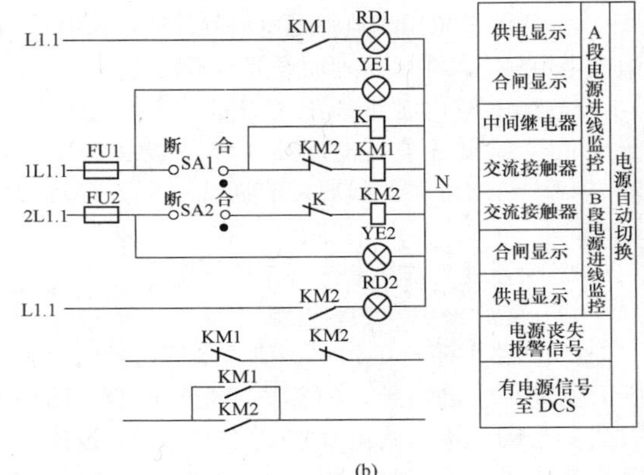

(b)

图 9-5　交流电源自动切换回路改进方案

（a）交流 380V 电源；（b）交流 220V 电源

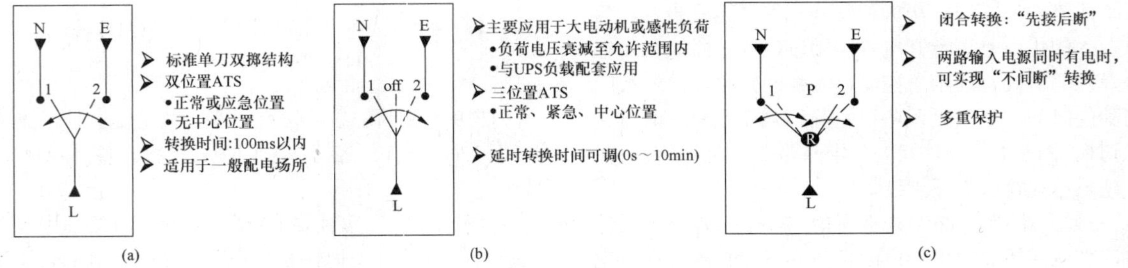

(a)　(b)　(c)

图 9-6　电源工作模式

（a）开路转换模式；（b）延时转换模式；（c）闭合转换模式

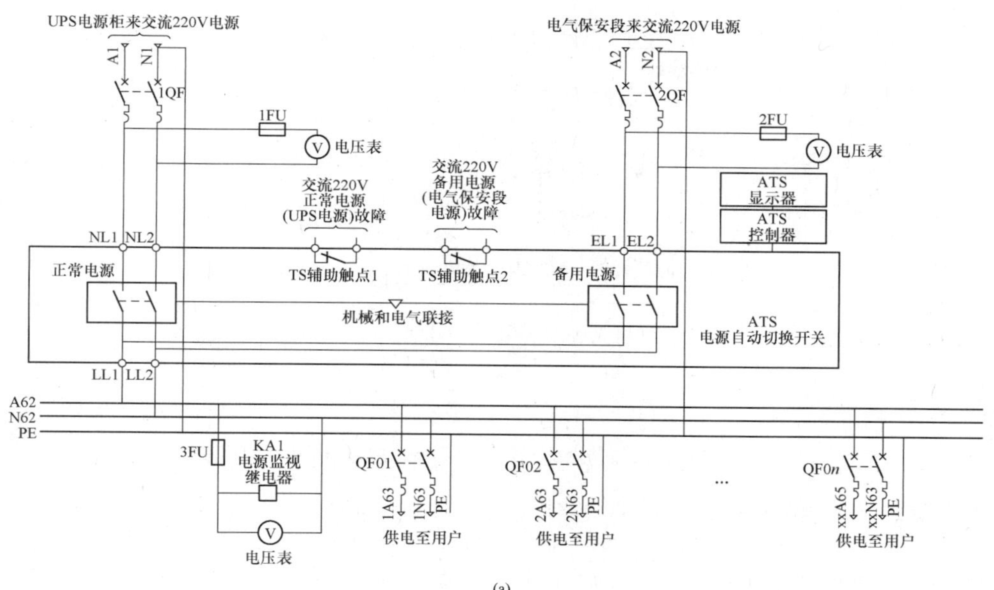

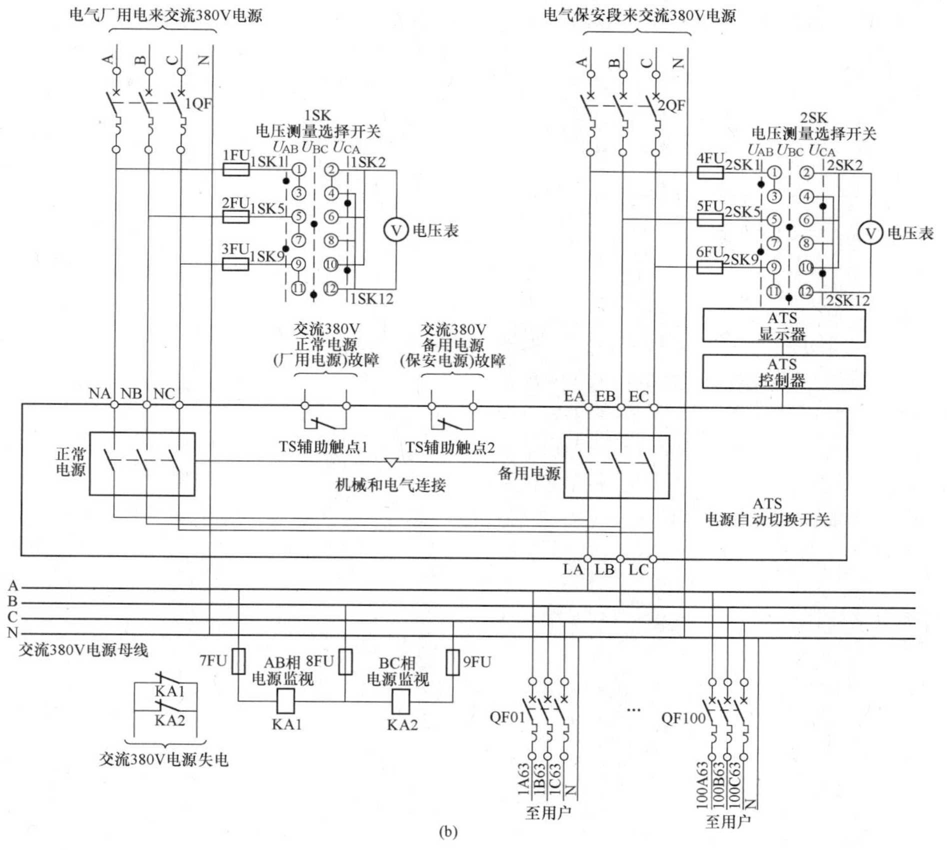

图 9-7　电源自动切换原理图

（a）交流 220V 电源；（b）交流 380、220V 电源

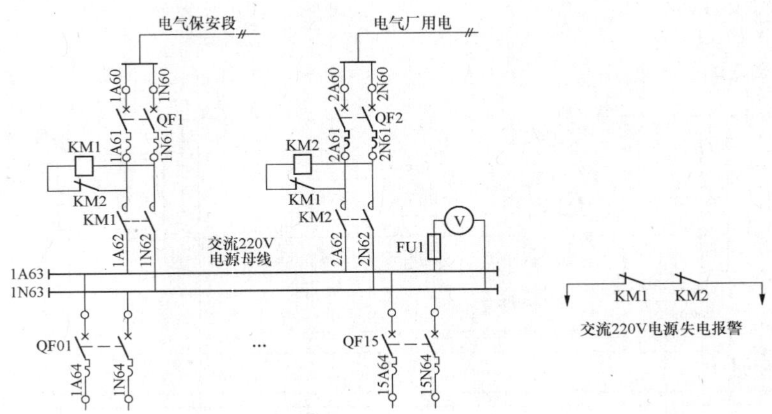

图 9-8　交流 220V 单相电源自动切换原理图

1）手动切换方式，如图 9-9 所示。正常工作时一路电源开关合闸关，另一路开关断开，即正常一路直流电源对负载供电，一路备用。当需要更换为另一路时，由运行人员手动进行切换。其缺点是使运行中的一路直流电源故障，不能自动切换到另一路电源，造成直流电源瞬时中断引起事故。

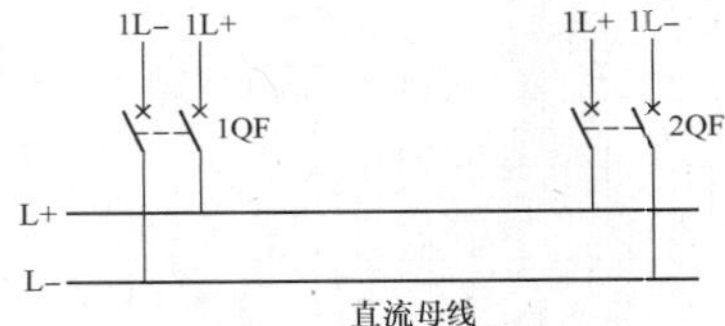

图 9-9　直流电源手动切换原理图

2）有触点继电器或接触器自动切换方式，如图 9-10 所示。此方式采用继电器或接触器对两路直流电源进行切换，因此当一路直流电源故障自动切换到另一路电源时，继电器有切换时间，切换时间一般为 50～150ms。这种方式不适合于重要的逻辑回路、失电激励的设备和快速跳闸回路。

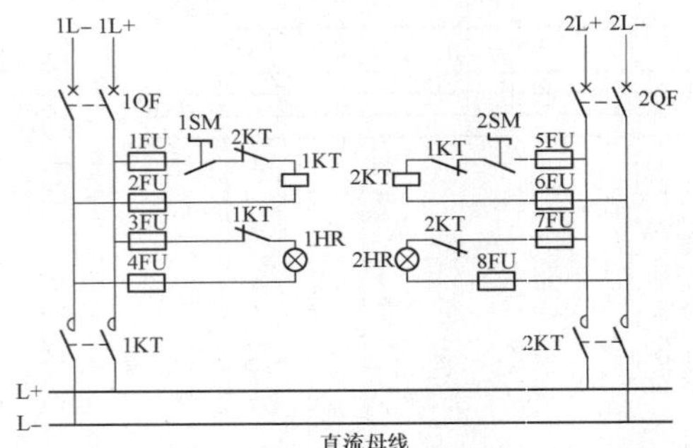

图 9-10　直流电源继电器或接触器切换原理图

3）直流隔离模块+二极管自动切换方式，如图 9-11 所示。当无 DC/DC 隔离模块时，由于二极管的耦合作用会将两路直流环接起来，当一侧直流系统接地后，另一侧直流系统也会产生接地信号，给全厂直流系统造成极大的安全隐患。DC/DC 隔离模块的作用是将两组直流电源进行电气回路上的隔离。DC/DC 隔离模块工作原理如图 9-12 所示。高频变压器起到隔离作用，实现电源一次侧和电源二次侧的完全电气隔离，次级发生接地不影响初级。

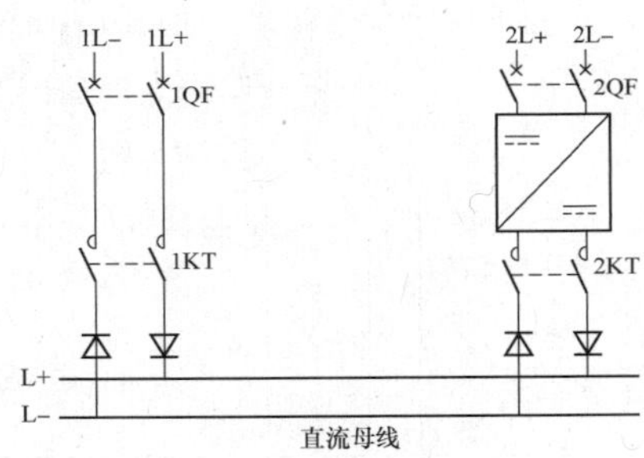

图 9-11　直流系统采用直流隔离模块+二极管自动切换原理图

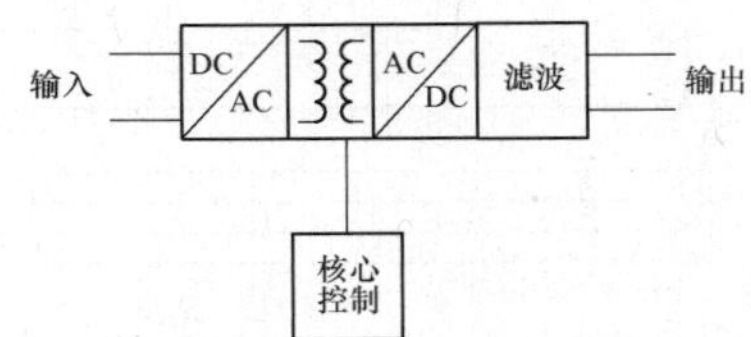

图 9-12　DC/DC 模块原理图

此方式采用静态电子开关对两路直流电源进行切换，因此当一路直流电源故障时无间隔时间自动切换到另一路电源，实现无间断供电。其缺点是二极管的质量对电路切换可靠性有较大的影响。

4. 配电柜的配电系统

（1）阀门配电柜的配电系统。

1）阀门配电柜内供电回路的分配应有利于运行

调试及日常维护，应依据工艺系统特点、阀门电动执行机构安装位置及其控制要求等进行合理的分配。

a. 处于同一局部工艺系统及标高在同一层区域的阀门电动执行机构的供电（控制）回路应尽可能分配在同组配电柜内。

b. 每个用电对象应由配电柜内单个交流 380/220V 回路馈电。

2）阀门配电柜内供电回路的分配同时要有利于相应电缆的归并，节省电缆投资，为缩短安装周期创造条件。

3）阀门配电柜宜留有适量的备用回路。

4）阀门配电柜既具有集中布置，又具有就地分散的特点，可利用其供电回路为一些就地仪表箱或仪表提供交流 220V 电源。

阀门配电柜不宜为仪表保温箱或仪表导管的电伴热提供交流 220V 电源。

（2）电源（切换）盘的配电系统。

1）两路自动切换后的交流 380/220V 电源在电源盘上方应设置三相四线（或三相三线）的母线排，母线排下方各馈电回路可以采用电源开关与熔断器的组合或断路器两种方式。断路器方式具有结构紧凑、布置方便、除短路尚有断相过载保护功能等特点，宜优先采用。

2）电源（切换）盘内馈电回路以单个阀门电动执行机构为单元馈电。

3）电源（切换）盘内馈电回路的出线电缆可与断路器接线端子直接连接，也可通过盘内端子排相连接。

对于交流 380V 电源盘的布置，国家能源局《防止电力生产事故的二十五项重点要求》规定“分散控制系统电子间环境满足相关标准的要求，不应有交流 380V 及以上动力电缆、产生较大电磁干扰的设备”。因此，交流 380V 电源盘的布置设计时应考虑与分散控制系统电子设备间分开布置。

5. 给粉机动力电源

给煤机、给粉机动力电源一般由电气专业提供，个别工程当由仪表与控制专业提供时，应遵循以下原则：

（1）当主厂房低压电动机采用明备用动力中心和电动机控制中心的供电方式时，每炉应设置 2 个独立的配电柜。配电柜应采用单母线接线，且按照当“给粉电动机失去一半时，锅炉能继续运行”的原则，将给粉电动机分接在 2 个配电柜上。每个配电柜应有 1 个工作电源和 1 个备用电源。工作电源和备用电源应接于明备用动力中心的不同母线段上。正常运行时，2 个配电柜的工作电源应由明备用动力中心的不同母线段供电。当配电柜上工作电源失电而备用电源有电时，应自动切换到备用电源。当工作电源和备用电源同时失电时，则应经延时断开工作电源和备用电源，以免在锅炉熄火后，恢复供电时再送入煤粉引起锅炉爆炸。

（2）当主厂房低压电动机采用暗备用动力中心和电动机控制中心的供电方式时，每炉可按给粉喷嘴分层或分组的情况，设置单电源供电的配电柜。当给粉喷嘴层数或组数为奇数时，可增加 1 个配电柜，有 1 个给粉喷嘴层或组由 2 个配电柜供电，配电柜分别接自 2 个不同的暗备用动力中心；根据工艺要求，也可采用奇数中的 1 个给粉喷嘴层或组接 1 个配电柜，而将配电柜交叉接自 2 个不同的暗备用动力中心并互为自投的接线。

（3）给粉电动机回路的交流接触器不应采用按钮并联自保持回路的接线方式，应采用简单的通、断二态开关，以便电源恢复时，给粉电动机的交流接触器能可靠吸合。

（4）给粉电动机的同步操作器电源应接于相应的给粉配电柜母线上。给粉电动机的调速控制器电源应接于本电机的供电回路上。

（5）给粉机变频器供电应注意的问题。变频调速应用于辅机控制普遍存在低电压穿越的问题，即变频器动力供电电压瞬间低至限值（一般为额定电压的 15%左右）变频器就停止运行，导致辅机中断运行。给粉机全部停运且无油投入时，会直接导致锅炉 MFT。因此给粉机及其他辅机采用变频调速必须考虑低电压穿越的问题。

（二）交流 220V 电源系统

1. 电源进线

交流 220V 电源系统设计既要注意供电要求的差异，又要将电源系统作为一个整体来考虑。主厂房交流 220V 电源系统根据需要采用单或双回路放射形式供电。

电源盘接受两路电源进线，两路电源的切换将在电源（切换）盘内进行。

2. 电源（切换）盘的配电

（1）电源负荷宜采用专用电源盘供电，根据用电负荷的容量和特性，可设置总电源盘和分电源盘进线供电。对用电负荷较大的设备宜由电气电源柜直接供电。

电源盘应按供电电源种类及功能设置。原则上 UPS、保安电源和厂用电源不应设计布置在同一电源盘内。但供电回路较少时可采取分隔措施在同一电源盘内布置。

（2）电源盘电源进线侧应配置进线开关。进线开关选择性与电气侧的供电电源开关相匹配。电源盘内的两路电源切换采用“先断后合，瞬时切换”方式，不宜再加延时环节。

（3）电源盘内上方宜设置电源母线（排），不宜在分支开关进线侧以并接导线替代电源母线。

（4）电源盘的所有馈电支路均应装保护断路设备向控制盘（柜）及就地监控设备供电，宜优先选用断路器。

（5）在 TN-C 电源系统中，N 线不得设置熔丝以及单独的电源开关。

爆炸危险性环境设备供电应选择双极开关同时切断相线及零线。

（6）当需用交流 220V 以下其他电压等级的电源时，应加装降压变压器、稳压器等电源设备，其一、二次侧开关及熔断器或断路器配置要求如下：

1）一次侧应装设开关、熔断器或断路器。

2）二次侧可根据电源设备保护的需要及其供电电压大小、回路多少设置开关、熔断器或断路器。

（7）电源盘应装设母线电源电压表及母线电压消失远传报警继电器。当需要监视进线电源电压和/或进线开关状态时，可设置进线电压消失远传报警继电器和/或表征进线开关状态的辅助接点。

（8）电源盘的馈电回路，应设置适量的备用回路。

（9）就地布置的电源盘宜设置盘内照明，并宜设置检修用交流 220V 电源插座。

（10）给粉机、给煤机控制电源可接自给粉机、给煤机的动力电源，或接自 UPS 电源。

3．仪表与控制交流 380、220V 电源配置设计举例

图 9-13 所示为某 300MW 工程主厂房仪表与控制电源系统配置图。图 9-14 所示为某 300MW 工程 DCS 电源柜的配电系统图。

（三）直流 220V/110V/24V 电源系统

1．电源进线

单元机组控制柜（盘）的直流电源（含就地仪表与控制设备及盘、柜），应以一台机组作为一个供电单位来考虑。控制柜（盘）的电源进线有以下两种连接方式：

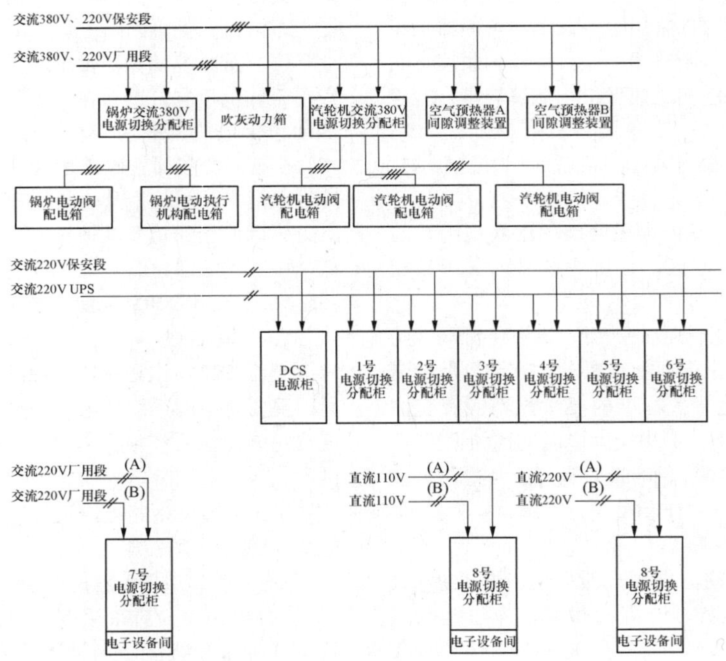

图 9-13　某 300MW 工程主厂房仪表与控制电源配置示意图

注：1．7 号电源切换分配柜为仪表管路电伴热所用电源，两路电源进线手动切投，其余电源切换柜两路电源进线均为自动切投。

2．1～6 号电源切换分配柜，炉、机各 3 块。锅炉 3 块馈电对象有空气系统（送引风机导叶、二次风门等）控制、制粉系统（给煤机、磨煤机及其润滑油等）控制及锅炉远程 I/O 站、燃油系统（火检、点火油系统等）控制；汽轮机 3 块馈电对象有汽轮机本体疏水阀控制及汽轮机远程 I/O 站，汽轮机管道疏水阀、抽汽止回阀控制及 DEH、ETS、TSI 机柜，汽轮机单回路反馈控制及发电机、电动给水泵等就地盘。

3．MFT：其中一路应引自交流不间断电源或直流电源；另一路应引自交流保安电源或第二套交流不间断电源或直流电源。直流电源由电气专业提供。

（1）链形方式。由厂用蓄电池组下的直流配电屏（分屏）来两路电源分别向需要直流电源的首尾两块柜（盘）馈电，其间的柜（盘）以链形接线方式供电，两回路直流母线得以延伸至各个柜（盘）内，形成了一个具有两回路电源的直流链形网络的供电系统，如图9-15所示。

链形供电方式，电源进线是从前或后一块柜（盘）的进线侧开关或端子上引出，供电可靠性低，但系统简单，节省投资。由于其交流电源的可靠性提高，目前工程直流供电对象与过去工程相比已大幅度减少，已很少采用这种供电方式。

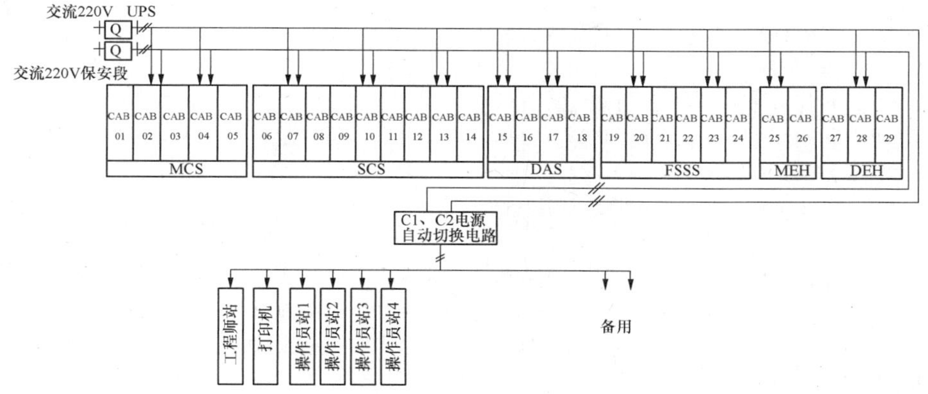

图9-14　某300MW工程DCS控制系统电源柜配电系统设计举例图

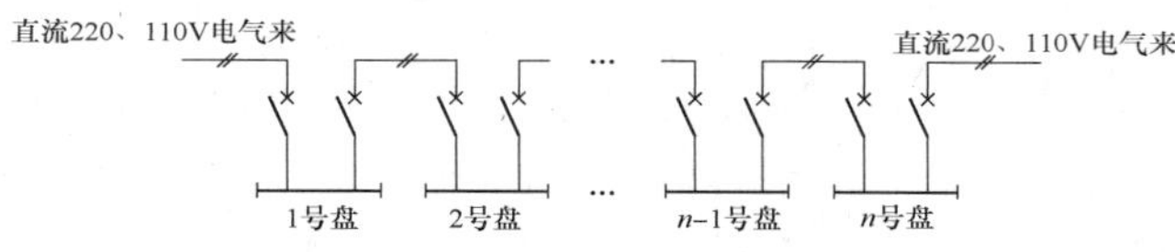

图9-15　直流电源进线示意图（一）

（2）放射方式。由厂用蓄电池组下的直流配电屏（分屏）来两路电源在专用电源盘内经切换后，以放射方式向需要直流电源的柜（盘）馈电，单回路还是双回路可视供电对象而定，如图9-16所示。

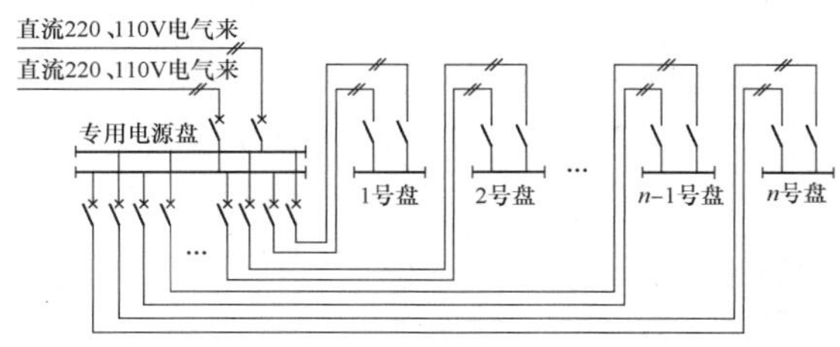

图9-16　直流电源进线示意图（二）

设置专用直流电源切换盘的放射供电方式多为工程设计所采用。由于其供电可靠性相对较高，特别适合于多而分散的对象，灵活以单回路或双回路供电。

（3）其他。当直流负荷较小时，也可采用直流220V/110V直接接自电气蓄电池直流盘的方案。

2. 电源（切换）盘的配电系统

（1）电源盘的布置设计注意事项。

1）同一工程的仪表、控制、保护的直流电源电压推荐采用同一种电压等级，两种电压等级电源的切换、分配可在同一块电源盘中设计，但不同切换电路及馈电设备的布置应有明显的区域分隔及具体的标志显示。

2）电源盘内除电源进线外，各配电回路馈线侧应装设双极的开关、熔断器或断路器。

3）电源盘配电回路宜按工艺系统、供电对象类别分区域布置馈电设备。要求冗余供电设备的供电应要求由不同的电源母线引接电源。例如，直流电源盘可设置A、B、C三回路电源母线排：A、B母线排为分别来自电气的两组蓄电池，C母线排为A、B母线排电源经盘内自动切换后的电源。当受电设备需要冗余供电时，如机组保护继电器盘、MFT跳闸柜、汽轮机ETS机柜等，则分别由A、B母线排馈给电源；当受电设备需要切换供电时，压力释放阀或燃油进、回油关断阀、汽轮机保护用电磁阀、发电机氢油水工况监测柜等，则由C母线排馈给电源。电源盘配电回路应留有一定数量的备用回路。当直流电源直接引自电气蓄电池直流盘时，两路电源应互为备用，且能自动切换，切换时间间隔应满足用电设备要求。

（2）配电系统设计原则。

1）控制盘（柜）单、双回路电源的进线侧应装设通断、双路切换带断位的电源开关。

2）直流电源配电回路电压正、负极应装设熔断器、电源开关、断路器。

3）电源盘的供电回路宜采用集切投、过电流保护于一体的直流断路器。

4）各配电回路上、下级配电开关、熔断器、断路器，过电流保护动作特性应协调配合，避免越级跳闸，实现电路的选择性保护。工程设计中配电回路不宜上级选用熔断器而下级选用断路器，否则就要通过特性验算确保供电安全，满足电路的选择性保护要求。

3．直流 24V 配电系统

除上述直流电源以外，还有一些如直流 12、24V 的零星设备用电，一般通过控制盘（柜）交流 220V 电源经变压、整流等设备手段获取。

直流 24V 电源盘的布置设计应注意满足如下具体要求：

（1）直流 24V 供电回路较多时，通常采用集中供电方式。将直流 24V 供电设备布置在同一个柜式盘内，电源盘内配置两台互为备用、容量合适的交流 220V/直流 24V 电源装置。

（2）某些仪表采用直流 24V 配电器时，宜布置在电源盘内或单独配置配电器盘。

（3）馈电对象较多时，电源盘内设置直流 24V 铜质母线排。

（4）直流 24V 各馈电回路应在电压正、负极设置相应的开关、熔断器、断路器等。

（四）仪表与控制其他电源系统的设计

仪表与控制其他电源包括柜、盘的照明、检修、通风电源及仪表保温伴热等电源统。

1．控制盘（柜）照明、检修及通风电源

（1）盘（柜）内照明及检修电源。

1）就地布置的控制盘（柜）内均应设置内照明灯具及电源，一般使用场合的盘（柜）内照明电源均采用交流 220V。

2）交流不间断电源供电，盘内的照明、检修电源宜采用单独的交流 220V 电源。盘（柜）内照明、检修供电回路需配置单独的电源开关。

（2）带有检测表计的就地盘一般带外照明。

（3）控制盘（柜）冷却风扇电源。为避免电子设备过早老化而能可靠有效地工作，控制机柜设置了冷却风扇。DCS 机柜的风扇电源应有故障报警，应单独设置，或与 DCS 机柜电源已采取有效隔离措施。

2. 仪表保温箱、仪表导管伴热电源

（1）仪表保温箱、测量管路伴热电源。布置在露天或半露天的测量汽、水、油等液体介质的仪表设备，如变送器、就地仪表或其他传感器等及测量管路，视地域在冬天应采取防冻措施。目前采用较多的方案是将变送器、逻辑开关等及其仪表二次阀门布置在保温箱内，保温箱内部温度采用温度控制器实现自动控制，控制范围一般为 5～15℃。

（2）仪表保温箱、测量管路伴热电源供电要求。仪表保温箱、测量管路伴热电源一般采用交流 220V 电源等级，一般设置专用的伴热电源配电柜，配电柜的电源可采用单路电源供电。

配电柜电源的手动或自动切换回路可参照交流 220V 电源切换回路设计。

保温箱的电源来自于伴热电源配电柜。保温箱内加热电源、测量管路伴热电源均由保温箱供应。典型的保温箱供电原理图如图 9-17 所示。

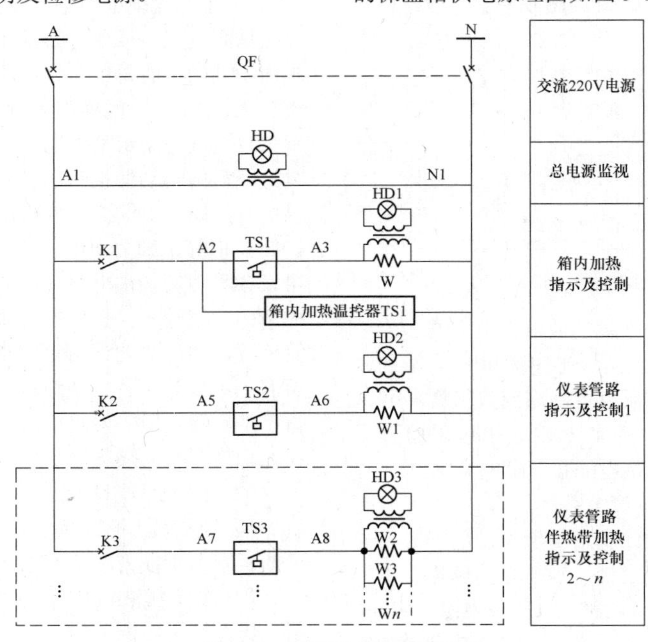

图 9-17　保温箱供电原理图

保温箱电源设计应注意满足以下具体要求：

1）保温箱电源开关、断路器容量选择应与所带负荷相匹配，上、下级电源开关、断路器过电流动作特性应满足选择性保护要求。

2）电伴热各供电子回路电源开关、断路器宜设置漏电保护装置，并设置漏电报警。

3）差压式测量管路正压及负压侧导管应为同一伴热供电回路供电。

4）TS 为温度控制开关元件（见图 9-17），触点带载容量满足切断供电回路的要求。

5）仪表管路电热带供电宜按每个仪表回路使用一只分支电源开关。

第二节　电源系统负荷统计及计算

一、电源负荷提资依据

初步设计、施工图设计阶段仪表与控制专业都要向电气专业提供各类仪表与控制电源的负荷资料。

电源性质、电压等级、电源回路数量、电源负荷容量具体反映了仪表与控制专业用电电源负荷的要求。

（一）确定电源性质、电压等级及电源回路数量

仪表与控制专业所需的电源性质及电压等级依据各工程具体供电对象的用电性质所决定。例如，厂用交流 380/220V 电源用于仪表与控制电动阀门、执行机构负荷；保安交流 380/220V 电源用于当厂用电消失后，为保证机组和其他工艺设备安全停运仍需维持供电才能继续工作的仪表与控制设备负荷；交流不间断 220V 电源用于需要连续不间断供电的 DCS 和重要控制回路负荷；直流 220V 电源和直流 110V 电源用于仪表与控制保护回路负荷等。

仪表与控制所需电源回路的数量，一般需要考虑的因素包括电厂类别（如燃煤机组、燃气轮机组等）、机组容量、工艺车间划分（如主厂房、辅助车间等）、机组运行方式（如单元制、母管制等）、供电可靠性要求（如自动切换、手动切换、无切换）等。

工程设计中，仪表与控制电源（交、直流）多是以电源盘或再经下级电源盘的形式馈电。这种供电方式的优点：①可以对两路单独电源按需要进行自动切换；②集中配电，方便维护检修，同时减少电气馈电回路数，节省投资。因此，仪表与控制电源盘的数量也与电气供给电源回路的数量有关。

综上所述，提资时应首先对仪表与控制专业电源负荷的需求进行分析，依据供电要求统计、规划确定需要电气专业供电的仪表与控制电源盘的数量。在确定仪表与控制电源盘数量之后，根据每个电源盘的供电对象特性要求，确定每个电源盘的进线电源回路数量（一回、两回）、供电性质要求（厂用段电源、保安段电源、公用段电源、UPS 电源、直流电源），以及采用的电源工作方式（如自动切换互为备用、手动切换互为备用、无切换供电方式等）。

某燃煤电厂 1000MW 机组工程的仪表与控制电源提资示例见表 9-1（表中数据供参考）。

表 9-1　　某燃煤电厂 1000MW 机组工程仪表与控制电源提资示例

序号	设备名称	UPS 电源 A	UPS 电源 B	保安段电源	厂用段电源	公用段电源	直流电源	供电来源	安装地点	备注 1	备注 2
		交流 220V	交流 220V	交流 380、220V	交流 380、220V	交流 380、220V	直流 110V				
		kVA	kVA	kVA	kVA	kVA	A				
一	主厂房单元机组										
1	锅炉 DCS 电源分配柜	25	25					电气专业供电	电子设备间	各一回路	
2	汽轮机 DCS 电源分配柜	28	28					电气专业供电	电子设备间	各一回路	
3	DCS 公用系统电源柜	12	12					电气专业供电	电子设备间	每台机组各 2 回路，两台机组共 4 回路	机组公用
4	机组 UPS 电源分配柜	40	40					电气专业供电	电子设备间	各一回路	
5	锅炉电磁阀配电柜	10		10（交流 220V）				电气专业供电	电子设备间	各一回路	
6	汽轮机电磁阀配电柜		10	10（交流 220V）				电气专业供电	电子设备间	各一回路	

续表

序号	设备名称	UPS电源A	UPS电源B	保安段电源	厂用段电源	公用段电源	直流电源	供电来源	安装地点	备注1	备注2
		交流220V	交流220V	交流380、220V	交流380、220V	交流380、220V	直流110V				
		kVA	kVA	kVA	kVA	kVA	A				
7	锅炉交流220V电源配电柜			25（交流220V）				电气专业供电	电子设备间	一回路（另一回路来自仪表与控制UPS分配柜）	
8	汽轮机交流220V电源配电柜	—		20（交流220V）				电气专业供电	电子设备间	一回路（另一回路来自仪表与控制UPS分配柜）	
9	直流电源配电柜						35	电气专业供电	电子设备间	单元机组各二路不同组	
10	锅炉交流380V电动门配电柜			120（交流380V）	120（交流380V）			电气专业供电	交流380V配电间	各一回路	
11	汽轮机交流380V电动门配电柜			150（交流380V）	150（交流380V）			电气专业供电	交流380V配电间	各一回路	
12	锅炉保温箱电源盘				80（交流220V）			电气专业供电	交流380V配电间	单元机组各二回路，不同段	
13	锅炉吹灰系统动力柜				12（交流380V）			电气专业供电	交流380V配电间	各一回路	
14	凝结水精处理控制系统		10	10（交流220V）				电气专业供电	精处理电子设备间	每台机组UPS（B）、保安电源各一回路	机组公用
15	暖通（HVAC）控制系统	5						电气专业供电	电子设备间	两台机组合用，每台机组各一回路	机组公用
二	辅助车间										
1	1号机组循环水电源柜				35（380V）			电气专业供电	循环水泵房电控间	单元机组各两路，不同段	
2	2号机组循环水电源柜				35（380V）			电气专业供电	循环水泵房电控间	单元机组各两路，不同段	
3	脱硫废水处理电源柜				20（380V）			电气专业供电	脱硫废水处理电控间	每台机组各一回路	机组公用
4	化学补给水电源柜				20（380V）			电气专业供电	锅炉补给水电子设备间	两台机组合用，每台机组各一回路	机组公用
5	净水处理电源柜				25（380V）			电气专业供电	净水站电控间	两台机组合用，每台机组各一回路	机组公用
6	1号锅炉除灰系统电源柜				10（380V）			电气专业供电	除灰电子设备间	单元机组各两路，不同段	
7	2号锅炉除灰系统电源柜				10（380V）			电气专业供电	除灰电子设备间	单元机组各两路，不同段	

续表

序号	设备名称	UPS电源A	UPS电源B	保安段电源	厂用段电源	公用段电源	直流电源	供电来源	安装地点	备注1	备注2
		交流220V	交流220V	交流380、220V	交流380、220V	交流380、220V	直流110V				
		kVA	kVA	kVA	kVA	kVA	A				
8	空压机站电源分配柜				10（380V）			电气专业供电	空压机房	两台机组合用，每台机组各一回路	机组公用
9	灰库区电源盘				8（220V）			电气专业供电	灰库区	两台机组合用，每台组机各一回路	机组公用
10	碳捕捉电源分配柜				15（380V）			电气专业供电	碳捕捉电子设备间	两台机组合用，每台机各一回路	机组公用

当电厂类别、机组容量、机组运行方式、机组控制系统组成及设备选型等方面存在差异时，相应仪表与控制电源提资的内容也有所不同。因此，仪表与控制电源负荷提资是综合考虑多方面因素的结果。

（二）确定交流不间断电源的负荷

交流不间断电源系统仪表与控制用电负荷的最大对象是机组的分散控制系统。根据DCS的功能规模、I/O及硬件配置及工程实践，一般情况下DCS（功能覆盖DAS、MCS、SCS及FSSS）的交流不间断电源的负荷容量见表9-2。

表9-2 4功能DCS的UPS负荷统计

机组容量（MW）	125	200	300	600	1000
UPS负荷（kVA）	10～15	10～15	30	40	55～65

交流不间断电源系统的仪表与控制用电负荷还有未被分散控制系统涵盖的DEH、MEH等机柜及ETS、TSI柜盘，控制室的炉机监控盘、火灾报警盘等及炉机就地仪表与控制装置设备。这部分负荷容量见表9-3。

表9-3 DCS以外的UPS负荷统计

机组容量（MW）	125	200	300	600	1000
UPS负荷（kVA）	15	25	30	40	65

除此之外，UPS还有一些电气负荷。所以，目前工程中UPS的容量配置见表9-4。

表9-3、表9-4所列的UPS负荷数据，均是以DCS制造厂商提出的电源负荷为依据。表9-4中“2×100”是指1000MW配置了2台100kVA容量的UPS。

表9-4 UPS配置容量一览

机组容量（MW）	125	200	300	600	1000
UPS配置容量（kVA）	30	40	60	80	2×100

（三）确定直流220、110V电源的经常及短时（冲击）负荷

仪表与控制直流电源主要为机组保护、控制系统供电，一般是220V电压等级或者220V及110V两个电压等级并存，300MW及以上容量机组采用两个电压等级并存居多。这些直流负荷有经常负荷（长期带电工作）、事故负荷（交流电源故障停电时，必须由直流系统供电）及冲击负荷（短时带电工作）之分。应依据机组热工保护、控制系统直流供电具体情况分类估算、汇总后确定提资的负荷供电气专业确定蓄电池组的负荷分配及容量选择。

（四）确定辅助车间（系统）电源负荷

（1）辅助车间集中控制网络应有两路电源，宜分别引自不同机组的交流不间断电源。当辅助车间集中控制网络服务器不在主厂房布置时，由相应辅助车间的动力配电线不同段供电，其中一路宜配置独立的交流不间断电源。

（2）各辅助车间控制系统均应有两路电源，宜分别引自相应的辅助车间低压厂用电源系统配电柜，重要辅助车间的控制系统，宜配置独立的交流不间断电源装置。

（3）辅助车间（系统）的仪表、电动执行机构电源一般引自本车间公用段或各自相应车间的电气MCC盘。

（4）辅助车间（系统）各类供电负荷由工程设计人员依据车间工艺系统需要统计估算。

（5）除了水、煤、灰三个辅助车间及系统之外，还有些工艺独立、简单而采用常规控制、无人值班监控的车间，这些控制设备的电源需来自相应车间的电气 MCC，负荷由仪表与控制专业提出。

二、负荷统计准则

（一）交流 380V 电源负荷

（1）阀门电动执行机构用电负荷一般按接入负荷的 40%统计，即配电柜接入的阀门电动机额定容量的总和，乘以 40%的阀门电动执行机构动作同时率。

（2）闭环控制用电动执行机构用电负荷，经叠加后计入配电柜交流 380V 负荷。

（3）其他单相用电负荷，在供电对象系统相对独立的许可条件下，建议将这些负荷分散接在三相四线制母线的不同相（Ll、L2、L3）上。如果三相负荷不平衡，则尚需折算成三相负荷提出。

（4）主厂房仪表与控制交流 380V 电源以交流电源切换盘方式供电时，电源负荷也需按上述配电柜相关准则统计。两路交流 380V 进线电源容量相同，且每路容量不应低于统计估算的总负荷。

（二）交流 220V 电源负荷

（1）交流不间断电源负荷。DCS 电源柜负荷，包括 DEH、MEH 等机柜及 ETS、TSI 柜盘的负荷，由相应制造厂商提出；对于 DCS、DEH 及 ETS 电子机柜、DCS 工作站，工程经验上一般指每只机柜、工作站各 0.5kW 估计其用电负荷。除此之外，需要 UPS 的负荷如就地仪表及其他控制装置等则应按实际配置逐项累计。

实现顺序控制的辅助车间（系统），无论是车间分散还是集中的程序控制方式，交流不间断电源装置容量由程序控制厂商提出，如有其他零星非不间断电源供电的交流 220V 电源负荷也应计入。

（2）交流保安电源负荷。根据用电对象进行统计。

（3）交流厂用电源负荷。这是仪表与控制的其他电源负荷，统计时可将盘（柜）照明、检修电源负荷与仪表保温箱、仪表导管伴热电源负荷一并估算。

（4）以一工一备方式运行的两路交流 220V 进线电源容量相同，且每路容量不应低于统计估算的总负荷。

（5）对于就地控制的辅助车间，交流 220V 电源负荷则按控制盘（柜）及就地检测控制设备的负荷逐项累计。

（三）直流 220、110V 电源负荷

直流 220、110V 电源多为机组重要控制、保护系统控制设备供电，如炉、机保护继电器盘、汽轮机电液控制系统、汽轮机紧急跳闸系统，以及主、辅机配套供货的汽动给水泵保护盘，氢油水工况监测柜等。一般具体对象有总燃料跳闸（MFT）继电器、燃油快关阀、PCV 阀、OPC 电磁阀、汽轮机 AST 电磁阀、抽汽止回阀、补汽阀、汽轮机旁路控制阀、给水泵汽轮机保护电磁阀、盘车电磁阀、疏水阀、油系统试验电磁阀等。工程上直流保护采用“得电激励”方式居多。负荷统计需依据长时、短时带电工作要求分别统计经常及冲击负荷。

三、负荷统计

125～300MW、600MW 及 1000MW 机组仪表与控制交流 380V（厂用段）用电负荷统计、辅助车间（系统）仪表与控制交流 220V（厂用段）用电负荷统计、仪表与控制直流用电负荷统计分列于表 9-5～表 9-9 中，供工程设计参考。

表 9-5　单元机组交流 380V（厂用段）用电负荷统计

系统	机组容量（MW）				
	125	200	300	600	1000
	用电负荷（kVA）				
锅炉	40+10①	50	55+6+6②	120	120
汽轮机	40+10①	65③	110～130③	100	150
锅炉补给水处理	5	8	15	20	20
凝结水精处理			5	10	10
循环水泵房	20	20	25	25	25
净水站	10④	10④	15	15	15
除灰⑤	10	25	（20～25）+（15～20）	30	30
除渣	30	30		30	30
输煤	5	5	8	10	10
启动锅炉房	4	4	8	8	8
雨水泵房、消防水泵房等	2	2	15	15	15
空冷	10	15	20 直冷	50 间冷	125
脱硫	15	20	30	30	40kVA（1、2 号机组及公用）
脱硝	5	5	6	8	36kVA（SCR 区）/15kVA（尿素区）
仪表与控制试验室⑥	7.5				

续表

系统	机组容量（MW）				
	125	200	300	600	1000
	用电负荷（kVA）				
仪表与控制现场检修室⑦	10				
废水处理	╱	╱	5	5	5

① 40kVA（两回供电，互为备用）馈至锅炉（汽轮机）配电柜，主要供阀门电动执行机构用电；另 10kVA（两回供电，互为备用）馈至锅炉（汽轮机）交流电源切换盘，供重要保护回路电动阀门、闭环控制用三相电动执行机构用电。

② 其中 55kVA（一回供电，保安段作备用）馈至锅炉交流电源切换盘，主要供阀门电动执行机构用电；另 6kVA 分两路（3kVA×2）馈至锅炉空气预热器 A、B 间隙调整装置（保安段作备用）；余下 6kVA 一路馈至锅炉吹灰程序控制动力柜。

③ 其中 15kVA（一回供电，保安段作备用）馈至汽轮机旁路动力柜，如设旁路。

④ 对 125、200MW 机组，统计的是生活消防水泵房的用电负荷。

⑤ 对 125、200MW 机组，分别统计的是气力、水力除灰的用电负荷；对 300MW 机组，后者 15～20kVA （一回供电）馈至冲渣水泵房的电动阀门配电柜组。

⑥ 7.5kVA（一回供电）馈至仪表与控制试验室钳工间供旋转机械用电。

⑦ 仪表与控制现场检修室可设若干三相、单相电源检修插座。

表 9-6　单元机组辅助车间（系统）交流 220V（厂用段）用电负荷统计

系统	机组容量（MW）				
	125	200	300	600	1000
	用电负荷（kVA）				
燃油泵房	2	2	5	5	5
仪用压缩空压站	2	2	3	5	8
制氢站	—	4	5	5	5
暖通热交换站	4	4	—	—	—
主厂房空调控制	2	2	6	8	10
烟气连续检测	5	5	5	5	5
空冷	5	5	8 直冷	6 间冷	8 间冷

续表

系统	机组容量（MW）				
	125	200	300	600	1000
	用电负荷（kVA）				
脱硫	8	8	10	12	25
脱硝	2	2	2	2	3
仪表与控制试验室	10	10	10	10	10
仪表及测量管路伴热保温	20～30	20～30	30～50	70	80

注　仪表及测量管路伴热保温用电是冬季负荷，因电厂地理位置所处纬度不同而有较大差异。

表 9-7　单元机组仪表与控制直流用电负荷统计

电压等级（V）	机组容量（MW）						
	125		200		300 及以上		
	经常	冲击	经常	冲击	经常	冲击	事故
	用电负荷（kW）						
220	2.0	3.0	2.5	3.0	2.0	—	—
110	—	—	—	—	3.5	4.5	2.2

注　300MW 及以上机组直流事故用电负荷系指某些 DCS 指定循泵房远程 I/O 站的备用电源负荷。

表 9-8　300MW 机组仪表与控制 380、220V（保安段）用电负荷统计

系统	用电负荷电压等级（V）	供电对象	用电负荷（kVA）	对象运行方式
锅炉	380/220	锅炉交流电源切换盘（供阀门电动执行机构等用）	55	备用。经常，短时或断续
		空气预器间隙调整装置	6	备用。经常，短时
		炉膛烟温探测器动力箱	10	一回供电。不经常，短时
	220	点火油系统控制，火检及其冷却风机控制，锅炉部分远程 I/O 站	10	备用。经常，连续
		空气系统二次风门等控制	3	备用。经常，连续
		制粉系统给煤机、磨煤机风门及其润滑油站控制送、引风机导叶控制	6	备用。经常，连续
汽轮机	380/220	汽轮机交流电源切换盘（供阀门电动执行机构等用）	110～130	备用。经常，连续

续表

系统	用电负荷电压等级（V）	供电对象	用电负荷（kVA）	对象运行方式
汽轮机	220	汽轮机等系统单回路反馈控制，发电机、电动给水泵等就地盘柜	4.5	备用。经常，连续
		汽轮机本体疏水阀控制，汽轮机部分远程I/O站	7	备用。经常，连续
		汽轮机抽汽止回阀及管道疏水控制	2	备用。经常，连续
DCS及其他	220	DCS电源柜	16	备用。经常，连续
		DEH、MEH各机柜	7	备用。经常，连续
	220	汽轮机、给泵汽轮机TSI机柜	2	备用。经常，连续
		汽轮机、给泵汽轮机ETS机柜	1	备用。经常，连续
凝结水精处理	220	凝结水处理控制柜	5	备用。经常，连续

表9-9　300MW机组仪表与控制交流不间断电源220V用电负荷统计

系统	供电对象		用电负荷（kVA）
锅炉	仪表与控制就地设备	点火油系统控制，火检及其冷却风机控制，锅炉部分远程I/O站	10
		二次风门等控制	3
		制粉系统给煤机、磨煤机风门及其润滑油站控制，送、引风机导叶控制	6
汽轮机	仪表与控制就地设备	汽轮机等系统单回路反馈控制，发电机、电动给水泵等就地盘柜	4.5
		汽轮机本体疏水阀控制，汽轮机部分远程I/O站	7
		汽轮机抽汽止回阀及管道疏水阀控制	2
DCS及其他	DCS电源柜		16
	工程师站多功能插座		1
	DEH、MEH各机柜		7
	汽轮机、给泵汽轮机TSI机柜		2
	汽轮机、给泵汽轮机ETS机柜		1
控制室其他盘柜	炉机监控盘		2.5
	二次风门同操器盘		1
	火灾报警系统（盘）		2

注　DCS以四功能（DAS、MCS、FSSS及SCS）为例。

四、负荷计算

（一）交流380V电源负荷计算原则

（1）交流380V电源配电柜的用电负荷包括调节型电动执行机构、开关型电动执行机构和少量电阻型负荷等，电源负荷可根据负荷特性进行分类统计。

（2）配电柜的用电负荷，一般按接入负荷的同时率考虑，并应考虑备用负荷。

（二）交流220V电源负荷计算原则

（1）仪表与控制设备交流220V电源的负荷按经常负荷统计。

（2）电源盘的用电负荷，应考虑备用回路可能出现的负荷。

（3）交流220V电源的用电负荷为所有各供电支路额定负荷的总和。

（三）直流110、220V电源负荷计算原则

（1）直流110、220V电源的用电负荷按所有供电支路额定负荷的总和计算。

（2）直流电源盘的用电负荷，应考虑备用回路的负荷。

（四）各类用电负荷容量统计和计算原则

（1）开关型电动执行机构的负荷容量可按以下公式计算

$$P_1 = K_t \sum P_{e1} \tag{9-1}$$

$$K_t = \frac{\sum P_{ee}}{\sum P_{e1}} \tag{9-2}$$

式中　$\sum P_{e1}$——系统中所有开关型电动执行机构（含备用）额定功率总和，kW；

K_t——同时率；

$\sum P_{ee}$——分别计算各种工况下同时动作的电动执行机构（含备用）的额定功率总和，kW，取最大值。

（2）调节型电动执行机构的负荷容量可按以下公式计算

$$P_2 = \sum P_{e2} \tag{9-3}$$

式中　$\sum P_{e2}$——系统中所有调节型电动执行机构（含备用）额定功率总和，kW。

（3）电阻型负荷容量按以下公式计算

$$P_3 = \sum P_{e3} \tag{9-4}$$

式中　$\sum P_{e3}$——系统中所有电阻型负荷（含备用）额定功率总和，kW。

（4）每组配电柜用电负荷容量统计为

$$P = P_1 + P_2 + P_3 \tag{9-5}$$

第十章

气　　源

火力发电厂中应用仪表与控制气源的设备主要有气动关断阀、气动调节阀、气动关断挡板、气动调节挡板、双进双出钢球磨煤机料位测量气动仪表等。连续吹扫取样防堵装置宜采用仪表与控制气源。锅炉火焰电视探头和锅炉炉管泄漏探头的冷却或吹扫气源可以采用仪表和控制压缩空气，也可以采用厂用压缩空气。由于仪表与控制气源质量的优劣和供应的可靠性将影响这些设备的正常运行，所以设计人员必须对仪表与控制气源的设计给以足够的重视。本章主要内容包括仪用气源系统供气品质要求、供气回路设计、供气管径和阀门附件配置及安装、气负荷计算和典型用气对象配管图等，供设计人员参考。

第一节　仪用气源系统设计

一、气源品质的基本要求

（一）气源的压力要求

根据 DL/T 5455《火力发电厂热工电源及气源系统设计技术规程》的规定。气源供气压力为 0.5～0.8MPa。

（二）气源的纯度要求

根据 DL/T 5455《火力发电厂热工电源及气源系统设计技术规程》的规定：

（1）露点。工作压力下的露点温度应比工作环境温度的下限值低 10℃。

（2）含尘。气源中含尘微粒直径应不大于 3μm，含尘量应不大于 $1mg/m^3$。

（3）含油。气源中油分含量应不大于 0.008‰。

（4）其他气体。应不包含易燃、易爆、有毒、有害及腐蚀性气体或蒸汽。

二、仪用气源的设计原则

（一）仪用气源管径的选择原则

（1）仪表与控制专业与工艺专业的设计分界。本手册的设计分界仅供使用者作为参考。

通常来说，工艺专业设计仪用压缩空气站并设计布置仪用气源母管，包括锅炉房各层气源母管、汽机房各层气源母管、凝结水精处理车间气源母管、锅炉补给水车间气源母管等。

仪表与控制专业根据仪用压缩空气的用户布置情况，将布置相对集中的用户分组并接入分支配气母管。

仪表与控制专业与工艺专业的设计分界在分支配气母管与仪用气源母管的接口处。仪用气源母管由工艺专业设计，仪用分支配气母管和三通由仪表与控制专业设计。仪用分支配气母管和仪用气源母管之间采用三通焊接。

（2）分支配气母管的管径选取范围可以按照表 10-1 确定。特殊供气点的管径应按照用气对象的流量要求另行计算选取。

表 10-1　　分支配气母管的管径选取

管径（in）	DN15（½）	DN20（¾）	DN25（1）	DN40（1 ½）	DN50（2）	DN65（2 ½）	DN80（3）
供气点数	10	11～15	16～50	51～100	101～150	151～250	250以上

（3）仪用气源管道管径计算。计算公式为

$$D_i=18.81\sqrt{\frac{q_V}{v}} \tag{10-1}$$

$$q_V=\frac{q_{V_s}(273+t)}{293p\times 9.81} \tag{10-2}$$

式中　D_i——管子内径，mm；

v——压缩空气在工作状态下的流速，m/s；

q_V——压缩空气在工作状态下的体积流量，m^3/h；

q_{V_s}——压缩空气基准体积流量（在绝对压力 101.3kPa，20℃状态下），m^3/h；

p——压缩空气的工作压力，MPa；

t——压缩空气的工作温度，℃。

仪表和控制用压缩空气在管道内的流速可以按照 10～15m/s 取值。

（4）到一般用气对象的配气支管可选材质为 06Cr19Ni10（304）不锈钢的 14×2（外径×壁厚，单位：

mm）不锈钢管或 8×1 或 6×1（外径×壁厚，单位：mm）的紫铜管或不锈钢管。对于气动抽汽止回阀等重要用气负荷，其气源管路规格应按照设备厂家提供的资料选择材料和管径。

（5）对于海边电厂，为防止盐雾腐蚀，在室内的气源管路宜采用 316 不锈钢，室外环境下宜采用 316L 不锈钢。

（6）在有酸碱腐蚀的场所，如锅炉补给水处理车间，凝结水精处理车间中的酸碱储存间内气源管路宜采用耐腐蚀的尼龙管缆。

（7）分支配气母管应根据气动用户布置的集中程度和气动用户的耗气量综合考虑设置。电厂内分支配气母管一般设置在磨煤机区域、锅炉房各层气动用户集中区、汽机房各层气动用户集中区、凝结水精处理区域、烟气排放连续监测（CEMS）区域等。如果仪表吹扫气源或其他气源采用仪用压缩空气，不应和气动阀门、气动挡板使用同一个分支母管，应单独设置分支母管。

（二）仪用气源阀门的配置和选择

（1）仪用气源分支母管的气源阀门宜选用不锈钢截止阀或球阀。

（2）配气支管到一般用气对象前的气源阀门宜选用不锈钢球阀。

（3）气源阀门与气源管道的连接方式可以采用螺纹连接或卡套连接。

（4）以下地点应装设气源隔离阀门：

1）供气母管的进气端。

2）分支配气母管的进气侧，即供气母管至分支配气母管的供气侧。

3）各配气支管的进气侧。

4）各用气仪表及用气设备的过滤减压装置前。

（5）用于机组重要保护的用气设备（如气动旁路阀）可装设专用的小型储气罐。

三、气源回路设计

（一）输气系统气源回路

从空压站到用气车间的输气系统的气源回路由工艺专业设计。仪表与控制用压缩空气至主厂房及各辅助车间的供气母管，对 300MW 及以上机组宜采用双母管；对 200MW 及以下机组可采用环状管网或双母管供气。

（1）单母管环状管网输气系统，见图 10-1。

（2）双母管树枝状管网输气系统，见图 10-2。

（二）气动用户的供气回路

气动用户（气动仪表、气动阀门和气动挡板）应配置过滤减压阀，以便将仪用压缩空气压力调整至该用户可以正常运行的水平。过滤减压阀应由用气设备配供。设计单位应在设备采购技术规格书中说明过滤减压阀在用气设备供货范围中。至用气设备的气源球

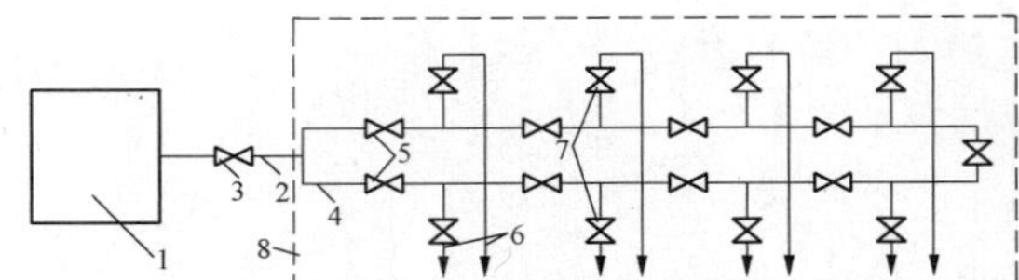

图 10-1 单母管环状网输气系统

1—空压站；2—单母管；3—母管截止阀；4—环管；5—环管截止阀；6—支管；7—支管截止阀；8—用户区

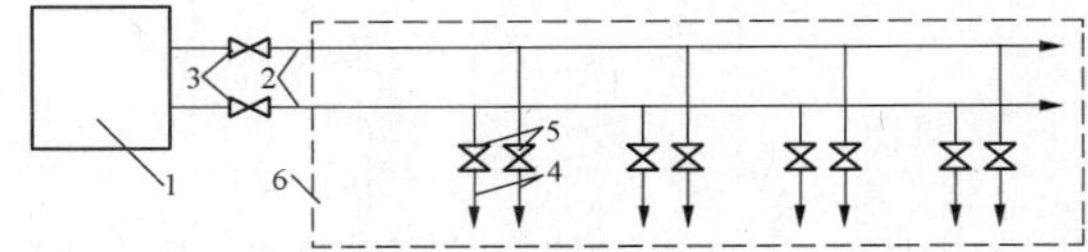

图 10-2 双母管树状管网输气系统

1—空压站；2—双母管；3—母管截止阀；4—支管；5—支管截止阀；6—用户区

阀一般由设计单位设计并由业主采购，不在用气设备供货范围内。

目前，电厂用气设备的供气回路都是采用单回路供气系统，即仪用压缩空气从分支管经气源隔离阀，然后到用气设备的过滤减压阀，再进入用气设备本体的回路中。

（三）供气管路的敷设

气源施工图中应给出根据用气设备平断面布置图估算的供气管路长度，并在材料清册中给出分类汇总的供气管道采购数量。

仪用压缩空气配气网络的供气管路宜采用架空敷设方式，管道敷设时应避开高温、腐蚀、有强烈震动等位置。供气管道在敷设时应保证 0.1%～0.5%的倾斜度，分支仪用压缩空气母管如果敷设长度较长（超过 20m）宜在最低点装设排污阀。

架空敷设的仪用压缩空气管道和其他热力管道的水平净距不小于 250mm，交叉净距不小于 150mm。

一般来说，通径在 15mm 以上的仪用分支配气管可以采用焊接方式连接，通径在 15mm 以下的仪用分支配气管可以采用卡套连接或螺纹连接。

（四）仪用空气过滤器

（1）设置仪用空气过滤器是为了在后处理装置短时故障或电厂启动调试初期仪用压缩空气杂质和水分较多时保证用气设备正常运行。

1）设置仪用空气过滤器应在项目可行性研究和初步设计阶段与业主沟通，在得到业主的正式确认或者通过可行性研究和初步设计正式审查后可以列入业主的采购计划。

2）仪用空气过滤器一般设置在仪用压缩空气分支母管上。一个仪用空气过滤器一般可以保证最多 10 个用气设备的正常运行。

3）仪用空气过滤器一般设置在气动调节阀和气动关断阀前的气源分支母管上，具体设计时需要考虑

气动调节阀和气动关断阀的布置位置。

（2）仪用空气过滤器的原理，见图 10-3。

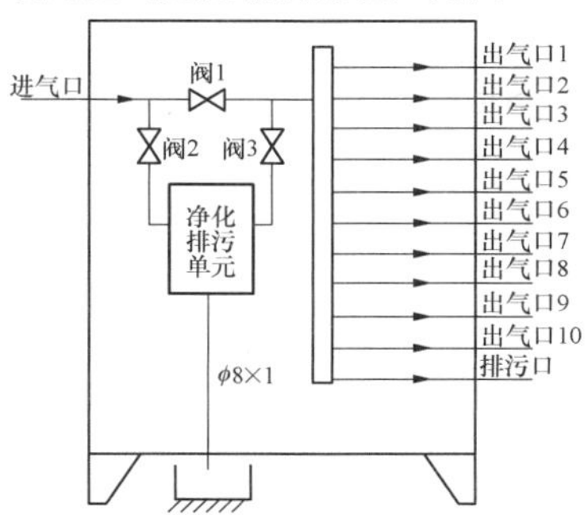

图 10-3 仪用空气过滤器原理图

（3）仪用空气过滤器通用技术要求。

1）工作条件：

a．室内；

b．仪用空气含尘粒度，≤3μm；

c．压力露点，≤–40℃。

2）仪用空气过滤器原理应为凝聚式。

3）最低性能标准如下：

a．精级：0.3～3μm；

b．去除固态杂质 0.3～6μm 为 99.97%；

c．流量：20m^3/min；

d．压力：0.5～0.8MPa；

e．温度：25℃。

4）仪用空气过滤器附件包括差压表、自动排水器、出入口手动截止阀或球阀（不锈钢材质）、旁路手动截止阀或球阀。

5）过滤器滤芯，在正常工作条件下，使用寿命不低于 12000h，并可以更换。

（五）仪用气源分配箱

（1）仪用气源分配箱原理。仪用气源分配箱采用三位一体气水分离器，集减压、油水分离、自动排水于一体，保证仪用气源的稳定和净洁，见图 10-4。

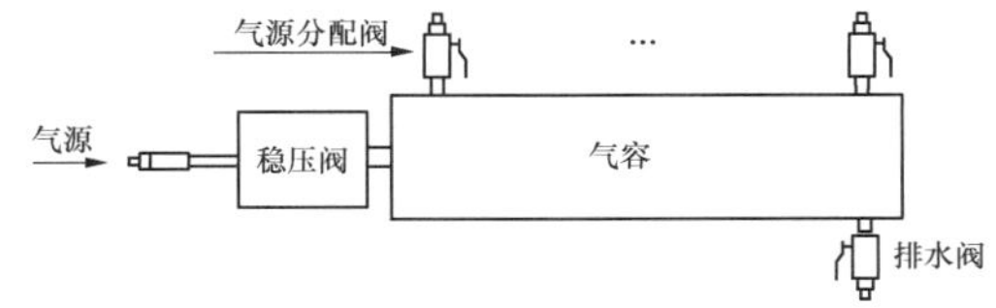

图 10-4 仪用气源分配箱原理图

（2）一个仪用气源分配箱可以保证最多 12 个用气设备的正常运行。

第二节 气负荷计算

一、耗气量计算需要的资料

仪表与控制专业需要在初步设计或施工图司令图阶段提交全厂的仪用压缩空气耗气量给负责空气压缩机设计的工艺专业，以便工艺专业确定仪用空气压缩机的数量和容量。

（1）气动关断阀、气动关断挡板和气动止回阀的耗气量需要制造厂提供动作一次的耗气量。

（2）气动调节阀和锅炉气动调节挡板需要厂家提供气电转换器或智能定位器的静态耗气量。

（3）锅炉仪表连续吹扫取样防堵装置、锅炉火焰电视探头、锅炉炉管泄漏探头和双进双出钢球磨煤机料位测量气动仪表等用气设备需要厂家提供每小时的耗气量。

二、耗气量的计算方法

用气设备耗气量应为标准大气压 101.33kPa、20℃下的耗气量。

（1）单个气动设备的总耗气量计算公式为

$$q_t=q_1+q_d \tag{10-3}$$

式中 q_t——总耗气量，m^3/min；

q_1——静态耗气量，m^3/min；

q_d——动态耗气量，m^3/min。

（2）气动仪表和设备总耗气量计算公式为

$$\sum q_c=K_a(\sum q_{p1}+K_b\sum q_{p2}+\sum q_{p3}) \tag{10-4}$$

式中 $\sum q_c$——各用气设备最大耗气量总量，m^3/min；

$\sum q_{p1}$——调节型气动执行器总耗气量，m^3/min；

$\sum q_{p2}$——开关型气动执行器总耗气量，m^3/min；

$\sum q_{p3}$——气动仪表及气动元件总耗气量，m^3/min；

K_a——备用系数（可取 1.2～1.5）；

K_b——动作同时率（可取 50%～80%）。

（3）仪用压缩空气系统最大耗气量计算公式为

$$q=K_1\sum q_c \tag{10-5}$$

式中 q——计算流量，m^3/min；

K_1——损耗系数，可取 1.5；

$\sum q_c$——各用气设备最大耗气量总量，m^3/min。

（4）计算示例。

1）1000MW 燃煤机组计算示例，见表 10-2。

表 10-2 某 2×1000MW 燃煤火力发电厂两台机组的仪用压缩空气用气设备最大连续用气量

序号	用气设备类型	气动阀门数量（只）	动态最大连续耗气量（L/min）	静态最大连续耗气量（L/min）
1	开关型气动执行器	788	约 22454	
2	调节型气动执行器	174	约 5820	1020
3	控制装置		约 15600	5560
4	辅助车间		约 3830	
	合计		47704	6580

动态、静态最大连续耗气量合计约为 54.3m³/min，则计算两台机组的仪用压缩空气用气设备最大连续用气量 q=1.5×54.3=81.45m³/min。

2）600MW 燃煤机组计算示例，见表 10-3。

表 10-3　某 2×600MW 燃煤火力发电厂两台机组的仪用压缩空气用气设备最大连续用气量

序号	用气设备	气动阀门数量（只）	动态最大连续耗气量（L/min）	静态最大连续耗气量（L/min）
1	开关型气动执行器	486	约 13848	
2	调节型气动执行器	278	约 9288	1630
3	控制装置		约 14400	5364
4	辅助车间		约 3640	
	合计		41176	6994

动态、静态最大连续耗气量合计约为 48.2m³/min，则计算两台机组的仪用压缩空气用气设备最大连续用气量 q=1.5×48.2=72.3m³/min。

3）300MW 燃煤机组计算示例，见表 10-4。

动态、静态最大连续耗气量合计约为 30.2m³/min，则计算两台机组的仪用压缩空气用气设备最大连续用气量 q=1.5×30.2=45.3m³/min。

表 10-4　某 2×300MW 燃煤火力发电厂两台机组的仪用压缩空气用气设备最大连续用气量

序号	用气设备类型	气动阀门数量（只）	动态最大连续耗气量（L/min）	静态最大连续耗气量（L/min）
1	开关型气动执行器	258	约 7351	
2	调节型气动执行器	282	约 9421	1653
3	控制装置		约 7100	2512
4	辅助车间		约 2130	
	合计		26002	4165

第三节　典型气源配管图

一、汽机房典型气源配管图

汽机房典型气源配管图见图 10-5。

二、锅炉房典型气源配管图

锅炉房典型气源配管图见图 10-6。

三、凝结水精处理厂房典型气源配管图

凝结水精处理厂房典型气源配管图见图 10-7。

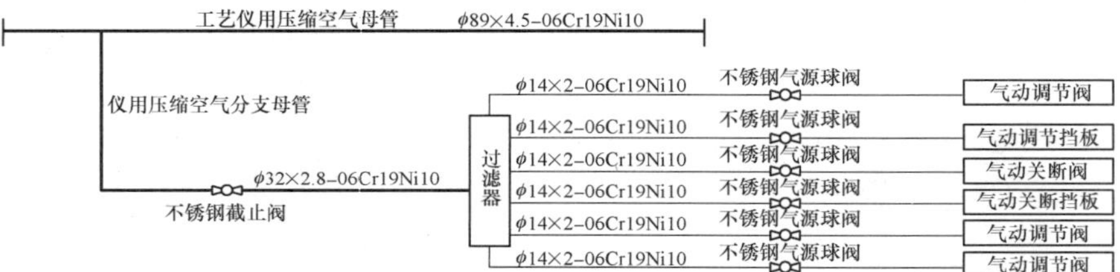

图 10-5　汽机房典型气源配管图

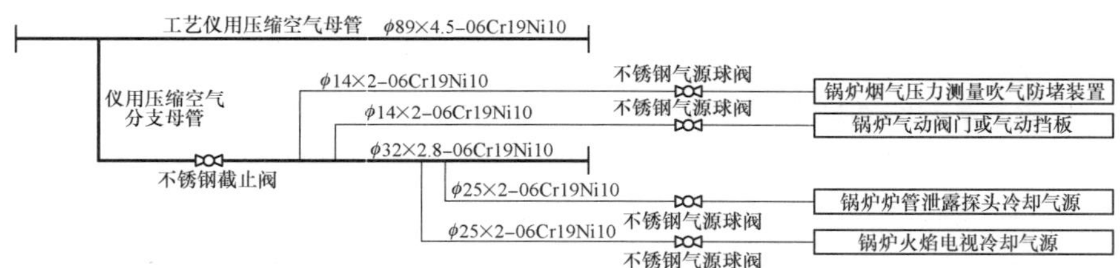

图 10-6　锅炉房典型气源配管图

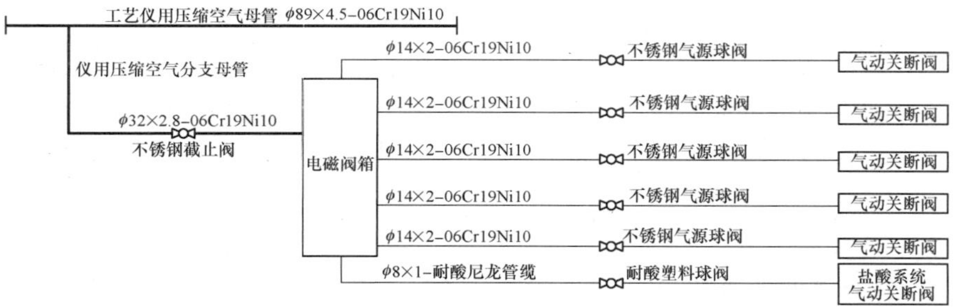

图 10-7　凝结水精处理厂房典型气源配管图

四、典型气源接管表（见表 10-5）

表 10-5　　典型气源接管表

序号	编号	用气设备名称	异径三通（个）06Cr19Ni10	空气过滤装置（套）		气源取样管（m）06Cr19Ni10			变径接头（个）	气源导管（m）06Cr19Ni10		球阀（个）06Cr19Ni10				接头（套）06Cr19Ni10		备注
			ϕ32×2.8×～ϕ25×2	编码	数量	编码	ϕ25×2	ϕ14×2	卡套ϕ14～ϕ806Cr19Ni10	编码	ϕ8×1	编码	外螺纹ϕ25×2，DN20	外螺纹ϕ14×2，DN10	卡套ϕ8×1，DN6	ϕ14×2-1/2NPT	ϕ8×1-1/4NPT	
1		3B 柱 EL+2.0m 分支母管 1	1	30QFA61 AT001	1	30QFA61 BR101	20					30QFA61 AA901	1					5 分支过滤器引自工艺 3B 柱 EL +2.0m 母管
2	30MAL32 AA542	旁路 1 号疏水阀				30QFA63 BR101		20	1	30QFA63 BR102	5	30QFA63 AA006			1		1	
3	30MAL32 AA532	旁路 4 号疏水阀				30QFA63 BR103		20	1	30QFA63 BR104	5	30QFA63 AA007			1		1	
4	30MAL32 AA552	旁路 5 号疏水阀				30QFA63 BR105		20	1	30QFA63 BR106	5	30QFA63 AA008			1		1	
5	30MAL32 AA562	旁路 6 号疏水阀				30QFA63 BR107		20	1	30QFA63 BR108	5	30QFA63 AA009			1		1	
6	30LCM60 AA201	汽轮机排污扩容器喷水减温调节阀				30QFA63 BR109		20	1	30QFA63 BR110	5	30QFA63 AA010			1		1	
7		3A 柱 EL+2.0m 分支母管 4	1	30QFA61 AT008	1	30QFA61 BR108	20					30QFA61 AA908	1					6 分支过滤器引自工艺 3A 柱 EL+2.0m 母管
8	30LCA21 AA201	凝结水再循环调节阀 1				30QFA63 BR175		20	1	30QFA63 BR176	5	30QFA63 AA043			1		1	
9	30LCA21 AA202	凝结水再循环调节阀 2				30QFA63 BR177		20	1	30QFA63 BR178	5	30QFA63 AA044			1		1	
10	30MAL31 AA552	主汽阀前疏水 E 气动阀				30QFA63 BR179		20	1	30QFA63 BR180	5	30QFA63 AA045			1		1	
11	30MAL31 AA572	主汽阀前疏水 G 气动阀				30QFA63 BR181		20	1	30QFA63 BR182	5	30QFA63 AA046			1		1	
12	30MAL49 AA513	A-MSR 高压加热蒸汽管道疏水阀（调节阀后）				30QFA63 BR183		20	1	30QFA63 BR184	5	30QFA63 AA047			1		1	
13	总计（单台机组）		2		2		40	200	10		50		2	0	10	0	10	

五、典型气源材料表（见表 10-6）

表 10-6　　典型气源材料表

序号	名称	型号及规范	单位	数量			备注
				1 号机组	2 号机组	公用	
1	不锈钢外螺纹球阀	ϕ25 接口，通径 20PN1.6，06Cr19Ni10	个	96	96		用于气源
2	不锈钢卡套球阀	ϕ14 两侧卡套 PN1.6，DN10，材质 06Cr19Ni10	个	199	199		用于气源
3	不锈钢卡套球阀	ϕ8 两侧卡套 PN1.6，DN6 材质 06Cr19Ni10	个	245	245		用于气源
4	不锈钢三通管接头	06Cr19Ni10　D_o=32　D_n=25	个	76	76	8	用于气源
5	变径管接头	06Cr19Ni10　ϕ14 焊接～ϕ8 卡套	个	485	485		用于气源
6	不锈钢接头	06Cr19Ni10，ϕ8×1-1/4NPT	个	485	485		用于气源
7	不锈钢直通接头	06Cr19Ni10，ϕ8 卡套	个	1000	1000		用于气源
8	不锈钢直通接头	06Cr19Ni10，ϕ6 卡套	个	200	200		用于气源
9	不锈钢管	06Cr19Ni10　ϕ8×1	m	4059	4059		用于气源
10	不锈钢管	06Cr19Ni10　ϕ14×2	m	5380	5380	1000	用于气源
11	不锈钢管	06Cr19Ni10　ϕ25×2	m	400	400		用于气源
12	不锈钢管	06Cr19Ni10　ϕ16×2	m	100	100		用于气源
13	不锈钢管	06Cr19Ni10　ϕ30×3	m	960	960		用于气源
14	不锈钢管	06Cr19Ni10　ϕ40×3	m	640	640		用于气源
15	紫铜管	ϕ8×1	m	2000	2000		用于气源
16	耐酸尼龙管缆	ϕ8×1	m			4170	用于凝结水精处理气源
17	仪用空气过滤器	压力 1.6MPa，配自动排水器、压力表、与ϕ32×2.8 空气导管连接头	个	48	48		用于气源

第十一章

就地设备安装、测量管路及防护

本章主要介绍仪表检测点和就地设备的安装要求、仪表测量管路的选择及敷设和仪表测量管路及就地设备防护要求。合理选取检测点位置、仪表测量管路配置和安装方式，是保证热工参数准确测量的前提。同时，为确保就地设备能安全可靠运行，针对不同的环境条件，需要采取相应的防护措施。本章列出了防护方面相关的规定，其中主要的是防爆、防雨和防冻的问题，还介绍了有关安装材料的类型和统计方法，供设计中参考。

第一节　检测点、检测元件和就地设备安装

一、检测点和取源部件

检测点是指对被测变量进行检测的具体位置，即取源部件和检测元件的现场安装位置。

取源部件是指在被测对象上为安装连接检测元件所设置的专用管件、引出口，是检测元件或仪表测量管路与工艺设备或工艺管道连接时所用的安装部件，不包括检测元件本身。取源部件包括各类测温仪表用的插座或法兰、取压时与工艺管道或设备连接用的取压短管（或防堵取样装置）、安装流量测量节流装置用的法兰及其上下游侧的直管段等。

取源部件和检测元件直接或间接与被测工艺介质相接触，因此应根据介质的类型和参数选取取源部件、检测元件的结构和材质，并与工艺设备或管道相匹配。

1. 检测点设置要求

（1）检测点设置应符合 DL/T 5182《火力发电厂仪表与控制就地设备安装、管路、电缆设计规程》的相关规定。

（2）检测点应设置在能真实反映被测介质参数、便于维护的工艺设备或工艺管道上。

（3）检测点应避开人孔、看火孔、防爆门及排污阀门区域。

（4）在需要防腐、衬胶处理等不适合在现场开孔的工艺设备或管道上应预留检测点。

（5）在配合机组管系（主蒸汽、高温再热蒸汽、低温再热蒸汽、高压给水管道等工厂化配管时，应确定好测量和性能试验用检测点位置，温度仪表插座或法兰、取压短管等需在工厂内制作好。

（6）高压管道上的检测点应避开管道的焊缝或焊接热影响区，检测点与管道焊缝之间及两个检测点开孔之间的距离，宜大于管道外径且应不小于 200mm。

（7）压力检测点和温度检测点在同一管段上邻近装设时，按介质流向，压力检测点应在温度检测点的上游。

（8）压力检测点应设置在工艺管道介质流速稳定的直线段上，不应设置在有涡流或死角的地方。测量容器内介质的压力时，压力测点应选择在介质平稳而无涡流的区域。

（9）压力检测点与管道上调节阀的距离：上游侧应大于 $2D$；下游侧应大于 $5D$（D 为工艺管道内径）。

（10）水平或倾斜管道上压力检测点的位置应符合下列规定：

1）为了使测量管路中的冷凝液体能自然地返回到工艺系统中，不至于因为冷凝液体进入测量管路及仪表而造成测量误差，测量气体介质时，检测点宜在管道的上半部。否则，在测量气体管路的最低点宜设排水阀。气体介质测量测点方位见图 11-1（a）。

2）为了使测量管路中析出的少量气体能自然地返回到工艺系统中，不至于因为气体进入测量管路及仪表而导致测量不稳定，同时还应防止工艺管道底部的固体杂质进入测量管路及仪表，测量液体介质时，检测点宜在管道水平中心线以下成 0°～45°夹角范围内。否则，在测量液体管路的最高点宜设放气阀。液体介质测量测点方位见图 11-1（b）。

3）为了测量管路内有稳定的冷凝液，同时也要防止工艺管道底部的固体杂质进入测量管路及仪表，测量蒸汽介质时，检测点宜在管道的上半部或与水平中心线以下成 0°～45°夹角范围内。蒸汽介质测量检测点方位见图 11-1（c）。

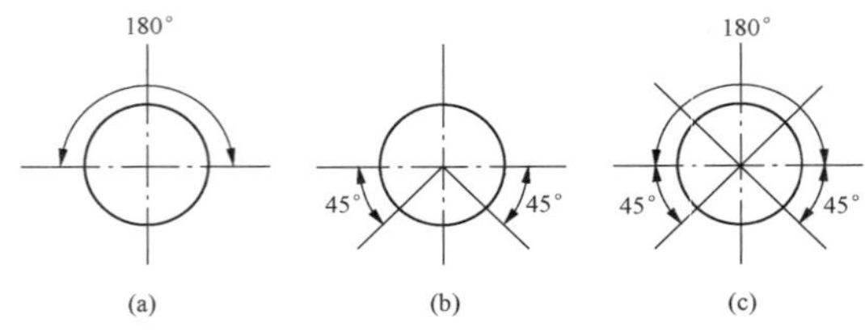

图 11-1 各类流体检测点方位

（a）气体介质测量测点方位；（b）液体介质测量测点方位；（c）蒸汽介质测量测点方位

（11）测量水平烟道或管道内含有固体颗粒的介质压力时，检测点应在上部。

（12）锅炉炉膛负压检测点按照锅炉制造厂预留位置设置在燃烧室火焰中心上部；各燃烧器一次风压（风速）检测点应设置在直管段上，并使检测点至各自燃烧器的阻力相等。

（13）测量汽轮机润滑油压的检测点，应选择在油管路的末端。

（14）测量汽、水、油介质低于 0.1MPa 压力的检测点，其标高应尽量接近测量仪表，以减少由于液柱引起的附加误差。

（15）凝汽器真空检测点应在凝汽器喉部的中心点上摄取。真空测量管路应尽量短，避免测量迟缓，管路敷设时应从检测点向上引出，以防止管内积水引起测量误差。

2. 取源部件设置要求

（1）电厂中各类温度测量仪表采用有固定装置的型式，需要配置安装用的插座、法兰或金属表面温度测量用的集热块等取源部件。

（2）压力和差压法测量需设置取压时与工艺管道或设备连接用的取压短管（含防堵取样装置）。测量带有粉尘的混浊介质时，应设置具有防堵或吹扫结构的取源部件，并且测量管路斜向上引出。石灰石等浆液测量的防堵可设置冲洗环进行冲洗。

高黏性介质（如重油）可采用法兰隔膜加硅油毛细管传导型，并采用大管径取压短管。如采用隔离容器，每次机组启停时基本上需要重新充填隔离液，维护工作量较大。此种方式要注意做好伴热保温，法兰前的一段也要伴热保温，以确保流体不被黏住。

（3）采用差压变送器对含有蒸汽介质的液位进行测量宜配置平衡容器。

（4）工艺要求采用法兰连接的流量测量节流装置需配带相应的连接法兰，有些流量测量节流装置还需要配置其上下游侧的直管段。当采用差压法测量蒸汽流量时宜装设冷凝器，且在节流件上、下游取源部件处的管道或冷凝器内的液面标高应相等，且不低于取压口。

（5）汽水分析仪表的取源部件，应装设在分析样品具有代表性和实时性的位置，并满足制造厂的要求，取样管路可从化学取样装置冷却器后接管。氢分析器取样系统，应从高氢压侧引出，经分析器后排入低氢压侧，整个气路系统必须严密不泄漏。

（6）其他需要根据仪表测量管路和设备要求设置相应的取源部件（如法兰式直接安装仪表的安装座等）。

二、检测元件安装

检测元件是指测量链中的一次元件，它是将被测的变量（参数）直接转化成适合测量形式的元件或器件。检测元件包括安装在工艺管道或设备上的测温元件、流量检测元件等。

1. 测温元件的安装

应根据所选定的测温元件型式确定其安装方式。

（1）测温元件应安装在能代表被测温度、便于维护和检查、不受剧烈振动和固体颗粒冲击的地方。当不可避免地受剧烈振动和固体颗粒冲击时，应选用符合使用要求的设备或采取相应的措施，可在有固体颗粒冲击的流体上方加装防护板，例如对于磨煤机出口风粉温度，在迎向气粉混合物流向的一侧装设可拆卸的保护罩。

（2）测量煤粉仓内煤粉温度的测温元件，宜装设在粉仓顶部，垂直插入，测量上、中、下不同断面的煤粉温度。当测温元件保护套管插入深度大于 1m 时，应尽量采取垂直安装，不可避免时应有防止保护管弯曲的支撑措施。例如，油罐上、中、下层温度测量，则需要设置对保护套管的支撑件。

（3）当在直径小于 76mm 的工艺管道上装设温度测量元件且无小型测温元件可选用时，应采用扩径管。但当其公称压力等于或小于 1.6MPa 时，允许在弯头处沿管道中心线迎着介质流向插入。

（4）测量金属温度的表面热电偶，其测量端应紧贴被测表面安装，使之接触良好和坚固牢靠，并随工艺管道或设备一起保温。

（5）当测温元件必须装设在隐蔽处或在机组运行中人无法接近的地方时，测温元件的接线端应引至便于维修处。测量锅炉过热器、再热器管壁温度的表面热电偶，宜装设在顶棚管上面 100mm 以内（按锅炉制造厂要求），接线端应引至炉墙外便于维修处。带集热块的锅炉金属壁温测温元件安装图见图 11-2，此种安装方式是先将弧状集热块的四个内角点焊在被测金属表面上，再将测温元件的铠装丝插入弧状集热块的孔内后用螺钉压住。其缺点是若一段时间后压住测温元件铠装丝的螺钉无法取出，则无法校验和更换测温元件。

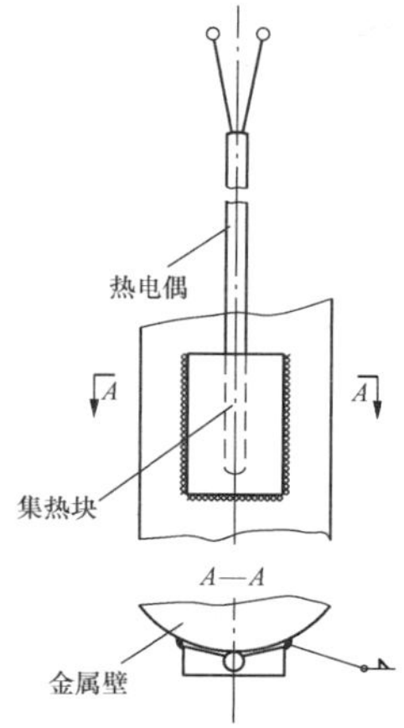

图 11-2　带集热块的锅炉金属壁温测温元件安装图

带压紧装置的锅炉金属壁温测温元件安装图见图 11-3。

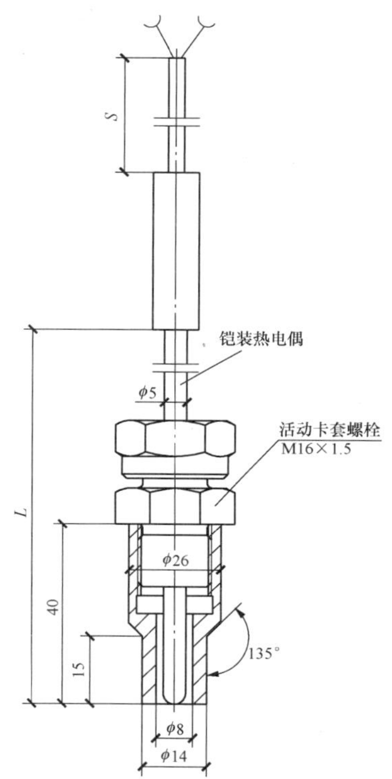

图 11-3　带压紧装置的锅炉金属壁温测温元件安装图

如图 11-2 和图 11-3 所示的安装方式，在拆卸测温元件时需要破拆保温层，测温元件再装上去后还需要恢复保温层，对于大范围的壁温测量来说工作量是巨大的。因此可以考虑采用现场加装无缝钢保护套管，保护套管伸出保温层到顶棚上，在保护管末端上攻内丝，采用可动卡套压紧的安装方式。这种安装方式需要将与测量端接触的铠装丝压紧，以保证测量的准确性。

（6）热套式测温元件（热电偶）用于测量电厂中的高温、高压汽水介质，一般由锅炉制造厂预留约 100mm 高的安装插座。热套式测温元件保护套管直接焊接在安装插座上，与被测介质直接接触。热套式测温元件安装图见图 11-4。

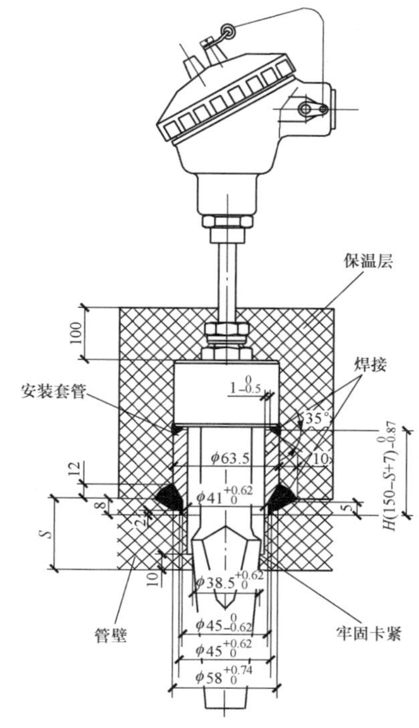

图 11-4　热套式测温元件安装图

（7）锅炉烟风和气粉混合物温度测量，宜选用电厂专用耐磨的测温元件，可采取尺寸较大的螺纹连接或法兰连接的测温元件。烟风和气粉混合物测量测温元件安装图见图 11-5。

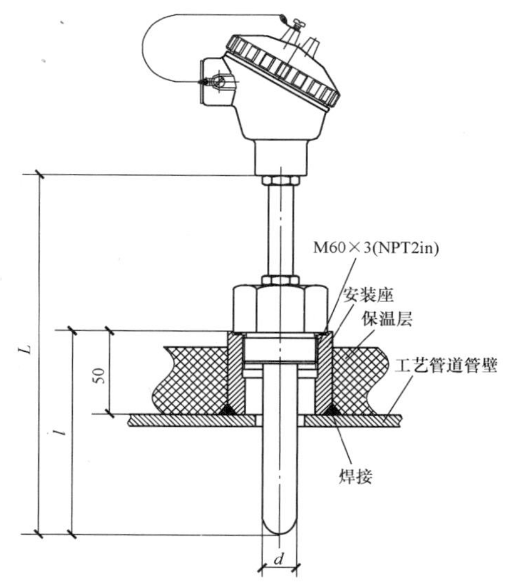

图 11-5　烟风和气粉混合物测量测温元件安装图

（8）高压高温主蒸汽管道插座材质应选用与工艺管道相同或相匹配的材质，属于配管范围的插座应在配管厂内制作好并和保护套管焊接好。高温高压测温元件安装图见图 11-6（高压主给水管道的测温元件安装也可参照此图）。

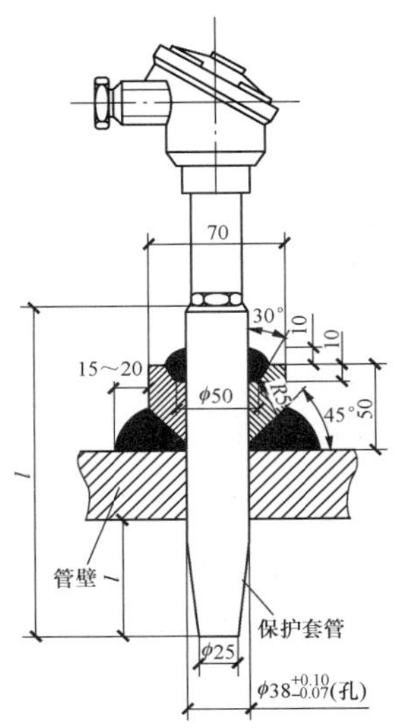

图 11-6　高温高压测温元件安装图

（9）其他管道蒸汽和液体流体介质测量用装配式测温元件的插座高度应根据所选定测温元件保护套管的插入长度及工艺管道的外径确定，插座高度一般选取 50mm 或 70mm（特殊情况除外）。插座的材质应符合被测介质参数的要求。外螺纹装配式测温元件插座高度和保护套管插入长度对应关系见表 11-1。

表 11-1　外螺纹装配式测温元件插座高度和保护套管插入长度对应关系　（mm）

工艺管道外径	插座高度	保护套管插入长度
	H	*l*
73	50	100
76	50	100
89	50	100
108	50	100
133	70	150
159	70	150
168	70	150
194	50	150
219	50	150
245	70	200
273	70	200
325	50	200

续表

工艺管道外径	插座高度	保护套管插入长度
	H	*l*
377	70	250
426	50	250
480	50	300
≥500	50	300

但对于检测汽轮机抽汽逆流用的抽汽止回阀后第一个水平段上、下部介质温度测量，所采用的测温元件插入到管道内壁的长度宜为 10～15mm。水平段下部安装的测温元件保护套管如插入长度过长则不能测量到管道积水情况，如插入长度过短则无法及时测量到介质温度变化，此时插座高度应根据采用的测温元件保护套管插入长度和管道壁厚选取。例如，当选用的测温元件保护套管插入长度为 75mm，管道壁厚为 20mm 时，那么插座高度宜选择 40～45mm。实际工程中检测汽轮机抽汽逆流用的抽汽止回阀后第一个水平段上、下部介质温度测量元件，考虑水平管段底部与楼面净距较小而无法采用刚性的保护套管，其下部也可采用可动卡套铠装式测温元件。

抽汽止回阀后第一个水平段上、下部介质温度测量元件不应设置在一个断面的上、下部，下部测点应靠近止回阀。

M33×2 外螺纹锥形保护套管测温元件安装图见图 11-7。M27×2 外螺纹直式保护套管测温元件安装图与此类似，只是安装座螺纹尺寸不同。

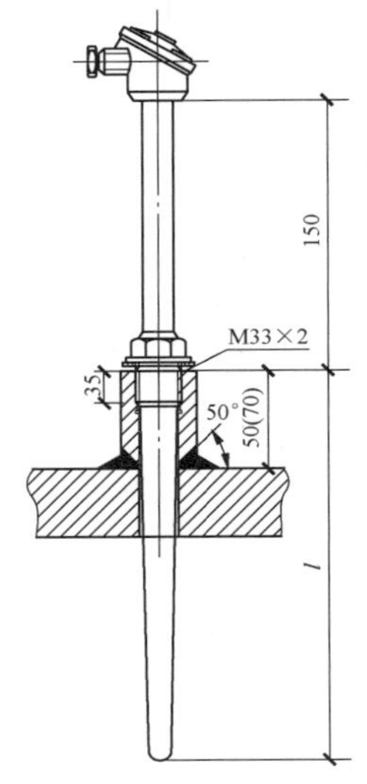

图 11-7　M33×2 外螺纹锥形保护套管测温元件安装图

（10）双金属温度计应安装在便于监视和不易被

机械碰伤的地方，其感温元件必须全部浸入被测介质中。外螺纹双金属温度计参照前述外螺纹保护套管的测温元件安装方式，内、外螺纹保护管双金属温度计安装的插座高度和保护套管插入长度可按照相关标准选取。

2. 流量检测元件的安装

（1）流量测量的节流件可设置在水平、垂直或倾斜的直管道上，应便于维护检修，必要时设维修平台。

（2）节流件上、下游最短直管段长度，应符合设备安装使用说明书的要求及 GB/T 2624《用安装在圆形截面管道中的差压装置测量满管流体流量》的规定，并可按下列要求选择：

1）标准孔板、标准喷嘴、标准文丘里喷嘴的上、下游最短直管段长度参见本手册第八章的相关内容。

2）机翼式风量测量装置前后直管段长度，其上游应大于或等于管道当量直径的 0.6 倍，其下游至少应为管道当量直径的 0.2 倍。管道当量直径 d 按式（11-1）计算

$$d=\frac{2HL}{H+L} \tag{11-1}$$

式中 H——管道高度，mm；

L——管道宽度，mm。

3）复式文丘里风量测量装置前后直管段长度应符合制造厂的要求。

（3）转子流量计应垂直安装，流体的流向自下而上。流量计上游直管段长度应不小于 5 倍工艺管道内径。

（4）电磁流量计上游至少应有 5 倍工艺管道内径的直管段，下游至少应有 2 倍工艺管道内径的直管段。安装在垂直管道上的电磁流量计，流体的流向应自下而上。

插入式电磁流量计上游应有 10 倍工艺管道内径的直管段，下游应有 5 倍工艺管道内径的直管段。流量计插入位置应在管道水平中心线上、下各 45°之间。电磁流量计应有良好的接地。

（5）旋涡（涡街）流量计上、下游直管段长度应符合表 11-2 的规定。

表 11-2　不同配管状态下涡街流量计的最小直管段长度

配管状态		直管段长度	说明
缩放口	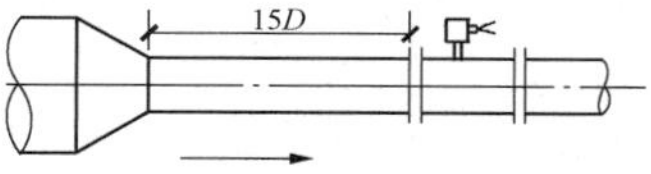 15D	15D 以上	上游侧有同心缩放口
弯头	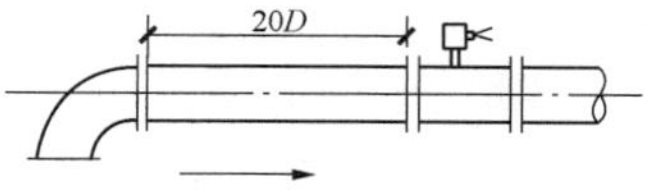 20D	20D 以上	上游侧有弯头
	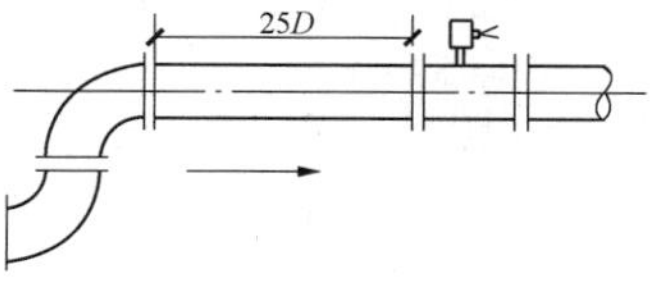 25D	25D 以上	上游侧同平面有两弯头
	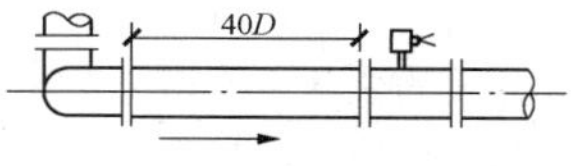 40D	40D 以上	上游侧不同平面有两弯头
阀门	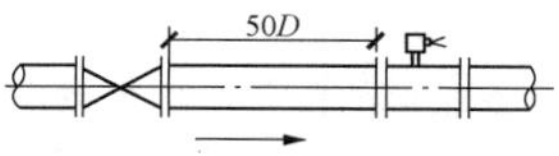 50D	50D 以上	上游侧有没全开的阀门

注 1．D 为管道内径。

2．下游侧直管段长 5D 以上。

3．当装有流束导直器时，旋涡发生体上游直管段长为 12D，下游为 5D。

（6）涡轮流量计上游应有 15 倍工艺管道内径的直管段，下游应有 4 倍工艺管道内径的直管段。涡轮流量计的前置放大器与变送器间的距离不宜大于 3m。

（7）靶式流量计上游直管段长度应大于 5 倍工艺管道内径，下游应大于 3 倍工艺管道内径。

（8）均速管（阿牛巴、威力巴、托巴管）流量计上、下游直管段长度应符合表 11-3 的规定或满足制造厂的要求。

表 11-3　　不同配管状态下均速管（阿牛巴、威力巴、托巴管）流量计最小直管段长度

管道结构		前直管段 A（无整流器）	前直管段 A（有整流器）	后直管段 B
弯头	A B	7D	7D	3D
多弯头在同一平面	A B	9D	9D	3D
多弯头在同一平面	A B	18D	9D	3D
缩径管	A B	8D	8D	3D
扩管	A B	8D	8D	3D
有阀门（半开半闭）	A B	24D	9D	4D

注　D 为管道内径。

（9）不同型式的超声流量计和质量流量计前后直管段长度应符合制造厂的要求。

（10）直接装设在工艺管道上的且连续运行的容积式、速度式流量计，应设置旁路切换阀。

三、就地设备安装

应根据所选择的就地设备型式和相关场所及制造厂的要求来确定就地设备的安装方式和安装地点。

1. 一般要求

（1）就地设备不应设置在人孔、看火孔、防爆门及排污阀门附近。

（2）就地设备的安装位置应满足下列要求：

1）便于维护检修，不影响厂房整齐美观；

2）应有适合的环境温度（45℃以下）和相对湿度（根据设备确定）；

3）应避开振动源、磁场源、干扰源及腐蚀场所，否则应采取相应的措施；

4）应有必要的防护措施（如增加屏蔽、防雨防冻、防尘密封等）。

（3）机械仪表不宜设置在振动源附近，否则应采取减振措施或选用耐振仪表。

（4）在油罐区、天然气调压站、制氢站、液氨站等有爆炸危险区域内设置的电气设备，应具有相应的防爆等级，不应将无防爆措施的电气设备装设在有爆炸危险的区域。

（5）测量蒸汽流量、液体流量或液位时，差压仪表或变送器宜设置在低于取源部件的地方；测量气体流量时，差压仪表或变送器宜设置在高于取源部件的地方。否则，应采取放气或排水措施。

（6）就地指示表应安装在便于观察、维护和操作方便的位置。在测量剧烈波动的介质压力时，应设置有阻尼器、U 形弧弯等缓冲装置。

（7）设备无法避免高位布置且存在安全隐患时应设置安全护栏，护栏高度符合相关规范的要求。

2. 变送器和开关量仪表安装

（1）压力变送器和差压变送器安装遵循以下要求：

1）压力变送器和差压变送器的安装采取就地大分散、小集中的原则布置，无需设置专门的变送器小室，以使其靠近检测点达到测量管路尽量短，安装地点便于维护调校和避开强振动、电磁场和高温环境。

2）在环境清洁且不影响厂房布置整齐美观的场

所（如主厂房、空压机房、锅炉补给水处理车间和各室内水泵房等），压力变送器和差压变送器可相对集中地布置在仪表架上，仪表架宜配带防水型接线盒。对于采用法兰连接的隔膜加硅油毛细管传导型的隔膜变送器，一般因毛细管长度有限，可采取就近支架安装方式。

3）在有粉尘、有腐蚀、户外露天、半露天的场所，如锅炉房、锅炉补给水车间室外、废水处理车间室外、户外布置的净水站及脱硫等场所，压力变送器和差压变送器可就近相对集中地布置在保护箱内。若最低环境温度可能使仪表管路内介质冻结，则压力变送器和差压变送器应布置在保温箱内。

4）仪表架上布置的仪表数量应结合主设备/系统布置、仪表测量管路的长度、场地大小等考虑。

5）仪表架上或保护/保温箱内支撑仪表的安装支架类型和大小可依据选择的仪表安装方式确定，安装支架可采用∠50×5 镀锌角钢或ϕ50mm 镀锌管，再采用仪表自带的固定夹紧固在支架上。

6）压力变送器和差压变送器在保护箱和保温箱内排列一般为上层布置差压变送器，下层布置压力变送器。保护箱和保温箱内的测量管路可以从箱体侧壁和箱体后壁的预留孔引入，测量管路引入处应密封。需要排污时，排污管、排污阀门和排污总管装在箱外，并设排污槽。仪表架上的仪表需要排污时，也应设排污总管和排污槽。所有排污应分区集中排放，并从各区各排污槽处引出不锈钢管（可采用ϕ16×3）到集中排污点（地沟）。

7）保护箱、保温箱允许安装仪表数量的基本原则：压力类仪表占用宽度可按照 250mm 考虑，差压类仪表占用宽度可按照 350mm 考虑。另外，在箱子左右侧各留出约 100mm 宽的空间。每层占用的高度可按照 400mm 考虑，顶部留约 200mm 空间，下部留约 400mm 空间，即 1800mm 高度的保护/保温箱可按照装设 3 层仪表考虑。保温箱可设置单独的接线小室，小室可按照 300mm 宽考虑。根据相关设备资料，仪表保护/保温箱规格与允许安装仪表的数量可参照表 11-4。

表 11-4　仪表保护/保温箱规格与允许安装仪表的数量

序号	类型	规格尺寸（mm×mm×mm）（高×宽×深）	数量（台）		备注
			差压类方案	或压力类方案	
1	保护箱	1800×1500×600	10	12	无独立接线小室
2	保护箱	1800×1200×600	8	10	无独立接线小室
3	保护箱	1800×1000×600	6	8	无独立接线小室
4	保护箱	1800×800×600	4	5	无独立接线小室
5	保护箱	1800×600×600	2	3	无独立接线小室
6	保护/保温箱	1800×1500×600	8	10	设独立接线小室
7	保护/保温箱	1800×1200×600	6	8	设独立接线小室
8	保护/保温箱	1800×1000×600	4	5	设独立接线小室

注　本表是按照安装差压类或压力类的一种仪表给出的安装数量。当实际安装仪表为两种混合时，应按照前述原则考虑，且将差压类仪表安装在上方。

8）测量敞口容器的单法兰差压式液位变送器直接安装在本体上，可安装在最低液位的同一水平线上。

（2）开关量仪表的安装方法与同类变送器的安装方法基本相同。开关量仪表安装要求如下：

1）温度开关有直接插入式和毛细管安装式，一般采用螺纹连接方式安装。采用毛细管安装时注意对毛细管的防护。

2）压力开关和差压开关与压力变送器和差压变送器安装方式基本相同，可以安装在仪表架上和保护/保温箱内。安装在保护/保温箱内的开关量仪表数量参照表 11-4。

3）流量开关一般直接插入在流动的工艺管道介质中，但要注意安装方向。

4）物位开关分水平安装和垂直安装。水平安装时需要对准设定点的标高，安装后再调整就比较困难（需要改动连接管）。垂直安装时，若要改变设定点，对于浮球或浮筒型液位开关，可改变导向管长度。

3. 物位变送器安装

（1）超声波物位仪的安装位置应满足下列规定：

1）探头不可安装在入料扇区的正上方，也不可安装在罐（仓）顶的中心位置。

2）探头距罐（仓）内壁的最小间距应大于最大量程时的波束半径，且在信号波束内应避免安装温度计、限位开关等任何装置。

3）探头的安装高度应满足最高被测料位在测量盲区以下。

（2）微波（雷达）物位仪的安装位置应满足下列

规定：

1）对于非接触式微波（雷达）物位仪，罐（仓）内壁至天线安装短管外壁的间距一般不小于 300mm，在信号波束内避免安装任何装置。

2）微波天线不可安装在入料扇区的正上方，也不可安装在罐（仓）顶的中心位置。

3）钢缆导波式微波脉冲物位计，在所测料位的整段距离中，钢缆必须悬直，并充分拉伸。探头距罐（仓）内壁间距应大于 300mm。

4. 其他测量仪表安装

（1）采用差压法测量密闭容器内有蒸汽的液位，当汽侧取源部件设置平衡容器时，平衡容器的上部汽侧不应保温。

（2）烟气成分分析氧化锆宜采用直插式安装。

（3）火焰探头应设置在锅炉本体预先确定的监视孔处，并有防止灰渣污染及高温损伤的吹洗及冷却措施。

（4）锅炉炉管泄漏检测装置、飞灰含碳量检测装置、磨煤机 CO 监测装置、汽轮机安全监视仪表（TSI）、工业电视装置、烟气连续监测系统（CEMS）等的就地检测设备安装应按照制造厂和相关要求进行安装，可参见本手册第七章和第八章有关内容。

5. 执行机构安装

（1）执行机构有直行程和角行程两种形式，直行程执行机构是与被驱动阀门、挡板等一体连接。

（2）执行机构安装位置应符合下列规定：

1）便于操作和维修且不妨碍通行。

2）不受汽水浸蚀和雨淋。露天布置时应设置防雨棚（罩）。

3）执行机构与调节机构之间的连杆在全行程中不得与其他物体相碰，其转动部件宜采用球形铰链。

4）执行机构的操作手轮中心距地面的高度约为 900mm。

（3）调节机构随主设备产生热态位移时，执行机构的装设位置应能保持与调节机构的相对位置不变。

（4）角行程执行机构与调节机构的转臂宜在同一平面内动作，否则，应装设中间环节。

（5）执行机构与调节机构之间的连杆长度应可调，连杆长度不宜大于 5m，其丝扣连接处应有锁紧螺母，传动部件应动作灵活，无空行程及卡涩现象。

（6）角行程气动执行机构的气缸及其连接管路应有足够的摇摆空间和伸缩余度，保证执行机构动作自如。

（7）角行程执行机构需安装在一个基础上。

6. 就地盘柜安装

（1）就地盘柜的布置位置与安装应符合下述规定：

1）光线充足，通风良好。

2）操作维修方便，不妨碍通行。

3）避免装设在振动较大的场所，否则应有减振措施。

4）装设在露天场所时，应有相应的防雨防尘措施。

（2）就地盘柜采用地面底座安装时，应按照制造厂提供的盘柜底座尺寸制作底座，底座可采用［6.3 或［8 槽钢制作。槽钢可以立放，也可以平放。底座尺寸应按照 DL 5190.4《电力建设施工技术规范 第 4 部分：热工仪表及控制装置》的规定制作。底座制作成矩形，底座过长时中间可增加拉条固定。

盘柜底座安装应在地面或平台二次抹面前实施。盘柜底座上表面宜高出地面 10～20mm。

（3）就地墙挂式盘柜安装，需要在支撑面上固定金属挂件。如挂在现场确定位置的混凝土墙面上，可采取打入膨胀螺栓的方法，之后与墙挂式盘柜的耳孔对接拧上螺母即可。

（4）就地仪表箱、接线盒当规格较小时可采用支架安装，其安装方式可采用门形安装方式（双立柱+双横担+沿宽度方向约 200mm 宽的电缆支架）。就地小型控制柜、保护/保温箱也可采用底座抬高一定高度安装，可采用立方体底座式安装。制作底座的材料规格可采用［6.3 槽钢或∠40×4 角钢，安装完成后的高度一般不超过 2m，底座可采用底部四角与 150mm×150mm×8mm 钢板焊接固定于地面上。如未预先埋件也可现场打膨胀螺栓，膨胀螺栓和钢板上的钻孔对接拧上螺母即可。

7. 就地设备接地

就地设备应按照有关设计规范进行接地。

（1）电气设备的外壳或基础应接地良好。

（2）不要求浮空的盘、台、箱、柜的框架应接地良好。

（3）装在已接地的金属构架上不浮空的电气设备，其外壳可不接地。

（4）保护接地应牢固可靠，且不应串联接地。保护接地的电阻值，应符合电气保护接地现行的有关规定。

（5）当利用自然接地体（如金属构件、金属管道等）作为接地线时，应保证其全长为完好的电气通路。当利用串联的自然接地体作为接地线时，应在其串接的部位焊接金属跨接线。

第二节 测量管路及附件

一、基本要求

（1）仪表测量管路分导压管和取样管两类。导压管传导压力，包含压力和差压的测量管路，管内被测量介质不流动或只有小的窜动。取样管路指成分分析用的介质传输管路，被测介质以一定的流速通过管路进入分析仪表。

（2）仪表测量管路应根据被测介质类型、工艺参数（设计压力和设计温度）、测量用途、仪表设备型式及工艺系统布置等选取，并满足测量的基本要求。

（3）仪表测量管路设计包括：仪表测量管路（含取压短管）及附件的设计和选取；用于压力测量、差压测量、差压法液位和流量测量及成分分析取样等的管路、阀门和其他附件选取。

（4）仪表阀门应按照被测介质类型和工艺参数及阀门用途选取。

（5）冗余配置的仪表应有各自的测量管路、阀门及附件。当需要排污时，宜有各自独立的取源孔。

（6）仪表测量管路其他附件的配置应符合测量需要，并适合与仪表、阀门的连接。

（7）为了减少测量延缓，应当尽量缩短测量管路的长度，尤其是取样管路的长度。但测量管路介质温度梯降后的最高温度应当满足测量仪表要求，因此管路过短时需要采取相应的措施，如加装U形弧弯等。测量管路允许的最大长度见表11-5。

表11-5　测量管路允许的最大长度　（m）

测量参数类型	允许的最大长度
压力	150
微压、真空	100
液位、流量	50

成分分析取样管路允许的最大长度依设备型式可从几米到几十米，需要布置在分析仪表取样架上时应特别注意根据设备的有关要求来确定集中取样架位置，必要时可设置几个分取样架。

（8）在具体工程设计中，应按照有关设计规范选取仪表测量管路。而对于目前设计规范缺少的超临界和超超临界参数仪表测量管路选取应经热力计算确定，新材料的应用应确保安全。

（9）应根据工程具体情况对仪表测量管路和阀门进行优化配置，尽量减少其品种和规格。

二、测量管路选择

仪表测量管路包括一次阀门前测量管路（含取压短管、一次阀门与取压短管之间管路）和一次阀门后管路。

（一）一般规定

（1）一次阀门前管路应按被测介质的设计压力、设计温度选择，并考虑焊接工艺要求。

（2）一次阀门后管路应按被测介质的设计压力和排污时的最高温度选择。按照ASME B31.1《Power Piping》规定，亚临界及以下参数一次阀后管路可按照设计压力及其对应的饱和温度选择，超临界和超超临界参数应按照设计压力和设计温度选择。

（3）高温高压参数仪表测量管路在机组额定参数运行时不宜排污。

（4）管材在高温下会产生蠕变和强度降低，即管材的强度随着温度升高而降低，甚至产生高温蠕变现象。因此各种管材有一定的最高使用温度，测量管路常用管材推荐使用温度见表11-6。

表11-6　测量管路常用管材推荐使用温度　（℃）

钢材牌号	使用最高温度	钢材牌号	使用最高温度
06Cr18Ni11Ti（S32168，321）	670	12Cr1MoV	565
06Cr19Ni10（S30408，304）	670	20/20G	430
07Cr19Ni10（S30409，TP304H）	670	15CrMo	520
07Cr17Ni12Mo2（S31609，316H）	670	10Cr9Mo1VNb（A213 T91/A335 P91）	610
07Cr19Ni11Ti（S32119，321H）	670	10Cr9MoW2VNbBN（A213 T92/A335 P92）	630
07Cr18Ni11Nb（S34779，347H）	700	06Cr17Ni12Mo2（S31608，316）	670
15NiCuMoNb5-6-4（WB36，EN）	450	15Ni1MnMoNbCu（WB36，GB）	450

表11-6中的部分数值参照GB/T 20878《不锈钢和耐热钢　牌号及化学成分》、DL/T 715《火力发电厂金属材料选用导则》和TSG G0001《锅炉安全技术监察规程》列出的数据，但这几个标准之间的数值略有差异。例如，06Cr18Ni11Ti（S32168，321）表示的材料牌号为06Cr18Ni11Ti，材料的国家标准代号为S32168，对应的美国ASTM标准代号为321。

（5）根据ASME B31.1的规定，当既需要防止堵塞又需要达到足够的机械强度时，导管或管道的内径应不小于9.14mm（0.36in），壁厚应不小于1.25mm（1/20in）。若不需要考虑这些要求，则可以采用较小的内径和与之匹配的壁厚。工程设计中测量管路内径宜在9.14mm及以上，特殊情况测量管路内径不宜小于9mm。

（二）仪表测量管路选择

1. 亚临界及以下参数仪表测量管路选择

（1）亚临界参数及以下机组仪表测量管路选择应符合DL/T 5182《火力发电厂仪表与控制就地设备安装、管路、电缆设计规程》的规定。亚临界及以下参数仪表测量管路选择见表11-7。

表 11-7　　　　亚临界及以下参数仪表测量管路选择

被测介质名称	适用被测介质参数范围	一次阀门前			一次阀门后		备注
		材质	取压短管	管路	材质	管路	
汽、水	p=2.7～14.0MPa t=500～540℃	12CrlMoV 或与主管道同材质	ϕ25×7 ϕ22×6	ϕ16×3	钢 20	ϕ14×2	
	p =16.0～17.5MPa t=500～540℃	12CrlMoV 或与主管道同材质	ϕ25×7 ϕ22×6	ϕ16×3	钢 20	ϕ16×3	
	p =12.0～18.4MPa t=200～235℃	钢 20	ϕ25×7 ϕ22×6	ϕ16×3	钢 20	ϕ16×3	
	p =19.0～28.0MPa t=240～280℃	钢 20	ϕ25×7 ϕ22×6	ϕ16×3	钢 20	ϕ16×3	
	p=3.9MPa t=450℃	钢 20	ϕ25×7 ϕ22×6	ϕ14×2	钢 20	ϕ14×2	
	p≤7.6MPa t≤175℃	钢 20	ϕ25×7 ϕ22×6	ϕ14×2	钢 20	ϕ14×2	
	p=4～12.5MPa t=249～326℃	平衡容器前，电接点水位计前，钢 20，ϕ28×4			平衡容器后，电接点水位计排污，疏水管，钢 20，ϕ14×2		用于锅炉汽包水位
	p=15～20MPa t=340～364℃	平衡容器前，电接点水位计前，钢 20，ϕ28×4			平衡容器后，电接点水位计排污，疏水管，钢 20，ϕ16×3		用于锅炉汽包水位
低压油、气体、烟气、灰水、气粉混合物		重油、灰水混合物为ϕ20×2 或ϕ18×2，钢 20；其他为ϕ14×2，钢 20					
用于成分分析的汽、水、烟气		06Cr19Ni10 或 06Cr18Ni11Ti　ϕ14×2（汽水分析管路，仅考虑从化学分析取样冷却器接管）					
盐酸 硫酸	常温 常压	PVC 塑料管、开泰管：12.7mm（1/2in）或 9.53mm（3/8in）					

注　1．p 为被测工艺介质压力，t 为被测工艺介质温度。

2．常温常压盐酸、硫酸介质测量可采用 PVC 塑料管、开泰管，12.7mm（1/2in）或 9.53mm（3/8in）。

3．工程中钢 20 也可统一采用 06Cr19Ni10（S30408，简称 304），也可采用 06Cr18Ni11Ti（S32168 简称 321）。

4．管道现场弯制时，弯曲半径不应小于 3 倍的管道外径。

（2）表 11-7 是按照介质的类型和参数范围列出的。从保证仪表测量管路的可靠性、合理性出发，同时兼顾减少仪表测量管路种类和减少电厂维护费用，以便于对表 11-7 在实际设计中的执行，对亚临界及以下参数的工艺系统测量进行分类归并细化，可按如下方案选取仪表测量管路。

1）主蒸汽、高温再热蒸汽、汽轮机第一级蒸汽介质测量。取压短管应采用与主管道相同的材质（如 A335 P91、规格可为ϕ26.7×7.82）或按照表 11-7 中的 12CrlMoV 合金钢，取压短管长度宜为 120～150mm。一次阀门前与取压短管之间测量管路宜采用与取压短管相同规格和材质的测量管路，一次阀门前测量管路总长度应保证伸出工艺管道保温层，以便于一次阀门安装和操作。一次阀门后测量管路可采用规格为ϕ16×3 的 06Cr19Ni10（304）或 06Cr18Ni11Ti（321）无缝钢管。

2）高压给水（包括汽包、过热蒸汽减温水、高压旁路减温水）、EH 油、高压顶轴油介质测量。取压短管采用ϕ25×7 或ϕ22×6 规格的 06Cr18Ni11Ti 无缝钢管或与主管道同材质（如 15NiCuMoNb5-6-4，也称 WB36），长度宜为 120～150mm。一次阀门前与取压短管之间测量管路宜采用与取压短管相同规格或ϕ16×3 的 06Cr19Ni10（304）或 06Cr18Ni11Ti（321）无缝钢管或与主管道同材质，一次阀门前测量管路总长度应保证伸出工艺管道保温层。一次阀门后测量管路可采用规格为ϕ16×3 的 06Cr19Ni10（304）或 06Cr18Ni11Ti（321）无缝钢管。

3）中温中压汽水介质测量。取压短管采用规格为ϕ25×7 或ϕ22×6 的 06Cr19Ni10（304）或 06Cr18Ni11Ti（321）无缝钢管，长度宜为 120～150mm。一次阀门前与取压短管之间测量管路采用与取压短管相同规格或ϕ14×2 的 06Cr19Ni10（304）或 06Cr18Ni11Ti（321）无缝钢管，一次阀门前与取压短管之间测量管路应保证伸出工艺管道保温层，一次阀门后测量管路均采用规格为ϕ14×2 06Cr19Ni10（304）或 06Cr18Ni11Ti（321）无缝钢管。

4）凝结水、开闭式循环水、润滑油等低温低压介质测量。取压短管采用规格为$\phi16\times3$ 的 06Cr19Ni10（304）或 06Cr18Ni11Ti（321）无缝钢管（当一次阀门采用焊接式时，取压短管采用$\phi25\times7$ 或$\phi22\times6$），长度宜为 120～150mm。一次阀门前与取压短管之间测量管路采用与取压短管相同规格或$\phi14\times2$ 的 06Cr19Ni10（304）或 06Cr18Ni11Ti（321）无缝钢管，一次阀门前与取压短管之间测量管路应保证伸出工艺管道保温层，一次阀门后测量管路均采用规格为$\phi14\times2$ 的 06Cr19Ni10（304）或 06Cr18Ni11Ti321）无缝钢管。

5）重油、灰水介质测量。仪表测量管路采用规格为$\phi18\times2$ 的 06Cr19Ni10（304）或 06Cr18Ni11Ti（321）无缝钢管。

6）各类成分分析（盐酸、硫酸除外）、水冷发电机冷却水、仪表控制气源、轻腐蚀性介质测量。仪表测量管路采用规格为$\phi14\times2$ 的 06Cr19Ni10（304）或 06Cr18Ni11Ti（321）无缝钢管。对于需要取样冷却器的汽水分析管路，仅考虑从化学分析取样冷却器后接仪表测量管路。

7）烟气、气体、风粉混合物等介质测量。仪表测量管路采用规格为$\phi14\times2$ 的 06Cr19Ni10（304）或 06Cr18Ni11Ti（321）无缝钢管。

上述不包括各类水位测量平衡容器、电接点水位计、外置浮筒液位计前仪表测量管路的设计，这些仪表测量管路可采用规格为$\phi28\times4$ 的 06Cr19Ni10（304）或 06Cr18Ni11Ti（321）无缝钢管。平衡容器、电接点水位计、外置浮筒液位计后仪表测量管路选择则与上述分类对应的一次阀门后测量管路完全相同。

对于海水的仪表测量管路选取可参照汽轮机凝汽器管材选型，采用与主管道相同的材质（如蒙乃尔、10CrMOAI、钛管、PVC 管或合金钢或确认海水氯离子含量适合选用的无缝钢管）。022Cr19Ni10（S30403、304L）适用于海水氯离子小于 200mg/L，022Cr17Ni12Mo2（S31603、316L）适用于海水氯离子小于 1000mg/L。或者采用双相不锈钢（2205、2504）作为海水的仪表测量管路。双相不锈钢的主要特点是屈服强度可达 400～550MPa，是普通不锈钢的 2 倍，因此可以节约用材，降低设备制造成本。在抗腐蚀方面，特别是介质环境比较恶劣（如海水，氯离子含量较高）的条件下，双相不锈钢的抗点蚀、缝隙腐蚀、应力腐蚀及腐蚀疲劳性能明显优于普通的奥氏体不锈钢，可以与高合金奥氏体不锈钢媲美。

另外，仪表测量管路的所有排污应分区集中排放，每处可设置$\phi60\times5$ 镀锌钢管制作的排污槽，再从各区各排污槽处引出不锈钢管（$\phi16\times3$）到集中排污点。

2. 超临界和超超临界参数仪表测量管路选择

鉴于当前 DL/T 5182—2004《火力发电厂热工自动化就地设备安装、管路及电缆设计技术规定》缺乏超临界和超超临界参数部分的仪表测量管路选择，针对不同于亚临界参数的高温高压主蒸汽、高温再热蒸汽、汽轮机第一级蒸汽、高压给水、过热和高压旁路减温水、锅炉汽水分离器系统等的仪表测量管路选取，应根据有关标准对超临界和超超临界参数仪表测量管路进行计算和选取。

（1）取压短管选择遵循如下要求：

1）为保证取压短管与工艺管道焊接的可靠性，避免异种钢焊接带来的潜在问题，选择取压短管材质时应考虑其与高温高压工艺管道、容器的焊接工艺要求。

2）国内超临界、超超临界机组主要本体范围内仪表一次阀门及一次阀门前测量管路、取压短管均由主机厂负责设计并供货，超临界和超超临界参数部分的取压短管通常采用 DN15～DN20 的通径。

3）工艺管道部分的高温高压参数取压短管大部分也随配管厂或管件厂供，属于配管范围的仪表测量取压短管规格可与配管厂一起确定，取压短管材质应采用与主管道材质相同或焊接性能相当的材质，取压短管的长度主要考虑运输方便及配管厂内加工时的加工设备性能（取压短管一般采用主材的实心边角管材冲出，一般加工设备最长只能冲 150mm），长度可采用 120～150mm。取压短管末端尺寸与一次阀门前测量管路尺寸需保持两者内外径一致，取压短管根部则需加厚以保证与工艺管道或设备的可靠焊接。推荐一次阀门前测量管路与取压短管采取相同的材质和尺寸，这样只要对对接部分打倒角对焊即可，以减少加工工作量。

4）工艺管道或设备上应配备有合适的测量开孔或取压短管。

（2）一次阀门前测量管路选择遵循如下要求：

1）一次阀门前测量管路两端分别与取压短管和一次阀门焊接。为保证焊接的高可靠性，测量管路应选用与取压短管相同的材质或焊接性能相当的材质。

超临界机组主蒸汽、高温再热蒸汽系统测量用的一次阀门前仪表测量管路可采用 A213 T91，高压给水系统仪表测量管路宜采用 15NiCuMoNb5-6-4（可由配管厂或管件厂按照与取压短管相同的规格提供）或 A213 TP316H 或 06Cr19Ni10（304），锅炉汽水分离器系统测量用的一次阀门前仪表测量管路宜采用 A213 TP316（H）或 06Cr19Ni10（304）。

超超临界机组主蒸汽、高温再热蒸汽系统测量用的一次阀门前仪表测量管路可采用 A213 T92，高压给水系统（含过热减温水和高压旁路减温水）测量用的一次阀门前仪表测量管路宜采用 15NiCuMoNb5-6-4（可由配管厂或管件厂按照与取压短管相同的规格提供）或 A213 TP316H，锅炉汽水分离器系统测量用的一次阀门前仪表测量管路宜采用 A213 TP316H。

2）当超临界和超超临界参数测量用的一次阀门配置工艺系统用截止阀时，一次阀门前仪表测量管路应选用较大壁厚的规格，以保证对焊连接的可靠性和便于操作，测量管路具体规格需经相应热力计算。

（3）一次阀门后测量管路选择遵循如下要求：

1）超临界和超超临界测量管路正常投运后，一次阀门后介质温度将低于一次阀门前介质温度。但当排污时，一次阀门后介质温度将迅速上升，靠近一次阀门处温度将接近或达到工艺管道内介质的温度，因此一次阀门后测量管路应遵照 ASME B31.1 的要求按被测介质设计压力和设计温度选取。

2）按照国内施工和设计习惯，同时基于一次阀门后仪表测量管路用量大，在满足强度下宜选用小壁厚（在 5mm 以下）的管材。实际工程中，主蒸汽、高温再热蒸汽、高压给水（过热减温水和高压旁路减温水）、锅炉汽水分离器系统一次阀门后测量管路材质均宜选用 A213 TP316H，这样可减少材料的品种，同时基于小壁厚管，可将一些相对参数低（如高温再热蒸汽）而用量不大的规格归并为高规格且用量大的高规格（如主蒸汽部分）。

（4）仪表测量管路的设计参数同主管道的设计参数。国产引进型超临界机组的主蒸汽、高温再热蒸汽和高压给水主管道的设计参数见表 11-8。

表 11-8　国产引进型超临界机组的高温高压管道的设计参数

项目	设计压力［MPa（g）］	设计温度（℃）
主蒸汽	25.4	576
高温再热蒸汽	5.42	574
高压给水（阀前）	38	193
高压给水（阀后）	35	286

注　表中各参数还需根据具体工程厂家提供的数据设计。

按表 11-8 所列的测量管路设计参数，超临界机组主蒸汽、高温再热蒸汽和高压给水测量管路材质通常按表 11-9 进行选择。

表 11-9　超临界机组主蒸汽、高温再热蒸汽和高压给水仪表测量管路推荐材质

测量管路	材　质
主蒸汽	A213 T91，A213 TP316H，06Cr19Ni10
高温再热蒸汽	A213 T91，A213 TP316H，06Cr19Ni10
高压给水（阀前）	A213 TP316H，06Cr19Ni10
高压给水（阀后）	A213 TP316H，06Cr19Ni10

（5）国产引进型超超临界机组的主蒸汽、高温再热蒸汽和高压给水主管道的设计参数见表 11-10。

表 11-10　国产引进型超超临界机组的高温高压管道的设计参数

项目	设计压力［MPa（g）］	设计温度（℃）
主蒸汽	30.77	610
高温再热蒸汽	7.3	628
高压给水（阀前）	44.6	189.8
高压给水（阀后）	39.35	304.1
锅炉汽水分离器	30.7	459

注　表中各参数还需根据具体工程厂家提供的数据设计。

超超临界机组主蒸汽、高温再热蒸汽、高压给水和锅炉汽水分离器测量管路材质通常按表 11-11 进行选择。

表 11-11　超超临界机组高温高压仪表测量管路推荐材质

导管	材质	备注
主蒸汽	A213T92，A213 TP316H	
高温再热蒸汽	A213 T92，A213 TP316H	
高压给水（阀前）	A213 TP316H	
高压给水（阀后）	A213 TP316H	
锅炉汽水分离器	A213 TP316H	

（6）超临界和超超临界参数仪表测量管路规格按照附录 B 中的计算公式计算确定。超临界参数仪表测量管路的选取可按照表 11-12 进行。

表 11-12　超临界参数仪表测量管路常用选择表

被测介质名称	设计压力和温度	一次阀门前			一次阀门后	
		材质	取压短管	管路	材质	管路
主蒸汽	p=25.4MPa t=576℃	A213 T91	ϕ26.7×7.82 一般由配管厂或管件厂负责	与取压短管相同规格	A213 TP316H	ϕ18×4 ϕ17×3.5
					06Cr19Ni10	ϕ18×4

续表

被测介质名称	设计压力和温度	一次阀门前			一次阀门后	
		材质	取压短管	管路	材质	管路
高温再热蒸汽	p=5.42MPa t=574℃	A213 T91	ϕ26.7×7.82 一般由配管厂或管件厂负责	与取压短管相同规格	A213 TP316H	ϕ16×3
					06Cr19Ni10	ϕ16×3
高压给水	p=38MPa t=193℃或 p=35MPa t=286℃	A213 TP316H	ϕ32×8 或ϕ25×7.5 一般由配管厂或管件厂负责	与取压短管相同规格	A213 TP316	ϕ18×4 ϕ17×3.5
		06Cr19Ni10		与取压短管相同规格	06Cr19Ni10	ϕ18×4
锅炉汽水分离器	p=30.7MPa t=459℃	A213 TP316H	由锅炉厂负责	与取压短管相同规格	A213 TP316	ϕ18×4
		06Cr19Ni10		与取压短管相同规格	06Cr19Ni10	ϕ18×4

注　1．p 为被测工艺介质压力，t 为被测工艺介质温度。

2．管道现场弯制时，管子弯曲半径不应小于 3 倍的管道外径，最好能达到 4 倍及以上的管道外径。

3．过热减温水和高压旁路减温水系统仪表测量管路需根据工艺引接位置的参数来决定。

按照附录 B 中的计算公式，超超临界参数仪表测量管路的选取可按照表 11-13 进行。

表 11-13　　超超临界参数测量管路常用选择表

被测介质名称	设计压力和温度	一次阀门前			一次阀门后	
		材质	取压短管	管路	材质	管路
主蒸汽	p=30.77MPa t=610℃	A213 T92	ϕ33.4×9.09 一般由配管厂或管件厂负责	与取压短管相同规格	A213 TP316H	ϕ18×4.5
高温再热蒸汽	p=7.3MPa t=628℃	A213 T92	ϕ33.4×9.09 一般由配管厂或管件厂负责	与取压短管相同规格	A213 TP316H	ϕ18×4 ϕ17×3.5
高压给水	p=44.6MPa t=189.8℃或 p=39.35MPa t=304.1℃	A213 TP316H	ϕ32×8 一般由配管厂或管件厂负责	与取压短管相同规格	A213 TP316H	ϕ18×4
锅炉汽水分离器	p=30.7MPa t=459℃	A213 TP316H	由锅炉厂负责	与取压短管相同规格	A213 TP316H	ϕ18×4

注　1．p 为被测工艺介质压力，t 为被测工艺介质温度。

2．管道现场弯制时，管子弯曲半径不应小于 3 倍的管道外径，最好能达到 4 倍及以上的管道外径。

3．过热减温水和高压旁路减温水系统仪表送测量管路需根据工艺引接位置的参数来决定。

3．工厂化配管配合

（1）对于主蒸汽管道、高压给水管道、高温再热蒸汽管道和低温再热蒸汽管道（有些还包括四段抽汽和其他管道），为了减少现场的安装工作量，提高制作工艺，同时也便于界定工程责任（避免管道现场开孔和减少焊接），将这些管道在国内工厂进行配管。由此需要开展相应的仪表测点定位和配管配合工作，包括提供仪表测点图、测点位置要求、保护套管和插座形式及安装要求给配管厂。

（2）仪表测点定位和配管应遵守 DL/T 5182《火力发电厂仪表与控制就地设备安装、管路、电缆设计规程》和 DL 5190.4《电力建设施工技术规范　第 4 部分：热工仪表及控制装置》的规定。配管范围内的仪表测点应完整且类别标注清晰，除了在设备的本体所带管道上已预留测量孔（如给水泵出口压力表测点）外，需要配管的仪表控制系统图所有相关测点和机组性能试验的测点都应列入仪表测点工厂化配管范围。机组性能试验的测点应由性能试验单位确定。

确定测点位置时应注意测点要避开管道焊缝，与管道焊缝和工艺其他接口之间及两个测点开孔之间的距离宜大于管道外径且不小于 200mm，高、低压蒸汽旁路上游压力测点应保证与相应的旁路阀有 2 倍的管道内径距离。

（3）测点在管道上的安装方位应按照 DL/T 5182 和 DL 5190.4 的要求确定。对于配管管道的汽水压力测点，兼顾到操作和维护的方便性，工程中可将水平管道测点设置在管道水平中心线以下成 30°夹角。对于温度测点，除了测量抽汽管道水平段上、下部汽温测点一个在管道上部、一个在管道下部外，其他温度测点定位没有特别限制，主要考虑维护及通道的方便性，在条件允许时水平管道上的温度测点可选择安装在管道正上部的方式。对于垂直管道的压力和温度取样点则没有限制，只需考虑安装空间及通道的方便性，避免与各类结构碰撞。

（4）高、低压旁路管道出口的温度测点应装于减温器下游介质混合均匀处，高压旁路出口温度测点与减温器的距离宜达到 6*D*（*D* 为管道内径），低压旁路出口温度测点与减温器的距离宜达到 20*D*（*D* 为管道内径）。

（5）当给水流量测量长颈喷嘴安装在锅炉厂管道范围时，如果单独采购给水流量测量长颈喷嘴，在与锅炉厂配合配管时，应根据工程经验提出长颈喷嘴的长度，并在后期采购长颈喷嘴时按照预留长度提出要求。

（6）温度测点在主管道上的安装分为高温高压保护套管焊接型和外螺纹锥形保护套管带螺纹连接型。如果高温高压温度测量保护套管不由配管厂提供，则需要提前采购保护套管并将其发货到配管厂，由配管厂在工厂直接焊接好。插座形式应与温度测量仪表的形式相符，其材质应符合被测介质参数的要求，与主管道同材质或选择相匹配的材质。保护套管和插座焊接好后其管口应封堵后再运输到现场。

（7）主管道压力测点均需要随主管道配置取压短管，在主管道上的开孔为取压短管的内径通孔。取压短管材质应符合被测介质参数的要求，与主管道同材质或选择相匹配的材质。

（8）低温再热蒸汽管道疏水罐液位测量配管，需要根据所选择的测量方式确定。可采用液位开关和测温元件等方式测量液位。

三、测量管路附件配置及选择

（一）阀门配置及选择

1. 阀门配置要求

仪表阀门包括一次阀门、二次阀门（含试验阀和阀组）、排污阀门。仪表阀门配置基本要求如下：

（1）仪表一次阀门应按照被测介质的设计压力和设计温度选取，并考虑焊接工艺要求。

（2）仪表二次阀门（含试验阀和阀组）可按照设计压力选取，其温度可按照仪表最高承受温度（一般不超过 120℃）并考虑一定裕量选取。

（3）排污阀门应按照被测介质的设计压力和排污时的最高温度选取。对于亚临界参数，排污阀门则按照设计压力和对应饱和温度选取。对于超临界和超超临界参数，排污阀门应按照与一次阀门相同的工艺条件选取，即按照设计压力和设计温度选取。

（4）微压的烟、风及气粉混合物的压力、差压（含流量）测量管路，可不配置仪表阀门。

（5）仪表控制气源压力测量管路不宜配置排污阀门。

（6）油、燃气、氢气、氨测量管路不应配置排污阀门，凝汽器真空和水位测量管路严禁配置排污阀门。

（7）设计压力等于或小于 6.4MPa 的蒸汽、水、油测量管路的长度等于或小于 3m 时，只配置一次阀门。其长度大于 3m 时，宜配置一次阀门和二次阀门。

（8）设计压力大于 6.4MPa 的蒸汽、水、油测量管路应配置一次阀门和二次阀门。

（9）蒸汽及水的差压测量管路上，应装设一次阀门、二次阀门、平衡阀门及排污阀门。

（10）汽水成分分析取样管路，应配置一次阀门、二次阀门、排污阀门及排出阀门（当回水排至工艺系统时），当与化学取样装置合用取样管路时，可只配置二次阀门及排出阀门。排出阀门可选择与二次阀门相同的阀门。

（11）直接与管道连接的法兰式变送器（如液位、压力测量）不需配置仪表阀门。

（12）对于测量介质参数设计压力大于或等于 6.4MPa 或设计温度大于或等于 300℃的一次阀门宜采用两个串联的阀门。超临界和超超临界参数测量一次阀门宜采用工艺系统用截止阀，此部分排污阀门的选择可视工程情况而定。

2. 阀门选择

（1）一次阀门和排污阀门的公称通径不应小于 DN10。

（2）真空测量系统的一次阀门、二次阀门可采用密封性能好的波纹管截止阀。当介质温度小于或等于 100℃时，一次阀门和排污阀门宜采用外螺纹连接方式，但油介质的一次阀门、二次阀门宜采用焊接式连接方式，以免渗漏导致油污。

（3）当介质参数温度大于 100℃时，一次阀门和排污阀门宜采用焊接式连接方式。

（4）二次阀门、平衡阀门或阀组的通径和连接方式的选择：当设计压力小于或等于 32MPa 时，宜采用通径为 DN6（阀组为 DN5）及外螺纹连接方式。

（5）若液位测量为外置浮筒式、电接点式等，或为满足与工艺设备接口的要求，阀门及管路的通径应适当增大，如采用通径 DN20 的阀门。

（6）下列测量管路的仪表阀门应选用不锈钢材质：

1）轻腐蚀性介质的测量管路。

2）汽水成分分析仪表取样管路。

3）发电机定子绕组冷却水系统测量管路。

4）仪表控制气源系统测量管路。

（7）所选择的仪表测量管路、阀门及附件应保证焊接的匹配性，当高温高压仪表阀门的材质与连接的仪表测量管路材质不一致时，宜由仪表阀门门配带过渡管。

（8）非同一工艺系统介质的差压测量管路不宜设置平衡阀门，如发电机氢与密封油差压、发电机汽端和励端的密封油差压、发电机氢和定子冷却水差压测量等，以免发生平衡阀门泄漏或人工误操作而产生的危害。

（9）应结合阀门的温度-压力曲线来选取。随着压力的上升，阀门使用的温度会降低，选用的阀门要满足设计压力下最高使用温度的要求，并保证有一定的裕量。

（10）焊接式仪表阀门接管口尺寸应与其前、后仪表测量管路外径相匹配，即承插焊连接仪表阀门接管尺寸应与其前、后仪表测量管路外径相同或稍大，对焊式连接仪表阀门接管尺寸，应与其前、后仪表测量管路尺寸相当。当一次阀门采用工艺系统用截止阀时，阀门应采用对焊连接方式，以保证阀门操作时承受更大的扭力。

（11）应尽量减少仪表阀门类型（包括品种和规格），例如，亚临界参数可按照设计压力 16、32MPa 和设计温度 100、200、420、540℃几个主要档次来选取。用于一次阀门的外螺纹仪表阀门在条件合适时也可采用相同规格的焊接式仪表阀门替代。

3. 常用阀门

（1）阀门可分为单体阀门和阀组，其型号见下述内容。

1）单体阀门（非阀组）按照 NB/T 47037《电站阀门型号编制方法》进行阀门型号命名，阀门型号顺序由阀门类型、驱动方式、连接形式、结构形式、密封面或衬里材料、公称压力（或工作温度下的工作压力）和阀体材料 7 个部分组成，阀门型号命名见图 11-8。

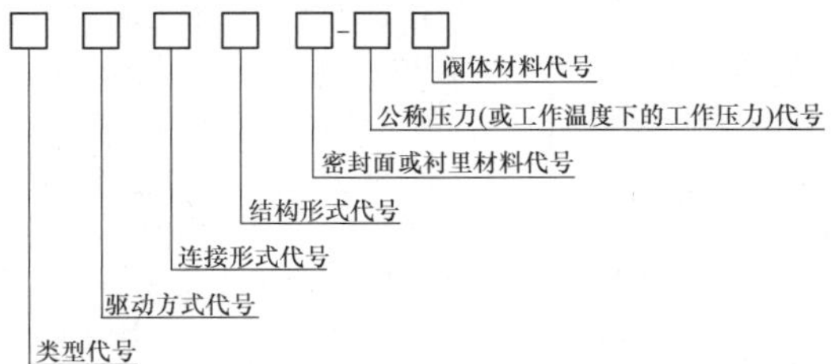

图 11-8　阀门型号命名

仪表测量管路常用阀门相关代码如下：

a. 阀门类型代号——J 截止阀。

b. 驱动方式——手动省略。

c. 连接形式代号——1 内螺纹，2 外螺纹，6 焊接，9 卡套。

d. 结构形式代号——1 直通式，3 Z 型。

e. 密封面或衬里材料——T 铜，H 合金钢或耐热不锈钢，Y 硬质合金；Z 哈氏合金，J 衬胶，W 阀体直接加工。

f. 压力代号——阀门的压力级符合 GB/T 1048《管道元件　公称压力的定义和选用》的规定，当介质温度超过 425℃时，标注最高温度下的工作压力代号；工作压力用 p 标志并在 p 字的右下角附加介质的最高温度数字，该数字是以 10 除介质最高温度数值所得的整数。压力等级采用磅级（lb）或 K 级单位的阀门，应在压力代号后有 lb 或 K 的单位符号；

g. 阀体材料——H 灰铸铁，P 铬镍系不锈钢，V 铬镍钒不锈钢，C 碳素钢（可省略），V 铬钼钒合金钢，I 铬钼合金钢。阀门的通径写在最后，仪表测量管路用阀门一般有 DN6、DN10、DN15、DN20，一些液位测量也有少量用 DN50 的。

2）仪表阀组可按照 JB/T 8473《仪表阀组》规定的型号命名，仪表阀组型号顺序由阀组、阀组中的截止阀数量、输入端连接形式、输出端连接形式、密封面、公称压力、阀体材料和输入/输出端中心距 8 个部分组成，仪表阀组型号命名见图 11-9。

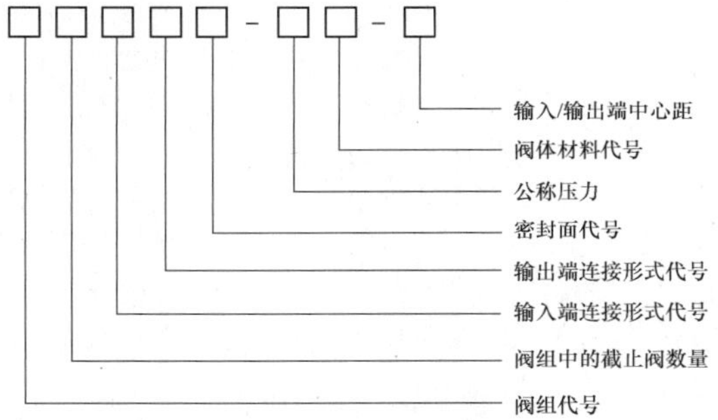

图 11-9　仪表阀组型号命名

仪表阀组相关代码如下：

a. 阀组代号——M。

b. 阀组中的截止阀数量代号——2、3、5 分别表示二阀组、三阀组和五阀组。

c. 输入端连接形式代号——1 内螺纹，2 外螺纹，4 法兰，6 接管，7 穿板接管，9 卡套。

d. 输出端连接形式代号——1 内螺纹，2 外螺纹，4 法兰，6 接管，9 卡套。

e. 密封面代号——W 金属密封，F 非金属密封。

f. 公称压力代号——以 MPa 单位乘以 10。

g. 阀体材料代号——C 碳素钢（可省略），P 铬镍钛钢，R 铬镍钼钛钢。

h. 输入/输出端中心距代号——尺寸相同时只标注一个数值，不同时则同时标注（输入/输出）。

阀组的通径写在最后，在 DN3～DN6 范围内，电厂中一般采用 DN5 的通径。

JB/T 8473《仪表阀组》中，二阀组中一个为连接压力测量仪表的二次阀门（主阀），另一个定义为排污阀门，2 个阀的连接位置是对等的，国内项目中基本不使用二阀组。二阀组主要为海外项目所用，业主常常将其中的排气/试验阀用来连接标准表，用以在线校准测量仪表用。但进口阀门资料中二阀组的 2 个阀的连接位置与 JB/T 8473 中的不一样，主阀关闭后同时隔离仪表和排气/试验阀。

三阀组用于差压仪表的测量管路，是差压测量的平衡阀门和二次阀门组合。

五阀组则比三阀组多了 2 个阀，JB/T 8473 中定义其为排污阀。排污阀门与连接仪表的主阀位置是对等的，国内项目中也基本不使用五阀组。五阀组主要为海外项目所用，常常将其中的排气/试验阀也用来连接标准表，用以在线校准测量仪表用。进口阀门资料中阀组的阀门连接位置与 JB/T 8473 中的不一样，主阀关闭后同时隔离仪表和这 2 个排气/试验阀。

（2）在查找一些进口阀门资料时，会遇到磅级压力等级 Class。PN 是近似于折合常温的 MPa 数，是国内阀门通常所使用的公称压力。对碳钢阀体的控制阀，PN 是指在 200℃下应用时的最大允许工作压力；对铸铁阀体，PN 是指在 120℃下应用时的最大允许工作压力；对不锈钢阀体的控制阀，PN 是指在 250℃下应用时的最大允许工作压力。美国标准阀门以磅级表示公称压力，磅级是对于某种金属的结合温度和压力的计算结果，根据 ANSI 相关标准来计算。由于公称压力和压力等级的温度基准不同，磅级和公称压力两者没有严格的对应关系。磅级和公称压力对照见表 11-14。

表 11-14　　磅级和公称压力对照

磅级 Class	150	300	400	600	900	1500	2500	4500
公称压力 PN	20	50	63	100	150	250	420	760

（3）仪表阀门选用举例如下：

1）常用国产仪表阀门型号规格举例。仪表阀门均为手动阀门，所以第 2 位代号省略。综合考虑机组投运后的维护成本，目前工程设计基本不采用碳素钢仪表阀门。

a．J63Y-320P，DN10。截止阀，焊接连接（工程采购时一般需给出前后测量管路尺寸；普通国产仪表阀体积较小，通常采用对焊连接），阀门结构形式为 Z 型，阀门密封面或衬里材料为硬质合金，阀门公称压力为 32MPa，阀体材料为铬镍系不锈钢，阀门公称通径为 10mm。此种型号阀门可用作一次阀门、排污阀门。阀门公称压力需根据实际选取，为了减少阀门品种，一般采用 64、160、320 三个公称压力档。

b．J23W-160P，DN10。截止阀，外螺纹连接（不作为一次阀门时，一般可带前、后连接卡套），阀门结构形式为 Z 型，阀门密封面或衬里材料为阀体直接加工，阀门公称压力为 16MPa，阀体材料为铬镍系不锈钢，阀门公称通径为 10mm。此种型号阀门可用作低参数的一次阀门、排污阀门和二次阀门（用作二次阀门时阀门通径选用 DN6）。阀门公称压力需根据实际选取，为了减少阀门品种，一般采用 64、160、320 三个档。

c．三阀组。差压测量的平衡阀门和二次阀门组合，通径宜选用 5mm。需要按照仪表阀组采用的标准 JB/T 8473 提供相关的要求。使用仪表阀组时，例如，三阀组型号 M364W-160P（输入端为接管、输出端为法兰），DN5，不写输入/输出端中心距而按照制造厂标准，还需要提供仪表接口法兰形式。阀组的公称压力需根据实际选取，为了减少阀组品种，一般采用 64、160、320 三个档。

2）进口仪表阀门。

a．进口仪表阀门主要应用于高温高压场合，其阀体多为整体棒件经切削加工而成，金相组织结构紧密，阀杆操作螺纹经滚压成型；相配的填料、螺栓经特殊处理，其硬度等满足使用要求。阀芯采用耐高温合金钢，阀体采用耐高温材料（不低于 316SS 不锈钢材质），并考虑与仪表测量管的可焊接性，高温高压阀门的填料多采用柔性石墨。一次阀门和排污阀门可采用对焊和承插焊连接方式，二次阀门一般采用螺纹连接，高压部分的二次阀门也可采用对焊连接。在进口仪表阀门采购时，需要提供设计压力和设计温度、前后测量管路尺寸、是否带过渡管（大小头），对螺纹连接的二次阀门还要提供是否带卡套及相应的连接管尺寸。

b．当采用进口工艺系统截止阀作为高温高压的一次阀门和排污阀门时，所有阀门应符合美国国家标准协会 ANSI 规定的压力、温度等级，最高可到 4500LBS。此时考虑一次阀门安装位置和操作扭力大的因素，阀门应采用对焊连接方式，在最大差压下作用在手轮边缘的力应不大于 45kg，阀门的结构形式多为 Bonnetless 一体式结构（即阀盖与阀体整体锻造加工），阀座为整体司太立合金。阀门可采用与工艺管道相同的材料锻造而成，阀头可采用不旋转球头并与阀杆为分体式结构，阀门关闭时阀头和阀座以面接触方式挤压密封，耐冲刷、防汽蚀。当阀门两端连接管道的材质和规格不同时，随阀门提供过渡段，其材质和规格应与连接仪表管路一致，在现场不存在任何异种钢和异径管的焊接问题。

（二）其他附件选择

1．接头、大小头及接管件

（1）仪表接头是根据仪表接口形式和测量管路规格来确定的，一般随仪表配套供货。有内/外螺纹焊接接头、螺纹连接直通接头等。

（2）与阀门连接的大小头（过渡管）一般随阀门

配套供货，需提供相应的测量管路规格给阀门厂。

（3）螺纹连接阀门接管件可采用螺纹焊接型，当不作为一次阀门使用的阀门时也可采用卡套形式。

2. 冷凝器

蒸汽流量测量宜配置冷凝器，测量蒸汽流量的管路系统见图 11-10。冷凝器的作用是使测量管路中的被测蒸汽冷凝，使正、负压测量管路中冷凝液面有相等的高度并保持恒定且不低于取压口。

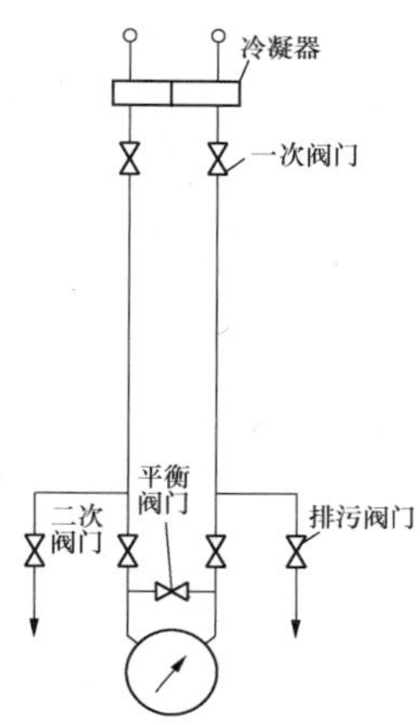

图 11-10　测量蒸汽流量的管路系统

3. 平衡容器

采用差压变送器对含有蒸汽介质的液位测量宜配置平衡容器。汽包水位测量管路系统见图 11-11。

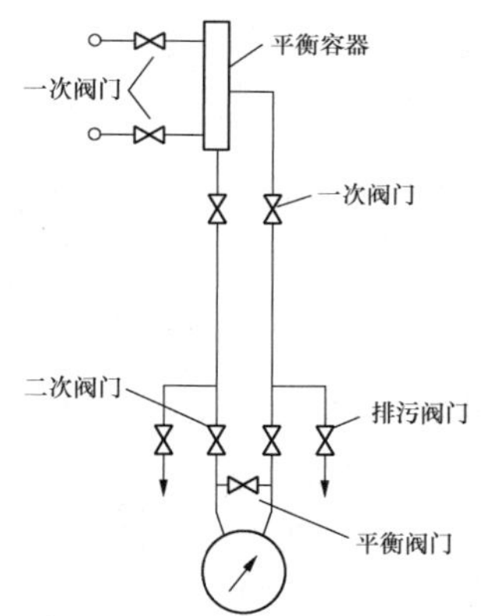

图 11-11　差压式汽包水位测量管路系统

凝汽器水位测量管路系统见图 11-12。由于凝汽器内为负压，平衡容器和管内充水很慢，因此平衡容器上应带有进水管和相应阀门（或灌水丝堵），以保证机组启动初期平衡容器内有足够的凝结水而使水位表能快速的投入使用。

4. 隔离容器及防堵取样装置

（1）采用普通仪表测量高黏度（如重油）或腐蚀性介质（如弱酸碱介质）时应配置隔离容器。隔离容器宜装于二次阀门前。

（2）烟气、风粉混合物的压力（负压）测量时宜配置防堵取样装置（直接法兰安装的仪表测量除外）。对于可能产生结焦的烟气（省煤器前）、风粉混合物的压力（负压）的测量，由于其容易对检测管路堵塞，宜采用补偿式防堵吹扫取样装置。补偿式防堵吹扫装置测量系统见图 11-13。

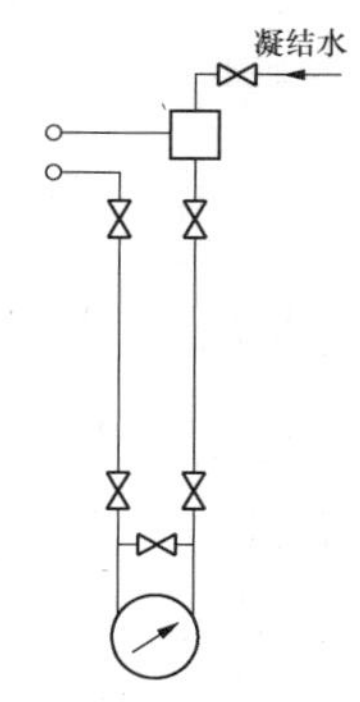

图 11-12　凝汽器水位测量管路系统

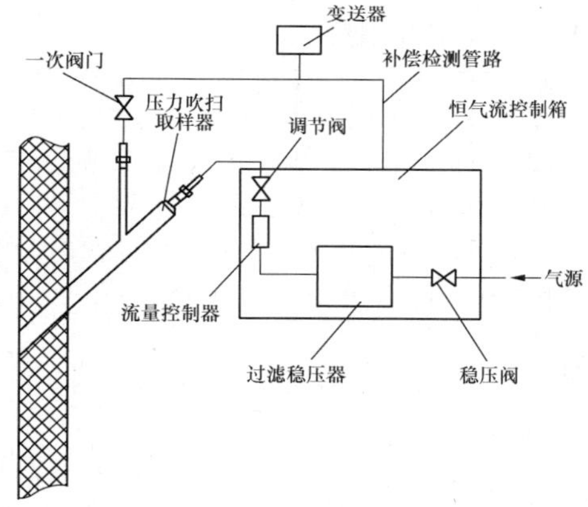

图 11-13　补偿式防堵吹扫装置测量系统

5. 其他

汽水成分分析测量应根据介质的设计压力和设计温度配置减压过滤冷却装置。

对于就地压力表测量管路，被测介质温度大于60℃时宜在二次阀门前设置环形管或 U 形管。就地压力表测量管路见图 11-14。

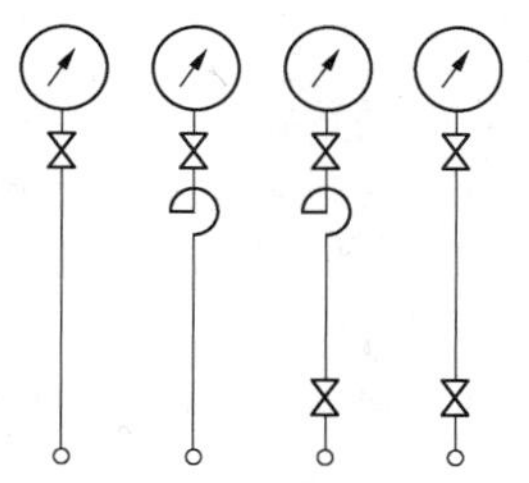

图 11-14　就地压力表测量管路

四、测量管路及附件安装

（一）测量管路安装

（1）仪表测量管路连接着工艺设备或管道的检测点和就地仪表，其走向应根据检测点位置和就地仪表的安装要求来决定，尽量以最短的路径敷设，减少测量参数的时滞，提高测量仪器的灵敏度。但对于蒸汽测量管路，为了使管路内有足够的凝结水，管路又不应太短。

（2）仪表测量管路应敷设在便于维护、检修、无剧烈振动及不易受到机械碰撞的地方，环境温度符合要求，否则应采取防冻或隔热措施。

（3）不允许将仪表测量管路埋设在地坪、墙壁及其他构筑物内。当穿过混凝土或砌体的墙壁和楼板时，应加保护套管。

（4）仪表测量管路应尽可能沿直线安装，减少弯曲。金属管子的弯制宜采用冷弯，其弯曲半径应符合设计要求且不小于其外径的 3 倍（对于塑料管，应不小于其外径的 4.5 倍）。金属管子弯曲后应无裂缝、凹坑，弯曲断面的椭圆度不大于 10%。

（5）仪表测量管路并排和交叉处应保持足够的距离。仪表测量管路之间的净距离宜不小于管子外径。差压类仪表测量管路与其他温度较高的仪表测量管路应保持足够的距离应大于 50mm。

（6）测量油的仪表管路不允许敷设在热管路上方，与热表面的距离不应小于 150mm，并应有隔热措施，严禁平行布置在热表面的上部。

（7）仪表测量管路与电缆平行敷设时，距离应大于 200mm。

（8）仪表测量管路沿水平敷设时应有一定的坡度，差压类仪表测量管路应大于 1:12，其他仪表测量管路应大于 1:100，仪表测量管路倾斜方向应能保证排除气体或凝结水，否则应在测量管路的最高点或最低点装设排气或排水阀门。真空系统测量管路向上引的坡度尽量大，以防止管内积水引起测量误差。

（9）仪表测量管路应尽量集中敷设。敷设仪表测量管路时，不应与其他设备相摩擦。

（10）水位测量等差压管路不应靠近设备热表面，其正负压管的环境温度应保持一致，以防止产生测量误差。

（11）测量气体的管路应从取压装置处先向上引出，向上高度不宜小于 600mm，其连接接头的孔径不应小于测量管路内径。对于蒸汽管路，为使管内有足够的冷凝水，测量管路不可太短。

（12）固定测量管路的支架安装间距应均匀，并符合坡度要求，固定测量管路的支架间距见表 11-15。在不允许焊接设备上固定时，采用 U 形管或包箍固定。

表 11-15　固定测量管路的支架间距　（m）

敷设方向	距离	
	钢管	铜管、尼龙
水平	1.0～1.5	0.5～0.7
垂直	1.5～2.0	0.7～1.0

（13）高压介质和氢、油系统的仪表测量管路应采用焊接，普通仪表测量管路可用卡套连接。测量管路敷设时，应考虑主设备的热膨胀。在烟风系统中，由于存在振动和膨胀，设置膨胀节较多，此处仪表测量管路可采用金属软管连接，阀门管接头对管子应是非咬合式密封以确保无泄漏，仪表阀门的管接头承压能力应是系统的极限压力。

（14）应注意在机组停运时能将管路里的水放净，应尽量避免 U 形弯，否则应在管路弯头的最低处装设放水阀门。

（15）仪表测量管路应严密无泄漏。被测介质为汽、水时，一次阀门及前面的管路（含取源部件）应参加主设备的严密性试验。一次阀门后的管路最好也参加主设备的严密性试验，也可参加试运前的工作压力试验。被测介质为气体时，需单独进行严密性试验。汽、水测量管路及一次阀门的严密性试验采用 1.25 倍工作压力进行水压试验，5min 内无渗漏现象。其他测量管路采用 0.1～0.15MPa（g）压缩空气进行严密性试验，试验规则符合有关规定。碳素无缝钢测量管路严密性试验合格后，表面应涂防锈漆（高温管路需涂高温防锈漆）。

（二）测量管路附件安装

（1）仪表测量一次阀门应装在靠近取压（样）点处；仪表测量二次阀门应装在变送器/开关的正下方，平衡阀门装在两个二次阀门中间上方。

（2）对于仪表架安装方式，排污槽装在排污阀门下方，排污管伸入排污槽内。对于保护（温）箱的安装，排污阀门装于箱柜背后或两侧。

（3）蒸汽流量测量冷凝器安装图见图 11-10。冷凝器类似于一个扩大管，是为了加快蒸汽的凝结。冷凝器安装时应使正、负压测量管路中冷凝液面有相等的高度，保持恒定且不低于取压口。

（4）差压变送器用于含有蒸汽的液位测量平衡容器安装图见图 11-11 和图 11-12。采用差压法测量密闭容器内有蒸汽的液位，当汽侧取源部件设置平衡容器时，平衡容器的上部汽侧不应保温。平衡容器与容器之间的连接管应尽量缩短，连接管上应避免安装影响介质正常流动的元件（如接头、带有缩孔的元件等）。如在平衡容器前装一次阀门，一次阀门应横装（阀杆处于水平位置），以避免阀门积聚空气泡而影响测量的准确性。平衡容器必须垂直安装，不得倾斜。

（5）补偿式防堵吹扫装置测量系统见图 11-13。该测量系统由恒气流控制箱及压力吹扫取样器两大部分组成，与传统的防堵吹扫装置相比，补偿式防堵吹扫装置利用动压补偿的方法，消除了因反吹气流产生的差压对压力测量的影响，能够真实地在线反映所测量的压力值；吹扫压力大于被测压力，彻底解决了多粉尘状态下的压力测量管路的堵塞问题；采用过滤稳压器，可对吹扫气源进行稳压，确保流量控制器输出恒定的流量，达到长时间的可靠运行。补偿式防堵吹扫装置测量系统安装时，应注意以下方面：

1）恒气流控制箱在安装时，由于控制箱内含有稳压及流量控制器等设备，其中部分设备对安装要求较高（如流量控制器），应严格按照制造厂的要求进行安装，安装时应采用水平及垂直测量仪表，确保能够达到制造厂的要求。

2）压力吹扫取样器与水平面的倾角应大于 30°（或者满足制造厂的要求）。

3）压力（负压）测量管线敷设应满足相关规范对不同介质的坡度要求。

4）对施工完成的管路应进行压力试验，确保管路间焊缝无漏气、螺纹连接部分无漏气。

5）施工开始前及施工完成后，均要用压缩空气对压力取样管路和气源吹扫管路进行吹扫、清理，保证管路内清洁无杂物。

第三节　就地设备、测量管路防护

一、防护基本要求

为了保证就地仪表设备安全可靠地工作，应针对不同的环境条件采取必要的防护措施。这些防护措施主要包括防雨、防冻、防爆、防尘、防腐等。

1. 防雨和防冻

当锅炉、除氧器、凝结水补水箱等主辅设备和辅助车间（如氨站、脱硫场）某些设备采用露天布置时，有关的仪表设备包括变送器、逻辑开关、就地显示仪表、执行机构，有一部分不可避免地布置在室外，安装时应有必要的防雨措施。对于在冬季有结冻的地区，有关仪表设备和测量蒸汽、水、油介质的仪表测量管路及低流速分析取样管，均应采取防冻措施。

2. 防爆

在有燃油、燃气、氢气、液氨等的电厂，由于有关场所存在可燃气体、易燃液体等爆炸危险物质，它们在一定的条件下可能与空气形成爆炸性混合物，因此需考虑必要的防爆措施，以免因仪表设备在运行中发热或产生火花，导致这些危险场所发生爆炸事故。仪表设备的防爆措施主要包括两个方面：①根据环境选择合适的防爆仪表，爆炸危险场所仪表设备选择见本手册第八章相关内容；②使设备的安装布置符合防爆要求。

3. 防尘和防腐

在易污染、灰尘大、有腐蚀性的地方装设变送器、开关量仪表及指示仪表等就地设备时，应采取必要的防护措施。就地设备和安装部件应采取防腐涂漆措施。

二、测量管路防冻

（一）伴热系统设计

1. 概述

在火力发电厂冬季运行过程中，可能会出现设备环境温度较低的情况，如露天锅炉（或设备）；锅炉停炉期间，锅炉房内靠近门、窗、过道的低温区域；直接空冷系统区域等。当环境温度较低时，会出现如下情况：

（1）仪表测量管路内液态介质结冻，导致介质参数无法正常测量。

（2）气动执行机构气源管路产生冷凝水，结冻后导致阀门无法正常操作。

（3）直接空冷系统的工艺阀门底部存在积水，结冻后导致阀门无法正常操作。

（4）直接空冷凝结水系统和抽真空系统温度过低或结冻，造成翅片管束内出现结冰现象。

伴热作为一种有效的保温及防冻方案在火力发电厂中一直被广泛应用。仪表测量管路和设备的防冻方式可分为蒸汽伴热和电伴热两种。其工作原理是通过伴热媒体散发一定的热量，通过热交换补充被伴热管道的热损失，以达到升温、保温或防冻的正常工作要求。蒸汽伴热保温方式的原理是通过蒸汽伴热管道散热以补充被保温管道的热损失，由于蒸汽的散热量不易控制，其保温效率始终处于一个较低的水平。而且，由于电厂中需要伴热的管道一般以仪表管路、工艺管道为主，这些管线比较复杂，铺设蒸汽伴热管道十分不便。另外，在冬季运行时，蒸汽伴热管道经常会出现“跑、冒、滴、漏”现象，每年冬季电厂维修部门都不得不在管线保温上花费大量的人力、物力来确保电厂的冬季运行安全。目前测量管路电伴热已全面代替蒸汽伴热。

2. 防冻保护基本要求

（1）测量管路伴热保温应符合下列规定：

1）管路内介质保持的温度，在任何时候都不得使介质冻结或汽化。

2）差压测量管路的正、负压管受热应一致。

3）管路与伴热设施一起保温，并要求保温良好、保护层完整。

（2）可根据技术经济比较和工程实际条件选取电伴热方式或蒸汽伴热方式。目前电厂测量管路都采用电伴热方式。

（3）电伴热方式应符合下列规定：

1）电伴热带所耗功率的发热量，应补偿伴热保温体系的全部热损失。

2）电伴热带应具有良好的绝缘性、物理机械性及抗老化性。

3）电伴热带的额定电压应与其使用时的工作电压一致。

4）电伴热带可紧贴管路表面接触敷设，并固定牢靠；当管路排污冲管且其表面温度有可能大于电伴热带的最高允许承受温度时，则宜采取间隙敷设。

5）电伴热带的使用长度应不大于电伴热带的最大允许使用长度，否则应另接电源。

6）危险场所内使用的电热带应配套其专用的防爆接线盒。

（4）蒸汽伴热方式应符合下列规定：

1）伴热蒸汽的压力为 0.3～1.0MPa。

2）伴热管路应采用单回路供汽和回水，不应采用串联连接。

3）伴热管路的低点集液处应设排液装置。

4）伴热管路的进口应设截止阀，当采用有压回水方式时，疏水器后也应设截止阀。

5）伴热管路的连接宜焊接，固定时不宜过紧，应能自由伸缩。

（5）伴热体系保温材料应满足下列要求：

1）导热系数低，密度小，有一定的机械强度。

2）热稳定性能好，当温度变化时其强度不降低，不产生脆化现象。

3）化学稳定性好，对金属无腐蚀作用。

4）自身含水量少，吸水率低，受潮干燥后其强度不降低。

5）具有不燃性或难燃性。

6）易于加工成型，便于施工。

3. 电伴热系统设计

电伴热技术发展至今，已由传统的恒功率伴热发展到以导电芯带为核心的自控温电伴热。仪表及测量管路绝热保温可保证连接过程的密封系统中的物料不致产生冻结、结晶、析出、汽化等现象，可保证仪表处于技术条件所允许的工作温度范围之内。

（1）自控温电伴热工作原理是自控温电伴热方案主要通过自控温电伴热电缆自动控温来完成。自控温电伴热电缆由半导体高分子材料和两根平行母线加内部高分子绝缘材料、金属屏蔽网、外部高分子聚合物防腐护套层构成。其中由半导体高分子材料经特殊工艺加工而成的材料是发热核心。电伴热电缆结构组成如图 11-15 所示。

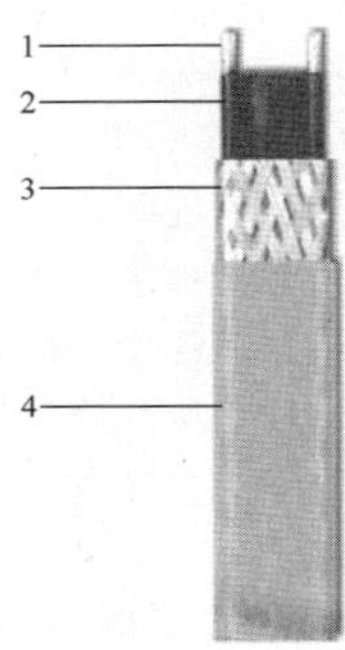

图 11-15　电伴热电缆结构组成

1—镀镍铜母线；2—半导体发热矩阵和含氟聚合物绝缘材料；3—镀锡铜合金线编织层；4—含氟聚合物护套

电伴热电缆的发热过程受周围环境温度影响较大。根据化学材料热胀冷缩原理，当电伴热电缆周围环境温度较低时，导电化学高分子材料产生的微分子收缩，使高分子内部碳粒连接形成电路使电流通过，电伴热电缆便开始发热；而周围环境温度较高时，导电化学高分子材料由于产生微分子膨胀，使高分子内部碳粒逐渐分开，导致电路中断，电阻急剧上升，电伴热电缆自动减少功率输出，发热量便降低，整个体系处于一个稳定状态，也就是相对平衡状态。针对电厂伴热的特殊技术要求，自控温电伴热系统能够准确、方便地起到保温、防冻的作用，为电厂冬季的良好运行提供了有力保障。虽然电伴热方案一次性投资费用较大，但其每年运行费用远远小于蒸汽伴热方案，因此电伴热相对于传统的蒸汽伴热具有明显的优势，因而得到了广泛应用。

（2）根据 DL/T 5182《火力发电厂仪表与控制就地设备安装、管路、电缆设计规程》的要求，对露天汽、水等仪表测量管路与变送器（开关）采用电伴热和保温箱的防护措施，以保证锅炉等主要设备及仪表设备的可靠运行。采用自控温电伴热电缆、选择工作电压为交流 220V、伴热设定温度以不发生冻结为原则的设定条件进行电伴热系统的设计。

1）伴热计算有关的几个因素。

a. 保温层厚度。不同的保温材料随着工况的变化，其厚度也有区别。仪表测量管路保温层厚度一般选取为 10～30mm。仪表测量管路标注为“30/25”，表示内保温厚度为 30mm、外保温厚度为 25mm；仪表测量管路标注为“25”，表示外保温厚度为 25mm（无需内保温）。一般情况下，具体计算测量管路散热量时，保温层厚度通常取 25mm。

b. 测量管路介质温度。根据火力发电厂工艺流程的特点，测量管路内介质一般可按高温、中低温两种工况考虑。高温介质主要包括过热蒸汽、再热蒸汽、省煤器进口给水及过热器减温水等温度大于 200℃的介质；中低温介质包括除氧器入口凝结水和其他常温介质。根据不同测量管路的介质温度范围可采用不同的功耗的电伴热带产品，既能满足保温要求，又可降低工程造价。

c．保温材料的导热系数。当测量管路保温层厚度一定时，为了提高保温效果，应选用导热系数小的保温材料。通常设计过程中选用硅酸铝保温材料，其保温系数为 0.044W/（m·℃）。

2）计算选型示例。以某火力发电厂为例，除氧器入口凝结水压力测量管路长度（L_1）为 15m，外径（d）为 14mm，测量管内介质温度（t_1）为 90℃（此处取较高值，与工艺管道介质实际温度不同），最低环境温度（t_2）为–25℃，保温材料选用硅酸铝保温材料，保温系数（λ）为 0.044W/（m·℃），保温厚度（δ）为 25mm，则压力测量管路散热量计算为

$$Q = 2\pi\lambda(t_1 - t_2) \div \ln[(d + 2\delta) \div d] = 21(\mathrm{W/m}) \quad (11\text{-}2)$$

电伴热电缆的敷设方式可采用平行法或缠绕法。如计算出的单位长度热损失小于电伴热电缆单位长度的额定发热值，一般采用平行法。

如计算出的单位长度热损失大，可以选取额定发热值大的电伴热电缆，或者采用缠绕法敷设电伴热电缆。缠绕法电伴热电缆长度的确定是先计算出缠绕螺距 s，即

$$s = \pi d / (K^2 - 1)^{1/2} \quad (11\text{-}3)$$

式中　d——仪表测量管外径；

K——电伴热带的长度系数，K 等于 Q（测量管路散热量）除以电伴热带的米功率。

然后根据缠绕螺距的大小计算出电伴热电缆的长度 L，其公式为

$$L = (L_1 / s) \times [s^2 + (\pi d)^2]^{1/2} \quad (11\text{-}4)$$

式中　L_1——测量管路长度。

几种类型电伴热电缆主要技术参数见表 11-16。

以选用 20W 电伴热电缆、除氧器入口凝结水压力测量管路散热量 Q21W/m 为例，利用上述公式，计算得出 s=137.38mm，则 L=17.3m。

表 11-16　几种类型电伴热电缆主要技术参数

发热功率（W）	介质最高维持温度（℃）	米功率（W/m）	额定电压（V）	最大使用长度（m）
10	120	10	220	240
15	110	15	220	200
20	90	20	220	175
25	70	25	220	150

3）电伴热系统的电源方案设计。

a．一般在需要防冻的集中区（如锅炉房运行层）设防冻配电箱，配电箱交流 380V 总电源来自电气厂用电，可以单路或双路电源供电，当采用双路供电时配电箱内考虑双路闭锁式进线手动切换刀闸，再由配电箱向各保温箱发散式供电。

b．每台仪表对应一路电伴热系统。压力类测量采用单根电伴热电缆，差压类仪表按照两根电伴热电缆，一般按照平行法敷设电伴热电缆，这样根据相应的测量管路长度并考虑阀门、法兰等处的用量得出所需的电伴热电缆长度，由此根据所采用的电伴热带的功耗进行各仪表测量管路电源容量的计算，并选择相应容量的分支微型断路器。最后将一个保温箱的各仪表测量管路伴热需要的功耗相加得出总功耗，由此选择单个保温箱的总微型断路器规格。

c．仪表保温箱中配置专用的加热器、电源箱和白炽灯。对于压力类的电伴热电缆配置一个一进一出的电源接线盒，对于差压类的两根电伴热电缆需要配置 T 型（一进二出）电源接线盒。

d. 对于分散的辅助车间的仪表防冻电伴热保温设计，由于仪表分散的缘故，其电源可由相应辅助车间配电箱引入，在工程中应开列辅助车间的电伴热电缆及相关材料。

e．电伴热保温箱电源接线示意图见图 11-16。保温箱专用电加热器布置在保温箱内。

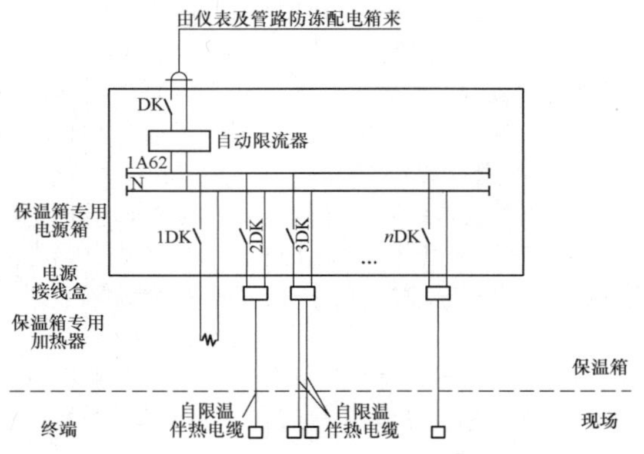

图 11-16　电伴热保温箱电源接线示意图

（二）仪表管路电伴热安装

下述方案为示例，具体工程以实际需要为准。

（1）每根电伴热电缆需配置一个终端密封盒。

（2）压力类仪表电伴热敷设示意图见图 11-17。

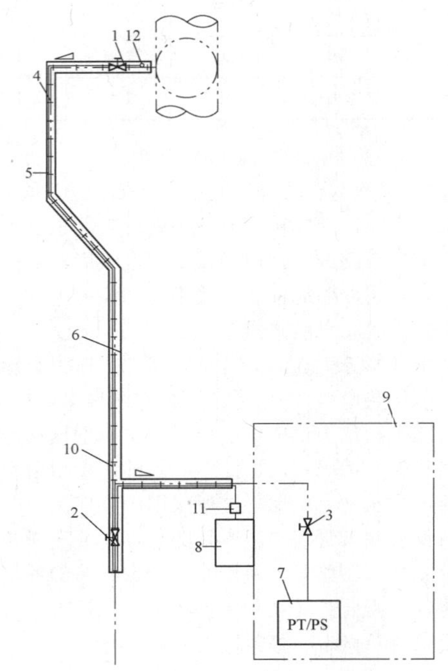

图 11-17　压力类仪表电伴热敷设示意图

1—一次阀门；2—排污阀门；3—二次阀门；4—测量管路；5—自限温伴热电缆；6—保温层；7—压力类仪表；8—配电箱；9—保温箱；10—固定夹；11—电源接线盒；12—终端接线盒

（3）差压类仪表电伴热敷设示意图见图 11-18。

（4）测量管路电伴热安装示意图见图 11-19。图 11-19（a）适用于瞬间温度大于或等于 120℃的汽水介质，图 11-19（b）适用于温度小于 120℃的介质。

（5）测量管路电伴热安装注意事项如下：

1）安装前需对测量管路、阀门进行防锈、防腐、去除毛刺和锐角等处理。安装完毕后还需对电伴热带进行绝缘性能测试。

2）电伴热带可紧贴管路表面接触敷设，并固定牢靠；当管路排污且其表面温度有可能大于电伴热带的最高允许承受温度时，则宜采取间隙（增加隔热层）敷设。

3）电伴热电缆从电源接线盒处沿管路敷设直至电伴热带终端接线盒，遇到阀门、法兰预留 12D（D 为测量管路外径）的长度，中间不得剪断。

4）应使差压类测量的两根管子受热均匀，防止由于受热不均匀造成的测量误差。

5）镀锌铁皮保护层的缝口和保温层缝口要错开，对水平段的保护层缝口应在管道水平中心线以下。

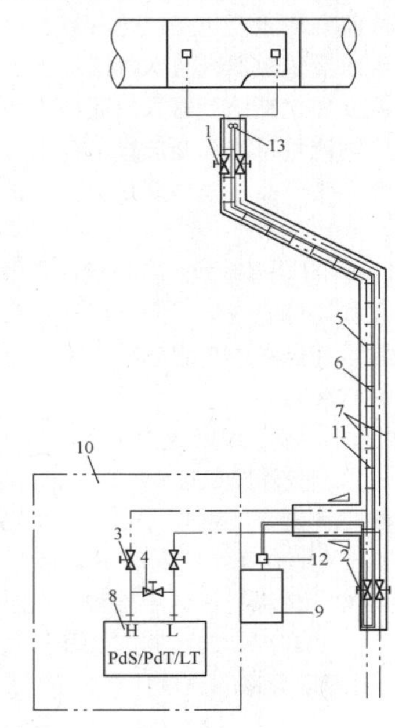

图 11-18　差压类仪表电伴热敷设示意图

1—一次阀门；2—排污阀门；3—二次阀门；4—平衡阀门；5—测量管道；6—自限温伴热电缆；7—保温层；8—差压类仪表；9—配电箱；10—保温箱；11—固定夹；12—电源接线盒；13—终端接线盒

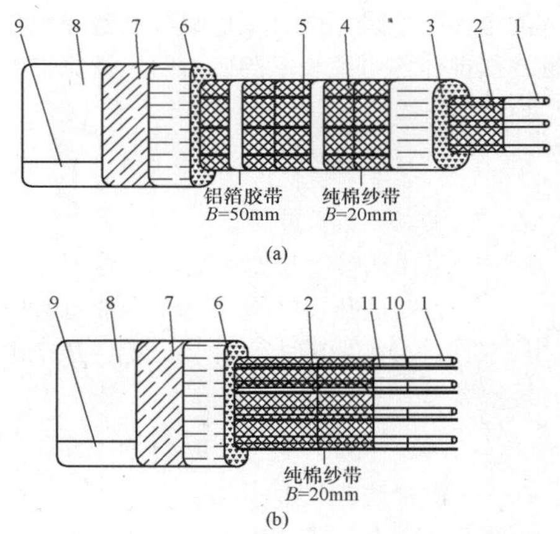

图 11-19　测量管路电伴热安装示意图

（a）高温型；（b）中低温型

1—测量管路$\phi18\times4$，$\phi17\times3.5$，$\phi16\times3$，$\phi14\times2$ 等；2—无碱玻璃布缠绕层厚度为 0.2mm；3—离心玻璃棉板 ρ=48kg/m^3，厚度为 30mm；4—无碱玻璃布缠绕层厚度为 0.2mm；5—自限温伴热电缆（用纯棉纱带/或铝箔胶带固定）；6—离心玻璃棉板 ρ=48kg/m^3，厚度为 25mm；7—PE 膜，适用于室外防雨水；8—铝板（厚度为 0.35mm）或镀锌铁皮（厚度为 0.5mm）；9—自攻螺钉 M4；10—伴热电缆固定夹子；11—自限温伴热电缆（用固定夹子/或金属丝与管路一起固定）

6）保温箱与测量管路的保温防护层接缝应完整、严密，防止雨水渗入。

7）电伴热电缆除对测量管路伴热外，还应对一次阀门、排污阀门及一次阀门前的管路伴热。

8）电伴热电缆在安装时应注意能适应测量管路可能出现的热膨胀，每隔 0.5m 左右用玻璃丝胶带固定在管路上。

9）对于高温介质管路的电伴热应先敷设隔热层，然后敷设电伴热电缆。

10）电伴热电缆在安装使用时，不允许反复弯曲折叠，以保护护套和绝缘。

11）每根电伴热电缆终端的两根线芯严禁短接。

12）电伴热电缆应可靠接地。

三、爆炸危险环境就地设备防护

（一）爆炸危险环境等级划分

1．爆炸性物质及环境

（1）爆炸性物质。爆炸性物质是指可燃性物质与空气的混合物。可燃性物质是指物质（包括气体、液体和固体）本身是可燃性的，并能够产生可燃性气体、蒸气或薄雾。爆炸性气体混合物是指在大气条件下，气体、蒸气、薄雾状的可燃性物质与空气的混合物，引燃后燃烧将在全范围内传播。

1）气体/蒸气类。①可燃性气体或蒸气。指以一定比例与空气混合后，将会形成爆炸性气体环境的气体或蒸气。②可燃性液体。指在可预见的使用条件下能够产生可燃性蒸气或薄雾的液体。③可燃性薄雾。指在空气中挥发能形成爆炸性环境的可燃液体微滴。④可燃性液体又划分为可燃性液体和易燃性液体。⑤可燃性气体类包括氢气、甲烷、乙烯、乙炔等；可燃液体类包括石油（汽车用油）、乙醇、液化石油气、液氨等。爆炸性气体（蒸气）混合物的几个主要参数：

a．闪点。闪点是指在标准条件下，使液体变成蒸气的数量能够形成可燃性气体或空气混合物的最低液体温度。液体的闪点越低，越容易挥发；环境温度或操作温度越高于闪点，液体挥发速率越快，极易形成爆炸危险环境。例如，丁烷的闪点为-60℃，不仅在冬天户外场所蒸发蒸气，而且在常温时会快速挥发蒸气。液体周围环境温度或操作温度是影响液体蒸发的主要依据。

b．爆炸极限与范围。爆炸极限是指可燃性气体（蒸气）与空气形成的混合物，能引起爆炸的最低浓度（爆炸下限）或最高浓度（爆炸上限），介于爆炸下限和上限中间的浓度范围称爆炸范围。例如：汽油为 1.1～5.9；甲醇为 6～36；氢气为 4～75。爆炸范围越大，则形成爆炸性混合物的机会越多；爆炸下限越低，则形成爆炸的条件越易。

c．相对密度。密度是指单位体积的物质质量。相对密度是指可燃性气体（蒸气）与空气密度的比值。相对密度是研究爆炸性混合物扩散范围的重要依据。比空气轻的可燃性气体（蒸气）会扩散至周围空间的上部区域，比空气重的可燃性气体（蒸气）停留在周围的空间下部区域。

d．爆炸性混合物的引燃温度。引燃爆炸性混合物所需的热表面最低温度。可燃性气体或蒸气与空气形成的混合物，在规定条件下被热表面引燃的最低温度。

e．爆炸性气体的级别。爆炸性气体的级别是便于Ⅱ类隔爆型电气设备和本质安全型电气设备的制造，根据其特性而划分为ⅡA、ⅡB、ⅡC 三个等级。它们是根据气体/蒸气的最大试验安全间隙（maximum examination safty gap，MESG）和最小点燃电流比（minimum ignition current ratio，MIC）来划分的。

2）粉尘类。①可燃性粉尘。指标称尺寸为 500μm 及以下的固体颗粒，可悬浮在空气中，也可依靠自身重量沉淀下来，可在空气中燃烧或焖燃，在大气压力和常温条件下可与空气形成爆炸性混合物的颗粒。②非导电性粉尘。指电阻率大于 $1\times10^3\Omega\cdot m$ 的可燃性粉尘，如植物粉、树脂类粉等。③导电性粉尘。指电阻率等于或小于 $1\times10^3\Omega\cdot m$ 的可燃性粉尘，如金属粉末、炭黑粉末和煤粉等。④可燃性飞絮。指标称尺寸大于 500μm，可悬浮在空气中，也可依靠自身重量沉淀下来的包括纤维在内的可燃性固体物质，如人造纤维、棉麻等。

GB 3836.1《爆炸性环境　第 1 部分：设备通用要求》中根据可燃性粉尘的性质和危险程度进行了如下分类：

a．粉尘层的引燃温度。规定厚度的粉尘层在热表面上发生引燃的热表面的最低温度。

b．粉尘云的引燃温度。炉内空气中所含粉尘云发生点燃时炉子内壁的最低温度。此温度值同样是选用及设计粉尘防爆电气设备的一个依据。

爆炸是燃烧的加速度反应，它是可燃性物质在点燃源能量的作用下，在空气或氧气中，进行化学反应，引起温度的升高，释放出热辐射及光辐射的现象。如果燃烧速度急剧加快，温度猛烈上升，导致燃烧生成物和周围空气激烈膨胀，形成巨大的爆破力和冲击波并发出强光和声响，这就是爆炸。

因此，产生爆炸必须同时具备以下两个条件：①具有足够的可燃性物质，并且浓度在爆炸极限范围内；②具有足够能量的点燃源，如火花、电弧和高温等。

（2）爆炸性环境及场所。

1）爆炸性环境。指在大气条件下，可燃性物质（气体、蒸气、粉尘、薄雾、纤维或飞絮）与空气的混合物被引燃后，能够保持燃烧自行传播的环境。

2）爆炸危险场区域。指爆炸性混合物出现的或预期可能出现的数量达到足以要求对电气设备的结构、安装和使用采取预防措施的区域。

3）释放源。指可释放出能形成爆炸性混合物的物质所在的部位或地点。气体释放源是指可能把可燃气体、薄雾或液体释放到大气中以致形成爆炸性混合物的某个部位或某个点。

a. 连续级释放源。指连续释放或预计长期释放的释放源。例如：处理容器的内部、与大气相通的贮罐易燃液体表面；经常或长期向空间释放可燃气体、易燃液体的排气孔和其他孔口等。

b. 第一级释放源。正常运行时，预计可能周期性或偶尔释放的释放源。例如：设备正常运行时，会释放易燃物质的泵、压缩机和阀门的密封件处；正常操作时会向大气释放物质的取样点等。

c. 第二级释放源。在正常运行时，预计不可能释放，如果释放也仅是偶尔和短时释放的释放源。例如：法兰、管接头、连接件；在正常运行时不可能出现释放的泵、压缩机和阀门的密封件处、安全阀、排气孔。

2. 气体爆炸危险区域划分

我国对爆炸性危险场所（气体/蒸气）划分的依据是 GB 3836.14《爆炸性环境　第 14 部分：场所分类　爆炸性气体环境》和 GB 50058《爆炸危险环境电力装置设计规范》。

根据爆炸性气体（蒸气）环境出现的频率和持续时间把危险环境分为以下区域：

（1）0 区。连续出现或长时间出现的爆炸性气体混合物的环境。

（2）1 区。在正常运行时可能出现爆炸性气体混合物的环境。

（3）2 区。在正常运行时不太可能出现爆炸性气体混合物的环境，或即使出现也仅是短时存在的爆炸性气体混合物的环境。

爆炸性气体/蒸气危险环境区域的划分是依据释放源的性质来确定的。原则上，在没有任何外界条件影响的情况下，连续级释放源周围形成 0 区；第一级释放源周围形成 1 区；第二级释放源周围形成 2 区。通风即空气流动，使新鲜的空气置换释放源周围的大气以促进可燃性气体逸散。通风速率适当，也能避免爆炸性气体环境的持久性，影响区域类型。

通风形式：①自然通风；②人工通风：整体或局部通风。

在露天场所，自然通风通常能够对消散场所中出现任何爆炸性环境起到重要作用。

人工通风：如采用通风机或排气装置。人工通风主要用于户内或封闭的空间场所，可分为高级通风（VH）、中级通风（VM）和低级通风（VL）三种。

爆炸危险场所等级见表 11-17。

表 11-17　　爆炸危险场所等级

序号	场所名称	场所等级	电气设备防爆结构	电气设备防爆标志
1	原油油罐区	2	隔爆型	ExdⅡAT3
			FISCO	ExicⅡAT3
2	原油油泵房	2	隔爆型	ExdⅡAT3
			FISCO	ExicⅡAT3
3	原油装卸车站台	1	隔爆型	ExdⅡAT3
			FISCO	ExibⅡAT3
4	燃气轮机电厂轮机室	2	隔爆型	ExdⅡAT1
			FISCO	ExicⅡAT1
5	燃气轮机电厂辅机室（以柴油或天然气为燃料）	2	隔爆型	ExdⅡAT3 或 ExdⅡAT1
			FISCO	ExicⅡAT3 或 ExicⅡAT1
6	制氢站电解槽室	1	隔爆型	ExdⅡCT1
			FISCO	ExibⅡCT1

续表

序号	场所名称	场所等级	电气设备防爆结构	电气设备防爆标志
7	氢气贮罐区	1	隔爆型	ExdⅡCT1
			FISCO	ExibⅡCT1
8	天然气瓦斯减压站	1	隔爆型	ExdⅡCT1
			FISCO	ExibⅡCT1
9	氨区	1	隔爆型	ExdⅡAT1
			FISCO	ExdⅡAT1

注　FISCO 符合 GB 3836.19《爆炸性环境　第 1 部分：现场总线本质安全概念（FISCO）》。

（二）爆炸危险环境电气设备防护措施

设置有燃油、天然气、氢气冷却、液氨等场所存在可燃气体、易燃液体等爆炸危险物质，在一定的条件下可能与空气形成爆炸性混合物，就需要考虑必要的防爆措施，以免因设备发热或火花导致这些危险场所发生爆炸事故。仪表设备防爆措施主要有两个方面：①根据设备装设场所的爆炸危险程度与场所内爆炸性混合物的爆炸性能，选择合适的防爆仪表设备；②使设备的安装位置符合防爆要求。下面主要就爆炸危险环境设备的安装位置要求进行说明。

（三）爆炸危险环境电气设备安装

（1）在危险场所装设的电气设备（含开关量仪表），应具有相应的防爆等级和必要的防爆措施。

（2）爆炸危险场所等级见表 11-17。

电厂用电气设备属Ⅱ类电气设备，按其适用于爆炸性气体混合物最大试验安全间隙或最小点燃电流比可分为 A、B、C 三级，并符合表 11-18 的规定。

表 11-18　最大试验安全间隙或最小点燃电流比分级

级别	最大试验安全间隙 MESG（mm）	最小点燃电流比 MICR
ⅡA	≥0.9	＞0.8
ⅡB	0.5＜MESG＜0.9	0.45≤MICR≤0.8
ⅡC	≤0.5	＜0.45

注　1. 级别应符合 GB 3836.1《爆炸性环境　第 1 部分：设备通用要求》的规定。
2. 最小点燃电流比 MICR 为各种易燃物质按照它们最小点燃电流值与实验室的甲烷的最小电流值之比。

（3）爆炸性气体混合物和爆炸性粉尘混合物应按引燃温度分组，并符合表 11-19 的规定。

（4）在危险场所中，应使产生爆炸的条件同时出现的可能性减到最小程度，并采取消除、隔离或控制电气设备线路产生火花、电弧或高温的措施。

表 11-19　引燃温度分组　（℃）

组别	引燃温度 t
爆炸性气体混合物	
T1	$t>450$
T2	$300<t\leq 450$
T3	$200<t\leq 300$
T4	$135<t\leq 200$
T5	$100<t\leq 135$
T6	$85<t\leq 100$
爆炸性粉尘混合物	
T11	$t>270$
T12	$200<t\leq 270$
T13	$150<t\leq 200$

（5）危险场所的控制室布置，应符合下列规定：

1）控制室宜布置在危险场所以外，不应布置在危险场所的正上方或正下方。

2）当控制室为正压室时，可布置在 1、2 区内，对于可燃物质比空气重的爆炸性气体环境，位于爆炸危险区附加 2 区的控制室还应高出室外地面 0.6m。

3）控制室与危险场所毗邻时，其门窗应朝向非危险场所。

4）控制室与危险场所的隔墙，应是非燃体的实体墙，隔墙上不宜开窗，否则应是双层玻璃的固定密封窗。

5）隔墙上只允许穿过与控制室有关的管子或电缆通道，其穿过的孔洞应用松软的耐火阻燃材料严密封堵。

（6）危险场所电气设备的选择，应符合下列规定：

1）根据危险场所的分区，选择相应的电气设备种类及其防爆结构。

2）选用防爆电气设备的级别和组别，不应低于该危险场所内爆炸性气体混合物的级别和组别。

3）爆炸危险区域内的电气设备应符合周围环境内化学、机械、热、霉菌及风沙等不同环境条件对电气设备的要求；电气设备的防爆结构应能满足其在规定的运行条件下不降低防爆性能的要求。

四、就地设备的防雨、防尘及防腐

就地设备需要防雨和防尘，依据 GB/T 4208《 外壳防护等级（IP 代码）》，相关的 IP 代码的组成及含义见表 11-20。

表 11-20　IP 代码的组成及含义

组成	数字或字母	对设备防护的含义	对人员防护的含义
代码字母	IP	—	—
第一位特征数字		防止固体异物进入	防止接近危险部件
	0	无防护	无防护
	1	≥直径 50mm	手背
	2	≥直径 12.5mm	手指
	3	≥直径 2.5mm	工具
	4	≥直径 1.0mm	金属线
	5	防尘	金属线
	6	尘密	金属线
第二位特征数字		防止进水造成有害影响	—
	0	无防护	
	1	垂直滴水	
	2	15° 滴水	
	3	淋水	
	4	溅水	
	5	喷水	
	6	猛烈喷水	
	7	短时间浸水	
	8	连续浸水	
	9	高温/高压喷水	
附加字母（可选择）		—	防止接近危险部件
	A		手背
	B		手指
	C		工具
	D		金属线
补充字母（可选择）		专门补充的信息	—
	H	高压设备	
	M	做防水试验时试样运行	
	S	做防水试验时试样静止	
	W	气候条件	

另外，有些进口设备的外壳防护等级是按照 NEMA 标准进行划分的，NEMA 防护标准等级是美国电气制造商协会工业控制装置和系统中的外壳防护标准。NEMA 的外壳防护等级和 GB/T 4208 中 IP 代码的接近对应关系见表 11-21。

表 11-21　GB/T 4208 中 IP 代码与 NEMA 标准的防护等级对应表

IP 代码的外壳防护等级	IP30	IP31	IP32
NEMA 标准对应或接近的外壳防护等级	NEMA1	NEMA2	NEMA3R
IP 代码的外壳防护等级	IP64	IP65	IP66
NEMA 标准对应或接近的外壳防护等级	NEMA3	NEMA12 和 13	NEMA4 和 4X

（1）就地指示仪表、变送器和开关量仪表装设在露天环境时，应设置防雨罩或加装防护箱。

（2）露天安装的执行机构与电磁阀等必须设置防雨罩，以防止电气部件受潮或活动部件生锈。防雨罩应方便拆装，以便检修维护。防雨罩可为箱式、伞形或其他形式。

（3）露天布置的气动执行机构，在冬天有冰冻的地区，应有防冻伴热措施。此时，执行机构装设在可拆卸的专门保温箱内，内设伴热汽管或电热丝。对于有些场合条件允许时，可建造简易小屋（如引风机旁边），并通以暖气，以解决执行机构的防雨及防冻。

（4）露天安装的电动执行机构，应装设在高出地面的基础上，防止地面积水时被水泡。

（5）露天安装的接线箱（盒）应设置防雨罩，并采取下部出线，上部及多余的出线孔应严密堵塞。厂房内安装的接线箱（盒）也应尽量采取下部出线。

（6）现场布置的仪表需要防尘时，可安装在保护箱内。

（7）安装在海边盐雾环境的设备，可选用 316L 不锈钢做外壳。对设备表面进行磨砂处理也可以起到一定的防腐蚀作用。

（8）碳钢管路、管路支架、保护管、电缆桥架、固定卡、对设备底座及需要防腐的结构，其外壁无防腐层时，均应涂防锈漆和面漆。高温测量管路的防腐漆应采用高温漆。

（9）露天布置的设备在需要防晒时，可以与防雨措施一并考虑，确保设备不受阳光长时间直接照射。对于分散布置的设备，可以采用厚度为 1mm 的镀锌薄铁皮制作防雨防晒棚（罩）。

第四节　安　装　材　料

一、常用钢材

（一）仪表测量管路常用钢管

1．碳素无缝钢管

仪表测量管路用 20 号和 20G 无缝钢管钢，其常用规格主要有ϕ14×2、ϕ16×3、ϕ25×7、ϕ28×4 等。考虑电厂维护成本因素，目前较少采用碳素无缝钢管钢。

2．不锈钢管

按照 GB/T 1220《不锈钢棒》，目前常用的不锈钢管主要有 06Cr19Ni10（304）、06Cr18Ni11Ti（321）、各类 316 不锈钢。仪表测量管路的常用规格有ϕ14×2、ϕ16×3、ϕ17×3.5、ϕ18×4、ϕ18×4.5、ϕ18×5、ϕ21×5.5、ϕ21.3×6、ϕ25×7、ϕ28×4、ϕ32×8 等。

3．合金钢管

根据工艺专业动力管道有关规范，目前常用的合金钢管主要有 12CrlMoV、A335 P91 和 P92 以及 15NiCuMoNb5-6-4（WB36）。仪表测量管路用 12CrlMoV 的规格主要有ϕ16×3、ϕ25×7（非标），A213 T91 和 T92 主要规格有ϕ17.1×3.2、ϕ21.3×4.78、ϕ26.7×7.82、ϕ33.4×9.09 等。

（二）各类安装用角钢、槽钢规格

（1）按照 GB/T 706《热轧型钢》，常用热轧等边角钢见图 11-20 和表 11-22。

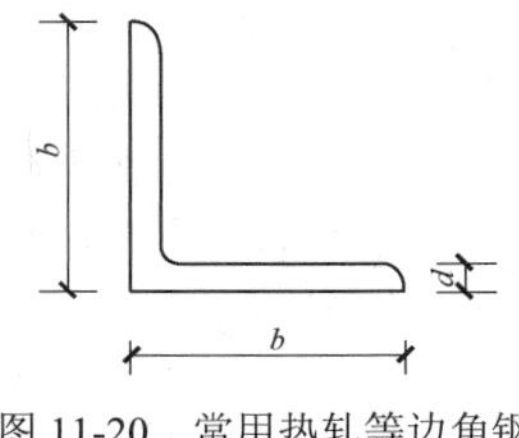

图 11-20　常用热轧等边角钢

表 11-22　常用热轧等边角钢

型号	尺寸（mm）		理论质量（kg/m）
	b（边长）	d（厚度）	
∠20×3	20	3	0.89
∠25×4	25	4	1.46
∠30×4	30	4	1.79
∠36×4	36	4	2.16
∠40×4	40	4	2.42
∠45×4	45	4	2.74
∠50×5	50	5	3.77
∠63×6	63	6	5.72
∠70×8	70	8	8.37
∠75×8	75	8	9.03

（2）按照 GB/T 706，常用热轧普通槽钢见图 11-21 和表 11-23。

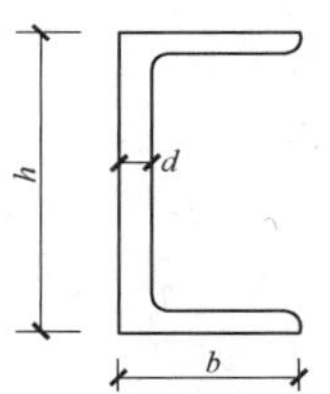

图 11-21　常用热轧普通槽钢

表 11-23　热轧普通槽钢

型号	尺　寸（mm）			理论质量（kg/m）
	h（高度）	b（边长）	d（厚度）	
[5	50	37	4.5	5.44
[6.3	63	40	4.8	6.63
[8	80	43	5.0	8.04
[10	100	48	5.3	10.00
[12.6	126	53	5.5	12.31
[14a	140	58	6.0	14.53
[14b	140	60	8.0	16.73
[16a	160	63	6.5	17.23
[16	160	65	8.5	19.75
[18a	180	68	7.0	20.17
[18	180	70	9.0	22.99
[20a	200	73	7.0	22.63
[20	200	75	9.0	25.77

二、材料消耗统计方法

就地设备安装、管路及防护涉及的主要材料包括仪表测量管路及附件、电伴热电缆和各类安装辅材等。实际工程中，受设备安装位置和管路走向的不确定性，加上机组容量大小不同和同样容量机组主厂房布置的差异，以及施工单位自身的习惯，各类安装主材和辅材用量很难准确统计，因此这里仅给出一些材料的统计方法。

1. 仪表测量管路长度统计

仪表测量管路长度是根据仪表安装位置和测量管路路径逐一估算后累加得出的。仪表安装按照“小集中、大分散”的原则，除就地直接安装在设备附近的仪表外，大型机组小集中安装的仪表单根测量管路长度从十多米到几十米不等，可取平均长度 15～20m。取样短管和一次阀门前的管路，每个压力类测点可按照长度约 0.3m（差压类约 0.6m）计列，而管路规格按照本章第二节的对应参数和用途选取。

2. 仪表阀门及接头统计

仪表阀门设置则根据测量用途和仪表型式确定，逐一统计后累加得出各类仪表阀门数量。微压烟风系统测量管路可不设置阀门，凝汽器真空测量管路禁止设置排污阀门，汽轮机润滑油、顶轴油、EH 油和燃气测量管路不应设置排污阀门。注意有些测量管路需要装双一次阀门和排污阀门，高参数测量管路阀门形式也有采用工艺系统用截止阀的情况。

另外，一般随仪表阀门配接头（包括卡套式连接接头）和随仪表配过程接头较为合理，这样做一方面是为了方便配合；另一方面当连接处出现渗漏时便于界定责任，同时在阀门工厂解决不同材质焊接热处理更容易。仪表阀门配过渡管，一方面由阀门厂在工厂完成焊接；另一方面便于过渡管（大小头）和两端测量管路的接口匹配使现场易于焊接。根据一次阀门与工艺管道或设备连接之间的所有材料应采用与工艺管道或设备相同的材料或者是满足工艺流体压力、温度和连接方式的材料，对于合金钢材质的工艺管道，当其测量一次阀门采用 TP316H 材质时，而 TP316H 材质又可作为一次阀门前、后过渡管，这样一次阀门就和同材质过渡管焊接，现场存在合金钢取压短管和不锈钢过渡管不同材质的焊接。对于采用合金钢材质的工艺管道或设备，当其测量一次阀门采用与工艺管道相同的合金钢材质，一次阀门前、后过渡管可采用与工艺管道相同的合金钢材质，此时现场也存在一次阀门后合金钢过渡管和不锈钢测量管路不同材质的焊接。

需要排污的管路，一次阀门后还需要设置三通接头。另外，当管路较长时，对于低参数的管子间采用卡套连接时，还需要配置相应规格的卡套接头（可按照每 4m 约 1 个考虑）。

3. 测量管路其他附件统计

测量管路其他附件需要根据测量用途等配置，包括：各类蒸汽（过热蒸汽、供辅助蒸汽用汽、给水泵汽轮机进汽等）的流量测量用冷凝器；汽包、高低压加热器、除氧器、凝汽器等含蒸汽的水位测量用单室平衡容器；烟风系统和气粉混合物测量用防堵取样装置，可根据具体位置是否设置带连续吹扫功能，其中结焦的烟气（空气预热器前烟气）、气粉混合物（磨煤机出口）测量宜采用补偿式防堵取样装置（带连续吹扫功能）。

需要排污的保护/温箱、仪表架需设置排污总管（ϕ60×5 镀锌钢管，长度根据仪表数量为 1～2m）。所有排污应分区集中排放，可从各区各排污槽处引出不锈钢排污管（ϕ16×3）到集中排污点，排污管长度需根据保护/温箱、仪表架位置和集中排污点的路径计算得出。

4. 电伴热电缆统计

电伴热电缆统计可按照本章第三节中的仪表测量管路电伴热设计方案进行，电伴热电缆按照测量管路长度并考虑一定的裕量统计。

5. 辅助安装材料统计

就地盘柜辅助安装材料、仪表设备安装所需的支撑及固定材料、测量管路敷设过程中的固定材料、仪表电伴热电缆敷设材料等辅助材料采取统计和估算相结合的方法。

（1）就地盘柜辅助安装材料统计。就地盘柜辅助安装材料包括盘柜底座材料（安装方式为直接挂于墙壁或土建结构上的除外），可根据盘柜的大小尺寸统计各类规格单个盘柜所需的安装材料后再累加。

1）就地仪表箱、接线盒，当其规格较小时采用墙挂式，其安装方式可采用门形安装方式（双立柱+双横担+延宽度方向约 200mm 宽的电缆支架），双立柱可为［6.3 槽钢或角钢∠50×5；横担可为角钢∠50×5，安装完成后的箱体顶标高预估为 1.55m，两个立柱采用与 150mm×150mm×8mm 钢板焊接固定于地面。

单个箱体支架制作所需要的材料应为：横担∠50×5：4W+200（W 为宽度 mm）；立柱［6.3 槽钢 3100mm；钢板 150mm×150mm×8mm：厚度为 8mm，面积为 0.045m^2。

2）就地小型控制柜、保护/保温箱（无埋件/开孔/开沟），采用底座抬高非固定高度安装，其安装方式采用底座式安装方式（底座为立方体），立方体可为槽钢［6.3，安装完成后的高度一般不超过 2m。在实际安装过程中，可以根据柜体的高度进行安装，一般安装高度应在 1.6～1.7m 之间。底座采用底部四角与

150mm×150mm×8mm 钢板焊接固定于地面。

因此，单个盘柜底座制作所需要的材料应为：（2000−H+W+D）×4（mm），其中 H、W、D 分别为盘柜高、宽、深（单位为 mm）。

（2）仪表安装架所需材料统计。目前的设计是开列仪表架清册，清册内含仪表架上仪表情况、接线盒情况，然后另外开列仪表架所需的估算材料量，安装单位需进行现场查看和二次设计后给出仪表架的制作图纸。为了较准确地统计这部分材料，下面按照有关规范对仪表安装架所需材料进行统计。

压力/差压变送器及逻辑开关相对集中安装于保护/温箱或仪表架上。保护/温箱箱体的安装所需的安装材料如前所述。采用仪表架的安装方式时，可通过每个仪表架安装的仪表数量和仪表架数量计算出所需的安装材料。仪表架形式主要分为两种，即靠椅式安装架和门形安装架，为便于材料计算，将其安装方式全部归纳为靠椅式安装架，见图 11-22。

在实际设计中，将汽、水（仪表布置在取样点下方，采用靠椅式安装支架）及气体（仪表布置在取样点上方，采用门形安装支架）进行了区分，所用不同支架材料用量差异较大，由于气体测点采用门形安装架的相对较少，为便于材料计算，将其安装方式全部归纳为靠椅式安装架。当仪表设备在仪表架上成排安装时，差压变送器中心间距可选 300mm，压力变送器中心间距可选 200mm，差压变送器距底座边的距离可为 200mm，压力变送器距底座边的距离可为 100mm。因此按照仪表架上仪表的数量来统计安装材料用量。仪表架的安装材料统计见表 11-24。

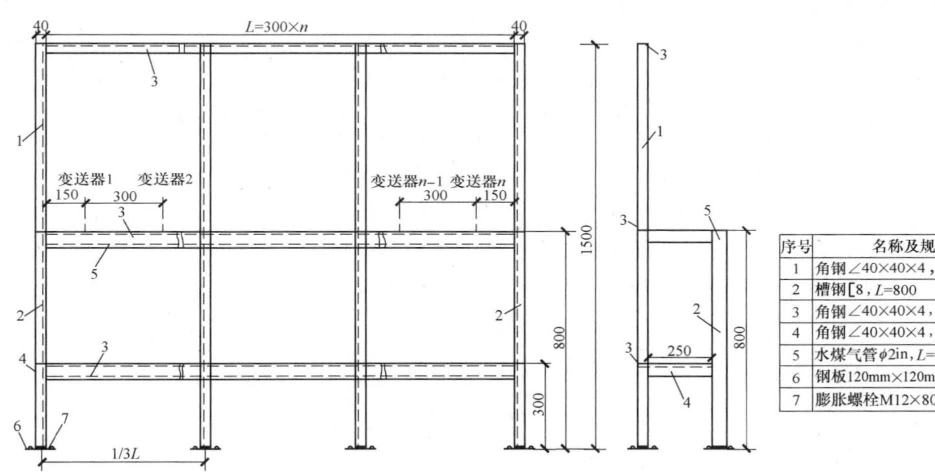

图 11-22　靠椅式仪表安装架

表 11-24　　仪表架的安装材料统计

变送器安装数量 n	∠40 角钢	[8 槽钢	ϕ50 镀锌水煤气管	钢板 120mm×120mm×8mm
n 小于或等于 5 支	4000mm+900mm×n	2600mm	300mm×n	0.09m^2
n 大于 5 支小于或等于 10 支	6000mm+900mm×n	3900mm	300mm×n	0.135m^2
n 大于 10 支小于或等于 15 支	8000mm+900mm×n	5200mm	300mm×n	0.18m^2

（3）测量管路敷设过程中的固定材料统计。

1）测量管路在从检测点到变送器/开关仪表的敷设过程中，由于要兼顾“大分散、小集中”的原则，并考虑运行人员维护操作的便利性、安装工艺美观等要求，往往会经过十多米甚至更远的路径，在安装及运行过程中，由于管路支撑、减震、管路自身热胀及管路跟随主设备热胀移动，管路受力消除及应力消除、并排敷设测量管路的工艺美观等原因，都需要进行测量管路固定。并排测量管路在仪表支架底座上方要通常做成扇形，扇形的大小、高度依据底座的变送器数量、底座的宽度确定。

2）常规的固定方法就是将角钢（常用规格为∠40×4）的一端焊接或者固定在管路需要固定位置附近的构筑物上，然后用仪表管卡把测量管路固定在角钢上。这种方法经常用在测量管路沿着钢梁、立柱或者其他的构筑物进行敷设时。很多时候都会遇到测量管路并排敷设，但周围并没有其他构筑物可以作为固定点。在这种情况下也经常用角钢或者扁钢和仪表管卡配合，将并排敷设的测量管路都固定在同一个角钢或者扁钢上，并使敷设工艺更为美观。

3）在统计测量管路敷设的固定材料时，可以按照测量管路的总长度大致估算，并将固定材料统一为角钢∠40×4：该固定材料一般可分两类，一类是用来固定测量管路的固定角钢；另一类是上述固定角钢所需要的支/吊架，都是采用角钢∠40×4 进行制作。而现场实际测量管路敷设可以以下方法进行固定材料估算：沿测量管路走向，以每 5m 为一个固定点，每根测量管路所用的固定角钢耗材预估为 0.04m（固定一根外径为 14mm 的测量管路所需要的角钢的长度）；同时每个点所用的支/吊架所用角钢预估为 0.3m，然后统一考虑一定的裕量系数，估算出大概用量。

（4）根据本章第三节中的测量管路电伴热设计方案，对测量管路电伴热敷设的配套材料进行统计。

1）电伴热电缆配供材料。

a．电伴热电缆终端密封盒及电源接线盒。电伴热电缆终端密封盒的数量为需电伴热的仪表数量；电伴热电缆电源接线盒一进一出型的数量为需要电伴热的压力类仪表数量，一进二出（T 型）的数量为需要伴热的差压类仪表数量。

b．其他材料。固定在无碱玻璃布外的纯棉纱带（宽度 B 为 20mm）和铝箔胶带（宽度 B 为 50mm）都随电伴热电缆配套供货，数量满足实际需要。

2）电伴热电缆敷设的其他配套材料。

a．无碱玻璃布用量。当检测的工艺介质温度在 200℃及以上时，先采用无碱玻璃布（宽度 B 为 250mm，厚度为 0.2mm）将测量管路缠绕；而当检测的工艺介质温度在 200℃以内时，先采用卡子将电伴热电缆与对应的测量管路一一卡住，之后采用无碱玻璃布（宽度 B 为 250mm，厚度为 0.2mm）将电伴热电缆与测量管路整体缠绕。无碱玻璃布的数量按照测量管路外径和敷设方式及长度进行计算。

b．保温材料。保温材料可选用硅酸铝保温材料或离心玻璃棉板或其他可替代产品或采取与工艺管道保温相同的材料。当成组的测量管路集中敷设时，保温材料采用硅酸铝保温材料或岩棉板；当为单根测量管路进行电伴热敷设时，保温材料可采用岩棉管壳。当检测的工艺介质温度在 200℃及以上时，采用内、外两层保温材料，内层厚度为 30mm，外层厚度为 25mm。而当检测的工艺介质温度在 200℃以内时，可采用单外层保温方式，其厚度为 25mm。保温材料数量按照测量管路外径和敷设方式及长度进行计算。

c．镀锌铁皮和自攻螺钉。最外层防护层采用厚度为 0.5mm 的镀锌铁皮或厚度为 0.35mm 的铝板包裹，并采用 M20 的自攻螺钉固定。

第十二章

电 缆 及 敷 设

本章从电缆的导体、绝缘层及护套层材质、电缆屏蔽型式及电缆导体截面等方面介绍了电缆的选择；从电缆桥架的型式、材质、安装附件等方面介绍了电缆桥架的选择及安装；从电缆敷设要求、电缆桥架设计及安装要求、电缆沟设计要求、计算机敷设电缆及电缆防火设计等方面介绍了火力发电厂电缆敷设设计。

第一节　电 缆 型 式 选 择

一、电缆的定义及基本结构

（一）定义

火力发电厂通常使用绝缘电缆，绝缘电缆通常由一根或多根绝缘线芯、包覆层、缆芯保护层、外保护层构成。电缆内可以有附加的无绝缘导体。

电缆从用途上可分为电力电缆、控制电缆、计算机电缆、补偿电缆及通信电缆。电力电缆用于电能的传输，主要用于用电设备电能传递；控制电缆传输的是信号装置发出的开关量信号；计算机电缆传输的是信号装置发出的如电压、电流、脉冲、热电阻等模拟量信号；补偿电缆用于热电偶信号的传递；通信电缆用于网络、视频、音频等信号的传递。

（二）基本结构

电缆的结构总体上可分为导体、绝缘层、屏蔽层（可选）和护套层四个部分，见图 12-1。

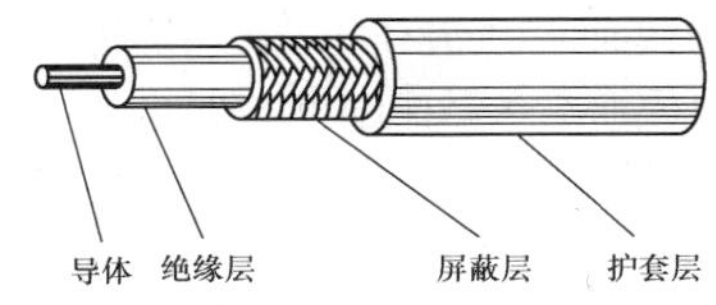

图 12-1　电缆结构简图

二、电缆导体

（一）材质选择

电缆导体的材质除特殊场合外，通常采用铜或铝材料作为导体，铜芯电缆和铝芯电缆各有优缺点。

铜芯电缆比铝芯电缆电阻率小，相同截面的铜芯电缆要比铝芯电缆允许的载流量高、电压降小、电能损失少；铜抗氧化，耐腐蚀能力强，性能稳定，故障率低；铜芯柔性好、抗疲劳。

铝芯电缆价格便宜，可以降低工程造价；与同截面的铜芯电缆相比，铝电缆质量轻。

电缆导体材质的选择规定：

（1）控制电缆应采用铜导体。

（2）用于下列情况的电力电缆，应选用铜导体：

1）重要电源需保持连接具有高可靠性的回路。

2）振动剧烈、有爆炸危险或对铝有腐蚀等严酷的工作环境。

3）耐火电缆。

4）紧靠高温设备布置。

5）工作电流较大，需增多电缆根数时。

在目前工程实际应用中，电缆的导体材质通常选用铜芯。

（二）补偿电缆导体材质选择

由于热电偶采用的贵金属价格高，将热电偶直接引至仪表或控制系统会导致造价高，通常是将补偿电缆用于热电偶至冷端补偿器、恒温箱及二次表之间的连接线路，用于降低工程造价。补偿电缆的作用是采用与热电偶两种金属组合热电特性相近的价格较低廉的金属导体将热电偶冷端延长接至测量仪表或系统、冷端恒温箱等处，并通过测量仪表或系统、冷端恒温箱等处的冷端温度来进行电势差信号的补偿。

热电偶分度号与补偿电缆材质对应关系见表 12-1，各合金丝名义化学成分见表 12-2。

表 12-1　热电偶分度号与补偿电缆材质对应关系

产品名称	补偿电缆型号	热电偶分度号	芯线合金	
			正极	负极
铂铑 10-铂热电偶补偿电缆	SC	S	铜	铜镍 0.6

续表

产品名称	补偿电缆型号	热电偶分度号	芯线合金	
			正极	负极
铂铑13-铂热电偶补偿电缆	RC	R	铜	铜镍0.6
镍铬-镍硅热电偶补偿电缆	KCA	K	铁	铜镍22
	KCB		铜	铜镍40
	KX		镍铬10	镍硅3
镍铬硅-镍硅热电偶补偿电缆	NC	N	铁	铜镍18
	NX		镍铬14硅	镍硅4镁
镍铬-铜镍热电偶补偿电缆	EX	E	镍铬10	铜镍45
铁-铜镍热电偶补偿电缆	JX	J	铁	铜镍45
铜-铜镍热电偶补偿电缆	TX	T	铜	铜镍45

表 12-2　　合金丝名义化学成分　　（%）

合金丝名称	名义化学成分					
	Cu	Ni	Cr	Si	Fe	Mg
铜	100					
铜镍0.6	99.4	0.6				
镍铬10		90	10			
镍铬14硅		84	14.5	1.5		
镍硅3		97		3		
镍硅4镁		94.5		4.5		1
铜镍40	60	40				
铜镍22	78	22				
铜镍18	82	18				
铜镍45	55	45				
铁					100	

（三）电缆芯数的选择

1. 电力电缆芯数选择

电力电缆芯数通常有单芯、二芯、三芯、四芯和五芯。

单芯电缆通常用于接地电缆；二芯、三芯电缆用于电压等级为交、直流 110、220V 和单相交流 380V 的供电回路；四芯、五芯根据电气系统的接地形式用于电压等级为交流 380V 的供电回路。

交流 1kV 及以下电源中性点直接接地时，三相回路电缆芯数的选择，有以下几种情况：

（1）保护线与受电设备的外露可导电部位连接接地时，当保护线与中性线合用同一导体时，应选用四芯电缆；当保护线与中性线各自独立时，宜选用五芯电缆。

（2）受电设备外露可导电部位的接地与电源系统接地各自独立时，应选用四芯电缆。

交流 1kV 及以下电源中性点直接接地时，单相回路电缆芯数的选择，有以下几种情况：

（1）保护线与受电设备的外露可导电部位连接接地时，当保护线与中性线合用同一导体时，应选用两芯电缆；当保护线与中性线各自独立时，宜选用三芯电缆。

（2）受电设备外露可导电部位的接地与电源系统接地各自独立时，应选用两芯电缆。

对于火力发电厂，交流 380V 电气系统通常采用中性点直接接地系统，低压电气设备可就近采用已有金属构件或电缆埋管作为设备接地之用或采用专用接地线与接地网连接。对于仪表与控制专业设备的电源电缆通常可以选用四芯电缆（对于交流 380V 设备）或选用两芯电缆（对于交、直流 220V 设备）。

2. 控制电缆芯数选择

开关量信号电缆的芯数根据传输控制信号数量来选择，芯数通常有 2、3、4、5、7、8、10、12、14、16、19、24、27、30、37、44、48、52、61。在实际使用中，一般单根电缆不超过 24 芯。

3. 计算机电缆芯数选择

计算机电缆芯数成对使用，可分为对线组、三线组及四线组。对线组用于电压、电流、脉冲、热电偶等信号；三线组及四线组用于热电阻信号，由于热电阻通常选用三线制热电阻，故热电阻信号电缆多选用三线组。其线芯对数通常为 1～37 对。在实际使用中，一般单根电缆不超过 7 对。

为了增加电缆的抗干扰性能，电缆制造时，线组采用绞合而成，$1.5mm^2$ 及以下的单元绞组绞合节距不大于 100mm；$2.5mm^2$ 及耐火电缆最大绞合节距为 120mm；电缆中非屏蔽成缆元件相邻的成缆元件宜采用不同的绞合节距。多对电缆绞合成缆，成缆最外层方向为右向，相邻层绞向相反，成缆最外层节距不大于成缆外径的 20 倍，其中软结构电缆应不大于成缆外径的 16 倍。

计算机电缆允许选用的最多芯数或对数，应根据电缆线芯的截面、电缆外径和是否铠装等因素来确定，一般情况下外径不宜超过 30mm。

单根电缆实际使用的芯数或对数超过 6 芯或 3 对时，视芯数或对数的多少，可预留 1～2 芯或 1 对备用。实际使用 7～14 芯的电缆，应预留不少于 1～2 芯备用；实际使用 14 芯以上的电缆应预留不少于 3 芯备用。但两根及以上的电缆起止点相同时，可不必在每根电缆中都预留备用芯或备用对。

电子设备间内的盘间联系电缆，不论线芯数或对数多少，均不预留备用芯，只保留自然备用芯。

4. 电缆合并

（1）电缆合并原则。在允许和可能的情况下，合并电缆可以降低工程投资，减少电缆施工的工作量，但合并电缆时应注意不能给安装接线及运行维护带来不便。电缆合并的基本原则如下：

1）电缆起止点相近的同类信号，可以合并选用多芯电缆。控制盘内两侧端子排的引出线，不宜直接合并为一根电缆引出，必要时可利用盘内端子转接后再合并的连接方式。

2）要求抗干扰的弱电信号及低电平信号，不应与强电回路合用一根电缆。

3）在控制系统控制对象中，交流 380V 动力电源回路不得与控制回路 I/O 信号合用一根电缆；同一安装单位中的开关量输出和开关量输入可以合并用一根电缆。

4）冗余信号的电缆不能合并，但不同信号之间电缆可交叉合并。

（2）电缆合并方法。在火力发电厂实际设计过程中，电缆合并的方法举例如下：

1）锅炉本体金属温度、辅机本体轴承温度及电动机轴承、绕组温度和加热器水位等如制造厂不带就地接线盒，可按分布区域规划就地接线盒，按电缆合并原则合并电缆。

2）电缆始、终端设备相同，同一机柜的前后同侧，且信号类型相同（包括调节阀、变频器的 AI/AO 信号），可合并电缆。

3）电动阀、电磁阀、电动机的开关控制信号用一根电缆，反馈信号用一根电缆。对于 DCS 或程序控制系统，如输入/输出回路均采用直流 24V 回路，控制信号与反馈信号可考虑用一根电缆。不同类型信号必须采用不同根电缆。

4）从同一个接线盒引出，且 DCS 接线端子在机柜的同一个区的同类电缆合并。

5）同一控制机柜的同一个区，出线若在另一机柜的同一个区，同类电缆可合并。

（四）电缆导体线芯结构

电缆导体线芯结构通常有如下四种形式：

第 1 种：实心导体；

第 2 种：绞合导体；

第 5 种：软导体；

第 6 种：比软导体更柔软的导体。

1. 实心导体

实心导体线芯是指采用一根实心铜、铝或铝合金线作为导体。由于单根导体的集肤效应，实心导体的电缆截面不能制作得过大，除特殊应用外，通常铜实心导体截面面积不会大于 $25mm^2$。

2. 绞合导体

绞合导体是为避免实心导体的集肤效应，采用多根细导体绞合，组成线芯的导体。按结构通常可分为非紧压绞合圆形导体、紧压绞合圆形导体及绞合成型导体三种方式。非紧压绞合圆形导体每根导体的单线具有相同的标称直径，铝或铝合金导体的截面面积不应小于 $10mm^2$。紧压绞合圆形导体及绞合成型导体内不同单线的直径比应不大于 2，铝或铝合金材质的紧压绞合圆形导体截面积不应小于 $10mm^2$，绞合成型的铜导体、铝或铝合金导体的标称截面面积不应小于 $25mm^2$。绞合导体内的单线数量不应小于表 12-3 给出的最小值。

表 12-3 单芯和多芯电缆用第 2 种绞合导体的最少单体数量

标称截面面积（mm^2）	圆形		紧压圆形		成型	
	铜	铝	铜	铝	铜	铝
0.5	7	—	—	—	—	—
0.75	7	—	—	—	—	—
1	7	—	—	—	—	—
1.5	7	—	6	—	—	—
2.5	7	—	6	—	—	—
4	7	—	6	—	—	—
6	7	—	6	—	—	—
10	7	7	6	6	—	—
16	7	7	6	6	—	—
25	7	7	6	6	6	6
35	7	7	6	6	6	6
50	19	19	6	6	6	6
70	19	19	12	12	12	12

3. 软导体

软导体是指第 5 种和第 6 种导体，是由多根更细的不镀金属或镀金属的退火铜线构成，每根导体中的单线应具有相同标称直径，单线直径应不超过表 12-4 的最大值。

表 12-4 软导体内最大单线直径 （mm）

标称截面面积（mm^2）	导体内最大单线直径	
	单芯和多芯电缆用第 5 种软铜导体	单芯和多芯电缆用第 6 种软铜导体
0.5	0.21	0.16
0.75	0.21	0.16
1	0.21	0.16
1.5	0.26	0.16
2.5	0.26	0.16
4	0.31	0.16

续表

标称截面面积（mm^2）	导体内最大单线直径	
	单芯和多芯电缆用第5种软铜导体	单芯和多芯电缆用第6种软铜导体
6	0.31	0.21
10	0.41	0.21
16	0.41	0.21
25	0.41	0.21
35	0.41	0.21
50	0.41	0.31
70	0.51	0.31
95	0.51	0.31

大截面电力电缆多采用绞合导体形式，小截面电力电缆和开关量控制电缆线芯4种导体形式均有采用，各有优点，单导体抗拉力强、不易霉断、抗浪涌电流强、布线美观等。软导体柔软性好、散热较好、抗集肤性好、抗折断性好。在实际运用中，当电缆敷设在需活动的场所或弯曲次数较多时，宜采用软电缆；当在盘内布置线路，为接线美观时宜采用单导体电缆。

三、电缆绝缘和护层材质的选择

电缆的绝缘层和护层的材质应根据电缆敷设的环境温度及是否要求有低毒性、难燃性、耐火性等选择。

（一）电缆绝缘和护层材质的特性

电缆的绝缘材料，除必须有较高的绝缘电阻、耐电压强度或低的介电损耗外，还必须兼顾良好的物理机械性能，如抗拉、抗弯曲、抗振动、抗扭性等。护层材料则由于要适应不同的使用环境和场合，有抗撕裂、耐温、耐油、耐溶剂等要求；有些则是针对电缆提出的综合要求，如径向、纵向压力密封性、阻燃、耐火等。目前，火力发电厂使用的电缆，其绝缘和护层材料采用较多的有聚氯乙烯、交联聚乙烯、硅橡胶、氟塑料四种形式。

1. 聚氯乙烯

聚氯乙烯材料制造工艺简单、综合机械电气性能好、有一定的阻燃特性、价格便宜，在交流1kV及以下的低压电缆中得到广泛应用。

聚氯乙烯材料有一定的阻燃特性，但含有卤元素，燃烧时会散发出浓烟并产生有害气体，不利于人员的逃生和火灾救援，所以不宜在需满足低烟、低毒的场合使用。在国际项目中，应注意合同中是否有禁用聚氯乙烯材料的要求。

聚氯乙烯电缆适用的环境温度范围为−15～60℃，当环境温度超出其使用范围时，应选其他材料的电缆。

另外，聚氯乙烯耐有机溶剂性能较差，不宜在含有苯、甲醇、乙醇等土壤中及含有三氯乙烯、三氯甲烷、四氯化碳等的环境中使用。

2. 交联聚乙烯

交联聚乙烯绝缘材料电绝缘性能优越，机械性能和耐热性能好，化学稳定性好，与聚氯乙烯材料相比，其耐低温性能好，硬度和强度大；不含卤素，燃烧时不会产生毒气和烟雾。

交联聚乙烯电缆长期工作允许温度为90℃，从而按载流量确定的电缆导体截面可较小，且交联聚乙烯电缆环保，故近年来交联聚乙烯电缆被大量应用。

3. 硅橡胶

硅橡胶电缆具有以下优点：

（1）耐温性能好，长期允许工作温度为−60～180℃。

（2）优良的电绝缘性能，即使在温度和频率变化或受潮时仍比较稳定。

（3）优越的耐电晕及耐电弧性能。

（4）优异的耐臭氧老化、热老化、紫外光老化和大气老化性能，在室外长时间暴晒后性能无明显变化。

（5）具有较小的吸水性和良好的防霉性。

（6）导热性能好。

（7）柔软便于安装；无臭、无味、无生理毒害，对人体健康没有不良影响。

硅橡胶缺点为常温下抗拉强度、撕裂强度和耐磨性比天然橡胶和其他合成橡胶低得多，耐酸碱性差，而且价格昂贵，加工工艺性能差。

硅橡胶电缆常用在火灾危险较大，消防重要性较高场所的控制、监控回路及保护线路和高、低温等恶劣环境中。

在火力发电厂中，硅橡胶电缆当作耐低温电缆用在严寒地区的空冷系统、除灰系统室外等温度较低场所。

4. 氟塑料

氟塑料拥有高稳定性和耐腐蚀性能，耐火、耐高温、阻燃等特性，因此在各行业有着广泛的应用，特种电缆如耐高温电缆、阻燃电缆、耐腐蚀电缆等大都采用氟塑料作为护套外层。氟塑料电缆拥有的特性有：氟塑料有着热稳定性好，使得氟塑料电缆能适应150～200℃的高温环境；氟塑料的氧指数高，燃烧时火焰扩散范围小，产生的烟雾量少，用其制作的电缆适合对阻燃性要求严格的地方；氟塑料电缆的介电强度、绝缘电阻好，适合作重要仪表仪器的控制电缆；氟塑料，具有高度的稳定性，几乎不受温度变化的影响，有着优良的耐气候老化性能和机械强度；而且不受各种酸、碱和有机溶剂物影响，因此适用于环境气候变化大、有腐蚀性场合，如石化、炼油、油井仪器控制等。

（二）电缆绝缘的选择

电缆绝缘层是线芯之间及线芯与外界的隔离措施，是电缆重要的组成部分。

（1）电缆绝缘类型的选择，应符合下列规定：

1）在满足电缆使用电压、电流及环境条件下，电缆绝缘不应小于常规预期使用寿命。

2）应根据运行可靠性、施工和维护的简便性，以及允许最高工作温度与造价的综合经济性等因素选择。

3）应符合防火场所的要求，并应利于安全。

4）明确需要与环境保护协调时，应选用符合环保要求的电缆绝缘类型。

（2）电缆绝缘类型除以下（3）～（5）的要求外，宜选用聚氯乙烯或交联聚乙烯型挤塑绝缘类型。明确需要与环境保护协调时，不得选用聚氯乙烯绝缘电缆。

（3）60℃以上高温场所，应按经受高温及其持续时间和绝缘类型要求，选用交联聚乙烯等耐热型电缆；100℃以上高温环境，宜选用矿物绝缘电缆。

（4）–15℃以下低温环境，应按低温条件和绝缘类型要求，选用交联聚乙烯、聚乙烯绝缘、耐寒橡皮绝缘电缆。

（5）在人员密集的场所，以及有低毒阻燃性防火要求的场所，可选用交联聚乙烯或乙丙橡皮等不含卤素的绝缘电缆。防火有低毒性要求时，不宜选用聚氯乙烯电缆。

（三）电缆护层的选择

当电线电缆安装运行在各种不同的环境中时，需采用护层对电缆，特别是对绝缘层起保护作用。由于要求绝缘材料具有优良的各种电气性能，材料的纯度高、杂质含量少，往往无法兼顾其对外界的保护能力，所以对于外界（即安装、使用场合和使用中的）各种机械力的承受或抵抗力、耐大气环境、耐化学药品或油类、对生物侵害的防止，以及减少火灾的危害等都必须由各种护层来承担。

护层主要材料与绝缘层材料选择基本相同。在某些电缆使用的特殊场所，如电缆受力大，有可能被碰撞、伤害等，需要使用铠装加强外护层，增加对电缆的保护。

（1）电缆护层的选择，应符合下列要求：

1）交流系统单芯电力电缆，当需要增强电缆抗外力时，应选用非磁性金属铠装层，不得选用未经非磁性有效处理的钢制铠装。

2）在潮湿、含化学腐蚀环境或易受水浸泡的电缆，其金属层、加强层、铠装上应有聚乙烯外护层。

3）除–15℃以下低温或药用化学液体浸泡场所，以及有低毒难燃性要求的电缆挤塑外护层宜选用聚乙烯外，其他可选用聚氯乙烯外护层。

（2）直埋敷设时电缆外护层的选择，应符合下列规定：

1）电缆承受较大压力或有机械损伤危险时，应具有加强层或钢带铠装。

2）在流砂层、回填土地带等可能出现位移的土壤中，电缆应有钢丝铠装。

3）白蚁严重危害地区用的挤塑电缆，应选用较高硬度的外护层，也可在普通外护层上挤包较高硬度的薄外护层，其材质可采用尼龙或特种聚烯烃共聚物等，也可采用金属套或钢带铠装。

4）地下水位较高的地区，应选用聚乙烯外护层。

5）除上述情况外，可选用不含铠装的外护层。

（3）空气中固定敷设时电缆护层的选择，应符合下列规定：

1）小截面挤塑绝缘电缆直接在臂式支架上敷设时，宜具有钢带铠装。

2）电缆位于高落差的受力条件时，多芯电缆应具有钢丝铠装。

3）敷设在桥架等支承密集的电缆，可不具有铠装。

4）明确需要与环境保护相协调时，不得采用聚氯乙烯外护层。

5）除 60℃以上高温场所应选用聚乙烯等耐热外护层的电缆外，其他宜选用聚氯乙烯外护层。

（4）移动式电气设备等需经常弯移或有较高柔软性要求回路的电缆，应选用橡皮外护层。

（5）保护管中敷设的电缆，应具有挤塑外护层。

（6）路径通过不同敷设条件时电缆护层的选择，应符合下列规定：

1）线路总长未超过电缆制造长度时，宜选用满足全线条件的同一种或差别尽量小的一种以上材质。

2）线路总长超过电缆制造长度时，可按相应区段分别选用适合的不同型式。

（四）电缆燃烧特性的选择

为防止火灾扩大或降低火灾带来的更大风险，电缆的燃烧特性也是电缆选择非常重要的方面，从燃烧特性上，电缆可分为阻燃电缆和耐火电缆两大类。

1. 阻燃电缆

（1）特性。阻燃是指在规定试验条件下，试样被燃烧，在撤去火源后，火焰在试样上蔓延仅在限定范围内并且自行熄灭的特性，即具有阻止或延缓火焰发生或蔓延的能力。阻燃电缆就是利用这个特性，在火灾情况下可阻止火势的蔓延，能够把燃烧限制在局部范围内，不产生蔓延，保护其他的各种设备，避免造成更大的损失。

阻燃电缆通常是电缆的护层和/或绝缘材料中加入阻燃剂来实现。电缆的阻燃级别可分为A、B、C、D四种，A级最高。

电缆阻燃特性试验要满足表12-5和表12-6的要求。

表12-5　单根阻燃性能要求

代号	试样外径 D[①]（mm）	供火时间（s）	合格指标	试验方法
Z	D≤25	60	试样烧焦应不超过距上夹具下缘50～540mm的范围之内	GB/T 18380.1 GB/T 18380.2[②]
	25<D≤50	12		
	50<D≤75	240		
	D>75	480		

① 对非圆形电缆或光缆如扁电缆，应测量其周长并换算成等效直径。

② 直径为0.4～0.8mm的实心铜导体和截面面积为0.1～$0.5mm^2$的绞合铜导体电线电缆采用GB/T 18380.2。

表12-6　成束阻燃性能要求

代号	试样非金属材料体积（L/m）	供火时间（s）	合格指标	试验方法
ZA ZB ZC ZD[①]	7	40	（1）试样上炭化的长度不应该超过距喷嘴底边向上2.5m。 （2）停止供火后试样上的有焰燃烧时间不应超过1h	GB/T 18380
	3.5	40		
	1.5	20		
	0.5	20		

① ZD适用于试样外径不大于12mm的电线电缆。

根据阻燃材料的不同，可分为含卤阻燃电缆和无卤低烟阻燃电缆。含卤阻燃电缆是指电缆的绝缘层、护套等全部或局部采用含有卤素的阻燃材料，无卤低烟阻燃电缆是指电缆的绝缘层、护套等全部采用不含卤素的阻燃材料。这两种电缆相比，含卤阻燃电缆燃烧时会散发出浓烟并产生有害气体，不利于人员的逃生和火灾救援的进行，同时对环境产生巨大危害；无卤低烟阻燃电缆燃烧时会不产生有害气体，发烟量较小。所以在人员密度较大、防火有低毒性要求时使用无卤低烟阻燃电缆。

（2）选用要求。阻燃电缆的选用，应符合下列规定：

1）电缆多根密集配置时的阻燃性，应符合GB/T 18380《电缆和光缆在火焰条件下的燃烧试验》的有关规定，并应根据电缆配置情况、所需防止灾难性事故和经济合理的原则，选择适合的阻燃性等级和类别。

2）在同一通道中，不宜把非阻燃电缆与阻燃电缆并列敷设。

3）主厂房、运煤、燃油及其他易燃易爆场所的仪表与控制电缆宜采用C类阻燃电缆。实际工程中，除主厂房、运煤、燃油及其他易燃易爆场所外其他区域的电缆数量相对较少，为减少电缆使用的品种，同时为了提高电缆使用的可靠性，火力发电厂仪表和控制电缆可统一采用C类阻燃电缆。

2. 耐火电缆

（1）特性。耐火电缆是指在规定的温度和时间的火焰燃烧下，仍能保持线路完整性的电缆，主要使用在电缆着火后或在火灾发生后仍需保持一段供电时间的场合。耐火电缆的主要判断依据是电缆在整个火灾期间维持电缆完整性的程度。

根据耐火电缆结构和所采用的耐火材料，可分为有机耐火电缆和无机耐火电缆。

有机耐火电缆相比普通电缆而言，要求导体采用耐火性能好的铜导体，在导体和绝缘层间增加了云母带再挤塑料绝缘绕包而成的耐火层。它的绝缘由云母带和挤包塑料复合组成，其耐火性能主要表现在耐火温度上，额定电压下能耐750～800℃的火焰，燃烧时间大于90min，而电缆不击穿的为B类耐火电缆；额定电压下能耐950～1000℃的火焰，燃烧时间大于90min，而电缆不击穿的为A类耐火电缆。

无机矿物绝缘电缆是耐火电缆中性能优异的电缆，目前主要有三种结构的矿物绝缘的电缆。

1）由铜芯、铜护套及氧化镁绝缘材料加工而成，是传统的矿物绝缘电缆，可长期工作在250℃高温下，不会因燃烧而分解产生腐蚀性气体，还具有防爆、耐腐蚀性强、载流量大、耐辐射、机械强度高及寿命长的特点，但价格较高，施工工艺复杂，绝缘层容易吸潮导致绝缘电阻降低。

2）柔性防火电缆是采用无机矿物绝缘带，机械绕包，绝缘层紧密均匀，耐潮湿，有柔性，采用连续轧纹、容易弯曲的外铜护套，该电缆无论何种规格长度都基本满足使用长度，无需中间连接，方便现场敷设，现场安装容易，不需专用工具，绝缘耐压等级最高为750V，当采用氟云母带时可达到A类防火要求；但氟云母带在加工生产时存在较大危害，并且连续轧纹的铜外套在弯曲燃烧时焊缝容易开裂，造成防水性能变差。若采用无毒云母带为绝缘带，只能达到B类耐火等级。

3）纯金云母带为绝缘层的矿物绝缘电缆，改变了其他耐火电缆用云母带挤包绝缘料复合组成绝缘层，排除了碳粒产生，提高了耐电稳定性，护套采用连续挤出的金属管，在最外层覆以火焰下不熔不燃可膨胀阻火的无机物及外护套交联聚烯烃。

（2）选用要求。在外部火势作用一定时间内需维持通电的下列场所或回路，明敷的电缆应实施耐火防护或选用具有耐火性的电缆，耐火电缆的耐火性应符合 GB/T 12666.1《单根电线电缆燃烧试验方法　第 1 部分：垂直燃烧试验的规定》。

火力发电厂耐火电缆使用的范围是在外部火焰燃烧时，需维持通电一定时间的重要联锁保护回路、机组紧急停机的保安电源等重要回路。

火力发电厂宜采用 A 类或 B 类耐火电缆，使用的范围举例如下：

1）锅炉总燃料量跳闸（MFT）回路供电电源电缆。

2）汽轮机危急跳闸系统（ETS）回路供电电源电缆。

3）集中控制室操作台上硬手操紧急按钮至各驱动回路的控制电缆。

4）MFT 至主油阀、磨煤机出口阀的控制电缆。

5）循环水泵房、锅炉补给水处理车间、凝结水精处理系统、燃油泵房等重要电源的双回供电回路合用同一电缆通道而未相互隔离时的其中一个回路。

6）消防、报警的保安电源等重要回路。

（五）电缆燃烧特性代号

现行产品燃烧特性代号见表 12-7。有多种燃烧特性要求时，其代号按无卤（有卤省略）、低烟、低毒、阻燃或耐火的顺序排列。

表 12-7　现行产品燃烧特性代号

系列名称		代号	名称
阻燃系列	有卤	ZA ZB ZC ZD	阻燃 A 类 阻燃 B 类 阻燃 C 类 阻燃 D 类
	无卤低烟	WDZ WDZA WDZB WDZC WDZD	无卤低烟阻燃 无卤低烟阻燃 A 类 无卤低烟阻燃 B 类 无卤低烟阻燃 C 类 无卤低烟阻燃 D 类
耐火系列	有卤	N ZAN ZBN ZCN ZDN	耐火 阻燃 A 类耐火 阻燃 B 类耐火 阻燃 C 类耐火 阻燃 D 类耐火
	无卤低烟	WDZN WDZAN WDZBN WDZCN WDZDN	无卤低烟阻燃耐火 无卤低烟阻燃 A 类耐火 无卤低烟阻燃 B 类耐火 无卤低烟阻燃 C 类耐火 无卤低烟阻燃 D 类耐火

四、电缆屏蔽的选择

电缆屏蔽是将导体与外部电磁干扰隔离的一种电磁屏蔽措施，以保证信号的传输性能。通常电缆屏蔽是在缆芯外由一根或多根金属带绕包或金属丝编织结构组成。

（一）电缆屏蔽的型式

1. 电缆屏蔽的分类

电缆屏蔽从应用上可分为总屏蔽、对屏蔽、对屏蔽加总屏蔽三种形式。

总屏蔽是指整根电缆所有线芯一起进行屏蔽的方法，通常采用铜丝编制，复合带材绕包或纵包，铝塑复合带加铜丝编制等型式。对屏蔽又称为分屏蔽是将整根电缆每组线芯分别屏蔽的方法，通常采用金属带绕包或纵包或金属丝编制型式。对屏蔽加总屏蔽是一根电缆同时具有总屏蔽和分屏蔽两种形式。

2. 电缆屏蔽的结构

电缆屏蔽从结构上可分为金属管、纵向带式、螺旋带式、金属薄片、羽状、编织式屏蔽等。从材料上可分为铜、铝、钢、银、高导磁合金、非晶态合金、导电高分子材料等。

金属管屏蔽由于集肤效应和良好的磁导率，对于高频干扰的屏蔽是最好的方式，通常在临时电缆敷设时采用。

单层带式屏蔽通常采用金属薄片纵向或螺旋形绕在电缆芯的外面，材料一般选用铝带，也有部分电缆采用铜带或其他材料，见图 12-2。

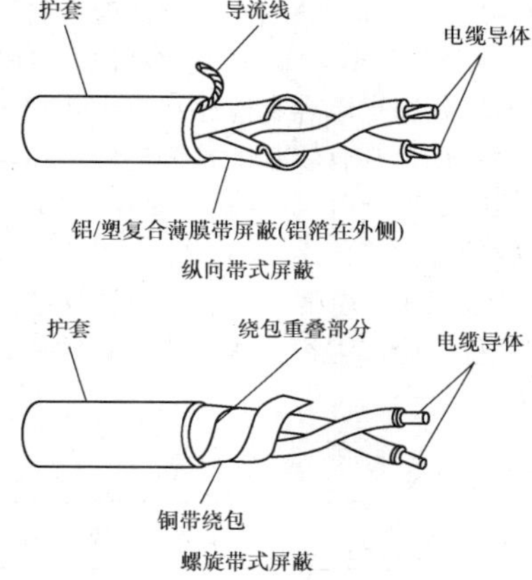

图 12-2　单层带式屏蔽示意图

铝/塑复合薄膜带由于直流电阻大，通常设置一根导流线，导流线可以设置在屏蔽层的外部或内部。铝/塑复合薄膜带可分为铝带在塑复合薄膜带外侧和内侧两种形式。但由于塑料部分阻止了屏蔽层的金属接触，会产生金属缝隙，导致抗干扰性能降低，见图 12-3。

纵向带式屏蔽主要用于防止电容性的耦合干扰，如干扰源是视频信号、其他回路的串扰、无线变送器、荧光灯或计算机设备等。常用于有线、无线电视、局域网等电磁干扰较低的工业和商业环境中。

螺旋带式屏蔽采用金属线或带螺旋形的缠绕导体，适用于低频环境下的扩散干扰、音频的容性干扰源及干扰源是电力线路和感性负载的环境；当对电缆的柔韧度和可弯曲度有特殊要求时，也可采用螺旋带式屏蔽，如电话、广播电缆等，见图12-4。

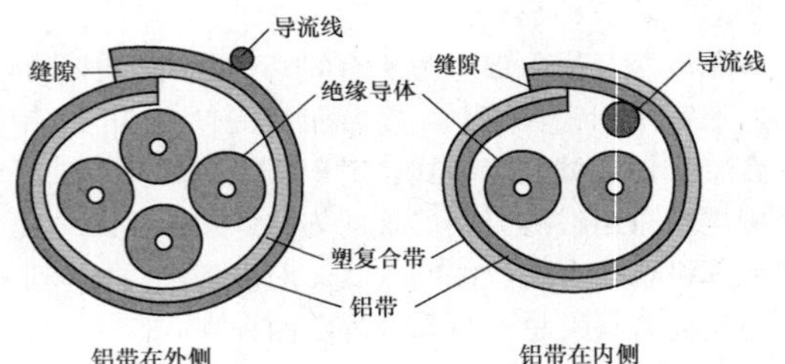

图12-3 铝/塑复合薄膜带示意图

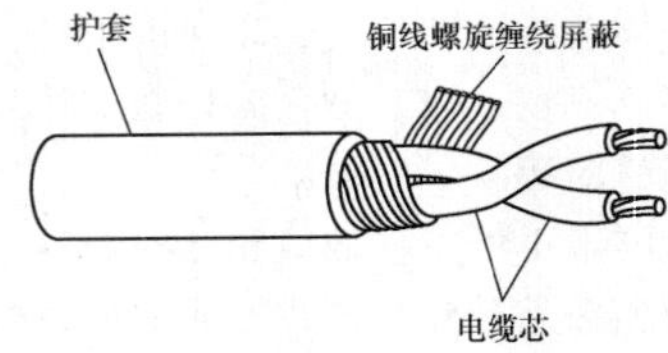

图12-4 铜线螺旋缠绕屏蔽示意图

编织式屏蔽采用多组的软圆铜线或镀锡圆铜线构成，具有很好的柔韧性和弯曲性，对低频干扰屏蔽性能最好，其编织密度越大，抗干扰性能越好，通常编织密度为80%～95%。在选择编织式屏蔽时，还应考虑编织角，铜线的直径，每组的铜线股数等相关因素。

编织式屏蔽用于电容和电感耦合干扰较小的低频场所，对杂散耦合具有较强的抑制作用，常用于干扰源表现为低阻抗特征时，如干扰源是电动机控制回路、电感性负载的开关等。

在实际选用中，通常选用的是铜带绕包、铝/塑复合薄膜带绕包、金属编织三种型式，各种屏蔽措施比较见表12-8。

表12-8 各种屏蔽措施比较

序号	屏蔽的种类	比较
1	纵向铝/塑复合薄膜带	100%屏蔽、价格低、质量轻、直径小、易接线、可用于线对屏蔽 电缆防机械损伤低、不适用于高压保护、电流低
2	铜丝编制	柔韧性好、电缆防机械损伤高、中等电流容量 价格高、不能100%屏蔽、可作为电缆总屏使用
3	纵向铝/塑复合薄膜带+铜丝编制	100%屏蔽、电缆防机械损伤高 柔韧性较差，可作为总屏、线对屏蔽使用
4	铜带螺旋缠绕	100%屏蔽，适用于电压信号传输的保护，适用于高电压区域 直径增大、高频信号屏蔽效果差、通常作为总屏使用
5	铝带螺旋缠绕	与铜带相比价格低、质量轻 易腐蚀、高频信号屏蔽效果差、通常作为总屏使用

（二）电缆屏蔽的选择

当选择电缆是否需要屏蔽时，应从以下情况考虑：

（1）传输信号的类型，如电压信号、电流信号、交流信号、直流信号、脉冲信号等。

（2）信号源的形式，如热电阻、热电偶、模拟量、开关量等。

（3）接收信号的设备测量原理，如桥式电路、A/D转换器、放大器等。

（4）可承受的干扰等级。

强电回路控制电缆，除位于高压配电装置或与高压电缆紧邻并行较长，需抑制干扰的情况外，其他可不含金属屏蔽。

弱电信号、控制回路的控制电缆，当位于存在干扰影响的环境又不具备有效抗干扰措施时，应具有金属屏蔽。

通常控制电缆金属屏蔽类型的选择时，应遵循以下原则：

（1）位于交流110kV以上配电装置的弱电控制电缆，宜选用总屏蔽或双层式总屏蔽。

（2）用于集成电路、微机保护的电流、电压和信号触点的控制电缆，应选用屏蔽型。

（3）计算机监控系统信号回路控制电缆的屏蔽选择，应符合下列规定：

1）开关量信号，可选用总屏蔽。

2）高电平模拟信号，宜选用对绞线芯总屏蔽，必要时也可选用对绞线芯分屏蔽。

3）低电平模拟信号或脉冲量信号，宜选用对绞线芯分屏蔽，必要时也可选用对绞线芯分屏蔽复合总屏蔽。

（4）其他情况，应按电磁感应、静电感应和地电位升高等影响因素，选用适宜的屏蔽型式。

（5）电缆具有钢铠、金属套时，应充分利用其屏蔽功能。

各种计算机信号电缆类型选择见表12-9。

计算机信号电缆屏蔽层材质宜选用铜带屏蔽或铝塑复合膜屏蔽。

表12-9 计算机信号电缆类型选择表

信号种类	信号范围	电缆选择
低电平	热电偶信号	对绞分屏补偿电缆或对绞分屏加总屏补偿电缆

续表

信号种类	信号范围	电缆选择
低电平	热电阻 0～±1V	三线组分屏计算机电缆或三线组分屏加总屏计算机电缆
高电平	＞±1V；0～50mA	对绞总屏计算机电缆或对绞分屏计算机电缆
开关量	输入：＜60V	总屏控制电缆或对绞总屏计算机电缆
	输出：直流 110V 或交流 220V	
开关量输入加输出	＜60V 加直流 110V 或交流 220V	对绞分屏计算机电缆
脉冲量		对绞分屏计算机电缆

五、通信电缆

在通信网络中，传输介质决定了网络的传输速率、网段的长度以及传输的可靠性。常用的传输介质主要有双绞线、同轴电缆和光缆三种形式。

（一）双绞线

双绞线是指将两根任何材质的绝缘导线绞合在一起，同一电缆内可以是一对或一对以上双绞线，双绞线通过互相绞合的方式来抵御一部分外界电磁波干扰。模拟传输和数据传输都可以使用双绞线，其通信距离一般为几千米到数十千米。

双绞线分为屏蔽双绞线（shielded twisted pair，STP）与非屏蔽双绞线（unshielded twisted pair，UTP）。屏蔽双绞线在双绞线与外层绝缘封套之间有一个金属屏蔽层。屏蔽双绞线分为 STP 和 FTP（foil twisted-pair），STP 指每条线都有各自的屏蔽层，而 FTP 只在整个电缆有屏蔽层。

按照线径粗细双绞线分为以下七类，七类线线径最粗，五类及六类线目前使用比较广泛。

（1）一类线（CAT1）。线缆最高频率带宽是 750kHz，用于报警系统，或只适用于语音传输，不用于数据传输。

（2）二类线（CAT2）。线缆最高频率带宽是 1MHz，用于语音传输和最高传输速率 4Mbit/s 的数据传输。

（3）三类线（CAT3）。电缆的传输频率为 16MHz，最高传输速率为 10Mbit/s，主要应用于语音、10Mbit/s 以太网（10BASE-T）和 4Mbit/s 令牌环，最大网段长度为 100m。

（4）四类线（CAT4）。电缆的传输频率为 20MHz，用于语音传输和最高传输速率为 16Mbit/s（指的是 16Mbit/s 令牌环）的数据传输，主要用于基于令牌的局域网和 10BASE-T/100BASE-T，最大网段长为 100m。

（5）五类线（CAT5）。电缆增加了绕线密度，外套一种高质量的绝缘材料，线缆最高频率带宽为 100MHz，最高传输率为 100Mbit/s，用于语音传输和最高传输速率为 100Mbit/s 的数据传输，主要用于 100BASE-T 和 1000BASE-T 网络，最大网段长为 100m。

（6）超五类线（CAT5e）。超五类电缆具有衰减小，串扰少，具有更高的衰减与串扰的比值（ACR）和信噪比（SNR）、更小的时延误差，性能得到提高。超五类电缆主要用于千兆位以太网（1000Mbit/s）。

（7）六类线（CAT6）。电缆的传输频率为 1～250MHz，六类布线系统在 200MHz 时综合衰减串扰比（PS-ACR）有较大的余量，它提供 2 倍于超五类的带宽。

（8）超六类或 6A（CAT6A）。电缆的传输带宽介于六类和七类之间，传输频率为 500MHz，传输速度为 10Gbit/s，标准外径为 6mm。

（9）七类线（CAT7）。传输频率为 600MHz，传输速度为 10Gbit/s，单线标准外径为 8mm，多芯线标准外径 6mm。

双绞线具有以下特点：

1）传输距离远、传输质量高。

2）布线方便、利用率高。例如，一根五类缆内有 4 对双绞线，如果使用一对线传送视频信号，另外的几对线还可以用来传输音频信号、控制信号、供电电源或其他信号，提高了利用率，同时避免了各种信号单独布线带来的麻烦，降低了工程造价。

3）抗干扰能力强。双绞线能有效地抑制共模干扰，即使在强干扰环境下，双绞线也能极好地传输图像信号。而且，使用一根电缆内的几对双绞线分别传送不同的信号，相互之间不会发生干扰。

4）可靠性高、使用方便。

5）价格便宜，取材方便。

（二）同轴电缆

同轴电缆（coaxial cable）是指有两个同心导体，而导体和屏蔽层又共用同一轴心的电缆。最常见的同轴电缆由绝缘材料隔离的铜线导体组成，在绝缘材料的外部是另一层环形导体及其绝缘体，然后整个电缆由护套包住。

同轴电缆从用途上可分为基带同轴电缆和宽带同轴电缆（即网络同轴电缆和视频同轴电缆）。基带同轴电缆的屏蔽采用铜网屏蔽，特征阻抗为 50Ω（如 RG-8、RG-58 等），用于传输基带数字信息；宽带同轴电缆的屏蔽层是用铝冲压成的，特征阻抗为 75Ω（如 RG-59 等），主要用于有线电视系统。

同轴电缆根据其直径大小可以分为：粗同轴电缆与细同轴电缆。粗同轴电缆适用于比较大型的局部网络，最大传输距离为 500m，可靠性高，安装时不需要切断同轴电缆；但是必须安装收发器，安装难度大，总体造价高。细同轴电缆最大传输距离为 185m，安装比较简单，造价低，由于安装过程要切断同轴电缆，两头须装上基本网络连接头（BNC），然后接在 T 型连接器两端，当接头多时容易产生不良的隐患。

另外，同轴电缆在传输图像信号时，还存在着以下缺点：

（1）同轴电缆本身受气候变化影响大，对图像质量产生影响。

（2）同轴电缆较粗，布线不太方便。

（3）同轴电缆一般只能传输视频信号，如果需要同时传输控制数据、音频等信号，则需要另外布线。

（4）同轴电缆抗干扰能力有限，无法应用于强干扰环境。

同轴电缆的优点是可以在相对长的无中继器的线路上支持高带宽通信。

（三）光缆

光缆是一定数量的光纤按照一定方式组成缆心，外有护套，有的还包覆外护层，用以实现光信号传输的一种通信电缆。光缆的基本结构一般是由缆芯、加强钢丝、填充物和护套等几部分组成，另外根据需要还有防水层、缓冲层、绝缘金属导线等构件。

按照光缆内使用光纤的种类不同，光缆又可分为单模光缆和多模光缆。传输距离在 2km 以内的，可选择多模光缆，超过 2 公里可用中继或选用单模光缆；户外用光缆直埋时 ，宜选用铠装光缆。架空时，可选用带两根或多根加强钢丝的黑色塑料外护套的光缆。

光纤无论是在安全性、可靠性还是网络性能方面与双绞线和同轴电缆相比，都有了很大的提高。除此之外，光纤传输的带宽大大超出铜质线缆，而且最大连接距离达 2km 以上，是组建较大规模网络的必然选择。由于光纤光缆具有抗电磁干扰性好、保密性强、速度快、传输容量大等优点，目前被广泛应用。

单模和多模光纤参数对比见表 12-10。

表 12-10　　单模和多模光纤参数对比

光纤类型	应用特性	波长（nm）	芯径（μm）	有效传输距离（m）				
				百兆以太网 100Base-FX	千兆以太网 1000Base-LX	千兆以太网 1000Base-SX	千兆以太网 1000Base-LH	万兆以太网
多模	用于低速度、短距离；成本低；宽芯线、聚光好；耗散大、低效	850	62.5			275		SR 网络为 33 SW 网络为 300
			50			550		SR 网络为 300
		1310	62.5	2000	550		550	LX4 网络为 300 LRM 网络为 220
			50		1550		1550	LRM 网络为 220
单模	用于高速度、长距离；成本高；窄芯线、需要激光源；耗散极小、高效	1310	9	40000	10000			LR、LW 网络为 10000
			9/10				10000	
			10					
		1550	9					ER、EW 网络为 40000

（四）三种通信电缆比较

双绞线具有抗干扰能力强、布线容易、价格低廉等优点。由于双绞线传输信号时，存在较大的衰减，当传输距离远时，信号的频率不能太高，而高速信号比如以太网只能限制在 100m 以内。对于视频信号而言，带宽达到 6MHz，如果用双绞线，实现远距离传输，必须进行放大和补偿。

同轴电缆价格较便宜，一般在传输距离较小的系统中使用。在使用同轴电缆时，为了保证有较好的图像质量，一般将传输距离范围限制在粗缆 500m，细缆 185m 内。

光纤具有传输带宽宽、容量大、不受电磁干扰、受外界环境影响小等诸多优点，一根光纤就可以传送监控系统中需要的所有信号。对一些干扰强烈的场所采用光纤传输方式。

三种通信电缆传输性能对比见表 12-11。

表 12-11　　三种通信电缆传输性能对比

性能	屏蔽双绞线	同轴电缆	光缆
传输速率	最高 100Mbit/s	最高 450Mbit/s	多模：155Mbit/ s～10Gbit/s 单模：最高 10000Mbit/s
传输距离	最大网线长度为 100m，加装中继器可达 500m	最大网线长度： 细缆 185m，粗缆 500m 加装中继器： 细缆 925m，粗缆 2500m	最大网线长度： 多模：300m～2km 单模：20～120km
网络形式	星形、环网	总线型、环网	总线型、环网
抗干扰性	好	好	很好

六、常用电缆的选择

（一）电缆型号释义

火力发电厂电缆型式及代号如下：

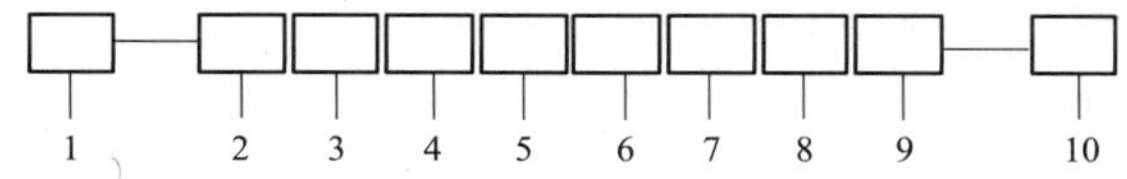

其中各序号对应代号及名称见表 12-12。

表 12-12　　常用电缆代号及名称

序号	代号及名称
1	燃烧特性：Z—阻燃；ZA—阻燃 A 类；ZB—阻燃 B 类；ZC—阻燃 C 类；ZD—阻燃 D 类；W—无卤；D—低烟；U—低毒；N—耐火
2	分类：电力电缆省略；K—控制电缆；DJ—计算机电缆；K（E、T）X-K（E、T）分度补偿电缆
3	绝缘：YJ—交联聚乙烯；V—聚氯乙烯；G—硅橡胶；F（F200，F250，F46）—氟塑料
4	缆芯：T—铜芯，不表示；L—铝芯
5	分屏蔽种类：P—编织屏蔽；P1—镀锌铜丝；P2—铜带屏蔽；P3—铝塑复合带屏蔽
6	内护套：Y—聚乙烯；V—聚氯乙烯；G—硅橡胶；F（F200，F250，F46）—氟塑料；E—低烟无卤聚烯烃
7	总屏蔽种类：P—编织屏蔽；P1—镀锌铜丝；P2—铜带屏蔽；P3—铝塑复合带屏蔽
8	铠装：1—连锁钢带；2—双钢带；3—细圆钢丝；4—粗圆钢丝；5—皱纹钢带；6—非磁性金属带；7—非磁性金属丝；8—铜丝编织；9—钢丝编织
9	外护层：1—纤维外被；2—聚氯乙烯；3—聚乙烯或聚烯烃；4—弹性体；5—交联聚烯烃
10	电压等级：相电压/线电压，单位为 kV

注　1．序号 5 内，P、P1 是钢丝订货时宜专门注明。
2．序号 8 内，7 是铝或不锈钢订货时宜专门注明。
3．序号 2～9 一般依次为绝缘材料、导体材料、内护层、外护层。
4．不同制造厂电缆型号略有差异。

（二）线芯、护套及绝缘材质要求

（1）线芯材质要求。电力电缆、控制电缆和计算机电缆的线芯材质应为铜芯。补偿电缆的线芯材质，应采用与热电偶丝相同或与热电偶丝的热电特性相匹配的多股材质，即采用与热电偶的分度号和允差等级相同的补偿电缆。

（2）护套及绝缘材质要求。

1）正常环境中，电缆原则上选择聚氯乙烯绝缘，聚氯乙烯护套电缆。

2）耐高温电缆原则上，选择氟塑料绝缘，硅橡胶护套电缆或氟塑料绝缘、护套电缆。

3）耐低温电缆原则上，选择交联聚乙烯绝缘、聚乙烯护套电缆或交联聚乙烯绝缘、聚氯乙烯护套电缆。

（3）电缆屏蔽层采用铜带屏蔽。

（4）铠装采用钢带铠装。

（三）环境要求

耐高温电缆的使用范围举例如下：火检就地柜至就地探头、就地点火柜至就地设备、炉顶等高温区域（加长热电偶除外）、一体化电动二次风门、一体化电动摆动燃烧器风门、冷、热段疏水罐液位开关、部分管道层设备（1～4 号段抽汽止回阀、抽汽电动阀、抽汽温度、抽汽管壁温等）、汽轮机本体接线盒至就地设备电缆、炉管泄漏检测探头、冷渣器、床温、主蒸汽管道、再热蒸汽管道等温度较高的场所。

耐低温电缆的使用范围举例如下：最低温度在–20℃以下的寒冷地区辅助车间（系统）室外电缆及空冷区域。

电缆直埋地下或敷设易受机械损伤或有严重鼠害的场所，应有内钢带铠装层。电缆原则上选择 C 级阻燃电缆。火灾报警及控制系统采用耐火电缆。

火力发电厂低温、高温场所电缆选用见表 12-13 及表 12-14。

表 12-13　　常规电缆最低运行、安装温度　　（℃）

电缆绝缘及护层	电缆料类型	最低运行温度	最低安装温度
绝缘	聚氯乙烯	–15	0
	交联聚乙烯	–40	–20
	氯化聚乙烯	–35	–20

续表

电缆绝缘及护层	电缆料类型	最低运行温度	最低安装温度
绝缘	氯磺化聚乙烯	−20	0
	聚氯丁烯	−20	0
	硅橡胶	−50	−20
	乙丙橡胶	−40	−20
	氟塑料	−65	−20
半导电屏蔽层	聚烯烃半导电屏蔽层	−40	−20
	聚氯乙烯	−15	0
护层	聚乙烯	−60	−20
	聚氯乙烯	−15	0
	氟塑料	−65	−20

表 12-14　耐热电缆选用　（℃）

电缆绝缘及护套	长期连续运行允许温度
耐热聚氯乙烯	90、105
耐热交联聚乙烯	105、125、135、150、180
聚四氟乙烯（PTFE）	105
聚全氟乙丙烯	200
乙烯—四氟乙烯共聚物	150
聚偏氟乙烯	150
改性三元乙丙橡胶	135
聚氨酯	155
硅橡胶绝缘	180
铜护套氧化镁矿物绝缘	250
耐高温不锈钢护套矿物绝缘	600、1000、1300

（四）屏蔽要求

（1）电力电缆不加屏蔽。

（2）控制电缆选用总屏蔽电缆。

（3）计算机电缆选用对绞分屏加总屏电缆。

（4）补偿电缆选用对绞分屏加总屏电缆。

（五）常用电缆型号

以下电缆型号为举例，工程实践中应根据使用环境及电缆生产厂样本选用。

1. 电力电缆

（1）普通电缆型号：ZC-VV（聚氯乙烯绝缘，聚氯乙烯护套，不加屏蔽电缆）。

（2）耐高温电缆型号：ZC-FG（氟塑料绝缘，硅橡胶护套，不加屏蔽电缆）；ZC-FF-200（F46 绝缘，F46 护套，不加屏蔽电缆）；ZC-FV-105（F46 绝缘，聚氯乙烯护套，不加屏蔽电缆）。

（3）耐低温电缆型号：ZC-YJV（交联聚乙烯绝缘，聚氯乙烯护套，不加屏蔽电缆）；ZC-YJY（交联聚乙烯绝缘，聚乙烯护套，不加屏蔽电缆）。

2. 控制电缆（开关量输入、输出信号）

（1）普通电缆型号：ZC-kVVP$_2$（聚氯乙烯绝缘，聚氯乙烯护套，铜带总屏蔽电缆）。

（2）耐高温电缆型号：ZC-KFGP$_2$（氟塑料绝缘，硅橡胶护套，铜带总屏蔽电缆）；ZC-KFFP$_2$（F46 绝缘，F46 护套，铜带总屏蔽电缆）；ZC-KFVP$_2$（F46 绝缘，聚氯乙烯护套，铜带总屏蔽电缆）ZC-KGGP$_2$（硅橡胶绝缘，硅橡胶护套，铜带总屏蔽电缆）。

（3）耐低温电缆型号：ZC-KYJYP$_2$（交联聚乙烯绝缘，聚乙烯护套，铜带总屏蔽电缆）；ZC-KYJVP$_2$（交联聚乙烯绝缘，聚氯乙烯护套，铜带总屏蔽电缆）。

3. 计算机电缆（模拟量、热电阻、脉冲量信号）

（1）普通电缆型号：ZC-DJYP$_2$VP$_2$（聚乙烯绝缘，聚氯乙烯护套，铜带对绞分屏加总屏电缆）。

（2）耐高温电缆型号：ZC-DJFP$_2$GP$_2$（氟塑料绝缘，硅橡胶护套，铜带对绞分屏加总屏电缆）；ZC-DJFP$_2$FP$_2$（F46 绝缘，F46 护套，铜带对绞分屏加总屏电缆）。

（3）耐低温电缆型号：ZC-DJYJP$_2$YP$_2$（交联聚乙烯绝缘，聚乙烯护套，铜带对绞分屏加总屏电缆）。

4. 补偿电缆

（1）普通补偿电缆型号：ZC-K（E、T）X-YP$_2$VP$_2$（聚乙烯绝缘，聚氯乙烯护套，铜带对绞分屏加总屏电缆）。

（2）耐高温补偿电缆型号：ZC-K（E、T）X-FP$_2$GP$_2$（氟塑料绝缘，硅橡胶护套，铜带对绞分屏加总屏电缆）；ZC-K（E、T）X-FP$_2$FP$_2$（氟塑料绝缘，氟塑料护套，铜带对绞分屏加总屏电缆）。

第二节　电缆导体截面选择

一、一般原则

影响电缆导体截面选择的因素很多，通常按照载流量、最大允许压降、最大允许外部电阻及机械强度等选择，但也要考虑环境条件、使用场所、敷设方式、长期运行费用等条件。

二、电力电缆导体截面的选择

电力电缆导体截面的选择通常按照载流量选择，按照最大允许压降来校验，同时考虑环境条件、使用场所、敷设方式等来校正。

（一）按允许持续载流量选择电缆截面

这个方法的实质是按发热条件选择电缆导体截

面，发热量见式（12-1）

$$Q=KI^2Rt \tag{12-1}$$

式中 Q——发热量；

K——常数；

I——通过导体的电流均方根值；

R——导体电阻；

t——通电时间。

电缆的发热量通过电缆外表面向周围介质（空气或土壤）散热，当发热量与散热量相等，线芯温度不再上升时对应的电流值就是线芯允许持续载流量。

根据导体允许持续载流量应大于等于线路计算电流的要求，通过查询选择合适的电缆导体截面，见表12-15。

表12-15　1kV聚氯乙烯绝缘及护套铜芯电缆在空气中敷设时允许持续载流量（建议性基础值）

导体截面面积（mm²）	允许持续载流量（A）		
	单芯	二芯	三芯
1.0	18	15	12
1.5	23	19	16
2.5	32	26	22
4.0	41	35	29
6.0	54	44	38
10	72	60	52
16	97	79	69
25	132	107	93
35	162	124	113

（二）按敷设条件电缆允许持续载流量的校正

1. 环境温度

电缆敷设在不同环境温度时，温度越高，越不利于散热，电缆允许持续载流量就会越低。不同环境温度时的载流量校正系数见表12-16。

表12-16　不同环境温度时的载流量校正系数

敷设位置		空气中				土壤中			
环境温度（℃）		30	35	40	45	20	25	30	35
电缆导体最高工作温度（℃）	60	1.22	1.11	1.0	0.86	1.07	1.0	0.93	0.85
	65	1.18	1.09	1.0	0.89	1.06	1.0	0.94	0.87
	70	1.15	1.08	1.0	0.91	1.05	1.0	0.94	0.88
	80	1.11	1.06	1.0	0.93	1.04	1.0	0.95	0.90
	90	1.09	1.05	1.0	0.94	1.04	1.0	0.96	0.92

当敷设在除上表外的环境温度下，校正系数可按下式计算

$$K=\sqrt{\frac{\theta_m-\theta_2}{\theta_m-\theta_1}} \tag{12-2}$$

式中 θ_m——电缆导体最高工作温度，℃；

θ_1——对应于额定载流量的基准环境温度，℃；

θ_2——实际环境温度，℃。

2. 土壤热阻系数

电缆敷设在不同热阻系数的土壤中时，热阻系数越高，越不利于散热，电缆允许持续载流量就会越低。不同土壤热阻系数时的载流量校正系数见表12-17。

表12-17　不同土壤热阻系数时的载流量校正系数

土壤热阻系数（K·m/W）	分类特征（土壤特性和雨量）	校正系数
0.8	土壤很潮湿，经常下雨。如湿度大于9%的沙土；湿度大于10%的沙-泥土	1.05
1.2	土壤潮湿，规律性下雨。如湿度大于7%但小于9%的沙土；湿度大于12%～14%的沙-泥土	1.0
1.5	土壤较干燥，雨量不大。如湿度为8%～12%的沙-泥土	0.93
2.0	土壤干燥，少雨。如湿度大于4%但小于7%的沙土；湿度大于4%～8%的沙-泥土	0.87
3.0	多石地层，非常干燥。如湿度小于4%的沙-泥土	0.75

3. 并列敷设系数

多根电缆在土/空气中并行敷设时，与并行的根数及电缆之间的距离有关，并行的数量越多，距离越近，越不利于散热，电缆允许持续载流量就会越低。并行敷设时载流量校正系数见表12-18及表12-19。

表12-18　土中直埋多根电缆并行敷设时载流量校正系数

并列根数		1	2	3	4	5	6
电缆之间净距（mm）	100	1	0.9	0.85	0.8	0.78	0.75
	200	1	0.92	0.87	0.84	0.82	0.81
	300	1	0.93	0.9	0.87	0.86	0.85

表12-19　空气中单层多根电缆并行敷设时载流量校正系数

并列根数		1	2	3	4	5	6
电缆中心距	$s=d$	1.00	0.90	0.85	0.82	0.81	0.80

续表

并列根数		1	2	3	4	5	6
电缆中心距	s=2d	1.00	1.00	0.98	0.95	0.93	0.90
	s=3d	1.00	1.00	1.00	0.98	0.97	0.96

注 1. s为电缆中心距，d为电缆外径。

2. 按全部电缆具有相同外径条件制定，当并列敷设的电缆外径不同时，d 值可以近似地取电缆外径的平均值。

当电缆在桥架中无间距并列敷设时，与叠置电缆层数有关，叠置电缆的层数越多，越不利于散热，电缆允许持续载流量就会越低。另外，也与桥架采用的型式有关，托盘不利于散热，相同叠置层数的电缆敷设在托盘式桥架和敷设在梯架式桥架相比，敷设在托盘式桥架中的电缆允许持续载流量低，其校正系数见表 12-20。

表 12-20　电缆桥架上无间距配置多层并列电缆载流量校正系数

叠置电缆层数		一	二	三	四
桥架类别	梯架	0.80	0.65	0.55	0.50
	托盘	0.70	0.55	0.50	0.45

4. 校正后的电缆允许持续载流量

在实践中，应根据实际工作情况，对基准工况的电缆允许持续载流量进行校核，具体公式为

$$I=K_1K_2K_3I_0 \tag{12-3}$$

式中　I_0——基准工况的电缆允许持续载流量；

K_1——环境温度系数；

K_2——土壤热阻系数；

K_3——并列敷设系数。

最终所选截面的电缆校正后的载流量应满足

$$I>I_e \tag{12-4}$$

式中　I——校正后的电缆允许持续载流量，A；

I_e——线路计算额定电流，A。

（三）按允许电压降校验

由于线路电阻的存在，当电流流过时，传输线路会产生电压降，使负荷侧的实际电压低于设备额定电压，而导致设备不能正常运行等。为保证用电设备的可靠、正常运行，对负荷侧的电压偏差给了一定的限定值，所以当电缆截面选定后，必须进行电压损失校验，以保证负荷侧电压在允许值之内。

三相平衡负荷线路电压损失可按下式计算

$$\Delta U = IR = \frac{P}{\sqrt{3}U_e\cos\varphi} \cdot \frac{\rho L}{S} \tag{12-5}$$

式中　ΔU——电压降，V；

I——线路计算电流，A；

R——线路电阻，Ω；

P——线路有功功率，W；

U_e——线路额定电压，V，按 380V 计算；

$\cos\varphi$——功率系数，按 0.85 计算；

ρ——线路电阻率，铜芯按 0.017241Ω·mm²/m，铝芯按 0.028264Ω·mm²/m 计算；

L——线路长度，m；

S——线路电缆导体截面积，mm²。

经简化后，铜芯电缆压降计算公式为

$$\Delta U = 3.08\times10^{-5}\frac{PL}{S} \tag{12-6}$$

电压降百分比为

$$\Delta U\% = \frac{\Delta U}{U_e}\times100 = 8.1\times10^{-6}\frac{PL}{S}\% \tag{12-7}$$

式中　$\Delta U\%$——电压降百分比。

单相负荷线路电压损失可按下式计算

$$\Delta U = 2IR = 2\frac{P}{U_e\cos\varphi} \cdot \frac{\rho L}{S} \tag{12-8}$$

式中　ΔU——电压降，V；

I——线路计算电流，A；

R——线路电阻，Ω；

P——线路有功功率，W；

U_e——线路额定电压，V，按 220V 计算；

$\cos\varphi$——功率系数，按 0.85 计算；

ρ——线路电阻率，铜芯按 0.017241Ω·mm²/m，铝芯按 0.028264Ω·mm²/m 计算；

L——线路长度，m；

S——线路电缆导体截面积，mm²。

经简化后，铜芯电缆压降计算公式为

$$\Delta U = 1.844\times10^{-4}\frac{PL}{S} \tag{12-9}$$

电压降百分比为

$$\Delta U\% = \frac{\Delta U}{U_e}\times100 = 8.38\times10^{-5}\frac{PL}{S}\% \tag{12-10}$$

式中　$\Delta U\%$——电压降百分比。

对于火力发电厂，通常规定设备允许压降为 10%，即当$\Delta U\%<10$ 时，满足要求。

（四）电力电缆导体截面的选择

在工程设计中，仪表与控制专业电力电缆导体截面，通常按照下面要求进行选择，且截面不小于 1.0mm²。

火力发电厂中，连续性负荷如分析仪表、水位、料位仪表等的电源电缆截面的选择：连续性负荷最大电流的 2 倍应小于所选截面的电缆允许持续载流量（见表 12-15），防止电缆截面选择过大，即

$$I_e < I < 2I_e \quad (12\text{-}11)$$

式中　I——选择的电缆允许持续载流量(建议性基础值)，A；

I_e——线路计算额定电流，A。

对于间断性负荷动力回路，如阀门用电动执行机构，其电缆截面的选择见表12-21。

表12-21　间断运行阀门用电动执行机构（380V）电源电缆导体截面选择表

阀门用电动机功率（kW）	≤2.2	3	4	5.5	7.5	10	15	20
导体截面面积（mm^2）	1	1.5	2.5	2.5	4.0或6.0	10	10	16

表12-21不适用于单相电动机，当阀门电动装置为单相电动机时，其额定电流的1.5倍应小于表12-15所列的数值。

以上为工程设计中的经验选择，当阀门距离电源过远时，还需要对压降损失进行校验。

另外，电动阀执行机构参数选择的不同，如不同的减速比，对于同容量机组的同一控制对象的执行机构，在不同工程中会导致功率有较大的不同，工程中应注意。

三、信号回路电缆导体截面的选择

信号回路通常有模拟量输入回路（AI）、模拟量输出回路（AO）、开关量输入回路（DI）、开关量输出回路（DO）、热电阻输入回路（RTD）、热电偶输入回路（TC）及脉冲量输入回路（PI）。

（一）模拟量回路电缆导体截面的选择

1. 模拟量输入回路电缆导体截面的选择

模拟量输入回路（AI）的仪表分为2种形式，一种为外供电形式，需要外加电源，即四线制仪表；另一种为卡件供电形式，由卡件提供电源，采用信号线路供电，即两线制仪表。

对两线制仪表，信号电缆截面的大小，取决于仪表负载能力，通常情况下，仪表的负载能力为600～700Ω，其负载能力和供电电压有关系，其关系为

最大回路电阻=43.5（电源电压–10.5）　（12-12）

控制回路供电电压为直流24V，其允许最大回路电阻通常为630Ω。要求DCS AI卡件最大阻抗不超过250Ω，仪表的电阻通常在几十欧姆的范围内，模拟量输入回路线路的允许电阻范围为300～350Ω。由此可计算不同截面计算机电缆的最大敷设长度，见表12-22。

表12-22　模拟量输入回路电缆导体截面最大敷设长度表

序号	电缆导体截面（mm^2）	20℃时单位长度最大直流电阻（Ω/km）	最大敷设长度（m）
1	0.5	36.7	4087
2	0.75	24.8	6048
3	1.0	18.2	8241
4	1.5	12.2	12295
5	2.5	7.56	19841

按DL/T 5182—2004《火力发电厂热工自动化就地设备安装、管路及电缆设计技术规定》中6.2.4的规定，计算机电缆最小截面面积应不小于1.0mm^2，由表12-22可知，对于火力发电厂的应用环境，截面面积为1.0mm^2的计算机电缆完全可以满足使用要求。但是需要注意，部分仪表有特殊要求，应根据仪表设计要求选择电缆截面。对于国外项目，应在满足技术条件的基础上，可按合同要求执行。

对于四线制仪表，信号回路电缆导体截面可以参照两线制仪表选择，见表12-22，对于电源回路，应根据仪表的允许压降选择。参照SH/T 3082《石油化工仪表供电设计规范》和HG/T 20509《仪表供电设计规范》的规定，对于交流220V供电的仪表，从仪表配电柜至仪表设备的电压降应小于2V；对于直流24V供电的仪表，从仪表配电柜至仪表设备的电压降应小于0.24V，由此可计算不同容量仪表，采用不同截面电缆供电的最远距离。

$$\Delta U = 2IR = 2\frac{S_1}{U_e}rL \quad (12\text{-}13)$$

$$L = \frac{\Delta U U_e}{2r} \cdot \frac{1}{S_1} \quad (12\text{-}14)$$

式中　ΔU——仪表的允许电压降，V；

I——线路计算电流，A；

R——线路电阻，Ω；

S_1——仪表容量，VA；

U_e——线路额定电压，V；

r——不同截面电缆单位长度电阻，Ω/km，见表12-22；

L——线路长度，km。

对于直流24V供电的仪表，供电电缆最远允许供电距离可简化为

$$L = \frac{2.88}{rS_1} \quad (12\text{-}15)$$

经计算得出，直流24V供电电源电缆最远距离见表12-23。

表 12-23　直流 24V 供电电源电缆最远距离　（m）

仪表容量（VA）	0.75mm²	1.0mm²	1.5mm²	2.5mm²
0.4	290.3	395.6	590.2	952.4
0.5	232.3	316.5	472.1	761.9
0.6	193.5	263.7	393.4	634.9
0.7	165.9	226.1	337.2	544.2
0.8	145.2	197.8	295.1	476.2
0.9	129	175.8	262.3	423.3
1.0	116.1	158.2	236.1	381
1.5	77.4	105.5	157.4	254
2.0	58.1	79.1	118	190.5
3.0	38.7	52.7	78.7	127

由表 12-23 中可知，24V 供电的仪表，电源电缆截面选择 $1.5mm^2$ 或 $2.5mm^2$，能够满足火力发电厂的应用；当仪表功率大于 3.0VA 时，在选择仪表时，仪表电源应尽量选择交流 220V。

对于交流 220V 供电的仪表，电源电缆最远允许供电距离可简化为：

$$L = \frac{220}{rS_1} \tag{12-16}$$

经计算得出，交流 220V 供电电源电缆最远距离见表 12-24。

表 12-24　交流 220V 供电电源电缆最远距离　（m）

仪表容量（VA）	0.75mm²	1.0mm²	1.5mm²	2.5mm²
10.0	887.1	1208.8	803.3	2910.1
15.0	591.4	805.9	1202.2	1940.0
20.0	443.5	604.1	901.6	1455.0
25.0	354.8	483.5	721.3	1164.0
30.0	295.7	402.9	601.1	970.0
35.0	253.4	345.4	515.2	831.4
40.0	221.8	302.2	450.8	727.5
45.0	197.1	268.6	400.7	646.7
50.0	177.4	241.8	360.7	582.0
60.0	147.8	201.5	300.5	485.0

由表 12-24 可知，交流 220V 供电的仪表，供电电源电缆截面选择 $1.5mm^2$，能够满足火力发电厂的应用。

2. 模拟量输出回路电缆截面的选择

模拟量输出回路电缆截面取决于控制系统卡件的带负载能力，通常要求 AO 卡件具有驱动回路阻抗大于 600Ω 的负载能力，对特殊应用回路应具有大于 1kΩ 的负载能力。对于大多数控制系统而言，其 AO 卡件的带负载能力大约为 750Ω，而 AO 卡件驱动的负载，如阀门定位器，其负载大都在 350～450Ω 之间，故模拟量输入回路的线路的允许电阻范围为 300～400Ω，与 AI 回路允许线路电阻基本相同，电缆截面的选择可与 AI 回路的信号电缆截面相同。对于国外项目，应在满足技术条件的基础上，可按合同要求执行。

（二）开关量回路电缆导体截面的选择

1. 开关量输出回路电缆导体截面的选择

开关量输出采用继电器输出无源节点串入受控设备的控制回路，通过控制回路的继电器的通、断电来实现设备的停止、运行，如电动机、电动执行机构等设备，或直接驱动控制设备，如电磁阀。电缆的截面主要取决于控制设备（继电器、电磁阀）的最低允许启动电压。

对于电动机控制回路，其控制电压通常为交流 220V、直流 220V 及直流 110V，电气控制回路的继电器功率一般在 5W 左右，其最大允许压降为 10%，故可以按式（12-16）计算其最远距离。由于最大允许压降为 10%，远大于仪表允许压降 2V 的要求，所以允许的电缆长度远大于表 12-24 中的数值。

对于电动执行机构，其控制电压通常为直流 24V，控制回路最大允许电流为 250mA，可参照式（12-17）计算其最远距离，即

$$L = \frac{\Delta U}{2Ir} = \frac{2.4}{2\times0.25} \cdot \frac{1}{r} = 4.8\frac{1}{r} \tag{12-17}$$

因此，对于 $1.0mm^2$ 截面的控制电缆，其最远距离为 263.4m；对于 $1.5mm^2$ 截面的控制电缆，其最远距离为 393.4m；对于 $2.5mm^2$ 截面的控制电缆，其最远距离为 634.9m。

对于电磁阀，其控制电压通常为交流 220V 及直流 24V，功率一般在 10W 左右，其最大允许压降按 10%考虑。

当控制电压为交流 220V 时，允许压降为 22V，该值远大于仪表允许压降 2V 的要求，所以允许的电缆长度应远大于表 12-24 中的数值。

当控制电压为直流 24V 时，电缆最远距离为

$$L = \frac{\Delta U U_e}{2r} \cdot \frac{1}{S_1} = \frac{2.4\times24}{2rS_1} = \frac{28.8}{rS_1} \tag{12-18}$$

因此，对于 $1.0mm^2$ 截面的控制电缆，其最远距离为 142m；对于 $1.5mm^2$ 截面的控制电缆，其最远距离为 212m；对于 $2.5mm^2$ 截面的控制电缆，其最远距离为 342m。

综上所述，对于火力发电厂的开关量输出回路，除部分电缆距离较长，且控制电压为 24V 时采用时

1.5mm^{2}的控制电缆外，绝大多数区域采用截面面积为1.0mm^{2}的控制电缆，完全可以满足应用。

2. 开关量输入回路电缆截面的选择

开关量输入回路是将外部的无源节点信号接入控制系统卡件，控制系统通过外部输入电阻大小来判断无源节点信号的状态，通常情况下，当电阻小于等于1000Ω时，认为是闭合状态；当电阻大于100kΩ时，认为是断开状态。

开关量输入回路电缆的最远距离：对于1.0mm^{2}截面的控制电缆，其最远距离为27.47km；对于1.5mm^{2}截面的控制电缆，其最远距离为40.98km；对于2.5mm^{2}截面的控制电缆，其最远距离为66.14km。

对于火力发电厂的开关量输入回路，当采用截面的大小不会影响系统的使用，采用截面面积为1.0mm^{2}的控制电缆，完全可以满足应用。

（三）热电偶回路电缆导体截面的选择

热电偶检测回路中产生的热电势等于热电偶产生的热电势和补偿电缆产生的热电势之和，该值只与导体材料、导体两端的温度及两种导体触点的温度有关，而与导体的长度、截面的大小及沿导体长度上温度的分布无关。热电偶补偿电缆截面取决于卡件的带负载能力，只要热电偶测量回路的最大允许电阻在卡件的带负载能力范围内，不会给测量带来影响。

通常情况下，模拟量输入卡件的最大负载能力在500Ω左右，则常用的K、E分度补偿电缆在各截面时的最大传输距离见表12-25。

表12-25　E、K分度补偿电缆最远传输距离

序号	电缆类型	截面（mm^2）	20℃往复电阻（Ω/m）	最大距离（m）
1	K分度	0.5	2.2	227
2		1	1.1	454
3		1.5	0.73	684
4	E分度	0.5	2.5	200
5		1	1.25	400
6		1.5	0.83	602

由表12-25可知，对于截面面积为1.0mm^{2}的热电偶补偿电缆，最远传输距离大约为400m，对于截面面积为1.5mm^{2}的热电偶补偿电缆，最远传输距离大约为600m，通常情况下，选用截面面积为1.5mm^{2}的热电偶补偿电缆。

（四）热电阻回路电缆导体截面的选择

热电阻测量温度的原理是基于桥式测量回路提供恒定的电流，由于热电阻阻值会根据所测量温度的变化而产生变化，导致测量端的电压变化，据此来计算所测量的温度。从理论上看，只要桥式测量回路电流值稳定，电缆的长度不会对温度测量产生影响；但在实际工程中，理论上的恒流源并不存在，只有在其负载范围内，才可以视为恒流源。

RTD卡的带负载能力通常为1000Ω左右，测量回路的电阻约为250Ω，常用的热电阻元件Pt100测量范围为300℃以内，其阻值为212Ω，截面面积为1.0mm^{2}的控制电缆电阻值为18.1Ω/km，截面面积为1.5mm^{2}的控制电缆电阻值为12.1Ω/km，所以，可以算出截面面积为1.0mm^{2}的最远传输距离为14.86km，截面面积为1.5mm^{2}的最远传输距离为22.23km。对于火力发电厂而言，截面面积为1.0mm^{2}的控制电缆完全满足使用要求。

四、爆炸危险环境下电缆导体截面的选择

爆炸危险环境下敷设的1kV以下的电缆截面应满足以下规定（除本质安全系统的电路外），见表12-26。

火力发电厂中有部分环境属于爆炸危险环境，如制氢间、储氢间、氢气压缩机间、燃油泵房、氨泵房、增压泵房等，当仪表选用隔爆型时，考虑电缆敷设时采用明敷和钢管混合配线方式，若敷设在以上房间内1区内的控制电缆截面面积不应小于2.5mm^2，其余2区爆炸危险内的控制电缆应采用铜芯，截面面积不应小于1.5mm^2。其余电缆如热电阻及变送器的计算机电缆应采用铜芯，截面面积根据距离远近采用1.0～1.5mm^2。

表12-26　爆炸危险环境下敷设的1kV以下的电缆截面选型规定

爆炸危险区域	电缆明设或在沟内敷设时的最小截面		钢管配线用绝缘导线的最小截面	
	电力	控制	电力	控制
1、20、21区	铜芯2.5mm^{2}及以上	铜芯1.0mm^{2}及以上	铜芯2.5mm^{2}及以上	铜芯2.5mm^{2}及以上
2、22区	铜芯2.5mm^{2}及以上，铝芯16mm^{2}及以上	铜芯1.0mm^{2}及以上	铜芯2.5mm^{2}及以上	铜芯1.5mm^{2}及以上

五、接地电缆导体截面的选择

1kV 以下电源中性点直接接地系统，保护地线的截面应满足以下规定，见表 12-27。

表 12-27 保护地线允许最小截面面积 （mm^2）

电缆相线截面面积 S	保护地线允许最小截面面积
$S \leqslant 16$	S
$16 < S \leqslant 35$	16
$35 < S \leqslant 400$	$S/2$

对于火力发电厂电动执行机构，电源电缆相线截面面积通常不会大于 $16mm^2$，所以电源电缆选择时，应选择四芯相同截面面积的电缆，如 ZC-VV-4×6；电缆相线截面面积大于 $16mm^2$ 且小于 $35mm^2$ 时，保护地线截面面积可选择 $16mm^2$，如 ZC-VV-3×25+16；电缆相线截面面积大于 $35mm^2$ 且小于 $400mm^2$ 时，保护地线截面面积可选择电缆相线截面面积的一半，如 ZC-VV-3×70+35。

计算机系统各种用途接地线的截面面积选择应符合厂家要求，一般情况下按下述规定选取：

（1）总接地板至接地网的连接线的截面面积不宜小于 $50mm^2$。

（2）系统内不同性质的中心接地点至总接地板的接地线截面面积不宜小于 $25mm^2$。

（3）机柜间链式接地连接线的截面面积不宜小于 $16mm^2$。

第三节 电 缆 桥 架 选 择

一、概述

电缆桥架是电缆集中敷设的主要手段，主要目的是：

（1）保护和支撑电缆。防止电缆承受外力，过度弯曲，避免机械损伤。

（2）便于敷设、管理电缆。敷设电缆时，便于把电缆排列整齐及绑扎固定、美观。

（3）屏蔽隔离。对外部的干扰起到隔离、屏蔽的作用。

（一）电缆桥架的类型

1. 电缆桥架分类

电缆桥架由托架、附件和支吊架组成，托架由托盘或梯架的直通及其弯通组成。

托架分类方法很多，按结构类型可分无孔托盘式（又称槽式，见图 12-5）、有孔托盘式（见图 12-6）、梯级式（见图 12-7）、组合式（见图 12-8）。托架根据电缆敷设的防护、屏蔽等要求采用加盖和不加盖两种方式。按材料不同可分为钢制电缆桥架（含不锈钢桥架）、铝合金桥架、玻璃钢桥架、复合环氧树脂电缆桥架。

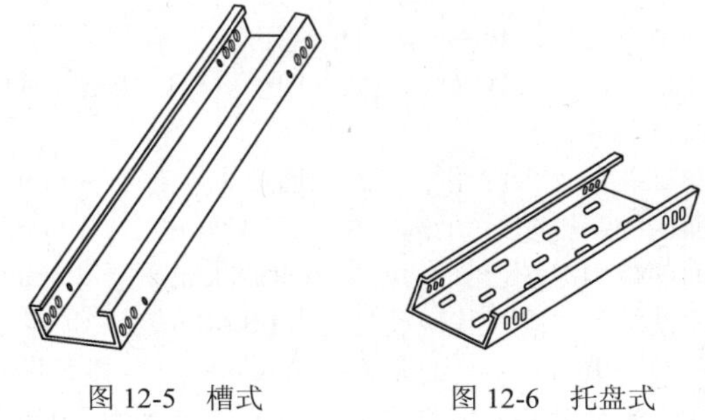

图 12-5 槽式　　图 12-6 托盘式

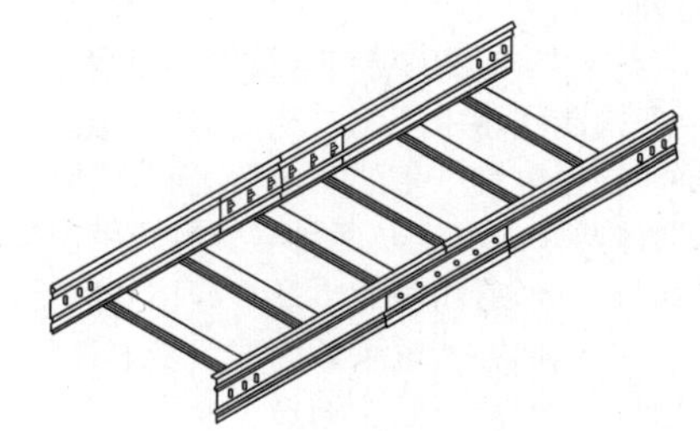

图 12-7 梯级式

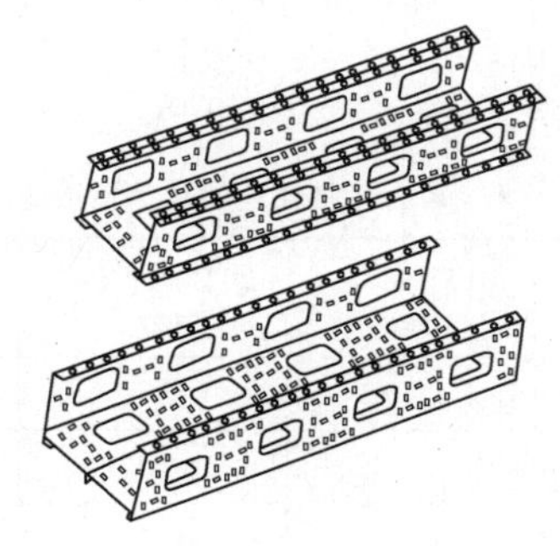

图 12-8 组合式

钢制桥架按表面防腐处理形式不同可分为冷镀锌及锌镍合金、喷塑、喷漆、热镀锌、热喷锌等。

托架的结构形式有直通和弯通两种。直通包括：等径直通、变径直通（见图 12-9）。弯通包括下列种类：

（1）水平弯通是在同一水平面改变托盘、梯架方向的部件，分 30°、45°、60°、90°四种（见图 12-10）。

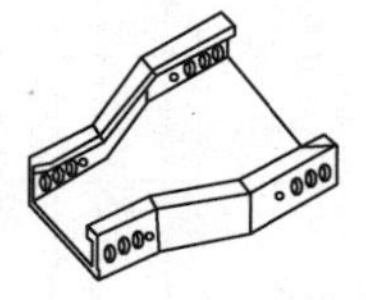

图 12-9 变径直通

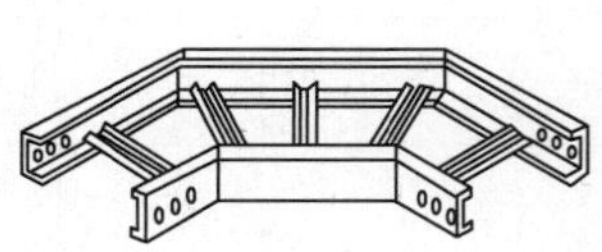

图 12-10 水平弯通

（2）水平三通是在同一水平面以 90°分三个方向连接托盘、梯架的部件，分等宽、变宽两种（见图12-11）。

（3）水平四通是在同一水平面以 90°分四个方向连接托盘、梯架的部件，分等宽、变宽两种（见图12-12）。

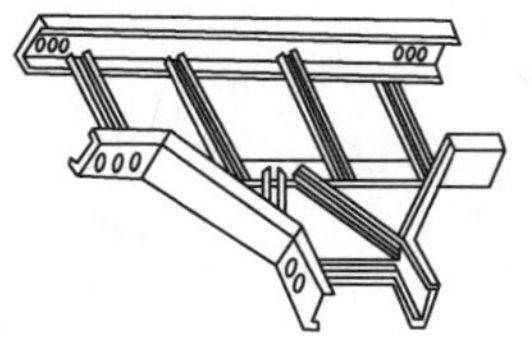

图 12-11　水平三通

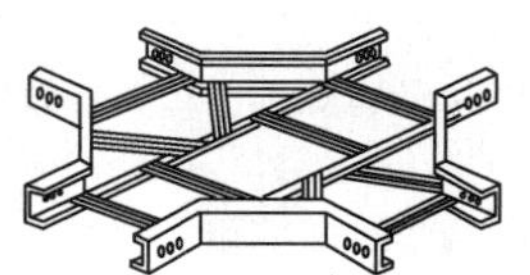

图 12-12　水平四通

（4）上弯通是使托盘、梯架从水平面改变方向向上的部件，分 30°、45°、60°、90°四种（见图 12-13）。

（5）下弯通是使托盘、梯架从水平面改变方向向下的部件，分 30°、45°、60°、90°四种（见图 12-14）。

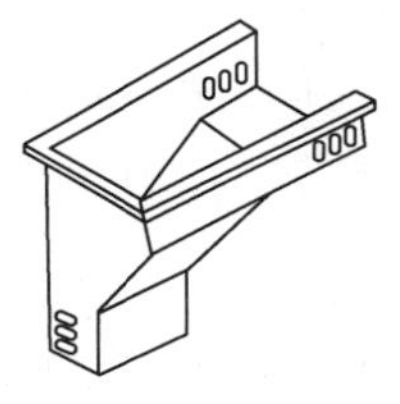

图 12-13　上弯通图

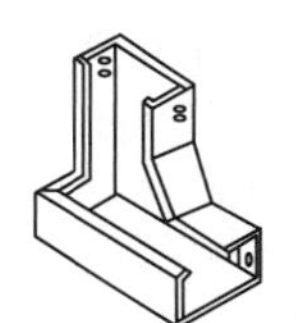

12-14　下弯通

（6）垂直三通是在同一垂直面以 90°分三个方向连接托盘、梯架的部件，分等宽、变宽两种（见图12-15）。

（7）垂直四通是在同一垂直面以 90°分四个方向连接托盘、梯架的部件，分等宽、变宽两种（见图12-16）。

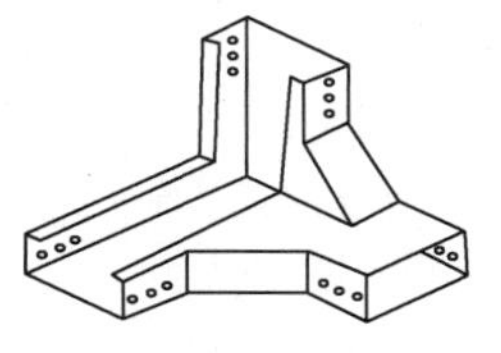

图 12-15　垂直三通

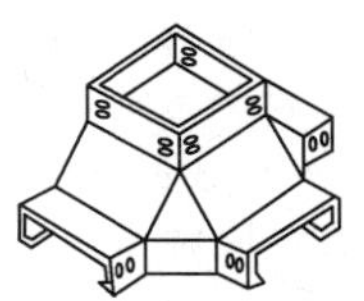

图 12-16　垂直四通

2. 桥架形式

（1）有孔托盘式电缆桥架。是使用较普遍的一种。它具有载重量大、造型美观、结构简单等优点。

（2）槽式电缆桥架。是一种全封闭型电缆桥架。它适用于敷设计算机电缆、通信电缆、补偿电缆及可靠性系统要求及抗干扰性能要求高的电缆等。它对控制电缆的抗干扰和重侵蚀环境中的电缆防护都有较好的效果。

（3）梯级式电缆桥架。具有重量轻、造价低、散热好等优点。施工方便、灵活。但不防尘、抗干扰性差。

（4）组合式电缆桥架。是一种新型桥架。它具有结构简单、现场安装灵活、施工方便等优点。

组合式电缆桥架采用宽度为 100、150、200mm 的三种形式就可以组装成所需尺寸的电缆桥架。根据现场实际情况，不采用弯通、三通等各种配件，可实现转向、变宽、引上、引下等。在任意部位，不需要打孔、焊接就可用电缆管引出。它既有利于工程设计，又便于生产运输和施工安装。

3. 电缆桥架型号及代号

电缆桥架型号及代号如下：

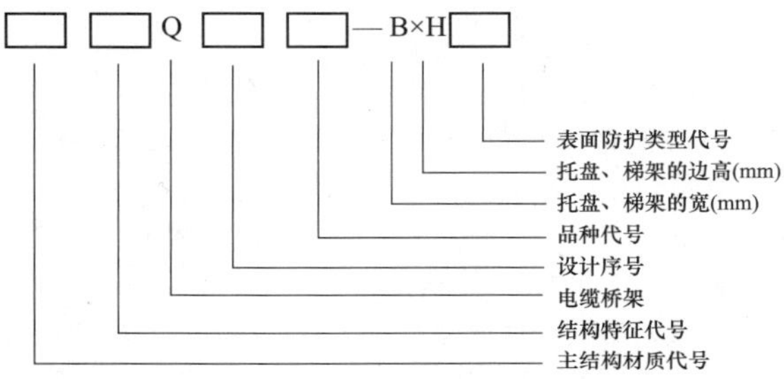

主结构材质代号、结构特征代号、品种代号见表12-28～表 12-30。

表 12-28　桥架主结构材质代号

材质	钢制	铝制	玻璃钢	其他
代号	G	L	B	—

表 12-29　结构特征代号

名称	代号	名称	代号
槽盒	C	双边槽盒	DC
托盘	P	双边托盘	DP
梯架	T	双边梯架	DT
组装式托盘	Z	其他	—

表 12-30　主要品种代号

序号	名称	符号	序号	名称	符号
1	直线段	A	7	垂直四通	G
2	水平弯通	B	8	垂直下弯通	H
3	水平三通	C	9	垂直下三通	J
4	水平四通	D	10	变径直通	K
5	垂直上弯通	E	11	其他	—
6	垂直上三通	F			

例如：型号为 GPQ1A-200×50TH，表示为 200mm×

50mm 钢制有孔托盘直线段电缆桥架，设计序号为 1，防护类型为湿热型。

（二）电缆桥架的附件

电缆桥架附件是用于托架直通之间、直通与弯通之间的连接，构成连续刚性结构系统所必需的固定连接或补充直通、弯通功能的部件，包括盖板（G）、直线连接板（BLJ）、铰链式连接板（BLS，分水平式和垂直式）、端头连接板（BDL）、变宽连接板（BTK）、变高连接板（BTG）、调宽调高连接板（TKG）、转弯连接板（BTJ）、隔板（BG）、引下件（YX）、电缆卡具（DK）、终端板（ZF）、伸缩连接板（SSJ）、锁扣（SK）、紧固件（QT）。

支吊架直接支承托架的部件，主要有：

（1）托臂。可分为卡接式、螺栓固定式，又可分为沿墙托臂（TBQ）、立柱托臂（TBL）、竖井托臂（TBS）。

（2）立柱。可分为工字钢（LZG）、槽钢（LZC）、角钢（LZJ）、异型钢立柱（LZYX）。

（3）吊架。可分为角钢横担（HDJ）双杆式、槽钢横担（HDC）双杆式、方形吊框（DK）单杆式。吊杆用型材时分圆钢吊杆（DGY）、角钢吊杆（DGJ）、槽钢吊杆（DGC）、异型钢吊杆（DGYX）。

（4）其他固定支架。如垂直、斜面等固定用支架。

二、电缆桥架的选择要求

（一）基本要求

（1）电缆桥架通常使用在海拔不超过2000m的场所，当海拔超过 2000m 时，应与制造商协商确定。

（2）电缆桥架的选择应确保表面光滑、无毛刺等，确保电缆敷设时，不会划伤电缆；应满足所使用环境条件的要求并保持稳固，如阻燃、气候条件、化学腐蚀条件等；应满足所需的承载能力。

（3）另外电缆桥架选择时，还需考虑安装及技术经济条件等。

（二）材质选择

1. 通用要求

电缆桥架材质应根据所使用的环境，并能长期耐受的环境条件选择。一般情况下，宜选用钢制桥架；当技术经济综合较优时，可采用铝合金桥架；在某些强腐蚀性环境下，可采用满足难燃性要求的玻璃钢材质。

对耐腐蚀性能要求较高或要求洁净的场所，如水处理车间、沿海地区等腐蚀性环境，宜选用铝合金桥架。在铝与腐蚀性介质化合可析出氢气并可聚集的场所，严禁使用铝合金桥架。

2. 几种材质的桥架比较

（1）钢制桥架。钢制桥架一般由优质冷轧钢板制成，加工工艺简便，承载能力强，价格便宜、通用性广泛，安装灵活方便，品种齐全，广泛应用于各个行业。

由于冷轧钢板无防腐特性，使用时采用表面涂层来增加其防腐性能，通常采用的表面工艺有涂漆、冷镀锌、电镀锌、喷涂粉末、热浸镀锌、VCI 双金属复合层等。

但因防腐层薄，腐蚀性介质很容易通过防腐层渗透到金属基体，从而导致防腐层脱落；另外，在运输、安装、使用过程中防腐层很容易损坏；安装过程中由于切割造成的破坏，切口部位极易遭到腐蚀，腐蚀性介质再从此处蔓延到其他部位，使防护层脱落失去保护作用。

此类电缆桥架一般使用在非腐蚀性环境下能够达到 TH 级别。

（2）铝合金桥架。铝合金桥架由铝合金挤压成型，加工精度高、强度好、外形美观、重量轻、承载能力大、耐腐蚀、使用寿命长、安装方便。

铝合金桥架表面氧化生成一层天然的氧化保护膜，对大气和化学介质具有很强的耐腐蚀能力，还有抗电磁干扰性能。

铝合金桥架在沿海、高湿度和有腐蚀性的环境中使用，更能显示出铝合金桥架的独特抗腐蚀性能。

（3）玻璃钢桥架。玻璃钢桥架是在高温下固化，拉挤成型生产的一种电缆桥架。它的优点是生产方便快捷、生产效率高；采用专用模具，精度较高；与其他材质电缆桥架相比价格较低；采用分体组装成型，配置较灵活。它的缺点是强度低、荷载小。

玻璃钢桥架施工的优越性在于切割方便、组装灵活，安装无需动火，适用于爆炸危险环境。

（4）复合环氧树脂电缆桥架。复合环氧树脂电缆桥架采用金属骨架两面加有防腐层的结构，采用大吨位压力机模压成型。其特点主要包括：

1）机械强度高，是机械强度最高的电缆桥架，既有金属的刚性又有非金属的韧性。

2）采用防腐层、加强层、结合层、金属内衬等多级分层结构；防腐层具有极高的抗腐蚀能力；寿命加强层具有很高的机械强度，能够承受一定的机械冲击而不被破坏，保护金属本体不外露、不腐蚀，防腐性能达到标准 WF2 级别。结合层既保证了防腐层与钢质本体的黏结强度，又能够避免温度变化时，两种材料的热膨胀系数不同而造成的剥离。

3）钢制本体采用优质冷轧钢板压制而成，保证产品的机械强度。

4）复合环氧树脂电缆桥架的所有截面都没有钢制外露，即便是安装过程中切割造成的切口，也很容易进行二次防腐处理，保证了防腐性能。

3. 防护类型

电缆桥架的选用要根据使用环境条件、重要性、防腐处理具有的耐久性和技术经济等因素，选择合适的防护类型和相应的表面处理方式。

使用环境条件可分为气候环境条件和化学活性物质环境条件，其分类分别见表12-31～表12-34。

表12-31 电缆桥架的防护类型和相应的使用环境条件等级

防护类型	防护类型代号	使用环境条件等级
普通型	J	3K5L/3K6/3K6L
湿热型	TH	3K5L/3C2
防中等腐蚀型	F1	3K5L/3C3
防强腐蚀型	F2	3K5L/3C4
户外型	W	4K2/4C2
耐火型	N1～N3[①]	消防线路中

① N1～N3为耐火等级代号。

表12-32 耐火电缆桥架的耐火等级及其代号

耐火等级代号	N1	N2	N3
维持工作时间（min）	≥30	≥45	≥60

表12-33 不同气候环境等级的气候环境参数

环境参数	等级			
	3K5L	3K6	3K6L	4K2
低温（℃）	–5	–20	–20	–35
高温（℃）	40	55	40	40
低相对湿度（%）	5	10	10	10
高相对湿度（%）	95	100	100	100
太阳辐射（W/m^2）	700	700	700	1120
凝露强度	有	有	有	有
降水条件（mm/min）	—	—	—	6
结冰条件	—	有	有	有

表12-34 不同腐蚀等级的化学活性物质环境参数

环境参数[①]（mg/m^3）	等级					
	3C2、4C2		3C3、4C3		3C4、4C4	
	平均值[②]	最大值[②]	平均值[②]	最大值[②]	平均值[②]	最大值[②]
盐雾	有盐雾条件[③]					
二氧化硫	0.3	1.0	5.0	10	13	40
硫化氢	0.1	0.5	3.0	10	14	70
氯	0.1	0.3	0.3	1.0	0.6	3
氯化氢	0.1	0.5	1.0	5.0	3.0	15
氟化氢	0.01	0.03	0.05	1.0	0.1	2
氮	1.0	3.0	10	35	35	175
臭氧	0.05	0.1	0.1	0.3	0.2	2
氧化氮[④]	0.5	1.0	3.0	9.0	10	20

① 在环境参数中有一种或一种以上的化学气体浓度值符合本表中的数值时，也属于该等级。

② 平均值是长期数值的平均。最大值是在每天不超过30分钟的极限值或峰值，如超过，则应提高等级。

③ 有盐雾条件只作定性规定，不用划分等级。

④ 相当于二氧化氮的值。

（1）钢制桥架防腐选择。钢制桥架一般情况下宜按表12-35选择适于工程环境条件的防腐处理方式。当采用表12-35中T类防腐方式时，应符合T/CECS 31《钢制电缆桥架工程设计规范》的要求。其中符号“O”表示推荐防腐类型。

表 12-35　　钢制桥架防护类型及防腐处理方式选择

环境条件					防腐层类别					
防护类型			代号	使用环境条件等级	Q	D	P	R	VS	T
					涂漆	电镀锌	喷涂粉末	热浸镀锌	VCI 双金属复合层	其他
户内	一般	普通型	J	3K5L，3K6	O	O	O		O	
	0 类	湿热型	F1	3K5L	O	O	O	O	O	
	1 类	中等腐蚀型	F1	3K5L，3C3	O	O	O	O	O	
	2 类	强腐蚀型	F2	3K5L，3C4					O	
户外	0 类	轻腐蚀型	W	4K2，4C2	O	O		O	O	
	1 类	中等腐蚀型	WF1	4K2，4C3		O		O	O	

1）热浸镀锌。在大气中，锌具有较好的耐腐蚀性。其耐腐蚀寿命取决于镀锌层厚度和腐蚀速率。热浸镀锌的锌层厚度一般在 65μm（455g/m^2）以上。

热浸镀锌具有良好的耐腐蚀性和较高的性能与价格比，钢制热浸镀锌桥架得到广泛应用。

2）电镀锌。电镀锌与热浸镀锌相比工艺简单，成本较低，对电缆桥架的结构无特殊要求，电镀锌经钝化处理后能够显著地提高其保护性能。电镀锌层厚度一般在 12μm 左右，不适用于耐腐蚀性要求较高的场合。

为了提高电镀锌的耐腐蚀性，采用电镀锌镍合金或镀锌后进行高钝化处理。

3）静电喷涂。喷涂材料一般为聚氯乙烯粉末、聚酯粉末或防腐粉末。涂层厚度在 100μm 左右。静电喷涂具有外表美观、防化学腐蚀性能好的特点。但与金属镀层相比较附着强度低，耐冲刷和颗粒磨损能力差；使用过程中有变质问题，易造成局部涂层脱落，从而使钢铁基体锈蚀，导致涂层大面积鼓泡剥落。另外，涂层的抗紫外线能力差，一般不适合于室外使用。

4）涂防锈漆。对于结构尺寸较大的构件，通常采用涂防锈漆的方法来处理。它虽然具有成本低、使用方便等特点，但防腐蚀能力较差，使用寿命短，维护工作量大，一般不宜采用。

（2）铝合金桥架防腐选择。铝合金桥架宜按表 12-36 选择适于工程环境条件的防腐处理方式。当使用于有化学腐蚀性介质，且长期处于湿度不小于 85% 的场所时，可选高一级等级的防护类型和防腐处理方式；当使用环境条件的相对湿度长期处于不大于 70% 的场所，也可选择低一级等级的防护类型和防腐处理方式。

表 12-36　铝合金桥架防护类型及防腐处理方式选择

环境条件				防腐处理方式
防护类型		代号	使用环境条件等级	
户内	基本型	J	3K5L，3K6，3K6L，3C2	阳极氧化膜 AA10 级
	中等腐蚀型	F1	3K5L，3C3	阳极氧化膜 AA15 级
				阳极氧化膜 AA10 级+喷涂粉末涂料或涂漆
	强腐蚀型	F2	3K5L，3C4	阳极氧化膜 AA10 级+喷化工防腐粉末或重防腐涂料
户外	轻腐蚀型	W	4K2，4C2	阳极氧化膜 AA15 级
	中等腐蚀型	WF1	4K2，4C3	阳极氧化膜 AA15 级
				阳极氧化膜 AA10 级+喷耐候粉末涂料
	强腐蚀型	WF2	4K2，4C4	阳极氧化膜 AA10 级+喷化工防腐粉末或耐候漆
				阳极氧化膜 AA10 级+喷耐候重防腐涂料
	海洋型	H	4K2，4C3	阳极氧化膜 AA15 级

注　表中海洋型的空气盐雾浓度按 5mg/m^3 平均值考虑。

（三）电缆桥架结构、型式和规格的选用

1. 结构型式的选择

（1）对需屏蔽的电缆回路，或对油、腐蚀性液体、易燃粉尘等环境有防护要求的电缆敷设场所，应采用

有盖无孔型托盘；当需要就地组装的场所，宜选用组装托盘；除上述情况外，可用有孔型托盘或梯架。

（2）在易积灰和其他需要遮盖的环境或户外场所，托盘、梯架易带有盖板。

（3）在公共通道或户外跨越道路段，底层梯级的底部宜加垫板或在该段使用托盘。大跨距跨越公共通道时，可根据要求提高桥架的荷载能力或选用桁架支撑。

（4）需要通风散热的场所，宜选用有孔托盘或梯架。

（5）变配电室内可选择有孔托盘或梯架，有利于电缆进出配电柜的敷设及电缆散热。

（6）桥架正上方有易凝露的其他管道时，桥架需要带盖板。

（7）易遭老鼠等啮齿动物咬的场所，需选择无孔托盘带盖板，具有防鼠措施的除外。

（8）电缆竖井内可选用梯架或无孔托盘，有利于电缆固定于桥架上。

（9）易受户外日照、雨淋或积雪的部位敷设的桥架可采用无孔托盘带盖板。

（10）消防设备供电电缆（矿物绝缘电缆除外）应采用无孔托盘带盖板结构类型的耐火电缆槽盒（或采用采取了防火措施的桥架）。

在火力发电厂中，除电缆敷设在锅炉本体顶部、汽轮机本体四周及易积粉尘、易燃的地方和有可能被干扰的弱电信号电缆，应采用封闭的电缆托盘或电缆保护管外，其余可采用梯级式桥架敷设。

2. 规格选择

（1）一般要求。

1）托盘或梯架的宽度和边高应按电缆的数量、直径、配置的层次及电缆荷载选择。

2）托盘、梯架直通单件长度，可按支吊跨距、荷载及施工条件选择。

3）根据电缆允许弯曲半径选择弯通的半径。

4）附件的规格应是和工程布置条件及托盘、梯架相配套。

5）电缆桥架（梯架和槽盒）的边高（或深度）应根据环境、空间大小、电缆的电压等级等条件确定。同一电缆通道中各层电缆桥架的边高宜相同。

（2）规格尺寸。

1）常用托盘、梯架的宽度与高度规格尺寸见表12-37，其中符号“△”表示常用规格尺寸。

表12-37 常用托盘、梯架的宽度与高度规格尺寸

宽度 *B*（mm）	高度 *H*（mm）						
	40	50	60	80	100	150	200
60	△	△					
80		△	△				
100		△	△	△	△		
150		△	△	△	△		
200		△	△	△	△	△	
250		△	△	△	△	△	
300		△	△	△	△	△	△
400		△	△	△	△	△	△
500			△	△	△	△	△
600			△	△	△	△	△
800				△	△	△	△
1000					△	△	△
1200						△	△

2）钢制托盘、梯架允许最小板材厚度见表12-38。

表12-38 钢制托盘、梯架允许最小板材厚度 （mm）

托盘、梯架宽度 *B*	允许最小板厚
$B<100$	1
$100\leq B<150$	1.2
$150\leq B<400$	1.5
$400\leq B<800$	2
$800\leq B$	2.5

注 1. 连接板的厚度至少按托盘、梯架间等板厚选用，也可以选厚一个等级。
2. 盖板的厚度可以按托盘、梯架的厚度选低一个等级。

3）托盘、梯架直线单元的标准长度为2、3、4、6m。

4）托盘、梯架直角弯通常用的内侧弯曲半径为70、100、150、200、300、400、600、900mm。

5）有孔托盘底部通风孔面积，不宜大于底部总面积的40%。

6）梯架的横档中心距不应大于400mm。横档的宽度不宜小于30mm。

3. 按荷载等级的选择

（1）电缆桥架的工作均布荷载不应大于所选荷载等级桥架的额定均布荷载。

（2）电缆桥架当支吊架跨距为2m时，在按简支梁的条件下，托盘、桥架的额定均布荷载分级应符合表 12-39 和表 12-40 的规定。

表 12-39　钢制电缆桥架托盘、梯架的荷载等级　（kN/m）

荷载等级	A	B	C	D
额定均布荷载	0.5	1.5	2.0	2.5

表 12-40　铝合金电缆桥架托盘、梯架的荷载等级　[kN/m（kgf/m）]

荷载等级	A	A1	B	C	D
额定均布荷载	0.5（50）	1.0（100）	1.5（150）	2.0（200）	2.5（250）

当支吊架的实际跨距不大于 2m 时，则工作均布荷载应满足下列要求

$$q_G \leqslant q_E \cdot (2/L_G)^2 \qquad (12\text{-}19)$$

式中　q_G——工作均布荷载，N/m；

q_E——额定均布荷载，N/m；

L_G——实际跨距，m。

（3）工作均布荷载的确定按以下内容考虑：

1）安装或检修中无需考虑附加集中荷载时，工作均布荷载可按电缆自重均匀分布计算。若在户外，应将该地区可能的风雪荷载一并纳入计算。

2）安装或检修中可能有短时上人的附加集中荷载时，工作均布荷载按电缆自重均布值与附加集中荷载的等效均布值之和计算。

3）附加集中荷载的等效均布值可按下列公式换算

$$q_P = 2P/L_G \qquad (12\text{-}20)$$

式中　q_P——附加集中荷载的等效均布值，N/m；

P——附加集中荷载，N 可按 900N 计算；

L_G——实际跨距，m。

对于跨距大于 2m 或承载要求大于荷载等级 D 级的桥架，应按工程条件进行荷载试验验证。

桥架不应作为人行通道或站人平台，如需作为人行通道等其他用途，为此目的而进行的特殊设计，应由制造厂和用户之间协商。

对于跨距大于 6m、户外风雪作用等特殊荷载的桥架，应按照工程条件进行强度、刚度、稳定性的计算或试验验证，具体验证方法参见 T/CECS 31《钢制电缆桥架工程设计规范》及 CECS 106《铝合金电缆桥架技术规程》相关条文。

工程实践中当电缆桥架的支吊架跨距为 2m 时，电缆托盘、梯架在承受额定均布荷载时的相对挠度钢制不宜大于 1/200，铝合金制不宜大于 1/300，玻璃钢制不宜大于 1/200，其最大荷载见表 12-41。

表 12-41　典型电缆桥架最大荷载

材质	支吊架跨距（mm）	额定均布荷载（N/m）			挠度值（不大于）（mm）
		边高 100mm	边高 150mm	边高 200mm	
钢	2000	1000	1850	3100	10
玻璃钢		550	1100	1750	
铝合金		800	1450	2450	6

三、电缆桥架安装附件的选择

（1）支吊架规格的选择，应按托盘、梯架的规格、层数、跨距等条件配置，并应满足总荷载的要求。

（2）连接板、连接螺栓等受力附件应与托盘、梯架、托臂等的本体结构相适应。

（3）在伸缩缝处应配置伸缩连接板。

（4）在可能有火波及的场所，支吊架应选用钢制。其他情况视工程条件，支吊架可采用钢制或铝合金制。

（5）当需改变方向时，在托盘、梯架分支、引上、引下处，宜配置相应的弯通；当受空间条件限制不便装设弯通或转角小于 30°等特殊要求时，可选用铰接板。

（6）当低压动力电缆与控制电缆共用同一托盘或梯架时，相互间宜设置隔板；连接两段不同宽度或高度的托盘、梯架可配置变宽连接板或变高连接板。

第四节　电缆通道及敷设

一、电缆敷设

电缆敷设在设计过程中，需多个方面进行考虑，包括敷设的方式、敷设路径、电缆弯曲半径、电缆的支撑及固定及电缆长度等。

（一）敷设方式

电缆敷设方式应视工程条件、环境特点和电缆类型、数量等因素，以及满足运行可靠、便于维护和技术经济合理的原则来选择。

电缆敷设方式有直埋敷设、穿管敷设、排管敷设、电缆构筑物敷设、电缆桥架敷设、架空敷设等。

1. 电缆直埋敷设方式

将电缆敷设于沟道中，沿沟底和电缆上覆盖有软土层或沙，且设有保护盖板（即铺沙盖砖），再回填的敷设方式称为电缆直埋敷设，直埋电缆的直埋深度要求在冻土层以下。直埋敷设适用于电缆线路不密集的场所。

（1）优缺点。直埋敷设的优点在于不需要大量的

前期土建工程，施工周期较短，是一种比较经济的敷设方式；电缆埋设在土壤中，散热条件较好，输送容量较大。其缺点在于直埋敷设较容易遭受机械外力损坏和周围土壤的化学或电化学腐蚀，以及白蚁和老鼠危害；不易查找故障点；处理电缆故障或更换电缆困难；维护不便。

（2）选用原则。

1）同一通路电缆根数较少，在厂区通往远距离辅助设施等不易有经常性开挖的地段，宜采用直埋敷设。

2）厂区内地下管网较多的地段，可能有高温液体溢出的场所，有较频繁开挖的地方，不宜采用直埋敷设。

3）在化学腐蚀或杂散电流腐蚀的土壤范围内，不得采用直埋敷设。

4）当直埋敷设电缆可能受到一些比较大的冲击，但强度可以控制在一定范围，可以采用铠装电缆直埋敷设。

2. 穿管敷设方式

电缆穿管敷设方式是为了避免电缆受外力破坏或特殊环境下使用的一种敷设方式，当直埋电缆敷设局部可能受到的外力较大时，如穿建构筑物基础、穿越公路等，采用电缆穿保护套管敷设。

电缆穿管敷设与直埋敷设相比，便于后期维护和增加电缆。为便于线路维护和增加电缆等，埋管时可以埋入一些备用管道，以减少后续开挖工作量。

（1）选用原则。

1）在有爆炸危险场所明敷的电缆，露出地坪上需加以保护的电缆，以及地下电缆与公路、铁道交叉时，应采用穿管敷设。

2）地下电缆通过建筑物的区段，以及电缆敷设在规划中将作为道路的地段，宜采用穿管敷设。

3）在地下管网较密的工厂区或道路挖掘困难的通道等电缆数量较多时，可采用穿管敷设。

（2）应注意以下问题：

1）穿管敷设时，在线路转弯角度较大，或者直线段距离较长时需应考虑设置电缆井。

2）电缆数量较少，线径较小的情况下，可以采用电缆井；电缆较多，线径较大的情况下，需要考虑设置电缆人井，小的过路井也可以直接砖砌或混凝土浇筑，此时要考虑底部设置渗水孔。

3）由于单芯电缆穿金属管时，会产生涡流效应，导致电缆损坏，所以单芯电缆需穿管保护时，应穿聚乙烯管或尼龙管。

3. 排管敷设方式

将电缆敷设于地下排管中的安装方法，称为电缆排管敷设。电缆排管敷设对电缆的保护效果比电缆直埋敷设好，电缆不易受到外部机械损伤，占用空间小，且运行可靠。当电缆敷设回路数较多、平行敷设于道路的下面、穿越公路、铁路和建筑物时采用的一种方法。

排管敷设适用于交通比较繁忙、地下走廊比较拥挤、敷设电缆数较多的地段。检查井和排管的土建工程完成后，以后相同路径的电缆线路安装维修或更新电缆，则不必重复挖掘路面。电缆排管敷设施工较为复杂，敷设和更换电缆不方便；土建施工工期较长、投资较大；当管道中电缆发生故障时，检查不便，不能维修，需要更换两座检查井之间的整段电缆，维护费用较大。

4. 电缆构筑物敷设

电缆构筑物敷设有2种方式，即电缆沟敷设方式、电缆隧道敷设方式。电缆隧道敷设方式使用较少，以下主要介绍电缆沟敷设方式。

封闭式不能通行、有活动盖板的电缆构筑物为电缆沟。电缆沟敷设适用于并列安装多根电缆的场所。在电缆沟内敷设的电缆不容易受到外部机械损伤，占用空间相对较小。

根据并列安装的电缆数量，需在沟的单侧或双侧设置电缆支架，敷设的电缆应固定在支架上。电缆沟敷设造价相对于直埋敷设，价格较高，施工复杂，建设周期长，电缆沟中电缆的散热条件较差，会使电缆的允许载流量减小；但电缆维修方便，维护管理的成本较低。

电缆沟敷设方式选用原则：

（1）在化学腐蚀液体或高温熔化金属溢流的场所，或在有载重车辆频繁经过的地段，不得采用电缆沟敷设。

（2）经常有工业水溢流、可燃粉尘弥漫的厂房内，不宜采用电缆沟敷设。

（3）在厂区、建筑物内地下电缆数量较多，电缆需分期敷设，同时不属于上述情况时，宜采用电缆沟敷设。

（4）有防爆、防火要求的明敷电缆，应采用充砂敷设的电缆沟敷设。

5. 电缆敷设的其他方法

（1）垂直走向的电缆，宜沿墙、柱敷设；当电缆数量较多时，应采用竖井。

（2）电缆数量较多的集中控制室、电子设备间等处，宜在其下部设置电缆夹层。电缆数量较少时，也可采用有活动盖板的电缆层。

（3）在地下水位较高的地方、化学腐蚀液体溢流的场所，厂房内应采用架空敷设。建筑物或厂区不宜地下敷设时，可采用架空敷设。

（4）明敷且不宜采用支持式架空敷设的地方，可采用悬挂式架空敷设。

（5）火力发电厂大都采用电缆桥架明敷方式，在电子间内采用电缆沟、电缆夹层敷设方式，厂区内采用电缆沟或电缆桥架沿管廊敷设方式，也有个别电厂在主厂房内采用电缆隧道敷设方式。

6. 火力发电厂敷设方式的选择

电缆敷设方式应根据工程条件、环境特点和电缆类型、数量等因素，满足运行可靠、便于维护和技术经济合理的要求进行选择。

宜采取架空敷设方式，不同区域的电缆通道规划宜采用如下方式：

（1）厂区电缆通道应与工程综合管架统一考虑，电缆通道宜设置在综合管架的顶层，直线段也可悬挂在综合管架的侧面，若需单独设立架空电缆通道，宜符合工程统一规划，且尽量做到与环境协调。

（2）主厂房电缆主通道的设置宜与电气专业统一考虑。汽机房和锅炉房宜采用梁侧和楼板下架空敷设方式，电子设备间楼板下无高温热源及易燃、易爆气体或易燃液体且空间足够时，可不设电缆夹层。

（3）输煤系统有条件时宜设有独立的电缆主通道，电缆主通道宜采用架空敷设方式，并设置于建筑物外。输煤系统建筑物内宜采用架空电缆通道为主，电缆沟为辅的敷设方式，电缆桥架宜采用梯级式桥架，每层宜加盖板。

（4）其他辅助厂房有条件时，宜采用架空与电缆沟结合的混合敷设方式。

（5）空冷机组电缆敷设，每台机组至少应设动力和控制分开的两个独立电缆通道。采用最上层加盖板的架空桥架敷设方式，电缆通道应按空冷凝汽器分组配置，并沿支撑管束的钢架敷设，电缆通道的布置不应影响冷空气进入凝汽器。

（6）当高差较大的电缆通道相连时，可采用钢质电缆竖井。

（7）在厂区通往远距离辅助设施的电缆，根数较少时可采用直埋敷设。

（8）厂区地下管网较多的地段、高温液体溢出的场所不宜采用直埋敷设。有化学腐蚀或杂散电流腐蚀的土壤范围内，不应采用直埋敷设。

（9）单根或少量不能全程在电缆构筑物内敷设的电缆从电缆沟引入设备、穿墙、穿楼板、贴墙敷设、过道路、过排水沟、从地下引上至设备、从电缆桥架引下至设备及距地面至少 2m 高的范围内，电缆均应采用水煤气钢管保护。

（10）厂房内单根或少量长度较长的电缆贴墙敷设时，宜全程采用保护管敷设。

（11）地下水位不高的厂区、建筑物内，当电缆数量较多且不便架空敷设时，可采用电缆沟。若同一电缆通道的电缆沟内，需分期敷设电缆，该电缆沟应按规划一次建成。在电力电缆数量较少、距离短的配电装置内，可采用浅槽敷设方式，浅槽应有盖板，其内宜设简易支架，但不考虑维护人员站立的空间。

（12）有化学腐蚀液体溢流、可燃气体或粉尘弥漫、有防爆、防火要求的厂房内，不宜采用电缆沟，当仅有可燃气体或粉尘弥漫的场所，采用电缆沟时，电缆敷设后沟内应充砂将电缆掩埋。

（13）集中控制室、电子设备间下宜设置电缆夹层或采用电缆桥架挂在下方。电缆数量较少时，也可采用活动地板。

（14）厂区及主厂房内架空桥架不宜设置检修通道。

（二）电缆通道路径的选择

1. 路径选择考虑的因素

电缆通道路径的选择主要从以下几个方面考虑：

（1）安全性。选择电缆通道路径时首先应考虑电缆敷设完毕及在运行过程中，不会遭受来自外部的各种损坏，如机械外力、震动、摩擦、化学腐蚀、杂散电流和热影响等。

（2）经济性。选择电缆通道路径时，应以电缆距离最短为最佳方案。

（3）便于施工和维修。

2. 路径选择的原则

（1）应避免电缆遭受机械性外力、过热、腐蚀等危害；在满足安全要求的条件下，应保证电缆路径最短；应便于敷设、维护。在电缆沟、浅槽、竖井、夹层等封闭式电缆通道中，不得布置热力管道，严禁有易燃气体或易燃液体的管道穿越。

（2）明敷电缆不应平行敷设在油管路及腐蚀性介质管路的正下方，也不应在油管路及腐蚀性介质管路的阀门或接口下方通过。

（3）直埋敷设电缆通道的路径选择，宜符合下列规定：应避开含有酸、碱强腐蚀或杂散电流、电化学腐蚀严重影响的地段；无防护措施时，宜避开白蚁危害地带、热源影响和易遭外力损伤的区段。

（4）对于工作与备用电缆（如双电源电缆、控制系统通信电缆等）原则上应敷设在不同的电缆通道中，当条件不具备时，应实行耐火分隔，且配置在不同层的支架上。

（5）对于冗余信号的电缆，原则上实行耐火分隔且配置在不同层的支架上，当条件不具备，在同层中敷设时，应增加耐火分隔。

（三）电缆敷设的距离要求

（1）电缆敷设时，信号电缆与动力电缆在桥架及穿管敷设时的距离，具体见表 12-42。

表 12-42　信号电缆与动力电缆在桥架及穿管敷设时的距离　（mm）

电缆敷设方式		带盖板的金属电缆槽或穿钢管敷设						无盖板的电缆槽敷设
与动力电缆平行敷设的长度		10m 以下及垂直	25m 以下	100m 以下	200m 以下	500m 以下	500m 以上	
动力电缆容量	120V、10A 以下	≥10	≥10	≥50	≥100	≥200	≥250	≥1500
	250V、50A 以下	≥10	≥50	≥150	≥200	≥250	≥250	
	400V、100A 以下	≥50	≥100	≥200	≥250	≥250	≥250	
	500V、200A 以下	≥100	≥200	≥250	≥250	≥250	≥250	
	500V、200A 以上	＞500						≥3000

（2）明敷电缆与管道之间无隔板防护时，净距宜符合表 12-43 的规定。

表 12-43　电缆与管道相互间净距　（mm）

电缆与管道之间走向		电力电缆	控制和信号电缆
热力管道	平行	1000	500
	交叉	500	250
其他管道	平行	150	100

（3）电缆与电缆、管道、道路、构筑物等之间的容许最小距离应符合表 12-44 的规定。

表 12-44　直埋电缆与电缆、管道、道路、构筑物等之间的容许最小距离　（m）

电缆直埋敷设时的配置情况		平行	交叉
控制电缆之间		—	0.5①
电力电缆之间或与控制电控制电缆之间	10kV 及以下电力电缆	0.1	0.5①
	10kV 及以上电力电缆	0.25②	0.5①
不同部门使用的电缆		0.5②	0.5①
电缆与地下管沟	热力管沟	2③	0.5①
	油管或易（可）燃气管道	1	0.5①
	其他管道	0.5	0.5①
电缆与铁路	非直流电气化铁路路轨	3	1.0
	直流电气化铁路路轨	10	—
电缆与建筑物基础		0.6③	—
电缆与公路边		1.0③	—
电缆与排水沟		1.0③	—
电缆与树木的主干		0.7	—
电缆与 1kV 以下架空线电杆		1.0③	—
电缆与 1kV 以上架空线杆塔基础		4.0③	—

① 用隔板分隔或电缆穿管时不得小于 0.25m。
② 用隔板分隔或电缆穿管时不得小于 0.1m。
③ 特殊情况时，减小值不得小于 50%。

（四）电缆敷设的弯曲半径

为了防止电缆损坏，并保证长期的可靠性，光缆、电缆在任何敷设方式或任何路径改变方向时，必须满足电缆的最小弯曲半径值。最小弯曲半径值是指当电缆、电线不受张力且弯曲至长期使用的最终位置时的最小值。弯曲半径值从电缆的内表面而不是从电缆中轴线开始测量。

电缆允许的弯曲半径应不低于表 12-45 中的数值。

表 12-45　电缆弯曲半径最小值

电缆型式	最小弯曲半径
光缆	15*D*（静态）、20*D*（动态）
耐火电缆	8*D*
铠装电缆	12*D*
铜带屏蔽电缆	12*D*
聚氯乙烯绝缘及护套电缆	6*D*
氟塑料绝缘及护套电缆	10*D*

注　*D* 为电缆外径。

（五）电缆的支撑及固定

1. 电缆的支撑

电缆明敷时，应沿全长采用电缆支架、桥架、挂钩或吊绳等支持与固定。最大跨距应满足支架的承载能力和电缆的外护层及其导体的要求；应保证电缆配置整齐；应适应工程条件下的布置要求。

直接支持电缆的普通支架（臂式支架）、吊架的允许跨距，宜符合表 12-46 中所列值。

表 12-46　普通支架（臂式支架）、吊架的允许跨距　（mm）

电缆特征	敷设方式	
	水平	垂直
未含金属套、铠装的全塑小截面电缆	400①	1000
除上述情况外的中低压电缆	800	1500

① 能维持电缆较平直时，该值可增加 1 倍。

2. 电缆的固定

电缆在敷设完毕后，应绑扎固定，绑扎点的选择应满足以下要求：

（1）当电缆水平敷设时，在直线段的首末端、转弯处、接头的两侧及每间隔5～10m处和穿越保护管的两端。

（2）垂直敷设时，在上、下端及每一支架上。

（3）斜坡敷设，应根据以上两个设置原则综合考虑设置。

（4）电缆引入表盘前的300～400mm处；电缆引入接线盒及端子排前的150～300mm处。

（5）当固定交流单芯电力电缆时，还应满足按短路电动力确定所需予以固定的间距。

（6）固定电缆通常采用夹具、扎带、捆绳或支托件等部件，应具有表面平滑、便于安装、足够的机械强度和适合使用环境的耐久性。

（7）除交流单芯电力电缆外，可采用经防腐处理的扁钢制夹具、尼龙扎带或镀塑金属扎带。在强腐蚀性环境中，应采用尼龙扎带或镀塑金属扎带。

（8）交流单芯电力电缆的刚性固定，宜采用铝合金等不构成磁性闭合回路的夹具。

（9）不得用铁丝直接捆扎电缆。

（六）电缆敷设要求

1. 一般要求

（1）电缆在任何敷设方式及其全部路径条件的上下左右改变部位，均应满足电缆允许弯曲半径的要求。

（2）电缆群敷设在同一通道中多层水平电缆桥架上的配置，宜按电压等级分层敷设，并符合以下规定：

1）应按电压等级由高至低的电力电缆、强电至弱电的控制和信号电缆、通信电缆“由上而下”的顺序排列。

2）当水平通道中含有35kV以上高压电缆，或为满足引入柜盘的电缆符合允许弯曲半径要求时，宜按“由下而上”的顺序排列。

3）在同一工程中或电缆通道延伸于不同工程的情况，均应按相同的上下排列顺序配置。

4）支架层数受通道空间限制时，35kV及以下的相邻电压级电力电缆，可排列于同一层支架上；1kV及以下电力电缆也可与强电控制和信号电缆配置在同一层支架上。

5）同一重要回路的工作与备用电缆实行耐火分隔时，应配置在不同层的支架上。

（3）爆炸性危险场所敷设电缆，应符合下列规定：

1）应保证电缆距爆炸释放源较远，敷设在爆炸危险较小的场所，并应符合下列规定：易燃气体比空气重时，电缆应埋地或在较高处架空敷设，且对非铠装电缆采取穿管或置于托盘、槽盒中等机械性保护；易燃气体比空气轻时，电缆应敷设在较低处的管、沟内，沟内应埋砂。

2）电缆在空气中沿输送易燃气体的管道敷设时，应配置在危险程度较低的管道一侧，并应符合下列规定：易燃气体比空气重时，电缆宜配置在管道上方；易燃气体比空气轻时，电缆宜配置在管道下方。

3）电缆及其管、沟穿过不同区域之间的墙、板孔洞处，应采用非燃性材料严密堵塞。

4）电缆线路中不应有接头；如采用接头，必须具有防爆性。

（4）同一层支架上电缆排列，宜符合下列规定：

1）控制和信号电缆可紧靠或多层重叠放置。

2）除交流系统用单芯电力电缆的同一回路可采取品字形（三叶形）配置外，对重要的同一回路多根电力电缆，不宜重叠放置。

3）除交流系统用单芯电缆情况外，电力电缆相互间宜有一倍电缆外径的空隙。

（5）抑制电气干扰强度的弱电回路控制和信号电缆，除应按照信号类型采用适合的屏蔽类型外，当需要时可采取下列措施：

1）与电力电缆并行敷设时的间距，在可能范围内宜远离；对电压高、电流大的电力电缆间距宜更远。

2）敷设于配电装置内的控制和模拟量电缆与耦合电容器或电容式电压互感、避雷器或避雷针接地处的距离，宜在可能范围内远离。

3）沿控制和模拟量电缆可平行敷设屏蔽线，也可将电缆敷设于钢制管或盒中。

（6）用于下列场所、部位的非铠装电缆，应采用具有机械强度的管或罩加以保护：

1）非电气人员经常活动场所的地坪以上2m内、地中引出的地坪以下0.3m深电缆区段。

2）可能有载重设备移经电缆上面的区段。

（7）电缆的计算长度，应包括实际路径长度与附加长度。附加长度宜计入下列因素：

1）电缆敷设路径地形等高差变化和备用裕量。

2）终端或接头制作所需剥截电缆的预留段、电缆引至设备或装置所需的长度。

3）电缆敷设度量时的附加长度，应符合表12-47的规定。

表12-47　电缆敷设度量时的附加长度　（m）

项目名称		附加长度
电缆终端的制作		0.5
电缆接头的制作		0.5
由地坪引至各设备的终端处	电动机（按接线盒对地坪的实际高度）	0.5～1
	配电屏	1
	车间动力箱	1.5
	控制屏或保护屏	2

（8）电缆的订货长度，应符合下列规定：

1）长距离的电缆线路，宜采取计算长度作为订货长度。

2）用于非长距离时，宜计及整盘电缆中截取后不能利用其剩余段的因素，按计算长度计入 5%～10%的裕量，作为同型号规格电缆的订货长度。

2. 直埋敷设

（1）敷设要求。

1）电缆直埋敷设应在其上下敷设一层厚度不少于 100mm 的无腐蚀性的软土或黄砂，并沿电缆埋地部分全长覆盖宽度不小于电缆两侧各 50mm 的混凝土板加以保护。为识别电缆走向，应沿电缆路径直线段每隔 100m 处、转弯处及有接头的地方设置标桩或永久性标志。

2）当采用电缆穿碳素波纹管敷设时，且应沿波纹管顶全长浇筑厚度不小于 100mm 的素混凝土，宽度不应小于管外侧 50mm。

3）直埋敷设的电缆严禁位于地下管道的正上方或正下方。

4）直埋敷设的电缆与铁路、公路或街道交叉时，应穿保护管，保护范围应超出路基、街道路面两边及排水沟边 0.5m 以上。

5）直埋敷设的电缆与排水沟、工艺管沟交叉时，宜从管沟底板下穿过，穿过处应用水煤气钢管保护，保护管的两端应超出管沟及排水沟沟边不少于 1m。工艺管沟较深时，在不影响工艺系统正常运行时，也可从管沟上部穿过，穿过处应用水煤气钢管保护，保护管的两端应超出管沟边至少 0.5m。电缆较多时，宜采用排管。

6）直埋敷设于非冻土地区时，电缆埋深应符合下列规定：电缆外皮至地下构筑物基础，不得小于 0.3m；电缆外皮至地面深度，不得小于 0.7m；当位于行车道下时，应适当加深，且不宜小于 1.0m。

7）直埋敷设于冻土地区时，宜埋入冻土层以下，当无法深埋时可埋设在土壤排水性好的干燥冻土层或回填土中，也可采取其他防止电缆受到损伤的措施。

8）直埋敷设的电缆引入构筑物，在贯穿墙孔处应设置保护管，管口应有防水措施。

9）直埋敷设电缆的接头宜布置在电缆井内，电缆井可为圆形或正方形，不宜少于 1m 长的余量作为备用。

10）直埋敷设电缆的接头配置，应符合下列规定：接头与邻近电缆的净距，不得小于 0.25m；并列电缆的接头位置宜相互错开，且净距不宜小于 0.5m；斜坡地形处的接头安置，应呈水平状；重要回路的电缆接头，宜在其两侧约 1.0m 开始的局部段，按留有备用量方式敷设电缆。

11）直埋敷设电缆采取特殊换土回填时，回填土的土质应对电缆外护层无腐蚀性。

（2）直埋电缆的交叉处理。

1）直埋电缆相互交叉的要求见图 12-17，电缆层间的土层厚度 *A* 不应小于 500mm，若交叉段用管子保护，则层间距离可减小到 250mm。上述要求对通信电缆也适用，但通信电缆必须敷设在电力电缆上面。

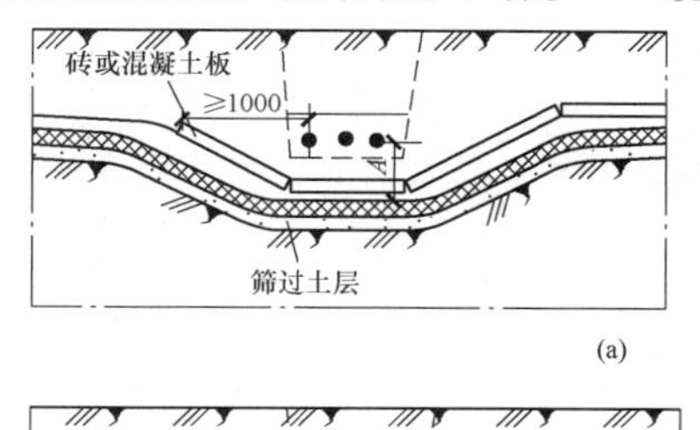

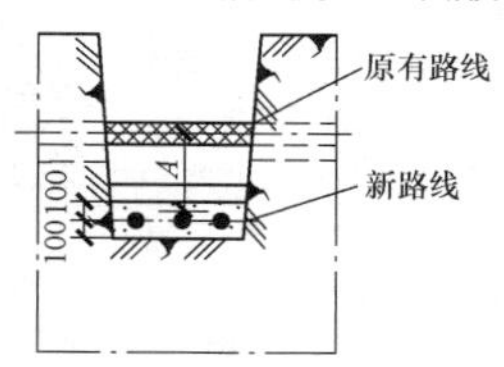

(a)

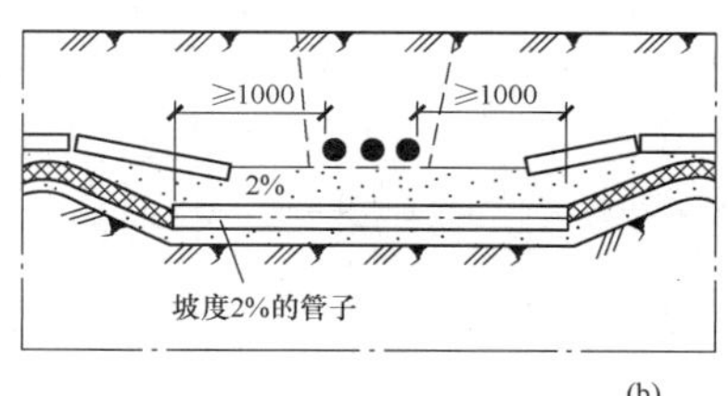

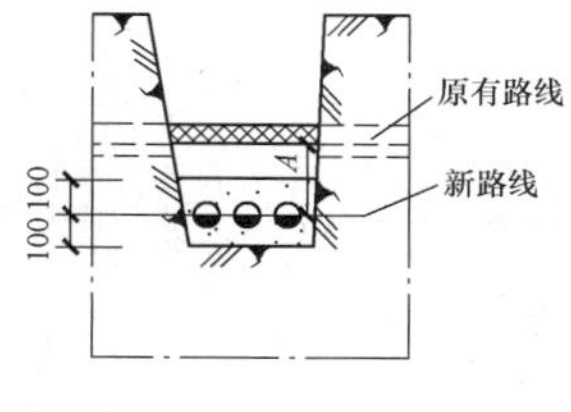

(b)

图 12-17　直埋电缆相互交叉举例

（a）用砖或平板来保护；（b）用管子保护

在电缆交叉处，上部电缆埋深不应小于 0.5m，小于 0.5m 深度敷设的长度不应大于 5m。

2）电缆与各种管路临近及交叉处要求见图 12-18，在厂区内与各种管路交叉处应考虑防止电缆受机械损伤的保护装置，在没有杂散电流地区推荐用黏土充填的金属盒外壳保护电缆。在热管路管子接合处上部，最好彼此不交叉。

3）直埋电缆与道路交叉时的敷设距离要求见图 12-19，其中管子应以运输荷载计算。

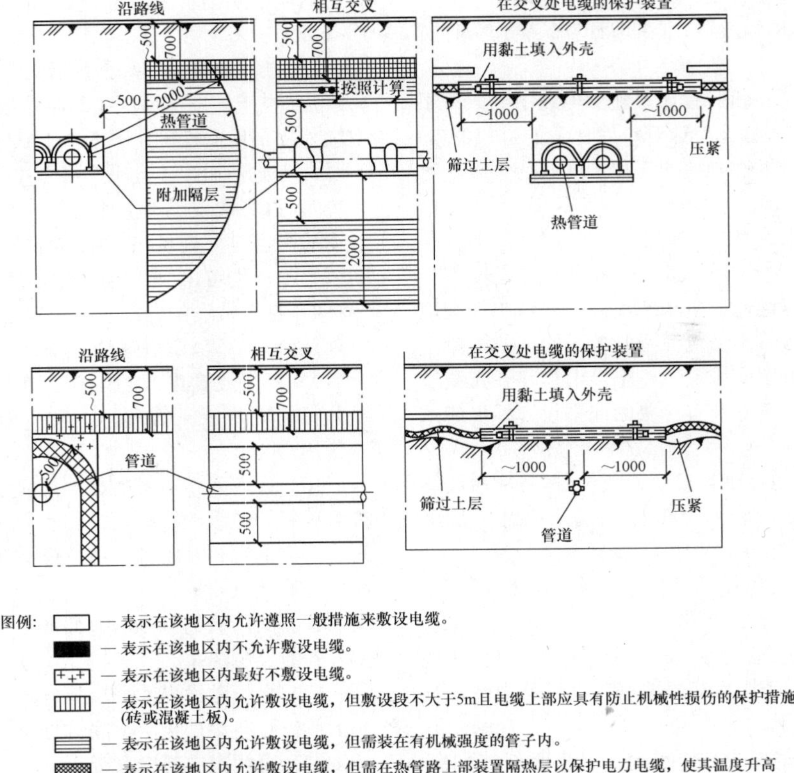
沿路线
相互交叉
在交叉处电缆的保护装置
用黏土填入外壳
按照计算
热管道
附加隔层
筛过土层
压紧
管道
图例:
— 表示在该地区内允许遵照一般措施来敷设电缆。
— 表示在该地区内不允许敷设电缆。
— 表示在该地区内最好不敷设电缆。
— 表示在该地区内允许敷设电缆，但敷设段不大于5m且电缆上部应具有防止机械性损伤的保护措施(砖或混凝土板)。
— 表示在该地区内允许敷设电缆，但需装在有机械强度的管子内。
— 表示在该地区内允许敷设电缆，但需在热管路上部装置隔热层以保护电力电缆，使其温度升高与其他电缆地段相比不大于+5℃。
— 表示具有 + 地区的共同要求。

图 12-18　电缆与各种管路临近处举例

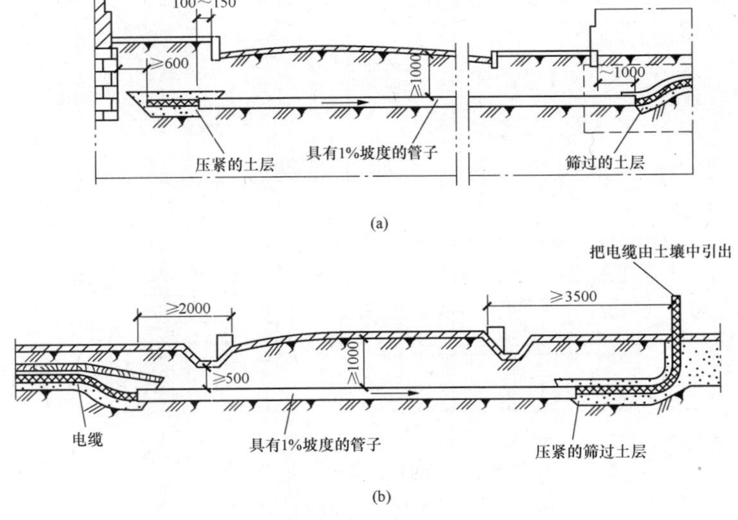
100～150
≥600
≥1000
~1000
压紧的土层
具有1%坡度的管子
筛过的土层
(a)
把电缆由土壤中引出
≥2000
≥3500
≥500
电缆
具有1%坡度的管子
压紧的筛过土层
(b)

图 12-19　直埋电缆与道路交叉举例

（a）与街道交叉；（b）与公路交叉

4）直埋电缆和铁道交叉时的敷设距离要求见图 12-20。在电缆与电气铁路处应将电缆与地绝缘，为此可采用两侧涂釉的陶瓷管、石棉水泥管或浸以沥青的水泥管。当电缆与两侧无排水沟的铁路交叉时（发电厂厂区等），敷设在管子、排管内的电缆应从路基两边算起各增加 2m。

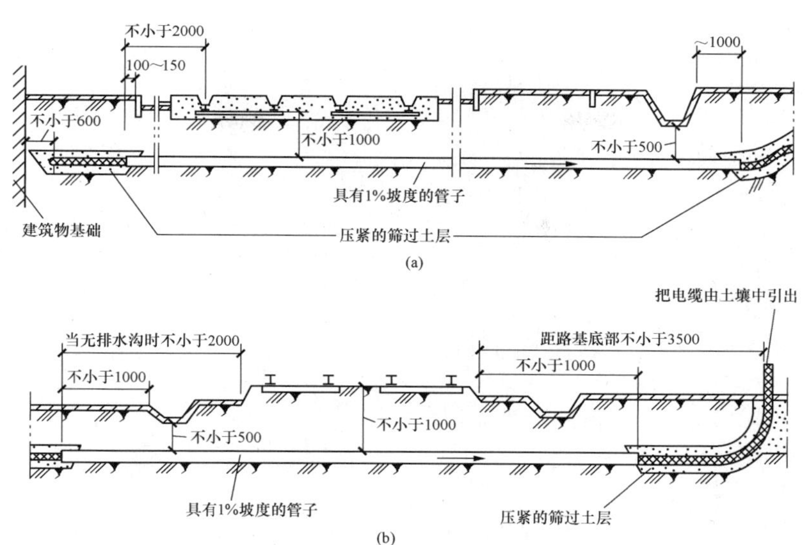

图 12-20 直埋电缆与铁道交叉举例

（a）与电车道交叉；（b）与铁路交叉

3. 穿保护管敷设

（1）敷设要求。

1）电缆保护管内壁应光滑无毛刺，应满足使用条件所需的机械强度和持久性，且应符合下列规定：需采用穿管抑制对控制电缆的电气干扰时，应采用钢管。

2）多芯电缆保护管宜采用水煤气钢管，也可采用热浸镀锌钢管。钢管可现场弯制，也可在工厂加工弯制，其弯曲半径应满足电缆弯曲半径的要求。

3）水煤气钢管埋设时应根据环境条件及土壤腐蚀程度采取涂漆、镀锌或包塑等满足环境要求的防腐措施。

4）当交流单芯电缆单根穿管敷设时，应采用非导磁性保护管，当采用塑料管时，埋地敷设的塑料管应具备相应承压能力且宜采用可挠性的塑料管，空气中敷设的塑料管宜采用阻燃型塑料管。

5）保护管管径与穿过电缆数量的选择，应符合下列规定：电力电缆引至电动机时，每根保护管应只穿 1 根电缆；电力电缆引至就地控制箱时，每根保护管除穿 1 根电力电缆外，还可穿除电流回路外的多根控制电缆。同回路单芯电力电缆 3 相 3 根可穿同一根钢制保护管，但不应再穿控制电缆；保护管的内径不宜小于单根电缆外径或多根电缆包络外径的 1.5 倍。排管的管孔内径，不宜小于 75mm。

6）单根保护管使用时，宜符合下列规定：每根电缆保护管的弯头不宜超过 3 个，直角弯不宜超过 2 个；地中埋管距地面深度不宜小于 0.5m；与铁路交叉处距路基不宜小于 1.0m；距排水沟底不宜小于 0.3m；并列管相互间宜留有不小于 20mm 的空隙。

7）使用排管时，应符合下列规定：管孔数宜按发展预留适当备用；导体工作温度相差大的电缆，宜分别配置适当间距的不同排管组；管路顶部土壤覆盖厚度不宜小于 0.5m；管路应置于经整平夯实土层且有足以保持连续平直的垫块上；纵向排水坡度不宜小于 0.2%；管路纵向连接处的弯曲度，应符合牵引电缆时不致损伤的要求；管孔端口应采取防止损伤电缆的处理措施。

8）较长电缆管路中的下列部位应设置工作井：电缆牵引张力限制的间距处，不便计算时，间距可取 30m；电缆接头处；管路方向较大改变或电缆从排管转入直埋处；管路坡度较大且需防止电缆滑落的必要加强固定处。

9）保护管应根据设备布置情况采用分散、集中的方式进行布置。埋地电缆引上架空电缆桥架时，保护管均应贴墙或贴柱引上，且宜采用排管集中在同一处引上，管口离地不应低于 2m。

10）电缆穿楼板时应用保护管保护且保护管管口离地不应低于 2m。电缆采用保护管由电缆桥架引下时，应贴墙、柱引下，保护管埋地引至设备一段宜埋入本层楼板混凝土内，有困难时，可埋入本层楼板的建筑层内或楼板下，建筑层内管径不应超过 30mm。

11）保护管贴墙或贴柱引上至控制箱、按钮（箱）、等贴墙（柱）安装的设备时，管口至设备的垂直距离宜为 400～500mm。

12）单根或少量贴墙敷设的电缆不便采用桥架时，宜用镀锌钢管保护。

13）电缆保护管与电动机端子盒、按钮盒（箱）、端子箱等设备之间应采用金属软管进行连接，并根据接口形式配置金属软管和接头。

14）当电缆保护管埋设于混凝土内时，钢管外壁不应涂刷涂料。

（2）电缆穿管敷设时容许最大管长的计算方法。

1）电缆穿管敷设时的容许最大管长，应按不超过电缆容许拉力和侧压力的下列关系式确定：

$$\left.\begin{aligned} T_{i=n} \leqslant T_m 或 T_{j=m} \leqslant T_m \\ p_j \leqslant p_m \quad (j=1,2\cdots) \end{aligned}\right\} \tag{12-21}$$

式中 $T_{i=n}$——从电缆送入管端起至第 n 个直线段拉出时的牵引力，N；

$T_{j=m}$——从电缆送入管端起至第 m 个弯曲段拉出时的牵引力，N；

T_m——电缆容许拉力，N；

p_j——电缆在 j 个弯段的侧压力，N/m；

p_m——电缆的容许侧压力，N/m。

2）水平管路的电缆牵拉力可按下列公式计算：

直线段

$$T_i = T_{i-1} + \mu CmL_i \tag{12-22}$$

弯曲段

$$T_j = T_i \times e^{\mu\theta_j} \tag{12-23}$$

式中 T_{i-1}——直线段入口拉力，N，起始拉力 $T_0=T_{i-1}$（i=1），可按 20m 左右长度电缆摩擦力计，其他各段按相应弯曲段出口拉力；

μ——电缆与管道间的摩擦系数；

C——电缆质量校正系数，2 根电缆时，C=1.1，3 根电缆呈品字形时，$C=1+\left[\frac{4}{3}+\left(\frac{d}{D-d}\right)^2\right]$；

m——电缆单位长度的质量，kg/m；

L_i——第 i 段直线管长，m；

θ_j——第 j 段弯曲管的夹角弧度，rad；

d——电缆外径，mm；

D——保护管内径，mm。

3）弯曲管段电缆侧压力可按下列公式计算：

a. 1 根电缆

$$p_j=T_j/2R_j \tag{12-24}$$

式中 R_j——第 j 段弯曲管道内半径，m。

b. 2 根电缆

$$p_j=1.1T_j/2R_j \tag{12-25}$$

c. 3 根电缆

$$p_j=CT_j/2R_j \tag{12-26}$$

4）电缆容许拉力，应按承受拉力材料的抗张强度计入安全系数确定可采取牵引头或钢丝网套等方式牵引。

用牵引头方式的电缆容许拉力计算公式为

$$T_m=k\sigma qS \tag{12-27}$$

式中 k——校正系数，电力电缆 k=1，控制电缆 k=0.6；

σ——导体允许抗拉强度，N/m^2，铜芯取 68.6×10^6、铝芯取 39.2×10^6；

q——电缆芯数；

S——电缆导体截面面积，mm^2。

5）电缆容许侧压力，可采取下列数值；

分相统包电缆 p_m=2500N/m；其他挤包绝缘电缆 p_m=3000N/m。

6）电缆与管道间的动摩擦系数，可采取表 12-48 所列数值。

表 12-48　电缆与管道间动摩擦系数

管壁特征和管材	波纹状	平滑状		
	聚乙烯	聚氯乙烯	钢	石棉水泥
μ	0.35	0.45	0.55	0.65

注　电缆外护层为聚氯乙烯，敷设时加有润滑剂。

（3）电缆穿管施工要求。

1）电缆导管不得有变形或裂缝，其内部应清洁、无毛刺，管口应光滑、无锐边。

2）电缆导管弯管的加工制作应符合下列规定：

a. 电缆导管弯曲后的角度不应小于 90°。

b. 电缆导管的弯曲半径，不应小于所穿入电缆的最小允许弯曲半径。

c. 电缆导管弯曲处不应有凹陷、裂缝和明显的弯扁，且弯扁程度不应大于管外径的 10%。

d. 单根电缆导管的直角弯不宜超过 2 个。

3）当电缆导管的直线长度超过 30m 或弯曲角度的总和超过 270°时，应在中间加装穿线盒。

4）当电缆导管的直线长度超过 30m、沿炉体敷设或经过建筑物伸缩缝时，应采取下列热膨胀措施之一：

a. 根据现场情况，弯管形成自然补偿。

b. 增加一段软管。

c. 在两管连接处预留间距，外套套管单端固定。

5）电缆导管的两端管口应带护线帽。

6）金属电缆导管的连接应符合下列规定：

a. 采用螺纹连接时，管端螺纹长度不应小于管接头长度的 1/2。

b. 埋设时宜采用套管焊接，连接时应两管口对准，管子的对口处应处于套管的中心位置；套管长度宜为电缆导管外径的 1.5～3 倍，焊接应牢固，焊口应严密，并应做防腐处理。

c. 镀锌管及薄壁管应采用螺纹连接或套管紧定螺栓连接，不得采用熔焊连接。

d. 在有粉尘、液体、蒸汽、腐蚀性或潮湿气体进入管内的位置敷设的电缆导管，其两端管口应密封。

7）电缆导管与检测元件或现场仪表之间，宜用挠性管连接，应设有防水弯。与现场仪表箱、接线箱、接线盒等连接时应密封，并应固定牢固。

8）埋设的电缆导管应选最短途径敷设，埋入墙或混凝土内时，与表面的净距离不得小于15mm。

9）电缆导管应排列整齐、固定牢固。当用管卡或U形螺栓固定时，固定点间距应均匀。

10）当电缆导管有可能受到雨水或潮湿气体浸入时，应在最低点采取排水措施。

11）穿墙保护套管或保护罩两端延伸出墙面的长度，不应大于30mm。

12）当电缆导管穿过楼板时，应有预埋件；当需要在楼板或钢平台上开孔时，不得切断楼板内的钢筋或平台钢梁。

13）当埋设的电缆导管引出地面时，管口宜高出地面200mm，并应有防水、防尘措施；当从地下引入落地式仪表盘、柜、箱时，宜高出盘、柜、箱内地面50mm。

4. 电缆构筑物敷设

电缆构筑物敷设参见本节第三节“电缆沟设计要求”。

5. 爆炸危险环境下电缆敷设

（1）当防爆仪表和电气设备引入电缆时，应采用防爆密封圈密封或用密封填料进行封固，外壳上多余的孔应做防爆密封，弹性密封圈的一个孔应密封一根电缆。

（2）当电缆桥架或电缆沟道通过不同等级的爆炸危险区域的分隔墙壁时，在分隔墙壁处必须充填密封。

（3）安装在爆炸危险区域的电缆导管应符合下列要求：

1）电缆导管之间及电缆导管与接线箱（盒）、穿线盒之间，应采用螺纹连接，螺纹有效啮合部分不应少于5扣，螺纹处应涂电力复合脂，不得使用麻、绝缘胶带、涂料等，并应用锁紧螺母锁紧，连接处应保证良好的电气连续性。

2）当电缆导管穿过不同等级爆炸危险区域的分隔间壁时，分界处的电缆导管和电缆之间、电缆导管和分隔间壁之间应做充填密封。

3）当电缆导管与仪表、检测元件、电气设备、接线箱连接，或进入仪表盘、柜、箱时，应安装防爆密封管件，并应充填密封。

（4）本质安全型仪表的安装和线路敷设，除应符合上述规定之外，还应符合下列要求：

1）本质安全电路和非本质安全电路不得共用一根电缆或穿同一根电缆导管。

2）当采用芯线无分别屏蔽的电缆或无屏蔽的导线时，两个及其以上不同回路的本质安全电路，不得共用一根电缆或穿同一根电缆导管。

（5）本质安全电路及其附件应有蓝色标志。

（6）当本质安全电路和非本质安全电路在同一电缆桥架或同一电缆沟道内敷设时，应采用接地的金属隔板或绝缘板隔离，或分开排列敷设，其间距应大于50mm，并应分别固定。

（7）当本质安全电路和非本质安全电路共用一个接线箱时，本质安全电路和非本质安全电路接线端子之间应采用接地的金属板隔开。

（8）仪表盘、柜、箱内的本质安全电路与关联电路或其他电路的接线端子之间的间距，不得小于50mm；当间距不符合要求时，应采用高于端子的绝缘板隔离。

（9）当仪表盘、柜、箱内的本质安全电路敷设配线时，应与非本质安全电路分开，应采用有盖汇线槽或绑扎固定，线束固定点应靠近接线端。

（10）本质安全电路中的安全栅、隔离器等关联设备的安装位置，应在安全区域一侧或置于另一环境相适应的防爆设备内，需接地的关联设备应有可靠接地。

（11）当采用屏蔽电缆电线时，屏蔽层不得接到安全栅的接地端子上。

（12）本质安全电路不得受到其他线路的强电磁感应和强静电感应，线路的长度和敷设方式应符合设计文件的规定。

（13）当对爆炸危险区域的线路进行连接时，必须在设计文件中规定采用防爆接线箱内接线。本质安全电路的分支接线应设在增安型防爆接线箱（盒）内。接线必须牢固可靠、接地良好，并有防松和防拔脱装置。

二、电缆桥架设计要求

（一）层间间距要求

（1）电缆支架、梯架或托盘的层间距离，应满足敷设电缆及其固定、安置接头的要求，且在多根电缆同置于一层情况下，可更换或增设一根电缆及接头。

（2）当托盘、梯架为多层布置时，层间净距离不宜小于150mm。

（3）最上一层桥架至构筑物、梁底、电缆沟顶的净距不小于200mm，并满足电缆弯曲半径的要求。

（4）最上一层桥架至其他设备的净距不应小于300mm，当无法满足时应设置防护板。

（5）最下一层桥架至电缆沟底的净距不小于100mm。

（6）最下一层桥架至厂房内地坪的净距不小于2000mm。

（7）最下一层桥架至电缆夹层地坪的净距不小于200mm（但至少在一侧不小于800mm宽的净距通道处应不小于1400mm）。

（8）最下一层桥架至厂房外地坪：无车辆通过时

不小于2500mm，有车辆通过时不小于4500mm。

（二）电缆桥架的支撑

1. 支吊架设置的一般要求

（1）确定支吊架的跨距时应根据托盘、梯架规格的承载能力，并应满足本章第三节二（三）的要求。

（2）弯通段的支吊架配置应满足：当弯通的弯曲半径小于300mm时，应在距弯通与直通接合处300～600mm的直通侧设置一个支吊架；当弯通的弯曲半径大于等于300mm时，应在弯通段中部增设一个支吊架。

（3）垂直单层布置托盘、梯架时，支架间距不应大于1m；多层布置时，支架间距不应大于0.5m。

（4）立柱应与托盘、梯架层间的距离及配置的层数要求相适应。支吊架和立柱固定托臂的开孔位置或焊接位置，应满足托盘、梯架多层设置时层间中心距通常为200、250、300、350mm的要求。

（5）当电缆通道中有两组多层电缆桥架水平敷设时，其支撑立柱应布置在两组桥架的中间或分布在两组桥架的外侧，而不应只布置在两组桥架的一侧。

（6）电缆桥架水平敷设时，其支撑立柱的间距宜为1500～2000mm。

（7）电缆桥架的支持固定应根据现场情况确定，当桥架宽度小于500mm，层数小于3层，且吊装立柱长度不超过2m时，可采用单侧支撑或吊装固定方式。其他情况时，电缆桥架的支持固定宜采用两侧支撑或吊装固定方式，且应留有两侧均能施工安装和维护的空间。

（8）桥架的托臂、立柱等附件宜与桥架成套（成品采购）。当采用两侧支撑或吊装时，桥架的托臂、立柱也可采用角钢或槽钢现场自制，制成后应采用热镀锌防腐处理。

2. 支吊架配置的具体规定

水平直线段吊架的设置，宜使托盘、梯架的连接点处于支吊点于1/4跨距之间。支吊架间距应不大于单节直通的长度，在两个支吊架之间不应出现一个以上的连接点，如图12-21所示。在一个伸缩连接板每侧的600mm以内应各设一个支吊架，如图12-22所示。

在变宽板、水平铰接板每侧的600mm以内各设一个支吊架，如图12-23及图12-24所示。

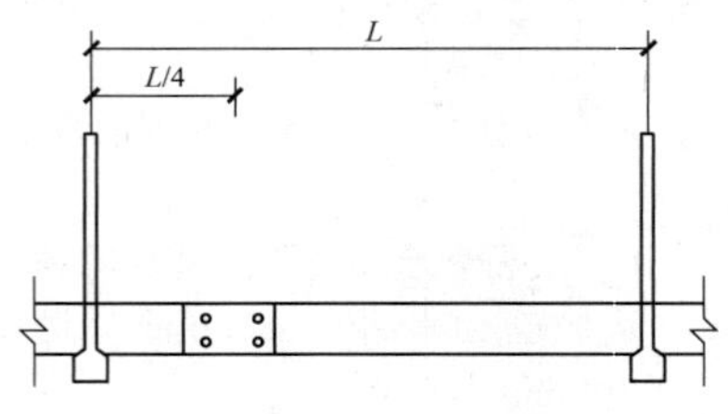

图12-21 水平直段支吊架

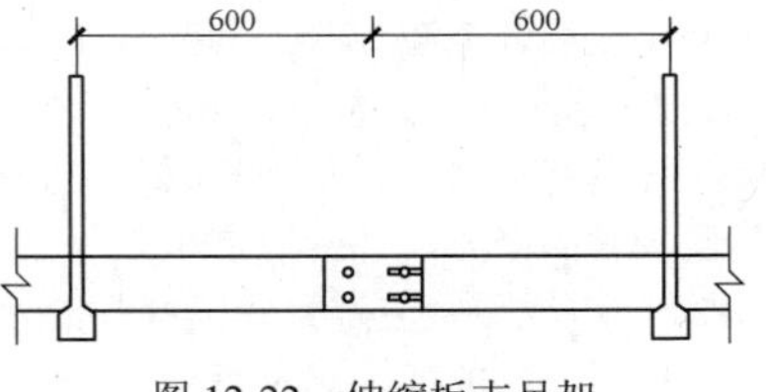

图12-22 伸缩板支吊架

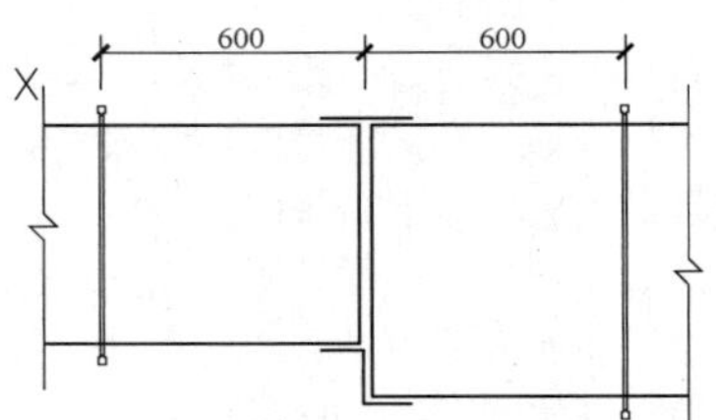

图12-23 变宽板支吊架

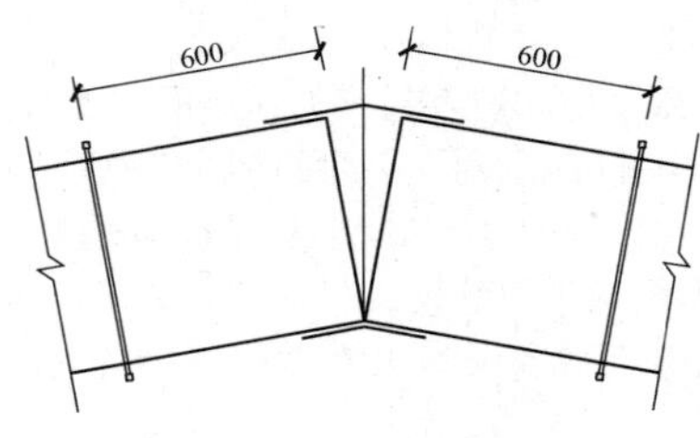

图12-24 水平铰接板支吊架

在水平弯通接口处外侧的600mm内各设一个支吊架，且在弯通1/2角度处设一个支吊架，如图12-25所示。

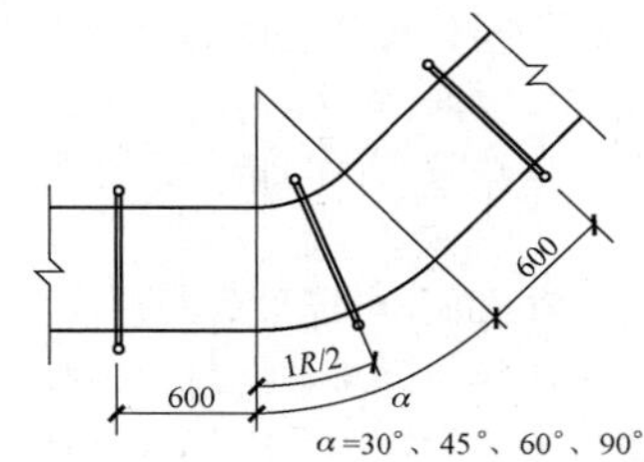

图12-25 水平弯通支吊架

在水平三通、四通的每个接口处外侧600mm内各设一个支吊架。当弯曲半径大于300mm时，在三通、四通本身的每个接口内侧2/3R处，设一个支吊架，如图12-26及图12-27所示。

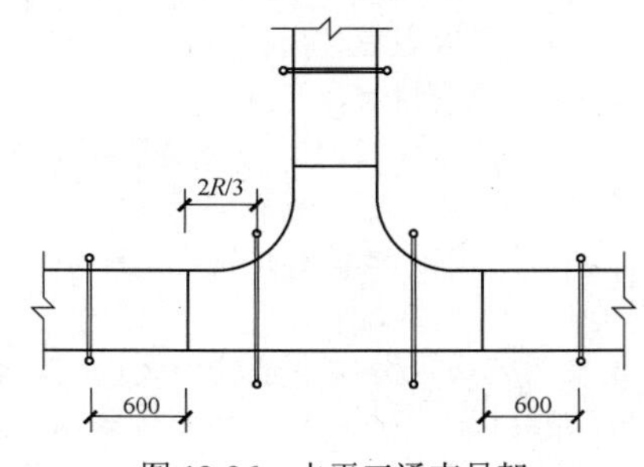

图12-26 水平三通支吊架

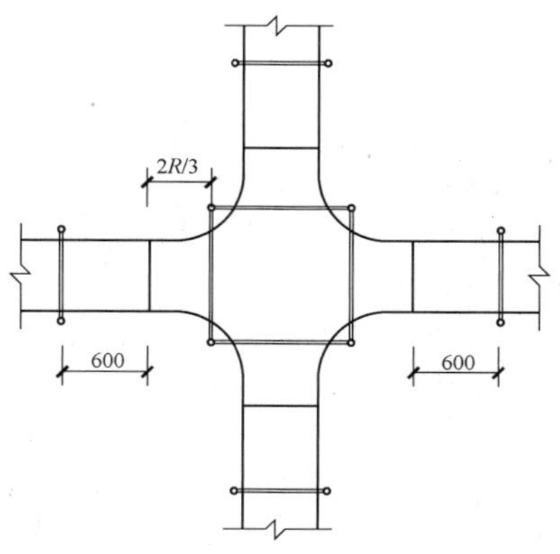

图 12-27　水平四通支吊架

在垂直铰接板连接处两侧 600mm 内应各设一个支吊架，如图 12-28 所示。

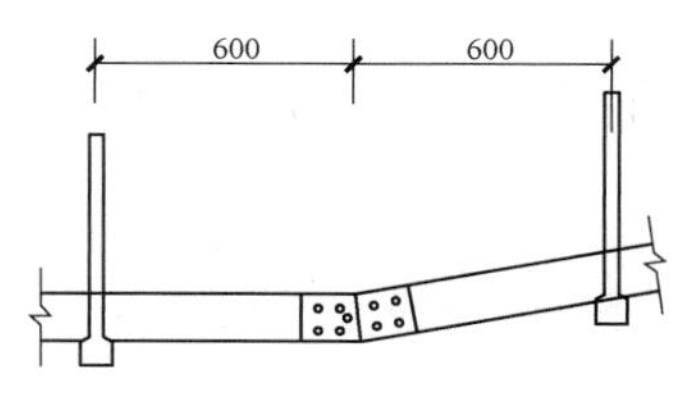

图 12-28　垂直铰接板支吊架

在垂直弯曲段上部弯通的两端设支吊架，在下部弯通的上端及下端外侧 600mm 内设置支吊架，如图 12-29 所示。在垂直三通的每个接口处外侧 600mm 内设置支吊架，如图 12-30 所示。

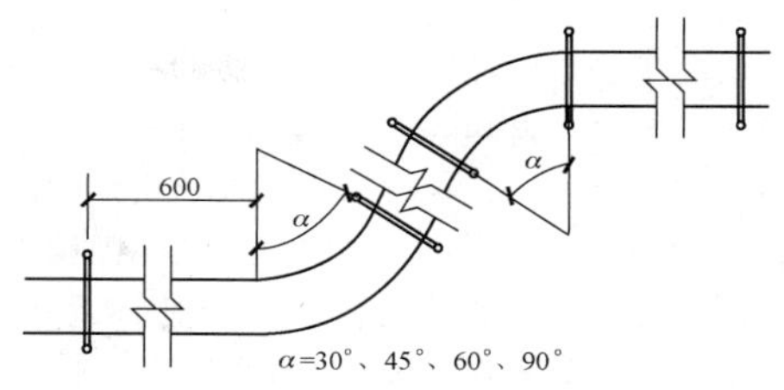

图 12-29　垂直弯段支吊架

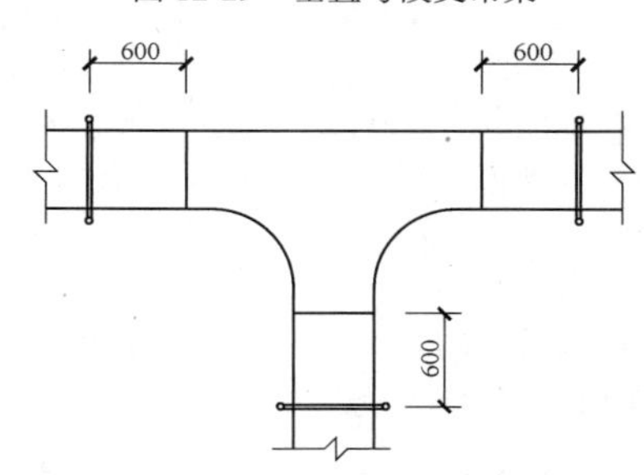

图 12-30　垂直三通支吊架

3. 典型支吊架安装示意图

各种形式的支吊架安装示意图见图 12-31 及图 12-32。

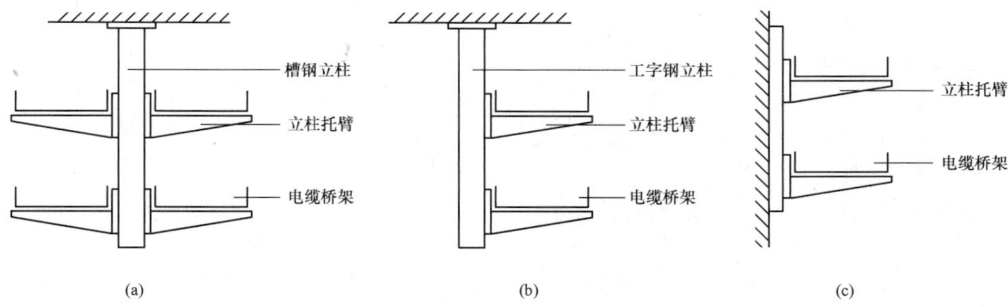

图 12-31　支吊架安装示意图（一）

（a）槽钢立柱双托臂吊装图；（b）工字钢立柱单托臂吊装图；（c）托臂沿墙安装

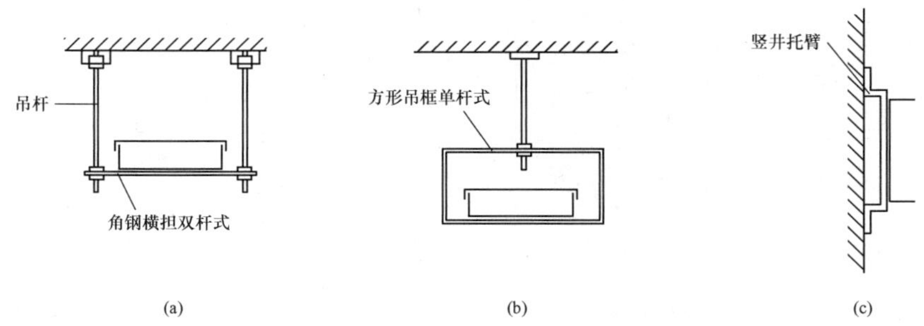

图 12-32　支吊架安装示意图（二）

（a）角钢横担双杆式吊装；（b）方形吊框单杆吊装；（c）竖井托臂安装

（三）电缆桥架容量的选择

（1）选择桥架容量时，应考虑桥架及支承系统可支承的最大许可电缆重量。

（2）对于无盖板桥架，电缆的敷设高度不应高于电缆桥架侧板的顶部；对于有盖板的桥架，则应低于桥架侧板的顶部。交叉点处及电缆越过侧板进/出电缆桥架处除外。

（3）对于控制电缆、计算机电缆、补偿电缆和光纤电缆，若不考虑电缆中的电磁干扰/射频干扰（EMI/RFI）问题，可在同一个桥架内随机敷设。对于随机敷设的桥架，需要将装填百分比的限值设为电缆桥架可用横截面面积的预定百分比。桥架的装填百分比为电缆面积的总和除以可用的桥架横截面面积，再乘以100%，即

装填百分比=电缆面积总和/桥架横截面积×100%　（12-28）

（4）通常情况下，在托盘、梯架内电缆的填充率不宜超过下列规定：动力电缆40%～50%，控制电缆50%～70%，且宜预留10%～25%的工程发展裕量。国外工程可根据合同具体要求执行。

（5）电缆桥架的宽度不宜大于1000mm。

（四）火力发电厂电缆桥架设计

1. 基本要求

（1）在火力发电厂中，除锅炉补给水、凝结水精处理等水车间采用铝合金桥架外，汽机房、锅炉房及大部分辅助车间均采用热浸镀锌钢制桥架，但在沿海地区的电厂为防止盐雾腐蚀，通常全部采用铝合金桥架。

（2）锅炉房、汽机房最上层电缆桥架一般带盖板。

（3）支吊架采用热镀锌防腐。

（4）单层桥架和多层桥架的底层采用槽式桥架，其余各层采用梯架，锅炉各层桥架均加盖板。

（5）电缆桥架直线段按2m订货，若不足2m，现场根据实际尺寸进行切割。

（6）电缆竖井可为封闭式，也可采用热镀锌钢质竖井。封闭式电缆竖井应设有人员进出施工、维护的门。未超过5m高时，可设置爬梯，且活动空间不宜小于800mm×800mm；超过5m高时，宜设置楼梯，且每隔3m宜设置楼梯平台。

钢质电缆竖井内应设有固定和绑扎电缆的支架，竖井两侧应设有安装、维护人员可及的间距不大于1.5m，可方便进行安装或维护的检修孔，检修孔的边长应与钢质电缆竖井的宽度相配合。

钢质电缆竖井的安装应尽量利用建（构）筑物的柱、梁、地面、楼板进行支撑和吊装，支撑点根据具体情况确定。电缆竖井的生根固定应采用钢制埋件或专用钢构件，不允许采用膨胀螺栓利用竖井侧面生根或固定。

2. 电缆夹层桥架

（1）电缆夹层。电缆夹层位于电子设备间和集中控制室的下层，是电缆最为集中的场所。通常采用地面支撑方式，也可采用在本层屋顶下吊挂的方式；对于没有电缆夹层的电子设备间，桥架通常采用吊装方式安装于电子设备间的下部。所使用的电缆桥架规格通常为800mm×150mm，一般采用三～五层布置，安装示意图见图12-33。

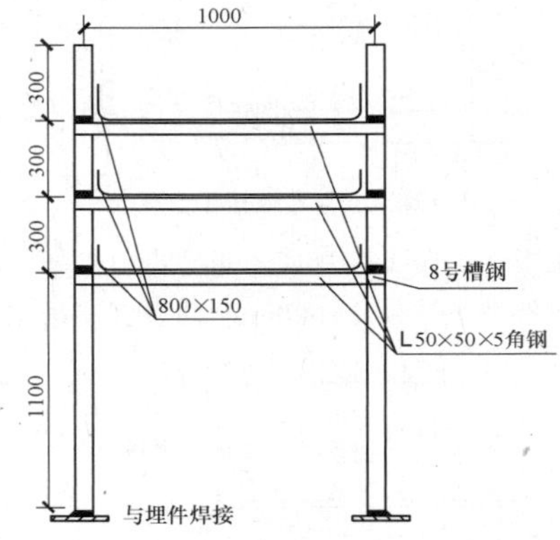

图12-33　电缆夹层3层（800mm×150mm）电缆桥架安装示意图

（2）汽机房。汽机房一般采用吊装方式，所使用的电缆桥架规格根据敷设电缆的数量，通常为400mm×150mm、600mm×150mm、800mm×150mm，一般采用一～三层布置，安装示意图见图12-34～图12-36。

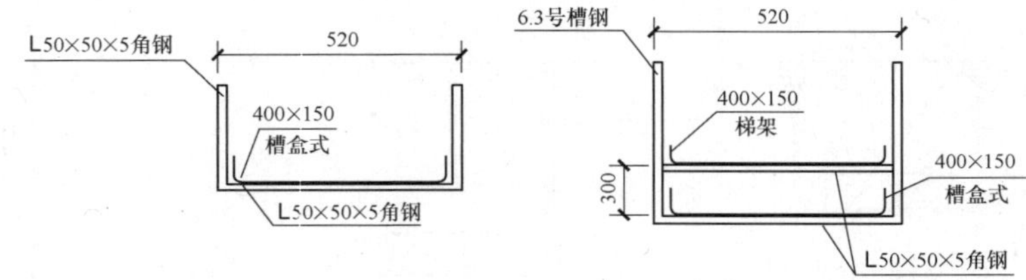

图12-34　汽机房400mm×150mm、400×450mm电缆桥架水平安装示意图

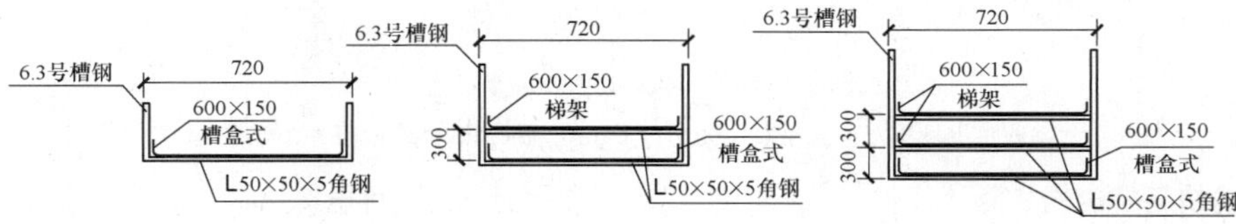

图12-35　汽机房600mm×150mm、600mm×450mm、600mm×750mm电缆桥架水平安装示意图

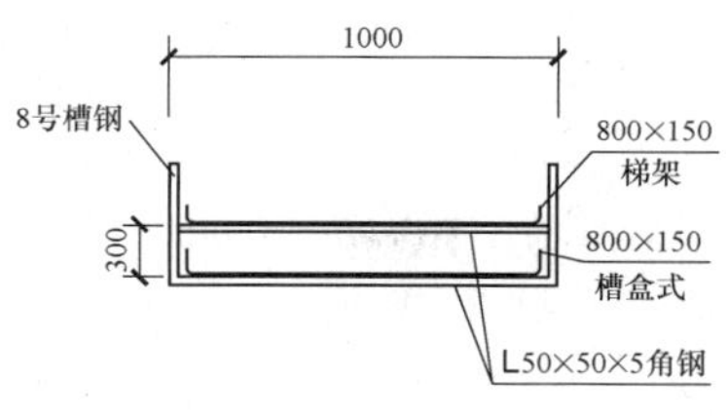

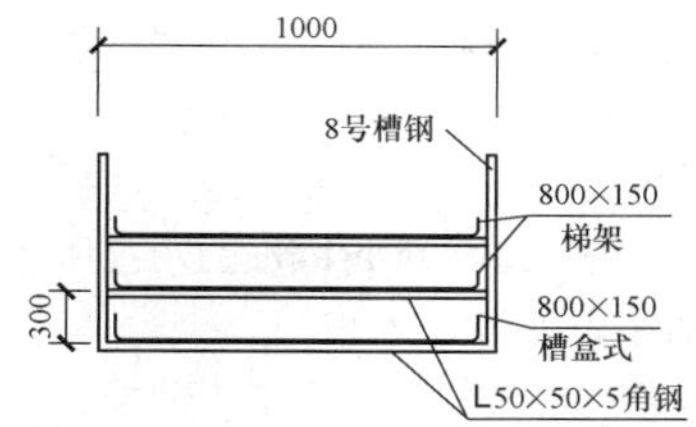

图 12-36　汽机房 800mm×450mm、800mm×750mm 电缆桥架水平安装示意图

（3）除氧间。桥架为地面支撑桥架或吊在除氧器的平台下。由于电缆较少，所使用的电缆桥架规格通常为 400mm×150mm，通常仅设置一层，安装示意图见图 12-37。

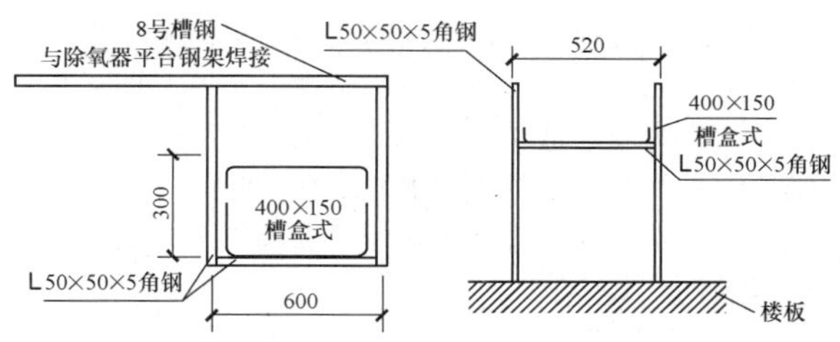

图 12-37　除氧器间 400mm×150mm 电缆桥架水平安装示意图

（4）锅炉房。桥架一般采用吊装方式，所使用的电缆桥架规格根据电缆的多少，通常为 400mm×150mm、600mm×150mm、800mm×150mm，一般采用一～三层布置，安装示意图见图 12-38～图 12-40。

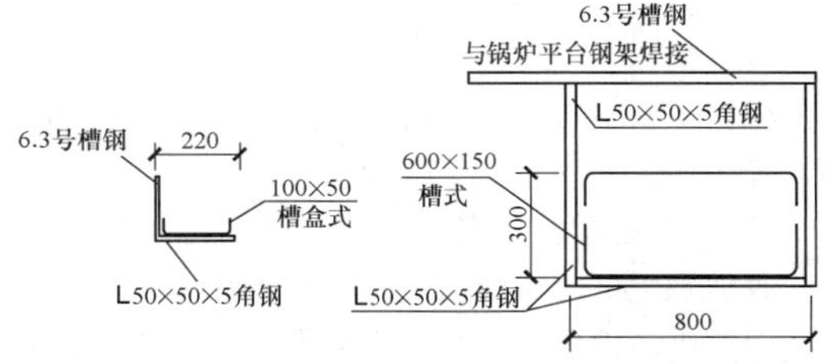

图 12-38　400mm 宽以下及 800mm×150mm 的电缆桥架水平安装示意图

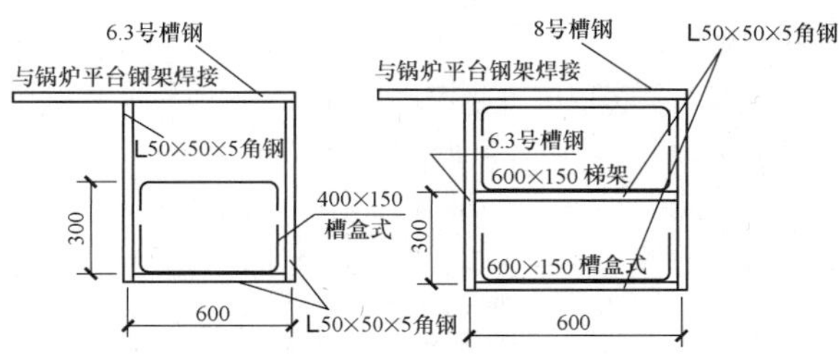

图 12-39　600mm×150mm、600mm×300mm 电缆桥架水平安装图

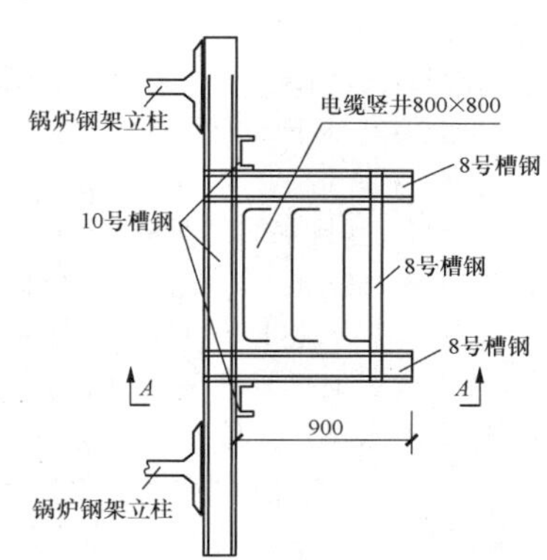

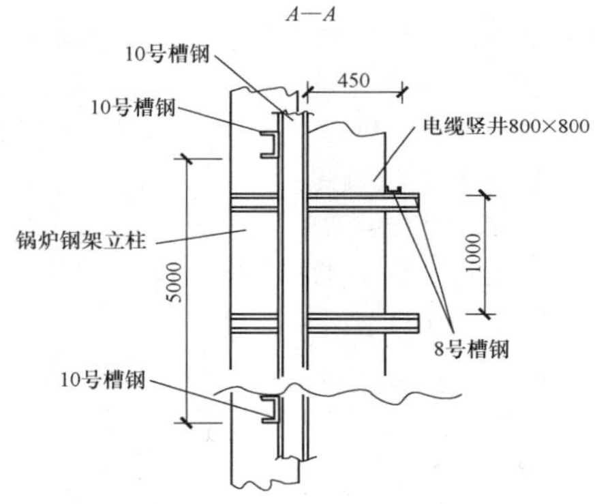

图 12-40　电缆竖井安装示意图

三、电缆沟设计要求

（一）基本要求

（1）电缆沟应按规划容量一次建成，满足安全运行，施工作业与维护巡视活动的要求，其尺寸应符合如下规定：

1）电缆沟净深不宜小于 400mm，断面尺寸（宽×深）宜采用 400mm×400mm、600mm×600mm、800mm×800mm、1000mm×1000mm、1200mm×1000mm。

2）电缆沟及工作井内通道的净宽见表 12-49。

表 12-49　电缆沟通道的净宽　（mm）

电缆敷设或支架配置方式	具有下列沟深的电缆沟		
	＜600	600～1000	＞1000
两侧	300	500	700
单侧	300	450	600

（2）电缆沟电缆支架宽度，应以人员施工方便为

限，当仅能单侧进行敷设及维护工作时，其宽度不宜大于 500mm。

（3）电气设备所在楼层下设置电缆沟或电缆桥架时，最上层电缆支架、桥架距建筑物板顶的距离应满足引上电缆弯曲半径的要求。

（4）电缆沟应满足防止外部进水和渗水的要求，且符合下列规定：

1）电缆沟底部低于地下水位、电缆沟与工业水管沟并行邻近，应加强电缆构筑物防水处理措施。

2）电缆沟与工业水管沟交叉时，电缆沟宜位于工业水管沟的上方，地下水位较高的厂区不宜采用电缆沟。

3）在不影响厂区排水的情况下，厂区户外电缆沟的沟壁宜高出地坪 100mm。为不影响厂区排水，可分区在电缆沟上部设置用于厂区地面排水的钢筋混凝土渡槽。

（5）电缆沟内纵向排水坡度不应小于 0.5%，为使排水畅通，电缆沟最下层电缆支架与沟底面距离不应小于 50mm。当利用雨水管道排水有困难时，应沿排水方向适当距离设置集水井及其排水系统，并配备移动式抽水设备实施机械排水。

（6）电缆沟盖板单块质量不宜超过 50kg，电缆沟沟壁、盖板及其材质构成，应满足承受荷载和适合环境耐久的要求，永久性盖板宜采用现浇钢筋混凝土板，临时性盖板宜采用花纹钢板。

（二）电缆沟型式选择

（1）电缆沟应保持的最小尺寸如表 12-50 及图 12-41 所示。

表 12-50　电缆沟内部的尺寸　（mm）

序号	尺寸名称		符号	一般	最小值
1	通道宽度	单侧有支架	A	400～500	300
		双侧有支架	A_S	400～600	300
2	电缆格架层间垂直距离	控制电缆	m_k	120～150	100
		动力电缆	m	150（200）	150（200）
3	电缆水平距离		t	35	35
4	最上排格架至顶部距离		C	150～200	—
5	最低格架距底部距离		G	500～150	—

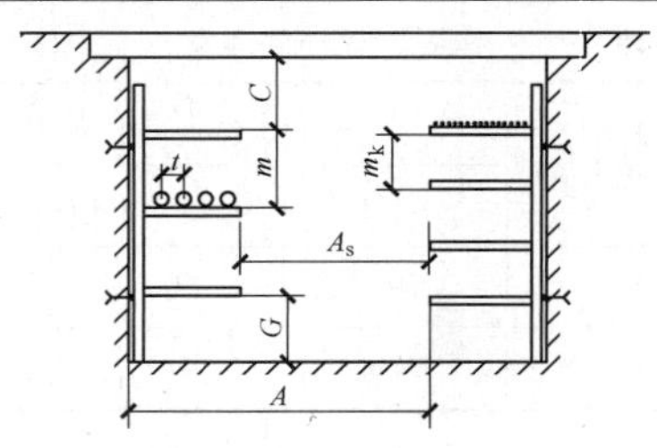

图 12-41　电缆沟结构示意图

（2）沟内通道宽度一般按以下原则考虑：

1）沟深小于 650mm，通道宽度为 400mm。

2）沟深大于或等于 650mm，通道宽度为 500mm（单侧有支架）或 600mm（双侧有支架）。

（3）电缆沟型式：

1）屋内电缆沟。盖板与地板平，当容易积灰积水时，用水泥沙浆封死。

2）屋外电缆沟。盖板高出地面并兼操作走廊。

（4）电缆沟从厂区进入厂房处及连接处应设置防火隔板。

（5）电缆沟底排水坡度不小于 0.5%，且不能排向厂房内侧。

（6）电缆沟与其他管沟的交叉处理，见本节相关部分。

（7）为固定电缆支架，沿沟全长埋设 40mm×6mm 扁钢（单侧两根，双侧四根）或其他铁件。

（8）电缆沟在转直角弯处，应按图 12-42 所示的要求设计。

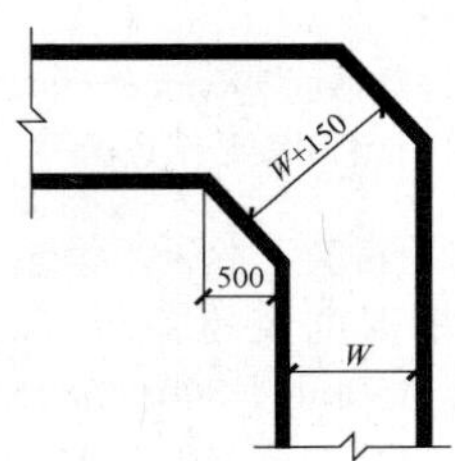

图 12-42　电缆沟转直角弯的要求

（9）机柜下方的电缆沟深度应满足电缆引出时弯曲半径的要求。

（三）电缆沟的防水措施

火力发电厂内电缆沟的积灰、积水较为普遍，地下水位较高之处更为严重，影响维护、检查及安全运行，电缆沟内必须设置防水措施。

（1）敷设电缆之处地下水位较高时，可部分采用架空敷设。

（2）厂房内的电缆沟，其盖板应做成角形缝隙，见图 12-43，以低强度等级砂浆将沟面封死。

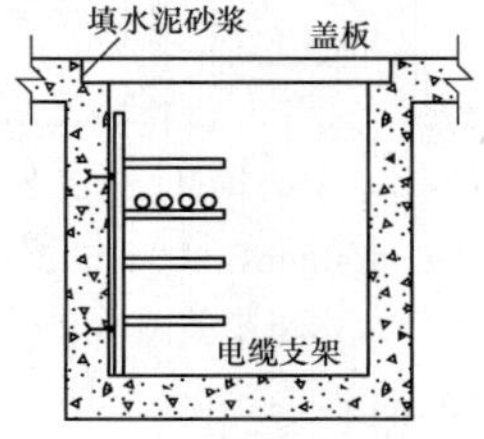

图 12-43　屋内电缆沟

（3）电缆沟与其他管、沟交叉或穿越时，应严格密封，不允许任何无关的排水管引入电缆沟内。

（4）地下水位较高处的电缆构筑物应严格保证土建施工质量，且沟壁应有良好的防潮层。

（5）电缆沟应在适当的地点设置集水坑，将集水坑的水排到下水道或用水泵排出。

（四）电缆沟的交叉处理

1. 与循环水管沟交叉

（1）当跨越循环水管沟在管子上部安装电缆支架时，做法见图 12-44。其优点是施工简单、投资省、能有效地利用管子上部的空间；缺点是电缆外露，当循环水管检修时需采取措施保护电缆。

（2）用电缆沟跨越循环水管沟，做法见图 12-45。其特点是当循环水管沟内有热管道时，电缆受热影响、受机械损伤的可能性小，但施工复杂、投资较大。

（3）用排管跨越循环水管沟，做法见图 12-46。其因施工复杂，更换电缆麻烦，投资费用大，一般不采用。

（4）少数电缆可穿于钢管内直接跨越循环水管沟距盖板 200mm 左右即能通过。

2. 与工业水管沟交叉

（1）当电缆沟比工业水管沟深时，电缆沟可从工业水管沟底部通过。当电缆沟底部净空太小时，可以将电缆沟底的标高局部压低，见图 12-47。一般不采用电缆排管交叉穿越工业水管沟底部，但当电缆不多时，可以穿钢管交叉穿越。

（2）当电缆沟和工业水管沟交叉的深度相近时，可使工业水管直接穿过电缆沟，见图 12-48。但在交叉段的工业水管沟两端必须做封闭，并将两工业水管沟底用钢管连通。

（3）仅 2～3 根电缆需要穿越工业水管沟时，电缆可在工业水管的上部穿管通过。

3. 与冲灰沟交叉

电缆沟与冲灰沟交叉时，通常采用排管或钢管从冲灰沟的上部穿过，见图 12-49。

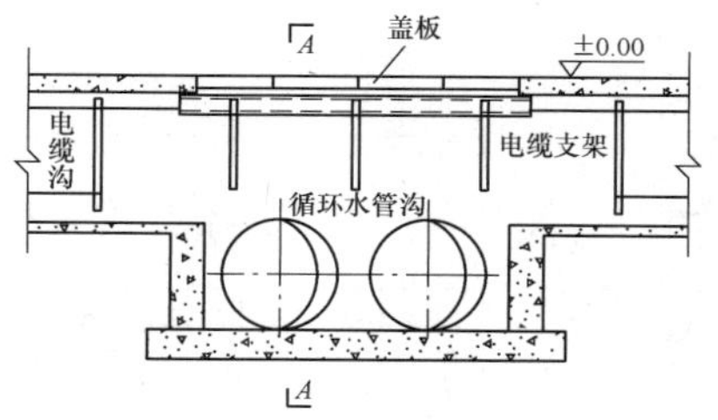

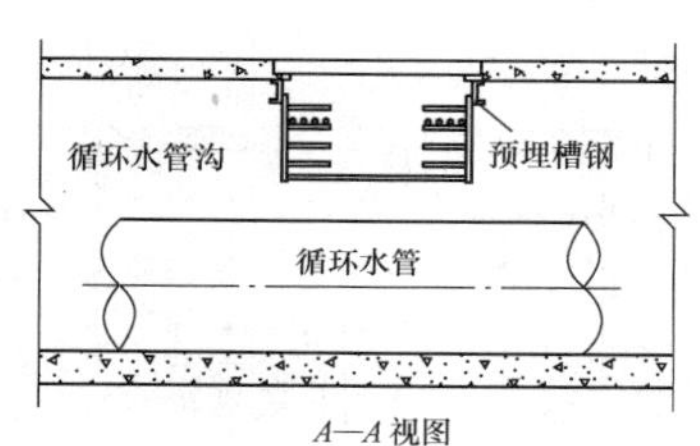

图 12-44 电缆沟与循环水管沟交叉图（一）

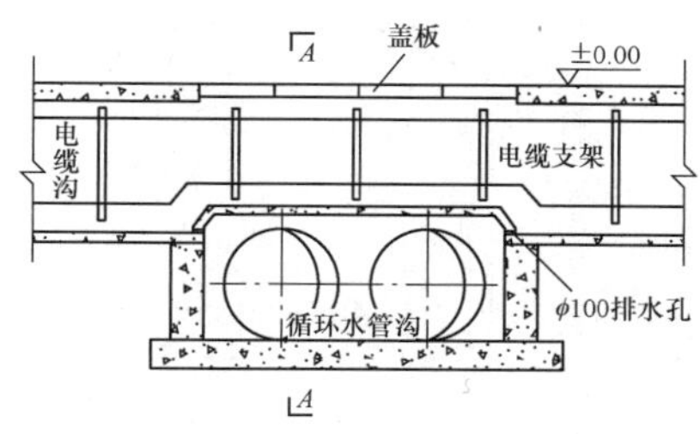

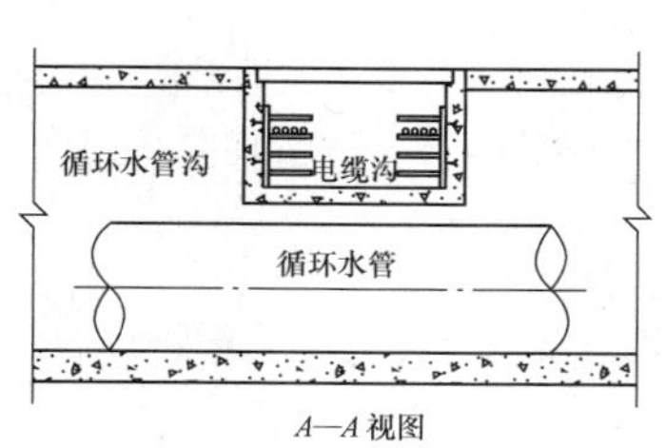

图 12-45 电缆沟与循环水管沟交叉图（二）

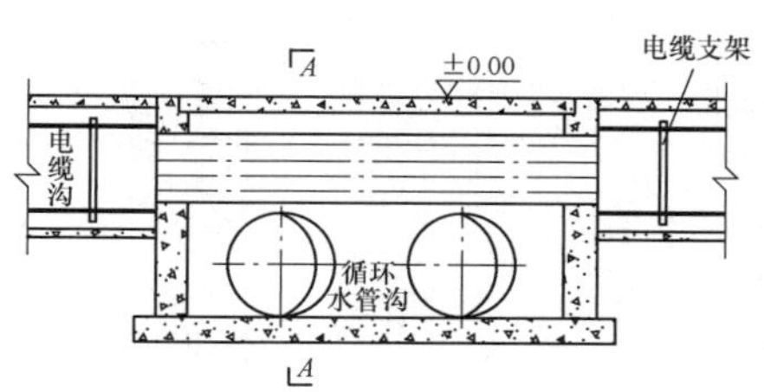

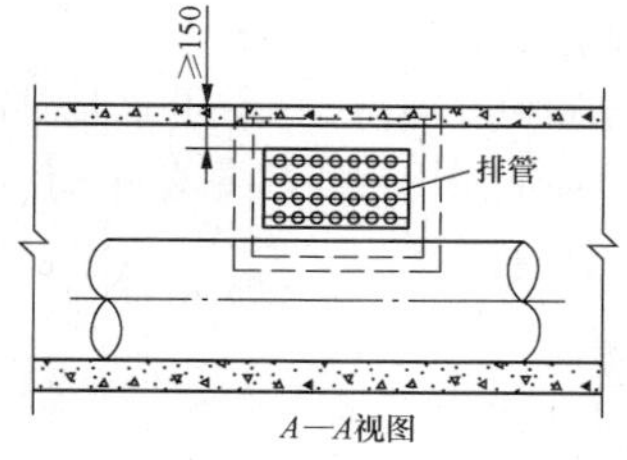

图 12-46 电缆沟与循环水管沟交叉图（三）

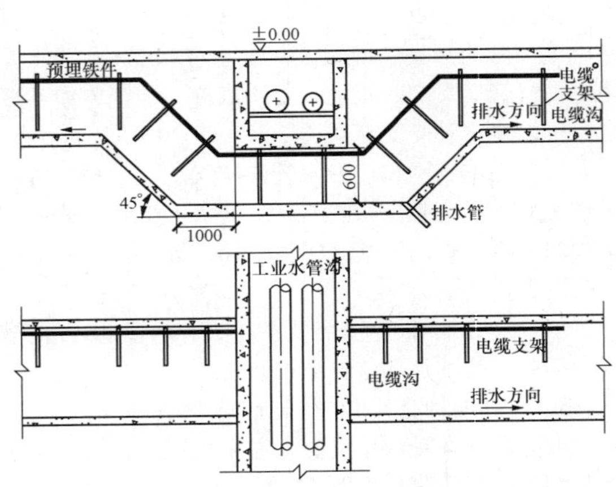

图 12-47　电缆沟与工业水管沟交叉图（一）

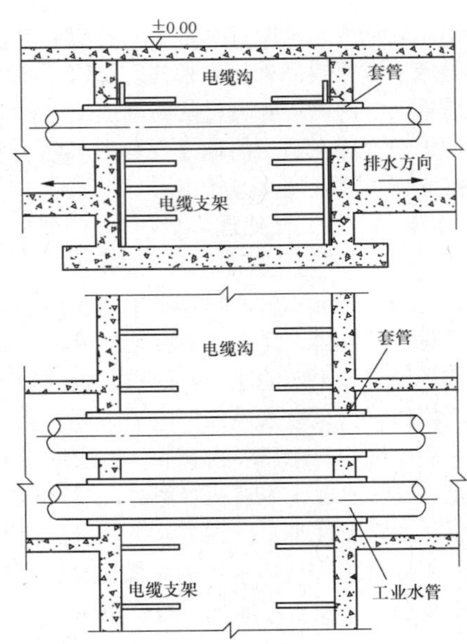

图 12-48　电缆沟与工业水管沟交叉图（二）

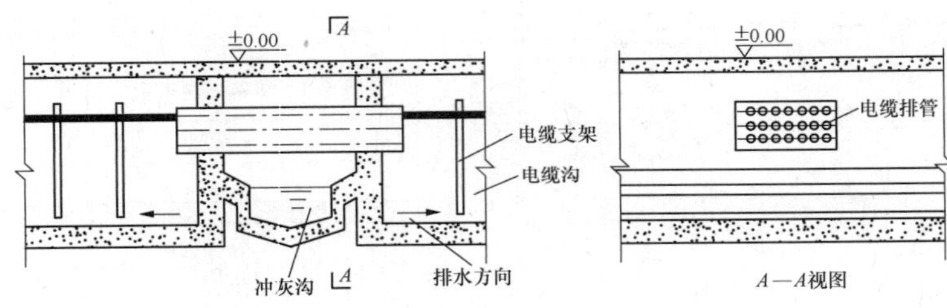

图 12-49　电缆沟与冲灰沟交叉图

4．电缆沟通过公路

电缆沟通过公路时，需将电缆沟加固，使其能承受车辆的荷载。加固的范围，应延伸至公路两边以外 1.5m 处。

5．控制柜下电缆沟

控制柜下电缆沟主要有两种型式，见图 12-50 及图 12-51。

在型式一中，控制柜底部做一定大小的孔，通常为 400mm×300mm，通过暗沟与盘后部电缆沟连接，适用于电缆较少的场合，其缺点为当后续增补电缆及检修时，由于场所较小，不便于施工。

在型式二中，控制柜底部为通长的孔，且与后部电缆沟完全敞开相通，适用于电缆较多的场所，电缆施工及检修空间大，施工方便。

四、接地设计

（一）电缆接地

（1）屏蔽电缆、屏蔽补偿导线的屏蔽层均应接地，不应浮空或重复接地，并符合下列规定：

1）总屏蔽层及对绞屏蔽层均应接地。

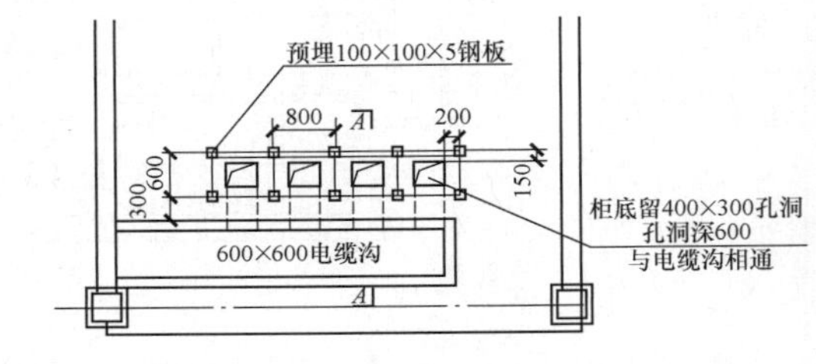

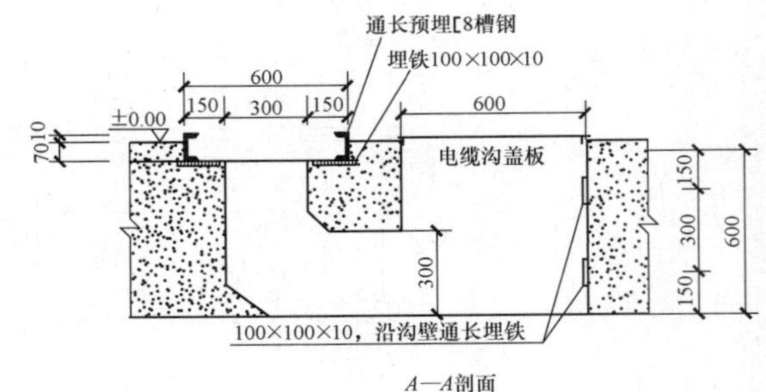

图 12-50　控制柜下电缆沟型式（一）

2）全线路屏蔽层应有可靠的电气连续性，当屏蔽电缆经接线盒或中间端子柜分开或合并时，应在接线盒或中间端子柜内将其两端的屏蔽层通过端子对应连接，不应混接，并应绝缘，同一信号回路或同一线路屏蔽层只允许有一个接地点。

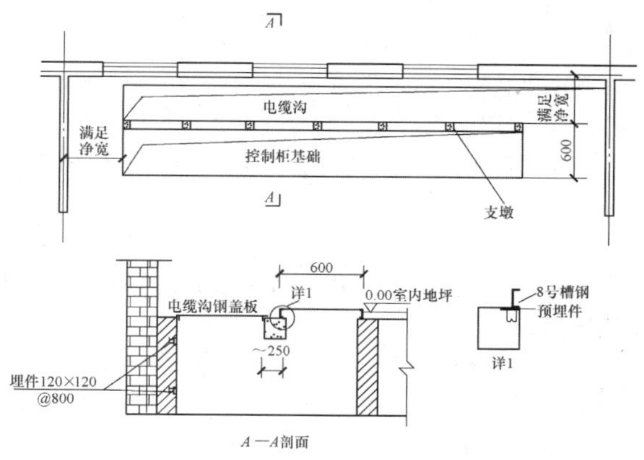

图 12-51 控制柜下电缆沟型式（二）

3）屏蔽层接地位置应符合设计要求，当信号源浮空时，屏蔽层应在计算机侧接地；当信号源接地时，屏蔽层的接地点应靠近信号源的接地点；当放大器浮空时，屏蔽层的一端宜与屏蔽罩相连，另一端宜接共模地（其中，当信号源接地时接现场地，当信号源浮空时接信号地）。

4）多根电缆屏蔽层的接地汇总到同一接地母线排时，应用截面面积不小于 1mm^2 的黄绿接地软线，压接时每个接线鼻子内屏蔽接地线不应超过 6 根。

（2）铠装电缆的铠装两端应进行保护接地。

（3）当有防干扰要求时，多芯电缆中的备用芯应在一点接地，屏蔽电缆的备用芯线与屏蔽层，应在同一侧接地。

（4）在爆炸危险环境中，屏蔽电缆屏蔽层不得接到安全栅的接地端子上。

（二）电缆桥架接地

（1）桥架系统应具有可靠的电气连接并接地。

（2）金属电缆桥架允许利用桥架系统构成接地干线，其接地应符合下列规定：

1）电缆桥架的起始端、终点及层间均应用 4mm^2 的铜绞线牢固连接，并应采用 40mm×4mm 镀锌扁钢与接地网可靠连接。全长不大于 30m 时，不应少于 2 处与接地网连接；全长大于 30m 时，应每隔 10～15m 增加与接地网的连接点。

2）当变径、转角、伸缩节和桥架连接时，宜采用截面面积不小于 4mm^2 的铜绞线与两端压镀锡铜鼻子跨接。

3）镀锌电缆桥架连接板的两端不跨接接地线时，连接板每端应有不少于 2 个有防松螺母或防松垫圈固定。

（3）对于玻璃钢和其他非金属材料桥架，沿桥架全长另敷设专用接地干线，每段（包括非直线段）托盘、梯架最少应有一点与接地干线可靠连接。

（4）接地部位连接处的螺栓应配置弹簧垫圈。

五、计算机敷设电缆

目前计算机电缆敷设采用专用的软件计算，较为常见的方法是数据网络路径或通过计算机建立三维模型自动敷设电缆，又称网络路径法和三维模型法。

（一）网络路径法

网络路径法，俗称道路矩阵法，即通过前期建立网络数据库，人工给定设备网络节点，计算机通过优化网络路径，确定最佳电缆走向，从而确定电缆敷设路径和长度，可自动生成中文电缆清册、英文电缆清册、相同型号电缆汇总表、设备电缆汇总表、相同路径电缆汇总表、网络缆流分布表、断面电缆汇总表等。

（二）三维模型法

通过计算建立电缆桥架、电缆槽盒等电缆通道三维模型，并对不同的设备进行三维赋值，通过读取工艺设备布置图上的受控设备位置信息和电缆清册的逻辑信息，根据电缆桥架布置及路径，生成电缆清册、电缆路径走向表、设备电缆汇总表、相同电缆汇总表、断面电缆汇总表等各种报表。该方法可将设备属性、位置属性包含在设计成果中，并可以随时查询、修改，所有设计信息均能从已有设计结果中自动提取，无需手工输入；同时也减少电缆布线的工作量，提高图纸的设计质量，缩短设计周期。

以上两种方法均能真实反映出电缆的实际敷设信息，但由于三维模型法具备三维属性等功能，可通过数学模型真实反映出设备实际位置，达到精细化设计效果，数据更直观、更真切，但由于三维模型及设备赋值前，需要准备的工作量大、周期长。网络路径法仅需要提供各个网络节点间路径长度，自动汇总设备间电缆网络路径长度，并可根据用户需求汇总出版相关要求的清单；但该方法对网络节点路径数据库、电缆清册设计要求较为严格，容易出错，查错过程繁琐。

第五节 电缆防火

一、电缆防火一般原则

（1）火力发电厂电缆防火与阻止延燃设计应根据工程的重要性、机组的规模及台数，确保火力发电厂的安全，降低电缆火灾事故发生的范围和火灾事故造成的损失，保障人身安全。

（2）火力发电厂防火与阻止延燃的材料选择，应综合考虑：防火封堵材料的寿命；施工方便性及经济性；满足环保要求；减少对电缆载流量的影响；材料的阻燃、耐火性能及耐火时限满足要求等因素。

（3）对主厂房内易受外部火灾影响的汽轮机头部、汽轮机油系统、锅炉防爆门、煤粉系统防爆门、排渣孔朝向的邻近部位的电缆区段应采取防火措施。

（4）当电缆明敷时，在电缆中间接头两侧各 2～3m 长的区段及沿该电缆并行敷设的其他电缆同一长度范围内，应采取防火包带实施阻火延燃。

（5）电缆防火封堵组件的耐火极限不应低于被贯穿物的耐火极限，且不应低于 1h。防火墙上的电缆孔洞应采用电缆防火封堵材料进行封堵，并应采取防止火焰延燃的措施。其防火封堵组件的耐火极限应为 3h。

（6）电缆防火封堵应按下列条件选择：

1）环境条件：①周围空气温度。②日照强度。③多年平均相对湿度。

2）工作条件：①电缆的重要性。②电缆构筑物型式：电缆沟、架空桥架、电缆竖井、电缆夹层、保护管等。③盘、柜孔洞尺寸。④穿墙孔洞尺寸。⑤易燃、易爆场所。⑥高温场所。⑦防火要求。

二、电缆防火设置原则

（1）对电缆可能着火蔓延导致严重事故的回路、易受外部影响波及火灾的电缆密集场所，应设置有适当的阻火分隔，并应按工程重要性、火灾概率及其特点和经济合理等因素确定采取下列安全措施：

1）实施阻燃防护或阻止延燃。

2）选用具有阻燃性的电缆。

3）实施耐火防护或选用具有耐火性的电缆。

4）实施防火构造。

5）自动报警与专用消防装置。

（2）电缆敷设在油箱、油管道、热管道及其他容易引发电缆火灾的区域，应重点采取防火措施。

（3）电缆阻火分隔方式的选择，应符合下列规定：

1）电缆通道的分叉处，宜采用防火枕进行阻火分隔。

2）电缆通道进入电缆夹层处，宜设置防火墙（采用防火枕、矿棉块等软质防火堵料进行阻火分隔）。

3）电缆引至盘、台、箱、柜的开孔部位及贯穿隔墙、楼板的孔洞处，均应采用防火堵料进行阻火分隔。

4）电缆竖井在0m层与沟道的接口及穿过各层楼板的竖井口，应采用防火枕或防火堵料进行阻火封堵。当电缆竖井的长度大于 7m 时，每隔 7m 应设置阻火分隔。

5）在外部火焰燃烧中，需要维持通电一定时间的重要联锁保护回路，应实施耐火防护或采用耐火电缆。

6）实施耐火防护的方式：根据电缆的数量及敷设方式，可采用防火涂料，穿耐火管、耐火槽盒、封闭式耐火桥架等；在无爆炸性粉尘区域可采用半封闭式耐火桥架。

耐火桥架选择原则如下：

a．耐火桥架不应采用在普通桥架的表面涂防火涂料的型式。

b．国内耐火桥架的耐火性能分四个等级：N1≥30min，N2≥45min，N3≥60min，N4≥90min。火力发电厂耐火桥架宜选用 N3 级及以上产品。

三、电缆防火材料选型

（1）电缆用防火阻燃材料产品的选用应符合下列规定：

1）阻燃性材料应符合 GB 23864《防火封堵材料》的有关规定。

2）防火涂料、阻燃包带应分别符合 GB 28374《电缆防火涂料》和 GA 478《电缆用阻燃包带》的有关规定。

3）用于阻止延燃的材料产品，除上述 2）外，尚应按等效工程使用条件的燃烧试验满足有效自熄性。用于耐火防护的材料产品，应按等效工程使用条件的燃烧试验满足耐火极限不低于 1h 的要求，且耐火温度不宜低于 1000℃。

4）防火封堵材料应符合 GB 23864《防火封堵材料》的规定。防火涂料、阻燃包带应分别符合 GB 28374《电缆防火涂料》和 GB 23864《防火封堵材料》的规定。耐火槽盒应符合 GB 29415《耐火电缆槽盒》的规定。

5）电缆防火封堵材料不宜选用热阻较高的对电缆载流量影响大的矿棉。

6）采用的材料产品应适于工程环境，并应具有耐久可靠性。

7）所设计的防火封堵组件应保持本身结构的稳定性，不出现脱落、移位和开裂等现象，在潮湿部位应采用具有较好耐水性能的防火封堵材料。

8）用于潮湿部位及室外的防火封堵材料应选用具有较好耐候性能的产品。

（2）防火封堵材料应按表 12-51 的原则选择。

表 12-51　　　　防火封堵材料的选用表

名称	材质	选用场所	耐火等级	特点
柔性有机堵料	合成树脂为黏接剂的复合防火阻燃剂	小型孔洞、电缆保护管、孔洞及防火包的缝隙，较大的孔洞需有底板	一级大于等于 180min；二级大于等于 120min；三级大于等于 60min；耐火性能包括耐火完整性及耐火隔热性。火力发电厂防火堵料应选用三级及以上产品	可塑性好；在高温或火焰的作用下迅速膨胀凝结为坚硬阻火的固体
无机堵料	耐高温无机材料和速固材料混合而成	室内外的电缆沟、小型电缆贯穿孔洞，孔洞需有底板		用水调和后迅速固化，施工方便；无味、无毒、防水、防火
阻火包	玻璃纤维布内部填充特种耐火、隔热材料和膨胀材料	电缆沟、孔洞，适用于需经常更换或增减电缆的场合或施工工程中暂时性的防火措施		使用方便；遇火吸收热量并迅速膨胀炭化；有效期一般为 3 年
阻火模块	无机膨胀材料和少量高效胶联材料			使用方便；有效期可达 3 年
防火封堵板材	分为有机、无机、复合型	A 型板：孔洞、竖井；B 型板：一般孔洞、电缆沟；A 型板：电缆层间板		—
阻火包带	—	缠绕于阻火段两侧用于阻止电缆延燃		遇火时能迅速膨胀形成炭化体
防火涂料	由舒丙乳液等水性材料添加各种防火阻燃剂、增塑剂组成	涂刷于阻火段两侧用于阻止电缆延燃；电缆通长涂刷做耐火分割	—	遇火时能生成均匀致密的海绵状泡沫隔热层

四、电缆防火的布置设计要求

（1）阻火分隔方式的选择应符合下列规定：

1）电缆构筑物中电缆引至柜、盘或控制屏、台的开孔部位，电缆贯穿隔墙、楼板的孔洞处，工作井中电缆管孔等均应实施阻火封堵。

2）在重要回路的电缆沟中下列部位，宜设置阻火墙（防火墙）：①公用主沟道的分支处；②多段配电装置对应的沟道适当分段处；③长距离沟道中相隔约 100m；④至集中控制室或配电装置的沟道入口、厂区围墙处。

3）在竖井中，宜每隔约 7m 设置防火封堵措施。

4）当电缆采用架空敷设时，应在下列部位设置阻火措施：①穿越汽机房、锅炉房和集中控制楼之间的隔墙处。②穿越汽机房、锅炉房和集中控制楼之间的外墙处。③架空敷设每间距 100m 处。④两台机组连接处。⑤ 电缆桥架分支处。

（2）实施阻火分隔的技术特性应符合下列规定：

1）阻火封堵、阻火隔层的设置，应按电缆贯穿孔洞的状况和条件，采用相适合的防火封堵材料或防火封堵组件。用在楼板竖井孔处时，应能承受巡视人员的荷载。阻火封堵材料的使用，对电缆不得有腐蚀和损害。

2）阻火墙的构成，应采用适合电缆线路条件的阻火模块、防火封堵板材、阻火包等软质材料，且应在可能经受积水浸泡或鼠害作用下具有稳固性。

3）除通向集中控制室、厂区围墙或长距离沟道中按通风区段分隔的阻火墙部位应设置防火门外，在其他情况下，有防止窜燃措施时可不设防火门。防窜燃方式，可在阻火墙紧靠两侧不少于 1m 区段所有电缆上施加防火涂料、阻火包带或设置挡火板等。

4）阻火墙、阻火隔层和阻火封堵的构成方式，应按等效工程条件特征的标准试验，满足耐火极限不低于 1h 的耐火完整性、隔热性要求确定。

5）当阻火分隔的构成方式不为该材料标准试验的试件装配特征涵盖时，应按满足耐火极限不低于 1h 的耐火完整性、隔热性要求确定。阻火分割厚度不足 2m 时，可沿封堵侧紧靠的约 1m 区段电缆上施加防火涂料或包阻火带。

（3）非阻燃性电缆用于明敷时，应符合下列规定：

1）在易受外因波及着火的场所，宜对该范围内的电缆实施阻燃防护，对重要电缆回路，可在适当部位设置阻火段阻止延燃。阻燃防护或阻火段，可采取在电缆上施加防火涂料、阻火包带；当电缆数量较多时，也可采用阻燃、耐火槽盒或阻火包等。

2）在接头两侧电缆各约 3m 区段和该范围内邻近并行敷设的其他电缆上，宜用防火包带实施阻止延燃。

五、电缆防火的典型设计方案

（1）电缆竖井穿楼板孔洞封堵示意图，见图 12-52。

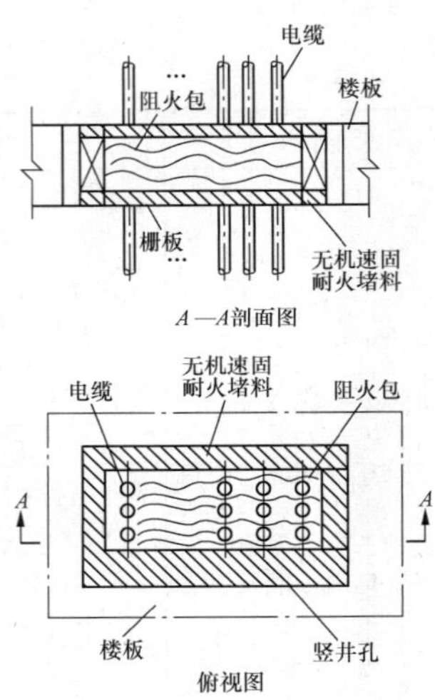

图 12-52　电缆竖井穿楼板孔洞封堵示意图

1）封堵竖井孔洞时，宜先把电缆成排整理，阻火包与无机速固耐火及柔性耐火堵料配合使用。

2）一个孔洞用料数量阻火包按孔洞尺寸全填充量计算，无机速固堵料按 2/5 填充量计算，柔性耐火堵料按 1/5 填充量计算。

3）在施工速固防火堵料时应先在其下衬板，并当阻火包包在电缆上后再浇注无机速固防火堵料，最后用柔性耐火堵料填满所有空隙。

4）封堵材料的厚度与楼板厚度一致。

（2）电缆穿盘孔洞封堵示意图，见图 12-53。

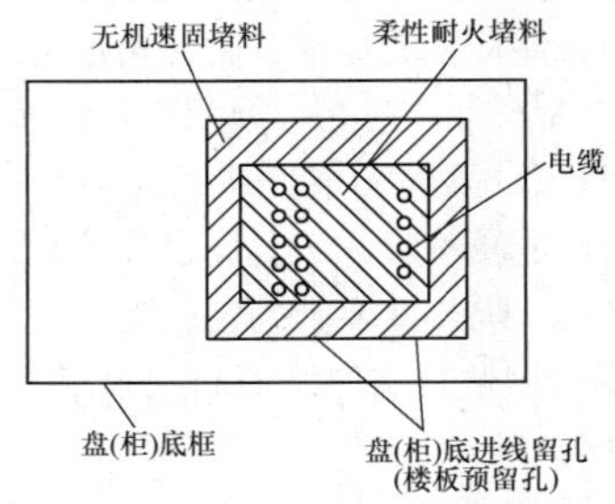

图 12-53　电缆穿盘孔洞封堵示意图

1）封堵时宜先把电缆成排整理，采用无机速固耐火和柔性耐火堵料配合将电缆穿孔洞及穿管缝隙完全严密封堵。

2）一个孔洞用料数量无机速固堵料按孔洞尺寸全填充量计算，柔性耐火堵料 2/5 填充量计算。

3）封堵材料的厚度按 100mm 计算。

（3）电缆穿墙封堵示意图，见图 12-54。

1）封堵墙洞时，宜先把电缆成排整理，用阻火包封堵，再用柔性耐火堵料填满空隙。

2）一个孔洞用料数量阻火包按孔洞尺寸 4/5 填充量计算。

3）阻火墙前后各 1m 内刷防火涂料。

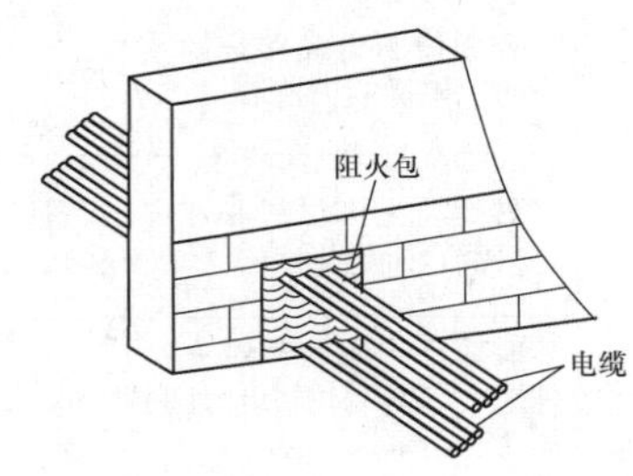

图 12-54　电缆穿墙封堵示意图

4）阻火墙的厚度与墙壁厚度相同。

（4）电缆桥架封堵示意图。电缆桥架封堵采用阻火包及耐火隔板两种材料，如图 12-55 所示，以阻火包前后两排布置进行封堵，对应处每层桥架底部安装相应桥架宽度为 500mm，厚度为 5mm 的耐火隔板，不同宽度的桥架要求摆放不同型号及大小相配的阻火包，以达到最佳封堵效果。

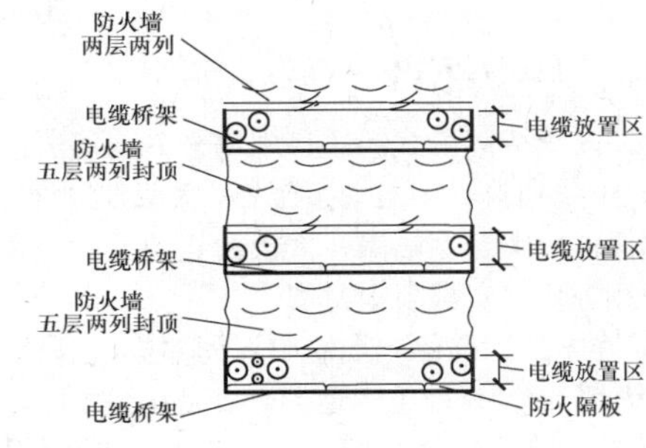

图 12-55　电缆桥架封堵示意图

（5）电缆竖井分段封堵示意图，见图 12-56。

1）电缆竖井分段封堵用阻火包处，做一块铁网栅板平行固定在井口，下面以角钢固定支撑，用阻火包将电缆分隔开铺满即可。

2）一个竖井口用料量按铺设阻火包 4 层计算。

3）电缆竖井每隔 7m 左右分段封堵。

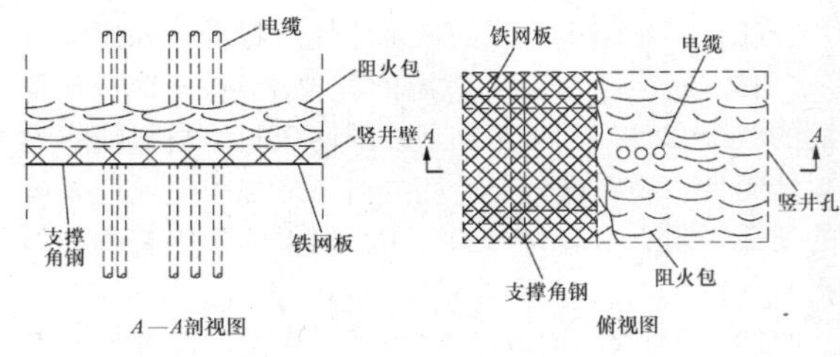

图 12-56　电缆竖井分段封堵示意图

第十三章

试　验　室

仪表与控制试验室承担电厂相关维护和检修人员对全厂的仪表和控制设备进行日常维护、定期检定、校验和检验、维修，备品备件管理及技术改造等项工作的职能。在电厂内应专门设置具有相关功能的房间和场所，并配备相应的仪器设备和工具等。

在火力发电厂，一般存在两种职能类型的仪表与控制试验室：一种承担检修任务（类型Ⅰ）；另一种不承担检修任务（类型Ⅱ）。

本章主要介绍了仪表与控制试验室面积、布置、设备配置等内容。

第一节　试验室的面积与布置

一、试验室面积

（1）仪表与控制试验室的面积应根据电厂的建设规模、组织机构形式、人员定额和工程的特点等因素来确定。在工程设计中，当上述问题未明确时，仪表与控制试验室的面积，可按电厂的规划容量和所采用的仪表设备的型式与数量等要求来确定。

（2）仪表与控制试验室，一般设有计算机（DCS、PLC）维护间、仪表维护间、标准仪表间、现场维修间、备品备件保管间等工作间。各维护（修）间是供仪表和控制设备进行校验、检修和调整工作之用。

（3）仪表与控制试验室面积参照 DL/T 5052《火力发电厂辅助及附属建筑物建筑面积标准》的相关规定，其各工作间的参考分配见表 13-1 和表 13-2 中，具体房间设置和面积大小可根据建筑物结构和建筑格局进行调整。

二、试验室布置

1. 试验室位置

（1）仪表与控制试验室宜根据火力发电厂规划总容量一次建成，其中现场维修间可按扩建情况分期建设。

表 13-1　　仪表与控制试验室面积（类型Ⅰ）　　(m^2)

工作间类别		面积			
		200MW＜P≤400MW	400MW＜P≤800MW	800MW＜P≤1200MW	1200MW＜P≤4800MW
计算机（DCS、PLC）维护间		40	50	50	60
仪表维护间	主厂房	30	30	40	40
	辅助车间	20	20	20	20
标准仪表间	仪表校准和检验	30	40	50	60
	热电偶、热电阻校准和检验	20	20	20	20
	恒温源（检定炉、油槽）	20	20	20	20
现场维修间		20	20～40	40～60	60～80
备品备件保管间	精密电子	20	20	30	30
	其他仪表	20	20	30	30
合计		220	240～260	300～320	340～360

注　P 为电厂总容量。

表 13-2　仪表与控制试验室面积（类型Ⅱ）（m^2）

工作间类别		面积			
		200MW＜P≤400MW	400MW＜P≤800MW	800MW＜P≤1200MW	1200MW＜P≤4800MW
计算机（DCS、PLC）维护间		40	50	50	60
仪表维护间		20	20	20	20
标准仪表间		60	60	60	80
现场维修间		20	20～40	40～60	40～80
备品备件保管间	精密电子	20	20	30	40
	其他仪表	20	20	30	40
合计		180	190～210	230～250	280～320

注　P 为电厂总容量。

（2）仪表与控制试验室一般设置在生产综合办公楼内，也可以单独设置，但应远离振动大、灰尘多、噪声大、潮湿或有强磁场干扰的场所，以保证仪表和控制设备的校验与检修工作有一个较好的环境。

（3）仪表与控制现场维修间宜设置在主厂房运行层等易于通行的位置，用于执行器、仪表阀门等不易搬动的现场仪表与控制设备的维修。

2. 试验室各维护间的布置

为了便于工作管理和共用仪器设备，除现场维修间以外，试验室各工作间应尽可能靠近。

第二节　试验室的技术要求

一、对防火的设计要求

（1）对装有检定炉、恒温油槽的恒温源间或标准仪表间，应设置灭火装置，还应有防止火灾蔓延的措施。

（2）仪表与控制试验室的火灾危险性分类及灭火器配置应按照 GB 50229《火力发电厂与变电站设计防火标准》的相关规定执行。

二、对建筑及结构的设计要求

（1）试验室的地面应避免受振动的影响，宜为混凝土或地砖结构，试验室的墙壁应装有防潮层。

（2）设置检定炉、恒温油槽的恒温源间或标准仪表间、现场维修间应有洗手池和地漏。

（3）标准仪表间尽量避免与外墙相连，特别是要避免受强阳光照射。

（4）根据所处环境情况，标准仪表间的入口可设置缓冲间，缓冲间与标准仪表间的两道门之间应留有足够的距离，门与门框之间应装有密封衬垫。

三、对供暖通风的设计要求

（1）除设置检定炉、恒温油槽的工作间、现场维修间和备品备件保管间外，其他工作间应设置空气调节装置。

（2）标准仪表间应恒温、恒湿。

（3）设置检定炉、恒温油槽的工作间，按照 DL/T 5035《发电厂供暖通风与空气调节设计规范》的规定，应设置吸风罩作为排烟和降温的设施。

（4）按照 DL/T 5035《发电厂供暖通风与空气调节设计规范》的规定，现场维修间宜采用机械通风，通风量按换气次数不少于 6 次/h 计算。

（5）按照 DL/T 5035《发电厂供暖通风与空气调节设计规范》的规定，试验室内空气温度冬季为 18℃、夏季为 26～28℃。

四、对电源及照明的设计要求

（1）试验室可单独设置交流 380V/220V 电源总配电箱，再分别引至除备品备件保管间外的各工作间的分电源箱内；总配电箱、分电源箱宜选用嵌入式安装在墙内，电源插座可安装在墙上、校验（工作）台上。现场维修间应设置交流 380V/220V 电源。试验室内所需要的直流 24V 或 48V、直流 110V 或 220V 电源，宜单独由整流调压设备提供，其中直流 110V 或 220V 电源也可由电气蓄电池直接提供。

（2）根据各工作间的功能、环境，考虑相应的照明。照明灯具、照度标准值、照明开关及插座应符合 DL/T 5390《发电厂和变电站照明设计技术规定》的相关要求。

（3）除设置检定炉、恒温油槽的工作间、现场维修间和备品备件保管间外，其他工作间应设置公用接地设施。公用接地设施应按照系统接地的型式，符合

GB 14050《系统接地的型式及安全技术要求》中的相应安全技术要求。

五、对气源的设计要求

（1）现场维修间的校验用气可由主厂房仪用压缩空气气源直接引入，引入支管材质应为不锈钢，尺寸宜为ϕ14×2 并设计末端截止阀。

（2）在仪表维护间配备移动式小型无油空气压缩机作为仪表校验用气源。

第三节 试验室设备

一、配置原则

（1）量值传递是将国家计量基准所复现的单位量值，通过计量检定（或其他传递方法），传给下一等级的计量标准，并依次逐级地传递到工作计量器具，以保证被测对象的量值准确一致的过程。按照我国有关计量方面法律法规的规定，用于仪表与控制设备计量检定、校准或检验的标准计量器具，应按规定的计量传递原则传递。

（2）我国的计量器具实行三级传递，从国家计量基准器具传递到计量标准器具再传递给工作计量器具，从而保证量值的准确统一和一致。仪表与控制试验室的标准计量仪器和设备配置应满足对电厂控制设备和仪表进行检定、校准和检验、调试与维修的需要，并应符合三级试验室的标准要求。

（3）试验室的设备配置，应按照试验室的职能范围和电厂配置的控制设备、仪表的校准或检验的实际需要选择配置范围。

（4）试验室内一般应有下列各项仪器设备：

1）产生各种物理参数（温度、压力、真空、转速、电流、电压）的信号（参量）发生器，主要包括有检定炉、恒温槽、压力校准器、液（气）压泵、压力（真空）信号发生器、转速标准装置、电流回路校准器、电压回路校准器等。

2）用于对仪表进行检定的标准器具，主要有标准热电阻、标准热电偶、精密压力表、电阻表等。

3）用于在现场或试验室对仪表进行检查、核对与试验用的携带式试验仪器或仪表。

4）用于测量交直流电路上的电流、电压和电阻，测量晶体管和其他电子器件的参数，观察电子仪表和电子线路电信号瞬变过程的通用测试仪器和设备。

5）检修、机械加工设备和工具。

二、校验设备

（1）仪表与控制试验室标准计量仪器和设备，应根据我国计量检定规程的要求配置。按规定选用压力标准计量仪器及配套设备组成的检定装置，其测量总不确定度，应不大于被检设备允许误差的 1/4。按照 JJF 1637《廉金属热电偶校准规范》和 JJG 229《工业铂、铜热电阻检定规程》的规定，仪表与控制试验室应选用二等温度标准器具。

（2）仪表与控制试验室标准计量仪器和设备，应具备有效的检定合格证书、计量器具制造许可证或者国家的进口设备型式批准书，封印应完整。

（3）试验室仪器设备的量程选择应根据被测参数（参量）的变化范围和允许的测量误差大小来确定。为充分发挥仪器设备的作用，在满足测量精度的条件下，电工仪器可以选用多量程的仪器设备，以便做到一器多用，节省设备投资。对于测量精度要求不高的通用测试仪器，宜选用多参数、多量程的设备，如万用电能表等。

（4）为了保证测量精度，标准器具或试验用的仪器设备的量程不宜选得过宽，例如，选择标准压力表时，其量程应尽量与被检表的量程一致。

（5）试验室内标准器具的数量应能满足日常检定工作的需要。为了保证计量的准确性和在标准器具送检时不致影响仪表的检定工作，有些设备如标准热电偶、标准压力表与真空表等可多备一套。

（6）试验室内常用的仪器设备（便携式干式温度检定炉、便携式热元件校准器、数字式万用电能表、应急灯、对讲机、便携式数字校验仪等）的数量可按机组的型式与台数来配置。

（7）自备电厂的仪表与控制试验室设备应尽可能从简。其精简的程度与范围应视该企业中心试验室距自备电厂的远近和规模大小等因素确定。

第四节 主要仪表与控制设备的维护校验及试验室仪器和设备

一、主要仪表与控制设备的维护校验

1. 计算机（DCS、PLC）维护间的工作职能

（1）通信网络维护。DCS、PLC 网络及通信接口，SIS、MIS 等网络及其通信接口维护。

（2）数据库维护。DCS、PLC 数据库维护及修改。

（3）计算机软件维护。DCS、PLC 系统软件维护、升级或备份。

2. 仪表维护间的工作职能

仪表维护间的工作职能是指对锅炉、汽轮机现场仪表的维护，包括随主/辅机成套的检测、控制装置的维护。

3. 辅助仪表维护间的工作职能

辅助仪表维护间的工作职能是对辅助控制仪表的

维护。

4. 标准仪表间的工作职能

标准仪表间的工作职能是对仪表的检定、校准和检验，包括变送器、压力仪表、差压仪表、转速仪表、分析仪表、温度元件及其仪表的检定、校准或检验。标准仪表间内可隔离布置检定炉及油恒温槽等加热装置。

5. 现场维修间的工作职能

现场维修间的工作职能是对执行机构、现场仪表等的维修。

6. 备品备件保管间的工作职能

（1）精密电子备件保管。DCS、PLC、DEH、MEH等的备品备件及盘装和现场精密电子仪表的保管。

（2）其他仪表备件保管。仪表与控制部分的机械仪表、仪表阀门、配件等的保管。

二、试验室仪器和设备

1. 试验室仪器和设备的配置标准

试验室仪器和设备的配置应符合 DL/T 5004《火力发电厂试验、修配设备及建筑面积配置导则》的相关规定。

2. 承担检修任务的试验室仪器和设备

承担检修任务（类型Ⅰ）的仪表与控制试验室仪器和设备见表 13-3。

3. 不承担检修任务的试验室仪器和设备

不承担检修任务（类型Ⅱ）的仪表与控制试验室仪器和设备见表 13-4。

表 13-3　　承担检修任务（类型Ⅰ）的仪表与控制试验室仪器和设备

序号	设备名称	规　范	功　能	单位	数量	备注
一、校准温度仪表用的校准仪器和装置（设备）						
1	热电偶、热电阻自动检定装置	（1）热电偶。 1）范围：300～1200℃。 2）分度号：B、K、N、E、J、S、T。 3）电压测量不确定度：≤0.01%。 4）分辨率：0.1μV。 5）热电偶检定不确定度：≤1.2℃（含二等标准热电偶）。 （2）热电阻。 1）范围：0℃、50～350℃。 2）分度号：Pt100、Cu50。 3）电压测量不确定度：≤0.01%。 4）分辨率：0.1mΩ。 5）热电阻检定不确定度：≤1.2℃（含二等标准热电阻）。 （3）切换开关寄生电动势：≤0.4μV。 （4）恒温槽在有效工作区域内温差：≤0.2℃。 （5）检定炉最高温度：1200℃。 （6）管式检定炉长度约为 600mm，加热管内径约为 40mm。 （7）最高均匀温度场中心与炉几何中心（沿轴线）偏离不大于 10mm，在均匀温度场长度不小于 60mm、半径为 14mm 范围内，任意两点温差不大于 1℃。 （8）基本配置。 1）恒温油槽、恒温水槽。 2）检定炉。 3）0℃恒温器。 4）计算机系统（硬件及软件）。 5）标准通信接口。 6）打印机。 7）温度测控装置。 8）六位半数控仪。 9）二等标准铂电阻（2 支）。 10）二等标准铂铑 10 热电偶（2 支）。 （9）装置技术性能应符合 JJF 1637《廉金属热电偶校准规范》及 JJG 229《工业铂、铜热电阻检定规程》的规定	（1）可对工业热电偶和两线制、三线制或四线制热电阻进行自动校准，且可在恒温槽中对测量低温的热电偶进行检定。 （2）可按用户的检定程序自动控制温度（升温、恒温），自动检定数据处理、打印检定记录和检定证书。 （3）具备冰点和室温冷端补偿功能。 （4）显示屏实时显示炉内或恒温槽内实际温度值和温度曲线，对应毫伏值或电阻值及检定时间。 （5）具有检定记录存储、预览和管理功能。 （6）可对热电偶或热电阻任一点（10℃）温度进行检定。 （7）可对检定装置的不确定度、重复性和温度场进行自动认证测试，并整理出相应的结果报表	套	1	

续表

序号	设备名称	规　　范	功　　能	单位	数量	备注
2	便携式温度校验炉	（1）范围：50～850℃（上限温度可按实际需要确定）。 （2）插入深度：180～200mm。 （3）准确度：±0.8℃。 （4）最小分辨率：0.01℃。 （5）配有标准温度元件与指示器	主要为现场校验温度仪表提供温度场。 （1）可对工业热电偶、热电阻、温度开关、液柱式温度计、温包、双金属温度计等感温元件进行现场校准。 （2）快速升温、快速冷却。 （3）按设定指令，自动升温至设定值，并恒温（炉井套管孔径、孔数，根据具体工程采用的热元件直径确定）。 （4）自动测试温度开关。 （5）自动记录切换点温度。 （6）计算切换差	套	1～2	
3	热电偶校准器（便携式）	（1）分度号：K、E、J、T 或 B、R、S、K 或 B、S、E、K（按电厂现场使用的热电偶型号配置）。 （2）不确定度：±0.007%FS（23℃、200mV）、±0.03℃+10μV（热电偶）	（1）可在现场对热电偶进行校准。 （2）测量热电偶温度，以温度及电动势值显示。 （3）输出并显示模拟热电偶电动势。 （4）可用高、低、设定值三点输出模拟热电偶电动势值。 （5）冷点自动补偿	台	5	
4	热电阻校准器（便携式）	（1）分度号：Pt100、Cu50（按电厂现场使用的热电阻型号配置）。 （2）不确定度：±0.25%FS	（1）可在现场对热电阻进行校准。 （2）测量热电偶温度，以温度及电阻值显示。 （3）输出并显示模拟热电阻偶电阻。 （4）可用高、低、设定值三点输出模拟热电阻电阻。 （5）能校准二线制、三线制、四线制热电阻	台	6	
5	二等标准铂铑 10-铂热电偶	（1）范围：419.527～1084.62℃。 （2）精度：δ=0.1℃	热电偶自动检定装置作为标准，主要用于检定热电偶的标准	支	2	
6	二等标准铂热电阻	（1）范围：0～419.527℃。 （2）精度：δ=22mK	热电阻自动检定装置作为标准，主要用于检定热电阻的标准	支	2	
7	标准电阻	（1）范围：0～419.527℃。 （2）精度：δ=22mK	模拟电阻值，还可校验测电阻的仪器	支	2	
二、校准压力（压力、真空、差压）、流量仪表用校准仪器和装置（设备）						
1	手操压力泵	最高压力：60MPa	产生压力，配合校准压力仪表，如压力变送器、压力表、压力开关等	套	1	（1）包括附件。 （2）最高压力应根据具体工程确定
2	手操压力泵	最高压力：10MPa	产生压力，配合校准压力仪表，如压力变送器、压力表、压力开关等	套	1	包括附件
3	手操压力泵	最高压力：6MPa	产生压力，配合校准压力仪表，如压力变送器、压力表、压力开关等	套	1	包括附件

续表

序号	设备名称	规　范	功　能	单位	数量	备注
4	手操压力泵	最高压力：2.5MPa	产生压力，配合校准压力仪表，如压力变送器、压力表、压力开关等	套	1	包括附件
5	压力真空信号发生器	范围：–0.095～1.2MPa	产生真空或压力，配合校准压力仪表，如压力变送器、差压变送器、压力表、压力开关等，以及能一次校准测量正负压的仪表	套	1	包括附件
6	标准压力表					
6.1	精密压力表	（1）范围：0～60MPa、0～40MPa、0～25MPa、0～16MPa、0～12MPa、0～6MPa、0～2.5MPa、0～1.6MPa、0～0.6MPa、0～0.25MPa、0～0.16MPa、-0.1～0MPa。 （2）精度等级：0.25	（1）与手操压力泵或压力校验器联用，校准弹簧管压力表等。 （2）与真空发生器联用，校准弹簧管式真空表等	套	1	（1）可选其一。 （2）量程应根据具体工程确定
6.2	智能数字压力计	（1）范围：0.1～60MPa 范围内不同的量程。 （2）精度等级：0.2%FS±1 个字	（1）与手操压力泵或压力校验器联用，校准弹簧管压力表等。 （2）与真空发生器联用，校准弹簧管式真空表等。 （3）具有 RS232 接口，可联机打印校验结果	套	3	
7	多功能校准仪					
7.1	多功能校准仪	多功能校准仪主机		套	1	
7.2	压力模块	（1）压力模块（表压）。 1）范围：0～70MPa、0～34MPa、0～20.7MPa。 2）一年整体不确定度：±0.08%FS。 （2）压力模块（表压）。 1）范围：0～10.0MPa、0～6.9MPa、0～3.4MPa、0～2.07MPa、0～0.69MPa、0～207kPa。 2）一年整体不确定度：±0.05%FS。 （3）压力模块（差压）。 1）范围：0～103kPa、0～34kPa。 2）一年整体不确定度：±0.05%FS。 （4）压力模块（差压）。 1）范围：0～6.9kPa。 2）一年整体不确定度：±0.15%FS。 （5）压力模块（差压）。 1）范围：0～2.5kPa。 2）一年整体不确定度：±0.3%FS。 （6）压力模块（绝对压力）。 1）范围：0～103kPa。 2）一年整体不确定度：±0.07%FS。 （7）压力模块（正/负压）。 1）范围：±103kPa。 2）一年整体不确定度：±0.05%FS。 （8）压力模块（正/负压）。 1）范围：±34kPa。 2）一年整体不确定度：±0.07%FS。 （9）压力模块（正/负压）。 1）范围：±6.9kPa。 2）一年整体不确定度：±0.2%FS	（1）与压力源、校准器配合，校准压力变送器、差压变送器、压力开关、差压开关等。 （2）当工程中未采用绝对压力变送器时，不需要选择绝对压力模块。 （3）压力模块的选择，应根据工程所采用的压力仪表的量程确定	套	1	

续表

序号	设备名称	规 范	功 能	单位	数量	备注
7.3	压力校准器	压力量程的选择应与压力模块相同。 （1）一年不确定度：±0.025%。 （2）供直流 24V 电源	（1）与压力模块、压力源、真空源配合，校准压力变送器、差压变送器、压力开关、差压开关等。 （2）压力校准器和压力模块的选择应是同一生产厂家的产品，否则无法配套使用	套	1	
7.4	综合校准仪	压力量程的选择应与压力模块相同。 （1）直流电流测量。 1）范围：0～30.00mA、0～110.00mA。 2）一年不确定度：±（0.01%RDG+0.015%FS）。 （2）直流电流输出。 1）范围：0～22.000mA。 2）一年不确定度：±（0.01%RDG+0.015%FS）。 （3）直流电压测量。 1）范围：0～110.00mV。 2）一年不确定度：±（0.025%RDG+0.015%FS）。 （4）直流电压测量。 1）范围：0～11.0000V。 2）一年不确定度：±（0.025%RDG+0.005%FS）。 （5）直流电压测量。 1）范围：0～110.000V、0～300.00V。 2）一年不确定度：±（0.05%RDG+0.005%FS）。 （6）直流电压输出。 1）范围：0～110.000mV、0～1.10000V、0～15.0000V。 2）一年不确定度：±（0.01%RDG+0.005%FS）。 （7）电阻测量。 1）范围：0～11.00Ω、0～110.00Ω。 2）一年不确定度：±（0.05%RDG+50mΩ）。 （8）电阻测量。 1）范围：0～1.1000kΩ。 2）一年不确定度：±（0.05%RDG+0.5Ω）。 （9）电阻测量。 1）范围：0～11.000kΩ。 2）一年不确定度：±（0.1%RDG+10Ω）。 （10）频率测量。 1）范围：1.00～109.99Hz。 2）一年不确定度：±0.05Hz。 （11）频率测量。 1）范围：110.0～1099.9Hz。 2）一年不确定度：±0.05Hz。 （12）频率测量。 1）范围：1.100～10.999kHz。 2）一年不确定度：±5Hz。 （13）频率测量。 1）范围：11.00～50.00kHz。 2）一年不确定度：±50Hz。 （14）频率测量。 1）范围：0.00～10.99Hz。 2）一年不确定度：±0.01Hz。 （15）频率测量。 1）范围：11.00～109.99Hz。	（1）与压力模块、压力源、真空源配合，校准压力变送器、差压变送器、压力开关、差压开关等。 （2）综合校准器和压力模块的选择应是同一生产厂家的产品，否则无法配套使用	套	1	

续表

序号	设备名称	规　范	功　能	单位	数量	备注
7.4	综合校准仪	2）一年不确定度：±0.1Hz。 （16）频率测量。 1）范围：110.0～1099.9Hz。 2）一年不确定度：±0.2Hz。 （17）频率测量。 1）范围：1.100～21.999kHz。 2）一年不确定度：±2Hz。 （18）频率测量。 1）范围：22.000～50.000kHz。 2）一年不确定度：±5Hz。 （19）电阻输出。 1）范围：11.000Ω。 2）一年不确定度：±（0.01%RDG+20mΩ）。 （20）电阻输出。 1）范围：110.000Ω。 2）一年不确定度：±（0.01%RDG+40mΩ）。 （21）电阻输出。 1）范围：1.100kΩ。 2）一年不确定度：±（0.02%RDG+0.5Ω）。 （22）电阻输出。 1）范围：11.00kΩ。 2）一年不确定度：±（0.03%RDG+5Ω）。 温度测量规范略	（1）与压力模块、压力源、真空源配合，校准压力变送器、差压变送器、压力开关、差压开关等。 （2）综合校准器和压力模块的选择应是同一生产厂家的产品，否则无法配套使用	套	1	
8	双活塞压力计	范围：0～60MPa	与标准压力表或智能数字压力计配套使用	台	1	量程应根据具体工程确定
9	活塞压力计	范围：0～60MPa	与标准压力表或智能数字压力计配套使用	台	1	量程应根据具体工程确定
10	活塞压力校验器	范围：0～60MPa	与精密压力表配合，校准弹簧管压力表	台	1	量程应根据具体工程确定
11	真空校验台	（1）极限压力：6.7Pa。 （2）抽速：0.5L/s	产生真空，配合校准仪表校准弹簧管式真空表、真空开关	套	1	
三、TSI仪表校准仪器						
1	TSI仪表校准仪	（1）校准项目按TSI的监视项目。 （2）包括校准计算机系统	校验TSI仪表，能产生转速、振动、位移等信号并具备诊断功能	套	1	
2	百分表	（1）最小分度值：0.01mm。 （2）量程：0～10mm	测量位移	套	1	
四、其他电量校准仪器						
1	电流/电压回路校准器	（1）电流测量。 1）范围：0～24mA。 2）一年不确定度：±（0.02%RDG+2个字）。 （2）电流输出。 1）范围：0～24mA。 2）一年不确定度：±（0.02%RDG+2个字）。 （3）电压测量。 1）范围：0～28V。 2）一年不确定度：±（0.025%RDG+1个字）。 （4）电压测量。 1）范围：0～199.99mV。 2）一年不确定度：±（0.05%RDG+1个字）。	（1）测量电流、电压，模拟输出电流、电压。 （2）对两线制变送器供直流24V电源	台	4	校准仪器的量程选择，应根据具体工程确定

续表

序号	设备名称	规 范	功 能	单位	数量	备注
1	电流/电压回路校准器	（5）电压输出。 1）范围：0～24V。 2）一年不确定度：±（0.05%RDG+1个字）。 （6）电压输出。 1）范围：0～199.99mV。 2）一年不确定度：±（0.05%RDG+1个字）	（1）测量电流、电压，模拟输出电流、电压。 （2）对两线制变送器供直流24V电源	台	4	校准仪器的量程选择，应根据具体工程确定
2	便携式绝缘电阻表	范围：100MΩ/100V、250MΩ/250V、500MΩ/500V	测量绝缘	块	6	
3	数字式万用电能表	三位半（也可根据市场情况选择四位半或六位半）LCD显示	测量电压、电流、电阻、频率等	块	15	
4	数字式电压表	六位半LCD显示	现场测量电压	块	4	
5	自耦调压器	范围：0～250V	交流变压	台	2	
6	耐电压测试仪	（1）输出功率：不低于0.25kW。 （2）输出电压：0～1500V	仪器耐电压试验	台	2	
7	直流稳压电源	输出：30V/2A	提供直流24V电源	台	3	
8	硅整流设备	输出：直流110V、直流220V，1kW	电瓶充电	台	1	
五、主要检修设备及工具						
1	台式钻床	最大加工直径：6、20mm	零件钻孔、扩孔、绞孔、攻螺纹、刮平面等小型孔加工	台	各1	
2	手提式钻	最大加工直径：6、12mm	小型钻孔，携带方便	个	各2	
3	冲击钻	最大加工直径：20mm	砖、砌块及轻质墙等材料上钻孔	个	2	
4	砂轮机	直径： 200mm	刃磨各种刀具、工具	台	2	
5	手提式砂轮机	直径：150mm	去除多余的焊肉、铁锈等，携带方便	台	2	
6	台式虎钳	规格由具体工程确定	夹稳加工工件	台	2～4	
7	电动吸尘器	功率：320W	吸取尘屑	台	2	
8	游标卡尺	（1）范围：10～125mm，分度值：0.02mm。 （2）范围：20～500mm，分度值：0.05mm	测量长度、内径、外径、深度	台	各2	
9	角度尺	分度值：1°	直接测量工件角或划线	套	1	
10	电锯	规格由具体工程确定	切割材料	个	1	
11	应急灯	（1）功率：12W。 （2）节能灯	应急照明	个	6	
12	对讲机	规格由具体工程确定	现场通话	台	10	
13	小型电焊机	电压/功率：交流220V/1kW	焊接	台	1	
14	电冰箱	规格由具体工程确定	制冰	台	1	
15	环境测量显示仪	规格由具体工程确定	测量并显示试验室内压力、温度、湿度	块	1	
16	移动式小型无油空气压缩机	出口压力：0.8MPa	作为仪表校验用气源	台	1～2	

续表

序号	设备名称	规　　范	功　　能	单位	数量	备注
17	笔记本计算机	技术指标应满足校验装置应用软件的要求	运行校验装置应用软件	台	1	
18	台式计算机	技术指标应满足校验装置应用软件的要求	运行校验装置应用软件	台	1	
19	便携式数字校验仪	具有电流、电压、脉冲信号输出及测量功能。 （1）输出信号。 1）电流范围：0～30mA。 2）电压范围：0～5V。 3）脉冲范围：50～5000Hz。 4）精度等级：0.02。 （2）测量信号。 1）电流范围：0～22mA。 2）电压范围：0～5V。 3）脉冲范围：100～55000Hz。 4）精度等级：0.02	具有电流、电压、脉冲信号输出及测量功能，可供直流24V电源	台	6	
20	电动升压泵	最高压力为60MPa，流量为0.3151m^3/h	电动产生压力，配合校准压力仪表，如压力变送器、压力表、压力开关等	台	1	最高压力选择，应根据具体工程确定
21	DCS维护仿真系统	（1）由控制器、电源模块、各类I/O卡件、通信模块、机柜、操作员站（有工程师站功能）等组成。 （2）包括模拟仿真软件	模拟DCS维护操作	套	1	根据具体工程确定
六、办公家具						
1	校验台	规格由具体工程确定	校验人员校验	张		数量由具体工程确定
2	工作台	规格由具体工程确定	校验人员工作	张		数量由具体工程确定
3	壁柜	规格由具体工程确定	放置物品	组		数量由具体工程确定
4	精密电子备件放置柜	规格由具体工程确定	放置精密电子备件	面		数量由具体工程确定
5	仪器仪表备件放置柜	规格由具体工程确定	放置仪器仪表备件	面		数量由具体工程确定
6	元件柜	规格由具体工程确定	放置元件	面		数量由具体工程确定
7	工具柜	规格由具体工程确定	放置工具	面		数量由具体工程确定
8	钳工台	规格由具体工程确定	校验人员进行钳工作业	张		数量由具体工程确定
9	仪用小推车	规格由具体工程确定	搬运仪表	辆		数量由具体工程确定

注　RDG为读数；FS为满量程。

表13-4　　不承担检修任务（类型Ⅱ）的仪表与控制试验室仪器和设备

序号	设备名称	规　　范	功　　能	单位	数量	备注
一、校准温度仪表用的校准仪器和装置（设备）						
1	热电偶、热电阻自动检定装置	（1）热电偶。 1）范围：300～1200℃。 2）分度号：B、K、N、E、J、S、T。	（1）可对工业热电偶和两线制、三线制或四线制热电阻进行自动校准，且可在恒温槽中	套	1	

续表

序号	设备名称	规　　范	功　　能	单位	数量	备注
1	热电偶、热电阻自动检定装置	3）电压测量不确定度：≤0.01%。 4）分辨率：0.1μV。 5）热电偶检定不确定度：≤1.2℃（含二等标准热电偶）。 （2）热电阻。 1）范围：0℃、50～350℃。 2）分度号：Pt100、Cu50。 3）电压测量不确定度：≤0.01%。 4）分辨率：0.1mΩ。 5）热电阻检定不确定度：≤1.2℃（含二等标准热电阻）。 （3）切换开关寄生电动势：≤0.4μV。 （4）恒温槽在有效工作区域内温差：≤0.2℃。 （5）检定炉最高温度：1200℃。 （6）管式检定炉长度约为600mm，加热管内径约为40mm。 （7）最高均匀温度场中心与炉几何中心（沿轴线）偏离不大于10mm，在均匀温度场长度不小于60mm、半径为14mm范围内，任意两点温差不大于1℃。 （8）基本配置。 1）恒温油槽、恒温水槽。 2）检定炉。 3）0℃恒温器。 4）计算机系统（硬件及软件）。 5）标准通信接口。 6）打印机。 7）温度测控装置。 8）六位半数控仪。 9）二等标准铂电阻（2支）。 10）二等标准铂铑10热电偶（2支）。 11）装置技术性能应符合JJF 1637《廉金属热电偶校准规范》及JJG 229《工业铂、铜热电阻检定规程》的规定	对测量低温的热电偶进行检定。 （2）可按用户的检定程序自动控制温度（升温、恒温），自动检定，自动进行数据处理，自动打印检定记录和检定证书。 （3）具备冰点和室温冷端补偿。 （4）显示屏实时显示炉内或恒温槽内实际温度值和温度曲线，对应毫伏值或电阻值及检定时间。 （5）具有检定记录存储、预览和管理功能。 （6）可对热电偶或热电阻任一点（整10℃）温度进行检定。 （7）可对检定装置的不确定度、重复性和温度场进行自动认证测试，并整理出相应的结果报表	套	1	
2	便携式温度校验炉	（1）范围：50～850℃（上限温度可按实际需要）。 （2）插入深度：180～200mm。 （3）准确度：±0.8℃。 （4）最小分辨率：0.01℃。 （5）配有标准温度元件与指示器	主要为现场校验温度仪表提供温度场。 （1）可对工业热电偶、热电阻、温度开关、液柱式温度计、温包、双金属温度计等感温元件进行现场校准。 （2）快速升温、快速冷却。 （3）按设定指令，自动升温至设定值，并恒温（炉井套管孔径、孔数，根据具体工程采用的热元件直径确定）。 （4）自动测试温度开关。 （5）自动记录切换点温度。 （6）计算切换差	套	1～2	
3	热电偶校准器（便携式）	（1）分度号：K、E、J、T或B、R、S、K或B、S、E、K（按电厂现场使用的热电偶型号配置）。 （2）不确定度：±0.007%FS（23℃、200mV）、±0.03℃+10μV（热电偶）	（1）可在现场对热电偶进行校准。 （2）测量热电偶温度，以温度及电动势值显示。 （3）输出并显示模拟热电偶电动势。 （4）可用高、低、设定值三点输出模拟热电偶电动势值。 （5）冷点自动补偿	台	5	

续表

序号	设备名称	规　　范	功　　能	单位	数量	备注
4	热电阻校准器（便携式）	（1）分度号：Pt100、Cu50（按电厂现场使用的热电阻型号配置）。 （2）不确定度：±0.25%FS	（1）可在现场对热电阻进行校准。 （2）测量热电偶温度，以温度及电阻值显示。 （3）输出并显示模拟热电阻。 （4）可用高、低、设定值三点输出模拟热电阻。 （5）能校准二线制、三线制、四线制热电阻	台	6	
5	二等标准铂铑 10-铂热电偶	（1）范围：419.527～1084.62℃。 （2）精度 δ=0.1℃	热电偶自动检定装置作为标准，主要用于检定热电偶的标准	支	2	
6	二等标准铂热电阻	（1）范围：0～419.527℃。 （2）精度 δ=22mK	热电阻自动检定装置作为标准，主要用于检定热电阻的标准	支	2	
7	标准电阻	（1）范围：0～419.527℃。 （2）精度 δ=22mK	模拟电阻值，还可校验测电阻的仪器	支	2	
二、校准压力（压力、真空、差压）、流量仪表用校准仪器和装置（设备）						
1	手操压力泵	最高压力：60MPa	产生压力，配合校准压力仪表，如压力变送器、压力表、压力开关等	套	1	（1）包括附件。 （2）最高压力根据具体工程确定
2	手操压力泵	最高压力：10MPa	产生压力，配合校准压力仪表，如压力变送器、压力表、压力开关等	套	1	包括附件
3	手操压力泵	最高压力：6MPa	产生压力，配合校准压力仪表，如压力变送器、压力表、压力开关等	套	1	包括附件
4	手操压力泵	最高压力：2.5MPa	产生压力，配合校准压力仪表，如压力变送器、压力表、压力开关等	套	1	包括附件
5	压力真空信号发生器	范围：-0.095～1.2MPa	产生真空或压力，配合校准压力仪表，如压力变送器、差压变送器、压力表、压力开关等，以及能一次校准测量正负压的仪表	套	1	包括附件
6	标准压力表					
6.1	精密压力表	（1）范围：0～60MPa、0～40MPa、0～25MPa、0～16MPa、0～12MPa、0～6MPa、0～2.5MPa、0～1.6MPa、0～0.6MPa、0～0.25MPa、0～0.16MPa、-0.1～0MPa。 （2）精度等级：0.25	（1）与手操泵或压力校验器联用，校准弹簧管压力表等。 （2）与真空发生器联用，校准弹簧管式真空表等	套	1	（1）可选其一。 （2）量程应根据具体工程确定
6.2	智能数字压力计	（1）范围：0.1～60MPa 范围内不同的量程。 （2）精度等级：0.2%FS±1 个字	（1）与手操泵或压力校验器联用，校准弹簧管压力表等。 （2）与真空发生器联用，校准弹簧管式真空表等。 （3）具有 RS232 接口，可联机打印校验结果	套	3	
7	多功能校准仪					

续表

序号	设备名称	规 范	功 能	单位	数量	备注
7.1	多功能校准仪	多功能校准仪主机		套	1	
7.2	压力模块	（1）压力模块（表压）。 1）范围：0～70MPa、0～34MPa、0～20.7MPa。 2）一年整体不确定度：±0.08%FS。 （2）压力模块（表压）。 1）范围：0～10.0MPa、0～6.9MPa、0～3.4MPa、0～2.07MPa、0～0.69MPa、0～207kPa。 2）一年整体不确定度：±0.05%FS。 （3）压力模块（差压）。 1）范围：0～103kPa、0～34kPa。 2）一年整体不确定度：±0.05%FS。 （4）压力模块（差压）。 1）范围：0～6.9kPa。 2）一年整体不确定度：±0.15%FS。 （5）压力模块（差压）。 1）范围：0～2.5kPa。 2）一年整体不确定度：±0.3%FS。 （6）压力模块（绝对压力）。 1）范围：0～103kPa。 2）一年整体不确定度：±0.07%FS。 （7）压力模块（正/负压）。 1）范围：±103kPa。 2）一年整体不确定度：±0.05%FS。 （8）压力模块（正/负压）。 1）范围：±34kPa。 2）一年整体不确定度：±0.07%FS。 （9）压力模块（正/负压）。 1）范围：±6.9kPa。 2）一年整体不确定度：±0.2%FS	（1）与压力源、校准器配合，校准压力变送器、差压变送器、压力开关、差压开关等。 （2）当工程中未采用绝对压力变送器时，不需要选择绝对压力模块	套	1	压力模块的选择，应根据工程所采用的压力仪表的量程确定
7.3	压力校准器	压力量程的选择应与压力模块相同。 （1）一年不确定度：±0.025%。 （2）供直流 24V 电源	（1）与压力模块、压力源、真空源配合，校准压力变送器、差压变送器、压力开关、差压开关等。 （2）压力校准器和压力模块的选择应是同一生产厂家的产品，否则无法配套使用	套	1	
7.4	综合校准仪	压力量程的选择应与压力模块相同。 （1）直流电流测量。 1）范围：0～30.00mA、0～110.00mA。 2）一年不确定度：±（0.01%RDG+0.015%FS）。 （2）直流电流输出。 1）范围：0～22.000mA。 2）一年不确定度：±（0.01%RDG+0.015%FS）。 （3）直流电压测量。 1）范围：0～110.00mV。 2）一年不确定度：±（0.025%RDG+0.015%FS）。 （4）直流电压测量。 1）范围：0～11.0000V。 2）一年不确定度：±（0.025%RDG+0.005%FS）。 （5）直流电压测量。 1）范围：0～110.000V、0～300.00V。	（1）与压力模块、压力源、真空源配合，校准压力变送器、差压变送器、压力开关、差压开关等。 （2）综合校准器和压力模块的选择应是同一生产厂家的产品，否则无法配套使用	套	1	

续表

序号	设备名称	规　范	功　能	单位	数量	备注
7.4	综合校准仪	2）一年不确定度：±（0.05%RDG+0.005%FS）。 （6）直流电压输出。 1）范围：0～110.000mV、0～1.10000V、0V～15.0000V。 2）一年不确定度：±（0.01%RDG+0.005%FS）。 （7）电阻测量。 1）范围：0～11.00Ω、0～110.00Ω。 2）一年不确定度：±（0.05%RDG+50mΩ）。 （8）电阻测量。 1）范围：0～1.1000kΩ。 2）一年不确定度：±（0.05%RDG+0.5Ω）。 （9）电阻测量。 1）范围：0～11.000kΩ。 2）一年不确定度：±（0.1%RDG+10Ω）。 （10）频率测量。 1）范围：1.00～109.99Hz。 2）一年不确定度：±0.05Hz。 （11）频率测量。 1）范围：110.0～1099.9Hz。 2）一年不确定度：±0.05Hz。 （12）频率测量。 1）范围：1.100～10.999kHz。 2）一年不确定度：±5Hz。 （13）频率测量。 1）范围：11.00～50.00kHz。 2）一年不确定度：±50Hz。 （14）频率测量。 1）范围：0.00～10.99Hz。 2）一年不确定度：±0.01Hz。 （15）频率测量。 1）范围：11.00～109.99Hz。 2）一年不确定度：±0.1Hz。 （16）频率测量。 1）范围：110.0～1099.9Hz。 2）一年不确定度：±0.2Hz。 （17）频率测量。 1）范围：1.100～21.999kHz。 2）一年不确定度：±2Hz。 （18）频率测量。 1）范围：22.000～50.000kHz。 2）一年不确定度：±5Hz。 （19）电阻输出。 1）范围：11.000Ω。 2）一年不确定度：±（0.01%RDG+20mΩ）。 （20）电阻输出。 1）范围：110.000Ω。 2）一年不确定度：±（0.01%RDG+40mΩ）。 （21）电阻输出。 1）范围：1.100kΩ。 2）一年不确定度：±（0.02%RDG+0.5Ω）。 （22）电阻输出。 1）范围：11.00kΩ。 2）一年不确定度：±（0.03%RDG+5Ω）。 温度测量规范略	（1）与压力模块、压力源、真空源配合，校准压力变送器、差压变送器、压力开关、差压开关等。 （2）综合校准器和压力模块的选择应是同一生产厂家的产品，否则无法配套使用	套	1	
8	双活塞压力计	范围：0～60MPa	与标准压力表或智能数字压力计配套使用	台	1	量程应根据具体工程确定

续表

序号	设备名称	规 范	功 能	单位	数量	备注
9	活塞压力计	范围：0～60MPa	与标准压力表或智能数字压力计配套使用	台	1	量程应根据具体工程确定
三、TSI仪表校准仪器						
1	TSI仪表校准仪	（1）校准项目按TSI的监视项目。 （2）包括校准计算机系统	校验TSI仪表，能产生转速、振动、位移等信号并具备诊断功能	套	1	
四、其他电量校准仪器						
1	电流/电压回路校准器	（1）电流测量。 1）范围：0～24mA。 2）一年不确定度：±（0.02%RDG+2个字）。 （2）电流输出。 1）范围：0～24mA。 2）一年不确定度：±（0.02%RDG+2个字）。 （3）电压测量。 1）范围：0～28V。 2）一年不确定度：±（0.025%RDG+1个字）。 （4）电压测量。 1）范围：0～199.99mV。 2）一年不确定度：±（0.05%RDG+1个字）。 （5）电压输出。 1）范围：0～24V。 2）一年不确定度：±（0.05%RDG+1个字）。 （6）电压输出。 1）范围：0～199.99mV。 2）一年不确定度：±（0.05%RDG+1个字）	（1）测量电流、电压，模拟输出电流、电压。 （2）对两线制变送器供直流24V电源	台	2	校准仪器的量程选择，应根据具体工程确定
2	便携式绝缘电阻表	100MΩ/100V、250MΩ/250V、500MΩ/500V	测量绝缘	块	3	
3	数字式万用电能表	三位半（可根据市场情况选择四位半或六位半）LCD显示	测量电压、电流、电阻、频率等	块	6	
4	数字电压表	六位半LCD显示	现场测量电压	块	2	
5	自耦调压器	范围：0～250V	交流变压	台	2	
6	耐电压测试仪	（1）输出功率：不低于0.25kW。 （2）输出电压：0～1500V	仪器耐电压试验	台	2	
7	直流稳压电源	30V，2A	提供直流24V电源	台	3	
8	硅整流设备	输出：直流110V、直流220V，1kW	电瓶充电	台	1	
五、主要检修设备及工具						
1	台式钻床	最大加工直径：6mm	零件钻孔、扩孔、绞孔、攻螺纹、刮平面等小型孔加工	台	1	
2	手提式钻	最大加工直径：6mm	小型钻孔，携带方便	个	2	
3	冲击钻	最大加工直径：20mm	砖、砌块及轻质墙等材料上钻孔	个	1	
4	砂轮机	直径：200mm	刃磨各种刀具、工具	台	1	
5	手提式砂轮机	直径：150mm	去除多余的焊肉、铁锈等，携带方便	台	1	
6	台式虎钳	规格由具体工程确定	夹稳加工工件	台	2～4	

续表

序号	设备名称	规　　范	功　　能	单位	数量	备注
7	电动吸尘器	功率：320W	吸取尘屑	台	1	
8	游标卡尺	(1)范围：10～125mm，分度值：0.02mm。 (2)范围：20～500mm，分度值：0.05mm	测量长度、内径、外径、深度	台	各 1	
9	角度尺	分度值：1°	直接测量工件角或划线	套	1	
10	电锯	规格由具体工程确定	切割材料	个	1	
11	应急灯	（1）功率：12W。 （2）节能灯	应急照明	个	6	
12	对讲机	规格由具体工程确定	现场通话	台	10	
13	小型电焊机	电压/功率：交流 220V/1kW	焊接	台	1	
14	电冰箱	规格由具体工程确定	制冰	台	1	
15	环境测量显示仪	规格由具体工程确定	测量并显示试验室内压力、温度、湿度	块	1	
16	移动式小型无油空气压缩机	出口压力：0.8MPa	作为仪表校验用气源	台	1～2	
17	笔记本计算机	技术指标应满足校验装置应用软件的要求	运行校验装置应用软件	台	1	
18	台式计算机	技术指标应满足校验装置应用软件的要求	运行校验装置应用软件	台	1	
19	便携式数字校验仪	具有电流、电压、脉冲信号输出及测量功能。 （1）输出信号。 1）电流范围：0～30mA。 2）电压范围：0～5V。 3）脉冲范围：50～5000Hz。 4）精度等级：0.02。 （2）测量信号。 1）电流范围：0～22mA。 2）电压范围：0～5V。 3）脉冲范围：100～55000Hz。 4）精度等级：0.02	具有电流、电压、脉冲信号输出及测量功能，可供直流 24V 电源	台	6	
20	DCS 维护仿真系统	（1）由控制器、电源模块、各类 I/O 卡件、通信模块、机柜、操作员站（有工程师站功能）等组成。 （2）包括模拟仿真软件	模拟 DCS 维护操作	套	1	根据具体工程确定
六、办公家具						
1	校验台	规格由具体工程确定	校验人员校验	张		数量由具体工程确定
2	工作台	规格由具体工程确定	校验人员工作	张		数量由具体工程确定
3	壁柜	规格由具体工程确定	放置物品	组		数量由具体工程确定
4	精密电子备件放置柜	规格由具体工程确定	放置精密电子备件	面		数量由具体工程确定
5	仪器仪表备件放置柜	规格由具体工程确定	放置仪器仪表备件	面		数量由具体工程确定
6	元件柜	规格由具体工程确定	放置元件	面		数量由具体工程确定
7	工具柜	规格由具体工程确定	放置工具	面		数量由具体工程确定

续表

序号	设备名称	规 范	功 能	单位	数量	备注
8	钳工台	规格由具体工程确定	校验人员进行钳工作业	张		数量由具体工程确定
9	仪用小推车	规格由具体工程确定	搬运仪表	辆		数量由具体工程确定

注 RDG 为读数；FS 为满量程。

第五节 试验室设计举例

一、试验室布置

图 13-1 所示为承担检修任务（类型 I ）的 280m² 仪表与控制试验室（不含现场维修间）布置示意图，图 13-2 所示为不承担检修任务（类型 II ）的 160m² 仪表与控制试验室（不含现场维修间）布置示意图，其中设备见表 13-5。其他面积的仪表与控制试验室的布置可参照执行。

图 13-2 中所示的符号与图 13-1 相同。

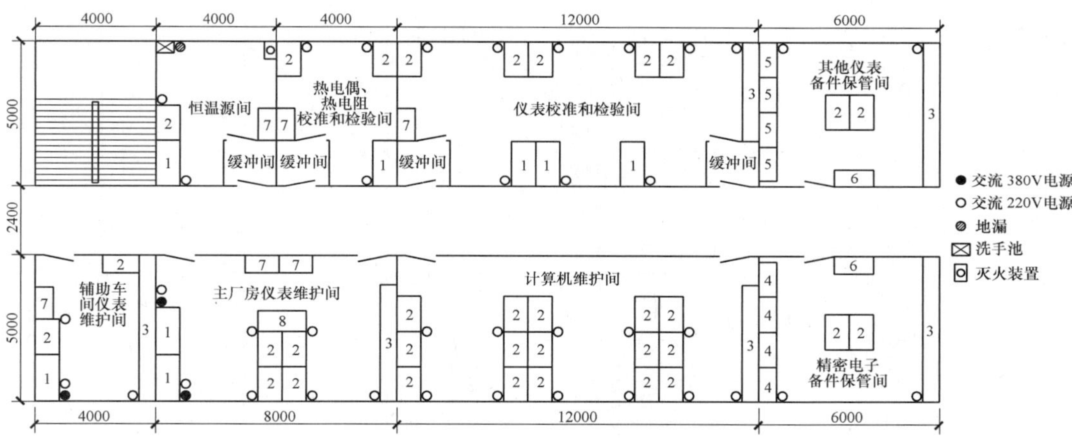

图 13-1 承担检修任务（类型 I ）的 280m² 仪表与控制试验室（不含现场维修间）布置示意图

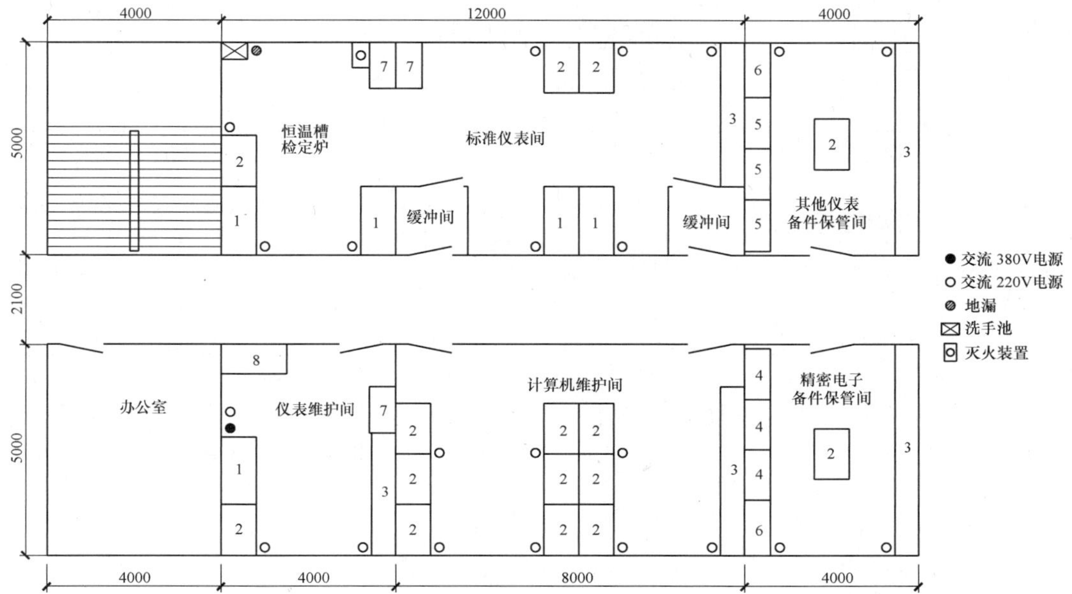

图 13-2 不承担检修任务（类型 II ）的 160m² 仪表与控制试验室（不含现场维修间）布置示意图

表 13-5 仪表与控制试验室布置示意图中设备

序号	名称	规格（mm）	序号	名称	规格（mm）
1	校验台	1600×800×800（宽×深×高）	5	仪器仪表放置柜	1200×600×2100（宽×深×高）
2	工作台	1200×800×800（宽×深×高）	6	元件柜	1300×600×1900（宽×深×高）
3	壁柜	深 550	7	工具柜	1100×600×1100（宽×深×高）
4	精密电子仪器放置柜	1200×600×2100（宽×深×高）	8	钳工台	1600×700×800（宽×深×高）

二、电源容量

仪表与控制试验室各工作间电源容量见表 13-6。

表 13-6 仪表与控制试验室各工作间电源容量 （kW）

<table>
<tr><th rowspan="2">序号</th><th rowspan="2" colspan="2">工作间名称</th><th rowspan="2">电压</th><th colspan="4">电源容量</th></tr>
<tr><th>200MW＜P≤400MW</th><th>400MW＜P≤800MW</th><th>800MW＜P≤1200MW</th><th>1200MW＜P≤4800MW</th></tr>
<tr><td>1</td><td colspan="2">计算机（DCS、PLC）维护间</td><td>交流 220V</td><td>4.5</td><td>4.5</td><td>4.5</td><td>4.5</td></tr>
<tr><td rowspan="2">2</td><td rowspan="4">仪表维护间</td><td rowspan="2">主厂房</td><td>交流 380V</td><td>10</td><td>10</td><td>15</td><td>15</td></tr>
<tr><td>交流 220V</td><td>5</td><td>5</td><td>7.5</td><td>7.5</td></tr>
<tr><td rowspan="2">3</td><td rowspan="2">辅助车间</td><td>交流 380V</td><td>6</td><td>6</td><td>10</td><td>10</td></tr>
<tr><td>交流 220V</td><td>3</td><td>3</td><td>5.5</td><td>5.5</td></tr>
<tr><td rowspan="3">4</td><td rowspan="3">标准仪表间</td><td>仪表校准和检验</td><td>交流 220V</td><td>7</td><td>7</td><td>7</td><td>7</td></tr>
<tr><td>热电偶、热电阻校准和检验</td><td>交流 220V</td><td>2</td><td>2</td><td>2</td><td>2</td></tr>
<tr><td>恒温源（检定炉、油槽）</td><td>交流 220V</td><td>3</td><td>3</td><td>3</td><td>3</td></tr>
<tr><td rowspan="2">5</td><td rowspan="2" colspan="2">现场维修间</td><td>交流 380V</td><td>7</td><td>7</td><td>10</td><td>10</td></tr>
<tr><td>交流 220V</td><td>5.5</td><td>5.5</td><td>6.5</td><td>6.5</td></tr>
<tr><td>6</td><td rowspan="2">备品备件保管间</td><td>精密电子</td><td>交流 220V</td><td>2</td><td>2</td><td>2</td><td>2</td></tr>
<tr><td>7</td><td>其他仪表</td><td>交流 220V</td><td>3</td><td>3</td><td>3</td><td>3</td></tr>
<tr><td rowspan="2">8</td><td rowspan="2" colspan="2">小计</td><td>交流 380V</td><td>23</td><td>23</td><td>35</td><td>35</td></tr>
<tr><td>交流 220V</td><td>36</td><td>36</td><td>42</td><td>42</td></tr>
</table>

注　P 为电厂总容量。

三、校准仪器和设备配置

（1）根据试验室的职能，按表 13-3 或表 13-4 配置。

（2）热电偶、热电阻可根据工程实际使用的分度号配置。

（3）根据电厂规模，便携式热电偶、热电阻校准器的数量可适当增加。

（4）压力校准仪器和设备根据工程实际可能存在的最高压力值配置。

（5）TSI 仪表校准仪的校准项目应按 TSI 的监视项目配置，向 TSI 供货商订货。

（6）DCS 维护仿真系统应根据系统功能及特点等配置，向 DCS 供货商订货。

（7）办公家具的规格、数量根据工程的试验室各工作间布置、校准仪器和设备、人员等情况配置。

第十四章

现场总线设计

现场总线技术以数字通信突破传统控制系统对现场信号“点对点”的单向传输模式，改变了火力发电厂控制系统的体系结构和性能。在工程设计中应考虑现场总线与传统控制系统的区别，熟悉有关现场总线技术的性能、现场总线标准规程、工程设计规范；同时还必须深入理解火力发电厂工艺过程对现场总线系统的要求，再根据现场总线系统设计原则及设计方法进行工程设计。

本章主要介绍现场总线技术概述、现场总线网络拓扑结构、现场总线系统设计、现场总线设备配置及选择、现场总线设备布置及安装、现场总线设备管理及现场总线设计举例等。

第一节　概　　述

现场总线是20世纪80年代末、90年代初国际上发展形成的，是用于过程自动化、制造自动化、楼宇自动化等领域的现场智能设备互连的通信网络。现场总线是以数字通信替代了传统 4～20mA 模拟量信号及开关量信号的传输，是连接智能现场设备和控制系统的全数字、双向、多站的通信系统。它是一种工业数据总线，是自动化领域中底层数据通信网络，主要实现工业现场的智能化仪表、控制器、执行机构等现场设备间的数字通信，以及这些现场设备和控制系统之间的信息传输。

一、现场总线标准

（一）现场总线国际标准 IEC 61158《工业通信网络-现场总线规范（Industrial communication networks-fieldbus specifications）》

国际电工委员会自 1984 年成立工作组，开始制定现场总线国际标准，经过多轮投票，1999 年作为技术规范出版了 IEC 61158 第一版。为了协调各方的利益，2000 年 1 月发布了包含 8 种类型现场总线的 IEC 61158 第二版。此后为了反映现场总线与工业以太网技术发展的成果，2003 年 4 月正式发布包含 10 种类型现场总线的 IEC 61158 第三版。之后随着满足高实时性能应用的实时以太网产生，2007 年 7 月发布了包含 20 种类型现场总线的 IEC 61158 第四版，具体内容包括以下 6 个部分：

（1）IEC/TR 61158-1 总论与导则。

（2）IEC 61158-2 物理层服务定义与协议规范。

（3）IEC 61158-300 数据链路层服务定义。

（4）IEC 61158-400 数据链路层协议规范。

（5）IEC 61158-500 应用层服务定义。

（6）IEC 61158-600 应用层协议规范。

IEC 61158 第四版的 20 种类型现场总线如下：

（1）Type1 TS61158 现场总线。

（2）Type2 CIP 现场总线。

（3）Type3 PROFIBUS 现场总线。

（4）Type4 P-NET 现场总线。

（5）Type5 FF HSE 高速以太网。

（6）Type6 Swift Net 现场总线（现已不采用）。

（7）Type7 World FIP 现场总线。

（8）Type8 INTERBUS 现场总线。

（9）Type9 FF H1 现场总线。

（10）Type10 Profinet 实时以太网。

（11）Type11 TC-net 实时以太网。

（12）Type12 Ether CAT 实时以太网。

（13）Type13 Ethernet Power Link 实时以太网。

（14）Type14 EPA 实时以太网。

（15）Type15 Modbus-RTPS 实时以太网。

（16）Type16 SERCOS Ⅰ、Ⅱ现场总线。

（17）Type17 V-NET/IP 实时以太网。

（18）Type18 CC-Link 现场总线。

（19）Type19 SERCOSⅢ实时以太网。

（20）Type20 HART 现场总线。

（二）现场总线国际标准 IEC 61784《工业通信网络-行规（Industrial communication networks-profiles）》

IEC 61784 为 IEC 61158 第四版的配套标准，包括以下 5 个部分：

（1）IEC 61784-1 用于连续和离散制造的工业控

制系统现场总线行规集。

（2）IEC 61784-2 基于 ISO/IEC 8802.3 实时应用的通信网络附加行规。

（3）IEC 61784-3 工业网络中功能安全通信行规。

（4）IEC 61784-4 工业网络中信息安全通信行规。

（5）IEC 61784-5 工业控制系统中通信网络安装行规。

（三）现场总线国际标准 IEC 61850《变电站通信网络与系统（Communication networks and systems in substations）》

IEC 61850 是应用于变电站通信网络和系统的国际标准，共包含 10 个部分：

（1）IEC 6l850-1 基本原则。

（2）IEC 61850-2 术语。

（3）IEC 61850-3 一般要求。

（4）IEC 61850-4 系统和工程管理。

（5）IEC 61850-5 功能和装置模型的通信要求。

（6）IEC 61850-6 变电站自动化系统结构语言。

（7）IEC 61850-7-1 变电站和馈线设备的基本通信结构——原理和模式；IEC 61850-7-2 变电站和馈线设备的基本通信结构——抽象通信服务接口（abstract communication service interface，ACST）；IEC 61850-7-3 变电站和馈线设备的基本通信结构——公共数据级别和属性；IEC 61850-7-4 变电站和馈线设备的基本通信结构——兼容的逻辑节点和数据对象（data object，DO）寻址。

（8）IEC 61850-8-1 特殊通信服务映射（special communication service mapping，SCSM）：到变电站和间隔层内及变电站层和间隔层之间的通信映射。

（9）IEC 61850-9-1 特殊通信服务映射：间隔层和过程层内及间隔层和过程层之间通信的映射，单向多路点对点串行链路上的采样值；IEC 61850-9-2 特殊通信服务映射：间隔层和过程层内及间隔层和过程层之间通信的映射，映射到 ISO/IEC 8802-3 的采样值。

（10）IEC 61850-10 一致性测试。

（四）与 IEC 61158 相应的现场总线国家标准

与 IEC 61158 相应的现场总线国家标准有：

（1）GB/T 20540《测量和控制数字式数据通信 工业控制系统用现场总线 类型 3：PROFIBUS》。

（2）GB/Z 20541《测量和控制数字式数据通信 工业控制系统用现场总线 类型 10：PROFINET》。

（3）GB/T 29910《工业通信网络 现场总线规范 类型 20：HART 规范》。

（五）电力行业的现场总线行业标准

电力行业的现场总线行业标准有：

（1）DL/T 1212《火力发电厂现场总线设备安装技术导则》。

（2）DL/T 1556《火力发电厂 PROFIBUS 现场总线技术规程》。

（3）DL/T 860《变电站通信网络和系统》（与 IEC 61850 相应的电力行业标准）。

（六）其他现场总线标准

现场总线国际标准 IEC 62026 的 AS-i、Device Net、SDS、Seriplex，现场总线国际标准 ISO 11898 的 CAN（1Mbit/s）与 ISO 11519 的 CAN/VAN（125kbit/s），美国 ANSI 国家标准 LonWorks，以及我国 GB/Z 20177《控制网络 LonWorks 技术规范》等。

二、现场总线特性

（一）现场总线技术特征

现场总线具有以下技术特征：

（1）全数字化通信。

（2）开放型的互联网络。

（3）互操作性与互用性。

（4）现场设备的智能化。

（5）控制系统结构的高度分散性。

（6）对现场环境的适应性。

（二）现场总线技术特点

现场总线具有以下技术特点：

（1）现场设备具有通信功能，便于构成底层控制网络。

（2）通信标准的公开、一致，使系统具备开放性，设备间具有互可操作性。

（3）功能块与结构的规范化使相同功能的设备之间具有互换性。

（4）控制功能可下放到现场，使控制系统结构具备高度的分散性。

（5）一对双绞线上可挂接多个控制设备，节省安装费用。

（6）采用数字传输方式实现高精度的信息处理，提高控制质量。

（7）实现了多重通信，可以传送过程变量、控制变量及大量的现场设备管理信息。

（8）在控制室可以对现场仪表进行调试、校验、诊断和维护。

（9）利于改造扩展。

（10）节省维护费用。

（11）提高系统可靠性。

（12）为用户提供了更为灵活的系统集成主动权。

（三）现场总线本质

现场总线本质体现在以下几个方面：

1. 现场通信网络

用于过程自动化、制造自动化和楼宇自动化等的现场设备或现场仪表互连的现场通信网络。

2. 现场设备互联

依据实际需要使用不同的传输介质把不同的现场设备或者现场仪表相互关联。

3. 互操作性

可以根据自身的需求选择不同厂家或不同型号的产品构成所需的控制回路，从而自由地集成现场总线控制系统（Fieldbus control system，FCS）。

4. 分散功能块

理论上现场总线可替代控制系统的输入/输出单元和控制站，把控制系统控制站的功能块分散地分配给现场仪表等，从而构成虚拟控制站，彻底地实现分散控制。

5. 通信线供电

通信线供电方式允许现场仪表直接从通信线上摄取能量，这种方式提供用于本质安全环境的低功耗现场仪表，与其配套的还有安全栅。

6. 开放式互联网络

现场总线为开放式互联网络，既可以与同层网络互联，也可与不同层网络互联，还可以实现网络数据库的共享。

从现场总线本质上讲，现场总线体现了分布、开放、互联、高可靠性的特点，而这是传统控制系统所不具备的特点。传统控制系统通常是一对一单独传送信号，其所采用的模拟信号精度低，易受干扰，位于控制室的操作员对模拟仪表往往难以调整参数和预测故障，很多仪表厂商自定标准，传统控制系统互换性差，仪表的功能也较单一，而且几乎所有的控制功能都位于控制站中。FCS 则采取一对多双向传输信号，采用的数字信号精度高、可靠性强，控制设备也始终处于操作员的远程监控和可控状态，用户可以自由按需选择不同品牌种类的设备互连，智能仪表具有通信、控制和运算等丰富的功能，而且控制功能也可分散到各个智能仪表中去。

FCS 在设计、安装、投运到正常生产都具有优越性：①分散在前端的智能设备可执行较为复杂的任务，降低控制器负荷；②FCS 的接线较为简单，而且一条传输线可以挂接多个设备，节约了安装费用；③现场控制设备具有自诊断功能，并能将故障信息发送至控制室，减轻了维护工作；④拥有高度的系统集成自主权，可以比较灵活地选择合适的厂家产品；⑤整体系统的可靠性和准确性也大为提高。这一切都帮助用户减低了安装、使用、维护的成本。

三、常用的现场总线

（一）基金会现场总线（foundation fieldbus，FF）

基金会现场总线采用国际标准化组织 ISO 的开放化系统互联 OSI 的简化模型（1、2、7 层），即物理层、数据链路层、应用层，另外增加了用户层。FF 分低速 H1 和高速 HSE 两种通信速率，FF H1 传输速率为 31.25kbit/s，通信距离可达 1900m，可支持总线供电和本质安全防爆环境。HSE 是基于 Ethernet+TCP/IP 协议、运行在 100Base-T 以太网上的高速现场总线。HSE 传输速率为 1Mbit/s 和 2.5Mbit/s，通信距离分别为 750m 和 500m。它能支持低速总线 FF H1 的所有功能，是对 FF H1 的补充和增强，支持双绞线、光缆和无线发射，协议符合 IEC 1158-2 标准。FF 的物理媒介的传输信号采用曼彻斯特编码。

（二）控制器局域网（controller area network，CAN）

CAN 广泛用于离散控制领域，CAN 协议分为物理层和数据链路层两层。CAN 的信号传输采用短帧结构，传输时间短，具有自动关闭功能，且具有较强的抗干扰能力。CAN 支持多主工作方式，并采用了非破坏性总线仲裁技术，通过设置优先级来避免冲突，通信距离最远可达 10km（5kbit/s），通信速率最高可达 40m（1Mbit/s），网络节点数实际可达 110 个。

（三）局部操作网（local operating network，Lonworks）

Lonworks 采用 ISO/OSI 模型的全部 7 层通信协议，采用面向对象的设计方法，通过网络变量把网络通信设计简化为参数设置。支持双绞线、同轴电缆、光缆和红外线等多种通信介质，通信速率从 300bit/s 至 1.5Mbit/s 不等，直接通信距离可达 2700m（78kbit/s），被誉为通用控制网络。Lonworks 技术采用的 LonTalk 协议被封装到 Neuron（神经元）的芯片中，并得以实现。采用 Lonworks 技术和神经元芯片的产品，被广泛应用在楼宇自动化、家庭自动化、保安系统、办公设备、交通运输、过程自动化等行业。

（四）DeviceNet

DeviceNet 是一种低成本的通信连接，也是一种简单的网络解决方案，有着开放的网络标准。DeviceNet 具有的直接互联性不仅改善了设备间的通信而且提供了相当重要的设备级阵地功能。DeviceNet 基于 CAN 技术，传输率为 125～500kbit/s，每个网络的最大节点为 64 个，其通信模式为生产者/客户（producer/consumer），采用多信道广播信息发送方式。位于 DeviceNet 网络上的设备可以自由连接或断开，不影响网上的其他设备，而且其设备的安装布线成本也较低。DeviceNet 总线的组织结构是开放式设备网络供应商协会（open devicenet vendor association，ODVA）。

（五）PROFIBUS

PROFIBUS 为德国工业现场总线协议标准 DIN19245 和欧洲工业现场总线协议标准 EN50170V.2。1999 年，

PROFIBUS 成为国际工业现场总线协议标准 IEC 61158 的组成部分（Type3）。PROFIBUS 是一种国际化、开放式、不依赖于设备生产商的现场总线标准，广泛适用于制造自动化、过程工业自动化和楼宇、交通、电力等其他领域自动化。

PROFIBUS 由三个兼容部分组成，即 DP、PA、FMS。DP 是一种高速低成本通信，用于设备级控制系统与分散式 I/O 的通信，采用总线型、星型、环型等多种拓扑结构，可实现光纤双环冗余，总线周期一般小于 10ms，使用协议第 1、2 层和用户接口层；PA 适用于过程自动化，PA 的数据传输采用扩展的 DP 协议，PA 的传输技术可确保其本质安全性，而且可通过总线给现场设备供电，使用连接器可在 DP 上扩展 PA 网络；FMS 用于车间级监控网络，它是令牌结构的实时多主网络，主要用于自动化系统中机组级和车间级的过程数据交换。PROFIBUS 支持主-从系统、纯主站系统、多主多从混合系统等几种传输方式。PROFIBUS 的传输速率为 9.6kbit/s～12Mbit/s。

（六）HART

HART（highway addressable remote transducer）的特点是在现有模拟信号传输线上实现数字信号通信，属于模拟系统向数字系统转变的过渡产品。其通信模型采用物理层、数据链路层和应用层三层，支持点对点主从应答方式和多点广播方式。由于它采用模拟和数字信号混合，难以开发通用的通信接口芯片。现场仪表能利用总线供电，可满足本质安全防爆的要求，并可组成由手持编程器与管理系统主机作为主设备的双主设备系统。

（七）控制与通信链路系统（control & communication link，CC-Link）

将控制和信息数据同时以 10Mbit/s 高速传送至现场网络，具有性能卓越、使用简单、应用广泛、节省成本等优点。其不仅解决了工业现场配线复杂的问题，还具有优异的抗噪性能和兼容性。CC-Link 是一个以设备层为主的网络，同时也可覆盖较高层次的控制层和较低层次的传感层。

（八）WorldFIP

WorldFIP 的特点是具有单一的总线结构来适用不同的应用领域的需求，而且没有任何网关或网桥，用软件的办法来解决高速和低速的衔接。WorldFIP 与 FF HSE 可以实现“透明连接”，并对 FF 的 H1 进行了技术拓展，如速率等。

（九）INTERBUS

INTERBUS 采用国际标准化组织 ISO 的开放化系统互联 OSI 的简化模型（1、2、7 层），即物理层、数据链路层、应用层，具有强大的可靠性、可诊断性和易维护性。其采用集总帧型的数据环通信，具有低速度、高效率的特点，并严格保证了数据传输的同步性和周期性；该总线的实时性、抗干扰性和可维护性也非常出色。INTERBUS 广泛地应用到汽车、烟草、仓储、造纸、包装、食品等工业。

四、现场总线的发展及工业以太网

现场总线技术是控制、计算机、通信技术的交叉与集成，几乎涵盖了所有连续、离散工业领域，如过程自动化、制造自动化、楼宇自动化等。它的出现和快速发展体现了控制领域对降低成本、提高可靠性、增强可维护性和提高数据采集的智能化的要求。现场总线技术的发展体现为两个方面：一个是低速现场总线领域的不断发展和完善；另一个是高速现场总线技术的发展。而目前现场总线产品主要是低速总线产品，应用于运行速率较低的领域，对网络的性能要求不是很高。从实际应用状况看，大多数现场总线，都能较好地实现速率要求较低的过程控制。

工业以太网是作为办公室自动化领域衍生的工业网络协议，主要指 IEEE 802.3 协议，如果进一步采用 TCP/IP 协议族，则采用“以太网+TCP/IP”来表示，其技术特点主要适合信息管理系统、信息处理系统。在电厂管理级、监控级信息集成领域中，工业以太网也得到了广泛应用，在设备层对实时性没有严格要求的场合也有少量应用。目前工业以太网还不能解决实时性和确定性问题，大部分现场总线仍然选择现场总线技术。

第二节　现场总线网络拓扑结构

现场总线技术引入火力发电厂过程控制系统中，在现场仪表和设备层采用现场总线技术，形成了基于现场总线的控制系统，通信网络采用分级的层次性结构。目前在火力发电厂应用的现场总线类型主要有 PROFIBUS DP、PROFIBUS PA、FF H1、HART 等。

现场总线网络拓扑结构是指现场总线的通信网络中各个节点或站相互连接的方法，主要有点对点、星型、环型、总线型、树型、菊花链型及其混合型。

一、PROFIBUS 网络拓扑结构

PROFIBUS DP 支持总线型、星型和环型拓扑结构。采用铜缆进行数据传输时，PROFIBUS DP 在一个网段内宜采用纯总线型拓扑结构；采用光纤进行数据传输时，PROFIBUS DP 线路可采用总线型、星型和环型拓扑结构。

PROFIBUS PA 支持总线型、树型及总线型与树型的混合型拓扑结构。当采用总线型连接时，各个从站设备直接挂接在 PROFIBUS PA 总线上；当采用树型

连接时，多个从站设备可以从一个分配器上接线，该分配器连接在 PA 总线上。图 14-1 所示为 PROFIBUS 拓扑结构示意图。

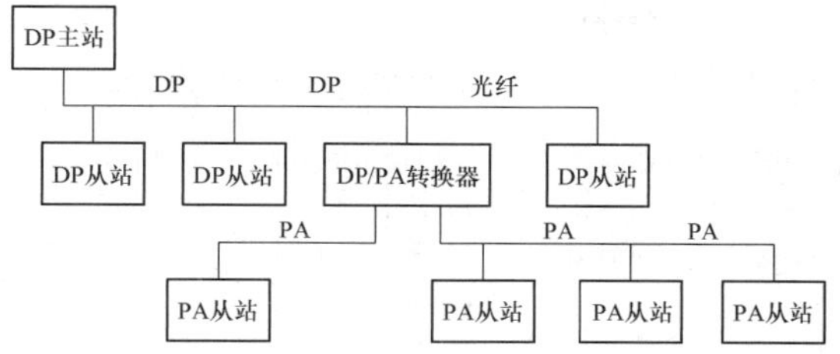

图 14-1 PROFIBUS 拓扑结构示意图

PROFIBUS 网络主要由以下六类硬件构成：

（1）DP（1 类）主站。负责和从站交换数据，并控制整个网络的运行。它可作为控制系统中的主站模件等。

（2）DP（2 类）主站。负责对 DP 系统进行组态，对网络进行诊断。它不必固定地连接在总线系统中。

（3）DP 从站、PA 从站。底层现场的设备，负责执行主站的输出命令，并向主站提供从现场传感器采集的输入信号或其他输入信号。

（4）通信组件。DP 光电转换器、中继器、链接器、DP/PA 转换器等。

（5）网络部件及接插件。终端器（包括有源终端器）、DP 插头、PA 分支器（接线盒）、T 型接头等。

（6）通信线缆。PROFIBUS DP 电缆、光纤、PROFIBUS PA 电缆。

二、FF H1 网络拓扑结构

FF H1 支持点对点、总线型、树型、菊花链型及其混合型。但是在工程设计中不要采用菊花链型的拓扑结构，以防止因设备增减或维修造成总线网段的断裂，影响正常的网络通信。图 14-2 所示为 FF H1 拓扑结构示意图。

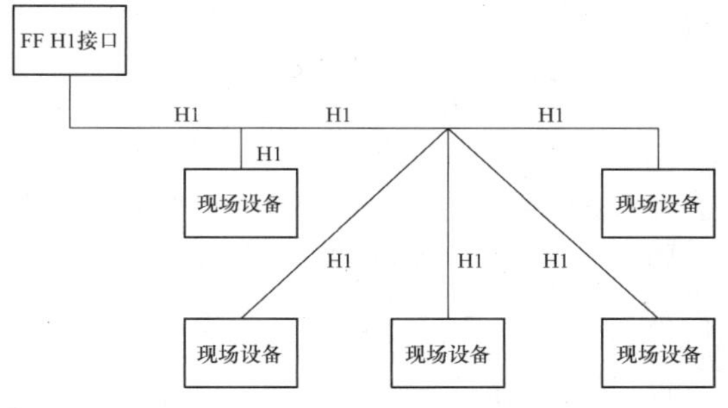

图 14-2 FF H1 拓扑结构示意图

FF H1 网络主要由以下四类硬件构成：

（1）现场总线接口卡。负责现场设备交换数据，管理总线通信。

（2）现场设备。底层现场的设备，负责执行现场总线接口卡的输出命令，并向现场总线接口卡提供从现场传感器采集的输入信号或其他输入信号。

（3）网络部件及接插件。电源调节器、终端器、连接设备（现场接线盒）等。

（4）通信线缆。FF H1 电缆等。

三、HART 网络拓扑结构

HART 支持点对点、多点拓扑结构，通常只限于点对点的配置，也就是传统的两线制 4～20mA 直流电流回路，回路接在一个稳压电源上。图 14-3 所示为 HART 拓扑结构示意图。

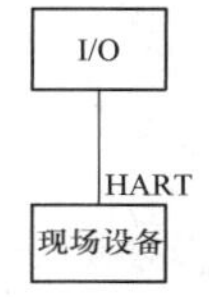

图 14-3 HART 拓扑结构示意图

四、基于现场总线的控制系统总体网络结构

传统控制系统通信网络分为主控通信网络级和 I/O 级，采用现场总线技术的控制系统增加了现场设备层级。火力发电厂基于现场总线的控制系统网络在主控通信网络级，与传统控制系统相同，采用冗余的工业以太网（TCP/IP），主控通信网络保证控制系统的各过程控制站/控制器（DPU）、人-机接口站（MMI）之间数据通信的可靠性。在 I/O 级，传统设备采用传统的模拟量或开关量 I/O 传输方式，I/O 通信网络保证各 I/O 模件、外设仪表和设备与 DPU、HMI 数据通信的可靠性。在现场设备层级，HART 现场总线设备是在 4～20mA 模拟量信号上叠加调制后的数字量信号的混合方式；PROFIBUS、FF H1 是现场总线的全数字量方式，控制系统各过程控制站（DPU）与现场总线仪表、现场总线执行设备等现场总线设备通过现场总线相连，保证各类站间数据通信的可靠性。此外，FF H1 也可将控制功能分散到现场设备中，不再以控制器为核心，实现控制减少、网络简化，形成基于现场设备能力的体系结构。基于现场总线的控制系统总体网络结构如图 14-4 所示。

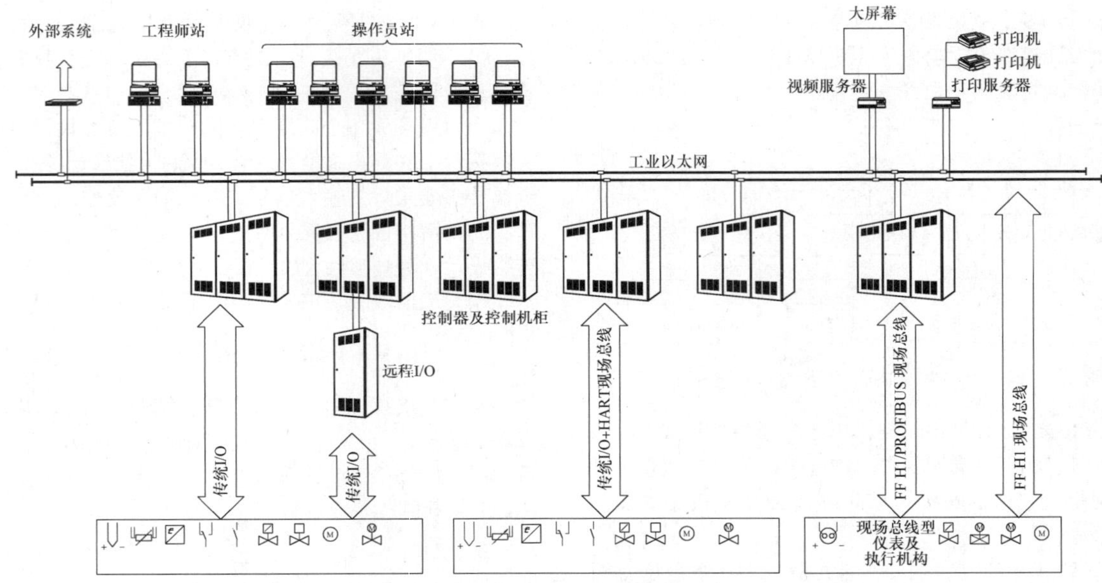

图 14-4　基于现场总线的控制系统总体网络结构

第三节　现场总线系统设计

应根据现场总线技术发展水平、技术经济性和工程情况等合理确定现场总线设计范围及内容、设计资料交接、设计流程、现场总线类型、性能指标、现场总线应用范围、控制器、网段、现场总线电缆等设计。

一、设计范围及内容

现场总线系统设计范围及内容包括：

（1）应用现场总线技术的《机组控制系统（DCS）及辅助控制系统（DCS 或 PLC）技术规范书》（简称《规范书》）；规范书中要求控制系统供货商提供现场总线设备管理软件的配置方案。

（2）带有现场总线接口的现场设备（仪表、执行机构、开关柜等）技术规范书。

（3）P&ID 图纸。

（4）现场总线系统总线设备清单。

（5）现场总线系统控制柜、现场机柜和就地总线设备布置。

（6）现场总线控制系统网段划分及接线。

（7）现场总线控制系统接地。

（8）现场总线控制系统电源。

（9）现场总线敷设等安装要求。

二、设计资料交接

（一）设计输入

现场总线设计输入资料至少包括以下内容：

（1）控制系统和相关设备的技术协议。

（2）P&ID 及相应的系统设计说明、联锁保护要求、工艺系统参数设定值、现场总线设备清单等。

（3）仪表、执行机构等总线型现场设备说明书、选型样本。

（4）控制系统电源、接地要求。

（5）电气电源系统形式说明。

（6）全厂总平面布置图。

（7）厂房、集中控制室及电子设备间建筑平面图。

（8）厂区及厂房电缆通道布置图。

（9）总线型仪表和被控对象的布置图。

（10）现场总线机柜、就地现场总线箱和分配盒安装要求。

（11）现场总线电缆长度和敷设要求等。

（二）设计输出

现场总线设计输出成品至少包括以下内容：

（1）控制系统和相关设备的技术规范书。

（2）控制系统配置图。

（3）集中控制室、电子设备间设备布置图。

（4）现场总线设备及材料清单。

（5）信号输入/输出清单。

（6）现场总线电缆接线图。

（7）就地现场总线箱和分配盒布置图或布置说明。

（8）现场总线电缆敷设和接地施工要求等。

三、设计流程

现场总线系统设计流程如下：

（1）根据 P&ID，确定现场总线就地设备清单。

（2）确定现场总线就地设备位置。

（3）确定总线类型及网络拓扑结构，根据工艺控制要求和网段设计原则，进行网段划分。

（4）确定现场总线现场机柜的设计及布置，估算主干线和分支电缆长度，并核算电流和电压降等，以满足现场总线数据传输速率的要求。

（5）根据最终划分的网段，进行详细的现场布线和接线设计。

四、类型选取设计

国际上现场总线标准种类繁多，特性不同，具体工程项目选用的现场总线类型应遵循工程项目选用的控制系统产品所支持的现场总线类型，并应要求采用现场总线的现场设备满足选用的现场总线类型。现场设备如变送器、电动执行机构、气动调节阀定位器、二位式气动阀门及电动机控制器等产品带有PROFIBUS或FF H1或HART等现场总线接口。火力发电厂机组控制系统、辅助车间控制系统可选用PROFIBUS DP+PA或PROFIBUS DP + FF H1、HART现场总线技术。

五、系统性能指标

现场总线系统性能指标见表14-1。

表14-1　　现场总线系统性能指标

项目	要　　求	备注
控制器控制周期	模拟量控制回路控制周期不大于250ms，开关量控制回路控制周期不大于100ms	
控制器负荷率	负荷率最高不应大于60%，平均负荷率宜不超过40%	
控制器冗余切换时间	冗余配置的控制器切换时间应为毫秒级	
数据采集周期	模拟量数据采集周期不大于250ms，开关量数据采集周期不大于100ms	
现场总线接口模块通信速率	PROFIBUS DP通信速率为9.6kbit/s～12Mbit/s，PROFIBUS PA、FF H1通信速率为31.25kbit/s	
系统可用率	可用率应不小于99.9%（不包括现场总线现场设备）	
抗干扰要求	现场总线设备硬件的电磁兼容性应遵照GB/T 17626《电磁兼容　试验和测量技术》相关要求	

六、应用范围设计

根据GB 50660《大中型火力发电厂设计规范》相关规定，当技术经济论证合理时，机组和辅助车间控制系统可在现场仪表和设备层采用现场总线技术。火力发电厂中可采用现场总线的系统主要有锅炉启动系统、锅炉汽水系统、锅炉疏水系统、锅炉烟风系统、制粉系统、主蒸汽/再热蒸汽系统、抽汽系统、凝结水系统、给水系统、加热器疏水放气系统、辅助蒸汽系统、轴封系统、抽真空系统、发电机本体系统、开闭式循环冷却水系统、脱硝系统、脱硫系统、除渣系统、除灰系统、运煤系统、锅炉补给水处理系统、废水处理系统、凝结水精处理系统、空冷系统、海水淡化系统、原水预处理系统等。

根据现场总线特性，火力发电厂中实时性要求苛刻［如机组事故顺序记录（SOE）要求有1ms的分辨率、汽轮机转速控制等控制周期不超过50ms等］或安全性要求高［总燃料跳闸（MFT）、紧急跳闸系统（ETS）、主要辅机联锁保护等］或重要性特别高的设备（包括交/直流润滑油泵、燃油紧急关断阀等）、信号［包括锅炉炉膛压力、分离器（汽包）水位等］仍需采用I/O硬接线方式（其中变送器、定位器等以HART协议实现信息化）。其余变送器、电动执行机构、气动调节阀定位器、低压电动机等均可选用现场总线型设备。主要应用原则如下：

（1）开关量仪表，如压力、差压、液位、温度等过程开关现阶段暂无总线型设备可选，以常规I/O方式接入控制系统。

（2）各类变送器选用现场总线型智能变送器。

（3）化学在线分析仪表根据所选品牌对总线的支持情况选用现场总线型设备。

（4）调节型电动执行机构、开关型阀门电动装置选用现场总线型设备。

（5）调节型气动执行机构选用现场总线型智能定位器。

（6）对于现场布置较为集中的由电磁阀控制的二位式气动阀门，可选用现场总线型阀岛。

（7）送风机、引风机、一次风机及磨煤机等的低压油站电动机，可选用现场总线控制方式，其油箱加热器也可采用现场总线控制方式；交流380V电源、电动机可选用现场总线控制方式。

（8）对于交流6kV/10kV电源、电动机，现阶段制造厂的PROFIBUS总线接口尚未成熟应用，以常规I/O方式实现控制功能，数据信息可通过通信处理机接入控制系统。

（9）低压变频器根据所选品牌对总线的支持情况选用现场总线控制方式。

（10）传统远程I/O系统技术经济合理，锅炉壁温、吹灰、汽轮机/发电机本体温度、循环水泵房等可以采用传统远程I/O系统。

七、控制器分配

应根据控制器性能、现场总线带载能力等综合性能确定控制器的数量。控制器负荷应合理配置，控制器的控制周期应满足相关要求。控制系统设计应确保控制器的控制周期与现场总线的宏周期（对FF H1总线）之间的合理匹配，作为最低要求，控制器中控制逻辑每执行一次，控制回路中的现场总线设备实时数据应更新一次（即总线数据更新周期应小于控制周期的50%）。若采用总线后，现场总线设备I/O数据刷新响应时间无法满足过程控制对响应速度和安全运行的要求，应将选择支持HART协议的传统I/O模件接入控制系统。

PROFIBUS总线现场设备本身不具备控制功能。FF H1总线设备具有一定的控制和运算功能，能够完成较单纯的单回路或串级调节任务，在少数简单回路可以实现在现场设备层的控制和联锁。但是对于存在多回路耦合的复杂控制，需要在不同网段间传输数据，就可能影响控制的实时性。如网段、设备分布设计不当，就可能影响工艺系统及设备的安全运行。考虑火力发电厂过程控制的复杂性，现阶段控制功能均由控制系统控制器完成。

控制器的设置应满足以下要求：

（1）将所有就地控制设备（包括常规接口及现场总线接口）根据工艺系统划分的原则分配至各控制器。

（2）机组跳闸保护应采用独立的控制处理器完成。

（3）并列或主/备配置的工艺系统或设备的控制、保护功能应设置在不同的控制处理器中；多层或多台互备设置的工艺系统或设备可适当分组配置到几个控制处理器中。

（4）重要模拟量控制回路应适当分散配置在不同控制处理器中；影响同一重要参数的控制回路（如主蒸汽一级和二级减温控制），宜配置在不同的控制处理器中。

（5）电气发电机-变压器组和高、低压厂用电源系统宜设置独立的控制器；A、B段厂用电应配置在不同的控制处理器中。

八、网段设计

需要通过合理的网段设计满足控制系统的实时性、可靠性和安全性。具体的网段配置原则如下：

（1）PROFIBUS DP宜采用总线型双冗余网络，不允许出现分支型结构；PROFIBUS PA宜采用总线型、树型或总线型与树型的混合型网络；FF H1现场总线网段设计宜采用总线型、树型或总线型与树型的混合拓扑结构，不采用菊花链型拓扑。

（2）控制系统的设计应根据工艺流程的控制特点，合理配置总线网段数量和挂接的现场设备数量，以确保任何一条总线故障时，只产生工艺系统的局部故障，不会造成整个控制系统停运，并将这一影响限制在一定范围内。网段设计的具体要求如下：

1）冗余设置的现场仪表应接入不同网段。

2）工艺上并列运行或冗余配置的设备，其相关驱动装置和现场仪表应连接在不同的网段上。

3）控制阀门和其旁路阀门应连接到不同的现场总线网段。

4）控制逻辑相关（同一控制回路中）的仪表和控制对象原则上挂接在同一总线网段上。

5）同一工艺系统的电动机和电动执行机构原则上连接在同一PROFIBUS DP总线上。

（3）对于PROFIBUS总线，PROFIBUS DP主站（1类）可以设定不同的总线速率以适应不同的处理器应用功能。除了现场总线固有的总线速率限制以外，现场总线网段超出一个建筑物的情况下总线传输速率应不大于500kbit/s。任何情况下要保证总线环路时间的约束。

（4）所有PROFIBUS主站和从站通过PROFIBUS线路连接。每条PROFIBUS线路应由一对冗余的PROFIBUS DP主站（1类）进行通信管理。

（5）每个PROFIBUS DP网段连接的从站节点不宜超过21个，包括PROFIBUS总线设备、中继器、DP/PA转换器、DP冗余/单路转换器等。其中DP/PA转换器、DP冗余/单路转换器总数不宜超过6个。

（6）每个PROFIBUS PA网段连接的现场总线设备数量不宜超过12个。

（7）每个FF H1网段连接的现场总线设备数量不宜超过12个。

（8）PROFIBUS DP总线传输速率宜采用500kbit/s。采用类型A标准通信电缆时，一个网段的总线电缆总长度应控制在400m以内。PROFIBUS DP总线应尽量避免产生分支线，如无法避免，则单根支线电缆的长度应尽量短，支线电缆的总长度不能超过20m。

（9）对于PROFIBUS PA或FF H1总线，采用类型A标准通信电缆时，一个网段的总线电缆总长度（干线长度与支线长度之和）在非爆炸性环境使用时不宜超过1500m，在爆炸性环境使用时不宜超过800m。单根支线电缆的长度不宜超过30m，最长不应超过120m，且每个分支线应只连接一个总线设备。如果各个支线电缆的长度明显不同，终端器应安装在最长的支线电缆的末端靠近仪表的位置，而不是安装在接线箱中。在这种情况下，应该把终端器安装在靠近仪表的附加接线箱或端子盒中（以便在仪表维护时不会影响到网段）。

（10）在每个现场总线网段的端点应提供用于连

接测试和通信分析设备的位置，并预留连接器或端子块。

（11）连接和分离总线上的设备不应当影响相关现场总线段的运行。对于 PROFIBUS DP，设计中应考虑总线设备维护的要求，避免移除任何设备造成总线回路开路；对于 PROFIBUS PA 或 FF H1，连接和断开任何现场总线设备不应影响总线的运行。

（12）对于布置在爆炸危险区域的现场总线，宜按照本质安全型“i”进行相关设计，且满足 GB 50058《爆炸危险环境电力装置设计规范》的相关要求。

（13）现场总线网段的划分可根据现场设备的布置，在满足原则规定的情况下合理调整。

九、电缆设计

对不同的使用场合和不同的特性要求选择不同的电缆。除特殊情况外，在 PROFIBUS DP 网段中宜使用 PROFIBUS-DP 标准 A 类型电缆；在 PROFIBUS PA 网段中宜使用 PROFIBUS-PA 标准 A 类型电缆；在 FF H1 网段宜采用 FF H1 标准 A 类型电缆；HART 设备采用普通仪表用计算机电缆。从控制系统现场总线模件柜至现场总线通信设备柜之间的通信电缆宜采用冗余光缆，当距离较短且沿途没有较强干扰时，也可采用双绞线电缆。

十、电源与接地设计

（一）电源

PROFIBUS 总线就地设备的电源可靠性应不低于控制系统电源，就地设备供电可由控制系统电源统一设计。PROFIBUS 总线系统宜采用 TN-S 电源系统供电，当 PROFIBUS 分段覆盖范围广且有不同电源系统供电时，可采用 TN-C 系统电源供电，并应通过光纤链接或采用隔离器分隔电源。PROFIBUS PA 从站通过总线供电，PROFIBUS DP/PA 转换器应配置符合规范的电源单元为 PROFIBUS PA 设备供电。FF H1 设备通过总线供电，每个 H1 网段应配置独立的冗余电源模块，FF 电源调节器应设置在控制系统机柜内，由控制系统统一配电。PROFIBUS PA、FF H1 总线电源单元的选择，应考虑设备的数量、电流消耗及相应的裕量，以保证每个总线设备的正常工作。

1. PROFIBUS PA 总线电源计算举例

假设 PROFIBUS DP/PA 转换器的输出电压为直流 25V，输出电流为 400mA。PROFIBUS PA 网段如图 14-5 所示。

（1）电流计算。计算总消耗电流的过程见表 14-2。由表 14-2 可知，最后的结果是 268.5mA，该值小于转换器提供的 400mA，所以电流消耗方面满足要求。

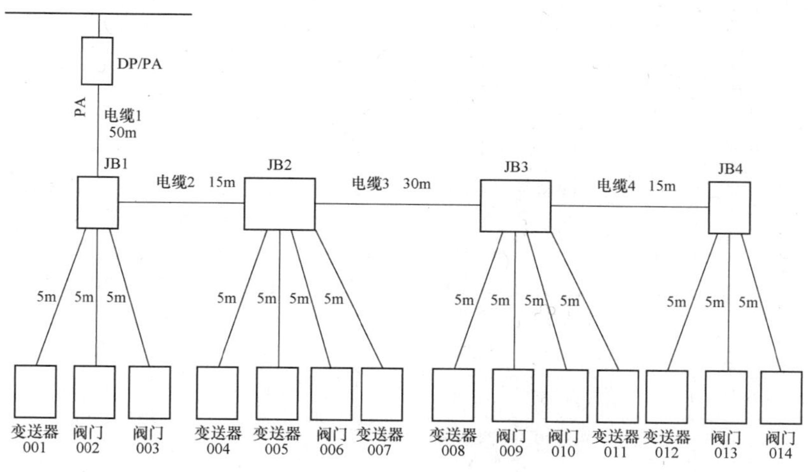

图 14-5 PROFIBUS PA 网段

表 14-2 网段电流消耗计算过程

标签	设备	静态电流（mA）	故障电流（mA）
001	超声波物位变送器	17.5	0
002	阀门定位器	20	4
003	阀门定位器	20	6
004	超声波物位变送器	19.5	0
005	压力变送器	19.5	0

续表

标签	设备	静态电流（mA）	故障电流（mA）
006	阀门定位器	20	4
007	质量流量变送器	17.5	0
008	压力变送器	17.5	0
009	阀门定位器	20	4
010	阀门定位器	20	4

续表

标签	设备	静态电流（mA）	故障电流（mA）
011	变送器	17.5	0
012	超声波物位变送器	17.5	0
013	阀门定位器	20	6
014	阀门定位器	20	4
总电流		262.5	
最大故障电流			6
总电流：262.5+6=268.5（mA）			

（2）电压计算。计算设备电压的过程见表 14-3。其方法是使用欧姆定律计算出每段电缆上的电压降，求出网段上每个配线盒处的电压，然后用转换器的供电电压值逐步减去相应的电压降就可求得加在该设备上的电压。由表 14-3 可知，在整个 PROFIBUS PA 网段中，最远端设备是 014，它上面的供电电压为 24.071V，完全满足要求，所以该网段的供电电压设计也满足要求。

表 14-3　网段上各设备的供电电压计算过程

电缆	长度（m）	电阻（Ω）	电流（mA）	电位差（V）	终端电压（V）
电缆 1	50	2.2	262.5	0.5775	24.423
电缆 001	5	0.22	17.5	0.00385	24.419
电缆 002	5	0.22	20	0.0044	24.419
电缆 003	5	0.22	20	0.0044	24.419
电缆 2	15	0.66	205	0.1353	24.288
电缆 004	5	0.22	17.5	0.00385	24.284
电缆 005	5	0.22	17.5	0.00385	24.284
电缆 006	5	0.22	20	0.0044	24.284
电缆 007	5	0.22	17.5	0.00385	24.284
电缆 3	30	1.32	132.5	0.1749	24.113
电缆 008	5	0.22	17.5	0.00385	24.109
电缆 009	5	0.22	20	0.0044	24.109
电缆 010	5	0.22	20	0.0044	24.109
电缆 011	5	0.22	17.5	0.00385	24.109
电缆 4	15	0.66	17.5	0.03795	24.075
电缆 012	5	0.22	17.5	0.00385	24.071
电缆 013	5	0.22	20	0.0044	24.071
电缆 014	5	0.22	20	0.0044	24.071
最远终端设备供电电压					24.071

一般 PROFIBUS PA 现场总线设备的额定电压值是 9V，为确保 PROFIBUS PA 网段工作的稳定性，在实际工程实施过程中要确保网段最远端设备上的供电电压不小于 11V。

2. FF H1 总线电源计算举例

假设 FF H1 总线电源模块输出电压为直流 24V，输出电流 400mA。FF H1 网段如图 14-6 所示。

（1）电流计算。计算总消耗电流的过程见表 14-4。由表 14-4 可知，最后的结果是 97.5mA，该值小于转换器提供的 400mA，所以电流消耗方面满足要求。

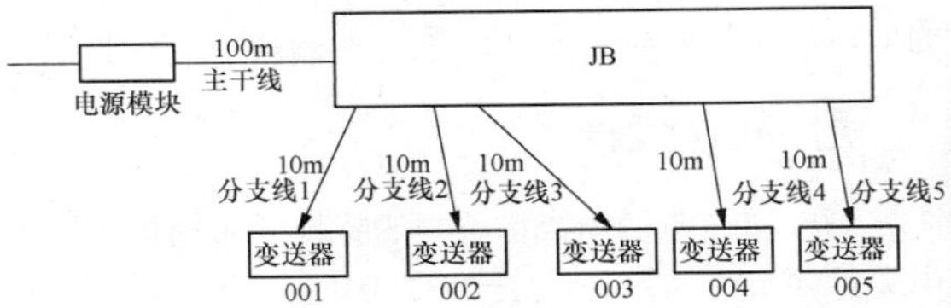

图 14-6　FF H1 网段

表 14-4　网段电流消耗计算过程

标签	设备	静态电流（mA）	故障电流（mA）
001	超声波物位变送器	17.5	0
002	压力变送器	17.5	0
003	压力变送器	17.5	0
004	超声波物位变送器	17.5	0
005	压力变送器	17.5	10
总电流		87.5	10
最大故障电流			10
总电流：87.5+10=97.5（mA）			

（2）电压计算。计算设备电压的过程见表 14-5。其方法是使用欧姆定律计算出每段电缆上的电压降，求出网段上每个配线盒处的电压，然后用电源模块的供电电压值逐步减去相应的电压降就可得出加在该设备上的电压。由表 14-5 可知，在整个 FF H1 网段中，最远端设备上面的供电电压为 23.607V，完全满足要求，所以该网段的供电电压设计也满足要求。

表 14-5　网段上各设备的供电电压计算过程

电缆	长度（m）	电阻（Ω）	电流（mA）	电位差（V）	终端电压（V）
主干线	100	4.4	87.5	0.385	23.615
分支线 1	10	0.44	17.5	0.0077	23.607
分支线 2	10	0.44	17.5	0.0077	23.607

续表

电缆	长度（m）	电阻（Ω）	电流（mA）	电位差（V）	终端电压（V）
分支线 3	10	0.44	17.5	0.0077	23.607
分支线 4	10	0.44	17.5	0.0077	23.607
分支线 5	10	0.44	17.5	0.0077	23.607
最远终端设备供电电压					23.607

一般 FF H1 现场总线设备的额定电压值是 9V，为确保 FF H1 网段工作的稳定性，在实际工程实施过程中要确保网段最远端设备上的供电电压不小于 11V。

（二）接地

对于易产生较大电位差的场合，PROFIBUS 箱、柜宜采用光缆连接，未采用光缆连接时，采用等电位连接：等电位连接电缆宜靠近 PROFIBUS 电缆安装，其电缆截面不宜小于 16mm^2；所有 PROFIBUS 现场设备屏蔽层应等电位连接；FF H1 总线电缆屏蔽层宜在控制柜或通信箱侧单点接地。

第四节　现场总线设备配置及选择

现场总线设备主要包括现场总线现场设备、现场总线通信设备、现场总线电缆/光缆等。应根据火力发电厂机组和工艺系统的安全性、经济性等技术指标合理配置及选择现场总线设备，确保火力发电厂自动控制系统的实时性、可靠性、安全性等技术指标，并能保证机组安全、经济运行。

一、现场总线现场设备

现场总线现场设备主要由现场总线仪表和现场总线执行设备等组成。选择采用现场总线技术的现场总线现场设备（仪表、执行设备）除应性能稳定、可靠和满足工艺过程需求外，还应通过 PROFIBUS 国际组织（PI）或现场基金会授权的测试机构检测，取得相关的测试认证证书。现场总线现场设备应与现场总线控制系统具有互联和互可操作性，应具有先进和连续的诊断功能，并能将诊断信息提交给设备管理系统。现场总线现场设备提交的设备描述文件包括 EDDL（electric device description language）、GSD（general station description）、DTM（device type manager）及 FDT（field device tool）等。纳入 PROFIBUS 总线控制的工艺系统执行设备，采用具有 PROFIBUS DP-V1 及以上通信协议接口的设备，重要工艺系统执行设备采用冗余的 PROFIBUS DP 接口；纳入 PROFIBUS 总线监控的工艺系统参数测量仪表，采用具有 PROFIBUS DP-V1 及以上通信协议接口的设备或采用 PROFIBUS PA 通信协议接口的设备。纳入 FF H1 总线监控的工艺系统参数测量仪表，采用具有 FF H1 通信协议接口的设备。

现场总线仪表包括各种压力/差压变送器、液位变送器、流量变送器、温度变送器、分析仪表、阀门定位器等。压力/差压变送器、液位变送器、流量变送器、温度变送器、阀门定位器等可选 PROFIBUS PA、FF H1 或 HART 现场总线协议通信接口。分析仪表等可选 PROFIBUS DP 现场总线协议通信接口。

现场总线执行设备包括执行机构、电磁阀（阀岛）、智能电动机装置、变频器等。其可选 PROFIBUS DP 现场总线协议通信接口。

1. PROFIBUS DP 现场设备接口必须满足和提供的主要要求

（1）支持 PROFIBUS DP 通信协议。

（2）DP-V0 或 DP-V1 或 DP-V2 版本号（宜选用 DP-V1）。

（3）具备标准/先进的诊断要求。

（4）通过互操作性测试（ITK）。

（5）设备软、硬件版本。

2. PROFIBUS PA 现场设备接口必须满足和提供的主要要求

（1）支持 PROFIBUS PA 通信协议。

（2）工作电压（直流 9～32V）。

（3）工作电流。

（4）具备标准/先进的诊断要求。

（5）通过互操作性测试（ITK）。

（6）仪表对总线电缆极性要求。

（7）设备软、硬件版本。

3. FF H1 现场设备接口必须满足和提供的主要要求

（1）支持 FF H1 通信协议。

（2）工作电压（直流 9～32V）。

（3）总线的最大工作电流。

（4）功能块要求。

（5）模块执行速度。

（6）具备标准/先进的诊断要求。

（7）通过互操作性测试（ITK）。

（8）仪表对总线电缆极性要求。

（9）传统功能块的实际能力。

（10）LAS 功能。

（11）设备软、硬件版本。

4. HART 现场设备接口必须提供的主要要求

（1）支持 HART 通信协议。

（2）具备标准/先进的诊断要求。

（3）通过互操作性测试（ITK）。

（4）设备软、硬件版本。

二、通信设备

（一）FF H1 现场总线通信设备

1. FF H1 接口卡

FF H1 接口卡应通过内部总线与控制器通信，不应通过外部协议转换部件与控制器通信，也不应通过第三方通信模件与控制系统接口通信；应能与传统 I/O 系统安装在同一个控制站中，与传统 I/O 模件协同完成控制功能；应具有通信模块冗余与通信线路冗余的功能；应支持 31.25kbit/s 的通信速率；工作在冗余模式时，应能无扰切换。

2. 现场总线电源调整器

每个网段应设 1 台单独的电源调整器，向现场总线现场设备提供恒定电压。现场总线电源调整器应冗余配置，可在线切换，带输出电流限制功能和内部终端器。现场总线电源调整器可集中安装，并输出集中报警信号。现场总线电源调整器应采用冗余的直流电源供电，输入电压为 15～35V，应与地隔离，输出电压为 24～26V，输出电流为 350～425mA，最小输出电流为 350mA。每个直流供电回路应有单独的短路保护，设有总线终端器。

3. 现场总线接线箱

FF H1 现场总线接线箱具有短路报警保护功能。分支的短路故障有指示灯显示，当分支短路或处于过电流模式时，可显示故障状态。故障排除后网段保护器自动恢复，该分支正常工作。这些功能保证了某个分支的故障不会对网段的其余部分造成不良影响。现场总线接线箱应满足如下要求：

（1）干线电缆应有单独的接线端子。

（2）支线电缆应有单独的接线端子。

（3）干线和支线电缆应有专门的屏蔽接线端子。

（4）支线端子应有短路保护器。

（5）最大支线电流小于或等于 60mA。

（6）环境温度为−40～70℃。

4. 终端器

现场总线信号在传输过程中遇到短路和断路时，将会产生 1 个反射信号，使正常信号产生失真。终端器是采用 1μF 电容和 100Ω 电阻串联的预制模块，安装在现场总线电缆两端，防止信号的失真和衰减，具体连接方式应符合图 14-7 的要求。电源调整器设有总线终端器，现场终端器一般安装在接线箱内。

（二）PROFIBUS 现场总线通信设备

1. DP 主站（1 类）模件（简称主站）

主站应为控制系统控制器（DPU）的一体化模件。主站应通过内部总线与控制器通信，不应通过外部协议转换部件与控制器通信，也不应通过第三方通信模件与控制系统接口通信。主站应能与传统 I/O 系统安装在同一个控制站中，与传统 I/O 模件协同完成控制功能。主站宜使用 SUB-D 型（9 针）连接器作为通信电缆的可靠接口，不宜采用直接电缆连接方式。PROFIBUS DP 总线接口如图 14-8 所示。

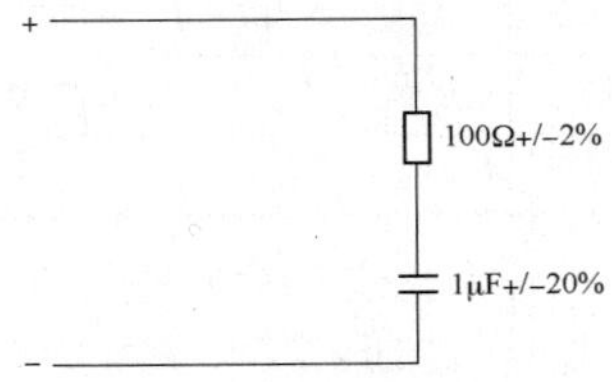

图 14-7　终端器的元件参数和连接方式

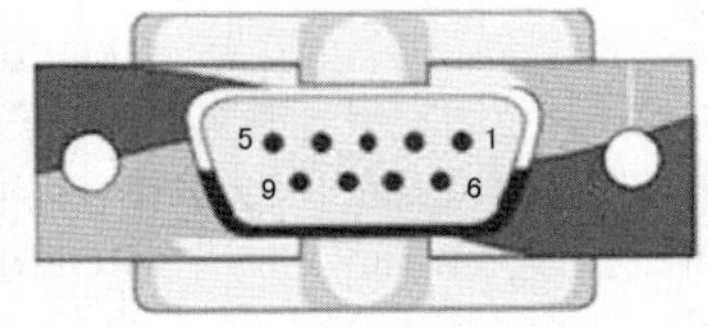

图 14-8　PROFIBUS DP 总线接口

（1）主站应能够与符合 PROFIBUS 规范的通信从站、中继器、DP/PA 转换器、光电转换器等组成 PROFIBUS 线路，完成 PROFIBUS 协议规范的数据传输。主站应具有通信模块冗余与通信线路冗余的功能，备用主站应能够诊断工作主站及通信线路的健康状态。

（2）主站应支持 DP-V1 及以上版本的通信协议。主站应通过支持控制器对从站的组态、发送命令及读取从站的过程、诊断数据等。主站应能通过 DP/PA 转换器连接 PROFIBUS PA 设备。

（3）主站应支持 9.6kbit/s～12Mbit/s 的通信速率。主站工作在冗余模式时，应能无扰切换，切换过程中不应丢帧及非法帧。主站带载能力应符合 PROFIBUS 规范：无中继器时带 31 台 DP 从站，使用中继器（或链接器）时带 125 台 DP 从站（含中继器或链接器）。

2. 光电转换器

光电转换器应通过表 14-6 所列出的电磁兼容性测试，并达到“现场要求”栏的等级（3 级严酷度）。支持 PROFIBUS 规范中的 9.6kbit/s～1.5Mbit/s 的各种通信速率。拓扑形式应支持点对点、星型、树型、环型等。采用环型拓扑形式，应支持故障自愈。应具有支持连接单模光纤或多模光纤的多种产品。

表 14-6　　硬件电磁兼容性（EMC）测试指标要求

EMC 测试项目	控制室内要求	现场要求
静电放电抗扰度试验	遵循 GB/T 17626.2《电磁兼容　试验和测量技术　静电放电抗扰度试验》。防静电试验。2 级严酷度：接触放静	遵循 GB/T 17626.2。防静电试验。3 级严酷度：接触放静电（±6kV），空气放静

续表

EMC 测试项目	控制室内要求	现场要求
静电放电抗扰度试验	电（±4kV），空气放静电±4kV	电±8kV
电快速瞬变脉冲群抗扰度试验	遵循 GB/T 17626.4《电磁兼容 试验和测量技术 电快速瞬间脉冲群抗扰度试验》。抗快速瞬变脉冲群抗扰度试验。2 级严酷度：电源，±1kV 峰值；I/O，±500V 峰值	遵循 GB/T 17626.4。抗快速瞬变脉冲群抗扰度试验。3 级严酷度：电源，±2kV 峰值；I/O，±1kV 峰值
抗浪涌冲击	遵循 GB/T 17626.5《电磁兼容 试验和测量技术 浪涌（冲击）抗扰度试验》，试验等级 2 级（±1kV 峰值）	遵循 GB/T 17626.5，试验等级 3 级（±2kV 峰值）
电压暂降、短时中断和电压变化抗扰度试验	遵循 GB/T 17626.11《电磁兼容 试验和测量技术 电压暂降、短时中断和电压变化的抗扰度试验》。电压暂降和短时中断试验：100%持续 0.5、1 周期；60%持续 0.5、5 周期；30%持续 5、50 周期。电压变化：试验等级 40%，降低和增加时间 2s±20%，降低后持续时间 1s±20%	与集中控制室要求相同
抗射频电磁场辐射	遵循 GB/T 17626.3《电磁兼容 试验和测量技术 射频电磁场辐射抗扰度试验》，频率 80～1000MHz，安装在控制系统标准机柜内。2 级严酷度：试验场强 3V/m	遵循 GB/T 17626.3，频率 80～1000MHz，安装在控制系统标准机柜内。3 级严酷度：试验场强 10V/m

3. 中继器

中继器应具有扩展 DP 网段、改变网络拓扑、隔离信号的功能，应不占用 PROFIBUS 线路地址，应通过表 14-6 所列出的电磁兼容性测试，并达到“现场要求”栏的等级（3 级严酷度），应支持 PROFIBUS 规范中的 9.6kbit/s～1.5Mbit/s 的各种通信速率。

（1）扩展网络。当从站数多于 32 个或在相应的传输波特率下网络距离过长时，需要使用中继器把网络分成不同的网段，如图 14-9 所示。

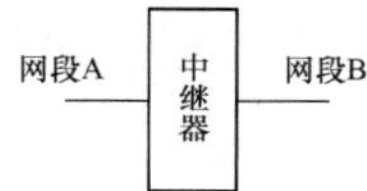

图 14-9 中继器扩展网络

（2）改变网络拓扑。DP 网络一般为总线型结构，使用中继器可以使网络分叉，使连接结构多样化，适应个别特殊的网络拓扑需要。虽然此时整个网络已不是总线型结构，但是每个网段还是总线型结构，如图 14-10 所示。

从中继器同一端的进出属于一个网段。此外，中继器还有信号隔离的作用。

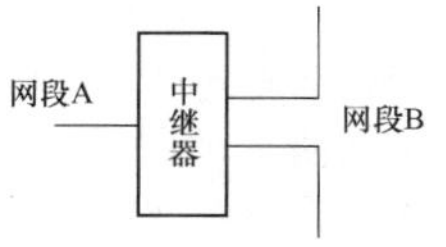

图 14-10 中继器改变网络拓扑

一般来说，任何主站和从站之间最多可以有 9 个中继器，但实际工程中不建议采用中继器，如需扩展应通过增加 DP 主站实现。

4. DP/PA 转换器

DP/PA 转换器由一个链接器主部件和一个至多个 DP/PA 偶合器组成，一个 DP/PA 转化器最多不应超过 2 个 DP/PA 偶合器。DP/PA 转换器占用 DP 网段地址，其所连接的 PA 设备可重新编址，不占用 DP 线路主网段地址。应通过表 14-6 所列出的电磁兼容性测试，并达到“现场要求”栏的等级（3 级严酷度）。

每个 DP/PA 偶合器应有独立的电源调整器，向现场总线现场设备提供恒定电压。现场总线电源调整器应冗余配置，可在线切换，且带输出电流限制功能和内部终端器。输入电压为 15～35V，应与地隔离，输出电压为 24～26V，输出电流为 350～425mA，最小输出电流为 350mA。每个直流供电回路应有单独的短路保护。

5. 终端器

PROFIBUS DP 网段的两端应连接终端器（终端电阻），DP 终端电阻与 SUB-D 型（9 针）连接方式应符合图 14-11 的要求。在有条件的情况下，PROFIBUS DP 终端器宜采用单独供电的有源终端器。

有源终端器通常为直流 24V 供电，内部将直流 24V 变换为直流 5V，连接图 14-11 所示的 VP（6）和 DGND（5）端。

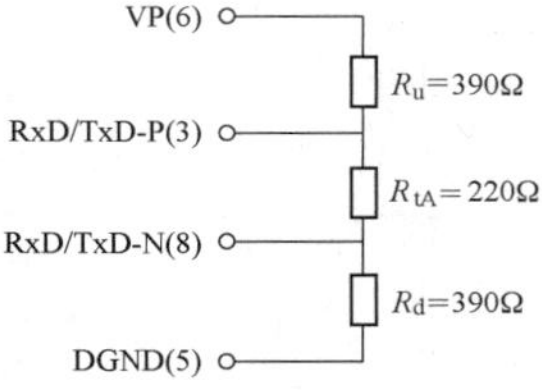

图 14-11 DP 终端电阻与 SUB-D 型（9 针）连接器连接方式

R_u—上拉电阻；R_{tA}—终端电阻；R_d—下拉电阻；

VP（6）—电源；RxD/TxD-P（3）—信号+；

RxD/TxD-N（8）—信号−；DGND（5）—零电位

PROFIBUS PA 网段的两端应连接终端器（终端电阻），PA 终端器（终端电阻）的元件参数与连接方式应符合图 14-7 的要求。

6. 网络接插件

PROFIBUS PA 分支器（接线盒）用于星型拓扑的分支线路连接，其中可集成 PA 终端器。分支器宜具有短路报警功能，当分支短路或处于过电流模式时，分支连接可显示故障状态。其中任何分支端口故障，不应影响其他端口的通信。故障排除后网段保护器自动恢复，该分支正常工作。这些功能保证了某个分支的故障不会对网段的其余部分造成不良影响。

PROFIBUS PA 分支器应满足如下要求：

（1）干线电缆应有单独的接线端子。

（2）支线电缆应有单独的接线端子。

（3）干线和支线电缆应有专门的屏蔽接线端子。

（4）支线端子应有短路保护器。

（5）最大支线电流小于或等于 60mA。

（6）环境温度为–40～70℃。

三、现场总线电缆/光缆

电缆的型号和性能是决定总线长度和总线上可挂设备数量的主要因素。如果要求本质安全防爆，则对长度还会有附加要求，通常是缩短最大长度。

（一）HART 总线电缆

根据电缆的电特性，HART 信号在电缆上传输时会逐步衰减，因此电缆长度是有限制的，见表 14-7。

表 14-7　HART 通信的理论极限

线对	屏蔽	双绞线	截面积（mm^2）	长度（m）	备注
多对	是	是	0.2（24AWG）	1500	
单对	是	是	0.5（20AWG）	3000	

限制电缆长度的主要因素是电缆本身的电容和所接设备的电容，见表 14-8。

表 14-8　HART 电缆电容和所接设备的电容

长度（m）/设备数据	电容（μF/m）				备注
	65	95	160	225	
1	2800	2000	1300	1000	
5	2500	1800	1100	900	
10	2200	1600	1000	800	
15	1800	1400	900	700	

注　工程设计一般采用计算机电缆。

（二）FF H1 总线电缆

FF H1 通信电缆特性见表 14-9。

表 14-9　FF H1 通信电缆特性

电缆类型	网段总长度（m）	阻抗（Ω）	分布电阻率（Ω/km）	衰减值（dB/km）	说明
类型 A	1900	100	22	3	屏蔽双绞线
类型 B	1200	100	56	6	屏蔽多芯双绞线

（三）PROFIBUS 总线电缆

PROFIBUS DP 通信电缆特性见表 14-10，PROFIBUS PA 通信电缆特性见表 14-11。

表 14-10　PROFIBUS DP 通信电缆特性

	类型 A（基准）	类型 B
导体横截面积（mm^2）	≥0.34（22AWG）	≥0.22（24AWG）
电阻（Ω/km）	≤110	
阻抗（Ω）	135～165（f=3～20MHz）	100～130（f>100kHz）
电容（μF/m）	<30	<60

表 14-11　PROFIBUS PA 通信电缆特性

	类型 A（基准）	类型 B	类型 C	类型 D
电缆描述	双绞线对，屏蔽	一根或多根双绞线对，全部屏蔽	若干双绞线对，不屏蔽	若干非双绞线对，不屏蔽
标称导体横截面积（mm^2）	0.8（AWG 18）	0.32（AWG 22）	0.13（AWG 26）	1.25（AWG 16）
最大 DC 电阻（回路）（Ω/km）	44	112	264	40

续表

	类型 A（基准）	类型 B	类型 C	类型 D
在 31.25kHz 时的特性阻抗（Ω）	100Ω±20%	100Ω±30%	未规定	未规定
建议网络范围（m）	1900	1200	400	200

（四）光缆/光纤

光缆/光纤通信具有很多优点，如传输距离远、抗电磁干扰性好，且光纤尺寸小、质量轻、耐腐蚀性好、便于敷设等；当然也有缺点，光纤弯曲半径不能过小，光纤连接处及终端不容易处理等。

通信光纤特性见表 14-12。

表 14-12　　通信光纤特性

光纤类型	线芯直径（μm）	范围（km）
多模玻璃光纤	62.5/125	2～3
单模玻璃光纤	9/125	＞15
塑料光纤	980/1000	＜0.08
HCS 光纤	200/230	约 0.5

第五节　现场总线设备布置及安装

现场总线设备布置及安装应考虑现场总线网段设计要求，确定同一网段上各设备之间的电缆连接路径，同时对现场接线盒（箱）进行现场定位设计。根据确定的现场总线设备位置，进行总线电缆路径设计，同时需与工艺、土建、电气等专业协调电缆通道的设计，并在需要的地方预先埋管，以使总线电缆能按最优路径敷设，避免总线电缆长度过长。

一、现场设备

（一）现场总线仪表

现场总线仪表的布置与安装应符合 DL/T 5182《火力发电厂仪表与控制就地设备安装、管路、电缆设计规程》的相关规定，并满足以下要求：

（1）现场总线仪表在满足工艺要求的前提下，应综合考虑网段划分、地理位置和电缆敷设距离后进行安装。

（2）现场总线仪表的安装应严禁电缆连接时形成易折断的折弯。

（3）现场总线仪表的安装应尽量避开静电干扰和电磁干扰，当无法避开时，应采取可靠的抗静电干扰、电磁干扰的措施。

（4）现场总线仪表的安装应避开振动。

（5）现场总线仪表的安装应采取适应现场环境的防护措施。安装位置照明充足，操作和维修方便；不宜安装在振动、潮湿、易受机械损伤、有强磁场干扰、高温、温度变化剧烈和有腐蚀性气体的地方。

（6）仪表中心距地面的高度宜为 1.2～1.5m。

（7）带有就地显示屏的仪表应安装在便于观察仪表示值的位置。

（二）现场总线执行设备

现场总线执行设备布置与安装应满足以下要求：

（1）执行机构设备应固定牢固，通信电缆与供电线缆应按照执行机构的设计从不同的接线孔穿入。通信电缆穿过接线孔连接至通信接口板相应接线端子上，应按照图纸要求的线芯标号或颜色接线，不应接反。通信电缆屏蔽层应压接至通信接口板相应的接线端子上。对于冗余型执行机构，冗余通信电缆应按照通信接口板上的标号，分别正确连接。

（2）液动执行机构的安装位置应低于调节器。当必须高于调节器时，两者间最大的高度差不应超过 10m，且管路的集气处应有排气阀，靠近调节器处应有止回阀或自动切断阀。

（3）电磁阀在安装前应按安装使用说明书的规定检查线圈与阀体间的绝缘电阻。

（4）智能电动机驱动器安装在 MCC 柜内应固定牢固，通信电缆与供电线缆不宜捆扎在一起。通信电缆应符合距离要求。通信电缆连接至相应接线端子上，应按照图纸要求的线芯标号或颜色接线，不应接反。电缆屏蔽层压接至相应接线端子上。对于冗余型智能电动机驱动器，冗余通信电缆应按照接线端子标号分别正确连接。

二、通信设备

现场总线通信设备布置与安装应满足以下要求：

（1）现场总线通信设备不宜布置与安装在高温、潮湿、多尘，有爆炸及火灾危险、有腐蚀作用、振动及可能干扰附近仪表通信等场所。当不可避免时，应采取相应的防护措施。

（2）现场通信箱内的通信电缆弯曲半径应不小于生产厂商规定的值，电缆没有扭结和凹坑。

（3）厂房内布置的现场通信箱宜安装在温度为0～40℃、相对湿度为10%～95%（不结露）的环境中。

（4）现场通信箱的安装位置应远离大型电力设备及高电压、强电流设备等干扰源（如变频器、大功率电动机等）。

（5）现场总线网段终端电阻宜装设在系统机柜或现场总线就地接线箱内，不宜安装在就地的现场总线设备内。PROFIBUS DP 总线宜采用有源终端电阻。

（6）现场通信机柜安装在混凝土墙、柱或基础上时，宜采用膨胀螺栓固定，并且箱体中心离地面的高度宜为1.3～1.5m，应有明显的接地标记，接地线连接应牢固可靠。

（7）现场总线通信总线分支专用T型接口、多口分支器应布置在便于查找和检修的地方，宜接近现场总线设备；接头应接触良好、牢固，不承受机械拉力并保证原有的绝缘水平。

三、电缆/光纤

现场总线电缆/光纤的敷设应满足以下要求：

（1）使用特殊颜色的电缆以区分于其他电缆，防止 PROFIBUS 电缆的挤压和过分弯曲。最重要的是要分清各种电缆的种类，并要确定 PROFIBUS 电缆能否和其他电缆放置在一起或至少应保持多大距离，以减少引入干扰的机会。

（2）站与站之间通信电缆不应出现中间断点。如果电缆长度不够，则应重新敷设；如果该设备暂时未安装而无法连接，则应使用专用连接器临时接通，而不应简单地扭接，也可不截断通信电缆，留有余地后直接连接下一个总线设备。

（3）对于跨建筑的通信介质宜使用铠装电缆。铠装电缆应遵循最小弯曲半径、可允许拉伸力等要求，不应挤压、扭曲光缆，敷设应符合有关规范的要求。

（4）带连接头的通信电缆的敷设应使用保护套管将连接头进行保护以避免其损坏，未连接的光缆插头和插座应用保护罩进行防护。

（5）PROFIBUS 及 FF H1 电缆允许的最大拉伸力为100N。

（6）电缆/光缆敷设时，注意在拽电缆时应有一个更大的弯曲半径，牵引通信电缆经过有夹角的桥架时，应使用滑轮装置。避免直接将电缆/光缆从电缆盘上手动拉出（电缆盘应可以自由移动），防止电缆的打结或扭曲。已经打结的电缆/光缆，不应直接拉拽，应将打结部分放松后慢慢解开。

（7）通信电缆敷设裕量不宜过长，不应形成环状。

（8）任意两个相邻 PROFIBUS DP 从站间的 DP 电缆长度应大于1m。

（9）在 PROFIBUS DP 网段中，当传输速率超过1.5Mbit/s 时，任何分支线路都不应存在。在分支线路上不应使用终端电阻。扩展网络应尽量使用中继器。PROFIBUS DP 通信速率与传输范围见表14-13，分支线路长度应按照表14-14的要求敷设。

表14-13　PROFIBUS DP 通信速率与传输范围对照表

传输速率（kbit/s）	每个总线分段的范围（m）
9.6、19.2、45.45、93.75	1200
187.5	1000
500	400
1500	200
3000、6000、12000	100

表14-14　PROFIBUS DP 网路中允许分支线路长度

波特率	最大分支线路总长度（m）
＞1.5Mbit/s	不允许
1.5Mbit/s	6.7
500kbit/s	20
187.5kbit/s	33
93.75kbit/s	100
19.2kbit/s	500

（10）在 PROFIBUS PA 网段中，分支线路的长度随分支线路数目的不同而不同，与是否在本质安全区域使用也有很大关系。分支线路长度应按照表14-15的要求敷设。

表14-15　PROFIBUS PA 网路中允许分支线路长度

分支数量（个）	非本安要求安装最大分支线路总长度（m）	本安要求安装最大分支线路总长度（m）
1～12	120	60
13～14	90	60
15～18	60	60
19～24	30	30
25～32	1	1

（11）在 FF H1 网段中，网段总长度等于主干线与所有分支线的长度之和。采用类型A标准通信电缆，网段总长度应不大于1900m。基于传输线理论、试验室测试和现场安装经验，FF H1 分支最大允许长度可为120m，但是工程应用中 FF H1 网段中的分支线最

大允许长度不宜超过 30m，且每个分支线应只连接一个 FF H1 设备。

第六节　现场总线设备管理

现场总线设备管理可以用来保证设备处于比较良好的状态，现场总线有标准的参数可以用于显示有关自诊断、运行统计、校验等信息及设备的标识信息，可以把维护的目标指向实际需要维护的设备。

一、设备信息

现场总线设备储存了它们本身及其应用有关的数据，这些信息不会影响设备的运行，但对改进维护工作却是非常有用的。

（一）现场总线仪表

现场总线仪表的信息除了测量值外，通常还包括设备状态、限制状态、传感器状态、数据状态、环境温度、维护信息等。通过这些信息可以帮助检修人员判断目前现场总线仪表的实际情况，及时反映出测量值是否真实可靠。当出现问题后，可以通过状态信息定位问题原因。通过使用现场总线设备管理软件，可查看测量数据的趋势、峰值等检修设备的测量情况，还能远程修改测量类型及单位、传感器连接方式、限值、运行模式等相关参数，达到远程校表的目的，方便检修人员对设备进行调试，无需再将现场总线仪表拆至试验室校验，提高了检修效率。另外，还可以通过仪表使用时间来提前对设备进行维护，防止故障的发生。典型 HART 型变送器的信息见表 14-16，PROFIBUS PA 和 FF H1 型变送器信息见表 14-17。

表 14-16　　HART 型变送器信息

HART 可调参数	输入键	HART
量程起始值	√	√
满量程值	√	√
电气阻尼	√	√
无压力源量程起始值设置（“盲设”）	√	√
无压力源满量程值设置（“盲设”）	√	√
零点调节（安装位置调整）	√	√
电流变送器	√	√
故障电流	√	√
按键失效，写保护	√	√①
显示方式和显示单位	√	√
特性曲线调整（线性/平方根）	√②	√②
特性曲线输入	—	√
自由可编程的 LCD	—	√
自诊断功能	—	√

续表

① 取消写保护。

② 仅差压。

HART 的诊断功能为零值校正显示、事件计数器、极限值变送器、饱和报警、从动指示器、模拟功能、维护计时器。

表 14-17　　PROFIBUS PA 和 FF H1 型变送器信息

PROFIBUS PA 和 FF H1 的可调参数	输入键	PROFIBUS PA 和 FF H1 基金会总线通信
电气阻尼	√	√
零点调节（位置校正）	√	√
按键和/或功能失效	√	√
显示测量值溯源	√	√
测量值物理单位	√	√
小数点位置	√	√
总线地址	√	√
特性曲线调整	√	√
特性曲线输入	—	√
自由可编程的 LCD	—	√
自诊断功能	—	√

PROFIBUS PA 和 FF H1 的诊断功能为事件计数器、从动指示器、维护计时器、模拟功能、零点校正显示、极限值变送器、饱和报警。

（二）现场总线电动执行机构

现场总线电动执行机构的信息除了电动阀门的开关状态及位置反馈外，通常还包含供电故障、开关过力矩、处于故障安全模式、电子单元故障、需要维护、手轮操作、方向监控、电动机过热、电动机过电流、电动机堵转、综合报警等信息。在正常运行中，若设备出现异常，可先通过以上报警信息对设备故障类型进行判断，明确故障原因，从而提高检修效率，其中开关过力矩、电动机过热和电动机堵转为常见故障原因，通过设备的状态信息可及时发现具体问题；而综合报警信息可让检修人员了解目前设备已处于危险状态，需要采取检修措施避免故障的发生；需要维护的信息是提示检修人员该设备已长期多次运行，需要进行检修和保养，属于对设备故障的预判断，从而减小了故障出现的概率。通过使用现场总线设备管理软件，可查询运行时间、开关次数、力矩曲线分析、力矩和死区值的修改等，其中运行时间和开关次数可以和循环数据中需要维护的信息结合使用，对设备进行提前检修，避免故障发生；而力矩曲线分析可对设备的应用情况进行判断，查询力矩设置是否合理，以便对设备进行调试，使得设备最合理地使用，不会出现力矩过大或过小的情况，再配合对力矩/死区等值远程修改的功能，使得设备在工程师站可进行调试，方便检修和维护人员，提高了工作效率。PROFIBUS DP（冗余接口）电动执行机构信息见表14-18。

表 14-18　PROFIBUS DP（冗余接口）电动执行机构信息

输出	输入	
	反馈信号	故障信号
（1）开指令。 （2）关指令。 （3）紧急停指令（仅适用于专业型）。 （4）开度给定值，过程给定值或输出速度给定值（仅适用于专业型）。 （5）故障信号复位。 （6）维护信号复位	（1）执行机构处于全开或全关位置。 （2）执行机构处于全开和设定的位置之间、全关和设定的位置之间。 （3）开或关运行指示。 （4）输出速度/定位速度/定位时间。 （5）远方控制状态。 （6）电动机温度。 （7）执行机构的参数已设定好。 （8）诊断数据（仅适用于专业型）	（1）位置传感器故障。 （2）综合故障。 （3）过电压/低电压。 （4）内部电压故障。 （5）主回路电源故障。 （6）电动机温度高。 （7）定位时间高（运行时间）。 （8）运行中被卡住（过力矩关断）

（三）现场总线电动机控制器

现场总线电动机控制器的信息除了启停反馈外，通常还包括事故、报警、自检、时钟异常、定制错误、保护精度错误、测量精度错误、系统设置错误、工程配置错误、开出电源失压、外部接线错误、断相不平衡保护、接地保护、欠载保护、堵转保护、启动时间过保护、外部故障联锁、热过载、过负荷、欠功率、熔丝断线警告、欠电压、过电压、相序保护、欠电压重启动、过热保护预警告、溢出故障、电压、电流、功率、合分闸次数、保护跳闸次数及电动机运行时间等数据。从信息中可以看出其中包含了大量的电动机相关的保护及报警信息，当电动机跳闸时，可以先从这些信息中查看跳闸原因，从而帮助检修人员处理问题，即使报警中没有体现出跳闸的原因，还能从电流、电压等参数中分析故障原因。另外，从合分闸次数和电动机运行时间可以帮助检修人员判断是否需要维护，减小了电动机故障出现的概率。通过使用现场总线设备管理软件，可通过电流、电压等特性曲线来分析电动机的运行状态，保证设备的正常运行。测控装置采用 PROFIBUS DP 低压电动机信息见表14-19。

表 14-19　PROFIBUS DP 低压电动机信息

输　出	输　入
（1）启动。 （2）停止。 （3）快速（双速电动机）。 （4）慢速（双速电动机）。 （5）加热器启动。	（1）运行状态。 （2）停止状态。 （3）过负荷保护动作。 （4）远方控制状态。 （5）综合故障。

续表

输　出	输　入
（6）加热器停止	（6）电流。 （7）综合报警。 （8）电动机不平衡。 （9）电动机停转。 （10）缺相故障。 （11）接地故障。 （12）快速运行状态（双速电动机）。 （13）慢速运行状态（双速电动机）。 （14）外部跳闸（火警）。 （15）外部合闸（火警）。 （16）加热器指令开

二、设备管理软件

现场总线设备管理软件的主要功能如下：

（1）调整和修改设备参数，如执行机构的动作力矩、运行工作时间，变送器的量程、单位，设备故障的检查和复位等。

（2）比较实际参数和参考参数。

（3）输入的有效性测试。

（4）显示诊断信息。

（5）管理组态数据。

（6）过程设备调试功能，如用模拟测量值测试测量回路等。

（7）预警维护，如监视运行时间、阀门开启次数及其他数据等。

（8）设备更换时只需将原来存储的组态下载到新设备即可。

现场总线设备管理软件在组态、参数化、调试、诊断和维护智能现场设备和组件方面具有非常广泛的功能。现场总线设备管理软件能够确定与资产管理相关的设备数据，并通过一个统一的接口将它们传送到更高级的资产管理中。其基础便是独立于操作系统的电子设备描述（EDD）。数据的收集及结果的解释与设备类型无关，即设备无论是执行器或传感器，或者是 PROFIBUS、FF H1 或 HART 设备，都没有关系。同时，现场总线设备管理软件还提供了许多自有的资产管理功能：

（1）确定离线数据与设备中当前参数之间的差异。

（2）用多种语言显示从设备中读取的诊断数据（设备特定数据和配置文件数据）。

（3）用统一符号对所有设备的诊断和状态数据进行统一显示和标识。

（4）响应资产管理系统发来的请求并进行数据传送。

（5）记录功能。

（6）全部数据的导出接口。

第七节 现场总线设计举例

基于现场总线的分散控制系统工程设计与传统控制系统有一些差异，如不同的现场总线网段设计（网络拓扑结构、网络连接及接线、电源设计、接地等）、现场总线设备配置及选择、现场总线设备布置及安装，以下通过具体工程分别设计举例。

现场总线工程设计主要从以下几个方面考虑：

（1）确定现场总线系统应用范围、网络/网段设备选型、网段辅助设备选型等。

（2）根据 P&ID、设备清单和初步仪表位置管线等图进行网段划分。

（3）确定网络/网段的拓扑结构。

（4）确定网段布线走向及估算主干线和分支电缆长度，再通过对划分网段上的现场仪表设备进行电流和电压降等估算。

在基于现场总线的分散控制系统的设计和选型时，需要根据建设的目标，按从整体到局部，自下而上进行规划，以“实用、够用、好用”为指导思想，并遵循以下原则：

（1）开放性、标准化原则。采用的标准化、技术、系统组件、用户接口等必须遵循开放性和标准化的要求。

（2）实用性和先进性原则。实用有效是最主要的设计目标，设计结果应该满足要求，且切实有效。确保设计先进、网络结构优先、网络硬件设备先进、开发工具先进。

（3）可靠性和安全性原则。稳定可靠、安全的运行是系统设计的基本出发点，技术指标按可利用率要求，重要信息系统应采用容错设计，支持故障检测和恢复。安全措施有效可信，能够在软、硬件多个层次上实现完全控制。

（4）灵活性和可扩展性原则。控制系统集成配置灵活，便于现场调整。能够在规模和性能上两个方面进行扩展，使其性能大幅度提升，可适应应用和技术发展的需要。

一、PROFIBUS 现场总线设计举例

（一）现场总线类型选择

某电厂招标确定的基于现场总线分散控制系统选用的现场总线类型为 PROFIBUS DP+PA。

（二）现场总线应用范围

该工程尽可能大范围地采用现场总线控制，但从机组安全、回路响应速度、技术经济各方面综合分析，对下列系统采用成熟的传统控制方式：

（1）对机组安全运行至关重要且回路处理速度要求高的锅炉炉膛安全监控系统（FSSS）中涉及锅炉本体保护的部分，汽轮机数字电液控制系统（DEH）中涉及转速、应力和负荷控制的基本控制部分，汽轮机本体紧急跳闸系统（ETS）、给水泵汽轮机电液调节系统（MEH）、给水泵汽轮机紧急跳闸系统（METS）及旁路控制系统（BPC）。

（2）机组事故顺序记录（SOE）要求有 1ms 的分辨率，为保证 SOE 的分辨率，仍采用传统 DI 卡或专用 SOE 卡。

（3）锅炉吹灰控制、循环泵房、燃油泵房控制采用传统的 DCS 远程 I/O 站。

（4）现场相对集中的温度测点如炉膛壁温、汽轮机和发电机本体温度等测点，采用国产智能前端设备接入 DCS。

（三）就地总线型设备的选择

对于就地设备是否采用总线型设备及总线接口类型（是否冗余等），确定如下：

1. 变送器

现场总线型进口产品与传统产品相比，增加了信息量，利于设备维护，该工程选用现场总线型进口产品。

2. 温度变送器

部分进口品牌温度变送器带现场总线接口，但与传统产品相比，基本未增加信息量，且价格昂贵，因此该工程温度仪表选用传统热电阻及热电偶。为积累现场总线使用经验，部分温度变送器选用了现场总线型产品。

3. 其他仪表

选用部分进口品牌的现场总线型导波雷达液位计和电导率仪，以积累现场总线使用经验。

4. 电动执行机构

进口的现场总线型产品与传统产品相比，信息量大大增加，利于设备维护，而国产现场总线型产品基本没有增加信息量。该工程选用现场总线型进口产品，从可靠性及安全性考虑，采用的接口类型为冗余PROFIBUS DP。

5. 气动调节阀执行机构智能阀门定位器

进口的现场总线型产品与传统产品相比，增加了信息量，利于设备维护。总线接口类型有PROFIBUS PA或FF H1。该工程根据DCS招标确定的总线协议选用支持PROFIBUS PA的进口现场总线型产品。

6. 二位式气动阀门

主厂房内电磁阀控制的二位式气动阀门布置较为分散，而阀岛更适合控制位置相对集中的气动阀门。该工程采用传统接口产品。

7. 电动机控制器

该工程厂用电监控采用CAN现场总线技术，为积累PROFIBUS现场总线使用经验，该工程选用了部分交流380V、75kW以下的电动机采用PROFIBUS DP智能电动机控制器，其余电动机指令及状态反馈信号通过硬接线方式进入DCS。

（四）DCS制造厂家的工作范围和技术规范

该工程为首次在主厂房控制系统中采用现场总线技术，建设方、设计单位及安装单位等各方特别重视DCS制造厂家在国内外的工程经验及技术支持。在DCS规范书及DCS协议中就该工程确定了以下原则：

（1）DCS制造厂家提供构成DCS所必需的全部硬件，包括现场总线通信电缆（含光缆）、现场总线连接器（插头）、现场总线就地接线箱（包括现场总线专用接线端子）及现场总线供电模块（包括电源调整器）等构成现场总线控制系统必需的设备和材料。

（2）DCS提供的现场总线电缆采用进口优质产品。所有现场总线电缆应采用双层屏蔽（铜箔加镀锡铜编织带）、钢丝铠装类型产品，且电缆屏蔽层应配有导流线以方便屏蔽层的端子连接。PROFIBUS PA现场总线电缆应至少满足IEC 61158-2中TYPE A的规范要求；PROFIBUS DP总线电缆应至少满足EN 50170 Part 8-2中TYPE A的规范要求，不得采用其中的TYPE B电缆。

（3）DCS制造厂家负责搭建系统测试平台，对所有拟采用现场总线的设备（包括仪表、执行机构等）样品（配备相应GSD及EDD配置文件）在DCS联机的情况下进行互联互操性测试，并及时提供产品互联测试的可用性结果报告。

（4）DCS制造厂家配置现场总线设备诊断和管理软件，以充分发挥现场总线设备具有的故障自诊断和网络化管理能力。

（5）部分现场设备采用传统方式（带4～20mA及HART协议接口）接入DCS，DCS的模拟量输入和输出模件都应具有HART协议接口，支持满足HART协议标准的设备（仪表、执行机构等）接入DCS。

（6）总线网段主要设计原则：

1）DCS控制器的控制周期应满足以下要求：所有模拟量调节回路每秒至少执行和更新4次，所有数字量控制回路每秒至少执行和更新10次。某些需要快速处理的控制回路要求，其模拟量调节回路应达到每秒执行8次，数字量控制回路应达到每秒执行20次。控制系统设计应确保控制器的控制周期与现场设备的轮询刷新周期（对PROFIBUS PA总线）之间的合理匹配，作为最低要求，控制器中控制逻辑每执行一次，控制回路中的现场总线设备实时数据应更新一次（即总线数据更新周期不得超过半个控制周期）。

2）PROFIBUS DP采用冗余总线；PROFIBUS PA现场总线网段设计原则采用树型拓扑结构，由于PROFIBUS PA设备目前没有冗余接口，工程设计中应将冗余配置的变送器等总线型设备分散在不同网段中来提高系统的可靠性。

3）工艺上并列运行或冗余配置的设备，其相关驱动装置应连接在不同的网段上，控制阀门和其旁路阀门（如有）应连接到不同的现场总线网段。

4）对于PROFIBUS DP总线，每个PROFIBUS主站下挂接的DP从站设备数量不可超过16个，如需扩展应通过增加DP主站实现；对于所有PROFIBUS PA总线网段，当应用于控制回路时，每个网段挂接的现场总线设备数量不得超过6个，且同一网段上挂接的阀门数量不超过2个（对于锅炉风系统的二次风门，每个PA网段上挂4个风门）。

5）从电子设备间的DCS现场总线模件柜至现场总线通信设备柜之间的所有通信电缆应采用冗余光缆。

6）PROFIBUS DP网段的末端设备应配置有源终端器，确保网段上的设备在线热插拔时不影响网络的正常运行。有源终端器应装设在现场总线就地机柜内。

（7）DCS制造厂家负责总线设备接地设计、现场总线概貌图设计等。

（8）DCS制造厂家负责对安装单位的现场总线进行技术培训及施工指导。

（9）如采用总线后，现场总线设备I/O数据刷新响应时间无法满足过程控制对响应速度和安全运行的要求，DCS制造厂家应负责将相关现场总线接口改为支持HART协议的传统I/O模件接入机组DCS。

（五）总线设备统计

1. 总线设备连调测试

在DCS制造厂家确定之后，各总线设备品牌制造厂家送样品至 DCS 制造厂家搭建的测试平台与控制系统做总线连通测试。

2. 总线设备数量

根据测试报告结果及招标情况最终确定在该工程中所选用的总线设备的品牌及型号，并统一要求各供货设备成套商按要求提供总线设备。该工程 1 号机组及公用系统选用的现场总线设备数量和 2 台机组汇总见表 14-20。

表 14-20　现场总线设备数量

就地现场总线接口设备		1 号机组			公用系统	2 台机组汇总
总线接口	设备类型	锅炉部分	汽轮机部分	汽轮机本体辅助系统		
PROFIBUS DP	调节型电动执行机构（冗余接口）	129	125			508
	开关型电动执行机构（冗余接口）	47	6		4	110
	智能电动机控制器（非冗余接口）	46				92
	电导率仪（非冗余接口）			2		4
PROFIBUS PA	气动执行机构定位器	248	46		2	590
	压力、差压变送器	152	122	24	8	604
	温度变送器		17			34
	导波雷达液位计		10			20
合计		622	326	26	14	1962

（六）拓扑结构图

现场总线网段拓扑结构图反映了 DCS 控制器柜与总线通信箱之间及总线通信箱与就地现场设备之间的总线连接关系。拓扑结构图 14-12 详细标注了现场总线就地设备编号、设备名称、总线类型、设备类型、连接到的 DCS 控制器、干线起点、干线终点、干线电缆编号、支线起点、支线终点、支线电缆编号等信息。T10 控制器机柜配置 1 套 PROFIBUS DP 通信主站，通过冗余光纤连接至总线通信箱 L1，在总线通信箱转换成电气连接电缆去现场设备。该总线通信箱连接 2 个 PA 网段、1 个冗余 DP 网段。其中网段①通过 2 只 PA 接线盒，以干线/分支和树型混合结构的方式连接 6 台 PA 智能变送器和 1 台气动调节阀；网段②通过 2 只 PA 接线盒，以干线/分支和树型混合结构的方式连接 5 台 PA 智能变送器和 2 台气动调节阀；网段③为冗余 DP 网段，连接 6 台电动阀。每个 DP 总线网段的末端均设置有源终端电阻，DP 网段的终端电阻位于现场总线通信箱内。

（七）网段设计

（1）网段设计准备。确定各总线型现场仪表及执行机构等设备的详细物理位置。

（2）网段具体设计。

1）按传统方案进行 DCS 处理器分配，根据控制功能将总线设备分配至各处理器。

2）按总线网段设计原则进行设备的网段分配，同时对现场总线柜进行初步定位，并由控制系统厂家负责计算了每个划分好的现场总线网段的扫描周期，其理论计算结果均能满足控制周期要求。

3）现场总线机柜位置确定。

4）每个网段内的总线设备根据现场位置进行详细设计，确定走线次序，确定 PA 分配盒定位。

5）根据 PROFIBUS 总线电缆长度设计要求，检验每根总线电缆是否符合总线技术要求。

（3）设计过程中主要注意事项。

1）锅炉制造厂供货的二次风门数量较多，若按传统设计分在 1～2 对处理器中将造成 PA 网段数量超出处理器的允许范围，因此将与磨煤机控制相关联的风门调整到 6 个磨煤机各自所在的处理器中，其余分配到另两对处理器中，且每段 PA 网段下挂 6 个风门。

2）风门的功能分组原先采用按“角”分组的原则，通过对锅炉制造厂最终逻辑图资料的审核，确定为按“层”分组的原则。

3）从安全角度考虑，省煤器入口给水流量、高压加热器三通阀为传统硬接线控制。

4）由于位置过于分散，将电动给水泵液力偶合器油泵、润滑油输送油泵电动机、凝汽器水室真空泵电动机等设计为传统硬接线控制。

5）考虑减温水调节阀在系统中比较重要，且机组运行时动作较为频繁，调试、检修、更换频率较高，而供货的执行机构（非最新型号）总线板故障时更换不方便，随锅炉供货的减温水调节阀电动执行机构采用传统硬接线控制。

（4）网段最终设计统计。现场总线网段相关统计见表 14-21。

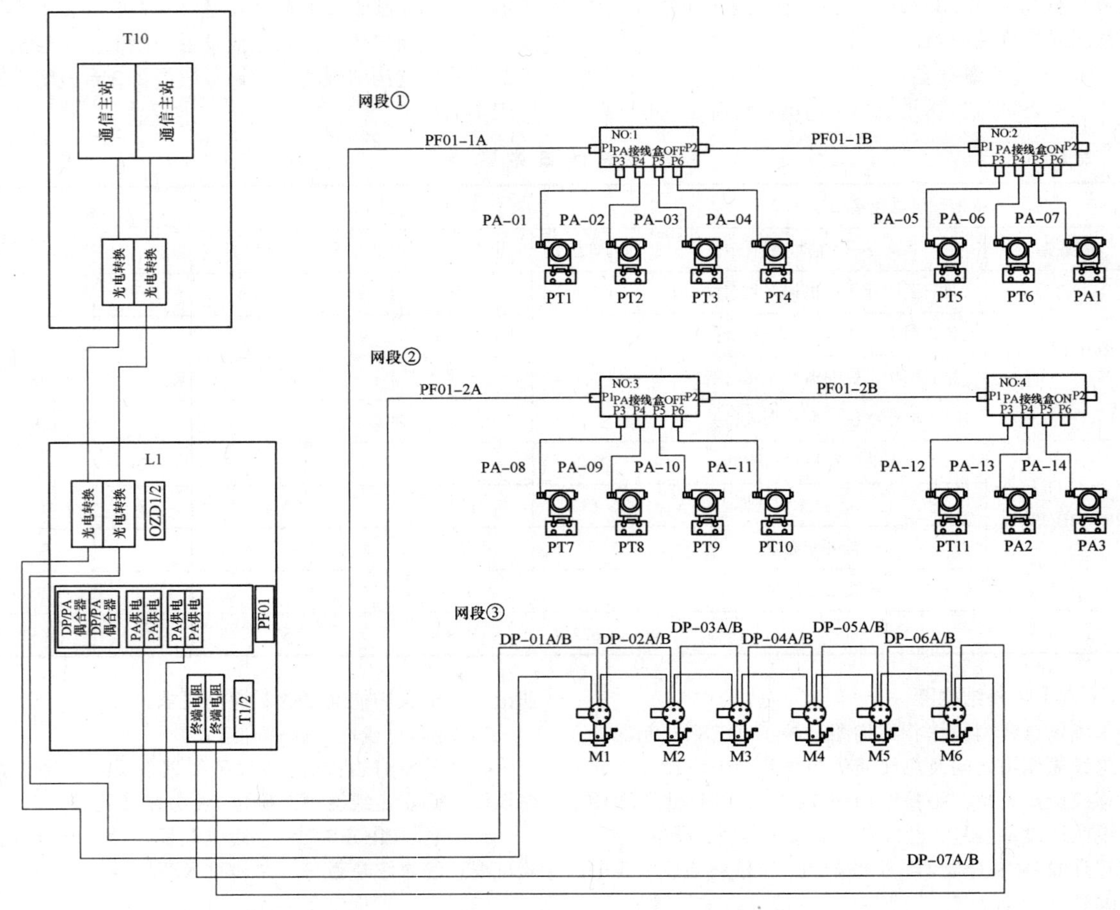

图 14-12 现场总线网段拓扑结构图

表 14-21 现场总线网段

现场总线网段及机柜等		单元机组			公用系统	2台机组汇总
		锅炉部分	汽轮机部分	汽轮机本体辅助系统		
分配至 DCS 处理器数量（个）		12	7	1	1	41
DP 网段数量（个）	冗余	27	21	1	2	100
	非冗余	10		1		22
DP 电缆长度（km）		40				80
PA 网段数量（个）		75	43	4	2	246
现场总线机柜数量（个）		20	11	1	2	66
PA 分配盒数量（个）		130	64	7	4	406
PA 电缆长度（km）		40				80

（八）施工要求

现场总线电缆的敷设及屏蔽芯的接地等均有特殊要求，与控制系统制造厂家讨论后，确定了以下原则，并对安装单位进行了技术培训，严格按原则和要求施工。

1. 总线电缆敷设要求

（1）总线电缆与高压/大电流电缆间隔距离尽量远，最好布置于不同的桥架。若在局部区域不得不与可能造成干扰的电缆同层敷设以致距离较近时，需在电缆桥架内加装隔板。

（2）总线电缆通过复杂电磁环境（如变频器等强干扰源）或离开桥架后须用金属套管保护。

（3）电子设备间 DCS 机柜至现场总线柜统一采用光缆，抗干扰能力较强，可按传统方式布线。

2. 总线电缆及设备的屏蔽、接地要求

PROFIBUS PA 总线采用单点接地原则，PROFIBUS DP 总线采用多点接地原则。

对于多点接地的设备，为有效避免干扰的要求，要求厂房区域的接地网为等电势接地系统。汽机房内电气二次地网的扁钢可基本认为是等电势系统；锅炉区域内，电气二次地网的扁钢或锅炉钢架可基本认为是等电势接地系统，且二次地网的扁钢优于锅炉钢架。各类总线设备的接地原则如下：

（1）就地现场总线柜的入口安装接地铜条，选用 $25mm^2$ 接地电缆连接至就近的等电势接地系统，进入总线柜的PROFIBUS DP/PA 总线电缆的屏蔽层与机柜入口的铜条可靠连接。

（2）PROFIBUS DP 电缆屏蔽层与 DP 设备的屏蔽夹/端子可靠连接，并根据接地电缆长度选用 $4\sim8mm^2$ 电缆连接至就近的等电势接地系统，使接地电阻满足要求，如就近找不到可靠接地点，可考虑取消此处的接地。

（3）PROFIBUS PA 电缆屏蔽层与 PA 设备的屏蔽夹（如有）及 PA 分配盒的电磁兼容接头可靠连接，PA 设备及 PA 分配盒不接地。

（九）工程经验

确定 DCS 制造厂家、总线协议及就地总线设备品牌的时间晚于主设备（锅炉、汽轮机、发电机、给水泵汽轮机、磨煤机及给煤机等）的订货时间，且总线设备均为进口设备，订货周期较长，因此主设备配供的部分总线型设备订货较早，且不是做连通测试的型号，供货到现场时不能顺利与控制系统连通。需制造厂到现场刷新设备软件版本解决连通问题。基于以上情况，建议现场总线工程在项目进行过程中与各设备供货商对于总线型设备的型号、协议等进行确认。

传统项目电缆与现场设备一一对应，因此出现信号故障进而确定原因较为方便。而一个总线网段上通常有数个总线设备，在项目调试过程中发现某一网段通信问题（如信号不稳定）时不能马上确定是哪个设备有故障（且故障原因也较难马上判断，如接线、屏蔽或设备本身故障）。特别是设备安装调试初期，经常耗费大量时间用于检查整个网段的接线。随着施工的深入，各方经验逐渐丰富，安装、调试速度才大大加快。对于日后应用现场总线的项目，安装单位、设计单位及建设方均须提前进行总线的专门技术培训，特别是安装调试过程中容易出现的问题要有详细的应对措施。

根据现场安装单位的反馈，由于在传统工程中，电缆基本可以成批敷设，如同一个电动执行机构的控制、反馈及电源等几根电缆起终点基本一致，同一个工艺系统的执行机构、仪表等相关电缆基本走相同的电缆桥架、沟道及竖井等；而采用现场总线技术的工程，每根总线电缆敷设路径都不同，且总线电缆的敷设、接线等要求更高，再加上安装单位类似项目的经验较少，因此单位长度的总线电缆的安装工程量比传统电缆的安装工程量更大。建议工程中对总线电缆的安装工程量及安装周期做更细致的预算及规划。

二、FF H1 现场总线设计举例

（一）类型选择

某电厂招标确定的基于现场总线分散控制系统选用的总线类型为 FF H1。

（二）应用范围

该工程尽可能大范围地采用现场总线控制，但从机组安全、回路响应速度、技术经济各方面综合分析，对下列系统采用成熟的传统控制方式：

（1）对机组安全运行至关重要且回路处理速度要求高的锅炉炉膛安全监控系统（FSSS）中涉及锅炉本体保护的部分，汽轮机数字电液控制系统（DEH）中涉及转速、应力和负荷控制的基本控制部分，汽轮机本体紧急跳闸系统（ETS）、给水泵汽轮机电液调节系统（MEH）、给水泵汽轮机紧急跳闸系统（METS）及旁路控制系统（BPC）。

（2）机组事故顺序记录（SOE）要求有 1ms 的分辨率，为保证 SOE 的分辨率，仍采用传统 DI 卡或专用 SOE 卡。

（3）锅炉吹灰控制、循环水泵房、燃油泵房控制采用传统的 DCS 远程 I/O 站。

（4）现场相对集中的温度测点如炉膛壁温、汽轮机和发电机本体温度等测点，采用国产智能前端设备接入 DCS。

（三）设计原则

（1）现场总线方案是根据工程 DCS 技术规范书的要求、现场总线模块特点并遵循 FF H1 现场总线有关标准、规范进行设计的。

（2）在现场总线设备配置中所供的全部 FF H1 现场总线设备均选自基金会组织认可的产品。

（3）在进行 FF H1 现场总线方案设计中，将遵循该工程采用现场总线的基本原则：

1）除已明确的重要系统的变送器外，其他变送器均采用具有现场总线功能和接口的智能变送器，总线协议为 FF H1。

2）对于调节型气动执行机构，用于非重要调节回路的，纳入 FF H1 现场总线。

3）该工程需要纳入 FF H1 现场总线的仪表及控制对象见表 14-22。

表 14-22　FF H1 现场总线的仪表及控制对象

类别	FF H1 总线仪表	FF H1 总线对象	合计
单元机组			
1．制粉系统	36	0	36
2．烟风系统	82	12	94
3．锅炉本体汽水系统	30	5	35
4．火检、吹灰系统	6	0	6
5．脱硝 SCR 区	14	2	16
6．主蒸汽、再热蒸汽及旁路系统	18	2	20
7．抽汽系统	19	0	19
8．给水系统	12	0	12
9．辅助蒸汽系统	16	4	20
10．凝结水系统	28	18	46
11．加热器疏放水系统	16	0	16
12．汽轮机轴封蒸汽及本体疏水系统	5	2	7
13．循环水系统	7	0	7
14．闭式循环冷却水系统	5	6	11
15．润滑油净化储存系统	4	1	5
16．汽轮机润滑油、顶轴油、EH 油系统	1	0	1
17．发电机氢油水系统	3	2	5
18．其他系统	16	0	16
合计	318	54	372
公用系统			
类别	FF H1 总线仪表	FF H1 总线对象	合计
压缩空气	2	0	2
脱硫系统	32	0	32
辅助蒸汽	0	0	0
合计	34	0	34
单元机组			
类别	FF H1 总线仪表	FF H1 总线对象	合计
1．锅炉补给水	88	0	88
2．废水系统	21	0	21
3．含煤废水	9	0	9
4．1 号机组精处理	17	0	17
5．2 号机组精处理	17	0	17
6．精处理再生	2	0	2
7．机组排水槽	2	0	2
8．飞灰	20	0	20
9．净化站	29	0	29
10．脱硫废水	12	0	12
11．脱硝氨区	16	0	16
12．中水处理	29	0	29
合计	262	0	262

（4）DCS 在采用现场总线技术后，DCS 控制器负荷配置合理，控制器的控制周期满足要求。FF H1 总线系统设计确保控制器的控制周期与现场总线的宏周期之间合理匹配，控制器中控制逻辑每执行一次，控制回路中的现场总线设备实时数据至少更新一次（即总线数据更新周期应小于控制周期的 50%）。

（5）系统扩展能力满足以下要求：

1）FF 现场总线允许挂接的设备提供 15%备用裕量。

2）现场总线网段电源模块考虑 50%的电源裕量。

（6）控制系统的设计将根据工艺流程的控制特点，合理配置总线网段数量和挂接的现场设备数量，以确保任何一条总线故障时，只产生工艺系统的局部故障，不会造成整个系统停运，并将这一影响限制在最小。网段设计的具体要求如下：冗余设置的现场仪表应接入不同网段；工艺上并列运行或冗余配置的设备，其相关驱动装置应连接在不同的网段上；控制阀门和其旁路阀门（如有）应连接到不同的现场总线网段上；控制逻辑相关（同一控制回路中）的仪表和控制对象原则上挂接在同一总线网段上。

（四）现场总线 FF H1 的选取

该电厂单元机组共计 54 台 FF H1 现场总线对象、318 台 FF H1 现场总线仪表，公用系统共计 34 台 FF H1 现场总线仪表。

对于 FF H1/PA 现场总线仪表，选取 FF H1 或者 PROFIBUS PA 现场总线均可以实现对现场总线仪表的集成；而对 FF 现场总线对象（气动调节阀）和现场总线仪表，选取 FF H1 现场总线实现在 DCS 上的集成是最优方案。

根据以上情况，为减少现场总线多样化带来的布置复杂、资源浪费及维护不便等问题，现场总线仪表及现场总线对象（气动调节阀）统一选取FF H1现场总线进行DCS集成。

（五）FF H1现场总线网段挂接设备数量

对于FF H1现场总线，《规范书》中有如下要求：

（1）FF H1现场总线模件，用于控制时不应超过4个现场总线网段。

（2）对于所有FF H1总线网段，当应用于控制目的时，每个网段挂接的现场总线设备数量不得超过8个，且同一网段上挂接的阀门数量不超过2个；当用于非控制目的时，每个网段挂接的现场总线设备数量不得超过规定最大数量的50%。

FF H1现场总线卡件每块（组）卡件支持4个H1网段连接，每个H1网段可连接16台现场总线设备，最多可同时接入64个现场设备。

综合《规范书》要求及现场总线卡件的特性，该电厂FF现场总线网段的配置原则如下：

（1）每块现场总线接口通信卡带4个现场总线网段。

（2）用于控制目的的网段，每个现场总线网段所带设备总数量不超过8个，其中每个网段上挂接的气动阀门数量不超过4个；另外，还可以挂接4个现场总线仪表。

（3）如果该现场总线网段上全是现场仪表，则每个现场总线网段上挂接设备数量不超过8个。

（4）网段设计采用树型拓扑结构。

（六）网段拓扑结构选取

FF HI现场总线网段拓扑结构设计避免采用菊花链型拓扑结构，防止出现故障时设备更换困难的问题。

FF HI现场总线网段设计通常采用树型。

考虑电力工程设备通常布置比较密集，为方便组态和分配网段设备，因此在该电厂现场总线工程中，所有网段将采用树型拓扑结构。如有特殊情况，也可以考虑采用分支拓扑或混合拓扑。

树型拓扑网段是由网段主干线及安装在主干线末端的单个分支接线箱构成。在进行分支接线箱的安装时，应注意分支的电缆长度限制，特别适合安装在现场仪表的密集区域。

FF H1现场总线树型拓扑结构示意图如图14-13所示。

（七）网段长度设计

按相关现场总线标准要求，如果没有安装中继器，现场总线网段的最大允许长度为1900m，分支长度不超过200m。《规范书》中要求一个网段的总线电缆总长度（干线长度加支线长度之和）不应超过1200m。单根支线电缆的长度应尽量短，支线电缆的长度不宜超过30m，最长不能超过120m。网段总长度等于主干线和所有分支线的长度之和，即网段总长度=主干长度+所有分支长度。

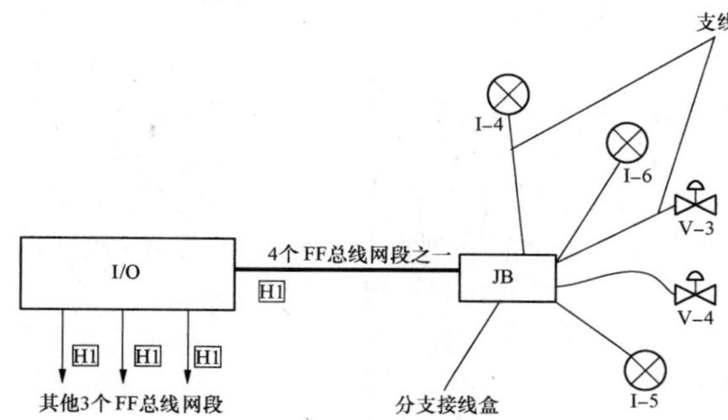

图14-13　FF H1现场总线树型拓扑结构示意图

主干线的长度估算是根据工艺区域（如循环水泵、锅炉）离电缆夹层的距离、电缆桥架走向等综合考虑的，分支长度是考虑仪表在一定区域内集中的距离。

在该工程设计中，FF H1总线每个网段的电缆长度远远小于1900m。如以最远的循环水泵房的网段长度计算：600m（主干）+30m×8（支线）=840m，因此该工程的网段长度设计满足规范要求。

需要的FF H1电缆按技术规范要求提供，最终按实际用量结算：单元机组FF H1总线通信电缆长度为47km。

（八）FF H1现场总线可靠性设计

为提高FF H1现场总线的可靠性，设计中采取以下措施：

（1）由于FF H1和PROFIBUS PA设备目前没有冗余接口，工程设计中将会把冗余配置的变送器等总线设备分散在不同网络分段中来提高系统的可靠性。

（2）现场总线通信接口卡配置。现场总线通信接口卡配置，提高了所带的4个现场总线网段的可靠性。

（3）防浪涌保护。在每个FF H1现场总线网段上采用浪涌保护器，防止FF H1现场总线设备及控制单元受到雷击及电压浪涌的损害，提高了现场总线设备的可靠性。

（4）防短路保护。在分支接线盒中对每一分支均设置独立的短路保护器，保证一个支路短路时不影响其他支路的正常工作，即网段上任何单个总线设备故障，不会影响系统与网段上其他设备之间的通信，连接和分离总线上的设备不会影响相关现场总线段的运行。

（5）系统多重冗余。除采用冗余的现场总线通信卡外，多重冗余的通信网络、冗余的供电系统、容错控制处理机及组件的高可靠性，保证了现场总线系统运行可靠。

1）控制器采用容错技术，确保每次输出都是正确的；驱动级的控制逻辑可驻留并运行在I/O组件内，确保了当两个容错的控制器同时发生故障时，驻留的控制算法能自动地切换至保持状态，使现场总线设备处于安全的位置。

2）系统通信网络的设计思想是在网络中任意两个设备之间提供多重通信途径，从而使得通信不受单点乃至多点故障的影响，极大地提高了通信的冗余性能。网络的可利用性非常高，网络结构简单、明了，便于维护。网络的全光纤通信线缆的布置极大地提高了系统通信中的抗电磁干扰能力。

（6）通道与通道相互隔离。现场总线通信接口卡的通道与通道之间及通道与地之间采取了电隔离措施，卡件的通道与通道之间及通道与地之间在 1min 内可承受交流 600V 电压不会损坏卡件，保证了现场总线通信接口卡任一路现场总线网段故障，不会导致其他总线网段控制功能失去。

（7）快速可靠的自诊断能力。系统 I/O 卡件（包括现场总线通信接口卡）具有在线和离线自诊断程序，可在人机接口上进行报警提示、报警打印、显示屏报警显示、组件状态（红）灯显示。专用的维护操作软件还可以分析故障位置到每个 I/O 通道，并对故障进行隔离，无需人工判断。各种组件可以快速在线更换并自启动，无需人工干预。

（8）坚固、可靠的系统硬件。硬件具有多层面的环境防护能力。所有的电子元器件都封装在组件中，无暴露的电子组件增强了硬件抗环境腐蚀和防静电能力。现场总线通信接口卡可以运行在 ISA S71.04 定义的 G3 或 IEC 664-1 污染等级 2 的环境中。组件的工作环境温度可高达 70℃。

（9）冗余电源设计。系统现场总线通信卡件、供电底板及模块将布置在 I/O 控制柜内。现场仪表的供电由供电底板经过接线端子提供。I/O 控制柜采用分散布置的冗余电源布置，冗余电源供电方式为系统运行提供了可靠保障。每个安装现场总线卡件的 I/O 控制柜可分别接受两路独立的交流 220V 电源。由于采用适当的配置方式，可以做到任何一路交流电源的故障不会影响现场总线的供电。

（10）系统全部采用先进的电路设计，降低了组件功耗和发热，提高了可靠性。金属传导散热和表面贴装技术减小了电路的尺寸，显著地提高了设备的可靠性。

（九）电源及接地

1. 电源

现场总线设备可由网段供电，或是本地供电。但考虑尽量采用网段供电。现场总线接线系统的长度和网段/网段上设备的数量受配电、衰减值和信号失真的限制。在进行网段设计时，从电源方面将考虑以下事项：

（1）设备总静态电流。

（2）一个分支短路故障带来的影响（即 10mA 的附加电流）。

（3）在（1）、（2）的基础上增加 25%的电流负荷。

在进行网段挂接设备数量设计时，从电源方面考虑以下事项：

（1）现场总线电源的输出电压。

（2）每台设备的电流消耗。

（3）网络/网段上设备的位置（即电压降）。

（4）现场总线电源的位置。

（5）各电缆分段的阻抗（即电缆类型）。

（6）各设备的最低工作电压。

（7）一个分支短路故障的附加电源消耗（即 10mA 的附加电流）。

2. 接地

在进行现场总线接地设计和信号屏蔽设计时必须考虑电磁兼容性、防爆、人身安全三个方面。FF H1 现场总线电缆为双绞线，考虑采用双屏蔽电缆，双绞线外部的屏蔽是为了避免可能干扰信号的噪声。

现场总线接地应注意下列因素：

（1）仪表信号导线不得用于接地。如果要求仪表安全接地，必须通过信号电缆之外的独立导线。接地导线、仪表信号线和屏蔽线可以在同一根电缆中，但不得位于该电缆的屏蔽线之外。

（2）在网络中的任何一处，现场总线设备不得将双绞线对中的任一根导线与地连接。现场总线导线中的任一根接地将导致该总线网段上的所有设备通信中断。

（3）仪表屏蔽线应接在 I/O 控制柜中，I/O 控制柜内提供屏蔽线接线铜排，不得在任何其他位置接地。如果多根主干线电缆引入现场接线盒，不得将该电缆屏蔽线与其他网络相连，以避免形成接地回路并在网络中引入噪声。

（4）对现场总线提供浪涌电压保护，并保证浪涌电压保护设备不会明显造成现场信号的衰减（如果遵循屏蔽线的接地规范，预期浪涌电压对屏蔽内的信号导线影响很小）。

（十）网段执行时间

1. 控制周期

技术规范书要求控制器的控制周期为：所有模拟量输入每秒至少扫描和更新 4 次（即 250ms），所有数字量输入每秒至少扫描和更新 10 次（即 100ms）。为满足某些需要快速处理的控制回路要求，其模拟量输入信号应达到每秒扫描 8 次（即 125ms），数字量输入信号应达到每秒扫描 20 次（即 50ms）。

2. 现场总线宏周期

按技术规范书要求，总线系统设计将确保控制器的控制周期与FF H1现场总线的宏周期之间的合理匹配，并作为最低要求，控制器中控制逻辑每执行一次，控制回路中的现场总线设备实时数据应更新一次（即总线数据更新周期应小于控制周期的50%）。

在进行宏周期时间设计时，同一网段上的设备不得采用不同的宏周期时间。宏周期至少要预留50%的非调度（空闲异步）时间，非调度时间的计算考虑备用容量的要求。网段的执行时间（宏周期）一般缺省值为1s。执行时间如下所示的网段，建议的最大设备数为：

（1）只带监视功能的网段，最大设备数为12个。

（2）要求执行时间为1s的网段，最大设备数为带4个阀门的12个设备。

（3）要求执行时间为0.5s的网段，最大设备数为带2个阀门的6个设备。

（4）要求执行时间为0.25s的网段，最大设备数为带1个阀门的3个设备。

（十一）现场总线设备及配件

1. 现场总线通信接口卡件

FF H1通信接口模块为符合FF H1现场总线标准的现场仪表与系统之间提供通信接口。现场总线通信接口卡提供4路隔离的FF H1现场总线段的集成。

FF H1现场总线设计成针对过程测量与控制仪表集成的全数字双向通信方式，现场总线通信接口卡支持标准的FF H1现场总线功能块（AI、AO、DI、DO），通过高速冗余的Ethernet现场总线，可将所有块的参数传递到控制站之中。

现场总线通信接口卡的主要特点如下：

（1）遵守FF H1现场总线标准，支持所有注册的FF H1现场总线仪表，允许使用其他制造厂商现场总线仪表。

（2）支持所有动态变量，其变量可作为在控制站中组态的某个控制策略中的关联值。

（3）使用FDT或EDDL技术的应用程序实现对现场仪表中所有变量的存取。

（4）为每个FF H1段提供LAS（链路活动调度程序）。

（5）自动检测和处理在FF H1段上连接的所有设备，并提供快速启动与通信。

（6）现场总线通信接口卡及其接线端子适于安装在Class 1 Division 2和Zone 2级环境中。

2. 现场总线配件

全部现场总线设备均选自基金会组织认可的产品；在现场总线的配件选取上，采用知名品牌，以保证配件的可靠品质。

（1）接线箱。FF H1现场总线采用树型拓扑结构设计，所有FF H1现场总线网段的主干和分支在设计中均采用接线箱配带现场总线专用端子进行连接。分支接线箱是将FF H1现场总线分支设备连接至主干线。根据工程需要，选取的接线箱有两种类型，即每个接线箱支持6台设备和支持8台设备的分支接线箱。分支接线箱的特点如下：

1）每个分支回路还具有独立的短路保护和过载保护功能。根据区域等级和网络允许的电流大小，限制分支的最大电流，分支回路电路具有一定的无火花等级。分支的短路故障有指示灯显示，当分支回路短路或处于过电流模式时，分支回路连接的指示器显示故障状态。故障排除后段保护器自动恢复，该分支回路正常工作。这些功能保证了某个分支的故障不会对网段的其余部分造成不良影响。未受影响的现场仪表将继续通信，而出现故障的分支则一目了然，从而保证网段上任何单个总线设备故障，不会影响系统与网段上其他设备之间的通信；连接和分离总线上的设备不会影响相关的现场总线段的运行。

2）主干线连接采用T型连接。当对网段上的段保护器进行更换或维护时，不会对该网段其他部分造成影响，方便维护和检修。

3）带机箱，防护等级为IP67，密封式结构可以抵御各种恶劣的环境。无论是放置在锅炉房还是放置在汽机房，均能满足要求。

（2）终端器。终端器是一种安装在传输线末端或接近末端位置的阻抗匹配模块，其特性阻抗与传输线特性阻抗相同。信号失真将引起电流/电压转换时的数据误差，采用终端器可将信号失真的影响降到最低。H1终端器还具有一个更重要的功能是，将一个设备发送的电流信号转换成网络上所有设备都可以接收的电压信号。每个现场总线网段的终端器只能为两个，即现场总线的起始端和末端。需要注意的是，所有位于现场的终端器都应安装在接线盒中，不得安装在现场总线设备中。

该工程提供的起始端终端器位于现场总线供电底板上，现场部分终端器内置于现场总线就地分支接线箱内，采用可拨码终端器，方便设置和安装。现场终端器在安装时注意选取最长的一条支路，将该支路对应的分支接线盒内的可拨码终端器拨为“ON”即可。

（3）浪涌保护器。在FF H1现场总线的每个网段上，将提供防雷击的浪涌保护措施。该浪涌保护器模块带安装底座，安装在I/O控制柜内。每个网段在进入通信接口模件前，先接入浪涌保护器模块，再接到端子上，以提供可靠的浪涌保护，并能保证各网段上不产生测量信号衰减。

（4）总线供电底板及电源模块。根据设备类型，现场设备可由网段（总线）供电，或是本地供电。如果有可能，所有现场设备均应由 FF H1 总线供电。由此，每个 FF H1 现场总线网段都需要供电。如果采用传统供电电源为现场总线供电，为维持恒定的电压电平，该电源将吸收信号。由此选用专用的带电源调节的配电系统为现场总线供电。为提高可靠性，配电系统为冗余配置，由隔离型配电模块和冗余型供电母板组成。

冗余型供电母板接受两路冗余电源，并提供冗余的配电模块、通信模块安装。

下面以某供电模块为例估算总线允许电缆长度及电源裕量，从而判断所供电源模块容量是否足够：

1）电源裕量估算：

配电能力：直流 25～27V/360mA。

FF H1 总线变送器耗电：9V/17.5mA。

FF H1 总线阀门定位器耗电：9V/26mA。

现场变送器可挂接数量：360/17.5=20.8（台）。

阀门定位器可挂接数量：360/26=13.8（台）。

以上为理论计算，但是实际工程设计中每个网段只带 6～8 个现场变送器或阀门定位器，最大耗电量为 8×17.5=140mA，每个电源模块的供电裕量大于 60%。

2）根据电源估算网段长度允许范围。同样以上面某供电模块为例估算现场总线网段允许长度：

配电能力：直流 25～27V/360mA。

FF H1 总线变送器耗电：9V/17.5mA。

FF H1 总线阀门定位器耗电：9V/26mA。

FF H1 现场总线 A 型电缆分布电阻：44Ω/km。

如果工程设计中每个网段带 2 个阀门定位器及 4 台现场变送器，则现场仪表消耗总电流：2×26+4×17.5=122（mA）。

总线电缆的允许电压降：25–9=16（V）。

电缆总电阻允许：16/0.122=131.15（Ω）。

电缆允许长度：131.15/44=2.98（km）。

该理论计算的电缆长度远远大于工程设计网段长度，因此该工程的所供电源模块完全满足每个网段的供电要求。

（5）中继器。中继器相当于一个现场设备，它允许接入一个完全等效的新网络，有效地将网络切分成多个较小的网段。添加中继器后，可以连接新网段，新网段的两端都需安装终端器。中继器还可以增加网络带载设备的数量。

该工程在设计时未考虑采用中继器。

（6）FF H1 现场总线电缆。FF H1 现场总线电缆选取遵循以下原则：

1）FF H1 现场总线电缆采用专用 FF 总线电缆，采用双层屏蔽（铜箔加镀锡铜编织带），钢丝铠装类型产品，且电缆屏蔽层配有导流线以方便屏蔽层的端子连接。

2）满足 IEC 61158-2 中 TYPE A 和规范要求。

3）现场总线电缆应采用特殊的颜色，并且容易与传统的 4～20mA 信号电缆相区分。

（十二）FF H1 总线方案配置

1. 单元机组 FF H1 现场总线网段配置（见表 14-23）

2. 公用系统 FF H1 现场总线网段配置（见表 14-24）

3. 辅控系统 FF H1 现场总线网段配置（见表 14-25）

表 14-23　　单元机组 FF H1 现场总线网段配置

网络所属系统	总线类型	接口模件配置数量（块）	配置网段数量	现场总线设备数量	网段长度		附件			
					干线估算（m/段）	支线（m/支）	分支接线盒	供电单元	浪涌保护器模块	浪涌保护器底座
1. 制粉系统	FF H1	2	8	36	450	25	6	12	6	6
2. 烟风系统	FF H1	4	16	94	350	25	16	32	16	16
3. 锅炉本体汽水系统	FF H1	2	8	35	350	25	6	12	6	6
4. 火检、吹灰系统	FF H1	1	4	6	350	25	1	2	1	1
5. 脱硝 SCR 区	FF H1	1	4	16	350	25	3	6	3	3
6. 主蒸汽、再热蒸汽及旁路系统	FF H1	1	4	20	350	25	4	8	4	4
7. 抽汽系统	FF H1	1	4	19	450	25	4	8	4	4
8. 给水系统	FF H1	1	4	12	350	25	2	4	2	2
9. 辅助蒸汽系统	FF H1	1	4	20	350	25	4	8	4	4
10. 凝结水系统	FF H1	2	8	46	350	25	8	16	8	8

续表

网络所属系统	总线类型	接口模件配置数量（块）	配置网段数量	现场总线设备数量	网段长度		附件			
					干线估算（m/段）	支线（m/支）	分支接线盒	供电单元	浪涌保护器模块	浪涌保护器底座
11．加热器疏放水系统	FF H1	1	4	16	350	25	3	6	3	3
12.汽轮机轴封蒸汽及本体疏水系统	FF H1	1	4	7	350	25	2	4	2	2
13．循环水系统	FF H1	1	4	7	450	25	2	4	2	2
14．闭式循环冷却水系统	FF H1	1	4	11	350	25	2	4	2	2
15．润滑油净化储存系统	FF H1	1	4	5	350	25	1	2	1	1
16.汽轮机润滑油、顶轴油、EH油系统	FF H1	1	4	1	350	25	1	2	1	1
17．发电机氢油水系统	FF H1	1	4	5	350	25	1	2	1	1
18．其他系统	FF H1	0	0	16	350	25	3	6	3	3
小计		23	92	372			69	138	69	69

表 14-24　　公用系统 FF H1 现场总线网段配置

网络所属系统	总线类型	接口模件配置数量（块）	配置网段数量	现场总线设备数量	网段长度		附件			
					干线估算（m/段）	支线（m/支）	分支接线盒	供电单元	浪涌保护器模块	浪涌保护器底座
压缩空气系统	FF H1	1	4	2	500	25	1	2	1	1
脱硫系统	FF H1	2	8	32	600	25	6	12	6	6
辅助蒸汽系统	FF H1	0	0	0	600	25	0	0	0	0
小计		3	12	34			7	14	7	7

表 14-25　　辅控系统 FF H1 现场总线网段配置

网络所属系统	总线类型	接口模件配置数量（块）	配置网段数量	现场总线设备数量	网段长度		附件			
					干线估算（m/段）	支线（m/支）	分支接线盒	供电单元	浪涌保护器模块	浪涌保护器底座
1．锅炉补给水系统	FF H1	4	16	88	450	25	15	30	15	15
2．废水系统	FF H1	1	4	21	350	25	4	8	4	4
3．含煤废水系统	FF H1	1	4	9	350	25	2	4	2	2
4．1号机组精处理系统	FF H1	1	4	17	350	25	3	6	3	3
5．2号机组精处理系统	FF H1	1	4	17	350	25	3	6	3	3
6．精处理再生系统	FF H1	1	4	2	350	25	1	2	1	1
7．机组排水槽系统	FF H1	1	4	2	450	25	1	2	1	1
8．飞灰系统	FF H1	1	4	20	350	25	4	8	4	4
9．净化站系统	FF H1	2	8	29	350	25	5	10	5	5

续表

网络所属系统	总线类型	接口模件配置数量（块）	配置网段数量	现场总线设备数量	网段长度		附件			
					干线估算（m/段）	支线（m/支）	分支接线盒	供电单元	浪涌保护器模块	浪涌保护器底座
10．脱硫废水系统	FF H1	1	4	12	350	25	2	4	2	2
11．脱硝氨区系统	FF H1	1	4	16	350	25	3	6	3	3
12．中水处理系统	FF H1	2	8	29	350	25	5	10	5	5
小计		17	68	262			48	96	48	48

第十五章

燃气-蒸汽联合循环电厂仪表与控制

本章主要介绍燃气-蒸汽联合循环电厂仪表与控制设计与燃煤电厂的不同之处，燃气-蒸汽联合循环电厂与燃煤电厂相似的设计内容可以参考本手册其他章节。

燃气-蒸汽联合循环电厂仪表与控制系统配置要与机组配置形式相适应、相匹配，仪表与控制方案的设计要能充分体现和发挥联合循环电厂的特点。与燃煤电厂相比，燃气-蒸汽联合循环电厂仪表与控制系统设计的特点主要体现在以下几方面：

（1）由于主设备多了燃气轮机，机组配置形式又多种多样，因此联合循环机组的联锁保护和协调控制相对而言更复杂。

（2）燃气轮机主要特点之一就是启停快速、自动化程度高，余热锅炉、汽轮机系统辅助设备少而且流程简单，因此燃气-蒸汽联合循环电厂更容易实现机组自动启停控制。

（3）燃气-蒸汽联合循环电厂多采用气体燃料，燃料系统及设备仪表与控制系统需要考虑燃料的特点并结合工艺运行监控要求进行设计。

第一节　燃气-蒸汽联合循环电厂原理及主要设备

一、概述

（一）术语和定义

（1）燃气轮机控制系统。使燃气轮机适应各种运行工况的控制系统的总称，包括燃气轮机转速、负荷、温度控制系统和液压伺服系统，还包括自动启停、报警、保护和监视操作等子系统。燃气轮机控制系统通常由燃气轮机设备供货商整体设计、供货。

（2）联合循环机组控制系统。实现联合循环机组各种运行工况自动控制的系统总称。在联合循环机组中，燃气轮机控制系统监控范围以外的设备和系统，如余热锅炉、蒸汽旁路系统、热力系统等，一般都纳入联合循环机组控制系统集中监控。

（3）全厂辅助车间（系统）集中控制系统。实现电厂内全部辅助车间或系统集中监视和控制的控制系统的总称。在联合循环电厂中，与主设备、主系统关系不是很密切的辅助车间和系统，如锅炉补给水处理系统、废水处理系统、综合水泵房等，一般都纳入全厂辅助车间（系统）集中控制系统集中监控。

（二）燃气-蒸汽联合循环电厂原理

燃气轮机压气机从外界连续吸入空气并使之增压、升温，随后进入燃烧室与气态燃料（天然气或油雾等）混合燃烧成高温、高压的燃气，从燃烧室喷出的高压燃气推动燃气轮机叶轮旋转，把燃气的内能转化为燃气轮机的机械能。

由燃气轮机和发电机组成的循环称为简单循环，燃气轮机排出的高温烟气直接排向室外，不再利用。简单循环方式系统简单，初投资较低，但机组整体系统效率较低。

由燃气轮机、余热锅炉、蒸汽轮机及发电机和相关辅助系统组成的循环称为燃气-蒸汽联合循环。其工艺过程为：压气机把自大气吸入的空气压缩增压后，送入燃烧室，在燃烧室中，压缩空气与天然气混合燃烧后产生高温、高压的烟气推动燃机轮机做功，把燃气轮机排出的高温烟气送到余热锅炉，通过热交换产生各种压力的蒸汽，去推动汽轮机，带动发电机发电。

使用天然气为燃料，采用燃气-蒸汽联合循环技术发电的电厂，称为燃气-蒸汽联合循环电厂。国内已建和在建的燃气-蒸汽联合循环电厂，F 级及以上燃气轮机全部使用天然气（西部天然气或东海天然气）和液化天然气。

燃气-蒸汽联合循环发电系统优势在于阶梯利用，其中蒸汽轮机还可提供工业抽汽或供暖抽汽对外供汽或供热，实现热电联产。燃气-蒸汽联合循环发电净效率超过 50%， H 级燃气轮机燃气-蒸汽联合循环机组热效率超过 62%，截至 2017 年底，世界上最先进的百万千瓦超超临界燃煤发电机组的额定工况发电净效率约为47%，燃气-蒸汽联合循环电厂的热效率远远超过常规电厂。

1. 燃气轮机工作原理

燃气轮机是靠燃烧产生的高温、高压气体推动燃气轮机叶轮旋转，其工作原理和中国古代走马灯的原理相同，走马灯的上方有一个叶轮，就像风车叶片一样，当下部的灯被点燃时，灯罩内空气被加热，热气流上升推动灯上面的叶片旋转，带动下面的小马一同旋转。

燃气轮机利用气体作为工质在燃烧室里燃烧，将燃料的化学能转变为气体的内能。在喷嘴里，气体的内能转变为气体的动能，燃气高速喷出，冲击叶轮转动。燃气轮机的基本原理与蒸汽轮机很相似，不同之处在于工质不是蒸汽而是燃料燃烧后的烟气。

2. 燃气轮机工作过程

燃气轮机主要由压气机、燃烧室和燃气透平三大部件组成，工质顺序经过吸气压缩、燃烧加热、膨胀做功及排气放热四个工作过程，完成一个由热变功转化的热力循环。具体工作过程为：压气机从外界大气环境吸入空气，并逐级压缩，压缩空气被送入到燃烧室，与喷入的燃料混合燃烧产生高温、高压的燃气，然后进入燃气透平膨胀做功，最后是工质放热过程，燃气透平排气可直接排到大气，自然放热给外界环境，也可通过各种换热设备放热以回收利用部分余热，在连续重复完成上述循环过程的同时，发电机把燃料的化学能连续地部分转化为有用功。

燃气轮机区别于蒸汽轮机的三大特征：①工质，采用空气和燃气，而不是蒸汽，故可不用或少用水。②多为内燃方式，使燃气轮机免除庞大的传热与冷凝设备，因而设备简单，启动和加载时间短，电厂金属消耗量、厂房占地面积与安装周期都成倍地减少。③高温加热、高温放热，可使燃气轮机有更大地提高系统效率的潜力，但也使燃气轮机在简单循环时热效率较低，且高温部件的制造需要使用更多的合金材料，影响了运行可靠性与使用经济性。

燃气轮机由静止启动时，需用启动设备，待加速到能独立运行后，启动设备才脱开。

3. 燃气轮机工作过程分类

燃气轮机的工作过程是最简单的，称为简单循环；此外，还有回热循环和复杂循环。

燃气轮机的工质来自大气，最后又排至大气，是开式循环。世界上大多数燃气轮机都采用以空气为工质的开式循环，其系统结构最简单，最能体现出燃气轮机所特有的体积小、质量轻、启动快、少用或不用冷却水等一系列特点。

此外，还有工质被封闭循环使用的闭式循环，是指工质在封闭系统中循环工作而与大气无关的热力循环。

燃气轮机与其他热力学机械相结合，称为复合循环装置，最典型的是燃气-蒸汽联合循环，其基本流程如图15-1所示。

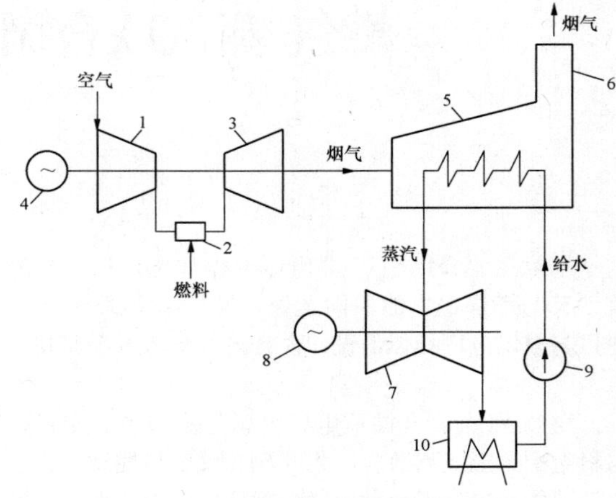

图15-1 燃气-蒸汽联合循环基本流程

1—压气机；2—燃烧室；3—燃气透平；4—燃气轮发电机；5—余热锅炉；6—烟囱；7—汽轮机；8—汽轮发电机；9—给水泵；10—凝汽器

衡量燃气轮机性能的主要参数是燃气透平进气初温和压缩比，这两个参数主要决定燃气轮机简单循环及联合循环的效率。根据出力的不同，功率大于20MW的燃气轮机归类为大、中型燃气轮机。按照透平进气初温定义和划分，成熟的大、中型燃气轮机主要包括B、E、F、G、H、J级燃气轮机。

B级燃气轮机，燃气透平进气初温在1100℃左右，出力为40MW等级。

E级燃气轮机，燃气透平进气初温在1150℃左右，出力为150MW等级。

F级燃气轮机，燃气透平进气初温在1300℃左右，其中出力为100MW等级为6F级，出力为250MW等级为9F级；目前最新9F级燃气轮机，其燃气透平进气初温约为1425℃，出力为300MW等级。

G、H级燃气轮机，燃气透平进气初温在1400℃左右。

J级燃气轮机，燃气透平进气初温在1500～1600℃之间。

先进的重型燃气轮机简单循环和联合循环效率分别达到40%～41%和60%～62%；未来级重型燃气轮机，其燃气透平进气初温的目标是1700℃，简单循环和联合循环效率将分别达到43%和64%左右。

如表15-1所示，随着技术的发展，燃气轮机的燃气透平进气初温和压缩比在不断地提高，燃气轮机效率也随之不断提高。

表 15-1　　各级别燃气轮机主要参数

级别	燃气透平进气初温（量级）（℃）	燃气轮机效率（%）	压缩比	备注
E	1150	约 32	约 14	
F	1300	约 35	约 14	
G	1400	约 39.5	约 20	
H	1400	约 41	约 20	
J	1500～1600	约 41	约 23	

二、技术介绍

国际上实力雄厚、完全拥有重型燃气轮机研究、设计、制造和服务能力的燃气轮机系统供应商有四家，分别是美国通用电气（GE）、德国西门子（Siemens）、日本三菱（Mitsubishi）及法国阿尔斯通（Alstom），主要运行的燃气轮机基本上为 E 级和 F 级，H 级燃气轮机正在兴起。目前通用电气、西门子、三菱三大巨头是世界燃气轮机技术的第一梯队，几乎垄断了全球绝大部分的重型燃气轮机市场，并且通用电气公司是目前世界上唯一可同时提供大型航空发动机和电站燃气轮机的厂商。2014 年底，通用电气和西门子同时宣布竞购阿尔斯通，2014 年 5 月初，西门子收购了英国罗尔斯·罗伊斯公司提供航改型燃气轮机、压缩机系统及相关的服务业务部门，在此之前，三菱收购了美国普惠公司中小型燃气轮机业务部门。2015 年，通用电气最终完成了法国阿尔斯通能源业务的收购，但是欧盟为了避免燃气轮机技术的垄断现象进一步加剧，要求通用电气将一部分阿尔斯通重型燃气轮机的业务资产出售给了其意大利的竞争对手安萨尔多（Ansaldo），其中包括阿尔斯通的 GT26 型（F 级燃气轮机）产品线，以及阿尔斯通的 GT36 技术开发项目。截至 2015 年，全球三大巨头都基本完成了在机型和服务能力上的战略布局整合，具有齐全的机型选择、工程设计服务和建设能力，以及制造和运行维护服务设施的全球布点。

2000 年，国内三大发电设备生产企业上海汽轮机厂、哈尔滨汽轮机厂、东方汽轮机厂参与国家组织的燃气轮机“打捆招标”，分别与西门子、通用电气、三菱三家跨国巨头合资、合作生产燃气轮机及开发联合循环发电技术，推动燃气轮机国产化。2012 年 12 月，我国具有自主知识产权的第一台重型燃气轮机、中航工业黎明引进苏联技术研制的 R0110 型重型燃气轮机，完成 72h 带负荷试验运行考核，缩短了我国与国际先进水平的距离。但是国内制造企业依然没有掌握核心技术，如重型燃气轮机设计技术、燃气轮机高温部件制造技术、燃气轮机的控制和运行维护等关键技术仍掌握在国外技术提供方手中。燃气轮机的维护主要依赖外方，个别厂家的高温部件的维修甚至不得不在国外进行。燃气轮机的特性决定了其投运后需要定期维护和更换叶片，一台燃气轮机多年日常维护和维修的成本远远超过燃气轮机的购买成本。

国内燃气轮机技术与国外三巨头相比，国外三巨头均是可以提供完整的服务和解决方案的跨国企业，产品线涵盖从重型燃气轮机到航改型燃气轮机不同系列和容量的完整产品线，适应全球化的不同项目需求，可以提供全生命周期的运行和售后服务支持，设有遍布全球的运行维护服务和维修中心，服务类业务收入占比很高。国内三大发电设备生产企业主要以生产国外三巨头授权的部分重型燃气轮机产品，以具体产品和制造能力为主，基本没有独立的运行维护服务能力。

2014 年 5 月，上海电气和意大利安萨尔多公司签署一系列协议，上海电气出资参股安萨尔多。意大利安萨尔多属于世界燃气轮机技术的第二梯队，拥有独立的技术、机型和研发能力及完整的知识产权，而且燃气轮机产品型号齐全，通过技术共享，上海电气公司有望成为我国又一家掌握重型燃气轮机制造核心技术的公司。目前上海电气销售的安萨尔多燃气轮机产品主要是 AE 系列燃气轮机和 GT 系列燃气轮机，其中 AE 系列燃气轮机包括 AE94.2 型 E 级燃气轮机、AE64.3A 型 6F 级燃气轮机、AE94.3A 型 9F 燃气轮机，GT 系列燃气轮机包括 GT36 型 H 级燃气轮机、GT26 型 F 级燃气轮机。2017 年 4 月，上海电气与 ABB 签署合作协议，ABB 将采用 ABB Ability Symphony Plus 平台解决方案，为上海电气燃气轮机产品提供全套的控制、监测与保护系统。

为了发挥燃气轮机和联合循环的优越性，除了先进的主机设备外，必须配备先进的、完善的燃气轮机控制系统。与所有旋转动力机械设备一样，燃气轮机的控制也经历了液压机械式控制、模拟式电子控制、数字式电子控制的发展历程，控制系统的不断改进提高了燃气轮机运行的可靠性与可维护性。由于电子控制器的输出信号不能直接控制燃气轮机的工作状态，要通过电液转换装置和液压放大机构，才能得到燃气轮机的输入变量，如燃气流量、压气机入口导叶角度等。燃气轮机控制系统在一定程度上和汽轮机数字电液控制系统很相似，但是燃气轮机控制系统控制内容更多，控制系统更复杂。燃气轮机仪表与控制系统作为燃气轮机关键核心技术之一，在国家“打捆招标”引进重型燃气轮机制造技术过程中，无论是通用电气的 MARK 系列、西门子的 TXP，还是三菱的 DIASYS，均未实现燃气轮机仪表与控制系统设计核心技术的转让，甚至国内合作方都没有修改调试任何控制参数的权限和能力。

燃气轮机控制系统是整个联合循环电厂系统控制的核心，在一定程度上，燃气轮机控制系统的性能决定着相应的联合循环电厂的变工况性能、经济性和安全性。燃气轮机和汽轮机的控制系统，都是随主机设备由燃气轮机、汽轮机生产厂家成套提供的。目前，我国重型燃气轮机发电企业的燃气轮机主力机型为引进并国产化制造的美国通用电气公司、德国西门子公司、日本三菱公司的E级和F级燃气轮机。以下根据国内引进机组的情况，介绍美国通用电气公司、德国西门子公司、日本三菱公司的燃气轮机控制系统。

（一）美国通用电气（GE）燃气轮机技术介绍

通用电气是世界领先的发电设备和能源输送技术的供应商，从2005年开始，通用电气已向中国一期和二期的联合循环电厂"打捆招标"项目提供了20多台F级燃气轮发电机组，使得燃气轮发电机组在我国电网结构中的比重进一步加大。这些F级燃气轮发电机组均采用MARK-Ⅵ、MARK-Ⅵe燃气轮机控制系统。

通用电气燃气轮机控制系统从MARK-Ⅰ、MARK-Ⅱ、MARK-Ⅳ发展到MARK-Ⅴ，直至最新的MARK-Ⅵ、MARK-Ⅵe；从分列固态元件、仪表、继电器、声光报警器发展到集成电路、冗余微处理机、微型计算机系统。

燃气轮机控制系统最初是1948年生产的燃料调节器，用在MS3001型发电机组和列车机组上。MARK-Ⅰ控制系统于1966年在美国首次使用，系统采用固态系列元件模拟式控制系统、继电器顺序控制和输出逻辑。

MARK-Ⅱ在1973年开始使用，其改进主要是采用固态逻辑系统，并对温度测量系统的补偿、剔除、计算等进行改进。在20世纪70年代后期生产出MARK-Ⅱ+ITS，增加了一套集成温度系统，对排气温度的控制能力得以加强，主要是对损坏的排气热电偶能够实现自动剔除。

MARK-Ⅳ出现于1982年，其在原来Ⅰ、Ⅱ型基础上做了较大的改进。首先是采用冗余微处理机控制和电路大量地集成化。MARK-Ⅳ更新了操作和显示方式，简化了面板的布置，依靠CRT和辅助显示屏及操作软件来控制；还一改手抄运行数据的方法，由打印机按要求的时间和内容列出数据表。

1991年投入使用的MARK-Ⅴ进一步完善了三冗余的微机系统，采用彩色图形显示及标准键盘的人机接口，对容错系统由MARK-Ⅳ的硬件方式改用软件容错（software implemented fault tolerant，SIFT），提高了运行可靠性，为在线维修提供了更多的方便，还改进了控制柜的保护系统，提高安全性。

随着计算机技术和通信网络技术的迅速发展，1997年，通用电气公司在MARK-Ⅴ系统基础上开发出了MARK-Ⅵ，更换了上一代接口数据处理机，代之以人机接口（HMI），淘汰了以IDOS操作系统支持的接口技术，而采用以Windows NT操作系统的多窗口系统界面。

2004年，通用电气公司又在MARK-Ⅵ的基础上推出了MARK-Ⅵe控制系统，该系统相比上一代产品，在三冗余配置（triple modular redundant，TMR）、单冗余配置（simplex）之外，提供了二冗余配置（dual redundant）供用户选择，系统具有在100Mbit/s以太网条件下完全网络化的I/O能力，采用更快速的处理器，兼容更多类型和I/O的通信模式，软件工具包ToolBoxST更具DCS的特性，使用更方便。

1. 控制系统网络结构

MARK-Ⅵe控制系统设置有三级数据通信网络，即厂级数据高速公路（plant data highway，PDH）、机组级数据高速公路（unit data highway，UDH）和IONet。MARK-Ⅵe控制系统网络拓扑如图15-2所示。

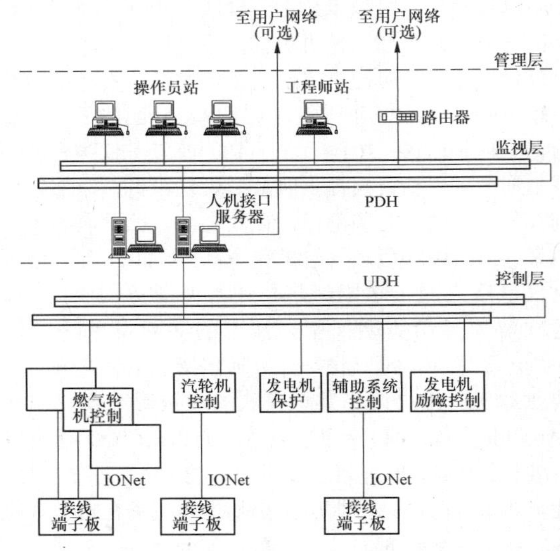

图15-2 MARK-Ⅵe控制系统网络拓扑

控制系统的控制器通过UDH与人机接口（hunan machine interface，HMI）服务器连接，在PDH上挂接着操作员站、打印机、历史数据站等各种外界设备，通过有关端口还可与其他控制系统进行通信，组成一个更大、更完整的系统。

（1）厂级数据高速公路（PDH）。由于控制系统中设有HMI、打印机等外部设备，为了防止这些设备工作时占据网络资源，影响监视控制层的数据实时性能，因此，将所有的HMI和打印机等外设组建成一个网络。该网络负责向企业内的信息管理网络（MIS）传输数据并进行各种优化分析，该层通信网络称为厂级数据高速公路（PDH）。

PDH 是一个对外界（如 DCS）开放的网络系统，它将 HMI 服务器与操作员站、打印机、历史数据站及其他控制系统联网，但是不能与 MARK-Ⅵe 的控制器直接连接，只能通过 UDH 与其通信。PDH 采用传输控制协议/网际协议（transfer control protocol/internet protocol，TCP/IP），其通信方式为广播式，允许共享一条传输线的多个站点随机访问传输线路。网络速度为 10Mbit/s 或 100Mbit/s，最多可支持 1024 个节点，当采用双绞线时最长距离可传输 100m，采用光缆时最长距离可传输 2000m。

（2）机组级数据高速公路（UDH）。整个控制系统下属的各个控制器通过双绞线或光纤连接到交换机上组建成工业以太网，实现数据的共享和交换，从而实现各个工艺流程之间的协调控制。同时，运行人员和维护工程师在这个层面上通过人机接口站可以监视整个工艺流程的运行状态，并进行必要的人工操作、故障诊断和控制系统维护，这一层的通信网络在 MARK -Ⅵe 系统中称为机组数据高速公路（UDH）。

UDH 用于控制器与服务器之间的通信，它不直接对外界开放，只能通过服务器或 PDH 与外界进行通信。UDH 是一个以以太网为基础的网络，采用以用户数据报协议/网际协议（user datagram protocol/internet protocol，UDP/IP）为基础的以太网全球数据（ethernet global data，EGD）协议。与 PDH 一样，UDH 的网络控制方式为广播式，可与全球定位系统（global position system，GPS）实现时钟同步，精度可达±1ms，最多可支持 10 个节点，节点类型主要包括控制器、PLC、操作员站、工程站等。

（3）IONet。MARK-Ⅵe 控制系统最底层为 I/O 卡件和接线端子板，I/O 卡件通过 IONet 与控制器相连。IONet 是一种系统内部的 I/O 总线，用于 MARK-Ⅵe 控制系统的 VCMI 通信卡、I/O 卡、控制器及保护模件之间的通信，不对外界开放。IONet 是一个采用异步设备语言（asynchronous device language，ADL）协议的以太网。IONet 采用主/从通信结构，VCMI 通信卡作为主站来选择从站进行数据传输，网络速率为 10Mbit/s。IONet 最多可以支持 16 个节点，当采用同轴电缆时最长距离可传输 185m，采用光缆时最长距离可传输 2000m。

2. 控制系统硬件配置

MARK-Ⅵe 控制系统的硬件配置，根据控制器的配置情况可分为单冗余控制模式、二冗余控制模式和三冗余（TMR）模式。简化型仅采用单套控制处理机，当采用三冗余（TMR）结构时，控制柜中布置有 R、S、T 三套独立且相同的控制模块，每个控制模块自身包含电源、处理器、通信，以及用于燃气轮机所有重要控制、保护和顺序控制的 I/O。系统通过三个 IONet 与 I/O 柜相连，并通过控制器的以太网接口与操作站相接。I/O 柜中布置有 I/O 卡、端子板及电源分配模块，通过三个 IONet 与控制器相连，并通过预制电缆与端子板相连。

MARK-Ⅵe 控制系统的大多数 I/O 卡件采用相同的尺寸及相同的高速数字信号处理器，对模拟量和开关量信号的采集速度可以达到 5ms 和 1ms。其中，VCCC 卡和 VCRC 卡可用于事件顺序记录（SOE），此时开关量信号的输入时间分辨率为 1ms。VCMI 卡为通信卡，每块 I/O 卡都会送一个 ID 信号的 VCMI 卡，该 ID 信号包括硬件的序列号、版本、代码、固化数字和固化版本。每一类的 I/O 卡都有其特殊的端子板，I/O 卡件均通过 37 针的 D 型连接器与端子板相连接。

VCMI 卡位于 MARK-Ⅵe 各机架在第一个槽上，它负责与 VME 底板上的 I/O 卡件进行通信，并通过 IONet 与其他控制模块的 VCMI 卡交换数据，对数据进行表决；表决得到的数据被传输到位于第二槽的主控制器 UCVX 卡上，3 块 VCMI 卡靠三冗余的 IONet 来相互连接。通过 IONet 进行数据交换和表决，实现了数据独立制表和独立表决，以此为基础而实现了高效的软件容错（SIFT）功能。

MARK-Ⅵe 控制系统的控制模块 R、S、T 和保护模块 R、S、T 分别配备了独立的电源。MARK-Ⅵe 控制系统的组态见图 15-3。

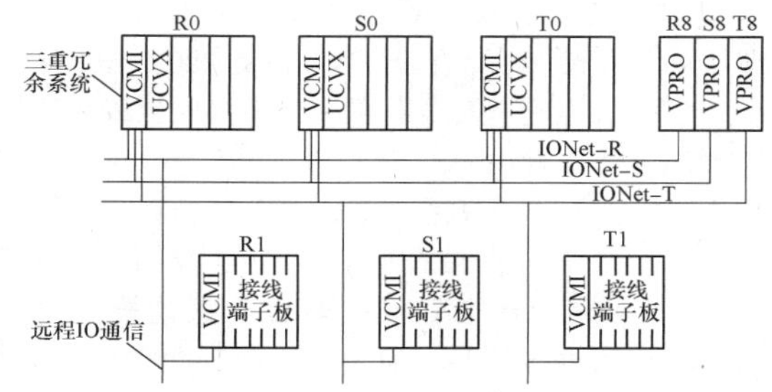

图 15-3　MARK-Ⅵe 控制系统的组态示意图

VCMI—通信卡；UCVX—主控制器卡；VPRO—保护输入模块；R0、S0、T0—控制模块 R、S、T；R8、S8、T8—保护模块 R、S、T；R1、S1、T1—接口模块 R、S、T；IONet-R、S、T—IONet 网 R、S、T

3. 控制系统软件配置

MARK-Ⅵe 控制系统由两套软件工具组成，即 ToolBox 和 CimPlicity。ToolBox 是 MARK-Ⅵe 人机接口工具软件，完成 MARK-Ⅵe 程序的组态、修改和下装，以及实时过程和逻辑数据查询、逻辑强制、趋势、历史数据采集、跳闸报告等，所有对 MARK-Ⅵe 内部的操作都通过 ToolBox 实现，它是 MARK-Ⅵe 控制系统中最重要、最强大的工具。CimPlicity 是 MARK-Ⅵe 控制系统中提供给操作员的图形客户端，主要功能是读取 MARK-Ⅵe 的数据（过程数据、报警、事件）供操作员监视并接受操作员的指令，将指令传递给 MARK-Ⅵe。

MARK-Ⅵe 控制系统的所有操作员站、通信服务器及工程师站都使用 Microsoft Windows 操作系统，在操作员站、通信服务器上装有 CimPlicity 图形显示系统，为操作员提供实时环境中的控制和可视化处理，工程师站运行控制系统的 ToolBox 软件用于系统组态。HMI 中的重要界面通过使用图形编辑组件 CimEdit 及高性能运行观察组件 CimView 来完成。

对于 MARK-Ⅵe 的 I/O 系统，由于其 TMR 的特殊要求，采用一种专用的系统。MARK-Ⅵe 的控制器采用 QNX 操作系统，这是一个适用于燃气轮机控制、保护等高速自动场合的实时系统。

4. 控制系统特点

对于通用电气燃气轮机，用于控制回路和跳闸保护回路的重要信号都使用三冗余传感器进行测量，控制系统也采用 3 个独立且相同的控制模块，每个控制模块自身包含电源、处理器、通信，以及用于燃气轮机所有重要控制、保护和顺序控制的 I/O 卡件。保护系统配置为两个完全独立的三冗余（TMR）结构。

MARK-Ⅵe 控制系统的机柜布置不同于常规 DCS，每个控制单元包括 1 个控制器柜（包括控制器板、电源模件、通信模件等）、1 个低电压信号柜（包括热电偶、热电阻、4～20mA 等信号）、1 个高电压信号柜（包括直流 24V、直流 48V、交流 220V 等信号），能有效地解决信号互相干扰的问题，同时也能尽可能多地布置 I/O 卡件。

MARK-Ⅵe 控制系统是针对燃气轮机组专门设计的控制系统，充分考虑了燃气轮机组各类控制设备的特殊性，通用电气公司燃气轮机的振动检测采用 BENTELY 公司的产品，通用电气燃气轮机控制系统的 I/O 卡件能够与安全监视仪表的传感器、前置器相连获取信号。

另外，通用电气公司从一开始设计燃气轮机控制系统，就将发电机控制、励磁控制等电气系统作为机组控制的一部分。

（二）德国西门子（Siemens）燃气轮机技术介绍

西门子 V94.3A 型 F 级燃气轮机控制系统采用的是已经广泛用于电厂控制的通用型 DCS，引进的西门子燃气轮机主要采用 TELEPERM-XP 分散控制系统，以及 SPPA T-3000 分散控制系统。

SPPA T-3000 分散控制系统主要配置有 T-3000 冗余容错服务器（RX100/FT4500）、上层环网（应用层网络）、下层环网（自动化层网络）、西门子 S7-414 控制器、ET200M I/O 采集站、操作员站 OT、工程师站 ES、打印机等；用于燃气轮机控制，在硬件上增加了一些专用的控制器、卡件，如 FM458 高速闭环控制器、ADDFEM 系列高速运算 I/O 模件。

西门子燃气轮机的安全监视仪表系统（TSI）多采用 VIBRO-METER 的 VM600 实现，用于对燃气轮机组的轴系振动、燃气轮机燃烧室加速度、键相等参数进行连续监测。

1. 控制系统基本组成

（1）数据通信系统。采用冗余的单一网络将各分散处理单元、输入数据通信系统、输出处理系统、分散的控制器及人机接口和系统外部设备连接起来，以保证可靠和高效的系统通信。

（2）控制器。作为控制中心，采用了冗余的方式，采用与 PC 兼容的实时操作员站报警。冗余的处理器模件与系统有并行的接口，能接受系统对它们进行在线组态和组态修改；处于备用状态的处理器模件，能不断更新其自身获得的信息。每个处理器模件都带有 LED 自诊断显示。

（3）过程输入/输出（I/O）模件。I/O 模件是“智能化”模件，以减轻控制器模件的处理负荷，能够完成扫描、量程归一、数据整定、数字化输入和输出、线性化、热电偶冷端补偿、过程点质量判断、工程单位换算等功能。所有 I/O 模件输入通道、输出通道及其工作电源之间采用单通道隔离，每一通道与外部信息交换也采用单通道隔离，每一模件上任一 I/O 点信号接地不影响其他 I/O 点的正常工作。

I/O 模件处理的信号类型包括模拟量输入 4～20 mA 信号（接地或不接地）、模拟量输出 4～20mA 或 1～5V、数字量输入、数字量输出、热电阻（RTD）输入、热电偶（T/C）输入、脉冲量输入等。

（4）操作员站。操作员站的任务是在标准画面和用户组态画面上，汇集和显示有关的运行信息，使运行人员据此对机组的运行工况进行监视和控制，任何显示和控制功能均能在任一操作员站上完成。

（5）工程师站。工程师站包括站用处理器、图形处理器及能容纳系统内所有数据的数据库、各种显示和组态程序所需的主存储器和外存储设备；还提供系统趋势显示所需的历史趋势缓冲器。工程师站应设置多级权限，以防一般人员擅自改变控制策略、应用程序和系统数据库。

工程师站具备操作员站的所有功能，能调出任一已定义的系统显示画面；在工程师站上生成的任何显示画面和趋势图等，均应能通过通信总线加载到操作员站。工程师站通过通信总线，既可调出系统内任一分散处理单元的系统组态信息和有关数据，还可使组态人员将组态数据从工程师站上下载到各分散处理单元和操作员站。

2. 控制系统网络结构

SPPA T-3000控制系统网络为三层网络结构，上、下两层均为环网，上层为应用层，下层为自动化层，第三层是过程接口层，如图15-4所示。自动控制服务器（AP）挂在自动化总线上，工程师站和操作员站挂在应用总线上，两层总线之间为应用服务器。网络第三层的过程接口层，通过自动控制服务器（AP）与其对应的本地I/O卡或远程I/O柜之间进行数据通信。

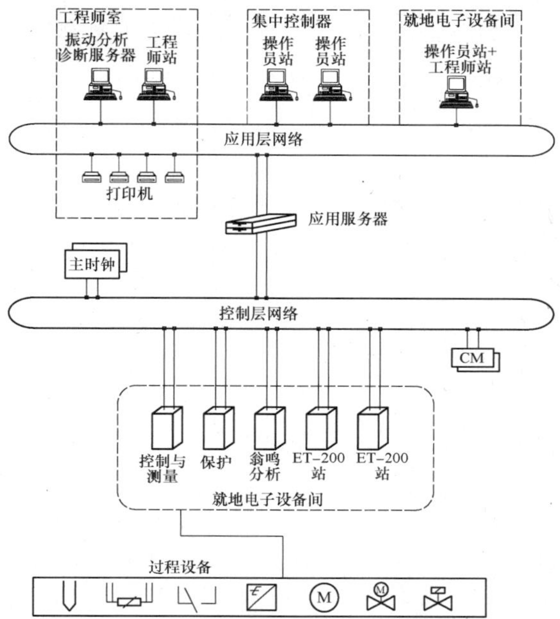

图15-4　SPPA T-3000控制系统的网络结构示意图

（1）应用层网络（application highway）。主要负责用户界面层与应用服务器之间的数据传输。网络上可挂接多台人机接口站，其中有操作员站（OT）、大屏幕监视站（EOS），由运行人员使用，有工程师站供组态工程师使用。对于SPPA T-3000系统，人机接口站数量的多少可以根据需求确定。

（2）控制层网络（automation highway）。主要负责自动化层中应用服务器与自动控制服务器（AP）之间的数据传输。这两个网络均采用标准TCP/IP协议的以太网。当环网出现故障时，环网能立即转换为总线型拓扑结构继续工作。

（3）应用服务器。作为同时挂接在应用层网络和控制层网络上的设备，主要用于人机界面与控制过程接口的数据传输。

（4）过程接口层。通过自动控制服务器（AP）与其对应的本地I/O卡或远程I/O柜之间进行数据通信。连接到过程接口的通信由PROFIBUS DP现场总线建立，最高传输速度为12Mbit/s。

3. 控制系统主要硬件及功能

（1）开环控制器。控制器采用西门子S7-400系列产品，用于完成燃气轮机的启动和停止顺序控制、辅助系统的控制及报警与监视功能。控制器模块包括冗余的电源模块、控制模块、通信模块。控制器通过PROFIBUS总线与I/O组件进行数据交换，控制器与控制器之间通过光纤互相冗余。

（2）闭环控制器。采用FM458快速响应控制器，控制器具有良好的性能参数，特别适合于有快速控制响应和精确数学计算要求的情况，其执行周期最快可达0.1ms。系统采用框架式结构，非常紧凑，重要信号都进入ADDFERM卡件，实现数据的快速采集和控制。

闭环控制器通过软件包来实现各种控制功能，主要包括转速控制、负荷控制、排气温度控制、燃料量计算、燃烧方式切换、阀位控制、启动控制等。

（3）保护系统。西门子燃气轮机的保护系统可分为两种形式：一种是通过硬件保护装置（SCHLOSSER）直接动作燃料阀实现跳闸保护；还有一些信号送至T-3000控制系统，经过逻辑判断后，然后通过硬接线送至保护装置（SCHLOSSER），实现顺序控制停机保护。

保护装置（SCHLOSSER）是经过TÜV认证的专用硬件，采用故障安全的设计理念，燃气轮机的保护信号通过硬接线与该保护装置连接，再由保护装置进行硬回路的判断后快速发出跳闸指令，达到保护燃气轮机的目的。

（三）日本三菱（Mitsubishi）燃气轮机技术介绍

作为一个制造电力设备和建造电厂的公司，三菱重工从1970年就开始研发自己的控制系统，即数字智能自动系统（digital intelligent automation system，DIASYS）。已经发布的DIASYS-UP系列和DIASYS-UP/V系列，都应用了各自时期最新的硬件技术。对于控制设备的软件，三菱使用的是逻辑描述语言DIASYS-IDOL。三菱公司吸收不断发展的IT技术，在2000年发布了DIASYS系列第三代产品——DIASYS Netmation，并使用DIASYS-IDOL++作为电厂控制软件，DIASYS-IDOL++是DIASYS-IDOL的增强版本。打捆引进的三菱F级燃气轮机配套采用的是三菱公司自己开发的DIASYS Netmation控制系统。

三菱F级燃气轮机控制系统主要组成部分有：①燃气轮机控制系统（GTCS）。对燃气轮机、燃气轮发电机、燃气轮机辅机的监视和操作及燃烧进行调整。②燃气轮机保护系统（GTPS）。对燃气轮机、燃气轮发电机、燃气轮机辅机进行保护。③燃气轮机安全监视系统（GTSI）。监视燃气轮机、燃气轮发电机轴系的键相、振动等。燃气轮机控制系统、燃气轮机保护系统采用 DIASYS Netmation 系统软硬件，燃气轮机安全监视系统多采用美国本特利（BENTLY）公司生产的 3500 保护系统。

1. 控制系统组成

DIASYS Netmation 由多功能处理站（MPS）、操作员站（OPS）、工程师站（EMS）、辅助站（ACS）等组成，其中 MPS 为整个控制系统的核心。从软、硬件组成上来讲，DIASYS Netmation 由 CPU、高可靠性运行软件、PCI 总线、“即插即用”结构的 I/O 卡及与 PLC 进行通信的开放式控制网组成。

为保证高可靠性，多功能处理站采用了双 CPU、双网络、双卡件和双电源的结构，并对 CPU、I/O 模块等设置自诊断功能。EMS 主要用于维护人员利用 DIASYS-IDOL++软件对整个控制系统进行维护。OPS 站为运行人员的操作工具和监视界面。ACS 主要用于对实时数据和历史数据的储存和管理。

（1）多功能处理站（MPS）。MPS 是整个 DIASYS Netmation 系统硬件中的核心设备，其作用是执行电厂的自动控制及现场信号的输入/输出处理，它拥有高速运算处理能力，可以用于需要高速运算处理的透平控制、透平保护及电厂自动启停控制等方面的应用。

MPS 的主要硬件有控制器、网络适配器、I/O 卡件、电源转换器及 CNET 等。

GTCS 系统的 MPS 有三对冗余控制器，分别为 CPU1、CPU2、CPFM。CPU1 控制燃气轮机本体及辅机（燃气轮机空气冷却器、燃料加热器等），CPU2 控制燃气轮发电机，CPFM 用于监视燃气轮机燃烧筒内的压力波动和加速度波动。

GTPS 系统中的 MPS 分别有三对控制器，这三对控制器之间互相冗余。

（2）操作员站（OPS）。用来实现电厂的监视和运行，通过 OPS 可以监测控制整个电厂的运行。

（3）工程师站（EMS）。用来创建和维护与电厂控制有关的功能，创建逻辑并加载到 MPS 中，创建在 OPS 上显示的画面或完成其他任务。

（4）辅助站（ACS）。用来存储由 MPS 采集的电厂数据（以特定的时间间隔），同时还承担了通信、计算机时钟同步及打印管理的功能。

（5）OPC 站。用来将控制系统内的数据和信息通过 OPC 协议通信传送至联合循环 DCS 控制系统。

2. 控制系统网络结构

DIASYS Netmation 控制系统的网络可分为三个层次，即信息层网络、控制层网络、现场层网络，如图 15-5 所示。信息层网络由处理站、操作员站、工程师站、辅助站及打印机组成，网络形式为星形结构的冗余工业 100M 以太网，采用的协议为 TCP/IP。在信息层以下是由处理站和控制层网络接口模件通过同轴电缆组成的控制层，采用的协议是 ControlNet。控制层对控制和现场的输入输出信号进行运算操作，一旦控制层故障，会对电厂产生极大的影响，因此，控制层的可靠性要求是最高的。在控制层下面是由 ControlNet 接口模件和 I/O 模件、伺服模件及其他一些专用功能模件所组成的 I/O 总线，采用的协议是 FlexIO 总线协议。

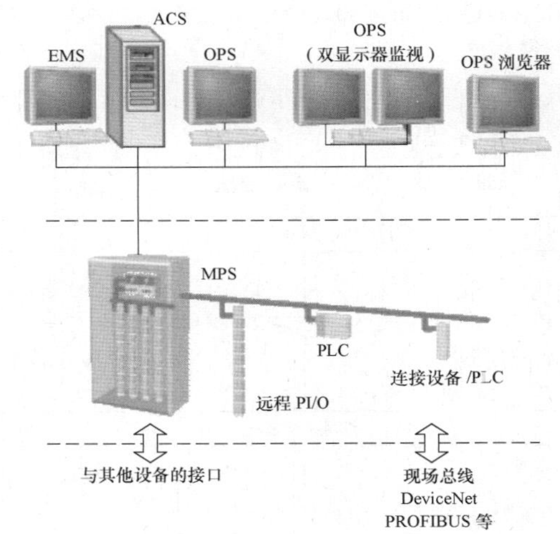

图 15-5 DIASYS Netmation 控制系统的网络结构示意图

3. 控制系统软件

DIASYS Netmation 人机界面软件包主要有操作画面、控制面板、趋势曲线、报警、逻辑实时监视、事件跟踪、数据编辑、事故追忆及报表功能，这些功能分别在 OPS、ACS、EMS 上实现。

利用在工程师站（EMS）上运行的 DIASYS-IDOL++可以对整个系统进行设定和维护，包括对 MPS 的运算逻辑，以及 OPS 的画面和趋势图、设备控制面板等进行创建、修改，其核心数据库是基于 Oracle 设计的对象数据库，称为 ObjectDatabase（ORCA）。EMS 软件包具有 6 种功能组，分别是逻辑功能组、系统功能组、人机界面功能组、画面功能组、文件功能组和图纸管理功能组，这些功能组均采用易于操作的资源管理器方式进行管理。

利用在操作员站（OPS）上运行的 WSM（workspace manager）可以对全厂设备进行监视和操作，包括显示工艺流程画面、在线修改控制参数、趋势监视、设备手操、报警显示及逻辑实时监视等功能。

三、系统和设备

（一）燃气轮机

1. 燃气轮机本体

燃气轮机本体构造有三大部分，即空气压缩机、燃烧室、燃气透平系统。

（1）空气压缩机（压气机）。压气机负责从周围大气中吸入空气，增压后供给燃烧室。为了生成高压空气，压气机装有多级叶轮，若干叶轮固定在压气机的转轴上构成压气机转子，转子上的叶片称为动叶。

在每两级动叶之间有一组静止的叶片（简称静叶），一组动叶与后面相邻的静叶，称为压气机的一个级。多数燃气轮机的压气机有十几级，高速旋转的动叶把空气从进气口吸入压气机，经过一级又一级的压缩，变成高压空气。由于压气机内气体流动方向与旋转轴平行，称为轴流式压气机。燃气轮机启动时，先把发电机当作电动机带动压气机旋转，把空气压入燃烧区。燃气轮机点火后，则逐渐转变至由透平带动压气机旋转压气。

（2）燃烧室。燃气轮机一般有十几个燃烧室，安装在燃气轮机外围。燃烧室由外壳与火焰筒组成，在外壳端部有燃料入口，在火焰筒尾部连接过渡段，在燃烧室内装有燃料喷嘴。

气态燃料通过燃烧室端部燃气入口进入燃烧室，喷入的燃料与压气机压入的空气在燃烧室火焰筒里混合燃烧。燃烧使气体体积剧烈膨胀，生成高温高压燃气从燃烧室过渡段喷出，进入透平做功。

（3）燃气透平系统。燃气轮机也称为燃气透平，从燃烧室喷出的高压燃气推动透平叶轮旋转，把燃气的内能转化为透平的机械能。

燃气推动旋转的叶轮上的叶片称为动叶，在每级动叶的前方还安装一组静止的叶片（静叶），静叶起着喷嘴的作用，使气流以最佳方向喷向动叶。一组静叶加一组动叶为透平的一级。为了充分利用燃气的热能，透平一般为 3 级或 4 级。

透平叶轮安装在透平转轴上构成透平转子。压气机转子与透平转子是安装在同一根转轴上，称为燃气轮机转子，透平旋转时也就带动压气机旋转工作，透平转子同时还带动发电机发电。

2. 燃气轮机主要附属辅助系统

对于燃气轮机而言，除了主要部件外，还必须有完善的调节保安系统。此外，还需要配备良好的附属系统和设备，包括启动装置、燃料系统、润滑油系统、冷却水系统、冷却空气与密封空气系统、水洗系统等。

（1）启动装置。燃气轮机通过燃烧天然气作为驱动力，在燃气轮机正常运行时，压气机也是由燃气透平来驱动的，一般来讲，燃气透平功率 2/3 的部分都要用来驱动压气机，其余 1/3 才用于拖动负载，对外做功。由于燃气轮机组轴系庞大，启动转矩也大，机组本身无法自启动，点火启动之前，必须有燃气轮机主机之外的动力来驱动整个轴系。同时天然气点火需要一个基本转速，也需要一个外部动力将整个轴系转动起来。

为了满足启动机的扭矩特性并和燃气轮机启动过程中的扭矩特性匹配，对于单机容量在 130MW 以下的燃气轮机组，一般使用交流电动机、柴油机作为启动机，并加装液力变扭器。对于更大容量的燃气轮机组，液力变扭器已经接近制造容量的极限。随着电力电子技术的发展，大容量的燃气轮机组采用的启动方式是把同步发电机当作同步电动机，用作启动机，使用变频技术，以静止变频器（static frequency converter，SFC）方式启动。

（2）燃料系统。燃气轮机天然气前置模块对进入燃气轮机的天然气进行最终处理净化，以保证进入燃气轮机的天然气达到符合要求的品质。前置模块由流量计量装置、精过滤器，以及相关仪表、管道、阀门及其附件组成。

燃气轮机燃烧室进口前的燃气模块是燃气轮机本体的一个辅助模块，它的功能是为适应燃气轮机本体启动、运行和停机对燃料的要求，控制天然气的流量，并将天然气送入燃烧室。在一些特定的情况下，该系统也能停止对燃气轮机天然气的供应。系统主要包括天然气过滤器和天然气调节、关断阀等。燃气轮机组的天然气调节阀、关断阀（包括压气机入口导叶执行机构）都是液压控制油作动力驱动和操作的，与汽轮机的主汽阀、主汽调节阀的操作和控制原理相同。

（3）润滑油系统。润滑油系统的主要作用是在机组启动、正常运行、停机及盘车过程中，向整个燃气透平轴系轴承、传动装置提供清洁、足量、温度与压力合适的润滑油，防止轴承烧毁、轴颈过热弯曲造成机组振动、高速轮齿变形等事故发生，保证机组安全、可靠地运行。此外，一部分润滑油分流出来，经油泵升压之后成为液压油供系统作为工作油体，为压气机导叶执行机构、天然气调节阀等装置提供高压操作油。

如果燃气轮机和汽轮机同轴并共用一台发电机，一般共用润滑油系统，也可设置两套润滑油系统，分别向燃气轮机轴系设备、汽轮机轴系设备供应润滑油。

整个润滑油系统的主要部件包括润滑油箱、主润滑油泵、辅助润滑油泵、事故润滑油泵、油箱排烟风机、润滑油冷却器、润滑油过滤器等。

（4）冷却水系统。冷却水系统用来对燃气轮机组中需要冷却的部件和流体进行冷却，如发电机定子、发电机密封油、发电机冷却氢气、润滑油等。

（5）冷却空气与密封空气系统。冷却空气系统主要用来冷却燃气轮机的高温燃气通流部件，防止燃气通道中的高温部件因超温受到损坏，如燃气透平的喷嘴与动叶、燃气透平的轮盘等。冷却空气与高温燃气通流部件换热后，还可以用来提高燃气透平的进气温度，从而提高机组出力和效率。密封空气系统主要是用来提供透平轴承密封所需的增压空气。冷却空气和密封空气系统均从燃气轮机的压气机抽取。

（6）水洗系统。水洗模块可有效去除压气机、透平叶片上的各种水溶性物质及各种油、烟沉积物，从而恢复压气机的压比和流量，提高机组的出力。水洗系统可分为在线水洗系统和离线水洗系统两种类型。

（二）余热锅炉

1. 基本原理

余热锅炉包括上升管、汽包、下降管主要部件。上升管是由密集的管道排成的管簇，由上联箱、下联箱连成一体；上联箱通过汽水引入管连通汽包，汽包再通过下降管连到下联箱；上升管管簇、汽包、下降管构成了一个环路。上升管管簇在炉膛内，汽包与下降管在炉体外面。

把水注入汽包，水便灌满上升管管簇与下降管，把水位控制在靠近汽包中部的位置。当高温燃气通过管簇外部时，管簇内的水被加热成汽水混合物。由于下降管中的水未被加热，管簇内的汽水混合物密度比下降管中的水小，在下联箱中形成压力差，推动上升管内的汽水混合物进入汽包，下降管中的水进入上升管，形成自然循环。

汽包是水受热、蒸发、过热的重要枢纽，保证锅炉正常的水循环。上升管内的汽水混合物进入汽包后，通过汽水分离器分离成饱和蒸汽与水，饱和蒸汽通过汽包上方蒸汽出口输出；分离出的水与给水管注入的水再进入下降管（给水—汽包—下降管—蒸发器—上升管—汽包—经分离—蒸汽去过热器—水经下降管继续循环）。

用来产生饱和蒸汽的上升管管簇称为蒸发器，余热锅炉还有省煤器与过热器，它们都由管簇组成。进汽包的水先在省煤器加热，再通过汽包、下降管进入蒸发器，可以提高蒸发器的效率与锅炉的效率。蒸发器生成的饱和蒸汽经汽包输出，再进入过热器加热成过热蒸汽，用过热蒸汽推动汽轮机运转能保证系统的高效与安全。

大型燃气轮机的排烟温度高、排烟量大，且燃料价格较高，为提高能源利用效率，联合循环电厂余热锅炉的蒸汽系统通常采用双压或三压、再热系统。

2. 结构

余热锅炉主要由进口烟道、炉体、汽包、烟囱组成。在炉体内有密集的管道，给水泵将要加热的水压进这些管道，燃气轮机排出的高温气体将管道内的水加热成高压蒸汽。大型余热锅炉可同时产生低压过热蒸汽、中压过热蒸汽、高压过热蒸汽，分别驱动低压汽轮机、中压汽轮机、高压汽轮机，一起带动发电机发电，可大大增加燃气轮机发电厂的发电量。余热锅炉本体采用模块化结构，以方便运输、安装。

3. 汽水流程

余热锅炉低压部分由低压省煤器、低压汽包、低压蒸发器、低压过热器组成。从凝结水泵来的冷水，通过低压省煤器预热后输入低压汽包，汽包下面连接着蒸发器，水在低压蒸发器内加热成饱和蒸汽上升到低压汽包。饱和蒸汽从低压汽包输出再通过低压过热器加热，产生低压过热蒸汽，用来驱动低压汽轮机旋转做功。

中压部分由中压省煤器、中压汽包、中压蒸发器、中压过热器、再热器组成。通过低压汽包出来的水由中压给水泵注入中压省煤器继续加热，然后进入中压汽包，在中压蒸发器内加热成饱和蒸汽上升到中压汽包。从中压汽包输出的饱和蒸汽通过中压过热器加热，然后与高压汽轮机排出来的蒸汽混合，一同经过再热器加热，产生中压再热蒸汽，用来驱动中压汽轮机旋转做功。

高压部分由高压省煤器、高压汽包、高压蒸发器、高压过热器组成。通过低压汽包出来的水由高压给水泵注入高压省煤器加热，然后进入高压汽包，在高压蒸发器内加热成饱和蒸汽上升到高压汽包。从高压汽包输出的饱和蒸汽通过高压过热器加热，产生高压过热蒸汽，用来驱动高压汽轮机旋转做功。

余热锅炉的辅机较少，最主要的辅机是高压给水泵、中压给水泵。余热锅炉产汽量和燃气轮机排烟参数有关，给水泵如果采用给水泵汽轮机驱动，必然会降低联合循环汽轮机的发电出力，因此余热锅炉的给水泵一般采用电动机驱动。高压给水泵一般采用液力偶合器调速装置，中压给水泵一般采用变频调速装置。为维持省煤器进口温度，防止低温腐蚀，或者进一步回收热量，在低压省煤器进、出口之间布置再循环泵。

4. 烟气系统

余热锅炉主要是利用燃气轮机排气作为热源，余热锅炉的换热主要以对流换热为主，不像常规锅炉蒸发受热面那样以辐射换热为主，也没有燃烧系统（除非有补燃要求）。烟气依靠燃气轮机的排气压力排至烟囱，烟气系统流程简单，设备少，没有常规燃煤机组的三大风机。如果对烟气 NO_x 排放有严格的要求，烟气流道上需要安装烟气脱硝装置。为了避免余热锅炉低负荷时的烟气腐蚀，在余热锅炉低温部分通常会设置低压省煤器再循环系统。

如果燃气轮机有简单循环运行方式，则燃气轮机出口烟道设计为两路，烟气可进入余热锅炉，然后从主烟囱排入大气，也可从旁路烟囱直接排入大气。每路烟道上都装有挡板，共有 3 个挡板，主烟道上的挡板称“主挡板”，旁路烟道上的挡板称“旁路挡板”，主烟囱处的挡板称“烟囱挡板”。

余热锅炉烟气系统流程如图 15-6 所示。

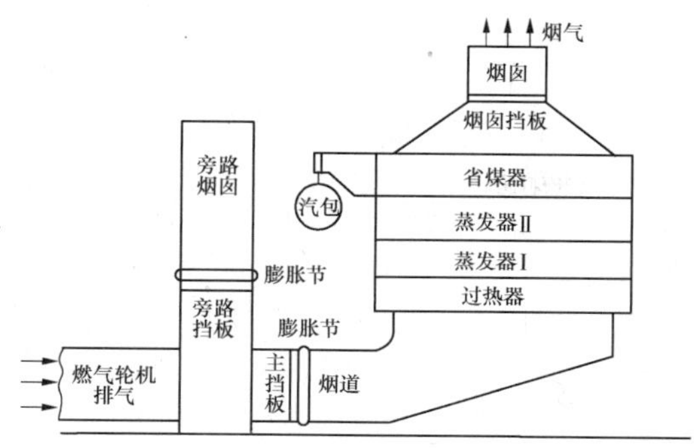

图 15-6　余热锅炉烟气系统流程图

由于天然气价格较贵，出于经济性考虑，为了从燃气轮机排气中回收更多的热量，国内大型联合循环电厂一般都不设旁路烟囱。采用补燃余热锅炉可以提高汽轮机的出力，但是采用无补燃余热锅炉的联合循环效率相对较高，目前国内大型联合循环电厂基本上都没有采用补燃系统，在国外补燃余热锅炉的应用也不普遍。

5. 分类

（1）按烟气侧热源的形式，有无补燃型余热锅炉和有补燃型余热锅炉，其中补燃型余热锅炉又分为部分补燃型和完全补燃型。

（2）按蒸发器中的汽/水工质的循环方式，有强制循环余热锅炉和自然循环余热锅炉。

（3）按余热锅炉产生的蒸汽压力等级，有单压、双压和三压余热锅炉之分。

（4）按余热锅炉的布置形式，有卧式布置余热锅炉和立式布置余热锅炉。

（5）按余热锅炉布置安装的自然环境，有露天余热锅炉和室内余热锅炉。

（6）按余热锅炉是否设置汽包，有直流余热锅炉和带汽包余热锅炉。

（三）汽轮机及热力系统

1. 汽轮机

联合循环电厂中的汽轮机，主要是利用燃气轮机排气的余热加热给水得到的蒸汽驱动做功，以增加整个机组的做功量。联合循环电厂中的汽轮机和燃煤电厂汽轮机系统基本类似，由蒸汽系统、疏水系统、轴封系统、凝汽器抽真空系统、润滑油系统、控制油系统、汽轮机安全监视仪表系统、发电机氢油水系统等组成。

用于供热的联合循环机组，在多轴机组的汽轮机高、中压缸和低压缸之间还可能设有 3S 离合器，汽轮发电机位于高压侧，低压模块可通过 3S 离合器脱开，实现供热工况下汽轮机既可背压运行，也可抽凝运行、非供热工况纯凝运行；或者单轴机组的燃气轮机和汽轮机之间有可能设有 3S 离合器，发电机位于燃气轮机侧，汽轮机可通过 3S 离合器脱开。这样的机组配置形式在保证机组高效率的情况下可最大限度地提高机组供热能力。

3S 离合器即同步自动换挡离合器，它无需借助人工和其他辅助动力设备，完全自动地实现啮合和断开，从而使动力输入设备和输出设备连接起来或者分离。

联合循环电厂汽轮机与普通燃煤电厂中的汽轮机，既有相同之处，也有不同之处。其相同之处有：

（1）有基本相同的进汽参数和排汽参数。其进汽参数受限于燃气轮机的排气温度，一般是中压、次高压和高压；其排汽参数视冷却水温度和流量确定。

（2）有基本相同的工作环境和要求；都用来直接驱动发电机，在基本相同的压力和温度下工作。

不同之处有：

（1）联合循环电厂汽轮机不需要采用部分进汽度很低的调节级，高压部分的通流部分有较大差别。

（2）联合循环电厂汽轮机没有复杂的抽汽加热系统和常规燃煤电厂独立的低压加热器、高压加热器和除氧器。一般燃煤电厂汽轮机，由于各级抽汽消耗的蒸汽占了主蒸汽流量中的很大部分，因此有效缓解了汽轮机低压部分排汽面积过大的问题，有利于解决低压缸末级叶片长度的问题；而联合循环电厂中的汽轮机，最后几级的蒸汽流量因为双压或者三压蒸汽系统中补汽的汇入，增加了整个流通部分的设计难度。

（3）要求汽轮机与燃气轮机的响应速度相匹配，发挥快速启停的优势。联合循环电厂中的汽轮机要尽可能做到适应性强、操作灵活、响应迅速。

2. 热力系统

在燃气-蒸汽联合循环电厂中，燃气轮机排出的高温烟气排入余热锅炉，余热锅炉产生蒸汽驱动汽轮机。联合循环机组的热力系统主要是指余热锅炉-汽轮机汽水系统，余热锅炉的汽水系统，汽轮机的汽水系统主要由蒸汽旁路系统、凝结水系统、循环冷却水系统等组成。

（1）蒸汽旁路系统。根据余热锅炉各种不同压力等级，旁路系统分为高、中、低压蒸汽旁路，它由旁路管道，减压、减温阀门及控制机构等组成。联合循环机组蒸汽旁路通常为单元制，与余热锅炉对应设置，旁路系统容量按余热锅炉各级蒸发量的 100%考虑。高压旁路（HP）为余热锅炉高压过热器出口蒸汽经减温减压后到再热器进口；中压旁路（IP）为余热锅炉再热器出口蒸汽经减温减压后到凝汽器或热网加热器；低压旁路（LP）为低压过热器出口蒸汽经减温减压后去凝汽器。

联合循环电厂蒸汽旁路系统和燃煤电厂旁路系统功能类似，当余热锅炉和汽轮机的运行情况不相匹配时，即余热锅炉产生的蒸汽量大于汽轮机所需要的蒸汽量时，多余部分可以不进入汽轮机而经过旁路减温减压后直接引入凝汽器。另外，旁路还承担着将余热锅炉的主蒸汽经减温减压后直接引入再热器的任务，以保护再热器的安全。旁路系统的这些功能在机组启动、降负荷或甩负荷时是十分必要的。

（2）凝结水系统。以供热机组为例，在供热模式下，根据热负荷的大小，汽轮机可抽凝运行、背压运行，汽轮机也可全部切除，由余热锅炉带热网系统运行。在非供热模式下，汽轮机以纯凝方式运行。在不同运行模式下，汽轮机凝结水系统的实际流程略有不同。

汽轮机抽凝运行时，余热锅炉产生的高压过热蒸汽、再热蒸汽分别送入汽轮机的高、中低压缸做功，中压缸排汽和余热锅炉来的低压主蒸汽汇合，一部分低压主蒸汽进入汽轮机低压缸，做功后乏汽排入凝汽器，经循环水冷却为凝结水；另一部分低压主蒸汽进入热网加热器，与热网循环水换热后冷凝为热网疏水。凝汽器热井中凝结水经凝结水前置泵、凝结水主泵升压后送入锅炉尾部低压省煤器，然后进入低压汽包兼除氧器。来自热网疏水泵升压后的热网疏水接至凝结水前置泵出口、轴封加热器前，汇入凝结水系统经凝结水主泵升压后送入锅炉。

汽轮机背压运行时，汽轮机的高、中低压缸正常做功，中压缸排汽和余热锅炉来的低压主蒸汽汇合后全部进入热网加热器，汽轮机低压缸、凝汽器及凝汽器的循环冷却水系统解列，凝结水前置泵停止运行。热网加热器疏水经过热网疏水泵升压后在轴封加热器前进入凝结水系统，经凝结水主泵升压后送入锅炉尾部低压省煤器，并进入低压汽包兼除氧器。

汽轮机全切运行时，汽轮机全部汽阀关闭，汽轮机不接受蒸汽。余热锅炉产生的高压过热蒸汽，全部经汽轮机高压旁路减温减压后送入再热器。余热锅炉再热蒸汽经汽轮机中压旁路减温减压，最后全部与低压主蒸汽汇合一起进入热网加热器。热网加热器疏水经过热网疏水泵升压后进入凝结水系统，经凝结水主泵升压后，送入锅炉尾部低压省煤器，并进入低压汽包和除氧器。

汽轮机纯凝运行时，汽轮机的高、中低压缸正常做功，中压缸排汽和余热锅炉来的低压主蒸汽汇合，全部进入低压缸，做功后乏汽排入凝汽器，经循环水冷却为凝结水，热网系统保持切除，热网加热器、热网疏水泵停止运行。凝汽器热井来的凝结水由凝结水泵前置泵和凝结水主泵升压，经过轴封加热器，送入锅炉尾部低压省煤器，并进入低压汽包和除氧器。

由于余热锅炉低压汽包兼作除氧器，高中压给水泵上下游设备均是锅炉系统设备，与常规燃煤电厂不同，锅炉给水泵是余热锅炉系统设备，不属于汽轮机汽水系统。

（3）循环冷却水系统。与燃煤电厂一样，联合循环电厂循环冷却水系统主要是为凝汽器提供冷却水来凝结汽轮机低压缸的排汽，以帮助运行中凝汽器建立真空，并使汽水循环得以继续；同时为闭式冷却水系统的水-水交换器提供开式冷却水。循环冷却水系统主要分为开式和闭式两种。靠近江、河、湖、海的电厂一般采用开式循环直流冷却方式，从江、河、湖、海等天然水体中吸取一定量的水作为冷却水，冷却水吸热升温后再排入江、河、湖、海。当不具备直流冷却条件时，则需要用冷却塔来冷却。冷却塔的作用是将挟带废热的冷却水在塔内与空气进行热交换，使废热传输给空气并散入大气。冷却塔的形式有自然通风冷却塔、机械通风冷却塔，在严重缺水地区，还可采用空冷系统。

（四）天然气调压站

燃气-蒸汽联合循环机组燃气轮机燃烧系统对天然气燃料的成分、热值、温度、压力、过滤精度等参数有严格的要求，燃气轮机供货商对进入燃气轮机的天然气也有严格的参数限定。天然气进入电厂后，必须经过各种处理，使天然气的各项性能、杂质、温度等参数符合燃气轮机的设计要求，才能进入燃气轮机，以保证燃气轮机在不同工况下正常运行。由于燃料的成分、热值等特性随厂外天然气管网的确定而不可更改，为满足燃气轮机对燃料参数的要求，电厂内一般需要对天然气进行调温、调压（或增压）、稳压和过滤等处理。

1. 天然气处理系统的典型设置

联合循环电厂天然气处理系统包括燃气轮机区天然气处理系统和厂区天然气处理系统。燃气轮机区天然气处理系统仅对天然气温度、压力、过滤精度等进行末级微调，一般随燃气轮机由燃气轮机供货商设计和提供。

厂区天然气处理系统可分为调压和增压两种情况。当入厂天然气压力高于燃气轮机入口要求的压力且有足够的差压时，应设置天然气调压站对天然气进行调压；当入厂天然气压力低于燃气轮机入口要求的压力，或者虽然高于燃气轮机入口要求的压力但是差压不够时，应设置天然气增压站。对于设有天然气增压机的天然气增压站，工程上一般将天然气增压机之外的部分称为天然气场站部分。

厂区天然气处理系统一般包括入口模块（流量计量装置）、过滤模块、加热模块、调压稳压模块或增压稳压模块等。

2. 天然气处理系统各模块功能

依据燃料系统对于天然气的要求，厂区天然气处理系统各模块分别用于实现测量、调温、调压（或增压）稳压、过滤等功能。

（1）入口模块。包含入口紧急关断阀、绝缘接头、流量计量装置等。入口紧急关断阀和绝缘接头用于实现天然气管道与上游天然气管道的紧急切断和电绝缘。流量计量装置用于实现电厂与天然气供应商的贸易计量和比对计量，用于经济结算。

（2）过滤模块。天然气中不易气化的重烃类成分如果以液滴形态进入燃气轮机，燃烧时将引起爆燃，损坏燃气轮机燃料喷嘴，以及污染透平叶片而降低机组效率。过滤模块包括粗分离和精过滤两部分。粗分离采用旋风分离器，一般用于机组启动初期过滤安装过程中遗留在管道内的固体颗粒和液滴。精过滤采用滤芯过滤，对天然气进行精细过滤，以满足下游增压机和燃气轮机设备的要求。在燃气轮机入口也设有过滤器，且在上游天然气调压站设置过滤模块，可以减轻燃气轮机入口过滤器的负担，避免其频繁更换滤芯。

（3）加热模块。当来自上游的天然气温度不满足燃气轮机入口的参数要求时，需要设置加热模块，以避免天然气结露。天然气的加热一般采用水浴炉或者电加热两种方式。同时预热进入燃气轮机的天然气，还可以提高燃气轮机效率。

（4）增压稳压模块。这是天然气处理系统中最重要的模块，是燃气轮机燃烧系统稳定燃烧的重要保证。通过增压模块的天然气增压机，将上游来的天然气压缩，使其压力升至燃气轮机入口要求的压力，同时通过控制系统，将增压站出口压力稳定在燃气轮机入口要求的压力波动范围之内。天然气增压机一般选用离心式压缩机，由电动机通过增速齿轮驱动压缩机叶轮高速旋转而产生离心力使流体获得能量，把天然气稳定、连续地吸入到压缩机中去，逐级完成对其压缩过程，将动能转化为压力能，最终使天然气压力得到提高。由于气体在压缩过程中温度升高，而高温气体的压缩功耗增大，对于压比要求比较高的增压机，通常在压缩过程中采用外置式冷却器对天然气进行冷却，然后再返回增压机入口或者进入下一级进行压缩。天然气增压机噪声很大，为了降低天然气调压站内的噪声，天然气增压机一般配有隔声罩。

（5）放散系统。提供电厂重大事故情况下天然气调压站设备和管路内天然气的泄压放空和超压设备安全泄压。

（6）氮气系统。调压站配备完善的氮气和置换系统，在过滤器、换热器、调压管路、母管管线等处需设置足够的隔断球阀和快速充氮接头的氮气置换接口。

（五）热网系统

对外供热的燃气-蒸汽联合循环电厂还设有热网系统，热网系统由热网蒸汽管路及阀门、热网加热系统、热网循环水系统和热网系统辅助设备组成。

1. 热网蒸汽管路及阀门

热网系统加热用蒸汽采用的是余热锅炉低压蒸汽，或减温减压后的中压蒸汽。在汽轮机中压缸和低压缸之间有蒸汽连通管，管道上设有截止阀和调节阀，从余热锅炉来的低压蒸汽通过低压主汽阀后从连通管上汇入，中压缸排汽和低压蒸汽汇在一起进入汽轮机低压缸做功。汽轮机中压缸的排汽通过热网抽汽母管送往热网加热器，同时，热网抽汽母管上还有来自余热锅炉的低压蒸汽接口、来自中压旁路出口经减温减压后的中压蒸汽接口，热网抽汽管道上也设有止回阀、快关阀和调节阀。以上阀门都是由高压 EH 油驱动控制的，这些管路和阀门一起，用来将加热热网水的蒸汽安全、稳定地引入热网加热器。

热网抽汽止回阀，用于在汽轮机紧急跳闸时，防止热网蒸汽管道内的蒸汽和疏水倒流进入汽轮机；抽汽快关阀，用于在热网出现重大故障需要停运时，紧急切断热网蒸汽供应，防止工质倒流进入汽轮机，避免汽轮机进水；抽汽调节阀，用来调节和控制送往热网系统的蒸汽流量，从而控制热网循环水温度和热网外供热量。热网止回阀、快关阀和调节阀的开关和动作，与汽轮机的正常运行密切相关，全部都纳入汽轮机数字电液系统（DEH）集中监控。

2. 热网加热系统

热网系统的加热器有热网加热器、疏水冷却器，如果考虑余热锅炉烟气余热的利用，还有烟气热网水加热器。

热网加热器是热网系统最主要和最大的设备，通常是多台并联运行，用汽轮机抽汽来加热热网循环水，加热器壳侧工质为汽轮机抽汽，水侧工质为热网循环水。

热网疏水冷却器也是多台并联运行，用热网加热器的疏水来加热热网循环水，进一步回收蒸汽冷凝水的热量，加热器壳侧工质为疏水，水侧工质为热网循环水。为了促进疏水循环，热网疏水冷却器出口设有热网疏水泵，正常运行时，热网疏水回到汽轮机凝结水系统再利用。在热网系统投入初期，蒸汽凝结水量较小，为保证疏水流量大于疏水泵最小流量，热网疏水泵设有再循环管道，将疏水返回热网加热器，以避免疏水泵发生汽蚀现象。热网疏水泵一般也是多台并联运行，采用变频调速，并考虑备用。

烟气热网水加热器也是多台并联运行，加热器壳侧工质为来自余热锅炉低温省煤器出口的一部分低压给水，水侧工质为热网循环水。低压给水在烟气热网水加热器释放热量降低温度后，通过余热锅炉低压省煤器再循环泵返回省煤器，继续吸收烟气热量。设置烟气热网水加热器的用途是进一步利用余热锅炉出口烟气的热量。

3. 热网循环水系统

热网循环水系统和城市热网主管网相连，电厂内设有热网循环泵，从城市热网回水管抽取低温热网水，经管道泵入热网加热器、疏水冷却器，烟气热网水加热器吸热升温，然后将高温热网水送入城市热网供水管，分配至最终用户。热网循环泵多台并联运行，采用液力偶合器进行调速，由于热网循环水量大，电耗高，因此热网循环泵一般不设备用。

4. 热网系统辅助设备

热网系统主要辅助设备是低压除氧器和热网补水泵，正常运行时，低压除氧器去除化学水处理车间来的软化水中的氧气和其他不凝结气体，然后通过热网补水泵补充到热网循环水系统。

四、燃气轮机电厂分类

简单循环燃气轮机电厂主要设备仅有燃气轮机和发电机。

燃气-蒸汽联合循环电厂主要设备除燃气轮机和发电机外，还增加了余热锅炉和汽轮发电机组，将燃气轮机排出的做功后的高温乏烟气通过余热锅炉回收转换为蒸汽，再将蒸汽注入汽轮机发电。

燃气轮机、汽轮机、发电机、余热锅炉四种主要设备组成了燃气-蒸汽联合循环发电系统，这四种设备的组合布置有多种方式，但主要按轴系布置来分类，一种是单轴布置方案，另一种是多轴布置方案。

单轴布置系统中，燃气轮机、汽轮机、发电机串联在一根轴上，共同拖动一台发电机发电。一套单轴系统只有一台发电机和相关电气设备，其特点是可节省设备费用，减少厂房面积，系统调控相对简单。

多轴布置系统中，燃气轮机和汽轮机分别有各自的轴系，各轴系均带有发电机。只要燃气轮机机组安装完毕即可以简单循环方式运行，汽轮机检修时燃气轮机仍可发电。多轴布置系统启动快，燃气轮机可先启动发电（不必等到余热锅炉里的水加热成蒸汽）。

多轴配置方案又可分为一拖一、二拖一、多拖一等，一拖一联合循环机组主要设备为 1+1+1 配置，即 1 台燃气轮机及其发电机、1 台余热锅炉、1 台汽轮机及其发电机；二拖一联合循环机组主要设备为 2+2+1 配置，即 2 台燃气轮机及其发电机、2 台余热锅炉、1 台汽轮机及其发电机，二拖一机组余热锅炉主蒸汽系统采用母管制，共同驱动汽轮机；三拖一、四拖一联合循环机组与二拖一联合循环机组配置类似，系统多出若干台燃气轮机及其发电机和与燃气轮机对应的余热锅炉；也有少数多轴机组采用母管制系统，多台燃气轮机及余热锅炉对应多台汽轮机。多轴机组的容量是根据电力系统的要求、电厂规模和负荷需要，结合燃气轮机容量和机组配置形式统一考虑，并通过技术经济分析确定。

第二节 燃气-蒸汽联合循环机组对仪表与控制设计的要求

一、机组联锁保护

（一）燃气轮机联锁保护

燃气轮机保护系统的作用是当一些重要的参数超过临界值，或者控制设备发生较大故障时，通过切断燃料流量遮断燃气轮机。

燃气轮机的保护，包括许多和常规燃煤电厂汽轮机相同或类似的保护项目，如超速、振动大、轴承温度高、润滑油压力低等；还有一些燃气轮机所具有的特殊保护项目，如超温、熄火、燃烧监测等。

在燃气轮机启动和运行的整个过程中，包括盘车阶段，燃气轮机保护系统需要一直发挥作用，随时监视燃气轮机的状态，一旦某些参数达到临界值，或者任何一个子保护系统出现故障，发出报警信号并遮断燃气轮机停止运行。

不论是控制系统发来的正常停机信号，还是保护系统发来的事故停机信号，或是手动遮断按钮来的停机信号，对燃气轮机的遮断都是通过遮断油系统实现的。当发现机组严重故障时，通过电磁阀泄放遮断油，使遮断油压快速下降，从而关闭燃料阀，切断机组的燃料供应，使机组停机。

联合循环燃气轮机与汽轮机相同和类似的保护项目与常规汽轮机保护没有太大差异，如轴承温度保护、轴承振动保护、超速保护等。对于燃气轮机特有的保护项目，不同厂家的燃气轮机保护逻辑有相同的地方，也有不一样的地方，以下为燃气轮机特有保护项目的基本原理。

1. 火焰监测保护

类似燃煤锅炉的火焰监测器和炉膛灭火保护，燃气轮机也设置了火焰监测器和燃烧室熄火保护，通过设置火焰监测器监视燃烧室的火焰燃烧状况。在机组运行过程中，如果火焰监测器没有检测到火焰，则认为火焰消失，并遮断燃气轮机。在启机点火过程中，如果燃料阀已经开启，但是火焰监测器没有检测到火焰，则认为点火失败，并停机防止燃料聚集。

2. 超温保护

理论上燃气透平进口温度越高，燃气轮机的效率越高，F 级重型燃气透平进口温度已达 1430℃。燃气透平在如此高的温度下运转，如果燃烧和温度控制不好，运行一段时间之后燃烧室和过渡段高温部件难免出现裂纹或破损。如果超温严重，还可能导致叶片烧毁、断裂等严重事故。即使这些透平受热部件一时没有损坏，超温也会使部件的寿命大大降低。因此，燃气轮机运行过程中必须严格监控燃气透平进口温度的变化。

但是在机组运行过程中，燃气透平进口温度特别高，热电偶很容易被烧毁，很难直接对这些高温部位进行监测并发现故障。一般是在燃气透平排气部分圆周方向均匀地安装一定数量的热电偶，直接测量燃气透平排气的温度，然后通过计算得到燃气透平前的燃气初温。

3. 燃烧监测保护

当燃烧故障导致各燃烧室的温度不均匀，或者燃烧室和过渡段高温部件出现裂纹或破损时，透平进口的温度场会出现不均匀的分布，并引起燃气透平的进口流场和燃气透平排气温度的明显不均匀现象。因此通过监视燃气轮机的排气温度分布是否均匀，可以间接预计燃烧是否正常。

当燃烧不稳定，燃烧室出现火焰脉动时，会导致周围空气压力的变化，甚至引起火焰筒壳体的振动。三菱公司燃气轮机还设置了燃烧室压力波动和加速度传感器，当这些特殊传感器的测量信号超过设定值时，也触发保护停机。西门子公司燃气轮机也有类似的保护项目。

4. 其他保护

除上述保护项目外，燃气轮机组的保护项目还有压气机喘振保护、天然气泄漏保护、天然气系统故障保护等。

燃气轮机的高温部件工作条件非常恶劣，为了保证机组运行的可靠性，必须在机组运行一段时间后定期检查、检修或者更换热通道的部件。按照西门子公司的规定，9F 级燃气轮机在满负荷工况下紧急停机一次，等效折算运行小时数为 138h。通用电气公司规定，在燃气轮机等效运行小时数计算时，燃气轮机紧急跳闸系数为机组冷态启动系数的 2 倍。研究还表明，如果燃气轮机组在满负荷时紧急跳闸一次，相当于消耗 8 次正常启停循环的寿命。因此，除非出现紧急情况，燃气轮机组必须立即跳闸停机外，运行人员应尽可能维持燃气轮机组的正常和平稳运行，这不仅是为了避免燃气轮机的寿命受到影响，还可以保留整套联合循环机组 2/3 以上的发电出力，控制事故的范围，减少对电网系统的冲击。

（二）余热锅炉联锁保护

大型燃气轮机电厂采用三压再热循环余热锅炉，汽水系统主要由高压、中压、低压三部分组成，有高压、中压、低压汽包。余热锅炉的辅机较少，主要有两台高压给水泵、两台中压给水泵。

余热锅炉的保护主要是汽包水位过高或过低保护，高压、中压、低压汽包一般各安装有四台液位变送器，其中一台为大量程变送器，保护采取三取中原则，任意一个汽包水位过高或者过低时，余热锅炉应立即跳闸。除汽包水位过高或过低保护外，余热锅炉还可能有除氧器水位过低、主蒸汽压力过高、汽包压力梯度过大、炉水循环泵流量低保护等，具体以余热锅炉设备制造厂的要求为准。余热锅炉退出运行或者保护跳闸之后，余热锅炉出口至汽轮机的高、中、低压蒸汽管道上的电动阀门应立即关闭。

如果燃气轮机排气有旁路烟囱和旁路挡板，各挡板应配合使用。当余热锅炉不工作时，要开启旁路挡板，关闭主挡板。燃气轮机与余热锅炉同时工作，要关闭旁路挡板，开启主挡板。另外，为调节余热锅炉的产汽量，主挡板和旁路挡板可以部分开启或部分关闭。

余热锅炉工作时，不对烟囱挡板进行任何操作，应保证其一直处于开启状态，如在余热锅炉运行过程中误关烟囱挡板，会对燃气轮机的排气背压造成影响，导致燃气轮机跳闸。当余热锅炉短时间停炉，可以关闭烟囱挡板，以防止余热锅炉内的热量散失。因为余热锅炉内温度比较高，周围冷空气可能进入余热锅炉，形成自然对流将热量带走，关闭烟囱挡板能防止外界气流进入余热锅炉，以保存热量。如果余热锅炉要停炉检修，希望冷却速度加快，可开启烟囱挡板。

（三）汽轮机联锁保护

汽轮机保护系统由监视保护装置和液压系统组成。当汽轮机超速、真空低、轴向位移大、振动大、润滑油压力低、控制油压力低、轴承金属温度高、轴承润滑油回油温度高等监视保护装置动作时，电磁阀动作，快速泄放高压动力油，使高、中压主汽阀和调节汽阀迅速关闭，紧急停止汽轮机运行，达到保护汽轮机组的目的。

（四）主要辅机联锁保护

1. 天然气调压站联锁保护

天然气调压站的主要设备是天然气增压机，用来将进入电厂的天然气压缩、升压至燃气轮机入口所需的压力。天然气增压机和燃气轮机的压气机类似，也是一个压缩气体做功的大型旋转机械，天然气增压机一般由高压电动机驱动，级数有 1～2 级。天然气增压机本体的保护项目有轴向位移大、振动大、润滑油压力低、轴承金属温度高、隔声罩壳内天然气泄漏或火灾等。天然气增压机跳闸时，应断开驱动电动机电源，开启辅助润滑油泵，打开再循环阀，逐渐关闭天然气增压机入口导叶和入口压力调节阀，并关闭天然气增压机进口、出口截止阀。天然气调压站的主要保护项目有天然气泄漏保护、火灾保护等。

2. 热网系统联锁保护

热电联产的联合循环电厂热网系统主要设备是热

网加热器、疏水冷却器、热网循环水泵、除氧器等，热网加热器、疏水冷却器、热网循环水泵一般是若干台相同容量的设备并列设置。热网加热器、热网除氧器的主要保护项目是热网水位保护，当加热器水位达到危急水位时，该加热器的蒸汽入口阀应联锁关闭，危急疏水阀应自动开启放水，该加热器解列；热网循环水泵的主要保护项目是轴承金属温度高、泵入口滤网差压大、热网循环水泵入口母管压力低等。在热网投运初期，凝结水量较小，需要通过疏水泵将疏水返回热网加热器，以保证疏水流量大于疏水泵最小流量，避免疏水泵发生汽蚀。

热网系统因为自身问题和故障而全部切除的情况很少，因为热网系统并列的主设备，如热网加热器、热网循环水泵等一般都是多台相同容量的并列运行，它们同时都出现故障的概率很小，一般只需将故障设备切除解列，相应降低热网的外供热负荷即可。只有在热网系统外网部分出现重大故障的情况下，如热网循环水供、回水主管出现破损大量失水，电厂热网系统才需要全部解列停止供热。当少数热网主设备出现故障需要跳闸或解列，需要降低热网出力时，应相应开启汽轮机中、低压旁路，旁路掉富裕的蒸汽，或者按照热电厂以热定电的运行原则，相应降低机组整体负荷。如果此时汽轮机是在背压工况下运行，可以转为抽凝方式运行，投入汽轮机低压缸，热网系统消耗不掉的蒸汽，可以进入汽轮机低压缸做功。

需要注意的是，采暖季热网系统在高负荷下运行，为了保证最大供热能力，汽轮机以背压方式运行，3S离合器脱开，汽轮机低压缸解列，汽轮机中压缸排汽和余热锅炉来的低压蒸汽全部进入热网系统。在此工况下，由于进入凝汽器的主要都是疏水，与汽轮机抽凝、纯凝运行方式相比，进入凝汽器的蒸汽量很少，为了减少厂用电消耗，凝汽器循环水系统以冬季工况较小的循环水量运行。在背压工况下，如果汽轮机故障跳闸，在凝汽器循环水系统准备好之前，不允许开启蒸汽旁路系统将余热锅炉的中压、低压蒸汽导入凝汽器，而应该联锁打开中压旁路出口至热网系统的阀门将中压蒸汽导向热网加热器，利用热网系统配合停运余热锅炉，然后解列和停运热网加热器、热网循环水泵等设备。

（五）主设备间保护联锁

对于常规燃煤机组，机组大联锁控制保护方案主要包括锅炉总燃料跳闸系统（MFT）、汽轮机紧急跳闸系统（ETS）和发电机保护系统三部分，大联锁方案主要考虑的是三者之间相互跳闸的联锁关系，在任何一方出现紧急事故时能处理好与其他两者之间的关系，尽量降低本身事故的同时，避免波及另外两大主设备及其辅机设备造成异常或损害。其特点是以汽轮机紧急跳闸系统（ETS）为中间纽带和桥梁，实现三大主设备之间的横向联锁保护，如图15-7所示。具体而言，就是当锅炉故障跳闸时联跳汽轮机，然后由汽轮机ETS发出信号联跳发电机；当发电机故障跳闸时，联跳汽轮机，然后由汽轮机ETS发出信号联跳锅炉；当汽轮机故障跳闸时，同时发出信号，联跳锅炉及发电机。一般情况下，锅炉MFT和发电机保护系统之间没有直接的联锁保护跳闸联系。

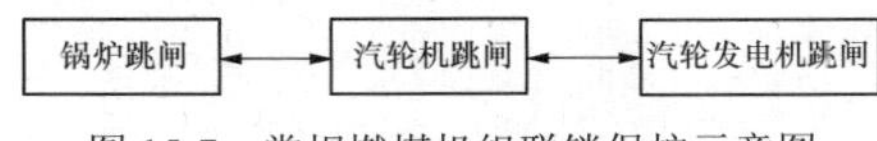

图15-7　常规燃煤机组联锁保护示意图

对于燃气-蒸汽联合循环机组，特别是二拖一机组，主设备比单元制的常规燃煤机组多出了两台燃气轮机及其发电机，相互之间的关系比燃煤机组主设备之间的关系变得更复杂。由于联合循环电厂中的汽轮机是一种余热利用型的设备，驱动汽轮机旋转的能量供给源是余热锅炉排出的蒸汽，而余热锅炉生产蒸汽的热源是燃气轮机排出的余热，余热的有无和多少只与燃气轮机的工作状况和性能有关，这是一种汽轮机依赖锅炉、锅炉依赖燃气轮机的双重依赖关系，是联合循环电厂与普通燃煤电厂主机之间关系最大的不同。

把握住上面这两个特点来梳理和设计燃气-蒸汽联合循环机组主设备或联锁保护时，将使机组级联锁保护设计将更容易理解。

国内建设的大型联合循环电厂一般都不设旁路烟囱，余热锅炉也不采用补燃系统，并且联合循环机组系统运行灵活，启停速度快，机组一般不考虑快速切负荷功能（FCB）。但是由于汽轮机旁路系统容量为100%且通常设计快开功能，可实现停止汽轮发电机组的运行，而不停止余热锅炉。因此以下讨论也以此为前提，不考虑燃气轮机的简单循环运行方式，也不涉及余热锅炉补燃系统的保护和机组FCB。

1. 一拖一单轴联合循环机组联锁保护

对于单轴布置的一拖一联合循环机组，燃气轮机、汽轮机、发电机串联在一根轴上，共用一台发电机发电。轴上设备彼此连接关系有两种方式，一种是燃气轮机、汽轮机、发电机；另一种是燃气轮机、发电机、汽轮机。对于后一种连接方式，在汽轮机和发电机之间可能设有3S离合器，可在特定工况下解列汽轮机。

（1）发电机首先跳闸。联锁跳闸燃气轮机，然后跳闸余热锅炉，接着跳闸汽轮机并开启旁路。

（2）燃气轮机首先跳闸。联锁跳闸对应的燃气轮发电机和余热锅炉，然后跳闸汽轮机并开启旁路。

（3）余热锅炉首先跳闸。联锁跳闸对应的燃气轮机，余热锅炉跳闸的同时联锁跳闸汽轮机并开启旁路，接着跳闸发电机。

（4）汽轮机首先跳闸。如果没有3S离合器，则开启旁路，联锁跳闸余热锅炉和燃气轮机。如果有 3S 离合器，则可开启旁路解列汽轮机，燃气轮机和余热锅炉继续运行，仅由燃气轮机驱动发电机。

一拖一单轴联合循环机组的联锁保护如图 15-8 所示。

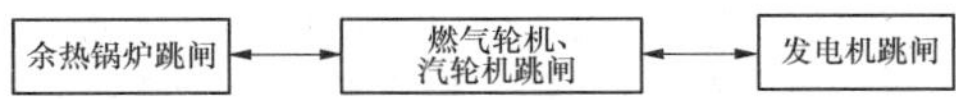

图 15-8　一拖一单轴联合循环机组的联锁保护示意图

2. 一拖一多轴联合循环机组联锁保护

一拖一多轴联合循环机组有 2 个轴系，燃气轮机和汽轮机各带一台发电机。

（1）燃气轮发电机首先跳闸。联锁跳闸燃气轮机，然后跳闸余热锅炉，接着跳闸汽轮机并开启旁路，汽轮机跳闸后联锁跳闸汽轮发电机。

（2）燃气轮机首先跳闸。联锁跳闸燃气轮发电机和余热锅炉，然后跳闸汽轮机并开启旁路，汽轮机跳闸后联锁跳闸汽轮发电机。

（3）余热锅炉首先跳闸。联锁跳闸燃气轮机，然后跳闸燃气轮发电机，余热锅炉跳闸的同时联锁跳闸汽轮机并开启旁路，汽轮机跳闸后联锁跳闸汽轮发电机。

（4）汽轮机首先跳闸。联锁跳闸汽轮发电机，并开启旁路，解列汽轮发电机组，燃气轮机及其发电机、余热锅炉可继续运行。

（5）汽轮发电机首先跳闸。联锁跳闸汽轮机，并开启旁路，解列汽轮发电机组，燃气轮机及其发电机、余热锅炉可继续运行。

一拖一多轴联合循环机组的联锁保护如图 15-9 所示。

3. 二拖一联合循环机组联锁保护

二拖一联合循环机组有 3 个轴系，两台燃气轮机和汽轮机各带一台发电机。对于热电联产的供热机组，汽轮机高、中压缸和低压缸之间还可能有 3S 离合器。

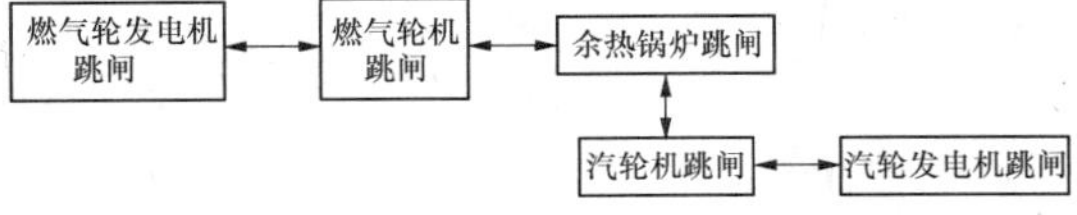

图 15-9　一拖一多轴联合循环机组的联锁保护示意图

（1）燃气轮发电机首先跳闸。如果只有一台燃气轮发电机跳闸，则跳闸对应的燃气轮机，接着跳闸燃气轮机对应的余热锅炉，一台余热锅炉跳闸后关对应的并汽阀，开启旁路，将跳闸的余热炉从联合循环中切除，同时发 RB 信号，汽轮机快速减负荷。如果两台燃气轮发电机都跳闸，则跳闸两台燃气轮机及余热锅炉，然后跳闸汽轮机并开启旁路，汽轮机跳闸后联锁跳闸汽轮发电机。

（2）燃气轮机首先跳闸。如果只有一台燃气轮机跳闸，则跳闸对应的燃气轮发电机和余热锅炉，一台余热锅炉跳闸后关对应的并汽阀，开启旁路，将跳闸的余热锅炉从联合循环中切除，同时发 RB 信号，汽轮机快速减负荷。如果两台燃气轮机都跳闸，则跳闸两台燃气轮发电机及余热锅炉，接着跳闸汽轮机并开启旁路，汽轮机跳闸后联锁跳闸汽轮发电机。

（3）余热锅炉首先跳闸。如果只有一台余热锅炉跳闸，则跳闸对应的燃气轮机，接着跳闸燃气轮机对应的发电机，开启旁路，将跳闸的余热锅炉从联合循环中切除，同时发 RB 信号，汽轮机快速减负荷。如果两台余热锅炉都跳闸，则联锁跳闸两台燃气轮机及发电机，接着跳闸汽轮机并开启旁路，汽轮机跳闸后联锁跳闸汽轮发电机。

（4）汽轮机首先跳闸。联锁跳闸汽轮发电机，解列汽轮发电机组。如果凝汽器及循环水系统处于完好备用状态，可开启旁路，燃气轮机及其发电机、余热锅炉可继续运行。

对于追求供热最大化的联合循环机组，在冬季供热工况运行时，汽轮机低压缸通过 3S 离合器切除，中压缸排汽全部进入热网系统加热热网循环水，凝汽器只有少量疏水和排汽进入，为降低厂用电率，这时开式循环水会以较低的流量运行。如果此时汽轮机跳闸，开启旁路，将大量中、低压蒸汽减温减压后排入凝汽器是不允许的，因为凝汽器和开式循环水系统都来不及迅速响应，只有通过余热锅炉安全阀动作泄放掉多余的蒸汽。安全阀动作后两台余热锅炉大量失水，余热锅炉跳闸，并同时跳闸两台燃气轮机和燃气轮发电机。

（5）汽轮发电机首先跳闸。联锁跳闸汽轮机，解列汽轮发电机组，在供热工况下特殊考虑和汽轮机首先跳闸的情况类似。

二拖一联合循环机组的联锁保护如图 15-10 所示。

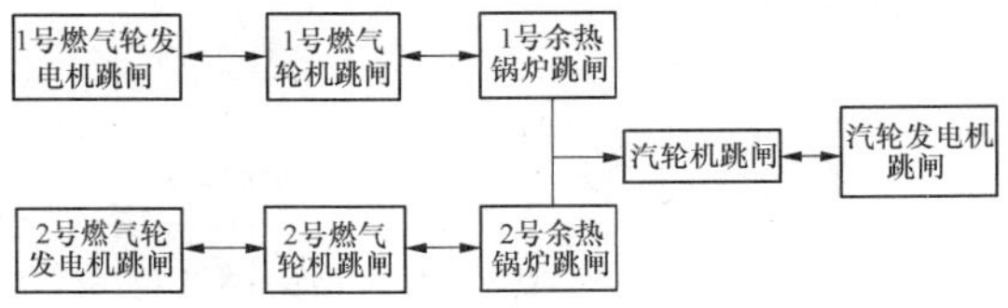

图 15-10　二拖一联合循环机组的联锁保护示意图

4. 机组联锁保护一般结论

根据上面各种情况的描述可以明确的是，不论单轴、多轴，一拖一还是二拖一，对于联合循环机组的大联锁保护：燃气轮机和对应的燃气轮发电机的跳闸关系、汽轮机和对应的汽轮发电机之间的跳闸关系是固定的；燃气轮机和对应的余热锅炉之间的跳闸关系，在不考虑旁路烟气挡板的情况下也是固定的。

对于一拖一机组：不论是单轴、多轴，还是旁路容量的大小，余热锅炉跳闸后汽轮机应跳闸；但是，汽轮机跳闸后是否联跳余热锅炉，需要根据旁路容量和凝汽器及循环水系统备用状态确定。

对于汽轮机首先跳闸的情况，除非汽轮机在短时间内就可排除故障恢复运行，或者必须要维持热网系统对外供热不能中断，否则长时间以停汽轮机但不停燃气轮机和余热锅炉这种方式运行，余热锅炉产生的大量蒸汽要通过旁路减温、减压后进入凝汽器，经济性差，一般也联锁跳闸余热锅炉。

二、机组协调控制

（一）燃气轮机控制

燃气轮机控制系统主要有四个控制任务：

（1）设定和控制燃气轮机启动和正常运行的燃料极限。

（2）控制燃气轮机转子的转速和加速度。

（3）控制燃气轮机的输出功率。

（4）限制燃气轮机在燃烧区域内的温度。

上述四个控制任务，均与燃气轮机组的燃料流量控制密切相关，在同一个时刻，可能有多个调节控制回路需要对燃料流量进行调节，为了保证燃气轮机组的安全，并使控制系统的输出动作不产生混乱，对燃气轮机的燃料流量控制在每个时刻只能有一个控制功能和系统的输出起作用，这几个控制系统的调节输出都输入到“最小值选择门”进行筛选，选取其中的最小值作为燃气轮机流量控制的实际输出去动作燃料控制阀伺服机构，实现对燃料流量的控制，其控制原理框图如图 15-11 所示。

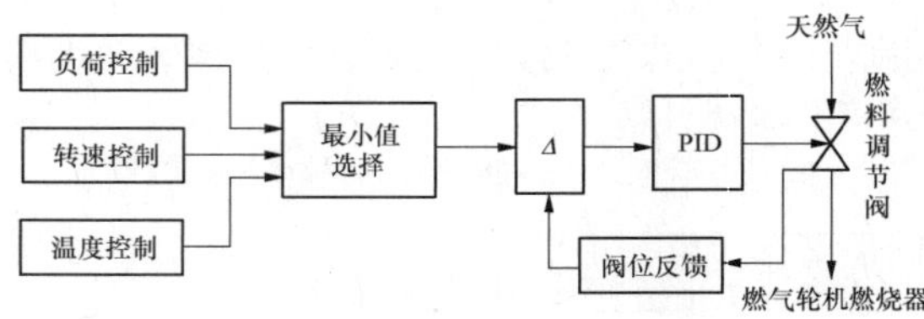

图 15-11　燃气轮机主控制系统原理框图

燃气轮机组具体控制逻辑和策略由燃气轮机组设备供货商提供，配套的控制系统仪表和盘柜随燃气轮机组设备设计和供货，在燃气轮机控制系统中实现。

1. 温度控制

余热锅炉靠吸收燃气轮机排气的余热产生蒸汽，进而驱动汽轮机做功，燃气轮机的排气温度直接关系到联合循环的出力和效率。透平进口温度过高，将使燃气轮机叶片、叶轮的强度显著降低，重则造成叶片烧毁、断裂等事故，超温还会加速对叶片的腐蚀，因此温度控制对燃气轮机至关重要。

燃气轮机温度控制的被控参数是透平进口温度，在实际运行中，通过测量燃气轮机的排气温度来控制燃气轮机透平入口工作温度。燃气轮机透平入口温度极高，无法直接测量，工程上是根据燃气轮机压气机进、出口压力及燃气轮机透平排气温度等参数通过计算得到，同时考虑环境大气温度的修正。在燃气轮机排气腔室沿圆周方向一般布置有数十只热电偶测量燃气轮机排气温度，这些热电偶测量的温度信号，既用于燃气轮机的超温保护，也用于燃气轮机的温度控制，通过取平均值计算方法得到燃气轮机排气温度。

2. 转速控制

燃气轮机转速反映并网运行的燃气轮发电机发出的交流电的频率，要保证电能的品质，转速允许变化的范围特别小。一台并网运行的汽轮发电机，在一定负荷下稳定运行，燃气轮机发出的功率等于电网负荷，整个转子处于动平衡状态，转速稳定在额定转速附近。如果电网负荷发生了变化，但是进入燃气轮机的燃料量不作出相应调整，原有的功率平衡状态必然被打破，电负荷增加时，输入燃气轮机的能量不足以带动外界负荷，转速将下降；电负荷减少时，输入燃气轮机的能量大于外界负荷，转速将上升。

燃气轮机转速调节的目的就是在各种负荷下维持燃气轮机及其发电机整个轴系的转速恒定不变，被调参数是发电机转速，被调对象是燃气轮机的液压油控制的燃料控制阀。当转速小于额定转速时，意味着电负荷增大而燃气轮机的功率不足，要使转速回到额定值，应通过电液控制系统增加燃气轮机的燃料量；反之，如果转速大于额定值，就要减少燃气轮机的燃料量。

对于燃气轮机，转速控制的要求有：

（1）在单机运行时，当电负荷变化以后，在调节结束时保持机组的转速基本不变。

（2）在单机运行时，能根据操作者的意图，在一定范围内改变机组的转速。在并网运行时，能根据操作者的意图改变机组的功率。

（3）在甩负荷时，使得机组不会超速，并能很快地稳定下来。

3. 进口导叶控制

压气机入口导叶（inlet guide vane，IGV）控制的主要作用是通过调节IGV的转角改变进入压气机的空气流量。引入IGV控制的主要目的是：

（1）在燃气轮机启动和停机过程中，当转子转速小于额定转速时，通过调节IGV转角避免压气机出现喘振。在额定转速下运行时，应全开IGV以保证较高的机组效率。

（2）通过调节IGV转角进而调节燃气轮机排气温度。特别是燃气轮机在部分负荷下工作时，燃气轮机的排气温度低于额定负荷时的排气温度，此时可适当关小 IGV，以减少空气流量维持较高的燃气轮机排气温度，在燃气轮机效率基本不变的情况，提高余热锅炉和汽轮机的效率，使得联合循环的整体效率得到提高。

（3）在燃气轮机启动时关闭 IGV，减小机组启动的阻力，从而减小压气机在启动过程中功耗。在机组运行过程中，当燃料增加时，IGV 开度应随之增加，以增大空气流量，并维持燃气轮机排气温度恒定。

（二）余热锅炉控制

余热锅炉一般不考虑补燃，被动接受燃气轮机排出的高温烟气对炉水进行加热，产生的蒸汽量取决于燃气轮机的排气温度和流量，出力的大小跟随燃气轮机出力的变化而变化，因此余热锅炉没有类似燃煤锅炉的燃烧控制、负荷控制等控制回路。

余热锅炉汽水系统大都采用自然循环方式，汽包是一个长筒形压力容器，布置在余热锅炉顶部，经受热面加热后的给水进入汽包，在饱和状态下经汽包顶部的汽水分离器分离，分离后蒸汽进入下一级受热面继续加热。汽包水位过高会影响汽包的汽水分离，增加蒸汽携带的水分，汽水品质恶化，导致透平进水，损坏叶片。汽包水位过低，会破坏汽包与水冷壁间的水循环，如不及时控制就会使汽包内的水全部汽化，导致汽包破坏或爆炸。因此，为了保证余热锅炉的安全、高效运行，余热锅炉的汽包水位控制是余热锅炉所有参数调节中最重要的。

汽包水位采用三冲量控制，即汽包水位、蒸汽流量和给水流量三个测量信号，经过一定运算后，调节给水流量控制阀。蒸汽流量作为前馈信号，目的是克服蒸汽流量波动对汽包水位的影响，防止“虚假水位”现象引起的控制系统误动作，并在蒸汽负荷改变时迅速调整给水流量做到快速响应；给水流量作为副参数构成串级回路，目的是克服给水压力波动等因素引起的给水流量扰动。对于高压汽包水位控制，三冲量给水控制输出的调节动作对象除了高压给水流量控制阀外，还有高压给水泵的勺管执行器。如中压给水泵采用变频控制，对于中压汽包水位控制，三冲量给水控制输出的调节动作对象除了中压给水流量控制阀外，还有中压给水泵变频器。

汽包水位、蒸汽流量和给水流量变送器信号三取中后作为控制回路的输入。为了提高调节精度，汽包水位还要经汽包压力的修正，蒸汽流量要经蒸汽压力、温度的修正，给水流量要经给水压力、温度的修正，必要时还可引入汽包连续排污流量对给水流量信号进行补偿。补偿修正压力、温度测量仪表三冗余设置。

对于中压汽包水位控制，需要特别注意，不能将余热锅炉出口送至汽轮机的中压蒸汽流量信号作为中压汽包三冲量给水控制的输入，因为余热锅炉出口中压蒸汽流量由中压过热器出口的蒸汽和汽轮机来的冷再热蒸汽两部分组成，只有中压过热器出口蒸汽流量，才是中压给水经余热锅炉中压系统换热产生的蒸汽。

在余热锅炉启动阶段，或者蒸汽流量、温度、压力信号故障，或者给水流量、温度、压力信号故障时，汽包水位控制采用单冲量汽包水位控制，控制回路的输入为汽包水位信号，控制回路输出调节动作的对象为给水流量控制阀。

余热锅炉具体控制逻辑和策略由余热锅炉设备供货商提供，在 DCS 中实现。

（三）汽轮机控制

联合循环汽轮机的主要控制项目有汽轮机转速和负荷控制，包括转速、转速变化率、负荷及负荷变化率设定和控制，与常规燃煤电厂的汽轮机控制没有太多差别。汽轮机的控制由汽轮机数字电液控制系统（DEH）完成，DEH 实现汽轮机从盘车开始到带满负荷及正常运行的监视与控制；操作人员可以通过操作员站对汽轮机的目标转速、目标负荷、升速率和升负荷率进行设定，并对阀门进行手动操作。

汽轮机具体控制逻辑和策略由汽轮机制造厂提供，在 DEH 系统中实现，DEH 系统由汽轮机制造厂设计供货，一般采用与联合循环电厂 DCS 相同的软硬件。

（四）主要辅机协调控制

1. 天然气调压站控制

为保证燃气轮机正常运行，调压站出口天然气压力必须维持在一定范围内，并且压力的波动幅度和频率有严格限制。天然气调压站的主要控制项目是天然气调压站出口供给燃气轮机的天然气压力和流量控制，目的是调节和稳定系统压力，并且根据燃气轮机的负荷变化调节天然气流量。对于不需要提升天然气压力的联合循环电厂，天然气压力的控制一般采用自力式压力调节阀，不需要控制系统参与。对于需要提升天然气压力的联合循环电厂，一般设有天然气增压机。天然气增压机出口压力控制有三种典型方式，分别是入口导叶控制、入口导叶与增压机入口压力调节阀联合控制、变频控制，这三种方式都可以实现在恒定压力下的天然气连续输送。

对于入口导叶与入口压力调节阀联合控制的增压机，在天然气增压机升压、升负荷过程中，先将入口导叶设定为初始负荷开度并保持这一开度不变，逐渐增大入口压力调节阀开度，通过入口压力调节阀对增压机出口压力、入口压力进行调节，直到其开度达到90%或者增压机入口压力达到设计值。然后转为由增压机入口导叶自动控制增压机出口压力，并提供增压机的过载保护。在天然气增压机降负荷过程中，控制系统的动作顺序相反，先逐渐减小增压机入口导叶的开度降低增压机的负荷，直到入口导叶回到初始负荷开度并保持，然后转为由增压机入口调节阀自动控制增压机出口压力。仅采用入口导叶控制和变频控制的增压机，调节原理比较简单，直接通过控制入口导叶的开度或者电动机转速来调节增压机出口天然气压力。

天然气增压机出口再循环调节阀主要作用是调节天然气再循环流量，将一部分天然气返回到增压机入口，增大增压机天然气流量，避免增压机出现喘振，控制方式是根据增压机的喘振曲线采取预设偏置调节。

2. 热网系统控制

热电联产联合循环电厂热网系统热网循环水水温、水量调节采用量-质并调方式。热网系统对质的调节就是控制热网循环水供水温度，具体实现方式是通过热网抽汽调节阀调节抽汽量，以及通过热网疏水泵变频器调节疏水泵转速，或者热网疏水调节阀调节热网加热器疏水流量，进而控制热网循环水供水温度。热网系统对量的调节反映在循环水流量的变化上，热网循环水量是通过调节热网循环泵的投运台数和通过改变调速泵的转速实现。

热网循环水水温高低、水量大小表征着热网系统的负荷水平，不论是冷态、温态还是热态启动，汽轮机通常都以纯凝方式启动，待汽轮机并网带上初始负荷运行稳定之后再开始投运热网系统，然后逐步增加热网负荷。这主要是考虑到燃气轮机在燃气轮机控制系统（TCS）中控制，汽轮机在汽轮机数字电液系统（DEH）中控制，余热锅炉、旁路系统、天然气增压机等其他主要辅机辅助设备在联合循环分散控制系统（DCS）中控制，如果机组启动时汽轮机直接带热网启动，控制系统需要协调控制的系统和设备太多，控制难度增大，不利于机组安全运行。热网系统的正常停运则是相反流程，在汽轮机由抽凝运行方式过渡到纯凝运行方式的过程中，逐步降低热网负荷，然后解列热网系统。

要实现热网系统蒸汽侧的抽汽流量控制，热网抽汽调节阀和汽轮机中、低压缸连通管调节阀应彼此协调，其开度应是此高彼低的方式进行控制，其中一个调节阀开大，另一个调节阀就必须关小。两个调节阀开度大小的变化，决定了低压蒸汽在汽轮机低压缸和热网系统之间的分配比例，两者之间分配的蒸汽比例的多少，又区分了汽轮机的不同运行方式。如果中压缸排汽及余热锅炉来的低压补气全部进入低压缸，热网系统不投运，汽轮机就是纯凝模式运行；如果中压缸排汽及余热锅炉来的低压补气部分进入低压缸，部分进入热网系统，汽轮机就是抽凝运行模式；如果中压缸排汽及余热锅炉来的低压补气全部进入热网系统，3S 离合器脱开，汽轮机低压缸切除，汽轮机就是背压运行模式。

正常运行过程中，热网系统由投运、逐渐增加负荷直至带上最大供热负荷，汽轮机的相应运行模式变化是纯凝—抽凝—背压逐渐切换的；反过来，热网系统由最大供热负荷状态逐渐减少负荷，直至热网系统解列，汽轮机的运行模式变化是背压—抽凝—纯凝逐渐切换的。热网系统的投切，汽轮机中间都必须经过抽凝运行模式的过渡，不可跨越。热网抽汽流量控制细节具体详述如下。

汽轮机启动过程中，由 DEH 控制汽轮机的升速和并网，热网抽汽快关阀、止回阀保持关闭状态，热网抽汽调节阀不作调节，利用连通管调节阀调节汽轮机中压缸排汽压力，防止中压分缸压力过低，对中压缸末级叶片造成损伤。在汽轮机以纯凝方式启动完毕并带上初始负荷运行稳定之后，同时热网系统管道、设备也预暖准备完毕，再逐渐打开热网抽汽调节阀，由热网抽汽调节阀控制中压缸排汽压力和热网抽汽压力，同时汽轮机中、低压缸连通管调节阀相应成比例关小，以使更多的蒸汽进入热网系统。在汽轮机中、低压缸连通管调节阀逐渐关小的过程中，汽轮机低压主汽阀也逐渐关小，将余热锅炉来的低压主蒸汽转向热网系统。在此过程中，由于驱动低压转子旋转的蒸汽逐渐减少，低压转子的转速低于额定转速之后，3S 离合器自动脱开，低压缸完成解列后汽轮机由抽凝模式改为背压模式运行。

反过来，在热网系统逐渐减少负荷并切除停运的过程中，应调节低压缸连通管调节阀，逐渐增加其开度，控制中压缸排汽压力，同时热网抽汽调节阀相应成比例关小，以使更多的蒸汽进入汽轮机低压缸。随着低压缸进气量的增加，低压转子的转速不断升高，达到额定转速之后，3S 离合器自动啮合并锁定。中压缸排汽逐渐由热网系统转向汽轮机低压缸的同时，汽轮机低压主汽阀也应同时逐渐开大，最终将低压主蒸汽全部由热网系统转向低压缸。热网系统供汽全部切除后，汽轮机由抽凝模式改为纯凝模式运行。

热网系统水侧的热网循环水流量控制原理相对比较简单，粗调是通过投运热网循环泵台数实现，细调是通过控制热网循环泵液力偶合器勺管位置调节热网循环泵转速实现。

（五）主设备间协调控制

1. 旁路系统控制

旁路系统在机组启动、停止、跳闸过程中，对机组正常安全运行都起着极其重要的作用。在机组启动过程中，只有蒸汽参数满足要求，达到最低的压力和过热度后，汽轮机才允许进汽。机组在各种工况下（冷态、温态、热态）启动，都要投入旁路系统，主要功能是协助控制余热锅炉，快速提高锅炉出口蒸汽温度使之与汽轮机汽缸金属温度较快地匹配，减少热应力，缩短机组启动时间，减少汽轮机循环寿命损耗；将不合格的蒸汽排入凝汽器，回收工质，减少蒸汽向空排放，改善对环境的噪声污染；实现机组的最佳启动。在联合循环机组正常运行时，旁路系统主要起超压保护作用。对于二拖一联合循环机组，从一拖一方式切换到二拖一方式，从二拖一方式切换到一拖一方式，蒸汽并入和退出的操作均需要通过旁路来调整蒸汽参数或者改变蒸汽流向。联合循环机组在带负荷运行时，一旦汽轮机紧急跳闸，也必须投入旁路系统，保证余热锅炉蒸汽快速安全的通过，否则会迫使燃气轮机紧急跳闸，严重影响燃气轮机的寿命。

（1）一拖一机组旁路系统控制。对于一拖一机组，在燃气轮机点火、主蒸汽升压完成、启动完成各个阶段，旁路系统的控制方式和设定值是不一样的。在燃气轮机点火之前，旁路系统的设定值设定在上次停机过程中燃气轮机熄火时对应的主蒸汽压力，并保持不变。在燃气轮机点火之后，旁路系统的设定值跟随主蒸汽压力的变化，此时旁路系统的设定值设定为实际的主蒸汽压力，并随着余热锅炉蒸汽压力的升高而升高，旁路系统基本保持关闭状态并不动作，直到主蒸汽升压阶段。在主蒸汽升压阶段，随着燃气轮机燃料量的继续增加，燃气轮机开始带负荷，按照汽轮机的金属温度确定启动状态，并确定暖机负荷，随着燃气轮机负荷的增加，余热锅炉的温度逐渐升高，主蒸汽参数也随之逐渐升高，由旁路阀控制主蒸汽压力并逐渐开启，旁路系统设定值为燃气轮机负荷的函数关系。当燃气轮机达到并稳定在暖机负荷，主蒸汽参数满足汽轮机进汽条件之后，汽轮机的进汽调节阀开始打开；当汽轮机带初始负荷结束后，旁路阀进入程序关闭控制，以使更多的蒸汽进入汽轮机，同时汽轮机主汽调节阀进入压力控制模式。至此机组一拖一启动完毕，汽轮发电机组可以继续跟随燃气轮机一起继续升负荷。启动完毕之后，旁路系统全部关闭，旁路系统进入后备模式，旁路系统的设定值会设置为高于实际主蒸汽压力，旁路系统处于长期关闭状态，只有在蒸汽压力出现大幅升高时，旁路才会开启泄压。一拖一停机时，燃气轮机、汽轮机降至停机负荷后，汽轮机主汽调节阀退出压力控制模式，旁路系统设定值设为当前蒸汽压力和下限压力的大选值，随着汽轮机主蒸汽调节阀的逐渐关闭，旁路系统会自动开启来调节蒸汽压力。

（2）二拖一机组旁路系统控制。如果两台燃气轮机同时启动，两台余热锅炉同时向汽轮机提供蒸汽完成汽轮机的冲转、升速、并网、带负荷，控制系统需要协调控制的系统和设备众多，各个控制系统需要维持和稳定的参数也很多，且它们之间都互相影响，控制难度大，不利于机组安全、稳定运行。因此二拖一机组启动过程通常都是首先以一拖一方式启动，先启动一台燃气轮机，并在燃气轮机带一定负荷稳定运行（汽轮机冷态、温态、热态不同状态下启动时，选择的负荷水平不一样），汽轮机进汽条件满足之后，通过其对应的余热锅炉产生的蒸汽拖动汽轮机冲转、升速、并网并带初始负荷；然后启动第二台燃气轮机并逐渐增加负荷，当两台燃气轮机负荷一致，第二台余热锅炉的高、中、低压蒸汽与先运行的余热锅炉压力、温度相匹配时，进行并汽操作，将第二台余热锅炉产生的蒸汽逐渐导入汽轮机，联合循环机组转为二拖一运行模式，两台燃气轮机和余热锅炉一起驱动汽轮机做功。

两台余热锅炉产生的蒸汽必须在压力、温度相匹配时才能并汽，这是因为如果两者的蒸汽压力相差太大，蒸汽会在两台余热锅炉之间窜动，对两台余热锅炉运行造成干扰；如果两者温度相差太大，那么进入汽轮机的蒸汽温度就会忽高忽低，不仅会导致管道产生冲击和振动，还会使汽轮机产生热应力损伤。余热锅炉出口蒸汽压力和温度与燃气轮机负荷的关系是固定的，要求两台余热锅炉产生的蒸汽压力、温度相匹配，实际也就是要求两台燃气轮机的负荷接近或相同。

二拖一机组的停机过程与启动过程基本相反，二拖一停机之初，两台燃气轮机及汽轮机要同时降低负荷，一般是两台燃气轮机负荷同步降至 30%～40%额定负荷时，进行解汽操作。先分步停止其中一台余热锅炉对汽轮机的各级蒸汽供应，然后逐渐降低这台余热锅炉对应的燃气轮机负荷，并停止其运行。返回到一拖一方式运行后，再逐渐降低余下燃气轮机及汽轮机的负荷，先停汽轮机，再停燃气轮机。

燃气轮机启动快速，一般只需要 30min 左右，而汽轮机启动相对较慢，在由一拖一方式切换到二拖一方式的过程中，第二台燃气轮机启动时间并不是完全等首先运行的燃气轮机完成一拖一模式汽轮机带初始负荷运行之后，而是在第一台燃气轮机开始升负荷并稳定在 20%～30%负荷的中间过程中，第二台燃气轮机就可以进行 SFC 变频启动、吹扫和点火、升至 20%～30%负荷等工作，在先投运的余热锅炉高、中、低压蒸汽旁路全关、一拖一机组各项运行参数稳定后即可进行并汽，这样可以缩短整套二拖一机组的启动时间。

在第二台燃气轮机点火前后，第二台余热锅炉的蒸汽旁路系统控制方式与一拖一启动时相同。在第二台燃气轮机在带初始负荷、升至 20%～30%负荷的过程中，旁路系统控制方式也基本与一拖一启动时相同，不同的是在此之前汽轮机主汽阀已经全部开启，第二台余热锅炉出口蒸汽并汽电动阀处于关闭状态。当两台余热锅炉的蒸汽参数相匹配后，将旁路阀门逐渐关闭，并汽电动阀逐渐打开，直至第二台余热锅炉的蒸汽旁路全关，两台余热锅炉的蒸汽合并进入汽轮机，并汽操作完成。第二台余热锅炉的蒸汽旁路系统全关之后，也和一拖一启动时一样，旁路系统进入后备模式。在停机正常过程中，两台燃气轮机同步降至停机负荷后，先停运的那台燃气轮机及对应的余热锅炉要执行解汽操作，将旁路系统的设定值设为当前蒸汽母管压力减去一定偏置值，使旁路系统逐渐开启，同时逐渐关闭余热锅炉出口并汽电动阀，直至并汽电动阀全关，该余热锅炉切除。后停运的余热锅炉蒸汽旁路的控制方式与一拖一停机一致。

（3）二拖一机组并汽方式。二拖一机组启动过程中，会从一拖一方式切换到二拖一方式，停机过程则相反，会从二拖一方式切换到一拖一方式，蒸汽并入和退出的操作均需要通过旁路的控制来实现。对于三压余热锅炉，高压、中压旁路是旁路系统的控制核心，控制方案和控制精度要求高。对于低压旁路，由于余热锅炉低压汽包的作用主要是为高压、中压汽包供水，低压汽包产生的蒸汽仅在汽轮机需要投入补汽时使用，控制要求相对简单。二拖一机组并汽、解汽操作过程中，高压、中压、低压蒸汽的并汽、解汽并不是同时进行的，二拖一机组常见的并汽方式有两种：高压、中压蒸汽同时并汽，然后并入低压蒸汽，或者先并中压蒸汽，再并高压蒸汽，最后并入低压蒸汽。先并高压蒸汽再并中压蒸汽的方式难度大，一般不采用，这是因为高压蒸汽并汽过程中，中压蒸汽全部通过中压旁路进入凝汽器，造成中压旁路及减温水压力增大，凝汽器热负荷增大，并影响凝汽器真空。解汽操作与并汽操作相反，解汽前两台燃气轮机应同步降负荷，并微开旁路阀进行暖管。

2. 机组负荷控制

（1）机组负荷控制主要设计原则。联合循环机组中包括燃气轮及其发电机、余热锅炉、汽轮机及其发电机，还有旁路系统、给水系统、凝汽器系统、天然气调压站等辅助系统，各部分的控制不在同一个控制系统实现，如燃气轮机在燃气轮机控制系统（TCS）中控制，汽轮机在汽轮机数字电液控制系统（DEH）中控制，余热锅炉、旁路系统、天然气增压机等其他主要辅机辅助设备在联合循环分散控制系统（DCS）中控制。在机组启动、运行、停机过程中，为使机组负荷升降时各部分出力步调相同、协调一致，联合循环机组应设计机组级协调控制系统。

机组级协调控制系统应根据负荷调整需要和环境参数，自动计算机组重要控制参数的设定值，这些重要参数包括机组负荷设定值、燃气轮机排气温度设定值、燃气轮机及汽轮机负荷设定值、高中压蒸汽压力设定值、主蒸汽和再热蒸汽温度设定值等，具体调节控制由相关子系统负责完成。由于联合循环机组自动化水平很高，通常都设计有机组自动启停控制系统（APS），并在联合循环 DCS 中专门分配一对控制器用于协调各个不同功能部分在机组启动、停机时的控制关系，在机组运行过程中负责机组级协调控制。

（2）机组负荷控制。正常运行时，协调控制系统自动接收自动发电机控制（AGC）的指令或者运行人员手动设定的机组负荷目标值，经过处理后作为整个联合循环机组的负荷指令，调整各个子系统的负荷。投运 AGC 时，机组接受 AGC 指令，对燃气轮机、汽轮机负荷进行调整；不投运 AGC 时，运行人员可以手动设置负荷指令。不管一拖一单轴联合循环机组，还是一拖一多轴、二拖一多轴联合循环机组，汽轮机出力的大小取决于余热锅炉产生的蒸汽量，而余热锅炉只接受燃气轮机排出的高温烟气对炉水进行加热，产生的蒸汽量取决于燃气轮机的排气温度和流量，因此余热锅炉和汽轮机都没有自主的负荷调节能力，出力大小跟随燃气轮机出力的变化而变化。因为汽轮机不直接响应运行人员设定的负荷指令和电网 AGC 调度的负荷指令，也不参与一次调频功率调节，因此设计联合循环机组协调控制系统与电网调度 AGC 的接口信号时，必须将联合循环机组作为一个整体来考虑，不能任意调度汽轮发电机的负荷，需考虑汽轮发电机组和燃气轮机之间的跟随关系。

在一台燃气轮机和一台汽轮机组成的一拖一联合循环机组中，通常只调节燃气轮机的出力，汽轮机完全在滑压方式下运行，蒸汽旁路全关，汽轮机的主汽阀、主汽调节阀全开不作调节，以降低节流损失，提高机组热效率，一拖一联合循环机组的出力通过改变燃气轮机的负荷给定值来进行调节。对于二拖一机组，机组出力必须通过同时改变两台燃气轮机的负荷给定值来进行调节，除了类似在一拖一机组协调控制需要考虑的内容之外，还要考虑两台燃气轮机负荷平衡的问题。

协调控制系统根据联合循环机组的实发总功率与目标负荷设定的偏差，自动改变燃气轮机的负荷，直到实发总功率与目标负荷设定值相等，计算实发功率时不能仅考虑汽轮发电机的实际负荷，而应考虑燃气轮机组及汽轮机组的负荷总和。机组负荷能力计算回路用于计算联合循环机组在各种运行工况下所能承担的最大负荷能力，限制设定值等于或小于该值，确保机组安全运行。根据燃气轮机的特点，联合循环机组的最大出力受大气温度的影响较大，一年四季、每日早晚的大气温度都在变化，有功出力上限也应随着大气温度的变化而变化。燃气轮机最大出力由燃气轮机控制系统（TCS）通过接口送联合循环协调控制系统（DCS）。对于联合循环机组的汽轮发电机，其滑参数带负荷运行有一定的最低负荷限制条件，参数过低时，可能会引起汽轮机末级叶片水蚀现象，威胁汽轮机的安全运行，应将该负荷点作为电厂联合循环机组负荷指令的下限值。

负荷变化速率计算回路根据 TCS 来的负荷变化率上限和下限，以及燃气轮机排气温度和汽轮机缸温度变化速率自动计算联合循环机组的负荷变化速率。燃气轮机燃料量改变后，需经过燃烧室燃烧、燃气轮机透平做功、余热锅炉换热等多个环节，才能最终改变主蒸汽压力。同时，余热锅炉以燃气轮机排气为热源，而燃气轮机排气温度相对较低，主要以对流换热为主，换热速率低于高温辐射换热，余热锅炉汽包、管道热容积大蓄热效应比较明显，惯性较大，限制了机组负荷的快速响应。因此在联合循环机组中，虽然燃气轮机具有较快的负荷变化速率，但是汽轮机随动做功，整个联合循环机组的负荷响应速率不仅低于燃气轮机的负荷响应速率，而且还明显比常规燃煤汽轮发电机组负荷调整响应更慢。

天然气调压站增压机出口天然气压力反映了天然气调压站和燃气轮机之间的物料平衡关系，除了控制调压站供至燃气轮机的天然气压力在燃气轮机要求的范围内外，天然气增压机出口的流量还要随着燃气轮机负荷的变化及时做出同步的响应。由于燃气轮机能快速随负荷指令的变化，负荷响应的延迟小、负荷变化速度快、负荷变化范围大，为了快速响应燃气轮机组的负荷变化，提高调节品质，可将燃气轮机燃料阀开度指令前馈信号作用于天然气调压站增压机出口天然气压力控制回路，可以有效地缩短负荷响应延迟时间。

三、机组自动启停控制

（一）含义

联合循环机组自动启停控制是根据联合循环机组启停过程中不同阶段的需要对燃气轮机、余热锅炉、汽轮机、发电机、辅机等系统和设备工况进行检测和逻辑判断，并按预定好的程序（带有若干断点）向顺序控制系统各功能组、子功能组、驱动级及燃气轮机控制系统（TCS）、汽轮机数字电液控制系统（DEH）等各控制子系统发出启动或停止命令，从而实现联合循环组的自动启动或停止。同时，相关的保护联锁逻辑能使主辅机在各种运行工况和状态下，自动完成各种事故处理。

具有自动启停控制功能的联合循环机组，在启动时运行人员通过分散控制系统（DCS）操作员站，即可根据工艺系统及主辅机设备的状况，自动启动各辅机设备，并按照预定的程序，启动相关的辅机、燃气轮机、余热锅炉和汽轮发电机组，使燃气轮机和汽轮机自动升速及自动并网，并从初始负荷自动升至预定的目标负荷；在联合循环机组停止时，按照预定的程序，将机组从满负荷自动降负荷并自动停止主辅机设备的运行。

因此，具有自动启停控制功能的联合循环机组，相比于常规联合循环机组有比较好的负荷适应性，更方便启动和停止；但同时为了实现自动启停控制功能，也必将对工艺系统和主辅机设备的技术性能和质量有更高的要求。

（二）设计原则

1. 总体框架设计

机组自动启停控制系统（APS）的结构基本上分为四层，即机组控制级、功能组控制级、子功能组控制级和设备驱动控制级。机组控制级是整个联合循环机组启停控制的中心，根据系统和设备的运行情况，向底层功能组、子功能组和各控制子系统发出启动和停止的指令，保证联合循环机组的安全运行。因此完善的功能组、子功能组和控制子系统的设计是实现自动启停控制的基本条件。

（1）机组控制级。这是单元机组最高级控制级，执行机组在启停过程中管理和控制的最高一级任务，包括运行方式的预选和协调、启动和停止的程序管理的功能。

（2）功能组控制级。功能组操作方式可以是自动，也可以是手动，在自动方式时，接受机组控制级或同级功能组级的控制指令，运行功能组内部的启动和停止控制程序，决定对下一层控制子功能组发出投入、运行和停止指令。

（3）子功能组控制级。操作方式可以是自动，也可以是手动，在自动方式时，接受功能组级的控制指令，运行子功能组内部的启动和停止控制程序，根据功能组的程序指令设定运行设备的启动、停止或者备用状态。

（4）设备驱动控制级。单个设备的控制逻辑，操作方式可以是自动，也可以是手动。在自动方式时，接受子功能组级或者功能组的指令、各种模拟量和开关量控制信号、过程控制和设备的联锁及保护的控制指令、所有执行机构的控制信号的产生和转化等，是生产过程中最基本的控制级。

对于燃气轮机、汽轮机而言，TCS、DEH 也是按和上面类似的四个层次进行设计的，只是 TCS、DEH 机组控制级分别对应的是燃气轮机组、汽轮机组。

联合循环机组自动启停控制主要逻辑在联合循环机组 DCS 中实现，TCS、DEH 作为独立的控制系统，接受联合循环机组自动启停控制系统（APS）的管辖、指挥。TCS 判断燃气轮机启动允许的逻辑条件；接受联合循环机组自动启停控制系统（APS）和模拟量控制系统（MCS）的负荷控制指令，实现燃气轮机自动启停、自动并网、自动升负荷的功能。DEH根据汽轮机冷态、温态、热态的具体情况，判断汽轮机允许启动的逻辑条件；进行汽轮机热应力计算并控制温度裕度，从而决定冲转参数、速率、暖机，并将计算结果发送给APS，协调旁路和燃气轮机控制系统；实现汽轮机自动冲转，根据汽轮机启动状态自动选择升速率，自动选择暖机时间；汽轮发电机的自动并网；并网后能够自动升负荷。

APS的设计，将根据联合循环机组的运行特点，在机组自动启停过程中设置适当的断点，以适应联合循环机组在启停过程中工艺系统和设备运行的要求。如在燃气轮机启动、汽轮机启动、发电机并网等阶段设置适当的断点，这时需要操作员的确认，APS才能继续进行，以满足联合循环机组在启停中的检查、试验等需要。

以下仅以典型的二拖一机组为例，介绍联合循环机组自动启停控制的一般方案，其他类型机组可参考设计。

2. 断点设置

所谓断点就是在APS启动过程中，按照工艺系统的启动过程设置若干人工干预点，每个断点均需要人工确认才能开始下一段的程序运行。目前国内外燃煤机组自动启停控制通常都带有6～8个断点，联合循环机组根据具体配置方式的不同，断点数会有所增加或减少。

在APS程序中，由断点决定的各组程序既相互联系又相互独立，全部条件满足时，即可以实现整个联合循环机组的自动启停控制，而当局部（一组）条件满足时，该组程序也可独立执行，从而可以适应联合循环机组的多种运行方式，满足生产过程启停的工艺过程要求。

联合循环机组自动启停控制程序在执行过程中，控制系统在每个断点都显示相应的操作提示，并允许运行人员从分散控制系统（DCS）操作员站上中断或终止自动启停程序；一旦出现故障或错误，程序将自动中断并将机组返回到安全状态，同时机组级顺序控制程序（APS）将切换到功能组级控制。

某9F级二拖一机组APS的启动过程分为8个阶段（设置7个断点），见图15-12、图15-13。

（1）APS启动准备（盘车启动、余热锅炉上水、真空建立）。

（2）断点1：第一台燃气轮机启动。

（3）断点2：第一台燃气轮发电机并网。

（4）断点3：汽轮机冲转启动。

（5）断点4：汽轮发电机组并网。

（6）断点5：第二台燃气轮机启动。

（7）断点6：第二台燃气轮发电机并网。

（8）断点7：并汽、协调投入、升负荷。

在上述启动过程中，也可以将第（2）步和第（3）步合并，第（6）步和第（7）步合并，则9F级二拖一机组APS的启动过程分为6个阶段（设置5个断点）。

9F级二拖一机组APS的停止程序一般分为5个阶段（设置4个断点），见图15-14。

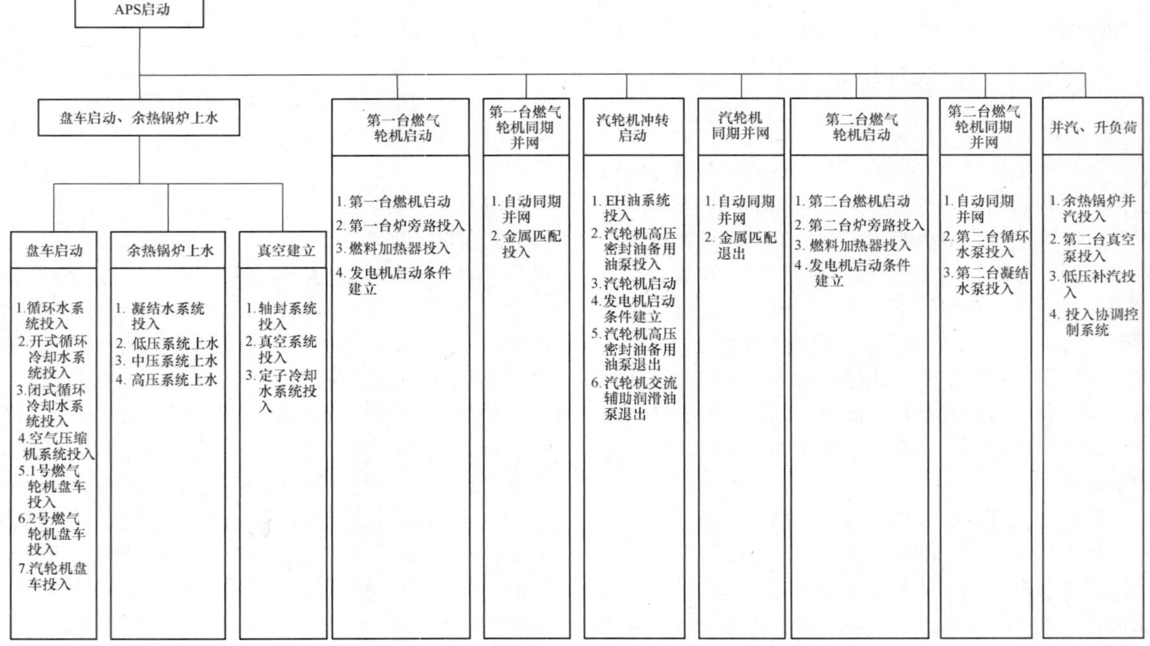

图15-12　APS启动流程示意图

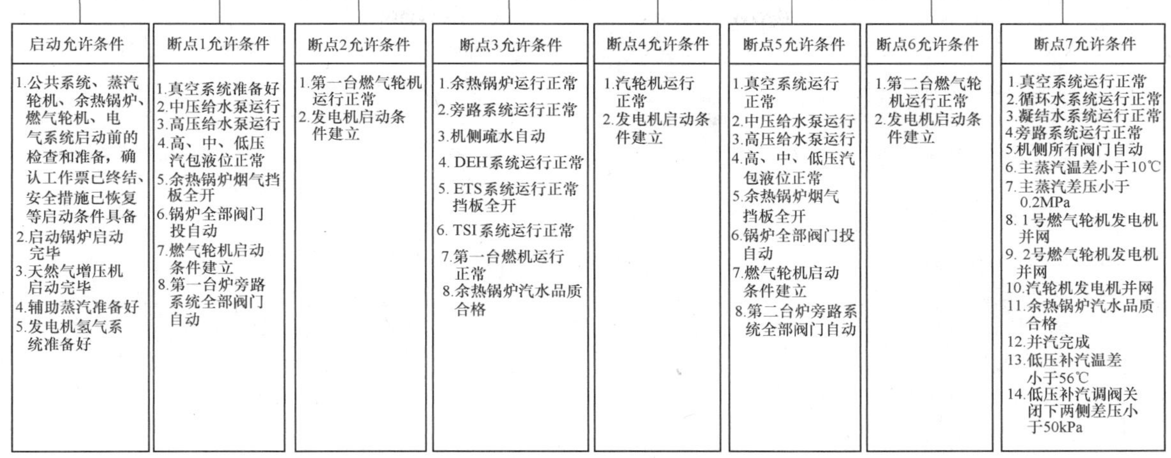

启动允许条件
1.公共系统、蒸汽轮机、余热锅炉、燃气轮机、电气系统启动前的检查和准备，确认工作票已终结、安全措施已恢复等启动条件具备
2.启动锅炉启动完毕
3.天然气增压机启动完毕
4.辅助蒸汽准备好
5.发电机氢气系统准备好
断点1允许条件
1.真空系统准备好
2.中压给水泵运行
3.高压给水泵运行
4.高、中、低压汽包液位正常
5.余热锅炉烟气挡板全开
6.锅炉全部阀门投自动
7.燃气轮机启动条件建立
8.第一台炉旁路系统全部阀门自动
断点2允许条件
1.第一台燃气轮机运行正常
2.发电机启动条件建立
断点3允许条件
1.余热锅炉运行正常
2.旁路系统运行正常
3.机侧疏水自动
4. DEH系统运行正常
5. ETS系统运行正常挡板全开
6. TSI系统运行正常
7.第一台燃机运行正常
8.余热锅炉汽水品质合格
断点4允许条件
1.汽轮机运行正常
2.发电机启动条件建立
断点5允许条件
1.真空系统运行正常
2.中压给水泵运行
3.高压给水泵运行
4.高、中、低压汽包液位正常
5.余热锅炉烟气挡板全开
6.锅炉全部阀门投自动
7.燃气轮机启动条件建立
8.第二台炉旁路系统全部阀门自动
断点6允许条件
1.第二台燃气轮机运行正常
2.发电机启动条件建立
断点7允许条件
1.真空系统运行正常
2.循环水系统运行正常
3.凝结水系统运行正常
4.旁路系统运行正常
5.机侧所有阀门自动
6.主蒸汽温差小于10℃
7.主蒸汽差压小于0.2MPa
8. 1号燃气轮机发电机并网
9. 2号燃气轮机发电机并网
10.汽轮机发电机并网
11.余热锅炉汽水品质合格
12.并汽完成
13.低压补汽温差小于56℃
14.低压补汽调阀关闭下两侧差压小于50kPa

图 15-13　APS 启动断点条件判断示意图

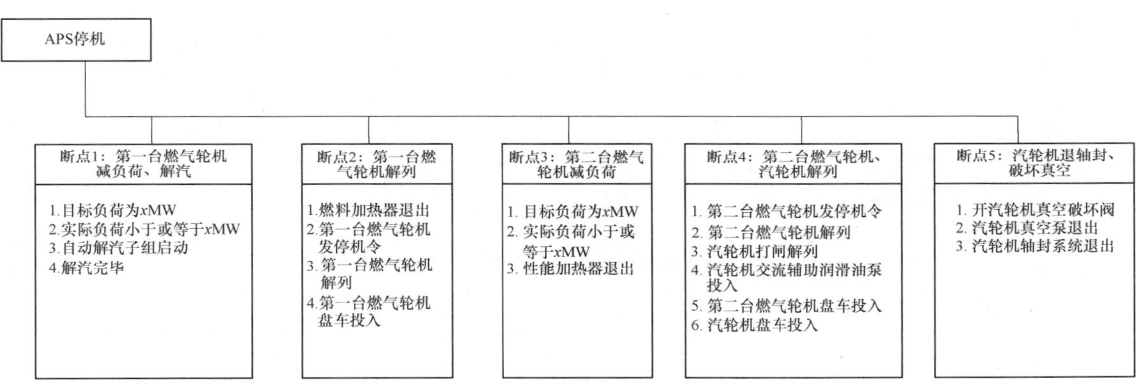

图 15-14　APS 停机流程示意图

（1）联合循环机组减负荷。

（2）第一台燃气轮机解列、盘车投入。

（3）第二台燃气轮机减负荷。

（4）第二台燃气轮机及汽轮机组解列、盘车投入。

（5）破坏真空、联合循环机组停运。

（三）设计方案

1. 概述

APS 启动时，汽轮机有三种模式，即冷态启动、温态启动、热态启动，这三种模式应根据不同汽轮机制造厂的要求，在操作员站 LCD 上进行选择或 APS 启动后自动根据高压缸金属温度确定。例如：冷态：高压缸一级后金属温度小于 120℃；温态：高压缸一级后金属温度为 120～415℃；热态：高压缸一级后金属温度大于 415℃。

APS 停机时，一般设计定压方式停机，分为两种模式，即破坏真空和不破坏真空。这两种模式也可在操作员站 LCD 上手动选择。

2. 自动启动控制

对于燃气-蒸汽二拖一联合循环机组，通常投入 APS 前，须投入相关的外围系统，包括工业水系统、化学补给水处理系统，同时压缩空气系统、凝结水处理系统、辅助蒸汽外部供汽系统、启动锅炉系统等具备投入条件，发电机充氢等已准备好。

（1）APS 启动前检查及准备工作。

1）启动锅炉具备条件。

2）天然气增压机具备条件。

3）辅助蒸汽具备条件。

4）发电机氢气系统具备条件。

5）开、闭式循环冷却水及定子冷却水已注水完毕。

（2）第一阶段：盘车启动、余热锅炉上水功能组。APS 启动允许，在操作员站上手动选择汽轮机启动模式，即冷态启机、温态启机、热态启机，然后启动 APS 程序。

1）启动循环水系统子组。

2）启动闭式循环冷却水系统子组。

3）启动开式循环冷却水系统子组。

4）启动空气压缩机系统子组。

5）启动凝结水系统子组。

6）启动低压上水系统子组。

7）启动中压上水系统子组。

8）启动高压上水系统子组。

9）投入汽轮机盘车。

10）投入轴封蒸汽系统。

11）投入定子冷却水系统。

12）投入真空系统。

13）投入燃气轮机盘车。

（3）第二阶段：第一台燃气轮机启动功能组。

1）启动第一台燃气轮机并网。

2）投入第一台余热锅炉旁路。

3）投入燃料加热器。

4）建立发电机启动条件。

（4）第三阶段：汽轮机启动功能组。

1）投入 EH 油系统。

2）投入汽轮机高压密封油备用油泵。

3）启动汽轮机。

4）建立发电机启动条件。

5）退出汽轮机高压密封油备用油泵。

6）退出汽轮机交流辅助润滑油泵。

7）自动同期并网。

（5）第四阶段：第二台燃气轮机启动功能组。

1）第二台燃气轮机启动。

2）第二台炉旁路投入。

3）燃料加热器投入。

4）发电机启动条件建立。

5）第二台循环水泵投入。

6）自动同期并网。

7）第二台凝结水泵投入。

（6）第五阶段：并汽、升负荷功能组。

1）余热锅炉并汽投入。

2）第二台真空泵投入。

3）低压补汽投入。

4）投入协调控制系统。

3. 自动停止控制

停止程序启动允许条件：联合循环机组停运时，停运前的各项试验由运行人员进行操作完成。高负荷阶段由 MCS 控制减负荷，直到机组负荷减至设定的负荷点。

在确定联合循环机组准备停机操作后，运行人员在操作员站 LCD 上手动选择破坏真空方式和不破坏真空方式，然后启动联合循环机组停止运行程序。

（1）第一阶段：第一台燃气轮机减负荷、解汽功能组。

1）第一台燃气轮发电机减负荷。

2）第一台余热锅炉解汽。

（2）第二阶段：第一台燃气轮机解列功能组。

1）燃料加热器退出。

2）第一台燃气轮机发停机令。

3）第一台燃气轮机解列。

4）第一台燃气轮机盘车投入。

（3）第三阶段：第二台燃气轮机减负荷功能组。

1）第二台燃气轮机减负荷。

2）汽轮机高压调节汽阀及中压调节汽阀逐渐关闭，汽轮机负荷逐渐降低。

3）燃料加热器退出。

（4）第四阶段：第二台燃气轮机、汽轮机解列断点功能组。

1）第二台燃气轮机发停机令。

2）第二台燃气轮机解列。

3）汽轮机打闸解列。

4）汽轮机交流辅助润滑油泵投入。

5）第二台燃气轮机盘车投入。

6）汽轮机盘车投入。

（5）第五阶段：汽轮机退轴封、破坏真空功能组。

1）开汽轮机真空破坏阀。

2）汽轮机真空泵退出。

3）汽轮机轴封系统退出。

四、天然气系统仪表与控制系统设计

燃气-蒸汽联合循环电厂采用的燃料一般是液体燃料（包括轻油、重油和原油）或气体燃料（包括天然气、液化天然气 LNG、液化石油气 LPG 等），随着国家能源结构和能源政策的调整，采用天然气作为燃料的燃气-蒸汽联合循环电厂将是主要发展方向。对于采用液体轻油、重油和原油作为燃料的燃气-蒸汽联合循环电厂，其燃油处理系统仪表与控制的设计类似常规燃煤电厂的燃油泵房，在此不做赘述。下面重点介绍以天然气为燃料的燃气-蒸汽联合循环电厂天然气系统及设备的仪表与控制设计。

（一）施工图设计内容

天然气调压站仪表与控制施工图图纸设计，原则上应包括 P&ID、I/O 清单、控制室布置图、控制系统结构配置图、原理接线图、配电箱配电系统图、导管电缆接线图（或导管典型图及接管表）、各部分接线图、就地设备布置及电缆主通道图、电缆清册、设备清册、材料清册、施工图设计说明等。

当天然气调压站采用承包商交钥匙方式，承包商负责提供相关设计图纸时，设计单位仪控施工图图纸至少包括 P&ID、I/O 清单、接线图、控制室布置图、控制系统结构配置图、就地设备布置及电缆主通道图、电缆清册、设备清册、材料清册。

（二）控制系统配置

根据天然气调压站工艺部分主要设备的采购和设

计方式，通常将天然气调压站分为天然气场站系统、天然气增压机本体及其辅助系统两个部分。

天然气调压站的监控，宜采用 PLC，或者采用 DCS，并尽量与联合循环机组、辅助车间（系统）集中监控系统的软硬件保持一致，以便天然气调压站控制系统统一集成，并减少控制系统品种和规格。

天然气增压机本体及其辅助系统监控可以采用 PLC，也可采用 DCS。不管采用 PLC，还是 DCS，宜随天然气增压机成套设计供货，且采用 DCS 时宜采用与机组 DCS 相同品牌的软硬件。但也有电厂要求将天然气增压机本体及其辅助系统的监控随联合循环机组监控系统一起考虑，并随联合循环机组 DCS 一起采购。不论采用哪种方式，天然气增压机本体详细控制策略、逻辑、联锁/保护定值等均应要求天然气增压机供货商提供。当天然气增压机控制采用 PLC，天然气场站系统采用 DCS 时，应要求增压机 PLC 与场站 DCS 之间具有冗余的双向通信接口，可在 DCS 操作员站上实现天然气增压机本体及其辅助系统的监控。

通常一台天然气增压机对应一台燃气轮机，为分散风险，每台天然气增压机本体及其辅助系统的监控应采用一套冗余控制系统，控制器、电源模块、通信模块等重要元件应冗余配置。

天然气场站系统（一般包括天然气的计量、过滤、加热、压力调节及天然气分配、排放、排污、放散等）的监控，宜采用一套独立冗余的控制系统，也可按照功能分散、风险分散的原则，纳入每台天然气增压机本体控制系统。

（三）仪表和控制设备配置

1. 天然气计量系统

天然气计量系统可分为天然气贸易计量系统与天然气监督、比对计量系统。

天然气贸易计量系统的选型，包括测量仪表原理、补偿方式、流量计算机配置、信号传输接口等，常用流量计有涡轮转子流量计、超声波流量计、质量流量计、节流孔板等几种类型，具体选型应和燃气公司达成一致。

为了对天然气贸易计量系统的测量数值进行监督、比对及校核，可设天然气监督、比对计量系统，如果电厂对燃气公司提供的贸易计量系统的配置、精度等完全认可没有异议，也可不设监督、比对计量系统，具体应征询建设方的意见。为使测量数据具有参考性，监督、比对计量系统的配置宜和贸易计量系统保持一致。

联合循环电厂内使用天然气的设备除燃气轮机外，还有燃气启动锅炉，但是计量燃气轮机组天然气消耗的流量表计和计量燃气启动锅炉天然气消耗的流量表计，两者量程相差较大，因此启动锅炉天然气计量系统应单独配置小量程的计量系统，并且机组用天然气流量计量表计宜考虑冗余和备用。

天然气流量计通常采用贸易级的涡轮转子流量计、超声波流量计，并配先进的流量计算机，将天然气的压力、温度信号接入流量计算机，以便进行工作状态下体积流量的修正及标准状态下体积流量的转换。为提高测量精度，涡轮转子流量计、超声波流量计宜采用脉冲输出的产品，相应的流量计算机应选用能接受脉冲信号输入的产品。流量计算机的液晶显示屏应可以显示各种测量数据，宜具备两套 RS485 接口，分别与燃气公司、场站 DCS 进行通信，上传流量计量数据。

2. 可燃气体泄漏检测

对于室内布置的天然气调压站，可燃气体泄漏检测探头的数量应足够，全面覆盖整个天然气调压站厂房。考虑天然气密度比空气低，可燃气体泄漏检测探头宜安装在可能泄漏部位的上部，并选择气体易于积累和便于采样检测之处布置，具体泄漏部位的确定应和工艺专业配合确定。

可燃气体泄漏检测控制器应有足够的输入通道，并适当留有备用。可燃气体泄漏检测控制器宜冗余配置，不宜配置一台多通道输入的控制器并连接所有检测探头，且重要泄漏部位的多个检测探头宜接入不同控制器，以实现冗余和分散。

如天然气增压机本体设有隔声罩壳，罩壳内部应独立设置足够的可燃气体泄漏检测探头及独立的可燃气体泄漏检测控制器，并按增压机供货商的联锁保护要求将信号接至相应监控系统。

可燃气体泄漏检测控制器应是具备高、高高定值开关量输出、模拟量输出、串行通信接口的智能仪表。为使联锁和保护更直接，调压站屋顶风机控制柜、天然气调压站消防控制盘需要的可燃气体泄漏检测信号不宜通过调压站 PLC 或 DCS 中转。可燃气体泄漏检测控制器高、高高定值开关量输出信号直接接至调压站屋顶风机控制柜、天然气调压站消防控制盘。

3. 常规仪表和控制设备

天然气调压站内气动阀门配套的电磁阀，包括火警关断阀，宜优先采用直流 24V 等级，不宜采用直流 110V、交流 220V 或其他电压等级，且宜由控制系统内部供电，不宜增加中间环节通过控制电源柜串接电源。

天然气增压机本体安全监视仪表（TSI）宜采用专用的框架式监测装置，但是一般单台增压机的安全监视仪表数量较少，在综合经济性考虑下，可多台增压机共用一套 TSI，但输入、输出通道应分别配置。天然气增压机本体安全监视仪表也可采用探头+二次表的检测装置。

4. 分析仪表

为检测天然气组分，天然气调压站宜设一套气相色谱分析仪，色谱分析仪的工作原理是把已知成分的认定的气体含量的天然气作为标准气，通过气相色谱比对法得到当前使用的气体含量，然后把此数据输送给计算机，计算机经过计算，还可计算出天然气的高位热值、低位热值、绝对密度、相对密度、沃泊指数、压缩因子等技术参数。色谱分析仪及其辅助设备应包括取样系统，样气处理系统，检测分析、计算系统，显示及信号传输系统等，可根据具体情况要求色谱分析仪供货商成套提供防爆分析小屋。色谱分析仪取样接口位置应和工艺专业配合确定，一般设在天然气过滤器及计量仪表的下游母管上，不宜设置在支管上，以免支路不工作时抽取不到分析用样气。

气相色谱分析仪控制器应是以微处理器为基础的智能型分析仪表，可以快速地对气体分析过程进行自动控制、检测、数据处理和存储，以及与上位计算机系统进行通信，应至少提供2个RS485串行通信接口。

对于三菱燃气轮机组，通常随燃气轮机提供天然气热值计，热值计通常也是气相色谱原理的分析仪表。热值计的测量信号应按燃气轮机供货商的要求接到燃气轮机控制系统。天然气热值计取样接口位置应和工艺专业配合确定，一般设在天然气调压站出气支管上。

气相色谱分析仪、天然气热值一次仪表、控制器及防爆分析小屋等的布置，应满足供货商对于采样管路长度的技术要求。

（四）电源和气源

天然气调压站控制系统电源宜采用两路交流220V电源，其中1路为交流不间断电源（UPS）。对于设有多台天然气增压机的天然气调压站控制系统，宜和电气专业配合，为天然气调压站设置独立的交流不间断电源分配系统。

天然气调压站宜设控制电源柜，接受1路为交流不间断电源和1路厂用电电源，并设双电源切换装置，且宜设计一定数量的直流24V分配回路。

天然气调压站内重要仪表和控制设备如安全监视仪表（TSI）、计量系统、色谱分析仪、天然气热值计、可燃气体泄漏检测仪等，宜采用交流220V不间断电源供电，可从天然气调压站控制电源柜取切换后电源。

天然气调压站内气动阀门宜优先采用压缩空气驱动，对于火警关断阀，也可采用天然气驱动。为保证压缩空气压力稳定，天然气调压站距离空压机站较远时宜在天然气调压站设置压缩空气储罐，并配就地和远传压力检测仪表。

（五）硬接线信号设计

为保证在事故情况下机组能够安全停机，在集中控制室的操作台上应设置天然气火警关断阀的紧急关闭按钮、天然气增压机的紧急停机按钮，天然气增压机本体上应设有增压机紧急停机的就地按钮。

为改善调节品质，宜将燃气轮机的燃料调节阀开度或类似信号从燃气轮机控制系统（TCS）接至天然气增压机控制系统，作为负荷调节控制回路前馈信号。

宜将燃气轮机停机信号从燃气轮机控制系统（TCS）接至天然气调压站控制系统、增压机控制系统，以便天然气增压机在燃气轮机故障情况下顺序停机。

如设计有机组级自动启停控制系统（APS），可将每台天然气增压机视为整体对象，由机组DCS向天然气调压站控制系统、增压机控制系统发送启、停控制信号，并接受已启、已停等必要的反馈信号。

（六）仪表和控制设备布置及安装

应按照工艺专业提供的天然气调压站爆炸性危险气体防爆分区划分，为安装布置在危险区域内的测量仪表和控制设备选择合适的防爆类型，为简化设计，1区和2区设备可优先采用隔爆型产品，没有隔爆型可选的可采用本质安全型或其他防爆类型。防爆区域仪控设备的选型可参考表15-2所示原则进行选择。

表15-2　爆炸危险场所电气设备选型表

区域类型	按照GB 3836.15	按照GB 50058	按照IEC 60079-14
0区	ia	ia	ia
1区	d、p、i、q、o、m、e（仅限于接线盒、单插脚荧光灯等）	d、p、i、q、o、m、e（慎用）	d、p、i、q、o、m、e
2区	（1）1区用设备； （2）e型； （3）n型	（1）1区用设备； （2）e型	（1）1区用设备； （2）n型； （3）正常工作中不产生火花的设备

注　1. ia为本质安全型；d为隔爆外壳；e为增安型；p为正压型；q为充砂型；o为油浸型；i为本质安全型（ia、ib）；m为浇封型；n为无火花型。

2. 对于天然气，设备类别、温度组别建议选取CT4。爆炸危险场所仪表设备选型的具体设计可参考本手册第八章相关内容。

为安全起见，天然气调压站控制系统盘柜宜布置在天然气调压站之外，具体可结合厂区总平面布置，在临近的建筑物非爆炸性危险区域内设天然气调压站电子设备间、就地控制室（如有）。

天然气调压站内的热控电缆沿电气电缆沟敷设，根据GB 50058《爆炸危险环境电力装置设计规范》，电缆沟敷设时沟内应充砂，并设置排水措施。

根据GB 50058，天然气调压站在1区内电缆线路严禁有中间接头，在2区内不应有中间接头；除本质安全系统的电路外，控制用电缆明敷或在沟内敷设时，1、2 区内控制电缆要求采用铜芯最小截面面积为 $1.0mm^2$；除本质安全系统的电路外，控制用绝缘导线在钢制穿线管内敷设时，1 区内控制用绝缘导线要求采用铜芯最小截面面积为 $2.5mm^2$，2 区内控制用绝缘导线要求采用铜芯最小截面面积为 $1.5mm^2$，同时钢管螺纹旋合应不小于 5 扣。

热控电缆埋管穿出地面后，采用防爆连接管连接至就地防爆接线箱/盒，同时电缆穿出埋管及进入接线箱/盒所穿过孔洞缝隙应采用非燃性材料严密封堵。

第三节　燃气-蒸汽联合循环电厂仪表与控制设计

一、仪表与控制总体方案

（一）自动化水平

相对于常规燃煤发电厂，联合循环电厂的系统流程更简单，作为联合循环电厂主要设备之一的燃气轮机，其主要特点之一就是启停快速、自动化程度高，联合循环电厂汽轮机的自动化程度高，余热锅炉主要以对流换热为主的换热设备，配套辅机设备很少，热力系统流程简单，没有复杂的抽汽回热系统，因此联合循环电厂更容易实现机组自动启停控制。特别是随着国家能源政策的调整，开始研究挖掘火力发电机组调峰潜力，提升我国火力发电运行的灵活性，对火力发电厂的深度调峰（低负荷运行）、快速启停的要求越来越高。联合循环机组是调峰电源的最佳选择之一，联合循环机组频繁启停的需要也使得应用机组自动启停控制具有积极的意义。

因此，除非有特别考虑，为提高机组自动化水平，新建的联合循环电厂在设计时就应考虑设置机组级顺序控制。单元机组的顺序控制系统（SCS）应按机组级、功能组、子功能组及驱动级设计，保护联锁逻辑应能使主辅机在各种运行工况和状态下自动完成各种事故处理、主辅设备的安全保护停机联锁功能。除启停阶段的部分准备工作由辅助运行人员协助检查外，机组的启动、停止、正常运行和异常工况处理均在集中控制室内完成，自动调节系统按全程调节或程序自动投入调节系统设计。

燃气-蒸汽联合循环电厂的机组控制系统以燃气轮机控制系统为核心，并在此基础上增加余热锅炉和汽轮机、热力系统的控制系统，以及辅助车间（系统）、电厂公用系统、各系统的协调控制等所需要的控制设备组成。燃气轮机、汽轮机配供控制系统监控范围一般包括燃气轮机、汽轮机本体所有工艺系统及辅助系统。按照单元制的原则，在燃气轮机、汽轮机配供控制系统之外，每套联合循环机组设一套分散控制系统（DCS），以操作员站作为单元机组的监视和控制手段，联合循环单元机组 DCS 监控的范围为除燃气轮机、汽轮机控制系统监控范围之外的单元机组全部工艺系统及辅助系统；余热锅炉系统、发电机-变压器组及主厂房内高、低压厂用电源全部进线和馈线开关。同时在操作台上设置独立于 DCS 的余热锅炉、汽轮机、发电机的硬接线紧急停止按钮或开关及重要辅机的硬接线操作按钮或开关，以保证机组在紧急情况下安全停机。如果同期建设两套联合循环机组，还应设置两台机组的 DCS 公用网络，DCS 公用网络的监控范围应包括两台机组的公用部分，如热网系统、天然气调压站等。

燃气轮机组本体仪表和控制设备，如控制系统、保护系统、安全监视仪表系统等都是随燃气轮机供货，并由燃气轮机设计和制造厂技术上总体负责。燃气轮机制造厂均配备有各自的控制装置，如通用电气公司的 MARK-Ⅵe、三菱公司的 DIASYS Netmation、西门子公司的 SPPA T-3000，它们随着主机改型，也相应升级，不断增加功能，并改善性能。国外也有不是燃气轮机制造厂生产的燃气轮机控制装置，如美国 TRICONEX 公司生产的 TS3000 系列控制系统，在燃气轮机、压缩机的控制中均有应用，但在国内大型燃气联合循环电厂中，都是采用燃气轮机生产厂家配套的控制系统，还没有采用第三方控制系统的案例。

与燃气轮机类似，汽轮机组本体仪表和控制设备，如汽轮机数字电液控制系统（DEH）、汽轮机紧急跳闸系统（ETS）、汽轮机安全监视仪表系统（TSI）等都是随汽轮机供货，并由汽轮机设计和制造厂技术上总体负责。在编制主机标书和技术协议谈判时，应尽可能要求汽轮机 DEH、ETS 软硬件采用 DCS，并采用和联合循环 DCS 相同的品牌、型号。

国内大型燃气轮机联合循环电厂所采用的 DCS，基本都是国外生产的控制系统，如 Emerson（艾默生）公司生产的 OVATION 系统、西门子的 SPPA T-3000、美国 Foxboro（福克斯波罗）公司 I/A 系统、ABB（Bailey）生产的 800xA 系统等，它们在国外、国内大型燃气轮机电厂有很多应用业绩。虽然国内已经自主开发了几种品牌的国产 DCS，并且在不少燃煤电厂中应用，但由于缺少在大型燃气联合循环电厂中应用的业绩，至今还未能进入这一领域。燃气轮机组控制系统的品牌、型号一般由燃气轮机生产厂家确定，几乎很难要求燃气轮机供货厂商采用第三方控制系统来完成燃气轮机的监控。如果要求全厂控制系统的一体化，只有一种选择，即联合循环 DCS 的选型向燃气轮机控制系统的选型靠拢，采用和燃气轮机控制系统相同的品牌、型号的软硬件。换言之，当燃气轮机采用美国通用电气公司产品时，则联合循环 DCS 采用通用电气公司的MARK-Ⅵe系统；当燃气轮机采用日本三菱公司产品时，则联合循环DCS采用三菱的DIASYS Netmation系统；当燃气轮机采用德国西门子公司产品时，则联合循环DCS采用西门子的SPPA T-3000系统，只有如此才能实现全厂控制系统的软硬件的安全统一。采用全厂统一的控制系统，显然有诸多明显的优势，例如：通用的软硬件平台，可以减少备品备件；使用统一组态维护、诊断工具，具有通用的操作界面；没有与其他系统的通信接口转换和网关；电厂运行维护人员仅需学习和掌握一套系统的使用和维护技能。但是在实际项目实施过程中，最终实现全厂一体化控制的比较少，基本上都是燃气轮机控制系统、联合循环DCS两者为不同软硬件，主要原因是：①电力行业对传统通用DCS的熟悉和接受程度较高；②燃气轮机配套控制系统价格和电力行业常用DCS相比优势不明显。

与燃煤电厂相比，联合循环电厂辅助车间（系统）规模小和数量也少，主要是锅炉补给水处理系统、工业废水处理系统、空压机站、启动锅炉房、综合水泵房、生活污水处理站、集中制冷站、空调及通风系统、制氢站或储氢站等。联合循环电厂辅助车间（系统）的控制与常规燃煤电厂没有多大区别，控制系统采用进口DCS、国产DCS或PLC技术上均可行，但是由于DCS性价比高，PLC在电力行业的应用已经越来越少。为减少备品备件，统一全厂控制系统的规格型号，便于维护和管理，辅助车间（系统）控制系统宜尽量采用和联合循环单元机组系统相同的品牌、型号的DCS。由于联合循环电厂单元机组DCS的软硬件一般和燃气轮机控制系统采用的软硬件已经是不同型号、规格的产品，如果辅助车间（系统）控制系统再采用第三种软硬件，同一个电厂的控制系统品种、规格偏多。如果同期建设一套及以上大型联合循环机组，如一套F级二拖一或者多套E级、F级二拖一，单元机组DCS I/O数量也较多，辅助车间（系统）规模和数量也较多，宜设置辅助车间（系统）集中监控网络。如果同期仅建设一套联合循环机组，联合循环机组容量较小，如一套E级一拖一或一套E级二拖一，单元机组DCS I/O数量也较小，辅助车间（系统）规模和数量也较少，可以不设单独的辅助车间（系统）集中监控网络，将辅助车间（系统）控制系统与联合循环单元机组DCS统一考虑。

以同期建设两套大型联合循环机组、辅助车间（系统）也较多且联合循环机组DCS与燃气轮机控制系统软硬件不一致的新建工程为例，全厂自动化系统网络结构可参考图15-15进行规划。

联合循环电厂应积极采用设备层基于现场总线技术的机组DCS和辅助车间（系统）控制系统，以便为数字化、智能化电厂提供底层支撑，为智能仪表和控制设备的状态检修和可预测性维护奠定基础。当采用现场总线技术时，应根据现场总线规范规定的实时性、可靠性等技术指标，在适当的控制回路、控制子系统中应用，并根据机组、工艺系统的安全性、经济性等技术指标，合理地选择现场总线设备。现场总线技术的应用范围应保证自动控制系统对机组安全、稳定运行的性能不受影响。对于现场总线的应用范围，一般采用排除法进行选择，将那些对实时性、可靠性要求高的、不适合采用现场总线的控制回路、控制子系统排除之后，剩下的控制回路、控制子系统一般都可以采用现场总线。对于燃气轮机组，转速控制、负荷控制、排气温度控制对于燃气轮机的安全运行至关重要，燃气轮机的各种保护也都属于重要回路，对实时性、可靠性要求非常高，而且燃气轮机燃料为可燃气体，燃气轮机本体周围很大区域都需要考虑防爆，采用现场总线需要有特殊考虑，因此燃气轮机不适合采用现场总线。余热锅炉的重要控制和保护项目主要是汽包水位控制和蒸汽温度控制，因此给水控制回路、减温喷水回路输入信号对应的测量仪表、输出需要调节、动作的控制设备都不适合采用现场总线。与燃煤机组汽轮机系统应用现场总线时的考量一样，联合循环机组汽轮机DEH、ETS也不适合采用现场总线，对于汽轮发电机组的安全运行比较重要的凝汽器抽真空系统、润滑油系统、顶轴油系统、密封油系统、氢气系统、定子冷却水系统的重要仪表和控制设备，也不适合采用现场总线。辅助车间（系统）应用现场总线的原则和范围与燃煤机组类似，在此不作展开。

（二）控制方式

联合循环电厂控制方式的选择应以确保机组安全、使电厂控制系统和设备在电厂全生命周期内以最佳状态运行、减少控制点及运行人员和管理人员数量、提高劳动生产率为主要原则；同时控制方式的选择还要有利于减少不必要的投资。控制方式和控制室的设置，应充分发挥联合循环机组自动化程度高，既能承担调峰任务，也能带基本负荷和中间负荷，并能快速启停的特点。

虽然联合循环电厂具有分阶段建设、分阶段投运的特点，电厂建设过程中仅燃气轮机组安装调试完毕就可以简单循环方式运行，由燃气轮机供货商配套的控制装置完成燃气轮机组的启停、并网带负荷、正常运行和事故处理。但是由于天然气价格较高，为了充分利用天然气的热量，提高能源利用效率，一般都是整套机组全部安装调试完毕后以联合循环方式运行。对于一次建成的联合循环电厂，应采用燃气轮机、余热锅炉、汽轮机和发电机组（包括除氧给水）集中控制方式，单元机组燃气轮机、余热锅炉、汽轮机和发电机组及电气系统统一运行管理。每台机组配一套分

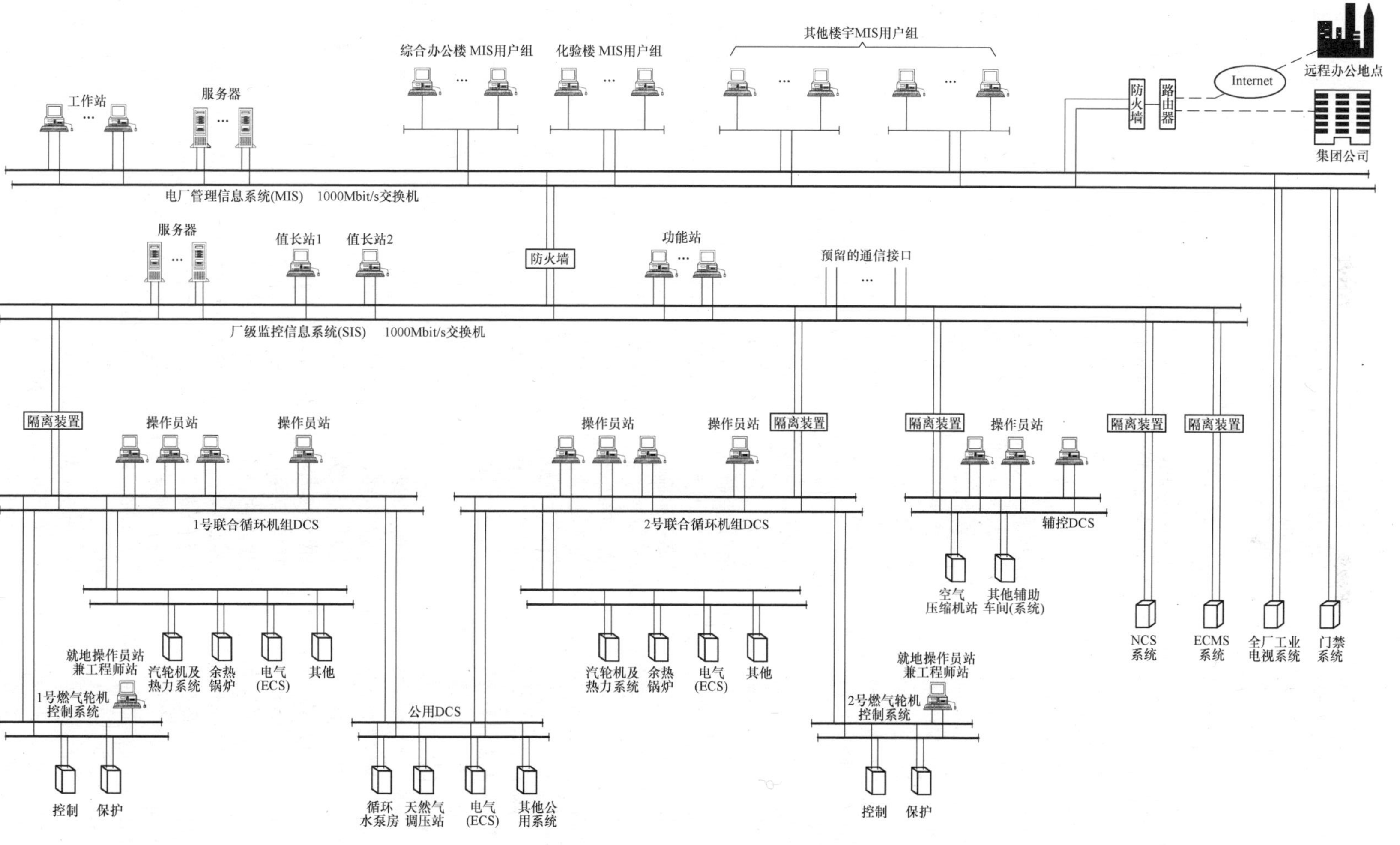

图 15-15 联合循环电厂全厂自动化系统规划图

散控制系统（DCS），并与燃气轮机控制系统双向通信（重要的控制、联锁保护信号采用硬接线），在联合循环 DCS 的操作员站上实现整个联合循环机组的集中监视和控制、性能计算、操作指导及事故处理。全厂仅设置一个集中控制室，或设置一个集中控制室和1～2 个就地控制室。

辅助车间（系统）优先采用集中监控方式，根据电厂实际运行模式，可在集中控制室中设置辅助车间（系统）全能值班操作员站，并根据需要在辅助车间（系统）电子设备间中设置启动、调试、巡检阶段的就地操作员站。

如果同期建设两套联合循环机组的，两台机组的公用部分宜纳入机组 DCS 公用网络，如热网系统、天然气调压站等。

空压机站纳入联合循环机组 DCS 公用网络或全厂辅助车间（系统）网络控制。

余热锅炉脱硝反应系统纳入联合循环机组余热锅炉 DCS 控制，脱硝还原剂储存和供应系统可以纳入 DCS 公用网络或辅助车间网络控制。

（三）集中控制室及电子设备间布置

为节省运行人员，利于集中操作和监视，联合循环电厂集中控制室的设置应采用多机一控方式，至少两台机组合用一个集中控制室。分期建设的联合循环电厂，应在集中控制室设计时，根据电厂的规划容量，在本期集中控制室预留后期建设机组集中控制室监控设备的布置面积。集中控制室应考虑人性化设计，充分考虑辅助功能和运行人员的需要，充分和建筑、暖通、电气等相关专业配合，以人机工程学的原理设计集中控制室房间布置、空调、照明，为运行人员创造良好的工作环境。结合整个电厂的规划和布置，合理选择集中控制室的位置和面积，便于全厂运行管理、统一指挥并能兼顾全厂建筑布置的美观和合理性。在集中控制室的周围，应规划设计相应的附属功能性房间，如交接班室、会议室、办票室等。考虑燃气轮机组系统复杂、设备重要，各种仪表和控制设备众多，在燃气轮机安装调试期间很多操作需要就地进行，为便于调试和维护，通常在燃气轮机附近设燃气轮机就地控制室，在燃气轮机安装调试完毕后再过渡到全厂集中控制室统一监控。全厂集中控制室的位置可以根据主厂房布置确定合理的位置。

联合循环机组辅助车间（系统）的规模和数量相对较小，可设一个或两个集中控制点，也可不设就地控制点，按全能值班模式并入机组的集中控制室。如果电厂有运行和管理模式方面的特殊考虑，可以在水处理车间设一个就地集中控制点，在天然气调压站设一个就地集中控制点，其余辅助车间（系统）在就地设置供系统安装调试、事故处理和巡检使用的终端即可。启动锅炉房如有在工程建设初期就先行投入使用的需要，也可考虑设置一个就地控制点。但是在实际工程中，新建联合循环电厂的启动锅炉基本都是按燃气锅炉考虑，燃料天然气来自厂内天然气调压站的一个支路，只有天然气调压站全部安装调试完毕后，启动锅炉才具备试运启动的可能，而天然气调压站的安装调试进度还受限于上游燃气公司的供气管线施工进度、下游燃气轮机的安装进度，启动锅炉的最终投运时间基本和机组整套启动试运时间一致。

对于联合循环机组，主厂房内燃气轮机、余热锅炉、汽轮机及除氧给水系统电子设备间适合的布置方式是物理分散布置，采用物理分散布置可以充分发挥 DCS 布置分散、监控集中的特点和优势，大幅度减少电缆、桥架材料量和施工安装费用。一台 E 级或者 F 级燃气轮发电机组控制系统 I/O 点数为 2000～3000 个，仪表控制系统机柜为 20～30 多面，如果将燃气轮机电子设备间布置在燃气轮机本体附近，对于电缆材料量节省和安装工作量的减少相当可观，国内设计投产的联合循环机组燃气轮机电子设备间几乎无一例外地都布置在燃气轮机本体附近。早期引进的燃气轮机组，仪表控制系统盘柜由工厂预先组装布置好后以集装箱式结构模块化整体供货，并成套配供空调、通风、照明等辅助设施，这种方式更适合露天布置的燃气轮机组使用，集装式的燃气轮机就地电子设备间通常过于紧凑，不便于维护，在设计中都改为砖混结构的电子设备间，由设计单位按燃气轮机供货商提供的电子间的占地、环境需求在设计主厂房时统一考虑。在余热锅炉侧面高、中压给水泵区域上部通常有比较大面积的空间，通常在给水泵上部设置第二层来布置余热锅炉系统电气配电间、就地电子设备间及配电间等，将余热锅炉控制盘柜、配电柜安装在余热锅炉房内部，对于节省电缆材料量和安装工作量的效果十分显著。汽轮机及除氧给水系统的电子设备间，通常布置在靠近汽机房的热网综合楼、集控楼等相邻建筑和汽机房运转层同标高的房间内，在此电子设备间内布置的有汽轮机 DEH、ETS、TSI 的盘柜，还有除氧给水系统、热网系统（如有）、主厂房公用系统阀门配电柜、控制电源柜、DCS 控制柜，以及单元机组电气和公用电气系统控制的相关盘柜等。

仪表控制系统电子设备间采用物理分散布置后，主厂房内工程师室的位置宜靠近集中控制室设置，便于将运行、维护人员活动的区域集中在一起。如果集中控制室的位置和各个分散布置的燃气轮机、余热锅炉、汽轮机及除氧给水系统电子设备间距离较远，可以考虑在就地电子设备间供系统安装调试、事故处理和巡检使用的终端。对于同期建设多套联合循环机组的，工程师室应按机组分开区域设置并有清晰标志。

对于二拖一机组，由于燃气轮机、余热锅炉有两套，在一个工程师室中布置时，不同的燃气轮机工程师站和余热锅炉DCS工程师站也要注意区分。

现场布置的仪表和控制设备应根据需要采取必要的防护、防冻、防盐雾和防爆措施，余热锅炉房及汽机房汽水系统、余热锅炉房烟风系统、露天布置的除氧器变送器及压力开关/差压开关是否设置保温箱、保护箱，可根据工程气候条件及工程实际情况选择。

发电机氢、油、水系统控制盘柜、汽轮机及除氧给水系统电动阀门配电箱、凝汽器检漏控制盘、胶球清洗柜等均就地布置。

二、检测与报警

（一）概述

联合循环电厂采用的燃料是易燃易爆的天然气，比常规燃煤电厂多了燃气轮机，因此联合循环电厂与燃煤电厂相比，不同的检测与报警项目主要也围绕天然气和燃气轮机展开。

天然气经过厂区天然气处理系统，在进入燃气轮机之前，还要经过燃气轮机天然气前置模块，前置模块一般由精过滤器、性能加热器组成，通常布置在余热锅炉房侧面，前置模块设备所在房间也要检测环境中的天然气浓度。类似天然气增压机隔声罩壳，燃气轮机隔声罩内也要设天然气泄漏检测探头。

燃气轮机的检测项目应包括燃气轮机的各个主要运行参数，如压气机排气压力、燃气轮机排气压力及温度、燃气轮机轴承金属温度、燃气轮机轴承润滑油排油温度、燃气轮机轴承振动等，具体检测项目以燃气轮机供货商的设计和联合循环电厂设计规定为准。

联合循环电厂还应设置燃气轮机组、汽轮发电机组振动分析和故障诊断系统（TDM），对燃气轮机组、汽轮发电机组轴承振动监测和故障进行分析诊断，以便深入了解机组运行状态。TDM信号采集系统每台机组设置一套，从燃气轮机TSI和汽轮机TSI的缓冲输出口获取需要的数据。TDM信号处理、显示报警、分析诊断用的工程师站可多台机组合设一套。TDM应能通过通信接口与厂级监控信息系统（SIS）相连。联合循环机组辅机振动检测一般用在高压电动机驱动的重要辅机上，如高压给水泵、凝结水泵、循环水泵、热网循环水泵等，这些辅机振动大多采用传感器加变送器的方式进行振动监测。由于辅机一般只检测振动，没有键相信号，因此辅机振动接入TDM的意义不大。但是最近也有不少安全监视仪表生产厂家推出了用于辅机键相测量的转速/键相传感器和变送器，将辅机振动接入TDM进行分析诊断也成为可能。

在余热锅炉每个汽包两端均安装有就地水位计，为了在集中控制室观察余热锅炉汽包就地水位计的指示，应设置汽包水位工业电视。虽然炉管泄漏监测系统的原理同样适用于联合循环电厂余热锅炉，但是实际工程中余热锅炉一般不设炉管泄漏监测系统。每台余热锅炉烟气出口应安装一套烟气排放连续监测系统（CEMS），连续监测电厂二氧化硫、氮氧化物和烟尘的排放状况。对于有简单循环运行方式的联合循环电厂，在旁路烟囱上也应安装一套CEMS。

燃气轮机控制系统、联合循环分散控制系统及辅助车间（系统）控制系统都具有完善的报警功能，可以设置不同的报警级别，并可用颜色区分，除非电厂有特殊要求，联合循环电厂一般不设常规硬光字牌报警信号系统。

以下是针对燃气-蒸汽联合循环电厂特有的检测与报警项目，主要是余热锅炉汽水系统、烟风系统和天然气调压站等的检测与报警设计。燃气轮机发电机组及其辅助系统包括仪表与控制系统，一般按整岛的方式由燃气轮机供货商整体设计和供货，工程设计单位一般不再设计，燃气轮机发电机组及其辅助系统的检测与报警一般采用燃气轮机供货商的设计。燃气-蒸汽联合循环电厂汽轮机、发电机及附属系统、化学水处理系统、供水系统、采暖、通风及空气调节等的检测与报警设计与常规燃煤电厂相同，具体可以参考本手册第四章工艺系统检测与报警设计。

（二）余热锅炉汽水系统

1. 系统说明

余热锅炉汽水系统包括高压汽水系统、中压汽水系统、低压汽水系统、高压过热蒸汽喷水减温系统和再热蒸汽喷水减温系统、余热锅炉本体壁温测量系统、排污系统。

2. 设计输入

设计输入包括：余热锅炉汽水系统图、余热锅炉设计说明，余热锅炉汽水系统工艺参数及定值；余热锅炉厂提供的汽水系统测点布置图及汽水管道阀门附件图；连续排污扩容器、定期排污扩容器等设备外形图、管路接口图、厂家配供仪表清单；高压给水泵本体及液力偶合器测点布置图、中压给水泵及低压省煤器再循环泵测点布置图、设备逻辑说明及定值清单、电气原理图、端子排接线图。

3. 检测范围

包括余热锅炉汽水系统检测，高压过热蒸汽喷水减温和再热蒸汽喷水减温系统检测，余热锅炉本体壁温检测，余热锅炉排污系统检测，连续排污扩容器、定期排污扩容器、高压给水泵本体及液力偶合器、中压给水泵及低压省煤器再循环泵等设备本体检测。

4. 检测内容

（1）汽水系统检测。

1）能够代表锅炉汽水系统运行状态的温度、压力、差压等运行参数；定期排污回收水池液位及回收水泵出口压力、温度参数；排污扩容器温度、压力、液位等参数；余热锅炉高压给水泵、中压给水泵、低压省煤器再循环泵等设备运行状态；余热锅炉汽水系统各电动、气动阀门及调节阀门的状态和开度等参数。

2）给水管路的流量检测，用于汽包水位控制。

3）给水管路的压力、温度检测，用于给水流量的补偿计算。

4）汽包水位检测应设置不同测量原理的水位检测仪表，如差压式液位检测、双色水位计并配水位工业电视检测、电接点水位检测等，用于在正常运行及事故状态下随时调整汽包水位。

5）汽包本体设置汽包压力检测，用于汽包水位控制。

6）高压过热器和再热器进出口设置蒸汽温度检测，用于蒸汽温度控制。

7）高压过热器、中压过热器、低压过热器出口蒸汽流量检测，用于汽包水位控制。

8）高压过热器、中压过热器、低压过热器出口蒸汽压力、温度检测，用于蒸汽流量的补偿计算。

9）再热器出口蒸汽压力、温度检测。

10）高压过热蒸汽减温水和再热蒸汽减温水流量检测。

11）连续排污扩容器液位检测，用于连续排污液位控制。

12）定期排污回收水池液位检测，用于联锁排污回收水泵启停。

（2）汽包、连续排污扩容器、余热锅炉高压给水泵、中压给水泵、低压省煤器再循环泵等设备本体检测。

1）随设备提供的检测项目应能满足运行、监视、控制及保护的要求，满足与控制系统的接口要求。

2）设备本体应预留所要求的压力、温度、液位检测接口。

5. 冗余检测项目

（1）检测与仪表设置应满足自动调节系统的要求，重要的调节项目，检测仪表应冗余设置。

（2）测点冗余设置的项目至少如下：

1）给水流量——三冗余。

2）给水温度——二冗余。

3）高压过热器、中压过热器、低压过热器出口蒸汽流量——三冗余。

4）高压过热器、中压过热器、低压过热器出口蒸汽压力、温度——三冗余。

5）汽包模拟量水位检测——三冗余。

6）汽包双色水位检测——二冗余。

7）汽包压力——三冗余。

8）再热器出口蒸汽压力、温度——三冗余。

9）高压过热蒸汽减温器出口温度——二冗余。

10）再热蒸汽减温器出口温度——二冗余。

6. 检测项目及仪表配置清单

余热锅炉汽水系统主要检测项目及仪表配置见表15-3；辅机设备本体的检测项目以设备技术规范要求和设备厂家提供的设计资料为准。

表15-3　余热锅炉汽水系统主要检测项目及仪表配置

序号	测点名称	就地指示	仪表类型/数量		功能					备注
			模拟量	开关量	调节	联锁保护	报警	显示	SOE	
一	高压汽水系统									
1	高压给水压力		√					√		
2	高压给水温度		√					√		二冗余
3	高压给水流量		√		√	√	低/低低/低低低	√		三冗余
4	高压省煤器进口给水压力		√					√		
5	高压省煤器进口给水温度		√					√		
6	高压省煤器出口给水压力		√					√		
7	高压省煤器出口给水温度		√					√		
8	高压汽包水位	√	√		√	√	低/低低/高/高高	√	√	三冗余
9	高压汽包压力		√		√			√		三冗余
10	高压汽包水位补偿温度		√		√			√		
11	高压汽包壁温		√					√		

续表

序号	测点名称	就地指示	仪表类型/数量		功能					备注
			模拟量	开关量	调节	联锁保护	报警	显示	SOE	
12	高压过热蒸汽压力		√		√			√		三冗余
13	高压过热蒸汽温度		√		√			√		三冗余
14	高压过热蒸汽流量		√		√			√		三冗余
15	高压过热蒸汽减温进口蒸汽温度		√		√			√		
16	高压过热蒸汽减温出口蒸汽温度		√		√			√		二冗余
17	高压过热蒸汽减温水流量		√		√			√		二冗余
18	高压给水泵进口滤网差压		√				高/高高	√		
19	高压给水泵出口压力	√	√					√		
二	中压汽水系统									
1	中压给水压力		√					√		
2	中压给水温度		√					√		二冗余
3	中压给水流量		√		√	√	低/低低/低低低	√		三冗余
4	中压省煤器出口给水压力		√					√		
5	中压省煤器出口给水温度		√					√		
6	中压汽包水位	√	√		√	√	低/低低/高/高高	√	√	三冗余
7	中压汽包压力		√		√			√		三冗余
8	中压汽包水位补偿温度		√		√			√		
9	中压汽包壁温		√					√		
10	中压过热蒸汽压力		√		√			√		三冗余
11	中压过热蒸汽温度		√		√			√		三冗余
12	中压过热蒸汽流量		√		√			√		三冗余
13	再热蒸汽减温进口蒸汽温度		√		√			√		
14	再热蒸汽减温出口蒸汽温度		√		√			√		二冗余
15	再热蒸汽减温水流量		√		√			√		二冗余
16	再热器进口蒸汽压力		√					√		
17	再热器进口蒸汽温度		√					√		
18	再热蒸汽压力		√					√		三冗余
19	再热蒸汽温度		√					√		三冗余
20	再热蒸汽流量		√					√		三冗余
21	中压给水泵进口滤网差压		√				高/高高	√		
22	中压给水泵出口压力	√	√					√		
三	低压汽水系统									
1	低压给水压力		√					√		
2	低压给水温度		√					√		二冗余
3	低压给水流量		√		√	√	低/低低/低低低	√		三冗余

续表

序号	测点名称	就地指示	仪表类型/数量		功能					备注
			模拟量	开关量	调节	联锁保护	报警	显示	SOE	
4	低压省煤器进口给水压力		√					√		
5	低压省煤器进口给水温度		√					√		
6	低压省煤器出口给水压力		√					√		
7	低压省煤器出口给水温度		√					√		
8	低压汽包水位	√	√		√	√	低/低低/高/高高	√	√	三冗余
9	低压汽包压力		√		√			√		三冗余
10	低压汽包水位补偿温度		√		√			√		
11	低压汽包壁温		√					√		
12	低压过热蒸汽压力		√		√			√		三冗余
13	低压过热蒸汽温度		√		√			√		三冗余
14	低压过热蒸汽流量		√		√			√		三冗余
15	低压省煤器再循环流量		√		√			√		
16	低压省煤器再循环进口滤网差压		√				高/高高	√		
17	低压省煤器再循环出口压力	√	√					√		
四	排污系统									
1	连续排污流量		√					√		
2	连续排污扩容器液位	√	√		√	√	高/低	√		
3	连续排污扩容器压力	√	√					√		
4	定期排污扩容器液位	√	√		√	√	高/低	√		
5	定期排污扩容器压力	√	√					√		
6	定期排污水池液位		√			√	高/低	√		
7	定期排污回收水泵出口母管温度		√					√		
五	辅机设备本体									
1	高压给水泵、中压给水泵轴承振动		√			√	高/高高	√		
2	高压给水泵、中压给水泵轴承温度		√			√	高/高高	√		
3	高压给水泵、中压给水泵电动机轴承温度		√			√	高/高高	√		
4	高压给水泵、中压给水泵电动机绕组温度		√			√	高/高高	√		
5	高压给水泵转速	√	√		√			√		
6	液力偶合器润滑油压力		√			√	低	√		
	液力偶合器润滑油温度		√			√	高	√		
7	液力偶合器润滑油滤网差压		√			√	高	√		
8	液力偶合器润滑油箱液位			√		√	低	√		

（三）余热锅炉烟气系统

1. 系统说明

余热锅炉烟气系统流程比较简单，燃气轮机排气流经各受热面和脱硝模块，最后通过烟囱排入大气。

2. 设计输入

设计输入包括：余热锅炉烟气系统图、余热锅炉设计说明，余热锅炉烟气系统工艺参数及定值；余热锅炉厂提供的烟气系统测点布置图。

3. 检测范围

检测范围包括余热锅炉烟气系统检测。

4. 检测内容

余热锅炉烟风系统检测内容主要包括能够代表余热锅炉烟气系统运行状态的压力、温度和烟气品质等运行参数；烟囱挡板的状态及开度参数。

烟气压力、温度的测点应布置在余热锅炉烟道两侧。

5. 检测项目及仪表配置清单

余热锅炉烟气系统主要检测项目及仪表配置见表15-4。

表 15-4　　余热锅炉烟气系统主要检测项目及仪表配置

序号	测点名称	就地指示	仪表类型/数量		功能					备注
			模拟量	开关量	调节	联锁保护	报警	显示	SOE	
1	烟道各段烟气压力		√					√		
2	烟道各段烟气温度		√					√		
3	SCR 反应器入口烟气压力		√			√		√		
4	SCR 反应器入口烟气温度		√			√	高/高高	√		三冗余
5	SCR 反应器出口烟气压力		√			√		√		
6	SCR 反应器出口烟气温度		√			√	高/高高	√		三冗余
7	SCR 反应器入口烟气分析仪		√		√			√		NO_x、O_2
8	SCR 反应器出口烟气分析仪		√		√	√		√		NO_x、O_2
9	SCR 反应器出口逃逸氨气		√		√			√		
10	氨水压力	√	√					√		
11	氨水温度	√	√					√		
12	氨水流量		√		√			√		
13	稀释风机出口压力	√	√					√		
14	烟气排放连续监测（CEMS）		√				高/高高	√		烟尘 SO_2、NO_x 及烟气参数

（四）天然气调压站

1. 系统说明

天然气的流程为来自城市天然气管网的天然气进入厂界后，经过入口火警关断阀后，被送入粗精一体的分离过滤器，经过过滤的洁净天然气接入贸易计量装置和比对计量装置，随后通过调压模块稳压，然后进入天然气增压机，天然气增压机将天然气的压力提升至燃气轮机要求的压力，增压的天然气通过厂区天然气管道被分别送至各燃气轮机入口天然气系统。

2. 设计输入

设计输入包括：天然气调压站系统图、天然气调压站设计说明，天然气调压站工艺参数及定值；天然气场站厂家提供的场站系统图、测点布置图、厂家配供仪表清单、设备逻辑说明及定值清单、电气原理图、端子排接线图；天然气增压机厂家提供的增压机系统图、测点布置图、厂家配供仪表清单、设备逻辑说明及定值清单、电气原理图、端子排接线图；火警关断阀及其他气动阀门的气路系统图、电气原理图、端子排接线图；粗精分离过滤器、天然气加热器等设备外形图、管路接口图、厂家配供仪表清单；贸易计量装置、比对计量装置、天然气色谱分析仪、天然气泄漏检测仪等电气原理图、端子排接线图等。

3. 检测范围

检测范围包括天然气过滤单元检测、计量单元检测、调压单元检测、加热单元检测、氮气系统检测、压缩空气系统检测。

4. 检测内容

（1）天然气调压站检测。天然气调压站检测内容主要包括能够代表天然气调压站系统运行状态的压力、温度、流量和天然气品质等运行参数系统内各电动、气动阀门的状态及开度参数。

1）主管路设置气相色谱分析仪，用于检测来气品质。

2）主管路天然气流量检测，用于贸易计量和比对计量。

3）主管路天然气压力、温度检测，用于贸易计量和比对计量流量补偿。

4）调压单元各支路的压力检测。

5）天然气增压机进、出口的压力检测，用于天然气增压机调节控制。

6）天然气增压机进、出口的温度检测。

7）天然气加热器进、出口的温度检测，用于天然气温度控制。

8）压缩空气储罐或压缩空气供气母管压力检测。

9）氮气瓶组出口母管压力检测。

10）天然气调压站天然气泄漏检测。

其中气相色谱分析仪取样点、贸易计量和比对计量流量计宜设置在粗精分离过滤器下游。

（2）天然气粗精过滤器、天然气加热器、天然气增压机等设备本体检测。

1）随设备提供的检测项目应能满足运行、监视、控制及保护的要求，满足与控制系统的接口要求。

2）设备本体提供的检测项目至少应包括下列内容：

a. 粗精分离过滤器压力检测。

b. 粗精分离过滤器液位检测，用于联锁排污阀门开关。

c. 天然气增压机各轴承振动检测、温度检测。

d. 天然气增压机轴向位移检测。

e. 天然气增压机键相检测。

f. 天然气增压机驱动电动机轴承温度、绕组温度检测。

g. 天然气增压机进、出口压力、温度检测。

h. 天然气增压机冷却水供水压力、回水温度检测。

i. 天然气增压机润滑油冷却器进、出口温度检测。

j. 天然气增压机润滑油箱液位检测。

k. 天然气润滑油过滤器差压检测。

l. 天然气增压机隔声罩壳内天然气泄漏检测。

5. 检测项目及仪表配置清单

天然气调压站主要检测项目及仪表配置见表15-5；辅机设备本体的检测项目以设备技术协议要求和设备厂家提供的设计资料为准。

表 15-5　天然气调压站主要检测项目及仪表配置

序号	测点名称	就地指示	仪表类型/数量		功能					备注
			模拟量	开关量	调节	联锁保护	报警	显示	SOE	
一	过滤单元									
1	天然气过滤器液位	√	√			√	高	√		
2	天然气过滤器压力	√								
3	过滤器进气母管压力	√								
4	过滤器进气母管温度	√								
5	天然气成分气相色谱分析仪		√					√		CH_4、C_2H_6、C_3H_8等
二	计量单元									
1	各计量支路天然气流量		√					√		
2	各计量支路天然气压力		√					√		
3	各计量支路天然气温度		√					√		
三	调压单元									
1	调压阀前压力	√								
2	调压阀间压力	√								
3	调压阀后压力	√								
4	调压阀后母管压力	√	√					√		

续表

序号	测点名称	就地指示	仪表类型/数量		功能					备注
			模拟量	开关量	调节	联锁保护	报警	显示	SOE	
5	调压阀后母管温度	√								
四	加热单元									
1	天然气加热器入口天然气压力		√					√		
2	天然气加热器入口天然气温度	√	√		√			√		
3	天然气加热器出口天然气压力		√					√		
4	天然气加热器出口天然气温度	√	√		√	√	低/高	√		
5	天然气加热器入口供水压力	√	√					√		如采用管壳式气-水换热器
6	天然气加热器入口供水温度	√	√					√		
7	天然气加热器出口回水压力	√	√					√		
8	天然气加热器出口回水温度	√	√					√		
五	天然气增压机本体									
1	天然气增压机各轴承振动		√			√	高/高高	√		
2	天然气增压机轴向位移		√			√	高/高高	√		
3	天然气增压机键相		√							
4	天然气增压机各轴承温度		√			√	高/高高	√		
5	天然气增压机电动机各轴承温度		√			√	高/高高	√		
6	天然气增压机各电动机绕组温度		√			√	高/高高	√		
7	天然气增压机入口压力		√		√			√		三冗余
8	天然气增压机入口温度		√					√		
9	天然气增压机出口压力	√	√		√			√		三冗余
10	天然气增压机出口温度	√	√					√		
11	天然气增压机冷却水供水压力	√	√					√		
12	天然气增压机冷却水回水温度	√	√					√		
13	天然气增压机润滑油冷却器进、出口温度		√					√		
14	天然气增压机润滑油过滤器差压		√			√	高	√		
15	天然气增压机润滑油箱液位	√	√				低	√		
16	天然气增压机隔声罩壳天然气泄漏		√	√		√	高/高高	√		
六	杂项									
1	压缩空气储罐或母管压力	√	√					√		
2	压缩空气供气支路压力	√								
3	氮气瓶组出口母管压力	√	√							
	氮气供气支路压力	√								
4	天然气调压站天然气泄漏		√	√		√	高/高高	√		

（五）性能试验检测

性能试验测点的设置应符合相关标准，根据ASME标准及试验单位的要求设计，性能试验元件通常由性能试验单位提供。

燃气-蒸汽联合循环电厂燃气轮机、余热锅炉通常可参考设置下列性能试验测点：

1. 燃气轮机
(1) 大气压力、大气湿度。
(2) 压气机空气滤网入口温度。
(3) 天然气流量。
(4) 天然气流量计处天然气压力。
(5) 天然气流量计处天然气温度。
(6) 天然气取样。
(7) 给水至燃料加热器进水流量。
(8) 给水至燃料加热器进水压力。
(9) 给水至燃料加热器进水温度。
(10) 燃烧室入口天然气温度。
(11) 天然气加热器出水压力。
(12) 天然气加热器出水温度。
(13) 压气机出口压力。
(14) 压气机出口温度。
(15) 燃气轮机排气压力。
(16) 燃气轮机排气温度。
(17) 发电机端电功率。
(18) 励磁机电压。
(19) 励磁机电流。
(20) 频率。
(21) 功率因数。
(22) 发电机氢压。
2. 余热锅炉
(1) 余热锅炉汽水部分。
1) 余热锅炉凝结水流量。
2) 余热锅炉凝结水压力。
3) 余热锅炉凝结水温度。
4) 低压省煤器入口温度。
5) 低压省煤器出口流量。
6) 低压省煤器出口压力。
7) 低压省煤器出口温度。
8) 高压给水流量。
9) 高压给水压力。
10) 高压给水温度。
11) 高压汽包压力。
12) 高压汽包水位。
13) 高压主蒸汽流量。
14) 高压蒸汽压力。
15) 高压蒸汽温度。
16) 中压给水流量。
17) 中压给水压力。
18) 中压给水温度。
19) 中压汽包压力。
20) 中压汽包水位。
21) 中压蒸汽压力。
22) 中压蒸汽温度。
23) 冷再热蒸汽压力（炉侧与中压蒸汽混合前）。
24) 冷再热蒸汽温度（炉侧与中压蒸汽混合前）。
25) 热再热蒸汽压力。
26) 热再热蒸汽温度。
27) 低压汽包压力。
28) 低压汽包水位。
29) 低压蒸汽流量差压。
30) 低压蒸汽压力。
31) 低压蒸汽温度。
(2) 余热锅炉烟气部分。
1) 余热锅炉入口烟气温度。
2) 余热锅炉入口烟气静压。
3) 余热锅炉出口排气温度。
4) 余热锅炉出口烟气取样。

三、联锁保护

(一) 顺序控制系统 (SCS) 主要设计原则

为提高机组自动化水平，减小运行人员工作强度，提高机组启停的操作安全水平，联合循环机组顺序控制系统宜设置机组自动启停控制系统（APS），控制器单独设置，并根据机组的工艺系统特点和实际情况设置功能组级、子功能组级和驱动级控制。考虑现场设备的可控性，机组级自动启停控制系统可采用断点和多层级功能组结构，最高层为机组级顺序控制功能组，控制断点不宜过多。机组自动调节系统宜按全程调节方案设计，以满足机组自动启停控制系统对模拟量控制系统接口的要求。操作员应能够通过操作员站对SCS中的单个设备进行启、停或开、关操作，也可以通过操作员站对功能组和子功能组中相关的一组设备进行顺序启、停；同时，SCS中还要考虑系统及单个设备的联锁和保护。

联合循环电厂顺序控制系统的功能应满足机组的启动、停止及正常运行工况的控制要求，并能实现机组在事故和异常工况下的控制操作，保证机组安全。顺序控制系统主要完成以下功能：

(1) 实现主/辅机启停、阀门、挡板的顺序控制、控制操作；

(2) 辅机与其相关的冷却系统、润滑系统、密封系统的联锁控制；

(3) 在发生局部设备故障跳闸时，联锁启动备用设备；

(4) 实现状态报警、联动及设备本体的保护。

联合循环电厂顺序控制系统设计遵守保护、联锁操作优先的原则。在顺序控制过程中出现保护、联锁指令时将控制进程中断，并使工艺系统按照保护、联锁指令执行。顺序控制系统在自动运行期间发生任何故障或运行人员中断时，应使正在进行的程序中断，并使工艺系统处于安全状态。顺序控制系统应有防误操作的措施。

联合循环机组顺序控制系统（SCS）的设计范围包括燃气轮发电机组、余热锅炉和汽轮发电机组的辅机顺序控制系统及发电机-变压器和厂用电源的顺序控制系统。

燃气轮发电机组的顺序控制在燃气轮机控制系统（TCS）中完成，能够通过集中控制室的操作员站进行自动运行，即燃气轮发电机组的启动、同期、升负荷和停机。自动启动顺序包括所有必需的预检查，燃气轮机在所有的预检查条件都得到满足时才启动。燃气轮机运行时，安全联锁持续发挥作用，如果发生危险情况，燃气轮机将跳闸。

燃气轮发电机组顺序控制系统具有下列最低基本功能：

（1）启动准备。

（2）启动装置通电。

（3）点火。

（4）启动装置脱离和断电。

（5）加速到同期转速附近。

（6）调整转速进行同期。

（7）自动和人工的同期。

（8）升负荷。

（9）卸负荷。

（10）停机。

（11）减速/自动盘车。

（12）在 NG 点火转速下吹扫。

（13）超速、汽轮机进口超温、振动过大、润滑和冷却不足情况下的保护。

余热锅炉及汽轮机汽水系统的辅机顺序控制系统，以及发电机-变压器和厂用电源的顺序控制系统设置下列功能组控制系统：

（1）余热锅炉排汽、疏水功能组。

（2）余热锅炉给水、减温水功能组。

（3）凝结水系统功能组。

（4）循环水系统功能组。

（5）开式循环冷却水系统功能组。

（6）闭式循环冷却水系统功能组。

（7）发电机-变压器组功能组。

（8）厂用电源系统功能组。

（9）热网供热系统功能组。

（10）脱硝系统功能组。

热网系统顺序控制也是联合循环 DCS 的一部分，正常运行时通过 DCS 的操作员站实现热网系统的集中监控，由 DCS 操作员站完成对其工艺系统的程序启/停、中断控制及单个设备的操作。主要功能子组有热网加热器疏水泵子功能组、热网循环水系统子功能组、热网循环水泵子功能组、热网补水系统子功能组等。

（二）机组保护系统主要设计原则

联合循环机组保护应满足下列要求：

（1）保护系统的设计应有防止误动作和拒动作的措施，保护系统电源中断或恢复不会发出误动作指令。

（2）保护系统应遵守下列“独立性”原则：

1）燃气轮机、余热锅炉、汽轮机跳闸保护系统的逻辑控制器应单独冗余设置。

2）保护系统应有独立的输入/输出信号（I/O）通道，并有隔离措施。

3）冗余的 I/O 信号应通过不同的 I/O 模件引入。

4）触发主辅机跳闸的保护信号的开关量仪表和变送器应单独设置；当确有困难而需与其他系统合用时，其信号应优先进入保护系统。主机跳闸的保护仪表及信号尽可能采用三取二设置。

5）主辅机跳闸命令及与跳闸指令相关的信号不应通过通信总线传送。

（3）机组跳闸保护回路在机组运行中能在不解列保护功能和不影响机组正常运行情况下进行动作试验。

（4）保护系统输出的操作指令优先于其他任何指令，即执行“保护优先”的原则。

（5）保护回路中不设置供运行人员切、投保护的任何操作设备。

为确保机组在紧急情况下安全停机，必须设置独立于分散控制系统的硬手操按钮或开关。跳闸燃气轮机、跳闸汽轮机、解列发电机等重要硬手操按钮应按双按钮考虑，跳闸燃气轮机、跳闸汽轮机的接电信号应直接接至燃气轮机、汽轮机的停机驱动回路。硬接线操作按钮或开关如带有状态指示灯，应采用可靠的、独立于分散控制系统操作系统的供电电源，对于交流、直流润滑油泵按钮的状态指示灯，电源宜从油泵 MCC 的控制回路取电。联合循环电厂一般设置如下硬接线操作按钮或开关：

1）燃气轮机跳闸。

2）燃气轮发电机急停。

3）燃气轮机发电机-变压器组急停。

4）启动燃气轮机交流辅助油泵。

5）启动燃气轮机直流辅助油泵。

6）汽轮机跳闸。

7）汽轮发电机-变压器组急停。

8）启动汽轮机交流辅助油泵。

9）启动汽轮机直流辅助油泵。

10）打开真空破坏阀。

11）打开汽包紧急放水阀。

12）打开余热锅炉安全阀（机械式的可不安装）。

13）启动柴油发电机组。

14）关闭天然气紧急切断阀。

四、控制项目

（1）燃气轮机的所有模拟量控制项目在燃气轮机供货商成套提供的控制系统中实现，主要功能应包括燃气轮机的转速控制、负荷控制、燃气轮机温度控制、燃气轮机入口导叶控制、润滑油温度控制、甩负荷控制及超速保护等。与汽轮机控制系统类似，燃气轮机控制系统也是数字电液控制系统。

（2）余热锅炉的模拟量控制在联合循环 DCS 中实现，主要包括高、中、低压汽包水位的控制，连续排污控制，高压蒸汽温度控制，再热蒸汽温度控制，氨水流量控制等。

（3）汽轮机的模拟量控制在汽轮机 DEH 中实现，DEH 的主要功能包括：

1）汽轮机转速和负荷控制，包括转速、转速变化率、负荷及负荷变化率设定和控制。

2）汽轮机热应力计算和监视。

3）阀门管理。

4）超速保护。

5）阀门在线试验。

6）汽轮机运行工况监视。

7）汽轮机自启/停功能。

8）阀门快关功能。

9） 机组热负荷调节功能。

10）汽轮机的纯凝工况和背压工况切换等。

（4）热网系统的模拟量控制也在联合循环 DCS 中实现，主要包括热网循环水温度控制、热网循环水流量控制、热网加热器水位控制、热网补水流量控制等。

（5）除氧给水系统、主要辅助车间（系统）的模拟量控制分别在联合循环 DCS 或者辅控 DCS 中实现，主要的调节项目有：

1）凝汽器水位控制。

2）汽轮发电机氢气温度控制。

3）辅助蒸汽联箱压力控制。

4）辅助蒸汽联箱温度控制。

5）汽封联箱辅助蒸汽温度控制。

6）汽封联箱辅助蒸汽压力控制。

7）汽封联箱溢流压力控制。

8）凝汽器补充水箱水位控制。

9）闭式循环冷却水温度控制。

10）天然气调压站出口压力控制。

11）天然气增压机防喘振控制。

由于燃气轮机控制系统、汽轮机控制系统各自均负责自己范围内的控制，应在联合循环 DCS 中考虑整个单元机组的协调控制，设计时应将电网、燃气轮机、余热锅炉、汽轮机，包括天然气调压站等作为一个整体来考虑，在电网负荷的指令下，各部分同时协调工作，以快速稳定地响应电网负荷的要求。国内运行的联合循环电厂，单元机组的协调控制都是采用汽轮机跟随余热锅炉，余热锅炉跟随燃气轮机，燃气轮机接受电网调度中心负荷指令的运行方式。为了最大限度地利用余热，在参数允许范围内，汽轮机应尽可能将调节汽阀全开，汽轮机以滑压方式运行，达到负荷自动控制，提高机组效率。对于热电联产的供热机组，在供热模式下运行时，电网的负荷指令还要考虑机组当前供热负荷的影响。

五、紧急停车系统（ESD）

GB 50660《大中型火力发电厂设计规范》，提出火力发电厂锅炉和汽轮机的跳闸保护系统，可采用电子逻辑系统或继电器硬逻辑系统，系统宜采用经认证的、SIL3 级的安全相关系统。安全相关系统应符合 GB/T 20438《电气/电子/可编程电子安全相关系统的功能安全》和 GB 21109《过程工业领域安全仪表系统的功能安全》的有关规定。虽然 GB 50660 适用的是采用直接燃烧方式、主要燃用固体化石燃料的火力发电厂，但是对于燃气-蒸汽联合循环电厂同样具有借鉴意义。参照 GB 50660 的建议，燃气-蒸汽联合循环电厂宜采用安全相关系统的场合分别是燃气轮机保护系统、汽轮机紧急跳闸系统和天然气调压站控制系统，其中汽轮机紧急跳闸系统在燃煤电厂已经有应用安全相关系统的业绩。

ISO 21789《Gas turbine applications-Safety》，指出基于 IEC 61508、ISO 12100《Safety of machiney-General principles for design-Risk assessment and risk reduction》的风险评估是凌驾于一切之上的设计准则。该国际标准化为燃气轮机供需双方提供了一套明确的、全球公认的安全要求，可以对比这些要求去评估具体燃气轮机相关的风险，并且确保所有利益相关方有一个唯一的参照基准。与该标准相对应的中国国家标准 GB 32821《燃气轮机应用 安全》等同采用 ISO 21789。

通用电气、西门子、三菱这三大重型燃气轮机生产厂商均可以提供符合 IEC 61508 标准、经过 TÜV 认证的 SIL3 级的燃气轮机保护系统。

美国通用电气公司的安全相关系统名称为 MARK-VIeS 安全控制系统，可用于符合 IEC 61508 要求的安全关键部件，使用 ControlST 套装软件来进行维护工作。该安全控制系统的控制器主频率为 600MHz，内存 256M，操作系统采用 QNX 实时操作系统。既能满足 Fail-Safe 的需求，又能满足 Fault-Tolerant 的需求。MARK-VIeS 安全控制系统的很多特性和 MARK-Ⅵe

控制系统类似，如控制器内嵌了IONet网络接口和控制网络（UDH）接口，支持单冗余配置（simplex）、双冗余配置（dual redundant）和三冗余配置（TMR）模式等，采用单重配置系统最高安全等级达到SIL2，采用双冗余配置或三冗余配置系统最高安全等级达到SIL3。MARK-VIeS控制器直接从IONet网络读取输入数据，输出数据从控制器通过IONet网络传输到输出模块。系统可以通过三选二表决机制剔出错误的信号，控制器根据表决值进行逻辑结算，同时控制器通过诊断功能诊断故障的设备。

西门子燃气轮机保护装置采用的是SCHLOSSER智能型保护继电器组，燃气轮机的保护信号通过硬接线方式与该保护装置相连，在保护装置的硬回路进行表决后快速发出跳闸指令，以实现对燃气轮机的保护。该套保护装置的主要部件包括7031型（安全等级SIL2）3取2运算模件、7033型（安全等级SIL2）四通道选择模件、7038型（安全等级SIL4）故障安全输出模件、7041型（安全等级SIL3）故障安全型或门单元、7063型（安全等级SIL3）故障安全延时单元五种模件。

日本三菱也同样具有其应用于燃气轮机保护的专用系统，名为DIASYS Netmation 4S，也获得IEC 61508国际标准的功能安全认证（SIL3）。三菱DIASYS Netmation 4S系统的主要部件由控制器单元（逻辑解算器）、上层通信接口、下层通信接口（I/O扫描器）和I/O模块组成。其中控制器单元（逻辑解算器）的冗余模式可以是单冗余、二冗余、三冗余至四冗余，输入表决在逻辑解算器中进行，输出表决在输出模块中进行。

虽然三大重型燃气轮机生产厂商均可以提供符合标准要求的燃气轮机保护系统，但是目前国内大多数已投产项目和在建项目中，都没有采用完全符合相关标准的功能安全型燃气轮机保护系统。其主要原因有：①安全相关系统在电厂中的应用还没有得到电厂的足够重视，电厂没有从招标、技术协议谈判、工程实施等各个环节坚持贯彻必须采用功能安全型燃气轮机保护系统的要求。②一个完全符合相关标准的安全相关系统，从仪表、传感器到执行器、到控制系统（包括控制器及I/O等）均应满足要求才行，不仅仅是提供一套具有安全功能的控制系统。③按照安全生命周期的概念，安全相关系统的规划、设计、实施、运维等所有活动，都要相应的标准规范进行，在供货、安装等工作之外，还要完成大量的分析评估、会议讨论、文档编制、检查确认、审核修改等软性工作，燃气轮机供货厂家包括其国内合作方对此都不是很积极。

天然气调压站的情况也比较特殊，由于采购和设计方式的原因，设备分属不同的供货厂家，天然气增压机一般采用进口产品来自一家供货商，场站部分采用国产设备来自另一家供货商，天然气增压机本体及其辅助系统的控制一般采用设备厂家配套的PLC，其余天然气场站部分一般采用DCS。在电力行业，这两部分都没有应用安全相关系统的实际案例。因此，相比较之下，为新建项目燃气轮机、汽轮机保护系统选择安全相关系统，还可以参考以往使用情况选择产品，对于天然气调压站而言，基本上没有可供参考的内容。在今后的联合循环电厂项目中，如采用安全相关系统，应按照相关标准的规定，严格按照规范的工作流程来进行天然气调压站ESD系统的设计。首先，要组织有关各方组成的评估小组，采用合适的分析方法，如石化行业常用的HAZOP分析法，对天然气调压站整个工艺系统进行危险和风险评估，保证各个危险和风险源都被充分辨识。其次，根据分析评估结果，给保护层分配安全功能，确定要求的仪表安全功能及确定每个仪表安全功能相关联的安全完整性等级（SIL）。然后编制天然气调压站ESD系统的安全要求规范，最后根据安全要求规范进行系统设计和设备选型。安全相关系统的具体设计步骤可以参见本手册第七章第三节安全相关系统的叙述。

第四节　燃气-蒸汽联合循环电厂仪表与控制设计举例

一、设计举例一

（一）电厂概况

某电厂新建一套由2台日本三菱M701F4型燃气轮机组成的燃气-蒸汽联合循环二拖一可背压、可纯凝供热机组，工程不考虑扩建。联合循环配置为2台M701F4型燃气轮机、2台300MW级燃气轮发电机、2台余热锅炉、1台供热汽轮机和1台300MW级汽轮发电机。燃气轮发电机组和蒸汽轮发电机组不同轴。汽轮机高、中压模块和低压模块之间通过3S离合器连接。机岛设备包括燃气轮机、燃气轮机组及其辅助系统。汽轮机为三压、再热、双缸、向下排汽，可背压可纯凝运行。余热锅炉为卧式、自然循环、三压、无补燃、全封闭布置。

冬季供热工况时，供热初期，在汽轮机最大抽汽量可满足供热负荷需要的情况下，汽轮机采用抽凝方式运行；在汽轮机最大抽汽量不能满足供热负荷需要时，采用低压缸解列，高、中压缸背压运行，中压缸排汽及低压主蒸汽全部用于热网加热器。在汽轮机发生事故时，机组还考虑汽轮机全切，余热锅炉再热器产生的全部蒸汽经过减温减压，实现对外供热。非供热工况时，高、中低压缸通过3S离合器连成一个轴，汽轮机纯凝运行。

（1）主要辅机包括：100%容量高/中/低蒸汽旁路系统，阀门驱动装置采用电动形式；2台100%容量高压给水泵，采用电动驱动、液力偶合器调速；2台100%容量中压给水泵，定速控制；凝结水系统设有3×50%容量的凝结水前置泵及主泵。

（2）热网系统配置4台热网加热器及4台热网循环泵（高压电动驱动、液力偶合器调速），3台运行，1台备用。

（3）水处理系统辅助控制网，包括以下子系统：

1）锅炉及热网补给水处理控制系统。

2）工业废水处理控制系统。

3）综合给水泵房控制系统。

4）综合排水泵房控制系统。

5）供氢站控制系统。

（4）除上述水控制点外，直接纳入全厂辅助车间集中监控网络的系统包括：

1）空压机站控制系统。

2）供暖通风控制系统。

3）制冷站控制系统。

（5）纳入联合循环DCS控制的辅助系统包括：

1）天然气调压站控制系统。

2）热网控制系统。

3）循环水泵房控制系统。

4）凝结水除铁过滤处理控制系统。

5）启动锅炉控制系统。

6）主厂房加药控制系统。

7）汽水取样检测系统。

8）氨水储存及输送控制系统。

（二）自动化水平和控制方式

该电厂将蒸汽联合循环机组、发电机-变压器组和厂用电系统、辅助车间（系统）的控制纳入分散控制系统，实现炉、机、电、辅集中控制、统一值班。两台余热锅炉、热力系统采用一套分散控制系统（联合循环机组DCS），辅助车间（系统）采用一套分散控制系统（辅控DCS），DCS采用艾默生公司OVATION分散控制系统，均以彩色LCD、键盘、鼠标及彩色大屏幕显示屏作为主要监视和控制手段，实现对联合循环机组及辅助车间（系统）的全LCD监控。

燃气轮机组及其辅助系统由随燃气轮机提供的控制系统监控，每台燃气轮机各配一套TCS，控制系统采用日本三菱Diasys Netmation系统软、硬件，以彩色LCD、键盘、鼠标及彩色大屏幕显示屏作为主要监视和控制手段，实现全LCD监控。

汽轮机透平控制系统（S-TCS）、汽轮机透平保护系统（S-TPS）采用与燃气轮机TCS一体化的硬件和软件产品，由东方电气集团负责设计、供货及技术指导。

燃气轮机、汽轮机控制系统（TCS）与联合循环DCS进行双向的冗余通信连接，系统之间重要的控制和保护信号采用硬接线，运行人员在中央控制室通过TCS/DCS人机接口可实现对燃气轮机、汽轮机及其辅助系统的监控。

天然气调压站包括天然气增压机全部采用DCS监控，纳入联合循环DCS中，在DCS的操作员站上采用与就地操作员站一致的画面对其进行监控。

该电厂自动化系统网络结构如图15-16所示。

为了适应联合循环机组频繁启停的需要，减少操作人员的操作，设置有机组自动启停控制系统（APS），设置了第一台燃气轮机启动、第一台燃气轮机并网、汽轮机挂闸、汽轮机并网、第二台燃气轮机启动、第二台燃气轮机并网、第二台余热锅炉并汽共7个断点，允许运行人员采用断点干预方式完成机组的启动过程，增强了控制系统的灵活性。DCS同样也可完成从满负荷到机组完全停止的全自动停机过程，停机过程主要设置了1号燃气轮机停止、2号燃气轮机停止共2个断点。

该电厂大范围采用现场总线控制技术，除燃气轮机控制系统、余热锅炉、汽轮机及重要辅机的保护回路和重要调节回路，以及高压电动机、变频器、开关量仪表、主辅机温度测点等不采用现场总线外，在联合循环、辅助车间（系统）全面应用现场总线技术。艾默生公司的OVATION系统在设备控制方面主要采用PROFIBUS-DP V1协议，在过程仪表方面主要采用FF协议。设有艾默生智能设备管理系统（AMS），借助应用现场总线技术采集的大量设备信息，通过对设备的性能进行分析和对设备故障进行诊断，提升发电厂的管理运行和维护水平。该电厂现场总线应用范围主要包括：

（1）汽轮机及热力系统。

（2）余热锅炉系统（含脱硝系统）。

（3）热网系统。

（4）启动锅炉房。

（5）锅炉补给水处理系统。

（6）废水处理系统。

（7）生活污水处理站。

（8）凝结水除铁过滤处理系统。

（9）汽水取样系统。

（10）空压机站。

（11）集中制冷站。

（12）综合排水泵房。

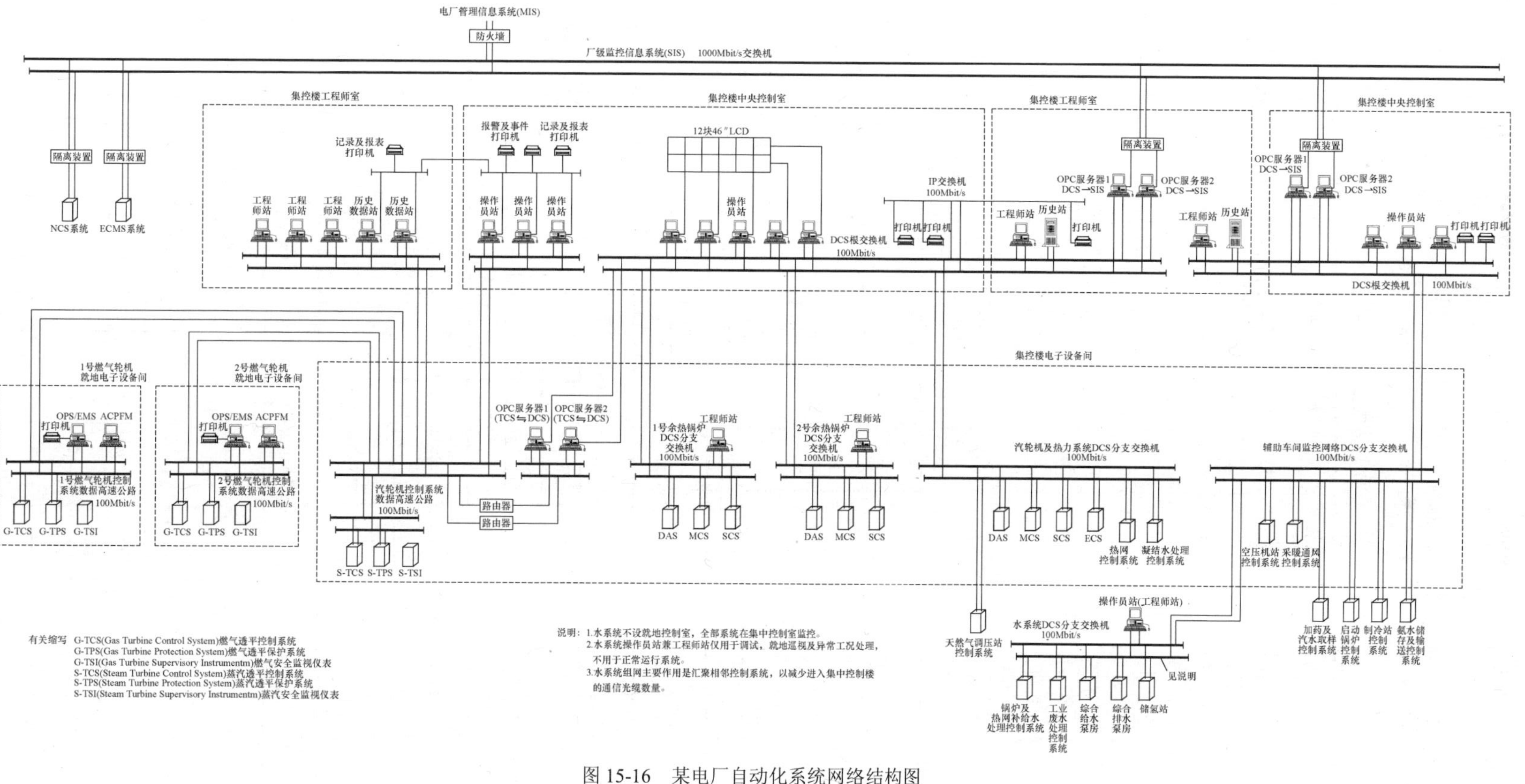

图 15-16　某电厂自动化系统网络结构图

（三）DCS 有关统计数据

联合循环 DCS 配置冗余控制器 18 对，DCS 机柜共 49 面，I/O 总点数 5362 点（含电气系统 I/O 点数 1630 点），PROFIBUS-DP 协议接口设备 741 台，FF 协议接口设备 296 台，HART 协议接口设备 209 台，共有 DP 网段 174 对，FF 网段 49 个。

相关数据统计见表 15-6～表 15-13，各 I/O 数量统计表中点数为实际点数，不包括备用 I/O 点数量。

表 15-6　联合循环 DCS I/O 数量

系统	I/O 形式										合计
	AI（4～20mA）	AIH（4～20mA）	RTD	TC	DI	AO（4～20mA）	AOH（4～20mA）	DO	SOE	PI	
1 号余热锅炉	91	53	120	42	199	22		69	5		601
1 号炉脱硝 SCR	9		2	5	11						27
2 号余热锅炉	91	53	120	42	199	22		69	5		601
2 号炉脱硝 SCR	9		2	5	11						27
1 号燃气轮机电气	86				323			66		4	479
2 号燃气轮机电气	86				323			66		4	479
汽轮机及公用电气	122				420			61		8	611
热网站	40	16	107	9	111	10		24			317
热力系统	63	60	161	132	565	46	4	304	22		1357
循环水加药	15				46	7		24			92
循环水泵房	62		148		129			60			399
天然气调压站	2	2	1		48			26			79
主厂房加药系统	18				81	12		58			169
汽水取样检测系统		2			4						6
启动锅炉房	5	21	12	2	34	6		19			99
氨水储存及输送系统	4		2		9			4			19
合计	703	207	675	237	2513	125	4	850	32	16	5362

表 15-7　联合循环机组 DCS 控制器配置

功　　能	控制器	备注	功　　能	控制器	备注
1 号余热锅炉、脱硝	2 对		APS 及协调控制	1 对	
2 号余热锅炉、脱硝	2 对		汽轮机电气及公用电气	2 对	
1 号燃气轮机电气	1 对		热网系统	2 对	
2 号燃气轮机电气	1 对		天然气调压站	2 对	远程站
循环水系统	2 对		加药/汽水取样/氨水储存/启动锅炉	1 对	
汽轮机及热力系统	2 对		合计	18 对冗余	

表 15-8　联合循环 DCS 现场总线设备数量

系统	设备形式									合计
	电动调节阀门 DP	电动阀门 DP	气动调节阀门 FF	气动调节阀门 HART	电动机控制器 DP	电磁阀岛 DP	现场总线仪表 FF	现场总线仪表 HART	现场总线仪表 DP	
1 号余热锅炉	15	104			2		51	53		225
2 号余热锅炉	15	104			2		51	53		225
1 号炉脱硝 SCR 系统	1	3			2		4	1		11
2 号炉脱硝 SCR 系统	1	3			2		4	1		11

续表

系统	设备形式									合计
	电动调节阀门 DP	电动阀门 DP	气动调节阀门 FF	气动调节阀门 HART	电动机控制器 DP	电磁阀岛 DP	现场总线仪表 FF	现场总线仪表 HART	现场总线仪表 DP	
汽轮机及热力系统	12	177	4	4	5		65	60	4	331
凝结水除铁过滤处理系统						1	3			4
循环水泵房		10			4	1	18		2	35
热网系统	11	97			4		63	16	2	193
厂内采暖系统	2	33			6		14			55
生水加热器系统	2	21					9			32
汽水取样检测系统									57	57
氨水储存及输送系统		5			5		8			18
启动锅炉房	4	21					2	21	1	49
合计	63	578	4	4	32	2	292	205	66	1246

表 15-9　　联合循环机组 DCS 现场总线网段数量

功　　能	控制器编号	DP 网段	FF 网段	备注
1 号余热锅炉、脱硝（A 侧）	CTRL11/61	20	3	
1 号余热锅炉、脱硝（B 侧）	CTRL12/62	14	6	
2 号余热锅炉、脱硝（A 侧）	CTRL21/71	18	3	
2 号余热锅炉、脱硝（B 侧）	CTRL22/72	16	6	
汽轮机及热力系统（A 侧）	CTRL2/52	18	5	
汽轮机及热力系统（B 侧）	CTRL3/53	14	4	
循环水泵房、汽轮机公用（A 侧）	CTRL4/54	18	5	
循环水泵房、汽轮机公用（B 侧）	CTRL5/55	20	4	
热网系统（A 侧）	CTRL6/56	10	4	
热网系统（B 侧）	CTRL7/57	14	7	
启动锅炉/加药/汽水取样/氨水储存	CTRL10/60	12	2	
合计		174	49	

辅控 DCS 配置冗余控制器 4 对，DCS 机柜共 11 面，I/O 总点数 1179 点，PROFIBUS DP 协议接口设备 167 台，FF 协议接口设备 136 台，共有 DP 网段 26 对，FF 网段 21 个。

表 15-10　　辅控 DCS I/O 数量

系统	I/O 形式					合计
	AI（4～20mA）	RTD	DI	AO（4～20mA）	DO	
锅炉及热网补给水处理系统	48	5	166	22	82	323
工业废水处理系统	12	1	42	4	22	81
综合给水泵房	12	24	60	6	12	114
综合排水泵房		24	18		7	49

续表

系统	I/O 形式					合计
	AI（4～20mA）	RTD	DI	AO（4～20mA）	DO	
生活污水处理站	3		58		29	90
供氢站	9					9
空压机站	12	5	36		18	71
空调及通风系统	15		73		34	122
集中制冷站	7	22	214	3	74	320
合计	118	81	667	35	278	1179

表 15-11　　辅控 DCS 控制器配置

功　　能	控制器	备注	功　　能	控制器	备注
补给水处理/工业废水	2 对		空压机站/空调通风/制冷站	1 对	
综合水泵房/生活污水处理站/供氢站	1 对		合计	4 对冗余	

表 15-12　　辅控 DCS 现场总线设备数量

系统	设备形式						合计
	电动调节阀门 DP	电动阀门 DP	电动机控制器 DP	现场总线仪表 FF	现场总线仪表 DP	电磁阀岛 DP	
锅炉补给水处理系统	1		31	79	50	10	171
工业废水处理系统			4	11	5	2	22
综合给水泵房				5			5
综合排水泵房		4	2	5	1		12
生活污水处理站		5		7	4		16
空压机站		13		11			24
集中制冷站		32	3	18			53
合计	1	54	40	136	60	12	303

表 15-13　　辅控 DCS 现场总线网段数量

功　　能	控制器编号	DP 网段	FF 网段	备注
锅炉补给水处理/工业废水（A 侧）	CTRL31/81	6	7	
锅炉补给水处理/工业废水（B 侧）	CTRL32/82	5	6	
综合水泵房/生活污水处理站	CTRL33/83	4	3	
空压机站/空调通风/制冷站	CTRL34/84	11	5	
总计		26	21	

（四）集中控制室和电子设备间布置

该电厂设一个集中控制楼，紧邻汽机房布置，集中控制楼与主厂房的相对位置关系如图 15-17 所示。集中控制楼一共五层：一层为空压机站、柴油发电机、蓄电池室等；二层为电气配电间、直流及交流不间断电源间等；三层为电缆夹层；四层与汽轮机运转层同一标高（13.00m 层），布置有集中控制室、电子设备间、工程师室、交接班室、会议室、生产运行分析中心、设备诊断中心等；五层为集中控制室和电子设备间的空调机房等。

集中控制室净空高度为 5m，面积为 181m^2。集中控制室周围布置工程师室、交接班室、会议室等。

集中控制室内的操作台上布置联合循环机组 DCS 及辅助车间的监控系统（DCS）操作员站、燃气

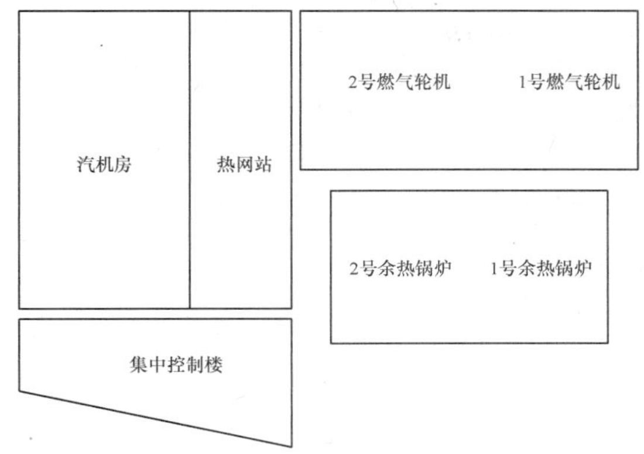

图 15-17　某电厂主厂房布置示意图

轮机/汽轮机控制系统操作员站、后备操作按钮等；在操作员站控制台后面布置控制盘，主要用于彩色大屏幕显示屏、水位电视等；打印机集中布置在彩色大屏幕显示屏后，便于管理；值长站布置在后排值长台。

工程师室为独立小室，布置联合循环机组 DCS、辅控 DCS、燃气轮机/汽轮机控制系统（TCS）工程师站、联合循环 DCS/辅控 DCS 历史数据站、燃气轮机-汽轮机 TDM 系统工程师站、电气监控系统工程师工作站等设备。

余热锅炉 DCS 机柜集中布置在每台余热锅炉侧面 13.00m 层就地电子设备间，汽轮机、热力系统 DCS 机柜集中布置于集中控制楼 13.00m 层热控电子设备间。两台燃气轮机、余热锅炉中心线成平行布置，随机岛成套提供的燃气轮机控制系统（TCS）机柜布置在两台燃气轮机中间的就地电子设备间。各辅助车间控制系统（DCS）机柜布置在各辅助车间的电子设备间内，部分物理位置相邻的辅助车间（系统）合用电子设备间。随辅机成套供货的盘、箱、柜等根据情况分别布置在就地主辅设备附近。

集中控制室和电子设备间内的盘、台、柜均采用下进线方式，集中控制楼电子设备间下 10.00m 设电缆夹层。余热锅炉 DCS 电子设备间楼板下设电缆主通道，与余热锅炉房本体电缆主通道相连。在余热锅炉房部分层和汽机房 6.50m 的主要楼层布置热控电缆主通道。燃气轮机就地电子设备间楼板下设电缆夹层，与燃气轮机房本体电缆主通道相连。

二、设计举例二

（一）电厂概况

某电厂为新建工程，建设规模为 3 台西门子 SGT5-4000F（4+）型燃气轮机组成的 1 套二拖一和 1 套一拖一燃气-蒸汽联合循环发电供热机组，两套机组均为多轴配置。二拖一机组包括 2 台 SGT5-4000F(4+) 型燃气轮发电机组、2 台余热锅炉和 1 台 300MW 级汽轮发电机组。一拖一机组包括 1 台 SGT5-4000F(4+) 型燃气轮发电机组、1 台余热锅炉和 1 台 135MW 级汽轮发电机组。两台汽轮机为三压、再热、双缸、向下排汽、可背压可纯凝运行。余热锅炉为卧式、自然循环、三压、无补燃、全封闭布置。

两台汽轮机高、中压缸和低压缸之间通过 3S 离合器连接，发电机位于高、中压缸侧。冬季供热工况时，汽轮机可抽凝运行或汽轮机低压缸解列运行，当高、中压缸背压运行时，其排汽及低压主蒸汽全部用于热网加热器；非供热工况时，高、中压缸和低压缸通过 3S 离合器连成一个轴，机组纯凝运行。

（1）二拖一机组主要辅机包括：

1）100%容量高/中/低蒸汽旁路系统，阀门驱动装置采用气动形式。

2）2 台 100%容量高压给水泵，采用电动驱动、液力偶合器调速。

3）2 台 100%容量中压给水泵，采用变频调节方式。

4）凝结水系统设有 3×50%容量的凝结水前置泵及主泵，前置泵采用变频调节方式。

5）3 台 50%容量水环真空泵组，机组正常运行时，2 台运行、1 台备用，背压工况时也可 1 台运行、2 台备用。

（2）一拖一机组主要辅机包括：

1）100%容量高/中/低蒸汽旁路系统，阀门驱动装置采用气动形式。

2）2 台 100%容量高压电动驱动的给水泵，采用液力偶合器调速。

3）2 台 100%容量中压给水泵，采用变频调节方式。

4）凝结水系统设有 2 台 100%容量的凝结水前置泵及主泵，前置泵采用变频调节方式。

5）2 台 100%容量水环式真空泵组，机组正常运行时，1 台运行、1 台备用。

（3）二拖一、一拖一机组公用系统主要辅机包括：

1）3 台 50%容量的开式循环冷却水泵和 3 台 50%容量的闭式循环冷却水泵，以上水泵均是 2 台运行、1 台备用。

2）4 台循环水泵，其中循环水大泵为 2 台，每台大泵容量为扣除采暖季流量后的非采暖季总循环水量的 50%；循环水小泵为 2 台，配套采用双速电动机，每台小泵低速容量为采暖季循环水量的 50%。

热网系统共设 5×25%容量的热网循环水泵，采用液力偶合器调速。二拖一机组共设 4 台热网加热器、4 台疏水冷却器和 4 台疏水泵。一拖一机组共设 2 台热网加热器、2 台疏水冷却器和 2 台疏水泵。为了提高整套机组供热量，降低排烟温度，采用余热锅炉增大凝结水加热器（省煤器）受热面的方式，抽取凝结水加热器出口部分热水，通过专用的水水换热器加热热网水，每台余热锅炉设置1台余热利用热网水水换热器。由于热网系统的蒸汽来自2台机组，为便于调节和控制，热网系统蒸汽及疏水侧设计为单元制，热网循环水侧设计为扩大单元制，热网补水系统为两台机组公用系统。

（4）单元机组的辅助车间（系统）主要包括：

1）凝结水除铁过滤处理控制系统。

2）化学加药控制系统。

3）汽水取样检测系统。

（5）两台机组公用辅助车间（系统）主要包括：

1）循环水泵房。

2）热网公用部分。

3）空气压缩机系统。

4）天然气调压站。

5）供氢站。

6）空调通风。

7）启动锅炉。

（6）直接纳入全厂辅助车间集中监控网络的系统包括化学补给水处理系统、工业废水处理系统、空调及集中制冷系统、采暖通风及空气调节、综合给水泵房、雨水泵房及供氢站等。

（二）自动化水平和控制方式

该电厂将蒸汽联合循环机组、发电机-变压器组和厂用电系统、辅助车间（系统）的控制纳入分散控制系统，实现燃气轮机、余热锅炉、汽轮机、电气、辅助车间集中控制、统一值班，二拖一、一拖一机组各采用一套分散控制系统。两台机组DCS公用网按一套完整的DCS和大公用系统考虑，监控范围除了两台机组的公用部分外，还包括全部辅助车间（系统）。二拖一机组、一拖一机组及公用DCS均采用西门子公司SPPA T-3000分散控制系统，均以彩色LCD、键盘、鼠标及彩色大屏幕显示屏作为主要监视和控制手段，实现对联合循环机组及辅助车间（系统）的全LCD监控。

燃气轮机组及其辅助系统由随燃气轮机提供的控制系统监控，每台燃气轮机各配一套TCS，控制系统采用西门子公司SPPA T-3000系统软、硬件，以彩色LCD、键盘、鼠标及彩色大屏幕显示屏作为主要监视和控制手段，实现全LCD监控。

汽轮机数字电液控制系统（DEH）、汽轮机紧急跳闸系统（ETS）采用与单元机组一体化的硬件和软件产品，由汽轮机厂负责设计、供货及技术指导。

天然气增压机、制氮机由设备厂家成套供货的PLC控制，采用Rockwell公司ControlLogix系列产品。天然气调压站除天然气增压机之外的场站部分全部采用DCS监控，纳入联合循环公用DCS，在DCS的操作员站上采用与就地操作员站一致的画面对其进行监控。天然气增压机PLC控制系统中的重要信号与DCS采用硬接线连接，其他信号与DCS采用冗余通信接口进行连接。

该厂燃气轮机、余热锅炉、汽轮机、热力系统及全部辅助车间控制系统均采用的是西门子公司SPPA T-3000系统，实现了全厂控制系统品牌、规格型号的统一，但是对于二拖一、一拖一机组，为了分散风险，避免控制系统的网络过于集中，在每套机组内每台燃气轮机及其辅助系统各采用一套DCS（由燃气轮机供货商配套提供），燃气轮机组之外的余热锅炉、汽轮机及辅助系统等采用一套DCS。燃气轮机DCS和联合循环机组DCS之间采用双向的冗余通信连接，系统之间重要的控制和保护信号采用硬接线，运行人员在集中控制室通过TCS/DCS人机接口可实现对燃气轮机、汽轮机及其辅助系统的监控。西门子一套独立的DCS最主要的特征就是有其独立的冗余服务器，也就是说，该电厂3台燃气轮机、二拖一机组、一拖一机组及公用系统和辅助车间控制系统一共有6套DCS，6套冗余服务器。

该电厂自动化系统网络结构如图15-18所示。

为提高自动化水平，该电厂单元机组顺序控制系统按机组级、功能组级、子功能组级、驱动级划分，可实现带断点的机组自动启停控制（APS）功能。二拖一机组启动过程设第一台燃气轮发电机组并网、汽轮发电机组并网、第二台燃气轮发电机组并网共3个断点。一拖一机组启动过程设燃气轮发电机组并网、汽轮发电机组并网共2个断点。两台机组停机过程不设断点。

全厂化学水系统监控范围包括锅炉补给水及热网补充水系统、工业废水处理系统、供氢站等，辅助系统在巡检人员的配合下，通过设在集中控制室的操作员站实现对工艺系统的程序启/停、中断控制及单个设备操作，就地无人值班，仅在化学水车间布置运行人员现场操作员站。

该电厂二拖一机组、一拖一机组及全部公用系统、辅助车间（系统）控制系统全部采用硬接线控制，没有应用现场总线技术。

（三）DCS有关统计数据

二拖一联合循环机组DCS配置冗余控制器14对，I/O总点数7434点（含电气系统I/O点数1009点）。

一拖一联合循环机组DCS配置冗余控制器11对，I/O总点数3839点（含电气系统I/O点数635点）。

两台联合循环机组公用部分及辅控DCS配置冗余控制器13对，I/O总点数5548点（含电气系统I/O点数348点）。

相关数据统计见表15-14～表15-16，各系统I/O数量统计表中点数为实际点数，不包括备用I/O点数量。

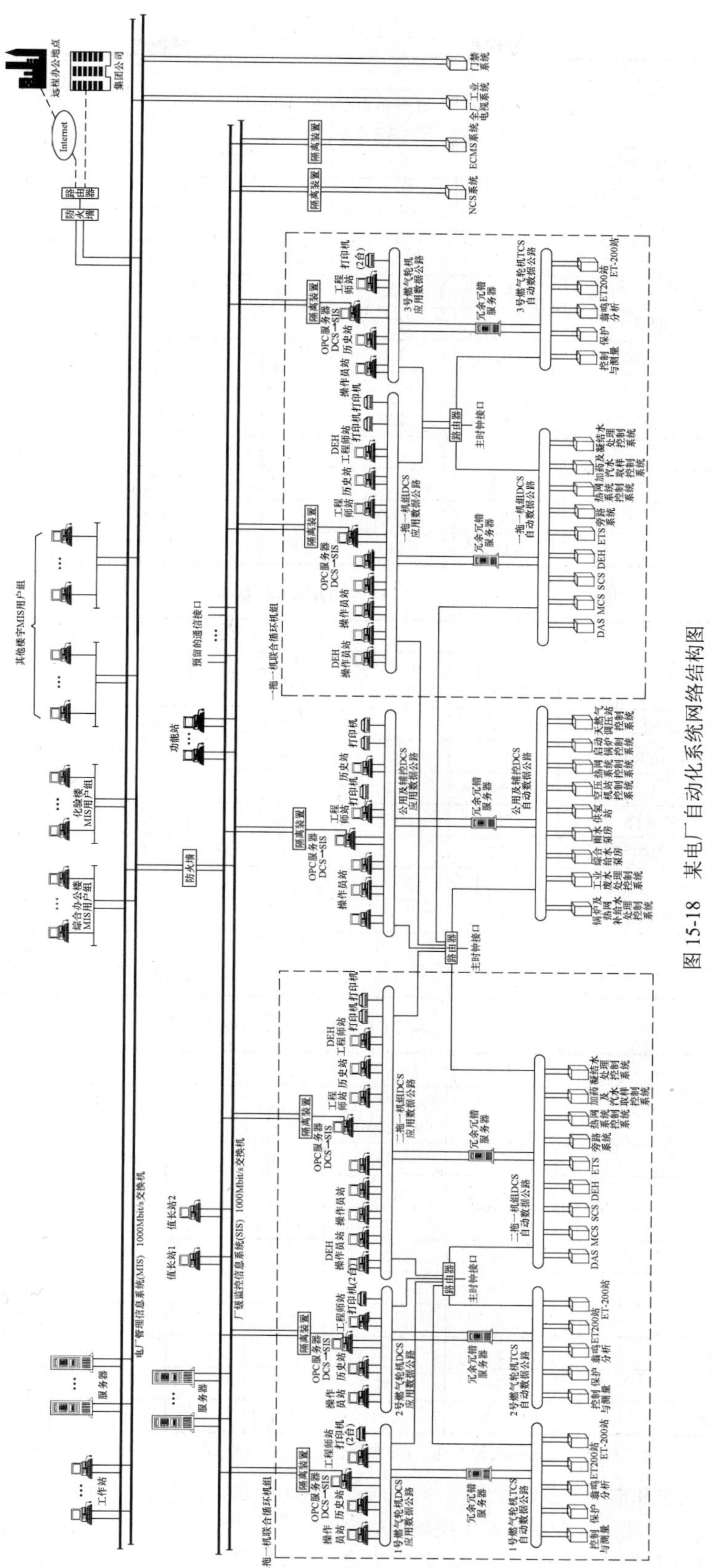

图 15-18　某电厂自动化系统网络结构图

表 15-14　二拖一机组 DCS I/O 数量

系统	I/O 形式									合计
	AI（4～20mA）	AI 外供电（4～20mA）	RTD	TC	DI	AO	DO	PI	SOE	
1 号燃气轮机与机组 DCS 硬接线部分					6					6
2 号燃气轮机与机组 DCS 硬接线部分					6					6
1 号余热锅炉（含 SCR）	202	55	24	65	602	23	266	40		1277
2 号余热锅炉（含 SCR）	202	55	24	65	602	23	266	40		1277
氨水系统	4	2			19		12			37
1 号余热锅炉汽水取样		25			4					29
2 号余热锅炉汽水取样		27			4					31
化学加药	6	21			147	21	97			292
汽轮机及热力系统（含热网）	394	139	158	63	1582	66	806	44		3252
智能前端			158							158
凝结水精处理	8				32		20			60
电气	18	189			596		171	20	15	1009
合计	834	513	364	193	3600	133	1638	15	144	7434

表 15-15　一拖一机组 DCS I/O 数量

系统	I/O 形式									合计
	AI（4～20mA）	AI 外供电（4～20mA）	RTD	TC	DI	AO	DO	PI	SOE	
3 号燃气轮机与机组 DCS 硬接线部分					6					6
3 号余热锅炉（含 SCR）	199	55	24	65	602	23	266		40	1274
氨水系统	4	2			19		12			37
3 号余热锅炉汽水取样		27			4					31
汽轮机及热力系统（含热网）	294	52	24	38	881	49	412		22	1772
智能前端			24							24
凝结水精处理	8				32		20			60
电气	12	117			368		113	11	14	635
合计	517	253	72	103	1912	72	823	11	76	3839

表 15-16　公用 DCS 部分系统 I/O 数量

系统	I/O 形式								合计
	AI（4～20mA）	AI 外供电（4～20mA）	RTD	TC	DI	AO	DO	SOE	
循环水泵房	88	33	144		201		88	12	566
热网部分	73	195			284	14	122		688
启动锅炉	31	9			59	5	35		139
天然气调压站	30	2			105	2	90	8	237
空气压缩机系统	21	8			53		26		108
空调通风	48				64		27		139
供氢站	5	2			1		11		19
电气	3	52			213		75	5	348
合计	299	301	144		980	21	474	25	2244

注　不同工程辅助车间（系统）配置和规模不同，I/O数量也有差别，因此表中未一一统计所有辅助车间（系统）。

（四）集中控制室和电子设备间布置

该电厂全厂设一个集中控制室，集中控制楼与主厂房的相对位置关系如图 15-19 所示。集中控制室布置在集中控制楼 12.60m 层，与汽轮机运转层为同一标高，集中控制室净空高度为 3.60m，面积为 256m^2，作为机组运行人员的主要活动区域，布置集中控制室、电子设备间、工程师站、交接班室等，与集中控制室在同一标高。集中控制室侧面及前厅与走廊相连通，沟通集中控制室、工程师站、电子设备间。

集中控制室内的控制台成弧形布置，值长操作台、ECMS 操作台、通信台布置在正面外侧，在其两侧布置有联合循环机组控制台、辅控系统操作台、工业电视操作台等，大屏幕显示屏布置在控制台正面内侧，运行打印机布置在打印机小间。

工程师室为独立房间，布置两台单元机组的 TCS、DCS、DEH 工程师站和辅控及公用系统的 DCS 工程师站。

电子设备间采用分散布置方式，2 台汽轮发电机组、热力系统及热网系统等电子设备集中布置在集中控制楼内 12.60m 层电子设备间，3 台余热锅炉的电子设备间分别布置在 3 台余热锅炉运转层平台，3 台燃气轮发电机组的电子设备间布置在燃气轮机房 0m 层。

集中控制楼内电子设备间下设电缆夹层，电缆夹层标高为 9.90m。所有对应的集中控制室和电子设备间的盘、台、柜均采取下进线方式，去现场和从现场来的电缆经电缆夹层，从盘下进入机柜。

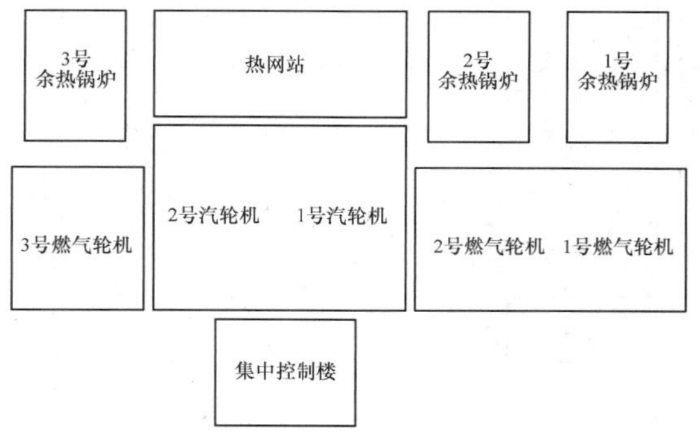

图 15-19　某电厂主厂房布置示意图

三、设计举例三

（一）电厂概况

某电厂一期工程已建设两套 E 级联合循环机组，二期工程扩建两套美国通用电气公司 STAG109FA 型燃气轮机组成的燃气-蒸汽联合循环机组，并留有再扩建两套同类型机组的可能。扩建工程两套燃气-蒸汽联合循环机组采用一拖一单轴形式，每套燃气-蒸汽联合循环机组配置 1 台燃气轮机、1 台余热锅炉、1 台汽轮机和 1 台 300MW 级发电机，燃气轮机、汽轮机及发电机同轴布置。机岛设备包括燃气轮机、汽轮机、发电机及相关辅助系统。汽轮机为单再热、三缸双排汽、纯凝式的汽轮机。余热锅炉为卧式、自然循环、三压、无补燃型。

每台余热锅炉主要辅机包括 2 台 100%容量电动给水泵，采用液力偶合器调速。

每台汽轮机主要辅机包括一套 100%容量高/中/低蒸汽旁路系统。

二期工程虽为扩建工程，但各辅助生产车间（系统）如锅炉补给水处理系统、原水处理系统、循环水泵房、天然气调压站等均需新建。废水处理将利用电厂一期已有设施，二期工程不再另设新废水处理设施。

新建辅助车间的控制系统随各工艺系统规划容量规划，并留有扩展至规划容量的能力，如锅炉补给水处理控制系统二期按 2×300MW 机组容量配置，并留有后续 2×300MW 容量所需的扩展能力。

（二）自动化水平和控制方式

二期工程采用单元制炉、机、电集中控制方式，2 台机组合用一个集中控制室。每套一拖一联合循环机组各采用 1 套分散控制系统（单元机组 DCS），DCS 采用 ABB 公司 Symphony 系统，每套 DCS 配 3 个操作员站、1 个工程师站，以彩色 LCD、键盘、鼠标及彩色大屏幕显示屏作为主要监视和控制手段，实现对联合循环机组的全 LCD 监控。

2 台机组的分散控制系统之间设置公用网络，分别与 2 台机组 DCS 的数据总线通过网桥连接，厂用电公用系统、循环水泵房等公用系统接入 DCS 公用网络。DCS 公用网络不设单独的操作员站，通过单元机组操作员站对公用系统监控。

每套燃气轮机配 1 套 MARK-Ⅵ控制系统，每套燃气轮机配置 2 个操作员站，为燃气轮机和辅助系统提供完整的控制、顺序控制和保护。每套汽轮机组配 1 套 MARK-Ⅵ控制系统，每套汽轮机组配置 1 个操作员站，用于汽轮机控制、顺序控制和保护。每套一拖一机组机岛控制系统合配 1 个工程师站和 1 个历史数据站。燃气轮机、汽轮机的控制设备和人机接口通过机组级数据高速公路网络组成燃气轮机-汽轮机控制系统。

单元机组 DCS 控制网络上设置有通信接口机，与相应联合循环机组 MARK-Ⅵ网络的通信连接，数据通信采用以太网（Ethernet），和每套机组的 MARK-Ⅵ网络通信采用冗余配置。通信协议为 TCP/IP，应用层按美国通用电气公司的规定采用通用标准信息 GSM（GE standard message）通信协议。

辅助车间（系统）如锅炉补给水处理系统、原水处理系统、炉水加药和汽水取样系统等联网组成一个“水控制网”，集中控制室设在二期工程集中控制室，采用由上位监控计算机和可编程序控制器（PLC）组成的程序控制系统，负责监控联网的各水处理系统的运行及事故报警。

天然气调压站采用 PLC 监控，实现就地监测和控制，重要信号以硬接线方式分别送至两台机组 DCS。

循环水加药系统、空压机站、制氢站、空调系统控制设备均随系统配套提供，采用就地监测和控制，重要监控信号以硬接线接入 2 台机组 DCS 或化学水程序控制系统监控。

该电厂自动化系统网络结构如图 15-20 所示。

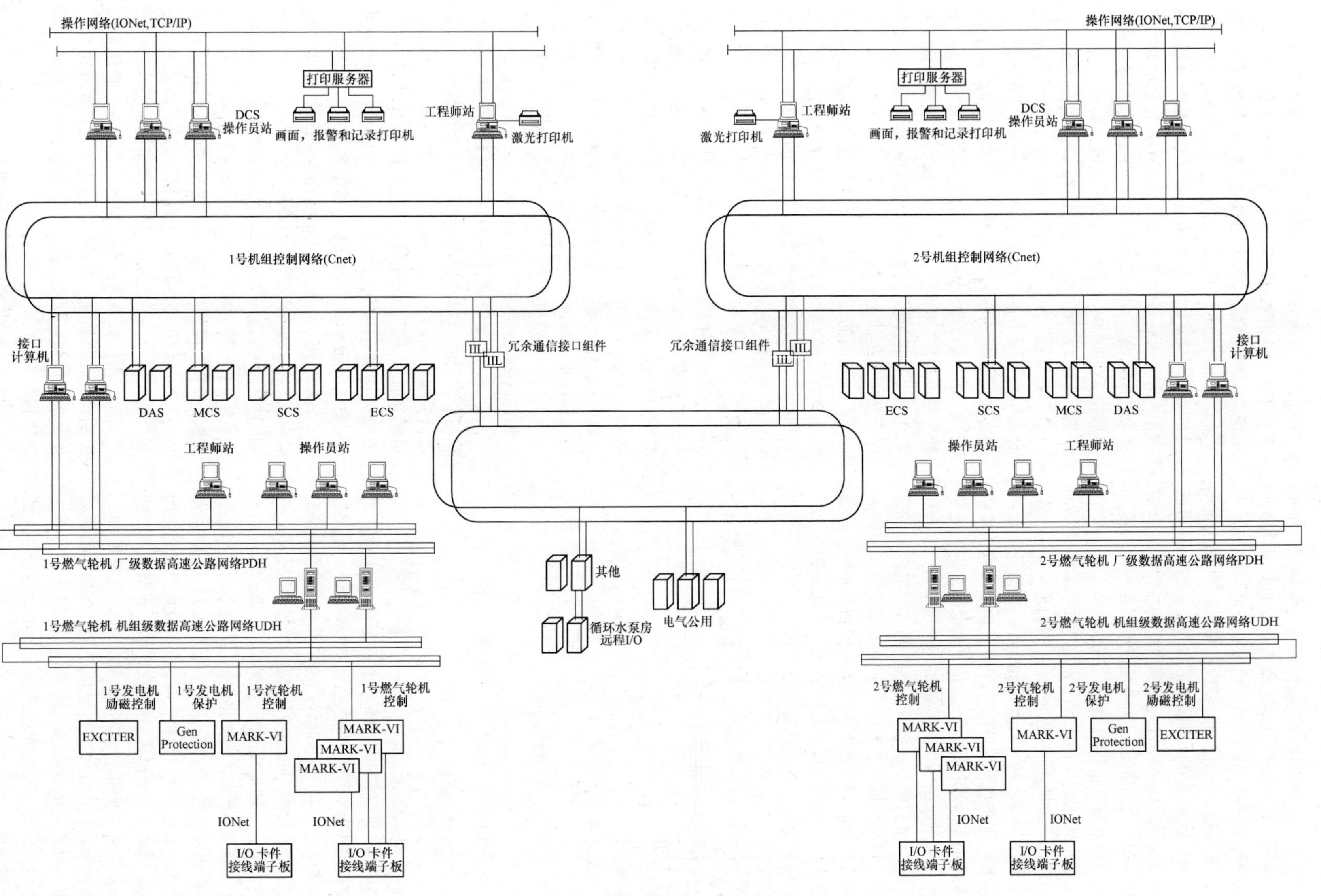

图 15-20　某电厂自动化系统网络结构图

为了适应联合循环机组频繁启停的需要，减少操作人员的操作，设置有机组自动启停控制系统（APS），设置若干断点，使燃气-蒸汽联合循环机组能自动启动、停机和从紧急事故停机到再启动。

该电厂联合循环机组及全部公用系统、辅助车间（系统）控制系统全部采用硬接线控制，没有应用现场总线技术。

（三）DCS 有关统计数据

每套一拖一联合循环机组 DCS 配置冗余控制器 6 对，I/O 总点数 2017 点（含电气系统 I/O 点数 807 点）。

2 台联合循环机组公用部分 DCS 配置冗余控制器 3 对，I/O 总点数 977 点（含电气系统 I/O 点数 578 点）。

相关数据统计见表 15-17～表 15-20，各 I/O 数量统计表中点数为实际点数，不包括备用 I/O 点数量。

表 15-17　单元机组 DCS I/O 数量

系统	I/O 形式							合计
	AI（4～20mA）	RTD+TC	DI	SOE	PI	AO	DO	
DAS	102	193	50		8			353
MCS	97	55	20			53	30	255
SCS			376				226	602
ECS	84	25	372	128	36	42	120	807
合计	283	273	818	128	44	95	376	2017

表 15-18　公用 DCS I/O 数量

系统	I/O 形式							合计
	AI（4～20mA）	RTD+TC	DI	SOE	PI	AO	DO	
循环水泵房远程站及其他	50	62	240		5		42	399
电气公用（ECS）	40	8	328	32	20		150	578
合计	90	70	568	32	25		192	977

表 15-19　单元机组 DCS 控制器配置

功　能	控制器	备注
DAS	1 对	
MCS	1 对	
SCS	2 对	
ECS	2 对	
合计	6 对	

表 15-20　公用 DCS 控制器配置

功　能	控制器	备注
循环水泵房远程站及其他	1 对	
电气公用（ECS）	2 对	
合计	3 对	

（四）集中控制室和电子设备间布置

该工程两台燃气-蒸汽联合循环机组设一个集中控制室，位于运转层两台燃气轮机之间，两台机组的电子设备间按机组分别设置在运转层，集中控制室和电子设备间采用架空地板，不设置电缆夹层，所有设备和机柜的电缆均通过竖井进入架空地板从底部进线。

在集中控制室内布置有两台燃气-蒸汽联合循环机组的运行人员操作台、大屏幕显示屏、机组闭路电视装配盘、打印机、全厂火灾报警监控盘等。每台燃气-蒸汽联合循环机组运行人员操作台上各设 3 台 DCS 操作员站和燃气轮机、汽轮机操作员站各 1 台，并在台上布置后备操作按钮。集中控制室两台机组操作台之间布置网控系统的两台操作员站及辅助车间集中监控系统的操作员站。

两台燃气-蒸汽联合循环机组电子设备间分别设置，均位于主厂房运转层，其中 1 号机组的电子设备间与集中控制室合在一个建筑结构内。电子设备间主要布置各机组的控制系统机柜（包括燃气轮机控制系统、汽轮机控制系统、联合循环机组 DCS）、发电机保护机柜、电源柜、闭路电视监控系统机柜等。该工程不单独设置工程师室，燃气轮机控制系统、汽轮机控制系统和联合循环机组 DCS 的工程师站均布置在相应电子设备间内。

第十六章

循环流化床锅炉仪表与控制

本章主要介绍采用循环流化床（circulating fluidized bed，CFB）锅炉燃煤机组的仪表与控制设计。CFB 燃烧是一种新型的高效、低污染的清洁燃煤技术，近年来得到迅速发展。本章重点介绍了 CFB 锅炉对仪表与控制设计的特殊要求，包括特殊仪表测点设置、仪表选型及安装、检测与报警、保护联锁、控制系统及其功能设计，并提供了典型设计案例。与采用煤粉锅炉燃煤电厂相同部分见本手册相关部分内容。

第一节 循环流化床锅炉原理及主要设备

CFB 锅炉是采用循环流化床燃烧方式的锅炉，CFB 锅炉热效率与常规煤粉锅炉相当，采用低温分级燃烧抑制 NO_x 的生成，向炉膛内投入石灰石，可在燃烧过程中脱除含硫燃料生成的 SO_2。在燃烧过程中物料被烟气携带到炉膛上部，经过布置在炉膛出口的分离器，将物料与烟气分开，并经过非机械式回送阀将物料回送至循环流化床内，多次循环燃烧。由于物料浓度高，具有很大的热容量和良好的物料混合特性，这些循环物料的传热系数高，使 CFB 锅炉热负荷调节范围广，对燃料的适应性强。由于循环流化床内强烈的湍流和物料循环，增加了燃料在炉膛内的停留时间，具有更高的燃烧效率，在低负荷下仍然能稳定运行，而无需增加辅助燃料。

一、常用术语

1. 床压（bed pressure）

布风板上部压力，可作为近似表征料层厚度的物理量。

2. 密相区（dense-phase bed）

CFB 锅炉燃烧室下部，气固两相流中含有固体颗粒浓度高的区段。一般定义密相区为布风板以上低于二次风喷口高度的区域。

3. 稀相区（dilute-phase bed）

CFB 锅炉燃烧室上部，气固两相流中含有固体颗粒浓度低的区段。一般定义稀相区为锅炉中部直段 500mm 以上的区域。

4. 床温（bed temperature）

CFB 锅炉密相区床料的平均温度。

5. 布风板（air distributor）

构成 CFB 锅炉炉底支承床料、均布空气、保证正常流化状态的装置。

二、循环流化床锅炉原理

我国 CFB 锅炉主要有两种炉型，这两种炉型格局基本相同，主要区别在于，一种不设置外置床热交换器，国产自主型一般采用这种炉型，系统流程如图 16-1 所示；另一种设置外置床热交换器，引进型一般采用这种炉型，系统流程如图 16-2 所示。

原煤经破碎、筛选后送入煤斗，经给煤机进入燃料室底，与炉底来的热一次风混合成气、固流化物燃烧。热二次风从燃烧室中下部补入，以提供进一步燃尽所需的空气。石灰石粉经加料装置加入燃烧室主燃烧区，与燃料中的硫反应，生成比较稳定的硫化钙，减少烟气中 SO_2 的排放量。

燃烧室出口装有高温分离器，用于分离烟气与未燃尽的粗颗粒。对于无外置床热交换器的锅炉，粗颗粒在分离器中被收集并通过回料装置送回炉膛循环燃烧直至燃尽。对于有外置床热交换器的锅炉，粗颗粒经锥阀，通过改变直接返回锅炉的循环料量和经热交换器返回锅炉料量的比例来调节再热器、中温过热器出口温度以及床温。

高压流化风向外置床热交换器（若有）、高温分离器回料腿等处的物料提供一定流量的流化空气，为物料返回炉膛提供助力。

尾部烟道布置有末级过热器、低温再热器、省煤器和空气预热器，吸收烟气余热。烟气经除尘器，由引风机送入烟囱后，排入大气。

燃烧产生的灰渣，通过冷渣器冷却后排出。同时通过调节灰渣的排放量，来控制锅炉床料的高度，满足安全、经济运行的要求。

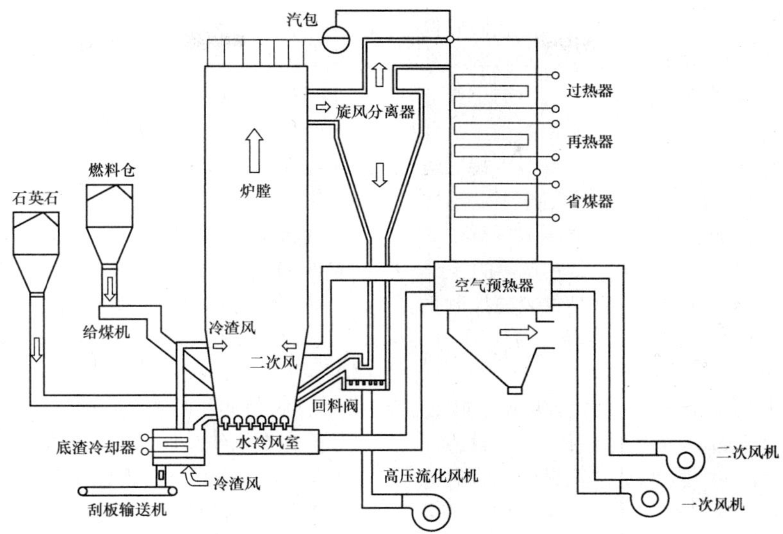

图 16-1　CFB 锅炉系统流程图（无外置床热交换器）

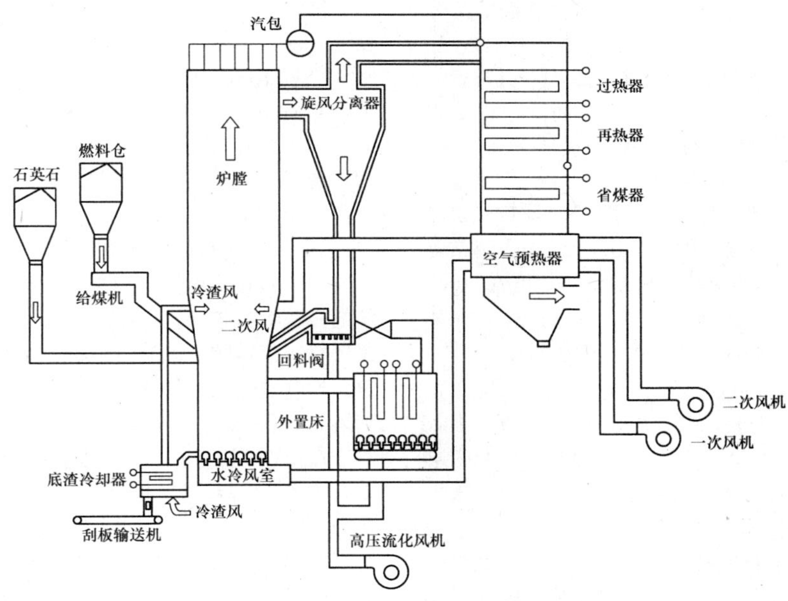

图 16-2　CFB 锅炉系统流程图（有外置床热交换器）

除因燃烧工艺要求，在部分受热面的布置上有所差异外，CFB 锅炉汽水系统的工作原理及功能与常规煤粉锅炉相同。

三、循环流化床锅炉本体及辅助系统

CFB 锅炉包括本体设备和辅助系统两部分。

CFB 锅炉本体由炉膛及布风装置、循环灰分离器、回料器、尾部烟道及外置床换热器（如有）组成。其中炉膛由膜式水冷壁构成，底部为布风板。炉膛下部锥段用耐火耐磨材料覆盖，并根据燃烧工艺要求可设二次风口、循环灰回灰口、给煤口、石灰石粉喷口、排渣口及床上燃烧器等孔口。上部炉膛四周为水冷壁受热面。炉膛出口与循环灰分离器入口相连，分离器出口则与布置过热器、再热器、省煤器和空气预热器等对流受热面的尾部烟道连接。为平衡炉膛换热量，可在炉膛内或热循环回路中另行布置受热面。炉膛下部设冷渣器及底渣输送系统。对于难燃煤种，为提高燃烧效率，有时采用飞灰再循环技术，将尾部除尘器收集的飞灰回送至炉膛底部复燃。炉膛出口处、分离器及回料系统内壁面也大都覆盖耐火防磨材料。

辅助系统包括：①风烟系统。锅炉采用平衡通风方式，特点是对风机压头要求较高，一般一、二次风机及高压流化风机的压头分别达 40、16kPa 和 60kPa

左右。②煤制备系统。一般需采用两级锤击式破碎机和防沾堵能力强的筛子（如圆盘筛）。③石灰石制备系统。两级制备，第一级多为锤击式破碎机，第二级可用低速磨煤机或钢球磨煤机。④灰渣处理系统。从各灰斗收集的飞灰送至飞灰库；底渣经冷渣器冷却后送至底渣仓。⑤燃油点火启动系统。常采用床下启动燃烧器和床上燃烧器联合加热的方式，加热床料至煤的着火温度，燃油热功率相当于锅炉额定热功率的30%左右。⑥仪表与控制系统。比煤粉锅炉仪表与控制系统多了床温、床压、SO_2排放等控制系统。

（一）点火装置

CFB锅炉点火装置是为CFB锅炉启动提供热源，加热点火床料并引燃给煤，使之正常燃烧的加热设备。其主要功能为：①将床料从室温加热至煤流化着火所需的最低温度；②在点火启动期间控制锅炉炉内温度梯度，使炉内耐火材料匀速升温或降温，以减小热应力；③锅炉给煤临时中断时，短时间维持锅炉部分负荷。

点火装置可分为床下点火装置和床上点火装置，一般采用柴油或天然气作为燃料，配备油枪、配风器、点火器、火焰监测保护和监控装置。

（二）煤制备系统

根据入厂煤的物理特性，常设置1～2级碎煤机和煤筛。电厂的入场煤粒度一般在200～300mm，通常需设置两级碎煤机，第一级碎煤机的出料粒度在30～50mm，第二级碎煤机的出料粒度在1～10mm，同时要根据燃用煤种的不同满足相应的粒度级配要求。

（三）布风装置

布风装置构成CFB锅炉炉底的均匀布风板。经布风板向炉膛内通入一次风，使其均匀分布到整个床层截面，并维持物料稳定的流化状态，同时，限制床料向下倒流入风室或堵塞通风口。

布风板由风帽和固定风帽的多孔板组成。风帽的主要形式有小孔风帽、钟罩式大直径风帽、定向式风帽和S形弯管式风帽等。

（四）循环灰分离器

循环灰分离器的作用是将高温灰颗粒从烟气流中分离出来送回燃烧室，实现高温物料在炉内的循环，保证燃料和脱硫剂多次循环，达到理想的燃烧效率和脱硫率，降低尾部受热面磨损。循环灰分离器主要有高温旋风循环灰分离器和惯性循环灰分离器两种形式。

高温旋风循环灰分离器结构简单、分离效率高、应用范围广。其工作原理是利用旋转的含灰气流所产生的离心力将灰颗粒从气流中分离出来。

惯性循环灰分离器工作原理是借助气流急速转向，或冲击在分离元件上再急速转向，使携带颗粒由于惯性效应而改变其运行轨迹，与气流轨迹脱离。

（五）回料阀

回料阀是在灰循环回路中，将分离器收集下来的灰可控而稳定地送回压力较高的炉膛下部，并阻止炉底高压气固流体反向进入分离器的装置。

回料阀可分为机械式和非机械式两种形式，机械回料阀通过机械构件的位移来实现对循环灰量的控制；非机械回料阀允许循环灰在分离器下的返料腿和炉膛之间流动而无需另加任何机械设施，只在流化风的控制下完成固体颗粒的流动过程。

（六）除底灰系统

除底灰系统用于冷却、收集并输送CFB锅炉底灰。从CFB锅炉出渣口排出的底灰温度达850℃左右，需要采用冷渣器将底灰冷却至150～200℃，才能排入下级输送设备。冷渣器的形式有多室选择性冷渣器、风水联合式冷渣器、水冷螺旋冷渣器和滚筒冷渣器等。

冷渣器排出的底灰一般采用机械输送方式运输，如埋刮板输送机、链斗输送机、垂直斗式提升机和自卸汽车等。底灰输送集中到底灰库后，通常采用湿式卸料装置卸出装入自卸汽车输送到灰场，或以干态卸出供综合利用。

（七）石灰石粉输送系统

石灰石粉采用气力输送，其输送系统由含流化系统的石灰石粉仓和输送线路组成。每条输送线路包括锁气器、旋转阀、螺旋给料机、喷嘴，将石灰石粉高速、均匀地送入回料器到炉膛灰道。每个喷嘴配有自动隔离阀和密封空气阀。

在每个回料腿上预留有石灰石粉入口，通过此口可将石灰石粉注入燃烧室，与燃烧过程中的SO_2反应，从而除去SO_2。石灰石粉流量根据燃料量和锅炉尾部SO_2分析确定，通过调节旋转给料机转速来实现。

（八）脱硝系统

CFB锅炉脱硝首选选择性非催化还原法（SNCR法）。SNCR法是一种在850～1150℃烟气中直接还原NO的工艺，在无催化剂的作用下，将还原剂喷入CFB锅炉旋风分离器入口水平烟道（温度通常在850～950℃），在旋风分离器内充分混合，还原剂迅速热分解出NH_3并与烟气中的NO_x反应生成N_2和H_2O。

SNCR应用于CFB锅炉时，由于其独特的物料循环方式和低NO_x燃烧特性，可取得令人满意的效果，满足环境保护要求。

CFB锅炉与煤粉锅炉应用SNCR技术的区别主要在还原剂喷入环节的工艺系统，仪表控制方面基本相同。

（九）床料系统

在锅炉首次启动或锅炉放空床料检修以后再次启动时，需要向燃烧室和外置床热交换器（若有）内注入启动床料，使锅炉的物料循环能够形成。对于部分灰分很低的煤种，随着燃烧的进行，床料也在逐渐流失，需要在运行过程中通过床料添加系统补充床料从而保持物料平衡。床料主要采用满足锅炉厂粒径级配要求的炉底渣、粗石灰石或石英砂等。

（十）外置床热交换器（若有）

外置床热交换器是布置在 CFB 锅炉灰循环回路上的一种热交换器，简称外置床。外置床的功能是将循环灰载有的一部分热量传递给一组或数组受热面，兼有循环灰回送功能。外置床通常由一个灰分配室和一个或若干个布置有浸埋受热面管束的床室组成，这些管束按灰的温度不同可以是过热器、再热器或蒸发受热面。

第二节　循环流化床锅炉对仪表与控制设计的要求

一、循环流化床锅炉特殊仪表测点设置

（一）就地检测仪表的设置

基于运行、控制和检测的需要，CFB 锅炉在汽水管道、烟风通道和固体物料流道上均布置了仪表测点，以便运行人员能够实时地掌握锅炉的运行状况，自动控制系统能够准确地获取运行参数并且按照预先设计的控制策略调整和修正运行中出现的偏差。CFB 锅炉汽水侧的测点设置及其作用与普通煤粉锅炉相同，烟风侧设置了一些 CFB 锅炉风机、风道的压力、温度和流量的测点，其测量方式也与普通煤粉锅炉相同。CFB 锅炉在参数测量方面的特别之处在于对炉膛、旋风分离器、回料阀和冷渣器等固体流道参数的检测。由于 CFB 锅炉内固体燃料的循环燃烧，流动的物料极容易堵塞压力测点和测压管线，同时对测温元件产生强烈的磨蚀，用常规手段难以进行准确、可靠地连续测量，而床温、床压等参数对保证 CFB 锅炉的安全经济运行至关重要，因此必须采用特殊的防堵、防磨测量手段。

此外，CFB 锅炉采用的是炉内脱硫方式，还需调节入炉石灰石粉数量以控制 SO_2 的排放量，降低对大气的污染，因此 CFB 锅炉还要设置 SO_2 分析仪表，其信号接入模拟量调节系统。

（二）耐磨热电偶的设置

流化床床温、炉膛出口温度、旋风分离器出/入口温度、密封回料器温度、外置床温度、冷渣器入口温度等易磨损处区域温度测点采用耐磨热电偶测量。

（三）压力、差压测点的防堵吹扫

因 CFB 锅炉炉内呈正压力特性（炉膛内正负压力分界点在炉膛上部），使床压及床料循环回路中的压力测点经常被炉内的床料堵塞，影响压力测量的准确性。因此在炉膛压力及差压、旋风分离器入口烟气压力及进出口差压、回料器立管上下部压力、外置床压力及差压等易堵区域测点采用自补偿式防堵吹扫取样装置，其他烟风测点采用普通防堵取样装置。

（四）烟气分析仪表测点设置

SO_2 分析仪表测点设置在空气预热器出口烟道上，信号接入模拟量调节系统。如有炉外脱硫系统，也可使用脱硫系统入口设置的 SO_2 分析仪。对于没有炉外脱硫的工程，也可从 CEMS 装置中取出，但前提是每台锅炉设有独立的检测点。

二、循环流化床锅炉特殊仪表选型

（一）耐磨热电偶的选择

由于 CFB 锅炉内物料循环回路区域温度最高运行值不会超过 1000℃，因此热电偶分度号选用 K 分度（适用于 0～1200℃范围内的测量）。由于 CFB 流化燃烧方式和燃料粒度相对较大，并含有大量燃烧产生的 H_2S、SO_2、NH_3 等强腐蚀气体，流化状态的物料冲刷力很强，对 CFB 锅炉物料循环回路的磨损非常大，特别是组成锅炉主循环回路的下部炉膛水冷壁密相区、炉膛出口、旋风分离器出/入口、回料器及布置在主循环回路中的各级受热面。在上述部位测温元件的选型设计中需要重点考虑测温元件的耐磨、耐高温、耐腐蚀性，选用合适的保护套管。

（二）防堵吹扫装置的选择

CFB 锅炉的燃烧要有流化风使床料维持流化状态，才能稳定燃烧。CFB 锅炉的炉膛压力、风量、风压连续准确地检测对运行人员进行有效的燃烧调整和监视通风管道的动态技术参数起着极为重要的作用。由于 CFB 锅炉运行的工况较为复杂，粉尘浓度大，容易堵塞检测风压管道。运行中只有彻底解决压力测量取压管堵塞现象，才能进行连续准确的测量。因此，在炉膛压力及差压、旋风分离器入口烟气压力及进出口差压、回料器立管上下部压力、外置床压力及差压等正压区测点采用补偿式防堵吹扫取样装置，处于负压区的除尘前烟道压力测点、空气预热器后热风压力测点采用普通的 Y 形防堵风压取样器。

（三）烟气分析仪表的选择

SO_2 分析仪的传感器通常有两种：一种是红外（或紫外）吸收传感器；另一种是电化学传感器。

SO_2 分析仪采样方式可分为直接抽气采样法、稀释抽气采样法、在线直接测量法三种。

目前工程中常用的 SO_2 分析仪是基于红外（或紫外）

吸收传感器工作原理，其采样方式为直接抽气采样法。

三、循环流化床锅炉特殊仪表安装

（一）温度套管及补偿式防堵吹扫装置的安装

1. 温度套管安装

常用耐磨（耐腐蚀）热电偶（阻）由耐磨保护管、感温元件、固定安装装置和接线盒等部件组成。耐磨保护管的材质目前常采用CYT101、CYT104、CYT108、CYT301、CYT302、CYT303 等或其他新型复合耐磨材料；感温元件采用铠装热电偶（阻）芯；需要采用耐磨（耐腐蚀）热电偶（阻）的区域为炉膛密相区及烟气区域，其介质压力为微正压或者是负压，为便于检修更换保护管，其固定安装方式常采用固定螺纹安装或者固定法兰安装；接线盒一般采用防水型接线盒（如有隔爆要求应采用隔爆型接线盒），其材质一般选择不锈钢或者铸铝。

采用固定螺纹及固定法兰的温度元件，其安装方式如图 16-3 所示。

耐磨（耐腐蚀）热电偶（阻）安装时，应注意以下方面：

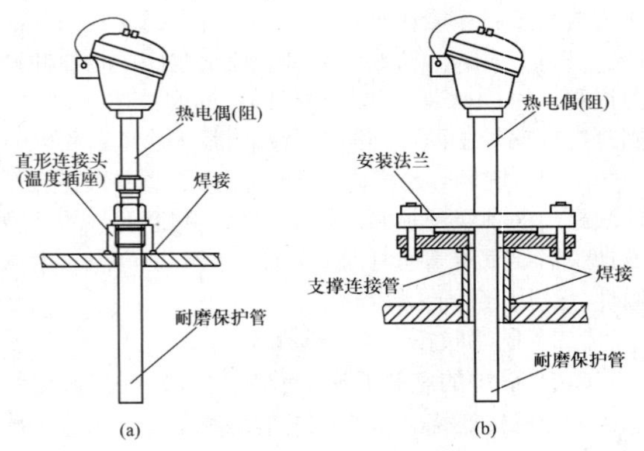

图 16-3 采用固定螺纹及固定法兰温度元件的安装
（a）固定螺纹安装；（b）固定法兰安装

（1）热电偶（阻）的测量端应处于能够真正代表被测介质温度的位置，应避免安装在人孔门、开关式窥视孔或者其他有可能造成漏风的位置及其他加热热源附近；安装位置应便于装、拆及后期维护检修；对于较长的热电偶（阻），应注意有足够的检修空间，便于热电偶（阻）顺利拆出或者装入。

（2）热电偶（阻）安装时，如果条件允许，尽可能保持垂直安装，以防保护管在高温下产生变形。

（3）热电偶（阻）安装位置应避开强磁场、强电场等外来干扰。

（4）热电偶（阻）安装时必须密封。采用直螺纹或法兰安装时，应选用适当的密封垫进行密封；采用锥螺纹进行密封时，应根据情况选用适当的密封材料。当被测介质为正压时，应保证被测介质不会泄漏至空气中；当被测介质为负压时，则保证外界空气不会泄漏进入，影响测量的准确性。

（5）温度补偿电缆的热电特性一般情况下仅在一定温度范围内才与热电偶的热电特性一致，超过此温度将会产生附加误差，因此热电偶安装位置应保证其接线盒避开高温区域，保证热电偶能够准确测量。

（6）热电偶（阻）安装完成后，应保证其接线盒的出线孔尽量朝下，以避免雨水或者灰尘进入接线盒，影响温度测量。

2. 补偿式防堵吹扫装置安装

该测量系统由恒气流控制箱及压力吹扫取样器两大部分组成，与传统的防堵吹扫装置相比，补偿式防堵吹扫装置利用动压补偿的方法，消除了因反吹气流产生的差压对压力测量的影响，能够真实地在线反映所测量的压力值；吹扫压力大于被测压力，彻底解决了多粉尘状态下的压力测量管路的堵塞问题；采用过滤稳压器，可对吹扫气源进行稳压，确保流量控制器输出恒定的流量，达到长时间的可靠运行。

补偿式防堵吹扫装置系统连接如图 16-4 所示。

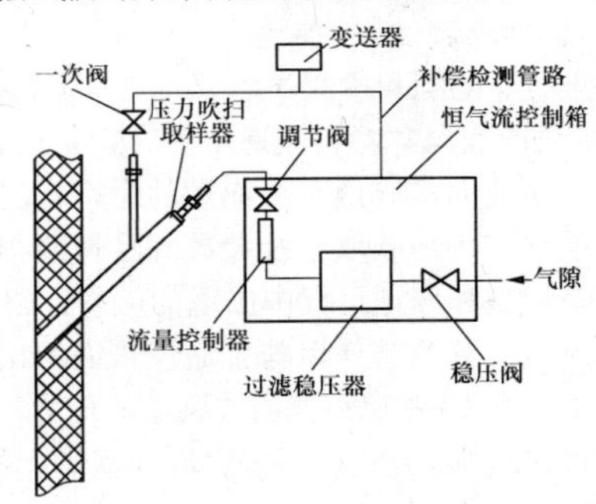

图 16-4 补偿式防堵吹扫装置系统连接

补偿式防堵吹扫装置系统安装时，应注意以下五个方面：

（1）恒气流控制箱在安装时，控制箱内含有稳压及流量控制器等设备，其中部分设备对安装要求较高（如流量控制器），应严格按照制造商要求进行安装，安装时应采用水平及垂直测量仪表，确保能够达到制造商要求。

（2）压力吹扫取样器与水平面的倾角应大于 30°（或者满足制造商要求），炉膛外侧高于炉膛内侧。

（3）压力测量管线敷设应满足相关规范对不同介质的坡度要求。

（4）对安装完成的管路应进行压力试验，确保管路间焊缝无漏气，确保螺纹连接部分无漏气。

（5）安装开始前及安装完成后，均要用压缩空气对压力取样管路和气源吹扫管路进行吹扫、清理，保证管路内清洁无杂物。

（二）烟气分析仪表测点的安装

烟气分析仪表测点安装前，应提前认真阅读制造商资料，熟悉制造商安装要求。在此基础上，需要对安装现场相关位置进行查看，确认取样点位置、取样管线的走向、电缆及电缆桥架的走向等，并根据查看的情况，确定安装方案，及时与制造商进行沟通，如有必要，应在安装时请制造商技术人员到场进行技术指导。

烟气分析仪表测点安装时，应注意以下几个方面：

（1）根据制造商要求，合理确定取样位置，一般情况下要求选择烟气流稳定的断面，避开烟气涡流区，保证烟气混合均匀。如果制造商对烟道直管段有相应要求，还应满足该直管段要求。

（2）取样位置应避开挡板门，或者人孔门等区域；探头周围应有足够空间，并且其位置应方便人员安装检修。

（3）目前常见的烟气取样探头都是法兰连接取样，安装法兰为制造商配供，在探头的安装过程中，应注意不要损坏法兰密封件，安装后应保证法兰接合面不会漏风；如果取样探头有相应的安装角度要求（一般情况下，取样探头应向下倾斜5°～10°，以使取样探头内的冷凝液能顺利排回烟道），则应严格按照制造商资料要求进行安装。

（4）烟气取样管按照预定的路线引至烟气分析柜，取样管和伴热管共同并列敷设，并在管外设有保温层。在此安装期间，应注意敷设路线，应尽可能隐蔽，不易被上方坠落物和人员无意损坏；安装结束后，取样管和伴热管应保持完好无损坏。如果有中间接头，则中间接头处应密封完好。

（5）烟气取样管线在敷设过程中，应逐级降低，不应出现U形弯；采样管线避免折死弯，弯曲半径应符合制造商要求。

（6）烟气分析柜（箱）的位置应按制造商要求进行布置，尽可能避开强干扰、强电场、强磁场及强振动的区域，并且整个取样管线及伴热管线的长度应尽可能短，满足制造商要求及相应规程规范，较长取样管路会使仪表分析结果滞后。

（7）对取样烟气完成检测后的排放，应选择内径大、长度短的排放管，排入大气之前不可通过节流或者任何气阻以免对测量产生误差，排放位置应选择在室外敞开空间；如果项目有特殊要求，如不允许取样烟气直接排放，则应考虑其他排放措施。

（8）取样管线敷设与电缆敷设应分别进行，并且保持一定的间隔距离，不应共同敷设混放。

第三节　循环流化床锅炉仪表与控制设计

一、仪表与控制总体方案

（一）仪表与控制设计范围

（1）仪表与控制的设计范围包括循环流化床锅炉物料循环系统、烟风系统、汽水系统、锅炉燃烧及排渣系统等的监视、控制和保护。

（2）锅炉吹灰、排渣、启动床料系统的监控宜纳入机组DCS。

（3）煤、石灰石粉的输送及破碎系统与给料燃烧系统的分界为主厂房内煤仓及石灰石粉仓入口，应纳入机组DCS对石灰石粉输送系统进行监控。

（4）CFB锅炉可设置飞灰含碳量检测系统。不宜设置锅炉炉膛炉管泄漏报警系统、炉膛出口烟气温度探针及炉膛火焰工业电视监视系统。

（二）控制方式和控制水平

循环流化床锅炉机组的控制方式和控制水平与同等级常规煤粉锅炉机组相同，采用循环流化床锅炉、汽轮机、发电机-变压器组组成的集中控制方式，以分散控制系统操作员站为监视和控制中心，实现循环流化床锅炉机组的炉、机、电统一的集中监控。

（三）**DCS**配置原则

（1）循环流化床锅炉机组分散控制系统配置原则与常规煤粉锅炉基本相同。

（2）分散控制系统的总体结构。循环流化床锅炉机组分散控制系统控制网络为分级、分组结构，即在垂直方向分层或分级，水平方向分组。

1）机组管理级。机组管理级为循环流化床锅炉机组的最高级，也是人机接口界面，运行人员通过这一级对循环流化床锅炉机组进行管理和控制，其控制范围包括循环流化床锅炉机组及其辅机，即对整个机组进行控制。硬件设备主要有操作员站、工程师工作站、后备紧急操作设备、打印机等外围设备。

2）功能控制级。功能控制级属于机组管理级的下一级，可以体现出分散或分组的概念，各组之间相对独立又可互相通信，每一组承担机组的一个局部的控制功能。这一级既能接受机组管理级的指令，又向基本控制级发出指令，是承上启下的一级。功能控制级分为下列各组：

a．数据采集系统（DAS）；

b．模拟量控制系统（MCS）；

c．顺序控制系统（SCS）；

d．锅炉炉膛安全监控系统（FSSS）。

以上各组中，都包含有相应的控制硬件和软件。

（3）基本控制级。基本控制级也称为执行级，属于最低的一级，是单一控制项目的控制手段，它离被控设备最近，可以是某一具体的被控设备的单项控制（包括联锁和保护）。该级接受功能控制级指令或运行人员手动操作指令，执行级的输出指令主要控制电动机、电动阀、执行机构、电磁阀等设备。

（4）炉膛安全保护系统的实现方法。

1）循环流化床锅炉炉膛安全保护系统（FSSS）在分散控制系统中实现，功能和物理上应满足独立性原则，并与分散控制系统的其他功能组（如MCS、SCS）进行通信。

2）独立于分散控制系统，循环流化床锅炉侧由硬接线实现的紧急操作项目及设备有：

a．锅炉跳闸（boiler trip，BT）；

b．启动锅炉紧急补水泵；

c．开锅炉安全阀（PCV阀）；

d．开汽包事故放水阀。

（5）信号源的可靠性措施。汽包水位、炉膛压力、床压、床温、给水流量等重要参数的测量采用三重冗余或多重冗余（如稀相区和密相区上、中、下层床温）措施。

二、检测与报警

（一）烟风系统

1．系统说明

锅炉烟风系统包括锅炉一次风系统、二次风系统、锅炉播煤风系统、高压流化风系统及烟气系统。一次风系统为一次风经由暖风器、空气预热器后送入炉膛底部，主要为锅炉炉膛提供床料流化风；一次风的另一支路由播煤增压风机增压后，送至播煤口，与燃料一起进入炉膛，均匀撒播燃料，防止炉内燃料堆积。二次风系统为二次风经由暖风器、空气预热器送入炉膛，为锅炉提供燃烧空气。高压流化风系统为高压流化风由流化风机送至回料阀提供流化风。烟气系统为锅炉烟气由锅炉尾部排出经空气预热器进行换热后，经由除尘器、引风机送至脱硫系统。锅炉烟风系统主要设备包括省煤器、空气预热器、一/二次风机、引风机、高压流化风机、暖风器等。

2．设计输入

设计输入包括锅炉烟风系统图、烟风系统设计说明、烟风系统工艺参数及定值；锅炉厂的测点布置图；空气预热器、一/二次风机、引风机、高压流化风机本体及油站测点布置图、设备逻辑说明及定值清单、电气原理图、端子排出线图；暖风器、省煤器等设备制造商资料。

3．检测范围

检测范围包括炉膛、烟风系统检测，空气预热器、一/二次风机、引风机、高压流化风机、暖风器、省煤器等设备本体检测。

4．检测内容

（1）烟风系统检测。

1）能够代表锅炉烟风系统运行状态的温度、压力、差压、烟气品质等运行参数；炉膛压力、炉膛高低压区差压、床层压力、床温等参数；旋风筒壁温；风机、空气预热器等设备的运行状态；烟风挡板及调节挡板的状态和开度等参数。

2）风机出口风压检测，以监视风机的运行状态。

3）空气预热器一、二次风的进出口压力检测及温度检测；空气预热器烟气侧设置进出口压力及温度检测；暖风器一、二次风进出口压力检测及温度检测，以计算空气预热器及暖风器的换热效率及压降。

4）除尘器入口可设置飞灰含碳检测装置，以辅助判断锅炉燃烧效率。

5）空气预热器出口热二次风总管风量检测及各支管风量检测，用于送风量调节及锅炉总风量调节。

6）空气预热器出口热一次风至炉膛管路风量检测，用于一次风量调节。

7）播煤增压风机（如有）至各播煤口风量检测，用于播煤风风量控制。

8）流化风机出口压力检测，用于流化风压及回料阀风压控制。

9）高压流化风机至回料阀各充气管路及各风室管路风量检测，用于流化风风量控制。

10）重要调节及保护项目检测应冗余设置。

（2）锅炉、风机、空气预热器、省煤器等设备本体检测。

1）随锅炉、风机、空气预热器、省煤器等设备提供的检测项目应能满足运行、监视、控制及保护的要求，满足与控制系统的接口要求。

2）锅炉本体提供的检测项目应包括：①炉膛上部压力高、低报警，高、低保护跳闸压力检测。②设置炉膛上部压力模拟量检测，用于调节炉膛压力。③设置炉膛出口烟气温度检测，防止超温。④设置床压检测以控制冷渣器转速，维持床压在一定范围内。⑤汽包、过热器、再热器等高温受热面管壁温度检测以监视是否超温。⑥设置省煤器出口烟气氧含量检测，用于氧量校正。⑦设置空气预热器出口烟气含氧量检测、SO_2检测、酸露点检测，用于监测炉膛燃烧充分程度、控制锅炉管壁腐蚀。

3）随辅机设备本体提供的检测项目至少应包括：①轴流式风机喘振报警检测。②引风机、一/二次风机、高压流化风机、播煤增压风机（如有）振动检测。③引风机、一/二次风机、高压流化风机、播煤增压风机轴承温度检测。④引风机、一/二次风机、高压流化风机、播煤增压风机电机轴承温度及绕组各相温度检测。⑤风机油站油箱油位、油温检测，油过滤器差压高检测、供油压力检测。

（3）测点位置。

1）冗余配置的开关量仪表或者模拟量仪表不应使用同一取样系统。

2）炉膛压力测点应布置在炉膛两侧，用于保护的正、负压取样点应独立开孔，通过独立的取样管接至不同的压力开关。冗余的各取样点应在同一标高，左、右侧分别取样。

3）冗余配置的炉膛压力调节模拟量仪表单独取样设置，不与炉膛压力保护检测共用取样点。

5. 冗余检测项目

（1）检测与仪表设置应满足自动调节系统要求，重要的调节项目，检测仪表应冗余设置。

（2）测点冗余设置项目如下：

1）热一次风流量——二冗余。

2）二次风风量——二冗余。

3）支管二次风风量——二冗余。

4）播煤口播煤风母管（如有）风量——二冗余。

5）炉膛压力保护——三冗余。

6）炉膛压力模拟量调节——三冗余。

7）炉膛床层压力——二冗余。

8）省煤器入口烟气含氧量——二冗余。

9）床温——稀相区和密相区上、中、下共三层的左、中、右侧分别三重冗余，密相区温度检测用于炉膛温度调节。

6. 检测项目及仪表配置清单

锅炉烟风系统主要检测项目及仪表配置见表16-1；辅机设备本体的检测项目以设备规范要求和设备制造商的设计资料为准。

表16-1　锅炉烟风系统主要检测项目及仪表配置

序号	测点名称	就地指示	仪表类型/数量		功能				备注
			模拟量	开关量	调节	联锁保护	报警	显示	
一	一次风系统								
1	一次风机出口风温度		√					√	
2	一次风机出口风压力		√		√			√	
3	暖风器出口一次风温度		√		√			√	
4	暖风器出口一次风压力		√					√	
5	空气预热器出口一次风温度		√		√			√	
6	空气预热器出口一次风压力		√					√	
7	热一次风流量		√		√			√	二冗余
8	风道燃烧器入口热一次风温		√					√	
9	风道燃烧器入口热一次风压		√				低	√	
10	风道燃烧器出口热一次风温		√				低	√	
11	风道燃烧器出口热一次风压		√				低	√	
12	给煤机密封风压力		√		√	√		√	
13	空气预热器前后一次风差压		√				高	√	
二	二次风系统								
1	二次风机出口风温度		√					√	
2	二次风机出口风压力		√		√			√	
3	暖风器出口二次风温度		√		√			√	
4	暖风器出口二次风压力		√					√	
5	空气预热器出口二次风温度		√		√			√	
6	空气预热器出口二次风压力		√					√	
7	二次风风量		√		√			√	二冗余

续表

序号	测点名称	就地指示	仪表类型/数量		功能				备注
			模拟量	开关量	调节	联锁保护	报警	显示	
8	二次风支管风量		√		√			√	二冗余
9	二次风支管压力		√					√	
三	锅炉播煤风系统（如有）								
1	播煤增压风机出口母管压力		√					√	
2	播煤增压风机出口母管温度		√					√	
3	播煤口播煤风支管风量		√		√			√	二冗余
4	播煤口播煤风支管压力		√		√			√	
四	流化风系统								
1	流化风机出口压力		√					√	
2	流化风机出口温度		√					√	
3	流化风机母管压力		√		√		低	√	二冗余
4	流化风机母管温度		√		√			√	
5	回料阀上层充气喷嘴风量		√					√	
6	回料阀中上层充气喷嘴风量		√					√	
7	回料阀中下层充气喷嘴风量		√					√	
8	回料阀下层充气喷嘴风量		√					√	
9	回料阀风室风量		√		√			√	
10	火检冷却风压力			√		√	低/低低		
五	锅炉本体及烟气系统								
1	炉膛压力		√	√	√	√	高/高高/高高高/低/低低/低低低	√	三冗余
2	炉膛床压		√		√			√	二冗余
3	炉膛风室压力		√					√	
4	炉膛高低压区差压		√					√	
5	炉膛出口温度		√			√	高	√	
6	锅炉各段温气压力		√					√	
7	锅炉各段温气温度		√					√	
8	省煤器入口烟气含氧量		√					√	二冗余
9	空气预热器出口烟气含氧量		√					√	
10	空气预热器出口烟气压力		√					√	
11	空气预热器出口烟气温度		√					√	
12	空气预热器出口酸露点		√					√	
13	空气预热器出口烟气 SO_2 含量		√					√	
14	引风机入口烟气压力		√					√	
15	引风机入口烟气温度		√					√	
16	引风机出口烟气压力		√					√	
17	引风机出口烟气温度		√					√	

续表

序号	测点名称	就地指示	仪表类型/数量		功能				备注
			模拟量	开关量	调节	联锁保护	报警	显示	
18	床温		√			√	高/低	√	多重冗余
19	旋风分离器筒壁温度		√			√	高	√	
20	回料阀入口压力		√					√	
21	回料阀出口压力		√					√	
22	回料阀密度差压		√					√	
23	回料阀料位差压		√					√	
24	回料阀风室压力		√			√	低	√	三冗余
25	回料阀灰温		√					√	
26	旋风分离器入口烟气温度		√					√	
27	旋风分离器出口烟气温度		√					√	
28	旋风分离器出口烟气压力		√			√	高/低	√	
29	锅炉吹灰蒸汽压力		√					√	
30	过热器管壁温度		√				高	√	
31	再热器管壁温度		√				高	√	
32	汽包管壁温度		√				高	√	
33	回料阀料位压力		√					√	
34	飞灰含碳量检测		√				高	√	
六	辅助设备本体及油站								
1	引风机、一/二次风机、高压流化风机、播煤增压风机（如有）轴承振动		√			√	高	√	
2	引风机、一/二次风机、高压流化风机、播煤增压风机（如有）轴承温度		√			√	高	√	
3	引风机、一/二次风机、高压流化风机、播煤增压风机电动机（如有）轴承温度		√			√	高	√	
4	引风机、一/二次风机、高压流化风机、播煤增压风机电动机（如有）绕组温度		√			√	高	√	
5	油站油箱油位			√		√	低	√	
6	油站油箱油温		√			√	高	√	
7	润滑油过滤器差压			√		√	高	√	
8	润滑油供油压力		√			√	低	√	
9	回转式空气预热器轴承温度		√			√	高	√	
10	回转式空气预热器停转信号			√		√			
七	其他								
1	大气压力		√					√	
2	大气温度		√					√	

（二）锅炉除底渣系统

1. 系统说明

锅炉除底渣系统包括锅炉冷渣器排渣系统及锅炉底灰输送系统。其主要流程为底渣从锅炉排渣口排至冷渣器，经冷却后继续排入链式输送机，经斗式提升机排入底渣库，再经汽车散装机和双轴搅拌机装车运走。在锅炉排渣口设有事故排渣门，以便在除底渣系统出现故障时紧急排渣。该系统主要设备包括冷渣器、链斗输送机、斗式提升机、底渣库、汽车散装机、双轴搅拌机等。

2. 设计输入

设计输入包括除底渣系统图，系统设计说明，冷渣器、链式输送机、斗式提升机、底渣库、汽车散装机、双轴搅拌机仪表测点布置图、设备逻辑说明及定值清单、电气原理图、端子排出线图等设备制造商资料。

3. 检测范围

检测范围包括除底渣系统检测，冷渣器、链式输送机、斗式提升机、底渣库、汽车散装机、双轴搅拌机等设备本体检测。

4. 检测内容

（1）除底渣系统检测。

1）锅炉排渣管炉膛排渣口温度检测，以观察锅炉排渣温度变化。

2）冷渣器出口管设置冷渣器出渣温度检测，温度超过报警值应报警，超过跳闸值应联锁跳冷渣器。

3）双轴搅拌机进水管进水压力检测，用于观察搅拌机进水。

（2）冷渣器、链式输送机、斗式提升机、底渣库、汽车散装机、双轴搅拌机等设备本体检测。

1）随辅助设备提供的检测项目应能满足运行、监视、控制及保护的要求，满足与控制系统的接口要求。

2）随辅机设备本体提供的检测项目应包括下列内容：

a．冷渣器速度检测。

b．冷渣器机械位移检测。

c．冷渣器冷却水进水压力、温度、流量检测。

d．冷渣器冷却水回水压力、温度检测。

e．链式输送机断链、堵料检测。

f．斗式提升机断链检测、堵料检测。

g．底渣库料位、温度检测。

h．汽车散装机料位检测。

5. 检测项目及仪表配置清单

锅炉除底灰系统主要检测项目及仪表配置，见表16-2；辅机设备本体的检测项目以设备规范要求和设备制造商的设计资料为准。

表 16-2　锅炉除底灰系统主要检测项目及仪表配置

序号	测点名称	就地指示	仪表类型/数量		功能				备注
			模拟量	开关量	调节	联锁保护	报警	显示	
一	除底渣系统								
1	炉膛排渣温度		√				高	√	
2	冷渣器出渣温度		√			√	高	√	
3	双轴搅拌机进水压力		√					√	
二	辅助设备本体		√					√	
1	冷渣器速度		√		√			√	
2	冷渣器机械位移		√					√	
3	冷渣器冷却水进水压力	√	√	√		√	高/低	√	
4	冷渣器冷却水进水温度		√					√	
5	冷渣器冷却水进水流量	√	√					√	
6	冷渣器冷却水回水压力		√					√	
7	冷渣器冷却水回水温度		√				高	√	
8	链式输送机断链			√			断链	√	
9	链式输送机堵料			√			堵料	√	
10	斗式提升机断链检测			√			断链	√	
11	斗式提升机断链堵料			√			堵料	√	

续表

序号	测点名称	就地指示	仪表类型/数量		功能				备注
			模拟量	开关量	调节	联锁保护	报警	显示	
12	底渣库料位		√	√		√	高/高 高/低	√	
13	底渣库温度		√				高	√	
14	汽车散装机料位			√				√	

（三）锅炉汽水系统

1. 系统说明

锅炉汽水系统包括锅炉给水系统、锅炉过热蒸汽及再热蒸汽系统、锅炉过热器减温水及再热器减温水系统、锅炉本体壁温测量系统、锅炉排污及疏水系统、暖风器疏水系统、锅炉吹灰系统、锅炉紧急补水系统。

锅炉给水系统为从汽轮机给水管道来给水，依次经过锅炉给水操作台和省煤器至汽包；过热蒸汽系统为汽包里的给水，依次经过水冷壁、低温过热器、中温过热器、高温过热器加热后，由过热蒸汽管道集中送至汽轮机侧做功；再热蒸汽系统为汽轮机高压缸排汽送至锅炉再热器进行二次加热后，送至汽轮机中压缸继续做功；过热蒸汽减温水系统为由给水泵出口引出的减温水，分别送至锅炉一级过热器减温器和二级过热器减温器对过热蒸汽进行减温；再热蒸汽减温水系统为由给水泵中间抽头取出的减温水，分别送至再热器微调喷水减温器和再热器事故喷水减温器对再热蒸汽进行减温；锅炉排污及疏水系统包括从省煤器联箱、汽包、水冷壁联箱、过热器、再热器等锅炉汽水系统的定期排污和连续排污；暖风器疏水系统为从一、二次暖风器排出的加热蒸汽疏水，送至暖风器疏水箱，再经由暖风器疏水泵送到除氧器；锅炉吹灰系统为吹灰蒸汽经过减压后对锅炉相关设备进行吹扫，防止管排积灰；锅炉紧急补水系统为来自化学水除盐水箱的除盐水经锅炉紧急补水泵接到高压给水管道送至省煤器进口联箱，用于失去给水后的紧急补水。锅炉汽水系统主要设备包括省煤器、汽包、过热器、再热器、连续排污扩容器、定期排污扩容器、暖风器疏水箱及疏水泵、锅炉吹灰器、锅炉紧急补水泵等。

2. 设计输入

设计输入包括锅炉汽水系统图，汽水系统设计说明，汽水系统工艺参数及定值，汽水系统测点布置图及汽水管道阀门附件图、锅炉吹灰系统图；连续排污扩容器、定期排污扩容器、暖风器疏水箱、锅炉吹灰器等相关设备的制造商资料包括外形图、管路接口图、制造商配供仪表的仪表清单等。

3. 检测范围

检测范围包括锅炉给水、蒸汽系统检测；锅炉过热器及再热器减温水系统检测；锅炉排污系统检测；暖风器疏水系统检测；连续排污扩容器、定期排污扩容器等设备本体检测；锅炉吹灰系统检测。

4. 检测内容

（1）汽、水系统检测。

1）锅炉汽水系统的温度、压力、差压参数；锅炉连续排污流量；定排回收水池液位及回收水泵出口的压力温度参数；排污扩容器、疏水箱的温度、压力及液位参数；水泵等设备的运行状态；各电动阀门、气动阀门及调节阀门的状态及开度等参数。

2）主给水管路流量检测，用于汽包水位控制。

3）主给水管路压力及温度检测，用于给水流量的温压补偿。

4）汽包水位检测应设置不同测量原理的水位检测仪表，如差压式液位检测、双色水位计并配置水位工业电视检测、电接点水位计检测等，用于在正常运行及事故状态下随时调整汽包水位。

5）汽包压力检测，用于汽包水位控制。

6）旋风分离器至包墙连接管温度检测。

7）过热蒸汽一、二级减温器进/出口温度检测，用于过热蒸汽温度控制。

8）过热蒸汽出口（末级过热器出口）联箱温度检测，用于过热蒸汽温度控制。

9）过热蒸汽减温水母管减温水压力及温度检测；各级减温水管路减温水流量检测。

10）再热蒸汽各级减温器进/出口温度检测，用于再热蒸汽温度控制。

11）再热蒸汽出口联箱设置温度检测，用于再热蒸汽温度控制。

12）再热器减温水母管减温水压力及温度检测；各级减温水管路减温水流量检测。

13）连续排污扩容器液位检测，用于连续排污液位控制。

14）定期排污回收水池液位检测，用于联锁排污泵启停。

15）暖风器疏水箱液位检测，用于疏水箱液位控制。

（2）汽包、连续排污扩容器、定期排污扩容器、暖风器疏水箱、紧急补水泵等设备本体检测。

1）随设备提供的检测项目应能满足运行、监视、控制及保护的要求，满足与控制系统的接口要求。

2）设备本体应预留所要求的压力、温度、液位检测安装接口。

（3）测点位置。

1）过热蒸汽出口联箱压力检测用于联锁 PCV 阀的压力取样点应单独设置，不应与过热蒸汽模拟量压力取样点共用同一取样点。

2）过热器、再热器各温度、压力检测点应按流程设置，对应的取样点应在同一标高，左、右侧分别取样。

5. 冗余检测项目

（1）检测与仪表设置应满足自动调节系统要求，重要的调节项目，检测仪表应冗余设置。

（2）测点冗余设置项目如下：

1）给水流量——三冗余。

2）给水温度——二冗余。

3）汽包模拟量液位——三冗余。

4）汽包电接点液位——二冗余。

5）汽包就地液位指示——二冗余。

6）汽包压力——三冗余。

7）过热蒸汽减温器进/出口汽温——二冗余。

8）过热蒸汽出口温度——二冗余。

9）过热蒸汽减温水流量——二冗余。

10）再热蒸汽减温器进/出口汽温检测——二冗余。

11）再热蒸汽出口温度——二冗余。

12）再热蒸汽减温水流量——二冗余。

6. 检测项目及仪表配置清单

锅炉汽水系统主要检测项目及仪表配置见表 16-3；辅机设备本体的检测项目以设备规范要求和设备制造商的设计资料为准。

表 16-3　　锅炉汽水系统主要检测项目及仪表配置

序号	测点名称	就地指示	仪表类型/数量		功能				备注
			模拟量	开关量	调节	联锁保护	报警	显示	
一	锅炉给水系统								
1	给水温度		√					√	
2	给水压力		√					√	
3	给水流量		√		√		低/低低/低低低	√	三冗余
4	省煤器进口给水温度		√					√	
5	省煤器进口给水压力		√					√	
6	汽包水位	√	√	√	√	√	低/低低/高/高高	√	三冗余
7	汽包压力		√		√			√	三冗余
二	锅炉过热蒸汽及再热蒸汽系统								
1	旋风分离器至包墙连接管汽温		√					√	
2	过热蒸汽减温器进口蒸汽温度		√		√			√	二冗余
3	过热蒸汽减温器出口蒸汽温度		√		√			√	二冗余
4	末级过热器出口蒸汽温度		√		√			√	二冗余
5	末级过热器出口蒸汽压力		√					√	
6	再热蒸汽减温器进口蒸汽温度		√		√			√	二冗余
7	再热蒸汽减温器出口蒸汽温度		√		√			√	二冗余
8	末级再热器出口蒸汽温度		√		√			√	二冗余
9	末级再热器出口蒸汽压力		√					√	
三	锅炉过热器减温水及再热器减温水系统								
1	过热蒸汽减温水温度		√					√	

续表

序号	测点名称	就地指示	仪表类型/数量		功能				备注
			模拟量	开关量	调节	联锁保护	报警	显示	
2	过热蒸汽减温水压力		√					√	
3	过热蒸汽减温水流量		√		√			√	二冗余
4	再热蒸汽减温水温度		√					√	
5	再热蒸汽减温水压力		√					√	
6	再热蒸汽减温水流量		√		√			√	二冗余
四	锅炉排污及疏水系统								
1	锅炉连排流量		√					√	
2	锅炉连续排污扩容器液位	√	√			√	高/低	√	
3	锅炉连续排污扩容器压力	√	√					√	
4	锅炉定期排污扩容器液位	√	√			√	高/低	√	
5	锅炉定期排污扩容器压力	√	√					√	
6	锅炉定期排污水坑液位		√			√	高/低	√	
7	锅炉定期排污回收水池排污泵出口母管温度		√					√	
五	暖风器疏水系统								
1	暖风器疏水箱液位	√	√			√		√	
六	锅炉吹灰系统								
1	锅炉吹灰蒸汽压力	√	√	√	√	√	高/低	√	
2	锅炉吹灰蒸汽流量			√		√	低	√	
3	锅炉吹灰蒸汽管疏水温度			√		√		√	
七	锅炉紧急补水系统								
1	锅炉紧急补水压力	√	√			√		√	
2	锅炉紧急补水流量		√		√			√	
3	锅炉紧急补水泵前滤网差压		√				高	√	

（四）锅炉给料、启动床料系统

1．系统说明

锅炉给料、启动床料系统包括锅炉给料系统、锅炉启动床料系统及石灰石粉输送系统。锅炉给料系统为储存在原煤斗的煤，经给煤机送入锅炉播煤口至炉膛。锅炉启动床料系统为在锅炉启动时，储存在启动床料斗的沙通过一台单独设置的给料机，送至床料埋刮板输送机，再由床料埋刮板输送机送至指定的锅炉给煤机送入炉膛。石灰石粉输送系统为储存在石灰石粉仓的石灰石粉料，经过石灰石粉中间仓和石灰石粉输送器后，通过输送压缩空气输送至锅炉炉膛石灰石粉接口进入炉膛；输送压缩空气另一分支经过电加热器升温后，送至石灰石粉仓以使粉仓内的石灰石粉不致板结。锅炉给料、启动床料系统主要设备包括原煤斗、给煤机、启动床料斗、床料埋刮板输送机、石灰石粉仓、石灰石粉中间仓、石灰石粉输送器等。

2．设计输入

设计输入包括给煤及启动床料系统图及系统说明，石灰石粉输送系统图及系统说明，工艺参数及定值；给煤机、启动床料斗、床料埋刮板输送机、石灰石粉仓、石灰石粉中间仓、石灰石粉输送器仪表测点布置图、设备逻辑说明及定值清单、电气原理图、端子排出线图；暖风器、省煤器等设备制造商资料。

3．检测范围

检测范围包括石灰石粉输送空气系统检测，给煤机、启动床料斗、床料埋刮板输送机、石灰石粉仓、石灰石粉中间仓、石灰石粉输送器等设备本体检测。

4. 检测内容

（1）锅炉给料、启动床料系统检测。

1）各设备的运行状态；各电、气动阀门及调节阀门的状态及开度等参数。

2）石灰石粉输送空气压力检测。

3）石灰石粉输送空气电加热器前压力。

4）石灰石粉输送空气电加热器后温度。

（2）给煤机、启动床料斗、床料埋刮板输送机、石灰石粉仓、石灰石粉中间仓、石灰石粉输送器等设备本体检测。

1）随给煤机、启动床料斗、床料埋刮板输送机、石灰石粉仓、石灰石粉中间仓、石灰石粉输送器等设备提供的检测项目应能满足运行、监视、控制及保护的要求，满足与控制系统的接口要求。

2）设备本体提供的检测项目应包括下列内容：

a．给煤机转速检测，用于给煤量控制。

b．给煤机堵料、断链、跑偏、断料、温度检测，用于给煤机联锁控制。

c．给煤机煤量检测，用于锅炉总煤量控制。

d．床料埋刮板输送机转速、断链、堵料、断料检测，用于床料埋刮板输送机联锁控制。

e．原煤斗料位检测，用于给煤机联锁控制。

f．石灰石粉仓料位检测。

g．石灰石粉中间仓、石灰石粉输送器料位检测。

5. 检测项目及仪表配置清单

锅炉给料、启动床料系统主要检测项目及仪表配置见表16-4；辅机设备本体的检测项目以设备技术协议要求和设备制造商的设计资料为准。

（五）锅炉燃油（燃气）系统

1. 系统说明

循环流化床锅炉点火系统因所用点火燃料不同，可分为以燃油为介质的点火系统和以天然气为介质的点火系统。锅炉燃油系统包括锅炉燃油进、回油系统、燃油管路吹扫蒸汽系统及密封风系统。锅炉燃油进油系统从厂区燃油泵房来锅炉燃油供油母管，送至燃烧器，进行点火并加热炉膛内的循环物料至进煤允许温度，并支持煤的燃烧至最低无油稳燃温度；回油管路汇合为锅炉燃油回油母管至厂区燃油泵房。燃油管路吹扫蒸汽系统从辅助蒸汽来对燃烧器油枪进行蒸汽吹扫。密封风系统为从流化风系统引来高压流化风对燃烧器进行密封。

表16-4　锅炉给料、启动床料系统主要检测项目及仪表配置

序号	测点名称	就地指示	仪表类型/数量		功能				备注
			模拟量	开关量	调节	联锁保护	报警	显示	
一	锅炉给料系统								
1	原煤斗料位		√			√		√	
2	给煤机转速		√		√			√	
3	给煤机堵料			√		√			
4	给煤机断链			√		√			
5	给煤机跑偏			√		√			
6	给煤机断料			√		√			
7	给煤机温度			√		√			
8	给煤煤量		√		√	√		√	
二	锅炉启动床料系统								
1	原煤斗料位		√			√		√	
2	给煤机转速		√		√			√	
3	给煤机堵料			√		√			
4	给煤机断链			√		√			
5	给煤机跑偏			√		√			
6	给煤机断料			√		√			
7	给煤机温度			√		√			
8	给煤煤量		√		√	√		√	

续表

序号	测点名称	就地指示	仪表类型/数量		功能				备注
			模拟量	开关量	调节	联锁保护	报警	显示	
9	床料埋刮板输送机转速		√					√	
10	床料埋刮板输送机断链			√		√			
11	床料埋刮板输送机堵料			√		√			
12	床料埋刮板输送机断料			√		√			
三	石灰石粉输送系统								
1	石灰石粉仓料位		√	√		√	高/低	√	
2	石灰石中间仓料位			√		√	高/低		
3	石灰石输送器料位			√		√	高/低		
4	石灰石输送器进气阀入口压缩空气压力			√		√			
5	石灰石输送系统压缩空气压力			√		√			
6	石灰石输送空气电加热器前压力		√			√		√	
7	石灰石输送空气电加热器后温度		√			√		√	

锅炉燃气系统包括天然气进气系统、天然气管路吹扫系统。启动时，高能点火器点燃床下点火气枪，由床下点火气枪点燃床下启动燃烧器。床下启动燃烧器被点燃后退出床下点火气枪，床下启动燃烧器可将一次风加热至850～900℃，加热后的一次风经过点火风道进入床下水冷风室，通过布置在布风板上的风帽，使床上物料达到流化状态，并加热床料到满足锅炉允许投煤的条件。

2. 设计输入

设计输入包括锅炉燃油（燃气）系统图，燃油（燃气）系统设计说明，燃油（燃气）系统工艺参数及定值；燃烧器制造商资料，包括燃烧器逻辑说明及定值清单、电气原理图、端子排出线图资料；火焰检测系统图、安装图纸及安装要求说明、测点清单等。

3. 检测范围

检测范围包括锅炉燃油（燃气）系统检测；燃油管路吹扫蒸汽系统及密封风系统检测。

4. 检测内容

（1）燃油系统检测。

1）能够代表锅炉燃油系统、燃油管路吹扫蒸汽系统及密封风系统运行状态的温度、压力、差压、流量等运行参数；燃烧器设备的运行状态；各电、气动阀门及调节阀的状态及开度等参数。

2）供油母管温度检测。

3）供油母管压力检测，并做燃油压力低报警。

4）床上/床下供油母管滤油器差压检测，并做差压高报警。

5）床上/床下供油母管分别流量检测，用于燃油流量积算及锅炉进油量控制。

6）床上燃烧器供油母管进油快关阀后压力模拟量检测，用于显示及联锁。

7）床上燃烧器供油母管进油快关阀后压力开关量检测，用于报警及联锁。

8）床下风道点火燃烧器供油母管进油快关阀后压力模拟量检测，用于显示及联锁。

9）床下风道点火燃烧器供油母管进油快关阀后压力开关量检测，用于报警及联锁。

10）床上/床下回油母管流量检测，用于燃油流量积算及锅炉进油量控制。

11）吹扫蒸汽至燃烧器设置蒸汽压力检测。

12）密封风至燃烧器母管，应设置压力检测。

13）用于点火的燃烧器应设置火检系统，在锅炉点火期间观察火焰状况及正常运行中进行燃烧状况的优化调整。

（2）燃气系统检测。

1）能够代表锅炉燃气系统运行状态的温度、压力、差压、流量等运行参数；燃烧器等设备的运行状态；各电、气动阀门及调节阀的状态及开度等参数。

2）供气母管温度检测。

3）供气母管压力检测，并做天然气压力高、低报警。

4）床下启动燃烧器供气支路以及床下点火气枪

供气支路流量检测，用于天然气流量积算及锅炉进气量控制。

5）床下启动燃烧器供气支路以及床下点火气枪供气支路分别压力模拟量检测，用于显示及联锁。

6)床下启动燃烧器供气支路以及床下点火气枪供气支路分别压力开关量检测，用于报警及联锁。

7）用于点火的床下启动燃烧器、床下点火气枪应设置火检系统，在锅炉点火期间观察火焰状况及正常运行中进行燃烧状况的优化调整。

（3）锅炉燃油（燃气）燃烧器等设备本体检测。随锅炉燃油（燃气）燃烧器等设备提供的检测项目应能满足运行、监视、控制及保护的要求，满足与控制系统的接口要求。

（4）测点位置。

1)冗余配置的开关量仪表或者模拟量仪表不应使用同一取样系统。

2）燃油燃烧器供、回油母管的测点应分别在各自母管取样。

3）燃气床下启动燃烧器供气支路及床下点火气枪供气支路的测点应分别在各自支管取样。

4）供油（供气）压力模拟量仪表单独取样设置，不与供油（供气）压力保护检测共用取样点。

5. 冗余检测项目

（1）检测与仪表设置应满足自动调节系统要求，重要的调节项目，检测仪表应冗余设置。

（2）测点冗余设置项目包括：

1）供油母管压力（开关量）——三冗余。

2）供气支路高、低压力（开关量）——二冗余。

6. 检测项目及仪表配置清单

锅炉燃油（燃气）系统主要检测项目及仪表配置见表16-5；辅机设备本体的检测项目以设备规范要求和设备制造商的设计资料为准。

（六）炉管泄漏检测

目前，炉管泄漏检测系统采用声波测量方式。由于循环流化床锅炉燃烧结构的特殊性，物料在炉膛内流化和燃烧会产生较大的噪声，造成基于声学原理的炉管泄漏检测装置很难准确检测到炉管泄漏点，故循环流化床锅炉炉膛不宜设置炉管泄漏检测装置。循环流化床锅炉的炉管泄漏检测装置通常装设在尾部烟道的受热面处，用以检测尾部烟道受热面的炉管泄漏。

（七）性能试验检测

（1）性能试验检测点的设置应符合相关标准，根据ASME标准及试验单位的要求设计，性能试验元件由性能试验单位提供。

表16-5　锅炉燃油（燃气）系统主要检测项目及仪表配置

序号	测点名称	就地指示	仪表类型/数量		功能				备注
			模拟量	开关量	调节	联锁保护	报警	显示	
一	锅炉燃油进、回油系统								
1	进油母管温度		√					√	
2	进油母管压力		√				低	√	
3	床上燃烧器进油母管滤油器差压		√				高	√	
4	床下启动燃烧器进油母管滤油器差压		√				高	√	
5	床上燃烧器进油流量		√		√			√	
6	床下启动燃烧器进油流量		√		√			√	
7	床上燃烧器进油快关阀后压力	√	√	√	√	√	高/低/低低	√	三冗余
8	床下启动燃烧器进油快关阀后压力	√	√	√	√	√	高/低/低低	√	三冗余
9	燃烧器入口油压力	√							
10	床上燃烧器回油流量		√		√			√	
11	床下启动燃烧器回油流量		√		√			√	
12	锅炉回油压力		√					√	
二	锅炉燃气进气系统								
1	进气母管温度		√					√	
2	进气母管压力		√	√			高/低	√	
3	床下启动燃烧器供气支路供气流量		√		√			√	
4	床下点火气枪供气支路供气流量		√		√			√	
5	床下启动燃烧器供气支路压力	√	√	√	√	√	高高/低低	√	二冗余

续表

序号	测点名称	就地指示	仪表类型/数量		功能				备注
			模拟量	开关量	调节	联锁保护	报警	显示	
6	床下点火气枪供气支路压力	√	√	√	√	√	高高/低低	√	二冗余
三	燃油管路吹扫蒸汽系统								
1	吹扫蒸汽至床上燃烧器母管蒸汽压力		√					√	
2	吹扫蒸汽至床下启动燃烧器母管蒸汽压力		√					√	
四	密封风系统								
1	密封风至床上燃烧器母管压力		√					√	
2	密封风至床下启动燃烧器母管压力		√					√	
五	其他								
1	点火燃烧器火检		√			√	低	√	

（2）通常可参考设置下列性能试验检测点：

1）一次风机进、出口静压。

2）一次风机出口风量。

3）空气预热器出口一次风流量。

4）风道燃烧器入口一次风流量。

5）二次送风机进、出口静压。

6）二次风机出口风量。

7）二次风支管风量。

8）回料阀风室风量及回料阀各充气喷嘴风量。

9）高压流化风机进、出口静压。

10）播煤口播煤风（如有）各支管风量。

11）播煤增压风机（如有）进、出口静压。

12）给煤机密封风支管风量。

13）高温过热器入口烟气静压。

14）低温过热器入口烟气静压。

15）低温过热器入口烟气氧量。

16）低温再热器入口烟气静压。

17）省煤器入口烟气静压。

18）省煤器入口烟气氧量。

19）省煤器出口烟气静压。

20）空气预热器入口烟气静压。

21）空气预热器入口烟气氧量。

22）空气预热器出口烟气静压。

23）空气预热器出口烟气氧量。

24）除尘器入口烟尘采样。

25）除尘器出口烟尘采样。

三、保护联锁

（一）炉膛安全保护系统

循环流化床锅炉炉膛安全保护系统（FSSS）通常在分散控制系统中实现，主要包括以下功能（所有设定值均为特定工程示例，仅供参考，具体工程设计时应按实际情况确定）：

1. 锅炉吹扫

锅炉每次冷态或温态启动前，必须对炉膛进行通风吹扫。锅炉 MFT 后，如果热态启动条件不满足，也必须进行炉膛吹扫，炉膛吹扫成功后才能复位 MFT 状态。

（1）炉膛吹扫允许条件。当以下条件均成立时，允许操作员启动炉膛吹扫程序。在吹扫过程中，如果任意吹扫条件失去，都会导致吹扫中断，炉膛吹扫程序必须重新启动。

1）MFT 置位。

2）无 MFT 条件。

3）燃料丧失。

4）除尘器跳闸。

5）石灰石粉系统跳闸。

6）任意一台引风机运行。

7）任意一台一次风机运行。

8）任意一台二次风机运行。

9）任意一台高压流化风机运行。

10）播煤增压风机（如有）运行或播煤增压风机旁路挡板开到位。

11）过热器烟气挡板开度大于 50%。

12）再热器烟气挡板开度大于 50%。

13）总风量为 30%～40%BMCR。

14）一次风量大于临界流化风量。

（2）炉膛吹扫步骤。炉膛吹扫允许条件均成立后，操作员发出炉膛吹扫指令，炉膛吹扫程序开始计时，吹扫时间规定为 5min 或者按吹扫风量置换 5 次炉膛容积所需时间，两者取大值。在炉膛吹扫过程中，如果任意吹扫允许条件失去，就会中断炉膛吹扫程序。炉膛吹扫计时完成后将置位炉膛吹扫结束标志，MFT 复位指令或者总风量低于 25%BMCR 延时 10min 会复位炉膛吹扫结束标志。

吹扫完成的同时，送出信号复位 MFT，锅炉可以启动。5min 内连续两次点火失败，重新启动吹扫。

CFB 锅炉炉膛吹扫逻辑见图 16-5。

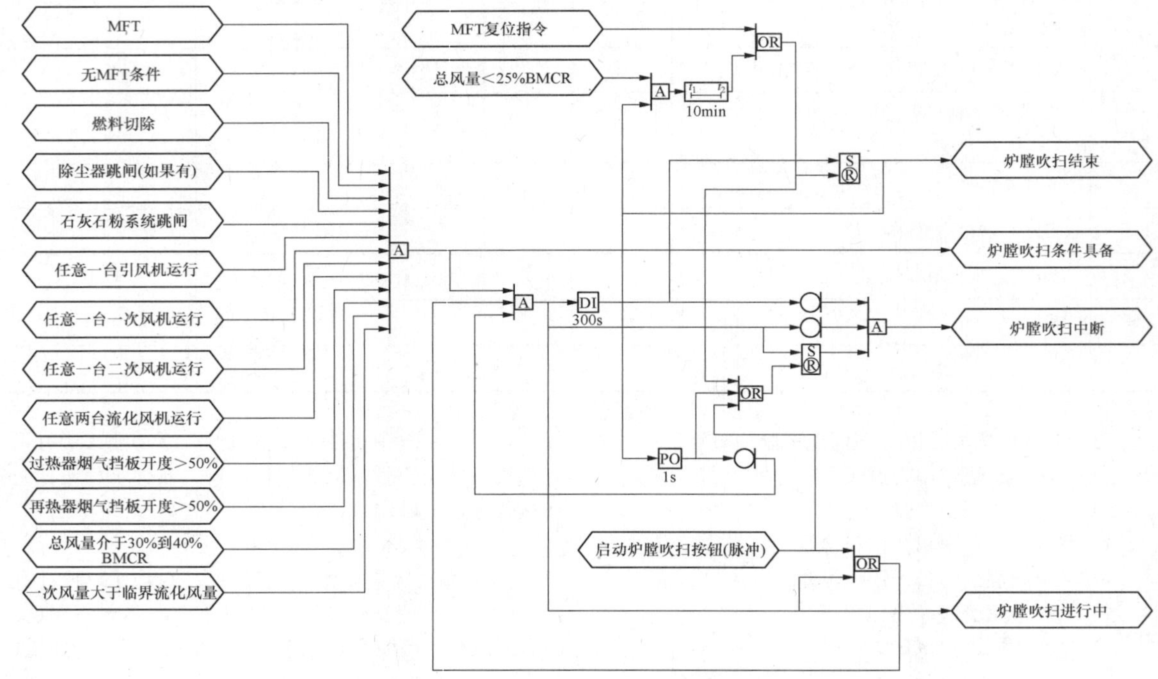

图 16-5　CFB 锅炉炉膛吹扫逻辑图

2. 燃油泄漏试验

炉前油管路可分为床上油管路、床下油管路。2 个油管路的油泄漏试验将同步进行，通过控制母管阀门的开关来完成泄漏试验。泄漏试验顺序控制中要用到床上启动油回油母管快关阀，需要确认此阀是否存在。

（1）油泄漏试验启动条件。下列条件均成立后，允许启动油泄漏试验程序。在油泄漏试验过程中，如果任意启动条件失去，将置位油泄漏试验失败标志。

1）所有床下启动油枪进油阀关到位。

2）所有床下启动油枪回油阀关到位。

3）所有床上启动油枪进油阀关到位。

4)供油系统压力高于规定值;油泄漏试验过程中，应将供油系统的输出油压调整为油管路实际运行所需要的油压。

5）总风量大于吹扫风量。

6）一次风流量大于临界流化风量。

7）仪表气源正常。

8）油泄漏试验完成标志不存在。

9）油泄漏试验失败标志不存在。

10）油泄漏试验停止按钮信号不存在。

（2）油泄漏试验停止条件。失去任意油泄漏试验启动条件后，停止油泄漏试验。油泄漏试验停止时，将联锁关所有油母管阀门。

（3）油泄漏试验步骤。

1）油母管憋压试验。燃油泄漏试验条件满足，开油跳闸阀、油调节阀，关回油阀，母管充油，规定时间内母管油压应达额定值，针对油枪进油阀和回油阀、油母管进油阀的泄漏试验，如果压力低则油母管泄漏试验失败。在此基础上，关闭油跳闸阀，3min 内母管油压没有下降，开回油阀。油母管试验完成。

2）油母管憋压试验成功后，对油母管进油快关阀做阀泄漏试验。关闭油跳闸阀，一般打开回油阀 30s 左右后，母管压力不高于 0.5MPa，第一步完成。如果压力升高则失败；关闭回油阀，一般监视油压 90s 左右后，母管压力未升高，打开回油阀，油阀泄漏试验完成。如果压力升高则失败。

CFB 锅炉油泄漏试验逻辑见图 16-6。

3. 总燃料跳闸（MFT）

总燃料跳闸是指锅炉的安全运行条件不满足，或炉内燃烧工况恶化，而发出相应指令快速切断所有通

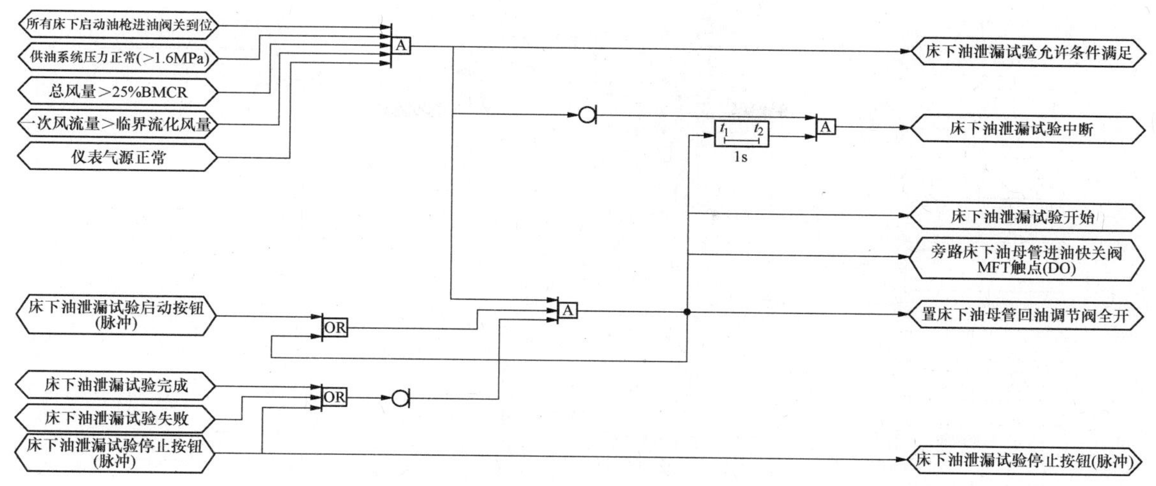

图 16-6　CFB 锅炉油泄漏试验逻辑图

往炉膛的燃料并引发必要的联锁动作，以保护锅炉本体、其他设备和人员的安全。循环流化床的 MFT 不同于煤粉锅炉的 MFT，即使切断所有燃料输入，循环流化床内可能还存有大量未燃尽的燃料，并随着物料循环继续燃烧，所以对于循环流化床来说，MFT 并不等同于停炉。

（1）MFT 的条件（跳闸条件以亚临界 CFB 锅炉为例，具体工程应根据锅炉制造厂的具体要求，可结合工程实际情况调整）。引起 MFT 的条件如下，只要其中任意一条成立即应立即引起 MFT。

1）床温高于 990℃。床温过高，意味着床料有可能严重结焦。

2）总风量小于 25%BMCR。总风量过低会造成燃料在炉膛内积聚。

3）汽轮机跳闸。汽轮机跳闸应导致锅炉侧燃料切断。

4）燃料丧失。任意燃料投入炉膛后，燃料丧失判定逻辑将被采用。当所有燃料切断并且床温低于 600℃时，燃料丧失标志被置位。

5）床温低于 600℃且未投油。当床温低于 600℃时，如果没有启动油枪投入，将触发 MFT，以防止继续向炉膛投入燃料。

6）任意风道燃烧器连续两次点火失败。为了防止风道燃烧器点火失败后，燃油在风道和风室内积聚，应该对风道吹扫一段时间后才允许再次点火。为了进一步防止误操作，将任意风道燃烧器连续两次点火失败作为 MFT 的跳闸条件之一，风道燃烧器连续两次点火失败定义为在 2min 内发生两次床下启动油枪点火失败。

7）烟气含氧量低低。烟气含氧量低低表明燃料在炉膛内缺氧燃烧，甚至灭火，应该立即切断燃料。

8）BT（锅炉跳闸）。锅炉跳闸将联锁导致 MFT，但 MFT 不联锁发出锅炉跳闸。

（2）MFT 的复位。下列任意条件成立时，允许复位 MFT 状态。

1）允许热态启动。热态启动是循环流化床特有的一种再启动方式。在 MFT 发生后，由于床料中可能存有大量未燃尽燃料，此时如果床温达到点火温度，且床料流化正常，就允许直接复位 MFT，并按需要投入油或煤燃料。

2）炉膛吹扫结束并且油泄漏试验完成。MFT 后，如果热态启动条件不成立，只能通过炉膛吹扫来复位 MFT，炉膛吹扫的同时应进行油泄漏试验。

（3）MFT 联锁跳闸设备。MFT 联锁动作设备如下：

1）切除给煤机。

2）切除石灰石粉给料系统。

3）关闭油枪进油阀和回油阀。为了跳闸所有油枪，应关闭床下油枪的进油阀和回油阀，若床上油枪是简单机械雾化方式，则关闭进油阀。

4）关闭油母管快关阀。床上和床下油系统的母管进油快关阀和回油快关阀（如果有）应立即关闭。

5）停冷渣器。

6）跳闸电除尘器。

7）切换锅炉本体风量调节阀为手动。燃料输入突然停止可能会造成炉膛压力拨动，所以 MFT 时将锅炉本体二次风量调节挡板、床下一次风量调节挡板、回料控制阀风量调节挡板切为手动控制，并保持原位。

8）切一次风机、二次风机风量调节阀为手动（无 BT）。

CFB 锅炉 MFT 逻辑见图 16-7。

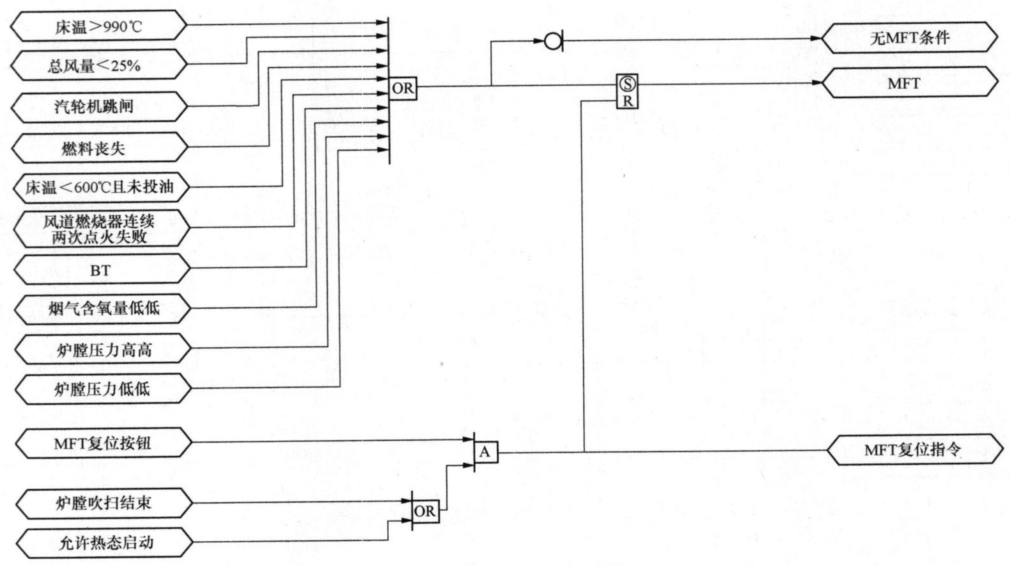

图 16-7　CFB 锅炉 MFT 逻辑图

4. 锅炉跳闸（BT）

锅炉跳闸是指锅炉的安全运行条件不满足，需要立即停炉，降低燃烧率。对于循环流化床，MFT 切除燃料后并不一定能停止锅炉内的燃烧工况，大量未燃尽的燃料会随着物料循环持续燃烧放热。只有切除一次风机和二次风机，停止床料流化，同时切除所有燃料才能最大限度地降低燃烧率。

（1）BT 的条件（跳闸条件以亚临界 CFB 锅炉为例，具体工程应根据锅炉制造厂的具体要求，可结合工程实际情况调整）。以下任意条件成立，即触发锅炉跳闸：

1）炉膛压力高高（5s）。炉膛压力高高信号来自炉膛出口的 3 个炉膛压力测点，信号采用三取二冗余配置，该信号要经过 5s 延时。

2）炉膛压力低低（5s）。炉膛压力低低信号来自炉膛出口的 3 个炉膛压力测点，信号采用三取二冗余配置，该信号要经过 5s 延时。

3）两台引风机跳闸。

4）两台一次风机跳闸。

5）两台二次风机跳闸。

6）五台高压流化风机跳闸。高压流化风机均跳闸将立即引起锅炉跳闸。

7）任意回料器流化风量低低。每个回料器布置有两路流化风。为了判断回料器内的回料状态，通过回料器的任意一路流化风量低值判断来判定回料异常。

8）蒸汽阻塞。当汽轮机高压缸或者中压缸进气切断，并且高压旁路和低压旁路没有打开时，如果锅炉燃料输入热量大于 20%MCR，就延时 10s 跳闸锅炉，如果锅炉燃料输入热量小于 20%MCR，就延时 180s 跳闸锅炉。

9）给水泵全停。给水泵全跳闸，引发锅炉跳闸。

10）DCS 电源故障。

11）锅炉跳闸按钮信号。

12）空气预热器均停。

（2）BT 的复位。锅炉跳闸的触发条件均不存在时，操作员可以手动复位锅炉跳闸状态。

（3）BT 联锁跳闸设备。BT 联锁动作设备如下：

1）跳闸一次风机。

2）跳闸二次风机（BT 延时 10s）。

3）跳闸流化风机（BT 延时 30s）。

4）跳闸所有给水泵（根据锅炉制造厂要求）。

5）关闭过热器减温喷水阀。

6）关闭再热器减温喷水阀。

7）跳闸吹灰系统。

5. 允许热态启动

常压循环流化床锅炉在发生 MFT 且 MFT 跳闸条件消失后，如果炉内床料流化正常且床温高于主燃料投入允许温度，可以跳过炉膛吹扫及油检漏试验程序，直接复归 MFT 并允许锅炉热态启动。如果允许热态启动条件不满足，则必须进行炉膛吹扫，炉膛吹扫成功后才能自动复归 MFT。发生 BT 后，必须进行炉膛吹扫。

当以下条件均成立时，置位于允许热态启动标志：

（1）MFT 置位。

（2）无 MFT 条件。

（3）燃料丧失。

（4）床温高于 600℃。

（5）任意一次风机运行。

CFB 锅炉 BT 逻辑见图 16-8。

6. BT/MFT 跳闸继电器回路图

循环流化床锅炉 BT/MFT 跳闸继电器回路与煤粉锅炉 MFT 跳闸继电器回路的设计原则基本相同。

锅炉跳闸按钮触点应送入锅炉跳闸继电器驱动回路和 FSS。失电动作的 BT/MFT 跳闸继电器回路见图 16-9。FSS 分别输出 BT 和 MFT 信号控制相应的跳闸继电器。图 16-9 中 DCS 输出的跳闸复归信号 DCS_MFT_RESET 由“允许热态启动”逻辑形成，DCS_BT_RESET 由“炉膛吹扫成功”逻辑形成。

带电动作的 BT/MFT 跳闸继电器回路见图 16-10。BT 跳闸继电器动作后触发 MFT 跳闸继电器动作；FSS 的 MFT 输出触点可单独触发 MFT 跳闸继电器动作。FSS 两路电源失去（电源监视继电器触点闭合）将触发 BT。DCS 输出的跳闸复归信号 DCS_BT_RESET 可同时复归 BT 和 MFT。

7. CFB 锅炉保护系统检测项目及 FSS I/O 清单

循环流化床锅炉保护系统主要检测项目见表 16-6；FSS I/O 点清单见表 16-7。

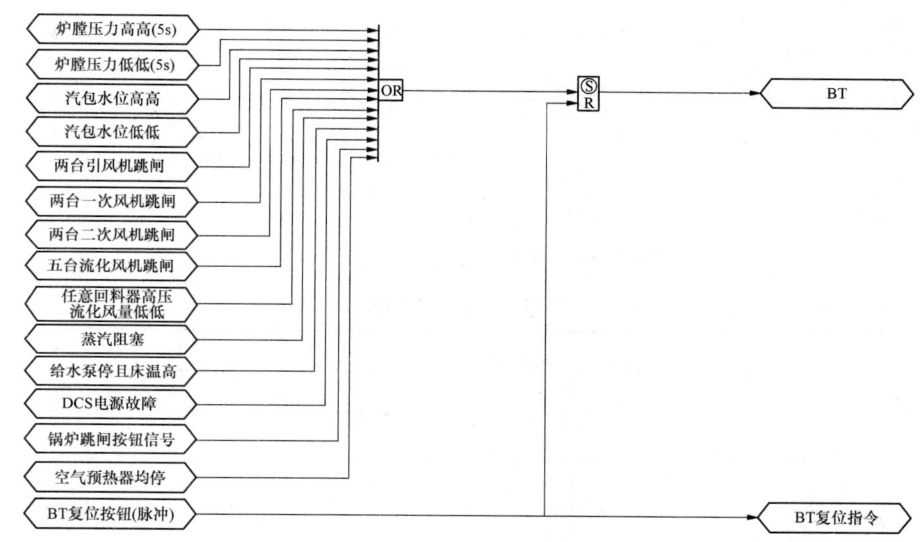

图 16-8 CFB 锅炉 BT 逻辑图

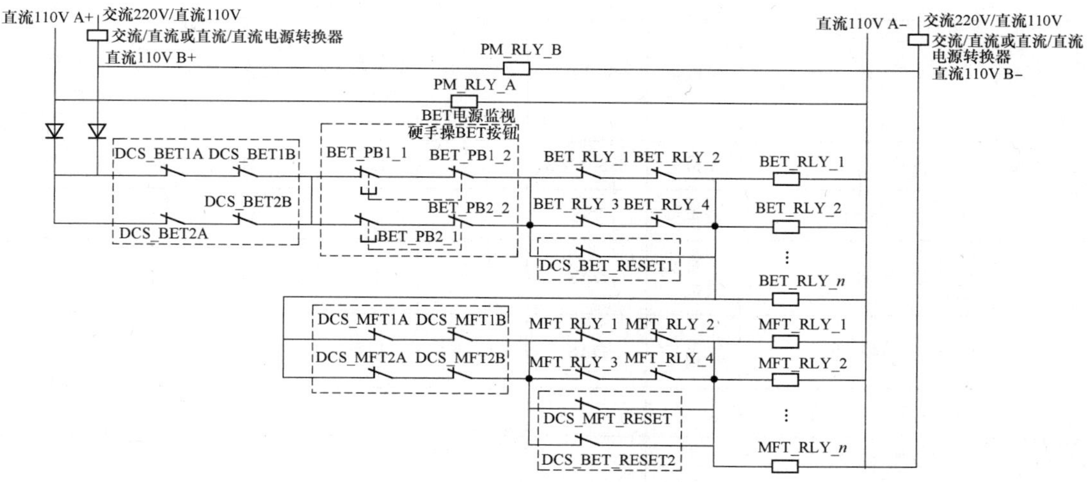

图 16-9 失电动作的 BT/MFT 跳闸继电器回路

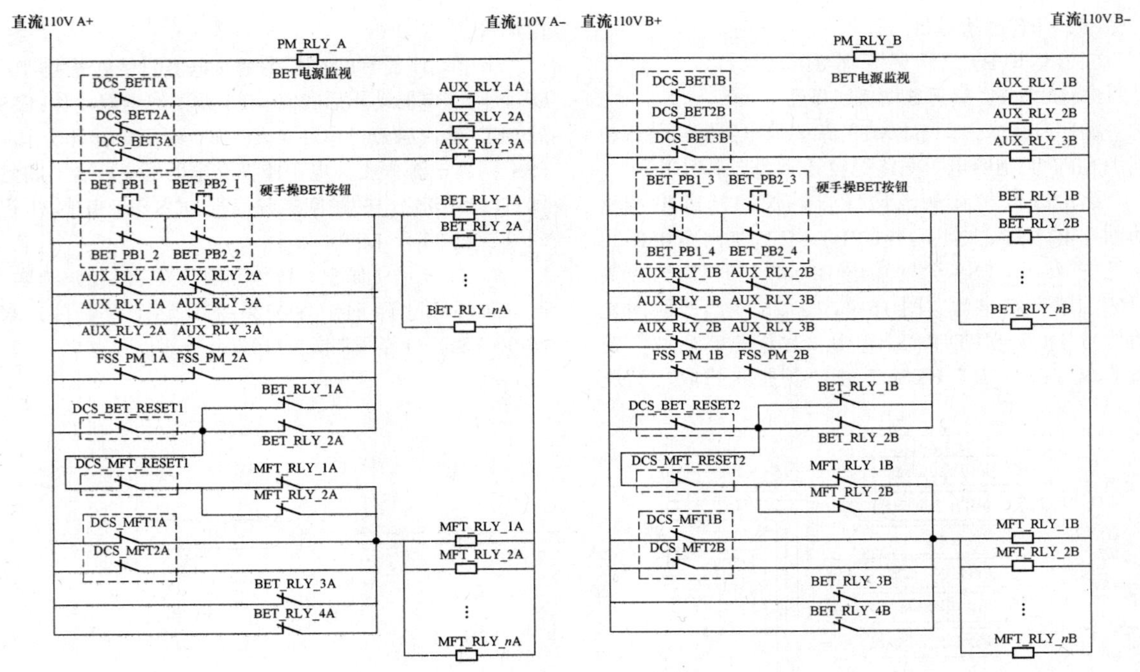

图 16-10　带电动作的 BT/MFT 跳闸继电器回路

表 16-6　　**循环流化床锅炉保护系统主要检测项目**

保护项目	测点名称	信号类型	连接系统	冗余要求	功能			备注
					一值	二值	三值	
蒸汽压力高保护	主蒸汽压力							同煤粉锅炉
	饱和蒸汽压力							同煤粉锅炉
再热汽压力高保护	再热器出口压力							同煤粉锅炉
再热汽温度高保护	再热蒸汽热段汽温							同煤粉锅炉
汽包水位保护/停炉保护	汽包水位	模拟量	FSS/MCS	三冗余	报警	报警/开汽包事故放水阀	BT	水位高
					报警	BT	—	水位低
直流炉断水保护/停炉保护	给水流量	模拟量	FSS/ MCS	三冗余	报警	BT	—	流量低
	全部给水泵跳闸	逻辑量	FSS		—	BT	—	①
锅炉吹扫/点火	油燃烧器火焰丧失	开关量/模拟量	DAS		报警	—	—	
	火检冷却风压力	开关量/模拟量	DAS		报警	—	—	
油系统检漏/停炉保护：燃油跳闸	进油母管快关阀后压力							同煤粉锅炉
	油燃烧器（非机械）雾化介质压力过低							
	床枪关闭失败	逻辑量	FSS		报警/OFT	—	—	

续表

保护项目	测点名称	信号类型	连接系统	冗余要求	功能			备注
					一值	二值	三值	
炉膛压力保护/停炉保护/总燃料跳闸保护	炉膛压力过高/过低（延时）	开关量	FSS	三冗余	—	BT	—	
	炉膛压力	模拟量	FSS/MCS	三冗余	报警	BT	—	不用于停炉保护时，信号进MCS
	回料器流化风量 （延时）	模拟量	FSS/MCS	三冗余	报警	BT	—	风量过低
	全部一次风机跳闸	逻辑量	FSS		BT	—	—	①
	全部二次风机跳闸	逻辑量	FSS		BT	—	—	①
	全部流化风机跳闸	逻辑量	FSS		BT	—	—	①
炉膛压力保护/停炉保护/总燃料跳闸保护	全部引风机跳闸	逻辑量	FSS		BT	—	—	①
	无蒸汽排放通路	逻辑量	FSS		BT	—	—	
	全部空气预热器跳闸	逻辑量	FSS		BT	—	—	采用回转式空气预热器时宜设置
	烟气含氧量（如锅炉厂有此要求）过低	模拟量	FSS/MCS	三冗余	报警	MFT	—	不用于保护时，信号进MCS
	床温	模拟量	MCS	多点	报警	报警	—	高
	床温降到给煤许可温度以下，且风道燃烧器和床枪未投入	逻辑量	FSS		MFT	—	—	
	全部给煤机跳闸	逻辑量	FSS		MFT	—	—	①
	总风量过低	逻辑量	FSS		报警	MFT	—	
停炉保护	燃料全部中断	逻辑量	FSS		MFT	—	—	①
	再热器（或水冷壁）超温	逻辑量	FSS		—	—	BT	锅炉厂有此要求时
	手动停炉指令		直接驱动		BT	—	—	
	保护系统电源消失		直接驱动		BT	—	—	

① 具备条件时，宜将泵/风机/给煤机等的停信号触点直接接入FSS。当现场设备没有足够的独立信号触点，或FSS为独立装置且DI点数不足时，可采用DCS输出的DO触点接入FSS。

表16-7　　循环流化床锅炉FSS I/O点清单

序号	测点名称	I/O类型	连接系统	信号源/去向	备注
1	给水流量1	AI	FSS	变送器	仅直流炉；可供MCS使用（注1）
2	给水流量2	AI	FSS	变送器	
3	给水流量3	AI	FSS	变送器	
4	床下点火燃烧器系统进油压力1	AI	FSS	变送器	可供MCS使用；也可用开关量单独进FSS（注2）
5	床下点火燃烧器系统进油压力2	AI	FSS	变送器	
6	床下点火燃烧器系统进油压力3	AI	FSS	变送器	
7	床上燃烧器系统进油压力1	AI	FSS	变送器	
8	床上燃烧器系统进油压力2	AI	FSS	变送器	
9	床上燃烧器系统进油压力3	AI	FSS	变送器	

续表

序号	测点名称	I/O 类型	连接系统	信号源/去向	备注
10	炉膛压力 1（上部）	AI	FSS	变送器	单独进 FSS
11	炉膛压力 1（上部）	AI	FSS	变送器	单独进 FSS
12	炉膛压力 2（上部）	AI	FSS	变送器	单独进 FSS
13	MFT 跳闸条件（备用）	AI	FSS		按需配置，多点
14	总风量低 MFT1	DI	FSS	MCS 系统 DO	
15	总风量低 MFT2	DI	FSS	MCS 系统 DO	
16	烟气含氧量过低 MFT1	DI	FSS	MCS 系统 DO	（注 3）
17	烟气含氧量过低 MFT2	DI	FSS	MCS 系统 DO	（注 3）
18	一次风机 A 停止	DI	FSS	电气柜	
19	一次风机 B 停止	DI	FSS	电气柜	
20	二次风机 A 停止	DI	FSS	电气柜	
21	二次风机 B 停止	DI	FSS	电气柜	
22	引风机 A 停止	DI	FSS	电气柜	
23	引风机 B 停止	DI	FSS	电气柜	
24	高压流化风机 A 停止	DI	FSS	电气柜	
25	高压流化风机 B 停止	DI	FSS	电气柜	
26	高压流化风机 C 停止	DI	FSS	电气柜	
27	高压流化风机 D 停止	DI	FSS	电气柜	
28	高压流化风机 E 停止	DI	FSS	电气柜	
29	给煤机 A 停止	DI	FSS	电气柜	
30	给煤机 B 停止	DI	FSS	电气柜	
31	给煤机 C 停止	DI	FSS	电气柜	
32	给煤机 D 停止	DI	FSS	电气柜	
33	给煤机 E 停止	DI	FSS	电气柜	
34	给煤机 F 停止	DI	FSS	电气柜	
35	电动给水泵跳闸位置	DI	FSS	电气柜	
36	汽动给水泵 A 跳闸位置	DI	FSS	MEH、METS	
37	汽动给水泵 B 跳闸位置	DI	FSS	MEH、METS	
38	床下点火燃烧器系统供油快关阀已关	DI	FSS	行程开关	（注 2）
39	床上燃烧器系统供油快关阀已关	DI	FSS	行程开关	（注 2）
40	床温低低 1	DI	FSS	MCS 来逻辑量	
41	床温低低 2	DI	FSS	MCS 来逻辑量	
42	回料器流化风流量低低 1	DI	FSS	MCS 来逻辑量	
43	回料器流化风流量低低 2	DI	FSS	MCS 来逻辑量	
44	外置床流化风流量低低 1	DI	FSS	MCS 来逻辑量	
45	外置床流化风流量低低 2	DI	FSS	MCS 来逻辑量	
46	旋风分离器出口烟温过高 1	DI	FSS	MCS 来逻辑量	

续表

序号	测点名称	I/O 类型	连接系统	信号源/去向	备注
47	旋风分离器出口烟温过高 2	DI	FSS	MCS 来逻辑量	
48	汽轮机跳闸 1	DI	FSS	DEH、ETS	
49	汽轮机跳闸 2	DI	FSS	DEH、ETS	
50	BT/MFT 跳闸条件（备用）	DI	FSS		按需配置，多点
51	锅炉紧急跳闸按钮动作	DI	FSS/DAS	后备手操按钮	FSS 需要时可冗余
52	DCS MFT 输出 1	DO	FSS	MFT 跳闸继电器激励	2 点或 3 点
53	DCS MFT 输出 2	DO	FSS	MFT 跳闸继电器激励	冗余 DO 卡 2 点或 3 点
54	DCS MFT 输出 3	DO	FSS	去 DCS	根据 DCS 需要
55	DCS MFT 输出 4	DO	FSS	去 DCS	根据 DCS 需要
56	DCS MFT RESET	DO	FSS	MFT 跳闸继电器复归	设有独立 MFT 跳闸继电器时，需要时可冗余
57	DCS BT 输出 1	DO	FSS	BT 跳闸继电器激励	2 点或 3 点
58	DCS BT 输出 2	DO	FSS	BT 跳闸继电器激励	冗余 DO 卡 2 点或 3 点
59	DCS BT 输出 3	DO	FSS	去 DCS	根据 DCS 需要
60	DCS BT 输出 4	DO	FSS	去 DCS	根据 DCS 需要
61	DCS BT RESET1	DO	FSS	BT 跳闸继电器复归	需要时可冗余
62	DCS BT RESET2	DO	FSS	MFT 跳闸继电器复归	设有独立 MFT 跳闸继电器时，需要时可冗余
63	一次风机 A 停指令	DO	BT 跳闸继电器输出	电气跳闸回路	
64	一次风机 B 停指令	DO	BT 跳闸继电器输出	电气跳闸回路	
65	二次风机 A 停指令	DO	BT 跳闸继电器输出	电气跳闸回路	
66	二次风机 B 停指令	DO	BT 跳闸继电器输出	电气跳闸回路	
67	高压流化风机 A 停指令	DO	BT 跳闸继电器输出	电气跳闸回路	
68	高压流化风机 B 停指令	DO	BT 跳闸继电器输出	电气跳闸回路	
69	高压流化风机 C 停指令	DO	BT 跳闸继电器输出	电气跳闸回路	
70	高压流化风机 D 停指令	DO	BT 跳闸继电器输出	电气跳闸回路	
71	高压流化风机 E 停指令	DO	BT 跳闸继电器输出	电气跳闸回路	
72	BT 至 DEH1	DO	FSS	DEH、ETS	可用 BT 跳闸继电器输出
73	BT 至 DEH2	DO	FSS	DEH、ETS	
74	BT 至 DEH3	DO	FSS	DEH、ETS	
75	给煤机 A 停指令	DO	MFT 跳闸继电器输出	电气跳闸回路	
76	给煤机 B 停指令	DO	MFT 跳闸继电器输出	电气跳闸回路	
77	给煤机 C 停指令	DO	MFT 跳闸继电器输出	电气跳闸回路	
78	给煤机 D 停指令	DO	MFT 跳闸继电器输出	电气跳闸回路	
79	给煤机 E 停指令	DO	MFT 跳闸继电器输出	电气跳闸回路	
80	给煤机 F 停指令	DO	MFT 跳闸继电器输出	电气跳闸回路	

续表

序号	测点名称	I/O 类型	连接系统	信号源/去向	备注
81	停石灰石给料系统	DO	MFT 跳闸继电器输出	电气跳闸回路或专用控制装置	
82	关床下点火燃烧器系统供油快关阀	DO	MFT 跳闸继电器输出	关阀驱动回路	
83	关床上燃烧器系统供油快关阀	DO	MFT 跳闸继电器输出	关阀驱动回路	
84	MFT 发出 OFT 指令（全部油燃烧器切除指令）	DO	MFT 跳闸继电器输出	关阀驱动回路	可经中间继电器扩展输出
85	切除外置床热交换器	DO	MFT 跳闸继电器输出	关阀驱动回路	同上
86	MFT 至 FGD1	DO	FSS	停 FGD	FSS 的 DO 可仅为 MFT 继电器输出触点（注 4）
87	MFT 至 FGD2	DO	FSS	停 FGD	
88	MFT 至电除尘器 1	DO	FSS	跳电除尘	
89	MFT 至电除尘器 2	DO	FSS	跳电除尘	
90	MFT TO DPU	DI	MCS/SCS/DAS	MFT 跳闸继电器动作触点送到 DCS 各控制器柜	根据 DCS 系统需要配置，多点
91	油泄漏试验开锅炉燃进油关断阀旁路阀指令/油泄漏试验允许开锅炉燃进油关断阀指令	DO	FSS	电磁阀驱动回路	开油泄漏试验专用旁路阀或解除 MFT 关燃油总阀指令
92	FSS 系统电源报警	DI	DAS	FSS 输出至 DCS 作 SOE	多点
	汽包水位 1	AI	FSS	变送器	仅汽包锅炉；可供 MCS 使用
	汽包水位 2	AI	FSS	变送器	
	汽包水位 3	AI	FSS	变送器	
93	再热器（或水冷壁）超温	DI	FSS	DCS 来逻辑量	锅炉制造厂有要求时（注 6）

注 1. 以上 FSS I/O 仅为示例，适用于 600MW 直流锅炉。具体 I/O 名称及数量可能因锅炉容量不同、油燃烧器数量及燃料供给系统配置不同等而有所不同。

2. 仅用于 OFT 逻辑的信号可以只进 BCS；CFB 锅炉因油系统相对简单，工程中这些信号多进 FSS。

3. 根据锅炉制造厂意见，烟气含氧量低可仅报警而不作为 MFT 条件。

4. MFT 信号送至除尘器控制系统和 FGD 控制系统，应根据相应系统和设备的保护要求执行相应的保护动作。对于 CFB 锅炉 MFT 而炉内仍维持流化状态时，是否停除尘器和 FGD，还应综合锅炉制造厂及环境保护方面的意见。

5. 当锅炉炉型为汽包锅炉时，FSS I/O 应作相应调整（序号 1～3）。

6. 当因给水中断导致水冷壁超温，或因汽轮机跳闸导致再热器超温保护时，FSS I/O 还应增加启动紧急补水系统或快开高压旁路的输出指令。

7. 所有触发 MFT 或 BT 的 FSS 输入信号均应进 SOE。

（二）流化风机保护

在运行中，当发生异常故障情况并危及流化风机安全时，应停止流化风机运行。流化风机的跳闸保护条件应根据制造厂的技术条件和要求确定，一般包括如下条件：

（1）流化风机轴承温度高。

（2）流化风机驱动电动机轴承温度高。

（3）流化风机驱动电动机绕组温度高。

（4）流化风机出口挡板应开而未开（延时）。

（5）流化风机轴承润滑油压低（润滑油站在线润滑方式）。

根据风机结构特点和制造厂的要求，还可以考虑设置以下各项停风机保护：

（1）流化风机轴/轴承振动大。

（2）流化风机喘振大（轴流风机）。

（3）流化风机制造厂其他要求。

（三）冷渣器保护

1. 流化床式冷渣器保护

在运行中，当发生异常故障情况并危及冷渣器安全时，应停止冷渣器运行。冷渣器的停运保护条件应根据制造厂的技术条件和要求确定，一般包括如下条件：

（1）冷渣器排渣温度过高。

（2）冷渣器冷却水流量过低。

（3）流化风机丧失。

（4）冷渣器流化风流量过低。

（5）旋转气锁阀密封风失去。

（6）冷渣器制造厂其他要求。

2. 滚筒式冷渣器保护

在运行中，当发生异常故障情况并危及冷渣器安全时，应停止冷渣器运行。冷渣器的跳闸保护条件应根据制造厂的技术条件和要求确定，一般包括如下条件：

（1）冷渣器排渣温度过高。

（2）冷渣器冷却水流量过低。

（3）冷渣器冷却水超温。

（4）冷渣器制造厂其他要求。

（四）给料机保护

循环流化床锅炉的给料系统包括启动床料给料和石灰石粉给料。给料系统的输送方式采用称重式给料机和气力输送的旋转给料阀。称重式给料机的运行方式与给煤机类似。旋转给料阀的停运条件应根据制造厂的技术条件和要求确定，一般包括如下条件：

（1）旋转给料阀转速过低。

（2）输送空气压力过高。

（3）旋转给料阀制造厂其他要求。

四、控制

（一）模拟量控制系统

1. 协调控制

循环流化床机组协调控制系统与常规煤粉锅炉机组协调控制系统，都是将汽轮发电机组和锅炉看作一个整体来进行调节。其工作原理是：协调控制器接受负荷指令、频率指令和操作指令等，经锅炉、汽轮机主控计算处理，将各主控输出指令分别送至锅炉和汽轮机，进而控制各自的子系统，实现机组各主要控制参数的稳定运行。

循环流化床机组协调控制系统的运行方式与常规煤粉锅炉机组协调控制系统运行方式类似，可分为基本方式、机跟随方式、炉跟随方式、炉跟机协调等几种控制方式，其中炉跟机协调为真正意义上的机炉协调控制方式：炉主控负责维持机前压力，机主控控制机组负荷，因此机组负荷反应快、负荷控制精度高。按照调度部门对机组 AGC 投入指标的要求，该协调方式一般为首选 AGC 运行方式，目前国内机组协调控制系统大多采用此种运行方式。但该种方式机前压力波动较大。

常规煤粉锅炉机组协调控制系统从能量平衡的角度，可分为直接能量平衡协调控制系统和间接能量平衡系统；亚临界 CFB 锅炉因其配备有汽包，其协调控制系统既可以采用间接能量平衡控制方案，又可以采用直接能量平衡控制方案。对于超临界循环流化床锅炉，因没有汽包，无法构造能量需求信号，一般采用间接能量平衡为基础的协调控制系统，其控制策略主要包含负荷指令生成回路、锅炉主控回路和汽轮机主控回路。负荷指令生成回路控制策略与常规煤粉锅炉机组没有变化，此处仅介绍循环流化床机组协调控制系统炉跟机协调方式下的锅炉主控回路和汽轮机主控回路。

2. 锅炉主控

亚临界 CFB 锅炉中应用较多的是直接能量平衡协调控制系统方案，如图 16-11 所示。

图 16-11 中所示协调控制系统锅炉主控以（p_1/p_T）p_0 作为汽轮机能量需求信号，比采用功率信号作为能量需求更为合理，符合暂态过程中更多地增加锅炉能量的输入需求。图16-11中对汽轮机能量需求信号进行微分运算的作用是在动态过程中加强燃烧率指令，以补偿机炉间负荷要求速度上的差异；主蒸汽压力偏差控制回路主要是保证稳态下主蒸汽压力偏差为零；该控制方案中采用热量信号 $p_1+C_b\mathrm{d}p_b/\mathrm{d}t$ 作为反馈信号（其中 p_b 为汽包压力，C_b 为锅炉蓄热系数），与锅炉负荷指令相平衡，此热量信号不仅能反映燃料量的变化，而且能反映燃料品质的变化。如图16-11所示，有部分机组为了提高锅炉侧对机组负荷指令响应的速度，在原有直接能量平衡协调控制策略上增加了目标机组负荷指令基准前馈和动态前馈。

为了避免循环流化床机组控制对象非线性对控制效果的影响，实际逻辑组态中一般设计有针对不同工况下的调节器变参数回路；以上介绍的能量需求信号仅是最为常用的一种，实际应用中可能还会有其他的能量需求信号，但其基本原理与图16-11一致，仅仅是表现形式不同而已。

超临界 CFB 机组协调控制系统中的锅炉主控回路逻辑见图 16-12，锅炉主控控制器控制机组主蒸汽压力；为了使机炉之间能量匹配，提升锅炉负荷响应能力，协调控制系统锅炉主控回路中往往需要设置前馈。常规的前馈五种，主要可分为功率对应前馈和机前压力对应前馈两大类，其中功率对应前馈包括功率指令三角函数、功率指令对应煤量基准函数、功率指令变化速率函数三种；机前压力对应前馈包括压力设定值变化速率函数、压力偏差微分函数两种；另外，对于直流锅炉，因其蓄热相对于汽包锅炉较小，加之控制难度较大，在逻辑中除了设置常规的五大前馈之外，会增加一些前馈以满足机组运行之需，其中引入能量前馈较为普遍；因五大前馈的引入比较常规，以下仅就能量前馈进行简要说明（带调节级机型）。

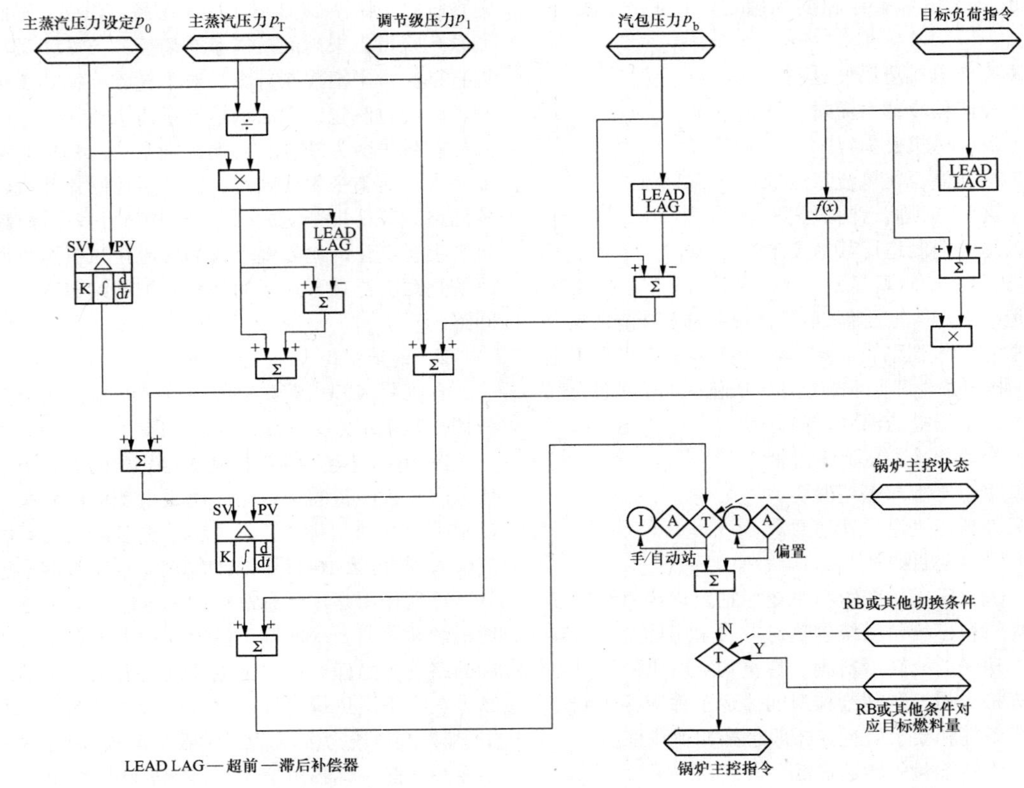

图 16-11 亚临界 CFB 机组锅炉主控逻辑图

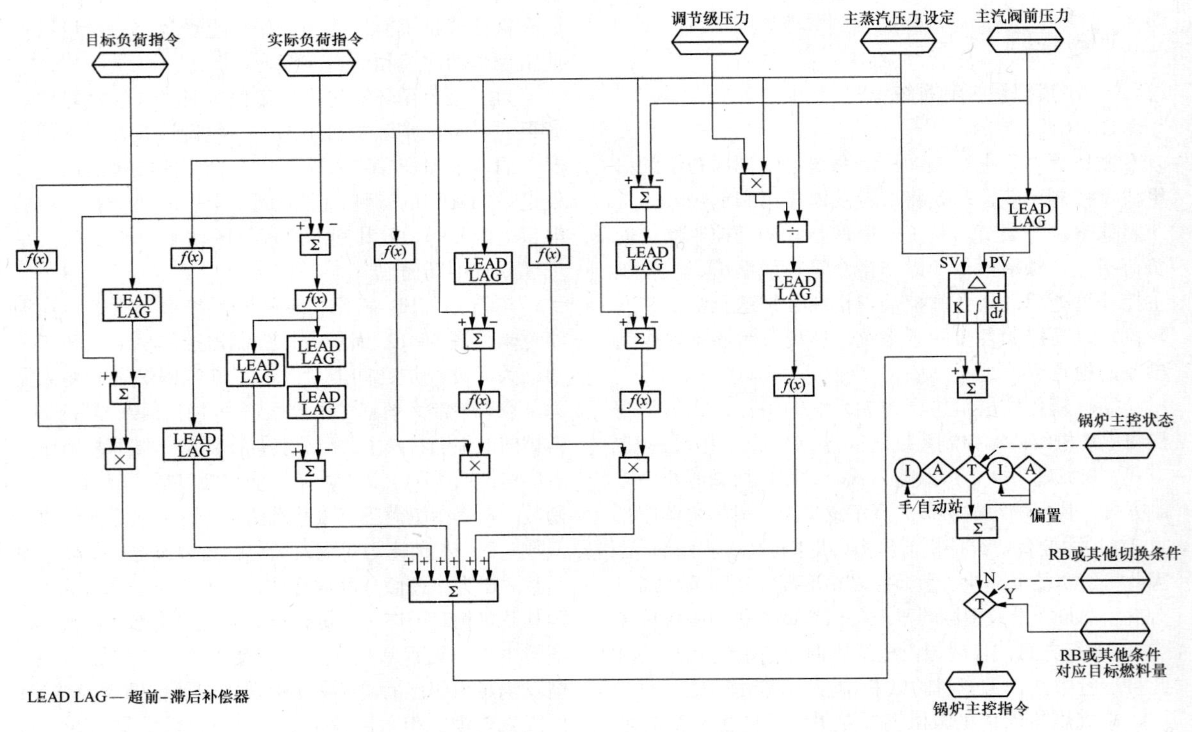

图 16-12 超临界 CFB 机组协调控制系统中的锅炉主控回路逻辑图

理论和试验表明，汽轮机第一级压力 p_1 与机前压力 p_T 的比值与汽轮机调节汽阀的开度成正比，无论什么原因引起的调节汽阀开度变化，p_1/p_T 都能对调节汽阀开度的微小变化做出灵敏的响应。所以无论在动态还是静态，p_1/p_T 都反映了调节汽阀的开度，即汽轮机输入的能量。汽轮机能量需求信号采用机前压力定值 p_0 与 p_1/p_T 相乘的形式给出，即（p_1/p_T）p_0。在稳态时由于机前压力 p_T 等于压力设定值 p_0，由（p_1/p_T）p_0 表示的信号即简化为 p_1。在稳定工况下，机前压力和汽轮机调节汽阀开度均为恒定，所以 p_1 代表了进入汽轮机的蒸汽量，也代表了进入汽轮机能量的大小。在动态过程中，由于汽轮机阀位的改变，会使 p_T 偏离设定值。（p_1/p_T）p_0 不等于实际进入汽轮机的能量，而是代表了汽轮机所需的能量。功率调节回路为了及时地使机组输出功率与外界负荷需求相适应，在动态过程中会使汽轮机调节汽阀有一定的过调。以外界负荷指令阶跃上升为例，汽轮机调节汽阀开大，可增加进汽量，但由于锅炉补充能量不及时，会使 p_T 下降。只有在动态过程中使汽轮机调节汽阀有一定的过调，才能满足功率的需求。此时，能量需求信号（p_1/p_T）p_0 大于功率指令。利用（p_1/p_T）p_0 作为前馈信号，比采用功率指令前馈更合理，正好符合暂态过程中更多地增加一些锅炉能量的输入需求，补充锅炉蓄能。

以上所介绍的能量前馈仅为最常用的一种，实际应用中也有利用主蒸汽压力设定值、实际主蒸汽压力、主蒸汽流量等信号构造的能量前馈信号，原理与以上介绍类似；另外，为了使控制系统适应机组控制对象非线性特性，几乎所有的锅炉主控控制回路设计中都引入了 PID 参数随着工况的变动变化的变参数控制策略，此处常规做法为引入机组负荷或者蒸汽流量信号，通过函数发生器计算得出各 PID 参数。

锅炉主控一般采用上述负荷指令前馈加主蒸汽压力偏差修正的控制方式。由于直流锅炉随着锅炉负荷指令增减燃料量的同时也增减给水量。当锅炉在湿态模式，即运行在循环模式时，如果是由炉侧控制主蒸汽压力，只需要增减燃料量，与汽包锅炉的炉跟随模式相同。一般切除锅炉主控单元的主蒸汽压力偏差修正功能，将此修正转移到燃料主控单元中。直流负荷阶段时再恢复锅炉主控单元对主蒸汽压力偏差的控制功能。

当锅炉主控切换为手动方式时，如果当前锅炉负荷处在湿态方式，锅炉主控输出指令保持当前值并可由操作人员手动改变；如果当前锅炉负荷处在干态方式，锅炉主控输出指令跟踪给水量。

3. 燃料量控制

CFB 锅炉燃料量控制系统的目的是控制总燃料量，以满足锅炉输入指令：将来自锅炉的主控指令分配至处于运行中的给煤机负荷控制回路中，当运行给煤机都处于自动方式时，燃料主控用于同步各台给煤机之间的出力；当有给煤机故障跳闸，同侧其他运行在自动方式的给煤机会自动将其当前煤量均匀分配。

CFB 锅炉燃料量控制策略逻辑见图 16-13。CFB 锅炉给煤系统一般分为左右侧进煤，为了保证锅炉左右侧床压的稳定，防止 CFB 锅炉“翻床”事故的发生，左右侧给煤量应保持平衡，CFB 锅炉左右侧给煤调节回路的设定值由总燃料量指令一分为二生成；锅炉总燃料量指令一般由锅炉主控指令加上燃料加速指令生成，燃料加速指令一般考虑由锅炉负荷变动时的机

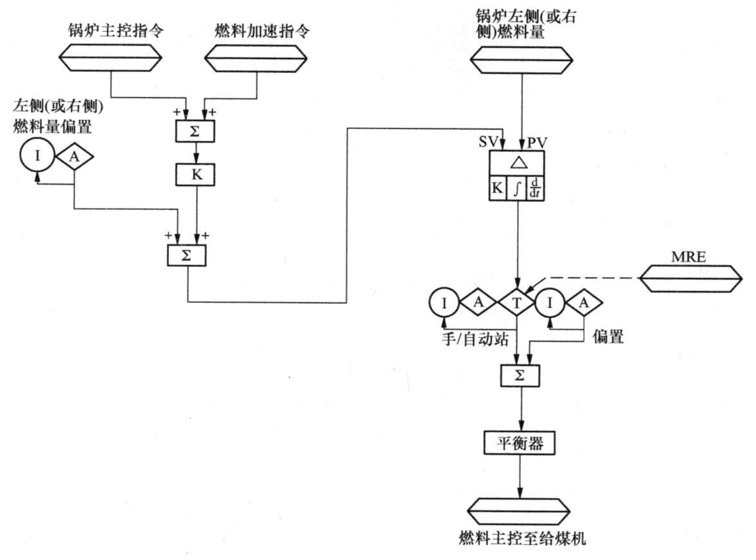

图 16-13　CFB 锅炉燃料量控制策略逻辑图

组主控指令、主蒸汽压力偏差、锅炉蓄热情况等几部分组成；另外，煤种变化时，煤的发热量会发生变化，此时需求的燃料量需要进行修正，控制策略设计时往往还设计有因煤种热值变化而引起的锅炉调节器参数变化的变参数逻辑；对于多种燃料混燃（一般是煤同油或者天然气进行混燃）的情况，逻辑设计时需要将煤或者天然气的量转换为与燃用煤种相当的煤量，在煤量控制时设定值将此部分的燃料量减去进行控制。

4. 给水控制

300MW 亚临界 CFB 锅炉给水控制系统与超临界 CFB 锅炉区别较大，超临界 CFB 锅炉给水控制系统在低负荷时主要是控制给水流量，利用启动系统控制储水罐液位，在高负荷时控制中间点温度或者中间点焓值，亚临界 CFB 锅炉给水控制系统的主要任务则是控制汽包水位，在低负荷时采用简单的单回路来控制汽包水位，在高负荷时则采用串级三冲量控制策略来控制汽包水位。

亚临界 CFB 锅炉给水控制原理为：①给水控制阀控制汽包水位；②给水泵的转速控制汽包与给水泵出口差压；③当锅炉蒸汽流量达到 20%时，汽包水位控制由单冲量切换到三冲量。④用超前/滞后模块来控制汽包水位波动幅度并避免调节振荡。

除给水泵最小流量调节外，还应采取下列措施进行防汽蚀保护：①当出口压力接近最小压力时，限制给水阀的开度；②当给水泵出口压力达到最小值时，差压设定值不会再降低。

300MW 亚临界 CFB 锅炉给水控制系统串级三冲量给水控制逻辑见图 16-14。

由图 16-14 可知，300MW 亚临界 CFB 锅炉给水控制系统的控制任务由两个控制器完成，外回路控制器是慢回路控制回路，以保证水位无静态偏差，内回路控制器是快速回路，是消除因给水压力波动等因素引起的给水流量的自发扰动及当前蒸汽负荷改变时迅速控制给水流量，以保持给水流量和蒸汽流量的平衡。另外，在控制回路中还设置蒸汽流量微分前馈，一方面为了克服虚假水位现象，另一方面是在变负荷时使机组给水流量控制快速响应。

超临界直流锅炉没有汽包环节，给水加热、蒸发及过热是一次性连续完成的，锅炉惯性相对于汽包锅炉大大降低，蓄热量减小，动态过程加快，其给水系统可分为湿态方式和干态方式。在湿态运行方式时，超临界锅炉给水控制系统与汽包锅炉类似，主要是保证合适的给水流量，确保省煤器及水冷壁的安全；超临界直流锅炉给水系统在干态运行方式下一方面要维持分离器的干态运行，防止其返回湿态，另一方面要控制好分离器出口蒸汽的过热度，以防止水冷壁和过热器超温。CFB 锅炉的干湿态控制与常规超临界煤粉锅炉并无本质不同，本书就干态方式下超临界 CFB 锅炉给水控制系统的控制策略进行介绍。

超临界直流锅炉的给水控制系统一般采用水煤比的控制方案来进行设计，而水煤比控制方案又分为阿尔斯通公司采用的水跟煤控制方案和三菱/日立等公司的煤跟水控制方案两大流派，水跟煤和煤跟水控制方案都加入中间点温度或者中间点焓值修正的控制回路，这两种修正方案在原理上类似，均有成功投入案例。

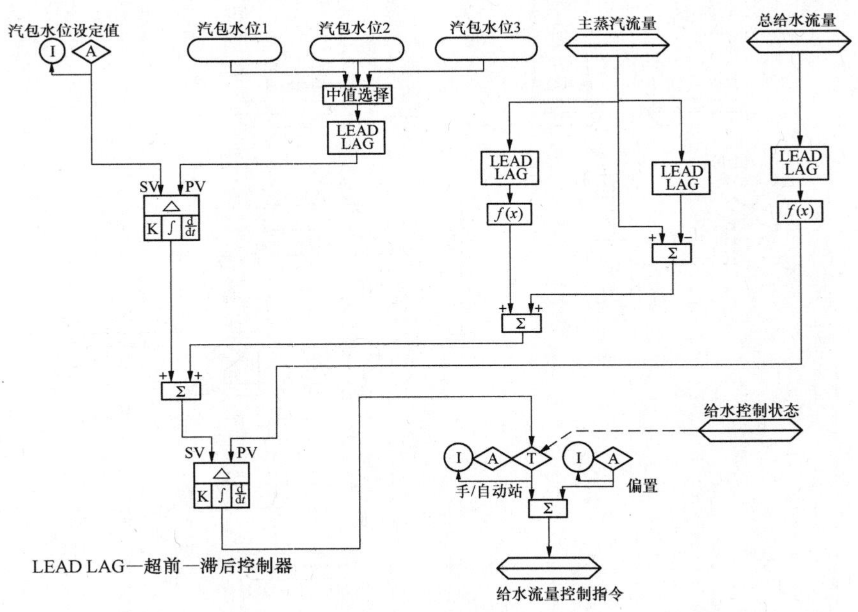

图 16-14　300MW 亚临界 CFB 锅炉给水控制系统串级三冲量给水控制逻辑图

超临界直流锅炉的给水控制系统采用中间点温度进行修正和采用中间点焓值进行修正各有优缺点：中间点温度测量方便，组态易于实现，但其反应没有中间点焓值灵敏；中间点焓值概念明确，代表了蒸汽的做功能力，对水煤比失调的反应比中间点温度快。随着 DCS 技术的不断提升，各 DCS 均开发有焓值计算模块，运行人员更倾向于采用中间点焓值修正的给水控制策略，两种方案总体思路一致，仅修正回路采用的控制参数不同。以下介绍以中间点焓值修正的超临界 CFB 锅炉给水控制策略。

超临界 CFB 锅炉给水控制系统（水跟煤方式）逻辑见图 16-15，锅炉给水流量指令由水煤比指令加上焓值修正输出组成。水煤比指令主要是由实际煤量经函数发生器生成，因给水流量调节回路比燃料量调节回路响应速度快，为了使给水和燃料两者相匹配，在水煤比指令生成回路中加入二阶惯性环节以使两者响应速度相匹配，防止水煤比失调。另外，由水煤比函数生成给水量指令的函数发生器输入值也有工程设置为主蒸汽流量或者锅炉主控输出值；焓值设定值主要由中间点压力对应的计算温度和中间点压力计算，并经中间点焓值高低限运算得出，焓值控制其修正具有一定的死区以防给水流量的微小波动，另在焓值控制器的输出设置一个函数发生器，函数发生器的输出范围一般设置为 0.8～1.2，确保给水流量的稳定。如图 16-15 所示，常规的给水控制系统设计中有时会增加其他给水量加速或者修正指令，该指令一般有由压力偏差信号计算得出的信号、考虑减温水量修正的信号、引入反映炉膛内热量变化的热量信号（采用风量、氧量等参数模拟计算）等几种形式。

超临界 CFB 锅炉给水控制系统（煤跟水方式）逻辑见图 16-16，锅炉燃料量指令由水煤比指令加上焓值修正输出组成。水煤比指令主要是由锅炉主控输出量经函数发生器生成，取消了水跟煤方式下采用的二阶惯性环节，由水煤比函数生成给水量指令的函数发生器输入值也可以设置为主蒸汽流量；焓值修正回路的控制逻辑与水跟煤方式下的回路设计一样，仅仅焓值控制其输出设置的函数发生器的输出值输出范围有所变化，取为 0.9～1.1 或者更小。

以煤跟水为基础的给水控制系统增加了由压力偏差信号计算得出的信号、考虑减温水量修正的信号、引入反应炉膛内热量变化的热量信号（采用风量、氧量等参数模拟计算）等几种形式。

采用水跟煤和煤跟水控制策略的给水控制系统两种方案各有优缺点。因给水量对中间点蒸汽温度的

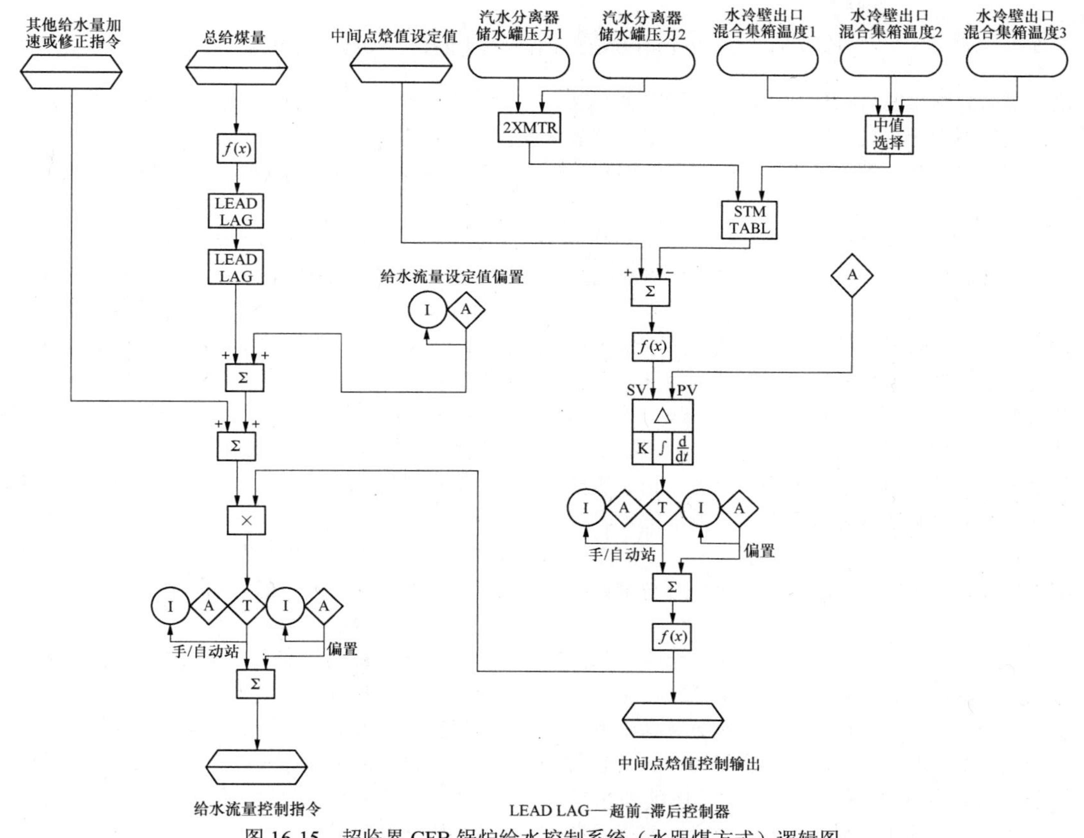

图 16-15 超临界 CFB 锅炉给水控制系统（水跟煤方式）逻辑图

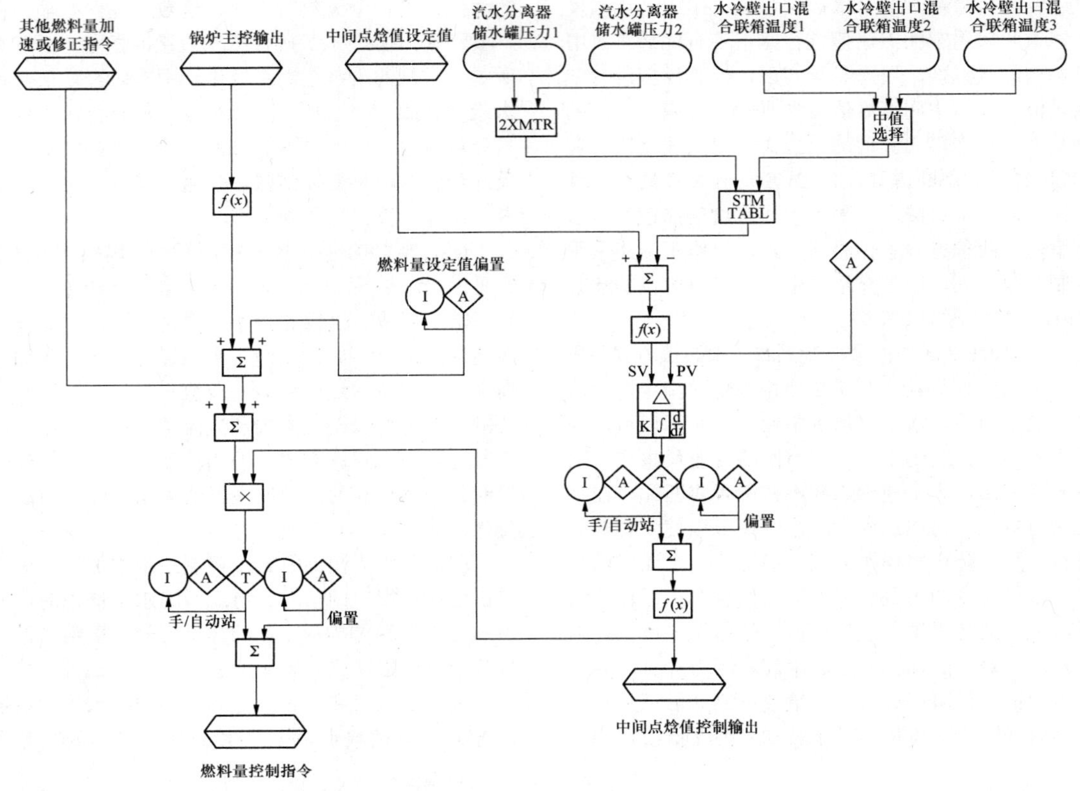

图 16-16　超临界 CFB 锅炉给水控制系统（煤跟水方式）逻辑图

响应快，采用水跟煤的给水控制策略有利于主蒸汽温度的控制，但不利于主蒸汽压力的控制；采用煤跟水的给水控制策略有利于主蒸汽压力的控制，但不利于主蒸汽温度的控制。

5. 过热蒸汽温度控制

亚临界 CFB 锅炉主蒸汽温度控制是以喷水减温为主。

超临界 CFB 锅炉主蒸汽温度控制是以水煤比控制的中间点温度调节为主，喷水减温控制为辅。主蒸汽温度减温水控制一般设计有两级或者三级，其控制原理基本一致，均采用串级控制系统，控制系统主调节器用于维持经过热器加热后的蒸汽温度，副调节器接受主调节器的输出信号和减温器出口温度信号，输出信号控制减温水调节阀开度。

超临界 CFB 锅炉主蒸汽温度控制系统逻辑见图 16-17。

超临界 CFB 锅炉主蒸汽温度控制系统除了以上基本串级控制回路设计之外，为了保证蒸汽过热度，在原有控制回路中往往会设计对应汽水分离器压力的减温器后蒸汽温度的调节回路，与串级控制回路输出进行小值比较后作为主蒸汽减温水调节阀的输出指令；作为调节手段的减温水对汽温的影响比其扰动量（烟气量、机组负荷）对汽温的影响要慢得多，在主调节回路中可以设置由机组主蒸汽流量计算产生的温度控制前馈信号，同时考虑锅炉总风量和烟气含氧量的热量信号；另外，此回路中也有将蒸汽温度设定值设计为随主蒸汽流量变化的可变设定值。

6. 再热蒸汽温度控制

CFB 锅炉再热蒸汽温度受机组负荷、燃料、减温水、烟气流量等多种因素的影响，其调节方法主要分为烟气侧调节和蒸汽侧调节两种。烟气侧调节是通过改变锅炉内辐射受热面与对流受热面的吸热量比例或者改变流经受热面的烟气量来调节，CFB 锅炉（内置床）再热蒸汽温度的调节是以尾部烟道挡板调节为主，喷水减温作为事故状态下的一种保障方法，对于带外置床（带再热器）的超临界 CFB 锅炉，以及带外置床的 300MW 亚临界 CFB 锅炉，则是通过控制回料量来调节再热蒸汽温度，辅以喷水减温控制。

CFB 锅炉再热蒸汽温度控制逻辑（内置床，尾部烟道挡板）见图 16-18。

炉膛尾部烟道调节挡板的控制主要是单回路加前馈控制，设定值由运行人员手动设置和由代表机组负荷的主蒸汽流量经函数计算得出；为了弥补再热蒸汽温度响应速度较慢的状况，设有主蒸汽流量和锅炉总风量信号变化的微分前馈。

CFB 锅炉再热蒸汽温度控制逻辑图（外置床、锥形阀）见图 16-19。

再热器外置床灰量控制回路采用前馈加修正、左右侧独立的控制方案。由锅炉负荷指令经过函数运算得到锥形阀基本的开度指令。由机组负荷指令经过函数运算后得到高温再热器（high temperature reheater，HTR）出口蒸汽温度的目标值。目标值经过限速模块后和当前实际蒸汽温度的偏差送到比例积分控制器，控制器的输出指令经过饱和非线性函数后作为锥形阀开度的修正，基本开度加上修正开度再经过小幅度振荡器就是最终的锥形阀开度指令。

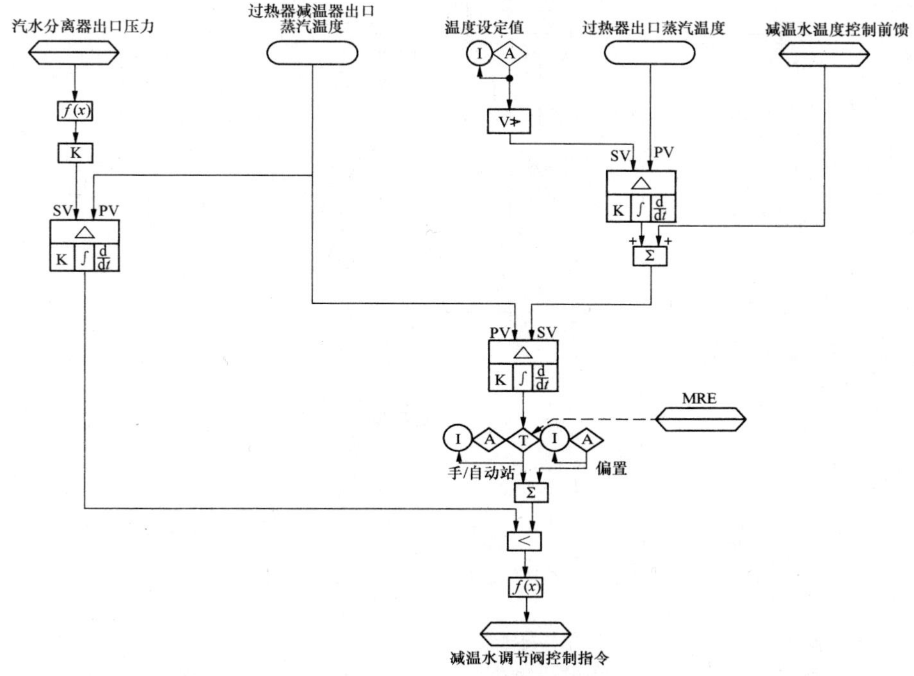

图 16-17 超临界 CFB 锅炉主蒸汽温度控制系统逻辑图

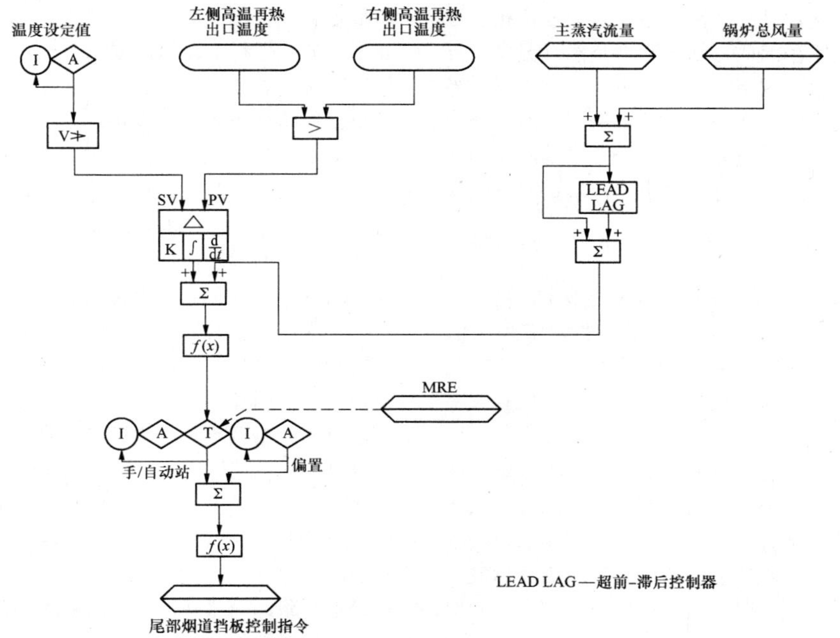

图 16-18 CFB 锅炉再热蒸汽温度控制逻辑图（内置床、尾部烟道挡板）

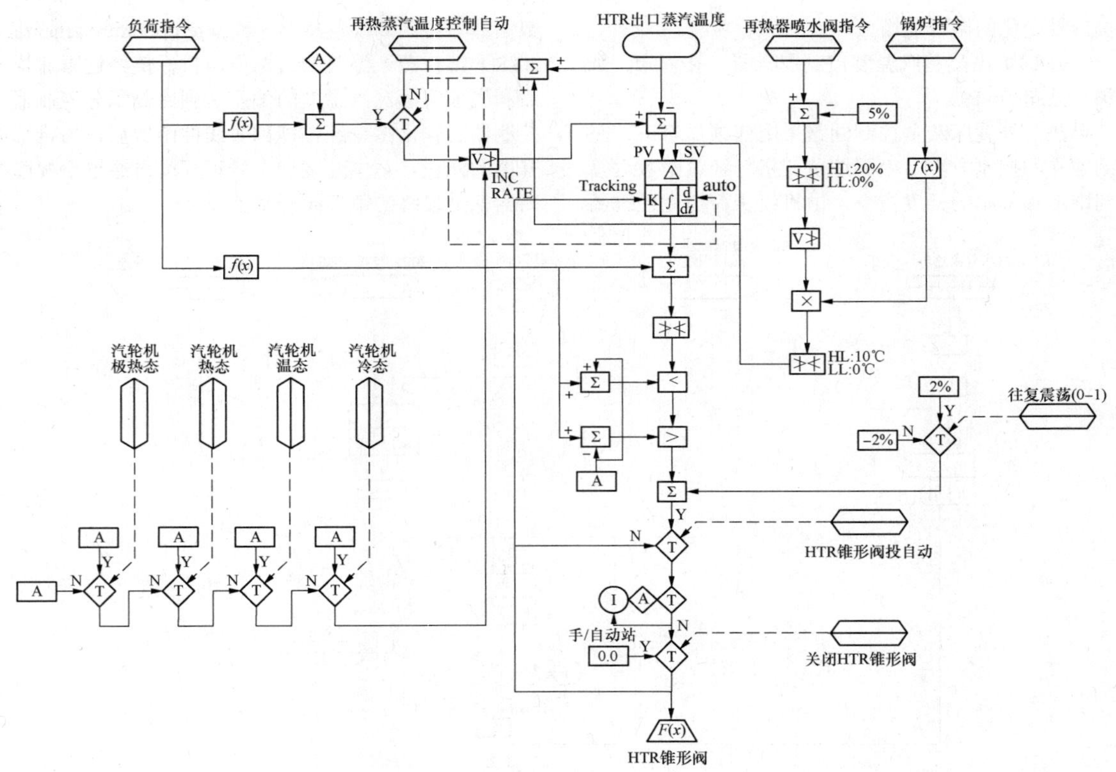

图 16-19　CFB 锅炉再热蒸汽温度控制逻辑图（外置床、锥形阀）

再热器事故喷水减温仅作为过渡和事故工况下紧急喷水用。只有在再热蒸汽温度实测值高出其设定值5℃后才投入工作。一旦烟气挡板调节或锥形阀回料量调节不能满足要求而使再热蒸汽温度与设定值相差过大时，才采用喷水减温的方法控制再热蒸汽温度。再热蒸汽温度事故喷水调节阀的逻辑设计与常规亚临界机组类似，一般有两种做法：一种是采用导前微分信号的双回路蒸汽温度控制系统；另一种是单回路加前馈控制的方案，其前馈信号由再热器入口蒸汽温度的微分信号生成。

7. 风量控制

CFB 锅炉风量控制系统的任务是保证维持一/二次风量的比例稳定、风机出口压力的稳定和保证一定的过量空气系数，控制对象主要是一/二次风机变频器、风机入口调节挡板及锅炉上、下层二次风门。

一般 CFB 锅炉风量控制方案的常见做法是二次风机变频器或者风机导叶挡板调节二次风压力，锅炉侧二次风门调节入炉总风量。二次风压控制系统接收锅炉负荷指令，经过函数运算得出二次风压目标值。目标值与实际风压（一般是热二次风母管压力）的偏差经过比例积分控制器，其输出指令经过平衡模块控制两台二次风机的入口导叶开度或转速。总风量设定值由锅炉负荷主控指令经函数变换得出，总风量指令与燃料量测量值进行交叉限制后作为总风量控制系统的给定值，以保证负荷增加时先加风后加燃料、负荷减小时先减燃料后减风的要求，从而保证锅炉负荷的稳定变化。总风量指令逻辑中往往还同时加入烟气含氧量偏差的修正，经过以炉膛安全燃料量为参考的最小值限制，并经过 RB 过程中单位时间风量指令下降的最小值限制，产生最终的总风量指令，总风量指令与当前实际总风量的偏差送入比例积分控制器，输出指令通过平衡模块控制空气预热器出口二次风挡板开度。CFB 锅炉送风量控制逻辑见图 16-20。

一次风主要对炉膛进行流化，并为燃料的燃烧提供初始燃烧氧气，保证炉膛内床料的充分流化及炉膛内物料沸腾循环。一次风量设定值由锅炉主控指令运算输出和床温调节对一次风量指令信号相加组成，通过对热一次风挡板进行调节，控制热一次风挡板开度，确保一次风量在不低于安全流化风量的前提下，满足锅炉负荷要求。另外，一次风量控制逻辑在床温过高时强制增加一次风量；控制逻辑中还设置有烟气含氧量修正回路，确保锅炉运行的经济环保性能。CFB 锅炉一次风量控制逻辑见图 16-21。

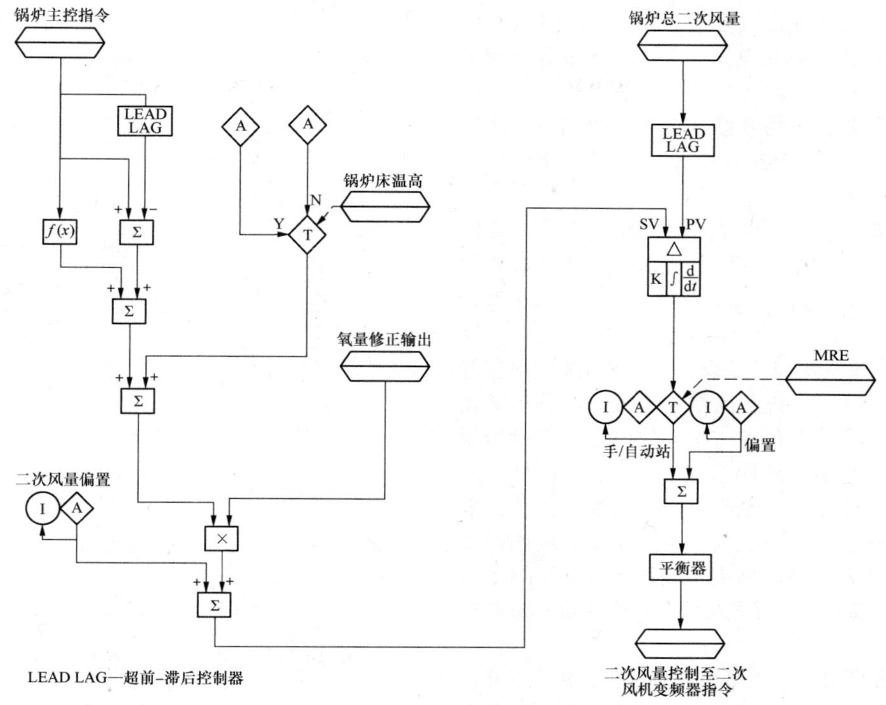

图 16-20　CFB 锅炉送风量控制逻辑图

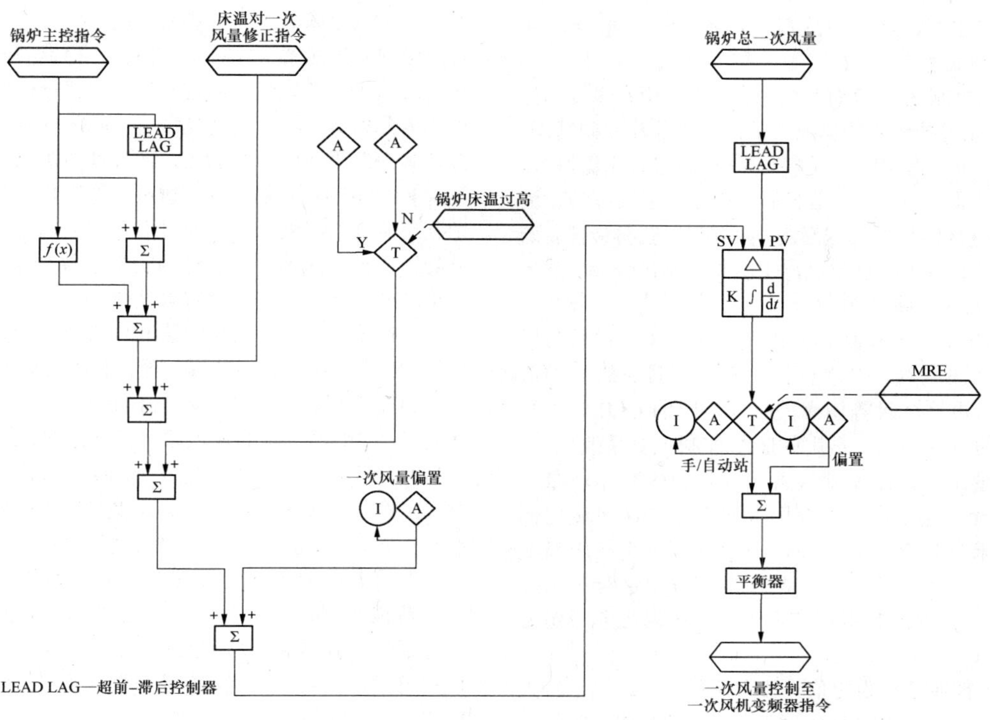

图 16-21　CFB 锅炉一次风量控制逻辑图

控制一次风压力的目的是保持空气预热器出口一次风压力与炉膛总差压相匹配，一次风压力设定值是左右两侧炉膛总差压（大选）的函数，经函数运算后的值与热一次风母管压力的偏差经过比例积分控制器，其输出指令经过平衡模块控制一次风机的入口导叶开度或转速（变频时），满足锅炉运行要求。

风量调节除了总风量、一次风量两个主要控制回路外，还有一次风机入口挡板门、二次风机入口挡板门、上下两层二次风门控制。风机入口挡板门主要是控制风机出口风压，二次风流量是由上下两层二次风门加以控制，二次风门一般设计为开环控制，风门开度由锅炉主控指令经折线函数计算得出，总风量指令与当前实际总风量的偏差送入比例积分控制器，输出指令控制左右腿外侧二次风门开度。另外，二次风门开度接受床温控制回路输出的修正指令，确保锅炉床温在合理范围之内；为了实现燃烧的精细化调整，风量各控制回路中一般均预留有手动增加偏置的功能，以方便运行人员依据锅炉工况和参数进行优化调整。

在回料器和外置床上都布置有高压流化风管路，每条管路上装有调节阀和风量测量装置，高压流化风量控制一般采用单回路 PID，手动设定风量。将风量目标值与当前实际风量的偏差送到比例积分控制器，其输出指令作为对应风门挡板的开度指令。

8. 床温控制

床温控制是 CFB 锅炉特有的，也是至关重要的控制系统，床温控制直接影响着炉内的脱硫和脱硝性能。通过在燃烧室密相区布置多支热电偶，进行床温测量，将多个测量值进行综合运算后，得出床温表征值。为了保证 CFB 锅炉的稳定燃烧，并有利于获得最佳脱硫效果和减少 NO_x 的排放量，床温需控制在合适的温度（一般是 850～900℃）。

由 CFB 锅炉控制对象特性可知，床温参数与燃料量、一次风量、二次风量、石灰石量、锅炉排渣量及烟气再循环量等均有关系，不同的 CFB 锅炉控制床温的方式不同，常用的床温控制主要是改变一、二次风量比例，改变烟气再循环量、床料循环量、锅炉排渣量等方式，以采用改变一、二次风量比例来控制床温的方式比较多，但因一次风引起床温变化具有逆向响应的特点，此种控制方案进行床温控制难度较大。CFB 锅炉（内置床）床温控制逻辑见图 16-22。

床温控制系统设定值一般有两种做法：由运行人员手动设定，由机组负荷或者主蒸汽流量等反映锅炉负荷的信号经函数变换得来。

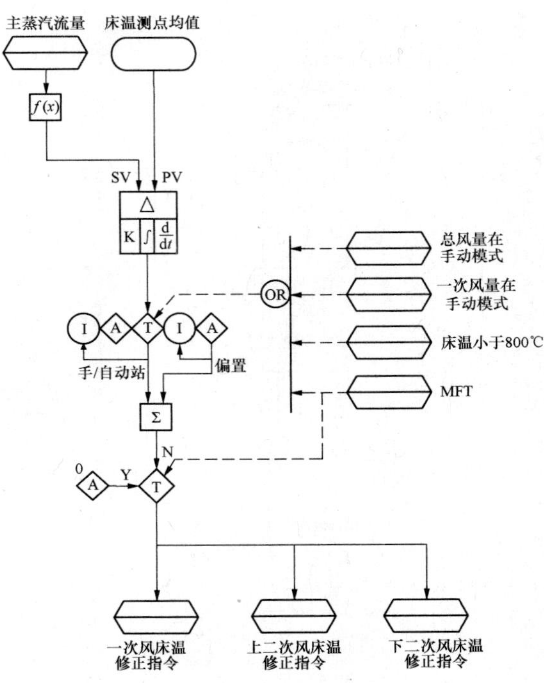

图 16-22　CFB 锅炉（内置床）床温控制逻辑图

带外置床的 300MW 亚临界 CFB 锅炉及 600MW 超临界 CFB 锅炉床温控制系统不采用调节一、二次风量的方法进行调整，而是采用调节部分回料器锥形阀的方法来调整床温，靠近炉后的两个外置床中布置的是两级中温过热器（ITS1 和 ITS2），控制其间的固体粒子流量来调节床温。通过开启回料器锥形阀引入部分旋风分离器回炉膛的高温物料（900～950℃），对布置在其中的受热面进行加热，经过换热降温的低温物料（400～650℃）重新进入炉膛。低温物料重新进入炉膛后能有效降低床温，通过调节回料器锥形阀用以分配进入外置床或回到炉膛的灰量来调节床温。CFB 锅炉（外置床）床温控制逻辑见图 16-23。

锅炉床温控制采用单回路 PID 控制，设定值和测量值的偏差进入 PI 调节器，经比例积分运算后作用于回料器锥形阀。为防止调节器的输出产生不必要的波动，在 PI 调节器的输入采用死区限制块，幅度为 ±10℃，即偏差在 ±10℃范围内，PI 调节器不参与控制。在稳定工况下，负荷、煤量和回料器锥形阀开度是一一对应的关系，引入了锅炉热负荷作为前馈信号：当热负荷增加时，提前开大回料器锥形阀；当热负荷减小时，提前关小回料器锥形阀。为了防止回料器锥形阀被灰粒堵塞，回料器锥形阀的开度不能长时间保持在同一位置，在调节器之后、手操器之前增加了一个振荡器，使锥形阀在给定值的 ±2%内来回波动。

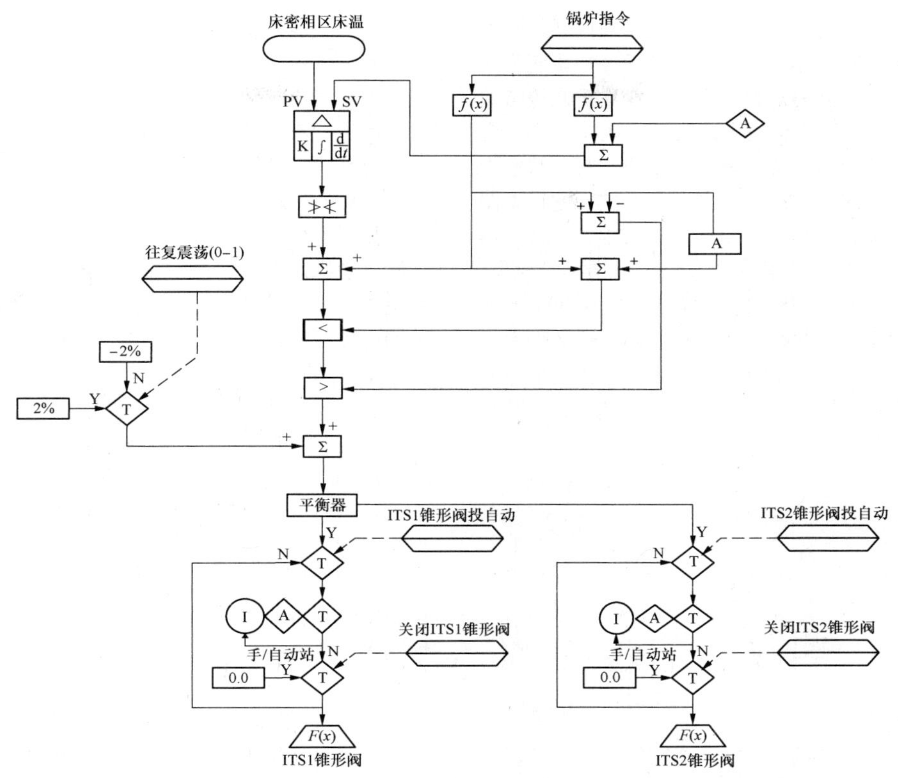

图 16-23　CFB 锅炉（外置床）床温控制逻辑图

9. 床压控制

循环流化床底部的床料由灰、渣及大颗粒的燃料组成。床料厚度直接影响到炉内流化状态、床温和传热效率、SO_2 脱除率，若床料存量小，则料层太薄，一方面炉膛内传热强度低，限制锅炉出力，对锅炉稳定运行不利；另一方面床料存量少，排渣可燃物含量高。若床料存量大，则料层太厚，流动阻力增加，导致风机电耗加大。床压控制主要是将 CFB 锅炉料层厚度控制在一定的范围内，其影响因素主要与锅炉负荷、一次风量、燃料量、床渣量及颗粒大小有关，一般床压控制在 4.5～5kPa。超临界 CFB 锅炉床压控制逻辑见图 16-24。超临界 CFB 锅炉床压控制与常规亚临界 CFB 锅炉类似，采用单回路 PID 控制冷渣器的转速来调整锅炉床压，有些机组的床压控制设定值由运行人员手动设定，有些机组直接由机组负荷或者主蒸汽流量等反映锅炉负荷的信号，通过函数运算得出床压的目标值。当前实际床压与目标值的偏差送到比例积分控制器，其输出指令经过平衡模块控制冷渣器的转速。通过改变冷渣器变频电动机的频率，改变冷渣器转速来控制排出锅炉的渣量，保证锅炉适宜的床压。

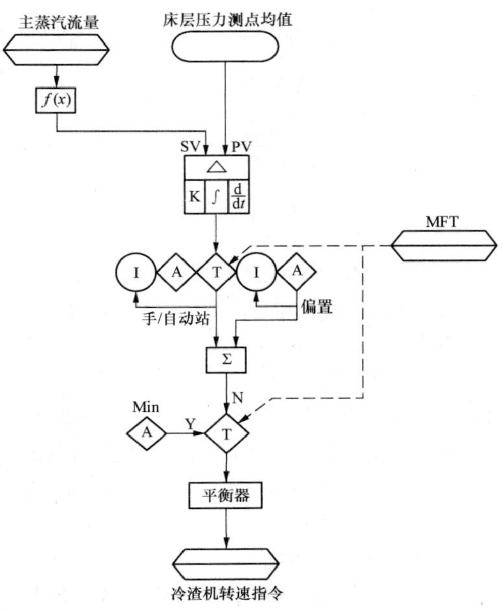

图 16-24　超临界 CFB 锅炉床压控制逻辑图

10. SO_2含量控制

CFB锅炉是炉内燃烧过程中脱硫，通过加入石灰石粉使煤燃烧产生的SO_2在炉膛内进行化学反应生成硫酸钙，降低烟气中SO_2的含量。CFB锅炉在脱硫的同时也降低了锅炉的燃烧效率，为了有效控制SO_2含量的同时保证锅炉的经济燃烧，必须控制石灰石粉加入量，维持最佳的Ca/S比；SO_2含量控制逻辑见图16-25，其中SO_2调节是一个串级PID控制，主调节器为SO_2控制器，副调节器为石灰石粉流量控制器。将实际总煤量乘以Ca/S比，计算出不同煤量下的投入石灰石粉量作为副回路石灰石粉量设定输入，而主回路二氧化硫含量调节器通过调整SO_2含量的偏差来修正投入石灰石粉量的设定。当发生MFT时，切除石灰石系统。

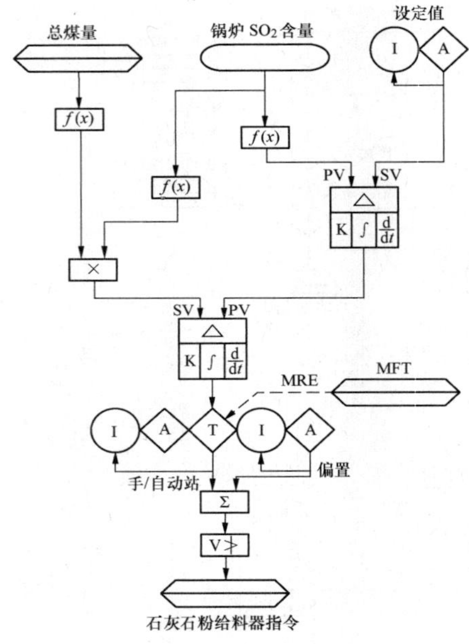

图16-25　SO_2含量控制逻辑图

11. 床枪入口燃油压力及流量控制

CFB锅炉点火系统因所用点火燃料不同，可分为以燃油为介质的点火系统和以天然气为介质的点火系统，一般均设计床下启动燃烧器点火方式，床上燃烧器用作点火或助燃，等到油燃烧器把床温升高到一定值后，再启动给煤装置。燃油压力及流量由供油系统母管上的再循环调节阀进行调节，采用单回路PID控制系统控制。

（二）顺序控制系统

随着单机容量的提高，辅机控制的复杂性和频繁程度都在增加，为了减少误操作的可能性和降低运行人员工作强度，需要对机炉电主要辅机系统采用顺序启停控制。

顺序控制功能根据工艺系统特点，采用分层控制的方法，一般包括机组级、功能组级、子组级和驱动级，用于完成电厂中设备的监视操作、顺序启停和联锁保护等功能。顺序控制一般具备完备的操作指导，以帮助运行人员快速、准确地处理机组启停和运行过程中出现的各种情况。

1. 机组级

循环流化床机组的机组级顺序控制和常规煤粉锅炉除了因锅炉系统的差别而有所不同外，在系统结构、实现方式等方面没有任何不同。因此在实现CFB机组级顺序控制时，同样需要解决一系列的难题，第一类难题是需要其他系统的配合和协调，包括协调控制系统（CCS）、模拟量自动控制系统（MCS）、炉膛安全监控系统、汽轮机数字电液控制系统（DEH）、给水泵汽轮机调节系统（MEH）、汽轮机旁路控制系统等。另一个难题是需要以一系列的全程自动控制系统作为保障，主要包括旁路全程控制、燃料全程控制、给水全程控制及升降负荷过程中燃料、负荷和主蒸汽压力的全程自动控制等。由于CFB锅炉的特性，在锅炉汽水、烟风全程自动控制方面，比常规煤粉锅炉难度更大。

2. 功能组级

CFB锅炉的顺序控制功能组主要内容见表16-8。

表16-8　CFB锅炉的顺序控制功能组主要内容

序号	功能组（子组）或系统	被控对象
1	给煤功能组	给煤机、给煤机出口闸门等
2	风烟系统	空气预热器、引风机、一次风机、二次风机、流化风机及各自的附属设备等
（1）	空气预热器	空气预热器主驱、副驱电动机、气动马达；支撑轴承油泵、导向轴承油泵、空气预热器一次风挡板、空气预热器二次风挡板、空气预热器烟气挡板等
（2）	引风机	引风机、引风机入口和出口电动阀、引风机冷却风机、稀油站油泵等
（3）	一次风机	一次风机、一次风机出口电动阀、稀油站油泵等
（4）	二次风机	二次风机、二次风机出口电动阀、稀油站油泵等
（5）	高压流化风机	流化风机、流化风机出口阀、排气空阀、油泵等
（6）	烟风通道开启子组	包括烟风通道中的所有挡板
3	锅炉给水疏水放气系统	锅炉给水、电动疏水阀、排气阀
4	锅炉减温水系统	过热器减温水电动阀、再热器减温水电动阀

续表

序号	功能组（子组）或系统	被控对象
5	石灰石粉系统	给料机、除铁器、输送机、提升机等
6	冷渣器	冷渣器、冷渣器炉膛排渣口排渣阀、冷渣器外置床排渣口排渣阀、冷渣器进出水电动阀

3. 子组级和驱动级

子组级顺序控制是将某台辅机及其附属设备（如润滑油系统、相关挡板、阀门）作为一个整体进行控制。子组级顺序控制用于完成辅机的自动启动及并列或辅机的自动停运。子组级顺序控制充分考虑了辅机设备的安全保护条件，并能对辅机设备的操作提供操作指导。驱动级控制包括所有电动机和执行器电磁阀等执行设备的控制，它是顺序控制功能的最小单元。

CFB 锅炉的顺序控制功能组（子组）或系统描述如下：

（1）给煤功能组。

1）给煤功能组启动顺序控制，见表 16-9。

表 16-9　给煤功能组启动顺序控制

步序	允许条件	指令
1	给煤机保护停没有动作	给煤机出口阀打开
2	给煤机出口阀已开	启动称重式给料机
3	称重式给料机已运行	给煤量投入自动调节，程序启动完成

2）给煤功能组停止顺序控制，见表 16-10。

表 16-10　给煤功能组停止顺序控制

步序	允许条件	指令
1		称重式给煤机转速置为最小值
2	称重式给煤机转速为最小值	停止称重式给料机
3	称重式给料机已停机	关闭给煤机出口阀
4	给煤机出口阀已关	程序停止完成

3）给煤功能组设备级（以 1 号给煤机为例），见表 16-11。

表 16-11　给 煤 功 能 组 设 备 级

项目	内　　容
启动允许条件	（1）1 号给煤机出口闸门开到位。 （2）给煤机出口挡板开到位
保护联锁条件	联锁停止条件（OR）： （1）锅炉 MFT 置位。 （2）一次风流量小于临界流化风量。 （3）投煤温度不满足。 （4）当有启动油枪着火时，床温低于 600℃，不允许投煤。当没有启动油枪着火时，床温低于 650℃，不允许投煤。 （5）给煤机停止按钮

（2）风烟系统功能组。

1）空气预热器功能子组（以空气预热器 A 为例）。

a．空气预热器 A 功能子组启动顺序控制，见表 16-12。

表 16-12　空气预热器 A 功能子组启动顺序控制

步序	允许条件	指令
1	空气预热器 A 启动指令	启动空气预热器 A 导向轴承油泵和支持轴承油泵
2	空气预热器 A 油站启动完成	启动空气预热器 A 主电动机
3	空气预热器 A 主电机已运行	开空气预热器 A 出口和入口二次风挡板
4	空气预热器 A 出口和入口二次风挡板已开	开空气预热器 A 出口和入口一次风挡板
5	空气预热器 A 出口和入口一次风挡板已开	开空气预热器 A 入口烟气挡板
6	空气预热器 A 入口烟气挡板已开	程序启动完成

b．空气预热器 A 功能子组停止顺序控制，见表 16-13。

表 16-13　空气预热器 A 功能子组停止顺序控制

步序	允许条件	指令
1	（1）空气预热器 A 停止指令。 （2）空气预热器 A 入口烟气温度低	关空气预热器 A 入口烟气电动挡板
2	空气预热器 A 入口烟气电动挡板已关	关空气预热器 A 出口和入口二次风挡板
3	空气预热器 A 出口和入口二次风挡板已关	关空气预热器 A 出口和入口一次风挡板
4	空气预热器 A 出口和入口一次风挡板	停空气预热器 A 主电动机
5	空气预热器 A 主电动机已停止	启动空气预热器 A 辅助电动机
6	空气预热器 A 辅助电动机已启动	程序停止完成

c．空气预热器功能子组设备级，见表16-14～表16-19。

表16-14 空气预热器A主（副）驱动电动机设备级

项目	内容
操作方式	（1）手动启停。 （2）备用启动。 （3）联锁停止
启动允许条件	（1）空气预热器A主（副）驱动电动机无故障。 （2）空气预热器A气动马达停止
停止允许条件	空气预热器A入口烟气温度低
联锁启动条件（投入备用条件下）	备用投入，空气预热器A副（主）驱动电动机跳闸位置
保护联锁条件	联锁停止允许条件：空气预热器A入口烟气温度低，延时且一/二次送风机、引风机停运。 保护跳闸条件：空气预热器A导向轴承超温或支持轴承超温

注 空气预热器A副驱电动机和气动马达一般延时或由运行人员根据实际工况停运。

表16-15 空气预热器A气动马达设备级

项目	内容
操作方式	（1）手动启停。 （2）联锁停止
启动允许条件	空气预热器A主、副驱动电动机都未运行
停止允许条件	空气预热器A入口烟气温度低，且送风机、引风机停运
联锁启动条件	空气预热器A主、副驱动电动机均事故停机，延时

表16-16 空气预热器A导向（支撑）轴承油泵设备级

项目	内容
操作方式	（1）手动启停。 （2）联锁启停
联锁启动条件	空气预热器A主驱动电动机运行，延时
保护联锁条件	空气预热器A主驱动电动机未运行，延时

表16-17 空气预热器A一次风入口挡板设备级

项目	内容
操作方式	（1）手动开关。 （2）联锁开关
打开条件	空气预热器A一次风入口挡板无故障
联锁打开条件	（1）本侧空气预热器运行。 （2）两侧空气预热器均停运，延时
联锁关闭条件	本侧空气预热器停运，延时，而对侧空气预热器运行

表16-18 空气预热器A入口烟气挡板设备级

项目	内容
操作方式	（1）手动开关。 （2）联锁关闭
联锁打开条件	（1）空气预热器A入口烟气挡板无故障。 （2）空气预热器A一次风入口挡板已开。 （3）空气预热器A出口内、外侧二次热风隔离挡板已开
联锁关闭条件	空气预热器A主驱动电动机未运行，延时

表16-19 空气预热器A出口内、外侧二次热风隔离挡板设备级

项目	内容
操作方式	（1）手动开关。 （2）联锁开关
联锁打开条件	（1）两侧空气预热器均停运，延时。 （2）本侧空气预热器运行
联锁关闭条件	本侧空气预热器停运延时，而对侧空气预热器运行

空气预热器A出口一、二次热风隔离挡板设备级：①操作方式：手动开关；②允许条件：挡板无故障。

2）一次风机功能子组（以一次风机A为例）。

a．一次风机A功能子组启动顺序控制，见表16-20。

表16-20 一次风机A功能子组启动顺序控制

步序	允许条件	指令
1	顺序控制启动条件满足	启动任一台稀油站油泵
2	一次风机A稀油站油泵启动完成	关闭一次风机A出口阀
3	一次风机A出口阀已关	一次风机A导叶开度置最小位小于5%
4	一次风机A导叶开度最小位小于5%	启动一次风机A
5	一次风机A已启动	开一次风机A出口阀
6	一次风机A出口阀已开	释放一次风机A导叶
7	一次风机A导叶已释放	程序启动完成

一次风机顺序控制启动条件包括（AND）：任意一台引风机运行；任意一台二次风机运行；任意两台高压流化风机运行；一次风机 A 前/后轴承温度小于设定值；一次风机 A 电动机前/后轴承温度小于设定值。

b．一次风机 A 功能子组停止顺序控制，见表 16-21。

表 16-21　一次风机 A 功能子组停止顺序控制

步序	允许条件	指令
1		一次风机 A 导叶置最小位小于 5%
2	一次风机 A 导叶最小位小于 5%	停止一次风机 A
3	一次风机 A 已停	关一次风机 A 出口阀
4	一次风机 A 出口阀已关	释放一次风机 A 导叶
5	一次风机 A 导叶已释放	程序停止完成

c．一次风机 A 功能子组设备级，见表 16-22～表 16-24。

表 16-22　一次风机 A 设备级

项目	内　容
操作方式	（1）手动启停。 （2）联锁启停。 （3）保护停止
启动允许条件（AND）	（1）一次风机 A 前/后轴承温度小于设定值。 （2）一次风机 A 电机前/后轴承温度小于设定值。 （3）一次风机 A 入口导叶位置最小。 （4）一次风机 A 出口阀关位。 （5）一次风机 A 允许远方操作。 （6）一次风机 A 无装置故障或控制回路故障（取非）。 （7）一次风机 A 无保护跳闸（取非）。 （8）任一台二次风机运行。 （9）任一台引风机运行。 （10）任两台高压流化风机运行。 （11）对应稀油站冷却水流量不低（取非）。 （12）任一次风机 A 稀油站油泵运行，且一次风机 A 稀油站油压正常（取非）。 （13）给水流量正常且旋风分离器出口温度高或旋风分离器出口温度低。 （14）无保护跳闸条件
保护联锁条件	联锁停止条件（OR）： （1）一次风机 A 前/后轴承温度大于设定值。 （2）一次风机 A 电动机前/后轴承温度大于设定值。 （3）一次风机 A 轴承径向振动大。 （4）一次风机 A 轴承水平振动大。 （5）一次风机 A 运行 60s 后，出口电动阀未开。 （6）一次风机 A 稀油站油泵均停运，延时。 （7）一次风机 A 稀油站油压低低。 （8）一次风机 A 保护跳闸。 （9）锅炉 BT 信号

表 16-23　一次风机 A 出口电动阀设备级

项目	内　容
操作方式	（1）手动开关。 （2）顺序控制开关。 （3）联锁开关
打开允许条件	一次风机 A 出口电动阀无故障
关闭允许条件	本侧一次风机 A 停运
联锁打开条件	本侧一次风机 A 运行
联锁关闭条件	本侧一次风机 A 停运，对侧一次风机 A 运行

表 16-24　一次风机 A 稀油站油泵设备级

项目	内　容
操作方式	（1）手动启停。 （2）备用启动。 （3）联锁停止
启动允许条件（AND）	（1）一次风机 A 稀油站 DCS 控制备妥。 （2）一次风机 A 稀油站正常。 （3）一次风机 A 稀油站冷却水流量不低
联锁启动条件（投入备用条件下）	备用投入，任意一次风机 A 稀油站油泵在跳闸位置
联锁停止条件（OR）	（1）一次风机 A 停运，延时。 （2）一次风机 A 稀油站轻故障。 （3）一次风机 A 稀油站重故障

3）二次风机功能子组（以二次风机 A 为例）。

a．二次风机 A 功能子组启动顺序控制，见表 16-25。

表 16-25　二次风机 A 功能子组启动顺序控制

步序	允许条件	指令
1	顺序控制启动条件满足	启动任一台稀油站油泵
2	二次风机 A 稀油站油泵启动完成	若对侧二次风机 A 未运行，开对侧二次风机 A 出口电动阀，置入口导叶全开位置
3	对侧二次风机 A 出口电动阀已开，入口导叶全开	二次风机 A 导叶开度置最小位小于 5%
4	二次风机 A 导叶开度最小位小于 5%	启动二次风机 A
5	二次风机 A 已启动	开本侧二次风机 A 出口阀
6	本侧二次风机A出口阀已开	释放二次风机 A 导叶
7	二次风机 A 导叶已释放	程序启动完成

二次风机顺序控制启动条件包括（AND）：任意一台引风机运行；任意两台高压流化风机运行。

b．二次风机A功能子组停止顺序控制，见表16-26。

表16-26　二次风机A功能子组停止顺序控制

步序	允许条件	指令
1		二次风机A导叶置最小位小于5%
2	二次风机A导叶最小位小于5%	停止二次风机A
3	二次风机A已停	关二次风机A出口阀
4	二次风机A出口阀已关	释放二次风机A导叶
5	二次风机A导叶已释放	程序停止完成

c．二次风机功能子组设备级，见表16-27。

表16-27　二次风机A设备级

项目	内容
操作方式	（1）手动启停。 （2）联锁启停。 （3）保护停止
启动允许条件（AND）	（1）二次风机A前/后轴承温度小于设定值。 （2）二次风机A电机前/后轴承温度小于设定值。 （3）二次风机A入口导叶关状态。 （4）二次风机A出口电动阀关位。 （5）二次风机A允许远方操作。 （6）二次风机A无装置故障或控制回路故障（取非）。 （7）二次风机A无保护跳闸。 （8）任一引风机在运行。 （9）任意两台高压流化风机运行。 （10）给水流量正常且旋风分离器出口温度高或旋风分离器出口温度低。 （11）无保护跳闸条件
保护联锁条件	联锁停止条件（OR）： （1）二次风机A前/后轴承温度大于设定值。 （2）二次风机A电动机前/后轴承温度大于设定值。 （3）二次风机A轴承径向振动大。 （4）二次风机A轴承水平振动大。 （5）二次风机A运行60s后，出口电动阀未开。 （6）一次风机A稀油站油泵均停运，延时。 （7）一次风机A稀油站油压低低。 （8）二次风机A保护跳闸。 （9）锅炉BT信号

二次风机A出口电动阀门设备级：控制和一次风机出口电动阀门类似，不再赘述。

二次风机A稀油站油泵设备级：控制和一次风机稀油站油泵类似，不再赘述。

4）引风机功能子组（以引风机A为例）。

a．引风机A功能子组启动顺序控制，见表16-28。

表16-28　引风机A功能子组启动顺序控制

步序	允许条件	指令
1	顺序控制启动条件满足	启动任一台引风机A冷却风机
2	引风机A冷却风机已启动	启动任一台引风机A稀油站油泵
3	引风机A稀油站油泵启动完成	关引风机A入口阀
4	引风机A入口阀已关	开引风机A出口阀
5	引风机A出口阀已开	引风机A导叶开度置最小位小于5%
6	引风机A导叶开度最小位小于5%	启动引风机A
7	引风机A已启动	开一次风机A入口阀
8	引风机A入口阀已开	释放引风机A导叶
9	引风机A导叶已释放	程序启动完成

引风机顺序控制启动条件包括（AND）：空气预热器A运行且引风机A入口烟气隔断电动阀已开；引风机A轴承温度小于设定值。

b．引风机A功能子组停止顺序控制。见表16-29。

表16-29　引风机A功能子组停止顺序控制

步序	允许条件	指令
1		引风机A导叶置最小位小于5%
2	引风机A导叶最小位小于5%	停止引风机A
3	引风机A已停	关引风机A入口阀
4	引风机A入口阀已关	释放引风机A导叶
5	引风机A导叶已释放	程序停止完成

c.引风机功能子组设备级，见表16-30～表16-32。

表16-30　引风机A设备级

项目	内容
操作方式	（1）手动启停。 （2）联锁启停。 （3）保护停止
启动允许条件（AND）	（1）引风机A轴承温度小于设定值。 （2）引风机A电动机前/后轴承温度小于设定值。 （3）引风机A入口电动阀关位。 （4）引风机A出口电动阀开位。 （5）引风机A允许远方操作。 （6）引风机A无装置故障或控制回路故障（取非）。 （7）引风机A无保护跳闸（取非）。 （8）任一台引风机A冷却风机运行。

续表

项目	内　　容
启动允许条件（AND）	（9）任一台引风机 A 稀油站油泵运行。 （10）任意一侧空气预热器 A 运行。 （11）引风机 A 入口导叶阀位最小。 （12）无跳闸条件
保护联锁条件	联锁停止条件（OR）： （1）引风机 A 轴承温度大于设定值。 （2）引风机 A 电动机前/后轴承温度大于设定值。 （3）引风机 A 轴承水平振动大于设定值。 （4）引风机 A 轴承垂直振动大于设定值。 （5）空气预热器 A 主/副驱动电动机均停运，且延时。 （6）引风机 A 运行后，出口电动阀仍处于关位。 （7）引风机 A 稀油站供油压力低低。 （8）引风机 A 稀油站油泵均跳闸（取非）。 （9）引风机 A 保护跳闸。 （10）炉膛压力低低，延时

表 16-31　引风机 A 入（出）口电动阀门设备级

项目	内　　容
操作方式	（1）手动开关。 （2）顺序控制开关。 （3）联锁开关
打开允许条件	引风机 A 入（出）口电动阀门无故障
关闭允许条件	本侧引风机停运
联锁打开条件	（1）本侧引风机运行，延时。 （2）两侧引风机均停
联锁关闭条件	本侧引风机停运，对侧引风机运行

引风机 A 稀油站油泵设备级：控制和一次风机稀油站油泵类似，不再赘述。

表 16-32　引风机 A 冷却风机设备级

项目	内　　容
操作方式	（1）手动启停。 （2）顺序控制启停。 （3）联锁启停
启动允许条件	（1）冷却风机无保护动作或故障。 （2）冷却风机允许远方操作
停止允许条件	（1）引风机停止运行，延时。 （2）另外一冷却风机运行延时，且引风机轴承温度小于设定值
联锁启动条件	（1）备用投入，运行风机停运，联锁启备用风机。 （2）备用投入，另一冷却风机运行延时，且引风机轴承温度大于设定值，联锁启备用风机

5）高压流化风机功能子组（以高压流化风机 A 为例）。

a．高压流化风机 A 功能子组启动顺序控制，见表 16-33。

表 16-33　高压流化风机 A 功能子组启动顺序控制

步序	允许条件	指令
1	顺序控制启动条件满足	置高压流化风机 A 入口导叶最小（气动入口阀）和关闭出口气动阀（电动出口阀）
2	高压流化风机 A 入口导叶最小（气动入口阀）和关闭出口气动阀门（电动出口阀门）	打开出口排空电动阀门（排气阀门）、放空阀
3	出口排空电动阀门（排气阀门）、放空阀门已开	启动高压流化风机 A
4	高压流化风机 A 已启动	打开高压流化风机 A 入口导叶大于 30%（进口阀门）
5	高压流化风机 A 入口导叶大于 30%（进口阀门）已开	关闭出口排空电动阀门（排气阀门）放空阀门
6	出口排空电动阀门（排气阀门）放空阀门已关	释放高压流化风机 A 入口导叶
7	高压流化风机 A 导叶已释放	程序启动完成

高压流化风机顺序控制启动条件包括（AND）：任意一台引风机运行；高压流化风机 A 前/后轴承温度小于设定值。

b．高压流化风机 A 功能子组停止顺序控制，见表 16-34。

表 16-34　高压流化风机 A 功能子组停止顺序控制

步序	允许条件	指令
1		打开出口排空电动阀门（排气阀门）放空阀
2	打开出口排空电动阀门（排气阀门）放空阀已开	停止高压流化风机 A
3	高压流化风机 A 已停	关闭出口气动阀（出口阀）
4	出口气动阀（出口阀）已关	关闭出口排空电动阀门（排气阀门）放空阀
5	出口排空电动阀门（排气阀门）放空阀已关	置高压流化风机 A 入口导叶最小（入口阀）
6	高压流化风机 A 入口导叶最小（入口阀）	程序停止完成

c．流化风机功能子组设备级，见表 16-35。

表 16-35　流化风机 A 设备级

项目	内　　容
操作方式	（1）手动启停。 （2）备用启动。 （3）保护停止

续表

项目	内　　容
启动允许条件（AND）	（1）高压流化风机A前/后轴承温度小于设定值。 （2）高压流化风机A电动机前/后轴承温度小于设定值。 （3）高压流化风机A入口导叶阀关阀位小于5%。 （4）高压流化风机A出口气动阀开阀位。 （5）高压流化风机A出口排空电动阀开阀位。 （6）高压流化风机A稀油站系统正常。 （7）高压流化风机A允许远方操作。 （8）高压流化风机A无装置故障或控制回路故障（取非）。 （9）高压流化风机A无保护跳闸（取非）。 （10）任一台引风机运行。 （11）无保护跳闸条件。 （12）蒸汽通道打开：高压旁路非关，低压旁路或高空排气任意一个打开，或蒸汽流量大于设定值
保护联锁条件	（1）联锁停止条件（OR）： （2）高压流化风机A前/后轴承温度大于设定值。 （3）高压流化风机A电动机前/后轴承温度大于设定值。 （4）高压流化风机A前/后轴承x向振动大。 （5）高压流化风机A前/后轴承y向振动大。 （6）高压流化风机A稀油站系统重故障。 （7）高压流化风机A启动，出口气动阀且出口排空电动阀门均未开。 （8）高压流化风机A保护跳闸。 （9）两台引风机全停。 （10）锅炉BT动作，延时
联锁备用条件（OR）	五台高压流化风机四运一备，当一台运行中的流化风机跳闸时，应联锁启动备用流化风机；当四台流化风机运行时，高压流化风母管压力低于40kPa，应联锁启动备用风机

高压流化风机出口气动阀门、出口排空电动阀门设备级：控制和一次风机类似，不再赘述。

设备级流化风机A稀油站油泵：控制和一次风机稀油站油泵类似，不再赘述。

6）烟风通道开启功能子组。该子组项包括烟风通道中的所有挡板，目的是建立畅通的“空气通路”，它是指从送风机经炉膛、引风机到烟囱的通路，其条件见表16-36。

表16-36　烟风通道开启功能子组完成条件

项目	内　　容
完成条件（AND）	（1）引风机出入口挡板未关闭。 （2）一次风机A/B出入口挡板未关闭。 （3）二次风机A/B出入口挡板未关闭。 （4）所有播煤风挡板未关闭。 （5）所有二次风调节挡板未关闭。 （6）所有冷渣器风量挡板未关闭。 （7）所有点火风控制挡板未关闭。 （8）无引风机停止条件存在

（3）锅炉给水疏水放气系统。

1）锅炉给水电动阀门。包括给水操作台主路电动阀门、给水操作台旁路电动阀门、中隔墙冷却水母管电动阀门、中隔墙冷却水支管电动阀门。

操作方式：手动开关。

允许条件：电动阀门无故障。

2）锅炉疏水阀门。包括省煤器进口疏水阀电动阀门、前水冷壁进口联箱及前水冷壁上联箱疏水电动阀门、后水冷壁进口联箱及后水冷壁上联箱疏水电动阀门、水冷壁出口混合联箱疏水电动阀门、后竖井包墙下联箱疏水电动阀门、右侧墙水冷壁进口联箱及中隔墙下联箱疏水电动阀门、屏式过热器出口水压堵阀前疏水电动阀门、左侧墙水冷壁进口联箱疏水电动阀门、旋风分离器左侧/右侧进口疏水电动阀门、屏式过热器出口左侧/右侧疏水电动阀门、再循环泵出口疏水电动阀门、再循环泵出口止回阀后疏水电动阀门、再循环泵过冷水管路疏水电动阀门、中隔墙水量调节管路疏水电动阀门、集中下水管分配头疏水电动阀门、低温过热器进口疏水电动阀门、一级/二级/三级过热器减温水管路疏水电动阀门、左侧/右侧中温过热器Ⅰ进口疏水电动阀门、左侧/右侧中温过热器Ⅱ进口/出口疏水电动阀门、中温过热器Ⅰ出口联箱疏水电动阀门。

操作方式：手动开关。

允许条件：电动阀门无故障。

3）锅炉启动系统阀门。包括锅炉启动系统疏水泵至凝汽器、水处理站电动阀门，锅炉启动系统储水罐水位调节电动进口管电动阀门。

操作方式：手动开关。

允许条件：电动阀门无故障。

4）锅炉启动系统疏水泵，其顺序控制见表16-37。

表16-37　锅炉启动系统疏水泵顺序控制

项目	内　　容
操作方式	手动启停
启动允许条件（AND）	（1）锅炉启动系统疏水泵无保护动作或故障。 （2）锅炉启动系统疏水泵允许远方操作

5）锅炉启动系统疏水泵出口电动阀门，其顺序控制见表16-38。

表16-38　锅炉启动系统疏水泵出口电动阀门顺序控制

项目	内　　容
操作方式	（1）手动开关。 （2）联锁开关
启动允许条件	锅炉启动系统疏水泵出口电动阀门无故障
联锁打开条件	锅炉启动系统疏水泵合闸位置
联锁关闭条件	锅炉启动系统疏水泵跳闸位置

（4）锅炉减温水系统。

1）过热器减温水电动阀门。包括：

a．过热器减温水总管电动阀门。

b．过热器一级/二级/三级减温水左侧/右侧调节阀后电动阀门。

操作方式：手动开关。

允许条件：电动阀门无故障。

保护关闭条件：锅炉BT动作。

c．过热器一级/二级/三级减温水进水电动阀门。

d．储水罐至过热器二级减温水支管电动阀门。

e．储水罐至过热器二级减温水总管电动阀门。

操作方式：手动开关。

允许条件：电动阀门无故障。

2）再热器减温水电动阀门。包括：

a．低温再热器进口水压堵阀后疏水电动阀门。

b．左侧/右侧高温再热器进口/出口疏水电动阀门。

c．左侧/右侧再热器减温水调节阀前/后电动阀门。

操作方式：手动开关。

允许条件：电动阀门无故障。

d．再热器减温水管疏水电动阀门。

操作方式：手动开关。

允许条件：电动阀门无故障。

保护关闭条件：锅炉BT动作。

（5）石灰石粉系统。石灰石粉系统设备主要包括给料机、除铁器、输送机、提升机等，操作方式包括手动操作和联锁操作两种方式，按照制造厂资料进行顺序控制设计。

（6）冷渣器功能组。

1）冷渣器（以冷渣器A为例），见表16-39。

表16-39　　冷渣器A功能组

项目	内　　容
操作方式	（1）手动启停。 （2）保护停止
启动允许条件	（1）冷渣器A冷却水不超温。 （2）冷渣器A冷却水压不高。 （3）冷渣器A冷却水压不低。 （4）冷渣器A允许远控。 （5）冷渣器A无故障。 （6）冷渣器A移位不超限。 （7）冷渣器A进出水电动阀门均打开。 （8）对应的斗式提升机运行。 （9）对应的埋刮板输送机运行。 （10）冷渣器冷却水总流量大于设定值
保护联锁条件	联锁停止条件： （1）冷渣器A故障。 （2）冷渣器A冷却水压低。 （3）冷渣器A冷却水压高。 （4）冷渣器A冷却水超温。 （5）冷渣器A移位超限。 （6）冷渣器A进出水电动阀门均未打开。 （7）对应的斗式提升机停运。 （8）对应的埋刮板输送机停运

2）冷渣器阀门。

a．炉膛排渣口排渣阀门。

b．冷渣器外置床排渣口排渣阀门。

c．冷渣器出水电动阀门。

d．冷渣器进水气动调节阀旁路可调电动阀门。

e．冷渣器进水电动阀门。

f．冷渣器出水可调电动阀门。

操作方式：手动开关。

允许条件：阀门无故障。

联锁关闭条件：冷渣器停运，延时。

3）斗式提升机和埋刮板输送机。设备主要包括斗式提升机和埋刮板输送机等，操作方式包括手动操作和联锁操作两种方式，按照制造厂资料进行顺序控制设计。

4．锅炉主要启停顺序

（1）循环流化床锅炉启动顺序：

1）锅炉启动检查。

2）启动空气预热器。

3）启动风机：①引风机；②高压流化风机；③二次风机；④一次风机。

4）开高压旁路阀门。

5）启动风道燃烧器。

6）启动床枪。

7）启动燃料供应。

8）启动石灰石粉供应。

9）启动电除尘器。

（2）循环流化床锅炉停炉顺序：

1）停止燃料供应。

2）停止石灰石粉供应。

3）停运除尘器。

4）停运床枪和启动燃烧器。

5）停运风机：①一次风机；②二次风机；③流化风机；④引风机。

6）停运空气预热器。

第四节　常见循环流化床锅炉仪表与控制设计举例

一、不带外置床的300MW亚临界CFB锅炉仪表与控制设计举例

（一）CFB锅炉烟风系统

锅炉采用1025t/h亚临界CFB锅炉，单炉膛，一次中间再热、单汽包自然循环、全钢架支吊结构、露天布置。采用高温冷却式旋风分离器进行气固分离。CFB锅炉烟风系统主要由一次风系统、二次风系统、播煤风系统、高压流化风系统、尾部烟气系统、锅炉

本体烟风系统、一次风机本体系统、一次风机稀油站系统、二次风机本体系统、二次风机稀油站系统、引风机本体系统、引风机稀油站系统等组成。

1. 一次风系统

一次风主要是作为炉膛的物料流化风，使循环物料在不同负荷下维持预期的流化速度。部分一次冷风作为给煤机的密封风。部分一次热风作为播煤风。每台CFB锅炉配置两台双吸离心式一次风机，通过风机入口导叶和变频调速装置自动调节风机流量与压力。每台风机出口装有电动隔离风门，空气分别进入空气预热器加热至269℃。在一次风机后，两台一次风机出口两根冷风管之间装有冷风联络风道，在一次风机出口设有至给煤机的密封风，以及接至热风风道的炉膛快速冷却风。一次风系统受控设备清单见表16-40，一次风系统I/O清单见表16-41，一次风系统仪表控制系统图见图16-26。

表16-40　一次风系统受控设备清单

序号	名称	负荷类型	备注
1	一次风机A	交流6kV	MT
2	一次风机B	交流6kV	MT
3	一次风机A进口风量调节挡板	交流380V	MCV
4	一次风机B进口风量调节挡板	交流380V	MCV
5	锅炉左侧一次热风调节风门A	交流380V	MCV
6	锅炉左侧一次热风调节风门B	交流380V	MCV
7	锅炉左侧一次热风调节风门C	交流380V	MCV
8	锅炉右侧一次热风调节风门A	交流380V	MCV
9	锅炉右侧一次热风调节风门B	交流380V	MCV
10	锅炉右侧一次热风调节风门C	交流380V	MCV
11	一次冷风道快冷风门	交流380V	MV
12	称重式给煤机密封风母管电动阀门	交流380V	MV
13	一次风机A出口挡板	交流380V	MV
14	一次风机B出口挡板	交流380V	MV
15	称重式给煤机A1密封风门	交流380V	MV
16	称重式给煤机A2密封风门	交流380V	MV
17	称重式给煤机B1密封风门	交流380V	MV
18	称重式给煤机B2密封风门	交流380V	MV
19	称重式给煤机C1密封风门	交流380V	MV
20	称重式给煤机C2密封风门	交流380V	MV
21	称重式给煤机D1密封风门	交流380V	MV
22	称重式给煤机D2密封风门	交流380V	MV

注　负荷类型包括交流6kV电动机（MT）、电动调节阀门（MCV）、电动阀门（MV）。

表16-41　一次风系统I/O清单

序号	I/O类型	I/O数量	备注
1	AI　4～20mA	22	
2	AI　Pt100	2	
3	AI　TCK	16	
4	AO	4	
5	DI	62	
6	DO	22	

注　本表为一台不带外置床的300MW亚临界CFB锅炉一次风系统I/O总数。

2. 二次风系统

二次风主要是作为燃料燃烧的助燃风，二次风经空气预热器加热后，分上二次风、下二次风分别进入二次风联箱。二次风风机采用室外双吸风，经二次风机加压后进入空气预热器加热至269℃。

每台CFB锅炉配置两台二次风机，二次风机配变频器，通过风机入口导叶和变频调速自动调节风机流量与压力。在二次风机出口设有电动隔离风门，作关断用。在二次风机后，两台风机出口两根冷风管之间装有冷风联络风道。二次风系统受控设备清单见表16-42，二次风系统I/O清单见表16-43，二次风系统仪表控制系统图见图16-27。

表16-42　二次风系统受控设备清单

序号	名称	负荷类型	备注
1	二次风机A	交流6kV	MT
2	二次风机B	交流6kV	MT
3	二次风机A入口导叶	交流380V	MCV
4	二次风机B入口导叶	交流380V	MCV
5	二次风机A出口挡板门	交流380V	MV
6	二次风机B出口挡板门	交流380V	MV
7	左侧前墙上二次风电动调节风门	交流380V	MCV
8	左侧前墙下二次风电动调节风门	交流380V	MCV
9	左侧前墙床上燃烧器二次风电动调节风门	交流380V	MCV
10	左侧后墙上二次风电动调节风门	交流380V	MCV
11	左侧后墙下二次风电动调节风门	交流380V	MCV
12	左侧后墙床上燃烧器二次风电动调节风门	交流380V	MCV
13	右侧前墙上二次风电动调节风门	交流380V	MCV
14	右侧前墙下二次风电动调节风门	交流380V	MCV
15	右侧前墙床上燃烧器二次风电动调节风门	交流380V	MCV
16	右侧后墙上二次风电动调节风门	交流380V	MCV
17	右侧后墙下二次风电动调节风门	交流380V	MCV
18	右侧后墙床上燃烧器二次风电动调节风门	交流380V	MCV

注　负荷类型包括交流6kV电动机（MT）、电动调节阀门（MCV）、电动阀门（MV）。

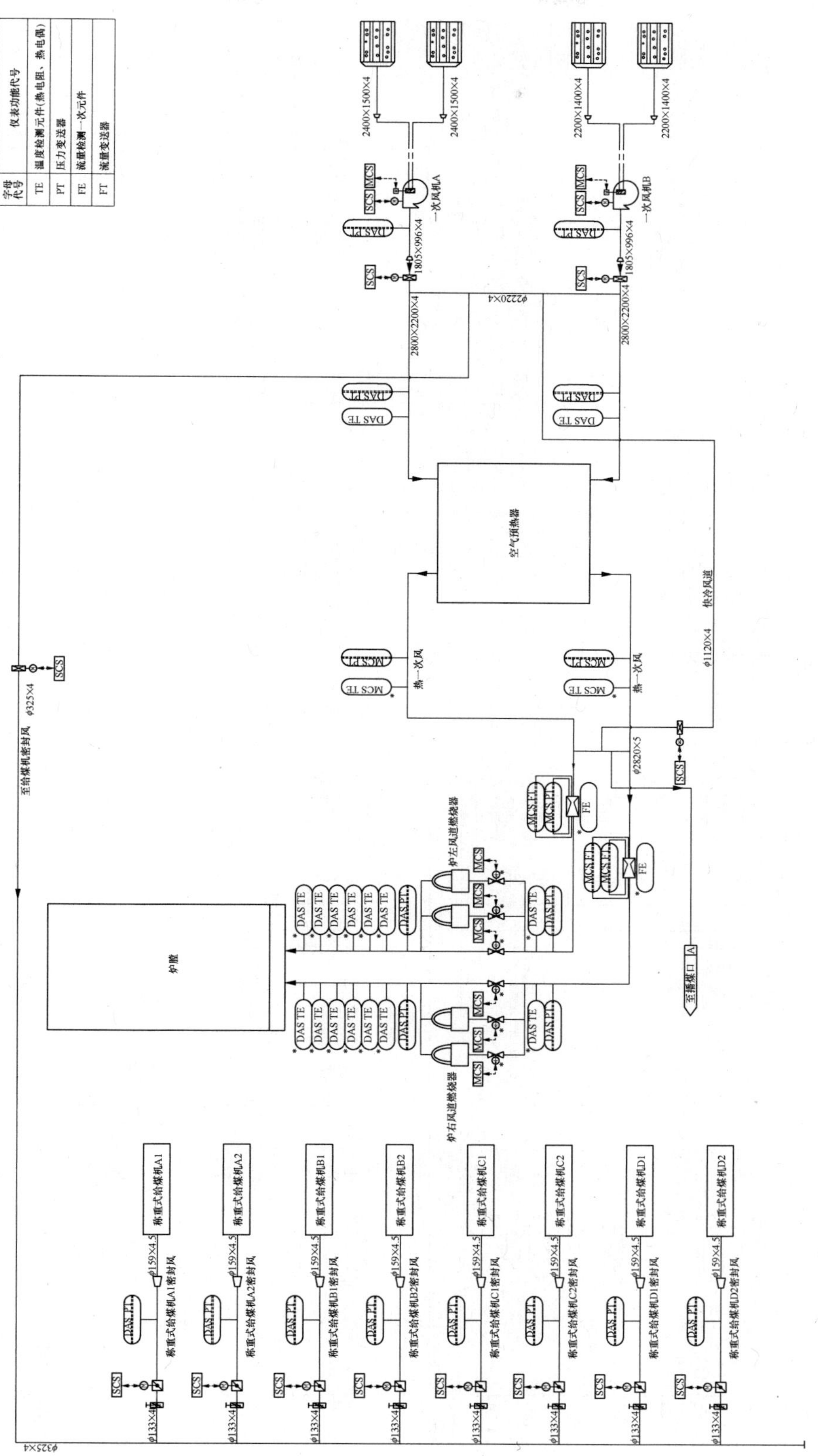

图 16-26　一次风系统仪表控制系统图

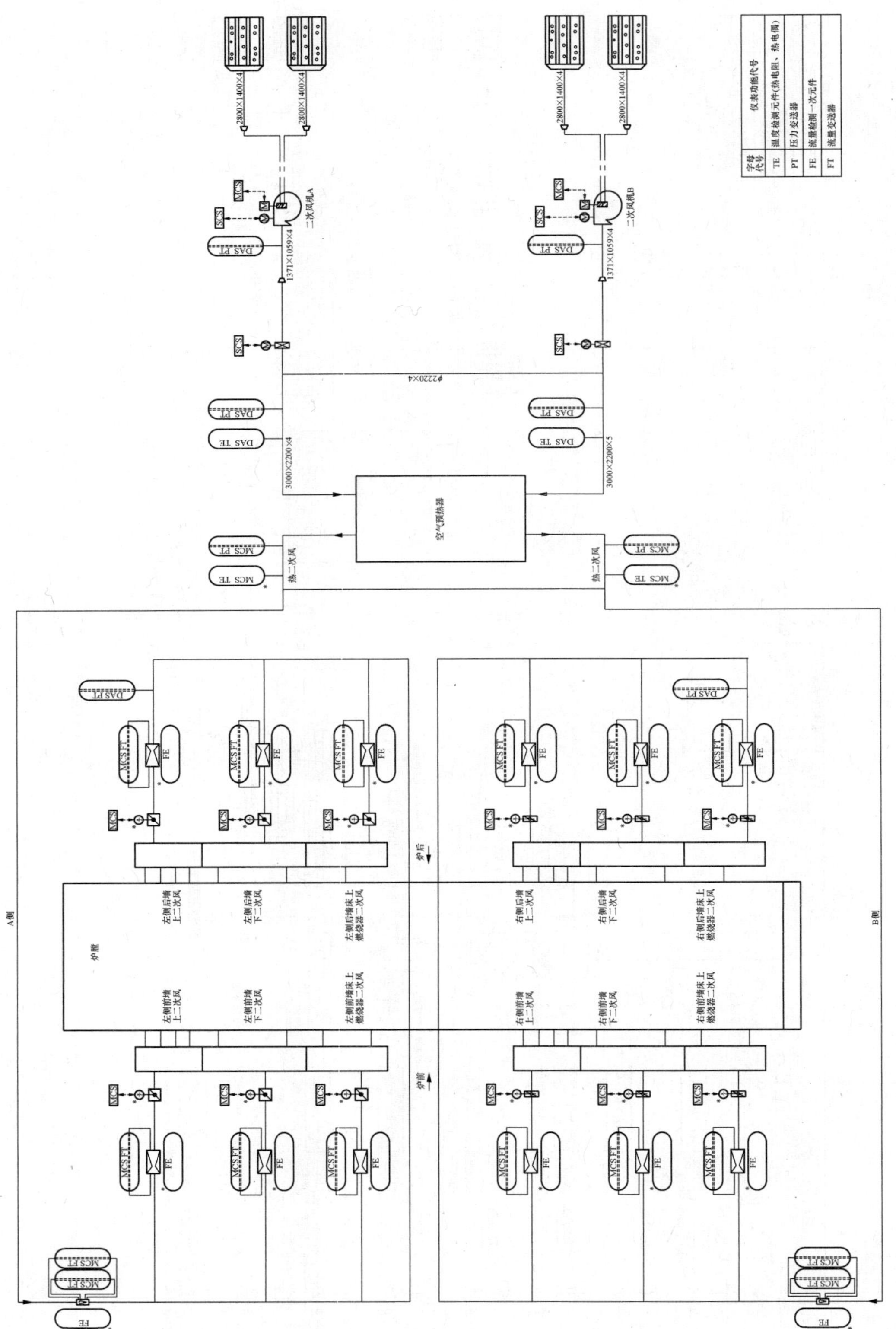

图 16-27　二次风系统仪表控制系统图

表 16-43 二次风系统 I/O 清单

序号	I/O 类型	I/O 数量	备注
1	AI 4～20mA	44	
2	AI Pt100	2	
3	AI TCK	2	
4	AO	16	
5	DI	80	
6	DO	16	

注 本表为一台不带外置床的 300MW 亚临界 CFB 锅炉二次风系统 I/O 总数。

3. 播煤风系统（如有）

播煤风系统主要作用是保证炉内的热烟气不外窜；使给煤机来煤能更好地播撒进炉床内，防止燃料在落煤口形成堆积，以使煤和炉膛内的热物料更好地混合，促使炉床内温度均匀；高速的热烟气可以防止燃料水分大时，在落煤管内积结造成堵塞。

播煤风系统受控设备清单见表 16-44，播煤风系统 I/O 清单见表 16-45，播煤风系统仪表控制系统图见图 16-28。

表 16-44 播煤风系统受控设备清单

序号	名称	负荷类型	备注
1	播煤风母管电动阀门	交流 380V	MV
2	播煤口 A1 播煤风电动调节总风门	交流 380V	MCV
3	播煤口 A2 播煤风电动调节总风门	交流 380V	MCV
4	播煤口 B1 播煤风电动调节总风门	交流 380V	MCV
5	播煤口 B2 播煤风电动调节总风门	交流 380V	MCV
6	播煤口 C1 播煤风电动调节总风门	交流 380V	MCV
7	播煤口 C2 播煤风电动调节总风门	交流 380V	MCV
8	播煤口 D1 播煤风电动调节总风门	交流 380V	MCV
9	播煤口 D2 播煤风电动调节总风门	交流 380V	MCV

注 负荷类型包括电动调节阀门（MCV）、电动阀门（MV）等。

表 16-45 播煤风系统 I/O 清单

序号	I/O 类型	I/O 数量	备注
1	AI 4～20mA	32	
2	AI TCK	1	
3	AO	8	
4	DI	27	
5	DO	2	

注 本表为一台不带外置床的 300MW 亚临界 CFB 锅炉播煤风系统 I/O 总数。

4. 高压流化风系统

高压流化风系统主要是向 U 阀提供一定流量的流化风。每台 CFB 锅炉配置 3 台流化风机并联运行，其中二运一备，通过风机入口调节风门自动调节风机流量与压力。每台风机出口装有止回阀和电动隔离风门，合并后至流化风母管，再通过各自支管分别至 U 阀作为流化风，部分冷风作为床上床下油枪密封风。

高压流化风系统受控设备清单见表 16-46，高压流化风系统 I/O 清单见表 16-47，高压流化风系统仪表控制系统图见图 16-29。

表 16-46 高压流化风系统受控设备清单

序号	名称	负荷类型	备注
1	高压流化风机 A	交流 6kV	MT
2	高压流化风机 B	交流 6kV	MT
3	高压流化风机 C	交流 6kV	MT
4	高压流化风机 A 入口导叶	交流 380V	MCV
5	高压流化风机 B 入口导叶	交流 380V	MCV
6	高压流化风机 C 入口导叶	交流 380V	MCV
7	高压流化风机 A 排空调节风门	交流 380V	MCV
8	高压流化风机 B 排空调节风门	交流 380V	MCV
9	高压流化风机 C 排空调节风门	交流 380V	MCV
10	高压流化风机 A 出口挡板门	交流 380V	MV
11	高压流化风机 B 出口挡板门	交流 380V	MV
12	高压流化风机 C 出口挡板门	交流 380V	MV
13	U 阀 A 风室流化风量（底部）调节阀门 1	交流 380V	MCV
14	U 阀 A 风室流化风量（底部）调节阀门 2	交流 380V	MCV
15	U 阀 A 风室流化风量（底部）调节阀门 3	交流 380V	MCV
16	U 阀 A 放灰管电动阀门	交流 380V	MV
17	U 阀 B 风室流化风量（底部）调节阀门 1	交流 380V	MCV
18	U 阀 B 风室流化风量（底部）调节阀门 2	交流 380V	MCV
19	U 阀 B 风室流化风量（底部）调节阀门 3	交流 380V	MCV
20	U 阀 B 放灰管电动阀	交流 380V	MV
21	U 阀 C 风室流化风量（底部）调节阀门 1	交流 380V	MCV
22	U 阀 C 风室流化风量（底部）调节阀门 2	交流 380V	MCV
23	U 阀 C 风室流化风量（底部）调节阀门 3	交流 380V	MCV
24	U 阀 C 放灰管电动阀门	交流 380V	MV

注 负荷类型包括交流 6kV 电动机（MT）、交流 380V 电动机（MT）、电动调节阀门（MCV）、电动阀门（MV）等。

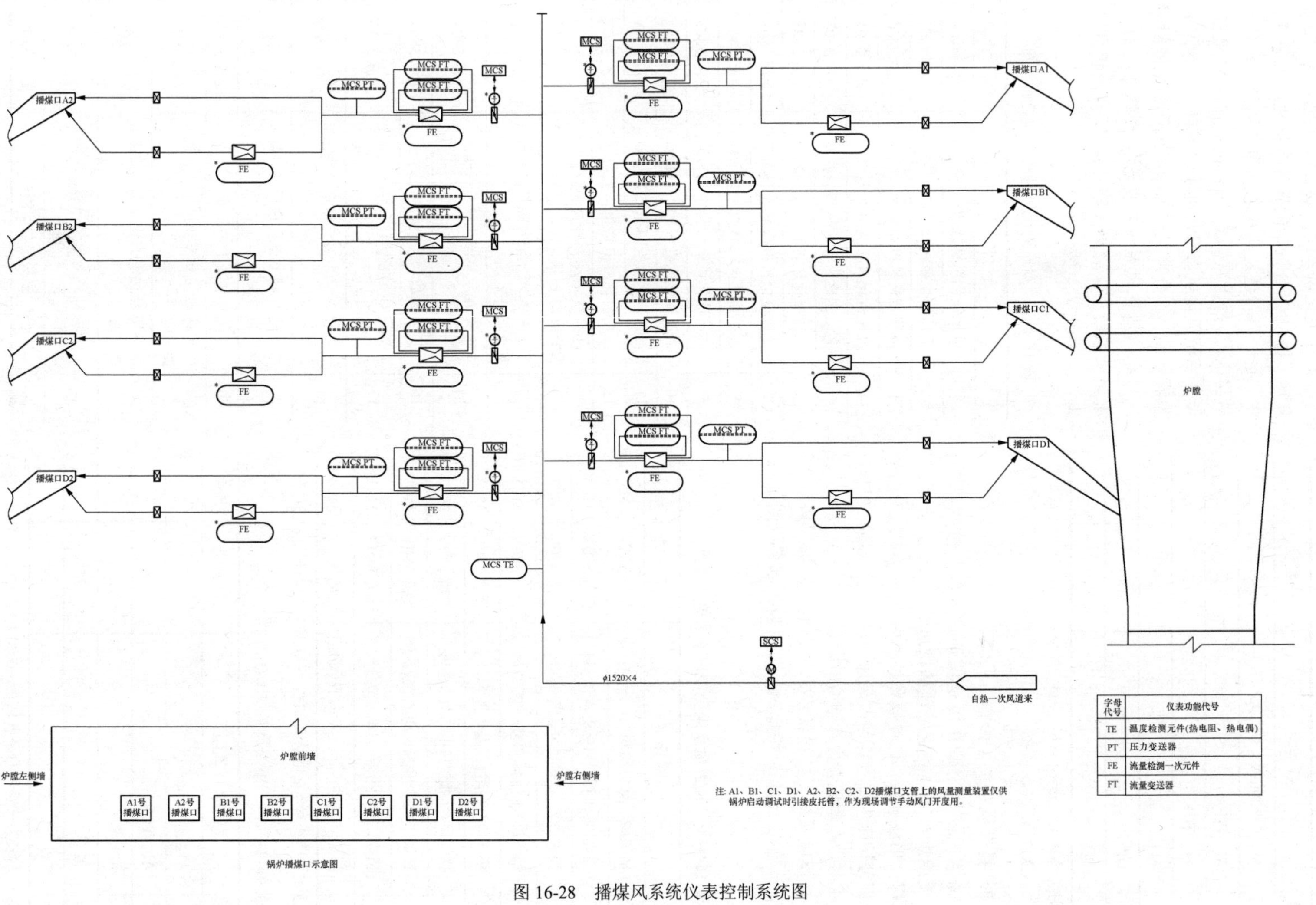

图 16-28　播煤风系统仪表控制系统图

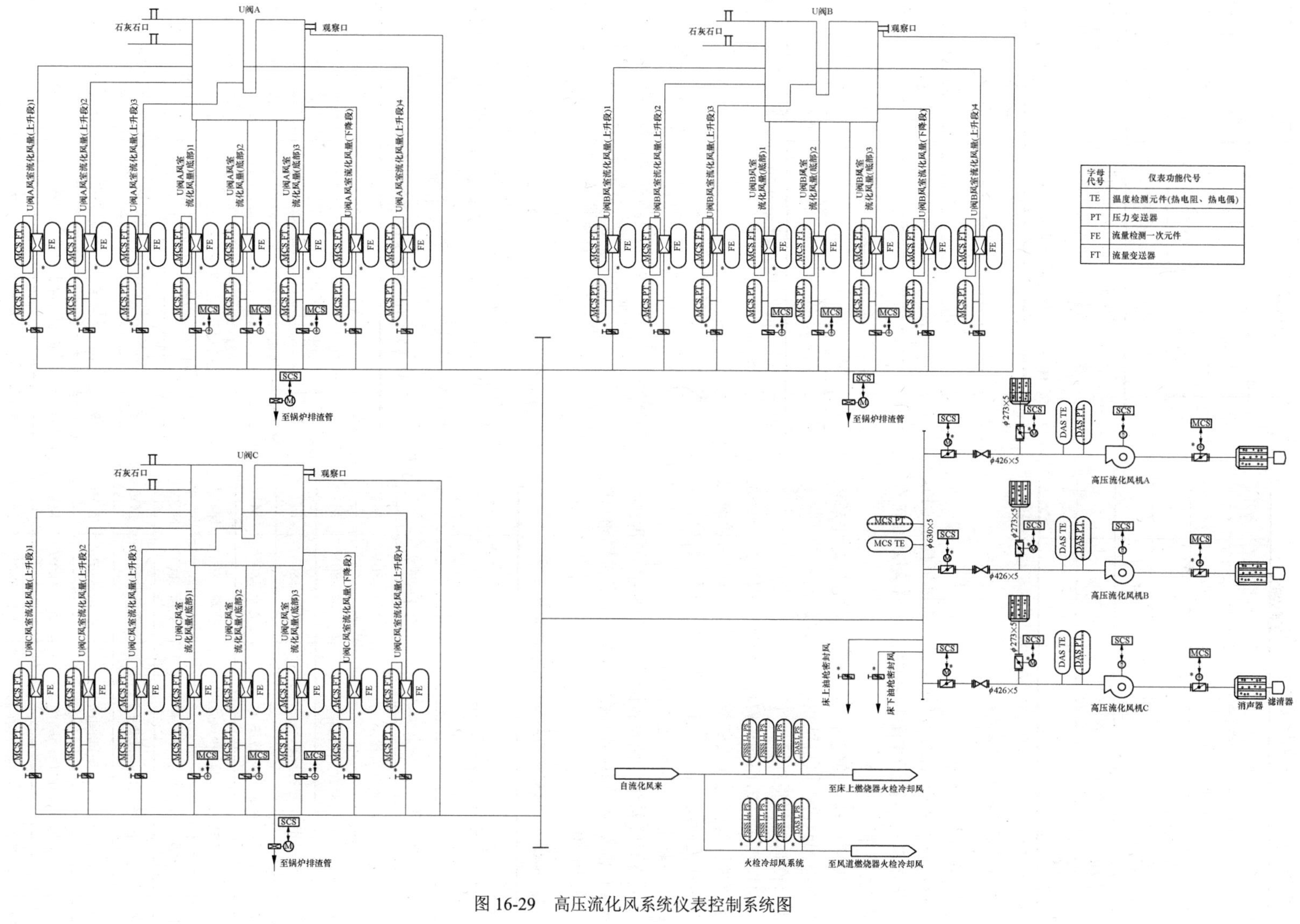

图 16-29　高压流化风系统仪表控制系统图

表 16-47　高压流化风系统 I/O 清单

序号	I/O 类型	I/O 数量	备注
1	AI 4～20mA	73	
2	AI RTD	4	
3	AO	15	
4	DI	89	
5	DO	18	

注　本表为一台不带外置床的 300MW 亚临界 CFB 锅炉高压流化风系统 I/O 总数。

5. 尾部烟气系统

该系统由两台双级动叶可调轴流引风机抽出 CFB 锅炉燃烧烟气。每台 CFB 锅炉配置两台双级动叶可调轴流式引风机。

空气预热器后烟气进入电袋除尘器，经除尘后烟气分别进入两台引风机抽出，经烟囱排入大气。除尘器进口设有电动关断阀。

引风机进、出口均设有电动隔离风门。当一台风机事故进行检修时作关断烟气用；在引风机启停时也作开启和关断用；同时在锅炉低负荷，引风机单边运行时作关断用（关断停运引风机）。

尾部烟气系统受控设备清单见表 16-48，尾部烟气系统 I/O 清单见表 16-49，尾部烟气系统仪表控制系统图见图 16-30。

表 16-48　尾部烟气系统受控设备清单

序号	名称	负荷类型	备注
1	引风机 A	交流 6kV	MT
2	引风机 B	交流 6kV	MT
3	引风机 A 密封风机 A	交流 380V	MT
4	引风机 A 密封风机 B	交流 380V	MT
5	引风机 B 密封风机 A	交流 380V	MT
6	引风机 B 密封风机 B	交流 380V	MT
7	引风机 A 入口动叶执行器	交流 380V	MCV
8	引风机 B 入口动叶执行器	交流 380V	MCV
9	除尘器 A 入口电动阀门 1	交流 380V	MV
10	除尘器 A 入口电动阀门 2	交流 380V	MV
11	除尘器 B 入口电动阀门 1	交流 380V	MV
12	除尘器 B 入口电动阀门 2	交流 380V	MV
13	引风机 A 入口烟气挡板执行器 A	交流 380V	MV
14	引风机 A 入口烟气挡板执行器 B	交流 380V	MV
15	引风机 B 入口烟气挡板执行器 A	交流 380V	MV
16	引风机 B 入口烟气挡板执行器 B	交流 380V	MV

注　负荷类型包括交流 6kV 电动机、交流 380V 电动机（MT）、电动调节阀门（MCV）、电动阀门（MV）等。

表 16-49　尾部烟气系统 I/O 清单

序号	I/O 类型	I/O 数量	备注
1	AI 4～20mA	22	
2	AI TCK	8	
3	AO	2	
4	DI	60	
5	DO	28	

注　本表为一台不带外置床的 300MW 亚临界 CFB 锅炉尾部烟气系统 I/O 总数。

6. 锅炉本体烟风系统

锅炉炉膛里燃烧产生的烟气从炉膛里出来后先经过旋风分离器。在旋风分离器里，较粗的灰被分离出来，通过回料器进入炉膛，而烟气则夹带较细的灰进入尾部受热面，经过省煤器、空气预热器、除尘器和引风机，由烟囱排入大气。锅炉本体烟风系统受控设备清单见表 16-50，锅炉本体烟风系统 I/O 清单见表 16-51，锅炉本体烟风系统仪表控制系统图见图 16-31（见文后插页），锅炉本体旋风筒壁温仪表控制系统图见图 16-32，锅炉 U 阀本体仪表控制系统图见图 16-33。

表 16-50　锅炉本体烟风系统受控设备清单

序号	名称	负荷类型	备注
1	低温再热器出口烟气挡板 1	交流 380V	MCV
2	低温再热器出口烟气挡板 2	交流 380V	MCV
3	低温再热器出口烟气挡板 3	交流 380V	MCV
4	低温再热器出口烟气挡板 4	交流 380V	MCV
5	低温过热器出口烟气挡板 1	交流 380V	MCV
6	低温过热器出口烟气挡板 2	交流 380V	MCV
7	低温过热器出口烟气挡板 3	交流 380V	MCV
8	低温过热器出口烟气挡板 4	交流 380V	MCV

注　负荷类型包括电动调节阀门（MCV）。

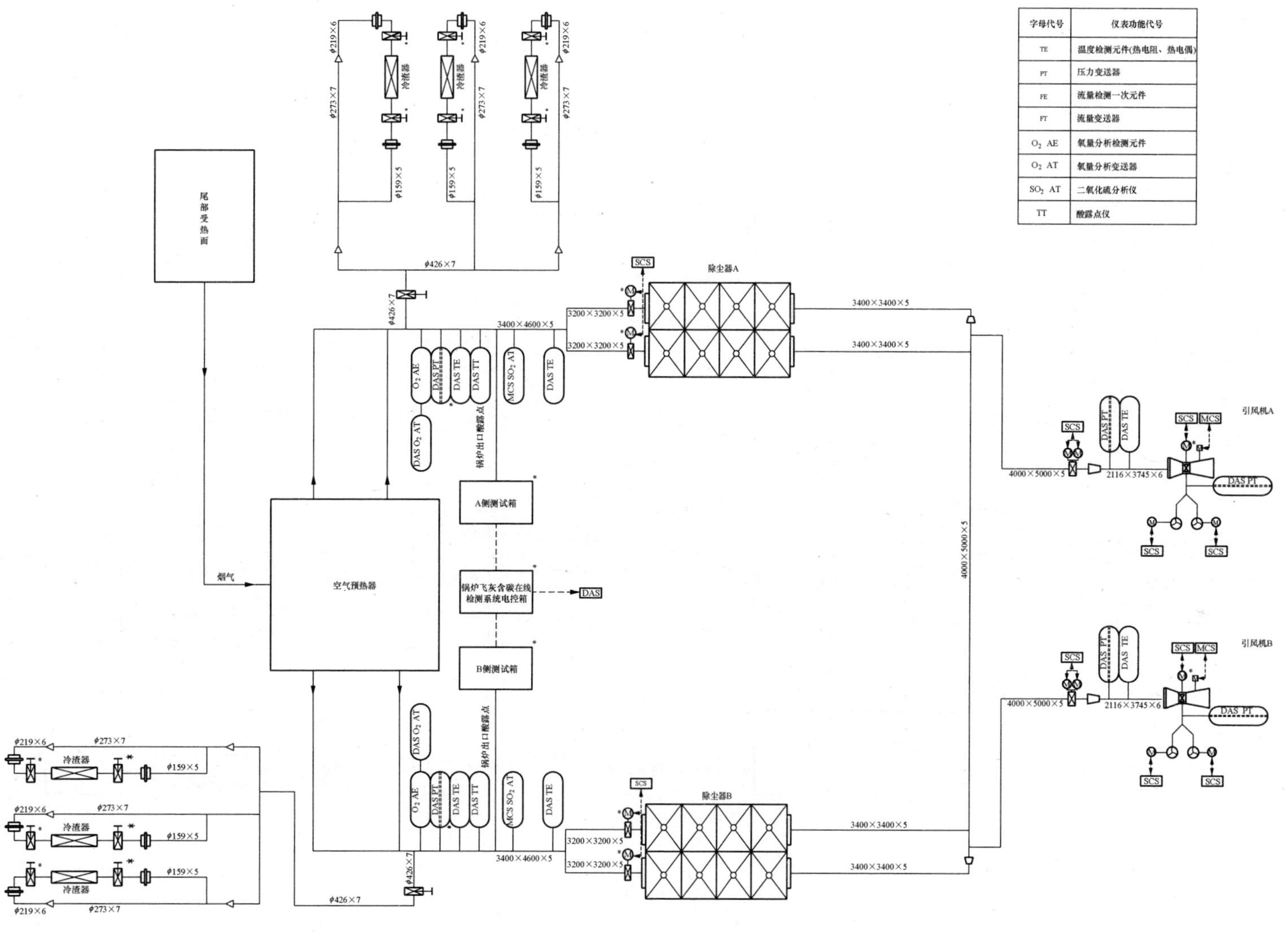

字母代号	仪表功能代号
TE	温度检测元件(热电阻、热电偶)
PT	压力变送器
FE	流量检测一次元件
FT	流量变送器
O_2 AE	氧量分析检测元件
O_2 AT	氧量分析变送器
SO_2 AT	二氧化硫分析仪
TT	酸露点仪

图 16-30　尾部烟气系统仪表控制系统图

炉左(面向炉前方向)

旋风筒(旋风分离器)Ⅰ

上部，沿周向均匀布置

53 * DAS TE 旋风筒Ⅰ上部壁温1
53 * DAS TE 旋风筒Ⅰ上部壁温2
53 * DAS TE 旋风筒Ⅰ上部壁温3
53 * DAS TE 旋风筒Ⅰ上部壁温4

下部，沿周向均匀布置

53 * DAS TE 旋风筒Ⅰ下部壁温1
53 * DAS TE 旋风筒Ⅰ下部壁温2
53 * DAS TE 旋风筒Ⅰ下部壁温3
53 * DAS TE 旋风筒Ⅰ下部壁温4
53 * DAS TE 旋风筒Ⅰ下部壁温5
53 * DAS TE 旋风筒Ⅰ下部壁温6
53 * DAS TE 旋风筒Ⅰ下部壁温7
53 * DAS TE 旋风筒Ⅰ下部壁温8

旋风筒(旋风分离器)Ⅱ

上部，沿周向均匀布置

53 * DAS TE 旋风筒Ⅱ上部壁温1
53 * DAS TE 旋风筒Ⅱ上部壁温2
53 * DAS TE 旋风筒Ⅱ上部壁温3
53 * DAS TE 旋风筒Ⅱ上部壁温4

下部，沿周向均匀布置

53 * DAS TE 旋风筒Ⅱ下部壁温1
53 * DAS TE 旋风筒Ⅱ下部壁温2
53 * DAS TE 旋风筒Ⅱ下部壁温3
53 * DAS TE 旋风筒Ⅱ下部壁温4
53 * DAS TE 旋风筒Ⅱ下部壁温5
53 * DAS TE 旋风筒Ⅱ下部壁温6
53 * DAS TE 旋风筒Ⅱ下部壁温7
53 * DAS TE 旋风筒Ⅱ下部壁温8

旋风筒(旋风分离器)Ⅲ

上部，沿周向均匀布置

53 * DAS TE 旋风筒Ⅲ上部壁温1
53 * DAS TE 旋风筒Ⅲ上部壁温2
53 * DAS TE 旋风筒Ⅲ上部壁温3
53 * DAS TE 旋风筒Ⅲ上部壁温4

下部，沿周向均匀布置

53 * DAS TE 旋风筒Ⅲ下部壁温1
53 * DAS TE 旋风筒Ⅲ下部壁温2
53 * DAS TE 旋风筒Ⅲ下部壁温3
53 * DAS TE 旋风筒Ⅲ下部壁温4
53 * DAS TE 旋风筒Ⅲ下部壁温5
53 * DAS TE 旋风筒Ⅲ下部壁温6
53 * DAS TE 旋风筒Ⅲ下部壁温7
53 * DAS TE 旋风筒Ⅲ下部壁温8

炉右(面向炉前方向)

字母代号	仪表功能代号
TE	温度检测元件(热电阻、热电偶)
PT	压力变送器
FE	流量检测一次元件
FT	流量变送器
O_2 AE	氧量分析检测元件
O_2 AT	氧量分析变送器
SO_2 AT	二氧化硫分析仪
TT	酸露点仪

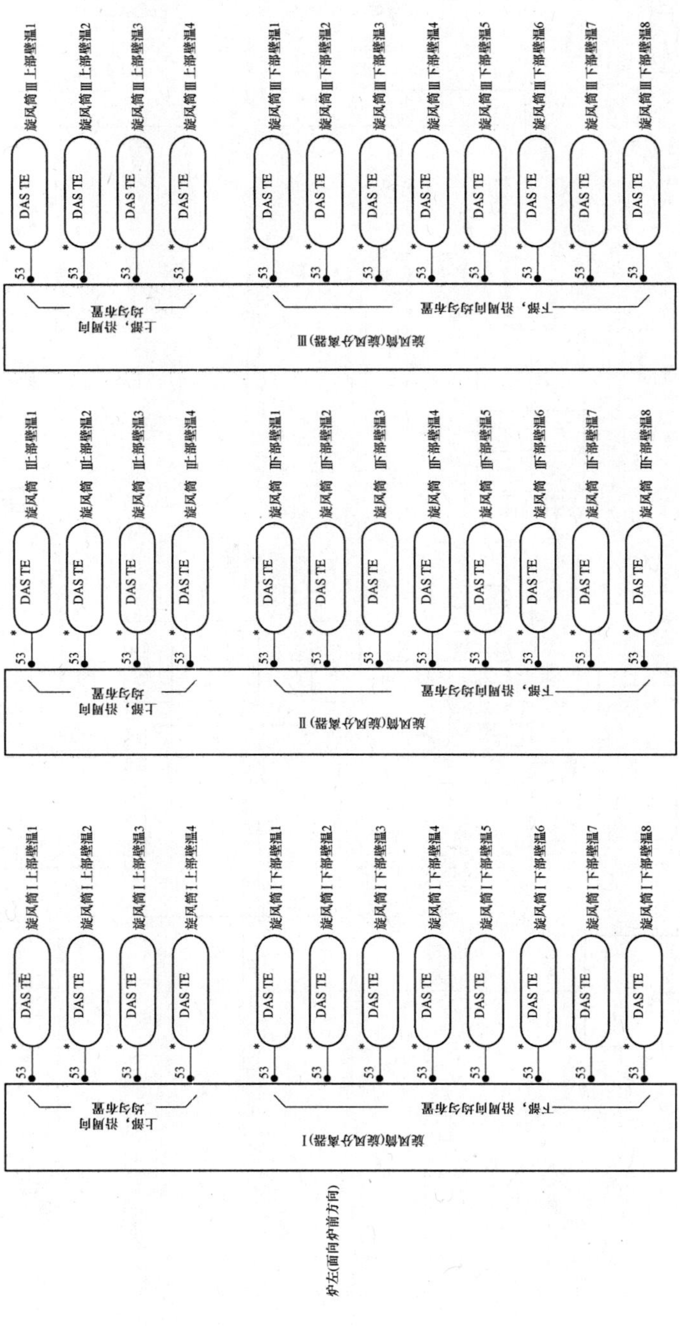

图 16-32 锅炉本体旋风筒壁温仪表控制系统图

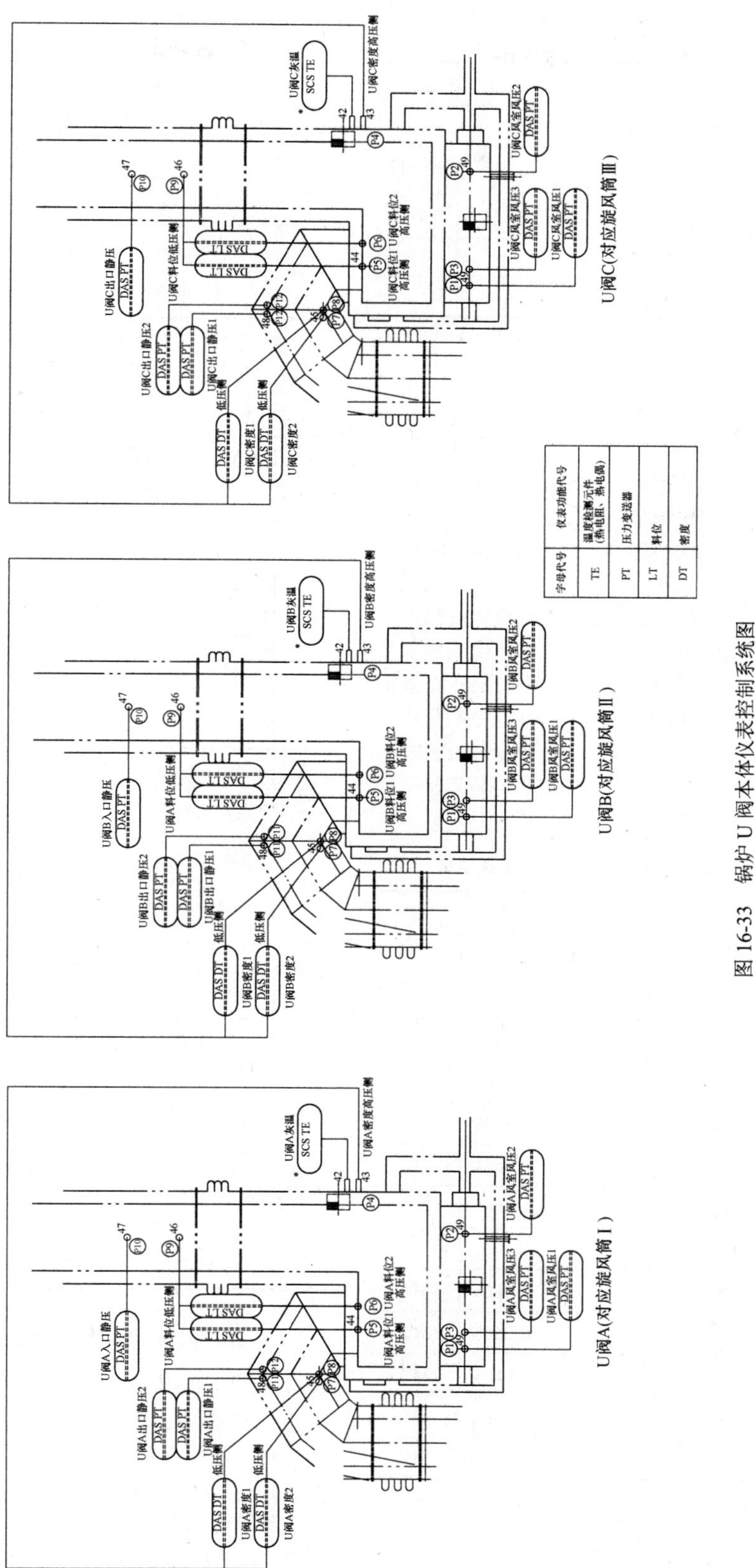

字母代号	仪表功能代号
TE	温度检测元件（热电阻、热电偶）
PT	压力变送器
LT	料位
DT	密度

图 16-33　锅炉 U 阀本体仪表控制系统图

表 16-51　锅炉本体烟风系统 I/O 清单

序号	I/O 类型	I/O 数量	备注
1	AI　4～20mA	75	
2	AI　TCK	81	其中壁温测点 36 点
3	AO	8	
4	DI	34	

注　本表为一台不带外置床的 300MW 亚临界 CFB 锅炉本体烟风系统 I/O 总数。

7. 风机本体及稀油站系统

风机本体及稀油站系统包括一次风机本体及稀油站系统、二次风机本体及稀油站系统、引风机本体及稀油站系统和高压流化风机本体系统。

风机本体及稀油站系统受控设备清单见表 16-52，风机本体及稀油站系统 I/O 清单见表 16-53，一次风机本体仪表控制系统图见图 16-34，一次风机稀油站系统仪表控制系统图见图 16-35，二次风机本体仪表控制系统图见图 16-36，二次风机稀油站系统仪表控制系统图见图 16-37，引风机本体仪表控制系统图见图 16-38，引风机稀油站系统仪表控制系统图见图 16-39（见文后插页），高压流化风机本体仪表控制系统图见图 16-40。

表 16-52　风机本体及稀油站系统受控设备清单

序号	名称	负荷类型	备注
一	一次风机本体及稀油站系统		
1	一次风机 A 稀油站 1 号油泵	交流 380V	MT
2	一次风机 A 稀油站 2 号油泵	交流 380V	MT
3	一次风机 A 稀油站加热器	交流 380V	HT
4	一次风机 B 稀油站 1 号油泵	交流 380V	MT
5	一次风机 B 稀油站 2 号油泵	交流 380V	MT
6	一次风机 B 稀油站加热器	交流 380V	HT
二	二次风机本体及稀油站系统		
1	二次风机 A 稀油站 1 号油泵	交流 380V	MT
2	二次风机 A 稀油站 2 号油泵	交流 380V	MT
3	二次风机 A 稀油站加热器	交流 380V	MT
4	二次风机 B 稀油站 1 号油泵	交流 380V	MT
5	二次风机 B 稀油站 2 号油泵	交流 380V	MT
6	二次风机 B 稀油站加热器	交流 380V	HT
三	引风机本体及稀油站系统		
1	引风机 A 稀油站 1 号油泵	交流 380V	MT
2	引风机 A 稀油站 2 号油泵	交流 380V	MT
3	引风机 A 稀油站电加热器	交流 380V	HT
4	引风机 B 稀油站 1 号油泵	交流 380V	MT
5	引风机 B 稀油站 2 号油泵	交流 380V	MT
6	引风机 B 稀油站电加热器	交流 380V	HT

注　负荷类型包括交流 380V 电动机（MT）、交流 380V 电加热器（HT）。

表 16-53　风机本体及稀油站系统 I/O 清单

序号	I/O 类型	I/O 数量	备注
一	一次风机本体及稀油站系统		
1	AI　4～20mA	18	
2	AI　RTD	20	
3	DI	28	
4	DO	6	
二	一次风机本体及稀油站系统		
1	AI　4～20mA	18	
2	AI　RTD	20	
3	DI	28	
4	DO	6	
三	引风机本体及稀油站系统		
1	AI　4～20mA	18	
2	AI　RTD	38	
3	DI	82	
4	DO	16	
四	高压流化风机本体系统		
1	AI　4～20mA	24	
2	AI　RTD	21	

注　本表为一台不带外置床的 300MW 亚临界 CFB 锅炉风机本体及稀油站系统 I/O 总数。

（二）CFB 锅炉除底灰系统

CFB 锅炉除底灰系统主要由底灰输送系统和冷渣器冷却水及排渣系统组成。

1. 底灰输送系统

底灰输送系统受控设备清单见表 16-54，底灰输送系统 I/O 清单见表 16-55，底灰输送系统仪表控制系统图见图 16-41。

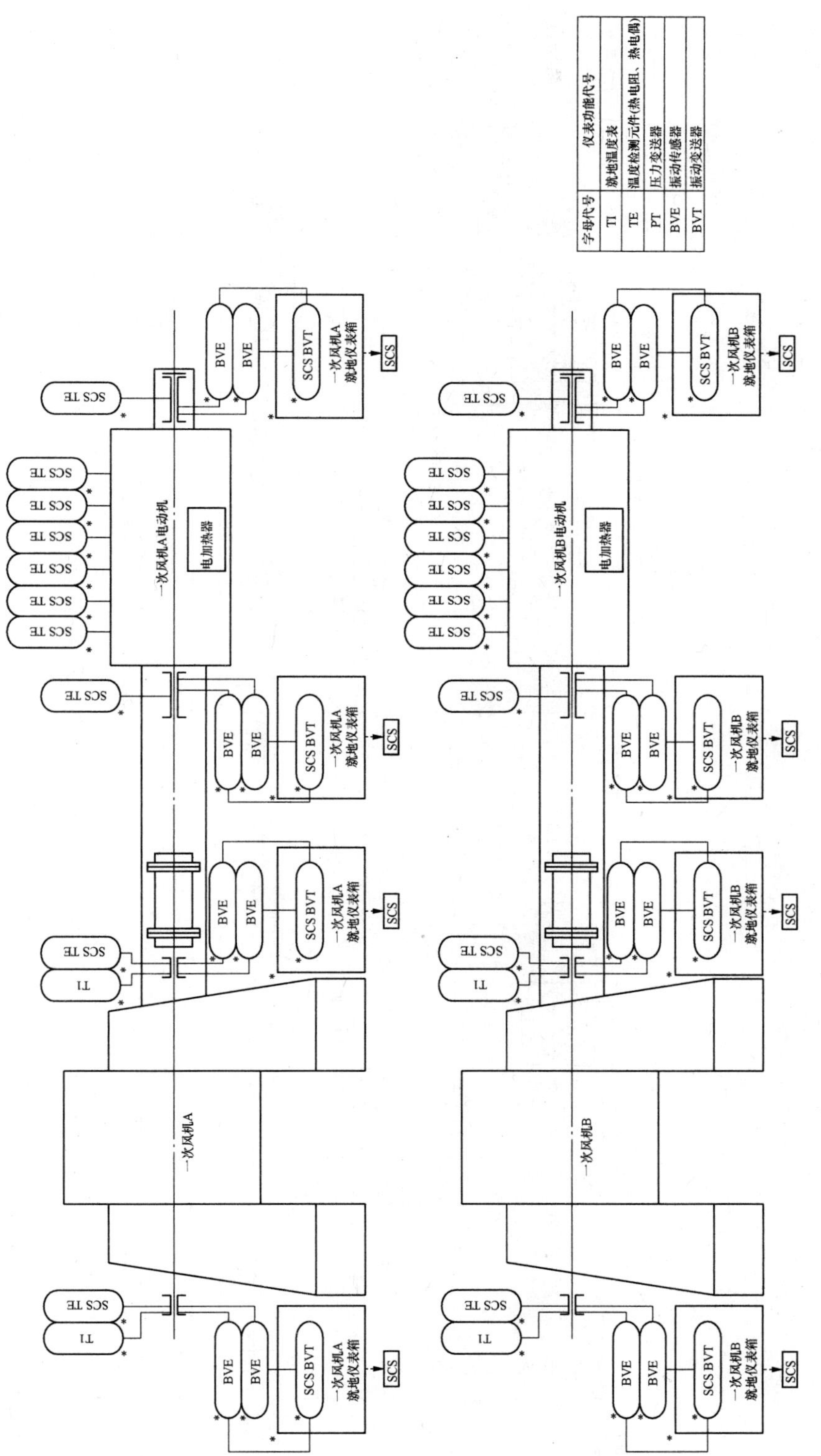

图 16-34 一次风机本体仪表控制系统图

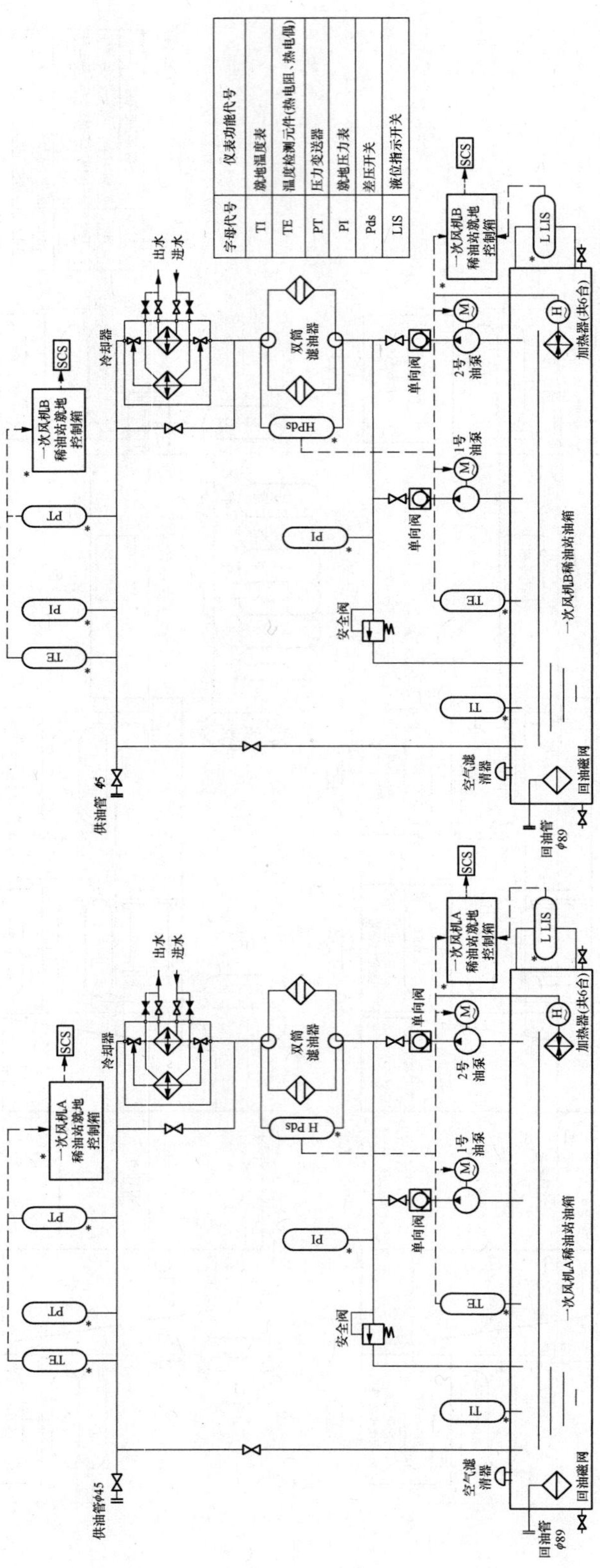

字母代号	仪表功能代号
TI	就地温度表
TE	温度检测元件(热电阻、热电偶)
PT	压力变送器
PI	就地压力表
Pds	差压开关
LIS	液位指示开关

图 16-35　一次风机稀油站系统仪表控制系统图

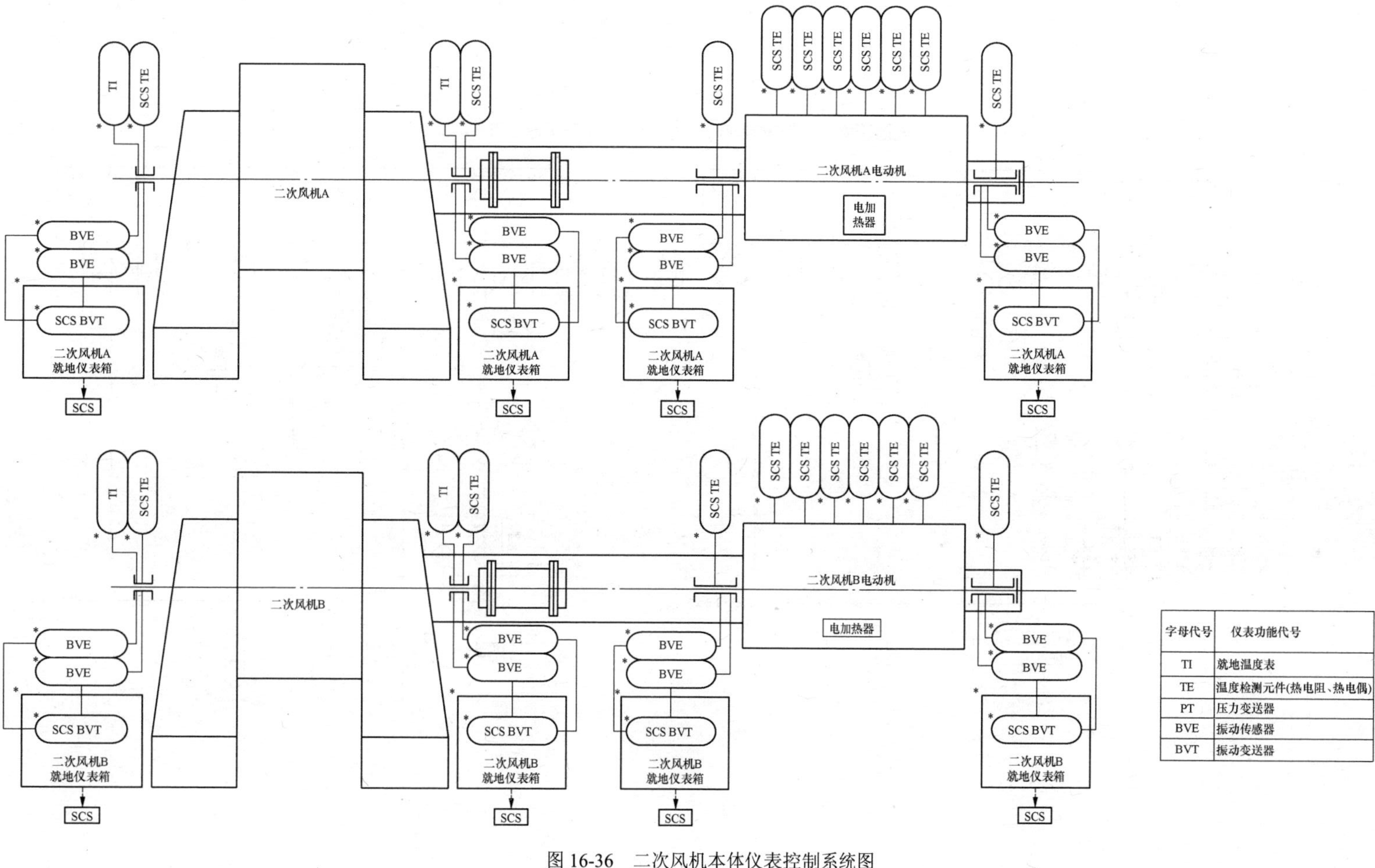

字母代号	仪表功能代号
TI	就地温度表
TE	温度检测元件(热电阻、热电偶)
PT	压力变送器
BVE	振动传感器
BVT	振动变送器

图 16-36　二次风机本体仪表控制系统图

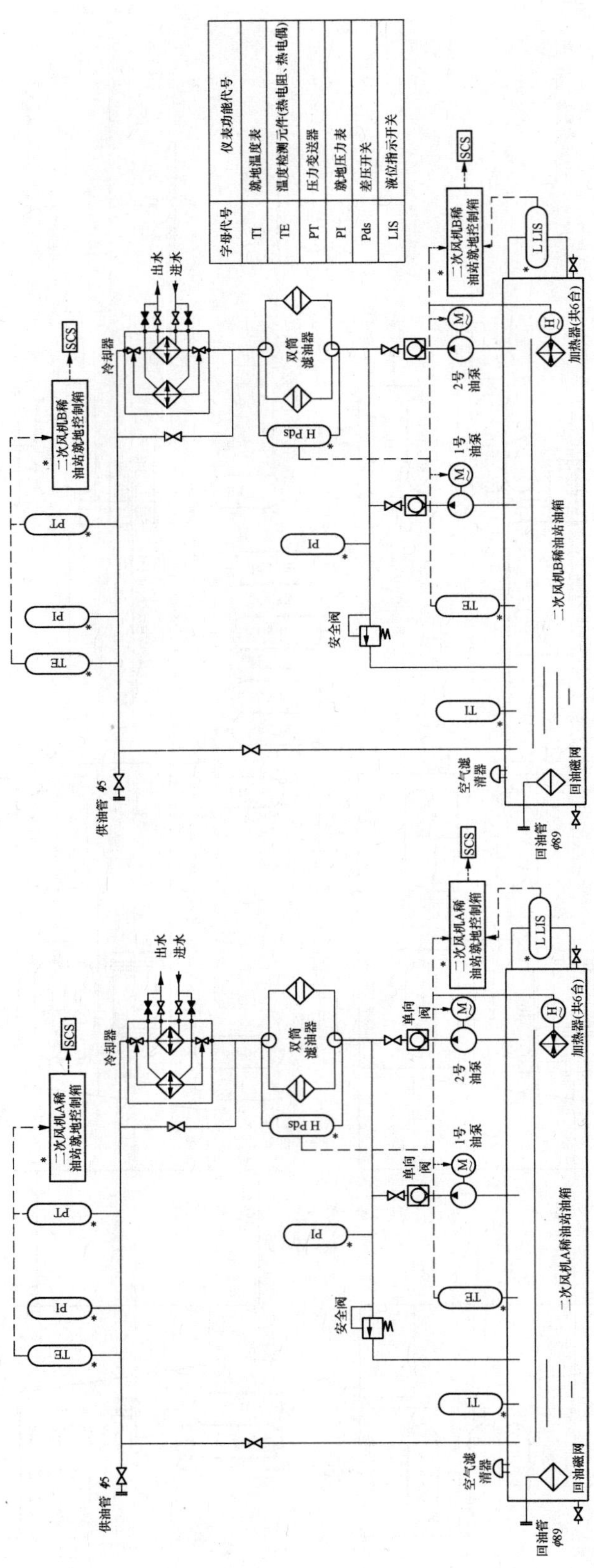

图16-37 二次风机稀油站系统仪表控制系统图

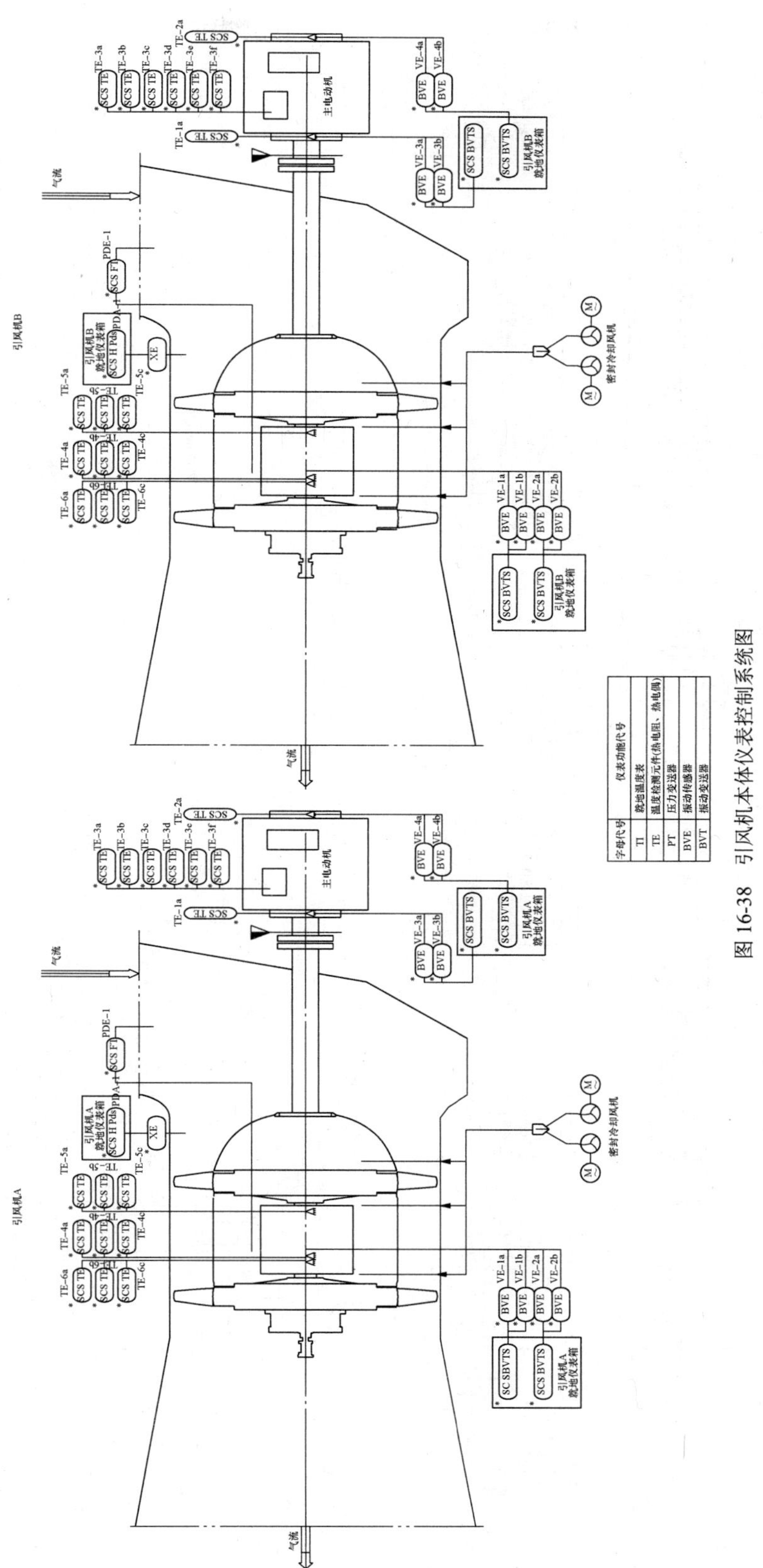

字母代号	仪表功能代号
TI	就地温度表
TE	温度检测元件(热电阻、热电偶)
PT	压力变送器
BVE	振动传感器
BVT	振动变送器

图 16-38　引风机本体仪表控制系统图

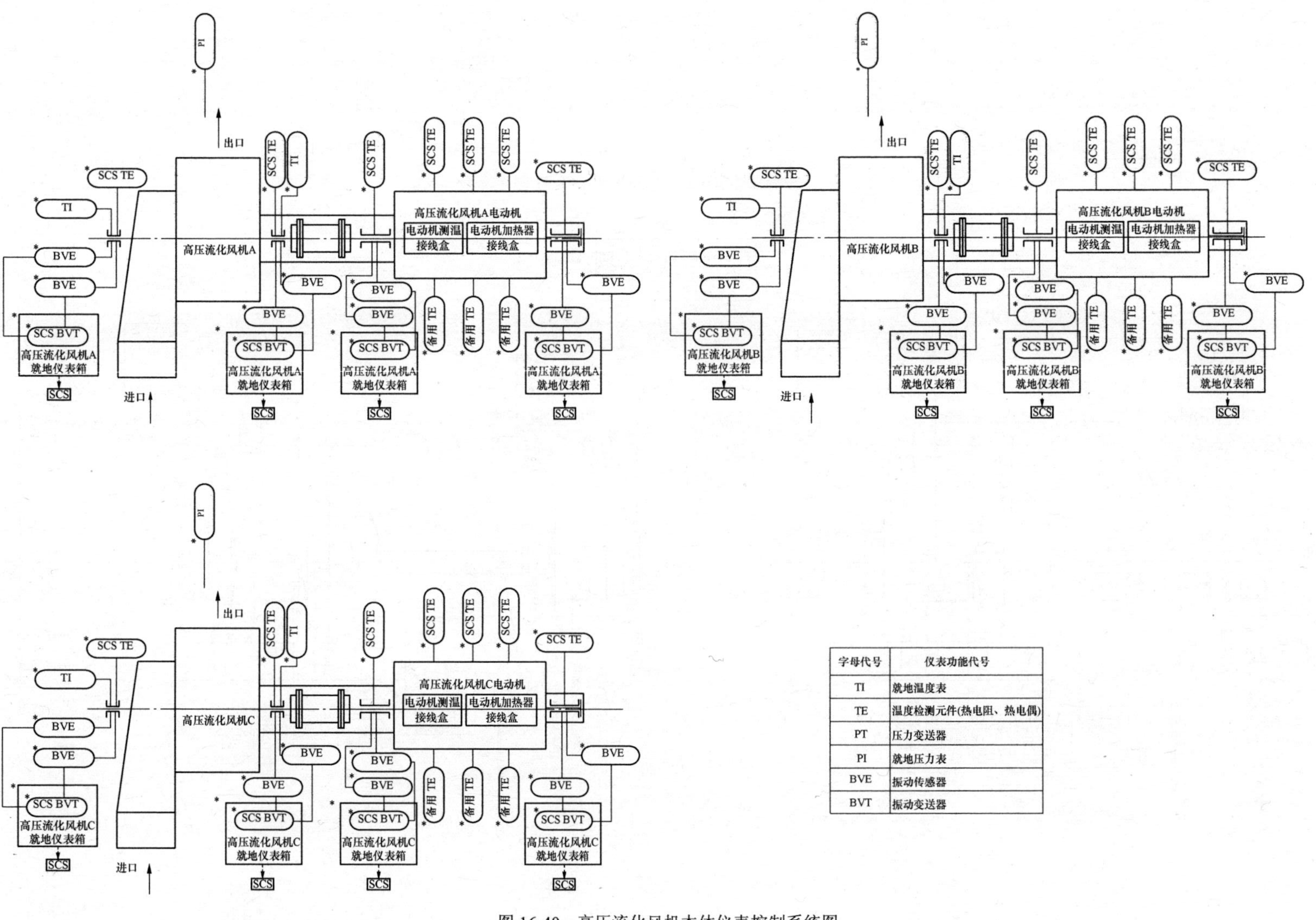

字母代号	仪表功能代号
TI	就地温度表
TE	温度检测元件(热电阻、热电偶)
PT	压力变送器
PI	就地压力表
BVE	振动传感器
BVT	振动变送器

图 16-40　高压流化风机本体仪表控制系统图

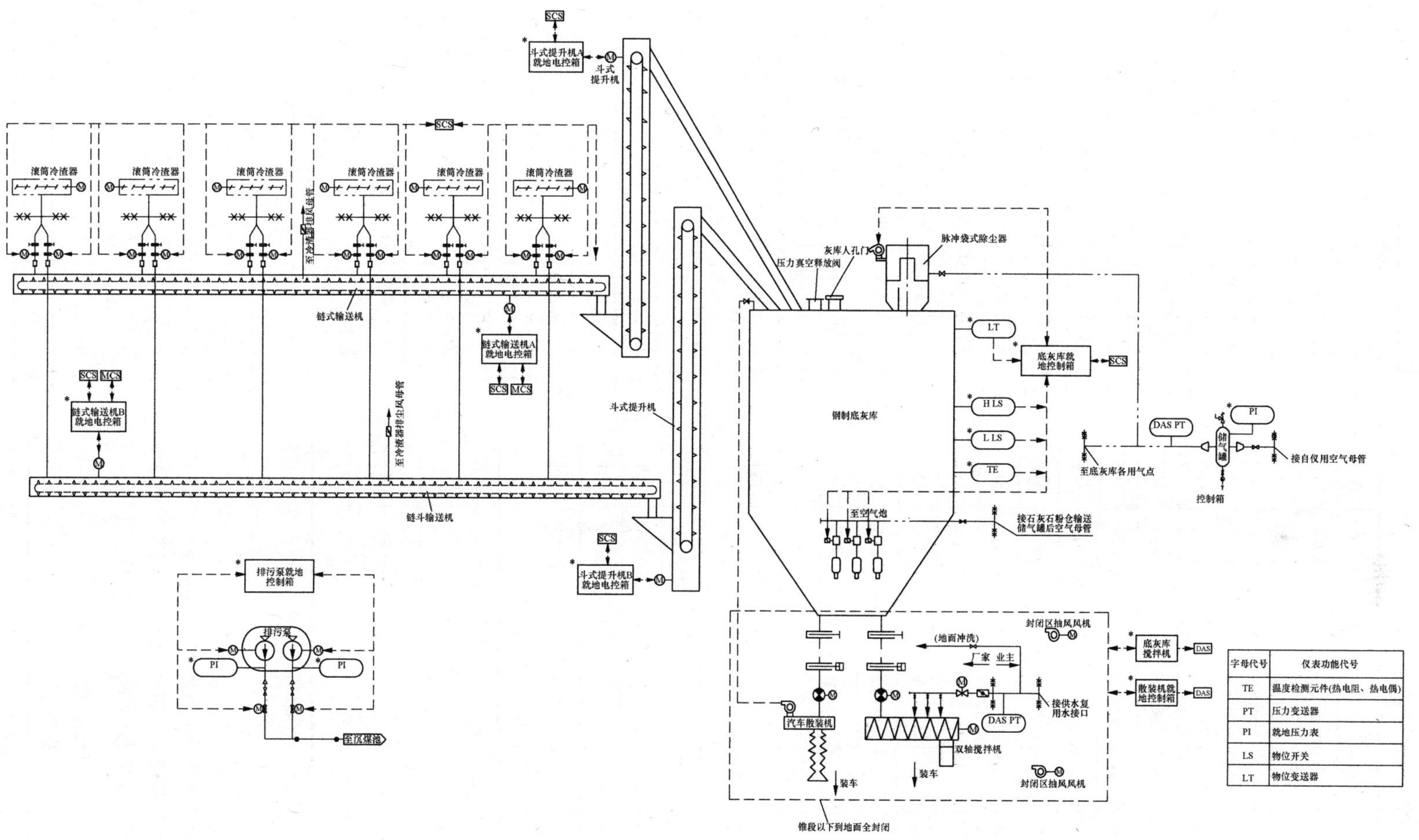

字母代号	仪表功能代号
TE	温度检测元件(热电阻、热电偶)
PT	压力变送器
PI	就地压力表
LS	物位开关
LT	物位变送器

图 16-41　底灰输送系统仪表控制系统图

表 16-54　底灰输送系统受控设备清单

序号	名称	负荷类型	备注
1	输送机 A 入口电动阀门 A	交流 380V	MV
2	输送机 A 入口电动阀门 B	交流 380V	MV
3	输送机 A 入口电动阀门 C	交流 380V	MV
4	输送机 A 入口电动阀门 D	交流 380V	MV
5	输送机 A 入口电动阀门 E	交流 380V	MV
6	输送机 A 入口电动阀门 F	交流 380V	MV
7	输送机 B 入口电动阀门 A	交流 380V	MV
8	输送机 B 入口电动阀门 B	交流 380V	MV
9	输送机 B 入口电动阀门 C	交流 380V	MV
10	输送机 B 入口电动阀门 D	交流 380V	MV
11	输送机 B 入口电动阀门 E	交流 380V	MV
12	输送机 B 入口电动阀门 F	交流 380V	MV
13	底灰系统链斗输送机 A	交流 380V	MT
14	底灰系统链斗输送机 B	交流 380V	MT
15	底灰系统斗式提升机 A	交流 380V	MT
16	底灰系统斗式提升机 B	交流 380V	MT
17	底灰库除尘风机	交流 380V	MT
18	底灰库双轴搅拌机	交流 380V	MT
19	底灰库散装机给料机	交流 380V	MT

注　负荷类型包括交流 380V 电动机（MT）、电动阀门（MV）。

表 16-55　底灰输送系统 I/O 清单

序号	I/O 类型	I/O 数量	备注
1	AI　4～20mA	6	
2	AO	2	
3	DI	76	
4	DO	34	

注　本表为一台不带外置床的 300MW 亚临界 CFB 锅炉底灰输送系统 I/O 总数。

2. 冷渣器冷却水及排渣系统

冷渣器冷却水及排渣系统受控设备清单见表 16-56，冷渣器冷却水及排渣系统 I/O 清单见表 16-57，冷渣器冷却水及排渣系统仪表控制系统图见图 16-42。

表 16-56　冷渣器冷却水及排渣系统受控设备清单

序号	名称	负荷类型	备注
1	冷渣器 A 冷却水进水电动阀门	交流 380V	MV
2	冷渣器 A 冷却水出水电动阀门	交流 380V	MV
3	冷渣器 A 临时放渣管电动阀门	交流 380V	MV
4	冷渣器 B 冷却水进水电动阀门	交流 380V	MV
5	冷渣器 B 冷却水出水电动阀门	交流 380V	MV
6	冷渣器 B 临时放渣管电动阀门	交流 380V	MV
7	冷渣器 C 冷却水进水电动阀门	交流 380V	MV
8	冷渣器 C 冷却水出水电动阀门	交流 380V	MV
9	冷渣器 C 临时放渣管电动阀门	交流 380V	MV
10	冷渣器 D 冷却水进水电动阀门	交流 380V	MV
11	冷渣器 D 冷却水出水电动阀门	交流 380V	MV
12	冷渣器 D 临时放渣管电动阀门	交流 380V	MV
13	冷渣器 E 冷却水进水电动阀门	交流 380V	MV
14	冷渣器 E 冷却水出水电动阀门	交流 380V	MV
15	冷渣器 E 临时放渣管电动阀门	交流 380V	MV
16	冷渣器 F 冷却水进水电动阀门	交流 380V	MV
17	冷渣器 F 冷却水出水电动阀门	交流 380V	MV
18	冷渣器 F 临时放渣管电动阀门	交流 380V	MV
19	冷渣器 A	交流 380V	MT
20	冷渣器 B	交流 380V	MT
21	冷渣器 C	交流 380V	MT
22	冷渣器 D	交流 380V	MT
23	冷渣器 E	交流 380V	MT
24	冷渣器 F	交流 380V	MT

注　负荷类型包括交流 380V 电动机（MT）、电动阀门（MV）。

表 16-57　冷渣器冷却水及排渣系统 I/O 清单

序号	I/O 类型	I/O 数量	备注
1	AI　4～20mA	24	
2	AI　RTD	6	
3	AI　TCK	12	
4	AO	6	
5	DI	96	
6	DO	54	

注　本表为一台不带外置床的 300MW 亚临界 CFB 锅炉冷渣器冷却水及排渣系统 I/O 总数。

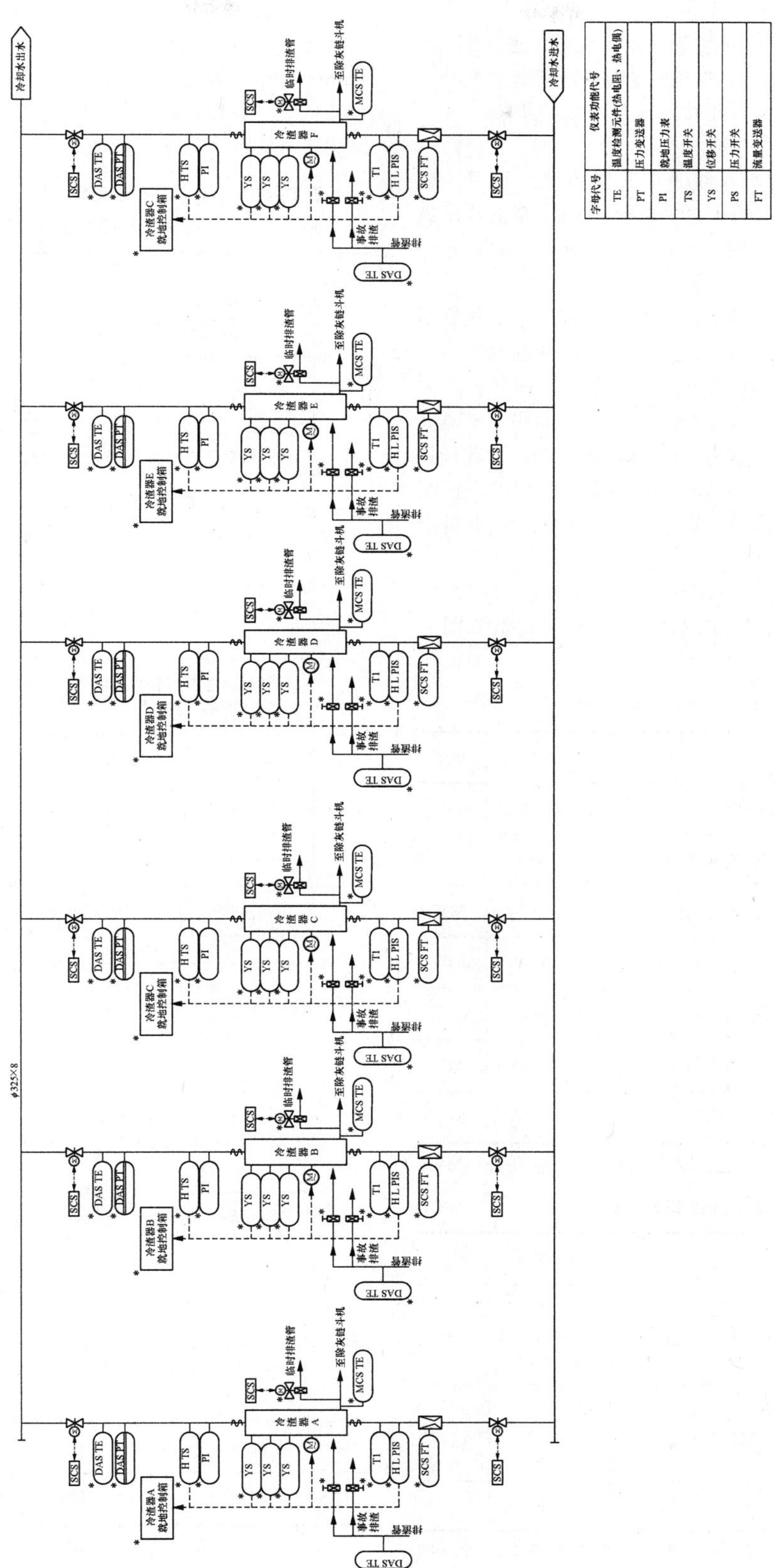

字母代号	仪表功能代号
TE	温度检测元件(热电阻、热电偶)
PT	压力变送器
PI	就地压力表
TS	温度开关
YS	位移开关
PS	压力开关
FT	流量变送器

图 16-42　冷渣器冷却水及排渣系统仪表控制系统图

（三）CFB锅炉汽水系统

CFB锅炉汽水系统主要由给水系统、过热器减温水及过热蒸汽系统、再热蒸汽及再热器减温水系统、锅炉本体壁温系统和锅炉排污及疏水系统组成。

1. 给水系统

某示例工程给水系统为单元制系统。设置一台50%容量的电动调速给水泵及两台50%容量的汽动调速给水泵，正常运行时，两台汽动调速给水泵运行一台电动调速给水泵备用。

给水系统通过三台高压加热器，将给水加热到所需温度，送至省煤器入口联箱。在高压加热器出口至省煤器入口联箱之间的管道上，设置给水操作台，主给水管路上设置一只电动阀门和一只电动快速节流孔板阀门，旁路管路容量为30%BMCR流量，设置一只30%BMCR流量电动调节阀门和两只电动阀门。机组启动时由旁路调节给水量，正常运行时，给水量由主给水泵的转速来调节。

给水系统受控设备清单见表16-58，给水系统I/O清单见表16-59，给水系统仪表控制系统图见图16-43。

表16-58　给水系统受控设备清单

序号	名称	负荷类型	备注
1	锅炉主给水电动阀门	交流380V	MV
2	锅炉主给水电动节流阀门	交流380V	MV
3	给水旁路调节阀前电动阀门	交流380V	MV
4	给水旁路调节阀后电动阀门	交流380V	MV
5	给水旁路调节阀门	交流380V	MCV
6	省煤器再循环电动阀门1	交流380V	MV
7	省煤器再循环电动阀门2	交流380V	MV

注　负荷类型包括交流电动调节阀门（MCV）、电动阀门（MV）。

表16-59　给水系统I/O清单

序号	I/O类型	I/O数量	备注
1	AI　4～20mA	12	
2	AI　TCK	2	
3	AO	1	
4	DI	21	
5	DO	12	

注　本表为一台不带外置床的300MW亚临界CFB锅炉给水系统I/O总数。

2. 过热器减温水及过热蒸汽系统

过热器减温水及过热蒸汽系统受控设备清单见表16-60，过热器减温水及过热蒸汽系统I/O清单见表16-61，过热器减温水及过热蒸汽系统仪表控制系统图见图16-44（见文后插页）。

表16-60　过热器减温水及过热蒸汽系统受控设备清单

序号	名称	负荷类型	备注
1	过热器减温水总管电动阀门	交流380V	MV
2	过热器左侧一级减温水电动阀门	交流380V	MV
3	过热器右侧一级减温水电动阀门	交流380V	MV
4	过热器左侧二级减温水电动阀门	交流380V	MV
5	过热器右侧二级减温水电动阀门	交流380V	MV
6	高温过热器出口联箱左侧对空排汽电动阀门1	交流380V	MV
7	高温过热器出口联箱左侧对空排汽电动阀门2	交流380V	MV
8	高温过热器出口联箱右侧对空排汽电动阀门1	交流380V	MV
9	高温过热器出口联箱右侧对空排汽电动阀门2	交流380V	MV
10	高温过热器出口联箱左侧反冲洗电动阀门	交流380V	MV
11	高温过热器出口联箱右侧反冲洗电动阀门	交流380V	MV
12	过热器一级减温水左侧调节阀门	交流380V	MCV
13	过热器一级减温水右侧调节阀门	交流380V	MCV
14	过热器二级减温水左侧调节阀门	交流380V	MCV
15	过热器二级减温水右侧调节阀门	交流380V	MCV
16	左侧出口PCV（泄压）阀门	交流220V	SV
17	右侧出口PCV（泄压）阀门	交流220V	SV

注　负荷类型包括电动调节阀门（MCV）、电动阀门（MV）、单线圈电磁阀门（SV）。

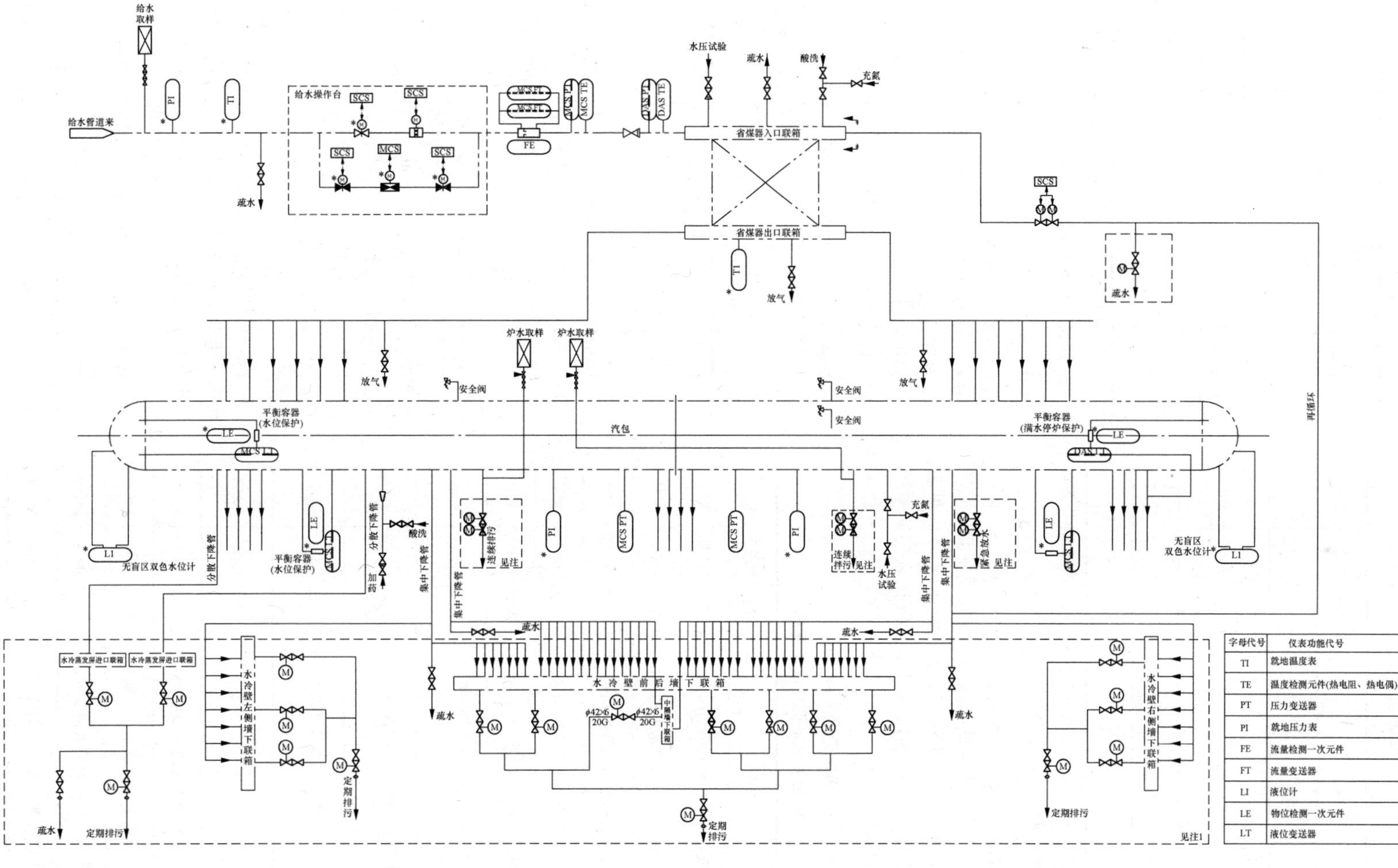

图 16-43　给水系统仪表控制系统图

表 16-61　过热器减温水及过热蒸汽系统 I/O 清单

序号	I/O 类型	I/O 数量	备注
1	AI　4～20mA	11	
2	AI　TCK	29	
3	AO	4	
4	DI	49	
5	DO	26	

注　本表为一台不带外置床的 300MW 亚临界 CFB 锅炉过热器减温水及过热蒸汽系统 I/O 总数。

3. 再热蒸汽及再热器减温水系统

再热蒸汽及再热器减温水系统受控设备清单见表 16-62，再热蒸汽及再热器减温水系统 I/O 清单见表 16-63，再热蒸汽及再热器减温水系统仪表控制系统图见图 16-45。

表 16-62　再热蒸汽及再热器减温水系统受控设备清单

序号	名称	负荷类型	备注
1	再热器减温水总管电动阀门	交流 380V	MV
2	再热器左侧事故喷水电动阀门	交流 380V	MV
3	再热器右侧事故喷水电动阀门	交流 380V	MV
4	再热器左侧微调喷水电动阀门	交流 380V	MV
5	再热器右侧微调喷水电动阀门	交流 380V	MV
6	再热器联箱左侧对空排汽电动阀门 1	交流 380V	MV
7	再热器联箱左侧对空排汽电动阀门 2	交流 380V	MV
8	再热器联箱右侧对空排汽电动阀门 1	交流 380V	MV
9	再热器联箱右侧对空排汽电动阀门 2	交流 380V	MV
10	再热器左侧事故喷水调节阀门	交流 380V	MCV
11	再热器右侧事故喷水调节阀门	交流 380V	MCV
12	再热器左侧微调喷水调节阀门	交流 380V	MCV
13	再热器右侧微调喷水调节阀门	交流 380V	MCV

注　负荷类型包括电动调节阀门（MCV）、电动阀门（MV）。

表 16-63　再热蒸汽及再热器减温水系统 I/O 清单

序号	I/O 类型	I/O 数量	备注
1	AI　4～20mA	12	
2	AI　TCK	29	
3	AO	4	
4	DI	39	
5	DO	18	

注　本表为一台不带外置床的 300MW 亚临界 CFB 锅炉再热蒸汽及再热器减温水系统 I/O 总数。

4. 锅炉本体壁温系统

某示例工程锅炉采用 1025t/h 亚临界 CFB 锅炉。CFB 锅炉壁温测点仪表随锅炉配供。锅炉本体壁温测点的设置各个主机厂略有不同。

锅炉本体壁温系统 I/O 清单见表 16-64，锅炉本体壁温系统仪表控制系统图见图 16-46。

表 16-64　锅炉本体壁温系统 I/O 清单

序号	I/O 类型	I/O 数量	备注
1	AI　TCK	129	

注　本表为一台不带外置床的 300MW 亚临界 CFB 锅炉本体壁温系统 I/O 总数。

5. 锅炉排污及疏水系统

锅炉排污及疏水系统主要包括连续排污系统、定期排污系统、锅炉疏放水系统。

锅炉连续排污系统主要功能是当炉水品质不合格时，汽包连续排放一定量的炉水至连续排污扩容器，经汽水分离后，蒸汽排至除氧器，疏水排至锅炉定期排污扩容器，连续排污扩容器至定期排污扩容器的排污水管道上设置汽液两相流控制器，该控制器可自行控制调节连续排污扩容器水位。运行中连续排污扩容器故障时，排污水经旁路直接排至锅炉定期排污扩容器。若炉水水质恶化，该旁路也可用于连续排污。

锅炉定期排污系统按照规定时间或根据炉水品质状况，定期地排放锅炉下联箱沉积有残渣的炉水。该炉水直接排至锅炉定期排污扩容器，在扩容器中分离后蒸汽排大气，排污水排至定期排污水池。

锅炉疏放水系统启动与停机时，各联箱的疏、放水汇集到一根母管引至锅炉定期排污扩容器。

锅炉排污及疏水系统受控设备清单见表 16-65，锅炉排污及疏水系统 I/O 清单见表 16-66，锅炉排污及疏水系统仪表控制系统图见图 16-47（见文后插页）。

字母代号	仪表功能代号
TI	就地温度表
TE	温度检测元件(热电阻、热电偶)
PT	压力变送器
PI	就地压力表
PS	压力开关
FE	流量检测一次元件
FT	流量变送器
LI	液位计
LE	物位检测一次元件
LT	液位变送器

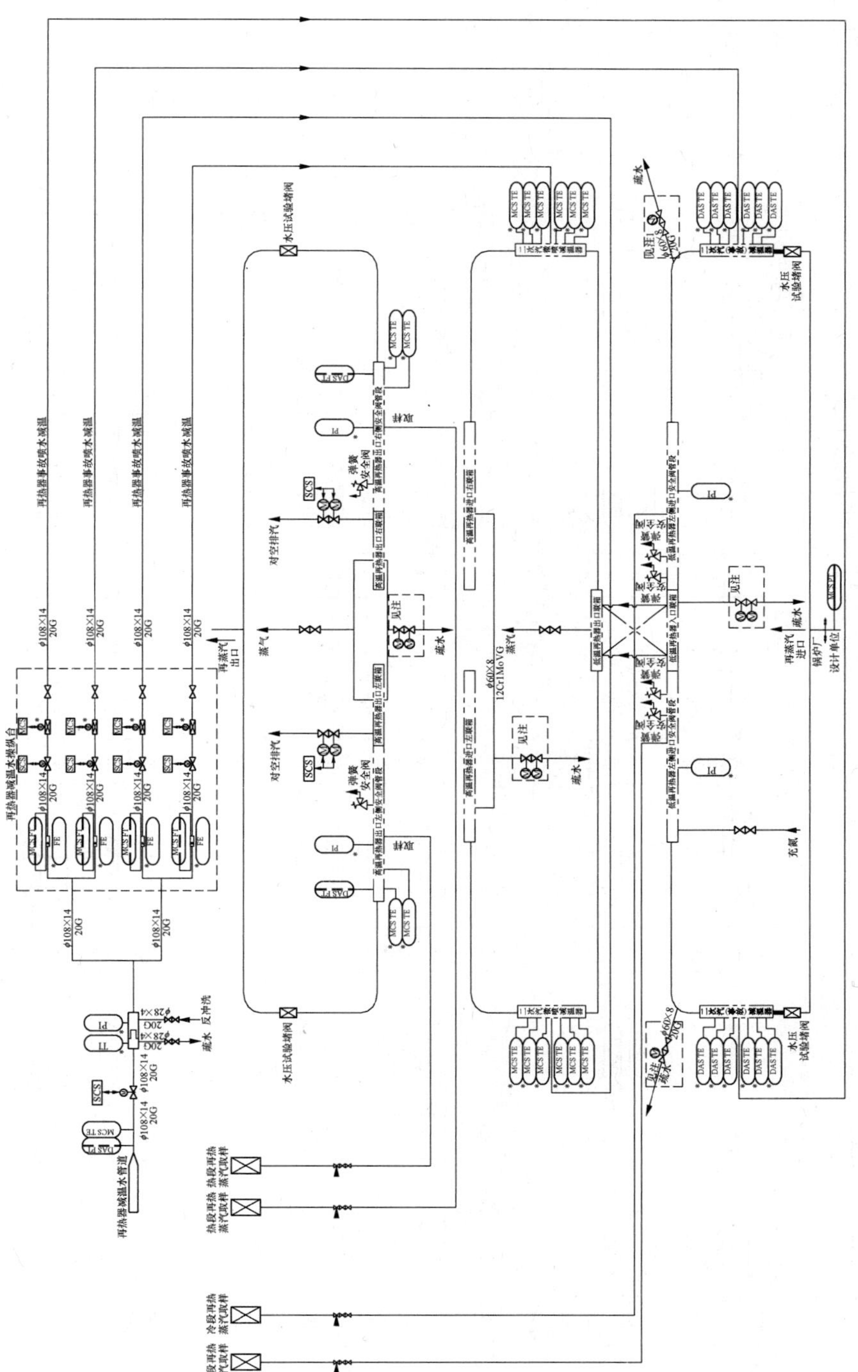

图16-45　再热蒸汽及再热器减温水系统仪表控制系统图

注：图中各疏水、放水、排污电动阀门控制详见《锅炉排污、疏水系统仪表控制系统图》。

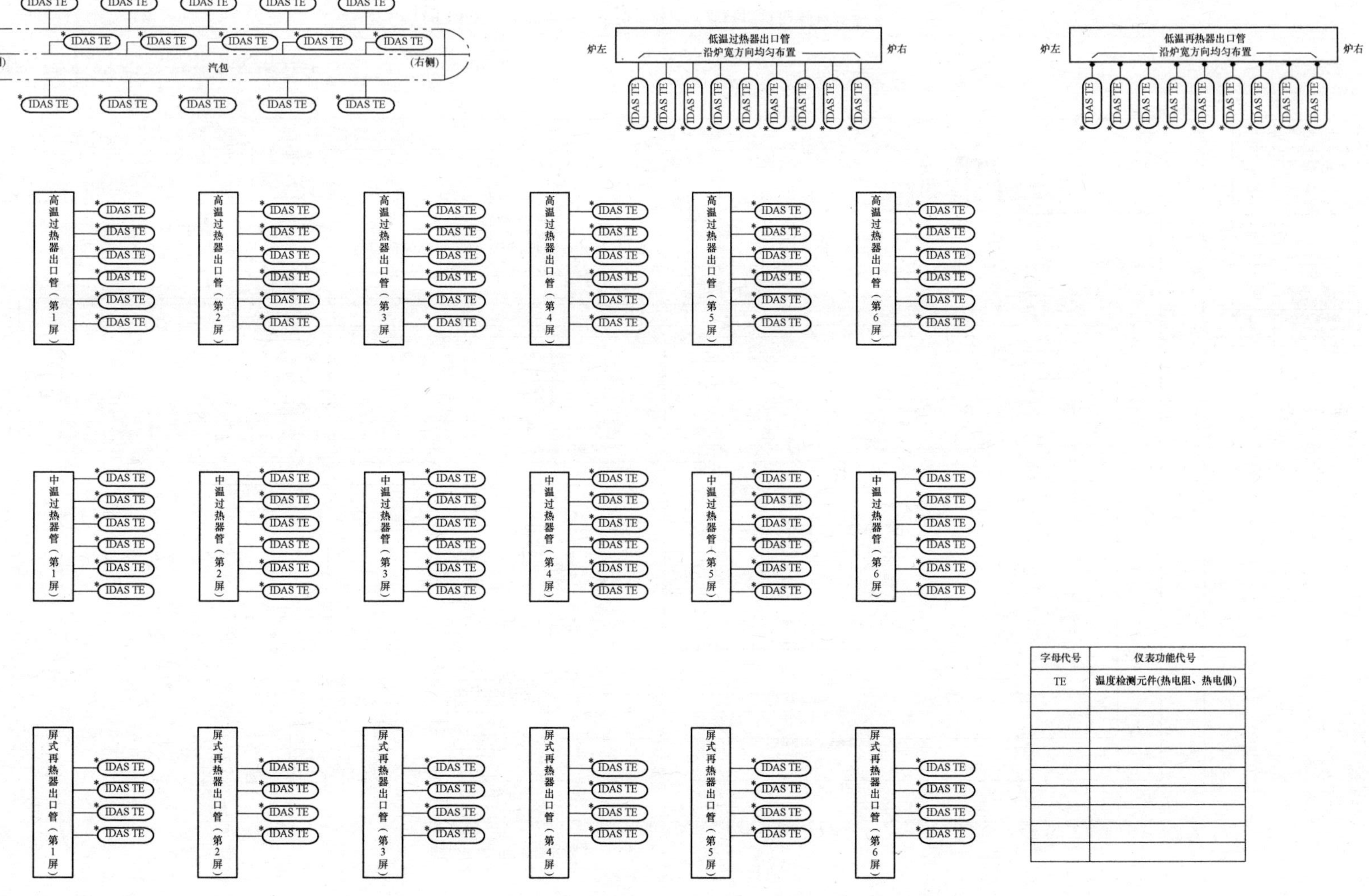

图 16-46 锅炉本体壁温系统仪表控制系统图

表 16-65　锅炉排污及疏水系统受控设备清单

序号	名称	负荷类型	备注
1	锅炉连续排污电动阀门（左）	交流 380V	MV
2	锅炉连续排污电动阀门（右）	交流 380V	MV
3	锅炉连续排污调节阀门（左）	交流 380V	MCV
4	锅炉连续排污调节阀门（右）	交流 380V	MCV
5	锅炉紧急放水电动阀门 1	交流 380V	MV
6	锅炉紧急放水电动阀门 2	交流 380V	MV
7	水冷壁左侧墙下联箱定期排污母管电动阀门 1	交流 380V	MV
8	水冷壁左侧墙下联箱定期排污母管电动阀门 2	交流 380V	MV
9	水冷壁左侧墙下联箱定期排污电动阀门 1	交流 380V	MV
10	水冷壁左侧墙下联箱定期排污电动阀门 2	交流 380V	MV
11	水冷壁左侧墙下联箱定期排污电动阀门 3	交流 380V	MV
12	水冷壁右侧墙下联箱定期排污母管电动阀门	交流 380V	MV
13	水冷壁右侧墙下联箱定期排污电动阀门 1	交流 380V	MV
14	水冷壁右侧墙下联箱定期排污电动阀门 2	交流 380V	MV
15	水冷壁右侧墙下联箱定期排污电动阀门 3	交流 380V	MV
16	水冷壁右侧墙下联箱定期排污电动阀门 4	交流 380V	MV
17	水冷壁前后墙下联箱定期排污母管电动阀门 1	交流 380V	MV
18	水冷壁前后墙下联箱定期排污母管电动阀门 2	交流 380V	MV
19	水冷壁前后墙下联箱定期排污电动阀门 1	交流 380V	MV
20	水冷壁前后墙下联箱定期排污电动阀门 2	交流 380V	MV
21	水冷壁前后墙下联箱定期排污电动阀门 3	交流 380V	MV
22	水冷壁前后墙下联箱定期排污电动阀门 4	交流 380V	MV
23	水冷壁前后墙下联箱定期排污电动阀门 5	交流 380V	MV
24	水冷壁前后墙下联箱定期排污电动阀门 6	交流 380V	MV
25	中隔墙下联箱定期排污电动阀门	交流 380V	MV
26	水冷蒸发屏进口联箱排污母管电动阀门 1	交流 380V	MV
27	水冷蒸发屏进口联箱排污母管电动阀门 2	交流 380V	MV
28	水冷蒸发屏进口联箱排污电动阀门 1	交流 380V	MV

续表

序号	名称	负荷类型	备注
29	水冷蒸发屏进口联箱排污电动阀门 2	交流 380V	MV
30	省煤器再循环管路疏水电动阀门	交流 380V	MV
31	旋风分离器 I 下联箱疏水电动阀门	交流 380V	MV
32	旋风分离器 II 下联箱疏水电动阀门	交流 380V	MV
33	旋风分离器III下联箱疏水电动阀门	交流 380V	MV
34	左包墙下联箱疏水电动阀门	交流 380V	MV
35	右包墙下联箱疏水电动阀门	交流 380V	MV
36	前包墙下联箱疏水电动阀门	交流 380V	MV
37	后包墙下联箱疏水电动阀门	交流 380V	MV
38	低温过热器进口联箱疏水电动阀门 1	交流 380V	MV
39	低温过热器进口联箱疏水电动阀门 2	交流 380V	MV
40	中温过热器进口联箱疏水电动阀门 1	交流 380V	MV
41	中温过热器进口联箱疏水电动阀门 2	交流 380V	MV
42	中温过热器出口联箱疏水电动阀门 1	交流 380V	MV
43	中温过热器出口联箱疏水电动阀门 2	交流 380V	MV
44	高温过热器进口联箱疏水电动阀门 1	交流 380V	MV
45	高温过热器进口联箱疏水电动阀门 2	交流 380V	MV
46	高温过热器出口联箱疏水电动阀门 1	交流 380V	MV
47	高温过热器出口联箱疏水电动阀门 2	交流 380V	MV
48	高温再热器进口联箱疏水电动阀门 1	交流 380V	MV
49	高温再热器进口联箱疏水电动阀门 2	交流 380V	MV
50	高温再热器出口联箱疏水电动阀门 1	交流 380V	MV
51	高温再热器出口联箱疏水电动阀门 2	交流 380V	MV
52	低温再热器进口联箱疏水电动阀门 1	交流 380V	MV
53	低温再热器进口联箱疏水电动阀门 2	交流 380V	MV
54	低温再热器左侧进口安全阀门管段前疏水电动阀门	交流 380V	MV
55	锅炉连续排污电动阀门	交流 380V	MV
56	连续排污至定期排污旁路电动阀门	交流 380V	MV
57	定期排污回收水池排污泵 A	交流 380V	MT
58	定期排污回收水池排污泵 B	交流 380V	MT

注　负荷类型包括电动调节阀门（MCV）、电动阀门（MV），交流 380V 电动机（MT）。

表 16-66　锅炉排污及疏水系统 I/O 清单

序号	I/O 类型	I/O 数量	备注
1	AI　4～20mA	7	
2	AI　RTD	1	
3	AO	2	
4	DI	176	
5	DO	112	

注　本表为一台不带外置床的 300MW 亚临界 CFB 锅炉排污及疏水系统 I/O 总数。

（四）CFB 锅炉给料、启动床料系统

CFB 锅炉给料及启动床料系统主要由给料系统和启动床料系统组成。

1. 锅炉给料系统

锅炉给料系统将原煤斗中的煤按照锅炉负荷的要求，将适量的煤送入燃烧室燃烧。某示例工程给料系统共有 8 条输送线路。每条线路主要包括一个原煤斗、一个中心给料机、一台称重式皮带给料机、一条落煤管。原煤斗下设有中心给料机，原煤经中心给料机进入称重式皮带给料机，通过落煤管进入炉膛给料口；到炉膛给料口的落煤管入口处设有气动插板门。

给料机由一次冷风作为密封风以防止煤粉从给料机外泄。落煤管的气动插板门防止高温炉烟反串至给料系统。任两条给料线路故障，其余给料线路的总出力能够满足锅炉 BMCR 工况下煤耗的要求。

2. 锅炉启动床料系统

锅炉启动床料系统在锅炉启动前将启动床料斗的启动床料通过称重式皮带给料机、埋刮板给料机两级输送至炉前四台给料机，通过给料机进入四个锅炉给料口，进入炉膛。

某示例工程启动床料系统输送线路包括一个启动床料斗、一条落料管、一台称重式皮带给料机、一台埋刮板给料机、四台给料机。启动床料斗下设有电动插板门，埋刮板给料机出口设有电动插板门，到炉膛给料口的落煤管入口处设有气动插板门。落煤管的气动插板门用于防止高温炉烟反串至给料系统。

锅炉给料及启动床料系统受控设备清单见表 16-67，锅炉给料及启动床料系统 I/O 清单见表 16-68，锅炉给料及启动床料系统 MFT 跳闸继电器输出清单见表 16-69，锅炉给料及启动床料系统仪表控制系统图见图 16-48（见文后插页）。

表 16-67　锅炉给料及启动床料系统受控设备清单

序号	名称	负荷类型	备注
1	中心给料机 A1	交流 380V	自带电控柜，MT
2	中心给料机 A2	交流 380V	自带电控柜，MT
3	中心给料机 B1	交流 380V	自带电控柜，MT
4	中心给料机 B2	交流 380V	自带电控柜，MT
5	中心给料机 C1	交流 380V	自带电控柜，MT
6	中心给料机 C2	交流 380V	自带电控柜，MT
7	中心给料机 D1	交流 380V	自带电控柜，MT
8	中心给料机 D2	交流 380V	自带电控柜，MT
9	称重式皮带给料机 A1	交流 380V	自带电控柜，MT
10	称重式皮带给料机 A2	交流 380V	自带电控柜，MT
11	称重式皮带给料机 B1	交流 380V	自带电控柜，MT
12	称重式皮带给料机 B2	交流 380V	自带电控柜，MT
13	称重式皮带给料机 C1	交流 380V	自带电控柜，MT
14	称重式皮带给料机 C2	交流 380V	自带电控柜，MT
15	称重式皮带给料机 D1	交流 380V	自带电控柜，MT
16	称重式皮带给料机 D2	交流 380V	自带电控柜，MT
17	称重式皮带给料机	交流 380V	自带电控柜，MT
18	床料埋刮板输送机	交流 380V	自带电控柜，MT
19	称重式皮带给料机 A1 出口气动阀门	交流 220V	SV
20	称重式皮带给料机 A2 出口气动阀门	交流 220V	SV
21	称重式皮带给料机 B1 出口气动阀门	交流 220V	SV
22	称重式皮带给料机 B2 出口气动阀门	交流 220V	SV

续表

序号	名称	负荷类型	备注
23	称重式皮带给料机 C1 出口气动阀门	交流 220V	SV
24	称重式皮带给料机 C2 出口气动阀门	交流 220V	SV
25	称重式皮带给料机 D1 出口气动阀门	交流 220V	SV
26	称重式皮带给料机 D2 出口气动阀门	交流 220V	SV
27	称重式皮带给料机入口电动阀门	交流 380V	MV
28	床料埋刮板输送机出口电动阀门 A	交流 380V	MV
29	床料埋刮板输送机出口电动阀门 B	交流 380V	MV
30	床料埋刮板输送机出口电动阀门 C	交流 380V	MV
31	床料埋刮板输送机出口电动阀门 D	交流 380V	MV

注 负荷类型包括交流 380V 电动机（MT）、电动阀门（MV）、单线圈电磁阀门（SV）。

表 16-68 锅炉给料及启动床料系统 I/O 清单

序号	I/O 类型	I/O 数量	备注
1	AI 4～20mA	40	
2	AI RTD	8	
3	AO	17	
4	DI	206	
5	DO	62	
6	PI	8	

注 本表为一台不带外置床的 300MW 亚临界 CFB 锅炉给料及启动床料系统 I/O 总数。

表 16-69 锅炉给料及启动床料系统 MFT 跳闸继电器输出清单

序号	I/O 类型	数量	备注
1	MFT 跳闸继电器输出停称重式皮带给料机	8	
2	MFT 跳闸继电器输出关闭称重式皮带给料机出口气动阀	8	

（五）CFB 锅炉燃油系统

燃油系统受控设备清单见表 16-70，燃油系统 I/O 清单见表 16-71，燃油系统仪表控制系统图见图 16-49（见文后插页）。

表 16-70 燃油系统受控设备清单

序号	名称	负荷类型	备注
1	床上燃烧器供油母管气动快关阀门	交流 220V	SV
2	床上燃烧器回油母管气动调节阀门	直流 24V	CV
3	床上燃烧器回油母管气动快关阀门	交流 220V	SV
4	风道燃烧器供油母管气动快关阀门	交流 220V	SV
5	风道燃烧器回油母管气动调节阀门	直流 24V	CV
6	风道燃烧器回油母管气动快关阀门	交流 220V	SV
7	炉前 1 号（B1）床上燃烧器点火枪气动执行机构	交流 220V	SV
8	炉前 1 号（B1）床上燃烧器油枪气动执行机构	交流 220V	SV-2C
9	炉前 1 号（B1）床上燃烧器进油吹扫阀	交流 220V	SV
10	炉前 1 号（B1）床上燃烧器进油阀	交流 220V	SV
11	炉前 2 号（B2）床上燃烧器点火枪气动执行机构	交流 220V	SV
12	炉前 2 号（B2）床上燃烧器油枪气动执行机构	交流 220V	SV-2C
13	炉前 2 号（B2）床上燃烧器进油吹扫阀	交流 220V	SV
14	炉前 2 号（B2）床上燃烧器进油阀	交流 220V	SV
15	炉前 3 号（B3）床上燃烧器点火枪气动执行机构	交流 220V	SV
16	炉前 3 号（B3）床上燃烧器油枪气动执行机构	交流 220V	SV-2C
17	炉前 3 号（B3）床上燃烧器进油吹扫阀	交流 220V	SV
18	炉前 3 号（B3）床上燃烧器进油阀	交流 220V	SV
19	炉前 4 号（B4）床上燃烧器点火枪气动执行机构	交流 220V	SV
20	炉前 4 号（B4）床上燃烧器油枪气动执行机构	交流 220V	SV-2C
21	炉前 4 号（B4）床上燃烧器进油吹扫阀	交流 220V	SV
22	炉前 4 号（B4）床上燃烧器进油阀	交流 220V	SV
23	炉后 1 号（B5）床上燃烧器点火枪气动执行机构	交流 220V	SV
24	炉后 1 号（B5）床上燃烧器油枪气动执行机构	交流 220V	SV-2C
25	炉后 1 号（B5）床上燃烧器进油吹扫阀	交流 220V	SV
26	炉后 1 号（B5）床上燃烧器进油阀	交流 220V	SV
27	炉后 2 号（B6）床上燃烧器点火枪气动执行机构	交流 220V	SV

续表

序号	名称	负荷类型	备注
28	炉后2号（B6）床上燃烧器油枪气动执行机构	交流220V	SV-2C
29	炉后2号（B6）床上燃烧器进油吹扫阀	交流220V	SV
30	炉后2号（B6）床上燃烧器进油阀	交流220V	SV
31	炉左1号（A1）风道燃烧器点火枪气动执行机构	交流220V	SV
32	炉左1号（A1）风道燃烧器进油吹扫阀	交流220V	SV
33	炉左1号（A1）风道燃烧器进油阀	交流220V	SV
34	炉左1号（A1）风道燃烧器回油吹扫阀	交流220V	SV
35	炉左1号（A1）风道燃烧器回油阀	交流220V	SV
36	炉左2号（A2）风道燃烧器点火枪气动执行机构	交流220V	SV
37	炉左2号（A2）风道燃烧器进油吹扫阀	交流220V	SV
38	炉左2号（A2）风道燃烧器进油阀	交流220V	SV
39	炉左2号（A2）风道燃烧器回油吹扫阀	交流220V	SV
40	炉左2号（A2）风道燃烧器回油阀	交流220V	SV
41	炉右1号（A3）风道燃烧器点火枪气动执行机构	交流220V	SV
42	炉右1号（A3）风道燃烧器进油吹扫阀	交流220V	SV
43	炉右1号（A3）风道燃烧器进油阀	交流220V	SV
44	炉右1号（A3）风道燃烧器回油吹扫阀	交流220V	SV
45	炉右1号（A3）风道燃烧器回油阀	交流220V	SV
46	炉右2号（A4）风道燃烧器点火枪气动执行机构	交流220V	SV
47	炉右2号（A4）风道燃烧器进油吹扫阀	交流220V	SV
48	炉右2号（A4）风道燃烧器进油阀	交流220V	SV
49	炉右2号（A4）风道燃烧器回油吹扫阀	交流220V	SV
50	炉右2号（A4）风道燃烧器回油阀	交流220V	SV

注 负荷类型包括交流气动调节阀门（CV）、单线圈电磁阀门（SV）、双线圈电磁阀门（SV-2C）等。

表16-71　　燃油系统I/O清单

序号	I/O类型	I/O数量	备注
1	AI　4～20mA	26	
2	AI　RTD	1	
3	AO	2	
4	DI	158	
5	DO	88	

注 本表为一台不带外置床的300MW亚临界CFB锅炉燃油系统I/O总数。

二、不带外置床的350MW超临界CFB锅炉仪表与控制设计举例

（一）CFB锅炉烟风系统

锅炉采用350MW超临界参数直流锅炉、循环流化床燃烧方式，一次中间再热、单炉膛、平衡通风、固态排渣、全钢构架、全悬吊结构，露天岛式布置。锅炉烟风系统主要由炉外烟风系统、锅炉本体烟气系统、风机本体及稀油站系统组成。

1. 炉外烟风系统

炉外烟风系统受控设备清单见表16-72，炉外烟风系统I/O清单见表16-73，炉外烟风系统仪表控制系统图见图16-50。

表16-72　　炉外烟风系统受控设备清单

序号	名称	负荷类型	备注
1	一次风机A入口导叶	交流380V	MCV
2	一次风机B出口电动阀门	交流380V	MCV
3	一次风机B入口导叶	交流380V	MCV
4	一次风机B出口电动阀门	交流380V	MV
5	一次冷风道快冷风门	交流380V	MV
6	风道燃烧器1一次热风门1	交流380V	MCV
7	风道燃烧器1一次热风门2	交流380V	MCV
8	风道燃烧器1一次热风门3	交流380V	MCV
9	风道燃烧器2一次热风门1	交流380V	MCV
10	风道燃烧器2一次热风门2	交流380V	MCV
11	风道燃烧器2一次热风门3	交流380V	MCV
12	称重式给煤机密封风母管电动阀门	交流380V	MV
13	称重式给煤机A1密封风门	交流380V	MV
14	称重式给煤机A2密封风门	交流380V	MV
15	称重式给煤机B1密封风门	交流380V	MV
16	称重式给煤机B2密封风门	交流380V	MV
17	称重式给煤机C1密封风门	交流380V	MV
18	称重式给煤机C2密封风门	交流380V	MV
19	称重式给煤机D1密封风门	交流380V	MV

续表

序号	名称	负荷类型	备注
20	称重式给煤机 D2 密封风门	交流 380V	MV
21	播煤口 A1 播煤风总风门	交流 380V	MCV
22	播煤口 A2 播煤风总风门	交流 380V	MCV
23	播煤口 B1 播煤风总风门	交流 380V	MCV
24	播煤口 B2 播煤风总风门	交流 380V	MCV
25	播煤口 C1 播煤风总风门	交流 380V	MCV
26	播煤口 C2 播煤风总风门	交流 380V	MCV
27	播煤口 D1 播煤风总风门	交流 380V	MCV
28	播煤口 D2 播煤风总风门	交流 380V	MCV
29	二次风机 A 入口导叶	交流 380V	MCV
30	二次风机 A 出口挡板	交流 380V	MV
31	二次风机 B 入口导叶	交流 380V	MCV
32	二次风机 B 出口挡板	交流 380V	MV
33	左侧前墙上二次风风门	交流 380V	MCV
34	左侧前墙下二次风风门	交流 380V	MCV
35	左侧后墙上二次风风门	交流 380V	MCV
36	左侧后墙下二次风风门	交流 380V	MCV
37	右侧前墙上二次风风门	交流 380V	MCV
38	右侧前墙下二次风风门	交流 380V	MCV
39	右侧后墙上二次风风门	交流 380V	MCV
40	右侧后墙下二次风风门	交流 380V	MCV
41	高压流化风机 A 入口导叶	交流 380V	MCV
42	高压流化风机 A 排空风门	交流 380V	MCV
43	高压流化风机 A 出口挡板	380V	MV
44	高压流化风机 B 入口导叶	交流 380V	MCV
45	高压流化风机 B 排空风门	交流 380V	MCV
46	高压流化风机 B 出口挡板	交流 380V	MV
47	高压流化风机 C 入口导叶	交流 380V	MCV
48	高压流化风机 C 排空风门	交流 380V	MCV
49	高压流化风机 C 出口挡板	交流 380V	MV
50	U 阀 A 风室流化风量（上升段）调节阀门	交流 380V	MCV
51	U 阀 A 风室流化风量（底部）调节阀门 1	交流 380V	MCV
52	U 阀 A 风室流化风量（底部）调节阀门 2	交流 380V	MCV
53	U 阀 A 风室流化风量（底部）调节阀门 3	交流 380V	MCV
54	U 阀 B 风室流化风量（上升段）调节阀门	交流 380V	MCV

续表

序号	名称	负荷类型	备注
55	U 阀 B 风室流化风量（底部）调节阀门 1	交流 380V	MCV
56	U 阀 B 风室流化风量（底部）调节阀门 2	交流 380V	MCV
57	U 阀 B 风室流化风量（底部）调节阀门 3	交流 380V	MCV
58	U 阀 C 风室流化风量（上升段）调节阀门	交流 380V	MCV
59	U 阀 C 风室流化风量（底部）调节阀门 1	交流 380V	MCV
60	U 阀 C 风室流化风量（底部）调节阀门 2	交流 380V	MCV
61	U 阀 C 风室流化风量（底部）调节阀门 3	交流 380V	MCV
62	引风机 A 入口动叶	交流 380V	MCV
63	引风机 A 出口挡板	交流 380V	MV
64	引风机 B 入口动叶	交流 380V	MCV
65	引风机 B 出口挡板	交流 380V	MV
66	一次风机 A	交流 10kV	MT
67	一次风机 B	交流 10kV	MT
68	一次风机 A 电加热器	交流 380V	HT
69	一次风机 B 电加热器	交流 380V	HT
70	二次风机 A	交流 10kV	MT
71	二次风机 B	交流 10kV	MT
72	二次风机 A 电加热器	交流 380V	HT
73	二次风机 B 电加热器	交流 380V	HT
74	高压流化风机 A	交流 10kV	MT
75	高压流化风机 B	交流 10kV	MT
76	高压流化风机 C	交流 10kV	MT
77	高压流化风机 A 电加热器	交流 380V	HT
78	高压流化风机 B 电加热器	交流 380V	HT
79	高压流化风机 C 电加热器	交流 380V	HT
80	引风机 A	交流 10KV	MT
81	引风机 B	交流 10KV	MT
82	引风机 A 密封风机 A	交流 380V	MT
83	引风机 A 密封风机 B	交流 380V	MT
84	引风机 B 密封风机 A	交流 380V	MT
85	引风机 B 密封风机 B	交流 380V	MT
86	引风机 A 电加热器	交流 380V	HT
87	引风机 B 电加热器	交流 380V	HT

注　负荷类型包括交流 10kV 电动机（MT）、交流 380V 电加热器（HT）、电动调节阀门（MCV）、电动阀门（MV）。

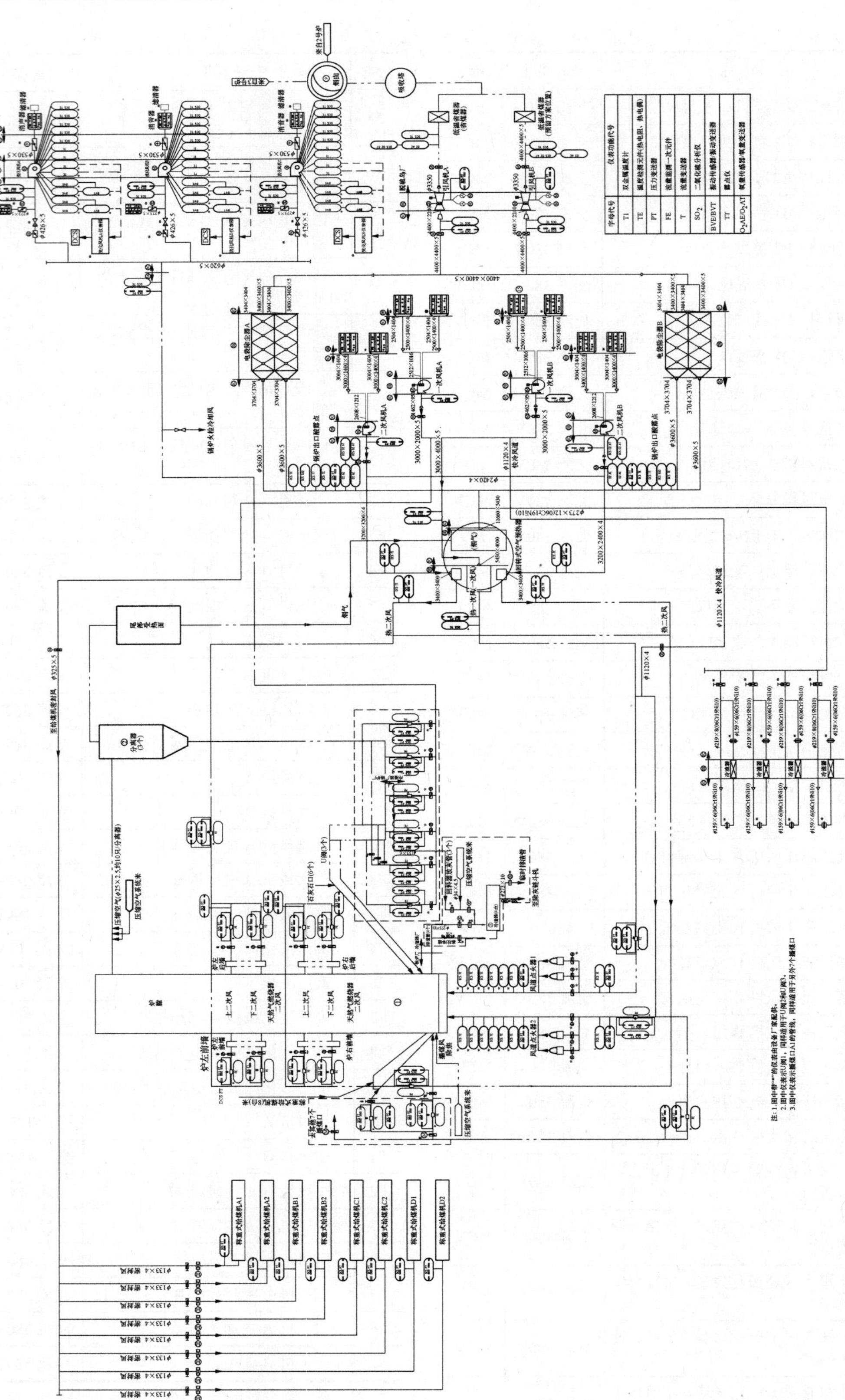

图 16-50　炉外烟风系统仪表控制系统图

表 16-73　炉外烟风系统 I/O 清单

序号	I/O 类型	I/O 数量	备注
1	AI　4～20mA	205	
2	AI　RTD	36	
3	AI　TCK	17	
4	AO	50	
5	DI	361	
6	DO	126	

注　本表为一台不带外置床的 350MW 超临界 CFB 炉外烟风系统 I/O 总数。

2. 锅炉本体烟风系统

锅炉本体烟风系统 I/O 清单见表 16-74，锅炉本体烟风系统仪表控制系统图见图 16-51（见文后插页），锅炉 U 阀本体测量仪表控制系统图见图 16-52。

表 16-74　锅炉本体烟风系统 I/O 清单

序号	I/O 类型	I/O 数量	备注
1	AI　4～20mA	67	
2	AI　TCK	53	
3	DI	16	

注　本表为一台不带外置床的 350MW 超临界 CFB 锅炉本体烟风系统 I/O 总数。

3. 风机本体及稀油站系统

风机本体及稀油站系统包括一次风机本体系统、二次风机本体系统、引风机本体及稀油站系统。

风机本体及稀油站系统受控设备清单见表 16-75，风机本体及稀油站系统 I/O 清单见表 16-76，一次风机本体仪表控制系统图见图 16-53，二次风机本体仪表控制系统图见图 16-54，引风机本体仪表控制系统图见图 16-55，引风机稀油站系统仪表控制系统图见图 16-56（见文后插页）。

表 16-75　风机本体及稀油站系统受控设备清单

序号	名称	负荷类型	备注
1	引风机 A 稀油站 1 号油泵	交流 380V	MT
2	引风机 A 稀油站 2 号油泵	交流 380V	MT
3	引风机 A 稀油站电加热器	交流 380V	HT
4	引风机 B 稀油站 1 号油泵	交流 380V	MT
5	引风机 B 稀油站 2 号油泵	交流 380V	MT
6	引风机 B 稀油站电加热器	交流 380V	HT

注　负荷类型包括交流 380V 电动机（MT）、交流 380V 电加热器（HT）。

表 16-76　风机本体及稀油站系统 I/O 清单

序号	I/O 类型	I/O 数量	备注
一	一次风机本体系统		
1	AI　4～20mA	8	
2	AI　RTD	20	
二	二次风机本体系统		
1	AI　4～20mA	8	
2	AI　RTD	20	
三	引风机本体及稀油站系统		
1	AI　4～20mA	4	
2	AI　RTD	38	
3	DI	14	

注　本表为一台不带外置床的 350MW 超临界 CFB 锅炉风机本体及稀油站系统 I/O 总数。

（二）CFB 锅炉除底灰系统

CFB 锅炉除底灰系统主要由底灰输送系统和冷渣器冷却水及排渣系统组成。

1. 底灰输送系统

底灰输送系统受控设备清单见表 16-77，底灰输送系统 I/O 清单见表 16-78，底灰输送系统仪表控制系统图见图 16-57。

表 16-77　底灰输送系统受控设备清单

序号	名称	负荷类型	备注
1	刮板输送机 A 入口插板门	交流 220V	SV
2	刮板输送机 A 入口 1 号插板门	交流 220V	SV
3	刮板输送机 A 入口 2 号插板门	交流 220V	SV
4	刮板输送机 A 入口 3 号插板门	交流 220V	SV
5	刮板输送机 A 入口 4 号插板门	交流 220V	SV
6	刮板输送机 B 入口插板门	交流 220V	SV
7	刮板输送机 B 入口 1 号插板门	交流 220V	SV
8	刮板输送机 B 入口 2 号插板门	交流 220V	SV
9	刮板输送机 B 入口 3 号插板门	交流 220V	SV
10	刮板输送机 B 入口 4 号插板门	交流 220V	SV
11	1 号排污泵出口电动阀门	交流 380V	MV
12	2 号排污泵出口电动阀门	交流 380V	MV
13	刮板输送机 A	交流 380V	MT
14	刮板输送机 B	交流 380V	MT
15	斗式提升机 A	交流 380V	MT
16	斗式提升机 B	交流 380V	MT

注　负荷类型包括交流 380V 电动机（MT）、电动阀门（MV）、单线圈电磁阀门（SV）。

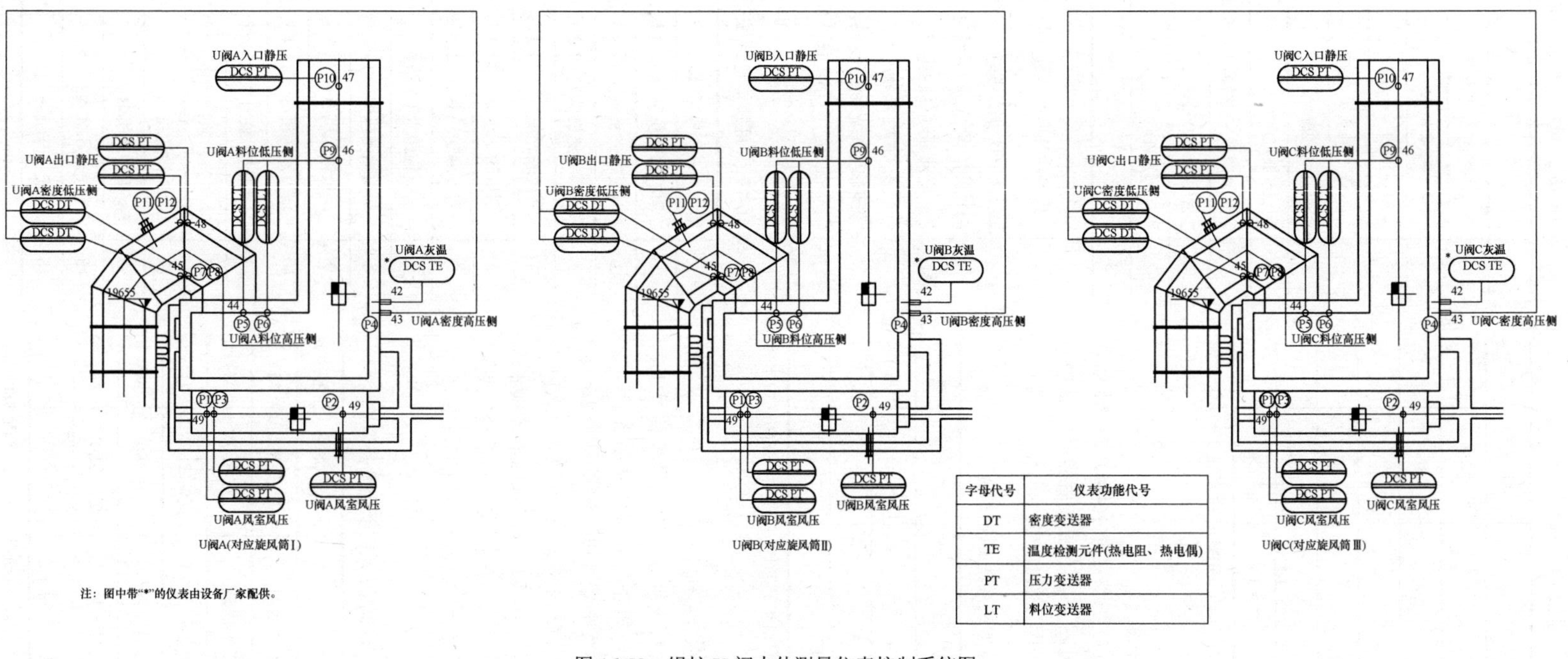

字母代号	仪表功能代号
DT	密度变送器
TE	温度检测元件(热电阻、热电偶)
PT	压力变送器
LT	料位变送器

图 16-52　锅炉 U 阀本体测量仪表控制系统图

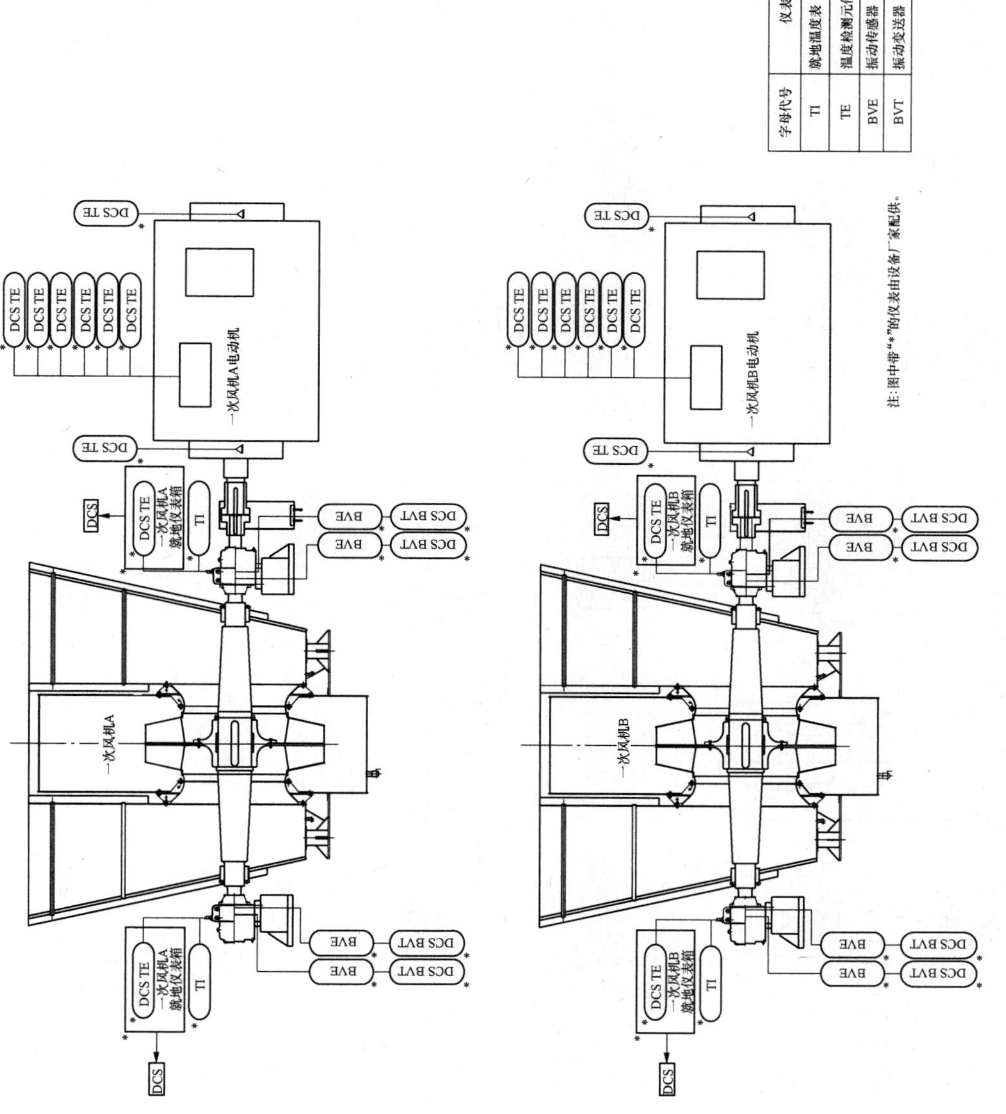

字母代号	仪表功能代号
TI	就地温度表
TE	温度检测元件(热电阻、热电偶)
BVE	振动传感器
BVT	振动变送器

图16-53 一次风机本体仪表控制系统图

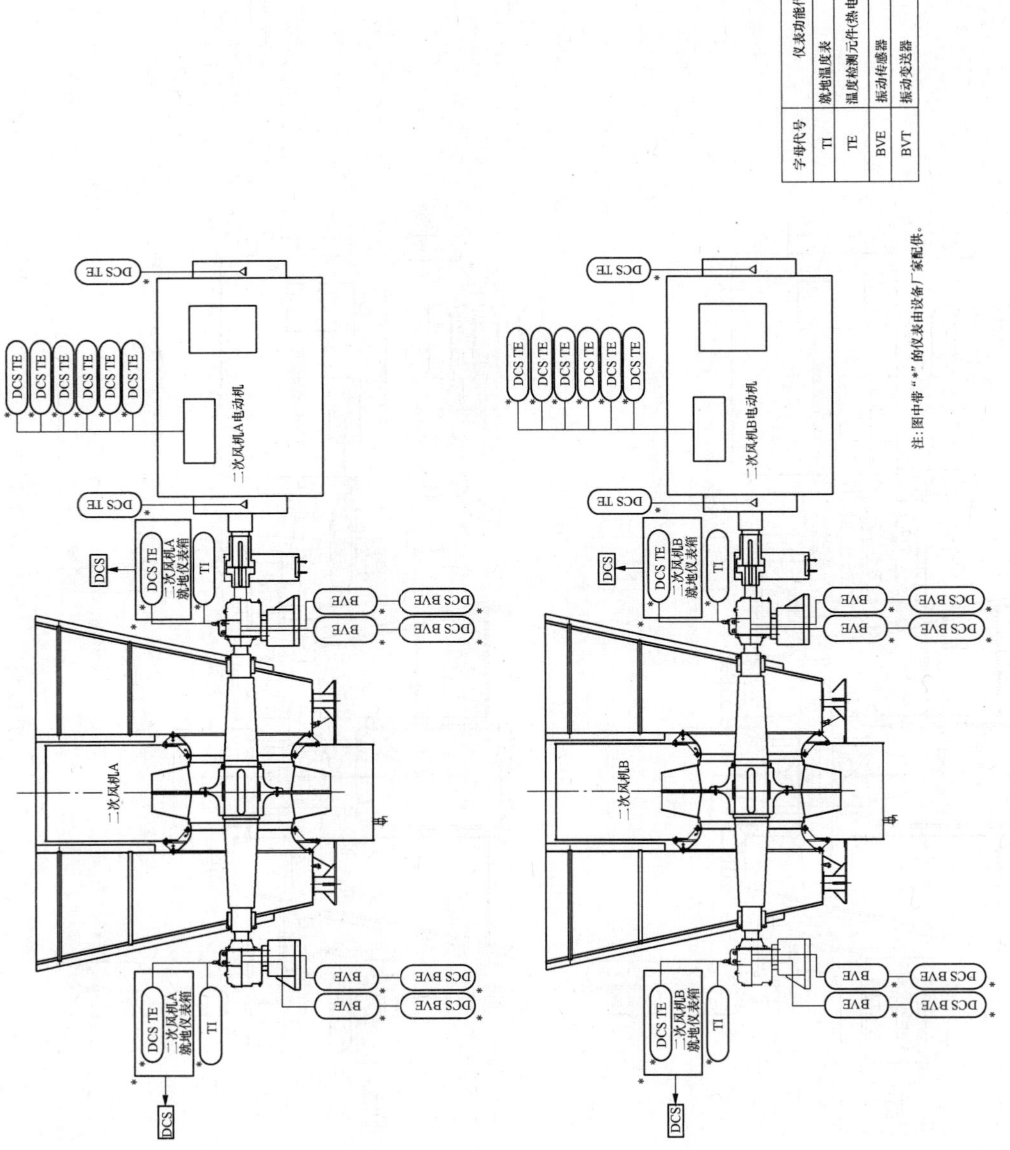

字母代号	仪表功能代号
TI	就地温度表
TE	温度检测元件(热电阻、热电偶)
BVE	振动传感器
BVT	振动变送器

注：图中带“*”的仪表由设备厂家配供。

图 16-54　二次风机本体仪表控制系统图

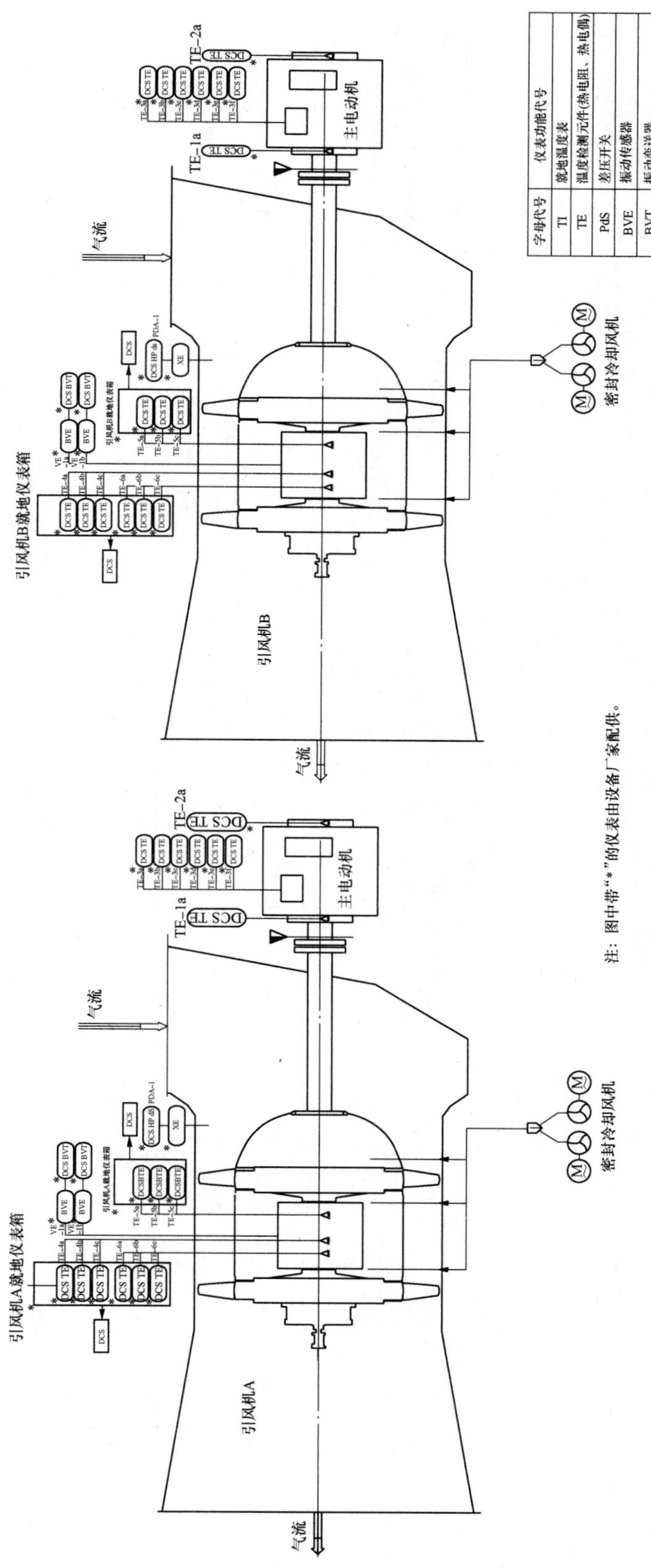

字母代号	仪表功能代号
TI	就地温度表
TE	温度检测元件(热电阻、热电偶)
PdS	差压开关
BVE	振动传感器
BVT	振动变送器

注：图中带"*"的仪表由设备厂家配供。

图 16-55　引风机本体仪表控制系统图

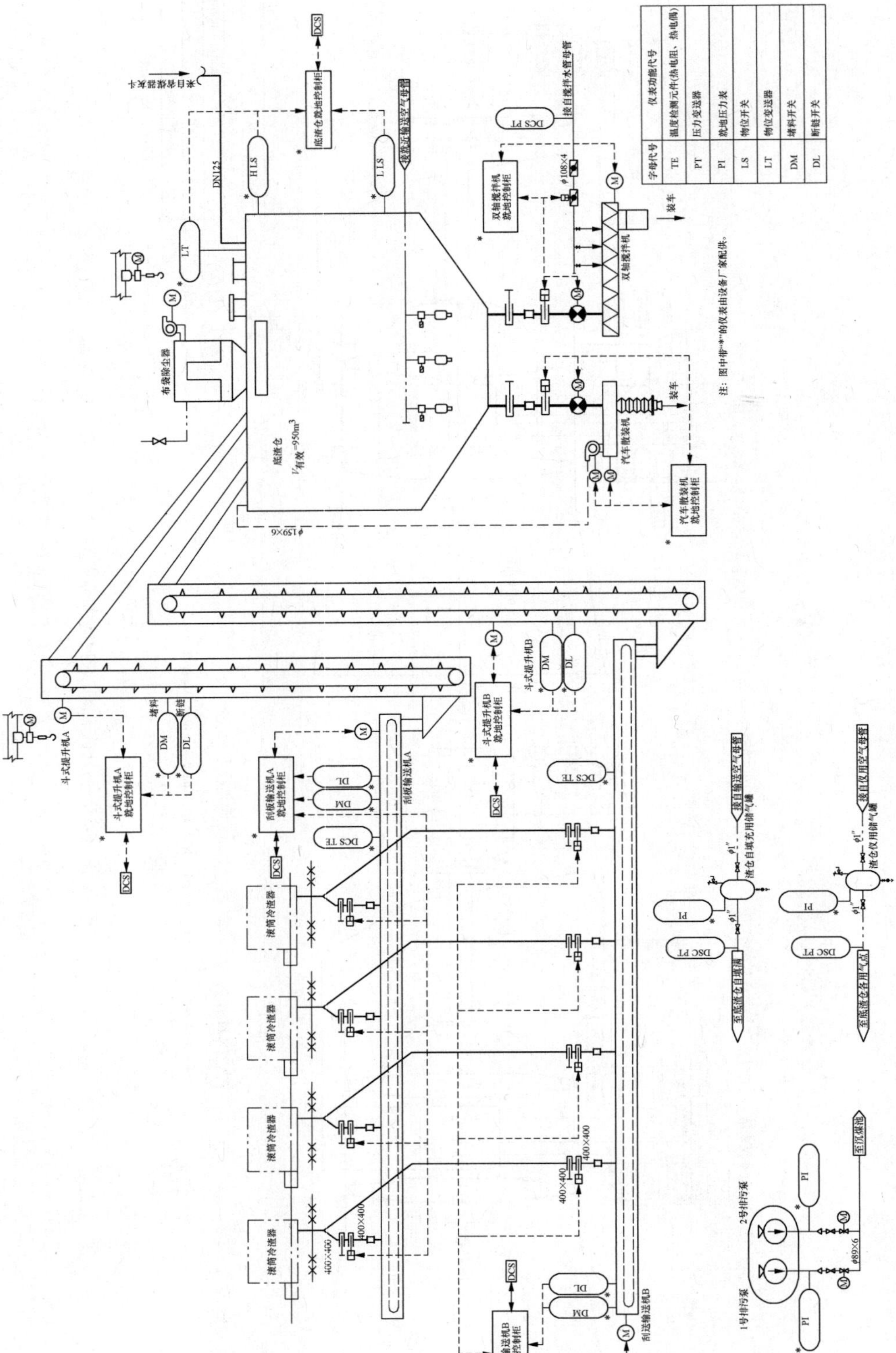

字母代号	仪表功能代号
TE	温度检测元件(热电阻、热电偶)
PT	压力变送器
PI	就地压力表
LS	物位开关
LT	物位变送器
DM	堵料开关
DL	断链开关

注：图中带"*"的仪表由设备厂家配供。

图 16-57　底灰输送系统仪表控制系统图

表 16-78　　底灰输送系统 I/O 清单

序号	I/O 类型	I/O 数量	备注
1	AI　4～20mA	12	
2	AI　RTD	2	
3	AO	4	
4	DI	48	
5	DO	16	

注　本表为一台不带外置床的 350MW 超临界 CFB 锅炉底灰输送系统 I/O 总数。

2. 冷渣器冷却水及排渣系统

冷渣器冷却水及排渣系统受控设备清单见表 16-79，冷渣器冷却水及排渣系统 I/O 清单见表 16-80，冷渣器冷却水及排渣系统仪表控制系统图见图 16-58。

表 16-79　　冷渣器冷却水及排渣系统受控设备清单

序号	名称	负荷类型	备注
1	冷渣器 A 冷却水进水电动阀门	交流 380V	MV
2	冷渣器 A 冷却水出水电动阀门	交流 380V	MV
3	冷渣器 A 进渣电动阀门	交流 380V	MV
4	冷渣器 A 排渣电动阀门	交流 380V	MV
5	冷渣器 A 放灰电动阀门	交流 380V	MV
6	冷渣器 B 冷却水进水电动阀门	交流 380V	MV
7	冷渣器 B 冷却水出水电动阀门	交流 380V	MV
8	冷渣器 B 进渣电动阀门	交流 380V	MV
9	冷渣器 B 排渣电动阀门	交流 380V	MV
10	冷渣器 B 放灰电动阀门	交流 380V	MV
11	冷渣器 C 冷却水进水电动阀门	交流 380V	MV
12	冷渣器 C 冷却水出水电动阀门	交流 380V	MV
13	冷渣器 C 进渣电动阀门	交流 380V	MV
14	冷渣器 C 排渣电动阀门	交流 380V	MV
15	冷渣器 C 放灰电动阀门	交流 380V	MV

续表

序号	名称	负荷类型	备注
16	冷渣器 D 冷却水进水电动阀门	交流 380V	MV
17	冷渣器 D 冷却水出水电动阀门	交流 380V	MV
18	冷渣器 D 进渣电动阀门	交流 380V	MV
19	冷渣器 D 排渣电动阀门	交流 380V	MV
20	冷渣器 D 放灰电动阀门	交流 380V	MV
21	冷渣器 A	交流 380V	MT
22	冷渣器 B	交流 380V	MT
23	冷渣器 C	交流 380V	MT
24	冷渣器 D	交流 380V	MT

注　负荷类型包括交流 380V 电动机（MT）、电动阀门（MV）。

表 16-80　　冷渣器冷却水及排渣系统 I/O 清单

序号	I/O 类型	I/O 数量	备注
1	AI　4～20mA	12	
2	AI　TCK	32	
3	AO	6	
4	DI	92	
5	DO	24	

注　本表为一台不带外置床的 350MW 超临界 CFB 锅炉冷渣器冷却水及排渣系统 I/O 总数。

（三）CFB 锅炉汽水系统

CFB 锅炉汽水系统主要由主蒸汽及给水系统、再热蒸汽及其减温水系统、锅炉本体壁温系统、锅炉启动系统组成。

1. 主蒸汽及给水系统

主蒸汽及给水系统受控设备清单详见表 16-81，主蒸汽及给水系统 I/O 清单见表 16-82，主蒸汽及给水系统仪表控制系统图见图 16-59（见文后插页）。

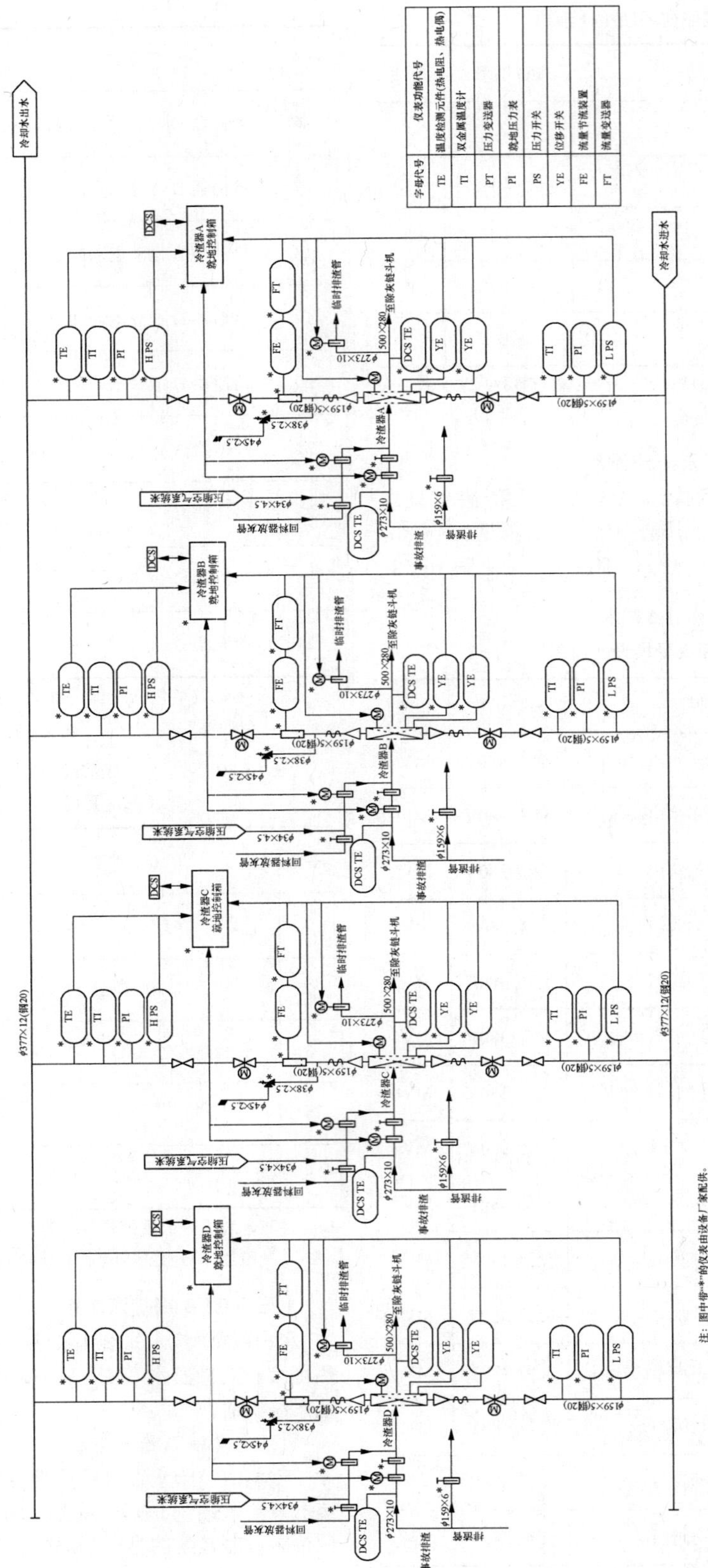

图16-58 冷渣器冷却水及排渣系统仪表控制系统图

表 16-81　主蒸汽及给水系统受控设备清单

序号	名称	负荷类型	备注
1	锅炉主给水电动阀门	交流 380V	MV
2	锅炉给水旁路调节阀前电动阀门	交流 380V	MV
3	锅炉给水旁路调节阀后电动阀门	交流 380V	MV
4	锅炉给水旁路电动调节阀门	交流 380V	MCV
5	省煤器进口疏水电动阀门 1	交流 380V	MV
6	省煤器进口疏水电动阀门 2	交流 380V	MV
7	省煤器中间联箱疏水电动阀门 1	交流 380V	MV
8	省煤器中间联箱疏水电动阀门 2	交流 380V	MV
9	储水罐水位调节阀暖阀管总管电动阀门	交流 380V	MV
10	下水分配管至无压放水母管疏水电动阀门 1	交流 380V	MV
11	下水分配管至无压放水母管疏水电动阀门 2	交流 380V	MV
12	下水分配管至疏水扩容器疏水电动阀门 1	交流 380V	MV
13	下水分配管至疏水扩容器疏水电动阀门 2	交流 380V	MV
14	中隔墙及附加受热面水冷壁疏水电动阀门 1	交流 380V	MV
15	中隔墙及附加受热面水冷壁疏水电动阀门 2	交流 380V	MV
16	左侧墙水冷壁疏水电动阀门 1	交流 380V	MV
17	左侧墙水冷壁疏水电动阀门 2	交流 380V	MV
18	右侧墙水冷壁疏水电动阀门 1	交流 380V	MV
19	右侧墙水冷壁疏水电动阀门 2	交流 380V	MV
20	前后墙水冷壁疏水电动阀门 1	交流 380V	MV
21	前后墙水冷壁疏水电动阀门 2	交流 380V	MV
22	水冷壁出口混合联箱疏水电动阀门 1	交流 380V	MV
23	水冷壁出口混合联箱疏水电动阀门 2	交流 380V	MV
24	储水罐至过热器二级减温水总管电动阀门	交流 380V	MV
25	旋风分离器 I 下联箱疏水电动阀门 1	交流 380V	MV
26	旋风分离器 I 下联箱疏水电动阀门 2	交流 380V	MV
27	旋风分离器 II 下联箱疏水电动阀门 1	交流 380V	MV
28	旋风分离器 II 下联箱疏水电动阀门 2	交流 380V	MV
29	旋风分离器III下联箱疏水电动阀门 1	交流 380V	MV
30	旋风分离器III下联箱疏水电动阀门 2	交流 380V	MV
31	左右侧包墙过热器下联箱疏水电动阀门 1	交流 380V	MV
32	左右侧包墙过热器下联箱疏水电动阀门 2	交流 380V	MV

续表

序号	名称	负荷类型	备注
33	前后包墙过热器下联箱疏水电动阀门 1	交流 380V	MV
34	前后包墙过热器下联箱疏水电动阀门 2	交流 380V	MV
35	低温过热器进口及中隔墙下联箱疏水电动阀门 1	交流 380V	MV
36	低温过热器进口及中隔墙下联箱疏水电动阀门 2	交流 380V	MV
37	中温过热器进口联箱疏水电动阀门 1	交流 380V	MV
38	中温过热器进口联箱疏水电动阀门 2	交流 380V	MV
39	中温过热器出口联箱疏水电动阀门 1	交流 380V	MV
40	中温过热器出口联箱疏水电动阀门 2	交流 380V	MV
41	高温过热器进口联箱疏水电动阀门 1	交流 380V	MV
42	高温过热器进口联箱疏水电动阀门 2	交流 380V	MV
43	高温过热器出口联箱疏水电动阀门 1	交流 380V	MV
44	高温过热器出口联箱疏水电动阀门 2	交流 380V	MV
45	汽水分离器出口分配联箱疏水电动阀门 1	交流 380V	MV
46	汽水分离器出口分配联箱疏水电动阀门 2	交流 380V	MV
47	高温过热器左侧出口动力泄压阀门（PCV）	交流 220V	SV
48	高温过热器右侧出口动力泄压阀门（PCV）	交流 220V	SV
49	过热器减温水总管电动阀门	交流 380V	MV
50	过热器一级减温水总管电动阀门	交流 380V	MV
51	过热器一级减温水左侧电动调节阀门	交流 380V	MCV
52	过热器一级减温水右侧电动调节阀门	交流 380V	MCV
53	过热器一级减温水左侧电动调节阀门后电动阀门	交流 380V	MV
54	过热器一级减温水右侧电动调节阀门后电动阀门	交流 380V	MV
55	一级减温水管路疏水电动阀门 1	交流 380V	MV
56	一级减温水管路疏水电动阀门 2	交流 380V	MV
57	过热器二级减温水总管电动阀门	交流 380V	MV
58	过热器二级减温水左侧电动调节阀门	交流 380V	MCV

续表

序号	名称	负荷类型	备注
59	过热器二级减温水右侧电动调节阀门	交流 380V	MCV
60	过热器二级减温水左侧电动调节阀门后电动阀门	交流 380V	MV
61	过热器二级减温水右侧电动调节阀门后电动阀门	交流 380V	MV
62	储水罐至过热器二级减温水左侧支管电动阀门	交流 380V	MV
63	储水罐至过热器二级减温水右侧支管电动阀门	交流 380V	MV
64	二级减温水管路疏水电动阀门 1	交流 380V	MV
65	二级减温水管路疏水电动阀门 2	交流 380V	MV

注　负荷类型包括电动调节阀门（MCV）、电动阀门（MV）。

表 16-82　主蒸汽及给水系统热控 I/O 清单

序号	I/O 类型	I/O 数量	备注
1	AI　4～20mA	28	
2	AI　TCK	41	
3	AO	5	
4	DI	199	
5	DO	120	

注　本表为一台不带外置床的 350MW 超临界 CFB 锅炉主蒸汽及给水系统 I/O 总数。

2. 再热蒸汽及其减温水系统

再热蒸汽及其减温水系统受控设备清单见表 16-83，再热蒸汽及其减温水系统 I/O 清单见表 16-84，再热蒸汽及其减温水系统仪表控制系统图见图 16-60。

表 16-83　再热蒸汽及其减温水系统受控设备清单

序号	名称	负荷类型	备注
1	再热器减温水总管电动阀门	交流 380V	MV
2	再热器减温水左侧电动调节阀门	交流 380V	MCV
3	再热器减温水右侧电动调节阀门	交流 380V	MCV
4	再热器减温水左侧调节阀后电动阀门	交流 380V	MV
5	再热器减温水右侧调节阀后电动阀门	交流 380V	MV
6	再热器减温水右侧疏水电动阀门 1	交流 380V	MV
7	再热器减温水右侧疏水电动阀门 2	交流 380V	MV
8	再热器减温水左侧疏水电动阀门 1	交流 380V	MV
9	再热器减温水左侧疏水电动阀门 2	交流 380V	MV
10	低温再热器进口疏水电动阀门 1	交流 380V	MV
11	低温再热器进口疏水电动阀门 2	交流 380V	MV
12	高温再热器进口疏水电动阀门 1	交流 380V	MV
13	高温再热器进口疏水电动阀门 2	交流 380V	MV
14	高温再热器出口疏水电动阀门 1	交流 380V	MV
15	高温再热器出口疏水电动阀门 2	交流 380V	MV
16	再热器联箱左侧对空排汽电动阀门 1	交流 380V	MV
17	再热器联箱左侧对空排汽电动阀门 2	交流 380V	MV
18	再热器联箱右侧对空排汽电动阀门 1	交流 380V	MV
19	再热器联箱右侧对空排汽电动阀门 2	交流 380V	MV

注　负荷类型包括电动调节阀门（MCV）、电动阀门（MV）。

表 16-84　再热蒸汽及其减温水系统 I/O 清单

序号	I/O 类型	I/O 数量	备注
1	AI　4～20mA	9	
2	AI　TCK	19	
3	AO	2	
4	DI	63	
5	DO	34	

注　本表为一台不带外置床的 350MW 超临界 CFB 锅炉再热蒸汽及其减温水系统 I/O 总数。

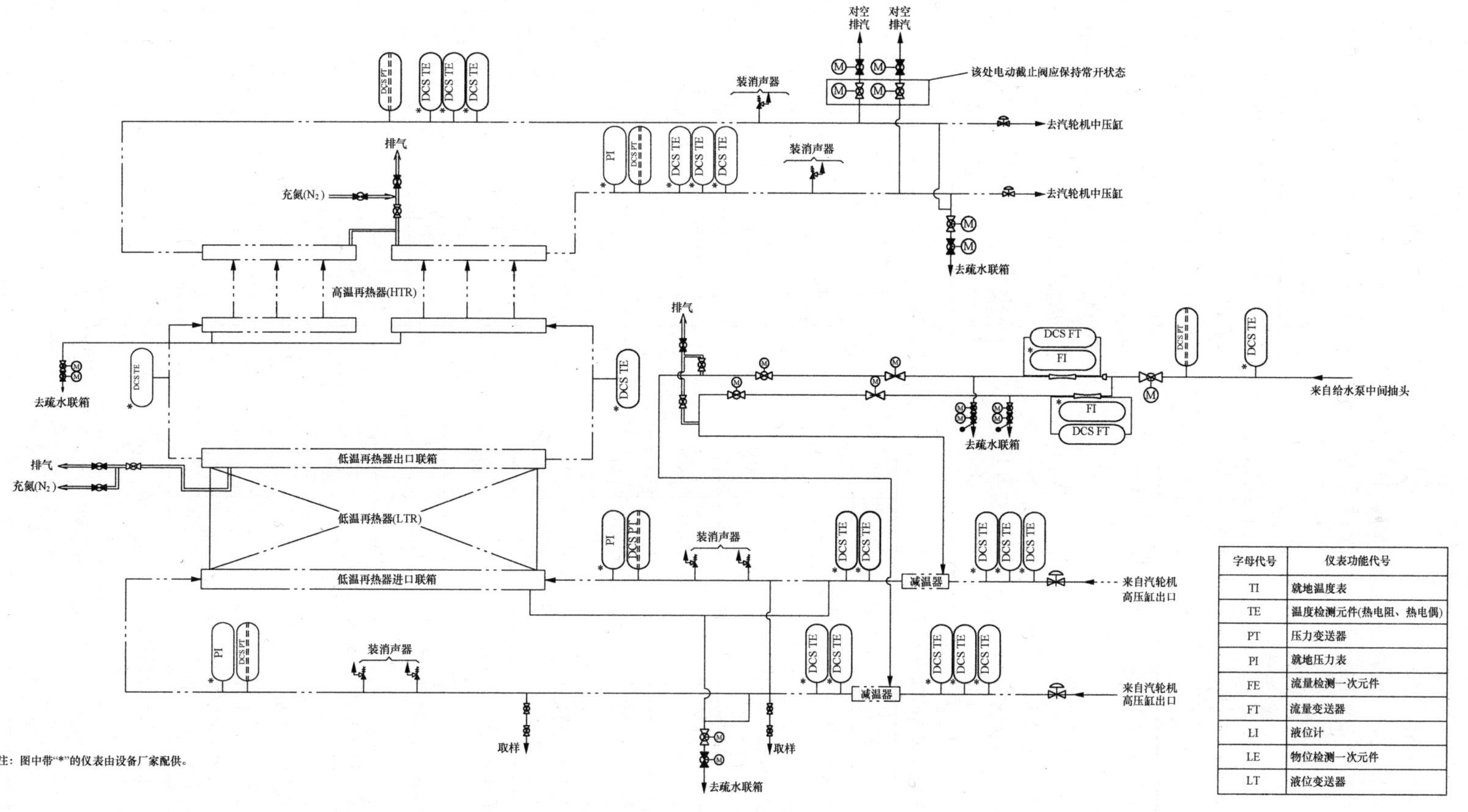

字母代号	仪表功能代号
TI	就地温度表
TE	温度检测元件(热电阻、热电偶)
PT	压力变送器
PI	就地压力表
FE	流量检测一次元件
FT	流量变送器
LI	液位计
LE	物位检测一次元件
LT	液位变送器

注：图中带"*"的仪表由设备厂家配供。

图 16-60　再热蒸汽及其减温水系统仪表控制系统图

3. 锅炉本体壁温系统

锅炉本体壁温测点仪表随锅炉配供。锅炉本体壁温测点的设置各个主机厂略有不同。

锅炉本体壁温系统I/O清单见表16-85，锅炉本体壁温系统仪表控制系统图见图16-61（见文后插页）。

表16-85　锅炉本体壁温系统I/O清单

序号	I/O类型	I/O数量	备注
1	AI　TCK	492	

注　本表为一台不带外置床的350MW超临界CFB锅炉本体壁温系统I/O总数。

4. 锅炉启动系统

锅炉启动系统受控设备清单见表16-86，锅炉启动系统I/O清单见表16-87，锅炉启动系统仪表控制系统图见图16-62。

表16-86　锅炉启动系统受控设备清单

序号	名称	负荷类型	备注
1	储水罐水位调节阀门前管道电动阀门	交流380V	MV
2	锅炉启动系统储水罐水位气动调节阀门1	直流24V	CV
3	锅炉启动系统储水罐水位气动调节阀门2	直流24V	CV
4	储水罐水位调节阀前管道疏水电动阀门1	交流380V	MV
5	储水罐水位调节阀前管道疏水电动阀门2	交流380V	MV
6	锅炉启动系统疏水泵A出口电动阀门	交流380V	MV
7	锅炉启动系统疏水泵B出口电动阀门	交流380V	MV
8	锅炉启动系统疏水泵至凝汽器气动调节阀门	直流24V	CV
9	锅炉启动系统疏水泵至循环水回水管气动调节阀门	直流24V	CV
10	锅炉启动系统疏水泵至凝汽器电动阀门	交流380V	MV
11	锅炉启动系统疏水泵至循环水回水管电动阀门	交流380V	MV
12	锅炉启动系统疏水泵A	交流380V	MT
13	锅炉启动系统疏水泵B	交流380V	MT

注　负荷类型包括交流380V电动机(MT)、电动阀门(MV)、气动调节阀门（CV)。

表16-87　锅炉启动系统I/O清单

序号	I/O类型	I/O数量	备注
1	AI　4～20mA	11	
3	AO	4	
4	DI	37	
5	DO	18	

注　本表为一台不带外置床的350MW超临界CFB锅炉启动系统I/O总数。

（四）锅炉给料、启动床料系统

锅炉给料、启动床料系统受控设备清单见表16-88，锅炉给料、启动床料系统I/O清单见表16-89，锅炉给料、启动床料系统仪表控制系统图见图16-63（见文后插页）。

表16-88　锅炉给料、启动床料系统受控设备清单

序号	名称	负荷类型	备注
1	称重式给料机A1入口电动阀门	交流380V	MV
2	称重式给料机A2入口电动阀门	交流380V	MV
3	称重式给料机A1出口气动阀门	交流220V	SV
4	称重式给料机A2出口气动阀门	交流220V	SV
5	称重式给料机B1入口电动阀门	交流380V	MV
6	称重式给料机B2入口电动阀门	交流380V	MV
7	称重式给料机B1出口气动阀门	交流220V	SV
8	称重式给料机B2出口气动阀门	交流220V	SV
9	称重式给料机C1入口电动阀门	交流380V	MV
10	称重式给料机C2入口电动阀门	交流380V	MV
11	称重式给料机C1出口气动阀门	交流220V	SV
12	称重式给料机C2出口气动阀门	交流220V	SV
13	称重式给料机D1入口电动阀门	交流380V	MV
14	称重式给料机D2入口电动阀门	交流380V	MV
15	称重式给料机D1出口气动阀门	交流220V	SV
16	称重式给料机D2出口气动阀门	交流220V	SV
17	称重式给煤机1入口电动阀门	交流380V	MV
18	称重式给煤机2入口电动阀门	交流380V	MV
19	埋刮板式给料机出口电动阀门A	交流380V	MV
20	埋刮板式给料机出口电动阀门B	交流380V	MV
21	埋刮板式给料机出口电动阀门C	交流380V	MV
22	埋刮板式给料机出口电动阀门D	交流380V	MV
23	称重式给料机A1	交流380V	MT
24	称重式给料机A2	交流380V	MT
25	称重式给料机A1清扫电动机	交流380V	MT
26	称重式给料机A2清扫电动机	交流380V	MT

续表

序号	名称	负荷类型	备注
27	称重式给料机 B1	交流 380V	MT
28	称重式给料机 B2	交流 380V	MT
29	称重式给料机 B1 清扫电动机	交流 380V	MT
30	称重式给料机 B2 清扫电动机	交流 380V	MT
31	称重式给料机 C1	交流 380V	MT
32	称重式给料机 C2	交流 380V	MT
33	称重式给料机 C1 清扫电动机	交流 380V	MT
34	称重式给料机 C2 清扫电动机	交流 380V	MT
35	称重式给料机 D1	交流 380V	MT
36	称重式给料机 D2	交流 380V	MT
37	称重式给料机 D1 清扫电动机	交流 380V	MT
38	称重式给料机 D2 清扫电动机	交流 380V	MT
39	称重式给料机 E	交流 380V	MT
40	称重式给料机 E 清扫电动机	交流 380V	MT
41	埋刮板式给料机	交流 380V	MT

注　负荷类型包括交流 380V 电动机(MT)、电动阀门(MV)、单线圈电磁阀门（SV)。

表 16-89　锅炉给料、启动床料系统 I/O 清单

序号	I/O 类型	I/O 数量	备注
1	AI　4～20mA	22	
2	AO	9	
3	DI	178	
4	DO	64	
5	PI	9	

注　本表为一台不带外置床的 350MW 超临界 CFB 锅炉给料、启动床料系统 I/O 总数。

（五）天然气系统

天然气系统受控设备清单见表 16-90，天然气系统 I/O 清单见表 16-91，天然气系统仪表控制系统图见图 16-64。

表 16-90　天然气系统受控设备清单

序号	名称	负荷类型	备注
1	A1 点火枪	交流 220V	SV
2	A1 床下点火枪点火气阀 1	交流 220V	SV
3	A1 床下点火枪点火气阀 2	交流 220V	SV
4	A1 床下燃烧器主气燃料阀 1	交流 220V	SV
5	A1 床下燃烧器主气燃料阀 2	交流 220V	SV
6	A1 床下点火枪排空阀	交流 220V	SV
7	A1 床下燃烧器排空阀	交流 220V	SV
8	A2 点火枪	交流 220V	SV

续表

序号	名称	负荷类型	备注
9	A2 床下点火枪点火气阀 1	交流 220V	SV
10	A2 床下点火枪点火气阀 2	交流 220V	SV
11	A2 床下燃烧器主气燃料阀 1	交流 220V	SV
12	A2 床下燃烧器主气燃料阀 2	交流 220V	SV
13	A2 床下点火枪排空阀	交流 220V	SV
14	A2 床下燃烧器排空阀	交流 220V	SV
15	B1 点火枪	交流 220V	SV
16	B1 床下点火枪点火气阀 1	交流 220V	SV
17	B1 床下点火枪点火气阀 2	交流 220V	SV
18	B1 床下燃烧器主气燃料阀 1	交流 220V	SV
19	B1 床下燃烧器主气燃料阀 2	交流 220V	SV
20	B1 床下点火枪排空阀	交流 220V	SV
21	B1 床下燃烧器排空阀	交流 220V	SV
22	B2 点火枪	交流 220V	SV
23	B2 床下点火枪点火气阀 1	交流 220V	SV
24	B2 床下点火枪点火气阀 2	交流 220V	SV
25	B2 床下燃烧器主气燃料阀 1	交流 220V	SV
26	B2 床下燃烧器主气燃料阀 2	交流 220V	SV
27	B2 床下点火枪排空阀	交流 220V	SV
28	B2 床下燃烧器排空阀	交流 220V	SV
29	天然气母管气动阀	交流 220V	SV
30	天然气母管气动快关排空阀	交流 220V	SV
31	天然气放散管道气动快关阀 1	交流 220V	SV
32	天然气放散管道气动快关阀 2	交流 220V	SV
33	天然气放散管道气动快关阀 3	交流 220V	SV
34	天然气放散管道气动快关阀 4	交流 220V	SV
35	天然气放散管道气动快关阀 5	交流 220V	SV

注　负荷类型包括单线圈电磁阀门（SV)。

表 16-91　天然气系统 I/O 清单

序号	I/O 类型	I/O 数量	备注
1	AI　4～20mA	19	
2	AI　RTD	1	
3	DI	111	
4	DO	43	

注　本表为一台不带外置床的 350MW 超临界 CFB 锅炉天然气系统 I/O 总数。

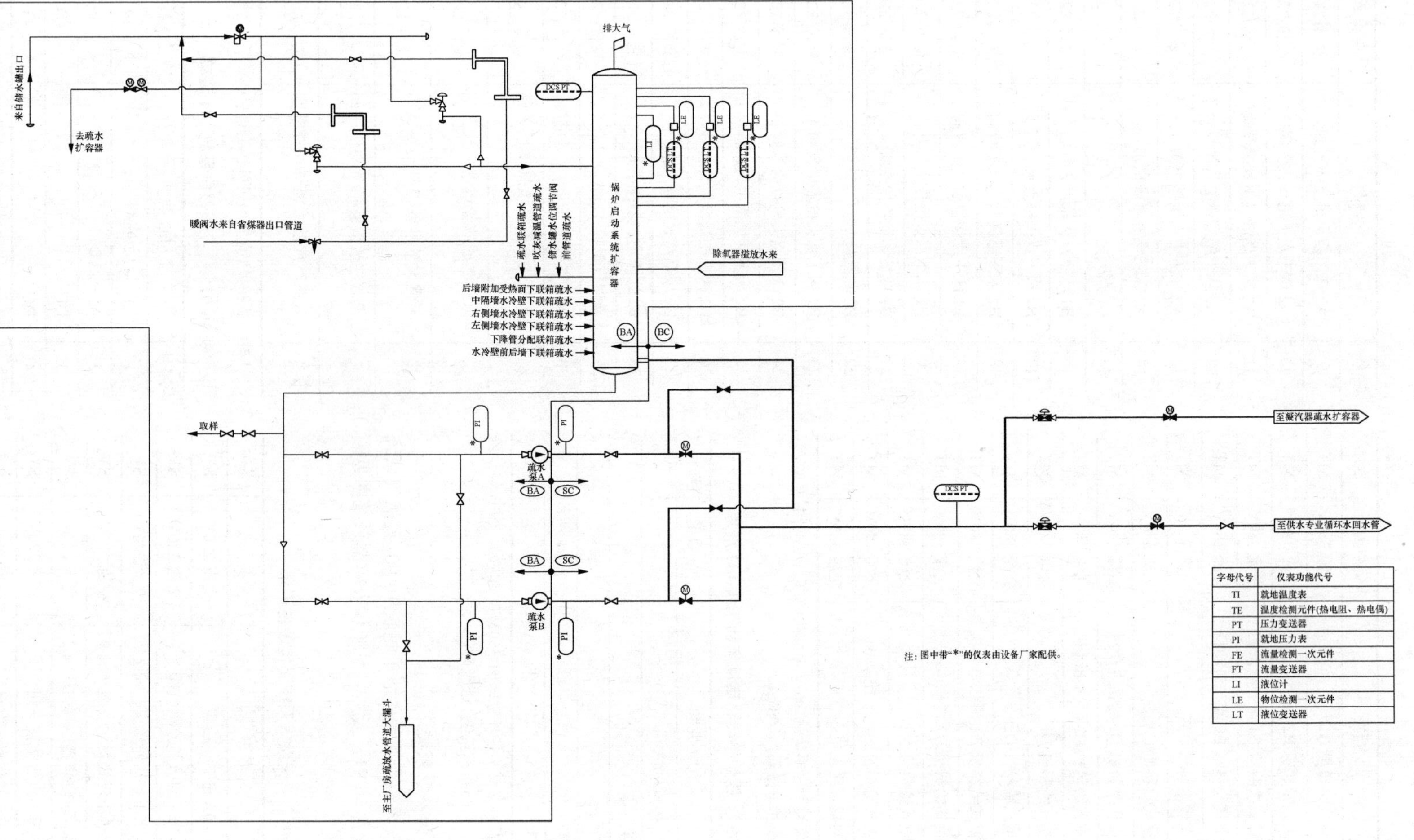

字母代号	仪表功能代号
TI	就地温度表
TE	温度检测元件(热电阻、热电偶)
PT	压力变送器
PI	就地压力表
FE	流量检测一次元件
FT	流量变送器
LI	液位计
LE	物位检测一次元件
LT	液位变送器

图 16-62　锅炉启动系统仪表控制系统图

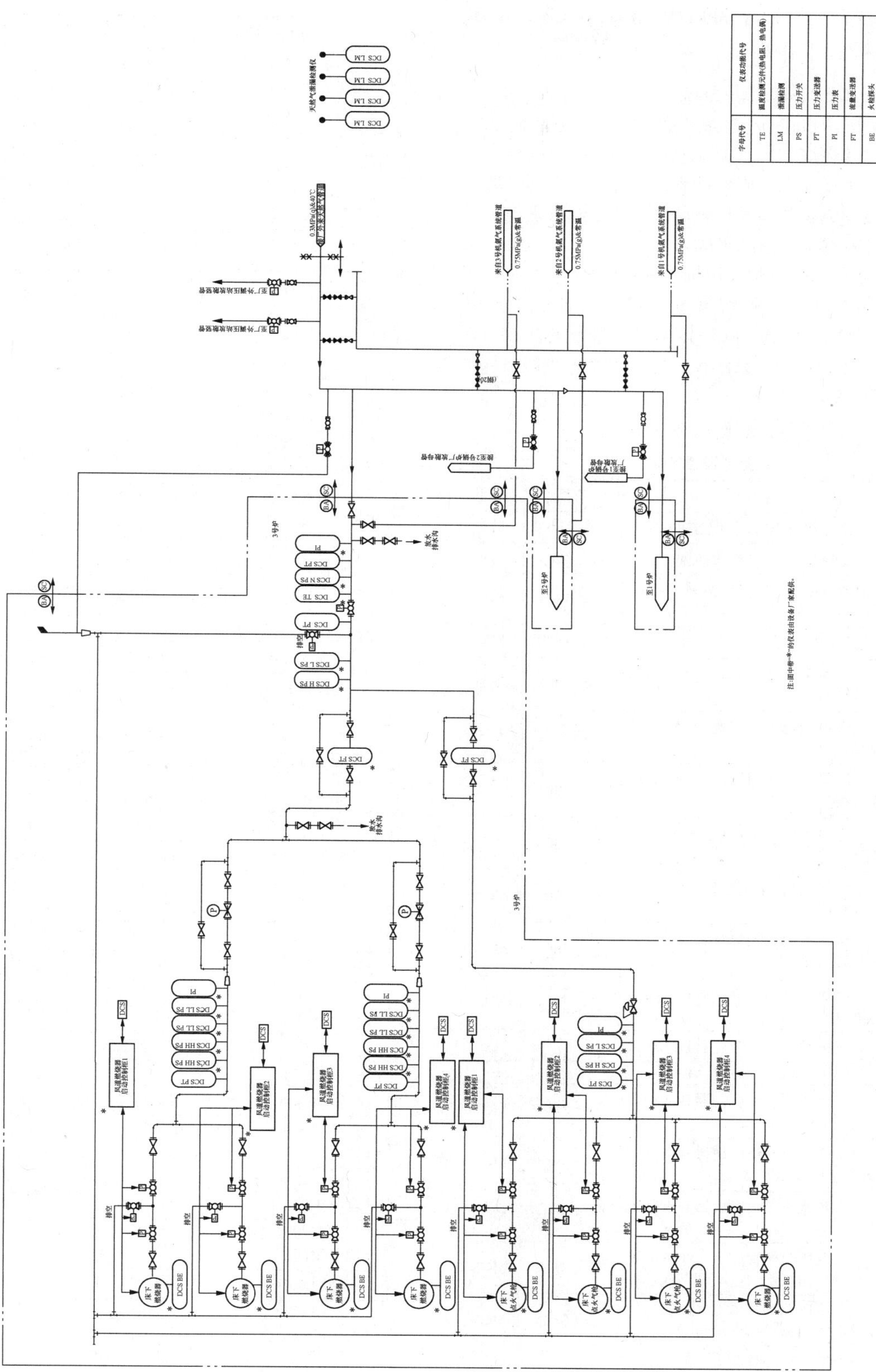

图 16-64　天然气系统仪表控制系统图

三、带外置床的600MW超临界CFB锅炉仪表与控制设计举例

（一）CFB锅炉烟风系统

锅炉采用600MW超临界参数变压运行直流锅炉、循环流化床燃烧方式，一次中间再热、单炉膛露天岛式布置、平衡通风、固态排渣、燃煤锅炉。锅炉烟风系统主要由锅炉本体及炉外烟风系统、烟风系统主要辅机本体及稀油站系统组成。

1. 锅炉本体及炉外烟风系统

锅炉本体及炉外烟风系统受控设备清单见表16-92，锅炉本体及炉外烟风系统I/O清单见表16-93，锅炉本体及炉外烟风系统仪表控制系统图见图16-65（见文后插页）。

表16-92　锅炉本体及炉外烟风系统受控设备清单

序号	名称	负荷类型	备注
1	一次风机A出口电动挡板	交流380V	MV
2	一次风机B出口电动挡板	交流380V	MV
3	空气预热器A一次风进口电动阀门	交流380V	MV
4	空气预热器B一次风进口电动阀门	交流380V	MV
5	空气预热器A、B出口一次热风隔离气动阀门	交流220V	SV-2C
6	一次热风至风道燃烧器A气动调节阀门	直流24V	CV
7	一次热风至风道燃烧器A电动调节阀门1	交流380V	MCV
8	一次热风至风道燃烧器A电动调节阀门2	交流380V	MCV
9	一次热风至风道燃烧器A电动调节阀门3	交流380V	MCV
10	一次热风至风道燃烧器A电动调节阀门4	交流380V	MCV
11	一次热风至风道燃烧器B气动调节阀门	直流24V	CV
12	一次热风至风道燃烧器B电动调节阀门1	交流380V	MCV
13	一次热风至风道燃烧器B电动调节阀门2	交流380V	MCV
14	一次热风至风道燃烧器B电动调节阀门3	交流380V	MCV
15	一次热风至风道燃烧器B电动调节阀门4	交流380V	MCV
16	一次冷风至外置床A（HTR）炉膛灰道吹扫风进口电动调节阀门	交流380V	MCV
17	一次冷风至外置床B（ITS2）炉膛灰道吹扫风进口电动调节阀门	交流380V	MCV
18	一次冷风至外置床C（ITS1）炉膛灰道吹扫风进口电动调节阀门	交流380V	MCV
19	一次冷风至外置床D（HTR）炉膛灰道吹扫风进口电动调节阀门	交流380V	MCV
20	一次冷风至外置床E（ITS2）炉膛灰道吹扫风进口电动调节阀门	交流380V	MCV
21	一次冷风至外置床F（ITS1）炉膛灰道吹扫风进口电动调节阀门	交流380V	MCV
22	二次风机A出口电动挡板	交流380V	MV
23	二次风机B出口电动挡板	交流380V	MV
24	空气预热器A出口外侧二次热风道气动调节阀门	直流24V	CV
25	空气预热器A出口内侧二次热风道气动调节阀门	直流24V	CV
26	空气预热器B出口外侧二次热风道气动调节阀门	直流24V	CV
27	空气预热器B出口内侧二次热风道气动调节阀门	直流24V	CV
28	空气预热器A出口内、外侧二次热风隔离气动阀门	交流220V	SV-2C
29	空气预热器B出口内、外侧二次热风隔离气动阀门	交流220V	SV-2C
30	空气预热器A、B出口二次热风隔离气动阀门	交流220V	SV-2C
31	高压流化风机A出口电动挡板	交流380V	MV
32	高压流化风机A出口排空电动阀门	交流380V	MV
33	高压流化风机B出口电动挡板	交流380V	MV
34	高压流化风机B出口排空电动阀门	交流380V	MV
35	高压流化风机C出口电动挡板	交流380V	MV
36	高压流化风机C出口排空电动阀门	交流380V	MV
37	高压流化风机D出口电动挡板	交流380V	MV
38	高压流化风机D出口排空电动阀门	交流380V	MV
39	高压流化风机E出口电动挡板	交流380V	MV
40	高压流化风机E出口排空电动阀门	交流380V	MV
41	回料阀A风室Ⅰ流化风进口电动调节阀门	交流380V	MCV
42	回料阀A风室Ⅱ流化风进口电动调节阀门	交流380V	MCV
43	回料阀A流化风进口电动阀门	交流380V	MV
44	外置床A（HTR）灰道流化风进口电动调节阀门	交流380V	MCV
45	回料阀B风室Ⅰ流化风进口电动调节阀门	交流380V	MCV
46	回料阀B风室Ⅱ流化风进口电动调节阀门	交流380V	MCV
47	回料阀B流化风进口电动阀门	交流380V	MV
48	外置床B（ITS2）灰道流化风进口电动调节阀门	交流380V	MCV
49	回料阀C风室Ⅰ流化风进口电动调节阀门	交流380V	MCV

续表

序号	名称	负荷类型	备注
50	回料阀C风室Ⅱ流化风进口电动调节阀门	交流 380V	MCV
51	回料阀C流化风进口电动阀门	交流 380V	MV
52	外置床C（ITS1）灰道流化风进口电动调节阀门	交流 380V	MCV
53	回料阀 D 风室Ⅰ流化风进口电动调节阀门	交流 380V	MCV
54	回料阀 D 风室Ⅱ流化风进口电动调节阀门	交流 380V	MCV
55	回料阀D流化风进口电动阀门	交流 380V	MV
56	外置床D（HTR）灰道流化风进口电动调节阀门	交流 380V	MCV
57	回料阀E风室Ⅰ流化风进口电动调节阀门	交流 380V	MCV
58	回料阀E风室Ⅱ流化风进口电动调节阀门	交流 380V	MCV
59	回料阀E流化风进口电动阀门	交流 380V	MV
60	外置床 E（ITS2）灰道流化风进口电动调节阀门	交流 380V	MCV
61	回料阀F风室Ⅰ流化风进口电动调节阀门	交流 380V	MCV
62	回料阀F风室Ⅱ流化风进口电动调节阀门	交流 380V	MCV
63	回料阀F流化风进口电动阀门	交流 380V	MV
64	外置床 F（ITS1）灰道流化风进口电动调节阀门	交流 380V	MCV
65	外置床A（HTR）空仓流化风进口电动调节阀门	交流 380V	MCV
66	外置床A（HTR）高温仓流化风进口电动调节阀门	交流 380V	MCV
67	外置床 B（ITS2）空仓流化风进口电动调节阀门	交流 380V	MCV
68	外置床 B（ITS2）高温仓流化风进口电动调节阀门	交流 380V	MCV
69	外置床 C（ITS1）空仓流化风进口电动调节阀门	交流 380V	MCV
70	外置床 C（ITS1）高温仓流化风进口电动调节阀门	交流 380V	MCV
71	外置床D（HTR）空仓流化风进口电动调节阀门	交流 380V	MCV
72	外置床D（HTR）高温仓流化风进口电动调节阀门	交流 380V	MCV
73	外置床 E（ITS2）空仓流化风进口电动调节阀门	交流 380V	MCV
74	外置床 E（ITS2）高温仓流化风进口电动调节阀门	交流 380V	MCV
75	外置床 F（ITS1）空仓流化风进口电动调节阀门	交流 380V	MCV
76	外置床 F（ITS1）高温仓流化风进口电动调节阀门	交流 380V	MCV

续表

序号	名称	负荷类型	备注
77	称重式给煤机 A 密封风进口电动阀门	交流 380V	MV
78	称重式给煤机B密封风进口电动阀门	交流 380V	MV
79	称重式给煤机C密封风进口电动阀门	交流 380V	MV
80	称重式给煤机 D 密封风进口电动阀门	交流 380V	MV
81	启动床料称重式给煤机密封风进口电动阀门	交流 380V	MV
82	引风机 A 入口电动挡板	交流 380V	MV
83	引风机 A 出口电动挡板	交流 380V	MV
84	引风机 B 入口电动挡板	交流 380V	MV
85	引风机 B 出口电动挡板	交流 380V	MV
86	引风机 A、B 入口烟气隔断电动挡板	交流 380V	MV
87	空气预热器 A 烟气入口电动挡板	交流 380V	MV
88	空气预热器 B 烟气入口电动挡板	交流 380V	MV
89	一次风机 A 入口导叶	交流 380V	MCV
90	一次风机 B 入口导叶	交流 380V	MCV
91	二次风机 A 入口导叶	交流 380V	MCV
92	二次风机 B 入口导叶	交流 380V	MCV
93	高压流化风机 A 入口导叶	交流 380V	MCV
94	高压流化风机 B 入口导叶	交流 380V	MCV
95	高压流化风机 C 入口导叶	交流 380V	MCV
96	高压流化风机 D 入口导叶	交流 380V	MCV
97	高压流化风机 E 入口导叶	交流 380V	MCV
98	引风机 A 入口导叶	交流 380V	MCV
99	引风机 B 入口导叶	交流 380V	MCV
100	回料器 A 锥形阀	交流 380V	MCV
101	回料器 B 锥形阀	交流 380V	MCV
102	回料器 C 锥形阀	交流 380V	MCV
103	回料器 D 锥形阀	交流 380V	MCV
104	回料器 E 锥形阀	交流 380V	MCV
105	回料器 F 锥形阀	交流 380V	MCV
106	一次风机 A	交流 10kV	MT
107	一次风机 B	交流 10kV	MT
108	二次风机 A	交流 10kV	MT
109	二次风机 B	交流 10kV	MT
110	引风机 A	交流 10kV	MT
111	引风机 B	交流 10kV	MT
112	引风机 A 1 号冷却风机	交流 380V	MT
113	引风机 A 2 号冷却风机	交流 380V	MT
114	引风机 B 1 号冷却风机	交流 380V	MT

续表

序号	名称	负荷类型	备注
115	引风机 B 2 号冷却风机	交流 380V	MT
116	高压流化风机 A	交流 10kV	MT
117	高压流化风机 B	交流 10kV	MT
118	高压流化风机 C	交流 10kV	MT
119	高压流化风机 D	交流 10kV	MT
120	高压流化风机 E	交流 10kV	MT
121	空气预热器 A	交流 380V	MT
122	空气预热器 B	交流 380V	MT

注　负荷类型包括交流 10kV 电动机（MT）、交流 380V 电动机（MT）、电动调节阀门（MCV）、电动阀门（MV）、气动调节阀门（CV）、双线圈电磁阀门（SV-2C）。

表 16-93　　锅炉本体及炉外烟风系统 I/O 清单

序号	I/O 类型	I/O 数量	备注
1	AI　4～20mA	332	
2	AI　TCK	147	
3	AO	67	
4	DI	384	
5	DO	133	

注　本表为一台带外置床的 600MW 超临界 CFB 锅炉本体及炉外烟风系统 I/O 总数。

2. 烟风系统主要辅机本体及稀油站系统

烟风系统主要辅机本体及稀油站系统包含一次风机本体及稀油站系统、二次风机本体及稀油站系统、引风机本体及稀油站系统、高压流化风机本体及稀油站系统、空气预热器稀油站系统。烟风系统主要辅机本体及稀油站系统受控设备清单见表 16-94，烟风系统主要辅机本体及稀油站系统 I/O 清单详见表 16-95。

表 16-94　　烟风系统主要辅机本体及稀油站系统受控设备清单

序号	名称	负荷类型	备注
一	一次风机本体及稀油站系统		
1	一次风机 A 稀油站 1 号润滑油泵	交流 380V	MT
2	一次风机 A 稀油站 2 号润滑油泵	交流 380V	MT
3	一次风机 B 稀油站 1 号润滑油泵	交流 380V	MT
4	一次风机 B 稀油站 2 号润滑油泵	交流 380V	MT
5	一次风机 A 盘车	交流 380V	MT
6	一次风机 B 盘车	交流 380V	MT
二	二次风机本体及稀油站系统		
1	二次风机 A 稀油站 1 号润滑油泵	交流 380V	MT
2	二次风机 A 稀油站 2 号润滑油泵	交流 380V	MT
3	二次风机 B 稀油站 1 号润滑油泵	交流 380V	MT
4	二次风机 B 稀油站 2 号润滑油泵	交流 380V	MT
5	二次风机 A 盘车	交流 380V	MT
6	二次风机 B 盘车	交流 380V	MT
三	引风机本体及稀油站系统		
1	引风机 A 稀油站 1 号润滑油泵	交流 380V	MT
2	引风机 A 稀油站 2 号润滑油泵	交流 380V	MT
3	引风机 A 稀油站电加热器	交流 380V	HT
4	引风机 B 稀油站 1 号润滑油泵	交流 380V	MT
5	引风机 B 稀油站 2 号润滑油泵	交流 380V	MT
6	引风机 B 稀油站电加热器	交流 380V	HT
四	高压流化风机本体及稀油站系统		
1	高压流化风机 A 稀油站系统 1 号润滑油泵	交流 380V	MT
2	高压流化风机 A 稀油站系统 2 号润滑油泵	交流 380V	MT
3	高压流化风机 A 稀油站系统电加热器	交流 380V	HT
4	高压流化风机 B 稀油站系统 1 号润滑油泵	交流 380V	MT
5	高压流化风机 B 稀油站系统 2 号润滑油泵	交流 380V	MT
6	高压流化风机 B 稀油站系统电加热器	交流 380V	HT
7	高压流化风机 C 稀油站系统 1 号润滑油泵	交流 380V	MT
8	高压流化风机 C 稀油站系统 2 号润滑油泵	交流 380V	MT
9	高压流化风机 C 稀油站系统电加热器	交流 380V	HT
五	空气预热器稀油站系统		
1	空气预热器 A 1 号润滑油泵	交流 380V	MT
2	空气预热器 A 2 号润滑油泵	交流 380V	MT
3	空气预热器 B 1 号润滑油泵	交流 380V	MT
4	空气预热器 B 2 号润滑油泵	交流 380V	MT

注　负荷类型包括交流 380V 电动机（MT）、交流 380V 电加热器（HT）。

表 16-95　　烟风系统主要辅机本体及稀油站系统 I/O 清单

序号	I/O 类型	I/O 数量	备注
一	一次风机本体及稀油站系统		
1	AI　4～20mA	8	
2	AI　RTD	20	
3	DI	20	
4	DO	10	
二	二次风机本体及稀油站系统		
1	AI　4～20mA	8	
2	AI　RTD	20	
3	DI	20	
4	DO	10	
三	引风机本体及稀油站系统		
1	AI　4～20mA	4	
2	AI　RTD	38	
3	DI	28	
4	DO	12	
四	高压流化风机本体及稀油站系统		
1	AI　4～20mA	20	
2	AI　RTD	50	
3	DI	35	
4	DO	10	
五	空气预热器稀油站系统		
1	DI	11	
2	DO	10	

注　本表为一台带外置床的 600MW 超临界 CFB 锅炉烟风系统主要辅机本体及稀油站系统 I/O 总数。

(二) CFB 锅炉除底灰系统

CFB 锅炉除底灰系统主要由底灰输送系统和排渣系统组成。

1. 底灰输送系统

底灰输送系统受控设备清单见表 16-96，底灰输送系统 I/O 清单见表 16-97，底灰输送系统仪表控制系统图见图 16-66。

表 16-96　　底灰输送系统受控设备清单

序号	名称	负荷类型	备注
1	冷渣器 A 炉膛排渣口排渣阀	交流 380V	MV
2	冷渣器 A 外置床排渣口排渣阀	交流 380V	MV
3	冷渣器 B 炉膛排渣口排渣阀	交流 380V	MV
4	冷渣器 B 外置床排渣口排渣阀	交流 380V	MV
5	冷渣器 C 炉膛排渣口排渣阀	交流 380V	MV
6	冷渣器 C 外置床排渣口排渣阀	交流 380V	MV
7	冷渣器 D 炉膛排渣口排渣阀	交流 380V	MV
8	冷渣器 D 外置床排渣口排渣阀	交流 380V	MV
9	冷渣器 E 炉膛排渣口排渣阀	交流 380V	MV
10	冷渣器 E 外置床排渣口排渣阀	交流 380V	MV
11	冷渣器 F 炉膛排渣口排渣阀	交流 380V	MV
12	冷渣器 F 外置床排渣口排渣阀	交流 380V	MV
13	冷渣器 A	交流 380V	MT
14	冷渣器 B	交流 380V	MT
15	冷渣器 C	交流 380V	MT
16	冷渣器 D	交流 380V	MT
17	冷渣器 E	交流 380V	MT
18	冷渣器 F	交流 380V	MT

注　负荷类型包括交流 380V 电动机（MT）、电动阀门（MV）。

表 16-97　　底灰输送系统 I/O 清单

序号	I/O 类型	I/O 数量	备注
1	AI　4～20mA	14	
2	AI　TCK	12	
3	AO	6	
4	DI	90	
5	DO	46	

注　本表为一台带外置床的 600MW 超临界 CFB 锅炉底灰输送系统 I/O 总数。

2. 排渣系统

排渣系统受控设备清单见表 16-98，排渣系统 I/O 清单见表 16-99，排渣系统仪表控制系统图见图 16-67。

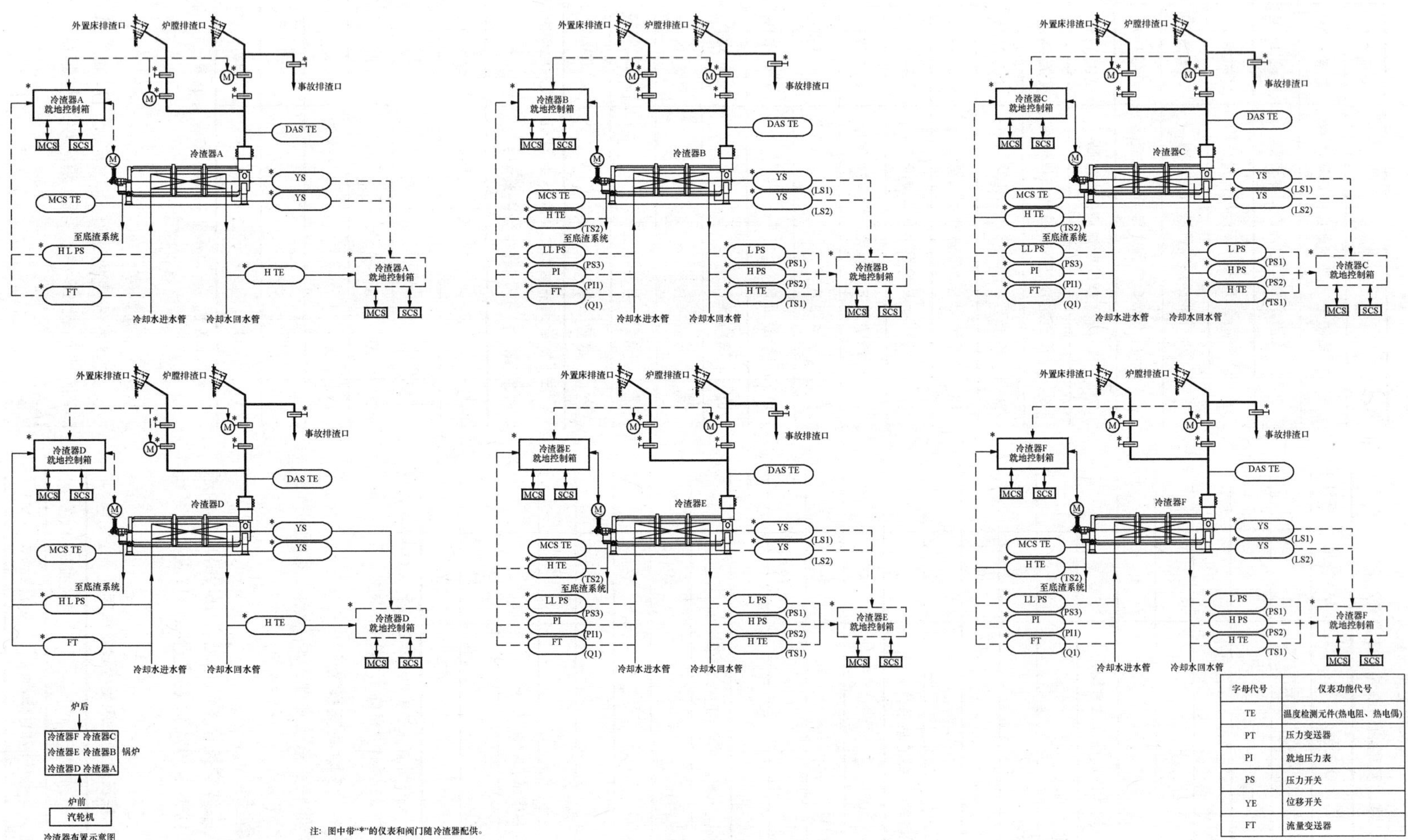

字母代号	仪表功能代号
TE	温度检测元件(热电阻、热电偶)
PT	压力变送器
PI	就地压力表
PS	压力开关
YE	位移开关
FT	流量变送器

图16-66　底灰输送系统仪表控制系统图

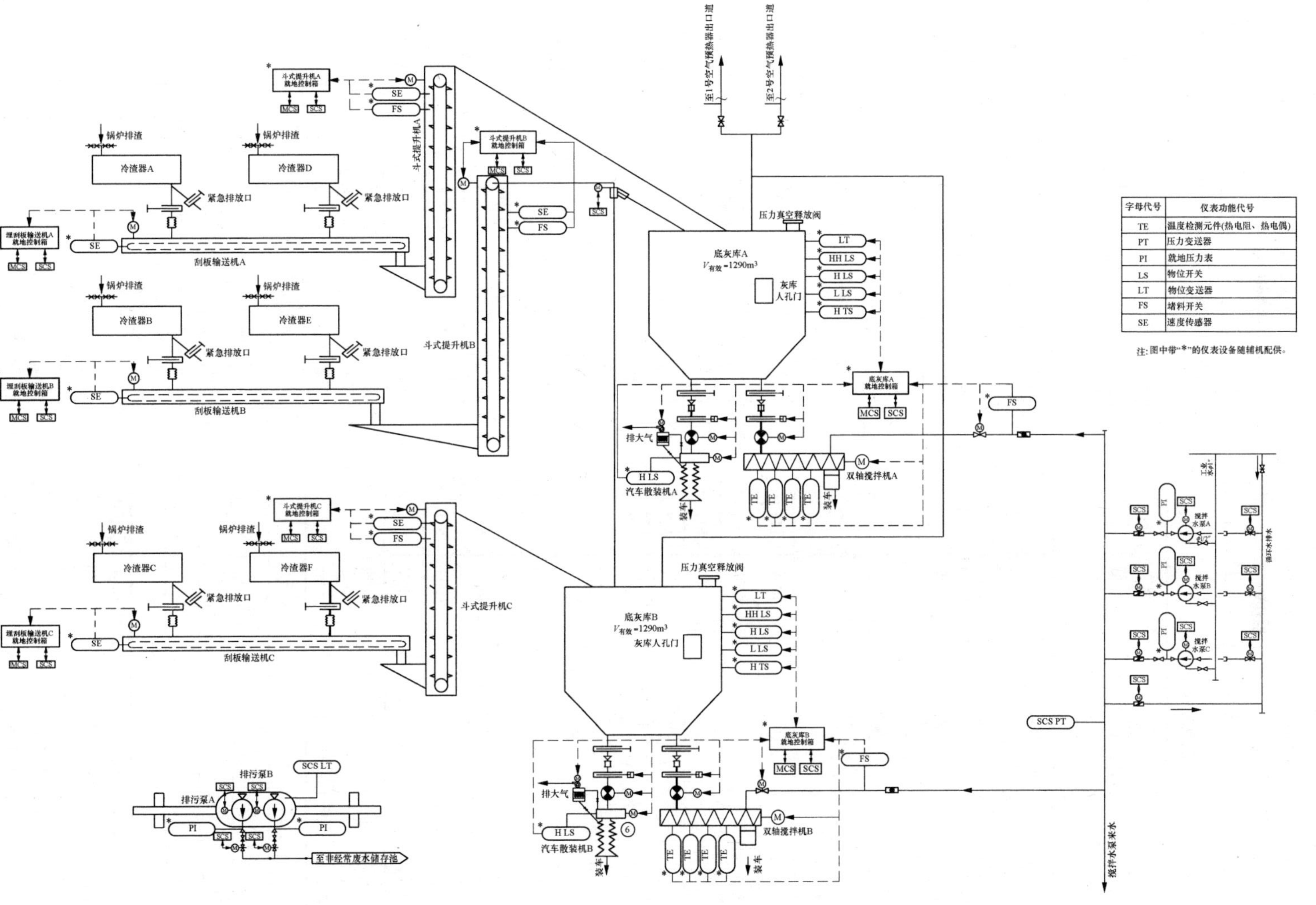

图 16-67　排渣系统仪表控制系统图

（三）CFB 锅炉汽水系统

CFB 锅炉汽水系统主要由主蒸汽、给水及再循环泵系统、锅炉启动扩容器系统、再热蒸汽及其减温水系统、紧急补水系统、再循环泵上水和冷却系统、锅炉排污及疏放水系统、锅炉本体金属壁温系统组成。

表 16-98　排渣系统受控设备清单

序号	名称	负荷类型	备注
1	底灰库排污泵 A 出口电动阀门	交流 380V	MV
2	底灰库排污泵 B 出口电动阀门	交流 380V	MV
3	搅拌水泵 A 进口电动阀门	交流 380V	MV
4	搅拌水泵 B 进口电动阀门	交流 380V	MV
5	搅拌水泵 C 进口电动阀门	交流 380V	MV
6	搅拌水泵 A 出口电动阀门	交流 380V	MV
7	搅拌水泵 B 出口电动阀门	交流 380V	MV
8	搅拌水泵 C 出口电动阀门	交流 380V	MV
9	搅拌水泵回水电动阀门	交流 380V	MV
10	搅拌水泵 A	交流 380V	MT
11	搅拌水泵 B	交流 380V	MT
12	搅拌水泵 C	交流 380V	MT
13	底灰库排污泵 A	交流 380V	MT
14	底灰库排污泵 B	交流 380V	MT
15	埋刮板输送机 A	交流 380V	MT
16	埋刮板输送机 B	交流 380V	MT
17	埋刮板输送机 C	交流 380V	MT
18	斗式提升机 A	交流 380V	MT
19	斗式提升机 B	交流 380V	MT
20	斗式提升机 C	交流 380V	MT

注　负荷类型包括交流 380V 电动机（MT）、电动阀门（MV）。

表 16-99　排渣系统热控 I/O 清单

序号	I/O 类型	I/O 数量	备注
1	AI　4～20mA	13	
2	AO	6	
3	DI	85	
4	DO	42	

注　本表为一台带外置床的 600MW 超临界 CFB 锅炉排渣系统 I/O 总数。

1. 主蒸汽、给水及再循环泵系统

主蒸汽、给水及再循环泵系统受控设备清单见表 16-100，主蒸汽、给水及再循环泵系统 I/O 清单见表 16-101，主蒸汽、给水及再循环泵系统仪表控制系统图见图 16-68（见文后插页）。

表 16-100　主蒸汽、给水及再循环泵系统受控设备清单

序号	名称	负荷类型	备注
1	高温过热器右侧 ERV 阀门	交流 220V	SV
2	高温过热器左侧 ERV 阀门	交流 220V	SV
3	给水操作台主路电动阀门	交流 380V	MV
4	给水操作台旁路电动阀门 1	交流 380V	MV
5	给水操作台旁路电动阀门 2	交流 380V	MV
6	主给水管道旁路气动调节阀门	直流 24V	CV
7	过热器减温水总管电动阀门	交流 380V	MV
8	过热器一级减温水进水电动阀门	交流 380V	MV
9	过热器一级减温水右侧气动调节阀门	直流 24V	CV
10	过热器一级减温水左侧气动调节阀门	直流 24V	CV
11	过热器一级减温水右侧调节阀后电动阀门	交流 380V	MV
12	过热器一级减温水左侧调节阀后电动阀门	交流 380V	MV
13	过热器二级减温水进水电动阀门	交流 380V	MV
14	过热器二级减温水右侧气动调节阀门	直流 24V	CV
15	过热器二级减温水左侧气动调节阀门	直流 24V	CV
16	过热器二级减温水右侧调节阀后电动阀门	交流 380V	MV
17	过热器二级减温水左侧调节阀后电动阀门	交流 380V	MV
18	过热器三级减温水进水电动阀门	交流 380V	MV
19	过热器三级减温水右侧气动调节阀门	直流 24V	CV
20	过热器三级减温水左侧气动调节阀门	直流 24V	CV
21	过热器三级减温水右侧调节阀后电动阀门	交流 380V	MV
22	过热器三级减温水左侧调节阀后电动阀门	交流 380V	MV
23	储水罐至过热器二级减温水支管电动阀门 1	交流 380V	MV
24	储水罐至过热器二级减温水支管电动阀门 2	交流 380V	MV
25	储水罐至过热器二级减温水总管电动阀门	交流 380V	MV

续表

序号	名称	负荷类型	备注
26	再循环泵进口电动阀门	交流 380V	MV
27	再循环泵出口电动阀门	交流 380V	MV
28	再循环泵出口气动调节阀门	直流 24V	CV
29	再循环泵最小流量管道电动阀门	交流 380V	MV
30	再循环泵过冷水管路电动阀门 1	交流 380V	MV
31	再循环泵过冷水管路电动阀门 2	交流 380V	MV
32	中隔墙冷却水母管电动阀门	交流 380V	MV
33	中隔墙冷却水支管气动调节阀门 1	直流 24V	CV
34	中隔墙冷却水支管气动调节阀门 2	直流 24V	CV
35	中隔墙冷却水支管气动调节阀门 3	直流 24V	CV
36	中隔墙冷却水支管气动调节阀门 4	直流 24V	CV
37	中隔墙冷却水支管电动阀门 1	交流 380V	MV
38	中隔墙冷却水支管电动阀门 2	交流 380V	MV
39	中隔墙冷却水支管电动阀门 3	交流 380V	MV
40	中隔墙冷却水支管电动阀门 4	交流 380V	MV
41	再循环泵、储水罐水位调节阀暖管总管电动阀门	交流 380V	MV
42	锅炉再循环泵	交流 10kV	MT

注 负荷类型包括交流 10kV 电动机（MT）、电动调节阀门（MCV）、电动阀门（MV）、气动调节阀门（CV）、单线圈电磁阀门（SV）。

表 16-101 主蒸汽、给水及再循环泵系统 I/O 清单

序号	I/O 类型	I/O 数量	备注
1	AI 4～20mA	40	
2	AI TCK	53	
3	AO	13	
4	DI	124	
5	DO	60	

注 本表为一台带外置床的 600MW 超临界 CFB 锅炉主蒸汽、给水及再循环泵系统 I/O 总数。

2. 锅炉启动扩容器系统

锅炉启动扩容器系统受控设备清单见表 16-102，锅炉启动扩容器系统 I/O 清单见表 16-103，锅炉启动扩容器系统仪表控制系统图见图 16-69。

3. 再热蒸汽及其减温水系统

再热蒸汽及其减温水系统受控设备清单见表 16-104，再热蒸汽及其减温水系统 I/O 清单见表 16-105，再热蒸汽及其减温水系统仪表控制系统图见图 16-70。

表 16-102 锅炉启动扩容器系统受控设备清单

序号	名称	负荷类型	备注
1	锅炉启动系统疏水泵 A 出口电动阀门	交流 380V	MV
2	锅炉启动系统疏水泵B出口电动阀门	交流 380V	MV
3	锅炉启动系统疏水泵至凝汽器气动调节阀门	直流 24V	CV
4	锅炉启动系统疏水泵至凝汽器电动阀门	交流 380V	MV
5	锅炉启动系统疏水泵至水处理站气动调节阀门	直流 24V	CV
6	锅炉启动系统疏水泵至水处理站电动阀门	交流 380V	MV
7	锅炉启动系统储水罐水位气动调节阀门 1	直流 24V	CV
8	锅炉启动系统储水罐水位气动调节阀门 2	直流 24V	CV
9	锅炉启动系统储水罐水位调节电动进口管电动阀门	交流 380V	MV
10	锅炉启动系统疏水泵 A	交流 380V	MT
11	锅炉启动系统疏水泵 B	交流 380V	MT

注 负荷类型包括交流 380V 电动机(MT)、电动阀门(MV)、气动调节阀门（CV）。

表 16-103 锅炉启动扩容器系统热控 I/O 清单

序号	I/O 类型	I/O 数量	备注
1	AI 4～20mA	11	
2	AI RTD	1	
3	AO	4	
4	DI	31	
5	DO	14	

注 本表为一台带外置床的 600MW 超临界 CFB 锅炉启动扩容器系统 I/O 总数。

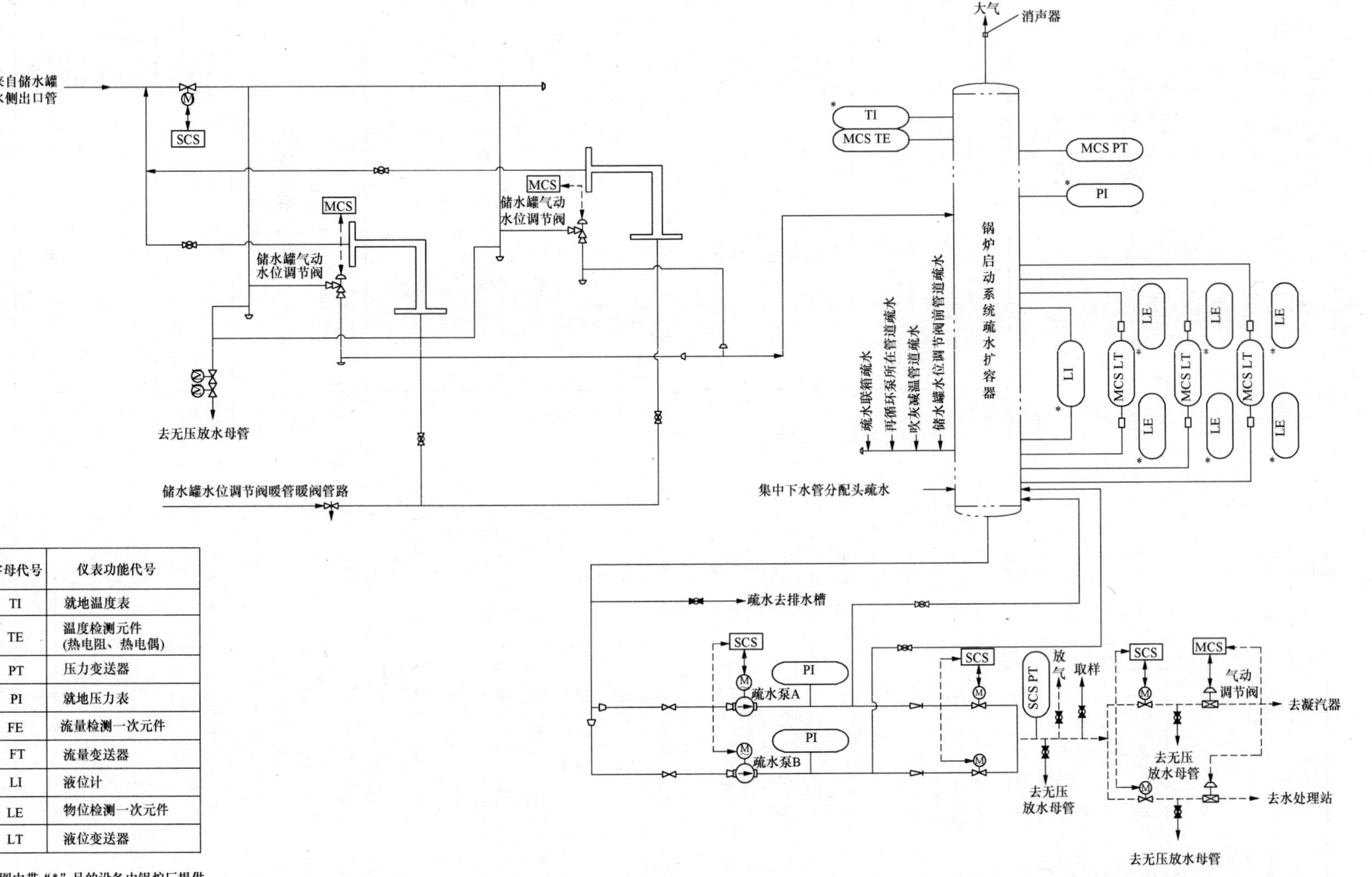

字母代号	仪表功能代号
TI	就地温度表
TE	温度检测元件 (热电阻、热电偶)
PT	压力变送器
PI	就地压力表
FE	流量检测一次元件
FT	流量变送器
LI	液位计
LE	物位检测一次元件
LT	液位变送器

注：图中带“*”号的设备由锅炉厂提供。

图 16-69　锅炉启动扩容器系统仪表控制系统图

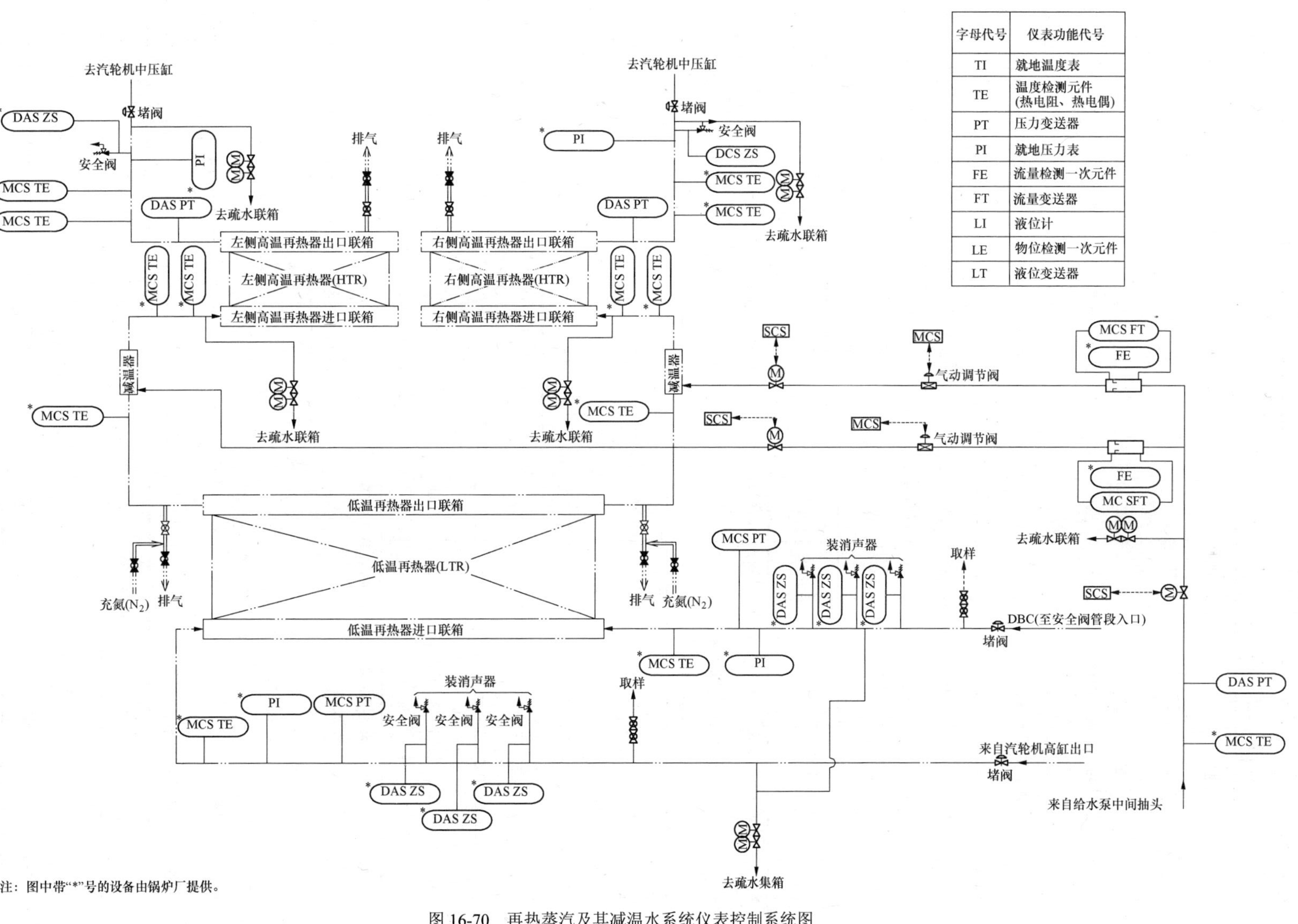

字母代号	仪表功能代号
TI	就地温度表
TE	温度检测元件(热电阻、热电偶)
PT	压力变送器
PI	就地压力表
FE	流量检测一次元件
FT	流量变送器
LI	液位计
LE	物位检测一次元件
LT	液位变送器

注：图中带"*"号的设备由锅炉厂提供。

图 16-70　再热蒸汽及其减温水系统仪表控制系统图

表 16-104　再热蒸汽及其减温水系统受控设备清单

序号	名称	负荷类型	备注
1	右侧再热器减温水调节阀前电动阀门	交流 380V	MV
2	左侧再热器减温水调节阀前电动阀门	交流 380V	MV
3	右侧再热器事故喷水减温水气动调节阀门	直流 24V	CV
4	左侧再热器事故喷水减温水气动调节阀门	直流 24V	CV
5	右侧再热器减温水调节阀后电动阀门	交流 380V	MV
6	左侧再热器减温水调节阀后电动阀门	交流 380V	MV

注　负荷类型包括电动阀门（MV）、气动调节阀门（CV）。

表 16-105　再热蒸汽及其减温水系统 I/O 清单

序号	I/O 类型	I/O 数量	备注
1	AI　4～20mA	9	
2	AI　TCK	13	
3	AO	2	
4	DI	24	
5	DO	8	

注　本表为一台带外置床的 600MW 超临界 CFB 锅炉再热蒸汽及其减温水系统 I/O 总数。

4．紧急补水系统

紧急补水系统受控设备清单见表 16-106，紧急补水系统 I/O 清单见表 16-107，紧急补水系统仪表控制系统图见图 16-71。

表 16-106　紧急补水系统受控设备清单

序号	名称	负荷类型	备注
1	锅炉紧急补水总管电动阀门	交流 380V	MV
2	锅炉紧急补水管气动调节阀门	直流 24V	CV
3	锅炉紧急补水管电动阀门	交流 380V	MV
4	锅炉紧急补给水泵抽头电动阀门 1	交流 380V	MV
5	锅炉紧急补给水泵抽头电动阀门 2	交流 380V	MV
6	锅炉紧急补给水泵抽头气动调节阀门	直流 24V	CV
7	锅炉紧急补水泵（柴油泵）	交流 380V	MT

注　负荷类型包括交流 380V 电动机(MT)、电动阀门(MV)、气动调节阀门（CV）。

表 16-107　紧急补水系统 I/O 清单

序号	I/O 类型	I/O 数量	备注
1	AI　4～20mA	13	
2	AI　RTD	2	
3	AO	2	
4	DI	28	
5	DO	13	

注　本表为一台带外置床的 600MW 超临界 CFB 锅炉紧急补水系统 I/O 总数。

5．再循环泵上水和冷却系统

再循环泵上水和冷却系统 I/O 清单见表 16-108，再循环泵上水和冷却系统仪表控制系统图详见图 16-72。

表 16-108　再循环泵上水和冷却系统 I/O 清单

序号	I/O 类型	I/O 数量	备注
1	AI　TCK	4	
2	DI	1	

注　本表为一台带外置床的 600MW 超临界 CFB 锅炉再循环泵上水和冷却系统 I/O 总数。

6．锅炉排污及疏放水系统

锅炉排污及疏放水系统受控设备清单见表 16-109，锅炉排污及疏放水系统 I/O 清单见表 16-110。

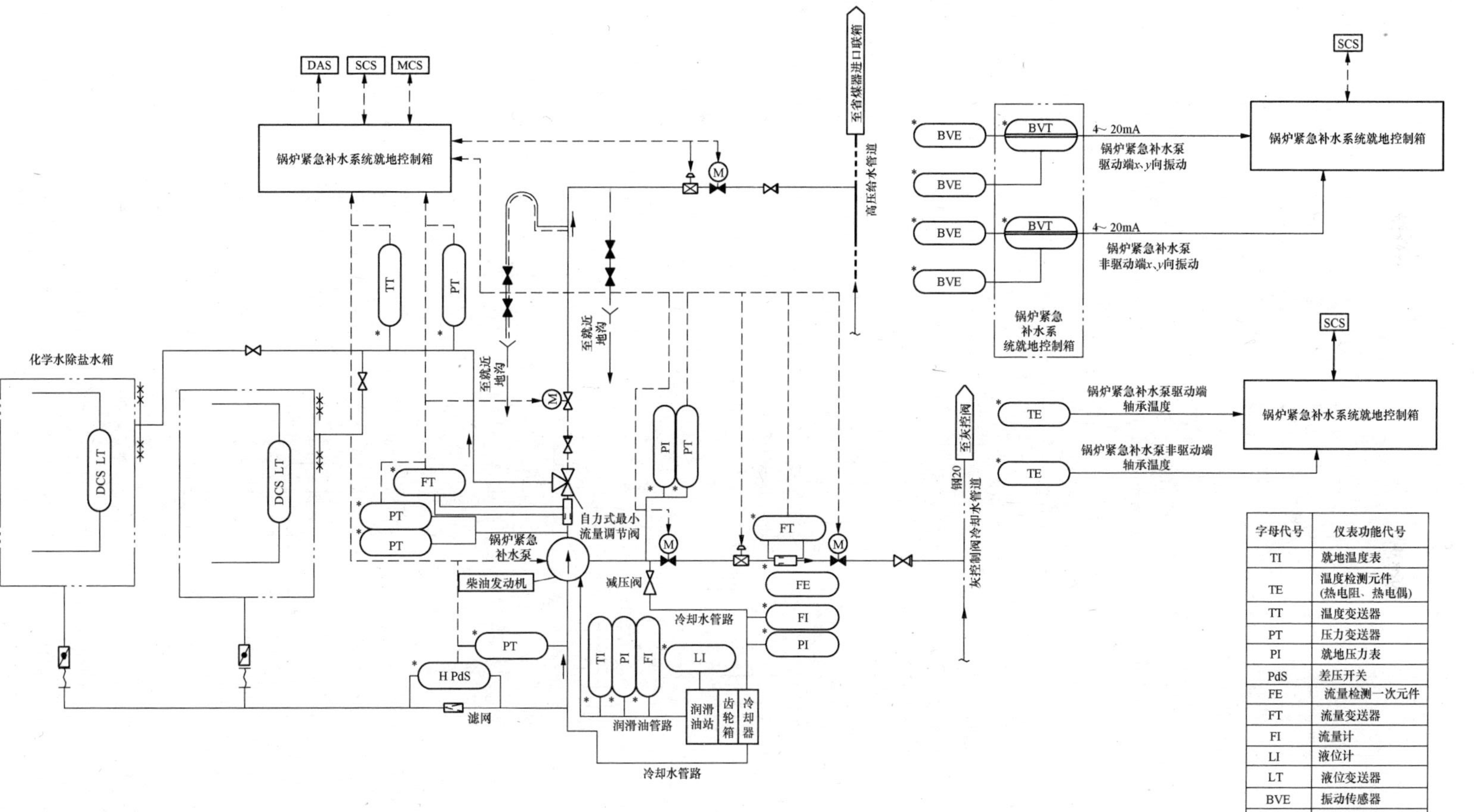

字母代号	仪表功能代号
TI	就地温度表
TE	温度检测元件（热电阻、热电偶）
TT	温度变送器
PT	压力变送器
PI	就地压力表
PdS	差压开关
FE	流量检测一次元件
FT	流量变送器
FI	流量计
LI	液位计
LT	液位变送器
BVE	振动传感器
BVT	振动变送器

注：图中带"*"的仪表设备随工艺系统配供。

图16-71　紧急补水系统仪表控制系统图

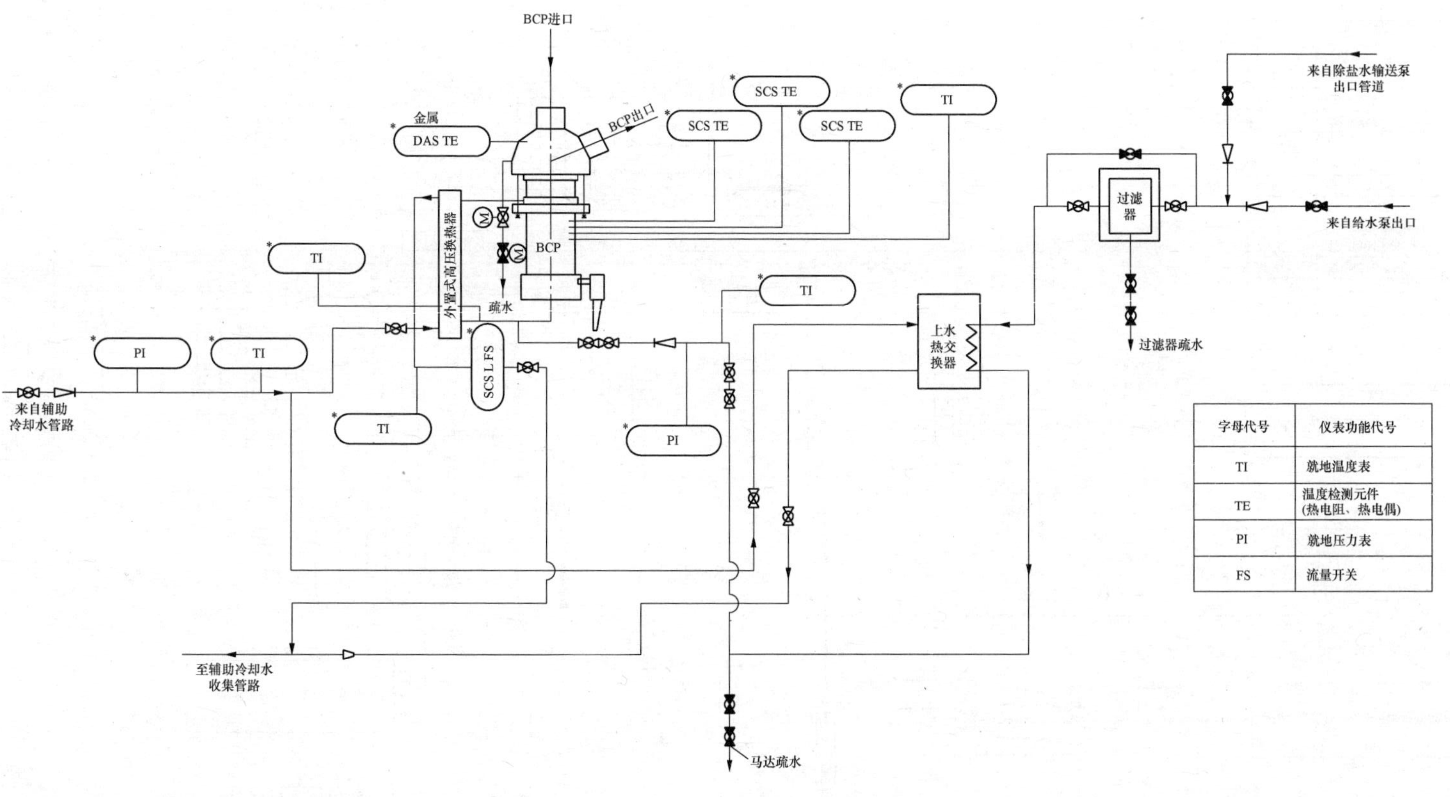

字母代号	仪表功能代号
TI	就地温度表
TE	温度检测元件（热电阻、热电偶）
PI	就地压力表
FS	流量开关

注：图中带"*"号的设备由锅炉厂提供。

图 16-72　再循环泵上水和冷却系统仪表控制系统图

表 16-109　CFB 锅炉排污及疏放水系统受控设备清单

序号	名称	负荷类型	备注
1	省煤器进口疏水阀电动阀门 1	交流 380V	MV
2	省煤器进口疏水阀电动阀门 2	交流 380V	MV
3	中隔墙水量调节管路疏水电动阀门 1	交流 380V	MV
4	中隔墙水量调节管路疏水电动阀门 2	交流 380V	MV
5	中隔墙水量调节管路疏水电动阀门 3	交流 380V	MV
6	中隔墙水量调节管路疏水电动阀门 4	交流 380V	MV
7	中隔墙水量调节管路总疏水电动阀门	交流 380V	MV
8	集中下水管分配头疏水电动阀门 1	交流 380V	MV
9	集中下水管分配头疏水电动阀门 2	交流 380V	MV
10	后水冷壁进口联箱及后水冷壁上联箱疏水电动阀门 1	交流 380V	MV
11	后水冷壁进口联箱及后水冷壁上联箱疏水电动阀门 2	交流 380V	MV
12	前水冷壁进口联箱及前水冷壁上联箱疏水电动阀门 1	交流 380V	MV
13	前水冷壁进口联箱及前水冷壁上联箱疏水电动阀门 2	交流 380V	MV
14	水冷壁出口混合联箱疏水电动阀门 1	交流 380V	MV
15	水冷壁出口混合联箱疏水电动阀门 2	交流 380V	MV
16	后竖井包墙下联箱疏水电动阀门 1	交流 380V	MV
17	后竖井包墙下联箱疏水电动阀门 2	交流 380V	MV
18	低温过热器进口疏水电动阀门 1	交流 380V	MV
19	低温过热器进口疏水电动阀门 2	交流 380V	MV
20	中温过热器 I 出口联箱疏水电动阀门 1	交流 380V	MV
21	中温过热器 I 出口联箱疏水电动阀门 2	交流 380V	MV
22	屏式过热器出口水压堵阀前疏水电动阀门 1	交流 380V	MV
23	屏式过热器出口水压堵阀前疏水电动阀门 2	交流 380V	MV
24	低温过热器出口联箱疏水电动阀门 1	交流 380V	MV
25	低温过热器出口联箱疏水电动阀门 2	交流 380V	MV
26	右侧墙水冷壁进口联箱及中隔墙下联箱疏水电动阀门 1	交流 380V	MV
27	右侧墙水冷壁进口联箱及中隔墙下联箱疏水电动阀门 2	交流 380V	MV
28	左侧墙水冷壁进口联箱疏水电动阀门 1	交流 380V	MV
29	左侧墙水冷壁进口联箱疏水电动阀门 2	交流 380V	MV

续表

序号	名称	负荷类型	备注
30	旋风分离器右侧进口疏水电动阀门 1	交流 380V	MV
31	旋风分离器右侧进口疏水电动阀门 2	交流 380V	MV
32	旋风分离器左侧进口疏水电动阀门 1	交流 380V	MV
33	旋风分离器左侧进口疏水电动阀门 2	交流 380V	MV
34	右侧中温过热器 I 进口疏水电动阀门 1	交流 380V	MV
35	右侧中温过热器 I 进口疏水电动阀门 2	交流 380V	MV
36	左侧中温过热器 I 进口疏水电动阀门 1	交流 380V	MV
37	左侧中温过热器 I 进口疏水电动阀门 2	交流 380V	MV
38	右侧中温过热器 II 进口疏水电动阀门 1	交流 380V	MV
39	右侧中温过热器 II 进口疏水电动阀门 2	交流 380V	MV
40	左侧中温过热器 II 进口疏水电动阀门 1	交流 380V	MV
41	左侧中温过热器 II 进口疏水电动阀门 2	交流 380V	MV
42	右侧中温过热器 II 出口疏水电动阀门 1	交流 380V	MV
43	右侧中温过热器 II 出口疏水电动阀门 2	交流 380V	MV
44	左侧中温过热器 II 出口疏水电动阀门 1	交流 380V	MV
45	左侧中温过热器 II 出口疏水电动阀门 2	交流 380V	MV
46	屏式过热器出口右侧疏水电动阀门 1	交流 380V	MV
47	屏式过热器出口右侧疏水电动阀门 2	交流 380V	MV
48	屏式过热器出口左侧疏水电动阀门 1	交流 380V	MV
49	屏式过热器出口左侧疏水电动阀门 2	交流 380V	MV
50	再循环水泵出口疏水电动阀门 1	交流 380V	MV
51	再循环水泵出口疏水电动阀门 2	交流 380V	MV
52	再循环泵出口止回阀后疏水电动阀门 1	交流 380V	MV
53	再循环泵出口止回阀后疏水电动阀门 2	交流 380V	MV
54	再循环泵过冷水管路疏水电动阀门 1	交流 380V	MV
55	再循环泵过冷水管路疏水电动阀门 2	交流 380V	MV
56	一级过热器减温水管路疏水电动阀门 1	交流 380V	MV

续表

序号	名称	负荷类型	备注
57	一级过热器减温水管路疏水电动阀门 2	交流 380V	MV
58	二级过热器减温水管路疏水电动阀门 1	交流 380V	MV
59	二级过热器减温水管路疏水电动阀门 2	交流 380V	MV
60	三级过热器减温水管路疏水电动阀门 1	交流 380V	MV
61	三级过热器减温水管路疏水电动阀门 2	交流 380V	MV
62	储水罐水位调节阀前疏水电动阀门 1	交流 380V	MV
63	储水罐水位调节阀前疏水电动阀门 2	交流 380V	MV
64	低温再热器进口水压堵阀后疏水电动阀门 1	交流 380V	MV
65	低温再热器进口水压堵阀后疏水电动阀门 2	交流 380V	MV
66	再热器减温水管疏水电动阀门 1	交流 380V	MV
67	再热器减温水管疏水电动阀门 2	交流 380V	MV
68	右侧高温再热器进口疏水电动阀门 1	交流 380V	MV
69	右侧高温再热器进口疏水电动阀门 2	交流 380V	MV
70	右侧高温再热器出口疏水电动阀门 1	交流 380V	MV
71	右侧高温再热器出口疏水电动阀门 2	交流 380V	MV
72	左侧高温再热器进口疏水电动阀门 1	交流 380V	MV
73	左侧高温再热器进口疏水电动阀门 2	交流 380V	MV
74	左侧高温再热器出口疏水电动阀门 1	交流 380V	MV
75	左侧高温再热器出口疏水电动阀门 2	交流 380V	MV

注 负荷类型包括电动阀门（MV）。

表 16-110 锅炉排污及疏放水系统 I/O 清单

序号	I/O 类型	I/O 数量	备注
1	DI	225	
2	DO	150	

注 本表为一台带外置床的 600MW 超临界 CFB 锅炉排污及疏放水系统 I/O 总数。

7. 锅炉本体金属壁温系统

锅炉本体金属壁温系统 I/O 清单见表 16-111。

表 16-111 锅炉本体金属壁温系统 I/O 清单

序号	I/O 类型	I/O 数量	备注
1	AI TCK	538	

注 本表为一台带外置床的 600MW 超临界 CFB 锅炉本体金属壁温系统 I/O 总数。

（四）CFB 锅炉给料、启动床料系统

锅炉给料、启动床料系统受控设备清单见表 16-112，锅炉给料、启动床料系统 I/O 清单见表 16-113，锅炉给料、启动床料系统仪表控制系统图见图 16-73（见文后插页）。

表 16-112 锅炉给料、启动床料系统受控设备清单

序号	名称	负荷类型	备注
1	启动床料称重式给料机进口闸门	交流 380V	MV
2	启动床料称重式给料机 1 号出口闸门	交流 380V	MV
3	启动床料称重式给料机 2 号出口闸门	交流 220V	SV
4	启动床料称重式给料机 3 号出口闸门	交流 220V	SV
5	启动床料称重式给料机 4 号出口闸门	交流 380V	MV
6	链式给煤机 A1 号出口气动闸门	交流 220V	SV-2C
7	链式给煤机 A2 号出口气动闸门	交流 220V	SV-2C
8	链式给煤机 A3 号出口气动闸门	交流 220V	SV-2C
9	链式给煤机 B1 号出口气动闸门	交流 220V	SV-2C
10	链式给煤机 B2 号出口气动闸门	交流 220V	SV-2C
11	链式给煤机 B3 号出口气动闸门	交流 220V	SV-2C
12	链式给煤机 C1 号出口气动闸门	交流 220V	SV-2C
13	链式给煤机 C2 号出口气动闸门	交流 220V	SV-2C
14	链式给煤机 C3 号出口气动闸门	交流 220V	SV-2C
15	链式给煤机 D1 号出口气动闸门	交流 220V	SV-2C
16	链式给煤机 D2 号出口气动闸门	交流 220V	SV-2C
17	链式给煤机 D3 号出口气动闸门	交流 220V	SV-2C
18	启动床料称重式给料机	交流 380V	MT
19	启动床料称重式给料机清扫电动机	交流 380V	MT
20	启动床料链式给料机	交流 380V	MT
21	中心给料机 A	交流 380V	MT

续表

序号	名称	负荷类型	备注
22	称重式给料机 A	交流 380V	MT
23	称重式给料机清扫链电动机 A	交流 380V	MT
24	链式给料机 A	交流 380V	MT
25	中心给料机 B	交流 380V	MT
26	称重式给料机 B	交流 380V	MT
27	称重式给料机清扫链电动机 B	交流 380V	MT
28	链式给料机 B	交流 380V	MT
29	中心给料机 C	交流 380V	MT
30	称重式给料机 C	交流 380V	MT
31	称重式给料机清扫链电动机 C	交流 380V	MT
32	链式给料机 C	交流 380V	MT
33	中心给料机 D	交流 380V	MT
34	称重式给料机 D	交流 380V	MT
35	称重式给料机清扫链电动机 D	交流 380V	MT
36	链式给料机 D	交流 380V	MT

注　负荷类型包括交流 380V 电动机(MT)、电动阀门(MV)、单线圈电磁阀门（SV）、双线圈电磁阀门（SV-2C）。

表 16-113　锅炉给料、启动床料系统 I/O 清单

序号	I/O 类型	I/O 数量	备注
1	AI　4～20mA	22	
2	AI　RTD	5	
3	AO	9	
4	DI	193	
5	DO	79	
6	PI	5	

注　本表为一台带外置床的 600MW 超临界 CFB 锅炉给料、启动床料系统 I/O 总数。

（五）CFB 锅炉燃油系统

燃油系统受控设备清单见表 16-114，燃油系统 I/O 清单见表 16-115，燃油系统仪表控制系统图见图 16-74（见文后插页）。

表 16-114　燃油系统受控设备清单

序号	名称	负荷类型	备注
1	床下点火燃烧器系统供油气动快关阀门	交流 220V	SV
2	床下点火燃烧器系统回油气动调节阀门	直流 24V	CV
3	床上燃烧器系统供油气动调节阀门	直流 24V	CV
4	床上燃烧器系统供油气动快关阀门	交流 220V	SV
5	床下点火燃烧器 A1 供油阀	交流 220V	SV-2C
6	床下点火燃烧器 A1 回油阀	交流 220V	SV-2C
7	床下点火燃烧器 A1 吹扫阀	交流 220V	SV-2C
8	床下点火燃烧器 A1 点火枪	交流 220V	SV
9	床下点火燃烧器 A2 供油阀	交流 220V	SV-2C
10	床下点火燃烧器 A2 回油阀	交流 220V	SV-2C
11	床下点火燃烧器 A2 吹扫阀	交流 220V	SV-2C
12	床下点火燃烧器 A2 点火枪	交流 220V	SV
13	床下点火燃烧器 A3 供油阀	交流 220V	SV-2C
14	床下点火燃烧器 A3 回油阀	交流 220V	SV-2C
15	床下点火燃烧器 A3 吹扫阀	交流 220V	SV-2C
16	床下点火燃烧器 A3 点火枪	交流 220V	SV
17	床下点火燃烧器 A4 供油阀	交流 220V	SV-2C
18	床下点火燃烧器 A4 回油阀	交流 220V	SV-2C
19	床下点火燃烧器 A4 吹扫阀	交流 220V	SV-2C
20	床下点火燃烧器 A4 点火枪	交流 220V	SV
21	床下点火燃烧器 A5 供油阀	交流 220V	SV-2C
22	床下点火燃烧器 A5 回油阀	交流 220V	SV-2C
23	床下点火燃烧器 A5 吹扫阀	交流 220V	SV-2C
24	床下点火燃烧器 A5 点火枪	交流 220V	SV
25	床下点火燃烧器 A6 供油阀	交流 220V	SV-2C
26	床下点火燃烧器 A6 回油阀	交流 220V	SV-2C
27	床下点火燃烧器 A6 吹扫阀	交流 220V	SV-2C
28	床下点火燃烧器 A6 点火枪	交流 220V	SV
29	床下点火燃烧器 A7 供油阀	交流 220V	SV-2C
30	床下点火燃烧器 A7 回油阀	交流 220V	SV-2C
31	床下点火燃烧器 A7 吹扫阀	交流 220V	SV-2C
32	床下点火燃烧器 A7 点火枪	交流 220V	SV
33	床下点火燃烧器 A8 供油阀	交流 220V	SV-2C
34	床下点火燃烧器 A8 回油阀	交流 220V	SV-2C
35	床下点火燃烧器 A8 吹扫阀	交流 220V	SV-2C
36	床下点火燃烧器 A8 点火枪	交流 220V	SV
37	床上燃烧器 B1 供油阀	交流 220V	SV-2C
38	床上燃烧器 B1 吹扫阀	交流 220V	SV-2C
39	床上燃烧器 B1 油枪	交流 220V	SV-2C

续表

序号	名称	负荷类型	备注
40	床上燃烧器 B2 供油阀	交流 220V	SV-2C
41	床上燃烧器 B2 吹扫阀	交流 220V	SV-2C
42	床上燃烧器 B2 油枪	交流 220V	SV-2C
43	床上燃烧器 B3 供油阀	交流 220V	SV-2C
44	床上燃烧器 B3 吹扫阀	交流 220V	SV-2C
45	床上燃烧器 B3 油枪	交流 220V	SV-2C
46	床上燃烧器 B4 供油阀	交流 220V	SV-2C
47	床上燃烧器 B4 吹扫阀	交流 220V	SV-2C
48	床上燃烧器 B4 油枪	交流 220V	SV-2C
49	床上燃烧器 B5 供油阀	交流 220V	SV-2C
50	床上燃烧器 B5 吹扫阀	交流 220V	SV-2C
51	床上燃烧器 B5 油枪	交流 220V	SV-2C
52	床上燃烧器 B6 供油阀	交流 220V	SV-2C
53	床上燃烧器 B6 吹扫阀	交流 220V	SV-2C
54	床上燃烧器 B6 油枪	交流 220V	SV-2C
55	床上燃烧器 B7 供油阀	交流 220V	SV-2C
56	床上燃烧器 B7 吹扫阀	交流 220V	SV-2C
57	床上燃烧器 B7 油枪	交流 220V	SV-2C
58	床上燃烧器 B8 供油阀	交流 220V	SV-2C
59	床上燃烧器 B8 吹扫阀	交流 220V	SV-2C
60	床上燃烧器 B8 油枪	交流 220V	SV-2C
61	床上燃烧器 B9 供油阀	交流 220V	SV-2C
62	床上燃烧器 B9 吹扫阀	交流 220V	SV-2C
63	床上燃烧器 B9 油枪	交流 220V	SV-2C
64	床上燃烧器 B10 供油阀	交流 220V	SV-2C
65	床上燃烧器 B10 吹扫阀	交流 220V	SV-2C
66	床上燃烧器 B10 油枪	交流 220V	SV-2C
67	床上燃烧器 B11 供油阀	交流 220V	SV-2C
68	床上燃烧器 B11 吹扫阀	交流 220V	SV-2C

续表

序号	名称	负荷类型	备注
69	床上燃烧器 B11 油枪	交流 220V	SV-2C
70	床上燃烧器 B12 供油阀	交流 220V	SV-2C
71	床上燃烧器 B12 吹扫阀	交流 220V	SV-2C
72	床上燃烧器 B12 油枪	交流 220V	SV-2C
73	床上燃烧器 B13 供油阀	交流 220V	SV-2C
74	床上燃烧器 B13 吹扫阀	交流 220V	SV-2C
75	床上燃烧器 B13 油枪	交流 220V	SV-2C
76	床上燃烧器 B14 供油阀	交流 220V	SV-2C
77	床上燃烧器 B14 吹扫阀	交流 220V	SV-2C
78	床上燃烧器 B14 油枪	交流 220V	SV-2C
79	床上燃烧器 B15 供油阀	交流 220V	SV-2C
80	床上燃烧器 B15 吹扫阀	交流 220V	SV-2C
81	床上燃烧器 B15 油枪	交流 220V	SV-2C
82	床上燃烧器 B16 供油阀	交流 220V	SV-2C
83	床上燃烧器 B16 吹扫阀	交流 220V	SV-2C
84	床上燃烧器 B16 油枪	交流 220V	SV-2C
85	厂区供油管道至 300MWCFB 锅炉供油管道电动阀门	交流 380V	MV

注 负荷类型包括气动调节阀门（CV）、单线圈电磁阀门（SV）、双线圈电磁阀门（SV-2C）。

表 16-115 燃油系统 I/O 清单

序号	I/O 类型	I/O 数量	备注
1	AI 4～20mA	18	
2	AI RTD	4	
3	AO	2	
4	DI	262	
5	DO	196	

注 本表为一台带外置床的 600MW 超临界 CFB 锅炉燃油系统 I/O 总数。

第十七章

信　息　系　统

信息系统技术发展日新月异，随着智能发电技术的发展及工程实践的逐步深入，电厂信息系统工程设计也将升级发展。在生产信息系统方面，以大数据、智能算法、云计算等为技术支持的智能应用；在管理信息系统方面，以图像识别、语义识别等技术为基础的“智能两票” 系统；在视频监视及安防系统方面，以增强现实（AR）、虚拟现实（VR）、混合现实（MR）等技术为基础的远程诊断系统、智能定位系统、智能人员行为管理系统等；以及新一代智能设备状态管理决策系统，智能燃料管控、报价决策、成本核算系统等等都将快速发展和应用。工程设计人员应时刻关注新技术、新设备及新要求，以确保信息系统设计的先进性。

本章主要介绍信息系统总体规划、信息安全、生产信息、管理信息、视频监视、安全防范、中心机房、综合布线等内容。

第一节　概　　述

一、设计任务

1. 可行性研究阶段信息系统方案规划设计任务

（1）全厂信息系统的主要构成范围及功能简要说明。

（2）信息系统的规划方案投资估算。

（3）拟采用的编码系统建议及说明。

2. 初步设计阶段信息系统主要设计任务

（1）电厂信息化水平、网络规划、子系统间接口方式等说明。

（2）各子系统设计说明（包括设计依据与原则、系统需求、系统构成、系统软件、系统硬件、网络配置、软硬件汇总表等内容）。

（3）信息分类及编码原则说明、所采用编码标准说明及自编的分类编码说明。

（4）信息系统安全防护原则、环境、内容及措施等说明。

（5）信息系统软、硬件及工程的分系统、分类概算与汇总。

（6）对于扩建工程应在简述已有信息系统相关情况的基础上，结合本期工程进行设计说明。

3. 施工图阶段信息系统主要设计任务

信息系统施工图设计是所有设计内容的具体细化，应充分体现系统设计意图，满足订货、施工、运行及管理等各方面要求。设计文件包括以下内容：

（1）施工图总说明及卷册目录。

（2）标识系统设计说明。

（3）设备、材料清册。

（4）网络拓扑与连接图。

（5）机房及配线间平面布置图。

（6）网络干线走向及就地网络配线柜布置图。

（7）电源系统及配电箱展开图。

（8）终端布置及单元接线图。

（9）网络布线图。

二、设计范围

电厂信息系统设计范围包括全厂范围内生产、管理、监控等相关数据和信息的收集、存储、处理、分析到发布等全过程相关工程设计内容，以及信息系统各子系统之间、与实时生产控制系统及外界数据交换接口设计等。信息系统设计是一个逐步深入和细化的过程，应依据工程项目不同阶段的设计深度要求进行。

可行性研究阶段工作范围重点在于规划信息系统构成的主要子系统并给出投资估算，以及对拟采用的主要编码系统的说明。

初步设计阶段对所有设计内容提出功能、性能技术要求及指标要求，并作为施工图详细设计的依据。

施工图设计范围包括生产信息、管理信息、报价系统、视频监视、视频会议、门禁管理及培训仿真机等系统的网络拓扑结构、系统软件配置、系统硬件配置、机房布置、网络布线、电源、终端布置、接线及接口等进行详细设计和说明。

三、设计依据

火力发电厂信息系统工程设计依据主要分为以下几类：

（1）主要现行的相关国家和行业标准。

（2）工程设计服务合同书中的相关内容。

（3）相关主管单位、审查单位给出的各阶段批复或审查意见。

（4）上一阶段形成的工程设计技术文件。

（5）发电厂所属集团企业或经营主管单位的信息化总体规划（重要参考依据）。

第二节　信息系统总体规划与设计

信息系统规划是全厂信息系统工程设计项目初步设计阶段的重要工作内容。信息系统规划的首要任务是调查分析企业的目标和发展战略，进而制订出信息系统的建设目标，勾画出全厂信息系统在一段时期内建设发展的基本框架，提出信息系统的总体规划方案，合理地选择信息系统项目，并对整个系统建设进行概算分析。

信息系统规划设计环节的最终技术文件是后续信息系统详细设计、实施、测试与验收等环节的重要依据。

一、需求分析

（一）上级机构信息化总体规划分析

统一规划是电厂信息系统规划设计的首要原则。了解所在电厂上级机构的信息系统规划（包括长期规划及近期规划）是电厂信息系统规划设计的重要步骤。

1．设计范围和功能选择影响分析

上级机构的信息化总体规划或信息化战略实施程度的不同将直接影响所在电厂信息系统规划设计的范围和功能选型，如集团企业资产财务一体化系统、集团统一人力资源管理系统等的规划与部署计划，在下属电厂信息系统功能规划与分析时应予以充分考虑。

2．接口需求影响分析

上级机构实时数据平台、集中数据中心和管理数据交换系统等的规划与技术要求将直接影响所属电厂信息系统的接口方式、带宽需求等，也是所属电厂接口需求分析的重要内容。现阶段电厂信息系统发展水平模式下，系统集成与数据交换接口分析的主要内容见表17-1。

表17-1　电厂接口需求分析的主要内容

分析项目	传输内容
与电网相关系统接口	（1）用于电厂发电计划的数据。 （2）用于厂级负荷优化分配的数据。 （3）用于降低煤耗的节能发电调度实时煤耗在线监测系统。 （4）用于机组启停备用检修计划的数据
与上级机构接口	（1）生产实时数据。 （2）办公管理数据。 （3）视频图像。 （4）语音
与其他外部系统接口	（1）地方政府相关机构。 （2）燃料供应单位。 （3）业务相关单位
与电厂控制系统接口	（1）与机组效率有关的数据。 （2）与机组发电质量有关的数据。 （3）与机组安全运行有关的数据。 （4）与机组经济核算有关的数据。 （5）与机组相关系统的数据。 （6）机组运行管理方面的数据。 （7）与电气相关的数据
信息系统内部接口	（1）SIS与MIS。 （2）MIS与门禁。 （3）MIS与视频

（二）企业组织机构与业务流分析

具体工程项目必须开展具体需求分析。信息系统规划应尽可能不依赖组织机构。业务流是一系列相关决策和活动的集合。企业的活动由众多业务流组成。识别与企业目标的相关流程和关键流程，按照业务流程的需求来定义信息系统的功能和流程，使信息系统摆脱对组织机构的依赖。

（三）企业信息化环境与现状分析

企业信息化环境与现状分析主要针对集团层面内、外部环境分析和信息化战略需求开展。对于新建电厂信息化建设需求要具体落实集团信息化总体规划的实施部署现状与技术要求。集团/电厂信息系统软件部署权情况调研统计见表17-2。

表17-2　集团/电厂信息系统软件部署情况调研统计

功能名称		部署决策者	
		上级机构统一部署	电厂自主部署
建设阶段功能	计划管理		
	进度管理		
	物资管理		
	财务管理（以费用管理为主）		

续表

功能名称		部署决策者	
		上级机构统一部署	电厂自主部署
建设阶段功能	质量管理		
	安全管理		
	工程技术、图纸及文档管理		
	办公事务管理		
	与相关子系统的接口管理		
	企业门户及综合查询管理		
	安防视频监视系统		
生产运行阶段功能	运行管理		
	安全管理		
	技术监督管理		
	项目管理		
	环境保护管理		
	综合计划统计		
	成本管理		
	设备管理		
	燃料管理		
	物资管理		
	财务管理		
	人力资源管理		
	办公事务管理		
	档案管理		
	企业门户及综合查询管理		
	门禁管理系统		
	安防视频监视系统		
	视频会议		
	厂级实时数据采集与监视		
	厂级性能计算与分析		
	系统优化		
	负荷调度分配		
	设备故障诊断		
	寿命管理		
	生产视频监视系统		

对于改、扩建项目，对现行系统进行详细调查、评估已有软硬件条件、描述现行系统的业务流程、指出现行系统的局限和不足、提出新系统的目标与功能需求。尤其是对引起管理流程再造的功能需求应进行充分分析与论证。改、扩建项目信息系统评估内容见表 17-3。

表 17-3　改、扩建项目信息系统评估内容

序号	评估项目	评估结论与建议
1．网络现状		
（1）网络拓扑图及信息点分布情况。 （2）核心交换设备品牌、配置、引进时间。 （3）二级交换设备数量、配置及分布、引进时间。 （4）网络布线状况（中心机房、主干、水平）。 （5）服务器品牌、数量、引进时间。 （6）网络操作系统。 （7）Internet 出口方式、带宽等。 （8）网络安全管理方式（防病毒、防火墙等）		
2．中心机房状况		
（1）中心机房面积、位置、布置图。 （2）UPS 配置状况。 （3）中心机房安全措施		
3．硬件设备现状		
（1）计算机设备台数、配置、引进时间。 （2）外部设备数量及型号。 （3）有无网络外设、如何配置、如何分布。 （4）数据备份设备及软件名称、产品型号。 （5）独立的电厂邮件系统名称、数量及硬件配置		
4．信息系统应用现状调查		
（1）现有关系数据库的情况及应用范围（数据库、点数、引进日期等）。 （2）电厂管理信息系统的应用现状。 （3）电厂生产信息系统的应用现状。 （4）视频监视系统的应用现状（含生产和安保视频）。 （5）门禁系统的应用现状		

（四）工程需求分析

从项目管理理论角度来看，项目具有复杂性、一次性的特点。每个项目都受到具体预算、时间和资源等的限制，也有不同于其他项目的需求。应充分了解项目建设方需求，了解各级管理层的需求，了解电厂的需求，将这些需求反映在设计文件中，以保证项目成功实施，提高用户满意度。

信息技术发展日新月异。就目前而言，发电工程数字化移交、全生命周期数字化电厂及智能电厂、大数据等概念也受到更多业主的关注，或成为项目特色需求。工程设计人员应积极掌握先进技术，充分了解和支持建设方需求，共同促进信息技术的应用与发展。

二、总体架构

在电厂信息化总体功能需求分析的基础上进行总体架构设计，主要包括信息系统应用功能的界定及层次的划分、硬件及网络支撑环境、各层应用系统的接口方式和标准、总体和各层应用系统的安全防护体系等。

（一）整体业务功能规划

通过整理企业的信息化功能需求，形成企业整体业务功能架构规划图。典型的火力发电厂信息化功能整体规划如图 17-1 所示。

（二）信息系统平台架构规划

电厂信息系统整体架构描述有两类方案：一类是传统按照子系统大类功能，划分为管理信息系统（包含建设阶段管理信息系统、运行阶段管理信息系统）、生产信息系统、视频系统（包含视频会议、生产视频监视、安防视频）、门禁管理系统四大类，并根据各系统的不同特点和安全需求，划分各子系统网络来构建整个信息系统的网络架构。通常情况下，电厂信息系统的网络包括建设阶段管理信息系统子网、生产运行阶段管理信息子网、生产信息子网、视频会议子网、视频监视子网、门禁管理系统子网等。典型的火发电厂信息系统平台架构如图 17-2 所示。另一类是全厂信息系统的网络多网合一，形成一个统一的、集成的一体化网络平台，以克服传统上 SIS 和 MIS 两个系统功能容易重叠的特点。在一体化设计中，对于不同的功能系统，可以用虚拟局域网技术加以区分，这样既可以提高网络传输效率，又可以加强不同功能之间的安全防护。

在一体化设计中，实时数据中心（生产大区）只设置实时数据库及应用系统服务器，实现厂级生产过

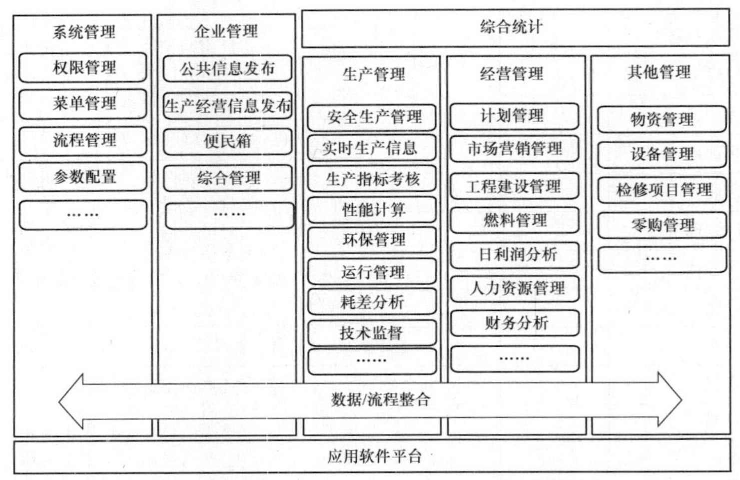

图 17-1　典型的火力发电厂信息化功能整体规划图

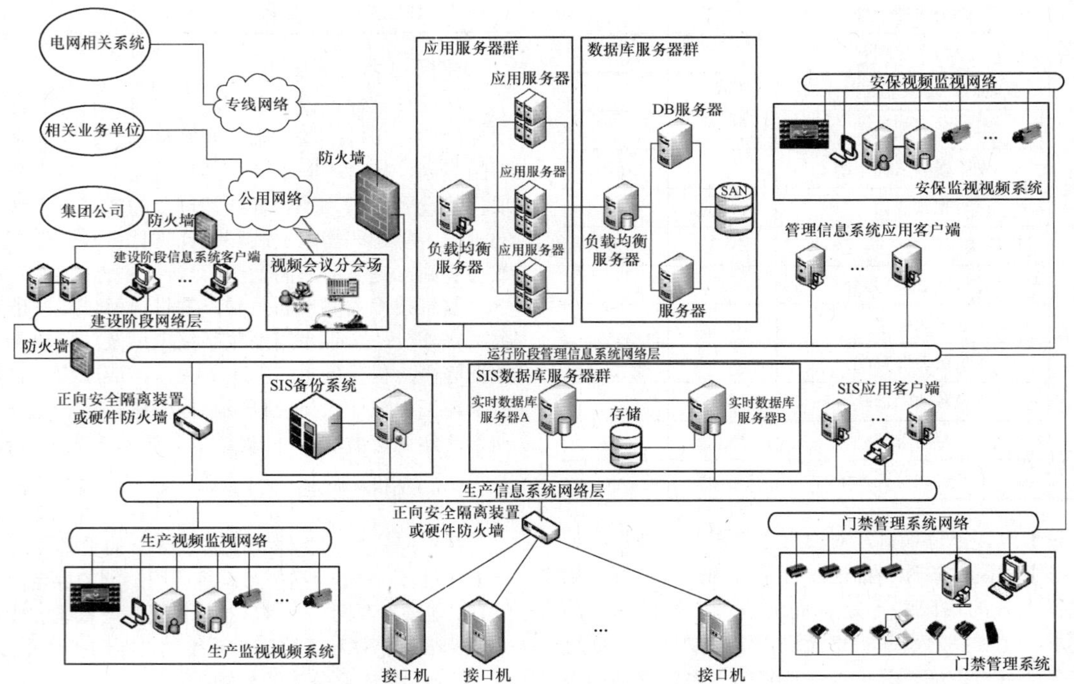

图 17-2　典型的火力发电厂信息系统平台架构图

程信息的采集、处理。通过实时数据库镜像服务器将实时数据库服务器的生产实时数据完全镜像到电厂管理系统侧，这样既保证了在管理系统侧能对生产实时数据进行充分应用，同时也保证了管理系统（非生产大区）与生产大区的有效隔离。管理系统则采用统一的管理平台实现原来 MIS 和 SIS 的全部功能。全厂自动化系统及计算机网络系统一体化方案如图 17-3 所示。电厂一体化信息系统集成网络主要配置见表 17-4。

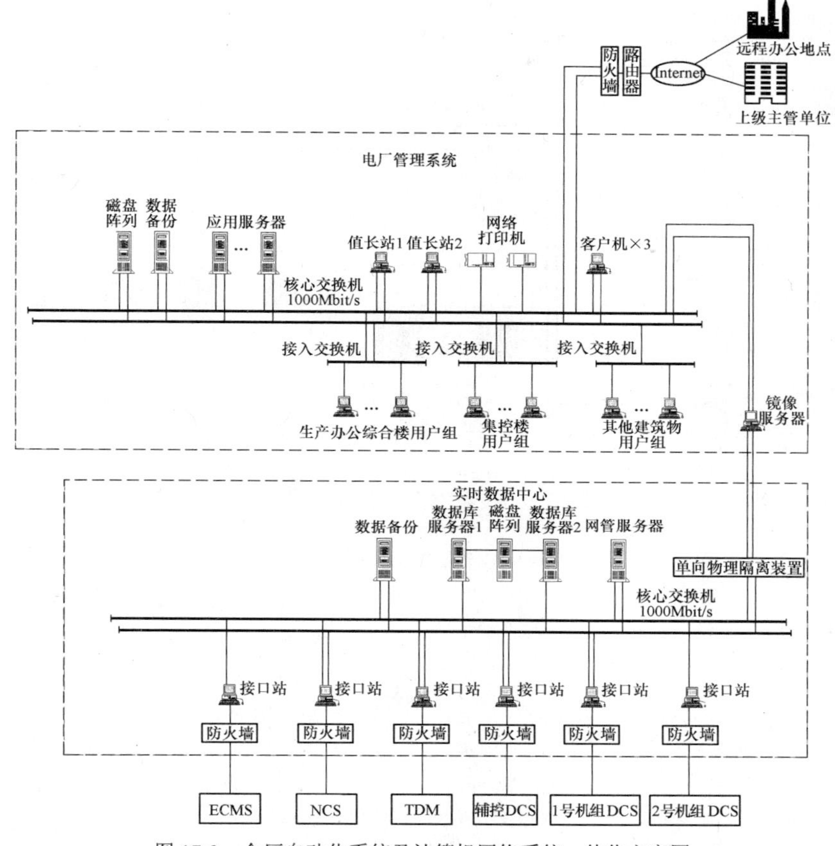

图 17-3 全厂自动化系统及计算机网络系统一体化方案图

表 17-4 电厂一体化信息系统集成网络主要配置

项目	内容描述	采用设备、软件或材料
网络结构	快速以太网技术构造的星形结构局域网络	
网络性能	主干千兆以上、水平千兆/百兆、千兆/百兆到桌面	单模光纤、多模光纤、六类/五类双绞线
VLAN 划分	管理信息系统	高性能核心层交换设备、汇聚层交换设备、接入层交换设备、网络管理软件等
	财务系统	
	生产信息系统	
	生产视频监视系统	
	安防视频监视系统	
	门禁管理系统	

（三）信息系统网络拓扑设计

信息系统网络拓扑设计应遵循便于管理维护、易于变更与扩充、开放性良好的原则。如管理信息系统网络一般以中心交换设备为通信枢纽的交换式，局域网结构采用中心交换、二级交换和桌面交换三级结构进行规划设计。一般网络主干采用万兆或千兆带宽，以千兆或百兆交换到桌面。主干综合布线采用 1:1 冗余设计，水平综合布线系统采用六类/超五类非屏蔽双绞线，对于厂区内集中控制室等干扰比较严重的建筑物应采用屏蔽双绞线。核心层由两台千兆或万兆高端核心交换机组成，互为冗余备份。为了提高整体网络的安全可靠性，汇聚层交换机（若干）与两台核心交换机之间均采用千兆（或万兆）光纤链路（同时留有光纤链路备用）互联。除非有特殊需求，一般都按照单网结构规划设计。当有与外部网络连接需求时，建议采用 VPN 方式，10 兆及以上带宽。通常生产运行阶段管理信息系统子网络拓扑结构如图 17-4 所示。

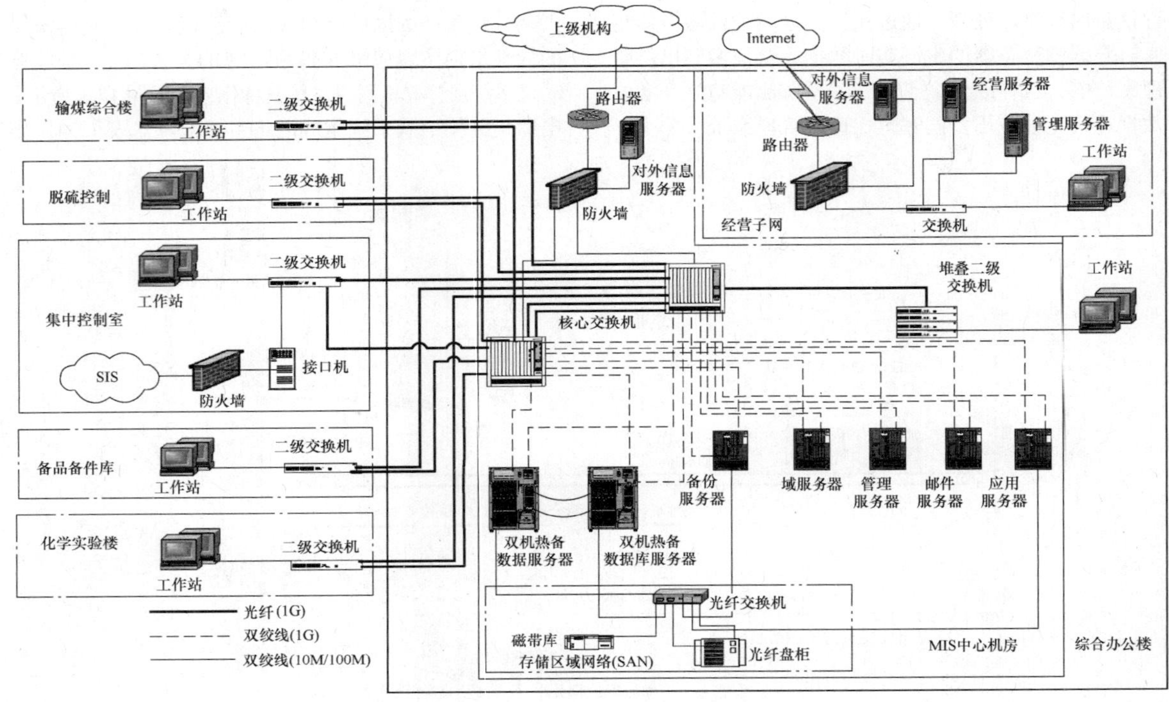

图 17-4　生产运行阶段管理信息系统子网络拓扑结构图

三、数据规划

（一）数据规划目标

数据规划目标是设计出规范、标准、可控、支持高效数据处理和深层数据分析的数据模型，以及稳定、统一的数据应用体系及管理架构。规划过程中将分散、孤立的各类信息变成网络化的信息资源，将众多“孤岛式”的信息系统进行整合。通过明确的信息资源管理标准从根本上治理电厂信息环境，方便信息系统的开发和信息系统建设，最终提高信息价值。

数据规划的基本任务就是：基于数据稳定性原理，通过对业务主体相关数据类的调研和借助软件工具进行规范化的分析，划分出主题数据库，建立稳定的数据模型。

（二）数据战略规划步骤

经典的企业数据战略规划工作内容和时间进度安排可参照詹姆斯·马丁的十六步战略规划法：

（1）得到最高层管理人员的赞成。

（2）选择科学的方法论作为规划工作的指导，并坚持使用这套方法。

（3）定义职能域，确定规划工作的范围，得到最高层管理人员认可。

（4）成立核心小组，确定各职能域的业务负责人，选拔用户分析员并进行培训。

（5）分析每一职能域中的业务过程。

（6）将每个业务过程分解为业务活动，对定义的业务过程和活动进行复查。

（7）根据业务过程和业务活动分析所需要的实体，利用一定的算法把所有的实体划分成一些大组，这些大组的名称即为主题数据库的名称。

（8）通过建立活动与实体的对应，使用相关分析算法在实体所支持活动的基础上进行实体聚集，并进行交叉检查，作必要的调整。

（9）建立这些实体大组与业务过程的对应关系，形成逻辑子系统，并确定事务处理系统或决策支持系统等类型。

（10）研究现有应用系统与规划信息系统的关系，确定规划数据库系统如何与现有系统相联系，制订转换策略和具体计划，解决新旧系统过渡问题。

（11）通过与高级管理人员的交流，确定主题数据库与业务过程的对应关系，判断目前和将来信息需求在这一阶段是否已做了尽可能充分的考虑，征求高级管理人员对信息系统开发的意见和看法。

（12）研究业务过程发生的地点及所对应的主题数据库，分析集中或分布存储的理由，制定数据集中或分布存储的策略。

（13）由企业最高层管理人员复查主题数据库、信息系统体系结构和数据分布策略的报告，进行必要的修改调整。

（14）研究系统实施的优先顺序，制订实现的时间进度表，确定与自顶向下规划工具相衔接的自底向上设计实现的工具。

（15）确定能保证自顶向下规划不断更新的职责。

（16）提交一份最后的总结报告。

（三）火力发电企业数据规划

1. 基本任务

尽管不同发电企业的组织机构和管理活动模式不尽相同，也可能发生变化，但火力发电企业的经营管理性质和总目标是相对固定的。因此，管理业务所涉及的数据类就基本不变。经过多年的开发、应用、完善、再开发、再应用的往复循环过程，发电企业的职能范围划分、业务活动过程等在管理实践中也相对固定，企业生产管理中的标准流程相对稳定。图 17-5 所示为数据流与业务功能覆盖关系。

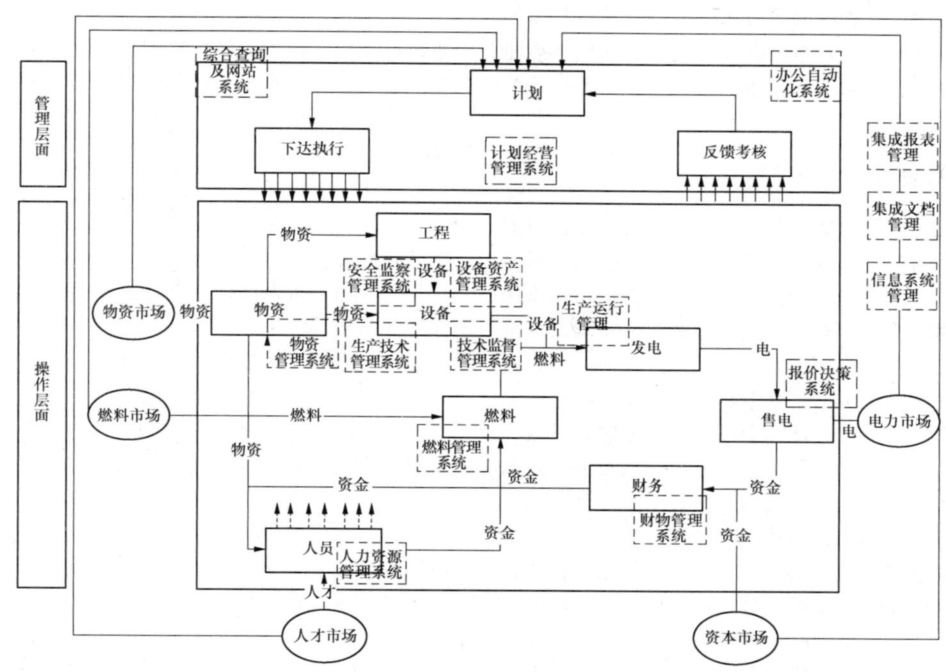

图 17-5 数据与业务功能覆盖关系

从理论上讲，职能范围及其业务活动过程的确定应独立于企业当前的组织机构。因此，对于工程设计中的数据规划任务是研究发电企业（集团）现有应用系统与新规划信息系统的关系，制定接口、转换或过渡的策略，并在典型企业模型的基础上，结合现有系统，综合考虑信息系统总体建设目标、投资等形成具体工程的数据规划方案。在工程设计范围内，具体工程的数据规划方案应包括推荐的企业主题数据库组成及应用系统组成。

2. 主题数据库

通过分析定义数据类，建立起稳定的数据模型，最后规划出一系列主题数据库。火力发电厂通常建立有人力资源、财务、物资、设备、工程、营销、办公事务等几大主题数据库。其中人力资源数据库包括与人密切关联的属性信息，如人员编码、性别、年龄、人事劳资、保险、合同、职工教育、安全培训考核等。财务数据库包括资金管理、成本核算产生的信息。物资数据库包括物资进销存、物资调配等方面的信息。设备数据库包括从设备申请、采购、试验、投运、运行、检修、变更、停运、转移、报废等设备整个生命周期的信息。工程数据库包括企业大修、技术改造、基建工程的信息。营销数据库包括电力营销方面的信息，如电量电费信息、电能计量信息等。办公事务数据库包括行政后勤、党群、监察、企管、车辆等方面的管理信息。

3. 应用系统

不同的应用系统可能采用大量相同的数据，借助于主题数据库可以使用不同的方式进行存取。主题数据库的设计可加快新的应用需求的开发。分析火力发电厂管理信息系统总体功能需求，通常包括计划经营管理系统、设备资产管理系统、生产运行管理系统、技术监督管理系统、生产技术管理系统、物资管理系统、燃料管理系统、安全监察管理系统、人力资源管理系统、财务管理系统、综合查询系统、门户网站系统、办公自动化系统、集成文档管理系统、集成报表管理系统、数据接口管理系统、信息系统维护管理系统等子系统。

4. 分布式数据规划

发电企业分布式数据规划的需求主要来自两方

面：一方面是不同发电集团的组织架构及职能层级划分不尽相同，且对不同层级的数据需求也有不同，如集团公司信息中心建设范围、省公司职能范围等；另一方面是数据中心的建设需求。在目前的信息系统设计、信息安全管理等模式下，发电企业数据异地需求以单向复制模式为主，工程设计中多以信息系统接口为解决方案。

随着大数据、物联网等技术的应用，信息技术与发电生产的深度融合，整个产业及其信息系统可能将进入新的业态，分布式数据规划将成为企业数据战略规划的重点。

四、总体安全

总体安全设计对象一般是电厂或发电集团，目的是根据确定的信息系统安全需求和等级保护安全基本要求来设计信息系统的整体安全框架，提出信息系统在总体方面的策略要求、各个子系统应该实现的安全措施等。

总体安全设计包括安全策略、安全技术框架和安全管理体系三部分。总体安全设计所形成的设计成品用于指导火力发电厂信息系统中各个层次及各个对象的安全策略和安全措施的具体实施。

（一）安全域与信息系统抽象模型

一个局域网可能是由多个不同等级的系统构成，无论局域网内部有多少系统等级都可以将等级相同、安全需求相同、安全策略一致的系统合并为一个安全域，并将其抽象为一个模型要素，称为某级安全域。通过抽象处理，局域网模型将可能变为由多个级别的安全域互联构成的模型。

通过对信息系统的分析和抽象处理，最终形成所被分析信息系统的抽象模型。信息系统抽象模型表达出整个电厂（或集团）的不同局域网如何通过骨干网、城域网互联；每个局域网内最多包含几个不同级别的安全域；局域网内部不同级别的安全域之间如何连接；不同局域网的安全域之间如何连接；局域网内部安全域是否与外部机构/单位或国际互联网有互联等。

（二）总体安全策略设计

总体安全策略设计是形成电厂信息安全纲领性的文件，最重要的就是制定安全域互连策略。通过限制多点外连，统一出口等达到保护重点、优化配置，实现纵深防御。

总体安全策略的一般原则：

（1）通过骨干网/城域网只能建立同级安全域的连接，可实现上下级单位间的同级安全域的互联。

（2）四级安全域通过专网的 VPN 通道进行数据交换，三级安全域通过公网的 VPN 通道进行数据交换。

（3）四级安全域不能与二级安全域、一级安全域直接连接，三级安全域不能与一级安全域直接连接。

（4）一级安全域可以直接访问 Internet。

总体安全策略和安全措施用于指导信息系统中、各个安全层面和各个对象安全策略和安全措施的具体实施。

（三）总体安全技术框架设计

总体安全技术框架设计环节的任务是，针对信息系统等级安全域抽象模型，根据电厂总体安全策略、安全需求报告要求，提出不同级别安全域边界的安全保护策略和安全技术措施、各等级安全域内部的安全保护策略和安全技术措施。

总体安全技术措施的一般原则：

（1）四级安全域与三级安全域之间必须采用接近物理隔离的专用设备进行隔离。

（2）与外部网络连接的边界处必须使用防火墙进行有效的边界保护。

（3）通过三级安全域与外部单位进行数据交换时必须设置前置机（数据缓冲）。

（4）用于不同级别安全域的共享边界设备的安全保护策略是满足最高级别安全域的等级保护要求。

（四）总体安全管理框架

根据等级保护基本标准规定、安全需求分析报告、电厂的总体安全策略文件等，调整原有管理模式和管理策略，既从全局高度考虑为每个等级信息系统制定统一的安全管理策略，又从每个信息系统的实际需求出发，选择和调整具体的安全管理措施，最后形成统一的整体安全管理体系结构。其主要内容包括：规定信息安全的组织管理体系和对各信息系统的安全管理职责，规定各等级信息系统的人员安全管理策略，规定各等级信息系统机房及办公区等物理环境的安全管理策略，规定各等级信息系统介质、设备等的安全管理策略，规定各等级信息系统运行安全管理策略，规定各等级信息系统安全事件处置和应急管理策略，最后汇总形成信息系统安全管理策略框架。

（五）信息系统总体安全设计方案

信息系统总体安全设计方案主要内容包括信息系统概述、信息系统安全保护等级状况、各等级信息系统安全需求、信息系统的安全等级保护抽象模型、总体安全策略、总体安全技术结构、安全管理体系结构等。

五、信息编码

（一）电厂信息编码工程设计主要要求

（1）应尽量标准化，与有关的国家标准、行业标准接轨，并充分利用已有的分类和代码标准。

（2）信息编码分类及代码体系选择应与上级机构

保持一致，以确保信息编码分类与代码体系的完整性、统一性和可扩充性。

（3）考虑火力发电厂全生命周期的要求，应有利于保持设计、施工、生产运行等各个阶段的一致性。

（4）信息编码的大类划分不应少于以下范围：综合管理信息、财务信息、设备标识信息、物资信息、工程技术文档信息和业务流程信息。

（二）编码基本原则

信息编码的基本原则是确保信息编码科学、有效的重要手段。信息编码需要遵循以下基本原则：

1. 唯一性原则

虽然一个编码对象可以有很多不同的名称，也可以按照各种不同的方式对其进行描述。但是，在一个分类编码标准中，每一个编码对象只能有一个代码，唯一表示一个编码对象。在编码标准中，如果一个客体有两个以上的代码就会在信息的表达与交换工作中引起混乱。某些特殊情况必须用两个以上编码表示同一客体时，往往要加以特殊的标志予以说明。

2. 扩展性原则

信息编码应能让使用者完整地处理信息，而事物是不断发展和变化的，为此编码必须要留有适当的后备容量，以便于适应不断扩充的需要。同时，还应考虑新出现的编码对象与已有编码对象之间的顺序关系。在实际编码中，往往通过按细分程度对编码分级的方法适应各阶段工作不断细化带来的编码扩充，通过设置预留编码段来应对未来无法准确归类的编码。

3. 稳定性原则

编码规则一旦确定，往往成为企业、行业，甚至是国家的标准，编码所涉及的对象少则几万个，多则成百上千万个，甚至几亿个。而为了标识就需要把对象的相关编码记录在计算机系统中、写在图纸上、标在物品或设备上，为此，还需要制作大量的标牌。编码的变动将会浪费大量人力、物力。因此，编码时应从整个工程项目出发考虑编码原则，以避免后续工作不能满足要求而不得不改变部分编码，应尽可能保持代码系统的相对稳定。

4. 规范性原则

在一个信息分类编码标准中，代码的类型、结构及编写格式必须统一。这样便于记忆、辨认和计算机处理。在表示分类对象的不同属性时，也要尽量考虑利用相同的代码和编码形式，以便于识别、记忆和处理。

（三）信息分类编码参考列表

与信息编码有关的标准，在工程应用中应以各编码或代码标准的最新有效版本为准。

六、其他相关综合设计

（一）服务器

电厂信息系统服务器按照应用功能区分大致有数据库服务器（关系数据库服务器、实时数据库服务器）、网络管理服务器（域服务器、防病毒服务器、备份服务器、邮件服务器等）、应用服务器（档案管理服务器、财务管理服务器、计划经营管理服务器、Web服务器等）、专用服务器（视频服务器、门禁管理服务器等）。

电厂信息系统服务器选择时应合理预留服务器升级扩容能力、考虑应用软件与服务器兼容问题、考虑与机器级别和CPU数量相关的软件成本、选择节能环保服务器。服务器的选择见表17-5。

表17-5 服务器应用类型及性能需求描述

	应用类型	服务器性能描述
基础应用及Web服务	电子商务 E-commerce	功能与典型的应用服务器相同，性能视应用和用户数量而定，可能会需要一定的数据安全传输与存储，或作为存储数据的主机。需要一定的CPU和内存处理能力，通常，带有四路Intel Xeon™双核处理器及大容量数据存储的服务器可以基本满足要求
	文件打印服务	仅用来将数据从一处传递到另一处，对CPU的处理能力要求较低。入门级服务器能满足要求
	常规服务器-域控制/防火墙/代理	为能使域服务器和防火墙服务器有快速的响应能力，需要具备较高的CPU处理能力，代理服务器需要有较大的内存用来存储和作为高速缓存存储Web地址，代理服务器还需要有较大的存储容量。建议选择机柜式服务器可以节省占地空间
	Internet 服务 Linux/Windows NT/Novell	当互联网服务商针对专用的服务器，如邮件服务器、浏览服务器需要扩充时，服务器应当具有价格低廉、小巧、高性能、通常一个或两个处理器基本可以满足要求，而四路处理器的服务器则有些浪费。建议选择机柜式服务器以节省占地空间
	邮件服务器	快速的I/O是这类应用的关键，磁盘的I/O（编目、存储信息）是主要瓶颈。许多用户为了保证所存储信息的可用性，采用RAID 5阵列方式，但在一定程度上会影响I/O的性能，通常2路处理器基本可以满足用户的需求。这种服务器用户对于实时响应要求不高，用户所占用资源一般不超过10%，所以最需要考虑的是数据信息的备份，以及如何在2～6h能将信息恢复正常。建议选择机柜式服务器以节省占地空间
	Web 动态服务器	通过存储在服务器中的网页可以构建网络空间。与静态网页相比，这种应

续表

	应用类型	服务器性能描述
基础应用及Web服务	Web 动态服务器	用需要更高的 CPU 处理能力，建议选择机柜式服务器以节省占地空间。高速的网络通信能力也是必不可少的
	Web 静态服务器	静态网页通常是指在有文本和图片共同组合存储的服务器中，通常变化不大。使用两个 CPU 和一个千兆的网卡可以非常轻松地满足极高的点击率。当使用双路处理器的服务器时，可以完全满足每秒钟千次的点击。1GB 内存作为网页的高速缓存。对于大规模网站也可以使用四路处理器并额外添加内存与网卡
	流媒体服务器	流媒体服务器主要存储多种媒介的文档，如图形图像、动态媒介等，因此对服务器的存储及 I/O 性能要求极高，因此对处理能力、存储的 I/O 特性及网络特性都有较高的要求，合理选配这几个方面显得很重要。对于规模较大的流媒体服务器，建议选购高端存储及光纤链路满足大容量 I/O 的需求
应用服务器	应用服务器（client/server、ERP）	任何一种客户机/服务器的网络系统比如 ERP，最典型的商业应用，客户机在一端，而数据库服务器在另一端，它们通过网络系统通信。系统具有良好的扩展和调整能力，可以将不同应用安装到不同的服务器上，也可以在每个服务器上安装多个应用。ERP 系统需要两个以上处理器，以及 4GB 以上的内存。具体数量视用户数量而定
	工作流服务器（Collaboration/Groupware）	使用类似于 Lotus Notes、groupware、calendaring 等。对网络服务器的 CPU 和内存处理能力要求属于中等。不需要额外投资大量的硬件资源
	多应用服务器	多种应用程序及它们使用的数据库共同运行在同一台服务器上，可以替代多台小型的服务器。建议使用多个 CPU 可以获得较好的使用效果。通常使用多个速度稍低的 CPU 的效果好于使用一个高速的 CPU
	小型应用/专项应用服务器	特定的应用系统，使用带有两路 CPU 的服务器可以支持数百的用户终端
	终端服务器/运算服务器	在多用户环境下，所有的硬件及软件资源都可以通过终端服务器共享给网络上的所有用户，应用程序运行在服务器上，用户可以通过用户终端使用所有的应用程序。使用多处理器将可以有效地改善系统性能。内存的配置非常关键，通常需要有 256MB 内存分配给操作系统，有 512MB 内存分配给终端服务器应用，每个用户需要有 4～8MB 内存。软件使用与硬件资源有很大关系，通常使用带有两路处理器和 1GB 内存的服务器可以支持大约 100 个用户，带有两路双核处理器和 4GB 内存的服务器可以支持 200 个用户，带有四路双核处理器及 8GB 内存的服务器可以支持大约 500 个用户

续表

	应用类型	服务器性能描述
应用服务器	高性能计算	高性能计算主要是借助服务器的处理器和内存资源进行大规模的信息处理与运算，系统对服务器的处理器和内存及网络 I/O 特性要求较高，由于高性能计算通常会由多台服务器协作运行，因此对网络特性要求较高。对服务器的数据存储及板卡的扩展能力要求很低。所以使用机柜式或刀片式服务器是比较理想的选择
数据库服务器	大型数据库（ERP、OLTP、data mart）	服务器仅用于运行数据库，或仅运行单一的应用。数据库的容量在 1TB 以上，需要有较高的 CPU 处理能力，大容量内存为数据缓存服务，并需要很好的 I/O 性能，使用这类应用时，通常需要有较高的 CPU 主频
	中型数据库（ERP、OLTP 等）	服务器仅用于运行数据库，或仅运行单一的应用。数据库的容量在 1TB 以下，需要有较高的 CPU 处理能力，大容量内存为数据缓存服务，并需要很好的 I/O 性能，使用这类应用时，通常需要有较高的 CPU 主频
	数据仓库/OLAP/Data mining	大型商业数据存储，编目、索引、数据分析等。例如，OLAP（联机事务处理）、高速商业计算，需要有良好的 I/O 性能

（二）接口与协议

火力发电厂信息系统接口可分为信息系统外部接口和信息系统内部接口。

1. 电厂信息系统外部接口

电厂信息系统外部接口主要包括：

（1）上级单位信息系统的接口。

（2）与当地各管理机构信息系统的接口。

（3）电厂信息系统与电力调度中心的接口。

（4）与电力交易系统的接口。

（5）与工程施工、监理、设计单位信息系统的接口。

（6）与供应商电子商务系统的接口。

（7）与互联网的接口。

（8）与电厂机组控制系统的接口。

（9）与电厂辅助控制系统的接口。

（10）与电厂网络控制系统（NCS）接口。

2. 电厂信息系统内部接口

电厂信息系统内部接口需求与系统整体架构和数据规划相关。为了有利于各系统后期维护升级，应尽可能通过强化主题数据库的优化设计、基于一体化平台的模块化设计等设计理念来尽可能减少厂内信息系统之间的直接接口或数据转换操作。表 17-6 是电厂信息系统常用接口通信协议。

表 17-6　　电厂信息系统常用接口通信协议

标准/协议名称	技术特点	主要应用
RS232/RS485	定义串口通信方式的物理连接和电平信号标准	用于信息系统与部分自动化、智能设备的字符信息传送
IEEE802.3—局域网载波侦听多路访问/碰撞检测（以太网）协议	定义局域网物理层和链路层的协议，采用载波侦听多点访问/碰撞检测（CSMA/CD）的通信协议，通信速率：802.3-10Mbit/s，802.3u-100Mbit/s，802.3z-1000Mbit/s	用于电厂信息系统中各局域网内各种网络设备连接及网络之间的连接
IEEE802.3ab	在5类双绞线上运行1000M 局域网的物理层参数标准	用于电厂网络布线
IEEE802.11—无线局域网	无线局域网介质访问控制和物理层参数规范	用于电厂会议室或技术培训场所
TCP/IP—传输与控制协议/网间协议	定义局域网内和局域网之间网络层的数据传输协议	用于电厂辅助控制网络间、管理信息系统网络与生产实时系统网络间、信息系统网络与机组控制系统网络间的数据通信
VPN—虚拟专用网络	电信营运商提供的远程网络连接通道，基于局域网之上	多用于单个用户或网络从远程对电厂信息系统进行网络连接和访问
DDNLL—数字数据网络专线	电信营运商提供的较高速远程网络连接通道，基于局域网之上，可传送多种数据	用于电厂信息系统网络与上级机构信息网络的远程通信连接
Modbus—串行通信协议	采用 RS232/RS485 串口	用于电厂信息系统网络与机组控制网络、辅助控制网络间的数据通信
ProfiBus—现场总线协议	物理层可用 RS485、光纤及电力线，链路层为主从与令牌协议，数据报文（应用层）为 DPV0、DPV1、DPV2	应用于电厂现场数字设备控制、电气控制、网络控制等
LonWorks—现场总线协议	物理层采用双绞线及电力线传输信号，访问控制层使用改良型的载波侦听多路访问（CSMA）协议	应用于电厂现场数字设备控制、电气控制、网络控制等
OPC—过程控制的对象链接与嵌入技术	应用层协议，提供对存放生产过程数据的数据库服务器访问应用程序的驱动程序	用于应用软件对生产过程仪表和自动化设备所具有的过程数据进行访问
API—应用编程接口	应用层协议，提供应用程序的相互连接，在不同系统或程序间实现交互访问	用于电厂信息系统应用软件与实时数据库系统数据访问及其他各类软件间
ODBC—开放式数据库连接标准	应用层协议，提供应用软件对数据库的访问驱动程序	用于应用软件与 SQL 数据库间的访问

第三节　信息系统安全

一、设计基础

（一）基本设计依据

安全设计依据是国家相关法律、法规、国家标准、电力行业标准，以及国家安全部和国家保密局的相关文件、公安部相关信息安全标准等。信息安全等级保护相关标准可分为基础类、应用类、产品类。

另外，在信息系统安全设计中，宜遵循电厂方的信息安全规划要求，满足其信息安全目标、符合其信息安全方针和安全策略。若电厂已按标准建立并保持有相应的信息安全管理体系，则在信息安全系统设计时也应符合电厂信息安全管理体系文件的相关要求。

（二）关于网络安全等级保护的新标准

《中华人民共和国网络安全法》已于 2017 年 6 月 1 日起施行。新的网络安全等级保护相关标准正在编制中。等级保护上升到了网络空间安全的层面，等级保护的对象全面升级，之前保护的对象是计算机信息系统，而现在上升到网络空间安全，除了包含计算机信息系统外，还包含网络安全基础设施、云、移动互联网、物联网、工业控制系统、大数据安全等对象。同时，对新的控制措施分类、控制点和要求项等方面做了适当调整。设计人员应依据新的有效标准开展相关设计工作。

二、需求分析

信息系统的安全保护等级定级报告是信息系统安全设计需求分析的主要依据。在定级报告中，根据国家相关文件和标准等对各类信息系统进行定级。跨地域的联网系统由主管部门统一确定安全保护等级。厂级同类信息系统可参照上级单位统一的定级意见确定。自建的信息系统可以自主定级。定级要素与安全保护等级的关系见表 17-7。

表 17-7　　定级要素与安全保护等级的关系

受侵害的客体	对客体的侵害程度		
	一般损害	严重损害	特别严重损害
公民、法人和其他组织的合法权益	第一级	第二级	第三级
社会秩序、公共利益	第二级	第三级	第四级
国家安全	第三级	第四级	第五级

安全需求分析的目的是通过按照信息系统等级保护要求进行设计、规划和实施，使具有相同安全保护等级的信息系统能够达到相应等级的基本保护水平和保护能力。

在安全需求分析阶段，针对信息系统建设范围与内容等，根据信息系统定级报告及相关文件和标准，判断信息系统现有的安全保护水平与国家等级保护管理规范和技术标准之间的差距，提出信息系统的基本安全保护需求。重点分析信息系统中特殊安全需求的，即对确定超出相应等级保护基本要求的部分或具有特殊安全保护要求的部分，采用需求分析或风险分析的方法，确定可能的安全风险，判断对超出等级保护基本要求部分实施特殊安全措施的必要性，提出信息系统的特殊安全保护需求。

在综合基本安全需求和特殊安全需求后，形成包含信息系统描述、安全状况、存在的不足和可能的风险、安全需求描述等内容的安全需求分析报告。

三、物理安全设计

物理安全保护的目的主要是使存放计算机、网络设备的机房，以及信息系统的设备和存储数据的介质等免受物理环境、自然灾难及人为操作失误和恶意操作等各种威胁所产生的攻击。表 17-8 是信息系统物理安全风险分类。

物理安全是防护信息系统安全的基础层，是信息系统安全运行的基本保障。等级保护中各级系统在建设中对控制点的物理技术要求见表 17-9。

表 17-8　　信息系统物理安全风险分类

种类		描述
非人为安全风险	自然灾害	鼠蚁虫害、水火灾害、地震、雷击等
	环境影响	温度、湿度、灰尘、有害气体、电磁干扰、静电、断电等
	设备故障	系统软硬件故障、通信链路中断等
人为安全风险	恶意攻击	物理攻击：设备被盗窃、故障破坏等； 非法使用：采取各种措施，非法访问非授权资源； 服务干扰：恶意占用系统资源，达到降低系统可用性的目的
	人员失误	操作失误：操作人员执行错误操作等对系统造成破坏； 管理失误：因管理不规范而造成信息系统不能正常运行

四、网络安全设计

（一）网络安全等级保护设计控制点

网络安全风险主要来自硬件、软件和网络协议三个方面。硬件设施本身的设计缺陷、软件系统的漏洞、网络协议层设计缺陷等是引发网络安全攻击的主要原因。网络安全保护的控制点主要有结构安全、访问控制、网络设备防护、安全审计、边界完整性检查、入侵防范、恶意代码防范七个控制点。网络安全控制点各等级技术要求见表 17-10。

（二）网络安全主要硬件设备

火力发电厂通常采用的安全防护设备有硬件防火墙和安全隔离网闸。

1. 硬件防火墙

硬件防火墙在某种意义上可以说是一种访问控制产品。它在内部网络与不安全的外部网络之间设置障碍，阻止外界对内部资源的非法访问，防止内部对外部的不安全访问。防火墙能够较为有效地防止黑客对内部网络进行攻击，并且能够实现数据流的监控、过滤、记录和报告功能，较好地隔断内部网络与外部网络的连接。但其本身可能存在安全问题。

表 17-9　　等级保护控制点的物理技术要求

控制点	第一级	第二级	第三级	第四级
物理访问控制	机房出入应安排专人负责，控制、鉴别和记录进入的人员	除安排专人负责机房出入外，对进入机房的来访人员还要进行提交申请和审批流程，并限制和监控其活动范围	增加区域划分管理和电子门禁系统	增加配置电子门禁系统，且在重要区域应配置第二道电子门禁系统
防盗窃和防破坏	主要设备应放置在机房内，且设备或主要部件应进行固定，并设置明显的不易除去的标记	增加介质分类标识：在主机房安装必要的防盗报警设施；将通信线缆铺设在隐蔽处	增加机房防盗报警系统和监控报警系统	增加机房防盗报警系统和监控报警系统

续表

控制点	第一级	第二级	第三级	第四级
防雷击	机房建筑应设置避雷装置	设置避雷装置和交流电源地线	增加防雷保安器，防止感应雷	增加防雷保安器，防止感应雷
防火	机房应设置灭火设备	设置灭火设备和火灾自动报警系统	增加火灾自动消防系统以及区域隔离火措施	增加火灾自动消防系统以及区域隔离火措施
防水和防潮	应对机房内的水管增加必要的保护措施，还需采取措施防止雨水通过机房窗户、屋顶和墙壁渗透	水管安装不得穿过机房屋顶和活动地板下，以及防止机房内水蒸气结露和地下积水的转移与渗透	增加对水敏感的检测仪表或元件，进行防水检测和报警	增加对水敏感的检测仪表或元件，进行防水检测和报警
温湿度控制	机房应设置必要的温度、湿度控制设施	机房应设置温、湿度自动调节设备	机房应设置温、湿度自动调节设备	机房应设置温、湿度自动调节设备
电力供应	应在机房供电线路上配置稳压器和过电压防护设备	增加短期的备用电力供应，以满足设备在断电情况下的正常运行	增加关键设备的备用供电系统和冗余电路电缆线路	增加设备的备用供电系统和冗余电路电缆线路
物理位置的选择	无要求	机房建筑应具有防震、防风和防雨等能力	在防震等能力外，机房建筑应避免设在建筑物的高层或地下室，以及用水设备的下层或隔壁	在防震等能力外，机房建筑应避免设在建筑物的高层或地下室，以及用水设备的下层或隔壁
防静电	无要求	关键设备应采用必要的接地防静电措施	除必要的接地防静电措施外，还应采用防静电地板	增加静电消防器等装置，减少静电的产生
电磁防护	无要求	电源线和通信线缆应隔离铺设，避免互相干扰	增加电磁屏蔽和接地措施	增加对关键区域的电磁屏蔽措施

表 17-10　　网络安全控制点各等级技术要求

控制点	第一级	第二级	第三级	第四级
结构安全	网络设备的处理能力及各网络带宽应满足需要，并能绘制出当前的网络拓扑图	增加网络区域划分功能	在二级系统基础上，建立安全的访问路径和带宽分配优先级别；在重要网段和其他网段之间采取技术隔离手段	在二级系统基础上，建立安全的访问路径和带宽分配优先级别；在重要网段和其他网段之间采取技术隔离手段
访问控制	部署网络控制设备并对出、入包进行检查，控制粒度至少为用户组	增加依据会话状态信息判断允许或拒绝访问的能力、控制粒度为网段级；限制具有拨号访问权限的用户数量	增加对应用层协议命令级的控制，并对网络最大流量数和连接数进行限制；重要网段应采取技术手段防止欺骗	在三级系统基础上，应不允许数据带通用协议通过；不开放远程拨号访问功能；能根据数据的敏感标记允许或拒绝数据通过
网络设备防护	能进行登录用户的身份鉴别以及登录失败的处理；远程管理时应有防窃听的措施	增加管理员登录地址限制的功能；网络设备用户标识唯一；身份鉴别信息应该不易被冒用	增加设备特权用户的权限分离功能；主要网络设备应具有两种或以上的身份鉴别技术	在三级系统基础上，网络设备用户的身份鉴别信息至少应有一种是不可伪造的
安全审计		应具有网络设备的日志记录和审计记录	增加审计报表的生成功能，并对其进行有效保护	增加集中审计功能和审计跟踪极限阈值的定义
边界完整性检查		应能检查内部用户未授权访问外部网络的行为	对内部用户未授权访问外部网络或外部用户未授权访问内部网络的行为进行检查并能有效阻断	对内部用户未授权访问外部网络或外部用户未授权访问内部网络的行为进行检查并能有效阻断
入侵防范		可以监视网络攻击行为	监视攻击行为并进行记录，发生严重入侵事件时应提供报警	监视攻击行为并进行记录，发生严重入侵事件时应提供报警及自动采取相应动作
恶意代码防范			对恶意代码进行检测和消除，并能维护恶意代码库的升级和更新	对恶意代码进行检测和消除，并能维护恶意代码库的升级和更新

2. 安全隔离网闸

安全隔离网闸是一种由带有多种控制功能的专用硬件在电路上切断网络之间的链路层连接，并能够在网络间进行安全适度的应用数据交换的网络安全设备。安全隔离网闸通常布置在安全级别不同的两个网络之间，如信任网络和非信任网络，管理员可以从信任网络一方对安全隔离网闸进行管理。安全隔离网闸通常提供两个标准以太网百兆接口。安全隔离网闸设备软件系统需要得到国家权威部门的认证。使用专用隔离硬件的安全隔离网闸的安全隔离是在硬件上实现的，无法通过软件编程方式进行改变。其性能指标：系统数据交换速率一般为120Mbit/s；硬件切换时间为5ms。

无论从功能还是实现原理上讲，安全隔离网闸和防火墙是完全不同的两个产品，防火墙是保证网络层安全的边界检查工具，而安全隔离网闸重点是保护内部网络的安全。例如，在火力发电厂的辅助控制网系统和上层电厂生产数据网络的互联上，对辅助控制网系统通过接口机和硬件防火墙连接到上层骨干网上，在防火墙上设置各种安全策略来限制辅助控制网系统和上层网络之间的数据交流。在电厂生产数据网络与管理网络间设置单向安全隔离网闸来构建出具有较高安全等级的网络架构，从而保障内部网络的安全与稳定。

五、系统软件安全设计

系统软件安全主要涉及操作系统安全和数据库管理系统安全，通常由操作系统自身的安全配置、相关安全软件和第三方安全设备来实现，按照国家信息系统安全等级保护相关标准的要求，应确保包括服务器、工作站等在内的计算机设备在操作系统及数据库系统层面的安全。系统软件安全的控制点包括身份鉴别、访问控制、安全审计、剩余信息保护、入侵防范、恶意代码防范和资源控制等。

操作系统安全应符合GB/T 20272《信息安全技术 操作系统安全技术要求》的有关规定。数据库管理系统安全应符合GB/T 20273《信息安全技术 数据库管理系统安全技术要求》的相关规定。

六、应用软件安全设计

应用软件安全设计的目的是保证信息用户的真实性，信息数据的机密性、完整性和可用性。应用软件应具有与所要求的安全保护等级相对应的身份鉴别、访问控制、安全审计、剩余信息保护、通信完整性、通信保密性、抗抵赖、软件容错、资源控制等安全功能。在应用软件系统层实现安全保护功能。应能实现权限的分散管理，以及按照功能的授权管理。避免出现权限的漏洞，使得用户拥有本不该拥有的权限。应用安全强调。

在选购应用软件时，除了选择有良好声誉的软件商，考虑软件的性价比、适用性、开放性、先进性外，还应重点考虑软件的安全性，宜选择经过国家有关安全机构的安全检测、通过安全审查及认证的应用软件。

七、数据安全设计

保证数据安全是信息安全系统的最终目的。保证数据安全和备份恢复主要从数据完整性、数据保密性、备份和恢复三个控制点考虑。数据安全各等级保护技术要求见表17-11。备份数据是保护数据可用性和数据完整性的一种方式，是确保数据高可用性的最后一道防线，其目的是在系统数据崩溃时能够快速恢复数据。应依据GB/T 22239《信息安全技术信息系统安全等级保护基本要求》的规定进行数据安全及备份恢复设计。

表17-11 数据安全各等级保护技术要求

控制点	第一级	第二级	第三级	第四级
数据完整性	对数据传输过程进行完整性检测	在传输过程中保证鉴别信息和重要业务数据的完整性	保证系统管理数据的传输完整性，不仅能够检测出数据受到的破坏，还应能够恢复	采用安全、专用的通信协议
数据保密性	无要求	能够实现鉴别信息的存储保密性	实现系统管理数据、鉴别信息和重要业务数据的传输、存储的保密性	采用安全、专用的通信协议
备份和恢复	对重要数据进行备份	提供一定的硬件冗余	进行本地完全数据备份、异地备份和冗余网络拓扑	建立导地实时灾难备份中心，在灾难发生后系统能够自动切换和恢复

第四节 生产信息系统

一、设计要点

（1）生产信息系统是连接过程控制系统与管理信息系统的桥梁，从过程控制层采集生产实时数据至实时数据库进行统一存储与管理，并通过数据监视、故障诊断、状态监测、优化计算等功能为生产、管理、经营等环节提供经加工分析的实时生产信息。生产信息系统作为电厂信息系统的重要组成部分应经全局分析、整体规划，对应用功能可分步实施，逐步完善，实现电厂的管控一体化。

（2）生产信息系统需要与多种数据源连接，接口机端物理隔离装置、防火墙及其他网络安全防护设备的设置等都是重要设计内容。各数据源需要与数据库建立可靠、高效的通信，数据库接口要适应各种标准数据接口协议。生产信息系统接口设计的原则是保证接口与通信协议的规范、安全、可靠、统一、通用、开放等。

（3）不同的实时数据库产品在功能范围方面存在差异。实时数据库的结构、形式、功能等因素又直接关系到其他相关软件的选型配置。可以说，实时数据库的选型配置在很大程度上影响生产信息管理部分软件的总体结构。实时数据库系统应保证系统的开放性和可扩展性。

二、系统功能

生产信息系统的主要功能包括生产过程数据采集、信息处理与监视、经济分析、性能计算分析、运行操作指导、设备状态监测与诊断、在线性能试验、远程技术服务等。

（一）数据采集与监视

生产信息系统要对DCS、辅助车间（系统）控制系统、网控系统等各生产过程控制的实时生产数据进行采集，通过统一的存储、管理、查询、综合计算、分析评估等，实现厂级监视、趋势分析、报表管理、报警等功能。

（二）性能计算与经济性分析

1. 原始数据校验

为了确保用于高级计算功能需求数据的有效性，对原始数据进行预处理是必需的功能，包括数值滤波、粗大误差数据剔除、数据修正与替换等。

2. 主要性能指标计算需求

（1）全厂基本性能指标主要有全厂平均供电煤耗率、全厂平均发电煤耗率、全厂平均负荷率、全厂平均厂用电率、全厂平均机组效率、全厂燃煤成本等。

（2）机组级基本性能指标主要有机组负荷率、机组效率、机组发电煤耗、机组供电煤耗、厂用电率、补给水率等。

（3）锅炉系统设备基本性能指标主要有锅炉效率、排烟热损失、机械不完全燃烧热损失、灰渣物理显热损失、空气预热器漏风率、一次风机耗电率、送风机耗电率、磨煤机耗电率、泵与风机的性能等。

（4）汽轮机系统设备基本性能指标主要有汽轮机热耗率、汽轮机汽耗率、汽轮机装置热效率、汽轮机高压缸效率、汽轮机中压缸效率、汽轮机低压缸效率、再热蒸汽压损、凝结水过冷度、各级加热器端差、凝汽器真空度、凝汽器清洁系数、给水泵耗电率、循环水泵耗电率等。

（三）耗差分析

机组耗差分析是在机组性能计算的基础上，对影响机组性能的各项参数进行分析。其基本思路是将机组煤耗的总偏差（与机组煤耗值基准比较）利用模型计算方法逐级分解，得出各参数偏差引起的能量损失（煤耗偏差）。耗差分析法的核心技术包括运行基准值的确定和耗差计算模型方法的选择。

运行参数的基准值通常有设计值、试验值、变工况计算值及基于运行的数据统计值四种选择方法。①设计值是指机组在设计工况点的参数值，如汽轮机热平衡图中给出的典型工况点参数值。②试验值是对机组系统或设备进行性能优化试验得出的相关参数运行取值。③变工况计算值是在当前边界条件下，经系统变工况理论计算得出的相关参数应该达到的取值。④数据统计值是由大量运行数据经统计分析等方法得出的相关参数取值。

耗差计算模型主要有等效焓降法计算模型和变工况计算模型。

（四）运行优化指导

根据机组生产过程实时/历史数据、性能计算指标数据及边界条件参数（机组负荷、煤质、环境参数等）等分析机组当前运行状态，并通过一定的技术方法指导运行人员进行机组优化运行调整，可以使机组系统参数进一步优化，使机组达到当前最佳运行工况。机组运行优化指导技术主要可分为两大类：一类是基于机组耗差分析的运行优化指导；另一类是基于数据及专家系统的机组运行优化指导。基于数据及专家系统的方法是指从海量数据中，利用人工智能、机器学习等方法获取领域知识，可为机组优化运行操作提供决策支持。例如，在机组当前边界条件下，结合机组运行物理机理从大量历史数据中找出与当前运行条件相近的历史最优运行工况作为运行操作的参考，或利用数据建立概率模型并诊断分析系统性能劣化的原始原因等。专家知识和数据分析的深入结合是设计开发此类专家系统功能的技术核心。

（五）报价决策支持

随着电力体制改革的深入，竞价上网将成为电力市场的主流。因此，生产信息系统应具备发电成本计算及报价决策支持功能。

报价决策功能应建立在生产信息系统厂级性能计算分析和设备状态分析的基础上，根据对机组运行状态的在线监测，获取有关运行工况的技术参数，并结合燃料成本及机组其他固定成本分摊等，计算得出实时发电成本，为经营决策提供支持。

三、应用软件

火力发电厂信息系统应用软件设计需要反映电厂建设方对电厂信息化工作的目标和定位，充分体现建设方的各方面需求，以技术先进、性能可靠、投资合理、方案优化为原则。

生产信息管理软件与电厂生产过程直接相关，但主要功能是对生产过程的信息进行管理，而不是用于生产过程操作、控制。在工程设计中，可以对各软件功能模块或分项进行必要的拆分或组合，使其既能体现每个工程的具体需求和设计目标，又有利于系统产品的选型和配置。

（一）系统优化类软件

系统优化与电厂信息系统中的一些子系统设计可结合进行。例如，管理信息系统中的设备管理部分，可以通过设备运行的实时信息，实现动态管理及优化运行。建立本机组及相关机组以优化运行为主题的数据库，对原始数据利用关系数据库、实时数据库所特有的一系列功能进行数据加工，为数据挖掘相关优化功能提供高质量的数据资源。

（二）负荷分配调度软件

在电网明确调度方式有非直调方式及厂内出线适宜的情况下，可以设置厂级负荷调度分配功能，并根据功能需求配置负荷分配调度软件。

厂级负荷调度与分配根据发电厂生产运行数据进行经济计算，实时拟合机组煤耗特性曲线，建立机组负荷分配的数学模型，经过计算，得出机组负荷的优化调度方案，对全厂实际运行的总负荷（或 AGC 下达的负荷调度指令）在多台机组之间进行优化分配，使得全厂的煤耗率最低，从而指导机组运行。

（三）设备故障诊断软件

电厂设备故障诊断系统与设备的状态监测紧密相连。根据状态监测信息，结合设备结构参数、物性参数、环境参数等对设备的故障状态进行判断、分析与预报。生产信息应用相关的诊断方法包括基于数据驱动的方法应用，如统计学习、模式辨识、信息融合等。

（四）设备寿命管理软件

生产信息系统的完整数据是进行设备寿命分析与评估的基础。通过实时监测设备的状态参数，根据设备部件的启动曲线、寿命曲线、运行曲线，以及金属的检验数据等计算设备部件的机械应力、热应力，进而转化为当前运行工况的寿命损耗。

设备寿命管理与各种设备维修策略一样，是实现机组优化检修策略的解决方案之一，其目的是相对于设计寿命而延长机组寿命和提高机组性能。如何长期、有效、合理地进行寿命分析以确定延寿措施，将设备寿命评估与设备可靠性、经济性分析结合，是设备寿命管理设计的核心。

四、实时数据库

（一）实时数据库基本功能架构

典型实时数据库应包括以下四个独立的层次，每一层都支持水平和垂直拓展：

第一层，数据采集层。从 DCS、SCADA 系统等数据源收集数据并将数据发送到实时数据库服务器进行存储。

第二层，数据记录与管理层。保存数据，以利于用户访问和进行系统分析，包括数据组织、查找、提取等功能。

第三层，分析层。通过计算、聚合和创建 KPI（关键绩效指标）将原始数据转换成可执行的信息。

第四层，交付和可视化层。确保数据在需要时能以合适的方式提交给实时数据库用户和其他系统，使用户可以在趋势、图形显示、图表、电子数据表、桌面或网络客户端中查看数据，使他们可以深入了解当前的运营状况并执行额外的分析任务。

（二）实时数据库性能技术指标

（1）实时数据库点数。实时数据库对所定义规格数据处理的总点数，表征实时数据库的规模。

（2）数据规格表。每个实时数据测点可定义的属性种类数及其长度，即每个测点数据所占用的存储空间大小。

（3）并发访问量（用户数）。允许通过用户终端访问、使用实时数据库的用户数量。用户数包括并发用户数、最大用户数和注册用户数。并发用户数是指数据库管理系统允许同时对数据库进行操作访问的用户数，它不包括某一时刻在线，但未对数据库进行操作访问的用户，是衡量数据库管理系统吞吐能力的重要指标；最大用户数是指供应商所提供的数据库软件系统所能支持在线使用数据库的最大用户数量，反映该软件系统的应用规模。

（4）数据采集频率。实时数据库采集规定数量实时数据所需要的时间周期。因为实时数据库所采集的对象是来自控制系统加工完成的实时数据，不需要直接反映瞬间变化的物理状态，其采集频率只要满足过程监视的数据更新频率即可，通常可取为 1s。

（5）数据通信速率。实时数据库管理系统与控制系统实现数据通信时，每秒钟能够传送实时数据的字节或数据包数量。它不等同于通信协议的速率，因为按照每一种通信协议，传送一个单位数据时都需要附加不同长度的协议字段。另外，实时数据库采集的实时数据可能来自多个不同的控制系统，这时，其通信速率应为数据采集端与多个数据源端正常通信的速率之和。这个速率指标反映了在每个数据采集周期内，信息系统能够接收到的实时数据量。

（6）数据压缩精度。衡量数据压缩器压缩效率的质量指标，与所采用的数据压缩方式直接相关。需要考核原始数据被压缩后所占存储空间的比例，这在存储设备容量较低时特别重要。同时，还要考核经过解压以后，恢复使用的数据精度与原始数据精度之比。

（7）数据压缩或解压速度。它直接受压缩/解压算法影响，通过用户每毫秒能访问到实时数据的容量表征出来。

（8）CPU 占用率。需要考核正常运行实时数据库管理系统时，所占用 CPU 的负荷率。通常 10 万点标签量的实时数据库为 20%以下。同时，也需要考虑各类事件发生时，所占用的 CPU 负荷率。

（9）平均无故障运行时间（MTBF）。实时数据库的稳定性、可靠性十分重要，MTBF 应大于 99.5%。

（三）实时数据库选型

实时数据库选型时应综合考虑不同数据库的特点、性能指标等。数据库的易维护性、开放性、二次开发能力、通信与接口能力等也是重要考虑因素。

1. 实时数据库的功能范围

不同的实时数据库管理系统所具备的功能范围不同。配置设计中需要根据整个信息系统的功能划分原则对这些功能软件包进行选择。有些实时数据库管理系统的基本数据管理功能和与实时数据处理相关的其他功能均作为相互独立的软件包提供。有些实时数据库管理系统将实时数据的管理和数据输入/输出的基本功能作为一个整体提供。如果不满足工程需求，采购其他第三方应用功能的软件包时，应考虑与实时数据库管理系统的兼容、协调等问题。

2. 通信与接口能力

实时数据库管理系统应具有较强的通信和接口能力。数据通信能力首先反映在它能接口的通信协议类型的数量上。不同的控制系统供应商和不同的控制设备有不同的数据传输协议。实时数据库要获得这些控制系统/设备中的实时数据，就需要与之通信和交换数据。在工程设计技术要求中，需要明确与控制设备接口的数量和各自的特点。同时，实时数据向关系数据库传送数据的功能也是作为基本要求应该具备的。实时数据库与用户的接口包括 API、DDE 接口及数据控件等。

3. 数据存储效率与数据管理能力

数据压缩率、压缩数据的检索和定位速度、数据压缩时间、数据解压时间、压缩数据在内存和磁盘的组织结构、数据解压后的还原精度等是数据库技术的重要指标。数据库的存储效率和存储容量直接关系到可采集数据的点数和采集精度。

4. 二次开发能力

实时数据库是电厂生产信息系统高级应用功能开发的基础。实时数据库需要有完善的二次开发手段，包括应用程序开发接口和实时数据库访问接口技术等。

5. 应用软件功能

实时数据库应具备功能强大、成熟易用的客户端软件和管理工具。同时，实时数据计算所包含的运算模型及函数等要利于各种高级应用功能的开发，以避免或减少用户在应用中进行二次开发。

第五节 管理信息系统

管理信息系统的设置应在总体需求分析的基础上统一规划，符合上级单位的相关要求，符合电厂信息系统的总体规划和需求。

管理信息系统可分为建设阶段和生产阶段。

管理信息系统的设计在不同的工程设计阶段有不同的内容和深度要求。从可行性研究阶段开始应根据相关规程规范对管理信息系统进行规划，提出管理信息系统的工程设想和投资估算；此时便需要与建设单位进行沟通和交流，充分了解建设方的想法和思路，确定信息系统建设的大方向和目标，做好规划。初步设计阶段应根据可行性研究阶段的工程设想及可行性研究阶段的审查批复意见、相关规程规范等，提出管理信息系统的设计方案；这个阶段首先要对管理信息系统需求进行分析，确定本阶段的设计原则，详细论述系统组成及功能，确定系统的网络结构、硬件及软件配置、信息安全、系统编码的原则等。施工图阶段应根据初步设计确定的设计方案及初步设计审查意见等进行管理信息系统的施工图设计，确定系统的实施步骤，确定哪些功能同步建设，哪些功能（系统）分步实施，编制系统规范书包括硬件设备和软件系统，进行硬件设备和软件系统的招评标，在技术规范书的基础上结合评标过程中的技术澄清和投标方的承诺，签订技术协议；根据招标结果开展施工图设计；管理信息系统的施工图设计主要是机房和各建筑物内信息设备的布置和布线、电源设计。

技术规范书中应对硬件设备及软件的功能和性能等提出技术要求，对与其他系统的接口提出要求，对系统的供货范围做出明确的规范要求；信息系统的供货商选择时要考虑到其二次开发的能力。

一、设计要点

（一）符合相关规范和整体规划

信息系统设计的规程规范主要包括 GB 50660《大中型火力发电厂设计规范》、DL/T 5007《火力发电厂信息系统设计技术规定》，还有政府颁发的管理规定或其他规定等。

管理信息系统的设置按照上级单位对信息化的总体部署，并在总体需求分析的基础上结合电厂的管理模式，统一规划、部署，并充分考虑管理信息系统的系统性、实用性、先进性、集成性和可扩展性。

（二）实用性和先进性

管理信息系统应根据电厂对管理水平的定位进行设计，既要满足企业日常管理和生产的实际需要，又要适当提高企业管理的水平，但不能脱离企业的管理模式和实际需求设置不必要的功能和设备。在实用的前提下，整个系统的设计思想、体系架构、平台选用、集成方式方面应具有先进性、前瞻性，以保证系统起点高、功能强、生命周期长。

（三）全生命周期

火力发电厂从开始建设到发电运行，是一个复杂的过程，管理信息系统的设计应该覆盖电厂全生命周期，主要是建设期和生产期两个阶段。

二、系统功能

（一）建设阶段

建设阶段管理信息应以项目管理为主线设置，主要包括计划管理、进度管理、物资管理、财务管理（以费用管理为主）、质量管理、安全管理、工程技术和图纸及文档管理、办公事务管理、与相关子系统的接口管理、企业门户及综合查询管理等功能。

1. 计划管理

计划管理主要是对发电厂建设相关的概算、合同、计划、统计等进行流程管理，并提供综合分析查询功能。重点是项目单位、施工单位、设计单位、监理单位等进行跨单位信息交流和共享的管理平台，按照工程建设的内在逻辑规律进行有效的计划、组织、协调、控制等管理活动。具体功能主要包括招投标管理、投资计划管理、合同与付款管理、项目投资管理等。

（1）招投标管理功能。对整个招投标过程在网上进行流程审批，对招标计划、招标项目实施、招投标管理标准、招投标监督、招投标监督委托书、招标情况统计、开标、评标、定标、中标等进行管理，以及对中标公示、中标备案等进行管理。

（2）投资计划管理功能。主要完成对物资需用计划的制订，实现投资计划的网上编制、审批，同时提供方便的查询功能。

（3）合同与付款管理主要实现以下功能：

1）合同管理。主要包括合同基本信息、合同类别、合同审批、合同分解、履约保函、付款计划编制、合同付款审批、合同发票、合同印花税、实际支付、合同变更、合同结算等的管理，以及合同相关信息的统计分析等。

2）付款管理。对项目建设过程中各类合同预付款、扣回预付款、进度款、质量保证金等款项的付款审批管理。

3）合同回归概算项目管理。有效地控制施工合同付款进度及合同形象进度情况，同时作为合同付款的重要依据。

4）查询功能。查询合同的完成情况、合同付款情况、合同的结算情况及设备合同的入库情况和增值税情况等，可以自定义分类查询，为统计人员提供有效的经济活动分析数据。

（4）项目投资管理。计划管理需要提供严格的形象进度月报功能，作为付款凭证的有效依据，即按月显示承包商及各分包合同的投资完成、总包合同汇总完成情况，并能自动归集到项目投资及财务的投资完成情况。

2. 进度管理

进度管理是建设阶段管理信息的主要功能，根据项目的情况建立工程网络计划的分级管理体系，建立施工图交付及设备交付与工程进度计划的逻辑关系，加载资源相关费用，建立与网络进度的逻辑关系；清晰展现任务名称、任务开始日期、任务结束日期、任务作业状态、作业代码、作业节点名称、作业信息类别、计划开工日期、实际开工日期、计划完工日期、实际完工日期及偏差、约束条件等；实现工程的进度管理、图纸进度管理、设备进度管理等。

进度控制按照工程的实际进展情况定期报告开竣工日期及完工进度、工程量和工程相关费用等信息。报告工程项目提前完成、按时或拖期的信息。对计划执行情况做出评估，并将计划和执行情况发布到网上，供查询。能够清晰方便地查询正常作业、预警作业、进行中作业、已完成作业及滞后作业，并能对预警作业提供手机短信提醒功能。

3. 物资管理

通常把设备管理和材料管理统称为物资管理。

（1）设备管理。对设备相关的基础数据、合同、设备库、设备跟踪、综合分析查询等进行管理。

与生产阶段设备管理的重点有所不同，建设阶段设备管理重点是以合同管理为主，通过对设备合同基本信息、合同费用对于项目费用的分摊、设备明细、设备资料、付款计划、到货进度、合同付款、合同结算信息的管理实现对设备合同的全面管理和设备合同执行的全过程管理。

建设阶段设备物流管理内容包括设备接收、设备分发、备品备件、专用工具的管理、设备使用的跟踪管理（包括设备异常情况、维护保养情况、缺陷处理、更换、索赔等)。

通过设备合同管理、设备管理，建立合同、设备、项目的关系，将设备费用归集到项目中，实现安装过程费用核算和概算设备费用的管理，进行统计分析。

对建设单位和参建单位采购设备进行审批、设备代办过程管理，以及设备信息综合查询。此外，未安装设备、备品备件、专用工具的数据需向生产期设备管理系统移交转移。

设备管理的主要功能包括：

1）到货记录：根据到货批次进行登记。

2）设备检验报告：现场开箱验收，并记录验收信息及验收明细，作为实物与合同对比的重要依据，确保设备质量。

3）设备实物入、出库管理，实物入库可以挂接设备合同分项，以备物资管理人员核对实物与合同的吻合程度。

4）设备的监造、催交管理。

5）设备仓储管理：设备入库、出库、库存管理。

6）设备台账管理：设备台账录入与统计。

7）设备合同管理：设备合同的录入、查询、变更及设备分项的录入；打印合同台账、统计、合同执行、合同统计分析等功能。

8）根据合同分项信息核准实际验收设备明细，以保证实际到货情况与合同签订的设备型号规格相符。

（2）材料管理。材料管理是电厂建设阶段重要的管理内容，为材料的有效利用做出管理，包括对材料领用申请计划进行管理，对材料采购、材料订单、采购审批、费用变更、付款计划和实际付款、到货进度、到货登记、到货检验的材料合同进行管理，对材料入出库、材料调拨、库存设置、库存盘点等的材料库进行流程管理，并实现材料综合统计查询功能。实现对材料的全面及全过程管理。

通过全面跟踪管理，建立起项目、合同、材料的关系，进行材料用量、价格的统计分析，达到对工程材料设计量和使用量的有效控制，对施工单位自己采购的材料进行审批，并对其使用进行跟踪管理。

4. 财务管理（以费用管理为主）

（1）费用管理可以采用计划—预算—费用—执行的闭环控制思想，实时监控各项基建工程的预算与实际执行情况，并可按照合同付款计划自动生成相应的月度资金计划，形成资金计划的源头数据。

（2）实现资金计划编制、资金计划上报、下达资金计划、资金调度管理（包括资金申请、到位、支付、支付确认）。

（3）实现日常业务管理和竣工核算，包括代码维护、财务处理和对付款、资金、投资完成、竣工决算等方面的管理。

（4）跟踪项目费用的使用，即对应的分承包商、合同、变更及付款。对项目费用进行预测，用图表方式反映数据。

5. 工程技术管理

（1）对工程综合信息和工程技术方面的相关信息、文件、档案资料进行管理。对参建单位工程技术文件、计划统计、施工数据上报、设备及材料领用、物资领用、文件流程等进行管理。

（2）对工程建设过程中用到的所有相关文件，以文件分类树的形式进行集中管理。工程文件根据性质不同，以全面的分类展现不同的文件关键信息。

（3）工程发生的各种往来文件能够通过工作流实现网上流转审批。审批过程中能够记录各环节执行人员的意见，审批环节能够定义期限，以便提高文件的处理效率。在不同的处理阶段可以随时查询文件的流转状态，并可以清晰地查询待办文件、完成文件及归档文件，做到各种业务过程文件信息可以追溯、关联、检索。另外，文件根据处理时限可以进行颜色预警提醒。

（4）工程文件主要包括工程联系单、会议纪要、设计变更通知单、施工组织设计报审、工程（零星）项目委托单、工程量签证单、施工方案报审、施工变更技术核定单、工程开工/复工报审、施工作业指导书等。

（5）完成的文件最终能够自动归档到档案系统的科技类档案管理中，并能够在档案系统中打开，进行档案立卷、拆卷、合卷、借阅、归还等档案管理。

（6）建设阶段工程管理信息系统需要提供第三方档案系统的数据接口，按照电力企业档案管理标准将基建工程管理信息系统中所有需要归档的文件全部实现定期自动或手动向档案管理系统的归档。

6. 质量管理

质量管理包括对质量基本信息、质量文件、质量业务、质量记录等进行管理。实现检验项目规划、系统提供的抽样方式、检查水平、质量验评、质量统计、质量问题、质量监督、质量体系管理，实现施工质量管理。

（1）按照相关的国家或行业验收标准对项目质量验收范围、各种项目的系统工程、单位工程、分步工程、分项工程进行管理。对建设过程中的土建专业、锅炉专业、汽轮机专业、电气专业、仪表与控制专业、化学专业、输煤专业、暖通专业及地下给排水系统等项目进行整编，提供查询、编辑的功能。

（2）根据质量验评体系，进行项目类别、项目验收单位、项目验收分类及项目验收级别的定义，为后续质量检验制定参考标准。

（3）施工单位针对负责项目进行报验，对自检信息、检验时间、责任人等信息进行记录，同时填写报验申请表，将需要报验的项目情况进行填报，并支持附件上传功能以更好地为报验审核单位作为参考依据。

（4）报验项目评定。监理专业人员针对施工单位申报的相关专业项目进行评定。

（5）监理总监、招标方专业人员对评定结果查阅分析。

（6）验评评定信息综合查询。查询功能可分机组查询，机组内又可分土建专业、锅炉专业、汽轮机专业、电气专业、仪表与控制专业、化学专业、输煤专业、暖通专业及地下给排水系统等专业分别查询验评项目、自检结果、监理评定结果、验评级次及验评次数等详细信息。

（7）统计质量验评结果。系统自动根据验评记录按照机组和专业分别统计验评合格项目、优良项目、优良率、不同级次验评项目、已验项目、待验项目，以及一次验收合格项目等信息。

（8）质量监检管理。施工单位对整体整改的项目进行记录，并有工程单位和监理单位进行审核；最终对整改完成情况进行统计，查询整改情况、完成数量、完成时间等信息。

（9）根据质量验评、质量检查等信息进行工程奖励统计和工程处罚统计。

7. 安全管理

安全管理包括对单位及人员资质、安全台账、安全事故（人身事故、设备事故、交通事故）、安全检查、安全施工奖惩、安全教育等进行管理。对各种事故进行调查分析、记录、审核、制表。为工程安全管理提供重要数据，为安全考核工作提供重要的依据。对拟定安全技术措施、反事故措施进行记录，记录安全规程的教育培训，实现对基层单位的安全工作行为和实施进行监督检查管理，预防意外事故的发生，降低意外事故的发生率，降低因事故引起的减产、停产率和意外损失。

安全管理还要提供安全文明施工、安全事故管理、安全资料管理、安全通知管理及安全会议管理等功能。为工程安全管理提供重要数据，为安全考核工作提供重要的依据，并自动生成一定的安全管理统计报表。

安全管理具体包括下列功能要求：

（1）管理建设单位和施工单位的安全制度标准，定期检查，并记录检查范围、检查人员、检查项目及项目检查情况等，最终落实完成情况。

（2）管理各单位安全监察人员的详细情况及全体职工的安全教育情况，统计管理建设期间各单位因安全施工等问题被惩罚的记录，自动生成各单位的年月工伤事故报表。

（3）安全施工管理，施工技术措施审批、月度安全大检查、安检人员责任区登记等。

（4）专职安监人员登记、安全考试台账、大型机械跟踪管理、特殊工种人员登记、施工机械审查登记、施工安全月报。

（5）管理安全规范，为现场安全管控提供依据，如安全管理体系、安全管理职责体系、安全计划文件、安全记录文件、安全控制文件、安全技术规程规范、安全评分标准、安全技术交底文件、安全措施文件、安全事故报告等。根据管理需要提供监督流程，确保各个环节按照安全标准规范执行。安全管理重点突出闭环式管理，集中体现人员、时间、责任、措施有效落实情况。

8. 竣工决算管理

（1）提供资产清册管理，管理整个基建工程中形成的房屋建筑物资产及设备资产，并将资产归集到概算项目，为竣工决算项目核准资产价值提供有效的数据和信息。

（2）能够实现成本归集功能、转固设置功能，并根据设置计算完成竣工决算报表、竣工决算汇总表、竣工决算一览表、房屋及建筑物一览表、安装机械设备一览表、库存设备工器具及家具一览表、不需安装设备工器具及家具一览表、移交资产总表及费用分摊明细表等。

9. 项目达标投产管理

项目达标投产管理辅助实现工程项目的顺利达标，动态产生竣工决算数据和达标投产资料，包括综合管理、考核标准管理及考核管理。

达标投产管理主要包括如下功能：

（1）达标创优组织机构管理。

（2）达标创优资料管理。

（3）结合现场考核的管理。

（4）达标投产条文规范的管理。

10. 办公事务管理

办公事务管理对基础数据、人力资源、固定资产、低值易耗品、劳动保护用品、行政办公、车务等方面的工作进行管理。

11. 与相关子系统的接口管理

与相关子系统的接口应包括与工程项目进度管理软件的接口、与上级单位的接口。

建设阶段工程管理信息系统应为上级集团公司提供相关的数据和信息，并为集团相关部门提供远程访问和查询的权限。

12. 企业门户及综合查询管理

企业门户包括现场进度、重要新闻等内部信息的发布与浏览。

综合查询管理提供投资信息、合同信息等综合查询功能。投资信息能够从概算各个层级查询项目的投资完成信息，以及各类费用的完成情况；合同信息能够从合同角度进行合同完成、合同付款的查询，并能方便跟踪某一合同的执行情况。

综合查询管理系统针对电厂有关的各种信息提供查询功能，查询的基本对象就是存在于管理信息系统中的各种信息。包括：

（1）信息查询、远程访问、统计查询工具。

（2）对各系统的信息进行全面搜集整理组织成各种页面，供查阅浏览。浏览的内容根据数据库内容变化而实时动态变化，系统大部分信息公开，部分信息通过用户权限控制查询人员，并且提供统计查询工具，能自定义相关的统计报表。

（3）提供一定的柱状分析图，以使决策者能更快、及时地作出投资决策，以更好地平衡项目工期、质量、范围等。

13. 系统维护管理

系统维护管理是指对系统本身进行相关的定制、维护和管理工作，以提高系统的灵活性、适应性。其主要功能应包括代码维护、数据字典维护、基本信息管理、权限设置和维护、用户管理、数据备份和恢复等。

为了保证信息的安全性，应具备完善的用户权限管理系统，主要包括以下内容：

（1）账号管理、权限管理、数据备份和还原管理、系统安全管理。

（2）权限管理通过用户和资源，与工作岗位、工作内容相结合，按权限读取内容，并对有读写权限的内容进行维护，即在数据权限的基础上实现功能权限，包括角色定义、用户清单维护和用户权限设定。

（二）生产阶段

生产阶段信息管理主要包括生产管理、设备管理、燃料管理、物资管理、经营管理、财务管理及行政管理。其中生产管理、设备管理、物资管理等的实施不是一成而就的，可能会伴随着电厂全生命周期，很多功能是不断地完善和开发的。

1. 生产管理

生产管理包括运行管理、安全监察管理、技术监督管理、项目管理、环境保护管理、综合计划统计、成本管理等。

（1）运行管理是生产阶段管理信息不可缺少的功能，围绕生产厂长、总工、值长、专工、运行值班人员等的主要业务活动展开，通过运行基础数据、运行日志及各类报表、交接班定期工作、生产调度、指标及考核设备启停管理、运行规程、化学试验、运行统计分析等，监视电厂各种主辅设备的运行现状和趋势，辅助实现安全地启停和调节各类设备，准确而低耗地完成各项发电任务，实现对机组出力、电网频率和机组主要运行参数的监测，对历史数据进行追忆和分析，计算动态经济指标，进行运行偏差分析和存档，帮助电厂实时监督和考核各机组的实际运行状况，动态掌握全厂各机组的运行效率、变动成本等经济指标。

运行管理主要是对运行基础数据、运行日志及各类报表、交接班定期工作、生产调度、两票、指标及考核、运行规程、化学试验等进行管理。

1）运行基础数据管理。采集实时数据，建立各项运行指标数据库，建立运行规程数据库，便于查询。生成指标考核表并根据各班组运行情况进行统计与比较、考核，指标考核表是检查和评价运行的重要形式和手段。

2）运行日志管理。对运行中影响经济指标的重要设备进行运行状态及参数监视与分析，根据设计工况指出运行工况的偏离误差；选择一个或多个设备的一个或多个运行或性能参数进行性能监控、比较；实时提供运行设备的工况监控、参数的图形和数据显示、追溯。为运行工况的调整提供参考，发现并调整未经优化的工况；为过程分析提供相关的基础数据，通过发现低效率而发现故障；为运行成本的实时控制提供管理方向，运行人员可以根据改进性能的方向，介入操作，全面提高运行质量，提高能源转换全过程的总效率。

建立运行日志，形成运行日报及指标表，以便查询，为经济指标统计分析和发电设备可靠性分析提供基础数据。

3）定期工作及交接班管理。包括定期试验、定期切换及定期操作；记录定期工作完成情况、执行人及备注信息。实现试验卡、操作卡设置功能，即提供标准试验、操作步骤及正确的试验结果便于定期工作时参考。

a．定期工作设置。可以根据班次、天、周、月定义定期工作的周期，便于定期工作提醒；可以灵活设置定期工作的工作内容。

b．定期工作记录。可以根据定期工作周期提醒用户进行定期工作内容，记录定期工作完成情况、执行人及相关备注信息，并可保存、修改和查询，供定期工作执行时调阅参考试验卡、操作卡；定期工作执行后可记录形成台账，供查询。

c．交接班管理。可帮助值班人员在交接班过程中提供交接电子单据，通过选择设备未处理列表中的信息提交给接班人员，接班人员在交接班登录时，系统自动显示前一班处理的所有事件信息。

4）节能管理。对发电量、辅机耗电量、耗煤量、耗油量进行统计。从耗能设备及系统的运行、检修、技术改造和管理等全过程，对影响发电设备经济运行的重要参数、性能和指标进行监督、检查、调整和评价，使煤、电、油、水、汽等消耗达到最佳值。

5）生产调度管理。生产调度管理包括运行方式管理、发电运行信息管理、运行操作管理和运行设备状态管理。

运行方式管理主要是指对电厂的重要运行方式变更进行的管理，以保证在运系统的安全运行和检修回路的安全检修。

发电运行信息管理功能包括计划负荷与实际负荷的建立、保存、修改、查询和对照曲线图；计划负荷与实际负荷的建立可以通过实时数据库接口读取数据，也可以直接输入。

运行操作管理和运行设备状态管理：根据运行方式调整、记录并查询设备运行状态，形成设备运行状态台账。

记录机组启动数据包括主要启动操作的设备、参数，历史趋势；对机组启停、重大操作、典型事故的处理给予操作指导；监测运行中设备状态，统计设备缺陷；累加锅炉、汽轮机及发电机主设备的运行时间，累计启动次数、停机次数和跳闸次数；跳闸的累计次数应可根据跳闸的原因进行分类。累计大型风机、泵、给煤机和磨煤机、给水加热器和有关的电动机等主要辅机和辅助设备的运行时间，累计设备的启动次数、停机次数和跳闸次数。

6）小指标管理。根据计算公式，自动计算小指标值，生成小指标考核表，根据各班组运行情况进行统计、比较、考核。

7）化学试验与分析。化学试验与分析管理功能是记录入场煤、入炉煤、油、水、氢、蒸汽、环境保护等的化学试验与分析结果，形成试验台账，为机组安全经济运行、考核和电价核算提供数据依据。

（2）安全管理。对安全及奖惩、事故、安全设施、安全工具、安全教育培训、“两措”（即安全技术措施、反事故措施）等进行管理，对各种事故进行调查分析、记录、审核、制表，对拟定安全技术措施、反事故措施进行记录，记录安全规程的教育培训。对部门安全工作行为和实施进行监督检查管理，预防意外事故的发生，降低意外事故的发生率，降低因事故引起的减产、停产率和意外损失。

安全管理的主要功能包括：

1）人身安全、安全性评价的动态管理、事故分析，以及设备事故、障碍和异常管理等。

2）实现事故障碍、异常管理正常化，建立控制异常、控制障碍、控制事故的分级安全管理机制，实现自上而下的检查督促和考核功能。

3）实现对电厂安全性评价项目和电网安全性评价项目实施定期动态管理。

4）建立全厂安全工具台账和定期试验记录。

5）建立习惯性违章专用数据库，录入习惯性违章事例，自动生成考核结果。

6）建立安全日活动专用数据库，录入全厂班组、部门及厂部安全日活动的情况，并自动生成考核结果。

7）建立全厂统一的安全分析数据库，对于各部门发生的不安全情况的分析均可以在全厂安全分析数据库中自动生成。

（3）技术监督管理。通过对金属监督、绝缘监督、化学监督、热工监督、电测监督、继电保护监督、节能技术监督、环境保护监督、电能质量监督等进行管理，分析工作中存在的问题和各项监督指标完成情况，分析设备重大缺陷或隐患，落实消缺计划和措施，完成季、年度报表和年度计划总结等。

（4）项目管理。对大修、小修、技术改造等项目进行预算、成本追踪和作业的分析与控制。

1）电厂的大小修、技术改造项目周期长、成本高，可按项目制作预算，根据工作单成本自动预算可用金额。实现对项目的有效管理，对于降低总成本具有重要意义。

2）成本追踪和作业分析。在作业分析过程中将每个计划的项目进行逐级分解，最终通过多个工作任务进行管理，按层次组织这些项目，并可根据每一项目的截止时间定义优先次序，通过与项目关联的每个工单实现项目的成本跟踪。

3）通过建立项目层次结构、项目预算、工作计划和资金计划等项目基础信息，将大项目分解成若干个小项目，细化工作范围并界定具体活动，估算项目预算、进度及现金流量。通过与工单相连，将有关工单组成一体，按特有的资源、预算和时间执行工单，加强电厂对各项大修/技术改造/科技/小修/日常维护等各类项目的预算、计划、跟踪、控制管理能力，实现检修预算对检修过程的有效控制。

（5）环境保护管理。实现环境保护指标、环境保护监测、环境保护培训、环境保护事件、环境保护资金、环境保护规程标准等管理功能。

（6）综合计划统计。实现对计划编制、计划考核、计划统计归档等管理功能，实现对电厂各项日报、月报、年报等进行统计、分析功能。

结合电厂计划管理的实际过程和计划管理人员的实际工作，通过计划管理、统计管理和报表管理功能，灵活编制和审核各项生产、经营和基建计划，并进行全厂的综合统计、生产统计、小型基建统计、更新改造统计及其他专业统计和分析。具体功能如下：

1）生产计划统计管理。编制企业年、季、月度生产计划；汇总、平衡、编制各部门月度工作计划任务书。

2）技术经济指标管理。制定企业及各部门的技术经济指标体系和拟定合理的指标水平；考核各部门工作计划及技术经济指标完成情况。

3）生产统计管理。汇总、处理企业各项数据信息，进行统计分析，形成相应的报表。

4）制定工程、材料、资金等各项计划，并实现计划的录入、修改、查询、打印等功能。

5）根据各部门工作计划、生产指标计划，模拟市场计划，汇总、整理全厂工作计划，在网上实现自动传递。

（7）成本管理。对成本管理实现预算、成本核算、成本分析、成本考核等的管理。

通过基础设置、日常处理、成本计算、成本分析、成本预测等，实现生产成本和各成本分量（燃料费、购入电力费、用水费、材料费、工资及福利费、折旧费、修理费、其他费用）的实时计算、分析、统计和预测，并以作业代码为最小归集单位，从组织单位、成本中心、机组、项目、设备、设备位置、成本码和时间码等多角度归集成本。

2. 设备管理

设备管理通常是以设备台账为基础，覆盖设备维护、维修工作的全过程，对设备标识、设备（资产）台账、设备缺陷、设备检修、两票、备品备件、设备文档进行管理。

（1）设备标识管理。设备标识管理应适合所采用的编码规则，应包括标识系统的建立、查询，宜进行设备设计参数、点检信息的记录和查询；应能查询历史缺陷和检修记录。

（2）设备基础管理。通过基本数据维护、设备资产管理、设备变动管理（评级、启停、移动、挪用）等，从设备、设备位置（设备编码）和设备类型三个维度建立电厂全部设备的整体框架和各类设备管理台账，可以快速地查询、显示有关设备的运行状况、检修状况、异动状况等信息，能够及时采取措施，保障生产安全，从而使设备管理达到自动化、信息化、信息共享化。设备基础管理实现如下功能：

1）登记设备的自然信息，如代码、规格型号、购买日期、备品备件等各种参数。

2）描述设备所处位置，可以进行人力、服务、零部件成本逐级汇总，可以随时查询任意层次位置的成本信息。

3）可以按设备位置进行历史记录查询（包括缺陷情况），并可积累可靠性数据（故障症状、故障原因）。

4）可按设备类型确定标准规格、所需备品备件清单和标准工作。

5）对设备建立树状结构，并按设备进行人力、服务和零部件成本和缺陷情况积累。

6）可以对设备进行安全管理。

7）对设备的记录进行管理。

（3）设备（资产）台账管理。主要对设备目录、部件清单、设备资料、设备技术参数、固定资产信息、历史缺陷记录、历史维修记录、设备运行状态等进行管理。

（4）设备缺陷管理。一般是对缺陷记录、缺陷消除、缺陷考核、缺陷统计进行管理。通过缺陷登录、缺陷处理、缺陷验收、缺陷统计、缺陷考核、基本维护等，对缺陷进行登录、审核、批准、跟踪、统计，使电厂对缺陷进行有序处理，实现如下功能：

1）既可以通过人工输入缺陷，也可以与生产管理系统的运行管理、安全管理和技术监督管理模块相连，自动触发缺陷管理功能模块。

2）可以处理日常维护、紧急维护和预防性维护等多种工作。

3）针对设备/位置发生的故障，按优先次序提交缺陷申请，优先处理比较严重的故障，避免工作延误。

（5）设备检修管理。主要包括检修工作的计划管理、检修作业过程管理、检修策略、文件包管理、维修所需备品备件管理、备品备件的采购管理、维修工人工作计划和工时管理。

对于检修项目，按照管理需要将其分解为子项目，每个项目或子项目都可以独立生成工单，工单的费用可以自动滚动到项目费用累计中。

在检修过程中，将设备检修所发生的常规工作总结、定义出来作为标准工作。每一项标准工作包括完成该项工作所需的时间、人员、材料及资源和任务等。在生产检修过程中通过实践逐步将标准工作完善，经过一定的数据积累，可以做到检修工作的标准化、专家化，能合理安排人力和其他资源，提高检修质量，降低检修成本，缩短故障分析过程。具体功能包括：

1）按工艺繁杂和所需计划工时提前计划任务。

2）可以分组创建快速计划的标准工作单。

3）预先分配每项任务。

4）与设备连接，定义设备检修所需的全部标准工作。

5）估算检修成本和时间。

6）标准工作建立。建立标准工作，可为一个标准工作建立零件、资源、清单和多个任务。

（6）两票管理。主要包括工单申请、工作票和操作票的两票管理、工单成本汇总等。对由缺陷产生的工单、维护工单和由项目产生的请求工单，进行人员、备件、工具、工作步骤、工作进度等的计划、审批、执行、检查、完工报告，跟踪工单状态，凭借工单上人员时间、所耗物料、工具和服务等信息，汇总维修、维护任务成本，进行实际成本与预算的分析比较。具体实现如下功能：

1）计划性检修（大、小修）、定期试验、设备改进改造、消缺、检查、运行操作、临时工作、定期倒换等的管理。

2）多种方式建立工单。直接建立工单、根据申请建立工单、从标准工作库中根据标准工作建立工单、按项目建立工单。

3）通过在通知管理中建立通知，可自动通知计划员该工作申请，也可通过手工发送，将该申请发送给相关计划员。

4）可以逐级审批工作申请，但紧急工单可以不经审批，直接处理。

5）设置多道工序来描述工作的详细分类，每道工序可以划分为多个具体的操作任务。

6）自动检查库存，若所需零部件不足，可以由工单直接创建零部件的采购申请。

（7）备品备件管理包括对电厂备件、材料、器具等进行仓库管理，如入库、发料、退料、转移、盘存、调价等操作。可定义备品备件的分类，并可进行检索和查询备品备件的库存数量、价格等信息，对库存进行控制。

（8）停机管理。根据指定的停机位置创建工单，并可在停机期间进行跟踪，生成停机工单一览表，方便进行期间性停机维护管理，自动生成检修计划，记录相关工作单成本，记入会计账目或项目成本中。实现停机指定工单与项目结合，按项目进行统计和成本汇总，编制预算，进行预算/成本控制，考核完成时间和资源的业绩指标。

3. 燃料管理

对与燃料相关的基础信息、采购计划、合同、结算、计量、质检、耗存、调度、统计报表及综合经济分析等进行管理。最终进行燃料成本的核算，并将相关数据送入财务管理系统。

根据电量预测，可以进行年度燃料计划和燃料费用及燃料成本的预测和控制。

4. 物资管理

对与物资相关的编码、计划、采购、合同、仓库、核算、统计、市场信息等进行管理。

物资管理目标是保障生产供给，降低库存资金占用，提高资金利用率。物资管理主要包含除燃料之外的生产物资的管理，如原材料、备品备件、仪器仪表、工具、办公用品和劳动保护用品等。

物资管理涉及企业内部物流的两大环节采购管理和仓库管理，通过物资计划申报、审核、批准，到物资采购、验收入库、库存、领用消耗全部环节的工作流转及数量、价格、质量的实时信息的跟踪、供应商评级、采购及电子商务等，实现物资的全方位和全过程管理，提高物资的综合管理水平。

（1）基础信息管理。提供基础数据维护，包括物资编码信息、物资分类信息、仓库货架信息、仓库管理员信息、供货厂家（供应商管理）、物资类别、计量单位信息等，以及库存物资相关参数的设置，如安全库存定额、采购提前期、定价管理（计划价格）等。

物资编码按照一定的规则进行，从编码上能够辨识出仓库、账本等分类信息，便于管理人员快速检索物资及统计库存物资等。

（2）物资计划管理。主要完成对物资需用计划的制订，实现需用计划的网上编制、审批，同时提供方便的查询功能。

（3）物资采购管理。主要分为采购计划、询价管理、采购订单、招标议价及到货验收等一系列过程。

（4）物资合同管理。主要是材料采购合同的管理。建立供应商台账及其资质、信用台账，对企业物资采购起到指导或者参考作用。

合同台账建立后，对合同进行跟踪提醒，并对合同执行情况进行记录，如对到货情况、到货验收、索赔等进行记录，必要时可以通过流程审批。

物资合同管理的主要功能包括供应商管理、合同台账、合同跟踪、合同费用结算、合同索赔等模块。

（5）物资盘点结存管理。根据需要，生成每个仓库、账本或者全厂的物资盘点表、结存表等，并实现物资的财务稽核等管理功能。

（6）物资库存管理。主要是对物资仓库进行管理，在最小资金占有率条件下，保持企业的有序生产，包括物资台账记录、库存定额配置、到货记录、物资入库、物资出库、库存预警等，实现物资库存系统性、合理化的过程管理。

（7）统计分析管理。主要是对物资库存等进行统计、综合查询、费用的对比分析、达到报警的物资查询等，对管理人员起到辅助决策功能。

（8）市场信息管理。主要是对经过企业评估的、合法的、有长期交易关系的供货单位的基本信息进行登记和管理，并对供应商进行综合评价，从而不断实现供应商选择和管理的优化，以及对应用商进行评级和分类。

5. 财务管理

财务管理，不同发电集团管理模式不同，具体应按上级单位的统一部署，对财务进行管理，包括财务预算、账务处理、工资管理、收付管理、成本管理、固定资产管理、资金管理、税收管理、财务综合管理。

通过账务管理、报表管理、工资核算、固定资产管理等功能模块，建立符合国家会计制度和会计准则的财务会计核算系统，建立以提高电厂经济效益和经营管理水平为目标的管理会计系统，为厂领导和各部门提供实时的财务信息，对全厂及各部门的成本进行核算、控制，进行财务分析与监督。

6. 行政管理

行政管理包括人力资源管理、办公事务管理、档案管理、企业门户及综合查询管理。

（1）人力资源管理。主要是对人事、工资、社会保险、教育培训、绩效考核、考勤等进行管理。对人员录用、招收、分配、安置、考核、评测、奖惩、调配、任免、培训、工资福利、退休、调转等进行管理。制定公司的劳动人事管理制度，编制人力资源计划、定员定编方案，拟订并执行劳动报酬制度，对公司员工进行教育培训工作。具体功能如下：

1）基本信息管理。实现人才基本信息的录入、存储、查询和统计管理。考核信息管理，通过对各类人才的年度考核和平时考核，采用科学考核办法、现代考核技术，对各类人才履行岗位职责的德、能、勤、绩表现进行客观准确的考核评价。测评信息管理，通过心理测评、经营管理能力等的测试，分析出人才潜在的素质，为人才的合理使用提供准确的参考依据。考核及测评对比分析，查询个人的测评、考核结果，综合对比分析。

2）工资管理。主要实现全厂职工工作人员的工资管理（包括指标代码体系、标准表与公式，工资日常处理，实现各月工资的核算及扣税处理、调资处理，实现人员的定级、晋级、晋档、晋职处理、月末处理，并自动生成下月工资资料、工资基金管理，实现工资总额使用计划和使用情况的管理）。提供与银行对账功能及工资分析功能，同时保存历史记录。

3）考勤管理。记录、统计职工的出缺勤情况。

4）劳动保护管理。劳动保护定额、费用管理，劳动职业健康管理。

5）社会保险管理。包括基本养老保险管理、企业补充养老保险管理、个人储蓄养老保险管理、医疗保险管理、失业保险管理、工伤保险管理。

6）人事档案管理。进行人员档案信息的收集整理、分类输入维护、查询统计。

7）教培管理。培训计划管理，学历管理、教育经费管理。

8）专项管理。进行退休人员信息的收集整理、输入维护、查询统计，输出退休人员台账；进行调转人员信息的收集整理、输入维护、查询统计，输出调转人员台账；进行临时用工人员信息的收集整理、输入维护、查询统计、输出临时用工报表。

9）账户管理。允许用户建立多个用户账号，提供全面的权限管理，包括操作权限、部门权限、指标项和指标集的权限管理。对于不同用户，可以有不同的操作权限和操作范围。

10）报表管理。自动生成规范报表功能，用户可以根据需求自制各种花名册、登记表和统计表，提供报表条件下发和汇总统计功能。生成上网发布的文件，并可通过电子邮件的方式自动发送。

（2）办公事务管理。主要是通过科学手段处理大量流动的公文、信息、档案等，在保证信息的一致性、保密性、及时性的基础上，最终达到以计算机网络为平台，以信息共享与传递、智能化决策为目的，用计算机取代大量重复性手工劳动，使办公逐步走向无纸化、规范化。同时符合现有办公业务流程，功能齐全，操作简洁，建成针对各部门办公应用的通用管理系统，提高管理效率，规范工作流程。

办公事务管理实现对公文流转系统及应用流程的管理，包括公文、会议、印章、车辆、签报、电子邮件等的管理。具体功能如下：

1）公文管理。通过 Intranet 网络为公文流转、上下级单位的公文发布、办公人员办公流程的动作、各部门办公信息的沟通、办公实效统计及为办公结构的查询等提供有效的手段，并可以根据具体要求实现相应的安全性和保密性。其基本内容包括公文收/发管理、公文流程的记录和管理、公文信息查询、公文实效的记录和统计、公文催办、公文归档。

2）会议管理。通过网络发布会议通知，对重要会议、重要活动日程表、内容、出席范围、会议结果等信息进行管理。其基本内容包括会议计划生成；会议通知发布；会务管理；会议资料检索，按时间、会议内容、参加部门检索；会议信息统计，会议总数、会议分类统计（按内容、部门等）；紧急会议的处理。

3）大事记。对企业的重大事件、政策决定等信息进行管理，其基本内容包括采集和编辑大事记、编辑年度大事记、典型重大事件的年度编辑与分析、重大事件管理和查询。

4）文档管理。对电厂文档进行综合管理。基本内容包括文档的组卷、移交、归档、销毁、查询、统计、借阅和维护等。

5）车辆管理。对电厂车辆进行综合管理。基本内容包括建立、维护车辆档案信息（车辆的静态信息和动态信息），用车申请单的填写，用车申请单流程的记录和管理，车辆信息的查询，车辆使用情况的统计。

6）电子邮件。完成用户间的信息交流，使逻辑结构上的用户群内部方便地发布和传递信息。基本内容包括发送邮件，接收、阅读邮件，安全且有认证机制地邮寄和接收某些重要信息，人名地址通信录管理，邮件归档。

7）信息管理。对电厂信息进行管理。基本内容包括信息的收集、登记、加工、综合处理和发送。

8）作业计划及考核管理。对月作业计划和月考核表从形成到厂长签字实施的整个过程进行管理。基本内容包括月作业计划的填写、审核、各级审签、汇总、下发，月考核表的填写、审核、各级审签、汇总、下发。

9）个人事务管理。作为办公事务的辅助功能，对个人工作信息等进行管理。

（3）档案管理。主要是对种类繁多且大量的档案资料进行管理。根据工作任务，档案资料还需要随时准备出借传阅、发放和归还回收，其工作量大，有时还会因找不到所需文档、资料而影响工作。因此，有必要采用计算机来管理文档资料，以提高对文档资料的管理效率，并保证企业内各部门工作的正常进行。具体内容包括档案管理对科技档案、文书档案的台账进行管理，档案的目录检索管理，档案的查询管理及档案的借出归还管理等，具有立卷、移交、销毁管理功能。

（4）企业门户及综合查询管理。在企业内部网站上发布生产与管理信息，便于企业生产与管理信息的共享与及时传递，为公司各级管理人员的管理与决策提供足够、及时、准确的信息，从而更进一步提高企业的管理效率。

1）企业网站。主要功能模块包括新闻中心、公共信息、经济指标、公司通信录、值班查询、倒班查询、企业论坛、网站维护。

a．新闻中心。发布电厂内部的公共信息，如电厂新闻、通知公告、电厂发文等，可以根据需要建立各种栏目，每个栏目的维护可以单独授权，新闻中可以插入附件。

b．公共信息。以树形目录显示电厂定期更新的文件与报表，维护人员以共享的方式维护文件中的数据，相关人员通过内部网站查询自己感兴趣的数据。

c．经济指标。通过经济指标功能，实现电厂小指标录入、统计、报表显示、图表显示，并能直接从实时系统中获取数据，生产经济指标报表。

d．通信录。维护与查询所有员工的电话号码、手机号码、邮件地址等通信方法。

e．值班查询。可以根据需要查询某个部门某一天的值班人员，在内部网站首页上显示当天的值班人员。

f．倒班查询。查询运行人员的倒班情况，可以查询某个运行人员某天的倒班情况。

g．企业论坛。对大家感兴趣的话题进行讨论。

2）综合查询管理。功能主要包括生产管理系统信息查询、设备管理信息查询、经营管理系统信息查询、办公自动化管理系统信息查询等。

a．生产管理信息查询包括生产指标查询、安全事故查询。

b．设备信息查询：设备管理系统查询提供设备缺陷信息查询、工作票及隔离票信息查询、物资相关信息查询的功能。

设备缺陷信息查询可以根据缺陷状态、填写部门、处理部门、填写日期进行设备缺陷查询，或是根据其条件组合查询缺陷处理信息。可对缺陷查询结果信息进行统计，并显示、打印统计结果。

缺陷处理查询显示结果包括缺陷编号、年份、缺陷内容、状态、处理部门、发现时间、填写部门、该缺陷处理的历史信息、与此缺陷相关的工作票的主要信息等。

工作票及隔离票信息查询：实现根据工作票状态信息，如记录、提交、已批准、已许可、已转入实施、进行中、完成、已结束、计划中、收回等查询。实现根据工作负责人部门信息或填写日期查询，根据工作票种类信息如电气一票、热控、电气二票、热机等查询；实现根据工作票状态、负责人部门、工作票种类、填写日期等条件组合查询。

工作票及隔离票的查询显示结果包括工作票票号、年份、工作票内容、状态、种类、开始时间、终止时间、负责人部门、填写日期、是否有隔离票、该票处理的历史记录等信息。

物资相关信息查询：实现根据物品名称、物品规格、物品编码、库存类型、事务类型、填写日期等条件分别或组合查询物资收货信息。实现根据库存类型信息，如加工件、事故备品、固定资产、低值易耗、材料、备品、随机等查询物资出、入库信息。实现根据事务类型，如入库、出库等查询物资出入库信息。实现库存量查询显示结果，包括物品名称、规格、物品编码、批次、库存位置、库存类型、库存量等信息。实现物资接收信息查询显示结果，包括收货时间、物品名称、规格、数量、供应商、物品编码、收货人等信息。实现物资出入库查询显示结果，包括流通日期、事务类型、物品编码、物品名称、规格、数量、库存类型、经手人等信息。

c．经营管理信息查询提供燃料信息查询、财务报表信息查询、合同信息查询的功能。

燃料信息查询：实现对燃料信息统计查询，根据运行班组信息等查询燃料统计结果信息。燃料统计结果查询显示结果应包括时间、班组、开始时间、结束时间、当日卸煤量、当日加仓量等信息。实现煤场的整体情况信息或各个煤堆情况信息查询。煤场情况查询显示结果包括煤场、入场时间、煤种、发热量、挥发分、水分、含硫量、灰分等信息。实现燃料月平衡计划的查询，根据计划年月等条件查询燃料月平衡计划信息。

燃料月平衡计划查询结果显示包括计划年月、预计到厂时间、供货单位、煤种品质、数量、状态、备注等信息。

财务报表信息查询：根据所输入或选择的报表年月、报表名称、EXCEL 报表文件路径及名称实现上传公司领导所需的财务报表。

合同信息查询：根据申请部门、班组、请购单号、请购人员、需求日期等条件分别或组合查询请购单信息。根据询价单状态信息，如编辑、审核中、已审核、发出、存档、拒审、删除等查询。根据询价单状态、询价单号、请购单号、物品名称、物品型号、需求日期等条件分别或组合查询询价单信息。根据报价单状态信息，如编辑、审核中、已审核、有效、存档、保留、拒审、无效、删除等查询。根据报价单状态、报价单号、询价单号、请购单号、供应商名称、物品名称、物品型号为条件分别或组合查询报价单信息。可以根据合同状态信息，如新建、已审核、执行、结束、存档、中止、取消、审核中等查询。可以根据合同、合同状态、询价单号、请购单号、供应商名称、物品名称、合同开始日期、合同结束日期等条件分别或组合查询有关的合同信息。

请购单查询显示结果包括请购单号、请购单状态、请购类型、请购日期、请购部门、请购班组、预算项目、预算子项目、请购人、审核类型、请购单描述、请购单明细、相关合同信息等内容。

询价单查询显示结果包括询价单号、物品名称、物品编码、询价单状态、询价单描述、询价单明细等内容。

报价单查询显示结果包括报价单号、报价单状态、询价单号、请购单号、物品名称、项目名称、供应商名称、数量条款、有效开始日期、有效结束日期、报价单描述、报价单明细等内容。

合同查询显示结果包括合同号、用户自定义合同号、合同名称、合同类型名称、物品名称、供应商名称、预付款金额、合同总金额、合同起始日期、合同结束日期、合同状态、报价单号、请购单号、合同明细、合同结算信息等内容。

d. 办公自动化系统信息查询包括人力物资源信息查询、档案信息查询、办公事务信息查询。人力资源信息查询，实现职工基本情况信息查询、职工的工资信息查询、职工学位学历信息查询、职工岗位变动信息查询、职工教育培训信息查询。办公事务信息查询实现收发文查询。其他工作查询，如党建工作、组织宣传、纪检监察、工会工作、团委活动等信息的查询等。

（5）系统维护功能。提供对整个电厂信息系统的权限、资料字典、代码、表格、系统日志等系统设定进行维护与管理。

1）系统权限管理。实现用户账号建立与管理、用户信息建立与管理、用户组建立与管理。维护电厂员工使用该系统的权限，以保证电厂员工的权限及责任的明确划分。根据员工不同的部门、级别、职责等，对相关的模块授予不同的权限，只有具有相应权限的人员才能存取或修改相关数据，保证系统操作的安全性。在其他模块操作中，用户对数据库所作的任何操作与修改均记录在案，以利于电厂管理。

2）系统维护管理。维护全局系统的基础数据，保证数据的一致性和完整性，包括数据库建立、数据备份/恢复、系统安装和系统参数维护。

3）系统日志管理。记录系统中发生的重要事件及用户的操作活动，以备查。其功能包括系统日志记录、备份系统日志、查看系统日志、清理系统日志。

（三）建设阶段向生产阶段的过渡

管理信息分建设阶段和生产阶段，建设阶段完成后，部分数据需要在生产阶段继续使用，因此有必要对数据在两个不同应用目的之间、不同应用软件系统之间的数据转换提出要求，以延长有用数据的使用寿命，提高效率，减少差错。保证信息系统的完整性和基础数据信息的一致性。考虑费用的节省，建设阶段的部分设备、系统软件和应用软件可过渡到生产阶段继续使用，在软硬件采购和使用过程中应当有所考虑。因此为了充分利用已有的软件和设备，应考虑将建设阶段管理信息的部分功能合理过渡到生产阶段，而生产阶段应能继承建设阶段所产生的数据。

工程建设阶段存在不同的管理模式，在数据移交的需求上也有不同的特点：

（1）建设阶段管理与生产阶段管理为同一个单位。这种情况下建设阶段的数据可以完整地保存下来，有利于数据移交。

（2）建设阶段管理与生产阶段管理为不同的单位。这种情况下建设阶段的数据有可能流失，不利于数据移交。具体的数据移交见表 17-12。

表 17-12　信息系统建设阶段向生产阶段移交数据参考表

序号	建设阶段功能名称	建设阶段数据	生产阶段数据需求
1	投资计划管理	工程概算，项目各类合同台账、变更、付款、结算，各阶段投资计划，工程量、统计报表	可以根据需要移交保存

续表

序号	建设阶段功能名称	建设阶段数据	生产阶段数据需求
2	生产准备管理	工作规划、计划、配备、培训，人员、设计说明、设备规范、竣工系统图册、运行和检修规程、生产规章制度，外部协作条件准备、物资供应准备、经营管理准备，试运验收记录	全部向生产移交，并继承应用
3	设备管理	设备相关的合同及代办、清册、台账	全部向生产移交，并继承应用
4	材料管理	计划、订单、费用及付款、到货、结算、检验、库存、使用	移交到货、检验、库存、使用等数据
5	财务管理（以费用管理为主）	施工单位、合同、概算、凭证、科目、各类明细。竣工决算报表、竣工决算汇总表、竣工决算一览表、房屋及建筑物一览表、安装机械设备一览表、库存设备工器具及家具一览表、不需安装设备工器具及家具一览表、移交资产总表及费用分摊明细表等	竣工决算相关全部数据应移交
6	质量管理	土建安装的合格证件及试验资料、主要施工记录、各类工程验评记录	全部移交
7	安全管理	安监人员登记表、特殊工种人员登记表、大型机械管理台账、安全教育/考试台账，安全工作会议纪要、计划及总结、流动红旗、简报、奖惩台账、整改及反馈台账、重大措施审批登记、安全执法记录、工伤事故/机械事故记录等	可以根据需要移交保存
8	图纸、文档管理	图书、资料、标准规范、设计图纸、设备资料、工程文件、声像资料、其他文件、原始资料	全部移交并继承应用
9	办公事务管理	员工基本信息、考核、培训、工资、劳动保护等	全部移交并继承应用

三、应用软件

在火力发电厂信息系统的工程设计中涉及的应用软件种类很多，通常是根据总体规划和功能需求、目标和定位及投资估算来设置。火力发电厂信息系统应用软件的设计水平，决定了电厂的信息化水平和应用水平，它应当准确和充分地反映电厂建设方对电厂信息化工作的目标、定位和需求。同时，还要充分了解并熟悉电厂建设时信息及其相关技术的发展情况，熟悉与火力发电厂信息系统相关的计算机，计算机网络的软、硬件产品及配套技术，本着技术先进、可靠，投资合理，方案优化的原则，提供高品质的设计产品。

从电厂全生命周期的概念出发，信息系统应用软件的设计一般可分为两个阶段进行，即火力发电厂的建设阶段和生产运行阶段。这两个阶段的应用软件在规模、功能、运行平台方面既有差异，也有共同点。因此，在软件设计过程中需明确工程建设的具体要求，把握好两个阶段的异同，统一规划、统一设计，将建设阶段的资源很好地移交到生产运行阶段。

信息系统应用软件的设计要充分考虑二次开发的方便性和与其他软件的兼容性。

（一）建设阶段的应用软件

电厂建设阶段信息系统的基本功能是利用计算机网络技术，结合工程特点，就电厂建设阶段的合同、工程概算、工程投资、设备采购、工程施工、工程质量等信息进行全面管理，从而达到对工程投资费用、进度、质量进行有效的控制，提高电厂建设管理水平的目的。

根据建设阶段信息系统的功能需求，对应用软件进行配置，不同的发电公司和电厂的需求会有所不同，因此要把握好各工程建设的具体情况，对电厂信息系统建设阶段的临时性与生产运行阶段的永久性进行综合考虑。做好永临结合，是一项既能保证电厂信息系统全生命周期的连续、继承，又能降低数字化移交难度及工作量，还能节省投资的技术经济模式。

从电厂全生命周期的角度出发，工程建设阶段包括设计、采购、施工、安装、调试等重要环节。

建设阶段的项目管理软件系统在国内发展已经非常成熟。三维数据移交开始逐步应用于建设阶段的管理。

火力发电厂信息系统建设阶段的管理应用软件通常是本着“依业务分流程，综合功能、角色、环境”的原则划分为各个子系统，以适合电厂建设管理的实际需要为目标，并结合建设阶段生产准备的要求建立与信息系统总体规划相适应的应用系统。

（二）生产阶段的应用软件

生产阶段的应用软件包括两类：与发电生产过程紧密相关的生产信息管理软件；与电厂运营管理的相关性较强的管理信息软件。

生产信息管理软件与电厂生产过程直接相关，但其功能仅对过程信息进行管理。应用软件的设计是依据其功能配置，不同的软件实现的功能范围也不同。应用软件的功能划分是一项关系到软件系统总体设计，甚至与整个信息系统的总体架构设计相关的重要工作。在设计中，对各个软件分项进行必要的组合、拆分，使其既能体现每个工程的具体需求和设计目标，又有利于对系统产品的选型、配置。

四、数据库

(一)火力发电厂数据库系统概述

火力发电厂信息管理系统中需要用到两类数据库系统，即实时数据库系统与关系数据库系统。从软件产品的名称上看，前者的供应商一般称其产品为实时数据库系统（real time database，RTDB）；后者具有相对复杂的结构和多种功能，称为关系数据库管理系统（relation database management system，RDBMS）。在火力发电厂信息系统规划设计中，主要是根据信息系统的总体规划对数据库的管理软件的规模、功能和性能指标进行定位，从而对所需要的商品化软件进行选型、配置。

完整的数据库系统应当包括两个部分：①数据库的管理系统，它是控制和管理数据库的商品软件，用于建立、使用和维护数据库系统。②应用这些软件的电厂及建设单位等在数据库管理系统这个软件支持下所不断注入的电厂信息管理所需要的各类数据。对于火力发电厂而言，这些数据是电厂信息系统的核心，是电厂信息管理所必需的宝贵资源。

数据库主要类型包括层次数据库、网状数据库、对象数据库和关系数据库等，它们与数据结构和数据库组织形式相关。而实时数据库则专用于对生产过程的实时数据进行管理，其功能范围与关系数据库有着较大的差异。

在电厂信息系统的数据库应用上，较为严格意义的分类应该是管理数据库和生产过程数据库，前者基本上采用关系数据库，后者则遵从了习惯名称——实时数据库（RTDB）。这两个数据库产品的选型是电厂工程设计中考虑的重点。

随着信息技术的发展、信息化步法的加快，在火力发电厂信息系统中消除信息孤岛，实现数据集成的发展趋势越来越引起重视。

除了管理信息系统常用的关系数据库和生产过程管理常用的实时数据库以外，视频监视系统、安全防范系统、人力资源管理系统等，都有自己的数据库，这些数据库与系统产品一起由供应商整体配套提供，一般不作为单独的产品考虑。它们往往采用包括在操作系统内的小型关系数据库。如何将它们的数据集成起来，形成能为综合业务服务、数据资源共享、多种应用无缝对接的统一的数据库已经成为电厂信息系统设计中需要考虑的问题。

(二)关系数据库特点

关系数据库系统是面向业务型的数据库众多类型中的主流产品。它的应用领域遍及电子商务、事务性管理、金融管理等，也包括火力发电厂中的财务、设备、生产、物资管理等。关系数据库具备以下特征：

（1）以行和列的二维表形式存储，表的集合组成数据库。

（2）具有通用的数据检索语言（structured query language，SQL）。

（3）采用多种技术进行数据处理，具有较丰富、完善的数据处理能力。如在线数据分析处理（on-line analysis processing，OLAP），它包括以多维方式对数据进行钻取（roll up/drill down）、切片（slice）、切块（dice）及旋转（pivot）等。而数据挖掘（data mining）技术可以用来发现已经获得的大量数据中人们还没有认识到的数据特性，从中洞察到更有价值的信息，它包括分类（classification）、估计（estimation）、预测（prediction）、相关性分组或关联规则（affinity grouping or association rules）、聚类（clustering）、描述和可视化（description and visualization）及复杂数据类型挖掘（text、web、图形图像、视频、音频）等。

（4）关系型数据库通常包含数据库服务器（server）、客户端应用程序（client）、数据集合（database）等组件。用户通过查询（query）来检索数据库中的数据。结构化查询语言SQL是客户端和服务器端的桥梁，客户端应用程序用SQL来向服务器端发送请求，服务器返回客户端需要的结果。通常一个查询通过一个指定数据库中行和列的语句来实现。电厂信息系统的关系数据库与数据应用的通常部署一样，采用表现层、业务层与数据层三层方式部署。

表现层部署于各类工作站上，这是普遍，或者说是一种规范的做法。而业务层与数据层分别部署在不同的服务器上，这是数据库系统部署于专用服务器的模式，这种模式适合集成度较高、共享程度较高的数据库系统。

在实际应用中，当某种应用功能及其相关数据与其他系统关联性不强时，也多将这两层部署在同一台服务器中，从而形成了相对独立、自成体系的一套应用系统。

(三)关系数据库性能指标

1. CPU平均占用率

CPU平均占用率是指关系数据库系统在正常运行时所占用数据库服务器CPU的百分比。这个指标与数据库服务器性能水平成反比，与应用软件系统对数据库访问的规模、业务量成正比。关系数据库作为电厂信息系统大规模数据管理的中心数据库，具有唯一性。在DL/T 5456《火力发电厂信息系统设计技术规定》中要求，关系数据库正常工况下CPU占用率应低于10%。

2. 内存占用率

内存占用率是指关系数据库系统在应用环境中运行时所占用数据库服务器内存的百分比。

（1）通常情况内存占用率为25%左右，对专用于数据库的服务器内存占用率可达 60%左右。一般，内存占用率越高，缓冲区越大，其访问命中率（buffer nowait）越高（该指标的值应接近 100%），配置时应结合服务器硬件性能指标考虑。

（2）不同的操作系统对内存使用的管理机制不同，同一个数据库管理系统基于不同操作系统运行时，其内存占用率也有所不同。有的操作系统会在系统其他负载少的情况下尽可能多地将内存提供给数据库使用，这种动态占用率可达 80%以上。

关系数据库内存占用率不是一个固定值，它可以根据用户需要，对其构成参数进行调整，达到优化运行。

3. 响应时间

在信息系统中，从用户工作站操作请求至请求的结果返回，整个响应时间包括硬件设备时延、网络时延和关系数据库管理系统的处理时间。此处响应时间主要指关系数据库管理系统的处理时间。一般地对单个事务的处理时间应小于或等于 0.5s，对多事务处理的平均时间应小于或等于 0.05s。

第六节 视频监视系统

视频监视在火力发电厂中，作为辅助生产的监视系统，为电厂的减员增效起到了举足轻重的作用。火力发电厂的视频监视系统包括生产视频监视和安保视频监视两部分，这两部分可以合并设置也可以分开设置。

在火力发电厂采用集中控制运行、辅助车间（系统）无人值班的今天，视频监视系统发挥了辅助生产运行、加强设备监管、降低巡检人员工作强度、降低劳动安全风险的作用，因此在电厂中被广泛应用。

可行性研究阶段根据相关规程规范及建设方的意见，提出视频监视系统的监视点规模、项目的投资估算。初步设计阶段根据可行性研究阶段的审查意见及相关规程规范，确定视频监视系统的监视区域和范围、系统配置等，确定项目的概算。施工图设计阶段根据初步设计阶段的方案及审查意见，设计详细的监视目标点，编制系统采购的技术规范书，规范书中应对设备的功能和性能、系统功能和性能提出技术要求，对与其他系统的接口提出要求，对系统的供货范围做出明确的规范要求；在技术规范书的基础上结合评标过程中的技术澄清和投标方的承诺，签订技术协议；设备和系统确定后，再开展布置设计、接线设计，开列设备清册、电缆清册及材料清册。

一、设计要点

（一）适用性和先进性

火力发电厂视频监视系统方案规划应依据工程技术条件及经济指标、控制方式、厂区总平面布置、厂房格局及主要系统或设备布置、生产环境条件及用户生产运行需求等因素来综合考虑，并有适度的超前性。

对改建和扩建工程项目，宜从实际出发，有效利用已有资源。

（二）完整性

视频监视系统应保持视频信息和音频信息（如需要）的原始完整性和实时性。

现场视频监视范围合理，以便获得现场相对完整的图像信息。

（三）可靠性

视频监视系统核心设备（如服务器）的硬件配置宜采用双核冗余构架，如双处理器、双电源等，以提高设备的可靠性。

基于网络构架的视频编解码设备、存储设备等宜采用嵌入式系统构架、实时操作系统，以提高视频监视系统的稳定性和安全性，且便于视频监视系统设备的远程维护管理。

（四）兼容性和可扩展性

视频监视系统软硬件平台所支持的监控软件、视频压缩标准、通信协议、控制协议宜具有广泛的代表性及兼容性，并支持与第三方系统的有效集成或资源共享。

视频传输及存储设计宜采用模块化系统构架，配置灵活、扩展性好，便于后续的系统扩容、改造、升级。

二、系统功能

（一）生产视频监视系统功能

火力发电厂生产视频监视系统由前端摄像、传输、图像显示、控制四大部分构成，其系统功能主要包括实时监视（包括前端设备操控）、动态存储、实时报警、历史画面回放、网络传输、系统权限管理、系统自检/故障报警等功能。

1. 实时监视功能

（1）在每个监控点，通过操作切换设备及显示屏，运行人员能监视接入视频监控站的有关监视区域的视频图像，所显示的画面是实时画面（25 帧/s）、操作界面为中文环境或工程合同中约定的语言环境。

（2）所有显示屏均可按预置设定的流程成组（如四画面一组）或单独自动巡视各监视区域，也可手动定点监视重要区域。

（3）在每路视频图像上，均能包含图像的摄像头编号、监视区域名称、记录时的日期和时间等信息。

（4）对单路、多路图像的清晰度、灰度等级、色调饱和度、对比度、分辨率等参数设置连续可调。

（5）在每个监控点，通过闭路电视监控站及显示器，运行人员可对摄像机、电动云台等前端设备进行远程控制。

（6）运行人员可在任一显示画面上显示任一监视目标的图像，或对所有图像根据预先设定进行单画面轮流巡检，也可以进行多画面分组巡检。

（7）可根据报警信号将相应图像切换至当前显示画面上。

（8）可集成 1 或 4 或 9 或 16 画面分割组合监视，画面尺寸可以任意放缩，图像分辨率可以动态调整。

2. 动态存储功能

（1）应支持本地录像存储、网络集中存储等模式，支持直接存储（direct-attached storage）或网络附加存储（network-attached storage）等方式，存储技术应高效、安全、可靠。

（2）应满足多路视频信号实时无损并发写入录像的要求，且应具备海量数字视频存储能力，可对全部视频信号进行循环周期高画质录像存储，回放视频画面应清晰、连续。

（3）应支持根据事件及计划来触发录像，并可根据不同监视需求合理设置有关录像参数。

（4）所有录像资料应存储在硬盘内，并可通过光盘进行备份。

（5）应将系统的运行和事件及时间、日期一起记录并储存在磁盘上，记录项目包括操作人员开始记录、结束记录、开始联系等。

3. 实时报警功能

（1）视频监视系统应具有动态报警功能，可自动侦测场景中的异常变化，进行实时动态存储、抓拍，并自动采取必要的报警、记录措施，具有多路视频报警功能及联动存储功能。

（2）报警产生后，能自动在相应显示屏上弹出报警画面。

4. 视频监视历史画面回放功能

（1）视频监视系统具备按存储图像质量进行回放的能力，回放画面清晰、稳定，能辨析细节。历史画面可多次回放，且多次回放后图像质量不应有损伤。视频监视系统可快速方便地对存储资料进行检索，在图像回放过程中可控制画面快放、慢放、逐帧显示、区域放大，以便于分析。

（2）历史画面回放时可以根据时间、事件、地点等条件进行查询，并可设定不同的速度进行回放。

5. 网络传输功能

（1）通过网络进行传输数字化视频信号，并通过网络实现视频信号的检索及回放等功能。

（2）在监视网点上，所有的监视图像能够根据授权，完全实时地进行显示。

（3）组网方式灵活、功能配置灵活，各类型资源可方便融入组网方案之中，并保证系统扩容及联网操作简便灵活。

6. 视频监视系统权限设定

视频监视系统应能对视频监视系统网络上的监控站和客户端进行操作权限的设定和管理，并根据权限的定义赋予用户不同的使用功能和优先级。

7. 视频监视系统自检/故障报警功能

视频监视系统应当具有自检功能，当其硬件设备发生故障后，应能迅速识别并发出报警。

8. 联动控制功能

视频监视系统可根据需要设置控制功能，在控制主机的配合下，与消防系统联动，实现全自动控制，即发生险情时，视频监视系统可自动打开摄像机，将画面切到主监视器，并快速自动调整云台的角度，监视现场情况，启动录像设备记录下事故的全过程。

（二）安保视频监视系统功能

电厂安保视频监视系统是对一些重要的工作区域、材料设备库、出入口等进行视频监视，监视人员流动情况，同时将信号送至电厂保卫人员办公室视频显示屏上。其他功能与生产视频相同，但当设置入侵报警及周界防护时，若出现入侵报警，视频系统应能切换到报警点，通过视频监视，记录报警区域的图像状态。

三、设置范围

生产视频监视系统可分为机组区域、除灰子系统、水系统、油罐区、脱硫区域、空冷区域、脱硝区域、输煤区域、安全防范区域、燃气联合循环机组调压站。安保视频监视系统的设置范围参见本章第七节。

（一）监视区域

监视范围应根据对主厂房的危险区域、重要设备区域、无人值班的辅助车间（系统）及与厂区安保有关的重要区域进行视频监视的原则，并结合需求确定；确定具体的监视目标清单，根据监视目标清单、监视目标的地理位置及其所属生产运行及管理关系、厂区总平面布置规划、工程控制水平及控制方式，规划视频监视系统的各区域子系统及相应的就地监控点。工程应用方案中具有普遍性的监视区域子系统主要有单元机组区域子系统、主厂房公用系统区域子系统、除灰区域子系统、脱硫区域子系统、水系统区域子系统、运煤区域子系统、厂区安保区域子系统、厂区其他区域子系统。基于上述目的，其监视范围包括单元机组监视区域、主厂房公用系统监视区域、水系统监视区域、除灰监视区域、脱硫监视区域、厂区其他监视区域。

1. 单元机组监视区域

单元机组监视区域通常有下列监视目标：

（1）汽轮机油系统区域，包括汽轮机主油箱、汽轮机 EH 油箱、给水泵汽轮机润滑油箱等。

（2）燃气轮机区域，包括前置模块、燃烧室周围、余热锅炉区域。

（3）汽轮发电机组、给水泵组。

（4）发电机密封油集装装置及定子冷却水集装装置。

（5）凝结水泵、真空泵。

（6）空冷区域，包括空冷塔、空冷电子设备间及配电间。

（7）主变压器/厂用高压变压器，汽机房高/低压配电间。

（8）煤仓/粉仓、给煤机/给粉机区域。

（9）炉膛燃烧器区域、空气预热器区域。

（10）送风机/一次风机、引风机。

（11）煤粉锅炉特有区域，包括磨煤机区域、脱硝 SCR 区域、风冷式机械除渣系统。

（12）循环流化床锅炉特有区域，包括冷渣器区域、回料器区域、换热器区域、高压流化风机、燃烧器等。

2. 主厂房公用系统监视区域

主厂房公用系统监视区域通常有下列监视目标：

（1）集中控制室、单元机组电子设备间及其下电缆夹层。

（2）UPS 配电间、柴油发电机室、空调机房。

（3）精处理再生间、汽水取样间、化学加药间、机组排水槽。

（4）启动备用变压器。

（5）热网首站、采暖加热站。

（6）烟囱。

（7）循环水泵房或辅机冷却水泵房、间冷塔。

3. 除灰监视区域

除灰监视区域通常有下列监视目标：

（1）除尘器、省煤器、飞灰输送区域。

（2）灰库气化风机房、灰库区域。

（3）空压机室、除尘配电间及其下电缆夹层。

（4）除渣系统。

4. 脱硫监视区域

脱硫监视区域通常有下列监视目标：

（1）吸收塔区域、浆液循环泵间、氧化风机房。

（2）石灰石卸料区、石灰石浆液制备间、石膏脱水间、石膏库。

（3）脱硫废水处理间。

（4）脱硫电子设备间、电气配电间。

5. 水系统监视区域

水系统监视区域通常有下列监视目标：

（1）锅炉补给水处理车间，包括过滤除盐间、水泵间、酸碱储存间、废水处理间、配电间等。

（2）再生水处理车间、循环水处理车间、海水淡化车间。

（3）污废水处理车间。

（4）煤水处理车间。

（5）取水泵房。

（6）净化站、综合泵房/消防泵房。

6. 运煤系统监视区域

运煤系统监视区域通常有下列监视目标：

（1）翻车机。

（2）汽车衡、汽车卸煤沟。

（3）煤场及储煤设施。

（4）入厂煤采样间、入炉煤采样间。

（5）碎煤机室。

（6）转运站、栈桥及主厂房煤仓层皮带。

（7）煤码头。

7. 厂区其他监视区域

厂区其他监视区域通常有下列监视目标：

（1）燃油罐区、燃油泵房。

（2）制氢站或储氢站。

（3）脱硝剂制备/存储区域。

（4）升压站或 GIS、网控继电器室。

（5）燃气联合循环电站的调压站。

（6）制氯站。

（二）生产视频监视系统监视点设置示例

生产视频监视系统监视点设置的数量与机组容量关系不大，但由于各发电公司要求不同，不同的发电公司、不同的电厂，其具体的监视点数量差异很大，工程中少则不过 100 点，多的超过 200 点。因此有必要合理设计监控点，避免死角和浪费。这里以 3 个两台 300MW 及以上装机容量新建燃煤电厂为例，生产视频监视点基本设置在 115～165 点之间（不含安保视频监控点），监视目标配置数量见表 17-13。

表 17-13 火力发电厂生产视频监视目标配置数量示例

序号	监视目标	摄像机配置数量示例		
		电厂一	电厂二	电厂三
		约 115 点	约 140 点	约 165 点
一	1 号单元机组监视区域			
1	汽轮发电机组	1	1	1
2	汽动给水泵组	1	1	1
3	汽轮机抗燃油箱	1	1	1
4	汽轮机主油箱	1	1	1
5	发电机密封油集装装置	0	0	1
6	发电机定子冷却水集装装置	0	0	1

续表

序号	监视目标	摄像机配置数量示例		
		电厂一	电厂二	电厂三
		约 115 点	约 140 点	约 165 点
7	电动给水泵区域	1	1	1
8	凝结水泵	0	0	1
9	真空泵	0	0	1
10	汽机房 6kV 或 10kV 配电间	0	1	1
11	汽机房 400V PC 配电间	0	1	1
12	空冷区域	1	1	1
13	空冷电子设备间	0	0	1
14	空冷 PC 配电间	0	1	1
15	电气主变压器/ 厂用高压变压器	1	1	1
16	煤仓/给煤机区域	2	2	2
17	粉仓/给粉机区域			
18	空气预热器区域	1	1	1
19	送风机/一次风机	2	2	2
20	引风机	2	2	2
21	磨煤机区域	1	2	2
22	炉膛燃烧器区域	每角或每层燃烧器 1 点	每角或每层燃烧器 1 点	每角或每层燃烧器 1 点
23	脱硝 SCR 区域	2	2	2
24	炉底渣井	每渣井 1 点	每渣井 1 点	每渣井 1 点
25	风冷式排渣机	1	1	1
26	二级输送机	1	1	1
27	碎渣机	1	1	1
	小计	19+	23+	28+
二	2 号单元机组监视区域			
1	汽轮发电机组	1	1	1
2	汽动给水泵组	1	1	1
3	汽轮机抗燃油箱	1	1	1
4	汽轮机主油箱	1	1	1
5	发电机密封油集装装置	0	0	1
6	发电机定子 冷却水集装装置	0	0	1
7	电动给水泵区域	1	1	1
8	凝结水泵	0	0	1
9	真空泵	0	0	1

续表

序号	监视目标	摄像机配置数量示例		
		电厂一	电厂二	电厂三
		约 115 点	约 140 点	约 165 点
10	汽机房 6kV 或 10kV 配电间	0	1	1
11	汽机房 400V PC 配电间	0	1	1
12	空冷区域	1	1	1
13	空冷电子设备间	0	0	1
14	空冷 PC 配电间	0	1	1
15	电气主变压器/ 厂用高压变压器	1	1	1
16	煤仓/给煤机区域	1	1	1
17	粉仓/给粉机区域			
18	空气预热器区域	1	1	1
19	送风机/一次风机	2	2	2
20	引风机	2	2	2
21	磨煤机区域	1	2	2
22	炉膛燃烧器区域	每角或每层燃烧器 1 点	每角或每层燃烧器 1 点	每角或每层燃烧器 1 点
23	脱硝 SCR 区域	2	2	2
24	炉底渣井	每渣井 1 点	每渣井 1 点	每渣井 1 点
25	风冷式排渣机	1	1	1
26	二级输送机	1	1	1
27	碎渣机	1	1	1
		19+	23+	28+
三	主厂房公用系统监视区域			
1	集中控制室	1	1	1
2	单元机组电子设备间	1×2	1×2	2×2
3	电子设备间电缆夹层	0	0	1
4	UPS 配电间	1	1	1
5	柴油发电机房	1	1	1
6	化学加药间	0	0	1
7	凝结水精处理再生间	1	1	1
8	启动备用变压器	1	1	1
9	热网首站	0	1	1
10	采暖加热站	0	0	1
11	烟囱	1	1	1
12	辅机冷却水泵房	1	1	1
	小计	9	10	15

续表

序号	监视目标	摄像机配置数量示例		
		电厂一	电厂二	电厂三
		约 115 点	约 140 点	约 165 点
四	除灰监视区域			
1	除尘器下飞灰输送设备	0	1×2	1×2
2	省煤器下飞灰输送设备	0	1×2	1×2
3	脱硝SCR下飞灰输送设备	0	1×2	1×2
4	空压机室	1	1	1
5	除尘配电间	0	1	1
6	除尘配电间电缆夹层	0	0	1
7	灰库气化风机房	0	1	1
8	灰库区域	1	1	1
	小计	2	10	11
五	脱硫监视区域			
1	吸收塔区域	1×2	1×2	1×2
2	氧化风机房	0	0	1
3	浆液循环泵房	0	1	1
4	石灰石卸料区	0	0	1
5	石灰石浆液制备间	1	1	2
6	石膏脱水间	1	1	1
7	石膏库	1	1	1
8	脱硫电气配电间	0	1	1
9	脱硫电子设备间	0	1	1
10	脱硫废水处理间	0	2	2
	小计	5	10	13
六	水系统监视区域			
1	锅炉补给水处理过滤除盐间	1	1	2
2	锅炉补给水处理水泵间	0	1	1
3	锅炉补给水处理酸碱储存间	1	1	1
4	锅炉补给水处理废水处理间	0	0	1
5	补给水处理电气配电间	0	1	1
6	工业废水处理车间	1	1	1
7	煤水处理车间	1	1	1
8	再生水处理车间	1	1	1
9	再生水处理车间电气设备间	1	1	1
10	净化站	0	1	2

续表

序号	监视目标	摄像机配置数量示例		
		电厂一	电厂二	电厂三
		约 115 点	约 140 点	约 165 点
11	综合泵房	1	1	1
12	消防泵房	0	1	1
	小计	7	11	14
七	输煤子系统摄像机监视点			
1	翻车机室	2	4	4
2	汽车卸煤沟	4	4	4
3	碎煤机室	4	6	6
4	煤码头（如果有）	1	1	1
5	转运站	4	4	4
6	煤场及储煤设施	3	4	4
7	汽车衡	4	4	4
8	入厂煤采样间	2	2	2
9	煤制样室	1	1	1
10	制样存样室	2	2	2
11	输煤综合楼内	1	1	1
	小计	28	33	33
八	厂区其他监视区域			
1	燃油泵房	1	1	1
2	燃油罐区	1	1	1
3	制氢站	1	1	1
4	液氨卸车区域	0	1	1
5	液氨储存蒸发区域	0	1	1
6	氨还原剂制备车间	1	1	1
7	升压站	2	2	2
8	网控继电器室	0	0	1
	小计	6	8	9

对循环流化床锅炉特有区域，以 2×300MW 电厂为例，视频监视目标配置数量见表 17-14。

对燃气-蒸汽联合循环电站特有区域，以一拖一机组为例，视频监视目标配置数量见表 17-15。

表 17-14 循环流化床锅炉特有区域视频监视目标配置数量示例

序号	监视目标	摄像机配置数量示例		
		电厂一	电厂二	……
		12	17	
1	冷渣器区域	1	2	
2	流化风机	1	2	
3	回料器区域	3	3	
4	风道燃烧器	2	4	
5	床上燃烧器	4	4	
6	石灰石粉仓	1	2	

表 17-15 燃气-蒸汽联合循环电站特有区域视频监视目标配置数量示例

序号	监视目标	摄像机配置数量示例		
		电厂一	电厂二	……
		3	5	
1	燃气轮机房	1	2	
2	燃气轮机就地控制室	1	1	
3	调压站	1	2	

四、生产视频监视系统配置

根据生产视频监视系统的技术和功能要求，确定生产视频监视系统的组成及设备配置。生产视频监视系统可分为前端设备、信号传输设备、监控设备。

常用的生产视频监视系统前端设备一般包括摄像机、镜头、云台、防护罩及辅助照明设施；信号传输设备包括视频信号传输电缆、光端机、编/解码器、网络交换机等；监控设备包括视频切换器、云台镜头控制器、操作键盘、各类控制通信接口、监视器、录像机、存储设备等。

随着数字技术、网络技术的不断发展，目前全数字网络视频系统也广泛应用到火力发电厂，基于嵌入式技术的网络视频监视系统较之早期的模拟系统简单了许多。

（一）生产视频监视系统配置的原则

1. 前端设备

在火力发电厂通常根据监视目标特点及安装条件选用不同类型的摄像机，主要包括固定支架枪式摄像机、半球摄像机、一体化电动云台摄像机、一体化快球摄像机的配置方案。摄像机主要采用彩色标清摄像机，对于一些特殊场所需要采用超高清的摄像机。

为确保生产视频监视系统总体功能和总体性能技术指标，摄像机配置与选择要充分满足监视目标的特点、环境照度、安装条件、信号传输、控制和管理需求等因素。

前端设备的选择应满足所在环境的防腐、防潮、防冻、防爆、防雷、防风等要求，防护等级要满足装设区域的具体环境要求。室外露天设置的摄像机应配备全天候防护罩，沿海电厂生产视频监视系统前端设备防护还应包括“耐受盐雾腐蚀”。防护罩尺寸规格应与摄像机、镜头等相配套。室外露天设置的摄像机，其防护罩 IP 防护等级，室外露天场所不应低于 IP66 等级，其余场所不应低于 IP65 等级。

为便于设备维护和检修，在满足系统功能及技术指标要求的前提下，同类型设备选用的型号、规格宜尽可能少，以提高备品的通用性和互换性。

（1）监视固定场景或目标的摄像机宜按枪式摄像机（手动变焦、自动光圈、固定支架）来配置；监视吊顶房间内固定场景或目标的摄像机宜按半球摄像机（手动变焦、自动光圈）来配置；监视较大范围区域或同时兼顾多个目标的摄像机宜按一体化电动云台摄像机来配置；安防系统中需监视快速移动目标或执行多点自动巡视任务的摄像机多按一体化快球摄像机来配置。

（2）当采用智能生产视频监视系统时，应采用具备目标探测、识别、跟踪、行为分析和统计等功能的智能摄像机或智能设备。

（3）当需要报警时，可设置不同的传感器、报警器和控制器，并应与视频解码设备或系统关联。当通过网络传输时，可采用网络摄像机。

（4）电动云台的运行速度（转动角速度）和转动的角度范围，应与跟踪的移动目标和监视范围相适应。当电动云台用于固定目标或场景时，宜选用恒速电动云台；当电动云台用于移动目标或场景时，宜选用预置位或高速电动云台。云台如自带解码器，需要支持行业内普遍适用的控制协议。

（5）一体化摄像机应具备自动光圈、自动变焦、自动平衡、背光补偿等基本功能，同时具备自动电子快门、电子与数码变焦、自动光圈与自动聚焦、水平连续旋转、高转速、预制等功能，并根据使用环境的不同，可内置风扇、加热器等多项辅助功能。

（6）实际环境照度无法满足摄像机最低照度要求时，应考虑设置辅助光源。

2. 传输介质和设备

根据摄像机分布及环境条件确定传输方式和传输线路。一般采用专用网络，并根据需要预留接口，与其他系统实现互联互通。

（1）视频编码器和解码器。编码器应采用嵌入式系统构架、实时操作系统，具有以太网接口，支持 TCP/IP 协议，重要场所或特殊应用时具有设备认证功能及数字加密图像的解码能力。解码器应可控制云台的上、下、左、右旋转及自动巡游、预置位（如需要）；可控制变焦镜头的变焦、聚焦、光圈，并可控制摄像机防护罩雨刷器、摄像机照明（如有）等辅助设备，还可提供若干控制输出触点，以满足不同场合的实际需要。

（2）交换机。应选择工业级 10/100/1000Mbit/s 以太网自适应交换机，支持 IEEE 802.1、IEEE 802.3 等系列标准。主交换机应选用网管型交换机，并具有路由、VLAN、Qos、LACP 等功能。交换机可选用标准固定端口（8/16/24/48）交换机，端口型式为 RJ-45 口。每台交换机一般预留不少于 20%的备用端口数量。交换机背板带宽应不低于全部端口在全双工模式下对应最大端口速率所能提供的总带宽。分支交换机应选用面板或导轨安装方式，主交换机应选用机架安装方式。交换机应配有冗余外部电源（交流或直流）接口信号。

（3）光端机。主要用来传输视频、音频（如果有）与控制信号，应具有多路通道、多种信号的混合传输能力。光端机根据信号传输拓扑结构关系可分为点对点式（星型）、级联式两种，工程应用中可根据监视点布置规划并结合工程造价因素合理选用，级联式光端机可以节省传输光缆用量。视频光端机宜选用无压缩、无损伤型的数字光端机，并选用工业级产品。光端机的视频带宽应不低于视频信号源的带宽，并有一定的裕量，以适应更高视频质量的图像对传输带宽的需求。光端机模制应与光缆的模制（单模/多模）相匹配。光端机可选独立模块光端机或插卡式光端机，前者可单独使用，适用于前端设备比较分散的场合；后者为集成机架插装，主要应用在监控中心，扩展灵活，便于检修维护。

（4）信号传输线缆。主要有同轴电缆、双绞线和光缆三种类型。同轴电缆用于短距离传输视频基带信号的视频传输方式；在有频率补偿措施的前提下，同轴电缆可用于中等距离，传输视频基带信号的视频传输方式。技术经济允许时，宜采用传输光调制信号的光缆（光端机）传输方式。对于数字信号可采用双绞线（超五类非屏蔽）传输。长距离传输、有强电磁场干扰场合的传输或对传输品质及图像质量要求很高的监控场合，应采用传输光调制信号的光缆（光端机）传输方式。工程设计中可根据工程具体条件合理搭配选用上述传输方式。

3. 监控设备

监控设备包括控制设备、图像显示设备、存储设备等。

（1）控制设备包括视频监控站、管控平台软件等，显示视频图像和对视频信号进行切换，能在监视器上实现不同时段、不同监控点的多画面轮巡；随时启动记录设备进行视频图像存储、检索、回放、下载备份的管理；还可通过电子地图设置监控点位置调看监视图像；根据需要具有预置摄像点，自动巡游路径，开闭式辅助输出控制等；根据需要能实现云台的方向、速度和开关、摄像机的变焦与光圈及预置点的控制。

1）生产视频监视系统管控平台应采用开放性、标准化的操作系统，如 Windows2000 server 等；应基于统一的图形化用户界面软件包，可通过网络集中管理和操作整个视频监控系统。软件功能及界面可分为管理员、操作员、客户端三个层次。管控平台的功能应能满足功能规划的要求。管控平台应支持多种远程控制协议，并具有与外部其他系统的通信或联动接口。

2）当生产视频监控主站与其他控制系统合用控制室时，监控主站显示屏的型号、颜色应与其他控制系统操作员站显示屏相同。视频监控主站可根据需要配备打印机。生产视频监控主站要接收来自 GPS 或北斗装置提供的 IRIGB（调制或非调制）、1PPS、RS422/485、NTP（10BASE-T 以太网接口）接口信号。

生产视频监控子站一般采用通用计算机产品，并满足《计算机通用规范　第 4 部分：工业应用微型计算机》（GB/T 9813.4）中的相关要求，且硬件应符合当前的主流配置。

（2）图像显示设备可以是专业监视器，也可以是显示屏和/或其他设备，如投影机、组合大屏幕等。显示屏的屏幕尺寸和外形应满足所处的安装环境及监视要求。

（3）存储可分为分布存储、集中存储及两种方式相结合的存储模式。实际应用时应根据安全管理的要求对生产视频监视系统的规模、网络状况及投资成本等因素综合考虑。存储设备通常采用数字方式进行图像存储，并根据规模和需要可选择数字视频录像机（DVR）的内部存储，也可选择磁盘阵列、网络附属存储（NAS）、存储域网络（SAN）等存储模式；采用嵌入式系统构架、实时操作系统，具有以太网接口，支持 TCP/IP 协议；支持多种云台、摄像机解码器的远程控制协议；支持按图像的来源记录时间、报警、事件、类别等多种方式对存储的图像数据进行检索；支持多用户同时访问同一数据资源；在实时存储的同时，满足备份存储，并宜支持扩展异地容灾、数据迁移和远程镜像；在重要应用场合，还可以考虑设备具有对录像文件采取防篡改或完整性检查的功能。

（二）前端设备配置

根据设备的配置原则，进行生产视频监控系统前端设备摄像机型式选择。以某火力发电厂为例，生产视频监视系统前端设备摄像机型式选择见表 17-16，安防视频监视系统前端设备示例见本章第七节。

表 17-16　火力发电厂生产视频监视目标摄像机型式选择示例

序号	监视目标	摄像机型式选择				备注
		固定枪式摄像机	一体化云台摄像机	一体化快速球机	半球摄像机	
一	单元机组监视区域					
1	汽轮发电机组		√			
2	汽动给水泵组	√				
3	汽轮机抗燃油箱	√				
4	汽轮机主油箱	√				
5	发电机密封油集装装置	√				
6	发电机定子冷却水集装装置	√				
7	电动给水泵区域		√			
8	凝结水泵	√				
9	真空泵	√				
10	汽机房 6kV 或 10kV 配电间	√				
11	汽机房 400V PC 配电间	√				
12	空冷区域		√			
13	空冷电子设备间	√				
14	空冷 PC 配电间	√				
15	电气主变压器/厂用高压变压器	√				
16	煤仓/给煤机区域		√			
17	粉仓/给粉机区域		√			
18	空气预热器区域		√			
19	送风机/一次风机	√				
20	引风机	√				
21	磨煤机区域		√			
22	炉膛燃烧器区域		√			
23	脱硝 SCR 区域		√			
24	炉底渣井	√				
25	风冷式排渣机	√				
26	二级输送机	√				
27	碎渣机	√				

续表

序号	监视目标	摄像机型式选择				备注
		固定枪式摄像机	一体化云台摄像机	一体化快速球机	半球摄像机	
	小计					
二	主厂房公用系统监视区域					
1	集控室				√	
2	单元机组电子设备间				√	
3	电子设备间电缆夹层	√				
4	UPS 配电间	√				
5	柴油发电机房	√				
6	化学加药间	√				
7	凝结水精处理再生间	√				
8	启动备用变压器	√				
9	热网首站		√			
10	采暖加热站	√				
11	烟囱	√				
12	辅机冷却水泵房	√				
三	除灰监视区域					
1	除尘器下飞灰输送设备		√			
2	省煤器下飞灰输送设备		√			
3	脱硝SCR下飞灰输送设备		√			
4	空压机室		√			
5	除尘配电间	√				
6	除尘配电间电缆夹层	√				
7	灰库气化风机房	√				
8	灰库区域		√			
四	脱硫监视区域					
1	吸收塔区域		√			
2	氧化风机房	√				
3	浆液循环泵房	√				
4	石灰石卸料区	√				
5	石灰石浆液制备间		√			
6	石膏脱水间		√			
7	石膏库		√			
8	脱硫电气配电间	√				
9	脱硫电子设备间	√				
10	脱硫废水处理间	√				
五	水系统监视区域					

续表

序号	监视目标	摄像机型式选择				备注
		固定枪式摄像机	一体化云台摄像机	一体化快速球机	半球摄像机	
1	锅炉补给水处理过滤除盐间		√			
2	锅炉补给水处理水泵间	√				
3	锅炉补给水处理酸碱储存间		√			
4	锅炉补给水处理废水处理间	√				
5	补给水处理电气配电间	√				
6	工业废水处理车间		√			
7	煤水处理车间		√			
8	再生水处理车间		√			
9	再生水处理车间电气设备间		√			
10	净化站		√			
11	综合泵房	√				
12	消防泵房	√				
六	输煤子系统摄像机监视点					
1	翻车机室	√				
2	汽车卸煤沟	√				
3	碎煤机室	√				
4	煤码头（如果有）			√		
5	转运站		√			
6	煤场及储煤设施		√			
7	汽车衡			√		
8	入厂煤采样间			√		
9	煤制样室			√		
10	制样存样室			√		
11	输煤综合楼内				√	
七	厂区其他监视区域					
1	燃油泵房	√				
2	燃油罐区		√			
3	制氢站	√				
4	液氨卸车区域		√			
5	液氨储存蒸发区域		√			
6	氨还原剂制备车间	√				
7	升压站		√			
8	网控继电器室	√				

对于循环流化床锅炉特有的区域，以某电厂为例，前端设备摄像机型式选择见表17-17。

表17-17　循环流化床锅炉特有的区域前端设备摄像机型式选择示例

序号	监视目标	摄像机型式选择				备注
		固定枪式摄像机	一体化云台摄像机	一体化快速球机	半球摄像机	
1	冷渣器区域			√		
2	流化风机			√		
3	风道燃烧器	√				
4	床上燃烧器			√		
5	回料器区域			√		
6	石灰石粉仓	√				

对于燃气联合循环电站特有的区域，以某电厂为例，前端设备摄像机型式选择见表17-18。

表17-18　燃气联合循环电站特有的区域前端设备摄像机型式选择示例

序号	监视目标	摄像机型式选择				备注
		固定枪式摄像机	一体化云台摄像机	一体化快速球机	半球摄像机	
1	燃气轮机房区域			√		
2	燃气轮机房就地控制室区域			√		
3	调压站区域			√		全天候防爆型

（三）视频监视系统网络构架及配置

1. 视频监视系统网络构架

视频监视系统网络构架采用千兆以太网、两级网络构架。上级网络为中心监控网络，设有视频监控主站、视频解码/分配设备、大屏显示设备、视频存储服务器、网络主交换机、客户端等设备，并预留有与MIS及上级集团公司的通信接口；下级网络为各类辅助车间（系统）监视区域子系统网络，设有视频监控子站、视频编码设备（DVR/DVS）、必要的显示设备、网络子交换机等设备。

常见的视频监视系统网络配置图如图17-6所示。

2. 设备配置

根据设备的配置原则，火力发电厂视频监控设备主要包括视频监控主机、显示屏及视频解码设备、存储服务器、中心管理服务器、流媒体服务器、交换机、子交换机、客户端等。以某电厂为例，火力发电厂生产视频监控设备配置见表17-19，安全防范视频监控设备配置参见本章第七节。

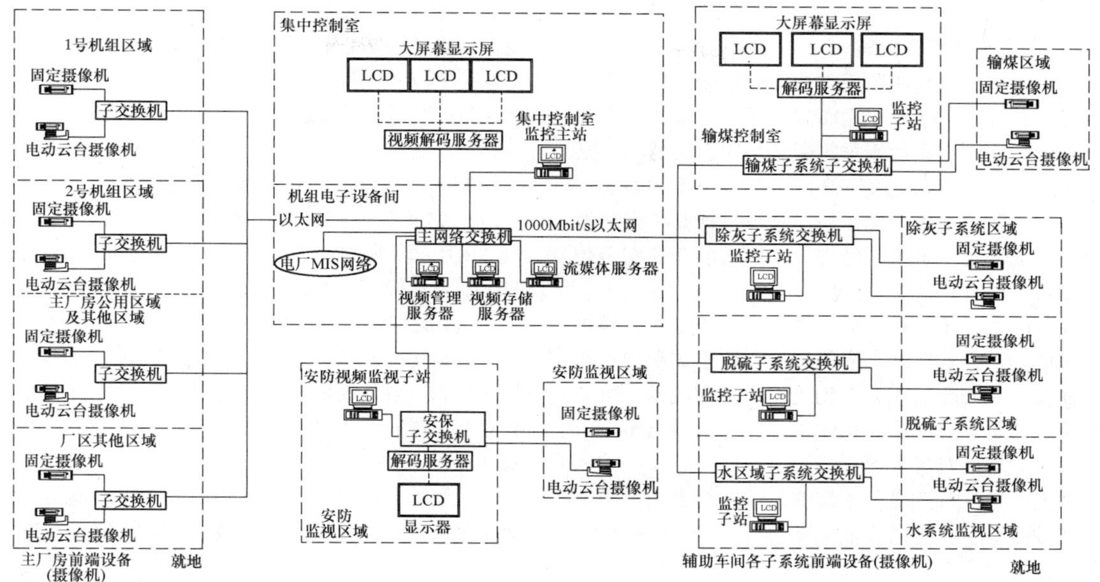

图 17-6　视频监视系统网络配置图

表 17-19　火力发电厂生产视频监控设备配置示例

序号	设备名称	型式及规范	数量	单位	备注
1	视频监控主机	显示屏、服务器，主流硬件配置，包括管理软件	1	套	
2	显示屏及视频解码设备		1	套	
3	存储服务器	机架式服务器，RAID 0/1/5 磁盘阵列	2～3	套	
4	中心管理服务器	显示屏、服务器，主流硬件配置，服务器操作系统软件		套	
5	流媒体服务器	机架式服务器，主流硬件配置，流媒体模块软件	1	套	
6	交换机	24口、网管，1000Mbit/s/10000Mbit/s	1	台	
7	子交换机		若干	台	数量根据工程具体规划确定
8	客户端	显示屏、服务器，主流硬件配置，客户端软件	若干	套	
9	电源装置		1	套	
10	机柜			面	
11	打印机	网络打印机	1	台	

第七节　安全防范系统

安全防范系统以维护火力发电厂内安全为目的，主要由安全管理系统和入侵报警系统、视频安全防范监控系统、出入口控制系统、电子巡查系统、停车库（场）管理系统等子系统构成，具有防入侵、防盗窃、防抢劫、防破坏等功能。

安全防范分为技防、物防和人防，技防是利用各种电子信息设备组成系统和/或网络以提高探测、延迟、反应能力和防护功能的安全防范手段。以下主要从技防的角度对安全防范系统进行设计。

火力发电厂安全防范系统建设一般要纳入工程建设总体规划、综合设计、同步实施、同时交付使用。

可行性研究阶段根据相关规程规范及建设方的意见，提出安全防范系统的规模、项目的投资估算。初步设计阶段根据可行性研究阶段的审查意见及相关规程规范，确定安全防范系统的范围、功能及系统配置等，确定项目的概算。施工图设计阶段根据初步设计阶段的方案及审查意见，编制系统采购的规范书，规范书中应对设备的功能和性能、系统功能和性能提出技术要求，对与其他系统的接口提出要求，对系统的供货范围做出明确的规范要求；在技术规范书的基础上结合评标过程中的技术澄清和投标方的承诺，签订技术协议；设备和系统确定后，再开展布置设计、接线设计，开列设备清册、电缆清册及材料清册。

一、设计要点

（一）规范性和适用性

火力发电厂安全防范系统方案应根据工程技术条件及经济指标、厂区总平面布置、厂房格局、生产环境条件及用户生产运行需求等因素来综合考虑。依据被保护对象的使用功能及安全防范管理工作的要求综合运用安全防范技术、电子信息技术、计算机网络技术等，构成先进、可靠、经济、适用、配套的安全防范应用系统。

安全防范系统的设计应以结构化、规范化、模块化、集成化的方式实现，应能适应系统维护和技术发展的需要。系统配置应采用先进而成熟的技术、可靠而适用的设备。对改建和扩建工程项目，需从实际出发，有效利用已有资源。

火力发电厂安全防范系统的设计要符合电厂的安全防护等级要求，不同容量、不同类型的电厂的治安风险等级不一样，因此火力发电厂安全防护级别应与治安风险等级相适应。按照公安部 GA 1089《电力设施治安风险等级和安全防范要求》，火力发电厂治安风险等级，由低到高划分为三、二、一共三个等级。对应风险等级有相应的火力发电厂安全防护级别，由低到高划分三级安全防护、二级安全防护和一级安全防护。

三级安全风险等级的安全防护措施应不低于三级安全防护要求，二级安全风险等级的安全防护措施应不低于二级安全防护要求，一级安全风险等级的安全防护措施应不低于一级安全防护要求。

按照公安部 GA 1089《电力设施治安风险等级和安全防范要求》，电厂的风险等级划分如下：总装机容量大于或等于 1200MW，且小于 3000MW 的火力发电厂风险等级确定为三级；单机容量小于 1000MW 的热电联产电厂，或总装机容量大于或等于 3000MW，且小于 5000MW 的火力发电厂风险等级确定为二级；总装机容量大于或等于 5000MW，或单机容量为 1000MW 及以上的火力发电厂、热电联产电厂风险等级确定为一级。

（二）先进性和互换性

安全防范系统的设计在技术上通常具有适度超前性和设备的互换性，为系统的增容或改造留有余地。

（三）准确性

入侵报警系统能准确及时地探测入侵行为、发出报警信号；对入侵报警信号、防拆报警信号、故障信号的来源应有清楚和明显的指示。入侵报警系统能进行声音复核，与视频监视系统联动的入侵报警系统应能同时进行声音复核和图像复核。系统误报警率应控制在可接受的限度内，并应尽可能避免漏报警。

视频安全防范监控系统能在现场环境条件和所选设备条件下，对防护目标进行准确、实时的监控，能根据设计要求，清晰显示和/或记录防护目标的可用图像。

出入口控制系统应能准确实时地对出入目标的出入行为实施放行、拒绝、记录和报警等操作。出入口控制系统的拒认率需要控制在可以接受的限度内。采用自定义特征信息的出入口控制系统不允许有误识，采用模式特征信息系统的误识率应根据不同的防护级别要求控制在相应范围内。

（四）完整性

入侵报警系统应对入侵设防区域的所有路径采取防范措施，对入侵路径上可能存在的实体防护薄弱环节应有加强防范措施。其所防护目标的 5m 范围内应无盲区。

入侵报警系统的设计应采用纵深防护体制，应根据被保护对象所处的风险等级和防护级别，对整个防范区域实施分区域、分层次的设防。一个完整的防区，应包括周界、监视区、防护区和禁区四种不同类型的防区，对它们应采取不同的防护措施。防护区内应设立控制中心，必要时还可设立一个或多个分控中心。控制中心宜设在禁区内，至少应设在防护区内。

视频安全防范监控系统应保持图像信息和声音信息的原始完整性和实时性，即无论中间过程如何处理，应使最后显示/记录/回放的图像和声音与原始场景保持一致，即在色彩还原性、图像轮廓的还原性（灰度级）、事件后继性、声音特征等方面均与现场场景保持最大的相似性（主观评价），并且后端图像和声音的实时显示与现场事件发生之间的延迟时间应在合理范围之内；还应对现场视频探测范围有一个合理的分配，以便获得现场完整的图像信息，减少目标区域的盲区。

出入口控制系统根据管理功能要求、系统的设计可利用目标及其出入事件等数据信息，提供如考勤、巡查、购物管理等功能。

（五）联动性和兼容性

入侵报警系统应能与视频监视系统、出入口控制系统等联动。当与其他系统联合设计时，应进行系统集成设计，各系统之间应相互兼容又能独立工作。入侵报警的优先权仅次于火警。

用于消防通道口的出入口控制系统应与消防报警系统联动。当火灾发生时，应及时开启紧急逃生通道。

安全防范系统软硬件平台所支持的监控软件、通信协议、控制协议宜具有广泛的代表性及兼容性，并支持与第三方系统的有效集成或资源共享。

（六）可靠性

安全防范系统核心设备（如服务器）的硬件配置

宜采用双核冗余构架，如双处理器、双电源等，以提高设备的可靠性。

基于网络构架的视频编码设备、存储设备等宜采用嵌入式系统构架、实时操作系统，以提高系统运行的稳定性及安全性，且便于系统设备的远程维护管理。

（七）可扩展性

安全防范系统设计时，对需要实现的功能进行合理配置，这种配置在工程实施和工程完成后都可方便地修改。系统软件可根据电厂不同时期市场的需求进行相应的升级和完善。传输及存储设计采用模块化系统构架，配置灵活、扩展性好，便于后续的系统扩容、改造、升级。同时，出入口控制系统可以考虑扩展考勤系统、会议签到系统、巡逻管理系统、就餐管理系统等一卡通功能。

（八）系统安全性

安全防范系统中的所有设备在性能安全可靠运转的同时，还应符合有关的安全标准，并可在电厂运行环境下有效工作。其实时监控功能和联动功能，应充分保证使用者环境的安全性。系统设计时在任何情况下都不能对电厂机组保护、机组控制等系统产生影响。在发生火灾、地震等紧急情况下出入口控制系统应能打开相应的疏散通道门禁，保证人员的及时疏散，不能因该系统形成障碍。

二、系统功能

安全防范系统综合运用安全防范产品和其他相关安全产品构成安全管理系统、入侵报警系统、视频安防监控系统、出入口控制系统、电子巡查系统、停车库（场）管理系统等子系统，具有防入侵、防盗窃、防抢劫、防破坏等功能。

（一）安全管理系统

安全管理系统对各子系统进行组合或集成，是实现对各个子系统的有效联动、管理和/或监控的电子系统。按照系统集成度的高低，安全管理系统可分为集成式、组合式和分散式三种形式。

1. 基本功能

集成式安全管理系统通过统一的通信平台和管理软件将中心设备与各子系统设备联网，实现由监控中心对各子系统的自动化管理与监控。组合式安全管理系统通过统一的管理软件实现由监控中心对各子系统的联动管理与控制。分散式安全管理系统相关子系统独立设置，独立运行。

安全管理系统一般由多媒体计算机及相应的应用软件构成，实现对安全防范系统各子系统的管理和监控，实现对系统操作员的管理、系统状态显示、系统控制、处警预案、事件记录和查询等功能。

2. 对系统操作员的管理

设定操作员的姓名和操作密码，划分操作级别和控制权限等。

3. 系统状态显示

以声光和/或文字图形显示系统自检、电源状况（断电、欠电压等），受控出入口人员通行情况（姓名、时间、地点、行为等），设防和撤防的区域、报警和故障信息（时间、部位）及图像状况等。

4. 系统控制

视频图像的切换、处理、存储、检索和回放，云台、镜头等的预置和遥控。

5. 处警预案

入侵报警时入侵部位、图像和/或声音自动同时显示，并显示可能的对策或处警预案。

6. 事件记录和查询

操作员的管理、系统状态的显示等应有记录，需要时能快速地检索和/或回放。

7. 报表生成

可生成和打印各种类型的报表。报警时能实时自动打印报警报告，包括报警发生的时间、地点、警情类别、值班员的姓名、接处警情况等。

（二）入侵报警系统

系统应能根据被防护对象的使用功能及安全防范管理的要求，对设防区域的非法入侵、盗窃、破坏和抢劫等，进行实时有效的探测与报警。高风险防护对象的入侵报警系统应有报警复核（声音）功能。

1. 基本功能

入侵报警系统可以独立运行，也可以与安全管理系统联网集成运行。有输出接口，可用手动、自动操作以有线或无线方式报警。可以本地报警，需要时也可选择异地报警。系统需与视频安防监控系统、出入口控制系统等联动。

集成式安全防范系统的入侵报警系统可以与安全管理系统联网，实现安全管理系统对入侵报警系统的自动化管理与控制。组合式安全防范系统的入侵报警系统可以与安全管理系统连接，实现安全管理系统对入侵报警系统的联动管理与控制。分散式安全防范系统的入侵报警系统可以向管理部门提供决策所需要的主要信息。

2. 探测功能

入侵报警系统可以对火力发电厂围墙、重要房间等可能的入侵行为进行准确、实时的探测并产生报警状态。

3. 指示功能

入侵报警系统应能指示系统正常状态、试验状态、入侵行为产生的报警状态、防拆报警状态、故障状态、主电源失电及备用电源欠电压、设置警戒（布防）/解除警戒（撤防）状态、传输信息失败状态的事件来源和发生的时间。系统具有自检功能。

4. 控制功能

入侵报警系统可以按时间、在全部区域及部位任意编程设防和撤防，设防、撤防状态应有明显不同的显示。对设备运行状态和信号传输线路进行检测，对故障能及时报警；在重要区域和重要部位发出报警的同时，应能对现场进行声音复核；提供与其他子系统联动的控制接口信号。

5. 记录和查询功能

入侵报警系统应能显示和记录报警部位和有关警情数据，记录信息应包括事件发生时间、地点、性质等，记录的信息不能更改。

6. 传输功能

入侵报警系统报警信号的传输可采用有线和/或无线传输方式。

（三）出入口控制系统

出入口控制系统是对出入口通道进行管制的系统，它不同于安防的监视、防盗报警等被动的安防模式，以主动控制替代了被动监视。功能齐全的智能化出入口控制系统，在对各类场所出入口实行管理的同时，还可通过简单的操作程序，建立内部的有序化管理机制与模式。可随时记录各类人员的出入情况，控制不同人员的出入区域及出入时间，有效地保护控制区域内设备的安全。出入口控制系统主要由识读部分、传输部分、管理/控制部分和执行部分及相应的系统软件组成，对需要控制的各类出入口，按各种不同的通行对象及其准入级别，对其进、出实施控制与管理。

1. 基本功能

（1）系统的识别装置和执行机构应保证操作的有效性和可靠性，宜有防尾随措施。

（2）系统的信息处理装置能对系统中的有关信息自动记录、打印、存储，并有防篡改和防销毁等措施。应有防止同类设备非法复制的密码系统，密码系统应能在授权的情况下修改。

（3）系统可以独立运行。能与电子巡查系统、入侵报警系统、视频安防监控系统等联动。

（4）集成式安全防范系统的出入口控制系统应能与安全管理系统联网，实现安全管理系统对出入口控制系统的自动化管理与控制。

（5）组合式安全防范系统的出入口控制系统应能与安全管理系统联接，实现安全管理系统对出入口控制的联动管理与控制。

（6）分散式安全防范系统的出入口控制系统应能向管理部门提供决策所需要的主要信息。

2. 识读功能

通过识读现场装置获取操作及密钥信息并对目标进行识别，将信息传递给管理/控制部分处理，也可接受管理/控制部分的指令。对识读现场装置的各种操作及接受管理/控制部分的指令等有对应的指示信号。采用的识别方法（如编码识别、特征识别）和方式操作简便，识读信息可靠。

3. 管理/控制功能

管理/控制是出入口控制系统的管理/控制中心，也是出入口控制系统的人机管理界面。其主要功能如下：

（1）对出入授权进行管理，将出入目标的识别信息及载体授权为钥匙，并记录于系统中。设定目标的出入授权，即何时、何出入目标、何出入口、可出入的次数和通行的方向等权限。通过时区管制功能将个别对象限制在指定时间进出某出入口。

（2）接收识读部分传来的操作和钥匙信息，与预先存储、设定的信息进行比较、判断，对目标的出入行为进行鉴别及核准；对符合出入授权的目标，向执行部分发出予以放行的指令。

（3）设定识别方式、出入口控制方式，输出控制信号。处理报警情况，发出报警信号。

（4）实现扩展的管理功能(如考勤、访客管理等)，与其他控制及管理系统的连接（如与防盗报警、视频监控、消防报警等的联动）。

（5）对系统操作（管理）员的授权管理和登录核准进行管理，设定操作权限，使不同级别的操作（管理）员对系统有不同的操作能力；对操作员的交接和登录系统有预定程序。

4. 事件记录和查询功能

（1）将出入事件、操作事件、报警事件等记录存储于系统的相关载体中，并能形成报表以备查看，即对系统中每个发生的事件都应详细记录，如每次门锁打开/关闭的时间、门卡的编号、报警输入原因与位置等。按照时间、人员、地点、行为方式对一般事件进行记录、查询和打印。根据管理与应用要求至少能存储不少于180天的事件记录。其中时间信息应包含年、月、日、时、分、秒，可以记录到秒。

（2）生成事件阅读信息、打印与报表，经授权的操作（管理）员可将授权范围内的事件信息，进行检索、显示和/或打印，并可生成报表。

（3）通过自定义输入读卡器、使用情况、部门、区域、卡号或姓名等资料可查找某人或某些人、某个时间段所处的区域，或者某个/某些区域有何人，并能将异常时间信息记录在服务器的数据库中，管理人员可及时准确地查找到相关人员，及时处理各种情况，并从历史记录中检查并定期打印自动分类报表。

5. 系统报警功能

报警可分为现场报警、向操作（值班）员报警、异地传输报警等。报警信号的传输方式可以是有线的和/或无线的，报警信号的显示可以是可见光显示和/或声音指示。系统对非法闯入的行为、出入口超时未关，发出报警信号。

反潜回功能：持卡人必须依照预先设定好的路线进出，否则下一通道刷卡无效。

防尾随功能：持卡人必须关上刚进入的门后才能打开下一个门。

跟踪功能：实现对特定卡的追踪，被追踪的卡到达任何区域，都会以报警方式自动向监控中心报告。

6. 指示/显示功能

系统及各部分应对其工作状态、操作与结果、出入准许、发生事件等给出指示。指示可采用可见的、发声的、物体位移和/或其组合等易于被人体感官所觉察的多种方式。

(1) 发光指示/显示。发光指示信息宜采用下列颜色区分：

1）绿色：用以显示“操作正确”“有效”“准许”“放行”等信息，也可以显示“正常”“安全”等信息。

2）红色：以慢闪烁或恒亮显示“操作不正确”“无效”“不准许”“不放行”等信息，也可以显示“不正常”等信息；以快闪烁显示“报警”“发生故障”“不安全”“电源欠电压”等信息。

3）黄（橙）色：如果使用，则用以显示提醒、提示、预告、警告等类信息。

4）蓝色：如果使用，则用以显示“准备”“已进入/已离去”“某部分投入工作”等类信息。

(2) 发声指示/显示。报警时的发声指示应明显区别于其他发声。非报警的发声指示应是断续的；如采用发声与颜色、图形符号复合指示，则应同步发出和停止。

(3) 图形符号指示/显示。以图形符号进行指示/显示不同的区域、不同的报警功能等。

7. 联动功能

在出现火警时或在紧急情况下，出入口控制系统自动打开所有受控门锁，使室内人员及时疏散逃生，确保人身安全。

与视频安防监控系统联动的出入口控制系统，在事件查询的同时，能回放与该出入口相关联的视频图像。

8. 执行部分功能

执行部分接收管理/控制部分发来的出入控制命令，在出入口做出相应的动作和/或指示，实现出入口控制系统的拒绝与放行操作和/或指示。

闭锁部件或阻挡部件在出入口关闭状态和拒绝放行时，其闭锁力、阻挡范围等性能指标应满足使用、管理要求。

出入准许指示装置可采用声、光、文字、图形、物体位移等多种指示。出入准许指示装置的准许和拒绝两种状态应易于区分而不致混淆。

出入口开启时，出入目标人员或车辆的通过时限应满足使用和管理要求。

9. 传输功能

联网控制型系统中编程/控制/数据采集信号的传输可采用有线和/或无线传输方式，且应具有自检、巡检功能，应对传输路径的故障进行监控。

10. 其他功能

结合一卡通功能实现食堂/超市消费管理等功能。

(四) 电子巡查系统

电子巡查系统是对保安巡查人员的巡查线路、方式及过程进行管理和控制的电子系统。系统按照预先编制的保安人员巡查程序，通过信息识读器或其他方式对保安人员巡逻的工作状态进行监督和记录，并能对意外情况及时报警。电子巡查系统主要是针对保安巡逻，也能延伸到设备巡检的管理系统，主要用于安全巡逻和巡检工作的记录考核。

系统能独立设置，也可与出入口控制系统或入侵报警系统联合设置。独立设置的电子巡查系统能与安全管理系统联网，满足安全管理系统对该系统管理的相关要求。

电子巡查系统由信息标识、数据采集器、数据转换传输装置及管理软件等组成。

电子巡查基本的原理就是在巡逻线路上安装一系列代表不同点的感应卡，巡逻到各点时巡逻人员用手持式巡检器（相当于刷卡机）在规定的巡查地点刷卡，把代表该点的卡号和时间同时记录下来。巡逻完成后巡检器通过通信器把数据传给计算机上的软件处理，就可以对巡逻情况（地点、时间等）进行记录和考核。在监控中心可实现对巡查的时间、地点、人员和顺序等数据进行显示、储存、查询和打印等功能，并具有违规记录提示。系统在授权情况下能对巡查路线、时间、巡查点进行设定和调整。

(五) 停车库（场）管理系统

停车库（场）管理系统是对进、出停车库（场）的车辆进行自动登录、监控和管理的电子系统或网络。系统能根据电厂的性质、总平面的特点及建筑物的使用功能和安全防范管理的需要，对停车库（场）的车辆通行道口实施出入控制、监视、行车信号指示、停车管理及车辆防盗报警等综合管理。

行车信号指示主要用于对外来车辆在厂区内的行进路线、停车点等信息进行提示，同时进行轨迹记录、视频记录、视频跟踪、越界提示等。

停车库（场）管理系统的功能包括入口车位显示，

出入口及场内通道的行车指示，车辆出入识别、比对、控制，车牌和车型的自动识别，自动控制出入挡车器，多个出入口的联网与监控管理，意外情况发生时向外报警。

系统可能独立运行，也可与出入口控制系统联合设置。停车库（场）管理系统也可与视频安全防范监控系统联动。独立运行的停车库（场）管理系统应能与安全管理系统联网，满足安全管理系统对该系统管理的相关要求。

三、设置范围

1. 安全防范系统范围设置原则和依据

依据公安部 GA 1089《电力设施治安风险等级和安全防范要求》，设置安全防范系统的规模和内容。安全防范系统的设置范围应根据安全防护的级别确定，其设置原则见表 17-20。

表 17-20　安全防范系统范围设置原则

序号	配置项目		防范区域	配置要求		
				三级安全防护	二级安全防护	一级安全防护
1	视频安防监控系统	摄像机	电厂厂区出入口	应	应	应
2			汽轮发电机层、集中控制室、网控室、升压控制区域出入口	可	宜	应
3			火力发电厂的油码头（如果有）重要部位、煤码头（如果有）重要部位、重要物资仓库、氢站、液氨灌区、油库区	可	宜	应
4			电厂出入主厂房的主要通道或连接主厂房的主要通道、发电机层、电梯桥厢	可	宜	应
5			机动车车库出入口	可	宜	应
6			安全防范监控中心出入口	应	应	应
7		控制、显示装置	安全防范监控中心监控室	应	应	应
8	入侵警报系统	入侵探测装置	有周界围墙的电厂封闭屏障处	可	宜	应
9		紧急报警装置	电厂警卫室	应	应	应
10			安全防范监控中心监控室	应	应	应
11	出入口控制系统		电厂、集中控制室出入口	可	宜	应

续表

序号	配置项目	防范区域	配置要求		
			三级安全防护	二级安全防护	一级安全防护
12	电子巡查系统	火力发电厂油码头（如果有）、煤码头（如果有）、重要物资仓库	可	宜	应
13	停车库（场）管理系统	停车库（场）	可	宜	应

2. 视频安全防范监控系统的设置范围

火力发电厂视频安全防范监控系统的设置范围主要包括出入厂区大门、主要道路交叉或转弯处、重要办公室、电梯桥厢、机动车车库出入口、停车场/汽车库、安全防范监控中心出入口等。以某电厂为例，视频安全防范监控区域设置见表 17-21。

表 17-21　厂区视频安全防范监控区域设置示例

序号	监视目标	摄像机类型选择				摄像机配置数量推荐	备注
		固定枪式摄像机	一体化云台摄像机	一体化快速球机	半球摄像机	约点	
1	出入厂区道路大门			√		每门1点	
2	厂内主要道路交叉或转弯处			√		3～5	
3	材料库				√	每主要入口1点	
4	停车场/汽车库			√		1～2	
5	办公楼门厅			√		1	
6	办公楼财务室			√		1	
7	办公楼信息机房				√	1	
8	值班公寓楼入口			√		1	
9	保安值班室				√	1	
10	机动车车库出入口			√		2	
11	电梯轿厢				√	1	

3. 入侵警报系统的设置范围

火力发电厂的入侵警报系统主要在厂区周界的围墙上装设入侵探测装置，在警卫传达室及安全防范监控中心装设紧急报警装置，根据需要也可在重要的办公室如财务室（出纳室）装设紧急报警装置。

4. 出入口控制系统的设置范围

火力发电厂的出入口控制系统的设置范围按照 GA 1089《电力设施治安风险等级和安全防范要求》的要求，主要设在电厂出入口、集中控制室出入口，在实际工程中可结合生产门禁系统在一些重要的办公楼区域的重要办公室设置出入口控制。出入口控制系统控制点根据电厂的规模等设置，以某电厂为例，其设置方案见表 17-22。

表 17-22　　出入口系统控制点的设置示例

序号	安装位置	数量	进门刷卡	出门刷卡	备注
一	入厂大门				
1	入厂主大门	3	√	√	
2	入厂次大门	2	√	√	
二	综合楼（生产办公楼）				
1	大门	1	√		
2	财务室	2	√		
3	档案室	2	√		
4	传达室	1	√		
5	信息机房	2	√		
6	保安值班室	1	√		
7	车队值班室	1	√		
三	主厂房区域				
1	集中控制室	4	√		
四	其他区域				
1	材料库	2	√		
2	车库出入口	2	√	√	
3	值班公寓大门	1	√		

5. 电子巡查系统的设置范围

电子巡查系统主要设在电厂油码头（如果有）、煤码头（如果有）、重要物资仓库等。

四、系统配置

根据系统的技术和功能要求，确定安防系统的组成及设备配置。一个完整的安防系统主要由安全管理系统和入侵报警系统、视频安防监控系统、出入口控制系统、电子巡查系统、停车库（场）管理系统等子系统构成。

常用的安防视频监视系统的主要设备与本章第六节基本一致，这里不再重复。

（一）系统配置的原则

1. 安全管理系统

对于集成式、组合式和分散式三种形式管理系统而言，安全管理系统的设计和配置是不同的。

（1）集成式安全管理系统。通过统一的通信平台和管理软、硬件将各子系统设备联网，实现由监控中心对各子系统的自动化管理与监控。安全管理系统网络结构宜采用 C/S 或/和 B/S 结构，应留有多个数据输入、输出接口，应能连接各个子系统的主机和上位管理计算机，并设置足够容量的数据库。

安全管理系统的设计可有多种模式，可以采用某一子系统为主进行系统总集成设计，也可采用其他模式进行总集成设计。安全管理系统与各子系统的通信协议和接口可采用 TCP/IP 协议或 OPC 协议。

（2）组合式安全管理系统。通过统一的管理软件实现由监控中心对各子系统的联动管理与控制，能对各子系统运行状态进行监测和控制，对系统运行状况和报警信息数据等进行记录和显示；可设置足够容量的数据库。

（3）分散式安全管理系统。相关子系统独立设置，独立运行。系统应设置联动接口，以实现与其他子系统的联动。各子系统应能单独地对其运行状态进行监测和控制，并能提供可靠的监测数据和管理所需的报警信息。各子系统应能对其运行状况和重要信息进行记录，并能向管理部门提供决策所需的主要信息。

2. 入侵报警系统

（1）系统要求。入侵报警系统的设计有纵深防护的要求，纵深防护体系包括周界、监视区、防护区和禁区。

1）周界可根据整体纵深防护和局部纵深防护的要求分为外周界和内周界。周界的电子防护应构成连续无间断的警戒线（面）。周界防护需要采用实体防护或/和电子防护措施，当周界有出入口时，应采取相应的防护措施。

2）对监视区可以设置警戒线（面），多设置视频安防监控系统。对防护区设置紧急报警装置、探测器，实现多重防护。对禁区则设置不同探测原理的探测器，如设置紧急报警装置和声音复核装置，通向禁区的出入口、通道、通风口、天窗等设置探测器和其他防护装置，实现立体交叉防护。

（2）系统构成。入侵报警系统通常由前端设备、传输设备和控制/显示/处理设备构成。前端设备包括探测器和紧急报警装置；传输设备包括电缆或数据采集和处理器（或地址编解码器/发射接收装置）；控制设备包括报警控制器等。

根据防区的数量和分布、信号传输方式、集成管理要求、系统扩充要求等，确定控制设备的配置和管理软件的功能。

（3）设备类型选择。入侵探测多采用高压电子脉冲式探测器（电子围栏）、主动红外入侵探测或两者相结合的方式。

1）对于有围墙的周界入侵探测可选用的产品类型很多，如主动式红外入侵探测器、遮挡式微波入侵探测器、振动入侵探测器、激光式探测器、振动电缆探测器、高压电子脉冲式探测器等。但在火力发电厂应用较多的是高压电子脉冲式探测器（电子围栏），或红外对射入侵报警。

2）对于无围墙/栏的周界多选用主动式红外入侵探测器、遮挡式微波入侵探测器、激光式探测器、泄漏电缆探测器、电场感应式探测器、高压电子脉冲式探测器等。这类情况在火力发电厂中不常有。

3）对出入口可采用主动式红外入侵探测器、遮挡式微波入侵探测器、激光式探测器、泄漏电缆探测器等。

4）对于重要室内，设置紧急报警装置等。

报警控制设备类型应根据系统规模、系统功能、信号传输方式及安全管理要求等选择，具有可编程和联网功能，具有与其他系统联动或集成的输入、输出接口。

3. 出入口控制系统

（1）系统要求。

1）出入口控制系统有多种构建模式，按照管理和控制方式可分为独立控制型、联网控制型与数据载体传输控制型。

2）独立控制型出入口控制系统，其管理/控制部分的全部显示/编程/管理/控制等功能均在一个设备（出入口控制器）内完成。

3）联网控制型出入口控制系统，其管理/控制部分的全部显示/编程/管理/控制功能不在一个设备（出入口控制器）内完成。其中，显示/编程功能由另外的设备完成。设备之间的数据传输通过有线和/或无线数据通道及网络设备实现。

4）数据载体传输控制型出入口控制系统与联网型出入口控制系统的区别仅在于数据传输的方式不同。设备之间的数据传输通过对可移动的、可读写的数据载体的输入/导出操作完成。

（2）系统构成。出入口控制系统主要由识读部分、传输部分、管理/控制部分和执行部分，以及相应的系统软件组成。

（3）设备要求。

1）识读部分包括 IC 卡、磁卡、条码、指纹、虹膜及面部识读设备。

2）管理/控制部分是出入口控制系统的管理-控制中心，也是出入口控制系统的人机管理界面。包括单出入口控制器、主控制器、上位管理服务器和显示屏等。

3）网络型控制器最好采用支持 TCP/IP 协议的系统，内嵌 Linux 操作系统，实现高速的数据吞吐量。支持在线编程，可以通过网络来更新系统程序与资料设定档案。通过接入 RS485 网络的扩展输入输出模块，直接实现一卡通、视频、报警、消防系统间的联动和信号接入，而不需通过各系统管理软件交换联动信息。为满足不同的应用场合，网络控制器还可以提供除以太网外的 RS232/RS485 通信接口。

4）执行部分由闭锁部件或阻挡部件及出入准许指示装置组成。通常采用的闭锁部件、阻挡部件有各种电控锁、各种电动门、电磁吸铁、电动栅栏、电动挡杆等。

5）闭锁部件或阻挡部件在出入口关闭状态和拒绝放行时，其闭锁力、阻挡范围等性能指标应满足使用、管理要求。

4. 电子巡查系统

（1）系统要求。电子巡查系统分在线式和离线式两大类。

1）在线式电子巡查系统。是在一定的范围内进行布线，把巡查器设置在一定的巡查点上，巡查人员只需携带信息钮或信息卡，按布线的范围进行巡逻，管理者只需在监控中心就可以看到巡查人员所在巡逻路线及到达的巡查点的时间。

2）离线式电子巡查系统。无需布线，只要将巡查点安装在巡逻位置，巡逻人员手持巡查器到每一个巡查点采集信息后，将信息通过传输器传输给计算机，就可以显示整个巡查过程，如需要，还可由打印机打印巡逻报表。

在线式电子巡查系统虽然可实时管理，但它的施工量大，成本也高。相对于在线式电子巡查系统，离线式电子巡查系统的缺点是不能实时管理，但其无需布线、安装简单。大多数火力发电厂都采用离线式电子巡查系统。

（2）系统构成。常规的电子巡查系统主要由信息标识、数据采集器、数据转换传输装置及管理软件等组成，用于安全巡查工作的记录考核，主要包括感应式智能巡查管理系统软件、巡查器和各种射频卡。信息标识（巡查点）装置通常牢固地安装在重要部位及隐蔽的巡查路线上。

（3）其他。随着智能电厂概念的提出，电子巡查系统发生了很大的变化，出现了基于三维环境的厂区地理信息系统 GIS 的电子地图巡查系统，包含厂区内各个建筑物、厂区道路、厂区围墙、厂房内/厂区主要设备的三维数字化模型。通过无线网络、视频联动等技术，对于进入工作现场的人员，在厂区三维模型里进行定位及监控。

5. 停车库（场）管理系统

停车库（场）管理系统包括车辆识别、管理系统和道闸系统，由车辆检测器、地感线圈、门禁控制器、IC 卡读卡器、电动栏杆机或电动伸缩门等组成。门禁控制器和 IC 卡读卡器可以与出入口控制系统合用。电动伸缩门或电动栏杆机与门禁控制器联动实现自动启闭功能。所有车辆出、入过程数据由系统自动完成登记、存储，整个过程无需人为干预。所有数据自动通过网络传输至出入口控制系统服务器。

（二）系统网络构架及配置

1. 系统网络构架

安全管理系统网络结构一般采用 C/S 或/和 B/S 结构。按照安全防范系统的分类，集成式安防系统网络结构示意如图 17-7 所示，组合式安防系统网络结构示意如图 17-8 所示。

2. 设备配置

（1）主要系统设备配置。以某电厂为例，技术安全防范系统设备配置见表 17-23。

（2）视频安防监控设备。以某电厂为例，视频安防设备监控设备配置见表 17-24。

（3）入侵探测报警设备。以某电厂为例，入侵探测报警系统主要设备配置见表 17-25。

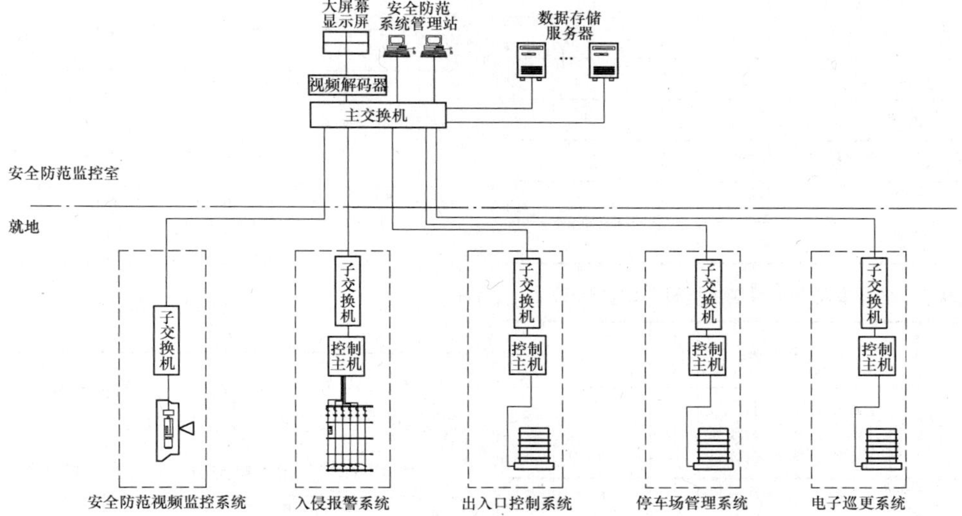

图 17-7 集成式安全防范系统网络结构示意图

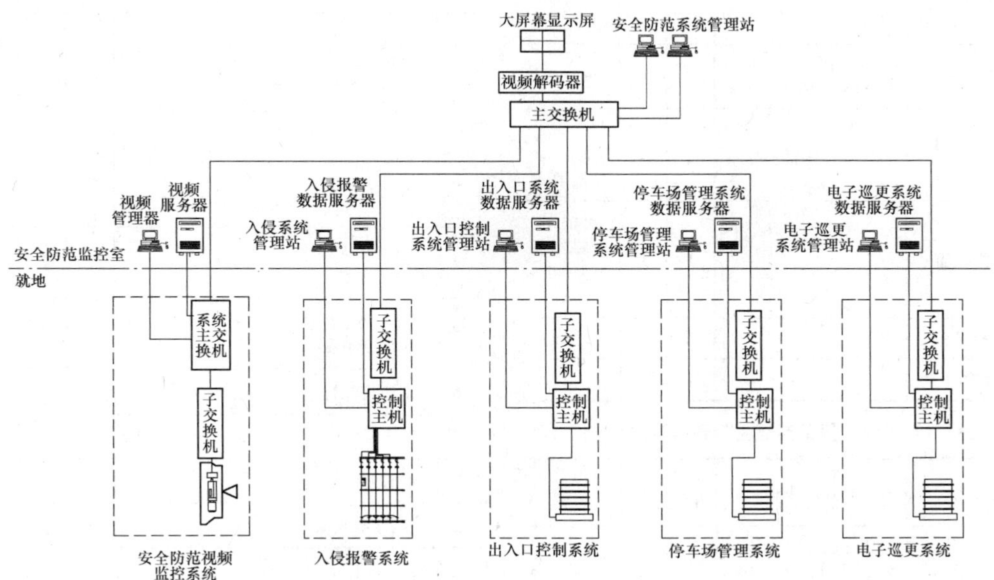

图 17-8 组合式安全防范系统网络结构示意图

表 17-23 技术安防系统主要监控设备示例

序号	配置项目	数量	单位	备注
1	大屏幕监视器	1	台	
2	监控台	1	个	
3	系统服务器	1	台	
4	管理工作站	2	台	
5	入侵报警服务器	1	套	
6	安防视频监控服务器	1	套	
7	出入口控制/电子巡查系统服务器	1	套	
8	停车场管理服务器	1	套	
9	紧急报警装置	1	套	
10	总电源柜	1	面	
11	网络柜	1	面	
12	系统软件及管理软件	若干	套	
13	打印机	1	台	
14	报警电话	2	部	

表 17-24 视频安防监控系统主要设备配置示例

序号	设备名称	型式及规范	数量	单位	备注
1	监控子站	22in LCD，主流硬件配置，Windows 操作系统，客户端软件	1	套	
2	平板显示屏监视屏/视频解码器及分配设备	PDP 或 LCD	1	套	
3	分支交换机	24 口，网管型，100Mbit/s/1000Mbit/s	1	台	
4	网络硬盘录像机	16 路视频输入/台	1～2	台	台数满足监视点量配置要求
5	电源装置		1	套	可根据需要配备小型 UPS 装置
6	系统机柜		1	面	
7	摄像机		1	套	

表 17-25 入侵探测报警系统主要设备配置示例

序号	设备名称	型式及规范	数量	单位	备注
1	监控子站	22in LCD，主流硬件配置，Windows 操作系统，客户端软件	1	套	
2	平板显示屏监视屏/视频解码器及分配设备	PDP 或 LCD	1	套	
3	分支交换机	24 口，网管型，100Mbit/s/1000Mbit/s	1	台	
4	网络硬盘录像机	16 路视频输入/台	1～2	台	台数满足监视点量配置要求
5	电源装置		1	套	可根据需要配备小型 UPS 装置
6	系统机柜		1	面	
7	电子围栏				数量可按电厂周界的 4 或 6 倍设置
8	红外对射	至少采用两光束红外对射作为前端探测设备，直接安装于围墙顶部，对射的距离应满足设备的性能要求	1	套	防树叶、小鸟误报

（4）出入口控制设备。以某电厂为例，出入口控制系统主要设备配置见表 17-26。

表 17-26 出入口控制系统主要设备配置示例

序号	设备名称	型式及规范	数量	单位	备注
1	系统管理服务器	Server 2008	1	套	
2	数据库系统	数据库 SQL Server	1	套	
3	出入口管理工作站	22in LCD，主流硬件配置，包括显示屏 Windows 操作系统	1	套	
4	出入口管理软件		1	套	
5	高级中央智能控制器		1	套	
6	门控制器	单门、双门等	1	套	
7	读卡器		1	套	
8	磁力锁		1	套	
9	控制器电源箱		1	套	
10	厂区出入口闸机		1	套	

（5）电子巡查设备。电子巡查系统可独立设置，也可与出入口或入侵报警系统合并设置。以某电厂为例，主要设备配置见表17-27。

表17-27 电子巡查系统主要设备配置示例

序号	设备名称	型式及规范	数量	单位	备注
1	感应巡查器（棒）		1	套	
2	信息标识钮（地点识别卡）		1	套	可设置10～15个
3	人员识别卡		1	套	选配
4	管理工作站		1	套	
5	巡查管理软件		1	套	

（6）停车库（场）管理设备。一般情况下火力发电厂不设停车库，可能会设置简易的停车场。以某电厂为例，停车场管理设备配置见表17-28。

表17-28 停车场管理设备配置示例

序号	设备名称	型式及规范	数量	单位	备注
1	停车场控制器		1	套	
2	远距离IC卡读感器		1	套	
3	感应卡		1	套	
4	车辆感应器		1	套	
5	地感线圈		1	套	
6	通信适配器		1	套	
7	摄像机		1	套	
8	视频数字录像机		1	套	
9	传输设备		1	套	
10	停车场系统管理软件		1	套	
11	语音提示		1	套	
12	自动道闸		1	套	
13	补光灯		1	套	

第八节 信息系统中心机房

信息系统中心机房是全厂智能化管理信息系统的数据中心，是安装布置全厂信息化系统的核心交换机、网络服务器、网络安全设备、对外网络接入设备等的重要场地。

根据电厂规模，设计时应对信息系统中心机房设置等级、面积、电源、接地、荷载、环境、布置等进行详细说明。

一、设置等级

根据中心机房的使用性质、管理要求及重要数据丢失或网络中断后在经济或社会上造成的损失或影响程度，将电子信息系统机房从高到低划分为A、B、C三个等级。中心机房的等级划分可依据GB 50174《数据中心设计规范》执行。

中心机房设置应遵循近期建设规模与远期发展规划协调一致的原则，适应电子信息业务发展的需要。结合电厂自身需要与投资能力确定本厂信息系统中心机房的建设等级和技术要求。

通常情况下，建议装机容量300MW机组及以下的电厂中心机房按照C类信息机房标准设置，但电源按照双回路进行配置，装机容量600MW机组及以上的电厂按照B类信息机房标准设置。在特殊情况下，可根据电厂实际需要设置信息机房标准。

二、位置与面积

中心机房场地除了需要满足防尘、防潮、防雷、抗静电、阻燃、绝缘、隔热、降噪声等条件要求外，还应把中心机房布置在整体建筑物的相对中心靠近电缆竖井的位置，这样方便对建筑物网络布线，避免设在最高层、地下室和用水设备下层。

一般电厂的中心机房设置在生产行政办公楼内一层位置，面积为80～100m^2。UPS电源电池间尽量设置在一层，它对建筑物楼板荷载要求较高。如果要把UPS电源电池间设置在除一层以外的其他楼层，要根据配置的UPS电源电池容量大小，必须给土建结构专业和建筑专业提出相应的荷载资料。

中心机房是存放各类服务器设备、网络交换机设备、存储设备等信息系统重要设备的专用房间；UPS电源、维护工具等辅助用房尽量隔离布置，如果电厂用房紧张，也可根据电厂实际情况与中心机房合并使用，但在空间上要采取相对隔离处理。

根据实际应用需求确定中心机房面积大小，原则上面积不小于80m^2，层高不低于2.8m，能满足现有各类设备的存放要求，并为今后的发展预留可扩展的空间。

中心机房面积也可按照式（17-1）计算

$$A = KN \tag{17-1}$$

式中：A——中心机房面积，m^2；

K——单台设备占用面积，m^2/台，可取4.5～5.5m^2/台；

N——机房内所有设备的总台数。

信息系统除了设置中心机房场地外，还需设置运行维护人员值班办公室，值班办公室与中心机房分开设置，面积根据人员情况而定，以不小于30m^{2}为宜。

为了满足网络线路敷设的技术参数要求，有条件的情况下尽量设置在整体建筑物的相对中心位置，因为每根网线的敷设长度要求小于 90m，且中间不允许续接。

信息系统中心机房也可与通信机房（用于语音电话）合用，合用时面积应在 100～150m^2 比较适宜。机房合用时，尽量把电源柜、通信机柜、网络机柜分开布置，便于维护时互不影响。

三、荷载

中心机房需给土建结构专业提荷载资料。

信息机房需要改扩建时，应根据机房荷载要求，对原有建筑的荷载进行核实确认后方可进行改造设计。

四、电源

（一）供电

供配电系统是机房整个工程的重点，机房采用独立接入的三相五线制或单相三线制电源，采用双回路供电，并配置双回路电源自动切换装置。机房照明、机房空调需设置单独回路供电，设备机柜需经 UPS 电源后供电。一般在电厂设置两路供电电源，一路普通电源，一路保安电源；同时，设置两路电源自动切换装置；设置信息系统专用 UPS 电源，容量不小于 30kVA。如图 17-9 所示，是一个典型的中心机房供电系统图。

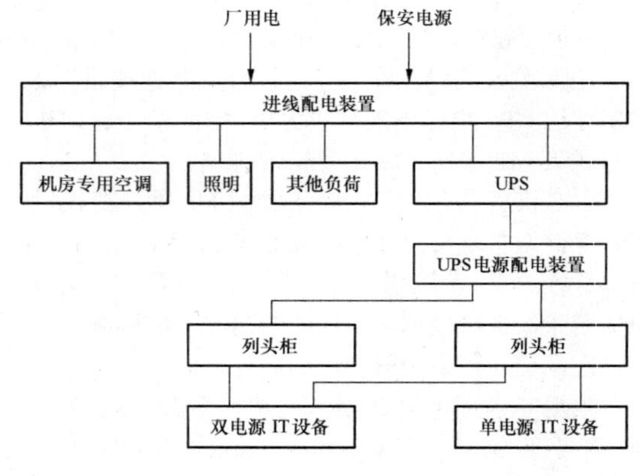

图 17-9　中心机房供电系统框图

（二）配电

机房应分别设立市电和 UPS 配电柜，配电柜应显示各相输入、输出电压、电流强度等基本信息，标明各开关的用途。每个设备机柜需从配电柜引独立走线回路。

（三）UPS 电源

UPS 电源作为中心机房建设的基本设备必须配置，它为机房提供稳定、持续的供电系统。在外部供电系统突然断电的情况下，还能保障机房内重要设备一定的供电时间，保证数据的安全可靠性。

UPS 容量应是总用电功率的 1.5 倍，在线备用时间应大于 2h（UPS 放电时间计算公式：负载的有功功率×支持时间=电池放出容量×电池电压×UPS 逆变效率）。

根据设计经验，一般地，电厂信息系统机房 UPS 电源设置以不小于 30kVA 为宜。UPS 设备尽可能地靠近信息机房布置，缩短供电距离，减少压降。

（四）电源插座

中心机房内固定插座可分为 UPS 插座和厂用电/保安电源插座，移动插座应采用标准的交流 220V、16A 防浪涌插座。机柜采用 UPS 供电，机柜之间插座不能共用。所有插座都必须独立分相走线。原则上每个机柜应配备两个 UPS 插座和一个厂用电/保安电源插座。

（五）电缆

电缆应选择符合国家标准的高质量铜芯线缆，主干进线截面面积至少为 10mm^2，UPS 插座电源线截面面积为 4mm^2，照明用电源线截面面积可用 2.5mm^2，空调插座电源线截面面积至少为 4mm^2。线缆应置于桥架或 PVC 管内，防止电磁干扰设备，并标明去向和功能，方便维护。

五、接地

中心机房的接地电阻值应小于 4Ω。在中心机房设置等电位汇流排，等电位汇流排接到建筑物接地端子。

等电位汇流排采用 4×40mm^2 铜排，设置在防静电地板下方固定到地面，铺满整个机房。需要接地的机柜或设备就近与等电位汇流排相连，连接导体采用截面面积不小于 10mm^2 的铜线。

六、环境

（1）机房空气环境温度：夏季为 23℃±2℃，冬季为 20℃±2℃。

（2）湿度：夏季为 55%±10%，冬季为 55%±10%。

（3）空调配置：根据机房设备容量，暖通专业配置相应的机房专用空调。由机房专用空调送出冷风，经地板送风口送出，从机柜正面进入，对机柜内各设备进行冷却，再从机柜背面吹出口，回到机房专用空调。

（4）中心机房设置视频监视、安全防护、门禁等安全防护监控装置，信号送至电厂大楼安全防护监控室。

七、中心机房布置图

（1）机柜的布置原则应保证运维人员操作便利，

并兼顾设备使用安全。

（2）机柜之间的间距要求：机柜正面之间的距离不应小于 1.5m；机柜侧面距墙不应小于 0.5m，当需要维修测试时，则距墙不应小于 1.2m；走道净宽不应小于 1.2m。易产生尘埃及废物的设备应远离对尘埃敏感的设备，并集中布置在靠近机房的回风口处。

（3）设备机柜按照功能尽量布置在一起，如网络配线柜、服务器机柜、UPS 设备机柜等。服务器机柜放置在第一排便于操作，UPS 设备机柜操作相对较少放置在最后一排。如图 17-10 所示为信息系统中心机房布置图，是工程中常用的信息中心机房布置图。

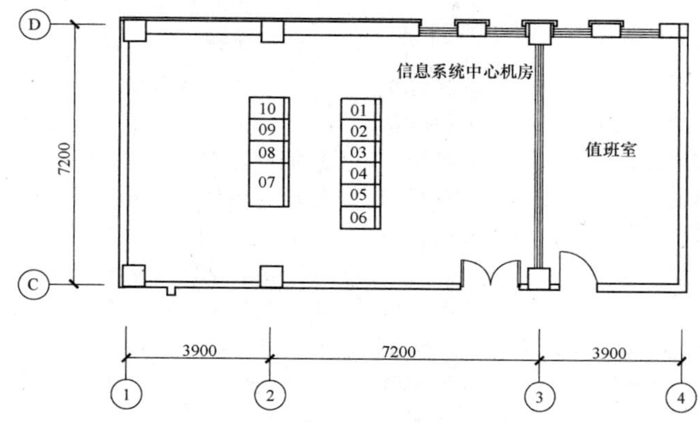

图 17-10 信息系统中心机房布置图

八、弱电间

弱电间是弱电系统中各种缆线的布线通道，也是安装机柜、接线箱、端子箱等设备需要的建筑空间。

一般地，在电厂除了一个信息系统中心机房外，其他建筑物内都设置一个弱电间作为网络设备管理间，有时也与其他房间合用作为网络设备管理间。如图 17-11 所示，是一个典型的弱电间布置图。

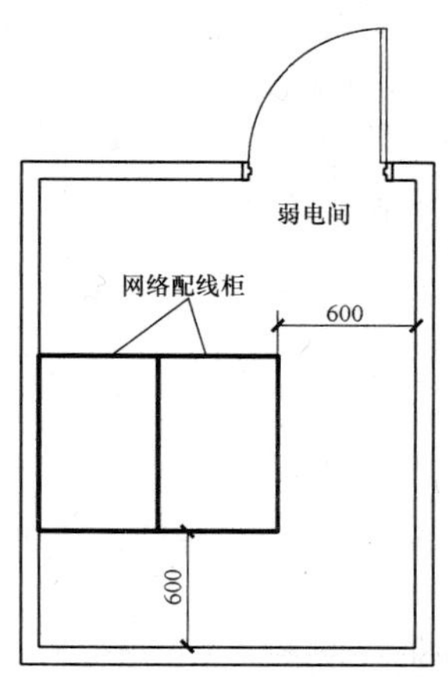

图 17-11 弱电间布置图

（一）弱电间对建筑专业的要求

（1）不进人的弱电间面积不宜小于 1.0m（宽）× 0.4～0.6m（深）。

（2）进人的弱电间面积不宜小于 1.5m×2m，有三面墙可敷设竖向管线（槽）或安装设备，竖向管路不应穿越结构横梁。

（3）弱电间兼做综合布线系统楼层电信间（安装楼层配线设备和网络机柜）时，面积不应小于 $5m^2$；兼做综合布线系统设备间（安装建筑物配线设备和网络机柜）时，面积不应小于 $10m^2$。

（4）弱电间地坪宜高出本层地坪 150～300mm 或设置 150～300mm 高的门槛。

（5）弱电间的门应向外开，门的高度宜与同层其他房间门的高度一致，但不宜低于 2.0m；宽度不宜小于 0.8m，并根据系统设备的需求，采用防静电、防尘措施。

（二）弱电间对土建结构专业的要求

（1）弱电间兼做综合布线系统楼层设备间的楼板活荷载按照 $5.0kN/m^2$ 设计。

（2）弱电间承重墙和楼板应根据弱电专业的要求，预留进出线保护管、线槽的孔洞。

（3）弱电间预留等电位连接端子。

（三）弱电间对暖通专业的要求

（1）弱电间内无有源设备时，温度宜保持在 5～35℃，相对湿度宜保持在 20%～80%。

（2）弱电间内装有源设备时，温度宜保持在 18～28℃，相对湿度宜保持在 35%～75%。

（3）与弱电间无关的水暖管、通风管等不得进入弱电间。

（四）弱电间对电气专业的要求

（1）弱电间按一般照明考虑，工作面照度应符合相应的国家标准。

（2）弱电间应预留交流 220V、10VA 单相三孔维修电源插座，维修电源应由专用回路供给。

（3）弱电间提供的工作电源（网络系统的设备用）

的负荷等级不宜低于C级机房的供电要求。

（4）弱电间应敷设25×4mm^{2}铜排作为接地干线，并在接地干线上预留接地端子。

第九节 综合布线系统

一、概述

综合布线系统（PDS）是建筑物与建筑群综合布线系统的简称，它是指建筑物内或建筑群体中的信息传输媒介系统，它将相同或相似的缆线（如双绞线、同轴电缆或是光缆）、连接硬件等按一定的关系和通用秩序组合，设计成一个可扩展性的柔性整体，构成一套标准规范的信息传输系统。

综合布线一般采用分层星形拓扑结构。这种结构的优点是每个分支系统都是相对独立的单元，对每个分支子系统的改动都不影响其他子系统，只要改变节点连接方式就可使综合布线在星形、总线型、环形、树形等结构之间进行转换。

综合布线由不同系列和规格的部件组成，其中包括传输介质、相关连接硬件（如配线架、连接器、插座、插头、适配器）及电气保护设备等。用这些部件可以构建各种子系统，可用来传输语音、数据、图像、多媒体等各种信号信息。

通常，综合布线由主配线架（MDF）、分配线架（IDF）、信息插座等基本单元经线缆连接组成。主配线架放在设备间，分配线架放在楼层配线间，信息插座安装在工作区。

二、范围与内容

一般地，在电厂需要做综合布线设计的建筑物包括生产办公楼、集控楼、输煤综合楼、化验楼、检修间、材料库、夜班休息楼、警卫传达室、脱硫综合楼等。除了单个建筑物内部进行综合布线设计外，还应设计厂区相关建筑物之间主干光缆网络敷设图。

综合布线设计的内容通常包括电话语音、网络数据两个系统。有条件时，也可以把门禁系统、安防监控系统纳入统一综合布线系统中进行设计。

三、原则与构成

综合布线系统设计应满足的标准与规范有GB 50314《智能建筑设计标准》、GB 50311《综合布线系统工程设计规范》、GB 50312《综合布线系统工程验收规范》。

综合布线系统设计还应结合电厂信息系统建设规划、信息化应用系统范围、公共安全系统等的统筹规划，按照各系统信息的传输要求，做到合理设计与使用。设计中选用产品必须是经过国家认可、产品质量检验机构鉴定合格、符合国家有关技术标准的定型产品。综合布线系统应是开放式网络拓扑结构，应能支持语音、数据、图像、多媒体业务等信息传递的应用。

一般地，综合布线系统由6个子系统组成，即工作区子系统、配线（水平）子系统、干线（垂直）子系统、设备间子系统、管理子系统、建筑群子系统。在实际工程设计中根据建筑物或建筑群的规模，可选几个子系统或者全部子系统进行合理配置。

（1）工作区子系统。由配线（水平）子系统的信息插座延伸到工作站终端设备处的连接电缆及适配器组成，每个工作区根据用户要求，设置一个电话机接口和1～2个计算机终端接口。

（2）配线（水平）子系统。由工作区用的信息插座，每层配线设备至信息插座的配线电缆、楼层配线设备和跳线等组成。

（3）干线（垂直）子系统。由设备间的配线设备和跳线，以及设备间至各楼层配线间的连接电缆组成。

（4）设备间子系统。由综合布线系统的建筑物进线设备，电话、数据、计算机等各种主机设备及其保安配线设备等组成。

（5）管理子系统。设置在每层配线设备房间内，是由配线设备、输入/输出设备等组成。

（6）建筑群子系统。由两个及以上建筑物的电话、数据、电视系统组成一个建筑群子系统，它是室外设备与室内网络设备的接口，它终结进入建筑物的铜缆或光缆，提供避雷及电源超负荷保护等。

（一）综合布线系统基本构成

综合布线系统的基本构成一般如图17-12所示。

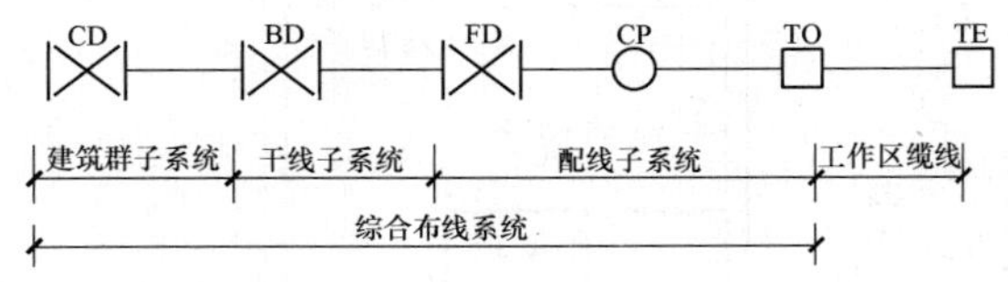

图17-12 综合布线系统基本构成

图17-12中符号含义说明见表17-29。

表17-29 符号描述

序号	符号	英文名	中文名或解释
1	CD	campus distributor	建筑群配线设备
2	BD	building distributor	建筑物配线设备
3	FD	floor distributor	楼层配线设备
4	CP	consolidation point	集合点
5	TO	information outlet	信息插座
6	TE	terminal equipment	终端设备

通常在电厂进行综合布线设计过程中，除办公楼信息点数相对密集外，其他建筑物内信息点相对比较少，所以在大多数情况下，一个建筑物内各个子系统都不独立设置工作空间，基本就在一个网络机柜内完成。网络机柜包括配线（水平）子系统、干线（垂直）子系统、设备间子系统、建筑群子系统、管理子系统等。

一般地，电厂中某一个建筑物的综合布线子系统构成如图 17-13 所示，把 CD、BD、FD 合并设置在一个网络机柜内，不设置 CP。

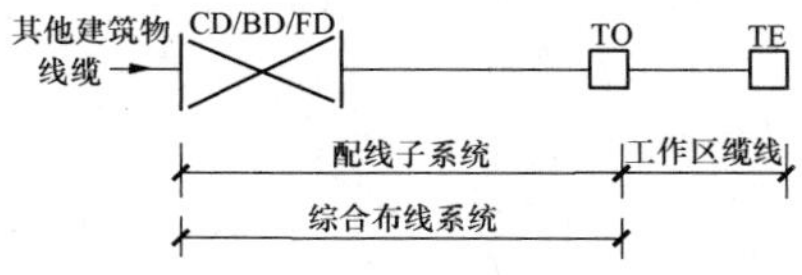

图 17-13 厂区建筑物布线构成

（二）综合布线系统分级与组成

综合布线铜缆系统的分级与类别见表 17-30。

表 17-30 综合布线铜缆系统的分级与类别

系统分级	支持带宽（Hz）	支持应用器件	
		电缆	连接硬件
A	100K	—	—
B	1M	—	—
C	16M	3 类	3 类
D	100M	5/5e 类	5/5e 类
E	250M	6 类	6 类
F	600M	7 类	7 类

注 3 类、5/5e 类（超 5 类）、6 类、7 类布线系统应能支持向下兼容的应用。

通常，在工程设计中选择 D/E 等级标准设计，特别是在生产办公楼内应选择 E 等级进行设计。在选择传输电缆时，在建筑物内铜缆选择六类非屏蔽双绞线、光缆选择多模光纤，在建筑物间铜缆选择六类屏蔽双绞线、光缆选择单模光纤。为了便于采购、配置及备品备件储备，尽量统一网络传输介质。

综合布线系统信道应由最长 90m 水平缆线、最长 10m 的跳线、设备缆线及最多 4 个连接器件组成，永久链路则由 90m 水平缆线及 3 个连接器件组成，其连接方式如图 17-14 所示。

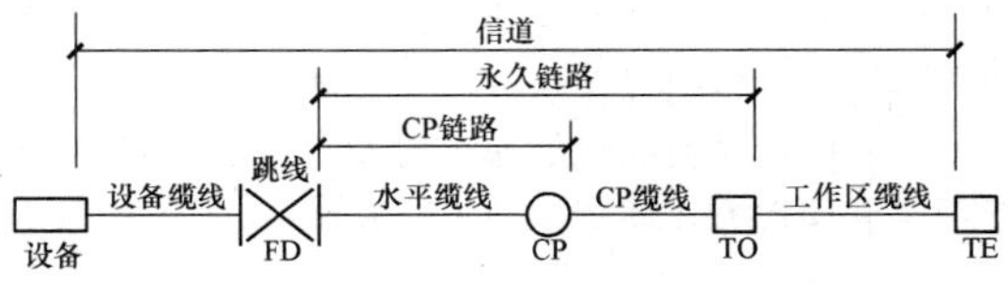

图 17-14 综合布线系统信道连接方式

一般地，在电厂综合布线系统设计中，CP 和 CP 链路在建筑物内都不用设置，只有水平缆线，所以其连接方式简化如图 17-15 所示。

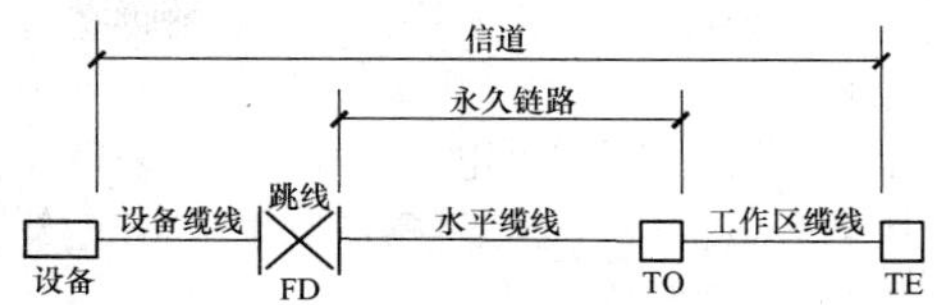

图 17-15 厂区建筑物布线信道连接方式

在电厂设计中，由于每个单体建筑物内信息点数量相对较少，而且楼层高度基本也不高（大部分建筑物高度小于 3 层），所以，每个建筑物中的 BD/CD、FD、设备间基本都布置在一面网络机柜中，除办公人员比较密集的办公楼内可设置楼层配线间外，其他建筑物基本不设置楼层配线间。

电厂内办公室的功能分配相对是比较固定的，不像商业化的写字楼，其办公室功能随入住客户的变化功能也随之变化。所以，在做布线设计时基本一次到位，按照建设初期的办公室功能划分敷设相应的布线系统，满足电厂管理信息系统应用的需求，适度超前即可。

（三）缆线长度划分

综合布线系统水平缆线与建筑物主干缆线及建筑群主干缆线之和所构成信道的总长度不应大于 2000m。

一般地，配线子系统如图 17-16 所示。各缆线长度应符合下面的要求。

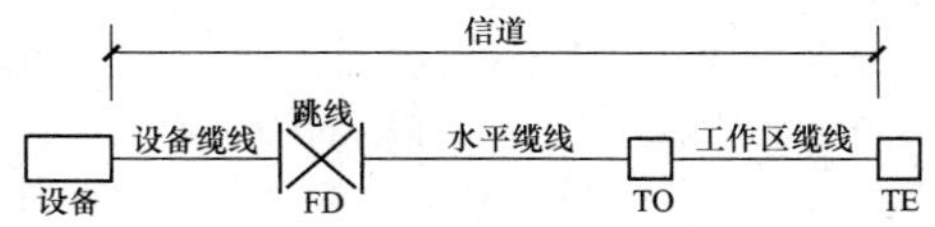

图 17-16 配线系统图

（1）配线子系统信道的最大长度不应大于 100m。

（2）工作区设备缆线之和不应大于 10m，当大于 10m 时，水平缆线长度（90m）应适当减少。

（3）楼层配线设备（FD）跳线、设备缆线及工作区设备缆线各自的长度不应大于 5m。

（四）系统应用

（1）全厂的综合布线信道及链路的缆线和连接器件应保持系统等级与阻抗的一致性。综合布线系统工程的产品类别及链路、信道等级确定应综合考虑电厂信息化系统的功能、应用网络、业务终端类型、业务的需求及发展、性能价格、现场安装条件等因素。

（2）综合布线系统光纤信道应采用标称波长为 850nm 和 1300nm 的多模光纤及标称波长为 1310nm

和 1550nm 的单模光纤。

（3）单模和多模光缆的选用应符合网络的构成方式、业务的互通互连方式及光纤在网络中的应用传输距离。一般在楼内宜采用多模光缆，建筑物之间采用单模光缆。

（4）工作区信息点为电信号端口时应采用 8 位模块通用插座（RJ45），光信号端口宜采用 SFF 小型光纤连接器件及适配器。

（5）FD、BD、CD 配线设备应采用 8 位模块通用插座（RJ45）或卡接式配线模块（多对、25 对及回线型卡接模块）和光纤连接器件及光纤适配器（单工或双工的 ST、SC、FC 或 SFF 光纤连接器件及适配器）。

（五）屏蔽布线系统

屏蔽布线系统采用的电缆、连接器件、跳线、设备电缆都应是屏蔽的，并应保持屏蔽层的电气连续性。

通常，电厂的集控楼、继电器室内具有较强的电磁干扰辐射，为了避免干扰网络数据信号的传输，可采用屏蔽双绞线或光缆作为传输介质进行布线，其他所有建筑物内均可采用非屏蔽双绞线作为传输介质进行布线就能满足信号传输不受干扰要求。

（六）开放型办公室布线系统

在电厂办公楼内大开间的办公场地，如果因其使用对象数量的不确定性和流动性等因素，可采用集合点（CP）的方式进行设计。采用多用户信息插座，每个多用户插座包括适当的备用量在内，宜能支持 12 个工作区所需的 8 位模块通用插座。

一般情况下，不建议采用集合点的方式进行设计，尽量地根据办公室功能及工作隔断的布置位置，将水平布线施工到每个工作工位。这样是为了减少节点数量，减少故障点，也便于维护管理。

（七）工业级布线系统

工业级布线系统是指应用于高温、潮湿、电磁干扰、撞击、振动、腐蚀气体、灰尘等恶劣环境中布线。工业级配线设备应根据环境条件确定 IP 的防护等级。通常情况下，在电厂工程设计中，基本涉及不到这种恶劣环境。

四、子系统配置设计

（一）工作区

工作区通常就是连接计算机的个人工作区域，是一根两端是 RJ45 适配器的 4 对对绞电缆，用于连接个人工作计算机；也可以是一根两端是 RJ45 适配器（或 RJ11 适配器的 1 对对绞电缆）的 4 对对绞电缆，用于连接个人工作电话；还可以是一根两端是 ST（或 SC、SFF）适配器的 2 芯光缆，用于连接光信号端口设备。

实际工程中，通常就是一根两端为 RJ45 插头的网络线，把计算机通过这根网络线连接到墙面（或者工作卡位隔断内）的信息插座。

（二）配线子系统

根据工程近期和远期终端设备的设置要求、建筑物内每个房间的功能需求、网络构成，以及实际需要确定每个办公室内需要安装信息插座模块的数量及其位置，配线设计时要考虑留有一定的发展余地。

配线子系统缆线采用非屏蔽或屏蔽 4 对对绞电缆，在需要时也可采用室内多模或单模光缆。

每个工作区信息点数量的确定范围比较大，信息点比较密集的建筑物有生产办公楼、宿舍楼、公寓楼、集控楼、输煤综合楼、化验楼、检修间，其他建筑物信息点数量相对都比较少。

每个房间设置信息点时不要单独设置一个信息点，至少设置两个或两个以上的信息点，作为备用信息点设计时应充分考虑。厂区每个建筑物内设置信息点的基本原则是：①有人员办公室的地方；②每 $10m^2$ 设置 2 个信息点；③用户需要。常规电厂的信息点分布见表 17-31。

表 17-31　信息点分布

序号	建筑物名称	信息点数量	备注
1	生产办公楼	250	
2	集中控制楼	40	
3	宿舍楼	200	
4	输煤综合楼	50	
5	化验楼	50	
6	检修间	50	
7	材料库	30	
8	脱硫综合楼	10	
9	继电器室	4	
10	汽车衡	6	
11	推煤机库	4	
12	警卫传达室	4	
13	职工食堂	10	

电信间 FD 与电话交换配线及计算机网络设备之间的连接方式按照以下两种方式设计。

（1）电话交换配线的连接方式。一个建筑物内电话系统的连接方式如图 17-17 所示。

（2）计算机网络设备连接方式。一个建筑物内计算机网络系统的连接方式如图 17-18 所示。

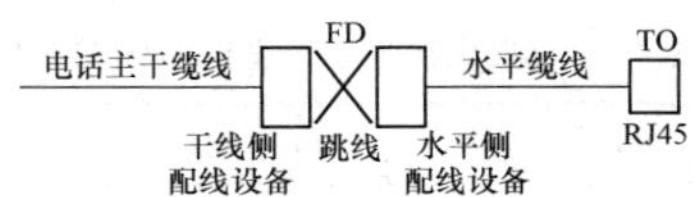

图 17-17 电话系统连接方式

（三）干线子系统

在工程设计中，干线子系统实际是不存在的，原因是电厂中每个建筑物楼层都不超过五层楼，没有必要设置楼层配线间，每个建筑物内只要设置一个配线间就可满足要求。所以，通常是把楼层配线间、建筑物配线间合设在一个房间内，甚至设在一个网络机柜内。一般地，在厂区每个建筑物内网络配线间的设置位置见表 17-32；也可根据具体工程的建筑物内房间设置实际情况来确定合适位置布置网络配线柜。根据信息点的布局可以计算出所需要的网络配线架、网络交换机等的数量。

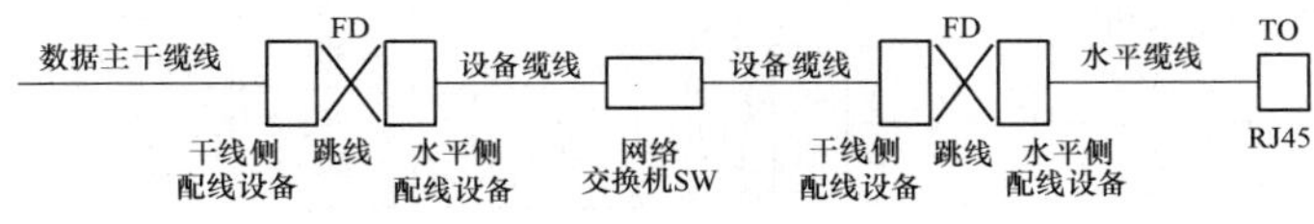

图 17-18 网络系统连接方式

表 17-32 网 络 配 线 间 位 置

建筑物名称	网络配线间设置位置
生产办公楼	MIS 机房内
集控楼	电子设备间或 SIS 机房内
宿舍楼	管理室
输煤综合楼	输煤程序控制室
化验楼	集中控制室
检修间	集中办公室
材料库	集中办公室
脱硫综合楼	集中控制室
继电器室	集中继电器室
汽车衡	集中控制室
推煤机库	值班室
警卫传达室	值班室
职工食堂	管理室

（四）建筑群子系统、设备间子系统、管理子系统

建筑群子系统在实际工程中就是两个建筑物之间的主干光纤连接，它的起点和终点分别设置在两个建筑物内的网络机柜内，通常是在一个机架式光纤配线架上实现。

在工程设计中，每个建筑物内建筑群子系统、设备间子系统、干线子系统、管理子系统往往是设置在一个机柜内实现，不设置楼层配线间。设置一个设备间，作为建筑群配线设备、建筑物配线设备、楼层配线设备共用的空间，这样设置主要是因为建筑物本身楼层不高，只要选择一间合适的位置布置网络机柜，就能满足信道链路小于 90m 的技术要求。这样设置最大的优点在于管理维护很方便，在一个设备间内就可以管理整个建筑物的信息点。在实际工程中，一个建筑物的综合布线系统如图 17-19 所示。

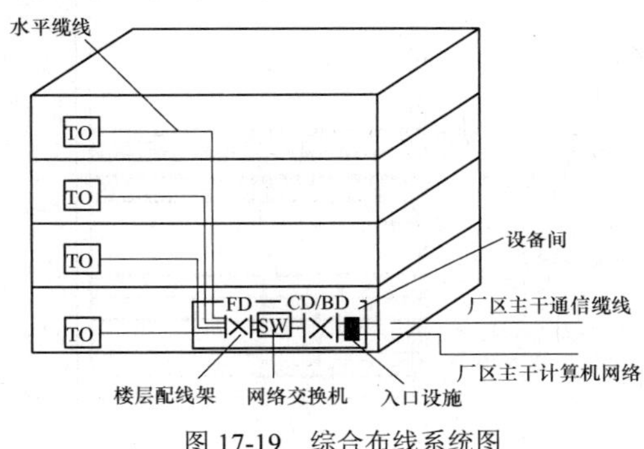

图 17-19 综合布线系统图

五、机柜选择

（一）机柜尺寸选择

一般网络机柜都选择 19in 宽度的标准机柜，根据每个建筑物内的信息点数量来确定网络机柜的尺寸大小。同时为了采购方便，常用机柜选择下面三种规格：

（1）信息点在 48 个以内的建筑物，选择一个挂墙安装机柜：规格为 6U，外形尺寸为 600mm（宽）×450mm（深）×350mm（高）。

（2）信息点数量大于 48、小于 100 个的建筑物，选择一个落地安装机柜：规格为 15U，外形尺寸为 600mm（宽）×450mm（深）×800mm（高）。

（3）信息点数量大于 100 个的建筑物，选择一个落地安装机柜：规格为 42U，外形尺寸为 600mm（宽）×600mm（深）×2000mm（高）。

信息机房内的机柜为了与服务器机柜保持一致，也为了机房布置美观，选择规格为 42U 的机柜，外形尺寸为 800mm（宽）×800mm（深）×2000mm（高）。

（二）机柜内部布置

设备布置，上部布置网络设备，中间布置数据配线架，下部布置语音配线架，光纤配线架布置在最上面，可减少对光纤的触碰。网络设备布置在上部也是考虑网络设备对温度的敏感（如工作温度范围在 0～40℃的网络设备）情况，为了避免网络设备因过热而损坏，可以考虑使网络设备紧靠机柜顶部的风扇，利用风扇降低网络设备的温度。

在机柜的下部安装与大对数电缆连接的语音配线架（IDC 型），紧靠在它的上面安装工作区的语音配线架（RJ45 型），这样布置可方便语音跳线需要。典型的网络机柜布置图如图 17-20 所示。

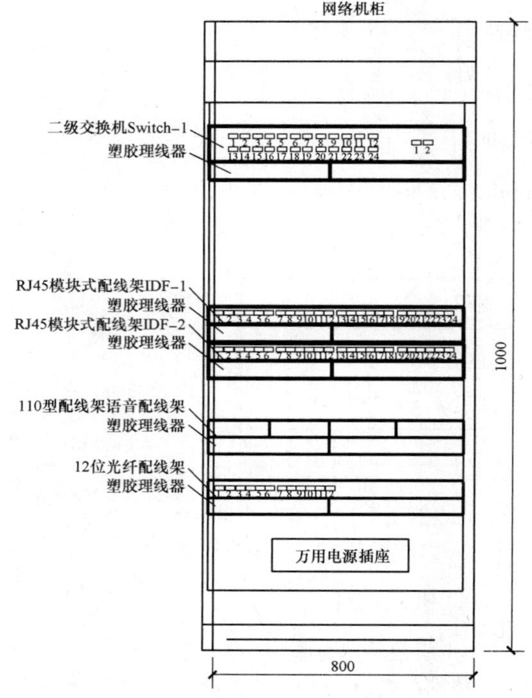

图 17-20　典型的网络机柜布置图

（三）线槽与暗管的规格选择

通常，网络对绞线从网络机柜到各个楼层敷设时用垂直线槽敷设，从垂直线槽通过走廊到各个房间敷设时用水平线槽敷设，从水平线槽进入房间墙面的信息插座用暗管敷设。如果整个建筑物只有几个信息点布置，也可以从网络机柜直接用暗管敷设到墙面信息插座。线槽和暗管一般都选用金属材质。

1. 线槽规格选择

依据缆线的数量配置相应尺寸的垂直和水平金属线槽。这里只列出常用的四个规格线槽中缆线的容纳数量，敷设时线缆充满度不超过 50%。网络布线系统设计过程中，选择敷设双绞线电缆时，线槽规格与敷设电缆根数的选择可参考表 17-33。表 17-33 中括号外（内）的数字为线槽截面充满度为 30%（50%）时所穿选用电缆的根数。

在网络布线系统设计中，敷设大对数电缆时，线槽规格与大对数电缆根数的选择见表 17-34。

表 17-33　线槽规格与敷设电缆根数对应表

线槽规格（mm×mm）	电缆根数				
	超五类（非屏蔽）	超五类（屏蔽）	六类（非屏蔽）	六类（屏蔽）	七类
50×50	30（50）	19（33）	19（33）	14（24）	11（19）
100×50	62（104）	41（68）	41（68）	30（50）	24（40）
200×100	261（436）	172（288）	172（288）	126（210）	101（168）
300×150	598（997）	522（658）	522（658）	288（481）	230（384）

表 17-34　线槽规格与大对数电缆根数参考表

线槽规格（mm×mm）	大对数电缆			
	25 对（三类）	50 对（三类）	100 对（三类）	25 对（五类）
50×50	7（12）	4（8）	2（4）	4（7）
100×50	15（25）	9（16）	5（8）	9（15）
200×100	63（106）	41（69）	21（36）	39（65）
300×150	145（242）	95（159）	49（83）	90（150）

在网络布线系统设计中，敷设光缆时，线槽规格与光缆根数的选择见表 17-35。

表 17-35　线槽规格与光缆根数参考表

线槽规格（mm×mm）	光缆根数			
	2 芯光缆	6 芯光缆	12 芯光缆	24 芯光缆
50×50	38（63）	27（45）	17（28）	5（8）
100×50	78（131）	55（92）	35（59）	10（18）
200×100	330（550）	233（389）	149（248）	45（76）
300×150	755（1258）	533（889）	340（567）	139（231）

2. 暗管规格选择

暗管一般是暗敷在墙面内，在工程中常用的四种管径（外径）是ϕ15、ϕ20、ϕ25、ϕ32。这是为了统一规格、方便管理、便于采购和使用而确定的。暗管类型选用低压流体输送用焊接钢管（SC）和套接扣压式薄壁钢管（KBG），在网络系统设计中采用双绞线敷设时，管径规格与敷设电缆根数见表 17-36。

在网络系统设计中，光缆敷设时，管径规格与敷设光缆根数见表 17-37。

表 17-36 管径规格与敷设电缆根数对应表

暗管规格	电缆根数				
	超五类（非屏蔽）	超五类（屏蔽）	六类（非屏蔽）	六类（屏蔽）	七类
ϕ15	2	2	1	1	1
ϕ20	4	4	2	2	1
ϕ25	7	4	4	3	2
ϕ32	11	8	8	6	4

六、设计举例

下面以某电厂的某一建筑物为例进行综合布线设计，设计内容包括计算机网络系统和语音电话系统。

表 17-37 管径规格与光缆根数对应表

暗管规格	1 根光缆选配最小钢管管径（SC）			
	6 芯光缆	8 芯光缆	12 芯光缆	24 芯光缆
ϕ15	√	√		
ϕ20			√	
ϕ25				√

（一）综合布线设计说明

设计说明部分主要描述设计内容、依据、规范等，说明建筑物的设备间位置，网络配线柜的安装方式、规格尺寸。

（二）综合布线系统图表

综合布线系统图表见图 17-21～图 17-25 及表 17-38。

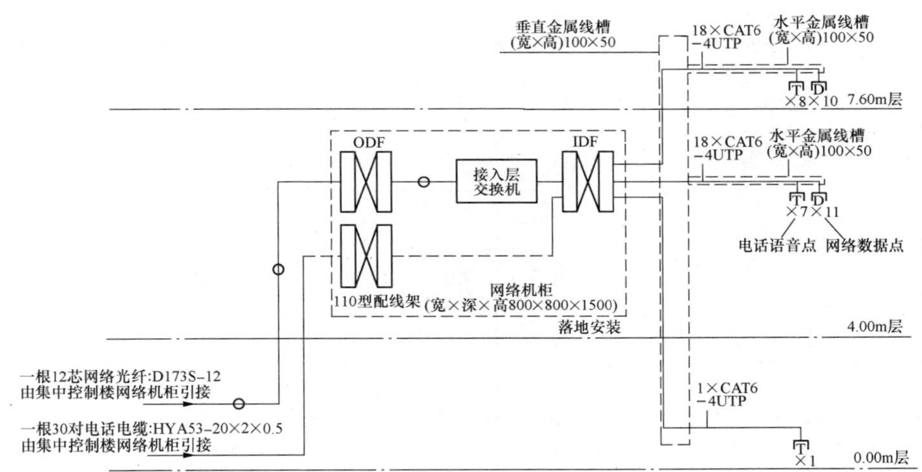

图 17-21 综合布线系统图

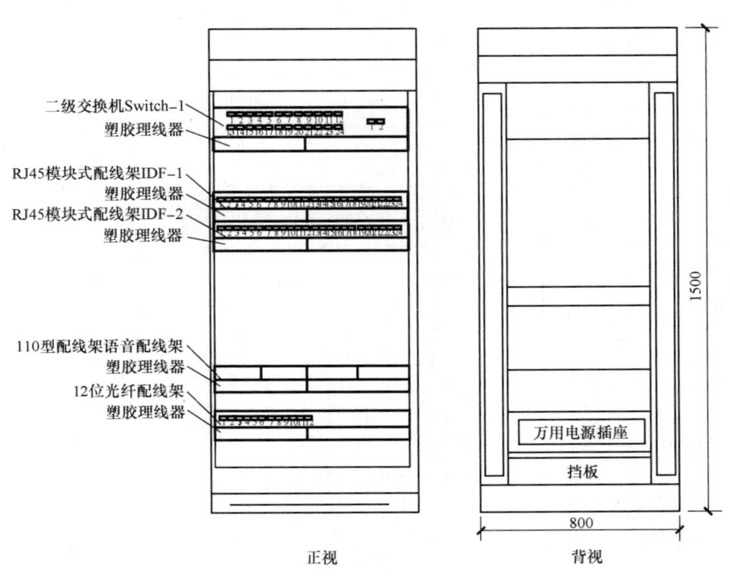

图 17-22 综合布线网络机柜布置图

表 17-38　　综合布线网络机柜接线表

RJ45 模块式配线架 IDF-1		
内侧配线（交换机端口）	端口序号	外侧配线（用户接线）
Switch-1 1	1	D20101
Switch-1 2	2	D20102
Switch-1 3	3	D20103
Switch-1 4	4	D20201
Switch-1 5	5	D20301
Switch-1 6	6	D20401
Switch-1 7	7	D20601
Switch-1 8	8	D20602
Switch-1 9	9	D20603
Switch-1 10	10	D20701
Switch-1 11	11	D20702
Switch-1 12	12	
Switch-1 13	13	
Switch-1 14	14	D30101
Switch-1 15	15	D30201
Switch-1 16	16	D30301
Switch-1 17	17	D30302
Switch-1 18	18	D30303
Switch-1 19	19	D30401
Switch-1 20	20	D30501
Switch-1 21	21	D30601
Switch-1 22	22	D30701
Switch-1 23	23	D30801
Switch-1 24	24	

RJ45 模块式配线架 IDF-2		
内侧配线（交换机端口）	端口序号	外侧配线（用户接线）
电力调度电话	1	T10101
	2	
	3	
行政电话	4	T20101
行政电话	5	T20201
行政电话	6	T20301
行政电话	7	T20401
行政电话	8	T20601
电力调度电话	9	T20701
行政电话	10	T20702
	11	
	12	
行政电话	13	T30101
行政电话	14	T30201
行政电话	15	T30301
行政电话	16	T30401
行政电话	17	T30501
行政电话	18	T30601
行政电话	19	T30701
行政电话	20	T30801
	21	
	22	
	23	
	24	

12 位光纤配线架		
内侧配线（交换机端口）	端口序号	外侧配线（用户接线）
Switch-1 单模光纤端口	1	至中心机房光纤配线架编号：D1-D6
	2	
	3	
	4	
	5	
	6	
	7	
	8	
	9	
	10	
	11	
	12	

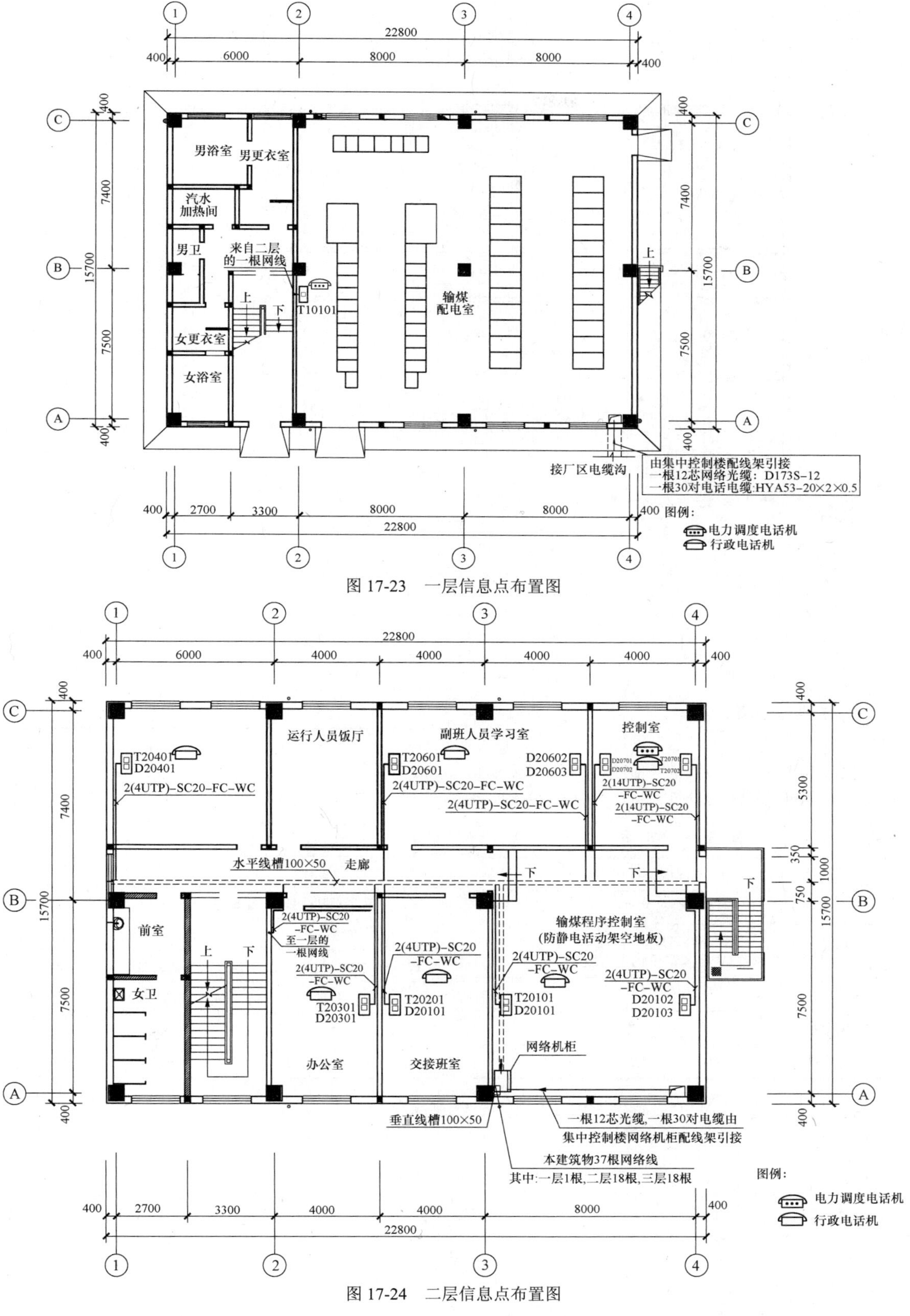

图 17-23 一层信息点布置图

图 17-24 二层信息点布置图

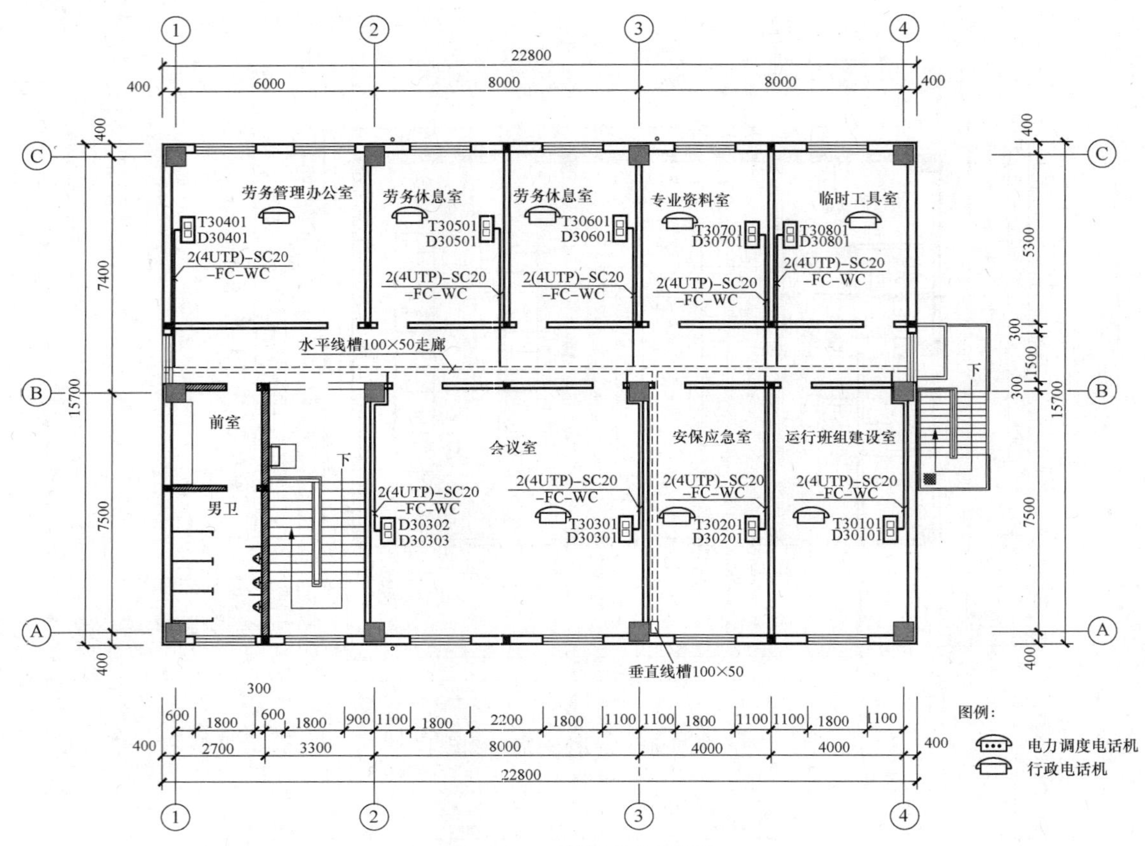

图 17-25　三层信息点布置图

(三)设备及材料表

设备材料表栏目至少应包含的内容有序号、设备名称、规格型号、单位、数量等信息，某电厂的某一建筑物内综合布线系统的设备及材料表见表 17-39。

表 17-39　　设 备 及 材 料 表

序号	名称	规格型号	单位	数量
1	网络机柜	DK7821750	个	1
2	接入层交换机	S5700-28C-SI 配电源模块和 4 路千兆光口板	台	1
3	24 口网络配线架	1100GS3-24	套	2
4	配线架数据模块	MGS400-262	个	37
5	12 芯光纤配线架	600G2-1U-UP-FX	套	1

续表

序号	名称	规格型号	单位	数量
6	光模块	SFP-GE-LX-SM1310	个	1
7	110 型配线架	110DW2-100	套	1
8	理线架	HCm-19-SS-1U-EMEA	个	3
9	语音理线架	110B3	个	1
10	单模光纤跳线	FEWLCLC42-JXF010	对	1
11	网络跳线	GS8E-Dg-9FT	根	22
12	语音跳线	119P2PS-DG-010FT	根	15
13	双孔信息插座	M12CFNS-262	套	18
14	单孔信息插座	M10CF-262	套	1
15	非屏蔽双绞线	CAT6-4UTP	米	1830

附　　录

附录A　图例符号及功能代码表

表 A-1　　图　例　符　号

序号	名　　称	图例	备注
1	喷嘴		—
2	孔板		—
3	文丘里管		—
4	转子流量计		—
5	电磁流量计		—
6	容积流量计	FQ	一般符号
7	任何其他流量计一次元件	F	—
8	嵌在管道中的其他流量检测元件		圆圈内应标注设备编号
9	测量点	测量点	—
10	就地安装的仪表		—
11	就地盘面安装仪表		—
12	就地盘内安装仪表		—
13	控制盘、台面安装的仪表		—
14	控制盘、台内安装的仪表		—

表 A-2　　功　能　代　码　表

字母	第一位字母		后续字母
	被测变量或初始变量	修饰词	显示或输出功能
A	分析	—	报警
B	喷嘴、火焰	—	供选用
C	电导率	—	控制（调节）
D	密度、相对密度	差	—
E	电压（电动势）	—	检测元件
F	流量	比率	—
G	尺度（尺寸、位置）	—	玻璃
H	手动操作（电动阀、电磁阀）	—	—

续表

字母	第一位字母		后续字母
	被测变量或初始变量	修饰词	显示或输出功能
I	电流	—	指示
J	功率	扫描	—
K	时间或时间程序	—	操作器
L	物位	—	灯
M	水分或湿度	—	—
N	手动操作（电动机）	—	未分类
O	供选用	—	节流孔
P	压力或真空	—	试验点（接头）
Q	质量、浓度	积算或累计	积算、累计、开方
R	核辐射	—	记录
S	速度或频率	—	开关
T	温度	—	传送
U	多变量	—	多功能
V	黏度	—	阀门、挡板、执行元件、未指定校正器
W	重量或力	—	套管
X	未分类	—	未分类
Y	手动操作（调节阀、调节挡板）	—	继动器
S			紧急或安全动作、联锁

表 A-3　　特殊仪表功能代码表

功能代码	名　称	功能代码	名　称
C	碳	Na	钠
CC	阳电导率	NH_3	氨
CL	余氯	NO_x	氮氧化物
CO	一氧化碳	O_2	含氧量
COD	化学耗氧量	ORP	氧化还原电位
CON	导电度	pH	pH 值
DEN	密度	S	酸浓度
DUST	粉尘	SC	比电导率
DO	溶解氧	SFD	电动防火排烟阀
FD	电动防火阀	Si	硅
HTI	就地温湿度指示计	SO_2	二氧化硫
HTT	温湿度变送器	TU	浊度
J	碱浓度		

附录B　仪表测量管路计算

超临界和超超临界机组汽水系统的压力和温度比亚临界机组有了大幅度的提高，此部分的仪表测量管路规格需要根据壁厚计算公式计算确定。在国内火力发电厂的工程设计中，仪表测量管路壁厚计算采用的计算公式依据通常为GB 50764《电厂动力管道设计规范》、DL/T 5054《火力发电厂汽水管道设计规范》、DL/T 5366《火力发电厂汽水管道应力计算技术规程》。

仪表测量管路规格的计算范围为超（超）临界参数机组的主蒸汽、高温再热蒸汽、高压给水管道、锅炉汽水分离器系统的仪表导管。

仪表测量管路的规格通常选用DN10～DN15的无缝钢管，且为外径管（用外径表征的管子）。因此，对应不同的外径，其壁厚计算按照DL/T 5054《火力发电厂汽水管道设计技术规范》的相关内容，工程中可根据实际情况确定选用的管径和壁厚数值。具体的计算方法如下：

按直管外径确定时，直管的最小壁厚 s_m 可按式（B-1）计算

$$s_m = \frac{pD_o}{2[\sigma]^t\eta + 2Yp} + a \quad \text{(B-1)}$$

式中　s_m——直管的最小壁厚，mm。

p——设计压力，MPa（g）。

D_o——管子外径，mm。

$[\sigma]^t$——钢材在设计温度下的许用应力，MPa。

Y——温度对计算管子壁厚公式的修正系数，对于铁素体钢，480℃及以下时 Y=0.4，510℃时 Y=0.5，538℃及以上时 Y=0.7；对于奥氏体钢，566℃及以下时 Y=0.4，593℃时 Y=0.5，621℃及以上时 Y=0.7；中间温度的 Y 值，可按内插法计算；当管子的 D_o/s_m<6时，对于设计温度小于或等于480℃的铁素体和奥氏体钢，其 Y 值应按 $Y = \frac{D_i}{D_i + D_o}$ 计算。

D_i——管子内径，mm。

η——许用应力的修正系数，仪表导管均为无缝钢管，因此 $\eta = 1.0$。

a——考虑腐蚀、磨损和机械强度要求的附加厚度，mm。对于仪表导管，可不考虑腐蚀、磨损和机械强度要求的附加厚度（即 $a = 0$）。

1）测量管路计算壁厚和取用壁厚。

a．直管的计算壁厚应按式（B-2）计算

$$s_c = s_m + c \quad \text{(B-2)}$$

式中　s_c——直管的计算壁厚，mm；

s_m——直管的最小壁厚，mm；

c——直管壁厚负偏差的附加值，mm。

b．直管的取用壁厚，以公称壁厚表示。对于以外径×壁厚标示的管子，应根据直管的计算壁厚，按管子产品规格中公称壁厚系列选取。在任何情况下，管子的取用壁厚均不得小于管子的计算壁厚。

2）直管壁厚负偏差附加值选取。对于管子规格以（外径×壁厚）标示的无缝钢管，可按式（B-3）确定

$$c = As_m \quad \text{(B-3)}$$

式中　c——直管壁厚负偏差的附加值，mm；

s_m——直管的最小壁厚，mm；

A——直管壁厚负偏差系数，根据管子产品技术条件中规定的壁厚允许负偏差 m%按公式 A=m/（100–m）计算，或按表B-1取用。

表B-1　　直管壁厚负偏差系数

直管壁厚允许负偏差（%）	–5	–8	–9	–10	–11	–12.5	–15
A	0.053	0.087	0.099	0.111	0.124	0.143	0.176

3）弯管壁厚。仪表测量管路在现场安装时，不可避免地要进行弯管，因此，直管的壁厚还需考虑由于弯制过程中弯管外侧的壁厚减薄。弯管弯制前直管的最小厚度应符合表B-2的要求。

表B-2　　弯管弯制前直管的最小壁厚

弯曲半径	弯管弯制前直管的最小壁厚
≥6倍管子外径	$1.06s_m$
5倍管子外径	$1.08s_m$
4倍管子外径	$1.14s_m$
3倍管子外径	$1.25s_m$

仪表测量管路宜挑选正偏差壁厚的管子进行弯制。

附录C　引用标准名录

说明：在工程应用中应以各标准的最新有效版本为准。

GB/T 706《热轧型钢》

GB/T 1048《管道元件—PN（公称压力）的定义和选用》

GB/T 1220《不锈钢棒》

GB/T 2260《中华人民共和国行政区划代码》

GB/T 2261.1《个人基本信息分类与代码　第1部分：人的性别代码》

GB/T 2423.10《电工电子产品环境试验　第2部分：试验方法　试验Fc：振动（正弦）》

GB/T 2624.1《用安装在圆形截面管道中的差压装置测量满管流体流量　第1部分：一般原理和要求》

GB/T 2624.2《用安装在圆形截面管道中的差压装置测量满管流体流量　第2部分：孔板》

GB/T 2624.3《用安装在圆形截面管道中的差压装置测量满管流体流量　第3部分：喷嘴和文丘里喷嘴》

GB/T 2624.4《用安装在圆形截面管道中的差压装置测量满管流体流量　第4部分：文丘里管》

GB/T 2659《世界各国和地区名称代码》

GB/T 2887《计算机场地通用规范》

GB/T 2900.10《电工术语 电缆》

GB/T 3304《中国各民族名称的罗马字母拼写法和代码》

GB/T 3469《信息资源的内容形式和媒体类型标识》

GB 3836.1《爆炸性环境　第1部分：设备通用要求》

GB 3836.14《爆炸性环境　第14部分：场所分类 爆炸性气体环境》

GB 3836.15《爆炸性环境　第15部分：电气装置的设计、选型和安装》

GB 3836.19《爆炸性环境　第19部分：现场总线本质安全概念（FISCO）》

GB 3838《地表水环境质量标准》

GB/T 3956《电缆的导体》

GB/T 4208《外壳防护等级（IP代码）》

GB 4715《点型感烟火灾探测器》

GB 4716《点型感温火灾探测器》

GB 4717《火灾报警控制器》

GB/T 4762《政治面貌代码》

GB/T 4763《党、派代码》

GB/T 4880.1《语种名称代码　第1部分：2字母代码》

GB/T 4880.2《语种名称代码　第2部分：3字母代码》

GB/T 4880.3《语种名称代码　第3部分：所有语种的3字母代码》

GB/T 4990《热电偶用补偿导线合金丝》

GB/T 5023《额定电压450/750V及以下聚氯乙烯绝缘电缆》

GB/T 6565《职业分类与代码》

GB/T 6864《中华人民共和国学位代码》

GB/T 7027《信息分类和编码的基本原则与方法》

GB/T 7156《文献保密等级代码与标识》

GB/T 7353《工业自动化仪表盘、柜、台、箱》

GB/T 8561《专业技术职务代码》

GB/T 8563《奖励、纪律处分信息分类与代码》

GB/T 8566《信息技术软件生存周期过程》

GB/T 8567《计算机软件文档编制规范》

GB/T 9361《计算机场地安全要求》

GB/T 9705《文书档案案卷格式》

GB/T 9813.4《计算机通用规范　第4部分：工业应用微型计算机》

GB/T 10113《分类与编码通用术语》

GB/T 10114《县级以下行政区划代码编制规则》

GB/T 11714《全国组织机构代码编制规则》

GB/T 11821《照片档案管理规范》

GB/T 11822《科学技术档案案卷构成的一般要求》

GB/T 12402《经济类型分类与代码》

GB/T 12404《单位隶属关系代码》

GB/T 12407《职务级别代码》

GB/T 12666《单根电线电缆燃烧试验方法》

GB 13223《火电厂大气污染物排放标准》

GB 13539.1《低压熔断器　第1部分：基本要求》

GB/T 13745《学科分类与代码》

GB/T 14048.3《低压开关设备和控制设备　第3部分：开关、隔离器、隔离开关及熔断器组合电器》

GB/T 14048.11《低压开关设备和控制设备　第6-1部分：多功能电器 转换开关电器》

GB 14050《系统接地的型式及安全技术要求》

GB 15322《可燃气体探测器》

GB/T 15418《档案分类标引规则》

GB 16280《线型感温火灾探测器》

GB 16806《消防联动控制系统》

GB/T 16835《高等学校本科、专科专业名称代码》

GB/T 17166《企业能源审计技术通则》

GB/T 17626《电磁兼容试验和测量技术》

GB/T 17678.1《CAD电子文件光盘存储、归档与档案管理要求　第一部分：电子文件归档与档案管理》

GB/T 17678.2《CAD电子文件光盘存储、归档与档案管理要求　第二部分：光盘信息组织结构》

GB/T 18380《电缆和光缆在火焰条件下的燃烧试验》

GB/T 19001《质量管理体系—要求》

GB/T 19581《信息技术 会计核算软件数据接口》

GB/T 19666《阻燃和耐火电线电缆通则》

GB 19880《手动火灾报警按钮》

GB/T 20001.3《标准编写规则　第3部分：分类标准》

GB/T 20163《中国档案机读目录格式》

GB/T 20438《电气/电子/可编程电子安全相关系统的功能安全》

GB/T 20529.1《企业信息分类编码导则　第1部分：原则与方法》

GB/T 20530《文献档案资料数字化工作导则》

GB/T 20540《测量和控制数字数据通信　工业控制系统用现场总线　类型3　PROFIBUS规范》

GB/T 20878《不锈钢和耐热钢　牌号及化学成分》

GB/T 21109《过程工业领域安全仪表系统的功能安全》

GB/T 21197《线型光纤感温火灾探测器》

GB/T 23639《节能耐腐蚀钢制电缆桥架》

GB 23864《防火封堵材料》

GB/T 24589.1《财经信息技术　会计核算软件数据接口　第1部分：企业》

GB/T 24589.2《财经信息技术　会计核算软件数据接口　第2部分：行政事业单位》

GB/T 26863《火电站监控系统术语》

GB 28374《电缆防火涂料》

GB 29415《耐火电缆槽盒》

GB/T 29910《工业通信网络　现场总线规范　类型20：HART规范》

GB 31247《电缆及光缆燃烧性能分级》

GB/T 32821《燃气轮机应用安全》

GB/T 36293《火力发电厂分散控制系统技术条件》

GB 50016《建筑设计防火规范》

GB 50029《压缩空气站设计规范》

GB 50057《建筑物防雷设计规范》

GB 50058《爆炸危险环境电力装置设计规范》

GB 50093《自动化仪表工程施工及质量验收规范》

GB 50115《工业电视系统工程设计规范》

GB 50116《火灾自动报警系统设计规范》

GB 50174《数据中心设计规范》

GB 50168《电气装置安装工程电缆线路施工及验收标准》

GB 50217《电力工程电缆设计标准》

GB 50229《火力发电厂与变电站设计防火标准》

GB 50303《建筑电气工程施工质量验收规范》

GB 50311《综合布线系统工程设计规范》

GB 50312《综合布线系统工程验收规范》

GB 50314《智能建筑设计标准》

GB/T 50323《城市建设档案著录规范》

GB 50396《出入口控制系统工程设计规范》

GB/T 50549《电厂标识系统编码标准》

GB 50575《1kV及以下配线工程施工与验收规范》

GB 50660《大中型火力发电厂设计规范》

GB 50764《电厂动力管道设计规范》

GA 478《电缆用阻燃包带》

GA 1089《电力设施治安风险等级和安全防范要求》

CECS 106《铝合金电缆桥架技术规程》

DL/T 396《电压等级代码》

DL/T 397《电力地理信息系统图形符号分类与代码》

DL/T 435《电站锅炉炉膛防爆规程》

DL/T 503《电力工程项目分类代码》

DL/T 510《全国电网名称代码》

DL/T 517《电力科技成果分类与代码》

DL/T 575《控制中心人机工程设计导则》

DL/T 641《电站阀门电动执行机构》

DL/T 657《火力发电厂模拟量控制系统验收测试规程》

DL/T 701《火力发电厂热工自动化术语》

DL/T 715《火力发电厂金属材料选用导则》

DL/T 834《火力发电厂汽轮机防进水和冷蒸汽导则》

DL/T 860.901《电力自动化通信网络和系统　第901部分：DL/T 860在变电站间通信中的应用》

DL/T 1022《火电机组仿真机技术规范》

DL/T 1083《火力发电厂分散控制系统技术条件》

DL/T 1091《火力发电厂锅炉炉膛安全监控系统技术规程》

DL/T 1108《电力工程项目编号及产品文件管理规定》

DL/T 1212《火力发电厂现场总线设备安装技术导则》

DL/T 1556《火力发电厂PROFIBUS现场总线技

术规程》

DL/T 5004《火力发电厂试验、修配设备及建筑面积配置导则》

DL/T 5028.3《电气工程制图标准　第 3 部分：电气、仪表与控制部分》

DL/T 5035《发电厂供暖通风与空气调节设计规范》

DL/T 5052《火力发电厂辅助及附属建筑物建筑面积标准》

DL/T 5054《火力发电厂汽水管道设计规范》

DL/T 5153《火力发电厂厂用电设计技术规程》

DL/T 5174《燃气-蒸气联合循环电厂设计规定》

DL/T 5175《火力发电厂热工控制系统设计技术规定》

DL/T 5182《火力发电厂仪表与控制就地设备安装、管路、电缆设计规程》

DL 5190.4《电力建设施工技术规范　第 4 部分：热工仪表及控制装置》

DL/T 5204《发电厂油气管道设计规程》

DL/T 5227《火力发电厂辅助车间系统仪表与控制设计规程》

DL/T 5229《电力工程竣工图文件编制规定》

DL/T 5366《发电厂汽水管道应力计算技术规程》

DL/T 5375《火力发电厂可行性研究报告内容深度规定》

DL/T 5390《发电厂和变电站照明设计技术规定》

DL/T 5427《火力发电厂初步设计文件内容深度规定》

DL/T 5428《火力发电厂热工保护系统设计技术规定》

DL/T 5455《火力发电厂热工电源及气源系统设计技术规程》

DL/T 5456《火力发电厂信息系统设计技术规定》

DL/T 5461.9《火力发电厂施工图设计文件内容深度规定　第 9 部分：仪表与控制》

DL/T 5461.16《火力发电厂施工图设计文件内容深度规定　第 16 部分：信息系统》

DL/T 5512《火力发电厂热工检测及仪表设计规程》

DL/T 5516《火力发电厂集中控制室及电子设备间布置设计规程》

HJ 75《固定污染源烟气（SO_2、NO_x、颗粒物）排放连续监测技术规范》

JB 5777.2《电力系统二次电路用控制及继电保护屏（柜、台）通用技术条件》

JB 5777.3《电力系统二次电路用控制及继电保护屏（柜、台）基本试验方法》

JB/T 8473《仪表阀组》

JB/T 10216《电控配电用电缆桥架》

JJF 1637《廉金属热电偶校准规范》

JJG 229《工业铂、铜热电阻检定规程》

NB/T 47037《电站阀门型号编制方法》

T/CECS 31《钢制电缆桥架工程技术规程》

TSG G0001《锅炉安全技术监察规程》

YD/T 5032《会议电视系统工程设计规范》

ANSI/IEEE 472《冲击电压承受能力试验导则（SWC）》

ASME B31.1《Power Piping》

IEC 60079《Explosive atmospheres - Part 14: Electrical installations design，selection and erection》

IEC 61158《Industrial Communication Networks-Fieldbus Specifications》

IEC 61131-3《Drogrammable controllers-Part 3: Programming languages》

IEC 61508《Functional safety of electrical/electronic/programmable electronic safety-related systems》

IEC 61511《Functional safety-safety instrumented systems for the process industry sector》

ISO 12100《Safety of machinery — General principles for design — Risk assessment and risk reduction》

ISO 21789《Gas turbine applications-safety》

NFPA 85《Boiler and combustion systems hazards code》

国能安全〔2014〕161 号《防止电力生产事故的二十五项重点要求》

国家能源局《防止电力生产事故的二十五项重点要求》

国电发〔2001〕795 号《国家电力公司电站锅炉汽包水位测量系统配置、安装和使用若干规定（试行）》

主要量的符号及其计量单位

量 的 名 称	符号	计量单位	量 的 名 称	符号	计量单位
长度，间距，距离	L	km，m，mm	功率	P	kW
宽度	b	m，mm	阻力、泵的扬程、差压	H	kPa，MPa
厚度	δ	m，mm	转速	n	r/min
高度，深度	H，h	mm	摩擦阻力系数	λ	
直径	D，d	m，mm	比热容	c	kJ/（kg·℃）
电阻	R	Ω	质量	m	t，kg
面积	A	mm^2，m^2	荷载，推力，牵引力	F	N，kN
容积	V	m^3	数量	N，n，m	
角度，夹角，倾角	α，γ，φ	（°）	水位	X	mm
内摩擦角	φ	（°）	电压	U	V，kV
温度	t，θ	℃	电流	I	A，mA
热力学温度	T	K	管材弹性模量	E	kN/mm^2
流速	v	m/s	斜度，坡度	i	%
密度	ρ	t/m^3，kg/m^3	效率	η	%
流量	q	t/h，kg/min，m^3/min	水的运动黏度	ν	m^2/s
			压力	p	MPa，kPa，Pa
发热量	Q	kJ	时间，周期	t，τ	h，min，s

参 考 文 献

[1] 林文孚，胡燕．单元机组自动控制技术［M］．北京：中国电力出版社，2008.

[2] 张彬，陈立新，王亦昕．火电厂模拟量控制系统及其应用［M］．北京：中国电力出版社，2011.

[3] 开平安，刘建民，焦嵩鸣，等．火电厂热工过程先进控制技术[M].北京:中国电力出版社,2010.

[4] 陈洪全，岳智．仪表工程施工手册［M］．北京：化学工业出版社，2011.

[5] 江苏方天电力技术有限公司．1000MW 超超临界机组调试技术丛书-热工［M］．北京：中国电力出版社，2016.

[6] 王树青，乐嘉谦．自动化与仪表工程师手册［M］．北京：化学工业出版社，2010.

[7] 解武，范朝峰．双进双出磨煤机的结构及自动控制［J］．电力建设，2006，27（2）.

[8] 刘伟，张少泉．风扇磨温度综合随动控制系统［J］．云南电力技术，1994，2.

[9] 李福军．MACS 智能母管协调控制系统及应用［J］．中国仪器仪表，2009，12.

[10] 赵东晓．基于直接能量平衡的并列锅炉母管压力控制系统［J］．华东电力，2002，10.

[11] 孙艳，娄幸．母管制机组的炉机负荷分配运算与协调控制［J］．自动化仪表，2003，24（10）.

[12] 苏晨，王文兰，张家晖，等．炉膛压力控制系统控制策略优化研究［J］．华电技术，2014，36（11）.

[13] 陈涛，王珩，胡昌盛，等．广义预测控制在 600MW 超临界机组协调及汽温控制系统优化［J］．中国电力，2014，47（2）.

[14] 李建军，姜东娇，马志杰．模糊 PID 控制在主汽温控制系统中的应用［J］．东北电力技术，2008，10.

[15] 陈立军，周正兴，赵丽丽．先进控制策略在火电厂热工控制中的应用[J].东北电力大学学报(自然科学版)，2009，29（1）.

[16] 雷婷，虎恩典，刘勇．火电厂 300MW 汽包锅炉给水控制系统［J］．自动化技术与应用，2014，33（11）.

[17] 白建云．火电厂顺序控制与热工保护［M］．北京：中国电力出版社，2009.

[18] 万晖，等．开关量控制技术及其应用［M］．北京：中国电力出版社，2009.

[19] 潘风萍，等．火力发电机组自启停控制技术及应用［M］．北京：科学出版社，2011.

[20] 水利电力出版社．热工自动化设计手册［M］．北京：水利电力出版社，1986.

[21] 孙洪程，李大宇．过程控制工程设计［M］．北京：化学工业出版社，2014.

[22] 张昱，张晋宾，等．火力发电厂热工保护系统设计及应用［M］．北京：中国电力出版社，2014.

[23] 叶江祺．热工测量和控制仪表的安装［M］．2 版．北京：中国电力出版社：1998.

[24] 印江，冯江涛．电厂分散控制系统［M］．北京：中国电力出版社，2006.

[25] 黄焕袍，曲云．分散控制系统及其应用［M］．北京：中国电力出版社，2010.

[26] 谭炳华．火灾自动报警及消防联动系统［M］．北京：机械工业出版社，2007.

[27] 李录平，晋风华．汽轮发电机组碰摩振动的检测、诊断和控制［M］．北京：中国电力出版社，2006.

[28] 谷俊杰，丁常富．汽轮机控制监视和保护［M］．北京：中国电力出版社，2002.

[29] 詹姆斯·马丁．战略数据规划方法学［M］．耿继秀，等译．北京：清华大学出版社，1994.

[30] 李超，李秋香，何永忠．信息系统安全等级保护实务［M］．北京：科学技术出版社，2013.

[31] 许继刚，孙岳武，黄安平，等．电厂信息系统规划与设计［M］．北京：中国电力出版社，2013.

[32] 中国电力工程顾问集团有限公司．电力工程设计手册 火力发电厂电气一次设计［M］．北京：中国电力出版社，2018.

[33] 中国电力工程顾问集团有限公司．电力工程设计手册 火力发电厂电气二次设计［M］．北京：中国电力出版社，2018.

[34] 阳宪惠．现场总线技术及其应用 ［M］．北京：清华大学出版社，2008.

[35] 王永华．VERWER A（英）．现场总线技术及应用教程［M］．北京：中国电力出版社，2012.

[36] 钟耀球，张卫华．FF 总线控制系统设计与应用［M］．北京：中国电力出版社，2009.

[37] 白焰，朱耀春，李新利，等．现场总线控制系统及其应用［M］．北京：中国电力出版社，2011.

[38] 甘永梅，刘晓娟，晁武杰，等．现场总线技术及

其应用［M］. 北京：机械工业出版社，2008.

［39］周志敏，纪爱华. Profibus总线系统设计与应用［M］. 北京：中国电力出版社，2009.

［40］李正军. 现场总线与工业以太网及其应用技术［M］. 北京：机械工业出版社，2011.

［41］杨庆柏. 现场总线仪表［M］. 北京：国防工业出版社，2005.

［42］韩兵，火长跃. 现场总线仪表［M］. 北京：化学工业出版社，2007.

［43］白焰，吴鸿，杨国田. 分散控制系统与现场总线控制系统-基础、评选、设计和应用［M］. 北京：中国电力出版社，2001.

［44］邹益民，周哲民. 现场总线仪表技术［M］. 北京：化学工业出版社，2009.

［45］吉秀卿，魏来. 现场总线在电力行业中的应用［M］. 北京：中国电力出版社，2010.

［46］王常力，罗安. 分布式控制系统（DCS）设计与应用实例［M］. 北京：电子工业出版社，2010.

［47］李子连. 现场总线技术在电厂应用综述［M］. 北京：中国电力出版社，2002.

［48］肖军. DCS及现场总线技术［M］. 北京：清华大学出版社，2011.

［49］Jonas Berge. 过程控制现场总线-工程、运行与维护［M］. 北京：清华大学出版社，2003.

［50］李占英. 分散控制系统（DCS）和现场总线控制系统（FCS）及其工程设计［M］. 北京：电子工业出版社，2015.

［51］邹益仁. 现场总线控制系统的设计和开发［M］. 北京：国防工业出版社，2003.

［52］戴瑜兴，马茜. 现场总线技术在智能断路器系统设计中的应用［M］. 北京：清华大学出版社，2010.

［53］朱耀春，宋昉，刘玲. 混合现场总线控制系统的实时性分析［J］. 过程自动化仪表. 2012（4）.

［54］王宇，庄剑，黄小平. 当今商用燃气轮机的技术对比［J］. 石油化工设备技术，2011，32（2）：63-66.

［55］李勇辉. GE燃气轮机MARK VI控制系统研究及调试［D］. 浙江大学，2007.

［56］北京能源投资有限公司，西门子电站自动化有限公司，西门子有限公司. 西门子燃气轮机控制系统解析［M］. 北京：中国电力出版社，2016.

［57］清华大学热能工程系动力机械与工程研究所. 燃气轮机与燃气-蒸汽联合循环装置［M］. 北京：中国电力出版社，2007.

［58］徐清，钟文英. 燃气-蒸汽联合循环机组天然气燃料处理系统设计［J］. 燃气轮机发电技术，2012，14（3）.

［59］杨顺虎. 燃气-蒸汽联合循环发电设备及运行：燃气蒸气联合循环发电设备及运行［M］. 北京：中国电力出版社，2003.

［60］王凯，司派友，左川. 国内主要二拖一联合循环机组并汽技术研究［J］. 华北电力技术，2013（7）：54-57.

［61］曹秀慧，祝建飞. 二拖一联合循环机组旁路系统及控制［J］. 浙江电力，2009，28（b07）：47-50.

［62］张启勤，宋兆星. 双轴燃气蒸汽联合循环机组协调控制策略研究［J］. 华北电力技术，2009，42（8）：7-10.

［63］王雁军. 二拖一燃气-蒸汽联合循环机组协调控制［J］. 自动化博览，2016（1）：102-104.